U0337275

国家科学技术学术著作出版基金资助出版

药用植物内生真菌生物学

上卷

编　著　郭顺星

编著助理　孟志霞

编　委　郭顺星　陈晓梅　孟志霞　邢晓科
陈　娟　邢咏梅　于能江　李　标
王春兰　曾　旭　李　兵　张大为
张集慧　刘思思　周丽思　张　岗

科学出版社
北京

内 容 简 介

自然界几乎所有植物的体内均有内生真菌存在，药用植物也不例外。药用植物内生真菌生物学的研究，对阐明药材道地性的形成、药效物质的积累，以及药用植物的分布、生长发育特性和资源再生具有重要意义。

本书由国家科学技术学术著作出版基金资助出版，系统介绍了药用植物内生真菌的研究历史和现状、药用植物内生真菌的种类及其多样性、内生真菌促进药用植物生长发育和诱导其活性成分积累的作用、药用植物与内生真菌相互作用的形态特征和可能的分子机制、濒危兰科药用植物内生真菌的研究及应用、药用植物内生真菌的次生代谢产物及其药理活性、药用植物内生真菌研究技术及应用等方面的内容。全书以编著者长期从事药用植物内生真菌研究的成果为基础，结合国内外相关研究进展编著而成，是我国第一部系统介绍药用植物内生真菌研究和应用的专著。

本书适合从事药用植物学、药用真菌学、药用植物栽培学、濒危植物保护生物学、植物生态学、中药学和药学等专业的大专院校师生、科研人员及相关领域的科技人员参考。

图书在版编目(CIP)数据

药用植物内生真菌生物学 / 郭顺星编著. —北京：科学出版社，2016.3

ISBN 978-7-03-047685-2

Ⅰ. 药… Ⅱ. 郭… Ⅲ. 药用植物–内生菌根–研究 Ⅳ. ①S567②Q949.32

中国版本图书馆 CIP 数据核字（2016）第 049882 号

责任编辑：刘 亚 曹丽英 / 责任校对：张凤琴 张怡君 何艳萍 桂伟利

责任印制：赵 博 / 封面设计：黄华斌

科学出版社 出版

北京东黄城根北街 16 号

邮政编码：100717

http://www.sciencep.com

北京佳信达欣艺术印刷有限公司 印刷

科学出版社发行 各地新华书店经销

*

2016 年 7 月第 一 版 开本：787×1092 1/16

2016 年 7 月第一次印刷 印张：73 1/4 彩插：4

字数：1840 000

定价：398.00 元

（如有印装质量问题，我社负责调换）

前　言

植物内生真菌的发现已有 100 多年的历史，但药用植物内生真菌的研究起步较晚，对内生真菌促进药用植物生长发育而提高药材产量，尤其是内生真菌诱导药效物质形成和积累而提高药材品质和药效作用的研究，是近几十年才被人们关注的领域。

药用植物内生真菌生物学是根据内生真菌与药用植物协同进化的生物学特性，研究内生真菌与药用植物生长发育和活性成分形成及积累相互作用关系的一门学科。通过药用植物内生真菌生物学的研究，能够为我国药用植物资源保护和可持续利用提供可靠的理论依据及强有力的技术支撑。

1986 年，本书编著者开始从事药用植物内生真菌生物学研究，并得到了国家有关部门、中国医学科学院和所在单位药用植物研究所的高度重视。2003 年，“国家中医药管理局中药资源保护三级实验室”在中国医学科学院药用植物研究所批准成立，实验室以药用植物内生真菌生物学研究及应用为主要研究方向。2005 年，“中国医学科学院药用植物研究所药用植物菌根研究室”成立。2013 年，《药用植物菌根生物学》课程获得中国医学科学院北京协和医学院研究生院批准，成为研究生的学位必修课。2014 年，“濒危药用植物菌根生物学创新团队”得到中国医学科学院药用植物研究所批准组建并获得其资助。

自 1993 年至今，在药用植物内生真菌生物学方面的研究，编著者先后获得国家基金资助项目 33 项，其中国家自然科学基金资助项目 13 项。先后培养了有关药用植物内生真菌生物学研究的博士研究生 56 名、硕士研究生 18 名、博士后 7 名。发表药用植物内生真菌的研究论文 380 余篇。药用植物内生真菌研究和应用，获得国家级和省部级科学技术成果奖 8 项、国家发明专利 18 项。

完成的药用植物内生真菌生物学的研究，主要涉及高山植物、热带植物、海洋植物、兰科植物、常用药用植物 5 类。我们已对 360 余种珍稀濒危药用植物进行了内生真菌分离培养和鉴定，分离得到内生真菌 13000 余种，并建立了药用植物内生真菌菌种库。先后完成了铁皮石斛、金钗石斛、环草石斛、福建金线莲、台湾金线莲、白及、天麻、天山雪莲、猪苓、沉香、降香、檀香、血竭等药用植物或药用部位内生真菌的系统研究；筛选出的 50 余种有效内生真菌在上述珍稀濒危药用植物的生长发育、病害生物防治、药用部位形成、提高产量、提高活性成分含量等方面不但完成了实验室研究，而且进行了大田栽培试验和推广应用，显示出了可规模化应用的良好前景。研究还发现，部分药用植物内生真菌具有显著的抗病毒、抑制肿瘤细胞等药理活性，为开发真菌来源的创新药物储备了丰富的基源材料。

药用植物内生真菌生物学是多学科交融渗透的学科，涉及植物学、微生物学、药物学等。它不仅研究植物内生真菌种类、互作的形态变化和生理生化机制，而且重点研究内生真菌与药材品质形成、药效物质积累和药材功效的关系；不但要筛选发现内生真菌中的活性成分及其药理作用，更重要的是要筛选出促进药用植物生长发育和提高产量及质量的活性内生真菌菌株，并实际应用于药用植物的规模化栽培中，开辟药用植物种子接菌直播和种苗菌根栽培的新技术和新方法，为我国药用植物资源可持续利用和提高中药材质量作出贡献。

全书共分为 7 篇。概论简要介绍药用植物内生真菌生物学的概况，药用植物内生真菌研究现状，内生真菌与药用植物生长发育及其标准化和规范化栽培的关系，内生真菌在药材道地性形成和中药现代化中的作用。第一篇药用植物内生真菌多样性，介绍不同生态环境药用植物中内生真菌的种类及其多样性。第二篇内生真菌对药用植物的作用，介绍内生真菌对药用植物生长发育、病害防治、次级代谢途径、活性成分含量的作用和结果。第三篇内生真菌与药用植物互作关系，介绍药用植物与内生真菌相互作用过程中的形态结构特征、生化特性等内容。第四篇兰科药用植物内生真菌及应用，介绍兰科药用植物内生真菌及其应用，包括天麻、白及等兰科药用植物内生真菌的种类和多样性，种子接菌萌发和植株促生菌的筛选及应用等内容。第五篇药用植物内生真菌代谢产物，介绍红豆杉、金线莲、灵芝、红树、白木香等药用植物内生真菌的代谢产物种类和结构特点。第六篇药用植物内生真菌抗肿瘤及抗 HIV 药理活性，介绍药用植物内生真菌抑制肿瘤和抗人类免疫缺陷病毒等方面的药理活性。第七篇药用植物内生真菌生物技术及应用，介绍药用植物内生真菌分离培养技术、鉴定技术、代谢产物研究技术、工艺优化技术、基因表达技术、蛋白质组学研究技术、分子生物学实验操作技术等。本书尚未涉及编著者已完成的石斛、金线莲、天山雪莲、猪苓、沉香、血竭等药用植物内生真菌的系统研究及应用；待本书出版后，上述药用植物内生真菌研究及应用的专著将陆续出版与读者见面。

药用植物内生真菌生物学涉及面广，内容丰富。随着现代科学技术的迅速发展，药用植物内生真菌生物学的研究也取得了长足的进步。鉴于内生真菌对药用植物的重要性，其相关研究也受到了世界各国学者的高度关注。在这样的背景下，本书详细介绍了药用植物内生真菌生物学的相关知识，尤其是重点介绍了本研究室完成的药用植物内生真菌生物学研究结果。在此基础上，本研究室的教师、研究生、博士后和合作学者经过不断努力，认真完成本书籍编撰和统稿工作，最终成书。

限于笔者的水平和经验，书中疏漏和不足之处恳请广大读者批评指正。为了有利于全书内容的衔接，书中收录了笔者部分已发表过的研究内容，书中各章或节后均有相应的执笔者署名。编著者代表编委会成员，向所有为本书出版作出贡献的专家、朋友、学生表示衷心的感谢。

在本书完成之际，衷心感谢恩师徐锦堂教授和肖培根院士将我引入药用植物研究的科学殿堂，以及在药用植物内生真菌研究方面的悉心指导和谆谆教诲；感谢药用植物研究所历届领导和相关专家的支持；感谢药用植物研究所杨峻山教授、北京大学药学院林文翰教授在天然产物化学方面的大力支持和无私帮助。

郭顺星

2016 年 5 月于中国医学科学院药用植物研究所

目　　录

上　　卷

第三篇　内生真菌与药用植物互作关系

第四篇 兰科药用植物内生真菌及应用

下 卷

第五篇 药用植物内生真菌代谢产物

概　论

药用植物内生真菌生物学(endophytic fungi biology of medicinal plant)是以药用植物及其内生的真菌为研究对象,研究药用植物各器官中内生真菌的多样性及其与药用植物生长发育和药效形成关系的一门学科。

药用植物内生真菌生物学是一门多学科交叉和渗透的学科，涉及植物学、微生物学、农学、化学、药学、分子生物学、生物信息学等。它与一般植物内生真菌生物学的不同之处在于：它不仅研究内生真菌的多样性，而且重点研究内生真菌对药用植物药效物质形成、药效物质含量变化和药用植物药效的影响，以及其与药用植物生长发育和药材道地性的关系。它是根据药用植物与真菌密切关系的生物学特性，利用生物学、化学等研究方法，研究某些濒危紧缺药用植物资源保护和可持续利用的关键问题。

药用植物内生真菌生物学研究涉及的主要技术包括药用植物组织培养技术、真菌分离和鉴定技术、细胞生物学技术、细胞化学技术、差异基因和蛋白质研究技术、次生代谢产物及其代谢途径研究技术、真菌生物技术、真菌与药用植物互作及应用技术等。

药用植物内生真菌生物学研究的目的和意义,是根据内生真菌与药用植物互作及其协同进化的生物学特性，利用植物组织培养快速繁殖技术、真菌培养技术和二者共培养技术，研究解决珍稀濒危药用植物资源保护和可持续利用的关键问题。利用几乎所有植物都有内生真菌这一自然特点,开展内生真菌在药用植物生长发育和活性成分形成中的应用研究，既不改变其遗传背景，又能达到药材道地性的要求。从内生真菌生物学理论出发，以应用基础研究为主，为我国药用植物资源保护和可持续利用提供可靠的理论依据及强有力的技术支撑。所以，药用植物内生真菌生物学研究对阐明药用植物分布、药用植物生长发育特性、药材道地性、药效物质形成和积累、药用植物资源再生等具有重要意义。

一、药用植物及其内生真菌

药用植物是指具有治疗、预防疾病和对人体有保健、调节功能的一类植物，其植株的全部或一部分供药用或作为制药工业的原料。应该将 “药用植物”和“中药”这两个概念进行区分。中药是指在中医学理论指导下用于预防、诊断、治疗或调节人体机能的药物。中药主要来源于药用植物，少量来自药用动物和矿物质。

内生真菌是指生活在植物体内细胞中或在其生活史中的某一段时期生活在植物组织内，对植物组织没有引起明显病害的一类真菌。广义地讲还包括那些在其生活史中的某一阶段营表面生的腐生菌、对宿主暂时没有伤害的潜伏性病原真菌和菌根真菌。对植物内生真菌的研究已有100多年的历史，早在1898年人们就从黑麦草（*Lolium temulentum*）中分离得到了首株内生真菌（Lin et al.，2007），但此后的几十年内，植物内生真菌的研究范围却仅限于一些重要的农业经济植物。直到1993年，美国科学家从药用植物太平洋短叶红豆杉（*Taxus brevifolia*）韧皮部中分离到1株能产紫杉醇的内生真菌安德氏紫杉霉（*Taxomyces andreanae*）（Stierle et al.，1993），人们才真正意识到内生真菌是人类寻找新型药用活性成分的重要潜在原料，药用植物内生真菌的相关研究，已经成为全世界科学家研究的热点之一。此外，现在植物内生真菌的研究范围也逐步扩展到藻类、地衣、蕨类等低等植物的内生真菌。

几乎所有的植物都存在内生真菌，这一类内生真菌可以概括为植物内生真菌，它们生活在植物体内的特殊环境中，并与宿主植物长期协同进化，在漫长的共进化过程中彼此构成了稳定的生态关系。这类内生真菌不仅包括互利共生的内生真菌，也包括植物组织内部潜在的病原真菌。目前，对二者之间的关系一般分为两种观点：一种观点将其描述为互惠互利的共生关系，内生真菌可以从宿主植物中吸收营养物质供自己生长发育所需，内生真菌也可以提高宿主植物对胁迫环境（如病虫害、干旱和水涝等）的适应性和抗性，并在宿主植物的生长发育和繁殖中起重要的作用；另一种观点认为二者是特殊的寄生关系，这种寄生一般不引起植物的相关病症，而当植物衰老或受到环境胁迫时又会变成病原菌而引起植物病害，即内生真菌和宿主植物之间是一种处于动态平衡的拮抗关系（Aly et al.，2011）。

菌根真菌是可以与植物的根（或块根、假根）、茎（或块茎）形成菌根共生体的一类特殊的真菌。菌根共生体是自然界中一种普遍存在的植物共生结构，是大多数高等植物根系与土壤中的菌根真菌形成的一种共生联合体，是植物体在长期生存过程中与真菌共同进化的结果。研究发现，自然界中大约有90%的有胚植物都能与真菌形成菌根共生关系（Christine et al.，2009）。根据参与共生的真菌和植物种类及它们形成共生体的特点，一般可将菌根分为7种类型（Smith and Read，2008），即丛枝菌根（vesicular-arbuscular mycorrhiza，AM）、外生菌根（ectomycorrhiza，ECM）、内外生菌根（ectendomycorrhiza，EEM）、浆果鹃类菌根（arbutoid mycorrhiza，ABM）、欧石楠类菌根（ericoid mycorrhiza，ERM）、水晶兰类菌根（monotropoid mycorrhiza，MTM）和兰科菌根（orchid mycorrhiza，OM）。菌根真菌可以是内生真菌，也可以是外生真菌或内外生真菌，丛枝菌根和兰科菌根是研究较多的典型内生真菌类型。在所有菌根类型中，研究比较深入细致的两大类菌根当属与陆地上80%的维管植物和农作物等共生的丛枝菌根，以及与乔木、灌木共生的外生菌根。另外，对兰科菌根的研究也较多，其被认为是独立进化谱系的第三大菌根类型（Imhof，2009）。

真菌与药用植物形成共生关系的过程涉及细胞形态发生、信号识别、信号转导、营养物质交换和基因表达等一系列复杂的过程。内生真菌分布于药用植物的根、茎、叶、花、果实和种子等各个部位，二者形成共生或共栖关系的过程一般分为接触、侵入和定植等过程。在侵染早期，双方各自释放信息素类似物并被彼此识别，内生真菌可以以菌丝或孢子形式通过变形、吸器或渗透等多种途径对宿主植物进行侵染，也可以通过分解植物表皮细胞壁，或通过各种自然孔口（包括侧根发生处、气孔、水孔等）或伤口（包括土壤对根的磨损、病虫对植物的损害及收割植物时造成的伤口等）等传播途径进入植物。真菌侵染植物时植物会发生一系列的反应（如植物本身的结构阻止真菌侵入、植物组织和细胞发生多种变化阻止真菌侵入等），而真菌也会分泌多种物质帮助自身进入植物体内，这期间发生非常复杂的物理和化学反应，经过侵染与反侵染后，内生真菌在植物的表皮、皮层、叶肉细胞等处定植，但很少或不侵入维管系统。在这些组织内内生真菌一般以菌丝的形态存在，少数真菌可以形成厚垣孢子、微菌核、小囊泡等结构。

二、药用植物内生真菌的研究现状

内生真菌普遍存在于健康药用植物组织和器官中，分布广泛，种类繁多。人们已从多种药用植物中分离出不同种类的内生真菌，这些药用植物广泛分布于除南极洲以外的世界各地，所处生态环境差异较大。这些药用植物内生真菌涉及子囊菌、担子菌、接合菌、无孢菌类等。近年来，国内外发表了许多与药用植物内生真菌相关的研究论文、综述、会议报告。中国、印度、巴西、泰国、美国等国家长期开展相关研究，为该领域作出了巨大的贡献。

我国药用植物内生真菌研究开展的较为广泛。中国医学科学院药用植物研究所药用植物菌根研究室（以下简称为本研究室）以铁皮石斛（*Dendrobium officinale*）、天麻（*Gastrodia elata*）、金线莲（*Anoectochilus roxburghii*）等为对象，主要研究内生真菌对药用植物生长发育、种子萌发、有效成分累积等方面的作用，并应用于实际栽培及系统开发。中国农业大学周立刚课题组从滇重楼（*Paris polyphylla* var. *yunnanensis*）、盾叶薯蓣（*Dioscorea zingiberensis*）等药用植物及其内生真菌和病原真菌中寻找具有生物活性的次生代谢产物，从次生代谢的角度探讨植物与内生真菌之间的相互作用和协同进化关系，并利用现代生物技术手段，有效提高了活性成分的含量。浙江大学章初龙课题组从事沉香（*Aquilaria sinensis*）、银杏（*Ginkgo biloba*）、多花黄精（*Polygonatum cyrtonema*）等内生真菌的基础研究和应用开发，从不同药用植物内生真菌中筛选分离出几十种具有抗菌活性的天然产物，并将其应用到生物农药的研究开发中，如木霉菌素等。西北农林科技大学唐明课题组从事林木菌根真菌种质资源、生态分布和生物多样性的研究，利用菌根真菌提高枸杞（*Lycium barbarum*）、刺槐（*Robinia pseudoacacia*）等植物的抗逆性，并详细分析了菌根真菌提高植物耐旱、抗病虫害的分子遗传特性。此外，厦门大学沈月毛课题组在药用植物内生真菌代谢产物研究的基础上，发现了多种抗肿瘤和抗菌活性的新化合物。

其他国家也利用本国丰富的药用植物和内生真菌资源，全面开展了药用植物内生真菌的相关研究。印度科学家从传统药用植物夜花属夜茉莉（*Nyctanthes arbor-tristis*）中分离得到多种内生真菌，研究了其多样性和抗菌活性；从柠檬桉（*Eucalyptus citriodora*）的叶片中得到了内生真菌与外生真菌，并比较了二者的抗菌活性。巴西科学家从传统药用植物中得到多种内生真菌，如从茄科植物 *Solanum cernuum*、豆科植物 *Stryphnodendron adstringens*、菊科植物 *Smallanthus sonchifolius* 中分离出数百株内生真菌，并发现多种内生真菌具有强抗菌活性。泰国科学家从形态、系统进化、生物化学和多样性等多方面分析了拟盘多毛孢属（*Pestalotiopsis*）的各个特征；他们还从樟科钝叶桂（*Cinnamomum bejolghota*）和一些药用海草中分离鉴定出数百种潜在的内生真菌，从中发现多个新种，并研究了它们的抗菌活性。德国科学家研究了药用植物鬼针草（*Bidens pilosa*）的内生真菌柑橘葡萄座腔菌（*Botryosphaeria rhodina*）的化学成分，测定了其抗真菌活性和细胞毒性；从大麻（*Cannabis sativa*）中分离出了几十种内生真菌，阐述了其分布多样性和作为介质在植物真菌体系中发挥的作用。日本科学家从曼陀罗（*Datura stramonium*）中分离得到的内生真菌可以产生真菌毒素物质，深入分析了从离蠕孢属（*Bipolaris*）真菌中得到的化合物的结构及其药用活性；研究了镰孢属（*Fusarium*）真菌中聚酮化合物的代谢途径。韩国科学家从诺丽（*Morinda citrifolia*）中分离出可可毛色二孢（*Lasiodiplodia theobromae*），并发现它能分泌紫杉酚，具有很强的抗癌活性；从韩国栽培的枸杞中得到了10余种内生真菌。墨西哥科学家从墨西哥红豆杉(*Taxus globosa*)中分离鉴定了100多种内生真菌；发现来自内生真菌的化合物thielavins A具有α-葡糖苷酶抑制剂作用。马来西亚科学家采用分子特征结合形态学研究方法，从藤黄属(*Garcinia*)植物中分离鉴定了20多种内生真菌；从肾茶(*Orthosiphon stamineus*)中分离了几十种内生真菌，并发现其具有抗菌活性。

药用植物内生真菌的国际合作研究也有了广泛开展，其中欧美等发达国家常常与巴西、泰国、印度等药用植物资源丰富的国家展开合作。由匈牙利、德国、中国、埃及四国科学家共同参与的一项研究(Ebrahim et al.，2012)，以红树(*Laguncularia racemosa*)中的内生真菌多主棒孢霉(*Corynespora cassiicola*)为基础，深入分析了其癸内酯衍生物的化学结构和生物活性，发现两种异构体能对人体的多种酶，如IGF1-R和VEGF-R2产生强烈的抑制作用。中国、沙特阿拉伯和泰国科学家合作完成的综述(Maharachchikumbura et al.，2011)，从形态、系统进化、生物化学和多样性等多方面分析了药用植物内生真菌拟盘多毛孢属(*Pestalotiopsis*)的各个特征，综述了该属真菌在鉴定难点、分类学上的分歧，采用菌丝形态、内转录间隔区(ITS)序列特征、化学特征等多种方式来研究拟盘多毛孢属、盘多毛孢属(*Pestalotia*)及相关内生真菌的异同，论述了它们在医药开发中的潜力。

药用植物内生真菌研究领域已发表了一些高水平的研究成果，单篇文献引用次数有的达100次以上。德国学者总结了2000～2009年发表的与高等植物内生真菌次生代谢产物相关的论文，详细描述了在内生真菌研究中取得重大成就的紫杉醇、喜树碱和鬼臼毒素等化合物，以及各种活性物质的抗菌、抗寄生虫和细胞毒作用，并分析了利用药用植物内生真菌生产药物的影响因素(Aly et al.，2010)。美国学者采用ITS和LSU序列片段对橡胶树(*Hevea brasiliensis*)叶和茎中分离出的175株内生真菌进行了分类鉴定，其中97%属于子囊菌，担子菌仅占1%；以青霉属(*Penicillium*)、拟盘多毛孢属(*Pestalotiopsis*)和木霉属(*Trichoderma*)的真菌种类最多(Gazis and Chaverri，2010)。瑞典学者从山杨树(*Populus tremula*)叶片中分离了1000多株内生真菌，鉴定为100多种形态群，并采用18S和ITS序列片段对内生真菌进行了分子鉴定，多数内生真菌属于担子菌和子囊菌；详细的分析了杨树叶片内生真菌的种群特征和多样性，鉴定出多种病原菌和抗病活性的内生真菌，为以后的应用开发提供有力的数据支持(Albrectsen et al.，2010)。

药用植物内生真菌分布广、种类多，为药物研究和开发提供了巨大的资源。同时，由于药用植物内生真菌具有个体小、生长周期短、生长易控制及次生代谢产物丰富等特点，其次生代谢产物可以作为对环境无公害农药的新来源，为新农药的资源开发提供很大的发展空间。药用植物内生真菌还可产生一些抗人类疾病的重要活性成分，在创新药物开发中具有很高的利用价值。

三、内生真菌对药用植物的作用

在过去的数十年里，大量研究表明内生真菌影响着药用植物生理进程的各个方面。首先，药用植物内生真菌能够产生植株生长所需的调节剂类物质，以增强植株对微量元素的吸收，进而促进植物的生长发育；其次，药用植物内生真菌能够提高宿主植物的生理活性指标；再次，药用植物内生真菌能够提高宿主植物的抗逆性，包括生物胁迫与非生物胁迫；最后，药用植物内生真菌是某些特殊植物的营养来源，是保障其正常生长发育、生殖遗传必不可少的重要生物因素。

除了影响药用植物正常的生理状态外，内生真菌还通过影响和调节药用植物次生代谢产物的合成和累积，直接或间接影响药用植物的有效成分及其分布、含量。内生真菌影响药用植物次生代谢产物主要表现在三个方面。第一，内生真菌能够直接参与药用植物次生代谢产物的合成。这主要是由于内生真菌在与植物漫长的协同进化过程中，内生真菌具有了与宿主相同或相近的生源合成途径。第二，内生真菌能够转化宿主植物体内产生的毒性防御成分。这些成分是由于病原微生物的入侵激活了植物的系统防御机制而产生的，内生真菌通过生物转化作用降低它们的毒性，创造有利于自身生存的环境条件。第三，内生真菌诱导药用植物次生代谢产物的形成。内生真菌诱导植物合成并积累次生代谢产物的作用属于防卫反应的范畴，即位于植物细胞膜或细胞质中的受体识别诱导子激活受体激酶，进而引起离子通道的开启或关闭、蛋白质磷酸化、G蛋白偶联等，并通过第二信使和偶联反应实现信号的跨膜传递，扩大效应，最终引起次生代谢产物生物合成途径中关键酶基因表达的改变，导致植物合成并积累次生代谢产物。

四、内生真菌与药用植物标准化和规范化栽培的关系

药用植物栽培是根据药用植物生长发育规律、产量和品质形成规律及其与环境条件的关系，选择或创造与之相适应的栽培环境条件，采用有效的栽培技术措施，使药用植物正常生长发育，并达到药用植物的稳产、高产和优质。它包括药用植物选地、整地、播种、育苗、移栽、管理、采收、产地加工等整个生产过程。

如前所述，内生真菌是影响药用植物生长发育及药效物质积累的重要因素，所以内生真菌与药用植物标准化和规范化栽培息息相关。内生真菌在药用植物标准化和规范化栽培，以及道地药材形成等方面的作用主要体现在以下几个方面。①不同地区，药用植物内生真菌的种类和丰度有着极大的差异，从而影响着药用植物栽培基地的选址。无论是以地选材还是以材定地，在基地选址前对基地和药用植物道地产区的内生真菌群落特征进行考察，对基地建设的成功与否非常关键。②内生真菌影响药用植物的种苗培育，保证中药材的品质和产量。对内生真菌-药用植物共生系育苗方式的进一步研究可为我国药用植物栽培产业化发展增添新活力。③内生真菌作为生物菌肥具有巨大发展潜力，结合有机肥的使用，能提高药用植物对氮、磷等营养元素的吸收和利用，可作为化学肥料的替代产品。④内生真菌可显著提高药用植物在病虫害胁迫下的成活率，减少农药使用量，发挥生物防护效应，防治病虫害。⑤内生真菌作为药用植物与土壤之间相互作用的协调者和参与者，既可以改造土壤环境又可以影响植株的新陈代谢，在克服药用植物连作障碍上显示巨大潜力。⑥内生真菌-植物共生体系对净化农药污染和重金属污染的土壤有显著功效，可修复被农药污染和重金属污染的土壤，是间接降低药用植物农药残留和重金属积累的新思路。⑦内生真菌通过诱导药用植物胁迫耐受、胁迫回避和胁迫恢复等反应，可明显提高药用植物的多种抗逆性，保证药用植物在逆境下仍能健康的生长发育，为市场提供质量稳定、可控的高品质药材。⑧内生真菌可提高药用植物药效物质的积累。内生真菌通过自身合成与寄主植物相同或相似的有效成分，以及通过促进药用植物体内有效成分的生成，提高药用植物有效成分的含量。⑨不同生长阶段药用植物内生真菌的种类和丰度存在巨大的差异，据此可以科学确定药用植物的采收期。药用植物特定的生长阶段拥有特定的内生真菌种群结构，从而影响药材产生特定的品质特征。

综上所述，内生真菌在药用植物标准化和规范化栽培中的选地、育苗、管理、采收等方面有着不可替代的作用，内生真菌在药用植物栽培上的应用成为推动药用植物标准化和规范化栽

培的新动力。但目前我国内生真菌在药用植物栽培方面的应用仍处于起步阶段，研究过的内生真菌数量仅为内生真菌这个巨大资源库中的很小部分，且多限于内生真菌对药用植物生长发育、有效成分、抗逆性等表观的研究，对其具体的作用机制仍不明确。

五、药用植物内生真菌与药材道地性形成的关系

在我国，中药材基源植物均来自于药用植物，这便涉及药材道地性的问题。药材道地性一直是评价药材独特品质的综合性标准，它集中体现在药材性状、组织结构、有效成分含量和临床疗效等方面，其中性状特征是道地药材最显著、最直接的标志，化学成分的含量及它们之间的配伍配比关系是药材道地性的物质基础。根据目前的理解，药材道地性的形成是基因型与环境相互作用的结果。药用植物基因的表型受环境因素影响很大，这里所指的环境因素不仅包括土壤、气候、光照等植物生长的外部环境因素，也包括内生菌（包括内生真菌和内生细菌）等植物体内的环境因素。内生真菌对药材道地性形成的影响是通过内生真菌对道地药材来源植物生长和代谢的影响来实现的：一方面，内生真菌能提高植物对水分、矿物质等营养的吸收和利用，促进植物生长发育；另一方面，内生真菌激活次生代谢途径，提高代谢途径中关键酶的活性，诱导关键酶基因转录和表达，促进次生代谢产物的合成和积累。从植物学角度，次生代谢产物是植物在长期进化过程中与周围生物的和非生物的因素相互作用的结果，体现了植物对环境的适应性。从中药学的角度，药用植物某些特定的次生代谢产物是道地药材发挥独特疗效的物质基础。

内生真菌对道地药材品质形成具有直接作用。内生真菌作为主要因素，直接影响着某些药材的形成。例如，内生真菌诱导并促进树脂类药材的形成。自然条件下，沉香、血竭、降香等树脂类药材的形成离不开内生真菌的作用。目前，沉香的形成机制还不十分明确，一种较为普遍的观点是：白木香植物受到自然或人为的损伤，在其自我修复过程中分泌的树脂受到真菌的感染所凝结成的分泌物就是沉香。研究发现，损伤前后白木香内生真菌的群落构成有较大差异，刺盘孢属、葡萄座腔菌属、镰孢属和帚梗柱孢霉属等真菌类群可能与沉香的形成有关（王磊等，2009）。又如，将两株内生真菌分别接种于柬埔寨龙血树（*Dracaena cambodiana*）树干，数月后接种部位周围产血竭（颜色加深的木质部部分），与天然血竭样品相比，接种内生真菌产生的血竭有效成分含量更高。

内生真菌对道地药材品质形成具有间接作用。道地药材基源植物内生真菌的类群及优势类群具有明显的地域性。内生真菌能促进道地药材基源植物生长，提高植株或药用部位的药效成分含量，这些作用都有利于道地药材品质的形成。内生真菌对道地药材基源植物次生代谢的影响，可能是由于内生真菌对药效成分合成关键酶的诱导作用不同造成的。一些类群的真菌分泌物能调节和控制特定次生代谢产物生物合成中的某些共同环节。例如，色串孢属、头孢霉属、青霉属的真菌有促进丹参中丹酚酸 B 的合成，头孢霉属的真菌有利于丹参酮 IIA 和隐丹参酮的合成和积累，变孢霉属的真菌有利于丹参素的合成与积累（王萌等，2013）。又如，盘多毛孢属和芽生菌属真菌的存在能促进虎杖中大黄素的形成，拟青霉属、青霉属、盘多毛孢属、地霉属真菌的存在促进虎杖苷的形成与积累，丝核菌属真菌的存在抑制虎杖苷的形成（马云桐等，2009）。此外，多项研究结果证明内生真菌群落结构对川芎、滇重楼、桃儿七等药材品质有影响。

我国历代医家都十分注重道地药材的使用，近 20 多年来，利用现代新技术和新方法对道地药材开展的研究持续升温，这既是对传统中医药理论与实践的传承发展，更是中医药创新发

展的必然趋势。随着我国中医药事业的快速发展，中药材的主要生产模式已经从野生采集转变为大面积规范化的人工种植，这为中药材的生产和品质评价提出了新的问题：在药用植物自然资源日益匮乏，甚至濒临灭绝，药用植物人工种植范围不断扩大，药用植物新资源、新品种不断涌现的今天，是否还存在传统意义上的道地药材？道地药材的品质是如何形成的？当下用何种方法生产出来的药材才能够被称为是道地药材？

根据现代科学的理解，道地药材是基因和环境之间相互作用的产物，内生真菌作为道地药材来源植物的一个内环境生物因子，通过影响药用植物的生长和代谢而影响药材的品质形成。"内生真菌→药用植物→药材"的作用链条决定了研究内生真菌影响药材道地性的切入点为药用植物，内生真菌通过药用植物发挥作用，这也是目前研究内生真菌对药材道地性影响的主要思路。尽管如此，基于化学成分是药材道地性物质基础这一本质，笔者认为,研究内生真菌对药材道地性影响的落脚点应该是揭示内生真菌种类及群落结构对道地药材有效成分,甚至临床疗效的影响。借助多元统计分析的方法，国内学者通过研究内生真菌类群及种群结构与道地药材来源植物有效成分/组分的相关性，已经获得了一些直接的实验证据来说明内生真菌对药用植物特定化学成分的影响。相信随着这方面研究的不断扩展与深入，最终能够阐明内生真菌对道地药材品质形成的作用机制。

六、内生真菌在中药现代化中的作用

中药现代化是在继承与发扬传统中药优势和特色的基础上，严格遵循国际认可的标准规范，充分利用现代科学技术对中药进行研究、开发、生产、管理，最终研制出以"高品质"、"高技术"、"高国际化"为显著特征的现代中药，使中药产业成为具有强大国际竞争力的现代产业的过程(肖培根和肖小河，2000)。从 1996 年，我国正式提出中药现代化的目标至今，我国中药产业取得了长足的进步,但同时也面临着各种挑战。重金属含量超标、有效成分含量低、创新性差、中药资源利用与保护间的矛盾等始终困扰着中药现代化的发展。如何应用现代生命科学的新理论和新技术解决这些问题成为当务之急。

内生真菌遍布于各种药用植物组织中，并为植物带来多种益处，如提高抗病虫害、抗盐渍、抗旱能力，促进植物的生长、分蘖，促进植物对氮、磷的吸收利用，等等，成为现代生命科学的研究热点。而中药资源的 80%来源于药用植物，这意味着内生真菌在中药领域同样有着不可忽视的积极作用。所以从中药材种植、生产及资源开发和保护等方面，阐述内生真菌在中药现代化中的作用，可为促进中药现代化提供新思路、新动力。

内生真菌促进中药材生态种植。洞悉道地药材形成机制是发展中药产业过程中保证药材道地性的基础，是指导中药材合理引种栽培、GAP 基地科学规划的重要依据。但仅如此还不够，因为不健康的土壤环境、不合理的田间管理均可使目标难以实现。因此，在科学理论指导下努力推进中药材的生态种植，生产绿色药材实为必要。大量研究表明，内生真菌在这方面具有独特的优势。内生真菌具有促进药用植物生长发育、提高药用植物抗病性、减少农药使用、修复重金属污染土壤等作用。所以，药用植物内生真菌在促进中药材生态种植方面具有很大的应用价值。

内生真菌有助于中药活性成分的提高。生态种植保证了中药材的种植量与优质特性，但真正发挥疗效的是中药材中的活性成分,活性成分含量的高低是衡量中药材品质优劣的主要参考指标。大量研究表明，通常情况下与内生真菌共生可显著提高药用植物活性成分的含量

(Soliman and Raizada，2013；唐坤等，2014)。

内生真菌促进中药材的二次开发。中药二次开发是对现有中药进行深入研究、改造，使其融入现代科技，更适用于现代医学领域使用的过程；是从根本上改变中药多以原材料形式出口、创新性弱、临床应用受限等现状的必经之路。高品质中药缺乏科技内涵同样难以走向国际。因此，如何充分利用中药现有资源进行二次开发，充分扩展其资源价值成为整个中药产业亟待解决的核心问题。内生真菌具有以中药活性成分的结构类似物为前体，通过结构修饰等过程，将其转化为具更优性能的活性成分的功能。这对充分发挥我国中草药的资源优势，开发具有自主知识产权的新中药具有十分重要的意义。目前，已有一些学者开始注意到开展药用植物内生真菌转化研究的潜在价值，并取得了较好的研究成果。例如，郑春英等(2012)通过内生真菌发酵炮制，提高了中药药效活性成分，申请了多项国内专利。Wang 等(2012)提出了内生真菌在与宿主长期共存过程中逐渐形成了对宿主的适应机制，可通过自身代谢降解宿主体内的有毒物质，将其转化为无毒物质，增强自身生态优势的假说。由此可推测，除作用于一般药材的炮制过程，内生真菌在药用植物生长发育过程中也同样可以发挥减毒增效的作用。这说明内生真菌在保证药效的基础上，可有效减少中药材的毒副作用，对扩大其临床应用具有意义。除此之外，随着越来越多新转化产物的发现，内生真菌对中药活性成分的转化在开发中药新活性成分方面的作用越来越突出。以龙胆苦苷为底物的发酵实验结果显示，内生真菌皮壳青霉(*Penicillium crustosum*)高效转化龙胆苦苷，并获得 4 个去糖基的新型转化物。对其中一个新型转化物的护肝活性进行检测，发现该物质的最小有效浓度远小于龙胆苦苷，护肝活性明显优于其前体物质(Zeng et al.，2014)。内生真菌的生物转化作用在开发新活性成分方面作用显著，在中药二次开发中的应用潜力较大。

内生真菌促进珍稀濒危药用植物保护。无论中药生产的哪个环节，中药材资源的可持续发展都是其根本保障。由于目前有些药用植物自然生态环境的破坏、退化和人类掠夺式开采，我国野生中药材资源现状不容乐观。仅《中国植物红皮书——稀有濒危植物》第一册收载的 354 种植物中，药用植物就占了 47%(傅立国，1992)。拯救珍稀濒危药用植物，实现药用植物的可持续利用迫在眉睫。异地保护是保护珍稀濒危药用植物的有效方式。从前文可知，内生真菌在药用植物生长发育和品质提高方面有着不可替代的作用。但生态环境不同，内生真菌群落结构也千差万别。因而，选择与原生境内生真菌群落结构相近的地域作为迁移地，对提高珍稀濒危药用植物异地保护的成功率至关重要。例如，对杓兰的引种，引种结果显示，通过集中调查有潜在共生真菌的生境后再引入杓兰，其存活率可提高至 75%以上(Ramsay and Stewart，1998)。除引种选地外，回接促生菌或种子共生萌发菌在珍稀濒危药用植物资源保护方面同样有着独特的贡献。20 世纪 70 年代，徐锦堂从野生天麻原球茎中分离出 12 株对天麻种子萌发具有促进作用的内生真菌。其中，天麻与紫萁小菇的共生萌发，成功解决了天麻人工栽培中麻种退化的难题，极大地促进了家种人工栽培天麻技术在全国的大面积推广(冉砚珠和徐锦堂，1990)。所以，内生真菌在保护珍稀濒危药用植物资源方面有着重要意义。

综上所述，内生真菌在药用植物资源保护和开发方面有着显著作用。内生真菌在中药材领域的广泛应用，将有可能成为实现中药材优质、高效、安全、稳定、质量可控的新手段和新原料。我国内生真菌在中药材领域的应用目前仍处于起步阶段，研究过的药用植物内生真菌数量有限，且多限于内生真菌对药用植物生长发育、有效成分、抗逆性等研究，对其具体作用机制仍不明确。利用现代技术手段，对药用植物与内生真菌的关系进行深入而系统的研究亟待开展。充分利用药用植物内生真菌的研究成果将为中药现代化发展带来新途径，成为推动我国中药产业化、规模化、国际化发展的新动力。

（郭顺星）

参考文献

傅立国. 1992. 中国植物红皮书——稀有濒危植物. 北京：科学出版社.

马云桐，万德光，严铸云. 2009. 虎杖内生真菌与有效成分的相关性研究. 华西药学杂志，24(5)：464-466.

冉砚珠，徐锦堂. 1990. 紫萁小菇等天麻种子萌发菌的筛选. 中国中药杂志，5：15-18.

唐坤，李标，郭顺星. 2014. 一株促进丹参生长和提高丹酚酸含量的活性内生真菌. 菌物学报，3：594-600.

王磊，章卫民，潘清灵，等. 2009. 白木香内生真菌的分离及分子鉴定. 菌物研究，7(1)：37-42.

王萌，戴国君，马云桐，等. 2013. 丹参内生真菌与其有效成分的相关性分析. 中国实验方剂学杂志，19(23)：66-73.

肖培根，肖小河. 2000. 21世纪与中药现代化. 中国中药杂志，2：3-6.

郑春英，孙雅北，白长胜，等. 2012. 一株发酵甘草提高甘草次酸含量的内生真菌：中国，CN102643756A.

Albrectsen BR，Björkén L，Varad A，et al. 2010. Endophytic fungi in European aspen (*Populus tremula*) leaves-diversity，detection，and a suggested correlation with herbivory resistance. Fungal Diversity，41(1)：17-28.

Aly AH, Debbab A, Kjer J, et al. 2010. Fungal endophytes from higher plants: a prolific source of phytochemicals and other bioactive natural products. Fungal Diversity，41(1)：1-16.

Aly AH，Debbab A，Proksch P. 2011. Fungal endophytes：unique plant inhabitants with great promises. Applied Microbiology and Biotechnology，90(6)：1829-1845.

Christine SD, Rioult JP, Strullu DE. 2009. Mycorrhizas in upper carboniferous Radiculites-type cordaitalean rootlets. New Phytologist, 182：561-564.

Ebrahim W，Aly AH，Mándi A，et al. 2012. Decalactone derivatives from *Corynespora cassiicola*，an endophytic fungus of the mangrove plant *Laguncularia racemosa*. European Journal of Organic Chemistry，(18)：3476-3484.

Gazis R，Chaverri P. 2010. Diversity of fungal endophytes in leaves and stems of wild rubber trees (*Hevea brasiliensis*) in Peru. Fungal Ecology，3(3)：240-254.

Imhof S. 2009. Arbuscular，ecto-related，orchid mycorrhizas-three independent structural lineages towards mycoheterotrophy：implications for classification. Mycorrhiza，19(6)：357-363.

Lin X，Lu C，Huang Y，et al. 2007. Endophytic fungi from a pharmaceutical plant，*Camptotheca acuminate*：isolation，identification and bioactivity. World Journal of Microbiology and Biotechnology，23(7)：1037-1040.

Maharachchikumbura SSN, Guo LD, Chukeatirote E, et al. 2011. Pestalotiopsis-morphology, phylogeny, biochemistry and diversity. Fungal Diversity，50(1)：167-187.

Ramsay MM，Stewart J. 1998. Re-establishment of the lady's slipper orchid (*Cypripedium calceolus* L.) in Britain. Botanical Journal of the Linnean Society，126(1-2)：173-181.

Smith SE，Read DJ. 2008. Mycorrhizal Symbiosis. 3rd. San Diego：Academic Press.

Soliman SSM，Raizada MN. 2013. Interactions between co-habitating fungi elicit synthesis of taxol from an endophytic fungus in host *Taxus* plants. Frontiers in Microbiology，4：359-361.

Stierle A, Stroble G, Stierle D. 1993. Taxol and taxane production by *Taxomycetes andreanae*, an endophytic fungus of Pacific yew. Science, 260：214-216.

Wang Y，Dai CC. 2011. Endophytes：a potential resource for biosynthesis，biotransformation，and biodegradation. Annals of Microbiology，61(2)：207-215.

Wang Y,Dai CC,Cao J L,et al. 2012. Comparison of the effects of fungal endophyte *Gilmaniella* sp. and its elicitor on *Atractylodes lancea* plantlets. World Journal of Microbiology and Biotechnology，28(2)：575-584.

Zeng WL，Li WK，Han H，et al. 2014. Microbial Biotransformation of Gentiopicroside by the Endophytic Fungus *Penicillium crustosum* 2T01Y01. Applied and Environmental Microbiology，80(1)：184-192.

第一篇
药用植物内生真菌多样性

第一章　药用植物内生真菌多样性概况

药用植物是地球生物多样性中重要的组成部分，是人类在长期生产实践中认识和利用的、具有特殊化学成分和药理功效的植物资源的总称。全世界约有 27 万种植物，我国地域广阔、地形复杂、气候多样，是全球植物多样性最为丰富的国家之一，其中大部分属药用植物。据第三次全国中药资源普查统计，我国约有药用植物 11 146 种，包括 459 种低等植物（藻、菌和地衣）和 10 687 种高等植物（苔藓、蕨类和种子植物），其中 80%为野生资源（郑汉臣和蔡少青，2003）。虽然我国药用植物资源种类丰富多样，但有的药用植物物种，如七叶一枝花、八角莲、金线莲等，因自然更新能力差、人为过度采挖和生境破坏，已经使这些物种的野生资源濒临枯竭。同时，栽培的药材也面临着有效成分含量偏低、移栽成活率低等诸多问题。因此，药用植物，特别是一些疗效确切而濒危的种类，它们的资源再生和资源保护越来越受到人们的关注。

药用植物内生真菌是植物微生态系统中的重要组成部分，有的内生真菌与植物生长密切相关，影响着植物种子的萌发或成年植株的生长发育；有的内生真菌具有合成宿主次生代谢产物的能力，已成为人类寻找新药源的热点资源。因此，内生真菌作为药用植物人工栽培、引种驯化和资源再生及保护的关键限制性因子而备受广泛关注。近年来，随着对药用植物分类、化学、药理和栽培等方面的深入研究，其内生真菌的多样性已成为当今研究的热点。

一、内生真菌多样性

研究表明，几乎所有被研究过的药用植物均发现有内生真菌（Aly et al.，2011）。药用植物内生真菌多以双核菌门子囊菌亚门中的核菌纲（Pyrenomyetes）、盘菌纲（Discomycetes）和腔菌纲（Loculoascomycetes）及其无性态型组成，也包括一些担子菌和接合菌（Sinclair and Cerkauskas，1996）。根据内生真菌与宿主间的专一性分析，目前自然界至少有 100 多万种内生真菌（Petrini，1991）。笔者总结了近 10 年国内外已报道的药用植物内生真菌的种类，见表 1-1～表 1-4。基于已报道的可培养内生真菌，376 属内生真菌分别从 94 科 187 属 233 种 4 变种的药用植物组织（根、茎、叶、花、果实、叶柄、根茎等）中分离得到，涉及子囊菌、担子菌和无孢类群等，具有丰富的物种多样性。其中，子囊菌 372 属，是优势种群；担子菌 4 属；还有 52 属 54 种药用植物的内生真菌未鉴定。镰孢属（*Fusarium*）、链格孢属（*Alternaria*）、青霉属（*Penicillium*）、曲霉属（*Aspergillus*）、拟茎点霉属（*Phomopsis*）、刺盘孢属（*Colletotrichum*）、木霉属（*Trichoderma*）和毛壳菌属（*Chaetomium*）等在药用植物中普遍存在。其中，镰孢属真菌的宿主植物涉及54科95种木本和草本药用植物，属于优势种群；其次是链格孢属真菌，它的宿主植物分属于44科74种；青霉属真菌的宿主植物分属于45科63种；曲霉属真菌的宿主植物分属于43科56种；拟茎点霉属真菌的宿主植物分属于30科47种；刺盘孢菌属的宿主植物分属于36科43种；木霉属真菌的宿主植物分属于30科37种；毛壳菌属真菌的宿主植物分属于27科37种。下面笔者对近年来药用被子植物、药用裸子植物和药用蕨类植物内生真菌多样性分别进行总结。

表1-1 药用被子植物(草本)内生真菌种类多样性

宿主植物科名	植物中文名	植物拉丁学名	内生真菌种类	参考文献
Acanthaceae 爵床科	老鼠簕	*Acanthus ilicifolius*	*Aspergillus terreus*	孙世伟等，2011
Amaryllidaceae 石蒜科	忽地笑	*Lycoris aureabulbs*	*Penicillium* sp.	罗跃龙等，2011
Apocynaceae 夹竹桃科	狗牙花	*Ervatamia divaricata*	*Torula* sp.	李海燕等，2007
	黄花夹竹桃	*Thevetia peruviana*	*Aspergillus* sp.、*Monotospora* sp.、*Papulospora* sp.、*Penicillium* sp.、*Pestalotia* sp.、*Rhizoctonia* sp.、*Sclerotium* sp.、*Trichoderma* sp.	彭小伟等，2003
	络石	*Trachelospermum jasminoides*	*Alternaria* sp.、*Anthromycopsis* sp.、*Ascophaera* sp.、*Aspergillus fumigates*、*Aspergillus* sp.、*Aureobasidium* sp.、*Candida* sp.、*Cephalosporium* sp.、*Ceratocystis* sp.、*Chaetomium* sp.、*Cladosporium* sp.、*Colletotrichum* sp.、*Cryptosporium* sp.、*Curvalaria* sp.、*Cylindrocarpon* sp.、*Echinobotr yum* sp.、*Fusarium* sp.、*Gliocladium* sp.、*Gonatobotryum* sp.、*Guignardia* sp.、*Lophodermium* sp.、*Melanconium* sp.、*Mucor* sp.、*Mycelia sterilia* sp.、*Oidium* sp.、*Oospora* sp.、*Ozonium* sp.、*Papulaspora* sp.、*Penicillium* sp.、*Phacodium* sp.、*Phoma* sp.、*Phomosis* sp.、*Pyrenochaeta* sp.、*Rhizoctonia* sp.、*Sclerotium* sp.、*Stephanosporium* sp.、*Thamnidium* sp.、*Trichoderma viride*、*Verticillium* sp.	黄午阳和王凤舞，2005
	络石	*T. jasminoides*	*Cephalosporium* sp.	黄午阳，2005
	长春花	*Catharanthus roseus*	*Alternaria* sp.	郭波等，1998
	长春花	*C.roseus*	*Aureobasidium* sp.、*Chaetomium* sp.、*Mycelia sterilia* sp.、*Nigrospora* sp.	杨显志等，2004
	长春花	*C. roseus*	*Fusarium oxysporum*	张玲琪等，2000
Araceae 天南星科	半夏	*Pinellia ternata*	*Acremonium* sp.、*Aspergillus* sp.、*Catenularia* sp.、*Cephalosporium* sp.、*Chloridium* sp.、*Coccosporium* sp.、*Corynespora* sp.、*Fusarium* sp.、*Ovularia* sp.、*Ozonium* sp.、*Papulaspora* sp.、*Penicillium* sp.、*Phragmocephala* sp.、*Ramularia* sp.、*Rhizoctonia* sp.	刘建玲等，2010
	法夏	*Arisaema erubescens*	*Ascomycete* sp.	李海燕等，2007
	水菖蒲	*Acorus calamus*	*Aspergillus* sp.、*Botrytis* sp.、*Catenularia* sp.、*Cephalosporium* sp.、*Colletotrichum* sp.、*Coryneum* sp.、*Curvularia* sp.、*Fusarium* sp.、*Monilochaetes* sp.、*Paecilomyces* sp.、*Penicilliopsis* sp.、*Penicillium* sp.、*Trichoderma* sp.、*Wardonmyces* sp.	周晓坤等，2010

续表

宿主植物科名	植物中文名	植物拉丁学名	内生真菌种类	参考文献
Araliaceae 五加科	刺五加	*Acanthopanax senticosus*	*Alternaria* sp.、*Aspergillus* sp.、*Cephalospoium* sp.、*Chaetonium* sp.、*Cladosporium* sp. 、*Harkne ssia* sp.、*Ozonium* sp.、*Penicillium* sp.、*Peyronellaea* sp.、*Rhizopus* sp.	李治滢等，2004
	刺五加	*A. senticosus*	*Alternaria* sp.、*Aspergillus* sp.、*Cladosporium* sp.、*Colletotrichum* sp.、*Fusarium* sp.、*Gibberella* sp.、*Helminthosporium* sp.、*Monascus* sp.、*Rhizopus*	刘娟等，2011
	刺五加	*A. senticosus*	*Acremonium* sp.、*Alternaria alternata*、*Bipolaris* sp.、*Colletotrichum* sp.、*Fusarium* sp.、*Mucor* sp.、*Mycelia sterilia* sp. 、*Phoma* sp. 、*Phomopsis* sp. 、*Scopulariopsis* sp.、*Stagonospora* sp.	孙剑秋等，2006
	刺五加	*A. senticosus*	*Alternaria* sp.、*Aspergillus* sp.、*Cephalosporium* sp.、*Colletotrichum* sp.、*Fusarium* sp.、*Gonatorrhodiella*、*Monilia* 、*Monilochaetes* sp.、*Penicillium* sp.、*Rhizoctonia* sp.、*Sphaceloma* sp.、*Trichoderma* sp.	熊亚南等，2009
	刺五加	*A.senticosus*	*Alternaria* sp.、*Aspergillus* sp.、*Aspergillusniger* sp.、*Cephalosporium* sp.、*Cercosporella* sp.、*Graphium* sp.、*Mucor* sp.、*Penicillium* sp.	郑春英等，2009
	人参	*Panax ginseng*	*Acremonium* sp.、*Alternaria alternata*、*Ceolomycete* sp.、*Cladosporium* sp.、*Fusarium* sp.、*Nodulisporium* sp.、*Phomopsis* sp.、*Stagonospora* sp.	孙剑秋等，2006
	人参	*P. ginseng*	*Cephalosporium* sp.、*Cylindrocarpon* sp.、*Penicillium* sp.、*Trichothecium* sp.、*Verticillium* sp.	焦朋娜等，2012
Aristolochiaceae 马兜铃科	北细辛	*Asarum heterotropoides* var. *mandshuricum*	*Colletotrichum* sp.、*Fusarium* sp.、*Glomerella* sp.、*Phyllosticta* sp.、*Podospora* sp.	包丽霞等，2010
	细辛	*A. sieboldi*	*Alternaria alternata*、*Asarum heterotropoides* sp.、*Hyphomycete* sp.、*Mycelia sterilia*、*Phoma* sp.、*Rhizoctonia* sp.	孙剑秋等，2006
	马兜铃	*Aristolochia* spp.	*Colletotrichum* sp.	杨志钧等，2012
Asclepiadaceae 萝藦科	牛角瓜	*Calotropis procera*	*Marssonina* sp.、*Pithomyces* sp .	李海燕等，2007
Asteraceae 菊科	苍术	*Atractylodes chinensis*	*Alternaria alternata*、*Mycelia sterilia* sp.、*Phomopsis* sp.、*Sporormiella minina*	孙剑秋等，2006
	黄花蒿	*Artemisia annua*	*Colletotrichum* sp.	黄午阳，2005
	黄花蒿	*A. annua*	*Penicillium* sp.	袁亚菲等，2011
	黄花蒿	*A.annua*	*Aspergillus* sp.、*Cephalosporium* sp.、*Currularia* sp.、*Mucor* sp.、*Physalospora* sp.	刘金花等，2011
	黄花蒿	*A.annua*	*Alternaria* sp.、*Colletotrichum* sp.、*Pestalotiopsis* sp.、*Phomopsis* sp.	钱一鑫等，2014
	加拿大蓟	*Cirsium arvense*	*Mycelia sterile* sp.	Krohn et al.，2001
	菊花	*Chrysanthemum morifolium*	*Botrytis* sp.、*Chaetomium globosum*	刘晓珍等，2011
	茅苍术	*Atractylodes lancea*	*Aspergillus* sp.、*Coremium* sp.、*Curvularia* sp.、*Fusarium* sp.、*Geotrichum* sp.、*Microsphaera* sp.、*Monascus* sp.、*Myriangium* sp.、*Penicillium* sp.、*Physoderma* sp.、*Rhizoctonia* sp.、*Stemphylium* sp.	曹益鸣等，2010
	蒙古蒿	*Artemisia mongolica*	*Colletotrichum gloeosporioides*	Zou et al.，2000
	蒲公英	*Taraxacum mongolicum*	*Fusarium* sp.、*Oospora* sp.	李伟南和张慧茹，2008
	雪莲	*Saussurea involucrata*	*Cylindrocarpon* sp.、DSE、*Fusarium* sp.、*Phoma* sp.	Lv et al.，2010

续表

宿主植物科名	植物中文名	植物拉丁学名	内生真菌种类	参考文献
	野菊	*Dendranthema indicum*	*Alternaria* sp.、*Aspergillus* spp.、*Bipolaris* sp.、*Cercospora* sp.、*Cladosporium* sp.、*Colletotrichum* sp.、*Dothiorella* sp.、*Fusarium* sp.、*Fusicoccum* sp.、*Glomerella* sp.、*Macrophoma* sp.、*Penicillium* sp.、*Phomopsis* sp.、*Phyllosticta* sp.、*Trichoderma* sp.	卢东升等，2011b
	昭和草	*Crassocephalum crepidioides*	*Geotrichum* sp.	Kongsaeree et al.，2003
Berberidaceae 小檗科	八角莲	*Dysosma versipellis*	*Alternaria* sp.、*Aspergillus* sp.、*Cladosporium* sp.、*Fusarium* sp.、*Monilia* sp.、*Penicillium* sp.、*Sphaeropsis* sp.、*Torula* sp.、*Trichoderma* sp.、*Verrucosispora* sp.	李雪玲，2005
	八角莲	*D. versipellis*	*Aspergillus niger*、*Colletotrichum boninense*、*Colletotrichum gloeosporioides*、*Cylindrocarpon pauciseptatum*、*Cylindrocarpon* sp.、*Guignardia philoprina*、*Hypocreales* sp.、*Leptodontidium* sp.、*Mycosphaerella heimii*、*Nectricladiella infestans*、*Nectricladiella* sp.、*Neonectria radicicola*、*Pestalosphaeria hansenii*、*Pestalotiopsis maculiformans*、*Pseudocercospora humuli*、*Sordariales* sp.	谭小明等，2014
	桃儿七	*Sinopodophyllum hexandrum*	*Cephalosporium* sp.	刘芸等，2011
	细叶小檗	*Berberis poiretii*	*Alternaria alternate*、*Ascomycete* sp.、*Curvularia inaequalis*、*Microsphaeropsis conielloides*、*Mycelia sterilia* sp.、*Phomopsis* sp.	孙剑秋等，2006
Cactaceae 仙人掌科	墨西哥仙人掌	*Opuntia mocpodasys*	*Alternaria* sp.、*Aspergillus* sp.、*Cephalosporium*、*Gonatorrhodiella* sp.、*Monilia* sp.、*Oospora* sp.、*Papulaspora* sp.、*Penicillium* sp.、*Pestalotiopsis* sp.、*Phacidium* sp.、*Rhizoctonia* sp.	秦盛等，2004
Campanulaceae 桔梗科	桔梗	*Platycodon grandiflorum*	*Alternaria platycodonis*	潘景芝等，2007
Caprifoliaceae 忍冬科	金银花	*Lonicera japonica*	*Alternaria* sp.、*Chaetomium* sp.、*Fusarium* sp.、*Geotrichum* sp.、*Gibberella* sp.、*Penicillium* sp.、*Trichoderma* sp.	李瑾等，2010a
	金银花	*L.japonica*	*Fusarium* sp.	李瑾等，2010b
Cucurbitaceae 葫芦科	苦瓜	*Momordica charantia*	*Alternaria* sp.、*Cladosporium* sp.、*Colletotrichum* sp.、*Fusarium* sp.、*Phoma* sp.、*Mycelia sterilia*	梁翠玲等，2010
	绞股蓝	*Gynostemma pentaphyllum*	*Helotiales* sp.	尚菲等，2011
Dioscoreaceae 薯蓣科	穿龙薯蓣	*Dioscorea fipponica*	*Alternaria alternata*、*Dactuliophora* sp.、*Mycelia stetilia* sp.、*Sporormiella minima*	孙剑秋等，2006
	粉背薯蓣	*D. collettii* var. *hypoglauca*	*Fusarium oxysporum*、*Fusarium proliferatum*、*Fusarium solani*	孙勇等，2010
Gentianaceae 龙胆科		*Fragraea bodenii*	*Pestalotiopsis jester*	Li et al.，2001
	龙胆草	*Gentiana scabra*	*Alternaria alternata*、*Arthrographis* sp.、*Fusarium* sp.、*Mycelia sterilia*、*Phoma* sp.	孙剑秋等，2006
Gramineae 禾本科	狗牙根	*Cynodon dactylon*	*Aspergillus fumigates*	Liu et al.，2004
	黑麦草	*Perennial ryegrass*	*Neotyphodium* sp.	马敏芝和南志标，2011
	互花米草	*Spartina alterniflora*	*Fusarium* sp.	肖义平等，2004
	芦竹	*Arundo donax*	*Trichoderma* sp.	纪丽莲等，2004
	柠檬香茅	*Cymbopogon flexuosus*	*Balansia sclerotic*	Absar et al.，1994

续表

宿主植物科名	植物中文名	植物拉丁学名	内生真菌种类	参考文献
	小颖羊茅	*Festuca parvigluma*	*Neotyphodium sinofestucae*	陆涛等，2012
	疣粒野生稻	*Oryza granulate*	*Acremonium* sp.、*Alternaria* sp.、*Ampelomyces* sp.、*Arthrinium aureum*、*Arthrinium phaeospermum*、*Arthrinium* sp.、*Aspergillus* sp.、*Aspergillus vitricola*、*Basidiomycete* sp.、*Beauveria brongniartii*、*Bionectria ochroleuca*、*Botryosphaeria dothidea*、*Cercospora* sp.、*Cladosporium* sp.、*Cochliobolus lunatus*、*Colletotrichum boninense*、*Colletotrichum* sp.、*Cylindrocarpon* sp.、*Diaporthales* sp.、*Diaporthe* sp.、*Exophiala pisciphila*、*Fusarium* sp.、*Gnomoniaceae* sp.、*Harpophora* sp.、*Leptosphaeria* sp.、*Leptosphaeriaceae* sp.、*Magnaporthaceae* sp.、*Marasmius oreades*、*Massarinaceae* sp.、*Microdochium* sp.、*Muscodor albus*、*Muscodor* sp.、*Paecilomyces lilacinus*、*Penicillium oxalicum*、*Penicillium* sp.、*Penicillium steckii*、*Phaeosphaeria* sp.、*Phaeosphaeriaceae* sp.、*Phomopsis* sp.、*Pleosporales* sp.、*Podosphaera fusca*、*Ramichloridium* sp.、*Rhizopycnis* sp.、*Stachybotrys* sp.、*Trichosporon mucoides*、*Verticillium* sp.、*Wallemia* sp.、*Xylaria* sp.、*Xylaria venosula*、*Xylariaceae* sp.	袁志林，2010
	醉马草	*Achnatherum inebrians*	*Acremonium* sp.、*Claviceps purpurea*、*Epichloe typhina*	Bruehl and Ktein，1994
	醉马草	*A. inebrians*	*Neotyphodium gansuense*	汪琳等，2011
Haloragaceae 小二仙草科	穗花狐尾藻	*Myriophyllum spicatum*	*Acremonium curyulum*、*Aureobasidium pullulans*、*Cladosporium herbarum*、*Colletotrichum gloeosporiodes*、*Paecilomyces* sp.	Smith et al.，1989
Lemiaceae 唇形科		*Dicerandra frutescens*	*Phomopsis longicolla*	Wagenaar and Clardy，2001
	柴胡	*Bupleurum chinense*	*Alternaria alternate*、*Chaetomium* sp.	孙剑秋等，2006
	丹参	*Salvia miltiorrhiza*	*Alternaria* sp.、*Ascochyta* sp.、*Aspergillus* sp.、*Botrytis* sp.、*Cephalosporium* sp.、*Cladosporium* sp.、*Curvularia* sp.、*Fusarium* sp.、*Monilia* sp.、*Mucor* sp.、*Nigrospora* sp.、*Penicillium* sp.、*Phomopsis* sp.、*Rhizoctonia* sp.、*Sclerotium* sp.、*Sporobolomyces* sp.、*Tolura* sp.、*Trichoderma* sp.、*Verticillium* sp.	冀玉良等，2011
	丹参	*S. miltiorrhiza*	*Alternaria* sp.、*Aspergillus* sp.、*Curvularia* sp.、*Fusarium* sp.、*Leptodontidium* sp.、*Lewia* sp.、*Phoma* sp.、*Schizophyllum* sp.、*Trametes* sp.	李艳玲等，2012
	藿香	*Agastache rugosa*	*Alternaria alternata*、*Ascomycete* sp.、*Chaetomium* sp.、*Mycelia sterilia*、*Phomopsis* sp.、*Sporormiella mirama*	孙剑秋等，2006
Liliaceae 百合科	多花黄精	*Polygonatum Cyrtonema*	*Penicillium canescens*	汪滢等，2010
	库拉索芦荟	*Aloe barbadensis*	*Aspergillus* sp.、*Chaetomium* sp.、*Colletotrichum* sp.、*Penicillium* sp.、*Trichoderma* sp.	黄江华等，2008
	土茯苓	*Smilax glabra*	*Guignardia mangiferae*	梁法亮等，2011
	皖贝母	*Fritilaria anhuiensis*	*Mortierella* sp.、*Penicillium* sp.	杨宇等，2011
	玉竹	*Polygonatum odoratum*	*Acremonium* sp.、*Alternaria alternate*、*Colletotrichum* sp.、*Mycelia sterilia*、*Paecilomyces* sp.、*Sporormiella minima*	孙剑秋，2006
	长梗黄精	*Polygonatum filipes*	*Fusarium equiseti*、*Fusarium oxysporum*、*Fusarium solani*	孙勇等，2010

续表

宿主植物科名	植物中文名	植物拉丁学名	内生真菌种类	参考文献
	中华芦荟	*Aloe vera* var. *chinensis*	*Cephalosporium* sp.、*Fusarium* sp.、*Penicillium* sp.、*Rhizoctonia* sp.、*Sclerotium* sp.、*Stachybotrys* sp.、*Verticillium* sp.	柯野等，2007
Loganiaceae 马钱科	大叶醉鱼草	*Buddle jadavidii*	*Colletotrichum* sp.	郝蕾等，2011
	断肠草	*Gelesemium elegans*	*Sterile mycelium* sp.	李海燕等，2007
Musaceae 芭蕉科	香蕉	*Musa acuminata*	*Alternaria tenuis*、*Aspergillus* sp.、*Aureobasidium* sp.、*Cephalosporium* sp.、*Cladosporium* sp.、*Deightoniella torulosa*、*Fusarium* sp.、*Gloeosporium musae*、*Melioa* sp.、*Myxosporium* sp.、*Paecilomyces* sp.、*Penicillium* sp.、*Sarcinella* sp.、*Sphaceloma* sp.、*Spicaria* sp.、*Trichothecium* sp.、*Uncinula* sp.	Cao et al., 2002
	香蕉	*M. acuminata*	*Alternaria* sp.、*Aspergillus* sp.、*Colletotrichum masse*、*Cordana masse*、*Curvularia* sp.、*Drechslera* sp.、*Epicoccum purpuracens*、*Fusarium* sp.、*Humicola* sp.、*Nigrospora oryzae*、*Phomopsis* sp.、*Periconia* sp.、*Phyllosticta* sp.、*Sporomiella minima*、*Trichoderma* sp.、*Xylaria* sp.	Pereira et al., 1999
	香蕉	*M. acuminata*	*Alternaria tenuis*、*Aspergillus* sp.、*Aureobasidium* sp.、*Cephalosporium* sp.、*Cladosporium* sp.、*Colletotrichum gloeosporioides*、*Deightoniella torulosa*、*Fusarium* sp.、*Meliola* sp.、*Paecilomyces* sp.、*Penicillium* sp.、*Sarcinella* sp.、*Sphaceloma* sp.、*Spicaria* sp.、*Trichothecium* sp.、*Uncinula* sp.	曹理想等，2003
Orchidaceae 兰科		*Amerorchis rotundifolia*	*Phialocephala* sp.	Zelmer，1994
	白及	*Bletilla striata*	*Cadophora malorum*	Chen et al., 2010a
	白及	*B. striata*	*Acremonium kiliense*、*Alternaria tenuissim*、*Arthrinium phaeospermum*、*Ceratorhiza* sp.、*Colletotrichum boninense*、*Colletotrichum caudatum*、*Colletotrichum dematium*、*Colletotrichum gloeosporioides*、*Colletotrichum graminicola*、*Colletotrichum trifolii*、*Cylindrocarpon olidum*、*Epulorhiza* sp.、*Fusarium oxysporum*、*Fusarium proliferatum*、*Fusarium redolens*、*Fusarium solani*、*Periconia macrospinosa*、*Scolecobasidium microspoum*、*Sebacina* sp.、*Verticillium chlamydosporium*	陶刚，2009
	兜唇石斛	*Dendrobium moschatum*	*Fusarium proliferatum*	Tsavkelova et al., 2008
	独花兰	*Changnienia amoena*	*Chaetomium nigricolor*、*Eupenicillium brefeldianum*、*Eupenicillium reticulisporum*、*Hypoxylon fragiforme*、*Mycorrhizal fungal* sp.、*Podospora setosa*、*Tulasnella calospora*、*Xylaria curta*	Jiang et al., 2011
	短序脆兰	*Acampe papillosa*	*Fusarium proliferatum*	Tsavkelova et al., 2008
	黄花美冠兰	*Eulophia flava*	*Acrocylindrium* sp.、*Ceratorhiza* sp.、*Chaetomium globosum* sp.、*Chaetomium murorum* sp.、*Fusarium* sp.、*Pyrenochaeta* sp.、*Rhizoctonia* sp.	朱艳秋等，2009
	金钗石斛	*Dendrobium nobile*	*Leptodontidium* sp.	Hou and Guo，2009

续表

宿主植物科名	植物中文名	植物拉丁学名	内生真菌种类	参考文献
	金钗石斛	*D. nobile*	*Botryosphaeria* sp.、*Clonostachys rosea*、*Colletotrichum* sp1.、*Fusarium proliferatum*、*Fusarium solani*、*Fusarium* sp.、*Guignardia mangiferae*、*Hypoxylon* sp.、*Nemania* sp.、*Penicillium griseofulvum*、*Penicillium* sp.、*Pestalotiopsis vismiae*、*Phomopsis amygdale*、*Phomopsis* sp.、*Rhizoctonia* sp.、*Trichoderma chlorosporum*、*Unidentified strain*、*Xylaria* sp.	Yuan et al.，2010
	金钗石斛	*D. nobile*	*Ceratorhiza* sp .、*Gliocladium* sp .、*Gloiocladium* sp.、*Moniliopsis* sp.、*Mycena orchidicola*、*Pestalotina* sp.、*Rhizoctomia* sp.	郭顺星等，2000a
	金线莲	*Anoectochilus roxburghii*	*Epulorhiza* sp.、*Mycena* sp.	陈晓梅等，2005
	金线莲	*A. roxburghii*	*Mycena anoectochila*	
	龙头兰	*Pecteilis susannae*	*Epulorhiza* sp.、*Fusarium* sp.	Chutima et al.，2011
	美花石斛	*Dendrobium loddigesii*	*Acremonium stromaticum*、*Alternaria* sp.、*Ampelomyces* sp.、*Cercophora* sp.、*Chaetomella* sp.、*Cladosporium* sp.、*Colletotrichum* sp.、*Davidiella* sp.、*Fusarium dimerum*、*Fusarium solani*、*Fusarium* sp.、*Fusarium stoveri*、*Fusarium udum*、*Fusarium venfricosum*、*Lasiodiplodia* sp.、*Nigrospora* sp.、*Paraconiothyrium* sp.、*Pyrenochaeta* sp.、*Sirodesmium* sp.、*Thielavia californica*、*Verticillium* sp.、*Xylaria* sp.	Chen et al.，2010b
	美丽杓兰	*Cypripedium reginae*	*Fusarium semitectum*	Vujanovic et al.，2000
	墨兰	*Cymbidium sinense*	*Mycena orchdicola*	
	盘龙参	*Spiranthes sinensis*	*Alternaria* sp.、*Aspergillus* sp.、*Cephalosporium* sp.、*Cercosporella* sp.、*Cladosporium* sp.、*Currularia* sp.、*Fusarium* sp.、*Geottrichum* sp.、*Helminthosporium* sp.、*Microsporum* sp.、*Penicillium* sp.、*Rhizoctonia* sp.、*Trichoderma* sp.	刘紫英，2010a
	珊瑚兰	*Corallorhiza trifida*	*Phialocephala* sp.	Zelmer，1994
	珊瑚兰一种	*C.maculata*	*Phialocephala* sp.	Zelmer，1994
	杓兰	*Cypripedium calceolus*	*Phialocephala* sp.	Zelmer，1994
	石斛属	*Dendrobium* sp.	*Trichoderma* sp.	朱江敏等，2011
	绶草	*Spiranthes spiralis*	*Alternaria* sp.、*Ceratobasidium-Rhizoctonia* sp.、*Leptosphaeria* sp.、*Malassezia* sp.、*Vidiella* sp.	Tondello et al.，2012
	绶草	*S.sinensis*	*Cryptosporiopsis ericae*	Chen et al.，2010a
	绶草	*S.sinensis*	*Alternaria* sp.、*Aspergillus* sp.、*Cephalosporium* sp.、*Cercosporella* sp.、*Cladosporium* sp.、*Currularia* sp.、*Fusarium* sp.、*Geottrichum* sp.、*Helminthosporium* sp.、*Microsporum* sp.、*Penicillium* sp.、*Rhizoctonia* sp.、*Trichoderma* sp.	刘紫英，2010b
	绶草一种	*S.lacera*	*Phialocephala* sp.	Zelmer，1994
	天麻	*Gastrodia elata*	*Mycena osmundicola*	张集慧等，1999
	铁皮石斛	*Dendrobium officinale*	*Acremonium* sp.、*Cephalosporium* sp.、*Ceratorhiza* sp.、*Chromosporium* sp.、*Cylindrocarpon* sp.、*Epulorhiza* sp.、*Moniliopsis* sp.、*Myceliophthoreae*、sp.*Mycena dendrobii*、*Rhizoctomia* sp.	郭顺星等，2000a

续表

宿主植物科名	植物中文名	植物拉丁学名	内生真菌种类	参考文献
	铁皮石斛	*D. officinale*	*Acremonium* sp.、*Alternaria* sp.、*Ampelomyces* sp.、*Arthrinium* sp.、*Aureobasidium* sp.、*Bionectria* sp.、*Chaetomium* sp.、*Chaetophoma* sp.、*Fusarium* sp.、*Glomerularia* sp.、*Hyalodendron* sp.、*Melanconium* sp.、*Nigrospora* sp.、*Periconiella* sp.、*Sclerotium* sp.、*Zopfiella* sp.	胡克兴等，2010
	铁皮石斛	*D. officinale*	*Epulorhiza* sp.、*Epulorhiza* sp.、*Guignardia camelliae*、*Mycosphaerella cruenta*	吴慧凤等，2011
	铁皮石斛	*D. officinale*	*Mycena dendrobii*	
	五唇兰	*Doritis pulcherrima*	*Alternaria* sp.、*Anthina* sp.、*Chaetomium* sp.、*Chromosporium* sp.、*Cylindrosporium* sp.、*Fusarium* sp.、*Monilia* sp.、*Oedocephalum* sp.、*Ozonium* sp.、*Phacodium* sp.、*Pyrenochaeta* sp.、*Rhizoctonia* sp.、*Sclerotium* sp.、*Trichoderma* sp.	柯海丽等，2007
	小舌唇兰	*Platanthera obtusata*	*Phialocephala* sp.	Zelmer，1994
Orobanchaceae 列当科	肉苁蓉	*Cistanche deserticola*	*Acremonium* sp.、*Alternaria* sp.、*Aspergillus* sp.、*Cephalosporium* sp.、*Chaetomella* sp.、*Chaetomium* sp.、*Chrysosporium* sp.、*Cladosporium* sp.、*Doratomyces* sp.、*Fusarium* sp.、*Geotrichum* sp.、*Gliomastix* sp.、*Myrothecium* sp.、*Neocosmospora* sp.、*Nigrospora* sp.、*Paecilomyces* sp.、*Phoma* sp.、*Pyrenochaeta* sp.、*Scopulariopsis* sp.、*Trichocladium* sp.、*Trichoderma* sp.、*Trichurus* sp.	于晶等，2011
Paeoniaceae 芍药科	滇牡丹	*Paeonia delavayi*	*Alternaria* sp.、*Aspergillus* sp.、*Basipetospora* sp.、*Botryotrichun* sp.、*Cephalosporium* sp.、*Chaetomium* sp.、*Ectostroma* sp.、*Fusarium* sp.、*Gilmaniella* sp.、*Humicola* sp.、*Mucor* sp.、*Ozonium* sp.、*Paeculomyces* sp.、*Penicillium* sp.、*Phacodium* sp.、*Pyrenochaeta* sp.、*Rhizopus* sp.、*Trichoderma* sp.、*Xylaria* sp.	苗翠苹等，2011
Papaveraceae 罂粟科	博落回	*Macleaya cordata*	*Aspergillus* sp.、*Botryosphaeria* sp.、*Colletotrichum* sp.、*Fusarium* sp.、*Glomerella* sp.、*Macrophoma* sp.、*Monographella* sp.、*Penicillium* sp.、*Phomophsis* sp.、*Trichoderma* sp.、*Verticillium* sp.	贾晓等，2011
Piperaceae 胡椒科	胡椒	*Piper nigrum*	*Aureobasidium* sp.、*Botryodiplodia* sp.、*Cladosporium* sp.、*Colletotrichum* sp.、*Curvularia* sp.、*Fusarium* sp.、*Nodulisporium* sp.、*Phomopsis* sp.、*Rhizoctonia* sp.、*Xylaria* sp.	王赟等，2010
	假蒟	*Piper sarmentosum*	*Aureobasidium* sp.、*Cladosporium* sp.、*Colletotrichum* sp.、*Fusarium* sp.、*Phomopsis* sp.、*Xylaria* sp.	王赟等，2010
	蒌叶	*Piper rbetle*	*Aureobasidium* sp.、*Cladosporium* sp.、*Colletotrichum* sp.、*Fusarium* sp.、*Phomopsis* sp.、*Xylaria* sp.	王赟等，2010
Polygonaceae 蓼科	何首乌	*Polygonum multiflorun*	*Acremonium* sp.、*Alternaria* sp.、*Aspergillus* sp.、*Bartalina* sp.、*Briarea* sp.、*Cephalosporium* sp.、*Chromosporium*、*Coccospora* sp.、*Corethropsis* sp.、*Deuterophoma* sp.、*Diaphanium* sp.、*Ectostroma* sp.、*Fusarium* sp.、*Fusella* sp.、*Fusoma* sp.、*Glomerularia* sp.、*Monilia* sp.、*Nigrospora* sp.、*Ozonium* sp.、*Penicilliopsis* sp.、*Phacodium* sp.、*Phomopsis* sp.、*Pyrenochaeta* sp.、*Rhizopus* sp.、*Sphaeopsis* sp.、*Spicaria* sp.、*Stemphylium* sp.、*Stigmella* sp.、*Tetraploa* sp.、*Trichoderma* sp.、*Ulocladium* sp.	郑毅等，2011

续表

宿主植物科名	植物中文名	植物拉丁学名	内生真菌种类	参考文献
	虎杖	*Polygonum cuspidatum*	*Aspergillus* sp.、*Cladosporium* sp.、*Gliocladium* sp.、*Monilia* sp.、*Mucor* sp.、*Mycelia sterilia* sp.、*Penicillium* sp.	曾松荣等，2005
	虎杖	*P. cuspidatum*	*Acremonium* sp.、*Aspergillus* sp.、*Colletotrichum* sp.、*Fusarium* sp.	刘芸等，2010
Ranunculaceae 毛茛科	大花黄牡丹	*Paeonia ludlowii*	*Alternaria* sp.、*Aspergillus* sp.、*Brachyosporium* sp.、*Chaetomium* sp.、*Cladosporium* sp.、*Fusarium* sp.、*Mycelia sterilia* sp.、*Papuladspora* sp.、*Penicillium* sp.、*Trichoderma* sp.	何建清等，2011
	乌头	*Aconitum. carmichaeli*	*Alternaria* sp.、*Aspergillus* sp.、*Botrytis* sp.、*Candida* sp.、*Cephaliophora* sp.、*Cephalosporium* sp.、*Chaetomium* sp.、*Cladosporium* sp.、*Cunninighamella* sp.、*Fusarium* sp.、*Humicola* sp.、*Monocillium* sp.、*Mucor* sp.、*Nigrospora* sp.、*Ozonium* sp.、*Penicillium* sp.、*Pestalotia* sp.、*Phacodium* sp. *Pireella* sp.、*Pleiochaeta* sp.、*Rhizopus* sp.、*Sphaeropsis* sp.、*Trichoderma* sp.	李治滢等，2009
	黄花乌头	*A. coreanum*	*Alternaria alternata*、*Mycelia sterilia* sp.、*Phomopsis* sp.	孙剑秋等，2006
	短柄乌头	*A. brachypodum*	*Alter naria* sp.、*Anthina* sp.、*Chaetonium* sp.、*Curvularia* sp.、*Penicillium* sp.、*Peyronellaea* sp.、*Rhizoctonia* sp.	李治滢等，2004
Rubiaceae 茜草科	白花蛇舌草	*Hedyotis diffusa*	*Ascomycete* sp.	李海燕等，2007
	咖啡	*Coffea arabica*	*Tetracladium furcatum*	Raviraja et al.，1996
	栀子	*Gardenia jasminoides*	*Alternaria* sp.、*Penicillium* sp.、*Aspergillus* sp.、*Verticillium* sp.、*Paecilomyces* sp.、*Spicaria* sp.、*Cephalosporium* sp.、*Gliocladium* sp.、*Nakataea* sp.	林贵兵等，2014
Rutaceae 鸢尾科	藏红花	*Crocus Sativus*	*Penicillium* sp.、*Torula* sp.、*Aspergillus* sp.	焉兆萍等，2010
	德国鸢尾	*Iris germanica*	*Rhizopus oryzae*	张玲琪等，1999
Solanaceae 茄科		*Solanum cernuum*	*Arthrobotrys foliicola*、*Colletotrichum gloeosporioides*、*Colletotrichum* sp.、*Coprinellusradians* sp.、*Diatrypella frostii*、*Glomerella acutata*、*Mucor* sp.、*Phanerochaete sordid*、*Phlebia subserialis*、*Phoma glomerata*、*Phoma moricola*	Vieira et al.，2012
	番茄	*Lycopersicon esculentum*	*Guignardia* sp.、*Pestalotiopsis guepinii*、*Phomopsis* sp.	Rodrigues et al.，2000
	番茄	*L. esculentum*	*Alternaria* sp.、*Aspergillus* sp.、*Basipetospom* sp.、*Cephalosprium* sp.、*Dendryphiopsis* sp.、*Mycellia sterilia* sp. *Olpitrichum* sp.、*Paecilomyces* sp.、*Saccharomyces* sp.、*Sympodiella* sp.	张立新等，2005
	枸杞	*Lycium barbarum*	*Alternaria* sp.、*Aspergillus* sp. *Dendrophoma* sp.、*Fusarium* sp.、*Mycelia sterilia* sp.、*Penicillium* sp.、*Periconia* sp.、*Rhizopus* sp.	刘建利，2011
	曼陀罗	*Dature stramonium*	*Alternaria* sp.	李海燕等 2007
Umbelliferae 伞形科	当归	*Angelica sinensis*	*Coccosporella* sp.、*Coniosporieae* sp.、*Fusella* sp.、*Hypadermium* sp.、*Myxarmia* sp.、*Ozonium* sp.、*Phacodium* sp.、*Sphaceloma* sp.	江曙等，2012
	明党参	*Changium smyrnioides*	*Alternaria* sp.、*Elsinoe* sp.、*Fusarium* sp.、*Geotrichum* sp.、*Paecilomyces* sp.、*Rhizoctonia* sp.、*Stemphylium* sp.、*Trichoderma* sp.	江曙等，2010

续表

宿主植物科名	植物中文名	植物拉丁学名	内生真菌种类	参考文献
	狭叶柴胡	*Bupleurum scorzonerifolium*	*Alternaria* sp.、*Aspergillus* sp.、*Fusarium* sp.、*Helminthosporium* sp.、*Monilia* sp.、*Mucor* sp.、*Penicillium* sp.	高宁等，2012
Verbenaceae 马鞭草科	牡荆	*Vitex negundo* var. *cannabifolia*	*Alternaria tenuissima*、*Colletotrichum gloeosporioides*、*Diaporthe phaseolorum*、*Fusarium proliferatum*、*Fusarium solani*、*Gibberella moniliformis*、*Gongronella butleri*、*Penicillium pinophilum*、*Phoma sojicola*、*Phoma sorghina*、*Phomopsis phoenicicola*、*Xylaria longipes*	黄芳等，2011
Vitaceae 葡萄科	葡萄	*Vitis vinifera*	*Phomopsis viticola*	Mostert et al., 2000
Zingiberaceae 姜科	莪术	*Curcuma aeruginosa*	*Penicillium baarnense*、*Penicillium frequentans*	宣群等，2011
	莪术	*C. zedoaria*	*Aspergillus* sp.、*Cephalos porium* sp.、*Fusarium* sp.、*Hendersonula* sp.、*Mucor* sp.、*Penicillium* sp.、*Rhizoctonia* sp.	宣群和张玲琪，2007
	姜黄	*C. longa*	*Diaporthe* sp.	彭清忠等，2010
	砂仁	*Amomum siamense*	*Colletotrich gloeosporioides*、*Eupenicillium crustaceum*、*Fusarium* sp.、*Glomerella* sp.、*Phomopsis* sp.、*Phyllosticta* sp.、*Pyricularia* sp.、*Talaromyces flavus*	Bussaban et al., 2001
	温郁金	*Curcuma wenyujin*	*Penicillium oxalicum*	王艳红等，2011
	温郁金	*C. wenyujin*	*Chaetomium globosum*	王艳红等，2012
	阳春砂仁	*Amomum. villosum*	*Alternaria* sp.、*Chaetomium* sp.、*Colletotrichum* sp.、*Fusarium* sp.、*Phomopsis* sp.、*Phyllosticta* sp.、*Morphotype* sp.、*Hyphomycete* sp.	张云霞等，2010

表 1-2　药用被子植物(木本)内生真菌种类多样性

宿主植物科名	植物中文名	植物拉丁学名	内生真菌种类	参考文献
Actinidiaceae 猕猴桃科	中华猕猴桃	*Actinidia chinensis*	*Muscodor fengyangensis*	Zhang et al.，2011
Anacardiaceae 漆树科	黄酸枣	*Spondias mombin*	*Phomopsis* sp.	Corrado and Rodrigues，2004
	芒果属	*Mangifera* sp.	*Cytosphaera mangiferae*、*Dothiorella mangiferae*、*Dothiorella dominicana*、*Lasiodipdodia theobromae*、*Pestalotiopsis* sp.、*Phomopsis mangiferae*	Johnson et al., 1994
	青麸杨	*Rhus potanini*	*Alternaria alternate*、*Chaetomium bostrychodes*、*Microsphaeropsis conielloides*、*Phoma* sp.、*Phomopsis rhois*、*Sporormiella minima*	孙剑秋等，2006
Aquifoliaceae 冬青科	枸骨	*Llex cornuta*	*Trichoderma harzianum*	申屠旭萍等，2010
Betulaceae 桦木科	垂枝桦	*Betula pendula*	*Prosthemium asterosporum*	Kowalski and Hol denrieder，1996
	毛枝桦	*B. pubescens*	*Fusicoccum betulae*、*Phomopsis* sp.、*Ophiovalsa betulae*、*Pseudovalsa lanciformis*、*Trimmatostroma betulinum*、*Venturia ditricha*	Barengo et al.，2000
		B. pubescens var. *tortuosa*	*Melanconium* sp.、*Venturia* sp.	Helander et al.，1993
Bursera 橄榄科	裂榄	*Bursera simaruba*	*Muscodor yucatanensis*	González et al.，2009
Ephedraceae 麻黄科	蓝麻黄	*Ephedra glaoca*	*Pleosporaceae* sp.	阿力木江等，2010

续表

宿主植物科名	植物中文名	植物拉丁学名	内生真菌种类	参考文献
Eucommiaceae 杜仲科	杜仲	*Eucommia ulmoides*	*Alternaria* sp.、*Botrytis* sp.、*Cephalo sporium* sp.、*Cercospora* sp.、*Chaetomella* sp.、*Fusarium* sp.、*Oidium* sp.、*Penicillium* sp.、*Phoma* sp.、*Tubercularia* sp.	陈峻青等，2011
	杜仲	*E. ulmoides*	*Chaetomella* sp.	霍娟和陈双林，2004
	杜仲	*E. ulmoides*	*Alternaria* sp.、*Aspergillus* sp.、*Bipolaris*、*Fusarium* sp.、*Tubercularia* sp.、*Guignaradia* sp.、*Oidium* sp.、*Oospora* sp.、*Paecilomyces* sp.、*Penicillium* sp.、*Phoma* sp.、*Pythium* sp.、*Rhizoctonia* sp.、*Tolyposporium* sp.	马养民等，2011
	杜仲	*E. ulmoides*	*Alternaria alternate*、*Ascomycete* sp.、*Cladosporium cladosporioides*、*Diplodia* sp.、*Microsphaeropsis conielloides*、*Phomopsis* sp.、*Sporormiella minimoides*	孙剑秋等，2006
	杜仲	*E. ulmoides*	*Alternaria* sp.、*Botrytis* sp.、*Cercospora* sp.、*Doassansia* sp.、*Fusarium* sp.、*Oidium* sp.、*Oospora* sp.、*Paecilomyces* sp.、*Phoma* sp.、*Phytophthora* sp.、*Pythium* sp.、*Rhizoctonia* sp.、*Tolyposporium* sp.、*Tubercularia* sp.	孙奎和苏印泉，2011
	杜仲	*E. ulmoides*	*Aspergillus* sp.、*Beauveria* sp.、*Bipolaris* sp.、*Conio-thyrium* sp.、*Neurospora crassa*、*Sclerotium* sp.	王丽丽等，2009
	杜仲	*E. ulmoides*	*Microsphaeropsis conielloides*	孙剑秋等，2006
Euphorbiaceae 大戟科	大戟	*Euphorbia pekinensis*	*Alternaria* sp.、*Fusariium* sp.	戴传超等，2006
	大戟	*E. pekinensis*	*Fusariium* sp.	勇应辉等，2008
	滑桃树	*Trewia nudiflora*	*Fusarium* sp.	吴欣和鲁春华，2010
	乌桕	*Sapium sebiferum*	*Acremoniell* sp.、*Alternaria* sp.、*Chaetomium* sp.、*Coniothyrium* sp.、*Coryneum* sp.、*Pestalotiopsis* sp.、*Rhizoctonia* sp.、*Sclerotium* sp.	戴传超等，2006
	小桐子	*Jatropha curcas*	*Alternaria* sp.、*Cephalosporium* sp.、*Fusarium* sp.、*Mucor* sp.、*Penicillium* sp.、*Pestalotiopsis clusiae*、*Pestalotiopsis maculiformans*、*Pestalotiopsis* sp.、*Pestalotiopsis versicolor*、*Pestalotiopsis* sp.、*Phoma* sp.、*Phompsis* sp.、*Septogloeum* sp.、	李海燕等，2006
	泽漆	*Euphorbia helioscopia*	*Alternaria* sp.	戴传超等，2006
	重阳木	*Bischofia polycarpam*	*Phomopsis* sp.	陈晏等，2010
	重阳木	*B.polycarpam*	*Fusarium equiseti*、*Fusarium lateritium*、*Fusarium oxysporum*、*Fusarium proliferatum*、*Fusarium solani*	孙勇等，2010
	重阳木	*B.polycarpam*	*Coniothyium* sp.、*Dothiorella* sp.、*Penicillum* sp.、*Phomopsis* sp.	戴传超等，2006
Fagaceae 壳斗科		*Pasania edulis*	*Apiognomonia* sp.、*Ascomycete* sp.、*Coelomycete* sp.、*Colletotrichum* sp.、*Hyphomycete* sp.、*Penicillium* sp.、*Phomopsis* sp.、*Sterile* sp.	Hata et al.，2002
	板栗	*Castanea mollissima*	*Chaetomium globosum*	孟庆果等，2010
	板栗	*C. mollissima*	*Alternaria* sp.、*Aschersonia* sp.、*Aspergillus* sp.、*Botrytis* sp.、*Camarosporium* sp.、*Fusarium* sp.、*Nectria* sp.、*Oospora* sp.、*Paecilomyces* sp.、*Penicilliopsis* sp.、*Penicillium* sp.、*Trichothecium* sp.、*Tubercularia* sp.、*Zythia* sp.	史明欣等，2010

续表

宿主植物科名	植物中文名	植物拉丁学名	内生真菌种类	参考文献
	欧洲栗	*C.sativa*	*Amphiporthe castanea*、*Coryneum modonium*、*Pezizula cinnamomea*、*Phomopsis* sp.	Bissegger and Sieber，1994
	欧洲山毛榉	*Fagus sylvatica*	*Discula umbrinella*	Viret et al.，1993
	圆齿水青冈	*F. crenata*	*Phyllosticta* sp.	Kaneko R and Kaneko S，2004
Flacourtiaceae 大风子科	海南大风子	*Hydnocarpus hainanensis*	*Hypoxylon stygium*	杨国武等，2010
Haloragaceae 小二仙草科	穗花狐尾藻	*Myriophyllum spicatum*	*Acremonium curyulum*、*Aureobasidium pullulans*、*Cladosporium herbarum*、*Colletotrichum gloeosporiodes*、*Paecilomyces* sp.	Smith et al.，1989
Juglandaceae 胡桃科	核桃树	*Juglans regia*	*Aspergillus* sp.、*Fusarium* sp.、*Mucor* sp.、*Nigrospora* sp.、*Paecilomyces* sp.、*Penicillium* sp.、*Rhizopus* sp.、*Saccharomyces* sp.、*Trichoderma* sp.	姜国银等，2011
Lauraceae 樟科	锡兰肉桂	*Cinnamomum zeylanicum*	*Muscodor albus*	Ezra et al.，2004
	香樟	*C. camphora*	*Chaetomium* sp.、*Cladosporium* sp.、*Colletotrichum gloeosporioides*、*Colletotrichum* sp.	He et al.，2012
	樟树	*C. bejolghota*	*Muscodor cinnamomi*	Suwannarach et al.，2010
Leeuminosae 豆科	甘草	*Glycyrrhiza uralensis*	*Fusarium* sp.	王红霞和李雅丽，2011
	合欢	*Albizzia julibrissin*	*Cephalosporium* sp.、*Fusarium* sp.	郑志斌，2010
	黄芪	*Astragalus membranaceus*	*Aspergillus* sp.	周凤等，2012
	膜荚黄芪	*A.membranaceu*	*Fusnrium* sp.、*Aspergillus* sp.、*Penicillium* sp.	龚贺等，2014
	鸡冠刺桐	*Erythrina cristagalli*	*Phomopsis* sp.	Weber et al.，2004
	苦参	*Sophora flavescens*	*Aspergillus terreu*	何璐等，2011
	绿豆	*Vigna radiata*	*Alternaria alternata*、*Aspergillus fumigatus*、*Aspergillus niger*、*Curvularia geniculata*、*Fusarium moniliforme*、*Fusarium oxysporum*、*Macrophomina phaseolina*、*Rhizoctonia bataticola*	Patil et al.，1990
	砂生槐	*Sophora moorcroftiana*	*Colletotrichu* sp.、*Coninthyrium* sp.、*Epicoccum* sp.、*Fusarium* sp.、*Guignardia* sp.、*Mucor* sp.、*Nigrospora* sp.、*Penicillium* sp.、*Pestalotia* sp.、*Physalospora* sp.、*Sclerotium* sp.、*Sphacelia* sp.、*Sphaeropsis* sp.、*Trichoderma* sp.	张国强等, 2010
Magnoliaceae 木兰科	五味子	*Schisandra chinensis*	*Aspergillus* sp.	郑春英等，2009
	五味子	*S. chinensis*	*Acremonium* sp.、*Alternaria alternata*、*Ascomycete* sp.、*Bipolaris* sp.、*Calcarisporiella* sp.、*Ceolomycete* sp.、*Chaetonium* sp.、*Geniculosporium serpens*、*Microsphaeropsis conielloides*、*Phoma* sp.、*Phomopsis* sp.、*Scopulariopsis* sp.、*Sporormiella minima*、*Sporothrix* sp.、*Yeast* sp.	孙剑秋等，2006
	玉兰	*Magnolia denudata*	*Cladosporium* sp.、*Fusarium* sp.、*Rhizoctonia* sp.、*Sterile morphotypes* sp.、*Thielaviopsis basicola*	龙建友和夏建荣，2011

续表

宿主植物科名	植物中文名	植物拉丁学名	内生真菌种类	参考文献
Meliaceae 楝科	苦楝	*Melia azedarach*	*Aspergillus aculeatus*、*Aspergillus carbonarius.*、*Aspergillus flavus*、*Aspergillus japonicas*、*Aspergillus niger*、*Aspergillus pulvurulentus*、*Balansia* sp.、*Fusarium moniliforme*、*Fusarium nivale*、*Gilmaniella* sp.、*Mycosphaerella buna*、*Penicillium citrinum*、*Penicillium herquei*、*Penicillium implicatum*、*Penicillium janthinellum*、*Penicillium rubrum*、*Penicillium rugulosum*、*Penicillium simplicissimum*、*Pestalotiopsis versicolor*、*Trichoderma koningii*、*Trichoderma nivale*	Santos et al.，2003
	苦楝	*M. azedarach*	*Alternaria* sp.、*Arthrinium* sp.、*Beauveria* sp.、*Colletotrichum* sp.、*Paecilomyces* sp.、*Penicillium* sp.、*Phomopsis* sp.、*Stemphylium* sp.	朱虹等，2010
Moraceae 桑科	苹果榕	*Ficus oligodon*	*Aspergillus* sp.、*Cephalosporium* sp.、*Colletotrichum* sp.、*Fusarium* sp.、*Glomerella* sp.、*Lasiodiplodia* sp.、*Paecilomyces* sp.、*Penicillium* sp.、*Sporothrix* sp.、*Trametes* sp.	张建春等，2011
	桑树	*Mulberry*	*Macrophomina phaseolina*	张淑君等，2012
	无花果	*Ficus carica*	*Alternaria* sp.、*Paecilomyces* sp.、*Penicillium* sp.	刘瑞等，2010
	无花果	*F. carica*	*Alternaria* sp.、*Aschersonia* sp.、*Aspergillus* sp.、*Botritis* sp.、*Nectria* sp.、*Oidiopsis* sp.、*Oidium* sp.、*Paecilomyces* sp.、*Penicilliopsis* sp.、*Penicillium* sp.、*Ttrichothecium* sp.、*Tubercularia* sp.、*Zythia* sp.	苏印泉等，2004
	无花果	*F. carice*	*Alternaria* sp.、*Aspergillus* sp.、*Botrytis* sp.、*Camarosporium* sp.、*Fusarium* sp.、*Nectria* sp.、*Oospora* sp.、*Paecilomyces* sp.、*Penicilliopsis* sp.、*Penicillium* sp.、*Trichothecium* sp.、*Tubercularia* sp.、*Zythia* sp.	张弘弛等，2011
Moringaceae 辣木科	辣木	*Moringa* sp.	*Alternaria* sp.、*Aspergillus* sp.、*Ovulariopsis* sp.、*Penicillum* sp.、*Staphylotrichum* sp.、*Trichoderma* sp.	廖友媛等，2006
Myricaceae 杨梅科	月桂叶	*Myrcia sellowiana*	*Arthrobotrys foliicola*、*Colletotrichum gloeosporioides*、*Colletotrichum* sp.、*Coprinellus radians*、*Diatrypella frostii*、*Glomerella acutata*、*Mucor* sp.、*Phanerochaete sordida*、*Phlebia subserialis*、*Phoma glomerata*、*Phoma moricola*	Pinto et al.，2011
Myrtaceae 桃金娘科	桉树	*Eucalyptus dunnii*	*Aspergillus* sp.、*Leptostroma* sp.、*Penicillium* sp.、*Phyllosticta* sp.	谢安强等，2011
	桉树一种	*E.nitens*	*Botryosphaeria dothidea*	Smith et al.，1996
	番石榴	*Psidium guajava*	*Pestalotiopsis zonata*	王艳颖等，2011
	玫瑰巨桉	*Eucalyptus grandis*	*Botryosphaeria dothidea*	Smith et al.，1996
Nyssaceae 蓝果树科	珙桐	*Davidia involucrata*	*Lophiostoma* sp.	张亮等，2012
	喜树	*Camptothecaa cuminata*	*Acremonium* sp.、*Alternaria* sp.、*Aspergillus* sp.、*Botryosphaeria* sp.、*Colletotrichum* sp.、*Diaporthe* sp.、*Epicoccum* sp.、*Fusarium* sp.、*Mortierella* sp.、*Mucor* sp.、*Nigrospora* sp.、*Penicillium* sp.、*Pestalotiopsis* sp.、*Phomopsis* sp.、*Rhizoctonia* sp.	曹晋静等，2011
	喜树	*C. cuminata*	*Diaporthe phaseolorum*、*Diaporthe* sp.、*Phomopsis* sp.、*Valsaceae* sp.	邓静等，2006
	喜树	*C. cuminata*	*Penicillium* sp.	李霞等，2011

续表

宿主植物科名	植物中文名	植物拉丁学名	内生真菌种类	参考文献
	喜树	*C.cuminata*	*Mystrosporium* sp.、*Zythia* sp.	陈贤兴等，2003
Oleaceae 木犀科	桂花	*Osmanthus fragrans*	*Alternaria* sp.、*Bispora* sp.、*Chaetophoma* sp.、*Cladosporium* sp.、*Colletotrichum* sp.、*Fusicoccum* sp.、*Nigrospora* sp.、*Periconia* sp.、*Pestalotiopsis* sp.、*Phomopsis* sp.、*Phyllosticta* sp.、*Rhizoctonia* sp.	卢东升等，2011a
	连翘	*Forsythia Suspense*	*Alternaria alternate*、*Ascomycete* sp.、*Chaetomium globosum*、*Epicoccum nigrum*、*Microsphaeropsis conielloides*、*Phoma* sp.、*Phomopsis* sp.、*Sporormiella intermedia*	孙剑秋等，2006
	卵叶连翘	*F.ovate*	*Alternaria alternate*、*Ascomycete* sp.、*Microsphaeropsis conielloides*、*Phoma* sp.、*Phomopsis* sp.	孙剑秋等，2006
	欧洲白蜡树	*Fraxinus. excelsior*	*Phomopsis platanoidis*	Griffith and Boddy，1990
	秦岭连翘	*Forsythia giraldiana*	*Alternaria alternate*、*Ascomycete* sp.、*Coniothyrium concentricum*、*Epicoccum nigrum*、*Microsphaeropsis conielloides*、*Phoma jodyana*、*Phomopsis* sp.	孙剑秋等，2006
	夜花属	*Nyctanthes arbor-tristis*	*Acremonium* sp.、*Alternaria alternata*、*Aspergillus fumigatus*、*Aspergillus niger*、*Chaetomium globosum*、*Cladosporium cladosporioides*、*Colletotrichum dematium*、*Curvularia fallax*、*Curvularia lunata*、*Curvularia oryzae*、*Drechslera ellisii*、*Fusarium oxysporum*、*Humicola grisea*、*Nigrospora oryzae*、*Penicillium* sp.、*Phomopsis* sp.、*Rhizoctonia* sp.	Surendra et al.，2012
Proteaceae 山龙眼科	羊齿银桦	*Grevillea pteridifolia*	*Muscodor roseus*	Worapong et al.，2002
Rhamnaceae 鼠李科	枣	*Ziziphus nummularia*	*Piriformospora indica*、*Altemaria* sp.、*Aspergillus* sp.、*Chaetomium* sp.、*Diplodia* sp.、*Epicoccum* sp.、*Fusarium* sp.、*Monochaetia* sp.、*Nigrospora* sp.、*Phoma* sp.、*Phomopsis* sp.、*Saccharomyces* sp.、*Sordaria* sp.	Verma et al.，1998 李冬霞等，2010
Rhizophoraceae 红树科	海莲	*Bruguiera sexangula*	*Pestalotiopsis clavispora*	邓慧颖等，2011
	红海榄	*Rhizophora stylosa*	*Fusarium equiseti*	王娟等，2011
	红树林	*Mangrove*	*Nigrospora* sp.	魏美燕等，2012
Rhoipteleaceae 马尾树科	马尾树	*Rhoiptelea chiliantha*	*Hainesia* sp.	李海燕等，2007
Rosaceae 蔷薇科	苹果	*Malus pumila*	*Aureobasidium pullulans*	Rist and Rosenberger，1995
	三裂叶海棠	*M. sieboldii*	*Alternaria* sp.、*Aspergillus* sp.、*Colletotrichum* sp.、*Cunninghamella* sp.、*Drechslera* sp.、*Epicoccum* sp.、*Exophiala* sp.、*Flagkkospora* sp.、*Fusarium* sp.、*Gelasinospora* sp.、*Geothricum* sp.、*Gliocladium* sp.、*Heteropatella* sp.、*Monodictis* sp.、*Morchella* sp.、*Phoma* sp.、*Phomopsis* sp.、*Pleurophonella* sp.、*Rhinocladiella* sp.、*Rhizopus* sp.	蔡光华和王晓玲，2012
	仙鹤草	*Agrimonia pilosa*	*Acremonium* sp.、*Arachniotus* sp.、*Fusarium* sp.、*Mucor* sp.、*Penicillium* sp.、*Rhizopus* sp.、*Saccharomyces* sp.、*Sclerotinia* sp.	陈笑笑等，2011

续表

宿主植物科名	植物中文名	植物拉丁学名	内生真菌种类	参考文献
	新疆杏树	*Apricot* sp.	*Alternaria* sp.、*Aspergillus* sp.、*Aureobasidium* sp.、*Bionectria* sp.、*Botryotinia* sp.、*Chaetomium* sp.、*Cladosporium* sp.、*Coniochaeta* sp.、*Coniothyrium* sp.、*Corynascus* sp.、*Cylindrocarpon* sp.、*Cytospora* sp.、*Emericella* sp.、*Epicoccum* sp.、*Fusarium* sp.、*Gibberella* sp.、*Gliocladium* sp.、*Leptosphaeria* sp.、*Macrophomina* sp.、*Microascus* sp.、*Monographella* sp.、*Mucor* sp.、*Nectria* sp.、*Paecilomyces* sp.、*Penicillium* sp.、*Phoma* sp.、*Podospora* sp.、*Preussia* sp.、*Retroconis* sp.、*Rhizoctonia* sp.、*Rosellinia* sp.、*Scytalidium* sp.、*Thielavia* sp.、*Trichoderma* sp.、*Ulocladium* sp.	白周艳等，2011
Rutaceae 芸香科	白藓	*Dictamnus dasycarpu*	*Alternaria alternata*、*Mycelia sterilia* sp.、*Phoma* sp.、*Phomopsis* sp.	孙剑秋等，2006
	柑橘	*Citrus reticulata*	*Alternaria* sp.、*Aspergillus* sp.、*Botrytis cinerea*、*Cephalosprium* sp.、*Chaetomium* sp.、*Cladosporium* sp.、*Colletotrichum* sp.、*Curvularia* sp.、*Fusarium* spp.、*Geotrichum andidum*、*Glioclasium* sp.、*Monilinia* sp.、*Mucor* sp.、*Mycogone* sp.、*Oospora* sp.、*Penicillium* sp.、*Pestalotia* sp.、*Peyronellaea* sp.、*Phoma* sp.、*Phytophtora* sp.、*Rhzoctonia* sp.、*Syncephalastrum* sp.、*Trichoderma koningii*、*Verticillium* sp.	罗永兰等，2005
	黄檗	*Phellodendron amurense*	*Alternaria* sp.	李端等，2009
	吴茱萸	*Evodia rutaecarpa*	*Ascomycotina* sp.	李兆星等，2011
Salicaceae 杨柳科	爆竹柳	*Salix fragilis*	*Phomopsis salicina*	Petrini and Fishr，1990
	柳树	*S.babylnica*	*Fusarium lateritium*、*Fusarium oxysporum*、*Fusarium sambucinum*、*Fusarium solani*	孙勇等，2010
	毛白杨	*Populus tomentosa*	*Chaetomium globosum*	刘畅等，2011
Sapindaceae 无患子科	瓜拉纳	*Paullina paullinioides*	*Muscodor vitigenus*	Daisy et al.，2002
Sapotaceae 山榄科	钻石红檀	*Manilkara bidentata*	*Xylaria* sp.	Lodge et al.，1996
Scrophulariaceae 玄参科	白花泡桐	*Paulownia fortunei*	*Gibberella moniliformis*	罗江华等，2010
	地黄	*Rehmannia glutinosa*	*Ceratobasidium* sp.、*Fusarium oxysporum*、*Fusarium redolens*、*Verticillium* sp.	陈贝贝等，2011
Sterculiaceae 梧桐科	可可	*Theobroma cacao*	*Colletotrichum gloeosporioides*、*Cordyceps sobolifera*、*Crinipellis perniciosa*、*Diaporthe helianthi*、*Diaporthe phaseolorum*、*Fusarium polyphialidicum*、*Fusarium chlamydosporum*、*Fusarium oxysporum*、*Fusarium* sp.、*Gibberella fujikuroi*、*Gibberella zeae*、*Gibberella moliniformis*、*Lasiodiplodia theobromae*、*Nectria haematococca*、*Pestalotiopsis microsprora*、*Pseudofusarium purpureum*、*Rhizopycnis vagum*、*Verticillium luteo-album*	Rubini et al.，2005
Styracaceae 安息香科	秤锤树	*Sinojackia xylocarpa*	*Chaetomium globosum*	李霞等，2010

续表

宿主植物科名	植物中文名	植物拉丁学名	内生真菌种类	参考文献
Theaceae 山茶科	茶梅	*Camellia sasangua*	*Pestalotiopsis karstenii*	韦继光和徐同，2003
	茶树	*C. sinensis*	*Penicillium* sp.、*Trichoderma* sp.	张敏星等，2011
Thymelaeaceae 瑞香科	白木香	*Aquilaria sinensis*	*Nodulisporium* sp.	李冬利等，2011
	白木香	*A. sinensis*	*Ampelomyces* sp.、*Botryosphaeria rhodina*、*Chaetomium* sp.、*Clomerella cingulata*、*Colletotrichum* sp.、*Fusarium* sp.、*Fimetariella rabenhorstii*、*Hypocrea lixii*、*Nodulisporium* sp.、*Penicillium aculeatum*、*Pestalotiopsis* sp.、*Pythium splenderu*、*Rhodotorula mucilaginosa*、*Trichoderma* sp.、*Xylaria* sp.	李冬利等，2009
	白木香	*A. sinensis*	*Acremonium* sp.	张秀环等，2009
	瑞香	*Daphne odora*	*Cephalosrium* sp.、*Fusarium* sp.、*Geotrichum* sp.、*Mucor* sp.、*Paecilomyces* sp.、*Penlcillium* sp.、*Rhizopus* sp.、*Sporobolonyces* sp.、*Trichoderma* sp.	陈晔等，2003
	瑞香	*D.odora*	*Aspergillus* sp.、*Alternaria* sp.、*Fusnrium* sp.、*Monilia* sp.、*Penicillium* sp.、*Trichotderma* sp.	杨航宇等，2006
Ulmaceae 榆科	青檀	*Pteroceltis tatarinowii*	*Alternaria* sp.、*Amerosporium* sp.、*Arthrobotrys* sp.、*Ascochyta* sp.、*Aspergillus* sp.、*Basipetospora* sp.、*Candelabrella* sp.、*Chaetomella* sp.、*Chaetomium* sp.、*Colletotrichum* sp.、*Diplodina* sp.、*Dothideovalsa* sp.、*Fusarium* sp.、*Gilmaniella* sp.、*Gliocladium* sp.、*Gloeosporium* sp.、*Glomerella* sp.、*Gonatobotrys* sp.、*Hansfordia* sp.、*Hyalodendron* sp.、*Libertella* sp.、*Massalongiella* sp.、*Paecilomyces* sp.、*Penicillium* sp.、*Pestalotiopsis* sp.、*Phoma* sp.、*Phomopsis* sp.、*Phyllosticta* sp.、*Sphaceloma* sp.、*Torula* sp.、*Verticillium* sp.	柴新义和陈双林，2011

表 1-3　药用裸子植物内生真菌种类多样性

宿主植物科名	植物中文名	植物拉丁学名	内生真菌种类	参考文献
Araucariaceae 南洋杉科	瓦勒迈杉	*Wollemia nobilis*	*Pestalotiopsis guepini*	Strobel et al.，1997
Cephalotaxaceae 三尖杉科	篦子三尖杉	*Cephalotaxus oliveri*	*Phanerochaete* sp.、*Schizophyllum* sp.	韩洁和赵杰宏，2011
	海南粗榧	*C.mannii*	*Absidia* sp.、*Acrostalagmus* sp.、*Asteroma* sp.、*Cephalosporium* sp.、*Ceratocystis* sp.、*Chaetophoma* sp.、*Chaetostylum* sp.、*Fusidium* sp.、*Leveillella* sp.、*Magnusiella* sp.、*Mastigosporium* sp.、*Monascus* sp.、*Monilia* sp.、*Monilochaetes* sp.、*Mortierella* sp.、*Mucor* sp.、*Nadsonia* sp.、*Naemospora* sp.、*Oospora* sp.、*Paecilomyces* sp.、*Penicillium* sp.、*Rhizoctonia* sp.、*Rhizopus* sp.、*Rhodotorula* sp.、*Saccharomyces* sp.、*Septoria* sp.、*Sphaceloma* sp.、*Sporodinia* sp.、*Verticillium* sp.、*Westerdykella* sp.	蔡坤等，2010
	三尖杉	*C. fortunei*	*Mortierella* sp.、*Paecilomyces* sp.	李桂玲等，2001
Cupressaceae 柏科	侧柏	*Platycladus orientalis*	*Alternaria* sp.、*Ascochyta* sp.、*Botryodiplodia* sp.、*Botrytis* sp.、*Curvularia* sp.、*Discula* sp.、*Geotrichum* sp.、*Gloeosporium* sp.、*Monilochaetes* sp.、*Oidium* sp.、*Phyllosticta* sp.、*Pyrenochaeta* sp.、*Rhizopus* sp.、*Sporotrichum* sp.、*Thielaviopsis* sp.	王现坤等，2010

续表

宿主植物科名	植物中文名	植物拉丁学名	内生真菌种类	参考文献
	杜松	*Juniperus communi*	*Hormonema* sp.	Pelaez et al., 2000
Ginkgoaceae 银杏科	银杏	*Ginkgo biloba*	*Fusarium* sp.	蒋继宏等，2004
	银杏	*G. biloba*	*Fusarium equiseti*、*Fusarium lateritium*、*Fusarium oxysporum*、*Fusarium solani*	孙勇等，2010
	银杏	*G. biloba*	*Colletotrichum* sp.	王梅霞等，2003
	银杏	*G. biloba*	*Alternaria* sp.、*Amphisphaearaceae* sp.、*Bionectria ochroleuca*、*Bionectria* sp.、*Bjerkandera adusta*、*Botryosphaeria dothidea*、*Botryosphaeria* sp.、*Chaetomium globosum*、*Chaetomium* sp.、*Coprinellus radians*、*Diaporthe melonis*、*Diaporthe phaseolorum*、*Diaporthe* sp.、*Fusarium equiseti*、*Fusarium lacertarum*、*Fusarium oxysporum*、*Fusarium solani*、*Fusarium* sp.、*Fusarium tricinctum*、*Fusarium proliferatum*、*Glomerella acutata*、*Hypocrea lixii*、*Irpex lacteus*、*Leptosphaeria microscopic*、*Muco racemosus*、*Myrothecium* sp.、*Nectria* sp.、*Pestalotiopsis clavispora*、*Pestalotiopsis* sp.、*Phaeosphaeria* sp.、*Phoma glomerata*、*Phoma herbarum*、*Phoma macrostoma*、*Phomopsis camptothecae*、*Phomopsis eucommicola*、*Phomopsis fukushii*、*Phomopsis liquidambari*、*Phomopsis quercella*、*Phomopsis* sp.、*Schizophyllum commune*、*Trametes hirsuta*、*Trametes versicolor*、*Trichoderma atroviride*、*Xylaria* sp.	贾敏等，2014
Pinaceae 松科	冷杉属一种	*Abies* sp.	*Rhabdocline parkeri*	Mccutcheon and Carroll，1993
	欧洲冷杉	*A. alba*	*Sirodothis* sp.	Sieber，1989
	香脂冷杉	*A. balsamea*	*Leptomelanconium abietis*	Vujanvie and St-Amaud，2001
Taxaceae 红豆杉科	白豆杉	*Pseudotaxus chienii*	*Muscodor fengyangensis*	Zhang et al., 2010
	东北红豆杉	*Taxus cuspidarta*	*Alternaria* sp.	葛青萍等，2004
	东北红豆杉	*T. cuspidarta*	*Acremonium* sp.、*Alternaria* sp.、*Cephalosporium* sp.、*Cladosporium* sp.、*Coniella* sp.、*Curvularia* sp.、*Fusarium* sp.、*Glomerella* sp.、*Humicola* sp.、*Melanconium* sp.、*Monostichella* sp.、*Nigrospora* sp.、*Penicillium* sp.、*Pestalotia* sp.、*Pestalotiopsis* sp.、*Phoma* sp. *Pithomyces* sp.、*Sagenomella* sp.、*Sordaria* sp.、*Sphaeropsis* sp.、*Trichoderma* sp.、*Ulocladium* sp.、*Xylaria* sp.	李长田等，2004
	东北红豆杉	*T. cuspidarta*	*Trichoderma* sp.	郑文龙等，2010
	红豆杉	*T. chinensis*	*Gliocladium* sp.	张集慧等，2002
	墨西哥红豆杉	*T. globosa*	*Alternaria* sp.、*Annulohypoxylon* sp.、*Aspergillus* sp.、*Cercophora* sp.、*Cochliobolus* sp.、*Conoplea* sp.、*Coprinellus domesticus*、*Coprinellus* sp.、*Daldinia* sp.、*Hypoxylon* sp.、*Lecythophora* sp.、*Letendraea* sp.、*Massarina* sp.、*Phialophorophoma* sp.、*Polyporus* sp.、*Polyporus arcularius*、*Sporormia* sp.、*Trametes* sp.、*Xylaria juruensis*、*Xylomelasma* sp.	Rivera-Orduña et al., 2011
	欧洲紫杉	*T. baccata*	*Stemphylium sedicola*	Mirjalili et al., 2012

续表

宿主植物科名	植物中文名	植物拉丁学名	内生真菌种类	参考文献
	西藏红豆杉	*T. wallachiana*	*Sporormia minima*	Shrestha et al., 2001
	南洋红豆杉	*T. sumatrana*	*Didymostilbe* sp.	Artanti et al., 2011
Taxodiaceae 杉科	落羽松	*Taxodium distichum*	*Pestalotiopsis microspora*	Li et al., 1996

表 1-4　药用蕨类植物内生真菌种类多样性

宿主植物科名	植物中文名	植物拉丁学名	内生真菌种类	参考文献
Pteridiaceae 蕨科	蕨菜	*Pteridium aquilinum*	*Cryptomycina pteridis*	Gabel et al., 1996
	蕨菜	*P. aquilinum*	*Aureobasidium pullulans*、*Cylindrocarpon destructans*、*Phoma* sp.、*Ramichloridium schulzeri*、*Sordaria fimicola*、*Stagonospora* sp.	Petrini，1996
	井栏边草	*Pterismultifida*	*Acremonium* sp.、*Alternaria* sp.、*Dactylium* sp.、*Fusarium* sp.、*Gaeumannomyces* sp.、*Guignardia* sp.、*Penicillium* sp.、*Sporobolomyces* sp.	詹寿发等，2007
	狗脊	*Cibotium barometz*	*Geotricum* sp.、*Guignardia* sp.、*Macrophoma* sp.、*Paecilomyces* sp.、*Pestalotiopsis* sp.、*Sirosporium* sp.、*Trichoderma* sp.	樊有赋等，2008
Huperziaceae 石杉科	黄山石杉	*Huperzia* sp.	*Fusarium oxysporum*、*Fusarium proliferatum*、*Fusarium solani*	孙勇等，2010
	蛇足石杉	*H.serrata*	*Cephalosporium* sp.、*Penicillium* sp.、*Plasmopara* sp.、*Saccharomyces* sp.、*Acremonium* sp.、*Alternaria* sp.、*Aspergillus* sp.、*Botrytis* sp.、*Capronia* sp.、*Chaunopycnis* sp.、*Cladosporium* sp.、*Colletotrichum* sp.、*Coniothyrium* sp.、*Leptosphaeria* sp.、*Mortierella* sp.、*Paraphaeosphaeria* sp.、*Podospora* sp.、*Shiraia* sp.	石玮等，2005 汪涯等，2011
			Basidiomycotina sp.	徐巧玉等，2008
			Meria sp.、*Cephaliophora* sp.	俞超等，2009
			Chaetomium sp.、*Curvularia* sp.、*Fusarium* sp.、*Phoma* sp.、*Rhizopus* sp.、*Trichoderma* sp.、	汪学军等，2011
			Cladosporium cladosporioides	Zhang et al., 2011
			Sharaia sp.	Zhu et al., 2010
	柳杉叶马尾杉	*Phlegmariurus cryptomerianus*	*Blastomyces* sp.、*Botrytis* sp.	Ju et al., 2009

(一)药用被子植物内生真菌多样性

被子植物(也称为有花植物)是植物界最高级的生物类群，有 1 万多属，20 多万种，占整个植物界物种总数的 50%左右。植物类型有木本和草本，生态适应性极其广泛，绝大多数被子植物具有药用功效，近年来有关其内生真菌的研究报道逐年增加。定植于被子植物的内生真菌主要为子囊菌类群，少数为担子菌类群。研究人员从 119 种草本药用植物中发现的内生真菌有 238 属以上，子囊菌中的镰孢属、链格孢属、青霉属、曲霉属、刺盘孢属等真菌类群是其中的优势菌群；从 81 种木本药用植物中发现的内生真菌有 174 属以上，其中的优势菌群有镰孢属、青霉属、链格孢属、曲霉属、拟茎点霉属等真菌类群。由此可见，药用被子植物内生真菌具有丰富的物种多样性(表 1-1 和表 1-2)。

不同宿主植物中内生真菌的种类与数量基本是不相同的。柯海丽等(2007)从不同生境、不同形态五唇兰植株的根部分离得到了 19 属 83 株内生真菌，其中镰孢属(24.1%)和丝核菌属(*Rhizoctonia*)(14.5%)为优势属。胡克兴等(2010)从铁皮石斛(*Dendrobium officinale*)的根、茎和叶中分离得到了 67 株内生真菌，形态学和分子生物学的鉴定结果表明，这些真菌分属于 16 属，包括镰孢属、链格孢属、枝顶孢属(*Acremonium*)、聚孢霉属(*Glomerularia*)、亚黑团孢属(*Periconiella*)、短梗霉属(*Aureobasidium*)、明枝霉属(*Hyalodendron*)、黑孢霉属(*Nigrospora*)、小菌核属(*Sclerotium*)、黑盘孢属(*Melanconium*)、刺茎点菌属(*Chaetophoma*)、白粉寄生孢属(*Ampelomyces*)、菱孢属(*Arthrinium*)、生赤壳属(*Bionectria*)、毛壳属(*Chaetomium*)和柄孢壳属(*Zopfiella*)，其中镰孢属真菌和链格孢属真菌为优势菌群。

内生真菌种类的多样性与自然环境息息相关。贾晓等(2011)研究了药用植物博落回(*Macleaya cordata*)内生真菌的种类组成、数量及分布规律，结果表明，季节对博落回内生真菌的种类及分布具有重要影响。刘芸等(2010)的研究也表明，虎杖(*Polygonum cuspidatum*)根、茎中的内生真菌种类和数量与季节有密切关系，以春季采摘的虎杖根、茎分离获得内生真菌的种类和数量最多，其他季节次之。

(二)药用裸子植物内生真菌多样性

自从美国科学家 Stierle 等(1993)从裸子植物短叶红豆杉(*Taxus brevifolia*)中发现产紫杉醇及其类似物的内生真菌 *Taxomyces andreana* 以后，裸子植物，特别是红豆杉属及其相近属植物的内生真菌受到越来越多的关注。笔者总结了近年来国内外已报道的药用裸子植物内生真菌种类多样性，见表 1-3。基于已报道的可培养的内生真菌的分析结果，研究人员从红豆杉科、三尖杉科、南洋杉科、柏科、杉科等 17 种裸子药用植物中发现了 97 属的内生真菌，这些内生真菌以子囊菌类群为主，担子菌类群占少数，其中镰孢属、链格孢属、拟盘多毛孢属(*Pestalotiopsis*)、炭角菌属(*Xylaria*)等是优势菌群。研究表明，链格孢属、曲霉属、刺盘孢属、炭角菌属在欧洲紫杉(*T.baccata*)、红豆杉(*T.mairei*)、南方红豆杉(*T.chinensis*)和墨西哥红豆杉(*T.globosa*)中普遍存在(Rivera-Orduña et al.，2011)。

在红豆杉属及其相近属植物中，不仅内生真菌种类非常丰富，而且其中不乏一些新颖的真菌类群被报道，如 *Annulohypoxylon*、尾梗霉属(*Cercophora*)、*Conoplea*、轮层菌属(*Daldinia*)、烧瓶状霉属(*Lecythophora*)、*Letendraea*、透孢黑团壳属(*Massarina*)、*Phialophorophoma*、荚孢腔菌属(*Sporormia*)、*Xylomelasma*、鬼伞属(*Coprinellus*)、多孔菌属(*Polyporus*)、栓菌属(*Trametes*)等物种，由此可见，红豆杉属及其相近属植物的内生真菌资源还有待进一步研究。

发现产紫杉醇的真菌是红豆杉属植物内生真菌研究的焦点。近年来，国内外研究人员从红豆杉属植物中分离了几十株能产生紫杉醇或其类似物的内生真菌，涉及异色拟盘多毛孢(*Pestalotiopsis versicolor*)、拟盘多毛孢(*Pestalotiopsis neglecta*)、绿僵菌(*Metarhizium anisopliae*)、腐皮镰孢霉菌(*Fusarium solani*)、黑曲霉(*Aspergillus niger* var. *taxi*)、可可球二孢(*Botryodiplodia theobromae*)、枝状枝孢霉(*Cladosporium cladosporioides*)、亮白曲霉(*Aspergillus candidus*)、*Didymostilbe* sp.，以及拟茎点霉属、葡萄孢属(*Botrytis*)、胶枝霉属(*Gliocladium*)、束丝菌属(*Ozonium*)等真菌种类。这说明红豆杉属植物内生真菌不但可产生与宿主相同或相似的次生代谢产物，而且紫杉醇产生菌还具有很丰富的生物多样性。

贾敏等(2014)的研究表明，天目山地区的银杏内生真菌归属于9目14科19属28种，建德地区的银杏内生真菌归属于8目10科11属26种，显示银杏内生真菌具有极其丰富的物种多样性，而天目山地区的银杏内生真菌在种类和数量上均多于建德地区的。另外，天目山地区的雌、雄株银杏在菌种种类和数量上存在差异，雄株银杏内生真菌在菌种数量上具有一定的优势。

因此，系统地开展药用裸子植物，特别是红豆杉属植物的内生真菌多样性研究，有助于发掘更多具有产生紫杉醇的内生真菌，造福人类健康。

(三)药用蕨类植物内生真菌多样性

蕨类植物全世界约有12 000种，广布世界各地。中国约有3000种，南北各省区均产，尤其以长江以南分布最为丰富。蕨类药用植物具有清热解毒、抗菌消炎、解毒、驱虫、抗病毒、抗过敏和增强记忆力等作用。研究表明，有关蕨类植物的研究大多集中在分类鉴定、资源保护和化学药理等方面，而对其内生真菌的研究报道很少，主要集中在石杉属药用植物内生真菌的研究上。笔者总结了近年来蕨类植物内生真菌多样性，见表1-4。

基于已报道的蕨类植物内生真菌中可培养真菌的数据分析，有44属内生真菌从蛇足石杉(*Huperzia serrata*)等6种植物中被发现，归属于子囊菌类，其中镰孢属、枝顶孢属、青霉属和链格孢属出现的频率较高，其他种属的内生真菌也有出现，具有丰富的生物多样性。樊有赋等(2008)从蕨类药用植物狗脊(*Gibotium barometz*)的根、茎、叶中发现了14株内生真菌，涉及3纲4目5科7属，以半知菌为主，拟青霉属和拟盘多毛孢属为优势属；狗脊不同部位内生真菌的数量、分布、种群及组成存在差异。

石杉碱甲是从药用蕨类植物蛇足石杉(*Huperzia serrata*)中分离的石松生物碱类活性成分，其对提高记忆力和治疗早期老年痴呆(阿尔茨海默病)有显著疗效，但植物来源的石杉碱甲资源有限，限制了其在临床上的应用。近年来，我国学者已从蛇足石杉和柳杉叶马尾杉(*Phlegmariurus cryptomerianus*)中分离到6种以上产石杉碱甲的内生真菌，其中*Sharaia*属一株菌株的石杉碱甲产量较高，达到了327.8μg/L(Zhu et al.，2010)。另外，枝顶孢属、黄曲霉(*Aspergillus flavus*)，以及芽生菌属(*Blastomyces*)、葡萄孢属、枝状枝孢霉(*Cladosporium cladosporioides*)等真菌也能产生石杉碱甲。这说明产石杉碱甲内生真菌具有多样性。

二、内生真菌的寄主专一性

药用植物与内生真菌之间是否存在专一性，虽然在过去的50年里已有大量的研究，但目前仍然存在较大的争议。早期的研究指出，有的内生真菌可以在寄主科的水平上具有专一性，在近年来的研究中也出现类似的情况。例如，梨头霉属(*Absidia*)只在三尖杉科的海南粗榧中被分离到、小枝顶孢属(*Acremoniell*)只分布于大戟科的乌桕中、射盾霉属(*Actinopelte*)分布于木通科的大血藤中、盾壳属(*Coninthyrium* sp.)目前只在西藏特有藏药植物砂生槐(*Sophora moorcroftiana*)中发现、痂囊腔菌属(*Elsinoe*)只在明党参(*Changium smyrnioides*)中发现，诸如此类的真菌还涉及裸孢壳属(*Emericella*)、粘鞭霉属(*Gliomastix*)、粘束孢属(*Graphium*)、马拉色菌属(*Malassezia*)、小团座囊菌属(*Massalongiella*)、叉丝白粉菌属(*Microsphaera*)等，它们仅在特定植物中才能分离到。单一种的出现，一方面可能与真菌的分离手段和方法有关；另一方面可能是环境因素造成了这种结果，也就是说，内生真菌寄主专一性与真菌侵染寄主的过程有关，而这一过程是受到真菌孢子表面多糖和寄主专性刺激调控的(郭良栋，2001)。

三、内生真菌研究存在的问题与今后的工作重点

尽管有关药用植物内生真菌的研究报道逐年增多，但是，基于对近年来药用植物内生真菌国内外研究现状的分析，笔者认为仍有很多工作需要深入研究，主要集中在以下几个方面：首先，传统的内生真菌资源收集和鉴定方法单一，组织块分离法虽然能获得部分可培养的内生真菌，但很难获得未培养的内生真菌，不能满足当下内生真菌研究的需要。因此，在应用组织块分离法的基础上，有必要引入现代分子生物学技术，更全面地研究分析植物组织中内生真菌的生物多样性，并有的放矢地研究内生真菌与宿主之间的生态学问题。

其次，以往真菌的分类鉴定主要依据真菌的形态学特征，但从已报道的研究来看，高达41.3%的内生真菌不产生孢子(Fisher and Pctrini，1993)，这些不产生孢子的真菌是无法用经典形态学方法来鉴定的，因此，真菌的分类鉴定是一个棘手的问题。近年来的真菌分类研究已多采用DNA测序鉴定法，但多数研究仅限于ITS单一序列片段的使用，而这只能将真菌鉴定到属一级水平或更高级别的分类阶元，无法准确地鉴定到种一级水平。为了克服现有研究方法带来的缺陷，Zhang 等(2010)采用形态学结合多基因片段(LSU、RPB、β-tublin)、生理生化(最佳生长温度)及化学成分分析等方法，鉴定了不产生孢子的产气霉属真菌。

近年来，药用植物内生真菌受到越来越多研究人员的关注，并在内生真菌与植物之间的相互作用关系、活性真菌的筛选及其利用、真菌系统学和生态学等方面开展一系列的研究工作，但是由于技术手段、人力和物力的限制，对很多问题还缺少系统全面的研究，迄今为止开展过内生真菌研究的药用植物仅数百种，这相对于我国1万多种药用植物来说是微不足道的，相对于全球25万种植物就更渺小了，所以对药用植物内生真菌的研究还有大量的工作有待深入开展。内生真菌是筛选具有抗菌和抗肿瘤活性药物的天然来源，特别是来源于特殊或极端生长环境(如高海拔、热带雨林、海洋潮涧带、沙漠地区)的药用植物的内生真菌，这些菌株往往会产生结构新颖的活性成分，收集这些内生真菌具有十分重要的意义。每一种药用植物代表着内生真菌的一个资源库，重视珍稀濒危药用植物内生真菌的研究，筛选具有与宿主相同或相似活性成分的内生真菌资源并加以利用，是实现珍稀濒危药用植物资源保护与资源再生的重要措施。

(谭小明　郭顺星)

参 考 文 献

阿力木江·阿合约力，古力山·买买提，阿比旦木·买买提玉素甫，等. 2010. 一株蓝麻黄拮抗内生真菌的分离鉴定及代谢物的初步分析. 新疆农业科学，7：1353-1359.

白周艳，王晓炜，马荣，等. 2011. 新疆杏树(*Armeniaca* Mill.)内生真菌多样性分析. 新疆农业大学学报，34(4)：321-327.

包丽霞，殷瑜，杨天，等. 2010. 北细辛内生真菌的分离鉴定及代谢产物的生物活性. 微生物学杂志，5：1-6.

蔡光华，王晓玲. 2012. 三裂叶海棠内生真菌的分离，鉴定及活性测定(英文). 中国中药杂志，37(5)：564-569.

蔡坤，袁牧，刘四新，等. 2010. 海南粗榧树皮内生真菌的初步鉴定. 热带作物学报，7：1167-1171.

曹晋静，康冀川，陈蓉，等. 2011. 喜树内生真菌的分离与鉴定. 农技服务，6：859-860.

曹理想，田新莉，周世宁，等. 2003. 香蕉内生真菌，放线菌类群分析. 中山大学学报，42(2)：70-73.

曹益鸣，陶金华，江曙，等. 2010. 茅苍术内生真菌生物多样性与生态分布研究. 南京中医药大学学报，2：137-139.

柴新义，陈双林. 2011. 青檀内生真菌菌群多样性的研究. 菌物学报，30(1)：18-26.

陈贝贝，王敏，胡鸾雷，等. 2011. 地黄内生真菌促生作用的初步研究. 中国中药杂志，9：1137-1140.

陈峻青，王伊文，冯成亮，等. 2011. 杜仲内生真菌的分离鉴定及其对异甜菊醇的生物转化研究. 东南大学学报(医学版)，6：861-865.

陈贤兴，陈析丰，南旭阳，等. 2003. 喜树果内生真菌的分离与鉴定. 河南科学，21(4)：431-433.
陈晓梅，郭顺星，王春兰，等. 2005. 四种内生真菌对金线莲无菌苗生长及多糖含量的影响. 中国药学杂志，1：13-16.
陈笑笑，于海宁，应优敏，等. 2011. 仙鹤草内生真菌的分离鉴定与抗菌活性. 浙江工业大学学报，39(1)：39-43.
陈晏，戴传超，王兴祥，等. 2010. 施加内生真菌拟茎点霉(*Phomopsis* sp.)对茅苍术凋落物降解及土壤降解酶活性的影响. 土壤学报，3：537-544.
陈晔，罗敏，帅敏，等. 2003. 瑞香内生真菌的研究Ⅰ菌种分离及其分类鉴定. 九江师专学报，5：23-25.
戴传超，余伯阳，赵玉婷，等. 2006. 大戟科4种植物内生真菌分离与抑菌研究. 南京林业大学学报(自然科学版)，30(1)：79-83.
邓慧颖，邢建广，罗都强，等. 2011. 海莲内生真菌 *Pestalotiopsis clavispora* 代谢产物研究. 菌物学报，2：263-267.
邓静，刘吉华，余伯阳，等. 2006. 具有生物碱转化活力的4株喜树内生真菌的鉴定. 药物生物技术，13(6)：436-441.
樊有赋，甘金莲，陈晔，等. 2008. 药用蕨类植物狗脊内生真菌的初步研究. 安徽农业科学，9：3737-3755.
高宁，王强，王振月，等. 2012. 狭叶柴胡内生真菌分布特征的研究. 中国林副特产，1：10-11.
葛菁萍，平文祥，周东坡，等. 2004. 紫杉醇产生菌 HU1353 分类地位的探讨. 黑龙江大学自然科学学报，21(2)：135-137.
龚贺，张雷鸣，任伟超，等. 2014. 膜荚黄芪内生真菌的分离与鉴定. 东北林业大学学报，3：141-143.
郭波，李海燕，张玲琪. 1998. 一种产长春碱真菌的分离. 云南大学学报，20(3)：214-215.
郭良栋. 2001. 内生真菌研究进展. 菌物系统，1：148-152.
郭顺星，曹文岑，高微微. 2000a. 铁皮石斛及金钗石斛菌根真菌的分离及其生物活性测定. 中国中药杂志，25(6)：333-341.
郭顺星，陈晓梅，于雪梅，等. 2000b. 金线莲菌根真菌的分离及其生物活性研究. 中国药学杂志，35(7)：443-445.
韩洁，赵杰宏. 2011. 篦子三尖杉产高三尖杉酯碱内生真菌的分离与鉴定. 贵州农业科学，39(1)：158-161.
郝蕾，陈钧，胥峰，等. 2011. 大叶醉鱼草内生真菌 LL3026 菌株杀虫活性及 ITS-5. 8S rDNA 序列分析. 天然产物研究与开发，23：286-290.
何建清，张格杰，陈芝兰，等. 2011. 大花黄牡丹内生菌的分离鉴定及其抗菌活性菌株的筛选. 西北植物学报，12：2539-2544.
何璐，纪明山，王勇，等. 2011. 一株苦参内生真菌的抑菌特性及活性成分的结构鉴定. 中国农业科学，15：3127-3133.
胡弘道. 1988. 杉木与台湾杉内生菌根之研究. 中华林学季刊，21(2)：45-72.
胡克兴，侯晓强，郭顺星. 2010. 铁皮石斛内生真菌分布. 微生物学通报，37(1)：37-42.
黄芳，韩婷，秦路平. 2011. 牡荆内生真菌的分离与鉴定. 中国中药杂志，14：1945-1950.
黄江华，向梅梅，姜子德，等. 2008. 库拉索芦荟内生真菌类群与分布的初步研究. 安徽农业科学，36(13)：5480-5481，5501.
黄午阳，王凤舞. 2005. 络石内生真菌的生态分布. 金陵科技学院学报，02：88-92.
黄午阳. 2005. 植物内生真菌的抗菌活性研究. 南京中医药大学学报，21(1)：24-26.
霍娟，陈双林. 2004. 杜仲内生真菌抗氧化活性. 南昌大学学报，28(3)：270-272，275.
纪丽莲，张强华，崔桂友，等. 2004. 芦竹内生真菌 F0238 对植物病原菌的拮抗作用. 微生物学通报，31(2)：82-86.
冀玉良，李堆淑，朱广启，等. 2011. 商洛丹参内生真菌的种群多样性研究. 安徽农业科学，15：8913-8915，8982.
贾敏，蒋益萍，张伟，等. 2014. 浙江天目山和建德地区产银杏中内生真菌多样性的比较研究. 现代药物与临床，3：262-268.
贾晓，叶佑丕，卢东升. 2011. 博落回内生真菌种类与分布. 信阳师范学院学报(自然科学版)，4：487-489.
江曙，段金廒，钱大玮，等. 2012. 当归内生真菌抗植物病原菌的活性研究. 植物保护，38(1)：76-79.
姜国银，杨本寿，虞泓. 2011. 两种植物内生菌分离的影响因素研究. 云南大学学报(自然科学版)，33(5)：610-614.
蒋继宏，陈凤美，孙勇，等. 2004. 一产香银杏内生真菌挥发油化学成分的 GC-MS 研究. 微生物学杂志，24(3)：15，18.
焦朋娜，段进潮，任跃英，等. 2012. 野生抚育山参内生真菌分离鉴定. 菌物研究，10(1)：36-40.
柯海丽，宋希强，谭志琼，等. 2007. 野生五唇兰根部内生真菌多样性研究. 生物多样性，5：456-462.
柯野，方白玉，曾松荣，等. 2007. 粤北地区中华芦荟内生真菌的初步研究. 菌物研究，5(3)：134-136.
李长田，李玉，方浙明，等. 2004. 东北红豆杉内生真菌的多样性. 吉林农业大学学报，26(6)：612-614，623.
李冬利，吴正超，陈玉婵，等. 2011. 白木香内生真菌多节孢 *Nodulisporium* sp. A4 的化学成分研究. 中国中药杂志，23：3276-3280.
李冬利，张庆波，陈玉婵，等. 2009. 白木香内生真菌抗肿瘤抗菌活性的筛选研究. 微生物学杂志，5：26-29.
李冬霞，张猛，李贺，等. 2010. 枣树越冬期内生真菌的分离鉴定及抑菌研究. 经济林研究，1：86-89.
李端，郭利伟，殷红，等. 2009. 黄檗植物产小檗碱的内生真菌的分离鉴定. 安徽农业科学，22：10340-10341.
李桂玲，王建锋，黄耀坚，等. 2001. 几种药用植物内生真菌抗真菌活性的初步研究. 微生物学通报，28(6)：64-68.
李海燕，刘丽，魏大巧，等. 2007. 云南12种药用植物内生真菌分离及抗肿瘤活性菌株筛选. 天然产物研究与开发，5：765-771.
李海燕，王磊，赵之伟. 2006. 小桐子内生真菌及其抗真菌活性研究(英文). 天然产物研究与开发，18：78-80.
李瑾，伊艳杰，时玉，等. 2010a. 高抑菌活性的金银花内生真菌的 ITS 序列分析法鉴定. 河南工业大学学报(自然科学版)，3：50-53.
李瑾，张慧茹，刘诺阳，等. 2010b. 金银花内生真菌的分离鉴定及抑菌活性研究. 中国抗生素杂志，3：236-237.
李伟南，张慧茹. 2008. 3株蒲公英内生真菌的分离鉴定及抗禽类致病菌活性的初步研究. 安徽农业科学，22：9540-9542.
李霞，曹昆，丛伟. 2010. 秤锤树叶片内生真菌的分离鉴定及其对植株生长的影响. 基因组学与应用生物学，1：75-81.
李霞，刘佳佳，陈建华，等. 2011. 产喜树碱喜树内生真菌的筛选及喜树内生真菌的 SRAP 分析(英文). 中国生物工程杂志，7：60-64.

李雪玲. 2005. 八角莲植株地下茎内生真菌的分离. 云南师范大学学报(自然科学版)，25(2)：49-52.
李艳玲，史仁玖，王健美，等. 2012. 泰山产丹参内生真菌的分离鉴定和多样性分析. 时珍国医国药，23(1)：114-117.
李兆星，吴晓红，魏宝阳，等. 2011. 一株产吴茱萸碱结构类似物的内生真菌的筛选和初步鉴定. 中南药学，2：117-121.
李治滢，陈有为，杨丽源，等. 2009. 药用植物乌头内生真菌研究. 现代农业科技，7：7-8.
李治滢，李绍兰，周斌，等. 2004. 三种药用植物内生真菌抗真菌活性的研究. 微生物学杂志，6：35-37，46.
梁翠玲，张云霞，黄江华，等. 2010. 苦瓜内生真菌对大肠杆菌拮抗菌株的筛选. 湖北农业科学，4：872-873.
梁法亮，李冬利，陶美华，等. 2011. 土茯苓内生芒果球座菌菌丝体的化学成分研究. 广东药学院学报，27(3)：256-259.
廖友媛，曾松荣，马建波. 2006. 药用植物辣木内生真菌的分离及其抗菌活性分析. 株洲工学院学报，6：36-38.
林贵兵，高娜，徐萍霞，等. 2014. 栀子内生真菌的分离与鉴定. 江苏农业科学，2：298-300.
刘畅，米士伟，于祝涛，等. 2011. 内生真菌球毛壳 ND35 对五种植物生长的影响. 山东农业科学，7：69-72.
刘建利. 2011. 宁夏枸杞内生真菌的分离及抗氧化活性的测定. 时珍国医国药，4：857-860.
刘建玲，陈宝宝，雷毅，等. 2010. 半夏产生物碱内生菌的分离及其抑菌活性的初步研究. 西北植物学报，4：832-837.
刘金花，吴玲芳，章华伟，等. 2011. 黄花蒿内生菌的分离与初步鉴定. 氨基酸和生物资源，4：27-30.
刘娟，高原，罗家涵. 2011. 野生刺五加内生真菌的分离与鉴定. 黑龙江医药科学，4：8-9.
刘瑞，马养民，张弘弛，等. 2010. 5 株无花果叶内生真菌的分离鉴定和抗菌活性的研究. 陕西科技大学学报，28(2)：68-72 .
刘晓珍，宋文玲，蔡信之，等. 2011. 两株内生真菌对菊花抗盐特性的影响. 中草药，42(1)：1158-1163.
刘芸，仇农学，殷红，等. 2011. 一株产鬼臼毒素内生真菌的分离及其代谢产物抗小鼠 S180 肉瘤的研究. 第二军医大学学报，1：12-16.
刘芸，殷红，仇农学. 2010. 一株产白藜芦醇虎杖内生真菌的分离和鉴定. 菌物学报，4：502-507.
刘紫英. 2010a. 濒危药用植物盘龙参根际真菌与内生真菌的多样性研究. 宜春学院学报，12：120-121，177.
刘紫英. 2010b. 濒危药用植物绶草内生真菌的分离与鉴定. 江苏农业科学，6：553-555.
龙建友，夏建荣. 2011. 玉兰植物内生真菌的分离筛选及活性菌株研究. 广州大学学报(自然科学版)，5：38-42.
卢东升，王明好，代兵，等. 2011a. 桂花树叶栖内生真菌种类与分布. 信阳师范学院学报(自然科学版)，4：483-486.
卢东升，王明好，贾晓，等. 2011b. 野菊内生真菌生物多样性与生态分布. 东北林业大学学报，8：88-89.
陆涛，李杏辉，王杨，等. 2012. 禾本科植物内生真菌研究 14：*Neotyphodium sinofestucae* 在小颖羊茅体内的分布及其种传特性. 南京农业大学学报，2：39-44.
罗江华，吾鲁木汗·那孜尔别克，李科，等. 2010. 一株抗多杀性巴氏杆菌的白花泡桐内生真菌的分离和鉴定. 贵州农业科学，11：165-168.
罗永兰，张志元，冉国华，等. 2005. 柑橘内生真菌的分离与鉴定. 湖南农业大学学报(自然科学版)，31(4)：418-421.
罗跃龙，杨帅，赵志敏，等. 2011. 忽地笑鳞茎中产加兰他敏内生真菌的分离与鉴定. 西北药学杂志，4：241-243.
马敏芝，南志标. 2011. 黑麦草内生真菌对植物病原真菌生长的影响. 草业科学，6：962-968.
马养民，田从丽，张弘弛，等. 2011. 杜仲内生真菌的分离鉴定及抗菌活性筛选. 时珍国医国药，3：552-554.
孟庆果，李超，何邦令，等. 2010. 内生真菌球毛壳 ND35 对板栗苗生长发育的影响. 安徽农业科学杂志，12：6258-6259，6286.
苗翠苹，余莹，陈有为，等. 2011. 滇牡丹内生真菌的分离及其抑菌活性研究. 中国药学杂志，10：738-741.
潘景芝，时东方，周勇，等. 2007. 桔梗内生真菌的分离鉴定及其生物学特性研究. 菌物研究，2：81-83.
彭清忠，陈玲，易浪波，等. 2010. 内生真菌对姜黄素的微生物转化. 生物技术通讯，2：196-199.
彭小伟，杨丽源，陈有为，等. 2003. 黄花夹竹桃内生真菌抗病原细菌的初步研究. 菌物研究，1(1)：33-36.
钱一鑫，康冀川，耿坤，等. 2014. 青蒿内生真菌的抗肿瘤抗氧化活性. 菌物研究，1：44-50.
秦盛，陈有为，夏国兴，等. 2004. 墨西哥仙人掌内生真菌的研究. 菌物研究，2(4)：26-30.
尚菲，魏希颖，刘竹，等. 2011. 具有抗氧化活性的绞股蓝内生真菌的分离及研究. 药物生物技术，6：519-521 .
申居旭萍，石一珺，俞晓平. 2010. 枸骨内生菌 No. 2 的鉴定及其对黄瓜立枯病的生防作用. 农药学学报，2：173-177.
石玮，罗建平，丁振华，等. 2005. 千层塔内生真菌分离鉴定的初步研究. 中草药，36(2)：281-283.
史明欣，张曦，宋晓斌，等. 2010. 板栗内生真菌的分离及其鉴定. 西北林学院学报，4：115-119 .
苏印泉，孙奎，马养民，等. 2004. 无花果内生真菌的分离及其鉴定. 西北植物学报，24(7)：1281-1285 .
孙奎，苏印泉. 2011. 杜仲内生真菌的分离及其鉴定. 湖北农业科学，50(4)：731-733.
孙世伟，林贞健，朱天骄，等. 2011. 老鼠簕植物内生真菌 *Aspergillus terreus*(W-8)抗肿瘤活性成分的研究. 中国海洋大学学报(自然科学版)，41(S)：349-355.
孙勇，缪倩，孙颖，等. 2010. 6 种植物中内生镰孢菌的分离和鉴定. 江苏农业科学，5：437-439.
谭小明，余丽莹，周雅琴. 2014. 濒危药用植物八角莲内生真菌分离鉴定及抗菌活性研究. 中国药学杂志，49(5)：363-366.
陶媛，郝丹东，覃强. 2009. 植物多样性对丛枝菌根真菌多样性的影响研究进展. 农业科学研究，30(1)：55-58.
汪琳，廖芳，黄国明，等. 2011. 双色荧光 PCR 检测醉马草内生真菌(*Neotyphodium gansuense*)(英文). 农业生物技术学报，5：973-980.
汪学军，闵长莉，刘文博，等. 2011. 蛇足石杉内生真菌的动态分布. 安徽农业科学，8：4511-4513.
汪滢，王国平，王丽薇，等. 2010. 一株多花黄精内生真菌的鉴别及其抗菌代谢产物. 微生物学报，8：1036-1043.

王红霞，李雅丽. 2011. 一株产甘草酸内生真菌的分离及代谢产物分析. 湖北农业科学，14：2841-2843.
王娟，王辂，常敏，等. 2011. 红海榄内生真菌 AGR12 及其抑菌活性代谢产物. 中国抗生素杂志，2：102-106，128.
王丽丽，白方文，张西玉，等. 2009. 杜仲内生真菌的分离鉴定及其抑菌活性研究. 四川师范大学学报(自然科学版)，4：508-512.
王梅霞，陈双林，闰淑珍，等. 2003. 一株产黄酮银杏内生真菌的分离鉴定与培养介质的初步研究. 南京师大学报，26(1)：106-110.
王现坤，张晓华，郝双红，等. 2010. 侧柏内生真菌的分离鉴定及抗菌活性筛选. 农药，7：519-521，532.
王艳红，吴晓民，杨信东，等. 2011. 温郁金内生真菌 E8 菌株的鉴定及次生代谢产物的研究. 中国中药杂志，6：770-774.
王艳红，吴晓民，朱艳萍，等. 2012. 温郁金内生真菌 *Chaetomium globosum* L18 对植物病原菌的抑菌谱及拮抗机理. 生态学报，32(7)：2040-2046.
王赟，李增平，林珊，等. 2010. 胡椒科 3 种植物内生真菌的鉴定及多样性分析. 热带作物学报，5：834-839.
韦继光，徐同. 2003. 中国茶梅内生真菌一新记录种. 菌物系统，22(4)：666-668.
魏美燕，李尚德，袁宁宁，等. 2012. 一株红树内生真菌 *Nigrospora* sp. 中次级代谢产物及其细胞毒活性研究. 中山大学学报(自然科学版)，51(2)：59-62.
吴慧凤，宋希强，胡美姣，等. 2011. 铁皮石斛促生内生真菌的筛选与鉴定. 西南林业大学学报，5：47-52.
吴欣，鲁春华. 2010. 滑桃树愈伤组织与内生真菌共培养的代谢产物研究. 厦门大学学报，3：406-409.
肖义平，陈晶晶，张云海，等. 2004 海草内生真菌 *Fusariunz* sp. F-1 化学成分研究. 中国海洋药物杂志，23(5)：11-13.
谢安强，洪伟，吴承祯，等. 2011. 10 株桉树内生真菌对尾巨桉(*E. urophylla*×*E. grandis*)光合作用的影响. 福建林学院学报，31(1)：31-37.
熊亚南，邢朝斌，吴鹏，等. 2009. 刺五加内生真菌分离及分布研究. 安徽农业科学杂志，24：11347-11348，11396.
徐巧玉，何兴兵，唐克华，等. 2008. 湘西地区蛇足石杉内生真菌的分离. 生命科学研究，4：340-342 .
宣群，张玲琪，杨娟，等. 2011. 莪术内生真菌产 β-榄香烯代谢产物的研究. 天然产物研究与开发，3：473-475.
宣群，张玲琪. 2007. 莪术内生真菌的分离与鉴定. 中国民族民间医药杂志，(1)：45-46.
焉兆萍，李永乐，赵军，等. 2010. 藏红花内生真菌的分离和代谢产物的初步研究. 上海师范大学学报(自然科学)，1：71-77.
杨国武，黄秀丽，赖心田，等. 2010. 两株高 DNA 拓扑异构酶Ⅰ抑制活性的药用植物内生真菌筛选. 生物技术通报，9：143-148.
杨航宇，芦维忠，袁君辉，等. 2006. 甘肃瑞香根际真菌与内生真菌多样性的研究. 西北农业学报，15(2)：78-80.
杨显志，张玲琪，郭波，等. 2004. 一株产长春新碱内生真菌的初步研究. 中草药，1：79-80.
杨宇，汪学军，韦传宝，等. 2011. 皖贝母内生真菌的初步研究. 皖西学院学报，5：8-10.
勇应辉，戴传超，杨启银，等. 2008. 内生真菌和培养基对大戟组培苗生长和炼苗的影响. 安徽农业科学，36(2)：505-507.
于晶，周峰，陈君，等. 2011. 肉苁蓉内生真菌多样性研究. 中国中药杂志，5：542-546.
俞超，罗胡科，齐娜，等. 2009. 蛇足石杉内生真菌的分离纯化与鉴定研究. 江苏农业科学，3：381-384 .
袁亚菲，董婷，王剑文. 2011. 内生青霉菌对黄花蒿组培苗生长和青蒿素合成的影响. 氨基酸和生物资源，4：1-4.
袁志林. 2010. 疣粒野生稻(*Oryza granulate*)内生真菌资源挖掘，系统发育分析和功能初探. 杭州：浙江大学博士学位论文 .
曾松荣，徐倩雯，叶保童，等. 2005. 虎杖内生真菌的分离及产抗菌活性物质的筛选. 菌物研究，3(2)：24-26.
詹寿发，甘金莲，樊有赋，等. 2007. 凤尾蕨内生真菌的研究Ⅰ——菌种分离及其分类鉴定. 菌物研究，4：195-197.
张国强，樊明涛，方江平，等. 2010. 西藏特有藏药植物砂生槐内生真菌种群多样性研究. 安徽农业科学，21：11134-11135，11185.
张弘弛，马养民，刘瑞，等. 2011. 无花果高活性内生真菌菌株的筛选. 食品工业科技，4：166-169.
张集慧，郭顺星，杨峻山，等. 2002. 红豆杉一内生真菌化学成分的研究(英文). 植物学报(英文版)，44(10)：1239-1242.
张集慧，王春兰，郭顺星，等. 1999. 兰科药用植物的 5 种内生真菌产生的植物激素. 中国医学科学院学报，6：460-465.
张建春，杨大荣，陈吉岳，等. 2011. 热带苹果榕雌雄隐头果内生真菌物种多样性及其对比研究. 云南农业大学学报(自然科学版)，3：298-302.
张立新，刘慧平，韩巨才，等. 2005. 番茄内生真菌的分离和拮抗生防菌的筛选. 山西农业大学学报，25(1)：30-33.
张亮，刘艳辉，罗薇，等. 2012. 珙桐内生真菌 *Lophiostoma* sp.(X1-2)石油醚部位化学成分研究. 三峡大学学报(自然科学版)，34(1)：92-94.
张玲琪，郭波，李海燕，等. 2000. 长春花内生真菌的分离及其发酵产生药用成分的初步研究. 中草药，31(11)：805-807.
张玲琪，邵华，魏蓉城. 1999. 发酵产莺尾酮真菌的分离鉴定及产香特性的初步研究. 菌物系统，18(1)：49-54.
张敏星，张灵枝，周游，等. 2011. 茶树内生菌的分离和纯化. 中国茶叶，12：12-13.
张淑君，牟志美，姚娟，等. 2012. 桑树内生真菌 *Macrophomina phaseolina* MOD-1 原生质体制备条件的优化试验. 蚕业科学，38(2)：216-223.
张秀环，梅文莉，戴好富，等. 2009. 白木香内生真菌枝顶孢属两菌株的挥发油成分. 微生物学通报，1：37-40.
张云霞，贝垚姗，罗晶晶，等. 2010. 巴戟天内生真菌多样性初步研究. 2010 年中国菌物学会学术年会论文摘要集.
张云霞，杨杰，黄江华，等. 2010. 阳春砂仁内生真菌多样性分析. 仲恺农业工程学院学报，1：15-17.
郑春英，陆欣媛，王满玉，等. 2009. 药用植物五味子内生真菌的分离及其抑菌活性研究. 中国药学杂志，9：661-664.
郑汉臣，蔡少青. 2003. 药用植物学与生药学. 北京：人民卫生出版社，3-4.

郑文龙，周选围，朱慧芳，等. 2010. 一株产巴卡亭Ⅲ红豆杉内生真菌的分离与鉴定. 安徽农业科学，25：13612-13616.

郑毅，伍斌，刁毅，等. 2011. 何首乌植物内生真菌多样性的初步研究. 安徽农业科学，8：4504-4506.

郑志斌. 2010. 合欢内生真菌诱导产孢研究. 安徽农业科学，29：16140-16141.

周凤，张弘弛，刘瑞，等. 2012. 恒山黄芪内生真菌 *Aspergillus* sp. 代谢产物的分离和生物活性的测定. 中国实验方剂学杂志，18(4)：126-128.

周晓坤，陈钧，韩邦兴，等. 2010. 水菖蒲内生菌分离与抗菌活性菌株筛选. 食品科学，9：211-215.

朱虹，单淑芳，李增智，等. 2010. 苦楝内生真菌及其代谢产物的杀虫活性. 中国生物防治杂志，1：47-52.

朱江敏，赵英梅，白坚，等. 2011. 石斛共生真菌木霉菌拮抗作用的初步研究. 杭州师范大学学报(自然科学版)，10(4)：340-344.

朱艳秋，张荣意，孟锐，等. 2009. 黄花美冠兰根部内生真菌研究. 西南农业学报，22(3)：675-680.

Absar A，Janardhanan KK，Verma HN，et al. 1994. *In vitro* growth of *Balansia sclerotica*(Pat.)Hohn，an endophyte causing grass shoot disease of lemongrass. Kavaka，19：48-52.

Aly AH，Debbab A，Proksch P，et al. 2011. Fungal endophytes：unique plant inhabitants with great promises. Appl Microbiol Biotechnol，90(6)：1829-1845.

Artanti N，Tachibana S，Kardono LB，et al. 2011. Screening of endophytic fungi having ability for antioxidative and α-glucosidase inhibitor activities isolated from *Taxus sumatrana*. Pakistan Journal of Biological Sciences，14(22)：1019-1023.

Barengo N，Sieber TN，Holdenrieder O，et al. 2000. Diversity of endophytic mycobiota in leaves and twigs of pubescent-birch(*Betula pubescens*). Sydowia，52：305-320.

Bissegger M，Sieber TN. 1994. Assemblages of endophytic fungi in coppice shoots of *Castanea sative*. Mycologia，86：648-655.

Bruehl GW，Ktein RE. 1994. An endophyte of *Achnatherum inebrians*，an intoxicating grass northwest China. Mycologia，86：773-776.

Bussaban B，Lumyong S，Lumyong P，et al. 2001. Endophytic fungi from *Amomum siamense*. Can J Microbiol，47：943-948.

Cao LX，You JL，Zhou SN，et al. 2002. Endophytic fungi from *Musa acuminata* leaves and roots in South China. World Journal of microbiology & Biotechnology，18：169-171.

Chen J，Dong HL，Meng ZX，et al. 2010a. *Cadophora malorum* and *Cryptosporiopsis ericae* isolated from medicinal plants of the Orchidaceae in China. Mycotaxon，112：457-461.

Chen XM，Dong HL，Hu KX，et al. 2010b. Diversity and antimicrobial and plant-growth-promoting activities of endophytic fungi in *Dendrobium loddigesii* Rolfe. J Plant Growth Regul，29：328-337.

Chutima R，Dell B，VessabutrS，et al. 2011. Endophytic fungi from *Pecteilis susannae*(L.)Rafin(Orchidaceae)，a threatened terrestrial orchid in Thailand. Mycorrhiza，21(3)：221-229.

Corrado M，Rodrigues KF. 2004. Antimicrobial evaluation of fungal extracts produced by endophytic strains of *Phomopsis* sp. J Basic Microbiol，44(2)：157-160.

Daisy BH，Strobel GA，Castillo U，et al. 2002. Naphthalene，an insect repellent，is produced by *Muscodor vitigenus*，a novel endophytic fungus. Microbiology，148：3737-3741.

Ezra D，Hess WM，Strobel GA，et al. 2004. New endophytic isolates of *Muscodor albus*，a volatile-antibiotic-producing fungus. Microbiology，150：4023-4031.

Fisher PJ,Pctrini O. 1993. Ecology，biodiversity and Physiology of endophytic fungi. Curr Tip Bot Res, 1:271-279.

Gabel A，Studt R，Metz S，et al. 1996. Effect of *Cryptomycirna pteridis* on *Pteridium aquilinum*. Mycologia，88：635-641.

González MC，Anaya AL，Glenn AE，et al. 2009. *Muscodor yucatanensis*，a new endophytic ascomycete from *Mexican chakah*，*Bursera simaruba*. Mycotaxon，110：363-372.

Griffith GS，Boddy L. 1990. Fungal decomposition of attached angiosperm twigs：I. Decay community development in ash beech and oak. New Phytol，116：407-416.

Hata K，Atari R，Sone K，et al. 2002. Isolation of endophytic fungi from leaves of *Pasania edulis* and their within-leaf distributions. Mycoscience，43：369-373.

He XB，Han GM，Lin YH，et al. 2012. Diversity and decomposition potential of endophytes in leaves of a *Cinnamomum camphora* plantation in China. Ecol Res，27：273-284.

Helander ML，Neuvonon S，Sieber TN. 1993. Simulated acid rain affected birth leaf endophyte populations. Microbial Ecol，26：227-234.

Hou XJ, Guo SX. 2009. Interaction between a dark septate endophytic isolate from *Dendrobium* sp. and roots of *D. nobile* seedlings. 植物学报(英文版)，4：374-381.

Jiang W，Yang G，Zhang C，et al. 2011. Species composition and molecular analysis of symbiotic fungi in roots of *Changnienia amoena*(Orchidaceae). African Journal of Microbiology Research，5(3)：222-228.

Johnson GI, Mead AJ, Cooke AW. 1994. Stemend rot diseases of tropical fruitmode of infection in mango, and prospects for control. ACIAR Proceedings，58：72-76.

Ju JS，Fuentealba RA,Miller SE,et al. 2009. Valosin-containing protein(VCP) is required for autophagy and is disrupted in VCP disease. The

Journal of cell Biology,187(6):875-888.

Kaneko R，Kaneko S. 2004. The effect of bagging branches on levels of endophytic fungal infection in Japanese beech leaves. For Path，34：65-78.

Kongsaeree P，Prabpai S，Sriubolmas N，et al. 2003. Antimalarial dihydroisocoumarins produced by *Geotrichum* sp. ，an endophytic fungus of *Crassocephalum crepidioides*. J Nat Prod，66（5）：709-711.

Kowalski T，Holdenrieder O. 1996. *Prosthemium asterosporum* sp. nov. ，a coelomycete on twigs of *Betula pendola*. Mycol Res，100：1243-1246.

Krohn K，Florke U，Rao MS，et al. 2001. Metabolites from fungi 15. New isocoumarins from an endophytic fungus isolated from the Canadian thistle *Cirsium arvense*. Nat Prod Lett，15（5）：353-361.

Li JY，Harper JK，Grant DM，et al. 2001. Ambuic acid，a highly functionalized cyclohexenone with antifungal acitivety from *Pestalotiopsis* spp. and *Monochaetia* sp. . Phytochemistry，56：463-468.

Li JY，Strobel G，Sidhu R，et al. 1996. Endophytic taxol-producing fungi from bald cypress，*Taxodium distichum*. Microbiology，142：2223-2226.

Liu JY，Song YC，Zhang Z. 2004. *Aspergillus fumigatus* CY018，an endophytic fungus in *Cynodon dactylon* as a versatile producer of new and bioactive metabolites. J Biotechnol，114（3）：279-287.

Lodge DJ，Fisher PJ，Sutton BC. 1996. Endophytic fungi of *Manilkara bidentata* leaves in Puerto Rico. Mycologia，88：733-738.

Lv YL，Zhang FS，Chen J，et al. 2010. Diversity and antimicrobial activity of endophytic fungi associated with the alpine plant Saussurea involucrate. Biol Pharm Bull，33（8）：1300-1306.

Mccutcheon TL，Carroll GC. 1993. Genotypic diversity in population of a fungal endophyte from *Douglas fir*. Mycologia，85：180-186.

Mirjalili MH，Farzaneh M，Bonfill M，et al. 2012. Isolation and characterization of *Stemphylium sedicola* SBU-16 as a new endophytic taxol-producing fungus from *Taxus baccata* grown in Iran. FEMS Microbiology Letters，328（2）：122-129.

Mostert L，Crous PW，Petrini O. 2000. Endophytic fungi associated with shoots and leaves of *Vitis vinifera*，with specific reference to the *Phomopsis viticola* complex. Sydowia，52：46-58.

Patil SD，Memane SA，Kondle BK，et al. 1990. Occurrence of seedborne fungi of green gram. J Maharashtra Agric Univ，15：44-45.

Pelaez F，Cabello A，Platas G，et al. 2000. The discovery of enfumafungin，a novel antifungal compound produced by an endophytic *Hormonema* species biological activity and taxonomy of the producing organisms. Syst Appl Microbiol，23（3）：333-343.

Pereira JO，Vieira MLC，Azevedo JL，et al. 1999. Endophytic fungi from *Musa acuminata* and their reintroduction into axenic plants. World Journal of Microbiology & Biotechnology，15：37-40.

Petrini O. 1996. Ecological and physiological aspects of host-specificity in endophytic fungi. Endophytic Fungi in Grasses and Woody Plants,87-100.

Petrini O，Fisher PJ. 1990. Occurrence of fungal endophytes in twigs of *Salix fragilis* and *Quercus robur*. Mycol Res，94：1077-1080.

Petrini O. 1991. Microbial Ecology of Leaves. New York：Spriger-Verlag，179-197.

Pinto WS，Perim MC，Borges JC，et al. 2011. Diversity and antimicrobial activities of endophytic fungi isolated from *Myrcia sellowiana* in Tocantins，Brazil. Acta Horticulturae，905（31）：283-286.

Raviraja NS，Sridhar KR，Barlocher F. 1996. Endophytic aquatic hyphomycetes of roots of plantation crops and ferns from India. Sydowia，48：152-160.

Rist DL，Rosenberger DA. 1995. A storage decay of apple fruit caused by *Aureobasidium pullulans*. Plant Dis，79：425.

Rivera-Orduña FN，Suarez-Sanchez RA，Flores-Bustamante ZR，et al. 2011. Diversity of endophytic fungi of *Taxus globosa*（Mexican yew）. Fungal Diversity，47：65-74.

Rodrigues KF，Hesse M，Werner C. 2000. Antimicrobial activities of secondary metabolites produced by endophytic fungi from *Spondias mombin*. J Basic Microbiol，40（4）：261-267.

Rubini MR，Silva-Ribeiro RT，Pomella AWV，et al. 2005. Diversity of endophytic fungal community of cacao（*Theobroma cacao* L.）and biological control of *Crinipellis perniciosa*，causal agent of Witches' Broom Disease. Int J Biol Sci，1：24-33.

Santos RM，Rodrigues-Fol E，Rocha WC. 2003. Endophytic fungi from *Melia azedarach*. World Journal of Microbiology&Biotechnology，19：767-770.

Shrestha K，Strobel GA，Shrivastava SP，et al. 2001. Evidence for paclitaxel from three new endophytic fungi of Himalayan yew of Nepal. Planta Med，67（4）：374-376.

Sieber TN. 1989. Endophytic fungi in twigs of healthy and diseased Norway spruce and white fir. Mycol Res，92：322-326.

Sinclair JB，Cerkauskas RF. 1996. Latent Infection vs. Endophytic Colonization by Fungi. Endophytic Fungi in Grasses and Woody Plants：3-29.

Smith CS，Chand T，Harris RF. 1989. Colonization of a submersed aquatic plant，eurasian water milfoil *Myriophyllum spicatum*，by fungi under controlled conditions. Appl Environ Microbiol，55：2326-2332.

Smith H, Wingfield MJ, Petrini O, et al. 1996. *Botryosphaeria dothidea* endophytic in *Eucalyptus grandis* and *Eucalyptus nitens* in South Africa. Forest Ecol Management, 89: 189-195.

Stierle A, Stroble G, Stierle D, et al. 1993. Taxol and taxane production by *Taxomycetes andreanae*, an endophytic fungus of Pacific yew. Science, 260(5105): 214-216.

Strobel G, Hess WM, Li JY . 1997. *Pestalotiopsis guepinii*, a taxol producing endophyte of the Wollemi Pine, *Wollemia nobilis*. Aust J Bot, 45: 1073-1082.

Surendra KG, Ashish M, Vijay KS, et al. 2012. Diversity and antimicrobial activity of endophytic fungi isolated from *Nyctanthes arbor-tristis*, a well-known medicinal plant of India. Mycoscience, 53: 113-121.

Suwannarach N, Boonsom B, Kevin DH, et al. 2010. *Muscodor cinnamomi*, a new endophytic species from *Cinnamomum bejolghota*. Mycotaxon, 114: 15-23.

Tondello A, Vendramin E, Villani M, et al. 2012. Fungi associated with the southern Eurasian orchid *Spiranthes spiralis* (L.) Chevall. Fungal Biology, 116(4): 543-549.

Tsavkelova EA, Bomke C, Netrusov AI, et al. 2008. Production of gibbereliic acids by an orchid-associated *Fusarium proliferatum* strain. Fungal Genetics and Biology, 45: 1393-1403.

Verma S, Varma A, Rexer KH, et al. 1998. *Pirifomospora indica* gen et sp. nov. , a new root-colonizing fungus. Mycologia, 90: 896-903.

Viret O, Scheideggar C, Petrini O, et al. 1993. Infection of beech leaves (*Fagus sylvatica*) by the endophyte *Discula umbrinella* (teleomorph: *Agiognomonia errabunda*): low temperature scanning electron microscopy studies. Can J Bot, 71: 1520-1527.

Vujanovic V, St-Arnaut M, Barab D, et al. 2000. Viability testing of orchid seed and the promotion of colouration and germination. Annals of Botany, 86: 79-86.

Vujanvie V, St-Arnaud M. 2001. *Leptomelanconium abietis* sp. nov. , on needles of *Abies balsamea*. Mycologia, 93: 212-215.

Wagenaar MM, Clardy J. 2001. Dicerandrols, new antibiotic and cytotoxic dimers fungus produced by the *Phomopsislongicolla* isolated from an endangered mint. J Nat Prod, 64(8): 1006-1009.

Weber D, Sterner O, Anke T, et al. 2004. *Phomol*, a new antiinflammatory metabolite from an endophyte of the medicinal plant *Erythrina crista-galli*. J Antibiot (Tokyo), 57(9): 559-563.

Worapong J, Strobel GA, Daisy B, et al. 2002. *Muscodor roseus anam*. sp. nov. , an endophyte from *Grevillea pteridifolia*. Mycotaxon, 81: 463-475.

Yuan ZL, Chen YC, Yang Y, et al. 2010. Diverse non-mycorrhizal fungal endophytes inhabiting an epiphytic, medicinal orchid (*Dendrobium nobile*): estimation and characterization. World J Microbiol Biotechnol, 25: 295-303.

Zelmer CD. 1994. Interactions between Northern Terrestrial Crchids and Fungi in Nature. Edmonton: MSc Thesis, University of Alberta, Edmonton, Alberta, Canada.

Zhang CL, Wang GP, Mao LJ, et al. 2010. *Muscodor fengyangensis* sp. nov. from southeast China: morphology, physiology and production of volatile compounds. Fungal Biology, 114: 797-808.

Zhang ZB, Zeng QG, Yan RM, et al. 2011. Endophytic fungus *Cladosporium cladosporioides* LF70 from *Huperzia serrata* producing Huperzine A. World Journal of Microbiology and Biotechnology, 274: 479-486.

Zhu D, Wang J, Zeng Q, et al. 2010. A novel endophytic Huperzine A——producing fungus, *Shiraia* sp. Slf14, isolated from *Huperzia serrata*. Journal of Applied Microbiology, 109: 1469-1478.

Zou WX, Meng JC, Lu H, et al. 2000. Metabikutes of *Colletotrichum gloeosporioides*, an endophytic fungus in *Artemisis mongolica*. J Nat Prod, 63(11): 1529-1530.

第二章 西藏66种药用植物根部内生真菌多样性

西藏所处的青藏高原，号称世界屋脊，平均海拔 4000m 以上，是世界上海拔最高的高原，被称为世界第三极，具有独特的生态地理自然环境。其地域辽阔，自然条件复杂而独特，被认为是世界上 4 个生物种类和多样性最为丰富的热点区域之一(Myers et al., 2000)。高寒、缺氧、昼夜温差大、强辐射等特殊的地理和气候条件孕育了其独特而丰富多彩的植物种类，共有约 20 个特有属，约 1000 个特有种(吴征镒，1988)，其中蕴藏着丰富的药用植物资源，这些药用植物在特殊的气候、环境条件下，具有独特的生态、生理机制与生化特点，疗效独特，极具研究和应用价值。据统计，青藏高原有各类藏药植物 191 科 682 属 2685 种，其中特有植物 991 种，常用中草药 400 多种，仅生长在海拔 3500m 以上高寒缺氧地带的珍贵药材就多达 300 多种，西藏地区本地草药占常用藏药的一半以上（雷菊芳等，2002；卓嘎等，2010)。与此同时，在独特自然、地理环境等因素的影响下，西藏土壤微生物也具有特殊的多样性组成(芦晓飞等，2009)。已有的研究表明，药用植物体内富含特殊的内生真菌资源，而这部分资源在筛选濒危珍稀中药替代品方面具有非常重要的价值(周成和邵华，2002；孙剑秋等，2006；徐范范等，2010)。因此，生长于青藏高原的药用植物内生真菌更具有重要的研究价值。

生长在近乎无污染的青藏高原的藏药材更符合当前人们追求健康、崇尚天然绿色药物的理念，同时人们发现藏药在多种疾病领域具有独特的疗效，从而使藏药走出了青藏高原，面向全国，正在放眼全球。但是全球气候变化导致的“温室效应”使青藏高原气温不断升高，过度放牧与采挖等人类活动给生物圈带来的挑战也在威胁着处于高山生态系统中的成员(Kullman, 2004)。由于绝大多数藏药均为野生植物资源，随着对青藏高原药用植物资源需求的激增，有限的藏药植物资源正在因过度开发而锐减，目前已稀缺。高原药用植物的生长依赖于特殊的环境气候条件，且高山生态系统存在极大的脆弱性，有些药用植物种类已濒临灭绝，相关的内生真菌生态系统也同时遭到了严重破坏，并面临伴随宿主灭绝而灭绝的危险。鉴于此，高山植物与全球气候变化之间的关系,以及由此延伸出的对高山珍稀濒危植物种类的保护必将成为今后研究的热点(贲桂英和韩发，1993，杨扬和孙航，2006)，在保护的基础上进行现代化综合研究与开发利用势在必行。

在青藏高原药用植物生物多样性、生态学、适应性进化研究，以及保护生物学研究中，对其内生真菌的研究也是不可忽视的一个环节。对西藏药用植物进行系统深入的内生真菌资源研究及其多样性调查，对生物多样性的保护具有重要意义。首先，对青藏高原生境下的特殊宿主植物的内生真菌资源有较为深入的了解。其次，鉴于内生真菌与宿主植物的协调进化性，对植物内生真菌的多样性研究可以从一个侧面反映青藏高原植物生态系统的变化内涵。而且，生物多样性的研究结果是制定野生资源保护对策的重要依据。目前，对西藏药用植物内生真菌的分布规律及其多样性缺乏系统的研究，从而阻碍了这些特殊微生物资源的开发与利用。对本章所述66种西藏药用植物内生真菌的研究均少见报道，因此，本章利用植物内生真菌分离纯化技术，首次对西藏药用植物的内生真菌资源多样性、内生真菌群落的组成，以及内生真菌与其宿主植物、宿主植物的生境、土壤因素、生长期等的相互关系及协同进化规律进行了系统的研究，在宿主植物中获得了大量的内生真菌，这些特殊来源的内生真菌资源在宿主中扮演着重要的生物学和生态学角色，在基础研究和进一步开发应用方面具有广阔的前景。

第一节　西藏66种药用植物根部内生真菌的分离

本节以采自西藏自治区不同采集地点的66种药用植物共91个植物组织样品作为研究对象，对其根和根状茎或块茎部位的内生真菌进行分离，以获取这些药用植物的内生真菌资源及分布规律(共采集68种药用植物，因单叶绿绒蒿和全缘叶绿绒蒿缺少根部样品，故不作为本章研究对象)。

一、植物样品

植物样品详细信息见表2-1。

表2-1　西藏药用植物样品信息

编号	科	属	中文名称	拉丁学名	采样地点	生境
1	石蕊科	石蕊属	软石蕊	*Cladonia mitis*	色季拉山	高山灌丛
1'	石蕊科	石蕊属	黑穗石蕊	*Cladonia amaurocraea*	林芝鲁朗	青杠林
3	鳞毛蕨科	鳞毛蕨属	粗茎鳞毛蕨	*Dryopteris crassirhizoma*	米林南伊沟	云杉林下
4	水龙骨科	瓦韦属	瓦韦	*Lepisorus thunbergianus*	米林南伊沟	附生树上
6	铁线蕨科	铁线蕨属	西藏铁线蕨	*Adiantum tibeticum*	米林南伊沟	云杉林下
7	牛皮叶科	肺衣属	光肺衣	*Lobaria kurokawae*	米林南伊沟	朽木上
8	松萝科	松萝属	长松萝	*Usnea longissima*	林芝鲁朗	栎树林
9	葫芦藓科	葫芦藓属	葫芦藓	*Funaria hygrometrica*	米林南伊沟	云杉林下
13	蓼科	蓼属	狭叶圆穗蓼	*Polygonum macrophyllum* var. *stenophyllum*	米拉山口	高山草甸
14	蓼科	蓼属	翅柄蓼	*Polygonum sinomontanum*	林芝嘎定沟	沟边林下
16	紫茉莉科	紫茉莉属	喜马拉雅紫茉莉	*Mirabilis himalaica*	林芝八一镇	河滩沙地
19	毛茛科	乌头属	工布乌头	*Aconitum kongboense*	米林南伊沟	林缘草地
20	毛茛科	侧金盏花属	短柱侧金盏花	*Adonis brevistyla*	米林南伊沟	林缘草地
21	毛茛科	毛茛属	高原毛茛	*Ranunculus tanguticus*	米拉山口	高山草甸
22	毛茛科	草玉梅属	草玉梅	*Anemone rivularis*	鲁朗	高山草地
23	毛茛科	芍药属	黄牡丹	*Paeonia delavayi* var. *lutea.*	米林南伊沟	林缘
24	小檗科	鬼臼属	桃儿七(幼株)	*Sinopodophyllum hexandrum*	米林南伊沟	林缘草地
24'	小檗科	鬼臼属	桃儿七(成株)	*Sinopodophyllum hexandrum*	米林南伊沟	林缘草地
25	罂粟科	绿绒蒿属	单叶绿绒蒿	*Meconopsis simplicifolia*	色季拉山口	高山草甸

续表

编号	科	属	中文名称	拉丁学名	采样地点	生境
26	罂粟科	绿绒蒿属	全缘叶绿绒蒿	*Meconopsis integrifolia*	米拉山口	高山草甸
27	十字花科	高河菜属	多蕊高河菜	*Megacarpaea polyandra*	米林南伊沟	溪边草地
29	景天科	红景天属	长鞭红景天(幼苗)	*Rhodiola fastigiata*	色季拉山	高山灌丛
30	景天科	红景天属	长鞭红景天(成株)	*Rhodiola fastigiata*	色季拉山	高山灌丛
31	杜鹃花科	岩须属	岩须	*Cassiope selaginoides*	色季拉山	高山灌丛
32	景天科	红景天属	喜马红景天	*Rhodiola himalensis*	色季拉山	高山灌丛
33	虎耳草科	岩白菜属	岩白菜	*Bergenia purpurascens*	色季拉山	高山灌丛
34	虎耳草科	鬼灯檠属	滇西鬼灯檠	*Rodgersia aesculifolia* var. *henricii*	林芝嘎定沟	溪边林下
36	蔷薇科	委陵菜属	丛生钉柱委陵菜	*Potentilla saundersiana* var. *caespitosa*	米拉山口	高山草地
38	大戟科	大戟属	大果大戟	*Euphorbia wallichii*	林芝嘎定沟	路边草地
39	大戟科	大戟属	西藏大戟	*Euphorbia tibetica*	鲁朗	山坡草地
40	瑞香科	狼毒属	狼毒	*Stellera chamaejasme*	波密百巴镇	河滩台地
41	瑞香科	瑞香属	黄瑞香	*Daphne giraldii*	波密古乡达卡村	林缘湿地
43	伞形科	独活属	白亮独活	*Heracleum candicans*	米林南伊沟	山坡林下
45	杜鹃花科	杜鹃花属	雪层杜鹃	*Rhododendron nivale*	米拉山	高山流石滩
46	岩梅科	岩梅属	红花岩梅	*Diapensia purpurea*	色季拉山	高山灌丛
47	报春花科	报春花属	紫罗兰报春	*Primula purdomii*	色季拉山	高山灌丛
48	报春花科	报春花属	中甸灯台报春	*Primula chungensis*	尼洋河观景台对面林下	山坡林下
49	报春花科	报春花属	暗紫脆蒴报春	*Primula calderana.*	米林南伊沟	林缘草地
50	报春花科	点地梅属	垫状点地梅	*Androsace tapete*	米拉山口	高山草甸
51	龙胆科	龙胆属	聂拉木龙胆	*Gentiana nyalamensis*	米林南伊沟	林缘草地
52	龙胆科	秦艽属	麻花艽	*Gentiana straminea*	鲁朗	高山草甸
53	紫草科	琉璃苣属	琉璃苣	*Cerinthe major*	色季拉山林海观景台	路边沙地
54	马鞭草科	马鞭草属	马鞭草	*Verbena officinalis*	波密一线天瀑布对面	路边草地
55	唇形科	独一味属	独一味	*Lamiophlomis rotata*	米拉山口	高山草甸
56	唇形科	糙苏属	螃蟹甲	*Phlomis younghusbandii*	米林南伊沟	灌丛
57	唇形科	夏枯草属	夏枯草	*Prunella vulgaris*	波密易贡国家地质公园	林缘草地
60	玄参科	毛蕊花属	毛蕊花	*Verbascum thapsus*	米林南伊沟	灌丛
61	玄参科	毛蕊花属	毛蕊花	*Verbascum thapsus*	波密古乡巴卡寺	路旁草坡
62	车前科	车前属	平车前	*Plantago depressa*	波密公路塌方处	路边
64	川续断科	翼首花属	匙叶翼首花	*Pterocephalus hookeri*	鲁朗	山坡草地
65	葫芦科	波棱瓜属	波棱瓜	*Herpetospermum pedunculosum*	米林南伊沟	林下灌丛
66	菊科	紫菀属	缘毛紫菀	*Aster souliei*	鲁朗	山坡草地
67	菊科	香青属	二色香青	*Anaphalis bicolor*	米林南伊沟	山坡草地
68	菊科	大蓟属	藏大蓟	*Cirsium eriophoroideum*	波密易贡国家地质公园	林缘草地

续表

编号	科	属	中文名称	拉丁学名	采样地点	生境
70	天南星科	天南星属	一把伞南星	*Arisaema erubescens*	米林南伊沟	混交林下
71	天南星科	天南星属	一把伞南星	*Arisaema erubescens*	林芝嘎定沟	混交林下
72	天南星科	天南星属	一把伞南星	*Arisaema erubescens*	波密易贡国家地质公园	林缘
73	天南星科	天南星属	黄苞南星	*Arisaema flavum*	林芝八一镇	河滩沙地
74	天南星科	菖蒲属	菖蒲	*Acorus calamus*	林芝八一镇（奇正移栽）	河滩
75	百合科	大百合属	大百合	*Cardiocrinum giganteum*	波密易贡国家地质公园	林下草地
77	百合科	黄精属	卷叶黄精	*Polygonatum cirrhifolium*	林芝米林江河汇合处	山坡
78	百合科	黄精属	轮叶黄精	*Polygonatum verticillatum*	米林南伊沟	林下
79	百合科	鹿药属	紫花鹿药	*Maianthemum purpureum*	米林南伊沟	云杉林下
80	百合科	鹿药属	管花鹿药	*Maianthemum henryi*	米林南伊沟	林下
81	鸢尾科	鸢尾属	马蔺	*Iris lactea* var. *chinensis*	波密嘎定沟	林缘草地
82	鸢尾科	鸢尾属	尼泊尔鸢尾	*Iris decora*	米林南伊沟	林下
83	鸢尾科	鸢尾属	金脉鸢尾	*Iris chrysographes*	米林南伊沟	林缘草地
84	兰科	羊耳蒜属	羊耳蒜	*Liparis japonica*	波密古乡巴卡寺	路边林下
85	百合科	沿阶草属	沿阶草	*Ophiopogon bodinieri*	波密嘎定沟	林下
86	石竹科	无心菜属	桃色无心菜	*Arenaria melandryoides*	米拉山口	高山草甸
88	羽藓科	锦丝藓属	锦丝藓	*Actinothuidium hookeri*	米林南伊沟	林下
90	兰科	羊耳蒜属	羊耳蒜（小苗）	*Liparis japonica*	波密古乡巴卡寺	路边林下
91	百合科	黄精属	卷叶黄精（幼苗）	*Polygonatum cirrhifolium*	林芝鲁朗	林下
92	百合科	黄精属	轮叶黄精（幼苗）	*Polygonatum verticillatum*	米林南伊沟	林下
93	菊科	天名精属	高原天名精	*Carpesium lipsky*	米林南伊沟	山坡草地
94	龙胆科	花锚属	椭圆叶花锚	*Halenia elliptica*	鲁朗	高山草地

这些药用植物样品中，有许多是具有重要生态、药用价值的野生珍稀濒危藏药资源种类，如红景天、岩须、岩白菜、喜马拉雅紫茉莉、黄牡丹、桃儿七、独一味、绿绒蒿、高山杜鹃、翼首草、螃蟹甲、波棱瓜、工布乌头、麻花艽、龙胆、椭圆叶花锚、藏紫菀、藏菖蒲等（杨永昌，1991；国家药典委员会，2015）。其中，黄牡丹和桃儿七是中国三类保护植物，也是《中国植物红皮书》收录的稀有濒危植物（傅立国，1992）。此外，还有传统中药秦艽、龙胆、独活、黄瑞香、鹿药、黄精、天南星、紫菀等的基原植物。

本试验采集的西藏药用植物种类较多，形状千姿百态，采集地点虽然都属于林芝地区，却有多种不同的生态环境，归属于各自相适应的植被类型。绝大多数来自于海拔 3000m 以上的高寒草甸、高山流石滩等植被类型，这些西藏药用植物多为多年生植物（邓敏和周浙昆，2004），其形态特征主要表现为植株矮小、呈垫状或莲座状、被棉毛、根系发达且与地面呈水平状展开；生理特征表现为抗寒、抗旱性强，光合作用有效积累高等（杨扬和孙航，2006）。

二、西藏药用植物内生真菌的分离

供分离内生真菌的 66 种植物材料均采自西藏自治区（表 2-1），植物材料主要以根部作为内生真菌的分离部位，有根状茎或块茎的植物也分别作为一种植物材料；地衣和苔藓类植物用全株，最终共有 91 个植物组织样本用于分离内生真菌。

试验结果表明，在这些西藏药用植物中蕴藏着丰富的内生真菌资源。从 66 种西藏药用植物的 91 个组织样本中分离获得的菌株经过纯化培养后，共得到 1678 株内生真菌，各宿主植物内生真菌的定植率、分离率和相对频率见表 2-2。

表 2-2　西藏药用植物根内生真菌的定植率、分离率和相对频率

宿主编号	宿主中文名称		25℃培养获得的菌株数	10℃培养获得的菌株数	定植率/%	分离率	相对频率/%
1	软石蕊		16	12	87	0.28	1.67
1’	黑穗石蕊		37	25	100	0.62	3.69
3	粗茎鳞毛蕨		3	9	30	0.12	0.72
4	瓦韦		12	9	36	0.21	1.25
6	西藏铁线蕨	根	41	49	100	0.90	5.36
		茎	38	9	69	0.47	2.80
7	光肺衣		14	2	26	0.16	0.95
8	长松萝		11	7	36	0.18	1.07
9	葫芦藓		6	12	31	0.18	1.07
13	狭叶圆穗蓼		10	10	64	0.20	1.19
14	翅柄蓼		7	17	62	0.24	1.43
16	喜马拉雅紫茉莉	根	22	41	94	0.63	3.75
		根茎	3	9	44	0.12	0.72
19	工布乌头	根	7	15	76	0.22	1.31
		块茎	0	0	37	0.00	0.00
20	短柱侧金盏花		6	3	42	0.09	0.54
21	高原毛茛		3	16	56	0.19	1.13
22	草玉梅		7	15	67	0.22	1.31
23	黄牡丹		2	6	46	0.08	0.48
24	桃儿七（幼苗）		30	17	83	0.47	2.80
24’	桃儿七（成株）		4	13	59	0.17	1.01
27	多蕊高河菜		0	2	12	0.02	0.12
29	长鞭红景天（幼苗）		21	12	82	0.33	1.97
30	长鞭红景天（成株）		1	7	58	0.08	0.48
31	岩须		0	1	13	0.01	0.06
32	喜马红景天		10	5	82	0.15	0.89
33	岩白菜		3	6	62	0.09	0.54
34	滇西鬼灯檠		7	13	64	0.20	1.19
36	丛生钉柱委陵菜		8	5	59	0.13	0.77
38	大果大戟		11	4	77	0.15	0.89

续表

宿主编号	宿主中文名称		25℃培养获得的菌株数	10℃培养获得的菌株数	定植率/%	分离率	相对频率/%
39	西藏大戟		22	14	88	0.36	2.15
40	狼毒		1	3	74	0.04	0.24
41	黄瑞香		31	28	91	0.59	3.52
43	白亮独活		20	9	95	0.29	1.73
45	雪层杜鹃		4	8	60	0.12	0.72
46	红花岩梅		24	9	85	0.33	1.97
47	紫罗兰报春		11	42	73	0.53	3.16
48	中甸灯台报春	根	3	17	75	0.20	1.19
		根茎	13	3	81	0.16	0.95
49	暗紫脆蒴报春		7	12	62	0.19	1.13
50	垫状点地梅		10	22	46	0.32	1.91
51	聂拉木龙胆		12	14	80	0.26	1.55
52	麻花艽		3	3	81	0.06	0.36
53	琉璃苣		16	10	59	0.26	1.55
54	马鞭草		7	1	73	0.08	0.48
55	独一味		5	3	24	0.08	0.48
56	螃蟹甲		15	9	36	0.24	1.43
57	夏枯草		11	13	67	0.24	1.43
60	毛蕊花	根	39	14	83	0.53	3.16
		根茎	17	12	72	0.29	1.73
61	毛蕊花	根	31	10	76	0.41	2.44
		根茎	0	0	0	0.00	0.00
62	平车前	根	2	5	80	0.07	0.42
		根茎	3	4	67	0.07	0.42
64	匙叶翼首花		3	6	60	0.09	0.54
65	波棱瓜	根	13	27	56	0.40	2.38
		根茎	1	5	46	0.06	0.36
66	缘毛紫菀		4	12	80	0.16	0.95
67	二色香青		0	22	79	0.22	1.31
68	藏大蓟		3	7	72	0.10	0.60
70	一把伞南星	根	9	15	66	0.24	1.43
		块茎	0	0	0	0.00	0.00
71	一把伞南星	根	5	5	64	0.10	0.6
		块茎	0	0	0	0.00	0.00
72	一把伞南星	根	1	15	85	0.16	0.95
		块茎	0	0	0	0.00	0.00
73	黄苞南星	根	6	9	78	0.15	0.89
		块茎	0	0	0	0.00	0.00
74	菖蒲		5	6	26	0.11	0.66
75	大百合		2	3	36	0.05	0.30
77	卷叶黄精	根	5	5	37	0.10	0.60
		根茎	1	3	24	0.04	0.24
78	轮叶黄精		4	8	68	0.12	0.72
79	紫花鹿药	根	11	9	72	0.20	1.19
		根茎	10	6	64	0.16	0.95
80	管花鹿药	根	10	3	74	0.13	0.77

续表

宿主编号	宿主中文名称		25℃培养获得的菌株数	10℃培养获得的菌株数	定植率/%	分离率	相对频率/%
		根茎	5	9	88	0.14	0.83
81	马蔺		1	6	48	0.07	0.42
82	尼泊尔鸢尾		3	4	52	0.07	0.42
83	金脉鸢尾	根	2	2	48	0.04	0.24
		根茎	4	3	63	0.07	0.42
84	羊耳蒜		1	7	47	0.08	0.48
85	沿阶草		1	5	68	0.06	0.36
86	桃色无心菜	根	11	14	59	0.25	1.49
		根茎	0	1	33	0.01	0.06
88	锦丝藓		1	0	19	0.01	0.06
90	羊耳蒜(幼苗)		1	6	51	0.07	0.42
91	卷叶黄精(幼苗)		11	7	82	0.18	1.07
92	轮叶黄精(幼苗)		7	3	71	0.10	0.60
93	高原天名精		8	16	47	0.24	1.43
94	椭圆叶花锚		15	2	87	0.17	1.01
总计			820	858			

研究结果表明，在这 66 种宿主植物的地下部分中均分离得到了内生真菌，定植率为 12%～100%、分离率为 0～0.9，它们的定植率与分离率呈正相关。其中，黑穗石蕊和西藏铁线蕨内生真菌的定植率最高，均达到了 100%；其次是白亮独活(95%)、喜马拉雅紫茉莉(94%)和黄瑞香(91%)。定植率最低的是一把伞南星和黄苞南星的块茎，组织块中均没有内生真菌定植；其次为多蕊高河菜(12%)、岩须(13%)和锦丝藓(19%)。分离率最高的为西藏铁线蕨(0.90)，其后依次为喜马拉雅紫茉莉(0.63)、黑穗石蕊(0.62)、黄瑞香(0.59)、紫罗兰报春(0.53)和毛蕊花(0.53)；分离率最低的是锦丝藓、桃色无心菜的根状茎和岩须，均为 0.01。

66 种宿主植物内生真菌的相对频率为 0.06～5.36，最高的为西藏铁线蕨的根(5.36)，其次为喜马拉雅紫茉莉(3.75)和黑穗石蕊(3.69)；最低的为岩须、桃色无心菜的根状茎和锦丝藓，均为 0.06。

三、相关问题讨论

本章涉及 66 种药用植物，其内生真菌方面的研究少有报道。笔者共分离获得了 1678 株内生真菌，表明西藏药用植物具有丰富的内生真菌资源。通过对内生真菌定植率和分离率的比较分析，发现不同植物种类其内生真菌的数量和种类都有着明显差异，同一植物不同器官内生真菌的定植率和分离率也存在差别。

从文献可知，环境因子对宿主植物与其内生真菌的分布和组成有着不可忽视的影响。西藏地处青藏高原，气候多变，昼夜温差大，林芝地区年平均气温为 8.6℃，6 月的最高气温为 21℃、最低气温为 10℃。在充分考虑内生真菌与宿主植物的环境适应性协调进化关系的基础上，本章首次采用常温、低温双重分菌的方法，在不同培养温度下，系统研究了西藏药用植物内生真菌的组成及分布规律。在低温培养条件下，共获得了 858 株内生真菌，较常温培养(820 株)略多。结果显示，根据宿主生长温度选择适宜分菌温度的方法与传统单一室温下的分菌方式相比，可以获得更为丰富的内生真菌和更为准确的宿主内生真菌分布规律。

由于植物内生真菌生活在植物组织内部这样一个特殊的环境中，所以宿主植物不同，内生真菌生活的环境就会发生改变。此外，植物的组织状态还会因不同器官、不同生长期、不同植株、不同地理和气候环境等多因素的影响而发生改变，这样就会使内生真菌生存的小生境千差万别，而要人工模拟出其生长条件是很困难的，所以目前还没有一种比较完善的内生真菌分离培养手段能够获得所有的内生真菌，有些真菌是不能在人工培养基上生长的。事实上，目前分离出的内生真菌仅占其总数的1%。即使是能够分离培养的内生真菌，也还有近一半在人工培养基上不产生有性或无性孢子，导致确定其分类学地位非常困难，因此，尚需要进一步对研究方法进行探讨以克服这些缺陷。

第二节　西藏药用植物根部内生真菌多样性及宿主相关性

以本章第一节中分离自根内的1678株内生真菌作为研究对象，采用传统形态学鉴定与分子生物学鉴定相结合的方法，进行菌种培养与鉴定，对其生物多样性进行研究，同时对内生真菌分布与宿主植物的相关性进行分析，以期能较准确地确定这些内生真菌菌株的分类学位置，为进一步对这部分宝贵的内生真菌资源进行深入研究和开发利用提供依据，并最终能较充分反映在自然生态环境下这些西藏药用植物内生真菌的多样性。

一、内生真菌多样性

从根内获得的1678株内生真菌中，约有900株可在马铃薯葡萄糖琼脂(PDA)培养基上产生孢子、有360株白色不产孢菌丝体、有46株未鉴定的地衣菌丝体。对于可产孢的菌株，通过菌落特征和显微特征观察等形态学鉴定与分子生物学鉴定方法相结合，共确定了分离自根内的1046株内生真菌的分类学地位。其中，子囊菌(Ascomycota)668株，占大多数，其次为半知菌(Deuteromycotina)338株，还有10株接合菌(Zygomycetes)、30株担子菌(Basidiomycota)，经鉴定分属于87个分类单元。镰孢属(*Fusarium* sp.)最多，有325株(分离频率为19.37%)；其次为黑色有隔内生真菌(DSE)共233株(分离频率为13.89%)；柱孢类(包括*Cylindrocarpon*、*Neonectria*和*Ilyonectria*)真菌146株(分离频率为8.70%)，均为优势种群；之后依次为青霉属(*Penicillium*)、隐孢壳属(*Cryptosporiopsis*)、链格孢属(*Alternaria*)、*Leptodontidium*、茎点霉属(*Phoma*)、枝孢属(*Cladosporium*)、曲霉属(*Aspergillus*)、*Irpex*、木霉属(*Trichoderma*)、*Trichocladium*、黑孢属(*Nigrospora*)、*Scytalidiuml*、*Ceriporia*、*Truncatella*、拟茎点霉属(*Phomopsis*)、炭角菌属(*Xylaria*)、*Pleiochaeta*、*Paraphoma*、*Mortierella*、刺盘孢属(*Colletotrichum*)、*Cadophora*、*Rhexocercosporidium*、*Acremonium*、*Nemania*、*Leptosphaeria*、*Exserohilum*等。

此外，还得到了55个较少见的内生真菌属，即丝枝霉属(*Aphanocladium*)、*Apiosordaria*、葡萄孢属(*Botrytis*)、挂钟菌属(*Calyptella*)、毛壳属(*Chaetomium*)、锥毛壳属(*Coniochaeta*)、鬼伞属(*Coprinellus*)、双胞腔菌属(*Didymella*)、裸孢壳属(*Emericella*)、侧齿霉属(*Engyodontium*)、附球菌属(*Epicoccum*)、正青霉属(*Eupenicillium*)、*Flagellospora*、拟层孔属(*Fomitopsis*)、粘帚霉属(*Gliocladiu*)、水球壳属(*Hydropisphaera*)、炭团菌属(*Hypoxylon*)、蜡

蚧菌属(*Lecanicillium*)、扁孔腔菌属(*Lophiostoma*)、漆斑菌属(*Myrothecium*)、拟盘多毛孢属(*Pestalotiopsis*)、派伦霉属(*Peyronellaea*)、星裂壳孢属(*Phacidiopycnis*)、*Pochonia*、*Poculum*、粪壳菌属(*Podospora*)、假裸囊菌属(*Pseudogymnoascus*)、小鼻枝霉属(*Rhinocladiella*)、栓菌属(*Trametes*)、*Ceuthospora*、*Stagonosporopsi*、黑腐皮壳属(*Valsa*)、*Meliniomyces*、顶丛格孢属(*Berkleasmium*)、内养囊霉属(*Entrophospora*)、赤霉菌属(*Gibberella*)、毛钉菌属(*Lachnum*)、毛霉属(*Mucor*)、丛赤壳属(*Nectria*)、小不整球壳属(*Plectosphaerella*)、根霉属(*Rhizopus*)、轮枝孢属(*Verticillium*)、*Thyrostroma*、*Protoventuria*、双极霉属(*Bipolaris*)、生赤壳属(*Bionectria*)、肉座菌属(*Hypocrea*)、虫草属(*Ophiocordyceps*)、*Pilidium*、*Tetracladium*、突脐蠕孢属(*Exserohilum*)、小球腔菌属(*Leptosphaeria*)、炭垫属(*Nemania*)、枝顶孢霉属(*Acremonium*)、*Rhexocercosporidium*。在这些属中，发现了 1 个新种 *Emericella miraensis* L.C.Zhang，Juan Chen & S.X.Guo。其中多个属(*Aphanocladium*、*Apiosordaria*、*Bipolaris*、*Clonostachys*、*Flagellospora*、*Hypoxylon*、*Protoventuria*、*Rhexocercosporidium*、*Rhinocladiella* 等)的真菌作为药用植物内生真菌首次进行了报道。

二、内生真菌的宿主相关性

本节分析了西藏药用植物根内内生真菌与其宿主的相关性。66 种药用植物均分离获得了内生真菌，但内生真菌的数目和种类均不相同。西藏铁线蕨的内生真菌种群数最多，共有 33 个类群；其次为喜马拉雅紫茉莉，有 25 个类群；黄瑞香有 24 个分类群。内生真菌种群数最少的药用植物是多蕊高河菜、岩须和锦丝藓，同时，它们也是获得内生真菌数量最少的宿主。其中，多蕊高河菜仅获得了 2 株内生真菌，经鉴定，均为 DSE；岩须和锦丝藓仅分别获得了 1 株内生真菌。

西藏铁线蕨具有最为丰富和多样的真菌，其次为喜马拉雅紫茉莉。而黑穗石蕊虽然有较高的分离率(0.62)，但只有 16 个种群，显示内生真菌在植物根部的多样性及丰富程度与宿主本身的物种种类有一定的相关性。

结果显示，DSE 在本节研究的 66 种药用植物(分属于 36 科)中的 51 种植物中有分布，即 77.3% 的被研究植物种中均有 DSE 分布，包括石蕊科、水龙骨科、铁线蕨科、松萝科、葫芦藓科、蓼科、紫茉莉科、毛茛科、十字花科、景天科、杜鹃花科、虎耳草科、大戟科、瑞香科、岩梅科、报春花科、龙胆科、紫草科、唇形科、葫芦科、菊科、百合科、鸢尾科、兰科、石竹科、羽藓科和天南星科(菖蒲属)，共 27 科。表明 DSE 较广泛地存在于西藏药用植物的根中。已有文献报道，DSE 在高寒地带的植物生态适应性方面发挥着重要作用，尽管其作用机制还不清楚。本研究室已有的来自温带和热带地区的药用植物内生真菌多样性分析数据，也证明 DSE 确实在高寒地区占优势。

三、西藏药用植物内生真菌群落组成

本试验首次获得了供试西藏药用植物根部内生真菌群落的组成，具体结果如下所述。

1. 蓼科药用植物内生真菌的鉴定结果

20 株狭叶圆穗蓼内生真菌中有 10 株在 PDA 培养基上产生分生孢子，可通过形态学鉴定，分属于 6 属，不产孢菌丝体占优势。其中有 1 个新种（*Emericella miraensis* sp. nov；无性型：*Aspergillus miraensis* sp. nov）、1 株 DSE、2 株欧石楠类菌根真菌（*Cryptosporiopsis ericae*），均为首次从该种植物中分离得到。

24 株翅柄蓼内生真菌中有 6 株在 PDA 培养基上产生分生孢子，可通过形态学鉴定结合分子生物学鉴定，共分布于 5 属。其中 DSE 和不产孢菌丝体在所有菌株中占优势。

2. 喜马拉雅紫茉莉内生真菌的鉴定结果

75 株喜马拉雅紫茉莉内生真菌中，42 株在 PDA 培养基上产生分生孢子，可通过形态学鉴定结合分子生物学鉴定，分属于 14 属。其中，镰孢属 25 株，占优势；2 株茎点霉属真菌、5 株 DSE、1 株冬虫夏草（*Ophiocordyceps crassispora*）、1 株柄孢壳菌（*Podospora* sp.）、1 株 *Rhexocercosporidium*。

3. 毛茛科药用植物内生真菌的鉴定结果

（1）工布乌头的内生真菌。22 株工布乌头内生真菌中有 7 株在 PDA 培养基上产生分生孢子，可通过形态学鉴定结合分子生物学鉴定，分属于 9 属 12 个分类群。其中 6 株 DSE 为优势种； 1 株玫红假裸囊菌（*Pseudogymnoascus roseus*）为嗜低温菌，也是冬虫夏草的优势内生真菌（张永杰等，2010）；1 株 *Stagonosporopsis* 真菌为嗜盐真菌；1 株突脐蠕孢属（*Exserohilum*）真菌。均为首次从该植物中发现。

（2）短柱侧金盏花的内生真菌。9 株短柱侧金盏花内生真菌分属于 7 个分类群；4 株在 PDA 培养基上产生分生孢子，可通过形态学鉴定结合分子生物学鉴定，分属于 4 属。

（3）高原毛茛的内生真菌。19 株高原毛茛内生真菌中有 10 株在 PDA 培养基上产生分生孢子，可通过形态学鉴定结合分子生物学鉴定，分属于 10 属。DSE 占优势，共有 5 株，其中 *Phialocephala fortinii*、*Leptodontidium* sp.和 *Cadophora* sp.是典型的 DSE，此外，还有茎点霉属的 2 株真菌（*P. glomerata*、*P. multirostrata*）。

（4）草玉梅的内生真菌。22 株草玉梅内生真菌中有 9 株在 PDA 培养基上产生分生孢子，可通过形态学鉴定结合分子生物学鉴定，分属于 8 属 9 种。其中，不产孢白色菌丝体共有 8 株，占优势；DSE 3 株；冻土毛霉（*Mucor hiemalis*）1 株，冻土毛霉为菌根伴生真菌，为首次从该种植物中分出；阔孢虫草（*Ophiocordyceps crassispora*）1 株；裂褶菌（*Schizophyllum commune*）1 株，为担子菌。

（5）黄牡丹的内生真菌。8 株黄牡丹内生真菌中有 2 株在 PDA 培养基上产生分生孢子，可通过形态学鉴定结合分子生物学鉴定，分属于 2 属。占优势的菌株为不产孢白色菌丝体，共有 4 株，其中 *Trametes hirsuta* 为担子菌纲多孔菌目真菌。

4. 桃儿七内生真菌的鉴定结果

64 株桃儿七内生真菌分属 16 个分类群，其中在幼苗中有 14 个分类群，在成株中有 10 个分类群。总体而言，桃儿七幼苗根系中的内生真菌无论是数量还是分类群均大于成株根系中的内生真菌，而且，幼苗根系中的内生真菌种类与成株根系中的内生真菌种类也有较大差异，在幼苗根系中分布的 *Aspergillus*、*Ilyonectria*、*Neonectria*、*Pilidium*、*Plectosphaerella*、*Trichocladium* 和 *Truncatella* 等属的真菌均未在成株根系中获得，而在成株根系中分布较多的突脐蠕孢属（*Exserohilum* sp.）真菌和木栖柱孢霉（*Scytalidium lignicola*）真菌在幼苗根中也未获得。通过鉴定，在 PDA 培养基上产生分生孢子的 32 株内生真菌分属于 13 属。除了白色不产孢菌丝体外，在幼苗根系中，柱孢属类真菌有 10 株，占优势；其次为 DSE，有 8 株，也为优势种。而在成年植株根系中，柱孢属类真菌仅有 1 株，不占优势；DSE 为优势种，有 4 株。结果还显示，在所有内生真菌中占优势的镰孢属真菌在桃儿七的内生真菌中分布较少，在幼苗与成株根系中均仅有 1 株，可见镰孢属真菌虽为多种植物内生真菌的优势种，但还是有一定宿主相关性的。

5. 多蕊高河菜内生真菌的鉴定结果

2 株多蕊高河菜内生真菌均为在 PDA 培养基上生长缓慢且不产生孢子的 DSE，经 4℃低温诱导 3 个月未产生孢子，分子生物学鉴定结果未给出明确归属，所以暂将其归为 DSE。

无论分布海拔是高还是低，十字花科都被认为是传统的非菌根植物，而近年来的研究表明，DSE 普遍存在于高山植物的根系中，即使是十字花科植物也存在（Narisawa et al.，2004）。笔者在多蕊高河菜的根部仅分离到 2 株 DSE 的试验结果也支持这一观点，同时也提示，DSE 这种特殊的内生真菌在此种十字花科植物的根系中有着重要的功能生态学意义。

6. 景天科药用植物内生真菌的鉴定结果

（1）长鞭红景天的内生真菌。41 株长鞭红景天内生真菌中有 24 株在 PDA 培养基上产生分生孢子，可通过形态学鉴定结合分子生物学鉴定，属于 16 个分类群。其中，在幼苗根系中有 15 个分类群，在成株根系中有 6 个分类群。可见，幼苗根系中的内生真菌无论是数量还是分类群数目均显著大于成株根系中的内生真菌，而且，长鞭红景天幼苗根系中的内生真菌种类与成株根系中的内生真菌种类存在较大差异。其中，*Aphanocladium* 和 *Phacidiopycnis* 的真菌仅从长鞭红景天幼苗根系中获得。

（2）喜马红景天的内生真菌。15 株喜马红景天内生真菌中有 5 株在 PDA 培养基上产生分生孢子，可通过形态学鉴定结合分子生物学鉴定，属于 5 属。其中 2 株为 DSE 菌，*Cryptosporiopsis ericae* 也是欧石楠菌根菌；白色不产孢菌丝体和镰孢属真菌占优势。此外，还有 1 株狭截盘多毛孢（*Truncatella angustata*）和 1 株梨黑腐皮壳菌（*Valsa ambiens*），均为较少见的内生真菌，分别为报道过的云杉病原菌和梨树病原菌（张新平等，1999；王旭丽等，2007）。

7. 杜鹃花科药用植物内生真菌的鉴定结果

（1）岩须的内生真菌。1 株岩须根部的内生真菌在 PDA 培养基上产生分生孢子，通过形态学鉴定结合分子生物学鉴定为 *Neonectria radicicola*。

（2）雪层杜鹃的内生真菌。12 株雪层杜鹃内生真菌中有 4 株在 PDA 培养基上产生分生孢子，8 株未见孢子，通过形态学鉴定结合分子生物学鉴定，属于 5 属，3 株鉴定到种。1 株为 DSE，白色不产孢菌丝体占优势。

8. 虎耳草科药用植物内生真菌的鉴定结果

（1）岩白菜的内生真菌。9 株岩白菜内生真菌中有 2 株在 PDA 培养基上产生分生孢子，可通过形态学鉴定结合分子生物学鉴定，分属于 5 个分类群。DSE 为优势菌株，共有 4 株，其中 2 株为典型的 DSE 真菌，*Phialocephala fortinii*。

（2）滇西鬼灯檠的内生真菌。20 株滇西鬼灯檠内生真菌中有 10 株在 PDA 培养基上产生分生孢子，可通过形态学鉴定结合分子生物学鉴定，分属于 6 属。优势菌株为 DSE 和白色不产孢内生真菌，各有 5 株；其次为镰孢属真菌，有 4 株。

9. 丛生钉柱委陵菜内生真菌的鉴定结果

13 株丛生钉柱委陵菜内生真菌中有 5 株在 PDA 培养基上产生分生孢子，可通过形态学鉴定结合分子生物学鉴定，分属于 4 属。其中白色不产孢菌丝体占优势；有 3 株青霉菌（*Penicillium* sp.），其中 *Penicillium dipodomyicola* 是一种并不常见的青霉菌，国内初次将其作为内生真菌进行了报道。

10. 大戟科药用植物内生真菌的鉴定结果

（1）大果大戟的内生真菌。15 株大果大戟内生真菌中不产孢菌丝体占优势；3 株在 PDA 培养基上产生分生孢子的菌株，通过鉴定分属于 3 属。其中有 2 株 DSE、3 株柱孢属真菌；有 1 株为冻土毛霉（*Mucor hiemalis*），冻土毛霉为菌根伴生真菌，为首次从该种植物中分出。

（2）西藏大戟的内生真菌。36 株西藏大戟内生真菌中有 18 株在 PDA 培养基上产生分生孢子，可通过形态学鉴定，分属于 9 属。其中 DSE 4 株，柱孢属（*Cylindrocarpon*）和不产孢白色菌丝体在菌株中占优势。

11. 瑞香科药用植物内生真菌的鉴定结果

（1）狼毒的内生真菌。4 株狼毒内生真菌中有 3 株在 PDA 培养基上产生分生孢子，可通过形态学鉴定，2 株属于柱孢属、1 株属于镰孢属、1 株为 DSE。

（2）黄瑞香的内生真菌。59 株黄瑞香内生真菌中有 38 株在 PDA 培养基上产生分生孢子，可通过形态学鉴定结合分子生物学鉴定，分属于 18 属。DSE 23 株，占 59 株菌株的 38.98%，为优势菌群。其中，拟隐孢壳属的 *Cryptosporiopsis melanigena* 为中国新记录种。

12. 白亮独活内生真菌的鉴定结果

29 株白亮独活内生真菌中有 19 株在 PDA 培养基上产生分生孢子，通过形态学鉴定结合分子生物学鉴定，鉴定出 9 属 5 种。其中镰孢属 6 株、DSE 和不产孢菌丝体各有 5 株，均为优势菌群；*Cryptosporiopsis* 真菌有 4 株、阔孢虫草（*Ophiocordyceps crassispora*）有 2 株，均为较少见的内生真菌。

13. 红花岩梅内生真菌的鉴定结果

33 株红花岩梅内生真菌中有 28 株在 PDA 培养基上产生分生孢子，通过形态学鉴定结合分子生物学鉴定，鉴定出 8 属 7 种。其中镰孢属有 15 株，占优势；DSE 有 11 株，其中有 5 株鉴定到种，3 株为典型的 DSE 真菌 *Phialocephala fortinii*、1 株为欧石楠菌根真菌 *Cryptosporiopsis ericae*、1 株为小柱孢属 *Scytalidium lignicola*。

14. 报春花科药用植物内生真菌的鉴定结果

（1）紫罗兰报春的内生真菌。53 株紫罗兰报春内生真菌通过形态学鉴定结合分子生物学鉴定分属于 12 属。其中镰孢属占优势，共有 17 株；DSE 有 5 株，明脐菌属（*Exserohilum* sp.）真菌 1 株。

（2）中甸灯台报春的内生真菌。36 株中甸灯台报春内生真菌有 20 株在 PDA 培养基上产生分生孢子，通过形态学鉴定结合分子生物学鉴定分属于10属13个形态群。已鉴定种群中，在根和根状茎两个分离部位，柱孢属真菌分别有5株和6株，均占优势，其次为DSE，还有1株阔孢虫草(*Ophiocordyceps crassispora*)。

(3)暗紫脆蒴报春的内生真菌。19株暗紫脆蒴报春内生真菌分属于10个分类群。通过形态学鉴定结合分子生物学鉴定分属于6属7种，其中镰孢属真菌占优势，有2株DSE。

(4)垫状点地梅的内生真菌。32株垫状点地梅内生真菌中有27株在PDA培养基上产生分生孢子，可通过形态学鉴定结合分子生物学鉴定，分属于5个类群。其中镰孢属真菌占优势，共有26株，无DSE。

15. 龙胆科药用植物内生真菌的鉴定结果

(1)聂拉木龙胆的内生真菌。26株聂拉木龙胆内生真菌中有12株在PDA培养基上产生分生孢子，可通过形态学鉴定，分属于6属。此外，有2株DSE，结合分子生物学鉴定属于瓶霉属和*Cryptosporiopsis ericae*。白色不产孢菌丝体占优势，镰孢属真菌和柱孢类也有较多定植。

(2)麻花艽的内生真菌。6株麻花艽内生真菌中有3株在PDA培养基上产生分生孢子，通过形态学鉴定，镰孢属2株、青霉属1株，有1株为DSE。

(3)椭圆叶花锚的内生真菌。17株椭圆叶花锚的内生真菌中有14株在PDA培养基上产生分生孢子，可通过形态学鉴定结合分子生物学鉴定，分属于3属。其中70.5%为镰孢属真菌，占有绝对优势，且其种类也较多，共有4种。

16. 琉璃苣内生真菌的鉴定结果

26株琉璃苣内生真菌，通过形态学鉴定结合分子生物学鉴定出了5属。其中DSE占优势，共有9株。在5株鉴定到种的菌株中，2株为典型的DSE真菌*Phialocephala fortinii*、3株为欧石楠菌根真菌*Cryptosporiopsis ericae*。

17. 马鞭草内生真菌的鉴定结果

8株马鞭草内生真菌中有5株在PDA培养基上不产生分生孢子，鉴定出的3种分属于*Ceriporia*、*Chaetomium*和*Penicillium*。

18. 唇形科药用植物内生真菌的鉴定结果

(1)独一味的内生真菌。8株独一味内生真菌中有6株在PDA培养基上产生分生孢子，通过形态学鉴定均为镰孢属；有1株DSE。可见，镰孢属真菌为独一味根部内生真菌的优势种。

(2)螃蟹甲的内生真菌。24株螃蟹甲内生真菌中有19株在PDA培养基上产生分生孢子，通过形态学鉴定结合分子生物学鉴定分布在7属。其中镰孢属8株，占优势，其次为不产孢菌丝体和白耙齿菌(*Irpex lacteus*)。

(3)夏枯草的内生真菌。24株夏枯草内生真菌中有14株在PDA培养基上产生分生孢子，可通过形态学鉴定，分布在9个分类群；镰孢属8株，占优势。其中，1株粉红粘帚霉(*Clonostachys rosea*)，是目前已发现的拮抗微生物中最具潜力的植物病害生物防护因子之一(张保元等，2010)。

19. 毛蕊花内生真菌的鉴定结果

123 株独一味内生真菌中有 10 株在 PDA 培养基上产生分生孢子，可通过形态学鉴定，分属于 24 个分类群，确定的属有 21 个。这表明，对于毛蕊花这种植物而言，其内生真菌的数量和物种多样性都很高。结果还表明，两个不同生境的毛蕊花内生真菌在数量及种类上都有差异。生长在林芝米林南伊沟的毛蕊花其根状茎内也分离到了 29 株内生真菌，而生长在波密古乡的毛蕊花只在根部获得了内生真菌。在内生真菌种类上不同生境也有明显差异，除了白色不产孢菌丝体外，采自林芝米林南伊沟灌丛中的毛蕊花的优势种群为镰孢属真菌，其次为 DSE；而采自波密古乡巴卡寺路旁草坡的毛蕊花的优势种群为 DSE，其次为柱孢类和镰孢属。可见，对毛蕊花而言，生境和地理环境因素对其内生真菌的数量和组成有较大影响。

20. 平车前内生真菌的鉴定结果

14 株平车前内生真菌中有 7 株在 PDA 培养基上产生分生孢子，通过形态学鉴定结合分子生物学鉴定，分属于 7 属。没有明显的优势种群，比较特殊的是从该种植物的根中分出的 2 株不产孢内生真菌，初步鉴定属于内囊霉科内养囊霉属（*Entrophospora*）。

21. 匙叶翼首花内生真菌的鉴定结果

9 株匙叶翼首花内生真菌中有 6 株在 PDA 培养基上产生分生孢子，通过形态学鉴定分属于 5 属，没有明显的优势种群。

22. 波棱瓜内生真菌的鉴定结果

46 株波棱瓜内生真菌中有 12 株 DSE，占该宿主所有内生真菌的 26.09%，为优势菌群，DSE 中有 6 株欧石楠类菌根真菌 *Cryptosporiopsis ericae*，均分离自根部，为首次从该种植物中分离得到此种内生真菌。白色不产孢菌丝体共有 10 株，也占优势。此外，有 1 株柔膜菌目晶杯菌科粒毛盘菌属真菌（*Lachnum* sp.），但未培养出子实体。

23. 菊科药用植物内生真菌的鉴定结果

（1）缘毛紫菀的内生真菌。16 株缘毛紫菀内生真菌中有 10 株在 PDA 培养基上产生分生孢子，通过形态学鉴定结合分子生物学鉴定，分属于 7 属。镰孢属真菌占优势，共有 6 株；其次为 DSE，有 3 株。

（2）二色香青的内生真菌。23 株二色香青内生真菌中有 16 株在 PDA 培养基上产生分生孢子，可通过形态学鉴定，分属于 5 属。其中镰孢属真菌有 12 株，为优势菌群。

（3）藏大蓟的内生真菌。10 株藏大蓟内生真菌中有 6 株在 PDA 培养基上产生分生孢子，通过形态学鉴定结合分子生物学鉴定分属于 5 个分类群。其中，镰孢属真菌占优势，共有 3 株，此外还有 2 株 DSE。

（4）高原天名精的内生真菌。24 株高原天名精内生真菌中有 18 株在 PDA 培养基上产生分生孢子，通过形态学鉴定结合分子生物学鉴定分属于 11 属。其中镰孢属占优势，共有 8 株，此外还有 4 株 DSE。

24. 天南星科药用植物内生真菌的鉴定结果

(1)一把伞南星的内生真菌。24 株一把伞南星(采自米林南伊沟混交林下)根部的内生真菌中有 14 株在 PDA 培养基上产生分生孢子，通过形态学鉴定结合分子生物学鉴定分属于 5 属。镰孢属占优势，共有 8 株；其次为白色不产孢菌丝体。

10 株一把伞南星(采自林芝嘎定沟混交林下)根部的内生真菌中白色不产孢菌丝体占优势,共有 5 株。其中 1 株在 PDA 上不产孢,经分子生物学鉴定后,ITS 序列与 *Apiosordaria otanii* 有 95%的相似性，为子囊菌 Lasiosphaeriaceae 科的真菌，之前，我国未见报道，目前，先暂时定为 *Apiosordaria* sp.，准确的分类学位置尚需进一步诱导产孢和更多的分子依据。

16 株一把伞南星(采自林芝嘎定沟林缘)根部的内生真菌中有 7 株在 PDA 培养基上产生分生孢子，通过形态学鉴定结合分子生物学鉴定分属于 3 属。白色不产孢菌丝体占优势，共有 6 株；其次为镰孢属真菌，有 4 株。

(2)黄苞南星的内生真菌。15 株黄苞南星内生真菌中有 8 株在 PDA 培养基上产生分生孢子，可通过形态学鉴定，分属于 4 属。白色不产孢菌丝体占优势，共有 5 株；其次为镰孢属真菌，有 4 株。

(3)菖蒲内生真菌的鉴定结果。11 株菖蒲内生真菌中 DSE 占优势，有 5 株。

25. 百合科药用植物内生真菌的鉴定结果

(1)大百合的内生真菌。5 株大百合根部的内生真菌中有 3 株在 PDA 培养基上产生分生孢子，通过形态学鉴定结合分子生物学鉴定分属于镰孢属和 *Neonectria radicicola*。

(2)卷叶黄精的内生真菌。32 株卷叶黄精内生真菌分属于 13 个分类群。其中成株根状茎的内生真菌较少，仅有 4 株。幼苗根部内生真菌的数量明显多于成株根部的，而且幼苗根系中的内生真菌种类与成株根系中的内生真菌种类有较大差异,在幼苗根系中分布的镰孢属真菌数量和种类均多于成株根系中的，此外，在幼苗根系中分布的白色菌丝体、*Phomopsis* 和 *Protoventuria* 的真菌在成株中并未见分布，而在成株根系中分布较多的小柱孢属(*Scytalidium*)真菌和柱孢霉在幼苗的根系中也未获得。

(3)轮叶黄精的内生真菌。22 株轮叶黄精内生真菌中有 12 株分离自成株根部、10 株分离自幼苗根部，13 株在 PDA 培养基上产生分生孢子，通过形态学鉴定结合分子生物学鉴定分属于 10 属。在成株根部镰孢属真菌占优势；在幼苗根部 DSE 占优势。

(4)紫花鹿药的内生真菌。36 株紫花鹿药内生真菌中有 20 株分离自根部、16 株分离自根状茎，17 株在 PDA 培养基上产生分生孢子，通过形态学鉴定结合分子生物学鉴定分属于 6 个分类群。在根部和根状茎中均是柱孢类真菌占优势。

(5)管花鹿药的内生真菌。27 株管花鹿药内生真菌中有 13 株分离自根部、14 株分离自根状茎，13 株在 PDA 培养基上产生分生孢子，通过形态学鉴定分属于 6 属。其中根部中柱孢类和镰孢属真菌占优势；根部中无 DSE，根状茎中有 2 株 DSE。

(6)沿阶草的内生真菌。6 株沿阶草内生真菌中有 4 株在 PDA 培养基上不产生分生孢子，且分子生物学鉴定未成功。其中，1 株为白色不产孢菌丝体，另有 2 株通过形态学鉴定结合分子生物学鉴定到种，分别为柱孢属 *Cylindrocarpon. destructans* 和 DSE 真菌 *Cryptosporiopsis ericae*。

26. 兰科植物羊耳蒜内生真菌的鉴定结果

15 株羊耳蒜内生真菌中有 10 株在 PDA 培养基上产生分生孢子，通过形态学鉴定分属于 4 属。其中镰孢属真菌和 DSE 各有 4 株，占优势。

27. 石竹科植物桃色无心菜内生真菌的鉴定结果

26 株桃色无心菜内生真菌中仅有 1 株分离自茎中，经鉴定为 *Neonectria radicicola*。其余 25 株根中内生真菌经鉴定分属于 12 个分类群，其中 9 株在 PDA 培养基上不产生分生孢子，镰孢属、DSE 和 *Cladosporium* sp.为优势菌。

28. 9 种低等植物内生真菌的鉴定结果

(1) 2 种石蕊的内生真菌。结果表明，2 种石蕊体内的内生真菌在数量上和种类上均有较大差异，软石蕊有内生真菌 28 株、黑穗石蕊有内生真菌 62 株，共有 31 株在 PDA 培养基上产生分生孢子，可通过形态学鉴定，分属于 13 属。其中 2 种石蕊共有的真菌种类有柱孢属、镰孢属和 DSE 真菌；而曲霉属、青霉属和 *Cryptosporiopsis ericae* 这几个种群仅在软石蕊中获得，*Bionectria ochroleuca*、*Cylindrocarpon* sp.、*Nemania primolutea*、*Nemania primolutea*、*Neonectria radicicola* 和阔孢虫草（*Ophiocordyceps crassispora*）仅在黑穗石蕊中获得。

(2) 光肺衣的内生真菌。16 株光肺衣内生真菌中只有 6 株在 PDA 培养基上产生分生孢子或有较显著的形态特征，可通过形态学鉴定，分布在 6 属。

(3) 长松萝的内生真菌。18 株长松萝内生真菌通过形态学和分子生物学鉴定出 6 株，分布在 5 个种群。其中有 2 株 DSE 和 3 株不产孢菌丝体，有 1 株属于 *Coniochaeta* 的真菌。

(4) 2 种苔藓的内生真菌。2 种苔藓的内生真菌在数量上有较大差异。锦丝藓中仅获得 1 株内生真菌，经鉴定为 *Hypocrea koningii*；葫芦藓中共获得 18 株内生真菌，通过形态学结合分子生物学鉴定出 10 株。其中，不产孢菌丝体占优势，其次为 DSE 和炭角菌属（*Xylaria*）真菌。

(5) 粗茎鳞毛蕨的内生真菌。12 株粗茎鳞毛蕨内生真菌分属于 6 个分类群，其中白色不产孢菌丝体在菌株中占优势，有 1 株阔孢虫草（*Ophiocordyceps crassispora*）。

(6) 瓦韦的内生真菌。21 株瓦韦内生真菌分属于 11 个分类群，不产孢菌丝体和 DSE 在菌株中占优势，其中有 1 株并不常见的内生真菌 *Clonostachys*。

(7) 西藏铁线蕨的内生真菌。在 137 株西藏铁线蕨内生真菌中有 90 株来自根，47 株来自茎；不产孢菌丝体在菌株中占优势；其次为镰孢属、DSE、柱孢类和曲霉属真菌；鉴定出的在 PDA 上产孢的内生真菌共有 16 属，其中有一些并不常见的内生真菌，如 *Clonostachys* 和小鼻枝霉属（*Rhinocladiella*）真菌。

第三节　西藏药用植物根部内生真菌优势种群的属种描述

由之前的研究结果可知，在本章研究的 66 种西藏药用植物的根系中，内生真菌具有丰富的多样性，在所有的内生真菌中，DSE、镰孢属真菌和柱孢类真菌是三大优势菌群，本节对后两类真菌逐一进行形态学的种属描述，以作为药用植物内生真菌分类学的参考依据。由于 DSE 在高山植物中具有的特殊功能及其在西藏药用植物内生菌中丰富的多样性，对其在本章第四节进行分析。

一、镰孢属(*Fusarium*)真菌

分类位置：Nectriaceae，Hypocreales，Hypocreomycetidae，Sordariomycetes，Ascomycota。

许多镰孢属真菌不易产生有性世代或根本不产生有性世代，目前涉及有性世代的有赤霉属(*Gibberella*)、丛赤壳属(*Nectria*)、菌寄生菌属(*Hypomyces*)和蠕孢丛赤壳属(*Calonectria*)。

镰孢属是真菌中的一个大属，普遍存在于土壤、空气，以及动物、植物的有机体内，在宿主植物的各个部分——无论是最深部位的根中还是最顶端的花中均可以发现镰孢属真菌(Summerell et al.，2003)。同时，镰孢属真菌是常见的植物病原菌，也可使人类致病(Leslie and Summerell，2006)，但具有重要的经济价值。在植物内生真菌的研究中，镰孢属是分离频率较高的真菌，并且是许多植物内生真菌中的优势种。

由于镰孢属的属种间形态特征相似性较高、形态具有可变性及其种与种之间常有过渡类型存在，因此，镰孢属内的分类鉴定存在较大困难。自Link在1809年建立镰孢属以来，200年间，不同的学者使用不同的研究方法，给镰孢属建立了10种不同的分类体系(林清洪和黄志宏，1996)，涉及形态学种、生物学种和系统发育学种三个水平种的概念，但至今尚未有统一的研究方法和分类系统，而对镰孢属的分类鉴定显得更为复杂。

本试验共从西藏药用植物中分离获得325株镰孢属真菌，有着较高的相对频率(19.37%)，为内生真菌优势种群之一。本节主要依据现在镰孢属研究者普遍采用的Booth(1971)系统和Nelson等(1983)系统的分类学专著、Summerell等(2003)提出的镰孢菌鉴定方法和步骤，以及近年来发表的研究文献进行形态学观察与鉴定，并与分子生物学方法相结合，共鉴定出该属真菌8组，13种，其中有1新种，分别为：马特组(Section Martiella)：茄类镰孢菌 *Fusarium solani*；枝孢组(Section Sporotrichiella)：三线镰孢菌 *F. tricinctum*；直孢组(Section Arthrosporiella)：半裸镰孢菌 *F. semitectum*；砖红组(Section Lateritium)：砖红镰孢菌 *F. lateritium*；美丽组(Section Elegans)：尖孢镰孢菌 *F. oxysporum*、芬芳镰孢菌 *F. redolens*；李瑟组(Section Liseola)：层生镰孢菌 *F. proliferatum*、胶孢镰孢菌 *F. subglutinans*；膨孢组(Section Gibbosum)：木贼镰孢菌 *F. equiseti*、锐顶镰孢菌 *F. acuminatum*；色变组(Section Discolor)：柔毛镰孢菌 *F. flocciferum*、禾谷镰孢菌 *F. grdminearum*。

形态学分类的依据主要为菌落特征(在PDA培养基上的菌落生长速率、菌落颜色、边缘对称性及菌丝特征等)、气生菌丝上小孢子的特征、分生孢子座上大孢子的特征、分生孢子梗的特征和厚垣孢子的特征等。

镰孢属真菌具有高度的适应性，在自然界中分布广泛，从北极的永久冻土到撒哈拉大沙漠的沙土中都曾分离得到(Booth，1971)，是最常见的一类真菌。

镰孢属真菌也同时具有高度的变异性，其培养物的颜色、气生菌丝的形状等特征容易随环境条件的变化而变异，在培养条件下很大程度上取决于培养基和培养基的pH(Booth，1971)。因此，在进行镰孢属鉴定时，了解不同镰孢属真菌对培养条件的反应、设置统一的培养基及培养环境条件是至关重要的。

镰孢属真菌可以引起农林植物萎蔫、穗腐病及腐烂病，是重要的产毒真菌，甚至引起植物死亡，因此一直被视为是农林植物的大敌。多年来，镰孢属真菌一直是真菌学家与植物病理学家致力研究的对象，但主要是将其作为重要的病原菌来研究，这主要是因为镰孢属真菌与人类的生活关系密切，在经济上也具有很重要的意义。但是，近年来对不同地理生境的多种野生植

物内生真菌的研究发现，作为内生真菌，镰孢属广泛存在于多种野生植物体内，是兰科植物等多种植物内生真菌的优势菌群。本试验从西藏多种野生药用植物的根中共分离得到 325 株镰孢属真菌。试验中用来进行内生真菌分离的材料均选自健康宿主植物的健康根段，而结果显示镰孢属为内生真菌的优势种。这说明，在西藏这一受人类活动干扰较少的野生自然环境中，镰孢属真菌在野生药用植物体内与宿主和其他微生物种群平衡共处，并不以致病菌的形式存在。这表明，在物种协同进化的过程中，镰孢属真菌具有极强的适应性，此类真菌在野生自然环境中具有重要的生理生态作用。这也从一个侧面提示，之所以镰孢属在农耕状态中常常表现为农作物的病原菌，有可能是人为的耕作方式打破了镰孢属真菌与植物及土壤之间自然状态的平衡，使其生理作用发生了转化所致，这也是其自身极强生存力和对环境极强适应性的另一种表现形式。

本试验对镰孢属真菌作为内生真菌在西藏多种药用植物中的分布及多样性进行了初步研究，明确了镰孢属真菌在西藏这一特殊地域的部分药用植物中扮演的生态学角色，同时也丰富了中国镰孢属真菌资源。

二、柱孢类真菌（*Neonectria / Cylindrocarpon*）

柱孢属（*Cylindrocarpon*）由 Wollenweber 在 1931 年建立，模式种是 *C. cylindroides*，柱孢属真菌主要分布在热带和温带，世界广布，普遍存在于土壤和植物的根部、腐烂的木头及草本植物中（Domsch et al.，2007），可以引起多种经济植物，以及人参、西洋参、三七等药用植物的病害（Seifert et al.，2003；Domsch et al.，2007）。

有性型为 *Neonectria* sp.。

Neonectria/Cylindrocarpon 类真菌是多型性真菌中的一个较大类群，其形态特征多样，系统亲缘关系复杂（Mantiri et al.，2001；Brayford et al.，2004；Hirooka et al.，2005；Castlebury et al.，2006；Halleen et al.，2006）。最近的分子系统学的研究表明，传统分类意义上 *Neonectria/Cylindrocarpon* 可能被划分成 5 属：① 严格意义上的 *Neonectria/Cylindrocarpon*；② *Rugonectria*；③*Thelonectria*；④*Ilyonectria*；⑤*Campylocarpon*（Chaverri et al.，2011）。本章对柱孢类真菌的分类以形态鉴定为主，在结合分子生物学鉴定结果的同时参照了 Chaverri 等的分类结果。

在 66 种西藏药用植物的地下部分中，共有 44 种宿主植物有柱孢类真菌分布，本章共分离到了 146 株此类真菌，相对频率为 8.7%，仅次于不产孢白色菌丝体、镰孢属真菌和 DSE，为优势种之一。

第四节　西藏药用植物根部内生真菌特殊种群的属种描述和系统学分析

一、黑色有隔内生真菌

黑色有隔内生真菌（dark septate endophyte，DSE）是一个很宽泛的名称，泛指定植于植物根部的菌丝深色、具有横隔但并不引起病理症状的真菌（Jumpponen and Trappe，1998）。其至今未有明确的分类地位，包含子囊菌纲较多种类的小型真菌类群；这类真菌能够在植物的根内形成微菌核(microsclerotia)结构，但并不形成典型的菌根构造或引起病理改变(Addy et al.，2005)。

DSE 广泛存在于许多物种体内，可以与植物体以一种特殊的互利共生形式存在，目前 600 多种植物被报道有 DSE 存在(Jumpponen and Trappe，1998)。DSE 在促进宿主对有机养分，如氮、磷及矿质营养吸收的同时，还有提高宿主植物在极端温度、盐碱度等不良环境下的抗逆性(Barrow，2003；Marquez et al.，2007；Waller et al.，2005)和抗病能力的生态学功能(刘茂军等，2009)。

同时，DSE 还广泛分布于多种生态环境与生态系统中，对其进行的研究表明，从南、北极地的冻原到哥斯达黎加的热带雨林，从生长在海拔 5000 多米的高山菊科植物到赤道附近的海边红树林，都发现有 DSE 的丰富定植(Rains et al.，2003；王桂文和李海鹰，2003；Schmidt et al.，2008；Porras-Alfaro et al.，2008；Upson et al.，2009)。

在高山植物根系中，DSE 的存在更为普遍，对植物的生长和促进植物磷的吸收上有着重要的功能意义(Jumpponen and Trappe，1998；Jumpponen，2001)。

(一)西藏药用植物根部的 DSE 分布情况

本章对从西藏海拔跨度 2945m(2068～5013m)的 14 个采样点采集的 66 种药用植物的根系进行了 DSE 分离，共有来自 11 个采样点的 51 种植物样品分离到了 DSE，占植物样品总数的 77.3%。这表明，在大多数西藏药用植物的根系中都有 DSE 分布(表 2-3)。

表 2-3　西藏药用植物根部的 DSE 分布情况

科	植物名称	采样地点	DSE 菌株数	占 DSE 的比例/%	DSE 占宿主内生真菌菌株总数的比例/%
石蕊科	软石蕊	色季拉山	3	1.29	11.13
	黑穗石蕊	林芝鲁朗	1	0.43	1.61
水龙骨科	瓦韦	米林南伊沟	4	1.72	19.05
铁线蕨科	西藏铁线蕨	米林南伊沟	11	4.72	8.03
松萝科	长松萝	林芝鲁朗	1	0.43	5.56
葫芦藓科	葫芦藓	米林南伊沟	3	1.29	16.67
蓼科	狭叶圆穗蓼	米拉山口	3	1.29	15.00
	翅柄蓼	林芝嘎定沟	7	3.00	29.17
紫茉莉科	喜马拉雅紫茉莉	林芝八一镇	5	2.15	6.67
毛茛科	工布乌头	米林南伊沟	6	2.58	27.27
	短柱侧金盏花	米林南伊沟	1	0.43	11.11
	高原毛茛	米拉山口	5	2.15	26.32
	草玉梅	鲁朗	2	0.86	9.09
小檗科	桃儿七(幼株)	米林南伊沟	9	3.86	19.15
	桃儿七(大植株)	米林南伊沟	3	1.29	17.65
十字花科	多蕊高河菜	米林南伊沟	2	0.86	100.00
景天科	长鞭红景天(幼苗)	色季拉山	4	1.72	12.12
	喜马红景天	色季拉山	1	0.43	6.67

续表

科	植物名称	采样地点	DSE 菌株数	占 DSE 的比例/%	DSE 占宿主内生真菌菌株总数的比例/%
虎耳草科	岩白菜	色季拉山	4	1.72	44.44
	滇西鬼灯檠	嘎定沟	5	2.15	25.00
瑞香科	大果大戟	嘎定沟	2	0.86	13.33
	西藏大戟	鲁朗	3	1.29	8.33
大戟科	黄瑞香	波密古乡	33	14.16	56.45
	狼毒	波密百巴镇	1	0.43	25.00
伞形科	白亮独活	米林南伊沟	5	2.15	17.24
杜鹃花科	雪层杜鹃	米拉山	1	0.43	8.33
岩梅科	红花岩梅	色季拉山	10	4.29	30.30
报春花科	紫罗兰报春	色季拉山	5	2.15	9.43
	中甸灯台报春	米林	5	2.15	25.00
	暗紫脆蒴报春	米林南伊沟	2	0.86	10.53
龙胆科	聂拉木龙胆	米林南伊沟	3	1.29	11.53
	麻花艽	鲁朗	1	0.43	16.67
紫草科	琉璃苣	色季拉山	9	3.86	34.62
唇形科	独一味	米拉山口	2	0.86	25.00
	螃蟹甲	米林南伊沟	2	0.86	8.33
	夏枯草	波密易贡	2	0.86	8.33
玄参科	毛蕊花	米林南伊沟	6	2.58	7.32
	毛蕊花	波密古乡	14	6.01	34.15
葫芦科	波稜瓜	米林南伊沟	12	5.15	26.09
菊科	缘毛紫菀	鲁朗	3	1.29	18.75
	藏大蓟	波密易贡	2	0.86	20.00
	二色香青	米林南伊沟	1	0.43	5.23
	高原天名精	米林南伊沟	4	1.72	16.67
天南星科	菖蒲	林芝八一镇	5	2.15	45.45
百合科	大百合	波密易贡	1	0.43	20.00
	卷叶黄精	林芝米林	4	1.72	28.57
	紫花鹿药	米林南伊沟	2	0.86	5.56
	管花鹿药	米林南伊沟	2	0.86	7.41
	沿阶草	波密嘎定沟	1	0.43	24.24
	卷叶黄精(幼苗)	林芝鲁朗	1	0.43	5.56
	轮叶黄精(幼苗)	米林南伊沟	3	1.29	30.00
兰科	羊耳蒜	波密古乡	3	1.29	37.50
石竹科	未知植物	米拉山口	3	1.29	11.54

依照传统的DSE定义，本章共分离获取了233株DSE，相对频率为13.89%。在目前文献报道的已明确分类地位的 DSE 中(Addy et al.，2005)，共鉴定出 7 属，即 *Cadophora*、*Cryptosporiopsis*、*Leptodontidium*、*Phialocephala*、*Phialophora*、*Scytalidium* 和 *Trichocladium*。

除了典型的 DSE 种 *Phialocephala fortinii* 和 *Leptodontidium orchidicola* 外，还有拟隐孢壳属(*Cryptosporiopsis*)的 3 种(*C. ericae*、*C. melanigena*、*C. radicicola*)，其中，*C.melanigena* 为中国新记录种，对新记录种的描述如下。

Cryptosporiopsis melanigena Kowalski T，Halmschlager E ＆Schrader K1998.新记录种，见图 2-1。

菌落生长缓慢，灰白色，中部灰黑色，基生菌丝较发达，菌丝最初色浅，在 PDA 培养基上暗培养 2 周，菌落直径可达 3.0cm；气生菌丝不发达，薄毡毛状。培养 2 周后，菌丝黑色；分生孢子未见；厚垣孢子多见，类圆形，表面不光滑，初为浅褐色，培养后期变黑色，多呈葡萄串状和结节状，直径 12～15μm。

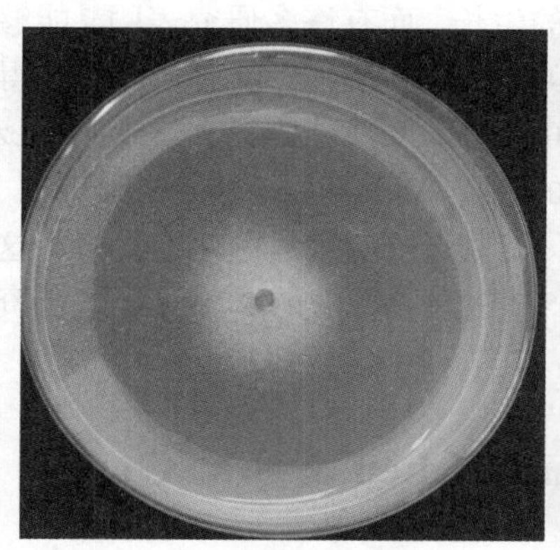
(a)

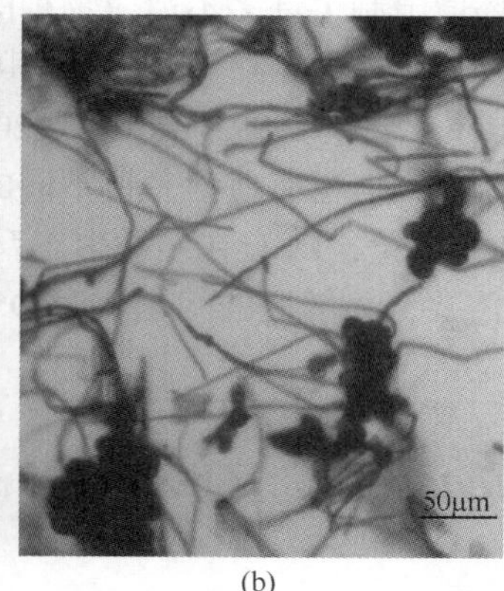

(b)

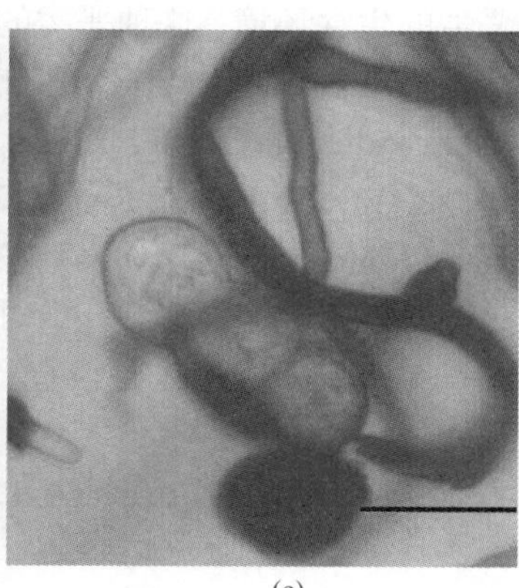
(c)

图 2-1　*Cryptosporiopsis melanigena* 的菌落、菌丝及厚垣孢子形态特征

(a)菌落正面形态；(b)菌丝；(c)厚垣孢子。标尺：20μm

宿主：Kowalski 等最初分离自 *Quercus robur* 和 *Q. petraea* 的根部。本书分离自黄瑞香根部。

(二)相关问题讨论

由于 DSE 的分类形式包含广泛的在分类学上亲缘关系较远的真菌种类而让真菌学者困惑不已。

从本章所述 DSE 在西藏药用植物根部的分布状况可以看出，同一种 DSE 在不同海拔、不同生态环境的不同植物中均可定植，这说明 DSE 在西藏药用植物根部的定植具有广泛性。

近年来的研究表明，DSE 在不同生境的多种植物中能够定植，包括农作物和牧草(Haselwandter and Read，1982；Jumpponen and Trappe，1998；Barrow and Aaltonen，2001)。因此，有学者认为 DSE 很少或没有宿主特异性(刘茂军等，2009)。本章的研究结果显示，66 种药用植物中只有 15 种植物的根部未分离到 DSE，它们分属于 12 科 15 属[粗茎鳞毛蕨(鳞毛蕨科)，光肺衣(牛皮叶科)，黄牡丹(毛茛科)，岩须(杜鹃花科)，丛生钉柱委陵菜(蔷薇科)，垫状点地梅(报春花科)，马鞭草(马鞭草科)，平车前(车前科)，匙叶翼首花(川续断科)，一把伞南星、黄苞南星(天南星科)，马蔺、金脉鸢尾、尼泊尔鸢尾(鸢尾科)，椭圆叶花锚(龙胆科)]。结果显示，在天南星科菖蒲属的菖蒲中有 DSE 的定植，而天南星属的 4 个样品均未分离得到 DSE；百合科的 6 个种中均有 DSE 定植；报春花科报春花属的 3 种报春中均有较丰富的 DSE 定植，而点地梅属的垫状点地梅却未分离得到 DSE。这些证据表明，是否有 DSE 的定植，与宿主植物所属的分类群本身并不是完全没有相关性的。

6 种毛茛科植物中，仅黄牡丹根中未发现 DSE。之前有文献报道，DSE 易在草本植物中发现，在灌木和乔木中少见(Ahlich and Sieber，1996；Ruotsalainen et al.，2002；Barrow，2003；

Muthukumar et al.，2006)，本研究的 6 种毛茛科植物中，仅黄牡丹是灌木，这一结果支持了以往的研究结果。

本研究对桃儿七、长鞭红景天、羊耳蒜、卷叶黄精和轮叶黄精这 5 种药用植物的幼苗和成株同时进行了内生真菌的研究，结果表明，对桃儿七和卷叶黄精而言，在其幼苗阶段和成年阶段均会出现 DSE 的定植，但 DSE 的种类不同；而其他 3 种植物仅在幼苗期或成年植株中分离出了 DSE。这表明，DSE 在植物根部的分布并不是一成不变的，它在植物生活史的不同阶段可能是一个动态和变化的过程。

对植物而言，相对于温暖多湿的环境，高海拔、低气温和土壤有机物贫瘠等高山环境无疑是恶劣的生存环境，这种恶劣的环境限制了许多不适应物种的生长，而有许多研究表明，能够在此生活的高山植物与 DSE 的关系非常密切，它可促进其宿主植物的生长和营养素的获得(Haselwandter and Read，1982；Newsham，1999；Barrow，2003；Waller et al.，2005；Marquez et al.，2007；Smith and Read，2008)，但也有些学者持不同的意见(Wilcox and Wang，1987；Fernando and Currah，1996)。迄今为止，DSE 在多种生态系统中所扮演的角色并不明了，这也是菌根学者和生态学者下一步需要努力解决的问题。对 DSE 这一类特殊的真菌资源进行资源调查等基础研究工作是很有意义的。

二、*Emericella miraensis* L.C. Zhang，Juan Chen & S.X. Guo

(一)背景简述

裸孢壳属(*Emericella*)由 Berkeley 在 1857 年建立，它是曲霉属(*Aspergillus*)的有性阶段之一，曲霉属约有 10 个不同的有性阶段(Geiser, 2009)。裸孢壳属的模式种是 *E. variecolor* Berk. & Broome(Benjamin, 1955)。迄今为止，在世界范围内该属共有 36 个种被描述(Kirk et al., 2008)。该属的大部分种都分离自土壤(Samson and Mouchacca，1974；Horie et al.，1989；1990；1996a；1996b；1998；Stchigel and Guarro，1997)，有一些种分离自储藏的食物、草药或谷物，还有少数种分离自盐水(Zalar et al.，2008)或活的植物体(Berbee，2001；Thongkantha et al.，2008；Zhang et al.，2011)。

对西藏高山药用植物内生真菌的研究过程中，从蓼科高山植物狭叶圆穗蓼的根中分离到了一株裸孢壳属内生真菌，经形态学和分子生物学鉴定证明其与所有已知的该属植物均不相同，为一新种(Zhang et al.，2013)。

在此，将此真菌作为一个新种进行了形态学描述和系统发育分析。

(二)形态特征和分子鉴定方法

菌株的形态鉴定基于菌株在 PDA、查氏酵母琼脂培养基(CYA)和麦芽提取粉琼脂培养基(MEA)三种培养基上的菌落特征(如生长方式、生长速率、菌丝特征、菌落颜色、菌落边缘特征等)和孢子特性(分生孢子和子囊孢子)。菌株在 25℃孵育 14 天，用透明胶带粘取菌丝，10% KOH 溶液装片，在蔡司光学显微镜(ZEISS Axio ImagerA1)下观察和照相。同时进行电子扫描显微镜(SEM)观察：胶带粘取少量菌丝直接喷金处理 90s(EIKO IB-3，Japan)，于 JSM-6510LV(Japan)下观察和照相。

纯培养 14 天后，收获生长于 PDA 培养基上的菌丝用于提取总 DNA，使用真菌 DNA 提取试剂盒(E.Z.N.A.TM Fungal DNA Mini Kit：Omegabiotek，Norcross，USA)提取，按照其使用说明书操作。PCR 引物使用真菌通用引物 ITS1 和 ITS4 扩增核糖体内转录间隔区(ITS-rDNA)片段(White et al.，1990)及 LROR 和 LR7 扩增核糖体大亚基(28S)。

新分类群的序列提交 GenBank 获得登录号 JQ268604(ITS)和 JX113691(28S)。使用 MEGA5.0 软件(Tamura et al.，2011)用邻接法和最大简约法构建系统发育树，并进行 1000 次重复的自展检验。

(三)结果和讨论

1. 系统进化分析

新分类群的分子数据已提交到 GenBank。ITS 数据矩阵由 28 条序列组成，共计 550 个特征，其中 98 个为简约信息位点，最大简约树(MP)分析共产生 97 棵(TL = 139，CI = 0.813，RI = 0.834)，如图 2-2 所示。连接法分析获得的拓扑结构与 MP 分析相似，所有分析的裸孢壳属真菌被划分成两大支，4 亚支。*Emericella miraensis*，以及其他相关的种 *E. stella-maris*、*E. astellata*、*E. variecolor*、*E. qinqixianii*、*E. appendiculata* 和 *E. filifera* 形成一个支持率很高的分支(支持率为 100%)，这几个聚在进化支 II 的相近种的孢子赤道面均具有星形纹饰，但是每个种的孢子颜色和表面特征均有显著区别(表 2-4)。β-tubulin 数据包括 19 个序列，420 个字符，其中 84 个简约信息位点。最大简约树分析共产生 9 棵(TL = 172，CI = 0.784，RI = 0.804；图 2-3)。

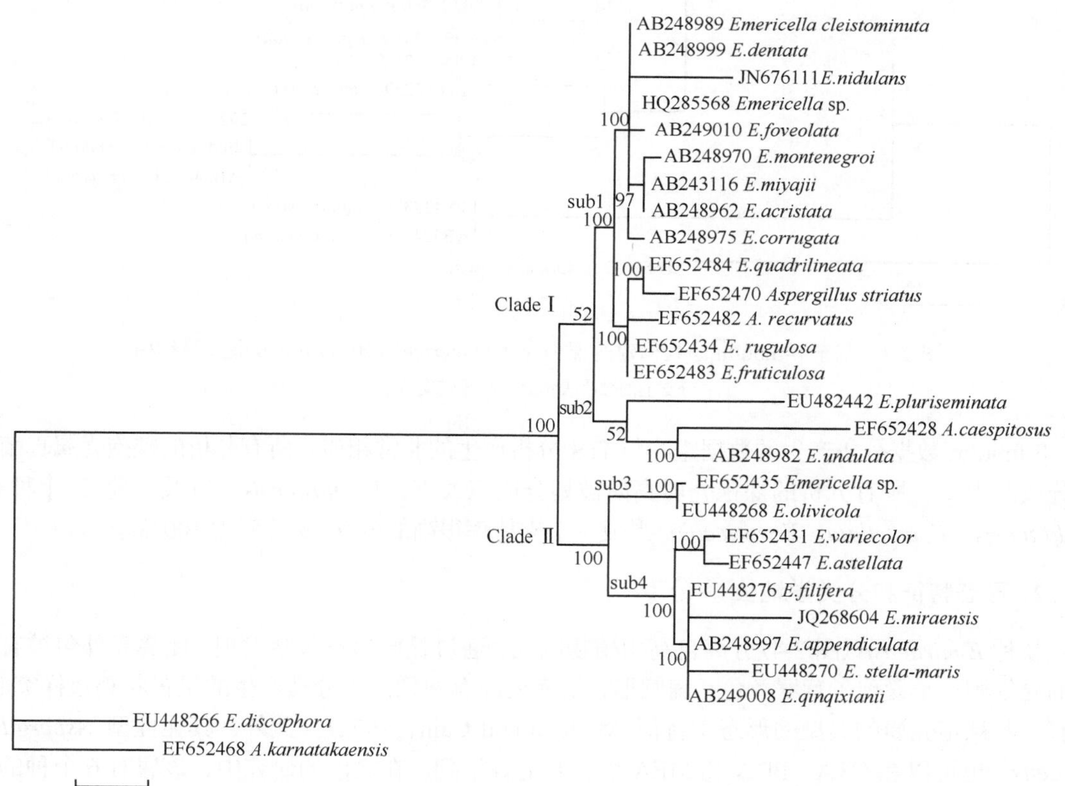

图 2-2　基于 ITS 序列构建的裸孢壳属(*Emericella*/*Aspergillus*)最大简约树

分支上的数字表示≥ 50%靴带支持率

表 2-4 *E.miraensis* 与相关种的子囊孢子特征

种	子囊孢子		
	子囊孢子形状	颜色	表面纹饰
E. variecolor	星芒状	紫罗兰色	光滑
E. stella-maris	星芒状	橙红色	光滑
E. astellata	星芒状	紫红色–棕红色	光滑
E. qinqixianii	透镜状	棕紫色	光滑
E. appendiculata	透镜状	棕紫色	头状附属物
E. filifera capitate	近球形	棕红色	头状附属物
E. venezuelensis	星芒状	棕紫色	三角瓣状
E. miraensis	星芒状	紫罗兰色	疣状突起

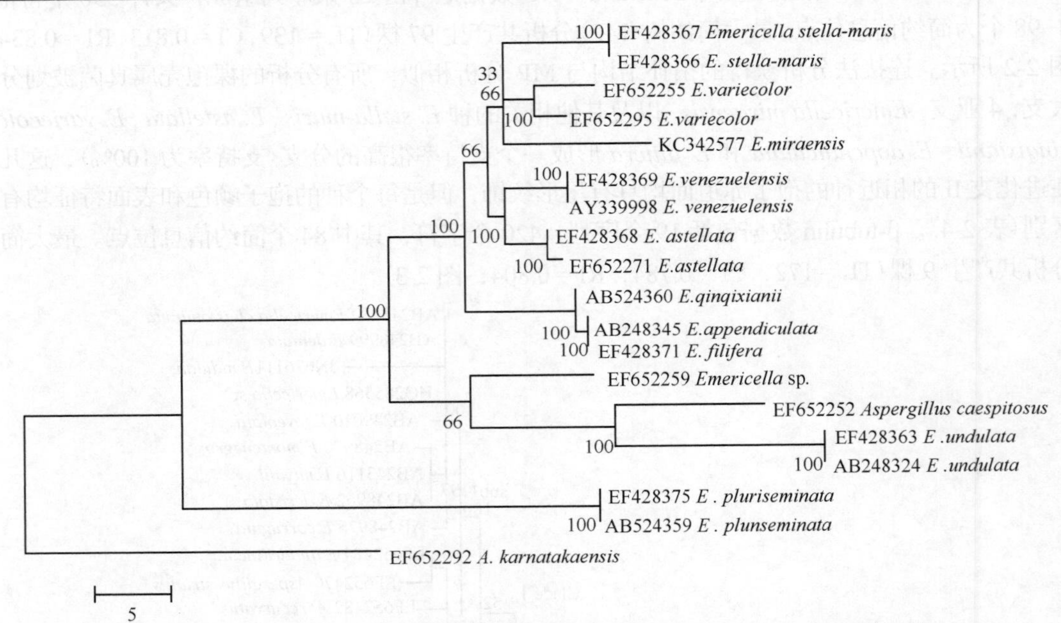

图 2-3 基于 β-tubulin 序列构建的裸孢壳属（*Emericella/Aspergillus*）最大简约树

分支上的数字表示≥ 50%靴带支持率

β-tubulin 数据分析产生的数据矩阵与 ITS 分析产生的非常相似。所有分析的裸孢壳属真菌被划分成两大支，所有分析的裸孢壳属真菌被划分成三大支，*E. miraensis*，以及其他 3 个种 *E. stella-maris*、*E. astellata*、*E. variecolor* 形成一个支持率很高的分支（支持率为 100%）。

2. 形态特征和分类学地位

新种 *E.miraensis*（图 2-4）分离自高山植物的根，通过显微形态观察发现，闭囊壳外包被有大量的壳细胞；子囊孢子紫罗兰色，扁圆形，沿赤道面有两列由于分裂产生的星芒状鸡冠样突起；具有一些裸孢壳属的典型的形态学特征（Malloch and Cain，1972）。此外，其无性型 *Aspergillus miraensis* 也可以在 CYA、PDA 和 MEA 培养基上观察到。在之前的研究中，该属有 6 个种的子囊孢子具有星芒状鸡冠纹饰，它们是 *E. variecolor*（Berkeley，1857）、*E. astellata*（Horie，1980）、*E. pluriseminata*（Stchigel and Guarro，1997）、*E. venezuelensis*（Frisvad and Samson，2004）、*E.*

stella-maris 和 *E. olivicola*（Zalar et al.，2008）。其中，*E. pluriseminata* 在任何培养基上都不产生无性型（Frisvad and Samson，2004；Zalar et al.，2008），而新种 *E. miraensis* 在 3 种传统培养基 CYA、PDA 和 MEA 上均能形成无性型的分生孢子梗和分生孢子。*E. miraensi* 与 *E. variecolor* 在子囊孢子的颜色上较相似，区别在于，在电子显微镜下 *E.miraensis* 子囊孢子的凸面上具有小球状突起的纹饰，而 *E. variecolor* 子囊孢子的凸面是光滑的。系统发育树表明，*E. miraensi* 与 *E. stella-maris* 和 *E. olivicola* 有较近的亲缘关系，然而，它与这 3 个种在子囊孢子的颜色上都不相同，与 *E. miraensi* 紫罗兰色的子囊孢子相比，*E. stella-maris* 具有橙红色的子囊孢子，*E. olivicola* 的子囊孢子是棕红色的。基于 *E. venezuelensis* 棕紫色的子囊孢子和子囊孢子凸面上三角瓣状的纹饰，*E. miraensi* 同样可以与 *E. venezuelensis* 相区别。此外，对于无性型而言，*E.miraensis* 具无隔的分生孢子梗，此特点可以与 *E. stella-maris* 和 *E. astellata* 相区别，因为后两者的分生孢子梗总是有隔的。

对于裸孢壳属的种而言，子囊孢子的形态学特征是最重要的鉴别特征（Horie，1980），因此，在进行该属种的鉴别时应用扫描电子显微镜进行观察与拍照是一个不容忽视的手段，提倡应用。

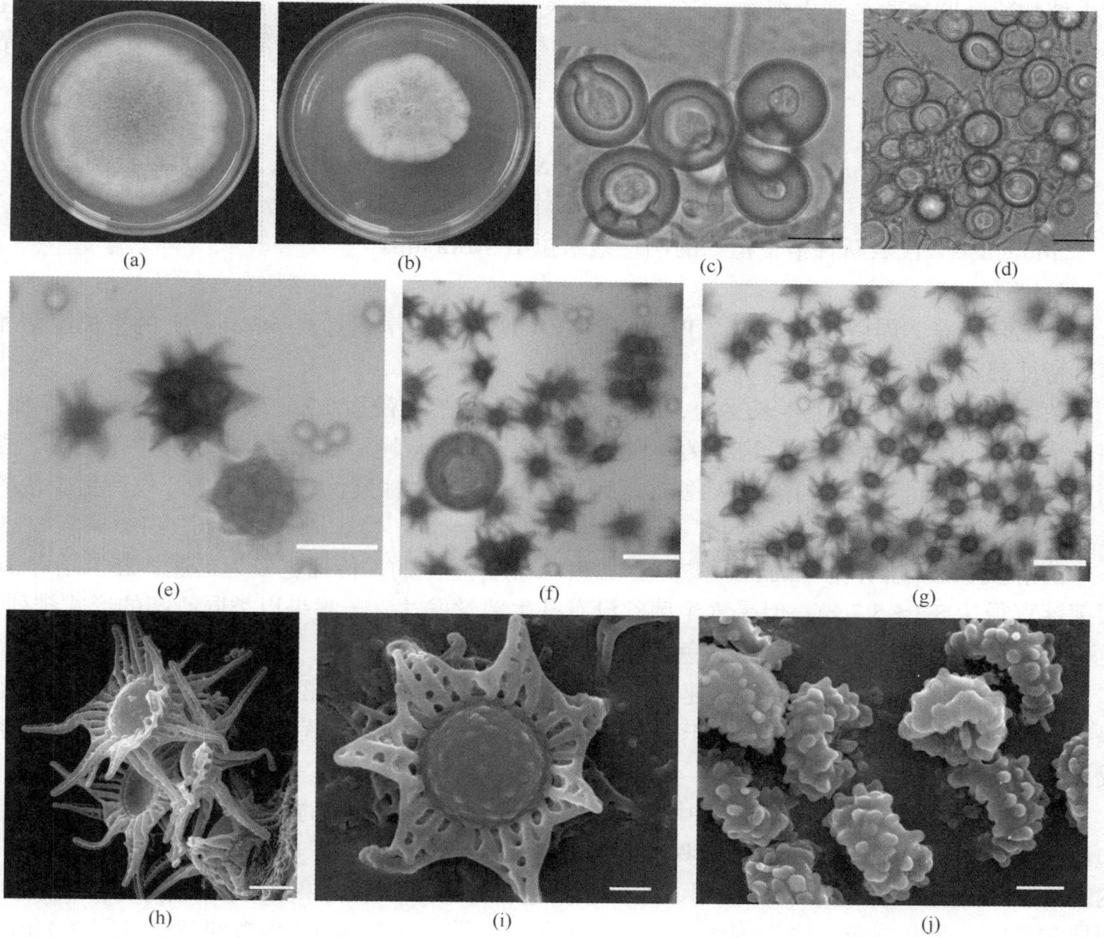

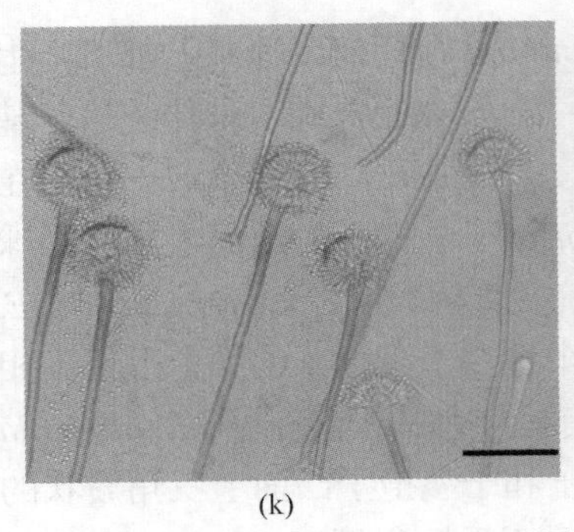
(k)
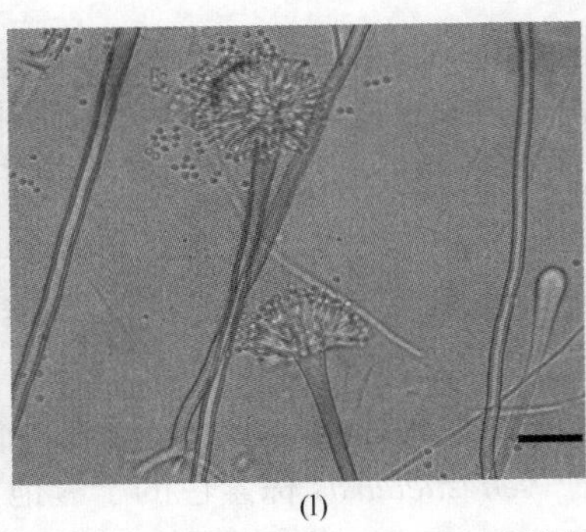
(l)
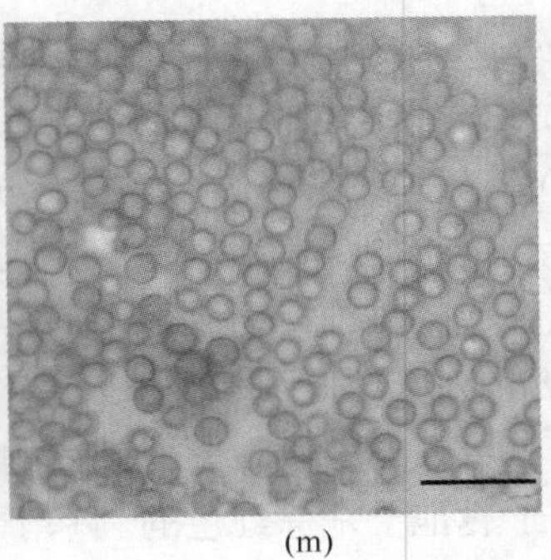
(m)

图 2-4 *Emericella miraensis* 形态学特征

(a) 菌落(PDA，25°C，2 周)；(b) 菌落(CYA，25°C，2 周)；(c)、(d) 壳细胞；(e) 不同发育阶段的子囊；(f) 壳细胞、子囊、子囊孢子；(g) 星芒状子囊孢子；(h)、(i) 子囊孢子凸面上具小球状突起纹饰；(j)～(m) 无性型 *Aspergillus miraensis* 分生孢子。标尺：(c)、(e)、(f)、(g)、(m)=10μm；(d)、(l)=20μm；(h)=2μm；(i)、(j)=1μm；(k)=100μm

一些学者(Samson and Mouchacca，1974；Zalar et al.，2008)认为，相对于潮湿和寒冷的环境而言，裸孢壳属菌种能更好地适应干旱的土壤和温暖的气候，但是，新种 *E.miraensis* 的宿主植物狭叶圆穗蓼是高山植物，它生活在海拔 4850m 的高山草甸，那儿昼夜温差很大，且年平均降水量仅为 443.6mm(Luo et al.，2003)。相对于温暖环境而言，似乎干旱环境与裸孢壳属的相关性更紧密。

1) 分类学

Emericella miraensis L.C. Zhang，Juan Chen & S.X. Guo；MycoBank MB 800444。见图 2-4。

2) 词源

“miraensis” 代表新种宿主植物的栖息地米拉山(Mira hill)。

3) 描述

25℃暗培养 2 周后，在 CYA、PDA 和 MEA 这 3 种培养基上 *E. miraensis* 的生长速率和菌落特征都不同。

菌落在 PDA 培养基上生长迅速，25℃培养 14 天菌落直径达 7.2～7.8cm，20 天长满全皿；菌落土黄色；反面淡黄白色，边缘菌丝白色，菌落边缘不规则。2 周后，由于分生孢子头、壳细胞和闭囊壳大量产生，菌落呈灰色，菌落反面的中心变为棕紫色，在菌落中心仅产生少量的渗出液滴[图 2-4(a)]。

菌落在 MEA 培养基上的状况类似于在 PDA 培养基上的，传播也较为迅速，25℃培养 14 天菌落直径达 5.3～5.7cm，但是气生菌丝没有基生菌丝发达，子囊果以类同心圆的形式排列，尤其是在菌落的边缘。菌落呈灰绿色，边缘菌丝白色。

菌落在 CYA 培养基上的传播速率较慢，25℃培养 14 天，菌落直径达 4.0～4.5cm；菌落呈亮黄色，边缘呈白色的环带，由于壳细胞和分生孢子的形成，在菌落中心呈现颗粒状；菌落反面呈棕黄色，边缘菌丝白色[图 2-4(b)]。

在 CYA、PDA 和 MEA 这 3 种培养基上此新种均有裸孢壳属的典型特征——大量壳细胞包围于子囊果的外面，子囊孢子紫罗兰色；子囊无色，球形或近球形，直径 10.0～20.0μm，内有 8 个子囊孢子[图 2-4(e)、(f)]，后期蓝紫色，椭球形；子囊果聚集在菌落表面，形成一薄层颗粒状，呈灰绿色。壳细胞浅棕色，近球形，直径 15～20mm，少数卵球形 [图 2-4(c)、(d)]。子囊表面观星芒状，起初球形，直径 8.5～11μm，粉紫色，后期蓝紫色，椭球形，

10.0μm×20.0μm，内含8个子囊孢子(图2-4)。子囊孢子紫罗兰色，表面观星形，6.0～10.0μm，表面具有半球形疣状纹饰，侧面观凸透镜状，赤道面具有两个星形鸡冠状纹饰；不含赤道面星形鸡冠状纹饰的孢子体近球形，直径4.0～5.0μm，未分裂的部分不足1μm，每个星芒状增厚的角上具有3条规则的纵向条状凸起纹饰，在每两条纵纹之间有不规则的横纹。分生孢子梗多数，圆柱形，笔直，外壁光滑，棕色，无隔，通常195～270μm长，8.5～9.0μm宽，近分生孢子处颜色较深；分生孢子头多数，放射状排列，绿褐色，直径9.0～11.0μm。分生孢子球形或近球形，表面不光滑，大量聚集时呈灰绿色，直径1.5～4.0μm，扫描电子显微镜下外表似草莓，外壁有疣状凸起。

4)模式

2010年分离自中国西藏米拉山狭叶圆穗蓼的根部，分离人张丽春。

菌种保藏号：CGMCC3.14984(中国科学院微生物研究所，中国普通微生物菌种保藏管理中心)；CPCC NO.810275(中国医学科学院，医药生物技术研究所，中国药学微生物菌种保藏管理中心)；MycoBank MB 800444。

(张丽春 郭顺星)

参考文献

贲桂英，韩发. 1993. 高寒矮嵩草草甸植物温度叶扩散导度，蒸腾作用与水势. 生态学报, 13(4): 369-372.

邓敏，周浙昆. 2004. 滇西北高山流石滩植物多样性. 云南植物研究，26(1):23-34.

傅立国. 1992. 中国植物红皮书. 第1册. 北京：科学出版社.

国家药典委员会. 2015. 中华人民共和国药典. 一部. 北京：中国医药科技出版社.

雷菊芳，李富银，赵仕虎，等. 2002. 青藏高原药用植物生长特性及藏药资源保护初探. 世界科学技术——中药现代化及资源保护，(2)：60-64.

林清洪，黄志宏. 1996. 镰刀菌研究概述. 亚热带植物通讯，25(1)：51-56.

刘茂军，张兴涛，赵之伟. 2009. 深色有隔内生真菌(DSE)研究进展. 菌物学报，28(6)：888-893.

芦晓飞，赵志祥，谢丙炎，等. 2009. 西藏水拉山高寒草甸土壤微生物DNA提取及宏基因组Fosmid文库构建. 应用与环境生物学报，15(6)：824-829.

孙剑秋，郭良栋，臧威，等. 2006. 药用植物内生真菌及活性物质多样性研究进展. 西北植物学报，26：1505-1519.

王桂文，李海鹰. 2003. 钦州湾红树植物根部内生真菌初步研究. 广西林业科学，32(3)：121-124.

王旭丽，康振生，黄丽丽，等. 2007. ITS序列结合培养特征鉴定梨树腐烂病菌. 菌物学报，26(4)：517-527.

吴征镒. 1988 . 西藏植物区系的起源及其演化. 北京：科学出版社.

徐范范，金波，丁志山. 2010. 药用植物内生真菌产次生代谢产物的研究进展. 医学综述，16(17)：2667-2669.

杨扬，孙航. 2006. 高山和极地植物功能生态学研究进展. 云南植物研究，28(1)：43-53.

杨永昌. 1991. 藏药志. 西宁: 青海人民出版社, 12-25.

张保元，孙漫红，张拥华，等. 2010. *Clonostachys rosea* 67-1液生孢子形成及其抗性研究. 植物病理学，40(1)：103-105.

张新平，岳朝阳，焦淑萍. 1999. 天山云杉茎枯病的研究. 西北林学院学报，14(4)：59-62.

张永杰，孙炳达，张姝，等. 2010. 分离自冬虫夏草可培养真菌的多样性研究. 菌物学报， 29(4): 518-527.

周成，邵华. 2002. 植物内生真菌研究的应用潜力分析. 天然产物研究与开发，14(2)：69-72.

卓嘎，边巴次仁，旺杰，等. 2010. 西藏色季拉山藏药材生长区域气候特征的初步分析. Resources Science，32(8)：1452-1461.

Addy HD，Piercey MM，Currah RS. 2005. Microfungal endophytes in root. Canadian Journal of Botany，83(1)：1-13.

Ahlich K，Sieber TN. 1996. The profusion of dark septate endophytic fungi in non-ectomycorrhizal fine roots of forest trees and shrubs. New Phytol，132：259-270 .

Ana Cabral，Johannes Z，Groenewald，et al. 2011. Cylindrocarpon root rot：multi-gene analysis reveals novel species within the Ilyonectria radicicola species complex. Mycol Progress，11(3)：655-688.

Barrow JR，Aaltonen RE. 2001. Evaluation of the internal colonization of *Atriplex canescens* (Pursh) Nutt. Roots by dark septate fungi and the influence of host physiological activity. Mycorrhiza，11(4)：199-205 .

Barrow JR. 2003. A typical morphology of dark-septate fungal root endophytes of Bouteloua in arid southwestern USA rangelands. Mycorrhiza，13：239-247.

Benjamin CR. 1955. Ascocarps of *Aspergillus* and *Penicillium*. Mycologia，47：669-687.

Berbee ML. 2001. The phylogeny of plant and animal pathogens in the Ascomycota. Physiol Mol Plant Pathol，59：165-187.

Berkeley MJ. 1857. Introduction to Cryptogamic Botany. London：Bailliere，604.

Booth C. 1971. The Genus *Fusarium*. England：CMI，Kew，1-37.

Brayford D，Honda BM，Mantiri FR，et al. 2004. *Neonectria* and *Cylindrocarpon*：the *Nectria mammoidea* group and species lacking microconidia. Mycologia，96：572-597.

Castlebury LA，Rossman AY，Hyten AS. 2006. Phylogenetic relationships of *Neonectria/ cylindrocarpon* on Fagus in North America. Canadian Journal of Botany，84：1417-1433.

Chaverri P，Salgado C，Hirooka Y，et al. 2011. Delimitation of *Neonectria* and *Cylindrocarpon*（Nectriaceae，Hypocreales，Ascomycota）and related genera with *Cylindrocarpon*-like anamorphs. Studies in Mycology，68：57-78.

Christian K. 2009. 高山植物功能生态学. 吴宁，罗鹏，易绍良，译. 北京：科学出版社，140-141.

Domsch KH，Gams W，Anderson TH. 2007. Compendium of Soil Fungi. 2nd ed. Cams IHW：Eching.

Fernando AA，Currah RS. 1996. A comparative study of the effects of the root endophytes *Leptodontidium orchidicola* and *Phialocephala fortinii*（fungi imperfecti）on the growth of some subalpine plants in culture. Canadian Journal of Botany，74：1071-1078.

Frisvad JC，Samson RA. 2004. Emericella venezuelensis，a new species with stellate ascospores producing sterigmatocystin and aflatoxin B1. Syst Appl Microbiol，27：672-680.

Geiser DM. 2009. Sexual structures in *Aspergillus*：morphology，importance and genomics. Med Mycol，47：21-26.

Halleen F，Schroers HJ，Groenewald JZ，et al. 2006. *Neonectria liriodendri* sp. nov. ，the main causal agent of black foot disease of grapevines. Studies in Mycology，55：227-234.

Haselwandter K，Read DJ. 1982. The significance of a root-fungus association in two *Carex* species of high-alpine plant communities. Oecologia，53：352-354.

Hirooka Y，Kobayashi T，Natsuaki KT. 2005. *Neonectria castaneicola* and *Neo. rugulosa* in Japan. Mycologia，97：1058-1066.

Horie Y. 1980. Ascospore ornamentation and its application to the taxonomic re-evaluation in *Emericella*. Trans Mycol Soc Jpn，21：483-493.

HorieY，Miyaji M，Nishimura K，et al. 1996a. New and interesting species of Ernericella from Brazilian soil. Mycoscience，37：137-144.

HorieY，Fukiharu T，Nishimura K，et al. 1996b. New and interesting species of Ernericelia from Chinese soil. Mycoscience，37：323-329.

HorieY，Li D，Fukiharu T，et al. 1998. Emericella appendiculata，a new species from Chinese soil. Mycoscience，39：161-165.

HorieY，Miyaji M，Nishimura K，et al. 1989. Emericella falconensis，a new species from Venezuelan soil. Trans Mycol Soc Jpn，30：257-263.

HorieY，Udagawa S，Abdullah SK，et al. 1990. Emericella similis，a new species from Iraqui soil. Trans Mycol Soc Jpn，31：425-430.

Jumpponen A，Trappe JM. 1998. Dark septate endophytes：a review of facultative biotrophic root colonizing fungi. New Phytologist，140：295-310.

Jumpponen A. 2001. Dark septate endophytes——are they mycorrhizal. Mycorrhiza，11：207-211.

Kirk PM，Cannon PF，Mintner DW，et al. 2008. Ainsworth & Bisby's dictionary of the Fungi. 10th ed. UK：CAB International.

Kullman L. 2004. The changing face of the alpine world. Global Change Newsletter，57：12-14.

Leslie JF，Summerell BA. 2006. The *Fusarium* Laboratory Manual. USA：Blackwell Professional，Ames，Iowa.

Luo J，Bianba D，Zheng WL. 2003. A study on spermatophytic flora of mila mountains in Tibet. Journal of Nanjing Forestry Universit（Natural Sciences Edit ion），27（6）：18-22.

Malloch D，Cain RF. 1972. New species and combinations of cleistothecial ascomycetes. Canadian Journal of Botany，50：61-72.

Mantiri FR，Samuels GJ，Rahe JE，et al. 2001. Phylogenetic relationships in *Neonectria* species having *Cylindrocarpon* anamorphs inferred from mitochondrial ribosomal DNA sequences. Canadian Journal of Botany，79：334-340.

Marquez L，Redman R，Rodriguez R，et al. 2007. A virus in a fungus in a plant：Three-way symbiosis required for thermal tolerance. Science，315：513-515.

Muthukumar T，Senthilkumar M，Rajangam M，et al. 2006. Arbuscular mycorrhizal morphology and dark septate fungal associations in medicinal and aromatic plants of Western Ghats，Southern India. Mycorrhiza，17（1）：11-24.

Myers D，Mittermeier RA，Mittermeier CG，et al. 2000. Biodiversity hotspots for conservation priorities. Nature，403：853-858.

Narisawa K，Usuki F，Hashiba T. 2004. Control of *Verticillium yellows* in Chinese cabbage by the dark septate endophytic fungus LtVB3. Phytopathology，94（5）：412-418.

Nelson PE，Tbussoun TA，Marasas WFO. 1983. Fusarium Species：An Illustrated Manual for Identification. University Park and London：The Pennsylvania State University Park，1-193.

Newsham KK，1999. Phialophora graminicola，a dark septate fungus is a beneficial associate of the grass *Vulpia ciliata* ssp.. Ambigua New Phytologist，144：517-524.

Porras-Alfaro AJ, Herrera R, Sinsabaugh K, et al. 2008. Novel root fungal consortium associated with a dominant desert grass. Applied and Environmental Microbiology, 74: 2805-2813.

Rains KC, Nadkarni NM, Bledsoe CS. 2003. Epiphytic and terrestrial mycorrhizas in a lower montane Costa Rican cloud forest . Mycorrhiza, 13(5): 257-264.

Ruotsalainen AL, Väre H, Vesterg M. 2002. Seasonality of root fungal colonization in low-alpine herbs. Mycorrhiza, 12: 29-36.

Samson RA, Mouchacca J. 1974. Some interesting species of *Emericella* and *Aspergillus* from Egyptian desert soil. Ant Leeuwenhoek, 40: 121-131.

Schmidt SK, Sobieniak-Wiseman LC, Kageyama SA, et al. 2008. Mycorrhizal and dark-septate fungi in plant roots above 4270 meters elevation in the Andes and Rocky Mountains. Arctic, Antarctic, and Alpine Research, 40(3): 576-583.

Seifert KA, McMullen CR, Yee D, et al. 2003. Molecular differentiation and detection of ginseng-adapted isolates of the root rot fungus *Cylindrocarpon destructans*. Phytopathology, 93: 1533-1542.

Smith SE, Read DJ. 2008. Mycorrhizal Symbiosis. 3rd ed. London: Academic Press.

Stchigel AM, Guarro J. 1997. A new species of *Emericella* from Indian soil. Mycologia, 89: 937-941.

Summerell BA, Salleh B, Leslie JF. 2003. A utilitarian approach to *Fusarium* identification. Plant Disease, 87: 117-128.

Tamura K, Peterson D, Peterson N, et al. 2011. MEGA5: Molecular evolutionary genetics analysis using maximum likelihood, evolutionary distance, and maximum parsimony, methods. Molecular Biology and Evolution, 28: 2731-2739.

Thongkantha S, Lumyong S, McKenzie EHC, et al. 2008. Fungal saprobes and pathogens occurring on tissues of *Dracaena lourieri* and *Pandanus* spp. in Thailand. Fungal Divers, 30: 149-169.

Upson R, Newsham KK, Bridge PD, et al. 2009. Taxonomic affinities of dark septate root endophytes of *Colobanthus quitensis* and *Deschampsia antarctica*, the two native Antarctic vascular plant species. Fungal Ecology, 2: 184-196.

Waller F, Achatz B, Baltruschat H, et al. 2005. The endophytic fungus *Piriformospora indica* reprograms barley to salt-stress tolerance, disease resistance, and higher yield. Proceedings of the National Academy of Sciences, 102: 13386-13391.

White TJ, Bruns T, Lee S, et al. 1990. Amplification and Direct Sequencing of Fungal Ribosomal RNA Genes for Phylogenetics. *In*: Innis MA, Gelfand D H, Sninsky J J, et al. PCR Protocols: A Guide to Methods and Application. San Diego California: Academic Press, 315-322.

Wilcox HE, Wang CJK. 1987. Mycorrhizal and pathological associations of dematiaceous fungi in roots of 7-month-old tree seedlings. Canadian Journal of Forest Research, 17: 884-889.

Wollenweber HW. 1931. *Fusarium*-monographie. fungi parasitici et saprophytici. Z Parasitenk, 3: 495.

Zalar P, Frisvad JC, Gunde-Cimerman N, et al. 2008. Four new species of *Emericella* from the Mediterranean region of Europe. Mycologia, 100(5): 779-795.

Zhang GJ, Sun SW, Zhu TJ, et al. 2011. Antiviral isoindolone derivatives from an endophytic fungus *Emericella* sp. associated with *Aegiceras corniculatum*. Phytochemistry, 72: 1436-1442.

Zhang LC, Chen J, Lin WH, et al. 2013. A new species of *Emericella* from *Polygonum macrophyllum* var. *stenophyllum* of Tibet. Mycotaxon, 125: 131-138.

第三章 西藏52种药用植物茎和叶内生真菌多样性

第二章重点介绍了西藏药用植物根内生真菌的种类及分布，本章着重研究西藏药用植物茎和叶内生真菌的种类及多样性，为较全面和深入了解西藏药用植物宿主与其内生真菌协同进化关系奠定基础。

第一节 西藏52种药用植物茎和叶内生真菌的形态鉴定

一、西藏药用植物茎和叶内生真菌的形态鉴定

本章所研究的内生真菌为从29科49属52种西藏药用植物（植物样品信息参考表2-1）的茎和叶中分离出的613株内生真菌。菌种保藏在本研究室。

本章对613株内生真菌进行初步宏观和微观形态特征观察，其中294株内生真菌在PDA培养基上有产孢结构和分生孢子产生，其余319株（53%）没有发现繁殖结构，依据形态特征无法对其进行鉴定，随后进行分子生物学分析。

通过系统的形态学观察和文献检索对294株产孢内生真菌进行分类鉴定，结果表明，它们分别属于23属46种，其中5种为中国新记录种。镰孢属81株（26.7%）在已鉴定菌株中占优势。下文列出了经形态鉴定的内生真菌的种类及其在各种植物中的分布情况。

（一）蓼科药用植物内生真菌的形态鉴定

1. 蓼科药用植物内生真菌的来源

来源于蓼科药用植物的内生真菌18株。6株内生真菌来源于狭叶圆穗蓼。其中，3株来源于茎，3株来源于叶。12株内生真菌来源于翅柄蓼。其中，5株来源于茎，7株来源于叶。

2. 狭叶圆穗蓼和翅柄蓼内生真菌的鉴定结果

通过形态学鉴定，3株狭叶圆穗蓼内生真菌分属于镰孢属（*Fusarium*）和篮状菌属（*Talaromyces*）2属2种。6株翅柄蓼内生真菌分属于镰孢属、篮状菌属和双毛壳孢属（*Discosia*）3属4种（表3-1）。

表 3-1　狭叶圆穗蓼和翅柄蓼内生真菌的鉴定结果

植物名称	分离部位	内生真菌	菌株数/株
狭叶圆穗蓼	茎	三线镰孢菌 *Fusarium tricinctum*	2
	叶	产紫篮状菌 *Talaromyces purpureogenus*	1
翅柄蓼	叶	层生镰孢菌 *Fusarium proliferatum*	1
	叶	锐顶镰孢菌 *Fusarium acuminatum*	2
	叶	*Discosia artocreas*	1
	叶	疣孢篮状菌 *Talaromyces verruculosus*	2

（二）紫茉莉科药用植物喜马拉雅紫茉莉内生真菌的形态鉴定

1. 喜马拉雅紫茉莉内生真菌的来源

来源于紫茉莉科喜马拉雅紫茉莉的内生真菌 13 株。其中，10 株来源于茎，3 株来源于叶。

2. 喜马拉雅紫茉莉内生真菌的鉴定结果

通过形态学鉴定，10 株喜马拉雅紫茉莉内生真菌分属于镰孢属、链格孢属（*Alternaria*）、枝孢属（*Cladosporium*）和青霉属（*Penicillium*）4 属 6 种（表 3-2）。

表 3-2　喜马拉雅紫茉莉内生真菌的鉴定结果

分离部位	内生真菌	菌株数/株
茎	*Alternaria alternata*	1
茎	燕麦镰孢菌 *Fusarium avenaceum*	2
茎	芬芳镰孢菌 *Fusarium redolens*	1
茎	*Fusarium tricinctum*	3
茎	小刺青霉 *Penicillium spinulosum*	1
叶	枝状枝孢 *Cladosporium cladosporioides*	2

（三）石竹科药用植物细叶蚤缀内生真菌的形态鉴定

1. 细叶蚤缀内生真菌的来源

来源于石竹科细叶蚤缀的内生真菌 3 株。其中，2 株来源于茎，1 株来源于叶。

2. 细叶蚤缀内生真菌的鉴定结果

通过形态学鉴定，1 株细叶蚤缀内生真菌属于杂色曲霉（*Aspergillus versicolor*）。

（四）毛茛科药用植物内生真菌的形态鉴定

1. 毛茛科药用植物内生真菌的来源

来源于毛茛科 5 种药用植物的内生真菌 52 株。

41 株内生真菌来源于工布乌头。其中，21 株来源于茎，20 株来源于叶。

3 株内生真菌来源于短柱侧金盏花茎。

3 株内生真菌来源于高原毛茛。

4 株内生真菌来源于草玉梅叶。

1 株内生真菌来源于黄牡丹叶。

2. 毛茛科 5 种药用植物内生真菌的鉴定结果

通过形态学鉴定，15 株工布乌头内生真菌分属于枝孢属、篮状菌属、镰孢属、土赤壳属（*Ilyonectria*）、派伦霉属（*Peyronellaea*）、瓶头霉属（*Phialocephala*）和短梗蠕孢属（*Trichocladium*）7 属 10 种（表 3-3）。其中，中国新记录种 3 个，即假毁土赤壳（*Ilyonectria pseudodestructans*）、强壮土赤壳（*Ilyonectria robusta*）和 *Ilyonectria rufa*。1 株短柱侧金盏花茎内生真菌为杂色曲霉。1 株高原毛茛内生真菌属于 *Peyronellaea prosopidis*（表 3-3）。

表 3-3　毛茛科药用植物内生真菌的鉴定结果

植物名称	分离部位	内生真菌	菌株数/株
工布乌头	茎	*Ilyonectria rufa*	2
	茎	*Ilyonectria* sp.	2
	茎	*Ilyonectria pseudodestructans*	1
	茎	*Ilyonectria robusta*	2
	茎	*Talaromyces verruculosus*	1
	茎	粗糙短梗蠕孢 *Trichocladium asperum*	1
	叶	*Cladosporium cladosporioides*	3
	叶	*Peyronellaea prosopidis*	1
	叶	*Phialocephala* sp.	1
	叶	茄类镰孢菌 *Fusarium solani*	1
短柱侧金盏花	茎	*Aspergillus versicolor*	1
高原毛茛		*Peyronellaea prosopidis*	1

4 株草玉梅和 1 株黄牡丹内生真菌都不在 PDA 培养基上产生分生孢子，随后通过分子生物学鉴定。

（五）小檗科药物植物桃儿七内生真菌的形态鉴定

1. 小檗科药物植物桃儿七内生真菌的来源

来源于小檗科鬼臼属药用植物桃儿七叶的内生真菌 1 株。

2. 小檗科桃儿七内生真菌的鉴定结果

通过形态学鉴定，1 株小檗科桃儿七内生真菌为枝状枝孢。

（六）罂粟科绿绒蒿属药用植物内生真菌的形态鉴定

1. 罂粟科绿绒蒿属药用植物内生真菌的来源

来源于罂粟科绿绒蒿属药用植物的内生真菌共 5 株。3 株来源于单叶绿绒蒿叶，2 株来源于全缘叶绿绒蒿茎。

2. 单叶绿绒蒿和全缘叶绿绒蒿内生真菌的鉴定结果

通过形态学鉴定，3 株单叶绿绒蒿内生真菌分属于枝孢属和毛霉属(*Mucor*)2 属 2 种。2 株全缘叶绿绒蒿内生真菌分属于毛霉属、附球菌属(*Epicoccum*)2 属 2 种(表 3-4)。

表 3-4 单叶绿绒蒿、全缘叶绿绒蒿茎内生真菌的鉴定结果

植物名称	分离部位	内生真菌	菌株数/株
单叶绿绒蒿	叶	*Cladosporium cladosporioides*	2
	叶	*Mucor hiemalis*	1
全缘叶绿绒蒿	茎	*Epicoccum nigrum*	1
	茎	*Mucor hiemalis*	1

(七)十字花科药用植物多蕊高河菜内生真菌的形态鉴定

1. 多蕊高河菜内生真菌的来源

来源于十字花科多蕊高河菜属植物高河菜的内生真菌 12 株。其中，1 株来源于茎，11 株来源于叶。

2. 多蕊高河菜内生真菌的鉴定结果

通过形态学鉴定，7 株多蕊高河菜内生真菌分属于 *Boeremia* 和刺盘孢属(*Colletotrichum*)2 属 2 种(表 3-5)。

表 3-5 多蕊高河菜内生真菌的鉴定结果

分离部位	内生真菌	菌株数/株
茎	*Colletotrichum clavatum*	1
叶	*Boeremia exigua*	2
叶	*Colletotrichum clavatum*	4

(八)景天科药用植物长鞭红景天内生真菌的形态鉴定

1. 长鞭红景天内生真菌的来源

来源于景天科药用植物长鞭红景天的内生真菌 16 株。其中，12 株来源于茎，4 株来源于叶。

2. 长鞭红景天内生真菌的鉴定结果

通过形态学鉴定，10 株长鞭红景天内生真菌分属于曲霉属、镰孢属、毛霉属和葡萄孢盘菌属(*Botryotinia*)4 属 5 种(表 3-6)，富氏葡萄孢盘菌(*Botryotinia fuckeliana*)首次从该种植物中分出。

表 3-6 长鞭红景天内生真菌的鉴定结果

分离部位	内生真菌	菌株数/株
茎	*Fusarium avenaceum*	4
茎	*Fusarium solani*	2
茎	*Mucor hiemalis*	1
叶	*Aspergillus versicolor*	1
叶	*Botryotinia fuckeliana*	1
叶	*Mucor hiemalis*	1

(九)杜鹃花科药用植物内生真菌的形态鉴定

1. 杜鹃花科药用植物内生真菌的来源

分离自杜鹃花科 3 种药用植物的内生真菌 38 株。

来源于岩须属植物岩须的内生真菌 13 株。其中，2 株来源于茎，11 株来源于叶。

来源于杜鹃属植物粉红树形杜鹃的内生真菌 18 株。其中，11 株来源于茎，7 株来源于叶。

来源于杜鹃属植物雪层杜鹃的内生真菌 7 株。其中，6 株来源于茎，1 株来源于叶。

2. 杜鹃花科药用植物内生真菌的鉴定结果

通过形态学鉴定，3 株岩须内生真菌分属于刺盘孢属和镰孢属 2 属 2 种。18 株粉红树形杜鹃内生真菌都不在 PDA 培养基上产生分生孢子，随后通过分子生物学鉴定。5 株雪层杜鹃内生真菌分属于曲霉属、镰孢属和隐孢壳属(*Cryptosporiopsis*)3 属 3 种(表 3-7)。

表 3-7 杜鹃花科药用植物内生真菌的鉴定结果

植物名称	分离部位	内生真菌	菌株数/株
岩须	茎	*Colletotrichum liriopes*	2
	叶	*Fusarium avenaceum*	1
雪层杜鹃	茎	*Cryptosporiopsis ericae*	3
	茎	*Fusarium solani*	1
	叶	*Aspergillus versicolor*	1

(十)虎耳草科药用植物内生真菌形态鉴定

1. 虎耳草科药用植物内生真菌的来源

来源于虎耳草科药用植物的内生真菌 12 株。

1 株来源于岩白菜属植物岩白菜叶。

11 株来源于鬼灯檠属植物滇西鬼灯檠。其中，9 株来自茎，2 株来自叶。

2. 虎耳草科药用植物内生真菌的鉴定结果

1 株岩白菜内生真菌不在 PDA 培养基上产生分生孢子，随后通过分子生物学鉴定。通过形态学鉴定，2 株滇西鬼灯檠内生真菌分属于枝孢属和青霉属 2 属，球孢枝孢(*Cladosporium sphaerospermum*)和小刺青霉(*Penicillium spinulosum*)2 种。

(十一) 蔷薇科药用植物悬钩子内生真菌的形态鉴定

1. 悬钩子内生真菌的来源

来源于蔷薇科悬钩子属悬钩子植物的内生真菌 35 株。其中，3 株来源于茎，32 株来源于叶。

2. 悬钩子内生真菌的鉴定结果

通过形态学鉴定，30 株悬钩子内生真菌分属于曲霉属、刺盘孢属、锥毛壳属、土赤壳属和双毛壳孢属(*Discosia*) 5 属 6 种(表 3-8)。双毛壳孢属在已鉴定菌株中占优势。

表 3-8 悬钩子内生真菌的鉴定结果

分离部位	内生真菌	菌株数/株
茎	*Aspergillus versicolor*	1
茎	*Colletotrichum liriopes*	1
茎	*Coniochaeta ligniaria*	1
叶	*Colletotrichum higginsianum*	2
叶	*Colletotrichum liriopes*	1
叶	*Discosia artocreas*	23
叶	*Ilyonectria crassa*	1

(十二) 豆科药用植物棘豆内生真菌的形态鉴定

1. 棘豆内生真菌的来源

来源于豆科棘豆属棘豆植物的内生真菌 39 株。其中，13 株来源于茎，26 株来源于叶。

2. 棘豆内生真菌的鉴定结果

通过形态学鉴定，35 株棘豆内生真菌分属于链格孢属、镰孢菌属、毛霉属、青霉属和瓶头霉属 5 属 7 种(表 3-9)。镰孢菌属在已鉴定菌株中占优势。

表 3-9 棘豆内生真菌的鉴定结果

分离部位	内生真菌	菌株数/株
茎	*Fusarium acuminatum*	8
茎	*Fusarium avenaceum*	2
茎	*Mucor hiemalis*	1
茎	*Fusarium solani*	1
叶	*Phialocephala* sp.	1
叶	*Alternaria tenuissima*	2
叶	*Fusarium acuminatum*	12
叶	*Fusarium avenaceum*	7
叶	*Penicillium spinulosum*	1

(十三)大戟科药用植物喜马拉雅大戟内生真菌的形态鉴定

1. 喜马拉雅大戟内生真菌的来源

来源于大戟科大戟属药用植物喜马拉雅大戟的内生真菌4株，全部来自叶。

2. 喜马拉雅大戟内生真菌的鉴定结果

通过形态学鉴定，1株喜马拉雅大戟内生真菌属于 *Colletotrichum clavatum* 1属1种。

(十四)瑞香科药用植物内生真菌的形态鉴定

1. 瑞香科药用植物内生真菌的来源

来源于瑞香科药用植物的内生真菌共18株。

7株来源于狼毒属植物狼毒。其中，6株来源于茎，1株来源于叶。

11株来源于瑞香属植物属黄瑞香。其中，7株来源于茎，4株来源于叶。

2. 瑞香科药用植物内生真菌的鉴定结果

通过形态学鉴定，6株狼毒内生真菌分属于链格孢属、青霉属 2属2种。2株黄瑞香内生真菌分属于 *Boeremia* 和镰孢属 2属2种(表3-10)。

表3-10 瑞香科药用植物内生真菌的鉴定结果

植物名称	分离部位	内生真菌	菌株数/株
狼毒	茎	*Alternaria alternata*	5
	茎	*Penicillium spinulosum*	1
黄瑞香	茎	*Boeremia exigua*	1
	茎	*Fusarium avenaceum*	1

(十五)伞形科药用植物内生真菌的形态鉴定

1. 伞形科药用植物内生真菌的来源

来源于伞形科药用植物的内生真菌共19株。

12株内生真菌来源于柴胡属植物西藏柴胡。其中，5株来源于茎，7株来源于叶。

8株内生真菌来源于当归属植物重齿毛当归。其中，6株来源于茎，2株来源于叶。

2. 伞形科药用植物内生真菌的鉴定结果

12株西藏柴胡内生真菌都不在PDA培养基上产生分生孢，随后通过分子生物学鉴定。通过形态学鉴定，1株重齿毛当归内生真菌鉴定为产黄青霉。

(十六)报春花科药用植物暗紫脆蒴报春内生真菌的形态鉴定

1. 暗紫脆蒴报春内生真菌的来源

来源于报春花科报春花属植物暗紫脆蒴报春的内生真菌13株，全部来源于叶。

2. 暗紫脆蒴报春内生真菌的鉴定结果

通过形态学鉴定，11 株暗紫脆蒴报春内生真菌分属于镰孢属和派伦霉属 2 属 4 种(表 3-11)。

表 3-11　暗紫脆蒴报春内生真菌的鉴定结果

分离部位	内生真菌	菌株数/株
叶	*Fusarium acuminatum*	3
	Fusarium avenaceum	5
	Fusarium tricinctum	1
	Peyronellaea prosopidis	2

(十七) 龙胆科药用植物内生真菌的形态鉴定

1. 龙胆科药用植物内生真菌的来源

来源于龙胆科药用植物的内生真菌 4 株。1 株来源于龙胆属植物聂拉木龙胆叶，3 株来源于龙胆属植物麻花艽叶。

2. 龙胆科药用植物内生真菌的鉴定结果

通过形态学鉴定，1 株聂拉木龙胆内生真菌属于哈茨木霉(*Trichoderma harzianum*)1 属 1 种。3 株麻花艽内生真菌分属于枝孢属和篮状菌属 2 属 2 种(表 3-12)。

表 3-12　龙胆科药用植物内生真菌的鉴定结果

植物名称	分离部位	内生真菌	菌株数/株
聂拉木龙胆	叶	哈茨木霉 *Trichoderma harzianum*	1
麻花艽	叶	*Cladosporium cladosporioides*	2
	叶	*Talaromyces verruculosus*	1

(十八) 紫草科药用植物琉璃苣内生真菌的形态鉴定

1. 琉璃苣内生真菌的来源

来源于紫草科琉璃苣属药用植物琉璃苣的内生真菌 13 株。其中，7 株来源于茎，6 株来源于叶。

2. 琉璃苣内生真菌的鉴定结果

通过形态学鉴定，11 株琉璃苣内生真菌分属于 *Boeremia*、毛壳菌属、镰孢菌属和青霉属 4 属 6 种(表 3-13)。

表 3-13　琉璃苣内生真菌的鉴定结果

分离部位	内生真菌	菌株数/株
茎	锐顶镰孢菌 *Fusarium acuminatum*	2
茎	燕麦镰孢菌 *Fusarium avenaceum*	3
茎	产黄青霉 *Penicillium chrysogenum*	1

续表

分离部位	内生真菌	菌株数/株
叶	*Boeremia exigua*	1
叶	球毛壳 *Chaetomium globosum*	2
叶	小刺青霉 *Penicillium spinulosum*	2

（十九）马鞭草科药用植物马鞭草内生真菌的形态鉴定

1. 马鞭草内生真菌的来源

来源于马鞭草科马鞭草属药用植物马鞭草的内生真菌 4 株，全部来源于叶。

2. 马鞭草内生真菌的鉴定结果

通过形态学鉴定，2 株马鞭草内生真菌分属于链格孢属和镰孢菌属 2 属，细极链格孢和三线镰孢菌 2 种。

（二十）唇形科药用植物内生真菌的形态鉴定

1. 唇形科药用植物内生真菌的来源

分离自唇形科 3 种药用植物的内生真菌 69 株。

来源于独一味属植物独一味的内生真菌 4 株。其中，2 株来源于茎，2 株来源于叶。

来源于糙苏属植物螃蟹甲的内生真菌 56 株。其中，13 株来源于茎，43 株来源于叶。

来源于夏枯草属植物夏枯草的内生真菌 8 株。其中，1 株来源于茎，7 株来源于叶。

2. 唇形科药用植物内生真菌的鉴定结果

通过形态学鉴定，4 株独一味内生真菌分属于镰孢菌属和青霉属 2 属，锐顶镰孢菌、燕麦镰孢菌和产黄青霉 3 种。30 株螃蟹甲内生真菌分属于链格孢属、曲霉属、锥毛壳属、镰孢菌属、派伦霉属和篮状菌属 6 属，*Boeremia telephii*、*Peyronellaea prosopidis*、细极链格孢、杂色曲霉、木生锥毛壳、燕麦镰孢菌、尖孢镰孢菌、芬芳镰孢菌和疣孢篮状菌 9 种，其中，*Boeremia telephii* 为中国新记录种。6 株夏枯草内生真菌中属于刺盘孢属（*Colletotrichum*）1 属，*C. bletillum*、*C. boninense*、*C. clavatum* 和 *C.simmondsii* 4 种，刺盘孢属为优势种群，其中 *C. bletillum* 和 *C. simmondsii* 首次从夏枯草中分出。

（二十一）玄参科药用植物毛蕊花内生真菌的形态鉴定

1. 毛蕊花内生真菌的来源

来源于玄参科毛蕊花属药用植物毛蕊花的内生真菌 21 株，全部来源于叶。

2. 毛蕊花内生真菌的鉴定结果

通过形态学鉴定，5 株毛蕊花内生真菌分属于 *Boeremia*、*Simplicillium*、刺盘孢属、镰孢菌属和派伦霉属 5 属 5 种（表 3-14）。

表 3-14　毛蕊花内生真菌的鉴定结果

分离部位	内生真菌	菌株数/株
叶	*Boeremia telephii*	1
	Colletotrichum clavatum	1
	Fusarium proliferatum	1
	Peyronellaea prosopidis	1
	Simplicillium lamellicola	1

(二十二)车前科药用植物平车前内生真菌的形态鉴定

1. 平车前内生真菌的来源

来源于车前科车前属药用植物平车前的内生真菌 9 株，全部来源于叶。

2. 平车前内生真菌的鉴定结果

通过形态学鉴定，3 株平车前内生真菌分属于背芽突霉属和派伦霉属 2 属，*Cadophora fastigiata* 和 *Peyronellaea prosopidis* 2 种。*Cadophora fastigiata* 为 DSE，首次从平车前中分离出。

(二十三)川续断科药用植物匙叶翼首花内生真菌的形态鉴定

1. 匙叶翼首花内生真菌的来源

来源于川续断科翼首花属药用植物匙叶翼首花的内生真菌 12 株。其中，1 株来源于茎，11 株来源于叶。

2. 匙叶翼首花内生真菌的鉴定结果

12 株匙叶翼首花内生真菌都不在 PDA 培养基上产生分生孢子，随后通过分子生物学鉴定。

(二十四)葫芦科波棱瓜内生真菌的形态鉴定

1. 波棱瓜内生真菌的来源

来源于葫芦科波棱瓜属波棱瓜的内生真菌 5 株，全部来源于茎。

2. 波棱瓜内生真菌的鉴定结果

通过形态学鉴定，2 株波棱瓜内生真菌分属于镰孢菌属 1 属，燕麦镰孢菌和三线镰孢菌 2 种。

(二十五)菊科药用植物内生真菌的形态鉴定

1. 菊科药用植物内生真菌的来源

分离自菊科 4 种药用植物的内生真菌 58 株。

来源于菊科紫菀属植物缘毛紫菀的叶内生真菌 13 株。

来源于菊科香青属植物二色香青茎的内生真菌 23 株。其中，5 株来源于茎，18 株来源于叶。

来源于菊科大蓟属植物藏大蓟的内生真菌 5 株。其中，3 株来源于茎，2 株来源于叶。

来源于菊科天名精属植物高原天名精的内生真菌 18 株。其中，1 株来源于茎，17 株来源于叶。

2. 菊科药用植物内生真菌的鉴定结果

通过形态学鉴定，3 株缘毛紫菀内生真菌属于希金斯刺盘孢。5 株二色香青内生真菌分属于链格孢属和派伦霉属 2 属，*Alternaria alternata*、*Boeremia foveata* 和 *Peyronellaea prosopidis* 3 种。1 株藏大蓟内生真菌属于 *Colletotrichum bletillum*。10 株高原天名精内生真菌分属于刺盘孢属和锥毛壳属 2 属，*Colletotrichum bletillum* 和 *Coniochaeta ligniaria* 2 种。*Colletotrichum bletillum* 首次从藏大蓟、高原天名精中分离出。

(二十六)天南星科药用植物内生真菌的形态鉴定

1. 天南星科药用植物内生真菌的来源

分离自天南星科 2 种药用植物的 13 株内生真菌，来源于一把伞南星茎的内生真菌 9 株、来源于菖蒲茎的内生真菌 4 株。

2. 天南星科药用植物内生真菌的鉴定结果

通过形态学鉴定，9 株一把伞南星内生真菌分属于刺盘孢属、锥毛壳属、土赤壳属、毛霉属和青霉属 5 属，*Colletotrichum bletillum*、*Coniochaeta ligniaria*、埃什特雷莫什土赤壳(*Ilyonectria estremocensis*)、冻土毛霉和小刺青霉 5 种，其中，埃什特雷莫什土赤壳为中国新记录种。*Colletotrichum bletillum* 首次从一把伞南星中分离出。2 株菖蒲内生真菌分属于瓶头霉属(*Phialocephala*)（表 3-15）。

表 3-15　天南星科药用植物内生真菌的鉴定结果

植物名称	分离部位	内生真菌	菌株数/株
一把伞南星	茎	*Colletotrichum bletillum*	4
	茎	*Coniochaeta ligniaria*	1
	茎	*Ilyonectria estremocensis*	2
	茎	*Mucor hiemalis*	1
	茎	*Penicillium spinulosum*	1
菖蒲	茎	*Phialocephala* sp.	2

(二十七)百合科药用植物内生真菌的形态鉴定

1. 百合科药用植物内生真菌的来源

分离自百合科 5 种药用植物的内生真菌 17 株。

来源于百合科大百合属植物大百合茎的内生真菌 2 株。

来源于百合科鹿药属植物紫花鹿药茎的内生真菌 1 株。

来源于百合科鹿药属植物管花鹿药内生真菌 3 株。其中，1 株来源于茎，2 株来源于叶。

来源于百合科沿阶草属植物沿阶草叶的内生真菌 9 株。

来源于百合科黄精属植物卷叶黄精(幼苗)的内生真菌 2 株。其中，1 株来源于茎，1 株来源于叶。

2. 百合科药用植物内生真菌的鉴定结果

2 株大百合、1 株紫花鹿药和 3 株管花鹿药内生真菌都不在 PDA 培养基上产生分生孢子，随后通过分子生物学鉴定。通过形态学鉴定，6 株沿阶草内生真菌分属于曲霉属和刺盘孢属 2 属，杂色曲霉、*Colletotrichum bletillum* 和 *Colletotrichum liriopes* 3 种，*Colletotrichum bletillum* 首次从沿阶草中分离出。1 株卷叶黄精(幼苗)内生真菌属于燕麦镰孢（表 3-16）。

表 3-16　百合科药用植物内生真菌的鉴定结果

植物来源	分离部位	内生真菌	菌株数/株
沿阶草	叶	*Aspergillus versicolor*	1
	叶	*Colletotrichum bletillum*	1
	叶	*Colletotrichum liriopes*	4
卷叶黄精(幼苗)	茎	*Fusarium avenaceum*	1

(二十八)鸢尾科药用植物尼泊尔鸢尾内生真菌的形态鉴定

1. 尼泊尔鸢尾内生真菌的来源

来源于鸢尾科鸢尾属药用植物尼泊尔鸢尾的内生真菌 3 株，全部来源于叶。

2. 尼泊尔鸢尾内生真菌的鉴定结果

2 株尼泊尔鸢尾内生真菌通过形态学鉴定，属于 *Colletotrichum bletillum*，*Colletotrichum bletillum* 首次从尼泊尔鸢尾中分离出。

(二十九)兰科药用植物内生真菌的形态鉴定

1. 兰科药用植物内生真菌的来源

分离自兰科 2 种药用植物的内生真菌 56 株。

来源于兰科羊耳蒜属植物丛生羊耳蒜(幼苗)的内生真菌 16 株。其中，4 株来源于假鳞茎，10 株来源于叶，2 株来源于花葶。

来源于兰科羊耳蒜属植物丛生羊耳蒜(成株)的内生真菌 12 株。其中，3 株来源于茎，9 株来源于叶。

来源于兰科斑叶兰属植物小斑叶兰的内生真菌 28 株。其中，3 株来源于茎，25 株来源于叶。

2. 兰科药用植物内生真菌的鉴定结果

通过形态学鉴定，11 株丛生羊耳蒜(幼苗)内生真菌分属于刺盘孢属、锥毛壳属、篮状菌属和炭角菌属(*Xylaria*)4 属，*Colletotrichum clavatum*、*Colletotrichum liriopes*、木生锥毛壳、疣孢篮状菌和炭角菌 5 种。刺盘孢属在已鉴定菌株中占优势。

8 株丛生羊耳蒜(成株)内生真菌分属于 *Boeremia*、刺盘孢属和毛霉属 3 属，*Boeremia foveata*、*Boeremia telephii*、*Colletotrichum bletillum*、*Colletotrichum liriopes* 和冻土毛霉 5 种。刺盘孢属在已鉴定菌株中占优势。*Colletotrichum bletillum* 首次从丛生羊耳蒜中分离出。

13 株小斑叶兰内生真菌分属于刺盘孢属、锥毛壳属和炭角菌属 3 属，*Colletotrichum bletillum*、*Coniochaeta ligniaria* 和 *Xylaria* sp. 3 种。炭角菌属在已鉴定菌株中为优势种群。

二、植物内生真菌的分种描述

根据形态学鉴定结果对上述鉴定到的 5 种中国新记录种进行形态特征描述，以备今后鉴定参考之用。

1. *Boeremia telephii*(Vestergr.) Aveskamp，Gruyter & Verkley，in Aveskamp，Gruyter，Woudenberg，Verkley & Crous 2010

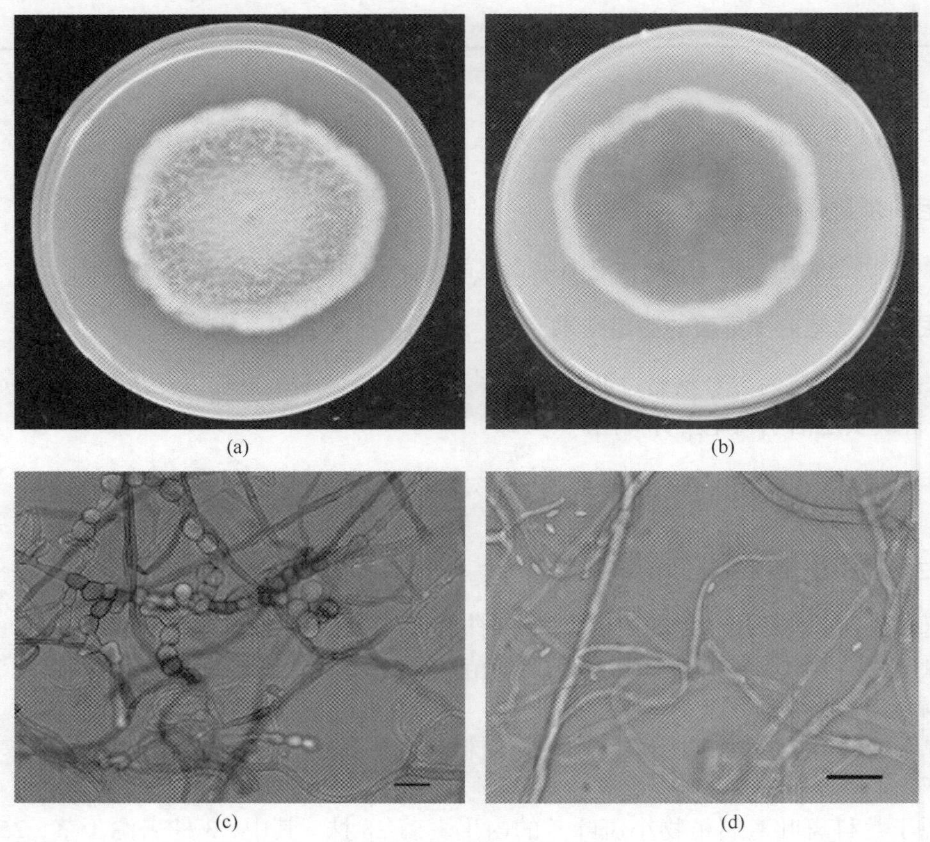

图 3-1　*Boeremia telephii*

(a)、(b)菌落；(c)、(d)分生孢子及分生孢子梗。标尺：(c)=20μm；(d)=10μm

菌落生长较慢，在 PDA 培养基上 25℃恒温培养 7 天，菌落直径达 4cm。分生孢子器散生、球形，浅棕色至深棕色，以黑色为主，直径 100～200μm；孔口为圆形，直径 25μm；分生孢子器壁薄。分生孢子圆柱形，略弯，两端圆，中间稍直，大小(7) 8～13μm ×3～4 (5) μm (图 3-1)。

本研究分离自毛蕊花的叶、丛生羊耳蒜的叶和螃蟹甲的叶。

Boeremia 是 Aveskamp 等于 2010 年利用分子生物学技术从茎点霉属中新分离出的属。迄今，中国已报道 *Boeremia* 的真菌有 *Boeremia exigua* 和 *Boeremia foveata* 2 种。*Boeremia telephii* 属中国新记录种。

2. 埃什特雷莫什土赤壳(*Ilyonectria estremocensis* A. Cabral，Nascim. & Crous 2012b)

菌落在 PDA 培养基上 25℃培养 7 天，直径达 3.5～4.5cm，菌落质地棉毛状，橘黄色，气生菌丝发达，浅黄色至黄褐色，边缘黄金色，质地致密，边缘规则，不产生同心圆环带，无渗出液。菌落背面浅黄色、橘黄色至栗色。分生孢子梗简单或复杂，通常着生于气生菌丝侧面或顶端，单一，不分枝或少分枝，分枝处着生 3 个瓶梗。瓶梗圆柱形，长 40～150μm，单生。分生孢子有大、小两种，大型分生孢子丰富，圆柱形至棍棒状，直或稍弯，22～54μm×3.4～7.5μm，顶端圆或钝形，基部有时尖削，1～3 个隔膜；小型分生孢子圆柱形，直，6～20μm×3～5μm。厚垣孢子球形或椭圆形，8～20μm×7～14μm，壁光滑、褐色，于菌丝上间生，呈短链状或不规则簇状(图 3-2)。

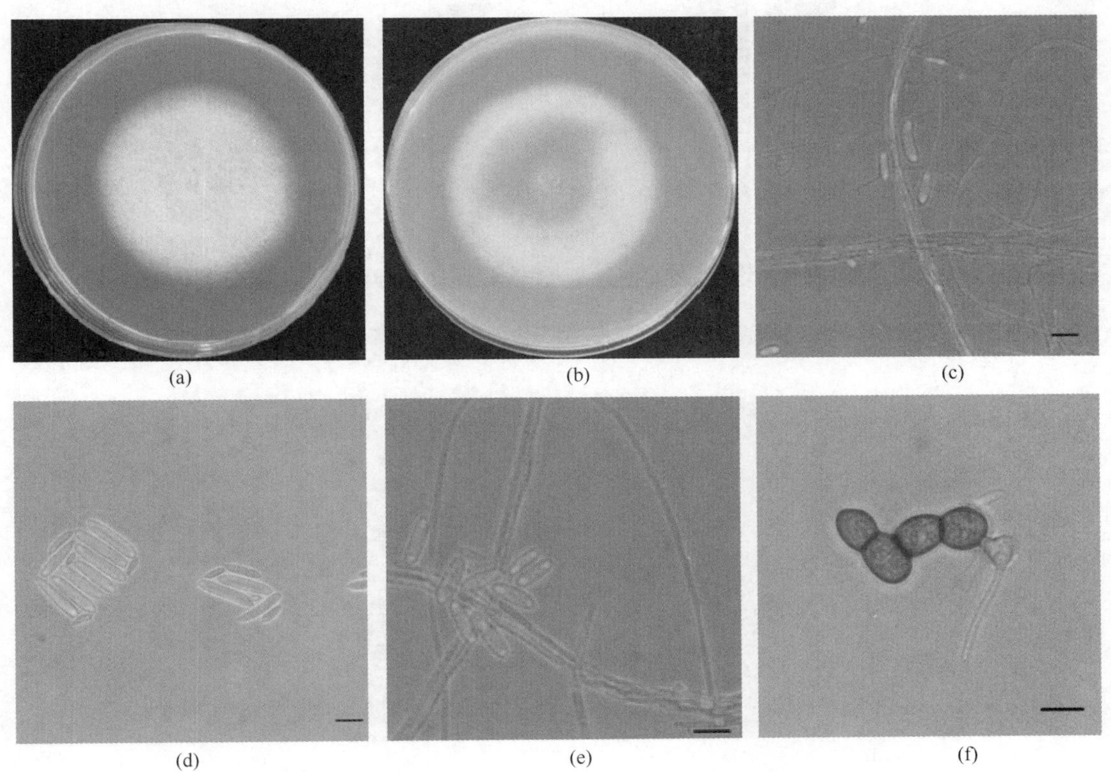

(a)　(b)　(c)　(d)　(e)　(f)

图 3-2　埃什特雷莫什土赤壳(*Ilyonectria estremocensis*)

.(a)、(b) 菌落；(c)～(e) 分生孢子及分生孢子梗；(f) 厚垣孢子。标尺：10μm

本研究分离自一把伞南星茎。

Cabral 等(2012b)从 *Ilyonectria macrodidyma* 复合种中分出 4 个新种，即 *Ilyonectria alcacerensis*、埃什特雷莫什土赤壳、*Ilyonectria novozelandica* 和 *Ilyonectria torresensis*。埃什特雷莫什土赤壳与 *Ilyonectria macrodidyma* 其他 3 个种的区别主要在于小型分生孢子呈圆柱形，而不是卵圆形，单隔的大型分生孢子占多数；而其他 3 个种的大孢子以三隔为主，且比埃什特雷莫什土赤壳的孢子长。

3. 假毁土赤壳(*Ilyonectria pseudodestructans* A. Cabral，Rego. & Crous 2012a)

菌落在 PDA 上 25℃培养 7 天，直径达 3cm 左右，中央肉桂色近紫褐色，周围白色，气生菌丝毡状，发达，质地稀疏，边缘规则。菌落背面中央栗色，周围白色。分生孢子梗简单或复杂，通常着生于气生菌丝侧面或顶端，单一，不分枝或少分枝，分枝处着生 2 个瓶梗。瓶梗圆柱形，长 50～180μm，单生。大型分生孢子丰富，圆柱形至棍棒状或棍棒状，直或稍弯曲，19～48μm×4～7μm，1～4 个隔膜，中央有脐；小型分生孢子卵圆形或近圆柱形，6～18μm×3～5μm，有脐。厚垣孢子球形或椭圆形，大小为 9～18μm×8～14μm，壁光滑，褐色，在菌丝上间生，呈短链状(图 3-3)。

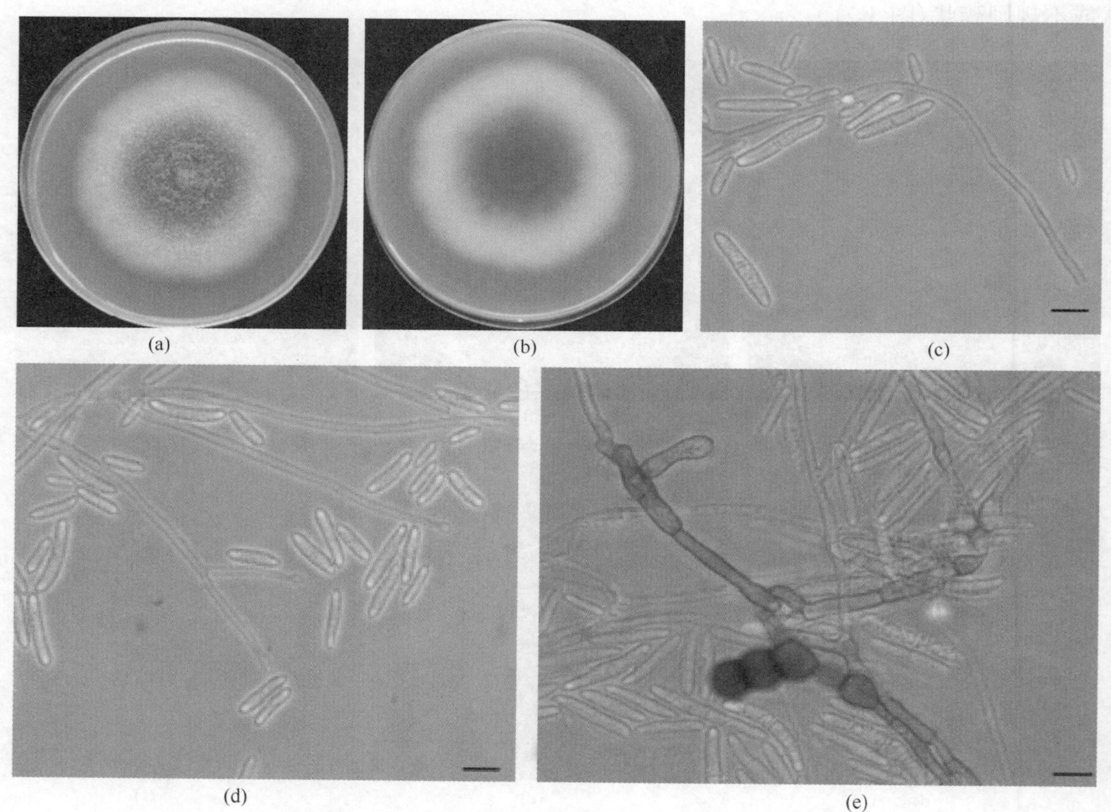

图 3-3 假毁土赤壳(*Ilyonectria pseudodestructans*)

(a)、(b)菌落；(c)、(d)分生孢子及分生孢子梗；(e)厚垣孢子。标尺：10μm

本研究分离自工布乌头茎。

Ilyonectria pseudodestructans 是 Cabral 等(2012a)从 *Ilyonectria radicicola* 复合种中分出的新种，*Ilyonectria radicicola* 复合种包括 12 个种，其无性型特征是孢子为圆柱形，大型分生孢

子大多有 3 个隔，小型分生孢子和厚垣孢子常见。该种与 *Ilyonectria radicicola* 其他种的区别在于大型分生孢子是典型的棍棒形，而不是卵圆形，且分生孢子比其他种的长。

4. 强壮土赤壳(*Ilyonectria robusta* A. Cabral，Rego. & Crous 2012a)

子囊壳在体外异宗配合，散生或聚生，直接在琼脂表面形成或在桦木不孕菌丝上形成，卵圆形或倒梨形，顶部平，宽 70μm，橘色至红色，3% KOH 溶液中变为紫红色，表面光滑至有较低的疣状物；子囊壳壁分两层，外层厚 11～36μm，包括 1～3 层棱角形的或近球形的细胞，大小为 10～30μm×6～24μm，细胞壁厚 1μm；内层厚 8～14μm，从横切面角度看是平的，从亚表面角度看为棱角形或卵圆形细胞，大小 5～11μm×2.5～5μm。子囊棒状或圆柱形，40～50μm×4.5～6μm，具 8 个子囊孢子，顶部近截形，具顶环。子囊孢子椭圆形至长椭圆形，8.2～11.5μm×2.5～3.7μm，两端略尖，具一个分隔，光滑至有较低的疣状物，有滴状斑点，透明(图 3-4)。

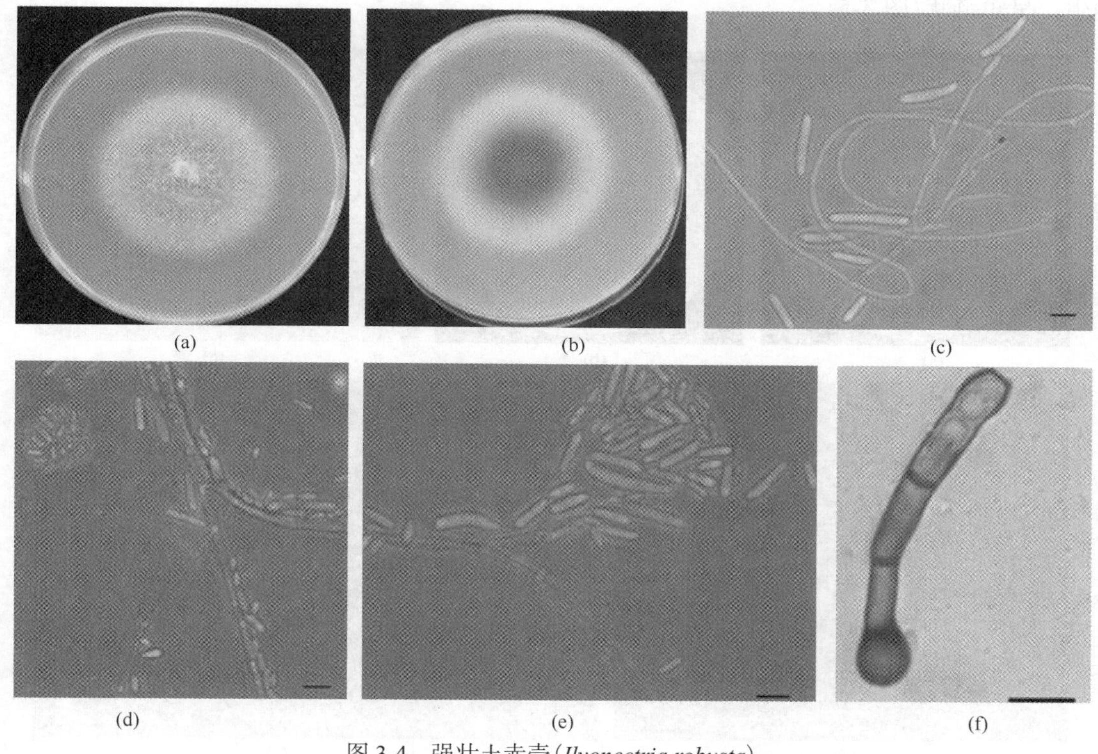

图 3-4　强壮土赤壳(*Ilyonectria robusta*)

(a)、(b)菌落；(c)～(e)分生孢子及分生孢子梗；(f)厚垣孢子。标尺：10μm

菌落在 PDA 培养基上 25℃培养 7 天，直径达 5cm 左右，中央浅黄色，边缘白色，气生菌丝毡状，中等发达。菌落背面红褐色，边缘白色，边缘规则。分生孢子梗简单或复杂，通常着生于气生菌丝侧面或顶端，单一，不分枝或少分枝。分生孢子小梗瓶梗状。大型分生孢子丰富，圆柱形至棍棒状，直或稍弯，15～33.5μm×6.5～7.4μm，两端圆，1～3 个隔膜，大多无脐；小型分生孢子卵圆形或近圆柱状，8.7～14.1μm×3.8～4.9μm，无脐；厚垣孢子常见，球形，黄褐色，光滑，于菌丝上间生或顶生(图 3-4)。

本研究分离自工布乌头的茎。

Ilyonectria robusta 是 Cabral 等(2012a)从 *Ilyonectria radicicola* 复合种中分出的新种，*Ilyonectria radicicola* 的子囊孢子长 10～13μm×3.5～4.0μm，比 *Ilyonectria robusta* 的子囊孢子长。本研究中作者没有观察到子囊孢子，依据分子生物学证据，即 ITS-HIS 序列对比，证明菌株 10271 和 10272 与 *Ilyonectria robusta* 最为相似，对照 *Ilyonectria robusta* 原始描述，特征基本吻合。

5. *Ilyonectria rufa* Cabral & Crous A. Cabral，Rego. & Crous 2012a

菌落生长较慢，在 PDA 上 25℃培养 7 天，直径达 3cm 左右，棕黄色，气生菌丝毡状，中等发达，菌丝稀疏。菌落背面棕黄色，形成同心圆环带。分生孢子梗简单或复杂，通常着生于气生菌丝侧面或顶端，单一，不分枝或少分枝，分生孢子小梗瓶梗状。大型分生孢子丰富，直圆筒形，两端圆，中央有脐，1～3 个隔膜，大小 23～31μm×5.3～5.9μm。小型分生孢子卵圆形或近圆柱形，中央有脐，大小 11～15μm×3.7～4.2μm。厚垣孢子常见，球形、光滑、褐色，间生，呈短链状(图 3-5)。

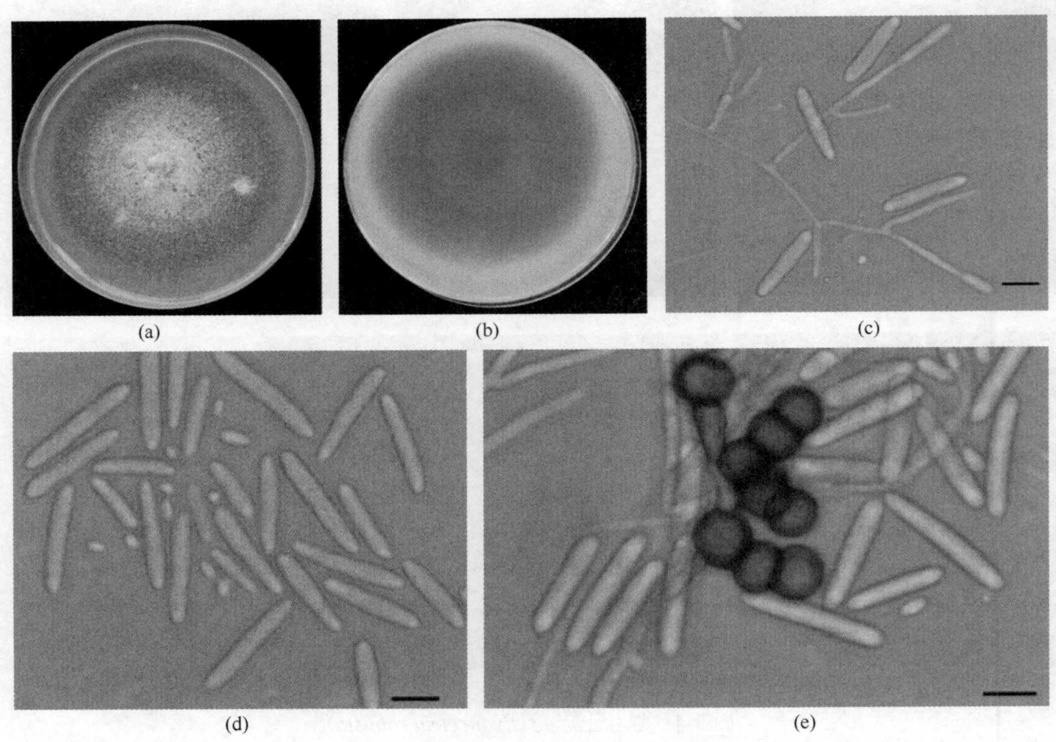

图 3-5　*Ilyonectria rufa*

(a)、(b)菌落；(c)、(d)分生孢子及分生孢子梗；(e)厚垣孢子。标尺：10μm

本研究分离自工布乌头的茎。

Ilyonectria rufa 是 Cabral 等(2012a)从 *Ilyonectria radicicola* 复合种中分出的新种，其大型分生孢子主要具有单个隔膜，大孢子长为 23～31μm，比 *Ilyonectria radicicola* 其他种的大孢子短。

第二节　西藏药用植物茎和叶可培养不产孢的内生真菌分子生物学鉴定

对所有分离获得并观察过形态特征的真菌菌株，通过特异引物扩增 ITS 或 β-tubulin 和 histone H3 编码基因片段，经测序和序列检索可以将 607 株内生真菌初步确定到属水平。以下按不同来源逐一对这些菌株进行鉴定。

一、西藏药用植物内生真菌的分子生物学鉴定

1. 蓼科

(1)狭叶圆穗蓼：来源于狭叶圆穗蓼的 3 株不产孢内生真菌，经分子生物学鉴定归属于 2 属，分别为茎点霉属(2 株)、壳针孢属(*Septoria*)(1 株)。

(2)翅柄蓼：来源于翅柄蓼的 6 株不产孢内生真菌，经分子生物学鉴定归属于 3 属，分别为小球腔菌属(*Leptosphaeria*)(4 株)、*Monodictys*(1 株)、*Paraleptosphaeria*(1 株)。

2. 紫茉莉科喜马拉雅紫茉莉

来源于紫茉莉科喜马拉雅紫茉莉的 3 株不产孢内生真菌，经分子生物学鉴定归属于 2 属，分别为 *Chaetomidium*(1 株)、茎点霉属(2 株)。

3. 石竹科细叶蚤缀

来源于石竹科细叶蚤缀的 2 株不产孢内生真菌，其中 1 株经分子生物学鉴定归属于 1 属 *Irpex*。

4. 毛茛科

(1)工布乌头：来源于工布乌头的 26 株不产孢内生真菌，经分子生物学鉴定归属于 11 属，分别为背芽突霉属(12 株)、角担菌属(*Ceratobasidium*)(1 株)、*Coniothyrium*(1 株)、*Daldinia*(1 株)、*Diaporthe*(3 株)、小球腔菌属(1 株)、*Mycosphaerella*(1 株)、*Phialocephala*(1 株)、茎点霉属(2 株)、*Plenodomus*(2 株)、*Seimatosporium*(1 株)。

(2)短柱侧金盏花：来源于短柱侧金盏花的 2 株不产孢内生真菌，经分子生物学鉴定，归属于 1 属茎点霉属。

(3)高原毛茛：来源于高原毛茛的 2 株不产孢内生真菌，经分子生物学鉴定归属于 2 属，分别为 *Mycocentrospora*、茎点霉属，各 1 株。

(4)草玉梅：来源于草玉梅的 4 株不产孢内生真菌，其中 3 株经分子生物学鉴定归属于 2 属，分别为 *Paraphaeosphaeria*(1 株)、壳针孢属(2 株)。

(5)黄牡丹：来源于黄牡丹的 1 株不产孢内生真菌，经分子生物学鉴定归属 1 属 *Sphaerulina*。

5. 小檗科桃儿七

来源于小檗科桃儿七的 1 株内生真菌，经分子生物学鉴定，归属 1 属 1 种，即枝状枝孢，

与形态学鉴定结果相符。

6. 罂粟科

(1)单叶绿绒蒿：来源于单叶绿绒蒿的3株内生真菌，经分子生物学鉴定归属于2属2种，分别为枝状枝孢和冻土毛霉，与形态学鉴定结果相符。

(2)全缘叶绿绒蒿：来源于全缘叶绿绒蒿的2株内生真菌，经分子生物学鉴定归属于2属2种，分别为黑附球霉 *Epicoccum nigrum* 和冻土毛霉，与形态学鉴定结果相符。

7. 十字花科多蕊高河菜

来源于多蕊高河菜的5株不产孢内生真菌，经分子生物学鉴定归属于4属，分别为刺盘孢属(1株)、小球腔菌属(2株)、*Paraleptosphaeria*(1株)、壳针孢属(1株)。

8. 景天科长鞭红景天

来源于长鞭红景天的6株不产孢内生真菌，经分子生物学鉴定归属于4属，分别为 *Acicuseptoria*(3株)、背芽突霉属(1株)、小球腔菌属(1株)、*Monodictys*(1株)。

9. 杜鹃花科

(1)岩须：来源于岩须的10株不产孢内生真菌，经分子生物学鉴定归属于2属，分别为 *Paraphoma*(4株)、壳针孢属(6株)。

(2)粉红树形杜鹃：来源于粉红树形杜鹃的18株不产孢内生真菌，经分子生物学鉴定归属于10属，分别为 *Amphiporthe*(2株)、背芽突霉属(1株)、*Diaporthe*(2株)、*Didymella*(1株)、*Discula*(1株)、小球腔菌属(2株)、*Phaeosphaeria*(1株)、*Phlebia*(1株)、茎点霉属(2株)、壳针孢属(4株)。

(3)雪层杜鹃：来源于雪层杜鹃的2株不产孢内生真菌，经分子生物学鉴定归属于1属 *Stagonospora*。

10. 虎耳草科

(1)岩白菜：来源于岩白菜的1株不产孢内生真菌，经分子生物学鉴定归属于1属壳针孢属。

(2)滇西鬼灯檠：来源于滇西鬼灯檠的9株不产孢内生真菌，经分子生物学鉴定归属于5属，分别为 *Neofabraea*(2株)、*Phaeosphaeria*(2株)、茎点霉属(3株)、*Setophoma*(1株)、炭角菌属(1株)。

11. 蔷薇科悬钩子

来源于悬钩子的5株不产孢内生真菌，经分子生物学鉴定归属于4属，分别为 *Mycosphaerella*(1株)、*Neofabraea*(1株)、茎点霉属(1株)、壳针孢属(2株)。

12. 豆科棘豆

来源于棘豆的4株不产孢内生真菌，经分子生物学鉴定归属于3属3种，分别为 *Herpotrichia*(1株)、*Phialophora*(1株)、茎点霉属(1株)。

13. 大戟科喜马拉雅大戟

来源于喜马拉雅大戟的 3 株不产孢内生真菌，经分子生物学鉴定归属于 3 属，分别为背芽突霉属（1 株）、*Phaeosphaeria*（1 株）、*Venturia*（1 株）。

14. 瑞香科

（1）狼毒：来源于狼毒的 1 株不产孢内生真菌，经分子生物学鉴定归属于 1 属鬼伞属（*Coprinellus*）。

（2）黄瑞香：来源于黄瑞香的 9 株内生真菌，经分子生物学鉴定归属于 6 属，分别为 *Acicuseptoria*（1 株）、*Ceriporia*（1 株）、*Melanconiella*（2 株）、*Mycosphaerella*（3 株）、茎点霉属（1 株）、*Tubakia*（1 株）。

15. 伞形科

（1）西藏柴胡：来源于西藏柴胡的 12 株内生真菌，经分子生物学鉴定归属于 4 属，分别为 *Acicuseptoria*（2 株）、*Irpex*（1 株）、*Phaeosphaeria*（1 株）、*Rhexocercosporidium*（8 株）。

（2）重齿毛当归：来源于重齿毛当归的 7 株内生真菌，经分子生物学鉴定归属于 5 属，分别为 *Cosmospora*（1 株）、*Diaporthe*（1 株）、*Didymella*（3 株）、*Myxotrichum*（1 株）、茎点霉属（1 株）。

16. 报春花科暗紫脆蒴报春

来源于暗紫脆蒴报春的 2 株内生真菌，经分子生物学鉴定归属于 2 属，分别为角担菌属（1 株）、*Paraphoma*（1 株）。

17. 龙胆科

（1）聂拉木龙胆：来源于聂拉木龙胆的 1 株内生真菌，经分子生物学鉴定归属于 1 属 1 种，即哈茨木霉，与形态学鉴定结果相符。

（2）麻花艽：来源于麻花艽的 3 株内生真菌，经分子生物学鉴定归属于 2 属 2 种，即枝状枝孢、疣孢篮状菌，与形态学鉴定结果相符。

18. 紫草科琉璃苣

来源于紫草科琉璃苣的 2 株不产孢内生真菌，经分子生物学鉴定，归属于 2 属，分别为 *Paraphoma*（1 株）、*Phaeosphaeria*（1 株）。

19. 马鞭草科马鞭草

来源于马鞭草的 2 株内生真菌，经分子生物学鉴定归属于 2 属，分别为 *Leptosphaerulina*（1 株）、茎点霉属（1 株）。

20. 唇形科

（1）独一味：来源于独一味的 4 株内生真菌，经分子生物学鉴定归属于 2 属 3 种，即锐顶镰孢菌（1 株）、燕麦镰孢菌（1 株）、*Penicillium chrysogenum*（2 株），与形态学鉴定结果相符。

(2)螃蟹甲：来源于螃蟹甲的26株不产孢内生真菌，其中25株经分子生物学鉴定归属于10属，分别为*Acicuseptoria*(1株)、*Chaetosphaeronema*(10株)、*Coniothyrium*(1株)、*Diaporthe*(1株)、*Didymella*(1株)、*Paraleptosphaeria*(1株)、*Paraphoma*(3株)、茎点霉属(2株)、*Plenodomus*(4株)、*Sarocladium*(1株)。

(3)夏枯草：来源于夏枯草的2株不产孢内生真菌，经分子生物学鉴定归属于1属，即茎点霉属。

21. 玄参科毛蕊花

来源于毛蕊花的16株不产孢内生真菌，经分子生物学鉴定归属于9属，分别为*Chaetosphaeronema*(3株)、*Diaporthe*(4株)、*Mycosphaerella*(1株)、*Nemania*(1株)、*Paraphoma*(1株)、*Phaeosphaeria*(2株)、*Pilidium*(1株)、*Plagiostoma*(2株)、*Rhizoctonia*(1株)。

22. 车前科平车前

来源于平车前的6株不产孢内生真菌，其中5株经分子生物学鉴定归属于5属，分别为*Byssochlamys*(1株)、*Chaetosphaeronema*(1株)、*Leptosphaerulina*(1株)、*Phaeosphaeria*(1株)、*Stagonospora*(1株)。

23. 川续断科匙叶翼首花

来源于匙叶翼首花的12株不产孢内生真菌，其中11株经分子生物学鉴定归属于7属，分别为*Mycosphaerella*(1株)、*Paraphoma*(1株)、*Phaeosphaeria*(1株)、茎点霉属(3株)、*Rhexocercosporidium*(3株)、*Septoria*(1株)、*Subplenodomus*(1株)。

24. 葫芦科波棱瓜

来源于波棱瓜的3株不产孢内生真菌，经分子生物学鉴定归属于3属，分别为*Mycosphaerella*(1株)、*Paraleptosphaeria*(1株)、茎点霉属(1株)。

25. 菊科

(1)缘毛紫菀：来源于缘毛紫菀的10株不产孢内生真菌，经分子生物学鉴定归属于5属，分别为*Acicuseptoria*(3株)、茎点霉属(1株)、*Plenodomus*(3株)、*Pseudozyma*(1株)、*Subplenodomus*(2株)。

(2)二色香青：来源于二色香青的18株不产孢内生真菌，其中10株经分子生物学鉴定归属于6属，分别为*Irpex*(1株)、*Mycosphaerella*(1株)、*Ochrocladosporium*(1株)、茎点霉属(2株)、*Plenodomus*(4株)、*Preussia*(1株)。

(3)藏大蓟：来源于藏大蓟的4株不产孢菌株，经分子鉴定归属于3属，分别为*Chaetosphaeronema*(1株)、*Mycosphaerella*(1株)、*Rhizoctonia*(2株)。

(4)高原天名精：来源于高原天名精的8株不产孢内生真菌，经分子生物学鉴定归属于8属，分别为*Cadophora*(1株)、*Gnomoniopsis*(1株)、*Herpotrichia*(1株)、*Hyaloscypha*(1株)、*Paraphoma*(1株)、茎点霉属(1株)、*Plenodomus*(1株)、*Septoria*(1株)。

26. 天南星科

(1)一把伞南星：来源于一把伞南星的 9 株内生真菌，经分子生物学鉴定归属于 5 属 5 种，与形态学鉴定结果相符。

(2)菖蒲：来源于菖蒲的 2 株不产孢内生真菌，经分子生物学鉴定归属于 1 属 *Acephala*(1 株)。

27. 百合科

(1)大百合：来源于大百合的 2 株不产孢内生真菌，经分子生物学鉴定归属于 1 属 *Diaporthe*。

(2)紫花鹿药：来源于紫花鹿药的 1 株不产孢内生真菌，经分子生物学鉴定归属于 1 属 *Paraleptosphaeria*。

(3)管花鹿药：来源于管花鹿药的 3 株不产孢内生真菌，经分子生物学鉴定归属于 2 属，分别为 *Paraleptosphaeria*(2 株)、*Phaeosphaeria*(1 株)。

(4)沿阶草：来源于沿阶草的 3 株不产孢内生真菌，经分子生物学鉴定归属于 2 属，分别为 *Pseudoplectania*(2 株)、*Subplenodomus*(1 株)。

(5)卷叶黄精：来源于卷叶黄精的 1 株不产孢内生真菌，经分子生物学鉴定归属于 1 属 *Preussia*。

28. 鸢尾科尼泊尔鸢尾

来源于尼泊尔鸢尾的 1 株不产孢内生真菌，经分子生物学鉴定，未能鉴定到属。

29. 兰科

(1)丛生羊耳蒜(幼苗)：来源于丛生羊耳蒜(幼苗)的 5 株不产孢内生真菌，经分子生物学鉴定归属于 3 属，分别为 *Hyaloscypha*(2 株)、茎点霉属(1 株)、*Plenodomus*(2 株)。

(2)丛生羊耳蒜(成株)：来源于丛生羊耳蒜(成株)的 4 株不产孢内生真菌，经分子生物学鉴定归属于 4 属，分别为 *Caryophylloseptoria*(1 株)、*Neofabraea*(1 株)、*Phomopsis* (1 株)、*Septoria*(1 株)。

(3)小斑叶兰：来源于小斑叶兰的 15 株不产孢内生真菌，经分子生物学鉴定归属于 6 属，分别为 *Nemania*(6 株)、*Nodulisporium*(1 株)、*Pestalotiopsis*(1 株)、*Phaeosphaeriopsis*(2 株)、茎点霉属(2 株)、*Sclerotinia*(1 株)。

二、西藏药用植物内生真菌形态学和分子生物学鉴定结果的总结

形态学鉴定结合分子生物学鉴定的结果表明，607 株来源于西藏 52 种药用植物的内生真菌分别属于 81 属，涉及 155 种。其中，来源于工布乌头的内生真菌分布在 17 属内，来源于螃蟹甲的内生真菌分布在 16 属，可见不同宿主植物，内生真菌的丰度差别很大(表 3-17)。

从鉴定结果来看，镰孢属、刺盘孢属、茎点霉属是最常分离到的植物内生真菌。另外，均有专一性分布的真菌，如 *Caryophylloseptoria*、角担菌属、*Ceriporia*、*Coniella*、*Coprinellus*、

Cosmospora、*Cryptosporiopsis*、*Daldinia*、*Discula*、附球菌属、*Gnomoniopsis*、*Lachnum*、*Mycena*、*Mycocentrospora*、*Nodulisporium*、*Ochrocladosporium*、*Pestalotiopsis*、*Phacidiopycnis*、*Phaeosphaeriopsis*、*Phialophora*、*Phlebia*、*Phomopsis*、*Pilidium*、*Plagiostoma*、*Pseudoplectania*、*Pseudozyma*、*Sarocladium*、*Sclerotinia*、*Seimatosporium*、*Setophoma*、*Simplicillium*、*Sphaerulina*、*Stereum*、*Trichocladium*、*Trichoderma*、*Tubakia*、*Venturia*，在本研究中发现仅在一种植物中分布，尽管数量少，但某种程度上来说，可能暗示存在宿主专一性，这种专一性分布与宿主的种类、生境等有直接关系。

表 3-17　基于形态学和分子生物学方法鉴定的内生真菌种类在不同药用植物中的分布情况

植物名称	内生真菌种类
狭叶圆穗蓼	*Fusarium*、*Phoma*、*Septoria*、*Talaromyces*（4 属）
翅柄蓼	*Discosia*、*Fusarium*、*Leptosphaeria*、*Monodictys*、*Paraleptosphaeria*、*Talaromyces*（6 属）
喜马拉雅紫茉莉	*Alternaria*、*Chaetomidium*、*Chaetomium*、*Cladosporium*、*Fusarium*、*Penicillium*、*Phoma*（7 属）
细叶蚤缀	*Aspergillus*、*Irpex*（2 属）
工布乌头	*Cadophora*、*Ceratobasidium*、*Cladosporium*、*Coniothyrium*、*Daldinia*、*Diaporthe*、*Fusarium*、*Ilyonectria*、*Leptosphaeria*、*Mycosphaerella*、*Peyronellaea*、*Phialocephala*、*Phoma*、*Plenodomus*、*Seimatosporium*、*Talaromyces*、*Trichocladium*（17 属）
短柱侧金盏花	*Aspergillus*、*Phoma*（2 属）
高原毛茛	*Mycocentrospora*、*Peyronellaea*、*Phoma*（3 属）
草玉梅	*Paraphaeosphaeria*、*Septoria*（2 属）
黄牡丹	*Sphaerulina*（1 属）
桃儿七	*Cladosporium*（1 属）
单叶绿绒蒿	*Cladosporium*、*Mucor*（2 属）
全缘叶绿绒蒿	*Epicoccum*、*Mucor*（2 属）
多蕊高河菜	*Boeremia*、*Colletotrichum*、*Leptosphaeria*、*Paraleptosphaeria*、*Septoria*（5 属）
长鞭红景天	*Acicuseptoria*、*Aspergillus*、*Botryotinia*、*Cadophora*、*Fusarium*、*Leptosphaeria*、*Monodictys*、*Mucor*（8 属）
岩须	*Colletotrichum*、*Fusarium*、*Paraphoma*、*Septoria*（4 属）
粉红树形杜鹃	*Cadophora*、*Diaporthe*、*Didymella*、*Discula*、*Leptosphaeria*、*Phaeosphaeria*、*Phlebia*、*Phoma*、*Septoria*（9 属）
雪层杜鹃	*Aspergillus*、*Cryptosporiopsis*、*Fusarium*、*Stagonospora*（4 属）
岩白菜	*Septoria*（1 属）
滇西鬼灯檠	*Cladosporium*、*Neofabraea*、*Penicillium*、*Phaeosphaeria*、*Phoma*、*Setophoma*、*Xylaria*（7 属）
悬钩子	*Aspergillus*、*Colletotrichum*、*Coniochaeta*、*Discosia*、*Ilyonectria*、*Mycosphaerella*、*Neofabraea*、*Phoma*、*Septoria*（9 属）
棘豆	*Alternaria*、*Fusarium*、*Herpotrichia*、*Mucor*、*Penicillium*、*Phialocephala*、*Phialophora*、*Phoma*（8 属）
喜马拉雅大戟	*Cadophora*、*Colletotrichum*、*Phaeosphaeria*、*Venturia*（4 属）
狼毒	*Alternaria*、*Coprinellus*、*Penicillium*（3 属）
黄瑞香	*Acicuseptoria*、*Boeremia*、*Fusarium*、*Ceriporia*、*Melanconiella*、*Mycosphaerella*、*Phoma*、*Tubakia*（8 属）
西藏柴胡	*Acicuseptoria*、*Irpex*、*Phaeosphaeria*、*Rhexocercosporidium*（4 属）
重齿毛当归	*Cosmospora*、*Diaporthe*、*Didymella*、*Myxotrichum*、*Penicillium*、*Phoma*（6 属）
暗紫脆蒴报春	*Ceratobasidium*、*Fusarium*、*Paraphoma*、*Peyronellaea*（4 属）
聂拉木龙胆	*Trichoderma*（1 属）
麻花艽	*Cladosporium*、*Talaromyces*（2 属）

续表

植物名称	内生真菌种类
琉璃苣	*Boeremia*、*Chaetomium*、*Fusarium*、*Paraphoma*、*Penicillium*、*Phaeosphaeria*（6 属）
马鞭草	*Alternaria*、*Fusarium*、*Leptosphaerulina*、*Phoma*（4 属）
独一味	*Fusarium*、*Penicillium*（2 属）
螃蟹甲	*Acicuseptoria*、*Alternaria*、*Aspergillus*、*Boeremia*、*Coniochaeta*、*Chaetosphaeronema*、*Coniothyrium*、*Diaporthe*、*Fusarium*、*Paraleptosphaeria*、*Paraphoma*、*Peyronellaea*、*Phoma*、*Plenodomus*、*Sarocladium*、*Talaromyces*（16 属）
夏枯草	*Colletotrichum*、*Phoma*（2 属）
毛蕊花	*Boeremia*、*Chaetosphaeronema*、*Colletotrichum*、*Diaporthe*、*Fusarium*、*Mycosphaerella*、*Nemania*、*Paraphoma*、*Peyronellaea*、*Phaeosphaeria*、*Pilidium*、*Plagiostoma*、*Rhizoctonia*、*Simplicillium*（14 属）
平车前	*Byssochlamys*、*Cadophora*、*Chaetosphaeronema*、*Leptosphaerulina*、*Peyronellaea*、*Phaeosphaeria*、*Stagonospora*（7 属）
匙叶翼首花	*Mycosphaerella*、*Paraphoma*、*Phaeosphaeria*、*Phoma*、*Rhexocercosporidium*、*Septoria*、*Subplenodomus*（7 属）
波棱瓜	*Fusarium*、*Mycosphaerella*、*Paraleptosphaeria*、*Phoma*（4 属）
缘毛紫菀	*Acicuseptoria*、*Colletotrichum*、*Phoma*、*Plenodomus*、*Pseudozyma*、*Subplenodomus*（6 属）
高原天名精	*Cadophora*、*Colletotrichum*、*Coniochaeta*、*Gnomoniopsis*、*Herpotrichia*、*Hyaloscypha*、*Paraphoma*、*Phoma*、*Plenodomus*、*Septoria*（10 属）
一把伞南星	*Colletotrichum*、*Coniochaeta*、*Ilyonectria*、*Mucor*、*Penicillium*（5 属）
菖蒲	*Acephala*、*Phialocephala*（2 属）
大百合	*Diaporthe*（1 属）
紫花鹿药	*Paraleptosphaeria*（1 属）
管花鹿药	*Paraleptosphaeria*、*Phaeosphaeria*（2 属）
沿阶草	*Aspergillus*、*Colletotrichum*、*Plenodomus*、*Pseudoplectania*、*Subplenodomus*（5 属）
卷叶黄精	*Fusarium*、*Preussia*（2 属）
尼泊尔鸢尾	*Colletotrichum*（1 属）
丛生羊耳蒜（幼苗）	*Colletotrichum*、*Coniochaeta*、*Hyaloscypha*、*Phoma*、*Plenodomus*、*Talaromyces*、*Xylaria*（7 属）
丛生羊耳蒜（成株）	*Boeremia*、*Caryophylloseptoria*、*Colletotrichum*、*Mucor*、*Neofabraea*、*Phomopsis*、*Septoria*（7 属）
小斑叶兰	*Colletotrichum*、*Coniochaeta*、*Nemania*、*Nodulisporium*、*Pestalotiopsis*、*Phaeosphaeriopsis*、*Phoma*、*Sclerotinia*、*Xylaria*（9 属）

（王玉君　郭顺星）

参考文献

Aveskamp MM, De Gruyter J, Woudenberg JHC, et al. 2010. Highlights of the Didymellaceae: a polyphasic approach to characterise Phoma. Stud Mycol, 65: 36.

Cabral A, Groenewald JZ, Rego C, et al. 2012a. Cylindrocarpon root rot: multi-gene analysis reveals novel species within the Ilyonectria radicicola species complex. Mycological Progress, 11: 655-688.

Cabral A, Rego C, Nascimento T, et al. 2012b. Multi-gene analysis and morphology reveal novel Ilyonectria species associated with black foot disease of grapevines. Fungal Biology, 116: 62-80.

第四章 红树植物内生真菌多样性

第一节 红树植物内生真菌多样性概况

一、红树林和红树植物

红树林是指生长在热带海岸潮间带，受海水周期性浸淹的木本植物群落。由于温暖洋流的影响，有些种类可分布到亚热带海岸，有些受潮汐的影响，也可分布到河口海岸和水陆交叠的地方。红树林是热带、亚热带海岸重要的植被类型，是具有维护海岸生态平衡的特殊生态系，它蕴藏着丰富的生物资源和物种多样性。红树林群落中的植物通常分为红树植物、半红树植物和伴生植物。红树植物是指专一在红树林海滩中生长并经常可受到潮汐浸润的潮间带上的木本植物，包括“真红树”和蕨类植物卤蕨。红树植物具有共同的生境地域性和多元性起源，它们由不同的科属种组成，全球已被确认的红树植物种类共有 24 科 83 种。半红树植物是指只有在洪潮时才受到潮水浸润而呈陆、海都可生长发育的两栖木本植物，约有 14 种。伴生植物是指生长在红树林区经常受潮汐浸润的非木本植物，如一些棕榈植物和藤本植物。

二、中国的红树植物资源

70%的热带、亚热带海岸有红树林分布。中国海岸线漫长，有着种类丰富、分布范围较广的红树林资源。据统计，中国现有红树植物有 20 科 27 属 40 种，其中半红树植物 9 科 10 属 11 种(表 4-1)，真红树植物 12 科 16 属 28 种 1 变种(表 4-2)，分布于海南、广东、广西、台湾、福建，以及香港、澳门等地(李明顺，1993；梁华，1998；梁士楚，1999；林鹏，2001；王伯荪等，2002；杨忠兰，2002；林中大和刘惠民，2003)。20 世纪 50 年代后期在浙江瑞安开始红树植物秋茄的引种试验，80 年代引种成功(杜群等，2004)。海南岛属热带海洋性气候，由于生境条件适宜，全岛沿海都有红树林分布，是中国红树植物种类最多、生长最高大的地区，这些红树植物主要分布于东寨港、清澜港等地，共有 29 种。东寨港红树林自然保护区建于 1980 年，它不但是中国建立的第一个红树林保护区，也是迄今为止中国红树林保护区中红树林资源最多、树种最丰富的自然保护区。

人们已经意识到红树林对地球环境保护和生物资源开发具有的不可忽视作用。其特殊的生长环境创造了极为丰富又极具特色的微生物资源。红树林微生物资源的开发是红树林资源开发不可缺少的部分，继续加强和拓宽其研究内容，可以为红树林生态系统更好的开发和利用提供更多的微生物资料。近年来的红树林微生物研究工作中，已分离出了许多特殊功能菌，其中包括对各类污染物有较强降解能力的微生物。另外，对红树林的生理活性物质和代谢产物研究也已相继展开。

表 4-1　中国半红树植物的种类及其分布

科名	种名	地区						
		海南	香港	澳门	广东	广西	台湾	福建
玉蕊科 Barringtoniaceae	玉蕊 *Barringtonia raceosa*	+						+
夹竹桃科 Apocynaceae	海芒果 *Cerbera manghas*	+		+	+	+	+	+
紫葳科 Bignoniaceae	海滨猫尾木 *Dolichandron spathacea*	+			+			
菊科 Compositae	阔包菊 *Pluchea indica*	+					+	
莲叶桐科 Hemandiaceae	莲叶桐 *Hemandia sonora*	+			+			
豆科 Leguminosae	水黄皮 *Pongamia pinnata*	+			+	+	+	
千屈菜科 Lythaceae	水芫花 *Pemphis acidula*	+					+	
锦葵科 Malvaceae	黄槿 *Hibicus tilisaceus*	+	+		+	+	+	+
	杨叶肖槿 *Thespeaisa populnea*	+			+	+	+	
马鞭草科 Verbenaceae	野茉莉 *Clerodendron inerme*	+	+	+	+			+
	钝叶臭黄荆 *Premna obtusifolia*	+			+	+	+	
总计		11	2	2	8	5	7	4

表 4-2　中国红树植物的种类及其分布

科名	种名	地区							
		海南	香港	澳门	广东	广西	台湾	福建	浙江
卤蕨科 Acrostichaceae	卤蕨 *Acrostichum aureum*	+	+	+	+	+	+		
	尖叶卤蕨 *A. speciosum*	+							
红树科 Rhizophoraceae	柱果木榄 *Bruguiera cylindrical*	+			+				
	木榄 *B. gymnorrhiza*	+	+		+	+	+	+	
	海莲 *B. sexangula*	+						+	
	尖瓣海莲 *B. sexangula* var. *rhynchopetala*	+							
	角果木 *Ceriops tagal*	+			+	+	+		
	秋茄 *Kandelia candel*	+	+	+	+	+	+	+	+
	红树 *Rhizophora apiculata*	+							
	红海榄 *R. stylosa*	+	+		+	+	+	+	
爵床科 Acanthaceae	小老鼠勒 *Acanthus ebrectearas*	+			+				
	老鼠勒 *A. ilicifolius*	+	+	+	+	+	+	+	
	厦门老鼠勒 *A. xiamenensis*							+	
使君子科 Combretaceae	假红树 *Laguncularia racemosa*	+							
	红榄李 *Lumnitzera littorea*	+							
	榄李 *L. racemosa*	+	+		+	+	+		
大戟科 Euphorbiaceae	海漆 *Excoecaria agallocha*	+	+		+	+	+	+	
楝科 Meliaceae	木果楝 *Xylocarpus granatum*	+							
紫金牛科 Myrsinaceae	桐花树 *Aegiceras comiculatum*	+	+	+	+	+	+	+	
棕榈科 Palmaceae	水椰 *Nypa fruticans*	+			+				
茜草科 Rubiaceae	瓶花木 *Scyphiphora hydrophyllacea*	+			+				
海桑科 Sonneratiaceae	杯萼海桑 *Sonneratia alba*	+							
	海桑 *S. caseolaris*	+			+				
	海南海桑 *S. hainanensis*	+							
	卵叶海桑 *S. ovata*	+							

续表

科名	种名	地区 海南	香港	澳门	广东	广西	台湾	福建	浙江
	拟海桑 *S. Paracaseolaris*	+							
	无瓣海桑 *S. apetala*	+						+	
梧桐科 Sterculiaceae	银叶树 *Heritiera littoralis*	+	+		+	+			
马鞭草科 Verbenaceae	白骨壤 *Avicennia marina*	+	+	+	+	+	+	+	
总计		28	10	5	16	11	10	11	1

三、红树林真菌多样性

红树林中的真菌类群称为红树林真菌，该类真菌对红树林的营养循环起着重要作用。红树林位于热带、亚热带海岸潮间带，其生境具有强还原性、强酸性、高含盐量、营养丰富等特征。因此，这里的微生物资源既丰富又有特色，主要类群为细菌、真菌、放线菌、微型藻类等，其中已分离鉴定出几百种红树林真菌，成为海洋真菌第二大类群。Kohlmeyer 等(1979)首次总结了该类真菌，鉴定了 43 种高等真菌，包括 23 种子囊菌、17 种半知菌、3 种担子菌。Hyde(1990b)列举了 29 个红树林中的 120 种真菌，包括 87 种子囊菌、31 种半知菌和 2 种担子菌。Schmit 和 Shearer(2003)列举了 625 种红树林真菌，包括 279 种子囊菌、277 种半知菌、29 种担子菌、14 种卵菌、12 种接合菌、9 种 Thaustochytrids、3 种壶菌和 2 种黏菌。一般认为，红树林真菌的地理分布很明显地受红树林栖息地的影响，并且对于同一类真菌，随红树林在全球范围内分布的不同而具有不同的模式。大部分红树林真菌具有基质特异性，不同类型的真菌在不同基质中分布的广泛程度也不同。

(一)真菌多样性

红树林存在丰富的真菌资源，是海洋真菌新种属的丰富来源。因此，红树林真菌的研究扩大了真菌的分布范围。表 4-3 列举了近年来从红树林中发现的新种属。

表 4-3　近年来发现的红树林真菌新种属

属/种	基质	宿主	分布	参考文献
Aigialus mangrovis sp.nov.	intertidal dead wood	*Rhizophora mucronata*	Maharashtra India	Borse，1987
Aigialus rhizophorae sp.nov.	intertidal dead wood	*Rhizophora mucronata*	India	Borse，1987
Aigialus striatispora sp. nov.	branch	*Rhizophora apiculata*	Thailand	Hyde，1992a
Aniptodera haispora	dead wood	*Ax*，*RA*	Macau	Vrijmoed et al., 1994b
Aniptodera longispora sp. nov.	dead wood		Brunei	Hyde，1990a
Aniptodera salsuginosa sp. nov.	decomposing wood	*BG*，*RS*	Japan	Nakagiri and Ito，1994
Bathyascus grandisporus sp. nov.	dead wood	*Rm* and *S.alba*	Seychelles	Hyde and Jones，1988b
Biatriospora marina gen. et sp. nov.	dead wood		Seychelles	Hyde and Borse，1986
Calathella mangrovei sp. nov.	intertidal dead wood	*Nypa fruticans*	Malaysia	Jones and Agerer，1992
Carvospora mangrove sp. nov.			Thailand	Hyde，1989a
Caryosporella rhizophorae gen. et sp. nov.	intertidal dead wood	*Rhizophora mangle*		Kohlmeyer，1985

续表

属/种	基质	宿主	分布	参考文献
Cladosporium marinum sp. nov.	living leaf	*Avicennia marina*	West Bengal，India	Pal and Purkyastha，1992
Cryptovalsa halosarceicola sp. nov.		*Halosarceia halocnemoides*	Australia	Hyde，1993
Cucullospora mangrovei gen. et sp. nov.	intertidal dead wood	*Kandelia candel*	Seychelles	Hyde and Jones, 1986
Diaporthe salsuginosa	dead wood	*Kandelia candel*	Macau	Vrijmoed et al., 1994b
Eutypa bathurstensis sp. nov.	intertidal dead wood	*Avicennia* sp.	Queensland，Australia	Hyde and Rappaz, 1993
Falciformispora lignatilis gen. et sp. nov.	intertidal driftwood		West Mexico	Hyde, 1992d
Gloniella clavatisposra sp. nov.	intertidal dead wood	*Avicennia marina*	East South Africa	Steinke and Hyde, 1997
Halophytophthora kandeliae sp.nov	fallen，yellow leaf	*Kandelia candel*	Taiwan China	Ho et al., 1991
Halosarpheia minuta sp.nov.	submerged wood	*Aa*，*Al*，*Bc*，*Ra*	Singapore，Ma，and Br	Leong et al., 1991
Helicascus nypae sp. nov.	palm frond	*Nypa fruticans*	Indo-Pacific	Hyde, 1991a
Julella avicenniae （Borse） comb. nov.	intertidal dead wood	*AA*，*AM*，*RA*	NE of Queensland	Hyde, 1992e
Lautospora gigantea gen. et sp. nov.	prop root	*Rhizophora* spp.	Brunei	Hyde and Jones, 1989
Linocarpon angustatum	petiole	*Nypa fruticans*	Malaysia	Hyde and Alias, 1999
Mangrovispora pemphii gen. et sp. nov.	intertidal dead wood	*Pemphis acidula*	Queensland	Hyde and Nakagiri, 1991
Marinosphaera mangrovei gen. et sp.nov.	intertidal wood	*Rhizophora* spp.	North Sumatra，Thailand	Vrijmoed, 1994a
Massarina acrostichi sp. nov.	fern rachis	*Acrostichum speciosum*	Brunei	Hyde, 1989b
Massarina armatispora	dead intertidal wood		Macau	Hyde and Vrijmoed, 1992
Neolinocarpon nypicola	petiole	*Nypa fruticans*	Malaysia	Hyde and Alias, 1999
Nipicola carbospora gen. et sp. Nov.	frond	*Nypa fruticans*	Brunei	Hyde, 1992b
Nypaella frondicola gen.et sp.nov.	intertidal dead frond	*Nypa fruticans*	Brunei	Hyde and Sutton, 1992
Payosphaeria minuta gen. et sp. nov.	wood	*Avicennia alba*	Singapore	Leong et al., 1990
Pedumispora gen. nov.	prop roots	*Rhizophora apiculata*	AP，Sy	Hyde and Jones, 1992
Pestalotiopsis agallochae sp. nov.	dead leaf	*Excoecatia agallocha*	West Bengal，India	Pal and Purkayastha, 1992b
Pestalotiopsis apetulae sp. nov.		*Sonneratia. apetala*	Sundarbans，India	Purkayastha and Pal, 1993
Pestalotiopsis caseolaris sp. nov.		*Someratia caseolaris*	Sundarbans，India	Purkayastha and Pal, 1993
Phomatospora acrostichi sp.nov.	fern rachis	*Acrostichum speciosum*	Brunei	Hyde, 1988
Phomatospora Kandelii sp. nov.	intertidal dead wood	*Kandelia candel*	Brunei	Hyde, 1992c
Phomopsis mangrovei sp. nov.	dead prop roots	*Rhizophora apiculata*	Thailand	Hyde, 1991b
Plectophomella nypae sp.nov.	intertidal dead frond	*Nypa fruticans*	Brunei	Hyde and Sutton, 1992
Pleospora sp.				Vrijmoed et al., 1994a
Pleurophomopsis nypae sp.nov.	intertidal dead frond	*Nypa fruticans*	Brunei	Hyde and Sutton, 1992
Polystigma sonneratiae Petrak	leaf	*Sonneratia* spp.	North Queensland	Hyde and Cannon，1992
Pterosporidium gen.nov.	living leaf	*Anthostomella* spp.		Ho and Hyde, 1996

续表

属/种	基质	宿主	分布	参考文献
Rhizophila marina	prop roots		Seychelles	Hyde and Jones，1988a
Saccardoella mangrovei sp.nov	intertidal dead wood	*Sonneratia griffithii*	Thailand	Hyde，1992f
Saccardoella marinospora	intertidal dead wood		Thailand	Hyde，1992f
Saccardoella rhizophorae	intertidal dead wood	*Rhizophora apiculata*	Thailand	Hyde，1992f
Salsuginea ramicola gen. et sp. nov.	intertidal dead wood		Indo-Pacific	Hyde，1991a
Schizochytrium limacinum sp. nov.			West Pacific Ocean	Honda et al.，1998
Schizochytrium mangrovei sp. nov.	decaying leaves		India	Raghu-Kumar，1988
Swampomyces aegyptiacus	intertidal dead wood		Red Sea in Egypt	Abdel-Wahab et al.，2001
Swampomyces clavatispora	intertidal dead wood		Red Sea in Egypt	Abdel-Wahab et al.，2001
Tirispora mandoviana	dead wood	*Rhizophora mucronata*	India	Sarma and Hyde，2000
Trematosphaeria lineolatispora sp. nov.	intertidal driftwood		West Mexico	Hyde，1992d
Tunicatispors australiensis，gen. et sp.nov	decayed intertidal wood	*Avicennia marina*	Australia	Hyde，1990c

Hyde（1992a；1992b；1992c；1992d；1992e；1992f）报道了 16 种来自墨西哥西海岸的潮间带红树林真菌，其中 7 个新记录种，1 个新属和 2 个新种。他还调查了位于印度尼西亚 North Sumatra 的 Kampong Nelayan Mangrove 红树林真菌，调查基质包括漂浮木、红树根和枝，得到 39 种真菌，其中 1 个新种。首次报道了来自 North Sumatra 的海洋真菌（Hyde，1989c）。Hyde（1990a；1990b；1990c）从澳大利亚两个亚热带红树林中收集的腐烂的潮间带木材样本中记录了 25 个高等真菌，1 个新种属。Kohlmeyer 和 Volkmann-kohlmeyer（1991）从 Queensland 沙滩红树林中分离到了 43 种，其中 28 种是澳大利亚新记录种。Pal 和 Purkyastha（1992a；1992b）第一次调查了 Sundarbans、West Bengal、India 红树植物的叶栖真菌，发现了 7 种真菌生长在新的寄主上，其中 *Khuskia oryzae* 是印度的新记录种。Kuthubutheen（1981）在马来西亚红树林发现的 169 种海洋真菌中，有 56 种为新记录种。Poonyth 等（1999）从 Mauritius 5 个红树林种植地采集潮间带树木和腐烂的 *Rhizophora mucronata* 支持根，从潮间带木材样本中分离出 67 种真菌，*Lulworthia species* 是所有研究地的优势种；从腐烂的 *Rhizophora mucronata* 支持根中鉴定了 58 种真菌，每个研究地的优势种不同。支持根上的真菌群落与潮间带木头上的真菌群落略有差别。子囊菌是所有研究地的优势类群。真菌的发生和多样性与所处的环境有关。大部分种为 Mauritius 的新记录种。Nitaro 等（2003）从日本 Iriomote 和 Okinawa 岛的红树林中采集到 6 种伏革菌，所有种都是日本红树林的新记录种。

对个体生境的研究显示了红树林真菌群落的多样性。Jones 和 Tan（1987）报道了从马来西亚的 Sungei Geylang Patah 红树林中采集的漂浮木和潮间带木材上分离的 32 种海洋真菌，其中 23 种为子囊菌、8 种为半知菌和 1 种为担子菌。最常见的种有 *Rosellinia* sp.、*Savoryella paucispora*、*Halocyphina villosa* 和 *Trichocladium achrasporum*。Borse（1988）报道了来自 Maharashtra 海岸潮间带海滩和红树林木材的高等海洋真菌发生频度，有 41 种子囊菌、2 种担子菌和 12 种半知菌，*Halosphaeria quadricornuta* 是海滩栖息地的优势种，而 *Massarina velataspora* 则是红树林栖息地的优势种。Hyde 和 Jones（1988）调查了塞舌尔 Brillant 和 Anse Boileau 红树林的潮间带漂浮木、支柱根和其他红树标本上的高等海洋真菌，共收集了 47 种海洋真菌，其中 37 种为子囊菌，1 种为担子菌、9 种为半知菌。*Halocyphina villosa* 是最普遍存在的真菌，而 *Aniptodera mangrovii*、*Antennospora quadricornuta*、*Halosarpheia marina* 和 *Lulworthia grandispora* 则可频繁采集到。

Vrijmoed 等（1994b）在 1990 年和 1991 年对珠江口的亚热带红树林真菌进行了初步调查。结果显示，香港、澳门、福田和深圳的红树林真菌种类与热带区域的一样丰富多样，只是优势种不同。从 260 个漂浮木样本上鉴定了 76 种真菌，包括 46 个子囊菌、26 个半知菌和 4 个担子菌，优势种包括 *Trichocladium linderii*（18%）、*Marinosphaera mangrovei*（13%）、*Lignincola laevis*（13%）和 *Hypoxylon oceanicum*（11%）。

Chinnaraj 和 Untawale（1992）及 Chinnaraj（1993）从 5 种红树植物淹没在水中、死的、腐烂的部分中得到 39 种真菌，其中 29 种为子囊菌、2 种为担子菌、8 种为半知菌，优势种为 *Dactylospora haliotrepha*、*Lineolata rhizophorae*、*Lophiostoma mangrovei*、*Massarina thalassiae* 和 *Verruculina enalia*。在植物 *Rhizophora mucronata* 中存在的真菌种类最多。在南非的印度洋海岸，Steinke 和 Jones（1993）鉴定了 93 种海洋真菌，其中有 55 种来自于红树林木材，尤其是来自于 *Avicennia marina*。Steinke（2000）调查了南非 Kosi、Durban Bayhead 和 Mtata River 地区的红树植物 *Rhizophora mucronata* 死支持根上的海洋真菌，发现了 38 种真菌，其中 30 种为子囊菌、1 种为担子菌、7 种为半知菌。*Kallichroma* spp.和 *Phoma* spp.在所有 3 个河口都大量的存在，而 *Dactylospora haliotrepha* 普遍存在于 Bayhead 和 Mtata，种的多样性比热带的东南亚地区的多样性要低，然而，树木上真菌的发生频度说明海洋真菌在当地红树林群落中具有重要的生态功能。

红树林真菌的发生频度受一些因素的影响，如盐度、基质的暴露时间、木材的种类和其在红树林中的位置。Alias 等（1995）比较了马来西亚 3 个不同红树林中的真菌种类，也比较了不同红树木材（*Avicennia marina* 和 *Bruguiera gymnorrhiza*）上的真菌。结果得到 100 种高等海洋红树林真菌，其中 Port Dickson 红树林中真菌种的多样性最高，有 63 种真菌；真菌种类的组成在不同地点并不一样，在 Morib 和 Kuala Selangor 红树林中普遍存在的真菌有 *Halocyphina villosa* 和 *Leptosphaeria australiensis*，*Kallichroma tethys* 和 *Lulworthia grandispora* 在 Kuala Selangor 红树林中也常见。这些真菌在 Port Dickson 红树林中都不普遍，Port Dickson 红树林的优势种是 *Hypoxylon oceanicum* 和 *Massarina ramunculicola*。不同木材真菌的比较说明 *Halocyphina villosa* 是两者共有种类，Avicennia 真菌种的多样性和丰度较高，其常见的菌有 *Eutypa* sp.、*Kallichroma tethys*、*Marinosphaera mangrovei*、*Phoma* sp. 和 *Julelia avicenniae*。

（二）真菌的寄主专一性及其种类的分布

关于红树林真菌寄主专一性的报道很少，Hyde（1990a）比较了 Brunei 5 种潮间带红树植物的真菌类群，发现有一些种具有宿主专一性，只存在于某一种植物中。红树林栖息地中真菌种类的分布可能反映了其自然条件和对栖息地的偏爱性。物质需求的不同可能导致了真菌的垂直带状分布。Brunei 的 *Rhizophora apiculata* 红树林中不同潮间带水平真菌分布情况的研究结果表明，57 种真菌呈垂直的环层带状分布，一些仅分布在高潮间带或低潮间带水平，只有 2 种存在于整个潮间带。Sadaba 等（1995）对香港米埔的 *Acanthus ilicifolius* 红树林进行了相似的研究，从衰老和死亡的直立茎上分离到了 44 种真菌，其中 32 种半知菌、11 种子囊菌和 1 种担子菌，10 种为茎所有部位共有的，13 种只存在于某一特定的水平。不同部位的真菌类群不同，茎的顶部为典型的陆地真菌，而茎的基部则为海洋真菌。作者认为，这种现象的发生归因于基质的特性和潮水的发生频率。

真菌类群受物理因素，如湿度和土壤的化学组成(如有机碳、氮、磷和钾等)的影响。Nair 等(1982)从根际土壤中共分离到 15 属 25 种真菌，而从非根际土壤中分离到 10 属 16 种。Chowdhery 等(1982)研究了根际、根丝体和非根际真菌：根际泥土的 pH 和盐度比非根际泥土的低，而有机物和湿度最高。根际区的真菌数量最多，子囊菌在根丝体中常见，接合菌在根际常见，担子菌缺乏。Garg(1989)从印度 *Sunderban mangrove* 不同深度的泥中分离到 223 种真菌，其中 64 种是首次记录。表面层的真菌数量最多，随着深度的增加，真菌的数量和频度降低。在不同分离形式中，很少显示深度特异性。

Kohlmeyer 和 Volkmann-Kohlmeyer(1991)发现，真菌的多样性依赖于红树林的年龄，在已建立的 Rhizophora stands 中有 43 种真菌，而在最近引进的 Rhizophora stands 中只有 7 种。一些真菌可能有生活环境特异性，在印度南海岸红树林发现了 48 种真菌，支持根上有 44 种，而在树苗和树木中分别只有 18 种和 16 种(Ravikumar and Vittal，1996)。

Sivakuman 和 Kathiresan(1990)研究了 7 种红树植物的叶面真菌种类,优势种为 *Alternaria alternata*、*Rhizopus nigricans*、*Aspergillus* 和 *Penicillium* spp.。真菌的丰度与叶中单宁酸的浓度呈负相关。相对于含有更多单宁酸和糖类的新鲜叶片,真菌更偏爱含有更多氨基酸的腐殖叶。Kuthubutheen(1981)用直接观察和叶洗出物的方法研究了 9 种红树植物叶表面真菌。在叶洗出物中分离到 40 多种真菌，10 属的真菌在 9 种植物中都频繁发生。叶单宁酸浓度高植物中的主要真菌是 *Pestalotiopsis* spp.，而单宁酸浓度低有利于 *Fusarium* spp.的繁殖。*Pestalotiopsis* spp. 在整个叶的生长发育过程中都存在。

关于红树植物内生真菌的报道相对较少，Suryanarayanan 等(1998)首次研究了南印度 Tamil Nadu 的 Pichavaram 红树林中不同红树植物叶内生真菌的发生和分布。在分离的内生真菌中，丝孢纲真菌和不育菌丝占优势，多于子囊菌或腔孢纲真菌。相对于干燥月份，多雨月份采集的样本中能分离到更多的内生真菌。内生真菌显示了一定的寄主专一性，这种专一性更多地决定了内生真菌的分布，而不是寄主的地理位置。虽然每种红树植物都存在多种内生真菌，并且很多种都在一种以上的寄主中出现，但是每种植物的优势种都不一样。因此，可能存在一种选择机制，该机制决定了红树林中不同寄主中内生真菌的分布，这种机制可以认为是内生真菌进化中的一种策略，可以减少它们之间的竞争性。Ananda 和 Sridhar(2002)研究了印度西海岸 Udyavara 红树林中 4 种红树植物根内生真菌的多样性，同时也评价了不同潮间带水平根段及中间潮间带中不同组织的真菌多样性和种的丰度。红树植物的不同部位都有不同的药用价值(Bandaranayake，1995；1998)，研究表明，植物的代谢产物可能是由与其共生的内生真菌产生的。内生真菌产生的代谢物非常普遍地应用于制药和农业领域(Petrini et al.，1992)。因此，除了研究红树植物内生真菌的分布和生态外，还要更多地关注其代谢产物的潜在应用价值。

(三)真菌的延续性

红树植物呼吸根上真菌的延续性反映了不同真菌之间复杂的营养关系。在腐烂的呼吸根上延续的真菌可分成 3 个组。第一组，糖消化真菌，主要由接合菌组成，是最先的定居者。第二组，纤维素酶降解菌，由不同的子囊菌和半知菌组成，它们在第一组真菌作用以后定居于腐烂的呼吸根。最有效的纤维素酶降解菌有毛壳菌属(*Chaetomium*)、镰孢属(*Fusarium*)、腐质霉属(*Humicola*)、青霉属(*Penicillium*)和木霉属(*Trichoderma*)。第三组，木质素降解菌，有 *Alternaria alternata*、*Graphium* sp.、*Preussia* sp.、*Trichoderma lignorum*、*Trichurus spiralis* 和 *Truncatella truncata*，它们能在腐烂的呼吸根上长期生长，在有利环境下利用木质素作为营养（Garg，1989）。Poonyth 等（1999）对有规则间隔的木材进行了调查，显示不同研究地点或不同寄主上的真菌的侵染模式没有区别。在侵染的特定阶段，一些种占优势。*Cumulospora marina* 是严格的早期侵染者。*Cirrenalia pygmea* 和 *Lulworthia species* 也常是早期侵染者。*Lignincola laevis* 相对于中期侵染者则通常是早期侵染者。*Periconia prolifica* 在 3 个位置中的整个试验阶段都有发生，而 *Dactylospora haliotrepha* 和 *Coelomycete* sp.则是晚期侵染者。侵染试验木材中的真菌大部分属于半知菌。

（四）红树林真菌的生态功能

红树林真菌在红树林的降解和能量流动中起着重要作用。对红树叶降解的研究表明，27 天后叶的重量下降 50%；在 93 天的研究中，叶中氮浓度增加了 0.3%～2.9%，磷增加了 0.04%～0.13%。第一周叶上的生物类群主要是细菌和真菌，然后是海洋无脊椎动物（D'Croz et al.，1989）。

Ravikumar 和 Vittal（1996）发现，在 Pichavaram、South India 有 48 种真菌与 *Rhizophora* 碎片的降解有关。在 *Avicennia marina*（Forssk.）Vierh.和 *Bruguiera gymnorrhiza*（L.）Lam.原位腐烂的叶中各有 20～25 种真菌（Steinke and Barnabas，1990）。Vrijmoed 和 Tam（1988）对香港亚热带红树林区域残叶的降解进行了初步调查，记录了 24 种真菌，最多的是 *Lymphocytes*，所有的优势种都是典型的土壤真菌。Singh 等（1991）将即将脱落的叶片放入带网孔的垃圾袋，浸入湿地的小河中，7 天后，叶中酚类物质减少，而微生物量增加。扫描电子显微镜研究表明，真菌可降解角质层的蜡质，但是角质层直到研究结束仍然是完整的。内部组织的降解与真菌活性有关。

低等海洋真菌网粘菌纲（Labyrinthulomycetes）的 2 目破囊壶菌目（Thraustochytriales）和网粘菌目（Labyrinthulales）的真菌在叶的整个降解过程中都存在，但在绿叶和衰老的黄叶中并没有发现。将经 γ 射线照射的红树叶浸入红树林水环境中，结果 24h 内就发现有 *Labyrinthulids* 真菌和 *Thraustochytrids* 真菌的存在，并且这些微生物在 14 天的研究过程中都能分离到。在无菌的海桑叶盘上接种纯培养的 *Thraustochytrid* 真菌，培养 14 天后，叶的生物量下降，结构不完整。对接种了 *Thraustochytrid* 和 *Labyrinthulids* 菌株的叶片进行观察，4 天后发现了其对叶的侵染，*Thraustochytrid* 与内部叶组织的局部降解有关。另外，在分离的 *Schizochytrium aggregatum* 中检测到了纤维素酶的产生。所有这些结果都说明了 *Labyrinthulomycetes* 真菌在红树林营养循环中的作用（Bremer，1995）。

Prabhakaran 和 Gupta（1990）对印度 Mangalvan 红树林的真菌类群和其腐烂活，以及它们在营养再生过程中的可能作用进行了系统研究。他们认为，一方面，这些真菌大部分能产生一种以上的水解酶，绝大多数是纤维素酶的生产者，有一些是胶质酶和淀粉酶的生产者，但没有真菌能产生几丁质酶。它们通过对红树植被的腐烂和分解，增加碎片的量，以充分供应此生态系中的食物链。另一方面，它们能够溶解不溶性的磷酸盐化合物，使其变成其他生物能直接利用的磷源。

第二节　18 种红树植物内生真菌的分离

红树植物是生长于热带及亚热带海岸、河口潮间带的木本植物，是从陆地到海洋过渡的生态系。这类植物不仅在自然生态平衡中起着特殊的作用，而且含有多种生物活性物质，具有抗艾滋病、抗肿瘤、抑菌和抗氧化等药理活性(Konoshima et al., 2001；Loo et al., 2008；Kumar et al., 2008；Bhimba et al., 2010；Ravikumar and Gnanadesigan, 2011；Beula et al., 2012；Dhayanithi et al., 2012)。由于红树林的生长环境独特，估计生活在其组织中的内生真菌的种类及其产物化学类型的多样性也比较丰富,而且很可能从中发现一些新的真菌种类及新的生物活性物质。因此，开展红树植物内生真菌的研究对丰富真菌的多样性和内生真菌资源的开发应用具有重要的意义。

18 种红树植物(表 4-4)均于 2004 年 3 月采自海南东寨港红树林保护区。

表 4-4　用于分离内生真菌的红树植物

编号	植物名称	所属科	所属类群	分离部位
1	老鼠勒 *Acanthus ilicifolius*	爵床科 Acanthaceae	红树	根、茎、叶
2	桐花树 *Aegiceras comiculatum*	紫金牛科 Myrsinaceae	红树	茎、叶、树皮
3	玉蕊 *Barringtonia raceosa*	玉蕊科 Barringtoniaceae	半红树	根、茎、叶
4	海芒果 *Cerbera manghas*	夹竹桃科 Apocynaceae	半红树	根、茎、树皮
5	许树 *Clerodendron inerme*	马鞭草科 Verbenaceae	半红树	根、茎、叶
6	海漆 *Excoecaria agallocha*	大戟科 Euphorbiaceae	红树	根、茎、叶、树皮
7	莲叶桐 *Hemandia sonora*	莲叶桐科 Hemandiaceae	半红树	树皮
8	黄槿 *Hibicus tilisaceu*	锦葵科 Malvaceae	半红树	根、茎、叶、树皮
9	假红树 *Laguncularia racemosa*	使君子科 Combretaceae	红树	根
10	水椰 *Nypa fruticans*	棕榈科 Palmaceae	红树	根
11	阔包菊 *Pluchea indica*	菊科 Compositae	半红树	叶
12	水黄皮 *Pongamia pinnata*	豆科 Leguminosae	半红树	茎、叶
13	杯萼海桑 *Sonneratia alba*	海桑科 Sonneratiaceae	红树	树皮
14	无瓣海桑 *S.apetala*	海桑科 Sonneratiaceae	红树	茎、叶
15	海桑 *S.caseolaris*	海桑科 Sonneratiaceae	红树	茎、叶
16	卵叶海桑 *S.ovata*	海桑科 Sonneratiaceae	红树	茎
17	杨叶肖槿 *Thespeaisa populnea*	锦葵科 Malvaceae	半红树	根、叶
18	木果楝 *Xylocarpus granatum*	楝科 Meliaceae	红树	叶、树皮

内生真菌的分离和保存培养基：麦芽提取物 1.5%、人工海水(ASW) 50%、琼脂 1.5%(分离培养基加入 250μg/ml 的青霉素)，pH 自然。

人工海水的配制(g/L)：KBr 0.096、NaCl 24.477、$MgCl_2·6H_2O$ 4.981、$CaCl_2·2H_2O$ 1.102、KCl 0.664、$SrCl_2$ 0.024、Na_2SO_4 3.917、$NaHCO_3$ 0.192、H_3BO_3 0.026、NaF 0.0039。

结果见表 4-5，从 18 种红树植物的根、茎、叶或树皮中共分离得到内生真菌 365 株。海漆和黄槿的采样最全，分离的菌株数也最多，分别占总分离菌株的 13.2%和 10.1%。杯萼海桑仅分离了其树皮的内生真菌，得到的内生真菌数量最少，只有 4 株，占总分离菌株的 1.1%。从根中分离到的菌株数最多，占总分离菌株的 32.6%，其次是茎，再次是叶和树皮。结果表明，内生真菌普遍存在于红树植物体内，调查的 18 种植物中均有内生真菌的分布。但是不同植物、不同组织内生真菌的发生频度及数量存在一定的差异，呈现出分布多样性特征。

表 4-5　内生真菌的分离

植物	真菌发生频度/%(分离菌株数)				总分离菌株数(占总菌株的比例/%)
	根	茎	叶	树皮	
老鼠簕	66.7(13)	88.9(13)	10(1)		27(7.4)
桐花树		88.9(8)	20(2)	50(10)	20(5.5)
玉蕊	53.8(11)	75(7)	10(2)		20(5.5)
海芒果	75(13)	44.4(4)	30(2)	50(4)	23(6.3)
许树	75(13)	76(12)	60(10)		35(9.6)
海漆	87.5(18)	88.9(14)	70(6)	88.9(10)	48(13.2)
莲叶桐				87.5(15)	15(4.1)
黄槿	53.8(10)	37.5(8)	70(10)	75(9)	37(10.1)
假红树	91.7(23)				23(6.3)
水椰	46.2(9)				9(2.5)
阔包菊			80(6)	55.6(5)	11(3.0)
水黄皮		55.6(7)	20(1)		8(2.2)
杯萼海桑				37.5(4)	4(1.1)
无瓣海桑		100(10)	90(11)		21(5.8)
海桑		37.5(3)	20(2)		5(1.4)
卵叶海桑		61.5(11)			11(3.0)
杨叶肖槿	46.2(9)		70(10)	22.2(2)	21(5.8)
木果楝		87.5(8)	80(10)	75(9)	27(7.4)
总计	119	105	73	68	365(100)

第三节　18种红树植物内生真菌的形态鉴定及其分布

本节从18种红树植物中分离得到365株内生真菌，对其进行了分类鉴定，讨论了不同植物、不同组织之间内生真菌种类及其分布的差异；从红树植物中分离得到的内生真菌保存在中国医学科学院药用植物研究所菌根研究室。

对分离获得的内生真菌进行显微形态特征的观察，以经典形态学分类方法，采用萨卡图(Samardo)和休斯-塔巴基-巴伦(Hughes-Tubaki-Barron)真菌分类系统进行鉴定，分类检索参照文献(Ellis，1971；Ellis，1976；巴尼特和亨特，1977；魏景超，1979；Bria，1980；Gerlach and Nirenberg，1982；Nelson et al.，1983)。

从分离到的红树植物内生真菌中鉴定了239株真菌，分别属于4纲5目7科27属，主要属于丝孢纲真菌。有105个菌株鉴定到种，分别属于31种，其中4个国内新记录种、1个大陆新记录种。其余的在本试验培养条件下不产孢，为无孢类群，占总分离菌数的34.5%，结果见表4-6。没有一种内生真菌是所有红树植物所共有的，红树植物内生真菌的优势种群是无孢类群、拟盘多毛孢属、镰孢属、拟茎点霉属、球二孢属和交链孢属，分别占分离菌数的34.5%、15.1%、14.8%、10.1%、7.9%和3.3%，占分离菌总数的82.4%，其他类群仅有少量分布。不同植物的内生真菌在种类和数量上都不同，优势种群也存在差异，*Pestalotiopsis* sp.是桐花树、海漆、假红树、杯萼海桑和卵叶海桑的优势种群，但是在老鼠簕等9种植物上却没有分布，老鼠簕的优势菌群是镰孢属。优势种群在不同植物中的分布也各不相同，分布最为广泛的是 *Lasiodiplodia theobromae*，可在 11 种植物中分离得到(表 4-7)，31 种真菌仅在 1 种植物上分离得到，显示了一定的寄主专一性。不同组织内生真菌的种类和数量也存在差异。镰孢属和 *Lasiodiplodia theobromae* 主要存在于植物的根中，拟盘多毛孢属和拟茎点霉属主要存在于植物的茎中。拟盘多毛孢属和 *Lasiodiplodia theobromae* 都没有从叶组织中分离得到，镰孢属和拟茎点霉属从叶中分离到的数量也最少，而链格孢属真菌则主要分离自植物的叶组织。结果说明，红树植物内生真菌的种类和分布表现出一定的寄主特异性和组织专一性。

表 4-6　红树植物内生真菌的种类及其分布

种/属	老鼠簕	桐花树	玉蕊	海芒果	许树	海漆	莲叶桐	黄槿	假红树	水椰	阔包菊	水黄皮	杯萼海桑	无瓣海桑	海桑	卵叶海桑	杨叶肖槿	木果楝	总计
Ascomycetes																			
Glomerella cingulata					L2														2
Mycosphaerella zeae-maydis Mukunya DM & Boothroyd CW	S2、L1				R2														5
Unidentification#1	S1																		1
Unidentification #2														L1					1
Unidentification #3						R1													1
Hyphomycetes																			
Acremonium sp.			S1															S1	2
Alternaria spp.						R1	B1				L2			S3、L3	L2				12
Chlamydomyces palmarum (Cooke) Mason			R1																1
Cladosporium sp.		L1																	1
C. herbarum (Pers.) Link					S1														1
C. oxysporum Berk. & Curtis		B1													S1				2
C. sphaerospermum Penz.								S1						L1					2
Corynespora sp.	R2																		2
Curvularia lunata (Walk.) Boed.						R1													1
C. pallescens Boed.						R1													1
Fusarium spp.	R1、S2	S1		R1				R7、L1 B3			L2								18
F. avenaceum (Fr.) Sacc.																	L1		1
F. equiseti (Corda) Sacc.						S1													1
F. graminum Corda	R2、S1																		3
F. guttiforme Nirengerg & O'Donnell	R3																		3
F. merismoides Corda var. *chlamydosporale* Wollenw										R1									1

续表

种/属	老鼠簕	桐花树	玉蕊	海芒果	许树	海漆	莲叶桐	黄槿	假红树	水椰	阔包菊	水黄皮	杯萼海桑	无瓣海桑	海桑	卵叶海桑	杨叶肖槿	木果楝	总计
F.oxysporum Schlecht	R3			R2													R1、L1		7
F. sacchari（Butl.）W. Gams	S1																		1
F. semitectum Berk. & Rav.						R2													2
F.solani（Mart.）Sacc.	R2			R7															9
F.subglutinans（Wollenw & Reinking）Nelson				R1															1
F.verticillioides（Sacc.）Nirenberg								R1、B2				S3					R1		6
Geotrichum candidum Link				R1		S1													2
Isaria felina DC.										R1									1
Nodulisporium gregarium（Berk. & Curt.）Meyer	S1																		1
Paecilomyces sp.																	R1		1
Penicillium sp.					R1														1
Periconia byssodes Pers. Ex Mérat						B1													1
Pleiochaeta sp.									R1										1
Stachybotrys nilagirica Subram.					R1														1
Stemphylium sp.			L1	R1		R1								L2					5
Ulocladium botrytis Preuss						R1													1
Coelomycetes																			
Fusicoccum sp.								B1											1
Hainesia lythri（Desm.）Höhn										R2									2
Lasiodiplodia theobromae（Pat.）Griffon & Maubl.			R6	B2	R4		B1	R1	R1		B5	S1			S1		R2、B1	B4	29
Pestalotiopsis spp.		S7、B7				R1、S9、B6	B1		R9	R2			B3	S2		S6		B2	55
Phomopsis spp.			R1、S2			S5	B1	S5、L5	R1	R2		S3				S1		S7	33
P. amygdalina Canonaco			S2					L1											3
P.obscurans（Ell. & Ev.）Sutton						R1													1
Phyllosticta spp.							B1	B1											2
Tryblidiopynis pinastri（Pers.）Karst.			S1					L1、B1											4
Zygomycetes																			
Mucor sp.									R4										4
Rhizopus stonifer（Ehrenb. Ex Fr.）Vuill.						R2													2
Mycelia sterile																			
DSE				L2		L3		L2						L1	S1			L1	10
其他	5	3	5	6	24	10	10	4	7	1	2	1	1	8		4	13	12	116

注：R、S、L、B 分别代表植物的根、茎、叶和树皮，后面的数字表示分离到的内生真菌的数量

表 4-7　优势种群在宿主植物中的生态分布

真菌	宿主数量/种	不同组织分离到的内生真菌数/株				
		根	茎	叶	树皮	总数
Pestalotiopsis spp.	9	12	24	0	19	55
Fusarium spp.	8	35	9	5	5	54
Phomopsis spp.	9	5	25	1	6	37
Lasiodiplodia theobromae	11	14	2	0	13	29
Alternaria spp.	5	1	3	7	1	12

下面对分离获得的红树内生真菌的代表性菌株的形态特征进行描述，包括 4 个中国新记录种和 1 个大陆新记录种。

一、***Fusarium Sacchari***(Butl.) W. Gams(新记录种)

菌落在 PDA 培养基上呈白色，气生菌丝绒状，斜向生长，背面乳白色，培养 5 天直径为 6.5cm；在 CLA 培养基上 25℃培养 14 天，气生菌丝上的分生孢子梗不分枝，产孢细胞为简单瓶梗或多出瓶梗，16.5～18μm×2.7～3.3μm；小型分生孢子聚集呈假头状，单细胞，卵圆形或梭形，5.3～11μm×2.2～4.4μm。大型分生孢子纤细，细梭形，顶细胞直，1～4 隔。1 隔：12～15μm×3.0～3.9μm；2～4 隔：25～47μm×3.6～4.5μm。分生孢子座上大型分生孢子纤细，细梭形或稍弯曲，基细胞足状，顶细胞或直，或弯曲呈钩状，5 隔：44～48μm×3.5～3.6μm（图 4-1）。

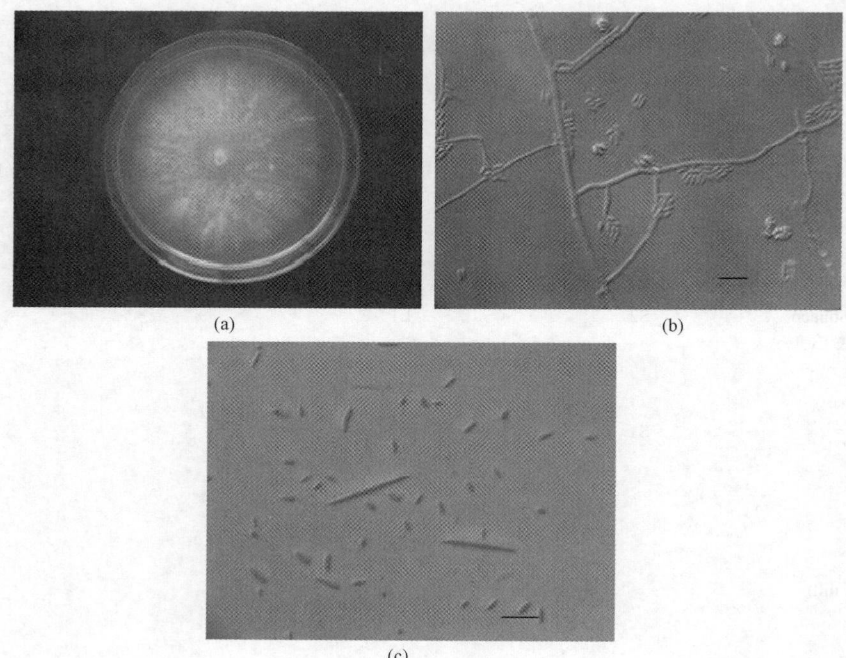

图 4-1　*Fusarium Sacchari* (Butl.) W. Gams

(a) 培养特征；(b) 分生孢子梗和分生孢子；(c)分生孢子。标尺：20μm，如没有特殊说明，以下标尺均为 20μm

二、*Mycosphaerella zeae-maydis* Mukunya DM & Boothroyd CW（Mukunya and Boothroyd，1973）（新记录种）

菌落在 PDA 培养基上呈絮状，白色，中间浅咖啡色，背面米黄色，培养 5 天直径达 3.72cm；成熟的子囊果深褐色，球状或近球状，直径可达 300μm；子囊圆柱状或棍棒状，直或弯曲，顶部钝圆，基部稍窄，有短柄，成熟的子囊 42.5～62.5μm×10～12.5μm；每个子囊包含 8 个双排的子囊孢子，子囊孢子无色，直或弯曲，15.0～22.5μm×5.0～6.0μm，双细胞，两端钝圆，顶细胞明显比基细胞宽和长，分隔处有明显的缢缩（图 4-2）。

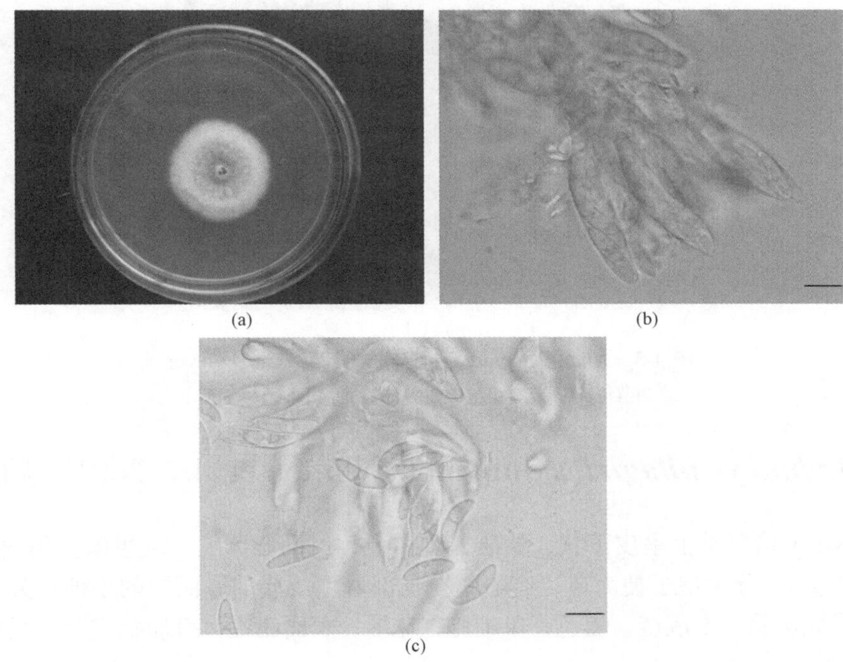

图 4-2　*Mycosphaerella zeae-maydis* Mukunya DM & Boothroyd CW

(a)菌落特征；(b)子囊；(c)子囊孢子

三、*Nodulisporium gregarium*（Berk&Curt）Meyer（Hughes，1977）（新记录种）

菌落在 MEA 培养基上呈疏松絮状，白色至灰色，培养 5 天菌落长满平皿，后期分生孢子梗聚集在一起在培养基表面形成黑色点状物；分生孢子梗单个时无色，细长，直立，有疣状突起，在顶部有多种分枝；产孢细胞细长，圆柱状或棍棒状，15～30μm×2.5μm，分生孢子顶侧生，在生长点上产孢细胞接连产生新的小芽，分生孢子无色，单细胞，卵圆形或椭圆形，5.0～7.5μm×2.0～2.5μm（图 4-3）。

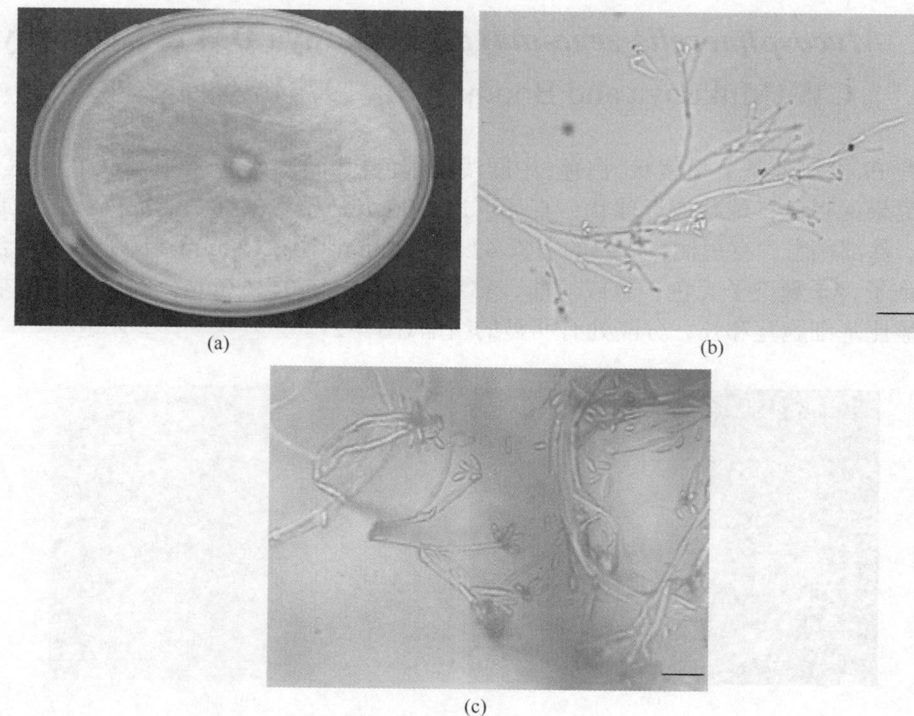

(a)　(b)　(c)

图 4-3　*Nodulisporium gregarium*(Berk&Curt) Meyer

(a)菌落特征；(b)分生孢子梗；(c)分生孢子梗和分生孢子

四、*Stachybotrys nilagirica* Subram.(Whitton et al.，2001)(新记录种)

菌落在 MEA 培养基上呈皮革状，蜡质，乳白色，有同心圆纹，气生菌丝不发达，培养 5 天直径达 1.48cm；分生孢子梗简单，有隔，在顶部着生成簇的厚而短的小梗；分生孢子簇生在小梗顶部形成头状，不成链，黑色，单细胞，球形，表面粗糙，有瘤状突起，直径为 17.5～20.0μm(图 4-4)。

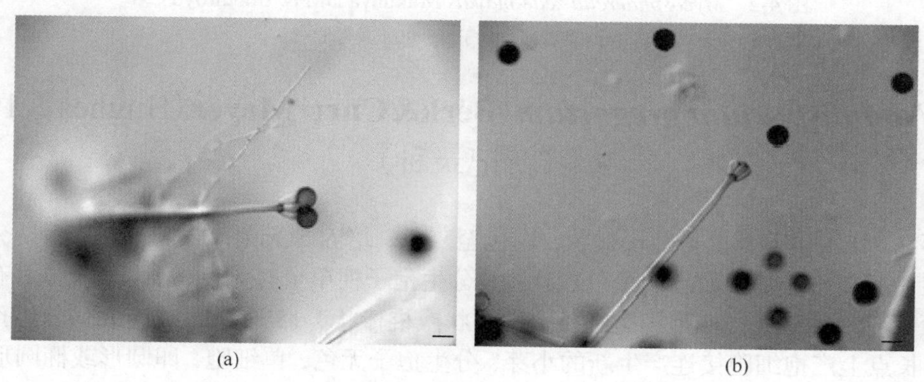

(a)　(b)

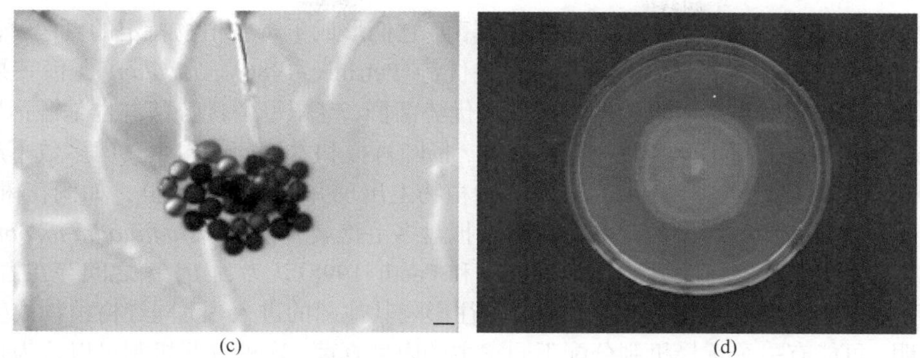

(c)　(d)

图 4-4　*Stachybotrys nilagirica* Subram.

(a)、(b)分生孢子梗和分生孢子；(c)分生孢子；(d)菌落特征

五、*Chlamydomyces palmorum*(Cooke) Mason［大陆新记录种，台湾有报道(Matsushima，1980)］

菌落在 MEA 培养基上呈白色，絮状，培养 5 天长满平皿，背面白色，有时有浅褐色；分生孢子梗很像菌丝，无色，有隔，锥形，长 10～102.5μm、宽 5.0μm；分生孢子顶生，单生，双细胞，具有大的结节状的顶部细胞和小的平滑的基部细胞，顶部细胞黄褐色，基部细胞无色，30～50μm×25～37μm；产生梗孢子，分生孢子梗单生，有隔，顶部膨大，上着生瓶颈状小梗，梗孢子无色，单细胞，有时成链，梭形或近圆形，2.5～3.0μm×1.5～2.0μm(图 4-5)。

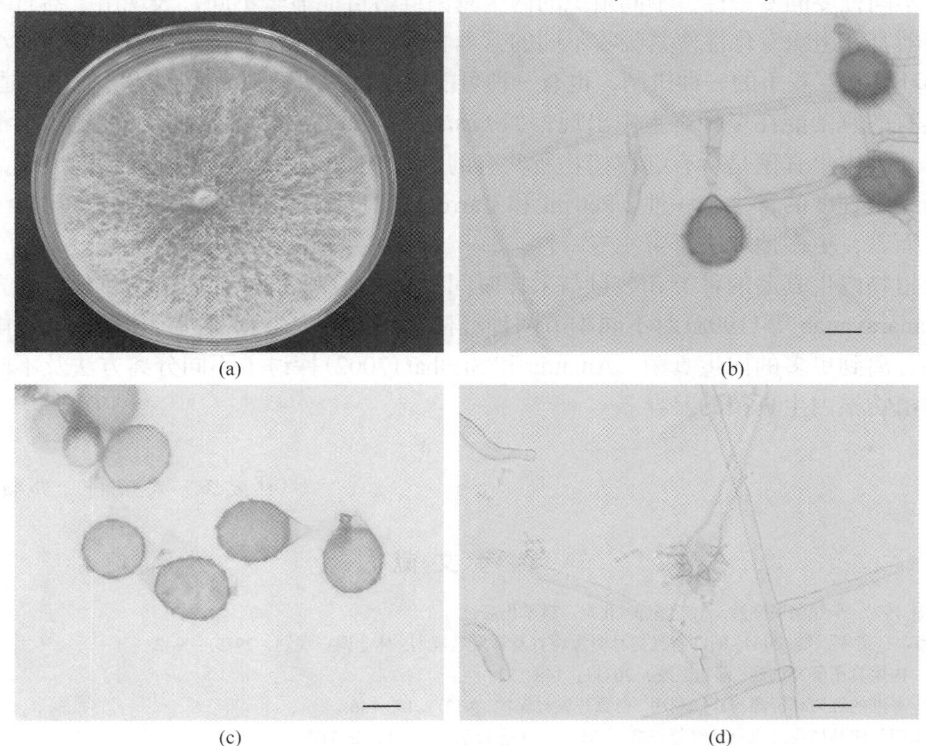

(a)　(b)

(c)　(d)

图 4-5　*Chlamydomyces palmorum*(Cooke) Mason

(a)菌落特征；(b)分生孢子梗和分生孢子；(c)分生孢子；(d)梗孢子

从一个寄主植物上可以分离到多种内生真菌，它们形成了寄主植物特定的真菌群落，但是只有一种或少数几种内生真菌在一种植物上占优势(Petrini，1986)。*F.solani* 是海芒果的优势种，镰孢属真菌和拟茎点霉属真菌同是黄槿的优势菌群，老鼠簕的优势菌群也是镰孢属，无瓣海桑的优势菌是链格孢属真菌，许树、莲叶桐、杨叶肖槿和木果楝的内生真菌多数不产孢，无孢类群是它们的优势类群。有的真菌能在多种植物上出现并成为优势菌群，如桐花树、海漆、假红树、杯萼海桑和卵叶海桑的优势菌群都是拟盘多毛孢属真菌，*Lasiodiplodia theobromae* 同是阔包菊、玉蕊和水黄皮的优势种。Schulthess 和 Faeth(1998)认为，内生菌之间存在占位效应，一种优势种进入植物体内，建立共生关系，往往影响其他菌的进入。不同红树植物内生真菌的多样性说明，可能有一个选择机制分配不同寄主的内生真菌，这种分配机制可以认为是内生真菌的进化策略，用以减少它们之间的竞争性。

内生真菌的种类和数量常与植物的微生态环境和真菌的生物学特点有关。从海漆中分离得到 48 株内生真菌，分属于 14 个种，而从杯萼海桑中仅分离到千株内生真菌，均为拟盘多毛孢菌。不同器官内生真菌的种类和数量也存在差别，一般以根中为最多，叶中最少。链格孢属是目前常报道的叶内生真菌(Blodgett et al.，2000)，其成为叶内生真菌中的优势种，可能与它们着生于叶表最有机会侵入叶片内部形成共生关系有关。本试验共分离到 12 株链格孢属真菌，其中有 7 株分离自植物的叶组织。64.8%的镰孢属真菌则是从根中分离得到的，这可能与镰孢属真菌是土壤中常见真菌，最先入侵植物根有关。拟茎点霉是禾本科内生真菌之一，并且认为是植物中普遍存在的内生真菌(郭良栋，2001)，本章中分到了大量的该类真菌，并且主要分布于植物茎中。内生真菌要经过识别寄主，孢子萌发然后才能定植于合适的植物组织内，因此，内生真菌具有不同程度的专一性，不同组织的内生真菌群落可能显著不同，表现出了器官专化性。内生真菌器官和组织专化性使其吸收不同的营养物质，这可能是一种防止内生真菌的小生境重叠在相同环境相互竞争的一种机制，也有一种可能就是某些真菌对它生存环境的一种适应。

虽然有的真菌能在多种寄主中出现，如 *Lasiodiplodia theobromae* 在 11 种植物中都存在，但是没有一种内生真菌是所有红树植物所共有的，有 31 种真菌仅在 1 种植物上出现，体现了内生真菌一定程度的寄主专一性。Petrini 和 Carrol(1981)认为，内生真菌的分布相对于寄主的地理位置而言，更多地取决于寄主专一性。

红树植物内生真菌的种类和数量与采样时间、采样地点、采样量的多少及分离的方法等有关。Suryanarayanan 等(1998)对不同季节两种红树植物的叶内生真菌进行比较，发现雨季比干旱季节能分离到更多的内生真菌。Ananda 和 Sridhar(2002)探讨了不同分离方法及不同潮间带水平红树植物根内生真菌的差异。

(林爱玉　邢晓科　郭顺星)

参考文献

巴尼特，亨特. 1977. 半知菌属图解. 沈崇尧译. 北京：科学出版社 .

杜群，陈征海，孙孟军，等. 2004. 浙江省红树林资源调查及其发展规划. 林业调查规划，29(3)：9-12.

郭良栋. 2001. 内生真菌研究进展. 菌物系统，20(1)：148-152.

李明顺. 1993. 粤港的红树林资源与开发利用. 资源开发与保护，9(2)：143-146.

梁华. 1998. 澳门红树林植物组成及种群分布格局的研究. 生态科学，17(1)：26-31.

梁士楚. 1999. 广西的红树林资源及其可持续利用. 海洋通报，18(6)：77-83.

林鹏. 2001. 中国红树林研究进展. 厦门大学学报(自然科学版)，40(2)：592-603.

林中大，刘惠民. 2003. 广东红树林资源及其保护管理的对策. 中南林业调查规划，22(2)：35-38.
王伯荪，梁士楚，张军丽，等. 2002. 海南岛红树植物的构筑型及其多样性. 中山大学学报(自然科学版)，41(5)：83-85.
魏景超. 1979. 真菌鉴定手册. 上海：上海科学技术出版社.
杨忠兰. 2002. 福建省红树林资源现状分析与保护对策. 森林经理，16(4)：1-4.
Abdel-Wahab MA，El-Sharouney H，Jones EBG. 2001. Two new intertidal lignicolous *Swampomyces* species from Red Sea mangroves in Egypt. Fungal Diversity，8：35-40.
Alias SA，Kuthubutheen AJ，Jones EBG. 1995. Frequency of occurrence of fungi on wood of *Malaysian mangroves*. Hydrobiologia，295：97-106.
Ananda K，Sridhar KR. 2002. Diversity of endophytic fungi in the roots of mangrove species on the west of India. Can J Microbiol，48：871-878.
Bandaranayake WM. 1995. Survey of mangrove plants from North Australia for phytochemical constituents and UV-absorbing compounds. Curr Top Phytochem，14：69-78.
Bandaranayake WM. 1998. Traditional and medicinal uses of mangroves. Magroves Salt Marshes，2：133-148.
Beula JM，Gnanadesigan M，Rajkumar PB，et al. 2012. Antiviral，antioxidant and toxicological evaluation of mangrove plant from South East coast of India. Asian Pacific Journal of Tropical Medicine，2(1)：352-357.
Bhimba BV，Meenupriya J，Joel EL，et al. 2010. Antibacterial activity and characterization of secondary metabolites isolated from mangrove plant *Avicennia officinalis*. Asian Pacific Journal of Tropical Medicine，3(7)：544-546.
Blodgett JT，Swart WJ，Louw SV. 2000. Species composition of endophytic fungi in *Amaranthus hybridus* leaves，petioles，stems，and roots. Mycologia，92(5)：853-859.
Borse BD. 1987. New species of *Aigialus* from India. Transactions of the British Mycological Society，88(3)：424-426.
Borse BD. 1988. Frequency of occurrence of marine fungi from Maharashtra coast，India. Indian Journal of Marine Sciences，17(2)：165-167.
Bremer GB. 1995. Lower marine fungi (labyrinthulomycetes) and the decay of mangrove leaf litter. Hydrobiologia，295(1-3)：89-95.
Brian CS. 1980. The Coelomycetes：Fungi Imperfecti with Pycnidia，Acervuli and Stromata. Kew：Principal Mycologist Commonwealth Mycological Institute.
Chinnaraj S，Untawale AG. 1992. Manglicolous fungi from India. Mahasagar，25(1)：25-29.
Chinnaraj S. 1993. Manglicolous fungi from atolls of Maldives，Indian Ocean. Indian Journal of Marine Sciences，22(2)：141-142.
Chowdhery HJ，Garg KL，Jaitly AK. 1982. Occurrence of fungi in rhizosphere，rhizoplane and non-rhizosphere zones of some mangroves. Indian Journal of Marine Sciences，11(2)：138-142.
D'Croz L，Rosario JD，Holness R. 1989. Degradation of red mangrove (*Rhizophora mangle* L.) leaves in the Bay of Panama. Revista de biolog¡a tropical. San Jos，37：101-104.
Dhayanithi NB，Kumar TTA，Murthy RG，et al. 2012. Isolation of antibacterials from the mangrove，*Avicennia marina* and their activity against multi drug resistant *Staphylococcus aureus*. Asian Pacific Journal of Tropical Biomedicine，2(3)：1892-1895.
Ellis MB. 1971. Dematiaceous Hyphomycetes. Kew：Principal Mycologist Commonwealth Mycological Institute.
Ellis MB. 1976. More Dematiaceous Hyphomycetes. Kew：Principal Mycologist Commonwealth Mycological Institute.
Garg KL. 1989. Fungal Succession on Pneumatophore of Mangrove Plants. Tokyo (Japan)：Int Marine Biotechnology Conf (IMBC，89)，55.
Gerlach W，Nirenberg H. 1982. The Genus Fusarium-a Pictorial Atlas. Berlin-Dahlem：Mitt Biol Bundesanst Land-Forstw.
Ho HH，Chang HS，Hsieh SY. 1991. *Halophytophthora kandeliae*，a new marine fungus from Taiwan. Mycologia，83(4)：419-424.
Ho WH，Hyde KD. 1996. *Pterosporidium* gen . nov. to accommodate two species of *Anthostomella* from mangrove leaves. Canadian Journal of Botany，74(11)：1826-1829.
Honda D，Yokochi T，Nakahara T，et al. 1998. *Schizochytrium limacinum* sp. nov. ，a new thraustochytrid from a mangrove area in the west Pacific Ocean. Mycol Res，102(4)：439-448.
Hughes SJ. 1977. New Zealand Fungi 25. Miscellaneous species. New Zealand J Bot，16：311-370.
Hyde KD，Alias SA. 1999. *Linocarpon angustatum* sp. nov. ，and *Neolinocarpon nypicola* sp. nov. from petioles of Nypa fruticans and a list of fungi from aerial parts of this host. Mycoscience，40(2)：145-149.
Hyde KD，Borse BD. 1986. Marine fungi from *Seychelles* v. *Biatriospora marina* gen. and sp. nov. from mangrove wood. Mycotaxon，26：263-270.
Hyde KD，Cannon PF. 1992. *Polystigma sonneratiae* causing leaf spots on the mangrove genus *Sonneratia*. Australian Systematic Botany，5(4)：415-420.
Hyde KD，Jones EBG. 1986. Marine fungi from *Seychelles*. 3. *Cucullospora mangrovei* gen. et sp. nov. from dead mangrove. Botanica Marina，29(6)：491-495.
Hyde KD，Jones EBG. 1988a. Marine fungi from *Seychelles*，*Rhizophila marina*，a new ascomycete from mangrove prop roots. Mycotaxon，

34: 527-533.

Hyde KD, Jones EBG. 1988b. Marine mangrove fungi. Pubblicazioni Della Stazione Zoologica di Napoli I: Marine Ecology, 9(1): 15-33.

Hyde KD, Jones EBG. 1989. Intertidal mangrove fungi from Brunei. *Lautospora gigantea* gen. et sp. nov. , a new Loculoascomycete from prop roots of *Rhizophora* spp. . Botanica Marina, 32(5): 479-482.

Hyde KD, Jones EBG. 1992. Intertidal mangrove fungi: *Pedumispora* gen. nov. (Diaporthales). Mycological Research, 96(1): 78-80.

Hyde KD, Nakagiri A. 1991. *Mangrovispora pemphii* gen. et sp. nov. , a new marine fungus from *Pemphis acidula*. Systema Ascomycetum, 10: 19-25.

Hyde KD, Rappaz F. 1993. *Eutypa bathurstensis* sp. nov. from intertidal Avicennia. Mycological Research, 97(7): 861-864.

Hyde KD, Sutton BC. 1992. *Nypaella frondicola* gen. et sp. nov. , *Plectophomella nypae* sp. nov. and *Pleurophomopsis nypae* sp. nov. (Coelomycetes) from intertidal fronds of *Nypa fruticans*. Mycological Research, 96(3): 210-214.

Hyde KD, Vrijmoed LLP, Chinnaraj S, et al. 1992. *Massarina armatispora* sp. nov. , a new intertidal Ascomycete from mangroves. Botanica Marina, 35(4): 325-328.

Hyde KD. 1988. *Phomatospora acrostichi* sp. nov. , a marine fungus on pinnae of *Acrostichum speciosum*. Transactions of the British Mycological Society, 90(1): 135-138.

Hyde KD. 1989a. *Carvospora mangrove* sp. nov. and notes on marine fungi from *Thailand*. Transactions Mycological Society of Japan, 30: 333-341.

Hyde KD. 1989b. Intertidal fungi from the mangrove fern, *Acrostichum speciosum*, including *Massarina acrostichi* sp. nov. Mycol Res, 93(4): 435-438.

Hyde KD. 1989c. Intertidal mangrove fungi from north Sumatra. C J T, 67(10): 3078-3082.

Hyde KD. 1990a. A new marine ascomycete from Brunei. A*niptodera Iongispora* sp. nov. from intertidal mangrove wood. Botanica Marina, 33: 335-338.

Hyde KD. 1990b. A study of the vertical zonation of intertidal fungi on *Rhizophora apiculata* at Kampong Kapok Mangrove. Brunei Aquatic Botany, 36(3): 255-262 .

Hyde KD. 1990c. Intertidal fungi from warm temperate mangroves of Australia, including *Tunicatispors australiensis*, gen. et. sp. nov. . Australian Systematic Botany, 3(4): 711-718.

Hyde KD. 1991a. *Helicascus kanaloanus*, *Helicascus nypae* sp. nov. and *Salsuginea ramicola* gen. et sp. nov. from intertidal mangrove wood. Botanica Marina, 34(4): 311-318.

Hyde KD. 1991b. *Phomopsis mangrovei*, from intertidal prop roots of *Rhizophora* spp. . Mycol Res, 95(9): 1149-1151.

Hyde KD. 1992a. *Aigialus striatispora* sp. nov. from intertidal mangrove wood. Mycological Research, 96(12): 1044-1046.

Hyde KD. 1992b. Fungi from *Nypa fruticans*: *Nipicola carbospora* gen. et sp. nov. (Ascomycotina). Cryptogamic Botany, 2: 330-332.

Hyde KD. 1992c. Intertidal fungi from *Kandellia candel* including *Phomatospora Kandelii* sp. nov. . Transactions of Mycological Society of Japan, 33: 313-316.

Hyde KD. 1992d. Intertidal mangrove fungi from the west coast of Mexico, including one new genus and two new species. Mycological Research, 96(1): 25-30.

Hyde KD. 1992e. *Julella avicenniae* (Borse) comb. nov. (Thelenellaceae) from intertidal mangrove wood and miscellaneous fungi from the NE coast of Queensland. Mycological Research, 96(11): 939-942.

Hyde KD. 1992f. The genus *Saccardoella* from intertidal mangrove wood. Mycologia, 84(5): 803-810.

Hyde KD. 1993. *Cryptovalsa halosarceicola* sp. nov. an intertidal saprotroph of *Halosarceia halocnemoides*. Mycological Research, 97(7): 799-800.

Jones EBG, Agerer R. 1992. *Calathella mangrovei* sp. nov. and observations on the mangrove fungus *Halocyphina villosa*. Botanica Marina, 35(4): 259-265.

Jones EBG, Tan TK. 1987. Observations on manglicolous fungi from Malaysia 65. Transactions of the British Mycological Society, 89(3): 390-392.

Kohlmeyer J, Kohlmeyer E. 1979. Marine Mycology. New York: Academic Press, 690.

Kohlmeyer J, Volkmann-Kohlmeyer B. 1991. Marine fungi of Queensland, Australia. Australian Journal of Marine and Freshwater Research, 42(1): 91-99.

Kohlmeyer J. 1985. *Caryosporella rhizophorae* gen. et sp. nov. (Massariaceae), a marine Ascomycete from *Rhizophora mangle*. Proceedings of the Indian Academy of Sciences (Plant Sciences), 94(2): 355-361.

Konoshima T, Konishi T, Takasaki M, et al. 2001. Anti-tumor-promoting activity of the diterpene from *Excoecaria agallocha*. Ⅱ. Biological and Pharmaceutical Bulletin, 24(12): 1440-1442.

Kumar KTMS, Gorain B, Roy DK, et al. 2008. Anti-inflammatory activity of *Acanthus ilicifolius*. Journal of Ethnopharmacology, 120(1): 7-12.

Kuthubutheen AJ. 1981. Fungi associated with the aerial parts of *Malaysian mangrove* plants. Mycopathologia，76(3)：33-43.

Leong WF，Tan TK，Hyde KD，et al. 1990. *Payosphaeria minuta* gen. et sp. nov. ，an ascomycete on mangrove wood. Botanica Mrina，33(6)：511-514.

Leong WF，Tan TK，Hyde KD，et al. 1991. *Halosarpheia minuta* sp. nov. ，an ascomycete from submerged mangrove wood. Can J Bot，69(4)：883-886.

Loo AY，Jain K，Darah I. 2008. Antioxidant activity of compounds isolated from the pyroligneous acid，*Rhizophora apiculata*. Food Chemistry，107(3)：1151-1160.

Matsushima T. 1980. Saprophytic microfungi from Taiwan part1：hyphomycetes. Matsushima Mycological Memoir，1：17.

Mukunya DM，Boothroyd CW. 1973. *Mycosphaerella zeae-maydis* sp. nov. ，the sexual stage of *Phyllosticta maydis*. Phytopathology，63：529-532.

Nair LN，Rao VP，Chaudhuri S，et al. 1982. Microflora of *Avicennia officinalis* Linn. Confernce：Si HJ，Garg KL，JaitlyAK. Occurrence of fungi in rhizosphere，rhizoplane and non-rhizosphere zones of some mangroves. Indian Journal of Marine Sciences，11(2)：138-142.

Nakagiri A，Ito T. 1994. *Aniptodera salsuginosa*，a new mangrove-inhabiting ascomycete，with observations on the effect of salinity on ascospore appendage morphology. Mycological Research，98(8)：931-936.

Nelson PE，Toussoun TA，Marasas WFO. 1983. Fusarium Species：An illustrated Mannual for Identification. Pennsylvania：The Pennsylvania State University Press University Park.

Nitaro M，Hiroto S，Kazuhiko K，et al. 2003. *Corticioid fungi* (Basidiomycota) in mangrove forests of the islands of Iriomote and Okinawa. Japan Mycoscience，4：403-409.

Pal AK，Purkyastha RP. 1992a. Foliar fungi of mangrove ecosystem of Sundarbans，eastern India. 65. J MR，30(2)：167-171 .

Pal AK，Purkayastha RP. 1992b. New parasitic fungi from Indian mangrove. Journal of Mycopathological Research，30(2)：173-176.

Petrini O，Carrol GC. 1981. Endophytic fungi in foliage of some Cupressaceae in Oregon. Canadian Journal of Botany，59：629-636.

Petrini O，Sieber TN，Toti L，et al. 1992 . Ecology，metabolite production and substrate utilization in endophytic fungi. Nat Toxin，1：185-196.

Petrini O. 1986. Taxonomy of Endophytic Fungi of Aerial Plant Tissues. *In*：Fokkema NJ，van den Heuvel J. Microbiology of the Phyllosphere. Cambrige：Cambrige University Press，175-187.

Poonyth AD，Hyde KD，Peerally A. 1999. Intertidal Fungi in Mauritian Mangroves. Botanica Marina，42(3)：243-252.

Prabhakaran N，Gupta R. 1990. Activity of soil fungi of Mangalvan，the mangrove ecosystem of Cochin backwater. Fish Technol Soc，27(2)：157-159 .

Purkayastha RP，Pal AK. 1993. Two new species of *Pestalotiopsis* on mangrove trees in the Sundarbans. India Bull Bot Surv，35：94-98.

Raghu-Kumar S. 1988. *Schizochytrium mangrovei* sp. nov. ，a thraustochytrid from mangroves in India. Transactions of the British Mycological Society，90(4)：627-631.

Ramesh C，Borse BD. 1989. Marine fungi from *Maharashtra coast* (India). Acta bot Indica，17(1)：143-146.

Ravikumar DR，Vittal BPR. 1996. Fungal diversity on decomposing biomass of mangrove plant *Rhizophora* in *Pichavaram estuary*，east coast of India. Indian Journal of Marine Sciences，25(2)：142-144.

Ravikumar S，Gnanadesigan M. 2011. Hepatoprotective and antioxidant activity of a mangrove plant *Lumnitzera racemosa*. Asian Pacific Journal of Tropical Biomedicine，1(5)：348-352.

Sadaba RB，Vrijmoed LLP，Jones EBG，et al. 1995. Observations on vertical distribution of fungi associated with standing senescent *Acanthus ilicifolius* stems at Mai Po Mangrove，Hong Kong. Hydrobiologia，295：119-126.

Sarma VV，Hyde KD. 2000. *Tirispora mandoviana* sp. nov. from *Chorao mangroves*，Goa，the west coast of India. Australasian Mycologist，19(2)：52-56.

Schmit JP，Shearer CA. 2003. A checklist of mangrove-associated fungi，their geographical distribution and known host plants. Mycotaxon，85：423-477.

Schulthess FM，Faeth SH. 1998. Distributiona bundances and association of the endophytic fungus community of Arizona Fescue (Festucaa rizonica). Mycologia，90(4)：569-578.

Singh N，Steinke TD，Lawton JR. 1991. Morphological changes and the associated fungal colonization during decomposition of leaves of a mangrove，*Bruguiera gymnorrhiza* (Rhizophoraceae). South African Journal of Botany，57(3)：151-155.

Sivakuman A，Kathiresan K. 1990. Phylloplane fungi from mangroves. Indian J Microbiol，30：229-231.

Steinke TD，Barnabas AD，Somaru R. 1990. Structural changes and associated microbial activity accompanying decomposition of mangrove leaves in Mgeni Estuary. South African Journal of Botany/Suid-Afrikaanse Tydskrif vir Plantkunde，56：39-48 .

Steinke TD，Hyde KD. 1997. *Gloniella clavatisposra*，sp. nov. from *Avicennia marina* in South Africa. Mycoscience，38(1)：7-9.

Steinke TD，Jones EBG. 1993. Marine and mangrove fungi from the Indian Ocean coast of South Africa. South African Journal of Botany，59(4)：385-390.

Steinke TD. 2000. Mangrove fungi on dead proproots of *Rhizophora mucronata* at three localites in South Africa. South-African-Journal-of-Botany，66(2)：91-95.

Stierle A，Strobel GA. 1993. Taxol and taxane production by *Taxomyces andreanae*，an endophytic fungus of *Pacific yew*. Science，260：214-216.

Strobel GA，Stierle A. 1993. *Taxomyces andreana*：A proposed new taxon for a bulbilliferous by phomycete associated with *Pacific yew*(*Taxus brevifolia*). Mycotaxon，40(7)：71-81.

Suryanarayanan TS，Kumaresan V，Johnson JA. 1998. Foliar fungal endophytes from two species of the mangrove *Rhizophora*. Canadian Journal of Microbiology，44(10)：1003-1006.

Vrijmoed LLP，Jones EBG，Hyde KD. 1994a. Observations on subtropical mangrove fungi in the Pearl River Estuary. Acta Scientiarum Naturalium Universitalis Sunyatseni，33(4)：78-85.

Vrijmoed LLP，Hyde KD，Jones EBG. 1994b. Observations on mangrove fungi from Macau and Hong Kong，with the description of two new ascomycetes：*Diaporthe salsuginosa* and *Aniptodera haispora*. Mycological Research，98(6)：699-704.

Vrijmoed LLP，Tam NFY. 1988. Fungi associated with leaves of *Kandelia candel*(L.) Druce in litter bags on the mangrove floor of a small subtropical mangrove community in Hong Kong. Conference：3. Int. Symp. on Marine Biogeography and Evolution in the Pacific(Hong Kong).

Whitton SR，Mckenzie EHC，Hyde KD. 2001. Microfungi on the Pandanaceae：*Stachybotrys*，with three new species. New Zealand Journal of Botany，39：489-499.

第五章　丹参和西洋参内生真菌多样性

第一节　丹参内生真菌多样性

裕丹参属于常用中药丹参(*Salvia miltiorrhiza* Bunge)的道地药材，因主产河南方城县(古代裕州)、根色泽紫红，历史悠久、品种优良而闻名，具有活血化瘀，调经止痛，清热安神的功效(Ge and Wu，2005；Li et al.，2008)。本章研究丹参在不同生长环境、不同生长时间内生真菌的种群结构与多样性的关系。

一、材料的划分与采集

材料的划分。野生丹参：自然生长在龙凤沟山间森林中的丹参。仿野生丹参：将丹参种子苗人工种于河南方城县龙凤沟的峡谷和林间，让其自然生长的丹参。栽培丹参：生长在河南方城县龙凤沟农田中的丹参。丹参幼苗：龙凤沟温室中培育后移植入土栽种的丹参幼苗，也属于栽培丹参。

材料的采集。所有材料均采自河南方城县龙凤沟(33°38′N，113°E，242.4～271.6m)，时间分别在2011年3月、6月、9月和11月下旬。除3月丹参材料的分菌部位是根、茎、叶外，其余6月、9月和11月丹参的分菌部位均是根。所有材料均经河南大学的曹金斌教授鉴定为丹参(*Salvia miltiorrhiza*)。

二、丹参内生真菌的分离与鉴定结果

从所分离的丹参材料中共截取1056个组织块试验，其中410个组织块有内生真菌定植，从中分离得到227株内生真菌，总分离率为21.5%。3月从野生丹参、栽培丹参、仿野生丹参和丹参种子苗的根、茎、叶中分离得到的菌株数最多，共142株菌，而6月、9月、11月从野生丹参、栽培丹参和仿野生丹参根中共分别得到26株、40株和19株内生真菌。

经形态鉴定和部分菌株的分子生物学鉴定，除3株因产物特异性扩增未鉴定，1株菌序列相似性低(93%)而只鉴定到座囊菌纲(Dothideomycetes)外，其余223株菌株经形态鉴定和分子生物学鉴定归为4纲[Dothideomycetes、类壳菌纲(Sordariomycetes)、散囊菌纲(Eurotiomycetes)和锤舌菌纲(Leotiomycetes)]25属(图5-1)。其中，从丹参根中分离得到23属145株内生真菌，

这 23 属中不包括图 5-1 所示的 *Bipolaris* 和 *Paecilomyces*。

三、裕丹参根内生真菌的分离频率

由表 5-1 可知，3 月，野生丹参根内拟隐孢壳属（*Cryptosporiopsis*）内生真菌的分离频率为 71.4%，因此，拟隐孢壳属为优势菌群；仿野生丹参、栽培丹参和丹参种子苗均以链格孢属（*Alternaria*）为优势菌群，分离频率分别为 42.8%、20%、60%；6 月，木霉属（*Trichoderma*）是野生丹参和仿野生丹参的优势菌群（54.5%、42.9%），链格孢属为栽培丹参的优势菌群（75.0%）；9 月，木霉属仍是野生丹参的优势菌群（73.3%），仿野生丹参以拟隐孢壳属为优势菌群（38.5%），栽培丹参的优势菌属是 *Hypocrea*（66.7%）；11 月，该野生丹参、栽培丹参、仿野生丹参的优势群分别为链格孢属 （75%）、枝孢属（*Cladosporium*）（60%）和赤霉菌属（*Gibberella*）（60%）。因此，链格孢属真菌为丹参的主要优势菌群，已鉴定到种的有 *A. tenuissima*、*A. solani*、*A. brassicae*、*A. alternata* 4 种；其次是木霉属和拟隐孢壳属。

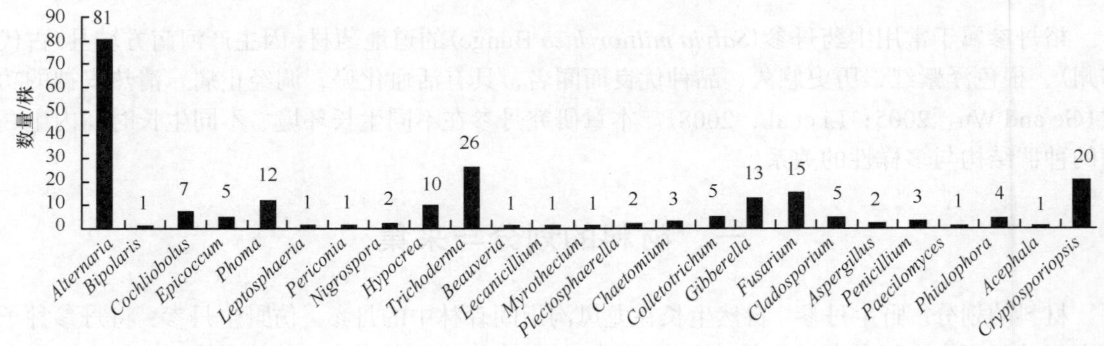

图 5-1　从丹参中分离到内生真菌的种类及数量

表 5-1　不同月份丹参根的分菌株数与分离频率

属/种	3 月				6 月			9 月			11 月		
	WS	WGS	CS	CSS	WS	WGS	CS	WS	WGS	CS	WS	WGS	CS
Dothideomycetes													
Alternaria tenuissima	0	7.1	0	6.7	0	0	25.0	0	30.8	0	25.0	0	20.0
A. solani	0	0	10	13.3	0	0	37.5	0	0	0	0	0	0
A. brassicae	0	0	10	0	0	0	0	0	0	0	0	0	0
A. alternata	0	28.6	0	26.7	9.1	0	12.5	0	0	0	50.0	0	0
Alternaria sp.	0	7.1	0	13.3	0	0	0	0	0	0	0	0	0
total IF of *Alternaria*	0	42.8	20.0	60.0	9.1	0.0	75.0	0.0	30.8	0.0	75.0	0.0	20.0
Cochliobolus kusanoi	0	14.3	0	0	0	0	0	0	0	0	0	0	0
Epicoccum　sorghi	0	0	20.0	0	0	0	0	0	0	0	0	0	0
Epicoccump.	0	0	0	6.7	0	0	0	0	0	0	0	0	0
Phoma herbarum	0	0	0	6.7	0	0	0	0	30.8	0	0	0	0
P. bellidis	0	14.3	10.0	0	0	0	0	0	0	0	0	0	0
P. glomerata	0	0	20.0	0	0	0	0	0	0	0	0	0	0

续表

属/种	3月			6月				9月			11月		
	WS	WGS	CS	CSS	WS	WGS	CS	WS	WGS	CS	WS	WGS	CS
Leptosphaeria sp.	0	0	0	0	0	14.3	0	0	0	0	0	0	0
Periconia sp.	0	0	0	0	0	0	0	0	0	0	25.0	0	0
Sordariomycetes													
Nigrospora oryzae	0	0	0	0	0	0	12.5	0	0	0	0	0	0
Hypocrea virens	0	0	0	0	0	0	12.5	0	0	66.7	0	0	0
H. pachybasioides	4.8	0	0	0	0	0	0	0	0	0	0	0	0
Trichoderma sp.	9.5	0	0	0	54.5	42.9	0	73.3	0	8.3	0	0	0
Beauveria sp.	0	0	0	0	0	14.3	0	0	0	0	0	0	0
Plectosphaerella sp.	0	7.1	0	6.7	0	0	0	0	0	0	0	0	0
Chaetomium sp.	0	0	0	6.7	0	0	0	6.7	0	0	0	0	20.0
Colletotrichum sp.	0	0	0	0	9.1	0	0	0	0	0	0	0	0
Gibberella avenacea	9.5	0	0	0	0	0	0	0	0	0	0	0	0
G. fujikuroi	0	0	0	0	0	0	0	0	0	0	0	0	0
G. moniliformis	0	0	0	0	0	0	0	0	0	0	0	60.0	0
Fusarium solani	0	0	10.0	0	0	0	0	6.7	0	8.3	0	0	0
F. oxysporum	0	7.1	0	0	0	0	0	0	0	16.8	0	0	0
Fusarium sp.	4.8	0	0	6.7	0	0	0	13.3	0	0	0	0	0
F. solani	0	0	10.0	0	0	0	0	6.7	0	8.3	0	0	0
F.chlamydosporum	0	7.1	0	0	0	0	0	0	0	0	0	0	0
Cladosporium sp.	0	0	0	0	0	0	0	0	0	0	0	0	60.0
Eurotiomycetes													
Aspergillus sp.	0	0	0	0	0	0	0	0	0	0	0	20.0	0
Penicillium sp.	0	7.1	0	0	0	0	0	0	0	0	0	0	0
P. chrysogenum	0	0	0	0	0	0	0	0	0	0	0	20.0	0
Leotiomycetes													
Acephala sp.	0	0	0	0	0	14.3	0	0	0	0	0	0	0
Cryptosporiopsis sp.	71.4	0	0	0	0	0	0	0	38.5	0	0	0	0
Phialophora sp.	0	0	0	0	27.3	14.3	0	0	0	0	0	0	0
分离株数	21	14	10	15	11	7	8	15	13	12	4	10	5

注：WS.野生丹参；WGS.仿野生丹参；CS.栽培丹参；CSS.丹参种子

四、裕丹参根内生真菌的多样性指数和相似性分析

通过对不同生长时间和不同生长环境丹参根的内生真菌进行多样性分析可以看出，Simpson's 多样性指数显示 3 月和 6 月生长的裕丹参内生真菌多样性指数的平均值(SD：0.73，0.70)高于 9 月 和 11 月(SD：0.54，0.58)的，Shannon-Wiener 多样性指数也表现出同样的趋势(SW：1.39，1.29，0.98，0.98)。而且，3 月和 6 月从生长期丹参所分离的内生真菌菌株种

类比后两个阶段的都多(菌种数：19，11，9，8)(表 5-2)。

表 5-2　丹参根内生真菌的多样性指数分析

月份	类型	Simpso' s 多样性指数	Shannon-Wiener 多样性指数
3 月	野生	0.47	0.75
	仿野生	0.85	1.86
	栽培	0.88	1.56
	平均值	0.73	1.39
6 月	野生	0.61	0.90
	仿野生	0.73	1.48
	栽培	0.75	1.49
	平均值	0.70	1.29
9 月	野生	0.44	0.86
	仿野生	0.66	1.09
	栽培	0.51	0.98
	平均值	0.54	0.98
11 月	野生	0.63	1.04
	仿野生	0.56	0.95
	栽培	0.56	0.95
	平均值	0.58	0.98

以野生丹参所分离到的内生真菌菌种数目为参照，分别计算栽培丹参和仿野生丹参的 Sorenson 系数，结果显示，生长在不同环境下的 3 种丹参的 Sorenson 系数范围很相近，为 0.31～0.38(表 5-3)。

表 5-3　不同生长环境下丹参根的 Sorenson 系数

生长环境	野生	栽培	仿野生
野生丹参	—	0.36	0.38
栽培丹参	—	—	0.31

本章从河南方城丹参中共分离到 25 属 227 株内生真菌，揭示有丰富的内生真菌群普遍定植在丹参植物内的特点。李艳玲等(2012)从泰山丹参分离到 53 株分属于 9 属的内生真菌；冀玉良等(2011)从陕西商洛丹参中分离到 19 属 126 株内生真菌。由此可以看出，丹参内生真菌的种类和数量存在明显的地域性差异，该差异可能由于植物受不同环境下生物因子和非生物因子的影响所致(Ahlholm et al.，2002)。

链格孢属为丹参的主要优势菌群，其次是木霉属和拟隐孢壳属(表 5-1)。本研究室在后续的试验工作中，从 3 月所分离得到的丹参内生菌株中已筛选到能促进丹参生长和有效成分总酚酸含量提高的 3 株链格孢属真菌，以及 1 株拟隐孢壳属活性菌和 1 株拟青霉属活性菌(Tang，2013；Tang et al.，2014)。因此，裕丹参中某些活性内生真菌也许是诱导促进其宿主活性成分产生和积累的最佳刺激源，从而使道地药材裕丹参的质量和疗效有别于其他产区的丹参。

萌芽期丹参(3 月)分离到的内生真菌的种群数量和种类最多，分离率也最高；其次是处于生长成熟期(6～9 月)的丹参，而分离自收获期的丹参内生真菌数最少。多样性指数分析也显示了类似的结果(表 5-2)。原因可能是萌芽期到生长成熟期丹参的生长代谢旺盛，植物生长速率快，根系繁殖快，能合成较多的营养物质，更有利于内生真菌在植物内的生长和繁殖；而进入收获期，天气逐渐变寒冷，植物的代谢能力相继变弱，植物体内环境，如呼吸强度、氧气浓度、pH 等也渐渐变化，不利于一些内生真菌的生长。因此，可推测内生真菌的多样性还与处于不同生长期丹参的生理状态和代谢活跃度相关，这将影响到裕丹参道地性的形成。

仿野生丹参、栽培丹参和野生丹参的相似性系数为 0.3～0.4(表 5-3)。说明同一地区，不同生长环境下生长的野生丹参、栽培丹参、仿野生丹参根所分离到内生真菌的菌种数目有一定的相似性。3 月野生丹参根拟隐孢壳属分离频率为 71.4%的现象值得关注(表 5-1)。据报道，该属真菌在杜鹃花科植物根中也比较常见(Verkley et al.，2003)，而且从 *Cryptosporiopsis quercina* 内生菌株中分离的化合物 cryptocin，不仅具有抗稻谷稻瘟霉(*Pyricularia oryzae*)的独特活性，而且对各种植物病害也有防御作用(Li et al.，2000)。因此，拟隐孢壳属真菌普遍定植在野生丹参根部，可能有助丹参适应恶劣环境，并加强丹参对植物病害的防御作用，从而提高了野生丹参对环境的抗逆性。

由上述可知，通过研究丹参道地性的形成与其内生真菌的相互关系，可知丹参药用植物的遗传特征、地域的特殊性、植物的发育阶段等因素都会影响其内生真菌的种群结构分布，并使内生真菌表现出丰富的生物多样性、宿主专一性和地域特异性；反而言之，内生真菌通过侵染丹参植物与其形成互惠共生、协调稳定的生态关系，因此推测丹参内生真菌是形成道地药材裕丹参的主要因素之一。

(唐 坤 郭顺星)

第二节 西洋参内生真菌多样性

西洋参(*Panax quinque folium* L.)为五加科多年生草本植物，起源于北美洲，在当地作为药用植物应用已有几个世纪。在中国，其药用历史约为 200 年，其根部入药，具有调节中枢神经、保护心血管系统、提高免疫力和抗肿瘤等功效。在栽培生产中，3～4 年生的西洋参即可采收入药。

西洋参在栽培中存在连作障碍问题，即栽培过西洋参的土地常需要 10～15 年的恢复，否则再次栽培西洋参会产生严重的病害(He et al.，2009)。虽然对西洋参的连作障碍已有多年的研究，然收效甚微。影响植物健康生长的主要因素之一就是植物根围及健康植物组织内部的微生物区系。目前，有关不同栽培年限西洋参的内生真菌种类组成还鲜有报道，对此，笔者对吉林省露水河林场(127º29′～128º02′E，42º20′～42º40′N)仿野生种植的西洋参内生真菌进行了研究，比较分析不同栽培年限、不同组织内的内生真菌种类、多样性和分布特征。

一、西洋参内生真菌的种类

在本研究中，不同生长年限的西洋参中均发现有内生真菌侵染；从 240 个根、茎和叶的组织块中共分离出 134 个菌株，鉴定为 27 个分类单元；在这 27 个分类单元中，11 个鉴定到种、15

个只能鉴定到属，另外 1 株为 DSE（表 5-4）。在所有鉴定出的分类单元中，只有 1 个为担子菌 *Schizophyllum* sp.，其余均为子囊菌。1 年生、2 年生、3 年生和 4 年生的西洋参分别被 13 种、16 种、15 种和 11 种内生真菌侵染。内生真菌的侵染频率（CF）随植物年龄和组织而变化。在根中，最高的侵染频率为 1 年生，最低的侵染频率为 4 年生；在茎中，总体侵染频率仅为 18%～22%；在叶中，最高的侵染频率为 3 年生，最低的侵染频率为 4 年生。

表 5-4　西洋参根、茎、叶中的内生真菌侵染频率　（单位：%）

内生真菌种类	1 年生			2 年生			3 年生			4 年生		
	根	茎	叶	根	茎	叶	根	茎	叶	根	茎	叶
Alternaria longipes	0	0	0	0	0	5	0	0	8	0	0	0
Cadophora malorum	3	0	0	8	0	0	2	2	0	0	2	0
Cladosporium sp.	22	0	0	12	0	0	16	0	0	0	0	0
Colletotrichum higginsianum	0	0	0	0	0	2	0	0	0	0	0	0
Colletotrichum linicola	0	0	0	0	0	2	0	0	0	0	0	8
Fusarium oxysporum	0	0	8	0	0	0	2	0	4	0	0	5
Fusarium sp.	0	5	0	0	0	0	0	0	0	9	0	0
Glomerella cingulata	0	11	0	0	8	5	0	9	0	11	12	0
Glomerella sp. 1	0	0	12	0	0	0	5	0	11	0	0	0
Glomerella sp. 2	0	0	0	0	12	0	0	0	8	0	0	0
Glomerella truncata	0	0	0	0	0	0	0	0	18	0	5	0
Myrothecium roridum	0	0	0	6	0	0	0	0	0	0	0	0
Nectria haematococca	2	0	0	2	0	0	0	0	0	0	0	0
Neonectria macrodidyma	2	0	0	0	0	0	5	0	0	0	0	0
Penicillium sp.	11	2	0	0	0	0	2	0	0	0	3	0
Phoma sp.	0	0	6	0	0	2	0	0	4	0	0	0
Phialophora sp. 1	0	0	0	5	0	0	0	0	0	0	0	0
Phialophora sp. 2	0	0	0	0	0	0	0	0	0	3	0	0
Rhexocercosporidium sp.	2	0	0	2	0	0	0	0	0	0	0	0
Schizophyllum sp.	0	0	0	0	0	0	0	0	2	0	0	0
Torula sp.	8	0	0	10	0	0	12	0	0	0	0	0
Xylaria sp. 1	0	0	3	0	0	0	0	0	0	8	0	2
Xylaria sp. 2	0	0	0	0	2	0	0	0	0	2	0	0
Xylaria sp. 3	0	0	0	0	0	0	0	0	2	0	0	0
Xylaria sp. 4	0	0	0	0	0	0	0	0	0	0	0	2
Yamadazyma guilliermondii	0	0	0	0	0	6	0	4	0	0	0	0
DSE	8	0	0	9	0	0	0	0	0	0	0	0
总侵染频率	58	18	29	54	22	22	44	15	57	33	22	17

二、西洋参不同栽培年限和不同组织中的内生真菌优势种类

西洋参不同栽培年限和不同组织中的内生真菌优势种类非常不同(表 5-5)。*Glomerella* 种类是多种组织中的优势种。例如，*G. cingulata* 是 1 年生和 3 年生西洋参茎中的优势种，同样，其也是 4 年生西洋参根和茎中的优势种；*Glomerella* sp. 是西洋参 1 年生叶中和 2 年生茎中的优势种；除 *Glomerella* 种类之外，*Cladosporium* sp. 是 1 年生、2 年生和 3 年生西洋参根中的优势种类。所有某一年限西洋参组织中的内生真菌优势种类都在别的栽培年限的西洋参中有分布，有些优势种类还对某一栽培年限的西洋参表现出一定的组织特异性。例如，*C. linicola* 是 4 年生叶中的优势种类，同时，也存于 2 年生的西洋参叶中，但在所有根和茎的样品中均未发现有该种的存在。

表 5-5　不同栽培年限西洋参中内生真菌的优势种类

西洋参		优势内生真菌	所占比例/%
1 年生	根	*Cladosporium* sp.	37.9
	茎	*G. cingulata*	61.1
	叶	*Glomerella* sp. 1	41.3
2 年生	根	*Cladosporium* sp.	22.2
	茎	*Glomerella* sp. 2	54.5
	叶	*Y. guilliermondii*	27.3
3 年生	根	*Cladosporium* sp.	36.4
	茎	*G. cingulata*	60.0
	叶	*G. truncata*	31.6
4 年生	根	*G. cingulata*	33.3
	茎	*G. cingulata*	54.5
	叶	*C. linicola*	47.0

三、西洋参不同栽培年限和不同组织中的内生真菌多样性

对比不同栽培年限的西洋参内生真菌,发现有 20 种内生真菌不止存在于一个年龄段和一种组织中(表 5-4)。例如，*C. malorum* 分布于 1 年生、2 年生和 3 年生的西洋参根中，同时也分布于 3 年生和 4 年生的西洋参茎中。其他内生真菌中，有 7 种只特定存在于一个年龄段或一种组织中。例如，*Cladosporium* sp. 只存在于根中，而 *Xylaria* sp.只存在于 3 年生西洋参的叶中。

西洋参不同栽培年限和不同组织中的内生真菌的多样性指数、均匀度和物种丰度见表 5-6。西洋参内生真菌的 Shannon-Wiener 多样性指数从高到低为：根中，2 年生(2.798)> 1 年生(2.496)>3 年生(2.278)> 4 年生(2.094)；茎中，4 年生(1.669)>2 年生(1.439)> 3 年生(1.338)> 1 年生(1.299)；叶中，3 年生(2.655)>2 年生(2.421)>1 年生(1.847)>4 年生(1.757)。

表 5-6 西洋参不同栽培年限和不同组织中的内生真菌多样性

西洋参		Shannon-Wiener 多样性指数	均匀度	Simpson's 多样性指数	物种丰度
1 年生	根	2.496	0.832	0.795	8
	茎	1.299	0.819	0.537	3
	叶	1.847	0.923	0.700	4
2 年生	根	2.798	0.932	0.854	8
	茎	1.439	0.907	0.562	3
	叶	2.421	0.936	0.798	6
3 年生	根	2.278	0.811	0.762	7
	茎	1.338	0.844	0.551	3
	叶	2.655	0.885	0.812	8
4 年生	根	2.094	0.901	0.744	5
	茎	1.669	0.834	0.449	4
	叶	1.757	0.878	0.640	4

四、西洋参内生真菌的相似性分析

不同栽培年限的西洋参内生真菌的相似性(Cs)见表 5-7。内生真菌的相似性为 0.16～0.33。2 年生和 4 年生西洋参内生真菌的相似性最低(0.16)；而 1 年生和 3 年生西洋参内生真菌的相似性最高(0.33)。

表 5-7 不同栽培年限西洋参内生真菌的相似性

	1 年生	2 年生	3 年生	4 年生
1 年生	1	0.29	0.33	0.26
2 年生		1	0.28	0.16
3 年生			1	0.21
4 年生				1

本研究中，在不同栽培年限的西洋参中均发现有内生真菌存在；有些内生真菌表现出一定的组织特异性，如 *Cladosporium* sp.只存在于 1 年生、2 年生、3 年生西洋参的根部，而在其他组织中却未发现；内生真菌的组织特异性以前也有过报道，如 Frohlich 等(2000)、Ganley 和 Newcombe(2006)。西洋参茎和叶中内生真菌的优势种类并非完全不同。例如，*G. cingulata* 是 1 年生和 3 年生西洋参茎中的优势种类，但同时也是 4 年生西洋参根和茎中的优势种类，说明内生真菌在宿主植物内可以从一个组织向另一个组织转移(Bettucci and Saravay, 1993; Fisher et al., 1995)。

有研究表明，内生真菌可以提高宿主植物的抗病性或抑制病原菌的生长(White and Cole, 1985)。在本研究中，不同栽培年限的西洋参有不同的内生真菌类群。虽然笔者未检测西洋参内生真菌的抗病原菌活性，但是已有的结果说明，西洋能随栽培年限的延长，其内生真菌多样性明显降低，该现象在其他植物中也有类似报道(Sieber and Hugentobler, 1987)。

西洋参栽培中出现的最大问题就是连作障碍，即种植过西洋参的土壤如果重茬栽培西洋参会发生严重的病害，有报道认为造成这种现象的原因可能与化感自毒物有关(Zhao et al.，2005)。近年来，西洋参化感自毒物已有被分离和鉴定的报道，这些化感自毒物在4年生西洋参的土壤中就已存在(He et al.，2009)。本研究发现，4年生西洋参根中内生真菌的多样性最低，该结果提示，西洋参随栽培年限的延长其内生真菌多样性逐年降低可能与西洋参分泌的化感自毒物有关。

深入系统地研究西洋参内生真菌的区系组成及其在西洋参生长中的作用，有助于对有益微生物的鉴别及对有害微生物的防控，也将对西洋参这类具连作障碍特性药用植物的连作起到积极作用。

(邢晓科 郭顺星)

参考文献

冀玉良，李堆淑，朱广启，等. 2011. 丹参内生真菌的种群多样性研究. 安徽农业科学，39(5)：8913-8915，8982.

李艳玲，史仁玖，王健美，等. 2012. 泰山产丹参内生真菌的分离鉴定和多样性分析. 时珍国医国药，23(1)：114-117.

Ahlholm JU，Helander M，Henriksson J，et al. 2002. Environmental conditions and host genotype direct genetic diversity of *Venturia ditricha*，a fungal endophyte of birch trees. Evolution，56(8)：1566-1573.

Bettucci L，Saravay M. 1993. Endophytic fungi of *Eucalyptus globulus*：a preliminary study. Mycol Res，97：679-682 .

Fisher PJ，Petrini LE，Sutton BC，et al. 1995. A study of fungal endophytes in leaves stems and roots of *Gynoxis oleifolia* Muchler(Compositae)from Ecuador. Nova Hedwigia，60：89-594.

Frohlich J，Hyde KD，Petrini O. 2000. Endophytic fungi associated with palms. Mycol Res，104：1202-1212 .

Ganley RJ，Newcombe G. 2006. Fungal endophytes in seeds and needles of *Pinus monticola*. Mycol Res，110：318-327.

Ge XC，Wu JY. 2005. Induction and potentiation of diterpenoid tanshinone accumulation in *Salvia miltiorrhiza* hairy roots by β-aminobutyric acid. Appli Micro Biotech，68(2)：183-188.

He CN，Gao WW，Yang JX，et al. 2009. Identification of autotoxic compounds from fibrous roots of *Panax quinquefolium* L. . Plant Soil，318：63-72.

Li JY，Strobel G，Harper J，et al. 2000. Cryptocin，a potent tetramic acid antimycotic from the endophytic fungus *Cryptosporiopsis* cf. *quercina*. Org Lett，2(6)：767-770.

Li MJ，Liu J，Zhou N，et al. 2008. Inducement，subculture，and plantlets regeneration of callus from *Salvia miltiorrhiza*. Chin Traditional and Herbal Drugs，39(7)：1078-1081.

Petrini O. 1991. Fungal Endophytes of Tree Leaves. New York：Springer-Verlag，179-197.

Sieber VT，Hugentobler C. 1987. Endophytic fungi in leaves and twigs of healthy and diseased beech trees(*Fagus sylvatica* L.). Eur J Forest Pathol，17：411-425.

Tang K，Li B，Guo SX. 2014. An active endophytic fungus promoting growth and increasing salvianolic acid content of *Salvia miltiorrhiza*. Mycosystema，33(3)：594-600.

Tang K. 2013. The biological studies on endophytic fungi promoting growth and increasing salvianolic acid accumulation of *Salvia* miltiorrhiza. Beijing：Peking Union Medical College，70-76.

Verkley GJ，Zijlstra JD，Summerbell RC，et al. 2003. Phylogeny and taxonomy of root-inhabiting *Cryptosporiopsis species*，and *C. rhizophila* Ericaceae. Mycol Res，107(6)：689-698.

White JFJ，Cole GT. 1985. Endophyte-host association in forage grasses. III. *In vitro* inhibition of fungi by *Acremonium coenophialum*. Mycologia，77：487-489.

Zhao YJ，Wang YP，Shao D，et al. 2005. Autotoxicity of *Panax quinquefolium* L. . Allelophathy J，15(1)：67-74.

第六章 我国药用植物丛枝菌根真菌资源及其应用

丛枝菌根(arbuscular mycorrhizal，AM)真菌是十分重要的土壤微生物之一，与植物关系最为密切，可与陆地上80%的维管植物形成菌根共生体(Smith，2008)。众多研究证实，丛枝菌根真菌的存在可以改善植物营养状况(Marschner and Dell，1994)、提高水分利用效率(Augé，2001)、促进植物对养分元素的吸收和代谢(柯世省，2007；刘洁等，2011)、提高植物对不良环境的抵抗能力(Feng et al.，2002；Schützendübel and Polle，2002)、影响植物次生代谢产物(赵昕，2006)等。不仅如此，丛枝菌根真菌的存在和多样性对维持植物群落多样性和实现生态系统功能都发挥了不可小觑的作用(Borowicz，2001；Wehner et al.，2010)。因此，丛枝菌根真菌不仅在生态学研究和农作物生产中受到了极大的关注，同样吸引了很多药用植物专家的目光。中国药用植物丛枝菌根真菌研究尚在起步阶段，但对药用植物相关丛枝菌根真菌种类的调查研究，以及丛枝菌根真菌在药用植物栽培中的应用研究均有开展。下面通过对已有的药用植物丛枝菌根真菌相关研究文献进行整理、总结，了解当前研究进展，为今后开展相关研究提供参考。

第一节 丛枝菌根真菌的分类系统

Tulasne 和 Tulasne(1845)首次对球囊霉属的特征进行了描述，并对该属所包含的 2 种小果球囊霉(*Glomus microcarpum*)和大果球囊霉(*Glomus macrocarpum*)也进行了描述。Thaxter(1912)将球囊霉属下的所有种归入到另一个内囊霉属(*Endogone*)，并将这一属与硬囊霉属(*Sclerocystis*)一起纳入至由 Paoletti 于 1889 年所设立的内囊霉科(Endogonaceae)中。随后，通过对该科物种有性生殖的考察，发现内囊霉科应隶属于接合菌亚门(Zygomycotina)毛霉目(Mucorales)(Bucholtz，1922)。虽然早在 1953 年已有学者提出建立内囊霉目(Endogonales)，却迟迟未被接受，直到 1974 年前丛枝菌根真菌一直归于内囊霉属(Moreau，1953)。

1974 年，球囊霉属又重新建立起来，对两个新属无梗囊霉属(*Acaulospora*)和巨孢囊霉属(*Gigaspora*)进行了描述，同时将内囊霉科内的物种进行了整理，划分为 7 属：无梗囊霉属、球囊霉属、巨孢囊霉属、硬囊霉属、*Modicella*、内囊霉属和 *Glaziella*(Gerdemann et al.，1974)，但只有前 4 属可以形成丛枝菌根。Benjimin(1979)随之将内囊霉科从毛霉目移出，归入由

Moreau 于 1953 年建立的内囊霉目，该目只含有内囊霉科。随着研究进一步深入，*Glaziella* 和 *Modicella* 先后被移出内囊霉科(Trappe et al.，1982; Gibson，1984；Gibson et al.，1986；Benny et al.，1987)。之后，Ames 和 Schneider(1979)描述了一个新属内养囊霉属(*Entrophospora*)。Walker 和 Sanders(1986)从巨孢囊霉属中重新划分出一个新属盾巨孢囊霉属(*Scutellospora*)，并对其进行了描述。因此，内囊霉科依然划分为 7 属：无梗囊霉属、球囊霉属、巨孢囊霉属、硬囊霉属(*Sclerocystis*)、内养囊霉属、盾巨孢囊霉属和内囊霉属，此时仅有内囊霉属不形成丛枝菌根。1989 年，新建立了球囊霉科(Glomaceae)(Pirozynski and Dalpé，1989)。在这一时期丛枝菌根真菌归属于内囊霉目。

1990 年，通过对丛枝菌根真菌及其繁殖体的形态特征及个体发育状况进行详细研究之后，为了建立在系统发育和进化树的基础上更能反映种属之间亲缘关系的分类系统，设立了球囊霉目(Glomale)，下设巨孢囊霉亚目(Gigasporineae)和球囊霉亚目(Glomineae)2 亚目，并将不形成丛枝菌根的内囊霉属移出该目，保留剩下的 6 属：无梗囊霉属、球囊霉属、巨孢囊霉属、硬囊霉属、内养囊霉属和盾巨孢囊霉属(Monton and Benny，1990)。与此同时，也对硬囊霉属中的种类进行重新划分，保留 *Sclerocystis coremiodes*，将该属其他种归入球囊霉属(Almeida and Schenck，1990)。直到 2000 年前，丛枝菌根真菌都分属于一个独立的目，即球囊霉目。

2000 年，随着分子生物学技术在丛枝菌根真菌系统分类研究上的应用，通过对 18S rRNA 基因序列及形态学特征的研究，Redecker 等(2000)将硬囊霉属(*Sclerocystis*)中唯一保留的 *S. coremiodes* 也归于球囊霉属，而移除了硬囊霉属。之后，相关专家对丛枝菌根真菌分子特征的研究进行总结，发现无梗囊霉属和球囊霉属的一些丛枝菌根真菌种类与该 2 属其他种类在系统发育上的亲缘关系较远，因此，他们将那些丛枝菌根真菌种类归入新建立的原囊霉科(Archaeosporaceae)和类球囊霉科(Paraglomaceae)，并分别包括原囊霉属(*Archaeospora*)和类球囊霉属(*Paraglomus*)(Wright et al.，1987；Graham et al.，1995；Morton and Redecker，2001)。随后，运用分子生物学技术对丛枝菌根真菌 SSU rRNA 基因序列进行系统发育学分析，发现丛枝菌根真菌与子囊菌门、担子菌门、接合菌门的真菌具有共同的起源，自此，丛枝菌根真菌被从接合菌门移出，新建立了与接合菌门具有同等分类地位的球囊菌门(Glomeromycota)，该门包括 4 目，即球囊霉目(Glomerales)、多孢囊霉目(Diversisporales)、原囊霉目(Archaeosporales)、类球囊霉目(Paraglomerales)(Schüßler，2002；Schüßler et al.，2001)。之后，通过一系列分子生物学鉴定及形态学特征的统计分析，于 2004 年建立了多孢囊霉科(Diversisporacea)与和平囊霉科(Pacisporaceae)(Oehl and Sieverding，2004；Walker et al.，2004；Walker and Schüßler，2004)。

至今，丛枝菌根真菌属于球囊菌门这一分类地位未曾改变，但各个种类的丛枝菌根真菌在各个科属之间的划分一直都在不断更新中，随着新种的发现，不断有新科新属被建立。2010 年对球囊菌门内之前的系统分类研究进行了整理，划分为 4 目 11 科 18 属 237 种 (Schüßler et al.，2010)。球囊霉目(Morton & Benny，1990)包括 2 科，即球囊霉科(Pirozynski and Dalpé，1989)和 Claroideoglomeraceae(C.Walker & Schüßler，2010)。球囊霉科包括 4 属，即球囊霉属(Tul. & C. Tul.，1845；1 种和 79 个分类地位不确定种)、*Funneliformis*(C. Walker & Schüßler，2010，11 种)、硬囊霉属(Berk. & Broome 1873，2 种和 8 个分类地位不确定种)、*Rhizophagus*(Dang，1896，10 种)；Claroideoglomeraceae 科含 1 属 *Claroideoglomus*(C. Walker & Schüßler，2010，6 种和 1 个分类地位不确定种)。另有 5 种在球囊霉目中分类地位不明。多孢囊霉目(C. Walker & Schüßler，2004)包括 5 科，即巨孢囊霉科(Gigasporaceae)(Morton & Benny，

1990）、无梗囊霉科（Acaulosporaceae）（Morton & Benny，1990）、内养囊霉科（Entrophosporaceae）（Oehl & Sieverd，2006）、Pacisporaceae（C. Walker，Braszk，Schüßler & Schwarzott，2004）、多孢囊霉科（Diversisporaceae）（C. Walker & Schüßler，2004）。巨孢囊霉科包括3属，分别为巨孢囊霉属（Gerd. & Trappe，1974，8种）、盾巨孢囊霉属（Walker & Sanders，1986，5种和20个分类地位不确定种）、*Racocetra*（Oehl，Souza & Sieverd，2008，7种和4个分类地位不确定种），另有4种在巨孢囊霉科中分类地位不明；无梗囊霉科含1属，即无梗囊霉属（Trappe & Gerd，1974，19种和12个分类地位不确定种）；内养囊霉科含1属，即内养囊霉属（Ames & Schneid. 1979，1种和2个分类地位不确定种）；Pacisporaceae 科含1属，即 *Pacispora*（Oehl & Sieverd.，2004，7种）；多孢囊霉科包括3属，即多孢囊霉属（Walker & Schüßler，2004，6种）、*Otospora*（Palenzuela.，Ferrol & Oehl，2008，1种）、*Redeckera*（C.Walker & Schüßler，2010，3种）。类球囊霉目（C.Walker & Schüßler，2001）仅有类球囊霉科（Morton & Redecker，2001），类球囊霉科含1属类球囊霉属（Morton & Redecker，2001，3种）。原囊霉目（C.Walker & Schüßler，2001）包括3科，即 Geosiphonaceae（Engl. & E. Gilg.，1924）、Ambisporaceae（C.Walker，Vestberg & Schüßler，2007）和原囊霉科 Archaeosporaceae（Morton & Redecker，2001）；Geosiphonaceae 科含1属 *Geosiphon*（Wettstein，1915，1种）；Ambisporaceae 科含1属 *Ambispora*（C.Walker，Vestberg & Schüßler，9种）；原囊霉科含1原囊霉属（Morton & Redecker，2001，2种）。

陆续有专家、学者在获得更多丛枝菌根真菌种类之间亲缘关系的证据后，又提出了不同的丛枝菌根真菌系统发育假说。这些相互矛盾且数量庞大的丛枝菌根真菌分类资料和系统发育假说为研究这一领域的生物学家带来了不可小觑的困惑，为此，相关专家于2013年联合对现有丛枝菌根真菌系统分类资料进行了归纳、总结，他们将与系统发育学假说相关的分子系统发育学证据和形态学特征相结合进行考证，摒弃一些有错误或没有实际证据支持的新种属分类，期望这种对分类证据谨慎的态度可以阐明丛枝菌根真菌的进化历史（Redecker et al.，2013）。由于 Oehl 等（2011a）提出的将球囊菌门分为3纲，即球囊菌纲（Glomeromycetes）、原囊霉纲（Archaeosporomycetes）、类球囊霉纲（Paraglomeromycetes），因相关系统发育学证据并不充分，所以球囊菌门仍保留1纲，即球囊菌纲。同年，Oehl 等（2011b）将一个新属 *Septoglomus* 从 *Funneliformis* 中划分出来，由于没有明确的证据表明这个新属的特征与已有的球囊霉属和 *Funneliformis* 的特征相吻合，保守地保留了这个新属 *Septoglomus*。内养囊霉属的分类地位一直不明确，Oehl 提出将 *Claroideoglomus* 归入内养囊霉科，但 *Entrophospora infrequens* 的形态学和发育学特征都与 *Claroideoglomus* 内所有种类都相差很多，因此这样的合并显然不合适；但同时提出设立新科 Sacculosporaceae 则很有必要，它包含1属（*Sacculospora*）1种（*Sacculospora baltica*），由于 *S. baltica* 与球囊菌门其他种的亲缘关系相距甚远，虽然对这一科的系统发育起源还不明了，但因为这一种不属于已知的任何丛枝菌根真菌分类单元，故将此新科 Sacculosporaceae 新属 *Sacculospora* 保留。Palenzuela（2008；2010）设立了新属 *Otospora* 和 *Tricispora*，它们分别含有1种，即 *Otospora bareae* 和 *Trcispora nevadensis*，虽然这两个新属的单源性和系统发育位置还是个谜，但仍需要保留这两个新属的位置来明确它们独立于现有的其他属。Krüger 等（2012）基于 rDNA 分析建立一个新属 *Cetraspora*，随后这个新属又受到基于 SSU 基因的系统发育分析的质疑，Redecker 和 Schüßler 等专家认为，这个属模糊的单源性分类分子分析结果可能由很多因素所导致，需要保留该属等待进一步研究。之后，Oehl 等（2008）提出了一个新科 Dentiscutataceae，包括三个新属 *Dentiscutata*、*Quatunica* 和 *Fuscutata*，*Dentiscutata* 属作为该科的代表属具有非常广泛的形态学特征，并非单一相关联的共源性状可以定义，因此被保留了下来；其他两个新属 *Quatunica* 和 *Fuscutata* 由于缺乏足够明显的分类特征而不被保留，同时新科 Dentiscutataceae 也因此没有被认可，将 *Dentiscutata* 属归入了 Gigasporaceae 科。随后，在 2012 年相关专家又设立了两个新属 *Intraornatospora* 和 *Paradentiscutata*，并把它们归入一个新科 Intraornatosporaceae；这两个新属 *Intraornatospora* 和 *Paradentiscutata* 的建立与这个新科 Intraornatosporaceae 的建立一样都缺乏分子生物学和形态学数据的支持；*Intraornatospora* 是现在唯一一个只用一个从野外获得的孢子 rDNA 序列来定义的新属；由于现有的数据不能认定或否认这两个新属，因此它们也被保留；但新科 Intraornatosporaceae 不能被接纳，这两个新属只能先归入 Gigasporaceae 科，等待更多的证据来确定它们的分类地位和起源(Goto et al.，2012)。

通过上述分析，相关专家将丛枝菌根真菌分类系统更新如下。将球囊菌门(Glomeromycota)分为 4 目 11 科 25 属。鉴于某些丛枝菌根真菌所在的科属在不同年份变动较大，具有不同的种名，先将本章中所涉及的丛枝菌根真菌种名(表 6-1)按最新丛枝菌根真菌分类系统进行统一[依据 http：//schuessler.userweb.mwn.de/amphylo/amphylo_species.html(截至 2014 年 5 月)数据]。

表 6-1　丛枝菌根真菌分类系统(截至 2014 年 5 月)

目(4)	科(11)	属(25)
Glomerales	Glomeraceae	*Glomus*
		Funneliformis(former *Glomus* Group Aa，“*Glomus mosseae* clade”)
		Rhizophagus(former *Glomus* Group Ab，“*Glomus intraradices* clade”)
		Sclerocystis(basal in former *Glomus* Group Ab)
		Septoglomus
	Claroideoglomeraceae	*Claroideoglomus*(former *Glomus* Group B，“*Glomus claroideum* clade”)
Diversisporales	Gigasporaceae	*Gigaspora*
		Scutellospora
		Cetraspora
		Dentiscutata
		Racocetra(including *Racocetra weresubiae*)
		Intraornatospora(insufficient evidence，but no formal action was taken)
		Paradentiscutata(insufficient evidence，but no formal action was taken)
	Acaulosporaceae	*Acaulospora*(including the former *Kuklospora*)
	Sacculosporaceae	*Sacculospora*(insufficient evidence，but no formal action was taken)
	Pacisporaceae	*Pacispora*
	Diversisporaceae	*Diversispora*(former *Glomus* Group C)
		Otospora(insufficient evidence，but no formal action was taken)
		Redeckera
		Corymbiglomus(insufficient evidence，but no formal action was taken)
		Tricispora(insufficient evidence，but no formal action was taken)
Paraglomerales	Paraglomeraceae	*Paraglomus*
Archaeosporales	Geosiphonaceae	*Geosiphon*
	Ambisporaceae	*Ambispora*
	Archaeosporaceae	*Archaeospora*(including the former *Intraspora*)

第二节　中国已报道有丛枝菌根真菌侵染的药用植物

中国药用植物资源十分丰富，在1万多种药用植物中，现已报道有丛枝菌根真菌侵染的药用植物仅156种。其中，29种全草入药的植物(表6-2)，35种植物以根部为主要药用部位(表6-3)，34种植物以茎部为主要药用部位(表6-4)，2种植物以叶入药(表6-5)，6种植物以花入药(表6-5)，35种植物的果实有药用价值(表6-5)，15种植物的种子有药用价值(表6-5)。

表6-2　中国已报道有丛枝菌根真菌侵染的药用植物种类(全草入药)

药用部位	中文名	拉丁学名	相关文献
全草	金线草	*Antenoron filiforme*	姜攀等，2012
全草	黄花蒿	*Artemisia annua*	黄京华等，2011
全草	青蒿	*Artemisia carvifolia*	马永甫等，2005
全草	沙蒿	*Artemisia desertorum*	王银银，2011
全草	细辛	*Asarum sieboldii*	马永甫等，2005
全草	紫菀	*Aster tataricus*	马永甫等，2005；高爱霞，2007；赵金莉等，2012
全草	北柴胡	*Bupleurum chinense*	米芳珍，2012；高爱霞，2007；滕华容，2005
全草、果实	小叶锦鸡儿	*Caragana microphylla*	李震宇，2010
全草	糯米团	*Gonostegia hirta*	姜攀等，2012
全草	蕺菜	*Houttuynia cordata*	姜攀和王明元，2012
全草	益母草	*Leonurus artemisia*	马永甫等，2005
全草	白花益母草	*Leonurus artemisia* var. *albiflorus*	姜攀等，2012a
孢子、全草	海金沙	*Lygodium japonicum*	姜攀等，2012
全草	紫苜蓿	*Medicago sativa*	李震宇，2010
全草	薄荷	*Mentha haplocalyx*	姜攀等，2012
全草	毛叶变种	*Ocimum gratissimum* var. *suave*	姜攀等，2012
根茎、全草	三七	*Panax pseudoginseng* var. *notoginseng*	任嘉红等，2007
全草	车前	*Plantago asiatica*	马永甫等，2005
全草	金丝草	*Pogonatherum crinitum*	姜攀等，2012
全草	草珊瑚	*Sarcandra glabra*	姜攀等，2012
全草	裂叶荆芥	*Schizonepeta tenuifolia*	赵金莉等，2012
全草	费菜	*Sedum aizoon*	高爱霞，2007
全草	翠云草	*Selaginella uncinata*	姜攀等，2012
全草	马唐	*Digitaria sanguinalis*	刘润进等，2002；王发园和刘润进，2002
全草	乌蕨	*Stenoloma chusana*	Zhang　et al.，2003
全草	边缘鳞盖蕨	*Microlepia marginata*	Zhang et al.，2003
全草	牛筋草	*Eleusine indica*	Wu and Chen，1995
全草	狗尾草	*Setaria viridis*	Wu and Chen，1995
全草	菜蕨	*Callipteris esculenta*	Zhang et al., 2003

表 6-3 中国已报道有丛枝菌根真菌侵染的药用植物种类(根部入药)

药用部位	中文名	拉丁学名	相关文献
根、果穗	桑树	*Morus alba*	任强等，2008
根茎	石菖蒲	*Acorus tatarinowii*	姜攀等，2012
根	北方沙参	*Adenophora borealis*	高爱霞，2007；赵金莉等，2012；赵婧，2010
根	白芷	*Angelica dahurica*	马永甫等，2005；赵金莉等，2012；曹栋贤，2008
根、果实	牛蒡	*Arctium lappa*	陈鑫，2009
根、叶	硃砂根	*Ardisia crenata*	姜攀等，2012
根	蒙古黄耆	*Astragalus membranaceus* var. *mongholicus*	石蕾，2007
根	黄耆	*Astragalus membranaceus*	赵婧，2010；刘媞，2009
根	苍术	*Atractylodes lancea*	吴志刚等，2005；郭兰萍等，2006；张霁等，2010；2011
根茎、块根	郁金	*Curcuma aromatica*	马永甫等，2005
根、根茎	甘草	*Glycyrrhiza uralensis*	王颖，2008；李震宇，2010；赵婧，2010
根	细枝岩黄耆	*Hedysarum scoparium*	段小圆，2009
根、叶、花	木芙蓉	*Hibiscus mutabilis*	姜攀和王明元，2012
块根	淡竹叶	*Lophatherum gracile*	姜攀等，2012
块根、叶	木薯	*Manihot esculenta*	苏凤秀等，2008
根、叶	野牡丹	*Melastoma candidum*	姜攀等，2012
根、叶、胚乳	紫茉莉	*Mirabilis jalapa*	王虹等，1999；姜攀和王明元，2012
根、叶、树皮	千里香	*Murraya paniculata*	马永甫等，2005
块根	麦冬	*Ophiopogon japonicus*	马永甫等，2005；程东庆等，2008；王森，2008
根	芍药	*Paeonia lactiflora*	马永甫等，2005
根皮	牡丹	*Paeonia suffruticosa*	马永甫等，2005；郭绍霞和刘润进，2010；韦小艳，2010
根、叶、树皮	川黄檗	*Phellodendron chinense*	马永甫等，2005
根、叶	排钱树	*Phyllodium pulchellum*	姜攀等，2012
根	桔梗	*Platycodon grandiflorus*	高爱霞，2007
根	食用葛	*Pueraria edulis*	王庆，2006
块根、根茎	库页红景天	*Rhodiola sachalinensis*	李熙英等，2005
根、叶	兴安杜鹃	*Rhododendron dauricum*	贾锐等，2011
根	丹参	*Salvia miltiorrhiza*	高爱霞，2007；米芳珍，2012；王凌云和贺学礼，2009；马晶，2010；孟静静和贺学礼，2011；朱毓霞等，2011；杨立，2012
根	防风	*Saposhnikovia divaricata*	赵婧，2010
根	玄参	*Scrophularia ningpoensis*	马永甫等，2005
根、果实	白刺花	*Sophora davidii*	龚明贵，2012
根、果实、种子	栝楼	*Trichosanthes kirilowii*	马永甫等，2005；赵金莉等，2012
根皮、叶	山牡荆	*Vitex quinata*	梁昌聪等，2010
根、茎、果实	山葡萄	*Vitis amurensis*	迟丽华，2003
根、茎、叶、果实	苍耳	*Xanthium sibiricum*	马永甫等，2005

表 6-4　中国已报道有丛枝菌根真菌侵染的药用植物种类(茎部入药)

药用部位	中文名	拉丁学名	相关文献
根状茎	高良姜	*Alpinia officinarum*	姜攀等，2012
树汁	见血封喉	*Antiaris toxicaria*	梁昌聪等，2010
块茎	一把伞南星	*Arisaema erubescens*	赵婧，2010
枝、叶	黑沙蒿	*Artemisia ordosica*	山宝琴等，2009
根状茎	白术	*Atractylodes macrocephala*	马永甫等，2005；高爱霞，2007；米芳珍，2012；赵婧，2010
根状茎	射干	*Belamcanda chinensis*	马永甫等，2005；赵婧，2010
块茎	白及	*Bletilla striata*	马永甫等，2005
树皮、叶、果实	喜树	*Camptotheca acuminata*	姜攀和王明元，2012；赵昕，2006；谢国恩，2008；赵伟，2008；赵昕等，2008；于洋等，2009；于洋等，2010；于洋等，2012
树皮	麻楝	*Chukrasia tabularis*	陈羽等，2011
根状茎	黄连	*Coptis chinensis*	马永甫等，2005
根状茎	三角叶黄连	*Coptis deltoidea*	黄文丽等，2012
茎	石斛	*Dendrobium nobile*	马永甫等，2005
根状茎	薯蓣	*Dioscorea opposita*	高爱霞，2007；赵金莉等，2012
根状茎	盾叶薯蓣	*Dioscorea zingiberensis*	米芳珍，2012
树皮、果皮、种仁	胡桃楸	*Juglans mandshurica*	迟丽华，2003
鳞茎、花、种子	百合	*Lilium brownie* var. *viridulum*	马永甫等，2005；王树和，2008
鳞茎	石蒜	*Lycoris radiata*	马永甫等，2005
树皮、花、果实	厚朴	*Magnolia officinalis*	马永甫等，2005
根状茎	人参	*Panax ginseng*	邢晓科等，2000；李香串，2003
根状茎	宽瓣重楼	*Paris polyphylla* var. *yunnanensis*	周浓等，2009
树皮	黄檗	*Phellodendron amurense*	范继红，2006；范继红等，2006；接伟光，2007；范继红等，2011
树皮	川黄檗	*Phellodendron chinense*	周加海和范继红，2007
根状茎	芦苇	*Phragmites australis*	杨磊，2006
块茎	半夏	*Pinellia ternata*	马永甫等，2005；程俐陶等，2010；郭巧生等，2010
根状茎	玉竹	*Polygonatum odoratum*	马永甫等，2005
根状茎	火炭母	*Polygonum chinense*	姜攀等，2012
树脂、叶、根、花	胡杨	*Populus euphratica*	杨玉海等，2012
根状茎、叶、花、种子	地黄	*Rehmannia glutinosa*	米芳珍，2012
茎、果实	复盆子	*Rubus idaeus*	迟丽华，2003
根茎	黄芩	*Scutellaria baicalensis*	赵婧，2010；贺学礼等，2011a；贺学礼等，2011b
树皮	暴马丁香	*Syringa reticulata*	王森等，2008
茎皮	刺果紫玉盘	*Uvaria calamistrata*	梁昌聪等，2010
幼嫩茎叶	茵陈蒿	*Artemisia capillaris*	王幼珊等，1998
根状茎	狗脊	*Woodqardia japonica*	姜攀等，2012

表 6-5　中国已报道有丛枝菌根真菌侵染的药用植物种类(叶、花、果实、种子入药)

药用部位	中文名	拉丁学名	相关文献
叶			
叶	茶	*Camellia sinensis*	吴丽莎等，2009；郑芳，2010；吴丽莎等，2011
叶	白背叶	*Mallotus apelta*	姜攀等，2012
花			
花	紫穗槐	*Amorpha fruticosa*	宋福强等，2009；谢靖，2012
花	菊花	*Dendranthema morifolium*	赵婧，2010；赵金莉等，2012
花蕾、茎、叶、果实	忍冬	*Lonicera japonica*	马永甫等，2005；高爱霞，2007；张翔鹤等，2011；米芳珍，2012；赵金莉等，2012
花、叶	含笑花	*Michelia figo*	姜攀和王明元，2012
花、果实、根皮	石榴	*Punica granatum*	刘润进等，1987
花柱、柱头	玉蜀黍	*Zea mays*	宋勇春等，2001；任禛等，2011
果实			
果实	软枣猕猴桃	*Actinidia arguta*	迟丽华，2003
果实、根	橄榄	*Canarium album*	梁昌聪等，2010
果实	连香树	*Cercidiphyllum japonicum.*	王森等，2008
果实	贴梗海棠	*Chaenomeles speciosa*	朱秀芹等，2009
幼果	酸橙	*Citrus aurantium*	马永甫等，2005
果实	佛手	*Citrus medica* var.*sarcodactylis*	姜攀等，2012
颖果	薏苡	*Coix chinensis* var. *chinensis*	赵金莉等，2012
核果	毛榛	*Corylus mandshurica*	迟丽华，2003
果实	山楂	*Crataegus pinnatifolia*	刘润进等，1987；迟丽华，2003
果实	君迁子	*Diospyros lotus*	张林平等，2003
幼果	吴茱萸	*Evodia rutaecarpa*	马永甫等，2005
果实、叶	连翘	*Forsythia suspensa*	赵平娟等，2007；米芳珍，2012
果实、根、花、叶	栀子	*Gardenia jasminoides*	马永甫等，2005；姜攀等，2012
果实	沙棘	*Hippophae rhamnoides*	迟丽华，2003；龚明贵，2012；唐明等，2003；贺学礼等，2011c
果实、根皮、叶	宁夏枸杞	*Lycium barbarum*	张海涵，2011
果实	番茄	*Lycopersicon esculentum*	王艳玲和胡正嘉，2000；范燕山，2008
果实	花红	*Malus asiatica*	刘润进等，1987
果实	山荆子	*Malus baccata*	迟丽华，2003
果实	苹果	*Malus pumila*	刘润进等，1987
果实、根状茎、花	香蕉	*Musa nana*	张科立等，2008
果实	稠李	*Padus racemosa*	迟丽华，2003
幼果	枳	*Poncirus trifoliata*	吴强盛等，2005
果实	酸樱桃	*Prunus cerasus*	刘润进等，1987
果实、种仁	桃	*Prunus persica*	刘润进等，1987
果实、种仁	李	*Prunus salicina*	刘润进等，1987
果实、根皮、叶	白梨	*Pyrus bretschneideri*	刘润进等，1987
果实、叶	秋子梨	*Pyrus ussuriensis*	迟丽华，2003

续表

药用部位	中文名	拉丁学名	相关文献
果实、根、叶、花	盐肤木	*Rhus chinensis*	姜攀和王明元，2012
果实、叶	金樱子	*Rosa laevigata*	姜攀和王明元，2012
果实	五味子	*Schisandra chinensis*	迟丽华，2003；张彩丽，2006；米芳珍，2012
果实、树皮	乌墨	*Syzygium cumini*	梁昌聪等，2010
果实、叶	越橘	*Vaccinium vitis-idaea*	迟丽华，2003
果实、藤、根、叶	葡萄	*Vitis vinifera*	刘润进等，1987；屈雁朋，2009；谢丽源等，2010
果实	山葡萄	*Vitis amurensis*	刘润进等，2002
果实	枣	*Zizyphus jujuba*	刘润进等，1987
种子			
种仁	蒙古扁桃	*Amygdalus mongolica*	王琚钢，2011
种子	山杏	*Armeniaca sibirica*	迟丽华，2003
种子	白沙蒿	*Artemisia blepharolepis*	山宝琴等，2009
种子	斜茎黄耆	*Astragalus adsurgens*	白春明等，2009
种仁	燕麦	*Avena sativa*	李桂贞，2008
种子	毛樱桃	*Cerasus tomentosa*	迟丽华，2003
种子	翅果油树	*Elaeagnus mollis*	袁丽环等，2009；袁丽环和闫桂琴，2010；袁丽环和王文科，2011
种子、叶	银杏	*Ginkgo biloba*	陈连庆和韩宁林，1999；齐国辉等，2002；2003；张林平等，2002
种子	大豆	*Glycine max*	李俊喜等，2010
种子	陆地棉	*Gossypium hirsutum*	姜德锋等，1998
种子	海南大风子	*Hydnocarpus hainanensis*	梁昌聪等，2010
种子	补骨脂	*Psoralea corylifolia*	马永甫等，2005
种子、根、叶	蓖麻	*Ricinus communis*	马永甫等，2005
种子、叶	南方红豆杉	*Taxus chinensis* var. *mairei*	王森等，2008
种子、根皮、叶、花	酸枣	*Ziziphus jujuba* var. *spinosa*	申连英等，2004

20世纪80年代，药用植物丛枝菌根的研究刚刚开始，研究内容以调查各种药用植物根内丛枝菌根真菌的分布状况为主，以制作根段压片、观察统计植物根内丛枝菌根真菌侵染状况的形态学研究方法为主要研究手段。这段时期，先后有赵斌等(1985)、刘润进等(1987)、张梦昌等(1988)在进行植物根内丛枝菌根真菌侵染状况调查时涉及了一些药用植物种类。其中涉及药用植物种类最多的研究是赵斌等(1985)对武昌地区植物丛枝菌根真菌侵染状况进行的初步调查。此次调查涉及39科161种植物，其中39科129种为药用植物，侵染率较高的药用植物种类有辣椒(*Capsicum annuum*)、苎麻(*Boehmeria nivea*)、韩信草(*Scutellaria indica*)，它们的侵染率分别高达85%、84%和80%，并且都具有典型的泡囊和丛枝结构。被调查的药用植物种类中的87%有丛枝菌根真菌侵染，其中，38种药用植物侵染率超过了5%；14种药用植物的侵染率不足5%，但可以同时观察到典型的泡囊和丛枝结构；另有58种药用植物的侵染率不足5%，并且仅可以观察到泡囊结构或丛枝结构之一；32种药用植物仅可以观察到丛枝结构；与之相反，25种药用植物只能观察到泡囊结构。另有17种药用植物未观察到有丛枝菌根真菌侵染，这些未被侵染的药用植物种类占被调查药用植物种类的13%，它们分别是十字花科的荠

(*Capsella bursa-pastoris*)、北美独行菜(*Lepidium virginicum*)、白菜(*Brassica pekinensis*)、萝卜(*Raphanus sativus*)、芥菜(*Brassica juncea*)，藜科的甜菜(*Beta vulgaris*)、齿果酸模(*Rumex dentatus*)、羊蹄(*Rumex japonicus*)，莎草科的畦畔莎草(*Cyperus haspan*)，马齿苋科的马齿苋(*Portulaca oleracea*)，苋科的苋(*Amaranthus tricolor*)、青葙(*Celosia argentea*)、鸡冠花(*Celosia cristata*)，石竹科的雀舌草(*Stellaria uliginosa*)，马鞭草科的马鞭草(*Verbena officinalis*)，马兜铃科的白柯(*Lithocarpus dealbatus*)，以及玄参科的婆婆纳(*Veronica didyma*)。这些未被侵染的药用植物种类只有十字花科和藜科在 Gerdman 的综述中被指出不能形成丛枝菌根，而蓼科、莎草科、马齿苋科、苋科、石竹科、马鞭草科、马兜铃科和玄参科植物未被观察到形成丛枝菌根，有可能是因为涉及的植物种类有限，不能作出定论。张梦昌等则在 1988 年首次针对药用植物的某些种类进行了丛枝菌根状况的调查，包括辽细辛(*Asarum heterotropoides* var. *mandshuricum*)、蓝靛果(*Lonicera caerulea* var. *edulis*)、软枣猕猴桃(*Actinidia arguta*)。侵染率最高的为软枣猕猴桃，达到了 80%，有大量泡囊，但未观察到丛枝结构；辽细辛和蓝靛果的侵染率为 30%，辽细辛根内可见泡囊结构，蓝靛果根内可见丛枝结构。该研究还对丛枝菌根真菌侵染率的 3 种统计方法——格线交叉法、等级评定法和侵染根段百分率计算法进行了比较，发现使用格线交叉法统计侵染率最为准确。虽然该研究也用湿筛倾注法对药用植物根围土壤中丛枝菌根真菌孢子进行提取，但未能对其种类进行鉴定。

20 世纪 90 年代，随着张美庆等(1996；1998a；1998b)、王幼珊等(1998；1996)对丛枝菌根真菌属的特性及种的鉴定方法的归纳总结，开启了中国采用孢子形态学鉴定方法调查分布在根围土壤中丛枝菌根真菌种类的热潮。随后，张美庆等(1992；1998a)对中国北方，包括新疆、北京、吉林等地区，以及东南沿海地区 7 省的丛枝菌根真菌群落生态分布进行大规模调查。该调查涉及 47 科 116 种植物，其中药用植物 42 科 90 种；从这些植物根围土壤中分离获得 12 属 34 种丛枝菌根真菌，包括从中国东南沿海地区分离获得的 11 个中国新记录种，分属于 5 个不同的属，这 11 个中国新记录种仅能在一种或两种植物的根围土壤中分离获得，分布范围有限。费墨球囊霉(*Glomus formosanum*)在 28 种植物根围土壤中都能发现，是该研究中宿主植物最多的丛枝菌根真菌种类，分布十分广泛；同时，在中国北部地区土壤中分离获得的细凹无梗囊霉(*Acaulospora scrobiculata*)、*Funneliformis geosporum*、*Funneliformis mosseae*，以及在中国东南沿海地区土壤中得到的微丛球囊霉(*Glomus microaggregatum*)、聚丛球囊霉(*Glomus aggregatum*)、*Sclerocystis rubiformis* 可以在超过 15 种植物根围土壤中分离获得，是常见种类。除中国新记录的 11 种丛枝菌根真菌外，在中国北部地区土壤中获得的蜜色无梗囊霉(*Acaulospora mellea*)、稍长无梗囊霉(*Acaulospora longula*)、何氏球囊霉(*Glomus hoi*)、丽孢无梗囊霉(*Acaulospora elegans*)、隐类球囊霉(*Paraglomus occultum*)、*Rhizophagus diaphanus*、*Septoglomus constrictum* 和在中国东南沿海地区土壤中获得的 *Sclerocystis liquidambaris* 仅可以在一种或两种植物根围土壤分离得到，并不常见，这也可能是由于相对于在中国东南沿海地区 7 个省份进行的调查，北部地区只调查了 3 个省份，调查范围有限才导致北部地区所获得的丛枝菌根真菌不太常见。虽然张美庆、王幼珊等采集的大量植物样品中不乏常见的药用植物，但他们的研究方向更偏重于丛枝菌根真菌群落与环境因子的相关性。这一时期，这种使用倾注湿筛法从植物根围土壤中提取丛枝菌根真菌孢子，再通过一系列检测、观察，从而确定其种类的形态学鉴定方法，因其可以获得较为准确的丛枝菌根真菌种类信息，也逐渐被药用植物的相关研究所采用。陈连庆和韩宁林对浙江省散生、人工林分和育苗圃中银杏根围丛枝菌根真菌种类进行了调查，发现 5 属 9 种丛枝菌根真菌可以与银杏形成丛枝菌根，它们分别为 *S.*

liquidambaris、*F. mosseae*、聚丛球囊霉、*F. geosporus*、地表球囊霉（*Glomus versiforme*）、*Funneliformis caledonius*、*Dentiscutata heterogama*［=异配盾巨孢囊霉（*Scutellospora heterogama*）］、极大巨孢囊霉（*Gigaspora gigantea*）、珠状巨孢囊霉（*Gigaspora margarita*），并对银杏（*Ginkgo biloba*）根围土壤中丛枝菌根真菌孢子数量的季节性变化进行了讨论。邢晓科和李玉（2000）则对吉林省主要人参（*Panax ginseng*）产区的5个参场人参根围土壤中的丛枝菌根真菌种类进行了考察，分离获得10种丛枝菌根真菌，包括1个中国新记录种、5个东北新记录种和1个吉林省新记录种，同时将它们划分为参地中的丛枝菌根真菌优势种*F. geosporus*、大果球囊霉，常见种 *Sclerocystis coremioides*、空洞无梗囊霉（*Acaulospora cavernata*），少见种 *Rhizophagus fasciculatus*、美丽盾巨孢囊霉（*Scutellospora calospora*），以及偶见种 *Sclerocystis clavispora*、刺无梗囊霉（*Acaulospora spinosa*）、微丛球囊霉、*F. mosseae*；并对根围丛枝菌根真菌孢子数量和侵染率随季节的变化进行了讨论。

进入21世纪以后，药用植物丛枝菌根研究受到了更多关注，为了打好丛枝菌根真菌在药用植物上应用的基础，相关专家、学者对药用植物丛枝菌根真菌的分布状况进行了广泛的调查。马永甫等（2005）对重庆市主产药用植物丛枝菌根的结构多样性进行调查研究，包括21科38种药用植物，他们对根内菌丝侵染率、丛枝侵染率及泡囊数量等级进行了统计。其中19科30种药用植物根系样品中观察到根内有丛枝菌根真菌侵染的菌丝，但有7种药用植物虽观察到有菌丝侵染，却未观察到丛枝结构，如菊科的白术（*Atractylodes macrocephala*）和紫菀（*Aster tataricus*）、百合科的麦冬（*Ophiopogon japonicus*）、石蒜科的石蒜（*Lycoris radiata*）、兰科的白及（*Bletilla striata*）和石斛（*Dendrobium nobile*）及芸香科的吴茱萸（*Evodia rutaecarpa*），表明丛枝结构的形成与菌丝的侵染状况无关。在大戟科的蓖麻（*Ricinus communis*）、玄参科的玄参（*Scrophularia ningpoensis*）、菊科的白术（*Atractylodes macrocephala*）、毛茛科的牡丹（*Paeonia suffruticosa*）、百合科的野百合（*Lilium brownii*）、伞形科的白芷（*Angelica dahurica*）6种药用植物根系样品中发现成群分布的泡囊结构，这些植物根内丛枝菌根真菌菌丝的侵染率都达到了40%以上，其中大部分也能观察到丰富的丛枝结构；但白术虽然有100%的菌丝侵染率和成群分布的泡囊结构，却未观察到有丛枝结构形成。另有7科8种药用植物未观察到丛枝菌根真菌侵染，包括伞形科的前胡（*Peucedanum praeruptorum*）、百合科的卷叶黄精（*Polygonatum cirrhifolium*）和石刁柏（*Asparagus officinalis*）、天南星科的独角莲（*Typhonium giganteum*）、杜仲科的杜仲（*Eucommia ulmoides*）、薯蓣科的盾叶薯蓣（*Dioscorea zingiberensis*）、小檗科的阔叶十大功劳（*Mahonia bealei*）及葫芦科的栝楼（*Trichosanthes kirilowii*）。赵丹丹等（2006）对金沙江支流普渡河及小江干热河谷两地区的37科71种药用植物丛枝菌根菌根状况进行了调查，不仅对其根系样品的丛枝菌根真菌侵染率、泡囊结构、丛枝结构和菌丝圈结构的分布情况进行了观察、统计，而且对根围土壤样品中的丛枝菌根真菌孢子密度进行了统计。该研究统计发现，根围土壤中丛枝菌根真菌的孢子密度与根内侵染率无相关性。例如，岩柿（*Diospyros dumetorum*）的根内侵染率为10%，岩柿根围土壤中的孢子密度高达5315个/100g土；更有甚者，磨盘草（*Abutilon indicum*）和土荆芥（*Dysphania ambrosioides*）根内未观察到丛枝菌根真菌侵染，但在其根围土壤中仍存在着相当数量的孢子；与之相反，荩草（*Arthraxon hispidus*）的根内侵染率为90%，荩草根围土壤中的孢子密度只有80个/100g土。该研究对金沙江支流普渡河和小江干热河谷两地区的植物群落组成进行比较后发现有7种两地区共有植物，分别为芸香草（*Cymbopogon distans*）、须芒草（*Andropogon yunnanensis*）、豨莶（*Siegesbeckia orientalis*）、土荆芥、假杜鹃（*Barleria cristata*）、戟叶酸模（*Rumex hastatus*）、拔毒散（*Sida szechuensis*），它们根内丛枝菌根的侵染率差异并不显著，而孢子密度差异显著，表明在不同地区同一种类的植物可以和不同的丛枝菌根真菌建立共生关系。王森等(2008)对山西历山 4 种珍稀濒危药用植物暴马丁香(*Syringa reticulata*)、连香树(*Cercidiphyllum japonicum*)、南方红豆杉(*Taxus chinensis*)、领春木(*Euptelea pleiosperma*)根围丛枝菌根真菌资源和土壤因子进行了调查，共获得 5 属 27 种丛枝菌根真菌，并对有机质、碱解氮、速效磷、pH 等土壤因子对这 4 种药用植物根围丛枝菌根真菌侵染率和孢子密度的影响进行了讨论。该研究发现暴马丁香和领春木根围土壤中的碱解氮与其根内丛枝菌根真菌侵染率呈正相关，并认为宿主植物根围土壤的碱解氮在丛枝菌根真菌进行侵染的过程中起主要作用。高爱霞(2007)对河北省安国市 9 种药用植物，包括北柴胡(*Bupleurum chinense*)、忍冬(*Lonicera japonica*)、费菜(*Phedimus aizoon*)、紫菀(*Aster tataricus*)、丹参(*Salvia miltiorrhiza*)、薯蓣(*Dioscorea opposita*)、桔梗(*Platycodon grandiflorus*)、北方沙参(*Adenophora borealis*)、白术(*Atractylodes macrocephala*)，不同时期丛枝菌根状况及其与土壤因子的相关性进行调查，研究表明 9 种药用植物根内均观察到丛枝菌根真菌侵染，但不同植物之间的丛枝菌根真菌侵染率存在差异。例如，丹参、紫菀和白术等以根部为药用部位的药用植物侵染率较高，推测可能与根部分泌黄酮类物质能促进丛枝菌根真菌孢子萌发和菌丝生长有关。同时，该研究还在 2007 年 8 月和 10 月对 9 种药用植物根内丛枝菌根真菌菌丝定植率、丛枝定植率、泡囊定植率和孢子密度与根围土壤因子(包括碱解氮、速效磷、有机质、pH)的相关性进行了统计分析，为进一步探讨丛枝菌根真菌、药用植物和土壤营养成分三者之间的相互关系提供了基础。随后，赵婧(2010)又对河北安国市 10 种药用植物，包括沙参(*Adenophora stricta*)、菊花(*Chrysanthemum morifolium*)、一把伞南星(*Arisaema erubescens*)、防风(*Saposhnikovia divaricata*)、黄耆(*Astragalus membranaceus*)、甘草(*Glycyrrhiza uralensis*)、黄芩(*Scutellaria baicalensis*)、白芷(*Angelica dahurica*)、射干(*Belamcanda chinensis*)、白术的丛枝菌根概况和丛枝菌根真菌资源进行了调查，共获得 3 属 16 种丛枝菌根真菌，每种植物根围土壤中均有 5～10 种丛枝菌根真菌，其中 *F. geosporum* 和 *F. mossea* 是在 10 种药用植物根围土壤中均出现的共同优势种，而有些丛枝菌根真菌种类仅在某一植物根围土壤中出现，如多梗球囊霉(*Glomus multicaule*)仅在沙参根围出现、*Rhizophagus clarus*[=明球囊霉(*Glomus clarum*)]仅在菊花根围出现、细凹无梗囊霉仅在南星根围土壤出现。由此可见，丛枝菌根真菌的分布有一定的偏好性，与该药用植物的根系特征、内含物质、分泌物质及土壤环境因子都有密切关系。

受到关注较多的是以根、茎为主要药用部位的药用植物，如北方沙参(*Adenophora borealis*)、白芷(*Angelica dahurica*)、斜茎黄耆(*Astragalus adsurgens*)、苍术(*Xanthium sibiricum*)、甘草(*Glycyrrhiza uralensis*)、麦冬(*Ophiopogon japonicus*)、丹参(*Salvia miltiorrhiza*)、白术(*Atractylodes macrocephala*)、半夏(*Pinellia ternata*)、黄芩(*Scutellaria baicalensis*)等，由于其药用部位长期处于土壤中，丛枝菌根真菌对其影响更为密切。同时，在根、茎类药用植物栽培过程中长期存在的连作障碍问题，可引起病虫害增加、产量减少、质量下降。而土壤养分缺乏、酸碱变化、化感物质增加、有害微生物增加等土壤环境恶化的表现恰恰是引起连作障碍的原因。由于丛枝菌根真菌对土壤环境具有修复作用，寻找根茎类药用植物中的丛枝菌根真菌资源，可为相关应用研究提供种质资源。以根部入药的丹参为例，一方面王凌云和贺学礼(2009)，以及马晶(2010)、朱毓霞等(2011)以形态学鉴定作为依据对丹参根围丛枝菌根真菌资源进行了调查；另一方面孟静静和贺学礼(2011)及杨立(2012)关注接种丛枝菌根真菌对丹参药用成分的影响。此外，在以块茎入药的半夏的相关研究中，程俐陶等(2010)通过比较野生和栽培半夏根围土壤中分离的丛枝菌根真菌种类发现，野生半夏根围土壤中获得的丛枝菌根真菌种类更有可能解决栽培半夏种质退化的问题；而郭巧生等(2010)发现，接种丛枝菌根真菌之后可提高半夏块茎中鸟苷、生物碱等化学成分的含量。再如，以树皮入药的黄檗，接伟光等(2007)使用形态学依据和分子生物学依据对黄檗根围土壤中的丛枝菌根真菌进行了鉴定；范继红(2006)对黄檗根围土壤中的丛枝菌根真菌资源进行了调查，并考察了不同基质接种不同丛枝菌根真菌对黄檗幼苗侵染及生长的影响(范继红等，2011；2006)。

同一地区的多种药用植物菌根真菌资源的调查，不仅可以获得该地区主要分布的丛枝菌根真菌信息，还可以提供该地区常见丛枝菌根真菌类群，或某种药用植物相关丛枝菌根真菌的相关信息。在河北安国市，高爱霞(2007)从 9 种药用植物根围土壤中分离得到 25 种丛枝菌根真菌；赵金莉等(2012)从新“八大祁药”根围土壤中获得 31 种丛枝菌根真菌；赵婧(2010)从 10 种药用植物根围土壤中获得 23 种丛枝菌根真菌。姜攀等先后分别从福建漳州(姜攀等，2012)20 种药用植物根围土壤中获得 66 种丛枝菌根真菌，从福建厦门(姜攀和王明元，2012)7 种药用植物根围土壤中获得 63 种丛枝菌根真菌。

第三节　分离自中国药用植物根围土壤或根系中的丛枝菌根真菌种类与分布

目前为止，从中国药用植物中已分离得到 8 科 16 属 129 种丛枝菌根真菌，其中包括球囊霉科中，球囊霉属 43 种(表 6-6)、*Funneliformis* 6 种(表 6-7)、*Rhizophagus* 5 种(表 6-8)、硬囊霉属 6 种(表 6-9)、*Septoglomus* 1 种(表 6-10)；Claroideoglomeraceae 中的 *Claroideoglomus* 6 种(表 6-11)；巨孢囊霉科中，*Dentiscutata* 2 种(表 6-12)、巨孢囊霉属 7 种(表 6-13)、*Racocetra* 7 种(表 6-14)、盾巨孢囊霉属 10 种(表 6-15)；无梗囊霉科中的无梗囊霉属 27 种(表 6-16)；和平囊霉科中的和平囊霉属 2 种(表 6-17)；多样孢囊霉科中的多样孢囊霉属 2 种(表 6-18)；类球囊霉科中的类球囊霉属 1 种(表 6-19)；Ambisporaceae 中的 *Ambispora* 6 种(表 6-20)；分类地位不明种类 1 种(表 6-21)。

分离频率较高的有以下 4 种：*Funneliformis geosporus* 从 74 种药用植物根围土壤中获得、*Funneliformis mosseae* 从 63 种药用植物根围土壤中分离、*Septoglomus constrictum* 从 46 种药用植物根围土壤中分离、黑球囊霉(*Glomus melanosporum*)从 45 种药用植物根围土壤中得到。由于这些药用植物分布在不同的地区，并且属于不同的科属，可以在一定程度上反映这 4 种丛枝菌根真菌的分布既没有地区特异性也没有植物种类特异性，是中国药用植物根际土壤中普遍存在的常见种。

与之相反，有 23 种丛枝菌根真菌仅在 1 种药用植物根围土壤中获得。椒红无梗囊霉(*Acaulospora capcicula*)和双紫盾巨孢囊霉(*Scutellospora dipurpurescens*)仅在黄檗根围土壤中获得；毛氏无梗囊霉(*Acaulospora morrowiae*)、*Acaulospora splendida* 和 *Glomus botryoides* 仅在茶根围土壤中获得；*Ambispora callosa* 仅在草珊瑚根围土壤中发现；*Claroideoglomus drummondii*、*Claroideoglomus walkeri*、*Diversispora eburnea* 和英弗梅球囊霉(*Glomus invermaium*)仅在燕麦根围土壤中发现；*Gigaspora candida*、*Racocetra gregaria*、*Scutellospora arenicola* 和双疣盾巨孢囊霉(*Scutellospora dipapillosa*)仅在牡丹根围土壤中获得；澳洲球囊

霉(*Glomus austral*)仅在盐肤木根围土壤中分离；柑橘球囊霉(*Glomus citricola*)仅在翠云草根围土壤中出现；黄孢球囊霉(*Glomus flavisporum*)仅在连香树根围土壤中出现；*Racocetra tropicana* 仅在绞股蓝根系中获得；*Sclerocystis liquidambaris* 仅在银杏根围土壤中分离；吉尔莫盾巨孢囊霉(*Scutellospora gilmorei*)仅在宽瓣重楼根围土壤中出现；团集球囊霉(*Glomus glomerulatum*)仅在芦苇根围土壤中获得；枣庄球囊霉(*Glomus zaozhuangianus*)仅在马唐根围土壤中出现；方竹和平囊霉(*Pacispora chimonobambusae*)仅在菜蕨根际土壤中获得。虽然已经调查丛枝菌根真菌资源的药用植物种类还不到中国分布的1万多种药用植物种类的1%，不能完全证实这23种丛枝菌根真菌不侵染其他药用植物，但可以在一定程度上反映这23种丛枝菌根真菌对某些药用植物的选择性侵染。

一、球囊霉科(Glomeraceae)

(一)球囊霉属[*Glomus* Tul. & C. Tul.(1845)]

按现有分类系统，球囊霉属包含77种，在中国已发现有47种(王幼珊等，2012)，从药用植物根围土壤或根系样品中获得43种，仅4种未在药用植物中获得，分别为：石兆勇等(2004)在海南吊罗山青梅(*Vatica astrotricha*)根际土壤中获得的加拿大球囊霉(*Glomus canadense*)；方宇澄等(2000)在云南省建水采集的烟草根围土壤样品中获得的乳白球囊霉(*Glomus lacteum*)；Hu(2002)于中国台湾地区采集的杉木(*Cunninghamia lanceolata*)根际土壤样品中获得的刺球囊霉(*Glomus spinosum*)；Cai等(2009)在四川省木里县、重庆市南山植物园、贵州省荔波县、西藏西南地区波密县采集的梅(*Prunus mume*)根基土壤样品中获得的细齿球囊霉(*Glomus spinuliferum*)。已获得的43种球囊霉属的丛枝菌根真菌在中国药用植物中的分布如表6-6所示。

表6-6　分离自中国药用植物根围土壤或根系中的丛枝菌根真菌种类——球囊霉属(共43种)

丛枝菌根真菌名称		宿主植物
聚丛球囊霉	*Glomus aggregatum* N.C. Schenck & G.S. Sm.(1982)	薯蓣、北方沙参、栝楼、薏苡、半夏、丹参、草珊瑚、木芙蓉、暴马丁香、南方红豆杉、连香树、黄檗、牡丹、葡萄、圆头蒿、银杏、蒙古扁桃、中华猕猴桃、柔弱斑种草、老鼠矢、胡枝子、细枝岩黄耆、甘草、燕麦
白色球囊霉	*Glomus albidum* C. Walker & L.H. Rhodes(1981)	薯蓣、石菖蒲、淡竹叶、高良姜、狗脊蕨、硃砂根、金线草、白花益母草、翠云草、蕺菜、暴马丁香、五味子、盾叶薯蓣、忍冬、牡丹、宽瓣重楼、燕麦、葛
双型球囊霉	*Glomus ambisporum* G.S. Sm. & N.C. Schenck(1985)	含笑花、盐肤木、木芙蓉、金樱子、南方红豆杉、牡丹、宽瓣重楼、三角叶黄连
	Glomus arborense McGee(1986)	茶、燕麦
	Glomus arenarium Błaszk., Tadych & Madej(2001)	狗脊蕨、硃砂根、盐肤木、喜树、金樱子
黄金球囊霉	*Glomus aureum* Oehl & Sieverd.(2003)	毛叶香罗勒、金线草
澳洲球囊霉	*Glomus australe* (Berk.) S.M. Berch(1983)	盐肤木
	Glomus botryoides F.M. Rothwell & Victor(1984)	茶
	Glomus brohultii R.A. Herrera, Ferrer & Sieverd.(2003)	海金沙、喜树
柑橘球囊霉	*Glomus citricola* D.Z. Tang & M. Zang(1984)	翠云草

续表

丛枝菌根真菌名称		宿主植物
卷曲球囊霉	*Glomus convolutum* Gerd. & Trappe (1974)	细枝岩黄耆、黑沙蒿、圆头蒿、海金沙、淡竹叶、佛手、狗脊蕨、毛叶香罗勒、砵砂根、金丝草、翠云草、含笑花、紫茉莉、葛、草木犀、斜茎黄耆、胡枝子、蒙古岩黄耆、紫穗槐、骆驼刺、苦豆子、砂珍棘豆、披针叶野决明、紫苜蓿
沙荒球囊霉	*Glomus deserticola* Trappe, Bloss & J.A. Menge (1984)	薯蓣、半夏、茶、丹参、毛叶香罗勒、排钱树、喜树、暴马丁香、牡丹、圆头蒿、宽瓣重楼、燕麦、三角叶黄连、甘草
两型球囊霉	*Glomus dimorphicum* Boyetchko & J.P. Tewari (1986)	北柴胡、栝楼、裂叶荆芥、金线草、木芙蓉、喜树、连香树、葡萄
长孢球囊霉	*Glomus dolichosporum* M.Q. Zhang & You S. Wang (1997)	黑沙蒿、圆头蒿、丹参、北方沙参、白术、薯蓣、茶、佛手、狗脊蕨、砵砂根、薄荷、喜树、金樱子、紫茉莉、蒙古黄耆、三角叶黄连、斜茎黄耆、胡枝子、蒙古岩黄耆、苦豆子
黄孢球囊霉	*Glomus flavisporum* (M. Lange & E.M. Lund) Trappe & Gerd. (1974)	连香树
费墨球囊霉	*Glomus formosanum* C.G. Wu & Z.C. Chen (1986)	火炭母、胡枝子、紫穗槐、甘草
	Glomus fragile (Berk. & Broome) Trappe & Gerd. (1974)	金樱子、紫茉莉
球泡球囊霉	*Glomus globiferum* Koske & C. Walker (1986)	草珊瑚、翠云草、贴梗海棠
	Glomus halonatum S.L. Rose & Trappe (1980)	盐肤木、三七
异形球囊霉	*Glomus heterosporum* G.S. Sm. & N.C. Schenck (1985)	糯米团、高良姜、白背叶、含笑花
何氏球囊霉	*Glomus hoi* S.M. Berch & Trappe (1985)	细枝岩黄耆、黄檗、三七
海德拉巴球囊霉	*Glomus hyderabadensis* Swarapu, Kunwar, Prasad & Manohar (2004)	白背叶、甘草
英弗梅球囊霉	*Glomus invermaium* I.R. Hall (1977)	燕麦
大果球囊霉	*Glomus macrocarpum* Tul. & C. Tul. (1845)	人参、高良姜、金樱子、贴梗海棠、燕麦、三角叶黄连、络石、大叶冬青、佛甲草、楮、牡丹、柽柳
宽柄球囊霉	*Glomus magnicaule* I.R. Hall (1977)	细枝岩黄耆、木芙蓉、南方红豆杉、圆头蒿、黑沙蒿、蒙古岩黄耆、苦豆子、披针叶野决明
黑球囊霉	*Glomus melanosporum* Gerd. & Trappe (1974)	细枝岩黄耆、黑沙蒿、圆头蒿、丹参、桔梗、北方沙参、白术、菊花、薯蓣、白芷、一把伞南星、防风、黄耆、黄芩、甘草、射干、半夏、糯米团、石菖蒲、海金沙、淡竹叶、高良姜、白背叶、野牡丹、佛手、狗脊蕨、毛叶香罗勒、砵砂根、金线草、薄荷、栀子、排钱树、白花益母草、草珊瑚、金丝草、翠云草、火炭母、含笑花、蕺菜、盐肤木、木芙蓉、喜树、金樱子、紫茉莉、沙参
微丛球囊霉	*Glomus microaggregatum* Koske, Gemma & P.D. Olexia (1986)	细枝岩黄耆、人参、丹参、牡丹、宽瓣重楼、紫弹树、甘草
小果球囊霉	*Glomus microcarpum* Tul. & C. Tul. (1845)	细枝岩黄耆、忍冬、紫菀、石菖蒲、牡丹、三七、燕麦、黑沙蒿
单孢球囊霉	*Glomus monosporum* Gerd. & Trappe (1974)	毛叶香罗勒、盐肤木、暴马丁香、三七、中华猕猴桃、络石、大叶冬青、三枝九叶草、柔弱斑种草、茶荚蒾、球序卷耳、佛甲草、韩信草、云实、楮、博落回、车前、天葵、蛇莓、三花悬钩子、石斑木、软条七蔷薇、老鼠矢、斜茎黄耆、细枝岩黄耆
多梗球囊霉	*Glomus multicaule* Gerd. & B.K. Bakshi (1976)	栝楼、沙参、裂叶荆芥、丹参、石菖蒲、野牡丹、栀子、五味子、忍冬、圆头蒿、贴梗海棠、牡丹
凹坑球囊霉	*Glomus multiforum* Tadych & Błaszk. (1997)	丹参、宽瓣重楼、紫菀

续表

丛枝菌根真菌名称		宿主植物
膨果球囊霉	*Glomus pansihalos* S.M. Berch & Koske (1986)	芦苇、金樱子、牡丹、柽柳、草木犀、斜茎黄耆、紫穗槐、苦豆子
具疱球囊霉	*Glomus pustulatum* Koske, Friese, C. Walker & Dalpé (1986)	桔梗、金樱子、紫茉莉、葛
网状球囊霉	*Glomus reticulatum* Bhattacharjee & Mukerji (1980)	细枝岩黄耆、黑沙蒿、圆头蒿、北柴胡、忍冬、费菜、丹参、薯蓣、北方沙参、薏苡、白术、甘草、射干、白芷、石菖蒲、海金沙、栀子、含笑花、盐肤木、金樱子、南方红豆杉、蒙古黄耆、葡萄、三七、葛、三角叶黄连、玄参、苦参、草木犀、蒙古岩黄耆、骆驼刺、苦豆子、砂珍棘豆
荫性球囊霉	*Glomus tenebrosum* (Thaxt.) S.M. Berch (1983)	北柴胡、费菜、桔梗、白术、葛
扭形球囊霉	*Glomus tortuosum* N.C. Schenck & G.S. Sm. (1982)	裂叶荆芥、丹参、燕麦、甘草
地表球囊霉	*Glomus versiforme* (P. Karst.) S.M. Berch (1983)	丹参、硃砂根、栀子、盐肤木、薏苡、暴马丁香、连香树、黄檗、葡萄、三七、银杏、葛、燕麦、胡枝子、蒙古岩黄耆、骆驼刺、砂珍棘豆、紫苜蓿、甘草
黏质球囊霉	*Glomus viscosum* T.H. Nicolson (1995)	薯蓣、丹参、狗脊蕨、南方红豆杉、圆头蒿、绞股蓝
	Glomus pallidum I.R. Hall (1977)	黄花乌头、薯蓣
德里球囊霉	*Glomus delhiense* Mukerji, Bhattacharjee & J.P. Tewari (1983)	山葡萄、马唐、柽柳
肿涨球囊霉	*Glomus gibbosum* Błaszk. (1997)	乌蕨、边缘鳞盖蕨
团集球囊霉	*Glomus glomerulatum* Sieverd. (1987)	芦苇
枣庄球囊霉	*Glomus zaozhuangianus* F.Y. Wang & R.J. Liu (2002)	马唐

（二）*Funneliformis* C. Walker & Schüßler (2010)

按现有分类系统，*Funneliformis* 包含有 9 种，在中国已发现有 6 种(王幼珊等，2012)。从药用植物根围土壤或根系样品中均获得该 6 种丛枝菌根真菌，已获得的 6 种 *Funneliformis* 的丛枝菌根真菌在中国药用植物中的分布如表 6-7 所示。

表 6-7　分离自中国药用植物根围土壤或根系中的丛枝菌根真菌种类——*Funneliformis*(共 6 种)

丛枝菌根真菌名称	宿主植物
Funneliformis badium (Oehl, Redecker & Sieverd.) C. Walker & Schüßler (2010)	薄荷、排钱树、翠云草、盐肤木、喜树、金樱子
Funneliformis caledonium (T.H. Nicolson & Gerd.) C. Walker & Schüßler (2010)	北方沙参、牡丹、葡萄、银杏、贴梗海棠、燕麦、黄花乌头、黄连、苦参、薯蓣、桔梗、前胡、白芷、草木犀、斜茎黄耆、胡枝子、细枝岩黄耆、蒙古岩黄耆、紫穗槐、骆驼刺、砂珍棘豆、披针叶野决明、甘草、紫苜蓿
Funneliformis coronatum (Giovann.) C. Walker & Schüßler (2010)	栀子、葡萄
Funneliformis geosporum (T.H. Nicolson & Gerd.) C. Walker & Schüßler (2010)	细枝岩黄耆、芦苇、栝楼、菊花、薯蓣、白芷、薏苡、紫菀、沙参、裂叶荆芥、一把伞南星、防风、黄耆、白术、黄芩、甘草、射干、人参、茶、丹参、糯米团、石菖蒲、海金沙、高良姜、白背叶、狗脊蕨、硃砂根、薄荷、火炭母、含笑花、盐肤木、木芙蓉、喜树、金樱子、暴马丁香、南方红豆杉、黄檗、蒙古黄耆、牡丹、葡萄、三七、圆头蒿、银杏、贴梗海棠、葛、蒙古扁桃、燕麦、三角叶黄连、络石、白头婆、小蓬草、三枝九叶草、球序卷耳、甜槠、荩草、木通、博落回、天葵、棣棠花、软条七蔷薇、香果树、日本蛇根草、老鼠矢、玄参、黄花乌头、黄连、苦参、半夏、前胡、荞麦、黑沙蒿、柽柳、骆驼刺、斜茎黄耆

续表

丛枝菌根真菌名称	宿主植物
Funneliformis mosseae (T.H. Nicolson & Gerd.) C. Walker & Schüßler (2010)	细枝岩黄耆、胡杨、芦苇、北柴胡、忍冬、费菜、紫菀、丹参、桔梗、北方沙参、白术、栝楼、菊花、薯蓣、白芷、薏苡、裂叶荆芥、一把伞南星、防风、黄耆、黄芩、甘草、射干、半夏、人参、石菖蒲、高良姜、白背叶、佛手、薄荷、栀子、排钱树、草珊瑚、金丝草、火炭母、盐肤木、金樱子、连香树、黄檗、蒙古黄耆、牡丹、葡萄、三七、圆头蒿、银杏、葛、蒙古扁桃、燕麦、玄参、黄连、白及、川芎、苦参、荞麦、柽柳、草木犀、斜茎黄耆、蒙古岩黄耆、骆驼刺、苦豆子、砂珍棘豆、紫苜蓿、沙参
Funneliformis verruculosum (Błaszk.) C. Walker & Schüßler (2010)	北方沙参、白芷、排钱树、草珊瑚、南方红豆杉、牡丹、白头婆、小蓬草、鼠麴草、三枝九叶草、茶荚蒾、佛甲草、甜槠、木通、三花悬钩子、石斑木、棣棠花、软条七蔷薇、香果树、日本蛇根草

(三) *Rhizophagus*

按现有分类系统，*Rhizophagus* 包含 10 种，在中国已发现有 5 种(王幼珊等，2012)。从药用植物根围土壤或根系样品中均获得该 5 种丛枝菌根真菌，已获得的 5 种 *Rhizophagus* 的丛枝菌根真菌在中国药用植物中的分布如表 6-8 所示。

表 6-8 分离自中国药用植物根围土壤或根系中的丛枝菌根真菌种类——*Rhizophagus*(共 5 种)

丛枝菌根真菌名称	宿主植物
Rhizophagus clarus (T.H. Nicolson & N.C. Schenck) C. Walker & Schüßler (2010)	菊花、北方沙参、茶、丹参、淡竹叶、金线草、盐肤木、木芙蓉、喜树、金樱子、紫茉莉、暴马丁香、南方红豆杉、蒙古黄耆、牡丹、葡萄、三七、贴梗海棠、葛、燕麦、白头婆、柔弱斑种草、球序卷耳、软条七蔷薇、胡枝子、细枝岩黄耆、紫穗槐、骆驼刺、披针叶野决明、紫苜蓿
Rhizophagus diaphanus (J.B. Morton & C. Walker) C. Walker & Schüßler (2010)	细枝岩黄耆、芦苇、黑沙蒿、圆头蒿、紫菀、丹参、北方沙参、菊花、薏苡、一把伞南星、防风、黄耆、白术、黄芩、甘草、射干、石菖蒲、狗脊蕨、薄荷、盐肤木、金樱子、黄檗、蒙古黄耆、牡丹、葛、玄参、黄连、薯蓣、川芎、草木犀、斜茎黄耆、胡枝子、蒙古岩黄耆、骆驼刺
Rhizophagus fasciculatus (Thaxt.) C. Walker & Schüßler (2010)	紫菀、人参、丹参、毛叶香罗勒、薄荷、排钱树、盐肤木、喜树、暴马丁香、南方红豆杉、连香树、白术、五味子、地黄、连翘、盾叶薯蓣、北柴胡、牡丹、葡萄、圆头蒿、燕麦
Rhizophagus intraradices (N.C. Schenck & G.S. Sm.) C. Walker & Schüßler (2010)	黑沙蒿、半夏、糯米团、海金沙、金线草、紫茉莉、暴马丁香、连香树、黄檗、牡丹、葡萄、蒙古扁桃、燕麦、斜茎黄耆、甘草
Rhizophagus manihotis (R.H. Howeler, Sieverd. & N.C. Schenck) C. Walker & Schüßler (2010)	佛手、栀子、盐肤木、金樱子、牡丹、暴马丁香

(四) 硬囊霉属 [*Sclerocystis* Berk. & Broome (1873)]

按现有分类系统，硬囊霉属包含 10 种，在中国已发现有 6 种(王幼珊等，2012)。从药用植物根围土壤或根系样品中均获得该 6 种丛枝菌根真菌,已获得的 6 种硬囊霉属的丛枝菌根真菌在中国药用植物中的分布如表 6-9 所示。

表 6-9　分离自中国药用植物根围土壤或根系中的丛枝菌根真菌种类——硬囊霉属(共 6 种)

丛枝菌根真菌名称	宿主植物
Sclerocystis clavispora Trappe (1977)	喜树、人参、贴梗海棠
Sclerocystis coremioides Berk. & Broome (1873)	圆头蒿、人参、高良姜、黑沙蒿
Sclerocystis liquidambaris C.G. Wu & Z.C. Chen (1987)	银杏
Sclerocystis rubiformis Gerd. & Trappe (1974)	石菖蒲、高良姜、白背叶、野牡丹、狗脊蕨、硃砂根、栀子、草珊瑚、金丝草、火炭母、黄檗、牡丹、贴梗海棠、络石、大叶冬青、兔儿伞、云实、博落回、石斑木、毛柄连蕊茶
Sclerocystis sinuosua Gerd. & B.K. Bakshi (1976)	丹参、佛手、贴梗海棠、地黄
Sclerocystis taiwanensis C.G. Wu & Z.C. Chen (1987)	马唐、酸枣

(五) *Septoglomus*

按现有分类系统，*Septoglomus* 包含 1 种，在中国已发现有 1 种(王幼珊等，2012)。从药用植物根围土壤或根系样品中获得该种丛枝菌根真菌，已获得的该种 *Septoglomus* 的丛枝菌根真菌在中国药用植物中的分布如表 6-10 所示。

表 6-10　分离自中国药用植物根围土壤或根系中的丛枝菌根真菌种类——*Septoglomus*(共 1 种)

丛枝菌根真菌名称	宿主植物
Septoglomus constrictum (Trappe) Sieverd.，G. A. Silva & Oehl (2011)	细枝岩黄耆、芦苇、黑沙蒿、圆头蒿、北柴胡、忍冬、费菜、紫菀、丹参、薯蓣、桔梗、北方沙参、白术、栝楼、白芷、淡竹叶、高良姜、栀子、含笑花、盐肤木、暴马丁香、南方红豆杉、连香树、五味子、连翘、盾叶薯蓣、蒙古黄耆、牡丹、葡萄、三七、贴梗海棠、葛、鼠麴草、玄参、白及、半夏、柽柳、草木犀、斜茎黄耆、胡枝子、蒙古岩黄耆、紫穗槐、骆驼刺、砂珍棘豆、紫苜蓿、甘草

二、Claroideoglomeraceae

Claroideoglomus C. Walker & Schüßler (2010)。

按现有分类系统,*Claroideoglomus* 属包含 6 种,在中国已发现全部 6 种(王幼珊等,2012)。从药用植物根围土壤或根系样品中也获得了全部 6 种丛枝菌根真菌，已获得的该 6 种 *Claroideoglomus* 的丛枝菌根真菌在中国药用植物中的分布如表 6-11 所示。

表 6-11　分离自中国药用植物根围土壤或根系中的丛枝菌根真菌种类——*Claroideoglomus*(共 6 种)

丛枝菌根真菌名称	宿主植物
Claroideoglomus claroideum (N. C. Schenck & G. S. Sm.) C. Walker & Schüßler (2010)	细枝岩黄耆、黑沙蒿、圆头蒿、紫菀、丹参、北方沙参、白芷、排钱树、紫茉莉、暴马丁香、黄檗、蒙古黄耆、牡丹、葡萄、贴梗海棠、葛、薏苡、黄耆、白术、射干、三七、小蓬草、三枝九叶草、甜槠、檵木、蛇莓、太平莓、六月雪、香果树、毛柄连蕊茶、堇菜、草木犀、斜茎黄耆、胡枝子、蒙古岩黄耆、骆驼刺、砂珍棘豆、披针叶野决明、甘草

续表

丛枝菌根真菌名称	宿主植物
Claroideoglomus drummondii (Blaszk. & C. Renker) C. Walker & Schüßler (2010)	燕麦
Claroideoglomus etunicatum (W.N. Becker & Gerd.) C. Walker & Schüßler (2010)	细枝岩黄耆、茶、糯米团、海金沙、淡竹叶、硃砂根、薄荷、栀子、排钱树、草珊瑚、翠云草、火炭母、盐肤木、金樱子、黄檗、牡丹、葡萄、三角叶黄连、黑沙蒿、圆头蒿、燕麦、大叶冬青、云实、草木犀、斜茎黄耆、胡枝子、蒙古岩黄耆、紫穗槐、甘草、地黄、绞股蓝
Claroideoglomus lamellosum (Dalpé, Koske & Tews) C. Walker & Schüßler (2010)	糯米团、石菖蒲、薄荷、喜树、蒙古扁桃、地黄
Claroideoglomus luteum (L.J. Kenn., J.C. Stutz & J.B. Morton) C. Walker & Schüßler (2010)	狗脊蕨、金樱子、葡萄、宽瓣重楼
Claroideoglomus walkeri (Blaszk. & C. Renker) C. Walker & Schüßler (2010)	燕麦

三、巨孢囊霉科(Gigasporaceae)

(一) *Dentiscutata*

按现有分类系统，*Dentiscutata* 包含 2 种和 2 待确定种，在中国已发现有全部 2 种(王幼珊等，2012)。从药用植物根围土壤或根系样品中也获得了全部 2 种丛枝菌根真菌，已获得的该 2 种 *Dentiscutata* 的丛枝菌根真菌在中国药用植物中的分布如表 6-12 所示。

表 6-12　分离自中国药用植物根围土壤或根系中的丛枝菌根真菌种类——Dentiscutata(共 2 种)

丛枝菌根真菌名称	宿主植物
Dentiscutata erythropus (Koske & C. Walker) C. Walker & D. Redecker (2013)	芦苇、圆头蒿、北柴胡、丹参、桔梗、北方沙参、薏苡、一把伞南星、射干、白芷、野牡丹、蒙古黄耆、葡萄、黑沙蒿、柽柳、蒙古岩黄耆、甘草
Dentiscutata heterogama (T.H. Nicolson & Gerd.) Sieverd., F.A. Souza & Oehl (2008)	白芷、一把伞南星、白术、射干、佛手、银杏

(二) 巨孢囊霉属[*Gigaspora* Gerd. & Trappe (1974)]

按现有分类系统，巨孢囊霉属包含有 7 种和 1 待确定种，在中国已发现有全部 7 种(王幼珊等，2012)。从药用植物根围土壤或根系样品中也获得了全部 7 种丛枝菌根真菌，已获得的该 7 种巨孢囊霉属的丛枝菌根真菌在中国药用植物中的分布如表 6-13 所示。

表 6-13　分离自中国药用植物根围土壤或根系中的丛枝菌根真菌种类——巨孢囊霉属(共 7 种)

丛枝菌根真菌名称		宿主植物
微白巨孢囊霉	*Gigaspora albida* N.C. Schenck & G.S. Sm. (1982)	半夏、蕺菜、宽瓣重楼、三角叶黄连
	Gigaspora candida Bhattacharjee, Mukerji, J.P. Tewari & Skoropad (1982)	牡丹
易误巨孢囊霉	*Gigaspora decipiens* I.R. Hall & L.K. Abbott (1984)	北柴胡、白术、蕺菜、葡萄、斜茎黄耆、草木犀、蒙古岩黄耆、砂珍棘豆
极大巨孢囊霉	*Gigaspora gigantea* (T.H. Nicolson & Gerd.) Gerd. & Trappe (1974)	蕺菜、银杏、地黄、丹参、盾叶薯蓣、北柴胡、三角叶黄连、玄参、黄花乌头、白术、川芎

续表

丛枝菌根真菌名称		宿主植物
珠状巨孢囊霉	*Gigaspora margarita* W.N. Becker & I.R. Hall (1976)	海金沙、蕺菜、银杏、宽瓣重楼、牡丹(非采收期)
珠状巨孢囊霉	*Gigaspora ramisporophora* Spain，Sieverd. & N.C. Schenck (1989)	淡竹叶、高良姜、宽瓣重楼
	Gigaspora rosea T.H. Nicolson & N.C. Schenck (1979)	丹参、燕麦、骆驼刺、披针叶野决明

(三) *Racocetra* Oehl，F.A. Souza & Sieverd. (2008)

按现有分类系统，*Racocetra* 包含8种和5待确定种，在中国已发现有7种(王幼珊等，2012)。从药用植物根围土壤或根系样品中也获得了这7种丛枝菌根真菌，已获得的该7种 *Racocetra* 的丛枝菌根真菌在中国药用植物中的分布如表6-14所示。

表 6-14　分离自中国药用植物根围土壤或根系中的丛枝菌根真菌种类——*Racocetra* (共7种)

丛枝菌根真菌名称	宿主植物
Racocetra castanea (C. Walker) Oehl，F.A. Souza & Sieverd. (2008)	半夏、糯米团
Racocetra coralloidea (Trappe，Gerd. & I. Ho) Oehl，F.A. Souza & Sieverd. (2008)	牡丹(采收期)
Racocetra fulgida (Koske & C. Walker) Oehl，F.A. Souza & Sieverd. (2008)	圆头蒿、贴梗海棠
Racocetra gregaria (N.C. Schenck & T.H. Nicolson) Oehl，F.A. Souza & Sieverd. (2008)	牡丹
Racocetra persica (Koske & C. Walker) Oehl，F.A. Souza & Sieverd. (2008)	狗脊蕨、贴梗海棠、胡枝子、紫苜蓿
Racocetra verrucosa (Koske & C. Walker) Oehl，F.A. Souza & Sieverd. (2008)	栝楼、薯蓣、紫菀、檵木、韩信草、蛇莓、六月雪、毛柄连蕊茶
Racocetra tropicana Oehl，B.T.Goto & G.A.Silva (2011)	绞股蓝

(四) 盾巨孢囊霉属 [*Scutellospora* C. Walker & F.E.Sanders (1986)]

按现有分类系统，盾巨孢囊霉属包含有5种和18待确定种，在中国已发现有11种(王幼珊等，2012)。从药用植物根围土壤或根系样品中获得10种，仅1种未在药用植物中获得，为王淼焱等(2006)在山东省莱阳采集的玉米(*Zea mays*)和小麦(*Triticum aestivum*)根围土壤样品中获得的塞拉多盾巨孢囊霉(*Scutellospora cerradensis*)。已获得的10种盾巨孢囊霉属的丛枝菌根真菌在中国药用植物中的分布如表6-15所示。

表 6-15　分离自中国药用植物根围土壤或根系中的丛枝菌根真菌种类——盾巨孢囊霉属 (共10种)

丛枝菌根真菌名称		宿主植物
	Scutellospora arenicola Koske & Halvorson (1990)	牡丹
金球盾巨孢囊霉	*Scutellospora aurigloba* (I.R. Hall) C. Walker & F.E. Sanders (1986)	石菖蒲、连香树
美丽盾巨孢囊霉	*Scutellospora calospora* (T.H. Nicolson & Gerd.) C. Walker & F.E. Sanders (1986)	细枝岩黄耆、黑沙蒿、圆头蒿、北柴胡、费菜、紫菀、薯蓣、菊花、沙参、人参、丹参、白背叶、金樱子、暴马丁香、黄檗、葡萄、宽瓣重楼、葛、蒙古扁桃、燕麦、斜茎黄耆、白芷、甘草

续表

丛枝菌根真菌名称		宿主植物
双疣盾巨孢囊霉	*Scutellospora dipapillosa* (C. Walker & Koske) C. Walker & F.E. Sanders (1986)	牡丹
双紫盾巨孢囊霉	*Scutellospora dipurpurescens* J.B. Morton & Koske (1988)	黄檗
吉尔莫盾巨孢囊霉	*Scutellospora gilmorei* (Trappe & Gerd.) C. Walker & F.E. Sanders (1986)	宽瓣重楼
黑盾巨孢囊霉	*Scutellospora nigra* (J.F. Redhead) C. Walker & F.E. Sanders (1986)	白芷、裂叶荆芥、防风、白背叶
透明盾巨孢囊霉	*Scutellospora pellucida* (T.H. Nicolson & N. C. Schenck) C. Walker & F.E. Sanders (1986)	细枝岩黄耆、黑沙蒿、圆头蒿、佛手、金樱子、宽瓣重楼、贴梗海棠、斜茎黄耆、苦豆子
	Scutellospora rubra Stürmer & J.B. Morton (1999)	毛叶香罗勒、牡丹
网纹盾巨孢囊霉	*Scutellospora reticulata* (Koske, D.D. Mill. & C. Walker) C. Walker & F.E. Sanders (1986)	茵陈蒿、木薯

四、无梗囊霉科(Acaulosporaceae)

无梗囊霉属[*Acaulospora* Trappe & Gerd. (1974)]。

按现有分类系统,无梗囊霉属包含21种和19待确定种,在中国已发现有30种(王幼珊等,2012)。从药用植物根围土壤或根系样品中获得27种,仅3种未在药用植物中获得,分别为张美庆等(1992)在新疆八里坤湖边采集的一种菊 *Compasizae* sp.根围土壤样品中获得的稍长无梗囊霉(*Acaulospora longula*),Cai等(2008)在西藏地区东南部波密县采集的梅 *Prunus mume* 根际土壤样品中获得的疏线无梗囊霉(*Acaulospora paulinae*),Zhang等(2003)在四川省都江堰地区般若寺、曼陀山和龙池采集的杉木 *Cunninghamia lanceolata* 根围土壤样品中获得的大型无梗囊霉(*Acaulospora colombiana*)。已获得的27种无梗囊霉属的丛枝菌根真菌在中国药用植物中的分布如表6-16所示。

表6-16　分离自中国药用植物根围土壤或根系中的丛枝菌根真菌种类——无梗囊霉属(共27种)

丛枝菌根真菌名称		宿主植物
双网无梗囊霉	*Acaulospora bireticulata* F.M. Rothwell & Trappe (1979)	细枝岩黄耆、黑沙蒿、圆头蒿、丹参、薯蓣、桔梗、北方沙参、白术、菊花、白芷、一把伞南星、防风、黄耆、黄芩、甘草、射干、茶、石菖蒲、白背叶、狗脊蕨、毛叶香罗勒、含笑花、木芙蓉、蒙古黄耆、宽瓣重楼、葛、燕麦、三角叶黄连、斜茎黄耆、柽柳、沙参
椒红无梗囊霉	*Acaulospora capsicula* Błaszk. (1990)	黄檗
空洞无梗囊霉	*Acaulospora cavernata* Błaszk. (1989)	人参、海金沙、硃砂根、盐肤木
大型无梗囊霉	*Acaulospora colossica* P.A. Schultz, Bever & J.B. Morton (1999)	茶、黄檗
脆无梗囊霉	*Acaulospora delicata* C. Walker, C.M. Pfeiff. & Bloss (1986)	金线草、喜树、黄檗、蒙古扁桃、燕麦、三角叶黄连
细齿无梗囊霉	*Acaulospora denticulata* Sieverd. & S. Toro (1987)	茶、含笑花、南方红豆杉、牡丹、三七、燕麦、络石、棘茎楤木、堇菜
膨胀无梗囊霉	*Acaulospora dilatata* J.B. Morton (1986)	斜茎黄耆、草木犀、蒙古岩黄耆、紫苜蓿
丽孢无梗囊霉	*Acaulospora elegans* Trappe & Gerd. (1974)	黄檗、葛、草木犀、胡枝子、骆驼刺、紫苜蓿

续表

丛枝菌根真菌名称		宿主植物
凹坑无梗囊霉	*Acaulospora excavata* Ingleby & C. Walker (1994)	细枝岩黄耆、黑沙蒿、圆头蒿、白芷、防风、白术、黄耆、黄芩、甘草、射干、茶、高良姜、砵砂根、蕺菜、盐肤木、木芙蓉、紫茉莉、黄檗、宽瓣重楼、三角叶黄连、斜茎黄耆
孔窝无梗囊霉	*Acaulospora foveata* Trappe & Janos (1982)	黑沙蒿、圆头蒿、北柴胡、费菜、丹参、薯蓣、桔梗、北方沙参、白术、栝楼、黄芩、甘草、射干、毛叶香罗勒、栀子、含笑花、盐肤木、喜树、蒙古黄耆、牡丹、三七、宽瓣重楼、贴梗海棠、葛、三角叶黄连、柽柳、草木犀、斜茎黄耆、胡枝子、细枝岩黄耆、紫穗槐
格但无梗囊霉	*Acaulospora gedanensis* Błaszk. (1988)	排钱树、金樱子
	Acaulospora koskei Błaszk. (1995)	盐肤木、黄檗、宽瓣重楼
浅窝无梗囊霉	*Acaulospora lacunosa* J.B. Morton (1986)	芦苇、北柴胡、忍冬、费菜、丹参、桔梗、北方沙参、白术、白芷、糯米团、野牡丹、木芙蓉、蒙古黄耆、葡萄、宽瓣重楼、葛、三角叶黄连、骆驼刺、砂珍棘豆、紫苜蓿
光壁无梗囊霉	*Acaulospora laevis* Gerd. & Trappe (1974)	细枝岩黄耆、黑沙蒿、圆头蒿、裂叶荆芥、茶、丹参、白背叶、含笑花、黄檗、牡丹、沙蒿、宽瓣重楼、三角叶黄连、柔弱斑种草、六月雪
蜜色无梗囊霉	*Acaulospora mellea* Spain & N.C. Schenck (1984)	细枝岩黄耆、茶、薄荷、黄檗、蒙古扁桃、三角叶黄连、络石、棘茎楤木、兔儿伞、白头婆、小蓬草、黄鹌菜、茶荚蒾、交让木、甜槠、檵木、韩信草、博落回、车前、石斑木、软条七蔷薇、香果树、日本蛇根草、紫弹树、堇菜、黄连、白及、绞股蓝
毛氏无梗囊霉	*Acaulospora morrowiae* Spain & N.C. Schenck (1984)	茶
多果无梗囊霉	*Acaulospora myriocarpa* Spain，Sieverd. & N.C. Schenck (1986)	宽瓣重楼、三角叶黄连
尼氏无梗囊霉	*Acaulospora nicolsonii* C. Walker，L.E. Reed & F.E. Sanders (1984)	茶、三角叶黄连
波兰无梗囊霉	*Acaulospora polonica* Błaszk. (1988)	含笑花、宽瓣重楼、三角叶黄连、草木犀、斜茎黄耆、胡枝子、蒙古岩黄耆、披针叶野决明
瑞氏无梗囊霉	*Acaulospora rehmii* Sieverd. & S. Toro (1987)	细枝岩黄耆、黑沙蒿、圆头蒿、忍冬、丹参、薯蓣、北方沙参、白术、裂叶荆芥、黄耆、白芷、佛手、盐肤木、蒙古黄耆、牡丹、葡萄、宽瓣重楼、葛、蒙古扁桃、燕麦、三角叶黄连、斜茎黄耆、甘草
皱壁无梗囊霉	*Acaulospora rugosa* J.B. Morton (1986)	芦苇、茶、含笑花、葡萄、葛、燕麦、三角叶黄连、草木犀、斜茎黄耆、胡枝子、紫穗槐、苦豆子、甘草、紫苜蓿
细凹无梗囊霉	*Acaulospora scrobiculata* Trappe (1977)	细枝岩黄耆、栝楼、一把伞南星、丹参、糯米团、海金沙、淡竹叶、高良姜、白背叶、野牡丹、狗脊蕨、毛叶香罗勒、砵砂根、排钱树、白花益母草、草珊瑚、金丝草、翠云草、含笑花、蕺菜、盐肤木、五味子、北柴胡、黄檗、牡丹、葡萄、宽瓣重楼、三角叶黄连、贴梗海棠、中华猕猴桃
刺无梗囊霉	*Acaulospora spinosa* C. Walker & Trappe (1981)	人参、蕺菜、暴马丁香、黄檗、牡丹、三七、贴梗海棠、燕麦、三角叶黄连、络石、车前、堇菜、白芷、绞股蓝
	Acaulospora splendida Sieverd.，Chaverri & I. Rojas (1988)	茶

续表

丛枝菌根真菌名称		宿主植物
疣状无梗囊霉	*Acaulospora tuberculata* Janos & Trappe (1982)	木芙蓉、茶、牡丹、三七、三角叶黄连、中华猕猴桃、络石、大叶冬青、棘茎楤木、白头婆、鼠麴草、三枝九叶草、柔弱斑种草、球序卷耳、佛甲草、碎米荠、交让木、荩草、檵木、云实、楮、博落回、车前、天葵、蛇莓、软条七蔷薇、六月雪、老鼠矢、毛柄连蕊茶、紫弹树、堇菜
波状无梗囊霉	*Acaulospora undulata* Sieverd. (1988)	茶、三角叶黄连
	Acaulospora kentinensis (C.G. Wu & Y.S. Liu) Kaonongbua, J.B. Morton & Bever (2010)	牛筋草、狗尾草、木薯

五、和平囊霉科（Pacisporaceae）

和平囊霉属[*Pacispora* Oehl & Sieverd. (2004)]。

按现有分类系统，和平囊霉属包含 7 种和 19 待确定种，在中国已发现有 4 种（王幼珊等，2012）。从药用植物根围土壤或根系样品中获得 2 种，仅 2 种未在药用植物中获得，分别为高清明等（2006）在西藏地区东南部林芝县和波密县采集的植物根围土壤样品中获得的玻利维亚和平囊霉（*Pacispora boliviana*）、Cai 等（2008）在贵州省荔波县采集的梅根际土壤样品中获得的锈色和平囊霉（*Pacispora robigina*）。已获得的 2 种和平囊霉属的丛枝菌根真菌在中国药用植物中的分布如表 6-17 所示。

表 6-17　分离自中国药用植物根围土壤或根系中的丛枝菌根真菌种类——*Pacispora*（共 2 种）

丛枝菌根真菌		宿主植物
闪亮和平囊霉	*Pacispora scintillans* (S.L. Rose & Trappe) C. Walker, Vestberg & Schüßler (2007)	紫茉莉、燕麦
方竹和平囊霉	*Pacispora chimonobambusae* (C.G. Wu & Y.S. Liu) C. Walker, Vestberg & Schüßler (2007)	菜蕨

六、多样孢囊霉科（Diversisporaceae）

多样孢囊霉属[*Diversispora* C. Walker & Schüßler (2004)]。

按现有分类系统，多样孢囊霉属包含 7 种，在中国已发现有 2 种（王幼珊等，2012）。从药用植物根围土壤或根系样品中也获得了这 2 种丛枝菌根真菌,已获得的该 2 种多样孢囊霉属的丛枝菌根真菌在中国药用植物中的分布如表 6-18 所示。

表 6-18　分离自中国药用植物根围土壤或根系中的丛枝菌根真菌种类——多样孢囊霉属（共 2 种）

丛枝菌根真菌名称		宿主植物
	Diversispora eburnea (L.J. Kenn., J.C. Stutz & J.B. Morton) C. Walker & Schüßler (2010)	燕麦
沾屑多样孢囊霉	*Diversispora spurca* (C.M. Pfeiff., C. Walker & Bloss) C. Walker & A. Schüßler (2004)	细枝岩黄耆、北柴胡、丹参、北方沙参、白术、白芷、盐肤木、蒙古黄耆、燕麦、三枝九叶草、交让木、车前、太平莓、老鼠矢、甘草

七、类球囊霉科(Paraglomeraceae)

类球囊霉属[*Paraglomus* J.B. Morton & D. Redecker(2001)]。

按现有分类系统，类球囊霉属包含3种，在中国已发现有2种(王幼珊等，2012)。从药用植物根围土壤或根系样品中仅获得1种，另1种未在药用植物中获得，为Cai等(2009)在西藏地区东南部波密县采集的梅根际土壤样品中获得的巴西类球囊霉(*Paraglomus brasilianum*)。已获得的1种类球囊霉属的丛枝菌根真菌在中国药用植物中的分布如表6-19所示。

表6-19 分离自中国药用植物根围土壤或根系中的丛枝菌根真菌种类——类球囊霉属(共1种)

丛枝菌根真菌名称		宿主植物
隐类球囊霉	*Paraglomus occultum* (C. Walker) J.B. Morton & D. Redecker (2001)	黑沙蒿、丹参、茶、含笑花、盐肤木、三角叶黄连、玄参、黄花乌头、黄连、半夏、前胡、白芷、圆头蒿

八、Ambisporaceae

Ambispora C. Walker，Vestberg & Schüßler (2007)。

按现有分类系统，*Ambispora* 包含9种，在中国已发现有6种(王幼珊等，2012)。从药用植物根围土壤或根系样品中也获得了这6种丛枝菌根真菌，已获得的该6种 *Ambispora* 的丛枝菌根真菌在中国药用植物中的分布如表6-20所示。

表6-20 分离自中国药用植物根围土壤或根系中的丛枝菌根真菌种类——*Ambispora*(共6种)

丛枝菌根真菌名称	宿主植物
Ambispora appendicula (Spain，Sieverd. & N.C. Schenck) C.Walker (2008)	茶、宽瓣重楼
Ambispora callosa (Sieverd.) C. Walker，Vestberg & Schüßler (2007)	草珊瑚
Ambispora fecundispora (N.C. Schenck & G.S. Sm.) C. Walker (2008)	盐肤木、紫茉莉
Ambispora gerdemannii (S.L. Rose，B.A. Daniels & Trappe) C. Walker，Vestberg & Schüßler (2007)	细枝岩黄耆、丹参、北方沙参、茶、蒙古扁桃、三角叶黄连
Ambispora jimgerdemannii (N.C. Schenck & T.H. Nicolson) C. Walker (2008)	高良姜、野牡丹、薄荷、喜树、葛、黑沙蒿、柽柳、三角叶黄连、北柴胡、桔梗
Ambispora leptoticha (N.C. Schenck & G.S. Sm.) C. Walker，Vestberg & Schüßler (2007)	薯蓣、糯米团、石菖蒲、暴马丁香、南方红豆杉、连香树、黄檗、燕麦、三角叶黄连、葛

九、分类地位不明

按现有分类系统，仍有6种丛枝菌根真菌种类未能归入现有的各个属中，从药用植物根围土壤或根系样品中获得的 *Entrophospora infrequens* 便是其中一种，它在中国药用植物中的分布如表6-21所示。

表 6-21　分离自中国药用植物根围土壤或根系中的丛枝菌根真菌种类——分类地位不明（共 1 种）

丛枝菌根真菌名称	宿主植物
Entrophospora infrequens (I.R. Hall) R.N. Ames & R.W. Schneid. (1979)	丹参、牡丹、贴梗海棠、蒙古扁桃、燕麦、三角叶黄连、檵木

第四节　药用植物与丛枝菌根真菌共生关系形成及影响因素

一、丛枝菌根真菌与宿主植物的识别

在内生真菌/菌根真菌与植物长期进化过程中，两者在生态、生理方面已经具有高度依赖性，共生是在双方自我调控基础上完成的。在共生之前，为了达到有效地接触或接触后形成共生关系，宿主植物和菌丝释放诸如“信息素”之类的信号分子，并各自形成特有的识别机制被对方识别，诱导特异性功能基因的表达，从而引起生理代谢、细胞结构的变化；植物细胞也进行所谓的“适应性程序”使之有利于菌丝侵染，最后完成共生的整个发育周期（Parniske，2004）。目前，植物与菌根真菌信号识别的研究以外生菌根和丛枝菌根为主，对兰科菌根真菌和内生真菌对宿主植物识别机制的研究甚少。

对于共生丛枝菌根真菌和宿主植物双方来说，在相互接触，即附着胞形成之前就开始识别和吸引对方，并伴随其他过程。丛枝菌根真菌与宿主植物的识别分为真菌对植物产生信号的反应和植物对真菌产生信号的反应两个方面。

（一）真菌对植物产生信号的反应

丛枝菌根真菌的生存是通过有效萌发和快速定植于宿主植物来实现的。土壤中丛枝菌根真菌的孢子可以自然萌发，并不受植物产生的信号物质影响。然而根部的分泌液和挥发性物质能够促进或抑制孢子的萌发；孢子萌发后，菌丝芽管在土壤中生长。菌丝生长缓慢，最后便停止生长。然而，真菌孢子储备有足够的碳源，以便遇到合适的宿主植物后再次萌发。例如，*Gigaspora gigantea* 的巨大孢子能够反复萌发 10 次以上（Koske，1981）。

丛枝菌根真菌在接近宿主植物的根部时其形态发生了变化，菌丝生长加快，分枝增多（Buee et al.，2000）。这样的反应能够被宿主植物根的分泌物或挥发性物质所触发，但非宿主植物的根系分泌物并不能起到这种作用。研究表明，真菌感受宿主植物发出的信号（分枝因子）导致真菌菌丝分枝的增加，从而增大了与宿主植物接触的可能性。因此，在相互作用的早期阶段，真菌在某种程度上能够区分宿主植物和非宿主植物。Akiyama 等（2005）从日本百脉根（*Lotus japonicus*）的根系分泌物中分离到了一种倍半萜物质 strigolactone（5-deoxy-strigol），是诱发丛枝菌根真菌菌丝分枝的宿主分枝因子。strigolactone 类化合物的浓度与丛枝菌根真菌的宿主专一性一致。与丛枝菌根真菌的宿主植物胡萝卜和烟草相比，非宿主植物拟南芥产生的 strigolactone 类化合物很少（Westwood，2000）。strigolactone 类化合物是根系的代谢产物，可分离自多种单子叶植物或双子叶植物，先前的研究表明，其能够刺激根寄生杂草种子的萌发，如独脚金和列当（Bouwmeester et al.，2003）。strigolactone 类化合物的生物合成途径目前还不是十分清楚，strigolactone 类化合物是倍半萜类化合物，许多学者认为其与倍半萜有着相似的代谢途径（Yokota et al.，1998），但是利用玉米类胡萝卜素突变体，以及在玉米、高粱、豇豆上应用类异戊二烯途径抑制剂的研究发现，strigolactone 来自于质体中的类胡萝卜素合成途径，而不是甲羟戊酸途径（MVA）和甲基赤藓醇磷酸酯途径（MEP）。类胡萝卜素的分解产物 mycorradicin 和环己烯酮可以在菌根中积累（Klingner et al.，1995；Maier et al.，1997；Walter et al.，2000）。在玉米类胡萝卜素突变体的研究中还发现，其根系中缺乏 mycorradicin 的产生，形成的菌根数量也减少（Fester et al.，2002）。许多学者还发现，类胡萝卜素的衍生物存在于丛枝菌根真菌共生发育的多个阶段，从而刺激了真菌的分枝。

尽管真菌的 strigolactone 受体还没有被分离出来，但在接种 *Gigaspora rosea* 和 *Rhizophagus intraradices* 的胡萝卜根分泌物中检测到了 strigolactone 物质（Tamasloukht et al.，2003）。真菌分枝是在线粒体基因转录后不久发生的，并伴随着耗氧量的增加，其活性的下降。因此，基因簇被诱导后，导致真菌呼吸作用增强，以便积累足够的能量来进行菌丝的分枝（Tamasloukht et al.，2003）。所以当真菌菌丝探测到宿主植物根存在后，产生分枝，并迅速触及植物根系，从而获得生长所需要的营养物质。

另外，有研究表明一些物质可以与根系分泌物产生协同作用来诱发丛枝菌根真菌的生长和分枝。Bécard 和 Piché（1989）发现，植物根系释放的挥发性分子，如 CO_2 可以刺激丛枝菌根真菌的生长，并与根系分泌物具有协同作用。Nagahashi 和 Douds（2004）研究发现，蓝光和一种根系分泌混合物（photo-mimetic compound，PC）对 *Gigaspora gigantea* 菌丝分枝具有协同功效，可能参与了第二信使的作用。

（二）植物对真菌产生信号的反应

植物对其根际周围存在的不同类型的微生物反应不同。通常，植物病原菌存在时，其产生的激发子可以触发宿主植物信号的级联反应，使宿主产生防御反应。而在丛枝菌根真菌与宿主植物的共生过程中，在宿主植物防御反应被抑制之前，只能短暂的应答或不应答。有关丛枝菌根真菌信号物质、宿主植物对真菌信号的反应及其刺激的结果等方面的研究报道不多。

Kosuta 等（2003）发现，在植物根与菌丝接触前，接近菌丝分枝的根中有 *GUS* 报告基因表达。他们用一张玻璃纸将宿主与真菌隔开，但能保证信号物质的传递。*GUS* 报告基因表达产物大量分布说明真菌释放出了信号物质，这种物质被假定为真菌因子，是由丛枝菌根真菌产生的。Kosuta 等还研究了 3 种病原真菌，但均未发现该因子。一旦丛枝菌根真菌菌丝与根接触或穿透根表皮细胞，被侵染细胞中的 *GUS* 报告基因表达随即被抑制，说明在附近的未被侵染的细胞中有抑制物质存在。因此，宿主植物根遇到丛枝菌根真菌时，其预共生程序就被打开，诱发了 Nod 因子诱导的早期结瘤基因（early nodulation11，*MtENOD11*）的表达。当真菌与根接触或共生关系建立时，与入侵菌丝直接接触细胞的基因表达就被抑制。Catoira 等（2000）研究了蒺藜苜蓿（*Medicago truncatula*）的受体样激酶突变体 *dmi2*。*dmi2* 是一种不能被丛枝菌根真菌侵染的突变体，但是在接触前，丛枝菌根真菌分枝和 *MtENOD11* 的表达水平与蒺藜苜蓿的野生型类似，都不受影响，说明 *dmi2* 突变体的预共生性质不受影响。当 *dmi2* 突变体与真菌接触时，*GUS* 报告基因表达并不受抑制。当宿主植物根与丛枝菌根真菌相遇时，*MtENOD11* 基因就会表达，但 *MtENOD11* 的表达需要功能基因 *MtDMI2* 协助。而当 *dmi2* 突变体与丛枝菌根真菌相遇时，预共生的预期信号能够起作用，但是并不依赖 *MtDMI2* 的信号传递途径。

Olah 等（2005）的研究表明，在丛枝菌根真菌与蒺藜苜蓿接触前，真菌可以扩散的真菌因子诱导了宿主侧根数量的变化。Harrison（1999）认为，侧根是真菌定植的首选位点，而植物通过增加有效的侧根数量来迎接真菌的到来。与真菌因子诱导 *MtENOD11* 表达或与侧根形成有关的因子有多少，目前还不清楚。然而，与 *MtENOD11* 表达相比较，侧根的形成更依赖于 *MtDMI2*，这两个过程受不同因子或不同信号传递途径影响。接种菌根真菌 *Funne liformis mosseae* 于宿主蒺藜苜蓿时，在它们相互接触之前，宿主有 11 个基因被诱导，这说明植物有非常广泛的转录反应来感知真菌的靠近。这些基因需要 *DMI*3（依赖钙调蛋白的激酶基因）的正向调节，在 *dmi3* 突变体上基因的诱导被终止，限制了真菌对宿主植物的侵入。这些结果表明，预共生信号传递只是部分的依靠 *DMI3* 基因的功能。

关于宿主植物对丛枝菌根真菌的靠近存在“预共生程序”的另一个证据来自 Gutjahr 等（2005）的发现，丛枝菌根真菌与宿主植物百脉根（*Lotus japonicas*）的根在接触前，根中会积累大量淀粉粒。而淀粉粒的积累或许可以促进或维持共生的形成。

植物应答真菌因子信号的受体目前还未见报道，然而，在玉米突变体 *nope1* 的根上不能形成附着胞，说明在丛枝菌根真菌与植物接触前，宿主植物不能发出预共生信号（Paszkowski et al.，2006）。用转座子技术将突变体恢复为野生型，宿主就可以感知真菌的信号物质，弥补了不能识别信号的缺陷。

丛枝菌根真菌和宿主植物相互识别后，真菌与宿主植物充分接触并在相互作用后的 42～48h，即可形成附着胞（Giovannetti and Citernesi，1993）。附着胞的形成标志着该真菌成功识别到一个潜在的宿主植物，但形成附着胞并不等于能形成菌根。在丛枝菌根发育过程中，丛枝菌根真菌菌丝的生长需要穿过根表皮细胞、皮层细胞最终形成丛枝或泡囊等功能结构。真菌与宿主不能形成菌根的原因可能是由于植物不能传递必要的信息给真菌，或不能对真菌的暗示作出反应。反之，即可形成菌根。它们之间的信息传递可能是通过结构或化学方式，其中含有建立共生体所需的全部信息。植物和真菌中的某些基因控制植物-真菌间的识别、真菌侵染与植物反应，以及丛枝菌根的最终形态和功能的建成。目前的研究结果证实，有 3 个植物信号元件参与其中，分别是受体样激酶（DMI2）、离子通道（DMIl）、依赖钙调蛋白的激酶（DMI3）（Parniske，2004）。

对丛枝菌根真菌与植物识别的研究中，不能形成菌根的植物突变体的获得至关重要，其突变的基因统一称为“*SYM*”基因。例如，在蒺藜苜蓿中丛枝菌根的形成需要一套共同的基因控制（*DMI1*、*DMI2*、*DMI3*）（Hause et al.，2005）。研究者发现，宿主植物识别丛枝菌根真菌信号分子的受体激酶是 DMI2，然后通过胞内激酶区域传递信号。随后通过磷酸化作用激活离子通道 DMIl，DMIl 编码一种新蛋白质，这种蛋白质对信号途径中 Ca^{2+}尖峰（Ca^{2+} spiking）的形成是必需的。胞质内 Ca^{2+}浓度变化的响应元件是 DMI3，Levy 等认为 *DMI3* 基因与钙调蛋白激酶（*CCaMKS*）基因高度相似，在信号通路中能迅速下调 Ca^{2+}尖峰，表明 Ca^{2+}峰很可能是这个信号级联反应的必需组件（Jean-Michel et al.，2004；Lévy et al.，2004；Stracke et a1.，2002）。另外有研究发现，*DMI2*、*DMI3* 的突变体与菌丝接触后在根细胞组织的任何部位都检测不到 *MtENODll* 基因的表达，这提示在丛枝菌根真菌释放的信号分子诱导 *MtENODll* 的表达存在两种不同模式，一种是需要与植物根部细胞接触并且依赖于 DMI 途径；另一种是不需要直接接触植物根部细胞且不依赖于 DMI 途径（Weidmann et al.，2004）。此外，日本学者 Imaizumi-Anraku 等（2004）探讨了植物体质体蛋白对菌根共生真菌进入植物根系的重要性，发现百脉根中存在两种同源的质体蛋白基因，即 *CASTOR* 和 *POLLUX*，它们是菌根真菌-宿主植物共生体形成所必需的共同的信号转导组件。这两种蛋白质能调节质体和细胞液之间的离子流量，对于 Ca^{2+}尖峰形成是必需的。

总之，除了以上叙述的菌根共生体信号途径元件外，可能还存在其他与共生体相关的信号元件，至于 DMIl、DMI2、DMI3 与 CASTOR 和 POLLUX 的关系，是否是两条截然不同的信号途径，以及它们在信号途径中的位置目前还不清楚，有待于进一步研究。

二、丛枝菌根的形成过程

(一)附着胞与侵入点的形成

附着胞只能在丛枝菌根真菌的宿主植物上形成，而在非宿主植物根系表面丛枝菌根真菌不能形成附着胞，附着胞是丛枝菌根真菌与植物建立共生体系的过程中在形态上发生的特异性变化。

土壤中，丛枝菌根真菌的菌丝一般都是比较粗大的厚壁菌丝，其直径一般可达 20～30μm，这些菌丝与尚未木质化的植物根系接触后迅速分枝并形成直径为 2～7μm 的薄壁菌丝，充分与植物根系接触。厚壁菌丝和薄壁菌丝都具有侵入植物的能力，当它们与宿主植物充分接触 42～48h 后，可形成扁平形、椭圆形，与根系紧密结合，长度达 20～40μm 的附着胞。非宿主植物的根系则不能分泌诱导形成附着胞的分泌物，仅在根内有菌丝生长(Glent et al.，1988)。附着胞的形成标志着该真菌成功识别到一个潜在的宿主植物，但形成附着胞并不等于能形成菌根。真菌与宿主不能形成菌根的原因可能是由于植物不能传递必要的信息给真菌，或不能对真菌的暗示作出反应。

附着胞可以产生侵入根系的菌丝，称为菌丝锥，其进入根内形成侵入点；有的菌丝不形成附着胞就直接通过根系表皮或通过根毛侵入，尤其是当根内菌丝长出根外，沿着根表面生长时，真菌与宿主植物之间不需要再次识别即可直接侵入根内。根外菌丝沿着根表面匍匐生长，多处发生分枝，形成多个侵入点。

现阶段，菌丝穿透细胞壁的机制还不十分清楚。在透射电子显微镜下可观察到胞间菌丝产生一个尖细的菌丝锥，这可能是由于菌丝生长产生的压力把先端菌丝穿进细胞壁内。这一过程是否有相关酶的作用目前还不是很清楚。丛枝菌根真菌菌丝侵入的是尚未木质化的幼嫩根系的细胞，菌丝凭借生长的压力就像根系穿过土壤一样可以穿过细胞壁。然而，对于不同的丛枝菌根真菌、在不同的宿主植物上，以及根系的不同发育阶段，其侵入的机制也可能不同。

在丛枝菌根真菌侵染宿主根系的研究中，往往不易看到根尖被侵染的情况，这就容易给人们造成根尖不能被侵染的假象。其实是由于植物根系生长速率一般比菌丝扩展快，只有少数根尖能够被侵染，而取样观察时样品中所含根尖数量又少造成的。实际上植物根尖并非对菌根真菌是免疫的，丛枝菌根真菌从根冠、分生组织区和伸长区都可侵入，丛枝菌根真菌可以在植物根系根尖区任何部位建立侵入点。但是，整个根系不同部位的根尖真菌的侵染率不同，分枝级次越高的根尖，菌根侵染率也越高，这可能与根系生长速率有关。

(二)菌丝的扩展与再次侵染

菌根菌丝与根系相互识别成功后，附着菌丝穿透表皮或经由表皮细胞间隙穿过表皮进入皮层细胞。真菌菌丝还可从根毛或薄的表皮细胞进入根内，而不通过表皮细胞间隙。菌丝进入时带有一定的压力，因而导致细胞壁凸起。而在一段根内包含多个侵染单位，互相交错，难以区分。侵染单元内的菌丝在皮层内横向或纵向生长，有人估算在不同环境条件下菌丝在细胞间的生长速率为 0.13～1.22mm/d，侵染单位最常可延伸 5～10mm(Tester et al.，1986)。透射电子显微镜观察发现，侵入根内的菌丝具有多个细胞核，且包含浓密细胞质、大量细胞器及糖类和脂肪(Peterson and Bonfante，1994)。

某一菌根真菌形成侵入点的能力是与该真菌的共生效应联系在一起的。况且根系上形成的单位根长侵入点数量与植物种类和真菌种类有关。有时，根表面几个菌丝的附着胞靠得很近，在同一个侵入点内有几根菌丝同时侵入表皮，并在外皮层内呈扇形扩展。当侵入细胞内的菌丝形成丛枝后，侵入点外的菌丝又大量的生长，甚至在胞内丛枝未形成前，侵入点外的菌丝就可能大量扩展，并在根表面另一部位形成新的侵入点。

丛枝菌根真菌自侵入点进入根内后，可同时向两个方向生长扩展：一是沿根系生长的方向以胞间菌丝、胞内菌丝或/和根表菌丝形式进行纵向快速生长扩展，有时可一直侵染扩展到根冠细胞；二是从根系外皮层细胞向内皮层细胞以胞间菌丝和胞内菌丝的分枝生长方式进行横向生长发育，但不侵染中柱组织。而根表面的菌丝可以延伸至距根表 10cm 远的土壤中。

总之，丛枝菌根真菌对植物的侵染包括初级侵染(primary infection)和次级侵染(secondary infection)两个阶段。由丛枝菌根真菌最初繁殖体产生的菌丝侵染宿主植物的过程，称为初级侵染阶段；而在菌根形成后，由新长出的根外菌丝、新产生的繁殖体再次侵染植物根系的过程，称为次级侵染阶段。

(三)丛枝、泡囊的发育

丛枝菌根真菌的菌丝在根内进行横向和纵向扩展的同时，真菌组织不断分化和发育，形成丛枝、泡囊等结构。

1. 丛枝的发育

菌丝穿过细胞壁后在细胞内的质外体中不断分叉形成树枝状结构或花椰菜状结构，丛枝是丛枝菌根重要的结构，它可以占据细胞内质外体的大部分空间，但宿主根系细胞的原生质膜并不受到损伤，仍然包围在丛枝周围，并保持着细胞的活性。

细胞间的菌丝挤开宿主根系的细胞壁，使其原生质膜缩陷后进入细胞内，胞间菌丝分化出侧枝开始生长发育形成丛枝。最初的胞间菌丝成为丛枝的主干，丛枝主干侵入的先端部位被植物细胞壁物质并列地连续包围成一个厚层。菌丝穿过细胞壁后，细胞的原生质膜立即将进入的菌丝包围起来。这时，进入细胞内的先端菌丝开始二分叉式生长。形成丛枝的菌丝一般非常细，其端部直径仅为 0.5～1.0μm，但分枝数很多，产生越来越多、越来越细小的分枝，其直径从 1μm 减少到 0.3～0.5μm。因此，可使其在细胞内与细胞质的接触面增加 1～2 倍。经过连续的二分叉就形成丛枝状吸器，最后充满细胞腔内的大部分空间。有时，外皮层细胞内的菌丝并不分叉形成丛枝，而是呈线圈状卷绕在细胞腔内，只在皮层的中部和内层细胞内才形成丛枝。发育完全时丛枝几乎占据整个细胞。随着丛枝的生长发育，宿主细胞的原生质增加，细胞核增大，分散在细胞质内的细胞器也增多，这表明宿主植物细胞的生理活性增强。细胞的原生质总是包围在丛枝周围而不破裂，保持细胞的生命活动。

植物根内丛枝结构着生的数量随真菌种类和宿主植物不同而异。这与丛枝菌根真菌和宿主植物生长发育的生物学特性有关。丛枝在细胞内的生活时间一般为 5～25 天，随后便开始衰老退化，消解；最细小丛枝分枝的细胞质组分被消化，其膜的完整性消失，最后成为无一定形状的物质。在丛枝退化的过程中，一些真菌有时能形成隔膜，把变成空腔的部分同活的有功能的丛枝分隔开来。随着丛枝结构的崩溃，宿主细胞恢复到原来状态，可能被另一个菌丝重新侵入，又形成丛枝或其他结构。有些植物细胞内的丛枝刚退化，新的丛枝就可以再发生，一个细胞中可以同时发生几个丛枝结构。

因此，一个皮层细胞中可能有多个丛枝分解后留下的残屑。在丛枝基部细胞的原生质中有许多还原糖粒和油滴，而液泡中则发现有磷酸盐颗粒。此外，还可能有许多可溶性化合物，当丛枝消解后，它们仍可留在根细胞内继续供植物利用。重要的还有在丛枝消解过程中会产生几丁质酶等。

2. 泡囊的生长

泡囊（vesicle）的生长发育一般比丛枝要晚，是丛枝衰老时，在细胞腔内的菌丝顶端或在菌丝中间串生形成的球形、圆柱形、椭圆形结构，可在根系皮层细胞内或细胞间生长发育，直径为 30～50μm×80～100μm，形状多样，通常为圆球形、椭圆形、棒形、不规则形或随细胞而定，常充满整个细胞腔。并非所有丛枝菌根真菌都能产生泡囊，而且不同属种的丛枝菌根真菌往往形成不同形态、大小和数量的泡囊，泡囊的产生一般滞后于丛枝。

泡囊主要由两种渠道形成：一种是在侵入根部皮层组织的胞间菌丝顶端，菌丝细胞内液泡体积变大，菌丝开始萎缩，并产生隔膜与较新的菌丝分隔开而形成泡囊，这是细胞间的泡囊；另一种是细胞内泡囊，它是由宿主植物细胞内的菌丝顶端膨大而形成的。而有一些丛枝菌根真菌却很少或不形成泡囊。*Acaulospora laevis* 和 *Archaeospora trappei* 在根细胞内产生泡囊，*Glomus monosporus* 仅在靠近侵入点的部位形成泡囊，而 *Rhizophagus fasciculatus* 在所侵染根段各部位的细胞内或间隙都能形成泡囊。大多数真菌是在植物生长季后期或至少接种后 2～3 个月才大量形成泡囊。在所有形成丛枝菌根的 6 属真菌中，*Gigaspora* 和 *Scutellospora* 2 属不在根内形成泡囊，但在土壤中产生土生辅助细胞，其他 4 属的真菌则在根内产生泡囊。例如，*Rhizophagus fasciculatus* 形成的泡囊数量显著多于 *Glomus monosporus* 形成的。

3. 土生辅助细胞

巨孢囊霉属（*Gigaspora*）和盾巨孢囊霉属（*Scutellospora*）的丛枝菌根真菌不能在根系皮层细胞内或间隙形成泡囊，而在根外菌丝顶端形成单个的或成簇的类似泡囊的结构。起初是在菌丝的侧面分枝，然后迅速膨大、颜色改变，形成壁上有饰物的球状结构。Trappe 和 Schenck（1982）将其称为土生辅助细胞（soil-borne auxiliary cell）。关于土生辅助细胞研究的资料较少，对其生长发育特点，尤其是产生机制和功能有待深入研究。

总之，丛枝菌根的形成是丛枝菌根真菌与宿主植物根系识别后，从形成的附着胞或侵入点进入根系，并在根组织内扩展和再次侵染，最后形成丛枝、泡囊结构的过程。另外，在丛枝菌根真菌与植物根系接触前还存在一个时间长短不一的迟缓期，在此期间丛枝菌根真菌侵染扩展缓慢。例如，怪麻和青椒人工接种 *Glomus versiforme* 后分别在 25 天和 35 天才有菌丝侵入根内，葡萄和泡桐的组织培养苗接种丛枝菌根真菌后 20 天根部才出现丛枝，桉树和柑橘实生苗接种后 1 个月才开始有侵染。*Glomus versiforme* 在陆地棉上至少有 3 周的滞后期（郭秀珍和毕国昌，1989）。而产生滞后期的原因可能与接种物中孢子具有休眠性有关。

三、植物与丛枝菌根真菌共生关系形成的影响因素

丛枝菌根真菌是土壤习居菌，它的生长发育及与宿主植物菌根的形成取决于菌根真菌和宿主植物自身的特性、环境因素和农业措施等。各种生态环境条件，如土壤因子、气候因子、地

理环境及农业措施等都会影响丛枝菌根的形成。

(一) 土壤因子对丛枝菌根形成的影响

1. 土壤类型

土壤类型是影响丛枝菌根形成的重要因子之一。不同土壤类型、土壤质地及土壤的不同利用方式等对丛枝菌根真菌均有不同程度的影响。

2. 土壤养分

土壤养分对丛枝菌根形成及繁殖体数量有直接影响。有研究证实，土壤中可利用的氮、磷、锌、铜等含量过高时，能显著抑制丛枝菌根的侵染率、根内丛枝的数量和土壤中丛枝菌根真菌孢子的数量。张美庆等(1999)分析了土壤有效铁含量对丛枝菌根真菌分布的影响，发现摩西球囊霉在铁高于 25mg / kg 的土壤中明显减少，地球囊霉主要存在于铁低于 15mg / kg 的土壤中，帚状硬囊霉在铁为 5～40mg / kg 的区域中较多，而台湾球囊霉则仅见于铁为 25～40mg / kg 的土壤中。

3. 土壤 pH

土壤 pH 也是影响丛枝菌根真菌的一个重要生态因素。通常，土壤 pH 中性至微酸性有利于丛枝菌根发育。土壤 pH 不同，丛枝菌根真菌的组成就可能不同，因为不同属种的丛枝菌根真菌有各自适宜的 pH 范围。球囊霉属适应性强，在所有 pH 范围内分布较均衡；巨孢囊霉属在酸性土壤中分布多，盾巨孢囊霉属在 pH 6.0～7.0 时出现较多，无梗囊霉属在偏酸性土壤中分布最多(盖京苹和刘润进，2000)。大多数丛枝菌根真菌在 pH 4～7 的土壤中都能进行良好的侵染，但丛枝菌根真菌的有效性因 pH 不同而异。Hayman 和 Tavares(1985)研究了 9 种丛枝菌根真菌在 pH 4～7 条件下对草莓生长的影响。结果表明，*Rhizophagus clarus* 在 pH 4 的条件下显著促进了植株的生长；pH 5 时，最有效的菌种是 *Rhizophagus fasculatus* E3、*Acaulospora laevis* 和 *Rhizophagus clarus*；pH 6 和 pH 7 时则为 *Funneliformis mossene*、*Funneliformis caledonium*、*Dentiscutata.heterogana*、*Glomus versiforme*，而 *Acaulospora laevis* 和 *Rhizophagus clarus* 在此 pH 条件下无效；*Funneliformis mosseae* 不适合酸性土壤，在中性、微碱性条件下孢子萌发最好。

4. 土壤含水量和透气性

丛枝菌根真菌为好气性真菌，孢子和菌丝的生长及丛枝菌根的生长发育都需要一定的水分和通气条件。当土壤含水量略低于田间持水量时，丛枝菌根真菌的侵染迅速，菌根发育良好；长期淹水造成缺氧条件，菌根形成受到抑制。Saif(1981)用 *Glomus macrocarpum* 接种香泽兰(*Eupatorum odoratum*)时，在土壤中通入一些 O_2，菌根内的泡囊数量增加了 21%。因此，过分干燥和潮湿的土壤对丛枝菌根的形成都是不利的，土壤含水量为 50%～60%时，最有利于菌根的形成。土壤含水过多，氧气缺乏，不利于丛枝菌根的形成，水生植物根系上很难发现有丛枝菌根的形成。林先贵等(1992)的研究发现，土壤含水量为田间持水量的 20%～60%时，菌根的侵染率与土壤含水量呈正相关；为 80%时，侵染率开始下降，在淹水条件下，50 天后才有少量菌根形成。

5. 土壤温度

土壤温度对丛枝菌根真菌孢子萌发和菌根形成具有重要影响。不同丛枝菌根真菌对温度的适应范围不同，通常丛枝菌根真菌孢子萌发的适宜温度为 16～25℃，温度过高或过低，土壤中孢子数量都会减少。Borge 和 Chaney(1989) 发现，*Rhizophagus fasciculatus* 和 *Glomus macrocarpum* 在 25℃时对洋白蜡树侵染率比 15℃和 35℃时的高。吴铁航等(1994) 调查发现，丛枝菌根真菌的孢子数量有明显的季节性变化，夏季和秋季孢子数量多，春季次之，冬季孢子数量最少。

6. 土壤微生物

在丛枝菌根真菌的宿主植物根系周围的土壤中，还有其他真菌、放线菌、细菌、线虫等微生物，它们的活动也影响着丛枝菌根真菌和菌根的形成。Ames(1989) 研究了 12 种放线菌对 *Glmous macrocarpum* 和 *Glomus mosseae* 的影响，发现 7 种放线菌能够促进菌根的侵染。有些微生物还能对丛枝菌根真菌造成伤害，从而减少丛枝菌根真菌的密度，导致菌根形成的概率降低。Rousseau 等(1996) 研究了 *Rhizophagus intraradices* 与腐生性真菌 *Trichoderma harzianum* 之间的相互作用，发现 *T.harzianum* 菌丝能够侵入丛枝菌根真菌的孢子和菌丝，并在其内部主动繁殖和释放繁殖体。另外，一些以丛枝菌根真菌为食的生物，如食菌性线虫等，也对丛枝菌根真菌的生长和菌根的发育造成危害。

7. 土壤盐碱化对菌根的影响

盐碱化土壤中同样分布着丛枝菌根真菌，尤其是球囊霉属的真菌(刘润进等，1999)。土壤碱化度越高，球囊霉属真菌数量相对也越多。但是有研究表明，增加土壤盐度可抑制丛枝菌根真菌孢子萌发，而不同丛枝菌根真菌的孢子对 NaCl 的耐受力不同。NaCl 能不同程度地抑制 *Acaulospora trappei*、*Gigarpora decipiens*、*Glomus mosseae*、*Scutellospora calospora* 菌丝的生长(Juniper and Abbott，1991)。实际上，盐度对植物的影响远比对真菌的影响更为重要，其导致植物光合产物降低，从而影响菌丝的生长和生存，盐度的增加没有改变菌根侵染率，但是减少了根系总生长量和菌根的发育数量。Duke 等(1986) 用盐处理橘橙幼苗 8 周，菌根在 10 周开始形成；Hartmond 等(1987) 用盐处理柑橘 24 天，菌根在 6 个月形成。这说明盐分在菌根形成初期有重要作用。

(二) 气候条件与地理因子对丛枝菌根的影响

1. 光照条件

自然条件下，最适菌根生长发育的光照条件与其宿主植物所需的光照条件基本是一致的。光照时间和光照强度能影响丛枝菌根真菌的发育，弱光和短日照常常降低真菌的侵染。光照时间长、光照强度适中，有利于植物光合作用，宿主植物同化的大量碳水化合物向根部运输，从而刺激了丛枝菌根真菌的生长发育和产孢，有利于菌根的形成。有时降低光照强度并没有显著影响根系侵染率，但显著减少了根内丛枝和泡囊着生数量(Gianinazzi-Pearson et al.，1991)。这可能是因为宿主植物向真菌供应的光合产物减少，从而限制了丛枝菌根发育。

2. 季节变化

季节变化也能影响丛枝菌根真菌的数量和丛枝菌根的形成。季节变化造成气温的变化，温度是菌根侵染的一个重要决定因子，尤其是在热带地区。通常秋季温度比较适合丛枝菌根真菌的发育和菌根的形成，夏季高温和冬季低温抑制丛枝菌根真菌的生长和发育。彭生斌和沈崇尧(1990)调查发现，丛枝菌根真菌的孢子数量明显随季节变化，产孢高峰一般在6～7月和10月。

3. 地理条件

不同的地理位置具有不同的纬度、海拔，以及降水、气温与光照等气候因子，其土壤环境也有差异，丛枝菌根真菌的侵染和分布具有明显的地域性。Michelini 等(1993)研究了4个地区多种环境因子对丛枝菌根真菌发育的影响，发现不同地区丛枝菌根侵染状况显著不同，丛枝菌根的侵染与区域特征之间具有显著的相关性。

（三）农业措施对丛枝菌根的影响

1. 施肥与浇水

田间施肥量对丛枝菌根真菌具有重要影响。Tawaraya 等(1994)发现施磷能够抑制根内泡囊的形成，而不影响根内菌丝的代谢活性。但是生长期根外施用氮、钾、磷复合肥对丛枝菌根真菌的发育有显著的促进作用。这可能是氮、磷、钾肥的综合作用，大大提高了植株光合产物的生成和向根系的运输，促进了细根生长，有利于丛枝菌根真菌侵染扩展。施肥与浇水改变了土壤养分、微量元素、含水量、透气性等条件，从而影响到丛枝菌根真菌的侵染和发育。例如，在严重缺磷的土壤中施用少量的磷肥，有利于菌根的发育和侵染。在浇水时，大水漫灌造成土壤湿度过高、通气性下降，影响丛枝菌根真菌的成活，也不利于丛枝菌根的形成，因此田间浇水应提倡喷灌或滴灌。

2. 农药的使用

不同种类的农药和不同的使用剂量都对丛枝菌根真菌和丛枝菌根的形成产生影响。例如，一些土壤杀菌剂的使用，可直接对丛枝菌根真菌造成伤害，剂量过高还会引起植物的毒害。许多学者研究了苯莱特对丛枝菌根真菌的影响，它是苯并咪唑和多菌灵的混合物，能够抑制丛枝菌根真菌的侵染和扩展、根内菌丝酶的活性、根外菌丝的生长和活性、菌根对磷的吸收及菌丝对 ^{32}P 的运输等(Boatman et al.，1978；Hale and Sanders，1982；Sukarno et al.，1993；Thingstrup and Rosendahl，1994；Larsen et al.，1996)。Propiconazole 是常用的杀菌剂，它是麦角甾醇抑制剂，Frey 等(1994)认为它对含有少量麦角甾醇的丛枝菌根真菌无太大影响。但也有学者报道它能够影响丛枝菌根真菌侵染扩展、产孢和菌根对 ^{32}P 的吸收(Nemec，1985；Hetrick et al.，1988；Von Alten et al.，1993)。Sreenivasa 和 Bagyarai(1989)在盆栽条件下研究了9种杀菌剂、3种杀线虫剂和5种杀虫剂对丛枝菌根真菌侵染的影响，在正常使用浓度下，所有农药对丛枝菌根真菌都不利。另外，土壤熏蒸剂、杀线虫剂及一些杀虫剂对丛枝菌根真菌都有一定的毒害作用，尤其是一些土壤熏蒸剂能够全杀死土壤中的真菌。

3. 种植方式

植物对丛枝菌根真菌有一定的选择性，长期种植一种植物会影响土壤中丛枝菌根真菌的种类和数量。如果长期种植一种丛枝菌根宿主植物，那么土壤中相应丛枝菌根真菌繁殖体的数量就会累积；但如果长期种植一种不形成丛枝菌根的植物，土壤中丛枝菌根真菌的种类和繁殖体的数量就会越来越少。间作和轮作是农业生产上常用的一种栽培技术，对丛枝菌根真菌种类也有影响。研究结果表明，豆科三叶草和禾本科玉米间作对丛枝菌根真菌种类也有影响。间作的植物不同，相应的丛枝菌根真菌种类组成就会有所变化，根围土壤中菌根真菌的数量也会增加，这对丛枝菌根的形成和促进植物的生长具有较大的作用。

（侯晓强　郭顺星）

第五节　丛枝菌根真菌与中国药用植物的共生栽培

为了满足医药工业对中药材日益增长的需求，对野生药材引种栽培是十分有必要的，但栽培过程中由于植物生境改变、植物种类单一、栽培密度增大等因素，会导致中药材产量下降、药用成分含量降低、病虫害发生增加及土壤环境恶化所引起的连作障碍等不可避免的问题。在农作物种植过程中应用丛枝菌根真菌的相关研究已很多，有大量研究表明接种丛枝菌根真菌后可以促进农作物的生长发育和对氮、磷等养分元素的吸收，提高农作物产量和品质，增强作物抵抗逆境和病虫害的能力。因此，将丛枝菌根真菌应用于中国药用植物的栽培研究，是解决在药用植物栽培过程中产生的问题的新思路。

一、丛枝菌根真菌在中国药用植物栽培中的应用研究概况

在中国药用植物与丛枝菌根真菌共生栽培研究中已涉及的丛枝菌根真菌有 4 科 7 属 16 种（表 6-22），其中使用最多的是 *Funneliformis mosseae*，已对它与半夏、苍术、北柴胡、丹参等 30 种药用植物的共生栽培进行了研究。而这些药用植物多以根系作为药用部位，期望通过接种丛枝菌根真菌可以提高中药材产量、提高药用成分含量及防治病虫害的发生。在这些研究中所考察的主要有两个方面。一方面关注丛枝菌根真菌种类之间是否存在功能差异。例如，赵昕和闫秀峰（2006）分别使用 6 种不同丛枝菌根真菌接种喜树（*Camptotheca acuminata*）幼苗，发现不同种类丛枝菌根真菌对喜树幼苗生长、光合特性及次生代谢产物喜树碱代谢影响有明显的种属差异；通过分别接种 7 种丛枝菌根真菌对川黄檗中小檗碱含量的影响，也表明接种丛枝菌根真菌可以显著提高川黄柏幼苗的小檗碱含量，且接种不同种类丛枝菌根真菌的川黄檗（*Phellodendron chinense*）幼苗之间小檗碱的含量差异显著（周加海和范继红，2007）；滕华容（2005）发现，接种 2 种丛枝菌根真菌可增加北柴胡皂苷 A 和地上部分黄酮的含量，但不同丛枝菌根真菌物种之间对北柴胡的影响差异并不显著。另一方面关注不同丛枝菌根真菌之间是否功能互补。例如，王颖（2008）发现，使用 3 种丛枝菌根共同接种甘草幼苗比单独接种对甘草幼苗累积生物量的影响更大；同时，使用甘草根围土著混合菌种接种甘草幼苗也要优于单独接种。在使用 4 种丛枝菌根真菌两两配对接种黄檗苗木后，发现 *Claroideoglomus etunicatum* 或地表球囊霉（*Glomus versiforme*）与其他种类丛枝菌根真菌混合接种后会降低其他种类丛枝菌根真

菌的侵染率，从而降低其他种类丛枝菌根真菌与植物的相互作用程度(范继红等，2011)。通过对丛枝菌根真菌种类之间是否存在功能差异以及是否功能互补这两个方面进行研究考察,为今后有目的性地选择丛枝菌根真菌种类及多样性提供了参考,为在中药材种植时大规模应用丛枝菌根真菌作为"生物肥料"打下了基础。

表 6-22　在中国药用植物与丛枝菌根真菌共生栽培研究中所使用的丛枝菌根真菌种类

丛枝菌根真菌种类		药用植物种类
无梗囊霉属	*Acaulospora*	
脆无梗囊霉	*Acaulospora delicata*	翅果油树
光壁无梗囊霉	*Acaulospora laevis*	喜树、川黄檗
蜜色无梗囊霉	*Acaulospora mellea*	喜树、川黄檗
	Claroideoglomus	
	Claroideoglomus caledonium	麻楝、北柴胡、紫茉莉
	Claroideoglomus etunicatum	大豆、番茄、黄檗、川黄檗、喜树
	Funneliformis	
	Funneliformis constrictus	甘草、黄耆、连翘、紫穗槐
	Funneliformis mosseae	陆地棉、白术、半夏、苍术、茶、北柴胡、翅果油树、丹参、大豆、番茄、甘草、枳、黄檗、黄花蒿、黄耆、黄芩、麦冬、牡丹、葡萄、桑树、沙棘、酸枣、五味子、银杏、玉蜀黍、紫穗槐、川黄檗、君迁子、牛蒡、库页红景天
巨孢囊霉属	*Gigaspora*	
珠状巨孢囊霉	*Gigaspora margarita*	茶、玉蜀黍、葡萄
	Gigaspora rosea	陆地棉
球囊霉属	*Glomus*	
聚丛球囊霉	*Glomus aggregatum*	苍术
地表球囊霉	*Glomus versiforme*	陆地棉、麻楝、苍术、茶、丹参、番茄、甘草、黄檗、黄花蒿、喜树、银杏、玉蜀黍、川黄檗、君迁子、牛蒡、库页红景天
	Rhizophagus	
	Rhizophagus diaphanus	番茄、黄檗、喜树、银杏、紫穗槐、川黄檗、君迁子、牛蒡、库页红景天
	Rhizophagus fasciculatus	连翘
	Rhizophagus intraradices	半夏、苍术、丹参、番茄、喜树、银杏、紫穗槐、川黄檗、君迁子、牛蒡、库页红景天
	Rhizophagus manihotis	喜树
	Sclerocystis	
	Sclerocystis sinuosa	喜树、库页红景天

二、共生栽培中丛枝菌根真菌对药用植物的影响

(一)丛枝菌根真菌对药用植物药用成分的影响

丛枝菌根真菌对植物营养元素的吸收和积累已使其被认为是农作物生产上可以广泛应用、

无污染、可代替化学肥料的“生物肥料”。中国对丛枝菌根的应用研究多集中在农作物方面，与药用植物共生栽培的相关研究是最近20年才引起关注的。在药用植物栽培生产过程中，药用成分含量的高低是衡量药材质量的关键,因此,相关专家希望通过与丛枝菌根真菌共生栽培,促进药用成分的生成和累积,尤其是以根和地下茎作为药用部位的药用植物更是共生栽培研究的关注点。通过 HPLC-UV 法检测发现，接种丛枝菌根真菌的麦冬大黄酚含量比对照组高237.9%，其他主要化学成分含量也有显著提高（王森等，2008）。在适当的施氮水平下，丛枝菌根真菌可以提高黄耆的总黄酮含量（刘媞和贺学礼，2009）。孟静静和贺学礼（2011）及杨立（2012）先后发现，丹参接种丛枝菌根真菌后，对总黄酮、迷迭香酸、丹酚酸B、丹参酮I、丹参酮IIA、二氢丹参酮等药用成分均有影响。

此外,相关专家还对接种不同丛枝菌根真菌种类及混合接种丛枝菌根真菌对药用成分的影响进行了考察。郭巧生等（2010）选用在野生和栽培的半夏根围土壤中均有分布的 *Funneliformis mosseae*（原 *Glomus mosseae*）和 *Rhizophagus intraradices*（原 *Glomus intraradices*）对半夏块茎进行接种，接种后半夏的块茎鲜重、干重和繁殖系数均显著提高，也促进了半夏块茎鸟苷和生物碱含量的积累；同时，*F. mosseae* 与 *R. intraradices* 混合接种对半夏块茎鸟苷和生物碱含量增加的影响比分别单独接种更为明显，说明混合接种有协同效应。与之相反，虽然滕华容（2005）在研究丛枝菌根真菌与施磷量对柴胡化学成分交互效应的研究中发现,北柴胡接种丛枝菌根真菌后，北柴胡皂苷 A 和地上部分黄酮的含量会随着施磷量的增加而增加，并在施磷量为 0.3g P_2O_5/kg 土时达到最佳；接种 *F. mosseae*、*Funneliformis caledonium*（原 *Glomus caledonium*）及两者的混合物都能提高北柴胡皂苷 A 和地上部分黄酮的含量，但菌种间的差异不显著。因此，混合接种能否产生协同效应而更有利于有效成分的生成和累积还有待进一步考察。

接种丛枝菌根真菌后，不仅提高了药用成分的含量，还会影响化合物的种类。黄花蒿（*Artemisia annua*）接种丛枝菌根真菌后（黄京华等，2011），其茎、小枝和叶中的青蒿素含量均有提高，并且改变了地上部分的挥发油成分，增加了挥发油收油率；可在接种 *F. mosseae* 的黄花蒿植株的挥发油中分离出 54 种化合物，其中 19 种都与对照组不同；在接种地表球囊霉（*Glomus versiforme*）的黄花蒿植株的挥发油中分离出 43 种化合物，有 20 种与对照组不同。

尽管中国药用植物与丛枝菌根真菌共生栽培的研究才刚刚开始,但对有些药用植物已经开展了较为系统的研究，如苍术和喜树。不同研究显示，苍术接种丛枝菌根真菌后，对苍术挥发油的影响是有区别的。采用盆栽试验方法对苍术接种 *F. mosseae* 后，虽然可以影响苍术根际区有机质的组成、促进苍术的营养生长，但对苍术挥发油质量没有影响（郭兰萍等，2006）。随后，张霁等（2010）考察了分别接种4种丛枝菌根真菌 *F. mosseae*、聚丛球囊霉（*Glomus aggregatum*）、地表球囊霉、*R. intraradices* 对苍术的影响，发现不同丛枝菌根真菌种类对苍术地下部分营养生长的影响存在差异，但对苍术挥发油品质和挥发油中 5 种主要成分的含量均无显著性影响。之后，张霁等（2011）选取对苍术侵染率较高的丛枝菌根真菌菌种 *Rhizophagus intraradices*，考察不同温度下接种 *R. intraradices* 对苍术地下部分生物量和挥发油的影响，发现高温胁迫下接种丛枝菌根真菌可以促进苍术根茎的生物量积累并显著影响根茎的挥发油总量和挥发油主要成分。

关于喜树接种丛枝菌根真菌对喜树碱含量影响的研究则更加深入。对喜树幼苗分别接种 6 种丛枝菌根真菌，包括蜜色无梗囊霉（*Acaulospora mellea*）、光壁无梗囊霉（*Acaulospora laevis*）、*Rhizophagus manihot*、地表球囊霉、*Rhizophagus diaphanum*、*Sclerocystis sinuosa*，发现均对喜树碱的代谢有影响。与无菌根幼苗对比，除 *F. mosseae* 会引起喜树碱含量降低和地表球囊霉对喜树碱含量的影响并不显著外，其他 4 种丛枝菌根真菌种类都显著提高了喜树碱的含量，且物种之间存在显著差异，同时丛枝菌根真菌对喜树幼苗喜树碱含量的影响具有器官差异（赵昕和闫秀峰，2006）。赵昕等（2008）使用冰冻切片技术和激光共聚焦扫描显微技术建立了一种同步观察喜树碱与丛枝菌根结构的方法，可实现在喜树丛枝菌根中定位喜树碱的分布。此后于洋等（2009）还利用赵昕等建立的同步观察喜树碱与丛枝菌根结构的方法对丛枝菌根真菌的侵染程度与喜树碱含量的关系进行了考察，发现丛枝菌根真菌对喜树幼苗的侵染率和侵染强度的增加，会导致喜树碱含量降低，它们之间具有一定的负相关；而喜树碱在喜树幼苗根细胞中的分布比例是随着丛枝菌根结构的增加而增加的，丛枝菌根结构与喜树碱的分布具有一定的对应性。通过对喜树幼苗的接种时期和接种后共培养时间与丛枝菌根喜树幼苗喜树碱含量的相互影响进行考察，发现在喜树幼苗出土后的不同时期接种丛枝菌根真菌，对喜树幼苗喜树碱产量提高的原因是不同的；随着共培养时间的增加，喜树碱含量和产量的增长幅度也是随之增加的，当达到一定共培养时间以后增长幅度趋于平稳（于洋等，2010；2012）。

（二）丛枝菌根真菌对药用植物生长发育的影响

药用植物在引种栽培的过程中，生境发生改变、土壤中所含有的营养成分有限、连续耕种会造成药用植物生长发育受到影响甚至减产，因此，期望丛枝菌根真菌可以促进营养成分的吸收和累积、提高药用植物在引种栽培过程中的存活率。由于人参栽培周期长容易感染病虫害导致减产，在对三年生人参苗接种丛枝菌根真菌菌剂后发现，人参对丛枝菌根真菌具有较强的依赖性，同时丛枝菌根真菌能显著提高人参植株的单产量、产种子量、单枝重及根的商品等级（李香串，2003）。通过考察施氮水平下接种丛枝菌根真菌对白术生理特性和植株成分的影响，发现施氮量增加会减少丛枝菌根真菌的侵染率，在适量施氮条件下，接种丛枝菌根真菌可以促进植株可溶性蛋白质和可溶性糖的积累，有效提高根茎营养成分及挥发油的含量（卢彦琦等，2011）。同时，袁丽环和王文科（2011）发现，丛枝菌根促进了翅果油树苗木的生长，提高了苗木对光的利用效率；王虹等（1999）发现，接种丛枝菌根真菌可以显著提高紫茉莉的营养生长、叶绿素及花青素含量。由此可知，丛枝菌根可以显著促进植物营养生长、提高对光的利用效率，从而有利于营养成分的积累。

此外，不同的丛枝菌根真菌种类对同一种药用植物的影响是不同的。用 4 种丛枝菌根真菌（包括地表球囊霉、*F. mosseae*、*Glomus sinuosa*、*R. intraradices*）对一年生库页红景天实生苗分别接种，发现其净光合速率、根茎生物量及成活率都有显著提高，其中 *F. mosseae* 和 *R. intraradices* 的促进作用最为显著（李熙英等，2005）。同时，地表球囊霉、*F. mosseae*、*R. intraradices* 这 3 种丛枝菌根真菌还被用于接种银杏幼苗，发现接种后银杏幼苗的高度、营养器官干重、叶面积和叶片数都显著高于未接菌对照组，但这 3 个菌种之间无显著差异（齐国辉等，2002）。因此，丛枝菌根真菌种类对宿主植物影响的差异与宿主植物种类有一定关系，但还有待于进一步证实。不仅有不同种类丛枝菌根真菌单接种试验，而且有丛枝菌根真菌之间双接种、多接种试验，以及与根瘤菌双接种试验，用以考察菌种间对宿主植物的协同影响效应。有研究采用 *F. mosseae*、地表球囊霉及 *Septoglomus constrictum*（原 *Glomus constrictum*）这 3 种丛枝菌根真菌对甘草幼苗进行单接种、双接种和多接种，并且还将其对植物的影响效果与接种土著菌种的效果进行比较，发现 *F. mosseae* 和 *Septoglomus constrictum* 双接种、3 个菌种共同接种与接种土著菌都显著影响甘草的生长、促进甘草合成代谢和储藏功能、影响甘草保护酶系、提高甘草幼苗的营养生长，并与其他接种组合相比较差异显著（王颖，2008）。除了丛枝菌根真菌之间具有协同效应之外，丛枝菌根真菌还与其他微生物共同提高植物对营养成分的吸收、固定，以及促进植株的生长发育。为了考察丛枝菌根真菌对紫穗槐固氮能力的影响，不仅使用丛枝菌根真菌 *R. intraradices* 单接种，还将其与根瘤菌 *Rhizobium* sp.双接种，在盆栽条件下观察发现，与单接种相比较，双接种的紫穗槐在同一时间内的生物量要显著高于单接种的紫穗槐，并且可以促进植物结瘤及脲酶的分泌，从而增强紫穗槐的固氮能力(孟剑侠，2009)。

(三)丛枝菌根真菌对药用植物抗逆境和病虫害能力的影响

药用植物在栽培过程中不仅要有足够的营养成分促进其正常生长发育，还要面对无法预测的不良土壤、气候环境及时有发生的病虫害暴发等，因此，相关专家对丛枝菌根真菌能否增加药用植物抵抗不良环境及病虫害的能力进行了考察。

在土壤营养成分贫瘠的环境中，丛枝菌根真菌一方面可以通过提高植物根系的酶活力促进植物对营养成分的吸收；另一方面，丛枝菌根真菌与土壤微生物关系密切，可以增加营养成分在根际土壤中的富集。对翅果油树幼苗分别接种丛枝菌根真菌 *F. mosseae* 和脆无梗囊霉后，发现均显著提高了翅果油树根系从贫瘠土壤中吸收磷、钾元素的能力，以及根系过氧化物酶活性和根系多酚氧化酶活性，显著增加了翅果油树幼苗抵抗逆境的能力(袁丽环等，2009)；随后，使用这两个菌种分别接种和共同接种翅果油树幼苗后，发现共同接种可以显著增加根际土壤中放线菌、固氮菌和细菌的数量，并使植物可直接吸收的氮元素和磷元素在土壤中富集，提高了根际土壤肥力(袁丽环和闫桂琴，2010)。

除了土壤贫瘠这一问题外，中国盐碱地的面积也比较大，因植物在盐碱地上生长不良、品质差、产量低，考察丛枝菌根真菌对药用植物耐盐能力的影响，可为应对土壤盐害、扩大药用植物在盐碱的地栽植面积打下基础。为了应对盐渍环境对细胞所造成的渗透胁迫，植物会在吸收外界无机离子时产生有机小分子物质作为渗透调节剂，通过调节细胞内水势来调节水分的运输。有研究发现，在接种 *F. mosseae* 后，牡丹叶片钾离子与钠离子的比值升高，同时也提高了可溶性蛋白质和可溶性糖的含量，使牡丹在盐渍条件下的渗透调节得以增强(郭绍霞和刘润进，2010)。另外，通过对酸枣实生苗接种 *F. mosseae* 发现，接菌组植株茎和叶中的钠离子浓度显著低于不接菌的对照组，而接菌组植株根内的钠离子浓度显著高于对照组。由此可知，接种丛枝菌根真菌后，可以减少酸枣实生苗将钠离子向地上部分转运，从而达到减轻对植株地上部分盐害的目的(申连英等，2004)。

对于水资源匮乏的现状来说，干旱对药用植物生长的影响是不可忽视的现实。因此，丛枝菌根真菌对药用植物抗旱性的影响受到越来越多的关注。通过对连翘实生苗分别接种和混合接种 *Septoglomus constrictum*(原 *Glomus constrictum*)及 *Rhizophagus fasciculatus*(原 *Glomus fasciculatum*)两种丛枝菌根真菌发现，随着丛枝菌根真菌侵染率的增加，连翘实生苗的叶绿素和脯氨酸含量提高、超氧化物歧化酶活性增强、丙二醛含量及细胞膜透性降低，从而提高了连翘幼苗的抗旱性；而混合接种更有利于提高连翘实生苗的抗旱性(赵平娟等，2007)。在短期水分缺乏胁迫及胁迫解除的条件下，研究丛枝菌根真菌对枳实生苗生长发育的影响，以及其相关调节物质和酶系统的变化，发现接种 *Funneliformis mosseae* 93(原 *Glomus mosseae* 93)的枳实生苗在干旱和复水过程中其正常生理代谢受到的影响较小；同时，通过提高叶片和根系可溶性蛋白质含量、超氧化物歧化酶活性、过氧化物酶活性和过氧化氢酶活性，增强了枳实生苗的渗透调节能力、降低了细胞膜脂过氧化，增强了枳实生苗的抗旱能力(吴强盛等，2005)。在土壤相对含水量为 70%(轻度胁迫)、50%(中度胁迫)、30%(重度胁迫)的条件下发现，混合接种 *F.*

mosseae 和 *Septoglomus constrictum*（原 *Glomus constrictum*）的紫穗槐植株受到水分胁迫的影响较小，通过增加渗透调节物质的含量和抗氧化酶活性，减少水分胁迫对细胞膜的伤害，保证细胞膜正常生理功能的运转，提高紫穗槐植株的抗旱性（谢靖，2012）。水分胁迫条件下对紫穗槐的接种试验与丛枝菌根真菌和沙棘扦插苗的共生试验所产生的影响相同，即接种 *F. mosseae*（原 *Glomus mosseae*）后可以显著提高沙棘植株的叶片超氧化物歧化酶活性，降低细胞膜透性和膜脂过氧化产物丙二醛的含量，从而增强了植物的抗旱性（唐明等，2003）。在高盐和干旱胁迫条件下考察丛枝菌根真菌对牛蒡的影响，发现丛枝菌根真菌可以显著促进牛蒡生长、促进根系对氮元素和磷元素等矿质养分的吸收及累积、增加多种酶活性，有效地缓解了胁迫条件对植株的伤害作用；并且地表球囊霉的侵染率和对牛蒡幼苗抗逆境的促进作用都要显著高于 *F. mosseae* 和 *R. intraradices*（陈鑫，2009）。

在药用植物栽培过程中，不仅贫瘠的土壤、干旱和盐渍的环境会影响植株的正常生长，有时植物还要面对寒冷的气候和突发的病虫害，丛枝菌根真菌对药用植物耐寒性和抗病性的研究也有开展，但数量有限。在对药用植物耐寒性的影响方面，在大田中对君迁子分别接种 *F. mosseae*、*R. intraradices*（原 *Glomus intraradices*）、地表球囊霉 3 种丛枝菌根真菌后发现，在温度达到 5℃、10℃、15℃时丛枝菌根真菌可以减小君迁子枝条细胞膜的损伤；但当温度达到 20℃时接种与否无显著性差异，即丛枝菌根真菌对君迁子耐寒性的影响有限（张林平等，2003）。在对药用植物抗病性的影响方面，对在重茬土壤环境中接种 *F. mosseae*、*R. intraradices*、地表球囊霉 3 种丛枝菌根真菌对银杏幼苗影响的研究中发现，3 种丛枝菌根真菌不仅可以促进银杏幼苗生长、提高生物量累积、增强根系活力，而且可以降低重茬银杏叶枯病的病情指数，从而使重茬土壤中的银杏幼苗可以正常生长，克服连作障碍，缩短出圃年限（齐国辉等，2002）。

（周丽思　郭顺星）

参 考 文 献

白春明，贺学礼，山宝琴. 2009. 漠境沙打旺根围 AM 真菌与土壤酶活性的关系. 西北农林科技大学学报（自然科学版），37（1）：84-90.

白春明. 2009. 旱生环境下沙打旺（*Astragalus adsurgens* Pall cv.）根围 AM 真菌时空分布研究. 杨陵：西北农林科技大学硕士学位论文.

曹栋贤，贺学礼，赵金莉. 2007. 道地药材白芷根际 AM 真菌的生态学. 河北大学学报（自然科学版），05：525-529.

曹栋贤. 2008. 安国白芷根际 AM 真菌生态学研究. 保定：河北大学硕士学位论文.

陈连庆，韩宁林. 1999. 浙江地区的银杏 VA 菌根真菌. 林业科学研究，12（6）：581-584.

陈鑫. 2009. 丛枝菌根真菌对牛蒡幼苗耐盐性和抗旱性的影响，大庆：黑龙江八一农垦大学硕士学位论文.

陈颖，贺学礼，山宝琴，等. 2009. 荒漠油蒿根围 AM 真菌与球囊霉素的时空分布. 生态学报，11：6010-6016.

陈羽，姜清彬，仲崇禄，等. 2011. 接种 AM 菌对麻楝不同种源苗期的生长效应. 林业科学，47（5）：76-81.

程东庆，陈宜涛，潘佩蕾，等. 2008. 浙麦冬根际菌根真菌多样性及土壤形状研究. 世界科学技术——中医药现代化：基础研究，10（1）：88-90，128.

程俐陶，郭巧生，刘作易. 2010. 栽培及野生半夏丛枝菌根研究. 中国中药杂志，35（4）：405-410.

迟丽华. 2003. 吉林省野生果树菌根的调查研究. 长春：吉林农业大学硕士学位论文.

段小圆. 2009. 花棒根围 AM 真菌多样性及生态学研究. 杨陵：西北农林科技大学硕士学位论文.

范继红，李桂伶，高琼. 2011. 不同基质接种不同丛枝菌根真菌对黄檗幼苗侵染及生长的影响 . 北方园艺，22：1-5.

范继红，杨国亭，穆丽蔷，等. 2006. 接种丛枝菌根菌对黄檗苗木主要 3 种生物碱含量的影响. 防护林科技，（9），74（5）：24-26.

范继红. 2006. 黄檗丛枝菌根生理生态学研究. 黑龙江：东北林业大学博士学位论文.

范燕山. 2008. 丛枝菌根真菌对有机质栽培番茄生长的影响. 长沙：湖南农业大学硕士学位论文.

方菲. 2007. 西北旱区三种优势植物 AM 真菌生态分布研究. 杨陵：西北农林科技大学.

方宇澄，黄镇，刘延. 2000. 烟草 VA 菌根菌区系研究. 中国烟草学报，4：27-31，49.

盖京苹，刘润进. 2000. 山东省不同植被区内野生植物根围 AM 菌的生态分布. 生态学杂志，19（4）：18-22.

高爱霞. 2007. 安国市药用植物 AM 真菌生态分布研究. 保定：河北大学硕士学位论文.
高清明，张英，郭良栋. 2006. 西藏东南部地区的丛枝菌根真菌(英文). 菌物学报，2：234-243.
龚明贵. 2012. 黄土高原主要树种丛枝菌根真菌群落多样性及提高宿主抗旱性的研究. 杨陵：西北农林科技大学博士学位论文.
郭兰萍，汪洪钢，黄璐琦，等. 2006. 泡囊丛枝菌根(AM)对苍术生长发育及挥发油成分的影响. 中国中药杂志，31(18)：1491-1496.
郭巧生，程俐陶，刘作易. 2010. 丛枝菌根真菌对半夏产量及化学成分的影响. 中国中药杂志，35(3)：333-338.
郭绍霞，刘润进. 2010. 丛枝菌根真菌 *Glomus mosseae* 对盐胁迫下牡丹渗透调节的影响. 植物生理学通讯，(10)：1007-1012.
郭秀珍，毕国昌. 1989. 林木菌根及应用技术. 北京：中国林业出版社，1-305.
贺学礼，马丽，王平. 2011b. AM 真菌和施 P 量对黄芩生长、养分吸收和微量元素的影响. 中国中药杂志，(8)，36(16)：2170-2175.
贺学礼，许珂，郭辉娟. 2011a. 黄芩根围 AM 真菌分布与土壤碳氮相关性研究. 河北农业大学学报，(9)，34(5)：63-68.
贺学礼，陈程，何博. 2011c. 北方两省农牧交错带沙棘根围 AM 真菌与球囊霉素空间分布. 生态学报，31(6)：1653-1661.
贺学礼，赵丽莉，杨宏宇. 2006. 毛乌素沙地豆科植物丛枝菌根真菌分布研究. 自然科学进展，6：684-688.
黄京华，谭钜发，揭红科，等. 2011. 丛枝菌根真菌对黄花蒿生长及药效成分的影响. 应用生态学报，22(6)：1443-1449.
黄文丽，范昕建，严铸云，等. 2012. 三角叶黄连丛枝菌根真菌的多样性研究. 中草药，(5)，35(5)：689-693.
贾锐，杨秀丽，闫伟. 2011. 兴安杜鹃根形态特征和土壤理化性质的关系研究. 内蒙古农业大学学报，(7)，32(3)：63-66.
姜德峰，李敏，李晓林，等. 1998. VAM 真菌对棉花生长发育的影响. 作物学报，24(6)：1003-1005.
姜攀，王明元，卢静婵. 2012. 福建漳州常见药用植物根围的丛枝菌根真菌. 菌物学报，(9)，31(5)：676-689.
姜攀，王明元. 2012. 厦门市七种药用植物根围 AM 真菌的侵染率和多样性. 生态学报，(7)，32(13)：4043-4051.
接伟光，蔡柏岩，葛菁萍，等. 2007. 黄檗丛枝菌根真菌鉴定. 生物技术，(12)，17(6)：32-34.
柯世省. 2007. 丛枝菌根与植物营养. 生物学教学，32(8)：4-5.
李桂贞. 2008. 青海地区燕麦根际 AM 真菌生物多样性及其生态分布. 兰州：甘肃农业大学硕士学位论文.
李俊喜，李辉，王维华，等. 2010. 丛枝菌根真菌丛枝发育对大豆胞囊线虫病的影响. 青岛农业大学学报(自然科学版)，27(2)：95-99.
李品明，韩如刚，刘杰，等. 2011. 中药材植物根际土壤 VA 菌根多样性研究. 湖南农业科学，3：141-142，146
李熙英，黄世臣. 2005. 丛枝菌菌根对 1 年生高山红景天植株生长的影响. 林业科技，(5)，33(3)：25-27.
李香串. 2003. 接种泡囊-丛枝菌根剂对人参产量的影响. 中药材，(7)，26(7)：475-476.
李震宇. 2010. 甘草根际丛枝菌根真菌分布特征及 AMF 对三种豆科植物抗旱性的影响. 呼和浩特：内蒙古大学硕士学位论文.
梁昌聪，赵素叶，刘磊，等. 2010. 海南霸王岭热带雨林常见植物丛枝菌根真菌调查. 生态学杂志，29(2)：269-273.
林先贵，郝文英，施亚琴. 1992. VA 菌根对植物耐旱、涝能力的影响. 土壤，24(3)：142-145.
刘洁，刘静，金海如. 2011. 丛枝菌根真菌 N 代谢与 C 代谢研究进展. 微生物学杂志，(11)，31(6)：70-75.
刘兰泉，杨成前. 2011. 重庆地区 13 种中药材中 VA 菌根真菌分布及感染情况. 安徽农业科学，18：10837-10838，10841.
刘润进，刘鹏起，徐坤，等. 1999. 中国盐碱土壤中 AM 菌的生态分布. 应用生态学报，10(6)：721-724.
刘润进，王发园，孟祥霞. 2002. 渤海湾岛屿的丛枝菌根真菌. 菌物系统，4：525-532.
刘润进，薛炳烨，黄镇，等. 1987. 山东果树泡囊-丛枝(VA)菌根调查. 山东农业大学学报，18(4)：25-31.
刘媞. 2009. AM 真菌和施氮量对黄芪生长和品质的交互效应. 保定：河北大学硕士学位论文.
卢彦琦，王东雪，路向丽，等. 2011. 丛枝菌根真菌对白术生理特性和植株成分的影响. 西北植物学报，31(2)：351-356.
马晶. 2010. 河北省安国市丹参根围 AM 真菌生态分布研究. 杨陵：西北农林科技大学硕士学位论文.
马永甫，杨晓红，李品明，等. 2005. 重庆市主产药用植物丛枝菌根结构多样性研究. 西南农业大学学报(自然科学版)，(6)，27(3)：406-409.
孟剑侠. 2009. 丛枝菌根真菌对紫穗槐固氮能力的影响. 哈尔滨：黑龙江大学硕士学位论文.
孟静静，贺学礼. 2011. 干旱胁迫下 AM 真菌对丹参生长和养分含量的影响. 河北农业大学学报，34(1)：51-55，61.
米芳珍. 2012. 商洛地区 8 种药用植物 VA 菌根真菌的资源调查. 山西林业科技，5：37-39.
彭生斌，沈崇尧. 1990. 北京地区大葱和玉米根际 VA 菌根的季节变化及其与环境因子之间的关系. 植物学报，32(2)：141-145.
齐国辉，杨林平，杨文利，等. 2002. 丛枝菌根真菌对重茬银杏生长及抗病性的影响. 河北林果研究，17(1)：58-61.
齐国辉，张林平，杨文立，等. 2003. 银杏田间接种丛枝菌根真菌(AMF)效果. 河北果树，4：11-12.
屈雁朋. 2009. 西北地区葡萄园 AM 真菌的筛选、鉴定和接种效应. 杨陵：西北农林科技大学硕士学位论文.
任嘉红，刘瑞祥，李云玲. 2007. 三七丛枝菌根(AM)的研究. 微生物学通报，34(2)：224-227.
任强，杨晓红，何炜，等. 2008. 丛枝菌根真菌对桑扦插苗生长的影响研究. 西南大学学报(自然科学版)，30(4)：115-118.
任禛，王建武，冯元娇，等. 2011. 应用克隆文库研究玉米根系 AMF 多样性方法的建立. 玉米科学，19(5)：19-24.
山宝琴，贺学礼，段小圆. 2009. 毛乌素沙地密集型克隆植物根围 AM 真菌多样性及空间分布. 草业学报，(4)：146-154.
申连英，毛永民，鹿金颖，等. 2004. 丛枝菌根对酸枣实生苗耐盐性的影响. 土壤学报，(5)，41(3)：426-433.
石蕾. 2007. 黄芪丛枝菌根生态生理学研究. 保定：河北大学.
石兆勇，陈应龙，刘润进. 2004. 丛枝菌根真菌一新记录种. 菌物学报，2：312.
宋福强，孟剑侠，周宏，等. 2009. 丛枝菌根真菌对紫穗槐固氮能力的影响. 林业科技，5：25-28.

宋勇春，李晓林，冯固. 2001. 泡囊丛枝(VA)菌根对玉米根际磷酸酶活性的影响. 应用生态学报，(8)，12(4)：593-596.
苏凤秀，罗晓莹，庄雪影. 2008. 广西木薯主产区丛枝菌根真菌孢子多样性调查研究. 安徽农业科学，34：15083-15086.
唐明，薛萐，任嘉红，等. 2003. AMF 提高沙棘抗旱性的研究. 西北林学院学报，18(4)：29-31.
滕华容. 2005. AM 真菌与施磷量对柴胡生长和化学成分交互效应的研究. 杨陵：西北农林科技大学硕士学位论文.
王发园，刘润进，林先贵，等. 2003. 几种生态环境中 AM 真菌多样性比较研究. 生态学报，12：2666-2671.
王发园，刘润进. 2002. 黄河三角洲盐碱地的丛枝菌根真菌. 菌物系统，2：196-202.
王虹，李莺，赵丽莉. 1999. VA 菌根真菌对紫茉莉生长的影响. 陕西农业科学，1：22-23，41.
王琚钢. 2011. 蒙古扁桃 AMF 多样性及 AM 提高蒙古扁桃抗旱机制研究. 呼和浩特：内蒙古大学硕士学位论文.
王凌云，贺学礼. 2009. 安国地区丹参根围 AM 真菌资源及时空分布研究. 河北农业大学学报，6：73-79.
王淼焱，丛蕾，李敏，等. 2006. 丛枝菌根真菌的三个我国新记录种. 菌物学报，2：244-246.
王庆. 2006. 葛藤根区 AM 真菌生态学研究. 杨陵：西北农林科技大学硕士学位论文.
王森，唐明，牛振川，等. 2008. 山西历山珍稀药用植物 AM 真菌资源与土壤因子的关系. 西北植物学报，2：2355-2361.
王森. 2008. 药用植物丛枝菌根真菌资源及对麦冬的接种效应. 杨陵：西北农林科技大学硕士学位论文.
王树和. 2008. 兰州百合与丛枝菌根真菌的共生效应. 兰州：兰州大学硕士学位论文.
王艳玲，胡正嘉. 2000. VA 菌根真菌对番茄线虫病的影响. 华中农业大学学报，(2)，19(1)：25-28.
王银银. 2011. 沙蒿根围 AM 真菌多样性与生态分布研究. 保定：河北大学硕士学位论文.
王颖. 2008. 甘草植物根际 AM 真菌多样性及其生长效应的研究. 呼和浩特：内蒙古大学硕士学位论文.
王幼珊，张美庆，王克宁，等. 1998. 我国东南沿海地区的 AM 真菌Ⅳ. 四个我国新记录种. 菌物系统，4：14-16.
王幼珊，张美庆，邢礼军，等. 1996. 我国东南沿海地区的 VA 菌根真菌Ⅰ. 四种硬囊霉. 真菌学报，3：161-165.
王幼珊，张淑彬，张美庆. 2012. 中国丛枝菌根真菌资源与种质资源. 北京：中国农业出版社.
韦小艳. 2010. 牡丹根际丛枝菌根真菌的初步研究. 芜湖：安徽师范大学硕士学位论文.
吴丽莎，王玉，李敏，等. 2009. 崂山茶区茶树根际丛枝菌根真菌调查. 青岛农业大学学报(自然科学版)，3：171-173.
吴丽莎，王玉，赵青华，等. 2011. 丛枝菌根真菌对实生茶树叶片光合性能的影响. 青岛农业大学学报(自然科学版)，28(1)：13-15.
吴强盛，夏仁学，胡正嘉. 2005. 丛枝菌根对枳实生苗抗旱性的影响研究. 应用生态学报，16(3)：459-463.
吴铁航，郝文英，林先贵，等. 1994. 我国 VA 菌根真菌的两个新记录种. 真菌学报，13(4)：310-311.
吴志刚，郭兰萍，黄璐琦，等. 2005. 接种 VA 菌根对苍术生长发育影响的初步观测. 中药研究与信息，7(11)：27-28，53.
谢国恩. 2008. 喜树幼苗丛枝菌根与喜树碱相关性的初步分析. 哈尔滨：东北林业大学硕士学位论文.
谢靖. 2012. 丛枝菌根真菌提高黄土高原紫穗槐抗旱能力的研究. 杨陵：西北农林科技大学.
谢丽源，张勇，熊丙全，等. 2010. 接种 AMF 对葡萄微繁苗生长效应的研究. 北方园艺，5：18-23.
邢晓科，李玉，Yolande Dalp. 2000. 吉林省参地中的 10 种 VA 菌根真菌. 吉林农业大学学报，22(2)：41-46.
杨宏宇. 2005. 陕北旱区豆科植物根际 AM 真菌生态学研究. 杨陵：西北农林科技大学硕士学位论文.
杨磊. 2006. 克隆植物芦苇 AM 真菌多样性及时空分布研究. 保定：河北大学硕士学位论文.
杨立. 2012. 丛枝菌根真菌对丹参根部病害的抗病性及其机理研究. 西安：西南交通大学硕士学位论文.
杨玉海，陈亚宁，蔡柏岩，等. 2012 极端干旱区胡杨根围丛枝菌根真菌的分离与鉴定. 干旱区地理，2：260-266.
于洋，谢国恩，闫秀峰. 2009. 3 种丛枝菌根真菌对喜树幼苗的侵染动态. 黑龙江大学自然科学学报，(4)，26(2)：39-242.
于洋，于涛，王洋，等. 2010. 接种时期对丛枝菌根喜树幼苗喜树碱含量的影响. 植物生态学报，34(6)：687-694.
于洋，于涛，王洋，等. 2012. 接种后共培养时间对丛枝菌根喜树幼苗喜树碱含量的影响. 生态学报，32(5)：1371-1377.
袁丽环，王文科. 2011. 接种 AM 菌根对翅果油树幼苗生长及叶片光合作用的影响. 西北林学院学报，26(4)：33-35，127.
袁丽环，闫桂琴，朱志敏. 2009. 丛枝菌根(AM)真菌对翅果油树幼苗根系的影响. 西北植物学报，29(3)：580-585.
袁丽环，闫桂琴. 2010. 丛枝菌根化翅果油树幼苗根际土壤微环境. 植物生态学报，34(6)：678-686.
张彩丽. 2006. AM 真菌和施氮量对五味子生长和化学成分的交互效应. 保定：河北大学硕士学位论文.
张海涵. 2011. 黄土高原枸杞根际微生态特征及其共生真菌调控宿主生长与耐旱响应机制. 杨陵：西北农林科技大学博士学位论文.
张霁，刘大会，郭兰萍，等. 2010. 4 种 AM 真菌对苍术根茎生长及其挥发油成分的影响. 世界科学技术——中医药现代化：中药研究，12(5)：779-782.
张霁，刘大会，郭兰萍，等. 2011. 不同温度下丛枝菌根对苍术根茎生物量和挥发油的影响. 中草药，42(2)：372-375.
张科立，刘先宝，蔡吉苗，等. 2008. 海南香蕉 VA 菌根形态结构初步观察. 热带农业科学，(10)，28(5)：32-35.
张林平，齐国辉，郭强. 2003. 丛枝菌根真菌对君迁子幼苗生长及抗寒性的影响. 河北果树，1：6-8.
张林平，齐国辉，杨文利，等. 2002. 银杏容器育苗和丛枝菌根接种试验. 河北果树，3：9-10.
张美庆，王幼珊，黄磊. 1992. 我国北部八种 VA 菌根真菌. 真菌学报，11(0)：258-267.
张美庆，王幼珊，王克宁，等. 1996. 我国东南沿海的 VA 菌根真菌——Ⅱ. 球囊霉属四个种. 真菌学报，4：241-246.
张美庆，王幼珊，邢礼军. 1998a. 我国东、南沿海地区 AM 真菌群落生态分布研究. 菌物系统，3：274-277.
张美庆，王幼珊，王克宁，等. 1998b. 我国东南沿海地区的 VA 菌根真菌Ⅲ. 无梗囊霉属 7 个我国新记录种. 菌物系统，1：15-18.

张美庆，王幼珊，邢礼军. 1999. 环境因子和 AM 真菌分布的关系. 菌物系统，1：25-29.

张梦昌，李悦书，汪矛，等. 1988. 北细辛、蓝靛果忍冬及软枣猕猴桃 VA 菌根的调查研究. 吉林农业大学学报，4：59-62，93-94.

张翔鹤，贺学礼，王雷. 2011. 金银花根围 AM 真菌分布与土壤碳氮关系. 河北大学学报(自然科学版)，(9)，31(5)：522-527.

赵斌，熊伟，吴太银. 1985. 武昌地区泡囊丛枝菌根植物调查. 华中农学院学报，(4)：42-49.

赵丹丹，梁昌聪，赵之伟. 2006. 金沙江支流普渡河、小江干热河谷的丛枝菌根. 云南植物研究，3：250-256.

赵金莉，程学谦，顾晓阳，等. 2012. 河北安国新“八大祁药”根际 AM 真菌与土壤因子的关系. 河南农业科学，6：87-91.

赵婧. 2010. 河北省安国市 10 种道地中药材 AM 真菌生态分布研究. 保定：河北大学硕士学位论文.

赵莉. 2007. 毛乌素沙地豆科植物根际 AM 真菌生态分布研究. 杨陵：西北农林科技大学硕士学位论文.

赵平娟，安锋，唐明. 2007. 丛枝菌根真菌对连翘幼苗抗旱性的影响. 西北植物学报，27(2)：396-399.

赵伟. 2008. 菌根共生过程中喜树幼苗根及真菌微观结构观察. 哈尔滨：东北林业大学硕士学位论文.

赵昕，谢国恩，宋瑞清，等. 2008. 一种同步观察喜树碱与菌根丛枝结构的方法. 植物生理学通讯，44(5)：985-988.

赵昕，闫秀峰. 2006. 丛枝菌根真菌对植物次生代谢产物的影响. 应用生态学报，30(3)：514-521.

赵昕. 2006. 丛枝菌根真菌对喜树幼苗的接种效应. 哈尔滨：东北林业大学博士学位论文.

郑芳. 2010. 茶树接种 VA 菌根生理生化特性研究. 武汉：华中农业大学硕士学位论文.

周加海，范继红. 2007. AM 真菌对川黄柏幼苗生长及小檗碱含量的影响. 北方园艺，12：25-27.

周丽思，郭顺星. 2013. 云南西双版纳野生与栽培绞股蓝根内丛枝菌根真菌的分子多样性. 应用生态学报，9：2503-2510.

周浓，夏从龙，姜北，等. 2009. 滇重楼丛枝菌根的研究. 中国中药杂志，14：1768-1772.

朱秀芹，杨安娜，郑艳，等. 2009. 宣木瓜丛枝菌根真菌的初步研究. 中国中药杂志，(4)，34(7)：820-824.

朱毓霞，宋杰，肖文娟. 2011. 中江石泉丹参丛枝菌根真菌鉴定. 中药与临床，2(3)：17-20.

Akiyama K，Matsuzaki K，Hayashi H. 2005. Plant sesquiterpenes induce hyphal branching in arbuscular mycorrhizal fungi. Nature，435：824-827.

Almeida RT，Schenck NC. 1990. A revision of the genus *Sclerocystis* (Glomaceae，Glomales). Mycologia，82：703-714.

Ames RN，Schneider RW. 1979. *Entrophospora*，a new genus in the Endogonaceae. Mycotaxon，8：347-352.

Ames RN. 1989. Mycorrhiza development in onion in response to inoculation with chitin decomposing actinomycetes. New Phytologist，112：423-427.

Augé RM. 2001. Water relations，drought and vesicular–arbuscular mycorrhizal symbiosis. Mycorrhiza，11：3-42. .

Bécard G，Piché Y. 1989. New aspects on the acquisition of biotrophic status by a vesicular-arbuscular mycorrhizal fungus，*Gigaspora margarita*. New Phytologist，112：77-83.

Benjimin RK. 1979. Zygomycete and Their Spores. *In*：Kendrick B. The Whole Fungus. I. Ottawa，Canada：National Museums of Canada. 573-622.

Benny GL，Gibson JL，Kimbrough JW. 1987. The Taxonomic Position of Modicella. *In*：Sylvia DM，Hung LL，Graham JH. Mycorrhizae in the Next Decade，Practical Applications and Research Priorities . IFAS：University of Florida，311.

Boatman N，Paget D，Hayman DS，et al. 1978. Effects of systemic fungicides on vesicular-arbuscular mycorrhizal infection and plant phosphate uptake. Trans Br Mycol Soc，70：443-450.

Borges RG，Chaney WR. 1989. Root temperature affects mycorrhizal efficacy in *Fraxinus pennsylvanica* Marsh. New Phytologist，112(3)：411-417.

Borowicz VA. 2001. Do arbuscular mycorrhizal fungi alter plant–pathogen relations. Ecology，82：3057-3068.

Bouwmeester HJ，Matusova R，Zhongkui S，et al. 2003. Secondary metabolite signalling in host–parasitic plant interactions. Current Opinions in Plant Biology，6：358-364.

Bucholtz F. 1922. Beitrage zur kenntnis der Gattung Endogone Link. Beih Zum Botan Centr Abt，2：147-225.

Buee M，Rossignol M，Jauneau A，et al. 2000. The pre-symbiotic growth of arbuscular mycorrhizal fungi is induced by a branching factor partially purified from plant root exudates. Molecular Plant–Microbe Interactions，13：693-698.

Cai BP，Chen JY，Zhang QX，et al. 2008. Three new records of arbuscular mycorrhizal fungi associated with *Prunus mume* in China. Mycosystema，27(4)：538-540.

Cai BP，Chen JY，Zhang QX，et al. 2009. Five new records of arbuscular mycorrhizal fungi associated with *Prunus mume* in China. Mycosystema，28(1)：73-78.

Catoira R，Galera C，de Billy F，et al. 2000. Four genes of *Medicago truncatula* controlling components of a nod factor transduction pathway. Plant Cell，12：1647-1666.

Duke ER，Johnson CR，Koch KE. 1986. Accumulation of phosphorus，dry matter and betaine during NaCl stress of split-root citrus seedlings colonised with vesicular-arbuscular mycorrhizal fungi on zero，one or two halves. New Phytol，104：583-590.

Feng G，Zhang FS，Li XL，et al. 2002. Improved tolerance of maize plants to salt stress by arbuscular mycorrhiza is related to higher accumulation of soluble sugars in roots. Mycorrhiza，12：185-190.

Fester T, Schmidt D, Lohse S, et al. 2002. Stimulation of carotenoid metabolism in arbuscular mycorrhizal roots. Planta, 216: 148-154.

Frey B, Vilarino A, Schuepp H, et al. 1994. Chitin and ergosterol content of extraradical and intraradical mycelium of the vesicular-arbuscular mycorrhizal fungus *Glomus intraradices*. Soil Biol Biochem, 26: 711-717.

Gerdemann JW, Trappe JM. 1974. Endogonaceae in the Pacific Northwest. Mycologia Memoir, 5: 1-76.

Gianinazzi-Pearson V, Gianinazzi S, Guillemin JP, et al. 1991. Genetic and Cellular Analysis of Resistance to Vesicular-arbuscular (VA) Mycorrhizal Fungi in Pea Mutants. 1. *In*: Hennecke H, Verma DPS. Advances in Molecular Genetics of Plant Microbe Interactions. Dordrecht: Kluwer Academic Publishers, 336-342.

Gibson JL, Kimbrough JW, Benny GL. 1986. Ultrastructural observations on Endogonaceae (Zygomycetes) Ⅱ. Glaziellales ord. nov. and Glaziellaceae fam. nov. New taxa based upon light aadelectron microscopic observations of *Glaziella aurantiaca*. Mycologia, 78: 941-954.

Gibson JL. 1984. *Glaziella auranliance* (Endogonaceae), zygomycete orascomycete. Mycotaxon, 20: 325-332.

Giovannetti M, Citernesi AS. 1993. Time-course of appressorium formation on host plants by arbuscular mycorrhizal fungi. Mycological Research, 97: 1140-1142.

Glent MC, Chew FS, Williams PH. 1988. Influence of glucosinolate content of Brassica (*Cruciferae*) roots on growth of vesicular-arbuscular mycotthizal fungi. New Phytologist, 110: 217-225.

Goto BT, Silva GA, Assis D, et al. 2012. Intraornatosporaceae (Gigasporales), a new family with two new genera and two new species. Mycotaxon, 119 (1), 117-132.

Graham JH, Hodge NC, Morton JB. 1995. Fatty acid methyl ester profiles for characterization of glomalean fungi and their endomycorrhizae. Appl Environ Microbiol, 61: 58-64.

Gutjahr C, Novero M, Genre A, et al. 2005. Prior to Colonization Gigaspora Margarita Induces Starch Accumulation in *Lotus japonicus* roots. *In*: 12th International Conference on Molecular Plant–Microbe Interactions. Mexico: Merida.

Hale KA, Sanders FE. 1982. Effects of benomyl on vesiculararbuscular mycorrhizal infection of red clover (*Trifolium pretense* L.) and consequences for phosphorus inflow. J Plant Nutr, 5: 1355-1367.

Harrison MJ. 1999. Molecular and cellular aspects of the arbuscular mycorrhizal symbiosis. Annual Review of Plant Physiological Plant Molecular Biology, 50: 361-389.

Hartmond U, Schaesberg NV, Graham JH, et al. 1987. Salinity and flooding stress effects on mycorrhizal and nonmycorrhizal citrus rootstock seedlings. Plant Soil, 104: 37-43.

Hause B, Fester T. 2005. Molecular and cell biology of arbuscular mycorrhizal symbiosis. Planta, 221: 184-196.

Hayman DS, Tavares M. 1985. Plant growth responses to vesicular-arbuscular mycorrhiza. XV. Influence of soil pH on the symbiotic efficiency of different endophytes. New Phytologist, 100 (3): 367-377.

Hetrick BAD, Wilson GT, Kitt DG, et al. 1988. Effects on soil micro-organisms on mycorrhizal contribution to growth of big bluestem grass in non-sterile soil. Soil Biol Biochem, 20: 501-507.

Hu HT. 2002. *Glomus spinosum* sp. nov. in the Glomaceae from Taiwan. Mycotaxon, 83: 159-164.

Imaizumi-Anraku H, Takeda N, Charpentier M, et al. 2004. Plastid proteins crucial for symbiotic fungal and bacterial entry into plant roots. Nature, 433: 527-531.

Jean-Michel A, György BK, Riely BK, et al. 2004. *Medicago truncatula* DMI1 required for bacterial and fungal symbioses in legumes. Science, 303: 1364-1367.

Juniper S, Abbott LK. 1991. The Effect of Salinity on Spore Germination and Hyphal Extension of Some VA Mycorrhizal Fungi. Abstracts of the 3rd European Symposium on Mycorrhizas. Sheffield: University of Sheffield.

Klingner A, Bothe H, Wray V, et al. 1995. Identification of a yellow pigment formed in maize roots upon mycorrhizal colonization. Phytochemistry, 38: 53-55.

Koske R. 1981. Multiple germination by spores of *Gigaspora gigantea*. Transactions of the British Mycological Society, 76: 328-330.

Kosuta S, Chabaud M, Lougnon G, et al. 2003. A diffusible factor from arbuscular mycorrhizal fungi induces symbiosis-specific MtENOD11 expression in roots of *Medicago truncatula*. Plant Physiology, 131: 952-962.

Krüger M, Krüger C, Walker C, et al. 2012. Phylogenetic reference data for systematics and phylotaxonomy of arbuscular mycorrhizal fungi from phylum to species level. New Phytologist, 193 (4), 970-984.

Larsen J, Thingstrup I, Jakobsen I, et al. 1996. Benomyl inhibits phosphorus transport but not fungal alkaline phosphatase activity in a *Glomus*-cucumber symbiosis. New Phytol, 132: 127-133.

Lévy J, Bres C, Geurts R, et al. 2004. A putative Ca^{2+} and calmodulin-dependent protein kinase required for bacterial and fungal symbioses. Science, 303: 1361-1364.

Long LK, Yao Q, Guo J, et al. 2010. Molecular community analysis of arbuscular mycorrhizal fungi associated with five selected plant species from heavy metal polluted soils. European Journal of Soil Biology, 46 (5): 288-294.

Maier W，Hammer K，Dammann U，et al. 1997. Accumulation of sesquiterpenoid cyclohexonone derivatives induced by an arbuscular mycorrhizal fungus in members of the Poaceae. Planta，202：36-42.

Marschner H，Dell B. 1994. Nutrient-uptake in mycorrhizal symbiosis. Plant and Soil，159：89-102.

Michelini S，Nemec S，Chinnery LE. 1993. Relationships between environmental factors and levels of mycorrhizal infection of citrus on four islands in the Eastern Caribbean. Trop Agric，70：135-140.

Monton JB，Benny GL. 1990. Revised classification of arbuscular mycsuborders. Glominae and Gigasporinae，and two families，Acaulosporaceae and Gigasporaceae，with an emendation of Glomaceae. Mycologia，80：520-524.

Moreau F. 1953. Les Champigons Tome Ⅱ. Systematique Encycl Mycol，23：941-2120.

Morton JB，Redecker D. 2001. Two new families of Glomales，*Archaeosporaceae* and *Paraglomaceae*，with two new genera *Archaeospora* and *Paraglomus*，based on concordant molecular and morphological characters. Mycologia，93：181-195.

Nagahashi G，Douds DD Jr. 2004. Synergism between blue light and root exudate compounds and evidence for a second messenger in the hyphal branching response of *Gigaspora gigantea*. Mycologia，96（5）：948-954.

Nemec S. 1985. Influence of selected pesticides on *Glomus* species and their infection in citrus. Plant Soil，84：133-137.

Oeh F，Silva GAD，Goto BT，et al. 2011b. Glomeromycota：three new genera and glomoid species reorganized. Mycotaxon，116（1）：75-120.

Oehl F，Alves a Silva G，Goto BT，et al. 2011c. Glomeromycota：two new classes and a new order. Mycotaxon，116（1）：365-379.

Oehl F，de Souza F A，Sieverding E. 2008. Revision of *Scutellospora* and description of five new genera and three new families in the arbuscular mycorrhiza-forming Glomeromycetes. Mycotaxon，106：311.

Oehl F，Sieverding E. 2004. Pacispora，a new vesicular arbuscular mycorrhizal fungal genus in the Glomeromycetes. J Appl Bot. ，78：72-82.

Oehl F，Silva GAD，Sánchez-Castro I，et al. 2011c. Revision of Glomeromycetes with entrophosporoid and glomoid spore formation with three new genera. Mycotaxon，117（1）：297-316.

Olah B，Briere C，Becard G，et al. 2005. Nod factors and a diffusible factor from arbuscular mycorrhizal fungi stimulate lateral root formation in *Medicago truncatul*a via the DMI1/DMI2 signalling pathway. Plant Journal，44：195-207.

Palenzuela J，Barea JM，Ferrol N，et al. 2010. *Entrophospora nevadensis*，a new arbuscular mycorrhizal fungus from Sierra Nevada National Park（southeastern Spain）. Mycologia，102（3）：624-632.

Palenzuela J，Ferrol N，Boller T，et al. 2008. *Otospora bareai*，a new fungal species in the Glomeromycetes from a dolomitic shrub land in Sierra de Baza National Park（Granada，Spain）. Mycologia，100（2）：296-305.

Parniske M. 2004. Molecular genetics of the arbuscular mycorrhizal symbiosis. Current Opinion in Plant Biology，7：414-421.

Paszkowski U，Jakovleva L，Boller T. 2006. Maize mutants affected at distinct stages of the arbuscular mycorrhizal symbiosis. The Plant Journal，47（2）：165-173.

Peterson RL，Bonfante P. 1994. Comparative structure of vesicular-arbuscular mycorrhizas and ectomycorrhizas. Plant Soil，159：79-88.

Pirozynski KA，Dalpé Y. 1989. Geological history of the Glomaceae with particular reference to mycorrhizal symbiosis. Symbiosis，7：1-36.

Redecker D，Morton JB，Bruns TD. 2000. Molecular phylogeny of the arbuscular mycorrhizal fungi *Glomus sinuosum* and *Sclerocystis coremioides*. Mycologia，92（2）：282-285.

Redecker D，Schüßler A，Stockinger H，et al. 2013. An evidence-based consensus for the classification of arbuscular mycorrhizal fungi（Glomeromycota）. Mycorrhiza，23（7）：515-531.

Rousseau A，Benhamou N，Chet I，et al. 1996. Mycoparasitism of the extramatrical phase of *Glomus intraradices* by *Trichoderma harzianum*. Phytopathology，86：434-443.

Saif SR. 1981. The influence of soil aeration on the efficiency of vesicular-arbuscular mycorrhizae. I. Effect of soil oxygen on the growth and mineral uptake of *Eupatorium odoratum* L. inoculated with *Glomus macrocarpus*. New Phytologist，88：649-659.

Schüßler A，Schwarzott D，Walker C. 2001. A new fungal phylum，the Glomeromycota：phylogeny and evolution. Mycol Res，105（12）：1413-1421.

Schüßler A, Walker C. 2010. The Glomeromycota: a species list with new families and genera. Edinburgh & Kew, UK: The Royal Botanic Garden; Munich, Germany: Botanische Staatssammlung Munich; Oregon, USA: Oregon State University. URL: http://www.amf-phylogeny. com. ISBN-13: 978-1466388048; ISBN-10: 1466388048.

Schüßler A. 2002. Molecular phylogeny，taxonomy，and evolution of *Geosiphon phyriformis* and arbuscular mycorrhizal fungi. Plant Soil，244：75-83.

Schutzendubel A，Polle A. 2002. Plant responses to abiotic stresses：heavy metal-induced oxidative stress and protection by mycorrhization. Journal of Experimental Botany，53：1351-1365.

Shi Z Y，Chen Y L，Liu R J. 2004. A new species record of arbuscular mycorrhizal fungi in China. Mycosystema，23：312.

Smith SE，Read DJ. 2008. Arbuscular mycorrhizas. Mycorrhizal Symbiosis，3：11-145.

Sreenivasa MN，Bagyaraj DJ. 1989. Use of pesticides for mass production of vesicular-arbuscular mycorrhizal inoculum. Plant Soil，119：

127-132.

Stracke S，Kistner C，Yoshida S，et a1. 2002. A plant receptor-like kinase required for both bacterial and fungal symbiosis. Nature，417：959-962.

Sukarno N，Smith SE，Scott ES. 1993. The effect of fungicides on vesicular-arbuscular mycorrhizal fungi and plant growth. New Phytol，25：139-147.

Tamasloukht M，Sejalon-Delmas N，Kluever A，et al. 2003. Root factors induce mitochondrial-related gene expression and fungal respiration during the developmental switch from asymbiosis to presymbiosis in the arbuscular mycorrhizal fungus *Gigaspora rosea*. Plant Physiology，131：1468-1478.

Tawaraya K，Sasai K，Wagatsuma T. 1994. Effect of phosphorus application on the contents of amino acids and reducing sugars in the rhizosphere and VA mycorrhizal infection of white clover. Soil Sci Plant Nutr，40：539-543.

Tester M，Smith SE，Smith FA，et al. 1986. Effects of photon irradiance on the growth of shoots and roots，on the rate of initiation of mycorrhizal infection and on the growth of infection units in *Trifolium subterraneum* L.，New Phytol，103：375-390.

Thaxter R. 1912. A revision of Endogonaceae. Proc Amer Acad Arts Sci，57：291-351.

Thingstrup I，Rosendahl S. 1994. Quantification of fungal activity in arbuscular mycorrhizal symbiosis by polyacrylamide electrophoresis and densitometry of malate dehydrogenase. Soil Biol Biochem，26：1483-1489.

Trappe JM，Schenck NC. 1982. Taxonomy of the Fungi Forming Endomycorrhizae. *In*：Schenck NC. Methods and Principles of Mycorrhizal Research. MN：Amer Phytopath Soc St Paul，1-9.

Tulasne LR，Tulasne C. 1845. Fungi nonnulli hipogaei，noviv. minus cognito act. Giorn BotItal，2：55-63.

Von Alten H，Lindermann A，Schönbeck F. 1993. Stimulation of vesicular-arbuscular mycorrhiza by fungicides or rhizosphere bacteria. Mycorrhiza，2：167-173.

Walker C，Błaszkowski J，Schwazott D，et al. 2004. *Gerdemannia* gen. nov. ，a genus separated from *Glomus*，and *Gerdemanniaceae* fam. nov. ，a new family in the Diversisporales based on the former *Glomus scintillans*. Mycol Res，108 (6)：707-718.

Walker C，Sanders FE. 1986. Taxonomic concepts in the Endogonaceae. I. The separation of *Scutellospora* gen. nov. from Gigaspora Gerd. & Trappe. Mycotaxon，27：169-182.

Walker C，Schüßler A. 2004. Nomenclatural clarifications and new taxa in the Glomeromycota. Mycol Res，108：981-982.

Walter MH，Fester T，Strack D. 2000. Arbuscular mycorrhizal fungi induce the non-mevalonate methylerythritol phosphate pathway of isoprenoid biosynthesis correlated with accumulation of the "yellow pigment" and other apocarotenoids. Plant Journal，21：571-578.

Wehner J，Antunes PM，Powell JR，et al. 2010. Plant pathogen protection by arbuscular mycorrhizas：a role for fungal diversity. Pedobiologia，53：197-201.

Weidmann S，Sanchez L，Descombin J，et a1. 2004. Fungal elicitation of signal transduction-related plant genes precedes mycorrhiza establishment and requires the *dmi3* gene in *Medicago truncatula*. Molecular Plant-Microbe Interactions，17：1385-1393.

Westwood J. 2000. Characterization of the *Orobanche-Arabidopsis* system for studying parasite–host interactions. Weed Science，48：742-748. .

Wright SF，Morton JB，Sworobuk JE. 1987. Identification of a vesicular-arbuscular mycorrhizal fungus by using monoclonal antibodies in an enzymelinked immunosorbent assay. Appl Environ Microbiol，3：2222-2225.

Wu CG，Chen ZC. 1986. The endogonaceae of Taiwan I. A Preliminary Investigation on Endogonaceae of Bamboo Vegetation at Chi-Tou Areas，Central Taiwan，Taiwanin，(6)：65-87.

Yang AN，Lu L，Zhang NB. 2011. The diversity of arbuscular mycorrhizal fungi in the subtropical forest of Huangshan (Yellow Mountain)，East-Central China. World Journal of Microbiology and Biotechnology，27 (10)：2351-2358.

Yokota T，Sakal H，Okuno K，et al. 1998. Alectrol and Orobanchol，germination stimulants for *Orobanche* minor，from its host red clover. Phytochemistry，49：1967-1973.

Zhang Y，Guo LD，Liu RJ. 2003. Arbuscular mycorrhizal fungi associated with most common plants in subtropical region of DuJiangYan，Mycosystema，22 (2)：204-210.

第七章 5种药用植物根内丛枝菌根真菌分子多样性

大量研究证实,丛枝菌根真菌与植物关系十分密切,可促进植物对养分元素的吸收和代谢、改善植物营养状况、影响植物次生代谢产物、提高植物对不良环境和病虫害的抵抗能力。并且,丛枝菌根真菌多样性对维持植物群落多样性和生态系统稳定性也发挥了十分重要的作用。因此,考察丛枝菌根真菌多样性对稳定生态系统的作用,应用其实现修复土地、作物防病增产方面的研究一直都得到了极大的关注。

随着医药工业的发展,对中药材的需求日益增长,野生药材引种栽培是十分有必要的一种应对途径。但栽培过程中往往由于植物生境改变、植物种类单一、栽培密度增大等因素,导致中药材产量下降、药用成分含量降低、病虫害的发生增加,以及土壤环境恶化所引起的连作障碍等不可避免的问题。丛枝菌根真菌作为与植物关系最为密切的土壤微生物之一,在野生药材引种栽培的过程中,人为扰动会造成其群落组成的变化,这种变化又会在丛枝菌根真菌与植物相互作用的过程中体现出来,这很可能是造成中药材栽培存在种种问题的原因之一。因此,了解野生药用植物和栽培药用植物之间丛枝菌根真菌的群落组成差异,可以为寻找适合应用于药用植物栽培的丛枝菌根真菌种类提供新思路。

目前,中国对药用植物丛枝菌根真菌多样性的研究,因丛枝菌根真菌专性活体营养的特点,往往只能通过鉴定提取自根围土壤中的孢子和显微观察的传统形态学方法。这种方法可以获得优质的丛枝菌根真菌种质资源便于开展应用研究,但无法表明这些丛枝菌根真菌种类就是与植物相互作用最为密切的种类。这会对与药用植物相互作用的丛枝菌根真菌种类的了解产生偏差。随着使用分子生物学技术鉴定丛枝菌根真菌的方法日益成熟,获得药用植物根内定植的丛枝菌根真菌群落组成已成为可能,从而可以了解真正在根内与药用植物发生相互作用的丛枝菌根真菌群落。

不同的基因型会受到相同环境的影响,并在其作用下定向地保留具有适应其环境的基因型。同样的,不同的环境也会定向选择丛枝菌根真菌的群落组成,将具有适应相应环境功能的丛枝菌根真菌群落保留。将同一环境中存在的丛枝菌根真菌种类作为一个功能集合体来看,而不是将一个菌种的作用孤立来看,会提供一个新的视角来解读丛枝菌根真菌多样性对药用植物的影响,为应用丛枝菌根真菌解决药用植物栽培中存在的问题打下基础。

第一节　药用植物根内丛枝菌根真菌分子生物学鉴定

一、丹参根内丛枝菌根真菌的分子鉴定

(一)丹参根内丛枝菌根真菌克隆文库分析

对河南方城 4 个生长时期、3 种生境的 36 个丹参样本(采样地信息见表 7-1)的根内基因组 DNA 分别使用丛枝菌根真菌特异性引物进行扩增，建立克隆文库。36 个克隆文库分别经过蓝白斑筛和菌落 PCR 扩增、鉴定，获得 94 个阳性克隆子，共 3384 个阳性克隆子。

表 7-1　采样地点信息

植物种类	生境类型	经度	纬度	海拔/m
丹参	野生生境	33°23′N	112°59′E	330
	仿野生生境	33°23′N	112°59′E	318
	栽培生境	33°21′N	113°0′E	221
绞股蓝	野生生境	22°15′N	100°49′E	796
	栽培生境	22°0′N	100°47′E	564
沉香	野生生境	22°16′N	100°49′E	919
	栽培生境	22°0′N	100°47′E	554
细叶千斤拔	城市生境	22°15′N	100°49′E	796
大叶千斤拔	城市生境	22°1′N	100°52′E	730

使用限制性内切核酸酶 *Hin*fI 对阳性克隆子的菌液聚合酶链反应(PCR)产物进行酶切，之后进行 RFLP 谱型分析，将具有相同谱型的克隆子划分为同一 RFLP 类型，统计每个克隆文库所含 RFLP 类型数。在 36 个克隆文库中，萌芽生长期野生生境丹参所含 RFLP 类型数最多，达 66 种；其次是收获期野生生境丹参含有 59 种 RFLP 条带类型；与之相反，收获期栽培生境丹参所含 RFLP 条带类型数最少，仅为 32 种；开花期仿野生生境丹参含有 39 种 RFLP 条带类型，为倒数第二。按丹参生长时期，丹参萌芽生长期根内含有 151 种 RFLP 条带类型，是 4 个时期中最多的；丹参开花期根内含有 129 种 RFLP 条带类型，是 4 个时期中最少的。另外，丹参根膨大期根内含有 137 种 RFLP 条带类型，丹参收获期根内含有 136 种 RFLP 条带类型。按丹参生境，野生生境丹参根内共含有 216 种 RFLP 条带类型，是 3 种生境中最多的；其次是仿野生生境丹参根内共含有 183 种 RFLP 条带类型；含有 RFLP 条带类型最少的是栽培生境丹参根内，仅含有 154 种。

将每个 RFLP 类型分别测序，与 GeneBank 数据库进行比对后，有 153 条序列为非丛枝菌根真菌序列或嵌合序列，不作分析。其余 3231 个阳性克隆子的 553 个 RFLP 类型代表克隆子的测序结果，经 DOTUR 软件将相似性≥97%的丛枝菌根真菌序列合并为一个可操作分类单元，共获得 57 个可操作分类单元，随后，以可操作分类单元为单位对丹参根内丛枝菌根真菌

群落进行系统发育分析。萌芽生长期野生生境丹参根内含有 22 个可操作分类单元，是 36 个克隆文库中最多的；其次是根膨大期和收获期野生生境丹参根内均含有 19 个可操作分类单元。含有可操作分类单元最少的是开花期栽培生境丹参根系，仅含有 7 个可操作分类单元。按丹参生长时期，萌芽生长期丹参根内含有 33 个可操作分类单元，是 4 个生长时期中最多的；其次是根膨大期丹参根内含有 30 个可操作分类单元；再次是收获期丹参根内含有 28 个可操作分类单元；开花期丹参根内所含可操作分类单元最少，为 27 个。按丹参生境，野生生境丹参根内所含可操作分类单元最多，为 41 个；其次是仿野生生境丹参根内含有 34 个可操作分类单元；栽培生境丹参根内所含可操作分类单元最少，仅为 22 个。

在丹参 36 个样品的克隆文库中，每个克隆文库的覆盖率均达到 96%以上，可表明所构建的克隆文库能够代表所取河南方城县丹参样品根内丛枝菌根真菌的群落多样性。

（二）丹参根内丛枝菌根真菌系统发育分析

如图 7-1 所示，丹参根内 57 个可操作分类单元中，有 31 条序列可以鉴定到属（Bootstrap>60），分别为无梗囊霉属（*Acaulospora*）、*Claroideoglomus*、多样孢囊霉属（*Diversispora*）、*Funneliformis*、巨孢囊霉属（*Gigaspora*）、球囊霉属（*Glomus*）、*Racocetra*、*Redeckera*、*Rhizophagus*、盾巨孢囊霉属（*Scutellospora*）、类球囊霉属（*Paraglomus*）；其中有 11 个可以鉴定到种（Bootstrap>85），分别为稍长无梗囊霉（*Acaulospora longula*）、*Claroideoglomus etunicatum*、地表球囊霉（*Glomus versiforme*）、黏质球囊霉（*Glomus viscosum*）、*Funneliformis constrictus*、*Funneliformis mosseae*、*Redeckera fulvum*、*Rhizophagus intraradices*、*Rhizophagus clarus*、*Rhizophagus manihotis*、美丽盾巨孢囊霉（*Scutellospora calospora*）。另有 26 个可操作分类单元无法鉴定到属一级水平。

有 45 个可操作分类单元属于球囊霉科（Glomeraceae）。其中，5 个可操作分类单元属于 *Rhizophagus*，有 3 个可以鉴定到种，分别为 *Rhizophagus intraradices*（H-P3409）、*Rhizophagus clarus*（H-P3512）、*Rhizophagus manihotis*（H-P3501）；15 个可操作分类单元属于球囊霉属，有 2 个可以鉴定到种，分别为黏质球囊霉（C-P1722）、地表球囊霉（W-P5130）；有 2 个可操作分类单元属于 *Funneliformis*，两个均可以鉴定到种，分别为 *Funneliformis constrictus*（W-P5009）、*Funneliformis mosseae*（C-P3823）；其余 23 个无法鉴定到属。

有 6 个可操作分类单元属于巨孢囊霉科。其中，1 个可操作分类单元属于盾巨孢囊霉属，可鉴定到种，为美丽盾巨孢囊霉（W-P1201）；1 个可操作分类单元属于 *Racocetra*；1 个可操作分类单元属于巨孢囊霉属；还有 3 个可操作分类单元无法鉴定到属。

有 2 个可操作分类单元属于多样孢囊霉科。其中，1 个可操作分类单元属于 *Redeckera*，可鉴定到种，为 *Redeckera fulvum*；1 个可操作分类单元为多样孢囊霉属。

有 2 个可操作分类单元属于无梗囊霉科，2 个均为无梗囊霉属，其中一个可以鉴定到种，为稍长无梗囊霉（W-P3046）。

有 1 个可操作分类单元属于 *Claroideoglomeraceae*，属于 *Claroideoglomus*，可鉴定到种，为 *Claroideoglomus etunicatum*（W-P3012）。

有 1 个可操作分类单元属于类球囊霉科，属于类球囊霉属，无法鉴定到种。

（三）丹参根内丛枝菌根真菌群落多样性

丹参根内丛枝菌根真菌的优势类群（分离频度 F >50%）为 *Rhizophagus* sp.（C-P5702），其重要值为 57.23%；常见类群（20%<*F*<50%）为 *Scutellospora calospora*（W-P1201）、*Glomus* sp.（C-P5609）、未知种类（H-P5501）、未知种类（W-P3103）；偶见类群（10%< *F* <20%）为 *Rhizophagus intraradices*（H-P3409）、*Glomus* sp.（C-P7606）、*Glomus* sp.（W-P5204）、未知种类（W-P7203）、未知种类（W-P5142）；其余序列均为稀有类群。

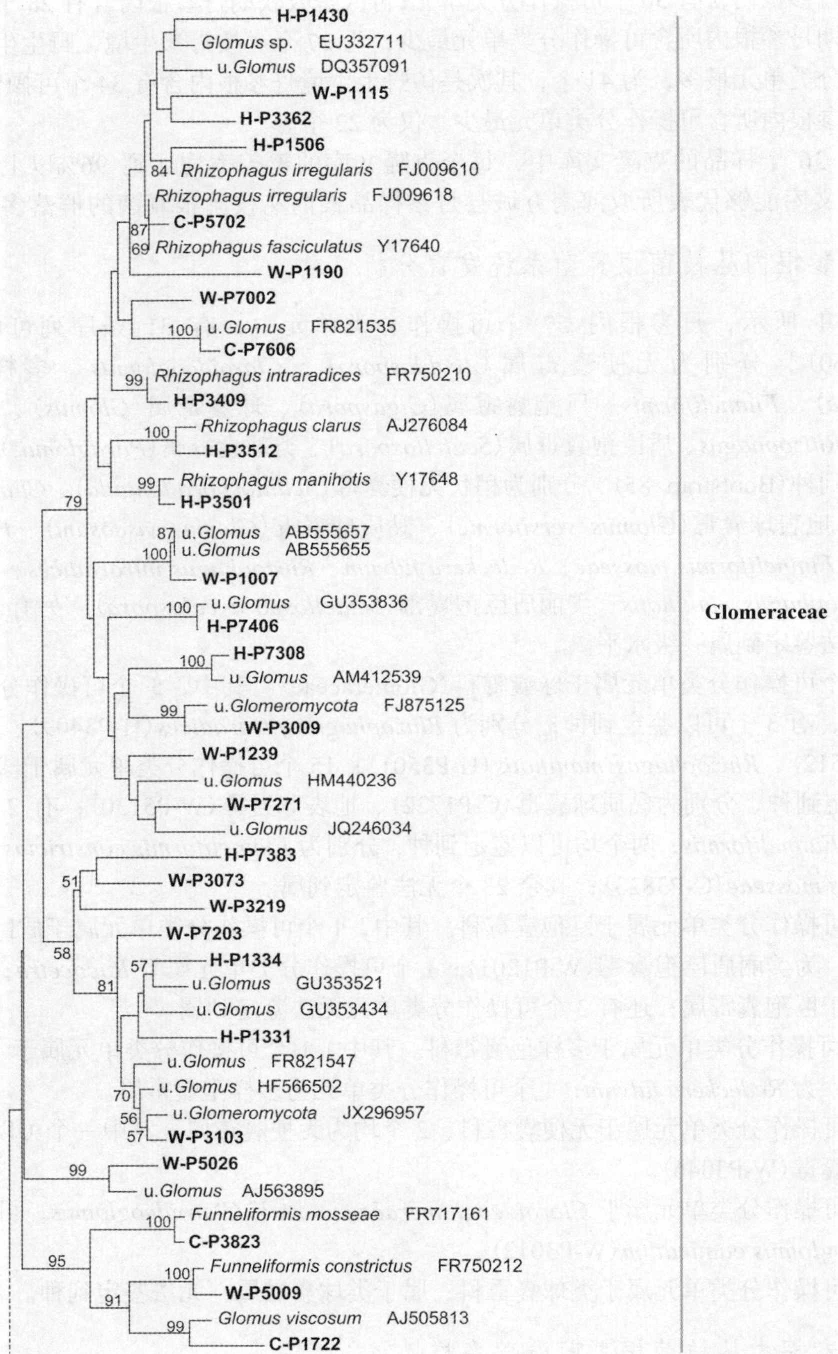

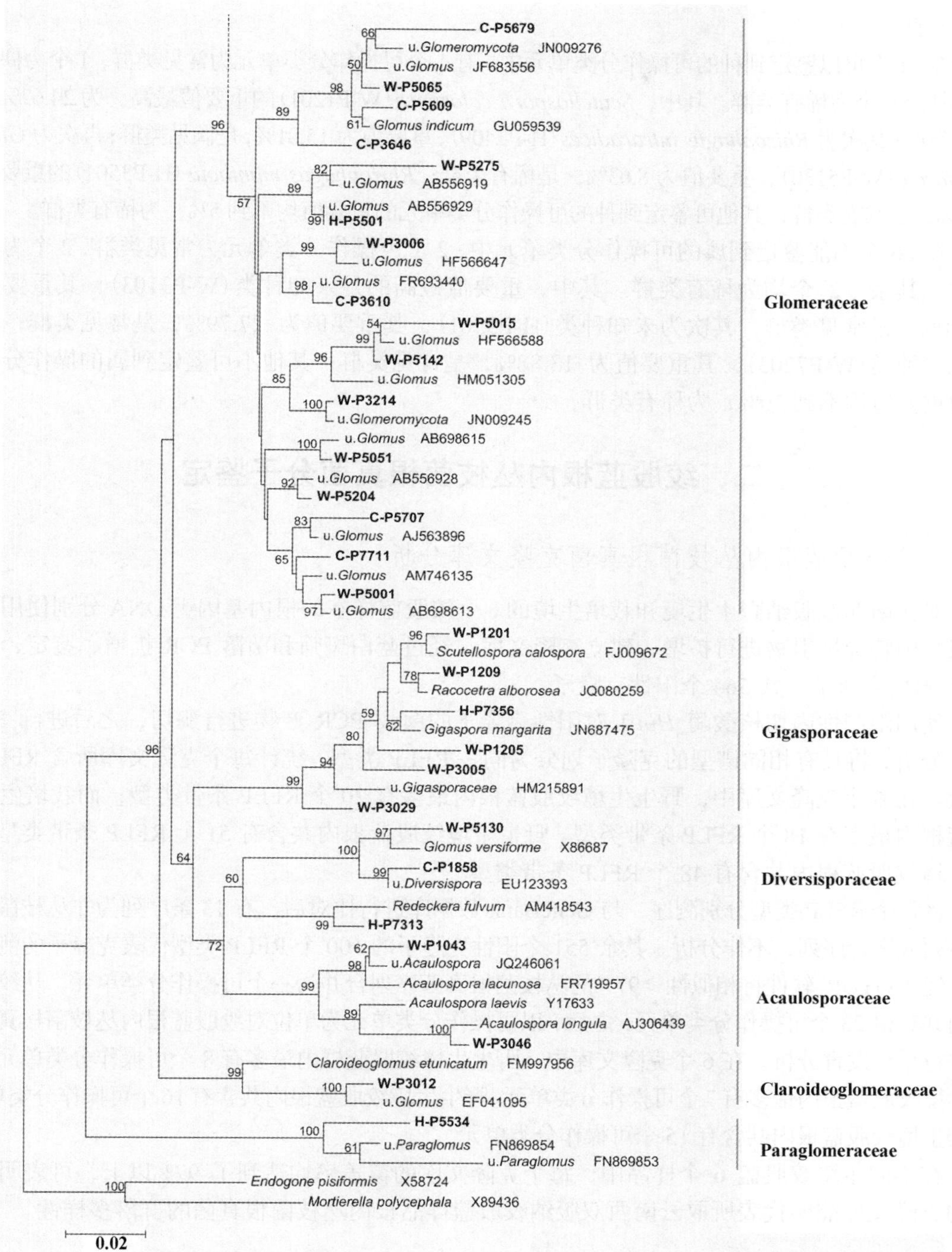

图 7-1　丹参根内丛枝菌根真菌 SSU rDNA 序列邻接法（neighbor-joining，NJ）系统发育树

在 31 个可鉴定到属的可操作分类单元中，除 11 个可鉴定到种的可操作分类单元外，有 1 个为优势类群，1 个为常见类群，2 个为偶见类群，其余 17 个均为稀有类群。其中 *Rhizophagus* sp.（C-P5702）的重要值最高，为 57.23%，是优势类群；其次为 *Glomus* sp.（C-P5609），其重要值 27.20%，是常见类群；*Glomus* sp.（C-P7606）的重要值为 13.92%，是偶见类群；*Glomus* sp.（W-P5204）的重要值为 13.06%，是偶见类群；其他可鉴定到属的可操作分类单元的重要值均不到 10%，为

稀有类群。

在 11 个可以鉴定到种的可操作分类单元中，有 1 个可操作分类单元为常见类群，1 个为偶见类群，其余 9 个为稀有类群。其中，*Scutellospora calospora*（W-P1201）的重要值最高，为 24.62%，是常见类群；其次为 *Rhizophagus intraradices*（H-P3409），重要值为 15.01%，是偶见类群；再次为 *Glomus versiforme*（W-P5130），重要值为 8.63%，是稀有类群；*Rhizophagus manihotis*（H-P3501）的重要值为 5.36%，是稀有类群；其他可鉴定到种的可操作分类单元的重要值均不到 5%，为稀有类群。

在 26 个不能鉴定到属的可操作分类单元中，2 个可操作分类单元为常见类群，2 个为偶见类群，其余 22 个均为稀有类群。其中，重要值最高的是未知种类（W-P3103），其重要值为 29.41%，是常见类群；其次为未知种类（H-P5501），其重要值为 27.79%，是常见类群；再次为未知种类（W-P7203），其重要值为 13.88%，是常见类群；其他不可鉴定到属的操作分类单元的重要值均不到 10%，为稀有类群。

二、绞股蓝根内丛枝菌根真菌分子鉴定

（一）绞股蓝根内丛枝菌根真菌克隆文库分析

对云南西双版纳野生生境和栽培生境的 6 个绞股蓝样本的根内基因组 DNA 分别使用丛枝菌根真菌特异性引物进行扩增，建立克隆文库。经过蓝白斑筛和菌落 PCR 扩增、鉴定，获得 94 个阳性克隆子，共 564 个阳性克隆子。

使用限制性内切核酸酶 *Hin*fI 对阳性克隆子的菌液 PCR 产物进行酶切，之后进行 RFLP 谱型分析，将具有相同谱型的克隆子划分为同一 RFLP 类型，统计每个克隆文库所含 RFLP 类型数。在 6 个克隆文库中，野生生境绞股蓝根内最多有 20 个 RFLP 条带类型；而栽培生境绞股蓝根内最多有 18 个 RFLP 条带类型。野生生境绞股蓝根内共含有 51 个 RFLP 条带类型；栽培生境绞股蓝根内共含有 48 个 RFLP 条带类型。

将每个 RFLP 类型分别测序，与 GeneBank 数据库进行比对后，有 13 条序列为非丛枝菌根真菌序列或嵌合序列，不作分析。其余 551 个阳性克隆子的 100 个 RFLP 类型代表克隆子的测序结果，经 DOTUR 软件将相似性≥97%的丛枝菌根真菌序列合并为一个可操作分类单元。从绞股蓝根内共获得 23 个可操作分类单元，之后，以可操作分类单元为单位对绞股蓝根内丛枝菌根真菌群落进行系统发育分析。在 6 个克隆文库中，野生生境绞股蓝根内最多有 8 个可操作分类单元，栽培生境绞股蓝根内最多有 7 个可操作分类单元。野生生境绞股蓝根内共含有 16 个可操作分类单元，栽培生境绞股蓝根内共含有 15 个可操作分类单元。

在不同生境绞股蓝 6 个样品中，每个克隆文库的覆盖率均达到了 97%以上，可表明所构建的克隆文库能够代表所取云南西双版纳绞股蓝样品根内丛枝菌根真菌的群落多样性。

（二）绞股蓝根内丛枝菌根真菌系统发育分析

如图 7-2 所示，绞股蓝根内 23 个可操作分类单元中，有 16 条序列可以鉴定到属（Bootstrap>60），分别为 *Acaulospora*、*Claroideoglomus*、*Funneliformis*、*Glomus*、*Racocetra*、*Paraglomus*；其中有 5 个可以鉴定到种（Bootstrap>85），分别为 *Acaulospora mellea*、*Acaulospora spinosa*、*Claroideoglomus etunicatum*、*Glomus viscosum*、*Racocetra tropicana*。另有 5 个可操作分类单元无法鉴定到属的水平，2 个无法鉴定到科的水平。

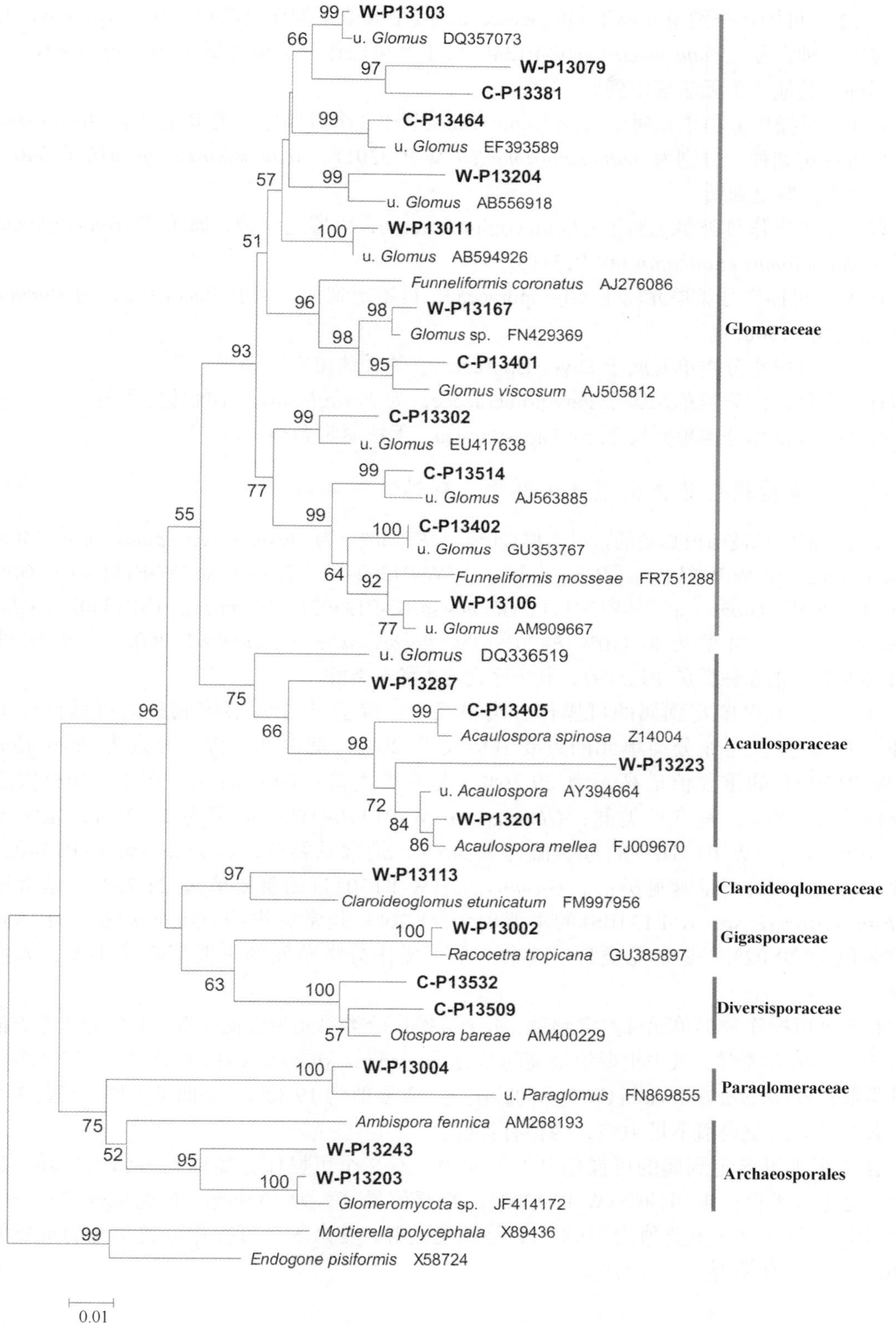

图 7-2　绞股蓝根内丛枝菌根真菌 SSU rDNA 序列 NJ 系统发育树

有 12 个可操作分类单元属于 Glomeraceae。其中 8 个可操作分类单元属于 *Glomus*，有一个可鉴定到种，为 *Glomus viscosum*（C-P13401）；1 个可操作分类单元属于 *Funneliformis*，不能鉴定到种；其他 3 个无法鉴定到属。

有 4 个可操作分类单元属于 Acaulosporaceae。其中 3 个可操作分类单元属于 *Acaulospora*，有 2 个可鉴定到种，分别为 *Acaulospora mellea*（W-P13201）、*Acaulospora spinosa*（C-P13405）；还有 1 个无法鉴定到属。

有 1 个可操作分类单元属于 Claroideoglomeraceae，可鉴定到种，属于 *Claroideoglomus*，为 *Claroideoglomus etunicatum*（W-P13113）。

有 1 个可操作分类单元属于 Gigasporaceae，可鉴定到种，属于 *Racocetra*，为 *Racocetra tropicana*（W-P13002）。

有 2 个可操作分类单元属于 Diversisporaceae，均无法鉴定到属。

有 1 个可操作分类单元属于 Paraglomeraceae，为 *Paraglomus*，不能鉴定到种。

有 2 个可操作分类单元属于 Archaeosporales，无法鉴定到科。

（三）绞股蓝根内丛枝菌根真菌群落多样性

绞股蓝根内丛枝菌根真菌的常见类群（20% < F <50%）为 *Acaulospora spinosa*（C-P13405）、*Funneliformis* sp.（W-P13106）、*Paraglomus* sp.（W-P13004）、*Glomus* sp.（W-P13103）、*Glomus* sp.（W-P13204）、*Glomus* sp.（W-P13011）、*Glomus* sp.（C-P13402）、*Glomus* sp.（C-P13302）、*Glomus* sp.（W-P13167），偶见类群（10%<F<20%）为 *Racocetra tropicana*（W-P13002）、未知种类（W-P13203）、未知种类（C-P13509）；其余序列均为稀有类群。

在 16 个可以鉴定到属的可操作分类单元中，除去 5 个可鉴定到种的可操作分类单元外，有 8 个可操作分类单元的重要值均大于 20%，是常见类群，分别为 *Paraglomus* sp.（W-P13004）的重要值最高，为 29.26%，是常见类群；*Glomus* sp.（W-P13103）次之，重要值为 28.99%，是常见类群；*Glomus* sp.（W-P13204）的重要值为 28.27%，是常见类群；*Glomus* sp.（W-P13167）的重要值为 25.45%，是常见类群；*Glomus* sp.（C-P13402）的重要值为 23.02%，是常见类群；*Glomus* sp.（W-P13011）的重要值为 21.75%，是常见类群；*Funneliformis* sp.（W-P13106）的重要值为 21.20%，是常见类群；*Glomus* sp.（C-P13302）的重要值为 20.02%，是常见类群。其余 3 个可操作分类单元的重要值不足 10%，为稀有类群。

有 5 个可操作分类单元可鉴定到种，1 个可操作分类单元为常见类群，1 个为偶见类群，其余 3 个为稀有类群。其中重要值最高的是 *Acaulospora spinosa*（C-P13405），为 27.72%，是常见类群；*Racocetra tropicana*（W-P13002）次之，重要值为 19.30%，是偶见类群；其余 3 个可操作分类单元的重要值不足 10%，为稀有类群。

在 7 个不可鉴定到属的可操作分类单元中，有 2 个可操作分类单元为偶见类群，其余 5 个均为稀有类群。未知种类（W-P13203）的重要值最高，为 13.96%，是偶见类群；未知种类（C-P13509）次之，重要值为 10.87%，是偶见类群；其余 5 个可操作分类单元的重要值不足 10%，为稀有类群。

三、白木香根内丛枝菌根真菌分子鉴定

(一)白木香根内丛枝菌根真菌克隆文库分析

对云南西双版纳野生生境和栽培生境的6个白木香样本的根内基因组DNA分别使用丛枝菌根真菌特异性引物进行扩增，建立克隆文库。经过蓝白斑筛和菌落PCR扩增、鉴定，获得94个阳性克隆子，共564个阳性克隆子。

使用限制性内切核酸酶*Hin*fI对阳性克隆子的菌液PCR产物进行酶切，之后进行RFLP谱型分析，将具有相同谱型的克隆子划分为同一RFLP类型，统计每个克隆文库所含RFLP类型数。在6个克隆文库中，野生生境白木香根内最多有21个RFLP条带类型，而栽培生境白木香根内最多有23个RFLP条带类型。野生生境白木香根内共含有55个RFLP条带类型，栽培生境白木香根内共含有46个RFLP条带类型。

将每个RFLP类型分别测序，与GeneBank数据库进行比对后，有18条序列为非丛枝菌根真菌序列或嵌合序列，不作分析。其余546个阳性克隆子的101个RFLP类型代表克隆子的测序结果，经DOTUR软件将相似性≥97%的丛枝菌根真菌序列合并为一个可操作分类单元。从白木香根内共获得22个可操作分类单元，以可操作分类单元为单位对白木香根内丛枝菌根真菌群落进行系统发育分析。在6个克隆文库中，野生生境白木香根内最多有7个可操作分类单元，栽培生境白木香根内最多有5个可操作分类单元。野生生境白木香根内共含有15个可操作分类单元，栽培生境白木香根内共含有10个可操作分类单元。

在不同生境白木香6个样品中，每个克隆文库的覆盖率均达到97%以上，可表明所构建的克隆文库能够代表所取云南西双版纳白木香样品根内丛枝菌根真菌的群落多样性。

(二)白木香根内丛枝菌根真菌系统发育分析

如图7-3所示，白木香根内22个可操作分类单元中，有17条序列可以鉴定到属(Bootstrap>60)，分别为*Acaulospora*、*Geosiphon*、*Glomus*、*Rhizophagus*、*Scutellospora*；其中只有2个可以鉴定到种(Bootstrap>85)，分别为*Acaulospora mellea*、*Scutellospora heterogama*。另有5个可操作分类单元无法鉴定到属的水平。

有18个可操作分类单元属于Glomeraceae。其中，12个可操作分类单元属于*Glomus*，1个可操作分类单元属于*Rhizophagus*，其余5个均无法鉴定到属。

有1个可操作分类单元属于Gigasporaceae，可鉴定到种，属于*Scutellospora*，为*Scutellospora heterogama*(W-P14268)。

有2个可操作分类单元属于Acaulosporaceae。2个均属于*Acaulospora*，有一个可以鉴定到种，为*Acaulospora mellea*(W-P14201)。

有1个可操作分类单元属于Geosiphonaceae，可鉴定到属，为*Geosiphon*。

(三)白木香根内丛枝菌根真菌群落多样性

白木香根内丛枝菌根真菌的常见类群(20%<*F*<50%)为*Acaulospora mellea*(W-P14201)、*Glomus* sp.(C-P14327)、*Glomus* sp.(C-P14401)、*Glomus* sp.(W-P14215)；偶见类群(10%<*F*<20%)为*Rhizophagus* sp.(W-P14013)、*Glomus* sp.(W-P14101)、*Glomus* sp.(W-P14007)、*Glomus* sp.(C-P14504)、*Glomus* sp.(C-P14501)、未知种类(W-P14017)；其余序列均为稀有类群。

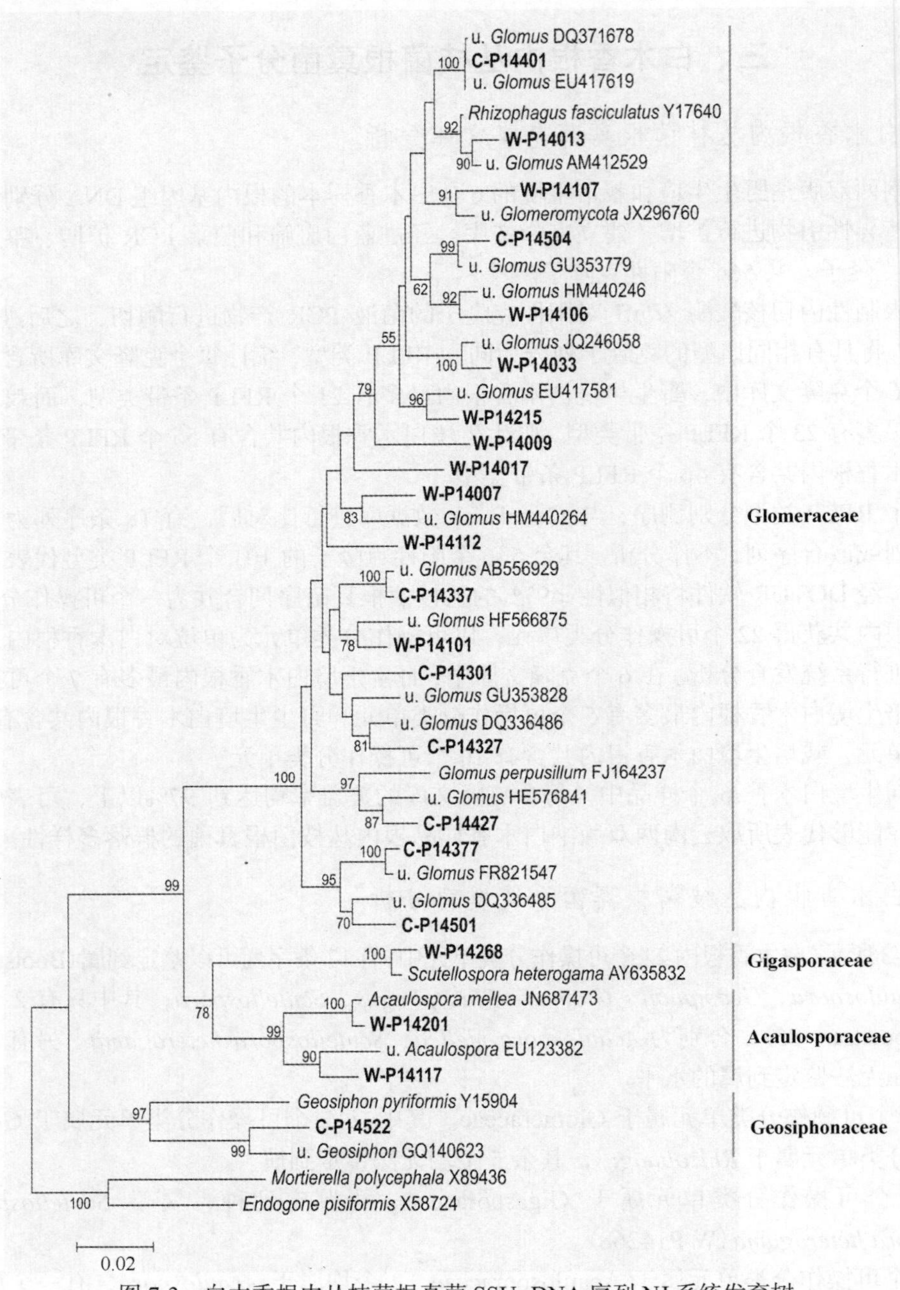

图 7-3　白木香根内丛枝菌根真菌 SSU rDNA 序列 NJ 系统发育树

在 17 个可鉴定到属的可操作分类单元中，除去 2 个可鉴定到种的可操作分类单元外，还有 3 个可操作分类单元为常见类群，4 个可操作分类单元为偶见类群，其余 7 个可操作分类单元为稀有类群。重要值最高的可操作分类单元为 *Glomus* sp.（C-P14401），其重要值为 35.81%，是常见类群；其次为 *Glomus* sp.（C-P14327），重要值为 23.72%，是常见类群；再次为 *Glomus* sp.（W-P14215），其重要值为 21.06%，是常见类群。属于偶见类群的可操作分类单元有 *Glomus* sp.（W-P14101），其重要值为 11.72%；*Glomus* sp.（W-P14007）的重要值为 11.36%；*Rhizophagus* sp.（W-P14013）的重要值为 10.71%；*Glomus* sp.（C-P14504）的重要要值为 11.54%。其余 7 个可操作分类单元的重要值不足 10%，为稀有类群。

在 2 个可鉴定到种的可操作分类单元中，*Acaulospora mellea*(W-P14201)为常见类群，其重要值为 21.98%；*Scutellospora heterogama*(W-P14268)为稀有类群，其重要值为 8.42%。

在 5 个无法鉴定到属的可操作分类单元中，有 1 个为偶见类群，其余 4 个为稀有类群。其中，未知种类(W-P14017)的重要值最高，为 10.35%，是偶见类群；其余 4 个可操作分类单元的重要值均不足 10%，为稀有类群。

四、细叶千斤拔与大叶千斤拔根内丛枝菌根真菌分子鉴定

(一)细叶千斤拔与大叶千斤拔根内丛枝菌根真菌克隆文库分析

对云南西双版纳城市生境的 6 个细叶千斤拔和大叶千斤拔样本的根内基因组 DNA 分别使用丛枝菌根真菌特异性引物进行扩增，建立克隆文库。经过蓝白斑筛和菌落 PCR 扩增、鉴定，获得 94 个阳性克隆子，共 564 个阳性克隆子。

使用限制性内切核酸酶 *Hin*fI 对阳性克隆子的菌液 PCR 产物进行酶切，之后进行 RFLP 谱型分析，将具有相同谱型的克隆子划分为同一 RFLP 类型，统计每个克隆文库所含 RFLP 类型数。在 6 个克隆文库中，细叶千斤拔根内最多有 12 个 RFLP 条带类型，而大叶千斤拔根内最多有 21 个 RFLP 条带类型。细叶千斤拔根内共含有 35 个 RFLP 条带类型，大叶千斤拔根内共含有 38 个 RFLP 条带类型。

将每个 RFLP 类型分别测序，与 GeneBank 数据库进行比对后，有 6 条序列为非丛枝菌根真菌序列或嵌合序列，不作分析。其余 558 个阳性克隆子的 83 个 RFLP 类型代表克隆子的测序结果，经 DOTUR 软件将相似性≥97%的丛枝菌根真菌序列合并为一个可操作分类单元。从细叶千斤拔和大叶千斤拔根内共获得 23 个可操作分类单元，以可操作分类单元为单位对细叶千斤拔和大叶千斤拔根内丛枝菌根真菌群落进行系统发育分析。在 6 个克隆文库中，细叶千斤拔根内最多有 8 个可操作分类单元，大叶千斤拔根内最多有 9 个可操作分类单元。细叶千斤拔根内共含有 12 个可操作分类单元，大叶千斤拔根内共含有 16 个可操作分类单元。

在同一生境细叶千斤拔和大叶千斤拔 6 个样品中，每个克隆文库的覆盖率均达到 97% 以上，可表明所构建的克隆文库能够代表所取云南西双版纳细叶千斤拔和大叶千斤拔样品根内丛枝菌根真菌的群落多样性。

(二)细叶千斤拔与大叶千斤拔根内丛枝菌根真菌系统发育分析

如图 7-4 所示，细叶千斤拔与大叶千斤拔根内 23 个可操作分类单元中，有 18 条序列可以鉴定到属(Bootstrap>60)，分别为 *Acaulospora*、*Claroideoglomus*、*Diversispora*、*Glomus*、*Rhizophagus*；其中只有 6 个可以鉴定到种(Bootstrap>85)，分别为 *Acaulospora spinosa*、*Claroideoglomus lamellosum*、*Glomus indicum*、*Glomus viscosum*、*Rhizophagus fasciculatus*、*Rhizophagus intraradices*。另有 5 个可操作分类单元无法鉴定到属的水平。

有 19 个可操作分类单元属于 Glomeraceae。其中 12 个可操作分类单元属于 *Glomus*，2 个可鉴定到种，分别为 *Glomus indicum*(WD-P15313)、*Glomus viscosum*(WD-P15426)；3 个可操作分类单元属于 *Rhizophagus*，有 2 个可鉴定到种，分别为 *Rhizophagus fasciculatus*(WX-P15007)、*Rhizophagus intraradices*(WD-P15301)；其余 4 个可操作分类单元无法鉴定到属。

有 1 个可操作分类单元属于 Acaulosporaceae，可鉴定到种，属于 *Acaulospora*，为 *Acaulospora spinosa*（WX-P15002）。

有 1 个可操作分类单元属于 Diversisporaceae，不可鉴定到种，为 *Diversispora*。

有 1 个可操作分类单元属于 Claroideoglomeraceae，可鉴定到种，属于 *Claroideoglomus*，为 *Claroideoglomus lamellosum*（WX-P15206）。

有 1 个可操作分类单元属于 *Ambisporaceae*，不能鉴定到属。

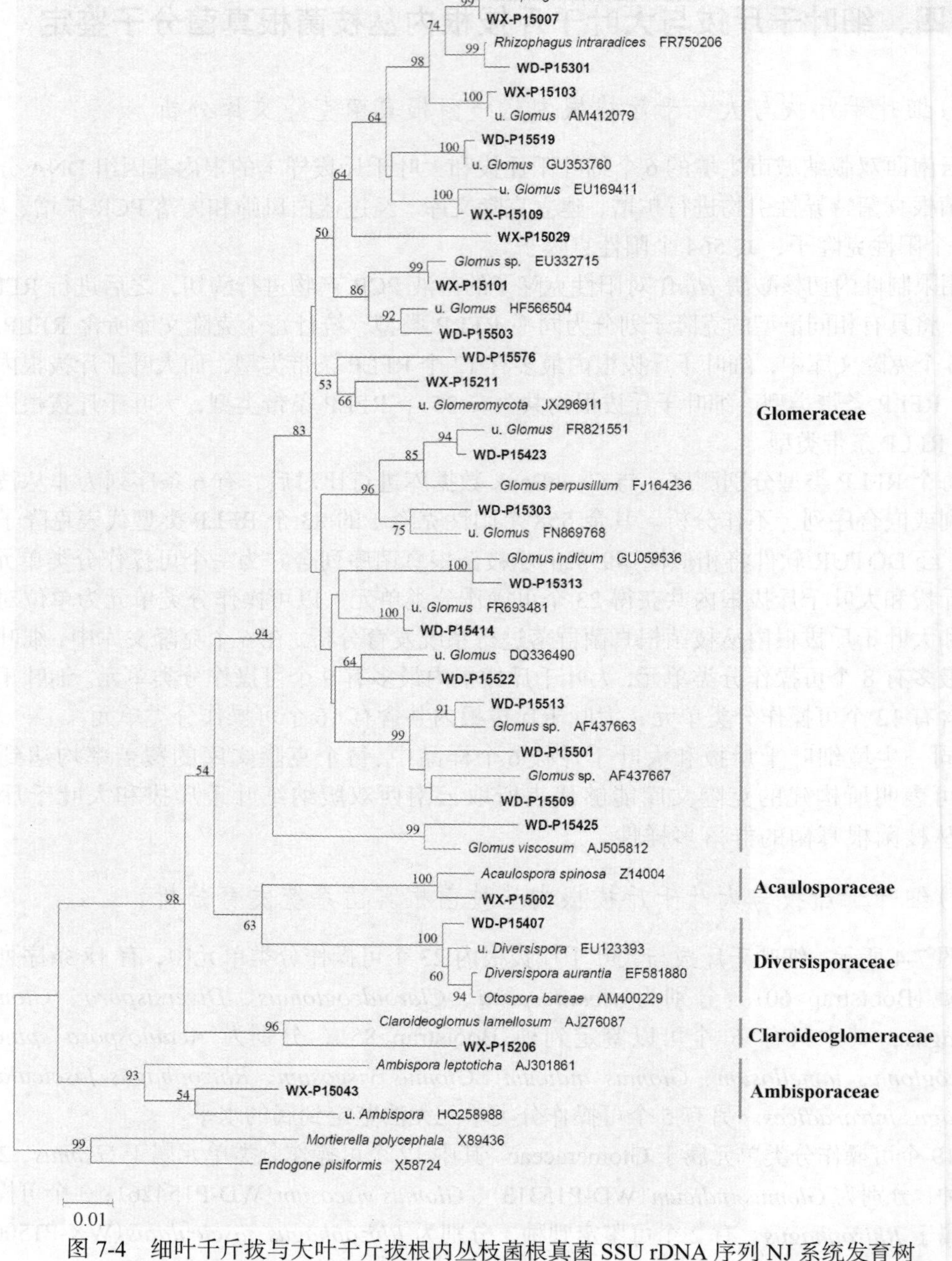

图 7-4　细叶千斤拔与大叶千斤拔根内丛枝菌根真菌 SSU rDNA 序列 NJ 系统发育树

（三）细叶千斤拔与大叶千斤拔根内丛枝菌根真菌群落多样性

细叶千斤拔与大叶千斤拔根内丛枝菌根真菌的优势类群（*F*>50%）为 *Rhizophagus fasciculatus*（WX-P15007），其重要值为 57.80%；常见类群（20% < *F* <50%）为 *Acaulospora spinosa*（WX-P15002）、*Rhizophagus intraradices*（WD-P15301）、*Glomus* sp.（WD-P15101）、*Glomus* sp.（WX-P15103）、*Glomus* sp.（WD-P15519）、未知种类（WD-P15509）；偶见类群（10%<*F*<20%）为 *Diversispora* sp.（WD-P15407）、*Glomus indicum*（WD-P15313）、*Glomus* sp.（WD-P15513）、*Glomus* sp.（WD-P15414）、*Glomus* sp.（WD-P15522）、未知种类（WD-P15501）；其余序列均为稀有类群。

在 17 个可鉴定到属的可操作分类单元中，除去 6 个可鉴定到种的可操作分类单元外，有 4 个可操作分类单元的重要值为 20%～50%，是常见类群；有 4 个可操作分类单元的重要值为 10%～20%，是偶见类群；有 3 个可操作分类单元的重要值不足 10%，为稀有类群。在常见类群中，*Glomus* sp.（WD-P15503）的重要值最高，为 36.74%；其次是 *Glomus* sp.（WD-P15519），其重要值为 27.06%；再次为 *Glomus* sp.（WD-P15101），其重要值为 26.88%；最后是 *Glomus* sp.（WX-P15103），其重要值为 21.68%。在偶见类群中，*Glomus* sp.（WD-P15513）的重要值最高，为 18.37%；其次是 *Glomus* sp.（WD-P15522），其重要值为 17.20%；再次是 *Glomus* sp.（WD-P15414），其重要值为 17.03%；最后是 *Diversispora* sp.（WD-P15407），其重要值为 10.22%。

在 6 个可鉴定到种的可操作分类单元中，有 1 个优势类群、2 个常见类群、1 个偶见类群、2 个稀有类群。*Rhizophagus fasciculatus*（WX-P15007）的重要值最高，为 57.80%，是优势类群；*Rhizophagus intraradices*（WD-P15301）的重要值次之，为 37.28%，是常见类群；再次为 *Acaulospora spinosa*（WX-P15002），其重要值为 20.52%，是常见类群。*Glomus indicum*（WD-P15313）为偶见类群，其重要值为 10.57%。其余 2 个可操作分类单元的重要值不足 10%，为稀有类群。

在 6 个无法鉴定到属的可操作分类单元中，有 1 个常见类群、1 个偶见类群、4 个稀有类群。其中，未知种类（WD-P15509）的重要值最高，为 27.15%，是常见类群；其次是未知种类（WD-P15501），其重要值为 18.37%，是偶见类群；其余 4 个可操作分类单元的重要值均不足 10%，为稀有类群。

第二节　不同生境植物根内丛枝菌根真菌群落多样性

一、植物根内丛枝菌根真菌侵染强度

1. 丹参根内丛枝菌根真菌侵染强度

如表 7-2 所示，萌芽生长期野生生境丹参根内丛枝菌根真菌的侵染强度最高，为 44.32%；收获期栽培生境丹参根内丛枝菌根真菌的侵染强度最低，为 21.27%。

表 7-2 丹参根内丛枝菌根真菌侵染强度

植物种类	生境	侵染强度(M)/%
萌芽生长期	野生生境	44.32a
	仿野生生境	34.28bc
	栽培生境	26.41cde
营养生长期	野生生境	31.18cd
	仿野生生境	24.14de
	栽培生境	24.15de
开花期	野生生境	30.83cd
	仿野生生境	34.75bc
	栽培生境	22.93de
收获期	野生生境	31.13cd
	仿野生生境	40.11ab
	栽培生境	21.27e

注：同列不同字母表示差异显著(P<0.05)

在同一生境，不同生长时期丹参根内丛枝菌根真菌侵染强度的差异不同。在野生生境，萌芽生长期丹参根内丛枝菌根真菌侵染强度(44.32%)与其他 3 个生长时期均有显著差异，这一生境营养生长期丹参根内丛枝菌根真菌侵染强度(31.18%)与开花期和收获期均无显著差异，野生生境开花期丹参根内丛枝菌根真菌侵染强度(30.83%)与同一生境收获期(31.13%)也无显著差异。在仿野生生境,萌芽生长期丹参根内丛枝菌根真菌侵染强度(34.28%)与同一生境营养生长期有显著差异，但与这一生境开花期和收获期无显著差异；仿野生生境营养生长期丹参根内丛枝菌根真菌侵染强度(24.14%)与同一生境开花期和收获期均有显著差异；仿野生生境开花期丹参根内丛枝菌根真菌侵染强度(34.75%)与这一生境收获期(40.11%)无显著差异。在栽培生境，4 个生长时期丹参根内丛枝菌根真菌侵染强度之间均无显著差异。

同一生长时期，不同生境丹参根内丛枝菌根真菌侵染强度也有所差异。萌芽生长期，野生生境丹参根内丛枝菌根真菌侵染强度(44.32%)与同一生长时期仿野生生境和栽培生境有显著差异，这一生长时期仿野生生境丹参根内丛枝菌根真菌侵染强度(34.28%)与栽培生境(26.41%)无显著差异。营养生长期，3 种生境丹参根内丛枝菌根真菌侵染强度之间均无显著差异。开花期，野生生境丹参根内丛枝菌根真菌侵染强度(30.83%)与这一生长时期仿野生生境和栽培生境均无显著差异，但这一生长时期仿野生生境丹参根内丛枝菌根真菌侵染强度(34.75%)与栽培生境(22.93%)有显著差异。收获期，野生生境丹参根内丛枝菌根真菌侵染强度(31.13%)与同一生长时期仿野生生境和栽培生境均有显著差异,这一时期仿野生生境丹参根内丛枝菌根真菌侵染强度(40.11%)与栽培生境也有显著差异(21.27%)。

2. 云南 4 种植物根内丛枝菌根真菌侵染强度

如表 7-3 所示，野生生境绞股蓝根内丛枝菌根真菌侵染强度(43.95%)与栽培生境绞股蓝根内丛枝菌根真菌侵染强度(36.12%)无显著差别。野生生境白木香根内丛枝菌根真菌侵染强度(38.29%)与栽培生境白木香根内丛枝菌根真菌侵染强度(37.25%)无显著差异。城市生境细叶千斤拔根内丛枝菌根真菌侵染强度(38.85%)与同一生境大叶千斤拔根内丛枝菌根真菌侵染强度(28.48%)有显著差异，这种差异可能与丛枝菌根真菌对宿主植物的选择性相关。

表 7-3　绞股蓝、白木香、细叶千斤拔、大叶千斤拔根内丛枝菌根真菌侵染强度

植物种类	生境	侵染强度(M)/%
绞股蓝	野生生境	43.95a
	栽培生境	36.12ab
白木香	野生生境	38.29ab
	栽培生境	37.25ab
细叶千斤拔	城市生境	38.85a
大叶千斤拔	城市生境	28.48b

注：同列不同字母表示差异显著(P<0.05)

二、不同生境植物根内丛枝菌根真菌分布多样性指数

1. 丹参根内丛枝菌根真菌分布多样性指数

如表 7-4 所示，同一生境、不同生长时期丹参根内丛枝菌根真菌 Shannon-Wiener 多样性指数无显著差异，表明不同丹参生长时期不影响丹参根内丛枝菌根真菌群落的种类丰富程度。在野生生境、仿野生生境、栽境生境，4 个生长时期丹参根内丛枝菌根真菌 Shannon-Wiener 多样性指数之间均无显著差异。

表 7-4　丹参根内丛枝菌根真菌 Shannon-Wiener 多样性指数

植物种类	生境	Shannon-Wiener 多样性指数(H')
萌芽生长期	野生生境	1.60a
	仿野生生境	1.24abcd
	栽培生境	1.09abcd
营养生长期	野生生境	1.68a
	仿野生生境	1.54a
	栽培生境	0.86bcd
开花期	野生生境	1.47ab
	仿野生生境	1.48ab
	栽培生境	0.72d
收获期	野生生境	1.62a
	仿野生生境	1.38abc
	栽培生境	0.84cd

注：同列不同字母表示差异显著(P<0.05)

同一生长时期、不同生境丹参根内丛枝菌根真菌 Shannon-Wiener 多样性指数的差异显著性不同。在萌芽生长期，3 种生境丹参根内丛枝菌根真菌 Shannon-Wiener 多样性指数之间均无显著差异。营养生长期，野生生境丹参根内丛枝菌根真菌 Shannon-Wiener 多样性指数(H'=1.68)与同一生长时期栽培生境有显著差异，但与仿野生生境无显著差异；这一生长时期仿野生生境丹参根内丛枝菌根真菌 Shannon-Wiener 多样性指数(H'=1.54)与栽培生境(H'=0.86)有显著差异。开花期，栽培生境丹参根内丛枝菌根真菌 Shannon-Wiener 多样性指数(H'=0.72)与同一生长时期野生生境和仿野生生境均有显著差异，而这一生长时期野生生境(H'=1.47)丹参根内丛枝菌根真菌 Shannon-Wiener 多样性指数与仿野生生境(H'=1.48)无显著差异。在收获期，仿野

生生境丹参根内丛枝菌根真菌 Shannon-Wiener 多样性指数（H'=1.38）与同一生长时期野生生境和栽培生境均无显著差异，但这一生长时期野生生境丹参根内丛枝菌根真菌 Shannon-Wiener 多样性指数（H'=1.62）与栽培生境（H'=0.84）有显著差异。由此可见，同一时期，除丹参萌芽生长期外，不同生境丹参根内丛枝菌根真菌 Shannon-Wiener 多样性指数有显著差异，表明不同生境丹参根内丛枝菌根真菌群落的种类丰富程度有差异。

2. 云南 4 种植物根内丛枝菌根真菌分布多样性指数

如表 7-5 所示，野生生境绞股蓝根内丛枝菌根真菌 Shannon-Wiener 多样性指数（H'=1.42）与栽培生境绞股蓝根内丛枝菌根真菌 Shannon-Wiener 多样性指数（H'=1.23）无显著差异，野生生境白木香根内丛枝菌根真菌 Shannon-Wiener 多样性指数（H'=1.28）与栽培生境白木香根内丛枝菌根真菌 Shannon-Wiener 多样性指数（H'=0.89）无显著差异。表明不同生境绞股蓝和白木香根内丛枝菌根真菌群落的种类丰富程度无显著差异。

表 7-5　绞股蓝、白木香、细叶千斤拔、大叶千斤拔根内丛枝菌根真菌 Shannon-Wiener 多样性指数

植物种类	生境	Shannon-Wiener 多样性指数（H'）
绞股蓝	野生生境	1.42ab
	栽培生境	1.23ab
白木香	野生生境	1.28ab
	栽培生境	0.89b
细叶千斤拔	城市生境	1.13ab
大叶千斤拔	城市生境	1.80a

注：同列不同字母表示差异显著（P<0.05）

城市生境细叶千斤拔根内丛枝菌根真菌 Shannon-Wiener 多样性指数（H'=1.13）与大叶千斤拔根内丛枝菌根真菌 Shannon-Wiener 多样性指数（H'=1.80）无显著差异，表明同样生境下细叶千斤拔与大叶千斤拔根内丛枝菌根真菌群落的种类丰富程度相同。

三、不同生境植物根内丛枝菌根真菌群落组成

球囊霉科是广泛分布在丹参、绞股蓝、白木香、细叶千斤拔和大叶千斤拔根内的丛枝菌根真菌种类，并且与其他菌根真菌种类相比，除野生绞股蓝根内球囊霉科的相对多度不到 50%外，其他生境和植物种类中球囊霉科的相对多度都达到了 70%以上。虽然其他丛枝菌根真菌种类在 4 种植物中的分布都没有球囊霉科分布广泛，但通过比较不同生境、同种植物根内丛枝菌根真菌分布相对多度，发现野生生境丹参根内非球囊霉科的丛枝菌根真菌相对多度是栽培生境丹参根内非球囊霉科丛枝菌根真菌相对多度的 12.93 倍，仿野生生境丹参根内非球囊霉科的丛枝菌根真菌相对多度是栽培生境丹参根内非球囊霉科丛枝菌根真菌相对多度的 15.80 倍；即使栽培生境绞股蓝根内非球囊霉科的丛枝菌根真菌占到了 25%以上，但野生生境绞股蓝根内非球囊霉科的丛枝菌根真菌相对多度仍然是栽培生境绞股蓝根内非球囊霉科丛枝菌根真菌相对多度的 2.38 倍，野生生境白木香根内非球囊霉科的丛枝菌根真菌相对多度是栽培生境白木香根内非球囊霉科丛枝菌根真菌相对多度的 3.43 倍；只有同为城市生境的细叶千斤拔和大叶千斤拔根内非球囊霉科的丛枝菌根真菌相对多度相差 2.09 倍，是相差最小的。

第三节　分子生物学鉴定技术在丛枝菌根真菌多样性研究中的地位

一、分子生物学技术可以弥补传统形态学鉴定方法的不足

由于丛枝菌根真菌是专性活体营养的营养方式，只有与植物共同培养才能生长，不能获得纯培养。鉴定丛枝菌根真菌的传统形态学方法是分离、提取植物根际土壤内的丛枝菌根真菌孢子，并依据其形态学特征进行鉴定。但形态学鉴定方法仍存在许多不足，并且形态学分类也饱受争议。Søren (2008) 发现孢子的形态学特征会随着时间而改变，不同时期的孢子会被鉴定为不同丛枝菌根真菌种类；对盖玻片施压不同会观察到不同的孢子壁特征。同时，Franke 和 Morton (1994) 也发现 *Scutellospora pellucida* 的内层孢子壁在休眠和萌发两种状态时会有不同形态学特征。此外，从土壤中分离提取丛枝菌根真菌的方法有利于获得大量产孢的丛枝菌根真菌种类，而那些孢子产量少或不产孢的丛枝菌根真菌种类则不易被发现 (Helgason et al., 1998)。

分子生物学技术的应用，可以实现对植物根内丛枝菌根真菌群落的了解。应用分子生物学技术对丛枝菌根真菌多样性进行考察后，Kottke 等 (2008) 发现，传统形态学方法所获得的丛枝菌根真菌种类只是自然界中真实情况的很小一部分。Öpik 等 (2009) 的研究结果显示，植物根系中丛枝菌根真菌群落与土壤中分布的丛枝菌根真菌群落有很大差异。此外，应用分子生物学技术可以对已有的丛枝菌根真菌形态学分类进行校正。在 21 世纪之前，丛枝菌根真菌一直被归为接合菌纲 (Zygomycotina)，直到 Schüβler 等 (2001) 运用分子生物学技术对丛枝菌根真菌 SSU rRNA 基因序列进行系统发育学分析后才发现丛枝菌根真菌与子囊菌门、担子菌门、接合菌门真菌具有共同的起源。因此，为丛枝菌根真菌建立了与接合菌门具有同等分类地位的球囊菌门 (Glomeromycota)。

本章运用分子生物学技术对丹参、绞股蓝、白木香、大叶千斤拔 4 种药用植物和细叶千斤拔根内丛枝菌根真菌群落进行了调查，并与之前利用形态学方法对中国药用植物丛枝菌根真菌多样性的研究结果进行比较后发现，分子生物学技术所获得的丛枝菌根真菌种类更加丰富，获得了一些形态学研究中未得到的丛枝菌根真菌种类。从丹参根系样品中获得的丛枝菌根真菌序列在 97%相似性水平上可划分为 57 个丛枝菌根真菌分子种，从绞股蓝根系样品中获得的丛枝菌根真菌序列可划分为 23 个丛枝菌根真菌分子种，从白木香根系样品中获得的丛枝菌根真菌序列可划分为 22 个丛枝菌根真菌分子种，从大叶千斤拔根系样品中获得的丛枝菌根真菌可划分为 16 个丛枝菌根真菌分子种。在这些分子种中，有 17 个分子种与形态学丛枝菌根真菌物种相关。其中已在中国药用植物根围土壤中分离获得的有 13 个，有 4 个种是未在中国已研究的 171 种药用植物根围土壤中分离、获得的。

经比较发现，在绞股蓝和白木香根系样品中获得的 *Acaulospora mellea*，曾在细枝岩黄耆、薄荷、黄檗等 6 种药用植物根围土壤中获得 (接伟光等，2007；吴丽莎等，2009；王琚钢，2011；黄文丽等，2012；姜攀等，2012)；在绞股蓝根系样品中获得的 *Acaulospora spinosa*，曾在人参、三七、三角叶黄连等 9 种药用植物根围土壤中获得 (李串香，2003；任嘉红等，2007；王森等，2008；李桂贞，2008；朱秀芹等，2009；韦小艳，2010；姜攀和王明元，2012)；在丹参、绞股蓝根系样品中获得的 *Claroideoglomus etunicatum*，曾在翠云草、火炭母、草珊瑚、沙

蒿等 22 种药用植物根围土壤中发现(马永甫等，2005；王银银，2011)；仅在丹参根系样品中获得的 *Funnelisormis constrictus*，曾在白术、忍冬、北柴胡、连翘等 33 种药用植物根围土壤中分离(山宝琴等，2009；赵婧，2010；张翔鹤等，2011；姜攀等，2012；米芳珍，2012)；在丹参根系样品中得到的 *Funneliformis mosseae*，曾在栝楼、白芷、薯蓣、银杏、半夏等 48 种药用植物根围土壤中分离(赵金莉等，2012)；从丹参根系样品中获得的 *Glomus versiforme*，曾在硃砂根、栀子、银杏、暴马丁香等 13 种药用植物根围土壤中分离(陈连庆和韩宁林，1999；高爱霞，2007；程俐陶等，2010)；在丹参、绞股蓝、大叶千斤拔根系样品中分离得到的 *Glomus viscosum*，已经在薯蓣、狗脊、南方红豆杉等 5 种药用植物根围土壤中获得(马永甫等，2005)；在丹参根系样品中获得的 *Rhizophaus clarus*，已经在北方沙参、喜树、蒙古黄耆、食用葛等 20 种药用植物根围土壤中获得(张海涵，2011)；在大叶千斤拔根系样品中获得的 *Rhizophagus fasciculatus*，曾在人参、五味子、地黄、盾叶薯蓣等 21 种药用植物根围土壤中获得(石蕾，2007)；在丹参和大叶千斤拔各系样品中获得的 *Rhizophagus intraradices*，曾在半夏、糯米团、紫茉莉、连香树等 13 种药用植物根围土壤中获得(王虹等，1999)；在丹参根系样品中获得的 *Rhizophagus manihotis*，曾在佛手柑、栀子、牡丹、金樱子等 6 种药用植物根围土壤中获得；在丹参根系样品中获得的 *Scutellospora calospora*，曾在宽瓣重楼、蒙古扁桃、费菜、紫菀、菊花等 21 种药用植物根围土壤中获得(周浓等，2009)；从白木香根系样品中获得的 *Scutellospora heterogama*，已经在一把伞南星、射干、白芷、银杏等 6 种药用植物根围土壤中获得。而在丹参根系样品中获得的 *Acaulospora longula* 和 *Redeckera fulvum*、在绞股蓝根系样品中获得的 *Racocetra tropicana*、在大叶千斤拔根系样品中获得的 *Glomus indicum*，则未在中国已报道、分离获得丛枝菌根真菌的 171 种药用植物根围土壤中获得。其中 *Redeckera fulvum* 属于一个未在中国药用植物中发现的新属 *Redeckera*。

应用分子生物学技术可以为我们呈现药用植物根内丛枝菌根真菌群落的多样性，与形态学方法的研究结果进行互补，有利于全面了解中国药用植物丛枝菌根真菌的分布，为选择合适的丛枝菌根真菌菌种用于栽培应用奠定基础。

二、分子生物学技术应用的局限性

应用分子生物学技术的丛枝菌根真菌鉴定方法主要是通过特异性扩增植物根内和土壤中的丛枝菌根真菌 rDNA 序列，再分析所获得序列和已有丛枝菌根真菌参考序列之间的异同来进行物种鉴定和群落组成研究。想要获得尽可能多的丛枝菌根序列，就需要有合适的特异性引物才能实现。理想的引物不仅需要避免对非丛枝菌根真菌的扩增，还要尽可能多的扩增出更多种类的丛枝菌根真菌。现有丛枝菌根真菌特异性引物主要有两种：扩增丛枝菌根真菌 SSU rDNA 序列或 LSU rDNA 序列。一方面，Lee 等(2008)所设计的引物 AML1 和 AML2 是扩增丛枝菌根真菌的 SSU rDNA 序列，虽然对丛枝菌根真菌序列扩增特异性较好并且覆盖的种类也很多，但存在相近物种无法区别的问题。另一方面，Gollotte 等(2004)所设计的 LSU rDNA 序列相关引物 FLR 3 和 FLR 4 可以将 SSU rDNA 序列无法辨别的相近丛枝菌根真菌物种进行辨别，但扩增的丛枝菌根真菌种类有限，主要用于丛枝菌根真菌种间的区别，对群落多样性的考察会有偏差。本研究共获得丛枝菌根真菌 18 属中的 12 属，分别为无梗囊霉属、*Claroideoglomus*、球囊霉属、多样孢囊霉属、*Funneliformis*、*Geosiphon*、巨孢囊霉属、*Racocetra*、*Redeckera*、*Rhizophagus*、盾巨孢囊霉属、类球囊霉属，表明使用 AML1 和 AML2 的确可以扩增较全面的丛枝菌根真菌种类。但是，所获得的 125 个分子种中有 45 个分子种无法鉴定到属，占所获得分子种的 36%；有 101 个分子种无法鉴定到种，占所获得分子种的 81%。这些无法鉴别的分子种有些还是优势类群，如从丹参根内获得的 *Rhizophagus* sp.(C-P5702)，其重要值为 57.23%，是优势类群；从丹参根内获得的 *Glomus* sp.(C-P5609)、未知种类(H-P5501)、未知种类(W-P3103)，从绞股蓝根内获得的 *Funneliformis* sp.(W-P13106)、*Paraglomus* sp.(W-P13004)、*Glomus* sp.(W-P13103)、*Glomus* sp.(W-P13204)、*Glomus* sp.(W-P13011)、*Glomus* sp.(C-P13402)、*Glomus* sp.(C-P13302)、*Glomus* sp.(W-P13167)，从白木香根内获得的 *Glomus* sp.(C-P14327)、*Glomus* sp.(C-P14401)、*Glomus* sp.(W-P14215)，还有从细叶千斤拔和大叶千斤拔根内获得的 *Glomus* sp.(WD-P15101)、*Glomus* sp.(WX-P15103)、*Glomus* sp.(WD-P15519)、未知种类(WD-P15509)，它们的重要值均大于 20%，属于常见丛枝菌根真菌类群。遗憾的是这些分子种无法与形态学种相关联，也就在一定程度上限制了对其的应用。

三、分子生物学技术应用前景的展望

尽管应用分子生物学技术了解丛枝菌根真菌还有很多问题需要解决，但这并不能掩盖它能快速、直接获得更多丛枝菌根真菌信息的优点。为了能更好地将分子生物学技术所获得的丛枝菌根真菌信息进行利用，Öpik 等(2010)设计了一种虚拟的分类方式，这种分类方式不是为了区分丛枝菌根真菌物种，而是基于 SSU rDNA 基因序列将丛枝菌根真菌在全球范围内的分布特点展现出来，从而将分布特点与生态学功能相联系。

因此，应用分子生物学技术对药用植物根内丛枝菌根真菌群落进行了解，在栽培应用研究时，选取已用分子生物学技术在该药用植物中发现的丛枝菌根真菌种类，进一步进行共生研究，会更有针对性。在本研究中，发现球囊霉科是广泛分布在丹参、绞股蓝、白木香、细叶千斤拔和大叶千斤拔根内的丛枝菌根真菌种类。中国应用于药用植物与丛枝菌根真菌共生研究的丛枝菌根真菌种类共 16 种，属于 4 科 7 属。其中 *Funneliformis*、球囊霉属、*Rhizophagus*、*Sclerocystis* 共 4 属的 9 种都属于球囊霉科。其他 3 科 3 属仅有 7 种丛枝菌根真菌在栽培研究中应用。本研究发现，丹参根内非球囊霉科的丛枝菌根真菌在野生生境、仿野生生境的相对多度是栽培生境的 10 多倍；即使栽培生境绞股蓝根内非球囊霉科的丛枝菌根真菌占 25%以上，野生生境绞股蓝根内非球囊霉科的丛枝菌根真菌相对多度仍然是栽培生境绞股蓝根内的 2.38 倍，野生生境白木香根内非球囊霉科的丛枝菌根真菌相对多度是栽培生境绞白木香根内的 3.43 倍；只有同为城市生境的细叶千斤拔和大叶千斤拔根内非球囊霉科的丛枝菌根真菌相对多度相差 2.09 倍，是相差最小的。这些非球囊霉科的丛枝菌根真菌在两种生境植物根内相对多度的差异是否是野生药用植物与栽培药用植物产生差异的原因之一呢？在之前中国已报道的药用植物和丛枝菌根真菌共生研究中，周加海使用 5 属 7 种丛枝菌根真菌分别接种川黄檗幼苗，其中 3 属 4 种属于球囊霉科，另外 2 属 3 种属于非球囊霉科。该研究发现，接种 *Claroideoglomus etunicatum* 的川黄檗幼苗根皮中的小檗碱含量是对照组的 1.82 倍，而接种 *Funneliformis mosseae* 的川黄檗幼苗根皮中的小檗碱含量是对照组的 1.48 倍(周加海和范继红，2007)。赵昕则使用 4 属 6 种丛枝菌根真菌分别接种喜树幼苗，其中 2 属 3 种属于球囊霉科，另外 2 属 3 种属于非球囊霉科。该研究发现，接种 2 属 3 种非球囊霉科的丛枝菌根真菌蜜色无梗囊霉(*Acaulospora mella*)、光壁无梗囊霉(*Acaulospora laevis*)、*Claroideoglomus etunicatum* 均能提高喜树幼苗的喜树碱含量；但是，接种 2 属 3 种球囊霉科的丛枝菌根真菌只有 *Rhizophagus diaphanus* 可以提高喜树幼苗喜树碱的含量，地表球囊霉(*Glomus versiforme*)影响不大，*Rhizophagus manihotis* 却会降低喜树幼苗喜树碱的含量(赵昕等，2006)。目前，同时使用球囊霉科和非球囊霉科丛枝菌根真菌接种药用植物，考察其对药用成分影响的研究只报道了喜树和川黄檗两种药用植物。这两个研究结果都表明，非球囊霉科的丛枝菌根真菌有利于喜树和川黄檗药用成分的积累，但还需大量试验进一步证实。

因此，分子生物学技术以其能获得植物根内丛枝菌根真菌群落信息的优势，以获得直接与植物相互作用的丛枝菌根真菌种类，用以指导应用研究对菌种的选择，会是应用分子生物学技术研究药用植物丛枝菌根真菌的新趋势。

（周丽思　郭顺星）

参 考 文 献

陈连庆，韩宁林. 1999. 浙江地区的银杏 VA 菌根真菌. 林业科学研究，12(6)：581-584.

程俐陶，郭巧生，刘作易. 2010. 栽培及野生半夏丛枝菌根研究. 中国中药杂志，35(4)：405-410.

高爱霞. 2007. 安国市药用植物 AM 真菌生态分布研究. 保定：河北大学硕士学位论文.

黄文丽，范昕建，严铸云，等. 2012. 三角叶黄连丛枝菌根真菌的多样性研究. 中草药，35(5)：689-693.

姜攀，王明元，卢静婵. 2012. 福建漳州常见药用植物根围的丛枝菌根真菌. 菌物学报，31(5)：676-689.

姜攀，王明元. 2012. 厦门市七种药用植物根围 AM 真菌的侵染率和多样性. 生态学报，32(13)：4043-4051.

接伟光，蔡柏岩，葛菁萍，等. 2007. 黄檗丛枝菌根真菌鉴定. 生物技术，17(6)：32-34.

李桂贞. 2008. 青海地区燕麦根际 AM 真菌生物多样性及其生态分布. 兰州：甘肃农业大学硕士学位论文.

李香串. 2003. 接种泡囊——丛枝菌根剂对人参产量的影响. 中药材，26(7)：475-476.

马永甫，杨晓红，李品明，等. 2005. 重庆市主产药用植物丛枝菌根结构多样性研究. 西南农业大学学报(自然科学版)，27(3)：406-409.

米芳珍. 2012. 商洛地区 8 种药用植物 VA 菌根真菌的资源调查. 山西林业科技，5：37-39.

任嘉红，刘瑞祥，李云玲. 2007. 三七丛枝菌根(AM)的研究. 微生物学通报，34(2)：224-227.

山宝琴，贺学礼，段小圆. 2009. 毛乌素沙地密集型克隆植物根围 AM 真菌多样性及空间分布. 草业学报，4：146-154.

石蕾. 2007. 黄芪丛枝菌根生态生理学研究. 保定：河北大学硕士学位论文.

王虹，李莺，赵丽莉. 1999. VA 菌根真菌对紫茉莉生长的影响. 陕西农业科学，1：22-23，41.

王琚钢. 2011. 蒙古扁桃 AMF 多样性及 AM 提高蒙古扁桃抗旱机制研究. 呼和浩特：内蒙古大学硕士学位论文.

王森，唐明，牛振川，等. 2008. 山西历山珍稀药用植物 AM 真菌资源与土壤因子的关系. 西北植物学报，28(2)：0355-0361.

王银银. 2011. 沙蒿根围 AM 真菌多样性与生态分布研究. 保定：河北大学硕士学位论文.

韦小艳. 2010 牡丹根际丛枝菌根真菌的初步研究. 芜湖：安徽师范大学硕士学位论文.

吴丽莎，王玉，李敏，等. 2009. 崂山茶区茶树根际丛枝菌根真菌调查. 青岛农业大学学报(自然科学版)，26(3)：171-173.

张海涵. 2011 黄土高原枸杞根际微生态特征及其共生真菌调控宿主生长与耐旱响应机制. 杨陵：西北农林科技大学.

张翔鹤，贺学礼，王雷. 2011 金银花根围 AM 真菌分布与土壤碳氮关系. 河北大学学报(自然科学版)，31(5)：522-527.

赵金莉，程学谦，顾晓阳，等. 2012. 河北安国新“八大祁药”根际 AM 真菌与土壤因子的关系. 河南农业科学，41(6)：87-91.

赵婧. 2010. 河北省安国市 10 种道地中药材 AM 真菌生态分布研究. 保定：河北大学硕士学位论文.

赵昕，王博文，阎秀峰. 2006. 丛枝菌根对喜树幼苗喜树碱含量的影响. 生态学报，26(4)：1057-1062.

周加海，范继红. 2007. AM 真菌对川黄柏幼苗生长及小檗碱含量的影响. 北方园艺，12：25-27.

周浓，夏从龙，姜北，等. 2009. 滇重楼丛枝菌根的研究. 中国中药杂志，34(14)：1768-1772.

朱秀芹，杨安娜，郑艳，等. 2009 宣木瓜丛枝菌根真菌的初步研究. 中国中药杂志，34(7)：820-824.

Franke M，Morton JB. 1994. Ontogenetic comparisons of arbuscular mycorrhizal fungi Scutellospora heterogama and Scutellospora pellucida：revision of taxonomic character concepts，species descriptions，and phylogenetic hypotheses. Canadian Journal Botany，72：122-134.

Gollottte A，van Tuinen D，Atkinson D. 2004. Diversity of arbuscular mycorrhizal fungi colonizing roots of the grass species Agrostis capillaries and Lolium perenne in a field experiment. Mycorrhiza，14：111-117.

Helgason T，Fitter AH，Young JPW. 1998. Ploughing up the wood-wide web. Nature，394：431.

Kottke I，Haug I，Setaro S，et al. 2008. Guilds of mycorrhizal fungi and their relation to trees，ericads，orchids and liverworts in a neotropical mountain rain forest. Basic and Applied Ecology，9(1)：13-23.

Lee J，Lee S，Young JPW. 2008. Improved PCR primers for the detection and identification of arbuscular mycorrhizal fungi. FEMS

Microbiology Ecology，65：339-349.

Öpik M，Metsis M，Daniell TJ，et al. 2009. Large-scale parallel 454 sequencing reveals host ecological group specificity of arbuscular mycorrhizal fungi in a boreonemoral forest. New Phytologist，184：424-437.

Öpik M，Vanatoa A，Vanatoa E，et al. 2010. Reier Ü，Zobel M. The online database MaarjAM reveals global and ecosystemic distribution patterns in arbuscular mycorrhizal fungi(Glomeromycota). New Phytologist，188：223-241.

Schüßler A，Schwarzott D，Walker C. 2001. A new fungal phylum，the Glomeromycota：phylogeny and evolution. Mycologia Research，105：1413-1421.

Søren R. 2008. Communities，populations and individuals of arbuscular mycorrhizal fungi. New Phytologist，178：253-266.

Tamura K，Dudley J，Nei M，et al. 2007. MEGA4：Molecular evolutionary genetics analysis(MEGA)software version 4. 0. Molecular Biology and Evolution，24：1596-1599.

Thompson JD，Gibson TJ，Plewniak F，et al. 1997. The CLUSTAL-X Windows interface：flexible strategies for multiple sequence alignment aided by quality analysis tools. Nucleic Acids Research，25：4876-4882.

第二篇
内生真菌对药用植物的作用

第八章　内生真菌与药用植物的矿质营养代谢

内生真菌能够提高宿主植物对水分和矿质营养元素（主要是磷元素）的吸收；能够将蔗糖快速转变为植物不能代谢的糖醇，减少对光合作用的反馈抑制，促进植株的光合作用。通过影响宿主植物的物质代谢，提高植物对资源的利用效率，改善植物的营养条件，是内生真菌促进植物生长的主要作用机制之一。

菌根真菌与植物之间可以建立互惠共生的关系，菌根的作用主要是扩大根系的吸收面积，增加对根毛吸收范围以外的矿质营养（磷、氮、硫及锌等）的吸收能力。菌根真菌的菌丝体向内与宿主植物的细胞和组织相连，从中吸收糖类等有机物质作为自身生长的能量来源，向外在宿主植物根际的土壤中扩展，从中吸收水分和矿质营养作为交换供给宿主植物。

第一节　丛枝菌根真菌对药用植物氮代谢的影响

氮元素是植物生长的重要营养元素，不论在自然生态系统中还是在农田生态系统中都是如此，当处于不利条件下，氮元素还可能成为植物生长的限制性因素（Jackson et al.，2008）。通过对丛枝菌根真菌吸收、运输氮元素的相关途径机制的研究，利用各种生物化学与分子生物学手段追踪不同形式存在的氮元素的变化和转移，获得了关于丛枝菌根真菌氮代谢途径的研究成果（Govindarajulu et al.，2005；Jin et al.，2005；Cristina et al.，2007；Jin，2009；Tian et al.，2010），完善了丛枝菌根真菌氮代谢模型，并且加深了对相关机制的认识。但是仍有许多问题亟待解决。例如，氮代谢与磷代谢和碳代谢的相互关系，丛枝菌根真菌所吸收的氮元素在菌根中是否为主要氮源等。

一、丛枝菌根真菌促进植物对氮元素的吸收

当丛枝菌根真菌与植物建立起共生关系后，菌根化植物通过丛枝菌根真菌根外菌丝吸收的氮素占植物总氮的 30%左右。丛枝菌根真菌的根外菌丝扩大了植物根系对氮元素的吸收空间和吸收形式，有效增强了宿主植物对氮元素的吸收，以及氮元素在植物居群和群落水平上的交流，改善了植物的营养代谢，增强了植物应对外界环境胁迫的能力（Hawkins et al.，2000；Azcón et al.，2001；李元敬等，2013）。^{15}N 标记试验证明，丛枝菌根真菌的根外菌丝能够从根外数厘米远的土壤中吸收 $^{15}NH_4^+$，并运送到寄主植物芹菜（*Apium graveolens*）的根中。在植物生长

过程中，随着根系对土壤氮的吸收，根际会出现氮亏缺区。丛枝菌根真菌根外菌丝可以延伸生长到氮亏缺区外的土壤中，有效提高宿主植物对氮素的吸收(Tobar et al., 2004)。

氮元素在土壤中的存在形式非常丰富，既有无机形式的硝态氮和铵态氮，也有有机形式的尿素、氨基酸态氮和氨基糖态氮等(Azcón et al., 2008)。其中一些有机形式的氮，如谷氨酰胺、天冬氨酸、丙氨酸等，虽然在土壤中普遍存在，却不能被植物根系直接吸收。丛枝菌根的根外菌丝不仅可以吸收土壤中的 NO_3^-和 NH_4^+，还可以分解土壤有机物而获得氮，甚至可以直接从有机氮源中获得无机氮源(Hodge et al., 2001; Hodge et al., 2010)，增强植物的氮素吸收水平。放射性同位素标记技术结合三室培养法的研究发现，丛枝菌根真菌的菌丝会选择有有机材料的小室优先生长，并促进了有机材料的降解。该结果表明，丛枝菌根真菌可以吸收和转运来自有机材料降解的氮源，并加速有机材料的降解；丛枝菌根真菌与植物共生体有一定的腐生性营养能力(Hodge et al., 2001)。丛枝菌根真菌对不同有机氮源的吸收速率不同；不同植物接种不同丛枝菌根真菌后，对不同有机氮源的吸收和利用能力之间存在显著差异(Hawkins et al., 2000; Talbot and Treseder, 2010)。

丛枝菌根真菌通过外生菌丝吸收土壤中的氮元素,然后在外生菌丝中将所吸收的氮元素从无机形态转变为有机形态。研究发现，丛枝菌根真菌内硝酸根离子泵的相关基因转录水平会随着环境中硝酸盐水平的升高而上调(Tian et al., 2010)。并且还发现丛枝菌根真菌中存在参与铵离子吸收的铵离子泵，并且具有高亲和性(López- Pedrosa et al., 2006)。因此，丛枝菌根真菌从土壤中吸收氮元素的过程就是通过丛枝菌根真菌内硝态氮和铵态氮运输离子泵的作用实现的。硝酸盐被吸收后需要转化为铵态氮进一步处理，因此实现这一过程的硝酸还原酶和亚硝酸还原酶就十分关键。已经对丛枝菌根真菌中分离获得的硝酸还原酶的部分序列片段进行了基因表达分析(Kaldorf et al., 1998)。丛枝菌根真菌对有机氮源的吸收过程也需要相应转运蛋白的作用。例如，已经获得了参与脯氨酸运输的透性酶 GmosAAP1，该酶运输脯氨酸的方式与 pH 和能量息息相关，并且会根据周围氨基酸的含量而改变其表达量(Cappellazzo et al., 2008)。将从土壤中吸收的氮元素进一步转化为有机氨基酸之后就可以进行运输和利用了。

二、丛枝菌根真菌在氮元素转运中发挥的作用

丛枝菌根真菌可以吸收氮元素,并将吸收的氮元素转运到与其建立了共生体系的植物体内(Cuenca and Azc6n, 1994; Jean et al., 1997; Hodge and Fitter, 2001)。基于大量研究报道确立的丛枝菌根共生体中氮的传输模型(图 8-1)显示,共生体中氮的传输是一个以精氨酸为中心,经历无机—有机—无机的过程。真菌根外菌丝将吸收的土壤中的无机氮(包括硝态氮和铵态氮)转化为有机形式的精氨酸后被转运到根内菌丝；根内菌丝中的精氨酸再发生转化，成为无机形式的铵态氮，最终传输并释放给宿主植物根细胞，或成为其他形式的氨基酸被菌丝利用(Chen and Baumgartner, 2004; Govindarajulu et al., 2005; Jin et al., 2005; Tian et al., 2010; 李元敬等，2013)。

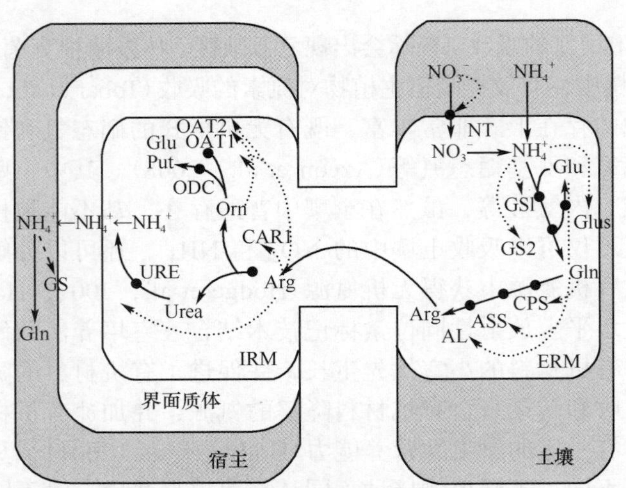

图 8-1　丛枝菌根共生体中氮的吸收、代谢和运输模型(李元敬等，2013)

IRM. 根内菌丝(内生菌丝)；ERM. 根外菌丝(外生菌丝)；Glu. 谷氨酸；Gln. 谷氨酰胺；Arg. 精氨酸；Orn. 鸟氨酸；Put. 腐胺；Urea. 尿素；NT. 硝酸盐离子泵；GS. 谷氨酰胺合成酶；Glus. 谷氨酸合酶；CPS. 氨基甲酰磷酸合成酶；ASS. 精氨基琥珀酸合成酶；AL. 精氨酸代琥珀酸裂解酶；CAR. 精氨酸酶；ODC. 鸟氨酸脱羧酶；OAT. 鸟氨酸氨基转移酶；URE. 脲酶。黑圆点代表代谢途径相关基因，虚线箭头代表与关键基因表达相关的代谢调控

(一)丛枝菌根真菌中转化氮元素至精氨酸的关键酶

虽然丛枝菌根真菌的根外菌丝中含有多种氨基酸，包括谷氨酰胺、谷氨酸、天冬酰胺、精氨酸等(Bago et al.，1999)，但通过向共生体系提供放射性同位素标记的NH_4^+后发现根外菌丝中大部分精氨酸都被标记，并且占所有被标记氨基酸总数的 90%，可以说根外菌丝所吸收的氮元素绝大部分都被转化成精氨酸(Govindarajulu et al.,2005)。在外生菌根的相关研究中发现，外生菌丝吸收的无机氮源NO_3^-都先转化为NH_4^+,然后铵转运蛋白(ammonium transporter, AMT)会将NH_4^+通过 NADP 依赖的谷氨酸脱氢酶途径(glutmate dehydrogenase，GDH)或谷氨酰胺合成酶-谷氨酸合酶途径(glutamine synthetase-glutamate synthase，GS-GOGAT)使其中的氮元素被同化(Smith et al.，1985)。而氮元素吸收的关键酶的 mRNA 转录水平的研究已经证明，丛枝菌根真菌中同样存在 GS-GOGAT 途径来同化氮元素(Govindarajulu et al.，2005)。Smith 等(1985)早在 1985 年就通过酶法证实了谷氨酰胺合成酶在丛枝菌根真菌中存在，并推断该酶可能是丛枝菌根真菌吸收同化氮元素的关键酶。之后的蛋白质学研究表明谷氨酰胺合成酶包括 2 个亚基，它们的表达模式和底物亲和力都有所不同，在同化氮元素的过程中发挥不同的作用(Tian et al.，2010)。对从根内球囊霉(*Glomus intraradices*)外生菌丝中分离出的谷氨酰胺合成酶进行研究，发现其酶活性与外源氮元素的形式相关(Breuninger et al.，2004)。

除了谷氨酰胺合成酶外，参与精氨酸合成的相关酶还包括琥珀酸合成酶、精氨琥珀裂解酶及氨甲酰基磷酸合成酶。在三磷酸腺苷(adenosine triphosphate，ATP)作用下，琥珀酸合成酶催化天冬氨酸和瓜氨酸形成精氨琥珀酸；随后精氨琥珀酸受到琥珀酸裂解酶的作用，生成精氨酸和延胡索酸。

（二）丛枝菌根真菌菌丝内的氮元素运输

Govindarajulu 等（2005）向根外菌丝提供被碳元素标记的精氨酸，培养 6 周后，在菌根和根外菌丝中均检测到被标记的游离精氨酸，且数量相差不大，表明根外菌丝中的精氨酸被转运到了根内菌丝中；同时还发现，被侵染的植物根系中精氨酸的数量要高于未被侵染的植物根系。Cristina 等（2007）报道，精氨酸能以 3nmol/（h·mg 鲜重）的速率被从根外菌丝运输至根内菌丝，且精氨酸在菌丝间的转移速率与磷元素的转移速率接近。但目前还未在菌丝之间发现高效运输所需的精氨酸转运体。菌丝之间高效进行的跨膜运输必定会消耗大量的碳元素和能量，因此，有专家推测精氨酸有可能会与多聚磷酸盐协同运输。丛枝菌根真菌的菌丝具有无隔膜多细胞核的结构，精氨酸也有可能通过液泡和原生质变形所形成的管状液泡顺浓度梯度由根外菌丝向根内菌丝扩散（邓胤等，2009）。此外，精氨酸可以在菌丝之间双向运输。当根外菌丝处于氮元素匮乏的环境中时，可以观察到精氨酸从根内菌丝向根外菌丝转移。

（三）菌根共生体之间的氮元素运输

氮元素以精氨酸的形式被运输至根内菌丝后，以铵态氮的形式被运输至植物体内（Fitter et al.，1998）。精氨酸在根内菌丝受到精氨酸酶和脲酶作用，通过鸟氨酸循环途径分解释放出鸟氨酸和 NH_4^+；NH_4^+通过 AMT 转移至植物细胞中，而精氨酸中含有的碳元素则被留在了内生菌丝中（邓胤等，2009）。精氨酸降解相关酶的基因和 AMT 的基因均在根内菌丝中大量表达，且两者的表达量均明显高于在根外菌丝中的表达量（Govindarajulu et al.，2005）。精氨酸酶的活性能被精氨酸诱导活化，被 NH_4^+抑制，因此，根内菌丝中精氨酸酶的活性高（Cristina et al.，2007）。从根内球囊霉分离得到的精氨酸酶与从外生菌根真菌分离得到的精氨酸酶有 60%的同源性（Gomez et al.，2009）。缺乏外源氮源及添加精氨酸合成抑制剂，均会导致根外菌丝中精氨酸的合成受到抑制，并且引起精氨酸酶和脲酶活性降低，因此，丛枝菌根真菌与植物共生体中的氮素循环会受到从根外菌丝运输的精氨酸的影响（Cristina et al.，2007）。

丛枝菌根真菌的丛枝、泡囊和植物皮层细胞间隙是氮传输的重要区域（Pumplin and Harrison，2009）。丛枝菌根真菌将铵态氮通过铵离子泵运输至这些区域（Cristina et al.，2007；Smith et al.，1994），之后，植物再利用其铵离子泵将这些区域存在的铵离子运输至植物细胞内（López- Pedrosa et al.，2006；Guescini et al.，2007）。

三、丛枝菌根真菌对菌根化植物氮代谢的影响

丛枝菌根真菌能够吸收磷、锌、铜等矿质养分提供给宿主植物，改善植物的营养状况，促进生长发育和根系生长，增加根的吸收面积，从而间接提高植物对氮元素的吸收和利用。这种作用方式在豆科植物中较为常见。豆科植物通常既形成根瘤，也形成丛枝菌根，后者对豆科植物的氮素营养及生长具有重要意义，可增加豆科植物的根瘤数量、增强根瘤的固氮能力、提高固氮量。李晓鸣（1994）研究发现，单独接种丛枝菌根真菌即能显著促进大豆（*Glycine max*）植株吸收氮元素，增强大豆的固氮能力，达到以磷增氮的效果；丛枝菌根真菌和根瘤菌混合接种的作用效果要明显好于丛枝菌根真菌单独接种的。Isopi 等（1995）报道，在高粱（*Sorghum bicolor*）的根部双重接种固氮醋酸杆菌（*Acetobacter diazotrophicus*）和摩西球囊霉（*Glomus mosseae*），植物的根长显著大于仅接种丛枝菌根真菌摩西球囊霉的处理，且根系的分枝增多；另外，双重接

种处理植物的根组织内固氮醋酸杆菌的数量显著高于仅接种固氮菌的处理，表明摩西球囊霉有利于固氮醋酸杆菌的侵染和繁殖。Isopi 等分析认为，摩西球囊霉的侵染可能有利于固氮醋酸杆菌穿透根组织并在其中增殖。郑伟文和宋亚娜(2000)报道，同时接种丛枝菌根真菌和根瘤菌能增加翼豆(*Psophocarpus tetragonolobua*)植株的根长和根干重，促进根瘤菌结瘤固氮，推测这些作用与丛枝菌根真菌提高磷素营养的吸收有关。菌根真菌为宿主吸收磷、锌、铜等矿质养分，保证根瘤菌固氮作用的进行。用既缺磷又缺氮的土壤盆栽绿豆(*Vigna radiate*)、紫云英(*Astragalus sinicus*)等豆科植物，未接种菌根真菌的处理组中植物的结瘤量和固氮活性都因植物磷营养不良而受到抑制，根瘤菌和菌根真菌双重接种的处理组中植物的结瘤量和固氮酶活性都大大增加。在大田条件下，豆科植物与根瘤菌和丛枝菌根真菌组成三位一体的共生体，菌根真菌吸收土壤磷等矿质养分，根瘤菌固定大气中的氮气，豆科植物提供光合作用产物，三者之间既相互制约又相互促进，通过各种措施利用环境条件，使共生体获得最大效益。

丛枝菌根真菌也能促进非豆科固氮植物固氮菌的生长发育。Collaham 等(1978)首次从杨梅科香蕨木(*Comptonia peregrina*)根瘤中分离出弗兰克氏菌属(*Frankia*)放线菌。在非豆科固氮植物-菌根真菌-固氮放线菌的共生体中，放线菌通过固氮增加了植物对氮素的吸收，促进了植株和菌根真菌的生长；同时，丛枝菌根增加了对磷素和其他微量元素的吸收和利用，有利于固氮放线菌的生长发育，增强了它们的固氮作用。Diem 和 Gauthier(1981)用摩西球囊霉和弗兰克氏菌双重接种木麻黄(*Casuarina equisetifolia*)幼苗，6 个月后双重接种处理的木麻黄幼苗根结瘤量、幼苗干重和茎含氮量分别比单接种弗兰克氏菌处理的增加了 131%、82%、81%，单接种丛枝菌根真菌的植株仅茎含磷量较高，其茎含氮量和幼苗干重均低于单接种弗兰克氏菌的处理。

丛枝菌根真菌通过多种途径促进宿主植物的生长，为固氮菌提供了充分的养分，增强其结瘤固氮能力；同时，固氮菌提供充足的氮源维持植物和菌根真菌的正常生长。另外，菌根真菌的活动直接或间接地影响着根际微环境，能为固氮菌的生存创造良好的环境。

四、丛枝菌根共生体中氮代谢与碳代谢、磷代谢的相互作用

丛枝菌根真菌与植物形成共生体之后，它们各自吸收、生成的营养物质会通过菌根结构进行交换互惠。丛枝菌根真菌不能进行光合作用，植物可以通过菌根结构将碳水化合物转移给丛枝菌根真菌；另外，丛枝菌根真菌错综复杂的根外菌丝所吸收的氮、磷等营养元素会通过菌根结构转移给植物。这种互惠关系促进了植物通过光合作用将大气中的碳元素固定在丛枝菌根真菌中。植物所合成的光合作用产物需转化成三酰基甘油的形式将碳元素储存在丛枝菌根真菌的泡囊结构中，再沿着菌丝从根内菌丝(内生菌丝)向根外菌丝(外生菌丝)转移，使根外菌丝获得碳元素；而根外菌丝获得碳元素使其正常生长保证了对氮元素、磷元素的吸收，增加了植物对营养物质的吸收。研究报道，丛枝菌根真菌与植物的共生体中对氮元素的吸收和运输是由于植物向真菌提供碳元素所诱发的(Fellbaum et al., 2012)。通过提高周围环境中二氧化碳的含量可以促进植物获得来自丛枝菌根真菌提供的氮元素(Gamper et al., 2005)。

丛枝菌根真菌也为植物提供磷元素。根外菌丝先将无机磷转化为多聚磷酸盐，再以多聚磷酸盐的形式运输至内生菌丝中，随后，在根内菌丝中随着多聚磷酸盐的水解将无机磷释放出来，并传递给植物细胞。多聚磷酸盐水解会释放能量，而这些能量被用于增强精氨酸由根外菌丝向根内菌丝的运输。高磷环境会抑制菌根共生体的生长及根外菌丝的生长，导致根外菌丝吸收氮

元素的能力下降，同时引起根内菌丝向植物细胞传递氮元素的能力下滑，影响菌根共生体的整个氮代谢途径（Ezawa et al.，2001）。

丛枝菌根真菌对植物的侵染状况受到氮元素、磷元素含量的影响（Javelle et al.，2003）。当周围环境营养缺乏时，丛枝菌根真菌的生长和发育会受到不同程度的提高（Jackson et al.，2001）。例如，磷元素供应不足会直接导致丛枝菌根真菌对植物氮元素吸收的促进。另外，根际环境、植物根系分泌物和根际微生物都会对丛枝菌根真菌的生长发育起重要的调节作用（Gryndler et al.，2009），并且因此影响丛枝菌根真菌对植物吸收氮元素的调节。

第二节　丛枝菌根真菌对药用植物碳代谢的影响

碳源是丛枝菌根真菌维持生长的重要营养物质。丛枝菌根真菌不能进行光合作用，需要通过菌根共生体获取宿主植物的光合作用产物，为自身的代谢过程提供能量，维持菌丝体生长；作为交换，菌根真菌将根外菌丝吸收的氮、磷等矿质营养传输给宿主植物（刘润进和李晓林，2000）。由此，丛枝菌根真菌与宿主植物建立起基于营养交换的互惠共生关系。

丛枝菌根真菌与植物形成菌根共生体后，丛枝菌根真菌的菌丝会定植在植物的根皮层细胞内并形成丛枝结构。丛枝结构是丛枝菌根真菌与植物之间进行营养交换的场所（Harrison，2012），为各种营养物质在共生体内实现互惠平衡的关系发挥着关键的作用。通过核磁共振、生物化学及分子生物学等方法的研究，目前已经对丛枝菌根真菌-植物共生体中碳元素运输和代谢的途径，以及途径中的一些关键化合物有了一定的了解（Bago et al.，2000；Landis and Fraser，2007）。但是对于共生体中碳元素与氮元素的交换及交换作用机制的研究还十分有限。

一、丛枝菌根共生体中的碳元素运输

碳在丛枝菌根共生体内流动和代谢的基本模式为：宿主植物的光合产物以己糖的形式被输送到真菌的根内菌丝，在根内菌丝中再经过转化生成海藻糖、氨基酸、ATP，进而合成糖原和三脂酰甘油（triacylglycerd，TAG），实现能量的产生和储存；根内菌丝中的糖原和三脂酰甘油还可以由根内菌丝向根外菌丝运输，并在根外菌丝中分解释放能量来满足真菌的生长和发育（（Bago et al.，2002；2003；Cameron et al.，2008）。

糖原和三脂酰甘油在根内菌丝和根外菌丝之间的运输可能是双向的，其间还会发生海藻糖的生成和传递（Bago et al.，2002；2003）。对兰科菌根的研究发现，碳在菌根真菌和宿主植物之间的流动也是双向的，碳水化合物能够从真菌流向宿主植物，只是这部分碳在宿主植物碳水化合物总量中所占比例很小（Fontaine et al.，2001）。此外，丛枝菌根真菌的菌丝具有将环境中的碳源转化为自身的糖或脂类的能力（Gaspar et al.，2001）。丛枝菌根真菌与植物建立共生关系后的脂肪酸代谢和处于非共生状态丛枝菌根真菌孢子的脂肪酸代谢有明显差异（Trepanier et al.，2005；Drissner et al.，2007）。

二、丛枝菌根共生体中的碳元素代谢和碳元素-氮元素交换

丛枝菌根共生体之间营养物质的交换需要进行两次跨膜运输，需要能量的供给。跨膜运输

所需的能量是由丛枝菌根共生体的呼吸作用提供的，这与碳元素代谢中的三羧酸循环密切相关。三羧酸循环是能量产生和释放的途径，在根外菌丝与根内菌丝之间的营养交换中都起到了非常重要的作用：一方面，三羧酸循环在根内菌丝中所产生的能量用于营养元素在植物与真菌之间交换的跨膜运输；另一方面，三羧酸循环在根外菌丝中为从土壤中吸收氮元素提供能量以及将无机氮转化为有机氮的载体。

丛枝菌根共生体中碳元素与氮元素的运输和代谢并不是完全独立的两条途径，碳代谢、氮代谢之间存在交互作用。目前，对丛枝菌根共生体中的碳元素与氮元素的相互作用机制的研究还十分有限。菌根中的氮水平是宿主植物向丛枝菌根真菌分配碳的依据，氮和碳的化学计量关系控制共生体的营养交换。反过来，宿主植物供给丛枝菌根真菌碳的过程对共生体中真菌吸收氮并最终运输给植物的过程有刺激作用（Olsson et al.，2005；Fellbaum et al.，2012）。共生体中的碳元素-氮元素交换影响宿主植物和菌根真菌之间的营养平衡，在能量转换和物质循环中发挥着重要作用。碳的供给是氮从真菌穿过菌根界面传输给宿主的先决条件。当宿主植物向菌根真菌提供碳时，会加强菌根真菌向宿主植物的氮传递，即植物的碳支出越多，从真菌处获得的氮也越多。真菌从环境中吸收利用碳源会降低其对宿主植物的氮传递作用。提高空气中二氧化碳分压能促进丛枝菌根真菌对氮的吸收和利用，但外源添加碳源对外生菌丝中精氨酸含量没有显著影响。这表明碳、氮的代谢途径中存在一些可以相互渗透、相互影响的环节。

丛枝菌根-植物共生体中碳元素和氮元素的运输及代谢过程是相互偶合的（李元敬等，2014）（图 8-2），鸟氨酸循环和精氨酸代谢在其中发挥了十分关键的作用。丛枝菌根真菌的根外菌丝将从外界吸收到的氮元素先固定在精氨酸后再运输至根内菌丝，而后经过释放和传递氮元素被植物细胞获得，但运输氮元素的精氨酸的碳骨架不会进入植物细胞。对于共生体来说，这种运输方式避免了碳元素的消耗，以及跨膜运输过程中所产生的能量消耗（Govindarajulu et al.，2005）。在这个过程中，精氨酸被释放的同时进一步代谢生成谷氨酸和腐胺，它们可以被丛枝菌根真菌所利用，用于三羧酸循环、呼吸代谢、合成其他营养物质和酶类；也可以再次被运输至根外菌丝，成为将无机氮转化成有机氮的碳骨架。所以，在丛枝菌根共生体内通过鸟氨酸循环和三羧酸循环将碳元素代谢与有机氮运输紧密联系在一起。由根外菌丝吸收的无机氮通过与碳骨架结合生成有机氮，才能被运送至内生菌丝。

在根内菌丝中，精氨酸经过鸟氨酸循环一方面分解生成尿素，进一步通过脲酶的作用释放出铵态氮和二氧化碳而被植物利用；另一方面产生鸟氨酸，进一步分解生成谷氨酸和腐胺。谷氨酸经过谷氨酸脱氢酶作用产生 α-酮戊二酸并进入三羧酸循环，即从氮元素的运输途径回到了碳元素的代谢途径，参与脂类（主要是脂肪酸和三脂酰甘油）的合成和能量的代谢。一部分腐胺会重新进入谷氨酸的合成途径，并最终进入三羧酸循环完成能量的产生，并将能量供给营养物质的跨膜运输途径以及糖原和三脂酰甘油的合成途径，为根外菌丝的生长、发育，以及对氮元素的吸收和运输提供必要的物质基础及能量储备；另一部分腐胺则会形成多聚氨，在不利的生长环境下调节细胞状态。

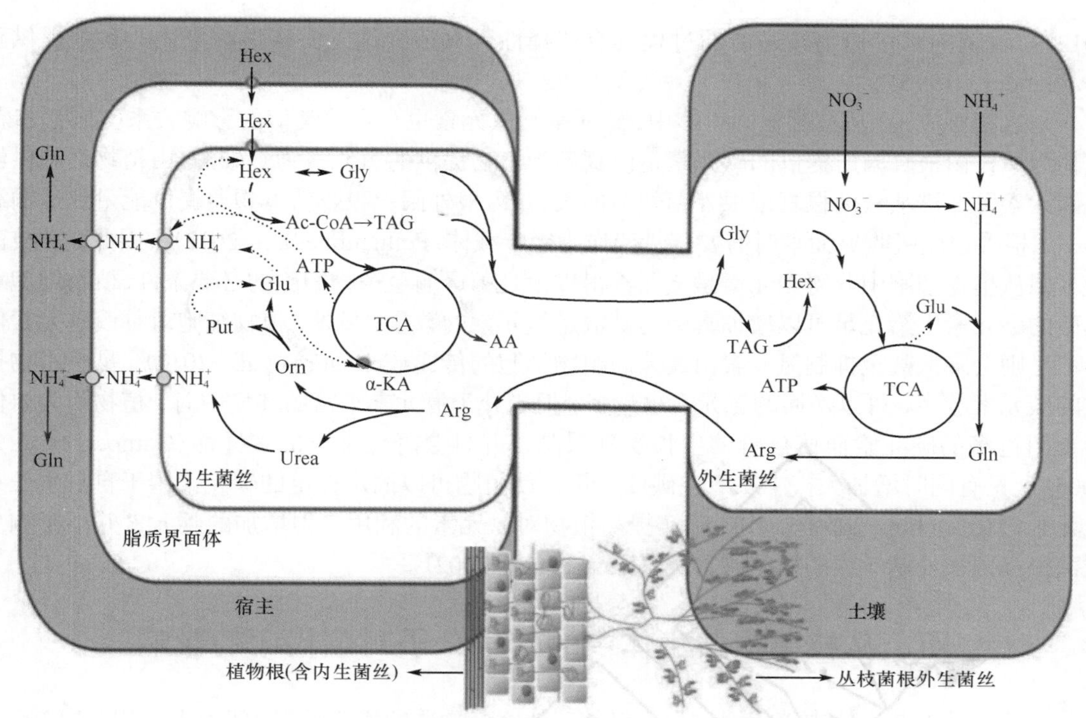

图 8-2 丛枝菌根共生体中碳、氮交换和代谢模型(李元敬等，2014)

Glu.谷氨酸；Gln.谷氨酰胺；Arg.精氨酸；Urea.尿素；Orn.鸟氨酸；Put.腐胺；Hex.己糖；Gly.糖原；TAG.三脂酰甘油；Ac-CoA.乙酰辅酶 A；α-KA.α-酮戊二酸；TCA.三羧酸循环；AA.氨基酸。虚线为推测的途径

三、丛枝菌根共生体中碳代谢与磷代谢、氮代谢的相互作用

在丛枝菌根共生体中碳元素的运输和代谢并不是孤立的，而是与氮元素和磷元素的代谢息息相关的(Fellbaum et al.，2012；Cheng et al.，2012)，它们三者的相互作用始终影响着丛枝菌根真菌与植物之间的营养平衡(刘永俊等，2011；刘洁等，2011；田萌萌等，2011a；2011b；Kiers et al.，2011)。同时，丛枝菌根真菌在整个生态系统的碳循环过程中都扮演着十分重要的角色(Maldonado-Mendoza et al.，2001)。尽管一些研究者认为植物在丛枝菌根共生体的营养传递过程中起主导作用(Hammer et al.，2011)，但另一些研究者则认为丛枝菌根真菌才是调节共生体中营养传递过程的关键(Bucking and Shachar-Hill，2005；张俊伶等，1997)。

在丛枝菌根共生体中，真菌与植物之间的营养传递是以主动运输的形式存在的，并有着非常精妙的调控系统，通过这些可以实现在植物与丛枝菌根真菌之间营养物质保持平衡的有效控制(刘文科等，2006；赵第锟等，2012；Campos-Soriano and Segundo，2011)。碳元素在丛枝菌根真菌与植物共生体中的转移，除了满足真菌与植物对营养物质和能量的需求以外，还起到调控其他营养物质在共生体之间转移的作用(Javot et al.，2007)。通过研究发现，碳元素的形式和数量对磷元素在丛枝菌根共生体中由真菌向植物的运输过程有调节作用(张俊伶等，1997)。另外，生物化学与分子生物学试验也证明，丛枝菌根真菌在丛枝菌根共生体内的相互作用中起着更为重要的作用(王树和等，2008；Schussler et al.，2006)。丛枝菌根真菌可以控制向植物细胞运输磷元素，用以维持植物与丛枝菌根真菌之间的营养物质平衡(Cheng et al.，

2012）。真菌向宿主植物输送磷的过程具有选择性，真菌会优先向碳供给量大的宿主提供磷（Wallander，1995）。

与之相对应，在丛枝菌根共生体中，碳元素与氮元素也存在着类似的影响关系。研究发现，植物为丛枝菌根真菌所提供的碳元素是以真菌为植物提供的氮元素为基础的，由植物细胞供给的碳元素可促进丛枝菌根真菌根外菌丝的伸长，并为根外菌丝吸收营养物质提供能量和运输载体，如根外菌丝吸收氮元素时需要碳骨架作为固定载体（Fellbaum et al.，2012）。因此，丛枝菌根真菌从植物细胞中获得碳元素是氮元素得以由真菌运输至植物细胞的必要条件，植物细胞对真菌的碳元素供给充足可以增加真菌为其输送氮元素的数量；另外，植物细胞对真菌碳元素供给不足则会降低甚至抑制氮元素由真菌向植物细胞的传递（Fellbaum et al.，2012）。虽然植物提供的碳元素越多，可以换回的氮元素也越多，但当处于氮元素丰富的环境中时，植物因为要供给真菌过多的碳元素而使自身的生长受到限制，并且会降低菌根的多样性（Gamper et al.，2005）。只有同时增加大气中二氧化碳的含量，使植物可以固定充足的碳元素用于自身生长和氮元素的交换（Jin，2009），才能确实提高植物对氮元素的利用，但增加的碳元素并不影响丛枝菌根真菌根外菌丝内的精氨酸含量（Hause et al.，2002）。

四、丛枝菌根共生体中的信号分子对碳代谢的影响

在丛枝菌根共生体中碳代谢过程不仅与其他营养物质的代谢过程相互作用、相互影响，还受到植物或丛枝菌根真菌产生的信号分子的调控。信号分子可以激活植物和丛枝菌根真菌内相应基因的表达，实现对碳元素运输和代谢的调节。这些信号分子包括植物激素，以及一些代谢过程中产生的小分子化合物，如一氧化氮和过氧化氢等。

茉莉酸是一种可以调节丛枝菌根真菌与植物之间碳代谢的植物激素。在大麦（*Hordeum vulgare*）和蒺藜苜蓿（*Medicago truncatula*）中都有发现，两种植物被丛枝菌根真菌侵染后植物根系中的茉莉酸含量升高，进入共生后期时，茉莉酸的积累最为明显（Stumpe et al.，2005；Isayenkov et al.，2005）；与此同时，在形成菌根结构的植物根系中，茉莉酸生物合成相关酶的基因表达量上调（Thoma et al.，2003）。JNK 相互作用蛋白（JNK-interacting protein，JIP）中的 JIP23 蛋白同时存在于大麦的木质部细胞和含有丛枝结构的细胞中，参与碳水化合物从植物细胞向真菌运输的过程，经检测 JIP23 蛋白受到茉莉酸的调控，推测茉莉酸也参与了该过程（Stumpe et al.，2005）。当可溶性糖在植物细胞内积累形成高渗透压时，会诱导茉莉酸生物合成相关基因的表达（Stumpe et al.，2005）；茉莉酸的累积又会诱导蔗糖转移酶的生成，促进碳水化合物的生成及运输（Fester and Hause，2005；Schaarschmidt et al.，2006；Hause et al.，2007）。

过氧化氢和一氧化氮等在代谢过程中产生的小分子物质也已经被证实可以调控丛枝菌根共生体中碳元素的代谢。接种丛枝菌根真菌后，玉米、烟草（*Nicotiana tabacum*）等植物的根皮层细胞和真菌的菌丝，以及孢子中的活性氧（reactive oxygen species，ROS）含量都有所增高（Salzer et al.，1999）。在营养交换最为频繁的细胞中过氧化氢含量最高，如含有丛枝结构的植物根皮层细胞和形成丛枝结构的真菌菌丝的顶端；相反，在丛枝菌根共生体营养交换不频繁的细胞中不累积过氧化氢，如泡囊生长的菌丝顶端（Calcagno et al.，2012）。由此可见，过氧化氢的累积与植物和真菌之间的营养物质交换紧密相关。通过荧光探针技术发现，一氧化氮的积累和丛枝菌根共生体的建立相关（Horchani et al.，2011），同时还在蒺藜苜蓿中发现硝酸还原酶（nitrate reductase，NR）可以促进一氧化氮的累积（Besson-Bard et al.，2009），并且与一氧化氮

合酶共同参与一氧化氮的合成（Tusserant et al.，2013）。

第三节　丛枝菌根真菌对药用植物吸收磷元素的影响

磷元素参与植物的信号转导、蛋白质合成、光合作用、呼吸作用等重要生理过程，是植物生长必需的营养元素之一。可溶性无机磷（Pi）是唯一能够被植物吸收利用的磷元素形式。丛枝菌根真菌促进植物生长的效应与其促进磷素营养吸收的作用是密不可分的。对多种作物、蔬菜、牧草等的研究表明，接种菌根真菌能显著改善宿主植物磷营养水平，消除植株的磷胁迫状况，促进植物的生长。魏改堂和汪洪钢（1989）用摩西球囊霉和 *Glomus epigaeum* 接种曼陀罗（*Datura stramonium*）发现，无论在低浓度（10mg/L）和高浓度（40mg/L）有效磷的条件下，两株真菌均能促进植株磷元素的吸收。在随后对荆芥的试验研究中发现，丛枝菌根吸收磷的作用强度至少相当于施用 40mg/L 磷的效果（魏改堂和汪洪钢，1991）。

菌根促进磷吸收的机制较为复杂，是化学、物理和生物等多方面因素的综合效应，其中主要的机制有：①扩大根系对土壤的有效利用空间和根系吸收面积，提高宿主植物对土壤磷的利用效率；②改变根际微环境，如分泌质子和有机酸、通过活化磷酸酶活性而改善磷的生物可利用性等；③增加磷的亲和力，降低吸收临界浓度，促进植物对磷的吸收和运输。

一、扩大植物根系吸收空间和吸收面积

中国大部分地区土壤中的总磷含量极高，但土壤中的磷元素主要以无机磷酸盐和有机磷的形式存在，带负电荷的磷酸根极易被铝、铁、钙、钠等阳离子钝化而固定，或与土壤胶体结合形成难溶性的磷，不能被植物吸收。这导致土壤中 Pi 的浓度大大降低。此外，土壤中磷向植物根部的迁移主要依靠扩散作用，但 Pi 在土壤中移动缓慢，根际磷元素被植物根系吸收后无法及时补充，导致根际出现 1～2mm 磷的亏缺区。土壤磷的空间有效性是植物吸收磷素的关键制约因素。而增加植物的土壤磷吸收容积是提高土壤磷空间有效性的重要途径。丛枝菌根的根外菌丝向根外土壤中广泛分枝伸展，穿过根际磷亏缺区，既缩短了磷的扩散距离，又扩大了根系的吸收范围，使植物可以吸收利用原本处于根系无效空间中的那部分磷，并通过根内菌丝运输到宿主植物根细胞内。根外菌丝在数量、长度、与土壤接触表面积和吸收力等方面均远远超过根毛，且菌丝体在土壤中的寿命也远远超过根毛。

Rhodes 和 Gerdemann（1975）利用隔板分室放射性同位素标记法发现，菌根共生体的根外菌丝能伸长到根系外 8cm 处的土壤中吸收 ^{32}P，而非菌根化植物的根系则无法到达这一吸收距离。李晓林和曹一平（1993）利用不同容重土壤对丛枝菌根真菌进行试验，结果表明，在土壤容重为 1.8g/cm^3 的条件下，植物根系很难伸入紧实的土壤中，但丛枝菌根的菌丝体仍可生长，并改善植物磷的营养状况。Lix（1991）发现，根外菌丝在土壤中的生长范围和密度分布也是影响磷空间有效性的原因之一。

二、改变根际微环境

土壤的 pH 是影响土壤磷有效性的重要因素。在缺磷条件下，植物自身就具有通过分泌质子和有机酸来降低根际土壤 pH 的适应机制（Nye，1981）。丛枝菌根真菌的菌丝具有酸化根际

土壤的能力（Li et al., 1991a）。菌根真菌分泌的 H^+ 和有机酸能促进矿物风化，使植物获得养分。很多菌根真菌在碳水化合物代谢的过程中都能产生有机酸，有机酸被分泌到土壤中螯合钙、铁、铝等离子，使难溶性磷转化为可溶性磷（Beever and Burns，1981）。在施用铵态氮的土壤中，摩西球囊霉的根外菌丝使白三叶草（*Trifolium repens*）根际土壤的 pH 下降了 0.5 个单位，pH 梯度范围为 3mm。丛枝菌根真菌的侵染能够改变宿主植物的生理代谢活动，对根系的分泌作用产生影响，进而造成根际土壤 pH 的变化。谷类作物感染丛枝菌根真菌后，阴离子吸收总量增加，导致根际土壤的 pH 上升（Buwalda et al.，1983）。当菌丝吸收铵态氮后，植物根吸收的阳离子总量大于吸收的阴离子总量，为了达到菌丝内的电化学平衡，菌丝分泌 H^+ 酸化周围土壤，提高磷等营养元素的生物有效性；反之，在酸性土壤中菌根真菌侵染可升高周围土壤的 pH，提高土壤磷的有效性，增加植物对磷的吸收。

土壤有机磷是植物磷营养的重要来源，有机磷约占土壤全磷的 50%左右，其中主要是植酸盐。有机磷在磷酸酶作用下转化为无机磷后才能被根系或真菌所利用。Ezawa 等（1995）用细胞化学方法证明了侵入植物体内的珠状巨孢囊霉（*Gigaspora margarita*）的菌丝含有酸性磷酸酶和碱性磷酸酶，能直接分解、利用土壤有机磷。印度梨形孢（*Piriformospora indica*）及其近似种 *Sebacina vermifera* 就是通过这种机制促进宿主植物番茄（*Piriformospora indica*）对磷的吸收的（王凤让等，2011）。苏友波等（2003）发现，丛枝菌根真菌接种绛车轴草（*Trifolium incarnatum*）后，对根际土壤酸性磷酸酶和碱性磷酸酶的活性均有增强作用，但作用强度取决于菌丝在土壤中的分布和密度，而且不同属的菌根真菌对宿主植物的供磷量存在差异（Pearson and Jakobsen，1993；Smith et al.，1994）。菌根化植物根系的表面酸性磷酸酶活性显著高于未菌根化植物根系的，提高了菌根化植物吸收根际土壤有机磷的能力（Allen et al.，1981）。菌根真菌对宿主植物根际土壤磷酸酶的活性并非都是增强作用。Joner 和 Jakobsen（1995）发现，菌根真菌侵入黄瓜（*Cucumis sativus*）后并不影响土壤磷酸酶活性。接种菌根真菌反而降低了薰衣草（*Lavandula angustifolia*）根围土壤酸性和碱性磷酸酶的活性（Azcón et al.，1982）。

另外，丛枝菌根真菌对根际微生物有协同和拮抗的作用。Secilia 和 Bagyaraj（1987）的研究发现，丛枝菌根真菌对根系微生物的群落组成有显著影响。在植物根系、根表面、根内有多种微生物存在，在一定条件下，菌根真菌的菌丝可以刺激菌丝周围磷细菌和其他真菌的生长、繁殖，从而活化更多的难溶性磷，使其能被菌根真菌所利用（王庆仁等，995）。丛枝菌根真菌与磷细菌双重接种更能提高宿主植物对磷的吸收能力（Toro et al.，1997；Singh and Kapoor，1998；1999；Belimov et al.，1999；秦芳玲等，2000）。

三、促进磷的吸收和运输

Bolan（1991）认为“限制植物从土壤中吸磷速率的步骤包括：①土壤溶液中磷酸盐离子向植物根系的扩散；②根表面磷酸盐的浓度；③土壤颗粒上磷酸盐离子的释放。菌根化植物的根系可以改变以上任一限制吸收速率的步骤，从而增加植物对磷酸盐的吸收”。

丛枝菌根菌丝从土壤中吸收的磷对植物磷营养的贡献是相当可观的。在限制植物根系生长的盆栽试验中，通过根外菌丝吸收的磷量最高能占到宿主植物体内总磷量的 90%，从而使植物体内的含磷量维持在充足范围内（Li et al.，1991b）。Sanders 等（1973）发现，磷进入菌根根系的速率为 17×10^{-14}mol/（cm·s），而进入非菌根根系的速率则为 3.6×10^{-14} mol/（cm·s），通过计算菌根菌丝吸磷速率为植物根毛的 6 倍（Sanders and Tinker，1973）。菌根共生体的根外菌丝具有如此强大的吸收磷的潜力与磷在菌丝中的运输方式有关。磷在植物体内主要以无机磷的形式运输，运输速率为2mm/h（Crossett and Loughman，1966），而在菌丝内，磷则以多聚磷酸盐颗粒形式进行运输（Cox et al.，1980）。多聚磷酸盐是3个到几千个Pi通过高能磷酸键连接的线性聚合物，可从根外菌丝被运输到根内菌丝，释放到植物-真菌交界面（Cox et al.，1980）。磷随丛枝菌根菌丝的流动是共质体途径，且不受寄主呼吸降低的影响（Cooper and Tinker，1981）。由于丛枝菌根真菌的菌丝无隔膜，磷能随原生质环流向根内运输（Harley and Smith，1983），因此其运输速率可达20mm/h，为根内运输速率的10倍。这就使根外菌丝吸收的土壤磷能够被迅速地运送到根内丛枝中，再由聚磷酸盐分解为简单的无机磷转移给宿主植物。

菌根化植物吸收土壤磷的过程可以用养分吸收动力学参数加以描述（Beever and Burns，1981）。菌根化植物吸收磷的速率往往大于非菌根化植物吸收磷的速率。菌根化植物具有较高的吸磷速率，这是由于在低磷浓度（1～20μmol/L）条件下，菌根化植物养分吸收的米氏常数（K_m）值低于非菌根化植物的，即菌根化植物吸收部位对磷的亲和力比非菌根化植物的高；在较高浓度条件下（>30μmol/L），菌根化植物对磷的最大吸收速率（V_{max}）较大，即根外菌丝扩大了吸收面积，增加了更多的吸收位点。Cress等（1979）发现，在磷浓度为1μmol/L的溶液中，菌根根系的吸磷速率为非菌根根系的2倍。水培试验还说明菌根化植物吸收磷的最低浓度低于非菌根化植物的，这意味着当土壤溶液中磷浓度低至非菌根化植物无法吸收时，菌根化植物仍能获得磷，这是缺磷土壤上菌根化植物仍能正常生长的原因之一。尽管丛枝菌根真菌能显著提高宿主植物对土壤磷的吸收，但高磷的土壤环境能抑制根外菌丝的延伸和丛枝菌根的形成，导致根外菌丝吸收土壤磷的能力下降，影响丛枝菌根真菌的氮代谢。

丛枝菌根中磷的吸收和转运是要通过磷转运蛋白来完成的。菌根真菌编码的高磷亲和力的磷转运蛋白可吸收土壤中的可溶性无机磷，将其转运到真菌胞质，并储存在液泡中。可溶性无机磷在根内菌丝中被释放进入质外体，再通过宿主植物驱动的菌根磷转运蛋白（mycorrhiza Pi transporter，MPT）特异性吸收菌丝转运的Pi，然后将其运输到植物体的各部位（曹庆芹等，2011）。在植物与丛枝菌根真菌的互作中，菌根磷转运蛋白基因是在共生过程中被特异驱动的，且是只在菌根中表达的基因。菌根的形成直接刺激菌根磷转运蛋白基因的高效表达，根际高磷水平则对基因的表达有抑制作用（Rausch et al.，2001；Nagy et al.，2009）。

第四节　菌根真菌对药用植物吸收其他矿质元素的影响

菌根真菌在改善植物碳、氮、磷等主要营养吸收的同时，对锌、铜、钙、钾等多种矿质元素的吸收也有促进作用。分别接种丛枝菌根真菌 *G. epigaeum* 和摩西球囊霉的孢子，能促进荆芥的生长，提高植株对磷和硫的吸收，对钾、钠、铁、锰、钼、锌、钴、钡、铅和镍等元素的吸收也有影响，并能提高裂叶荆芥（*Schizonepeta tenuifolia*）挥发油合成的能力（魏改堂和汪洪钢，1991）。隔网盆栽试验证明，菌根侵染的白三叶草植物体内锌、铜总量中的50%来自于根外菌丝的吸收（Li et al.，1991a）。在缺锌土壤上丛枝菌根促进桃树（*Prunus persica*）、苹果（*Malus pumila*）、玉米、小麦（*Triticum aestivum*）和马铃薯（*Solanum tuberosum*）对锌的吸收，结果能完全阻止缺锌症状的出现，增产效果十分显著。此外，丛枝菌根能削弱或消除磷-锌-铜的相互作用，对果树矿质营养有一定的平衡作用。同一时间，铜的运输量与磷的运输量不同（表8-1）。根据磷的供应水平，磷：铜运输比变化大，供磷低时达37，供磷高时达912。低磷时菌丝运输的大部分铜保存在根内，随磷量增加，铜也就从根内逐渐转至嫩茎内。这表明丛枝菌根调节铜从根到嫩茎的释放与运输是根据嫩茎的需要(Li et al., 1991b)。铁皮石斛(*Dendrobium officinale*)组培苗人工接种瘤菌根菌属(*Epulorhiza*)菌株GDB181，共培养60天后，接菌苗平均鲜重增长率比对照苗高出了84.8%。在营养元素含量方面，接菌苗的硼、硅、铁、铜和锰元素含量的净增率分别为780%、533%、192%、191%和128%，除锌外的其他元素含量也有不同程度的增加(金辉等，2009)。同样的施氮水平下，接种丛枝菌根真菌能显著提高黄芩(*Scutellaria baicalensis*)地上部分和地下部分的钾、钙和镁元素的含量，有助于植物对所吸收的矿质元素进行合理分配，维持体内矿质元素含量的相对稳定，改善植株营养；接种菌根真菌和施氮量存在交互作用，对地上部分钾元素和地下部分钙元素的含量有显著影响，施氮水平为0.08～0.12g/kg土时，菌根真菌对黄芩生长的促进作用最为明显(王平等，2012)。

表 8-1　供磷水平对菌根化白三叶草根和嫩茎中真菌参与磷和铜运输的影响

供磷量/(mg/kg 土)		菌丝运输量/(μmol/pot)		根/(μmol/pot)		嫩茎/(μmol/pot)	
根	菌丝	磷	铜	磷	铜	磷	铜
50	0	27a	0.73a	29a	0.97c	52a	0.23a
50	20	226b	0.57a	102b	0.61b	184b	0.43b
50	50	465c	0.51a	152c	0.45a	382c	0.52b

注：各纵列数值后的不同字母代表数值之间有显著性差异

第五节　内生真菌与药用植物的栽培生产

菌根真菌只占到内生真菌数量的很少一部分，由于其在农业生产、环境保护等领域的重要作用，很早就受到研究者的广泛重视。相对菌根真菌的研究而言，内生真菌与植物相互作用的研究还不够系统、深入，当前处在文献积累的过程中，尚未形成完整的、能被各学科研究者普遍接受的理论体系。药用植物与内生真菌相互作用的研究现状与之相似，近20年来受到中药资源保护、中医药现代化、新药研发等领域的普遍重视。在药用植物与内生真菌互作的研究领域，利用内生真菌提高药用植物产量和品质是一个重要的研究目的，能在保护中国珍贵药用植物资源的同时，满足人民群众对用药有效性和安全性的基本要求。相关的研究主要集中在兰科药用植物种子萌发、药用植物育苗和栽培生产。有关菌根真菌促进兰科药用植物种子萌发的内容见第二十三章第一节。

一、内生真菌提高药用植物幼苗的生长势和适应性

喜树(*Camptotheca acuminata*)是中国特有的多年生亚热带落叶阔叶植物，其次生代谢产物喜树碱具有良好的抗肿瘤活性。喜树幼苗接种苏格兰球囊霉(*Glomus caledonium*)和地表球囊霉(*Glomus versiforme*)后，根部均可形成菌根结构，接种苏格兰球囊霉的菌根感染率为53%，接种地表球囊霉的菌根感染率为40%，对照组的感染率仅为6.7%。接种菌根真菌后的喜树幼苗总生物量、根茎比、根系总长度和根系平均直径等指标均有所提高，表明试验菌株能促进喜树幼苗的生长(黄永芳等，2003)。接种透光球囊霉(*Glomus diaphanum*)和蜜色无梗囊霉(*Acaulospora mellea*)的喜树幼苗生物量分别是对照的1.9倍和1.4倍，菌根化幼苗根的氮、磷分配比例增加(赵昕和阎秀峰，2006)。随着接种时间的延长和喜树幼苗的生长，蜜色无梗囊霉、

透光球囊霉和根内球囊霉对喜树幼苗的侵染率、侵染强度、丛枝丰度和泡囊丰度均随之增加，其中蜜色无梗囊霉最容易侵染喜树幼苗，并形成丛枝和泡囊结构（于洋等，2009）。此外，透光球囊霉、幼套球囊霉（*Glomus etunicatum*）、蜜色无梗囊霉和光壁无梗囊霉（*Acaulospora laevis*）与喜树幼苗共生还能提高喜树幼苗的喜树碱含量，并提高菌根化幼苗根中喜树碱的相对含量。可见与菌根真菌共生能够影响喜树碱在植株各器官中的分配（赵昕等，2006）。盆栽试验表明，接种泡囊丛枝菌根真菌摩西球囊霉能显著促进茅苍术（*Atractylodes lancea*）的营养生长，表现为茅苍术的株高、叶片数、叶面积、平均单株茎叶干重、平均单株根系干重和单株总生物量均有显著提高；结合土壤养分分析发现，菌根真菌是通过促进茅苍术根对土壤养分的吸收最终促进茅苍术幼苗生长的；气相色谱-质谱联用（GC-MS）分析表明，接菌处理组和对照组的挥发油主要成分没有差别，说明菌根真菌对苍术挥发油的质量没有明显影响（郭兰萍等，2006）。茅苍术幼苗分别接种 3 株内生真菌：小菌核属（*Sclerotium*）菌株 AL3、小克银汉霉属（*Cunninghamella*）菌株 AL4 和孔球孢属（*Gilmaniella*）菌株 AL12，4 周后，接种 AL3 的植株平均单株根数和平均单株根系干重均有极显著提高，分别比对照提高了 92.7%和 62.9%，接种 AL4 和 AL12 对苍术幼苗的生长没有显著影响。与对照相比，AL3、AL4 和 AL12 均能极显著提高茅苍术叶片苯丙氨酸解氨酶（phenylalanineammonialyase，PAL）活性，AL3 组过氧化物酶（peroxidase，POD）、过氧化氢酶（catalase，CAT）和超氧化物歧化酶（superoxide dismutase，SOD）的活性与对照相似，AL4 组 3 种酶活性下降，AL12 组 3 种酶活性升高。AL3、AL4 和 AL12 都显著提高茅苍术叶片总多酚含量，都能改变挥发油中 4 种主要活性成分苍术酮、苍术醇、β-桉叶醇及苍术素的相对百分含量（张波等，2009）。AL12 能促进茅苍术组培苗根部发育，并促使药用成分向根部转移和积累。茅苍术组培苗接种 AL12 后，叶片和根的鲜重及干重均有显著增加，且叶片木质素和可溶性糖含量增加，根部纤维素、半纤维素、木质素、可溶性糖及挥发油含量均有提高（高映雪等，2012）。

将从野生球花石斛（*Dendrobium thyrsiflorum*）根系中分离到的 2 株内生真菌接种到铁皮石斛和球花石斛组培苗的根系上，与它们共生的植株表现出良好的生长状态，地上部分生长旺盛，株高增加、落叶减少，地下根系发育良好，有新芽和新根形成（陈瑞蕊等，2004）。内生真菌 S12 和 S50 能显著提高美花石斛（*Dendrobium loddigesii*）幼苗的光合速率、蛋白质含量和生物量，并在短时间内迅速提高美花石斛的叶绿素含量、叶绿素 a 含量与叶绿素 b 含量的比值、脯氨酸含量，以及 SOD、POD 和 PAL 活性，但随着作用时间的延长，菌株的作用效果逐渐减弱（陈玲等，2010）。将瘤菌根菌属（*Epulorhiza*）菌株 GDB254 和角菌根菌属（*Ceratorhiza*）菌株 MLX102、CLN103 接种到铁皮石斛组培苗后，接菌苗的平均鲜重净增率均高于对照，叶绿素 a、b 含量也较对照有明显增加；除锌元素外，接菌苗的矿质元素含量显著高于对照；从接菌苗的营养根中能分离获得原接种菌株。通过徒手切片光学显微镜观察真菌的侵染过程，发现菌根真菌先在根外聚集并通过破坏根被入侵到皮层组织，在皮层组织细胞中通过菌丝穿越细胞壁不断延伸扩展，可侵染到中柱组织，并可在皮层和中柱细胞形成典型的菌丝结结构。这些现象说明上述 3 株真菌为菌根真菌，都能与铁皮石斛建立共生关系，对铁皮石斛的生长和矿质元素的吸收有较明显促进作用（亢志华等，2007；金辉等，2007）。将从野生华石斛（*Dendrobium sinense*）分离获得的 5 株内生真菌分别接种华石斛组培苗和盆苗，真菌均能够成功侵入华石斛根内形成菌根；供试菌株均能不同程度地提高华石斛幼苗成活率和生物量，并能促进幼苗根系生长，提高华石斛幼苗叶绿素含量、净光合速率和气孔导度，进而提高其光合性能（周玉杰等，2009）。

由于生长环境条件的影响，茶苗生长缓慢。刘柏玉和雷泽周(1995)的研究表明，接种菌根真菌 *G. epigaeum* 能促进茶苗对氮、磷、锌、钾等营养元素的吸收，特别是当同时施用磷、锌元素时，菌根真菌促进幼苗吸收磷、锌的效果更为显著。接菌后由于茶苗的营养条件得到改善，使其株高、根长、叶片数、植株干重及根干重等都比对照有显著提高。肉桂(*Cinnamornum cassia*)是中药肉桂的基源植物，其干燥树皮入药，具有散寒止痛、活血通经的功效，也可以作调味品。接种木薯球囊霉(*Glomus manihotis*)对肉桂幼苗株高和叶片的生长发育有显著的促进作用，叶片中叶绿素含量提高，肉桂幼苗地上部分和地下部分及总生物量均有显著提高(罗晓莹等，2004)。黄檗(*Phellodendron amurense*)是中药黄柏的基源植物之一，其内皮(韧皮部)入药，称为关黄柏。盆栽条件下接种摩西球囊霉、幼套球囊霉、地表球囊霉和透光球囊霉，使黄檗幼苗的成活率、生长量、植株光合速率、蒸腾速率及抗旱能力等均有显著提高，尤其以摩西球囊霉和透光球囊霉的作用效果最显著(范继红等，2006)。银杏(*Ginkgo biloba*)是源于中国的特有珍贵树种，其种仁入药为白果，具有敛肺气定咳喘的功效。近年来发现银杏叶总黄酮和银杏内酯对心脑血管有很好的药理作用。温室容器育苗过程中接种摩西球囊霉、根内球囊霉和地表球囊霉，均能显著提高银杏的株高、叶片数、叶面积和叶片干重，与对照相比，株高提高了 14.8%～25.9%、叶片干重提高了 14.4%～33.2%(张林平等，2002)。大蒜(*Allium sativum*)是常见的药食两用植物。盆栽法研究发现，丛枝菌根真菌摩西球囊霉和苏格兰球囊霉能侵染大蒜幼苗根系，菌根化植株的叶面积、叶绿素含量、光合作用参数、维生素 C 含量及植株生长量均显著高于对照组；菌根化植株地上部分和地下部分的含磷量均有显著提高，摩西球囊霉处理组分别提高了 82.7%和 71.2%，苏格兰球囊霉处理组分别提高了 74.2%和 67.8%，提示大蒜营养生长和生理特性的改善源于菌根化植株对磷吸收的增加(贺学礼等，1999)。温室条件下枳(*Poncirus trifoliate*)组培苗接种地表球囊霉和摩西球囊霉后，分别在第二级侧根和第一级侧根中观察到最高的菌根侵染率、泡囊数、丛枝数和侵入点；两株真菌都能显著提高植株茎粗、叶面积、叶片数、根系体积、地上部干重、地下部干重、叶绿素含量和类胡萝卜素含量，显著促进叶片和根系中可溶性糖含量及非结构性碳水化合物的总含量；提高叶片和根系中 SOD、POD 和 CAT 活性。上述两株真菌有各自的作用特点，地表球囊霉促进幼苗生长和碳水化合物积累的效果较好，摩西球囊霉提高植株体内抗氧化酶活性的效果较好(吴强盛等，2006)。利用三室隔网盆栽的方法，将土壤分为根系吸收区和菌丝吸收区，研究丛枝菌根对酸枣(*Ziziphus jujuba* var. *spinosa*)实生苗生长、吸收土壤磷元素的影响。研究发现，菌丝进入外室土壤增加了植株体内磷的吸收量，菌丝吸磷量和菌丝吸磷贡献率随外室土壤施磷水平的提高而增加。大花蕙兰(*Cymbidium* sp.)接种于 3 株兰科植物菌根真菌，可使大花蕙兰幼苗茎叶干重比增施矿物质营养但不接菌根真菌的处理(CK)提高 173.2%～250.1%，并对植株吸收氮、磷、钾养分有促进作用，其中开唇兰小菇(*Mycena anoectochila*)使幼苗吸收氮和钾的量比 CK 分别提高了 175.7%和 97.5%。兰小菇(*M. orchidicola*)使植株对磷的吸收量比 CK 提高了 7 倍(赵杨景等，1999)。

同一株内生真菌可以对多种药用植物有促生作用。双重培养条件下研究内生真菌 MF15(*Epulorhiza* sp.)、MF18(*Epulorhiza* sp.)、MF23(*Mycena* sp.)和 MF24(*Mycena* sp.)对福建金线莲(*Anoectochilus roxburghii*)及金钗石斛(*Dendrobium nobile*)组培苗生长和代谢产物的影响。对福建金线莲的研究结果表明，菌株 MF15 和 MF23 能显著提高福建金线莲的干重，与对照相比分别提高了 29.3%和 49.5%；菌株 MF18 能显著增加福建金线莲气生根数量，与对照相比提高了 42.9%；菌株 MF15、MF18、MF23 和 MF24 均能提高福建金线莲的多糖含量，与对照相比分别提高了 93.5%、100%、89. 7%和 55. 1%(陈晓梅等， 2005)。对金钗石斛的研究结果表明，菌株 MF15 和 MF24 能极显著增加金钗石斛气生根的数量，与对照相比分别提高了 4.25 倍和 4.13 倍；菌株 MF15、MF18、MF23 和 MF24 能提高金钗石斛的多糖含量，与对照相比分别提高了 153. 4%、52. 1%、18. 5%和 76. 7%；菌株 MF23 能提高金钗石斛总生物碱含量，与对照相比提高了 18. 3%(陈晓梅和郭顺星，2005)。

除了接种活体菌株外，有少量的研究报道内生真菌发酵提取物也能促进药用植物幼苗的生长。内生真菌开唇兰小菇、石斛小菇和兰小菇在双重培养条件下能促进兰科药用植物铁皮石斛和福建金线莲无菌苗及铁皮石斛原球茎的生长，接种 3 种真菌后铁皮石斛无菌苗的生长量高于对照 3～5 倍，福建金线莲组培苗的侧芽及侧根数均显著高于对照，兰小菇和石斛小菇还能显著促进铁皮石斛原球茎增殖(高微微和郭顺星，2002)。这 3 种真菌的菌丝体和发酵液乙酸乙酯提取物对铁皮石斛及福建金线莲的生长有促进作用，表现为：3 株真菌的菌丝体及兰小菇的发酵提取物能显著提高铁皮石斛原球茎增殖率，石斛小菇菌丝体显著促进福建金线莲生长和侧芽增殖，开唇兰小菇及兰小菇的发酵提取物能分别显著促进福建金线莲的侧芽增殖和苗生长。以上作用与菌丝体内及分泌到菌丝外的代谢产物有关(高微微和郭顺星，2001)。内生真菌发酵产物具有促进药用植物生长发育的作用，推测是由于内生真菌能产生和分泌植物激素类物质。张集慧等(1999)报道，从 5 株兰科药用植物内生真菌的发酵产物中均能检测到一种或多种植物激素，包括赤霉素、吲哚乙酸、脱落酸、玉米素和玉米素核苷。这 5 株内生真菌中包括开唇兰小菇、石斛小菇、兰小菇和紫萁小菇。

二、内生真菌提高药用植物的产量和质量

芦荟(*Aloe vera*)是一种集观赏、食用、药用、化妆品用等多种用途于一体的药用植物。接种摩西球囊霉、苏格兰球囊霉、地表球囊霉的库拉索芦荟(*Aloe barbadensis*)幼苗，半年后观察，幼苗的菌根感染率高于 96%，感染指数为 73%～86%，而对照的菌根感染率仅为 16%。与对照相比，接种 13 个月的植株，苗高增加了 20%～52%、叶片长度增加了 57%、叶片汁液的干物质含量增加了 13%～151%、接种 15 个月的植株，叶片汁液鲜重增加了 61%～234%，折合有效成分的生药含量提高了 2.2～7.2 倍(弓明钦等，2002)。禾本科药用植物薏苡(*Coix lacryma-jobi*)的干燥成熟种仁入药为薏苡仁，具有健脾渗湿的功效。薏苡对泡囊丛枝菌根真菌具有较强的依赖性，自然侵染率约为 20%，接种菌根真菌后侵染率提高至 36.4%，与对照相比株高平均增加了 6.74cm、分蘖数平均增加了 1.58 个、百粒重平均增加了 0.6g、单产量平均提高了 58.3g/m^2(李香串，2003a)。五加科药用植物人参(*Panax ginseng*)的干燥根入药为人参，具有大补元气、复脉固脱、补脾益肺的功效。人参对泡囊丛枝菌根真菌具有较强的依赖性，自然侵染率约为 13.1%，接种菌根真菌后侵染率提高至 35.5%，与对照相比种子产量平均增加了 0.453g/株、人参根产量提高了 1180.5g/m^2、人参根单支重提高了 21.95g，商品等级也相应提高了一级，且植株存活率有显著提高(李香串，2003b)。茶叶的药用功效早在 2000 多年前已被公认，其中的药用成分主要有咖啡碱、多酚类化合物。中国茶树(*Camellia sinensis*)产区主要分布于南方红壤、黄壤地区。王曙光等(2002)采用温室盆栽试验，分别接种丛枝菌根真菌光壁无梗囊霉、木薯球囊霉和苏格兰球囊霉，观察真菌对枝条繁殖茶树苗生长和茶叶品质的影响。经过 14 个月的相互作用，接种真菌的茶树苗无论是株高还是地上部分、地下部分干重都显著高于对照，菌根化的植株对磷、钙、镁等无机元素的吸收显著增强，根际细菌、放线菌数量及酸性磷酸酶活性都明显高于对照。此外，接种丛枝菌根真菌可以使茶叶水浸出物、氨基酸、咖啡

碱和茶多酚的浓度提高，改善了茶叶的品质。接种孔球孢属内生真菌菌株 AL12 的茅苍术组培苗经炼苗、移栽，在 2 年的生长阶段内分 7 个生长阶段取样，并检测挥发油主要成分含量及 SOD、POD、3-羟基-3-甲基戊二酰辅酶 A 还原酶(3-hydroxy-3-methyl glutaryl coenzyme A reductase，HMGR)活力的变化，结果表明，接种 AL12 的炼苗成活率比对照提高 25.71%，植株的生长情况优于对照；接种 AL12 后 2 年的植株挥发油含量高于对照，挥发油中苍术酮、苍术醇、β-桉叶醇、苍术素 4 种成分含量分别是对照的 1.15 倍、1.57 倍、1.37 倍、1.12 倍；在 2 年的各个阶段，接种 AL12 植株的 SOD、POD、HMGR 活力均高于对照。这些研究结果说明，在茅苍术与 AL12 共生的 2 年里，AL12 均有利于宿主植物的生长及活性成分的积累(张波等，2013)。

内生真菌用于药用植物的栽培生产，其作用的发挥与栽培基质有关。2 株美花石斛内生真菌 DL26(*Fusarium* sp.)和 DL351(*Pyrenochaeta* sp.)能显著促进美花石斛移栽苗的生长。在以栎树皮-腐殖土为基质的苗盘试验中，DL26 能使株高和干重分别提高 84.5%和 142.7%，DL351 能使干重提高 88.9%，并表现出诱导植株侧芽分化的作用。盆栽试验使用 7 种基质，供试菌株表现出对栽培基质的选择性，栽培基质能影响内生真菌作用的发挥：红砖-水苔基质对真菌-植物共生效果最佳，接种 DL26 和 DL351 分别使干重提高了 73.6%和 123.9%；松树皮-腐殖土基质和栎树皮-陶粒基质中接种 DL26，分别使干重提高了 62.9%和 70.7%，提示菌株 DL26 适用基质的范围更广泛；栎树皮-腐殖土基质和栎树皮-红砖基质中菌株 DL351 诱导植株分化侧芽的作用明显，与对照相比，使用栎树皮-腐殖土基质菌株 DL351 使美花石斛侧芽数提高了 2.25 倍，作用效果最好，这些结果在验证菌株 DL531 诱导美花石斛侧芽分化作用的同时，也说明菌株发挥作用具有基质选择性(Chen et al.，2010)。野外盆栽条件下在草炭土基质和蛭石基质中分别栽种台湾金线莲(*Anoectochillus formosanus*)，并接种瘤菌根菌属真菌 AR-18(*Epulorhiza* sp.)。1 年后收获，两种基质中接菌组台湾金线莲的存活率均为 100%，根生长明显，根基部粗壮，根系发达；与对照相比，草炭土基质接菌组台湾金线莲的鲜重和干重显著提高，分别为 58%和 20%，蛭石基质接菌组台湾金线莲的鲜重和干重显著提高，分别为 68%和 35%；接菌组植物体内几丁质酶、β-1，3-葡聚糖酶、多酚氧化酶和苯丙氨酸解氨酶的活性均有提高，真菌对栽种在蛭石基质上的台湾金线莲的作用效果更显著(唐明娟和郭顺星，2004)。离体培养时瘤菌根菌属真菌(*Epulorhiza* sp.)AR-18 对金钗石斛生长的作用受栽培基质的影响。在琼脂培养基上，真菌 AR-18 对铁皮石斛和金钗石斛组培苗鲜重和干重的增加均没有显著影响。在蛭石基质上，真菌 AR-18 能显著提高金钗石斛的鲜重和干重，分别比对照提高了 16%和 21%(宋经元和郭顺星，2001)。

(陈晓梅　周丽思　王爱荣　郭顺星)

参 考 文 献

曹庆芹，冯永庆，刘玉芬，等. 2011. 菌根真菌促进植物磷吸收研究进展. 生命科学，23(4)：407-413.

陈玲，杨立昌，乙引，等. 2010. 促生内生真菌对环草石斛幼苗生理代谢的影响. 西南大学学报，32(12)：86-90.

陈瑞蕊，施亚琴，林先贵，等. 2004. 兰科菌根真菌对石斛组培苗的接种效应. 土壤，36(6)：658-661.

陈晓梅，郭顺星，王春兰. 2005. 四种内生真菌对金线莲无菌苗生长及多糖含量的影响. 中国药学杂志，40(1)：13-16.

陈晓梅，郭顺星. 2005. 4 种内生真菌对金钗石斛无菌苗生长及其多糖和总生物碱含量的影响. 中国中药杂志，30(4)：253-257.

邓胤，申鸿，郭涛. 2009. 丛枝菌根利用氮素研究进展. 生态学报，29(10)：5627- 5635.

范继红，杨国亭，李桂伶. 2006. 接种 VA 菌根对黄檗幼苗生长的影响. 东北林业大学学报，34(2)：18-19.

高微微，郭顺星. 2001. 内生真菌菌丝及代谢物对铁皮石斛及金线莲生长的影响. 中国医学科学院学报，23(6)：556-559.
高微微，郭顺星. 2002. 三种内生真菌对铁皮石斛、金线莲生长影响的研究. 中草药，33(6)：543-545.
高映雪，李蕾，戴传超，等. 2012. 内生真菌 AL12 对茅苍术代谢产物器官分配的影响(英文). 农业科学与技术(英文版)，13(4)：798-803.
弓明钦，王凤珍，陈羽. 2002. 丛枝菌根在芦荟育苗中的应用. 中药材，25(1)：1-3.
郭兰萍，汪洪钢，黄璐琦，等. 2006. 泡囊丛枝菌根(AM)对苍术生长发育及挥发油成分的影响. 中国中药杂志，31(18)：1491-1496.
贺学礼，赵丽莉，周春菊，等. 1999. VA 菌根真菌对大蒜幼苗生理特性的影响. 西北农业学报，8(2)：84-86.
黄永芳，李海华，陈红跃，等. 2003. 喜树育苗和接种菌根菌试验. 广东林业科技，19(1)：40-42.
金辉，亢志华，陈晖，等. 2007. 菌根真菌对铁皮石斛生长和矿质元素的影响. 福建林学院学报，27(1)：80-83.
金辉，许忠祥，陈金花，等. 2009. 铁皮石斛组培苗与菌根真菌共培养过程中的相互作用. 植物生态学报，33(3)：433-441.
亢志华，韩素芬，韩正敏. 2007. 兰科丝核菌类真菌对铁皮石斛生长的影响. 南京林业大学学报(自然科学版)，31(5)：49-52.
李香串. 2003a. 接种泡囊-丛枝菌根剂对薏苡生长发育的影响. 山西农业大学学报，23(4)：351-353.
李香串. 2003b. 泡囊-丛枝菌根剂对人参产量的影响. 中药材，26(7)：475-476 .
李晓林，曹一平. 1993. VA 菌根吸收矿质养分的机制. 土壤，25(5)：274-277.
李晓鸣. 1994. VA 菌根真菌和根瘤菌对大豆固氮和吸磷的联合效应. 大豆通报，3：14-15.
李元敬，刘智蕾，何兴元，等. 2013. 丛枝菌根共生体的氮代谢运输及其生态作用. 应用生态学报，24(3)：861-868.
李元敬，刘智蕾，何兴元. 等. 2014. 丛枝菌根共生体中碳、氮代谢及其相互关系. 应用生态学报，25(3)：1-10.
刘柏玉，雷泽周. 1995. VA 菌根对茶苗生长及养分吸收的影响. 中国茶叶，(5)：6-7.
刘洁，刘静，金海如. 2011. 丛枝菌根真菌 N 代谢与 C 代谢研究进展. 微生物学杂志，31(6)：70-75.
刘润进，李晓林. 2000. 丛枝菌根及其应用. 北京：科学技术出版社.
刘文科，冯固，李晓林. 2006. 不同 AM 菌株对酸性土壤玉米生长及磷营养的影响研究. 中国生态农业学报，14(2)：116-118.
刘永俊，石国玺，毛琳，等. 2011. 施肥对垂穗披碱草根系中丛枝菌根真菌的影响. 应用生态学报，22(12)：3131-3137.
罗晓莹，唐光大，许涵，等. 2004. 非灭菌条件下 VA 菌根菌对肉桂苗生长发育的影响. 广东林业科技，20(3)：16-27.
秦芳玲，王敬国，李晓林，等. 2000. VA 菌根真菌和解磷细菌对红三叶草生长和氮磷营养的影响. 草业学报，9(1)：9-14.
宋经元，郭顺星. 2001. 离体培养时真菌对铁皮石斛和金钗石斛生长的影响. 中国医学科学院学报，23(6)：548-552.
苏友波，林春，张福锁，等. 2003. 不同 AM 菌根菌分泌的磷酸酶对根际土壤有机磷的影响. 土壤，35(4)：334-338.
唐明娟，郭顺星. 2004. 内生真菌对台湾金线莲栽培及酶活性的影响. 中国中药杂志，29(6)：517-520.
田萌萌，吉春龙，刘洁，等. 2011a. 葡萄糖、根浸出液对丛枝菌根真菌吸收不同外源氮产生精氨酸的影响. 微生物学通报，38(1)：14-20.
田萌萌，刘静，刘洁，等. 2011b. 不同外源碳对 AM 真菌吸收氮源合成精氨酸的影响. 植物营养与肥料学报，17(6)：1495-1499.
王凤让，毛克克，李国钧，等. 2011. 印度梨形孢及其近似种 *Sebacina vermifera* 促进番茄生长发育及磷吸收. 浙江大学学报(农业与生命科学版)，37(1)：61-68.
王平，贺学礼，赵丽莉，等. 2012. AM 真菌和施氮量对黄芩幼苗生长和微量元素的影响. 华北农学报，27(增刊)：259-263.
王庆仁，李继云，李振声. 1995. 高效利用土壤磷素的植物营养学研究. 生态学报，19(3)：417-421.
王曙光，林先贵，董元华，等. 2002. 丛枝菌根(AM)对无性繁殖茶苗生长及茶叶品质的影响. 植物学通报，19(4)：462-468.
王树和，王昶，王晓娟，等. 2008. 根瘤菌、丛枝菌根(AM)真菌与宿主植物共生的分子机理. 应用与环境生物学报，14(5)：721-725.
魏改堂，汪洪钢. 1989. VA 菌根真菌对药用植物曼陀罗(*Datura stramonium* L.)生长、营养吸收及有效成分的影响. 中国农业科学，22(5)：56-61.
魏改堂，汪洪钢. 1991. VA 菌根真菌对荆芥的生长、养分吸收及挥发油合成的影响. 中国中药杂志，16(3)：139-142.
吴强盛，夏仁学，邹英宁，等. 2006. 丛枝菌根真菌对柑橘组培苗生长和抗氧化酶的影响. 应用与环境生物学报，12(5)：635-639.
于洋，谢国恩，阎秀峰. 2009. 3 种丛枝菌根真菌对喜树幼苗的侵染动态. 黑龙江大学自然科学学报，26(2)：239-242.
张波，戴传超，方芳，等. 2009. 三种内生真菌对茅苍术组培苗的生长及主要挥发油成分的影响. 生态学杂志，28(4)：704-709.
张波，梁雪飞，陈晏，等. 2013. 内生真菌孔球孢霉对茅苍术的生长及挥发油主组分的影响. 江苏农业科学，41(6)：204-207.
张集慧，王春兰，郭顺星，等. 1999. 兰科药用植物的 5 种内生真菌产生的植物激素. 中国医学科学院学报，21(6)：460-465.
张俊伶，李晓林，杨志福. 1997. 三叶草根间菌丝桥在 ^{32}P 传递中的作用. 植物营养与肥料学报，3(2)：129-136.
张林平，齐国辉，杨文利，等. 2002. 银杏容器育苗和丛枝菌根接种试验. 河北果树，(3)：9-10.
赵第锟，张瑞萍，任丽轩，等. 2012. 旱作水稻西瓜间丛枝菌根菌丝桥诱导水稻磷转运蛋白的表达及对磷吸收的影响. 土壤学报，49(2)：339-346.
赵昕，王博文，阎秀峰. 2006. 丛枝菌根对喜树幼苗喜树碱含量的影响. 生态学报，26(4)：1057-1062.
赵昕，阎秀峰. 2006. 丛枝菌根对喜树幼苗生长和氮、磷吸收的影响. 植物生态学报，30(6)：947-953.
赵杨景，郭顺星，高微微. 1999. 三种内生真菌与大花蕙兰共生对矿物质营养吸收的影响. 园艺学报，26(2)：110-115.
郑伟文，宋亚娜. 2000. VA 菌根真菌和根瘤菌对翼豆生长、固氮的影响. 福建农业学报，15(2)：50-55.
周玉杰，杨福孙，宋希强，等. 2009. 菌根真菌对华石斛幼苗生长及光合性能的影响. 北方园艺，(12)：11-15.

Allen MF, Sexton JC, Jr Moore TS, et al. 1981. Influence of phosphate source on vesicular-arbuscular mycorrhizae of *Bouteloua gracilis*. New Phytologist, 87: 687-693.

Azcón R, Borie F, Barea JM. 1982. Exocellular Phosphatase Activity of Lavender and Wheat Roots as Affected by Phytate and Mycorrhizal Inoculation. *In*: Gianinazzi S, Gianninazzi-Pearson V, Trouvelot A. Les Mycorrhizes: Biologie et Utilisation. INRA, Dijon, 83-85.

Azcón R, Rodríguez R, Amora- Lazcano E, et al. 2008. Uptake and metabolism of nitrate in mycorrhizal plants as affected by water availability and N concentration in soil. European Journal of Soil Science, 59(2): 131- 138.

Azcón R, Ruiz- Lozano JM, Rodriguez R. 2001. Differential contribution of arbuscular mycorrhizal fungi to plant nitrate uptake of ^{15}N under increasing N supply to the soil. Canadian Journal of Botany, 79(10): 1175- 1180.

Bago B, Pfeffer PE, Abubaker J, et al. 2003. Carbon export from arbuscular mycorrhizal roots involves the translocation of carbohydrate as well as lipid. Plant Physioogyl, 131: 1496-1507.

Bago B, Pfeffer PE, Douds DD, et al. 1999. Carbon metabolism in spores of the arbuscular mycorrhizal fungus *Glomus intraradices* as revealed by nuclear magnetic resonance spectroscopy. Plant Physiol, 121(1): 263- 271.

Bago B, Pfeffer PE, Shachar-Hill Y. 2000. Carbon metabolism and transport in arbuscular mycorrhizas. Plant Physiology, 124: 949-958.

Bago B, Zipfel W, Williams RM, et al. 2002. Translocation and utilization of fungal storage lipid in the arbuscular mycorrhizal symbiosis. Plant Physiology, 128: 108-124.

Beever RE, Burns DJW. 1981. Phosphorus uptake, storage and utilization by fungi. Advances in Botanical Research, 8: 127-219 .

Belimov AA, Serebrennikova NV, Stepanok VV. 1999. Interaction of associative bacteria and an endomycorrhizal fungus with barley upon dual inoculation. Microbiology, 68(1): 104-108.

Besson-Bard A, Astier J, Rasul S, et al. 2009. Current view of nitric oxide-responsive genes in plants. Plant Science, 177: 302-309 .

Bolan NS. 1991. A critical review of the role of mycorrhizae fungi in the uptake of phosphorus by plants. Plant and Soil, 134: 189-207.

Breuninger M, Trujillo C G, Serrano E, et al. 2004. Different nitrogen sources modulate activity but not expression of glutamine synthetase in arbuscular mycorrhizal fungi. Fungal Genet Biol, 41(5): 542- 552.

Bucking H, Shachar-Hill Y. 2005. Phosphate uptake, transport and transfer by the arbuscular mycorrhizal fungus *Glomus intraradices* is stimulated by increased carbohydrate availability. New Phytologist, 165: 899-912 .

Buwalda JG, Stribley DP, Tinker PB. 1983. Increased uptake of bromide and chloride by plants infected with vesicular-arbuscular mycorrhizas. New Phytologist, 93: 217-225.

Calcagno C, Novero M, Genre A, et al. 2012. The exudate from an arbuscular mycorrhizal fungus induces nitric oxide accumulation in *Medicago truncatula* roots. Mycorrhiza, 22: 259-269.

Cameron DD, Johnson I, Read DJ, et al. 2008. Giving and receiving: measuring the carbon cost of mycorrhizas in the green orchid, *Goodyera repens*. New Phytologist, 180: 176-184.

Campos-Soriano L, Segundo BS. 2011. New insights into the signaling pathways controlling defense gene expression in rice roots during the arbuscular mycorrhizal symbiosis. Plant Signal and Behavior, 6: 553-557 .

Cappellazzo G, Lanfranco L, Fitz M, et al. 2008. Characterzation of an amino acid permease from the endomycorrhizal fungus *Glomus mosseae*. Plant Physiology, 147: 429-437.

Chen XM, Baumgartner K. 2004. Arbuscular mycorrhizal fungi- mediated nitrogen transfer from vineyard cover crops to grapevines. Biology and Fertility of Soil, 40(6): 406- 410.

Chen XM, Dong HL, Hu KX, et al. 2010. Diversity and antimicrobial and plant-growth-promoting activities of endophytic fungi in *Dendrobium loddigesii* Rolfe. Journal of Plant Growth Regulation, 29: 328-337.

Cheng L, Booker FL, Tu C, et al. 2012. Arbuscular mycorrhizal fungi increase organic carbon decomposition under elevated CO_2. Science, 337: 1084-1087 .

Collaham D, Tredici PD, Torrey JG. 1978. Isolation and cultivation *in vitro* of the actinomycete causing root nodulation in *Comptonia*. Science, 199: 899-902.

Cooper KM, Tinker PB. 1981. Translocation and transfer of nutrients in vesicular-arbuscular mycorrhizas: IV. Effect of environmental variables of movement of phosphorus. New Phytologist, 88: 327-339.

Cox G, Moran KJ, Sanders F, et al. 1980. Translocation and transfer of nutrients in vesicular-arbuscular mycorrhizas. III. Polyphosphate granules and phosphorus translocation. New Phytologist, 84: 649-659.

Cress WA, Throneberry GD, Lindsey DL. 1979. Kinetics of phosphorus absorption by mycorrhizal and non-mycorrhizal tomato roots. Plant Physiology, 64: 484-487.

Cristina C, Helge E, Carmen T, et al. 2007. Enzymatic evidence for the key role of arginine in nitrogen transloation by arbuseular myeorrhizal fungi. Plant Physiology, 144(2): 782-792.

Crossett RN, Loughman BC. 1966. The absorption and translocation of phosphorus by seedlings of *Hordeum vulgare*(L). New Phytologist,

65：459-468.

Cuenca G，Azc6n R. 1994. Effecfs of ammonium and nitrate on the growth of vesicular- arbuscular myeorrhizal *Erythrina poeppigiana* O. I. Cook seedlings. Biology and Fertility of soils，18(3)：249- 254.

Diem HG，Gauthier D. 1981. Effect of inoculation with *Glomus mosseae* on growth and nodulation of actinorrhizal *Casuarina equisetifolia*. 5th Nacom Prog and Abstr，13.

Drissner D，Kunze G，Callewaert N，et al. 2007. Lyso-phosphatidylcholine is a signal in the arbuscular mycorrhizal symbiosis. Science，318：265-268 .

Ezawa T，Saito M，Yoshida T. 1995. Comparison of phosphatase localization in the intraradial hyphae of arbuscular mycorrhizal fungi，*Glomus* spp. and *Gigaspora* spp. . Plant and Soil，176：57-63.

Ezawa T，Smith SE，Smith FA. 2001. Differentiation of polyphosphate metabolism between the extr- and intraradical hyphase of arbuscular mycorrhizal fungi. New Phytologist，149：555-563.

Fellbaum CR，Gachomo EW，Beesetty Y，et al. 2012. Carbon availability triggers fungal nitrogen uptake and transport in arbuscular mycorrhizal symbiosis. Proceedings of the National Academy of Sciences of the United States of America，109：2666-2671 .

Fester T，Hause G. 2005. Accumulation of reactive oxygen species in arbuscular mycorrhizal roots. Mycorrhiza，15：373-379 .

Fitter AH，Graves JD，Watkins NK，et al. 1998. Carbon transfer between plants and its control in networks of arbuseular mycorrhizas. Functional Ecology，12(3)：406- 412.

Fontaine J，Grandmougin-Ferjani A，Hartmann MA，et al. 2001. Sterol biosynthesis by the arbuscular mycorrhizal fungus *Glomus intraradices*. Lipids，36：1357-1363 .

Gamper H，Hartwig UA，Leuchtmann A. 2005. Mycorrhizas improve nitrogen nutrition of *Trifolium repens* after 8 yr of selection under elevated atmospheric CO_2 partial pressure. New Phytologist，167：531-542 .

Gaspar M，Pollero R，Cabello M. 2001. Biosynthesis and degradation of glycerides in external mycelium of *Glomus mosseae*. Mycorrhiza，11：257-261.

Gomez SK，Javot H，Deewatthanawong P，et al. 2009. *Medicago truncatula* and *Glomus intraradices* gene expression in corticalcells harboring arbuscules in the arbuscular mycorrhizal symbiosis. BMC Plant Biol，(9)：10.

Govindarajulu M，Pfeffer PE，Jin HR，et al. 2005. Nitrogen transfer in the arbuscular mycorrhizal symbiosis. Nature，(435)：819- 823.

Gryndler M，Hrselová H，Cajthaml T，et al. 2009. Influence of soil organic matter decomposition on arbuscular mycorrhizal fungi in terms of asymbiotic hyphal growth and root colonization. Mycorrhiza，19：255-266.

Guescini M，Zeppa S，Pierleoni R，et al. 2007. The expression profile of the *Tuber borchii* nitrite reductase suggests its positive contribution to host plant nitrogen nutrition. Current Genetics，51：31-41.

Hammer EC，Pallon J，Wallander H，et al. 2011. A mycorrhizal fungus accumulates phosphorus under low plant carbon availability. FEMS Microbiology Ecology，76：236-244 .

Harley JL，Smith SE. 1983. Mycorrhizal Symbiosis，London：Academic Press.

Harrison MJ. 2012. Cellular programs for arbuscular mycorrhizal symbiosis. Current Opinion in Plant Biology，15：691-698.

Hause B，Meier W，Miersch O，et al. 2002. Induction of jasmonate biosynthesis in arbuscular mycorrhizal barley roots. Plant Physiology，130：1213-1220 .

Hause B，Mrosk C，Isayenkov S，et al. 2007. Jasmonates in arbuscular mycorrhizal interactions. Phytochemistry，68：101-110 .

Hawkins HJ，Johansen A，George E. 2000 . Uptake and transport of organic and inorganic nitrogen by arbuscular mycorrhizal fungi. Plant and Soil，226(2)：275- 285.

Hodge A，Campbell CD，Fitter AH. 2001. An arbuscular mycorrhizal fungus accelerates decomposition and acquires nitrogen directly from organic material. Nature，413(6853)：297-299.

Hodge A，Fitter AH. 2010. Substantial nitrogen acquisition by arbuscular mycorrhizal fungi from organic material has implications for N cycling. Proceedings of the National Academy of Sciences，107(31)：13754-13759.

Horchani F，Prevot M，Boscari A，et al. 2011. Both plant and bacterial nitrate reductases contribute to nitric oxide production in *Medicago truncatula* nitrogen-fixing nodules. Plant Physiology，155：1023-1036.

Isayenkov S，Mrosk C，Stenzel I，et al. 2005. Suppression of allene oxide cyclase in hairy roots of *Medicago truncatula* reduces jasmonate levels and the degree of mycorrhization with *Glomus intraradices*. Plant Physiology，139：1401-1410 .

Isopi R，Fabbri P，Del Gallo M，et al. 1995. Dual inoculation of *Sorghum bicolor*(L.)*Moench* ssp. bicolor with vesicular arbuscular mycorrhizas and *Acetobacter diazotrophicus*. Symbiosis，18：43-55.

Jackson LE，Burger M，Cavagnaro TR. 2008. Roots，nitrogen transformations，and ecosystem services. Annual Review of Plant Biology，59：341-363.

Jackson LF，Miller D，Smith SE. 2001. Arbuscular mycorrhizal colonization and growth of wild and cultivated lettuce in response to nitrogen and phosphorus. Scientia Horticulturae，94：205-218.

Javelle A，Andre B，Marini AM，et al. 2003. High- affinity ammonium transporters and nitrogen sensing in mycorrhizas. Molecular Micorbiology，47：411-430.

Javot H，Pumplin N，Harrison MJ. 2007. Phosphate in the arbuscular mycorrhizal symbiosis：Transport properties and regulatory roles. Plant Cell and Environment，30：310-322 .

Jean BC，Philip JM，Jean B. 1997. Effect of the arbuseular myeorrhizal fungus *Glomus fascicalatum* on the uptake of amino nitrogen by *Lolium perenne*. New Phytologist，137(2)：345-349.

Jin HR，Pfeffer PE，Douds DD，et al. 2005. The uptake，metabolism，transport and transfer of nitrogen in an arbuscular mycorrhizal symbiosis. New Phytologist，168(3)：687- 696.

Jin HR. 2009. Arginine bi-directional translation and breakdown into ornithine along the arbuscular mycorrhizal mycelium. Science China Life Sciences，52：381-389 .

Joner EJ，Jakobsen I. 1995. Growth and extracellular phosphors activity of AMHyphaeas influenced by soil organic matter. Soil Biology Biochemistry，27(9)：1153-1159.

Kaldorf M，Schmelzer E，Bothe H. 1998. Expression of maize and fungal nitrate reductase genes in the arbuscular mycorrhiza. Molecular Plant- Microbe Interactions，11：439-448.

Kiers ET，Duhamel M，Beesetty Y，et al. 2011. Reciprocal rewards stabilize cooperation in the mycorrhizal symbiosis. Science，333：880-882.

Landis FC，Fraser LH，2007. A new model of carbon and phosphorus transfers in arbuscular mycorrhizas. New Phytologist，177：466-479 .

Li XL，George E，Marschner H. 1991a. Phosphorus depletion and pH decrease at the root-soil and hyphae-soil interfaces of VA mycorrhizal white clover fertilized with ammonium. New Phytologist，119(3)：397-404.

Li XL，George E，Marschner H. 1991b. Extension of the phosphorus depletion zone in VA-mycorrhizal white clover in a calcareous soil. Plant and Soil，136(1)：41-48.

Lix L. 1991. Phosphorus depletion in the rhizosphere of mycorrhizal white clover extends more than 11 cm from the root surface. Plant and Soil，136：49-57.

López- Pedrosa A，Gonz lez- Guerrero M，Valderas A，et al. 2006. GintAMT1 encodes a functional high- affinity ammonium transporter that is expressed in the extraradical mycelium of *Glomus intraradices*. Fungal Genetics and Biology，43：102-110.

Maldonado-Mendoza IE，Dewbre GR，Harrison MJ. 2001. A phosphate transporter gene from the extra-radical mycelium of an arbuscular mycorrhizal fungus *Glomus intraradices* is regulated in response to phosphate in the environment. Molecular Plant-Microbe Interactions，14：1140-1148 .

Nagy R，Drissner D，Amrhein N，et al. 2009. Mycorrhizal phosphate uptake pathway in tomato is phosphorus-repressible and transcriptionally regulated. New Phytologist，181：950-959.

Nye PH. 1981. Changes of pH across the rhizosphere induced by roots. Plant and Soil，61：7-26.

Olsson PA，Burleigh SH，van Aarle IM. 2005. The influence of external nitrogen on carbon allocation to *Glomus intraradices* in monoxenic arbuscular mycorrhiza. New Phytologist，168：677-686 .

Pearson JN，Jakobsen I. 1993. The relative contribution of hyphae and roots to phosphorus uptake by arbuscular mycorrhizas plants. Measured by dual labeling with ^{32}P and ^{33}P. New Phytologist，124：489-494.

Pumplin N，Harrison MJ. 2009. Live- cell imaging reveals periarbuscular membrane domains and organelle location in *Medicago truncatula* roots during arbuscular mycorrhizal symbiosis. Plant Physiology，151：809-819.

Rausch C，Daram P，Brunner S，et al. 2001. A phosphate transporter expressed in arbuscule-containing cells in potato. Nature，414(6862)：462-470 .

Rhodes LH，Gerdemann JW. 1975. Phosphorus uptake zones of mycorrhizal and non-mycorrhizal onions. New Phytologist，75：555-561.

Salzer P，Corbiere H，Boller T. 1999. Hydrogen peroxide accumulation in *Medicago truncatula* roots colonized by the arbuscular mycorrhiza-forming fungus *Glomus intraradicies*. Planta，208：319-325 .

Sanders FE，Tinker PB. 1973. Phosphate flow into mycorrhizal roots. Pest Management Science，4：385-395.

Schaarschmidt S，Roitsch T，Hause B. 2006. Arbuscular mycorrhiza induces gene expression of the apoplastic invertase LIN6 in tomato (*Lycopersicon esculentum*) roots. Journal of Experimental Botany，57：4015-4023 .

Schussler A，Martin H，Cohen D，et al. 2006. Characterization of a carbohydrate transporter from symbiotic glomeromycotan fungi. Nature，444：933-936.

Secilia J，Bagyaraj DJ. 1987. Bacteria and actinomyceles associated with pot cultures of vesicular-arbuscular mycorrhizas. Canadian Journal of Microbiology，33：1069-1073.

Singh S，Kapoor KK. 1998. Effects of inoculation of phosphate-solubilizing microorganisms and an arbuscular mycorrhizal fungus on mungbean grown under natural soil conditions. Mycorrhiza，7(5)：249-253.

Singh S, Kapoor KK. 1999. Inoculation with phosphate-solubilizing microorganisms and a vesicular arbuscular mycorrhizal fungus improves dry matter yield and nutrient uptake by wheat grown in a sandy soil. Biology and Fertility of Soils，28(2)：139-144.

Smith SE，Dickson S，Morris C. 1994. Transfer of Phosphate from fungus to plant in AM mycorrhizas：calculation of the area of symbiotic interface and of fluxes of P from two different fungi to *Allium porrum* L. . New Phytologist，127：93-99.

Smith SE，John BJ St，Smith FA，et al. 1985. Activity of glutamine synthetase and glutamate dehydrogenase in *Trifolium sub-terraneum* L. and *Allium cepa* L. ：effects of mycorrhizal infection and phosphate nutrition. New Phytologist，99(2)：211- 227.

Stumpe M，Carsjens J，Stenzel I，et al. 2005. Lipid metabolism in arbuscular mycorrhizal roots of *Medicago truncatula*. Phytochemistry，66：781-791 .

Talbot JM，Treseder KK. 2010. Controls over mycorrhizal uptake of organic nitrogen. Pedobiologia，53(3)：169-179.

Thoma I，Loeffler C，Sinha A，et al. 2003. Cyclopentenone isoprostanes induced by reactive oxygen species trigger defense gene activation and phytoalexin accumulation in plants. Plant Journal，2003，34：363-375 .

Tian CJ，Kasiborski B，Koul R，et al. 2010. Regulation of the nitrogen transfer pathway in the arbuscular mycorrhizal symbiosis：gene characterization and the coordination of expression with nitrogen flux. Plant Physiology，153：1175-1187.

Tobar RM，Azcón R，Barea JM. 2004. The improvement of plant N acquisition from an ammonium-treated，drought-stressed soil by the fungal symbiont in arbuscular mycorrhizae. Mycorrhiza，4(3)：105-108.

Toro M，Azcon R，Barea JM. 1997. Improvement of arbuscular mycorrhiza development by inoculation of soil with phosphate-solubilizing rhizobacteria to improve rock phosphate bioavailability(SUP/32/SUP/P) and nutrient cycling. Applied and Environmental Microbiology，63(11)：4408-4412.

Trepanier M，Becard G，Moutoglis P，et al. 2005. Dependence of arbuscular-mycorrhizal fungi on their plant host for palmitic acid synthesis. Applied and Environmental Microbiology，71：5341-5347.

Tusserant E，Malbreil，Kuo A，et al. 2013. Genome of an arbuscular mycorrhizal fungus provides insight into the oldest plant symbiosis. Proceedings of the National Academy of Sciences of the United States of America，110：20117-20122.

Wallander H. 1995. A new hypothesis to explain allocation of dry matter between mycorrhizal fungi and pine seedlings in relation to nutrient supply. Plant and Soil，168/169：243-248 .

第九章 内生真菌提高药用植物的抗性

植物抗性是指植物对不良环境的适应和抵抗能力，包括适应性、避逆性和耐逆性。对植物产生伤害的环境称为逆境，又称为胁迫。植物逆境分为两类，生物逆境和非生物逆境。前者主要是指病虫害，后者包括干旱、盐碱、低温、土壤重金属污染等。

第一节 内生真菌提高药用植物对盐胁迫的抗性

由于自然条件和人为活动的影响，土壤盐渍化越来越严重，植物的盐害已成为一个世界性的问题，特别是对农业生产的危害极大。中国有 9913 万 hm^2 的土地存在盐渍危害问题，可使用耕地面积日趋减少。降低盐胁迫对植物的伤害和提高植物对盐胁迫的耐受能力，是盐渍土生物改良中的核心问题。

渗透胁迫和离子效应是盐胁迫的两个基本组成部分，但植物对这两者的耐受能力是互相排斥的。盐生植物可以分为吸盐型和拒盐型两类。吸盐型植物通过细胞层次的区隔化作用，使盐分积累在液泡中，液泡膜具有高效的运输机制，保持液泡内外的盐分梯度，细胞质内的渗透平衡则靠有机物质来维持。吸盐型植物有利于缓和渗透胁迫，但容易引起离子毒害和必要离子的缺乏。拒盐型植物盐分在体内的分配取决于器官、组织和细胞层次上的区隔化分配的协同作用，在满足细胞渗透调节对离子需求的前提下保持地上部分相对较低的盐浓度。拒盐型植物有利于避免离子胁迫，但容易导致渗透胁迫(张淑红等，2000)。多数情况下，植物不同程度地同时存在着两种抗盐机制。

一、盐胁迫下丛枝菌根真菌对药用植物的作用

近年来，研究者在利用菌根真菌与植物的共生关系提高植物在盐渍土壤中的适应能力、提高盐渍地植物生产力等方面已经取得了一些成就。大量研究表明，在盐胁迫条件下接种丛枝菌根真菌能提高植物的生长量。Guttay(1976)发现，丛枝菌根真菌能促进糖槭树(*Acer saccharum*)在盐渍土壤上生长。冯固等(1999)用盆栽法研究了不同土壤含盐量条件下接种不同丛枝菌根真菌菌株对棉花(*Gossypium hirsutum*)、玉米、大豆(*Glycine max*)和甜瓜(*Cucumis melo*)植株耐盐性的影响，结果表明，随着土壤中氯化钠水平的提高，真菌对甜瓜的侵染率受到抑制，其生长

量均呈递减趋势，但植株对真菌的依赖性则呈明显递增趋势。

丛枝菌根真菌可提高植物在盐渍土壤上的生产能力，减轻植物因盐害造成的产量损失。Hirrel 和 Gerdemann(1980)证实，在氯化钠胁迫下，接种集球囊霉(*Glomus fasciculatum*)和珠状巨孢囊霉(*Gigaspora margarit*)对洋葱(*Allium cepa*)和辣椒(*Capsicum annuum*)的生长有促进作用。刘润进等(1997)的试验表明，菌根化草坪具有高度耐盐渍化土壤的能力。在不同氯化钠水平下接种丛枝菌根真菌的棉花、玉米、大豆的生物产量比相应对照的生物产量均有不同程度的增加，但是不同的真菌菌株对同一种植物的耐盐性及同一种真菌菌株对不同植物的耐盐性的影响程度不同。在氯化钠施入量为 0～3g/kg 时，接种菌株 M1 能使棉花干重提高 4.6%～56.9%；在氯化钠施入量为 0～2.5g/kg 时，接种菌株 M1 和 M3 的玉米干重分别增加了 20.0%～109.6% 和 3.1%～64.6%；在氯化钠施入量为 0～1.0g/kg 时，接种菌株 M1 的大豆干重增加了 22.2%～76.0%；氯化钠施入量为 0g/kg 和 1.0g/kg 时，接种真菌对甜瓜生物产量均未产生明显的菌根效应(冯国等，1999)。

土壤盐水平和盐胁迫作用时间会对丛枝菌根真菌造成影响。高浓度盐分具有普遍杀菌能力，会影响丛枝菌根真菌孢子数量，降低丛枝菌根真菌对植物根系的侵染程度。这种抑制效应主要出现在植物-微生物相互作用的初始阶段。在土壤中加入不同量的氯化钠(0g/kg 干土、1.5g/kg 干土、3.0g/kg 干土、4.5 g/kg 干土)，在播种前加入和在播种后 40 天加入，对摩西球囊霉(*Glomus mosseae*)浸染酸枣(*Ziziphus jujube* var. *spinosa*)实生苗没有显著影响，但随着盐分浓度提高，摩西球囊霉侵染酸枣实生苗的侵染率下降。无论接种与否，酸枣实生苗的株高，根、茎、叶的干重和鲜重等生长指标均随土壤氯化钠浓度的增加而降低。接种菌根真菌能显著地降低植株在盐胁迫条件下受到伤害的程度：提高叶片的叶绿素含量，增强光合作用；大量提高根系中钠离子的积累量，从而降低植株地上部分的钠离子浓度。与不接菌的对照相比，盐胁迫条件下酸枣实生苗的生长和干物质的积累都有显著增加，但这一作用效果会随着盐胁迫程度的增加而降低(申连英等，2004)。

苗龄对菌根真菌的作用有一定影响，生长年限短的植株对菌根的依赖性更强。播种时接种摩西球囊霉的 1 年生和 2 年生牡丹(*Paeonia suffruticosa*)实生苗，分别以 0%、8%、16%和 24%的人工海水进行胁迫处理后发现，与 1 年生菌根化植株相比，2 年生菌根化植株根部的真菌侵染率显著提高，叶片细胞膜透性显著降低，盐胁迫下的生物量、根系活力，以及矿质元素氮、磷、钾的含量和耐盐系数等指标均显著提高；1 年生植株的菌根依赖性高于 2 年生植株，真菌对 1 年生植株的总干重、耐盐系数，以及氮、磷、钾含量的菌根贡献率高于 2 年生植株的，且菌根贡献率随盐浓度的提高而升高，表明摩西球囊霉对 1 年生牡丹实生苗的作用更大(郭绍霞等，2013)。

也有一些研究发现，接种丛枝菌根真菌在某些条件下对植物的耐盐性没有显著影响，甚至会出现负效应。Poss 等(1985)发现，在低磷盐胁迫下，接种沙荒球囊霉(*Glomus deserticola*)使洋葱的生长量增加了 39.4%～100%；而当含磷量增加至 0.8mmol/L 和 1.6mmol/L 时，菌根植株干重与非菌根植株干重没有显著差别，个别菌根植株的干重还低于非菌根植株。

二、丛枝菌根真菌提高药用植物耐盐性的作用机制

植物生理学已经证实，盐分主要通过离子毒害、渗透胁迫和营养亏缺等对植物造成伤害。丛枝菌根真菌主要从改善植物营养吸收、提高植物光合作用、改善植物体内离子平衡、激活植

物的抗氧化防御系统和提高渗透调节物质(如脯氨酸)的积累量等方面帮助宿主植物提高对盐胁迫的耐受性(叶贤锋等，2011)。

(一)增加植株对氮、磷等矿质营养的吸收

盐胁迫下丛枝菌根真菌通过提高根系活力和改变根系形态，如增加根系的表面积、投影面积、根系体积和根系长度等，来增强宿主植物对盐胁迫的适应性；通过提高宿主植物的氮同化，促进植物对矿质营养元素的吸收来帮助植物细胞维持液泡膜的完整性，促进细胞选择性地吸收离子，减轻钠离子或氯离子对植物的伤害。盐胁迫下丛枝菌根能加强植物对营养物质的吸收，抑制过量钠盐在植株地上部分的积累。尤其是在磷缺乏的条件下，磷营养的改善是植物抗盐能力增加的关键。冯固等认为，丛枝菌根真菌提高植株耐盐性的主导因素是改善了植株的磷营养状况(冯固等，2000；冯固和张福锁，2003)。在氯化钠胁迫下，接种丛枝菌根真菌能促进洋葱对磷、钾、钙、镁、锌、铁的吸收，提高洋葱耐盐能力(Ojala et al.，1983)。Cantrell 和 Linderman(2001)通过试验也发现，接种菌根真菌后洋葱因缓解了磷亏缺和盐的影响，其地上部分的生物量增加；而对于未接种菌根真菌的洋葱，增施磷肥也能降低盐胁迫的影响，但是影响程度不如接种菌根真菌的明显。接种丛枝菌根真菌的豆科植物在不同浓度的盐胁迫下，植株的含氮量和硝酸还原酶活性均有提高，植株耐盐性也有提高(Jindal et al.，1993)。

在盐胁迫与施磷的交互作用下，植物耐盐能力增强的表现不同。Pfeiffer 和 Bloss(1988)认为，植株体内钠的浓度受磷吸收量的控制，当植株吸磷量增加时，对钠的吸收会随之减少。但 Ruiz-Lozano 等(1996)认为，丛枝菌根真菌提高植物的耐盐性可能是生理方面的原因，与矿质营养条件无关。

(二)提高宿主植物的光合作用

丛枝菌根真菌通过提高盐胁迫下植物的光合速率、蒸腾速率和气孔导度，使植物维持一定的光合产物，保持其在盐胁迫条件下的正常生长。Ruiz-Lozano 等(1996)的研究发现，当非菌根化植物体内磷浓度与菌根植物相同，甚至高于菌根植物时，菌根化植物叶片的二氧化碳交换速率、气孔导度、蒸腾速率及水分利用效率等均能显著高于非菌根化植物，表明丛枝菌根真菌可以通过改善植物的生理条件而提高植物的耐盐性。

(三)改变植物体内离子平衡，降低钠离子和氯离子的含量或相对比例

植物耐盐机制的实质就是钠离子与其他离子的平衡关系问题。在土壤中，氯离子与磷酸二氢根离子($H_2PO_4^-$)和硝酸根离子(NO_3^-)之间、钠离子与钾离子之间存在竞争性吸收。在盐胁迫下，由于土壤中钠离子和氯离子的含量增加，使植物体内钠离子和氯离子的含量增加、磷和硫的含量降低，抑制了植物生长。而增加土壤中钙离子的比例，或施加氮肥、磷肥，都能有效降低钠离子和氯离子在植株体内的相对含量，从而减轻离子毒害、提高植物的耐盐性。在盐胁迫条件下，丛枝菌根通过增加植株的磷、钾含量，减少植株的钠、氯含量而改善植物体内的离子平衡。在氯化钠胁迫下，番茄接种来自盐渍土壤的菌种，在中低度盐水平下能减少叶片中的氯离子浓度，这对植物在盐渍土壤中的生存是有益的(Copeman et al.，1996)。Allen 和 Cunningham(1983)在 1000mg/kg 氯化钠土壤中接种菌根真菌，菌根化盐草(*Distichlis spicata*)植株及根系中的钠离子、钾离子和磷的含量高于非菌根化植株的，且菌根化植株的钾含量与钠含量的比值高于非菌根化植株的。冯固等(1998)的研究结果表明，丛枝菌根真菌侵染能提高无

芒雀麦(*Bromus inermis*)植株体内钾离子含量与钠离子含量的比值、磷含量与钠离子含量的比值和磷含量与氯离子含量的比值，降低钠离子和氯离子在植株体内的相对含量。

(四)激活植株的抗氧化防御系统

植物的抗氧化酶系统主要包括 SOD、CAT、抗坏血酸过氧化物酶(ascorbate peroxidase，APX)、POD，抗氧化非酶系统主要包括抗坏血酸、维生素 E、还原性谷胱甘肽等。植物与丛枝菌根真菌共生能激活植物的抗氧化防御系统，有效清除盐胁迫产生的过多活性氧，降低活性氧对植物细胞的伤害程度，增强植物的耐盐性。贺忠群等(2006)研究了不同盐浓度胁迫下丛枝菌根真菌对番茄(*Solanum lycopersicum*)氧自由基产生速率、丙二醛 (3，4-methylenedioxy-amphetamine，MDA)含量、细胞膜透性、谷胱甘肽过氧化物酶(glutathione peroxidase，GSH-Px)活性和叶片相对含水量等生理指标的影响，结果表明，在盐胁迫下，接种丛枝菌根真菌能显著减少番茄植株叶片中 MDA 的积累，降低氧自由基产生速率和细胞膜透性，增加叶片相对含水量，减缓盐胁迫对番茄细胞膜的伤害。此外，接种真菌还增强了番茄叶片的 GSH-Px 活性，减轻了活性氧对植株细胞膜的伤害，提高了番茄的耐盐性。

(五)改变植物组织的渗透平衡

盐胁迫下，菌根真菌通过改变植物体内碳水化合物和氨基酸的含量及组成、改变根组织中的渗透平衡，提高植物耐盐能力。Duke 等(1986)采用分根培养(split-root)的方法，分别给柑橘(*Citrus reticulata*)的一半根和全部根接种根内球囊霉(*Glomus intraradices*)，结果发现，在不同氯化钠水平下，无论是部分根系还是全部根系接种菌根真菌，植株的干重及含磷量均高于不接种植株的，而脯氨酸含量则低于不接种植株的；研究者认为，叶片的脯氨酸含量低是植株感受到盐胁迫强度较弱的表现，接种菌根真菌提高了柑橘抵抗氯化钠胁迫的能力。菌根真菌还可能通过增加植物根系中可溶性糖的积累达到改变根系渗透压的目的。Jindal 等(1993)的结果表明，在高盐条件下菌根化植株叶片中的含糖量高于非菌根化植株的。S.N. Rosendahl 和 S.Rosendahl(1991)提出，盐胁迫下丛枝菌根真菌能通过改变寄主植物体内氨基酸和碳水化合物的含量及组成来改变根组织中的渗透平衡，从而提高宿主植物的耐盐能力。

此外，丛枝菌根真菌还能够调节植株对水分的吸收，缓解生理性干旱。生理干旱是盐胁迫下植物生长受到抑制的原因之一。改善植物吸水能力或提高水分利用效率，是间接提高植物抗盐碱能力的重要手段。菌根真菌在与植物互作的过程中，能以改变植物体内组织结构，提高蒸腾速率、气孔导度和净光合速率，调节内源激素平衡等方式来调节宿主植物的水分代谢，增加植物体的含水量或植物体细胞水势，进而提高植物的抗盐碱性。Poss 等(1985)发现，菌根真菌能通过调节植株水势来增加其抗盐碱性。冯固等(2000)发现，接种丛枝菌根真菌使玉米叶片束缚水与自由水含量比值、SOD 活性及根系活力都明显高于不接种处理，提高了植物的耐盐能力。

虽然，菌根真菌对植物耐盐性有一定的影响，但目前对菌根真菌提高植物耐盐能力的机制的认识尚不完全一致，一些方面还存在矛盾。这可能与不同植物或品种与不同菌种或菌株的亲和力存在差别有关。

第二节　内生真菌提高药用植物对干旱胁迫的抗性

Briggs 于 1914 年提出的“丛枝菌根真菌能够从土壤中吸收束缚水”的观点引起了各国学

者的广泛兴趣，但由于磷能明显改善非菌根化植物的水分代谢，而对菌根化植物的作用不显著，使人们对丛枝菌根改善植物水分状况的作用产生了分歧。随着 1971 年 Safir“菌根增强大豆水分运输”论文的发表，学者们开始对丛枝菌根真菌对植物水分代谢的影响展开了系统研究（吴强盛和夏仁学，2004a）。近 30～40 年的研究已证实，菌根真菌能促进植物根系对水分的吸收利用，改善植物水分代谢，提高抗旱性。

正常水分供应状况下，丛枝菌根在低磷条件下主要通过改变宿主植物的生理状况来改善植物的水分代谢。刘润进（1989）用地表球囊霉（*Glomus versiforme*）和大果球囊霉（*Glomus macrocarpum*）接种海棠（*Malus spectabilis*），处理组的叶片相对含水量和蒸腾速率分别比对照组提高了 1.2～1.3 倍和 1.2～1.6 倍，而气孔阻力、叶片水势和自然饱和亏则比对照组低，萎蔫点只有对照组的 42%～58%。崔德杰等（1998）研究了丛枝菌根真菌 *Gigaspora rosea*、摩西球囊霉和地表球囊霉对玉米及棉花植株水分代谢的影响，结果表明，菌根真菌能显著提高植物的蒸腾速率和气孔导度，降低叶片自然饱和亏和气孔阻力；地表球囊霉还能在正常供水条件下显著提高叶片水势。Morte 等（2000）在向日葵（*Helianthus annuus*）上也得出接种菌根真菌能提高植物蒸腾速率、气孔导度和净光合速率的结论。高磷土壤中丛枝菌根影响植物水分代谢的作用不明显，仅在严重干旱条件下，菌根真菌才能使宿主的气孔阻力和萎蔫点显著降低，蒸腾速率提高，并且能快速解除干旱对植物的影响。另外，不灭菌土壤条件下有时接种丛枝菌根真菌对植物水分吸收及利用的影响不大，这可能是由于土壤根际微生物与菌根真菌之间存在竞争作用，降低了丛枝菌根真菌的作用（刘润进，1989）。

一、干旱胁迫下丛枝菌根真菌对药用植物的作用

土壤干旱会使植株地上部分及地下部分的生长速率明显减弱，植株的形态发育受到抑制。接种菌根真菌后可减轻干旱胁迫对植株生长的抑制作用，有助于在干旱条件下维持植物的正常生长。齐国辉等（2006）的研究发现，在干旱胁迫下，接种菌根真菌的君迁子（*Diospyros lotus*）幼苗推迟 15.4～32.2h 出现萎蔫，重新复水后提前 10～15min 恢复正常。干旱胁迫下，板栗（*Castanea mollissima*）幼苗接种菌根真菌后，能不同程度的促进株高和地径（秦岭等，2000）。菌根化玉米地上部分重量和产量分别降低了 12%和 31%，非菌根化玉米则分别降低了 23%和 55%（Subrammanian and Charest，1997）。在土壤含水量为 12%的情况下，接种摩西球囊霉和苏格兰球囊霉（*Glomus caledonium*）的绿豆（*Vigna radiate*）干重分别为不接种处理的 1.99 倍和 1.80 倍（贺学礼等，1999）。水分胁迫条件下，与对照相比，接种丛枝菌根真菌的玉米植株叶绿素含量增加、净光合速率提高、脯氨酸含量降低，表明水分胁迫对菌根化玉米的影响较小（贺学礼和李生秀，1999）。

菌根真菌在干旱条件下还能够提高够苗木的成活率。Stahl 等（1998）指出，当土壤水势从 –2.5MPa 降低到–3.8MPa 时，接种菌根真菌能显著提高蒿属植物实生苗的成活率，说明接种菌根真菌的实生苗比不接种菌根真菌的实生苗更能抵抗水分胁迫，忍受更低的土壤水势。刘润进等（1990）将地表球囊霉和大果球囊霉混合物接种于杜梨（*Pyrus betulifolia*）实生苗，使杜梨幼苗移栽成活率从 83%提高到 100%，说明干旱条件下由于菌根改善了水分状况从而提高了苗木的移栽成活率。

二、丛枝菌根真菌提高药用植物抗旱性的作用机制

植物的抗旱机制包括：调节气孔开度，防止水分散失；积累渗透调节物质，如脯氨酸、甜菜碱等，维持渗透平衡，保护细胞结构；激活抗氧化酶系统，增强植物对氧化胁迫的抗性。丛枝菌根真菌可以在以下几个方面发挥作用，提高植物对水分胁迫的耐受性：菌根的根外菌丝直接吸收水分；菌根增加植物对磷的吸收，增加氮同化，提高植物的宏观和微观营养；激活植物抗氧化系统，降低干旱造成的植物过氧化伤害程度；调节植物生理，增加植物的蒸腾作用，提高叶片和根系对水分的传导作用，降低叶片水势和萎蔫系数，改善植物的水分状况。

（一）改变植物组织结构，适应干旱胁迫

植物的菌根化能直接引起植株体内组织结构的变化。当培养基质水分质量分数为 5.5%时，尽管铁皮石斛的多数生长指标下降，但是根冠比增加显著，高达 2.22。形态学研究发现，铁皮石斛菌根通过形态结构的改变来适应水分胁迫并维持其生长发育，主要表现为：根被组织细胞层数多达 5 层以上，细胞壁相对加厚，细胞腔内网、羽状结构明显增多。此外，培养基质水分质量分数与菌根感染率呈负相关，越是干旱条件菌根真菌繁衍越活跃，菌丝团结构维持时间越长。菌根化铁皮石斛的这些适应性响应提高了植株的抗旱能力（陈连庆等，2010）。丛枝菌根真菌能使君迁子的叶面积增加 1.72～1.99 倍（齐国辉等，2006）。与非菌根化植株相比，菌根化板栗苗木叶片的肉质化程度提高了 0.09%～7.88%、比叶面积增大了 2.67%～18.83%（吕全和雷增普，2000）。植物组织结构的这些变化会导致其生理生化特性改变，叶保水力增大，水分饱和亏缺降低，植物的保水能力增强。

（二）改善植物营养状况，提高抗旱性

干旱条件下，菌根真菌通过改善植株营养水平，促进植株生长，增加根系长度、密度和深度，改变根系形态，扩大植物根系吸收范围，增强根系吸收能力，有利于根系更多地吸收水分和矿质营养供给植物利用，从而提高植物抗旱性。菌根真菌除极少部分菌丝伸入到植物根系组织中外，绝大多数菌丝在根际周围的基质中蔓延，其数量和长度远远超出了宿主幼苗的根毛数量和长度，在土壤中形成稠密的菌丝网。这在一定程度上增加了宿主根系与土壤的接触面积，扩大了土壤有效利用空间和根系的吸收面积。Harley 和 McCready（1994）的研究认为，红三叶草（*Trifolium pretense*）接种摩西球囊霉后，由于真菌菌丝在土壤中的伸长生长增大了根系表面积，导致植物的根系水分传导力、根系表面积和蒸腾速率均得到提高。丛枝菌根真菌改善植物磷营养与提高植物抗旱性的作用是相辅相成、相互促进的。丛枝菌根真菌在增强植物水分代谢、提高植物抗旱性的同时，能有效地改善宿主对土壤磷元素的吸收利用，提高植物的磷营养水平。真菌的这一作用也能提高植物的抗旱性。玉米接种菌根真菌后，可有效地改善植株对土壤磷素养分的吸收利用，促进植株吸收水分，提高宿主的相对膨胀度（Subramanian et al.，1997）。唐明等（1999）在研究丛枝菌根真菌提高沙棘（*Hippophae rhamnoides*）抗旱性的机制时将菌根内的菌丝分为 3 种：总菌丝、功能菌丝（活菌丝）及活性菌丝（具有磷酸酶活性的菌丝），其中活性菌丝具有轻微的促进生长和抗旱作用。随着活性菌丝中碱性磷酸酶活性的提高，植株磷含量增加、鲜重增加、萎蔫系数降低，表明丛枝菌根真菌与沙棘形成菌根后，明显改善了植物的磷素营养，提高了宿主的抗旱能力。

(三) 调整植物生理生化特性，适应干旱胁迫

1. 对植物光合作用的影响

陈辉和唐明(1997)对旺盛生长期的杨树(*Populus alba*)苗木进行水分胁迫，胁迫第 4 天，植物净光合速率迅速下降；胁迫第 5 天，接菌苗木净光合速率降为对照苗木(正常供水苗木)的 24.7%，未接菌苗木净光合速率为负值，不再积累光合产物，开始进行呼吸消耗；接菌苗木在胁迫第 7 天时净光合速率才出现负值，水势补偿点比对照推迟了 2 天。Harley 等曾提出，菌根是植物光合作用的“汇点”(sink)(吴炳云，1991)。在菌根化植物中，汇点主要影响碳代谢。因此，汇点的增加提高了菌根化植物的光合速率。Nemel 和 Vu(1990)的研究表明，在低磷土壤中接种丛枝菌根真菌，可增加光合作用对二氧化碳的固定，改善植株碳代谢。

菌根化植株经常比非菌根化植株具有更高的光合强度。多数研究者认为，这是因为丛枝菌根可以增加光合作用单位的数量，增加光合产物储藏和输出速率，减少叶绿素的降解。干旱条件下，菌根化植株的叶绿素含量通常高于非菌根化植株的(Davies et al.，1993；王元贞等，1994；Mathur and Vyas，1995)。菌根化植株的高叶绿素含量与高光合速率有一定的相关性(Davies et al.，1993)。

2. 对植物水分生理的影响

菌根能降低植物与土壤之间的流体阻力，改善根系的吸收功能。根据 1948 年 Honert 提出的“土壤-植物-大气连续水流”的锁链学说，水分运输的主要阻力在于根系、土壤和根的接触面及土壤中(吴炳云，1991)。物质在真菌菌丝内移动通常是通过扩散、原生质流及压力差来实现的。菌根真菌菌丝通过寄主植物根系表皮或根毛侵入根系皮层细胞，迅速被细胞中的原生质包围，形成丛枝结构。当植物进行蒸腾时，植物根系与菌根外延菌丝之间存在一个较小的水势梯度，为水分从菌丝向宿主的移动提供了动力(吴炳云，1991)。水分进入菌丝时，由于丛枝菌根的菌丝无隔膜，可直接通过菌丝到达丛枝，再转运和传递给寄主植物，缩短了水分在根系的运输路径。Levy 和 Krikun(1980)通过试验证明，在水分胁迫和胁迫解除时，菌根真菌集球囊霉对柑橘的作用只是增强了宿主植物的蒸腾量和气孔导度，使水分运输更通畅和快速。这说明菌根为宿主的水分运输提供了一条特殊通道，使水分运输距离缩短、运输阻力减小。

菌根真菌能够降低宿主植物叶片水势而增强植物的吸水能力。干旱条件下，叶片水势的调节主要依靠体内脯氨酸和可溶性糖等有机渗透调节物质。干旱胁迫下植株体内可溶性糖的积累能有效降低叶片水势，提高植株抗旱性。脯氨酸可以保护植物体内酶的活性，防止细胞脱水，因此，脯氨酸的含量直接反映了植物遭受干旱胁迫的程度。此外，脯氨酸还是一种非常有效的抗氧化剂，能够与植物抗氧化防御系统协同作用，精确调控植物细胞中的活性氧平衡。任嘉红和张晓刚(2002)的研究发现，接种丛枝菌根真菌能够在干旱条件下诱导沙棘体内可溶性糖的积累。吴强盛和夏仁学(2004a)发现，接种摩西球囊霉的枳在水分胁迫下其叶和根内的可溶性糖含量升高。Subramanian 和 Charest(1997)的研究认为，当玉米受到干旱胁迫时，丛枝真菌有助于可溶性糖的积累而降低叶片水势。随着菌根真菌侵染率的提高，连翘(*Forsythia suspense*)叶绿素和脯氨酸的含量也随之增加(赵平娟等，2007)。崔德杰等(1998)的试验结果表明，丛枝菌根真菌可以提高光合速率，增加细胞可溶性糖、氨基酸或蛋白质的含量，降低细胞渗透势，从而降低植株水势。

叶的保水力反映了树木组织抗脱水的能力。单位时间内失水越多，说明叶的保水能力越差。任嘉红和张晓刚（2002）报道，在干旱胁迫条件下，随着丛枝菌根真菌侵染率的增加，菌根化沙棘苗木叶片的自由水、束缚水及总含水量升高，束缚水与自由水的比值也有提高。齐国辉等（2006）报道，接种丛枝菌根真菌后提高了君迁子叶片的自由水含量、束缚水含量和总含水量，其中束缚水含量比对照提高了 12.5%～20.6%，离体叶片的保水力也有显著提高。

菌根真菌能降低宿主植物积累 1g 干物质的用水量，提高干旱条件下植物的水分利用效率，增加植物抗旱性。在土壤相对含水量相同的状况下，菌根化酸枣苗积累 1g 干物质的需水量低于非菌根化酸枣苗的，节水效果为 16.5%～29.8%（鹿金颖等，2003），这一结果证实了干旱条件下菌根真菌可促进酸枣苗对水分的利用。汪洪钢等（1989）在绿豆根部接种菌根真菌后，使宿主积累 1g 干物质所需水分仅为未接种植株的 50%。吴强盛等采用盆栽试验研究了摩西球囊霉在水分胁迫下对枳实生苗的影响，结果表明，丛枝菌根能增加植株根系的吸收面积，提高植株的水分利用率，降低积累 1g 干物质的用水量，增强枳实生苗的抗旱性（吴强盛等 2004；吴强盛和夏仁学，2004b）。

鹿金颖等（2003）研究了盆栽条件下接种摩西球囊霉对酸枣实生苗生长和抗旱性的影响，结果表明，真菌能显著提高酸枣实生苗植株叶片的气孔导度、蒸腾速率、光合速率，显著增强了植株的抗旱能力。崔德杰等（1998）发现，丛枝菌根真菌在干旱条件下能有效降低植株永久凋萎点、叶片饱和亏、气孔阻力和恢复时间。

3. 激活植物抗氧化酶系统

干旱胁迫条件下，植物细胞由于代谢受阻会产生大量的活性氧、超氧自由基。植物为清除这些活性氧、超氧自由基的伤害，会启动 SOD、POD 和 CAT 的保护系统。植物在受到干旱危害时，通常发生膜脂过氧化作用、MDA 含量增加、细胞膜透性增大。真菌侵染率较高的植株体内抗氧化酶活性维持较高水平，可有效清除宿主植物体内因干旱胁迫而积累的超氧自由基，降低 MDA 含量和细胞质膜相对透性，减轻膜脂过氧化造成的伤害程度，从而增强植物的抗旱性（唐明等，2003）。任嘉红和张晓刚（2002）对自然干旱胁迫的沙棘叶片中 SOD、POD 及 CAT 的活性测定发现，随着丛枝菌根真菌侵染率的增高，SOD 和 CAT 的活性增加。菌根真菌能通过促进苗木快速累积游离脯氨酸，提高 SOD 酶活性，提高连翘幼苗的抗旱性（赵平娟等，2007）。齐国辉等（2006）的研究证明，在干旱胁迫下，菌根化君迁子幼苗叶片的 SOD 活性和 POD 活性提高，有助于清除因干旱胁迫引起的活性氧积累；膜脂过氧化产物 MDA 含量降低，减轻了对细胞膜的伤害，提高了植物的抗旱性。用摩西球囊霉接种沙棘扦插苗研究丛枝菌根真菌提高沙棘抗旱性的机制，结果表明，干旱胁迫下随着真菌侵染率的增加，叶片中 SOD 的活性增加，膜脂过氧化产物 MDA 的含量和细胞质膜相对透性（RP）降低。将集球囊霉和缩球囊霉（*Glomus constrictum*）单独及混合接种于连翘幼苗发现，在干旱胁迫条件下，随着根部真菌侵染率的提高，连翘幼苗的叶绿素含量和脯氨酸含量增加，SOD 活性增强，MDA 含量和膜透性降低，苗木枯死率下降。菌根真菌通过促进苗木快速累积游离脯氨酸，提高 SOD 活性，减缓干旱对细胞膜的破坏，延缓植物受干旱胁迫伤害的速率，提高连翘幼苗的抗旱性。在不同接种处理中，混合接种效果最好，其次为缩球囊霉单独接种（赵平娟等，2007）。

与未接菌的对照相比，水分供应正常时接种摩西球囊霉和沙荒球囊霉的莴苣（*Lactuca sativa*）根内 SOD 的活性仅提高了 16%～18%，而干旱胁迫时 SOD 的活性提高了 98%～128%，且这一变化与植株体内的磷营养无关（Ruizlozano and Azcon，1996a）。干旱能明显降低玉米根和芽中的硝酸还原酶、谷胺酰胺合成酶和谷氨酸合成酶的活性，但菌根化植株酶活性的降低程度比非菌根化植物的弱(Subramanian et al.，1997)，菌根真菌降低了干旱对植物的伤害。

4. 改变内源激素平衡

菌根真菌通过改变植物体内激素，如脱落酸、细胞分裂素、赤霉素和生长素等的平衡状况间接影响植物的水分代谢。接种菌根真菌可增加苹果组培苗体内的赤霉素含量，促进其生长(齐国辉和郗荣庭，1997a；1997b)。Duan 等(1996)发现，干旱条件下丛枝菌根真菌能降低木质部汁液中的脱落酸含量和流向叶片的脱落酸含量，进而使植株保持较高的气孔导度、呼吸作用和芽水势。脱落酸含量与叶片气孔阻力呈正相关，尤其是气孔导度受其影响极大。干旱条件下，丛枝菌根真菌通常增加生长素、赤霉素和细胞分裂素类物质的含量，降低脱落酸的含量。可见，植物抗旱性与菌根真菌改变内源激素的平衡状况有很大关系。

此外，丛枝菌根真菌还能够通过改良土壤结构、增强土壤蓄水能力、改善根系吸收功能而间接提高宿主植物的抗旱性。在菌根形成过程中，丛枝菌根真菌参与了宿主植物的生理生化代谢过程，从而改变了根系的分泌特性。菌丝能在土壤中形成一个庞大的网络系统，在该系统中，菌丝及其分泌的黏胶性物质可将土壤微粒黏合起来，形成团粒状结构，这种土壤结构就像海绵体一样，有利于水分和空气的运转与交流，起着调节水分的重要作用；同时可防止土壤微粒被水(或风)带走，有效控制了水土流失和沙尘暴(Tisdall and Oades，1979)。Augé(2001)的研究发现，在宿主根系密度相同的条件下，与未接菌根真菌的土壤相比，接种根内球囊霉后的土壤水分特征曲线发生了改变，说明菌丝和菌丝分泌物对土壤保水能力产生了影响。

第三节　内生真菌提高药用植物对低温胁迫的抗性

低温胁迫是指零度以上低温对植物造成的伤害。低温下植物的生理生化变化主要有：细胞膜由液晶态转变为凝胶状，流动性降低，通透性发生改变；MAD 含量提高，表明细胞膜脂质过氧化作用加剧；细胞代谢活性降低，相对含水量下降；叶绿素含量降低、净光合速率下降，气孔导度下降，光合作用降低；可溶性糖和游离羟脯氨酸等物质的含量升高，水势大幅度降低，渗透调节能力增强；抗氧化相关酶活性增强，帮助植物减轻或消除低温胁迫造成的活性氧伤害。

植物对低温有一定的耐受能力，在低温胁迫下接种丛枝菌根真菌能提高植物的抗寒性。柏素花等(2006)筛选出 6 株能提高茄子(*Solanum melongena*)抗寒性的丛枝菌根真菌，它们能保护植物的细胞膜结构，改善其生理代谢。韭菜(*Allium tuberosum*)接种丛枝菌根真菌后，在低温下细胞膜受害程度减轻(赵士杰和李树林，1993)。接种丛枝菌根真菌在显著促进君迁子幼苗生长的同时，还能显著提高幼苗的抗寒能力，−5℃、−10℃、−15℃下菌根化植株枝条的相对导电率均显著低于对照(张林平等，2003)。

低温胁迫下丛枝菌根真菌提高植物的抗寒性与其改善植物的营养水平、促进植物体内的物质积累有关。接种丛枝菌根真菌增加了宿主植物的磷吸收，有利于增强植物的抗寒性。接种摩西球囊霉、根内球囊霉和地表球囊霉的君迁子 1 年生苗，其枝干木质部和韧皮部的营养储藏水平，木质部淀粉、可溶性糖和全氮含量显著高于对照，韧皮部淀粉、可溶性糖含量显著高于对照。君迁子 1 年生苗抗冻性的增强与其储藏营养水平的提高具有相关性(齐国辉等，2005)。Charest 等(1993)报道，将 25℃条件下培育了 6 周的玉米杂交种幼苗经 10℃低温处理 1 周后，菌根化苗的鲜重、蛋白质含量和碳水化合物含量都要比非菌根化苗高。Paradis 等(1995)发现，经 5℃低温处理后，接种了摩西球囊霉的春小麦的叶绿素含量高于未接种处理的。

丛枝菌根真菌和内生真菌还能激活植物抗氧化酶系统，降低脂膜过氧化水平，增强宿主植物对低温胁迫的适应性。用菌液浇施法对尾巨桉(*Eucalyptus urophylla*×*E. grandis*)幼苗接种从桉树中分离的青霉属内生真菌(*Penicillium* sp.)，接种 30 天后进行低温胁迫处理并测定相关指标，结果显示，与对照相比，接菌后植株的半致死温度下降了 2.71℃，体内 POD 和 SOD 的活性分别提高了 35.4%和 36.39%，MDA 含量下降了 40.40%，表明内生真菌提高了桉树的抗寒能力(谢安强等，2011)。接种丛枝菌根真菌的枳在低温胁迫下通过提高根系可溶性蛋白质含量，增强 SOD、CAT 活性的途径来提高根系的抗氧化能力，增强枳对低温胁迫的适应性(潘传威等，2011)。

此外，菌根化植株还能通过对形态结构的一些调整来适应低温胁迫。被动适应低温胁迫植物的突出表现为叶片小，栅栏组织发达，细胞壁演化成角质层，并具一些附属结构。茶树(*Camellia sinensis*)接种丛枝菌根真菌后，叶片表皮增厚、海绵组织增厚、栅栏组织变薄，栅栏组织厚度与海绵组织厚度的比值降低，并且使叶片上表皮增厚。这些改变增强了对细胞膜的保护作用，提升了茶树的抗寒性(王守生等，1997)。

第四节　内生真菌提高药用植物的抗病性

内生真菌能提高宿主植物的抗病性，减轻病害的发生，并降低其危害性。大量研究表明，丛枝菌根真菌能够减轻寄生疫霉(*Phytophthora parasitica*)、立枯丝核菌(*Rhizoctonia solani*)、茄镰孢(*Fusarium solani*)、青枯劳尔氏菌(*Ralstonia solanacearum*)等病原菌引起的病害(盛江梅和吴小芹，2007)。交链链格孢(*Alternaria alternata*)、围小丛壳菌(*Glomerella cingulata*)、银杏盘多毛孢(*Pestalotia ginkgo*)均是能引起银杏叶枯病的病原菌，接种摩西球囊霉、根内球囊霉和地表球囊霉能降低重茬银杏叶枯病的病情指数，提高银杏幼苗的抗病性，在消毒土种植病情指数下降了 41.6%～63.4%，在未消毒土种植病情指数下降了 63.9%～73.1%(齐国辉等，2002)。柿假尾孢(*Cercospora kaki*)可引起君迁子角斑病，接种上述 3 株丛枝菌根真菌后，在显著促进君迁子苗生长的同时，君迁子角斑病的病情指数显著降低，与对照相比下降了 18.88%～38.34%(齐国辉等，2003)。

内生真菌通过直接和间接作用帮助宿主植物防治病虫害(图 9-1)。直接作用的主要机制是产生抑制病原微生物生长繁殖的活性次生代谢产物，激活宿主植物的防御系统，提高防御酶活性，诱导病程相关蛋白质合成；间接作用的主要机制是改善植物营养、改变根际土壤理化性状和微生物群落结构，以及与病原微生物竞争营养和生态位，抑制病原菌的生长，降低病原菌侵染概率(罗巧玉等，2013)。

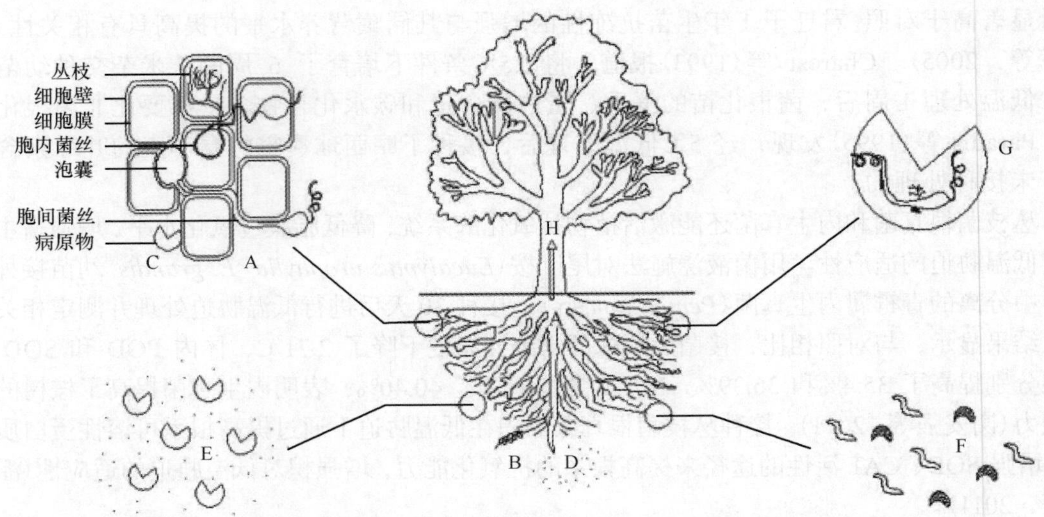

图 9-1 丛枝菌根真菌-植物共生体提高植物抗病性的作用机制（罗巧玉等，2013）

A. 根系分枝增多，根尖表皮加厚，细胞壁木质化；B. 丛枝菌根真菌菌丝体网络在根系表皮起屏障作用；C. 富含羟脯氨酸的糖蛋白、β-1,3-葡聚糖等物质将病原物凝集于细胞壁；D. 改善土壤结构；E. 根系分泌物杀死病原物；F. 丛枝菌根真菌刺激有益微生物生长繁殖；G. 丛枝菌根真菌寄生在病原物体内；H. 改善植株对养分、水分的吸收状况，同时与病原物竞争营养物质

一、菌根真菌改善宿主植物的营养吸收

菌根真菌的根外菌丝在土壤中扩展形成庞大的菌丝网络，扩大了宿主植物根系的吸收面积，提高了根细胞的活力，使植物对水分、氮、磷和其他矿质元素的吸收能力显著提高，改善了植株的营养状况，从而间接增强了植株的抗病性。病原微生物入侵植物时会不同程度地影响植株的正常生长和代谢。受害的菌根化植株由于体内与真菌建立有完善的共生系统，能通过提高根系对养分和水分的吸收，改变植株体内激素平衡，延缓植物衰老等途径，有效地弥补由病原物引起的根系生物量和功能的损失，维持植物基本正常的生长和代谢，提高植物对病害的耐受能力(Pinocht et al.，1996)。

尽管有些研究结果显示磷营养水平的提高在一定程度上能缓解病原物对植物的危害，但是关于磷营养水平与菌根化植物抗病性的关系及其作用机制目前尚未明确。菌根真菌侵染对棉花黄萎病和柑橘根腐病的抑制作用与菌根化植株磷营养水平的提高直接相关(Davis and Menge，1980；Davis et al.，1979)。这是由于菌根真菌在高磷状态下减少了根系分泌物，从而减少了病原物的侵染机会(Granham and Menge，1982；Ratnayake et al.，1978)。尽管如此，有一些研究结果显示，丛枝菌根真菌增加植物抗病性还存在其他与磷营养水平无关的机制。番茄的颈枯病和根腐病不受土壤和植物磷水平的影响，却能导致丛枝菌根真菌侵染率的下降；在任何磷浓度下，镰孢属(*Fusarium*)真菌引起的病害数量减少只与菌根真菌的存在与否有关，只有在菌根真菌存在的情况根腐病的发病率才能显著降低(Caron et al.，1986)。

Dugassa 等(1996)指出，菌根真菌不仅具有主动的抗病机制，而且能诱导植物对病原物产生耐受性，菌根真菌能显著增加茎和叶内生长素、赤霉素、乙烯、细胞分裂素和脱落酸等内源激素的含量。齐国辉和郗荣庭(1997)的研究发现，苹果(*Malus pumila*)组培苗接种菌根真菌后，各个生长期菌根化植株茎、叶和根内的赤霉素含量均高于非菌根化植株的，玉米素核苷、生长素和脱落酸的含量在各个生长期也高于或稍高于非菌根化植株的。这说明菌根真菌通过改变植物内源激素含量和它们之间的配比关系，促进植物生长，间接增强抗病性。

二、菌根真菌改变宿主植物根际微环境

菌根真菌的活动直接或间接影响植物的根际环境，而根际环境又影响根际微生物的种类与活性，进而影响宿主植物根系对养分的吸收。在菌根共生体的形成和菌根根外菌丝的生长发育过程中，宿主植物根细胞膜透性会发生改变，根细胞分泌物及渗出物的数量和质量也会发生变化。这些变化导致根际土壤的物理、化学性状发生改变，进而影响根际微生物的群落结构和数量。菌根及其根外菌丝可以在土壤颗粒的细小空隙间穿过，菌丝分泌的球囊霉素相关蛋白、多种有机酸和多胺等物质能发挥吸附剂的作用，加强土壤颗粒间的黏着，促进土壤团粒结构形成，改善土壤 pH、水稳定性、通气性、透水性，进一步提高氧化还原电位（Eh），促进植株正常生长以抵御病害的入侵。

三、菌根真菌改变宿主植物根际微生物区系组成

菌根真菌与根际土壤微生物区系组成之间存在复杂的相互作用。一方面，菌根化植物根系的分泌物可以直接影响其他土壤真菌、细菌、线虫的生长和繁殖，使土壤中的微生物群落在结构、性质、数量及空间分布等方面均发生变化，降低菌根化植物根区其他微生物的种类和数量，降低病原微生物对植物的侵染概率，有利于减轻植物病害。例如，菌根分泌物能显著降低土壤中病原菌的游动孢子囊和游动孢子数量（Meyer and Linderman，1986）；接种集球囊霉能使番茄根内丝氨酸和苯丙氨酸的含量明显增加，这两种氨基酸对根结线虫有抑制性作用（Suresh et al.，1985）。另一方面，菌根真菌能够与土壤中的有益微生物产生协同效应，通过刺激对土传病原菌具有拮抗作用的微生物的活性，使根围中对植物有益的微生物数量增加，如粘帚霉属（*Gliocladium*）、链霉菌属（*Streptomyces*）和木霉属（*Trichoderma*）等的真菌，固氮菌、溶磷细菌、荧光假单胞菌（*Pseudomonas fluorescence*）、芽孢杆菌等促进植物生长的细菌及放线菌等（Kloepper，1991；Linderman，1994；Whipps，1997）。有益微生物数量的增加会减少病原体的数量，降低病原微生物对植株的侵染机会，从而间接提高植物对病原体的抵御能力（罗巧玉等，2013）。菌根真菌菌丝是根际促生细菌在根际散布的转运工具和媒介（Bianciotto et al.，1996）。棉花菌根根际内的好氧性细菌总量、固氮菌和放线菌的数量均明显高于非菌根根际内的，且菌根根际土壤中的几丁质酶的活性也是非菌根根际土壤的 2 倍以上（顾向阳和胡正嘉，1994）。Secilia 和 Bagyaraj（1987）的研究表明，菌根根际内对病原菌有拮抗作用的放线菌的数量明显增多。Bianciotto 等（1996）报道，内生菌根植物根际内荧光假单胞菌的数量明显多于非菌根植物根际内的。

四、内生真菌产生抑制病原微生物的抗生素类物质

抗生素是抗生菌产生的次生代谢产物，主要对细菌和真菌具有抑制和杀伤作用。其作用机制是干扰真菌、细菌的主要生物合成途径，从而导致细胞死亡。抗生素对细胞的作用包括：抑制细胞壁形成，破坏或钝化细胞质膜；影响蛋白质生物合成和核酸代谢；影响嘌呤生物合成及

影响铁代谢。许多植物内生真菌可以产生结构类型丰富的抗生素类物质，如生物碱、肽类、甾体、酚类等。从大戟科药用植物麻疯树（*Jatropha curcas*）叶片中分离的一株青霉属内生真菌M1（*Penicillium fellutanum*）对苹果壳囊孢（*Cytospora mandshurica*）和能导致多种果树溃疡病的葡萄座腔菌属病原菌 *Botryosphaeria dothidea* 有非常明显的抑制作用（张振花等，2013）。从药用植物辣木（*Moringa oleifera*）根部分离的一株链格孢属内生真菌 LM033（*Alternaria* sp.）可以产生对灰葡萄孢（*Botrytis cinerea*）、终极腐霉（*Pythium ultimum*）、核盘菌（*Sclerotinia sclerotiorum*）和柿盘多毛孢（*Pestalotia diospyri*）等多种植物病原菌有中等抑制活性的链格花醇（蔡庆秀等，2013）。从雷公藤（*Tripterygium wilfordii*）茎中分离的内生真菌 *Cryptosporiopsis* cf. *quercina* 能产生环肽类物质 cryptocandin，对核盘菌和灰葡萄孢等植物病原菌有抑制作用（Strobel et al.，1999）。从青蒿（*Artemisia annua*）中分离的刺盘孢属（*Colletotrichum*）内生真菌产生的吲哚类生物碱 6-异戊烯基吲哚-3-羧酸对辣椒疫霉（*Phytophthora capisici*）、禾谷丝核菌（*Rhizoctonia cerealis*）和禾顶囊壳小麦变种（*Gaeumannomyeds graminis* var. *tritici*）有明显的抑制作用（Lu et al.，2000）。云杉白桩菇（*Leucopaxillus cerealis* var. *piceina*）能产生穿孔蕈炔素，它是一类挥发性的聚乙炔化合物，对樟疫霉（*Phytophthora cinnamomi*）有抗生作用，当其浓度达到 0.05～0.07μg/L 时，就可以抑制樟疫霉卵孢子的萌发，当其浓度达到 2μg/L 时，就可以杀死樟疫霉的卵孢子（唐明娟和郭顺星，2000）。

五、内生真菌与病原物的竞争作用

丛枝菌根真菌是根际土壤中的一类活体营养共生微生物，与土传病原菌有相同的生态位和入侵位点。因此，在自然生境条件下，丛枝菌根真菌与土传病原菌必然存在空间竞争的关系。Dehne（1982）首先观察到即使病原真菌和丛枝菌根真菌侵染同一根组织，二者也经常是在不同的根皮层中发展；同时，菌根真菌侵染的组织及附近组织中病原菌菌丝减少，菌根真菌形成的泡囊和丛枝能阻止病原菌菌丝穿过。菌根化植株根系表皮可被病原菌侵染的位点数目明显减少，从而降低了病原菌侵染率，对植株起到了生物防病的作用（李敏等，2000；Liu et al.，2012）。刘润进等（1994）将丛枝菌根真菌与棉花黄萎病病原菌大丽轮枝孢（*Verticillium dahliae*）按不同接种顺序、时间和部位接种到棉花上，证实了菌根真菌与棉花黄萎病病原菌对根系侵染位点具有活力竞争作用。菌根真菌能提高宿主植物的系统抗性，表现为菌根化植株中未被丛枝菌根真菌菌丝侵染的根段和植株的地上部分增强了对某些病害的抵抗能力（Pozo and Azcón-Aguilar，2007）。菌根化植株中受丛枝菌根真菌侵染的根段及邻近未被侵染根段均没有或很少有大豆胞囊线虫（*Heterodera glycines*）（李海燕等，2001；Whipps，2004）。先接种集球囊霉后，由于根系位点被丛枝菌根真菌占据，能显著抑制瓜果腐霉菌（*Pythium aphanidermatum*）在沉香（*Aquilaria agallocha*）根系组织中的发展，降低植株发病指数，减少猝倒症状的出现（Tabin et al.，2009）。此外，丛枝菌根真菌对病原体具有一定的寄生作用，从线虫的虫瘿中可以看到丛枝菌根真菌的泡囊菌丝，甚至丛枝侵入的现象，大豆孢囊线虫的孢囊内有丛枝菌根真菌的厚垣孢子定植（Li et al.，1994）。

根际微生物之间还存在营养分配的竞争，特别是对植物光合产物的竞争。丛枝菌根真菌和病原菌竞争来自宿主植物根系的光合产物，当光合产物首先被丛枝菌根真菌利用时，病原物获取的机会就会减少，从而限制病原物的生长和繁殖。由于丛枝菌根的作用，释放到菌根化柑橘根系的碳水化合物很少（Eissenstat et al.，1993）。另外，丛枝菌根真菌能够改善宿主植物对矿质营养和水分的吸收。广泛分布于土壤中的丛枝菌根真菌根外菌丝体相互交错形成庞大的菌丝网，扩大了根系对水分和矿质元素等营养物质的吸收，尤其是扩大了对磷酸盐和硝酸盐的吸收范围；同时，菌丝网能够对不同植物间的水分和养分进行再分配，使植物在一定程度上获得了另一条有效的水分、养分传输途径（Smith et al.，2011）。菌根通过增强植株对营养物质和水分的吸收，补偿了因病原菌侵染造成的根系生物量和功能的损失，从而间接减轻病原微生物引起的危害，提高宿主植物的耐病能力（Harrier and Watson，2004）。

六、内生真菌激活宿主植物抗病防御体系

植物抵御病原物侵染的抗性系统可以分为天然抗性和诱导抗性两大类。植物的天然抗性包括细胞壁含有的角质、蜡质、木质素等成分，植物体内含有的酚类化合物等小分子抗病物质，气孔的特殊结构，种子抗真菌蛋白，与真菌细胞壁几丁质结合的凝集素，破坏真菌细胞膜透性的蛋白质、核糖体、失活蛋白质等。植物的诱导抗性是植物受到病原物侵染后诱导形成的抗性，包括局部抗性反应［又称为过敏反应（hypersensitive response，HR）］和系统抗性反应两种。局部抗性反应是指植株在受到非亲和性病原菌的感染后，在感染部位出现的局部保护反应，如出现枯斑，导致病原物不易获得营养，以限制病原菌的生长和扩散，从而将病原菌控制在感染部位的小范围区域内。与这种局部反应相对应的，在几天到一周后，被侵染的植株在整体水平产生新的抗性反应，被称为系统抗性反应。系统抗性反应不再局限在受侵染/诱导的局部区域，而是扩展到植物体的其他组织，对病原物的再次侵染或其他病原物的侵染具有很强的抗性。植物病原菌与非病原菌都能诱发植物体内的系统抗性反应。

目前已知有两种系统抗性：系统获得性抗性（systemic acquired resistance，SAR）和诱导性系统抗性（induced systemic resistance，ISR）。1961 年，A.F.Ross 首次报道了感染烟草花叶病毒（TMV）的烟草植株末梢组织部位对病原菌再侵染的抗性有所提高，这个贯穿整个植株的抗性被命名为 SAR。SAR 是由植物抗病基因（resistance gene，*R*）识别与它相对应的病原微生物无毒基因（avirulence gene，*Avr*）而产生的一种高效特异性反应。早期对植物与病原菌相互作用的遗传学研究表明，*R* 基因编码具有高度选择性的受体来感知病原菌，激活这些受体会打开信号途径，引起植物的防卫反应。SAR 诱导的早期现象是植物细胞内源合成并积累水杨酸（salicylic acid，SA），它是 SAR 信号转导途径的一种内源信号分子。在烟草、拟南芥等植物中，未被病原物侵染的植株体内 SA 含量很低。当被病原物侵染后，SA 水平在感染植株韧皮部急剧增加，诱导病程相关蛋白（pathogenesis-related protein，PR-蛋白）表达。1996 年，C.M.J.Pieterse 等首次报道了根际促生细菌荧光假单胞菌菌株 WCS417r 能诱导拟南芥产生不依赖于 SA 的系统抗性。为了与 SAR 相区别，将这类系统抗性命名为 ISR。ISR 是通过茉莉酸（jasmonic acid，JA）和乙烯（ethylene，Et）介导的，但 ISR 与内源茉莉酸或乙烯的产量无关。无论在 ISR 的诱导位点，还是在植株组织中，ISR 的产生不伴随茉莉酸及乙烯生物合成的增加（陈慧勤和赵淑清，2003；陈峰，2007；张艳秋和崔崇士，2008）。

植物的抗性反应机制包括信号识别、信号转导和产生防卫反应 3 个基本步骤。植物细胞通过膜上的受体蛋白识别真菌；通过膜上的离子通道，或通过第二信使系统对识别的信号进行级联放大，转导到其他的细胞、组织、器官中；应答信号，产生系列防卫反应。植物受病原菌侵染后的防卫反应包括：①合成富含羟脯氨酸的糖蛋白、纤维素、葡聚糖及酚的聚合物等，用于加固细胞壁；②产生植物抗毒素；③PAL 合成增加，PAL 可引起植物抗毒素和酚类物质的产

生；④产生抗毒蛋白，提高抗病毒能力；⑤合成蛋白酶抑制剂，抑制病原体蛋白酶活力；⑥提高 POD 活性，促进细胞壁的木质化；⑦诱导水解酶基因表达，降解病原菌的细胞壁，并产生激发子；⑧合成病程相关 PR-蛋白(陈峰，2007)。

植物对亲和性微生物和非亲和性病原微生物的识别和信号转导机制相同，所不同的是识别后的反应机制。植物接触共生真菌后通常不会表现出发病的症状，而当它受到了病原菌的侵染会引发过敏反应，并有一系列的病理表现。内生真菌提高植物的抗病性体现在：与真菌建立有共生关系的植物，一旦受到病原菌的侵害，植物体内的系统抗性会被迅速激活，快速地达到一个很高水平，这种抗性反应被激活的速率及抗性反应强度都要高于没有与真菌建立共生关系的植株。李海燕将集球囊霉和大豆胞囊线虫 4 号生理小种(Hg4)接种于‘鲁豆 4 号’大豆后发现，接种真菌的大豆根系中几丁质酶的活性水平高于对照的；接种真菌后再接种 Hg4 的根系中该酶的活性水平高于单独接种 Hg4 的处理，并且酶活性高峰时期也正是真菌侵染率迅速升高及线虫侵染速率快速下降的时期。这说明真菌先激活了大豆的防御反应，然后使其对 Hg4 的侵染产生快速反应。可见，丛枝菌根真菌所诱发的防御反应的微启动，促使植物根系倾向于对第二次侵染产生快速反应，从而有利于提高植物对土传病原物的抗性(Gianinazzi-Pearson et al., 1991)。

(一) 内生真菌诱导植物产生物理抗性

在植物抵制外源物侵入的过程中，通常会诱导开启物理防御系统，最明显的细胞学变化是在侵染点上形成宿主细胞壁附着物和乳头状突起。它们一般由初生细胞壁和次生细胞壁成分组成，包括胼胝质、酚类、蛋白质和硅(Heath，1980)。试验研究已经证明，丛枝菌根真菌具备诱导植物细胞壁发生细胞学和形态学变化的功能。大多数宿主植物对丛枝菌根真菌附着胞形成及菌丝侵染仅产生微小的细胞学变化，且表皮及皮层细胞壁没有显著变化(Gianinazzi-Pearson et al., 1996b)。丛枝菌根真菌的附着胞能够形成侵染性菌丝侵入宿主根组织的细胞内或细胞间隙。当其进入表皮细胞时，宿主会加速细胞膜附近细胞壁物质的连续堆积(Dumas et al., 1989)，但不引起胼胝质和 β-1, 3-葡聚糖的聚集(Lemoine et al., 1995)。当其进入皮层后，宿主会出现细胞壁加厚的现象，但这些细胞壁加厚物与正常的细胞壁类似，具有相同的结构和染色特性，不含胼胝质和酚类物质(Harrison and Dixon，1993)，这与病原微生物诱导的细胞壁附着物不同(Aist，1976；Bracker and Littlefield，1973)。但是，由丛枝菌根真菌诱导的宿主内皮层细胞的细胞学变化却很大(Gianinazzi-Pearson，1984)，宿主细胞质和细胞器围绕分枝的菌丝进行增殖，围绕着丛枝菌根真菌菌丝的细胞膜有细胞壁结构的物质合成(Gianinazzi-Pearson et al., 1996b；Bonfante et al., 1990)，但在丛枝的分枝处变稀薄，并在真菌细胞壁与细胞质之间产生一薄层界面。

菌根真菌还能够诱导细胞壁产生富含羟脯氨酸的糖蛋白(HRGP)，HRGP 与植物诱导抗病性和过敏性反应有密切的关系。目前认为，HRGP 在抗病反应中的作用机制主要有以下几个方面：①起凝集素作用，HRGP 定位于与病原菌相互作用的位点，将病原菌固定在细胞壁中，从而阻止病原菌的侵入或在细胞间的扩散；②作为木质素的沉积位点，木质素在细胞壁上沉积，使细胞壁木质化，阻止病原菌蔓延；③起结构屏障的作用，HRGP 具有结构性多聚物的功能，增强了细胞壁的强度(Pamiske，2004)。菌根化植株根部组织结构的这些物理性改变可以有效地减缓病原物的侵染进程。在侵染过程中，病原物分泌的纤维素酶、半纤维素酶和蛋白酶等能分解纤维素、半纤维素等细胞壁成分，但不能分解 HRGP。而且，HRGP 包围在纤维素和半纤维素的周围，从而把病原物分泌的酶与其底物分开，使细胞壁物质免受分解，继续保持细胞的正常结构，阻止病原物的侵入。在丛枝菌根真菌侵染宿主细胞的过程中，编码 HRGP 的 mRNA 在欧芹菌根中显著增多，在侵入点的植物新生细胞壁物质和接触面区域都有糖蛋白的分布(Balestrini et al.，1994；Phillips and Tsai，1992)，当真菌分枝形成丛枝时，它们就随着细胞壁物质一起消失。因此，当植物被丛枝菌根真菌侵染后再遇到病原微生物的侵染，前者诱导植物产生的 HRGP 及其细胞壁防御反应是植物细胞生物防治作用的一个重要方面。对于线虫而言，共生的丛枝菌根真菌可改变植物的皮层结构，使其不再适宜线虫的取食，同时它可与寄生线虫竞争皮层的入侵位点，减少线虫的入侵。

与丛枝菌根真菌共生，宿主植物根系增长、增粗，分枝增加，显微镜下可以观察到根细胞壁明显加厚，木质化程度增加，根尖表皮加厚，细胞层数增多。在盆栽条件下接种丛枝菌根真菌沾屑多样孢囊霉(*Diversispora spurca*)、地表球囊霉和隐类球囊霉(*Paraglomus occultum*)，接种 85 天后白三叶根系的根长度、投影面积、表面积、体积、根尖数、分枝数和交叉数等根系构型参数得到明显改善，以地表球囊霉的效果最明显；同时能检测到菌根化植株叶片中叶绿素含量明显提高，叶片和根系的蔗糖和葡萄糖含量显著增加，菌根侵染率与叶片葡萄糖含量、叶片蔗糖含量和根系葡萄糖含量均呈极显著正相关(吴强盛等，2014)。

(二)内生真菌诱导植物产生化学抗性

1. 酚类物质

酚类物质是植物中先天存在的一类抗性物质。植物中的酚类化合物主要以单聚体和多聚体两种状态存在。单聚体包括酚酸和类黄酮，其中酚酸又可分为羟基肉桂酸型(咖啡酸、香豆酸、阿魏酸、芥子酸、鞣花酸)和羟基苯甲酸型(原儿茶酸、没食子酸、香草酸、丁香酸、龙胆酸、对羟基苯甲酸)，类黄酮包括黄酮、黄酮醇、查耳酮、花色素、异黄酮、黄烷、黄烷酮、黄烷醇、新类黄酮和噢哢等。多聚体包括水解单宁和缩聚单宁，其中水解单宁又可分为鞣花酸单宁(水解后产生鞣花酸)和棓单宁(水解后产生没食子酸)，缩聚单宁是指相对分子质量为 500～3000 的原花色素苷。

植物体内的大多数酚类化合物是经由莽草酸途径合成的。在这一途径中 PAL 是一个关键酶，它催化 L-苯丙氨酸脱氨基转化为反式肉桂酸。肉桂酸被肉桂酸-4-羟化酶(cinnamate-4-hydroxylase，C4H)羟基化，生成对香豆酸。对香豆酸也可以由酪氨酸经脱氨而生成。在对香豆酸羟化酶的催化下，对香豆酸进一步羟化，产生咖啡酸，然后在邻位转甲基酶作用下形成阿魏酸。阿魏酸再经羟基化和甲基化生成芥子酸。咖啡酸、阿魏酸、芥子酸等可为类黄酮化合物、木质素和一些植物保卫素提供苯丙烷碳骨架或碳桥。

Grandmaison 等(1993)报道，根内球囊霉或地表球囊霉接种洋葱根时细胞壁中酚酸类成分 4-羟基-3-甲氧基桂皮酸和香豆酸的含量增加。丛枝菌根真菌侵染药用植物根系后，能同时诱导植株被侵染根系和未被侵染根系中酚类物质含量的增加，表明丛枝菌根真菌对根系酚类物质的合成具有原位诱导和系统诱导的双重作用方式。丛枝菌根真菌系统诱导酚类物质的可能机制：丛枝菌根真菌侵染植物根系后，原位诱导 SA 和 H_2O_2 的产生，并进一步激发以 PAL 为中心的酚类物质生物合成相关酶的活性，被侵染根系的酚类物质含量增加；与此同时，SA 和 H_2O_2 作为信号分子在输导组织中长距离运输，到达未被侵染的部位，诱导与酚类物质合成相关酶的基因(如 *pal*、*chs* 等)的表达，从而提高未被侵染根系中酚类物质的含量(张瑞芹等，2010)。

2. 木质素

木质素是由多个苯丙烷单体聚合在一起的交联分子，在细胞壁上常与纤维素及其他糖类联结在一起沉积在壁上，引起细胞壁木质化，阻止病原菌蔓延。PAL 活性的升高和香豆酸及阿魏酸含量的升高均能导致木质素含量增加。木质素阻止病原菌侵染的机制为：①木质素增加了细胞壁抗病原菌穿透的压力；②病原菌不能分泌分解木质素的酶类，因此木质素增强了细胞壁的抗酶溶解性；③木质化限制了病原菌的酶类和毒素从病原菌侵染部位扩散到宿主体内，同时限制了水和其他营养物质从宿主扩散到病原菌侵染部位，阻断了病原菌获得营养的途径；④木质素的低分子质量酚类前体及多聚作用产生的游离基可以钝化病原菌。

植物积累木质素是对病原生物的主动反应。受病原菌侵染后的植株其体内木质素含量升高是一种普遍现象，植物抗病性与木质素积累速率、数量呈正相关。日本学者 Asada 分析了感染霜霉病的日本萝卜根的木质素生物合成后发现，感染根中的木质素与不感染根中的木质素不仅在数量上有区别，而且在性质上也有区别。健康萝卜根的木质素含有丁香酰单位（从芥子醇衍生），而感病萝卜根的木质素中则含有较多的愈创木酰单位（从松柏醇衍生）。木质素是通过莽草酸途径中的苯丙烷类代谢途径合成的。PAL、C4H 和 4-香豆酸：辅酶 A 连接酶（4-coumarate：coenzyme A ligase，4CL）是苯丙烷代谢途径的关键酶。

3. 植物保卫素

植物保卫素是植物受生物因素或非生物因素侵袭后在体内合成并积累的低分子质量的抗菌性物质，只在植物受侵染的细胞周围聚集，起到化学屏障的作用，并不运输到植物体的其他部位。病原菌侵入后以侵染点为中心形成组织坏死斑，使病原菌的生长受抑制，从而阻止病斑扩大，未被侵染的周围细胞中则形成植保素阻碍病原菌继续扩展。摩西球囊霉可以诱导植物根系产生植保素应激反应，提高植物的抗病性（Song et al.，2011）。

植保素的产生速率和积累量与植物的抗病性有关。植保素种类与植物种类密切相关。从第一个植保素——豌豆素被分离鉴定至今，已经发现并鉴定了 200 多种植保素，主要集中在茄科和豆科。豆科植物的植保素以异类黄酮衍生物（isoflaronoid）为主，茄科植物的植保素以环碳类倍半萜（carbocydic sesquiterpenoid）为主。一般情况下，同种植物常产生化学性质相类似的植保素。例如，北沙参受病原菌侵染后，产生 4 种呋喃香豆素类植保素：去甲基软木花椒素、花椒毒素、香柠檬烯和补骨脂素；不同科的植物植保素的性质、结构不同；同属不同种的植物，植保素的种类大致相同，如茄科茄属的植物马铃薯和番茄均产生倍半萜类植保素，在菊科植物中发现的植保素以多聚乙炔为主，旋花科植物中则以呋喃类倍半萜为主。一种植物可以产生一种或多种植保素。例如，豆科植物都可产生黄酮烷类植保素苜蓿素，也可以产生抗菌呋喃炔类的威紫全卯黄酮植保素（陈晓梅和郭顺星，1999）。

植物被诱导产生的化学防御性物质中，黄酮类和异黄酮类是分布最广泛的酚类物质，它们多具有抗微生物活性，在植物保护和抗土传病原菌方面有较好的作用。菌根真菌侵染大豆根系后，会大量聚集具有抗真菌和线虫作用的异黄酮类化合物大豆抗毒素和香豆雌酚（Morandi et al.，1984；Morandi and Le Quere，1991），并且在菌根充分形成时它们的含量会进一步提高，但仍低于病原菌侵染的处理。Harrison 和 Dixon（1993）报道，地表球囊霉接种蒺藜苜蓿 7～13 天时根中苜蓿素含量增加。在紫苜蓿（*Medicago sativa*）菌根侵染的早期阶段，几种异黄酮类化合物，包括紫苜蓿素和它的前体香豆雌酚及芒柄花素（7-羟基-4-甲氧异黄酮）含量会快速提高，随后便下降至低于无菌根真菌侵染的水平(Volpin et al.，1994；1995)，这说明丛枝菌根真菌能诱导植物合成抗病物质，从而在一定程度上抑制病原物的发生和发展。有趣的是，一些黄酮或异黄酮类化合物能促进丛枝菌根真菌的菌丝生长，提高真菌的侵染率(Phillips and Tsai，1992)。丛枝菌根真菌所诱导的苯丙烷类代谢途径和产物是否具有选择性抑制作用，及其在诱导植物抗病性中的作用还有待进一步研究。

(三)内生真菌激活植物的抗性相关酶系统

在丛枝菌根真菌与宿主植物形成共生体的过程中，植物体内的多种抗性相关酶被激活，酶基因的表达和转录增强，其中包括参与酚类物质代谢的 POD、多酚氧化酶(polyphenol oxidase，PPO)、CAT、SOD，参与植保素、木质素、黄酮或异黄酮等生物合成的查耳酮异构酶(chalcone isomerase，CHI)，参与类黄酮合成的查耳酮合成酶(chalcone synthase，CHS)，参与苯丙烷类物质代谢的 PAL、C4H 和 4CL。SOD、POD、PAL、CAT、PPO 等酶的诱导活性与植物次生代谢产物的积累直接相关(赵鸿莲等，2000)。

PAL 是苯丙烷代谢途径的关键酶和限速酶。苯丙烷代谢途径的激活被认定是植物逆境下的防御反应，许多次生代谢产物，如植物保卫素的形成都要经过该途径(Kruger et al.，2003)。POD 和 CAT 是植物细胞抵抗各种物理、化学和生物胁迫的保护酶(Hückelhoven et al.，1999；Kristensen et al.，1999)，它通过调控 O_2^- 和 H_2O_2 的浓度来调节防御反应，进而介导脂质过氧化反应，促进次生代谢产物的合成(Xu et al.，2007)。SOD 和 PPO 也可介导相应的信号通路，对代谢途径造成影响，改变植物次生代谢产物的生物合成。PAL 的活性与植物体内黄酮类物质含量呈正相关，逆境下也不例外(唐宇和赵刚，1992；孟朝妮等，2005)。干旱胁迫下，菊花苗接种葡萄孢属(*Botrytis*)内生真菌菌株 C1 和球毛壳菌(*Chaetomium globosum*)菌株 C4 后，植株内 PAL 活性增强，黄酮类次生代谢产物含量也随之提高(宋文玲等，2011)。将丝核菌属(*Rhizoctonia*)内生真菌的诱导子 SP1 加入茅苍术(*Atractylodes lancea*)细胞悬浮培养体系中，发现细胞 PPO、POD、CAT 的活性显著提高；诱导子加强了细胞内苍术素的生物合成，使其含量比对照提高了 48.13%(陶金华等，2011)。

在菌根共生体中研究最多的是 PAL，研究发现，在地表球囊霉侵染蒺藜苜蓿根时，PAL 和 CHS 转录活性和转录水平增加(Harrison and Dixon，1993)，在菜豆(*Phaseolus vulgaris*)和芹菜(*Apium graveolens*)根内，PAL 和 CHS 的转录不受内生真菌侵染的影响(Franken and Gnadinger，1994)。用地表球囊霉接种蒺藜苜蓿根，原位杂交定位苯丙烷类/类黄酮代谢酶的转录积累时，发现 PAL 和 CHS 的转录物分散地定位在有丛枝的细胞中，异类黄酮还原酶(isoflavone reductase，IFR)转录物以相对高的水平定位在丛枝菌根非丛枝的皮层细胞，而其他一些基因，如 *CHI* 的表达不受菌根真菌侵染的影响(Harrison and Dixon，1993)。这些结论说明，在细胞水平上，菌根真菌刺激有两种不同信号途径，一种是诱导 PAL 和 CHS，另一种是抑制 IFR。POD 能催化细胞壁酚类化合物氧化形成疏水性聚合物，如木质素，这有助于强化细胞壁，降低病原菌侵染的可能性。POD 是菌根真菌提高宿主抗病性的物质代谢的基础。

接种单胞球囊霉(*Glomus* monosporum)、沙荒球囊霉和明球囊霉(*Glomus clarum*)等菌根真菌后，椰枣(*Phoenix dactylifera*)树体内 PPO 活性均显著增强，可抑制椰枣失绿病的发生(Jaiti et al.，2007)。将丛枝菌根真菌接种到已感染尖镰孢(*Fusarium oxysporum*)的番茄幼苗根部，可以显著增强植株茎、叶中 PAL 的活性，使病害症状得到明显缓解(Kapoor，2008)。接种摩西球囊霉的草莓(*Fragaria ananassa*)植株中 SOD 活性和 1，1-二苯基-2-三硝基苯肼

[1，1-diphenyl-2-picrylhydrazyl radical 2，2-dipheny-1-(2，4，6-trinitrophenyl) hydrazyl，DPPH] 自由基清除活性增强，植株抗氧化能力显著提高，进而增强了对病原菌胶孢炭疽菌(*Colletotrichum gloeosporioides*)和尖镰孢的抗性(Li et al.，2010)。

菌根真菌诱导的水解酶类在提高植物抗病性方面也发挥着重要作用。内蛋白水解酶是菌根诱导的植物防卫反应之一。它是一类被病原菌强烈刺激产生的水解酶，可直接水解病原蛋白，导致病原渐渐死亡，从而提高植物抗病性。S.Slezack 等首先报道在丛枝菌根共生体中存在内蛋白水解酶,且它的活性随着共生体的发育而提高;菌根真菌形成的丛枝中富含内蛋白水解酶;用蛋白质阻断剂证明其为胰蛋白酶和丝氨酸酶(唐明娟和郭顺星，2000)。

(四)内生真菌诱导 PR-蛋白的积累

植物抗性防御系统被激活的另一个重要生理指标是 PR-蛋白的特异性表达和积累(Fester and Hause，2005；de Román et al.，2011)。PR-蛋白是植物受病原菌侵染或非生物因素刺激后产生的一类水溶性蛋白，主要功能是攻击病原菌，降解细胞壁大分子，降解病原菌毒素，抑制病原菌外壳与植物受体分子结合等。根据氨基酸序列的相似程度可以将 PR-蛋白分为 5 组(代建丽，2008；谢纯政等，2008；包丽媛和张家为，2009)。①PR-1 组：是包括 PR-la、PR-lb 等的多基因家族，富含甘氨酸，目前被发现的既有酸性蛋白，也有碱性蛋白，功能尚不明确。烟草 PR-1a 蛋白是被报道的第一个 PR-蛋白，在烟草(*Nicotiana tabacum*)对烟草花叶病毒(tobacco mosaic virus，TMV)的过敏反应中产生，是一个酸性蛋白。感染瘟菌的水稻中编码 PR1 蛋白的 2 个基因 *OsPR1a* 和 *OsPR1b* 被诱导表达，分别编码酸性蛋白和碱性蛋白。推测这组 PR-蛋白具有抗病毒功能,可能参与植物细胞壁抗侵染作用。②PR-2 组和 PR-3 组:这两组分别是 β-1,3-葡聚糖酶和几丁质酶,能够抑制病原真菌孢子的萌发,降解病原菌细胞壁,抑制菌丝生长。β-1,3-葡聚糖酶分解细胞壁的产物还能诱导其他与防卫相关的酶系，提高植物的抗病能力。③PR-4 组：目前功能不明，在烟草中可被 TMV 侵染所诱导，与外源凝集素 hevein 的碳端主体序列同源，推测可能参与病原细菌的非亲和识别。④PR-5 组：被称为类甜蛋白(thaumatin-like protein，TLP)的 PR-蛋白，主要是 24kDa 的蛋白质，包括 PR-S、PR-P 和碱性 osmotin Ⅰ、osmotin Ⅱ，它们与甜蛋白有血清学关系。在经伤口诱导的番茄、马铃薯(*Solanum tuberosum*)叶片中也发现类似的 PR-蛋白，可激活某些抵抗丝氨酸肽链内切酶的蛋白质的活性。⑤PR-10 组：存在于多种植物中，是分子质量为 16～19kDa 的酸性蛋白，具有核酸酶活性和体外抗菌活性。有人研究黄羽扇豆时发现，其过敏反应中存在着两种类型的 PR-10 蛋白，分别命名为 L1PR10.1A 和 L1PR10.1B，两者的分子质量为 17kDa，由 176 个氨基酸残基组成，其同源性为 91%。B. Bantignles 等从白羽扇豆(*Lupinus albus*)中得到了一种 17kDa 的蛋白质，与 PR-10 具有很高的同源性，它不但具有 PR-蛋白常有的生物学特性，而且还具有 DNA 聚合酶Ⅱ活性。此外，有研究报道，根内球囊霉能够分泌一种防御蛋白 sp7。sp7 能与细胞核中病程相关蛋白转录因子 ERFl9 产生相互作用，其表达能够减轻稻瘟病菌(*Magnaporthe oryzae*)引起的根系腐烂症状(Kloppholz et al.，2011)。

真菌的细胞壁主要由几丁质(*N*-酰胺基葡萄糖)和 β-1，3-葡聚糖组成，植物几丁质酶和 β-1，3-葡聚糖酶是真菌生长的强烈抑制因子(O'Connell et al.，1990)。丛枝菌根真菌细胞壁都具有含几丁质，在球囊霉亚目(Glomineae)中有一些种的细胞壁还含有 β-1,3-葡聚糖成分(Gianinazzi-Pearson et al.，1994)。多数情况下，在宿主根系与丛枝菌根真菌相互作用的早期阶段，几丁质酶和 β-1,3-葡聚糖酶的活性会突然急剧上升，然后随着真菌的大面积扩展和共生关系的建立，该酶活性会下降至低于无菌根真菌侵染的根系的酶活性水平(Spanu，et al.，1989；Lambais and Mehdy，1993；Volpin et al.，1994)。在菌根真菌侵染宿主的过程中，编码酸性几丁质酶或碱性几丁质酶和β-1，3-葡聚糖酶的基因的表达不同。当马铃薯-真菌开始作用时，酶基因的转录与表达升高，侵染后期由于受到强烈的抑制(Gianinazzi-Pearson et al.，1996a)，几丁质酶和β-1，3-葡聚糖酶转录产物的含量降低(Lambais et al.，1993)。丛枝菌根真菌侵染初期，几丁质酶和β-1，3-葡聚糖酶转录物的瞬时提高正是其诱导植物早期防御反应的结果。Lanfranco等(1999)运用RT-PCR技术证明至少有两种几丁质合成酶(chitin synthetase，CS)，即CS1和CS3，在菌根定居时表达。β-1，3-葡聚糖酶降解细胞壁的β-1，3-葡聚糖组分。菌根化植物中β-1，3-葡聚糖酶的活性也明显高于非菌根化植物中的，其活性与几丁质酶的活性一起升高。通过β-1，3-葡聚糖酶作用使病原菌释放出β-1，3-葡聚糖来源的诱导物，从而诱导与防卫相关的其他酶系，如PAL、CHS等。丛枝菌根真菌诱导的一定浓度的PR-蛋白溶液可显著抑制病原菌分生孢子的萌发和菌丝的生长(Liu et al.，1995)，这也进一步证明了丛枝菌根真菌激活植物防御反应、提高植物抗病性、保持植物健康的作用机制。

值得注意的是，被病原菌诱导的几丁质酶和β-1，3-葡聚糖酶大多以酸性形式存在，活跃地聚集在被侵染植物的非原生质体内(Graham and Graham，1991)；而由菌根真菌诱导产生的非原生质体水解酶不会阻碍菌根的发展。这是由于几丁质酶和β-1，3-葡聚糖酶对真菌细胞壁结构的低亲和性或不亲和性或二者不直接接触(Spanu et al.，1989)。酸性几丁质酶和β-1，3-葡聚糖酶似乎不影响丛枝菌根真菌在寄主根系内的生长，其活性的提高是植物对外界侵染的非特异性反应。

总之，菌根真菌提高植物抗病性的机制是多方面的，但各个机制在提高植物抗病性中发挥的具体作用有待更系统、深入的研究。当菌根真菌侵染宿主时，植物防御机制的激活是发挥拮抗作用的基础，有利于宿主根系对病原物的侵染产生快速的二次防御反应。因此，深入研究这些机制及其深层次的内在联系，对于正确认识菌根真菌的抗病作用，加快菌根真菌生物的防治菌剂的大田应用是必要的。

研究与认识菌根真菌与植物抗病性的关系需要特别引起注意的是：①菌根真菌对病原菌的抑制作用不是绝对的，而是会发生改变的，如菌根真菌在高磷水平下失去对寄生疫霉的抑制作用；在孔雀草(*Tagetes patula*)菌根土壤中增加终极腐霉的接种量，会减弱菌根真菌的抑病效果；个别病原菌能使菌根真菌的侵染率平均降低38%(Davis and Menge，1980；Zambolim and Schenck，1983)。②菌根真菌可能增加病害的发病程度。菌根化棉花的长势虽然优于非菌根化棉花的株，但更易受黄萎病病原菌的侵染而造成更大的损失(Davis et al.，1979)；大豆根系接种大果球囊霉后，其菌根感染率的多少与大雄疫霉(*Phytophthora megasperma*)所引起的根腐病的发病率呈正相关(Ross，1972)；菌根真菌会加重病原菌*Plasmopara viticola*引起的葡萄霜霉病的发生(郭秀珍等，1988)；菌根真菌有加重植物气传真菌病害的趋势，造成植物地上部分更易感病(Schönbeck and Dehne，1979；Schönbeck，1979；Schönbeck and Spengler，1979)；葡萄(*Vitis vinifera*)接种集球囊霉后能提高根结线虫的繁殖能力，增加其对植物的侵染率。

（陈晓梅　周丽思　王爱荣　郭顺星）

参考文献

柏素花，董超华，刘新. 2006. VA菌根菌抗冷菌株的筛选及其对茄子抗冷性的影响. 中国农学通报，22(10)：272-276.

包丽媛，张家为. 2009. 植物病程相关蛋白 1 基因家族特性的研究进展. 甘肃农业科技，(1)：34-36.
蔡庆秀，赵金浩，王佳莹，等. 2013. 辣木内生真菌 LM033 的分离鉴定及其代谢产物抗植物病原菌活性. 中国新药杂志，22(18)：2168-2173.
陈峰. 2007. 微生物诱导的植物系统抗性. 工业微生物，37(5)：51-55.
陈辉，唐明. 1997. 杨树菌根研究进展. 林业科学，33(2)：181-188.
陈慧勤，赵淑清. 2003. 植物抗病反应及系统获得抗性研究进展. 山西农业大学学报，23(3)：286-291.
陈连庆，王小明，裴致达. 2010. 石斛气生的兰科菌根组织结构及其对御旱研究. 生态环境学报，19(1)：160-164.
陈晓梅，郭顺星. 1999. 植物抗病性物质的研究进展. 植物学通报，16(6)：658-664.
崔德杰，王维华，袁玉清，等. 1998. AM 菌提高植物抗旱性机制的初步研究. 莱阳农学院学报，15(3)：167-171.
代建丽. 2008. 植物病程相关蛋白研究进展. 科技探索，(2)：123-125.
冯固，白灯莎，杨茂秋，等. 1999. 盐胁迫对 VA 菌根形成及接种 VAM 真菌对植物耐盐性的效应. 应用生态学报，10(1)：79-82.
冯固，白灯莎，杨茂秋，等. 2000. 盐胁迫下 AM 真菌对玉米生长及耐盐生理指标的影响. 作物学报，26(6)：743-750.
冯固，杨茂秋，白灯莎. 1998. 盐胁迫下 VA 菌根真菌对芒雀麦体内矿质元素含量及组成的影响. 草叶学报，7(3)：21-28.
冯固，张福锁. 2003. 丛枝菌根真菌对棉花耐盐性的影响研究. 中国生态农业学报，11(2)：21-24.
顾向阳，胡正嘉. 1994. VA 菌根真菌 *Glomus mosseae* 对棉花根区微生物量和生物量的影响. 生态学杂志，13(2)：7-11.
郭绍霞，徐丽娟，李敏. 2013. AM 真菌对牡丹实生苗耐盐性的影响. 中国农学通报，29(4)：123-129.
郭秀珍，李江山，毕国昌. 1988. 泡囊丛枝状(VA)菌根真菌对葡萄组培苗的生长效应. 园艺学报，15(2)：77-82.
贺学礼，李生秀. 1999. 不同 VA 菌根真菌对玉米生长及抗旱性的影响. 西北农业大学学报，27(6)：49-53.
贺学礼，赵丽莉，李生秀. 1999. 水分胁迫及 VA 菌根接种对绿豆生长的影响. 核农学报，14(5)：290-294.
贺忠群，贺超兴，张志斌，等. 2006. 不同丛枝菌根真菌对番茄生长及相关生理因素的影响. 沈阳农业大学学报，37(3)：308-312.
李海燕，刘润进，束怀瑞. 2001. 丛枝菌根真菌提高植物抗病性的作用机制. 菌物系统，20(3)：435-439.
李敏，孟祥霞，姜吉强，等. 2000. AM 真菌与西瓜枯萎病关系初探. 植物病理学报，30(4)：327-331.
刘润进，高秋莲，生兆江，等. 1990. 杜梨菌根苗几种培育方法的试验. 莱阳农学院学报，7(4)：298-300.
刘润进，沈崇尧，裘维蕃. 1994. 关于 VAM 菌与黄萎病菌存在侵染中的竞争作用. 土壤学报，31：224-229.
刘润进，魏红，康俊水. 1997. AM 菌对盐渍化土壤中坪草生长的影响. 莱阳农学院学报，l4(2)：134-137.
刘润进. 1989. VA 菌根对湖北海棠实生苗水分状况的影响. 莱阳农学院学报，6(1)：34-39.
鹿金颖，毛永民，申连英，等. 2003. VA 菌根真菌对酸枣实生苗抗旱性的影响. 30(1)：29-33.
吕全，雷增普. 2000. 外生菌根提高板栗苗木抗旱性能及其机理的研究. 林业科学研究，13(3)，249-256.
罗巧玉，王晓娟，李媛媛，等. 2013. AM 真菌在植物病虫害生物防治中的作用机制. 生态学报，33(19)：5997-6005.
孟朝妮，刘成，贺军民，等. 2005. 增强 UV-B 辐射、NaCl 胁迫及其复合处理对小麦幼苗光合作用及黄酮代谢的影响. 光子学报，34(12)：1868-1871.
潘传威，刘小芳，屈鹏飞，等. 2011. 丛枝菌根真菌提高温度胁迫下枳根系抗氧化能力. 长江大学学报：自然科学版，8(9)：245-247.
齐国辉，李保国，郭素萍，等. 2006. AM 真菌对君迁子水分状况、保护酶活性和膜脂过氧化的影响. 河北农业大学学报，29(2)：22-25，41.
齐国辉，郗荣庭. 1997. VA 菌根真菌对苹果组培苗内源激素含量的影响. 河北农业大学学报，20(4)：51-54.
齐国辉，杨文利，张林平，等. 2005. 丛枝菌根真菌对君迁子贮藏营养及抗冻性的影响. 河北农业大学学报，28(1)：62-64.
齐国辉，张林平，杨文利，等. 2002. 丛枝菌根真菌对重茬银杏生长及抗病性的影响. 河北林果研究，17(1)：49-52.
齐国辉，张林平，杨文利，等. 2003. 丛枝菌根真菌对君迁子生长及抗病性的影响. 河北果树，(3)：8-9.
秦岭，董清华，郑来友，等. 2000. 菌根对板栗幼苗生长及抗旱性的影响. 北京农学院学报，15(2)：10-14.
任嘉红，张晓刚. 2002. VA 菌根真菌提高沙棘抗旱性机理的研究. 晋东南师范专科学校学报，19(5)：17-20.
申连英，毛永民，鹿金颖，等. 2004. 丛枝菌根对酸枣实生苗耐盐性的影响. 土壤学报，41(3)：426-433.
盛江梅，吴小芹. 2007. 菌根真菌与植物根际微生物互作关系研究. 西北林学院学报，22(5)：104-108.
宋文玲，刘晓珍，蔡信之，等. 2011. 2 株内生真菌对菊花抗旱特性的影响. 中国中药杂志，136(3)：302-305.
唐明，陈辉，商鸿生. 1999. 丛枝菌根真菌(AMF)对沙棘抗旱性的影响. 林业科学，35(3)：48-52.
唐明，薛萁，任嘉红，等. 2003. AMF 提高沙棘抗旱性的研究. 西北林学院学报，18(4)：29-31.
唐明娟，郭顺星. 2000. 菌根增强植物抗病性机理的研究进展. 微生物学通报，27(6)：446-449.
唐宇，赵钢. 1992. 荞麦中苯丙氨酸解氨酶活力与黄酮含量关系. 植物生理学通讯，28：419.
陶金华，濮雪莲，江曙. 2011. 内生真菌诱导子对茅苍术细胞生长及苍术素积累的影响. 中国中药杂志，136(1)：27-30.
汪洪钢，吴观以，李慧荃. 1989. VA 菌根对绿豆生长及水分利用的影响. 土壤学报，26(4)：393-400.
王守生，何首林，王德军，等. 1997. VAM 真菌对茶树营养生长和茶叶品质的影响. 土壤学报，34(1)：97-102.
王元贞，张木清，柯玉琴，等. 1994. 水分胁迫下菌根菌对甘蔗生长的效应. 福建农业大学学报(自然科学版)，23(4)：383-385.
吴炳云. 1991. 菌根与水分胁迫. 北京林业大学学报，13(4)：95-104.

吴强盛，夏仁学，胡利明. 2004. 土壤未灭菌条件下丛枝菌根对枳实生苗生长和抗旱性的影响. 果树学报，21(4)：315-318.
吴强盛，夏仁学. 2004a. VA 菌根与植物水分代谢的关系. 中国农学通报，20(1)：188-192.
吴强盛，夏仁学. 2004b. 水分胁迫下丛枝菌根真菌对枳实生苗生长和渗透调节物质含量的影响. 植物生理与分子生物学学报，30(5)：583-588.
吴强盛，袁芳英，费永俊，等. 2014. 丛枝菌根真菌对白三叶根系构型和糖含量的影响. 草叶学报，23(1)：199-204.
谢安强，洪伟，吴承祯，等. 2011. 桉树内生菌对尾巨桉幼苗抗寒性的影响. 福建农林大学学报(自然科学版)，40(2)：138-144.
谢纯政，刘海燕，李玲，等. 2008. 植物病程相关蛋白 PR10 研究进展. 植物分子育种，16(5)：949-953.
叶贤锋，吴强盛，孙润生，等. 2011. 丛枝菌根真菌提高植物耐盐性的机理研究进展. 湖北农业科学，50(1)：9-11.
张林平，齐国辉，郭强. 2003. 丛枝菌根真菌对君迁子幼苗生长及抗寒性的影响. 河北果树，(1)：6-7.
张瑞芹，赵海泉，朱红惠，等. 2010. 丛枝菌根真菌诱导植物产生酚类物质的研究进展. 微生物学通报，37(8)：1216-1221.
张淑红，张恩平，庞金安，等. 2000. 植物耐盐性研究进展. 北方园艺，(3)：19-20.
张艳秋，崔崇士. 2008. 植物系统获得性抗性研究进展. 东北农业大学学报，39(12)：113-117.
张振花，余仲东，唐光辉，等. 2013. 麻疯树叶部内生真菌对 3 种果树病原菌的抑菌活性研究. 中国南方果树，42(5)：33-36.
赵鸿莲，于荣敏. 2000. 诱导子在植物细胞培养中的应用研究进展. 沈阳药科大学学报，17(2)：152-156.
赵平娟，安锋，唐明. 2007. 丛枝菌根真菌对连翘幼苗抗旱性的影响. 西北植物学报，27(2)：396-399.
赵士杰，李树林. 1993. VA 菌根促进韭菜增产的生理基础研究. 土壤肥料，4：38-40.
Aist JR. 1976. Papillae and related wound plugs of plant cells. Annual Review of Phytopathology，14：11-21.
Allen EB，Cunningham GL. 1983. Effect of vesicular-arbuscular mycorrhizae on *Distichlis spicata* under three salinity levels. New Phytologist，93：227-236.
Augé RM. 2001. Water relations，drought and vesicular-arbusoular mycorrhizal symbiosis. Mycorrhiza，11(1)：3-42.
Balestrini R，Romera C，Puigdomenech P. 1994. Location of a cell wall hydroxyproline-rich glycoprotein cellulose and β-1，3-glucans in apical and differentiated regions of maize mycorrhizal roots. Planta，195：201-209.
Bianciotto V，Minerdi D，Perotto S. 1996. Cellular interactions between arbuscular mycorrhizal fungi and rhizosphere bacteria. Protoplasma，193：123-131.
Bonfante P，Vian B，Perotto S. 1990. Cellulose and pectin localization in roots of mycorrhizal *Allium porrum*：labelling continuity between host cell wall and interfacial material. Planta，190：537-547.
Bracker CE，Littlefield LJ. 1973. Structure of Host-pathogen Interfaces. *In*：Byrde RJW. Fungal Pathogenicity and the Plant Response. London：Academic Press，159-317.
Cantrell IC，Linderman RG. 2001. Preinoculation of lettuce and onion with VA mycorhizal fungi reduces deleterious effects of soil salinity. Plant and Soil，233：269-281.
Caron M，Fortin JA，Richard C. 1986. Effect of phosphorus concentration and *Glomus intraradices* on *Fusarium* crown and root rot of tomatoes. Phytopathology，76(9)：942-946.
Charest C，Dalpe Y，Brown A. 1993. The effect of vesicular-arbuscular mycorrhizae and chilling on two hybrids of *Zea mays* L.. Mycorrhiza，4：89-92.
Copeman RH，Martin CA，Stutz JC. 1996. Tomato growth in response to salinity and mycorrhizal fungi from saline or nonsaline soil. Hoft Science，31：341-344.
Davies FT，Potter JR，Linderman RG. 1993. Drought resistance of mycorrhizal pepper plants independent of leaf P-concentration-response in gas exchange and water relations. Plant Physiology，87：45-53.
Davis RM，Menge JA，Erwin D. 1979. Influence of *Glomus fasctculalus* and soil phosphphorus on verticillium wilt of cotton. Phytopathology，69：453-456.
Davis RM，Menge JA. 1980. Influence of *Glomus fasctculalus* and soil phosphphorus on phytophthora root rot of citrus. Phytopothology，70：447-452.
de Román M，Fernández I，Wyatt T，et al. 2011. Elicitationof foliar resistance mechanisms transiently impairs root association with arbuscular mycorrhizal fungi. Journal of Ecology，99(1)：36-45.
Dehne HW. 1982. Interaction between vesicular-arbuscular mycorrhizal fungi and plant pathogens. Phytopathology，72：1115-1119.
Duan X，Neuman D，Reiber J，et al. 1996. Mycorrhizal influence on hydraulic and hormonal factors implicated in the control of stomatal conductance during drought. Journal of Experimental Botany，47(303)：1541-1550.
Dugassa GD，Vonalten H，Schonbeck F. 1996. Effect of arbuscular mycorrhiza on heath of linumusita tissimuml infected by fungal pathogens. Plant and Soil，185(2)：173-182.
Duke ER，Johnson CR，Koch KE. 1986. Accumulation of phosphorus，dry mater and betalne during NaCl stress of slip-root citrus seedlings colonized with vasicular-arbuscular mycorhizal fungi on zero，one or two halves. New phytologist，104：583-590.
Dumas E，Gianinazzi-Pearson V，Gianinazzi S. 1989. Production of new soluble proteins during VA endomycorrhizae formation. Agriculture

Ecosystems &Environment，29：111-114.

Eissenstat DM，Graham JH，Syvertsen JP，et al. 1993. Carbon economy of sour orange in relation to mycorrhizal colonization and phosphprus status. Annals of Botany，71（1）：1-10.

Fester T，Hause G. 2005. Accumulation of reactive oxygen species in arbuscular mycorrhizal roots. Mycorrhiza，15（5）：373-379.

Franken P，Gnadinger F. 1994. Analysis of parsley abuscular endomycorrhiza infection development and mRNA levels of defense-related genes. Molecular Plant-Microbe Interaction，7：612-620.

Gianinazzi-Pearson V. 1984. Host-fungus Specificity，Recognition and Compatibility in Mycorrhizae. *In*：Verma DPS，Hohn T. Genes Involved in Microbe-Plant Interactions（Plant Gene Research：Basic Knowledge and Application）. Vienna and New York：Springer Verlag，225-253.

Gianinazzi-Pearson V，Dumas-Gaudot E，Gollotte A. 1996a. Cellular and molecular defence-related root responses to invasion by arbuscular mycorrhizal fungi. New Phytologist，133：45-57.

Gianinazzi-Pearson V，Gianinazzi S，Guillemin JP. 1991. Genetic and Cellular Analysis of Resistance to Vesicular-arbuscular Mycorrhizal Fungi in Pea Mutants. 1. *In*：Hennecke H，Verma DPS. Advances in Molecular Genetics of Plant-Microbe Interactions，Kluwer：Kluwer Academic Publishers，336-342.

Gianinazzi-Pearson V，Gollotte A，Cordier C. 1996b. Root Defense Responses in Relation to Cell and Tissue Invasion by Symbiotic Microorganisms：Cytological Investigations. *In*：Nicole M，Gianinazzi-Pearson V. Histology Ultrastructure and Molecular Cytology of Plan-Microorganism Interactions. Oxford：Pergamon Press，Elsevier Science Ltd，177-191.

Gianinazzi-Pearson V，Lemoine MC，Arnould C. 1994. Location of β-1，3-glucans in spore and hyphal walls of fungi in the Glomales. Mycologia，86：478-485.

Graham MY，Graham TL. 1991. Cellular coordination of mulecular responses in plant defense. Molecular Plant-Microbe Interaction，4：415-422.

Grandmaison J，Olah GM，Vancalsteren MR，et al. 1993. Characterization and localization of plant phenolics likely involved in the pathogen resistance expressed by endomycorrhizal roots. Mycorrhiza，3：155-164.

Granham JH，Menge JA. 1982. Influence of vesicular-arbuscular mycorrhizae and soil phosphorus on take all disease of wheat. Phytopathology，72：95-98.

Guttay AJR. 1976. Impact of deicing salt upon the endomycorrhizae of roadside sugar maples. Soil Science Society of America Journal，40：952-954.

Harley JL，McCready CC. 1994. Uptake of phosphate by excised mycorrhizae of the beech. Ⅱ. The effect of fungal sheath on the availability of phosphate to the core. New Phytologist，51：343-348.

Harrier LA，Watson CA. 2004. The potential role of arbuscular mycorrhizal（AM）fungi in the bioprotection of plants against soil-borne pathogens in organic and/or other sustainable farming systems. Pest Management Science，60（2）：149-157.

Harrison MJ，Dixon RA. 1993. Isoflavonoid accumulation and expression of defense gene transcripts during the establishment of vesicular-arbuscular mycorrhizal associations in roots of *Medicago trunculata*. Molecular Plant Microbe Interactions，6：643-654.

Heath MC. 1980. Reactions of nonsuscepts to fungal pathogens. Annual Review of Phytopathology，18：211-236.

Hirrel MC，Gerdemann JW. 1980. Improved growth of onion and bell pepper in saline soils by two vesicular-arbuscular mycorrhizal fungi. Soil Science Society of America Journal，44：654-655.

Hückelhoven R，Fodor J，Heinz KK. 1999. Hypersensitive cell death and papilla formation in barley attacked by the powdery mildew fungus are associated with hydrogen peroxide but not with salicylic acid accumulation. Plant Physiology，119（4）：1251-1260.

Jaiti F，Meddich A，El-Hadrami I. 2007. Effectiveness of arbuscular mycorrhizal fungi in the protection of datepalm（*Phoenix dactylifera* L.）against bayoud disease. Physiological and Molecular Plant Pathology，71（4/6）：166-173.

Jindal V，Atwal A，Sekson BS. 1993. Effect of vesicular-arbuscular mycorhizae on metabolism of moong plants under NaCl salinity. Plant Physiology Biochemistry，31：475-481.

Kapoor R. 2008. Induced resistance in mycorrhizal tomato is correlated to concentration of jasmonicacid. Online Journal of Biological Sciences，8（3）：49-56.

Kloepper JW. 1991. Plant Growth Promotion Mediated by Bacterial Rhizosphere Colonizers. *In*：Keister DL，Cregan PB. The Rhizosphere and Plant Growth，Kluwer：Dordrecht，315-326.

Kloppholz S，Kuhn H，Requena N. 2011. Asecreted fungal effector of *Glomus intraradices* promotes symbiotic biotrophy. Current Biology，21（14）：1204-1209.

Kristensen BK，Bloch H，Rasmussen SK. 1999. Barley coleoptile，peroxidases，Purification，molecular cloning，and induction by pathogens. Plant Physiology，120（2）：501-512.

Kruger WM，Szabo LJ，Zeyen RJ. 2003. Transcription of the defense response genes chitinase IIb，PAL and peroxidase is induced by the barley powdery mildew fungus and is only indirectly modulated by Rgenes. Physiology and Molecular plant pathology，63（3）：167-178.

Lambais MR，Mehdy MC. 1993. Suppression of endochitinase，β-1，3-endoglucanase，and chalcone isomerase expression in bean vesicular-arbuscular mycorrhizal roots under different soil phosphate conditions. Molecular Plant Microbe Interactions，6：75-83.

Lanfranco L，Vallino M，Bonfante P. 1999. Expression of chitin synthase genes in the arbuscular mycorrhizal fungus *Gigaspora margarita*. New Phytologist，142：347-354.

Lemoine MC，Gollotte A，Gianinazzi-Pearson V. 1995. Localization of β-1，3-glucan in walls of the endomycorrhizal fungi *Glomus mosseae* during colonization of host roots. New Phytologist，129：97-105.

Levy T，Krikun J. 1980. Effect of vesicular arbuscuiar mycorrhizae on citrus jambhiri water relation. New Phytologist，85：25-31.

Li XZ，Liu R，Qin ZL. 1994. Discovery of vesicular-arbuscular mycorrhizal fungi colonized in *Heterodera glycines* in China. Acta Pedologica Sinica，31(S1)：230-233.

Li YH，Yanagi A，Miyawaki Y，et al. 2010. Disease tolerance and changes in antioxidative abilities in mycorrhizal strawberry plants. Journal of the Japanese Society for Horticultural Science，79(2)：174-178.

Linderman RG. 1994. Role of VAM Fungi in Biocontrol. *In*：Pfleger FL，Linderman RG. Mycorrhizae and Plant Health. StPaul，MN：APS Press，1-26.

Liu RJ，Dai M，WuX，et al. 2012. Suppression of the root-knot nematode［*Meloidogyne incognita*(Kofoid & White) Chitwood］on tomato by dual inoculation with arbuscular mycorrhizal fungi and plant growth-promoting rhizobacteria. Mycorrhiza，22(4)：289-296.

Liu RJ，Li HF，Shen CY，et al. 1995. Detection of pathogenesis-related proteins in cotton plants. Physiology Molecular Plant Pathology，46：357-363.

Lu H，Zhou WX，Meng JC，et al. 2000. New bioactive metabolites produced by *Colletotrichum* sp. ，an endophytic fungus in *Artemisia annua*. Plant Science，151：67-73.

Mathur N，Vyas A. 1995. Influence of VAM on net photosynthesis and transpiration of *Ziziphus mauriliana*. Journal of Plant Physiology，147：328-330.

Meyer JR，Linderman RG. 1986. Selective influence on populations of rhizosphere or rhizoplane bacteria and actinomtycetes by mycorrhizas formed by *Glomus fasiciculaum*. Soil Biology & Biochemistry，18：191-196.

Morandi D，Bailey JA，Gianinazzi-Pearson V. 1984. Isoflavonoid accumulation in soybean roots infected with vesicularar-arbuscular mycorrhizal fungi. Physiology Plant Pathology，24：357-364.

Morandi D，Le Quere JL. 1991. Influence of nitrogen on accumulation of isosojagol (a newly detected coumestan in soybean) and associated isoflavonoids in roots and nodules of mycorrhizal and non-mycorrhizal soybean. New Phytologist，117：75-79.

Morte A，Lovisolo C，Schubert A. 2000. Effect of drought stress on growth and water relations of the mycorrhizal association *Helianthemum almeriense-Terfezia claveryi*. Mycorrhiza，10：115-119.

Nemel S，Vu JCV. 1990. Effects of soil phosphorus and *Glomus intraradiceson* growth，nonstructural carbohydrates，and photosynthetic activity of *Citrus aurantium*. Plant and Soil，128(2)：257-262.

O' Connell RJ，Brown IR，Mansfield JW. 1990. Immunocytochemical localisation of hydroxyproline-rich glycoproteins accumulation in melon and bean at sites of resistance to bacteria and fungi. Molecular Plant Microbe Interactions，3：33-40.

Ojala JC，Jarrell WM，Menge JA，et al. 1983. Influence of mycorhizal fungi on the mineral nutrition and yield of onion in saline soil. Agronomy Journal，75：255-259.

Pamiske M. 2004. Molecular genetics of the arbuscular mycorrhizal symbiosis. Current Opinion in Plant Biology，7(4)：414-421.

Paradis R，Dalpe Y，Charest C. 1995. The combined effect of arbuscular mycorrhazas and short-term cold exposure on wheat. New Phytologist，129：637-642.

Pfeiffer CM，Bloss HE. 1988. Growth and nutrition of guayule (*Parthenium argentatum*) in a saline soil as influenced by vesicular-arbuscular mycorrhiza and phosphorus fertilization. New Phytologist，108：315-321.

Phillips DA，Tsai SM. 1992. Flavomoids as plant signals to rhizosphere microbes. Mycorrhiza，1：55-58.

Pinocht J，Calvet C，Camprubi A. 1996. Interaction between migratory endoparasitic nematodes and arbuscular mycorrhizal fungi in perennial crops. Plant and Soil，185：233-238.

Poss IA，Pond EC，Menge JA，et al. 1985. Effect of salinity on mycorhizal onion and tomato in soil with and without additional phosphate. Plant and Soil，88：307-319.

Pozo MJ，Azcón-Aguilar C. 2007. Unravelling mycorrhiza-induced resitance. Current Opinion in Plant Biology，10(4)：393-398.

Ratnayake M，Leonard RT，Menge JA. 1978. Root exudation in relation to supply of phosphorus and its possible relevance to mycorrhizal formation. New Phytologist，81：543-552.

Rosendahl CN，Rosendahl S. 1991. Influence of vesicular-arbuscular mycorhizal fungi (*Glomus* spp.) on the response of cucumber (*Cucumis sativus* L.) to salt stress. Environmental and Experimental Botany，3(31)：313-318.

Ross JP. 1972. Influence of endogone mycorrhiza on phytophthora rot of soybean. Phytopathology，62：896-897.

Ruiz-Lozano JM，Azcon R，Gomea M. 1996. Alleviation of salt stress by arbuscular-mycorhizal *Glomus* species in *Lactuca sativa* plants.

Physiology Planta, 98: 767-772.

Ruizlozano JM, Azcon R. 1996. Superoxide dismutase activity in arbuscular mycorrhizal *Lactuce sativa* plants subjected to drought stress. New Phytologist, 134(2): 327-333.

Schönbeck F, Dehne HW. 1979. Investigations on the influence of endotrophic mycorrhiza on plant diseases Ⅳ. Fungal parasites on shoots, Olipidium brassicae, TMV. Z. Pflanzenkr Pflanzenschutz, 86: 130-136.

Schönbeck F, Spengler G. 1979. Detection of TMV in mycorrhizal cells of tomato by immunoflu-orescence. Phytopathology Zeitschrift, 94: 84-91.

Schönbeck F. 1979. Endomycorrhiza in Relation to Plant Diseases. *In*: Schippers B, Gams S. Soil-Borne Plant Pathogens. New York: Academic Press, 271.

Secilia J, Bagyaraj DJ. 1987. Bacteria and actinomyceles associated with pot cultures of vesicular-arbuscular mycorrhizas. Canadian Journal of Microbiology, 33: 1069-1073.

Smith SE, Jakobssen I, Grønlund M, et al. 2011. Roles of arbuscular mycorrhizas in plant phosphorus nutrition: interactions between pathways of phosphorus uptake in arbuscular mycorrhizal roots have important implications for understanding and manipulating plant phosphorus acquisition. Plant Physiology, 156(3): 1050-1057.

Song YY, Cao M, Xie LJ, et al. 2011. Induction of DIMBOA accumulation and systemic defense responses as mechanism of enhanced resistance of mycorrhizal corn (*Zea mays* L.) to sheath blight. Mycorrhiza, 21(8): 721-731.

Spanu P, Boller T, Ludwig A. 1989. Chitinase in roots of mycorrhizal *Allium porrum*: regulation and localization. Planta, 177: 447-455.

Stahl PD, Schuman GE, Frost SM, et al. 1998. Arbuscular mycorrhizae and water stress tolerance of wyoming big sagebrush seedlings. Soil Science Society of American Journal, 62: 1309-1313.

Strobel GA, Miller RV, Martinez-Miller C, et al. 1999. Cryptocandin, a potent antimycotic from the endophytic fungus *Cryptosporiopsis* cf. *quercina*. Mycrobiology, 145(Pt 8): 1919-1926.

Subramanian KS, Charest C, Dwger LW, et al. 1997. Effects of arbuscular mycorrhizae on leaf water potential, sugar content, and P content during drought and recovery of maize. Canadian Journal of Botany, 75: 1582-1591.

Subrammanian KS, Charest C. 1997. Nutritional growth, and reproductive responses of maize (*Zea mays* L.) to arbuscular mycorrhizal inoculation during and after drought stress at tasselling. Mycorrhiza, 7: 25-32.

Suresh CK, Bagyaraj DJ, Reddy DDR. 1985. Effect of Vesicular-Arbuscular mycorrhiza on survival penetration and development of root-knot nematode in tomato. Plant and Soil, 87: 305-308.

Tabin T, Arunachalam A, Shrivastava K. et al. 2009. Effect of arbuscular mycorrhizal fungi on damping off disease in *Aquilaria agallocha* Roxb. seedlings. Tropical Ecology, 50(2): 243-248.

Tisdall JM, Oades JM. 1979. Stabilization of soil aggregates by the root systems of ryegrass. Australian Journalof Soil Research, 17(3): 429-441.

Volpin H, Elkind Y, Okon Y. 1994. A vesicular arbuscular mycorrhizal fungus *Glomus intraradix* induces a defence response in alfalfa roots. Plant Physiology, 104: 683-689.

Volpin H, Phillips D, Okon Y. 1995. Suppression of an isoflavonoid phytoalexin defense response in mycorrhizal alfalfa roots. Plant Physiology, 108: 1449-1454.

Whipps JM. 1997. Interactions Between Fungi and Plant Pathogensin Soil and The Rhizosphere. *In*: Gange AG, Brown VK. Multitrophic Interactions in Terrestrial Systems. Oxford: Blackwell Science Ltd, 47-57.

Whipps JM. 2004. Prospects and limitations for mycorrhizas in biocontrol of root pathogens. Canadian Journal of Botany, 82(8): 1198-1227.

Xu CM, Zhao B, Ou Y, et al. 2007. Elicitor-enhanced syringin production in suspension cultures of *Saussurea medusa*. World Journal of Microbiology and Biotechnology Microbiol Biotechnol, 23(7): 965-970.

Zambolim L, Schenck NC. 1983. Reduction of the effects of pathogenic root-infecting fungi on soybean by the mycorrhizal fungus, *Glomus mosseae*. Phytopathology, 73: 1402-1405.

第十章 药用植物的次生代谢产物及药理活性

植物的次生代谢产物（secondary metabolite）是指经由植物次生代谢产生的一类对细胞生命活动或植物生长发育非必需的小分子有机化合物，是植物在长期进化过程中与周围生物的和非生物的因素相互作用的结果，体现了植物对环境的适应性。次生代谢产物在植物对环境胁迫的适应、对昆虫的危害、对草食动物的采食、对病原物的侵染等过程的防御，以及植物之间的竞争中发挥着重要的作用。植物受到病原微生物的侵染后，会产生并大量积累次生代谢产物，增强自身的免疫力和抵抗力。

植物的次生代谢途径是高度分支的，在植物体内或细胞中并不完全开放，而是定位于某一器官、组织、细胞或细胞器中，并受到独立调控。植物次生代谢产物的产生和分布具有器官、组织、生长发育时期的特异性。例如，长春花（*Catharanthus roseus*）各个组织、器官均能合成萜类吲哚生物碱（terpenoid indole alkaloid，TIA），叶片含有长春碱和长春新碱，根中含有阿玛碱和蛇根碱，种子含有长春花拉胺和甲基长春花拉胺。

根据化学结构类型的特点，可以将植物次生代谢产物分为苯丙素类、黄酮类、萜类、生物碱类、甾体及其苷类、醌类、单宁类等。根据生源途径的不同，可以将植物次生代谢产物分为三大类：酚类化合物、类萜类化合物和含氮化合物（董妍玲和潘学武，2002；郭艳玲等，2012）。

第一节 植物次生代谢产物的分类

植物次生代谢产物主要的生源途径有莽草酸途径、乙酸-丙二酸途径、甲羟戊酸（MVA）途径、2C-甲基-D-赤藓糖醇-4-磷酸盐途径（MEP 途径）等（图 10-1）。本节重点从生源途径的角度介绍植物次生代谢产物的分类。

一、酚类化合物

广义的酚类化合物可以分为黄酮类、简单酚类和醌类。黄酮类化合物泛指具有苯基色原酮结构，由 2 个具有酚羟基（A 环和 B 环）的苯环通过中央 3 个碳原子相互连接而成的一系列化合物。黄酮类化合物的合成前体是苯丙氨酸和丙二酸单酰辅酶 A。根据 B 环连接位置的不同，黄酮类化合物又可分为：①2-苯基色原酮衍生物，如黄酮、黄酮醇等；②3-苯基色原酮衍生物，如异黄酮；③4-苯基衍生物，如新黄酮。简单酚类是指含有一个被羟基取代苯环的化合物，如水杨酸、咖啡酸、绿原酸等。醌类化合物是指具有不饱和环二酮结构（醌式结构）的一类化合物的总称，包括苯醌、萘醌、菲醌、蒽醌。

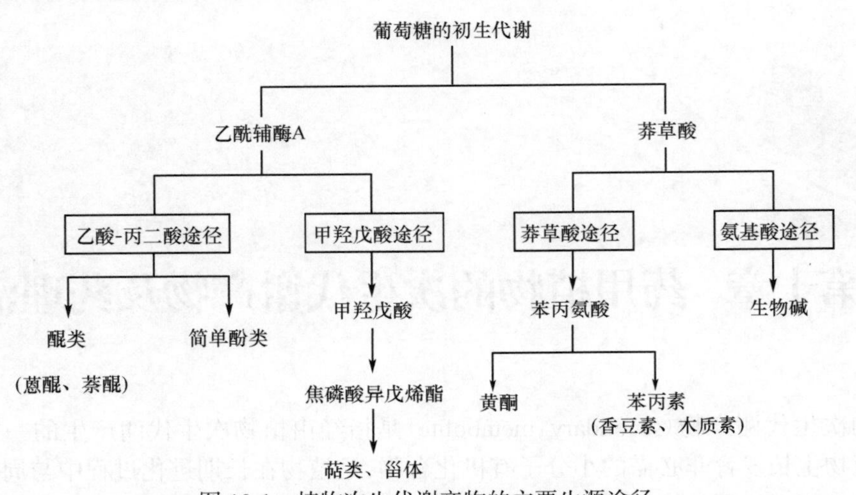

图 10-1　植物次生代谢产物的主要生源途径

酚类物质的生物合成途径之一是莽草酸途径(图 10-2)。莽草酸途径是以莽草酸作为前体，最终合成包括芳香族氨基酸(色氨酸、酪氨酸等)、肉桂酸、黄酮类化合物等的多种芳香化合物。莽草酸途径的起始物是磷酸戊糖途径生成的 4-磷酸赤藓糖(E4P)和糖酵解生成的磷酸烯醇式丙酮酸(PEP)，两者缩合生成 7-磷酸庚酮糖，之后经过一系列反应生成莽草酸。莽草酸经磷酸化形成 5-磷酸莽草酸后，再与 PEP 反应，生成分支酸；分支酸可以合成色氨酸，也可以转变为预苯酸，由预苯酸可以生成苯丙氨酸和酪氨酸。分支酸为枢纽物质，将代谢分为色氨酸合成方向及苯丙氨酸和酪氨酸合成方向。

苯丙氨酸和酪氨酸为苯丙烷类化合物生物合成的起始分子。由苯丙氨酸解氨酶(PAL)催化苯丙氨酸脱氨形成肉桂酸，经香豆酸、阿魏酸、芥子酸等酚酸中间产物可进一步转化为香豆素、绿原酸，或形成辅酶 A 酯、咖啡酸，再进一步转化为黄酮类、木质素等多酚类物质。由苯丙氨酸经肉桂酸形成木质素单体的一系列过程是苯丙烷类化合物代谢的中心途径。黄酮类化合物的生物合成是通过苯丙烷类生物合成途径的一条支路来完成的。这条支路的起始反应是 1 分子香豆酰辅酶 A 和 3 分子丙二酸单酰辅酶 A 在查耳酮合成酶(CHS)的作用下聚合生成查耳酮，是苯丙烷代谢反应中黄酮类产物合成支路的初始反应。莽草酸途径代谢关键酶包括：PAL，是初生代谢和次生代谢的分支点；CHS，是黄酮合成途径的第一个酶。经由莽草酸途径生成的化合物具有 C_6—C_3 和 C_6—C_1 的基本结构，如苯丙素类(木质素、香豆素)和黄酮类等。

酚类物质的第二条生物合成途径是乙酸-丙二酸(AA-MA)途径。AA-MA 途径的起始物质为乙酰辅酶 A、丙酰辅酶 A、异丁酰辅酶 A 等，丙二酸单酰辅酶 A 起着延伸碳链的作用。乙酰辅酶 A 直线聚合，再进行环合，生成具有间苯酚样结构的酚类化合物。多酮环合可以生成各种醌类化合物。

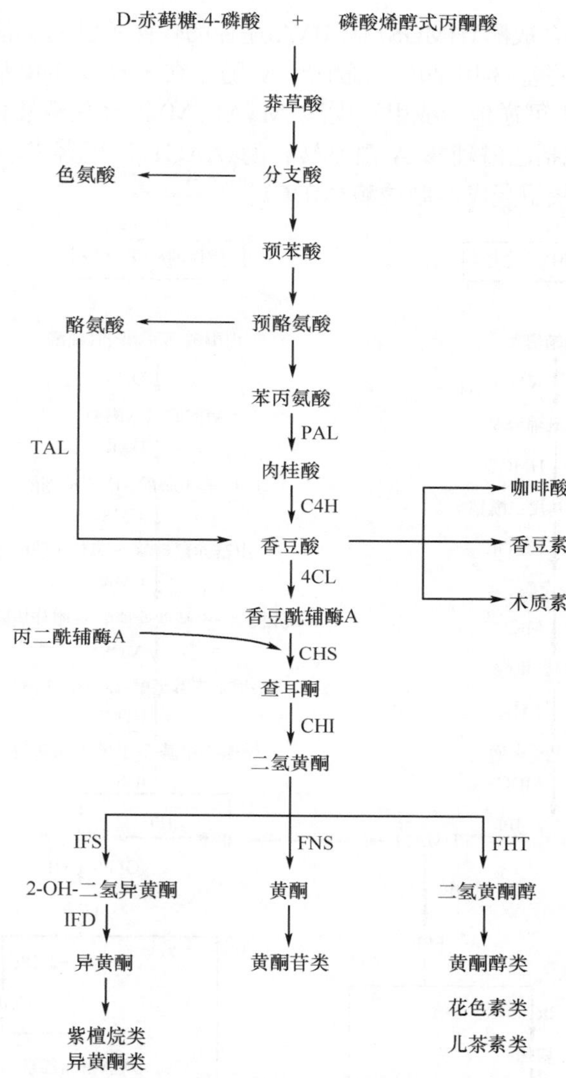

图 10-2　酚类化合物合成代谢的莽草酸途径（方从兵等，2005）

TAL. 酪氨酸解氨酶；PAL. 苯丙氨酸解氨酶；C4H. 桂皮酸 4-羟化酶；4CL. 香豆酰辅酶 A 连接酶；CHS. 查耳酮合成酶；CHI. 查耳酮异构酶；IFS. 异黄酮合成酶；IFD. 2-羟基二氢异黄酮水解酶；FNS. 黄酮合成酶；FHT. 二氢黄酮-3-羟化酶

二、萜类化合物

萜类化合物是一类以 5 个碳的异戊二烯为结构单元组成的化合物的统称，也称为类异戊二烯。根据化合物结构骨架中包含的异戊二烯单元的数量可以分为单萜（C_{10}）、倍半萜（C_{15}）、二萜（C_{20}）和三萜（C_{30}）等。甾类化合物和三萜的合成前体都是含 30 个碳的角鲨烯。甾类化合物由 1 个环戊烷并多氢菲母核和 3 个侧链基本骨架组成。植物体内三萜皂苷元和甾体皂苷元分别与糖类结合形成三萜皂苷，如人参皂苷、薯蓣皂苷等。

甾体类和倍半萜类化合物是通过在细胞质中进行的 MVA 途径合成的（图 10-3）。MVA 途径由乙酰辅酶 A 起始，生成甲羟戊酸，再进一步生成异戊烯基焦磷酸（IPP），经过互相连接，以及氧化、还原、脱羧、环合、重排等反应，最后生成具有 C_5 异戊烯基单位的化合物。3-羟基-3-甲基戊二酰辅酶 A 合成酶（HMGS）是 MVA 途径的代谢关键酶，催化乙酰辅酶 A 和乙酰乙酰辅酶 A 缩合生成 3-羟基-3-甲基戊二酰辅酶 A，随后在 3-羟基-3-甲基戊二酰（HMG）辅酶 A 还原酶（HMGR）作用下不可逆地生成甲羟戊酸（MVA），MVA 经焦磷酸化和脱羧作用形成 IPP。MVA 途径的关键酶还包括乙酰辅酶 A 酰基转移酶（AACT）、甲羟戊酸激酶（MK）、磷酸甲羟戊酸激酶（PMK）和焦磷酸甲羟戊酸脱羧酶（MDC）。

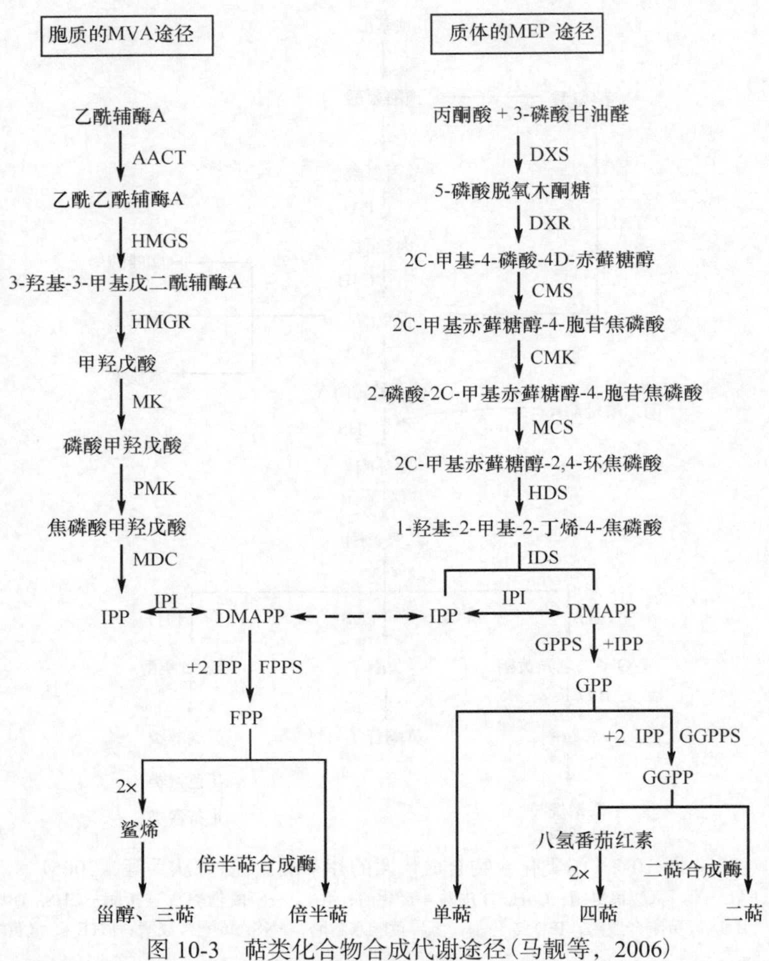

图 10-3　萜类化合物合成代谢途径（马靓等，2006）

AACT. 乙酰辅酶 A 酰基转移酶；HMGS. 3-羟基-3-甲基戊二酰辅酶 A 合成酶；HMGR. 3-羟基-3-甲基戊二酰辅酶 A 还原酶；MK. 甲羟戊酸激酶；PMK. 磷酸甲羟戊酸激酶；MDC. 焦磷酸甲羟戊酸脱羧酶；IPI. 异戊烯基焦磷酸异构酶；DXS. 5-磷酸脱氧木酮糖合成酶；DXR. 5-磷酸脱氧木酮糖还原异构酶；CMS. 4-磷酸-2C-甲基赤藓糖醇-4-胞苷焦磷酸合成酶；CMK. 2C-甲基赤藓糖醇-4-胞苷焦磷酸激酶；MCS. 2C-甲基赤藓糖醇-2，4-焦磷酸合成酶；HDS. 1-羟基-2-甲基-2-丁烯-4-焦磷酸合成酶；IDS. IPP/DMAPP 合成酶；IPP. 异戊烯基焦磷酸；DMAPP. 二甲基丙烯焦磷酸；FPP. 法尼基焦磷酸；GPP. 香叶基焦磷酸；GGPP. 香叶基香叶基焦磷酸

胡萝卜素、单萜和二萜等化合物是通过在质体中进行的 MEP 途径合成的。MEP 途径又被称为 5-磷酸脱氧木酮糖途径（DOXP 途径）或丙酮酸/磷酸甘油醛途径。MEP 途径的关键酶包括 5-磷酸脱氧木酮糖合成酶（DXS）、5-磷酸脱氧木酮糖还原异构酶（DXR）、4-磷酸-2C-甲基赤藓糖醇-4-胞苷焦磷酸合成酶（CMS）、2C-甲基赤藓糖醇-4-胞苷焦磷酸激酶（CMK）、2C-甲基赤藓糖醇-2，4-焦磷酸合成酶（MCS）、1-羟基-2-甲基-2-丁烯-4-焦磷酸合成酶（HDS）和异戊烯基焦磷酸（IPP）/二甲基丙烯焦磷酸（DMAPP）合成酶（IDS）等。

两条途径的主要差异在于 IPP 的形成机制不同。在 MVA 途径中，MVA 是类异戊二烯化合物生物合成的重要前体，由 HMGR 催化形成 MVA 的过程是不可逆转的，HMGR 是 MVA 途径的第一个限速酶。质体中缺乏 HMGR 和 MVA 活化酶，IPP 的合成前体是 5-磷酸脱氧木酮糖(DXP)，而不是 MVA。MEP 途径以糖的中间代谢产物丙酮酸和 3-磷酸甘油醛作为前体，在焦磷酸硫胺素依赖性的 5-磷酸脱氧木酮糖合成酶(DXS)的作用下缩合形成 DXP。丙酮酸提供 2C 骨架，3-磷酸甘油醛提供 3C 骨架。下一步骤是 1-去氧木糖-5-磷酸还原酶(DXR)通过分子内重排和还原反应将 DXP 转变为 MEP。

两条途径形成的 IPP 在异戊烯基焦磷酸异构酶(IPI)的作用下生成异构的 C_5 分子 DMAPP，之后通过 IPP 的逐个增加，形成一系列 C_{10}(香叶基焦磷酸，GPP)、C_{15}(法尼基焦磷酸，FPP)、C_{20}(香叶基香叶基焦磷酸，GGPP)衍生物。催化 FPP、GPP 和 GGPP 形成的分别是法尼基焦磷酸合成酶(FPPS)、香叶基焦磷酸合成酶(GPPS)和香叶基香叶基焦磷酸合成酶(GGPPS)。以 GPP、FPP、GGPP 作为母体，在多种酶催化下形成各种类异戊二烯类化合物。

三、含氮有机化合物

含氮有机化合物中最大的一类次生代谢物质是生物碱。按其生源途径可以分为真生物碱、原生物碱和伪生物碱。真生物碱为氨基酸衍生物，结构中有含氮杂环；原生物碱也为氨基酸衍生物，但结构中没有含氮杂环；伪生物碱是由萜类、嘌呤和甾体类化合物转化而来的。含氮有机化合物还有胺类、非蛋白质氨基酸和生氰苷。含氮的生物碱类化合物主要是由三羧酸循环合成氨基酸后再转化成各种生物碱的。生物碱的生物合成途径中，氨基酸是其初始物，主要有鸟氨酸、赖氨酸、苯丙氨酸、酪氨酸、色氨酸、精氨酸等(匡学海，2003)(图 10-4)。

来源于鸟氨酸系的生物碱主要包括吡咯烷类、莨菪烷类、吡咯里西啶类生物碱。莨菪烷类生物碱种类较多，多由莨菪烷环系的 C_3-醇羟基和有机酸缩合成酯，主要存在于茄科颠茄属(*Atropa*)、曼陀罗属(*Datura*)、山莨菪属(*Anisodus*)和天仙子属(*Hyoscyamus*)等。吡咯里西啶类生物碱的结构母核由两个吡咯烷共用一个氮原子稠合而成，主要分布在菊科千里光属(*Senecio*)。鸟氨酸系各类型生物碱典型的化合物分别是红豆古碱、莨菪碱和大叶千里光碱。

来源于赖氨酸系的生物碱包括 3 类：其一为蒎啶类，合成前体是蒎啶亚胺盐类，典型化合物是胡椒碱、槟榔碱、槟榔次碱；其二为喹诺里西啶类，合成前体为赖氨酸衍生的戊二胺，结构母核由两个蒎啶共用一个氮原子稠合而成，主要分布在豆科、石松科、千屈菜科，代表化合物是苦参碱和氧化苦参碱；其三为吲哚里西啶类，结构母核由蒎啶和吡咯共用一个氮原子稠合而成，主要分布在大戟科白饭树属(*Flueggea*)，代表化合物是一叶萩碱。

来源于苯丙氨酸和酪氨酸系的生物碱包括 3 类，均以苯丙氨酸和酪氨酸为合成前体。第一类为苯丙胺类，典型化合物是麻黄碱。第二类为异喹啉类，在药用植物中分布广泛，类型和数量较多，其中母核由两个异喹啉环稠合而成的，是小檗碱类和原小檗碱类生物碱，如小檗碱和延胡索乙素；异喹啉母核 1 位连有苄基的为苄基异喹啉类生物碱，如罂粟碱、厚朴碱；母核为两个苄基异喹啉通过 1～3 个醚键相连接的为双苄基异喹啉类生物碱，如蝙蝠葛碱；吗啡烷类生物碱的代表性化合物有吗啡、可待因等。第三类为苄基苯乙胺类，主要分布在石蒜科石蒜属(*Lycoris*)、水仙属(*Narcissus*)等，典型化合物为石蒜碱。

来源于色氨酸系的生物碱也称为吲哚类生物碱，是化合物数目最多的一类生物碱，主要分布在马钱科、夹竹桃科、茜草科等几十个科中。色氨酸系生物碱可以分为 3 类：其一为简单吲哚类，母核为吲哚，结构中无其他杂环，代表化合物如靛青苷；其二为色胺吲哚类，结构中均含有色胺部分，如吴茱萸碱；其三为单萜吲哚类，分子中具有吲哚母核和一个次番木鳖萜及其衍生物的结构单元，如萝芙木（*Rauvolfia verticillata*）中的利血平、马钱子（*Strychnos nux-vomica*）中的士的宁等。

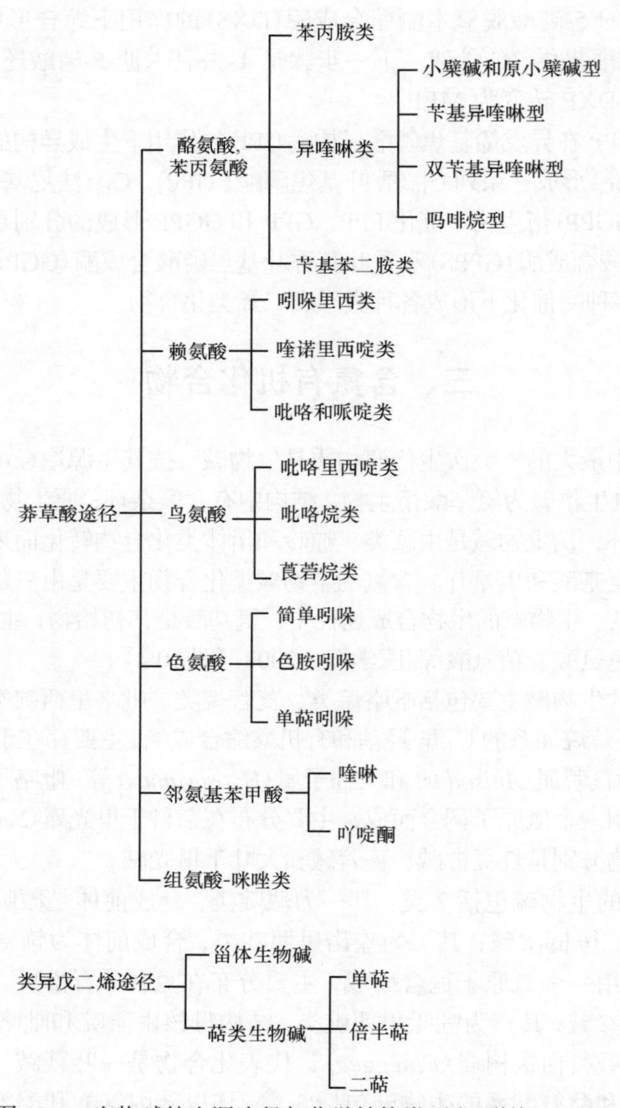

图 10-4　生物碱的生源途径与化学结构类型（匡学海，2003）

来源于邻氨基苯甲酸系的生物碱主要包括喹啉和吖啶酮类生物碱，主要分布在芸香科植物中，如白鲜（*Dictamnus dasycarps*）中的白鲜碱。组氨酸系的生物碱主要为咪唑类生物碱，数量较少，如芸香科毛果芸香属（*Pilocarpus*）植物叶片中提取的毛果芸香碱。

此外，还包括来源于类异戊二烯途径的萜类生物碱和甾体生物碱。萜类生物碱主要分为：单萜类生物碱，如龙胆碱；倍半萜类生物碱，如石斛碱；二萜类生物碱，如乌头碱和紫杉醇等。甾体生物碱是指结构中具有甾体母核，但氮原子均不在甾体母核内的生物碱，如环常绿黄杨碱 D。

以上各生源途径代表性生物碱产物的化学结构见图 10-5。

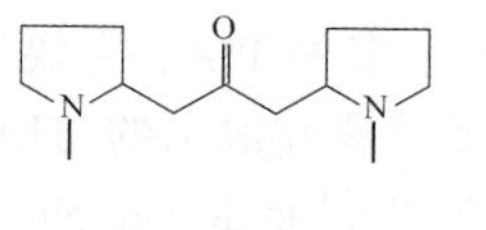

红豆古碱 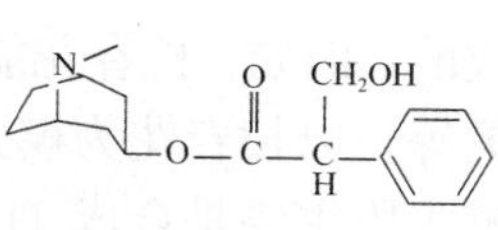　莨菪碱 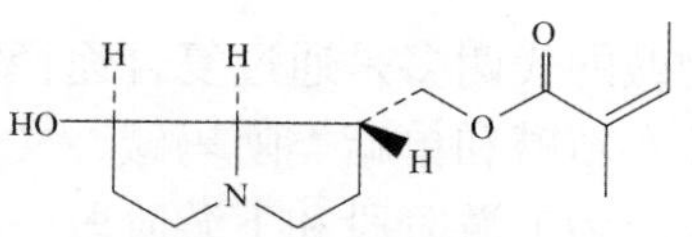　大叶千里光碱

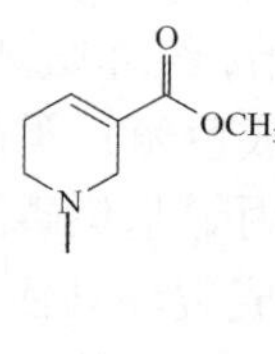

槟榔碱 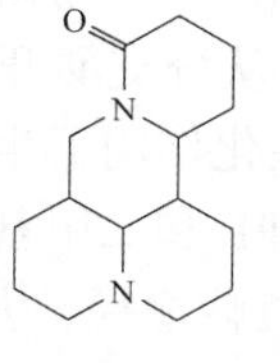　苦参碱 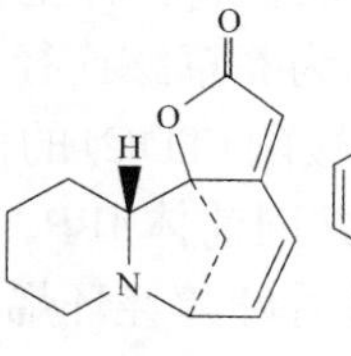　一叶萩碱 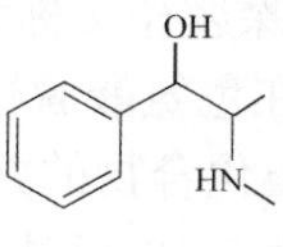　麻黄碱 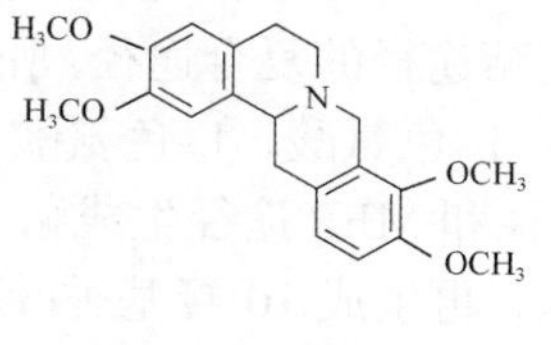　延胡索乙素

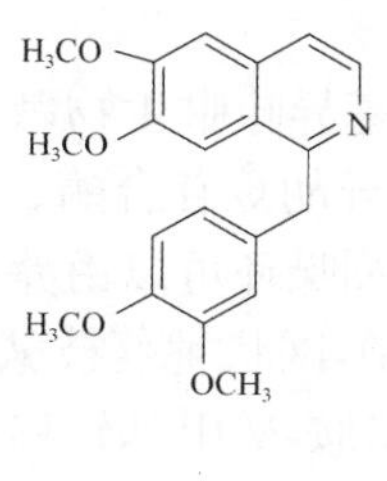

罂粟碱 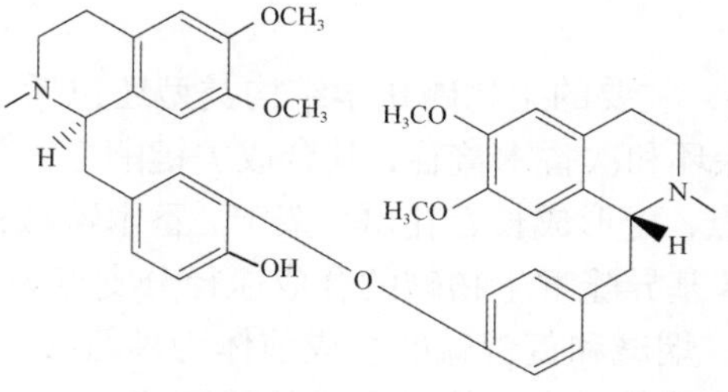　蝙蝠葛碱 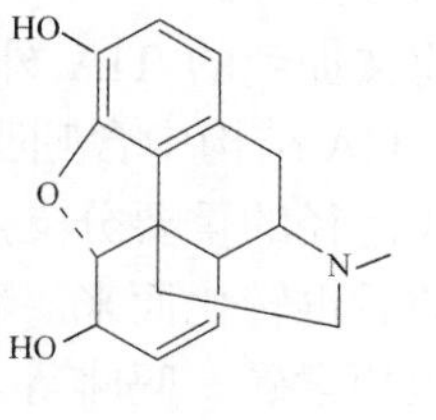　吗啡

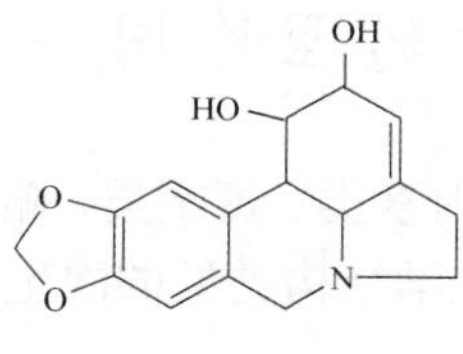

石蒜碱 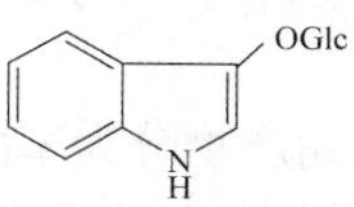　靛青苷 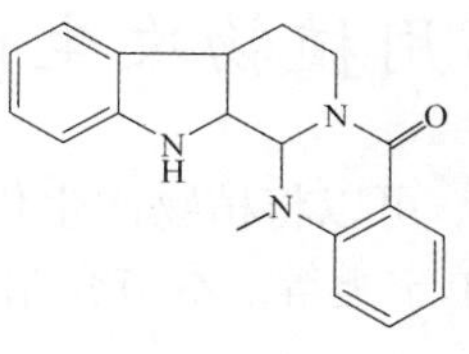　吴茱萸碱 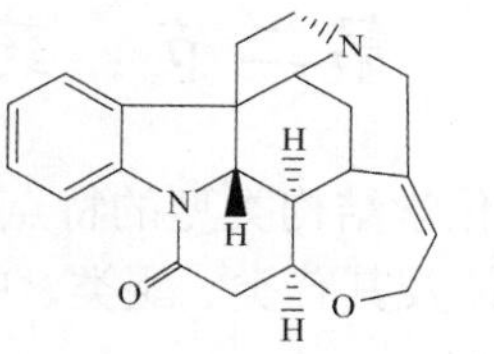　士的宁

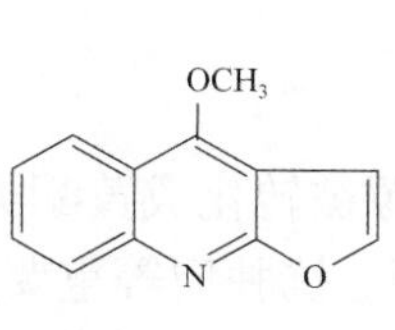

白鲜碱 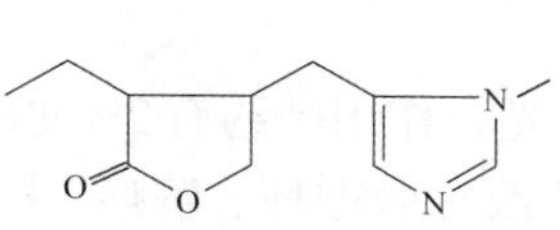　毛果芸香碱 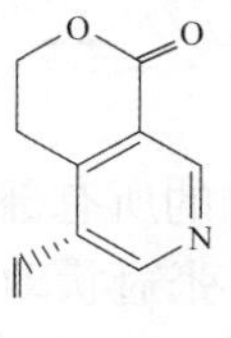　龙胆碱 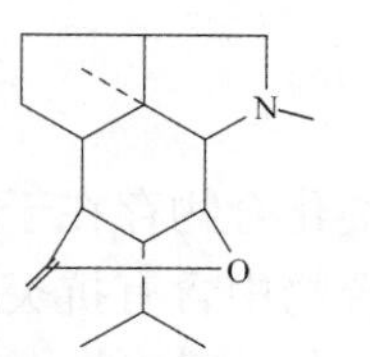　石斛碱

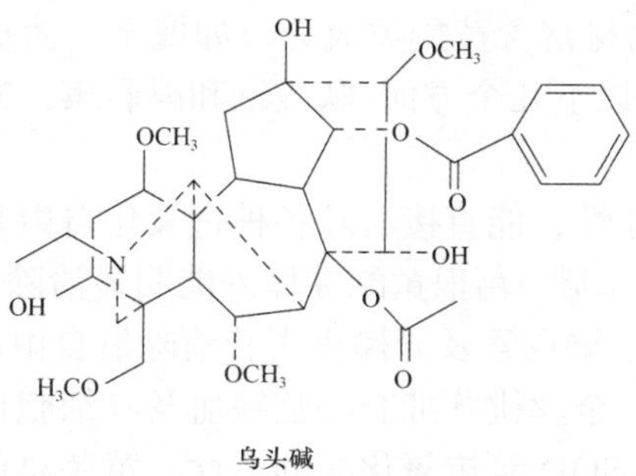

乌头碱 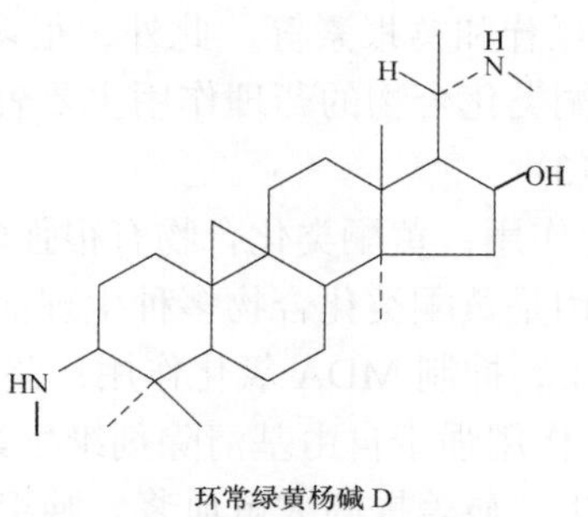　环常绿黄杨碱 D

图 10-5　各生源途径代表性生物碱产物的化学结构

生物碱的代谢多是通过复合途径完成的。例如，长春花能产生多种 TIA，主要为二萜类长春碱、长春新碱和单萜类阿玛碱、文多灵等。以长春花为模式植物研究揭示的 TIA 生物合成代谢可以分为上游阶段和下游阶段。上游阶段主要是合成 TIA 的共同前体 3-α(*S*)-异胡豆苷，下游阶段由 3-α(*S*)-异胡豆苷经过多种不同途径生成各种生物碱。上游阶段在长春花体内是吲哚途径和类萜途径的复合途径。吲哚途径又称为莽草酸途径，从分支酸开始，经邻氨基苯甲酸、吲哚，再到 L-色氨酸，L-色氨酸在色氨酸脱羧酶(TDC)的催化作用下生成色氨；类萜途径先由 MVA 途径和 MEP 途径生成萜类化合物的共同前体 IPP，IPP 和二甲基丙烯基焦磷酸生成香叶基焦磷酸，再生成 10-羟基香叶醇，10-羟基香叶醇经环烯醚萜途径，生成裂环马钱子苷。色氨酸和裂环马钱子苷在异胡豆苷合酶(STR)的作用下偶合生成长春花所有 TIA 的共同前体物质 3-α(*S*)-异胡豆苷。STR 参与催化的反应是长春花 TIA 生物合成的中心反应，也是 TIA 整个代谢途径的分支点。

除了前文提到的 TIA 外，主要的生物碱化学结构类型还包括苄基异喹啉生物碱、莨菪碱和烟碱等。TIA 结构中含吲哚环和次番木鳖苷，其合成关键酶之一为异胡豆苷合酶，产物异胡豆苷是合成途径的重要分支点，可形成长春花碱、奎宁、番木鳖碱；吲哚环可以由莽草酸途径合成色氨酸后再转化而来。苄基异喹啉生物碱的合成途径分支点为(*S*)-网状番荔枝碱，可形成黄连素、延胡索碱、吗啡等。烟碱和莨菪碱的合成前体为鸟氨酸，腐胺-*N*-甲基转移酶、托品酮还原酶和东莨菪胺羟基化酶等是这类生物碱合成的关键酶。

第二节 药用植物次生代谢产物的药理作用

根据化学结构类型的特点，可以将植物次生代谢产物分为苯丙素类、黄酮类、萜类、生物碱类、甾体及其苷类、醌类、单宁类等。本节介绍药用植物主要化学结构类型的次生代谢产物的药理作用。

一、黄酮类化合物

黄酮类化合物存在于植物的所有部分，光合作用中约有 2%的碳源被转化成黄酮类化合物。黄酮类化合物中含有抗炎、扩张冠状动脉、改善微循环、解痉、抗菌、抗肿瘤等重要生物活性的化合物，有很高的药用价值。已经证明黄酮类化合物是很多药用植物的有效成分，如满山红(*Rhododendron merisii*)中的杜鹃素、紫金牛(*Ardisia japonica*)中的槲皮素、粉葛(*Pueraria lobata*)中的黄豆苷和葛根素等。此外，很多中药材富含黄酮类成分，如槐米、蒲黄、甘草、金银花等。黄酮类化合物的药理作用主要表现在以下几个方面(耿敬章和冯君琪，2007；马锐和吴胜本，2013)。

(1)抗氧化作用：黄酮类化合物有很强的还原性，能直接清除各种过氧化自由基。清除自由基抗氧化作用是黄酮类化合物多种生理活性的基础。葛根黄酮在体外能明显清除 OH˙、自由基、超氧阴离子，抑制 MDA 氧化作用；芸香苷、槲皮素及异槲皮素苷清除氧自由基 O_2^- 和羟自由基 OH˙的作用强于自由基清除剂维生素 E；金丝桃苷抑制心脑缺血及红细胞自氧化过程中 MDA 的产生，显著提高大鼠血浆、脑组织中 SOD 等抗氧化酶的活性；黄芪总黄酮能清除 $O_2^{\cdot -}$和 OH˙，防止生物膜过氧化，显著抑制 OH˙对 DNA 的损伤作用；淫羊藿总黄酮增加大鼠心肌细胞硫氧还原蛋白(Trx)和 SOD 蛋白的表达，使大鼠心肌细胞处于还原状态，保护心肌细胞免受损伤。

(2)对心脑血管系统的作用：黄酮类化合物对高血压引起的头痛、头晕等症状有明显疗效，尤其以缓解头痛最为显著。目前，临床治疗冠心病的有效中成药均含有黄酮类成分。葛根素、银杏叶总黄酮等能显著降低心脑血管阻力、降低心肌耗氧量，减少乳酸的生成，对心肌的缺氧性损伤有明显的保护作用。三七的黄酮苷类成分能显著扩张冠状动脉，增加冠脉血流量，恢复冠心病患者心肌耗氧和供氧之间的平衡。广枣总黄酮具有 Ca^{2+}拮抗作用，能够改善心肌缺血，提高心肌耐缺氧能力，对多种心律失常模型有显著的拮抗作用。杜仲糖苷能降低肾性高血压大鼠的血压，降低大鼠血浆血管紧张素 II 的含量，增加大鼠血清一氧化氮的表达。槲皮素、芸香苷和金丝桃苷对缺血性脑损伤均有保护作用，槲皮素和芸香苷能显著延长脑缺血小鼠的存活率，改善缺血所致的脑组织病理形态改变，作用机制与槲皮素和芸香苷消除自由基及抑制一氧化氮生成有关；金丝桃苷的脑保护作用的关键环节是阻断脑缺血后脑细胞 Ca^{2+}内流，同时也与抗自由基和抑制一氧化氮生成有关。金盏花素在增加大鼠大脑中动脉梗死区脑组织局部血流量、降低脑梗死面积的同时，明显抑制缺血再灌脑组织内过氧化物酶的活性，抑制缺血脑组织内中性粒细胞的黏附浸润。

(3)抗炎和增强免疫作用：已有文献报道，银杏双黄酮、橘类植物中的聚甲基黄酮、千里光总黄酮、豹皮樟总黄酮、野菊花总黄酮等多种药用植物的黄酮类成分对小鼠、大鼠等炎症模型动物的急性炎症反应有抑制作用。其中，野菊花总黄酮通过抑制腹腔巨噬细胞中前列腺素 E2 和白三烯 B4 的生成来减轻小鼠耳及足爪的肿胀；豹皮樟总黄酮通过抑制大鼠关节滑膜细胞中基质金属蛋白酶 9 的表达来减轻关节软骨破坏，抑制膝关节炎症反应；橘类植物的聚甲基黄酮成分通过抑制大鼠体内蛋白聚糖酶 1 和蛋白聚糖酶 2 的 mRNA 表达，减轻软骨损伤。青蒿黄酮成分已被用于治疗过敏性鼻炎的临床试验，能有效缓解鼻腔黏膜水肿、出血、干燥等症状。芫花根总黄酮能提高自然杀伤细胞(NK)和淋巴细胞激活的杀伤细胞(LAS)的活性，增强小鼠细胞免疫功能。藤茶总黄酮能显著提高正常小鼠单核巨噬细胞的吞噬功能，提高正常小鼠的免疫力。淫羊藿总黄酮能增强免疫低下小鼠的免疫功能。黄酮类化合物的抗炎机制主要有：①抑制细胞内信号分子酪氨酸激酶(Syk)的活性，进而影响细胞的脱颗粒作用；②抑制细胞质型磷脂酶 A_2(cPLA2)分子的活性，阻断 Ca^{2+}释放活化通道，降低细胞内的 Ca^{2+}浓度。

(4)抗肿瘤作用：黄酮类化合物通过调节细胞生长周期，使处于 S 期的细胞数量明显减少，增殖指数降低，从而有效抑制肿瘤细胞增殖，诱导肿瘤细胞凋亡，具有较强的抗癌和防癌作用。珍珠菜总黄酮苷明显抑制白血病 HL-60 和 K572 细胞株的增殖。绿茶叶中含有的茶多酚能引起人鼻咽癌细胞株 CEN2 细胞的 DNA 损伤，并诱导细胞凋亡。槲皮素通过抑制促进肿瘤细胞生长的蛋白质活性而抑制肿瘤生长。木黄酮能下调致癌基因 *HER2/neu* 高表达的人乳腺癌细胞 MCF-7(MCF-7/HER-2)中 HER-2/neu 受体的酪氨酸蛋白激酶(PTK)活性和蛋白磷酸化水平，抑制尿激酶型纤维蛋白溶酶原激活剂表达，减少乳腺癌血管生成。黄酮类化合物抗肿瘤作用机制主要表现在 3 个方面：①清除自由基，抗氧化作用；②直接抑制癌细胞的生长；③抑制致癌、促癌因子。

此外，植物来源的黄酮类化合物还具有抗凝血、抗衰老、抗突变、降糖、保护神经系统、雌激素双重调节等作用。

二、生物碱类化合物

天然产物中的生物碱类化合物主要存在于植物中，大多味苦有毒，可以保护植物不受大型草食动物和昆虫的吞食。植物可以在不同时间、不同环境和不同遗传基础上产生多种类型的生物碱保护自己，如除虫菊酯、奎宁、番木鳖碱、小檗碱等都有驱虫的作用。同时，生物碱类化合物多具有显著的药理活性，是药用植物和中草药中重要的一种有效成分，这也是人们研究生物碱的主要原因之一。生物碱类化合物的生理作用主要表现在以下几个方面（司徒琳莉等，2003；柏云娇等，2013）。

(1) 抗肿瘤作用：长春碱对淋巴肉瘤、黑色素瘤、卵巢癌、白血病等多种肿瘤细胞有较好的抑制作用，其作用机制是抑制微管蛋白装配，阻止纺锤丝形成，从而抑制肿瘤细胞的复制，抑制其生长。苦参（*Sophora flavescens*）中的苦参碱具有一定的细胞毒作用，并能抑制 HepG-2 细胞生长，其作用机制是阻止人端粒酶反转录酶（hTERT）的表达并影响端粒酶活性及细胞周期，诱导肿瘤细胞分化，促进肿瘤细胞凋亡，在不破坏正常细胞的前提下达到抗肿瘤的目的。博落回中的异喹啉类生物碱血根碱能干扰 DNA 双螺旋结构，影响 DNA 的转录翻译过程，抑制肿瘤细胞再生，诱导肿瘤细胞凋亡。白屈菜红碱是一种选择性蛋白激酶 C 抑制剂，能扰乱肿瘤细胞的信号转导，影响细胞再生，抑制肿瘤细胞增殖。延胡索（*Corydalis yanhusuo*）中的延胡索碱、延胡索乙素、小檗碱等多个生物碱成分具有抗肿瘤作用，作用机制包括：阻滞细胞周期，诱导肿瘤细胞凋亡；降低 P-糖蛋白的表达，削弱细胞毒作用；阻碍肿瘤血管新生，抑制肿瘤细胞增殖等。

(2) 抗菌、抗病毒作用：小檗碱能通过抑制丙酮酸氧化而阻止细菌的糖代谢，具有广谱抑制细菌生长的作用；石蒜（*Lycoris radiata*）中所含的石蒜碱能够在病毒生长的早期阶段抑制维生素 C 的合成，从而阻止病毒合成，具有很强的抗病毒活性；黄藤（*Fibraurea recisa*）中所含的棕榈碱能够对抗 RNA 病毒，阻止病毒 DNA 的合成，从而阻止病毒的复制，对白色念珠菌也具有显著的抑菌活性；荷叶生物碱通过抑制细菌的有丝分裂而具有较好的抑菌活性。

(3) 对心血管系统的作用：乌头碱可以直接扩张外周血管，改善血液运行环境，具有强心、降压、扩张血管和抗心律失常的作用，特别是能改善脑循环，保护心脑血管；二氢石蒜碱对血管有较强的选择性作用，能收缩或舒张血管平滑肌，有降压和减弱肾上腺素升压的作用，并对心脏有先兴奋后抑制的作用；小檗碱可用于治疗心律失常，并有降血糖和抗血小板凝集的作用；钩藤碱具有降血压和镇静安神的作用；防己科植物中的青藤碱具有抗心律失常、扩张血管降压、抗心肌缺血等作用；生物碱对心血管系统的作用机制主要是能阻断 α、β 受体通路，防止心肌细胞的脂质过氧化反应，通过抑制茶酚胺的释放、抑制肝糖原的分解或抑制肾小管对葡萄糖的重吸收而发挥降压的作用。

(4) 抗炎镇痛作用：具有镇痛效果的生物碱多为异喹啉生物碱，这类化合物的镇痛机制各不相同。吗啡烷类生物碱具有中枢镇痛作用，作用机制与抑制前列腺素（PG）的合成有关，还与阿片样受体有关；青藤碱通过抑制前列腺素代谢、减少前列腺素 E2（PGE2）和白三烯生成而发挥抗炎、镇痛作用；马钱子碱能加强吗啡的镇痛效果，并延长镇痛时间，其作用机制可能与中枢 M-胆碱能神经系统有关，或与增加脑部单胺类神经递质与脑啡肽含量有关；高乌甲素通过阻滞钠离子通道，阻碍神经传导，抑制突触前膜对去甲肾上腺素的重摄取，抑制传入纤维物质的释放而发挥镇痛效果。

三、苯丙素类化合物

这里所指的苯丙素类化合物主要包括简单苯丙素类（C_6—C_3结构单元）、香豆素类（1分子C_6—C_3结构单元）、木脂素类（2分子C_6—C_3结构单元）和木质素类（多分子C_6—C_3结构单元）。简单苯丙素类为苯丙烷衍生物，如桂皮酸、咖啡酸、阿魏酸等，多为黄酮类和木质素类化合物的合成前体。香豆素为一类具有苯并α-吡喃酮母核的天然产物，由顺式邻羟基桂皮酸脱水形成内酯环，在自然界分布广泛，特别是在伞形科、芸香科、豆科、菊科、木犀科和茄科植物中较多。木脂素是一类由苯丙素衍生物氧化聚合而成的天然产物，通常所指的是苯丙素二聚物，少数为三聚物和四聚物，由于其多存在于植物的木质部且开始析出时呈树脂状而被称为木脂。木质素是一类广泛存在于植物体内、分子结构中含有多个苯丙素结构单元的芳香性高聚物。植物的木质部含有大量木质素，主要位于纤维素纤维之间，起着硬化细胞壁的作用，维持木质部的高硬度以承载植物的重量。苯丙素类化合物中的香豆素和木脂素具有广泛的药理活性。

天然香豆素类化合物的药理作用包括以下几个方面（张国铎和李航，2011；孔令雷等，2012；郑玲等，2013）。

（1）抗肿瘤作用：瑞香科荛花属药用植物了哥王（*Wikstroemia indica*）根茎中的西瑞香素对人鼻咽鳞癌CNE细胞株和人喉癌Hep-2细胞株的增殖有明显的抑制作用，对人宫颈癌HeLa细胞株和人肺腺癌A549细胞株的增殖有一定的抑制作用；伞形花内酯、刘寄奴酸酯、牛防风素和前胡素等天然香豆素类化合物均有明显的抗肿瘤作用，且不同成分对不同肿瘤细胞有特异性抑制活性；香豆素芳香环上的异戊烯基结构、羟基石碳酸结构、1，1-二甲基烯丙基结构与其抗肿瘤活性密切相关。

（2）抗菌和抗病毒作用：芸香科植物*Helietta apiculata*茎皮中分离的3-（1′-二甲基烯丙基）-紫花前胡醇当归酯和叙利亚芸香素［（–）-heliettin］在体外对利士曼原虫的前鞭毛体形式有温和的抑制作用，对感染亚马孙利士曼原虫的小鼠有显著疗效；芸香科药用植物黄皮（*Clausena lansium*）中的4个天然吡喃香豆素化合物山黄皮素（clausenidin）、去甲齿叶黄皮素（nordentatin）、黄皮香豆精（clausarin）和黄木亭（xanthoxyletin）能抑制肝炎B病毒HepA2细胞表面抗原；藤黄科红厚壳属植物*Calophyllum lanigarum*含有的香豆素类化合物calanolide A和calanolide B对I型人免疫缺陷病毒的反转录酶（HIV-1-RT）有高度专一性，对常用抗艾滋病药耐药株也有较强的抑制作用；独活素、栓翅芹烯醇、石当归素、补骨脂素和佛手内酯等呋喃香豆素均具有抗HIV活性；蟛蜞菊内酯能抑制HIV整合酶和HIV蛋白酶活性。

（3）免疫调节作用：白花丹科药用植物白花丹（*Plumbago zeylanica*）含有的吡喃香豆素类成分邪蒿内酯（seselin）能抑制植物凝血素（PHA），进而抑制人周边血液中单核细胞（PBMC）的增殖，其作用机制为抑制炎症性细胞因子白细胞介素2（IL-2）和干扰素γ（IFN-γ），降低PBMC中IL-2和IFN-γ的基因表达；瑞香科植物中含有的瑞香素通过抑制细胞因子白细胞介素1（IL-1）发挥抗炎作用，临床用于治疗风湿性关节炎、类风湿性关节炎；东莨菪亭对关节内血管内皮生长因子、纤维母细胞生长因子和白细胞介素6（IL-6）的超量表达均有抑制作用，能使关节炎模型大鼠的关节组织中新生血管数量明显减少；从栓翅芹属植物牧草栓翅芹（*Prangos pabularia*）中分离的一些香豆素类化合物能抑制IL-2/IL-4/IL-1β和肿瘤坏死因子α（TNF-α）的释放，具有调节免疫的功能。

（4）抗氧化作用：七叶内酯（七叶素）和白蜡树内酯（秦皮素）对羟基自由基和过氧化氢有选

择性清除作用，七叶亭和滨蒿内酯具有抗氧化和保护肝细胞的作用，可有效防治四氯化碳引起的大鼠血清丙氨酸氨基转移酶、天冬氨酸氨基转移酶和碱性磷酸酶的升高；秦皮中的香豆素类成分还能够抑制 Fe^{2+}和抗坏血酸诱导的脂质过氧化作用。

此外，天然香豆素类化合物是 Ca^{2+}拮抗剂，能够抑制 Ca^{2+}经钙通道进入细胞，从而产生降压、抗心律失常等作用；补骨脂内酯能引起皮肤色素沉着，用于治疗白癜风；紫花地丁（*Viola philippica*）中含有的双香豆素类成分 dimeresculetin、双七叶内酯（euphorbetin）和七叶亭（esculetin）具有抗凝血活性，能延长活化部分凝血活酶时间（APTT）、凝血酶原时间（PT）和凝血酶时间（TT）；茵陈蒿（*Artemisia capillaries*）中的滨蒿内酯具有松弛平滑肌和解痉利胆的作用。

木脂素类化合物的药理作用包括以下几个方面（韩果萍和周华凤，2005；孟林，2013）。

（1）抗肿瘤作用：小檗科鬼臼属药用植物桃儿七（*Sinopodophyllum hexandrum*）和八角莲（*Dysosma versipellis*）含有芳香萘类木脂素鬼臼毒素，具有较高的细胞毒性，能与纺锤体中的微管蛋白结合，从而阻止微管蛋白的聚合和装配，抑制细胞中期的有丝分裂；瑞香狼毒（*Stellera chamaejasma*）的总木脂素具有抑制体外培养的人胃癌细胞 SGC-7901、人肝癌细胞 BEL-7402 和人早幼粒白血病细胞 HL-60 生长的作用，活性强度高于长春新碱。

（2）抗氧化作用：心肌缺血再灌注损伤时由于自由基堆积和 Ca^{2+}超载引起的细胞膜和线粒体损伤使细胞膜通透性增加，自由基蓄积还能引起心肌组织的损伤。北五味子（*Schisandra chinensis*）果实中的联苯环辛烯木脂素具有抗脂质过氧化和清除氧自由基的作用，对高脂血症大鼠心肌缺血再灌注损伤有保护作用。五味子酚对大鼠离体心脏有保护作用，可能的作用机制是五味子酚抑制活性氧自由基的产生，维护细胞膜的完整性，同时提高心肌 SOD 含量，降低过氧化脂质（LPO）含量，增强心肌清除自由基的能力。

（3）抗病毒作用：内南五味子（*Kadsura heteroclite*）中分离的戈米辛、五味子酯 D、内南五味子酯 A 和 B 均具有抗 HIV 的作用；凤庆南五味子（*K. interior*）中的 7 种木脂素成分可以抑制 H9 淋巴细胞的复制活性；南五味子属植物 *K. matsudai* 中分离的 6 种木脂素类成分对乙型肝炎 e 抗原（HBeAg）和乙型肝炎表面抗原（HBsAg）均表现出中度至强度的对抗作用。

（4）血小板活化因子（PAF）拮抗活性：PAF 是一种内源性磷脂介质，可以激活血小板，并与过敏性休克、炎症、低血压、过敏反应等疾病有关。异型南五味子（*K. heteroclita*）中的 tigloylgomisin B、angeloylgomisin P 和 R-（+）-gomisin 均有竞争性拮抗 PAF 的作用，狭叶南五味子（*K. angustifolia*）中的南五木脂素 L 具有中度的 PAF 拮抗活性，中药辛夷中的木兰脂素、松脂素二甲醚和里立脂素 B 二甲醚对 PAF 诱导的兔血小板聚集均有抑制作用。

四、醌类化合物

醌类化合物包括苯醌、萘醌、菲醌、蒽醌及它们的衍生物。醌类化合物的药理作用主要有以下几个方面（梁荣感等，2006；孙桂波等，2006；魏蕾，2013）。①抗肿瘤作用：北青龙衣为胡桃科植物核桃楸（*Juglans mandshurica*）未成熟果实的外果皮，从中分离的 3 个萘醌衍生物对人肝癌细胞 SMMC-7721 和人乳腺癌细胞 MCF-7 有不同程度的抑制作用。大黄素、大黄酸、芦荟大黄素、大黄素甲醚等蒽醌类化合物均具有一定的抗癌活性，其对肿瘤细胞的作用机制表现在以下几个方面：直接杀伤，诱导凋亡，影响增殖，抑制代谢，影响细胞周期等。②泻下作用：结合型蒽醌类化合物，如番泻苷 A，是中药大黄泻下作用的主要有效成分。③抗氧化作用：游离蒽醌类化合物，如大黄素、大黄酸、芦荟大黄素等，具有清除超氧阴离子自由基的作用。

④抗菌和抗病毒作用：3-羧基大黄酸、羟基芦荟大黄素、芦荟大黄素、羟基大黄素等蒽醌类化合物对多种细菌具有抗菌作用；芦荟中的蒽醌类物质对包膜病毒、水痘、带状疱疹病毒、狂犬病病毒等有抑制作用；大黄蒽醌类化合物对流感病毒有抑制作用。⑤免疫调节作用：新疆紫草（*Arnebia euchroma*）中的羟基萘醌类化合物能抑制磷酸二酯酶-4（PDE4）活性；何首乌（*Fallopia multiflora*）中的蒽醌苷有免疫增强作用，在体外能显著促进小鼠 T、B 淋巴细胞增殖，增强吞噬细胞吞噬中性红的能力，提高 NK 细胞活性及分泌 TNF 的活性。

五、萜类化合物

三萜类化合物是由 6 个异戊二烯单位连接而成的 30 碳萜类化合物，是类异戊二烯代谢途径的重要产物之一。三萜类化合物主要存在于单子叶植物和双子叶植物中，在石竹科、五加科、豆科、远志科、桔梗科等植物中分布尤其普遍，且含量较高。三萜类化合物主要是四环三萜和五环三萜两大类，其中以三萜皂苷最为常见。三萜类化合物主要有以下药理作用（宋长城和朱美玲，2011；张明发和沈雅琴，2012；何道同等，2012）。

（1）免疫调节作用：人参三萜皂苷对荷瘤小鼠早期的免疫功能低下有较好的恢复作用，明显刺激小鼠血清中溶血素的产生，激活小鼠网状内皮系统的吞噬功能，增强小鼠自然杀伤细胞的活性。雷公藤三萜类成分有明显的免疫抑制活性，雷公藤红素能明显抑制有丝分裂原诱导的小鼠脾细胞增生，对淋巴细胞增生也有相似的作用，且无明显的细胞毒作用。

（2）抗肿瘤作用：熊果酸在体内和体外对多种肿瘤细胞均有抑制作用，对肿瘤形成各阶段都有预防和抑制作用，其主要通过以下机制发挥作用：抑制肿瘤形成、诱导肿瘤细胞凋亡、抑制肿瘤血管形成、增强免疫功能和细胞毒作用等。人参总皂苷和人参二醇类皂苷抑制小鼠 ARS 肉瘤细胞 DNA 的合成。人参皂苷 Rh2 抑制 B16 黑色素瘤细胞和人白血病细胞 HL-60 的生长。甘草素和甘草酸通过抑制肿瘤细胞的有丝分裂从 G_1 期进入 S 期而抑制肿瘤细胞的生长。雷公藤红素能促进胶质瘤细胞 SHG44、C6、U251 的细胞凋亡，有明显的抑制细胞生长的作用。白桦三萜类成分可以诱导肿瘤细胞凋亡，抑制细胞生长，增强机体非特异性免疫功能。

（3）保肝作用：齐墩果酸和熊果酸具有抗病毒性肝炎的作用，能够抑制脂质过氧化作用，提高谷胱甘肽含量，稳定肝细胞膜系统，促进肝组织修复。人参皂苷 Rb1、Rg1 和 Re 对四氯化碳诱导的家兔肝损伤有明显的保护作用；人参皂苷 Rh2、Rg3 和 Rs 对硫代乙酰胺诱导的大鼠肝细胞中毒有保护作用。金银花三萜皂苷对四氯化碳诱导的小鼠肝损伤有明显的保护作用。甘草甜素和甘草次酸能直接杀灭肝炎病毒颗粒。

此外，三萜类化合物还具有以下作用。抗菌和抗病毒作用：α-常春藤皂苷有显著的抗细菌作用，萨拉子酸能抑制 H9 淋巴细胞中 HIV-1 的复制；降血脂作用：人参皂苷 Rh2、Rc、Rg2 和 Rb1 等能降低血清总胆固醇、甘油三酯和低密度脂蛋白，提高血清高密度脂蛋白，表现出较好的抗动脉粥样硬化作用；甘草酸、柴胡皂苷等能降低血胆固醇；抗炎作用：三七皂苷能抑制磷脂酶 A_2 的活性，降低中性粒细胞的渗出，减少前列腺素 F2α 的产生。

第三节　内生真菌对药用植物药理活性的影响

直接研究内生真菌对药用植物药理活性影响的报道较少，主要的研究方向和结果如下所述。

一、抗肿瘤作用

菌株 MF24 诱导子处理的铁皮石斛(*Dendrobium officinale*)原球茎的小分子化学成分具有抑制人口腔上皮癌细胞 KB 的活性，其中 50%甲醇提取物的活性最好，作用强度与铁皮石斛原药材的作用强度相当；真菌诱导子处理的铁皮石斛原球茎的氯仿提取物具有抑制人肝癌细胞 Bet-7402 的活性，100μg/ml 剂量下抑制率为 24.97%；对照原球茎提取物没有上述作用(舒莹，2005)。菌株 h24 诱导子处理的铁皮石斛原球茎的抑制肿瘤生长作用与诱导子的用量呈一定的量效关系(侯丕勇，2003)。

二、促淋巴细胞增殖作用

与对照原球茎相比，菌株 MF24 诱导子处理的铁皮石斛原球茎甲醇提取物在 100μg/ml 剂量时对 B 淋巴细胞转化有一定的促进作用，对 T 淋巴细胞转化的促进作用显著增强，增殖率达到 30.5%，对照为 16.5%(舒莹，2005)。诱导子种类和加入剂量对铁皮石斛原球茎提取物的免疫活性有影响(侯丕勇 2003)。

三、自由基清除作用

菌株 MF24 诱导子能提高铁皮石斛原球茎的抗氧化作用。经诱导子处理后，原球茎的甲醇提取物和 50%甲醇提取物(10μg/ml)的超氧阴离子自由基清除能力均高于对照原球茎和铁皮石斛原药材。此外，菌株 MF24 诱导子还可以使铁皮石斛原球茎甲醇提取物(100μg/ml)具有 DPPH 自由基清除能力，而对照原球茎没有显示这一活性(舒莹，2005)。

(陈晓梅　王爱荣　郭顺星)

参 考 文 献

柏云娇，于淼，赵思伟，等. 2013. 生物碱的药理作用及机制研究. 哈尔滨商业大学学报(自然科学版)，29(1)：8-11.
董妍玲，潘学武. 2002. 植物次生代谢产物简介. 生物学通报，37(11)：17-19.
方从兵，宛晓春，江昌俊. 2005. 黄酮类化合物生物合成的研究进展. 安徽农业大学学报，32(4)：498-504.
耿敬章，冯君琪. 2007. 黄酮类化合物的生理功能与应用研究. 中国食物与营养，(7)：19-20.
郭艳玲，张鹏英，郭默然，等. 2012. 次生代谢产物与植物抗病防御反应. 植物生理学报，48(5)：429-434.
韩果萍，周华凤. 2005. 木脂素类化合物的药理研究进展. 陕西师范大学学报(自然科学版)，33(6)：142-144.
何道同，王兵，陈珺明. 2012. 人参皂苷药理作用研究进展. 辽宁中医药大学学报，14(7)：118-121.
侯丕勇. 2003. 真菌诱导子对铁皮石解原球茎诱导作用研究. 北京：中国协和医科大学博士学位论文.
孔令雷，胡金凤，陈乃宏. 2012. 香豆素类化合物药理和毒理作用的研究进展. 中国药理学通报，28(2)：165-169.
匡学海. 2003. 中药化学. 2 版. 北京：中国中医药出版社，300-305.
梁荣感，罗伟生，李利亚. 2006. 大黄蒽醌类化合物体外抗流感病毒作用的研究. 华夏医学，19(3)：396-398.
马靓，丁鹏，杨广笑，等. 2006. 植物类萜生物合成途径及关键酶的研究进展. 生物技术通报，S1：22-30.
马锐，吴胜本. 2013. 中药黄酮类化合物药理作用及作用机制研究进展. 中国药物警戒，10(5)：286-290.
孟林. 2013. 木脂素的研究进展. 吉林医药学院学报，34(5)：383-385.
舒莹. 2005. 内生真菌 MF24 对铁皮石解原球茎诱导作用及石斛的化学成分和活性研究. 北京：. 中国协和医科大学博士学位论文.
司徒琳莉，李洪波，郑险峰. 2003. 生物碱的作用及其生产. 牡丹江师范学院学报(自然科学版)，(1)：7-9.
宋长城，朱美玲. 2011. 中药所含三萜类化合物抗肿瘤活性及其作用机制的研究进展. 现代肿瘤医学，19(9)：1880-1883.

孙桂波，郭宝江，李续娥，等. 2006. 何首乌蒽醌苷对小鼠细胞免疫功能的影响. 中药药理与临床，22(6)：30-32.
魏蕾. 2013. 醌类化合物的分布和药理作用. 现代中药研究与实践. 27(1)：34-36.
张国铎，李航. 2011. 香豆素类化合物的药理作用研究进展. 中国药业，20(17)：1-3.
张明发，沈雅琴. 2012. 齐墩果酸和熊果酸保肝药理作用的研究进展. 抗感染药学，9(1)：13-19.
郑玲，赵挺，孙立新. 2013. 香豆素类化合物的药理活性和药代动力学研究进展. 时珍国医国药，24(3)：714-717.

第十一章　内生真菌对药用植物有效成分含量的影响

内生真菌在药用植物体内长期存在，可以诱导宿主植物积累特定的次生代谢产物，提高宿主植物对病原微生物侵染的抵御能力。这些产物往往就是药用植物发挥其药效作用的有效成分。例如，具有散瘀定痛、止血生肌功效的中药血竭，研究表明国产血竭是由于剑叶龙血树（*Dracaena cochinchinensis*）或柬埔寨龙血树（*D. cambodiana*）的树枝和茎干经自然或人为引起的伤口感染真菌，诱导植物分泌红色树脂而形成的。龙血树红色树脂的形成是植物的一种防卫性反应。

从柬埔寨龙血树含血竭的茎干中分离到303株真菌，通过活体接种影响血竭产生的试验表明，对血竭形成起主要作用的真菌是禾谷镰孢龙血树变种（*Fusarium graminum* var. *dracaena*）等4株镰孢属真菌，可使血竭形成量提高66%～120%（江东福等，1995）。江东福等（2003）报道，将分离自剑叶龙血树根部的内生真菌（镰孢属菌株9568D）接种于离体剑叶龙血树材质（经灭活处理），也能诱导形成红色树脂。对红色树脂形成过程和所形成的红色树脂化学成分进行研究，发现接菌后的材质经保湿培养4～5个月后，在接种部位有红色树脂颗粒形成，经紫外（UV）光谱、红外（IR）光谱分析及抗菌活性试验初步证明菌株9568D作用于无生物活性的剑叶龙血树材质可诱导红色树脂形成和积累，且形成的红色树脂与来源于天然剑叶龙血树的血竭在化学成分上无本质差异。

本章按化学成分的结构类型介绍内生真菌对药用植物有效成分含量的影响。

一、多　　糖

猪苓（*Polyporus umbellatus*）菌核与蜜环菌（*Armillaria mellea*）共生过程中，蜜环菌侵染的猪苓菌核部位和4年生猪苓菌核的糖类成分含量高于其他部分，表明蜜环菌能影响猪苓菌核的多糖含量（郭顺星等，2002）。猪苓伴生菌是与猪苓菌核形成密切相关的真菌。邢晓科（2003）的研究发现，无论是伴生菌液体发酵的菌丝体还是发酵液，均可显著提高猪苓菌丝多糖的含量，显著降低猪苓胞外多糖的含量。未经灭活处理的伴生菌发酵液提高猪苓菌丝多糖含量的作用最显著，多糖含量提高了88.6%，其降低猪苓胞外多糖含量的作用也最显著，多糖含量降低了69.1%。

内生真菌分别与金钗石斛（*Dendrobium nobile*）和福建金线莲（*Anoectochilus roxburghii*）的

组培苗共生培养，均能提高植株的多糖含量(陈晓梅等，2005；陈晓梅和郭顺星，2005)。菌根真菌对福建金线莲苗总糖含量的影响与菌苗互作的时间有关。分别接种菌株 AR-15 和 AR-18 的福建金线莲苗，当共培养 10 天时，植株中葡萄糖、二糖和总糖的含量均比对照高，其中葡萄糖和总糖的含量随共生时间延长而持续增高，而对照中葡萄糖含量随培养时间延长而降低。与对照相比，分别接种菌株 AR-15 和 AR-18 的福建金线莲苗，共培养 10 天时多糖含量分别提高了 5%和 10%，共培养 30 天时分别提高了 36%和 49%，共培养 60 天时分别提高了 46%和 59%(于雪梅，2000)。菌根真菌促进人工栽培台湾金线莲(*A. formosanus*)体内糖类成分的积累，且栽培基质对真菌的作用强度有影响。与对照相比，在草炭土中菌根栽培的台湾金线莲的总糖和多糖含量分别提高了 3.4%和 17.9%；在蛭石中菌根栽培的台湾金线莲的总糖和多糖含量分别提高了 4.8 倍和 3.5 倍。福建金线莲人工栽培也有类似的特点，与对照相比，在草炭土上菌根栽培的植株总糖和多糖含量分别提高了 10.1%和 1.9%，在蛭石上菌根栽培的植株总糖和多糖含量分别提高了 34.6%和 8.1%(唐明娟，2003)

二、生　物　碱

温室盆栽试验条件下无梗囊霉属和球囊霉属丛枝菌根真菌蜜色无梗囊霉(*Acaulospora. mellea*)和根内球囊霉(*Glomus. intraradices*)能促进喜树(*Camptotheca acuminata*)幼苗中喜树碱的积累，且随着幼苗与真菌作用时间的延长，菌根化植株根、茎、叶等器官及全株的喜树碱含量均呈上升趋势。在一定共培养时间范围内，喜树碱含量变化与丛枝菌根真菌的侵染和菌根的形成有对应关系(于洋等，2012)。与单独接种相比，混合接种更有利于喜树幼苗的生长和提高喜树幼苗中喜树碱的含量(吴子龙和赵昕，2009)。内生真菌 MF23 与金钗石斛苗共生培养能使金钗石斛总生物碱含量提高 18.3%(陈晓梅和郭顺星，2005)。内生真菌 AR-15 和 AR-18 分别与福建金线莲苗共生培养，第 10 天时，内生真菌处理的福建金线莲苗的生物碱含量比对照分别提高了 40%和 20%；第 35 天时，生物碱含量分别提高了 40%和 140%(于雪梅，2000)。长春花(*Catharanthus roseus*)受菌根真菌侵染后叶片中长春花碱的含量显著提高，增强了植株对其他生物胁迫的抗逆性(de la Rosa-Mera et al.，2011)。

三、萜类及挥发油

菌根化薄荷(*Mentha haplocalyx*)植株的挥发油组成成分更丰富，且挥发油含量有显著提高(Gupta et al.，2002)。接种内生真菌的薄荷叶中主要化学成分的相对含量提高，从接种后 14 天开始，(–)薄荷酮和(+)-新薄荷醇的含量高于对照，接种后 28 天开始(+)-薄荷呋喃的含量高于对照。真菌的存在还能改变薄荷根中的挥发油组分，使(+)-胡薄荷酮在挥发油中的相对含量达到 44%，这个成分也是薄荷根中 1 株内生真菌菌丝体内的主要成分。接种真菌后薄荷叶片产生的挥发性气体中能检测到一种新的倍半萜类成分花侧柏烯(Mucciarelli et al.，2007)。

接种了内生真菌的胡椒薄荷(*M. piperita*)组培苗及盆栽苗的挥发油含量均发生了变化，所含的(+)薄荷呋喃[(+)-menthofuran]浓度均降低，而(+)薄荷醇[(+)-menthol]浓度则均有提高(Mucciarelli et al.，2003)。接种瘤座菌属(*Balansia*)内生真菌 *B. sclerotica* 没有改变东印度香茅(*Cymbopogon flexuosus*)挥发油的组成成分，但使挥发油含量提高了 185%(Ahmad et al.，2001)。

丛枝菌根真菌对九层塔(*Ocimum basilicum* var. *pilosum*)挥发油的产量和质量均有影响，且不同的菌株有各自的作用特点。巨孢囊霉属（*Gigaspora*）真菌 *G. rosea* 能显著提高九层塔挥发油含量，特别是提高挥发油中 α-松油醇（α-terpineol）的含量；珠状巨孢囊霉（*G. margarita*）和 *G. rosea* 对挥发油含量没有显著影响，但能提高挥发油中丁香酚的含量，降低芳樟醇的含量（Copetta et al.，2006）。

接种丛枝菌根真菌能使胡荽（*Coriandrum sativum*）果实中挥发油的含量提高 43%，挥发油中芳樟醇和香叶醇的含量有显著提高（Kapoor et al.，2002a）。球囊霉属菌根真菌大果球囊霉（*Glomus macrocarpum*）和集球囊霉（*Glomus fasciculatum*）均能显著提高草茴香（*Anethum graveolens*）和印度藏茴香（*Trachyspermum ammi*）植株的挥发油含量，两株真菌对草茴香的作用效果均好于对印度藏茴香的。在影响挥发油成分方面，接种大果球囊霉提高了草茴香挥发油中柠檬烯和香芹酮的含量，接种集球囊霉提高了印度藏茴香挥发油中百里香酚的含量（Kapoor et al.，2002b）。

接种内生真菌的大戟（*Euphorbia pekinensis*）组培苗移栽到室外，生长 1 年后检测萜类成分含量，结果表明，内生真菌 E4（*Fusarium* sp.）和 E5（*Fusarium* sp.）均能提高大戟组培苗期和室外生长 1 年后二萜物质异大戟素和三萜物质大戟醇的含量；室外生长 1 年后，E4 处理组的异大戟素和大戟醇含量分别比对照提高了 92.79%和 40%；E5 处理组的异大戟素和大戟醇含量分别比对照提高了 105.32%和 241.38%。这些结果说明，内生真菌 E4 和 E5 对大戟生长有促进作用，并能促进植株体内萜类物质的合成（勇应辉等，2009）。

四、黄酮及黄酮苷

瘤菌根菌属（*Epulorhiza*）菌株 AR18 的代谢产物影响福建金线莲组织培养苗黄酮类成分的积累。将菌株 AR18 液体发酵的发酵液乙醇提取物、菌丝体乙醇提取物作为诱导子，均有利于福建金线莲中黄酮类成分的积累；诱导子对福建金线莲组织培养苗所含黄酮类成分的种类没有影响，但能影响不同成分的含量。其中，发酵液与菌丝体提取物处理均能提高 6 种已知黄酮的总含量，提高异鼠李素-3-*O*-葡萄糖苷含量的作用最强，最高达到对照的 18 倍；发酵液提取物的乙酸乙酯部位处理的福建金线莲的各已知黄酮含量均高于对照，且随着诱导子浓度的增加，各黄酮含量也呈上升趋势，该处理对槲皮素含量的影响最大，最高可达到对照的 3.99 倍；发酵液提取物的石油醚、正丁醇、水部位处理的福建金线莲中已知黄酮类成分的总量与对照较接近，都可以提高槲皮素的含量，以水部位处理最明显，可以达到对照的 5.15 倍；菌丝体提取物石油醚部位的处理降低了福建金线莲中已知黄酮类成分的总量，对异鼠李素-3-*O*-葡萄糖苷的含量降低最多，较对照降低了 76%；菌丝体提取物乙酸乙酯、水部位处理的金线莲中已知黄酮类成分总量与对照接近，正丁醇部位各处理福建金线莲试管苗 6 种黄酮的总含量均高于对照，且随着诱导子浓度的增加而升高（郭文娟，2007）。

狭叶羽扇豆（*Lupinus angustifolius*）接种炭疽病菌（*Colletotrichum lupine*）后，可以诱导植物叶片积累异黄酮类次生代谢产物（Wojakowska et al.，2013）。长果颈黄芪（*Astragalus englerianus*）实生苗接种丛枝菌根真菌摩西球囊霉（*Glomus mosseae*）后，根中黄酮类和皂苷类成分的含量有显著提高，与对照相比毛蕊异黄酮和黄芪甲苷的平均含量均提高 1 倍以上（韩冰洋等，2013）。

张福生（2010）研究促生真菌对福建金线莲（FJ）和台湾金线莲（TW）中黄酮及黄酮苷类成分含量的影响，发现：①FJ-盆栽接种菌株 AR18 后，材料中的槲皮素-3-*O*-芸香糖苷及异鼠李素-3-*O*-芸香糖苷含量是最高的，分别为 2.65mg/g、11.92mg/g，是 FJ-盆栽材料的 1.3 倍、1.1 倍，是 FJ-MS 材料的 2.3 倍、1.9 倍；FJ-盆栽接种菌株 MF23 后，材料中异鼠李素-3-*O*-葡萄糖苷及异鼠李素的含量则为最高，分别为 0.42mg/g、1.19mg/g，是 FJ-盆栽材料的 1.29 倍、1.08 倍，是 FJ-MS 材料的 1.48 倍、4.15 倍。②TW-盆栽接种菌株 AR18 后，材料中所含的异鼠李素-3-*O*-芸香糖苷及异鼠李素-3-*O*-葡萄糖苷分别是 TW-盆栽接种菌株 MF23 后的 1.16 倍和 1.29 倍，可见菌株 AR18 对 TW 中异鼠李素-3-*O*-芸香糖苷及异鼠李素-3-*O*-葡萄糖苷的积累作用比菌株 MF23 更加明显。

五、皂　苷　类

化合物 kinsenoside 被认为是兰科开唇兰属（*Anoectochilus*）多种植物中的有效成分，具有抗肿瘤、降血糖、保肝和降血脂的作用。张福生（2010）的研究发现，对福建金线莲和台湾金线莲生长有促进作用的 2 株内生真菌 AR18 和 MF23 也能促进植株积累 kinsenoside。盆栽试验中，与对照相比，分别与 AR18 菌株和 MF23 菌株共生的福建金线莲的 kinsenoside 含量分别提高了 49%和 36%，台湾金线莲的 kinsenoside 含量分别提高了 81%和 86%。于雪梅（2000）的研究发现，菌根真菌对福建金线莲植株皂苷类成分含量的影响随菌-苗互作的时间而波动。互作 35 天时，接种菌根真菌的福建金线莲苗的皂苷含量比对照高 28%，互作 10 天和 60 天时处理组和对照组的皂苷含量没有显著性差异。

六、其他化学成分

（一）酚类

有学者研究了蜜环菌对天麻（*Gastrodia elata*）中天麻素含量的影响，发现不同类型的蜜环菌菌株均能促进天麻中天麻素的积累，且作用强度与蜜环菌的菌株类型有明显关系（孙士青和陈贯虹，2003；孙士青等，2004；2008；2009a；2009b；卢学琴，2007）。有学者对侵染丹参根、造成根部腐烂的丹参根腐病病原菌进行了分离与纯化，并将病原菌高温灭菌（使之丧失侵染性）后作为诱导子，研究丹参根腐病病原菌诱导子对丹参酚酸类化合物含量的影响。结果表明，丹参根腐病病原菌作为诱导子在低浓度时对培养细胞中丹酚酸 B 含量的影响不显著，较高浓度时诱导丹酚酸 B 含量升高，浓度过高时反而抑制丹酚酸 B 的合成与积累。此外，丹参根腐病病原菌诱导子还可以诱导咖啡酸的合成与积累（宛国伟，2008）。

（二）猪苓甾酮

蜜环菌菌索的水提取物能促进猪苓菌丝中猪苓酮类成分的积累，蜜环菌菌索的水提取物共可诱导出 7 个猪苓酮类成分，并且随着水提取物浓度的增加，猪苓酮类成分的种类和含量也在增加，其中保留时间为 8.7min 处的成分在 3 个浓度处理中含量均最高；蜜环菌菌索的甲醇提取物可促进猪苓酮类成分的产生，共可诱导出 9 个猪苓酮类成分，其中保留时间 9.3min 的成分含量均最高；蜜环菌菌索甲醇提取物的石油醚部位、乙酸乙酯部位、正丁醇部位、水部位 4 个部位都能促进猪苓菌丝中猪苓酮类成分的产生，分别可诱导出 14 个、8 个、7 个、11 个猪苓酮类成分；蜜环菌代谢产物中存在一些小分子类成分，这些物质作为诱导子能促进猪苓菌丝中猪苓酮类成分的产生；来自蜜环菌的各诱导子可诱导猪苓产生具有与猪苓酮类似吸收的成分，这种诱导作用随着诱导子成分的复杂化而加强（郭文娟，2007）。

添加猪苓伴生菌菌丝体提取物能促进猪苓生长，但伴生菌发酵液和伴生菌活菌对猪苓生长没有明显促进作用，添加伴生菌菌丝提取物和发酵液都不能促进猪苓酮产生；加入伴生菌活菌对猪苓生长无促进作用，但对猪苓酮的产生有作用，与加入时间、共培养时间有关系，后期加入、短期混合培养的处理方式与对照组相比有较大差别；共培养后可以加速猪苓菌的衰亡和菌丝自溶，可以诱导发酵液中特定猪苓酮成分的积累，这可能是菌丝自溶后所致（程显好，2006）。

（陈晓梅　郭顺星）

参 考 文 献

陈晓梅，郭顺星，王春兰. 2005. 四种内生真菌对金线莲无菌苗生长及多糖含量的影响. 中国药学杂志，40（1）：13-16.

陈晓梅，郭顺星. 2005. 4 种内生真菌对金钗石斛无菌苗生长及其多糖和总生物碱含量的影响. 中国中药杂志，30（4）：253-257.

陈晓梅. 2004. 真菌诱导子对铁皮石斛原球茎生长及次生代谢产物的影响. 北京：中国协和医科大学博士学位论文，10.

程显好. 2006. 猪苓和蜜环菌人工培养及影响几种有效成分产生因素的研究. 北京：中国协和医科大学博士学位论文，6.

仇燕，贾宁，王丽，等. 2003. 诱导子在红豆杉细胞培养生产紫杉醇中的应用研究进展. 植物学通报，20（2）：184-189.

郭良栋. 2001. 内生真菌研究进展. 菌物系统，20（1）：148-152.

郭顺星，曹文芹，王秋颖，等. 2002. 与蜜环菌共生过程中猪苓菌核不同部位糖类成分的含量研究. 中国药学杂志，37（7）：493-495.

郭文娟. 2007. 真菌对三种中药生长发育和有效成分影响的物质基础研究. 北京：中国协和医科大学博士学位论文，6.

韩冰洋，李贤坤，董相，等. 2013. AM 真菌对长果颈黄芪生物量及次生代谢产物的影响. 西北农业学报，22（12）：153-158.

侯丕勇. 2003. 真菌诱导子对铁皮石斛原球茎诱导作用研究. 北京：中国协和医科大学博士学位论文，1-2 .

侯晓强. 2007. 石斛属植物菌根生物学研究. 北京：中国协和医科大学博士学位论文，6.

江东福，马萍，王兴红，等. 1995. 龙血树真菌群及其对血竭形成的影响. 云南植物研究，17（1）：79-82.

江东福，马萍，杨靖，等. 2003. 9568D 镰孢霉作用于死态龙血树形成血脂的研究. 应用生态学报，14（3）：477-478.

李永成，陶文沂. 2008. 美丽镰刀菌培养液对东北红豆杉悬浮细胞防御反应及紫杉醇合成的影响. 西北植物学报，28（9）：1746-1750.

卢学琴. 2007. 蜜环菌菌株对天麻素含量的影响. 中药材，30（10）：1210-1212.

舒莹. 2005. 内生真菌 MF24 对铁皮石斛原球茎诱导作用及石斛的化学成分和活性研究. 北京：中国协和医科大学博士学位论文，5.

孙士青，陈贯虹，邱维忠，等. 2004. 乙型蜜环菌对不同品种天麻产量及天麻素含量的影响. 山东科学，17（2）：37-39.

孙士青，陈贯虹. 2003. 不同蜜环菌对天麻生物产量及天麻素含量的影响. 山东科学，16（2）：7-10.

孙士青，马耀宏，孟庆军，等. 2009a. 野生、退化、复壮蜜环菌对天麻产量及天麻素含量的影响. 中草药，40（8）：1300-1302.

孙士青，史建国，李雪梅，等. 2008. 丙型蜜环菌对天麻生物产量及天麻素含量的影响. 山东科学，21（4）：10-12.

孙士青，史建国，李雪梅，等. 2009b. 续无性繁殖乙型蜜环菌对天麻生物产量及天麻素含量的影响. 中国中药杂志，34（3）：359-360.

唐明娟. 2003. Ⅰ菌根真菌在金线莲栽培中应用及其共生机理研究Ⅱ粉尘螨和黑麦草变应原决定簇及其全长基因克隆与表达. 北京：中国协和医科大学博士学位论文，5.

宛国伟. 2008. 诱导子对丹参酚酸类化合物含量及合成酶的影响. 杨陵：西北农林科技大学硕士学位论文，4.

王和勇，罗恒，孙敏. 2004. 诱导子在药用植物细胞培养中的应用. 中草药，35（8）：3-7.

王宇，戴传超. 2009. 内生真菌对生物活性物质代谢转化作用的研究进展. 中草药，40（9）：1496-1499.

吴子龙，赵昕. 2009. 混合接种菌根真菌对喜树幼苗生长及喜树碱含量的影响. 北方园艺，（10）：52-54.

邢晓科. 2003. 猪苓与伴生菌相互作用的研究. 北京：中国协和医科大学博士学位论文，5.

徐茂军，董菊芳，朱睦元. 2004. NO 参与真菌诱导子对红豆杉悬浮细胞中 PAL 活化和紫杉醇生物合成的促进作用. 科学通报，49（7）：667-672.

烜赫，杨坤. 2006. 诱导子对红豆杉培养细胞紫杉醇产量的影响. 生物学通报，41（6）：55-57.

晏琼，胡宗定，吴建勇. 2006. 生物和非生物诱导子对丹参毛状根培养生产丹参酮的影响. 中草药，37（2）：262-265.

勇应辉，戴传超，高伏康，等. 2009. 大戟内生真菌对其生长和两种萜类物质含量的影响. 中草药，40（7）：1136-1139.

于雪梅. 2000. 金线莲与内生真菌相互作用机理研究. 北京：中国协和医科大学博士学位论文，5.

于洋，于涛，王洋，等. 2012. 接种后共培养时间对丛枝菌根喜树幼苗喜树碱含量的影响. 生态学报，32（5）：1370-1377.

张波，戴传超，方芳，等. 2009. 三种内生真菌对茅苍术组培苗的生长及主要挥发油成分的影响. 生态学杂志，28（4）：704-709.

张福生. 2010. 金线莲植物的 ISSR 遗传差异分析及体外药理活性研究. 北京：北京协和医学院博士学位论文，6.

张祺玲，谢丙炎，谭周进，等. 2010. 微生物对植物化学成分的影响研究进展. 中国药业，19（2）：17-19 .

周敏. 2005. 内生真菌及其诱导子与长春花悬浮细胞生物碱合成代谢相关性研究. 长沙：湖南农业大学硕士学位论文，6.

Ahmad A, Alam M, Janardhanan KK. 2001. Fungal endophyte enhances biomass production and essential oil yield of east Indian lemongrass. Symbiosis，30：275-285.

Copetta A，Lingua G，Berta G. 2006. Effects of three AM fungi on growth，distribution of glandular hairs，and essential oil production in *Ocimum basilicum* L. var. *genovese*. Mychorriza，16：485-494.

de la Rosa-Mera CJ，Ferrera-Cerrato R，Alarcón A，et al. 2011. Arbuscular mycorrhizal fungi and potassium bicarbonate enhance the foliar content of the vinblastine alkaloid in *Catharanthus roseus*. Plant and Soil，2011，349（1/2）：367-376　.

Ebel J. 1986. Phytoalexin synthesis：the biochemical analysis of the induction process. Annual Review of Phytopathology，24：235-264.

Ellis DD, Zeldin EL, Brodhagen M, et al. 1996. Taxol production in nodule cultures of *Taxus*. Journal of Natural Products, 59(3)：226-250.

Gupta ML, Prasad A, Ram M, et al. 2002. Effect of the vesicular-arbuscular mycorrhizal (VAM) fungus *Glomus fasciculatum* on the essential oil yield related characters and nutrient acquisition in the crops of different cultivars of menthol mint (*Mentha arvensis*) under field conditions. Bioresource Technology，81：77-79.

Kapoor R，Giri B，Mukerji KG. 2002a. Mycorrhization of coriander (*Coriandrum sativum* L.) to enhance the concentration and quality of essential oil. Journal of　Science of Food Agriculture，82：339-342.

Kapoor R，Giri B，Mukerji KG. 2002b. *Glomus macrocarpum*：a potential bioinoculant to improve essential oil quality and concentration in Dill (*Anethum graveolens* L.) and Carum (*Trachyspermum ammi* Linn.) Sprague. World Journal of Microbiology & Biotechnology，18：459-463.

Mucciarelli M, Camusso W, Maffei M, et al. 2007. Volatile terpenoids of endophyte——free and infected peppermint (*Mentha piperita* L.)：chemical partitioning of a symbiosis. Microbial Ecology，54 (4)：685-696.

Mucciarelli M, Scannerini S, Bertea CM, et al. 2003. *In vitro* and *in vivo* peppermint (*Mentha piperita*) growth promotion by nonmycorrhizal fungal colonization. New Phytologist，158：579-591.

Wackers FL，Wunderlin R. 1999. Induction of cotton extrafloral nectar production in response to herbivory does not require a herbivore——specific elicitor. Entomologia Experimentalis et Applicata，91：149-154.

Weinberger F. 2000. Friedlander M1 Endogenous and exogenous elicitors of a hypersensitive response in *Gracilaria conferta* (Rhodophyta). Journal of Applied Phycology，12：139-145.

Wojakowska A，Muth D，Narożna D，et al. 2013. Changes of phenolic secondary metabolite profiles in the reaction of narrow leaf lupin (*Lupinus angustifolius*) plants to infections with *Colletotrichum lupini* fungus or treatment with its toxin. Metabolomics，9 (3)：575-589.

Zhang FS，Lv YL，Zhao Y，et al. 2013. Promoting role of an endophyte on the growth and contents of kinsenosides and flavonoids of *Anoectochilus formosanus* Hayata，a rare and threatened medicinal Orchidaceae plant. Journal of Zhejiang　University——Science B (Biomedicine & Biotechnology)，14 (9)：785-792.

第十二章 真菌诱导子对药用植物细胞及其代谢产物形成的影响

内生真菌长期生活在宿主植株体内，与植物协同进化，二者形成互利共生关系：一方面宿主植物为内生真菌提供光合产物维持其正常的生长和代谢活动；另一方面内生真菌将吸收的水分、氮、磷等营养转移给植物。在这个过程中，内生真菌既能够通过自身的活动对宿主植物的次生代谢产生影响（Zou et al.，2000；文才艺等，2004），又能够利用宿主植物的生物合成途径合成自身的次生代谢产物。内生真菌诱导宿主植物体内次生代谢产物的合成和积累，是植物-内生真菌相互作用的普遍特征（Chen，2006）。内生真菌能诱导植物产生对病原菌有抑制作用的次生代谢产物，或抑制植物产生不利于自身生存的毒性产物，从而增加内生真菌的生态位竞争优势（王宇和戴传超，2009）。

药用植物通过识别受体模式（recognition receptor pattern，RRP）或病原相关分子模式（pathogen-associated molecular pattern，PAMP）感知、识别内生真菌的侵染。这些识别模式与药用植物对病原微生物的识别模式几乎没有差别。从植物病理学角度来看，内生真菌和病原微生物都能激发药用植物的抗性反应，使宿主植物提高与抗性相关的酶的活性，改变细胞壁的结构，积累有毒的次生代谢产物，以对抗生物胁迫。与病原微生物不同，内生真菌是药用植物亲和性微生物，不会引发宿主产生强烈的过敏反应。

在研究内生真菌对药用植物次生代谢产物的影响时，特别是将植物细胞作为某种特定产物的反应器，来研究真菌对特定产物的产生与积累的影响时，经常会用灭活的真菌诱导子来代替活体菌株。因为诱导子的成分相对明确且质量可控，与植物细胞培养技术相结合，有望实现中药药效成分的规模化、产业化生产，具有良好的应用前景。

第一节 真菌诱导子影响药用植物细胞次生代谢产物的合成和积累

真菌对植物的诱导作用始于对植物真菌病害的研究。为了排除直接用病原感染植物对观察反应现象的干扰，人们选用既能代表病原的一定特性，而又没有病原感染活力的一类物质作为诱导子（elicitor），诱导植物产生相应的反应来研究真菌及其他病原生物对植物的作用。对真菌诱导作用的研究主要集中在两个方面：一是研究植物与真菌相互作用的植物病理学机制，明确真菌与植物相互作用中识别、信号转导和引发防卫反应这3个主要过程的特性，为真菌病害的防治提供理论依据；二是研究真菌诱导子对植物细胞次生代谢的调控作用，以提高植物细胞合成和积累特定天然产物的方法，这方面的研究因其在天然药物开发等领域良好的应用前景而受到普遍关注。

一、真菌诱导子的分类

真菌诱导子是植物抗病生理过程中诱发植物产生抗毒素和引起超敏反应的因子。在植物和微生物的相互作用中，真菌诱导子可以快速、高效和选择性地诱导植物代谢过程中特定基因的表达（Vasil et al.，1984）；能够在酶和基因水平上调节植物细胞的次生代谢途径，从而影响次生代谢产物的形成和积累。利用诱导子处理药用植物的组织培养细胞以快速、高效地获得药用植物有效成分，这种方法近年来已经成为天然产物研究和新药开发等领域普遍关注的方法之一。植物细胞培养是指在离体条件下，将愈伤组织或其他易分散的组织置于液体培养基中进行震荡培养，得到分散游离的悬浮细胞，通过继代培养使细胞增殖，从而获得大量细胞群体的一种技术。最常用的细胞培养方法有两种，分别是细胞悬浮培养和毛状根培养。前者是将植物细胞悬浮于培养基中培养或维持，后者是通过将发根农杆菌（*Agrobacterium rhizogenes*）中Ri质粒含有的T-DNA整合到植物细胞的DNA上，诱导植物细胞产生毛状根，对毛状根进行培养。

根据所含主要化学成分的类型，诱导子可以分为多糖类、糖蛋白类、蛋白质类和不饱和脂肪酸类等。根据制备方法的不同，诱导子可以分为活的菌体、菌丝体高温处理后的可溶性成分、细胞壁降解成分和菌丝体及菌液提取物。不同种类诱导子所具有的诱导信息类型、强度不同，诱导反应发生的类型、速率和强度也不同。而且只有处于一定生长时期的细胞才能有效地接受诱导信号，此时诱导子表现为最高活性（余叔文，1992）。

（一）多糖类诱导子

多糖类诱导子是最早被发现有诱导作用的一类诱导子。来自真菌的多糖诱导子主要包括葡聚糖、几丁质、脱乙酰几丁质等。从疫霉属真菌大豆疫霉（*Phytophthora sojae*）培养基中分离的葡聚糖是首先发现的有诱导植物抗毒素作用的葡聚糖诱导子（Ayers et al.，1976），随后在酵母菌（yeast）的提取物中也发现了类似的葡聚糖诱导子（Hahn and Albersheim，1978）。这类诱导子的结构中都含有真菌细胞壁最常见的3-，或6-，或3-和6-连接的糖残基。在一定化学方法作用下，这种结构的多糖可以直接从真菌细胞壁释放出来而发挥诱导作用。最小结构的葡聚糖诱导子是由7个葡萄糖残基构成的β-7聚葡萄糖，分子结构中中间5个为1，6-连接的葡萄糖残基，两端的2个为3-或6-连接的葡萄糖残基（Sharp et al.，1984）。

Sharp等（1984）在研究6～10个葡萄糖残基组成的寡糖诱导子对大豆（*Glycine max*）子叶的诱导作用时发现，寡糖的结构与诱导活性密切相关：寡糖非还原端连接一个分支三糖，且分支三糖的结构中没有任何化学修饰时，诱导子的活性强，否则诱导活性降低1～3个数量级；两条侧链的葡萄糖残基不能与主链上相邻的两个葡萄糖残基相连，否则诱导活性降低约3个数量级。

几丁质与脱乙酰几丁质的诱导活性也与分子的聚合度有关。聚合度小于4的几丁质没有诱导活性，一些植物需要聚合度大于 6 的几丁质才能够发生防卫反应（Koga et al.，1992）。聚合度为 7 的脱乙酰几丁质对诱导豌豆（*Pisum sativum*）豆荚积累豌豆素、诱导植物细胞木质化和合成蛋白酶抑制物的活性最强（Kendra and Hadwiger，1984）。

（二）糖蛋白类诱导子

糖蛋白是分支的寡糖链与多肽链共价相连所构成的复合糖，主链较短，在大多数情况下，糖的含量小于蛋白质的含量；又或者说，糖蛋白是由短的寡糖链与蛋白质共价相连构成的结合蛋白质。对糖蛋白类诱导子的结构与诱导活性关系的研究表明，糖蛋白上的糖链和肽链对其诱导作用都是不可或缺的；糖残基的连接方式影响诱导子的活性；糖蛋白释放的聚糖有抑制多肽类诱导子诱导植物防卫反应的作用（Kogel et al.，1988；Grosskopf et al.，1991；Basse and Boller，1992；Basse et al.，1993）。

（三）多肽类诱导子

Elicitin 是疫霉属和腐霉属（*Pythium*）的植物病原卵菌产生的一类分子质量约为 10kDa 的小分子多肽类诱导子的总称，能诱导烟草（*Nicotlana tabacum*）的过敏反应和系统获得抗性。Elicitin 的生物功能与其氨基酸组成、三维结构密切相关。Elicitin 有 α 型（酸性）和 β 型（碱性）两种类型，绝大多数 β 型 Elicitin 的生物活性都高于 α 型 Elicitin 的。Elicitin 的氨基酸序列有很高的同源性，α 型第 13 位氨基酸是缬氨酸，β 型第 13 位氨基酸是赖氨酸。

Cryptogein 是从隐地疫霉（*H. cryptogea*）中分离的一种 Elicitin，具有 5 螺旋结构，其处于末端的 3 个螺旋有很高的柔韧性（Fefeu et al.，1998）。O'Donohue 等（1995）用人工合成 Cryptogein 基因替换氨基酸编码的方法将 Cryptogein 第 13 位氨基酸由赖氨酸替换为缬氨酸，导致重组蛋白对烟草的致病作用显著降低，从而证明 Cryptogein 诱导过敏反应的决定因素是第 13 位的氨基酸。Cryptogein 的晶体结构显示其通过结合甾体物质而被植物细胞受体识别，只有甾体- Elicitin 复合物才有可能激活烟草细胞和其他敏感植物体的生物反应。

二、真菌诱导子的作用特点

真菌诱导子能够诱导药用植物细胞积累特定的次生代谢产物。用天麻（*Gastrodia elata*）共生菌蜜环菌（*Armillaria mellea*）的发酵液处理悬浮培养的延胡索（*Corydalis yanhusuo*）细胞能促进某些生物碱的积累（张荫麟等，1992）。用真菌诱导子和甲基茉莉酮酸酯处理墨西哥柏（*Cupressus lusitanica*），可使 β-大叶崖柏素（β-thujaplicin）的合成增加 3 倍，在高密度细胞的培养基中加入真菌诱导子和铁离子，可使 β-大叶崖柏素的合成增加 3～4 倍（Zhao et al.，2001）。真菌诱导子处理欧茜草（*Rubia tinctorum*）悬浮培养细胞，能显著提高细胞中蒽醌类衍生物的总含量，特别是提高三羟蒽醌羧酸（pseudopurpurin）和蒽醌苷化合物 lucidin-3-*O*-primeveroside 和 ruberithric acid 的含量（Orbán et al.，2008）。表 12-1 列出了一些对药用植物有诱导作用的真菌。

表 12-1 对药用植物有诱导作用的真菌及其应用

诱导子来源菌株	作用植物	诱导的产物
蜜环菌 *Armillaria mellea*	延胡索 *Corydalis yanhusuo*	原鸦片碱(protopine)
	丹参 *Salvia miltiorrhiza*	丹参酮(tanshinone)
黑曲霉 *Aspergillus niger*	红豆杉 *Taxus chinensis*	紫杉醇(taxol)
	长春花 *Catharanthus roseus*	长春碱(catharanthine)、阿玛碱(ajmalicine)
米曲霉 *A. oryzae*	新疆紫草 *Arnebia euchroma*	紫草宁(shilonin)
葡萄孢属 *Botrytis* sp.	长春花 *Catharanthus roseus*	血根碱(sanguinarine)
束状刺盘孢 *Colletotrichum dematium*	黄花蒿 *Artemisia annua*	青蒿素(artemisinin)
葡枝根霉 Rhizopus stolonifer	黄花蒿 *Artemisia annua*	青蒿素(artemisinin)

真菌诱导处理刺激培养细胞合成次生产物的作用受诱导子来源菌株、制备方法、化学成分、浓度及培养细胞的生理状况等许多因素的影响。

(一)菌株来源影响诱导子的作用

用烟草炭疽病菌(*Colletotrichum nicotianae*)、尖镰孢(*Fusarium oxysporum*)、黑曲霉(*Aspergillus niger*)、米曲霉(*A. oryzae*)4 种真菌诱导子处理悬浮培养的新疆紫草(*Arnebia euchroma*)细胞，对紫草素的合成均有促进作用，其中黑曲霉诱导子效果最好，而且能促进紫草素的外泌(刘长军和侯嵩生，1998)。用橘青霉(*Penicillium citrinum*)、灰绿犁头霉(*Absidia glauca*)、鲁氏毛霉(*Mucor rouzianus*)和灰葡萄孢霉(*Botrytis cinerea*)制成的诱导子处理云南红豆杉(*Taxus yunnanensis*)悬浮细胞，橘青霉菌丝诱导子对紫杉醇产生的影响效果最好，其次是灰葡萄孢霉(陈永勤等，1999)。用来源于黑曲霉和特异青霉(*P. notatum*)的真菌诱导子分别处理补骨脂(*Psoralea corylifolia*)悬浮培养细胞，均能提高细胞中补骨脂素的含量，分别为对照的 9 倍和 4 倍(Ahmed and Baig，2014)。用酵母和绿色木霉(*Trichoderma viride*)发酵物制备的诱导子分别处理金盏花(*Calendula officinalis*)悬浮培养细胞，均能提高培养系统中熊果酸的含量，与对照相比分别提高了 3.3 倍和 1.8 倍(Wiktorowska et al.，2010)。用 12 种真菌制得的不同诱导子分别处理长春花(*Catharanthus roseus*)的悬浮培养细胞，发现不同真菌菌丝体的匀浆可以刺激不同生物碱(阿玛碱、利血平、长春碱)的积累，与对照相比可以提高 2～5 倍。此外，一些菌的发酵液也可以有效地刺激不同吲哚生物碱的合成(Zhao et al.，2001)。

harpin 是从假单胞菌属病原细菌 *Pseudomonas syringar* 中分离的诱导子，可以激活烟草细胞中对水杨酸敏感的丝裂原活化蛋白激酶(mitogen-activated protein kinase，MAPK)和不依赖于细胞外 Ca^{2+}浓度的 *HIN1*(high in normal-1)基因的转录。harpin 与细胞膜上受体的亲和力与其诱导烟草防卫基因 *HIN1* 有密切关系。而另一种从大雄疫霉(*Phytophthora megasperma*)得到的诱导子 megaspermin 不能够与 harpin 的受体亲和(Lee et al.，2001)。来自于不同真菌的诱导子 Pep-25 和 Pp-elicitor 可诱导欧芹(*Petroselinum crispum*)产生不同的细胞质 Ca^{2+}浓度。Pep-25 诱导产生的细胞质 Ca^{2+}浓度为 175nmol/L，而 Pp-elicitor 诱导产生的细胞质钙离子浓度达到 300nmol/L，二者相差近 1 倍，反应效果明显不同(Fellbrich et al.，2000)。从大豆疫霉中分离出的 4 种酸性 α-elicitin 有 89 个氨基酸残基，与从其他疫霉属真菌中分离的 eicitin 有很高的同源性。这些真菌诱导子可以引起大豆悬浮细胞的 PAL、查耳酮合成酶、谷胱甘肽巯基转移酶等相关酶基因的表达，但不能够引起水稻的防卫反应，说明这些诱导子不能够被水稻识别

(Becker et al.，2000)。

（二）制备方法影响诱导子的作用

用液体发酵的盾叶薯蓣(*Dioscorea zingiberensis*)内生真菌尖镰孢分别制备灭活菌丝诱导子和菌液浓缩物诱导子。用这两种诱导子分别处理盾叶薯蓣无菌苗和培养细胞，检测薯蓣皂苷元的产率，发现灭活菌丝处理的无菌苗和培养细胞中薯蓣皂苷元的产率分别为 78.697mg/L 和 1.391mg/L，是对照的 2.865 倍和 2.013 倍；菌液浓缩物处理的无菌苗和培养细胞中薯蓣皂苷元的产率分别为 41.822mg/L 和 1.214mg/L，是对照的 1.522 倍和 1.757 倍；说明灭活菌丝的诱导效果强于菌液浓缩物的，同时也说明盾叶薯蓣苗比未分化的细胞能更有效地接受内生真菌的诱导（张瑞芬等，2010）。液体发酵黄花蒿(*Artemisia annua*)内生真菌胶孢炭疽菌(*C. gloeosporioides*)，收集菌丝体，80°C 烘干，研磨破碎，经乙醇脱脂，氯仿-正丁醇脱蛋白质，菌丝残渣洗去有机溶剂后再经三氟乙酸水解，中和水解液，制成诱导子。与菌丝体直接酸解法、脱脂脱蛋白质法和脱脂酸解法制备的诱导子相比，用这种脱脂脱蛋白质酸解法获得的诱导子活性最强，能够最大限度地促进黄花蒿发根合成青蒿素，发根中青蒿素的含量比对照提高了 38.5%。高活性诱导子是用 Sephadex G25 进一步纯化制备得到的，分子质量小于 2500Da 的寡糖诱导子能显著促进发根青蒿素的合成，培养 23 天的发根经寡糖诱导子(0.4mg/L)处理 4 天后，青蒿素产量可达 13.51mg/L，比同期对照产量提高了 51.63%（王剑文等，2006）。

（三）添加浓度影响诱导子的作用

3 株内生真菌的发酵液能影响金钗石斛(*Dendrobium nobile*)无菌幼苗抗氧化相关酶的活性，但作用特点各不相同。随着菌株 37 发酵液浓度的增加，金钗石斛 SOD 的活性先降低后升高，POD 和 PAL 的活性逐渐增加；随着菌株 117 发酵液浓度的增加，金钗石斛 SOD 的活性先升高后降低，POD 和 PAL 的活性先降低后升高；随着菌株 120 发酵液浓度的增加，金钗石斛 SOD 和 PAL 的活性逐渐升高，POD 的活性先降低后升高（罗在柒等，2009）。

将用菊科茅苍术(*Atractylodes lancea*)的一株丝核菌属(*Rhizoctonia*)内生真菌液体发酵产物制备的诱导子加入茅苍术悬浮培养细胞中，观察其对植物细胞生长和苍术素含量的影响。结果表明，低浓度诱导子对苍术细胞的生长没有影响，但随着诱导子浓度的提高，细胞生物量显著下降，诱导子浓度达 100mg/L 时，细胞生长抑制率达 46.7%。当诱导子浓度为 20～60mg/L 时对细胞内苍术素的生物合成有较强的促进作用，以 40mg/L 诱导子的作用效果最好，在细胞培养至 12 天时加入，培养至 21 天时苍术素含量达到最大值 28.06μg/L，比对照提高了 48.3%，且苍术素含量能在较长的时间内维持较高浓度（陶金华等，2011）。

（四）作用时间影响诱导子的作用

将白桦(*Betula platyphylla*)的一株拟茎点霉属(*Phomopsis*)内生真菌液体发酵 10 天后制备菌丝体诱导子，以 40μg/ml 的浓度加入培养 3 天的白桦悬浮培养体系中，诱导处理 1 天和 2 天后的细胞干重与对照相比无显著性差异，处理 3 天后细胞干重显著降低，但三萜类化合物的含量和产量随诱导子处理时间的延长而显著提高，处理 3 天后分别达 27.97mg/g 和 32.64mg/g，与对照相比分别提高了 77%和 13%（翟俏丽等，2011）。

黑曲霉诱导子提高岩黄连(*Corydalis saxicola*)细胞悬浮培养体系生物碱产量的作用随诱导时间的延长而提高。诱导子浓度为 50mg/L 时，作用第 6 天生物碱产量能达到最大值

89.2mg/L，比对照组提高了 2.5 倍(程华等，2007)。

（五）诱导子化学成分影响诱导子的作用

经美丽镰孢(*F. mairei*)诱导子处理的东北红豆杉(*T. cuspidata*)细胞悬浮培养系统中太平洋紫杉醇的产量能达到 5.84mg /L,为对照的 1.8 倍,诱导子的主要成分是一种 2kDa 的寡糖(Li and Tao，2009)。蛋白质类诱导子和糖类诱导子对同一种植物的诱导作用是不同的。用大丽轮枝孢菌株 277 粗诱导子的蛋白质部分处理棉花和大豆的悬浮培养细胞,只能诱导培养细胞的植保素形成；而这种粗诱导子的碳水化合物部分多聚半乳糖醛酸(聚合度为 20)只诱导培养细胞的 H_2O_2 暴发(Davis et al.，1993)。蛋白质性质的诱导子能诱导烟草培养细胞积累植保素甜椒醇(capsidiol)；寡糖性质的诱导子能引起培养基碱化，H_2O_2 暴发，PAL、咖啡酸-*O*-甲基转移酶、脂肪氧化酶(LOX)的活性明显升高，水杨酸(SA)积累，但不能诱导甜椒醇积累(Klarzynski et al.，2000)。

（六）细胞生长阶段影响诱导子的作用

真菌诱导子促进植物培养细胞合成次生代谢产物的能力与添加诱导子时植物细胞所处的生长阶段有关。在细胞培养后期加入真菌诱导子更有利于次生代谢产物的合成和积累。

在白鲜(*Dictamnus dasycarps*)悬浮细胞培养的第 12 天加入真菌诱导子，提高白藓碱产量的作用效果最显著,其次为细胞培养第 8 天加入诱导子。在白鲜细胞培养第 4 天加入诱导子的作用效果最差(朱新洲等，2009)。红豆杉(*T. chinensis*)培养细胞中添加橘青霉诱导子能促进紫杉醇的合成，诱导子以 50μg/ml 的浓度加入处于指数生长末期的红豆杉培养细胞中时，诱导子的作用效果最好(李家儒等，1998)。在胡桐(*Calophyllum inophyllum*)悬浮培养细胞的生长静止期初期(培养 18 天)加入真菌诱导子，对细胞中红厚壳素积累的诱导作用最显著，能使红厚壳素产量提高 27%，并促进其向胞外分泌(罗焕亮等，2004)。在黄芪愈伤组织培养的对数生长期晚期添加真菌诱导子，诱导黄芪总皂苷积累的作用最好，可使黄芪总皂苷的含量达到 11.51mg/g DW，是对照的 1.32 倍(杜研，2007)。

第二节　内生真菌诱导子影响药用植物细胞次生代谢的作用机制

在自然界中，植物面临着很多病原微生物的侵害，然而，往往只有少数几种微生物能够对某种植物形成侵害，甚至一种病原微生物只能侵染一种植物。同样的，某种植物往往只对某类特殊的真菌诱导子成分敏感(Staskawicz et al.，1995)。早在 20 世纪 40 年代，Flor 就根据对亚麻品种与锈菌病原生理小种之间关系的研究,提出了植物与病原真菌相互作用的基因对基因假说(gene for gene hypothesis)，并认为病原菌含有无毒基因(*avr*)，寄主植物含抗病基因(*R*)，植物在与病原相互作用的情况下表现出抗性。寄主的抗性是寄主抗病基因的直接和间接产物与病原无毒基因的直接和间接产物相互识别，然后启动寄主的防卫反应的结果。基因对基因假说已经能被分子生物学的配体-受体模式进一步解释(刘良式，1998)。

真菌引起植物防卫反应和系统抗性的可能机制是：真菌诱导子与植物细胞响应的受体结合，直接或间接通过刺激信号转导途径使植物体内相关激酶活化，经过一系列的信号级联，最终导致植物细胞核内的抗性基因表达。早期的信号转导途径涉及细胞膜的活性。细胞膜的激活激发了相应的第二信使系统，导致特殊生理活性的表现(Lebrun-Garcia et al.，1999)。多年来人们对真菌与植物的互作机制进行了广泛而深入的研究，主要涉及的领域包括真菌与植物的识别机制、诱导作用中的细胞信号转导途径、诱导子引起的防卫反应、诱导子对植物次生代谢的影响等。

药用植物次生代谢物的生物合成是受细胞内相关基因调控的一系列复杂的生物化学反应过程。在药用植物细胞内存在相关的胞内信号分子和相应的信号转导机制，可以感受和传递来自外界的刺激信号。内生真菌诱导子是一种外源性的刺激因子，并不直接参与植物细胞内的次生代谢过程，而是通过被药用植物细胞膜上的受体识别并与之结合，进而引起离子通道的开启或关闭，蛋白磷酸化或 G-蛋白偶联等，进一步激活第二信使系统实现信号的跨膜传递，再通过调节次生代谢产物合成途径中相关酶的基因表达和改变酶活性来调控次生代谢物的生物合成(崔晋龙等，2012；古绍彬等，2013)。

三萜皂苷类化合物是药用植物刺五加(*Eleutherococcus senticosus*)的主要活性成分之一。三萜类化合物通过依赖甲羟戊酸的类异戊二烯途径合成，该途径中催化 2 分子法尼基二磷酸缩合为鲨烯的鲨烯合成酶(SS)、催化 2，3-氧化鲨烯合成的鲨烯环氧酶(SE)和催化 2，3-氧化鲨烯形成 β-香树脂醇的 β-香树脂醇合成酶(bAS)是公认的 3 个关键酶。用伤口法回接 4 株刺五加内生真菌，30 天后测定即发现其中 2 株真菌接种的刺五加植株中 *SS* 基因表达量显著提高；120 天后测定，4 株内生真菌接种的植株中 *SE* 基因表达量均显著高于对照；各处理 *bAS* 基因的表达量在回接 60～120 天时均显著高于对照。此外，4 个菌株均显著提高了刺五加的皂苷含量。这些结果说明 4 株内生真菌通过影响刺五加 *SS*、*SE* 和 *bAS* 的表达量，进而影响刺五加的皂苷含量，其中 *bAS* 为主要靶点(邢朝斌等，2012)。三萜皂苷类化合物积雪草皂苷是积雪草(*Centella asiatica*)的主要药效物质。积雪草根部接种内生真菌印度梨形孢(*Piriformospora indica*)后，接菌植株体内积雪草皂苷的含量增加，其中叶片和全株的积雪草苷含量比对照组提高了近 1 倍。实时荧光 PCR 分析表明，印度梨形孢诱导植株体内 *SS* 和 *bAS* 基因的表达量大幅度提高(Satheesan et al.，2012)。

一、诱导信号的识别

诱导子被植物细胞膜或细胞质中的受体蛋白识别，是诱导反应开始的第一步。受体是细胞表面或亚细胞组分中的一种生物大分子，可以识别并特异性地与有生物活性的化学信号物质(配体)结合，从而启动一系列生物化学反应，最终导致特定的细胞反应。受体与配体的作用具有特异性、亲和性、饱和性和可逆性的特点。细胞表面受体可分为以下 3 种。

(1)离子通道型受体(ion channel receptor)：是一类自身为离子通道的受体，其开放或关闭直接受化学配体的控制，通过将化学信号转变为电信号而影响细胞的功能，对诱导信号的反应速率极快。

(2)G 蛋白偶联受体(G protein-coupled receptor，GPCR)：是一类膜蛋白受体的统称，立体结构中都有 7 个跨膜 α 螺旋，且肽链的 C 端与连接第 5 和第 6 个跨膜螺旋的胞内环上都有鸟苷酸结合蛋白(G 蛋白)的结合位点。G 蛋白偶联受体活化时将信息传递给 G 蛋白，使其与 GTP 结合，GTP 复合体中的 α 亚基与 β 亚基、γ 亚基分开，进入细胞质激活其他酶。

(3)酶连受体(enzyme-linked receptor)：受体通常是蛋白激酶，与信号分子结合后，随受体活化而发生内部分子的磷酸化，传递信息。植物细胞中的类受体蛋白激酶(receptor-like protein kinase，RLK 属于蛋白激酶的一个亚家族，具有跨膜结构，其胞外域与配体结合，激活具有酶活性的胞内结构域，胞内激酶区(由丝氨酸/苏氨酸组成)通过磷酸化或去磷酸化，开启或关闭下游靶蛋白，将胞外信号传递至胞内。

目前的研究认为受体蛋白具有结构专一性，仅能识别某些诱导子，对其他诱导物没有反应。例如，大豆疫霉细胞壁 β-葡萄糖诱导子 1，6-β-heptaglucoside(HG)和 1，3-β-HG 能够与大豆专一性识别(Fliegmann et al.，2004)。从瓜果腐霉(*P. aphanidermatum*)中分离得到蛋白质诱导子 PaNie(234)包含一个有蛋白酶卵裂位点的推测的真核生物分泌物信号。在胡萝卜(*Daucus carota*)中异源表达的没有分泌物信号的PaNie(234)诱导子蛋白可以触发细胞程序死亡和从头合成4-羟基苯甲酸。将 PaNie(234)渗入拟南芥(*Arabidopsis thaliana*)叶片的细胞间隙，能导致叶肉细胞周围的海绵质薄壁细胞上形成枯斑和细胞壁上胼胝体的沉积。PaNie(234)也可以在烟草、番茄(*Lycopersicon esculentum*)细胞上形成枯斑，但对玉米(*Zea mays*)、燕麦(*Avena sativa*)和吊兰草(*Tradescantia zebrina*)没有这些作用，说明单子叶植物不能识别这个信号。用纯化的 PaNie(234)处理和用从瓜果腐霉培养物粗制的诱导子处理，反应程度是相同的(Veit et al.，2001)。

植物细胞表面可能存在一组或几组特异的诱导物结合位点，能够识别真菌诱导子，并与之结合。目前仅有大豆、烟草等少数几种作物中的真菌诱导子受体蛋白被研究确定(表 12-2)，药用植物细胞膜上相关受体蛋白的结构和功能还有待深入研究。

表 12-2　几种植物细胞膜上的诱导子亲和蛋白

亲和蛋白分子质量/kDa	诱导子类型	来源植物	结构特点
150	葡聚糖	大豆	75kDa 蛋白质的二聚体
70	几丁质	水稻	
91	多肽	欧芹	
193	糖蛋白	番茄	糖蛋白

Staskawicz 等(1995)提出，引发植物防卫反应的胞内和胞外两种受体类型，分别以基因 *Cf-9* 和 *N* 为代表。*Cf-9* 编码一个有跨膜结构域的蛋白质。诱导信号分子结合受体后，使 *Cf-9* 编码蛋白的胞内区域与丝氨酸/苏氨酸蛋白激酶发生相互作用，完成信号由胞外到胞内的传递。烟草抗病基因 *N* 编码蛋白与果蝇信号受体 Toll 蛋白及人类白细胞介素 1 受体 IL-1 蛋白的胞内区域有着很高的同源性。Toll 蛋白和 IL-1 蛋白与进入细胞内部的信号分子结合后，通过磷酸化作用，分别激活胞内的一种转录因子 dorsal 或 NF-κB，并使之由细胞质进入细胞核，激活有关基因的表达。

除了蛋白质外，类脂可能也执行某些诱导子受体的功能。疫霉属真菌 *P. capsici* 分泌一种有磷酸酶活性的蛋白质，它的两种同系物均有高的磷脂酶 B 的活性，分子质量分别为 22kDa 和 23kDa，都有葡萄糖基，有相同 N 端序列，与诱导子 capsicein 有很高的同源性，能够与带负电的磷脂亲和，显示细胞膜类脂可能是其作用目标(Nespoulous et al.，1999)。

二、信 号 转 导

植物细胞信号转导是指细胞偶联各种刺激信号与其引起特定生理效应之间的一系列分子

反应机制。信号转导是个复杂的网络过程，目前对植物抗病、防御反应等信号转导途径的研究比较深入，但对药用植物次生代谢信号转导途径的研究还处在探索阶段，推测可能的机制为内生真菌作用下的药用植物细胞中存在离子通道，诱导子与受体的结合引起细胞膜透性的改变，膜内外离子流的形成伴随细胞质的酸化，导致活性氧暴发，诱导信号被传递，激活次生代谢产物合成途径，提高合成途径中关键酶的活性，诱导关键酶基因的转录和表达。信号转导的分子途径包括胞间信号传导、膜上信号转换和胞内信号转导(图 12-1)。

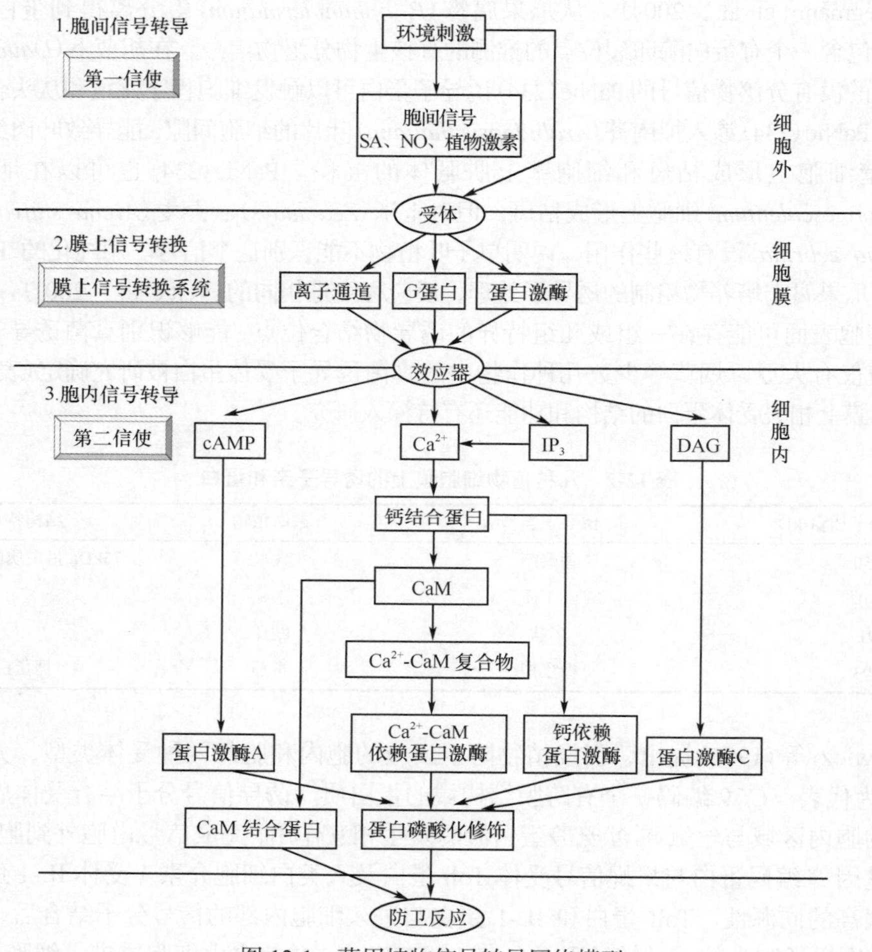

图 12-1　药用植物信号转导网络模型

(一)胞间信号转导

植物体内的胞间信号可分为化学信号和物理信号。化学信号是指细胞感受刺激后合成并传递到作用部位引起生理反应的化学物质。植物激素是植物体内主要的胞间化学信号。物理信号是指细胞感受到刺激后产生的能够起传递信息作用的电信号和水力学信号。已知的植物激素主要有传统的五大类，即生长素、赤霉素、脱落酸、乙烯、细胞分裂素，最新确定的油菜素甾醇，以及其他植物生长调节因子，如一氧化氮(NO)、水杨酸(SA)、茉莉酸类化合物(JAs)、独脚金甾醇(分支素)、多胺类分子、小肽类分子等。SA、NO、JAs 等是与防卫反应相关的主要胞间信号。

(1) SA：是植物体内普遍存在的一种信号分子，不仅对植物体内一些重要的生长发育过程起调控作用，而且是植物应对生物和非生物胁迫反应的重要信号分子。SA 能激活植物对胁迫产生持续抗性，诱导植物合成病程相关蛋白，产生植保素，提高苯丙氨酸合成途径中一些酶基因的表达，参与植物的过敏反应和系统获得抗性反应，在植物抗病反应中发挥重要作用(周莹等，2007；臧忠婧等，2010)。SA 诱导植物体内植保素的快速形成和积累，是植物重要的抗病防卫反应之一。真菌诱导子和 SA 能诱导药用植物细胞中抗性相关酶活性升高，特定产物积累增加，说明诱导子诱导植物产生了系统获得抗性反应。

人参(*Panax ginseng*)细胞培养物中添加 SA，使细胞培养物的干重下降，为对照的 71.6%；人参皂苷含量提高，为对照的 1.9 倍(刘太峰，2008)。在细胞培养初期或后期加入 SA，均能显著提高黄芩(*Scutellaria baicalensis*)悬浮培养细胞黄芩苷的胞外释放量和总黄芩苷含量(张向东等，2007)。SA 处理丹参(*Salvia miltiorrhiza*)悬浮培养细胞后 4h，PAL 活性出现高峰，迷迭香酸(RA)的积累量在诱导后 8h 出现峰值。用酪氨酸氨基转移酶(TAT)的竞争性抑制剂 L-α-氨氧基-β-苯基丙酸(L-α-aminooxy-β-phenylpropionic acid, AOPP)处理丹参悬浮培养细胞后 6h，TAT 活性没有显著改变，但明显抑制了 PAL 活性，同时 AR 的积累量显著下降。用 AOPP 和 SA 共同处理，AOPP 抑制 PAL 的作用有一定降低，RA 积累量有所提高。这些结果说明 SA 可以诱导丹参悬浮培养细胞积累 RA；与 TAT 相比，PAL 对丹参悬浮培养细胞合成 RA 的限速作用更明显(焦蒙丽等，2012)。

(2) NO：是近年来发现的一种新型植物信号分子，是介导植物细胞次生代谢产物合成的必需信号分子之一。NO 作用于 SA、茉莉酸(JA)、活性氧等信号分子的上游，调控它们的生物合成，而 SA 等信号途径之间存在相互抑制和协调互补的关系，表明细胞中不同信号转导途径之间是一种相互交叉、协调、制约的网络关系。NO 有可能处于细胞信号转导网络的关键节点，起到分子开关的作用(徐茂军，2007)。

橘青霉细胞壁诱导子可以诱导红豆杉悬浮细胞产生多种防卫反应，包括 NO 释放、PAL 活化和紫杉醇合成增加。诱导子处理约 2h 后，细胞中 NO 开始产生，并在 6h 左右达到最高。NO 专一性猝灭剂 cPITO [2-(4-carboxyphenyl)-4,4,5,5-tetramethylimidazoline-1-oxyl-3- oxide] 和一氧化氮合酶(NOS)抑制剂 PBITU [S,S′-1,3-phenylene-bis(1,2-ethanediyl)-bis- isothiourea, 2HBr]可以阻断诱导子对细胞中 PAL 活化和紫杉醇合成的促进作用。NO 供体硝普钠(SNP)单独处理细胞即可引起细胞中 PAL 活化和紫杉醇合成加强。PBITU 可以抑制诱导子诱发的细胞中 NO 含量的增加。这些结果说明橘青霉诱导子处理下红豆杉悬浮培养细胞中 NO 合成与 PAL 活化和紫杉醇合成加强之间存在因果关系，诱导子通过 NOS 产生 NO，NO 作为信号分子活化 PAL 并触发紫杉醇生物合成(徐茂军等，2004)。

真菌诱导子可以诱导甘葛藤(*Pueraria thomsonii*)细胞的 NO 暴发、SA 合成和葛根素含量增加，但细胞中 JA 水平未发生明显变化。NO 猝灭剂 cPITO 可以阻断真菌诱导子对甘葛藤细胞中 SA 和葛根素合成的促进作用。在缺乏 SA 积累能力的 NahG 转基因甘葛藤细胞中，真菌诱导子虽然不能促进 SA 积累，但仍然可以诱发 NO 暴发和葛根素生物合成，并能促进细胞中 JA 的合成积累。cPITO 可以抑制真菌诱导子对 NahG 转基因甘葛藤细胞中 JA 合成的诱导作用，JA 合成抑制剂异丁苯丙酸(ibuprofen，IBU)和去甲二氢愈创木酸(nordihydroguaiaretic acid, NDGA)可以抑制外源 NO 对 NahG 转基因甘葛藤细胞中葛根素生物合成的促进作用。外源 SA 处理可以显著降低真菌诱导子对 NahG 转基因甘葛藤细胞中 JA 合成的促进作用，并解除 IBU

和 NDGA 对 NO 和真菌诱导子诱发葛根素合成的抑制作用。由此推测，野生型甘葛藤细胞中，真菌诱导子可能通过诱发 SA 合成积累抑制其对细胞中 JA 合成的促进作用；NO 可能主要通过 SA 信号途径介导真菌诱导子对细胞中葛根素生物合成的促进作用；而在 SA 积累受阻的 NahG 转基因甘葛藤细胞中，NO 则通过激活 JA 的生物合成并依赖 JA 信号途径介导真菌诱导子促进甘葛藤细胞中葛根素的生物合成（徐茂军等，2006）。

小克银汉霉属（*Cunninghamella*）内生真菌 AL4 制成的粗诱导子可以诱发茅苍术悬浮细胞的 NO 和 H_2O_2 暴发，挥发油合成加强。使用 NO 专一性猝灭剂 cPITO 和 H_2O_2 猝灭剂 CAT 则不仅可以分别抑制 AL4 粗诱导子引起的茅苍术细胞的 NO 和 H_2O_2 暴发，而且能部分阻断 AL4 粗诱导子促进茅苍术细胞挥发油合成。添加 NO 供体 SNP 和 H_2O_2 都可引起茅苍术细胞中挥发油积累增加，但二者效果不同。这些研究结果说明，NO 和 H_2O_2 是介导内生真菌 AL4 粗诱导子促进茅苍术悬浮细胞挥发油合成的信号分子。同时添加 NO 的猝灭剂 cPITO 和 H_2O_2 的猝灭剂 CAT 并不能完全抑制 AL4 粗诱导子引起的茅苍术细胞挥发油积累增加，这表明内生真菌 AL4 粗诱导子还可以通过其他方式促进茅苍术悬浮细胞挥发油合成（方芳等，2009a）。

内生真菌诱导子通过诱导苍术细胞中 NOS、PAL 及乙酰辅酶 A 羧化酶（ACC）的活性，显著促进苍术细胞的 NO 暴发、SA 和苍术素的合成。NOS 抑制剂 PBITU 可以阻断诱导子对 NO、SA 和苍术素合成的促进作用，外源 NO 供体 SNP 及外源 SA 单独处理也能促进苍术素的合成。NO 猝灭剂 cPITO 可以有效清除诱导子诱发苍术细胞的 NO 暴发，显著阻断诱导子对苍术细胞中 SA 和苍术素合成的促进作用，外源 SNP 可以逆转 cPITO 对 PAL 和 ACC 的活性，以及 SA 和苍术素合成的抑制作用。这些结果表明，NO 和 SA 是参与苍术素合成的信号分子，且 NOS 是参与诱导子诱发苍术细胞 NO 暴发的主要途径；NO 是介导内生真菌诱导子诱发苍术细胞中苍术素和 SA 生物合成所必需的上游信号分子（陶金华等，2014）。

（3）JAs：包括茉莉酸（JA）、茉莉酸甲酯（MeJA）及其衍生物，最初是作为一类新型的植物激素而受到广泛关注的。近年的研究发现，其在与植物抗性相关的信号转导中能发挥重要作用。JA 信号通路包括 JA 的合成和 JA 的信号转导两个重要过程。植物对胁迫信号的感知开启了 JAs 的生物合成，被合成的 JAs 进而作为第二信使，参与并诱导植物的一系列防卫相关反应。JAs 可以通过韧皮部在植物体内被长距离运输，发挥信号分子的作用（杨东歌和张晓东，2009）。

真菌诱导子可以诱导长春花悬浮培养细胞中 JA 的生物合成。向培养系统中加入 JA 合成抑制剂二乙基二硫代氨基甲酸，可以阻断诱导子诱导 JA 合成的作用，同时抑制细胞中萜类吲哚生物碱合成途径关键酶色氨酸脱羧酶（TDC）和异胡豆苷合成酶（STR）的活性。诱导子诱导 JA 生物合成的作用还可以被蛋白激酶抑制剂 K-252a 阻断，表明在 JA 信号转导途径中有蛋白质磷酸化的过程（Vazquez-Flota and De Luca，1998；Menke et al.，1999）。

用真菌诱导子处理银杏悬浮培养细胞，导致细胞内黄酮类物质积累、ABA 合成增加、PAL 活性提高。使用 ABA 生物合成抑制剂氟啶酮，可以抑制真菌诱导子诱导的 ABA 合成、PAL 酶活性升高和黄酮类物质积累。向银杏细胞培养体系中添加 ABA 后，无论添加真菌诱导子与否，均可以升高 PAL 的活性，促进黄酮类物质的积累。这些结果提示，在真菌诱导子与银杏细胞相互作用的过程中，ABA 的释放能导致 PAL 活性升高和黄酮类物质的积累，说明 ABA 参与了真菌诱导子诱导的银杏细胞中黄酮类成分的生物合成（Hao et al.，2011）。

真菌诱导子和腐胺（Put）分别处理 24h 后，白桦悬浮培养细胞中三萜含量最高，分别比对照增加了 68.54%和 30.34%。真菌诱导子和 Put 共同处理能提高细胞中的三萜含量，但降低了培养细胞的生物量，最终导致三萜产量下降，低于真菌诱导子单独处理细胞中的三萜含量。真菌诱导子和多胺合成抑制剂 D-精氨酸共同处理时的三萜产量也低于真菌诱导子单独处理细胞中的三萜含量。这些结果表明，多胺介导了真菌诱导子促进白桦悬浮细胞中三萜的合成(刘英甜等，2014)。

除了以上提到的植物激素和植物生长调节因子外,还有一些物质也能发挥胞间信号分子的作用。1，3-β-D-葡聚糖、寡聚半乳糖醛酸、富含甘露糖的糖蛋白、聚氨基葡萄糖等都是构成细胞壁的主要成分，除了具有支持细胞框架的功能以外，它们也是诱导抗性和控制生长发育的信号物质。壳梭孢菌素、花生四烯酸和乙酰胆碱等生长调节物质也具有化学信号的功能。

(二)膜上信号的转换

细胞间信号从产生位点经长距离传递到达靶细胞。靶细胞感受信号，并将细胞外信号转变为细胞内信号，然后再启动下游的各种信号转导系统，并对原初信号进行放大，激活次级信号，最终导致植物的生理生化反应。膜上信号的转换包括膜上受体对信号的识别、接收及信号的跨膜转换。细胞膜上受体的类型决定了信号跨膜转换的方式主要有以下 3 种。

(1)通过 G 蛋白偶联受体的信号跨膜转换：G 蛋白全称为 GTP 结合调节蛋白(GTP binding regulatory protein)。细胞内的 G 蛋白一般分为两大类：与膜受体偶合的异源三聚体 G 蛋白(大 G 蛋白)由 α、β、γ 3 种亚基构成；存在于不同的细胞部位，只含有一个亚基单体的小 G 蛋白。G 蛋白的信号偶联功能是靠三磷酸鸟苷(GTP)的结合或水解产生的变构作用完成的。G 蛋白与受体结合而被激活，继而触发效应器，把胞间信号转换成胞内信号。当 GTP 水解为 GDP 后，G 蛋白就回到原初构象，失去转换信号的功能。

已经从植物中克隆到 G 蛋白基因，如普遍存在于显花植物中的一类保守基因 *Gα*(拟南芥 *gpa1*、番茄 *tpa1*)和 *Gβ*(玉米 *zgb1*、拟南芥 *agb1*)。真菌对植物的诱导作用中有 G 蛋白的参与。G 蛋白激活剂百日咳毒素和霍乱毒素可以促进植物悬浮细胞对真菌诱导子的应答反应(Bolwell et al.，1991；Legandre et al.，1992)。GTPγS 和霍乱毒素有类似于诱导子的作用，可以诱导番茄细胞膜上 H^+-ATPase 的去磷酸化(Xing et al.，1994)。在烟草细胞中，诱导子 cryptogein 诱导的 18.5kDa 和 20.5kDa 的蛋白质，能够与人类 G 蛋白 rac2 的抗体探针发生免疫反应(Kieffer et al.，1997)。真菌诱导子、H_2O_2 或甲基茉莉酸能刺激墨西哥柏木悬浮培养细胞合成植物抗毒素大叶崖柏素。对其诱导机制的研究表明，Ca^{2+}和 G 蛋白共同介导诱导信号进入 JA 途径，进而激活次生代谢途径形成并积累大叶崖柏素(Zhao and Sakai，2003)。

(2)通过酶连接受体的信号跨膜转换：酶连受体除了具有受体功能外，本身还是一种酶蛋白，当细胞外的功能结构域与配体结合后，可以激活具有酶活性的细胞内功能结构域，引起酶活性改变，从而引起细胞内侧的反应，将信号传递到细胞内。植物中的类受体蛋白激酶(RLK)富含半胱氨酸结构域(S-domain)和亮氨酸。真菌病原基因 *AVR9* 诱导番茄细胞产生的 *Cf-9* 编码一个高度糖苷化的跨膜 RLK 蛋白，并含有一个细胞内的短尾肽结构。与受体蛋白激酶(RPK)不同的是，该蛋白质没有细胞内的蛋白激酶结构(Piedras et al.，2000)。最为接近 RPK 的是从水稻中提取的一个细菌病原诱导基因 *xa21*。该基因对应的蛋白质产物同时含有细胞外的富亮氨酸重复片段结构和细胞内的丝氨酸/苏氨酸结构(Song，1995)。

(3)通过离子通道连接受体的信号跨膜转换：离子通道是在细胞膜上可以跨膜转运离子的一类蛋白质。离子通道型受体就是离子通道连接受体，其在转运离子的同时，还能与配体特异性识别并结合，具备受体的功能。这类受体和配体结合接受信号后，可以引起跨膜的离子流动，把细胞外信息通过膜离子通道转换为细胞内某一离子浓度改变的信息。

Ca^{2+}和 H^+内流、Cl^-和 K^+外流是真菌诱导子作用下植物细胞共有的现象。Nurnberger 等(1994)认为，欧芹细胞膜上的受体在来自大雄疫霉的 42kDa 的糖蛋白诱导子作用下，能够调节细胞内、外离子的流动。离子流动引起蛋白质的磷酸化，进而引起防卫基因的表达。这种受体在诱导子加入 3min 后即被饱和，并在 2～5min 后引起各种离子的流动。

与离子通道偶联的 ATP 酶为离子的跨膜运输提供动力。Chung 等(2000)分离了一种植物细胞膜 Ca^{2+}-ATPase，它不同于动物的 Ca^{2+}-ATPase，可以被真菌诱导子在大豆细胞中迅速和大量诱导。这种 Ca^{2+}-ATPase 曾在植物细胞膜内膜系统中被发现，其 Ca^{2+}-ATPase 活性比钙调蛋白高 6 倍。H^+-ATPase 是另外一种被研究较多的 ATP 酶。然而 ATP 酶在诱导作用中的作用还有许多需要解释的地方。某些 ATP 酶的抑制剂往往可以促进诱导作用中某些现象的发生，或至少不抑制。所以与离子通道偶联的 ATP 酶可能与诱导作用相关的一些现象没有非常密切的关联。

许多离子通道的抑制剂(EGTA、La^{3+}、异搏定、硝苯吡啶、尼群地平、氟桂利嗪)被应用于对诱导作用的研究。与 ATP 酶抑制剂不同的是，这些离子通道抑制剂可以明显阻断诱导作用的发生。真菌诱导子诱导皱叶欧芹(*P. crispum*)细胞产生 Ca^{2+}的外流、活性氧的暴发、防卫基因的表达、植物抗毒素的积累。离子通道阻遏剂可以阻断活性氧的暴发，并在抑制活性氧的同时抑制了防卫基因的表达和植物抗毒素的积累(Jabs et al., 1997)。通过用一些特异的 Ca^{2+}通道阻断剂研究发现，诱导子作用下细胞内 Ca^{2+}的增加是由于细胞外 Ca^{2+}的内流引起的，随后，细胞中储备的 Ca^{2+}也释放出来，增加了细胞的 Ca^{2+}浓度(Lecourieux et al., 2002)。

(三)细胞内信号的转导

一般将细胞外各种刺激信号称为细胞信号转导过程中的第一信使，将由细胞外刺激信号激活或抑制的、具有生理调节活性的细胞内因子称为细胞信号转导过程中的第二信使。细胞外信号经膜上信号转换后，通过第二信息进一步传递和放大，最终引起细胞内的生化反应。植物中的第二信使主要有 Ca^{2+}信号系统、肌醇磷脂信号系统和环核苷酸信号系统。

(1) Ca^{2+}信号系统：植物细胞中的游离 Ca^{2+}是细胞信号转导过程中重要的第二信使。通常细胞中的钙以结合态和自由离子态(Ca^{2+})两种形式存在。一般植物细胞在未受到刺激时其细胞的 Ca^{2+}浓度都很低，为 10^{-7}～10^{-6}mol/L，而细胞外的 Ca^{2+}浓度可以达到 10^{-4}～10^{-3}mol/L。细胞壁是细胞最大的钙库，细胞器，如线粒体、叶绿体、内质网等的 Ca^{2+}浓度也是细胞质的几百到几千倍。因此，细胞质与细胞外或细胞内钙库之间存在 Ca^{2+}浓度梯度，分布极不平衡。细胞质 Ca^{2+}与细胞内钙库或细胞外 Ca^{2+}之间存在浓度梯度是 Ca^{2+}发挥细胞信使作用的基础。静息状态下这些梯度的分布相对稳定，当受到刺激时，Ca^{2+}跨膜转运打破了细胞内的钙稳态，从而产生钙信号。

细胞内 Ca^{2+}信号通过钙结合蛋白(CaBP)转导信号。CaBP 与 Ca^{2+}有很高的亲和力和专一性。植物中的 CaBP 主要有钙调素(CaM)和钙依赖型蛋白激酶(CDPK)，其中 CaM 是分布最广，也是被了解得最多的 CaBP。CaM 有两种作用方式：其一是直接与 NAD 激酶、Ca^{2+}-ATP 等靶酶结合，诱导靶酶的活性构象而调节它们的活性；其二是与 Ca^{2+}结合形成活化状态的 Ca^{2+}-CaM 复合物，然后激活 Ca^{2+}-CaM 复合物的靶酶，如磷酸化酶、H^+-ATP 酶等。后者是钙信使系统中的主要作用方式。

在原球茎培养基中加入小菇属(*Mycena*)真菌 MF24 诱导子的同时分别添加 Ca^{2+}、Ca^{2+}螯合剂和 Ca^{2+}通道阻断剂，均能影响铁皮石斛原球茎中苯丙烷类物质的合成水平。从铁皮石斛原球茎克隆了 2 个钙调蛋白基因 *CaM2* 和 *CaM7*，通过 RT-PCR 检测发现钙调蛋白 2 和钙调蛋白 7 的表达水平分别在诱导子作用 6h 和 2h 后显著提高，说明钙调蛋白参与了诱导过程的信号转导（舒莹，2005）。用类似的方法研究内生真菌对刺五加钙调蛋白表达的影响时发现，内生真菌可以显著提高刺五加 *CaM* 基因的表达量，最大表达量出现在菌株回接植物 90 天后，是对照的 2.96 倍（邢朝斌等，2012）。

（2）肌醇磷脂信号系统：肌醇磷脂是一类由磷脂酸与肌醇结合的脂质化合物，主要以磷脂酰肌醇（PI）、磷脂酰肌醇-4-磷酸（PIP）和磷脂酰肌醇-4，5-二磷酸（PIP_2）三种形式存在于植物质膜上。以肌醇磷脂代谢为基础的细胞信号系统，是在外信号被膜受体接受后，以 G 蛋白为中介，由质膜中的磷脂酶 C（PLC）水解 PIP_2，生成肌醇-1，4，5-三磷酸（IP_3）和二酰甘油（DAG）两种信号分子。IP_3 通过调节 Ca^{2+} 浓度与 Ca^{2+} 信使系统交联，而 DAG 通过激活蛋白激酶 C（PKC）传递信息。

（3）环核苷酸信号系统：该系统是在活细胞内最早发现的第二信使，包括环腺苷酸（cAMP）和环磷鸟苷（cGMP），分别由 ATP 经腺苷酸环化酶和 GTP 经鸟苷酸环化酶催化产生。cAMP 信号系统的作用中心是核苷酸环化酶和蛋白激酶 A（PKA）。外界刺激信号激活质膜上的 G 蛋白偶联受体，进而活化膜内侧的腺苷酸环化酶，活化的腺苷酸环化酶调节细胞质内的 cAMP 水平，从而激活 cAMP 依赖 PKA。PKA 被激活后催化亚基和调节亚基相互分离，其中催化亚基可以产生以下作用：①引起相应的酶或蛋白质磷酸化，引起相应的细胞反应；②直接进入细胞核催化 cAMP 应答元件结合蛋白（CREB）磷酸化，被磷酸化的 CREB 激活核基因序列中的转录调节因子 cAMP 应答元件（CRE），导致被诱导基因的表达。

信号转导过程中许多功能蛋白转录后需要经共价修饰才能发挥其生理功能，蛋白质磷酸化就是进行共价修饰的过程。在信号转录完毕后，被磷酸化的蛋白质需要被快速地脱磷酸化来保证信号的快速灭活。蛋白质磷酸化和去磷酸化是分别由一组蛋白激酶和蛋白磷酸酶所催化的，它们是上述几类胞内信使进一步作用的靶酶。蛋白激酶和蛋白磷酸酶催化相应蛋白质的磷酸化和去磷酸化，从而调控细胞内酶、离子通道、转录因子等的活性，引起相应的生理反应。

根据磷酸化靶蛋白氨基酸种类的不同，蛋白激酶可以分为三类：丝氨酸/苏氨酸激酶、酪氨酸激酶和组氨酸激酶。有的蛋白激酶具有双重底物特异性，既可使丝氨酸/苏氨酸残基磷酸化，也可使酪氨酸磷酸化。根据调节方式的不同，植物中的蛋白激酶可以分为两类：钙和钙调素依赖蛋白激酶和类受体蛋白激酶。钙和钙调素依赖蛋白激酶属于丝氨酸/苏氨酸型蛋白激酶，在其氨基端有一个蛋白激酶催化域，在其羧基端有一个类似 CaM 的结构域，在两者之间还有一个自身抑制域。当位于 CDPK 上的类似 CaM 结构域上的 Ca^{2+} 结合位点与 Ca^{2+} 结合后，酶被活化。类受体蛋白激酶也由 3 个结构域组成，细胞外配体结合域识别配体，感受外界信号；跨膜域将识别和感受的信号传递给细胞质激酶域；细胞质激酶域通过磷酸化作用将信号传递给下一级信号传递体。

蛋白磷酸酶分为丝氨酸/苏氨酸型和酪氨酸型，是逆磷酸化作用，使磷酸化的蛋白质去磷酸化以终止信号，在理论上与蛋白激酶具有同等重要的意义。正是这种相互对立的反应系统，才能使生物体内的酶、离子通道等成分在接收上游信号时被适时激活，在完成信号接收或传递后又能及时失活，保证细胞有效而经济地调控对内外信息的反应。

真菌诱导的磷酸化过程包括防卫基因的磷酸化（Menke et al.，1999）、几丁质酶的磷酸化（Kim et al.，1998）、PAL 的磷酸化（Allwood et al.，2002）等。被磷酸化的蛋白质既包括细胞核蛋白质，也包括位于微体、细胞质等的蛋白质，且这些蛋白质的磷酸化依赖于 Ca^{2+} 的调节

(Dietrich et al., 1990)。同时，在真菌诱导引起细胞外碱化的作用中，Ca^{2+}的内流和K^{+}的外流也有赖于蛋白磷酸化的调节(Conrath et al., 1991)。Peck 等(2001)的研究发现，真菌诱导子所造成的磷酸化不依赖于 SA,却与脂肪酸有关。Xing 等(1996)在研究刺盘孢诱导子与H^{+}-ATPase的关系时发现，有两种类型的蛋白激酶在调控细胞的磷酸化：在诱导子作用下，H^{+}-ATPase 先表现为去磷酸化，随着处理时间的延长，在一种蛋白激酶 K 的作用下，H^{+}-ATPase 重新磷酸化，然后，在另一种依赖于Ca^{2+}的蛋白激酶的作用下，H^{+}-ATPase 持续磷酸化。依赖于Ca^{2+}的蛋白激酶受前一种蛋白激酶 K 的调控。在烟草细胞中发现的一种 47kDa 的蛋白激酶可以使髓鞘碱性蛋白(myelin basic protein)的丝氨酸和苏氨酸残基磷酸化。在真菌诱导子的作用下，这种蛋白激酶被持续激活，发生酪氨酸残基的磷酸化(Suzuki and shinshi, 1995)。转录辅助激活蛋白家族中的 StMBF1(solanum tuberosum multiprotein bridging factor 1)在来自大雄疫霉的细胞壁诱导子的作用下，也有依赖于Ca^{2+}的磷酸化的发生。这种磷酸化受一种 57kDa 蛋白质的调控(Zanetti et al., 2003)。这说明真菌诱导子能导致转录水平的蛋白质磷酸化。

三、防卫反应

细胞反应是信号转导的最后一步，所有外界刺激都能引起相应的细胞反应，包括跨膜离子流动、细胞骨架的变化、细胞内代谢途径的调节、基因表达的调控。所有细胞的生理反应最终表现为植物体的生理反应。真菌诱导植物产生的防卫反应包括：①细胞结构性组分合成增加，细胞壁结构发生改变；②产生化学防御性物质，如活性氧暴发、H_2O_2 暴发；③水解酶活性增强、水解酶基因的转录与表达增强；④防卫相关蛋白的活性增强、防卫相关蛋白基因的表达与转录增强；⑤激活次生代谢途径，次生代谢产物的合成和积累增加。

(一)细胞结构变化

植物细胞壁中，除了纤维素、半纤维素和果胶等多糖类物质外，还有 3 种主要的构成蛋白：富羟脯氨酸蛋白(含有 Ser-Hyp4 重复序列)、富脯氨酸蛋白(含有 Val-Tyr-Lys-Pro 重复序列)和富甘氨酸蛋白(含有 Gly-X 重复序列)(Varmer et al., 1989)。真菌诱导能引起富羟脯氨酸蛋白的蓄积(Corvin et al., 1987; Bradley et al., 1992; Brisson et al., 1994)，且作用强度与诱导子浓度呈正相关，诱导子浓度越大，富羟脯氨酸蛋白的积累越多。真菌诱导子作用下的富羟脯氨酸蛋白的积累反应可以持续 24h。Bradley 等(1992)试验了 104 种真菌诱导子，都可以使大豆细胞中的富羟脯氨酸蛋白发生 H_2O_2 介导的氧化交联而沉积，因此认为，富羟脯氨酸蛋白积累引起的细胞壁加厚是真菌诱导作用的基本反应现象。

真菌诱导子还可以使子叶导管中的果胶质增加，引起悬浮培养的烟草细胞聚集(Roussel et al., 1999)。沿着初生细胞壁，果胶质有纤维状的增生。增生果胶成分发生改变，以离子键交链的果胶含量增加，而以共价键交链的果胶含量有所降低。这些试验表明，在受到真菌诱导后，通过改变胶体的结构，细胞的胶层发生了某些改变。胶层性状的改变使细胞壁被消化的概率大幅度降低(Kieffer et al., 2000)。

(二)活性氧暴发

植物中的 ROS 包括超氧阴离子自由基 $O_2^{\cdot -}$、过氧化氢(H_2O_2)和羟自由基($^{\cdot}OH$)。活性氧能够直接抑制细菌的增殖和真菌孢子的萌发；诱导细胞壁中的伸展蛋白交联，引起植物细胞壁增厚；使构成木质素的多酚类物质聚合，增加对病原水解酶的抗性；通过膜脂过氧化诱导细胞的程序性死亡而促成过敏性枯斑的形成；激活防御基因产生防御性物质(臧忠婧等，2010；崔晋龙等，2012)。活性氧暴发现象是植物防御反应早期的重要变化之一。活性氧是 O_2 分子逐步减少过程中的中间体，其中 $O^{\cdot}{}_2^-$ 和 OH^- 的半衰期很短，H_2O_2 的半衰期相对较长，可以从产生位点扩散一定的距离，因此，有关活性氧的研究多集中于 H_2O_2。植物细胞内 Ca^{2+} 峰的出现是活性氧产生的前提条件。活性氧暴发在诱导子激发的防卫反应中是一个相对独立的事件，至少，活性氧的作用不应该是信号转导主干途径中的关键步骤，活性氧在细胞壁构建中可能起着重要作用(Kieffer et al.，2000)。

内生真菌 *Fusarium* sp.诱导子的加入，可以提高菊科茅苍术悬浮培养细胞烟酰胺腺嘌呤二核苷酸(NADPH)氧化酶的活性，诱导氧化暴发，显著促进 H_2O_2 的积累，激活倍半萜类代谢途径关键酶 3-羟基-3-甲基戊二酰辅酶 A 还原酶(HMGR)的活性，促进 β-桉叶醇的生物合成，处理组的产量达 66.59μg/g，比对照组提高了 257.6%。H_2O_2 猝灭剂 CAT 和 NADPH 氧化酶抑制剂二苯基氯化碘盐(diphenyleneiodonium chloride，DPI)可以阻断诱导子对茅苍术悬浮细胞中 HMGR 的活化和 β-桉叶醇合成的促进作用；外源 H_2O_2 溶液单独处理也能够触发茅苍术细胞中 HMGR 的活化和 β-桉叶醇合成的加强。这些结果表明，H_2O_2 是参与内生真菌诱导子诱发茅苍术细胞中 β-桉叶醇合成所必需的信号分子，通过激活 HMGR，从而触发 β-桉叶醇的生物合成(陶金华等，2013)。

诱导子能促进白桦悬浮培养细胞中 H_2O_2 和白桦酯醇的生成，诱导子处理 24h 后 H_2O_2 和白桦酯醇分别比对照提高了 391.67%和 185.22%。向培养体系中添加 CAT 能减弱诱导子对 H_2O_2 和白桦酯醇的诱导效应。外源添加 H_2O_2 可降低细胞活力和干物质积累量，但能提高白桦酯醇的含量。这些结果说明 H_2O_2 参与了真菌诱导子诱导白桦酯醇积累的过程(孙美玲等，2013)。

(三)细胞环境的 pH 变化

一些真菌诱导子可以使细胞悬浮培养物的细胞外 pH 升高，造成培养基的碱化和细胞质的酸化(Fukuda，1996；Mathieu et al.，1996；Salzer et al.，1996)，这一作用主要与质子外流有关。细胞 pH 的调节可以诱导蛋白磷酸化、蛋白质合成、细胞增殖和早期基因的表达(Isfort et al.，1993)。细胞质酸化被证明是一个依赖蛋白磷酸化的过程(Mathieu et al.，1996)。植物细胞 pH 的变化伴随着 K^+ 和 Ca^{2+} 的流动、活性氧的产生、高敏细胞的死亡及病程相关蛋白的表达。真菌诱导的植物细胞中 pH 的调节更可能是产生次生代谢产物的一种细胞自身的调节反应(Hagendoorn et al.，1994)。在与真菌的关系中，植物造成的 pH 升高可以抑制真菌的生长(Van den Hombergh et al.，1996)。

(四)激活次生代谢途径

内生真菌作为生物诱导子加入药用植物细胞培养系统后被植物细胞膜上的特异受体识别，激发胞内信号传递，从而激活药用植物细胞的次生代谢途径，提高途径中关键酶活性，诱导关键酶基因转录和表达，显著促进次生代谢产物的合成和积累，并诱导合成新的次生代谢产物(谭燕等，2013)。

苯丙氨酸途径是植物最重要的次生代谢途径之一，一切含苯丙烷骨架的物质，如香豆素、木质素、类黄酮等，都是由这一途径直接或间接生成的。PAL、肉桂酸-4-羟化酶(C4H)和 4-香豆酸：辅酶 A 连接酶(4CL)是苯丙氨酸代谢途径的 3 种关键酶，其中 PAL 催化苯丙氨酸途径的第一步反应，经非氧化脱氨基作用把苯丙氨酸转化为肉桂酸；C4H 催化苯丙氨酸途径的第二步反应，将反式肉桂酸转化生成 4-香豆酸，这步反应是咖啡酸、香豆素类成分合成的分支点；4CL 催化苯丙氨酸途径的最后一步反应，将各种羟基肉桂酸转化生成相应的硫酯，这些硫酯处于苯丙氨酸途径和各种末端产物合成途径的分支点(李莉等，2006)。

苯甲异丝氨酸是紫杉醇的一个侧链，通过苯丙氨酸途径合成。PAL 是处于苯丙氨酸途径最前端的关键酶，是诱导子作用下最先受到诱导的酶。简单酚类中的许多化合物是植物植保素的重要组成成分，它们的合成也受到 PAL 催化。在南方红豆杉(*T. chinensis* var. *mairei*)细胞的悬浮培养体系中加入尖镰孢诱导子，1 天后 PAL 活性明显提高，酚类化合物含量出现一个小的峰值。随着诱导子作用时间的延长，后期 PAL 活性快速降低，酚类化合物含量急剧增加。同时，真菌诱导子也加强了紫杉烷类化合物的合成，但不同化合物在体系中积累的模式不同，巴卡亭和 10-脱乙酰基巴卡亭在诱导子处理的第 3 天出现积累峰值，紫杉醇的积累在诱导后的第 4 天出现峰值(张长平等，2002)。加入真菌诱导子后，红豆杉悬浮培养细胞内 PAL 的活性升高，酚类化合物和紫杉醇的产量均有提高。PAL 抑制剂 α-氨基-氧乙酸能显著降低红豆杉细胞中诱导子诱导的酚类化合物和紫杉醇的产量，同时细胞死亡明显增加(陈超等，2005)。伞形科大阿米芹(*Ammi majus*)经真菌诱导子处理后，能积累一系列 *O*-异戊二烯化伞形花内酯和线性呋喃香豆素，同时，在被诱导细胞中能检测到 C4H 转录产物的丰度提高(Hubner et al.，2003)。用真菌诱导子处理欧芹培养细胞时，可以强烈地诱导细胞色素 P450 氧化还原酶(CPR)和 C4H 转录产物的积累，细胞中呋喃香豆素类物质含量升高(Koopmann and Hahlbrock，1997)。

长春花萜类吲哚生物碱(TIA)生物合成的上游阶段生成异胡豆苷，下游阶段由异胡豆苷经中间体甘草碱的多步羟基化和甲基化过程生成文多灵，并最终生成长春碱。上游阶段产物异胡豆苷结构中的萜环和吲哚骨架分别由萜类途径和莽草酸途径合成。莽草酸途径产生的色氨酸经色氨酸脱羧酶(TDC)脱羧生成色胺，这步反应是萜类吲哚生物碱合成中将初级代谢和次级代谢连接起来的关键步骤；萜类途径产生的香叶醇经香叶醇-10-脱氢酶(G10H)脱氢生成 10-羟基香叶醇，又经多步反应最终生成裂环马钱子苷；色胺与裂环马钱子苷在异胡豆苷合成酶催化下生成异胡豆苷。下游阶段由异胡豆苷经异胡豆苷-β-葡萄糖苷酶(SGD)催化脱去糖苷基生成 cathenamine，之后沿着多种不同途径生成阿玛碱、蛇根碱、长春碱、长春质碱、文多灵等多种生物碱。TDC、STR 等均为长春花萜类吲哚生物碱合成途径中的关键限速酶。

真菌诱导子处理长春花悬浮培养细胞可以导致培养系统中色胺和长春碱的积累。诱导子与长春花细胞作用的过程中 TDC 和 STR 的活性被迅速激活，诱导子同时快速诱导了 TDC、STR 和 SGD 基因的高表达，以及细胞培养体系中 JA 的生物合成和色胺、长春碱的积累(Ouwerkerk and Memelink，1999；Geerlings et al.，2000)。从喜树(*Camptotheca acuminata*)中分离得到的萜类吲哚生物碱喜树碱具有抗肿瘤活性。TDC 催化形成的色胺为喜树碱及其衍生物的结构母核提供吲哚部分。对喜树碱生物合成的研究发现，在植物中存在两种 TDC 基因，即 *TDC1* 基因和 *TDC2* 基因。*TDC1* 基因是受发育调节的天然化学防御系统的组成部分，*TDC2* 基因是受病原菌侵染后被诱导产生的防御系统的组成部分。用诱导子处理喜树培养细胞，可以诱导 *TDC2* mRNA 的积累，而在未受到胁迫的喜树器官或培养细胞中，不能检测到 *TDC2* mRNA(López-Meyer and Nessler，1997)。此外，真菌诱导子在诱导萜类吲哚生物碱合成的同时，还能诱导 CPR 基因表达。CPR 与 G10H 共同作用，催化香叶醇脱氢生成 10-羟基香叶醇，该化合物是长春花 TIA 生物合成途径上游阶段萜类途径生成裂环马钱子苷的重要中间体(Careoso et al.，1997；周晨等，2010)。在长春花悬浮培养细胞中检测不到 STR 的转录产物，

TDC 的转录水平也很低。长春花细胞和镰孢属内生真菌(*Fusarium* sp.)诱导子的共培养体系中检测到 PAL 活性和 TDC 活性在诱导初期即显著上升，至 30h 活性开始降低。细胞中生物碱的含量在诱导作用 24h 后增加，到 36h 达到高峰，细胞 TIA 产量能达到 770.36μg/g FW，比对照提高了 48%(石岳香等，2009)。经瓜果腐霉诱导子处理后，长春花悬浮培养细胞中的 TDC 和 STR 在转录水平发生强烈的瞬时积累，培养体系中 TDC 和 STR 的活性很快被诱导而提高(Pasquali et al.，1992；Moreno et al.，1996)。这些结果表明，真菌诱导子激活了长春花 TIA 生物合成途径上游阶段苯丙烷代谢途径。

异喹啉生物碱是以莽草酸途径产物酪氨酸为初始物合成的一类次生代谢产物。(*S*)-网状番荔枝碱是酪氨酸系生物碱合成途径的重要中间产物，是几百种异喹啉类生物碱的合成前体，由它可形成小檗碱型(如小檗碱、延胡索碱)、苄基异喹啉型(如罂粟碱、厚朴碱)和苯并菲啶型(如血根碱、白屈菜红碱)生物碱。

血根碱是一种苯并菲啶类生物碱，其生物合成的第一步是由酪氨酸脱羧酶(TYDC)催化L-酪氨酸、L-多巴向酪胺和多巴胺的转化。经过真菌诱导子处理后，罂粟悬浮培养细胞中 TYDC 的活性和酶基因的转录表达水平快速升高，最终引起细胞内血根碱的积累(Facchini et al.，1996a)。小檗碱桥连酶(BBE)位于(*S*)-网状番荔枝碱的下游途径，能够立体选择性地催化(*S*)-网状番荔枝碱的 *N*-甲基部分转化为(*S*)-金黄紫堇碱的小檗碱桥连碳，从而开启血根碱的生物合成。用真菌诱导子处理罂粟植物或罂粟培养细胞，可以快速诱导植物/细胞体内 *BBE* mRNA 的积累，同时引起植物根、幼苗及培养细胞中血根碱的积累(Facchini et al.，1996b)。二氢苯并啡啶氧化酶(DBOX)是催化血根碱生物合成最后一步反应的酶。用真菌诱导子处理美洲血根草(*Sanguinaria canadensis*)悬浮培养细胞可以诱导 DBOX 活性升高(Ignatov et al.，1996)。此外，真菌诱导子能诱导罂粟细胞培养物中甲基乌药碱羟化酶(CYP80B1)的转录水平提高 20 多倍(Huang and Kutchan，2000)；血根碱合成途径中一些依赖细胞色素 P450 的酶的活性可被真菌诱导子诱导提高(Bauer and Zenk，1991)。

伞形科和芸香科植物能够积累甲氧基化的补骨酯内酯作为呋喃香豆素生物合成的终产物，如佛手柑内酯和花椒毒内酯。*O*-甲基转移酶是催化佛手酚和花椒毒酚形成佛手柑内酯和花椒毒内酯的关键酶。经真菌诱导子处理的芸香(*Ruta graveolens*)和大阿米芹悬浮培养细胞中佛手酚-5-*O*-甲基转移酶(BMT)的活性在 8h 内升高了 7 倍，并在 8～11h 达到最大值。*BMT* 基因的表达丰度在诱导子处理后 7h 达到高峰(Hehmann et al.，2004)。丫啶酮合成酶(ACS)是丫啶酮生物合成途径的关键酶之一，催化 *N*-甲基邻氨基苯甲酰辅酶 A 和丙二酰基辅酶 A 聚合形成 1，3-二甲基-*N*-甲基丫啶酮。用诱导子处理芸香细胞，可诱导 *Acs* 基因的表达和 ACS 的活性瞬时提高(Junghanns et al.，1998)。

加入真菌诱导子还能诱导植物培养细胞产生新的次生代谢产物。茜草科金鸡纳属植物 *Cinchona robusta* 的悬浮培养细胞中不能检测到蒽醌类化合物的存在。向细胞培养体系中加入疫霉属真菌 *P. cinnamomi* 诱导子后，很快可以观察到培养基的颜色由浅黄色逐渐变为橙色。经过对培养物的提取、分离和纯化，共从中得到了 8 种新的蒽醌类化合物和 2 种已知的蒽醌类化合物(Schripsema et al.，1999)。人参的悬浮培养细胞经灰葡萄孢诱导子处理后，可以检测到新化合物 2，5-二甲基-1，4-苯醌在培养基中的快速积累，活性检测证明，这种新化合物具有抗金黄色葡萄球菌的活性。在未经诱导子处理的人参悬浮培养细胞内不能检测到这种物质(Kim et al.，2001)。药用植物 *Piqueria trinervia* Cav.体内存在两条单萜类化合物的代谢途径：一条合成结构性产物；另一条是可诱导途径，可被一些病原菌和诱导子类物质诱导激活。*Piqueria trinervia* Cav.细胞悬浮培养系统可以产生单萜类化合物 piquerol A。经真菌诱导子处理后 *Piqueria trinervia* Cav.细胞悬浮培养系统中不再能检测到 piquerol A，而在培养基中能检测到 4 种新的具有体外抗真菌活性的单萜类化合物，其中含量最丰富的是 2-亚甲基-7，7-二甲基双环(3，3，1)庚烷-4，6-二醇(Saad et al.，2000)。类似的情况在作物的相关研究中也有报道。毛霉属真菌 *M. ramosissimus* 可以诱导大豆感病品种和抗病品种产生植保素。其中感病品种能产生 4 种植保素：大豆抗毒素(glyceollins) I、glyceollins II、glyceollins III 和 glycinol；抗病品种能产生 8 种植保素，除上述 4 种外，还产生 glyceocarpin、染料木黄酮、异芒柄花素和 *N*-乙酰酪胺 4 种。染料木黄酮是一种在抗病品种中被诱导合成的非结构性异黄酮类化合物，除它以外的其他 7 个化合物都对球孢枝孢属病原菌 *Gladosporium sphaerospermum* 有真菌毒性(Garcez et al.，2000)。

第三节　真菌诱导子在天然药物研究上的应用

许多药用植物的有效成分都是植物的次生代谢物质或植物抗毒素。植物受到真菌侵染后，防卫基因中许多与次生代谢产物生物合成相关的酶基因因受到诱导而表达，从而提高了次生代谢产物或植物抗毒素的产量。有多种天然药用成分通过人工组织培养物的培养而达到了工厂化快速生产的水平。真菌诱导子可以提高人工组织和细胞培养物中天然药用成分的产率，有很好的应用前景。因此，相关方面的研究也越来越成为人们关注的焦点。

一、真菌诱导子提高红豆杉培养细胞中紫杉醇的产量

紫杉醇(paclitaxel，商品名 Taxol)是红豆杉属植物中的一种四环二萜酰胺类化合物，是被多国药典收录的疗效独特的治疗癌症的药物。不过，这种药品只在紫杉的树皮中少量含有，因此，需要采用植物细胞培养的方式解决其资源稀缺的问题。

很早人们就发现青霉属真菌诱导子可以提高悬浮培养的太平洋紫杉(*T. brevifolia*)细胞中紫杉醇的含量，细胞蓄积量比对照高 50%，这些真菌还可以促进细胞向培养基中分泌紫杉醇，从而方便工业提取(Christen et al.，1991)。随后 Stobel 等(1992)用一些真菌和半提纯的菌丝寡糖提取物作诱导子取得了类似的结果。南方红豆杉细胞悬浮培养体系中添加尖镰孢胞壁粗提物或黑曲霉诱导子，均能诱导紫杉醇产量提高(张长平等，2001；Wen et al.，2003)。云南红豆杉细胞悬浮培养系统中添加多聚半乳糖醛酸、橘青霉菌丝体或灰葡萄孢霉诱导子，均能诱导紫杉醇产量提高(陈永勤等，1999；Guo and Wang，2008)。红豆杉细胞悬浮培养体系中加入真菌诱导子，也能大幅度提高紫杉醇的产量，且系统内紫杉醇合成中间体巴可亭Ⅲ(BacⅢ)的含量也有提高(梅兴国等，2001；仇燕等，2003)。对真菌诱导工艺的改进调整可以使紫杉醇的产率大幅度提高。例如，Wang 等(2001)将从红豆杉树皮中分离的黑曲霉作为诱导子，采取多次诱导的方法，使红豆杉中的紫杉醇产量惊人地提高了 7 倍。另外，用真菌诱导子配合其他类型的物质也可以在工艺上提高紫杉醇或紫杉烷类物质的产量。例如，Yu 等(2001)报道真菌诱导子配合乙酰水杨酸可以提高红豆杉悬浮培养细胞中紫杉醇的含量。

真菌诱导子处理提高了红豆杉细胞中 6-磷酸葡萄糖脱氢酶(G6PD)和 PAL 的活性及酚类化合物的含量。真菌诱导子和谷氨酸的联合处理也可以提高细胞中 G6PD 和 PAL 的活性，且联合处理后的酶活性较真菌诱导子单独处理的要高。联合处理后紫杉醇产量的变化与酚类化合

物相似，均是前期低于诱导子处理，后期高于诱导子处理。PAL 的抑制剂氨基氧乙酸(aminooxyacetic acid，AOA)显著降低诱导子处理的酚类化合物和紫杉醇的产量，同时细胞死亡明显增加。在正常培养基中，G6PD 活性与细胞生长有相似的变化趋势。加入谷氨酸可提高 G6PD 的活性，而脱氢表雄酮(DHEA)降低 G6PD 的活性。在有诱导子处理的培养基中，细胞的生长被抑制，而 G6PD 的活性和紫杉醇的产量与对照相比有所增加。谷氨酸可以恢复细胞的生长，进一步提高 G6PD 活性和紫杉醇的产量。相反，脱氢表雄酮在真菌诱导子的诱导下，会加剧细胞生长的恶化，降低 G6PD 活性和紫杉醇的产量。这些研究结果说明，G6PD 通过影响细胞生长能力而在紫杉醇产生中起着关键作用；酚类化合物与细胞诱导时的紫杉醇产量有关，细胞诱导时保持一定浓度的酚类化合物有利于紫杉醇产量的提高(Yu et al., 2005；陈超等，2005)。

玉米小斑病菌的菌丝体粗提物在细胞生长的第 9 天(指数生长期)以 0.35ml 诱导子/100ml 培养液加入红豆杉细胞，能使紫杉醇的含量提高 1.6 倍，且巴可亭Ⅲ含量相应提高了 1.4 倍(仇燕等，2003)。而将一株未鉴定的真菌诱导子在细胞生长第 15 天以 0.64mg/L 加入上述细胞，处理 29 天后紫杉醇的含量达 14.7mg/L(梅兴国等，2001)。在南方红豆杉培养细胞指数生长末期的第 18 天加入 60μg/ml 尖镰孢诱导子，诱导 4 天后紫杉醇含量达 67mg/L(张长平等，2001)。

施贵宝公司开发的紫杉醇药品的应用使利用诱导子提高植物次生代谢产物含量的方法得到广泛地研究，但必须要解决的一个问题是：诱导子的应用虽然提高了次生代谢物的产量，却也抑制了植物细胞的生长。Lan 等(2003)在用不同浓度黑曲霉诱导子提高红豆杉培养细胞的紫杉醇含量时，引起了植物细胞大量快速的死亡。但通过阻断红豆杉的酚醛代谢途径，发现植物细胞大量死亡与紫杉醇的产量相关性较小，意味着与诱导作用相关的细胞死亡与紫杉烷类次生代谢物的增加是两条不同的路线，可以找到既能保护细胞的正常生长又能诱导提高紫杉醇产量的方法。因此，有关真菌诱导提高紫杉烷类产物作用机制的研究也被人们逐渐重视。

二、真菌诱导子提高长春花培养细胞中生物碱的产量

长春花中分离的长春碱、长春瑞宾碱和长春新碱也是应用于临床治疗癌症的天然药品，属于萜类吲哚类生物碱(TIA)。另外，长春花中的蛇根碱和阿玛碱还有治疗心血管疾病的作用。长春类生物碱只能够从长春花中提取，没有别的途径，因此，药品来源很受限制。人们尝试用细胞培养的方法生产长春类生物碱，并用各种诱导方法提高生物碱的产率，如提高培养液渗透压，以及矿物盐、金属物质、植物激素和真菌诱导子浓度等(Zhao and Verpoorte，2007)。茄类镰孢(*F. solani*)和黑曲霉制备的诱导子对吲哚总碱及其中的阿玛碱和长春质碱的积累均有较明显的正向调节作用(张向飞等，2004)。

Zhao 等(2001a；2001b)用 12 种真菌诱导子提高长春花中吲哚类生物碱的产量，蛇根碱、阿玛碱和长春质碱的产量分别可以提高 2～5 倍。其中最好的加入时间是细胞继代培养 7 天后用诱导子处理 3 天。但不同细胞培养系对同一真菌、同一剂量的反应也不同。四甲基溴化铵和曲霉的混合物组合可以使阿玛碱、长春质碱的产量显著提高。Namdeo 等(2002)用黑曲霉、串珠镰孢(*F. moniliforme*)和绿色木霉的细胞壁可以提高长春花培养细胞中阿玛碱的含量，但长期诱导反而会降低阿玛碱的含量。虽然真菌诱导子可以提高长春花培养细胞中吲哚类生物碱的含量，但却不能使长春花中产生有治疗癌症作用的生物碱。所以，有关问题还应该进一步深入研究。

真菌对长春花培养细胞的诱导作用往往与一些关键的诱导子，如SA、NO、茉莉酮酸酯类等相关(van der Heijden et al.，2004)。茉莉酮酸酯有明确无误的刺激植物细胞提高次生代谢物合成的作用，但NO的诱导作用有一些不同的意见。一些研究认为，NO在促进包括长春碱的次生代谢物合成中起着重要作用(Xu and Dong，2007)，而其他的研究表明NO可能调低了长春碱在植物发根组织细胞中的合成(Zhou et al.，2010)，不过这种差异可能是由于植物材料不同：在悬浮培养的长春花细胞中次生代谢物受到激发，而在长春花发根组织细胞中受到抑制。这些结果暗示，真菌诱导的长春碱等次生代谢物质合成的调控可能存在多个机制，在不同生命体中各有侧重。

三、真菌诱导作用对喜树碱生物合成的影响

喜树碱是从中国原生植物喜树中提取的一种抑制人体拓扑异构酶I活性的化合物，可以有效抑制胃肠和头颈癌细胞的生长，由其进一步开发的10-羟基喜树碱因疗效更强、不良反应较低而成为重要的抗肿瘤药物，其作用优于紫杉醇。喜树碱的产量也受限于喜树生长范围狭窄，资源非常有限，因此，细胞培养等生物技术大量被应用于喜树碱药物的开发中。

根据紫杉醇的开发经验，真菌诱导子及其相关的化学诱导子茉莉酮酸酯、NO和SA等也被应用于促进喜树培养细胞中喜树碱的合成(Song and Byun，1998)，其中JA的作用要好于酵母诱导子。另有一些更具有特异性的真菌来源的诱导子被用于喜树碱诱导反应机制的研究中。例如，将来自于苎麻疫霉(*P. boehmeriae*)的蛋白质PB90用于研究喜树培养细胞的应激反应，其对产生NO的硝酸还原酶和相关专属基因*NIA1*的作用十分明显，这种作用与喜树碱的合成呈正相关，钨酸盐对NO合成的阻断也同时阻断了喜树碱的合成(Lu et al.，2011)。

四、真菌诱导子对提高传统中药有效成分的作用

中国有丰富的中草药资源，其中的很多含有明确的有效成分，中国学者对用人工培养获得的中药有效成分进行了大量的研究，真菌诱导子方面的应用也有所报道。

陈晓梅等(2008a)的研究发现，小菇属真菌MF24诱导子能促进铁皮石斛原球茎积累多糖。与对照相比，铁皮石斛固体培养第16周时加入MF24诱导子，继续培养6周后收获，原球茎干重提高了28%、总生物碱含量提高了12%、多糖含量提高了23%、酚类化合物*N*-阿魏酰酪胺的含量提高了90.6%。HPLC指纹图谱分析表明，对照组和诱导子处理组原球茎的化学成分与野生铁皮石斛样品的基本一致，诱导子处理能提高原球茎的内在质量，使其更接近于原药材(陈晓梅等，2008b)。真菌诱导子处理还能提高铁皮石斛原球茎中酯化的苯丙烷糖苷类化合物TP1、TP2、TP3，以及酚苷类化合物TP4、TP5的含量，分别为对照原球茎中含量的2.1倍、1.9倍、1.4倍、2.0倍和1.4倍，分别是铁皮石斛药材中含量的160.7倍，50.7倍、38.7倍、80.1倍和2.7倍。由此推断，诱导子对原球茎的胁迫反应促进了原球茎苯丙素类次生代谢产物的积累。真菌菌丝体中起诱导作用的有效成分主要是蛋白质和寡糖(舒莹，2005)。

张荫麟等(1992)用蜜环菌制成诱导子，研究其对延胡索培养细胞中一些生物碱成分积累的影响。发现诱导子可以提高原鸦片碱、黄连碱、海罂粟碱等生物碱的含量。尤其对原鸦片碱有明显的提高作用。野罂粟(*Papaver nudicaule*)悬浮培养细胞中加入蜜环菌诱导子可使黑龙辛甲醚(amurensinine)的含量达 0.026mg/g，野罂粟碱(nudicauline)的含量由 0.0159mg/g 提高到

0.0178mg/g；加入灰葡萄孢诱导子可使黑龙辛甲醚含量达 0.0346mg/g（Yu et al.，2003）。

青蒿的发根细胞可以积累青蒿素。王红等（2000）用大丽轮枝孢（*Verticillium dahliae*）、匍枝根霉（*Rhizopus. stolonifer*）、束状刺盘孢（*Colletotrichum dematium*）的菌丝体制成诱导子处理青蒿的发根细胞，可以提高其中的青蒿素含量。一般情况下，真菌对培养细胞的生长有抑制作用，而大丽轮枝孢制成的诱导子可以使青蒿发根细胞中青蒿素的产量提高 45%，而不对发根细胞生长产生影响。黄花蒿内生炭疽菌 B501 细胞壁寡糖提取物可促进青蒿素的合成，经 20mg/L 寡糖诱导处理 4 天后，青蒿素含量达 1.15mg/g（Wang et al.，2002）。内生青霉属菌株 Y2 诱导子与黄花蒿共培养，可诱导 ROS 暴发，以及随后的抗氧化酶，如 SOD、CAT 和 POD 活性提高。ROS 参与了青蒿素合成最后一步的非酶促氧化反应：二氢青蒿酸到青蒿素合成的转化（Sy and Brown，2002；Pu et al.，2009；Mannan et al.，2010）。3 种抗氧化酶促使细胞生理状态从低氧化态向高氧化态转移，使反应向有利于青蒿素合成的方向进行。3 种酶的综合作用显著提高了黄花蒿组培苗青蒿素的含量，较对照提高了 58.86%。另外，接菌植株中可溶性糖含量也显著提高（袁亚菲等，2011）。

银杏内酯对治疗哮喘、内毒素休克、器官移殖的排斥反应、心脑血管疾病等有较好的效果。通过在培养液中添加类异戊二烯和五犍牛儿醇等银杏内酯生物合成的前体物质，可以促进银杏内酯 B 产率的提高。同时用 10 种真菌制成诱导子，合并前体物质进行试验，选出诱导效果较好的日本根霉诱导子，可以使银杏内酯 B 的产量提高 1 倍（戴均贵等，2000）。将壳球孢属真菌 *Sphaeropsi* sp.诱导子 B301 加入银杏细胞悬浮液中，诱导子诱导细胞内脱落酸含量升高，继而 PAL 活性增强，黄酮合成途径被激活。当诱导子浓度为 75μg/ml，与细胞共培养 4 天后，黄酮类成分含量是对照组的 2.8 倍（Hao et al.，2010）。

茅苍术挥发油的主要成分为茅苍术醇、β-桉叶醇、苍术素和苍术酮等。未经诱导处理的茅苍术悬浮培养细胞中仅能检出 β-桉叶醇。向培养 14 天的茅苍术细胞悬浮培养体系中添加小克银汉霉属菌株 AL4 诱导子，继续培养 7 天后，细胞中苍术酮、苍术醇、β-桉叶醇和苍术素的含量分别达 14.715μg/g、28.395μg/g、38.794μg/g、8.31μg/g，其中 β-桉叶醇的含量是对照的 2.22 倍（方芳等，2009b）。将孔球孢霉属（*Gilmaniella*）内生真菌菌株 AL12 的诱导子与苍术悬浮细胞共培养，10 天后细胞内 PAL、PPO、POD 和 β-1，3-葡聚糖酶的活性均达到最高值，苍术酮含量较对照增加了 4 倍多。这是内生真菌激活苯丙烷代谢途径的结果（Wang et al.，2012）。将菌株 AL12 接种于茅苍术组培苗共培养 2 年，接菌植株中的 HMGR 活力显著高于对照。HMGR 是异类戊二烯途径的关键酶之一，它不可逆催化 HMG 辅酶 A 还原成甲羟戊酸。倍半萜类物质的合成与 HMGR 活性呈正相关（Chappell et al.，1995；王红等，2003）。接菌诱导 HMGR 活性提高是茅苍术接菌组挥发油中倍半萜类有效成分苍术酮、苍术醇、β-桉叶醇、苍术素含量高于对照组的原因之一（张波等，2013）。

豆科植物与真菌诱导子互作多积累黄酮类次生代谢产物。在粉葛（*Pueraria lobata*）悬浮培养细胞中加入酵母提取物可促进异黄酮的合成（Park et al.，1995）。同样的诱导子加入鹰嘴豆（*Cicer arietinum*）的细胞培养基中也可诱导异黄酮的积累，进而引起紫檀烷、美迪紫檀烷和高丽槐素含量的增加（赵鸿莲和于荣敏，2000）。紫花苜蓿（*Medicago sativa*）细胞培养体系中加入酵母细胞壁制成的真菌诱导子后，细胞中黄酮类次生代谢产物的积累要高于异黄酮类次生代谢产物的积累（Timothy et al.，1997）。大豆的接种芽用大雄疫霉或从其细胞壁中分得的 β-葡聚糖处理，可使大豆组织产生并积累异黄酮类植物抗毒素（Ebel and Annu，1986）。

在人参细胞悬浮培养液中加入灰葡萄孢制成的诱导子或酵母诱导子都可诱导新化合物

2，5-二甲氧基-1，4-苯醌的产生（Kim et al.，2001）。将刺盘孢、尖镰孢、黑曲霉的菌丝体加入到西洋参（*Panax quinquefolius*）细胞悬浮培养系统，可促进皂苷与多糖的合成；在人参细胞指数生长初期，黑曲霉以 80μg 碳水化合物/ml 培养体积、刺盘孢以 20μg 碳水化合物/ml 培养体积加入悬浮培养细胞中，人参皂苷的生物合成被最大程度的诱导（刘长军和侯嵩生，1999）。真菌诱导子影响人参毛状根中人参皂苷类化合物的生物合成。培养体系中黑曲霉多糖诱导子浓度为 20mg/L 时，总皂苷含量能达到 3.649%，单体皂苷 Rg2 和 Rb1 的含量均有显著增加，但不能检出单体皂苷 Rg1 和 Re，表明真菌诱导子对人参毛状根的皂苷合成具有一定的特异性（刘峻等，2004）。

黑曲霉菌丝体粗提物加入甘草（*Glycyrrhiza uralensis*）愈伤组织培养体系，每 50ml 培养基中加入 2ml 真菌诱导子，甘草培养物中黄酮类化合物的含量达 149.58μg/g，比对照增加了 75%，但真菌诱导子对甘草愈伤组织生长有抑制作用，生物量积累略有下降（杨世海等，2006）。黑曲霉诱导子可促进决明（*Cassia obtusifolia*）毛状根合成蒽醌类化合物，50ml 培养基加入 2ml 诱导子的作用效果最好，可使蒽醌类化合物总量提高 2 倍多（杨世海等，2005）。虎杖（*Polygonum cuspidatum*）愈伤组织培养 14 天加入 100mg/L 黑曲霉诱导子，继续培养 6 天，愈伤组织中白藜芦醇的含量比对照提高了 2.25 倍（文涛等，2008）。多糖类是黑曲霉诱导子中诱导愈伤组织中白藜芦醇含量升高的活性成分（曾杨，2008）。将黑曲霉诱导子以 40mg 糖当量加入库页红景天（*Rhodiola sachalinensis*）的细胞悬浮培养体系中，可使毛柳苷（salidroside）含量提高 5 倍（Xu et al.，1998）。

肉苁蓉（*Cistanche desertiola*）细胞悬浮培养的第 15 天加入茄病镰孢诱导子 40mg/L，27 天后细胞中松果菊苷、毛蕊花糖苷和总苯基乙醇苷的含量增加了 100%以上，分别达到了 15mg/g、9mg/g 和 57mg/g（Cui and Xing，2003）。用真菌诱导子处理暗培养的大阿米芹悬浮培养细胞，除木质素类化合物外，还积累了一系列 *O*-异戊二烯的伞形花内酯和线性的呋喃香豆素（Hubner et al.，2003）。在培养丹参细胞时，加入 1g/L 酵母提取物和 100mg/L 蜜环菌发酵液，有非常明显促进丹参酮积累的效果，其含量可达到药材样品的 3 倍以上（Song et al.，1997）；其中蜜环菌诱导子浓度为 119ml/L，第 0 天加入诱导子，第 29 天收获培养物与培养液时可获得最高的丹参酮产量 114mg/L（宋经元等，2000）。在正常情况下，紫草素及其他萘醌类色素衍生物只在紫草（*Lithospermun erythrorhizon*）的发根和根的边缘细胞中产生。当用真菌诱导子处理紫草发根后，可以使萘醌类色素衍生物的总产量提高，产生的各种萘醌类色素衍生物的比例改变，并且在上皮细胞中也可以从头合成色素（Brigham et al.，1999）。

（陈晓梅 侯丕勇 温 欣 王爱荣 郭顺星）

参考文献

陈超，付春华，姜革民，等. 2005. 红豆杉细胞中的酚类化合物含量和紫杉醇产量之间的关系. 华中农业大学学报，24(1)：83-87.

陈晓梅，孟志霞，郭顺星. 2008a. 真菌诱导子与铁皮石斛原球茎作用条件的优化. 中国药学杂志，43(20)：1545-1549.

陈晓梅，肖盛元，王春兰，等. 2008b. 真菌诱导子处理的铁皮石斛原球茎 HPLC-MS 指纹分析. 中国药学杂志，43(24)：1859-1862.

陈永勤，朱蔚华，吴蕴祺，等. 1999. 几种真菌诱导子对云南红豆杉细胞产生紫杉醇的影响. 生物工程学报，15(4)：522-524.

程华，张玉芹，余龙江，等. 2007. 黑曲霉诱导子促进岩黄连悬浮细胞中生物碱的合成. 时珍国医国药，18(9)：2190-2191.

仇燕，贾宁，王丽，等. 2003. 诱导子在红豆杉细胞培养生产紫杉醇中的应用研究进展. 植物学通报，20(2)：184-189.

崔晋龙，付少彬，高芬，等. 2012. 真菌诱导植物次生代谢产物积累的信号机制及在药用植物中的应用. 中草药，43(8)：1647-1651.

戴均贵，朱蔚华，吴蕴祺，等. 2000. 前体及真菌诱导子对银杏悬浮培养细胞产生银杏内酯 B 的影响. 药学学报，35(2)：151-155.

杜研. 2007. 诱导子对黄花愈伤组织生长及代谢的影响. 长春：吉林农业大学硕士学位论文，5.
方芳，戴传超，王宇. 2009a. 一氧化氮和过氧化氢在内生真菌小克银汉霉属 AL4 诱导子促进苍术细胞挥发油积累中的作用. 生物工程学报，25(10)：1490-1496.
方芳，戴传超，张波，等. 2009b. 茅苍术悬浮细胞系建立及内生真菌诱导子对其挥发油积累的影响. 中草药，40(3)：452-455.
古绍彬，龚慧，杨彬，等. 2013. 真菌诱导子在发酵工业中的应用现状及展望. 生物工程学报，29(11)：1558-1572.
焦蒙丽，曹蓉蓉，陈红艳，等. 2012. 水杨酸对丹参培养细胞中迷迭香酸生物合成及其相关酶的影响. 生物工程学报，28(3)：320-328.
李家儒，刘曼西，曹孟德，等. 1998. 桔青霉诱导子对红豆杉培养细胞中紫杉醇生物合成的影响. 植物研究，18(1)：78-82.
李莉，赵越，马君兰. 2006. 苯丙氨酸代谢途径关键酶：PAL、C4H、4CL 研究新进展. 生物信息学，5(4)：187-189.
梁元存，刘爱新，董汉松. 2004. Elicitins 与植物的抗病性. 微生物学通报，31(2)：134-137.
刘长军，侯嵩生. 1998. 真菌诱导子对新疆紫草悬浮培养细胞的生长和紫草素合成的影响. 植物生理学报，24(1)：6-10.
刘长军，侯嵩生. 1999. 真菌激发子对人参悬浮培养细胞的生长和人参皂甙生物合成的影响. 实验生物学报，32(2)：169-174.
刘峻，丁家宜，周倩耘，等. 2004. 真菌诱导子对人参毛状根皂苷生物合成和生长的影响. 中国中药杂志，29(4)：302-305.
刘良式. 1998：植物分子遗传学. 北京：科学出版社，500-595.
刘太峰. 2008. 水杨酸对人参培养物的影响. 吉林农业科技学院学报，17(4)：3-4.
刘英甜，王晓东，周文洋，等. 2014. 多胺介导真菌诱导子促进白桦三萜积累的初步研究. 中草药，45(5)：695-700.
罗焕亮，郭勇，崔堂兵，等. 2004. 真菌诱导子对胡桐悬浮培养细胞产生红厚壳素的影响. 药学学报，39(4)：305-308.
罗在柒，乙引，张习敏，等. 2009. 内生真菌分泌物对金钗石斛酶活性的影响. 安徽农业科学，37(31)：15236-15237.
梅兴国，熊乾斌，余斐，等. 2001. 真菌诱导子对中国红豆杉生产紫杉醇优化模型研究. 生命科学研究，5(4)：342-344.
石岳香，周敏，杨华，等. 2009. 内生真菌和诱导子对长春花悬浮细胞及生物碱合成的影响. 现代生物医学进展，9(5)：886-889.
舒莹. 2005. 内生真菌 MF24 对铁皮石斛原球茎诱导作用及石斛的化学成分和活性研究. 北京：中国协和医科大学博士学位论文.
宋经元，祁建军，雷和田，等. 2000. 蜜环菌诱导子对丹参冠瘿组织积累丹参酮的影响. 植物学报，42(3)：316-320.
孙美玲，李晓灿，王晓东，等. 2013. H_2O_2 介导真菌诱导子促进白桦酯醇积累. 林业科学，49(7)：57-61.
谭燕，贾茹，陶金华. 2013. 内生真菌诱导子调控药用植物活性成分的生物合成. 中草药，44(14)：2004-2008.
陶金华，濮雪莲，江曙. 2011. 内生真菌诱导子对茅苍术细胞生长及苍术素积累的影响. 中国中药杂志，36(1)：27-31.
陶金华，汪冬庚，濮雪莲，等. 2013. H_2O_2 介导内生真菌诱导子促进茅苍术细胞 HMGR 的活化和 β-桉叶醇的生物合成. 中草药，(19)：2740-2744.
陶金华，汪冬庚，濮雪莲，等. 2014. 一氧化氮和水杨酸依次介导内生真菌诱导子促进苍术细胞中苍术素生物合成的信号转导. 中草药，45(5)：701-708.
王红，叶和春，李国风，等. 2000. 真菌诱导子对青蒿发根细胞生长和青蒿素积累的影响. 植物学报，42(9)：905-909.
王红，叶和春，刘本叶，等. 2003. 青蒿素生物合成分子调控研究进展. 生物工程学报，19(6)：646-650.
王剑文，郑丽屏，谭仁祥. 2006. 促进黄花蒿发根青蒿素合成的内生真菌诱导子的制备. 生物工程学报，22(5)：829-838.
王宇，戴传超. 2009. 内生真菌对生物活性物质代谢转化作用的研究进展. 中草药，40(9)：1496-1499.
文才艺，吴元华，田秀玲. 2004. 植物内生菌研究进展及其存在的问题. 生态学杂志，23(2)：86-91.
文涛，曾杨，喻晓，等. 2008. 真菌诱导子对虎杖愈伤组织中白藜芦醇合成的影响. 核农学报，22(4)：435-438.
邢朝斌，龙月红，李宝财，等. 2012. 刺五加钙调蛋白基因的克隆及内生真菌对其表达的影响. 中国中药杂志，37(15)：2267-2271.
徐茂军，董菊芳，朱睦元. 2004，NO 参与真菌诱导子对红豆杉悬浮细胞中 PAL 活化和紫杉醇生物合成的促进作用. 科学通报，49(7)：667-672.
徐茂军，董菊芳，朱睦元. 2006. NO 通过水杨酸(SA)或者茉莉酸(JA)信号途径介导真菌诱导子对粉葛悬浮细胞中葛根素生物合成的促进作用. 中国科学 C 辑：生命科学，36(1)：66-75.
徐茂军. 2007. 一氧化氮：植物细胞次生代谢信号转导网络可能的关键节点. 自然科学进展，17(12)：1622-1630.
杨东歌，张晓东. 2009. 茉莉酸类化合物及其信号通路研究进展. 生物技术通报，(2)：43-49.
杨世海，刘晓峰，果德安，等. 2005. 决明毛状根诱导及激素与诱导子对毛状根生长和蒽醌类化合物合成的影响. 中草药，36(5)：752-756.
杨世海，刘晓峰，果德安，等. 2006. 不同附加物对甘草愈伤组织培养中黄酮类化合物形成的影响. 中国药学杂志，41(2)：96-99.
余叔文. 1992. 植物生理与分子生物学. 北京：科学出版社，431-451.
袁亚菲，董婷，王剑文. 2011. 内生青霉菌对黄花蒿组培苗生长和青蒿素合成的影响. 氨基酸和生物资源，33(4)：1-4.
臧忠婧，岳才军，冯振月. 2010. 诱导植物次生代谢产物生成中胞内信号分子的作用机制及其互作. 吉林农业，(5)：23-24.
曾杨. 2008. 黑曲霉诱导子和水杨酸对虎杖愈伤组织中白藜芦醇含量的影响. 成都：四川农业大学硕士学位论文，5.
翟俏丽，范桂枝，詹亚光. 2011. 真菌诱导子促进白桦悬浮细胞三萜的积累. 林业科学，47(6)：42-47.
张波，梁雪飞，陈晏，等. 2013. 内生真菌孔球孢霉对茅苍术的生长及挥发油主组分的影响. 江苏农业科学，41(6)：204-207.
张长平，李春，元英进，等. 2001. 真菌诱导子对悬浮培养南方红豆杉细胞势态及紫杉醇合成的影响. 生物工程学报，17(4)：

436-440.
张长平，李春，元英进. 2002. 真菌诱导子对悬浮培养南方红豆杉细胞次生代谢的影响. 化工学报，53(5)：498-502.
赵鸿莲，于荣敏. 2000. 诱导子在植物细胞培养中的应用研究进展. 沈阳药科大学学报，17(2)：152-156.
张瑞芬，李培琴，赵江林，等. 2010. 盾叶薯蓣内生真菌及其对宿主培养物生长和皂苷元产生的影响. 天然产物研究与开发，22(1)：11-15.
张向东，李康，姚娜，等. 2007. 诱导子对黄芩悬浮细胞系的影响. 北方园艺，(4)：194-196.
张向飞，张荣涛，王宁宁，等. 2004. 真菌诱导子对长春花愈伤组织中吲哚生物碱积累的影响. 中草药，35(2)：201-204.
张荫麟，朱敏，赵保华. 1992. 密环菌诱导子对延胡索培养物生物碱积累的影响. 植物学报，34(9)：658-661.
周晨，赵淑娟，胡之璧. 2010. 长春花次生代谢转录调控的分子机制. 植物生理学通讯，46(3)：284-290　.
周莹，寿森炎，贾承国. 2007. 水杨酸信号转导及其在植物抵御生物胁迫中的作用. 自然科学进展，17(3)：305-313.
朱新洲，彭国平，向华，等. 2009. 真菌诱导子对白藓细胞产生白藓碱能力的影响. 山西中医学院学报，10(1)：23-25.
Ahmed SA，Baig MMV. 2014. Biotic elicitor enhanced production of psoralen in suspension cultures of *Psoralea corylifolia* L.. Saudi Journal of Biological Sciences，21(5)：499-504.
Allwood EG，Davies DR，Gerrish C，et al. 2002. Regulation of CDPKs，including identification of PAL kinase，in biotically stressed cells of French bean. Plant Molecular Biology，49(5)：533-544.
Ayers AR，Ebel J，Finelli F，et al. 1976. Host pathogen interaction. IX. Quantitative assays of elicitor activity and characterization of the elicitor present in the extracellular medium of cultures of *Phytophthora megasperma* var. *sojae*. Plant Physiology，57：159 -751.
Basse CW，Boller T. 1992. Glyxopepride elicitors of stress responses responses in tomato cells. *N*-linked glycans are essential for acticity but act as suppressors of the samd acticity when released from the glycopeptides. Plant Phsiology，98：1239-1247.
Basse CW，Fath A，Boller T. 1993. High affinity binding of a glycopeptide elicitor to tomato cells and microsomal membranes and displacement by specific glycan suppressors. Journal of Biological Chemistry，268：14724-14731.
Bauer W，Zenk MH. 1991. Two methylenedioxy bridge forming cytochrome P-450 dependent enzymes are involved in (*S*)-stylopine biosynthesis. Phytochemistry，30：2953-2961.
Becker J，Nagel S，Tenhaken R. 2000. Cloning，exprission and characterization of protein elicitors from the soyabean patheogenic fungus *Phytophthora sohae*. Journal of Phytopathology Berlin，148(3)：161-167.
Bolwell GP，Couson V，Rodgers MW. 1991. Modulation of the elicitation response in culturee French bean cells and its implicationfor the mechanisn of signal transduction. Phytochemistry，30：397-405.
Bradley DJ，Kjellbom P，Lamb CJ. 1992. Elicitor-induced and wound-induced oxidative cross-linking of a proline-rich plant cell wall protein ——a novel，rapid defense response. Cell，70：21-30.
Brigham LA，Michaels PL，Flores HE. 1999. Cell-specific production and antimicrobial activity of naphthoquinones in roots of *Lithospermun erythrorhizon*. Plant Physiology，119(2)：417-428.
Brisson LF，Tenhaken R，Lamb C. 1994. Function of oxidative cross-linking of cell wall structural proteins in plant disease resistance. The Plant Cell，6：1703-1712.
Careoso MI，Meijer AH，Rueb S，et al. 1997. A promoter region that controls basal and elicitor——inducible expression levels of the NADPH：cytochrome P450 reductase gene (Cpr) from *Catharanthus roseus* binds nuclear factor GT-1. Molecular & General Genetics，256(6)：674-681 .
Chappell J，Wolf F，Proulx J，et al. 1995. Is the reaction catalyzed by 3-hydroxy-3- methylglutaryl coenzyme A reductase a rate-limitingstep for isoprenoid biosynthesis in plants. Plant Physiology，109(4)：1337-1343
Chen XY. 2006. Plant secondary metabolism. World Sci-Tech R&D，28(5)：1-4.
Christen AA，Gibson DM，Bland J. 1991. Production of Taxol or Taxol like Compounds in Cell Culture，US：5019504.
Chung WS，Lee SH，Kim JC，et al. 2000. Identification of a calmodulin——regulated soybean Ca^{2+}-ATPase (SCA1) that islocated in the plasma membrane. Plant Cell，12(8)：1393-1407.
Conrath U，Jeblick W，Kauss H. 1991. The protein kinase inhibitor，K-252a，decreases elicitor-induced Ca^{2+} uptake and K^+ release，and increases coumarin synthesis in parsley cells. FEBS Letters，279(1)：141-144.
Corvin DR，Sarer N，Lamb CJ. 1987. Differential regulation of a hydroxyproline-rich glycoprotein gene family in wounded and infected plants. Molecular and Cellular Biology，4：4337-4344.
Cui TB，Xing GM. 2003. Improvement of phenylethanoid glycosides production by a fungal elicitor in cell suspension culture of *Cistanche desertiola*. Biotechnology Letters，25(17)：1437-1439.
Davis D，Merida J，Legendre L，et al. 1993. Independent elicitation of the oxidative burst and phytoalexin formation in cultured plant cells. Phytochemistry，32：607-611 .
Dietrich A，Mayer JE，Hahlbrock K. 1990. Fungal elicitor triggers rapid，transient，and specific protein phosphorylation in parsley cell suspension cultures. The Journal of Biological Chemistry，265(11)：6360-6368.

Ebel J. 1986. Phytoalexin synthesis：the biochemical analysis of the induction process. Annual Review of phytopathology，24：235-264.

Facchini PJ，Johnson AG，Poupart J，et al. 1996a. Uncoupled defense gene expression and antimicrobial alkaloid accumulation in elicited opium poppy cell cultures. Plant Physiology，111(3)：687-697.

Facchini PJ，Penzes C，Johnson A，et al. 1996b. Molecular characterization of berberine bridge enzyme genes from opium poppy. Plant Physiology，112(4)：1669-1677.

Fefeu S，Birlirakis N，Guittet E. 1998. Study of amide proton exchange in ^{15}N-enriched cryptogein using Ph-dependent off-resonance ROESY-HSQC experiments. European Biophysics Journal，27(2)：167-171.

Fellbrich G，Blume B，Brunner F，et al. 2000. Phytophthora parasitica elicitor——induced reactions in cells of *Petroselinum crispum*. Plant Cell Physiology，41(6)：692-701.

Fliegmann J，Mithofer A，Wanner G，et al. 2004. An ancient enzyme domain hidden in the putative beta-glucan elicitor receptor of soybean may play an active part in the perception of pathogen-associated molecular patterns during broad host resistance. The Journal of Biological Chemistry，279(2)：1132-1140.

Fukuda Y. 1996. Coordinated activation of chitinase and extracellular alkalinization in suspension-cultured tobacco cells. Bioscience Biotechnology and Biochemistry，60：2005-2010.

Garcez WS，Martins D，Garcez FR，et al. 2000. Effect of spores of saprophytic fungi on phytoalexin accumulation in seeds of frog-eye leaf spot and stem canker-resistant and -susceptible soybean (*Glycine max* L.) cultivars. Journal of Agricultural and Food Chemistry，48(8)：3662-3665.

Geerlings A，Martinez-Lozano IM，Memelink J，et al. 2000. Molecular cloning and analysis of strictosidine β-D-glucosidase，an enzyme in terpenoid indole alkaloid biosynthesis in *Catharanthus roseus*. The Journal of Biological Chemistry，275：3051-3056.

Grosskopf DG，Felix G，Boller T. 1991. A yeast-derived glycopeptide elictor and chitosan or digitonin differentiallu induce ethylene biosynthesesm phenylalanine ammonia-lyase and callose formation in suspeinsion cutured tomato cells. Journal of Plant Physiology，139：741-746.

Guo YT，Wang JW. 2008. Stimulation of taxane production in suspension cultures of *Taxus yunnanensis* by oligogalacturonides. African Journal of Biotechnology，7：1924-1926.

Hagendoorn MJM，Wagner AAM，Segers G，et al. 1994. Cytoplasmic acidification and secondary metabolites production in different plant cell suspensions. Plant Physiology，106：723-730.

Hahn MG，Albersheim P. 1978. Host pathogen interations. XIV. Isolation and partial characterization of an elicitor from yeast extract. Plant Physiology，62：107-111.

Hao GP，Du XH，Zhao FX. 2010. Fungal endophytes-induced abscisic acid is required for flavonoid accumulation in suspension cells of *Ginkgo biloba*. Biotechnology Letters，32：305-314.

Hehmann M，Lukacin R，Ekiert H，et al. 2004. Furanocoumarin biosynthesis in *Ammi majus* L. Cloning of bergaptol *O*-methyltransferase. European Journal of Biochemistry，271(5)：932-940. .

Huang FC，Kutchan TM. 2000. Distribution of morphinan and benzo[c]phenanthridine alkaloid gene transcript accumulation in *Papaver somniferum*. Phytochemistry，53：555-564.

Hubner S，Hehmann M，Schreiner S，et al. 2003. Functional expression of cinnamate 4-hydroxylase from *Ammi majus* L. Matern U. Phytochemistry，64(2)：445-452.

Ignatov A，Clark WG，Cline SD，et al. 1996. Elicitation of dihydrobenzophenanthridine oxidase in *Sanguinaria canadensis* cell cultures. Phytochemistry，43(6)：1141-1144.

Isfort RJ，Cody DB，Asquith TN，et al. 1993. Induction of protein phosphorylation，protein synthesis，immmediat-early-gene expression and cellular proliferation by intracellular pH modulaton：Implications for the role of hydrogen ions in signal transduction. European Journal of Biochemistry，213：349-357.

Jabs T，Tschöpe M，Colling C，et al. 1997. Elicitor-stimulated ion fluxes and O_2^- from the oxidative burst are essential components in triggering defense gene activation and phytoalexin synthesis in Parsley，proceedings of the National Academy of Sciences，94(9)：4800-4805.

Junghanns KT，Kneusel RE，Groger D，et al. 1998. Differential regulation and distribution of acridone synthase in *Ruta graveolens*. Phytochemistry，49(2)：403-411.

Kendra DF，Hadwiger LA. 1984. Characerization of smallest chitosan oligomer that is maximally antifungal to *Fusarium solani* and elicits pisatin formation in *Pisum sativum*. Experimental Mycology，8：276-281.

Kieffer F，Lherminier J，Simon-Plas F，et al. 2000. The fungal elicitor cryptogein induces cell wall modifications on tobacco cell suspension. Journal of Experimental Botany，51(352)：1799-1781.

Kieffer F，Simon-Plas F，Maume BF，et al. 1997. Tobacco cells contain a protein，immunologically related to the neutrophil small G protein Rac2 and involved in elicitor-induced oxidative burst. FEBS Letters，403(2)：149-153.

Kim CY, Gal SW, Choe MS, et al. 1998. A new class II rice chitinase, Rcht2, whose induction by fungal elicitor is abolished by protein phosphatase 1 and 2A inhibitor. Plant Molecular Biology, 37(3): 523-534.

Kim CY, Im HW, Kim HK, et al. 2001. Accumulation of 2, 5-dimethoxy-1, 4-benzoquinone in supension cultures of *Panax ginseng* by a fungal elicitor preparation and a yeast elicitor preparation. Applied Microbiology and Biotechnology, 56(1-2): 239-242.

Klarzynski O, Plesse B, Joubert JM, et al. 2000. Linear beta-1, 3 glucans are elicitors of defense responses in tobacco. Plant Physiology, 124(3): 1027-1038.

Koga D, Hirata T, Ssuuedhige N, et al. 1992. Induction patterns of chitinases in yam callus by inoculation with autoclaved *Fusarium oxysporum*, ethylene, and chitin and chitosan oligosaccharides. Bioscience, Biotechnology, and Biochemistry, 56: 280-285.

Kogel G, Beissmann B, Reisener H, et al. 1988. A single glycoprotein from *Puuccinia graminist* f. sp. *tritici* cell walls elicite the hypersensitive lugnification respinse in wheat. Physioolgical and Molecular Plant Pathology, 33: 173-185.

Koopmann E, Hahlbrock K. 1997. Differentially regulated NADPH: cytochrome P450 oxidoreductases in parsley. Proceedings of the National Academy of Sciences, 94(26): 14954-14959 .

Lan WZ, Yu LJ, Li MY, et al. 2003. Cell death unlikely contributes to taxol production in fungal elicitor-induced cell suspension cultures of *Taxus chinensis*. Biotechnology Letters, 25: 47-49.

Lebrun-Garcia A, Bourque S, Binet MN, et al. 1999. Involvement of plasma membrane proteins in plant defense responses. Analysis of the cryptogein signal transduction in tobacco. Biochimie, 81(6): 663-668.

Lecourieux D, Mazars C, Pauly N, et al. 2002. Analysis and effects of cytosolic free calcium increases in response to elicitors in *Nicotiana plumbaginifolia* cells. Plant Cell, 14(10): 2627-2641.

Lee J, Klessig DF, Nurnberger T. 2001. A harpin binding site in tobacco plasma membranes mediates activation of the pathogenesis——related gene hin1 independent of extracellular calcium but dependent on mitogen——activated protein kinase activity. Plant Cell, 13(5): 1079-1093.

Legandre L, Heinstein PF, Low PS. 1992. Evidence for participation of GTp-bindinf proteins in elicitation of the rapid oxidative burst in cultured soybean cells. The Journal of Biological Chemistry, 267: 20140-20147.

Li YC, Tao WY. 2009. Paclitaxel——producing fungal endophyte stimulates the accumulation of taxoids in suspension cultures of *Taxus cuspidate*. Scientia Horticulturae, 121: 97-102 .

López-Meyer M, Nessler CL. 1997. Tryptophan decarboxylase is encoded by two autonomously regulated genes in *Camptotheca acuminata* which are differentially expressed during development and stress. The Plant Journal, 11(6): 1167-1175.

Lu D, Dong J, Jin HH, et al. 2011. Nitrate reductase——mediated nitric oxide generation is essential for fungal elicitor——induced camptothecin accumulation of *Camptotheca acuminata* suspension cell cultures. Applied Microbiology and Biotechnology, 90: 1073-1081.

Mannan A, Liu CZ, Arsenault PR. 2010. DMSO triggers the generation of ROS leading to an increase in artemisinin and dihydroartemisinic acid in *Arteisia annua* shoot cultures. Plant Cell Reports, 29: 143-152.

Mathieu Y, Lupous D, Thomine S, et al. 1996. Cytoplasmic acidification as an early phosphorylation——dependent response of tobacco cells to elicitors. Planta, 199: 416-424.

Menke FL, Parchmann S, Mueller MJ, et al. 1999. Involvement of the octadecanoid pathway and protein phosphorylation in fungal elicitor——induced expression of terpenoid indole alkaloid biosynthetic genes in catharanthus roseus. Plant Physiology, 119(4): 1289-1296.

Moreno PRH, Poulsen C, van der Heijden R, et al. 1996. Effects of elicitation on different metabolic pathways in *Catharanthus roseus* (L.) G. Don cell suspension cultures. Enzyme and Microbial Technology, 18: 99-107.

Namdeo A, Patil S, Fulzele DP. 2002. Influence of fungal elicitors on production of ajmalicine by cell cultures of *Catharanthus roseus*. Biotechnology Progress, 18(1): 159-162.

Nespoulous C, Gaudemer O, Huet JC, et al. 1999. Characterization of elicitin——like phospholipases isolated from *Phytophthora capsici* culture filtrate. FEBS Letters, 452(3): 400-406.

Nurnberger T, Nennstiel D, Jabs T, et al. 1994. High affinity binding of a fungal oligopeptide elicitor to parsley plasmamembranes triggers multiple defense responses. Cell, 78(3): 449-460.

O'Donohue MJ, Gousseau H, Huet JC, et al. 1995. Chemical synthesis, expression and mutagenesis of a gene encoding β-cryptogein, an elicitin produced by *Phytophthora cryptogea*. Plant Molecular Biology, 27: 577-586.

Orbán N, Boldizsár I, Szűcs Z, et al. 2008. Influence of different elicitors on the synthesis of anthraquinone derivatives in *Rubia tinctorum* L. cell suspension cultures. Dyes and Pigments, 77: 249-257.

Ouwerkerk PB, Memelink J. 1999. Elicitor-responsive promoter regions in the tryptophan decarboxylase gene from *Catharanthus roseus*. Plant Molecular Biology, 39(1): 129-136.

Park HH, Hakamatsuka T, Sankawa U, et al. 1995. Rapid metabolism of isoflavonoids in elicitor treated cell of suspension culture of *Pueraria* Lobata. Phytochemistry, 38(2): 373-380.

Pasquali G，Goddijn OJM，de Waal A，et al. 1992. Coordinated regulation of two indole alkaloid biosynthetic genes from *Catharanthus roseus* by auxin and elicitors. Plant Molecular Biology，18：1121-1131 .

Peck SC，Nuhse TS，Hess D，et al. 2001. Directed proteomics identifies a plant——specific protein rapidly phosphorylated in response to bacterial and fungal elicitors. Plant Cell，13 (6)：1467-1475.

Piedras P，Rivas S，Droge S，et al. 2000. Functional，c-myc-tagged Cf-9 resistance gene products are plasma-membrane localized and glycosylated. The Plant Journal，21 (6)：529-536.

Pu GB，Ma DM，Chen JL. 2009. Salicylic acid activates artemisinin biosynthesis in *Artemisia annua* L. . Plant Cell Reports，28：1127-1135.

Roussel S，Nicole M，Lopez F，et al. 1999. Leptosphaeria maculans and cryptogein induce similar vascular responses in tissues undergoing the hypersensitive reaction in *Brassica napus*. Plant Science，144：17-28.

Saad I，Díaz E，Chávez I，et al. 2000. Antifungal monoterpene production in elicited cell suspension cultures of *Piqueria trinervia*. Phytochemistry，55 (1)：51-57.

Salzer P，Hebe G，Reith A，et al. 1996. Rapid reactions of spruce cells to elicitors released from the ectomycorrhizal fungus *Hebelma crustuliniforme* and inactivation of these elicitors by extracellular spruce cell enzymes. Planta，198：118-126.

Satheesan J，Narayanan AK，Sakunthala M. 2012. Induction of root colonization by *Piriformospora indica* leads to enhanced asiaticoside production in *Centella asiatica*. Mycorrhiza，22 (3)：195-202.

Schripsema JR，Amos-Valdivia A，Verpoorte R. 1999. Robustaquinones，novel anthraquinones from an elicited *Cinchona robusta* suspension culture. Phytochemistry，51：55-60.

Sharp JK，McNeil M，Albersheim P. 1984. The primary structures of one elicitor-inactive and seven elicitor——inactive hexa (β-D-glucopyranosyl) -D- glucitols isolated from the mycelial walls of *Phtophthora megasperma* f. sp. *glycinea*. Journal of Biological Chemistry，259：11321-11336.

Song JY，Zhang YL，Qi JJ，et al. 1997. Selection of a high tanshione production crown gall strain and production of tanshinone in the strain. Chinese Journal Biotechnology，13 (3)：317-319.

Song SH，Byun SY. 1998. Elicitation of Camptothecin production in cell cultures of *Camptotheca acuminate*. Biotechnology and Bioprocess Engineering，3：91-95.

Song WY. 1995. A receptor kinase——like protein encoded by the rice disease resistance gene，xa21. Science，270：1804-1806.

Staskawicz BJ，Frederick MA，Barbara JB，et al. 1995. Molecular genetics of plant disease resistance. Science，268：661-667.

Stobel G，Stierle A，van Kujik F. 1992. Factors influencing the *in vitro* production of radiolabeled taxol by Pacific yew，*Taxus brevifolia*. Plant Science，84：65-74. .

Suzuki K，Shinshi H. 1995. Transient activation and tyrosine phosphorylation of a protein kinase in tobacco cells treated with a fungal elicitor. Plant Cell，7 (5)：639-647.

Sy LK，Brown GD. 2002. The mechanism of the spontaneous autoxidation of dihvdroartemisinic acid. Tetrahedron，58：897-908.

Timothy D，David OH，Robert E. 1997. Alfalfa cell cultures treated with a fungal elicitor accumulate flavone metabolites rather than isoflavones in the presence of the methylation inhibitor tubericidin. Phytochemistry，44 (2)：285-291.

Van den Hombergh JPTW，MacCabe AP，Van de Vondervoort PJI，et al. 1996. Regulation of acid phosphatases in an *Aspergillus niger* pacC disruption strain. Molecular and General Genetics，251：542-550.

van der Heijden L，Jacobs DI，Snoeijer W，et al. 2004. The Catharanthus alkaloids：pharmacology and biotechnology. Current Medicinal Chemistry，11：607-628.

Vasil IK，Constabel F，Schell JS，et al . 1984. Cell Culture and Somatic Cell Genetics of Plant. Vol IV. New York：Academic Press，153-159.

Vazquez-Flota FA，De Luca V. 1998. Jasmonate modulates development-and light-regulated alkaloid biosynthesis in *Catharanthus roseus*. Phytochemistry，49 (2)：395-402.

Veit S，Worle JM，Nurnberger T，et al. 2001. A novel protein elicitor (PaNie) from *Pythium aphanidermatum* induces multiple defense responses in carrot，*Arabidopsis*，and tobacco. Plant Physiology，127 (3)：832-841.

Wang C，Wu J，Mei X. 2001. Enhancement of taxol production and excretion in *Taxus chinensis* cell culture by fungal elicitation and medium renewal. Applied Microbiology and Biotechnology，55 (4)：404-410.

Wang JW，Xia H，Tan RX. 2002. Elicitation on artemisin biosyntheses in *Artemisia annua* hairy roots by the oligosaccharide extract from the endophytic *Colletotrichhum* sp. B50. Acta Botanica Sinica，44 (10)：1033-1038.

Wang Y，Dai CC，Cao JL，et al. 2012. Comparison of the effects of fungal endophyte *Gilmaniella* sp. and its elicitor on *Atractylodes lancea* plantlets. World Journal of Microbiology & Biotechnology，28 (2)：575-584.

Wen ZL，Wen MQ，Long JY，et al. 2003. Hydrogen peroxide from the oxidative burst is not involved in the induction of taxol biosynthesis in *Taxus chinensis* cells. Zeitschrift für Naturforschung C，58：605-608 .

Wiktorowska E，Dlugosz M，Janiszowska W. 2010. Significant enhancement of oleanolic acid accumulation by biotic elicitors in cell suspension cultures of *Calendula officinalis* L.. Enzyme and Microbial Technology，47：14-20.

Xing T，Higgins VJ，Blumwaid E. 1994. Identification of gproteinns mediating fungal elicitor-induced depho-sphorylation of hose plama mimbrane H^+-ATPase. Journal of Experimental Botany，48：229-237.

Xing T，Higgins VJ，Blumwald E. 1996. Regulation of plant defense response to fungal pathogens：two types of protein kinases in the reversible phosphorylation of the host plasma membrane H^+-ATPase. Plant Cell，8(3)：555-564.

Xu JF，Liu CB，Han AM ,et al. 1998. Strategies for the improvement of salidroside production in cell suspension cultures of *Rhodiola sachalinensis*. Plant Cell Reports，17(4)：288-293.

Xu MJ，Dong JF. 2007. Enhancing terpeniod indole alkaloid production by inducible expression of mammalian Bax in *Catharanthus roseus* cells. Science China Life Sciences，50：234-241.

Yu L，Lan W，Chen C，et al. 2005. Importance of glucose-6-phosphate dehydrogenase in taxol biosynthesis in *Taxus chinensis* cultures. Biologia Plantarum，49(2)：265-268 .

Yu LJ，Lan WZ，Qin WM，et al . 2001. Effects of salicylicacid on fungal elicitor——induced membrane——lipid peroxidation and taxol production in cell suspension cultures of *Taxus chinensis*. Progress in Biochemistry and Biophysics，37：477-482.

Yu RM，Wang Y，Ma L，et al. 2003. Production of active alkaloids by elicited papaver nudicaule cell suspension cultures. Current Pharmaceutical Biotechnology，10(4)：218-222.

Zanetti ME，Blanco FA，Daleo GR，et al. 2003. Phosphorylation of a member of the MBF1 transcriptional co-activator family，StMBF1，is stimulated in potato cell suspensions upon fungal elicitor challenge. Journal of Experimental Botany，54(383)：623-632.

Zhao J，Fujita K，Yamada J，et al. 2001. Improved β-thujaplicin production in *Cupressus lusitanica* suspension cultures by fungal elicitor and methyl jasmonate. Applied Microbiology and Biotechnology，55：301-305.

Zhao J，Sakai K. 2003. Multiple signalling pathways mediate fungal elicitor——induced beta-thujaplicin biosynthesis in *Cupressus lusitanica* cell cultures. Journal of Experimental Botany，54：647-656 .

Zhao J，Verpoorte R. 2007. Manipulating indole alkaloid production by *Catharanthus roseus* cell cultures in bioreactors：from biochemical processing to metabolic engineering. Phytochemistry Reviews，6：435-457.

Zhao J，Zhu W，Hu Q. 2001a. Enhanced catharanthine production in *Catharanthus roseus* cell cultures by combined elicitor treatment in shake flasks and bioreactors. Enzyme and Microbial Technology，28(7-8)：673-681.

Zhao J，Zhu W，Hu Q. 2001b. Selection of fungal elicitors to increase indole alkaloid accumulation in *Catharanthus roseus* suspension cell culture. Enzyme and Microbial Technology，28(7-8)：666-672.

Zhou ML，Zhu XM，Shao JR，et al. 2010. Transcriptional response of the catharanthine biosynthesis pathway to methyl jasmonate/nitric oxide elicitation in *Catharanthus roseus* hairy root culture. Applied Microbiology and Biotechnology，88：737-750.

Zou W，Meng J，Lu H. 2000. Metabolites of *Colletotrichum gloeosporioides*，an endophytic fungus in *Artemisia mongolica*. Journal of Natural Products，63(11)：1529-1530.

第十三章　内生真菌对植物病害的生物防治作用

在植物病害防治中一般采取的方法通常为化学防治和生物防治两种，它们各有优点和缺点。生物防治具有对环境污染小，可大量减少农药使用，发挥持续控制作用等优点。化学防治则具有在一定条件下，短期内快速消灭病害和虫害，压低病原菌和虫口密度等优点。生物防治也有缺点：抑菌效果较慢，在病害严重的情况下使用不能迅速有效地达到抑制病原菌的目的；防治的效果易受环境因素的影响，作用不如化学防治效果迅速，且人工繁殖培养生物防治因子（生防因子）的技术难度较高，能用于大量释放的拮抗菌种类不多，对病害的作用范围较窄，对病原菌的抑制或重寄生有选择性等。化学防治的缺点则很明显：长期使用易产生药害，尤其长期施用一种药物能使病害产生抗药性，污染环境，抑制或杀灭有益微生物菌群（刘琴等，2012）。

植物病害的防治大多数仍采用化学防治的方法。但需要注意的是：要尽量选用高效、低毒、低残留、对有益微生物菌群杀伤力小的农药，减少对环境的污染，达到持续控制病虫害的效果（刘琴等，2012）。尽管如此，生物防治仍然是充满希望的，随着人们环境保护意识的增强，减少化学农药使用的呼声日益增加，加之生物防治对环境友好，不易产生抗性的优势，生物防治必将迎来研制和开发热潮，其前景将越加光明和美好（李春雷和王见伟，2014）。

第一节　内生真菌的生物防治作用及应用

本节收集、归纳、总结和分析了近年来有关内生真菌对植物病害生物防治方面的论文和资料，以便读者从总体上对内生真菌的生物防治作用有一个清晰而全面的认识，为指导其应用打下坚实的理论和方法学基础。本节主要从 6 个方面进行阐述：生物防治的策略问题；内生真菌用于植物病害生物防治的意义；内生真菌生物防治植物病害的作用机制；内生真菌在植物病害生物防治中的应用；内生真菌生防制剂开发的一般方法；内生真菌在生物防治应用中存在的问题及措施。

一、生物防治的策略问题

在进行生物防治研究以前，需要对生物防治的策略问题有一个清晰的认识，以帮助我们选择正确的生物材料和技术方法，做到事半功倍。

自然界存在着复杂而微妙的互相竞争和互利合作的关系，处于动态平衡中的生物群体中的每个物种在它所存在的生境中繁衍生息，各物种之间相互影响，维系着自然界生物链的微妙平衡。20 世纪初人们逐渐认识了这一平衡关系，并试图通过一种物种来实现对另一种物种的有效控制。六七十年代，这一策略逐步成熟。生物防治就是通过自然的或人为的对环境、寄主及拮抗体的控制，引进拮抗体或利用有机体，达到降低处于活跃或休眠状态的病原菌或寄生物的接种体密度或致病活性的目的。生物防治主要目的是重新建立植物表面或周围生活环境中的微生物种类和数量，利用微生物之间的拮抗作用，选择对植物不造成危害的微生物来达到抑制其病原菌的目的（Martin and Andreas，2014）。其主要包括 4 个途径：利用拮抗微生物抑制病原菌；利用植物有抗菌活性的次生代谢产物；诱导宿主的系统抗性；利用分子生物学手段在宿主体内导入抗病基因（杨振，2009）。

（一）拮抗菌的获取

主要通过以下技术途径获取拮抗菌：从现有拮抗菌中筛选，如有选择地只筛选假单胞菌（Pseudomonadaceae）、放线菌（Actinomycete）、木霉菌（*Trichoderma*）和酵母菌（Yeast）等；从植物表面自然生长的众多微生物群落中分离（Chalutz and Wilson，1990）；从植物病害发生部位或伤口上分离（Martin and Andreas，2014）；从致病性弱的或突变的病原菌菌株系中得到；从生长于植物体内的内生菌中筛选得到等。一般认为，从自然发生病害的植株系统中最容易发现得到有效生物防治菌株，瓜果蔬菜等采后病害生物防治菌株的筛选大多是从果蔬表面分离得到的（张红印和罗伦，2004）。

（二）拮抗菌的筛选

筛选拮抗菌主要有两种方法：体外生物防治试验（*in vitro* test）和体内生物防治试验（*in vivo* test）。所谓体外生物防治试验是将植物病原菌和可能的拮抗微生物双培养（double culture）于 PDA 或其他培养基平皿内以测定拮抗菌抑制病原菌的能力。有抑菌能力的拮抗菌可用于进一步的试验。该方法简单、方便、快捷，而且可用于拮抗机制的研究。此方法已被成功地用于许多研究。不过，用其解释拮抗机制时，应慎重考虑，因为在体外生物防治试验中产生的抗生素或抑菌活性与其在体内生物防治试验中的生物防治效果，有其一致性但也不完全一一对应（Zhang et al.，2014）。体内生物防治试验是将拮抗菌和病原菌置于寄主上，以接近于自然环境或完全处于自然环境的条件下测定拮抗菌抑制病原菌的能力。抑菌效果好的可用于进一步的研究与开发。体内生物防治试验明显优于体外生物防治试验，但二者的研究结果可相互利用，方便对拮抗菌的筛选。体内生物防治试验可以通过拮抗菌的宿主生存能力分析拮抗菌的抑菌机制，而且可以测试拮抗菌对寄主有无危害的发生。相对来说，体外生物防治试验方法能减少工作量，但是容易遗失单纯靠空间与营养竞争发挥作用的拮抗酵母。因而，体外生物防治试验和体内生物防治试验结合使用或单独使用体内生物防治试验需要具体分析具体决策。体内生物防治试验是目前筛选非抗生机制的拮抗酵母的主要方法（杨振，2009）。

二、内生真菌用于植物病害生物防治的意义

现有研究和开发的用于植物病害生物防治的微生物主要包括以下四大类：从植物根际或土壤中分离得到的细菌包括假单胞菌和放线菌（主要为链霉菌）等；从植物根际或土壤中分离得到

的真菌包括酵母菌和丝状真菌等；从植物根、茎和叶分离得到的内生细菌；从植物根、茎和叶分离得到的内生真菌。从根际或土壤中分离得到细菌或真菌的国内外相关研究报道比较多，而有关内生细菌和内生真菌的报道相对较少。有关内生真菌用于生物防治的研究近年来不断引起人们的注意和浓厚兴趣，正逐渐成为研究的热点问题。

内生真菌作为生防因子相对于其他真菌而言有更大的优势，其优点在于：①内生真菌占有有利的生态位。植物内生真菌分布于植物的不同组织中，可享受植物的营养物质，同时受到植物组织的保护，不易受外部恶劣环境，如强光、紫外线、风雨等的影响，具有稳定的生态环境，相对于其他外源真菌更易于发挥生物防治作用(Asensio et al.，2013)。②内生真菌可以经受住植物防卫反应的作用。病原物在侵染植物时，无论是感病植株还是抗病植株，寄主植物或多或少地会产生一些抗菌物质，如植保素、PR-蛋白、酚类化合物等。分离自土壤或植物根际的真菌作为生防因子，如果植物分泌的抗菌物质对它们有拮抗作用，那么它们的生物防治效果就大打折扣。而内生真菌与植物长期生活在一起，其细胞膜特性不同于其他真菌，对植物产生的抗菌毒性物质有耐受性，相对于其他真菌作为生物防治菌更具有竞争性。③内生真菌与病菌可以直接相互作用。内生真菌系统地分布于植物体根、茎、叶、花、果实、种子等器官的细胞或细胞间隙中，它可以直接面对病菌的侵染，对病菌的致病因子或病菌本身发起攻击，降解病菌菌丝或致病因子，产生拮抗物质，或诱导植物产生诱导系统抗性，抑制病菌生长(Tjamos et al.，1992)。④内生真菌可以作为外源基因的载体。植物内生真菌不仅能主动进入植物体内定植和扩散，还能作为外源基因导入植物的良好载体，这方面已经有相关的成功报道。为此以内生真菌作为载体，构建多功能工程内生真菌，利用内生真菌将外源基因导入植物体内，使植物获得与转基因植物相似或相同的功能等方面的研究，必将成为内生真菌研究的另一个热门课题。将某些基因导入内生真菌中，可提高植物的抗病能力，而植物本身的基因并未发生改变(张清华，2014)。

内生真菌作为生防因子虽然有较多的优势，但专性内生真菌在与植物的长期生活中也形成了一种不利因素。专性内生真菌，如一些菌根真菌，只能生活在植物体内，一旦离开植物体将不能独自存活。相对于专性内生真菌来说，兼性内生真菌有更强的适应微生物激烈竞争的能力，它们既可以在植物体内生存，又可以在植物根际土壤中存活。因此，在筛选内生真菌作为生防因子时，兼性内生真菌要好于专性内生真菌(张清华，2014)。

基于内生真菌在宿主植物生物防治的巨大优势，我们有理由相信：植物内生真菌用于病害的生物防治将是一个非常好的选择，其应用前景也将无比广阔。

三、内生真菌生物防治植物病害的作用机制

人们对拮抗菌抑菌机制的研究，相对于在这一领域应用方面取得的成绩而言还是比较滞后的。内生真菌生物防治作用的机制是多种多样的，由于大多数研究是在室内进行测定的，而田间条件要比室内环境复杂得多，所以实际上内生真菌的生物防治作用可能是 2 种或 2 种以上的生物防治机制同时起作用，也可能是在植物不同部位或不同发育时期某一机制在起主要作用。

一些内生真菌生物防治作用的机制与本书第九章第四节介绍的内生真菌提高药用植物抗病原微生物作用的机制类似，可以归纳为以下几个方面。

(1)产生活性次生代谢产物，阻抑昆虫和食草动物的采食，降低病害和虫害的发生率。植物内生真菌产生的具有农药活性的次生代谢产物，在自然界中具有重要的生态学作用。从微生

物中寻找发现新型先导化合物，是新农药研制的重要途径（EI-Tarabily et al.，2009）。

（2）改善宿主植物的营养吸收，促进植物生长。内生真菌能够迅速地将蔗糖转变成植物不能代谢的糖醇，改变植物体中碳水化合物源-库的关系，从而减少或阻止对光合作用的反馈抑制，促进植物的光合作用（Smith et al.，1985）。内生真菌能够提高植物对土壤氮的利用率，并促进植物体内氨的同化作用，显著增加宿主植物的氮积累（Lyons et al.，1999）。

（3）与病原微生物竞争生存空间和营养物质，降低病原菌的侵染率，并限制其生长和繁殖。

（4）诱导宿主植物的系统抗性反应。

除此以外，还有一种重要的生物防治作用机制，即重寄生作用。植物病原物被其他生物寄生的现象称为重寄生作用，或称为菌间寄生（hyperparasitism 或 mycoparasitism）（高克祥等，2002），这种寄生物称为重寄生生物。这些重寄生生物主要有真菌、细菌、线虫、病毒等，它们可以寄生于病原真菌、细菌和植物线虫等。植物病害生物防治中利用最多的是重寄生真菌，它可直接穿入寄主菌丝体并在其内扩展和生长，也可围绕寄主菌丝体的周围生长，与此同时，重寄生真菌有的穿入寄主菌丝体，有的不穿入寄主菌丝体。

重寄生现象是人们早已发现的普遍存在于自然界中的一种现象，并已应用于对土传病害的防治（贺字典和高玉峰，2003）。1932 年，R. Weindling 首次发现木霉菌（*Trichoderma* spp.）可以寄生于疫霉属（*Pytophthora*）真菌、腐霉属（*Pythium*）真菌和根霉属（*Rhizopus*）真菌的体内。当时注意到木霉菌丝可以沿寄主菌丝生长，或缠绕在寄主菌丝上，或穿入菌丝内部，从而导致寄主菌丝死亡。木霉菌依靠寄主菌丝作为营养物质进行生长繁殖。目前已发现木霉菌至少可以寄生于 18 属 29 种植物病原真菌体内。在对全蚀病的生物防治中利用最多的是木霉。木霉寄生于病原真菌菌丝上，并产生孢子，最后病原菌被木霉全部覆盖（彭娟，2008）。

四、内生真菌在植物病害生物防治中的应用

内生真菌作为微生物中的重要类群，其生物多样性丰富，这为新农药的研究和开发提供了巨大的资源库。最近一项全面研究显示，51%从植物内生真菌分离的生物活性物质是以前没有发现的化合物，而从土壤微生物中发现的新物质仅为 38%（Strobel，2003）。由此可见，研究植物内生真菌，寻找具有农药活性的次生代谢产物或直接用于生物防治的有机体农药，是研发新型无公害农药的重要途径，前景十分广阔（付洁等，2006）。

（一）木霉属内生真菌在生物防治中的应用

研究和应用最多的植物病害生物防治内生真菌是木霉属真菌。木霉属内生真菌是一类分布广、繁殖快、具有较高生物防治价值的真菌，它对多种病原物都有抑制作用，是理想的防治土传病害的生物防治真菌（古丽吉米拉·米吉提等，2013）。Campanile 等（2007）报道了分离自橡树体内的木霉属内生真菌分离株对橡树坏疽病病原菌 *Diplodia corticola* 的生物防治效果，并比较了该木霉分离株与其他内生真菌分离株 [包括镰孢属（*Fusarium* sp.）、链格孢属（*Alternaria* sp.）和核盘霉属（*Sclerotinia* sp.）] 的生物防治效果，结果显示，木霉属分离株的生物防治效果最理想，在不同距离的接菌部位均显示出了良好的拮抗活性。

1. 木霉属真菌的开发应用现状

Weindling（1932）发现木霉属真菌对植物病原真菌有拮抗作用后，人们即开始研究将其用

于植物土传病害的防治，研究工作主要围绕木霉属真菌的分类鉴定、生物学、生态学及生物防治机制等方面开展。世界各国从事木霉研究的学者及出版的专著甚多。国外已有商品化的木霉制剂问世(Bhuyan，1994)，如美国的 Topshield [哈茨木霉(*T. harzianum*)T-22 菌株] 和以色列的 Trichodex(哈茨木霉 T39 菌株)(Harman，2000)。国内也有少量的有关商品化木霉制剂的研究报道，如北京中美陆公司生产的木霉厚垣孢子制剂迈可健 III(龚明波，2004)。截至 2001 年，国内外已登记的木霉属真菌制剂多达 11 种，涉及的木霉种类包括哈茨木霉、绿色木霉(*T. viride*)、木素木霉(*T. lignorum*)、黄绿木霉(*T. aureoviride*)、康氏木霉(*T. koningii*)、钩状木霉(*T. hamatum*)等。20 世纪 80 年代以来木霉属真菌分子学研究取得了重大进展，木霉的生物防治效果和稳定性有了显著的提高，木霉属真菌已成为了一种重要的植物病害的生物防治菌，显示出广阔的应用前景(解树涛，2007)。

2. 木霉属真菌的特点

(1)广谱性：许多研究报道了木霉属真菌对多种重要植物病原真菌有拮抗作用，如腐霉(*Pythium* spp.)、轮枝孢(*Verticillium* spp.)、镰孢(*Fusarium* spp.)、长蠕孢(*Helminthosporium* spp.)、链格孢(*Alternaria* spp.)、丝核菌(*Rhizoctonia* spp.)、葡萄孢((*Botrytis* spp.)等。据不完全统计，木霉属真菌至少对 18 属 29 种病原真菌表现拮抗活性。木霉属真菌对植物和人畜的安全系数较高，还没有发现药害、人畜中毒及过敏的事例。用大白鼠进行的绿色木霉菌急性口服毒性测定结果，LD_{50}至少在 500g 以上，是无毒的。这些特性有利于用木霉属真菌同时防治多种植物病害，能避免由于防治对象单一造成的市场困难，以及因毒性带来的环境与人类健康问题(陈捷等，2011)。

(2)广泛适应性：木霉属真菌是土壤及植物体内微生物区系的重要组成部分。木霉属真菌对一些杀菌剂，如溴甲烷、五硝基苯、克菌丹、瑞毒霉等有一定的天然抗性，菌丝生长和孢子萌发能适应较广泛的温度范围和 pH 范围。例如，绿色木霉可在 pH 4.0～7.5 的培养基上快速生长。这一特性能保证木霉属真菌在土壤中保持一段时间的高种群水平，有利于其发挥防治病原菌的效果(陈捷等，2011)。

(3)多机制性：木霉属真菌对植物病原真菌的拮抗作用包括竞争作用、重寄生作用及抗生作用。另外，Harman(2000)认为，木霉属真菌的生物防治机制可能还包括：①在逆境中，如干旱、养分胁迫下，通过加强根系和植株的发育而提高植株的耐受性；②诱导植物对病原菌的抗性；③增加土壤中营养成分的溶解性，有利于植物的吸收和利用；④使病原菌的酶钝化。木霉属真菌生物防治机制的复合性增加了其生物防治应用的潜力。

3. 木霉属内生真菌生物防治机制研究现状

为了更好地将木霉属真菌用于田间病害防治，研究其拮抗机制是非常有必要的。木霉属真菌研究最早也是最清楚的生物防治机制是重寄生作用。

(1)重寄生作用：是指对病原菌的识别、接触、缠绕、穿透等一系列连续的复杂过程。Weindling 早在 1932 年就报道了木霉属真菌可寄生于立枯丝核菌(*R. solani*)。此后，其他研究者相继报道了木霉属真菌对其他接合菌(zygomycotina)、子囊菌(ascomycotina)和担子菌(basidiomycotina)的寄生作用。在木霉属真菌与病原菌互作的过程中，寄主菌丝分泌的一些物质能使木霉属真菌趋向寄主真菌生长，一旦寄主被木霉属真菌识别，就会建立起寄生关系。木霉属真菌识别寄主真菌后，可沿寄主菌丝平行生长，或螺旋状缠绕在寄主菌丝上生长；同时，木霉属真菌菌丝产生附着胞状分枝吸附于寄主菌丝上，或产生多种细胞壁降解酶降解寄主菌丝细胞壁，穿入寄主菌丝内部生长，进而导致寄主菌丝死亡。寄生的木霉属真菌菌丝从寄主菌丝中吸收营养维持自身的生长繁殖。当移去寄生的木霉属真菌菌丝后，可以在病原菌菌丝上发现溶解点和穿透孔。高克祥等(2002)也观察到了类似现象，并发现不同木霉属菌菌株之间存在差异性。木霉属真菌除了对病原菌菌丝的重寄生作用外，还攻击菌索和大量真菌的休眠结构（向鲲鹏，2008）。

细胞壁降解酶在木霉属真菌的重寄生过程中起着重要作用。真菌细胞壁的主要组成成分是β-1，3-葡聚糖和几丁质（卵菌为纤维素），还有少量的蛋白质和脂肪。木霉属真菌在侵入或穿透寄主菌丝细胞时，产生了几丁质酶（chitinases）、葡聚糖酶（glucanases）（包括 β-1，3-葡聚糖酶、β-1，4-葡聚糖酶和 β-1，6-葡聚糖酶）、纤维素酶（cellulases）、木聚糖酶（xylanases）、蛋白酶（proteinases）、脂酶等一系列水解酶类，来消解病原真菌的细胞壁。这些水解酶大部分能被多糖和真菌细胞壁诱导，并受细胞壁代谢产物，如高浓度葡萄糖的抑制。在这些细胞壁降解酶中，几丁质酶和葡聚糖酶是目前研究的热点，被公认为是影响生物防治真菌重寄生能力的重要因子，并具有协同作用（Ahmad and Baker，1987）。几丁质酶包括内切酶和外切酶两类，其中外切酶为 *N*-乙酰-α-氨基葡萄糖苷酶（α-*N*-acetyl-glucosaminidase）和几丁二糖酶（chitobiosidase）。这两类酶对植物病原真菌的细胞壁具有强烈的水解作用，从而抑制病原真菌孢子萌发并引起菌丝及孢子的消解。这两类酶之间有协同作用，并与杀菌剂、生物防治细菌等其他生防因子之间也存在协同作用（Harman，2000）。

除了与细胞壁相关的几丁质酶和葡聚糖酶外，蛋白酶也在木霉属真菌重寄生过程中起着重要作用。哈茨木霉在植物病原真菌菌丝或细胞壁诱导下可以产生蛋白酶。Zirnand 和 Elad（1996）在研究哈茨木霉菌株 T39 对灰葡萄孢霉的生物防治时发现，菌株 T39 产生了一种能消解植物细胞壁的蛋白酶。他们认为这种蛋白酶能直接抑制病原真菌的萌发，使病原真菌的酶钝化，阻止病原真菌侵入植物细胞。

(2) 酶的溶菌作用：有时木霉属真菌即使不与寄主菌丝直接接触，也同样可引起它们的解体，并最终导致病原真菌的死亡，这与木霉属真菌分泌产生的 β-1，3-葡聚糖酶、几丁质酶、纤维素酶、木聚糖酶及蛋白酶等有关。通过酶的作用使真菌细胞壁遭到破坏，继而引起原生质的解体。

木霉属真菌侵染病原真菌细胞壁所产生的酶主要是 β-1，3-葡聚糖酶、几丁质酶和纤维素酶等。Elad（1990）利用荧光显微镜证实了在哈茨木霉侵染齐整小核菌（Sclerotium rolfsii）（为白绢病病原菌）或立枯丝核菌的侵染点处 β-1，3-葡聚糖酶、几丁质酶和纤维素酶的活性提高（Elad，1990）。几类不同的细胞壁降解酶具有协同（增效）作用，预示了它们在生物防治上的应用前景。

(3) 抗生作用：胶霉毒素（gliotoxin）是最早从木霉属真菌中分离获得的抗生素（Weindling，1932），随后有多种抗生素被分离和鉴定，从而使木霉属真菌的抗菌活性得到肯定。现已鉴定的、由木霉属真菌产生的各类抗菌物质有上百种，结构差异较大。根据化学性质的不同，这些抗生素可大致分为 3 类：①挥发性抗生素，如大多数苄类和烷基吡喃酮化合物等，能产生这类抗生素的木霉属真菌被认为具有显著的生态优势；②水溶性抗生素，如一些萜类化合物；③“疏水”肽类抗生素，这类化合物在肽链上存在一个或多个极性位点，有离子载体活性（Abdelzaher and Elnaghy，1998）。

某些抗生素在一定条件下可转化为二甲基胶霉毒素而丧失抗菌活性。绿毛菌素（viridin）是一种对土传病菌有效的抗生素，但其性质不稳定，易转化为还原产物 viridol。viridol 只有极小的抗菌活性，却有比较好的除草剂作用，可毒害农作物(蔡芷荷等，1998)。有些木霉属真菌还可以产生木菌素(dermadine)，其是一种不饱和异戊酸，对大量真菌和革兰氏阳性、阴性菌都有作用。乙醛也是木霉属真菌产生的主要挥发性抗生素(柳良好，1999)。大多数木霉属真菌可产生不止一种抗生素，如哈茨木霉、康氏木霉、绿色木霉和钩状木霉分别能产生 12 种、9 种、10 种和 7 种抗生素，长枝木霉、多孢木霉和木素木霉分别能产生 3 种、2 种和 2 种抗生素。

由于抗生素类物质种类、化学性质和作用方式的多样性，病原菌比较难以产生抗药性。这些代谢产物的提取和纯化，为农药抗生素的开发和利用提供了基础。但是，在使用这些抗生素时应充分考虑其化学性质的不稳定性，因在一定条件下其可以转化为不具有抗菌活性的化合物。

(4)诱导抗性：最初关于木霉属真菌生物防治机制的研究相对集中于微生物之间的互相作用，对寄主植物的作用重视不足。Bailey 和 Lumsden(1998)的研究揭示了木霉属真菌的木聚糖酶或其他的激发因子能诱导植物的抗病性。Howell 等(2000)用生防菌株绿色木霉处理棉花种子后发现，绿色木霉穿透并定植在根表皮和外皮层组织中，诱导根细胞中 POD 活性升高和萜类化合物积累。Amand 和 Baker(1988)的研究发现，哈茨木霉 T39 能够抑制病原菌灰葡萄孢的果胶酶和多聚半乳糖醛酸酶活性，果胶酶活性降低抑制了灰葡萄孢对大豆叶片的侵染，多聚半乳糖醛酸酶活性降低导致灰葡萄孢体内的寡聚半乳糖醛酸酐不能有效分解而积累，从而作为诱导因子诱导植物的抗性，进而抑制灰葡萄孢对大豆叶部的侵染。Dean 等(1989)的试验表明，植物对绿色木霉产生的 22kDa 的木聚糖酶有明显的反应。该木聚糖酶是绿色木霉在以 D-木糖、木聚糖或天然植物细胞壁制备物为原始碳源的液体培养基上培养产生的。其他木霉属菌株，如哈茨木霉、钩状木霉等在培养基上也能产生 22kDa 木聚糖酶。22kDa 木聚糖酶诱导植物产生的防御反应包括：K^+、H^+及 Ca^{2+}通道的开放，蛋白质的合成及乙烯的合成(向鲲鹏，2008)。

(5)对植物生长的影响：木霉属真菌除了具有生物防治作用外，还能对植物的生长产生影响。这种影响既有积极的一面，也有消极的一面。Chang 和 Baker(1986)利用哈茨木霉处理辣椒、菊花和长春花，结果表明，哈茨木霉能促进植物发芽、开花，并提高生物产量。Windham 等(1986)利用哈茨木霉和康氏木霉处理植物，结果显示，玉米、马铃薯、烟草及胡萝卜等均表现出高发芽率和出苗率，而且植株干重显著增加。

木霉属真菌产生的对植物有毒性的物质主要有两种：胶霉毒素和绿胶毒素，它们分别是硫代二酮吡嗪复合物(epidithiodiketopiperazine)和固醇类物质(sterol)，在平板试验 1mg/L 浓度下抑制芥菜种子发芽及根的生长，但不抑制红色苜蓿和小麦发芽，说明不同的植物对这两种毒性物质的耐受程度不同(Wright，1951)。Wright(1956)发现，多种木霉属真菌能产生胶霉毒素和绿胶霉素，不同菌株产生两种物质的能力存在差异。Haraguchi 等(1996)发现，胶霉毒素能抑制植物体内包括乙酰乳酸合成酶(acetolactate synthase，ALS)在内的一些酶的活性。

综上所述，木霉属真菌拮抗植物病原菌的作用机制是复杂多样的，可能是两种或两种以上机制协同作用的结果，单一作用机制比较少见(Wang et al.，2005)。例如，用木霉属真菌处理菜豆种子后，木霉属真菌拮抗腐霉菌的作用机制包括产生抗生素及重寄生作用两种。木霉属真菌在产生抗生素的同时，还能产生多种降解细胞壁及抑制土传植物病原菌菌丝生长和孢子萌发的胞外酶(van der Plaats-Niterink，1981)。绿色木霉菌株 TV-I 与烟草赤星病病原菌交链链格孢(*A. alternate*)对峙培养时，TV-I 对病原菌的拮抗机制主要为生长竞争、重寄生作用及产生抗生素类物质使病原物菌丝消解。

(二)青霉属内生真菌在生物防治中的应用

青霉属真菌(*Penicillium* spp.)因能产生抗生素青霉素而闻名，在生物防治领域，青霉属真菌也具有良好的潜能，对它的开发和利用也在不断地深入(Wellington and Edson，2008)。

Yamaji等(1999)从云杉属植物库页云杉(*Picea glehnii*)的体内分离到2株对云杉属(*Picea*)植物种子苗软腐病有良好拮抗活性的青霉属菌株，其拮抗机制之一是菌株能分泌青霉素酸。体外试验证明：种子苗接种青霉属真菌后再接种软腐病病原菌终极腐霉(*Pythium ultimum*)，苗的存活率比单纯接种病原菌的对照组苗的存活率有明显提高；青霉属真菌产生的青霉素酸有抑制病原菌的能力。

Gravel等(2005)研究了包括青霉属和假单胞菌属(*Pseudomonas*)在内的237株分离自温室番茄(Solanum lycopersicum)根部、具有生物防治作用的菌株，发现不仅几种假单胞菌分离株显示出明显的针对瓜果腐霉(*Pythium aphanidermatum*)和终极腐霉的生物防治效果，青霉属菌株*Penicillium* sp.还显现出较好的生物防治作用，明显的降低种子萌发时发生的腐烂病害。

(三)酵母菌在生物防治中的应用

目前认可的拮抗酵母菌的主要拮抗机制是重寄生和营养与空间的竞争。Wisniewski等(1991)和Arras(1996)认为，拮抗酵母菌能吸附和定植在病原物菌丝上，引起菌丝穿孔和裂解，这些现象说明在拮抗菌与病原菌之间有重寄生现象；营养和空间的竞争是拮抗酵母菌的另一种作用方式，酵母菌能很快消耗伤口营养，大量繁殖，占领空间，从而有效抑制病原菌的生长。

Biels通过光学显微镜或电子显微镜观察到拮抗酵母US-7对葡萄孢菌丝的附着，在附着点菌丝细胞壁溶解，推测这一过程可能与产生葡聚糖酶和几丁质酶有关。Arras和Arrus(1999)用电子显微镜观察到拮抗菌无名假丝酵母(*Candida famata*)可以在病菌菌丝上定植，并促使菌丝裂解。Jijakli和Lepoivre(1998)发现，异常毕赤酵母(*Pichia anomala*)的菌株K对苹果上的灰霉病有很好的拮抗作用，且将菌株K放入以灰葡萄孢霉的细胞壁制备物为唯一碳源的培养液中进行培养时，可在培养液中检测到很高的β-1，3-葡聚糖酶活性。

吸附现象不能完全说明在酵母拮抗菌与病原菌之间有重寄生作用，但可以肯定，这种现象是与拮抗菌的生理活动紧密联系的，经加热灭活的拮抗菌不再发生吸附现象(Stefanos et al.，2006)。Wisniewski等(1991)在拮抗菌季也蒙毕赤酵母(*P. guilliermondii*)上发现了相同的现象。季也蒙毕赤酵母只能简单地附着在青霉菌的菌丝体上，但能寄生在灰霉病菌的菌丝内。在这些酵母细胞的外围还包裹着一层基质，加入蛋白质变性物质，或抑制微生物的呼吸作用，就会解离酵母细胞与病原菌之间的联结。因此推测，在酵母细胞表面和周围的基质中可能存在着粘连蛋白质。这些酵母菌与灰霉病菌的菌丝体分离后，在灰霉菌菌丝体原先与酵母菌联结的部位出现坏死和部分细胞壁降解的区域。故此推测，与病原菌菌丝联结的季也蒙毕赤酵母能够向体外分泌降解病原菌细胞壁的β-1，3-葡聚糖酶。酵母细胞分泌β-1，3-葡聚糖酶的能力取决于这些酵母细胞与病原菌菌丝体的紧密结合。动力学研究表明，酵母细胞与病原菌菌丝体和植物组织的紧密结合有助于β-1，3-葡聚糖酶的产生和分泌。

营养与空间的竞争是指对物理位点、生态位点的抢占，以及对营养物质和氧气的竞争(黄健等，2005)。在病害生物防治中，竞争作用尤为重要。研究发现，采收后植物病害的发生多是由病原微生物引起。此时利用生防菌与病原真菌竞争营养物质及侵染位点，使生防菌在短时间内大量繁殖，尽可能快地消耗掉营养，并占领生存空间，就能使病原菌得不到适合的营养与空间条件，从而降低植物表面病原真菌的数量，抑制病害的发生(刘海波和田世平，2001)。已报道的众多酵母菌和类酵母菌主要以此作为生物防治基础(Arnold et al.，2003)。范青等(2000)将季也蒙假丝酵母(*Candida guilliermondii*)接种到桃果实的伤口上，在有病原菌存在时季也蒙假丝酵母的数量一天内可以猛增200多倍，这种高速的繁殖活动反映出拮抗菌与病原菌之间的营养竞争。由于拮抗酵母对病原菌的抑制主要是通过竞争营养和空间，所以可以克服那些靠产生抗生素抑菌所带来的弊病，从20世纪90年代初人们开始将拮抗菌的筛选从细菌转向酵母菌，迄今已经发现多种具有此种拮抗机制的有效拮抗菌。

(四)镰孢属内生真菌在生物防治中的应用

近年来，利用非致病镰孢菌的交叉保护作用防治由致病镰孢菌引起的土传病害得到广泛的重视(Bala et al.，2006)。从棉花铃内部分离到2株非致病镰孢菌VL-1和VL-2，通过空间竞争和营养竞争等机制有效抑制黄萎病菌的生长，对棉花黄萎病的相对防治效果分别达到87.9%和66.4%(徐美娜等，2005)。

Campanile等(2007)报道了分离自橡树体内的镰孢属内生真菌分离株对橡树坏疽病病原菌*D. corticola*的生物防治效果，并比较了该镰孢分离株与其他内生真菌分离株(包括木霉、链格孢霉和核盘霉)的生物防治效果，结果显示，镰孢分离株和木霉分离株的防治效果较理想，木霉分离株的防治效果最好。

用无致病力的尖镰孢(*F. oxysporum*)预先接种红薯可以防治枯萎病；从法国镰孢菌抑病土壤中获得的无致病力尖镰孢菌株FO-47，能有效地防治康乃馨(*Dianthus caryophyllus*)、番茄的萎蔫病及番茄的根腐病。以上的作用机制包括对碳水化合物的竞争、与病原菌的直接竞争和诱导抗性等(刘乐涛，2008)。

(五)其他生防因子

一般来说，包括内生真菌在内的、能够定植于植物根围部分，并最终入侵到植物内部，且能生长繁殖的微生物都有可能起到生物防治的作用(Chen et al.，2009)。

日本学者从中国卷心菜的根部分离出一株内生真菌*Heteroconium chaetospira*，该菌株能为宿主植物提供氮源，并从宿主中吸取碳源；此外，该菌株能够抑制卷心菜根瘤病及黄萎病的发生，可以作为中国卷心菜的生防菌株。由此推测，从内生真菌中开发生物防治剂具有很大的潜力(Hashiba and Narisawa，2005)。毛壳菌属(*Chaetomium*)真菌通常存在于土壤及某些植物体内，可以有效降解纤维素和有机物，并对土壤中的某些微生物产生抑制作用。巴西多个品种的燕麦种子被球毛壳(*C. globosum*)和螺卷毛壳(*C. cochlildes*)侵染后，能对维多利亚长蠕孢毒素(HV-toxin)产生抵抗力，从而使幼苗免受多种镰孢属病原菌或内脐蠕孢属病原菌*Drechslera sorbkiniana*的侵染(迟玉杰和杨谦，2002)。在澳大利亚，Wong等(1996)发现，在小麦全蚀病中度发病的田块土壤中施用分生孢子耐低温的瓶霉属(*Phialophora*)禾生株系，可以加强小麦对全蚀病的防治效果；如果小麦与禾谷顶囊壳禾谷变种(*Gaeumannomyces graminis* var. *graminis*)提前定植，可以保护小麦根部免受全蚀病菌的侵染。

产生对植物病原菌有抑制作用的次生代谢产物，是内生真菌生物防治的作用机制之一。兰琪(2002)报道，3株苦皮藤(*Celastrus angulatus*)内生真菌发酵产物的丙酮提取物对番茄灰霉病菌、玉米小斑病菌、小麦赤霉病菌、烟草赤星病菌和苹果炭疽病菌的菌丝生长有较强的抑制作用；在盆栽试验中，对小麦白粉病菌的治疗和保护作用均在60%以上；对黄瓜霜霉病菌的治疗和保护作用均在 50%以上；抑制番茄灰霉病菌菌丝生长达 92.7%。欧洲红豆杉(*T. baccata*)内生真菌的次生代谢产物白灰制菌素 A(leucinostatin A)具有杀真菌活性(Zou and Tan，1999)。

研究还发现，农作物的一些内生真菌可作为拮抗菌，而一些内生真菌只在一定条件下才可成为拮抗菌，表明内生真菌具有开发成为微生物农药的潜力。例如，从棉株分离的一种内生真菌，经人工茎基部注射后有抑制萎蔫镰孢菌扩展的作用(Wicklow，1988)。当有内生真菌存在时，植株受到病原菌侵染后叶片 POD、PAL、β-1，3-葡聚糖酶和几丁质酶的活性在短时间内均有显著提高，与不含内生真菌植株叶片的相应酶相比，酶活性提高的速率和幅度较不含内生真菌植株叶片中相应酶的高。Li 等(2001)的研究认为，内生真菌的定植导致病原菌侵染时植株体内的抗性相关酶活性发生迅速变化，从而提高了高羊茅对褐斑病的抗性。

植物体内的内生真菌种类丰富，功能多样(Oelmüller et al.，2009)。我们有理由相信，将有越来越多的对病原菌有良好拮抗活性的植物内生真菌菌株会被分离出来，并展示出它们还不为人知的一些优秀特性。充分的认识和利用丰富多样的植物内生真菌资源为人类的健康和可持续发展服务，是致力于生物防治研究的科研工作者的任务和责任(Kishore et al.，2005)。

五、内生真菌生物防治制剂开发的一般方法

生物防治制剂开发的目的是以农业重大作物病害为靶标，重点围绕生产绿色无公害产品，引进、吸收和利用国际领先的技术和生物防治资源，开发环境友好型安全高效的植物保护替代产品；创制高效、安全的新型微生物制剂，为食品安全提供有力的技术支撑(李志念等，2004)。

植物病害生物防治制剂(biological control agent，BCA)，即生物杀菌剂，是指利用能够控制植物病原菌的天然产物、微生物活体及其代谢产物所生产的制剂，包括微生物源杀菌剂(农用抗生素和活体微生物杀菌剂等)、植物源杀菌剂、以微生物代谢产物为先导合成新的杀菌剂、遗传工程杀菌剂等类型，它是生物农药的重要组成部分(Charilaos et al.，2012)。

一般情况下，首先要找到目的生物或产物，将这些生物扩大培养，然后经后期工艺处理，以一定比例加以合适的填充料，制成具有一定活性的生物制剂，用以实际生产。目前对植物病害内生真菌生物防治制剂开发的方法一般集中在以下几个方面。

(一)对内生真菌生防菌株进行遗传改良

1. 分子生物学途径

利用分子生物学方法进行菌株改良的一个方向是对生物防治作用基因的转化。利用基因工程提高微生物生物防治特性的途径主要有：①将生物防治作用基因转入目标生防菌；②提高生物防治基因在目标生防菌中的表达量；③使目标生防菌中生物防治基因的表达方式由诱导型转变为组成型。Tronsmo 和 Harman(1993)指出，生防菌在目标植物中有效定植及其抗病代谢产物的合成是影响其抗病能力的两个最重要因素，与此相关的基因都可以成为菌株改良的目标。生防菌中有可能同时转入多个基因，以使转基因菌株具备多种较好的拮抗机制。

当然，充分利用分子生物学方法进行生防菌株改良的一个前提，是对生防菌、病原菌、植物及环境四者之间相互作用的分子机制要有较充分的了解。在实现了这一步之后，可能会发现前文所提的可用于菌株改良的基因仅是其中的很小一部分而已。从这一角度来说，分子生物学在生物防治中应用的最大潜力不在于对菌株的直接遗传改良，而是作为植物与病原物互作分子

机制研究的重要工具(彭娟，2008)。

2. 原生质体融合

原生质体融合技术是生防微生物菌种遗传改良的一种有效方法。利用这一技术可以实现遗传关系较远，甚至不同属菌株间遗传物质的重组。多种优良的生物防治特性有可能通过一次融合就整合在一个菌株中。利用分子生物学方法进行菌株改良的前提是要了解哪些基因与生物防治能力相关，而原生质体融合就无此要求(彭娟，2008)。

利用原生质体融合进行菌株改良的一个较成功的例子是微生物农药 F-stop®的研制(Harman and Hayes，1992)，即对哈茨木霉 T95Lys 和 T12His 融合所产生的后代进行广泛筛选后得到的菌株比它的两个亲本菌株生长更快，在多种植物根围的定植能力更强，同时能有效地抑制一系列植物病原真菌。该融合菌株被注册为微生物农药 F-stop®。

3. 诱变育种途径

诱变筛选一直是工业微生物育种的主要方法，最明显的例子是青霉素的发酵生产。青霉素刚被发现时，生产菌株黄青霉(*P. chrysogenum*)的青霉素产量只有 20U/ml，但通过一系列诱变和筛选后，其产量达到了 8000U/ml。目前，诱变育种在生防菌株改良的应用并不是很多，但其潜力很大，如生防微生物拮抗能力的改进及微生物对生防制剂耐受能力的提高等(Marois et al.，1982)。

(二)革新生产工艺，改进加工剂型

除“上游”基因工程技术以外，还需不断改进现有的生产工艺(Hawksworth et al.，1995)。在原有生防菌剂剂型的基础上，创建新的微胶囊和微囊菌剂剂型等新的技术工艺体系，使生防菌剂更安全、更环保。发展适用的加工剂型，提高“下游”技术水平，进而推进微生物农药的产业化进程，促进现代化农业的发展，这是生物农药技术发展的趋势，也是中国生物农药发展所面临的主要技术瓶颈之一。突破这一瓶颈，对提升中国生物农药的整体研制水平，加快产业化进程至关重要。

(三)建立生防微生物资源库

现在国内已经有了微生物拮抗菌种资源库，在此基础上要不断充实完善生防微生物资源库的库容量，为我们现有生防菌株的人工改良和新生防制剂的开发提供菌源，从而为构建生防微生物制剂创造新的研发平台。

六、内生真菌在生物防治应用中存在的问题及措施

生防菌具有一定的生态适应性。在一定生态系中引入生防菌，它能否适应特定的生态环境，能否在病菌的寄主植物上定植并与相应病原物竞争，这些因素与生防菌的生物学特性紧密相关，并能决定生物防治的成败(Alabouvette et al.，2006)。理想的生防菌应具有适应性强、生长速率快、营养竞争能力强、抗菌代谢产物合成量高等特点(陈志谊，2001)。竞争和定植是生防菌在促进植物生长和病害防治作用过程中的推动力量，也是生物防治成功与否的关键。但是，目前大多数生物防治研究都只处于实验室阶段，其中的一个重要原因是生防菌在田间试验条件

下防治效果不稳定，大面积推广使用存在较高风险(陈志谊，2001；李文峰，2006)。

人们将直接利用生物活体及其代谢产物制成的用来防治病虫害等的制剂称为生物农药，其中利用生物活体制成的称为生物体农药，利用生物体代谢产物制成的称为生物化学农药。生物农药虽然也存在一定的安全风险，但与化学农药相比安全性较高，因此受到人们的普遍关注。但是，目前的生物农药存在以下不足：货架期短(目前生物体农药的货架期大多短于3个月)、剂型发展落后、起效慢、药效易受环境因素影响、对操作技能有较高要求、防治成本普遍较高。这些问题的存在限制了生物农药的使用和推广(张兴等，2002)。因此，现阶段生物农药还不能完全取代化学农药，化学农药仍然是植物保护的重要手段。

微生物生物防治面临的主要问题包括生防菌株的安全性、对作用良好的生防菌株进行遗传改造时的基因污染和流失、土壤微环境影响生防菌的作用、生防菌剂发展滞后等(边军昌等，2010)。

(一)安全性

在实际的田间应用中，无论是内生真菌活体或孢子悬浮液制成的生物体农药，还是应用生物化学方法提炼其有效成分制成的生物化学农药，在具体的田间应用过程中均存在着安全性评价的问题(郑冬梅，2006)。内生真菌生防制剂在田间应用并不是绝对安全的，它存在着各种潜在的或实际的危险。生防制剂的危害主要表现在对农业生态的破坏。农业生态安全要求维护生态系统的相对动态平衡，以及物质、能量的良性循环，并以人类的健康为最终目标。农业生态安全是农业资源可持续发展和利用的基础，没有生态安全，农业资源就不可能实现可持续发展。生防制剂总体上来说是安全、无污染、环境友好、不危害天敌、对人畜无毒性的、比较理想的绿色生物农药，但对农业生态安全也会构成一定的风险。

源自内生真菌的生化制剂型生物农药主要是抗生素和毒素，它们是生物农药中最重要的组成部分。例如，阿维菌素(avermectin)属于高毒物质，要少量使用；井冈霉素(valida-mycin)的毒性虽低，但高剂量使用时可导致水稻叶绿素光合作用降低，光合产物的输出受阻，并引起褐飞虱取食量增加、成活率显著提高、产卵量增加。生物化学农药在环境中比较容易降解，一般不会有残留，但其施用期间的毒性值得重视，如果施用不当同样会引起公害(李云龙，1997)。

内生真菌活体或孢子悬浮液制成的有机体型生物农药的安全性很好，但是它们对某些有益微生物菌群可能有很大的危害。同时，这些真菌往往会引起人和动物的一些过敏性反应，它们产生的毒素可能也是一个安全隐患(石旺鹏，2001)。

尽管如此，我们应该看到，化学农药的剧毒性或高毒性，以及其难降解、与环境不相容的特性，必将导致其逐步被淘汰，取而代之的将是毒性适中、环境友好的生物农药。虽然目前生物农药占整个农药市场的份额还很小，但其发展速率迅猛(韩永奇，2008)。在人类越来越关注环境和自身健康的时代潮流下，生物农药的大力发展和应用将逐渐成为一种趋势。另外，从某种程度上讲，生物农药可能还是生态系统的调节者。生态系统的和谐发展是农业可持续发展的前提，所以发展生物农药是环境及农业可持续发展的需要，是社会进步和人类更高需求的反映。

(二)遗传改造的局限性

生防菌遗传学已得到较深入的研究和开发，但也存在一些不足。例如，重组微生物可能会发生基因任意扩散，对周围环境产生不确定影响，因此需进一步完善对基因工程微生物安全性的评价和完善基因环境释放的监测方法。由质粒控制的选择基因与由染色体修饰的选择基因相比稳定性差，易向土壤微生物转移。因此，生防菌的遗传改良要从单纯的质粒研究转入染色体基因组的整合研究。

植物内生真菌是近年发展起来的具有良好应用前景的一类有益微生物，它们在进化过程中与植物建立了一种和谐的关系：一方面，内生真菌可以为植物提供所需要的营养物质，如氮素及一些激素，并参与植物的防卫功能；另一方面，内生真菌定植在植物体内，受到植物的保护而免受外部环境的影响，并能从植物体内获得生长所需的营养。由于内生真菌系统地存在于植物各个组织、器官的细胞间隙或细胞内，相对于其他生防因子而言，具有更大的优势。若能将生防菌株的抗生素合成基因或其他一些抗性相关基因导入某些内生真菌中，借助内生真菌与植物建立的紧密联系，生防基因可以在植物内部发生作用，对植物致病菌的拮抗效应更为直接，免去了转基因植物复杂的研究程序，将是很有应用前景的研究课题(徐美娜等，2005)。

(三)土壤微环境对生防菌作用的影响

植物病害中有很大一部分是由土传病原物侵染引起的土传病害。病原菌在土壤或栽培基质中存活并传播。生防菌在土壤中定植的过程受到土壤微环境的影响，常会出现定植力和适应性下降、抗菌代谢产物合成能力降低、抗性相关基因表达能力下降等现象，导致生物防治作用降低。现在虽然有许多关于发现具有生物防治潜力的内生真菌的研究报道，但仅有极少数生防菌株被用于商业化制剂的生产和使用，大部分仍停滞在实验室开发阶段，不能实现大面积推广应用，这种局面的形成与大多数植物病害的土壤传播性密切相关。

土传病害生防菌株生存的植物根际微环境频繁地发生着剧烈的变化。环境因素，如雨淋或日照，能引起根际水分、养分、盐浓度、渗透性及土壤粒子结构的变化；植物根的生长、季节温度的变化、化肥和农药的施入等均能改变根际土壤或基质的微环境(Pierson and Pierson，1996)，进而引起根际微生物种群组成结构的变化。环境因素的随时改变对释放在土壤或基质中的生防菌的菌株数量会产生严重影响，最终导致其生物防治能力的改变。

植物的生长和发育也会影响生防菌株的生物防治效果。一些植物根系分泌物可能支持或诱导生防菌株抑制植物病原菌，而其他一些植物根系分泌物则可能表现出排斥反应，从而导致一种生防菌在不同植物根际土壤或基质中的生物防治能力不同。生防菌株抗生素合成基因的诱导表达程度不同也与此相关。

Keel 等(1992)首次阐明噬菌体能削弱释放到土壤环境中的有益细菌的生物防治能力。终极腐霉是黄瓜根腐病的致病菌，荧光假单胞菌(*P. fluorescens*)对终极腐霉有拮抗作用。Keel 等分离到的一株溶解性噬菌体能专一地抑制荧光假单胞菌，使土壤中和黄瓜根部的荧光假单胞菌数量减少至原有数量的20%以下，从而完全丧失了对黄瓜根腐病的防治能力。

生防菌生长在含有不同营养成分的土壤或基质中时，其生物防治能力也会发生变化。这是由于不同根际微环境中所含营养物质的成分不同，使生防菌株的应用范围受到不同程度的限制。

对于能够合成抗生素的生防菌株而言，抗生素在其与其他根际微生物的竞争中发挥着重要作用。生防菌株抗生素合成和积累的变化，会影响菌株的定植能力。

生防菌株的生物防治作用与其自身的分子生物学特征也有一定的关系。例如，抗性基因的表达能力下降或消失，能导致生防菌生物防治效果的降低或丧失。

生防菌株在田间应用过程中很可能受到单一因素或多种因素的影响而降低或丧失生物防治能力。菌株如果对土壤或基质缺乏广泛的适应性、不能有效利用土壤或基质中的各种营养、在变化的环境中不能正常产生和积累代谢产物或容易发生基因型的改变等，就将很难用于大面积的推广和应用。

（四）生防菌剂发展滞后

生物防治微生物的产业化发展进程较慢，与生防菌剂的剂型落后、有效新剂型的开发缓慢有直接关系。生防菌剂发展滞后，既与影响生防菌作用的诸多因素有关，也与生防菌剂的价格高，难以推广有关。因此，在致力于生防菌遗传改良的同时，也应考虑生防菌剂的生产成本，开发出益于生防菌长期存活、价格低廉、利于推广的剂型。对含有多种生防菌菌剂的开发是生防菌剂研究的一种趋势。多种生防菌混合使用，能有效提高生防菌剂的适应性，并有助于发挥不同生防菌株之间的协同增效作用，实现拮抗、竞争、诱导抗性、重寄生等多种机制共同作用，避免因应用单一生防菌株而引起病原微生物产生抗性。

目前，国内外植物病害生物防治及相关产品开发主要有以下发展趋势：①变单一菌剂的使用为多菌混合使用，利用不同微生物的抗病机制，延长有效期并提高防治病害的广谱性；②对现有的野生型生防真菌进行基因改造，以获得广谱高效的新型生物农药；③对病原物的流行和生态学进行更多地研究，使环境和操作更有利于生防微生物作用的发挥；④解决活菌制剂的保藏和生防菌种的复壮两大生物防治产品开发的难题。

七、结语与展望

目前国内外与植物病害防治相关的商业化生物防治制剂仍然较少，多数生物防治研究停留在实验室阶段，田间生物防治的研究工作进展缓慢，有关生物防治机制的研究还不够深入，用于生物防治的固体或液体菌剂的剂型也不完善，这些都限制了优良生防菌株的田间推广工作。此外，生防菌剂还面临着安全性、可操作性等一系列难题。但只要我们持之以恒地研究探索，积极寻找克服这些难题的对策和方法，就一定能攻克难关。同时我们也建议国家不断加大对生物防治研究的资金和资源投入，为这项事业的推进提供强有力的支持。

有关生物防治的研究方兴未艾，正在逐渐被认可并获得支持。生物防治的安全性、环境友好、有效减少化学农药使用等优势，符合社会大众的期望，符合国家对实现自然资源可持续发展利用的要求，具有广阔的应用前景。相信在广大科研工作者和技术人员的共同努力下，一定能使生物防治的优秀成果造福于广大人民群众。

第二节　内生真菌对植物的危害

研究内生真菌对宿主植物的危害可以有效地指导我们利用内生真菌开展生物防治的研究工作，从理论上论证内生真菌生物防治的可行性和科学性，在具体的研究工作中指导内生真菌的筛选和生物防治效果的观察及验证工作。

一些研究者认为，内生真菌与宿主植物之间构建了一种动态平衡的拮抗关系。当植物处于正常生理状态时，部分内生真菌表现出对植物的生长发育有促进作用，一些潜伏性病原菌也不会引起植物表现相关病症。但是当植物衰老或受到环境胁迫时，内生真菌会转变成为病原菌，引发植物病害。

一、天麻与蜜环菌的共生关系

天麻(*Gastrodia elata*)是异养型兰科植物，没有根和叶，自身不能吸收营养，无法独立生存，必须依靠侵入其体内的蜜环菌(*Armillaria mellea*)为其提供营养(夏艳云，2001)，两者之间建立了一种互利的平衡关系(详见本书第二十八章第一节)。

天麻块茎与蜜环菌之间互相利用的平衡关系一旦被打破，蜜环菌就会成为危害天麻生长和繁殖的病原菌(罗凡，1996)。如果遇到不利于天麻生长而有利于蜜环菌生长的一些因素，如干旱、水涝、高温、低温等，就会出现天麻生理功能紊乱、生长势头减弱，而蜜环菌生长过旺，此时两者之间的营养关系失去平衡，天麻反而被蜜环菌消化，造成天麻块茎空壳，壳内充满蜜环菌菌索，蜜环菌由原来的内生真菌转变成为侵染天麻块茎的病原菌(夏艳云，2001)。

二、植物体内潜伏病原菌与寄主之间的关系

尽管对宿主暂时没有伤害的潜伏性病原菌也属于内生真菌的范畴，但是在研究内生真菌的生物防治作用时，对这类真菌对植物的潜在性危害要有清晰地认识。潜伏侵染是病原菌侵入到寄主植物组织后不马上发病，而是等到寄主或环境条件适宜时才发病的一种侵染现象。病原的潜伏侵染已被认识多年，曾被认为是高级寄生形式的一种，因为寄主和病原菌能在一定时期内共存，对寄主没有明显的伤害。关于潜伏侵染，不同学者有不同的定义和理解，然而，多数人所接受的定义仍然是：病原物侵入植物组织以后，由于寄主或环境条件的限制，暂时停止生长活动，寄主也不表现发病症状。潜伏侵染可被认为是寄主对某些病原微生物具有耐受性的表现，往往发生在不利于病原菌完成生活周期的植物生长早期。等有利于病原菌活动的条件出现时，潜伏的病菌就开始生长和扩展，并使植物发病(李传道等，1985)。

最初以热带或亚热带果树的炭疽病和灰霉病作为研究潜伏侵染的对象。据不完全统计，目前为止，在果树和农作物上已发现了 16 种病原微生物存在潜伏侵染，可分别侵染 21 种寄主(Scott and Lori，1996)。

早期观察到热带果树，特别是香蕉果实受胶孢炭疽菌(*Colletotrichum gloeosporioides*)的侵染，该病原菌以附着胞产生的侵染菌丝在角质层下潜伏，至果实成熟时病菌恢复生长，引起炭疽病。胶孢炭疽菌也可以侵染番木瓜(*Carica papaya*)、高丛越橘(*Vaccinium corymbosum*)和柑橘(*Citrus* spp.)等的果实。胶孢炭疽菌以附着胞的形式存在于柑橘果实的表面，大部分不产生侵染菌丝，少部分产生潜伏菌丝侵入果皮角质层内、角质层下和表皮的细胞间隙，果实成熟时，潜伏菌丝占领柑橘外皮的 3～4 层细胞(Brown，1975)。

交链链格孢能在多种果实上潜伏侵染(李传道等，1985)。在柿(*Diospyros kaki*)和芒果(*Mangifera indica*)上，萌发的交链链格孢分生孢子直接侵染果实角质层和皮孔，菌丝在细胞间隙潜伏，果实成熟期细胞间变黑，细胞崩解，真菌在细胞间隙生长(Prusky et al.，1981)。交链链格孢侵染番茄可产生微小病斑，菌丝体在番茄表皮间和表皮下的组织中存在，侵染或造成的细胞坏死不会超过第 3 层细胞(Pearson and Hall，1975)。

拟茎点霉属(*Phomopsis*)的许多种能够在多种植物中潜伏侵染。羽扇豆茎腐病的病原菌 *Phomopsis leptostromiformis* 可在狭叶羽扇豆(*Lupinus angustifolius*)茎上潜伏很长时间，通常在生活的植物上不产生症状，却在羽扇豆茎内形成特有的角质层下珊瑚状潜伏菌丝(Williamson et al.，1991）。在田间喷洒百草枯可诱导外表健康的植株发病，这有助于筛选抗 *Phomopsis* sp. 致茎腐病的羽扇豆，鉴别病原的相对毒力，确定侵染的适宜时期（Cowling et al.，1984）。

油菜茎基溃疡病菌（*Leptosphaeria* maculans）在油菜（*Brassica napus*）上的潜伏侵染是病害流行的重要环节，真菌经过叶和花瓣进入茎要经过 4 个阶段，这包括叶内的无症状集结、叶坏死和叶柄及茎的无症状集结，最后是茎坏死。菌丝在茎上无症状集结时，其在表皮附近的皮层细胞间分叉呈网状，这些细胞与没有胞间菌丝的细胞和没被侵染的植株皮层细胞相比，没有明显不同。菌丝在叶柄的皮层细胞间隙或在木质部导管内生长也不产生肉眼可见症状（Hammond et al.，1985）。

关于潜伏侵染的生理机制目前还没有明确的解释。已知香蕉炭疽菌的潜伏侵染与淀粉含量、POD 及 PPO 的含量有关（刘杏娟，1995）。刘艳和叶建仁（2000）提出了潜伏，侵染发生的 3 个可能原因：①寄主生理生化的影响，如营养不足和存在抑制病菌的有毒物质等；②真菌侵入寄主后诱导寄主产生的抗菌化合物植保素的影响；③寄主体内物理因素的影响，如病菌侵入寄主后受到木质部、胼胝体等组织的机械阻碍后菌丝停止扩展，以潜伏状态存在。

对于潜伏性病原菌，确定其是否存在潜伏侵染、了解潜伏期的长短、明确限制病原菌侵染的机制等，对提高防治效率有重要意义。如果侵染在生长早期发生而不表现症状，到生长后期发病时再采取防治措施，将减低防治效果，甚至不能起到防治作用，而如果在潜伏病菌发生侵染的时期即采取措施，将会达到最佳防治效果。

潜伏侵染可理解为寄主耐受或抵抗某种病原微生物的一种方式，这种抗病性或耐受性阻止了进入植物内部的病原菌的快速增殖。关于潜伏侵染的生理机制、分子机制和环境对这种机制的影响等研究将指导我们对植物病害进行更有效的防治（Xi et al.，1987）。

由此我们也认识到：有关内生真菌的分离方法，即组织块表面消毒法，其分离的菌株大部分对宿主植物是无害或基本不产生危害的，但是也有可能分离出的菌株是宿主植物的潜伏病原菌，对此应该有清醒的认识，在用分离出来的菌株做生物防治等研究时，要把潜伏病原菌剔除或对其的影响要有预期，以使更好地开展研究工作。

三、结语与展望

目前有关内生真菌对植物产生危害的研究主要集中在当植物处在不利环境或抵抗力下降时出现的内生真菌对宿主植物产生致病作用或造成损害等方面。植物体内潜伏病原菌也是研究的重点之一。目前，植物果实、块茎等器官收获后潜伏病原菌的危害是研究的热点，对球茎类或热带瓜果采收后的相关研究已取得了较好的成果，为采收后潜伏病原菌的防治提供了许多有意义的方法和措施。

虽然内生真菌对植物危害的研究取得了一些进展，但是我们也要清醒地认识到，由于内生真菌生长在植物体内，使得许多化学农药或生物农药不能对其进行有效抑制，这严重阻碍了内生真菌特别是潜伏病原菌的防治工作。我们认为对策是尽量研究清楚这些内生真菌的危害特性和它们与植物的相互关系，利用其自身的一些缺陷对其进行防治，同时选择对其具有生物防治效果、同时对植株没有危害的另外一些内生真菌制成生防菌剂来进行有效地防治，此对策在安全和环保方面具备一定优势。

内生真菌与共生植物之间更多的是互惠共生关系，竞争和危害关系所占比例较小，要尽量利用内生真菌对植株的有益作用去取代或拮抗内生真菌的危害作用。这样就可以比较放心地选择植物内生真菌用于植物病害的生物防治研究，让内生真菌为人类的健康发展做出大的贡献。

（李向东　陈晓梅　郭顺星）

参考文献

边军昌，冯永辉，杨静，等. 2010. 中药内生菌的研究进展. 光明中医，25(1)：164-165.

蔡芷荷，吴清平，许红立，等. 1998. 木霉和粘帚霉的生物防治研究进展. 微生物学通报，25(5)：284-286.

陈捷，朱洁伟，张婷，等. 2011. 木霉菌生物防治作用机理与应用研究进展. 中国生物防治学报，27(2)：145-147.

陈志谊. 2001. 微生物农药在植物病虫害防治中的应用及发展策略. 江苏农业科学，(4)：39-42.

迟玉杰，杨谦. 2002. 毛壳菌对植物病害的生物防治及存在的问题. 农业系统科学与综合研究，18(3)：215-218.

范青，田世平. 2000. 季也蒙假丝酵母对采后桃果实软腐病的抑制效果. 植物学报(英文版)，42(10)：1033-1038.

付洁，侯军，谢芳芹，等. 2006. 植物内生菌农药活性研究进展. 陕西农业科学，3(1)：66-69.

高克祥，刘晓光，郭润芳，等. 2002. 木霉菌对五种植物病原真菌的重寄生作用. 山东农业大学学报，33(1)：37-42.

龚明波. 2004. 木霉厚垣孢子制剂的防病促生机制研究. 北京. 中国农业科学院硕士学位论文.

古丽吉米拉·米吉提，王志英，王娜，等. 2013. 木霉菌的生物防治分子机理. 北方园艺，302(23)：206-208.

韩永奇. 2008. 生物农药发展的瓶颈及破解——关于当前生物农药市场与产业的观察与思考. 山东农药信息，9(11)：25-28.

贺字典，高玉峰. 2003. 生防菌在植物病害防治中的研究进展. 河北职业技术师范学院学报，2：16-20.

黄健，曾顺德，张迎君. 2005. 果蔬采后病害生物防治研究进展. 西南园艺，38(5)：23-25.

解树涛. 2007. 康宁霉素(trichokonins)抗菌、抗肿瘤活性及作用机制. 济南：山东大学硕士学位论文.

兰琪. 2002. 苦皮藤内生真菌中杀虫杀菌活性物质的初步研究. 杨陵：西北农林科技大学硕士学位论文.

李传道，周仲铭，鞠国柱. 1985. 森林病理学通论. 北京：中国林业出版社，123-125.

李春雷，王见伟. 2014. 林地害虫的生物及化学防治措施. 现代农村科技，484(12)：22-24.

李文峰. 2006. 利用小麦内生真菌生物防治小麦全蚀病研究. 开封. 河南大学大学硕士学位论文.

李云龙. 1997. 生物农药的安全评价. 云南农业科技，(4)：44-46.

李志念，王力钟，张弘，等. 2004. 4 种 Strobilurin 类杀菌剂防治小麦白粉病的活性研究. 农药，10(3)：357-363.

刘海波，田世平. 2001. 水果采后生物防治拮抗机理的研究进展. 植物学通报，18(6)：657-664.

刘乐涛. 2008. 辣椒疫病生物防治研究. 沈阳. 沈阳农业大学硕士学位论文.

刘琴，刘翼，何月秋，等. 2012. 我国植物病害生物防治综述. 安徽农学通报，(7)：67-69.

刘杏娟. 1995. 香蕉、芒果果皮中酶活性与炭疽病菌潜伏侵染的关系. 真菌学报，14(4)：283-288.

刘艳，叶建仁. 2000. 植物病害潜伏侵染研究进展. 南京林业大学学报，24(5)：69-72.

柳良好. 1999. 哈茨木霉对水稻纹枯病的拮抗能力. 杭州：浙江农业大学硕士学位论文.

罗凡. 1996. 天麻病害及其防治. 浙江食用菌，(6)：33-35.

彭娟. 2008. 小麦内生细菌对小麦全蚀病的生物防治研究. 开封：河南大学大学硕士学位论文.

石旺鹏. 2001. 生物防治的安全性与规范措施. 国外科技动态，(11)：14.

夏艳云. 2001. 天麻块茎腐烂病的发病原因及其防治. 中国食用菌，21(3)：16.

向鲲鹏. 2008. 西瓜枯萎病病原菌生物学特性及生物防治的初步研究. 成都：四川农业大学硕士学位论文.

徐美娜，王光华，靳学慧. 2005. 土传病害生物防治研究进展. 吉林农业科学，30(2)：39-42.

杨振. 2009. 枯草芽孢杆菌对油桃采后病害的生物防治及防治机理研究. 天津：天津科技大学硕士学位论文.

张红印. 2004. 隐球酵母对水果采后病害的生物防治及其防治机理研究. 杭州：浙江大学博士学位论文.

张清华. 2014. 油菜内生真菌的多样性及生防潜力评估. 武汉：华中农业大学博士学位论文.

张兴，马志卿，李广泽，等. 2002. 生物农药评述. 西北农林科技大学学报(自然科学版)，30(2)：143-148.

郑冬梅. 2006. 中国生物农药产业发展研究. 福州：福建农林大学博士学位论文.

Abdelzaher HMA，Elnaghy MA. 1998. Identification of *Pythium carolinianum* causing 'root rot' of cotton in Egypt and its possible biological control by *Pseudomonas fluorescens*. Mycopathologia，142：143-151.

Ahmad JS，Baker R. 1987. Rhizosphere competence of *Trichoderma harzianum*. Phytopathology，77：182-189.

Alabouvette C，Olivain C，Steinberg C，et al. 2006. Biological control of plant diseases：the European situation. European Journal of Plant Pathology，114(3)：329-341.

Amand JS，Baker R. 1988. Growth of Rhizosphere-competence mutants of *Trichoderma harzianum* on cabon substrates. Canadian Journal of Microbiology，34：807-814.

Arnold AE，Mejia LC，Kyllo D，et al. 2003. Fungal endophytes limit pathogen damage in a tropical tree. Proceedings of the National

Academy of Sciences，100：15649-15654.

Arras G，Arrus S. 1999. Inhibitory activity of antagonist yeasts against citrus pathogens in packinghouse trials. Agriculture Meditcrranea，129(4)：249-255.

Arras G. 1996. Mode of action of an isolate of *Candida famata* in biological control of *Penicillium digitatum* in orange fruits. Postharvest Biology and Technology，129(8)：191-198.

Asensio NH，Márquez SS，Zabalgogeazcoa I. 2013. Mycovirus effect on the endophytic establishment of the entomopathogenic fungus *Tolypocladium cylindrosporum* in tomato and bean plants. BioControl，58(2)：225-232.

Bailey BA，Lumsden RD. 1998. Direct effects of *Trichoderma* and *Gliocladium* on Plant Growth and Resistance to Pathogenes. *In*：Harman G，Kubicek C. Trichoderma and Gliocladium. London：Taylor & Francis Inc，185-204.

Bala K，Gautam N，Paul B. 2006. *Pythium rhizo-oryzae* sp. nov. isolated from Paddy fields：taxonomy，ITS region of rDNA，and comparison with related species. Current Microbiology，52：102-107.

Bhuyan SA. 1994. Antagonistic effect of *T. virid*，*T. harzianum* and *Asperigillus vearea* on *Rhizoctonia solani* causing sheath blight of rice. Journal of the Agricultural Science Society of Northeast India，7(1)：125-127.

Brown GE. 1975. Factors affecting postharvest development of *Colletotrichum gloeosporioides* in citrus fruit. Phytopathology，65：404-409.

Campanile G，Ruscelli A，Luisi N. 2007. Antagonistic activity of endophytic fungi towards *Diplodia corticola* assessed by *in vitro* and in planta tests. European Journal of Plant Pathology，117：237-246.

Carrol GC. 1986. The Biology of Endophytism in Plants with Particular Reference to Woody Perennials. *In*：Fokkema NJ，Van den Heuvel J. Microbiology of the Phyllosphere. Cambridge：Cambridge University Press，205-222.

Chalutz E，Wilson CL. 1990. Postharvest biocontrol of green and blue mold and sourrot of citrus fruit by *Debryomyces hansentii*. Plant Disease，74：134-137.

Chang YC，Baker R. 1986. Increased growth of plants in the presence of the biological control agent *Trichoderma harzianum*. Plant Disease，70：145-148.

Charilaos G，Emilia M，Aphroditi T，et al. 2012. The effects of different biological control agents (BCAs) and plant defence elicitors on cucumber powdery mildew (*Podosphaera xanthii*). Organic Agriculture，2(2)：89-101.

Chen F，Li JY，Guo YB，et al. 2009. Biological control of grapevine crown gall：purification and partial characterisation of an antibacterial substance produced by *Rahnella aquatilis* strain HX2. European Journal of Plant Pathology，124：427-437.

Cowling WA，Wood P McR，Brown AGP. 1984. Use of paraquatdiquat herbicide for the detection of *Phomopsis leptostromiformis* upon latent infection in lupins. Australasian Plant Pathology，13：45-46.

Dean JFD，Gamble HR，Anderson JD. 1989. The ethylence piosynthesis-inducin，xyganase：its induction in *Trichoderma viride* and certain plant pathogens，Phytopathology，79：1071-1078.

EI-Tarabily KA，Nassar AH，Hardy GE St J，et al. 2009. Plant growth promotion and biological control of *Pythium aphanidermatum*，a pathogen of cucumber，by endophytic actinomycetes. Journal of Applied Microbiology，106：13-26.

Elad Y. 1990. Reasons for the delay in developraent of biological control of foliarpathogens. Phytoparasitica，18(2)：99-104.

Gravel V，Martinez C，Antoun H，et al. 2005. Antagonist microorganisms with the ability to control *Pythium* damping-off of tomato seeds in rockwool. BioControl，50：771-786.

Hammond KE，Lewis BG，Musa TM. 1985. A systemic pathway in the infection of oilseed rape plant by *Leptosphaeria muculans* . Plant Pathology，34：557-565.

Haraguchi H，Hamatani Y，Hamada M，et al. 1996. Effect of gliotoxin on growth and branched-chain amino acid biosynthesis in plant. Phytochemistry，42：645-648.

Harman GE，Hayes CK. 1992. The Genetic Nnature and Biocontrol Ability of Progeny from Protoplast Fusion in *Trichoderma*. *In*：chet I. Biotechnology in Plant Disease Control. New York：John Wiley & Sons Inc. ，237-255.

Harman GE. 2000. Myths and dogmas of biocontrol-changes in perceptions derived from research on *Trichoderma harzianum* T-22. Plant Disease，84(4)：377-393.

Hashiba T，Narisawa K. 2005. The development and endophytic nature of the fungus *Heteroconium chaetospira*. FEMS Microbiology Letters，252(2)：191-196.

Hawksworth DL，Kirk PM，Sutton BC，et al. 1995. Ainsworth & Bisby's Dictionary of the Fungi. 8^{th}ed. Walling ford. UK：CAB International，36-40.

Howell CR，Hansori LE，Stipanovic RD，et al. 2000. Induction of terpenoid synthesis in cotton roots and control of *Rhizoctonia solani* by seed treatment with *Trichoderma virens*. Phytopathology，90：248-252.

Jijakli MH，Lepoivre P. 1998. Charaterization of an exo-beta-1，3-glucanase produced by *Pichia anomala* Strain K，antagonist of *Botrytis cinerea* on apples. Phytopathology，88：335-343.

Keel C，Schnider U，Maurhofer M，et al. 1992. Suppression of root diseases of by *Pseudomonas fluorescens* CHA0：importance of secondary metabolite 2，4-diacetyphloroglucinol. Molecular Plant-Microbe Interactions Journal，5：4-13.

Kishore GK，Pande S，Rao JN，et al. 2005. *Pseudomonas aeruginosa* inhibits the plant cell wall degrading enzymes of *Sclerotium rolfsii* and reduces the severity of groundnut stem rot. European Journal of Plant Pathology，113：315-320.

Li JY，Harper JK，Grant DM，et al. 2001. Ambuic acid，a highly functionaliarl cyclohexenore with antifungal activity from *Pestalohopsis* spp. and *Monochaetia* sp. Phytochemistry，56(5)：463-468.

Lyons PCC，Evans JJ，Baeon CW，et al. 1999. Effeets of the fungal endophyte *Acremonium coenophialum* on nitrogen accumulation and metabolism in tall fescue. Plant Physiology，92：726-732.

Marois JJ，Johnston SA，Dunn MT，et al. 1982. Biological control of *Verticillium* wilt of egg plant in the field. Plant Disease，66：1166-1188.

Martin S，Andreas VT. 2014. Biocontrol potential of *Microsphaeropsis ochracea* on microsclerotia of *Verticillium longisporum* in environments differing in microbial complexity. BioControl，59(4)：449-460.

Oelmüller R，Sherameti I，Tripathi S，et al. 2009. Piriformospora indica，a cultivable root endophyte with multiple biotechnological applications. Symbiosis，49：1-17.

Pearson RC，Hall DH. 1975. Factors affecting the occurrence and severity of blackmold of ripe tomato fruit caused by *Altenaria alternata*. Phytopathology，65：1352-1359.

Pierson III LS，Pierson EA. 1996. Phenazine antibiotic production in *Pseudomonas aureofaciens*：Role in Rhizosphere ecology and pathogen suppression. FEMS Microbiology Ecology，136：101-108.

Prusky D，Benarie R，Guelfatreich S. 1981. Etiology and histology of *Alternaria* rot of persimmon fruit . Phytopathology，71：1124-1128.

Scott CR，Lori MC. 1996. Endophytic Fungi in Grosses and Woody Plants. MN：American Phytopathological Society，3-31.

Smith KT，Bacon CW，Luttrell ES. 1985. Reciprocal translocation of carbohydrates between host and fungus in bahiagrass infected with *Myriogenospora atramentosea*. Phytopathology，75：407-411.

Stefanos K，Sotirios ET，Anastasia S，et al. 2006. Selection and evaluation of phyllosphere yeasts as biocontrol agents against grey mould of tomato. European Journal of Plant Pathology，116：69-76.

Strobel GA. 2003. Endophytes as sources of bioactive products. Microbes Infect，5(6)：535-544.

Tjamos ECG，Papavizas RJ，Cook RJ. 1992. Biological Control of Plant Disease：Progress and Challenges for the Future. New York：Plenum.

Tronsmo A，Harman GE. 1993. Detection and quantification of *N*-acetyl-β-D-glucosaminidase，chitobiosidase and endochitinase in solutions and on gels. Analytical Biochemistry，208：74-79.

Van der Plaats-Niterink AJ. 1981. Monograph of the genus *Pythium*. Studies in Mycology，21：1-242.

Wang H，Chang KF，Hwang SF，et al. 2005. *Fusarium* root rot of coneflower seedlings and integrated control using Trichoderma and fungicides. BioControl，50：317-329.

Weindling R. 1932. Studies on a lethal principle effective in the parasite action of *Trichoderma lignorum* on *Rhizoctonia solani* and other soil fungi. Phytopathology，22：837-845.

Wellington B，Edson FF. 2008. Efficacy and dose–response relationship in biocontrol of *Fusarium* disease in maize by *Streptomyces* spp. . European Journal of Plant Pathology，120：311-316

Wicklow DT. 1988. Patterns of fungal association within kernels harvested in North Carolina. Plant Disease，(72)：113-115.

Williamson PM，Sivasithamparam K，Cowling WA. 1991. Formation of subcuticular coralloid hyphae by *Phomopsis leptostromiformis* upon latent infection of narrowleafed lupins . Plant Disease，75：1023-1026.

Windham MT，Elad Y，Baker R. 1986. A mechanism for increased plant gowth induced by *Trichoderma* spp. . Phytopathology，76：518-521.

Wisniewski M，Biles S，Droby S，et al. 1991. Mode of action of the postharvest biocontrol yeast，*Pichia Guilliernondiil*. Characterization of attachment to *Botrytis cinerea*. Physiological and Molecular Plant Patholoby，39：245-258.

Wong PTW，Mead JA，Honey MP. 1996. Enhanced field control of wheat take-all using cold tolerant isolates of *Gaeumannomyces graminis* var. *graminis* and *Phialophora* sp. (lobed hyphopodia). Plant Pathology，45：285-293.

Wright JM. 1951. Phytotoxic effects of some antibioties. Annales Botanici Fennici，15：493-499.

Wright JM. 1956. Biological control of a soil-borne *Pythium* infection by seed inoculation. Plant Soil，8：132-140.

Xi K，Morvall RAA，Guel RK，et al. 1987. Latent infection in relation to the epidemiology of blackleg of spring rapeseed. Canadian Journal of Plant Pathology，13：321-331.

Yamaji K，Fukushi Y，Hashidoko Y，et al. 1999. Characterization of antifungal metabolites produced by *Penicillium* species isolated from seeds of *Picea glehnii*. Journal of Chemical Ecology，25：1643-1654.

Zhang S，Gan YT，Xu BL. 2014. Efficacy of *Trichoderma longibrachiatum* in the control of *Heterodera avenae*. BioControl，59(3)：319-331.

Zirnand G，Elad Y. 1996. Effect of *Trichoderma harzianum* on *Botrytis cinerea* pathogenicity. Phytopathology，86：945-956.

Zou WX，Tan RX. 1999. Biological and Chemical Diversity of Endophytes and Their Potential Applications. Li CS. Advances in Plant Sciences. Vol 2. Beijing：China Higher Education Press.

第十四章　内生真菌在土壤生态恢复中的作用

随着世界经济的快速发展及人口的不断增长，人类排放的污染物数量、种类急剧增加，其对土壤污染的速率已远超出土壤自身的净化速率。当土壤污染物的含量达到一定水平后，会导致土壤正常功能的丧失，且土壤重金属污染还直接或间接对人体健康产生危害。

除了人类生产活动可造成土壤重金属污染和有机污染外，有些栽培植物也可污染土壤，即植物栽培收获后，该栽培地再不能进行同种植物的种植，形成连作障碍。目前，连作障碍问题已成为制约我国作物和中药材种植业发展的一大瓶颈。

当前，寻求低成本、可大规模应用的污染土壤生物修复技术已是国际上的研究热点。生物修复技术包括植物修复、微生物修复及两者的结合应用，均已显示出良好的应用前景。在微生物修复中，研究较早、应用较多的是环境来源的细菌及植物内生细菌，而近年来不断有研究报道植物内生真菌可应用于污染土壤的生物修复，并具有巨大的应用潜力。因此，在本章中，我们将介绍对植物内生真菌在连作障碍土壤和污染土壤的生物修复中的研究及应用。

第一节　内生真菌在药用植物立地生态恢复中的应用

中药材种植由于长期种植药材，轮作单一，施肥不合理，且大部分中药材的根、茎部为药用部分，收获时全部或大部分有机物质输出农田生态系统，根茬、秸秆很少还田，导致农田有机质和养分入不敷出，养分元素比例失调，土壤肥力衰退等问题；一些药材，如人参、三七、地黄等是忌连作植物，种植一茬后不能再次种植同种药材，若直接进行重茬栽培，则药材病害多、保苗率低；一些药材主要采用伐林栽培的传统生产方式，因种植该类药材砍伐了大量的森林资源，严重地破坏了生态平衡。因此，如何利用现有的种植地，建立重茬土壤改良技术体系，以使这些药材能像其他作物一样稳定在同一地块生长，从而从根本上改变伐林栽药的有害耕作习惯，稳定我国的中药种植产业，实现可持续发展，成为亟待解决的重大课题。

一、药用植物连作障碍

连作障碍是指在同一块土壤中连续种植同一种作物或近亲缘作物时，即使在正常的栽培管理措施下，也会出现作物产量降低、品质变劣、生长势变弱、病虫害发生加剧的现象。连作障碍不仅发生在蔬菜、作物、果树等栽培生产中，在药用植物栽培中也同样出现，是药用植物栽培中的一种常见现象，尤其在以根(根茎)类入药药材的生产中表现最为突出。

(一)连作障碍发生的原因

药用植物连作障碍发生的原因复杂多样,其中涉及植物、土壤及土壤微生物等多方面因素。目前，国内外有关药用植物发生连作障碍的原因主要可归为以下几类。

1. 土壤肥力下降、理化性状发生改变

有些药用植物对土壤的肥力及矿质元素比例有较严格的要求,因此长期连作该种药用植物时，土壤的肥力条件将不能满足下茬植物生长所需，从而影响下茬植物的正常生长，使其抗逆能力下降、病虫害频繁发生，最终影响栽培产量和质量。例如，对浙贝母的头茬、二茬及四茬土壤进行土壤理化性质分析，结果表明，土壤 pH 随连作年数的增加而逐渐降低，四茬土壤 pH 显著低于头茬土壤和二茬土壤。随着连作年限的延长，土壤中速效氮含量、速效磷含量和速效钾含量都逐渐降低，相比头茬土，二茬土壤和四茬土壤中的速效氮含量分别下降了 42.7%和 49.5%，速效磷含量分别下降了 55.5%和 59.7%，速效钾含量分别下降了 5.1%和 18.8%。土壤中的有机质含量随连作年数的增加而增加，头茬土壤中的有机质含量为 14.6g/kg，而二茬土壤和四茬土壤中的有机质含量分别增加到 17.7g/kg 和 19.7g/kg，土壤呈酸化趋势(廖海兵等，2011)。同样，在三七的栽培过程中也发现种植三七土壤的有机质、有效钾、有效镍、有效铜、有效锌、有效铁含量小于未种植三七的，但水溶性钙高于未种植三七的，而速效氮、速效磷、有效锰和水溶性镁含量变化则不规律(寻路路，2013)。曾丽娜(2013)在太子参的栽培中也发现连作也会使土壤酸化，pH 降低，水解性氮、全氮和全磷的含量上升，速效钾和有效磷的含量下降；太子参连作后，土壤中各污染物的含量均有所上升，尤其是土壤中的锌含量骤升，分别达对照土壤锌含量的 3.11 倍和 3.29 倍，而其他各污染物的平均含量增幅则相对较小，重茬土壤的多因子综合污染指数则均大于 3.0，土壤和作物受污染程度已经相当严重。

连作障碍土壤中除了前述矿质元素发生变化外，有研究发现一些有机类成分也发生了变化。例如，种植过太子参(正茬、重茬)的根际土壤中均含有酯、酸、胺、醇、糖、醛酮、烷烯烃、苯、酚醌等物质，而未种植过太子参(对照)的土壤中则不含有醛酮类物质。在对照土壤中，含量比较高的是糖类与酯类，含量分别达到了 16.74%和 38.44%；正茬土壤中含量较高的是胺类、酸类和酯类，所占含量分别为 12.91%、13.47%和 36.28%；而在重茬土壤中含量较高的则是酸类及酯类，含量分别为 14.85%与 35.53%。正茬、重茬太子参的根际土壤中所含有的个别酯类、酸类、酚醌类及醇类物质也都比对照土壤的高，且含量差异较大(曾丽娜，2013)。

2. 药用植物的化感自毒作用

植物在生长过程中向体外分泌的一些有毒物质(包括一些茎、叶的淋溶物及植物残体分解所产生的物质)在土壤中有较多累积后将抑制根系的生长、降低根的活性及改变土壤微生物区系组成。药用植物在连作时加重了化感物质在土壤中的累积，加之植物残体分解物及病原微生物的代谢产物对植物的毒害作用，最终引起连作障碍(张重义和林文雄，2009)。已有研究认为，药用植物连作障碍与其产生的化感物质密切相关,药用植物化感作用是其发生连作障碍的重要因素之一(张爱华等，2011)。

现有报道认为，药用植物的化感物质主要包括酚类、醌类、香豆素类、黄酮类、萜类、糖

和糖苷类、生物碱和非蛋白质氨基酸等（谭仁祥，2003），化感物质向外界环境释放的方式有根系分泌、茎叶淋溶、地上部分挥发及植物残茬腐解等（赵杨景，2000）。

化感物质不但对下茬植株具有明显的毒害作用，还可通过改变土壤微生物区系组成间接影响下茬植株的正常生长。目前，在许多作物中都发现有化感物质的存在，如小麦、水稻、玉米等，其化感作用的强弱与品种有关（何海斌等，2005）。近年来对一些忌连作的中药材，如人参（陈长宝等，2006；李勇等，2008，2009；黄小芳等，2009；方斯文，2012）、西洋参（赵阳景等，2004；杨家学和高微微，2009）、三七（孙玉琴等，2008；游佩进等，2009）、地黄（李振方等，2010；李娟等，2011）、太子参（任永权等，2012；曾丽娜，2013）等开展了化感物质与连作障碍的相关性研究，认为化感物质与连作障碍的形成关系密切。

人参连作障碍非常明显，栽过一茬参以后的土壤在几年甚至几十年内不能再栽种人参，故若用老参地继续栽种人参，一般在第二年以后存苗率降至 30%以下，有大约 70%的参地会出现人参须根脱落、烧须的现象（金慧等，2006）。人参是开展化感自毒物研究较早的药材之一，以下以人参为例，论述化感自毒物与连作障碍形成的相关性。

目前，国内外报道的人参、西洋参化感物质主要是有机酸类、醇类、酯类、烷烃类、萜类、甾族化合物及少量杂环类化合物等（雷锋杰等，2010）。已有研究表明，由人参及西洋参根部分泌的化感物质对其种子萌发、幼苗生长、根部发育等都有显著影响。李勇等（2008）分析了新林土壤、老参地土壤、人参根际土壤浸提物对萌芽人参种子胚根和胚轴生长的影响，发现人参根际土壤浸提物对人参种子生长的抑制作用最强；种植人参、西洋参的老参地土壤浸提物对萌芽人参种子的生长有一定影响，表现为低浓度促进、高浓度抑制的特点；未曾种植人参、西洋参的新林土壤浸提物对人参种子萌芽生长的抑制作用不明显，表明人参根际土壤和老参地土壤中存在自毒性化学物质，对人参种子生长的抑制作用与其浓度有密切关系。经化感物质处理后，人参根尖组织的淀粉粒出现不同程度的空泡化现象，并逐渐溶解，核膜和核仁也消失，不能完成正常的生命活动（许世泉等，2008）。

人参的化感物质不但能影响人参种子的萌发，还能影响其根系的酶活性（黄小芳等，2010）、土壤酶的活性及土壤微生物功能的多样性。方斯文（2012）将不同浓度的人参主要化感物质，即人参总皂苷、丁香酸、香草酸、香豆酸及阿魏酸加入到土壤中，每 30 天对土壤酶活性进行测定，结果发现人参主要化感物质对土壤蛋白酶、土壤多酚氧化酶、土壤脲酶均有抑制作用，浓度为 0.01mg/ml 的丁香酸在培养 90 天时对土壤蛋白酶的抑制率达到 19.13%，同浓度的皂苷在培养 30 天时对土壤多酚氧化酶的抑制率达到 19.34%，浓度为 0.1mg/ml 的香豆酸在培养 60 天时对土壤脲酶的抑制率达到 39.61%，而上述几种化感物质对土壤酸性磷酸酶有一定的促进作用；以上人参的主要化感物质对土壤微生物 Simpson 多样性指数、Shannon 指数、Brillouin 指数、Mclntosh 指数普遍呈抑制作用，且与化感物质的浓度无显著相关性。

另外，也有研究发现化感物质对人参主要成分含量有明显影响。黄小芳等（2009）测定了人参根系分泌物中苯甲酸、邻苯二甲酸二异丁酯、丁二酸二异丁酯、棕榈酸和 2，2-二（4-羟基苯基）丙烷在 1mg/L、0.1mg/L 和 0.01mg/L 浓度下对人参幼根总皂苷含量的影响，结果表明，酚酸类化感物质能够降低人参皂苷含量，且随浓度增加，人参皂苷含量明显减少；该结果说明酚酸类化感物质不仅对人参种子萌发、幼苗生长具有自毒作用，而且对人参主要成分的含量有显著影响。

有研究认为化感物质除了影响植物自身的生长发育外，在一定程度上还对病原菌的孢子萌发和生长有一定的促进作用，从而引起连作栽培的严重病害。李勇等（2009）研究了人参根系分泌物成分苯甲酸、邻苯二甲酸二异丁酯、十六烷酸和2，2二-(4羟-苯基)丙烷对人参立枯丝核菌(*Rhizoctonia solani*)、黑斑菌(*Alternaria panax*)、疫病菌(*Phytophthora cactorum*)、菌核菌(*Sclerotinia schinseng*)、锈腐菌(*Cylindrocarpon destructans*)和绿色木霉菌(*Trichoderma viride*)菌落生长及孢子萌发的影响，结果发现大部分供试根系分泌物质在低浓度时对人参致病菌及木霉菌菌落生长及孢子萌发有促进作用，某些化合物甚至在中、高浓度时的促进作用比低浓度时还显著。由此结果可以看出，重茬人参发病率的普遍升高与根系分泌物对土传病原菌菌落生长及孢子萌发的促进作用有关。

综合以上以人参为例所列举的化感物质与连作障碍的相关性研究，可以明确，化感物质与连作障碍的最终形成关系十分密切，然而当前的研究多局限于一些现象的观察和验证，其作用机制仍有待进一步研究。

3. 土壤微生物区系和土壤酶活性发生变化

在健康土壤微生物区系中，有益微生物或能与植物形成共生关系，或能对病原微生物起到拮抗作用，从而保障植物的健康生长。而在中药种植地中，药用植物经过数年的生长，其根围土壤中的养分相对贫瘠；采收药材根后，致使与根部形成共生关系的有益微生物数量减少；有些药材生长过程中的根外分泌物对微生物的生长有一定的抑制作用，导致土壤中原有微生物区系的动态平衡被打破，造成重茬栽培时出现药材病害多、保苗率低等问题。

土壤酶是土壤生态系统中活跃的生物活性物质，其活性反映了土壤中各种生物化学过程的动向和强度，直接影响土壤中微生物的诸多代谢。土壤中的磷酸酶、脲酶、CAT、转化酶、多酚氧化酶不仅能反映土壤微生物活性的高低，而且能表征土壤养分转化和运移能力的强弱。所以，在连作障碍土壤中，土壤酶活性常发生明显变化。虽然形成连作障碍的因素有很多，但土壤微生物菌群及土壤酶活性的变化对土壤健康有至关重要的作用，曾被认为是形成连作障碍的主要因子。

目前已有研究表明，在药用植物的栽培过程中，随栽培年限的延长，土壤微生物区系组成和土壤酶活性发生了显著的变化。例如，林茂兹等(2012)分析连作对太子参根际土壤微生物多样性的影响时发现，连作导致太子参根际土壤细菌和好氧性自生固氮菌数量极显著下降，真菌、放线菌、厌氧性纤维素分解菌数量极显著增加，而硝化细菌数量变化不显著。末端限制性片段长度多态性(T-RFLP)分析显示，与太子参—水稻—太子参轮作的土壤相比，太子参连作的土壤细菌种(属)略有减少，其中致病菌和病原菌种(属)增多，并出现一些具拮抗功能的链霉菌属(种)，真菌种(属)则表现出上升的趋势。在另一项研究中也发现太子参连作地土壤细菌数量减少，放线菌数量呈倒“U”形趋势变化；连作使土壤淀粉酶活性降低，磷酸酶活性呈下降后回升趋势变化，但土壤脲酶活性变化微小；连作使土壤中的养分、微生物、酶活性等发生变化，不利于太子参生长。因此，认为根系微生态失衡可能是太子参连作障碍的主要原因之一(夏品华和刘燕，2010)。

在三七的栽培中，寻路路(2013)通过分析未种植三七、种植1年三七、种植3年三七和种植5年三七的土壤各项指标发现，种植三七土壤的细菌、放线菌、亚硝化细菌、芳香族分解菌、固氮菌和钾细菌的数目均少于未种植三七的，但真菌数目没有达到显著性差异。木霉属只在未种植三七和种植1年三七的土壤中分离到，镰刀菌在种植三七的土壤中均分离到。种植三七土壤的蔗糖酶、淀粉酶、过氧化氢酶、多酚氧化酶和磷酸酶的活性均小于未种植三七的，但纤维素酶、脲酶和POD的活性变化不规律。在浙贝母的轮作中发现，浙贝母的头茬、二茬及四茬根区土壤中的细菌、放线菌及微生物总量呈线性减少，但真菌数量呈线性增长（廖海兵等，2011）；重茬根区土壤的脲酶、CAT 活性显著低于头茬土壤的，但多酚氧化酶及蔗糖酶活性出现增加现象。在连作障碍下，浙贝母叶内膜脂过氧化程度加剧，SOD、POD 等抗氧化酶活性降低。

同样，连作障碍对土壤微生物区系和土壤酶活性的影响也发现存在于地黄的栽培中。陈慧等（2007）以地黄连作 2 年和 1 年的土壤作为研究对象，测定根际微生物区系变化及根际土壤酶活性，结果表明，地黄连作对其根际微生物区系及土壤酶活性产生了较大的影响，随种植年限的增加，根际细菌和真菌减少，但差异均不显著；放线菌增多，连作 2 年的土壤约为 1 年的 4 倍；土壤中氨化细菌、好氧性固氮菌、硫化细菌、反硝化细菌和厌氧性纤维素分解菌分别增加了 25.99 倍、45.39 倍、11.43 倍、1.36 倍和 1.43 倍，而好氧性纤维素分解菌减少了 86.74%。连作地黄根系的分泌物对脲酶、多酚氧化酶、蔗糖酶、蛋白酶和纤维素酶活性具有促进作用，分别增加了 62.87%、9.43%、47.91%、139.62%和 31.33%，而对 CAT 则具有抑制作用，说明地黄连作会破坏根际微生物种群平衡。随后，王明道等（2008）研究了地黄连作对土壤微生物区系的影响，发现地黄连作引起土壤根际、根外细菌数量减少，根际放线菌数量增加，根外数量变化不大；真菌种类和数量都有所增加，种群发生了明显改变。从而认为地黄连作后土壤微生物多样性发生了较大变化，细菌数量减少，木霉和黄曲霉数量增加，土壤生态系统已开始失调，这可能是地黄连作障碍产生的原因。

（二）目前治理连作障碍的方法

1. 轮作

轮作是恢复土壤肥力、减少病虫害、减轻药用植物连作障碍的重要的、常用的手段。在栽培生产中，常将连作障碍药用植物与其他作物进行轮作，以达到连作障碍土壤恢复的目的。

实行合理轮作在人参连作障碍治理方面已进行过很多研究。杨靖春等（1980）报道了在老参地轮作紫穗槐（*Amorpna fruticose*）后，人参根际微生物区系发生了变化，增加了根际微生物区系的总数量，尤其增加了细菌的数量，但是真菌、放线菌和纤维分解微生物的数量降低；有机质、全氮和速效磷均有明显增加，即增加了土壤肥力。随后，他们又相继进行了老参地轮作胡枝子（*Lepedeza bicolor*）（杨靖春等，1982）、天麻（杨靖春等，1986）等研究，发现均对土壤微生物区系有一定的改良作用。此外，还有研究对老参地采用西洋参轮作，基于西洋参对土壤理化性状及气候条件的要求不如人参那样严格，且生长发育快、抗性强、对人参的化感物质不敏感等特点，栽培人参的土壤可以栽培西洋参，实行人参-西洋参轮作，可取得较好的效果。

栽培模式不同也会影响药用植物的产量和品质。曾丽娜（2013）研究了太子参的不同栽培模式，发现正茬太子参在产量和品质上均表现出较大优势，而重茬太子参的产量和品质则明显低于其他种植模式的；稻-参轮作的产量与正茬产量接近，约为正茬产量的 94.35%；稻-参轮作的多糖含量仅次于正茬，约为正茬多糖含量的 85.65%，为重茬多糖含量的 1.52 倍；豆-参轮作后的总皂苷含量最高，含量约为正茬（含量次高）的 1.04 倍、重茬（含量最低）的 1.33 倍。3 种轮作模式的太子参环肽 B 含量虽低于正茬，但均高于重茬，分别为重茬太子参环肽 B 含量的 1.18 倍、1.16 倍和 1.12 倍。王田涛（2013）对当归与油菜、蚕豆、大蒜、洋葱、小麦和燕麦进行间套作处理，研究了间套模式及种植密度对当归生长发育状况、产量和麻口病等的影响，发现对连作 2 年的当归田而言，在当归各生育时期，当归-大蒜轮作的当归株高最高；当归苗期和根膨大期，当归-大蒜轮作的当归地上部干物质重比单作当归地上部干物质重分别高 31.51%和 21.28%；在当归苗期、根膨大期和收获期，当归-大蒜轮作的当归地下部干物质重比单作当归地下部干物质重分别高 25.00%、36.65%和 54.75%；在苗期、根膨大期和收获期，当归-大蒜轮作的当归根茎粗分别比单作当归提高 12.26%、4.80%和 24.38%。油菜、蚕豆、大蒜、小麦、燕麦与当归间作的麻口病发病率分别比当归单作降低 46.05%、43.31%、25.24%、2.34%和 12.82%。当归-大蒜轮作能提高当归产量和优等当归出成率，并能适当减少当归麻口病，因此，当归-大蒜轮作对减缓连作 2 年当归连作障碍有一定作用。

此外，在选择轮作植物品种时，可以考虑一些耐连作的植物。例如，在地黄连作障碍土壤生态恢复中采用轮作植物品种怀牛膝显示出较好的效果(张重义等，2013)。怀牛膝是一种非常适宜连作的道地性中药材，连作的怀牛膝产量和药用品质均有显著提高，怀牛膝连作在一定程度上改善了根际土壤环境，提高了土壤的保肥能力和补给能力，不仅有利于植株的生长，还为根际微生物活动提供营养和能源(郝慧荣等，2008；李吉，2013)。基于怀牛膝的这种特性，李娟等(2011)研究用怀牛膝轮作及绿肥施用消减地黄的连作障碍效应，发现怀牛膝轮作及轮作后施用怀牛膝绿肥均可在一定程度上减轻地黄的化感自毒效应。

2. 土壤灭菌

对于连作后土传病害严重的药用植物，采用土壤灭菌法是目前克服连作障碍的常用手段之一。一般多采用挥发性杀菌剂或防腐剂，如氯化苦、二硫化碳、棉隆等进行土壤部分灭菌，也有采用加热灭菌方法的，但这些传统土壤灭菌法有引起土壤性质变化或植物中毒的弊端，因此，生产上要选择性的使用。任守让等(1987)报道了采用不同剂量 γ 射线对老参地土壤中腐生微生物和人参根腐菌的灭菌效应，发现经辐照土壤中的微生物数量大幅度下降，真菌的致死剂量低于细菌，人参根腐菌的致死临界剂量为 2Mrad。钱少军等(2000)用一种土壤消毒剂(绿亨一号)对老参地进行土壤消毒，发现西洋参出苗率与保苗率均高于对照，幼苗病害发生率低于对照，说明土壤消毒处理后，可有效减少病菌害的发生。同样，高微微等(2006)用灭生性土壤消毒剂氯化苦对连作的西洋参基质进行消毒，可显著提高存苗率，减少根病发生。

三七连作栽培中曾广泛使用溴甲烷(MBr)作为土壤熏蒸灭菌剂，但由于其对大气臭氧层有严重破坏作用，现已被有机硫熏蒸剂所代替。马承铸等(2006)报道了用两种有机硫熏蒸剂(Dazomet)大扫灭和钾-威百(K-Vapam)处理连作土壤对三七根腐病复合症的防治效果，认为 K-Vapam 对线虫、细菌和病原真菌的灭活性与 Dazomet 相当；连作三七田播种前和移苗前用 98%的 Dazomet 粉粒剂 20～40g/m^2 和 35%的 K-Vapam 液剂 30～50ml/m^2 进行耕作层土壤熏蒸处理，对三七的出苗率和成苗率无显著影响；杂草和线虫发生量比对照分别减少了 90%～95%。

3. 增肥或添加有益微生物

通过施加有机肥改良连作障碍土壤的理化性状是一种行之有效的方法。在克服人参的连作障碍方面，杨靖春等(1982)报道对老参地施肥和轮作胡枝子，可以增加人参地微生物的活跃性，改善土壤结构，增加土壤肥力；张连学等(2008)试配了一种土壤改良剂，该改良剂可提高土壤中有益微生物放线菌的比例，降低真菌和人参病原菌镰孢菌的数量，从而减少土壤病害，有利于人参的生长；改良剂处理能明显提高老参地土壤中速效氮、磷和钾的含量，提高土壤中酶的活性，增加人参茎内源脱落酸(ABA)和吲哚乙酸(IAA)的含量；人参生长一年后，没有发生连作障碍现象，产量接近新林土的水平。

目前，将微生物肥料用于克服作物连作障碍已日益引起人们的重视。微生物肥料又称为微生物接种剂、细菌肥料或菌剂，与化肥、有机肥、绿肥不同，它是一种活体制品，具有高效、环保的效果。在微生物肥料中，研究及应用取得较好效果的是根际促生菌。根际促生菌制成的微生物肥料在一些经济作物，如大豆、黄瓜、大蒜、辣椒、马铃薯等的连作障碍治理上已得到应用，效果较好(檀国印等，2013)。

在人参栽培地中，李刚等(2001)用等量的具有一定浓度梯度的有效微生物群菌(EM)处理鹿粪、猪粪等混合有机肥，并进行发酵后拌入参床，处理老参地，结果显示，经EM处理后能显著提高土壤中速效氮、磷、钾的含量，对改良老参地有良好的促进作用。

在当归的连作栽培中，以枯草芽孢杆菌B2处理当归可提高当归的出苗率、株高、根茎粗、干物重，降低抽薹率和麻口病发病率。稀释10倍(C1)、稀释20倍(C2)和稀释30倍(C3)枯草芽孢杆菌B2处理的当归出苗率比对照分别提高了54.23%、30.16%和36.77%，抽薹率分别降低了60.40%、10.08%和80.72%。在当归苗期，C1、C2和C3枯草芽孢杆菌B2处理的当归株高分别比对照提高了9.50%、13.12%和3.12%，地下部干物质分别提高了8.18%、2.75%和27.32%；在根膨大期，C1、C2和C3枯草芽孢杆菌B2处理的当归株高比对照分别提高了38.89%、37.81%和36.11%，地下部干物质分别提高了31.28%、90.80%和106.21%；在收获期，C1、C2和C3枯草芽孢杆菌B2处理的当归产量分别增加了33.47%、41.63%和41.76%，一等、二等当归总出成率分别增加了23.54%、129.25%和162.08%，当归麻口病发病率比对照分别降低了152.46%、18.04%和364.58%。因此，枯草芽孢杆菌B2处理可以有效减轻当归的麻口病，促进当归生长和产量形成，提高当归等级，有效减缓连作两年当归连作障碍问题(王田涛，2013)。

4. 消减植物的化感自毒作用

连作土壤中存在的化感物质不仅影响下茬植物的正常生长，而且诱发严重的病害，如果能采取一些措施消减这些化感物质，则在一定程度上能减轻连作障碍效应。对此李娟等(2011)研究了添加石灰氮、微生物菌剂及清水淋洗等土壤处理方法，牛膝轮作、施用绿肥及育苗移栽等措施对地黄化感自毒作用的消减程度。结果发现，以育苗移栽法效果最好，在出苗后20天带土移栽和裸根移栽的连作障碍消减率分别达到了76.80%、71.70%；其次为添加微生物菌剂法，在添加剂量为中等剂量25g时，连作障碍消减率达到54.25%；表明这些技术措施均能在一定程度上消减地黄的化感自毒作用。

当前，在连作障碍治理的研究中，针对消减植物化感物质的研究相对较少，由于化感物质涉及的化合物种类繁多，而连作障碍的形成是多种化感物质综合作用的结果，因而要对某种药用植物化感物质做到有的放矢，则需要明确其化感物质的具体组分及作用机制，采用物理或化学方法进行靶向消减，将会有较好的效果。

二、内生真菌在药用植物连作障碍中的应用研究

当前，采用内生真菌对中药材立地微生物区系进行恢复已成为国际上的研究热点。根据大量的相关研究与生产实践证明，内生真菌除在宏观上能促进植物生长发育外，还具有提高植物的抗逆性(Gemma et al.，1997)(如干旱、盐碱、重金属污染等)及抗病能力、促进植物对土壤中营养元素的吸收、改善植物的生长状况等显著作用；许多内生真菌对植物病原菌具有一定的

拮抗作用，受到拮抗作用的病原菌表现为生长缓慢、繁殖受抑及死亡等现象。在健康的土壤生态系统中，内生真菌生物量占根围微生物群体生物量的较大比例，这本身即形成了有利于植物而不利于病害的环境条件。有些内生真菌还能与植物形成菌根共生关系，有菌根菌生长的土壤相对于无菌根菌生长的土壤，有更多的对植物有益的微生物，病原微生物的数量则明显较少，相对于菌根的其他抗病机制而言，菌根周围特有的微生物区系是防止病菌侵袭的外层防御体系（Larsen and Bodker，2001；Graham，2001）。所以从健康植株及土壤中分离内生真菌，筛选对药材具有明显促生作用及对病原菌有明显拮抗作用的活性菌株，将这些活性菌株应用到该类药材种植地中对微生物区系进行恢复，达到药用植物种植地再利用的目的，无疑具有重要的理论研究意义和应用价值。内生真菌可以应用于连作障碍土壤的生态修复中，因其具有以下几个方面的生态功能。

（一）改善土壤微生物区系和土壤酶活性

连作障碍土壤的典型特征之一就是土壤微生态平衡被打破，土壤微生物区系组成及土壤酶活性发生明显变化，而施用内生真菌后，可以有效地对土壤微生态进行恢复。周勇等（2014）以羊草（*Leymus chinensis*）-内生真菌共生体为研究对象，研究了内生真菌感染对土壤特性和微生物群落结构的影响。结果显示，处理时间较长并伴随有枯落物分解的羊草样地中，内生真菌感染促进了土壤氮（N）的积累，提高了 30 天培养时间内土壤初始碳（C）矿化速率、前 3 天土壤矿化量和土壤矿化总量；而在处理时间较短且没有地上枯落物分解的盆栽羊草中，内生真菌感染对土壤的 C、N 含量及 C 矿化均无显著影响。无论是野外样地还是室内盆栽试验，内生真菌感染均未引起土壤微生物磷脂脂肪酸种类的变化，但内生真菌感染均有提高土壤微生物生物量的趋势，内生真菌显著增加了盆栽羊草土壤中细菌、革兰氏阴性菌、真菌的磷脂脂肪酸含量和磷脂脂肪酸总量，增加了羊草样地土壤中革兰氏阳性菌和放线菌的磷脂脂肪酸含量。总体来看，内生真菌感染能够改变土壤的 N 积累和 C 矿化速率，并且改变土壤中微生物群落的结构。王宏伟等（2012）以花生作为研究对象，研究土壤中施加植物内生真菌拟茎点霉 NJ4.1 菌株、B3 菌株和角担子菌 B6 菌株在花生不同生育时期对土壤微生物特性及酶活力的影响。结果表明，B3 菌株处理能显著提高花生荚果的产量，为对照的 1.2 倍；施加内生菌 NJ4.1、B3 和 B6 能显著增加花生根瘤的数量，分别为对照的 1.2 倍、1.3 倍和 1.3 倍。3 个加菌处理的花生全生育期土壤中的细菌和放线菌平均数量高于对照，萌发期和苗期土壤微生物生物量碳显著高于对照，微生物生物量氮在花生萌发期升高，开花期降低；花生开花期 B3 菌株处理土壤细菌和真菌的数量及多样性最高；从萌发期到成熟期，与对照相比，3 个加菌处理的土壤蔗糖酶和 CAT 酶活性提高，脲酶活性无显著变化。另外，施加内生菌对连作花生土壤环境有一定的改善作用，内生真菌拟茎点霉 B3 菌株能够显著减少土壤霉菌数量（戴传超等，2010）。陈晏等（2010）报道了内生真菌拟茎点霉 B3 菌株对掉落茅苍术残体的分解及对土壤降解酶活性影响，发现内生真菌 B3 离开宿主进入土壤后仍具有生理活性，能适应非宿主环境存活 30 天之久，在此期间，内生真菌在富含凋落物的土壤中能明显加快纤维素、木质素的降解，土壤纤维素酶活性和木质素酶活性明显提高。

（二）促进具连作障碍特性植物的生长

研究发现，有些植物内生真菌可促进宿主植物对营养的吸收，从而促进宿主植物的生长发育，并能提高宿主植物的生物量。依照内生真菌这些特点，有针对性地分离获得这些内生真菌，并将之应用于连作障碍土壤的再利用中，将具有良好的效果。

近年来，对具连作障碍特性的药用植物，已开展了一些内生真菌的相关研究，人们也在尝试将内生真菌应用于连作障碍土壤中。例如，陈贝贝等(2011)筛选得到 1 株对地黄具有促生作用的角担菌属(*Ceratobasidium*)内生真菌，该菌株能显著促进无菌苗出根，提高盆栽苗的根冠比，并且能显著提高叶片中叶绿素含量，从而提高植物的光合作用能力，增强植物的生长力；通过对该菌株分泌 IAA 能力的测定，以及对与菌株共生的地黄鲜重、出根数、根冠比、叶绿素含量等数据的测定推测内生真菌很可能是通过分泌 IAA 促进地黄生长的，能够分泌 IAA 的角担菌属内生真菌可能有助于解决地黄连作障碍。

目前，已有很多研究表明内生真菌可以促进宿主植物的生长，然而，在具连作障碍特性植物中该方面的研究还较少，今后还应加大在此方面的研究力度，相信会有越来越多的能促进具连作障碍特性植物生长的内生真菌菌株被发现和应用。

(三)抑制或消减病原菌的致病力

药用植物连作障碍研究涉及的品种包括人参、地黄、三七、西洋参、丹参等，其连作障碍产生的原因不尽相同，但相似之处在于连作时病害严重。已有文献报道一些植物内生真菌对病原菌有一定的抑制作用，因此，近年来已对具连作障碍特性药用植物的内生真菌开展了一些研究工作，希望从中寻求具有良好抑制病原菌的活性菌株。

张玉洁和李洪超(2011)对三七内生真菌进行了系统的分离，并以三七根腐病主要病原真菌坏损柱孢菌(*Cylindrocarpon destruans*)和三七黄腐病菌(*Cylindrocarpon didynum*)作为对象，对 108 株三七内生真菌及其次生代谢产物进行了抑菌活性检测。结果表明，有 29 株内生真菌至少对 1 种病原菌有抑制作用，14 株内生真菌对 2 种病原菌都有抑制作用；21 株内生真菌的次生代谢产物至少对 1 种测试菌有抗菌活性，其中的 2 株对坏损柱孢菌具有很强的抑制作用。该结果说明，从三七内生真菌中可以筛选出对三七根腐病主要病原真菌具有良好抑制作用的菌种。另外，游飞(2009)从地黄中获得 22 株内生真菌菌株，发现其中 3 株真菌 *Chaetomium* sp.、*Verticillium* sp.和 *Xylaria* sp.的提取物对稻瘟霉具有明显抗性。

徐丽莉等(2009)对 5 年生园参和 15 年生移山参的内生真菌进行了分离，并对人参内生真菌体外抗病原真菌活性进行了检测，结果发现，从人参中共分离得到了 348 株内生真菌，其中 16 株能完全抑制稻瘟霉活性；16 株具有活性的内生真菌中有 11 株抗白念珠菌(*Candida albicans*)、新生隐球菌(*Cryptococcus neoformans*)、红色毛癣菌(*Trichophyton rubrum*)、薰烟曲霉菌(*Aspergillus fumigatus*)活性较好。随后，杨骁和李长田(2013)从人参新鲜根中分离内生真菌并筛选高效广谱的菌株，共从 3 年生人参新鲜根中分离得到 86 株内生真菌，其中 Ns-3 菌株、Ns-16 菌株及 Ns-38 菌株对人参的 7 种病原菌均有高效广谱抑菌作用，Ns-3 菌株对人参根腐病菌的抑菌率达 63.33%、Ns-16 菌株对人参灰霉病菌的抑菌率达 69.63%、Ns-38 菌株对人参锈腐病菌的抑菌率达 62.34%。

以上研究均进行的是具连作障碍特性药用植物内生真菌的分离及体外活性筛选，那么接种内生真菌后，是否能提高宿主植物对病原菌的抗性，对此，杨松等(2010)以带有与不带有 *Neotyphodium* 属内生真菌的醉马草(*Achnatherum inebrians*)、披碱草(*Elymus dahuricus*)和野大麦(*Hordeum brevisubulatum*)的草粉浸提液对细交链孢(*Alternaria alternata*)、根腐离蠕孢(*Bipolaris sorokiniana*)、燕麦镰孢(*Fusarium avenaceum*)和绿色木霉(*Trichoderma viride*)进行了抑菌活性研究，结果表明，醉马草、披碱草和野大麦草粉的浸提液对细交链孢、根腐离蠕孢、燕麦镰孢和绿色木霉的菌落生长、孢子萌发率和芽管长度均有一定的抑制作用，而披碱草中的 *Neotyphodium* 真菌可显著增强披碱草草粉浸提液对细交链孢、燕麦镰孢、绿色木霉菌落生长，细交链孢和根腐离蠕孢孢子萌发，以及燕麦镰孢芽管长度的抑制作用；醉马草中的 *Neotyphodium* 真菌可显著增强醉马草草粉浸提液对燕麦镰孢、绿色木霉菌落生长、芽管长度，以及细交链孢、根腐离蠕孢和燕麦镰孢孢子萌发的抑制作用；野大麦中的 *Neotyphodium* 真菌可显著增强野大麦草粉浸提液对绿色木霉菌落生长、孢子萌发和芽管长度的抑制作用。

综合以上研究可以看出，药用植物内生真菌不但能促进植物的生长发育，还能对病原菌产生一定的抑制作用。虽然目前已有商品化的微生物肥料可用来改善植物的生长，但其不稳定性常限制了它们在生产上的应用。在具连作障碍特性的药用植物内生真菌方面，虽然目前进行的研究还不多，但已有的研究已表明内生真菌在克服连作障碍方面具有巨大的研究潜力和应用价值。而如何获得高效、优良的内生真菌菌株并将其商品化是利用内生真菌克服药用植物连作障碍必须解决的问题。虽然，具连作障碍特性的药用植物内生真菌的研究还处于起步阶段，但其实用价值已经得到越来越多的关注，未来利用内生真菌克服药用植物连作障碍必将成为新的研究热点。

第二节　内生真菌在污染土壤生物修复中的应用

随着我国工业化、城市化、农村集约化进程不断加快，近年来受污染土壤的面积不断扩大。我国土壤环境污染问题也日益突出，土地资源可持续利用、生态环境质量、食物安全和社会经济可持续发展受到土壤环境污染的严重威胁。土壤污染包括有机污染和无机污染，如石油、芳香烃类、农药、盐、重金属等。当前，土壤污染已成为全球范围内严重的环境问题。对污染土壤的修复，在局域范围内常花费高昂，因此寻求高效、低成本及环境友好型的方法用于污染土壤的修复已显得非常重要。在过去 20 多年里出现的生物修复技术，即在污染土壤中应用生物制剂，如微生物或植物，显示出了较好的效果。作为生物修复技术的一种植物修复技术，即采用植物及其内生微生物用于土壤的脱毒，是一种较新且较可靠的技术，该技术成本低且对环境不具破坏性，是治理污染土壤的重要手段之一。近年来，国内外在污染土壤的生物修复机制与技术方面进行了许多研究，取得了明显的进展。

现已明确，几乎所有植物都含有内生菌，且有许多内生菌表现出对植物的促生长活性和对宿主植物生态适应性的增强。因此，从污染土壤生长的植物中分离内生菌并将其应用到污染土壤的植物修复中无疑具有重要的研究价值和应用前景。将植物内生菌应用于污染土壤的生物修复中已有一些报道。在此领域，研究较多的是植物内生细菌，因其具有一定的促进植物生长活性及对污染物的降解作用而备受关注（Thompson et al., 2005；Weyens et al., 2009；Yousaf et al., 2014）。有关内生真菌对污染土壤的生物修复则是近年来才进行的研究，虽然研究还相对较少，但也显示出较好的应用前景（Yousaf et al., 2014）。对此，本节介绍内生真菌在污染土壤生物修复应用中的最新研究成果。

一、污染土壤植物内生真菌的多样性研究

梁昌聪等（2007）对云南省会泽县者海镇废弃铅、锌矿区 17 科 21 种植物的丛枝菌根状况进行了调查，结果发现，15 种植物形成典型的丛枝菌根，占所调查植物种数的 71%；从这些植

物根际土壤中分离鉴定出了 4 属 20 种丛枝菌根真菌（AMF），即无梗囊霉属（*Acaulospora*）4 种、球囊霉属（*Glomus*）14 种、巨孢囊霉属（*Gigaspora*）1 种、盾巨孢囊霉属（*Scutellospora*）1 种，其中，球囊霉属分离频率为 77%，是样地的优势属；在 AMF 中，疣突球囊霉（*G. verruculosum*）分离频率最高，在 20 种植物的根际土中都有发现；聚生球囊霉（*G. fasciculatum*）的相对多度最大，为 56%，具有最强的产孢能力；在 13 种植物的根中发现了黑色有隔内生真菌（DSE），占调查植物种数的 62%，其中，10 种植物同时被 DSE 和 AMF 感染，说明 AMF 和 DSE 能普遍存在于铅、锌重金属污染的土壤中。张杰（2010）对云南澜沧暮乃矿区 19 科 24 种植物和个旧矿区 25 科 30 种植物的根内 DSE 状况进行了调查，发现两地植物 DSE 的定植率分别为 70.83% 和 90.00%；DSE 普遍定植于重金属矿区植物的根部，两个矿区的优势植物全部被 DSE 定植；从暮乃矿区 12 科 14 种 110 个植物样本根中分离得到 40 株真菌，从个旧矿区 18 科 23 种 108 个植物样本根内分离得到 55 株真菌。结合形态学和分子学方法对分离获得的菌株进行鉴定，发现其中大部分菌株属于子囊菌。茎点霉属、枝孢霉属（*Cladosporium*）是定植于暮乃矿区植物根部的优势属，而定植个旧矿区植物根部的优势属是 *Leptodontidium*。

Li 等（2012）以云南会泽县铅锌矿一废弃矿渣堆上的 6 种优势植物为研究对象，共从中分离得到 95 株内生真菌，鉴定为 20 个分类单元。对每种植物，茎中的内生真菌侵染率明显高于叶中的。在所有分离到的内生真菌中，*Phoma*、*Alternaria* 和 *Peyronellaea* 为该废弃矿渣堆上常见植物的优势内生真菌属，相对侵染频率分别为 39.6%、19.0%和 20.4%。重金属抗性研究表明，3.6mmol/L Pb^{2+} 或 11.5mmol/L Zn^{2+} 为一些菌株的最大耐受值，在含此两种重金属离子的培养基上这些菌株停止生长，而与之不同的是，另一些菌株甚至是 Pb^{2+}或 Zn^{2+}的毒理兴奋型。相比 *Alternaria* 和 *Peyronellaea*，*Phoma* 真菌对 Zn^{2+}更为敏感，而对 Pb^{2+}的敏感性却不具有显著性差异。结论为：受铅、锌污染的植物其内生真菌较为丰富，其中一些内生真菌对 Pb^{2+} 和 Zn^{2+} 有明显的适应性，可以将这些内生真菌进一步应用到重金属污染土壤的生态恢复中。

二、内生真菌在有机物污染土壤恢复中的应用研究

有研究表明，植物内生真菌除了在无机物污染土壤中显示出良好的应用前景外，还可以应用到有机物污染土壤的生物修复中。

Escalante-Espinosa 等（2005）在对有机物污染土壤的植物修复研究中，采用多脉莎草（*Cyperus laxus*）作为研究对象，对其根部接种具有降解碳氢化合物活性的微生物（其中包含内生真菌），发现能显著提高对有机物污染土壤的植物修复效果；与不接种植物相比，接种植物的物候特征明显改善；接种植物的修复率比不接种植物高 2 倍多。Rabie（2005）也研究了在有机物污染土壤中生长的小麦、绿豆、茄子接种内生真菌对修复效率的影响，发现接种内生真菌后，明显提高了植物对有机污染物的降解速率，除此之外，植物的生长速率及对污染物的耐受性也因接种内生真菌而得以显著提高。结论为：接种内生真菌后，植物可以生存并能更好的生长，有助于植物对有机污染物的降解。后来还有报道认为，内生真菌可以应用于对菲类污染土壤的植物修复中（Tian et al.，2007），在菲类污染的土壤中栽种水稻，并接种拟茎点霉属（*Phomopsis* sp.）内生真菌，接种内生真菌后，菲类污染物的降解速率明显加快；由于内生真菌的存在，水稻对菲类污染物胁迫具有较高的耐受性。另外，有研究发现内生真菌可以改善对石油污染土壤的生物修复，Soleimani 等（2010a）在受石油污染的土壤中种植苇状羊茅（*Festuca arundinacea* Schreb.）和草甸羊茅（*Festuca pratensis* Huds.），并接种两种内生真菌（*Neotyphodium coenophialum* 和 *Neotyphodium uncinatum*）进行土壤生物修复，结果发现，接种内生真菌后能明显提高两种植物的生物量，并能提高土壤中脱氢酶的活性；在接种两种内生真菌的植物根围土壤中，碳氢化合物的削减速率显著提高。结论为：对两种草接种内生真菌，对石油污染土壤的生物修复是一个有效的方法。最近，Cruz-Hernández 等（2013）的研究发现，内生真菌 *Lewia* sp.能改善苇状羊茅对土壤中多环芳烃类污染物的清除，促进根中芘类物质的富集；接种 *Lewia* sp.后，植物根的生长速率增加了 1 倍；与不接种内生真菌的植物相比，接种内生真菌的植物对土壤中菲类污染物的降解率达到了 100%。

三、内生真菌在盐碱地土壤生物修复中的应用研究

缑小媛（2007）以分布于我国西北部甘肃省夏河县及榆中县两个地区的天然草原烈性毒草醉马草作为研究对象，通过种子发芽试验、幼苗试验及成株试验，研究了盐胁迫条件下内生真菌对醉马草生长及生理特性的影响，发现内生真菌侵染可以促进醉马草种子萌发，可以显著提高醉马草的发芽率和发芽指数，并可以不同程度地促进幼苗，特别是根系的生长；内生真菌可以提高醉马草幼苗的抗盐性，与 E-植株相比，E+醉马草在营养生长、保水能力、保护酶活性、减轻生物膜损伤的能力及对矿物质的吸收等方面均优于 E-植株；进一步明确了内生真菌侵染可以提高醉马草成株的抗盐性，并能促进醉马草成株分蘖和生长，有助于保持更高的含水量，降低植株体内 Na^+对 K^+的拮抗作用，降低盐害对细胞膜的伤害，改善盐胁迫下醉马草的光合作用；E+植株的脯氨酸含量和可溶性糖含量高于相应处理的 E-植株；同时，内生真菌侵染还可以促进植株的恢复生长。

王正凤等（2009）在室外盆栽条件下，通过比较带内生真菌（E+）与不带内生真菌（E-）的野大麦（*Hordeum brevisubulatum*）在不同 NaCl 浓度（0mmol/L、100mmol/L、200mmol/L、300mmol/L）条件下的生长与生理指标变化，分析了内生真菌对宿主野大麦耐盐性的影响。结果表明，在高盐浓度（300mmol/L）条件下内生真菌显著提高了宿主野大麦的分蘖能力、生物量积累、可溶性糖含量、脯氨酸含量、SOD 活性（$P<0.05$），同时降低了 MDA 含量，这说明内生真菌的侵入有利于提高宿主野大麦在室外盆栽条件下的耐盐性。

Rodriguez 和 Redman（2008）研究了一种生长于海滩的禾本科植物滨麦（*Leymus mollis*）的内生真菌，发现其优势种为黄色镰孢菌（*Fusarium culmorum*），该菌株既存在于植株地上部，也存在于根中和种皮中，对盐有很好的耐受性；若无该菌株存在，滨麦是不能在海滩上生长的；对比该菌株和非海滩生境来源的同种菌株，后者不能提高宿主植物对盐的耐受性，说明该菌株提高宿主植物的耐盐性是一种生境适应性现象。

四、内生真菌在重金属污染土壤生物修复中的应用研究

已有研究表明，内生真菌能通过限制植物对重金属的吸收及改善必需元素的供给而削减重金属对宿主植物的毒害。重金属污染土壤的植物修复依赖于植物对重金属的耐受性和植物对环境重金属的富集作用。内生真菌由于具有调节重金属毒性和移动性的能力而成为对重金属污染土壤生物修复的一种有效手段，并已显示出良好的应用前景。

（一）内生菌根真菌

利用内生菌根真菌与植物共生体进行重金属污染土壤生物修复的研究已有多年，尤其是针对丛枝菌根真菌（AMF）的研究。早在 1981 年，Bradley 就首次报道了欧石南属植物菌根能减少宿主植物对铜、锌的吸收，这引起了研究工作者的极大关注，随后围绕 AMF 与植物的共生关系开展了很多对重金属污染土壤生物修复方面的研究。主要报道有 AMF 能提高宿主植物对锌和铅的耐受性（Hildebrandt et al.，1999）、AMF 可以促进植物对镉和镍的吸收（Ahonen-Jonnarth and Finlay，2001）等。随后的一系列研究认为，AMF 对锌的耐受性可以使其在重金属污染土壤的生物修复中发挥重要作用（Gaur and Adholeya，2004；Khan，2005）；近来的研究表明，接种 AMF 后，可以有效改善生长在重金属污染土壤中植物的生长表现，这种表现可以归因于植物与 AMF 在互作过程中抗氧化酶、脂类过氧化及可溶性氨基酸的变化（Andrade et al.，2009；Punamiya et al.，2010；Achakzai et al.，2012）；最近还有研究表明，不同的 AMF 对提高植物对重金属的耐受性有不同的表现；以摩西球囊霉（*Glomus mosseae*）和光壁无梗囊霉（*Acaulospora laevis*）分别接种玉米，检测植物对铜和镉的耐受性，结果发现，铜可以刺激提高两种 AMF 的侵染率，而镉可以增加 *G. mosseae* 的孢子浓度；两种真菌均可以明显提高玉米的生物量；重金属胁迫能增加植物的根冠比和植物脯氨酸含量，但接种 AMF 后可以使该数值降低；与之相反的是，重金属胁迫能降低植物的可溶性蛋白质含量，但接种 AMF 后这种现象消失；接种 *A. laevis* 的植株对重金属的吸收能力要强于接种 *G. mosseae* 的植株（Abdelmoneim et al.，2014）。AMF 可调节重金属与植物根部的互作从而避免重金属离子对宿主的毒害，其机制可能为：①AMF 可以将重金属结合在其细胞壁上；②将重金属储存于其液泡中；③在其细胞质中螯合重金属，限制重金属进入宿主植物体内（Leyval et al.，1997）。

在对内生菌根研究的报道中还涉及杜鹃类菌根，认为杜鹃类菌根真菌也能提高宿主植物对重金属的耐受性。Martino 等（2000）从生长于严重污染土壤中的黑果越橘（*Vaccinium myrtillus*）根中分离到了菌根真菌 *Oidiodendron maius*，并对其在重金属污染环境中的生长力进行了研究，发现与来源于非污染环境中的同种菌株相比，来源于污染环境的菌株对锌盐具有较高的耐受性，尤其在高离子浓度下，其耐受性表现得越加明显。

（二）非菌根类内生真菌

在重金属污染土壤中，虽然植物组织器官，尤其是根中的重金属含量较高，但内生真菌可以有效地保证植物达到或超过正常的生物量。Jiang 等（2008）研究了对镉污染、镍污染及镉-镍复合污染土壤的生物修复，在污染土壤中种植芥菜（*Brassica juncea*）并接种来源于含羞草科植物大叶相思（*Acacia auriculaeformis*）的内生真菌以提高植物修复效率，发现将内生真菌 *Trichoderma* H8 接种至芥菜根部，与不接种内生真菌的植株相比，接种内生真菌的植株在镉污染、镍污染及镉-镍复合污染土壤中的鲜重分别增加了 109%、41%和 167% （$P<0.05$）；接种内生真菌后增加了迁移因子和金属富集因子。该研究表明，应用植物-真菌共生体对重金属污染土壤进行生物修复是一种行之有效的手段。

Soleimani 等（2010b）报道了草类内生真菌对重金属镉的耐受性、富集作用及转运作用，发现接种内生真菌后，草的生物量得以明显提高（12%～24%），且根中和茎中对镉的富集浓度分别提高了 6%～16%和 6%～20%；最大光系统Ⅱ（PSⅡ）光化学效率显示，接种内生真菌后镉胁迫显著降低。最近，Deng 等（2014）报道了从生长于重金属污染土壤中的马齿苋茎中分离到的

一株内生真菌 *Lasiodiplodia* sp. MXSF31，该菌株对镉、铅、锌具有较好的耐受性。在受镉、铅污染土壤中生长的油菜，接种该菌株后油菜的生物量及镉的排出明显增加，该菌株可用于重金属污染土壤的生物修复。在另外一项研究中，李川等（2013）以感染和未感染内生真菌的羽茅（*Achnatherum sibiricum*）作为试验材料，在营养液中加入 $ZnSO_4$ 进行锌胁迫试验，分析内生真菌对宿主羽茅锌耐受性的影响。在胁迫期间，内生真菌感染对羽茅净光合速率的变化没有显著影响，但是降低了其宿主的 PSⅡ光化学效率（F_v/F_m）；与未感染内生真菌的羽茅植株相比，内生真菌感染对羽茅的总生物量没有显著影响，但增加了植株分蘖数和叶片延伸生长累积值，同时内生真菌感染还降低了羽茅植株整体和地上部的 Zn^{2+} 含量。由此可见，内生真菌感染改善了宿主羽茅的锌耐受性。

近来，还有报道 DSE 也可用于重金属污染土壤的生物修复中。例如，Likar 和 Regvar（2013）从黄花柳（*Salix caprea*）中分离到一些 DSE，经分子鉴定这些菌株为 *Phialophora/Cadophora* 复合物，对该菌株重金属抗性富集活性进行的研究发现，不同菌株对重金属显示出不同水平的耐受性，可以在富含重金属的培养基上生长，接种该菌株的植株，叶中镉含量明显降低，同时 DB146 和 DB148 两个菌株还能降低锌的含量。所有供试 DSE 菌株均能增加叶片中叶绿素的含量，菌株 DB146 还能明显影响黄花柳的蒸腾速率。同样，国内也有研究发现 DSE 可以减轻重金属对植物的毒性。例如，从陕西凤县铅硐山铅、锌矿区不同程度铅锌污染样地的植物沙打旺（*Astragalus adsurgens*）中分离出 DSE，对其进行形态特征和分子鉴定、回接宿主和重金属耐性测定，筛选出具有较强铅耐受性的菌株——柱孢顶囊壳（*Gaeumannomyces cylindrosporus*），发现接种该菌株能使更多的铅积累在玉米幼苗植物根部，阻止铅向地上部转移，降低了地上部的铅含量，从而缓解了铅对植物的毒害作用（班宜辉，2013）。张杰（2010）从云南两个典型铅锌矿区分离得到了一批 DSE 菌株，并通过玉米盆栽试验探讨了单一重金属（Cd^{2+}）胁迫条件下，接种 DSE 菌株 *Cladosporium* sp. z113 对玉米生长及重金属抗性的影响。结果表明，在不同浓度 Cd^{2+}胁迫下给玉米接种 z113 菌株表现出良好的接种效应，接种提高了植株的生物量，增强了玉米对重金属的耐性，降低了玉米对重金属的吸收，把重金属主要固持在玉米根部从而减轻了玉米植株受重金属毒害的作用。康宇（2010）以云南澜沧县一个废弃铅锌矿尾矿区作为研究对象，紫茎泽兰是该矿区的优势植物，而且普遍被 AMF 和 DSE 定植，紫茎泽兰对重金属污染具有较强的抗性和适应能力，接种 AMF/DSE 能增强其对重金属的抗性，并影响重金属在地下、地上部分的积累和迁移。因此，筛选适当的 AMF 或 DSE 与紫茎泽兰形成高效抗性组合，利用紫茎泽兰与其根内生真菌联合修复矿区重金属污染土壤具有良好的应用前景。

综合以上研究，可以明确内生真菌可以协助宿主植物抵抗重金属，然而在内生菌耐受重金属的机制方面还有待深入研究。但内生真菌所表现出的增强植物对重金属的抗性，以及在促进植物生长的同时能加强其对重金属富集特性，显示了其在重金属污染土壤生物修复中的巨大应用潜力。

（邢晓科　郭顺星）

参考文献

班宜辉. 2013. 铅锌矿区深色有隔内生真菌提高植物耐 Pb 机制研究. 杨陵：西北农林科技大学博士学位论文.

陈贝贝，王敏，胡鸾雷，等. 2011. 地黄内生真菌促生作用的初步研究. 中国中药杂志，36(9)：1137-1140.

陈长宝，刘继永，焉石，等. 2006. 人参根际土壤中化感物质鉴定. 特产研究，28(2)：12-14.

陈慧，郝慧荣，熊君，等. 2007. 地黄连作对根际微生物区系及土壤酶活性的影响. 应用生态学报，18(12)：2755-2759.

陈晏，戴传超，王兴祥，等. 2010. 施加内生真菌拟茎点霉(*Phomopsis* sp.)对茅苍术凋落物降解及土壤降解酶活性的影响. 土壤学报，47(3)：537-544.

戴传超，谢慧，王兴祥，等. 2010. 间作药材与接种内生真菌对连作花生土壤微生物区系及产量的影响. 生态学报，30(8)：2105-2111.

方斯文. 2012. 人参化感物质对土壤酶、微生物多样性的影响及其在土壤中的迁移研究. 长春：吉林农业大学硕士学位论文.

高微微，陈震，王丽萍，等. 2006. 药剂消毒对西洋参根际微生物及根病的作用研究. 中国中药杂志，31(8)：684-686.

缑小媛. 2007. 内生真菌对醉马草耐盐性的影响研究. 兰州：兰州大学硕士学位论文.

郝慧荣，李振方，熊君，等. 2008. 连作怀牛膝根际土壤微生物区系及酶活性的变化研究. 中国生态农业学报，16(2)：307-311.

郝慧荣，熊君，齐晓辉，等. 2007. 地黄连作对根际微生物区系及土壤酶活性的影响. 应用生态学报，18(12)：2755-2759.

何海斌，何华勤，林文雄，等. 2005. 不同化感水稻品系根系分泌物中萜类化合物的差异分析. 应用生态学报，16(4)：72-76.

黄小芳，李勇，刘时轮，等. 2009. 五种化感物质对人参幼根皂苷含量的影响. 世界科学技术——中药现代化，11(1)：71-74.

黄小芳，李勇，易茜茜，等. 2010. 五种化感物质对人参根系酶活性的影响. 中草药，41(1)：117-121.

金慧，于树莲，曹志强. 2006. 老参地、农田地改造，连续栽培人参 、西洋参. 世界科学技术——中医药现代化，8(1)：84-86.

康宇. 2010. 紫茎泽兰及其根内生真菌在重金属矿区修复中的基础研究. 昆明：云南大学硕士学位论文.

雷锋杰，张爱华，张秋菊，等. 2010. 人参、西洋参化感作用研究进展. 中国中药杂志，35(17)：2221-2226.

李川，李夏，任安芝，等. 2013. 内生真菌感染对宿主植物羽茅锌耐受性的影响. 南开大学学报(自然科学版)，46(4)：29-35.

李刚，赵义涛，姜晓莉，等. 2001. EM 处理老参地对土壤养分转化影响的研究. 特产研究，(2)：8-9.

李吉. 2013. 怀牛膝连作对根际土壤微生物群落结构和功能多样性的影响. 福州：福建农林大学硕士学位论文.

李娟，黄剑，张重义，等. 2011. 地黄化感自毒作用消减技术研究. 中国中药杂志，36(4)：405-408.

李勇，刘时轮，黄小芳，等. 2009. 人参(*Panax ginseng*)根系分泌物成分对人参致病菌的化感效应. 生态学报，29(1)：161-168.

李勇，朱殿龙，黄小芳，等. 2008. 不同土壤浸提物对人参种子生长抑制作用的研究. 中草药，39(7)：1070-1074.

李振方，齐晓辉，李奇松，等. 2010. 地黄自毒物质提取及其生物指标测定. 生态学报，30(10)：2576-2584.

梁昌聪，肖艳萍，赵之伟. 2007. 云南会泽废弃铅锌矿区植物丛枝菌根和深色有隔内生真菌研究. 应用与环境生物学报，(6)：811-817.

廖海兵，李云霞，邵晶晶，等. 2011. 连作对浙贝母生长及土壤性质的影响. 生态学杂志，30(10)：2203-2208.

林茂兹，王海斌，林辉锋. 2012. 太子参连作对根际土壤微生物的影响. 生态学杂志，31(1)：106-111.

马承铸，顾真荣，李世东，等. 2006. 两种有机硫熏蒸剂处理连作土壤对三七根腐病复合症的防治效果. 上海农业学报，22(1)：1-5.

钱少军，郑殿家，李学芝，等. 2000. 绿亨一号在老参地上应用对西洋参保苗效果的初步观测. 人参研究，12(2)：11-12.

任守让，王瑞霞，王韵秋. 1987. 长白山区参地土壤微生物生态研究. 吉林农业科学，(1)：78-80.

任永权，杨芩，徐元江，等. 2012. 太子参水浸液对其种子萌发和幼苗生长的影响. 北方园艺，(6)：172-174.

孙玉琴，韦美丽，陈中坚，等. 2008. 化感物质对三七种子发芽影响的初步研究. 特产研究，(3)：44-46.

谭仁祥. 2003. 植物成分功能. 北京：科学出版社.

檀国印，杨志玲，袁志林，等. 2013. 植物根际促生菌及其在克服连作障碍中的潜力. 热带作物学报，34(1)：135-141.

田林双，戴传超，赵玉婷，等. 2007. 一株内生真菌单独及与水稻联合降解菲的研究. 中国环境科学，27(6)：757-763

王宏伟，王兴祥，吕立新，等. 2012. 施加内生真菌对花生连作土壤微生物和酶活性的影响. 应用生态学报，23(10)：2693-2700.

王明道，吴宗伟，原增艳，等. 2008. 怀地黄连作对土壤微生物区系的影响. 河南农业大学学报，42(5)：532-538.

王田涛. 2013. 间套种植对当归连作障碍的修复机理. 兰州：甘肃农业大学博士学位论文.

王正凤，李春杰，金文进. 2009. 内生真菌对野大麦耐盐性的影响. 草地学报，17(1)：88-92.

夏品华，刘燕. 2010. 太子参连作障碍效应研究. 西北植物学报，30(11)：2240-2246.

徐丽莉，韩婷，李琳，等. 2009. 人参内生真菌的分离及其体外抗真菌、抗肿瘤活性. 第二军医大学学报，30(6)：699-702.

许世泉，艾军，王英平，等. 2008. 人参化感物质对人参根尖组织结构的影响研究. 特产研究，(2)：36-38.

寻路路. 2013. 三七种植不同土壤微生态研究. 杨陵：西北农林科技大学硕士学位论文.

杨家学，高微微. 2009. 酚酸类化感物质对两种西洋参病原真菌的作用. 中国农学通报，25(09)：207-211.

杨靖春，郝绍卿，姜丛. 1982. 老参地轮作胡枝子和施肥对人参根际微生物区系的影响. 东北师大学报(自然科学版)，(3)：65-72.

杨靖春，黄乃珍，赵志山. 1980. 老参地轮作紫穗槐对人参根际微生物区系的影响. 东北师大学报(自然科学版)，(4)：49-54.

杨靖春，惠慧，刘照惠，等. 1986. 老参土轮作天麻后栽参对人参土壤微生物特性影响的研究. 东北师大学报(自然科学版)，(2)：129-135.

杨松，李春杰，黄玺，等. 2010. 被内生真菌侵染的禾草提取液对真菌的抑制作用. 菌物学报，29(2)：234-240.

杨骁，李长田. 2013. 人参内生生防真菌的筛选与鉴定. 东北师大学报(自然科学版)，45(4)：107-113.

游飞. 2009. 地黄内生真菌及其活性代谢产物的研究. 上海：第二军医大学硕士学位论文.

游佩进，王文全，张媛，等. 2009. 三七连作土壤对三七、莴苣的化感作用. 西北农业学报，18(1)：139-142.

曾丽娜. 2013. 高质量太子参栽培技术及其连作障碍自毒机制的研究. 福州：福建农林大学硕士学位论文.

张爱华，郜玉钢，许永华，等. 2011. 我国药用植物化感作用研究进展. 中草药，42(10)：1885-1889.

张杰. 2010. 云南两个重金属矿区(暮乃、个旧)深色有隔内生真菌(DSE)的研究. 昆明：云南大学硕士学位论文.

张连学，陈长宝，王英平，等. 2008. 人参忌连作研究及其解决途径. 吉林农业大学学报，30(4)：481-485.

张玉洁，李洪超. 2011. 三七内生菌分离及抗根腐病病原真菌筛选. 北方园艺，(23)：130-132.

张重义，李明杰，陈新建，等. 2013. 地黄连作障碍机制的研究进展与消减策略. 中国现代中药，15(1)：38-44.

张重义，林文雄. 2009. 药用植物的化感自毒作用与连作障碍. 中国生态农业学报，17(1)：189-196.

赵杨景，杨峻山，王玉萍，等. 2004. 西洋参、紫苏籽和薏苡根水提物的化感作用. 中草药，35(4)：452-455.

赵杨景. 2000. 植物化感作用在药用植物栽培中的重要性和应用前景. 中草药，31(8)：1-4.

周勇，郑璐雨，朱敏杰，等. 2014. 内生真菌感染对禾草宿主生境土壤特性和微生物群落的影响. 植物生态学报，38(1)：54-61.

Abdelmoneim TS，Moussa TAA，Almaghrabi OA，et al. 2014. Investigation the effect of arbuscular mycorrhizal fungi on the tolerance of maize plant to heavy metals stress. Life Science Journal，11(4)：255-263.

Achakzai AK，Liasu MO，Popoola OJ. 2012. Effect of mycorrhizal inoculation on the growth and phytoextraction of heavy metals by maize grown in oil contaminated soil. Pakistan Journal of Botany，44(1)：221-230.

Ahonen-Jonnarth U，Finlay RD. 2001. Effect of elevated nickel and cadmium on growth and nutrient uptake of mycorrhizal and nonmycorrhizal *Pinus sylvestris* seedlings. Plant Soil，236：128-138.

Andrade SAL，Gratao PL，Schiavinato MA，et al. 2009. Zn uptake，physiological response and stress attenuation in mycorrhizal jack bean growing in soil with increasing Zn concentrations. Chemosphere，75：1363-1370.

Cruz-Hernández A，Tomasini-Campocosio A，Pérez-Flores LJ，et al. 2013. Inoculation of seed-borne fungus in the rhizosphere of *Festuca arundinacea* promotes hydrocarbon removal and pyrene accumulation in roots. Plant Soil，362：261-270.

Deng Z，Zhang R，Shi Y，et al. 2014. Characterization of Cd-，Pb-，Zn-resistant endophytic sp. MXSF31 from metal accumulating and its potential in promoting the growth of rape in metal-contaminated soils. Environmental Science and Pollution Research，21(3)：2346-2357.

Escalante-Espinosa E，Gallegos-Martínez ME，Favela-Torres E，et al. 2005. Improvement of the hydrocarbon phytoremediation rate by *Cyperus laxus* Lam. inoculated with a microbial consortium in a model system. Chemosphere，59：405-413.

Gaur A，Adholeya A. 2004. Prospects of arbuscular mycorrhizal fungi in phytoremediation of heavy metal contaminated soils. Current Science，86：528-534.

Gemma JN，Koske RE，Roberts EM，et a1. 1997. Mycorrhizal fungi improve drought resistance in creeping bentgrass. Journal of Turfgrass Science，73：15-29.

Graham JH. 2001. What do root pathogens see in mycorrhizas. New Phytologist，149：357-359.

Hildebrandt U，Karldorf M，Bothe H. 1999. The zinc violet and its colonization by arbuscular mycorrhizal fungi. Journal of Plant Physiology，154：709-717.

Jiang M，Cao L，Zhang R. 2008. Effects of Acacia (*Acacia auriculaeformis* A. Cunn)-associated fungi on mustard [*Brassica juncea* (L.) Coss. var. *foliosa* Bailey]growth in Cd- and Ni-contaminated soils. Letters in Applied Microbiology，47：561-565.

Khan AG. 2005. Role of soil microbes in the rhizospheres of plants growing on trace metal contaminated soils in phytoremediation. Journal of Trace Elements in Medicine and Biology，18：355-364.

Larsen J，Bodker L. 2001. Interactions between pea root-inhabiting fungi examined using signature fatty acids. New Phytologist，149：487-493.

Leyval C，Turnau K，Haselwandter K. 1997. Effect of heavy metal pollution on mycorrhizal colonization and function：physiological，ecological and applied aspects. Mycorrhiza，7：139-153.

Li HY，Li DW，He CM，et al. 2012. Diversity and heavy metal tolerance of endophytic fungi from six dominant plant species in a Pb-Zn mine wasteland in China. Fungal Ecology，5(3)：309-315.

Likar M，Regvar M. 2013. Isolates of dark septate endophytes reduce metal uptake and improve physiology of *Salix caprea* L.. Plant Soil，370：593-604.

Martino E，Turnau K，Girlanda M，et al. 2000. Ericoid mycorrhizal fungi from heavy metal polluted soils：their identification and growth in the presence of zinc ions. Mycological Research，104(3)：338-344.

Punamiya P，Datta R，Sarkar D，et al. 2010. Symbiotic role of *Glomus mosseae* in phytoextraction of lead in vetiver grass [*Chrysopogon zizanioides* (L.)]. Journal of Hazardous Materials. 177：465-474.

Rabie GH. 2005. Role of arbuscular mycorrhizal fungi in phytoremediation of soil rhizosphere spiked with poly aromatic hydrocarbons. Mycobiology，33：41-50.

Rodriguez R，Redman R. 2008. More than 400 million years of evolution and some plants still can't make it on their own：plant stress tolerance via fungal symbiosis. Journal of Experimental Botany，59(5)：1109-1114.

Soleimani M，Afyuni M，Hajabbasi M，et al. 2010a. Phytoremediation of an aged petroleum contaminated soil using endophyte infected and non-infected grasses. Chemosphere，81：1084-1090.

Soleimani M，Hajabbasi MA，Afyuni M，et al. 2010b. Effect of endophytic fungi on cadmium tolerance and bioaccumulation by *Festuca arundinacea* and *Festuca pratensis*. International Journal of Phytoremediation，12：535-549.

Thompson IP，Van Der Gast CJ，Ciric L，et al. 2005. Bioaugmentation for bioremediation：the challenge of strain selection. Environmental Microbiology，7：909-915.

Weyens N，van der Lelie D，Taghavi S，et al. 2009. Exploiting plant-microbe metal contaminated soils：a review. Environmental Pollution 153：497-522.

Yousaf S，Afzal M，Anees M，et al. 2014. Ecology and Functional Potential of Endophytes in Bioremediation：A Molecular Perspective. In:Verma VC，Gange AC. Advances in Endophytic Research. New Delhi：Springer (India) Private Limited，301-320.

第十五章　内生真菌促进丹参生长及诱导酚酸类物质积累的生物学研究

本章以 64 株丹参(*Salvia miltiorrhiza*)内生真菌作为供试菌株，将菌株接种在丹参幼苗根部进行共生栽培，通过考察内生真菌对丹参生长及根中总酚酸、丹酚酸 A 和丹酚酸 B 含量的影响，筛选出有利于丹参有效成分积累的活性菌株。在此基础上，研究活性菌株对丹参酚酸类化合物代谢途径关键酶活性和关键酶基因表达的影响，揭示活性菌株与丹参互利共生，并促进丹参酚酸类次生代谢产物积累的作用机制，为菌根技术在丹参栽培中的推广应用奠定理论基础。

第一节　内生真菌对丹参生长的影响

一、研 究 方 法

供试菌株经麦麸固体培养基培养至菌丝生长至瓶内培养基的 2/3 处即可使用，简称为菌材。栽培时丹参种子苗根部接种供试菌材的为接菌组，共 64 组，每组重复 3 盆；对照组在栽培时以固体培养基质代替菌材，重复 9 盆。接菌组栽培时每株丹参幼苗根部施予固体培养的菌材 1.0g，覆土后在温室中以常规方法进行种植管理。栽培后每个月测量各组株高和冠幅，计算平均值，将处理组与对照组的结果进行比较，结果以百分比的形式表示。

二、研 究 结 果

栽培 1 个月后，64 个接菌组丹参的平均株高为 16.8cm，对照组为 14.3cm。接菌组中平均株高高于对照组 10%～50%的共有 25 组，占试验组的 39.1%；高于对照组 50%以上的共有 11 组，占 17.2%；接菌组平均株高最高的是第 30 组，为 29.0cm，高于对照组 102.8%。所有接菌组丹参平均冠幅为 13.3cm，对照组为 13.4cm。接菌组中平均冠幅宽于对照组 10%～55%的共有 17 组，占 26.6%；接菌组平均冠幅最宽的是第 3 组，为 20.3cm，高于对照组 51.7%(图 15-1)。

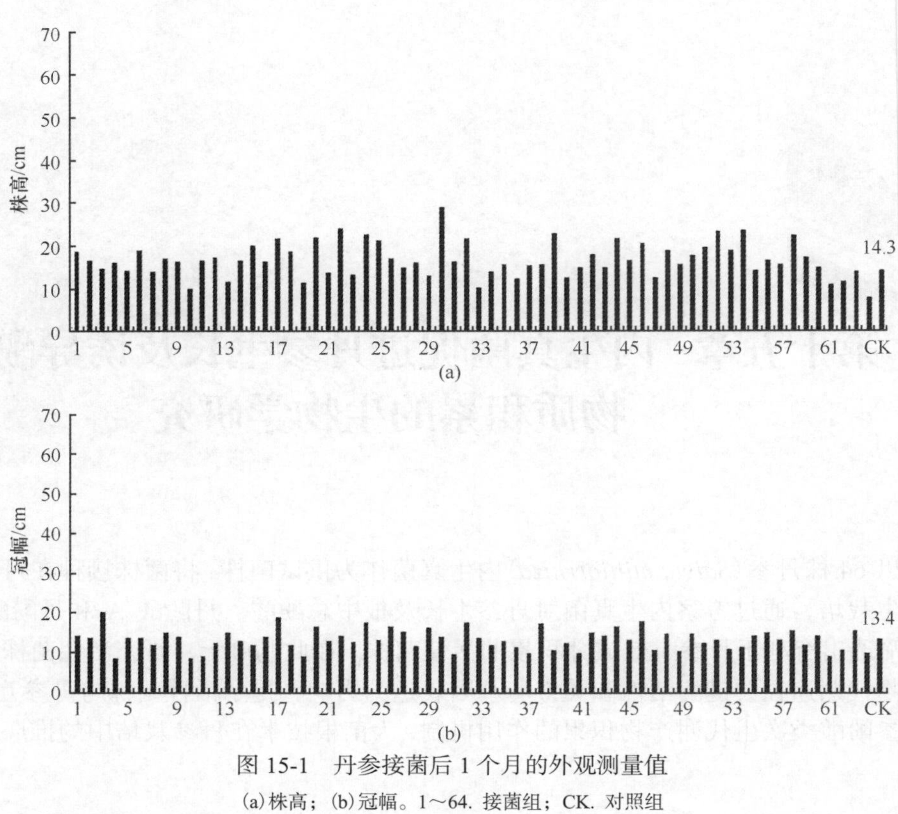

图 15-1　丹参接菌后 1 个月的外观测量值

(a) 株高；(b) 冠幅。1～64. 接菌组；CK. 对照组

栽培 2 个月后，64 个接菌组丹参的平均株高为 41.7cm，对照组为 38.8cm。接菌组中平均株高高于对照组 10%～50%的共有 29 组，占试验组的 45.3%；接菌组平均株高最高的是第 27 组，为 55.0cm，高于对照组 41.8%。所有接菌组平均冠幅为 24.3cm，对照组为 23.1cm。接菌组平均冠幅宽于对照组 10%～50%的共有 20 组，占 31.0%；接菌组平均冠幅最宽的是第 63 组，为 32.0cm，高于对照组 38.5%(图 15-2)。

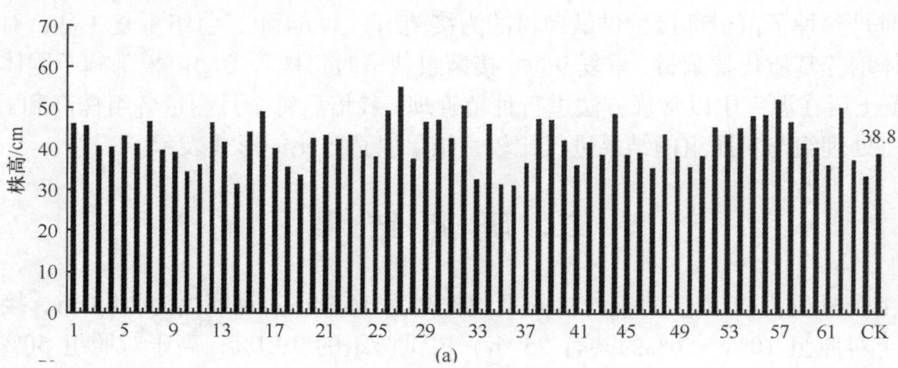

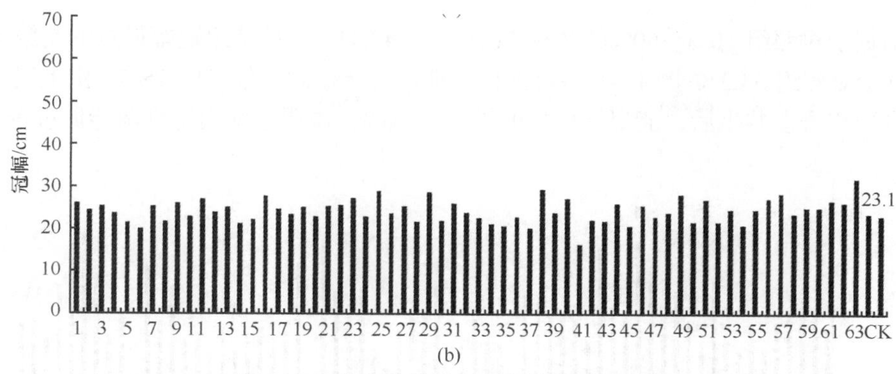

图 15-2　丹参接菌后 2 个月的外观测量值

(a)株高；(b)冠幅。1～64. 接菌组；CK. 对照组

栽培 3 个月后，64 个接菌组丹参的平均株高为 39.4cm，对照组为 35.3cm。接菌组中平均株高高于对照组 10%～70%的共有 34 组，占试验组的 53.1%；接菌组中平均株高最高的是第 16 组，为 59.7cm，高于对照组 69.0%。所有接菌组平均冠幅为 30.0cm，对照组为 28.9cm。接菌组中平均冠幅宽于对照组 10%～50%的共有 26 组，占 40.6%；接菌组平均冠幅最宽的是第 16 组，为 42.0cm，宽于对照组 45.3%(图 15-3)。

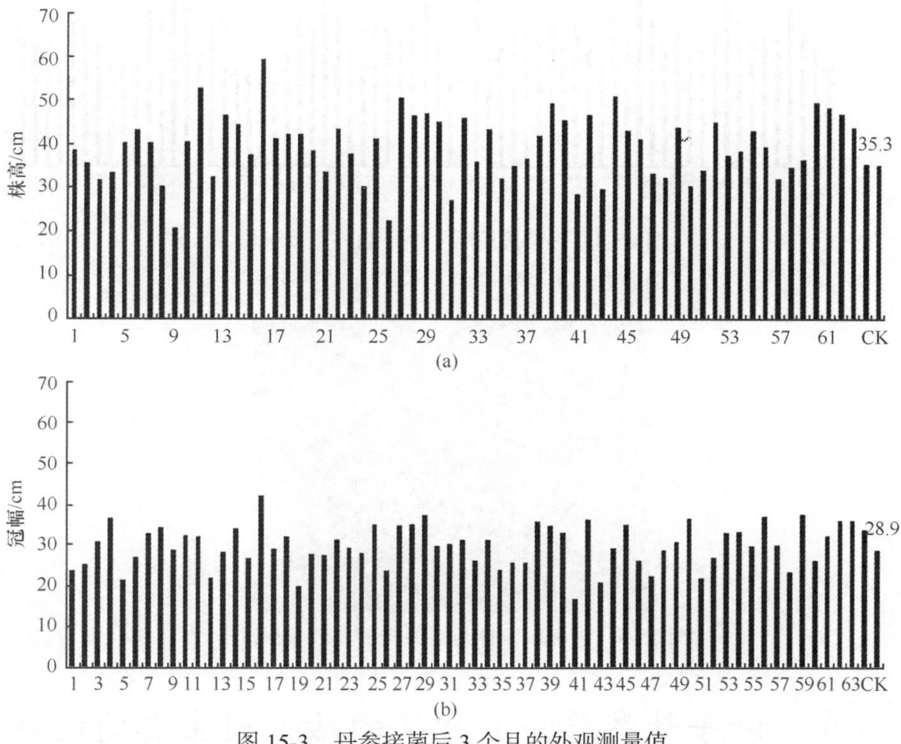

图 15-3　丹参接菌后 3 个月的外观测量值

(a)株高；(b)冠幅。1～64. 接菌组；CK. 对照组

栽培 4 个月后，64 个接菌组丹参的平均株高为 34.7cm，对照组为 33.6cm。接菌组中平均株高高于对照组 10%～70%的共有 21 组，占试验组的 32.8%；接菌组中平均株高最高的是第 60 组，为 55.3cm，高于对照组 64.7%。所有接菌组平均冠幅为 32.7cm，对照组为 30.0cm。接菌组

中平均冠幅宽于对照组 10%～60%的共有 31 组，占 48.4%。；接菌组冠幅最宽的是第 40 组，为 46.0cm，宽于对照组 53.3%(图 15-4)。丹参接菌株与对照株的比较见图 15-5。由上述结果可知，部分内生真菌与丹参共生后，能提高植株的株高和冠幅，说明这些内生真菌能促进丹参生长。

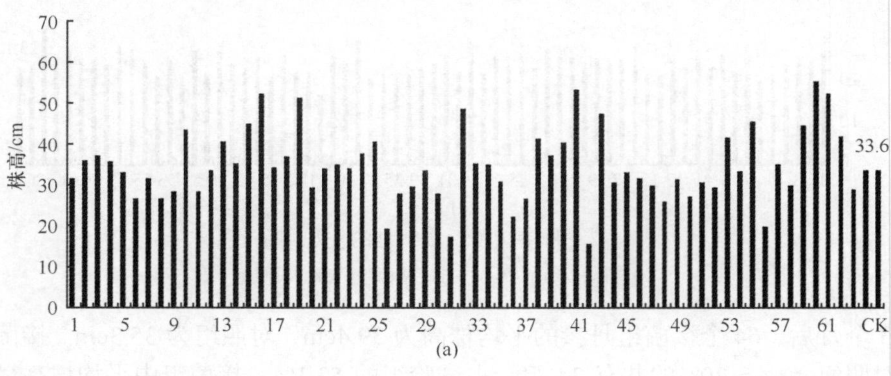

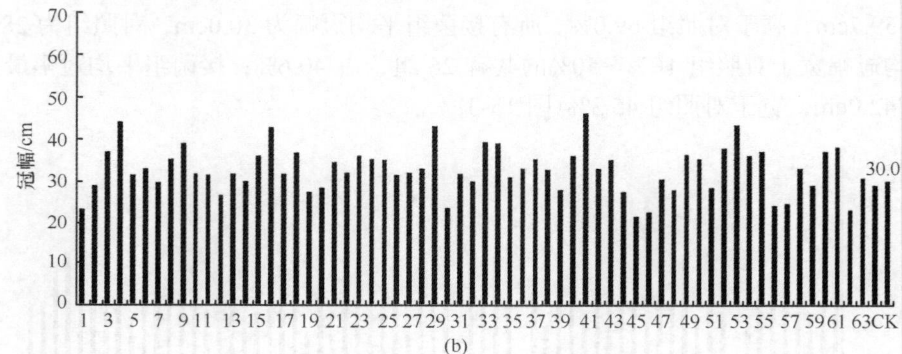

图 15-4　丹参接菌后 4 个月的外观测量值

(a) 株高；(b) 冠幅。1～64. 接菌组；CK. 对照组

图 15-5　丹参接菌株与对照株的比较(见彩图)

第二节　诱导丹参总酚酸积累的活性内生真菌的筛选

丹参的化学成分主要可分为水溶性成分和脂溶性成分两大部分。丹参水溶性有效成分主要是酚酸类化合物，丹参总酚酸是从丹参中提取的含有各种丹酚酸的混合物(杜冠华和张均田，2000)。丹参总酚酸有较强的抗氧化作用，对心脏、脑、肝脏、肾脏等多个器官具有保护作用(戈升荣等，2002)。

本章第一节所述试验证明了部分丹参内生真菌对丹参的生长具有促进作用。本节试验通过测定丹参接菌 6 个月后总酚酸的含量，筛选能提高丹参总酚酸含量的菌株。

一、研 究 方 法

本章第一节所述栽培的丹参，于 6 个月后的 10 月下旬收获，测定各接菌组和对照组丹参根的总酚酸含量。根据方差分析的结果，与对照组相比总酚酸含量有显著提高（$P<0.05$）的试验组为优势菌组。

紫外吸收检测波长的确定：取对照品丹酚酸B的水溶液和丹参水提取物于250～550nm波长扫描。

标准曲线的制备：精密称取丹酚酸 B 对照品适量，加水配制成 0.925mg/ml 的母液。再将母液稀释成不同浓度的溶液，分别依次加入 1%亚硝酸钠溶液、20%硝酸铝溶液、1mol/L 氢氧化钠溶液，加水至所需刻度，放置 15min，于 506nm 波长测定对照品光密度（optical density，OD）值。对光密度值（x）和浓度（y）进行线性回归，绘制标准曲线。

样品溶液的制备：取少量丹参根，用温水浸后过滤，即为样品溶液。

样品总酚酸的含量测定：向各样品溶液中依次加入 1%亚硝酸钠溶液，放置 6min；20%硝酸铝溶液，放置 6min；1mol/L 氢氧化钠溶液，放置 15min。以空白溶液作参比，测定各样品溶液的光密度值，计算总酚酸含量（以丹酚酸 B 计，单位为 mg/g）。每份样品重复测量 3 次，结果以“均值±标准差”的形式表示。试验数据用 SAS 9.1 软件进行方差分析，$P<0.05$ 时为有统计学意义。

二、研 究 结 果

对照品和样品均在 506nm 处有最大吸收峰，因此选择 506nm 为测定波长。以空白试液为对照，绘制光密度（x）-浓度（y）标准曲线，得回归方程 $y=140.54x-6.8196$，$r=0.9992$，总酚酸浓度为 6.17～185.00μg/ml 呈良好的线性关系。

丹参盆栽 6 个月后各组总酚酸含量见表 15-1，有 14 个处理组的总酚酸含量较对照组有显著性提高（$P<0.05$）。经分子生物学鉴定，14 株内生真菌分属于 7 属：链格孢属（*Alternaria*）真菌 7 株，分别为第 2、5、29、31、42、48、51 组；枝孢属（*Cladosporium*）真菌 2 株，分别为第 54、58 组；隐孢壳属（*Cryptosporiopsis*）真菌 1 株，为第 24 组；拟青霉属（*Paecilomyces*）真菌 1 株，为第 34 组；茎点霉属（*Phoma*）真菌 1 株，为第 43 组；漆斑菌属（*Myrothecium*）真菌 1 株，为第 38 组；赤霉属（*Gibberella*）真菌 1 株，为第 47 组。其中，第 5 组链格孢属菌株处理植株的总酚酸含量最高，为 81.475mg/g，比对照组提高了 1.26 倍（图15-6）。以上结果说明部分丹参内生真菌能诱导丹参积累丹酚酸类成分。

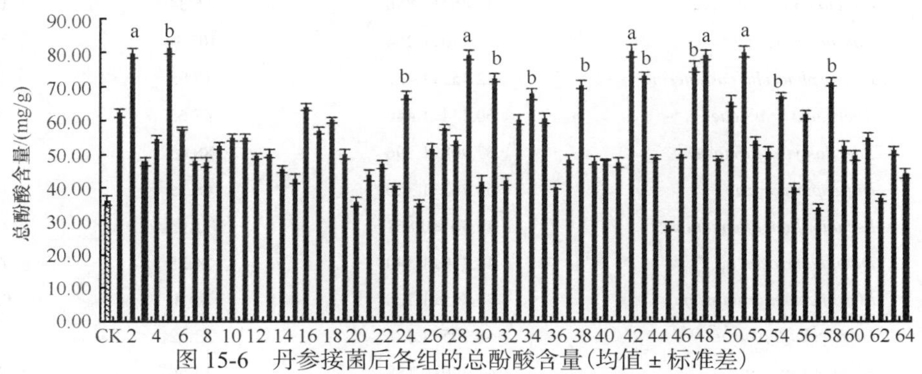

图 15-6　丹参接菌后各组的总酚酸含量（均值 ± 标准差）

接菌组. 1～64；a. $P<0.01$；b. $P<0.05$；CK. 对照组

表 15-1　各处理组盆栽丹参的总酚酸含量及差异分析

试验分组	参考分类地位	总酚酸含量/(mg/g)	总酚酸含量增加率/%	*P*
CK		36.000±1.361	—	—
1	*Phoma bellidis*	62.200±1.26	72.78	0.1
2	*Alternaria alternata*	79.966±1.528	122.13	0.0060a
3	*Alternaria alternata*	47.904±1.241	33.07	0.4507
4	*Alternaria tenuissima*	54.425±1.089	51.18	0.2437
5	*Alternaria alternata*	81.475±0.879	126.32	0.0182b
6	*Alternaria alternata*	57.500±0.380	59.72	0.1741
7	未确定	48.069±1.056	33.52	0.4445
8	*Epicoccum sorghi*	47.551±1.538	32.09	0.4643
9	*Fusarium oxysporum*	52.443±1.153	45.68	0.2979
10	*Fusarium oxysporum*	54.999±0.951	52.77	0.2294
11	*Alternaria brassicae*	55.001±1.177	52.78	0.2293
12	*Fusarium solani*	49.516±0.918	37.54	0.3919
13	*Epicoccum nigrum*	50.117±1.213	39.21	0.3713
14	*Fusarium tricinctum*	45.605±1.096	26.68	0.5427
15	*Penicillium janthinellum*	42.485±1.442	18.01	0.6811
16	*Fusarium chlamydosporum*	64.170±1.023	78.25	0.0757
17	*Cochliobolus kusanoi*	57.109±1.015	58.64	0.182
18	*Gibberella avenacea*	60.109±0.828	66.97	0.1278
19	*Hypocrea pachybasioides*	50.061±1.631	39.06	0.3732
20	*Alternaria sesami*	35.659±1.584	−0.95	0.9823
21	*Alternaria solani*	43.710±1.600	21.42	0.7431
22	*Phoma glomerata*	47.103±1.233	30.84	0.4817
23	*Alternaria alternata*	40.504±0.857	12.51	0.7689
24	*Cryptosporiopsis ericae*	67.521±1.123	87.56	0.0472b
25	*Cryptosporiopsis ericae*	35.445±0.983	−1.54	0.9715
26	*Alternaria tenuissima*	51.529±1.402	43.14	0.4511
27	*Alternaria solani*	57.900±0.831	60.83	0.1663
28	*Phoma herbarum*	53.994±1.444	49.98	0.3042
29	*Alternaria alternata*	79.584±1.572	121.07	0.0064a
30	*Chaetomium globosum*	41.884±1.756	16.34	0.7163
31	*Alternaria sesami*	72.770±1.264	102.14	0.0210b
32	*Plectosphaerella cucumerina*	42.455±1.432	17.93	0.6825
33	*Alternaria brassicae*	60.354±1.440	67.65	0.124
34	*Paecilomyces formosus*	67.908±1.596	88.63	0.0446b
35	*Nigrospora oryzae*	60.763±1.326	68.79	0.1179
36	*Lecanicillium attenuatum*	40.301±0.861	11.95	0.7853
37	*Dothideomycetes* sp.	48.330±1.340	34.25	0.4347
38	*Myrothecium gramineum*	70.705±1.128	96.4	0.0291b
39	*Gibberella fujikuroi*	48.105±1.323	33.62	0.443
40	*Bipolaris* sp.	48.440±0.188	34.56	0.4716

续表

试验分组	参考分类地位	总酚酸含量/(mg/g)	总酚酸含量增加率/%	*P*
41	未确定	47.691±1.419	32.48	0.5859
42	*Alternaria tenuissima*	80.694±1.746	124.15	0.0376b
43	*Phoma herbarum*	73.440±0.892	104	0.0188b
44	*Cochliobolus kusanoi*	49.218±0.716	36.72	0.4024
45	*Colletotrichum destructivum*	28.637±1.149	−20.45	0.64
46	*Fusarium tricinctum*	50.105±1.269	39.18	0.3717
47	*Gibberella avenacea*	76.079±1.483	111.33	0.0120b
48	*Alternaria tenuissima*	79.477±1.529	120.77	0.0066a
49	*Alternaria tenuissima*	48.779±0.562	35.5	0.4182
50	*Alternaria solani*	65.803±1.557	82.79	0.0604
51	*Alternaria tenuissima*	80.575±1.538	123.82	0.0053a
52	*Alternaria alternata*	54.025±1.330	50.07	0.254
53	*Alternaria solani*	50.770±1.347	41.03	0.3496
54	*Cladosporium uredinicola*	67.449±0.873	87.36	0.0477b
55	*Alternaria alternata*	40.028±1.213	11.19	0.7986
56	*Alternaria solani*	61.813±1.351	71.7	0.1033
57	*Alternaria tenuissima*	34.216	−4.96	0.2124
58	*Cladosporium uredinicola*	71.504±1.177	98.62	0.0257b
59	*Alternaria solani*	52.435±1.473	45.65	0.2981
60	*Alternaria alternata*	49.610±1.504	37.8	0.4335
61	*Alternaria solani*	55.175±1.358	53.26	0.2251
62	*Alternaria tenuissima*	36.974±1.488	2.7	0.9511
63	*Alternaria alternata*	51.117±1.179	41.99	0.3384
64	*Alternaria alternata*	44.401±1.405	23.34	0.5944

注：①第 5、21、23、26、29、30、40、41、60 组中各有 1 株死亡，n=2；第 57 组中有 2 株死亡，n=1，无标准偏差；对照组中有 2 株死亡，n=7。

② a.与对照组相比，有极显著性差异(P<0.01)；b. 与对照组相比，有显著性差异(P<0.05)；总酚酸含量增加率%=(处理组的均值−对照组均值)/对照组均值×100。

③1～64. 接菌组；CK. 对照组

第三节　诱导丹参丹酚酸 A 和丹酚酸 B 积累的活性内生真菌筛选

丹参水溶性化学成分的有效部位是总酚酸，其中丹酚酸 A 和丹酚酸 B 在预防及治疗心血管疾病等方面有显著的药理活性(Cao et al.，2012；Lin and Liu，1991)。本章第二节的研究发现 14 株内生真菌能提高丹参根中总酚酸的含量，在此基础上，本节试验测定这 14 个处理组丹参根中丹酚酸 A 和丹酚酸 B 的含量，并结合生物量指标，进一步筛选活性菌株。

一、研究方法

(一)对照品丹酚酸 A 和丹酚酸 B 的标准曲线绘制

分别配制 0.486mg/ml 丹酚酸 A 和 0.925mg/ml 丹酚酸 B 的对照品水溶液。各精密吸取 15.0μl、30.0μl、60.0μl、90.0μl、120.0μl、150.0μl、180.0μl、210.0μl，定容至 1.5ml。色谱条件：色谱柱：Waters Phenomenex ODS 柱(250mm × 4.6mm，4μm)；流动相：甲醇：乙腈：甲酸：水(30：10：0.5：59.5)；检测波长：286nm；柱温：25℃；流速：1.0ml/min。对照品溶液进样量 20μl，理论塔板数应不低于 3000。按上述色谱条件测定峰面积，以色谱峰面积(y)和对照品浓度(x)进行线性回归，绘制标准曲线。

(二)样品丹酚酸 A 和丹酚酸 B 的含量测定

取丹参干燥根适量，加水 50ml，温浸震摇提取，过滤，滤液再经微孔滤膜过滤后进样 20μl，测定峰面积，计算样品中丹酚酸 A 和丹酚酸 B 的含量(单位：μg /g)。每份样品测定 3 次，结果以“均值±标准差”的形式表示。数据用 SAS 9.1 软件进行方差分析，$P<0.05$ 时为有统计学意义。

(三)丹参根生物量的测定

取各试验组丹参的地下部分，洗净后 28℃烘房中干燥至恒重，称取干重，计算每组的平均值，并进行方差分析。

二、研究结果

丹酚酸 A 的线性回归方程为 $y=41\ 946x-14\ 272$ ($r=0.9996$)，线性范围 4.85～67.90μg/ml；丹酚酸 B 的线性回归方程为 $y=10\ 614x-69\ 193$ ($r=0.9995$)，线性范围 9.25～129.50μg/ml。在进样量范围内各样品线性关系良好。

(一)各试验组丹酚酸 B 含量测定结果

14 个接菌组和对照组的丹酚酸 B 含量见图 15-7。经方差分析，有 3 个处理组的丹酚酸 B 含量比对照组有显著性提高($P<0.05$)，分别是第 34 组、第 42 组和第 58 组。其中第 42 组丹酚酸 B 含量最高，达(30 316±140) μg/g，比对照组提高了 20.84%。

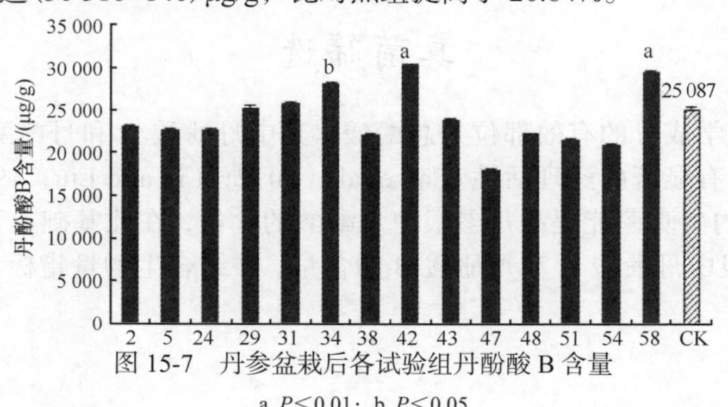

图 15-7 丹参盆栽后各试验组丹酚酸 B 含量

a. $P<0.01$；b. $P<0.05$

(二)各试验组丹酚酸 A 含量测定结果

14 个接菌组和对照组丹酚酸 A 含量见图 15-8。经方差分析，有 6 个处理组的丹酚酸 A 含量比对照组有显著性提高($P<0.05$)，分别是第 31 组、第 34 组、第 38 组、第 42 组、第 54 组和第 58 组。其中第 42 组丹酚酸 A 含量最高，达(184±2.14)μg/g，比对照组提高了 75.24%。

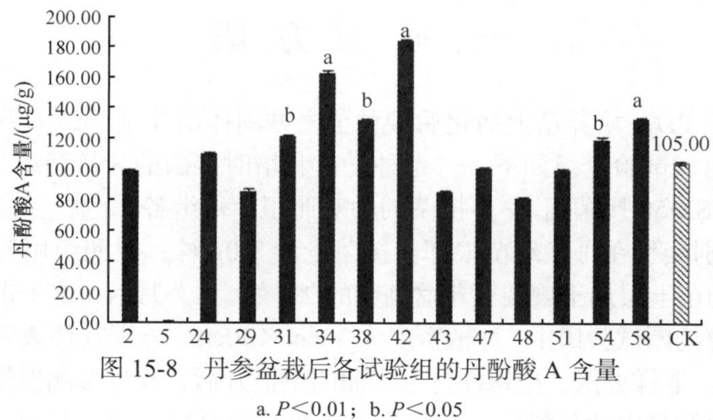

图 15-8　丹参盆栽后各试验组的丹酚酸 A 含量

a. $P<0.01$；b. $P<0.05$

(三)各试验组根生物量测定结果

14 个接菌组和对照组的根生物量见图 15-9。经方差分析，有 5 个处理组的丹参生物量比对照组有显著性提高($P<0.05$)，分别是第 29 组、第 31 组、第 34 组、第 42 组和第 58 组。其中第 58 组丹参根生物量最高，达 20.24g，与对照组相比生物量提高了 1.11 倍。

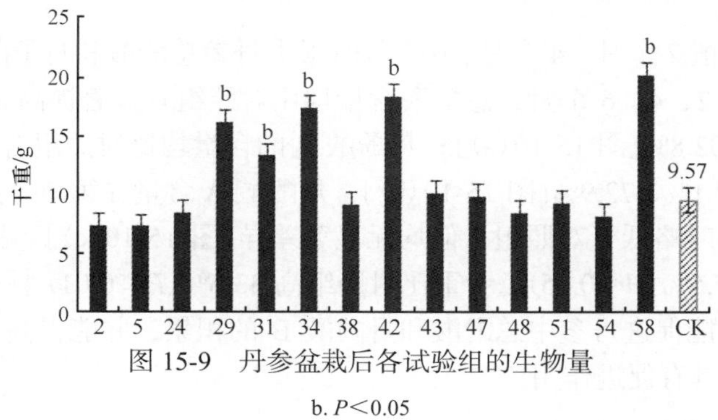

图 15-9　丹参盆栽后各试验组的生物量

b. $P<0.05$

通过本节的研究发现，3 株内生真菌接种在丹参幼苗根部后能提高丹参根生物量，并诱导丹参活性成分总酚酸、丹酚酸 A 和丹酚酸 B 在根部的积累。为方便以下叙述，这 3 株内生真菌分别编为 SM34(*Paecilomyces* sp.)、SM42(*Alternaria* sp.)和 SM58(*Cladosp- orium* sp.)。

由盆栽试验筛选出的 3 株内生真菌能诱导丹参有效成分的积累，其原因可能是内生真菌侵染植物根系后，引起根系中酚类物质含量的增加(Yao et al.，2007)。这种侵染不仅能诱导被侵染根系中酚类物质的含量变化，也能引起同一植株的未被侵染根系中酚类物质的含量变化(Zhu and Yao，2004)，是原位诱导和系统诱导双重作用的结果(张瑞芹等，2010)。

第四节　活性菌株诱导丹参酚酸类物质积累的放大试验

本节用田间栽培的方式，将本章第三节筛选出的 3 株活性真菌 SM34、SM42、SM58 再分别接种到丹参幼苗根部，扩大试验规模，进一步评价 3 株真菌对丹参的作用效果。

一、研究方法

3 株真菌分别在 PDA 培养基上活化后接种至麦麸固体培养基，25℃下培养至真菌长至培养基 2/3 处即可使用。试验分组如下：丹参种子苗栽培时接菌的为接菌组(分别为 SM34 接菌组、SM42 接菌组、SM58 接菌组)，不接菌的为对照组，每组各 20 盆，每盆一株。栽培方法：将 3 种固体菌材分别接种在丹参幼苗根部，接菌量为 1.0g/株；对照组用等量灭菌的麦麸固体培养基代替菌材。幼苗上层加土壤装至花盆高度的 2/3 处。1 个月后，连土带苗一起从花盆移栽至药用植物研究所植物园试验田中，种植密度为 30cm×30cm。分别在移栽后的第 2、4、6 个月，每组随机取样 10 株。取样方法：把每株丹参表面的土拨开后，取丹参侧根作为样品，然后再覆盖土继续栽培。测定样品中的总酚酸、丹酚酸 A 和丹酚酸 B 的含量。每组试验重复测定 3 次。6 个月时，从各组中随机取 10 株，取地下部分测定鲜重和干重作为生物量指标。试验数据计算平均值，方差分析后，$P<0.05$ 时为有统计学意义。

二、研究结果

(一) 丹参接种 SM34 菌株的效果评价

丹参在试验田培植 2 个月、4 个月、6 个月时根中丹参总酚酸和丹酚酸 B 的含量均高于对照组。在接菌后的第 2、4、6 个月，总酚酸含量均比对照组有显著提高($P<0.01$)，分别提高了 31.3%、15.7%、102.8%[图 15-10(a)]；丹酚酸 B 的含量均比对照组有显著提高($P<0.01$)，分别提高了 5.5%、27.1%、72.9%[图 15-10(b)]。丹酚酸 A 含量在第 2 个月和第 4 个月时略高于对照组，第 6 个月时略低于对照组，但均无显著差异[图 15-10(c)]。接菌 6 个月后丹参根的鲜重比对照组高 17.5%($P<0.05$)，干重比对照组高 33.6%($P<0.01$) [图 15-10(d)]。这些结果说明，菌株 SM34 能促进丹参中总酚酸和丹酚酸 B 的积累，并能提高丹参根的生物量，对丹参药材品质的提高具有促进作用。

(二) 丹参接种 SM42 菌株的效果评价

丹参在试验田培植 2 个月、4 个月、6 个月时根中总酚酸、丹酚酸 B、丹酚酸 A 含量均高于对照组。在接菌后的第 2、4、6 个月，总酚酸含量均比对照组有显著提高($P<0.01$)，分别提高了 10.7%、17.7%、108.3%[图 15-11(a)]；丹酚酸 B 含量均比对照组有显著提高($P<0.01$)，分别提高了 57.0%、113.9.1%、49.8%[图 15-11(b)]；丹酚酸 A 的含量在接菌后的第 2 个月和第 4 个月与对照组无显著性差异，第 6 个月的含量比对照组显著提高了 28.2%($P<0.01$)[图 15-11(c)]。接菌 6 个月后丹参根的鲜重和干重均有明显增加($P<0.01$)，鲜重提高了 44.6%，干重提高了 48%[图 15-11(d)]。这些结果说明菌株 SM42 能促进丹参中总酚酸、丹酚酸 B 和丹酚酸 A 的积累，并能提高丹参根的生物量。

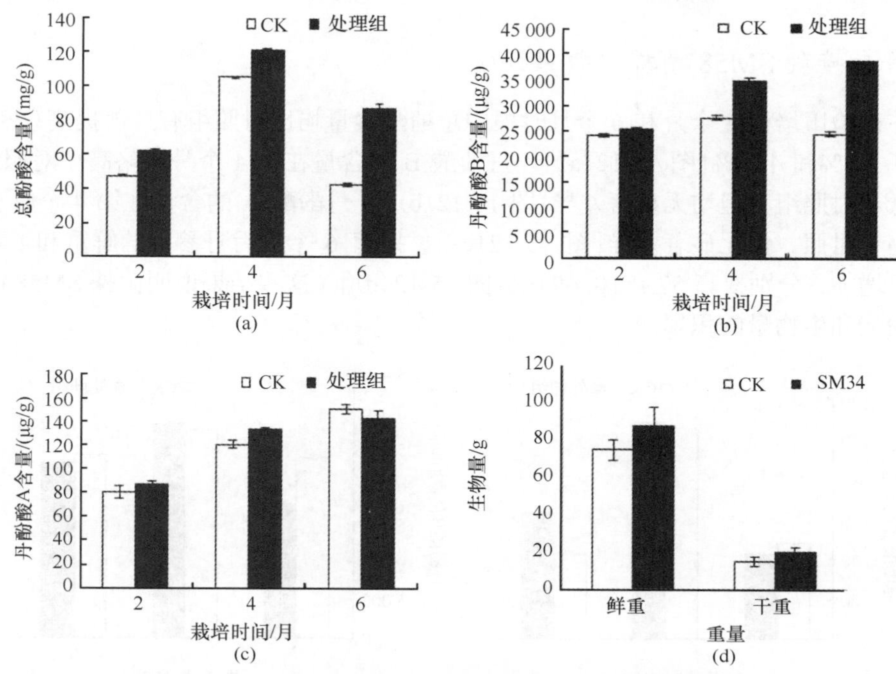

图 15-10　丹参接种 SM34 菌株后的酚酸含量与生物量(n=10)

(a)总酚酸含量；(b)丹酚酸 B 含量；(c)丹酚酸 A 含量；(d)栽培 6 个月的生物量

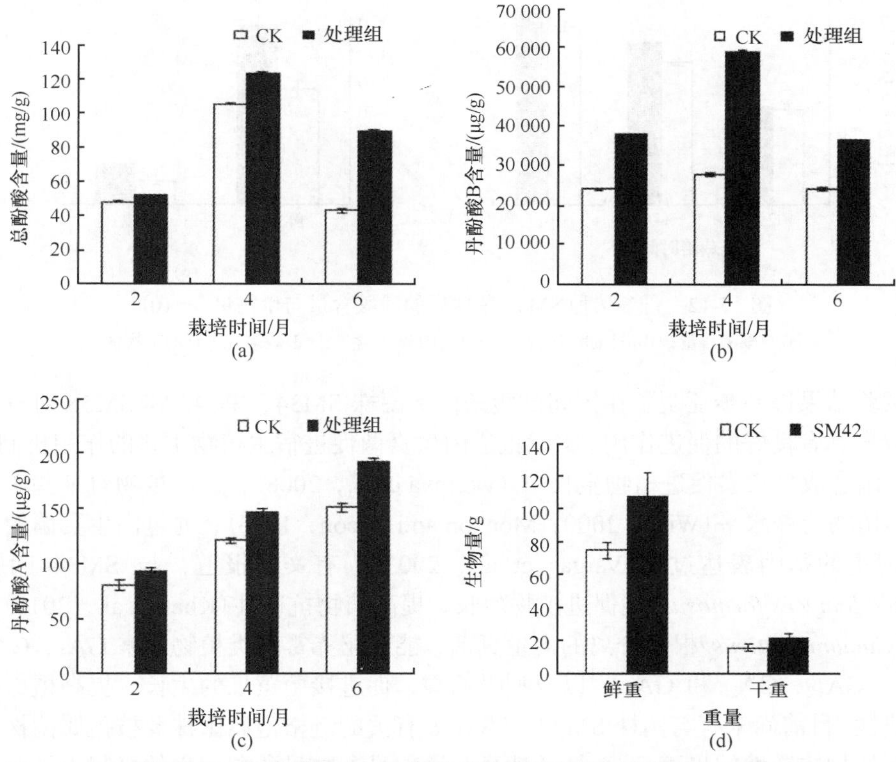

图 15-11　丹参接种 SM42 菌株后的酚酸含量与生物量(n=10)

(a)总酚酸含量；(b)丹酚酸 B 含量；(c)丹酚酸 A 含量；(d)栽培 6 个月的生物量

(三)丹参接种 SM58 菌株的效果评价

丹参在试验田培植 4 个月和 6 个月时根中总酚酸含量均比对照组有显著提高($P<0.01$)，分别提高了 8.4%和 47.3%[图 15-12(a)]。丹酚酸 B 的含量在第 4 个月时略高于对照组，第 6 个月时略低于对照组，但均无显著差异[图 15-12(b)]。丹酚酸 A 的含量在第 4 个月和第 6 个月时均略高于对照，但无显著差异[图 15-12(c)]。接菌 6 个月后丹参根的鲜重和干重均比对照组有明显增加，分别提高 57.1%和 69.0%[图 15-12(d)]。这些结果说明菌株 SM58 能促进丹参中总丹酚酸和生物量的积累。

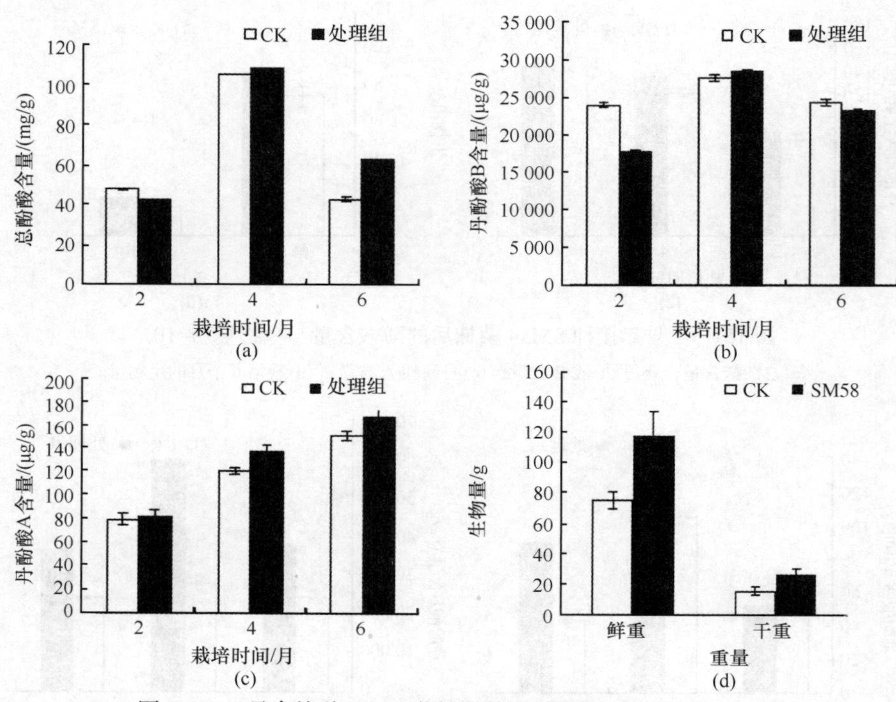

图 15-12　丹参接种 SM58 菌株后的酚酸含量与生物量(n=10)

(a) 总酚酸含量；(b) 丹酚酸 B 含量；(c) 丹酚酸 A 含量；(d) 栽培 6 个月的生物量

以上试验结果进一步证明了在田间试验条件下菌株 SM34、SM42 和 SM58 对丹参生长和根系积累营养具有良好的促进作用。文献报道内生真菌促进宿主植物生长的作用机制主要有 3 个方面：真菌合成生长素促进植物生长(Tsavkelova et al.，2008)；促进植物对某些矿质元素的吸收，提高植物营养水平(Wise，2000；Monzon and Azcón，1996)；通过内生真菌的代谢途径直接影响宿主的基因表达过程(Vargas et al.，2003)。有文献报道，与 SM34 同属的菌株 LHL10(*Paecilomyces formosus*)能促进植物生长，提高植物抗逆性(Khan et al.，2012)。该菌株是从黄瓜(*Cucumis sativus*)根中分离的内生真菌，能分泌赤霉素类植物激素 GA_1、GA_3、GA_4、GA_8、GA_9、GA_{12}、GA_{20} 和 GA_{24}，以及吲哚乙酸，促进接菌黄瓜的生长，提高植株抗盐胁迫能力和耐热性。目前尚未有与菌株 SM42 和 SM58 有关的链格孢属菌株及枝孢属菌株促进植物生长和提高植物抗逆性的报道。这 3 株活性真菌诱导丹参中丹酚酸积累的机制尚需要进一步的研究和探讨。

第五节　活性菌株对丹参酚酸类物质代谢关键酶活性的影响

酚酸类化合物是由苯丙烷途径代谢产生的。该途径包括色氨酸代谢途径、苯丙氨酸代谢途径和酪氨酸代谢途径 3 个分支途径，其中的苯丙氨酸途径被公认为是苯丙烷类化合物代谢的中心途径。已知 PAL、C4H 是苯丙氨酸代谢分支途径的前两个关键酶，酪氨酸氨基转移酶(tyrosineaminotransferase，TAT)和羟基苯丙酮酸还原酶(hydroxyphenylpyruvic acid reductase，HPPR)是酪氨酸代谢分支途径的前两个关键酶。它们均是酚酸类物质代谢的关键酶。本节试验主要考察接种内生真菌 SM34、SM42 和 SM58 对丹参植株体内上述 4 种酶活性的影响，从酶学角度初步探讨 3 株内生真菌诱导丹参积累酚酸类产物的作用机制。

一、研 究 方 法

（一）丹参样品的准备

栽培丹参时分别在其根部接种 SM34、SM42 和 SM58 真菌作为 3 个处理组，栽培时不接菌的植株为对照组。栽培后分别于第 2 个月、第 4 个月和第 6 个月(分别处于丹参的开花期、根茎膨大期和收获期)采集各试验组植株的根，洗净后用锡箔纸包裹严密，迅速投入液氮中，再转入−80℃冰箱中保存。从−80℃冰箱迅速取出保存的样品，每组取 10 份混合均匀，每次从中精密称量(0.40±0.02)g 为 1 份样品，重复 3 次。

（二）PAL 活性测定

PAL 活性测定参照 Mozzetti 等(1995)的方法。取 0.4g 冻存样品放入 3ml 含 14mmol/L β-巯基乙醇的 0.1mol/L 硼酸缓冲液(pH 8.8，4℃)中研磨，13 800r/min 离心 20min，吸出上清液置于−70℃保存备用。反应混合液包括：0.1ml 的粗酶提取液、1.15ml 0.1mol/L 硼酸缓冲液(pH 8.8)、10mmol/L L-苯丙氨酸；参比加等体积的硼酸缓冲液代替 L-苯丙氨酸溶液。混合液 40℃温浴 60min，加入 0.25ml 5mol/L HCl 终止反应。用多功能酶标仪(TECAN NanoQuant infiniteM200pro，瑞士)测定样品 OD_{290}，反应时间零作为参比，以光密度值变化 0.01 为一个酶活单位 U[unit/(g FW·h)]。

（三）TAT 活性测定

TAT 活性测定参照 Yan 等(2006)和宛国伟(2008)的方法。取 0.4g 冻存材料置于预冷的研钵中，加入 2.5ml 4℃下预冷的提取介质[0.1mol/L pH 7.3 磷酸钾缓冲液、0.1mmol/L 乙二胺四乙酸(ethylene diamine tetraacetic acid，EDTA)、80mmol/L α-酮戊二酸、0.2mmol/L 维生素 B_6(VB_6)、1mmol/L 二硫苏糖醇(DL-dithiothreitol，DTT)]，冰浴下迅速研磨匀浆后过滤，滤液在 4℃下 12 000r/min 离心 30min，上清液用于酶活性的检测。测定系统含有酶液 0.1ml、0.2mol/L 磷酸钾缓冲液(pH 7.5)1.5ml、10mmol/L α-酮戊二酸 0.1ml、88mmol/L 酪氨酸 0.1ml、0.2mmol/L VB_6 0.05ml；参比加等体积的磷酸缓冲液代替酪氨酸溶液。反应液于 37℃水浴中保温 30min，加入 0.5ml 10mol/L NaOH 终止反应，于 37℃水浴中继续保温 30min。在 331nm 下测定吸光密度值，以光密度值变化 0.01 为一个酶活单位 U[unit/(g FW·h)]。

（四）C4H 活性测定

C4H 活性测定参照宛国伟（2008）、Lamb 和 Rubery（1975）及 Koopmann 等（1999）的方法综合而成。取冻存的新鲜材料 0.4g 置于预冷的研钵中，加入 2.5ml 4℃下预冷的提取介质（0.1mol/L 磷酸缓冲液、0.25mol/L 蔗糖、0.5mmol/L EDTA、2mmol/L β-巯基乙醇，pH 7.6），冰浴下迅速研磨匀浆后过滤，滤液在 4℃下 12 000r/min 离心 30min，上清液用于酶活性的检测。测定系统含有酶液 0.1ml、50mmol/L 肉桂酸 0.1ml、4.0mg/10ml 烟酰胺腺嘌呤二核苷磷酸（NAPDH）0.1ml、0.1mol/L 磷酸缓冲液（pH 7.6）1.5ml；参比加等体积的磷酸缓冲液代替肉桂酸溶液。反应液于 30℃保温 30min，加入浓 HCl 调 pH 至 2.0 终止反应，取上清液用 NaOH 调 pH 至 11，在 340nm 下测定吸光密度值，以光密度值变化 0.01 为一个酶活单位 U［unit/（g FW·h）］。

（五）HPPR 活性测定

HPPR 活性测定参照 Mizukami 等（1993）的方法。0.4g 冷冻样品，加入预冷的 0.25g 交联聚乙烯基吡咯烷酮（polyvinylpolypyrrolidone）、3.0ml 0.1mol/L 磷酸钾缓冲液（pH 7.0）、1mmon/L DTT。冰上研磨充分后在缓冲液中不断搅拌 30min，混合物 4℃离心 5min（11 000r/min），上清液用于酶活性的检测。测定系统含 50μl 粗酶提取液，250μl 反应混合液［100mmol/L（pH 7.0）磷酸钾缓冲液、1.0mmol/L 4-对羟基苯丙酮酸（4-hydroxyp- henylpyruvic）、2.0mmol/L 烟酰胺腺嘌呤二核苷酸（NADH）和 0.04mmol/L 抗坏血酸钠）；参比加等体积磷酸缓冲液代替 4-对羟基苯丙酮酸。反应液于 30℃温浴 60min，加入 50μl 5mol/L HCl 终止反应。在 280nm 下测定吸光密度值，以光密度值变化 0.01 为一个酶活单位 U［unit/（g FW·h）］。

（六）酶活性计算方法

酶活性（U）=（ΔOD×V）/（Δt×V_s×W），U［unit/（g FW·h）］

式中，ΔOD 为在指定的吸收波长下，反应混合液的光密度变化值；Δt 为酶促反应时间，h；V 为样品提取液总体积，ml；V_s 为测定时所取样品提取液体积，ml；W 为样品质量，g（罗在柒等，2009）。试验数据计算平均值，结果以“均值±标准差”的形式表示，数据用 SAS 9.1 软件进行方差分析，GLM 过程运行，再使用 Dunnett 法进行多组与对照组的定量比较，P＜0.05 时为有统计学意义。

二、研究结果

（一）SM34 菌株对 4 种酶活性的影响

SM34 菌株能显著提高丹参 PAL 和 HPRR 的活性：与对照相比，接菌组 2 个月时 PAL 活性提高了 51%，6 个月时 PAL 活性提高了 1 倍［图 15-13（a）］；接菌组 3 个采样时间的 HPPR 活性均比对照组高，尤其是 2 个月和 4 个月时的酶活性，分别是对照组的 4.7 倍和 5.7 倍［图 15-13（d）］。SM34 菌株能显著降低 C4H 的活性［图 15-13（c）］，对 TAT 的活性基本没有影响［图 15-13（b）］。根据结果推测，SM34 菌株主要通过影响苯丙氨酸途径中的 PAL 活性和酪氨酸途径中的 HPPR 活性而促进丹参酚酸类成分的积累。

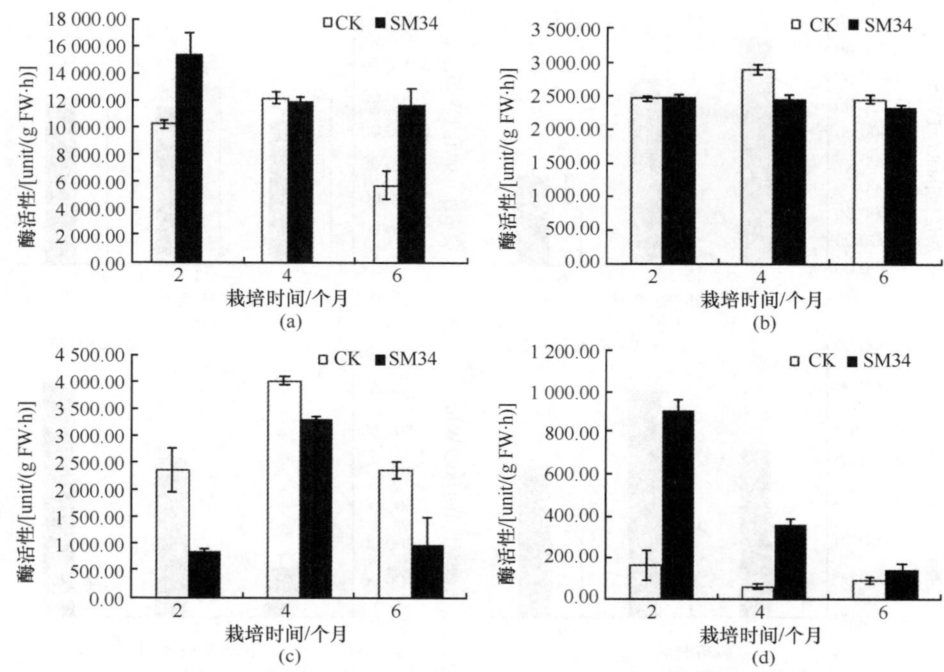

图 15-13　丹参接种菌株 SM342 个月、4 个月、6 个月时 4 个酶活性的比较（n=3）

(a) PAL；(b) TAT；(c) C4H；(d) HPPR

（二）SM42 菌株对 4 种酶活性的影响

SM42 菌株能提高丹参 PAL、C4H 和 HPPR 的活性：接菌组 3 个采样时间的 PAL 和 C4H 活性均高于对照组，第 2 个月、第 4 个月和第 6 个月时接菌组 PAL 活性比对照组分别高 64%、11%和 18%[图 15-14(a)]，C4H 活性比对照组分别高 82%、46%(P<0.01) 和 65%[图 15-14(c)]；接菌组第 4 个月和第 6 个月时 HPPR 活性比对照组提高了 6～7 倍[图 15-14(d)]。但 SM42 菌株对 TAT 的活性基本没有影响[图 15-14(b)]。根据结果推测，SM42 菌株主要通过影响苯丙氨酸途径中 PAL 和 C4H 的活性，以及酪氨酸途径中 HPPR 的活性而促进丹参酚酸类成分的积累。

（三）SM58 菌株对 4 种酶活性的影响

SM58 菌株能显著提高 C4H 和 HPPR 的活性：与对照相比，接菌组 2 个月和 4 个月时 C4H 活性均有显著提高[图 15-15(c)]；接菌组 3 个采样时间的 HPPR 活性均比对照组有极显著提高，第 2 个月、第 4 个月和第 6 个月的 HPPR 活性比对照组分别提高了 4.5 倍、12.6 倍和 6.6 倍[图 15-15(d)]。但 SM58 菌株对 PAL 和 TAT 的活性基本没有影响[图 15-15(a)、(b)]。根据研究结果推测，SM58 菌株主要通过影响苯丙氨酸途径中的 C4H 活性和酪氨酸途径中的 HPPR 活性而促进丹参酚酸类成分的积累，特别是其对 HPPR 活性的影响作用明确且持久。

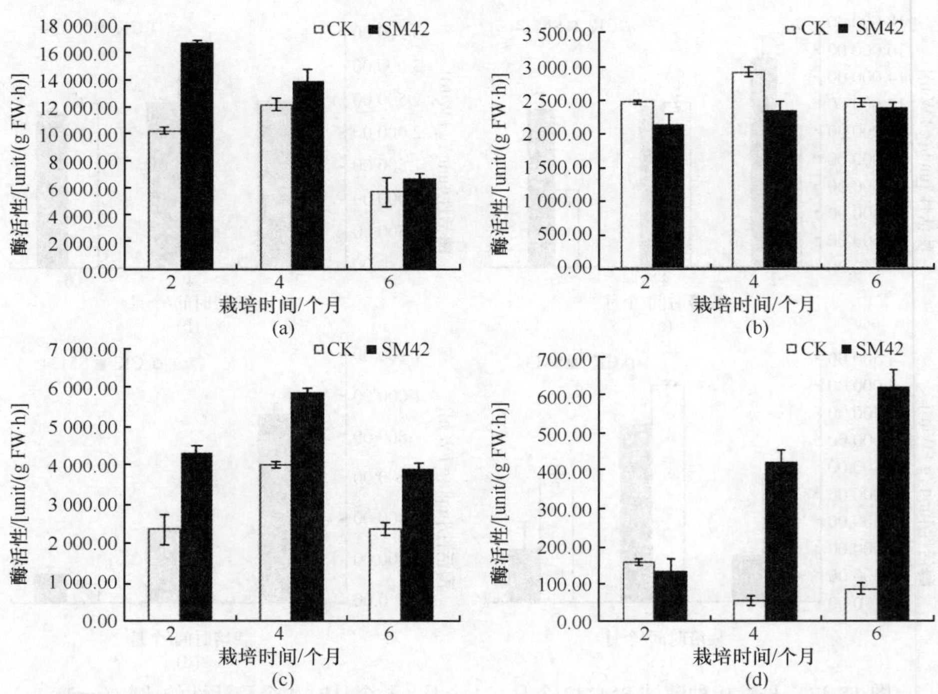

图 15-14　丹参接种菌株 SM422 个月、4 个月、6 个月时 4 个酶活性的比较（n=3）

(a) PAL；(b) TAT；(c) C4H；(d) HPPR

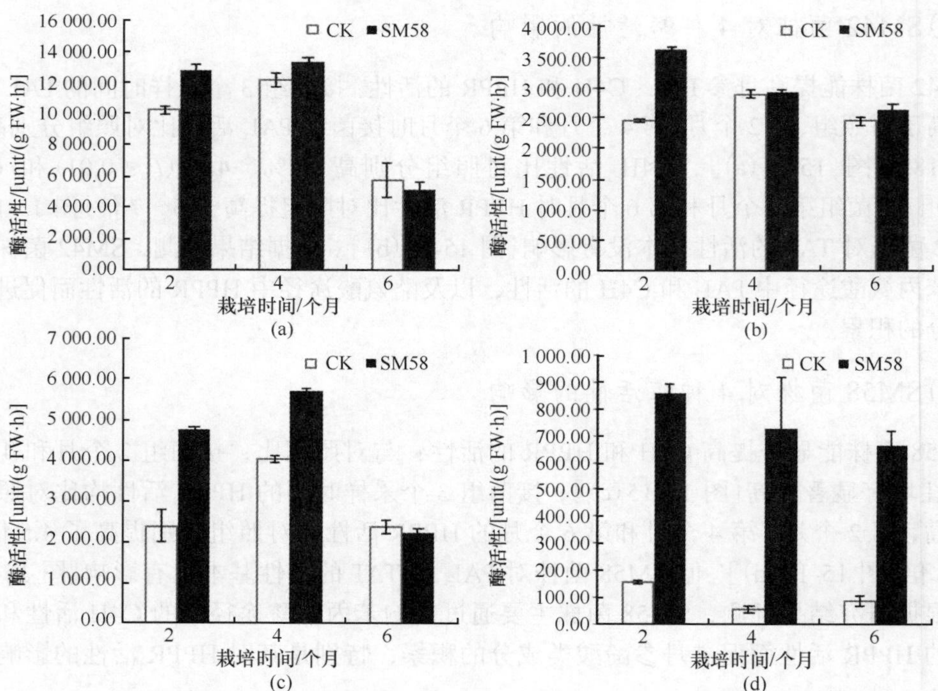

图 15-15　丹参接种菌株 SM582 个月、4 个月、6 个月时 4 个酶活性的比较（n=3）

(a) PAL；(b) TAT；(c) C4H；(d) HPPR

以上研究结果表明，3 株活性真菌可能通过影响不同代谢途径中不同关键酶的活性而诱导丹参中酚酸类物质的积累。有关丹参植株的酶活性与酚酸类物质的含量呈正相关的研究已有报道。例如，Dong 等（2010）用水杨酸诱导丹参细胞培养物，检测酶活力及酚酸类物质含量，结果表明，在酚酸类物质含量增加的同时，细胞培养物的 PAL 和 TAT 等酶的活性均相应增强。本节试验对丹参中 4 种酚酸类化合物代谢关键酶活性的测定，从酶学角度初步揭示了 3 株内生真菌诱导丹参积累丹酚酸类次生代谢产物的机制。

第六节　活性菌株对丹参酚酸类物质代谢关键酶基因表达的影响

PAL、C4H、TAT 和 HPPR 在酚酸类代谢途径中起重要的调控作用，它们的酶基因均已经被成功克隆（易博和陈万生，2007；Huang et al.，2008a；2008b；Song and Wang，2009）。但是这 4 种酶基因在丹参-内生真菌共生体系中的作用机制尚不明确。本节将在本章第五节酶学研究的基础上，以大田栽培丹参的 *PAL*、*C4H*、*TAT*、*HPPR* 作为目标基因，18S rRNA 作为内参基因，利用实时荧光定量 PCR 方法，比较培植 2 个月、4 个月、6 个月时各接菌组和对照组的目标基因相对定量表达水平的差异，从分子生物学角度探讨 3 株内生真菌诱导丹参积累丹酚酸类次生代谢产物的分子机制。

一、研究方法

（一）样品的准备

在培植的第 2 个月、第 4 个月和第 6 个月时分别从试验田中采集各接菌组和对照组的根材料，按本章第五节的方法处理并保存样品。从−80℃冰箱中迅速取出保存的 12 组样品，每组取 10 份混合均匀，每次从中精密称量（0.20±0.01）g 为 1 份样品，重复 3 次。将每份样品迅速研成细粉。

（二）丹参总 RNA 的提取与纯化

总 RNA 提取与柱上基因组 DNA 的消化操作参照 EASYspin Plus Plant RNA Kit 和 DNase Ⅰ柱上消化试剂盒（Aidlab，Beijing，China）说明书进行，提取各组丹参样品的总 RNA。

（三）PCR 引物的设计与合成

所检测的 4 个酶基因和一个内参基因 *Polyubiquitin* 的引物参照肖莹（2009）的文献，另一个内参基因 18S rRNA 的引物参照邸鹏（2012）的文献。正向引物（primer forward）与反向引物（primer reverse）序列见表 15-2。引物合成和测序由北京三博远志公司完成。

表 15-2 实时定量 PCR 所用的基因扩增引物

基因	引物(5'-3')	PCR 产物大小/bp
PAL	ACCTACCTCGTCGCCCTATGC CCACGCGGATCAAGTCCTTCT	170
C4H	CCAGGAGTCCAAATAACAGAGCC GAGCCACCAAGCGTTCACCAA	186
TAT	TTCAACGGCTACGCTCCAACT AAACGGACAATGCTATCTCAAT	163
HPPR	GACTCCAGAAACAACCCACATT CCCAGACGACCCTCCACAAGA	147
18S	ATGATAACTCGACGGATCGC CTTGGATGTGGTAGCCGTTT	182
Polyubiquitin	ACCCTCACGGGGAAGACCATC ACCACGGAGACGGAGGACAAG	套峰

(四)反转录反应(cDNA 第一链合成)

对所用样品的目标基因和内参基因，使用反转录(reverse transcriptase，RT)第一链试剂盒 M-MLV Reverse Transcriptase Kit(Promega，USA)的步骤分别操作合成 cDNA 第一链。

按下列组分配制 10μl 混合反应体系(在冰上配制)。

5×第一链缓冲液	5μl
RNA 水解酶抑制剂(40U/μl)	0.625μl
dNTP(各 10mmol/L)	1.25μl
M-MLVRT(200U/μl)	1.0μl
ddH_2O	2.125μl
总量	10μl

按下列组分配制 RT 反应液(在冰上配制)。

总 RNA	2μg
随机引物(50μg/ml)	1μl
Mix	10μl
ddH_2O	补足
总量	25μl

步骤：从每份样品中取 2μg 总 RNA 于微量离心管内，1μl 随机引物(random primer)(50μg/ml)，加 ddH_2O 至 15μl，混匀，瞬时离心，70℃水浴 5min，取出置于冰上；再加入 5μl 5×第一链缓冲液(first-strand buffer)、0.625μl RNA 水解酶抑制剂(RNase inhibitor)(40U/μl)、1.25μl dNTP(各 10mmol/L)、1μl mol/L-MLVRT(200U/μl)，ddH_2O 补足至 25μl，瞬时离心，37℃水浴 1h，冰上终止反应，cDNA 样品于−20°C 储存备用。内参基因的 cDNA 第一链合成方法同目标基因。

(五)常规 RT-PCR 产物检验

将所获得的目标基因和内参基因的 cDNA 样品用 ddH_2O 按 1∶5 倍稀释后，从稀释液中各取 1.0μl 作为常规 RT-PCR 反应的 cDNA 模板，分别对 *PAL*、*C4H*、*TAT*、*HPPR* 4 条目标基因及 *Polyubiquitin* 和 18S rRNA 2 条内参基因进行 PCR 扩增和琼脂糖凝胶电泳检测，紫外分析仪中观察各目的基因和内参基因的条带，判断所提基因产物纯度，以便进行下一步的 PCR 定量反应，筛选出最佳的内参基因。

另取一部分 PCR 产物送北京三博远志公司进行双向测序，测序结果经 GenBank 的 BLAST 软件（http：//www.ncbi.nlm.nih.gov/BLAST）检索比对，获得与其同源性最高的丹参参考序列。如果目标序列和参考序列有 99%以上的同源性，并且二者的碱基片段大小相当，则认为从丹参中所提取的基因就是试验所需的目标基因。

PCR 反应体系（20μl）：

SinoBio 2×*Taq* Master Mix	10μl
正向引物（10μmol/L）	0.5μl
反向引物（10μmol/L）	0.5μl
cDNA 模板	1.0μl
ddH_2O	8.0μl
总量	20μl

PCR 反应扩增循环参数：95℃预变性，3min；95℃变性，30s；57℃退火，30s，40 次循环；72℃延伸，30s；72℃延伸，5min。反应结束，扩增产物放于–20℃保存。

（六）实时定量 PCR

应用 ABI PRISM@ 7500 Fast Real-Time PCR System 扩增仪的操作方法，按照“TaKaRa code：DRR0441A”说明书要求，使用 SYBR® Green I 嵌合荧光法进行实时定量 PCR（real time PCR）的试验检测。

将本节所获得样品目标基因和内参基因的 cDNA 样品用 ddH_2O 按 1∶40 倍稀释后，从稀释液中各取 2.0μl 作为实时定量 PCR 反应的 cDNA 模板，按照下列组分配制 20μl 实时定量 PCR 反应体系（冰上进行），混匀反应液。每份样品需配制 3 份反应液（*n*=3）。

1. PCR 反应体系（20μl）

SYBR®Premix Ex *Taq* ™（2×）	10.0μl
正向引物（10μmol/L）	0.4μl
反向引物（10 μmol/L）	0.4μl
Rox reference Dye II（50×）	0.4μl
RT 反应液（cDNA 模板）	2.0μl
ddH_2O	6.8μl
总量	20μl

2. PCR 反应程序

在 7500 Fast Real-Time PCR System 扩增仪上，采用说明书所推荐的“两步法 PCR 扩增标准程序”进行 PCR 操作

步骤 1：预变性，95℃：30s。

步骤 2：PCR 反应，95℃：5s，60℃：34s，40 次循环。

3. 数据分析

以 18S rRNA 作为内参基因，假设对照组和接菌组在栽培时(0 个月)目的基因的表达量均为 1，采用相对定量法(又称为$\Delta\Delta C_t$法)，用 ABI PRISM 7500 软件工具分析实时定量 PCR 数据，计算接菌组和对照组在不同时间点(培植后的第 2、4、6 个月)的 C_t值，再根据如下公式计算后比较各接菌组目的基因的相对表达量(肖莹，2009)。

$$目的基因的量=2^{-\Delta\Delta C_t}$$

$$\Delta\Delta C_t=(C_{t\ 接菌组目的基因}-C_{t\ 接菌组内参基因})-(C_{t\ 对照组目的基因}-C_{t\ 对照组内参基因})$$

$2^{-\Delta\Delta C_t}$ 为各个接菌组目的基因的表达相对于其对照组的变化倍数。

二、研究结果

(一)丹参根总 RNA 的提取与纯化

采用柱吸附洗脱方法提取各试验组丹参材料的总 RNA，经 1.5%琼脂糖凝胶电泳检测，提取的总 RNA 完整性良好，无降解，无明显基因组 DNA 污染(图 15-16)。经 RNA 浓度检测，各样品总 RNA $A_{260/280}$ 均为 1.9～2.2，大部分样品 $A_{260/230}$ 为 1.9～2.1，符合 cDNA 反转录的要求。

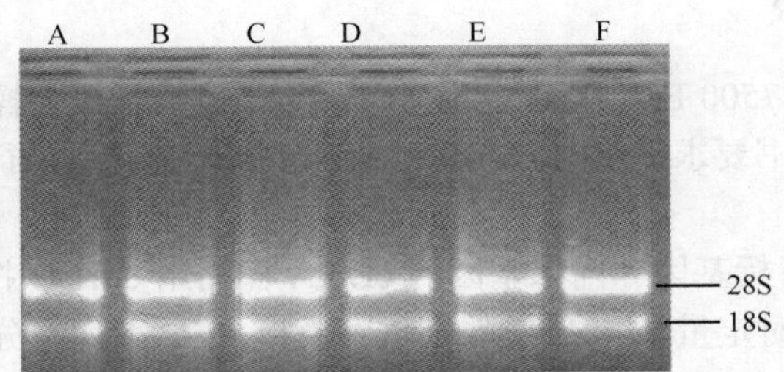

图 15-16　部分丹参样品 RNA 的电泳图

A. 第 4 个月的 42 号接菌组；B. 第 4 个月的 58 号接菌组；C. 第 6 个月的对照组；D. 第 6 个月的 34 号接菌组；E. 第 6 个月的 42 号接菌组；F. 第 6 个月的 58 号接菌组

(二)常规实时定量 PCR 产物检验

以丹参的总 RNA 反转录产物作为模板，对 4 个目标基因和 2 个内参基因进行了常规 PCR 扩增检测，结果显示，*PAL*、*C4H*、*TAT*、*HPPR* 4 个目标基因引物对扩增产物都为一条带，无杂带出现。引物 *Polyubiquitin* 和 18S rRNA 同时作为内参基因经实时定量 PCR 扩增后，引物 *Polyubiquitin* 的产物显示多条带，且测序结果有套峰，而 18S rRNA 扩增产物为一条带。因此，选择 18S rRNA 作为本试验的内参基因。4 个目标基因和 18S rRNA 内参基因的扩增产物经测序，产物片段大小与文献报道的相符，目标序列与参考序列的同源性均大于 95%，说明从丹参中提取的基因就是试验所需的目标基因。其中 4 条检测的目标序列与参考序列比对的结果如下所述。

1. *PAL* 基因：目标序列：154 个碱基

GCGGATGAGCTTTGGAGGAGATCTCAAGCACGCGGTGAAGAACACCGTGAGCCAGGTTGCTAAACGAACTCTCACAATGGGCGTCAATGGCGAGCTCCATCCTTCCAGATTCTGCGAGAAGGACTTGATCCGCGTGGACG

BLAST 结果：Accession：EF462460.1；Description：Salvia miltiorrhiza phenylalanine ammonia-lyase(pal1) gene，complete cds；Max score：230；Total score：230；Query cover：90%；*E*-value：3e-57；Max ident：99%。试验扩增的基因属于丹参 *PAL1* 基因，命名为基因 *SmPAL1*。

2. *TAT* 基因：目标序列：129 个碱基

GGTCATAAACAGAGAGGCATCGCCGAGTATTTGTCACGAGATCTTCCCTACAAGCTACCGGCCGACTCTGTGTATGTCACAGCCGGCTGCACACAAGCCATTGAGATAGCATTGTCCGTTTAGTTTTTA

BLAST 结果：Accession：EF192320.1；Description：Salvia miltiorrhiza tyrosine aminotransferase(tat) gene，complete cds；Max score：191；Total score：191；Query cover：82%；*E*-value：1e-45；Max ident：99%。试验扩增的基因属于丹参 *TAT* 基因，命名为基因 *SmTAT*。

3. *C4H* 基因：目标序列：160 个碱基

GATCTCGGCAGGAGTCGAGCCGCCGAGCTTCGCGTCGTGGAGGTTCATGTGGGGCACTAGTAGCGGGATGGCCATTCGAAGACGAAGGGTCTCCTTGACCACAGCCTGAAGGTACGGGAGCTTGGTAGTATCCGGCTCTGTTATTTGGACTCCTAAATTT

BLAST 结果：Accession：EF377337.1；Description：*Salvia miltiorrhiza* cinamate-4-hydroxylase gene，complete cds；Max score：255；Total score：255；Query cover：95%；*E*-value：6e-65；Max ident：97%。试验扩增的基因属于丹参 *C4H* 基因，命名为基因 *SmC4H*。

4. *HPPR* 基因：目标序列：111 个碱基

GGGCCAGTATATGGATGCACTGGGTCCGAGGGAGTTCTGATCAACGTTGGACGGGGACCCCATGTTGATGAGGCCGAACTGGTGTCAGCTCTTGTGGAGGGTCGTCTGGGA

BLAST 结果：Accession：DQ099741.1；Description：*Salvia miltiorrhiza* putative hydroxyphenylpyruvate reductase(hppr) mRNA，complete cds；Max score：172；Total score：172；Query cover：94%；*E*-value：4e-40；Max ident：96%。试验扩增的基因属于丹参 *HPPR* 基因，命名为基因 *SmHPPR*。

从图 15-17 可知，从丹参中扩增出的 4 个目标基因和 18S rRNA 内参基因符合下一步实时定量 PCR 试验要求。

（三）活性菌对丹参 4 个目标基因相对定量表达水平的影响

以反转录获得的 cDNA 作为模板，采用实时荧光定量 PCR 技术比较接菌组和对照组丹参在培植第 2、4、6 个月时 4 个目标基因表达水平的差异。

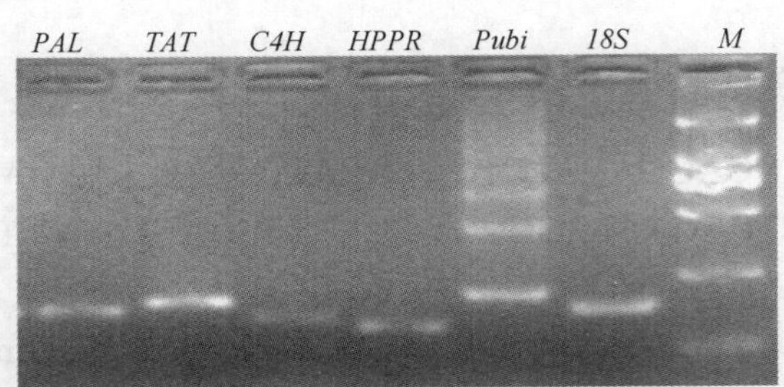

图 15-17　丹参 4 条目标基因和 2 条内参基因 PCR 产物检测

PAL、*TAT*、*C4H*、*HPPR* 为目标基因，*Pubi*、*18S* 为内参基因，M 为 DL2000 Marker

1. SM34 菌株对 4 个酶基因表达水平的影响

SM34 接菌后共生第 2 个月和第 6 个月时对丹参 *SmPAL*、*SmTAT*、*SmC4H* 基因表达的影响最显著，对 *SmHPPR* 基因表达的影响也在第 6 个月时最显著。其中，接菌组第 2 个月 *SmPAL*、*SmTAT*、*SmC4H* 基因的相对表达量分别是对照组的 3.7 倍、3.8 倍和 1.5 倍；第 6 个月 *SmPAL*、*SmTAT*、*SmC4H*、*SmHPPR* 基因的相对表达量分别是对照组的 1.9 倍、2.0 倍、3.9 倍和 2.6 倍（图 15-18）。

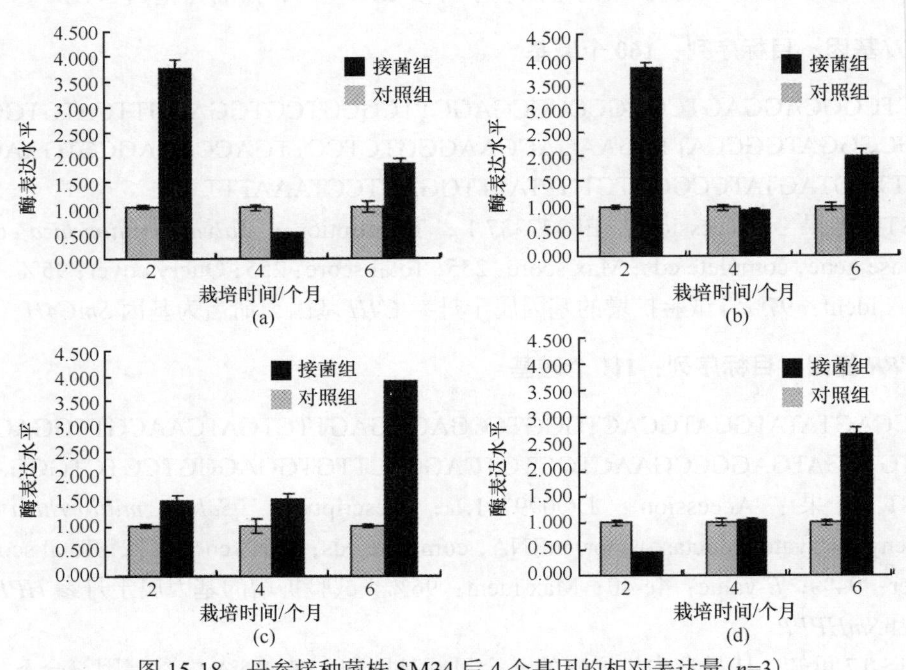

图 15-18　丹参接种菌株 SM34 后 4 个基因的相对表达量（*n*=3）

(a) *PAL*；(b) *TAT*；(c) *C4H*；(d) *HPPR*

2. SM42 菌株对 4 个酶基因表达水平的影响

SM42 接菌后共生第 6 个月对丹参 4 个基因表达的影响最显著，此时接菌组 *SmPAL*、*SmTAT*、*SmC4H*、*SmHPPR* 基因的相对表达量分别是对照组的 2.4 倍、3.3 倍、1.3 倍和 3.9 倍。除了接菌后共生第 2 个月时 *SmHPPR* 基因的相对表达量是对照的 3.2 倍外，其余采样时间各接菌组 4 个基因的表达量均与对照组无显著差异（图 15-19）。

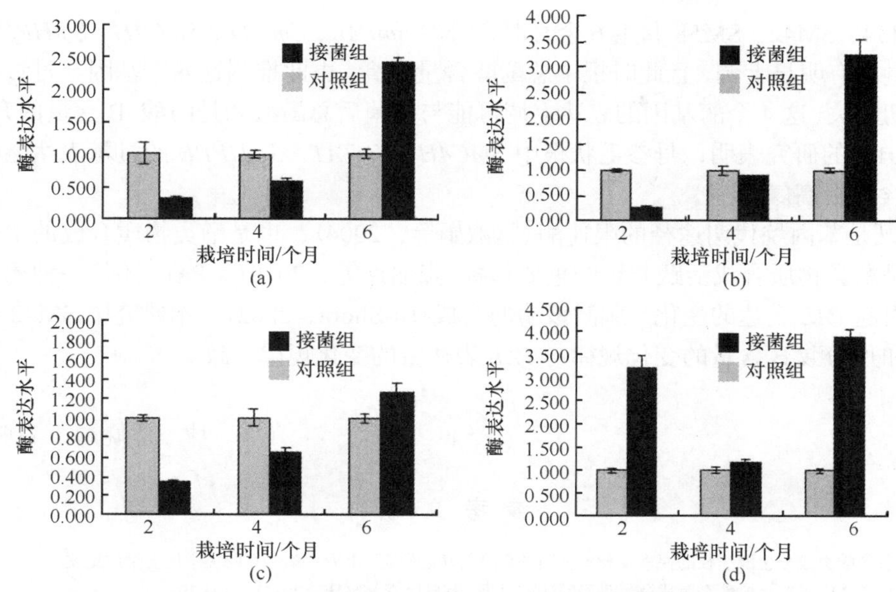

图 15-19 丹参接种菌株 SM42 后 4 个基因的相对表达量(n=3)

(a) *SmPAL*；(b) *SmTAT*；(c) *SmC4H*；(d) *SmHPPR*

3. SM58 菌株对 4 个酶基因表达水平的影响

SM58 接菌后共生第 6 个月时对丹参 4 个酶基因表达的影响最明显，此时接菌组 *SmPAL*、*SmTAT*、*SmC4H*、*SmHPPR* 基因的相对表达量分别是对照的 1.7 倍、1.5 倍、1.4 倍和 3.3 倍。除了接菌后共生第 4 个月时 *SmTAT* 的相对表达量是对照组的 1.4 倍外，其余采样时间各接菌组 4 个基因的表达量均与对照组无显著差异(图 15-20)。

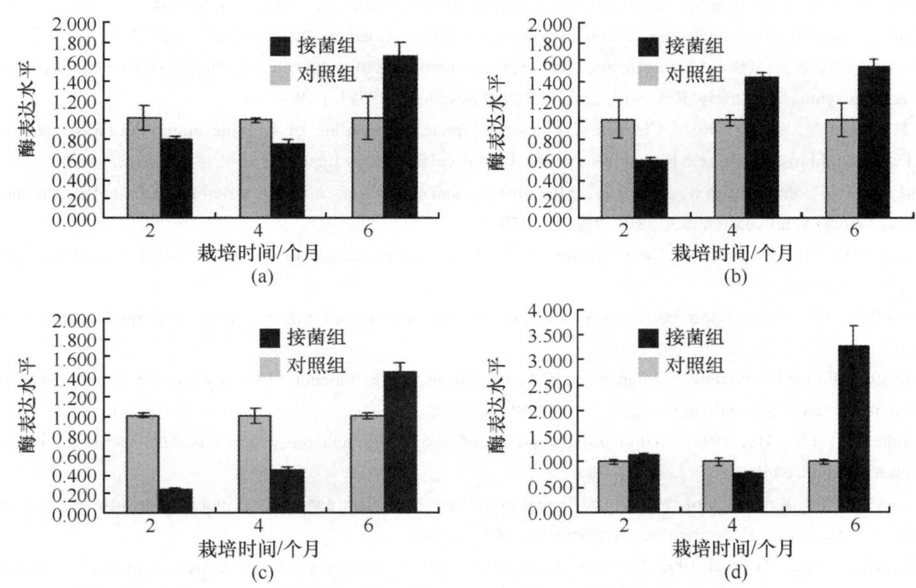

图 15-20 丹参接种菌株 SM58 后 4 个基因的相对表达量(n=3)

(a) *SmPAL*；(b) *SmTAT*；(c) *SmC4H*；(d) *SmHPPR*

与 SM34、SM42、SM58 共生 6 个月时，丹参 *SmPAL*、*SmTAT*、*SmC4H*、*SmHPPR* 基因的相对表达量均有明显上调，且此时根中总酚酸含量提高，由此推测这 4 个基因与丹参中丹酚酸的合成密切相关，这 4 个酶基因的表达上调可能与接菌后总酚酸和丹酚酸 B 含量的升高有关。Xiao 等(2011)的研究表明，丹参毛状根中 *SmC4H*、*SmTAT*、*SmHPPR* 的过量表达能够促进丹酚酸 B 的含量提高。

PAL 既是苯丙烷代谢途径的限速酶(赵淑娟等，2004)，也是酚类物质合成的中心酶，其活性高低是酚类物质合成活跃与否的重要指标(张瑞芹等，2010)。PAL 还是一种诱导酶，多种诱导能引起 *PAL* 表达的变化，刺激该酶的合成(El-Shora，2002)。本研究中 SM42 接菌组丹参总酚酸和丹酚酸 B 含量的变化规律与 *PAL* 表达量的变化规律一致。

(唐　坤　陈晓梅　郭顺星)

参考文献

邸鹏. 2012. 丹参酚酸类成分生源途径的探索及相关基因的克隆与功能研究. 上海：第二军医大学博士学位论文.

杜冠华，张均田. 2000. 丹参水溶性有效成分—丹酚酸研究进展. 基础医学与临床，20(5)：394-398.

戈升荣，俞一心，谢更新. 2002. 丹酚酸的药理作用研究进展. 中药材，25(9)：683- 686.

罗在柒，乙引，张习敏，等. 2009. 内生真菌分泌物对金钗石斛酶活性的影响. 安徽农业科学，37(31)：15236-15237.

宛国伟. 2008. 诱导子对丹参酚酸类化合物含量及合成酶的影响. 杨陵：西北农林科技大学硕士学位论文.

肖莹. 2009. 丹参酚酸类成分生源合成的调控研究. 上海：第二军医大学硕士学位论文.

易博. 2007. 丹参迷迭香酸代谢酪氨酸支路重要基因克隆及调控分析. 上海：第二军医大学硕士学位论文.

张瑞芹，赵海泉，朱红惠，等. 2010. 丛枝菌根真菌诱导植物产生酚类物质的研究进展. 微生物学通报，37(8)：1216-1221.

赵淑娟，章国瑛，刘涤，等. 2004. 丹参水溶性酚酸类化合物药理及生物合成途径研究进展. 中草药，35(3)：341-344.

Cao W，Guo XW，Zheng HZ，et al. 2012. Current progress of research on pharmacologic actions of salvianolic acid B. Chinese Journal of Integrative Medicine，18(4)：316-320.

Dong J，Wan GW，Liang ZS. 2010. Accumulation of salicylic acid-induced phenolic compounds and raised activities of secondary metabolic and antioxidative enzymes in *Salvia miltiorrhiza* cell culture. Journal of Biotechnology，148(2-3)：99-104.

El-Shora HM. 2002. Properties of phenylalanine ammonia-lyase from marrow cotyledons. Plant science，162(1)：1-7.

Huang B，Duan Y，Yi B，et al. 2008a. Characterization and expression profiling of cinnamate 4-hydroxylase gene from *Salvia miltiorrhiza* in rosmarinic acid biosynthesis pathway. Russian Journal of Plant Physiology，55(3)：390-399.

Huang B，Yi B，Duan Y，et al. 2008b. Characterization and expression profiling of tyrosine aminotransferase gene from *Salvia miltiorrhiza* (Dan-shen) in rosmarinic acid biosynthesis pathway. Molecular Biology Reports，35(4)：601- 612.

Khan AL，Hamayun M，Radhakrishnan R，et al. 2012. Mutualistic association of *Paecilomyces formosus* LHL10 offers thermotolerance to *Cucumis sativus*. Antonie van Leeuwenhoek，101(2)：267-279.

Koopmann E，Logemann E，Hahlbrock K. 1999. Regulation and functional expression of cinnamate 4-hydroxylase from parsley. Plant Physiology，119(1)：49-56.

Lamb CJ，Rubery PH. 1975. A spectrophotometric assay for *trans*-cinnamic acid 4-hydroxylase activity. Analytical biochemistry，68(2)：554-561.

Lin TJ，Liu GT. 1991. Protective effect of salvianolic acid A on heart and liver mitochondria injury induced by oxygen radicals in rats. Chinese Journal of Pharmacology and Toxicology，6：276-281.

Mizukami H，Tabira Y，Ellis BE. 1993. Methyl jasmonate-induced rosmarinic acid biosynthesis in *Lithospermum erythrorhizon* cell suspension cultures. Plant Cell Reports，12(12)：706-709.

Monzon A，Azcón R. 1996. Relevance of mycorrhizal fungal origin and host plant genotype to inducing growth and nutrient uptake in *Medicago* species. Agriculture，Ecosystems & Environment，60(1)：9-15.

Mozzetti C，Ferraris L，Tamietti G，et al. 1995. Variation in enzyme activities in leaves and cell suspensions as markers of incompatibility in different *Phytophthora*-pepper interactions. Physiological and Molecular Plant Pathology，46(2)：95-107.

Song J，Wang Z. 2009. Molecular cloning，expression and characterization of a phenylalanine ammonia-lyase gene (*SmPAL1*) from *Salvia miltiorrhiza*. Molecular Biology Reports，36(5)：939-952.

Tsavkelova EA，Bömke C，Netrusov AI，et al. 2008. Production of gibberellic acids by an orchid-associated *Fusarium proliferatum* strain. Fungal Genetics and Biology，45(10)：1393-1403.

Vargas C，Muniz De Padua VL，De Matos Nogueira E，et al. 2003. Signaling pathways mediating the association between sugarcane and endophytic diazotrophic bacteria：a genomic approach. Symbiosis，35(1-3)：159-180.

Wise DL. 2000. Bioremediation of Contaminated Soils. New York：Marcel Dekker，235.

Xiao Y，Zhang L，Gao S，et al. 2011. The *c4h*，*tat*，*hppr* and *hppd* genes prompted engineering of rosmarinic acid biosynthetic pathway in *Salvia miltiorrhiza* hairy root cultures. PloS One，6(12)：e29713.

Yan Q，Shi M，Ng J，et al. 2006. Elicitor-induced rosmarinic acid accumulation and secondary metabolism enzyme activities in *Salvia miltiorrhiza* hairy roots. Plant science，170(4)：853-858.

Yao Q，Zhu HH，Zeng RS. 2007. Role of phenolic compounds in plant defence：induced by arbuscular mycorrhizal fungi. Allelopathy Journal，20(1)：1-14.

Zhu HH，Yao Q. 2004. Localized and systemic increase of phenols in tomato roots induced by *Glomus versiforme* inhibits *Ralstonia solanacearum*. Journal of Phytopathology，152(10)：537-542.

第三篇
内生真菌与药用植物互作关系

第十六章　药用植物与内生真菌区系组成的相关性

药用植物与内生真菌在长期进化过程中相互选择，形成了较为复杂的共生关系。哪些真菌可以成功侵入药用植物组织内并定植生长，或者说药用植物的内生真菌区系如何组成是一个复杂的生物学及生态学课题，其中涉及生物因素、非生物因素及相关的生态因子等诸多方面，这些因素联合作用才形成了当前所观察到的内生真菌多样性。已有研究表明，内生真菌对宿主植物的生态适应性有一定的作用，然而还不明确在药用植物与内生真菌的长期进化过程中，是内生真菌的存在决定了药用植物的分布，还是药用植物的生态适应选择决定了内生真菌的区系组成，这点虽无从考证，但以当前对内生真菌多样性的研究可以充分说明药用植物对内生真菌区系组成有明显的影响。因此本章中，我们将论述药用植物种类、组织、生长期、亲缘关系及地域性等方面对内生真菌区系组成的影响。

一、药用植物种类对内生真菌区系组成的影响

由于药用植物内生真菌具有刺激宿主植物次级代谢产物的合成、可以产生与宿主植物相同或相似的生理活性成分等功能，因此近 20 多年来，国内外在药用植物内生真菌多样性方面进行了大量研究，从这些研究中，我们可以明确，内生真菌在药用植物中普遍存在，且具有较高的多样性。

为探讨不同药用植物中内生真菌的区系组成差异，孙剑秋(2007)以中国北方地区 15 科 18 种药用植物作为研究对象，共分离获得 2618 株内生真菌，鉴定为 34 属 68 个分类单元；这些药用植物内生真菌的总体多样性指数不同；以内生真菌的种类组成及其定植率为参数进行聚类分析，结果表明，内生真菌在植物中的存在受宿主种类的影响，内生真菌在一定程度上表现出宿主专一性。胡克兴(2008)通过形态学鉴定和分子生物学鉴定对 24 种石斛属药用植物中内生真菌多样性进行了研究，结果表明，石斛属药用植物内生真菌种类非常丰富，不同种石斛属药用植物的内生真菌在数量上和种类上差别较大，且多样性丰富程度不同。为揭示内生真菌的多样性与宿主的关系，吴晓蕊(2011)研究了浙江天目山和上海两个地区的樟科和木兰科 13 种植物的内生真菌区系组成，发现樟科和木兰科植物的内生真菌具有相似的定植率，但宿主的种类对内生真菌的定植率有明显影响，不同植物内生真菌的定植率和分离率有明显差异；不同植物

之间内生真菌的多样性和丰度有明显差异；宿主种类对内生真菌的种类组成有明显影响，樟科和木兰科的优势种仅 1 个 *Phoma bellidis* 相同，分别有 44.0%和 35.4%的种类仅在 1 科中出现。*Leptosphaeria* 只在樟科中被发现，而 *Sporormiaceae* sp. 只存在于木兰科中；每科中有 20%的分类单元只出现在一种植物中，具有明显的宿主专一性。

由以上研究，我们可以明确在同一生境中不同种植物之间内生真菌类群常有较大差异；即便是同属或同科的植物，其内生真菌类群也有差别。虽然当前有关药用植物内生真菌区系组成的研究报道很多，但大多数研究对象为单一品种的药用植物，从同一生境层面开展不同药用植物内生真菌多样性的研究还相对较少，只有加强此方面的研究，才有助于更进一步了解区域内生真菌的区系组成与植物生态适应能力的相关性。

二、药用植物不同组织与内生真菌区系组成的相关性

内生真菌在药用植物体内广泛分布，但在植物不同组织中，内生真菌类群往往有很大差异。许多有关药用植物内生真菌的研究表明，有些内生真菌是广布种，在植物不同组织中均可发现，而有些内生真菌则只在植物特定的组织中才有分布，表现出明显的组织特异性。以下列举一些近年来的研究，对此现象予以阐释。

Kumar 和 Hyde（2004）发现在雷公藤（*Tripterygium wilfordii*）的内生真菌中，有些是全球范围的广布种类，如 *Colletotrichum gloeosporioides*、*Guignardia* sp.、*Glomerella cingulata*、*Pestalotiopsis* spp.、*Phomopsis* spp. 和 *Phyllosticta* sp.等。雷公藤枝条木质部中的内生真菌多样性最高，其次是叶、枝条表皮、茎木质部和花。有些内生真菌表现出明显的组织特异性。例如，*Pestalotiopsis cruenta*、*Phomopsis* sp.B 和 *Phomopsis* sp. A 为枝条木质部和表皮的优势种类，而这些真菌却从根、叶和花中未分离到；同样，*Glomerella cingulata* 和 *Guignardia* sp. 从叶中分离得到，*Phialophora* sp.只从根木质部中分离得到。有些内生真菌却存在于多种组织中。例如，*Pestalotiopsis disseminata* 能从除了根表皮外的所有组织中分离到；*Morphotype* sp. 1 只能从枝条和根段中分离出，且根表皮内只分离出这一个种；*Pestalotiopsis* spp. 在根中普遍存在。内生真菌的组成和分离频率在各组织中明显不同，一些组织中的优势真菌种类具有明显的组织特异性。

甘金莲等（2007）报道，从银杏不同部位分离获得的内生真菌种类不同，且分离频率也不同；从根部分离出的内生真菌数占分离菌株总数的 17.78%，有 9 属，以匐柄霉属（*Stemphylium*）为优势种群；茎部分离的内生真菌数占分离菌株总数的 24.44%，有 9 属，以球壳孢属（*Sphaeropsis*）、匐柄霉属（*Stemphylium*）为优势种群；从叶部分离到的内生真菌数占分离菌株总数的 42.22%，有 11 属，以刺盘孢属（*Colletotrichum*）、镰孢属为优势种群；从种子内分离到的内生真菌数占分离菌株总数的 15.56%，有 6 属，以盘长孢属（*Gloeosporium*）、蜜孢霉属（*Sphacelia*）为优势种群。这些结果说明银杏的根、茎、叶、种子等部位的内生真菌在数量、种群分布和优势种群方面有很大差异。在水杉内生真菌的研究中，卢东升等（2013）发现，除了拟茎点霉（*Phomopsis* sp.）、链格孢菌（*Alternaria* sp.）等优势种群外，有些内生真菌对叶、嫩枝和老枝也具有明显的组织专一性。另外，有些真菌仅分布于树冠阳面，有些真菌仅分布于树冠阴面。刘准等（2013）以黄花白及作为试验材料，对其叶和根组织中内生真菌类群组成及多样性进行了分析。结果表明，从黄花白及植株的叶片和根中分离到的内生真菌包括 10 种子囊菌和 6 种担子菌；从叶片组织中分离到的内生真菌有 6 种，其中刺盘孢属真菌为优势种类；从根组织

中分离到的内生真菌有 10 种，瘤菌根菌属（*Epulorhiza*）和蜡壳菌属（*Sebacina*）真菌构成了根组织内生真菌的优势类群。

以上以近年来对几种药用植物内生真菌类群的研究为例，说明了植物不同组织内内生真菌区系组成存在明显差异，即植物的不同组织能影响内生真菌的分布。

三、药用植物不同生长年限对内生真菌区系组成的影响

近年来的研究表明，药用植物在不同的生长年限或不同的生长发育时期，内生真菌类群常发生一些变化，即药用植物的不同生长期也会对内生真菌的分布产生影响。

研究发现，银杏不同生长时期种子、实生苗（1 年生）、10 年生植株和 100 年生植株的根、茎、叶内生真菌在数量、种群及组成上存在着差异；通过对银杏不同生长期和组织部位的内生真菌分离，发现不但内生真菌种类不同，而且分离频率不同。银杏内生真菌的频率顺序为：10 年生银杏植株＞实生苗（1 年生）＞100 年生银杏植株＞种子；10 年左右生银杏植株分离获得的真菌数量最多，而 100 年以上生银杏植株分离获得的真菌数量较少，说明内生真菌在银杏不同生长期的分布是不同的（陈晔等，2006）。

在对不同生长年限西洋参内生真菌类群的研究中发现，西洋参不同生长年限和不同组织中内生真菌的多样性指数、均匀度和物种丰度均有明显差异；不同生长年限西洋参根中内生真菌的多样性从高到低为：2 年生＞ 1 年生 ＞3 年生＞ 4 年生；茎中内生真菌的多样性从高到低为：4 年生＞2 年生＞3 年生＞1 年生；叶中内生真菌的多样性从高到低为：3 年生＞2 年生＞1 年生＞4 年生（Xing et al., 2010）。西洋参内生真菌随生长年限的变化规律同样也存在于川贝母中。严铸云等（2008）研究了不同生长年限川贝母的内生真菌区系变化，发现每个生长期的真菌类群都不相同，随生长时间的增加，内生真菌的数量也在增多，到 3 年生时期，内生真菌的数目达到高峰，4 年生时期时，内生真菌数目明显减少。而孙剑秋（2007）在研究东北地区刺五加的 1 年生、2 年生、3 年生枝条内生真菌分布时发现，随宿主植物生长年限的增加，内生真菌的定植率和分离率逐渐增加，说明刺五加表现出内生真菌定植率和分离率随植物组织年龄的增长而逐渐增加的生态分布规律。

除了上述宿主植物的年龄影响内生真菌分布外，有些药用植物在同一年的不同季节，其内生真菌的区系组成也发生改变。例如，不同季节对宁夏肉苁蓉内生真菌的研究表明，虽然春秋季节肉苁蓉内生真菌组成具有较高的相似性，但春季内生真菌的分离率要高于秋季，且有 7 属的真菌仅出现在秋季肉苁蓉样品中，2 属则只在春季肉苁蓉样品中出现；秋季以镰孢属（*Fusarium*）和毡状金孢霉（*Chrysosporium*）为优势菌群，而春季以枝顶孢属（*Acremonium*）和镰孢属为优势种群（于晶等，2011）。相延英等（2013）研究了不同季节药用植物三尖杉（*Cephalotaxus fortunei*）内生真菌的种类组成和分布规律，发现只有 1 种内生真菌 *Colletotrichum gloeosporioides* 在春、夏、秋、冬四季都能分离到；春季和冬季的内生真菌明显多于夏季和秋季的；这些内生真菌主要属于担子菌门和子囊菌门，但春、秋二季出现了接合菌纲的内生真菌；春、夏、秋三季均有优势菌 *Phomopsis occulta* 和 *Colletotrichum gloeosporioides*，但分离率各不相同，而冬季的优势菌与春、夏、秋三季的均不同，为 *Phomopsis fukushii*、*Pestalotiopsis scirpina* 和 *Neofusicoccum panmm*。该结果说明季节因素对内生真菌的区系组成有明显的影响。

另外，内生真菌类群在药用植物的不同生长发育期也会发生变化。例如，在茅苍术不同生长期内生真菌种群就出现动态变化，具有明显的生长季节性。幼苗期和果熟期内生真菌种群分

布较少，苗期和花期内生真菌种群丰富，数量较多。另外，优势种群组成及数量在各个生长期也具有明显差异，幼苗期和果熟期为丝核菌属和多腔菌属，而苗期和花期为镰孢属、青霉属、丝核菌属和多腔菌属，虽然 4 种优势种群在茅苍术的各个生长时期都有分布，但分布不均衡，均以苗期和花期分布最广泛（曹益鸣等，2010）。

四、药用植物亲缘关系与内生真菌区系组成的相关性

近年来有一些研究表明，宿主植物的亲缘关系与内生真菌的区系组成存在一定的相关性，即亲缘关系越近的植物，其内生真菌区系组成越相似。例如，孙剑秋等（2008）以北京植物园 4 科 6 种药用植物作为研究对象，探讨同一生境中不同植物种类内生真菌的物种多样性、群落组成及生态分布规律，结果发现，这 6 种药用植物内生真菌类群既相似又有明显不同，不同植物之间内生真菌种类组成的相似性系数为 0.35~0.8，其中连翘与卵叶连翘内生真菌的相似性系数最高（0.8），而连翘与青麸杨内生真菌的相似性系数最低（0.35）；木樨科的连翘、秦岭连翘、卵叶连翘之间内生真菌的相似性系数较高（0.71~0.8）。这些结果说明，同一科的植物内生真菌的相似性系数高于不同科之间的，内生真菌在植物科的水平上具有一定的偏好性。

在研究海桑属 5 种红树植物内生真菌的区系组成时也发现宿主植物的亲缘关系与内生真菌的区系组成存在一定相关性，以 ITS 序列相似性高低判断宿主植物亲缘关系的远近，结果表明拟海桑（*Sonneratia paracaseolaris*）和卵叶海桑（*S. ovata*）亲缘关系最远，而海桑（*S. caseolaris*）和拟海桑亲缘关系最近，与之相应的是上述两对植物之间分别表现出了最低和最高的内生真菌相似性（Xing et al.，2011）。

当前，药用植物内生真菌方面已有很多研究报道，但多局限于单一种类植物，从属及科的层面开展内生真菌的系统性研究还很少。由于内生真菌与植物共生并协同进化，而在此过程中，植物与内生真菌之间存在相互选择，因而可以从系统发育关系上表现出对内生真菌类群的偏好性。

五、药用植物地理分布与内生真菌区系组成的相关性

近年来的研究发现，药用植物内生真菌区系组成与宿主植物的地理分布呈现一定的相关性，即不同地域生长的同种植物，由于受气候、土壤等环境条件的影响，植物内生真菌群落的种类组成和数量常表现出一定的地域专一性。

在银杏内生真菌区系组成与宿主植物地理分布的相关性研究方面，国内报道较多，我们综合近年来的研究结果，发现不同地域生长的银杏其内生真菌区系组成明显不同。韩晓丽和康冀川（2010）发现，不同采集地的银杏中内生真菌的优势菌群不同，其中采集于贵州大学和四川成都的银杏优势属为 *Alternaria*，采集于四川青城山和雅安的银杏优势属为 *Colletotrichum*，采集于四川峨眉山的银杏优势属为 *Acremonium*，采集于四川绵阳、平武和山东烟台的银杏优势属为镰孢属，而采集于贵州遵义的银杏优势属为 *Phomopsis*。而另一项研究报道了四川省 4 个不同地区的银杏内生真菌，认为这些内生真菌在目的分类水平上以丛梗孢目（Moniliales）为优势种群，在属的分类水平上以镰孢属、曲霉属（*Aspergillus*）、枝孢属（*Cladosporium*）为优势种群（严铸云等，2006）。除了前述所报道的四川和贵州地区的银杏内生真菌外，还有其他地区的银杏内生真菌报道。例如，南京地区不同产地的银杏内生真菌在属的分类水平上以刺盘孢属、球壳孢属（*Sphaeropsis*）、镰孢属、匐柄霉属（*Stemphylium*）、盘长孢属（*Gloeosporium*）、蜜孢霉属

(*Sphacelia*)、球座菌属(*Guignardia*)等为优势种群(易大为和王梅霞，2003)；而西北地区的银杏内生真菌，在属的分类水平上以青霉属(*Penicillium*)、交链孢霉属、简梗孢霉属(*Chromosporium*)为优势种群(郭建新等，2005)；九江地区的银杏内生真菌，在目的分类水平上以黑盘孢目(Melanconiales)和丛梗孢目(Moniliales)为优势种群，在属的分类水平上以球壳孢属和刺盘孢属为优势种群(甘金莲等，2007)。最近，贾敏等(2014)比较了浙江天目山地区和建德地区银杏内生真菌的差异，发现天目山地区的银杏内生真菌归属于 9 目 14 科 19 属 28 种；建德地区的银杏内生真菌归属于 8 目 10 科 11 属 26 种，天目山地区银杏内生真菌在种类和数量上均多于建德地区。综合以上研究结果，可以看出，不同地域间的银杏，由于生态环境不同，内生真菌的区系组成及优势种群发生了明显的变化。

在杜仲内生真菌的研究中，王梅霞等(2006)发现西安与南京各地的杜仲内生真菌类群分布明显不同，西安的杜仲叶片中以链格孢属和小毛壳属(*Chaetomella*)为优势类群，而南京各地的杜仲叶片主要以 *Sphacelia* 和 *Chaetomella* 为优势类群，其中 *Chaetomella* 在两个地区杜仲组织中较普遍存在；不同地区杜仲的枝条和树皮组织中，内生真菌优势种群也存在差异。最近，梁雪娟等(2014)报道了来自慈利、略阳和遵义 3 个产地杜仲皮内生真菌种群结构的差异，结果表明，内生真菌属于 8 属，其中拟茎点霉属、间座壳属(*Diaporthe*)、链格孢属为 3 个产地内生真菌共有属，各产地的优势种群不同。另外，不同产地杜仲皮内生真菌在数量、组成及种群间存在显著差异。

同样的现象还存在于别的药用植物中。例如，采自辽宁省本溪市、吉林省梅河口市、吉林省柳河县、黑龙江省穆棱市、河北省兴隆县(雾灵山)5 地区的刺五加，其中内生真菌有约 12 属，这些内生真菌中半知菌为绝对优势菌群，镰孢属为优势属，该属菌株的数量最多且在 5 地区刺五加根部组织中均有分布。青霉属、串珠霉属菌株也存在于多个地区的植株中，具有一定的优势。另外，有 1 个菌株仅存在于某一地区植株中，显示出一定的地域特异性(熊亚南等，2009)。黄江华等(2008)研究了来自广东省新会、珠海、潮州、东莞、深圳及广州番禺和黄埔的库拉索芦荟(*Aloe barbadensis* Mill)的内生真菌多样性，结果表明，不同地区同一宿主——库拉索芦荟中内生真菌类群与分布存在较大差异，从新会分离到 6 个菌株，2 属；珠海分离到 15 个菌株，2 属；潮州分离到 15 个菌株，4 属；深圳分离到 1 个菌株，1 属；番禺分离到 6 个菌株，1 属。以上说明各地芦荟内生菌的类群组成及多样性均不同。同样，江曙等(2010)研究了不同产区、不同生长期明党参内生真菌的种群结构与生态分布，从 4 个产地明党参植株中共分离到 8 属 116 株内生真菌，其中镰孢属、地霉属和链格孢属为优势种群，随着明党参生长期的不同内生真菌种群结构出现明显的动态变化，有些内生真菌种群还具有明显的区域专一性和组织专一性。

为了解兰科植物内生真菌的类群组成和生态分布规律，莫莉等(2008)报道了贵州、陕西、四川和云南天麻组织中的内生真菌种类，采集于贵州贵阳百宜乡和云南昭通的天麻优势菌群为镰孢属，采集于陕西汉中的优势菌群为链格孢属，说明不同地域的天麻其内生真菌的类群与分布存在明显差异，同一季节不同地域来源的天麻内生真菌的菌群也存在着一定的差异。陶刚(2009)对贵州 5 个地区的白及(*Bletilla ochracea*)根和叶组织内生真菌类群进行了研究，发现白及根组织内生真菌的优势类群为瘤菌根菌属(*Epulorhiza*)、蜡壳菌属和角担菌属(*Ceratorhiza*)3 个担子菌属，以及子囊菌的拟茎点霉属和镰孢属，而叶组织内生真菌的优势类群主要属于刺盘孢属、球座菌属和尾孢属 3 属；这些优势类群在不同地理位置的生态分布是有差别的；不同地理位置和环境因素对内生真菌类群的丰度和分布有明显的影响；不同地理位置植物的根内生真菌类群间相似性系数(C_s)很低，而叶内生真菌类群间相似性系数(C_s)要明显高于根的；根组织的内生真菌多样性与经度、海拔和纬度都有一定的相关性。

药用植物的地理分布还有一个重要特点，即不同地域生态环境下生长的药用植物显示出明显具地域性的品种和质量，也就是说中药材在长期使用过程中，人们逐渐发现某地区所产特定药材的质量与疗效优于其他地区所产的同种类药材；这些带有地域性特点的某一产地适宜的药材即为道地药材。那么药用植物这种地域特性是否也与内生真菌的区系组成存在相关性，是一个非常值得探究的科学问题。

针对以上问题，中国学者也进行了相关研究，发现地域特色明显的药用植物其内生真菌与宿主植物一样，同样表现出明显的地域特征。例如，川芎(*Ligusticum chuanxiong* Hort.)是著名的川产药材，主产于四川。汪杨丽(2008)从不同产地和不同品种的川芎根茎共分离得到内生真菌 87 株，经形态观察鉴定为 1 纲 3 目 4 科 17 属；在目的分类水平上以丛梗孢目(Moniliales)为优势种群，在属的分类水平上以镰孢属、曲霉属、头孢霉属(*Cephalosporium*)、拟小卵孢属(*Ovulariopsis*)为优势种群。王海(2012)经测序鉴定出川芎内生真菌 11 种，分属子囊菌亚门及半知菌亚门，7 目 7 科 7 属，以半知菌亚门为优势菌群，分别为小不整球壳属(*Plectosphaerella*)、丝核菌属、 核盘菌属(*Sclerotinia*)、镰孢属、尾孢属(*Cercospora*)、柱孢属 (*Cylindrocarpon*)、曲霉属，以及不可培养出来的类群，即 *Ascomycota* sp.(子囊菌门)、Nectriaceae(肉座菌目)等 4 种。其中，小不整球壳属(*Plectosphaerella* sp.)2 种真菌为 5 个产地样品中共有内生真菌，1 种镰孢菌属(*Fusarium* sp.)真菌为眉山义和产地的特有种，1 种肉座菌目(Nectriaceae)真菌为都江堰市石羊镇特有内生真菌。丹参的适宜产区为河南、山东、四川。戴国君(2011)从四川、山东、河南和陕西等产区丹参根内获得丹参内生真菌 353 株，为 1 纲 3 目 36 属，以镰孢属和无孢类为优势种群；采用 PCR-变性梯度凝胶电泳(DGGE)技术，基于 18S rDNA 的序列分析对分离得到的纯培养菌株进行分子鉴定，结果表明四川、山东、河南和陕西产区的丹参内生真菌有 3 纲 5 目 8 科 20 属，其中四川产区 8 属、河南产区 16 属、山东产区 17 属、陕西产区 8 属，镰孢属是其共有优势属；以山东丹参内生真菌类群最为丰富，且具有 4 个特有种群；丹参内生真菌的种群多样性、遗传多样性和系统发育分析表明，丹参内生真菌群落构成具有明显的地域性，地理位置越接近其遗传距离也就越接近。

通过已有的研究结论可以发现，具有地域特色的药用植物中有很高的内生真菌多样性，有些内生真菌类群表现出明显的地域特异性。除此之外，一些内生真菌还可以影响宿主植物活性成分的累积或产生与宿主植物相类似的活性成分。因此，今后的研究要进一步明确内生真菌种群结构的动态变化规律，以及不同内生真菌在该类药用植物生长发育中所起的作用，这些研究将为实现内生真菌在该类药用植物大规模栽培中的应用奠定良好基础。

本章论述了药用植物的因素，包括药用植物种类、组织、生长期、亲缘关系及地理分布等与内生真菌区系组成的相关性。然而，还有其他很多因素影响内生真菌的区系组成，如土壤理化因子、土壤微生物、真菌相互作用、光照、温度、湿度、海拔等，因此可以说内生真菌的区系组成实则为一种多因素合力的结果。

(邢晓科 郭顺星)

参考文献

曹益鸣，陶金华，江曙，等. 2010. 茅苍术内生真菌生物多样性与生态分布研究. 南京中医药大学学报，26(2)：136-139.

陈晔，樊有赋，彭琴，等. 2006. 银杏内生真菌 IV-银杏不同生长期内生真菌的分布. 莱阳农学院学报(自然科学版)，23(4)：260-262.
戴国君. 2011. 丹参内生真菌群落结构研究. 成都：成都中医药大学硕士学位论文.
甘金莲，陈晔，刘瑜琦，等. 2007. 银杏内生真菌的生态分布. 菌物研究，5(3)：137-141.
郭建新，孙广宇，张荣. 2005. 银杏内生真菌抗真菌活性菌株的分离和筛选. 西北农业学报，14(4)：14-17.
韩晓丽，康冀川. 2010. 银杏内生真菌的分离鉴定及种群分布. 贵州农业科学，38(12)：142-146.
胡克兴. 2008. 石斛属药用植物内生真菌多样性研究. 北京：中国协和医科大学博士学位论文.
黄江华，向梅梅，姜子德. 2008. 库拉索芦荟内生真菌类群与分布的初步研究. 安徽农业科学，36(13)：5480-5481.
贾敏，蒋益萍，张伟，等. 2014. 浙江天目山和建德地区产银杏中内生真菌多样性的比较研究. 现代药物与临床，29(3)：262-268.
江曙，段金廒，陶金华，等. 2010. 明党参内生真菌种群的生态分布及其诱导子活性研究. 中草药，41(1)：121-125.
梁雪娟，张水寒，张平，等. 2014. 不同产地杜仲皮内生真菌种群结构的比较分析. 中国中药杂志，39(2)：204-208.
刘准，陶刚，刘作易，等. 2013. 兰科植物黄花白及 *Bletilla ochracea* 内生真菌多样性分析. 菌物学报，32(5)：812-818.
卢东升，卢帅，潘中超，等. 2013. 水杉内生真菌生物多样性与生态分布. 南京林业大学学报(自然科学版)，37(6)：33-36.
莫莉，康冀川，何劲，等. 2008. 天麻内生真菌菌群组成的初步研究. 菌物研究，6(4)：211-215.
孙剑秋，郭良栋，臧威，等. 2008. 药用植物内生真菌多样性及生态分布. 中国科学 C 辑：生命科学，38(5)：475-484.
孙剑秋. 2007. 我国北方常见药用植物内生真菌多样性与生态分布. 哈尔滨：东北林业大学博士学位论文.
陶刚. 2009. 中国贵州兰科植物白及内生真菌多样性及生态分布研究. 武汉：华中农业大学博士学位论文.
汪杨丽. 2008. 川芎内生菌与品质相关性研究. 成都：成都中医药大学硕士学位论文.
王海. 2012. 川芎内生菌对品质影响的初步研究. 成都：成都中医药大学硕士学位论文.
王梅霞，张丽，霍娟，等. 2006. 杜仲内生真菌类群与分布的初步研究. 菌物研究，4(3)：55-58.
吴晓菡. 2011. 几种樟科和木兰科植物内生真菌多样性比较研究. 上海：华东师范大学硕士学位论文.
相延英，明乾良，李文超，等. 2013. 三尖杉内生真菌的季节动态和组织分布研究. 药学实践杂志，31(4)：267-270.
熊亚南，邢朝斌，吴鹏，等. 2009. 刺五加内生真菌分离及分布研究. 安徽农业科学，37(24)：11347-11348.
严铸云，庞蕾，罗静，等. 2006. 银杏内生真菌菌种的分离及鉴定. 华西药学杂志，21(5)：425-427.
严铸云，张琦，马云桐，等. 2008. 不同生长期川贝母内生真菌的多样性. 华西药学杂志，23(5)：521-523.
易大为，王梅霞. 2003. 产黄酮类物质银杏内生真菌菌株的初步研究. 南京：南京师范大学硕士学位论文.
于晶，周峰，陈君，等. 2011. 肉苁蓉内生真菌多样性研究. 中国中药杂志，36(5)：542-546.
Kumar DSS，Hyde KD. 2004. Biodiversity and tissue-recurrence of endophytic fungi in *Tripterygium wilfordii*. Fungal Diversity，17：69-90.
Xing X，Chen J，Xu M，et al. 2011. Fungal endophytes associated with *Sonneratia* (Sonneratiaceae) mangrove plants on the south coast of China. Forest Pathology，41：334-340.
Xing X，Guo S，Fu J. 2010. Biodiversity and distribution of endophytic fungi associated with *Panax quinquefolium* L. cultivated in a forest reserve. Symbiosis，51：161-166.

第十七章 植物与微生物相互作用的相关蛋白质组学研究概况

蛋白质组技术已广泛应用于植物遗传、发育和生理生态等诸多生物学领域，主要研究植物的遗传多样性、发育、分化、亚细胞蛋白质组分及其功能、植物对非生物逆境（包括高温、低温、高盐和干旱等）和生物逆境（病虫害）的适应机制和植物与微生物（根瘤共生体）相互作用机制。病原菌可使植物致病，有益微生物却与植物相互协作、共同生长，蛋白质组学为揭示如微生物作用方式、防御系统的平衡、营养交换方式及植物的发育改变等提供了新的研究方法和新的视角。本章综述了针对病原菌与植物相互作用、共生体研究方面的最新研究进展，相信随着蛋白质组技术的发展，植物-微生物相互作用机制会越来越为人们所了解。

一、病害应激相关蛋白质组研究

病害发生时植物会出现局部坏死等表观症状，在出现症状前植物的防御系统已诱导产生了一些抗逆物质，包括一些信号分子、激素、化学物质和蛋白质等。为考察植物诱导产生的抗逆蛋白质，Mehta 和 Rosato（2001）等用蛋白质双向电泳方法分析了黄单胞菌属 *Xanthomonas axonopodis* 与宿主植物甜橘互作蛋白质谱的变化，12 个蛋白质点发生上调或下调的变化，其中 Rubisco 大亚基和 1 个硫结合蛋白在柑橘叶片提取液中特异上调表达。Rep 等（2002）发现，感染维管束萎蔫真菌（*Fusarium oxysporum*）的番茄木质部的蛋白质含量发生明显变化，出现 5 条受菌诱导的蛋白质带，用基质辅助激光解吸电离飞行时间质谱（MALDI-TOF MS）技术分析这些蛋白质，发现 1 个 PR-5 家族新成员，其主要在互作早期积累。Colditz 等（2004）用比较蛋白质组学方法鉴定在卵菌病原菌 *Aphanomyces euteiches* 感染苜蓿属 *Medicago truncatula* 后 6h 至 21 天中差异表达的诱导蛋白质，有多个 PR-10 蛋白、1 个查耳酮-*O*-甲基转移酶同工型、1 个脯氨酸丰富蛋白、1 个甘氨酸丰富蛋白、1 个热激蛋白被证实与病原诱导相关。经进一步研究，Colditz 等（2005）发现，PR-10 蛋白的表达水平与病原菌感染 *M. truncatula* 水平之间和植物的抗性水平呈现出一定的相关性，这一研究同时也发现，早期的菌根真菌感染可以保护植物免受其他病原菌的进一步感染，这一过程可诱导一些苯丙醇途径相关蛋白质和水解蛋白酶的表达，这些均与植物抗病性相关。随后的 RNAi 研究证实，特定的 *PR-10* 基因的沉默可增加植物对 *A. euteiches* 的抗性，而病原可诱导根中不同种类 PR 蛋白的表达（Colditz et al.，2007）。

植物抵抗病原真菌的机制有多种，其中一种是根冠生长点的细胞分泌蛋白，有研究确定了大约 100 种根冠细胞分泌蛋白与病原真菌 *Nectria haematococca* 感染后的植物抗性增加相关（Wen et al.，2007），这些蛋白质包括 14-3-3 蛋白、钙调蛋白、抗病应答蛋白、脂氧合酶、呼吸作用相关酶、代谢酶及核糖体蛋白等。同时，真菌在感染植物时也分泌其自身蛋白质，包括可消化植物细胞壁的水解酶及信号蛋白等（Bouws et al.，2008），在根表面这些分泌蛋白质是如何作用的是个很有趣的问题。有关根与病原菌相互作用的蛋白质组研究结果见表 17-1。

表 17-1　根-病原体相互作用的蛋白质组研究

宿主植物	研究目的	主要结果	研究方法
拟南芥 *Arabidopsis thaliana*	感染 *Plasmodiophora brassicae* 的根蛋白质组	差异表达蛋白质，确定 46 个蛋白质	2-DE、MALDI-TOF（Devos et al.，2006）
芥属 *Brassica napus*	感染 *Plasmodiophora brassicae* 的根蛋白质组	差异表达蛋白质，确定 20 个蛋白质	2-DE、LC/MS/MS（Cao et al.，2008）
苜蓿属 *Medicago trunkatula*	感染 *Aphanomyces euteiches* 的根比较蛋白质组研究	差异表达蛋白质，确定 12 个蛋白质，PR-10 和 ABA 应答蛋白质	2-DE、MALDI-TOF（Colditz et al.，2004）
M. truncatula	敏感和抗性品种 *M. truncatula* 及菌根对 *A. euteiches* 感染和在脱落酸作用下的蛋白质组	差异表达蛋白质，确定 20 个蛋白质	2-DE、MALDI-TOF（Colditz et al.，2005）
M. truncatula	*A. euteiches* 感染时根蛋白质组和 PR-10 蛋白的变化	差异表达蛋白质，确定 7 个蛋白质	2-DE、MALDI-TOF（Tyler et al.，2006）
豌豆 *Pisum sativum*	*Nectria haemotacocca* 感染的根壁细胞分泌体蛋白质组	确定 100 个细胞外蛋白质	MudPIT（Wen et al.，2007）
P. sativum	*Orobranche crenata* 感染的根蛋白质组分析	差异表达蛋白质，确定 7 个蛋白质	2-DE、MALDI-TOF（Castillejo et al.，2004）
病原研究			
Heterodera schachtii	咽腺分泌蛋白	确定 4 个线虫分泌蛋白	2-DE、LCQ-MS/MS（de Meutter et al.，2001）
Meloidogyne incognita	确定螯针分泌蛋白	确定 7 个螯针分泌蛋白	2-DE、Internal microsequencing (unspecified)（Jaubert et al.，2002）
Phytophthora sojae、*P. ramorum*	感染期和营养期蛋白质组	确定了 3897 *P. ramorum* 蛋白和 2970 *P. sojae* 蛋白	MudPIT（Savidor et al.，2008）

注：2-DE. 双向凝胶电泳；LC-MS/MS. 液相二级质谱；LCQ-MS/MS. 液质联用二级质谱；MALDI-TOF. 基质辅助激光解吸电离飞行时间；MudPIT. 多维蛋白质鉴定技术

二、植物与微生物共生体的蛋白质组研究

多种微生物与植物形成共生关系，它们能协助植物吸收营养、增强抗性、促进植物生长，同时植物也为它们的生长提供养分和生长空间，它们与植物的关系是相互利用、相互制约、取长补短、协调生长的。

（一）豆科植物与根瘤菌的相互作用

研究根与微生物相互作用的最好材料之一就是根瘤菌，植物释放出特有的黄酮类物质进入土壤，根瘤菌通过一种蛋白质与黄酮类物质结合而识别其宿主，进而诱导一系列结瘤基因的表

达。在对根瘤菌 *Rhizobium leguminosarum* 的蛋白质组分析中证实，在感应到黄酮信号后，许多细菌蛋白质发生了改变(Guerreiro et al.，1997)。

来自于根瘤菌的信号同样会影响植物的蛋白质组，在 *M. truncatula* 的根瘤形成过程中，第1周时有25个蛋白质发生了改变，在随后的2~5周内有31个蛋白质改变，其中确定了豆根瘤蛋白、一个烯醇化酶同工型及一些细菌来源的蛋白质(Bestel-Corre et al., 2002)。Wan 等(2005)研究了感染 *B. japonicum* 后18h内大豆根中蛋白质的变化，根瘤菌诱导产生17个蛋白质，其中11个必须由根瘤菌合成的根瘤因子诱导产生，这些蛋白质包括脂氧合酶、磷脂酶D、维生素C过氧化物酶、葡糖磷酸变位酶、1个凝聚素、1个肌动蛋白同工型、1个囊胞融合蛋白，说明在根瘤菌对根的附着、识别和感染过程中，凝聚素和磷脂信号可能分别发挥着重要作用。

在 *M. truncatula* 感染 *S. meliloti* 后24h内，约3700个总蛋白质中有174个差异蛋白质，经 MALDI-TOF/TOF 鉴定了140个蛋白质，包括大量与能量、糖、氨基酸和黄酮代谢相关的酶，这些酶正是植物为适应根瘤形成而调节代谢的反映(van Noorden et al.，2007)。这些蛋白质还包括15个PR-10病原相关蛋白家族同工型，表明在感染早期植物的机体防御功能发挥了作用(van Loon et al.，2006)。PR-10能结合多种配基，如脂肪酸、黄酮、甾族化合物、细胞激肽等(Mogensen et al.，2002)，这种结合可修饰植物激素，从而调节植物的生理机能。

在对共生体膜蛋白的研究中，Panter 等(2000)确定了8种来源于大豆的蛋白质，包括热激蛋白质、蛋白酶和2个已知的结瘤素。Saalbach 等(2002)用基于双向电泳(2-DE)的蛋白质组技术鉴定了来自豌豆根瘤共生体的类菌体周膜(peribacteroid membrane，PMB)和类菌体周隙(peribacteroid space，PS)组分中的46个蛋白质，大部分为内膜蛋白，包括 V-ATPase、BIP 和1个来自 COPI 包裹囊泡的已知嵌合膜蛋白存在于 PMB 中，这说明宿主细胞的内膜系统在 PMB 形成中具有一定的作用。Wienkoop 和 Saalbach(2003)用蛋白质组技术分析豆科模式植物日本百脉根与根瘤共生体的 PMB 蛋白组，通过串联质谱分析鉴定了大约94个蛋白质，其中大多数为转运体和膜蛋白，如糖和硫酸盐转运体、内膜有关蛋白质(如 GTP 结合蛋白和囊泡受体)、参与信号转导蛋白[如受体激酶、钙调素、14-3-3 蛋白、病原体应答蛋白(包括 HIR 蛋白)]。Natera 等(2000)在中华根瘤菌株1021与豆科植物白花根木樨(*Melilotus alba*)形成的根瘤蛋白质的差异表达研究中发现，与未感染的根组织相比，在根瘤中有250多个差异蛋白质；与根瘤菌相比，在根瘤中有350多个差异蛋白质。这些蛋白质包括参与碳和氮代谢的蛋白质和参与氮获取的蛋白质，如谷酰胺合成酶、脲酶、尿酰胺结合蛋白和1个PII同工型，说明类菌体参与氮高效固定的代谢。Djordjevic(2004)研究鉴定了810个差异蛋白质，至少涉及53种代谢途径，其中与根瘤相关的包括固氮酶类、血红素合成酶、热激和压力相关蛋白质，以及去毒过程涉及的蛋白质等，此外大量的转运蛋白表明在根瘤中存在频繁的营养物质交换。

Mathesius 等(2001)用2-DE 方法建立了一个苜蓿根蛋白质组参照图，在 pH 4~7 胶图上显示2500多个蛋白质点，用肽指纹图谱分析了其中485个蛋白质点，并在目前的苜蓿表达序列标签(expressed sequence tag，EST)库进行检索，鉴定了179个蛋白质，大多数鉴定蛋白质为代谢途径酶和逆境响应蛋白质，此外，在未接种的根组织中鉴定到2个结瘤素，这支持了结瘤素在正常根发育中具有一定作用的观点。

(二)植物与菌根真菌的相互作用

与固氮菌有限的宿主相比，大多数植物可与菌根真菌形成互利互惠的共生体，真菌提供的最主要物质是磷，而植物为真菌提供碳和磷酯类。在对 *M. truncatula* 感染菌根真菌 *Glomus mosseae* 后的时间动态蛋白质组研究中，早期阶段(附着胞形成期，感染后 4 天)有 14 个蛋白质发生变化，感染 14 天和 3～4 周分别有 23 个和 24 个蛋白质改变(Bestel-Corre et al.，2002)，差异蛋白质主要涉及氧化还原反应和压力应答相关蛋白(POD 和谷胱甘肽-*S*-转移酶)，以及呼吸作用和细胞壁修饰蛋白等。为了研究植物和真菌膜蛋白的变化，Valot 等(2005)提取了感染 *G. intraradices* 的 *M. truncatula* 膜蛋白，与野生型相比，36 个蛋白质与真菌感染相关，在 25 个确定蛋白质中，2 个 ATP 酶、1 个凝聚素、1 个脂氧合酶、1 个硫氧还蛋白 H 及 1 个结瘤素来自植物。

菌根真菌能促进植物生长，尤其在压力条件下。在研究菌根真菌感染的豌豆在镉压力下的蛋白质组时，1 个乙醇脱氢酶、1 个膜联蛋白、1 个 UTP-1-磷酸尿苷转移酶、1 个岩藻糖苷酶及抗性相关蛋白质表现出差异，一些蛋白质可能涉及压力和对镉的解毒反应(Repetto et al.，2003)。

(三) 其他有益的相互作用

Azoarcus sp.是一类能够促进植物生长的固氮菌，但不能与植物形成稳定的根瘤，对感染 *Azoarcus* sp.的水稻蛋白质组的研究表明，47 种蛋白质与感染相关，包括盐压力和病原抗性相关蛋白及 1 个推测的受体激酶，这些蛋白质可能限制内生真菌的感染，因为它们也受 JA 的诱导，而 JA 可抑制感染过程(Miché et al.，2006)。

Trichoderma sp.属真菌同样是已知的对植物有益的真菌，可增强植物对土壤致病菌的抗性(Harman et al.，2004)，*T. asperellum* 感染黄瓜后诱导宿主的蛋白质组发生改变，在差异表达的 51 个蛋白质点中确定了 28 个，它们涉及抗性反应、类异戊二烯和乙炔生物合成、能量代谢、蛋白质折叠等(Segarra et al.，2007)。

植物根-菌共生体相互作用的蛋白质组研究结果见表 17-2。

表 17-2 根-菌共生体相互作用的蛋白质组研究

宿主植物	研究目的	主要结果	研究方法
黄瓜 *Cucumis sativus*	*Trichoderma asperellum* 感染黄瓜的蛋白质组	确定 28 个蛋白质	2-DE、MALDI-TOF/TOF、SI-QTOF (Segarra et al.，2007)
Glycine max	*Bradyrhizobium japonicum* 感染后根尖蛋白质组	确定 23 个根尖差异表达蛋白质和 17 响应根瘤菌感染的根尖蛋白质	2-DE、MALDI-TOF、QqTOF-MS/MS (Wan et al.，2005)
G. max	类菌体周膜蛋白	确定 17 个蛋白质	2-DE、N-terminal sequencing (Panter et al.，2000)
G. max	根线粒体蛋白和根瘤蛋白	差异表达 50 根瘤蛋白及 20 个根线粒体蛋白质	2-DE、MALDI-TOF、LC-MS/ MS、N-terminal sequencing (Hoa et al.，2004)
百脉根属 *Lotus japonicus*	类菌体周膜蛋白	94 个周膜蛋白和蛋白质复合体	Total digest nano-LC-MS/MS (Wienkoop and Saalbach，2003)
苜蓿属 *Medicago truncatula*	*M. truncatula* 根对 *S. melilot* 和 *G. mosseae* 感染的蛋白质组	共生体特异蛋白质，确定 23 个蛋白质	2-DE、MALDI-TOF、Q-TOF-MS/MS (Bestel-Corre et al.，2002)
M. truncatula	干旱压力下根瘤和类菌体蛋白质组	确定 377 个植物根瘤蛋白，分析植物和类菌体间的蛋白质差异	LC-MS/MS (Larrainzar et al.，2007)
M. truncatula	野生型和镰刀型突变体由乙炔介导的根瘤蛋白质改变	差异表达，确定 33 个乙炔应答蛋白质	2-DE、MALDI-TOF/TOF (Prayitno et al.，2006)

续表

宿主植物	研究目的	主要结果	研究方法
M. truncatula	野生型和 sunn 突变体由植物激素介导的根瘤蛋白质改变	差异表达，确定 131 个激素应答蛋白	2-DE、DIGE、MALDI-TOF/ TOF (van Noorden et al., 2007)
M. truncatula	*G. intraradices* 感染的野生 *M. truncatula* 和 dmi3 突变体根蛋白质组	差异表达，确定 11 个附着胞相关蛋白	2-DE、MALDI-TOF (Amiour et al., 2006)
M. truncatula	感染 *Glomus intraradices* 的根膜蛋白	差异表达，确定 23 个附着胞相关蛋白	2-DE、MALDI-TOF、Q-TOF/MS/MS (Valot et al., 2005)
M. truncatula	*G. intraradices* 感染根膜蛋白	确定 78 质膜蛋白	2D-LC/MS/MS 、 2-DE+LC/MS/MS (Valot et al., 2006)
M. truncatula	感染 *S. meliloti* 和 *G. mosseae* 的共生体在污泥处理后的蛋白质	确定 24 个特异蛋白	2-DE、MALDI-TOF (Bestel- Corre et al., 2004)
M. truncatula	*S. meliloti* 和 *Pseudomonas aeruginosa* 分泌敏感信号作用下根蛋白质组	差异表达，确定 99 个 QSS 响应蛋白	2-DE、MALDI-TOF (Mathesius et al., 2003)
草木犀属 *Melilotus alba*	比较根瘤特异、类菌体特异培养的 *S. melilot* 蛋白质组	明确了三者差异，确定 100 个蛋白质	2-DE 、N-terminal sequencing 、MALDI-TOF (Natera et al., 2000)
稻 *Oryza sativa*	JA 和 *Azoarcus* sp.作用下诱导蛋白质组	差异表达，确定 9 个 QSS 响应蛋白，9 个 JA 诱导、7 个 JA 和 *Azoarcus* 共同诱导蛋白	2-DE、MALDI-TOF、LC-MS/MS (Miché et al., 2006)
豌豆 *Pisum sativum*	类菌体周隙和周膜蛋白	确定 46 个蛋白质，评估了类菌体和内膜的干扰	2-DE、nano-LC-MS/MS (Saalbach et al., 2002)
P. sativum	菌根真菌 *Glomus mosseae* 感染的根对镉应答的蛋白质组	明确了不同基因型豌豆的镉响应蛋白，确定 17 个蛋白质	2-DE、LC-MS/MS (Repetto et al., 2003)
车轴草属 *Trifolium subterraneum*	根瘤和根瘤缺陷型 *Rhizobium leguminosarum* 感染根的蛋白质组	确定了解 16 个差异蛋白质中的 10 个	2-DE 、 N-terminal sequencing (Morris and Djordjevic, 2001)
共生体研究			
短根瘤菌属 *Bradyrhizobium japonicum*	大豆根瘤中 *B. japonicum* 类菌体蛋白质组	确定 180 个类菌体蛋白，依据代谢途径分类	2-DE、MALDI-TOF (Sarma and Emerich, 2005)
B. japonicum	独立生长和共生状态的 *B. japonicum* 蛋白质组	确定 300 个独立生长真菌中差异蛋白质	2-DE、MALDI-TOF (Sarma and Emerich, 2006)
弗兰克菌属 *Frankia aln*	自由生长和氮缺乏、氮丰富状态的蛋白质组	确定 126 个氮丰富条件下差异蛋白质	2-DE、MALDI-TOF (Alloisio et al., 2007)
Glomus intraradices	根外在蛋白质	检测到 438 个蛋白质，确定 4 个	2-DE、MALDI-TOF/TOF (Dumas Gaudot et al., 2004)
根瘤菌属 *Rhizobium legumeinosarum*	黄酮诱导蛋白质	确定 2 个黄酮诱导蛋白和 10 个组成蛋白	2-DE 、 N-terminal sequencing (Guerreiro et al., 1997)
Sinorhizobium meliloti	自由生长和共生体条件下的蛋白质组比较	确定 1545 个蛋白质并依代谢途径分类	2-DE、MALDI-TOF (Djordjevic, 2004)
S. meliloti	自由生长和营养压力条件下的蛋白质组比较	确定 1180 个蛋白质，包括共生特异和营养压力诱导	2-DE、MALDI-TOF (Djordjevic et al., 2003)
S. meliloti	野生型和质粒携带株蛋白质组比较	60 个蛋白质改变，确定 19 个，评估了毛地黄黄酮诱导蛋白	2-DE 、N-terminal sequencing , MALDI-TOF (Chen et al., 2003)

续表

宿主植物	研究目的	主要结果	研究方法
S. meliloti	QSS 诱导蛋白和生长阶段特异蛋白	100 个 QSS 诱导蛋白，确定 56 个；确定 80 个从生长到稳定阶段变化蛋白质	2-DE、MALDI-TOF（Chen et al., 2003）
S. meliloti	含内酯酶失 QSS 失活的菌株中 QSS 诱导蛋白	QSS 缺陷株中 60 个差异蛋白质，确定 52 个	2-DE、MALDI-TOF（Gao et al., 2007）
木霉属 *Trichoderma harz- ianum*	真菌细胞壁成分诱导的分泌蛋白	确定新的蛋白酶	1-DE 、2-DE 、MALDI-TOF 、LC-MS/MS（Suarez et al., 2005）

注：2-DE. 双向凝胶电泳；DIGE. 差异凝胶电泳；ESI-QTOF. 电离子喷雾四极杆飞行时间串联质谱；LC-MS/MS. 液相二级质谱；MALDI-TOF. 基质辅助激光解吸电离飞行时间；QqTOF-MS/MS. 四极杆飞行时间二级质谱

三、总结与展望

模式豆科植物与根瘤菌和菌根真菌形成的共生体是研究植物与微生物相互作用较好的模型，对其相互作用的蛋白质组研究已取得了很大的进展，基因组和转录因子研究与蛋白质组研究相辅相成（Manthey et al., 2004；Hohnjec et al., 2006；Frenzel et al., 2005；Deguchi et al., 2007），支持了蛋白质组的研究结果。但是由于缺乏有效的分离方法，感染了真菌的纯植物组织和纯真菌组织不易获得，由于植物蛋白质组数据库和基因数据库的不完善，缺少对翻译后修饰蛋白质的有效分离、纯化和检测技术，限制了植物蛋白质研究的发展，许多研究中的蛋白质不能有效确定。目前，出现了多种用于大规模蛋白质分离和鉴定的新方法，如多维蛋白质鉴定技术（multidimensional protein identification technology，MudPIT）（Wen et al., 2007；Savidor et al., 2008）、表面增强激光解吸电离飞行时间质谱（surface enhanced laser desorption ionization-time of flight-mass spectrography，SELDI-TOF/MS）（von Eggeling et al., 2001；Vlahou et al., 2001）等，有效地推动了植物蛋白质组的发展。

以往的报道中表现出一种现象，即不同类型的共生体的蛋白质组中可能出现相同或相似的蛋白质，如 PR-10、致病相关蛋白、氧化还原相关蛋白、防御压力相关蛋白（POD、谷胱苷肽-*S*-转移酶、氧化还原酶等），它们可能是在微生物作用下植物应对感染、信号、发育等改变的应激反应所必需的蛋白质。另外，还可见到一些蛋白质的同工型，它们可能是植物应对不同相互作用的微调蛋白质。2005 年人类基因组（human proteome organization，HUPO）大会提出了蛋白质组学研究应从蛋白质表达转向蛋白质功能研究的思路，进一步证实蛋白质功能将是今后植物蛋白质组学研究的方向。

近年来，不同条件下植物蛋白质表达谱的研究日益增多，发现了许多与基因突变、发育、逆境、植物与微生物互作的新蛋白质（或基因），但是进一步证明这些新蛋白质（或新基因）功能研究的报道很少。蛋白质翻译后修饰（posttranslated modification，PTM）在植物体中起着十分重要的作用，主要参与植物生长发育、病理、非生物逆境应答等细胞信号转导过程。常见的蛋白质翻译后修饰过程有磷酸化、泛素化、糖基化、脂基化、甲基化和乙酰化等，但是，目前缺少对翻译后修饰蛋白质的有效分离、纯化和检测技术。因此，在改进分离、纯化和检测技术的同时，完善植物蛋白质和基因数据库，并发展功能蛋白质组研究是今后植物蛋白质组研究的重要方向。

（高　川　郭顺星）

参 考 文 献

Alloisio N, Felix S, Marechal J, et al. 2007. Frankia alni proteome under nitrogen-fixing and nitrogen-replete conditions. Physiol Plant, 130: 440-453.

Amiour N, Recorbet G, Robert F, et al. 2006. Mutations in DMI3 and SUNN modify the appressorium-responsive root proteome in arbuscular mycorrhiza. Mol Plant-Microb Interact, 19(9): 988-997.

Bestel-Corre G, Dumas-Gaudot E, Poinsot V, et al. 2002. Proteome analysis and identification of symbiosis-related proteins from Medicago truncatula Gaertn. by two-dimensional electrophoresis and mass spectrometry. Electrophoresis, 23(1): 122-137.

Bestel-Corre G, Gianinazzi S, Dumas-Gaudot E. 2004. Impact of sewage sludges on *Medicago truncatula* symbiotic proteome. Phytochemistry, 65(11): 1651-1659.

Bouws H, Wattenberg A, Zorn H. 2008. Fungal secretomes-nature's toolbox for white biotechnology. Appl Microbiol Biotechnol, 80(3): 381-388.

Cao T, Srivastava S, Rahman MH, et al. 2008. Proteome-level changes in the roots of *Brassica napus* as a result of *Plasmodiophora brassicae* infection. Plant Sci, 174(2): 97-115.

Castillejo MA, Amiour N, Dumas-Gaudot E, et al. 2004. A proteomic approach to studying plant response to crenate broomrape (*Orobanche crenata*) in pea (*Pisum sativum*). Phytochemistry, 65(12): 1817-1828.

Chen HC, Teplitski M, Robinson JB, et al. 2003. Proteomic analysis of wild-type *Sinorhizobium meliloti* responses to N-acyl homoserine lactone quorum-sensing signals and the transition to stationary phase. J Bacteriol, 185(17): 5029-5036.

Colditz F, Braun HP, Jacquet C, et al. 2005. Proteomic profiling unravels insights into the molecular background underlying increased *Aphanomyces euteiches* tolerance of *Medicago truncatula*. Plant Mol Biol, 59(3): 387-406.

Colditz F, Niehaus K, Krajinski F. 2007. Silencing of PR-10-like proteins in *Medicago truncatula* results in an antagonistic induction of other PR proteins and in an increased tolerance upon infection with the oomycete *Aphanomyces euteiches*. Planta, 226(1): 57-71.

Colditz F, Nyamsuren O, Niehaus K, et al. 2004. Proteomic approach: identification of *Medicago truncatula* proteins induced in roots after infection with the pathogenic oomycete *Aphanomyces euteiches*. Plant Mol Biol, 55(1): 109-120.

de Meutter J, Vanholme B, Bauw G, et al. 2001. Preparation and sequencing of secreted proteins from the pharyngeal glands of the plant parasitic nematode *Heterodera schachtii*. Mol Plant Pathol, 2(5): 297-301.

Deguchi Y, Banba M, Shimoda Y, et al. 2007. Transcriptome profiling of *Lotus japonicus* roots during arbuscular mycorrhiza development and comparison with that of nodulation. DNA Res, 14(3): 117-133.

Devos S, Laukens K, Deckers P, et al. 2006. A hormone and proteome approach to picturing the initial metabolic events during *Plasmodiophora brassicae* infection on *Arabidopsis*. Mol Plant-Microb Interact, 19(12): 1431-1443.

Djordjevic MA, Chen HC, Natera S, et al. 2003. A global analysis of protein expression profiles in *Sinorhizobium meliloti*: discovery of new genes for nodule occupancy and stress adaptation. Mol Plant-Microb Interact, 16(6): 508-524.

Djordjevic MA. 2004. *Sinorhizobium meliloti* metabolism in the root nodule: a proteomic perspective. Proteomics, 4(7): 1859-1872.

Dumas-Gaudot E, Valot B, Bestel-Corre G, et al. 2004. Proteomics as a way to identify extra-radicular fungal proteins from *Glomus intraradices*——RiT-DNA carrot root mycorrhizas. FEMS Microbiol Ecol, 48(3): 401-411.

Frenzel A, Manthey K, Perlick AM, et al. 2005. Combined transcriptome profiling reveals a novel family of arbuscular mycorrhizal-specific *Medicago truncatula* lectin genes. Mol Plant-Microb Interact, 18(8): 771-782.

Gao MS, Chen HC, Eberhard A, et al. 2007. Effects of AiiA-mediated quorum quenching in *Sinorhizobium meliloti* on quorum-sensing signals, proteome patterns, and symbiotic interactions. Mol Plant-Microb Interact, 20(7): 843-856.

Guerreiro N, Redmond JW, Rolfe BG, et al. 1997. New *Rhizobium leguminosarum* flavonoid-induced proteins revealed by proteome analysis of differentially displayed proteins. Mol Plant-Microb Interact, 10(4): 506-516.

Harman GE, Howell CR, Viterbo A, et al. 2004. Trichoderma species-opportunistic, avirulent plant symbionts. Nature Rev Microbiol, 2(1): 43-56.

Hoa LTP, Nomura M, Kajiwara H, et al. 2004. Proteomic analysis on symbiotic differentiation of mitochondria in soybean nodules. Plant Cell Physiol, 45(3): 300-308.

Hohnjec N, Henckel K, Bekel T, et al. 2006. Transcriptional snapshots provide insights into the molecular basis of arbuscular mycorrhiza in the model legume *Medicago truncatula*. Funct Plant Biol, 33: 737-748.

Jaubert S, Ledger TN, Laffaire JB, et al. 2002. Direct identification of stylet secreted proteins from root-knot nematodes by a proteomic approach. Mol Biochem Parasitol, 121(2): 205-211.

Larrainzar E, Wienkoop S, Weckwerth W, et al. 2007. *Medicago truncatula* root nodule proteome analysis reveals differential plant and bacteroid responses to drought stress. Plant Physiol, 144(3): 1495-1507.

Manthey K, Krajinski F, Hohnjec N, et al. 2004. Transcriptome profiling in root nodules and arbuscular mycorrhiza identifies a collection of novel genes induced during *Medicago truncatula* root endosymbioses. Mol Plant-Microb Interact, 17(10): 1063-1077.

Mathesius U, Keijzers G, Natera SHA, et al. 2001. Establishment of a root proteome reference map for the model legume *Medicago truncatula* using the expressed sequence tag database for peptide mass fingerprinting. Proteomics, 1(11): 1424-1440.

Mathesius U, Mulders S, Gao M, et al. 2003. Extensive and specific responses of a eukaryote to bacterial quorum-sensing signals. Proc Natl Acad Sci USA, 100(3): 1444-1449.

Mehta A, Rosato YB. 2001. Differentially expressed proteins in the interaction of *Xanthomonas axonopodis* pv. citri with leaf extract of the host plant. Proteomics, 1(9): 1111-1118.

Miché L, Battistoni F, Gernmer S, et al. 2006. Upregulation of jasmonate-inducible defense proteins and differential colonization of roots of *Oryza sativa* cultivars with the endophyte *Azoarcus* sp. Mol Plant-Microb Interact, 19(5): 502-511.

Mogensen JE, Wimmer R, Larsen JN, et al. 2002. The major birch allergen, Bet v 1, shows affinity for a broad spectrum of physiological ligands. J Biol Chem, 277(26): 23684-23692.

Morris AC, Djordjevic MA. 2001. Proteome analysis of cultivar-specific interactions between *Rhizobium leguminosarum* biovar trifolii and subterranean clover cultivar Woogenellup. Electrophoresis, 22(3): 586-598.

Natera SHA, Guerreiro N, Djordjevic MA. 2000. Proteome analysis of differentially displayed proteins as a tool for the investigation of symbiosis. Mol Plant-Microb Interact, 13(9): 995-1009.

Panter S, Thomson R, de Bruxelles G, et al. 2000. Identification with proteomics associated with the peribacteroid membrane nodules. Mol Plant-Microb Interact, 13(3): 325-333.

Prayitno J, Rolfe BG, Mathesius U. 2006. The ethylene-insensitive sickle mutant of *Medicago truncatula* shows altered aumxin transport regulation during nodulation. Plant Physiology, 142: 168-180.

Rep M, Dekker HL, Vossen JH, et al. 2002. Mass spectrometric identification of isoforms of PR proteins in xylem sap of fungus-infected tomato. Plant Physiol, 130(2): 904-917.

Repetto O, Bestel-Corre G, Dumas-Gaudot E, et al. 2003. Targeted proteomics to identify cadmium-induced protein modifications in *Glomus mosseae*-inoculated pea roots. New Phytol, 157: 555-567.

Saalbach G, Erik P, Wienkoop S. 2002. Characterisation proteomics of peribacteroid space and peribacteroid membrane preparations from pea (*Pisum sativum*) symbiosomes. Proteomics, 2(2): 325-337.

Sarma AD, Emerich DW. 2005. Global protein expression pattern of *Bradyrhizobium japonicum* bacteroids: a prelude to functional proteomics. Proteomics, 5(16): 4170-4184.

Sarma AD, Emrich DW. 2006. A comparative proteomic evaluation of culture grown vs nodule isolated *Bradyrhizobium japonicum*. Proteomics, 6(10): 3008-3028.

Savidor A, Donahoo RS, Hurtado-Gonzales O, et al. 2008. Cross-species global proteomics reveals conserved and unique processes in *Phytophthora sojae* and *Phytophthora ramorum*. Mol Cell Proteomics, 7(8): 1501-1516.

Segarra G, Casanova E, Bellido D, et al. 2007. Proteome, salicylic acid, and jasmonic acid changes in cucumber plants inoculated with *Trichoderma asperellum* strain T34. Proteomics, 7(21): 3943-3952.

Suarez MB, Sanz L, Chamorro MI, et al. 2005. Proteomic analysis of secreted proteins from *Trichoderma harzianum* —— identification of a fungal cell wall-induced aspartic protease. Fungal Genet Biol, 42(11): 924-934.

Tyler BM, Tripathy S, Zhang XM, et al. 2006. Phytophthora genome sequences uncover evolutionary origins and mechanisms of pathogenesis. Science, 313(5791): 1261-1266.

Valot B, Dieu M, Recorbet G, et al. 2005. Identification of membrane- associated proteins regulated by the arbuscular mycorrhizal symbiosis. Plant Mol Biol, 59(4): 565-580.

Valot B, Negroni L, Zivy M, et al. 2006. A mass spectrometric approach to identify arbuscular mycorrhiza-related proteins in root plasma membrane fractions. Proteomics, 6(sup 1): S145-155.

van Loon LC, Rep M, Pieterse CM. 2006. Significance of inducible defense-related proteins in infected plants. Annu Rev Phytopathol, 44: 135-162.

van Noorden GE，Kerim T，Goffard N，et al. 2007. Overlap of proteome changes in *Medicago truncatula* in response to auxin and *Sinorhizobium meliloti*. Plant Physiol，144(2)：1115-1131.

Vlahou A，Schellhammer P F，Medrinos S，et al. 2001. Development of a novel proteomic approach for the detection of transition cell carcinoma of the bladder in urine. Am J Pathol，158(4)：1491-1502.

von Eggeling F，Junker K，Fiedle W，et al. 2001. Mass spectrometry meets chip technology：A new proteomic tool in cancer research. Electrophoresis，22(14)：2898-2902.

Wan JR，Torres M，Ganapathy A，et al. 2005. Proteomic analysis of soybean root hairs after infection by *Bradyrhizobium japonicum*. Mol Plant-Microb Interact，18(5)：458-467.

Wen FS，VanEtten HD，Tsaprailis G，et al. 2007. Extracellular proteins in pea root tip and border cell exudates. Plant Physiol，143(2)：773-783.

Wienkoop S，Saalbach G. 2003. Proteome analysis：Novel proteins identified at the peribacteroid membrane from *Lotus japonicus* root nodules. Plant Physiol，131(3)：1080-1090.

第十八章 丹参与内生真菌互作的形态学观察

本章借助光学显微镜(light microscope)、扫描电子显微镜(scanning electron micro- scope，SEM)、透射电子显微镜(transmission electron microscope，TEM)等仪器，观察比较丹参(*Salvia miltiorrhiza*)根分别与活性菌株 SM34(*Paecilomyces* sp.)、SM42(*Alternaria* sp.)和 SM58(*Cladosporium* sp.)共生后的形态结构特征，初步揭示丹参与活性菌株互作的形态学机制。

第一节 活性菌株影响丹参组培苗生长的形态学研究

本节主要运用植物组织培养技术，将丹参种子在 1/2MS 培养基上萌发成无菌苗，无菌苗分别接种菌株 SM34、SM42 和 SM58，在双重培养条件下考察活性菌株对苗根部的侵染，以及对植株生长的影响。

一、组培苗接菌培养的方法

挑取消毒的丹参种子，放在 1/2MS 培养基上培养。培养条件：2000lx，(23±2)℃。挑取 SM34、SM42、SM58 菌丝在 PDA 培养基上纯培养。将 PDA 培养的活性菌菌片接入丹参无菌苗培养系统中，每瓶接一个菌种，3 个处理组分别是 SM34 组、SM42 组和 SM58 组。其余不接菌的均为对照组。处理组与对照组的重复数一致。依上述光照培养条件培养，在接菌后的第 3、5、7、9、10 天分别取少量根做徒手切片，置于光学显微镜下观察菌丝对苗根部的侵染情况。发现根被侵染后，再继续培养 10 天，测量处理组和对照组无菌苗的株高、冠幅、根长、鲜重和干重。试验数据以“均值±标准差”的形式表示，数据用 SAS9.1 软件进行 t 检验，$P<0.05$ 时为有统计学意义。

二、组培苗接菌后的形态观察

(一)接种 SM34 菌株后的形态观察

丹参接菌后的第 3～7 天，菌丝呈白色，徒手切片观察到菌丝侵染根表皮。接菌第 10 天，菌丝已完全包围苗的主根，并逐渐向各侧根蔓延，苗根部的颜色也逐渐由白色变成淡黄色，根长比对照组长。显微镜下观察，接菌组的丹参根表面被大量菌丝覆盖包围，根细胞颜色加深，变为黄色至浅棕色。丹参的根尖部分也被菌丝围绕覆盖，表皮细胞颜色加深，有的菌丝侵染了根的表皮细胞，有的菌丝穿越外表皮细胞定植在皮层细胞缝隙间。对照组的根表皮呈白色，表皮和皮层细胞部分呈棕色，未有菌丝侵染。说明丹参接菌后 10 天 SM34 菌丝通过侵染丹参根细胞，引起细胞颜色加深。

（二）接种 SM42 菌株后的形态观察

菌株 SM42 接种丹参组培苗后，菌丝呈淡青绿色呈圆形蔓延，第 3 天和第 5 天徒手切片均未观察到菌丝侵染。但第 7 天，菌丝已完全包围苗的主根，根的颜色也逐渐由白色变成深棕红色，根长比对照组长。被菌侵染后根细胞的颜色也随之加深呈棕色至褐色，表皮细胞深褐色，皮层部分呈土棕色，维管柱部分深褐色。在显微镜下可观察到菌丝侵染丹参根最外层的表皮细胞，引起细胞颜色变深。

（三）接种 SM58 菌株后的形态观察

SM58 菌株接种到培养基上后，菌丝呈草绿色，在培养基上呈圆形蔓延，第 3、5、7 天徒手切片均未观察到菌丝侵染根，第 9 天时，菌丝已完全包围苗的主根，并逐渐向各侧根蔓延，根的颜色逐渐由白色变成淡褐色，根长比对照组长。显微镜下可观察到菌丝紧密围绕在丹参根被表面，放大 400 倍后可观察到菌丝形态；侵染程度深的根表面颜色全变成了红褐色，表皮细胞颜色变深，并逐渐影响到皮层部分。

二、接种活性菌株对丹参组培苗生长的影响

（一）菌株 SM34 对组培苗生长的影响

菌苗共生 20 天后，接菌组的株高、冠幅、根长分别比对照组增加了 12.42%、19.07%、39.78%；接菌组的鲜重和干重分别比对照组增加了 13.56%、17.4%，经 t 检验，以上差异均具有显著性（$P<0.05$）（表 18-1）。

表 18-1　双重培养体系下菌株 SM34 对丹参生长的影响（n=6）

指标	SM34 组	对照组	显著性
株高/cm	3.53±0.06	3.14±0.03	$P<0.05$
冠幅/cm	5.37±0.15	4.51±0.11	$P<0.05$
根长/cm	5.13±0.20	3.67±0.09	$P<0.01$
鲜重/mg	235.3±8.94	207.2±6.42	$P<0.05$
干重/mg	45.2±3.10	38.5±2.03	$P<0.05$

（二）菌株 SM42 对组培苗生长的影响

菌苗共生 17 天后，接菌组的株高、冠幅、根长的平均值分别比对照组增加了 3.58%、

21.18%、22.66%；接菌组的鲜重和干重分别比对照组增加了 10.08%和 16.47%，经 t 检验，除株高外，上述差异均具有显著性($P<0.05$)（表 18-2）。

表 18-2　双重培养体系下菌株 SM42 对丹参生长的影响(n=8)

指标	SM42 组	对照组	显著性
株高/cm	4.63±0.08	4.47±0.14	$P>0.05$
冠幅/cm	6.75±0.12	5.57±0.10	$P<0.01$
根长/cm	6.82±0.11	5.56±0.06	$P<0.01$
鲜重/mg	453.2±4.63	411.7±5.34	$P<0.05$
干重/mg	90.5±0.96	77.7±1.47	$P<0.05$

(三)菌株 SM58 对组培苗生长的影响

菌苗共生 19 天后，接菌组的株高、冠幅、根长分别比对照组增加了 4.23%、21.61%、34.62%，经 t 检验，菌株对丹参冠幅和根的生长具有明显促进作用($P<0.01$)，但对株高的影响与对照组比较无显著性差异($P>0.05$)；接菌组的鲜重和干重分别比对照组增加了 17.05%、9.84%，经 t 检验，差异有显著性($P<0.05$)（表 18-3）。

表 18-3　双重培养体系下菌株 SM58 对丹参生长的影响(n=7)

指标	SM58 组	对照组	显著性
株高/cm	3.31±0.06	3.17±0.13	$P>0.05$
冠幅/cm	4.67±0.18	3.84±0.07	$P<0.01$
根长/cm	5.21±0.06	3.87±0.05	$P<0.01$
鲜重/mg	217.6±6.68	185.9±5.07	$P<0.05$
干重/mg	41.3±1.19	37.6±0.60	$P<0.05$

综上所述，菌株 SM34、SM42、SM58 分别侵染丹参幼苗根部之后，能使根表皮和皮层细胞的颜色发生不同程度的变化，均能促进丹参幼苗的生长和生物量的提高，说明这 3 株内生真菌对植物的影响方式存在差异。

第二节　丹参接种活性菌株后根的细胞形态结构

本节采用的石蜡切片技术是组织学和病理学常规制片技术中最为广泛应用的技术(廖秋萍等，2006)，可用于观察正常细胞组织的形态结构、判断细胞组织的形态变化。细胞组织离开机体后很快就会死亡并发生腐败，失去原有的正常结构。经过固定、石蜡包埋、切片及染色等步骤的处理，离体组织就能维持正常的形态结构及内含物质(Brundrett et al.，1996)。本节主要将经福尔马林-乙酸-乙醇固定液(FAA 固定液)浸泡后的丹参根制成石蜡切片，在光学显微镜下观察被 SM34、SM42、SM58 菌株分别侵染后对丹参根组织的结构和细胞形态所产生的影响。

一、石蜡切片的制备

在药用植物研究所试验田内进行丹参的共生栽培试验。共生栽培菌株为 SM34、SM42 和 SM58。栽培丹参时在植株根部分别加入上述 3 株真菌，以未接菌栽培的丹参作为对照组。栽培 2 个月后分别取各组植株的根组织，放入预先配好的 FAA 固定液中浸泡。4℃冰箱保存，备用。

将样品从盛 FAA 固定液的小瓶中取出，参照侯春春和徐水（2009）处理石蜡切片的方法制备丹参样品的石蜡切片。制备好的切片置于蔡司 AI 型荧光正置显微镜（ZEISS AXioImager AI，德国）下观察。

二、与菌株 SM34 共生植株根的显微结构

未接菌的丹参根中未观察到菌丝侵染现象。经 SM34 侵染后，丹参根细胞局部木栓化，变厚，表皮被番红染色部分颜色浓且深。表皮下的外皮层由 1～3 层细胞组成，向内是 5～6 层皮层薄壁细胞，可观察到菌丝松散分布在外皮层细胞内，皮层薄壁细胞、内皮层细胞和维管柱部位的细胞中均未观察到菌丝。

三、与菌株 SM42 共生植株根的显微结构

经 SM42 侵染后的丹参根横切面符合丹参根的基本特征，根的初生木质部为三原型，木质部内的髓腔圆而大，由多层薄壁细胞构成，真菌的主要侵染部位是根的表皮层和外皮层；外皮层最外侧细胞呈长方形，排列紧密，在根的表皮中能观察到有菌丝穿行于细胞内。表皮细胞增厚；皮层薄壁细胞间的细胞壁增厚，细胞内细胞质丰富。

四、与菌株 SM58 共生植株根的显微结构

经 SM58 侵染后的丹参根横切面符合丹参根的基本特征，根的初生木质部为三原型，与对照不同的是每脊原生木质部的导管被分化成 3 列，导管数量增加。真菌的主要侵染部位是表皮细胞和外皮层细胞，表皮细胞的细胞壁增厚，外皮层由 2～3 层细胞组成，在菌丝作用下偶尔会发生细胞变形，最外层薄壁细胞内能观察到扭曲的菌丝。皮层薄壁细胞排列整齐，细胞壁清晰可见，细胞内的细胞质丰富。内皮层和形成层清晰可见。维管柱内的韧皮部和木质部相间排列，还有径向排列的维管射线，但有部分木质部的导管壁呈增厚趋势。

以上研究结果表明，内生真菌与丹参根的互作基本不会改变植物根的基本结构，3 株内生真菌容易从根的表皮层和外皮层侵入，这一现象比较普遍。例如，天山雪莲苗与内生真菌 Xl-37 共培养 2 个月后，该真菌仅侵染表皮细胞和外皮层细胞，大部分皮层细胞和维管柱没有被侵染（吕亚丽，2010）。在菌丝扩展阶段，内生真菌可以在外皮层细胞内定植，形成单条直线状，或数条蜷曲互相缠绕的胞内菌丝，或形成沿根生长方向横向延伸的胞间菌丝，此时植物根还出现表皮增厚的现象。内皮层和维管柱部分均未观察到菌丝侵染现象。石蜡切片法观察菌株 SM34、SM42、SM58 对丹参根的侵染过程，为内生真菌能够在丹参根细胞内定植提供了有力的证据。

第三节　接种活性菌株后丹参根部细胞超微结构观察

小于 0.2μm 的细微结构称为亚显微结构或超微结构，观察这些结构需要借助以电子束为光源的透射电子显微镜。透射电子显微镜电子束的波长要比可见光和紫外线短得多，并且电压越高波长越短。目前一般采用 80～300kV 电子束加速电压，透射电子显微镜的分辨力可达 0.1～0.2nm（李斗星，2004）。本节介绍在透射电子显微镜下观察菌株 SM34、SM42、SM58 侵染丹参根后的细胞超微结构。

一、超薄切片的制备

从药用植物研究所植物园试验田采集分别与菌株 SM34、SM42、SM58 共生 2 个月的丹参植株侧根，同时采收未接菌植物的侧根作为对照。样品用流水冲洗，滤纸吸干表面水分，切割成 3～5mm 的小段，放入预先配制好的 2.5%磷酸戊二醛固定液中浸泡。4℃冰箱保存，备用。

固定后的根样品，切取 2mm 的根段，0.1mol/L 磷酸缓冲液冲洗，1%锇酸固定，0.1mol/L 磷酸缓冲液冲洗，依次用 30%、50%、70%、80%、90%、100%丙酮系列脱水，环氧树脂 Spur 包埋，聚合，LEICAUC6i 型切片机超薄切片，乙酸双氧铀、柠檬酸铅双重染色制成切片。制备好的超薄切片置于透射电子显微镜（型号：JEM-1230）下观察并照相（张丽春，2009）。

二、与菌株 SM34 共生的丹参根细胞超微结构

未接菌丹参根的细胞内和细胞外均未观察到菌丝（图 18-1）。丹参与菌株 SM34 共生后

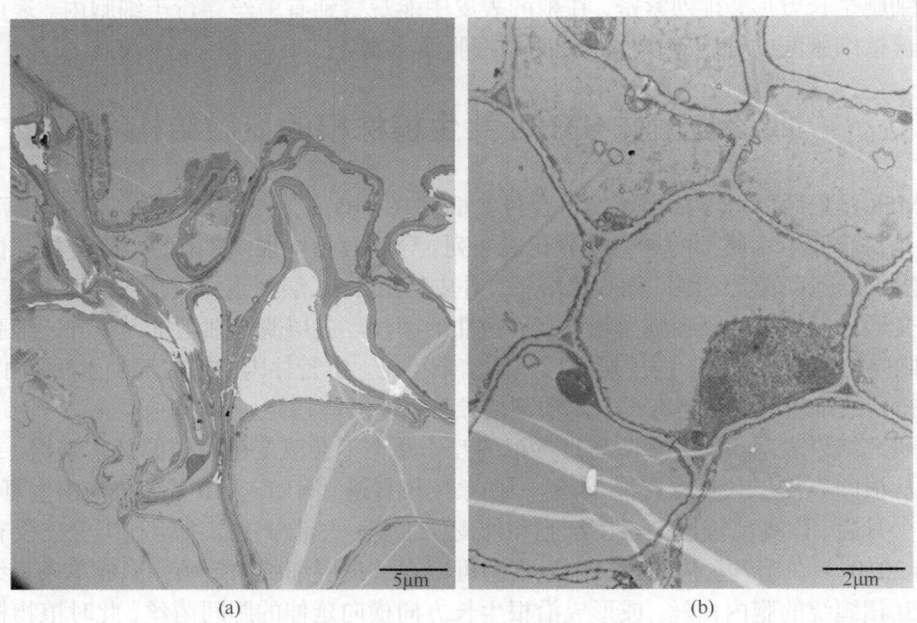

图 18-1　对照丹参根的细胞超微结构

(a) 表皮（×4000）；(b) 排列整齐的细胞（×12 000）

根的横切面可观察到接菌根细胞与对照相比已发生明显变化。首先，接菌根表皮细胞壁加厚，外皮层细胞不规则膨大；在接菌根与对照切片同时放大 12 000 倍的电子显微镜下比较，接菌根的细胞壁大约厚 1μm，而对照大约厚 0.2μm。其次，在对照根细胞内观察到的一般是膨大的液泡及被液泡挤压后紧贴在细胞壁上的原生质体，而接菌根细胞内普遍可以观察到细胞内丰富的后含物(透射电子显微镜下颜色深，颗粒状)(图 18-2)。后含物是储存在植物细胞内或细胞间各种淀粉、蛋白质、油、脂肪和次生代谢产物(含酚、生物碱、类黄酮等)的统称。

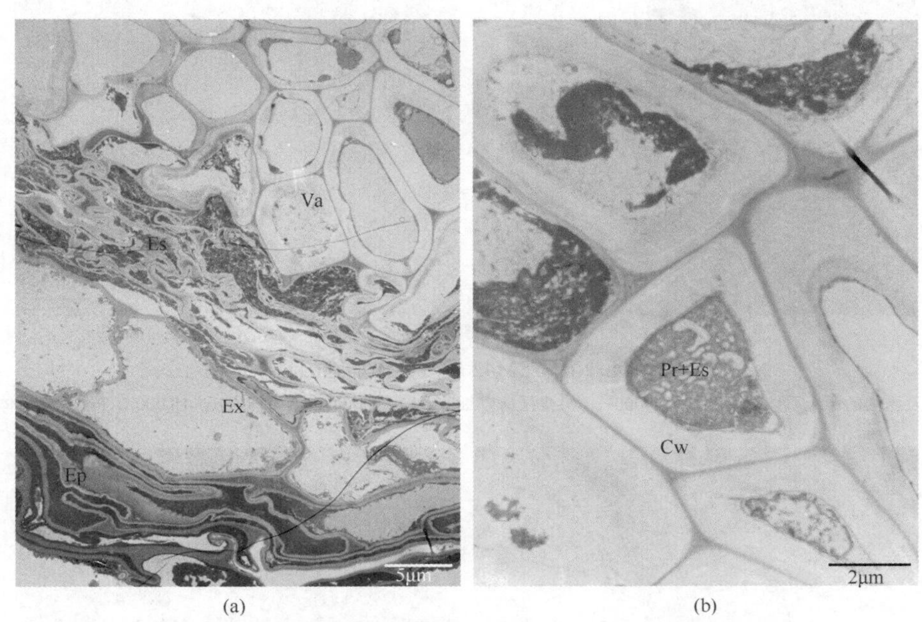

图 18-2　接种菌株 SM34 后丹参根细胞的超微结构

(a)表皮、外皮层和皮层薄壁细胞(×4000)；(b)增厚的细胞壁与胞腔内原生质体(×12 000)。本图及后图丹参显微结构简称：Ep. 表皮；Ex. 外皮层；Pr. 原生质体；Cw. 细胞壁；Es. 后含物；Va. 液泡

三、与菌株 SM42 共生的丹参根细胞超微结构

丹参与菌株 SM42 共生后从根的横切面可观察到表皮细胞和外皮层细胞内后含物明显增多。接菌根的表皮细胞内有黑色颗粒状和团块状的物质[图 18-3(a)]，皮层细胞有的细胞壁增厚，有的没有明显增厚，细胞内有圆颗粒状、细颗粒状和团块状物质，细胞活力很旺盛，膨大的液泡和细胞壁间附有各种形状的颗粒状物质[图 18-3(b)]。

四、与菌株 SM58 共生的丹参根细胞超微结构

丹参与菌株 SM58 共生后从根的横切面可观察到接菌根的表皮细胞壁比对照厚[图 18-4(a)]，接菌根的皮层薄壁细胞和内皮层细胞的细胞壁明显厚于对照，接菌根的细胞壁厚 0.6～0.7μm，而对照细胞壁厚约 0.2μm；胞腔和细胞间隙内均有丰富的后含物，这些后含物可能与淀粉粒、蛋白质和次生代谢产物有关[图 18-4(b)]。

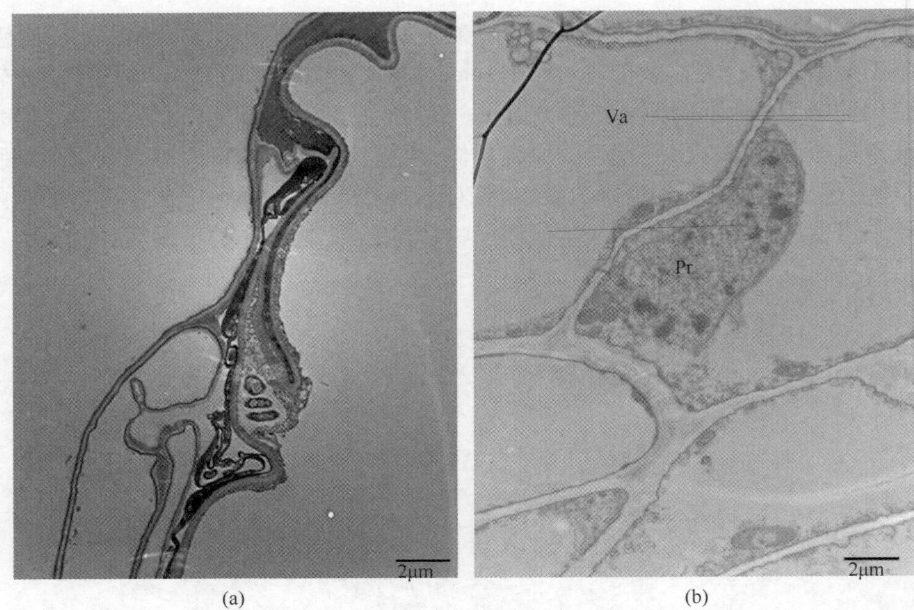

(a)　　(b)

图 18-3　接种菌株 SM42 后丹参根细胞的超微结构

(a) 表皮细胞及胞内的原生质体及后含物（×8000）；(b) 皮层薄壁细胞、增大的液泡、原生质体（×15 000）。Pr. 原生质体；Va. 液泡

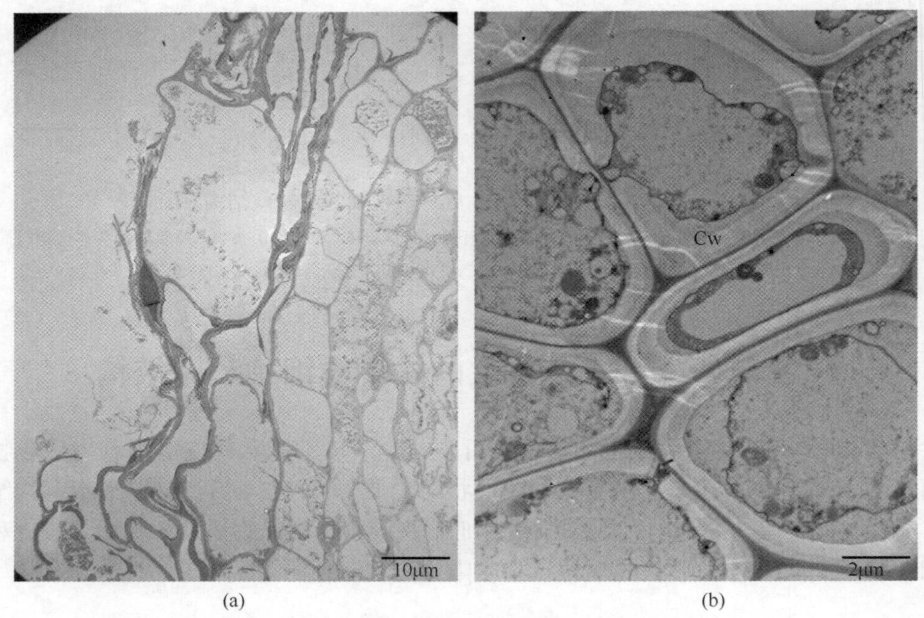

(a)　　(b)

图 18-4　接种菌株 SM58 后丹参根细胞的超微结构

(a) 细胞表皮及外皮层（×2000）；(b) 增厚的细胞壁原生质体与内含物（×10 000）。C_W. 细胞壁

透射电子显微镜观察发现，3 株内生真菌与丹参共生后均能观察到根部皮层细胞壁增厚的现象。其中，接种菌株 SM34 的丹参根细胞壁增厚大约是对照的 5 倍，接种菌株 SM58 的丹参根细胞壁增厚大约是对照的 3 倍。细胞壁变厚不仅能增强丹参根的稳定性和抗逆性，还可能与根内总酚酸含量的积累增加相关。细胞壁的化学成分除纤维素和蛋白质外，还含有促木质化的酚类物质等（刘润进等，2007）。植物的根受到外界菌丝的覆盖包围，菌丝的入侵会引起植物细

胞壁的防御反应，包括酚类物质的合成、细胞的程序性死亡、壁结构的木质化等(Kogel and Langen,2005)。厚壁细胞现象也在一些杜鹃花科和尖苞树科植物的菌根表皮细胞中发生(Ashford et al.，1996；Massicotte et al.，2005)。厚壁结构可能对植物起保护作用，或作为真菌的生长基质，有利于延长侵染细胞的寿命(Briggs and Ashford，2001；Cairney and Ashford，2002)。

第四节　接种活性菌株后丹参根部的扫描电子显微镜观察

扫描电子显微镜是一种利用电子束扫描样品表面从而获得样品信息的电子显微镜(http://zh.wikipedia.org/)。扫描电子显微镜能提供高分辨率的三维图像，且样品制备方法简单，放大倍数可以从20倍连续调节到20万倍，比普通光学显微镜更清晰、更富有立体感。近年来扫描电子显微镜在中药鉴定(苑冬敏等，2004)、菌根结构观察中多有应用(罗土炎等，2009)。本节运用扫描电子显微镜技术观察分别与菌株SM34、SM42、SM58共生后丹参根细胞的立体结构特征。

一、扫描电子显微镜样品的制备

分别接种菌株SM34、SM42、SM58后共生2个月的丹参根作为接菌组；未接菌的丹参根作为对照组。样品洗净后放入预先配好的2.5%磷酸戊二醛固定液中浸泡。4℃冰箱保存，备用。将丹参横切后取2～3mm固定的根材料，按以下顺序和时间进行处理：30%乙醇，30min→50%乙醇，30min→70%乙醇，30min(可过夜)→80%乙醇，30min→90%乙醇，30min→90%乙醇，30min→95%乙醇，30min→无水乙醇，30min→无水乙醇，30min→无水乙醇，30min→叔丁醇(38℃)，30min→叔丁醇(38℃)，30min→叔丁醇(38℃)，30min(可过夜)。将样品取出后冷冻干燥3h，干燥后的样品喷金，条件为30mA/200s，置于扫描电子显微镜(JSM-6510LV，日本电子株式会社)的真空室中，抽真空后观察。

二、与菌株SM34共生的丹参根扫描电子显微镜结构

丹参样品的根横切面在扫描电子显微镜下未观察到菌丝侵染,丹参根的基本特征由外向内依次是表皮、外皮层、皮层薄壁细胞、内皮层和维管柱，维管柱包括木质部和韧皮部等。与菌株SM34共生的丹参根表皮细胞壁增厚，表皮和外皮层的细胞内附有少量横生的菌丝；皮层细胞间隙密布菌丝，纵横交错，细胞空隙增大，细胞壁变形；内皮层细胞排列整齐而致密，细胞内外均未观察到菌丝，但部分细胞的后含物增多。

三、与菌株SM42共生的丹参根扫描电子显微镜结构

与菌株SM42共生后丹参根的基本结构特征不变，根内细胞分裂旺盛，细胞排列致密，细胞腔内物质饱满而充实；菌丝侵染部位可见表皮细胞层数增多而加厚，皮层细胞内和细胞间隙均可见菌丝横生。

四、与菌株SM58共生的丹参根扫描电子显微镜结构

与菌株SM58共生后丹参根的基本结构特征不变，根被上有菌丝附着，细胞内的原生质丰

富，充斥细胞腔；根细胞壁加厚，细胞排列整齐而紧密，细胞内有丰富的内含物；根细胞内均未观察到菌丝，这可能与取材有关。

经石蜡切片、透射电子显微镜、扫描电子显微镜对接种菌株 SM34、SM42、SM58 的丹参根的内部结构观察，可总结出 3 株真菌侵染丹参根的共同特点：①3 株真菌均可侵染丹参根的表皮细胞和外皮层细胞，在细胞内定植，或在细胞间延伸扩展，而根的内皮层和维管柱部分未观察到菌丝分布；②真菌的侵染方式是大量菌丝包裹住根，少部分菌丝由多位点入侵后主要以横生或卷曲状的形态分布在根表皮和外皮层细胞内或细胞间；③真菌侵入后对丹参根系的影响既有原位诱导，又有系统诱导(张瑞芹等，2010)。原位诱导的影响表现为：被侵染部位根的颜色发生改变，随侵染菌种的不同会呈现不同的颜色，在被侵染部位容易发现菌丝；系统诱导则主要表现在同一植株未被侵染的根系上。因此，尽管有时未在根细胞切片中观察到菌丝，但根细胞所发生的变化相对于未接菌的根细胞来说是很明显的。

本研究发现，在形态学方面内生真菌对丹参根系的影响：首先，3 株真菌与丹参共生后均使丹参皮层细胞壁增厚。细胞壁增厚可提高植物的稳定性和抗逆性。其次，共生后植物细胞内的原生质体相比于对照更丰富，丰富的细胞基质可使复杂的代谢反应能高效而有序地进行(刘润进和陈应龙，2007)。最后，细胞内的后含物在接菌细胞内增加。后含物包括淀粉、蛋白质和植物的次生物质(secondary plant product)，如酚类化合物、类黄酮、生物碱等。后含物的储备增多可为植物的生长、分化提供更多的营养物质和能量。接菌根加厚的细胞壁、丰富的细胞基质和数量增多的后含物都有可能与酚酸类化合物的积累相关。已有的研究发现，酚类物质是植物体内重要的次生代谢产物，酚类物质能够调控微生物与植物之间的相互作用，对病原微生物的侵袭有很好的防御作用(Hammerschmidt，2005；Forkner et al.，2004)。当有病原微生物侵入时，植物体内酚类物质生物合成的中心酶 PAL 的活性会明显提高，从而加快了酚类物质的合成速率(Beckman，2000)，使游离态酚和壁结合态酚都有不同程度的积累(Krishna and Bagyaraj，1984；朱红惠等，2004)。我们通过盆栽共生试验和大田共生栽培试验证实内生真菌菌株 SM34、SM42、SM58 能诱导丹参根系中丹酚酸类产物的积累增加。

(唐　坤 郭顺星)

参考文献

陈晓梅，郭顺星，王春兰. 2005. 四种内生真菌对金线莲无菌苗生长及多糖含量的影响. 中国药学杂志，40(1)：14-16.

郭顺星，曹文芩，高微微. 2000. 铁皮石斛及金钗石斛菌根真菌的分离及其生物活性测定. 中国中药杂志，25(6)：333-341.

侯春香，徐水. 2009. 浅析影响石蜡切片质量的关键因素. 中国农学通报，25(23)：94-98.

李斗星. 2004. 透射电子显微学的新进展 I 透射电子显微镜及相关部件的发展及应用. 电子显微学报，23(3)：269-277.

廖秋萍，石长青，饶丽娟. 2006. 石蜡切片制片技术的探讨. 塔里木大学学报，18(1)：69-71.

刘润进，陈应龙. 2007. 菌根学. 北京：科学出版社，23-32.

刘润进，王洪娴，王淼焱，等. 2007. 菌根生物技术在城郊生态农业上的应用. 山东科学，19(6)：98-101.

吕亚丽. 2010. 内生真菌对天山雪莲发育的影响. 北京：北京协和医学院，162.

罗土炎，饶秋华，黄敏敏，等. 2009. 牛肝菌和红菇的菌根形态扫描电镜识别初探. 山地农业生物学报，28(5)：458-461.

唐明娟，孟志霞，郭顺星. 2008. 菌根真菌对人工栽培金线莲糖类和无机元素的影响. 中草药，39(10)：1565-1568.

苑冬敏，鞠庆波，康廷国. 2004. 扫描电镜在中药显微鉴定中的应用. 中草药，35(8)：附 13-15.

张丽春. 2009. 铁皮石斛菌根互作的形态学研究. 北京：北京协和医学院博士学位论文，190.

张瑞芹，赵海泉，朱红惠，等. 2010. 丛枝菌根真菌诱导植物产生酚类物质的研究进展. 微生物学通报，37(8)：1216-1221.

朱红惠，姚青，李浩华，等. 2004. AM 真菌对青枯菌的抑制和对酚类物质的影响. 微生物学通报，31(1)：1-5.

Ashford AE，Allaway WG，Reed ML. 1996. A possible role for the thick-walled epidermal cells in the mycorrhizal hair roots of *Lysinema ciliatum* R. Br. & other Epacridaceae . Annals of Botany，77(4)：375-382.

Beckman CH. 2000. Phenolic-storing cells：keys to programmed cell death and periderm formation in wilt disease resistance and in general defence responses in plants. Physiological and Molecular Plant Pathology，57(3)：101-110.

Briggs CL，Ashford AE. 2001. Structure and composition of the thick wall in hair root epidermal cells of *Woollsia pungens*. New Phytologist，149(2)：219-232.

Brundrett M，Bougher N，Dell B. 1996. Working with Mycorrhizas in Forestry and Agriculture. Canberra：Pirie Printers，374.

Cairney JWG，Ashford AE. 2002. Biology of mycorrhizal associations of epacrids(Ericaceae). New Phytologist，154(2)：305-326.

Forkner RE，Marquis RJ，Lill JT. 2004. Feeny revisited：condensed tannins as anti-herbivore defences in leaf-chewing herbivore communities of *Quercus*. Ecological Entomology，29(2)：174-187.

Hammerschmidt R. 2005. Phenols and plant-pathogen interactions：the saga continues. Physiological and Molecular Plant Pathology，66(3)：77-78.

Kogel KH，Langen G. 2005. Induced disease resistance and gene expression in cereals . Cellular Microbiology，7(11)：1555-1564.

Krishna KR，Bagyaraj DJ. 1984. Phenols in mycorrhizal roots of *Arachis hypogaea*. Experientia，40(1)：85-86.

Massicotte HB，Melville LH，Peterson RL. 2005. Structural characteristics of root -fungal interactions for five ericaceous species in eastern Canada . Canadian Journal of Botany，83(8)：1057-1064.

第十九章 4种常用药用植物内生真菌及其互作关系研究

第一节 沙棘内生真菌及其互作关系研究

沙棘(*Hippophae rhamnoides* L.)为胡颓子科沙棘属植物，别名醋柳、酸刺、酸溜溜等。中国的沙棘属植物分为4种5亚种。中国是世界上利用沙棘最多的国家，早在公元8世纪藏医名著《月王药诊》、《四部医典》中就有用沙棘果治疗肺部疾病、肺脓肿、热性“培根”病、“木布”病、胃病的记载。《中华人民共和国药典》、卫生部颁布标准(藏药第1册)均收载了沙棘果或沙棘膏。同时沙棘具有优异的生态效益和经济价值，耐寒、耐旱、耐盐碱、耐脊薄，萌生繁衍能力强，固氮能力也强，故具有良好的改良土壤和水土保持功能。近几十年来，国内外专家研究发现沙棘的果实、种子、叶、皮等各器官中含有丰富的营养成分及药用成分，因而具有多方面的功效，对其也进行了食用方面的研究，且已逐渐从食用转向药用。

当前，对沙棘菌根方面已有研究，观察了沙棘根瘤的形态结构(张成刚等，1994；赵丽辉等，2001；申旭燕，2013)、组织结构(晋坤贞等，1995；赵延霞，2012)，并对沙棘结瘤原因(任嘉红和张晓刚，2002)、超微结构(张玉胜，1990；任嘉红和张晓刚，2002)、丛枝菌根真菌 *Glomus mosseae* 和 *Frankia* 混合接种存在联合增效促进沙棘根瘤固氮方面(李淑敏等，2004)有大量报道。在丛枝菌根方面也进行了研究。例如，有研究表明，沙棘中的泡囊丛枝菌可以增强植株的吸水能力，帮助植株度过干旱胁迫，通过改变 SOD、CAT 等的活性减轻因干旱胁迫对宿主造成的伤害程度，以及对沙棘苗木具有显著的促生长作用等。但对沙棘内生真菌的其他方面则鲜有报道，所以本章对野生沙棘的根部进行观察，并分离筛选沙棘内生真菌，建立沙棘无菌苗与有效菌株的共生培养体系，并对该菌株对沙棘苗的影响进行相关评价。

一、野生沙棘的菌根形态特征

在所采集的野生沙棘根部是否存在内生真菌，以及内生真菌在根部的分布形态如何，这是研究的首要问题。首先采用植物显微镜技术方法观察采自山西省右玉县(北纬 40°10′，东经 112°15′，海拔 1360m)野生沙棘根部内生真菌的侵染情况，为了解沙棘的菌根生物学特性提供依据。

真菌能在沙棘根表皮形成侵入位点，侵入到表皮细胞内，表皮细胞内生长的菌丝，可以真接穿透细胞壁而向下一层细胞侵染。老化的菌丝蕃红染色呈阳性，不甚具生活力。真菌在完成对几层表皮细胞的侵染后，仍可进一步侵染皮层细胞，可看到在皮层细胞中朝中柱鞘方向延长的菌丝，该菌丝咖啡色，具明显横隔膜，且在皮层细胞内产生分枝。在皮层细胞中还可观察到一些菌丝片段，为植物细胞消化降解所致。同样，在表皮细胞内也能观察到一些菌丝片段，说明表皮细胞与皮层细胞均是植物与真菌相互作用的活跃部位。

二、沙棘内生真菌的分离及促进生长作用有效菌株的筛选

沙棘与菌共生是自然界的普遍现象，尤其是与弗兰克氏细菌共生固氮已经是现今研究的热点。已有研究表明，真菌也能促进沙棘的共生固氮。真菌是否能够促进沙棘苗木本身的生长，是下面研究的问题。

(一) 沙棘种子苗的无菌培养及沙棘组织培养

试验表明，沙棘种子最佳萌发条件为：暗光、7g/L 琼脂添加量、pH 7.0。沙棘种子最适宜在 White 培养基上萌发；在培养基中添加 0.3mg/L 6-BA、0.03mg/L NAA、0.005%聚乙烯吡咯烷酮(PVP)适合沙棘子叶诱发丛生苗，子叶更易分化丛生芽且没有褐化发生。同时，生根粉浓度为 50mg/L，处理时间为 2h 时对沙棘生根有一定的促进作用。沙棘幼苗的胚轴、胚根在有小伤口时都能诱导丛生苗，而且在根的旁边大量生出。

(二) 沙棘内生真菌的分离情况

试验中，从沙棘中共分离内生真菌 35 株。其中沙棘植株中分离得到 28 株，沙棘种子中分离得到 7 株。具体部位的分离情况如表 19-1 所示。

表 19-1　沙棘内生真菌的分离情况

植物材料	总分离数	根部		茎部		叶部		种子	
		分离量	分离率/%	分离量	分离率/%	分离量	分离率/%	分离量	分离率/%
沙棘	35	7	15	10	25	11	55	7	22.2

三、内生真菌的筛选

(一) 真菌的初步筛选

把从沙棘的不同部位分离得到的菌株分别接入 White 培养基中，与沙棘无菌苗进行共生筛选。通过一个多月的观察发现，在菌株和植物共生的过程中不断有植株死亡的现象。也有菌株在共生期间对植株完全没有危害，并对植物的生长有一定的促生作用，这样的菌株有 4 株，占供试菌株数的 11.8%。

(二) 共生真菌的复筛

对初筛选定的 4 个真菌菌株与沙棘无菌苗的共生培养进行了进一步的确定。经过 30 天的

培养，从表 19-2 中可以看出，4 个菌株与 2 组对照相比都能不同程度地使幼苗增重，这说明初筛中选出的菌株对植株的生长是有利的。其中，SJ-8 菌株使沙棘每瓶增重 0.156g，增重比率达 84.3%，与 2 个对照相比均差异显著，而且组培苗在与 SJ-8 菌株共生的同时，不但地上部相对生长较高，而且根部比其他各组均生出更多的新生根，平均每瓶新生根达 7.6 个。这对沙棘组培苗质量的增加及营养的吸收都有极大的帮助。

表 19-2　培养 30 天不同菌株对沙棘组培苗生长的影响

菌株名称	每瓶苗增重		平均每瓶新生根数
	质量/g	增重比率/%	
SJ-2	0.094±0.005	50.8	2±1.41
SJ-8	0.156±0.004	84.3	7.6±1.67
SJ-16	0.107±0.008	57.8	2±1.12
SJ-17	0.058±0.010	31.4	0
CK-1	0.075±0.009	40.5	4.4±1.83
CK-2	0.073±0.004	39.5	5.6±2.31

四、有效菌株与沙棘幼苗共生培养体系的建立及应用评价

通过前期对大量沙棘内生真菌的筛选，得到了 SJ-8 菌株，该菌株对沙棘幼苗表现出良好的促生作用，那么该菌是否侵入到沙棘苗根内，以及是否与沙棘苗建立了共生关系，本节对与 SJ-8 菌株共生的沙棘苗根进行观察。

(一)与内生真菌共培养沙棘苗的外部形态

由图 19-1 可以看出，与内生真菌 SJ-8 共培养 30 天后，沙棘苗生长健壮，植株嫩绿，子叶翠绿，茎顶端生长良好，表现出良好的生长势。

(二)内生真菌对沙棘苗根部的侵染情况

图 19-1　与内生真菌 SJ-8 共培养的沙棘苗(见彩图)

试验表明，受到真菌侵染的沙棘幼苗根部有非常多的根外菌丝，在 40 倍的放大倍率下，有时很难区分开菌丝与根毛[图 19-2(a)]，而提高放大倍率后，则很容易将两者区别开。菌丝经由表皮细胞侵入到皮层薄壁细胞，沿皮层细胞间隙延伸，从图 19-2(c)可以清楚地看出在皮层细胞间隙直线延伸的菌丝，菌丝呈褐色，具有明显的横隔膜。在皮层细胞间隙延伸的菌丝顶端可以产生分枝，并向下层细胞侵染[图 19-2(b)，星号]。菌丝在皮层薄壁细胞间直线延伸的同时会侵入到皮层细胞内部，图 19-2(d)箭头所示为一个侵入到皮层细胞内的菌丝，顶端略有膨大。

（三）双重培养体系的应用评价

在筛选出了促进沙棘苗生长的有效菌株的前提下，试验对无菌沙棘苗与该菌株建立的双重培养体系进行了应用评价。

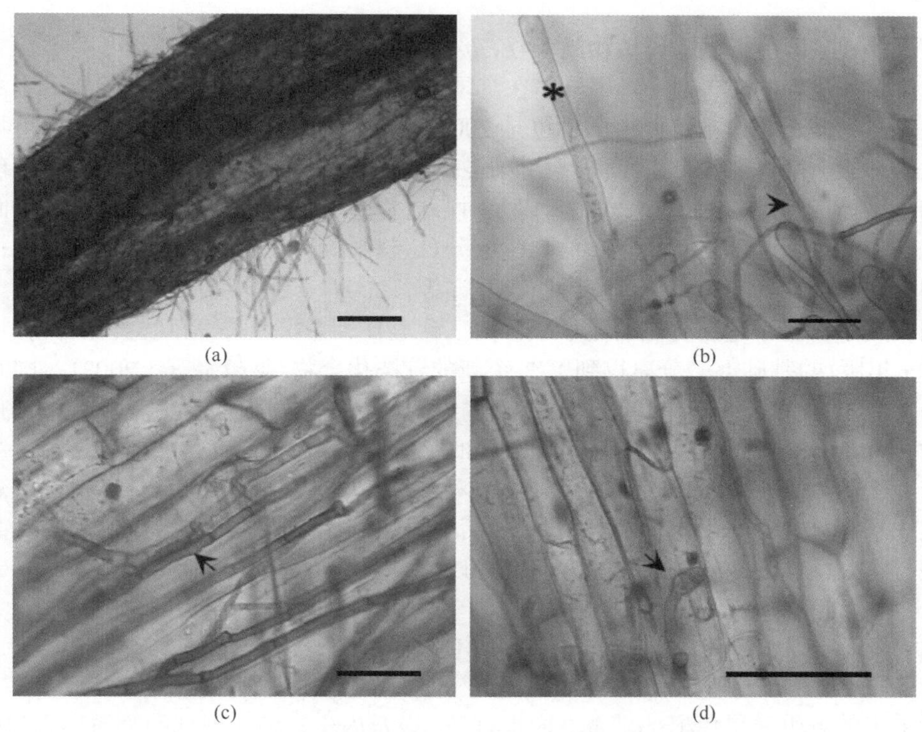

图 19-2　沙棘内生真菌侵染根部的显微切片

(a)沙棘幼苗的根部，在低放大倍率下很难区分根外菌丝与根毛；标尺：200μm。(b)沙棘的根毛(*)与根外菌丝(箭头)；标尺：100μm。(c)在皮层细胞间隙直线延伸的菌丝，菌丝呈褐色，具有明显的横隔膜(箭头)；标尺：50μm。(d)侵入到皮层细胞内的菌丝，顶端略有膨大(箭头)；标尺：50μm

1. 有效菌株对沙棘多糖及可溶性蛋白质含量的影响

内生真菌 SJ-8 与沙棘苗共培养 30 天，沙棘菌中的多糖及可溶性蛋白质含量与对照组相比均有显著性差异。其他时间段内生真菌对多糖含量的影响并不明显，但对可溶性蛋白质含量影响却十分突出，在共培养至 20 天时，真菌已成功侵入到植物体内，植物体产生相应的防御反应，如一些水解酶类的生成量增加，故此时，蛋白质含量很高；20~30 天是菌-苗相互作用的活跃期，也是双方共生关系的建立时期，蛋白质含量逐渐升高，达到高峰。随后，逐渐下降。

2. 有效菌株对沙棘苗几种酶活性的影响

研究了内生真菌 SJ-8 与沙棘苗共培养过程中 PAL、POD、几丁质酶、β-1，3-葡聚糖酶等的活性动态变化。试验表明，接种内生真菌后，沙棘苗的多种酶活均呈现出波浪式变化。几丁质酶和 β-1，3-葡聚糖酶活性在共培养 10 天时达到活性高峰，随后一直下降；在 15 天时，PAL、POD 活性达到高峰。酶活性的变化趋势表明，在其达到活性高峰时，正在激发植物体的防御反应，随后酶活性逐渐下降趋于平稳，但仍高于没有接菌的沙棘苗，说明沙棘苗对真菌的消解与真菌对沙棘苗的侵染达到了动态平衡，已经成功建立了菌根营养关系。

第二节 墨旱莲内生真菌及其互作关系研究

中药墨旱莲，即菊科鳢肠属植物鳢肠(*Eclipta prostrata* L.)，地上部入药，是二至丸、参鹿补膏、凉血安神片等的原料之一。墨旱莲在全国各地均有分布，主产于江苏、江西、浙江、广东等地。该品始载于《唐本草》一书，也是2005年版《中国药典》所收载的药用植物，主要用于牙齿松动、须发早白、腰膝酸软、阴虚血热、外伤出血等症的治疗。近年来因发现其有免疫调节和抗肿瘤活性(赵越平等，2002)，以及对心血管系统疾病也有一定的治疗效果而受到广大科学工作者的重视，随之对墨旱莲的化学成分(赵越平等，2001；赵越平等，2002；林朝朋等，2004；刁峰敏，2013；)、药理药效(李春洋等，2004)、临床应用等方面进行了大量的研究和应用，其中在墨旱莲原有主要化学成分为三萜皂苷、噻吩、香豆草醚类化合物(《中国药典》，2005年版)的基础上又分离得到了3个新的苷类化合物(赵越平等，2002)。同时，研究表明墨旱莲能不同程度上抑制环磷酰胺(CY)诱导的小鼠胸腺细胞的凋亡(景辉等，2004)。

目前，随着菌根研究的深入，墨旱莲的根部是否存在内生真菌，这些内生真菌对墨旱莲的生长又有什么影响，这些都是研究的重点。本节对野生墨旱莲根部的内生真菌进行形态学观察，并通过组织培养方式培养墨旱莲的无菌苗，然后将墨旱莲无菌苗与分离得到的内生真菌进行共生培养进行有效菌株的筛选。通过这些研究可以为今后墨旱莲大田种植奠定基础。

一、野生墨旱莲的菌根形态特征

在所采集的野生墨旱莲根部是否有内生真菌，以及内生真菌在根部的分布形态如何，要解决上述问题首先采用植物显微镜技术方法观察墨旱莲根部的内生真菌侵染情况，为了解墨旱莲的菌根生物学特性提供依据。

从采自广西墨旱莲植株的显微切片中观察到：野生墨旱莲根部存在内生真菌的侵染，真菌在对墨旱莲根部进行侵染时，菌丝首先附着在根的外表皮上，然后从某个表皮细胞形成侵入位点。受到内生真菌侵染的表皮细胞，最外层细胞壁已破裂，细胞内存在真菌菌丝。真菌进入表皮细胞后，可进一步向外皮层细胞侵染，受到真菌侵染的外皮层细胞壁逐渐加厚，以抵御真菌的侵袭，这正是植物体的防御反应。受到真菌侵染的外皮层细胞加厚的细胞壁，加厚的细胞壁蕃红染色呈阳性。在这些根中没有观察到侵入到皮层细胞的菌丝。

但是在观察墨旱莲细嫩的小侧根时却观察到了侵入到皮层细胞的大量菌丝，一个细嫩的小侧根，其内皮层细胞有大量的真菌菌丝，同时，该小侧根皮层细胞的细胞核清晰可见，细胞生活力旺盛。

因何真菌能侵染细嫩的小侧根皮层细胞，这些小侧根是否是真菌进一步侵染主根的通道，现在还不得而知。Hadley和Willamson(1972)曾报道过在植物根毛中观察到真菌分布，认为真菌可从根毛进入根表皮细胞，进一步向皮层细胞侵染，而本研究中观察到的真菌侵染细嫩小侧根是否等同于从根毛侵入，还有待于进一步研究。

二、墨旱莲内生真菌的分离及促生作用有效菌株的筛选

植物内生真菌的研究离不开对内生真菌的分离和与植物的共生培养。只有分离得到了内生真菌才能开展其他后续各个方面的研究工作，也只有明确了真菌与植物互作的效果，才能更好地进行深入的研究。

(一)墨旱莲的组织培养研究

在所采用的外植体中，顶芽是一种特殊的外植体，许多植物快速繁殖都以它作为组织培养的首选材料。墨旱莲顶芽是较为理想的快速繁殖材料；墨旱莲愈伤组织诱导的最佳激素组合为：MS+6-BA 2.0mg/L+ NAA 0.5mg/L；诱导芽分化的适宜激素组合为：MS+6-BA 3.0mg/L+NAA 0.3mg/L；诱导根的最佳培养基为：MS+ NAA 0.2mg/L。

(二)墨旱莲内生真菌的分离

从采自广西壮族自治区西宁市墨旱莲植株中分离到的内生真菌菌株大多数为黑灰色的生长较快的菌株，很容易铺满整个平皿(表 19-3)。

表 19-3 植物菌株的分离

植物材料	总分离数	根部		茎部		叶部	
		分离量	分离率/%	分离量	分离率/%	分离量	分离率/%
墨旱莲	10	7	35	2	13.3	1	5.9

三、墨旱莲内生真菌的筛选

(一)真菌的初步筛选

将从材料中分离得到菌株分别接种于组培苗中，观察菌株对植株生长的影响。每瓶一株植株、一个菌株共生培养，设不加菌片为空白对照(于雪梅和郭顺星，2000)。试验获得了较多的对植株生长有利的优良菌株，且这些菌株全部从根部分离得到，占全部分离菌株的 50%，说明在所采集到的野生墨旱莲的植株上杂菌和病原菌较少，而有益的菌株多，这促进了墨旱莲植株在野外恶劣条件下的生长。共生期间随着菌株在培养基中的生长，无菌苗也不断地长高、加粗，且与对照相比有一定的促生作用。这些菌株为 M-1、M-6、M-7、M-8、M-10。

(二)共生真菌的复筛

将选定的 5 种真菌在 1/2MS 培养基中培养 7 天后与墨旱莲组培苗共生。菌株对植物的作用在共生初期表现不很明显，即墨旱莲无菌苗的生长与菌的生长都在进行，菌生长较快，很快就铺平了整个瓶底。而无菌苗在初期生长良好，但到了共生的中期，即 15 天左右，与 M-1、M-6 两种菌株共生的组培苗明显出现纤细、矮化、下部叶片发黄等现象，而与 M-8 共生的组培苗生长速率明显加快，生长良好，叶色嫩绿，茎秆粗壮，生根较多且色白。共生 30 天时的

统计结果表明，与 M-8 共生的组培苗鲜重最高，达到 1.68g，与各组之间均存在显著差异(表 19-4)。同时，此组得到的干重值也与各组之间存在显著差异，这充分说明了 M-8 菌株能够显著促进墨旱莲组培苗的生长。

表 19-4　培养 30 天不同菌株对墨旱莲组培苗生长的影响

菌株名称	每瓶苗增重	
	鲜重/g	干重/g
M-1	0.453±0.261	0.055±0.003
M-6	0.501±0.325	0.053±0.013
M-7	1.179±0.423	0.095±0.011
M-8	1.685±0.398*	0.130±0.010*
M-10	0.828±0.434	0.113±0.005*
CK	1.091±0.159	0.078±0.004

*$P<0.05$

四、有效菌株与墨旱莲苗共生培养体系的建立

图 19-3　与内生真菌 M-8 共培养 30 天的墨旱莲苗(见彩图)
右侧为纯培养的墨旱莲苗

(一)共生的外部形态

通过前期对墨旱莲内生真菌的筛选，我们得到了 M-8 菌株，该菌株对墨旱莲幼苗表现出良好的促生作用。无菌苗与内生真菌 M-8 共培养 30 天后，墨旱莲苗生长健壮、植株嫩绿，表现出良好的生长势(图 19-3)。

(二)内生真菌对墨旱莲苗根部的侵染情况

1. 受到真菌侵染的墨旱莲幼苗根的外部形态

墨旱莲的根很细长，真菌并非侵染整个根部，而是在根的某段位置进行侵染，受到真菌侵染的位置外观色泽略暗淡，但根仍保持生活力，继续生长。这也正是此种内生真菌有别于其他病菌的原因所在。

2. 内生真菌在墨旱莲苗根内的侵染形态

从图 19-4(a)中可以看出，在墨旱莲根部外围附着有大量的菌丝；附着于根外的菌丝常能在根表皮层的某个细胞中定植，并由此细胞进一步侵入到皮层细胞。图 19-4(b)所示为一个表皮细胞完全由真菌菌丝充满，菌丝由此皮层细胞作为侵入位点侵入根内。侵入到皮层的菌丝，并不直接侵入到皮层细胞内，而是在皮层细胞间隙延伸生长[图 19-4(c)、(f)，箭头]，并不断产生分枝向下层皮层细胞延伸，随着菌丝的不断延伸生长及分枝，逐渐将某个皮层细胞完全包裹[图 19-4(b)，星号所示细胞]。菌丝在皮层细胞间隙延伸生长的同时，会侵入到某一个皮层细胞内部并在其中定植[图 19-4(d)，*]，菌丝完全充满该定植皮层细胞后，产生分枝继续在

皮层细胞间隙延伸并进一步向其他皮层细胞侵染[图 19-4(d)，箭头]。菌丝在皮层细胞间隙延伸时，有时在菌丝中间或顶端会出现膨大现象[图 19-4(e)，箭头]，其机制现在还不明确。在观察真菌在墨旱莲根内的侵染形态时还发现老化的菌丝一般不被翠酚蓝着色，老化的菌丝呈深褐色[图 19-4(f)，箭头]，而生活力旺盛的菌丝均被翠酚蓝染成蓝色。

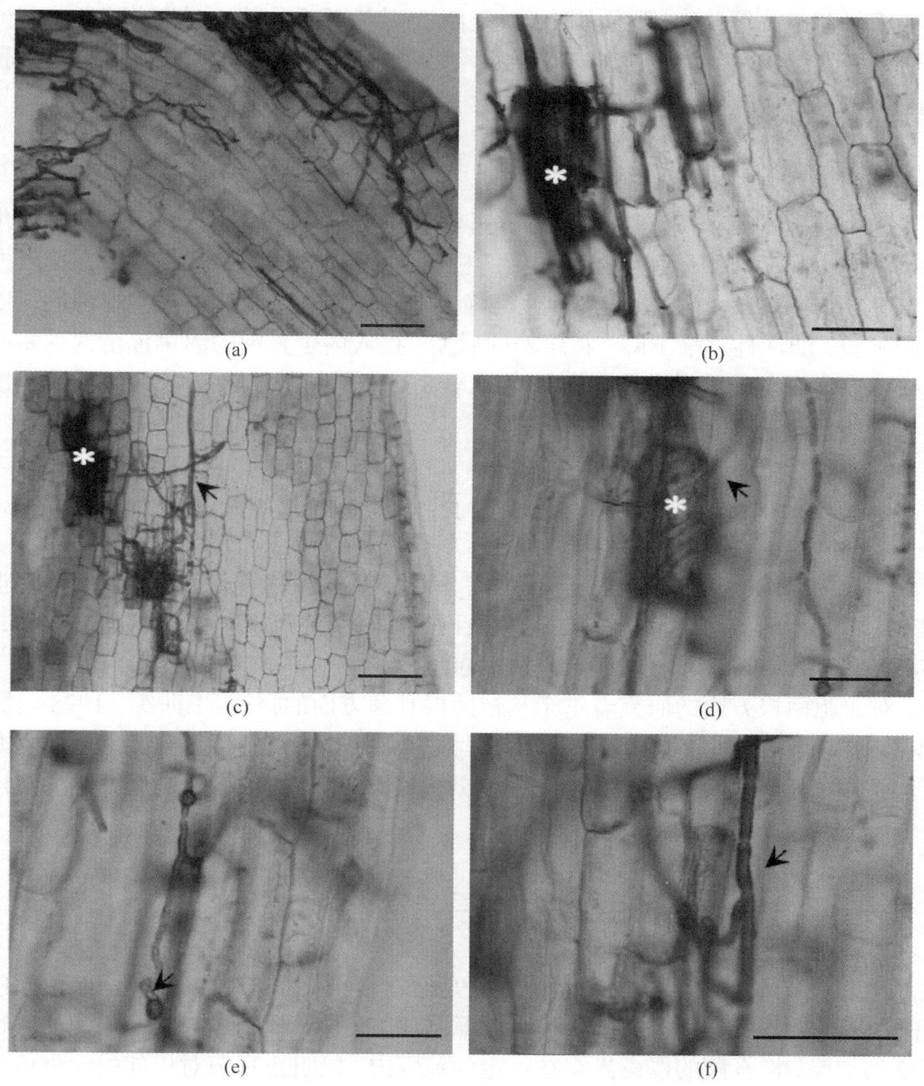

图 19-4　内生真菌在墨旱莲根部的侵染形态

(a)墨旱莲根部外围附着有大量的菌丝；(b)一个表皮细胞完全由真菌菌丝充满(星号)，菌丝由此皮层细胞作为侵入位点；(c)在皮层细胞间隙延伸生长的菌丝；(d)在皮层细胞间隙延伸生长的同时，会侵入到某一个皮层细胞内部并在其中定植；(e)菌丝在皮层细胞间隙延伸时，有时在菌丝中间或顶端会出现膨大现象；(f)皮层细胞间延伸的菌丝，老化时呈褐色。标尺：(a)、(c)=100μm；(b)、(d)、(e)、(f)=50μm

五、墨旱莲有效菌株的应用评价

将筛选出的促进墨旱莲苗生长的有效菌株 M-8 与墨旱莲无菌苗建立了双重培养体系，对与内生真菌共培养后的墨旱莲苗相关指标进行测定，并对该菌株的应用效果进行评价。

(一)有效菌株对墨旱莲多糖及可溶性蛋白质含量的影响

试验表明，菌株 M-8 对墨旱莲苗的多糖含量并不具有明显的影响；对墨旱莲苗的可溶性蛋白质含量仅在共培养时期有明显的影响，而随培养时间的延长便不再有显著性差异。这说明内生真菌与墨旱莲苗共培养 20 天左右时，正是菌-苗共生关系的建立时期，随真菌向植物体的侵入，相应会引发植物体的防御反应，导致可溶性蛋白质含量升高，而随着培养时间的延长，菌-苗双方逐渐相互适应，所以可溶性蛋白质含量便不再有显著性差异。

(二)有效菌株对墨旱莲苗几种酶活性的影响

研究了内生真菌 M-8 与墨旱莲苗共培养过程中几丁质酶、PAL 等的活性动态变化，以期为系统地了解内生真菌与墨旱莲苗相互作用的机制奠定基础。试验结果表明，在接入内生真菌后的第 5 天，几丁质酶、PAL 均达到活性高峰，酶活性均高于未接入内生真菌的；以后随着培养时间的延长，酶活性逐渐下降；在培养的后期，接入内生真菌的墨旱莲苗两种酶的活性均略低于未接入内生真菌的墨旱莲苗。内生真菌 M-8 对墨旱莲苗的 PAL 及几丁质酶活性均有明显影响。

第三节　龙胆内生真菌及其互作关系研究

中药龙胆(*Gentiana scabra*)为龙胆科植物，其的干燥根及根茎入药，具有清热燥湿、泻肝胆火的功效，用于治疗湿热黄疸、惊风抽搐、目赤、耳聋、胁痛等症。现代研究表明，中药龙胆具有多种药理作用和临床应用价值(刘涛，2004)。

目前，对龙胆菌根方面的研究着重于丛枝菌根真菌方面的报道(王茜等，1998；葛彩艳等，2014)，本节对龙胆根部的内生真菌进行形态学观察，并分离其内生真菌，然后建立龙胆的无菌苗培养体系用于筛选能促进龙胆苗生长的有效内生真菌菌株，以期为今后龙胆的栽培生产提供参考。

一、野生龙胆的原始菌根形态特征

通过显微观察发现，龙胆的内生真菌主要是通过侵染侧根与主根的接合部位而侵入根内的，因为刚形成的侧根比较嫩，真菌正是由此薄弱环节侵入。同时，与主根相连的侧根周边细胞的细胞壁均加厚，把真菌的侵染界定在一定的范围内，以阻止真菌对根部的大量侵染而对植物体造成的伤害。

图 19-5(a)、(b)中箭头所示为龙胆根受到真菌侵染的部位；当真菌能穿过外皮层细胞而侵染到皮层细胞时，受到侵染的外皮层细胞壁加厚以抵御真菌的侵染，由图 19-5(b)可以清楚地看出，受到真菌侵染的根部皮层细胞壁明显加厚，蕃红染色呈阳性，还可以看到侵入到皮层的菌丝。

图 19-5(c)星号所示为一个侧根的部位。经过放大观察发现在侧根中存在大量的菌丝[图 19-5(c)、(d)]；侧根的周边细胞壁均明显加厚[图 19-5(d)，箭头]，蕃红染色呈阳性；真菌能侵染侧根中绝大多数皮层细胞，但不能侵染中柱及髓部，这样能使根仍保持生活力；真菌菌丝直接穿透皮层细胞壁而侵染相邻细胞，图 19-5(e)中箭头所示为一个穿过皮层细胞壁的菌丝。侧根的皮

层细胞正是真菌与植物体相互作用的活跃部位，由图 19-5(f)可以看出，侵入到一个皮层细胞中的菌丝，有的已被消化降解，而有的仍有生活力，并向相邻细胞侵染，且产生分枝，这正是一种互惠共生的菌根关系，即真菌侵入到植物细胞吸收光合作用产生的营养物质供自身生长所需，同时，植物体对侵入的菌丝消化吸收，两者达到一种动态平衡。

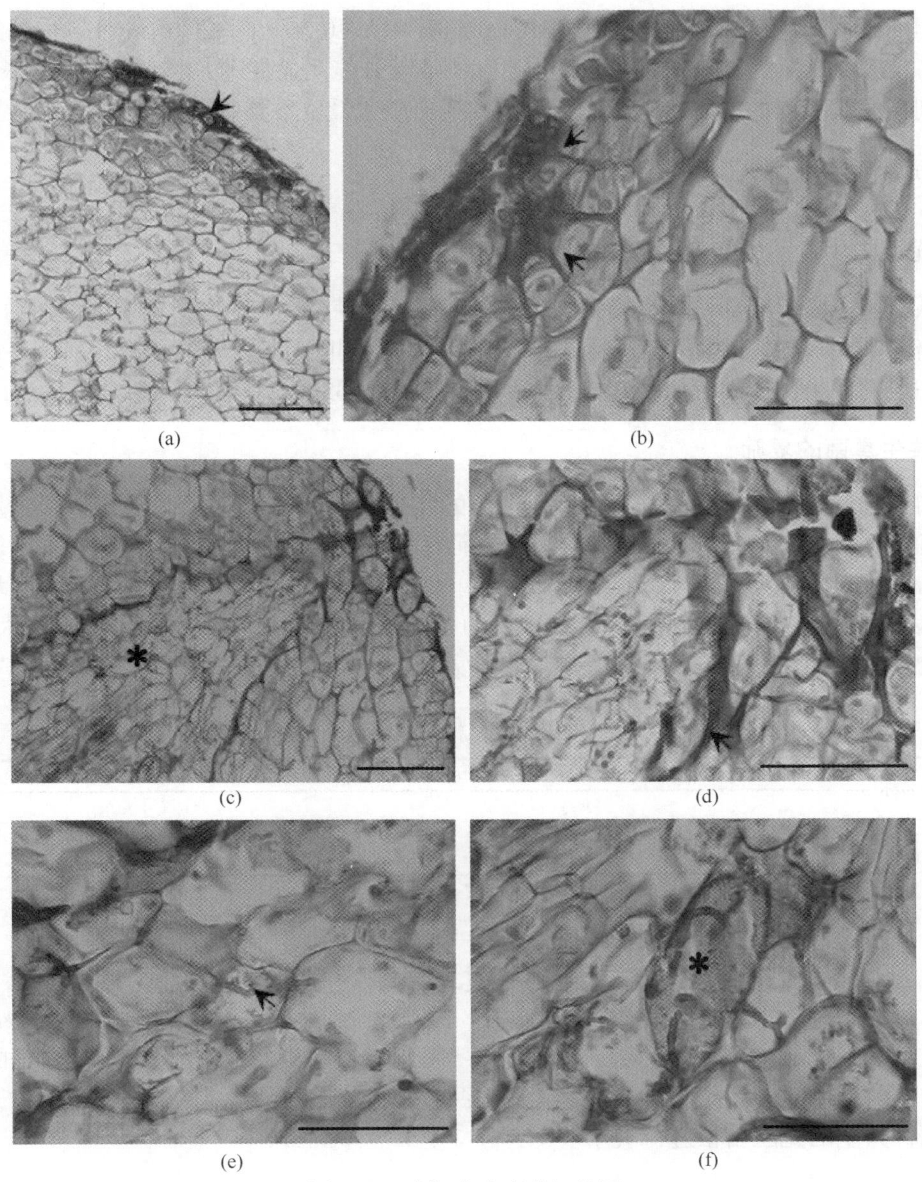

图 19-5　龙胆内生真菌切片图

(a)箭头示龙胆根部外皮层受到真菌侵染的部位；(b)受到真菌侵染的外皮层细胞及皮层细胞壁明显增厚，以阻止真菌的进一步侵染，受侵染的外皮层细胞内有一些菌丝(箭头)；(c)龙胆根部侧根的发生部位(*)，侧根皮层细胞中有大量菌丝；(d)与侧根相连的周边皮层细胞壁明显增厚(箭头)；(e)示侧根皮层细胞中一个正在穿过细胞壁的菌丝；(f)侧根皮层细胞中有些菌丝已被消化降解(*)，有些仍在继续侵染相邻的皮层细胞。标尺：50μm

二、龙胆内生真菌的分离及促生作用有效菌株的筛选

(一)龙胆的组织培养研究

龙胆的最适分化培养基为：MS+6-BA 1.0mg/L+NAA 0.2mg/L+KT 0.1mg/L：生根的最佳培养基为：1/2MS+NAA 0.2mg/L；龙胆内生真菌 L-5 菌株能明显促进龙胆无菌苗的生长。L-5 菌株并不利于龙胆多糖的累积，对龙胆苗可溶性蛋白质含量也不具明显的影响。

(二)龙胆内生真菌的筛选

1. 龙胆内生真菌的初步筛选

把从野生龙胆不同部位分离得到的菌株，以及对沙棘、墨旱莲有明显促生作用的菌株，分别接入培养基中，与龙胆无菌苗进行共生筛选。在共生期间对植株完全没有危害，并对植物的生长有一定的促生作用的菌株有 2 株，占到供试菌株的 33.3%。

2. 共生真菌的复筛

对初筛选定的 2 个真菌菌株与龙胆无菌苗的共生培养进行了进一步的确定。经过 30 天的培养，菌株 L-3 并不能促进龙胆苗的生长，反而有部分龙胆苗死亡，与对照相比 L-5 能明显促进龙胆苗的生长，这说明这与初筛中得到的结果相似，充分证明了菌株 L-5 对龙胆组培苗的促生作用(表19-5)。在培养过程中，与 L-5 共生的龙胆苗不仅生长快速，而且能够产生大量新芽，同时根的数量增加，根表面附着了一层黑色真菌，但顶端依旧为白色，可不断生长。

表 19-5　培养 30 天不同菌株对龙胆组培苗生长的影响

菌株名称	每瓶苗增重	
	鲜重/g	干重/g
L-5	1.110±0.361	0.0918±0.0139
CK	0.629±0.296	0.0627±0.0321

三、有效菌株与龙胆苗共生培养体系的建立及应用评价

通过前期对龙胆内生真菌的筛选得到了 L-5 菌株，该菌株对龙胆幼苗表现出良好的促生作用，那么该菌是否侵入到龙胆苗根内，以及是否与龙胆苗建立了共生关系，在本节中，我们对与 L-5 菌株共生的龙胆苗根进行观察。

(一)与内生真菌共培养龙胆苗的外部形态

由图 19-6 可以看出，与内生真菌共培养 30 天后，龙胆苗生长健壮，植株嫩绿，表现出良好的生长势。

（二）内生真菌对龙胆苗根部的侵染情况

图 19-6　与 L-5 菌株共培养 30 天的龙胆苗（见彩图）

受到真菌侵染的龙胆幼苗根部与单独培养的龙胆幼苗根部从外观上看不出明显的区别，唯一的区别在于受到真菌侵染的龙胆幼苗根部外围附着有一些菌丝，但根的颜色并未发生明显的变化。由图 19-7(a)可以看出，龙胆根外附着有大量的菌丝，似网状包裹根部，这些都属于外围菌丝。而菌丝真正要侵染根内时，首先会形成菌丝扭结[图 19-7(b)，星号]，随后从菌丝扭结生出菌丝分枝穿透表皮细胞而侵入到皮层[图 19-7(b)，箭头]。图 19-7(c)所示为侵入到皮层细胞内的菌丝正由一个皮层细胞向相邻细胞侵染，图 19-7(d)所示为侵入到皮层的菌丝，此种龙胆内生真菌在龙胆根部的侵染形态不像前文所述沙棘与墨旱莲内生真菌的侵染形态那样规则，似乎观察不到其在根部的侵染规律，菌丝杂乱交错。且其内生真菌菌丝不被萃酚蓝着色，菌丝均呈现咖啡色。

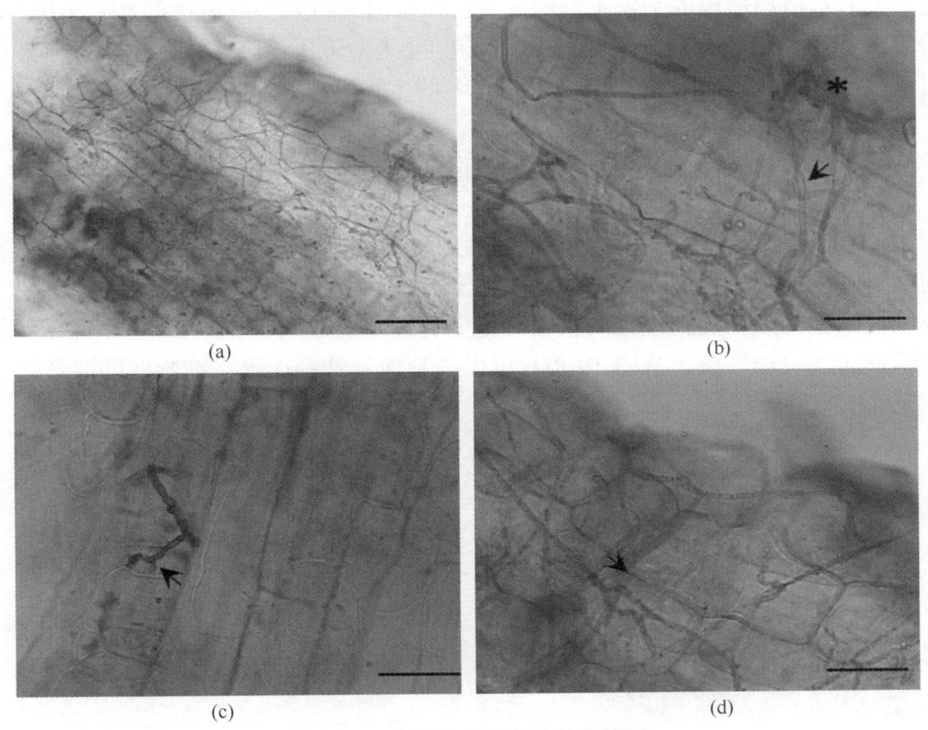

图 19-7　龙胆内生真菌的侵染情况

(a)龙胆根外附着有大量的菌丝；标尺：100μm。(b)真菌在根外形成菌丝扭结(*)，从扭结产生新的菌丝再向根内侵染(箭头)；(c)皮层细胞内连续侵染的菌丝(箭头)；(d)侵入到皮层细胞内的菌丝；标尺：50μm

(三)龙胆有效菌株的应用评价

我们筛选出了促进龙胆苗生长的有效菌株 L-5，该内生真菌对龙胆苗的可溶性蛋白质含量并不具有明显的影响；在共培养早期对龙胆苗的多糖含量也没有明显的影响，而随培养时间的延长，能显著性降低多糖含量，说明此种内生真菌并不利于龙胆苗多糖的累积。

第四节　麦冬内生真菌及其互作关系研究

麦冬[*Ophiopogon japonicus* (L.f.) Ker-Gawl]为百合科沿阶草属多年生常绿草本药用植物。块根入药，具有养阴润肺、清心除烦、益胃生津之功效。麦冬在中国大部分地区有野生分布和栽培，其著名产地有四川三台(川麦冬)和浙江杭州(杭麦冬)。麦冬首次记载于《神农本草经》一书，麦冬的人工栽培可追溯至明代，明李时珍在《本草纲目》一书中对麦冬的品质评价极高。由此可见，人们对麦冬的认识和利用已有很长时间。近年来，科研工作者对麦冬的生物学特性(蒋慧莲，2013)、遗传性状(林以宁等，2005)、化学成分(马海波，2013)、药理活性(张小燕，2007)及麦冬的栽培育种等方面进行了大量的研究，使人们对麦冬的认识更为全面。

当前，人们对植物菌根的了解不断深入，已经认识到绝大多数植物都具有菌根，那么，麦冬这种传统的药用植物是否具有菌根，菌根真菌在其根部的形态又如何，本节就上述问题开展研究，对这些问题的阐明将有助于全面了解麦冬的生物学特性。

一、野生麦冬的菌根形态特征

从图 19-8(d)可以看出，真菌菌丝能穿破麦冬根被细胞壁，并在其中定植，此种真菌菌丝具明显的横隔膜。定植于根被细胞中的菌丝逐渐充满整个细胞腔[图 19-8(e)]，并沿皮层方向的下一层根被细胞侵染。受到侵染的根被细胞壁有加厚的迹象[图 19-8(f)]，但菌丝仍能穿透加厚的细胞壁而进一步侵染，从图 19-8(f)可以清楚地看到穿透根被细胞壁的菌丝。

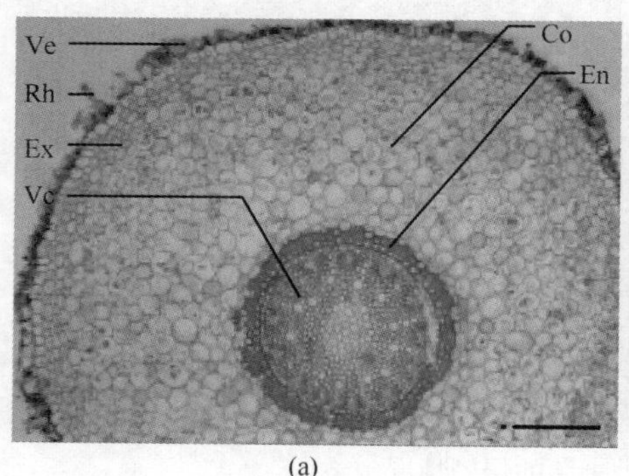

(a)

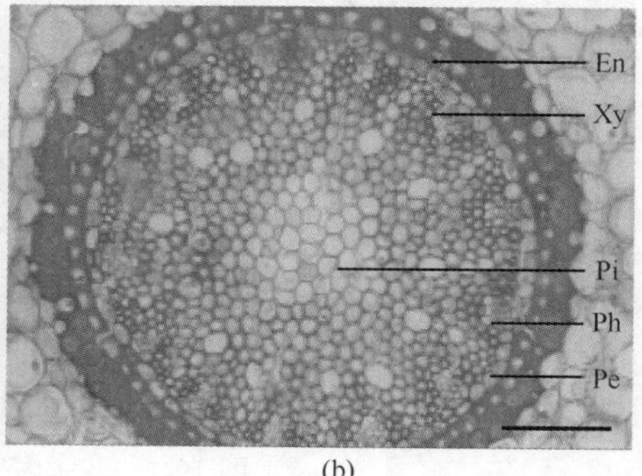

(b)

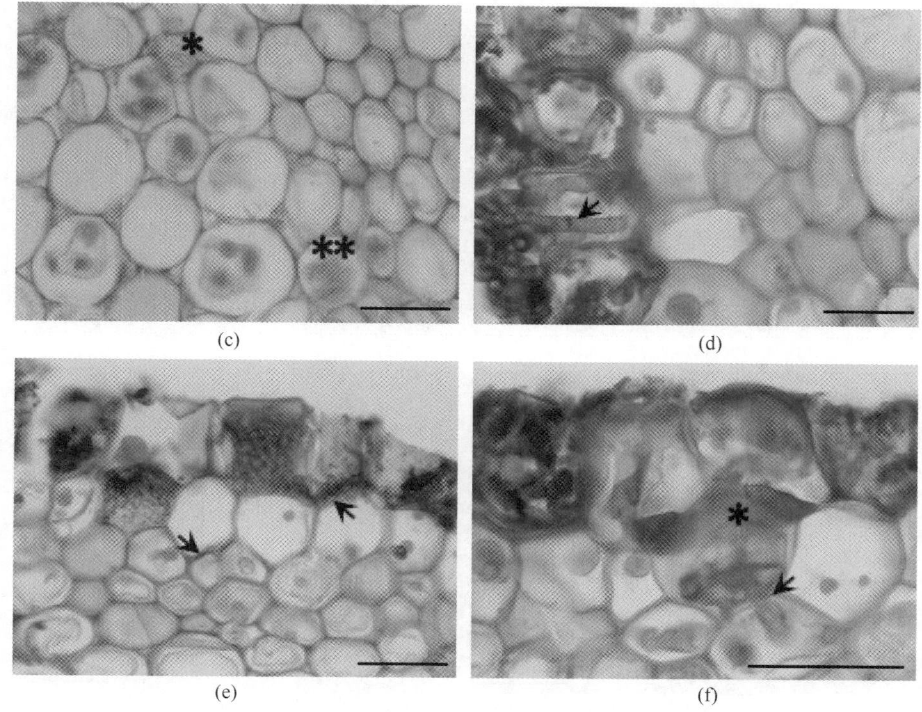

图 19-8 麦冬菌根切片

(a)一个完整的麦冬菌根横切面，示根毛、根被、外皮层、皮层、内皮层及维管柱；标尺：200μm。(b)内皮层、中柱鞘、木质部、韧皮部及髓部；标尺：100μm。(c)皮层细胞中存在针簇状结晶(*)及柱状结晶(**)；标尺：50μm。(d)菌丝穿透根被细胞壁并在其中定植，菌丝具有明显的横隔膜(箭头)；标尺：50μm。(e)进入根被细胞的菌丝逐渐充满整个细胞腔并向下一层根被细胞侵染，受真菌侵染的根被细胞壁开始加厚(箭头)；标尺：50μm。(f)真菌能穿透加厚的根被细胞壁(*)而向下一层细胞侵染，箭头示一个正在穿透细胞壁的菌丝；标尺：50μm。Rh. 根毛；Ve. 根被；Ex. 外皮层；Co. 皮层；En. 内皮层；Vc. 中柱；Pe. 中柱鞘；Xy. 木质部；Ph. 韧皮部；Pi. 髓部

当菌丝侵染到外皮层细胞时，受到侵染的外皮层细胞壁持续加厚，加厚的细胞可达 2～3 层，从图 19-9(a)可以看出，外皮层细胞壁呈木质化加厚，番红、固绿双重染色后呈红色，此厚壁细胞的形成一般被认为是植物体的一种防御反应。进入外皮层细胞的菌丝直接穿透外皮层细胞壁进入到皮层细胞，图 19-9(b)所示为菌丝在外皮层细胞间向着皮层的方向纵向生长。皮层薄壁细胞是真菌增殖生长的主要栖息区域。菌丝并不能侵染所有的皮层薄壁细胞，而是在皮层限定的局部区域细胞中分布。从图 19-9(a)可以看出，经番红、固绿双重染色后，细胞内含有明显绿色团块状结构，此为受到菌丝侵染的细胞，整个皮层薄壁细胞层受到侵染的细胞随机分布。通过大量的切片观察发现，当菌丝侵染到距内皮层 1～2 层细胞时便停止侵染，也就是说菌丝并不能侵染内皮层及中柱，从而使根仍能保持生活力。

一般认为，皮层细胞是真菌与植物体相互作用的活跃部位。图 19-9(c)～(f)所示为菌丝进入皮层细胞至相互作用后期的一个过程，菌丝经由外皮层细胞穿透细胞壁而进入皮层细胞，菌丝进入皮层细胞伊始，皮层细胞便发生质壁分离[图 19-9(c)]，进入细胞内的菌丝包围整个原生质团并向其中侵染，而细胞核区色质浓厚；随后原生质团体积不断减小，大部分菌丝细胞也被降解[图 19-9(d))，这是双方营养交换的场所，真菌吸收植物体的营养，同时，植物体消化吸收老化的菌丝细胞，双方互惠共生，即双方营养交换的互作过程。随着双方相互作用的进行，细胞核逐渐被释放到原生质团之外，但细胞核并非独立存在，而是黏附在原生质

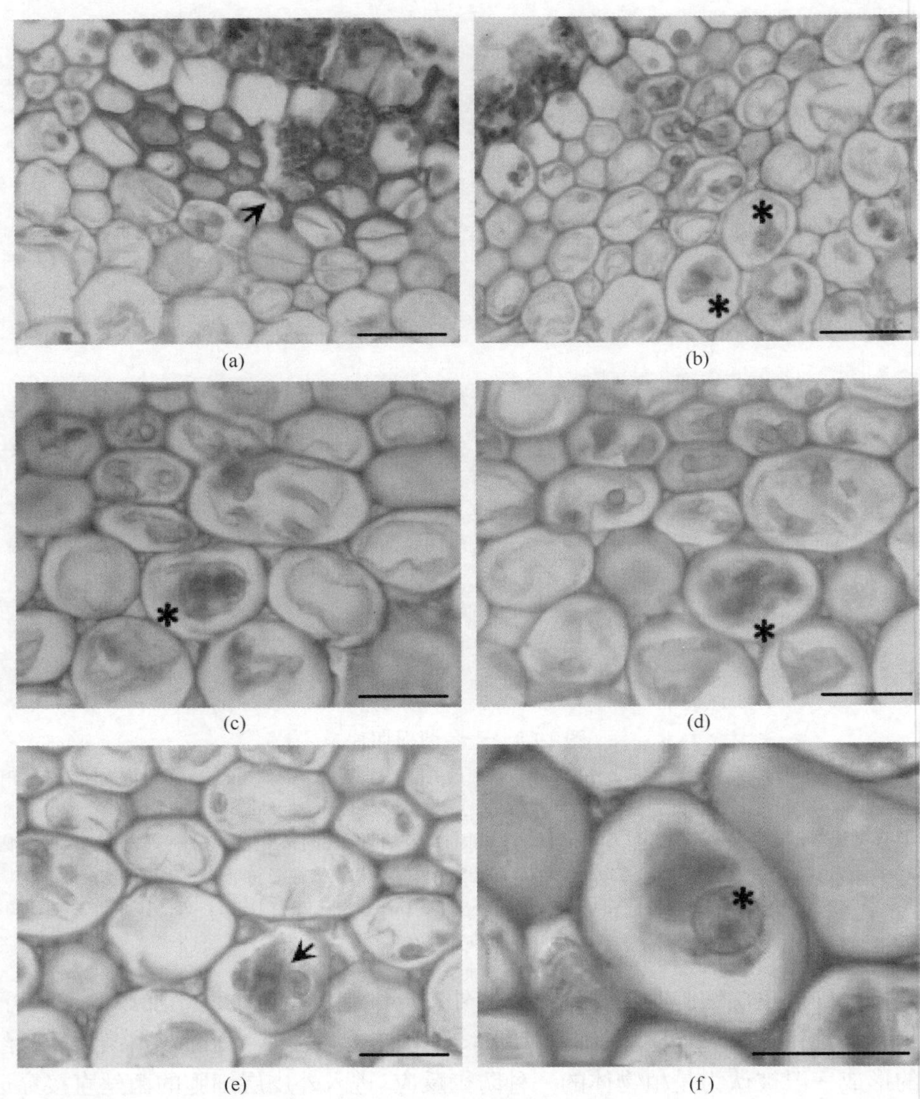

图 19-9　麦冬的菌根侵染过程

(a)受到真菌菌丝侵染的外皮层细胞壁加厚的 2～3 层细胞，但真菌仍能突破这些加厚的细胞壁而形成侵入位点(箭头)，进一步向皮层侵染；(b)受到真菌侵染的皮层细胞(*)；(c)受到菌丝侵染的皮层细胞发生质壁分离，菌丝包围整个原生质，核区被一团不透明物质包围(*)；(d)侵入到皮层细胞内的菌丝逐渐被降解(*)；(e)随着真菌与皮层细胞相互作用的进行，细胞核逐渐被释放到原生质团之外(*)；(f)相互作用的后期，细胞核体积明显增加，核仁清晰可见，细胞核与原生质团紧密相连。标尺：50μm

团上[图 19-9(e)]；被释放到原生质团之外的细胞核体积明显增加，细胞核直径膨大至 20～30μm，核仁清晰可见[图 19-9(f)]，而未受到真菌侵染的细胞核直径为 15μm 左右。真菌与皮层细胞相互作用的后期，皮层细胞核膨大的现象在麦冬的菌根中比较常见。

二、麦冬内生真菌的分离培养

(一)麦冬的组织培养

麦冬的组织培养中，不同的外植体培养的难易程度不同。麦冬叶片诱导愈伤组织，效果不是很好。这主要是由于植物材料的初代培养很困难，尤其是纯野生的植物材料，在其表面附着大量杂菌。相对而言，麦冬种子含有较少的杂菌，比较容易纯培养，但由于其发芽缓慢，一颗种子仅能得到一株无菌苗，短期内获得大量无菌材料是不现实的。麦冬种子在培养基中 2～3 个月可以萌发，在培养基中的生长缓慢，无菌苗生长健康。

在继代培养中，采用 MS+6-BA 1.0 mg/L+NAA 0.2mg/L+KT 0.1mg/L 有很好的效果，能分生出新芽，且新芽也能生根生长（图 19-10）。

图 19-10　新芽的生根培养

（二）麦冬的内生真菌分离

大量研究表明，内生真菌与宿主共生能够对宿主的生长起到积极的促进作用。将从植物野生材料中分离得到真菌与植物共生培养，可达到对植物生长有明显促进作用的效果。

从麦冬的植物材料中共分离得到 15 个菌株，其中以根部居多，分得 7 个菌株，其他各部各分得 4 个菌株（表 19-6）。

表 19-6　植物的菌株分离表

植物材料	总分离数	根部		茎部		叶部	
		分离量	分离率/%	分离量	分离率/%	分离量	分离率/%
麦冬	15	7	29.2	4	50	4	33.3

从表 19-6 中可以看出，从麦冬植物材料中分离得到的菌株大部分来自于根部，猜测其中部分菌株应该为土壤中的微生物，从根部入侵植物体内。这些菌株也许具有地域的专一性，或植物种类的专一性，这需要进行进一步的试验证明。

（韩　丽　郭顺星）

参 考 文 献

葛彩艳，段宇，韩威，等. 2014. 刘晓秋不同年生的辽宁 GAP 基地龙胆根际土壤真菌变化特征. 沈阳药科大学学报，31（2）：152-155.
蒋慧莲. 2013. 麦冬特征性成分及其质量标准研究. 杭州：浙江中医药大学硕士学位论文，1-48.
晋坤贞，殷红，严宜昌. 1995. 中国沙棘根瘤内生菌的观察和根瘤结构与发育的研究. 西北大学学报（自然科学版），25（2）：155-157.
景辉，白秀珍，刘玉铃，等. 2004. 墨旱莲抗环磷酰胺诱导的胸腺细胞凋亡的实验研究. 锦州医学院学报，25（5）：22-24.
李春洋，白秀珍，杨学东. 2004. 墨旱莲提取物对肝保护作用的影响. 数理医药学杂志，17（3）：249-250.
李淑敏，李隆，张福锁. 2004. 丛枝菌根真菌和根瘤菌对蚕豆吸收磷和氮的促进作用. 中国农业大学学报，9（1）：11-15.
林朝朋，芮汉明，潘艳丽. 2004. 墨旱莲黄酮类化合物的水提取研究. 广州食品工业科技，20（3）：81-83.
林以宁，志田保夫，袁博，等. 2005. 不同产地麦冬的指纹图谱比较研究. 中国药科大学学报，36（6）：538-542.
刘涛. 2004. 中药龙胆的研究进展. 辽宁中医杂志，31（1）：85-86.
马海波. 2013. 麦冬化学成分的研究. 北京：北京中医药大学硕士学位论文，1-62.
任嘉红，张晓刚. 2002. VA 菌根真菌提高沙棘抗旱性机理的研究. 晋东南师范专科学校学报，19（5）：17-20.

申旭燕. 2013. 沙棘 *Frankia* 侵染草本植物结瘤的研究. 太原：山西大学硕士学位论文，1-23.
王茜，李洪泉，杜延茹，等. 1998. 龙胆 VA 菌根真菌的分离和鉴定. 生物技术，8(2)：19-22.
习峰敏. 2013. 墨旱莲化学成分及其降血糖活性研究. 上海：第二军医大学硕士学位论文，1-36.
于雪梅，郭顺星. 2000. 全线莲与内生真菌共生培养体系的建立. 中国中药杂志，25(2)：81-83.
张成刚，张忠泽，李维光，等. 1994. 沙棘 *Frankia* 的侵染特征. 应用生态学报，5(3)：299-302.
张小燕. 2007. 中药麦冬的活性成分分析. 南京：南京中医药大学硕士学位论文，1-33.
张玉胜. 1990. 沙棘根系的结瘤与固氮. 沙棘，3：48-49.
赵丽辉，朱筱娟，路红，等. 2001. 沙棘根瘤的解剖学研究. 吉林农业大学学报，23(3)：58-60.
赵延霞. 2012. 沙棘组织结构及对沙棘木蠹蛾的抗虫性. 北京：北京林业大学硕士学位论文，1-45.
赵越平，汤海峰，蒋永培，等. 2001. 中药墨旱莲中的三萜皂苷. 药学学报，36(9)：660-663.
赵越平，汤海峰，蒋永培，等. 2002. 墨旱莲化学成分的研究. 中国药学杂志，37(1)：17-19.
Hadley G，Willamson B. 1972. Features of mycorrhizal infection in some *Malayan orchids*. New Phytol，71：1111-1118.

第二十章　5种珍稀濒危药用植物与内生真菌互作细胞学观察及真菌活性

第一节　白木香与内生真菌互作的细胞学观察及真菌活性

白木香[*Aquilaria sinensis*(Lour.) Gilg]（又称为沉香），属瑞香科(Thymelaeaceae)白木香属(*Aquilaria*)多年生常绿木本植物，为中国特有的珍稀药用植物。白木香以其含黑色树脂的木质部入药，中药名为沉香，为国产中药沉香的正品来源，也是中国生产中药沉香的唯一植物资源(陈树思和唐为萍，2004)。目前，关于白木香的药理、化学成分、引种栽培、组织培养等方面的研究已有大量报道(周永标，1988；杨峻山，1997；叶勤法和戚树源，1997)，并且对其次生木质部导管分子和叶片的解剖结构进行了观察(陈树思和唐为萍，2004，唐为萍和陈树思，2005)。而关于白木香根的显微结构及其内生真菌分布方面的研究尚未见报道。本节研究了白木香根的显微结构及其内生真菌的分布，为今后研究白木香属植物的生长发育、内生真菌分布规律，以及次生代谢产物与内生真菌的关系提供参考。本研究所用的菌根材料来源于广西的白木香根。采用常规石蜡切片法研究菌根的显微结构。切片厚度为12～14μm。

一、白木香根的解剖特征

（一）白木香根的次生结构

白木香根的次生结构由周皮和维管组织两部分组成，见图20-1(a)。周皮包括木栓层、木栓形成层和栓内层3部分，见图20-1(b)，与双子叶植物相同。周皮发生自中柱鞘，中柱鞘细胞恢复细胞分裂能力，形成木栓形成层，再由木栓形成层向外分裂、分化产生木栓层，向内分裂、分化产生层栓内层，三者组成次生保护组织代替表皮的保护作用。木栓层由13～14层近似长形的细胞组成，细胞排列整齐紧密。木栓形成层位于木栓层内方，由一层矩形细胞组成，可见细胞核。紧贴木栓形成层的是栓内层，栓内层与位于其内方的中柱鞘细胞难以区分，因此，从根横切面上不易观察到该层细胞。靠近栓内层的是初生韧皮部，其被挤到边缘，成为没有细胞形态的颓废组织，次生韧皮部较明显，所占比例约为根直径的13%，其内分布有长方形结晶体[图 20-1(c)、(d)]。次生木质部由导管、木薄壁细胞和木射线组成，导管呈径向排列，木化程度高，壁厚，导管腔中存在形状不一的侵填体。在导管细胞之间分布有大量的木薄壁细胞，经番红、固绿双重染色后呈绿色[图 20-1(e)～(g)]。

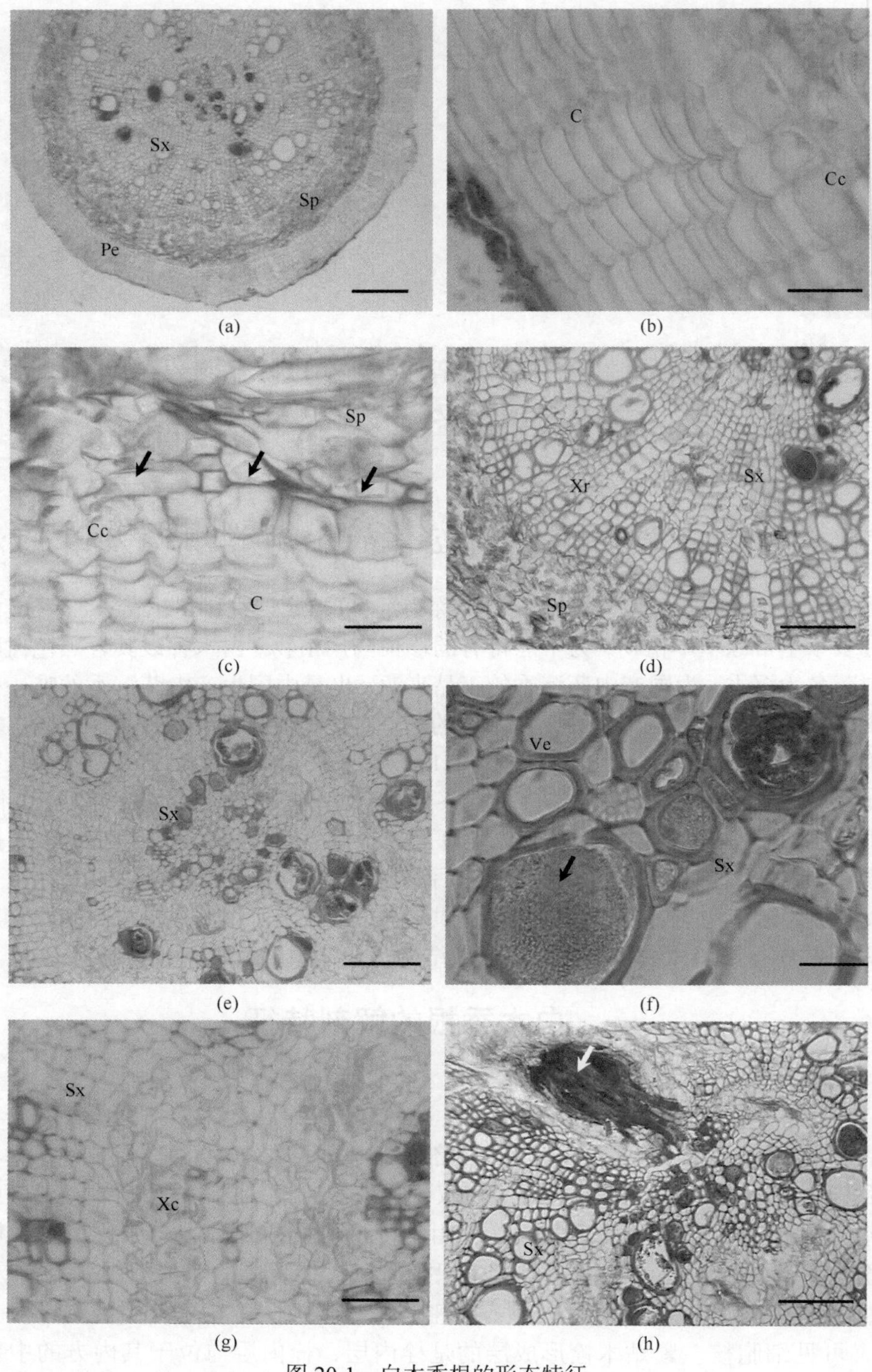

图 20-1　白木香根的形态特征

(a) 根次生结构横切局部，示次生韧皮部、木质部及周皮；标尺：500μm。(b) 根次生结构横切局部，示木栓层、木栓形成层；标尺：20μm。(c) 木栓形成层横切面的放大，箭头（↓）示结晶体；标尺：20μm。(d) 根次生结构横切局部，示次生韧皮部，木射线；标尺：100μm。(e) 根次生结构横切局部，示木质部；标尺：100μm。(f) 木质部横切面的放大，示导管及侵填体；标尺：20μm。(g) 木薄壁细胞组织；标尺：100μm。(h) 根次生结构横切局部，箭头示侧根；标尺：100μm。Sx. 次生木质部；Sp. 次生韧皮部；Pe. 周皮；Ve. 导管；Xr. 木射线；C. 木栓层；Cc. 木栓形成层；Xc. 木质部薄壁细胞

(二)白木香侧根的产生

白木香侧根由中柱鞘细胞产生，对着木质部放射角的细胞发生分裂，向外突起，细胞分化快，分生能力强，形成侧根。在侧根的形成过程中分化出维管组织，并且与主根的木质部和韧皮部连接在一起[图 20-1(h)]。

二、白木香根内生真菌的分布

从白木香根的连续石蜡切片可以看到，有菌丝分布的木栓层表面常常附着一些碎屑，其可能是真菌菌丝生长的基质[图 20-2(a)]。碎屑下边的木栓层细胞形状发生变形，细胞已不完整，出现不同程度的异常或解体，在这些部位常有大量的菌丝分布，说明真菌菌丝是通过破坏木栓层细胞侵入根内的。破坏木栓层组织，进入木栓层薄壁细胞后，菌丝在木栓层薄壁细胞间横向延伸，并逐渐向木栓形成层方向生长[图 20-2(b)、(c)]。真菌穿透最外层木栓层细胞壁后，在木栓层某些细胞中定植[图 20-2(d)]。在真菌菌丝侵入木栓层细胞之初，菌丝的顶端细胞会逐渐膨大，随着膨大的菌丝在细胞内不断地卷曲生长，被定植的木栓层薄壁细胞腔中最终充满膨大菌丝，膨大后的菌丝细胞往往较原菌丝的直径大 1～2 倍，菌丝具明显的横隔膜[图 20-2(d)]。膨大的菌丝在充满整个细胞腔后，可再生出正常直径的菌丝穿透细胞壁向相邻薄壁细胞侵染[图 20-2(c)、(d)]。被真菌侵染的木栓层薄壁细胞，其壁木质化加厚，经番红、固绿双重染色后呈红色，细胞的形状也发生了变化[图 20-2(b)、(d)]。此外，真菌菌丝并非在所有的组织中都有分布，而是只集中在某些区域[图 20-2(e)]。

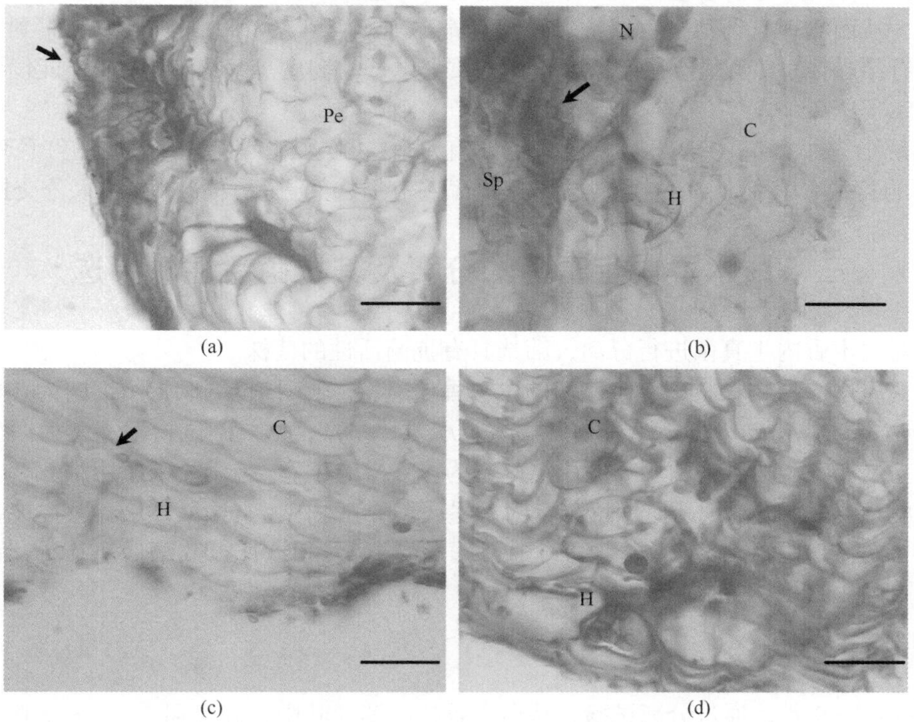

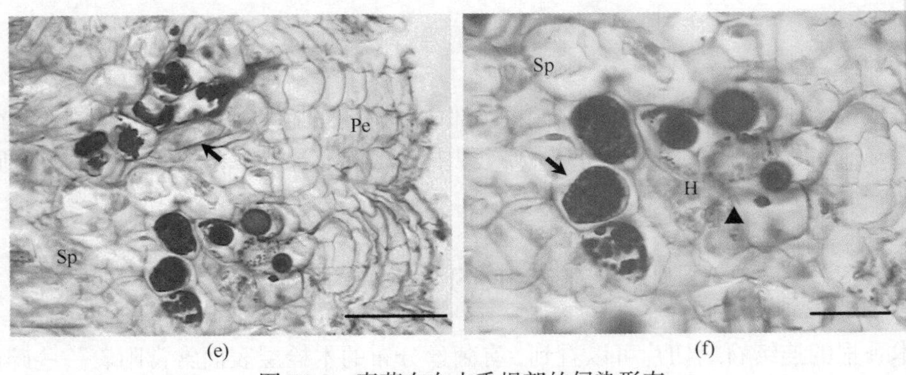

图 20-2　真菌在白木香根部的侵染形态

(a)周皮和根表的碎屑，箭头(↓)示真菌菌丝；(b)正常的菌丝从木栓层向次生韧皮部侵染，箭头(↓)示侵入次生韧皮部后膨大的菌丝；(c)膨大的菌丝在木栓层细胞间纵横生长，并长出正常的菌丝继续侵染下一个细胞(↓)；(d)真菌在木栓层薄壁细胞中定植，膨大的菌丝具有明显的横隔膜，膨大的菌丝在细胞中缠绕，并长出正常的菌丝；(e)真菌在次生韧皮部中的侵染区域，箭头(↓)示结晶体；(f)箭头(↓)示次生韧皮部染菌细胞发生质壁分离，▲示细胞核。Pe. 周皮；Sp. 次生韧皮部；H. 真菌菌丝；N. 细胞核。标尺：20μm

木栓形成层薄壁细胞中具有细胞核，是真菌向次生韧皮部侵染的通道[图 20-2(b)]。韧皮部薄壁细胞是真菌增殖生长的主要栖息区域，可消化侵入的真菌菌丝为白木香植物的生长提供营养。从图 20-2(e)、(f)可见新定植的菌丝和正在被消化的菌丝，菌根正处于旺盛的生理状态，随后菌丝通过细胞壁上的纹孔再侵染相邻的另一个细胞，逐步扩展为一个侵染区域。菌丝块形状不规则，经番红、固绿双重染色后，呈明显红色的团状结构或结状结构。受真菌侵染的细胞发生了质壁分离，细胞质浓缩，菌丝逐渐卷曲缠绕包裹整个细胞核，最后将整个细胞腔中的原生质包裹。随着真菌与宿主植物相互作用的进行，原生质团裂解成若干团块，菌丝细胞内含物得以释放，从而实现真菌与宿主植物之间的营养互换。从图 20-2(e)中还可以观察到受侵染的细胞附近有结晶体；真菌菌丝往往只分布在木质部以外的韧皮薄壁细胞中，而不能侵染到木质部。

在系统形态学研究的基础上，根据受真菌和宿主植物相互作用后形成的红色球状物区域性分布的特征，我们认为这可能与真菌和宿主植物之间进行营养物质和水分交换有关。

三、白木香内生真菌的分离及其抗菌活性的筛选

通过对白木香内生真菌进行分离，筛选具有抗菌活性的菌株。

本研究所用的植物材料来源于广西的白木香根、茎、叶。拮抗测试指示细菌为金黄色葡萄球菌(*Staphylococcus aureus*)、大肠杆菌(*Escherichia coli*)；拮抗测试指示真菌为白色念珠菌(*Candida albicans*)。内生真菌培养所用培养基为 WBA 培养基，指示真菌所用培养基为牛肉膏蛋白胨琼脂培养基，指示细菌所用培养基为沙堡氏培养基。内生真菌液体培养及提取物的制备详见周雅琴等(2011)的文献。采用菌片法(活菌活性测定)和纸片扩散法(代谢产物活性测定)研究白木香内生真菌的抗菌活性。

(一)内生真菌的分离

2004 年 7～9 月，通过分离试验，从白木香根、茎、叶中共分离到 26 株内生真菌，其中根 5 株(占总分离率的 23.07%)、茎 5 株(占总分离率的 26.92%)、叶 16 株(占总分离率的

50.11%）。这表明内生真菌在白木香体内普遍存在，其中以叶中分离的内生真菌种类居多，其次为茎和根中分离的内生真菌种类。结果见表 20-1。

表 20-1　白木香内生真菌的分离

分离部位	材料块数	总菌株数	分离菌株数	分离率/%	代表菌株编号
根	20	15	6	23.07	AS1、AS2、AS11、AS18、AS20、AS26
茎	20	17	7	26.92	AS3、AS4、AS5、AS12、AS16、AS24、AS25
叶	20	26	13	50.11	AS6～AS10、AS13～AS15、AS17、AS19、AS21～AS23
总计		58	26		

（二）内生真菌活菌的抗菌活性

从白木香中共分离到的 26 株内生真菌中有抗菌活性的 7 株（占此植物内生真菌分离总数 26.92%），主要分布在茎、叶中。活性菌株中有 3 株对金黄色葡萄球菌和白色念珠菌均有抑制作用，2 株只对金黄色葡萄球菌有抑制作用，其余 2 株可以抑制白色念珠菌的生长。其中表现最好的菌株是 AS5，其对金黄色葡萄球菌的抑菌圈直径达 25.66mm（图 20-3），对白色念珠菌的抑菌圈直径达 18.35mm（图 20-4）。白木香内生真菌活菌抗菌活性结果见表 20-2。

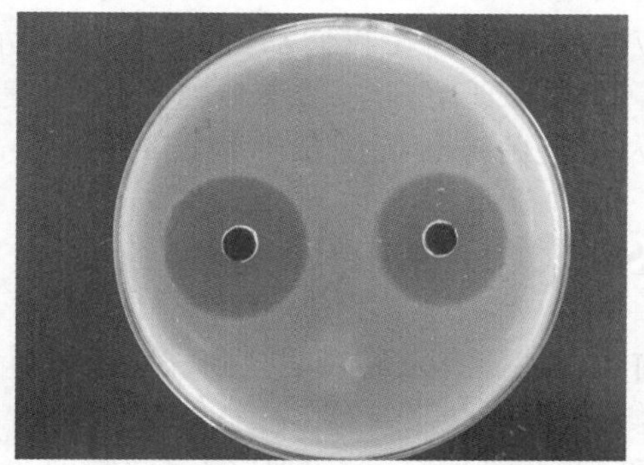

图 20-3　AS5 对金黄色葡萄球菌的抑制作用

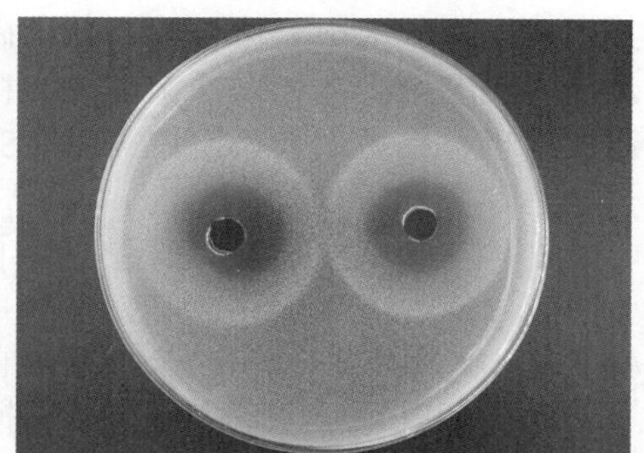

图 20-4　AS5 对白色念珠菌的抑制作用

表 20-2　内生真菌的活菌复筛结果

菌株编号	金黄色葡萄球菌	大肠杆菌	白色念珠菌	菌株编号	金黄色葡萄球菌	大肠杆菌	白色念珠菌
AS5	++++	—	+++	AS22	+	—	—
AS8	++	—	—	AS23	+	—	++
AS10	—	—	++	AS24	—	—	++
AS15	+	—	+				

注：—. 抑菌圈平均直径（Φ）≤7mm；+. 7mm＜Φ≤10mm；++. 10mm＜Φ≤15mm；+++. 15mm＜Φ≤25mm；++++. Φ＞25mm

（三）内生真菌代谢产物的抗菌活性

7 株内生真菌代谢产物活性筛选结果见表 20-3。结果显示，7 株内生真菌代谢产物对一种或多种测试菌有不同程度的抑菌活性，而且活性菌株的抑菌活性以高活性为主(抑菌圈直径在 10mm 以上)，中等活性菌株 2 株(抑菌圈直径 7～10mm)，低活性菌株没有。

表 20-3 乙酸乙酯萃取物活性筛选(抑菌圈的直径) (单位：mm)

菌株编号	金黄色葡萄球菌	大肠杆菌	白色念珠菌	菌株编号	金黄色葡萄球菌	大肠杆菌	白色念珠菌
AS5	38	12	32	AS22	9	0	0
AS8	14	0	0	AS23	10	0	14
AS10	0	0	9	AS24	0	0	0
AS15	14	10	0				

注：各萃取物的浓度均为 10mg/ml，每个直径为 6mm 滤纸片的加药量为 20μl。每个处理重复 3 次

在萃取物浓度均为 10mg/ml 的前提下，AS5 对 3 种测试菌均有抑菌活性，而且抑菌圈直径均在 10mm 以上，其中对金黄色葡萄球菌的抑菌圈直径达 38mm，对白色念珠菌的抑菌作用也很强，抑菌圈直径为 32mm，表明该菌株具有广谱和较强的抗菌活性。表现较好的菌株还有 AS8、AS15、AS23 等。

综合活菌和产物筛选的结果可知，白木香内生真菌中存在广泛的抗菌活性资源，其中以高抗菌活性菌株所占比例最大。内生真菌的产物对测试菌的抑菌活性比活菌强得多，因此，对其内生真菌代谢产物的研究应受到重视。在我们筛选到的高活性菌株中，AS5 对细菌金黄色葡萄球菌和大肠杆菌等细菌及真菌白色念珠菌均有抗性，且活性较高，所以，在后面的研究中，以 AS5 作为试验菌进行抗菌活性物质的研究。

四、白木香内生真菌 AS5 代谢产物的研究

AS5 为一株分离自白木香茎的内生真菌，前文所述研究已经表明该菌株对金黄色葡萄球菌、大肠杆菌和白色念珠菌均有较强的抑制生长作用。本部分对菌株 AS5 的发酵特征进行观察，系统研究其代谢产物的活性，旨在为下一步化学成分及药理研究奠定基础。

本研究所用的拮抗测试指示菌同前文所述。真菌基本培养为 WBA 培养基。菌株 AS5 采用摇床振荡的方式进行发酵培养。发酵产物的提取工艺见图 20-5。采用滤纸片法检测发酵产物的抗菌活性。

(一) 菌株 AS5 发酵特征的观察

发酵结果表明，将活化的菌株 AS5 接种到 10L 培养液中，摇动培养 7 天，过滤后得到 130g 的鲜菌丝体和 8L 发酵液。130g 菌丝体经甲醇浸提后，减压浓缩得到浸膏 2.5g。为了便于萃取及节省溶剂，8L 发酵液先在 60℃水浴锅浓缩至 1.5L，再先后用等体积的石油醚、乙酸乙酯、正丁醇分别萃取 3 次，各萃取物经减压浓缩后分别得到浸膏 1.1g、1.1g、1.7g。同时还发现，发酵后的第 3 天发酵液变浑浊，5 天后又变澄清，7 天后呈墨绿色。发酵后的第 3 天开始有淡淡的芳香味，第 5、6 天时，芳香味很浓。

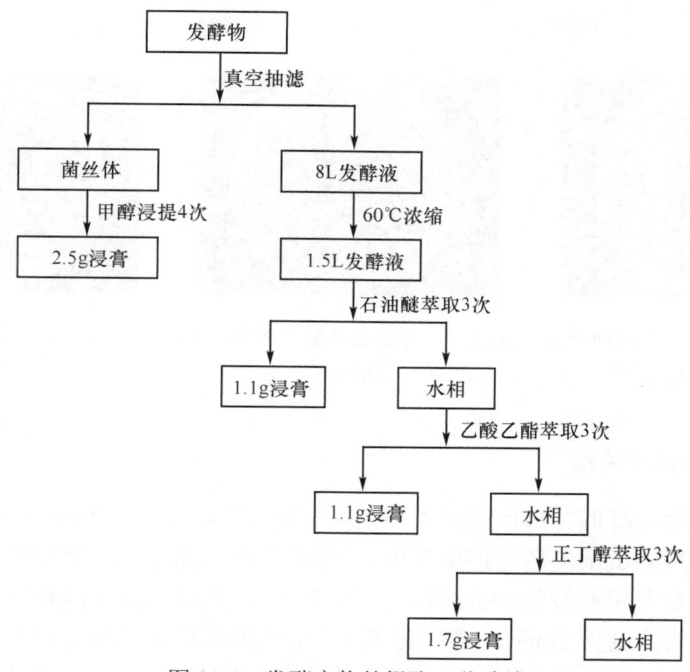

图 20-5　发酵产物的提取工艺路线

(二)菌株 AS5 发酵产物抗菌活性

1. 不同部位提取物的抗菌活性

从表 20-4 的结果可看出，在相同浓度下，发酵液石油醚部位的萃取物对 3 种测试菌的抑菌效果均最好(图 20-6～图 20-8)，发酵液乙酸乙酯部位的萃取物和菌丝体的甲醇浸提物只对金黄色葡萄球菌有拮抗作用，发酵液正丁醇萃取物对 3 种测试菌均没有抑制作用。由此可知，菌株 AS5 的抗菌活性成分主要集中于极性相对小的石油醚和乙酸乙酯部位，发酵液中的抑菌成分可能是菌丝体胞外代谢的产物。

表 20-4　菌株 AS5 各萃取物抗菌活性的筛选结果(抑菌圈直径)　(单位：mm)

样品编号	金黄色葡萄球菌	大肠杆菌	白色念珠菌	样品编号	金黄色葡萄球菌	大肠杆菌	白色念珠菌
AS5-1-1	36	12	29	AS5-3-1	0	0	0
AS5-1-2	30	8	17	AS5-3-2	0	0	0
AS5-1-3	28	7	13	AS5-3-3	0	0	0
AS5-2-1	34	＜7	21	AS5-4-1	22	0	0
AS5-2-2	30	0	8(模糊)	AS5-4-2	17	0	0
AS5-2-3	25	0	0	AS5-4-3	13	0	0
对照	0	0	0				

注：AS5 后的第一位数字代表各样品。1. 发酵液石油醚萃取物；2. 发酵液乙酸乙酯萃取物；3. 发酵液正丁醇萃取物；4.菌丝体甲醇浸提物。AS5 后的第二位数字代表各样品的浓度，即 1.5mg/ml、2.1mg/ml、3.0.5mg/ml。所有处理重复 3 次

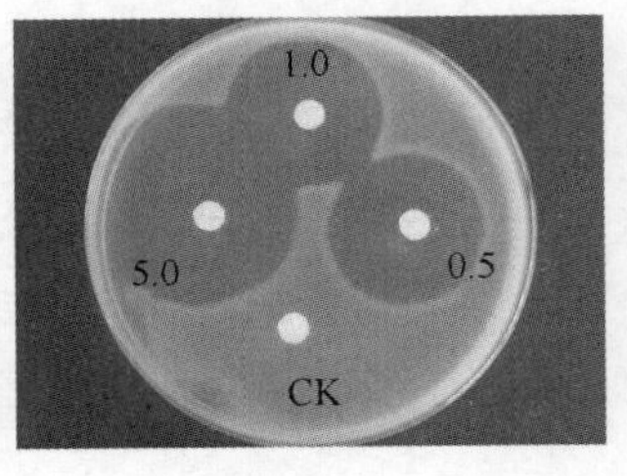

图 20-6　AS5 石油醚萃取物对金黄色葡萄球菌

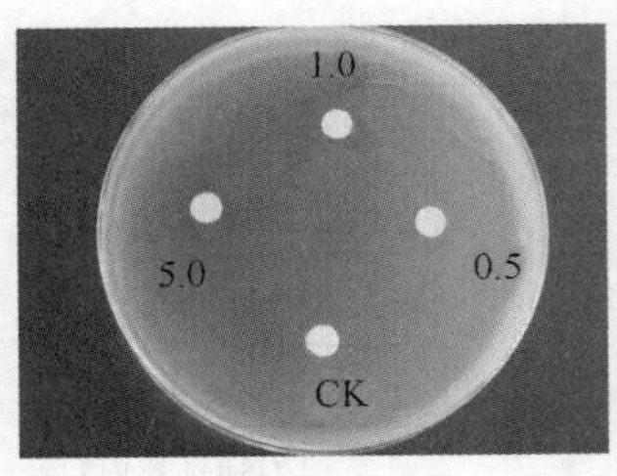

图 20-7　AS5 石油醚萃取物对大肠杆菌

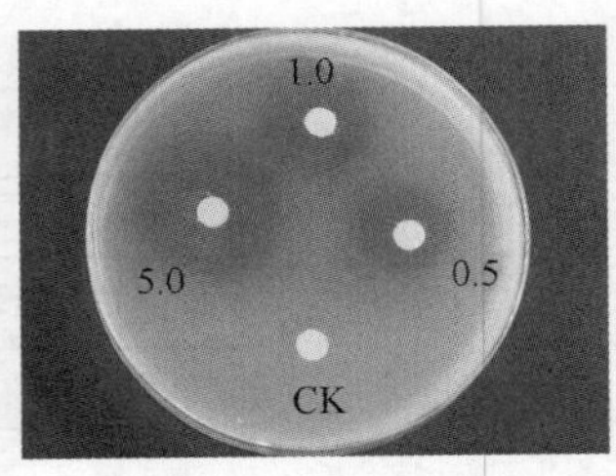

图 20-8　AS5 石油醚萃取物对白色念珠菌

2. 抗菌活性的量效关系

随着萃取物浓度的降低，抑菌圈的直径相应变小。当浓度为 0.5mg/ml 时，发酵液石油醚部位的萃取物对 3 种测试菌仍然有抑菌作用;发酵液乙酸乙酯部位的萃取物和菌丝体的甲醇提取物对金黄色葡萄球菌仍有较强的抑菌作用(图 20-9)，但对大肠杆菌和白色念珠菌均已没有抑制作用。当萃取物浓度为 5mg/ml 时，发酵液乙酸乙酯部位的萃取物对大肠杆菌和白色念珠菌仍有抑菌作用(图 20-10、图 20-11)，但浓度为 1mg/ml 时，基本没有了抑菌作用。试验数据见表 20-4。

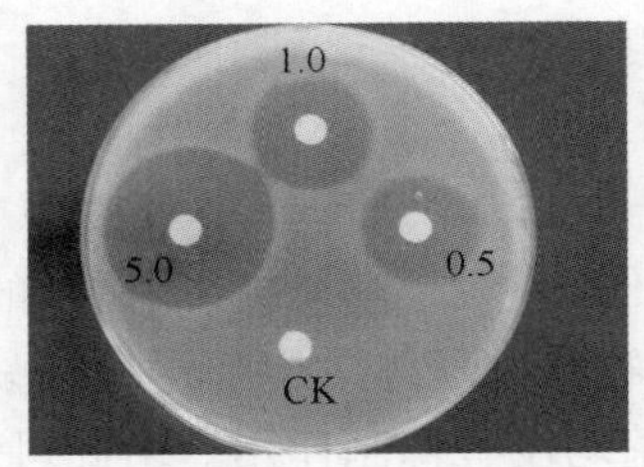

图 20-9　AS5 乙酸乙酯萃取物对金黄色葡萄球菌

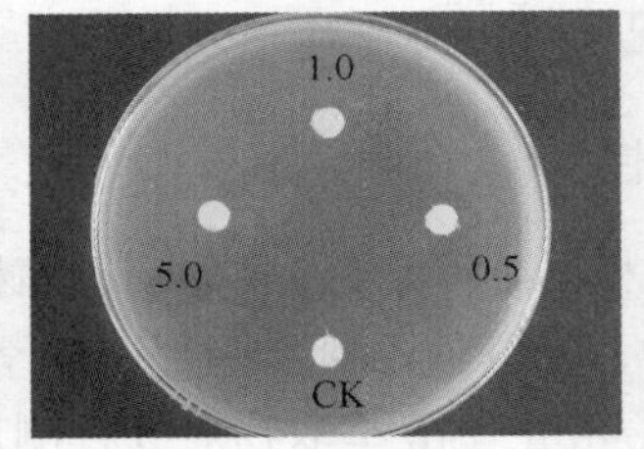

图 20-10　AS5 乙酸乙酯萃取物对大肠杆菌

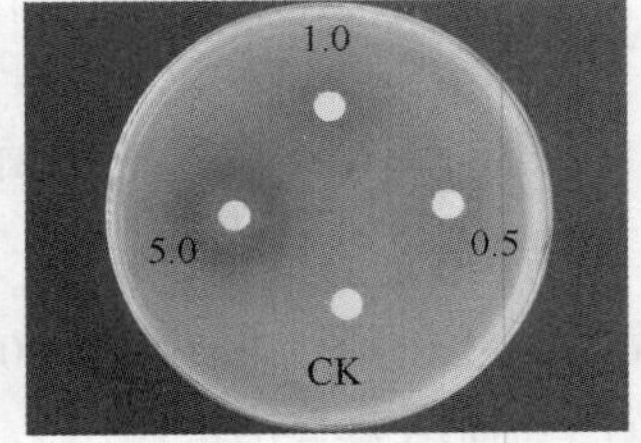

图 20-11　AS5 乙酸乙酯萃取物对白色念珠菌

3. 热稳定性研究

发酵液石油醚萃取物在不同温度下浓缩后，对 3 个测试指示菌作用变小时的温度分别为 *S.aureus* 85℃、*E.col* 70℃、*C.albicans* 70℃。这说明抑菌产物在 70℃以下是稳定的，提取时的温度不能超过 70℃。

第二节　南方红豆杉与内生真菌互作的细胞学观察及真菌活性

南方红豆杉是中国特有的红豆杉变种，主要分布在福建、台湾、浙江、广西及广东北部，常生于海拔 1200m 以下的低山和溪谷等地。

自从1971年,美国的化学家M.C.Wani等从短叶红豆杉(*Taxus brevifolia* Mutt.)的树皮中分离得到抗癌药物紫杉醇(taxol)并且发表其化学结构以来,对红豆杉属植物的研究日益受到人们的重视,各国学者分别从短叶红豆杉、云南红豆杉、西藏红豆杉等红豆杉属植物树皮中分离到了能产生紫杉醇的内生真菌,但关于红豆杉根显微结构方面的报道较少,而对红豆杉根中内生真菌的分布尚未见报道,本节研究了自然生长状态南方红豆杉根的显微结构及其内生真菌的分布,为今后研究红豆杉植物的生长发育、内生真菌分布规律和合理开发利用提供科学依据。本研究所用的植物材料来源于广西壮族自治区融水县杆桐乡自然生长的南方红豆杉(*T.chinensis* var. *mairei*)。采用常规石蜡切片法研究菌根的显微结构,切片厚度为12μm。具体方法及研究结果详见谭小明等(2006)的文献。

一、红豆杉根的显微结构

从红豆杉根的横切面上可以看到根的次生构造由周皮和维管组织两部分组成[图20-12(a)]。红豆杉根的次生生长与其他裸子植物及大部分双子叶植物相似。初生结构形成后,维管形成层即开始活动。在木质部和韧皮部之间的少量薄壁细胞首先恢复分生能力,形成形成层片段,接着形成层片段逐渐向两侧扩展,形成层在围绕木质部的薄壁细胞中产生,然后在原生木质部脊外的中柱鞘细胞也恢复分生能力,最后形成一个卵圆形的形成层圈。形成层圈形成后,便开始次生生长。向内产生次生木质部,其组成分子的数目多;向外产生次生韧皮部,其组成分子的数目少,致使形成层内凹部分渐向外移,最后维管形成层变成圆形[图20-12(b)]。在其后的生长中,形成层细胞进行切向分裂,向内产生次生木质部,向外产生次生韧皮部。在根的横切面上,次生木质部所占面积比例为50%～60%,而次生韧皮部所占面积比例为30%～40%[图20-12(a)]。次生木质部由两种不同系统组成:一是轴向系统或称为纵向系统,由各种与植物体中轴平行的分子组成,如管胞和木薄壁组织细胞,管胞在切向壁和径向壁上均有具缘纹孔。偶然可见个别木薄壁细胞出现在管胞之间[图20-12(c)]。是径向系统,或称为横向的,或水平系统,如木射线[图20-12(b)],木射线属同型单列,无射线管胞。次生韧皮部的主要成分包括筛胞、韧皮薄壁细胞和少量韧皮纤维。偶尔有少数含单宁类物质的薄壁细胞及石细胞星散于次生韧皮部。另外,韧皮射线不明显[图20-12(d)]。在维管形成层的活动中,根的次生木质部和次生韧皮部均没有形成树脂道。

随着次生维管组织的增多,表皮破坏,产生周皮。周皮起源于中柱鞘,中柱鞘细胞恢复细胞分裂能力,形成木栓形成层。木栓形成层细胞进行切向分裂,向外产生木栓层细胞,向内产生栓内层细胞,栓内层细胞富含单宁类物质[图 20-12(e)]。木栓层、木栓形成层和栓内层共同组成周皮[图20-12(f)]。周皮形成后,木栓层以外的初生构造,如表皮、皮层、内皮层等全部死亡脱落。同时,周皮对根起着保护作用。

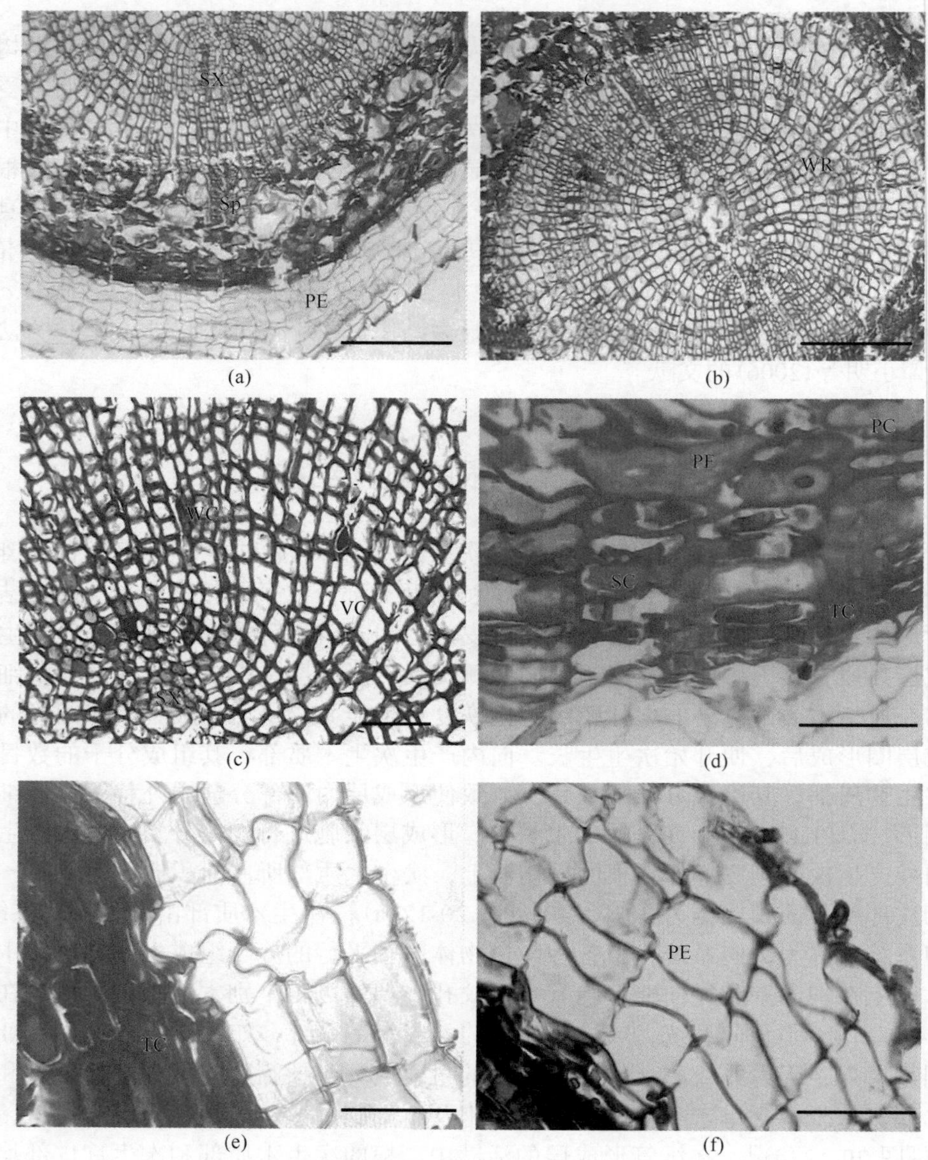

图 20-12 红豆杉的根部形态

(a)根次生结构横切局部，示次生韧皮部、木质部及周皮结构.；标尺：200μm。(b)根次生结构横切局部，示形成层近圆形及木射线；标尺：200μm。(c)根次生结构横切局部，示次生木质部；标尺：100μm。(d)根次生结构横切局部，示次生韧皮部含单宁细胞及筛胞；标尺：100μm。(e)根次生结构横切局部，示栓内层含单宁细胞；标尺：20μm。(f)根次生结构横切局部，示周皮；标尺：20μm。SX. 次生木质部；SP. 次生韧皮部；PE. 周皮；VC. 管胞；SC. 筛胞；C. 形成层；WR. 木射线；PC. 韧皮部薄壁细胞；WC. 木质部薄壁细胞；PF. 韧皮纤维；TC. 含单宁细胞。下图同

二、红豆杉根中内生真菌的分布

通过对红豆杉根连续横切片的观察，发现皮层是真菌侵染红豆杉根的主要场所［图 20-13(a)］。被真菌侵染的细胞，其细胞壁木质化加厚，经番红、固绿双重染色后呈红色。在真菌侵染皮层的部位往往附着一些碎屑[图 20-13(b)]。碎屑下方最外层的根被细胞已不完整，碎屑中的菌丝正是通过此处侵入根内的[图 20-13(c)]。从横切面上可观察到正在通过红豆杉

根细胞壁的菌丝，菌丝具有明显横隔膜[图 20-13(f)]。当菌丝侵染进入外皮层细胞后，往往先在皮层细胞内定植并形成大量的菌丝，进一步向皮层细胞扩展[图 20-13(c)]，说明真菌菌丝通过破坏侵染点附近的皮层细胞直接进入皮层细胞，并进一步向内扩展，而且真菌菌丝在皮层内的扩展方向一般是先横向后纵向[图 20-13(c)～(e)]。处于旺盛生长状态的菌丝经番红、固绿双重染色后呈暗色，而菌丝老化后则呈红色。此外，真菌菌丝在细胞中的分布不是在整个横切面均匀存在的，而是集中在某个区域。

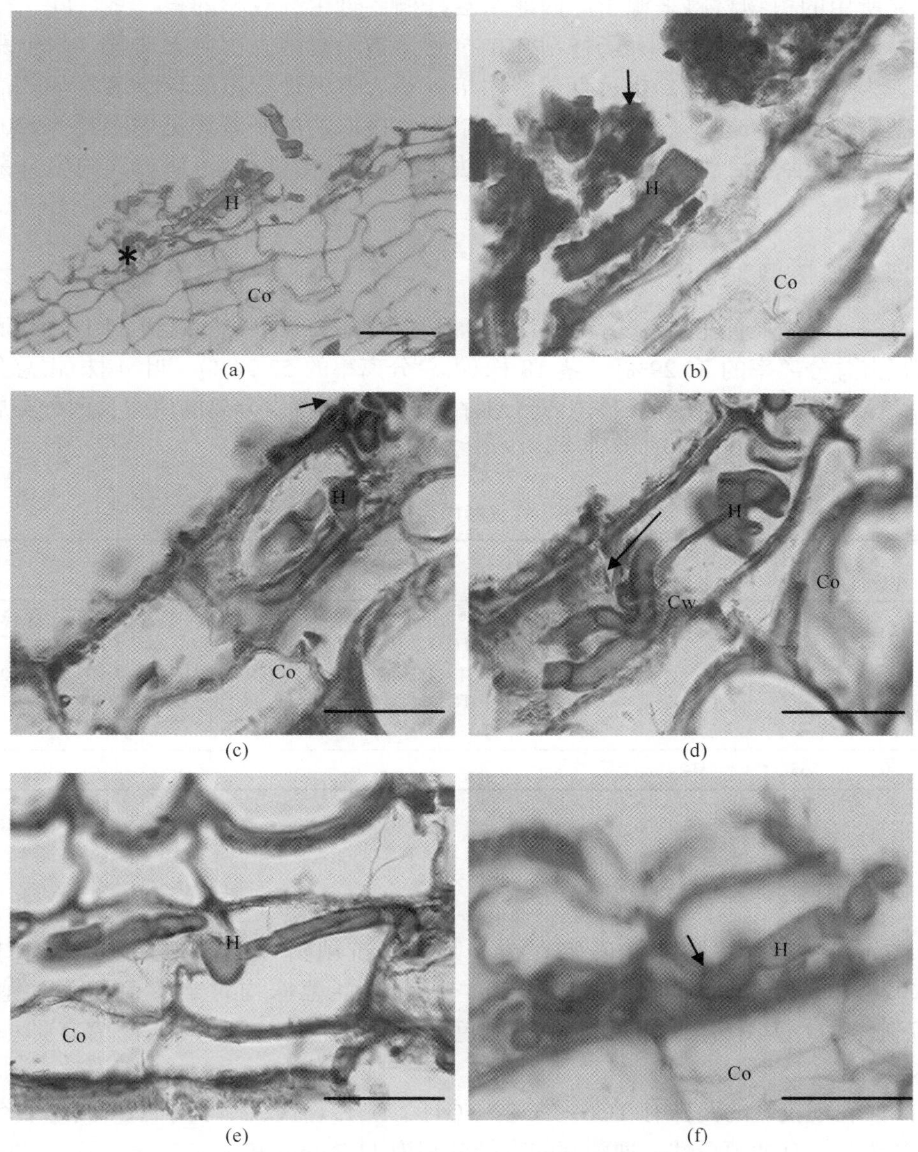

图 20-13　内生真菌在红豆杉根中心的分布特征

(a) 皮层、真菌侵染点(*)；标尺：100μm。(b) 箭头示附着在根外的碎屑，这些部位常是真菌的侵入位点；标尺：20μm。(c) 真菌在皮层细胞定植并形成大量菌丝，箭头(↓)示侵入位点；标尺：20μm。(d) 皮层内的染菌细胞，箭头(↓)示菌丝由一个细胞向另一个细胞侵染；标尺：20μm。(e) 菌丝侵染皮层第二层细胞；标尺：20μm。(f) 箭头(↓)示菌丝有明显的隔膜。Co. 皮层；H. 真菌菌丝；Cw. 细胞壁

三、红豆杉内生真菌的分离及其抗菌活性菌株的筛选

在菌根显微结构研究的基础上，我们对南方红豆杉的内生真菌进行了较为系统的分离，同时进行了内生真菌抗细菌和真菌的筛选，确定抗菌活性菌株的生态分布及其抗菌特性，从而为植物-内生真菌生态关系的研究及植物内生真菌资源的利用提供依据。

本研究所用的植物材料来源于广西融水县杆桐乡野生红豆杉的根、茎、叶。拮抗测试指示细菌为金黄色葡萄球菌、大肠杆菌。拮抗测试指示真菌为白色念珠菌。内生真菌培养所用培养基为 WBA 培养基，指示真菌所用培养基为牛肉膏蛋白胨琼脂培养基；指示细菌所用培养基为沙堡氏培养基。内生真菌液体培养及提取物的制备详见周雅琴等(2011)的文献。采用菌片法(活菌活性测定)和纸片扩散法(代谢产物活性测定)研究其内生真菌的抗菌活性。

(一)内生真菌的分离

2004 年 7~9 月，通过分离试验我们从红豆杉根、茎、叶中共分离到 34 株内生真菌，其中根 12 株(占总分离率的 35.29%)、茎 18 株(占总分离率的 52.94%)、叶 4 株(占总分离率的 11.76%)。这表明内生真菌在红豆杉体内普遍存在，其中以茎中分离的内生真菌种类居多，其次为根和叶，从中分离的内生真菌种类较少。结果见表 20-5。

表 20-5 红豆杉内生真菌的分离

分离部位	材料块数	总菌株数	分离菌株数	分离率/%	代表菌株编号
根	20	25	12	35.29	TC6～TC8、TC10、TC11、TC15、TC17、TC22、TC24、TC25、TC31、TC34
茎	20	35	18	52.94	TC1～TC5、TC9、TC12、TC14、TC16、TC17～TC21、TC26～TC29、TC33
叶	20	5	4	11.76	TC13、TC23、TC30、TC32
总计	60	65	34		

(二)内生真菌活菌的抗菌活性

从红豆杉中共分离到 34 株内生真菌，其中有抗菌活性的 8 株(占此植物内生真菌分离总数 23.53%)，根、茎、叶均有分布。所有活性菌株均对金黄色葡萄球菌有不同程度的抑制作用，其中有 2 株可以抑制白色念珠菌的生长，对大肠杆菌有抑菌作用的只有 1 株。

抗菌活性表现较好的菌株有 TC6、TC7、TC11、TC12、TC22，其中 TC6 对金黄色葡萄球菌和白色念珠菌均有抑菌活性，抑菌圈的直径分别为 11.75mm 和 15.45mm。另外，TC22 对 3 种测试菌均有较好的抑菌活性，说明该菌株具有广谱的抗菌活性。红豆杉内生真菌活菌抗菌活性结果见表 20-6。

表 20-6　内生真菌的活菌复筛结果

菌株编号	金黄色葡萄球菌	大肠杆菌	白色念珠菌	菌株编号	金黄色葡萄球菌	大肠杆菌	白色念珠菌
TC6	++	—	+++	TC13	+	—	—
TC7	++	—	—	TC22	++	++	+
TC11	++	—	—	TC25	+	—	—
TC12	++	—	—	TC32	+	—	—

注：—. 抑菌圈平均直径(Φ)≤7mm；+. 7mm<Φ≤10mm；++. 10mm<Φ≤15mm；+++. 15mm<Φ≤25mm；++++. Φ>25mm

(三)内生真菌代谢产物的抗菌活性

8 株内生真菌代谢产物活性筛选结果见表 20-7。结果显示，8 株内生真菌代谢产物对一种或多种测试菌有不同程度的抑菌活性。对金黄色葡萄球菌有抗性的菌株最多，共有 7 株(占此植物内生真菌分离总数的 20.59%)，对白色念珠菌有抗性的菌株有 6 株(占此植物内生真菌分离总数的 17.65%)，而对大肠杆菌有抗性的菌株只有 2 株。在浓度均为 10mg/ml 时，TC7 对金黄色葡萄球菌和白色念珠菌的抑菌活性最强，抑菌圈直径分别达 26mm 和 25mm。对金黄色葡萄球菌和白色念珠菌均有较好抗性的菌株还有 TC11、TC13、TC22、TC32。另外，TC22、TC32 对 3 种测试菌均有抗菌作用，说明这 2 个菌株具有广谱的抗菌活性。

表 20-7　乙酸乙酯萃取物活性筛选(抑菌圈的直径)　(单位：mm)

菌株编号	金黄色葡萄球菌	大肠杆菌	白色念珠菌	菌株编号	金黄色葡萄球菌	大肠杆菌	白色念珠菌
TC6	14	0	7	TC13	16	0	13
TC7	26	0	25	TC22	14	9	12
TC11	22	0	18	TC25	9	0	0
TC12	0	8	0	TC32	15	<7	15

注：各萃取物的浓度均为 10mg/ml，每个直径为 6mm 的滤纸片加药量为 20μl。每个处理重复 3 次

第三节　巴戟天菌根真菌的分离及其生物学活性研究

巴戟天(*Morinda officinals* How.)是茜草科(Rubiaceae)多年生藤本植物，是中国著名的“四大南药”之一，始载于《神农本草经》一书，列为上品。在广东、广西、海南、福建均有分布，其中广东和广西为巴戟天的主产区。巴戟天药用部位是其地下部分，以肉质根供药用，有补肾壮阳、强筋骨、祛风湿的作用。植物化学成分研究表明，巴戟天中含有蒽醌、环烯醚萜、低聚糖、多糖等活性成分，但尚未见有关其内生真菌的研究报道。本研究旨在通过对巴戟天内生真菌的分离及生物活性的初步研究，为巴戟天内生真菌资源的利用提供依据。

一、巴戟天内生真菌的分离及其抗菌活性菌株的筛选

本项研究所用的植物材料来源于广西的巴戟天根、茎、叶。拮抗测试指示细菌及试验方法同上节。

(一)内生真菌的分离

2004 年 7～9 月，通过分离试验我们从巴戟天根、茎、叶中共分离到 20 株内生真菌，其中根 8 株(占总分离率的 40%)、茎和叶均为 6 株(各占总分离率的 30%)。这表明内生真菌在巴戟天体内普遍存在，其中以根中分离的内生真菌种类居多，其次是叶和茎。结果见表 20-8。

表 20-8　巴戟天内生真菌的分离

分离部位	材料块数	总菌株数	分离菌株数	分离率/%	代表菌株编号
根	20	18	8	40	MO1、M06、MO7、MO9～M012、MO15
茎	20	19	6	30	MO5、MO8、MO14、MO16、M017、MO20
叶	20	23	6	30	M02、MO3、MO4、MO13、MO18、MO19
总计		54	20		

(二)内生真菌的抗菌活性

从巴戟天中共分离到 20 株内生真菌,其中有抗菌活性的只有 4 株(占此植物内生真菌分离总数 20%)。所有的活性菌株只对金黄色葡萄球菌有抑制作用，对大肠杆菌和白色念珠菌均没有抗菌活性。巴戟天内生真菌活菌抗菌结果见表 20-9。

表 20-9　内生真菌的活菌复筛结果

菌株编号	金黄色葡萄球菌	大肠杆菌	白色念珠菌	菌株编号	金黄色葡萄球菌	大肠杆菌	白色念珠菌
MO1	+	—	—	MO4	+	—	—
MO2	+	—	—	MO17	+	—	—

注：—. 抑菌圈平均直径(Φ)≤7mm；+. 7mm<Φ≤10mm；++. 10mm<Φ≤15mm；+++. 15mm<Φ≤25mm；++++. Φ>25mm

(三)内生真菌代谢产物的抗菌活性

内生真菌代谢产物活性筛选结果见表 20-10。结果显示，巴戟天内生真菌发酵产物乙酸乙酯萃取物的抗菌活性主要表现在对金黄色葡萄球菌和白色念珠菌的抗性上，20 株内生真菌中有 2 株(占 10%)对金黄色葡萄球菌和白色念珠菌均有抗性，有 2 株只对金黄色葡萄球菌有抗性，未发现对大肠杆菌有抗性的菌株。其中抗菌活性表现较好的是 MO1，其对金黄色葡萄球菌和白色念珠菌的抑菌圈直径均在 15mm 以上。

表 20-10　乙酸乙酯萃取物活性筛选(抑菌圈的直径)　(单位：mm)

菌株编号	金黄色葡萄球菌	大肠杆菌	白色念珠菌	菌株编号	金黄色葡萄球菌	大肠杆菌	白色念珠菌
MO1	16	0	17	MO4	13	0	0
MO2	12	0	0	MO17	13	0	13(模糊)

注：各萃取物的浓度均为 10mg/ml，每个直径为 6mm 的滤纸片的加药量为 20μl。每个处理重复 3 次

二、内生真菌对巴戟天种子萌发和苗生长的影响

本项研究所用的植物材料来源于广西南宁的巴戟天蒴果。采用的诱导种子培养基为MS+GA_3 1.0mg/L+蔗糖 3%+琼脂 8mg/L；丛生芽培养基为 MT+BA 1.0mg/L+蔗糖 3%+琼脂8mg/L；生根培养基为MT+NAA 0.2g/L+蔗糖3%+琼脂8mg/L；共生培养基为1/2MS+蔗糖0.1%+琼脂 8mg/L。培养条件为(25±2)℃，每天光照 11h，光照强度为 1500～2000lx。采用菌-苗共生的方式考察内生真菌促进巴戟天组培苗生长的效果。

(一)不同处理方法对巴戟天种子萌发的影响

破种皮后巴戟天种子的诱导率为 100%，没有破种皮的种子未见发芽。因此，采用种子诱导巴戟天种子苗时，破种皮后有利于种子的萌发。

(二)巴戟天丛生芽的诱导及生根

采用 MT 培养基附加激素对巴戟天丛生芽的形成进行了诱导，结果表明，外植体接种 1 周开始膨胀，2 周后陆续分化形成不定芽，茎节上的腋芽基本都能形成新芽(图 20-14)，每个腋芽分化出 3～5 个芽(图 20-15)。当新芽长到 2cm 左右时，即可截取芽尖接种到生根培养基诱导生根，转瓶 1 个月即可形成根，获得完整植株。

图 20-14　巴戟天茎节上的不定芽

图 20-15　巴戟天丛生芽

(三)真菌与巴戟天苗共培养时二者的生长状态

巴戟天幼苗分别接种 20 种真菌后 1 周，MO2、MO5、MO6、MO7、MO8、MO9、MO11、MO12、MO13、MO14、MO15、MO16、MO19 即长满培养基，培养 2 周，接种 MO2、MO6、MO7、MO8、MO9、MO11、MO12、MO13、MO15 的植株[图 20-16(a)]，茎腐烂，叶子全掉落，根基明显不稳，培养 3 周时植株全部死亡。接种 MO5、MO16、MO19 的植株在培养 2 周时根变黑，1 个月时下部叶枯死[图 20-16(b)]，因此，MO2、MO5、MO6、MO7、MO8、MO9、MO11、MO12、MO13、MO14、MO15、MO16、MO19 可能为致病菌。MO3、MO17、MO20与苗共培养 3 周时，真菌菌丝均长满培养基表面，其中 MO3 还出现菌绳结构[图 20-16(d)]，直立于培养基上，生长后期菌绳高达 3～5cm，与这些菌株共生的苗生长正常，部分菌株有气生根形成[图 20-16(g)]。MO1、MO4、MO18 的菌落生长较慢[图 20-16(e)]，与苗共培养 1 个月，

真菌菌丝均未长满培养基表面，其中，MO4 几乎不形成菌落，但与这些真菌共生的苗生长较好，苗的生长势比不接菌的苗好[图 20-16(c)、(f)]。结果见表 20-11。

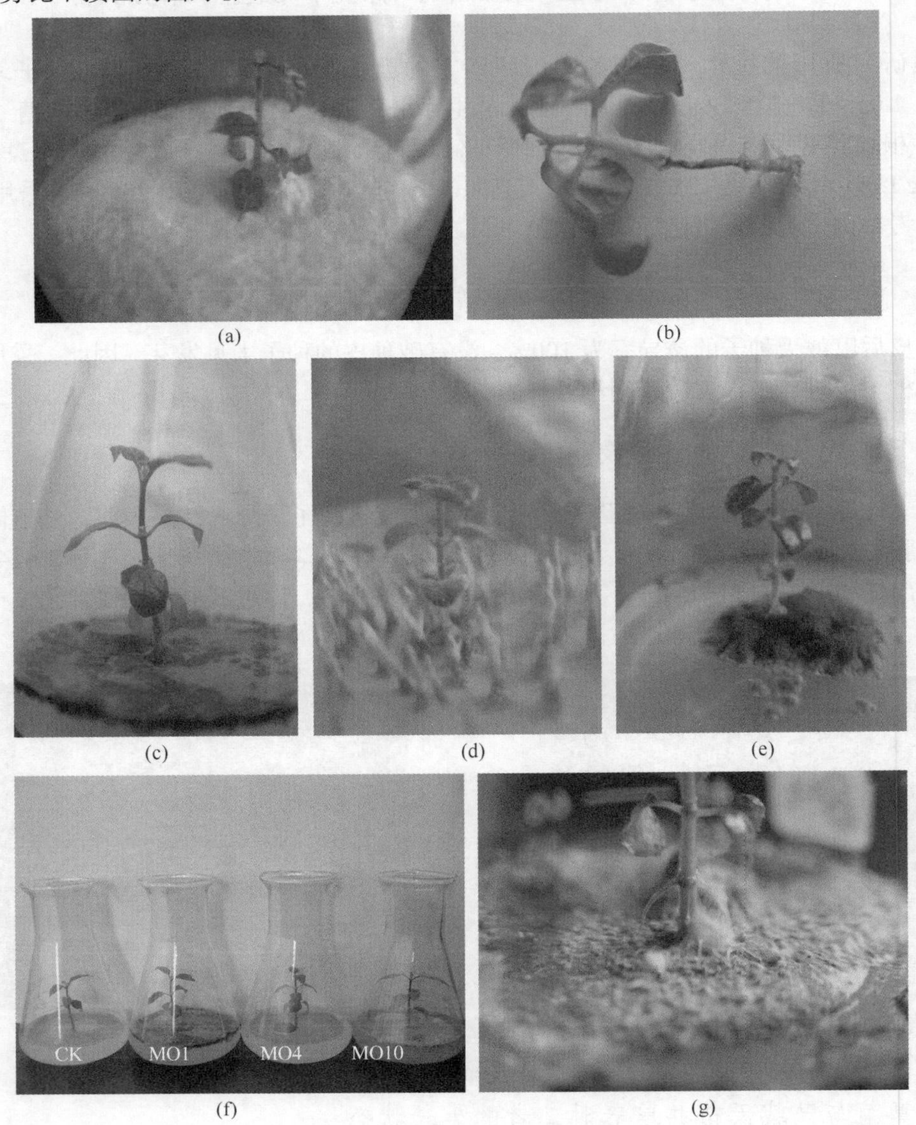

图 20-16　巴戟天菌苗共生形态

(a)不利于植物生长的 MO2 号真菌与巴戟天苗共生培养状态；(b)不利于植物生长的 MO5 号真菌与巴戟天苗共生培养状态；(c)MO1 与巴戟天苗共生培养状态；(d)MO3 形成的菌绳结构；(e)MO18 与巴戟天苗共生培养状态；(f)利于植物生长的 MO1、MO4、AR10 真菌与巴戟天共生培养状态；(g)接种 MO17 号真菌的苗形成的气生根

表 20-11　菌苗相互作用一览表

菌株	真菌生长状态	对巴戟天苗生长的影响
MO1	菌落灰褐色，散点状，气生菌丝不发达，生长慢	植株正常，植株健壮
MO2	菌落白色，气生菌丝较发达，生长迅速	植株死亡
MO3	菌落灰白色，气生菌丝发达，生长迅速，形成菌绳结构	植株正常
MO4	菌落生长特别慢	植株正常

续表

菌株	真菌生长状态	对巴戟天苗生长的影响
MO5	菌落白色，气生菌丝较发达，生长迅速	植株形成气生根，下部腐烂
MO6	菌落灰白色，散点状，气生菌丝发达，生长快	植株死亡
MO7	菌落灰白色，气生菌丝较发达，生长迅速	植株死亡
MO8	菌落白色，生菌丝较发达，生长迅速	植株死亡
MO9	菌落灰色，气生菌丝发达，生长快	植株下部腐烂
MO10	菌落灰绿色，气生菌丝不发达，生长快	植株正常
MO11	菌落灰白色，气生菌丝发达，生长迅速	植株死亡
MO12	菌落灰色，气生菌丝发达，生长迅速	植株死亡
MO13	菌落白色，气生菌丝发达，生长迅速	植株下部腐烂
MO14	菌落灰色，气生菌丝发达，生长迅速	植株死亡
MO15	菌落灰白色，气生菌丝发达，生长迅速	植株死亡
MO16	菌落灰白色，气生菌丝发达，生长迅速	植株死亡
MO17	菌落灰褐色，气生菌丝不发达，生长快	植株正常，有气生根形成
MO18	菌落黑色，气生菌丝不发达，生长慢	植株正常
MO19	菌落灰褐色，散点状，气生菌丝不发达，生长慢	植株死亡
MO20	菌落灰白色，气生菌丝不发达，生长快	植株正常，有气生根形成
CK		植株正常

本节研究了巴戟天内生真菌对巴戟天苗生长发育的影响。试验结果表明，在本试验条件下，不同真菌与苗共生后表现出以下两种现象：①菌落生长迅速，气生菌丝发达，与其共生1个月的苗均呈现死亡的现象，如MO2、MO5、MO6、MO7、MO8等；②菌落生长较慢，苗生长正常，如MO1、MO4、MO18。但由于材料和时间有限，我们只对巴戟天内生真菌对巴戟天苗生长发育的影响进行了初步筛选。这些菌株是否能促进宿主生理指标，如株高、鲜重、干重的增加，以及菌-苗共生的机制，还有待进一步的研究。

第四节　美登木与内生真菌互作的细胞学观察及真菌活性

美登木(*Maytenus confertiflorus* J.Y. Luo et XX Chen.)是卫矛科(Celastraceae)美登木属(*Maytenus*)多年生灌木。从美登木属植物中提取的美登木素对淋巴恶性肿瘤等多种癌症有显著疗效，因而引起科学界的重视。有关美登木属植物药用成分的提取分离、临床、组织培养及内生菌等方面已有研究报道，但有关美登木根的显微构造及其内生真菌分布方面的研究尚未见报道。本节研究了美登木根的显微构造及其内生真菌的分布，为今后研究美登木植物的生长发育、内生真菌分布规律及合理开发利用提供科学依据。本研究所用的菌根材料来源于广西的美登木根。采用常规石蜡切片法研究菌根的显微结构。切片厚度为10～14μm。研究结果见谭小明等(2006a)的文献。

一、美登木根的构造特征

(一)美登木根的次生构造

美登木根的次生构造包括周皮和维管组织两部分[图 20-17(a)]。周皮由木栓层、木栓形成层和栓内层组成[图 20-17(b)]。其中木栓层由 5～6 列长形细胞组成，颜色较浅，长度为 23～30μm，宽度为 8～13μm，排列紧密。木栓形成层由一列长方形细胞组成，颜色较深，长度为 18～26μm，宽度为 5～13μm。栓内层与位于其内方的中柱鞘细胞难以区分，因此，从根横切面上不易观察到该层细胞。靠近栓内层的是被挤到边缘的初生韧皮部，次生韧皮部较明显，颜色较深，约占根直径的 46%，次生韧皮薄壁细胞发达，细胞内含有众多颗粒状或块状的储藏物质[图 20-17(c)]。次生木质部由导管和木射线组成，导管呈径向排列，木化程度高，壁厚，导管直径一般为 25～35μm，导管之间有少量木薄壁细胞分布，木射线单列，主要由薄壁组织构成，韧皮射线不明显[图 20-17(d)]。

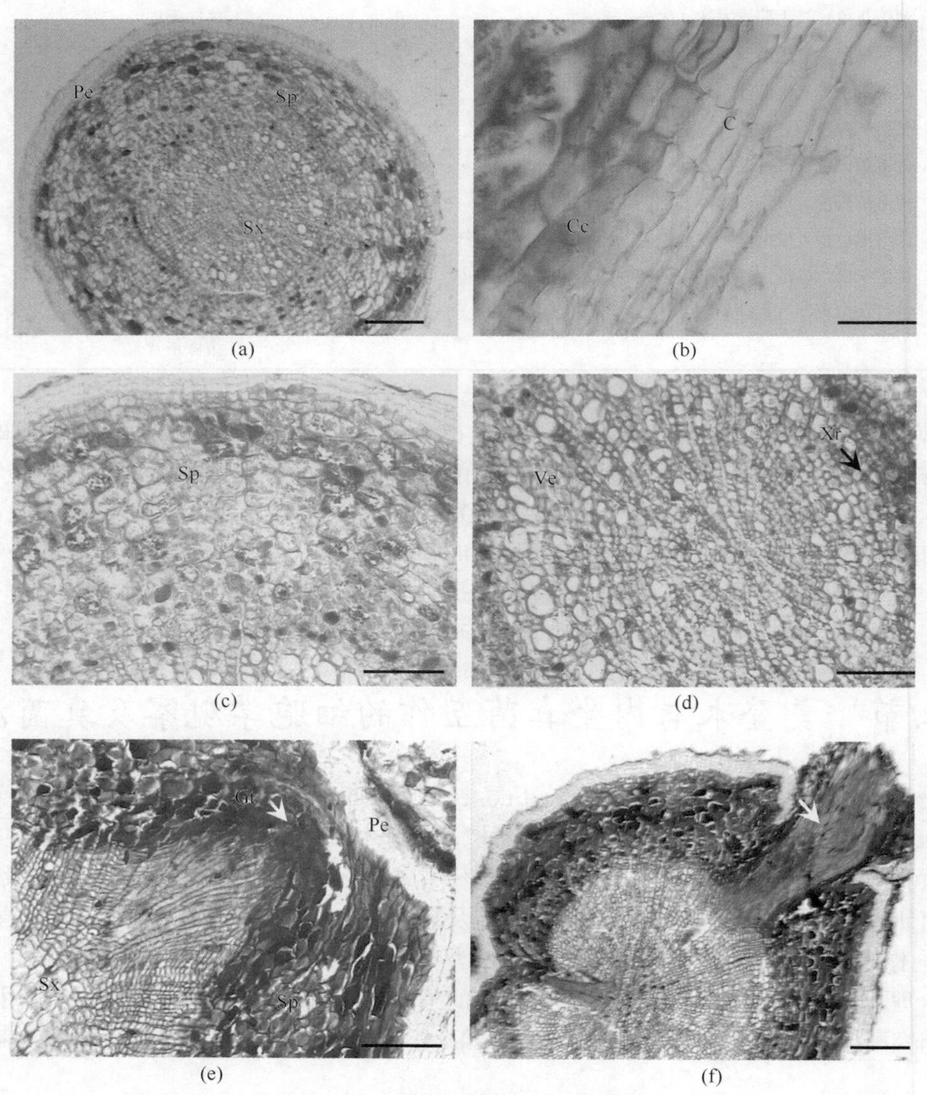

图 20-17　美登木的根部形态特征

(a) 根次生结构横切局部，示次生韧皮部、木质部及周皮；标尺：500μm。(b) 根次生结构横切局部，示木栓层、木栓形成层；标尺：20μm。(c) 次生韧皮部横切面的放大，示染菌区域；标尺：100μm。(d) 木质部横切面的放大，示导管、木薄壁细胞及木射线；标尺：100μm。(e) 根次生结构横切局部，箭头(↓)示侧根的生长锥；标尺：100μm。(f) 根次生结构横切局部，箭头(↓)示侧根的结构；标尺：500μm。Sx. 次生木质部；Sp. 次生韧皮部；Pe. 周皮；Ve. 导管；Xr. 木射线；C. 木栓层；Cc. 木栓形成层；Gt. 生长锥。下图同

(二)美登木侧根的产生

美登木侧根由中柱鞘细胞产生，对着木质部放射角的细胞发生分裂，向外突起，细胞分化快，分生能力强，形成侧根[图 20-17(e)]。在侧根的形成过程中，分化出维管组织，并且与主根的木质部分子和韧皮部分子之间连接在一起[图 20-17(f)]。

二、美登木根中内生真菌的分布

从美登木根的连续石蜡切片可以看到,木栓层表面有真菌菌丝分布,往往还附着一些碎屑,碎屑附近的薄壁细胞已不完整，碎屑中的菌丝正通过此处侵入到根的木栓层内[图 20-18(a)]。菌丝在木栓层薄壁细胞间横向延伸，并逐渐向木栓形成层生长[图 20-18(b)～(d)]，有时在木栓层薄壁细胞中的一个或连续几个细胞中定植[图 20-18(c)]。随着菌丝在定植细胞中不断地生长，菌丝细胞往往会膨大，膨大后的菌丝细胞往往较原菌丝的直径大 4～5 倍，菌丝具明显的横隔膜，有的膨大菌丝细胞近呈圆形[图 20-18(c)、(d)]。膨大的菌丝在充满整个细胞腔后，可再生出正常直径的菌丝穿透细胞壁向下一层薄壁细胞侵染[图 20-18(b)]。侵染到木栓层薄壁细胞的菌丝并非在所有经过的细胞中定植，有时只定植于其中某一个细胞，有时则能在同一层或相邻的细胞中连续定植[图 20-18(c)]。被真菌侵染的木栓层薄壁细胞，其细胞壁木质化加厚，经番红、固绿双重染色后呈红色，细胞的形状也发生了变化[图 20-18(b)]；处于旺盛生长状态的菌丝经番红、固绿双重染色后呈绿色，而老化的菌丝则呈红色[图 20-18(d)]。此外,真菌菌丝并非在所有的木栓层薄壁细胞中都有分布,而是只集中在某些区域[图 20-18(b)]。

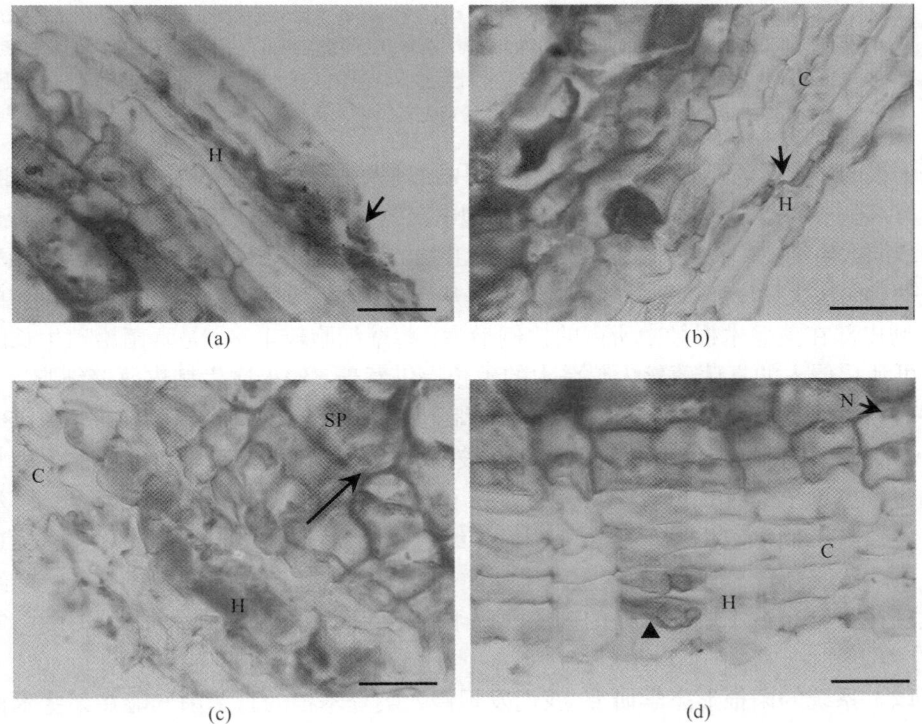

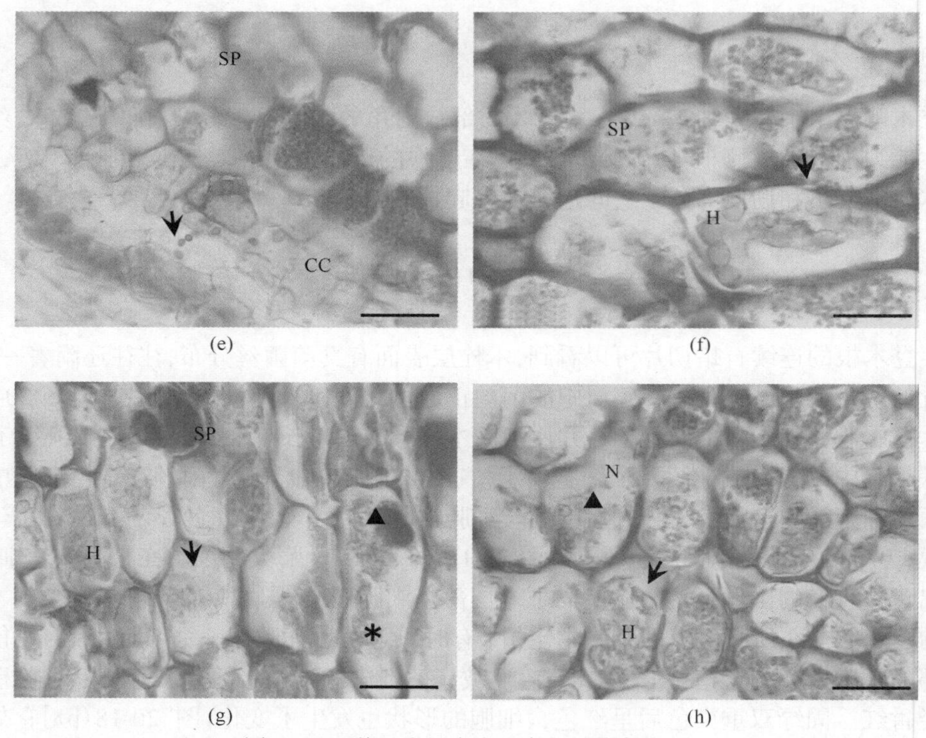

图 20-18 美登木根中内生真菌的分布特征

(a)木栓层，箭头(↓)示附着在根外的碎屑，这些部位常是真菌的侵入位点；(b)膨大的菌丝在木栓层细胞间纵横生长，膨大的菌丝有明显的横隔膜，并长出正常的菌丝继续侵染下一个细胞(↓)；(c)菌丝连续侵染数个木栓层细胞，箭头(↓)示菌丝从木栓层侵入次生韧皮部；(d)菌丝逐渐向木栓形成层生长，膨大的菌丝呈球形(▲)，箭头(↓)示木栓形成层中的细胞核；(e)木栓形成层，箭头(↓)示分生孢子；(f)次生韧皮部染菌细胞，膨大的菌丝在细胞中缠绕，菌丝由一个细胞向另一个细胞侵染(↓)；(g)次生韧皮部染菌细胞中定植的菌丝(↓)和正在被消化的菌丝(*)及菌丝结(▲)；(h)箭头(↓)示次生韧皮部染菌细胞发生质壁分离，▲示细胞核。标尺：20μm。SP. 次生韧皮部；CC. 木栓形成层；H. 真菌菌丝；N. 细胞核

美登木根的木栓层为死细胞，有木质化加厚的细胞壁，而木栓形成层的细胞为活细胞，细胞壁薄，具有细胞核[图 20-18(d)]。在木栓层细胞中定植后的菌丝可以长出新的菌丝，或以孢子的形式进一步向次生韧皮部侵染[图 20-18(e)]。从图 20-18(c)可以看出，木栓形成层有真菌菌丝定植，并进一步向次生韧皮部扩展，即真菌菌丝是从木栓形成层细胞侵入次生韧皮部细胞的。

次生韧皮部在美登木根径中所占的比例最大，薄壁细胞较丰富，是真菌增殖生长的主要栖居区域，可消化侵入的真菌菌丝为美登木的生长提供营养。侵入次生韧皮薄壁细胞后，菌丝会在细胞中缠绕，而且菌丝常膨大，膨大的菌丝细胞呈球形，有明显的横隔膜[图 20-18(f)]。从图 20-18(f)、(g)中可见新定植的菌丝和正在被消化的菌丝，菌根正处于旺盛的生理状态，然后菌丝通过细胞壁上的纹孔再侵染相邻的另一个细胞，逐步扩展为一个侵染区域。菌丝块形状不规则，经番红、固绿双重染色后，呈明显深绿色的团状结构或结状结构[图 20-18(h)]。从图 20-18(g)可以看出，受侵染的细胞发生了质壁分离，菌丝逐渐卷曲缠绕包裹整个细胞核；真菌菌丝往往只分布在木质部以外的韧皮薄壁细胞中，而不能侵染到木质部[图 20-17(c)和图 20-18(h)]。

基于以上系统的菌根形态学研究，我们发现侵入美登木根的真菌菌丝能在某些木栓层细胞和次生韧皮薄壁细胞中定植，菌丝细胞明显膨大，而且在细胞间延伸的菌丝也有膨大的菌丝细

胞，这点在以往的研究报道中均未见论述，但其具体作用还不明确。同时，本研究明确了内生真菌在美登木根中的侵染区域主要分布在周皮和次生韧皮部，而且真菌菌丝在细胞中的分布不在整个横切面均匀存在的，而是集中在某个区域。这对于下一步分离其内生真菌具有重要的指导意义。另外，我们还发现在真菌侵入次生韧皮部的过程中有分生孢子产生，这在以往研究中很少见，我们推测分生孢子可能是真菌不断向次生韧皮部侵染的方式之一。

三、美登木内生真菌的分离及其抗菌活性菌株的筛选

之前已对美登木菌根的显微结构进行了系统研究，本节将对其内生真菌进行较为系统的分离，并筛选具有抗菌活性的内生真菌，确定抗菌活性菌株的生态分布及其抗菌特性，从而为植物-内生真菌生态关系的研究及植物内生真菌资源的利用提供依据。

（一）内生真菌的分离

2004 年 7～9 月，通过分离试验，我们从美登木根、茎、叶中共分离到 17 株内生真菌，其中根 6 株（占总分离率的 35.29%）、茎 6 株（占总分离率的 35.29%）、叶 5 株（占总分离率的 29.42%）。这表明内生真菌在美登木体内普遍存在，其中以根、茎中分离的内生真菌种类居多，叶中分离的内生真菌种类稍少。结果见表 20-12。

表 20-12　美登木内生真菌的分离

分离部位	材料块数	总菌株数	分离菌株数	分离率/%	代表菌株编号
根	20	16	6	35.29	MC1、MC2、MC3、MC5、MC13、MC15
茎	20	26	6	35.29	MC7～MC10、MC12、MC14
叶	20	15	5	29.42	MC4、MC6、MC11、MC16、MC17
总计		47	17		

（二）内生真菌活菌的抗菌活性

从美登木中共分离到 17 株内生真菌，其中有抗菌活性的 4 株（占此植物内生真菌分离总数的 23.53%），有 3 株分布于根中、1 株分布在叶中。所有的活性菌株均对金黄色葡萄球菌和白色念珠菌有不同程度的抑制作用，但对大肠杆菌均没有抗菌活性。

抗菌活性表现较好的菌株有 MC13、MC15、MC16，其中，MC13 对白色念珠菌有较强的抑菌活性，抑菌圈的直径为 26.55mm；MC15 和 MC16 则对金黄色葡萄球菌和白色念珠菌的抑菌作用均较强，抑菌圈的直径均在 10mm 以上。美登木内生真菌活菌抗菌结果见表 20-13。

表 20-13　内生真菌的活菌复筛结果

菌株编号	金黄色葡萄球菌	大肠杆菌	白色念珠菌	菌株编号	金黄色葡萄球菌	大肠杆菌	白色念珠菌
MC5	+	—	+	MC15	++	—	++
MC13	+	—	++++	MC16	++	—	++

注：—. 抑菌圈平均直径（Φ）≤7mm；+. 7mm＜Φ≤10mm；++. 10mm＜Φ≤15mm；+++. 15mm＜Φ≤25mm；++++. Φ＞25mm

(三)内生真菌代谢产物的抗菌活性

4 株内生真菌代谢产物活性筛选结果见表 20-14。结果显示，4 株内生真菌代谢产物对一种或多种测试菌有不同程度的抑菌活性。所有的活性菌株均对金黄色葡萄球菌有抗菌活性(占此植物内生真菌分离总数的 23.53%)，对白色念珠菌有抗性的菌株 1 株(占此植物内生真菌分离总数的 5.91%)，对大肠杆菌有抗性的菌株 2 株(占此植物内生真菌分离总数的 11.76%)。

表 20-14 乙酸乙酯萃取物活性筛选(抑菌圈的直径) (单位：mm)

菌株编号	金黄色葡萄球菌	大肠杆菌	白色念珠菌	菌株编号	金黄色葡萄球菌	大肠杆菌	白色念珠菌
MC5	11	＜7	17	MC15	15	8	0
MC13	9	0	0	MC16	9	0	0

注：各萃取物的浓度均为 10mg/ml，每个直径为 6mm 的滤纸片的加药量为 20μl。每个处理重复 3 次

综合活菌和产物的抗菌结果显示，产物的抗菌活性较活菌的抗菌活性弱。同时，在活菌的抗菌试验中，有的菌株对某个测试菌表现出较好的抗菌活性，但其乙酸乙酯萃取物却对这个测试菌没有活性，如 MC13、MC15、MC16 对白色念珠菌的抗菌活性。我们认为这些菌株的抗菌活性成分可能在其他极性部位，如极性较小的石油醚部位或极性较大的正丁醇部位。另外，活菌抗菌试验中，所有菌株均对大肠杆菌没有抗菌活性，但在产物抗菌试验中，MC5、MC8 对大肠杆菌却表现出了一定程度的抗菌活性。

第五节 七叶一枝花与内生真菌互作的细胞学观察及真菌活性

七叶一枝花(*Paris polyphylla* Smith)是百合科(Liliaceae)重楼属(*Paris*)多年生草本植物，主产于云南、广西、四川、贵州等地，常见于海拔 1400～3100m 的灌丛或常绿阔叶林下潮湿地。以干燥根茎入药，有清热解毒、消肿止痛、凉肝定惊之功效，用于疔肿痈肿、咽喉肿痛、毒蛇咬伤、跌扑伤痛、惊风抽搐等症，是云南白药、夺命丹、宫血宁等中成药和制剂的重要原料。由于七叶一枝花属多年生草本，资源再生较慢，长期以来被人们过度采挖，而且其种子具有二次发育的生理特性，自然繁殖率低，使七叶一枝花的野生资源越来越少。

国内对七叶一枝花内生真菌及其代谢产物的研究已有报道，但关于七叶一枝花根显微结构方面的报道较少，尤其是对七叶一枝花根中内生真菌的分布尚未见报道。本节研究了自然生长状态下七叶一枝花根的显微结构及其内生真菌的分布，为今后研究重楼属植物的生长发育、内生真菌分布规律及次生代谢产物与内生真菌的关系提供科学依据。本研究所用的菌根材料来源于广西罗城仫佬族自治县自然生长的七叶一枝花根。采用常规石蜡切片法研究菌根的显微结构。切片厚度为 16～20μm。

一、七叶一枝花根的解剖特征

(一)根茎的结构

七叶一枝花的根茎由栓皮层、薄壁组织及分布在薄壁组织中的维管组织组成[图 20-19(a)]。栓皮层位于根茎的最外面，由 4 层左右的长方形细胞组成，一般是由根茎表面的薄壁组织细胞经过平周分裂形成的。随着根茎次生生长的开始，外面的表皮细胞逐渐消失，表皮细胞下面成熟细胞的细胞壁栓质化加厚,起到保护作用。最外层的栓皮层细胞常被破坏不全，是根茎不断加粗生长、栓皮层下面形成新栓皮层的结果。紧贴栓皮层的是薄壁组织，外面的细胞较内面的小，内面的细胞呈圆形，细胞间具有细胞间隙，细胞内储藏有丰富的营养物质。在薄壁组织中，有的细胞较大，内含针状结晶束[图 20-19(b)]。此类细胞丧失生活力，成为死细胞，不再进行有效成分的累积。在根茎内的薄壁组织中散布有排列不规则、纵横不一的维管束[图 20-19(a)]。在横切面上，不但能看到维管束的结构，有时还能看到纵向延伸的螺纹导管[图 20-19(c)]。

(二)不定根的结构

七叶一枝花的不定根通常从根茎维管组织产生,由表皮层、皮层和内皮层及维管束组成[图 20-19(d)]。不定根的表皮由一层近方形、排列不整齐的细胞构成，有的表皮细胞外壁突出形成根毛[图 20-19(e)]。从图 20-19(e)、(f)可以看出，根毛细胞和一部分表皮细胞常被破坏，是不定根穿越土壤时与土壤摩擦的结果。表皮细胞细胞壁不角质化。皮层位于表皮层内侧，由

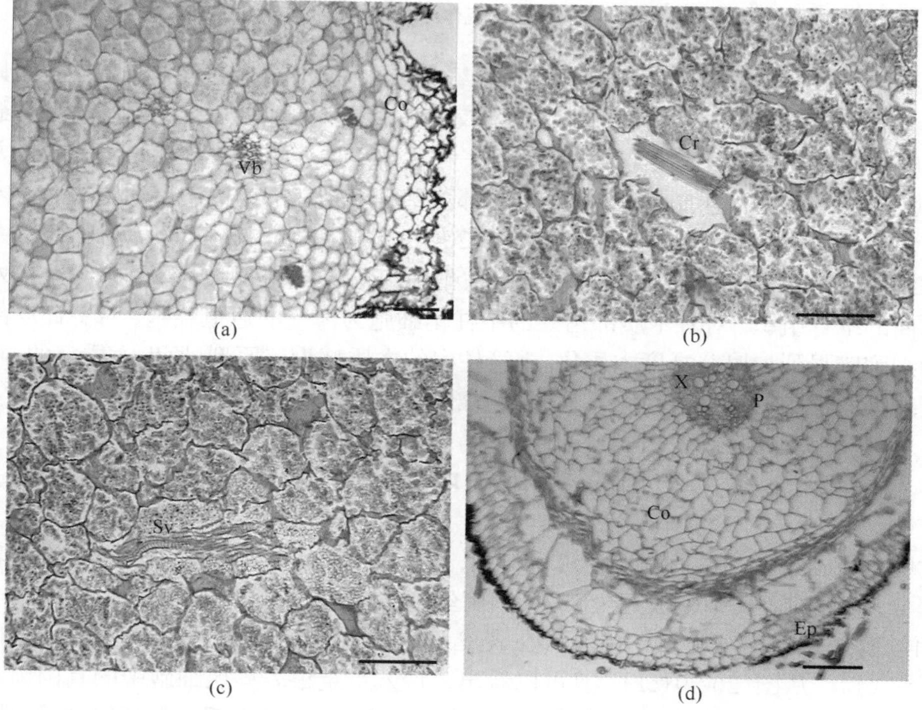

(a) (b) (c) (d)

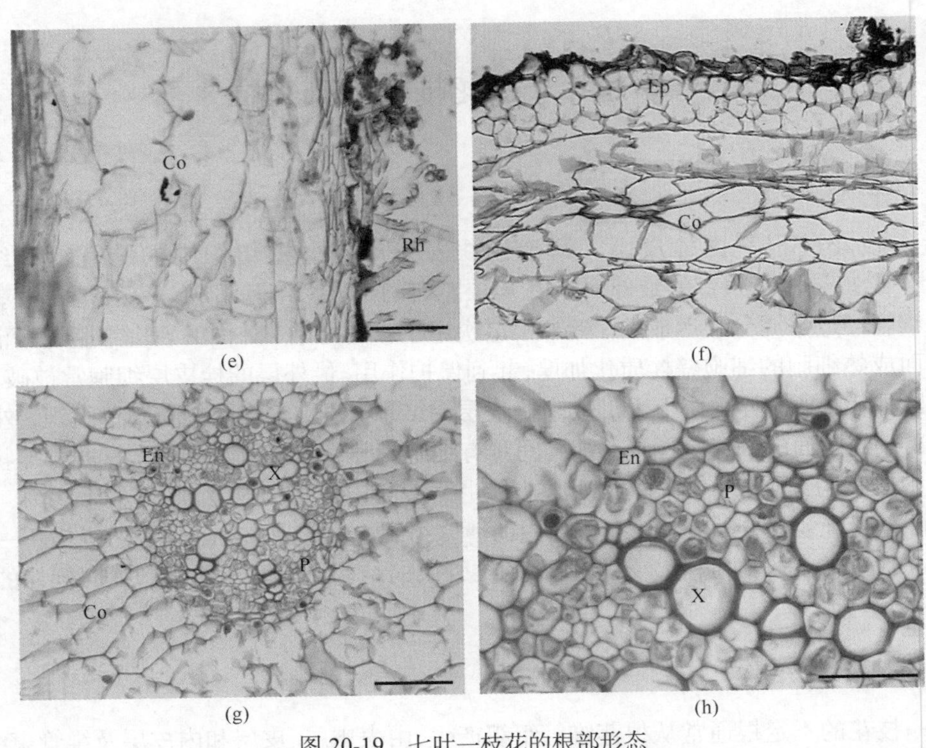

图 20-19 七叶一枝花的根部形态

(a)七叶一枝花根茎横切面；标尺：500μm。(b)根茎横切面的一部分，示薄壁细胞内的针状结晶束；标尺：100μm。(c)根茎外部横切面的一部分，示螺纹导管；标尺：100μm。(d)七叶一枝花不定根的横切面；标尺：500μm。(e)不定根纵切面，示根表有根毛；标尺：100μm。(f)不定根横切面的一部分，示表皮和皮层；标尺：100μm。(g)不定根横切面的一部分，示维管柱木质部三原型；标尺：100μm。(h)不定根横切面的一部分，示木质部与韧皮部相间排列；标尺：20μm。Rh. 根毛；Ep. 表皮层；Co. 皮层或栓皮层；En. 内皮层；Sv. 螺纹导管；Cr. 结晶体；Vb. 维管束；X. 木质部；P. 韧皮部

基本分生组织发育而来。皮层由多层薄壁细胞组成，所占根径的比例达 80%以上，其中靠近表皮层的细胞形状较为规则，呈近方形，排列较整齐，没有细胞间隙，这与其他皮层细胞的形态不同。皮层最内一层，即邻接维管柱的一层，称为内皮层，由排列紧密的方形或长方形细胞组成，细胞较小，细胞壁稍加厚，其中与木质部薄壁细胞相对的为内皮层通道细胞，内皮层细胞壁上有由木栓形成的带状结构的凯氏带[图 20-19(g)]。根的中心部分称为中柱，由中柱鞘及里面的维管束组织构成[图 20-19(h)]。中柱鞘细胞较内皮层细胞小，呈方形，排列紧密，包围着里面的维管组织。对着木质部角处的中柱鞘细胞为薄壁的通道细胞。对着韧皮部的中柱鞘细胞的细胞壁强烈加厚并高度木质化。维管柱内的木质部为三原型，原生木质部的导管较小，向内渐渐增大，细胞壁厚且木质化。初生韧皮部与初生木质部相间排列。

二、七叶一枝花根中内生真菌的分布

从七叶一枝花根的连续石蜡切片可以看到，在根茎和不定根的表皮层上均有许多着色较深的凹陷部分，此处的表皮细胞被完全破坏，有菌丝分布，是真菌菌丝的侵入位点[图 20-20(b)]。在真菌菌丝侵染到表皮细胞后，菌丝常在表皮细胞间切向延伸，并逐渐朝皮层方向侵染[图 20-20(a)～(c)]。从图 20-20(c)、(f)可以看出，侵入不定根表皮层细胞中的真菌菌丝呈两种不同的形态，一种菌丝具有明显的横隔膜，经番红、固绿双重染色后，受其侵染的皮层细胞仍

然呈绿色[图 20-20(e)]；另一种菌丝分枝繁茂，没有横隔膜，有时会在皮层细胞内增大产生球状的泡囊，受其侵染的皮层细胞逐渐失去活力，细胞呈紫红色[图 20-20(e)、(f)]。一般来说，被真菌侵染的细胞，其细胞壁往往木质化加厚，经番红、固绿双重染色后呈红色。

皮层在七叶一枝花不定根中占有最大比例，细胞壁薄，可消化侵入的菌丝为七叶一枝花的生长提供营养。七叶一枝花不定根中没有通道细胞，在破坏部分表皮细胞、外皮层细胞后，真菌菌丝直接侵入皮层细胞，并在皮层细胞内形成菌丝结[图 20-20(a)]。皮层中的菌丝结有时可以通过菌丝穿过细胞壁而侵染到另外一个细胞中，并形成新的菌丝结，因而可以观察到菌丝将细胞中的两个菌丝结相连的现象[图 20-20(g)]。从图 20-20(a)、(g)可见新定植的菌丝和正在被消化的菌丝片段，菌根正处于旺盛的生理状态。染菌皮层细胞的细胞核常膨大，真菌菌丝往往向细胞核靠近[图 20-20(g)]，有时会将几个细胞核包裹起来[图 20-20(h)]，这类似于兰科植物中观察到的现象。在不定根中，真菌菌丝往往只分布在距内皮层细胞以外的皮层细胞中，而不能侵染到内皮层和维管柱[图 20-20(a)、(h)]；在根茎中，真菌菌丝也仅分布于薄壁组织以外的栓皮层细胞中[图 20-20(b)]。

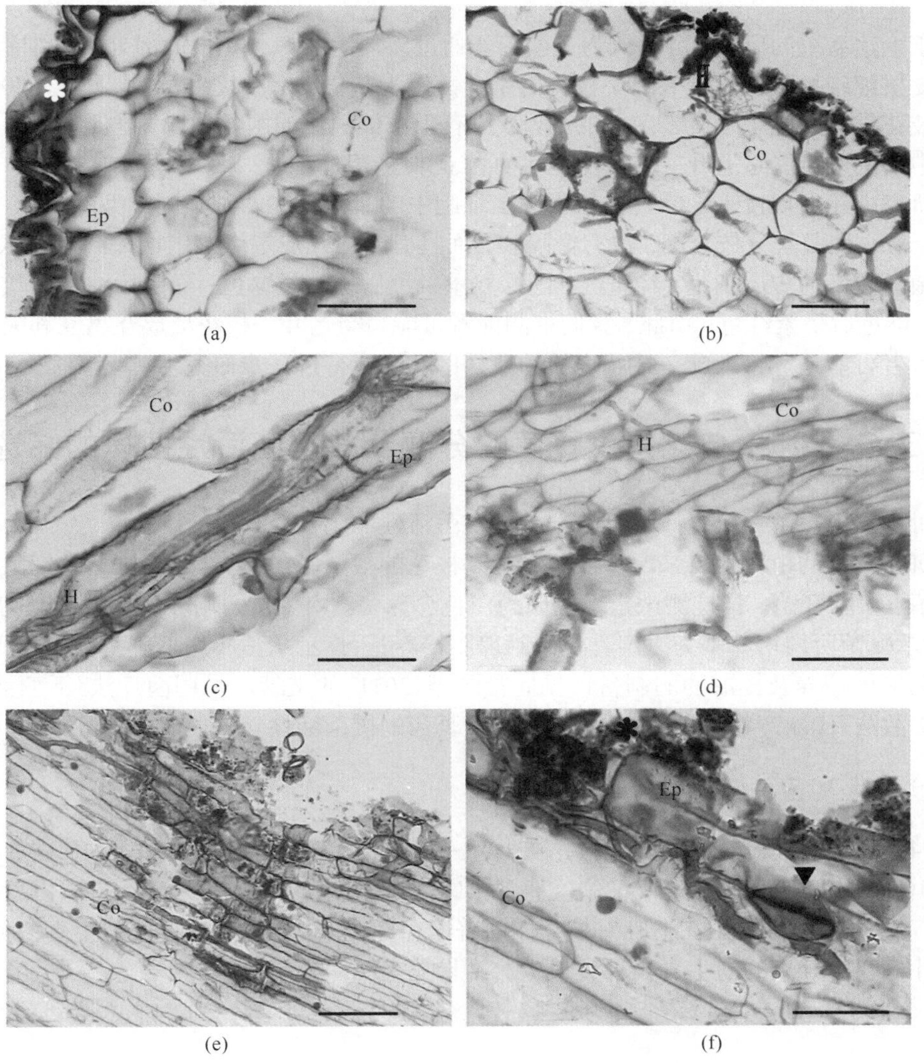

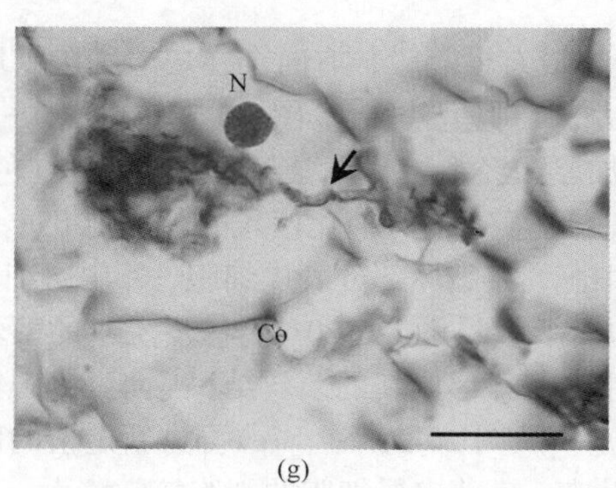

(g)

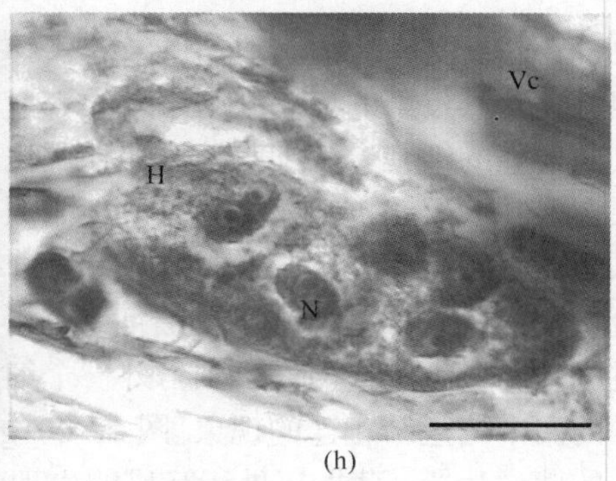

(h)

图 20-20 七叶一枝花根中内生真菌的分布特征

(a) 七叶一枝花不定根表皮层、皮层，内生真菌的侵染位点(*)，皮层内的染菌细胞；标尺：20μm。(b) 根茎栓皮层的横切面，内生真菌的侵染位点(*)及栓皮层内的染菌细胞。(c) 不定根的纵切面，菌丝在表皮细胞间切向生长，菌丝有横隔膜；标尺：20μm。(d) 不定根纵切面及染菌细胞；标尺：20μm。(e) 不定根的纵切面，菌丝没有横隔膜，被真菌侵染后死亡的细胞；标尺：100μm。(f) 不定根的纵切面，内生真菌的侵染位点(*)及泡囊(▲)；标尺=20μm。(g) 不定根的横切面，箭头(↓)示菌丝由一个细胞向另一个细胞侵染；标尺：20μm。(h) 不定根的纵切面，箭头(↓)示膨大的细胞核；标尺：10μm。Vc. 维管柱；H. 真菌菌丝；N. 细胞核

基于上述系统的研究，可以认为真菌菌丝通过破坏七叶一枝花根的部分表皮细胞、外皮层细胞向皮层细胞扩展，这是七叶一枝花内生真菌侵入其根的一种途径(谭小明等，2006b)。在七叶一枝花皮层细胞中既有新定植的菌丝，也有正在被消化的菌丝片段，这证实了消化进入皮层细胞中的菌丝可能是七叶一枝花从内生真菌获取营养的方式。

本研究中还发现侵入七叶一枝花根皮层细胞中的真菌存在两种不同类型的菌丝：一种菌丝有隔膜；另一种菌丝分枝繁茂，没有横隔膜，而且有时会在皮层细胞内增大产生球状泡囊。受前一种菌丝侵染的皮层细胞，经番红、固绿双重染色后仍然呈绿色；而受后一种菌丝侵染的皮层细胞，染色后呈紫红色。由此，我们推测前者可能是与七叶一枝花形成互惠互利关系的共生菌，而后者可能是危害七叶一枝花生长的致病菌，这有待进一步研究。

三、七叶一枝花内生真菌的分离及其抗菌活性菌株的筛选

将对其内生真菌进行分离，可筛选具有抗菌活性的菌株。

本研究所用的植物材料来源于广西七叶一枝花的根、茎、叶。拮抗测试指示细菌为金黄色葡萄球菌、大肠杆菌。拮抗测试指示真菌为白色念珠菌。内生真菌培养所用培养基为 WBA 培养基，指示真菌所用培养基为牛肉膏蛋白胨琼脂培养基，指示细菌所用培养基为沙堡氏培养基。内生真菌液体培养及提取物的制备详见周雅琴等(2011)的文献。采用菌片法(活菌活性测定)和纸片扩散法(代谢产物活性测定)研究其内生真菌的抗菌活性。

(一) 内生真菌的分离

2004 年 7～9 月，通过分离试验，从七叶一枝花根、茎、叶中共分离到 18 株内生真菌，其中根 10 株(占总分离率的 55.56%)、茎 2 株(占总分离率的 11.11%)、叶 6 株(占总分离率的 33.33%)。这表明内生真菌在七叶一枝花体内普遍存在，其中以根中分离的内生真菌种类居多，其次是叶，茎中分离的内生真菌种类最少。结果见表 20-15。

表 20-15　七叶一枝花内生真菌的分离

分离部位	材料块数	总菌株数	分离菌株数	分离率/%	代表菌株编号
根	20	28	10	55.56	PP4、PP7～PP9、PP11～PP13、PP16～PP18
茎	20	4	2	11.11	PP2、PP3
叶	20	19	6	33.33	PP1、PP5、PP6、PP10、PP14、PP15
总计		51	18		

(二) 内生真菌活菌的抗菌活性

从七叶一枝花中共分离到 18 株内生真菌,其中有抗菌活性的 6 株(占此植物内生真菌分离总数 33.33%)，其中 5 株分布于根中、1 株分布在叶中，茎中没有抗菌活性的菌株。

所有的活性菌株对金黄色葡萄球菌和白色念珠菌中的一种或两种均有不同程度的抑制作用，但对大肠杆菌均没有抗菌活性。抗菌活性表现较好的菌株有 PP5、PP8、PP13，其对金黄色葡萄球菌和白色念珠菌的抑菌圈直径均在 10mm 以上，其中，PP13 对白色念珠菌有较强的抑菌活性，抑菌圈的直径达 15.55mm。七叶一枝花内生真菌活菌抗菌结果见表 20-16。

表 20-16　内生真菌的活菌复筛结果

菌株编号	金黄色葡萄球菌	大肠杆菌	白色念珠菌	菌株编号	金黄色葡萄球菌	大肠杆菌	白色念珠菌
PP5	++	—	++	PP9	+	—	—
PP7	++	—	—	PP13	++	—	+++
PP8	++	—	++	PP16	+	—	+

注：—. 抑菌圈平均直径(Φ)≤7mm；+. 7mm<Φ≤10mm；++. 10mm<Φ≤15mm；+++. 15mm<Φ≤25mm；++++. Φ>25mm

(三) 内生真菌代谢产物的抗菌活性

内生真菌代谢产物活性筛选结果见表 20-17。结果显示，七叶一枝花内生真菌发酵产物乙酸乙酯萃取物的抗菌活性主要表现在对金黄色葡萄球菌和白色念珠菌的抗性上，18 株内生真菌中，共有 4 株(占 22.22%)对金黄色葡萄球菌有抗性，对白色念珠菌有抗性也较多，占供测菌株的 16.67%，但未发现对大肠杆菌有抗性的菌株。七叶一枝花内生真菌高抗性菌株较多，共有 5 株对金黄色葡萄球菌或白色念珠菌的抑菌圈直径在 10mm 以上。高活性的菌株均分布于七叶一枝花的根中。

表 20-17　乙酸乙酯萃取物活性筛选(抑菌圈的直径)　　(单位：mm)

菌株编号	金黄色葡萄球菌	大肠杆菌	白色念珠菌	菌株编号	金黄色葡萄球菌	大肠杆菌	白色念珠菌
PP5	0	0	0	PP9	17	0	0
PP7	14	0	13	PP13	16	0	20
PP8	11	0	0	PP16	0	0	11

注：各萃取物的浓度均为 10mg/ml，每个直径为 6mm 的滤纸片的加药量为 20μl。每个处理重复 3 次

(谭小明　陈晓梅　邢晓科　邢咏梅　郭顺星)

参 考 文 献

陈树思，唐为萍. 2004. 白木香 *Aquilaria sinensis* 次生木质部导管分子观察研究. 韩山师范学院学报，25(3)：81-84.

丁小维，邓百万，陈文强，等. 2013. 中国红豆杉内生真菌的分离鉴定及其产紫杉醇的特性. 贵州农业科学，41(4)：104-106.

谭小明，郭顺星，周雅琴，等. 2006a. 美登木根的显微结构及其内生真菌的分布. 植物学通报，23(4)：368-373.

谭小明，郭顺星，周雅琴，等. 2006b. 七叶一枝花根的显微结构及其内生真菌分布研究. 菌物学报，25(2)：227-233.

谭小明，郭顺星. 2006. 红豆杉根的显微结构及其内生真菌分布. 中国医学科学院学报，03：372-374，475.

唐为萍，陈树思. 2005. 沉香叶解剖结构的研究. 广西植物，25(3)：229-232.

叶勤法，戚树源. 1997. 白木香组织培养及快速繁殖. 植物学通报，14(增)：60-63.

杨峻山. 1997. 白木香化学成分的研究概况. 天然产物研究与开发，10(1)：99-103.

周雅琴，谭小明，陈晓梅，等. 2011. 药用植物沉香内生真菌的分离及抗菌活性研究. 中国药学杂志，9：649-651.

周永标. 1988. 白木香对肠平滑肌的药理作用. 中药通报，(6)：40-42.

Moraes-Cerdeira RM，Burandt Jr CL，Bastos JK，et al. *In vitro* propagation of *Podophyllum peltatum* . Planta Med，1998，64(1)：42-45.

第二十一章　13种西藏药用植物根的形态解剖及内生真菌侵染观察

生长于青藏高原的药用植物由于受到独特的自然条件影响,具有独特的结构特征和内生真菌组成,对其根的解剖结构和内生真菌分布进行研究,不仅可以了解西藏植物的特殊解剖结构、内生真菌与植物互作的方式，而且具有重要的生态学意义和经济意义。然而，目前有关西藏药用植物根的形态结构及内生真菌侵染研究均少见报道。对此，本章对 13 种西藏药用植物根的解剖结构及内生真菌分布进行了形态学观察。

植物材料：13 种植物根样本均采自西藏自治区，见表 21-1。FAA 固定，常规石蜡切片，番红、固绿双重染色。

表 21-1　13 种西藏药用植物的样本信息

	中文名称	属	拉丁学名	采样地点	海拔/m
1	工布乌头	乌头属	*Aconitum kongboense*	米林南伊沟	3260
2	桃儿七(成株)	鬼臼属	*Sinopodophullum hexandrum*	米林南伊沟	3315
3	毛蕊花	毛蕊花属	*Verbascum thapsus*	波密古乡巴卡寺	2610
4	藏大蓟	大蓟属	*Cirsium eriophoroideum*	波密易贡国家地质公园	2068
5	管花鹿药	鹿药属	*Maianthemum henryi*	米林南伊沟	3200
6	卷叶黄精	黄精属	*Polygonatum cirrhifolium*	林芝米林江河汇合处	2938
7	紫花鹿药	鹿药属	*Maianthemum purpureum*	米林南伊沟	3278
8	紫罗兰报春	报春花属	*Primula purdomii*	色季拉山	4585
9	中甸灯台报春	报春花属	*Primula chungensis*	尼洋河观景台林下	3725
10	聂拉木龙胆	龙胆属	*Gentiana nyalamensis*	米林南伊沟	3320
11	波棱瓜	波棱瓜属	*Herpetospermum pedunculosum*	米林南伊沟	3300
12	菖蒲	菖蒲属	*Acorus calamus*	林芝八一镇	2997
13	长鞭红景天	红景天属	*Rhodiola fastigiata*	色季拉山	4590

一、工布乌头根的显微结构及内生真菌侵染

由图 21-1(a)可以看出，野生工布乌头的根主要由表皮、皮层和中柱组成。最外一层是表皮，为方形，排列整齐紧密，细胞外切向壁增厚，颜色较深，部分表皮破损，有可能是与土壤摩擦造成的，一般是内生真菌侵染的部位。皮层由外皮层、皮层和内皮层细胞组成。紧接表皮的一层细胞为外皮层，外皮层只有一层细胞，较表皮细胞大，排列紧密；外皮层和内皮层之间为皮层，皮层占根横切总面积的 3/5，皮层细胞较大，细胞壁薄，有明显的细胞间隙，细胞层数较多，约为 7 层，皮层是内含物最丰富、活力最旺盛的细胞。皮层最内一层为内皮层，紧紧围绕维管柱，细胞排列紧密，没有细胞间隙，内皮层细胞的部分径向壁加厚，栓质化和木质化，形成凯氏带，在内皮层上还可以观察到细胞壁未加厚的通道细胞(包海鹰等，1996)。内皮层之下是中柱，中柱包括中柱鞘和维管组织两部分，中柱鞘细胞呈方形，排列紧密，包围着里面的维管组织；维管组织由初生韧皮部、初生木质部和薄壁细胞构成。初生木质部为四原型，原生木质部的导管较小，向内逐渐增大，细胞壁厚且木质化，发育方式为外始式。初生韧皮部包括筛管、伴胞和韧皮薄壁组织。维管柱中央有大量的薄壁细胞。初生木质部与初生韧皮部相间排列(秦明珠和李文亭，1996)。

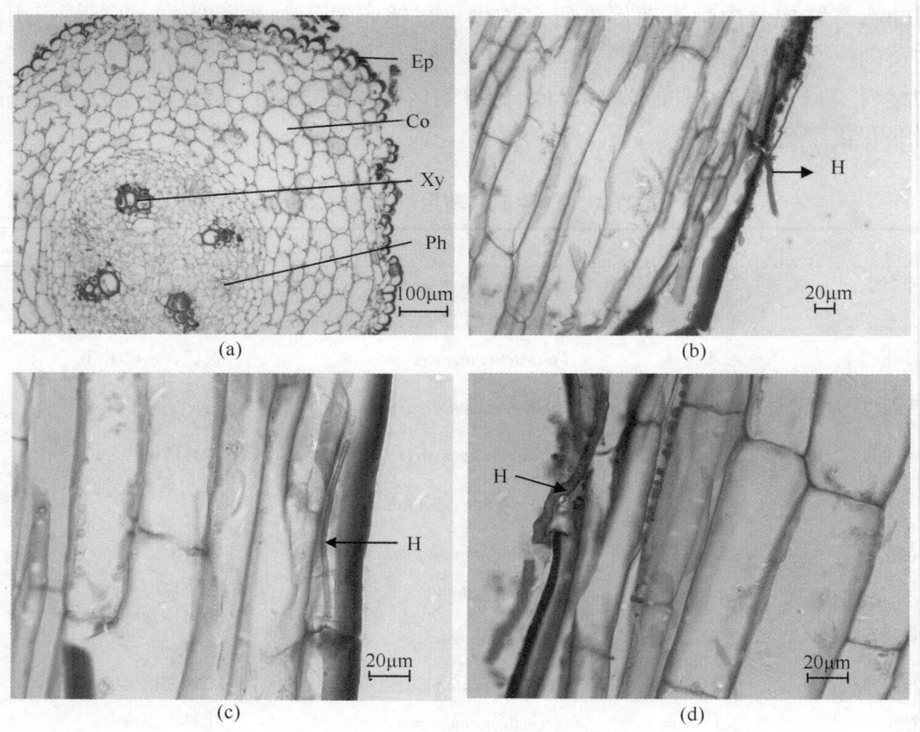

图 21-1　工布乌头根的显微结构

(a)工布乌头根的横切面(×100)；(b)根纵切面，显示正在侵染根表皮细胞的菌丝(×400)；(c)根纵切面，显示表皮细胞内的菌丝(×400)；(d)根的纵切面，示根外菌丝(×400)。Ep. 表皮；Co. 皮层；Xy. 木质部；Ph. 韧皮部；H. 菌丝

由图 21-1(b)～(d)可以看出，在根外分布着一些菌丝，并侵入表皮细胞，在表皮细胞内切向延伸。菌丝具有明显的横隔膜，厚壁，经过番红、固绿双重染色后为红色。

二、桃儿七根的显微结构及内生真菌侵染

由图 21-2(a)可以看出，野生桃儿七的根主要由表皮、皮层和中柱组成。最外一层是表皮，部分表皮已经破损，有可能是与土壤摩擦所致，一般是内生真菌侵染的部位。皮层由外皮层、皮层和内皮层细胞组成。紧接表皮的一层细胞为外皮层，外皮层只有一层细胞，较表皮细胞大，排列紧密，部分外皮层细胞壁加厚，栓质化和木质化，也可以在外皮层观察到细胞壁未加厚的通道细胞。外皮层和内皮层之间为皮层，皮层占根横切总面积的 4/5，皮层细胞较大，细胞壁薄，有明显的细胞间隙，细胞层数较多，约为 21 层，皮层是内含物最丰富、活力最旺盛的细胞。皮层最内一层为内皮层，紧紧围绕维管柱，细胞排列紧密，没有细胞间隙，内皮层细胞的部分径向壁加厚，栓质化和木质化，形成凯氏带。内皮层之下是中柱，中柱包括中柱鞘和维管组织两部分，中柱鞘细胞呈方形，排列紧密，包围着里面的维管组织；维管组织由初生韧皮部、初生木质部和薄壁细胞构成。初生木质部为四原型，原生木质部的导管较小，向内逐渐增大，细胞壁厚且木质化，发育方式为外始式。初生韧皮部包括筛管、伴胞和韧皮薄壁组织。初生木质部与初生韧皮部相间排列(黄超杰等，2008)。

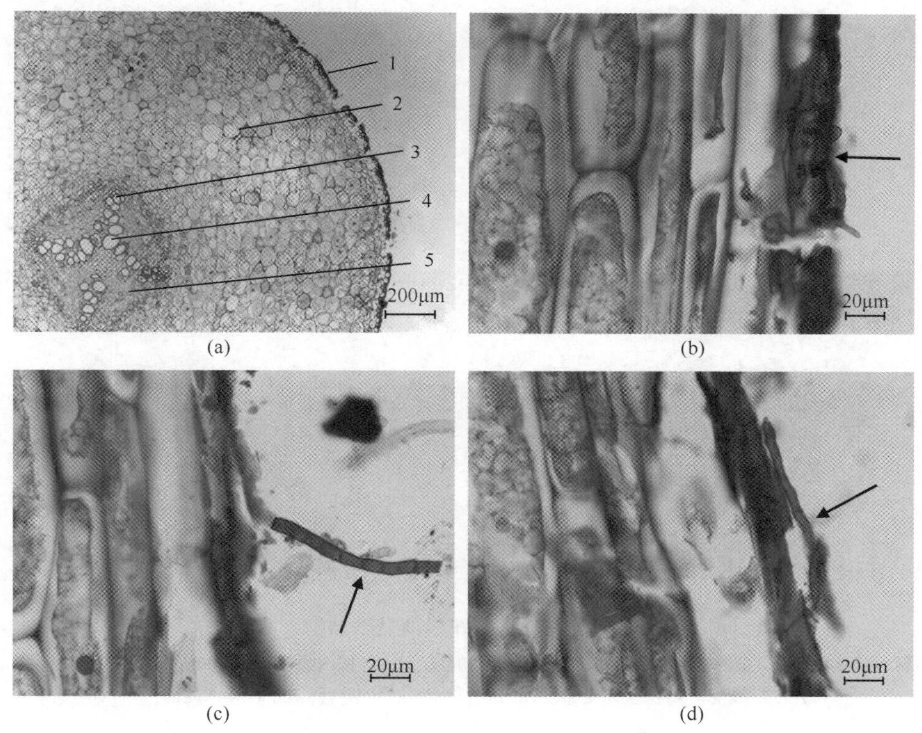

图 21-2　桃儿七(成株)根的显微结构

(a)根的横切面(×50)；(b)根的纵切面，示菌丝侵染表皮的过程(×400)；(c)根的纵切面，箭头示根外菌丝(×400)；(d)根的纵切面，示根外菌丝(×400)。1.表皮；2. 皮层；3. 原生木质部；4. 后生木质部；5. 初生韧皮部；→示菌丝

由图 21-2(b)～(d)可以看出，根外有一些散在的菌丝，并在表皮破损处侵入根表皮细胞内，在细胞内定植。菌丝厚壁，有明显的横隔膜，番红、固绿染色后为红色(黄超杰等，2008)。

三、毛蕊花根的显微结构及内生真菌侵染

由图 21-3(a)、(b)可以看出，毛蕊花根的次生结构包括周皮和次生维管组织两部分。周皮由木栓层、木栓形成层和栓内层组成。其中木栓层由三列切向引长的木栓细胞组成，排列紧密，细胞壁木质化，经番红染色呈阳性；木栓形成层由一列长方形细胞组成；木栓形成层内一层是栓内层，长方形或不规则形，为生活的薄壁组织细胞。

周皮内为次生维管组织，次生维管组织包括次生韧皮部、维管形成层和次生木质部。根外侧较早产生的次生韧皮部中薄壁细胞体积较大，靠近根中央晚产生的次生韧皮薄壁细胞体积较小，有筛管和伴胞，无韧皮纤维。维管形成层呈环状，由 2～3 层细胞构成，不甚明显。次生木质部所占比例较大，主要由导管、木纤维、少量木薄壁细胞组成，次生木质部的导管径向排列，木质化程度高且壁增厚，木射线多由一列细胞构成，较明显，导管口径大小不一，木纤维成群分布。

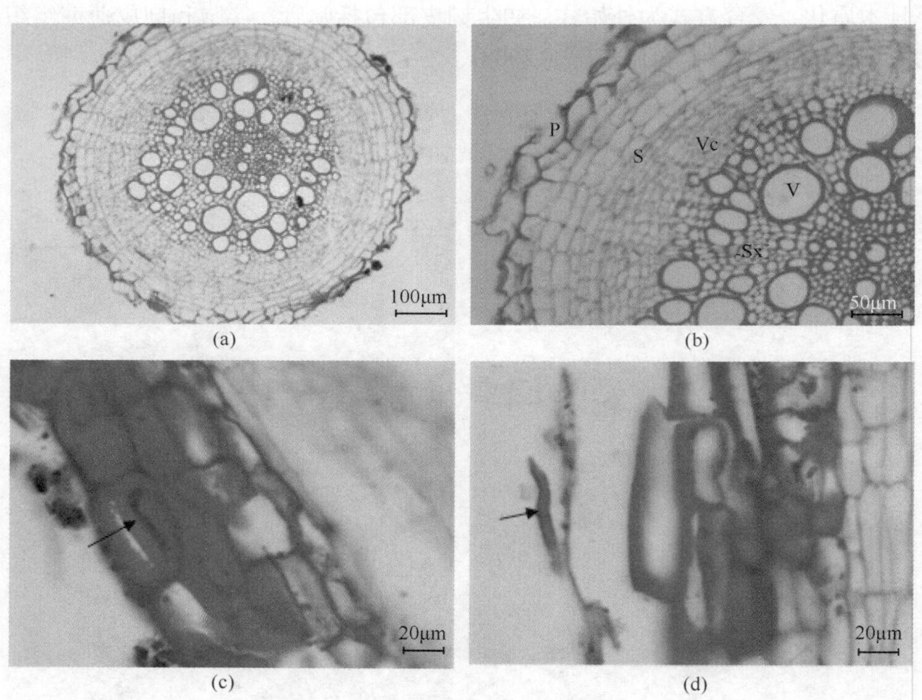

图 21-3　毛蕊花根的显微结构

(a) 根的横切面（×100）；(b) 根的横切面（×200）；(c) 根的纵切面，示木栓层内的菌丝（×400）；(d) 根的纵切面，示根外菌丝（×400）。P. 周皮；S. 次生韧皮部；Vc. 维管形成层；V. 导管；Sx. 次生木质部；→示菌丝

由图 21-3(c)、(d)可以看出，根外有菌丝分布，并且侵染到周皮木栓层的第一层细胞内定植，切向延伸。

四、藏大蓟根的显微结构及内生真菌侵染

由图 21-4(a)可以看出，藏大蓟根的次生结构包括周皮和次生维管组织两部分。周皮由木

栓层、木栓形成层和栓内层组成。其中木栓层由1～2层切向引长的木栓细胞组成，大多木栓细胞已破损；木栓形成层由一列长方形细胞组成；木栓形成层内一层是栓内层，长方形或不规则形，为生活的薄壁组织细胞。周皮与次生维管组织之间有数层薄壁组织细胞。

次生维管组织从外到内依次为次生韧皮部、维管形成层和次生木质部。根外侧较早产生的次生韧皮部中薄壁细胞体积较大，排列紧密靠近根中央较晚产生的次生韧皮薄壁细胞体积较小，有筛管和伴胞，韧皮纤维明显，有韧皮射线。维管形成层呈环状。次生木质部所占比例较大，主要由导管、木纤维、木薄壁细胞组成。次生木质部的导管径向排列，呈辐射状，木质化程度高且壁增厚，导管口径大小不一，在导管之间夹杂着一团团的薄壁细胞；木纤维非常发达，较长，成群分布；木射线不明显(石世贵和龚山美，2000)。

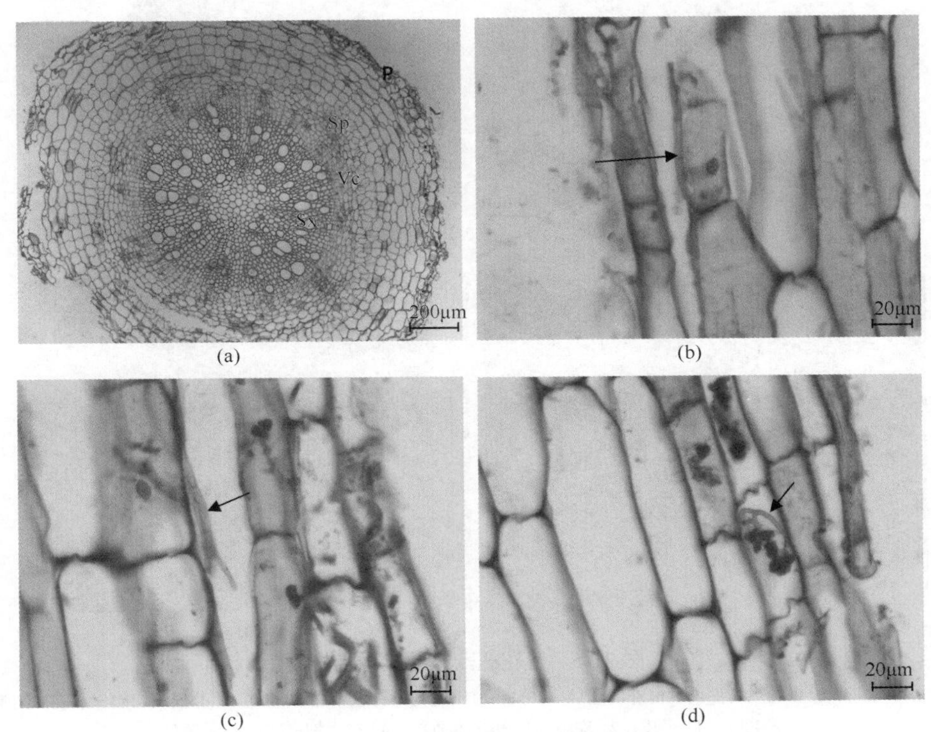

图21-4　藏大蓟根的显微结构

(a)根的横切面，示根的次生结构(×50)；(b)根的纵切面，示木栓层内的菌丝(×400)；(c)根的纵切面，示木栓层内的菌丝(×400)；(d)根的纵切面，示木栓层内的菌丝(×400)。P.表皮；Sp. 次生韧皮部；Vc. 维管形成层；Sx. 次生木质部；→示菌丝

由图21-4(b)、(c)可以看出，在根的木栓层细胞内，有菌丝定植，均沿着切线方向延伸。

五、管花鹿药根的显微结构及内生真菌侵染

由图21-5(a)可以看出，管花鹿药根的初生结构包括表皮、皮层和中柱三部分。最外一层是表皮，结构完整，为方形，排列紧密，细胞壁有增厚。紧接表皮的是外皮层，外皮层有一层，细胞较表皮细胞小，部分细胞的细胞壁加厚，排列紧密。外皮层和内皮层之间为皮层，皮层细胞较大，细胞壁薄，有明显的细胞间隙，细胞层数约为9层，皮层细胞内含物丰富，含有大量的储藏物质，是活力最旺盛的细胞，在皮层细胞内有针状结晶([图 21-5(c)]。皮层最内一层

是内皮层，紧紧围绕中柱，内皮层细胞较小，排列紧密，细胞壁加厚，靠近木质部束角端的那一部分内皮层细胞未木质化，成为通道细胞。内皮层内是中柱，中柱由中柱鞘和维管组织构成。中柱鞘为一层，细胞较小，排列紧密，包围着里面的维管组织。维管组织由初生木质部、初生韧皮部和薄壁组织构成。初生木质部为六原型，原生木质部导管较小，后生木质部导管较大。木质部含有大量的厚壁细胞，组成木纤维。初生木质部与初生韧皮部相间排列（翟延君等，2001；王盛民等，1999）。

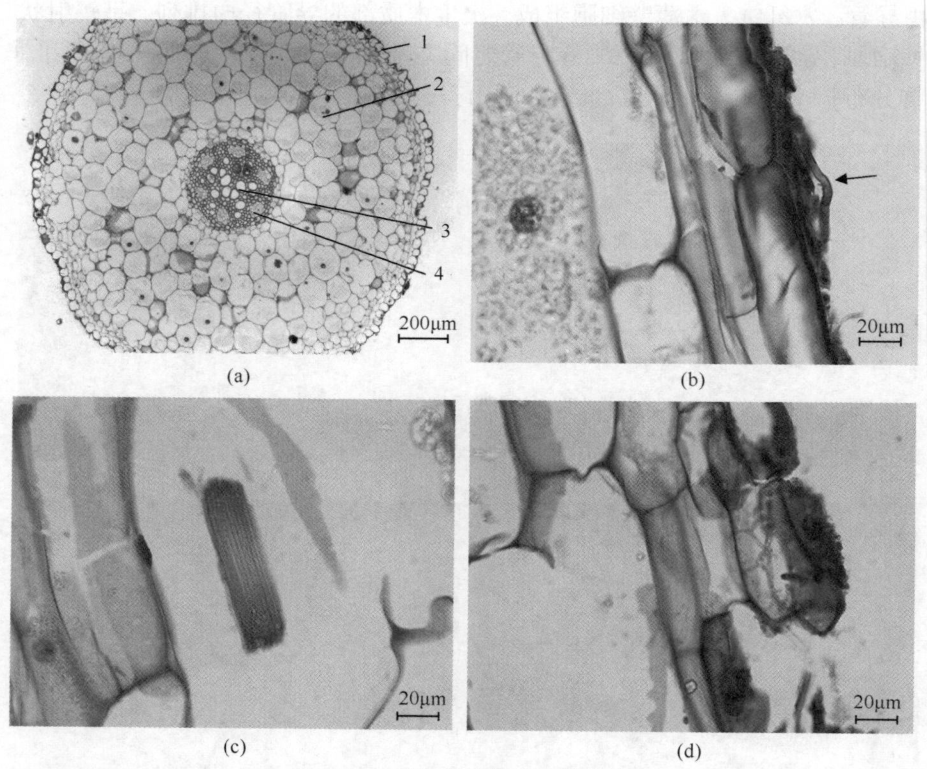

图 21-5　管花鹿药根的显微结构

(a) 根的横切面（×50）；(b) 根的纵切面，示根外菌丝（×400）；(c) 细胞内的针状结晶（×400）；(d) 根纵切面，示表皮细胞内的菌丝（×400）。1. 表皮；2. 皮层；3. 初生木质部；4. 初生韧皮部；→示菌丝

由图 21-5(b)、(d) 可以看出，管花鹿药根外有菌丝分布，并侵入根内部，在表皮细胞内定植。经番红、固绿染液染色后，菌丝为红色。

六、卷叶黄精根的显微结构及内生真菌侵染

由图 21-6(a) 可以看出，卷叶黄精根的初生结构包括表皮、皮层和中柱三部分。最外一层是表皮，为方形，排列紧密，细胞壁未增厚。紧接表皮的是外皮层，外皮层有一层，细胞较表皮细胞大，细胞壁加厚，排列紧密。外皮层和内皮层之间为皮层，皮层细胞较大，细胞壁薄，有明显的细胞间隙，细胞层数约为 10 层，皮层细胞内含物丰富，含有大量的储藏物质，是活力最旺盛的细胞，在皮层细胞内有针状结晶[图 21-6(b)]。皮层最内一层是内皮层，仅围绕中柱，内皮层细胞较小，排列紧密，径向细胞壁加厚，凯氏带非常明显。内皮层内是中柱，中柱

由中柱鞘和维管组织构成。中柱鞘为一层，细胞较小，排列紧密，包围着里面的维管组织；维管组织包括初生木质部、初生韧皮部和薄壁组织构成。初生木质部为六原型，原生木质部导管较小，后生木质部导管较大。后生木质部导管之间存在薄壁细胞。初生木质部与初生韧皮部相间排列(周培军等，2011；施大文等，1993)。

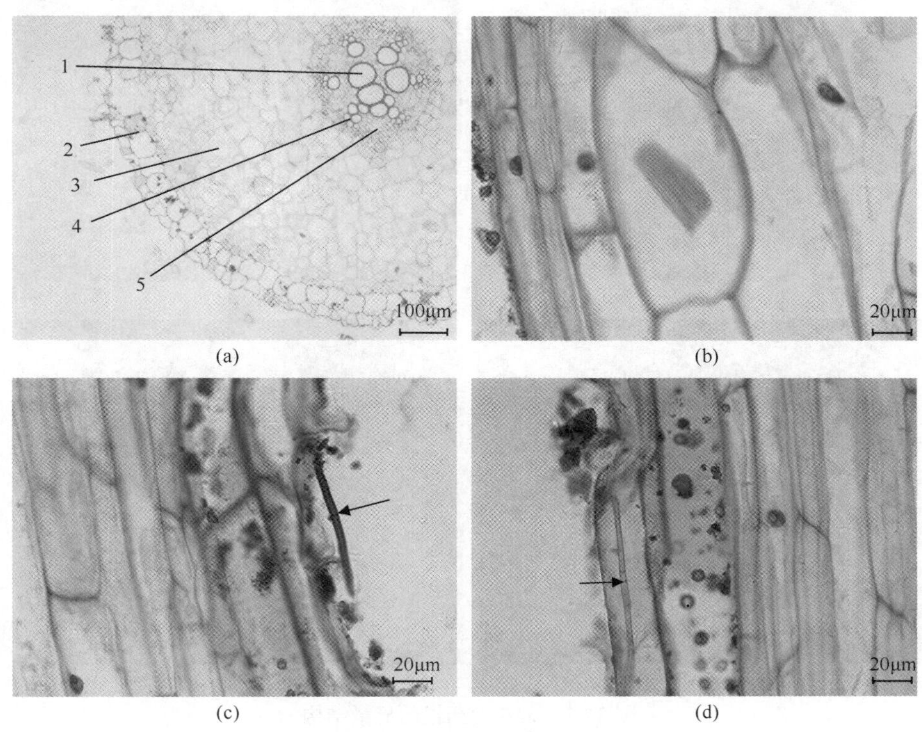

图 21-6　卷叶黄精根的显微结构

(a)根的横切面(×100)；(b)细胞内的针状结晶(×400)；(c)根的纵切面，示根外菌丝(×400)；(d)根的纵切面，示表皮细胞内的菌丝(×400)。1. 木质部导管；2. 表皮；3. 皮层；4. 原生木质部；5. 初生韧皮部；“→”示菌丝

由图 21-6(c)、(d)可以看出，卷叶黄精根外有菌丝分布，并侵入根内部，在表皮细胞内定植。经番红、固绿染液染色后，菌丝为红色。

七、紫花鹿药根的显微结构及内生真菌侵染

由图 21-7(a)可以看出，紫花鹿药根的初生结构包括表皮、皮层和中柱三部分。最外一层是表皮，为方形，排列紧密，细胞壁有增厚。紧接表皮的是外皮层，外皮层有一层，细胞较表皮细胞小，部分细胞的细胞壁加厚，排列紧密。外皮层和内皮层之间为皮层，皮层细胞较大，细胞壁薄，有明显的细胞间隙，细胞层数约为 7 层，皮层细胞内含物丰富，含有大量的储藏物质，并且有针状结晶[图 21-7(b)]，皮层细胞中可以观察到有大量的菌丝。皮层最内一层是内皮层，仅围绕中柱，内皮层细胞较小，排列紧密，细胞壁加厚，靠近木质部束角端的那一部分内皮层细胞未木质化，成为通道细胞。内皮层内是中柱，中柱由中柱鞘和维管组织构成。中柱鞘为一层，细胞较小，排列紧密，包围着里面的维管组织；维管组织由初生木质部、初生韧皮部和薄壁组织构成。初生木质部为五原型，原生木质部导管较小，后生木质部导管较大。木质

部含有大量的厚壁细胞，组成木纤维。初生木质部与初生韧皮部相间排列（翟延君等，2001；王盛民等，1999）。

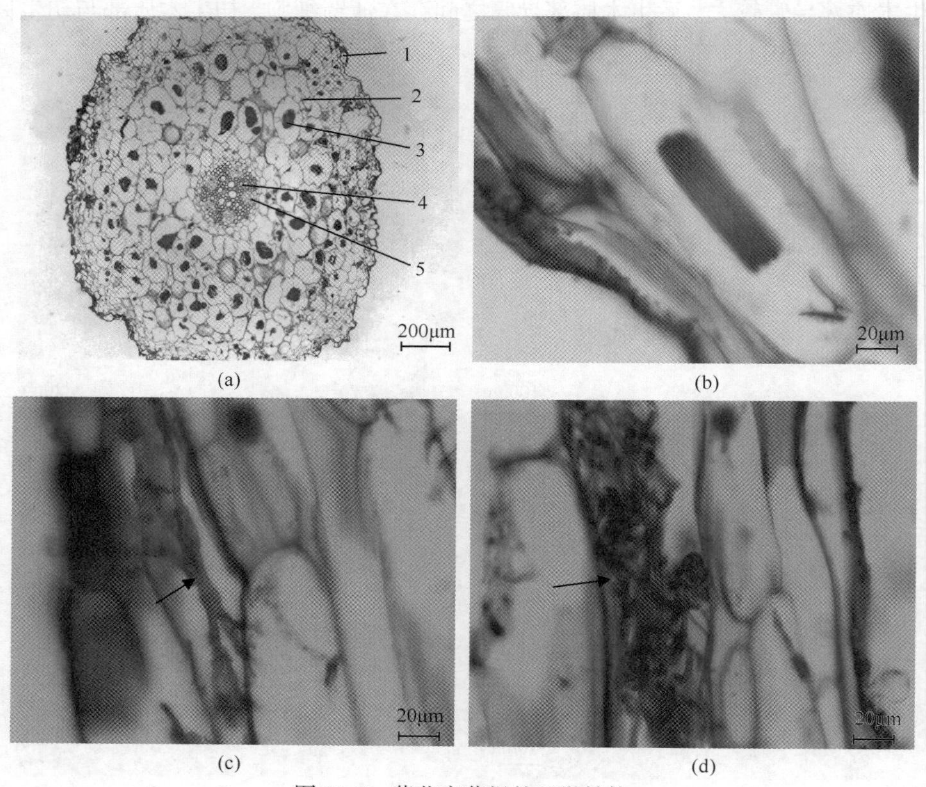

(a)　(b)　(c)　(d)

图 21-7　紫花鹿药根的显微结构

(a) 根的横切面（×400）；(b) 细胞内的针状结晶（×400）；(c) 表皮细胞内的菌丝（×400）；(d) 皮层细胞内的菌丝团（×400）。
1. 表皮；2. 皮层；3. 菌丝团；4. 初生木质部；5. 初生韧皮部；"→"示菌丝

由图 21-7 (c)、(d) 可以看出，表皮细胞和皮层细胞内有大量的菌丝缠绕，菌丝被番红、固绿染液染成红色。

八、紫罗兰报春根的显微结构及内生真菌侵染

由图 21-8 (a)、(b) 可以看出，野生紫罗兰报春的根主要由表皮、皮层和中柱组成。最外一层是表皮，切向引长，排列紧密。皮层由外皮层、皮层和内皮层细胞组成。紧接表皮的一层细胞为外皮层，外皮层只有一层细胞，较表皮细胞大，排列紧密，外皮层细胞壁加厚，栓质化和木质化，番红染色呈阳性。外皮层和内皮层之间为皮层，皮层占根横切总面积的 5/6，皮层细胞较大，细胞壁薄，有明显的细胞间隙，细胞层数较多，约为 23 层，皮层是内含物最丰富、活力最旺盛的细胞。皮层最内一层为内皮层，紧紧围绕维管柱，细胞排列紧密，没有细胞间隙，内皮层细胞的部分径向壁加厚，栓质化和木质化，形成凯氏带。内皮层之下是中柱，中柱包括中柱鞘和维管组织两部分。中柱鞘细胞排列紧密，包围着里面的维管组织；维管组织由初生韧皮部、初生木质部和薄壁细胞构成。初生木质部为八原型，原生木质部的导管较小，向内逐渐增大，细胞壁厚且木质化，发育方式为外始式。初生韧皮部包括筛管、伴胞和韧皮薄壁组织。

维管柱中央有薄壁组织。初生木质部与初生韧皮部相间排列（刘圆等，2005）。

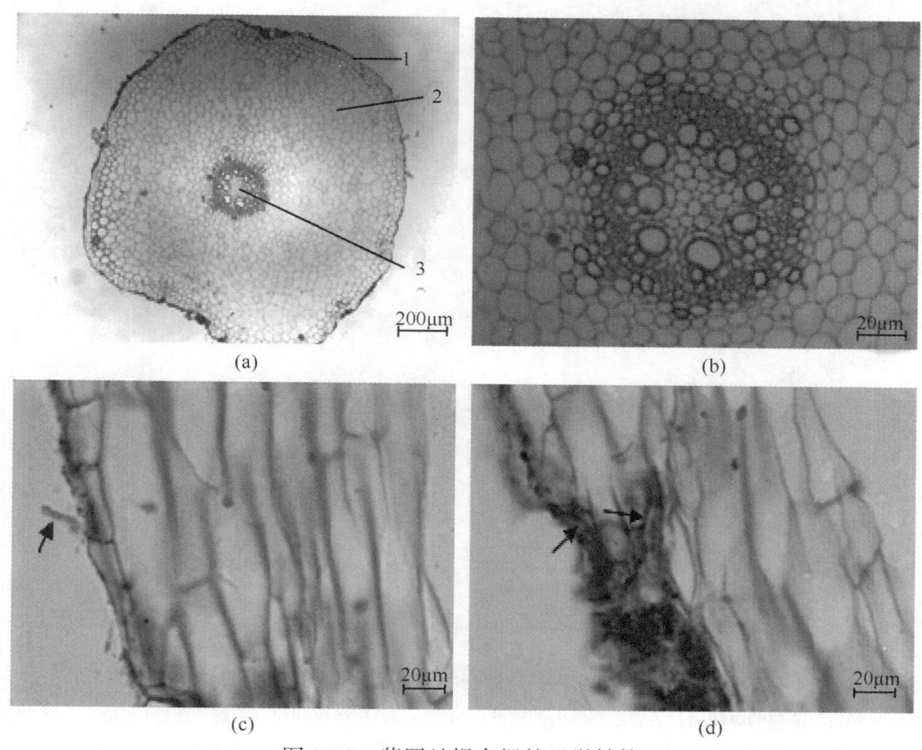

(a)　(b)　(c)　(d)

图 21-8　紫罗兰报春根的显微结构

(a)根的横切面(×50)；(b)根的横切面，示根的维管组织(×200)；(c)根的纵切面，示根外菌丝(×400)；(d)示根皮层内的菌丝(×400)。1. 表皮；2. 皮层；3. 维管组织；"→"示菌丝

由图 21-8(c)、(d)可以看出，在紫罗兰报春根外有菌丝分布，并且侵入根的外皮层内定植。菌丝有横隔膜，经番红、固绿染液染色后为红色。

九、中甸灯台报春根的显微结构及内生真菌侵染

由图 21-9(a)可以看出，野生中甸灯台报春的根主要由表皮、皮层和中柱组成。最外一层是表皮，为方形，排列紧密，部分表皮破损，有可能与土壤摩擦有关。皮层由外皮层、皮层和内皮层细胞组成。紧接表皮的一层细胞为外皮层，外皮层只有一层细胞，较表皮细胞大，排列紧密，外皮层细胞壁加厚，栓质化和木质化。外皮层和内皮层之间为皮层，皮层占根横切总面积的 2/3，皮层细胞较大，细胞壁薄，有明显的细胞间隙，细胞层数较多，约为 12 层，皮层是内含物最丰富、活力最旺盛的细胞。皮层最内一层为内皮层，紧紧围绕维管柱，细胞排列紧密，没有细胞间隙，内皮层细胞的部分径向壁加厚，栓质化和木质化，形成凯氏带。内皮层之下是中柱，中柱包括中柱鞘和维管组织两部分。中柱鞘细胞，排列紧密，包围着里面的维管组织。维管组织由初生韧皮部、初生木质部和薄壁细胞构成。初生木质部为六原型，原生木质部的导管较小，向内逐渐增大，细胞壁厚且木质化，发育方式为外始式。初生韧皮部包括筛管、伴胞和韧皮薄壁组织。维管柱中央有薄壁组织。初生木质部与初生韧皮部相间排列（刘圆等，2005）。

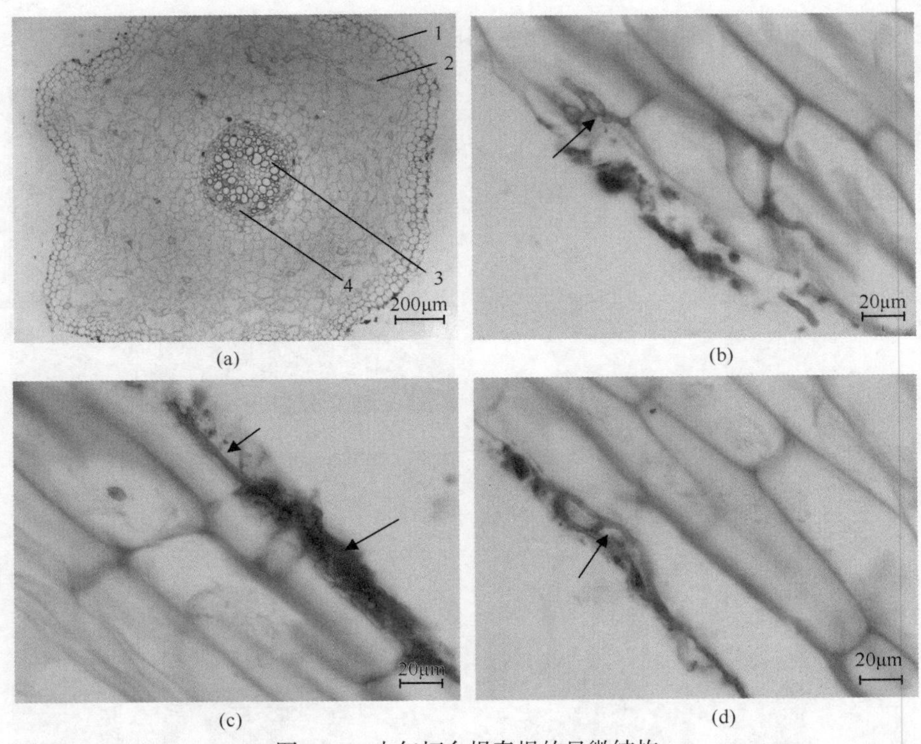

(a)　(b)　(c)　(d)

图 21-9　中甸灯台报春根的显微结构

(a) 根的横切面（×50）；(b) 根的纵切面，示表皮细胞内的菌丝（×400）；(c) 根的纵切面，示根外菌丝（×400）；(d) 根的纵切面，示表皮细胞内的菌丝（×400）。1. 表皮；2. 皮层；3. 初生木质部；4. 初生韧皮部；"→" 示菌丝

由图 21-9 (b) ～ (d) 可以看出，中甸灯台报春根表面有大量菌丝分布，并且侵入根内部，在表皮细胞内定植。

十、聂拉木龙胆根的显微结构及内生真菌侵染

由图 21-10 (a) 可以看出，野生聂拉木龙胆的根处于初生生长的初期发育阶段，由表皮、皮

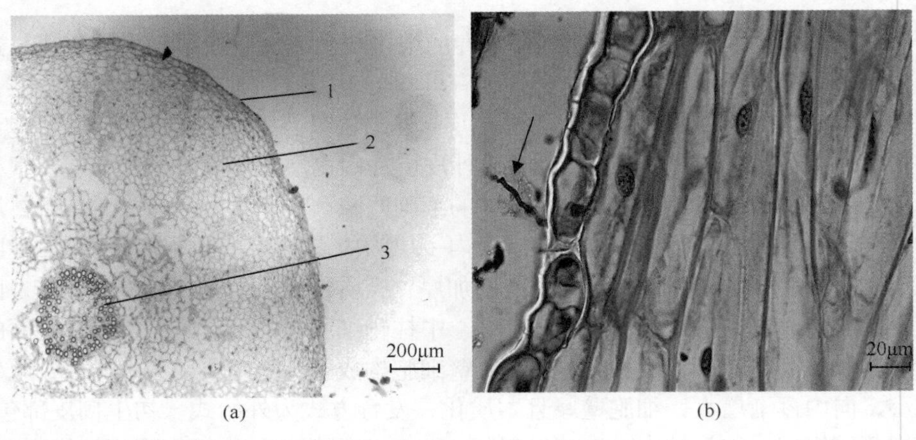

(a)　(b)

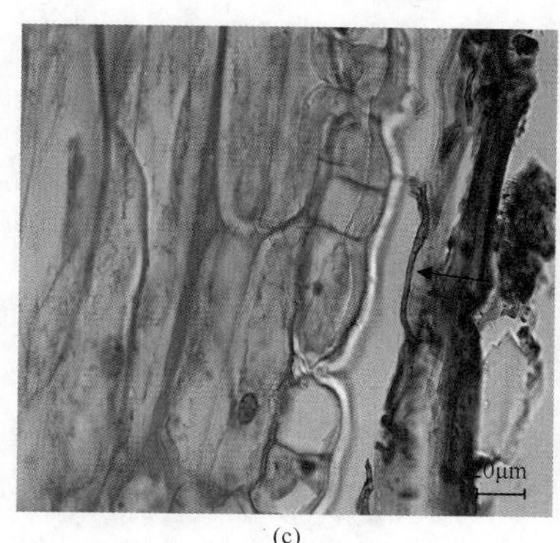

(c)

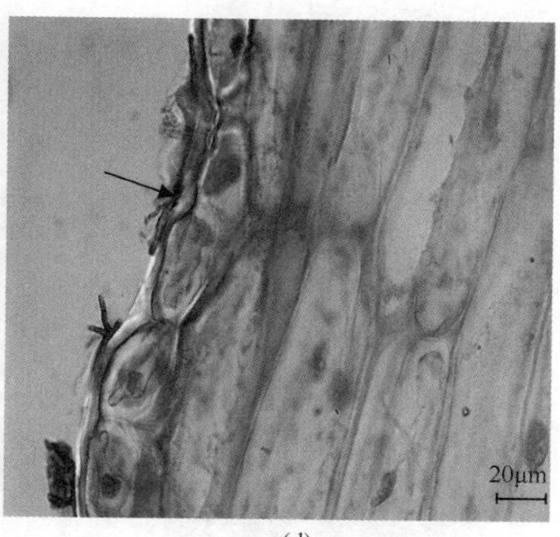

(d)

图 21-10 聂拉木龙胆根的显微结构

(a)根的横切面(×50);(b)根的纵切面,示正在侵染表皮细胞的菌丝(×400);(c)根的纵切面,示表皮细胞内的菌丝(×400);(d)根的纵切面,示根外菌丝(×400)。1. 表皮;2..皮层;3. 维管组织;"→"示菌丝

层和维管柱三部分构成。最外一层是表皮,排列紧密,细胞为方形。皮层所占比例较大,约占根横切总面积的4/5,但尚处于初期发育阶段,细胞较小,结构致密。中央维管柱内的初生木质部和初生韧皮部还不发达。根的皮层细胞之间有不规则的空腔,以及撕裂状裂隙(夏敏莉等,1996;张庆芝等,2008;闫志刚等,2012;宁艳梅等,2012)。

由图 21-10(b)~(d)可以看出,聂拉木龙胆根表面有菌丝存在,并且侵入根内,定植在表皮细胞内。菌丝有横隔膜,被番红、固绿染液染成红色。

十一、波稜瓜根的显微结构及内生真菌侵染

由图 21-11(a)可以看出,野生波稜瓜的根主要由表皮、皮层和中柱组成。最外一层是表皮,已经脱落。皮层由外皮层、皮层和内皮层细胞组成。紧接表皮的一层细胞为外皮层,外皮层只有一层细胞,较大,排列紧密,部分细胞的细胞壁木质化,经番红染色呈阳性。外皮层和内皮层之间为皮层,皮层占根横切总面积的3/5,皮层细胞较大,细胞壁薄,有明显的细胞间隙,细胞层数较多,为8~10层,皮层是内含物最丰富、活力最旺盛的细胞。皮层最内一层为内皮层,内皮层不明显,未观察到细胞壁加厚。内皮层之下是中柱,中柱包括中柱鞘和维管组织两部分。中柱鞘细胞呈方形,排列紧密,包围着里面的维管组织;维管组织由初生韧皮部、初生木质部和薄壁细胞构成。初生木质部为四原型,原生木质部的导管较小,向内逐渐增大,细胞壁厚且木质化,发育方式为外始式。初生韧皮部包括筛管、伴胞和韧皮薄壁组织。初生木质部与初生韧皮部相间排列。

由图 21-11(b)~(d)可以看出,波稜瓜根表面有菌丝分布,并侵入到根的表皮细胞内定植。菌丝有明显的横隔膜,被番红、固绿染液染为红色。

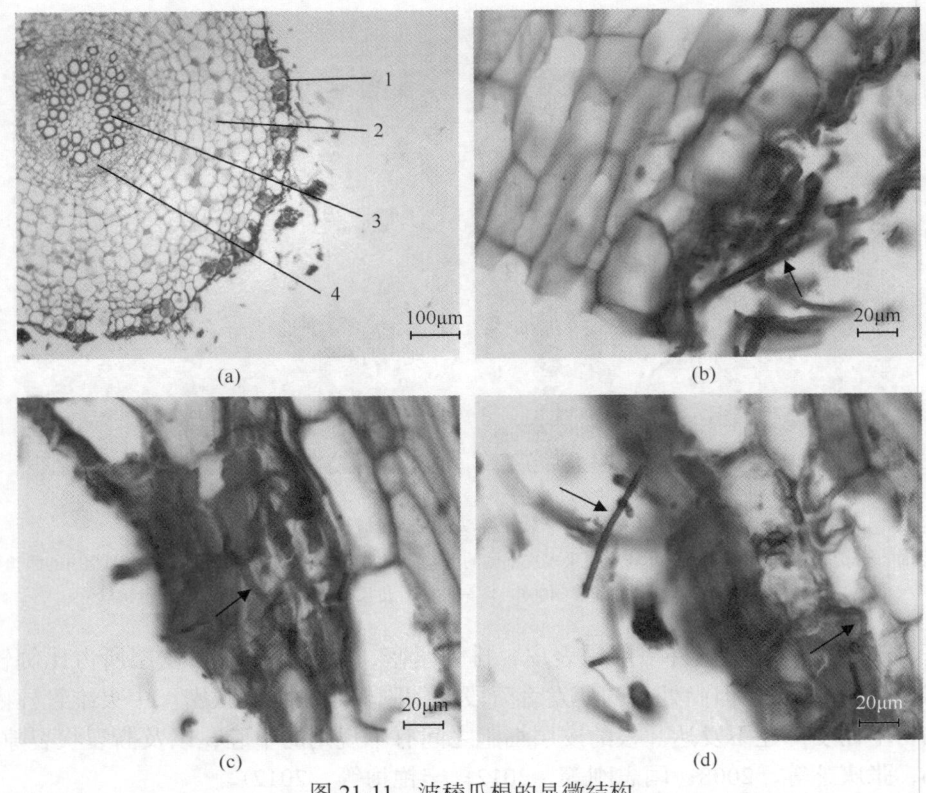

图 21-11　波稜瓜根的显微结构

(a)根的横切面(×100)；(b)根的纵切面，示根外菌丝(×400)；(c)根的纵切面，示表皮细胞内的菌丝(×400)；(d)根的纵切面，示正在侵染表皮细胞的菌丝(×400)。1. 表皮；2. 皮层；3. 初生木质部；4. 初生韧皮部。"→"示菌丝

十二、菖蒲根的显微结构及内生真菌侵染

由图 21-12(a)可以看出，菖蒲根的初生结构，表皮脱落，外皮层形成为根的保护层，起保护作用，细胞较大，细胞壁加厚，排列紧密。外皮层和内皮层之间为皮层，皮层所占比例很大，约占根横切总面积的 90%，皮层细胞较大，细胞壁薄，有明显的细胞间隙，细胞层数约为 29 层，皮层细胞内含物丰富，含有大量的储藏物质，是活力最旺盛的细胞。皮层最内一层是内皮层，紧紧围绕中柱，内皮层细胞较小，排列紧密，径向细胞壁加厚，凯氏带非常明显。内皮层内是中柱，中柱由中柱鞘和维管组织构成。中柱鞘为一层，细胞较小，排列紧密，包围着里面的维管组织；维管组织由初生木质部、初生韧皮部和薄壁组织构成。初生木质部为七原型，原生木质部导管较小，后生木质部导管较大，部分导管有横隔，形成母子细胞。维管柱中央有少量的厚壁细胞。初生木质部与初生韧皮部相间排列(陈大霞和陈俊华，2007；刘道平，2009)。从横切面上看，根的皮层薄壁细胞之间有许多空腔(何涛等，2007)。

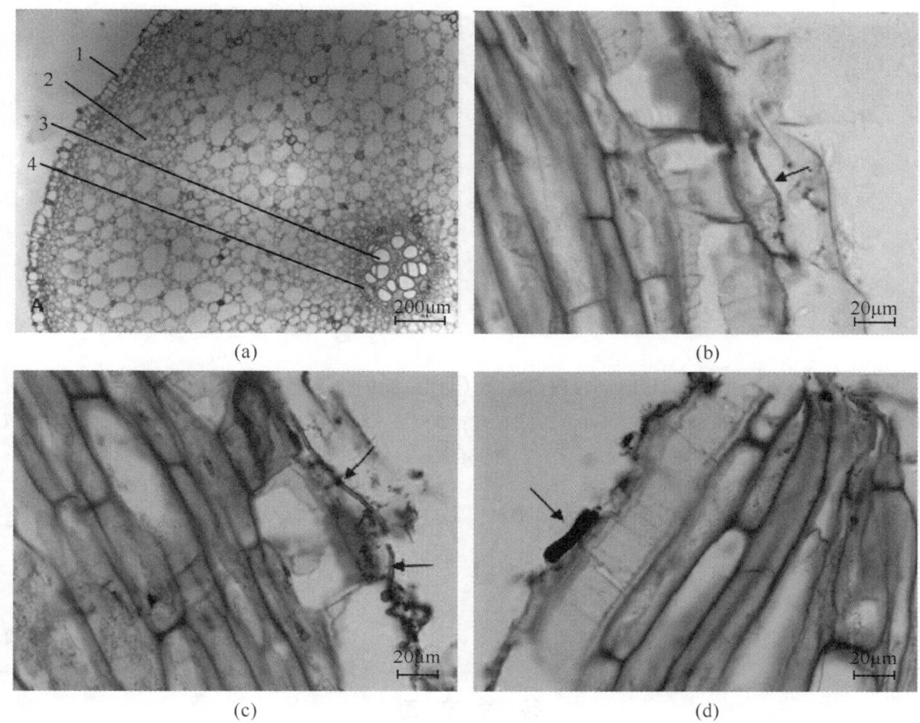

(a) (b)

(c) (d)

图 21-12 菖蒲根的显微结构

(a) 根的横切面（×50）；(b) 根的纵切面，示表皮细胞内的菌丝（400）；(c) 根的纵切面，示根外菌丝（×400）；(d) 根的纵切面，示根外菌丝（×400）。1. 表皮；2. 皮层；3. 初生木质部；4. 初生韧皮部。"→" 示菌丝

由图 21-12(b)～(d) 可以看出，菖蒲根表面有菌丝分布，并侵入到根的表皮细胞内定植。菌丝有明显的横隔膜，被番红、固绿染液染为红色。

十三、长鞭红景天(幼苗)根的显微结构及内生真菌侵染

由图 21-13 可以看出，长鞭红景天根外有少量的菌丝分布，并且通过木栓层细胞侵入根内，在木栓层细胞内定植。菌丝具有明显的横隔膜，经过番红、固绿染色后为红色。

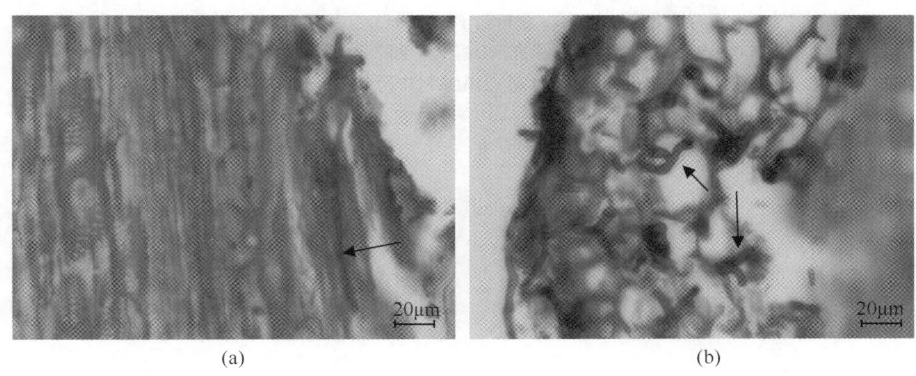

(a) (b)

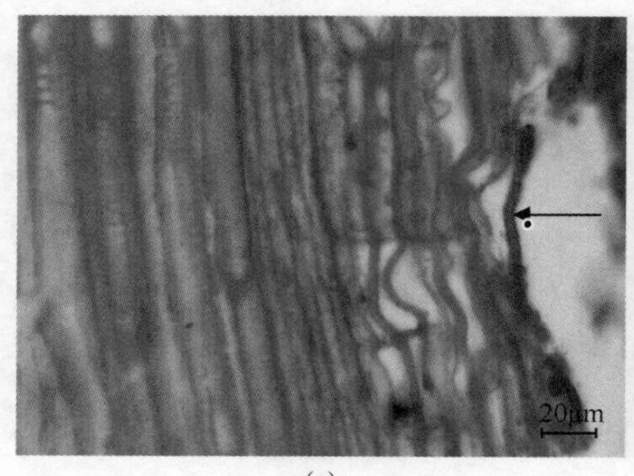

(c)

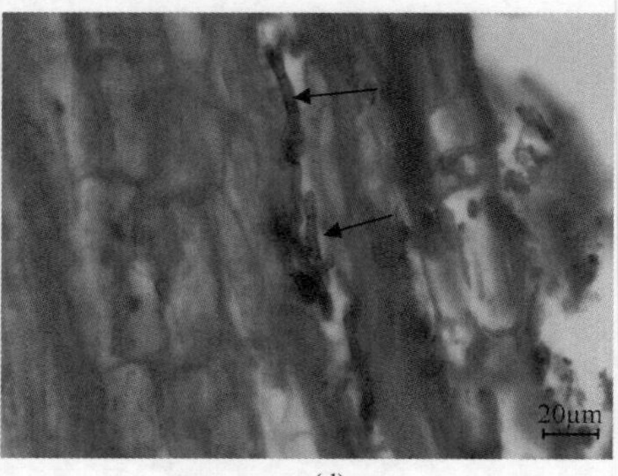

(d)

图 21-13　长鞭红景天(幼苗)的内生真菌分布

(a)木栓层细胞内菌丝(×400)；(b)根外菌丝(×400)；(c)菌丝正在侵染木栓层细胞(×400)；(d)木栓层细胞内菌丝(×400)。"→"示菌丝

本章所研究的 13 种西藏高山药用植物中，均观察到了内生真菌菌丝，说明西藏药用植物有着丰富的内生真菌资源。

(吕　静　郭顺星)

参考文献

包海鹰，图力古尔，黄瑛，等. 1996. 东北地区几种乌头属药用植物根的形态及其显微结构的初步研究. 吉林农业大学学报，18：20-23.

陈大霞，陈俊华. 2007. 菖蒲类药材的鉴定研究. 重庆中草药研究，(1)：5-7.

何涛，吴学明，贾敬芬. 2007. 青藏高原高山植物的形态和解剖结构及其对环境的适应性研究进展. 生态学报，27(6)：2574-2583.

黄超杰，孟益聪，冯虎元. 2008. 濒危药用植物桃儿七根的显微结构及其菌根真菌分布研究. 菌物学报，27(6)：922-929.

刘道平. 2009. 石菖蒲与水菖蒲的鉴别. 现代中西医结合杂志，18(34)：4256-4257.

刘圆，张浩，薛冬娜，等. 2005. 藏药大叶小檗和锡金报春的生药学鉴定. 西南农业大学学报，27(5)：587-589.

宁艳梅，刘高宏，张炜华，等. 2012. 不同产地线叶龙胆生药鉴定学研究. 西部中医药，25(10)：12-14.

秦明珠，李文亭. 1996. 中药乌头的解剖学研究. 中国药科大学学报，27(12)：761-763.

施大文，王志伟，李自力，等. 1993. 中药黄精的形状和显微鉴别. 上海医科大学学报，20(3)：213-218.

石世贵，龚山美. 2000. 大蓟与鄂西大蓟生药鉴别. 时珍国医国药，11(4)：320.

王盛民，张瑛，刘亮忠. 1999. 鹿药的生药鉴定. 陕西中医学院学报，22(5)：40-41.

夏敏莉，王有志，王文学. 1996. 家种东北龙胆与野生东北龙胆的生药学比较. 黑龙江医药，9(4)：183-184.

闫志刚，涂冬萍，董青松，等. 2012. 华南龙胆的形状与显微鉴别. 中药材，35(7)：1076-1078.

翟延君，冯夏红，丛峰，等. 2001. 鹿药的生药鉴定研究. 中医药学刊，19(3)：281-282.

张庆芝，杨树德，庄绪会，等. 2008. 昆明龙胆的生药学研究. 云南中医学院学报，31(4)：13-16.

周培军，应拉娜，李学芳，等. 2011. 垂叶黄精的生药学研究. 云南中医中药杂志，32(8)：63-64.

第四篇

兰科药用植物内生真菌及应用

第二十二章　兰科药用植物及其内生真菌

第一节　兰科药用植物

一、兰科植物的生物学特性

兰科(Orchidaceae)植物俗称为兰花，是被子植物中种类最多和物种多样性最丰富的类群之一，包含近 800 属，2.5 万～3 万种(Jones，2006)，约占单子叶植物所有种类的 1/4，占地球上有花植物总数的 10%左右(Dressler，1981)，主要分布于热带和亚热带地区；中国有 171 属 1247 种，同时存在大量的亚种、变种、变型及栽培品种(罗毅波等，2003)，主要分布在华南、西南、东南及台湾等地区。目前，兰科主要由 5 个亚科组成，分别是 Apostasioideae、Cypripedioideae、Vanillioideae、Orchidioideae 和 Epidendrioideae，其中 Apostasioideae 被认为是基部类群，而 Epidendrioideae 则是类群最多最进化的亚科(Smith and Read，2008)。

兰科是高度进化、复杂且与真菌有着密切联系的特殊生态类群。兰科植物花形奇特、色彩艳丽、芳香宜人，传粉机制独特；种子细小，直径为 0.08～2.7mm、长为 0.25～2mm，单粒重最重的只有 14μg，且胚为原胚阶段，未分化，无胚乳，自身无法储存养分，自然条件下萌发率极低(Arditti and Ghani，2000)。兰科植物几乎全部为菌根植物，即不论是自养型兰科植物还是异养型兰科植物在其整个生活史中均与真菌共生。

根据生态习性的不同，通常将兰科植物分为地生型、附生型或较少为腐生型草本，极罕为攀援藤本。另外，根据成年植株营养方式的差异，兰科植物又被分为菌根异养型(myco-heterotrophy)、光合自营养型(photosynthetic)和混合营养型(mixotrophy)(Leake，1994)。地生兰常为绿叶植物，在世界范围内分布较广，一般多生长于温带地区，叶片较发达，主要生长在腐殖质土、砂土或林下的枯枝落叶上。附生兰也多为绿叶植物，气生根发达，主要附着生长在热带或亚热带树木的树干或枝叉上，有的附着生长在岩石上。腐生兰是非绿叶兰，体内无叶绿素，为典型的菌根异养型植物。腐生型兰科植物在其生活史中仅开花期为地上生的；有少量产于澳大利亚干旱地区的腐生兰甚至花也生长在地下，也就是说这类植物是在地下完成它的整个生活周期的。另外，有时同种兰科植物在不同发育阶段也会有不同的生态类型。

兰科植物有着重要的经济价值和观赏价值，许多种类为著名的药用植物和珍贵花卉，如石斛、蝴蝶兰和兜兰等，其特殊的传粉方式及与真菌的共生关系对研究生物间的协同进化有着重要的科研价值。一个世纪以来，全世界的科学家、园艺工作者及兰花爱好者从各个角度对兰科植物进行了大量的研究。近年来，随着兰花产业和天然药物产业的迅速发展，对兰科植物资源需求日益增加，过度的商业贸易和严重破坏的生态环境，使越来越多的野生兰科植物处于濒危的境地(Liu et al.，2010)，目前，所有兰科植物的野生种都已被列入了濒危野生动植物国际贸易公约(Convention on International Trade in Endangered Species，CITES)。

二、兰科药用植物资源统计分析

在中国，临床应用兰科药用植物已经有几千年的历史。兰科药用植物久负盛名、药效显著，且拥有大量的临床用药量。常见药材包括天麻、石斛、白及、石仙桃、麦斛和虾脊兰等。中国兰科资源极为丰富，但其中到底有多少种药用植物？这个问题一直存在着一定的争议。以往资源统计手段单一，资料收集困难，难免会出现遗漏和重复。随着现代资源普查研究的开展，越来越多的兰科药用植物被正名，增补、查重、删减的工作也一直在进行。为了确切了解中国的药用兰科植物资源，笔者以 2014 年为时间限制，通过资料收集、文献检阅及统计分析，整理了有关兰科药用植物的大量资料，统计出兰科药用植物的种类及分类情况。资料来源包括以下几个途径。①论著检索：以《中国植物志》、*Flora of China* 等权威植物志为基础，整理对照 2010 版《中国药典》、《中国中药资源丛书》之一《中国中药资源志要》等，展开统计；②学术论文检索：CNKI 检索主题词为“兰科”、“药用植物”、“资源”等，收集整理文献，对照论著检索结果，增补缺失；③本研究室以往研究的检索：本研究室开展兰科药用植物菌根学研究已历时多年，通过查阅往期硕士、博士学位论文，以及会议讲稿、课堂稿件等，查漏补缺。

如表 22-1 所示，根据文献查阅、论著校对，共统计出中国有记载的兰科药用植物分别来自 77 属 362 种。以地生型兰科药用植物居多，共计 199 种；附生型兰科药用植物其次，共计 139 种；而来自腐生型及其他类型的兰科药用植物较少，不到 25 种。这一数量分布特征与这些属中包含种的数目相匹配，大多数种较多的属，如石斛属、石豆兰属和虾脊兰属等，其对应的药用植物种类也较多。其中较为特殊的是兰属植物，其生长方式多样，具有附生或地生，罕见腐生的特点，兰科不同生态类型中都有药用植物被记载。

表 22-1　兰科药用植物资源统计结果

附生型兰科药用植物				地生型兰科药用植物			
属名	中国总数	药用植物	所占比例/%	属名	中国总数	药用植物	所占比例/%
石豆兰属	100	19	19	开唇兰属	20	6	30
石斛属	75	46	61.33	竹叶兰属	2	2	100
石仙桃属	14	7	50	白及属	6	4	66.66
毛兰属	43	11	25.58	虾脊兰属	49	21	42.85
万代兰属	9	4	44.44	凹舌兰属	2	2	100
禾叶兰属	2	1	50	杜鹃兰属	2	2	100
贝母兰属	26	19	73.07	手参属	5	5	100
脆兰属	3	1	33.33	芋兰属	7	3	42.85
牛齿兰属	4	1	25	兜兰属	18	7	38.88
鸟舌兰属	3	1	33.33	独蒜兰属	16	5	31.25
隔距兰属	17	4	23.52	绶草属	1	1	100
蛇舌兰属	1	1	100	笋兰属	4	1	25

续表

属名	附生型兰科药用植物 中国总数	药用植物	所占比例/%
金石斛属	9	2	22.22
厚唇兰属	7	1	14.28
盆距兰属	8	1	12.5
槽舌兰属	8	2	25
瘦房兰属	1	1	100
尖囊兰属	3	1	33.33
钗子股属	10	4	40
鸢尾兰属	28	3	10.71
蝴蝶兰属	6	1	16.66
火焰兰属	2	1	50
寄树兰属	2	1	50
白点兰属	12	1	8
兰属	29	5	17.24
共 25 属	422	139	32.93

腐生型兰科药用植物

属名	中国总数	药用植物	所占比例/%
天麻属	20	15	75
山珊瑚属	4	4	100
虎舌兰属	2	2	100
兰属	29	1	3.44
共 4 属	55	22	40

其他类型兰科药用植物(攀援类)

属名	中国总数	药用植物	所占比例/%
香荚兰属	3	2	66.6
共 1 属	3	2	66.6

属名	地生型兰科药用植物 中国总数	药用植物	所占比例/%
无柱兰属	22	4	18.18
羊耳蒜属	52	18	34.61
筒瓣兰属	1	1	100
头蕊兰属	9	1	11.11
独花兰属	1	1	100
山兰属	11	3	27.27
阔蕊兰属	21	6	28.57
杓兰属	33	16	48.48
斑叶兰属	29	10	34.48
舌唇兰属	41	8	19.51
玉凤花属	55	14	25.45
鸟足兰属	3	3	100
火烧兰属	8	4	50
苞叶兰属	2	1	50
头蕊兰属	9	3	33.33
叉柱兰属	13	1	7.69
吻兰属	3	1	33.33
合柱兰属	1	1	100
美冠兰属	14	1	7.14
地宝兰属	5	1	20
舌喙兰属	9	3	33.33
角盘兰属	17	6	35.29
对叶兰属	21	3	14.28
血叶兰属	1	1	100
沼兰属	21	3	14.28
葱叶兰属	1	1	100
兜被兰属	12	2	16.66
齿唇兰属	6	2	33.33
红门兰属	28	7	25
粉口兰属	1	1	100
白蝶兰属	3	1	33.33
鹤顶兰属	8	2	25
苞舌兰属	3	1	33.33
金佛山兰属	1	1	100
蜻蜓兰属	3	2	66.66
朱兰属	3	1	33.33
兰属	29	5	17.24
共 49 属	632	199	31.48

兰科药用植物资源丰富，种类繁多，统计其种类的难度主要有以下几个方面：①兰科植物种类众多，分布广泛，全面收集难度较大；②兰科植物民族、民间用药情况复杂，不利于统计；

③兰科植物存在大量变种、变型及杂交品种，不好归类；④兰科药用植物资料零散，不便整理。所以，关于兰科药用植物的种类和数目存在一定争议。王旭红和余国奠(1993)曾统计出中国传统使用和民间使用的兰科药用植物约为60属200种。郭巧生(2007)编写的《药用植物资源学》一书记录兰科药用植物并非兰科植物多数，仅占1247种兰科植物的28%，也就是350种左右。这与本书统计出的79属362种较接近。随着越来越多的药理试验和第4次中药资源普查的开展，与某一药用植物同属的植物是否有药效作用、新的临床药用兰科植物被收集等，这一数字可能将继续扩大。

三、兰科药用植物的发展史

在中国的中医药发展历史中，兰科植物扮演了极其重要的角色，产生了许多名贵中药材。

天麻，原名赤箭，首次记载于《神农本草经》，列为上品，“主恶气，久服益气力，长阴肥健”。《名医别录》记载：消痈肿，下支满，寒疝下血。《吴普本草》记载：“茎箭赤无叶，根如芋子”。“天麻”及天麻药材的炮制过程第一次出现在《雷公炮论》。《唐本草》：“赤箭，此芝类，茎似箭簳，赤色，端有花叶，远看如箭有羽”。《本草纲目》将赤箭和天麻合并，记录：“赤箭以状而名，独摇定风以性异而名，离母合离以根异而名，神草鬼督邮以功而名，天麻即赤箭之根”。《梦溪笔谈》：“赤箭，即今之天麻也”。 此外，天麻的茎和叶也可入药，《本草拾遗》记载其药效为“热毒痈肿，捣敷之”。

石斛入药历史悠久，在《神农本草经》中列为入上品。《名医别录》出现石斛及其别称，“一名禁生，一名杜兰，一名石遂”。《唐本草》中记录的石斛并非一种药，还可为麦斛或雀髀斛，“如竹，而节间生叶”之石斛。《新华本草纲要》中共收录了26种石斛属植物可以入药，当成是“石斛”使用。另外，金石斛属的部分植物也作为药用石斛应用于临床中。石斛从古到今的应用种类多样，混用严重，但是大多混伪品都是来自其兰科的近缘物种。

白及，首载于《神农本草经》中，被列为下品。《本草纲目》描述为“根白色，连及而生，故曰白及”、“白及性涩而收，得秋金之令，能入肺止血，生肌治疮也”。白及入药部分为根茎，肥厚粗大，富有黏性。白及胶液常常为片剂的黏合剂，还有试验将白及用于血浆代用品。

兰属植物大多为带有芳香气味的花卉植物，一般称为兰花、兰草。3000年前就有关于兰、蕙等的相关记载。《名医别录》中记载，兰属植物“根茎中涕疗伤寒寒热出汗”。但是，兰花最常被用于提取芳香油，生产高级香料，国外常常用于芳香治疗中。

兰科植物作为民间用药也十分普遍。浙江等地将斑叶兰全草揉碎，敷于毒蛇咬伤处，可以避免毒汁串流，俗语“识得小叶青，不怕深山猛蛇精”，其中“小叶青”便是斑叶兰的别称。内蒙古等地常将手参块茎泡酒服，可作为强壮筋骨、增强免疫力之用。广西民间用石仙桃煎水内服，治哮喘、咳嗽、牙龈肿痛等。兰科植物还有许多可供药用的功能等待研究与开发(王旭红和余国奠，1993)。

四、兰科药用植物的化学成分研究

根据现有的研究可以大致的将兰科植物所含化学成分分为以下几类。①倍半萜类生物碱及其衍生物：是兰科植物的特有成分，主要存在于石斛属、毛兰属、尖囊兰属、羊耳兰属、沼兰属、蝶兰属、万带兰属和假万带兰属等植物中。②异喹啉类生物碱：隐柱兰属植物中含有的一类生物碱。③菲醌类化合物：一般在红门兰属、凹舌兰属、贝母兰属、美冠兰属、手参属和白及属等植物中存在。④芪酚类化合物：为菲醌类化合物的前体，存在于兰属植物中。⑤酚类化合物：包括肉桂酸、对羟基苯甲酸的衍生物，常以配糖体或聚合物的形式存在，存在于天麻属、石斛属、万带兰属、白珊瑚属、沼兰属和白及属等植物中。⑥黄酮类化合物：主要含黄酮醇和碳键黄酮。⑦甾醇类化合物：一些结构较为特殊的甾醇存在于兰属、芋兰属等属中。此外，个别兰科植物还含有香豆素、内酯化合物及三萜化合物。

五、不同生态型兰科药用植物研究概况

在不同生态型中，光合自养的地生型兰科药用植物的形态特征是常有根状茎或块茎，少有假鳞茎。因此，药用部位一般为全草和块茎，个别品种用假鳞茎和种子。该类型植物主要分布于中国、日本及东南亚等地。在中国主要分布于华东和华南地区，华北、东北等地也有少量品种分布，其种的数量自南向北呈递减趋势。中国有地生型兰科植物 67 属 180 余种，药用 36 属 86 种，其中只对 16 属 26 种药用植物的化学成分及药理活性进行了研究，共分离得到 100 多个化合物，化合物的主要类型包括有机酸类、芳杂环类、萜类、黄酮、甾体及三萜类化合物（关璟等，2005），这些药用植物主要集中在开唇兰属、白及属及芋兰属。目前为止，大约有 70%的地生型兰科植物还未进行化学成分及药理活性研究。

附生型兰科药用植物常见于热带地区，其习性特征为附生于树干或岩石上，大多数长有假鳞茎，可作为储水器官，也是多数该类植物的药用部分。中国有附生型兰科植物 70 余属，共计 500 余种，如石斛、金石斛、碧玉兰和石豆兰等均为传统药用植物或民间中草药，近年来已逐渐引起国内外学者的重视，目前为止，该类植物中有 17 属有化学成分研究的报道。附生型兰科药用植物主要包含的药用成分有萜类、黄酮类、苷类、菲类及其衍生物、酯类、多糖及生物碱（李墅等，2006）。总体来讲，对附生型兰科植物的化学成分分析及药理作用的研究仍很不充分，对其单一成分的药理活性研究也比较少。

菌根异养的腐生型兰科药用植物品种相对较少，其中最著名的为天麻属。关于天麻属植物的研究详见第二十六章。除天麻属外，有记载的腐生型兰科药用植物还有虎舌兰属、山珊瑚属及兰属的部分植物，共计 4 属 22 种。其中含有的主要药用成分为有机酸、多酚类、多糖和甾醇等（顾雅君等，2014）。

第二节　国内兰科药用植物内生真菌研究

生物共生（symbiosis）是自然界最为普遍的现象，兰科植物具有丰富的内生真菌类群，它们在兰花的生命过程中具有重要的生态作用。目前，兰科内生真菌，尤其是菌根真菌的研究受到研究人员的重点关注，而兰科非菌根内生真菌多样性和重要性的研究还处于初级阶段。因此，深入研究兰科药用植物的内生真菌，分离并筛选优良的可用于兰科植物工业化生产的内生真菌菌株，对保护兰科植物多样性、维持生态平衡具有重要的意义。

为全面总结国内兰科药用植物内生真菌研究成果，为今后相关研究提供参考，本节以 CNKI 所收录的核心期刊为数据来源，对目前所收录的兰科药用植物与内生真菌相关文献进行检索和分类整理，从核心作者群、文献主要产出单位、主要期刊分布、所涉及的植物物种和研究主题等方面进行统计分析。

主题词包含："兰科"和"内生真菌"；兰科药用植物各属名；常用别名或药材名。值得注意的是，这些别名、药材名较为多样，需要依次检索再合并结果，如"绶草"和"盘龙参"，"开唇兰"、"金线莲"和"金线兰"，"芋兰"和"青天葵"等。对数据库中检索到的文章逐篇浏览审查，剔除关于资料简介、简讯、征稿启事和说明等方面的文章，并重点查重。检索结果显示，截至2014年6月，共有272篇有效的文献用于后续分析。

一、核心作者群统计分析

以272篇论文的第一作者为分析对象，共有第一论文作者199人(表22-2)。其中，中国林业科学研究院亚热带林业研究所的陈连庆和中国医学科学院药用植物研究所的郭顺星发表论文最多，为6篇。根据普赖斯定律，核心作者的论文下限为N=0.749$\sqrt{\eta_{max}}$，其中η_{max}为最高产作者的论文数。我们检索的结果中，最高发表论文的作者发文6篇，N≈2。但是，根据实际情况，发表2篇以上的作者共45位，发表2篇也并非能真正代表具备核心作者的资格。因此，将发表论文3篇及以上的作者确定为核心作者群，共计有15位作者。在这些核心作者中还可以看出，郭顺星、唐明娟、陈晓梅、范黎、王秋颖和徐锦堂等均来自中国医学科学院药用植物研究所，也就是该研究的核心单位。

表 22-2　兰科药用植物文献计量研究结果

属名	篇数	核心作者群	篇数	核心杂志	篇数
天麻属	120	陈连庆	6	食用菌	23
石斛属	74	郭顺星	6	北方园艺	13
兰属	26	陈娅娅	4	中国药学杂志	13
开唇兰属	18	唐明娟	4	安徽农业科学	12
香荚兰属	5	王国安	4	中草药	12
杓兰属	5	王贺	4	中国中药杂志	11
独蒜兰属	4	伍建榕	4	中药材	11
玉凤花属	4	杨友联	4	微生物学通报	10
白及属	3	陈晓梅	3	中国食用菌	9
兜兰属	2	范黎	3		
美冠兰	2	金辉	3		
绶草属	1	孔琼	3		
羊耳蒜属	1	王秋颖	3		
独花兰属	1	徐锦堂	3		
山兰属	1	余昌俊	3		

二、期刊分布统计分析

主要期刊分布是对文献来源期刊进行统计分析,目的是为了揭示该研究领域论文的空间分布特点，确定该研究领域的核心期刊，以便为他人对该领域的深入研究提供有效的参考源。根据布拉德福定律，核心区所载论文量要占总论文量的1/3，本项研究中有272篇文献，因此其核心区所载文献应为91篇，也就是载文量之和达到91篇的前几名刊物。根据实际情况，将载文量在 9 篇以上的期刊均定为主要分布期刊。它们是《食用菌》、《北方园艺》、《中国药学杂志》、《安徽农业科学》、《中草药》、《中国中药杂志》、《中药材》、《微生物学通报》和《中国食用菌》。通过统计可以看出，兰科药用植物内生真菌的研究主要发表于与微生物（尤其是真菌）研究相关期刊，其次为中医药类的研究期刊。

三、药用植物物种统计分析

从表 22-2 可以看出，在兰科药用植物内生真菌的研究中，文献数量排名第一的天麻属共发表核心论文 120 篇，占文献总量的 44.13%。天麻属药用植物主要为天麻（*Gastrodia elata* Bl.），虽然只有一种，但由于其临床用药量大、历史悠久、疗效确切等因素，对其研究的深度与广度在兰科中都属最为透彻的。通过对天麻内生真菌研究文献的详细总结，可以看出有以下特点：首先，研究的热点时间、研究单位和研究人员集中；其次，有一大批文献支持研究成果转化为生产力，天麻内生真菌研究指导实际栽培生产取得良好的效果，解决了中国天麻药用资源紧缺问题。天麻内生真菌研究的成功，也使天麻成为了兰科药用植物内生真菌研究的一个标志性模式物种。

文献数量排名第二的石斛属药用植物种类丰富，2010 版《中国药典》就包含了铁皮石斛和石斛（金钗石斛、马鞭石斛及近缘物种），所以有关石斛属内生真菌的研究文献也较多，共有 74 篇，占文献总量的 27.21%。兰属植物具有多种生活方式，且包括了大量的观赏花卉植物，所以有关兰属植物的内生真菌，尤其是病原菌的研究较多，本次统计出 26 篇相关文献。开唇兰属植物包括金线莲，这是一种典型的地方性药用植物，在福建、台湾等地常作为茶饮、保健品等被广泛开发，有关其内生真菌的报道也不少，共有 18 篇。其余各属，如玉凤花属、白及属和香荚兰属等，因其包含著名的药用植物、观赏植物或特殊生态型植物，而有少量的与内生真菌相关的研究报道。应该注意的是，在本章第一节统计出来的 79 属兰科药用植物中，只有 15 属涉及这方面的研究，仅占文献总量的 19%，还有大量的兰科药用植物尚未进行内生真菌的研究。

第三节　兰科药用植物内生真菌种类

一、兰科药用植物病原菌和根际土壤真菌种类

植物根际的生态学研究表明，植物根系、根状茎、地下茎部分在不同土壤、水系环境中，分布着不同微生物类群。植物、微生物与土壤（或其他生态环境）三者之间处于一种平衡的关系之中。兰科药用植物根际周围微生物的调查研究已有开展，但相对于内生真菌的研究明显滞后。经统计现有的兰科药用植物土壤微生物，目前主要的土壤真菌包括毛壳菌属、匍枝根霉属、丝核菌属、曲霉属、镰孢属、木霉属、青霉属、链格孢属、毛霉属、轮枝孢属、拟茎点霉属、刺盘孢属、茎点霉属、盘多毛孢属、多主枝孢属、拟青霉属、汉斯霉菌属、枝孢菌属、厚顶孢菌和枝束梗孢霉。通过分析发现，以上土壤真菌绝大多数为植物病原菌，有潜在的引起植物致病的能力。当环境因素改变，或植株生理状态下降的情况下，病原菌便可侵染植株，导致病害的发生。由于兰科植物长期与土壤真菌共生互作，二者协同进化，最终达到了一种平衡的状态，

土壤真菌便以非菌根内生真菌或菌根真菌的形式与兰科植物和谐共生。

二、兰科药用植物内生真菌种类

内生真菌生活于健康兰科植物的根、茎、叶、花和种子等器官中，在某段时期对宿主植物不造成明显病害症状。现已发现和报道的兰科植物内生真菌绝大部分属于子囊菌亚门、担子菌亚门和半知菌亚门，如伏革菌属、角担菌属、蜜环菌属、蜡壳菌属、胶膜菌属、亡革菌属等。但关于兰科药用植物内生真菌的系统调查尚未全面展开。经过查阅近年的文献，本节全面统计了已有报道的兰科药用植物内生真菌，结果见表 22-3。

表 22-3　兰科药用植物内生真菌种类

门	纲	目	科	属
半知菌亚门				基内瘤菌根菌属
半知菌亚门				*Diplococcoium*
半知菌亚门				丝葚霉属
半知菌亚门	毛霉亚门	毛霉菌目	根霉科	根霉属
半知菌亚门	半知子囊菌			简梗孢霉属
半知菌亚门	半知子囊菌			长蠕孢霉属
半知菌亚门	半知子囊菌			束丝菌属
半知菌亚门	半知子囊菌			顶柱霉属
半知菌亚门	半知子囊菌			团丝核菌属
半知菌亚门	半知子囊菌			单端孢霉属
半知菌亚门	半知子囊菌			苗腐病菌属
接合菌亚门	接合菌纲	被孢霉目	被孢霉科	单囊霉属
子囊菌亚门	锤舌菌纲	柔膜菌目		变孢霉属
子囊菌亚门	锤舌菌纲	柔膜菌目	核盘菌科	丛梗孢属
子囊菌亚门	锤舌菌纲	柔膜菌目	暗色孢科	柱孢霉属
子囊菌亚门	锤舌菌纲	柔膜菌目		*Phialocephala*
子囊菌亚门	锤舌菌纲		丝裸囊菌科	树粉孢属
子囊菌亚门	锤舌菌纲	柔膜菌目	核盘菌科	串珠霉属
子囊菌亚门	锤舌菌纲	柔膜菌目	暗色孢科	*Trichosporiella*
子囊菌亚门	锤舌菌纲	柔膜菌目		*Rhexocercosporidium*
子囊菌亚门	锤舌菌纲	白粉菌目	白粉菌科	卵形孢霉属
子囊菌亚门	粪壳菌纲	Chaetosphaeriales		枝梗茎点菌属
子囊菌亚门	粪壳菌纲	Glomerellales	小丛壳科	刺盘孢属
子囊菌亚门	粪壳菌纲	Glomerellales	Plectosphaerellaceae	枝顶孢属
子囊菌亚门	粪壳菌纲	Glomerellales	Plectosphaerellaceae	轮枝孢属
子囊菌亚门	粪壳菌纲	粪壳菌目	毛壳菌科	毛壳菌属
子囊菌亚门	粪壳菌纲	粪壳菌目	毛壳菌科	蚀丝霉属
子囊菌亚门	粪壳菌纲	粪壳菌目	毛球壳科	柄孢壳菌属
子囊菌亚门	粪壳菌纲	假毛球壳目		黑孢属
子囊菌亚门	粪壳菌纲	间座壳目	间座壳科	间座壳属
子囊菌亚门	粪壳菌纲	间座壳目	黑腐皮壳科	拟茎点霉属

续表

门	纲	目	科	属
子囊菌亚门	粪壳菌纲	刺球菌目	刺球菌科	串孢霉属
子囊菌亚门	粪壳菌纲	囊菌目	长喙霉科	长喙壳属
子囊菌亚门	粪壳菌纲	囊菌目	小囊菌科	微囊菌属
子囊菌亚门	粪壳菌纲	肉座菌目	肉座菌科	木霉属
子囊菌亚门	粪壳菌纲	肉座菌目		头孢霉属
子囊菌亚门	粪壳菌纲	肉座菌目		粘帚霉属
子囊菌亚门	粪壳菌纲	肉座菌目	赤壳科	镰孢属
子囊菌亚门	粪壳菌纲	肉座菌目	赤壳科	梭孢霉属
子囊菌亚门	粪壳菌纲	肉座菌目	赤壳科	柱孢属
子囊菌亚门	粪壳菌纲	肉座菌目	赤壳科	*Neonectria*
子囊菌亚门	粪壳菌纲	肉座菌目	生赤壳科	粘鞭霉属
子囊菌亚门	粪壳菌纲	肉座菌目	生赤壳科	生赤壳属
子囊菌亚门	粪壳菌纲	炭角菌目	黑盘孢科	盘多毛孢属
子囊菌亚门	粪壳菌纲	炭角菌目	黑盘孢科	黑盘孢属
子囊菌亚门	粪壳菌纲	炭角菌目	炭角菌科	炭角菌属
子囊菌亚门	粪壳菌纲	炭角菌目	炭角菌科	多节孢属
子囊菌亚门	粪壳菌纲	小丛壳目	小丛壳科	小丛壳属
子囊菌亚门	粪壳菌纲	长喙壳菌目	长喙壳科	半帚霉属
子囊菌亚门	粪壳菌纲		梨孢假壳科	节菱孢属
子囊菌亚门	酵母纲	酵母目	双足囊菌科	地霉属
子囊菌亚门	酵母纲	酵母目	德巴利酵母科	德巴利酵母属
子囊菌亚门	散囊菌纲	刺盾炱目	Herpotrichiellaceae	瓶霉属
子囊菌亚门	散囊菌纲	散囊菌目	曲霉科	向基孢属
子囊菌亚门	散囊菌纲	散囊菌目	曲霉科	青霉属
子囊菌亚门	散囊菌纲	散囊菌目	嗜热子囊菌科	拟青霉属
子囊菌亚门	散囊菌纲	散囊菌目	曲霉科	曲霉属
子囊菌亚门	散囊菌纲	散囊菌目	裸囊菌科	小孢霉属
子囊菌亚门	散囊菌纲	散囊菌目	曲霉科	*Phialosimplex*
子囊菌亚门	圆盘菌纲	圆盘菌目	圆盘菌科	隔指孢属
子囊菌亚门	座囊菌纲	煤炱目	Cladosporiaceae	枝孢属
子囊菌亚门	座囊菌纲	煤炱目	球腔菌科	小尾孢属
子囊菌亚门	座囊菌纲	葡萄座腔菌目	葡萄座腔菌科	色二孢属
子囊菌亚门	座囊菌纲	葡萄座腔菌目	Phyllostictaceae	球座菌属
子囊菌亚门	座囊菌纲	腔菌目	孢黑团壳科	壳多孢属
子囊菌亚门	座囊菌纲	腔菌目	孢腔菌科	链格孢属
子囊菌亚门	座囊菌纲	腔菌目	Didymellaceae	茎点霉属
子囊菌亚门	座囊菌纲	腔菌目	孢腔菌科	葡柄霉属
子囊菌亚门	座囊菌纲	腔菌目	孢腔菌科	弯孢霉属
子囊菌亚门	座囊菌纲	腔菌目	孢腔菌科	棘壳孢属
子囊菌亚门	座囊菌纲	腔菌目	孢腔菌科	交链孢属
子囊菌亚门	座囊菌纲	腔菌目	孢腔菌科	旋孢腔菌属
子囊菌亚门	座囊菌纲	腔菌目	小球腔菌科	小球腔菌属

续表

门	纲	目	科	属
子囊菌亚门	座囊菌纲		胶皿炱科	异孢迭球孢霉
担子菌亚门	伞菌纲	伞菌目	伞菌科	鬼伞属
担子菌亚门	伞菌纲	伞菌目	口蘑科	干菌属
担子菌亚门	伞菌纲	伞菌目	口蘑科	小菇属
担子菌亚门	伞菌纲	伞菌目	口蘑科	杯菌属
担子菌亚门	伞菌纲	伞菌目	膨瑚菌科	密环菌属
担子菌亚门	伞菌纲	伞菌目	膨瑚菌科	假密环菌属
担子菌亚门	伞菌纲	伞菌目	小皮伞科	小皮伞属
担子菌亚门	伞菌纲	鸡油菌目	胶膜菌科	胶膜菌属
担子菌亚门	伞菌纲	鸡油菌目	胶膜菌科	瘤菌根菌属
担子菌亚门	伞菌纲	鸡油菌目	角担菌科	念珠菌根菌属
担子菌亚门	伞菌纲	鸡油菌目	角担菌科	角菌根菌属
担子菌亚门	伞菌纲	鸡油菌目	角担菌科	丝核菌属
担子菌亚门	伞菌纲	鸡油菌目	角担菌科	角担菌属
担子菌亚门	伞菌纲	鸡油菌目	角担菌科	亡革菌属
担子菌亚门	伞菌纲	伏革菌目	伏革菌科	肉片齿菌属
担子菌亚门	伞菌纲	伏革菌目	伏革菌科	伏革菌属
担子菌亚门	伞菌纲	刺革菌目	刺革菌科	刺革菌属
担子菌亚门	伞菌纲	革菌目	核瑚菌科	小核菌属
担子菌亚门	伞菌纲	多孔菌目	多孔菌科	层孔菌属
担子菌亚门	伞菌纲	多孔菌目	平革菌科	蜡孔菌属
担子菌亚门	伞菌纲	蜡壳耳目	蜡壳耳科	蜡壳耳属

从表 22-3 可以看出兰科药用植物内生真菌主要的类群分布。其中，半知菌亚门 11 种，主要为半知子囊菌及根霉属（常见病原菌）；接合菌亚门仅 1 属；子囊菌亚门 62 属，主要为粪壳菌纲的毛壳菌属、微囊菌属、头孢霉属、木霉属和镰孢属等，散囊菌纲的青霉属及近缘属，座囊菌纲的茎点霉属、链格孢属等；担子菌亚门 21 属，均来自伞菌纲，主要有小菇属、蜜环菌属、胶膜菌属、瘤菌根菌属和角菌根菌属等。

当然，还必须看到许多内生真菌在分类学上的地位还存在着争议，有性型和无性型之间存在着分类上的区别，如丝核菌、镰孢菌的有性型就不止一种。所以，选择合适的真菌分类系统至关重要。本研究采用 NCBI 公布的真菌分类系统，对于 NCBI 上未能接受的真菌物种，查询较为权威的真菌学分类系统，参考 Index of Fungi 网站进行系统地位确定，网址为 http://www.indexfungorum.org/。

三、兰科药用植物菌根真菌种类

菌根真菌（mycorrhizal fungi）生活在活的兰科植物根部，与兰科植物的营养根形成一种共生体，在兰科植物整个生活史中发挥着重要的作用。

通过查阅资料，笔者全面统计了兰科植物菌根真菌的种类，结果见表 22-4。通过分析可以发现，所有的菌根真菌都是兰科植物的内生真菌，其中接合菌亚门 1 属、半知菌亚门 3 属、子囊菌亚门28属、担子菌亚门18属。

表 22-4 兰科药用植物菌根真菌种类

门	纲	目	科	属
接合菌亚门	接合菌纲	被孢霉目	被孢霉科	单囊霉属
半知菌亚门				基内瘤菌根菌属
半知菌亚门	半知子囊菌			简梗孢霉属
半知菌亚门	半知子囊菌			长蠕孢霉属
担子菌亚门	伞菌纲	伞菌目	口蘑科	干菌属
担子菌亚门	伞菌纲	伞菌目	口蘑科	小菇属
担子菌亚门	伞菌纲	伞菌目	口蘑科	杯菌属
担子菌亚门	伞菌纲	伞菌目	膨瑚菌科	蜜环菌属
担子菌亚门	伞菌纲	伞菌目	膨瑚菌科	假蜜环菌属
担子菌亚门	伞菌纲	伞菌目	小皮伞科	小皮伞属
担子菌亚门	伞菌纲	鸡油菌目	胶膜菌科	胶膜菌属
担子菌亚门	伞菌纲	鸡油菌目	胶膜菌科	瘤菌根菌属
担子菌亚门	伞菌纲	鸡油菌目	角担菌科	念珠菌根菌属
担子菌亚门	伞菌纲	鸡油菌目	角担菌科	角菌根菌属
担子菌亚门	伞菌纲	鸡油菌目	角担菌科	丝核菌属
担子菌亚门	伞菌纲	鸡油菌目	角担菌科	角担菌属
担子菌亚门	伞菌纲	鸡油菌目	角担菌科	亡革菌属
担子菌亚门	伞菌纲	伏革菌目	伏革菌科	肉片齿菌属
担子菌亚门	伞菌纲	伏革菌目	伏革菌科	伏革菌属
担子菌亚门	伞菌纲	刺革菌目	刺革菌科	刺革菌属
担子菌亚门	伞菌纲	多孔菌目	多孔菌科	层孔菌属
担子菌亚门	伞菌纲	蜡壳耳目	蜡壳耳科	蜡壳耳属
子囊菌亚门	锤舌菌纲	柔膜菌目		变孢霉属
子囊菌亚门	锤舌菌纲	柔膜菌目	核盘菌科	丛梗孢属
子囊菌亚门	锤舌菌纲	柔膜菌目	暗色孢科	柱孢霉属
子囊菌亚门	锤舌菌纲	柔膜菌目		*Phialocephala*
子囊菌亚门	锤舌菌纲		丝裸囊菌科	树粉孢属
子囊菌亚门	粪壳菌纲	Glomerellales	小丛壳科	刺盘孢属
子囊菌亚门	粪壳菌纲	粪壳菌目	毛壳菌科	毛壳菌属
子囊菌亚门	粪壳菌纲	粪壳菌目	毛壳菌科	蚀丝霉属
子囊菌亚门	粪壳菌纲	囊菌目	长喙霉科	长喙壳属
子囊菌亚门	粪壳菌纲	囊菌目	小囊菌科	微囊菌属
子囊菌亚门	粪壳菌纲	肉座菌目	肉座菌科	木霉属
子囊菌亚门	粪壳菌纲	肉座菌目		头孢霉属
子囊菌亚门	粪壳菌纲	肉座菌目		粘帚霉属
子囊菌亚门	粪壳菌纲	肉座菌目	赤壳科	镰孢属
子囊菌亚门	粪壳菌纲	肉座菌目	赤壳科	梭孢霉属
子囊菌亚门	粪壳菌纲	炭角菌目	黑盘孢科	盘多毛孢属
子囊菌亚门	粪壳菌纲	炭角菌目	黑盘孢科	黑盘孢属

续表

门	纲	目	科	属
子囊菌亚门	粪壳菌纲	长喙壳菌目	长喙壳科	半帚霉属
子囊菌亚门	散囊菌纲	刺盾炱目	Herpotrichiellaceae	瓶霉属
子囊菌亚门	散囊菌纲	散囊菌目	曲霉科	向基孢属
子囊菌亚门	散囊菌纲	散囊菌目	曲霉科	青霉属
子囊菌亚门	散囊菌纲	散囊菌目	嗜热子囊菌科	拟青霉属
子囊菌亚门	座囊菌纲	格孢腔目	孢黑团壳科	壳多孢属
子囊菌亚门	座囊菌纲	葡萄座腔菌目	葡萄座腔菌科	色二孢属
子囊菌亚门	座囊菌纲	腔菌目	孢腔菌科	链格孢属
子囊菌亚门	座囊菌纲	腔菌目	Didymellaceae	茎点霉属
子囊菌亚门	座囊菌纲	腔菌目	孢腔菌科	葡柄霉属
子囊菌亚门	酵母纲	酵母目	双足囊菌科	地霉属

四、兰科药用植物种子萌发菌种类

自然条件下,兰科种子萌发阶段依靠特定的菌根真菌为其提供养分,种子才能成功的萌发。天麻种子萌发主要依靠小菇属一类真菌,微囊菌属和毛壳菌属真菌对罗河石斛、铁皮石斛种子萌发起着关键促进作用。但兰小菇对墨兰种子萌发没有促进作用,这表明从成年兰根中分离的真菌,虽然能与成年植株共生,但对其种子萌发不一定有促进作用。

本节统计了近年来兰科药用植物种子萌发菌的种类(表 22-5),明确了对兰科种子有促进作用的萌发菌。结果显示,对兰科种子萌发效果较好的萌发菌主要为担子菌的小菇属;鸡油菌目的胶膜菌科和角担菌科真菌。

表 22-5　兰科药用植物种子萌发菌种类

门	纲	目	科	属
子囊菌亚门	粪壳菌纲	粪壳菌目	毛壳菌科	毛壳菌属
子囊菌亚门	粪壳菌纲	囊菌目	小囊菌科	微囊菌属
子囊菌亚门	粪壳菌纲	肉座菌目		头孢霉属
子囊菌亚门	粪壳菌纲	肉座菌目		粘帚霉属
子囊菌亚门	粪壳菌纲	肉座菌目	赤壳科	镰孢属
子囊菌亚门	散囊菌纲	散囊菌目	嗜热子囊菌科	拟青霉属
子囊菌亚门	座囊菌纲	葡萄座腔菌目	葡萄座腔菌科	色二孢属
担子菌亚门	伞菌纲	伞菌目	口蘑科	小菇属
担子菌亚门	伞菌纲	鸡油菌目	胶膜菌科	胶膜菌属
担子菌亚门	伞菌纲	鸡油菌目	胶膜菌科	瘤菌根菌属
担子菌亚门	伞菌纲	鸡油菌目	角担菌科	角菌根菌属
担子菌亚门	伞菌纲	鸡油菌目	角担菌科	丝核菌属
担子菌亚门	伞菌纲	鸡油菌目	角担菌科	角担菌属
担子菌亚门	伞菌纲	蜡壳耳目	蜡壳耳科	蜡壳耳属

第四节　兰科药用植物与内生真菌协同进化

一、兰科植物与内生真菌协同进化概述

在自然生态系统中，种群关系上的协同进化现象非常普遍。协同进化(coevolution)是指自然生境中两个或多个相互作用的物种，在进化过程中发展的相互适应的共同进化。协同进化理论现已广泛用于描述自然界中相互之间有密切关系的物种(甚至器官)的进化模式，是进化生物学、系统生物学、生态学乃至发育生物学等学科的一个研究热点。

植物与真菌协同进化的研究目前还处于初级阶段。但随着二者互作机制的揭示，以及系统发育学在植物-真菌关系的应用，该领域未来一定能涌现出大量高水平的研究结果，而兰科植物作为最特殊的植物-真菌互作关系研究的范本，也将成为一个具有影响的研究热点。

关于内生真菌与其寄主之间协同进化的研究，目前已经有了一些结果。内生真菌种类、繁殖方式通常与特定的宿主相关。例如，利用宿主种子进行垂直传播的两种类型的内生真菌，只能与禾本科早熟禾亚科中的 C_3 类型禾草共生；另外一种采取水平传播方式的内生真菌，几乎都与暖季型 C_4 禾草共生。通过构建的系统发育树可以看出，特定类群的内生真菌与其宿主表现出比较严格的协同分支进化关系。例如，*Epichloe* 是一类常见的禾草寄生内生真菌，在系统发育中被分为两个大进化支，其中一支包含 7 种 *Epichloe* 的真菌，对应的宿主分别来自 6 个族，其中 *E. amarillans* 和 *E. baconii* 的宿主都属于燕麦族，而且宿主中亲缘关系最近的两个姐妹群，燕麦族和早熟禾族正好对应着 *Epichloe* 内生真菌中两个亲缘关系最近的姐妹群 *E. baconii*、*E. amarillans* 和 *E. festucae*。*E. elymi* 和 *E. bromicola* 是姐妹群，它们的宿主小麦族和雀麦族也具有相似的亲缘关系。*Epichloe* 内生真菌中最早分离出来的 *E. brachyelytri*，其相对应的宿主 Barchyelytreae 族也是早熟禾亚科中最早分离出来的一族。*Epichloe* 内生真菌系统发育中的另一支分别是 *E. typhina*、*E. clarkii* 和 *E. sylvatica*，由于这个进化支中 *E. typhina* 的宿主非常广泛，并且与 *E. clarkii* 及 *E. sylvatica* 交织在一起，没有观察到其与宿主的协同分支进化关系(聂立影等，2005)。

协同分支进化，即共生体随着宿主、寄生者之间相互作用的进化而进化。在上述的特例中可以反映在禾草-内生真菌共生体中，即 *Epichloe* 可能通过影响早熟禾亚科植物的多样性和适应性，造成了宿主的进化过程。然而，表现为协同进化分支关系的寄生者与宿主之间也并非是完全协同进化关系，内生真菌也可能只是通过选择性维持与宿主的相容性，从而追寻宿主的进化轨迹。因为已有研究证实，内生真菌即使在亲缘关系很近的宿主之间进行传播时，都会表现出不同程度的不相容性。

此外还有研究表明，互利共生的参与各方也不一定是协同分支进化。有研究证实，宿主与内生真菌基因流的不对称是导致二者非协同进化的主要原因，因为通过宿主种子严格垂直传播的内生真菌基因流相比于通过花粉传播的内生真菌基因流小很多。通过对天然紫羊茅共生的 *E. festucae* 种群遗传结构的研究证明，与内生真菌垂直传播相对应的植物在 *E. festucae* 种群结构的形成中起着非常重要的作用。

兰科植物是被子植物中仅次于菊科的第二大科，是单子叶植物中进化程度最高的家族，也是研究生物进化和生物多样性的理想模式类群。兰科植物形态万千，种类繁多，其进化过程与

气候、地理等环境因素密不可分，也与其含有极为丰富的共生真菌密不可分，其中共生真菌的影响尤为特殊。

徐锦堂(2006)在《在进化的顶点——从天麻种子与真菌共生萌发看兰科植物》中这样写道：奇特的天麻则是兰科家族中进化到顶点的一员。从它的身上，我们既找不到吸收营养和水的根，也找不到营养合成工厂：绿色的叶片，只有块茎、花和退化的红色小鳞叶，而它那奇特的花朵则是适应昆虫传粉进化而来的器官。天麻在不同生长期，需与不同真菌共生，这在兰科植物研究中是一个重大的发现。本研究室进一步研究和阐明了小菇属真菌菌丝只能从种子的胚柄状细胞侵入胚、蜜环菌以菌索的形式侵入种麻或营养繁殖茎，以及真菌侵染路线、被消化过程、两种菌相遇后如何交替侵染等。

二、内生真菌在兰科植物进化中的作用

(一)兰科植物营养方式的进化

在对生物进化的分析中发现，兰科植物种类、数量正处在进化的活跃期。内生真菌是兰科植物进化的主要外在动力，也是区分兰科不同生态型的主要标志。内生真菌改变了兰科植物的营养来源，从而彻底改变了兰科植物的生活方式，从光合自养地生型、附生型再到菌根异养腐生型兰科植物，表现出越来越进化的趋势。内生真菌菌丝通过吸收分解环境中的木质素、果胶和纤维素等营养成分，不断产生葡萄糖、核糖和其他营养物质，除了满足完成自身生活史所需营养外，还为宿主提供生长发育所需的营养物质。

在总结兰科植物与其内生真菌的研究资料时，有以下几个现象或许可为二者的协同进化研究提供依据。

(1)不同内生真菌的作用是使得兰科植物具有多样性的一个重要原因。兰科植物在进化的过程中，内生真菌为其提供营养，使其可以有更大的潜力适应丰富的环境类型，而不再受限于阳光、海拔等地理因素。最为明显的例子便是天麻的种植，在为其提供足够的营养——蜜环菌之后，天麻可在青藏高原、秦岭及贵州、云南昭通山区等多地种植成功，而这些地方的地理气候环境差异巨大，天麻及为其提供营养的蜜环菌在不同地方又具有多样性。在这样的进化作用和人工选择下，天麻又具有发展出不同品种的可能性。例如，市面常见的红天麻、乌天麻和黄天麻等，都是由于内生真菌改变了腐生型兰科植物的营养方式，从而使其有着更为丰富的多样性和进化的可能。

(2)随着兰科植物生活类型的演变，越进化的兰科植物对内生真菌的依赖程度越高。自养地生型植物金线莲的种子在无菌和有菌两种条件下都有较高的萌发率和存活率；金线莲植株在生长过程中对内生真菌的依赖程度并不高，在无菌培养基上也能正常生长。附生型植物石斛就有所不同，此前已有多篇报道证实，有菌萌发能显著提高其种子萌发率和存活率；接种内生真菌的石斛属植物也都表现出更加健壮的植株形态，且能增加药用成分的含量。对于菌根异养腐生型植物天麻来说，试验表明(见本书第二十九章)其无菌萌发十分困难，萌发周期一般在 8 个月以上，并且种子萌发形成的原球茎基本没有分化，而其在小菇属真菌的作用下，播种 20 天左右便有萌发迹象，40 天时萌发率高达 84.18%，且原球茎分化出营养繁殖茎，由萌发菌为其提供萌发所需的全部营养；而在天麻的无性繁殖过程中，蜜环菌属真菌又不断地在天麻块茎中被消化吸收，转化为营养储存起来，为以后其抽薹开花，完成整个生活史提供营养。

自养地生型兰科植物靠自身可完成光合作用，不再依靠内生真菌提供营养物质。例如，采用 ^{14}C 标记的不溶性碳酸盐作为碳源，分别提供给不同生长阶段斑叶兰的根外菌丝，结果显示，斑叶兰原球茎和幼苗体内检出 ^{14}C，而长成的植株体内没有，即使经过 2 周的黑暗处理，成熟植株体内也未能检测到 ^{14}C 的存在。但地生型兰科植物和内生真菌仍然维持共生关系，因为内生真菌可以促进宿主根系对无机元素的吸收。对于附生型兰科植物来说，其可以不依靠土壤而在岩缝、树干上生长，这是因为其与内生真菌构建起了共生体系，内生真菌菌丝覆盖了兰科植物的根际，促进其吸收无机元素，同时附生型兰科植物自身可进行光合作用提供营养，以两条途径共同完成宿主植物的营养供给。而且即使附生型兰科植物已经长出绿叶，^{14}C 标记显示宿主植物仍然能从内生真菌中吸收得到营养，说明此时的兰科植物依旧需要菌根真菌补充一部分有机物(周玉杰等，2009)。而在菌根异养腐生型天麻的生活史中，因其自身无法完成光合作用，只能从两类内生真菌获得营养来源，所以其生存完全依赖于内生真菌。

(3)随着兰科植物的进化，其内生真菌的种类越受限制，专一性越高。从上节的统计我们可以看出，以附生型石斛属植物为例，能促进石斛种子萌发的真菌包括小菇属、丝核菌、黏帚霉、微囊菌、毛壳菌、头孢霉、瘤菌根菌、胶膜菌、蜡壳菌等，但是能促使腐生型植物天麻种子萌发的真菌，仅报道有头孢霉，小菇属的紫萁小菇、开唇兰小菇和石斛小菇等。植物与真菌在协同进化过程中，二者互作的影响越严重，其专一性也就会越高。同样的例子，能与天麻和谐共生、稳定的为其提供生长营养的蜜环菌，也仅为蜜环菌属的蜜环菌和高卢蜜环菌两种内数种品系的菌株，而其他种的蜜环菌与一般的内生真菌一样，也都是潜在的病原菌，在环境改变或天麻植株自身活力下降的情况下，便可侵染植株，造成病害。这种高度的专一性，与自养地生型、附生型兰科植物的菌根真菌可以来自于多个不同的种属形成了鲜明的对比。石斛属植物内生真菌和菌根真菌具有物种多样性，多属于胶膜菌属真菌，而蜡壳菌属、角担菌属和小菇属真菌在石斛属植物根内也有分离。与自养地生型兰科植物相比，附生型兰科植物与其共生真菌之间具有相对广的专一性关系，而且附生型兰科植物菌根真菌的种类与地生型兰科植物的明显不同，相比环境因子，附生习性是造成这一差别的主要因素。

(二)兰科植物形态的进化

兰科植物存在着多种多样的形态与类型，但是其最为突出的两个特征是无胚乳种子的构造，以及退化的根、叶。

兰科植物种子普遍的特征是种子数量巨大，每颗蒴果内都有上万粒种子，最多可达 40 万粒。兰科植物种子萌发可以分为无菌萌发和与真菌共生萌发。自然条件下共生萌发的情况更加普遍，兰科植物种子与萌发所需的内生真菌的共生关系，对研究兰科植物与真菌的相互作用和生物间的协同进化具有重要的科研价值。由于这一重要的繁殖特征，几乎是整个兰科植物所共有的，也就暗示该性状是由兰科的共同祖先所遗传保留下来，也间接说明分布广泛、形态万千的兰科植物极有可能是由一个类群的共同祖先进化而来的，是由一个起源中心，辐射状进化而来的。

兰科植物叶和根退化的启示：兰科植物包含 3 种不同的生活类型，有着明显的区别。自养地生型，一般为光合自养型植物，有完整的正常植株的各个器官；附生型，一般为半自养半寄生，即混合营养型植物，常有特殊的根部构造；菌根异养腐生型，一般为菌根异养型寄生植物，没有叶绿体，常常出现叶片、根部的严重退化现象。

在植物进化的过程中，常常随着环境、生活形态和营养方式的变化，出现局部组织器官退化的现象。而这种特殊的“退化”现象，又正是植物“进化”的表现。退化，又称为简化式进化，是生物为适应环境的改变以退为进、由复杂到简单的进化方式。通常是生物对寄生或固着生活的一种特殊适应，表现为大多数器官或生理机能退化，个别器官或生理机能比较发达，是分化式进化的特殊情况。例如，仙人掌的叶片退化为刺，可以降低蒸腾作用，减少水分散失，以适应干旱缺水的沙漠环境。兰科植物随着营养方式的进化，根与叶性状的退化，也是长期与内生真菌协同进化的一个重要标志。

（三）兰科植物基因组进化

兰科植物在营养方式上的“解放”，在基因组层面最直接的体现就是内生真菌对宿主植物叶绿体基因组精简，叶绿体基因组中主要有与光合作用过程相关的基因。较为特殊的一个例子是兰科植物地下兰，这是一种生活在澳大利亚的神奇花卉，其绝大部分生活史在地下度过，只有在开花时露出地面。在 GenBank 已经公布的兰科植物叶绿体基因组中可以看出，腐生型地下兰（NC_014874）叶绿体基因组大小为 59 190bp（Delannoy et al.，2011），为已知被子植物中最小的；鸟巢兰（NC_016471）为 92 060bp；珊瑚兰（JX087681）为 137 505bp。腐生型兰科植物基因组表现出不同程度的精简，可以看出，大部分缺失的基因都与光合作用相关，如 *psa*、*psb* 家族基因，*rps* 家族基因等。而附生型植物石斛（NC_024019）为 152 221bp（Luo et al.，2014）、文心兰（NC_014056）为 146 484bp（Wu et al.，2010）、蝴蝶兰（NC_007499）为 148 964bp（Logacheva et al.，2011）。这 3 种植物叶绿体基因组大小与一般的被子植物相似，在 150kb 左右，大部分与光合作用相关的基因家族被保留下来。我们认为，在内生真菌的长期影响下，随着兰科植物营养方式的改变，其与光合作用相关的基因得到释放，没有那么强的选择压力后，导致其叶绿体基因组精简，这也是二者协同进化的结果。

三、内生真菌的进化

（一）内生真菌的来源、现状与发展

1. 内生真菌的来源：土壤根际中的致病菌

通过表 22-3 的统计可以看出，几乎所有分离得到的兰科植物内生真菌，在最初都为土壤中的致病菌。首先我们从土壤真菌的分离试验结果看到，在兰科植物的土壤环境中存在着多种致病菌，这些致病菌，如木霉属和青霉属等，是不具有宿主专一性的，可以侵染多种有机体或腐生物质，但是有一个特殊的现象，就是兰科植物的根际土壤真菌具有特异性。例如，天麻根际土壤真菌常常可以分离得到蜜环菌属真菌，而在石斛属、开唇兰属、香荚兰属及其他兰科植物的根际土壤中却很难分离得到。这就说明了，在与兰科植物共生的作用下，共生菌更容易成为土壤中的优势菌种。

2. 内生真菌的现状：潜伏的致病菌

兰科植物内生真菌大多数为土壤中的致病菌，侵染植株后，形成了内生结构，定植于植株根、茎、叶、花等器官中，成为一种潜在的病原菌，一般不对植株产生病害作用。统计发现，种子植物内生真菌主要为子囊菌的粪壳菌纲、座囊菌纲、散囊菌纲和垂舌菌纲等，另有一些不产孢内生真菌。内生真菌与宿主植物之间这种和谐共生的状态，除非环境剧烈改变或植株活力下降，内生真菌一般不对植物组织引起明显病害症状，反而更加有利于提高植株的抗杂菌性、吸水性和促进植物营养物质的吸收。

3. 内生真菌的进化结果：菌根真菌

在长期共生过程中，部分内生真菌与兰科植物的根系紧密联系形成兰科菌根。菌根是自然界中一种普遍存在的共生现象，是植物在长期的生存过程中与菌根真菌共同进化的结果。通过统计可以看出，某些兰科植物菌根真菌，如角菌根菌属、瘤菌根菌属、念珠菌根菌属、胶膜菌属和蜡壳菌属等真菌，常常在多种兰科植物中可分离得到，也是分离鉴定最常见的兰科内生真菌。这说明这类真菌长期与兰科植物相互作用，更加容易形成特殊的菌根构造。所以，这一类内生真菌也常常被称为兰科菌根真菌。而那些偶然在某一种兰科植物中分离得到的内生真菌，就不容易产生兰科菌根的结构，也就不是菌根真菌，而是非菌根菌。例如，炭角菌属真菌便不能与石斛属植物形成菌根结构。

4. 菌根菌特殊进化类型：萌发真菌

目前的统计显示，能够使兰科植物种子萌发的内生真菌，几乎都是菌根真菌，这种不仅能侵染植物根、茎，还能侵染种子并为其提供萌发所需营养的萌发菌，种类较为集中，大多数为小菇属及胶膜菌科和角担菌科等的真菌。这类真菌应该算是菌根真菌的特殊进化类型。当然，这方面仅限于初步研究，后续还需要有更多的研究作为支持。

（二）内生真菌与植物之间进化的一致性

植物生活方式的进化，由水生到陆生，经历了环境的极端变化。水生植物的多数内生真菌不适应陆生环境而被淘汰，少数水生内生真菌进化或植物与陆地真菌重新选择共生而形成陆生的内生真菌。在由低等陆生裸子植物进化到更加适应陆地环境的高等被子植物的过程中，内生真菌与植物协同进化。

二者的协同进化主要表现在：首先，陆生真菌经历了多次、反复地内生真菌的定植、筛选、形成稳定共生的过程。裸子植物、双子叶植物和单子叶植物内生真菌的种数依次递减就证明了这一点。其次，各类植物内生真菌发生相应的进化，形成自己独特的种属。同时，有些真菌为适应植物体内的共生生活，进化过程中其产生有性生殖的能力退化，形成不产孢类内生真菌，这也符合内共生理论。从真菌系统进化的角度来看，植物与其内生真菌是协同进化的，低等植物形成早，早期就定植低等真菌，随着进化，由水生壶菌类进化形成接合菌类，进而进化形成子囊菌和担子菌。子囊菌由炭角菌目、格孢腔菌目、柔膜菌目、白粉菌目、Pezizales 和 Saccharomycetales 等目向粪壳菌目和肉座菌目等目进化（卢萍，2007）。

（三）内生真菌在植物中分布的进化

有关盘龙参的研究表明，内生真菌分布具有器官特异性，从分离出的内生真菌来看，丝核菌属、青霉属、曲霉属和链格孢属的分离率较高，为优势菌，而有些菌则相反，如弯孢霉属、头孢霉属和长蠕孢属所占比例较低，这种特异性是在共同进化中形成的，是植物的遗传、生理、代谢产物与微生物的营养要求和生理代谢等相互适应的结果。按照协同进化理论，宿主植物与其内生真菌长期共生，相互影响，内生真菌极有可能具有与宿主植物相同的次生代谢产物合成途径。并且已经有研究者发现，由于内生真菌在进化过程中发生了基因重组，获得了宿主植物的某些基因，能够产生与宿主植物相同的代谢产物。因此，从这些内生真菌中可以分离获得盘龙参有效的活性成分而使其成为一个潜在的微生物药物资源。

第五节 兰科植物与内生真菌地理分布的相关性

一、地理分布数据

内生真菌的地理分布一定会影响到兰科植物的分布。收集整理兰科植物与其内生真菌的关系，以及相应的兰科植物和内生真菌的地理分布数据，分别用两种方法来分析兰科植物与内生真菌地理分布的相关性。

首先从收集到的所有兰科内生真菌关系记录中提取了研究中所用兰科物种及其内生真菌的地理分布信息，然后从"Species 2000"项目的中国节点数据库(http：//base.sp2000.cn/colchina_e13/search.php)获得兰科物种的地理分布数据，用来补充兰科植物的地理分布信息。由于无法再从其他渠道获得真菌的地理分布数据，因此，没有另外补充真菌地理分布信息。由于从收集的兰科植物与其内生真菌关系记录中提取的内生真菌地理分布信息对于大部分内生真菌而言都比较少，只选取了内生真菌地理分布信息相对最多的前 3 种真菌，然后又选择了 3 种与其有共生关系的宿主兰科植物，本研究中收集的用于分析兰科植物与其内生真菌地理分布相关性的数据见表 22-6。

表 22-6 3 种兰科植物与其内生真菌的地理分布

分布地	内生真菌			对应兰科植物		
	Fusarium oxysporum	*Fusarium solani*	*Tulasnella calospora*	*Pholidota imbricata*	*Dendrobium crepidatum*	*Acampe rigida*
安徽	N	N	N	N	N	N
澳门	N	N	N	N	N	N
北京	Y	Y	N	N	N	N
重庆	N	Y	N	N	N	N
福建	Y	N	Y	N	N	N
甘肃	N	N	N	N	N	N
广东	N	N	N	N	N	Y
广西	Y	Y	Y	N	N	Y
贵州	Y	Y	Y	N	Y	Y
海南	N	N	Y	N	N	Y
河北	N	N	N	N	N	N
河南	N	N	N	N	N	N
黑龙江	N	N	N	N	N	N
湖北	N	N	N	N	N	N
湖南	Y	Y	Y	N	N	N
江苏	N	N	N	N	N	N
江西	N	N	N	N	N	N
吉林	N	N	N	N	N	N

续表

分布地	内生真菌			对应兰科植物		
	Fusarium oxysporum	*Fusarium solani*	*Tulasnella calospora*	*Pholidota imbricata*	*Dendrobium crepidatum*	*Acampe rigida*
辽宁	N	N	N	N	N	N
内蒙古	N	N	N	N	N	N
宁夏	N	N	N	N	N	N
青海	N	N	N	N	N	N
山东	N	N	N	N	N	N
上海	N	N	N	N	N	N
山西	N	N	N	N	N	N
陕西	N	N	N	N	N	N
四川	N	N	N	Y	N	N
台湾	N	N	N	N	N	N
天津	N	N	N	N	N	N
香港	N	N	N	N	N	Y
新疆	N	N	N	N	N	N
西藏	Y	Y	N	Y	N	N
云南	Y	Y	Y	Y	Y	Y
浙江	N	N	N	N	N	N

注：N 表示无分布；Y 表示有分布

此外，随机生成了 100 例地理分布数据，用于兰科植物与内生真菌地理关系的分析（图 22-1）。图 22-1 中纵坐标 0～33 分别代表 34 个地理区域，横坐标 0～99 分别代表 100 例随机数据，白色和黑色方块分别代表某一例数据在某一地理区域分布的无和有。此外，在进行地理分布的相关性分析之前，需要先把地理分布数据转换为一个 34 维的向量，分别代表兰科植物、内生真菌及随机地理分布在本研究中所划分的 34 个地理区域的分布情况。

图 22-1　随机生成的 100 例地理分布数据

二、地理分布的相关性分析

本研究中采用了相关系数法来分析兰科植物与其内生真菌地理分布的相关性。相关关系是一种非确定性的关系，相关系数是研究变量之间线性相关程度的量。样本的简单相关系数一般

用 r 表示，其中 n 为样本量。r 描述的是两个变量间线性相关强弱的程度。r 的取值在−1 与+1 之间，若 $r>0$，表明两个变量是正相关；若 $r<0$，表明两个变量是负相关。r 的绝对值越大表明相关性越强，要注意这里并不存在因果关系。若 $r=0$，表明两个变量间不是线性相关，但有可能是其他方式的相关(如曲线相关等)。

依据相关系数计算公式：

$$r=\frac{\sum_{i=1}^{n}(x_i-\overline{x})(y_i-\overline{y})}{\sqrt{\sum_{i=1}^{n}(x_i-\overline{x})^2 \cdot \sum_{i=1}^{n}(y_i-\overline{y})^2}}$$

兰科植物与其内生真菌地理分布的相关系数分别为：*Fusarium oxysporum* 和 *Pholidota imbricate*，$r=0.355$、$P=2\times10^{-13}<0.01$；*Fusarium solani* 和 *Dendrobium crepidatum*，$r=0.491$、$P=6\times10^{-24}<0.01$；*Tulasnella calospora* 和 *Acampe rigida*，$r=0.595$、$P=7\times10^{-19}<0.01$。并且，兰科植物与其内生真菌地理分布的相关系数均大于所有随机分布与兰科植物及内生真菌的相关系数。

将兰科植物、内生真菌及随机地理分布相互间的相关系数作成一张灰度图，相关系数的绝对值与灰度深浅呈正比，见图 22-2～图 22-4。每一幅图中均包含了 102 个地理分布向量的两两相关系数，其中编号 0、1 的向量分别为兰科植物与其对应的内生真菌，编号 2～101 的向量为随机生成的 100 例地理分布向量。从三幅图中可以看出，对角线上的数据点表示向量与自身的相关系数，数值为 1，灰度最深。除了这些数据点之外，颜色最深的数据点都分布在左上角位置，这些数据点表示的是兰科植物与其内生真菌地理分布的两两相关系数。因此，从上述三幅图中可以直观地看出兰科植物与其内生真菌地理分布的相关性要显著高于它们与随机地理分布的相关性。

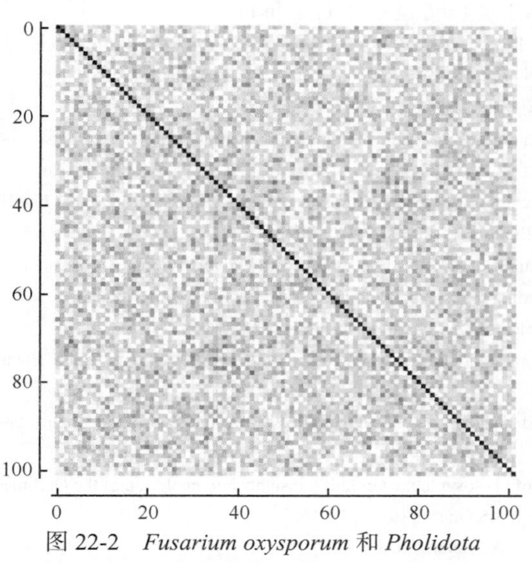

图 22-2　*Fusarium oxysporum* 和 *Pholidota imbricata* 地理分布相关系数的灰度图

坐标 0、1 分别表示 *F. oxysporum* 和 *P. imbricata*；2～101 表示随机分布，相关系数的绝对值与灰度深浅呈正比

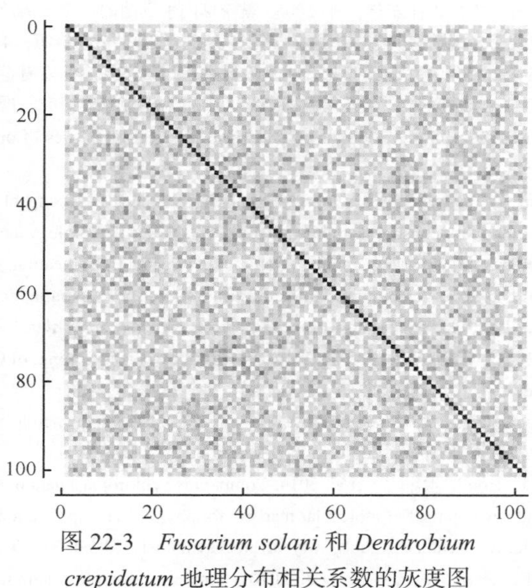

图 22-3　*Fusarium solani* 和 *Dendrobium crepidatum* 地理分布相关系数的灰度图

坐标 0、1 分别表示 *F. solani* 和 *D. crepidatum*；2～101 表示随机分布，相关系数的绝对值与灰度深浅呈正比

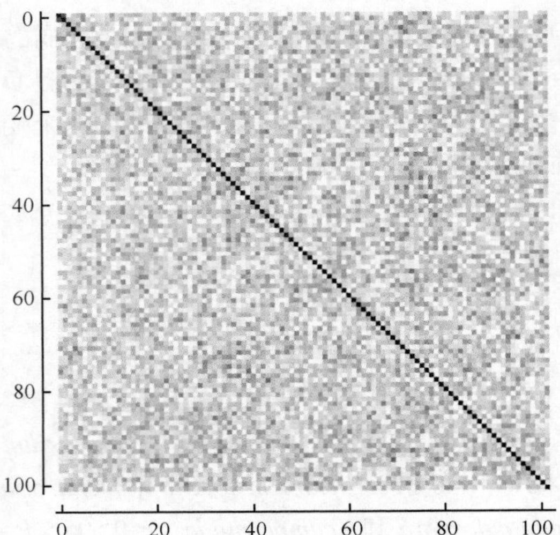

图 22-4 *Tulasnella calospora* 和 *Acampe rigida* 地理分布相关系数的灰度图

坐标 0、1 分别表示 *T. calospora* 和 *A. rigida*；2～101 表示随机分布，相关系数的绝对值与灰度深浅呈正比

参 考 文 献

顾雅君，张瑞英，温秀荣，等. 2014. 天麻的化学成分和药理作用.食药用菌，2：84-85.

关璟，王春兰，肖培根，等. 2005. 地生型兰科药用植物化学成分及其药理作用研究.中国中药杂志，30(14)：1053-1061.

郭巧生.2007.药用植物资源学. 北京：高等教育出版社，32-33.

李墅，王春兰，郭顺星，等. 2006. 附生型兰科药用植物化学成分及药理活性研究进展. 中国中药杂志，30(19)：1489-1496.

卢萍. 2007. 内蒙古三种棘豆属植物中苦马豆素相关因子的研究. 呼和浩特：内蒙古农业大学博士学位论文.

罗毅波，贾建生，王春玲. 2003. 中国兰科植物保育的现状和展望.生物多样性，1：70-77.

聂立影，陈磊，任安芝，等. 2005. 黑麦草内生真菌的检测分离及鉴定.微生物学通报，32(1)：10-14.

王旭红，余国奠. 1993. 中国兰科药用植物.中国野生植物资源，4：15.

徐锦堂. 2006. 在进化的顶点——从天麻种子与真菌共生萌发看兰科植物. 森林与人类，26(7)：70-71.

周玉杰，宋希强，朱国鹏，等. 2009. 兰科植物菌根营养研究与展望.热带农业科学，29(2)：83-87.

Arditti J，Ghani A. 2000. Numerical and physical properties of orchid seeds and their biological implications. New Phytologist，145：367-461.

Delannoy E，Fujii S，des Francs-Small CC，et al. 2011. Rampant gene loss in the underground orchid *Rhizanthella gardneri* highlights evolutionary constraints on plastid genomes. Molecular Biology and Evolution，28(7)：2077-2086.

Dressler RL. 1981. The Orchids：Natural History and Classification. Cambridge，MA，USA：Harvard University Press.

Jones DL. 2006. A Complete Guide to Native Orchids of Australia Including the Island Territories. Sydney：Reed New Holland.

Leake JR. 1994. The biology of myco-heterotrophic（'saprophytic'）plants. New Phytologist，127：171-216.

Liu HX，Luo YB，Liu H，et al. 2010. Studies of mycorrhizal fungi of Chinese orchids and their role in orchid conservationin China. Botanical Review，76：241-262.

Logacheva MD，Schelkunov MI，Penin AA. 2011. Sequencing and analysis of plastid genome in mycoheterotrophic orchid *Neottia nidus-avis*. Genome Biology and Evolution，3：1296-1303.

Luo J，Hou B，Niu Z，et al. 2014. Comparative chloroplast genomes of photosynthetic Orchids：insights into evolution of the Orchidaceae and development of molecular markers for phylogenetic applications. PLoS One，9(6)：e99016.

Smith SE，Read DJ. 2008. Mycorrhizal symbiosis. 3rd ed. New York：Academic Press.

Wu F，Chan M，Liao D，et al. 2010. Complete chloroplast genome of *Oncidium gower* Ramsey and evaluation of molecular markers for identification and breeding in Oncidiinae. BMC Plant Biology，10(1)：68.

第二十三章 兰科药用植物菌根互作关系

菌根真菌和植物根之间的相互作用包括一系列复杂的过程(Peterson，1994)。首先，菌丝被吸引到根表面，然后进行识别反应；其次，发生紧密接触，有时在根表面还产生专门的结构，如在泡囊丛枝菌根和欧石楠型菌根中的附着胞；再次，根被侵染，在细胞内或在细胞间，随着两个共生体中一系列复杂的变化产生一个交换界面；最后，每种菌根的独特结构形成。

自然界大多数兰科植物的生活史中，菌根的形成分为3个阶段：第一个阶段，兰科植物种子被真菌感染萌发形成原球茎，是种子与共生真菌相互作用的时期；第二个阶段，所形成的原球茎或幼苗再次被真菌感染，为原球茎与共生真菌相互作用的时期；第三个阶段，成年兰科植物根(营养根)的再次感染，为成年兰科植物根与真菌相互作用的时期。

第一节 兰科药用植物种子接菌萌发的形态学研究

兰胚或原球茎是否产生向化性物质来吸引共生真菌菌丝向它们生长，还缺乏证据(Williamson and Hadley，1970)。真菌进入胚的位点存在一定可变性，但在数种兰胚染菌的过程中，菌丝侵入的主要位点是胚的胚柄端(Clements，1988；Richardson et al.，1992)，在另一些种则是表皮毛，有时称为假根(Williamson and Hadley，1970；Rasmussen，1990)。有些种的原球茎被真菌定植的光学显微镜证据显示，真菌经过很窄的侵染栓侵染表皮毛(Williamson and Hadley，1970)。随着菌丝进入发育的原球茎，真菌菌丝定植在薄壁细胞中，形成卷曲的结构，即所谓菌丝结；这些菌丝和原球茎细胞质被质膜及未知化学性质的界面基质物质分开(Richardson et al.，1992)，菌丝结类似泡囊丛枝菌根菌的丛枝，在它们形成后很快就被寄主细胞消化了。在某些细胞中，衰退的菌丝簇被围在苯胺蓝明显染色的物质中。

种子萌发和侵染过程中菌根真菌的作用表现为:①菌根真菌启动了附生兰和地生兰种子的萌发；②侵染通过胚柄细胞发生(Bernard，1909)。对此观点也有不同意见(Williamson and Hadley，1970；Hadley，1970)。但 Clements(1988)的研究支持了上述观点，他采用相差显微镜和透射电子显微镜研究了兰科植物生活周期，包括种子萌发、原球茎形成、幼苗发育阶段等与菌根真菌的关系，共生关系的发育顺序被证实，清楚显示了种子萌发→原球茎发育→幼苗生长的过程，以及在此过程中菌根真菌的侵染、消化、衰退状况。

Uetake 等(1992)研究了兰科植物绶草(*Spiranthes sinensis*)的原球茎与双核 *Rhizoctonia* 菌

丝融合组C共生发育期间超微结构的变化，结果表明，与双核 *Rhizoctonia* 菌丝融合组C共培养时，根据胚和原球茎宽度的增加从绶草的种子到分化茎的原球茎可将共生发育过程分为7个阶段（Ⅰ～Ⅶ），并观察了每一阶段的超微结构。所有胚细胞含有大量脂类、少量淀粉、蛋白体类似物结构。数个菌丝一旦侵入基细胞，胚就开始膨胀（阶段Ⅰ）。菌丝侵入内部皮层薄壁组织（ICP）和表皮下薄壁组织（SEP）细胞并形成菌丝结，分生组织区（MR）不被定植。真菌细胞壁（FCW））围绕着包裹层（EL）和寄主质膜。在ICP中形成的菌丝结壁薄被消化，而SEP中的菌丝结不被消化。阶段Ⅰ，线粒体、核糖体、原质体、微体、粗面内质网、高尔基体和液泡均在寄主细胞质中存在。在这一阶段菌丝消化的信号已经很明显。阶段Ⅱ，消化的菌丝结呈簇状，仅由FCW层和EL组成，被寄主细胞质和液泡包围，也许会有再次感染的菌丝。菌丝消化和重复侵染寄主细胞重复发生并贯穿整个生长阶段。在阶段Ⅲ之前蛋白体类似物结构快速消失，在阶段Ⅴ和随后的阶段，发现寄主质膜包围着消化菌丝消散的内容物。ICP细胞含有菌丝结，不含造粉体。可是，这些细胞中通常存在原质体，所有SEP细胞和其他不染菌的细胞都含有造粉体。脂质体在胚和原球茎生长过程中缓慢降解。

Uetake 和 Nobuyuki（1996）进一步发现胚（0.2mm×0.1mm）在真菌从柄细胞侵染后开始增大，突破种皮发育成一个原球茎，共培养8天后，原球茎大小达到长0.35mm、宽0.2mm，而非共生培养的胚大小几乎没有变化。在生活的寄主细胞中，菌丝侵入ICP细胞和SEP细胞，但不侵入分生组织区，在ICP、SEP形成菌丝结。在一个成功的共生关系中，无菌的ICP细胞总是不断存在于分生组织和菌丝结形成区之间，正如 Clements（1988）所描述，在ICP细胞中造粉体发育，但在染菌的ICP细胞中这些造粉体脱分化。在ICP中的菌丝具有电子致密的细胞质和薄的细胞壁，最后衰退。可是在SEP中的菌丝是完整的，所有菌丝（包括衰退的菌丝）都被寄主膜和界面基质包围。包围菌丝寄主膜被碱性铋（ABi）和磷钨酸-铬酸（PTA-CrO_3）着色，但除了寄主和真菌质膜对二者着色及质体对ABi着色外，其他的膜结构是电子透明的。

Richardson 等（1992）报道，仅有内生真菌 *Rhizoctonia cerealis* 或 *Ceratorhiza goodyerae-repentis* 作为共生体定植的兰科植物 *Platanthera hyperborea* 种子在培养基上才萌发，两种内生真菌的作用结果是类似的。早期定植总是通过胚的基部（胚柄）进一步向顶端进行。在较老的原球茎中不被定植的细胞通常在造粉体中存在淀粉。衰退的菌丝簇经常包围在不连续或连续的物质中，该物质对苯胺蓝着色明显。

内生真菌进入 *Platanthera hyperborea* 胚要经过胚基部，基部由部分死亡的胚柄细胞组成。前人对其他兰科植物也有报道（Clements，1988；Burgeff，1959）。但 Rasmussen（1990）发现，在 *Dactylorhiza majalis* 中菌丝侵入胚柄区域进一步发育受到抑制，原球茎定植依赖于经假根（表皮毛）进入的真菌。兰科植物 *Ophrys lutea* 的根细胞和真菌菌丝之间的界面基质含有多糖（包括纤维素）（Barroso and Pais，1985）。

在 *Platanthera hyperborea* 中，原球茎细胞降解内生真菌导致衰退的菌丝簇位于细胞中心，被苯胺蓝明显染色的物质可能是胼胝质包围许多这种菌丝簇，类似于小斑叶兰（*Goodyera repens*）原球茎的情况，在降解的菌丝周围沉淀胼胝质的意义也许在于把水解酶和细胞质分开（Peterson，1990）。

Ceratobasidium cereale 和 *Rhizoctonia cerealis* 是谷类植物和牧草的已知病原菌（Kataria and Hoffman，1988），但在数种兰科植物中可刺激原球茎发育（Smreciu and Currah，1989）。小斑叶兰是环北方和北温带的地生兰，Alexander 等（Alexander 等，1984；Alexander，1985）研究了它与菌根真菌的关系，Peterson 等（1990）则研究了共生体结构的细节。

光学显微镜观察的结果：完整原球茎的切面显示了定植细胞的类型和薄壁细胞中真菌被消化的情况。这些切面也显示了在中部和基部存在较多大的薄壁细胞，而原球茎顶部则存在较多小的薄壁细胞。中部和基部的许多细胞含有衰退的菌丝簇(clump)，而顶部的细胞则含生活的菌丝。表皮细胞通常含有菌丝而不是菌丝簇。一些原球茎中上部纵切面显示茎顶端分生组织开始分化。表皮毛发生处的细胞体积和细胞核体积明显增大，表皮毛发生点离茎顶端分生组织很近，表皮毛多向基部伸长生长。最初定植在原球茎的菌丝位于细胞质，在细胞内部缠绕形成菌丝结，一些菌丝液泡化，另一些菌丝在细胞中央形成菌丝簇而衰退。整个原球茎被真菌定植而不能分化出茎顶端分生组织的现象是很少见的。

荧光显微镜观察的结果：具有发达菌丝结和衰退菌丝的原球茎细胞缺乏淀粉粒，而新定植的和未染菌的细胞具有大量淀粉粒。衰退的菌丝和菌丝簇对盐酸吖啶黄素强烈着色。原球茎细胞壁对纤维粉末着色很浅，而衰退的菌丝和菌丝簇着色很深，生活菌丝的细胞壁着色很浅。簇状菌丝对苯胺蓝着色明显。衰退菌丝簇的内部物质和围绕菌丝簇的明显边界层有荧光。

透射电子显微镜观察的结果：新定植于细胞中的菌丝液泡少，含大量线粒体、明显的桶孔隔膜。每个菌丝周围有原球茎细胞基质和原球茎细胞质膜包围。两个切片清楚显示了菌丝穿透原球茎细胞壁的状况：紧挨菌丝的原球茎细胞壁是电子透明物质，整个原球茎细胞壁受到菌丝物理的作用而有轻度歪曲。邻近菌丝的原球茎细胞质含有脂滴、具有晶状体包涵体的微体球、内质网、线粒体。含有瓦解菌丝的细胞具有质体、脂质体、内质网、线粒体。

小斑叶兰的原球茎细胞与真菌 *Ceratobasidium cereale* 之间相互关系的总体特征类似于该兰科植物以前的报道，以及其他兰科植物菌根的特征。这种类似性进一步证明：尽管 *Ceratobasidium cereale* 是草的病原菌，但与小斑叶兰的原球茎可形成共生关系。正如以前的报道，菌丝可进入胚柄(在原球茎的最早期)，进一步定植更多的顶部区域，在某种情况下也可进入表皮毛。Williamson 和 Hadley(1970)明确证实在 *D. purpurella* 中，菌丝进入离顶端有一定距离的表皮毛，之后从顶端长出进入周围的基质。但 Clements(1988)报道真菌菌丝从邻近的皮层细胞进入表皮毛，然后进入外面的基质。尽管原球茎表皮细胞通常不被定植，但在小斑叶兰中这些细胞肯定被真菌侵染，但不清楚它们是经表皮毛还是经邻近的原球茎薄壁细胞被真菌定植的。有意思的是在所有表皮细胞中未发现衰退瓦解的菌丝，表明这些细胞不具备降解菌丝的适当的生理条件。

原球茎细胞被真菌侵染导致了淀粉粒的分解，该情形以前有报道(Burgeff，1959)。在共生真菌定植原球茎细胞时，最令人关注的事件之一就是在许多中央细胞——Burgeff (1959)称之为消化细胞中菌丝结的裂解，大量瓦解的菌丝来自菌丝的裂解，被盐酸吖啶黄素强烈着色，表明这些物质具有多糖的性质。纤维粉末用于检测纤维素，但它也结合一些多糖，包括胼胝质和几丁质，由于正在衰退或衰退的菌丝壁对纤维粉末着色强烈，而对生活菌丝的壁不着色，表明生活菌丝的壁中含有阻止几丁质染色的一些物质，当菌丝裂解时它们可能被除去。Barroso 和 Pais(1985)报道，根皮层细胞的真菌菌丝被基质包围，此基质中含有围绕正在衰退的菌丝簇分泌的纤维素。

一层苯胺蓝明显着色物质和质膜把多数菌丝簇与原球茎细胞质分开。菌丝簇内部也有苯胺蓝明显着色物质，这些物质在透射电子显微镜中是电子透明物质，所以这种物质是胼胝质。当受伤反应发生时胼胝质被诱导用来分开正在衰退的菌丝和可能来自原球茎细胞质的高浓度的裂解酶(Williamson，1973)。

郭顺星和徐锦堂(1990a；1990b)研究了白及(*Bletilla striata*)种子伴菌播种，适宜的真菌紫萁小菇(*Mycena osmundicola*)侵染种子后，可提高种子的发芽势，尤其是对萌发后原球茎叶片、假根等的分化有显著促进作用。超微结构观察见本书第三十章。

王贺等(1992)发现，蜜环菌(*Armillaria mellea*)菌丝由天麻(*Gastrodia elata* Bl.)皮层细胞经纹孔侵入大型细胞。初期大型细胞的原生质膜凹陷，同时细胞壁产生乳突状加厚阻止菌丝侵入。当菌丝侵入大型细胞以后，凹陷的质膜将菌丝紧密包围，大量由单位膜围成的小泡聚集在其周围。随后这些小泡的膜与质膜融合并将其内含物释放到菌丝周围的空间中，凹陷质膜逐渐膨大成为一个包围菌丝的消化泡。小泡和消化泡中均具酸性磷酸酶活性反应产物，证实其分别相当于植物溶酶体系统中的初级溶酶体和次级溶酶体。菌丝在消化泡中被彻底消化。大型细胞在菌丝即将侵入之前，体积开始增大，原生质变浓，储藏淀粉粒变小并逐渐消失，细胞核膨大最后形成多个基部相连的更新核。当菌丝流细胞中的菌丝通过纹孔进入大型细胞壁的内侧以后，大型细胞原生质膜凹陷，其内侧的细胞壁产生乳头状突起，形成一很厚的鞘层将菌丝先端包围阻止其侵入。

天麻是兰科中的异养型植物，郭顺星和徐锦堂(1990a；1990b)对天麻种子消化入侵的紫萁小菇菌丝，以及营养繁殖茎消化蜜环菌的过程中细胞超微结构的变化进行了研究，见本书第二十八章。

徐锦堂(2001)在研究天麻营养繁殖茎被蜜环菌侵染后细胞结构的变化时发现，蜜环菌索侵入天麻营繁茎后，分成多个分枝的菌丝通道，菌丝突破通道形成菌丝流，向外侵入皮层细胞形成菌丝结，向内直接侵入大型细胞被天麻消化作为营养；切断天麻与菌材连接的蜜环菌索，新生麻就停止生长。更全面的研究发现，蜜环菌以菌索形态侵染天麻种子、发芽的原球茎及营养繁殖茎(徐锦堂和牟春，1990)。首先在皮层最内一层细胞形成菌丝通道和菌丝流，然后向内侵入大型细胞、向外侵入皮层细胞。天麻在有性繁殖阶段，靠消化侵入种胚的紫萁小菇等萌发菌获得营养而发芽；无性繁殖阶段，营养繁殖茎消化蜜环菌才能正常生长。蜜环菌侵入后，逐渐取代了萌发菌供给天麻营养，完成了两种菌营养关系的交替。

Kristiansen 等(2001)在三处(Sabah、Borneo、Malaysia)发现存在自然生长的 *Neuwiedia veratrifolia* 幼苗，幼苗由一个不规则的椭圆形原球茎和一个顶生的叶状根茎组成，隶属兰科 Apostasioideae 亚科三蕊兰属 *Neuwiedia* 的原球茎具有兰科植物菌根特有的菌根营养组织。

从兰科植物的种子和原球茎与真菌相互作用的显微结构和超微结构可以看出，真菌经胚柄或表皮毛进入胚，促进胚发育成原球茎，原球茎进一步发育成幼苗，在此过程中，植物细胞与真菌细胞都发生了形态结构上的变化，这种变化促进二者共生形态的建成，并以兰科植物控制真菌的生长为主导，表现在真菌的消化和在一定的植物组织中侵染，侵染具有明确的范围。研究原球茎的共生形态还有助于兰科植物的鉴定和分类。

第二节　兰科药用植物菌根的形态学研究

一、兰科植物菌根形态及结构特征

兰科植物的根具有皮层细胞、内皮层和中柱，有时表皮也是组成部分，还有皮层最外层高度特化的外皮层，外皮层由木质化的长细胞和薄壁通道细胞或短细胞组成，围绕外皮层的是表皮(根被细胞)(Dycus and Knudson，1957)，根被是一至数层非生活的海绵状表皮细胞(Engard，

1944)，在附生兰，有时在地生兰中均发现有根被(Pridgeon，1987)，从土壤吸收的水和溶质储存于根被。具有外皮层的植物靠通道细胞控制水和溶质进入皮层细胞(Peterson，1988)。在外皮层细胞壁上沉积木质素和木栓阻止了质外体的流动，迫使溶质经过通道细胞移动形成共质体。

兰科菌根属于内生菌根，在外部形态上，多认为，肉眼可见兰科菌根与未形成菌根的植物根系无明显区别(Hadleyt and Williamson，1972；范黎等，2000)，但笔者发现，形成菌根的根系较为庞大且多有分枝(Zhang et al.，2012)，在扫描电子显微镜下可以看到根表面有密集或散在的菌丝分布，并观察到菌丝穿入根被细胞中，在根被细胞内沿各方向穿行。

与其他内生菌根相比，兰科菌根的内部结构具有非常明显的特征：一是其菌丝有隔，有些能形成子实体(如蜜环菌和紫萁小菇等)，可以分离并实现纯培养；二是真菌菌丝在宿主吸收根表面不形成菌套，仅有松散的根外菌丝，分散在土壤和腐殖质中；三是菌丝多集中在宿主根细胞内，仅有少量在根皮层的细胞间隙中穿行，在根系皮层组织内也不形成哈蒂氏网，没有菌套，只有松散的根外菌丝(Arditti et al.，1990)。皮层细胞内的菌丝呈螺旋结状扭曲或团状，称为胞内菌丝团(Pelotons)。皮层细胞中出现菌丝团是兰科菌根形成的标志性特征(王瑞苓等，2004；周德平等，2005)(图 23-1)。现已研究的野生建兰(潘超美等，2002)、卡特兰(丁晖等，2002)、杜鹃兰(黄永会等，2007)、春兰(伍建榕等，2005)、莲瓣兰(施继惠和李明，2006)、独花兰(颜容等，2006)等多数兰科植物的菌根均具有此典型结构。

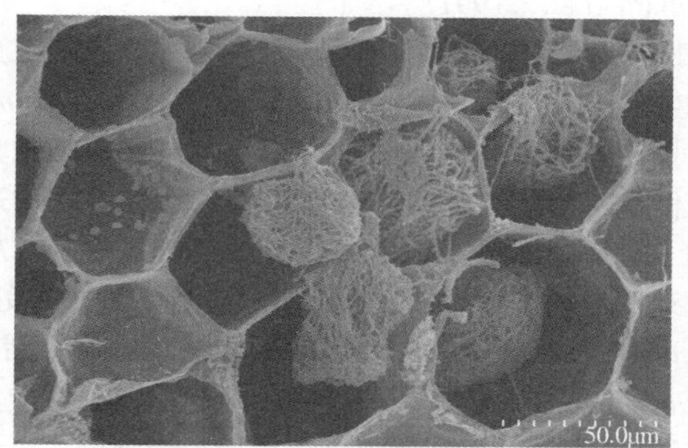

图 23-1　扫描电子显微镜下的兰科菌根形态(张丽春摄)
示根皮层细胞内的菌丝团结构

但是，有研究表明，即使是同一种植物，若根的类型不同，其菌根特征也会不同，Gaku 和 Keizo(1992)对兰科绶草属植物 *Spiranthes sinensis* 成熟植株的块根和真根形成的菌根进行了研究，发现二者虽然在形态上极为相似，但其菌根特征却完全不同，且感染水平与菌根形成的季节也不同。在兰科，通常对块根的菌根真菌感染水平较低。对 *Bletilla strial* 菌根季节变化研究的结果发现，菌根菌周年存活于宿主植物根内，在长期的演化中，兰科菌根形态会随季节更替而发生改变(Masuhara et al.，1988；王瑞苓等，2004)。

Taylor 和 Bruns(1997)发现兰科植物存在三重共生现象：当与非光合兰科植物和光合的树寄主联系时，同样的真菌形成了相反的菌根结构，外生菌根由联系兰科植物 *Cephalanthera* 的真菌围绕树根形成，具有发育良好的真菌菌套(mantle)及细胞间的哈蒂网(Hartig net)渗透 1～3 层细胞。在兰科植物 *C. austinae* 的根中未观察到菌套和哈蒂网，真菌的感染几乎全部位于细胞内，从表皮细胞下第 3 层一直到维管束外的皮层细胞均充满菌丝环或菌丝结，这是兰科菌根的典型特征。

目前认为，兰科菌根多在吸收根上形成，储藏根和气生根上很少形成菌根(Gallaud，1905)。而且，一般在根尖菌根分布很少(黄永会等，2007)。

二、兰科植物菌根共生的形态观察

相对兰科植物的种子和原球茎而言，缺乏对成年兰菌根结构形成过程的观察资料。有报道

(Burgeff，1959；Currah et al.，1988)指出，根毛也许是菌丝进入的位点，随着菌丝在根表面不断生长扩增，表皮细胞也许被直接侵染(Burgeff，1959)。在 *Vanilla* 的种中，菌丝非常明显地直接侵入根表皮细胞然后进入两型外皮层细胞的短细胞内(Alconero，1969)。在 *Spathoglottis plicata* Bl.、*Calanthe pulchra*(Bl.) Lindl.，有时在 *Arundina graminifolia*，邻近定植皮层细胞位置的根毛伸长并变得扭曲，但没提到这些根毛是否也被定植(Hadley and Williamson，1972)。正如原球茎中一样，皮层细胞中的真菌菌丝形成卷曲的复合物(菌丝结)，最后被消化；在成年兰中，有时会在根生长的某一时期观察到菌根(Hadley，1982)，而对 *Rhizanthella gardneri* 来说整个生命周期均与真菌共生(Warcup，1991)，菌根真菌是构成兰科植物寄主的一部分。成熟植物根的皮层形成真菌菌丝卷(coil)是兰科植物菌根的特征(Hadley and Williamson，1972；Masuhara et al.，1991)。

Esnault 等(1994)研究了 3 种兰科植物中菌根真菌对外皮层的侵染，采用 3 种兰科植物，即地生兰 *Epidendrum radicans*、石生兰 *Dendrobium kingianum*、附生兰 *Stanhopea tigrina* 带根被的根检验真菌的感染。大约 50%的外皮层细胞为通道细胞，未木质化，外皮层长细胞木质化，但未木栓化，在幼嫩根和老根部大约 50%的通道细胞被菌侵染，多数菌丝定植在靠外皮层的 3 层皮层细胞，在 *Dendrobium kingianum* 和 *Epidendrum radicans* 较老的根中，大量菌丝卷已衰退瓦解。紧靠外皮层的皮层细胞中发现有处于不同衰退阶段的菌丝卷，在 *Epidendrum radicans* 和 *Dendrobium kingianum* 中，幼根中生活的菌丝更多，而老根中衰退的菌丝更多，但在 *Stanhopea tigrina* 幼根和老根中生活的菌丝数量没有差异。形成菌根的条件值得进一步研究。在被子植物中，菌根真菌由外皮层通道细胞侵入也许表明形成菌根的双方(真菌和植物)通过代谢调控来影响菌根形成的过程。菌根也许还有控制皮层中营养浓度的作用。因此，真菌侵入外皮层对理解兰科菌根中营养的供应调控是重要的。

Ramsay 等(1986)通过鉴定认为许多澳大利亚兰 Diurideae 族具有 5 种菌根感染类型：茎的块茎感染、地下茎感染、茎颈(stem-collar)感染、根感染、根-茎感染。Pridgeon 等发现澳大利亚兰科 Diurideae 族植物 *Corybas macranthus*、*Corybas recurvus*、*Acianthhus caudatus*、*Thelymitra cyanea*、*Drakaea livida* 等的皮层薄壁细胞横切面呈椭圆形、圆形等径到多边形(Pridgeon and Chase，1995)，通常含有菌根的菌丝和菌丝结，菌丝和菌丝结位于皮层靠外的数层细胞或遍布整个皮层内，如果是后者，菌丝结在皮层内分布是不均匀的。真菌感染一般限制在靠外的几层皮层细胞，但也许会延伸到更靠中心的几层皮层细胞；真菌菌丝和菌丝结在根的块茎中很少，但某些类群中也存在 *Aporostylis bifolia*、*Arthrochilus huntianus*、*Diuris aurea*、*Diuris punctata*、*Drakaea glyptodon*、*Drakonorchis barbarossa*、*Eriochilus multiflorus*、*Eriochilus scaber*；具有茎的块茎仅存在于 Diurideae 类群包括 *Rhizanthella gardneri*、*R. slateri* 中(Dressler，1993)。

范黎等(2000)对密花石斛(*D. densiflorum*)、鼓槌石斛(*D. chrysotoxum*)、西藏虎头兰(*Cymbidium tracyanum*)、万带兰(*Vanda amesiana*)、建兰(*C. ensifolium*)、长茎羊耳蒜(*Liparis viridiflora*)6 种兰科植物根的显微结构进行了比较观察。结果表明，它们具有典型的兰科植物根，菌根真菌通过外皮层薄壁通道细胞或破坏根被组织和外皮层细胞侵入皮层细胞，形成内生菌根。利用光学显微镜、电子显微镜对墨兰菌根的结构进行了初步研究(范黎等，1999)，结果表明墨兰(*Cymbidium sinense*)根的外皮层不具薄壁通道细胞，菌根真菌通过破坏部分根被和外皮层细胞而侵入根的皮层细胞并在细胞内形成菌丝结，侵入的菌丝被染菌皮层细胞质膜和电子透明物质包围，进一步被消化并聚集成衰败菌丝团块。

总之，在兰科植物根与真菌的共生形态建成过程中具有以下几个明显特征：真菌经根毛或表皮细胞，主要通过外皮层通道细胞进入皮层，一般不进入中柱；真菌在皮层的分布具有多样性；具有明显的季节性；具有三重共生现象。另外，和原球茎一样，兰科植物的根也具有消化真菌及控制真菌生长的能力，根的共生形态研究也有助于对兰科植物多种类型根的鉴定。可惜的是，还缺乏对兰科植物根和真菌相互作用过程，尤其是最初相互接触的显微结构和超微结构的研究。

第三节　兰科药用植物菌根互作的生理学研究

Rhizoctonia 是已知的污水生物，是经土壤传播的许多植物的病原菌，但却是兰科植物的共生真菌。*R. solani* Kühn 和双核 *Rhizoctonia* 是该属中重要的致病菌。在许多植物中它们导致叶鞘枯萎病、根茎叶腐烂病、根茎枯萎等病症。*R.solani* 分成 14 个菌丝融合群 AG-1～AG-13 和桥梁菌株 AG-BI（王利红等，2013），双核 *Rhizoctonia* 分成 23 个菌丝融合群（段春芳等，2011）。兰科绶草（*Spiranthes sinensis*）广泛分布于日本。成年兰经常与 *R. repens* Bernard 形成菌根联系，偶然与 *R. solani* 形成菌根（Masuhara et al.，1992）。兰科的共生萌发受 *R. repens*、*R. solani* 及双核 *Rhizoctonia*（*Ceratobasidium* spp.）诱导（Masuhara et al.，1992；Uetake et al.，1992；Warcup，1981）。地生兰种子和致病菌 *Rhizoctonia* 的共生萌发已有报道，Smreciu 和 Currah（1989）指出从园艺植物获得的 *R. solani* 诱导地生兰种子共生萌发。也有报道从小麦和土壤分离的 *R. solani* 能诱导地生兰外源萌发（Williamson and Hadley，1970；Hadley，1970a；1970b）。

Masuhara 等（1993）发现，81.7%的 *R. solani* 分离物可诱导兰科绶草种子的共生萌发，AG-1、AG-2-2、AG-4、AG-8 所有分离物与兰科种子能共生萌发。在 AG-3 中仅有一个分离物与种子共生，另一些分离物的共生能力是变化的。萌发率不总是与生长相关。例如，分离物 861（AG-8）生长中等（原球茎形成），萌发率高达 87.6%；而分离物 1328（AG-8）生长良好（茎形成），萌发率仅 25.2%。接种真菌 28 天后生长良好的原球茎在 56 天时产生 2～3 片叶。而在 28 天生长中等的原球茎进一步生长时由于接种真菌而常常腐烂。28 天不萌发的种子保持到 120 天仍不萌发。在原球茎细胞中观察到真菌菌丝卷，表明种子萌发是由真菌引起的，种子不萌发的不存在真菌。

在所有胚的细胞中，绶草种子含有丰富的脂类和电子致密物质（Uetake et al.，1992），电子致密物质为蛋白体（Harrison，1977；Manning and van Staden，1987）。在其他地生兰，如 *Disa*、*Disperis* 的非共生萌发中，仅当种子与外源蔗糖一起培养时才形成乙醛酸循环体（glyoxysome）产生脂解作用。如果使用附生兰 *Cattleya* 的种子，将其播种在培养基上无论有无糖类，乙醛酸循环体都不存在。

Uetake 等（1992）的研究发现，绶草种子在 0.3% OPA 上非共生萌发时，播种 1 个月以后，胚的生长有限，可是存在细胞质、很少液泡、单层膜结构的细胞器、分散的脂质体，表明发生了脂解作用。在共生萌发时，当真菌侵入后绶草的胚生长很快，在播种和接种真菌 2 周内原球茎形成茎。随着真菌侵入细胞，可见细胞质和液泡，真菌形成菌丝结占据了细胞的大部分空间。当发育继续时，薄壁组织细胞体积扩大。脂质体分散到细胞质，主要分布在紧靠寄主细胞壁和消化的菌丝簇中。因此，脂类作为储备物质看来是被缓慢降解的。

共生萌发早期阶段，在寄主细胞质中存在一种具有单层膜的小泡（vesicle）。根据其结构认为这一成分是微体，证实储藏脂肪的黄瓜子叶和向日葵幼苗的微体中具有苹果酸合成酶活性（Trelease et al.，1974；Barroso et al.，1988），这是基于电子显微镜观察得出的结论。苹果酸合成酶是乙醛酸循环的一个关键酶，而乙醛酸循环对植物的脂类代谢（糖原异生作用）是重要的。Barroso 等（1988）报道了存在于 *Oprys luteah* CaV.菌根的染菌细胞的许多微体上尿酸酶（uricase）的定位，并讨论了由于内生真菌侵染导致的兰科植物细胞的细胞核增大与酶之间的关系。

在 ICP 细胞中形成具有很薄的细胞壁的菌丝结被消化，而在 SEP 细胞中形成的菌丝结则不被消化，Clements（1988）和 Peterson 等（1990）也报道了类似的现象。消化菌丝最初是菌丝变扁平，最后形成菌丝簇。菌丝簇由菌丝细胞壁和电子透明物质组成，后者也许是寄主质膜和菌丝细胞壁之间形成的包围层（EL）。菌丝簇也可能由电子透明物质组成，经鉴定是肼胝质（Peterson，1990）。可是，在消化过程中发现了一个非常令人吃惊的现象，即出现含有许多线粒体和电子致密细胞质颗粒体的菌丝，这发生在菌丝的形状改变之前。还不清楚这些颗粒体是否代表糖原或核糖体（Hadley and Williamson，1971），进行细胞化学研究将对这个问题作出回答。

Hadley 和 Williamson（1971）使用 2 种已知的共生菌 *Dactylorhiza purpurella* 和 *Ceratobasidium* spp.观察了原球茎生长开始和真菌裂解之间的时间关系，从获得的结果证实了下面的假设：营养通过生活的真菌-寄主作用界面转运，与需要的能量来源无关。Uetake 等（1992）的研究表明，在阶段 I 中存在具有电子致密细胞质和大量线粒体的菌丝标志着消化的开始，因此，菌丝消化和种子萌发起始之间存在关系，并强调在兰科菌根中菌丝消化现象的重要性。

Hadley 和 Williamson（1971）报道，当内生真菌侵入兰科根或具有造粉体的原球茎细胞时，造粉体中的淀粉粒消失。在绶草中（Uetake et al.，1992），未染菌的胚细胞中存在造粉体，原质体存在于阶段Ⅰ，在共生萌发和生长过程中，ICP 细胞如果同时含有未消化的菌丝结和消化的菌丝结，即使在进一步的发育阶段，ICP 细胞中也不存在淀粉粒；但 ICP 细胞若仅含未消化的菌丝，或仅含已消化的菌丝簇，或无侵染的菌丝，则 ICP 细胞中存在淀粉粒。在 SEP 细胞，菌丝不被消化，在所有生长阶段淀粉粒都存在。从真菌入侵到消化的一系列现象也许表明寄主能降解并吸收淀粉。

在绶草原球茎与双核 *Rhizoctonia* AG-C 共生时，脂类储备物的消失表明共生萌发和原球茎的发育依赖于利用内生真菌菌丝提供的外源营养，和/或寄主自已直接吸收寄主细胞中含有的脂类。真菌侵入也许改变了寄主的代谢，因为内生真菌侵入寄主细胞会抑制淀粉积累和促进淀粉消失。仍不清楚内生真菌导致寄主细胞代谢变化时的作用是什么，以及这一变化在促进种子萌发和原球茎生长中的作用。针对共生萌发原球茎的细胞进行组织化学和细胞化学研究有助于解决这一问题（Uetake et al.，1992）。

Richardson 等（1992）报道，地生兰 *Platanthera hyperborea* 胚的表皮和薄壁组织细胞含有脂类和蛋白质作为储藏物，真菌经过死的胚柄细胞侵入，启动原球茎发育，并伴随对脂类和蛋白质储藏物的利用。真菌菌丝最初在原球茎细胞形成菌丝结，经过液泡化阶段之后衰退。一些菌丝储存了少量多聚磷体。衰退的菌丝簇通常包裹在苯胺蓝明显着色的物质中，这种物质可能是肼胝质。随着内生真菌定植，吸水的种子开始大量降解蛋白质和脂类沉淀物，因为新产生的原球茎缺乏这些内含物，这与对大量兰科植物的观察结果类似（Mannning and van Staden，1987；Rasmussen，1990）。已知有大量物质，包括糖类、磷等通过真菌转移到兰科植物的根和原球茎（Smith，1967；Alexander et al.，1984；Arditti et al.，1990）。

令人感兴趣的是，可通过对兰科原球茎和相关共生真菌生长培养基中磷浓度变化的研究，来确定内部菌丝聚集 poly-p 的能力和菌丝降解前它是否被利用。在真菌定植的所有阶段，*Platanthera hyperborea* 原球茎细胞都含有微体，微体也许是内生真菌定植 *Oprys lutea* 根中的过氧化物酶体（Barroso et al.，1988）、内生真菌定植的兰科植物细胞中含有的大量晶体（Ricardo and Alvarez, 1971), 或是含蔗糖的培养基上生长的原球茎发育中的乙醛酸循环体(Manning and van Staden, 1987)。

Yoder 等(2000)报道猴面兰(the monkey face orchid) *Platanthera integrilabia* 是美国全联邦境内渐危的(threatened)地生兰种，它的种子与水分的关系不同于亚热带附生兰绿蝇兰(the green fly orchid) *Epidendrum conopseum* 的种子与水分的关系。地生兰的种子具有较低的失水率、较小的失水激发能，可从较低相对湿度中吸收水分。可是，与地生兰相比，附生兰缺乏增强的水分保持能力，暗示附生兰有能力快速获得潮湿物质而萌发。萌发后，被真菌侵染的种子含水量较高。通过以上分析首次提供了种子水分与环境条件有关的基本证据。

当存在外生菌根真菌 *Lyophyllum shimeji* 和 *Tricholoma fulvocastaneum* 时，检测一种真菌异养兰(*Erythrorchis ochobiensis*)的外源萌发情况。接种 *L. shimeji* 1.5 个月后刺激种子萌发，3 个月后尽管大多数萌发的种子没有进一步生长，也有数个种子发育成小的原球茎但显示了不定形的外形。在萌发的种子和原球茎中观察到了真菌菌丝，但没有发现菌丝结。因为种子不能无菌萌发，这表明该外生菌根真菌有能力刺激种子的萌发(Umata, 1997)。

将 *Spathoglottis plicata*(兰科)的种子包在藻酸盐-壳聚糖(聚氨基葡萄糖)或藻酸盐-明胶做成的 4mm 直径的胶囊中，然后用菌根真菌 *Rhizoctonia* AM9 感染。包埋好的种子直接与 *Rhizoctonia* AM9 共培养，大约 66%包埋的种子在共培养 2 周后与菌根真菌建立了共生关系。观察到的最高侵染比例大约为 84%。在无蔗糖的藻酸盐、壳聚糖和明胶中 *Rhizoctonia* AM9 的生长被发现降到最低限度(Tan et al., 1998)。包埋在无蔗糖的聚合物中通过菌根真菌的侵染促进兰种子萌发有多个优点：①消除污染(Mathur et al., 1989; Mukunthakumar and Mathur, 1992)，包埋材料有可能进一步在非组织培养的条件下生长发育；②作为选择培养基，原球茎可与菌根真菌建立共生关系；③容易移栽(Mathur et al., 1989)；④种子容易萌发(Harvais, 1972)。

在成年兰的菌根中，Esnault 等(1994)认为，通道细胞也许在生理上不同于皮层细胞，因此二者执行不同的生理功能，这暗示共生体和寄主的营养供应具有特异性。真菌通过通道细胞进入皮层也许会影响寄主的营养供应，一个类似的营养供应模型在兰科植物中被应用：幼根稳定吸收营养，这一能力由于真菌的存在而在老根中被保持。

Jurkiewicz 等(2001)从波兰南部锌矿残渣中和重金属富集区采集了兰科植物 *Epipactis atrorubens* 的根和菌根，研究了金属在根和菌根中的分布。生长在矿渣区周边植物根的真菌菌丝卷中铅的平均含量约为矿渣区植物根的真菌菌丝卷中的 1%。矿渣区周边兰科植物根的真菌菌丝卷中含有较高浓度的锌、镉、铜，可能是由于在周围土壤中这些元素的含量比较高。结果表明，兰科菌根真菌具有清除重金属污染的能力，是一种生物筛选法。

外生菌根(ECM)是在温带森林树木中形成的占优势的菌根类型。在温带，外生菌根对营养循环和构建植物群体是关键性的因素(Francis et al., 1994)。生理学早期研究一直未能发现有任何形式的有机碳从兰科植物转移到真菌，即使在有光合作用的兰科植物中也是如此(Smith and Read, 1997)。相反，糖类从真菌到兰科植物却不断被证实(Hadley, 1984)。有鉴于此，Smith 和 Read(1997)认为兰科植物的菌根中共生现象并不能认为是互利共生。而最近的研究证实碳水化合物能够从兰科植物向真菌传递，确定了菌根真菌与兰科植物之间是真正的互利共生营养关系(Cameron et al., 2006)，但这种营养平衡关系可能会因环境条件的改变而改变。

珊瑚兰(*Corallorhiza trifida*)是环北方分布的异养型无叶无根兰，像许多腐生兰一样，因不具叶绿素其通过消化真菌菌丝获得能量(Alexander and Hadley, 1984)。在大多数兰科植物中，共生真菌一般是 *Ceratorhiza*、*Epulorhiza* 或 *Moniliopsis* 的真菌(Currah and Zelmer, 1992)，在根的皮层细胞形成菌丝结，一段时间以后，菌丝结被消化，其中含有的营养释放到兰科植物细胞中，兰科植物细胞的重新定植也许随后就会发生(Carla et al.，1995)。在兰科菌根中，碳的流向大多是从真菌到植物(Smith，1966；1967)。从外生菌根的小根中辐射出来的菌丝从周围的土壤吸收营养，如磷、氮并转给根，作为交换，真菌消耗少量植物产生的光合产物(Harley and Smith，1983)。这种共生现象中的真菌也许是子囊菌或担子菌，但如果是后者，它们与兰科植物中联系的那些真菌通常不是同一类群(Warcup，1985)。

兰科植物菌根生理学研究阐明了真菌促进植物种子萌发、原球茎发育和幼苗生长的物质基础，也阐明了菌根有助于环境保护的机制，但菌根生理学研究还需进一步深入。

第四节　兰科药用植物菌根互作的生物化学研究

兰科鳞茎和根状茎组织中都存在酚类成分，9，10-二氢菲、菲和双苄基(Majumder and Chatterjee，1989；Thorsten and Helmut，1994)，这些成分在受伤或其他受协迫时的兰科组织中是占优势的成分，正如早先 Gehlert 和 Kindl(1991)对 *Epipactis palustris* 的报道，在含有大量内生菌根真菌的兰科植物受破坏的组织中，9，10-二氢菲和双苄基大幅度增加，兰科植物中天然酚类化合物(Bai et al.，1991)也许扩大了抗微生物的化合物范围。

Wang 等(2001)从兰科植物天麻新形成的球茎中提取纯化了一个蛋白质片段，gastrodianin 类似物，具有外源抗植物病原真菌的活性，并报道了 gastrodianin 的序列，抗真菌片段的主要成分，在 cDNA 水平鉴定了编码 2 个不同成熟蛋白质的 4 个异构体，对多肽测序时发现了另一个异构体。由于从大肠杆菌和烟草中生产和纯化的 gastrodianin 具有抗真菌活性，完全比得上从兰科植物天麻中纯化的该蛋白质，表明该蛋白质是抗真菌片段的活性成分。

cAMP 是一种细胞内信使，对一定的细胞刺激作出反应，在动物组织和细菌中已被清楚地证实。腺苷酸环化酶催化 ATP 形成 cAMP，该酶通过组织化学和细胞化学方法被定位于哺乳动物细胞的膜上。cAMP 也存在于植物组织中(Sato et al.，1992)，尽管在植物中 cAMP 的作用仍存在争论(Trewavas and Gilroy，1991)，有人企图阐明 cAMP 作为第二信使在植物细胞中的可能功能(Kurosaki and Nishi，1993)。真菌从基细胞侵染之后胚开始发育，在对着界面基质和寄主质膜处形成大量菌丝卷(菌丝结)，通过对原球茎冰冻切片，并采用细胞化学方法检测了共生萌发的原球茎细胞中苹果酸合酶及其活性，该酶是乙醛酸循环体的标志酶(Uetake et al.，1993)。Uetake 和 Nobuyuki(1996)通过细胞化学方法检测腺苷酸环化酶的活性，在共生原球茎和非共生的种子中，反应产物均沉淀在与寄主细胞壁相连的寄主质膜的外侧。质膜内陷位置和靠近质膜的液泡显示很强的反应。电子透明物质位于包围菌丝的寄主质膜和真菌质膜上。寄主质膜包围于菌丝被植物细胞质专用选择性染料磷钨酸-铬酸和碱性铋着色。对与寄主细胞壁相连的细胞质膜上腺苷酸环化酶活性的检测，表明在兰科组织中存在 cAMP，但包围于菌丝的寄主质膜不存在该酶活性，这表明 cAMP 在寄主与真菌相互作用的接触面上不起作用。

范黎等(1999)利用细胞化学方法对墨兰菌根的酸性磷酸酶定位进行了初步研究，结果表明，酸性磷酸酶在染菌皮层细胞及包围菌丝的皮层细胞质膜和衰败菌丝细胞壁上有强烈的酶反应，衰败菌丝周围分布有许多单层膜的含酶小泡，它们可相互愈合形成大的含酶泡或与包围菌丝的质膜融合，类似于兰科植物共生原球茎中观察到的现象。说明皮层细胞可主动释放水解酶参与对菌丝的消化。

王贺等(1993)研究了天麻幼苗菌根细胞内酸性磷酸酶的细胞化学特点，发现紫萁小菇侵入天麻幼苗以后，在根的皮层细胞内形成两类不同的染菌细胞：外部 1～2 层是包含紧密缠绕的菌丝团的细胞，简称为菌丝结细胞；内部一层细胞形态较大，只含少量菌丝，称为真菌消化细胞。真菌消化细胞内大量的小颗粒和小液泡中具很高的酸性磷酸酶活性，当菌丝通过菌丝结细胞侵入真菌消化细胞以后，很多含酶颗粒聚集到菌丝周围，后来它们逐渐增大，变为 1.6～2.0μm 的含酶小泡，最后小泡相互融合成为包围菌丝的消化泡。菌丝在消化泡中被水解酶逐渐分解，后期消化泡变为包含代谢废物的残余体。

进行兰科植物菌根生化的研究有助于阐明共生现象中营养消化和吸收的机制、共生双方相互作用的机制及对生态平衡的作用。需要加强对几丁质酶、PAL 等与防御和次生代谢相关酶的研究。

第五节 兰科药用植物菌根互作的生态学研究

尽管珊瑚兰的菌根营养特点已发现了 100 多年(Jennings and Hannah，1898)，但与它们营养相关的菌根真菌仍是一个秘密。具锁状联合(clamp connection)的狭长的黄色菌丝形成的菌丝结在珊瑚兰的根状茎中非常丰富。在加拿大 Alberta 收集的珊瑚兰根状茎中分离培养了这一共生真菌的 2 个菌株，一种亮黄色生长缓慢的担子菌。锁状菌丝是一种典型的真菌细胞，该真菌存在于珊瑚兰的内生菌根中。珊瑚兰广泛分布于北半球，在不同森林环境中生长，Currah 和 Zelmer(1992)证实以上黄色担子菌与外生木本植物能形成明显的外生菌根。真菌同时与珊瑚兰形成内生菌根而与 *P. contorta* 形成外生菌根表明，在自然界环北方分布的一种三重共生现象(triple symliosis)存在于一定的树木、珊瑚兰根和这一黄色担子菌之中。担子菌将 2 种植物联系起来并在二者之间行使菌根共生体的功能。

Warcup(1991)在澳大利亚西部发现 *Rhizanthella gardneri* 仅与外生菌根伴侣植物 *Melaleuca uncinata* 灌木联系密切。Warcup(1985)在对澳大利亚无叶绿素兰 *Rhizanthella gardneri* 的研究中，报道兰科植物与一种丝核菌共生，该菌与兰科植物形成内生菌根而与灌木 *Melaleuca uncinata* 形成外生菌根，只有 *Rhizanthella gardneri* 的内生真菌和伴侣植物形成外生菌根时，它才从萌发的种子发育。有些(不是所有的)*Sebacina vermifera* 的菌株能与桉树及其他植物形成外生菌根，同时与一些有叶绿素的兰科植物(包括 *Microtis* 的种)形成内生菌根(Warcup，1988)。Salmia(1988)指出，含叶绿素植物和无叶绿素植物 *Epipactis helleborine* 的真菌共生体能与 2 个松的品种形成“差别不明显”的外生菌根。无叶绿素的兰科植物获得营养是经过真菌联系光合“供体”植物和兰科植物“受体”实现的(Newman，1988)。这种共生关系在松下兰 *Monotropa hypopitys* 中早已证实(Bjorkman，1960；Furman，1966)，该植物也是一种无叶绿素的植物，生活环境与珊瑚兰相似。三重共生现象也许是无叶绿素被子植物的一种重要的生态学策略(Leake，1994)。

古老而广泛存在的互利共生吸引着“欺骗者”。例如，共生的寄生植物通过模拟共生而相互作用但不提供通常的好处给对方。尽管这种“欺骗”是普遍现象，但仅有少数描述清楚的例子，正如丝兰花/丝兰花蛾(Pellmyr et al.，1996)及蚂蚁/植物系统(Letourneau，1990)。与兰科头蕊兰属 *Cephalanthera* 植物内部联系的真菌也能形成典型的外部外生菌根，兰科植物寄生于真菌，真菌寄生于树根(Taylor and Bruns，1997)，兰科植物对真菌是一种“欺骗”。

Bayman 等(1997)报道在兰科 *Lepanthes* 的根和叶中内生真菌的相似性是令人吃惊的，通常内生真菌(包括 *Xylaria*)在器官或器官的某一部分中出现的频率是不同的(Fisher and Petrini，1992；Rodrigues，1994；Carroll，1995)。兰科植物的菌根真菌，如 *Rhizoctonia* 一般被确信仅在根中存在，兰科植物的茎中因含有防卫化合物而排除了菌根真菌(Hadley，1982)。同样的，大多数研究使用的专有名词“内寄生物”样品来自于茎而不是根，有时内寄生物专指植物地上部分内部的真菌(Chanway，1996)。由于在 *Lepanthes* 的根和叶中真菌出现的频率相似，因此认为类丝核菌属(*Rhizoctonia*-like)真菌是菌根共生物和兰科植物的根病原菌(Alconero，1969；Hadley，1982)，炭角菌属(*Xylaria*)通常作为一种内寄生物。根和叶中内寄生物的相似性也许反映了兰科植物的附生特点和附生环境。

炭角菌属真菌是普遍的内寄生物，尤其在热带，以前在兰科植物的根和叶中也有发现(Richardson and Currah，1995)。需要注意的是，内寄生物不同于菌根真菌，二者对兰科植物的影响可能是不一样的。因为从地生兰 *Calanthe vestita* var. *rubrooculata* 的地下根分离了 6 个细菌菌株，分属于 *Arthrobacter*、*Bacillus*、*Mycobacterium*、*Pseudomonas*；从附生兰杓唇石斛气生根分离的菌株被分类为 7 属，*Bacillus*、*Curtobacterium*、*Flavobacterium*、*Nocardia*、*Pseudomonas*、*Rhodococcus*、*Xanthomonas*。地生兰根表面的微生物复杂性不同于周围的土壤(Tsavkelova et al.，2001)。兰科种子与内生真菌进行外源萌发试验也许不能反映自然界的情况(Wilkinson et al.，1989)。在丛枝菌根的研究中(Bianciotto et al.，1996)，通过结合形态学和分子生物学方法证明丛枝菌根真菌 *Gigaspora margarita* 的细胞质含有一种细菌内共生体，这一发现表明菌根系统包括植物、真菌和细菌。因此，在兰科植物菌根研究中应注意细菌的作用。

Omacini 等(2001)报道，与陆生植物联系密切的共生微生物影响着资源的质量和数量，因而能量提供给食物链上更高水平的消费群落。食物网资源限制的试验证据表明，基本生产率作为消费者丰度和营养结构的主要决定因素。捕食数量在群落调节中起了关键性作用。通过描述内生真菌对昆虫食物网的影响，反映了有限的能量转移到食植动物是少的植物数量的结果，而不是低的生产率。这些结果反映了增加生产率会影响食物网动态。因而“隐藏”的微生物共生体对资源-消耗者相互作用的方式和强度有广泛的群落影响。

生物多样性保护需要重视食物网结构，以及理解什么样的干扰会改变它们的结构和功能。对食物网的理论和试验研究证实食物网具有一个可调节的结构。这一领域的研究包括菌根真菌的作用，生产力水平和生产力多样性都与土壤中菌根真菌的水平相关。结果表明，所有物种对生态系统的结构和功能都是重要的，保护生态系统应强调保护它的完整性及每个单个的物种(Moore et al.，1993)。

鉴于兰科植物菌根生态的研究主要集中于三重共生的研究，相对缺乏对内寄生物，包括内生真菌和细菌及它们与菌根真菌关系的研究，更缺乏它们对兰科植物在生态系统中生存和分布影响的研究，加强这方面的研究也许有助于解释和解决一些兰科植物濒危的现状。

（孟志霞　宋经元　郭顺星）

参 考 文 献

丁晖，韩素芬，王光萍. 2002. 卡特兰与丝核菌共培养体系的建立及卡特兰菌根显微结构的研究. 菌物系统，21(3)：425-429.

段春芳，桂敏，袁恩平，等. 2011. 双核丝核菌融合群 AG-R 的分离鉴定. 西南农业学报，24(2)：616-619.

范黎，郭顺星，肖培根. 1999. 墨兰菌根的结构及酸性磷酸酶定位研究. 云南植物研究，21(2)：197-201.

范黎，郭顺星，肖培根. 2000. 密花石斛等六种兰科植物菌根的显微结构研究. 植物学通报，17(1)：73-79.

郭顺星，徐锦堂. 1990a. 白及种子染菌萌发过程中细胞超微结构变化的研究. 植物学报，32(8)：594-598.

郭顺星，徐锦堂. 1990b. 天麻消化紫萁小菇及蜜环菌过程中细胞超微结构变化的研究. 真菌学报，9(3)：218-225.

黄永会，朱国胜，刘作易，2007. 杜鹃兰菌根结构显微观察初报. 贵州农业科学，35(1)：1-17.

刘润进，李晓林. 2000. 丛枝菌根及其应用. 北京：科学出版社.

潘超美，陈汝民，叶庆生. 2002. 野生建兰菌根的显微结构特征. 广州中医药大学学报，19(1)：60-62.

施继惠，李明. 2006. 莲瓣兰菌根真菌的初步研究. 大理学院学报，5(10)：17-18.

王利红，姜华，王艳丽，等. 2013. 立枯丝核菌遗传多样性的研究方法. 中国生物化学与分子生物学报，29(3)：226-233.

王贺，徐锦堂. 1993. 天麻幼苗菌根细胞内酸性磷酸酶的细胞化学研究. 植物学报，34(10)：772-778.

王贺，许京秋，徐锦堂. 1992. 天麻大型细胞消化蜜环菌过程中溶酶体小泡的作用. 植物学报，34(6)：405-409.

王瑞苓，胡虹，李树云. 2004. 黄花杓兰与菌根真菌共生关系研究. 云南植物研究，26(4)：445-450.

伍建榕，韩素芬，朱有勇，等. 2005. 春兰与丝核菌共生菌根及结构研究. 南京林业学报(自然科学版)，29(4)：105-108.

徐锦堂，牟春. 1990. 天麻原球茎生长发育与紫箕小菇及蜜环菌的关系. 植物学报，32(1)：26-31.

徐锦堂. 2001. 天麻营繁茎被蜜环菌侵染过程中细胞结构的变化. 中国医学科学院学报，23(2)：150-153.

颜容，刘红霞，蔡怀颗，等. 2006. 独花兰菌根的初步研究. 北京林业大学学报，28(2)：113-117.

周德平，吴淑杭，姜震方，等. 2005. 兰科植物内生真菌的功能及应用前景. 上海农业学报，21(3)：110-111.

Alconero R. 1969. Mycorrhizal synthesis and pathology of *Rhizoctonia solani* in *Vanilla orchid* roots. Phytopathology，59：426-430.

Alexander C，Alexander AJ，Hadley G. . 1984. Phosphate uptake by *Goodyera repens* in relation to mycorrhizal infection. New Phytol，97：401-411.

Alexander C，Hadley G. . 1984. The effect of mycorrhizal infection of *Goodyera repens* and its control by fungicide. New Phytol，97：391-400.

Alexander C. 1985. Carbon movement between host and mycorrhizal endophyte during the development of the orchid *Goodyera repens* Br. New Phytol，101：657-665.

Arditti J，Ernst R，Wing Yam T. 1990. The contribution of orchid mycorrhizal fungi to seed germination：A speculative review. Lindleyana，5(4)：249-255.

Bai L，Kato T，Inoue K，et al. 1991. Blestrianol A，B and C，biphenanthrenes from *Bletilla stariata*. Phytochemistry，30：2733.

Barroso J，Casimiro A，Carrapico F，et al. 1988. Localization of uricase in mycorrhizas of *Ophrys lutea* Cav. New Phytologist，108：335-340.

Barroso J，Pais MSS. 1985. Caracterisation cytochimique de I'interface hote/endophyte des endomycorrhizes d'Ophrys lutea. Role de I'hote dans la synthese des polysaccharides. Ann Sci Nat Bot Biol Veg，13：137-244.

Bayman P，Lebron LL. Tremblay RL，et al. 1997. Variation in endophytic fungi from roots and leaves of *Lepanthes*(Orchidaceae). New Phytologist，135(1)：143-149.

Bernard N. 1909. L'evolution dans la symiose，les orchidees et leure champignons commensaux. Ann Sci Nat Bot Ser，9(9)：1-196.

Bianciotto V，Bandi C，Minerdi D，et al. 1996. An obligately endosymbiotic mycorrhizal fungus itself harbors obligately intracellular bacteria. Applied and Environmental Microbiology，62(8)：3005-3010.

Bjorkman E. 1960. *Monotropa hypopitys* L. ，an epiparasite on tree roots. Physiol Plant，13：308-327.

Burgeff H. 1959. Mycorrhiza of Orchids. *In*：Withner CL. The Orchids，A Scientific Survey. New York：The Ronald Press Co，361-395.

Cameron DD，Leake JR，Read DJ. 2006. Mutualistic mycorrhiza in orchids：evidence from plant-fungus carbon and nitrogen transfers in the green-leaved terrestrial orchid *Goodyerarepens*. New Phytologiste，171：405-416.

Carla D Zelmer，Currah RS. 1995. Evidence for a fungal liaison between *Corallorhiza trifida*(Orchidaceae) and *Pinus contorta*(Pinaceae). Can J Bot，73：862-866.

Carroll G. 1995. Forest endophytes：pattern and process. Canadian Journal of Botany，73：S1316-1324.

Chanway CP. 1996. Endophytes：they're not just fungi. Canadian Journal of Botany，74：321-322.

Clements MA. 1988. Orchid mycorrhizal associations. Lindleyana，3：73-86.

Currah RS，Hambleton S，Smreciu A. 1988. Mycorrhizae and myocorrhizal fungi of *Calypso bulbosa*. American Journal of Botany，739-752.

Currah RS，Zelmer CD. 1992. A key and notes for the genera of fungi mycorrhizal with orchids，and a new species in the genus *Epulorhiza*. Rep Tottori Mycol Inst，30：43-59.

Dressler RL. 1993. Classification and Phylogeny of the Orchid Family. Camb：Camb Uni Press.

Dycus AM，Knudson L. 1957. The role of the velamen of the arterial roots of orchids. Botanical Gazette，119：78-87.

Engard CL. 1944. Morphological identity of the velamen and exodermis of orchids. Botanical Gazette，105：457-462.

Esnault Anne-Laure，Masuhara G，McGee PA. 1994. Involvement of exodermal passage cells in mycorrhizal infection of some of orchids. Mycol Res，98(6)：672-676.

Fisher PJ，Petrini O. 1992. Fungal saprobes and pathogens as endophytes of rice(*Oryza sativa* L.). New Phytologist，20：137-143.

Francis R，Read DJ. 1994. The contributions of Mycorrhizal fungi to the determination of plant community structure. Plant Soil，159：11-25.

Furman TE. 1966. Symbiotic relationships of Monotropa. Am J Bot，53：627.

Gaku M，Keizo K. 1992. Mycorrhizal differences between genuine roots and tuberous roots of adult plants of *Spiranthes sinensis* var. *amoena*(Orchidaceae). Journal of Plant Research，105(3)：453-460.

Gallaud I. 1905. Études sur les mycorrhizes endotrophes. Rev Gén Bot，17：5-500.

Gehlert R，Kindl H. 1991. Induced formation of dihydrophenanthrenes and bibenzyl synthase upon destruction of orchid mycorrhiza Phytochemistry，30：457.

Hadley G，Williamson B. 1971. Analysis of the post infection growth stimulus in orchid mycorrhiza. New Phytol，70：445-455.

Hadley G，Williamson B. 1972. Features of mycorrhizal infection in some Malayan orchids. New Phytol，71：1111-1118.

Hadley G. 1970a. Non-specificity of symbiotic infection in orchid mycorrhiza. New Phytol，68：933-939.

Hadley G. 1970b. Non-specificity of symbiotic infection in orchid mycorrhiza. New Phytologist，69：1015-1023.

Hadley G. 1982. Orchid mycorrhiza. Orchid Biology：Reviews and Perspectives，2：83-118.

Harley JL，Smith SE. 1983. Mycorrhizal symbiosis. London，United Kingdom：Academic Press.

Harrison CR. 1977. Ultrastructural and histochemical changes during the germination of *Cattleya aurantiaca*(Orchidaceae). Botanical Gazette，138：41-45.

Harvais G. 1972. The development and growth requirements of *Dactylorhiza purpurella* in asymbiotic cultures. Can J Bot，50：1223-1229.

Jennings AV，Hannah H. 1898. *Corallorhiza innata* R. Br. and its mycorrhiza. Sci Proc R Dublin Soc，9：1-11.

Jurkiewicz A，Turnau K，Mesjasz-Przybylowicz J，et al. 2001. Heavy metal localisation in mycorrhizas of *Epipactis atrorubens*(Hoffm.) Besser(Orchidaceae) from zinc mine tailings. Protoplasma，218(3-4)：117-12430.

Kataria HR，Hoffman GM. 1988. A critical review of plant pathogenic species of *Ceratobasidium* Rogers. Z. Pflanzenkr. Pflanzenschutz，95：81-107.

Kristiansen KA，Rasmussen FN，Rasmussen HN. 2001. Seedlings of *Neuwiedia*(Orchidaceae subfamily Apostasioideae) have typical orchidaceous mycotrophic protocorms. Am J Bot，88(5)：956-959.

Kurosaki F，Nishi A. 1993. Stimulation of calcium influx and calcium cascade by cyclic AMP in cultured carrot cells. Archives of Biochemistry and Biophysics，302：144-151.

Leake JR. 1994. Tansley Review No. 69. The biology of myco-heterotrophic('saprophytic plants'). New Phytol，127：171-216.

Letourneau DK. 1990. Code of ant-plant mutualism broken by parasite. Science，248：215-217.

Majumder PL，Chatterjee S. 1989. Crepidatin，a bibenzyl derivative from the orchid Dendrobium crepidatum. Phytochemistry，28：1986.

Manning JC，van Staden J. 1987. The development and mobilisation of seed reserves in some African orchids. Australian Journal of Botany，35：343-353.

Masuhara G，Katsuya K，Yamaguchi K. 1993. Potential for symbiosis of *Rhizoctonia solani* and binucleate *Rhizoctonia* with seeds of *Spiranths sinensis* var. *amoena in vitro*. Mycol Res，97(6)：746-752.

Masuhara G，Katsuya K. 1991. Fungal coil formation of *Rhizoctonia repens* in seedlings of *Galeola septentrionalis*(Orchidaceae). Bot Mag Tokyo，104(4)：275-281.

Masuhara G，Katsuya K. 1992. Mycorrhizal differences between genuine roots and tuberous roots of adult plants of *Spiranthes sinensis* var. *amoena*(Orchidaceae). Bot Mag Tokyo，105(3)：453-460.

Masuhara G，Kimura S，Katsuya K. 1988. Seasonal changes in the mycorrhizae of *Bletilla striata*(Orchidaceae). Transactions of the Mycological Society of Japan，29(1)：25-31.

Mathur J，Ahuja PS，Lal N，et al. 1989. Propagation of *Valeriana wallichii* using encapsulated apical and axial shoot buds. Plant Sci，60：111-116.

Moore JC，DeRuiter PC，Hunt HW. 1993. Soil invertebrate/micro-invertebrate interactions：disproportionate effects of species on food web structure and function. Vet Parasitol，48(1-4)：247-260.

Mukunthakumar S，Mathur J. 1992. Artificial seed production in the male bamboo *Dendrocalamus strictus* L.. Plant Sci，87：109-113.

Newman E. 1988. Mycorrhizal links between plants：their functioning and ecological significance. Adv Ecol Res，18：243-270.

Omacini M，Chaneton EJ，Ghersa CM，et al. 2001. Symbiotic fungal endophytes control insect host-parasite interaction webs. Nature，409(6816)：78-81.

Pellmyr O，Leebens-Mack J，Huth CJ. 1996. Non-mutualistic yucca moths and their evolutionary consequences. Nature，380：155-156.

Peterson CA. 1988. Exodermal casparian bands：their significance for ion uptake by roots. Physiologia Plantarum，72：204-208.

Peterson RL，Currah RS. 1990. Synthesis of mycorrhizae between protocorms of *Gooodyera repens*(Orchidaceae) and *Ceratobasidium cereale*. Can J Bot，68：1117-1125.

Peterson RL，Farpuhar ML. 1994. Mycorrhizas-Integrated development between roots and fungi. Mycologia，86(3)：311-326.

Pridgeon AM，Chase MW. 1995. Subterranean axes in tribe Diurideae(Orchidaceae)：morphology，anatomy，and systematic significance. Am J of Bot，82(12)：1473-1495.

Pridgeon AM. 1987. Velamen and Exodermis of Roots. *In*：Arditti J Orchid Biology，Reviews and Perspectives. 4. Ithaca，USA：Cornell University Press，169-192.

Ramsay RR，Dixon KW，Sivasithamparam K. 1986. Patterns of infection and endophytes associated with Western Australian orchids.

Lindleyana，1：203-214.

Rasmussen HN. 1990. Cell differentiation and mycorrhizal infection in *Dactylorhiza majalis*(Rchb. f.)Hunt & Summerh. (Orchidaceae) during germination *in vitro*. New Phytol，116：137-147.

Ricardo MJ，Alvarez MR. 1971. Ultrastructural changes associated with utilization of metabolite reserves and trichome differentiation in the protocorm of Vanda. Am J Bot，58：229-238.

Richardson KA，Currah RS. 1995. The fungal community associated with the roots of some rainforest epiphytes of Costa Rica. Selbyena，16：49-73.

Richardson KA，Peterson RL，Currah RS. 1992. Seed reserves and early symbiotic protocorm development of *Platanthera hyperborea*(Orchidaceae). Can J Bot，70：291-300.

Rodrigues KF. 1994. The foliar fungal endophytes of the Amazonian palm Euterpe oleracea. Mycologia，86：376-385.

Salmia A. 1988. Endomycorrhizal fungi in chlorophyll-free and green forms of *Epipactis helleborine*(Orchidaceae). Ann Bot Fenn，26：15-26.

Sato S，Tabata S，Hotta Y. 1992. Changes in intracellular cAMP level and activities of adenylcyclase and phosphodiesterase during meiosis of lily microsporocytes. Cell Struchure and Function，17：335-339.

Smith SE，Read DJ. 1997. Mycorrhizal Symbiosis. San diego：Academic Press.

Smith SE. 1966. Physiology and ecology of orchid mycorrhiza fungi with reference to seedling nutrition. New Phytol，65：488-499.

Smith SE. 1967. Carbohydrate translocation in orchid mycorrhizas. New Phytol，66：371-378.

Smreciu EA，Currah RS. 1989. Symbiotic germination of seeds of terrestrial orchids of North America and Europe. Lindleyana，1：6-15.

Tan TK，Loon WS，Khor E，et al. 1998. Infection of *Spathoglottis plicata*(Orchidaceae) seeds by mycorrhizal fungus. Plant Cell Reports，18：14-19.

Taylor DL，Bruns TD. 1997. Independent，specialized invasions of ectomycorrhizal mutualism by two nonphotosynthetic orchids. Proc Natl Acad Sci USA，94(9)：4510-4515.

Thorsten R，Helmut K. 1994. Characterization of bibenzyl synthase catalysing the biosynthesis of phytoalexins of orchids. Phytochemistry，35(1)：63-66.

Trelease RN，Becker WM，Burke JJ. 1974. Cytochemical localization of malate synthase in glyoxysomes. Journal of Cell Biology，60：483-495.

Trewavas A，Gilroy S. 1991. Signal transduction in plant cells. Trends in Genetics，7：356-361.

Tsavkelova EA，Cherdyntseva TA，Lobakova ES，et al. 2001. Microbiota of the Orchid rhizoplane. Mikrobiologiia，70(4)：567-573.

Uetake Y，Kobayashi K，Ogoshi A. 1992. Ultrastructural changes during the symbiotic development of *Spiranthes sinensis*(Orchidaceae) protocorms associated with binucleate *Rhizoctonia* anastomsis group C. Mycol Res，96(3)：199-209.

Uetake Y，Nobuyuki I. 1996. Cytochemical localization of adenylate cyclase activity in the symbiotic protocorms of *Spiranthes sinensis*. Mycol Res，100(1)：105-112.

Uetake Y，Ogoshi A，Ishizaka N. 1993. Cytochemical localization of malate synthase activity in the symbiotic germination of *Spiranthes sinensis*(Orchidaceae) seeds. Transactions of the Mycological Society of Japan，34：63-70.

Umata H. 1997. *In vitro* germination of *Erythrorchis ochobiensis*(Orchidaceae) in the presence of *Lyophyllum shimeji*，an ectomycorrhizal fungus. Myc Oscience，38(3)：355-357.

Wang X，Bauw G，Van Damme EJ，et al. 2001. Gastrodianin-like mannose-binding proteins：a novel class of plant proteins with antifungal properties. Plant J，25(6)：651-661.

Warcup JH. 1981. The mycorrhizal relationships of Australian orchids. New Phytol，87：371-381.

Warcup JH. 1985. *Rhizanthella gardneri*(Orchidaceae)，its *Rhizoctonia* endophyte and close association with *Melaleuca uncinata*(Myrtaceae) in Western Australia. New Phytol，99：273-280.

Warcup JH. 1988. Mycorrhizal associations of isolates of *Sebacina vermifera*. New Phytologist，110：227-231.

Warcup JH. 1991. The *Rhizoctonia* endophytes of *Rhizanthella*(Orchidaceae). Mycological Research，95：656-659.

Wilkinson KG，Dixon KW，Sivashamparam K. 1989. Interaction of soil bacteria，mycorrhizal fungi and orchid seed in relation to germination of Australian orchids. New Phytol，112：429-435.

Williamson B，Hadley G. 1970. Penetration and infection of orchid protocorms by *Thanatephorus cucumeris* and other *Rhizoctonia* isolates. Phytopath，60：1092-1096.

Williamson B. 1973. Acid phosphatase and esterase activity in orchid. Mycorrhia. Planta，112：149-158.

Yoder JA，Zettler LW，Stewart SL. 2000. Water requirements of terrestrial and epiphytic orchid seeds and seedlings，and evidence for water uptake by means of mycotrophy. Plant Science，156(2)：145-150.

Zhang LC，Chen J，Lv YL，et al. 2012. *Mycena* sp. ，a mycorrhizal fungus of the orchid *Dendrobium officinale*. Mycol Progress，11(2)：395-401.

第二十四章 兰科药用植物内生真菌种类及形态特征

本章采用形态学手段，结合大量国内外文献，对国内 43 种兰科药用植物内生真菌进行了分离、培养及鉴定，通过对兰科药用植物内生真菌的分类学研究，以促进其微生物资源的保护、开发和利用。

第一节 国内 19 种兰科药用植物菌根真菌种类及形态特征

本节对产于中国云南和福建地区的 19 种地生兰和附生兰根中的担子菌类内生真菌进行分离、鉴定(范黎等，1998)。活体菌株及标本保存在本研究室。

一、菌根真菌种类及其主要宿主植物

19 种野生兰科植物分别采自福建和云南西双版纳，命名以《高等植物图鉴》(第五册)为准(表 24-1)。内生真菌的分离和培养方法参考范黎等(1996)的文献。

表 24-1 用于分离内生真菌的兰科植物

编号	植物名称	产地	习性
1	多花指甲兰 *Aerides rosea*	福建	附生
2	赤唇石豆兰 *Bulbophyllum affine*	云南	附生
3	建兰 *Cymbidium ensifolium*	福建	地生
4	寒兰 *C.kanran*	云南	地生
5	西藏虎头兰 *C.tracyanum*	云南	地生、附生
6	莎草兰 *Cyperorchis elegans*	云南	附生
7	铁皮石斛 *Dendrobium officinale*	云南	附生
8	密花石斛 *D.densiflorum*	云南	附生
9	细叶石斛 *D.hancockii*	福建	附生
10	马齿毛兰 *Eria szetschuanica*	云南	附生
11	见血青 *Liparis nervosa*	福建	地生

续表

编号	植物名称	产地	习性
12	宽叶耳唇兰 *Otochilus lancilabius*	云南	附生
13	硬叶兜兰 *Paphiopedilum micranthum*	云南	地生
14	蝶兰 *Phalaenopsis wilsonii*	云南	附生
15	苞舌兰 *Spathoglottis pubescens*	云南	地生
16	白柱万带兰 *Vanda brunnea*	云南	附生
17	大花万带兰 *V.coerulea*	云南	附生
18	棒叶万带兰 *V.teres*	云南	附生
19	香果兰（*Vanilla annamica*	云南	附生

分离结果表明，从 19 种兰科植物中分离得到担子菌菌株 26 个，经鉴定均为兰科丝核菌类（Orchidaceous rhizoctonias），隶属于 3 属 8 种（表 24-2）。菌丝特征为：菌丝直径较宽，无锁状连合，并常具念珠状细胞（Burgeff，1959）。

表 24-2　自 19 种兰科植物根中分离的担子菌

内生真菌	分离到的菌株数	兰科植物编号
Ceratorhiza goodyerae-repentis	5	5、6、15、17
Ceratorhiza sp.1	1	6
Ceratorhiza sp.2	1	4
Epulorhiza albertaensis	5	2、3、41、16、17
E.anaticula	2	9
E.repens	3	7、15
Epulorhiza sp.	3	10、13、19
Moniliopsis sp.	6	1、3、8、11、12、14

二、菌根真菌分类特征

（一）角菌根菌属

1. *Ceratorhiza goodyerae-repentis*（Costantin & Dufour）Morre，Mycotaxon 29：94，1987.

菌落在 PDA 培养基上生长迅速，气生菌丝大量，絮状，奶油色至浅褐色、橘褐色；菌核大，直径为 1.5～2.5mm，大量分布于气生菌丝中，幼时白色至奶油色，后变成褐色至黑褐色。菌丝较宽，直径为 3.75～6.25μm，均为较宽接触的桶状金珠状细胞，15～25μm×7～13.75μm，经团聚作用形成菌核。

标本研究：OEF0463 分离自莎草兰；OEF0241、0248 分离自苞舌兰；OEF0216 分离自棒叶万带兰；OEF0058 分离自西藏虎头兰。

C.goddyerae-repentis 是成年兰科植物菌根真菌中的常见种，因其具较宽的菌丝而在兰科植物根的皮层细胞中形成明显的菌丝结。该种的主要特征是培养时生长迅速，气生菌丝繁茂，絮状，奶油色至浅褐色，菌核由念珠状细胞的团聚作用形成。

2. *Ceratorhiza* sp.1

菌落在麦麸糖培养基上生长迅速，气生菌丝短绒毛状，稀疏，白色至淡黄色或淡黄褐色；菌核未见。菌丝较宽，直径为 3.75～6.25μm，具长椭圆形或短圆柱状的念珠状细胞。

标本研究：OEF0183 分离自多花指甲兰。

目前，从附生型兰花中分离到的属于 *Ceratorhiza* 的种的报道较少，Richardson 报道了 *C.goodyerae-repentis* 和一个该属未定种；Warcup 描述了自澳大利亚附生兰 *Pamatocalpa macphersonii* 和 *Robiquetia wassellis*s 根内分离到的 *Ceratorhiza* 的有性世代，但没有描述无性世代。Richardson 报道的 *Ceratorhiza* sp.在 CMA 培养基上菌落白色至象牙色，贴伏于培养基表面，气生菌丝和菌核缺乏。

3. *Ceratorhiza* sp.2

菌落在麦麸糖培养基上生长迅速，气生菌丝绒毛状，黄褐色；菌核球形，红褐色至黑褐色。菌丝直径为 3～5μm，具大量椭圆形、近球形的薄壁至稍厚壁的金珠状细胞，13.75～20μm×12.5～18.75μm，单生或串生，间生或顶生，可成团而形成菌核。

标本研究：OEF0029 分离自寒兰。

（二）瘤菌根菌属

1. 白色瘤菌根菌

Epulorhiza albertaensis Currah et Zelmer，Rept. Tottori Mycol. Inst. 30：43-59，1992.

在 PDA 培养基上菌落生长极缓慢，气生菌丝毡状，短茸毛状（边缘在基内），奶油色；菌核缺乏。菌丝直径（2～）3.75～6.25μm，部分细胞膨大成念珠状，近球形或宽棒状，15～24μm×7.5～11.25μm，常不成链。在麦麸糖培养基上气生菌丝大量，绒毛状，白色。

标本研究：OEF0523 分离自建兰；OEF0017 分离自白柱万带兰；OEF0045 分离自大花万带兰；OEF0273 分离自赤唇石豆兰；OEF0542 分离自马齿毛兰。

该种以在 PDA 培养基上极缓慢生长及念珠状细胞不成链区别于该属其他已知种。该种在兰科植物皮层细胞中形成菌丝结。对 OEF0523 号菌株作共生萌发试验，发现该菌株能促使长苏石斛（*D.bryerianum*）、大花万带兰、鹤顶兰（*Phaius tankervillae*）的种子发芽，说明该种确为兰科植物菌根菌。

2. 石斛瘤菌根菌

Epulorhiza anaticula（Currah）Currah，Can. J. Bot. 68：1174-1175，1990.

在 PDA 培养基上，菌落平，气生菌丝稀至薄，光滑或稍蜡质，奶油色至污白色，长期培养可形成橄榄褐色色素；菌核于培养基内或气生。菌丝具隔，分枝处收缩，直径为 2～3.75μm，薄壁，具广椭圆形或棒状念珠状细胞，14～18μm×7～10μm，末端念珠状细胞的顶端常呈喙状突起，相邻细胞由一个显著窄的管状具隔细胞相连，经疏松团聚作用形成菌核。在麦麸糖培养基上，菌落贴伏，气生菌丝稀少，平滑且黏，白色至污白色，菌核缺乏。

标本研究：OEF0576、0578 分离自细叶石斛。

该种的主要特征是菌落平滑且黏，相邻念珠状细胞由一个显著窄的管状具隔细胞相连，末端念珠状细胞的顶端呈喙状突起。

E. anaticula 广泛存在于地生兰科植物中，如 *Calypso*、*Coeloglossum* 和 *Platanthera*。本试验从细叶石斛中分离到的 OEF0578 号菌株可促进天麻（*Gastrodia elata*）和报春石斛（*D. primulinum*）的种子发芽。

3. 基内瘤菌根菌

Epulorhiza repens（Bernard）Moore，Mycotaxon　29：95，1987.

在 PDA 或麦麸糖培养基上，菌落几乎完全生长于培养基内，光滑、白色至奶油色，气生菌丝稀疏，形成奶油色至淡黄色的斑块；菌核小，不发育，常为一些丛状念珠状细胞。菌丝具隔透明，分枝处收缩，直径为 2～3.75μm，念珠状细胞薄壁、透明，椭圆形至近球形，13～18μm×7.5～16μm，短链状或不分枝链状，偶然形成较大的一丛，进一步构成不发育的菌核。

标本研究：OEF0243、0249 分离自苞舌兰；OEF0253 分离自铁皮石斛。

该种以奶油色的菌落和短链状的念珠状细胞区别于该属其他已知种。广泛存在于地生兰花中。

4. *Epulorhiza* sp.

在麦麸糖培养基上，菌落平，气生菌丝近贴伏于培养基表面，稀少，呈短绒毛状，白色至灰白色，可分泌紫色色素而使培养基呈粉红色至紫粉色；菌核缺乏。菌丝无色，薄壁，直径为 2.0～3.75μm，念珠状细胞大量，椭圆形、球形至近球形，12.5～16.5μm×10～13.5μm，呈链状或不呈链状。

标本研究：OEF0205 分离自香果兰；OEF0451 分离自硬叶兜兰；OEF0547 分离自马齿毛兰。

Warcup（1991）等指出，分离自兰花的属于 *Tulasnella* 的内生真菌的菌落常呈粉红色，其无性世代为 *Epulorhiza*（Moore，1987），加之该种菌丝狭窄，气生菌丝少，念珠状细胞分散，与 *Epulorhiza* 的特征相吻合，因此将其归入该属。

笔者进行的兰科植物种子与真菌共生萌发试验结果表明，OEF0205 可促进长苏石斛和鼓槌石斛（*D.chrysotoxum*）的种子发芽，OEF0547 可促进天麻、鼓槌石斛和大花万带兰的种子发芽，说明该种是兰科植物的菌根真菌。

（三）*Moniliopsis* sp.

在 PDA 培养基上，菌落绒毛状，白色至灰黑色；菌核颗粒状，黑色，由念珠状细胞组成。菌丝无色至暗褐色、黑褐色，直径为 3.75～12.5μm，念珠状细胞广椭圆形、短圆柱状或桶状，12.5～16.25μm×13.75～15μm。

标本研究：OEF0507 分离自见血清；OEF0144 分离自密花石斛；OEF0185 分离自多花指甲兰；OEF0343 分离自耳唇兰；OEF0415 分离自蝶兰；OEF0525 分离自建兰。

Moniliopsis sp.（Moore，1987）的主要特征是菌落生长迅速，菌丝很宽，念珠状细胞大，桶状，相邻细胞有较宽的接触。在所研究的菌株中有 5 个符合上述特征，故纳入该属中。

从兰科植物根中分离到该属 2 种，分别是 *M.anomala*（Currah et al.，1990）和 *M.solani*（Alconero，1969），前者念珠状细胞直径达 25～30μm，后者念珠状细胞直径达 14～34μm。就培养特征而言，本试验的分离物接近于后者，但念珠状细胞较小。

第二节　国内39种兰科植物根中非菌根真菌的种类及特征

本节介绍的内生真菌主要分离自兰科药用植物石斛、金线莲、手参、白及等39种植物的根、茎、叶或种子中(表24-3)。

分离结果表明，从39种兰科植物中分离到半知菌亚门(Deuteromycotina)丝孢纲(Hyphomycetes)及腔孢纲(Coelomycetes)真菌菌株中的364株，隶属于29属。活体菌株及标本保存在本研究室。下面对已定名及未定名各种真菌进行描述和讨论。

表24-3　用于分离内生真菌的兰科植物

编号	植物名称	产地	习性
1	多花脆兰 *Acampe rigida*	福建	附生
2	多花指甲兰 *Aerides rosea*	福建	附生
3	赤唇石豆兰 *Bulbophyllum affine* Lindl	云南	附生
4	麦穗石豆兰 *B.careyanum*	云南	附生
5	白花贝母兰 *Coelogyne leucantha*	云南	附生
6	冬凤兰 *Cymbidium dayanum*	福建	附生
7	蕙兰 *C.faberi*	福建	地生
8	虎头兰 *C.hookerianum*	云南	地生、附生
9	寒兰 *C.Kanran* Mak	云南	地生
10	兔耳兰 *C.lancifolium*	云南	地生、附生
11	长叶兰 *C.erythraeum*	云南	附生
12	硬叶兰 *C.bicolor*	云南	附生
13	墨兰 *C.sinense*	云南	地生
14	莎草兰 *C.elegans* Lindl	云南	附生
15	铁皮石斛	云南	附生
16	鼓槌石斛	云南	附生
17	玫瑰石斛 *D.crepidaatum*	云南	附生
18	密花石斛	云南	附生
19	曲轴石斛 *D.gibsonii*	云南	附生
20	细叶石斛	福建	附生
21	聚石斛 *D.lindleyi*	云南	附生
22	梳唇石斛 *D.strogylanthum*	云南	附生
23	翅梗石斛 *D.trigonopus*	云南	附生
24	五唇兰 *D.oritis pulckerrima*	云南	附生
25	双叶厚唇兰 *Epigeneium rotundatum*	云南	附生
26	马齿毛兰 *Eria szetshuanica*	云南	附生
27	硬叶兜兰	云南	地生
28	狭叶紫毛兜兰 *P.villosum* var. *annamense*	云南	地生
29	鹤顶兰 *Phaius tankervillae*	云南	地生
30	蝶兰	云南	附生
31	苞舌兰	云南	地生
32	白柱万带兰	云南	附生

续表

编号	植物名称	产地	习性
33	大花万带兰	云南	附生
34	棒叶万带兰	云南	附生
35	拟万带兰 *Vandopsis gigantean*	云南	附生
36	香果兰	云南	附生
37	金线莲	福建	地生
38	白及	贵州	地生
39	手参	西藏	地生

一、镰孢属

Fusarium Link.，Mag. Ges. Naturf. Freunde，Berlin 3：10，1809. ex Fries 1821.

分类位置：Nectriaceae，Hypocreales，Hypocreomycetidae，Sordariomycetes，Ascomycota

有性世代(teleomorph)：赤霉属(*Gibberella*)、丛赤壳属(*Nectria*)、菌寄生菌属(*Hypomyces*)、蠕孢丛赤壳属(*Calonectria*)。

该属主要形态特征：菌丝在培养基上通常生长较快，因产生色素而呈红色、紫色、黄色；气生菌丝发达，棉絮状。分生孢子梗单生或集成分生孢子座，单枝或分枝，或产生轮辐状排列的瓶状小梗，产生典型的大、小型两种分生孢子；分生孢子光滑，无色；大型分生孢子多细胞，通常镰刀型；小型分生孢子多单细胞，单生或成串，卵形或长圆形。本试验分离鉴定该属 7 种。

1. 茄类镰孢菌

Fusarium solani(Mart.) Sacc. Michelia2：296，1881.

有性世代：*Nectria haematococca* Berk. & Br. var. *brevicona*(Wollenw.) Gerlach in Nelson，Toussoun & Cook. *Fusarium：Diseases，Biology and Taxonomy. The Pennsylvania State University Press，University Park & London*，Chapter 36：422，1981.

菌落(Colonie)生长快，在 PDA 培养基上 25℃培养 7 天，菌落直径可达 7.5～8.0cm；白色或奶油色，琥珀色或土黄色至灰绿色或淡青绿色，但从不显橙色。气生菌丝(aerial mycelium)通常发达，稀疏棉毛状，有时成丛状或同心圆环状生长。分生孢子梗(conidiophore)不分枝或分枝的单一瓶梗状，产生小型分生孢子的孢子梗长，大小为 15～40μm×2～3μm；产生大型分生孢子的分生孢子梗通常短，近圆柱形或棒状，大小为 15～25μm×3～4μm。分生孢子(conidia)无色光滑，小型分生孢子通常单细胞，卵形、椭圆形或近圆柱形，通常比尖孢镰孢菌(*F. oxysporum*)小孢子大，大小为 10～22μm×3～5μm；大型分生孢子厚壁，近圆柱形，稍弯，顶细胞短而钝，基细胞带有一个不明显的足细胞，通常具有 3 个隔膜，少数 4 个或 5 个横隔，大小为 27～55μm×4～6μm。厚垣孢子(chlamydospore)丰富，端生或间生，光滑或粗糙，球形或近球形，单个孢子一般 6～11μm，形成短链或成簇(图 24-1)。

分布：多种植物和土壤中均发现有该种存在，尤其在温带地区。本研究分离自白及、石斛的根或叶中。

凭证标本：188，189，197，205，3178，3185，3187，3236，183，523，525，129，286，1684，1651，75，76，78，198，201，3174，200，180，3238，2997，3789。

讨论：该种是镰孢属中最常见的种类之一，其形态变异较大。大型分生孢子的形状，细长的小型分生孢子梗及奶油色的菌落特征明显区别于尖孢镰孢菌。

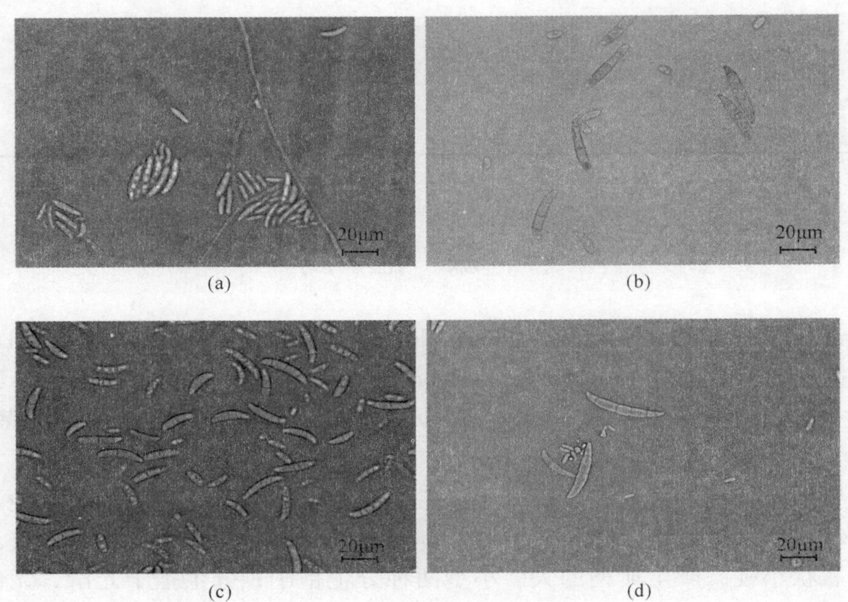

图 24-1 茄类镰孢菌

图示小型分生孢子和大型分生孢子。(a) 188；(b) 183；(c) 3185；(d) 3178

2. 尖孢镰孢菌

Fusarium oxysporum Schlecht. Flora Berol. 2：139，1824.

有性世代：*Gibberella* sp.。

菌落生长快，在 PDA 培养基上 25℃培养 7 天菌落直径可达 7.5～8.0cm，不同菌株之间生长速率差异很大；菌落初呈白色、桃粉色带淡紫色调，后变深紫色或黑紫罗兰色，有时也会有蓝灰色或蓝绿色的斑块出现。气生菌丝通常发达，致密或疏松的丛毛状，有时会形成蛛网状或纤维状的细丝平铺于培养基表面；少数情况下气生菌丝不发达，在培养基表面扩散或成稀泥状。分生孢子梗初产生于气生菌丝时短，单一的瓶梗状或分枝，然后产生于产孢细胞上呈不规则分枝或垂直分枝，通常 8～14μm×2.5～3.0μm。分生孢子无色，光滑，小型分生孢子 1 个或 2 个细胞，圆柱状或椭圆形、卵形，直或稍微弯，大小为 7～13μm×2.5～3.5μm；大型分生孢子镰状，中度弯曲，中部近柱状，向两端渐狭，端部呈尖状，顶细胞尖或呈钩状，基细胞不明显足状(足细胞)，通常 3 个横隔，少数 4 个或 5 个横隔，大小为 27～45μm×3～4.5μm；厚垣孢子丰富，端生或间生，光滑或粗糙，球形或近球形，单个孢子一般为 7～10μm，形成短链或成簇(图 24-2)。

分布：多种植物和土壤中均发现有该种存在，是一个世界广泛分布的种。本研究分离自健康白及、石斛、山慈菇的根或叶内部。

凭证标本：190，191，194，196，3182，1649，1650，1653，1683，2071，3698，3555，

3558，3564，3589，3698。

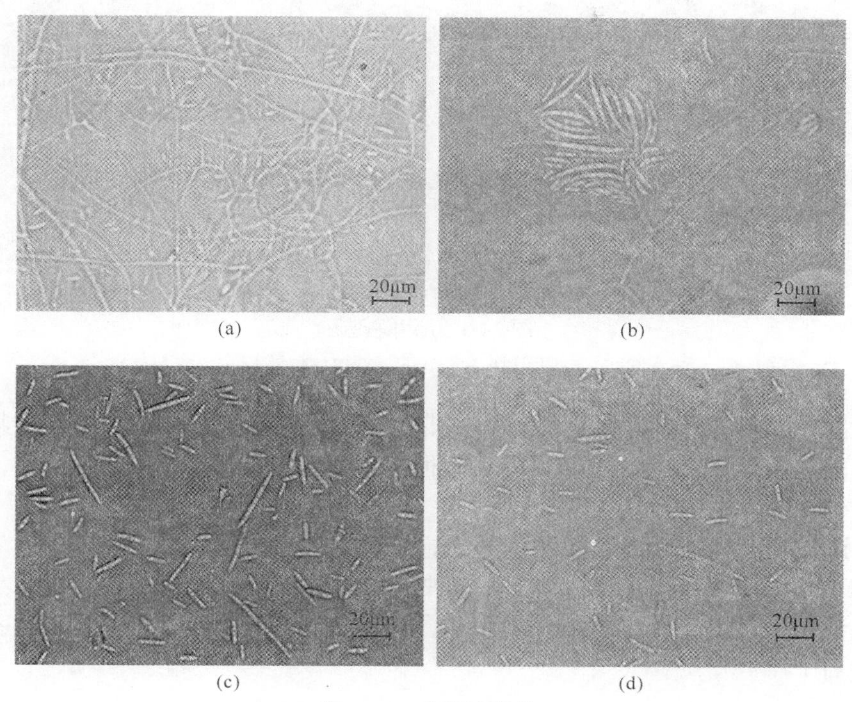

图 24-2　尖孢镰孢菌

图示小型分生孢子(单瓶梗状)和大型分生孢子。(a) 1650；(b) 1683；(c) 190；(d) 191

讨论：该种是镰孢属中分布广、最常见的种类，具有重要的经济价值。该种最明显的鉴别特征是存在厚垣孢子、小型分生孢子产生自单一瓶梗状的分生孢子梗上。紫罗兰色的菌落特征与 *F. subglutinans* 最为相似，但是后者小型分生孢子多产生于多瓶梗状的分生孢子梗上，且没有厚垣孢子。该种报道可以产毒素。

3. 厚垣镰孢菌

Fusarium chlamydosporum Wollenw. & Reinking.，Phytopathology 15：156，1925.

有性世代：*Gibberella* sp.。

菌落生长快，在 PDA 培养基上 25℃培养 7 天菌落直径可达 7.5～8.0cm。菌落初白色至淡粉色，后变黄褐色，背面洋红色有时也带黄褐色。气生菌丝通常发达，致密的丛毛状。分生孢子梗初产生于气生菌丝时不分枝或分枝的单一瓶梗状或多瓶梗状，多瓶梗的分生孢子梗顶端有时可达 10 个节点，分生孢子梗 8～18μm 长，2.0～3.0μm 宽。分生孢子无色，光滑，小型分生孢子丰富，单细胞，卵圆形或纺锤形，大小为 9～15μm×2.5～3.5μm；大型分生孢子镰刀形，稍弯曲，中部宽，向两端渐狭，端部呈尖状，顶细胞短，稍微呈钩状，足细胞不明显，通常 3 个横隔，偶尔也见 5 个横隔，大小为 30～36μm×3～4μm；厚垣孢子丰富，端生或间生，光滑或具有瘤突，球形或近球形，黄褐色，单个孢子一般 7～17μm，形成长链或成簇(图 24-3)。

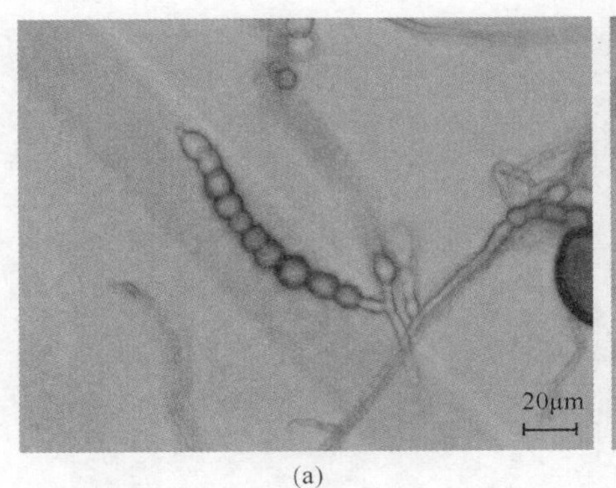

(a)

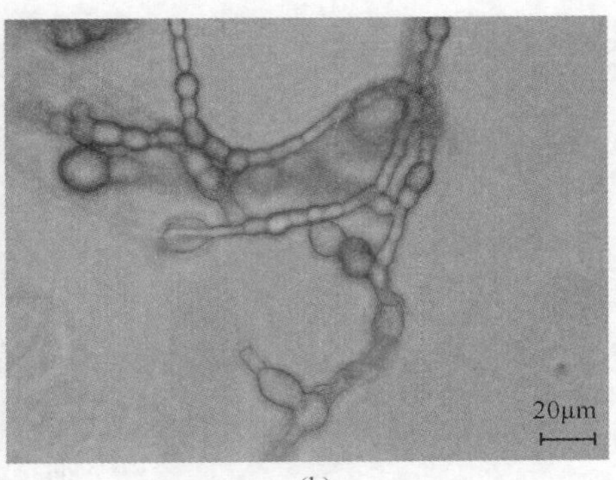

(b)

图 24-3　厚垣镰孢菌

图示厚垣孢子。(a)、(b) 3183

分布：世界分布的种，但在热带和亚热带地区比较常见。已发现于多种植物的根际土壤中，本节分离自健康的白及植物根内。该种报道可以产毒素。

凭证标本：3183。

讨论：该种主要特征是多瓶梗状的分生孢子梗，纺锤形的小型分生孢子。笔者没有观察到分生孢子，引用 Nelson 等(1981)对该种分生孢子特征的描述，便于以后参考鉴定。但是从黄褐色的菌落、丰富链状的厚垣孢子及 DNA 序列特征可以初步确定笔者观察的菌株属于该种名下。

4. *Fusarium proliferatum*

有性世代：未知。

菌落生长快，在 PDA 培养基上 25℃培养 10 天，菌落直径可达 6～7cm。菌落特征与尖孢镰孢菌非常相似，初白色带淡紫色，后变紫黑色。分生孢子梗为分枝或不分枝的单一或多瓶梗状。分生孢子无色，光滑，小型分生孢子丰富，通常单细胞，椭圆形或棍棒状带扁平末端，梨形的小型分生孢子偶尔可见，小型分生孢子呈链状生长或假头状；大型分生孢子丰富，稍弯成镰状或直，大多数大型分生孢子背腹部是平行的，没有明显的背腹之分。薄壁，基细胞足状，一般 3～5 个隔膜，大小为 25～48μm×3～4μm。厚垣孢子未见。

分布：世界广布种，本研究自金钗石斛植物体内分离得到。

凭证标本：3616，1172。

讨论：该种的主要鉴别特征是小型分生孢子呈链状着生于多瓶梗状的分生孢子梗上。在低倍镜下可见多瓶梗状的分生孢子梗上链状的小型分生孢子排列成“V”形。菌落特征与尖孢镰孢菌最相似，常易混。本研究没有观察到其大型分生孢子，描述引自 Nelson 等(1983)的文献，经 rDNA-ITS 序列比对，表明笔者所得菌株与该种最为相似。

二、刺 盘 孢 属

Colletotrichum Corda，Deutschl. Fl.，3 Abt.(Pilze Deutschl.) 3：41，1832.

分类位置：Glomerellaceae，Incertae sedis，Sordariomycetidae，Sordariomycetes，Ascomycota

有性世代：小丛壳属(*Glomerella* sp.)。

该属主要形态特征：分生孢子盘碟形或垫形，典型在分生孢子梗的中间或边缘有暗色的刺或刚毛，分生孢子梗简单，伸长；分生孢子无色，单细胞，卵圆形或长圆形，寄生，有性阶段产生子囊壳(图 29-4)。

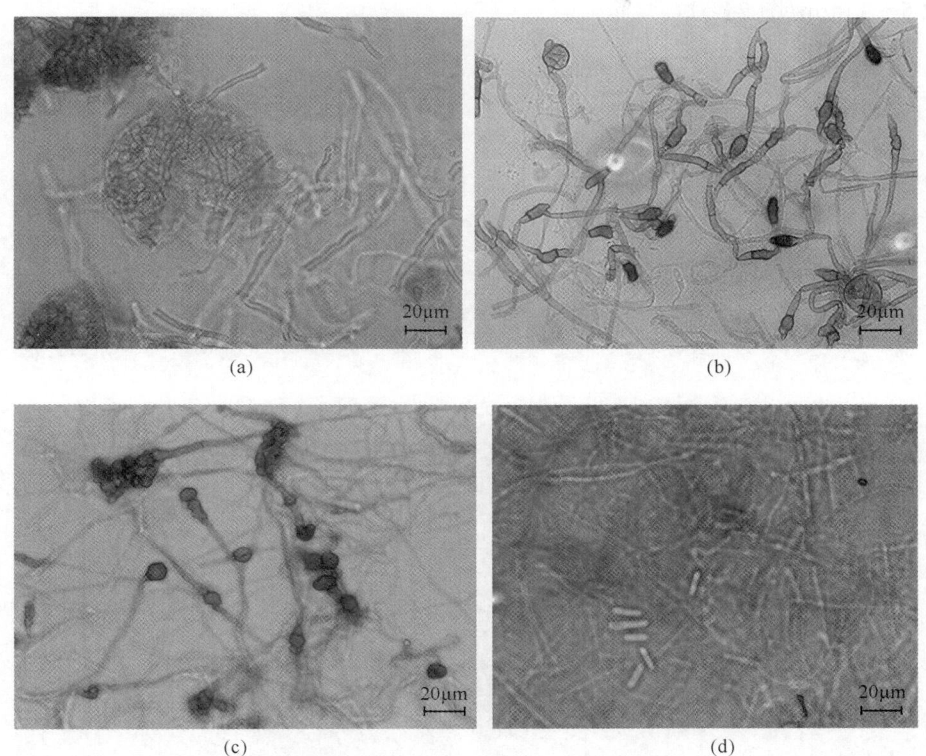

(a)　(b)　(c)　(d)

图 24-4　*Colletotrichum gloeosporioides*

(a)子囊壳；(b)、(c)褐色菌丝附着胞；(d)分生孢子(3281)

分布：本研究分离自白及中。

凭证标本：181，184，187，195，204，207，3186，3195，3196，3281，3282，3237，3285，237，259，4195。

1. *Colletotrichum destructivum* O'Gara，Mycologia 7(1)：38，1915.

有性世代：未知。

菌落生长较快，在 PDA 培养基上 25℃培养 7 天菌落直径可达 3cm 左右。菌落污白色至褐色，水浸状，菌落表面似有黏液，同心圆环状生长，菌落中部表面有微小灰褐色的鳞片状附属物。气生菌丝不发达，菌丝无色，常在不同部位膨大呈黑褐色的结构。分生孢子梗简单。分生孢子无色、光滑，椭圆形或柱状，一端稍尖，一端钝圆，大小为 10～15μm×2.5～4.0μm。

分布：本研究分离自白及植物叶中。

凭证标本：3277，3278，3283。

2. *Colletotrichum* sp.

菌落生长较快，在 PDA 培养基上 25℃培养 7 天，菌落直径可达 3cm 左右。菌落黑色。气生菌丝棉毛状，中等发达，分生孢子盘黑色，颗粒状，密被于培养基表面。菌丝黑褐色，有隔。分生孢子梗简单，在分生孢子梗之间有大量黑褐色不育的刚毛。刚毛褐色，基部通常有一横隔，顶端多尖，少圆钝。分生孢子无色，光滑，圆柱状，多数直，少数微弯，大小为 25～30μm×2.5～3.0μm(图 24-5)。

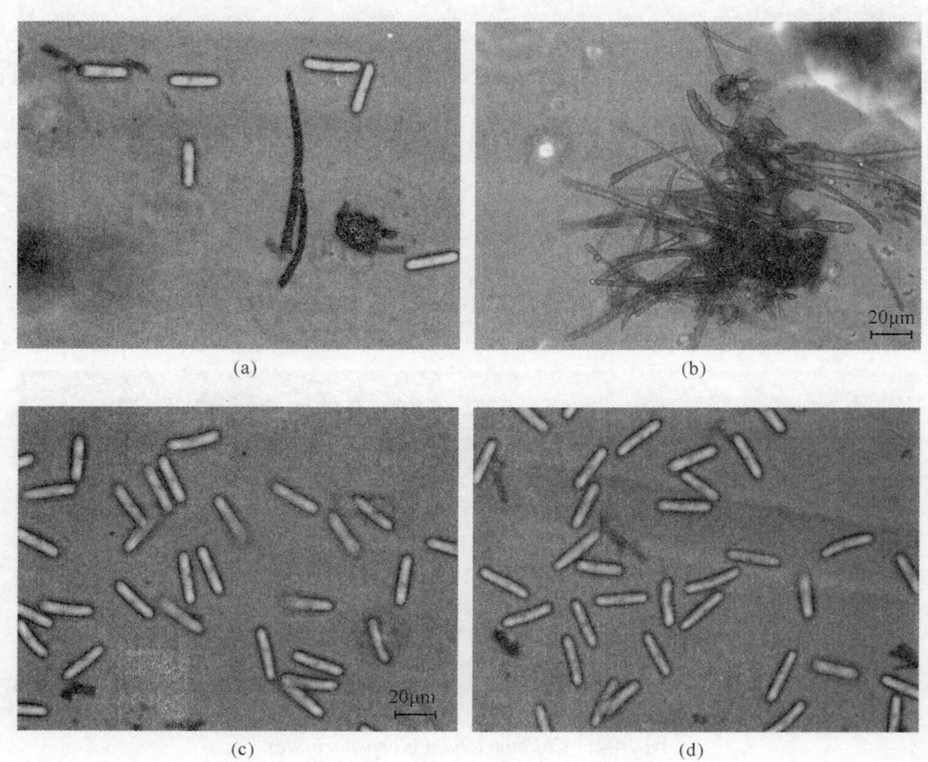

(a)　(b)　(c)　(d)

图 24-5　*Colletotrichum* sp.

(a)刚毛；(b)菌丝；(c)、(d)分生孢子(3606)

分布：本研究分离自石斛植物叶内。

凭证标本：3606。

三、鞘　孢　属

Chalara (Corda) Rabenhorst，Deutschl. Krypt.-Fl. (Leipzig) 1：38，1844.

分类位置：Incertae sedis，Incertae sedis，Incertae sedis，Incertae sedis，Ascomycota

有性世代：未知。

该属主要形态特征：菌落灰色、紫色、褐色或黑色，棉毛状；菌丝典型暗色，分生孢子梗暗色，不分枝，直或稍弯，孢间或基部有隔，顶部细胞向上略狭，内生分生孢子。分生孢子(梗孢子)无色，光滑或带有瘤状末端，圆柱形或长方形，带有平截形末端。有时长度不一，常常结集一起成链。

***Chalara africana* B. Sutton & Piroz. P. M. Kirk，Kew Bull. 38(4)：580，1984.**

菌落生长较快，在 PDA 培养基上 25℃培养 7 天菌落直径可达 3～4cm。气生菌丝不发达，棉毛状，中部灰色，向外边呈白色，边缘呈灰绿色，背面同正面，呈不明显的同心圆环状生长。菌丝淡褐色，细，外壁不光滑，侧生黑褐色的分生孢子鞘，孢子鞘直，5～13 个横隔，基部膨大，向上渐狭，大小为 30～90μm，产生内生的无色柱状无隔分生孢子。分生孢子无色，光滑，柱状或长方形，单胞，呈链状生长，大小为 17～20μm×2.5～3.5μm(图 24-6)。

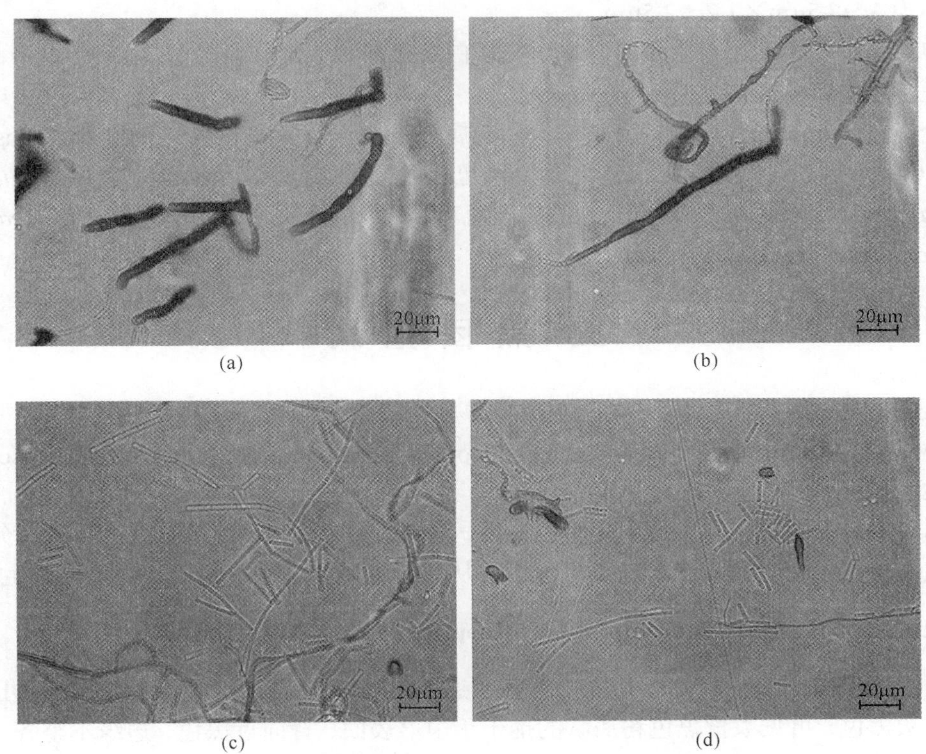

(a) (b) (c) (d)

图 24-6 *Chalara africana*

(a)、(b) 褐色袋状具有隔膜的分生孢子梗；(c)、(d) 无色棒状分生孢子

分布：中国，新西兰，赞比亚。宿主广泛，本研究分离自白及植物茎中。

凭证标本：211。

四、*Cadophora*

Cadophora Lagerb. & Melin，Svensk Skogsvårdsförening Tidskr.，Hafte 25：263，1927.

分类位置：Incertae sedis，Helotiales，Leotiomycetidae，Leotiomycetes，Ascomycota

有性世代：未知。

该属主要形态特征：分生孢子梗短，或缩小到小梗，暗色，简单分枝，小梗圆柱形至膨大，在顶部常有张开的围(collarette)，分生孢子近于无色至暗色，单胞，球形至卵圆形，从有黏头的小梗冲出。寄生或腐生。该属外瓶霉(*Exophiala*)及其他近缘属的区别见 Gams(2000)的文献。

***Cadophora malorum*(Kidd & Beaumont) W. Gams，Stud. Mycol. 45：188，2000.**(新记录种)

= *Phialophora malorum*(Kidd & Beaumont) McColloch，Phytopathology 32：1094，1942.

菌落生长慢，在 PDA 培养基上 25℃培养 7 天菌落直径可达 2～3cm。气生菌丝发达，棉毛状，同心圆环状生长，最边缘白色，向内黄绿色，中心灰色。菌丝暗色，分生孢子梗瓶梗状；分枝，直或弯，短，稍膨大，在菌丝顶部呈近轮状着生，小梗短，或缩小至不明显。分生孢子无色或淡褐色，光滑，单生或聚集成简单的头状，半内生，多椭圆形或卵圆形，两端钝圆，大小为 3～8.5μm×1.2～2.5μm。

分布：该种在中国属首次报道。本研究从白及根部和茎部分离得到。

凭证标本：216，217，218，219。

讨论："*Cadophora*"属名一直被作为瓶霉属(*Phialophora*)的异名。2000 年 Gams 等重新接受了 *Cadophora* 这个属名。迄今，中国已报道的瓶霉属真菌有疣状瓶霉(*Phialophora verrucosa*)、裴氏瓶霉(*Ph.pedrosoi*)、中美洲瓶霉(*Ph.americana*)、烂木瓶霉(*Ph.richardsiae*)4 种。*Cadophora malorum* 属中国新记录。

五、黑 团 孢 属

Periconia Bon

分类位置：Incertae sedis，Pleosporales，Pleosporomycetidae，Dothideomycetes，Ascomycota

有性世代：未知。

该属主要形态特征：分生孢子梗暗色，高，直立，粗，简单，顶部扩大有疏松的分生孢子头；分生孢子暗色，单胞，在干燥链中球形，从球形的造孢细胞中长出，寄生或腐生。

大棘黑团孢 *Periconia macrospinosa*，Mcologia 41(4)：417，1949.

菌落生长较快，PDA 上 25℃培养 7 天直径达 3～4cm。平展，表面松散，中央不明显隆起，暗褐色至灰黑色，可见大量黑色粉屑状的孢子于菌落表面，背面近黑色，边缘不整齐。气生菌丝棉毛状。菌丝无色或淡褐色，光滑或略粗糙，多隔，少有分枝。分生孢子梗大多分化明显，高大，直立，单生于菌丝上，简单或仅在上部少量分枝，直或略弯曲，暗褐色，常具有 1～3 个隔膜，培养中可长达 500μm，近基部宽 6～11μm，端部宽 5～9μm。初级造孢细胞球形、卵形或不规则形，在顶细胞上轮状排列，淡褐色，光滑，4～8μm×7～10μm；次级产孢细胞淡褐色，球形至阔卵形，略粗糙，产生于初级产孢细胞上部，4～8μm×5～8μm，产孢细胞常形成干燥的链状。分生孢子深褐色至黑色，球形，具明显的棘，单生或短链生，直径为 18～31μm；棘顶端尖，看似柔软，微弯曲，常脱落，长 2～5μm，近基部宽 2～3μm(图 24-7)。

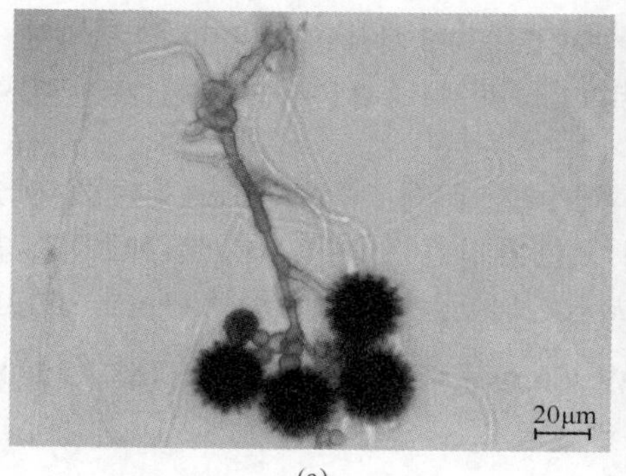

(a)

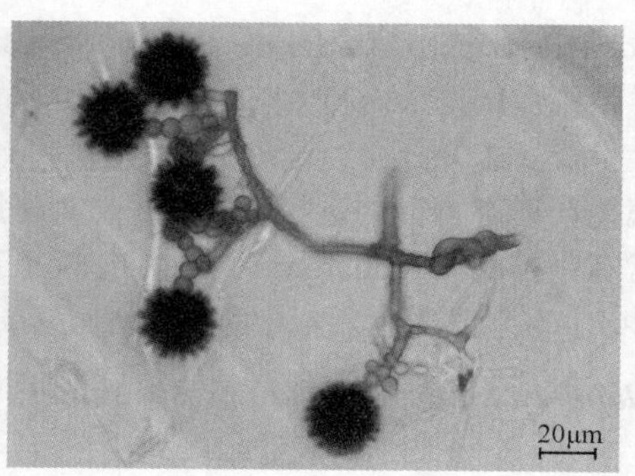

(b)

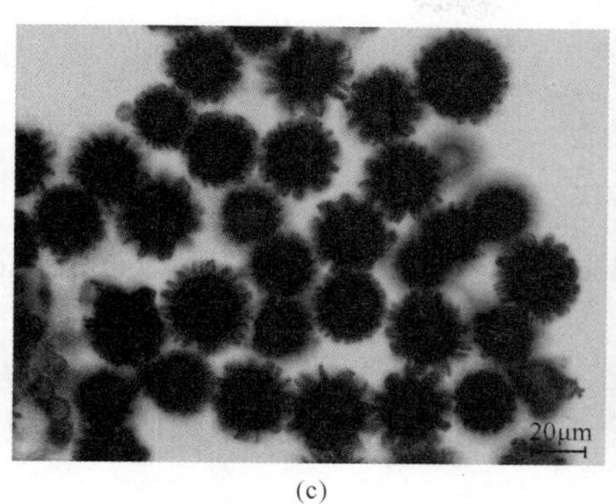

(c)

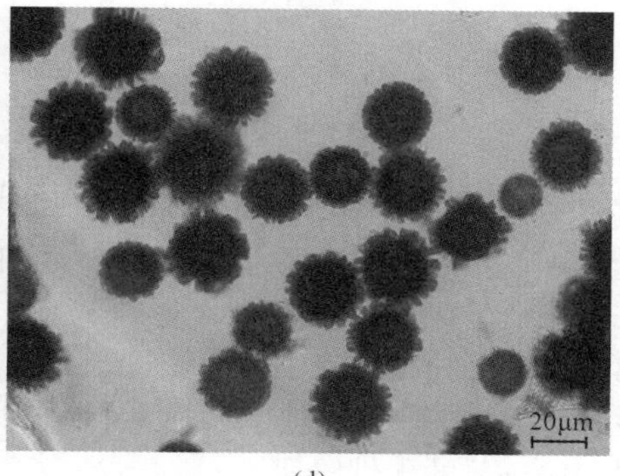

(d)

图 24-7 大棘黑团孢

(a)、(b)分生孢子梗及分生孢子(3188)；(c)、(d)褐色分生孢子(3188)

分布：欧洲，澳大利亚，加拿大，印度，伊朗，中国香港。在几种植物体(*Chenopodium*、*Prunus*、*Trifolium*)及土壤中分离得到。本研究分离自白及植物根内。

凭证标本：3188。

六、枣 褐 霉 属

Spadicoides Hughes，Can. J. Bot. 36：805，1958.

分类位置：Helminthosphaeriaceae，Sordariales，Sordariomycetidae，Sordariomycetes，Ascomycota

有性世代：*Tengiomyces* sp.。

该属主要形态特征：分生孢子梗大都简单，直立，明显，褐色，分生孢子发育简单，通过分生孢子梗壁上顶生或侧生的孔口，暗色，卵形至椭圆形，不同的种 1～4 个细胞。腐生在木材上。因简单的分生孢子梗和孢子不呈链而明显区别于近缘属双球霉属(*Diplococcium*)，与更多其他形态相近属的区别见 Ho 等(2002)的文献。

Spadicoides bina **(Corda) Hughes，Can. J. Bot. 36：806，1958.** (新记录种)

有性世代：*Tengiomyces* sp.。

菌落生长慢，在 PDA 培养基上 25℃培养 7 天直径可达 2cm 左右，棕褐色，气生菌丝棉毛状，发达，边缘规则，背面棕褐色。菌丝褐色有隔，光滑，分枝。分生孢子梗单一，不分枝，直立或微弯，黑褐色，近顶端色淡，隔少见，直径为 40～80μm×3～4μm，在顶端稍膨大。分生孢子孔出孢子，单生，褐色，卵圆形，光滑，厚壁，具有 1 个隔膜，基细胞和顶细胞基本等大，基细胞基部稍尖，分生孢子大小为 5～8μm×2.5～3.5μm。

分布：欧洲和北美洲均有分布。腐生于桦树、松树等树的树干，属于木生真菌。本研究分离自草本植物白及根茎内。

凭证标本：208，3275。

讨论：该种与 *S. canadense* 在形态上最为相似，主要区别是：前者的分生孢子纤细，一般宽 2～5μm，而后者的分生孢子相对宽，为 5～6μm。

七、柱　孢　属

Cylindrocarpon Wollenw, Phytopathology 3：225，1913.

分类位置：Nectriaceae，Hypocreales，Hypocreomycetidae，Sordariomycetes，Ascomycota

有性世代：*Neonectria* sp.。

该属主要形态特征：分生孢子梗直，细长，无色，分枝不规则，顶生细长的小梗，小梗通常有明显开张的顶端；分生孢子大都 3 个或 4 个细胞，但常可变，无色，圆柱状。寄生或腐生，丛赤壳属(*Nectria*)的无性阶段。

毁灭柱孢 *Cylindrocarpon destructans*(Zinnsm.) Scholten，Neth. Jl Pl. Path. 70(suppl. 2)：9，1964.

有性世代：*Neonectria radicicola*(Gerlach & L. Nilsson) Mantiri & Samuels，Can. J. Bot. 79(3)：339，2001.

菌落生长较快，PDA 培养基上 25℃培养 7 天直径达 3～4cm，棕红色或锈褐色，气生菌丝棉毛状，中等发达，形成不明显的同心圆环，背面深棕红色，边缘规则。菌丝无色至锈红色，有隔，分枝。分生孢子梗简单或复杂，通常着生于气生菌丝侧面或顶端，单一，直立，不分枝或少分枝，分生孢子小梗瓶梗状，顶端开张，产生大、小型两种分生孢子。分生孢子无色，光滑。小型分生孢子单细胞，卵圆形或近圆柱状，大小为 3～15μm×3.5～5μm；大型分生孢子丰富，直圆筒状或杵状，两端圆形或一端稍细一端钝圆形，1～3 个隔膜但不明显可见，大小为 18～40μm×3.5～4μm；厚垣孢子常见，球形、光滑、红褐色，间生呈短链状(图 24-8)。

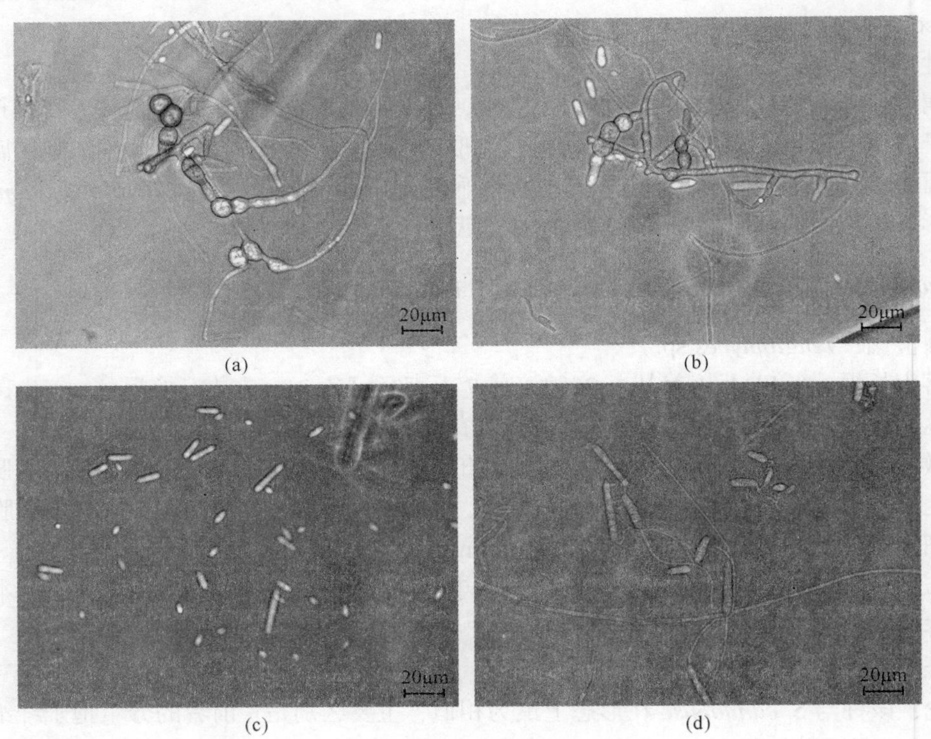

图 24-8　毁灭柱孢

(a)单瓶梗状分生孢子；(b)链生厚垣孢子；(c)、(d)大、小型分生孢子分布：本研究分离自白及根内。

凭证标本：199，206，122，267。

八、节 菱 孢 属

Arthrinium Kunze，Mykologische Hefte（Leipzig）1：9，1817.

分类位置：Apiosporaceae，Incertae sedis，Sordariomycetidae，Sordariomycetes，Ascomycota

有性世代：*Apiospora* sp.。

该属主要形态特征：分生孢子梗母细胞近球形；分生孢子梗简单，除厚的褐色分隔外大都无色，在基部附近增加其长度。分生孢子暗色，单胞，宽纺锤形，卵圆形，弯到尖，附着在分生孢子梗的侧面或顶部。常在一边有小的芽痕；腐生于植物上。

1. *Arthrinium aureum* Calvo & Guarro.，Trans. Br. Mycol. Soc. 75（1）：156，1980.

菌落生长较快，PDA 培养基上 25℃培养 7 天直径达 3～4cm。菌落乳白色，气生菌丝毡状，边缘规则完整。菌丝无色。分生孢子梗没有观察到。分生孢子褐色，光滑，卵圆形或近球形，大小为 10～20μm（图 24-9）。

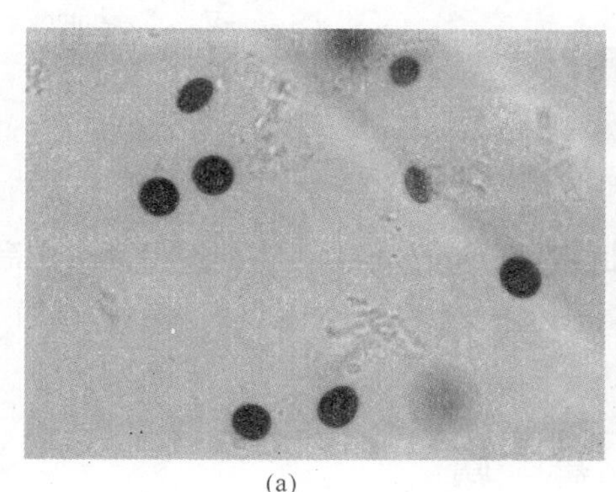

(a)

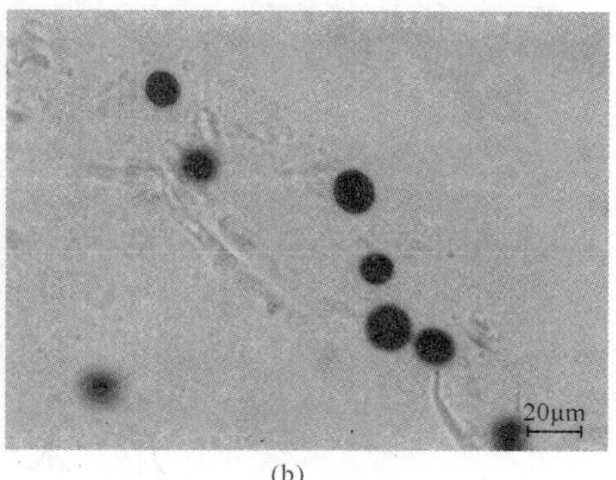

(b)

图 24-9　*Arthrinium aureum*

(a)、(b) 褐色（1039）

分布：本研究分离自石斛植物根部。

凭证标本：1039。

讨论：该种主要鉴定特征是褐色卵圆形或近球形的分生孢子。该属的分生孢子梗特征是区别于其近缘属的一个主要特征，但本研究没有观察到其分生孢子梗的形态，依据分子生物学的证据，即 DNA 序列比对，辅助证明 1039 号菌株与节菱孢属该种最为相似，与对照 *Arthrinium aureum* 原始描述特征基本吻合。

2. *Arthrinium euphorbiae* M. B. Ellis，Mycol. Pap. 103：6，1965.

菌落生长较快，PDA 培养基上 25℃培养 7 天直径达 3～4cm。菌落白色，气生菌丝棉毛状，发达，背面呈扇形褐色分区。菌丝无色。分生孢子梗无色或淡色，有隔。分生孢子金黄褐色或黑褐色，光滑，椭圆形，大小为 8～10μm（图 24-10）。

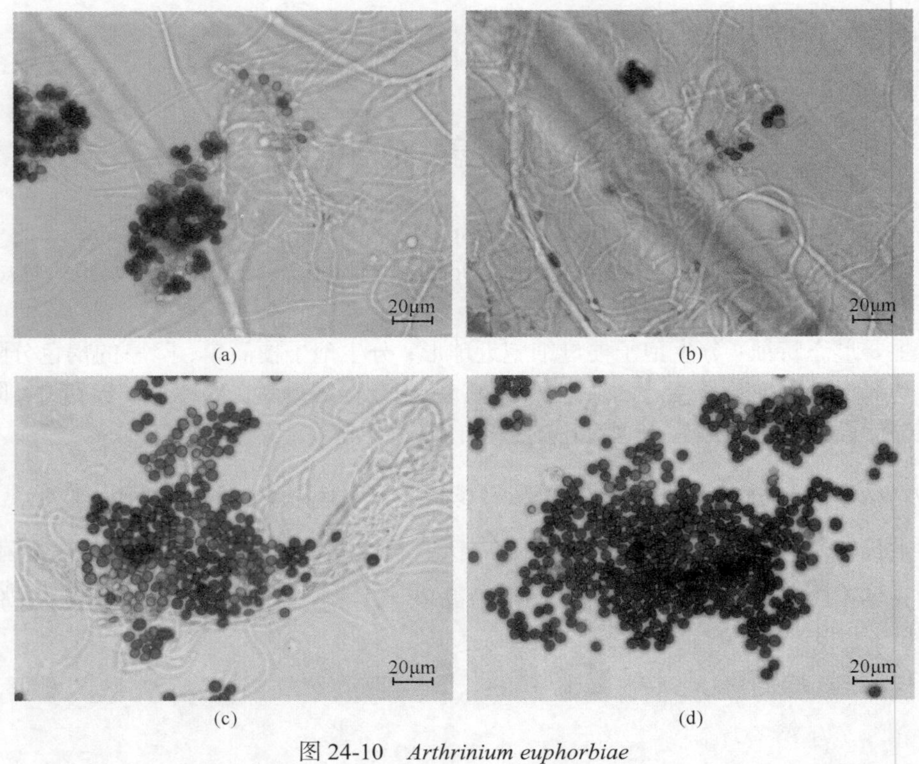

图 24-10　*Arthrinium euphorbiae*

(a)、(b) 分生孢子梗；(c)、(d) 分生孢子 (3579)

分布：最初报道于分布在赞比亚的大戟属植物(*Euphorbia*)上，本研究分离自山慈菇萌发的种子中。

凭证标本：3579。

九、木　霉　属

Trichoderma Pers.，Neues Mag. Bot. 1：92，1794.

分类位置：Hypocreaceae，Hypocreales，Hypocreomycetidae，Sordariomycetes，Ascomycota

有性世代：*Hypocrea* sp.。

该属主要形态特征：分生孢子梗无色，许多分枝但不呈轮状，小梗单生或成群；分生孢子无色，单胞，卵圆形。通常由于生长迅速，以及分生孢子的绿斑或垫而易识别。

1. *Trichoderma velutinum* Bissett，C.P. Kubicek & Szakacs，Can. J. Bot. 81(6)：579，2003.

菌落生长较快，PDA 培养基上 25℃培养 7 天直径达 7～8cm。菌落纯白色，边缘规则完整。气生菌丝棉毛状，发达。分生孢子梗无色，多分枝，常侧生于气生菌丝上，小梗多瓶梗状。顶端单生或成簇生长分生孢子。分生孢子无色，光滑，椭圆形或近球形，单生或成簇生，大小为 2～3μm(图 24-11)。

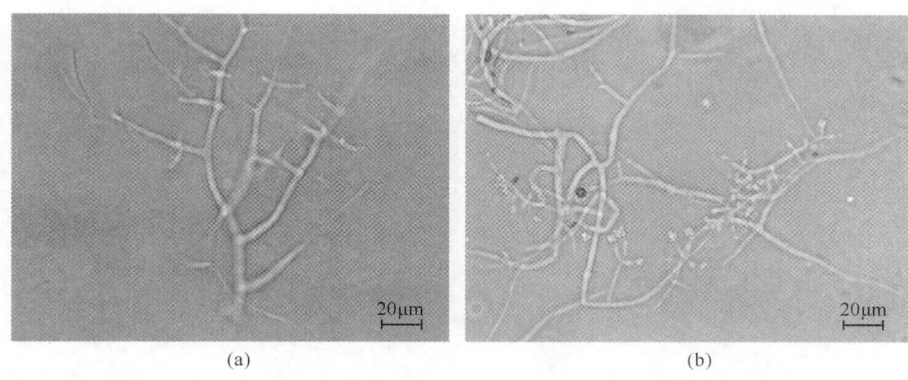

图 24-11　*Frichoderma velutinum*

(a)单瓶梗状分生孢子梗(3566)；(b)分生孢子(3566)

分布：本研究分离自白及田间回收的种子中。

凭证标本：3566。

2. *Trichoderma hamatum*(Bonord.) Bainier，Bull. Soc. Mycol. Fr. 22：131，1906.

菌落生长较快，PDA 培养基上 25℃培养 7 天直径达 7cm 左右。菌落白色，边缘规则完整。气生菌丝绒毛状，中等发达。菌丝无色。分生孢子梗无色，分枝，直，通常无隔，小梗多瓶梗状，顶端单生分生孢子。分生孢子无色，光滑，椭圆形或近球形，单生，大小为 2～3μm(图 24-12)。

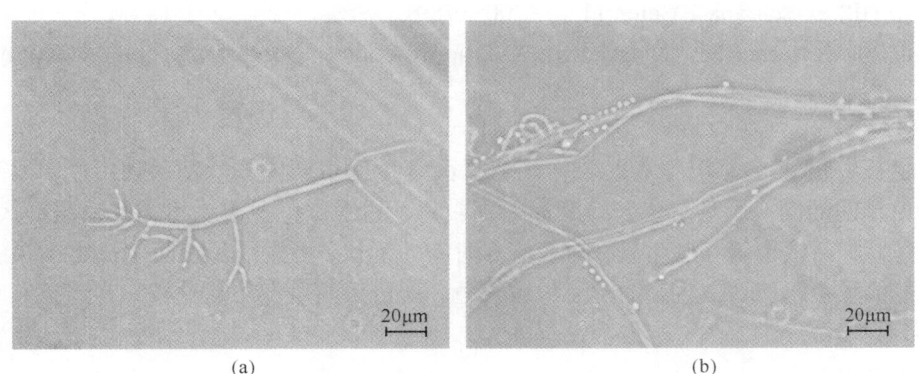

图 24-12　*Trichoderma hamatum*

(a)单瓶梗状分生孢子梗(3573)；(b)分生孢子梗(3573)

分布：本研究分离自石斛植物的种子和根内。

凭证标本：3573，3607。

十、毛壳菌属

Chaetomium sp.

菌落生长较快，PDA 培养基上 25℃培养 7 天直径达 5～6cm。菌落淡黄绿色，致密。边缘规则完整。气生菌丝棉毛状，不发达。子囊果褐色，近球形，表面具褐色刺。子囊果开裂后可见大量褐色或灰绿色卵圆形或近菱形的子囊孢子。子囊孢子褐色或灰绿色，光滑，椭圆形，大小为 6～8μm×2～3μm(图 24-13)。

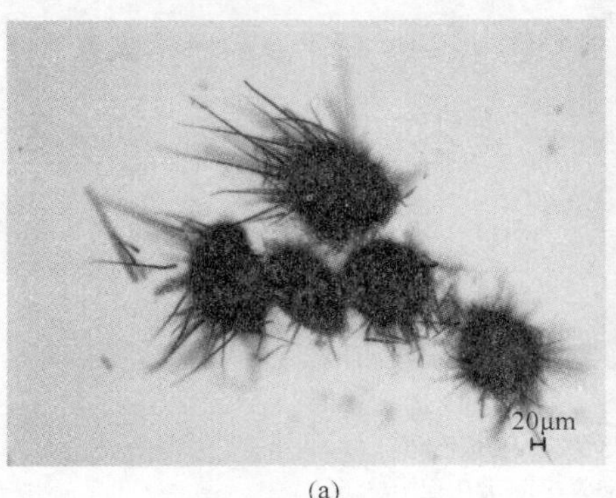

(a)

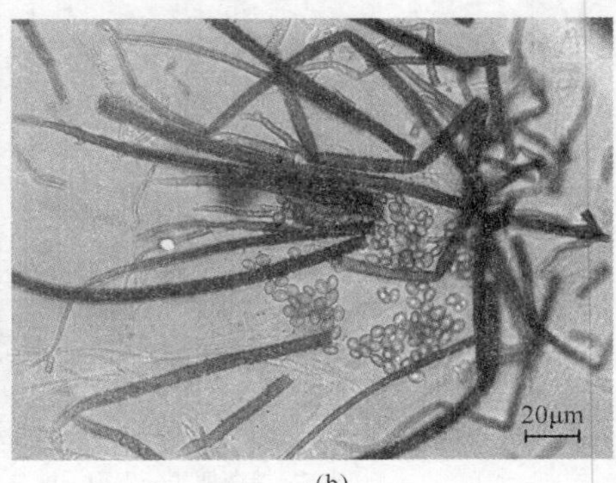

(b)

图 24-13　毛壳菌

(a)子囊壳(3696)；(b)子囊孢子(3696)

分布：本研究分离自石斛田间回收的种子中。

凭证标本：3696。

讨论：本研究没有观察到子囊，根据文献，该属子囊呈无色，通常每个子囊含有 8 个孢子。

十一、炭 角 菌 属

Xylaria Hill ex Schrank，Baier. Fl. 1：200(1789)

分类位置：Xylariaceae，Xylariales，Xylariomycetidae，Sordariomycetes，Ascomycota

***Xylaria* sp.**

菌落生长较快，PDA 培养基上 25℃培养 7 天直径达 4cm 左右。菌落初白色，致密，后渐变成黑白色相间的同心圆环状生长；背面中部白色，边缘黑色，边缘不规则，花瓣状或波状。气生菌丝毡状，贴伏于培养基生长。随着培养时间的延长，可见菌落表面生长出锥状或棒状的子实体，基部黑色，顶部白色。菌丝无色或褐色，褐色菌丝呈鹿角状分枝，有隔。未见分生孢子(图 24-14)。

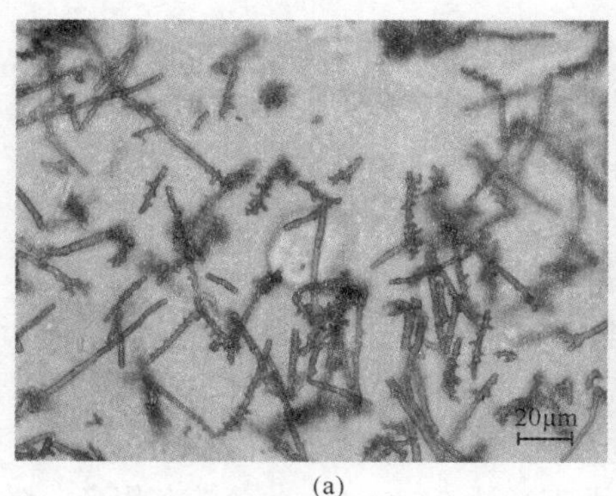

(a)

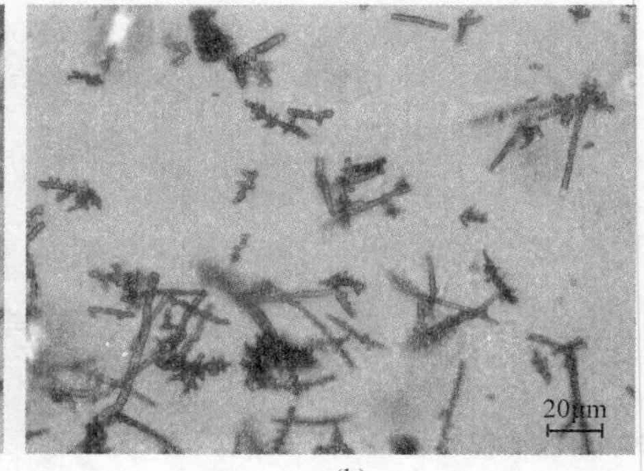

(b)

图 24-14　*Xylaria* sp.

(a)、(b)褐色鹿角状菌丝

分布：多种植物根内生真菌，本研究分离自石斛植物根部。

凭证标本：3608，3706，3760，3732，3734，3739，3719，3778，3746，3787，3780，3782，3723，3724，3751。

讨论：本研究没有观察到子囊孢子，从以上菌株独特的菌落特征(致密的黑白色相间的同心圆环状，边缘呈花瓣状)及褐色鹿角状分枝的菌丝特征可以鉴定为炭角菌属。

十二、拟盘多毛孢属

Pestalotiopsis Steyaert，Bull. Jard. Bot. État 19：300，1949.

分类位置：Amphisphaeriaceae，Xylariales，Xylariomycetidae，Sordariomycetes，Ascomycota

有性世代：*Pestalosphaeria* sp.。

该属主要形态特征：分生孢子 5 个细胞，中间 3 个细胞褐色，两端各有一个无色透明的细胞，上面着生 2 根或 2 根以上分枝或不分枝的顶生附属丝。分生孢子着生于发育完全的分生孢子盘上。与其近缘属盘多毛孢属(*Pestalotia*)和截盘多毛孢属(*Truncarella*)的主要区别在于盘多毛孢属的分生孢子具有 6 个细胞，而截盘多毛孢属的分生孢子具有 4 个细胞。

分生孢子的形态特征在拟盘多毛孢属的分类中是非常重要的。分生孢子的大小，有色细胞的长度、颜色，顶端附属丝的数目、长度、端部是否匙状膨大，顶端附属丝是否为单根后分枝和基部附属丝的长度有重要的分类意义。

1. *Pestalotiopsis microspora*(Speg.) G.C. Zhao & N. Li，Journal of Northeast Forestry University 23(4)：23，1995.

菌落生长较快，PDA 培养基上 25℃培养 7 天，直径达 3～4cm。菌落白色，随着培养时间的延长可见培养基表面出现大量黑色的细点(分生孢子盘)。气生菌丝棉毛状，发达。分生孢子盘黑色，明显。分生孢子纺锤形，直或略弯曲，4 隔 5 细胞，分生孢子大小为 20～24μm×6～7μm，中间 3 个细胞褐色，色细胞长 13.0～16.5(～15.0)μm。顶胞和尾胞均为三角形，无色透明。顶胞上着生无色附属丝，2 根或 3 根，顶端附属丝长 8～16μm，尾胞上着生一根基部附属丝，中生，长 2.5～6μm(图 24-15)。

分布：寄生于多种树木上，热带地区比较常见。本研究分离自健康石斛体内。

凭证标本：3790，3794，3795，4185，4186，4183，4234，4235，4301，4302，4328，4333，4453，4474。

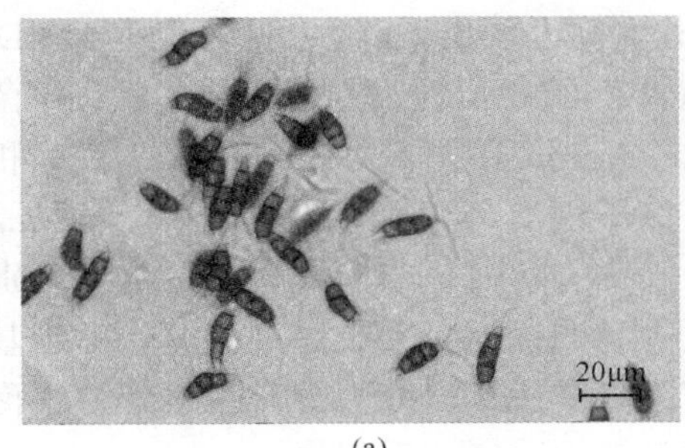

(a)

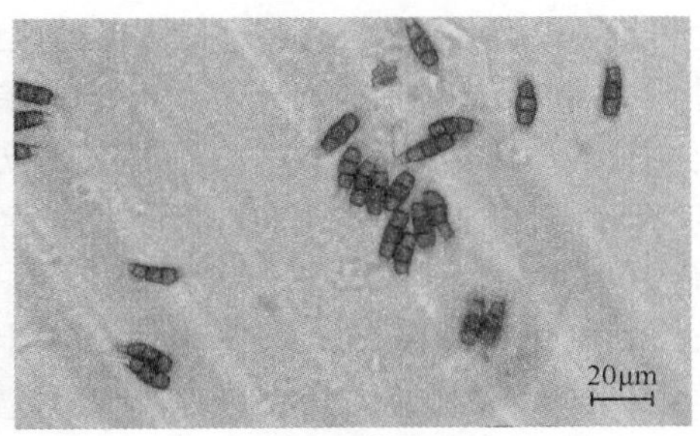

(b)

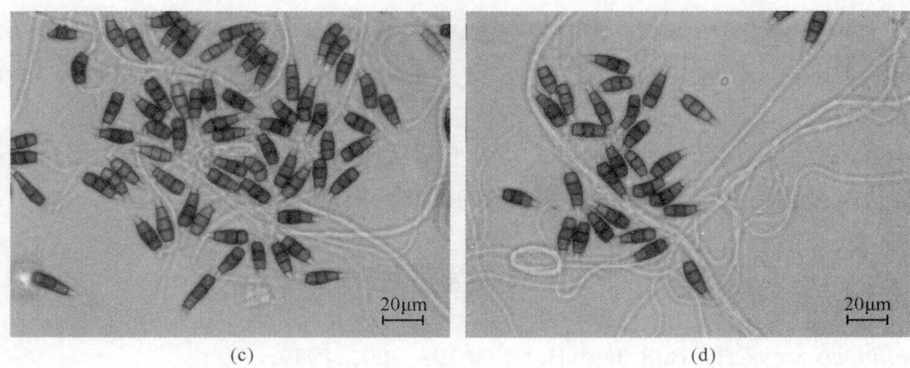

(c) (d)

图 24-15 *Pestalotiopsis microspora*

(a)～(d)褐色多细胞的分生孢子(3795)

2. *Phialocephala* sp.

菌落生长慢，PDA 培养基上 25℃培养 7 天，直径达 2～3cm。菌落灰褐色，气生菌丝棉毛状，发达。菌丝黑褐色，有隔，分枝。分生孢子梗褐色，直或弯，有单独的柄着生在顶部，复合造孢头，顶端呈扫帚状分枝，由 3 个或 4 个分枝连续组成，未见分生孢子(图 24-16)。

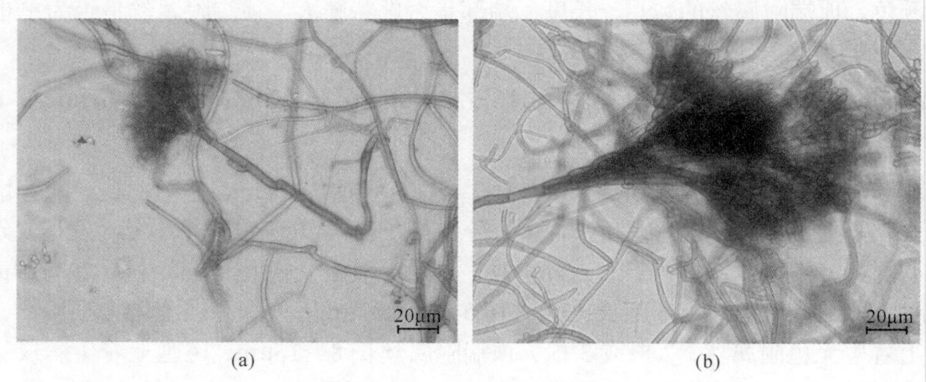

(a) (b)

图 24-16 *Phialocephala* sp.

(a)、(b)帚状褐色分生孢子梗(XZ-2-a-2)

分布：本研究分离自手参植物中。

凭证标本：XZ-2-a-2。

讨论：该菌株培养 4 个月以上才见有褐色分生孢子梗出现，但未见分生孢子。rDNA-ITS 序列比对与 *Acephala* sp. 或 *Phialocephala* 有 97%的相似性。查阅相关文献，该菌株在形态上与瓶梗霉属(*Phialocephala*)、半帚孢属(*Leptographium*)及 *Acephala* sp. 最为相似。瓶梗霉属与半帚孢属的主要区别在于后者分生孢子梗有环痕而前者没有。*Acephala* sp.是 Grunig 等(2005)从瓶梗霉属中分出新成立的一个属(DSE)，与瓶梗霉属的主要区别在于其菌落生长慢，气生菌丝稀疏，不产孢；分子生物学的证据为 ITS 序列相差一个碱基，且碱基差异导致 *Afa* I 限制性内切核酸酶酶切图谱不一样。本研究因没有观察到分生孢子，因此不能做最终的准确鉴定，但至少可以确定其是瓶梗霉属的近似属。

十三、交链孢属

Alternaria Nees ex Fr.，Syst. Pilze Schwämme 72，1816.

分类位置：Pleosporaceae，Pleosporales，Pleosporomycetidae，Dothideomycetes，Ascomycota

有性世代：*Lewia* sp.。

分生孢子梗暗色，简单，典型的着生简单分枝的分生孢子链，分生孢子暗色，典型的既有横隔又有纵隔，倒棍棒形至椭圆形或卵圆形，经常向顶着生生长链，寄生或腐生于植物上。

1. *Alternaria alternate*(Fr.) Keissler，Beih. Bot. Zbl. 29：434，1912.

菌落生长较快，PDA 培养基上 25℃培养 7 天，直径达 4～5cm，菌落茶褐色或灰色，气生菌丝发达，棉毛状，背面深褐色，边缘不甚规则。菌丝褐色，有隔，分枝；分生孢子梗单一或成一小组，不分枝或少分枝，直或弯曲，多隔，褐色，光滑。分生孢子常形成较长且分枝的链状，倒卵形、卵形或椭圆形，常带有一个圆锥形或圆柱状的喙，喙一般不长过孢子的 1/3，黄褐色，壁光滑或具有小刺，一般 3～4(～8)个横隔，1 个或 2 个纵隔，孢子总长通常为 20～36μm×9～18μm，喙一般宽 2～5μm(图 24-17)。

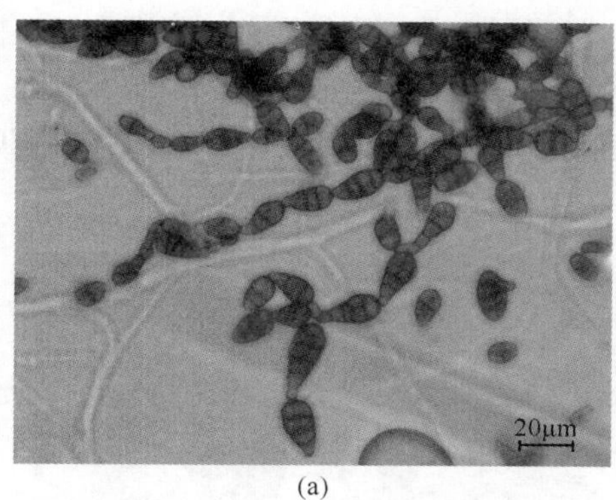

(a)

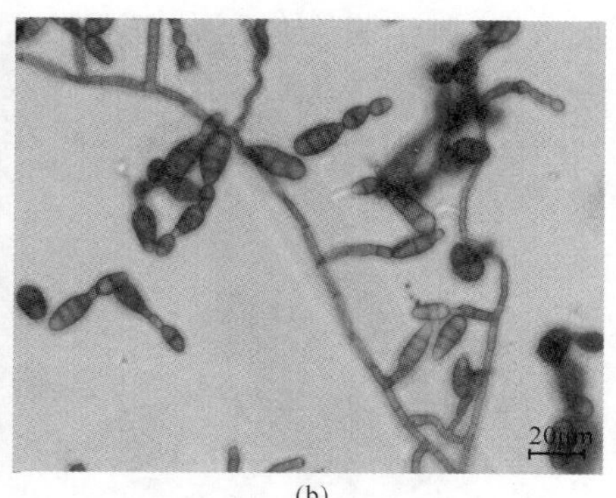

(b)

图 24-17　*Alternaria alternate*

(a)、(b)褐色链状生的分生孢子。(a) 4172；(b) 511

分布：该种是最常见的腐生真菌，在许多种植物和其他基质，包括土壤、食品、纺织品上均有发现。是世界分布的种类。本研究主要分离于兰科植物白及、手参体内。

凭证标本：3193，3194，511，515，2502，Sc-b-6，138，557，2237，2965，2966，2967，4172，4385。

2. *Alternaria citri* Ellis & Pierce apud Pierce，Bot. Gaz. 33：234，1902.

菌落生长较快，PDA 培养基上，25℃培养 7 天，直径达 3～4cm，菌落灰白色至灰褐色，气生菌丝棉毛状，发达，有时呈不明显的同心圆环状生长，背面黑色。菌丝无色。分生孢子梗黄褐色或褐色，有隔，简单或分枝，直或弯曲。分生孢子单独生长或呈分枝的链状(2～7 个孢子形成的链)，直或稍弯，通常呈倒卵形或卵形，黄褐色至黑褐色，光滑或具有小刺，1～3(～8)个横隔，多个纵隔或斜隔，在隔处缢缩，大小为 8～40μm×6～24μm，1 个纵隔，喙最长可达 8μm(图 24-18)。

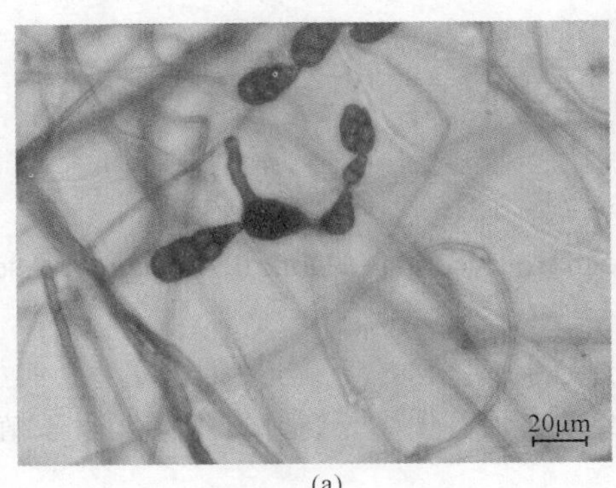

(a)

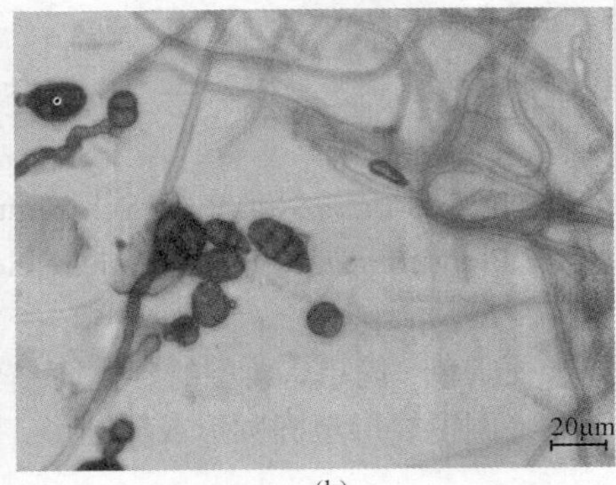

(b)

图 24-18　*Alternaria citri*

(a)、(b)褐色分生孢子(3200)

分布：该种也是该属常见种类，分布于世界很多国家和地区，在中国已有报道，本研究主要分离自白及体内。

凭证标本：3200。

3. *Alternaria tenuissima*(Kunze) Wiltshire，Trans. Br. Mycol. Soc. 18：157，1933.

菌落茶褐色，气生菌丝棉毛状，不很发达，背面同正面。菌丝褐色。分生孢子梗褐色，分隔，单生褐色分生孢子。分生孢子倒棍棒形或卵形，一般 3～7 个横隔，1～3 个纵隔，在尾部常被斜隔分隔，孢子大小为 40～80μm×8～18μm(包括喙)，喙长 14～40μm×10～20μm，圆柱状，有隔(图 24-19)。

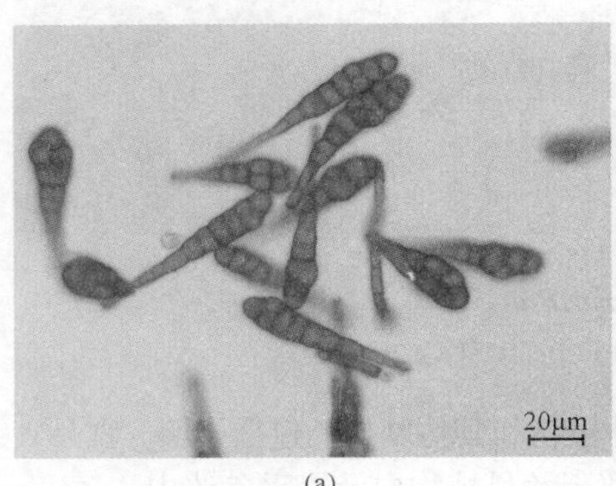

(a)

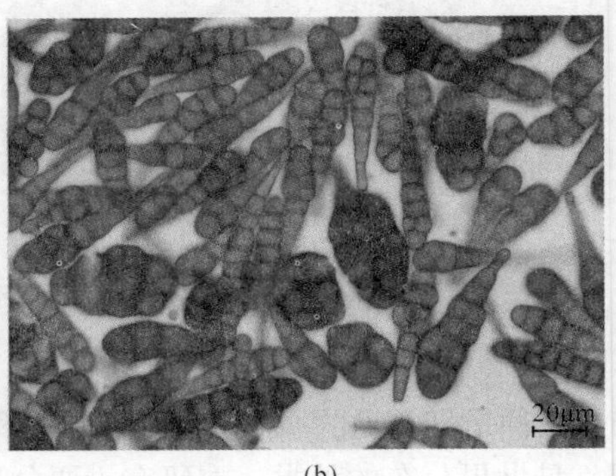

(b)

图 24-19　*Alternaria tenuissima*

(a)、(b)褐色分生孢子(2363)

分布：该种是交链孢属最常见的种类，寄主很广，已在多种植物中报道。本研究分离自兰科植物手参中。

凭证标本：2363，105。

十四、*Guignardia mangiferae*

Guignardia mangiferae A.J. Roy，Indian Phytopath 20(4)：348，1968.

菌落黑绿色，沙粒状，质密，背面黑绿色，可见培养基中有菌丝分枝，边缘不规则。菌丝暗色，有隔，分枝，产生厚垣孢子，未见分生孢子(图 24-20)。

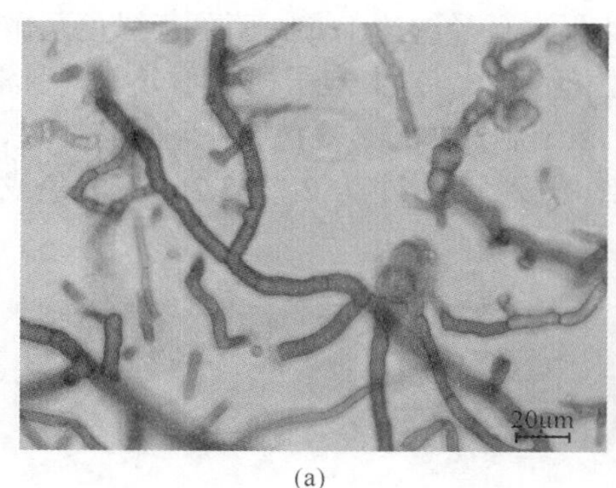

(a)

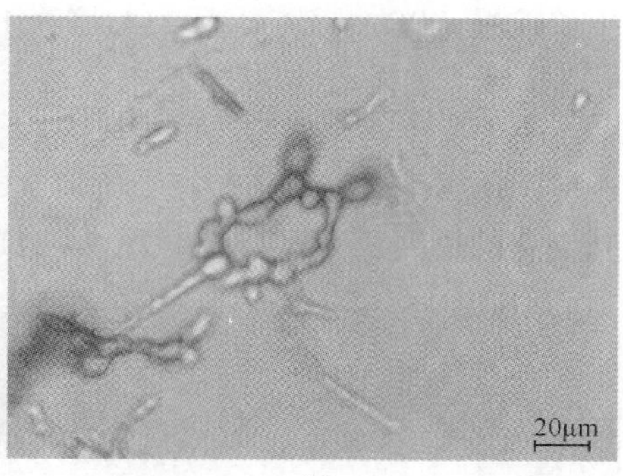

(b)

图 24-20　*Guignardia mangiferae*

(a)、(b)褐色有隔菌丝(192)

分布：本研究分离自白及体内。

凭证标本：192，214，3191，2186，4159，4170。

讨论：该种虽未见分生孢子，但是 DNA 序列比对表明其与 *G. mangiferae* 最为接近，本研究给出菌落及菌丝特征，便于以后鉴定参考。

十五、头孢霉属

Cephalosporium Corda，Icon. Fung. (Abellini) 3：11，1839.

分类位置：Incertae sedis，Hypocreales，Hypocreomycetidae，Sordariomycetes，Ascomycota.

有性世代：未知。

该属主要形态特征：分生孢子梗和小梗细长，简单；分生孢子无色，单胞，聚集在黏液滴中。寄生或腐生。

菌落污白色，略带淡粉色调，气生菌丝毡状，不发达，边缘规则完整。菌丝无色，细，分生孢子梗细长，简单，无色，顶端通常单生分生孢子。分生孢子椭圆形，无色，微小，大小为 1～3μm.

分布：本研究分离自手参植物体内。

凭证标本：499，514，3228。

十六、*Leohumicola*

Leohumicola N.L. Nickers.，Stud. Mycol. 53：41，2005.(新记录属)

分类位置：Incertae sedis，Incertae sedis，Incertae sedis，Leotiomycetes，Ascomycota

有性世代：未知。

分生孢子梗无色或淡褐色，分生孢子 2 个细胞，由 1 个基细胞和 1 个顶细胞组成，顶细胞黑褐色，壁厚，光滑或具有瘤突；基细胞，杯状或圆柱状，无色或淡褐色。该属与近缘属 *Humicola* 和 *Trichocladium* 等的区别见 Hambleton 等(2005)的文献。

1. *Leohumicola verrucosa* N.L. Nick., Hambl. & Seifert, Studies in Mycology 53: 44, 2005.

菌落生长较慢，PDA 培养基上 25℃培养 14 天，直径约达 1cm。菌落灰绿色至橄榄绿色，同心圆环状生长。气生菌丝毡状，不很发达。菌丝无色，分生孢子梗合轴分枝，通常产生 1 个或多个节。分生孢子两个细胞，单生或成簇。顶细胞近球形，褐色，外壁具有瘤突，大小为 4.5～5.2（～6.2）μm×4～5μm（不包括纹饰）；基细胞杯状，大小为 2.7～3.2μm，淡色或淡褐色，顶细胞和基细胞的长度比为 1.4～2.1（图 24-21）。

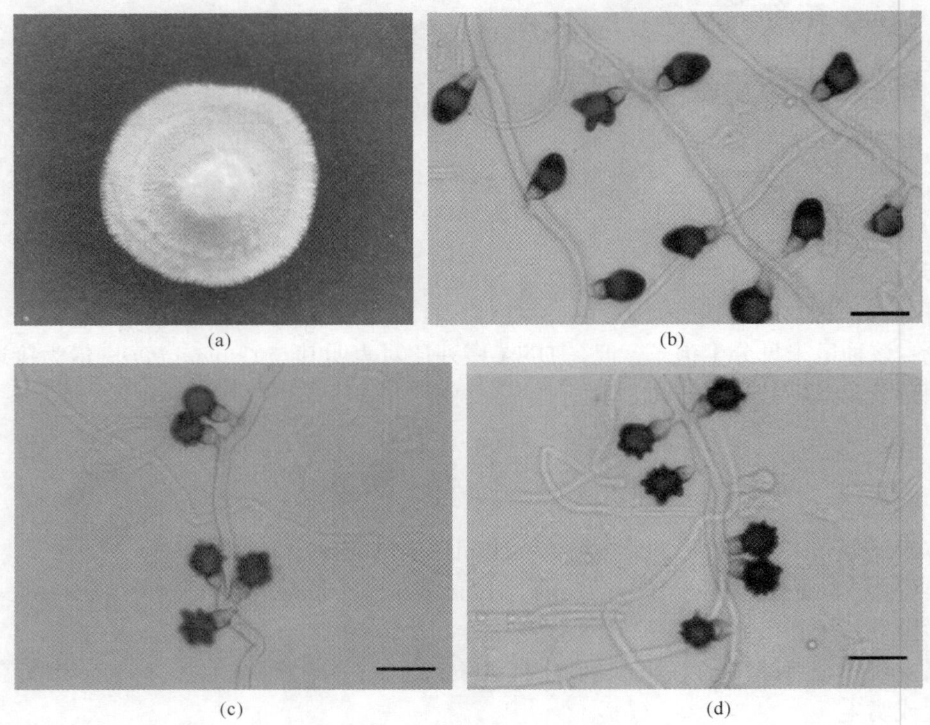

图 24-21 *Leohumicola verrucosa*

(a) 菌落（PDA 培养基）；(b)～(d) 分生孢子梗及分生孢子。标尺：10μm（3231）

分布：加拿大，波多黎各，中国。原分离自热处理的土壤中，以及松科、杜鹃花科根内。本研究分离自兰科独蒜兰根部。

凭证标本：3231。

2. *Leohumicola minima*（de Hoog & Grinb.）Seifert & Hambl., Stud. Mycol. 53：48，2005.（新记录种）

菌落生长较慢，PDA 培养基上 25℃培养 14 天，直径约达 2cm，菌落中部灰色，而后深绿色，边缘白色，背面同正面，菌丝无色至黄绿色。分生孢子最初两个细胞，单生，或沿着菌丝成对或成簇生长，顶细胞大小为（4.5～）6～8μm×3.5～5μm，椭圆形，有时顶端稍尖，初与基细胞同样颜色，后变褐色，壁稍厚，不光滑，带有指状的突起或刺，刺 1μm 长。顶细胞和基细胞连接处缢缩，两细胞中间有孔，基细胞大小为 2～5.5μm，放射状对称分布，近无色至淡褐色，顶细胞与基细胞的比例为 1.3～3.2。厚垣孢子间生，或顶生，圆柱状或椭圆形，单一或呈短链（图 24-22）。

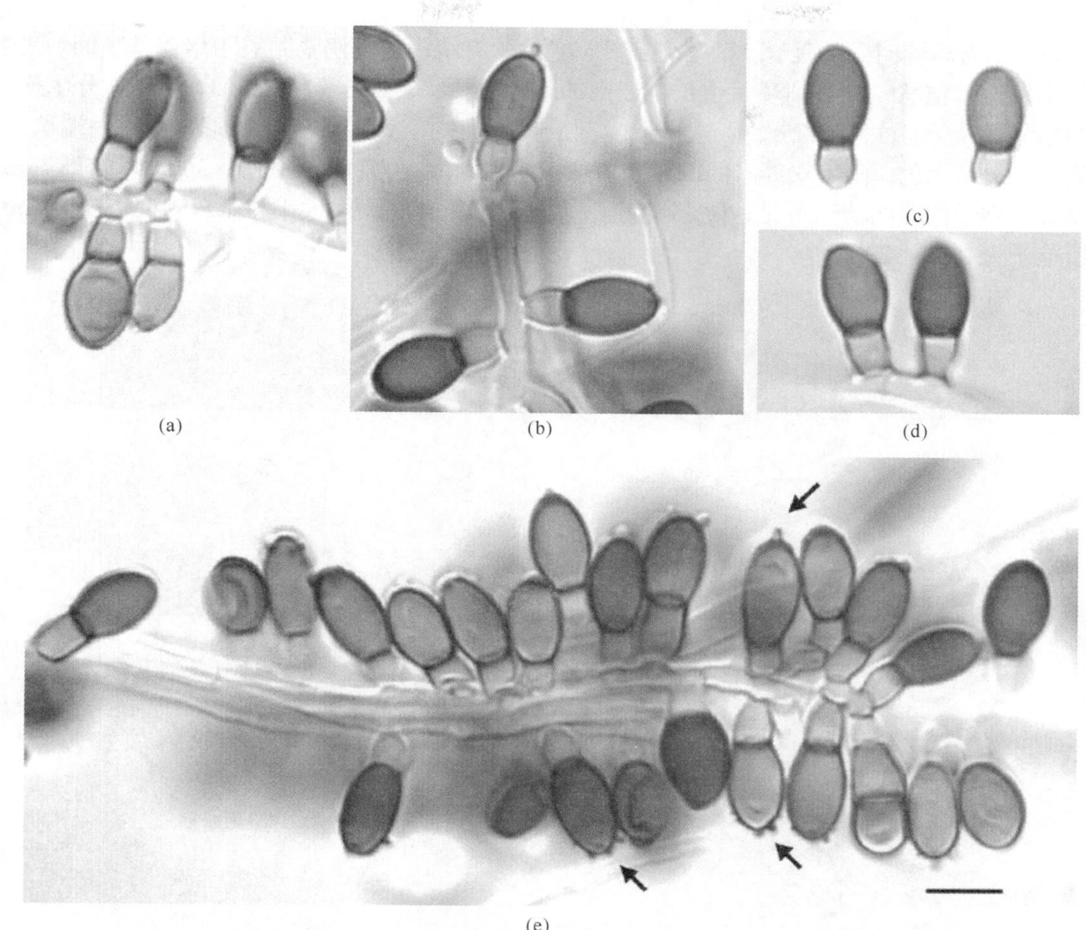

图 24-22 *Leohumicola minima*(引自 Hambleton et al.，2005)
示分生孢子着生方式及分生孢子

分布：智利。最初从火山灰中分离得到。本研究分离自云南独蒜兰假鳞茎中，在中国属首次报道。

凭证标本：XZ-2-c-1，SC-a-2。

讨论：该种与 *L.verrucosa* 的区别在于其在 PDA 上生长相对较快，顶细胞椭圆形，纹饰稀疏的刺。本研究没有观察到分生孢子，从菌落形态上观察应该属于 *Leohumicola*，DNA 序列比较与 *L. minima* 很相似。分生孢子特征描述来自 Hambleton 等(2005)的文献，该属在 PDA 上不容易产孢，培养 6 个月甚至更长时间不产孢。

十七、隐 孢 壳 属

Cryptosporiopsis Bubák & Kabát，Hedwigia 52：360，1912.

分类位置：Dermateaceae，Helotiales，Leotiomycetidae，Leotiomycetes，Ascomycota

有性世代：*Pezicula* sp.。

Cryptosporiopsis ericae **Sigler，Stud. Mycol. 53：57，2005.**(新记录种)

菌落生长快，PDA 培养基上 25℃培养 14 天，直径约达 8cm。菌落淡黄褐色，背面中部锈红褐色，随着培养时间的延长，菌落变灰黄褐色，并有淡褐色分泌物附着于培养基表面。气生菌丝不发达，毡状，同心圆环状生长。产孢细胞产瓶梗状，10.5～14μm×3～4μm。分生孢子堆初白色，后变金黄色或红褐色。大型分生孢子圆柱状，稍弯，少数直，顶端钝圆或一端稍尖，无隔，光滑，无色，随着培养时间的延长可变黄褐色，大小为(18.5～)20～30μm×5.5～7μm；大型分生孢子内涵物清晰可见；小型分生孢子无色，光滑，椭圆形，大小为 2.5～4μm×1～2μm。厚垣孢子无(图 24-23)。

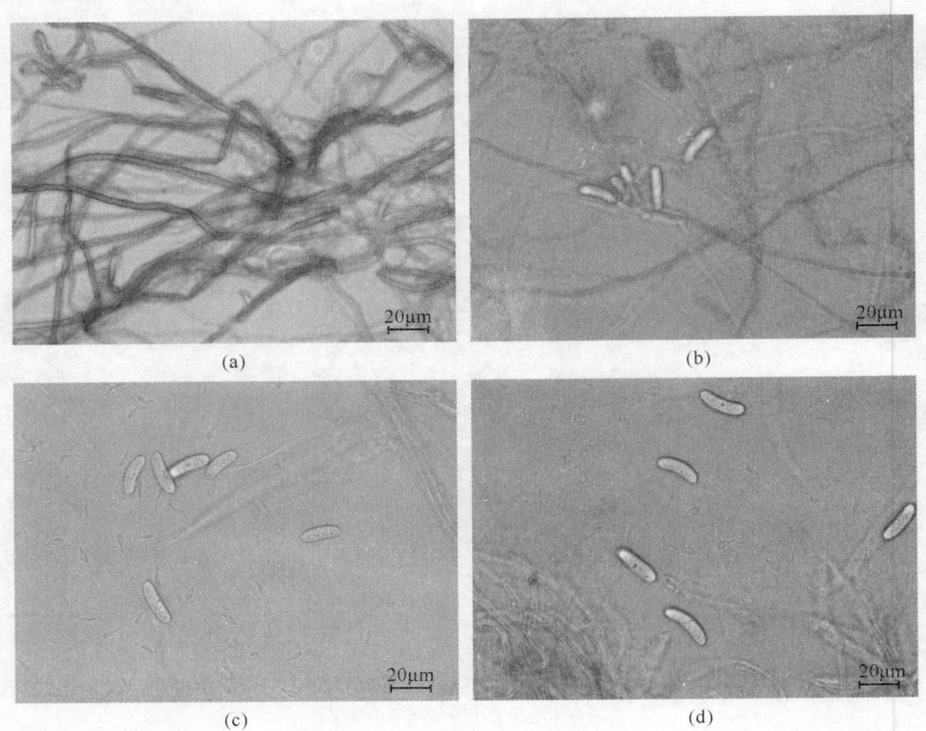

图 24-23　*Cryptosporiopsis ericae*

(a) 菌丝；(b) 瓶梗状分生孢子梗；(c)、(d) 分生孢子 (XZ-2-a-10)

分布：最初分离自杜鹃花根部。本研究分离自兰科独蒜兰根部。

凭证标本：XZ-2-a-12，Sc-b-2，XZ-2-a-10，Sc-b-1。

十八、枝 孢 属

Cladosporium Link，Magazin Ges. Naturf. Freunde，Berlin 7：37，1816.

分类位置：Davidiellaceae，Capnodiales，Dothideomycetidae，Dothideomycetes，Ascomycota

有性世代：*Davidiella* sp.。

该属主要形态特征：分生孢子梗高，暗色，直立，在顶部附近各种分置，成簇或单生；分生孢子暗色，1 个或 2 个细胞，形状和大小不一，卵圆形至圆柱形和不规则，常呈简单的或分枝的像顶的链。

Cladosporium sphaerospermum **Penz.，Michelia 2：473，1882.**

菌落生长较快，PDA 培养基上 25℃培养 7 天，直径达 4cm 左右。菌落灰绿色，气生菌丝毡状，背面暗绿色，同心圆环状生长，菌丝褐色，分生孢子梗淡色至褐色，分生孢子小梗瓶状，小梗上着生淡褐色的分生孢子。分生孢子光滑，暗色，形状不很规则，梭形或椭圆形，串生，大小为 4.5～12.5μm×2.5～4.5μm（图 24-24）。

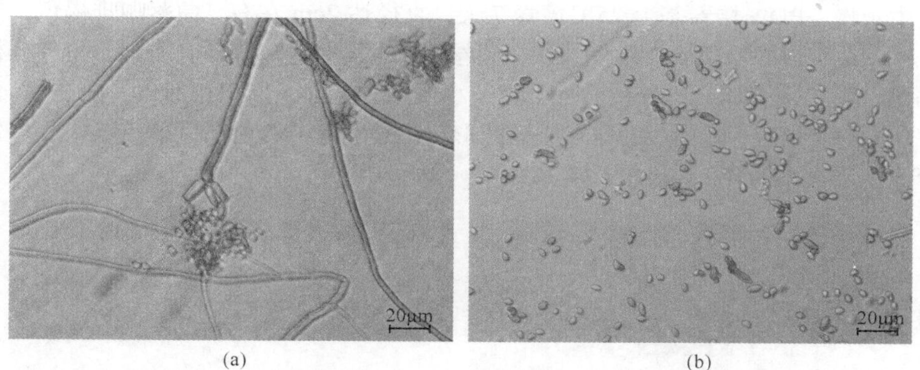

(a)　(b)

图 24-24　*Cladosporium sphaerospermum*

(a)、(b)褐色分生孢子梗及分生孢子(1666)

分布：分离自兰科植物手参中。

凭证标本：1666，531。

十九、*Chloridium* sp.

菌落生长较快，PDA 培养基上 25℃培养 7 天，直径达 3cm。菌落黑色，边缘白色，规则完整。气生菌丝不发达。菌丝褐色。分生孢子梗褐色，常侧生于气生菌丝上，直，不分枝或少分枝，小梗细短。分生孢子无色，光滑，单生于分生孢子小梗顶端，椭圆形，大小为 2～4μm（图 24-25）。

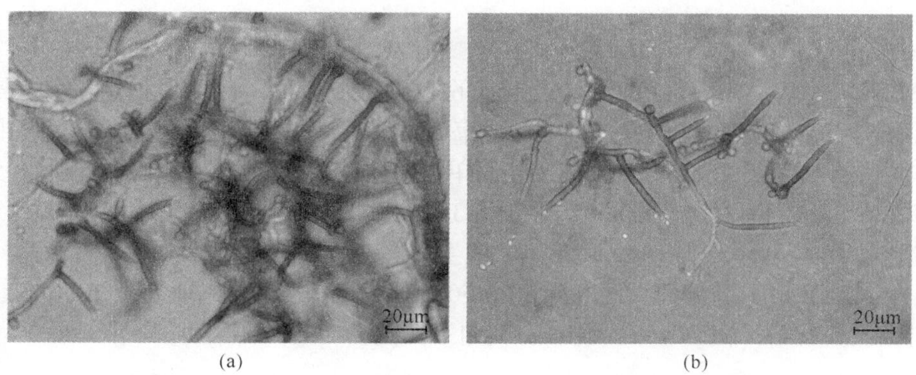

(a)　(b)

图 24-25　*Chloridium* sp.

(a)黑褐色分生孢子梗；(b)无色光滑的球形分生孢子(3557a)

分布：本研究分离自白及田间回收的种子中。

凭证标本：3557a。

讨论：该种的主要特征是褐色分生孢子梗顶端着生微小的椭圆形无色分生孢子，从分生孢子的着生方式、分生孢子的形态及 DNA 序列比对来看，其与侧孢属(*Chloridium*)最为相似。

二十、***Helotiales* sp.**

菌落生长慢，PDA 培养基上 25℃培养 7 天，直径达 2cm 左右。菌落咖啡褐色，气生菌丝棉毛状，较发达，边缘不整齐，略呈波状。菌丝淡褐色至褐色，光滑，有隔，少有分枝。分生孢子梗褐色，简单，有隔，不分枝。分生孢子小梗同分生孢子形态相似，一般 3～6 个细胞，椭圆形。分生孢子褐色，光滑，近球形或椭圆形，在分生孢子梗顶部呈单一链状或多分枝链状生长，分生孢子大小为 4～8μm(图 24-26)。

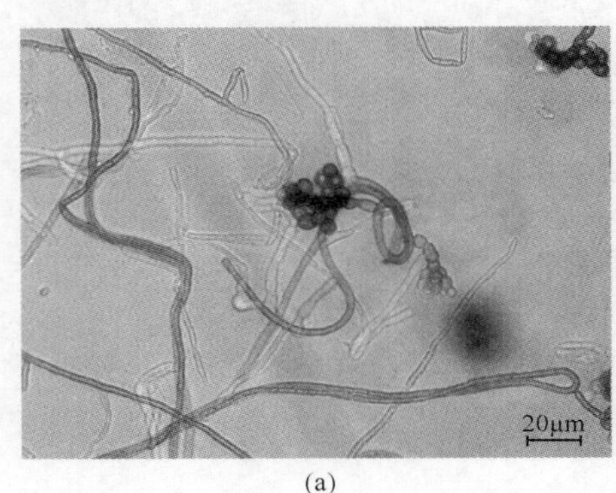

(a)

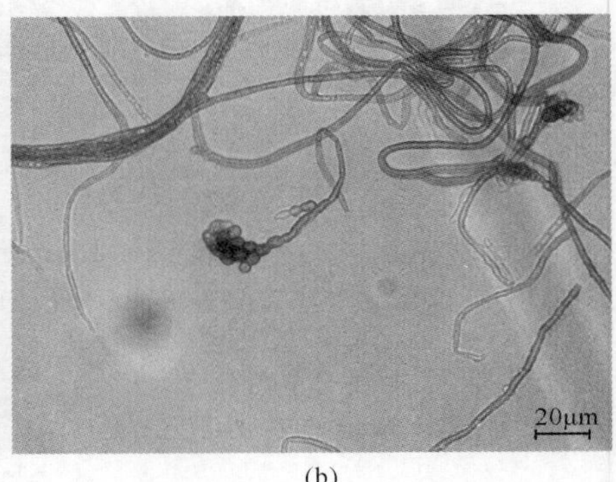

(b)

图 24-26　*Helotiales* sp.

(a)、(b)褐色分生孢子梗及分生孢子(3190)

分布：本研究分离自白及植物体内。

凭证标本：3190。

二十一、枝 孢 霉 属

Acremonium sp.

在麦麸糖培养基上，菌落菌丝呈白色至黄白色，短绒毛状，有时贴生于培养基表面而平。菌丝直径为 2～5μm，无色至淡色，有时可成束而呈淡黄褐色，部分细胞可膨大，椭圆形或桶状，菌丝宽直径可达 13.75μm。分生孢子梗简单，不分枝，基部宽，具隔，瓶梗状，无色。分生孢子无色，单胞，偶 1 隔，椭圆形，7.5～13.75μm×2.5～3.75μm。厚垣孢子无色至淡色，近球形或不规则球形，6.25～10μm，单生，间生，偶链状。

凭证标本：OEF0131 分离自硬叶兰；OEF0153、1054 分离自鹤顶兰；OEF0452、0454、0455 分离自铁皮石斛；OEF0462、0463 分离自莎草兰。

二十二、简梗孢霉属

Chromosporium sp.

在麦麸糖培养基上菌落菌丝初白色、污白色，后黄白色、浅土黄色，短绒毛状。菌丝直径2.5～6.25μm，部分细胞稍膨大，7.5～20μm×3.75～7μm。分生孢子梗简单，不分枝，基部宽，顶端锐，瓶梗状。分生孢子无色，单胞，椭圆形、窄椭圆形，有时稍弯，7.5～12.5μm×2.5～3.75μm。厚垣孢子黄褐色至红褐色，扁球形或球形，10～11.25μm×11.25～12.5μm，链状或聚集成团。

标本研究：OEF0132、0136 分离自硬叶兰；OEF0466 分离自莎草兰；OEF0013 分离自白柱万带兰；OEF0155 分离自鹤顶兰；OEF0212 分离自棒叶万带兰；OEF0272、0274 分离自赤唇石豆兰；OEF0063、0061 分离自狭叶紫毛兜兰。

二十三、筒 孢 霉 属

Cylindrium sp.

在麦麸糖培养基上菌落菌丝白色至灰白色，后淡黄褐色，稀疏绒毛状。菌丝直径 2.5～3.75μm，无色，部分细胞膨大呈近球形、球形，单个或成串、成团，间生，光滑或粗糙，薄壁或稍厚壁，直径为 5～6.25μm。分生孢子梗为菌丝短分枝或稍长，基部宽，顶端锐，瓶梗状。分生孢子无色，杆状或圆筒状，一端平截，11.25～25μm×2.5～5μm，0～1 隔。

标本研究：OEF0206 分离自香果兰；OEF0282 分离自聚石斛；OEF0211 分离自棒叶万带兰；OEF0032、0033、0038 分离自墨兰。

二十四、小指孢霉属

Dactylella sp.

在麦麸糖培养基上菌落菌丝白色，疏松短绒毛状。菌丝直径 3.75～5(～6.25)μm。分生孢子梗细长，多隔，不分枝，顶端稍膨大而宽，分生孢子多个聚生于顶端，脱落后在分生孢子梗顶端留下小突起。分生孢子椭圆形、弯月形，15～30(～37.5)μm×3.75～5μm，1～3 隔。

标本研究：OEF0351 分离自白花贝母兰；OEF0022 分离自寒兰。

二十五、单端孢霉属

Didympsis sp.

在麦麸培养基上菌落菌丝白色，短茸毛状或匍匐于基物表面。菌丝直径(2.5～)3.75～6.25μm，部分细胞膨大至宽圆柱状或近球形，直径达 7.5～10μm。分生孢子梗简单，短或细长，无隔或多隔，基部宽，顶端锐，顶生单个分生孢子。分生孢子椭圆形或弯圆柱状，15～23.75μm×3.75～5μm，1 隔。

标本研究：OEF0261 分离自虎头兰；OEF0015，0016，00111 分离自白柱万带兰。

二十六、梭 孢 霉 属

Fusidium sp.

在麦麸培养基上菌落菌丝白色，短绒毛状。菌丝直径(2～)3.75～5μm，部分细胞膨大呈椭圆形、短圆柱状或近球形，宽达 10μm，单生或成串而呈念珠状。分生孢子梗短，无隔，不分枝，瓶梗状，顶生分生孢子。分生孢子无色，窄椭圆形至梭椭形，(7.5～)10～1.75μm×2～3.75μm，0～1 隔。无厚垣孢子。

标本研究：OEF0082，0083 分离自假万带兰；OEF0181 分离自多花指甲兰；OEF0204、0205、0206 分离自香果兰；OEF0533 分离自惠兰；OEF0151、0156 分离自鹤顶兰；OEF0283 分离自聚石斛。

菌株 OEF0533 可与报春石斛、长苏石斛、鼓槌石斛、密花石斛的种子形成共生关系而促进种子发芽。说明该种是兰科植物的共生真菌。

二十七、短梗梭孢霉

Fusoma sp.1

在麦麸糖培养基上菌落菌丝白色，短绒毛状，近贴生于基物表面。菌丝 2～5μm，许多细胞膨大而呈近念珠状，直径 7.5μm。分生孢子梗短，无隔，不分枝，瓶梗状，顶生分生孢子。分生孢子无色，窄梭椭形，8.75～18.75μm×2.5～3.75μm，1～3 隔，无厚垣孢子。

标本研究：OEF0131、0132 分离自梗叶兰；OEF0213、0214 分离自棒叶万带兰。

二十八、地　霉　属

Geotrichum sp.1

在麦麸糖培养基上菌落菌丝粉白色，绒毛状。菌丝直径 2～5μm，断裂形成分生孢子。分生孢子无色，单胞，柱状，7.5～8.75μm×2.5～3.75μm，光滑。

标本研究：OEF0043、0045 分离自大花万带兰。

二十九、黄萎轮枝霉

Verticillium albo－atrum Reinke & Berthold，Zersetz Kartoff. 75. 1879.

在麦麸糖培养基上菌落菌丝白色，绒毛状。菌丝直径(1.8～)2.5～6.25μm，部分细胞膨大呈短圆柱或近球形。分生孢子梗直立，轮枝状分枝，瓶梗状。分生孢子无色。椭圆形，6～8.75～2.5μm，单胞。

标本研究：OEF0134 分离自硬叶兰；OEF0334 分离自双叶厚唇兰。

三十、黑盘孢霉属

Pestalotia sp.

在麦麸糖培养基上菌落菌丝初白色，后黄褐色，匍匐于基物表面，表面有黑色粉粒，为分生孢子盘，分生孢子盘在放大镜下观呈盘状或垫状。菌丝无色至黄褐色，直径 1.25～2.5μm。分生孢子黑褐色(中部细胞)，纺锤形，20～25μm×6.25～7.5μm，4 隔，隔加厚，孢子顶端细胞无色，圆锥形，顶端具 3 条无色毛状物，22.5μm×0.6μm，基部具一细短柄，长 5μm。

标本研究：OEF0271 分离自赤唇石豆兰。

本章观察了来自兰科药用植物石斛、金线莲、手参、白及、独蒜兰植物的内生真菌 500 余株。500 余株内生真菌中有 50%以上在 PDA 培养基上不产生孢子。对不产生孢子的真菌都进行了 ITS 的序列测定。综合形态学和分子生物学的鉴定结果，所观察的内生真菌主要属于子囊菌门 3 纲 55 属，100 余种，8 株内生真菌属于担子菌门。在鉴定的内生真菌中，镰孢属(*Fusarium*)、刺盘孢属(*Colletotrichum*)、柱孢属(*Cylindrocarpon*)、交链孢属(*Alternaria*)、拟盘多毛孢属(*Pestalotiopsis*)、炭角菌属(*Xylaria*)及木霉属(*Trichoderma*)的真菌是最常分离到的，占观察真菌总数的 51% 。

本章研究发现新记录属 1 个，即 *Leohumicola*；新记录种 5 个，包括 *Leohumicola minima*、*Leohumicola verrocuse*、*Spadicoides bina*、*Cadophora malorum*、*Cryptosporiopsis ericae*。

（陈 娟 范 黎 郭顺星）

参 考 文 献

范黎，郭顺星，肖培根. 1998. 十九种兰科植物根的内生担子菌. 热带作物学报，19(4)：77-82.

范黎，郭顺星. 1996. 墨兰共生真菌一新种的分离、培养、鉴定及其生物活性. 真菌学报，15(4)：251-255.

郭顺星，徐锦堂. 1992. 白及种子萌发和幼苗生长与紫萁小菇等 4 种真菌的关系. 中国医学科学院学报，14(1)：51-54.

徐锦堂，郭顺星. 1989. 供给天麻种子萌发营养的真菌——紫萁小菇. 真菌学报，8(3)：221-226.

中国科学院北京植物研究所. 1976. 中国高等植物图鉴. 第五册. 北京：科学出版社.

Alconero R. 1969. Mycorrhizal synthesis and pathology of *Rhizoctonia solani* in *Vanilla orchid* roots. Phytopathology，59：426-430.

Burgef HF. 1959. Myocrrhiza of Orchids. In：Witlhner CL. The Orchids，A Scientific Survey. New York：The Ronald Press Co，361-395.

Cribb PJ，Lell SP，Dixon KW，et al. 2003. Orchid Conservation：A Global Perspective. *In*：Dixon KW，Kell SP，Barrett RL，et al. Orchid Conservation. Kota Kinabalu：Natural History Publications，1-24.

Currah R S，Hambleton S，Smreciu A. 1988. Mycorrhizae and mycorrhizal fungi of *Calypso bulbosa*. American Journal of Botany，739-752.

Currah RS，Smreciu EA，Hambleton S. 1990. Mycorrhizae and mycorrhizal fungi of boreal species of *Platanthera* and *Coeloglossum* (Orchidaceae). Canadian Journal of Botany，68：1171-1181.

Currah RS，Zelmer C. 1992. A key and notes for the genera of fungi mycorrhizal with orchids and a new species in the genus *Epulorhiza*. Reports of the Tottori Mycological Institute (Japan)，30：43-59.

Gr ü nig CR，Sieber TN. 2005. Molecular and phenotypic description of the widespread root symbiont *Acephala applanata* gen. et sp. nov.，formerly known as dark-septate endophyte type 1. Mycologia，97(3)：628-640.

Guo S，Fan L，Cao WQ，et al. 1998. *Mycena dendrobii*，a new mycorrhizal fungus. Mycosystema，18(2)：141-144.

Guo SX，Fan L，Cao WQ，et al. 1997. *Mycena anoectochila* sp. nov. isolated from mycorrhizal roots of *Anoectochilus roxburghii* from Xishuangbanna China. Mycologia，952-954.

Hambleton S，Nickerson NL，Seifert KA. 2005. *Leohumicola*，a new genus of heat-resistant hyphomycetes. Studies in Mycology，53：29-52.

Moore RT. 1987.The genera of Rhizoctonia-like fungi：*Ascorhizoctonia*，*Ceratorhiza* gen. nov.，*Epulorhiza* gen. nov.，*Moniliopsis*，and *Rhizoctonia*. Mycotaxon，29：91-99.

Richardson KA，Currah RS，Hambleton S.1993.Basidiomycetous endophytes from the roots of neotropical epiphytic Orchidaceae. Basidiomicetes endofíticos en las raíces de orquídeaas neotropicales epífitas. Lindleyana，8(3)：127-137.

Uetake Y，Kobayashi K，Ogoshi A. 1992. Ultrastructural changes during the symbiotic development of *Spiranthes sinensis* (Orchidaceae) protocorms associated with binucleate *Rhizoctonia* anastomosis group C. Mycological Research，96：199-209.

Warcup JH. 1991. The Rhizoctonia endophytes of *Rhizanthella* (Orchidaceae). Mycological Research，95(6)：656-659.

第二十五章　兰科药用植物内生真菌多样性的系统研究

兰科植物具有丰富的内生真菌类群，但自然界中85%～99.9%的微生物还不能通过纯培养来分离(Amann et al.，1995)，就可培养的兰科内生真菌而言，人们对其了解的程度相对更少。本章从中国西南地区兰花种类最丰富的云南、广西、海南、西藏等5省(自治区)16个地理区域采集120种野生或引种栽培的兰科植物，分离其内生真菌资源，系统地研究其内生真菌多样性，探讨内生真菌在植物中的分布情况，并从中寻找一些具有显著生物学功能的菌种资源。

第一节　兰科药用植物样品的采集

从广西壮族自治区靖西县和那坡县，西藏藏族自治区察隅县和墨脱县，海南省昌江县和五指山市，云南省大理市、贡山县、红河州、西双版纳州、勐海县、勐养县、麻栗坡县、维西县、景东县，以及北京市怀柔区5省(自治区、直辖市)的16个地理区域共采集附生型和地生型兰科植物根样153份，它们分属于41属；有119份样品鉴定到种，它们分属于100种2变种。部分野生兰科植物的生境见图25-1～图25-3，具体详见表25-1～表25-6。兰科植物的鉴定参考《中国野生兰科植物彩色图鉴》(陈心启等，1999)和《中国植物志》(中国科学院中国植物志编辑委员会，1999)。

表25-1　地生型兰科植物名录

编号	拉丁学名	植物名称	采集地点
1	*Anoectochilus* sp.	开唇兰属	云南麻栗坡县
2	*Anthogonium gracile*	筒瓣兰	云南景洪
3	*Bletilla* sp.	白及属	云南勐海
4	*Calanthe. alismaefolia*	泽泻虾脊兰	云南勐海
5	*C. davidii*	剑叶虾脊兰	云南麻栗坡县
6	*C. discolor*	虾脊兰	广西靖西县
7	*C. puberula*	镰萼虾脊兰	云南麻栗坡县
8	*Calanthe* sp.	虾脊兰属-1	西藏墨脱
9	*Calanthe* sp.	虾脊兰属-2	云南麻栗坡县

续表

编号	拉丁学名	植物名称	采集地点
10	*C. triplicata*	三褶虾脊兰	云南勐海
11	*C. argenteo-striata*	银带虾脊兰	云南勐海
12	*Cephalantheropsis gracilis*	黄兰	海南五指山
13	*Cymbidium aloifolium*	纹瓣兰	云南勐海
14	*C. cyperifolium*	莎叶兰	云南勐海
15	*C. goeringii*	豆瓣兰-1	云南勐海
16	*C. goeringii*	豆瓣兰-3	云南勐海
17	*C. goeringii*	豆瓣兰-2	云南维西县
18	*C. goeringii*	豆瓣兰-4	云南维西县
19	*C. lowianum*	碧玉兰	云南勐海
20	*C. sinense*	墨兰	广西靖西县
21	*C. sinense*	墨兰	云南勐海
22	*Cymbidium* sp.	兰属	广西靖西县
23	*Cymbidium* sp.	兰属	云南红河州
24	*Cymbidium* sp.	兰属	云南麻栗坡县
25	*Cymbidium* sp.	兰属	云南麻栗坡县
26	*C. hookerianum*	虎头兰	广西靖西县
27	*C. lancifolium*	兔耳兰-1	广西靖西县
28	*C. lancifolium*	兔耳兰-2	海南五指山
29	*Cypripedium flavum*	黄花杓兰-1	北京怀柔区
30	*C. henryi*	绿花杓兰	北京怀柔区
31	*C. lichiangense*	丽江杓兰	北京怀柔区
32	*C. flavum*	黄花杓兰-2	云南野生
33	*C. macranthum*	大花杓兰	北京怀柔区
34	*C. tibeticum*	西藏杓兰	北京怀柔区
35	*C. tracyanum*	西藏虎头兰	西藏察隅
36	*Eulophia spectabilis*	紫花美冠兰	云南景洪
37	*Goodyera schlechtendaliana*	斑叶兰	云南麻栗坡县
38	*Gymnadenia* sp.	手参属	云南麻栗坡县
39	*Habenaria davidii*	长距玉凤花	云南维西县
40	*Liparis.balansae*	圆唇羊耳蒜	云南麻栗坡县
41	*L. bootanensis*	镰翅羊耳蒜	海南五指山
42	*L. distans*	大花羊耳蒜	云南贡山
43	*Liparis.* sp.	羊耳蒜属	云南麻栗坡县
44	*L. stricklandiana*	扇唇羊耳蒜	云南贡山
45	*Malaxis* sp.	沼兰一种-1	海南昌江
46	*Malaxis* sp.	沼兰一种-2	云南麻栗坡县
47	*Nervilia aragoana*	广布芋兰	云南麻栗坡县
48	*Phaius tankervilleae*	鹤顶兰	云南景洪
49	*P. flavus*	黄花鹤顶兰	云南麻栗坡县
50	*Phaius* sp.	鹤顶兰属	云南麻栗坡县

表 25-2　附生型兰科石斛属植物名录

编号	拉丁学名	植物名称	采集地点
1	*Dendrobium aurantiacum* var. *denneanum*	叠鞘石斛	云南麻栗坡县
2	*D.brymerianum*	长苏石斛-1	云南勐海
3	*D.fimbriatum*	马鞭石斛-1	广西靖西县
4	*D.fimbriatum*	马鞭石斛-2	云南勐养(野生)
5	*D. fimbriatum*	流苏石斛	云南西双版纳
6	*D. nobile*	金钗石斛	西藏察隅
7	*D. nobile*	金钗石斛-3	云南景洪
8	*Dendrobium* sp.	石斛一种	云南勐海
9	*Dendrobium* sp.	石斛一种	云南勐海
10	*D.acinaciforme*	剑叶石斛	云南勐养(野生)
11	*D.aphyllum*	兜唇石斛	云南勐养(野生)
12	*D.brymerianum*	长苏石斛-2	云南景东
13	*D.capillipes*	短棒石斛	云南勐养(野生)
14	*D.chrysanthum*	束花石斛-1	广西靖西县
15	*D.chrysanthum*	束花石斛-2	云南勐海
16	*D.crepidatum*	美花石斛	广西靖西县
17	*D.crepidatum*	玫瑰石斛	云南勐海
18	*D.densiflorum*	密花石斛	云南勐海
19	*D.devonianum*	齿瓣石斛-1	云南勐海
20	*D.devonianum*	齿瓣石斛-2	云南勐海
21	*D.exile*	景洪石斛	云南勐养(野生)
22	*D.falconeri*	串珠石斛	云南勐海
23	*D.findlayanum*	棒节石斛	云南勐海
24	*D.gratiosissimum*	杯鞘石斛	云南勐海
25	*D.hancockii*	细叶石斛	云南勐海
26	*D.jenkinsii*	小黄花石斛	云南勐养(野生)
27	*D.lindleyi*	聚石斛	广西靖西县
28	*D.lohohense*	罗河石斛	云南麻栗坡
29	*D.longicornu*	长距石斛	云南勐海
30	*D.nobile*	金钗石斛-2	西藏墨脱
31	*D.nobile*	金钗石斛-1	云南勐养(野生)
32	*D.primulinum*	报春石斛	云南勐养(野生)
33	*D.thyrsiflorum*	球花石斛	云南勐海
34	*D.williamsonii*	黑毛石斛-1	海南五指山
35	*D.williamsonii*	黑毛石斛-2	云南勐海

表 25-3　附生型兰科槽舌兰属植物名录

编号	拉丁学名	植物名称	采集地点
1	*Holcoglossum nujiangense*	怒江槽舌兰	云南贡山
2	*H. sinicum*	中华槽舌兰	云南大理
3	*H. wangii*	大花槽舌兰	广西那坡
4	*H. weixiense*	维西槽舌兰	云南维西

续表

编号	拉丁学名	植物名称	采集地点
5	*H. flavescens*	短距槽舌兰	云南大理
6	*H. kimballianum*	管叶槽舌兰	云南西双版纳
7	*H. lingulatum*	舌唇槽舌兰	云南麻栗坡
8	*H. rupestre*	滇西槽舌兰	云南香格里拉
9	*H. subulifolium*	白唇槽舌兰	海南五指山

表 25-4　附生型兰科豆兰属和石仙桃属植物名录

编号	拉丁学名	植物名称	采集地点
1	*Bulbophyllum odoratissimum*	密花石豆兰-2	云南麻栗坡县
2	*B. odoratissimum*	密花石豆兰-1	云南勐海
3	*Bulbophyllum* sp.	卷瓣兰一种-2	广西靖西县
4	*Bulbophyllum* sp.	石豆兰属-1	广西靖西县
5	*Bulbophyllum* sp.	卷瓣兰一种-1	云南麻栗坡县
6	*Bulbophyllum* sp.	石豆兰属-2	云南红河州
7	*Bulbophyllum* sp.	石豆兰属-3	云南麻栗坡县
8	*Pholidota longipes*	长足石仙桃	广西靖西县
9	*P. imbricata*	宿苞石仙桃	云南勐海
10	*Pholidota* sp.	石仙桃属-1	广西靖西县
11	*Pholidota* sp.	石仙桃属-2	云南麻栗坡县
12	*Pholidota* sp.	石仙桃属-3	云南麻栗坡县

表 25-5　附生型兰科万代兰属和拟万代兰属植物名录

编号	拉丁学名	植物名称	采集地点
1	*Vanda coerulescens*	小蓝万代兰-2	云南勐海
2	*V. coerulescens*	小蓝万代兰-1	云南勐养(野生)
3	*V. brunnea*	白柱万代兰	云南勐海
4	*V. concolor*	琴唇万代兰	广西靖西县
5	*Vanda* sp.	万代兰	广西靖西县
6	*Vanda* sp.	万代兰	云南勐海
7	*Vandopsis gigantea*	拟万代兰	云南勐海

表 25-6　其他附生型兰科植物名录

编号	拉丁学名	植物名称	采集地点
1	*Acampe rigida*	多花脆兰	广西靖西县
2	*Aerides rosea*	多花指甲兰	广西靖西县
3	*Ascocentrum himalaicum*	圆柱叶鸟舌兰	云南腾冲
4	*Bulleyia yunnanensis*	蜂腰兰	云南勐海
5	*Cleisostoma fuerstenbergianum*	长叶隔距兰	云南勐海
6	*C. scolopendrifolium*	蜈蚣兰	云南勐养(野生)
7	*Cleisostoma* sp.	隔距兰属-1	海南五指山
8	*Cleisostoma* sp.	隔距兰属-2	海南五指山

续表

编号	拉丁学名	植物名称	采集地点
9	*Coelogyne* sp.	贝母兰属-2	广西靖西县
10	*Coelogyne* sp.	贝母兰属-1	云南西双版纳
11	*C. calcicola*	滇西贝母兰	广西靖西县
12	*C. leucantha*	白花贝母兰	云南麻栗坡县
13	*Cymbidium bicolor* subsp. *obtusum*	硬叶兰-2	云南麻栗坡县
14	*Cymbidium* sp.	大叶硬叶兰	云南勐养（野生）
15	*C. bicolor* subsp. *obtusum*	硬叶兰-1	广西靖西县
16	*Epipactis helleborine*	火焰兰	云南勐海
17	*Eria pannea*	指叶毛兰	云南勐养（野生）
18	*E. coronaria*	足茎毛兰	云南勐海
19	*Gastrochilus. affinis*	三背盆距兰	西藏察隅
20	*G. calceolaris*	盆距兰-1	西藏墨脱
21	*G. calceolaris*	盆距兰-2	云南贡山
22	*G. obliquus*	无茎盆距兰	云南西双版纳
23	*Hygrochilus parishii*	湿唇兰	云南勐海
24	*Luisia morsei*	钗子股	云南勐养（野生）
25	*Luisia* sp.	钗子股属	云南勐海
26	*L. magniflora*	大花钗子股	云南勐海
27	*Micropera* sp.	短足兰一种	西藏墨脱
28	*Nephelaphyllum tenuiflorum*	云叶兰	海南五指山
29	*Oberonia* sp.	鸢尾兰属	云南麻栗坡县
30	*Ornithochilus difformis*	羽唇兰	云南西双版纳
31	*Paphiopedilum dianthum*	长瓣兜兰	广西靖西县
32	*P. micranthum*	硬叶兜兰	广西靖西县
33	*Peristylus goodyeroides*	阔蕊兰	云南麻栗坡县
34	*Polystachya concreta*	多穗兰	云南勐养（野生）
35	*Rhynchostylis retusa*	钻喙兰-2	云南勐海
36	*R. retusa*	钻喙兰-1	云南西双版纳
37	*Robiquetia succisa*	小叶寄树兰	云南勐养（野生）
38	*Sterochilus dalatensis*	毛花兰	海南五指山
39	*Thrixspermum* sp.	白点兰一种	西藏墨脱
40	*Zeuxine nervosa*	美脉线柱兰	云南麻栗坡县

(a)　(b)

图 25-1　野生金钗石斛(a)和小黄花石斛(b)的生境（云南勐养县）（见彩图）

图 25-2　野生兰科植物及其生境(见彩图)

(a)长足石仙桃及其生境；(b)马鞭石斛及其生境；(c)硬叶兜兰及其生境；(d)长瓣兜兰及其生境；(e)多花脆兰的花、叶及蒴果；(f)多花脆兰的生境；(g)、(h)墨兰的生境。地点：广西靖西县

图 25-3　野生兰科植物及其生境(见彩图)

(a)多花指甲兰及其生境；(b)马鞭石斛及其生境；(c)硬叶兰及其生境；(d)单叶石仙桃及其生境；(e)束花石斛与单叶石仙桃伴生于石头上；(f)兔耳兰的生境；(g)卷瓣兰的生境。地点：广西靖西县

第二节 兰科药用植物根内生真菌的分离和鉴定

本节所用植物材料为兰科植物的根，具体植物名录见本章第一节。内生真菌的分离、培养和鉴定方法见本书第二十四章。

通过组织分离法从兰科植物的 4617 块根组织中共获得 672 株内生真菌。其中仅有很少一部分菌株经常规培养 1～3 周即可产生繁殖结构，对其进行形态鉴定。本章发现 80%左右的菌株在人工培养条件下很难产生可用于经典形态鉴定的特征，因此进行分子鉴定。

一、形态学鉴定

鉴定结果表明，产孢的菌株主要属于镰孢属（*Fusarium*）、青霉属（*Penicillium*）、轮层菌属（*Daldinia*）、球毛壳菌属（*Chaetomium*）、旋孢腔菌属（*Cochliobolus*）、炭角菌属（*Xylaria*）和节菱孢属（*Arthrinium*）等。分子鉴定的结果也支持形态学鉴定的结论。部分菌株菌落和繁殖结构的显微特征见图 25-4～图 25-9。在形态学观察过程中发现有 52 株兰科菌根真菌和 1 株 DSE，这些真菌的形态学鉴定及分子鉴定的内容将在本章第三节、第四节单独介绍。

二、分 子 鉴 定

采用基于 ITS-5.8S 基因片段的分子鉴定，部分真菌 ITS-5.8S 基因片段 PCR 产物的电泳结果见图 25-10。下面主要按来源植物为同属的方式逐一对这些菌株进行鉴定。

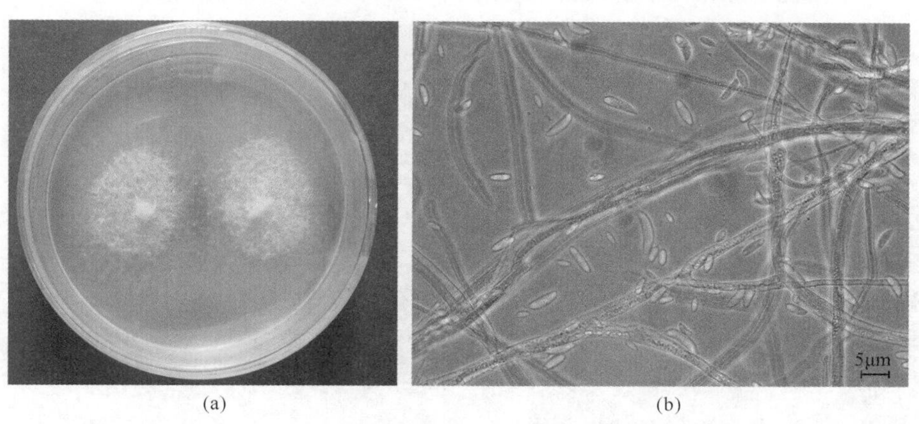

(a) (b)

图 25-4 镰孢属（菌株编号：9721）的菌落（a）和繁殖结构（b）

该菌株分离自广西靖西县地生型兰科植物兔耳兰的根

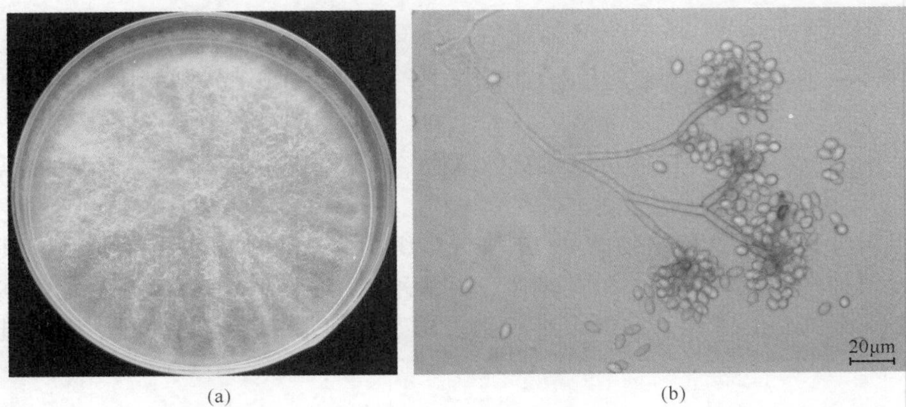

(a)　(b)

图 25-5　*Daldinia fissa*（菌株编号：5417）的菌落（a）和繁殖结构（b）

该菌株分离自广西靖西县野生兰科植物长足石仙桃的根

(a)　(b)

图 25-6　*Xylaria arbuscula*（菌株编号：5833）的菌落（a）和繁殖结构（b）

该菌株分离自云南省勐海附生型兰科植物湿唇兰的根。标尺：5mm

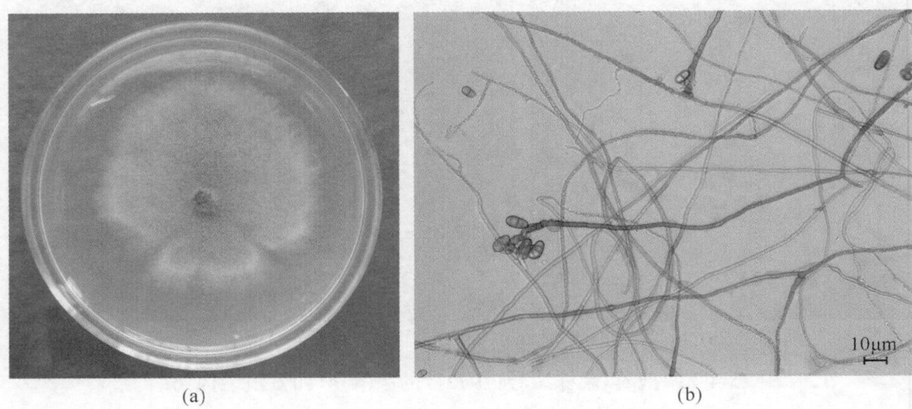

(a)　(b)

图 25-7　*Cochliobolus nisikadoi*（菌株编号：5414）的菌落（a）和繁殖结构（b）

该菌株分离自广西靖西县野生兰科植物长足石仙桃的根

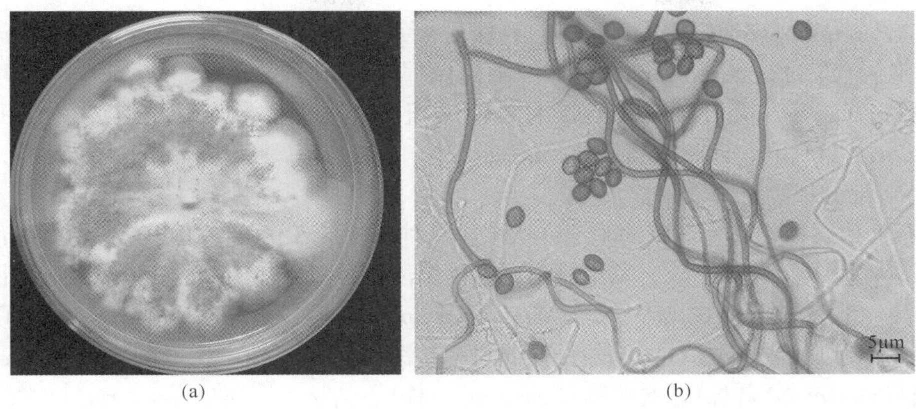

图 25-8　球毛壳菌（*C. globosum*）（菌株编号：9725）的菌落（a）和繁殖结构（b）

该菌株分离自广西靖西县地生型野生兰科植物的根

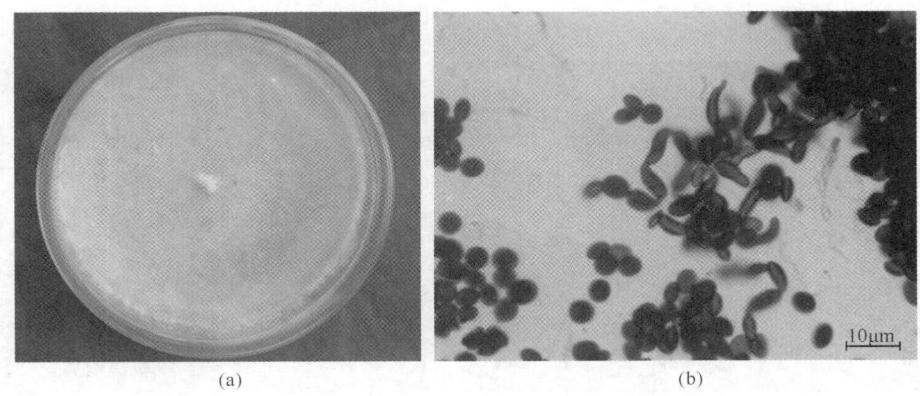

图 25-9　节菱孢属（菌株编号：5736）的菌落（a）和繁殖结构（b）

该菌株分离自云南勐养野生兰科植物小黄花石斛的根

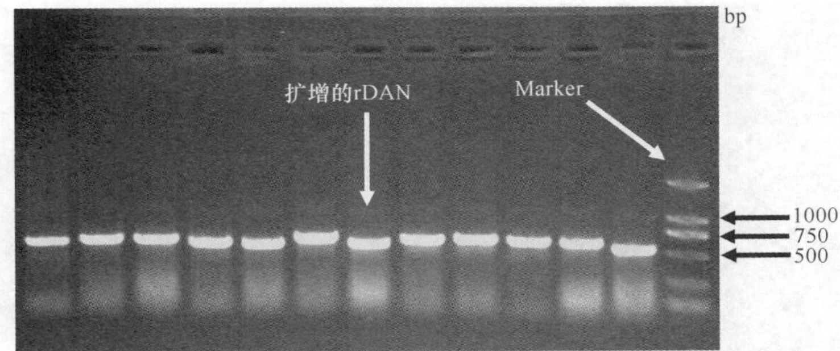

图 25-10　部分真菌的 ITS-5.8S 基因片段 PCR 产物的电泳结果

（1）石斛属植物内生真菌的鉴定：从该属 26 种植物的 33 份样品中分离到 127 株真菌，鉴定到属的有 104 株，分属于 26 属，其中镰孢属真菌为优势菌，占分离菌株的 23.62%，此外还有多孔菌属（*Polyporus*）（1 株）、*Tetracladium*（1 株）、产气霉属（*Muscodor*）（1 株）、丛白壳属（*Albonectria*）（1 株）、多节孢属（*Nodulisporium*）（7 株）、光黑壳属（*Preussia*）（3 株）、普可尼亚属（*Pochonia*）（1 株）、间座壳属（*Diaporthe*）、节丛孢属（*Arthrobotrys*）、附球菌属（*Epicoccum*）（2 株）、茎点霉属（*Phoma*）（3株）、链格孢属（*Alternaria*）（1株）、木霉属（*Trichoderma*）（1 株）、拟盘

多毛孢属(*Pestalotiopsis*)(2 株)、青霉属(1 株)、毛壳菌属(10 株)、新丛赤壳属(*Neonectria*)(7 株)、柱孢属(*Cylindrocarpon*)(1 株)、锥毛壳菌属(*Coniochaeta*)(1 株)、小球腔菌属(*Leptosphaeria*)(1株)、小丛壳属(*Glomerella*)(1株)、小不整球壳属(*Plectosphaerella*)(2 株)、弯孢霉属(*Curvularia*)(1 株)、外瓶霉属(*Exophiala*)(1 株)、炭疽菌属(*Colletotrichum*)(8 株)、炭角菌属(12 株)。部分植物见图 25-11。

(2)石仙桃属植物内生真菌的鉴定：从该属 5 种植物的 5 份样品中分离到 54 株真菌，鉴定到属的有 44 株，分属于 21 属，其中镰孢属为优势菌群，占分离菌株的 16.67%，此外还有链格孢属(1 株)、毛壳菌属(6 株)、枝孢属(*Cladosporium*)(1 株)、肉球菌属(*Creosphaeria*)(1 株)、隐孢壳属(*Cryptosporiopsis*)(1株)、轮层菌属(1株)、外瓶霉属(1株)、肉座菌属(*Hypocrea*)(1株)、土赤壳属(*Ilyonectria*)(1株)、炭垫属(*Nemania*)(4株)、新丛赤壳属(*Neonectria*)(1 株)、多节孢属(1 株)、拟青霉属(*Paecilomyces*)(2 株)、黑团孢属(*Periconia*) (1 株)、拟盘多毛孢属(1 株)、*Phaeosphaeriopsis*(1 株)、拟茎点霉属(*Phomopsis*)(2 株)、胶膜菌属(*Tulasnella*)(3 株)、炭角菌属(4 株)。部分植物见图 25-12。

(a)

(b)

图 25-11 马鞭石斛(a)和短棒石斛(b)(见彩图)

(a)

(b)

图 25-12 单叶石仙桃(a)和石仙桃属一种(b)(见彩图)

(3)豆兰属植物内生真菌的鉴定：从该属 6 种植物的 6 份样品中分离到 22 株真菌，鉴定到属的有 20 株，分属于 12 属，其中隐孢壳属为优势菌群，占分离菌株的 18.18%，此外还有链格孢属(1 株)、赤壳属(*Cosmospora*)(1 株)、隐孢壳属(4 株)、间座壳属(1 株)、附球菌属(1 株)、*Neofusicoccum*(2 株)、无柄盘菌属(*Pezicula*)(2 株)、拟茎点霉属(2 株)、*Proliferodiscus*(1

株）、*Tetraplosphaeria*（1 株）、炭角菌属（1 株）。部分植物见图 25-13。

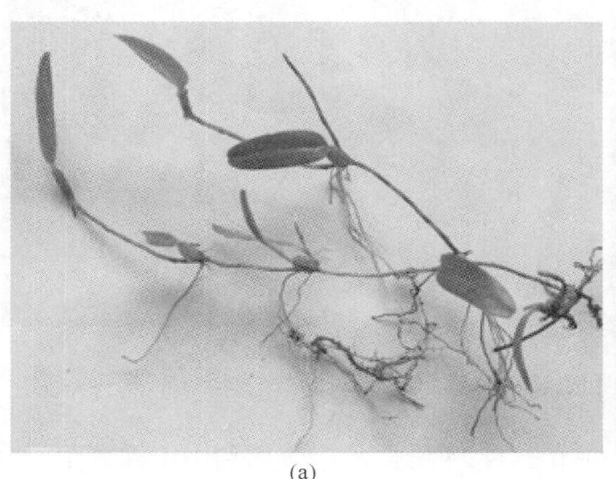
(a)

(b)

图 25-13　密花石豆兰（a）和卷瓣兰一种（b）（见彩图）

（4）钗子股属植物内生真菌的鉴定：从该属 3 种植物的 3 份样品中分离到 10 株真菌，鉴定到属的有 7 株，分属于 7 属，分别是 *Clonostachys*（1 株）、镰孢属（1 株）、新丛赤壳属（1 株）、拟盘多毛孢属（1 株）、拟茎点霉属（1 株）、胶膜菌属（1 株）、炭角菌属（1 株）。

（5）万代兰属植物内生真菌的鉴定：从该属 5 种植物的 5 份样品中分离到 44 株真菌，鉴定到属的有 40 株，分属于 16 属，其中炭角菌属为优势菌群，占分离菌株的 20.45%，此外还有 *Annulohypoxylon*（1 株）、*Biscogniauxia*（1 株）、毛壳属（2 株）、枝孢菌（1 株）、附球菌属（3 株）、镰孢属（3 株）、肉座菌属（1 株）、产气霉属（1 株）、丛赤壳属（*Nectria*）（1 株）、炭垫属（1 株）、多节孢属（4 株）、拟盘多毛孢属（3 株）、*Peyronellaea*（1 株）、茎点霉属（2 株）、拟茎点霉属（3 株）。

（6）拟万代兰内生真菌的鉴定：从拟万代兰根中分离到 9 株真菌，鉴定到属的有 7 株，分属于 3 属，其中炭角菌属为优势菌群，占分离菌株的 55.55%，此外还有镰孢属（1 株）、多节孢属（1 株）。

（7）虾脊兰属植物内生真菌的鉴定：从该属 8 种植物的 8 份样品中分离到 26 株真菌，鉴定到属的有 20 株，分属于 14 属，其中柱孢属为优势菌群，占分离菌株的 19.23%，此外还有毛壳属（1 株）、赤壳属（1 株）、隐孢壳属（1 株）、间座壳属（1 株）、镰孢属（2 株）、产气霉属（1 株）、炭垫属（1 株）、新丛赤壳属（3 株）、多节孢属（1 株）、青霉属（1 株）、小不整球壳属（1 株）、胶膜菌属（1 株）、炭角菌属（1 株）。部分植物见图 25-14。

图 25-14　虾脊兰属（广西）（见彩图）

（8）贝母兰属内生真菌的鉴定：从该属 5 种植物的 5 份样品中分离到 17 株真菌，鉴定到属的有 17 株，分属于 14 属，其中镰孢属为优势菌群，占分离菌株的 35.29%，此外还有 *Annulohypoxylon*（1 株）、毛壳属（2 株）、炭疽菌属（3 株）、肉球菌属（1 株）、*Efibulobasidium*（1 株）、镰孢属（6 株）、腐质霉属（*Humicola*）（1 株）、茎点霉属（1 株）、炭角菌属（1 株）。部分植物见图 25-15。

(a)　　(b)

图 25-15　滇西贝母兰(a)和栗鳞贝母兰(b)(见彩图)

(9)兰属植物内生真菌的鉴定：从该属 17 种植物的 24 份样品中分离到 101 株真菌，全部鉴定到属，分属于 33 属，其中镰孢属真菌为优势菌，占分离菌株的 17.82%，此外还有支顶孢属(*Acremonium*)(1 株)、曲霉属(*Aspergillus*)(1 株)、*Cadophora*(1 株)、头孢霉属(*Cephalosporium*)(1 株)、毛壳属(4 株)、刺盘孢属(1 株)、盾壳霉属(*Coniothyrium*)(1 株)、鬼伞属(*Coprinellus*)(2 株)、*Cordyceps*(1 株)、赤壳属(1 株)、隐孢壳属(4 株)、柱孢属(1 株)、*Cyttaria*(1 株)、正青霉属(2 株)、小丛壳属(1 株)、腐质霉属(3 株)、肉座菌属(1 株)、炭团菌属(*Hypoxylon*)(1 株)、*Lecanicillium*(1 株)、马勃属(*Lycoperdon*)(1 株)、孢霉属(*Mortierella*)(2 株)、炭垫属 3 株、新丛赤壳属 7 株、新萨托菌属(*Neosartorya*)(3 株)、黑孢属(*Nigrospora*)(1 株)、多节孢属(2 株)、青霉属(1 株)、拟茎点霉属(3 株)、棘壳孢菌(*Pyrenochaeta*)(2 株)、木霉属(1 株)、胶膜菌属(无性态为瘤菌根菌属 *Epulorhiza*)(5 株)、炭角菌属(5 株)。部分植物见图 25-16。

(a)　　(b)

图 25-16　兔耳兰(a)和西藏虎头兰(b)(见彩图)

(10)杓兰属植物内生真菌的鉴定：从该属 6 种植物的 7 份样品中分离到 12 株真菌，鉴定到属的有 9 株，分属于 7 属，其中镰孢属和小不整球壳属为优势菌群，均占分离菌株的 18.18%，此外还有生赤壳属(*Bionectria*)(1 株)、柱孢属(1 株)、汉斯霉属(*Hansfordia*)(1 株)、新丛赤壳属(1 株)、树粉孢属(*Oidiodendron*)(1 株)。

(11)毛兰属植物内生真菌的鉴定：从该属 2 种植物的 3 份样品中分离到 17 株真菌，鉴定到属的有 12 株，分属于 6 属，其中瘤菌根菌属为优势菌群，占分离菌株的 35.29%，此外还有毛壳属（1 株）、间座壳属（1 株）、*Discostroma*（1 株）、镰孢属（2 株）、新丛赤壳属（1 株）。

（12）盆距兰属植物内生真菌的鉴定：从该属 3 种植物的 4 份样品中分离到 21 株真菌，鉴定到属的有 17 株，分属于 10 属，其中镰孢属、拟茎点霉属和瘤菌根菌属为优势菌群，均占分离菌株的 14.29%，此外还有枝孢属（1 株）、刺盘孢属（2 株）、间座壳属（1 株）、炭团菌属（1 株）、球腔菌属（*Mycosphaerella*）（1 株）、*Perisporiopsis*（1 株）、炭角菌属（1 株）。

（13）槽舌兰属植物内生真菌的鉴定：从该属 9 种植物的 9 份样品中分离到 43 株真菌，鉴定到属的有 33 株，分属于 17 属，其中瘤菌根菌属为优势菌群，占分离菌株的 18.60%，此外还有链格孢属（1 株）、枝孢属（3 株）、*Clonostachys*（1 株）、刺盘孢属（2 株）、赤壳属（1 株）、隐孢壳属（2 株）、柱孢属（1 株）、亚隔孢壳属（*Didymella*）（1 株）、镰孢属（4 株）、小丛壳属（1 株）、小球腔菌属（1 株）、*Myrmecridium*（1 株）、拟盾壳霉属（*Paraconiothyrium*）（1 株）、拟茎点霉属（3 株）、棘壳孢菌（1 株）、*Stephanonectria*（1 株）。部分植物的形态见图 25-17。

(a)

(b)

图 25-17　短距槽舌兰(a)和白唇槽舌兰(b)(见彩图)

（14）羊耳蒜属植物内生真菌的鉴定：从该属 5 种植物的 5 份样品中分离到 15 株真菌，鉴定到属的有 13 株，分属于 6 属，其中刺盘孢属为优势菌群，均占分离菌株的 33.33%，此外还有柱孢属（2 株）、小火焰菌属（*Flammulina*）（1 株）、肉座菌属（1 株）、新丛赤壳属（1 株）、胶膜菌属（3 株）。部分植物见图 25-18。

图 25-18　羊耳蒜（见彩图）

（15）兜兰属植物内生真菌的鉴定：从该属 2 种植物的 2 份样品中分离到 8 株真菌，鉴定到属的有 7 株，分属于 3 属，其中镰孢属和青霉属为优势菌群，均占分离菌株的 37.50%，此外还有拟茎点霉属（1 株）。植物见图 25-19。

(a)　(b)

图 25-19　硬叶兜兰（a）和长瓣兜兰（b）（见彩图）

（16）斑叶兰属内生真菌的鉴定：分离自斑叶兰（图 25-20）根的 8 株内生真菌鉴定到属的有 5 株，初步分为 4 属，分别为隐孢壳属（1 株）、青霉属（1 株）、拟茎点霉属（2 株）、*Cylindrocladiella*（1 株）。

（17）钻喙兰属内生真菌的鉴定：从钻喙兰的 2 份样品中分离到 9 株真菌，鉴定到属的有 6 株，分属于 2 属，其中镰孢属为优势菌群，占分离菌株的 44.44%。

（18）多穗兰属内生真菌的鉴定：从多穗兰的 1 份样品中分离到 7 株真菌，鉴定到属的有 5 株，分属于 4 属，其中多节孢属为优势菌群，占分离菌株的 28.57%，此外还有拟茎点霉属（1 株）、镰孢属（1 株）、附球菌属（1 株）。

（19）鹤顶兰属植物内生真菌的鉴定：从该属 3 种植物的 3 份样品中分离到 7 株真菌，鉴定到属的有 7 株，分属于 4 属，其中隐孢壳属为优势菌群，占分离菌株的 42.86%，此外还有镰孢属（1 株）、新丛赤壳属（2 株）、木霉属（1 株）。植物见图 25-21。

图 25-20　斑叶兰（见彩图）

(a)

(b)

图 25-21　黄花鹤顶兰（a）和鹤顶兰属一种（b）（见彩图）

（20）火焰兰内生真菌的鉴定：分离自该植物根的 8 株内生真菌，初步分为 6 属，分别为丛赤壳属（1 株）、角担菌属（*Ceratobasidium*）（1 株）、孢霉属（1 株）、镰孢属（1 株）、柱孢属（1 株）、毛壳菌属（1 株）。

（21）沼兰属植物内生真菌的鉴定：从该属 2 种植物的 2 份样品中分离到 7 株真菌，鉴定到属的有 6 株，分属于 4 属，其中刺盘孢属为优势菌群，占分离菌株的 42.86%，此外还有柱孢属（1 株）、茎点霉属（1 株）、毛壳菌属（1 株）。

（22）隔距兰属植物内生真菌的鉴定：从该属 2 种植物的 2 份样品中分离到 5 株真菌，鉴定到属的有 5 株，分属于 3 属，其中新丛赤壳属和支顶孢属为优势菌群，均占分离菌株的 40%，另有镰孢属（1 株）。

（23）湿唇兰内生真菌的鉴定：来源于该植物根的 4 株内生真菌，通过分子鉴定到属的有 2 株，均为炭角菌属。

（24）开唇兰属植物内生真菌的鉴定：分离自该植物根的 4 株内生真菌，初步分为 2 属，分别为茎点霉属（3 株）、胶膜菌属（1 株）。

（25）鸢尾兰属植物内生真菌的鉴定：分离自该植物根的 4 株内生真菌，初步分为 4 属，分别为镰孢属（1 株）、新丛赤壳属（1 株）、产气霉属（1 株）、*Lecanicillium*（1 株）。

（26）圆柱叶鸟舌兰内生真菌的鉴定：从该植物（图 25-22）的 1 份样品中分离到 3 株真菌，鉴定到属的有 2 株，分别为瘤菌根菌属和镰孢属各 1 株。

(a)

(b)

图 25-22　圆柱叶鸟舌兰的全株（a）和蒴果（b）（见彩图）

（27）云叶兰内生真菌的鉴定：分离自该植物根的 3 株内生真菌，分子鉴定到属的只有 1 株，为 *Chaunopycnis*。

（28）阔蕊兰内生真菌的鉴定：从该植物的 1 份样品中分离到 3 株真菌，鉴定到属的有 3 株，分属于炭垫属（2 株）和镰孢属（1 株）。

（29）固唇兰内生真菌的鉴定：从该植物的 1 份样品中分离到 2 株真菌，鉴定到属的有 1 株，为拟盘多毛孢属。另外 1 株真菌（9738）通过观察菌落形态和菌丝的显微特征，应属于黑色有隔真菌，详见本章第四节。

（30）多花脆兰内生真菌的鉴定：从该植物（图 25-23）的 1 份样品中分离到 7 株真菌，鉴定到属的有 6 株，分属于 4 属，其中胶膜菌属为优势菌，占分离菌株的 42.86%，此外还有新丛赤壳属（1 株）、茎点霉属（1 株）、间座壳属（1 株）。

（31）多花指甲兰内生真菌的鉴定：从该植物（图 25-24）的 1 份样品中分离到 7 株真菌，鉴定到属的有 5 株，分属于炭角菌属和茎点霉属，其中炭角菌属为优势菌群，占分离菌株的 57.14%。

（32）羽唇兰等 12 种兰科植物内生真菌的鉴定：从羽唇兰等 12 种植物的 12 份样品中分离到 15 株真菌，鉴定到属的有 15 株，分属于 9 属，涉及 *Massarina*（1 株）、枝孢属（2 株）、胶膜菌属（1 株）、附球菌属（1 株）、镰孢属（4 株）、*Petriella*（2 株）、刺盘孢属（1 株）、*Ophiognomonia*（2 株）、曲霉属（1 株）。部分植物的形态见图 25-25。

(a)　(b)

图 25-23　多花脆兰的全株(a)和花(b)(见彩图)

(a)　(b)

图 25-24　多花指甲兰的生境(a)和蒴果(b)(见彩图)

(a)　(b)

(c)　(d)

图 25-25　4 种野生兰科植物的形态(见彩图)

(a)美脉线柱兰；(b)广布芋兰；(c)羽唇兰；(d)白点兰一种(箭头)

三、特殊类群真菌的系统发育分析

本章从兰科植物根中共分离获得672株内生真菌，形态学鉴定和分子鉴定的结果表明，其中的550株真菌分属于82属，涉及160种；从分类地位来看，兰科植物根内生真菌主要从属于子囊菌(Ascomycota)的座囊菌纲(Dothideomycetes)、粪壳菌纲(Sordariomycetes)和锤舌菌纲(Leotiomycetes)；另有52株内生真菌（见本章第三节）从属于担子菌的伞菌纲(Agaricomycetes)。同时发现122株真菌的ITS序列与GenBank数据库中已知真菌序列的相似度低(82%～94%)，出现这一结果可能与笔者测序使用的基因片段单一有关，但也不排除这种可能性，即这122株真菌代表新种或更高的分类单元。

从分离频率来看，镰孢属113株，占分离菌株总数的16.81%，为优势菌，这些菌分布在70多种兰科植物的根中，是最常分离获得的植物内生真菌之一；其次是炭角菌属46株，也是本研究中种类很丰富的真菌，这些菌从25种兰科植物中分离获得；作为本章重点研究的真菌类群，瘤菌根菌属(有性态为胶膜菌属)也表现出了较高的分离频率，从22种兰科植物根中分离获得了46株，占分离株总数的6.85%；毛壳菌属(32株)、新丛赤壳属(30株)、刺盘孢属(26株)、多节孢属(19株)和拟茎点霉属(21株)等真菌的分离率也较高。

此外，还有33属的真菌，即丛白壳属、*Apiospora*、*Biscogniauxia*、*Cadophora*、头孢霉属、*Chaunopycnis*、枝孢属、*Cordyceps*、弯孢霉属、*Cyttaria*、轮层菌属、亚隔孢壳属、*Efibulobasidium*、正青霉属、*Fimetariella*、小火焰菌属、汉斯霉属、土赤壳属、马勃属、球腔菌属、*Myrmecridium*、树粉孢属、*Ophiognomonia*、拟盾壳霉属、黑团孢属、*Petriella*、*Peyronellaea*、*Phaeosphaeriopsis*、普可尼亚属、*Podospora*、多孔菌属、*Tetracladium*、*Tetraplosphaeria*的真菌只在一个兰科植物根中被分离到，尽管数量很少，通常只有1个菌株，但从某种角度来看，这暗示着它们可能对宿主具有专一性，这种专一性的分布与宿主的种类、生境等有直接关系(陈娟，2009)。

第三节　兰科药用植物菌根真菌的形态学描述

在本章第二节所述中，从9个不同地理区域采集的29种兰科植物根中分离得到52株担子菌类真菌，形态学观察初步表明这些真菌均不产孢。本节通过形态学和分子生物学的方法鉴定这52株菌根真菌。

一、菌根真菌的培养和鉴定

真菌的培养同本章第二节，子实体的诱导参考范黎(1997)的文献。从菌根真菌菌落的培养特征、菌丝和念珠状细胞的显微特征及细胞核数目等方面进行鉴定和分类。参考的文献包括Moore(1987)、Currah和Sherburne(1992)、Nontachaiyapoom等(2010)和范黎(1997)等有关兰科菌根真菌的描述。真菌DNA的提取方法同本章第二节所述，通过设计的引物对特定区段进行PCR扩增，参照White等(1990)的方法，采用ITS1/ITS4引物组合扩增ITS-5.8S片段，采用MLin3(Bruns et al.，1998)和ML6引物组合扩增瘤菌根菌属菌株的线粒体大亚基28S片段。电泳检测PCR产物，测序后进行序列比对。

二、兰科菌根真菌形态型菌株的描述

形态学鉴定的结果表明，52 株不产孢真菌属于 16 个形态型，全部属于担子菌，其中瘤菌根菌属(有性态为胶膜菌属)为优势菌。它们的形态特征描述具体如下。

(一)瘤菌根菌属(有性态为胶膜菌属)

1987 年，基于真菌菌丝具有桶孔隔膜和无穿孔的桶孔覆垫的特征，Moore 建立了瘤菌根菌属，该属是担子菌无性态的形态属(form genus)；其相对应的有性型为胶膜菌科(Tulasnellaceae)的胶膜菌属。该属真菌的主要特征是：菌落乳白色、淡黄色或橙色，外观和质地强韧；生长较快；气生菌丝发达或不发达；念珠状细胞椭圆形、球形或不规则；有些菌株会产生香味；菌丝细胞多为 2 核。

根据 *Index Fungorum*(2012 年)的记录，目前已定名发表的瘤菌根菌属真菌共有 6 种，它们分别是 *E. quilina*、*E. albertaensis*、*E. calendulina*、*E. anaticula*、*E. repens* 和 *E. epiphytica*。依据菌丝的形态学特征和菌落的培养特性,笔者发现有 13 个不同形态型菌株属于瘤菌根菌属。研究表明,瘤菌根菌属是热带地生型兰科植物根中最为常见的菌根真菌类型,也是本章所分离的兰科菌根真菌的优势菌。

(1) *Epulorhiza* sp. M-1：菌落在 PDA 培养基上呈乳白色至污白色，表面不平，生长速率慢，20 天菌落直径 5.7cm；菌丝匍匐在培养基表面，基内生长，气生菌丝不发达，枝穗状不规则辐射延伸；菌丝较宽，直径 2.90～4.80μm，直角分枝，分枝点缢缩，近分枝点具隔膜；菌丝分枝分化呈棒状、椭圆形、近球形或球形的念珠状细胞，链状，8.43～17.79μm×7.84～12.13μm；菌核颗粒状，淡黄色，由大量念珠状细胞组成；荧光显微观察菌丝细胞为双核。

研究菌株：4580，分离自云南腾冲的附生型兰科植物圆柱叶鸟舌兰根中。宿主生于海拔 1900m 的常绿阔叶林中树干上。

(2) *Epulorhiza* sp. M-2：菌落在 PDA 培养基上生长速率较快，20 天菌落直径达到 9cm，白色至灰白色，反面淡粉色；气生菌丝少，短绒毛状，近贴伏于培养基表面，边缘整齐；菌丝直径 2.9μm，直角分枝，分枝点缢缩，近分枝点具隔膜；菌丝分枝或末端形成长椭圆形或球形念珠状细胞，形成短链状或长链状，大小为 5～9μm×12～17μm，有些菌丝异化呈不规则状；荧光显微观察菌丝细胞为双核；菌核未见。

研究菌株：6582，分离自云南麻栗坡的地生型开唇兰属 *Anoectochilus* sp.植物根中；5681，分离自云南勐养野生兜唇石斛的根中，宿主生于海拔 400～1500m 疏林中的树干上或山谷岩石上。

基于 ITS-5.8S 序列分子鉴定的数据表明，该菌株与从素有“食品香料之王”之称的灌木型兰科植物香草兰根中分离的有性型胶膜菌属真菌(DQ834402)的同源性为 96%。

(3) *Epulorhiza* sp. M-3：菌落在 PDA 培养基上呈白色至淡黄色，生长速率较快，20 天菌落直径达 9cm，枝穗状，菌丝辐射延伸；气生菌丝白色，基内菌丝淡黄色；菌丝较粗，直径为 2.5～3.75μm，直角分枝，分枝点缢缩，近分枝点具隔膜；菌丝分枝或末端稍膨大异化呈棒状结构，细胞内多油状小块；荧光显微观察菌丝细胞为双核；菌核结构未见。

研究菌株：4582，分离自西藏墨脱附生型小囊兰属植物的根中。宿主生于海拔 200～500m 混生林下的树干或岩石表面。

基于 ITS-5.8S 序列分子鉴定的数据表明，该菌株与有性型菌株 *Trebouxia. irregularis* ITS 序列区域的同源性只有 87%；而与 5.8S 基因的序列同源性达到了 100%。

（4）*Epulorhiza* sp. M-4：菌落在 PDA 培养基上呈白色，生长速率快，10 天菌落直径达 5.4cm；气生菌丝匍匐于培养基表面生长；菌丝直径达 1.95～3.89μm，直角分枝，分枝点缢缩，近分枝点具隔膜；有些菌丝异化呈不规则结构，具有明显的油状物；有些菌丝分枝呈长棒状或块状念珠细胞，呈链状；荧光显微观察菌丝细胞为双核；菌落边缘或受伤后的菌丝易形成菌核，嵌于培养基中。

研究菌株：9723，分离自海南五指山附生型兰科植物黑毛石斛的根中。宿主生于海拔 1000m 的林中树上。

基于 ITS-5.8S 序列分子鉴定的数据表明，该菌株与有性型菌株 *T. irregularis* ITS 序列区域的同源性只有 86%；而与 5.8S 基因的序列同源性达到了 97%。基于 ITS 序列建立的 NJ 系统发育进化分析结果表明，9723 菌株与 4582 菌株的亲缘关系最近，聚类在一起，而 *T. irregularis* 的 2 个菌株则聚类在其姐妹分支。无论是从菌落的颜色、生长速率、气生菌丝的特征进行比较，还是从异化菌丝的特征进行比较，9723 菌株与 4582 菌株都是形态学上截然不同的 2 个真菌。

（5）*Epulorhiza* sp. M-5：在 PDA 培养基上菌落呈白色，生长较快，14 天菌落直径达 9cm；气生菌丝发达，污白色辐射条纹明显；菌丝直径为 2.1～5.32μm，直角分枝，分枝点缢缩，近分枝点具隔膜；菌丝分枝成为球形或不规则的念珠状细胞，短链状，9.84～17.19μm×6.06～15.29μm；荧光显微观察菌丝细胞为双核；菌核未见。

研究菌株：5881、5757、5759、5761、5762 和 5763，分离自云南勐海附生型植物足茎毛兰的根中。宿主生于海拔 1300～2000m 的林中树干上或岩石上；4619，分离自海南省的白唇槽舌兰，宿主生于海拔约 1300m 山地常绿阔叶林中的树干上；5788，分离自云南勐海石斛基地的豆瓣兰，引种栽培于花盆中；6491，分离自云南勐海石斛基地的兰属未鉴定种，引种栽培于花盆中；4613，分离自云南大理的中华槽舌兰，生于海拔 2700～3200m 山地林中的树干上。

基于 ITS-5.8S 序列分子鉴定的数据表明，该形态型菌株与有性型真菌美孢胶膜菌 *T. calospora* 的 ITS 序列同源性都达到了 99%。

（6）*Epulorhiza* sp. M-6：在 PDA 培养基上菌落呈白色，生长较快，10 天菌落直径达 5.9cm；菌丝直径为 1.5～4.5μm，直角分枝，分枝点缢缩，近分枝点具隔膜；菌丝分枝成为球形念珠状细胞，11.98～14.39μm×8.76～12.43μm，一般 3～4 个连接形成短链状；有些菌丝缠结在一起，形成菌绳结构；荧光显微观察菌丝细胞为双核；菌核未见。

研究菌株：4566、4567 和 4568，分离自云南贡山地生型兰科植物扇唇羊耳蒜的根中。宿主生于海拔 1000～2400m 的林中树上或山谷阴处石壁上；5572，分离自云南勐海石斛基地地生型兰科白及属一未鉴定种的根中；4553，分离自云南维西县维西槽舌兰的根中。

基于 ITS-5.8S 序列分子鉴定的数据表明，该形态型菌株与有性型真菌美孢胶膜菌 *T. calospora*-FJ613262 的 ITS 序列同源性都达到了 99%。

（7）*Epulorhiza* sp. M-7：在 PDA 培养基上菌落呈白色，表面颗粒状，生长速率较快，20 天菌落直径达 9cm；边缘规则，辐射条纹明显，向边缘延伸；气生菌丝少，基内菌丝发达，菌丝直径为 1.95～3.55μm，较粗，直角分枝，分枝点缢缩，近分枝点具隔膜；多条菌丝联合呈菌绳结构；菌丝分化呈棒状至椭圆形念珠状细胞，长链状，大小为 10～24.36μm×3.33～8.46μm；荧光显微观察菌丝细胞为双核；菌核未见。

菌株研究：5432、5433 和 5435，分离自广西靖西县附生型植物钻柱兰的根中。宿主生于海拔 700～1100m 的常绿阔叶林中树干上或林下岩石上；4564，分离自云南大理的短距槽舌兰，宿主生于海拔 1200～2000m 常绿阔叶林中的树干上。

生物学活性试验表明，该菌株能促进铁皮石斛种子的萌发及其幼苗的生长发育，这说明该菌株确为兰科菌根真菌。基于 ITS-5.8S 序列分子鉴定的数据表明，该形态型菌株与胼胝兜兰 *Tulasnella calospora* 菌株的同源性达到了 99%。

（8）*Epulorhiza* sp. M-8：在 PDA 培养基上菌落呈乳白色，生长速率慢，28 天菌落直径为 3.3cm；菌丝直径为 1.95～3.18μm，直角分枝，分枝点缢缩，近分枝点具隔膜；菌丝异化呈不规则结构；荧光显微观察菌丝细胞为双核；菌核未见。

菌株研究：9732 和 9733，分离自海南五指山地生型植物云叶兰的根中。宿主生于海拔 900m 的山坡林下；5592 分离自云南勐海石斛基地的火焰兰，引种栽培于花盆；4614 分离自云南大理中华槽舌兰的根，生于海拔 2700～3200m 山地林中的树干上。

基于 ITS-5.8S 序列分子鉴定的数据表明，该形态型菌株与胶膜菌科未培养的胶膜菌属真菌（DQ178115）和 *T. danica*（AY373297）的序列同源性都低于 95%。然而，这个菌株的 5.8S 基因与 *T. danica*（AY373297）具有 97%的序列同源性。

（9）*Epulorhiza* sp. M-9：在 PDA 培养基上菌落呈白色，生长速率慢，14 天菌落直径达 2.75cm，边缘整齐；菌丝直径为 1.46～4.85μm；气生菌丝不发达；菌丝异化呈不规则结构；荧光显微观察菌丝细胞为双核；菌核未见。

菌株研究：4633 和 4634，分离自云南西双版纳附生型植物短茎盆距兰的根中。宿主生于海拔 800～1400m 山地林缘的树干上。

基于 ITS-5.8S 序列分子鉴定的数据表明，该形态型菌株与从羊耳蒜根中获得的 1 株胶膜菌属菌株同源性达到了 99%。

（10）*Epulorhiza* sp. M-10:在 PDA 培养基上菌落呈灰白色，生长速率慢，10 天菌落直径达 2.74cm，边缘整齐；菌丝以培养基内生长为主；气生菌丝少，绒毛状；菌丝直径为 1.66～2.59μm，有隔；菌丝中间或末端菌丝异化为不规则的结构；荧光显微观察菌丝细胞为双核；菌核未见。

菌株研究：9741，分离自广西靖西县附生型兰科植物琴唇万代兰的根中。宿主生于海拔 800～1200m 的山地林缘树干上或岩壁上；9714 分离自云南麻栗坡县下金厂的兔耳兰 根中。

基于 ITS-5.8S 序列分子鉴定的数据表明，该形态型菌株与从碧玉兰根中分离获得的胶膜菌属（GU166416）菌株同源性仅为 92%；然而其 5.8S 基因与胶膜菌属 1 个未定种的同源性分别达到了 98%。

（11）*Epulorhiza* sp. M-11：在 PDA 培养基上菌落呈乳白色，生长速率慢，7.3mm/天，边缘整齐；菌丝较粗，直径为 2～4μm，直角分枝，分枝点缢缩，近分枝点具隔膜；荧光显微观察菌丝细胞为双核；菌丝分枝异化形成不规则的结构，细胞内具有油状小块；菌核未见。

菌株研究：9736，分离自海南五指山地生型植物兔耳兰的根中，生于疏林下、竹林下、林缘、阔叶林下或溪谷旁的岩石上、树上或地上，海拔 300～2200m；5652 分离自云南勐养野生植物钗子股，于海拔 330～700m 山地林中的树干上；5508、5510 和 5511，分离自广西靖西县的单叶石仙桃，生长石头上；4620、4621 和 4622，分离自云南西双版纳管叶槽舌兰的根中，生于海拔 1000～1630m 的山地林中树干上。

基于 ITS-5.8S 序列分子鉴定的数据表明，该形态型菌株与 *Tulasnella calospora*（GU166407）具有 96%的相似性。

（12）*Epulorhiza* sp. M-12：在 PDA 培养基上菌落呈白色，生长速率慢，4.3mm/天，边缘规

则；气生菌丝发达，菌丝直径为 1.74～3.56μm，直角分枝，分枝点缢缩，近分枝点具隔膜；菌丝分枝异化形成不规则的念珠状细胞结构，一般 3～5 个连接形成短链状；荧光显微观察菌丝细胞为双核；菌核未见。

菌株研究：6588 和 9730，分离自云南麻栗坡县下金厂地生型兰属植物的根中。宿主生于海拔 300～2200m 疏林下、竹林下、林缘、阔叶林下或溪谷旁的岩石上、树上或地上；9751 分离自云南西双版纳的无茎盆距兰，生于海拔 800～1400m 的山地林缘树干上。

基于 ITS-5.8S 序列分子鉴定的数据表明，该形态型菌株与胶膜菌属 AY373288 具有 99% 的相似性。

(13) *Epulorhiza* sp. M-13：在 PDA 培养基上菌落呈奶油色至污白色，表面平，蜡质，生长速率为 5mm/天；菌丝直径为 2～4μm，气生菌丝稀至薄；菌丝分枝异化形成广椭圆形、球形或棒形的念珠状细胞，6～10μm×7～20μm，有时念珠状菌丝细胞的末端形成一个喙状突起；荧光显微观察菌丝细胞为双核；菌核未见；打开培养皿盖后可闻到香味。

菌株研究：9768、9769、9770、9771 和 9772，分离自云南勐海石斛基地附生型兰科植物金钗石斛种子苗的根中；宿主生于 500～1700m 的林中树上和岩石上。在离体培养条件下，该菌株可促进铁皮石斛种子的萌发和铁皮石斛幼苗的生长发育。

基于 ITS-5.8S 序列分子鉴定的数据表明，该菌株与胶膜菌属具有 98%的相似性。

(二) 角菌根菌属（有性态为角担菌属）

角菌根菌属（*Ceratorhiza*）是 Moore 在 1987 年建立的无性态新属，该属真菌的主要特征是：在培养基上生长速率较快，菌落呈白色、奶油色或浅褐色，有些种类的气生菌丝发达，绒毛状；有些种类的基内菌丝相对较多，气生菌丝少。显微特征如下：菌丝细胞具有双核，细胞桶状隔膜，具有穿透的桶孔覆垫。其相对应的有性型为角担菌科（Ceratobasidiaceae）的角担菌属。根据 *Index Fungorum*（2012 年）的记录，目前已定名发表的角菌根菌属真菌共有 11 种。

本章从云南勐海采集的附生型植物钻喙兰的气生根中分离获得 1 株，并依据培养特性和显微特征鉴定到属。该菌株的详细特征描述如下。

Ceratorhiza sp. M-14：在 PDA 培养基上菌落呈白色，背面淡黄色；菌落生长速率快，14 天生长直径达 9cm，同心圆明显；气生菌丝特别发达，绒毛状，菌丝直径为 2.52～6.41μm；菌丝分枝或末端形成长棒状或长椭球状的念珠状细胞，形成长链状，23～40.27μm×9.9～14.56μm；大量念珠细胞聚集成菌核结构；荧光显微观察菌丝细胞为双核。

菌株研究：5873，分离自云南勐海附生型植物钻喙兰的根中。宿主生于海拔 310～1400m 的疏林中或林缘树干上。

基于 ITS-5.8S 序列分子鉴定的数据表明，5873 菌株与角担菌属（HQ630980）只有 94%的 ITS-5.8S 序列同源性；然而，它的 5.8S 基因与角担菌属（HQ269814）具有 99%的序列同源性。

(三) 小火焰菌属

小火焰菌属隶属于伞菌目（*Agaricales*）口蘑科（Tricholomataceae）。该属的真菌是食用蘑菇家族中的主要成员，分布于世界各地。其中，金针菇（*Flammulina. velutipes*）是其中一个重要的食用真菌，据不完全统计，全世界每年的金针菇产量达 300 000t。

本章从海南五指山地生型植物镰翅羊耳蒜的根中分离获得 1 株无性型菌株。基于分子鉴定的数据，笔者发现该菌株与 *F. velutipes* 的 ITS 序列具有 99%的相似性，因此，笔者将该菌株

鉴定为 *F. velutipes*。而且，兰科种子萌发试验结果表明，该菌株具有促进铁皮石斛种子萌发的作用，这证明其确实属于兰科菌根真菌。在这里，笔者主要对这株真菌的培养特性和显微特征进行详细描述。

Flammulina velutipes M-15：在 PDA 培养基上菌落呈白色，生长速率快，20 天菌落直径达 9cm；形成明显的同心圆，生长初期边缘规则，后期出现缺刻；气生菌丝发达，菌丝直径为 2.43～3.27μm；菌丝分枝异化呈近球状、长椭圆形或棒形不规则的结构；菌核未见。

菌株研究：9734，分离自海南五指山附生型植物镰翅羊耳蒜的根中。生于林缘、林中或山谷阴处的树上或岩壁上，海拔 800～2300m，在云南贡山可达 3100m。

基于 ITS-5.8S 序列分子鉴定的数据表明，该形态型菌株与金针菇（EF595848）的序列只有两个碱基差别，序列的同源性达到了 99%。

（四）鬼伞属

鬼伞属是隶属于担子菌鬼伞科（Coprinaceae）的一类无丝核菌阶段的真菌。这类菌根真菌在异养型兰科植物虎舌兰根中被发现。此外，鬼伞科的兰科菌根真菌还有小脆柄菇属（*Psathyrella*）。

本章从云南麻栗坡附生型光合作用兰科植物硬叶兰的根中分离获得了 2 个菌株，经 ITS 序列比对发现这 2 个菌株的 ITS 序列 100%相同，与鬼伞属（AB176568）的 ITS 序列同源性达到 99%。因此，笔者将这 2 株真菌鉴定为鬼伞属真菌，这里将其培养特性和形态特征描述如下。

Coprinellus sp. M-16：PDA 培养基上菌落呈白色，生长速率快，2 周生长直径达 9cm；气生菌丝发达，菌丝直径为 1.95～6.69μm，菌丝联合形成棕色的菌绳结构；未见念珠状细胞和菌核。

菌株研究：6471 和 5889，分离自云南麻栗坡附生型植物硬叶兰的根中。宿主生于海拔上升至 1600m 的林中或灌丛中的树木上。

第四节　一株 DSE 的形态学描述和分子系统发育分析

从采自海南兰科植物固唇兰（*Stereochilus dalatensis*）的根部分离得到了一株不产孢 DSE（编号 9738），活体菌株保存在本研究室。本节对其进行形态学描述和分子系统发育分析。

一、DSE 的培养和鉴定

真菌的培养用 PDA 培养基和 MEA 培养基。真菌形态学观察：用光学显微镜，观察方法同前所述；用扫描电子显微镜观察菌丝的超微结构特征（Ezra et al.，2004）。

根据真菌菌落的培养特征、菌丝的显微和超微结构特征等进行鉴定。用迷你型真菌 DNA 提取试剂盒（E.Z.N.A.TM Fungal DNA Mini Kit；Omegabiotek，Norcross，USA）提取 DSE 真菌的 DNA，采用真菌通用引物 ITS1 和 ITS4 扩增核糖体内转录间隔区（ITS-rDNA）片段；同时，采用 LR 和 LROR 引物组合扩增 28S 大亚基。电泳检测 PCR 产物，测序所得序列的处理、序列比对及建树的方法同前所述。

二、结果分析

（一）DSE 的发现

9738 号菌株最显著的特征是具有纯黑色的菌落，生长特别慢，在 25℃暗培养 14 天，菌落直径只有 2mm，菌落背面黑色。这些特征与典型的 DSE 真菌极为吻合。因此，笔者着重对其进行经典形态学鉴定和分子鉴定，明确其在 DSE 真菌类群中的地位。具体菌落形态见图 25-26。

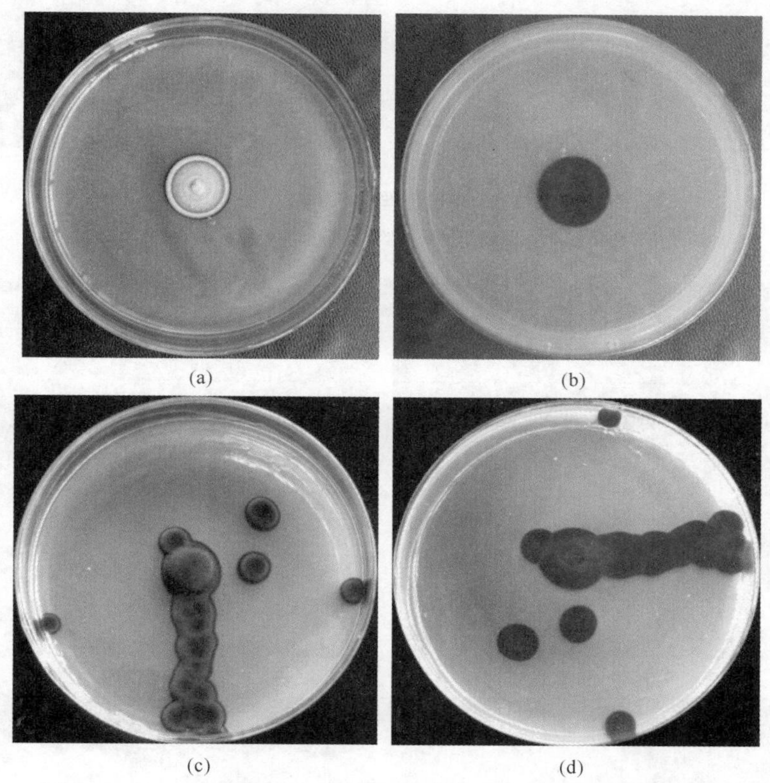

(a)　(b)　(c)　(d)

图 25-26　DSE（9738）在 MEA 培养基和 PDA 培养基上的菌落形态

(a)、(b) DSE 菌株在 MEA 培养基上生长 7 周时的菌落正面和反面；(c)、(d) DSE 菌株在 PDA 培养基上生长 30 天时的菌落正面和反面

（二）DSE 的基本培养性状和形态学特征

在 MEA 培养基上 25℃暗培养 60 天，菌落直径达 18mm；在 PDA 培养基上较在 MEA 培养基上生长稍快，25℃暗培养 60 天，菌落直径达 20mm；在 MEA 培养基上，菌落表面呈暗色至灰白色，边缘黑色，规则，形成明显的同心圆，气生菌丝不发达，背面黑色；在 PDA 培养基上，菌落表面和反面均为黑色，培养初期菌落单一，气生菌丝发达，绒毛状，边缘菌落硬，浸在培养基中，随着培养时间的延长，形成多个相连或独立的菌落，具体菌落形态见图 25-26。气生菌丝有隔膜，直径为 0.8～1.4μm，暗棕色，菌丝细胞具有绿色油滴，见图 25-27(a)；在扫描电子显微镜下[图 25-27(b)]可见在菌丝的末端或中间菌丝细胞膨大形成厚壁的厚垣孢子或

厚垣孢子链状结构，长 70～140μm，有些菌丝则相互粘连、交织在一起形成大小不一的团状结构(在干燥条件下特别有助于这些特殊结构的形成)，一些菌丝形成疙瘩状结构；形成分生孢子但分生孢子梗未见(图 25-28)。

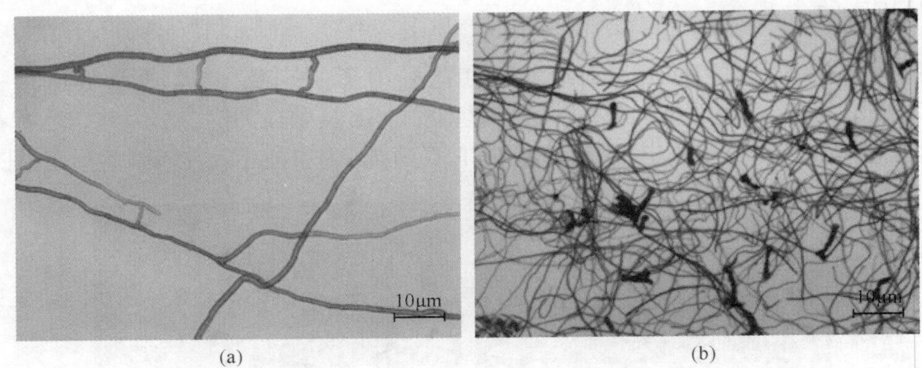

10μm
10μm
(a)
(b)

图 25-27　DSE 菌丝形态的显微结构图

(a) 插片培养的菌丝自然形态；(b) 在菌丝上形成的厚垣孢子或厚垣孢子链状结构

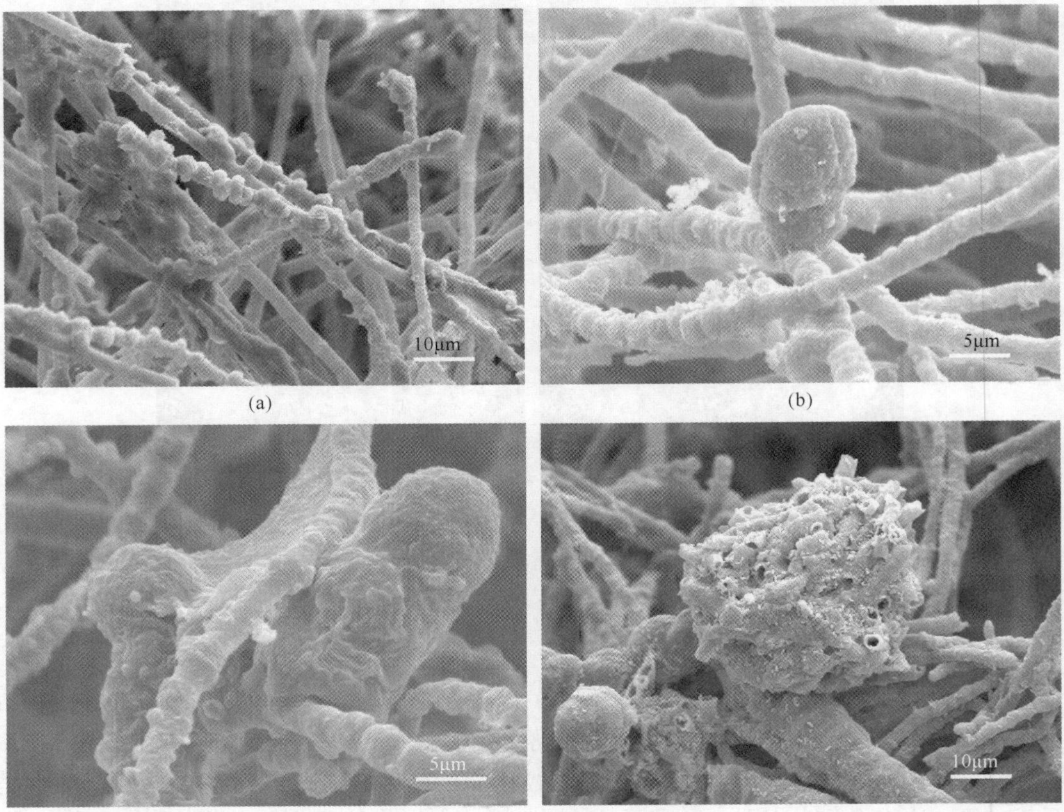

10μm
5μm
(a)
(b)
5μm
10μm
(c)
(d)

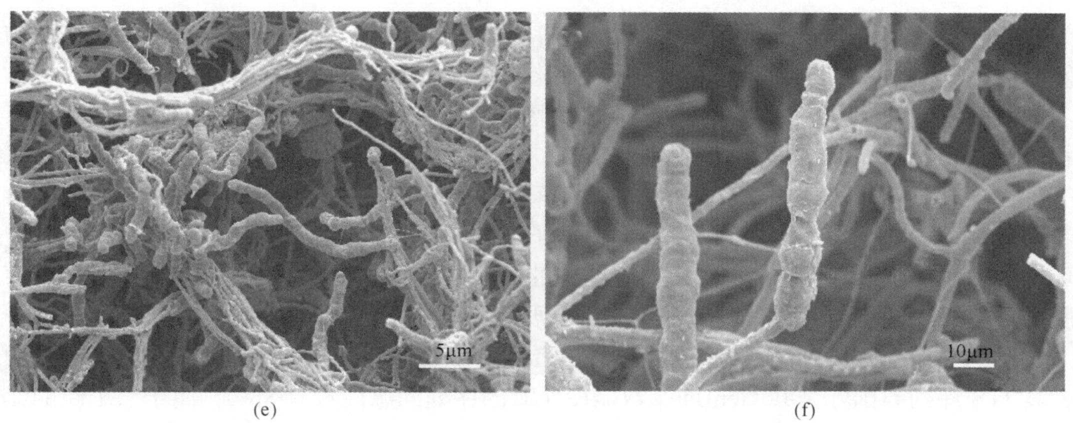

图 25-28　DSE（9738 号）菌丝形态的扫描电子显微镜图

(a) 菌丝形成的疙瘩状结构；(b)、(c) 初期厚垣孢子结构；(d) 菌丝交替形成团状结构；(e)、(f) 成熟厚垣孢子链状结构

（三）DSE 的系统发育分析

由于 9738 号菌株在人工培养条件下不产生分生孢子，通过多基因的分子系统发育分析对了解其分类地位是十分重要的。因此，笔者采用 ITS 和 28S 两个基因片段对 9738 号菌株在 DSE 真菌类群中的系统发育关系进行分析。通过 Blast 搜索程序发现，该菌株与 GenBank 数据库中所有已发表的真菌 ITS 序列相似性不高（相似性小于 86%），其中与子囊菌盘菌亚门（Pezizomycotina）一个未定名的真菌（JN225930）序列相似性为 86%。相对 ITS 序列，GenBank 数据库中 28S 基因的序列信息相对较多，该菌株与小球壳菌科（Mycosphaerellaceae）未鉴定菌株 KH300（GenBank accession number：GU017553）的 28S 基因相似性达 95%，该菌株分离于泰国海草植物海菖蒲（*Enhalus acoroides*）（Sakayaroj et al., 2010）。通过序列比对，可初步推断 9738 菌株属于一个潜在的 DSE 新种，暂定为 *Mycosphaerellaceae* sp.。

为确定 9738 号菌株在 DSE 类群中的分类地位，从 GenBank 数据库中下载所有已发表 DSE 真菌的 ITS 序列和 28S 序列，分别与 9738 号菌株的 ITS 序列和 28S 序列构建系统发育树。基于 ITS 序列建立的 NJ 系统发育树将 DSE 分为锤舌菌纲、座囊菌纲和散囊菌纲（Eurotiomycetes）。9738 号菌株与分离自南极岩石表面的 4 种 DSE：*Cryomyces promontorium* DQ028270、*C. antarcticus* DQ028269 、*Friedmanniomyces simplex* DQ028271 和 *F. endolithicus* DQ028272 的亲缘关系较近，聚类在座囊菌纲中，构成一个支持强度为 61%的分支，而且 9738 号菌株形成一个独立的分支，与其他已发表的 DSE，如 *Phialocephala sphaeroide*s、*Leptodontidium orchidicola* 等的亲缘关系较远。

基于 28S 基因片段建立的系统发育分析结果也支持上述结论。9738 号菌株属于座囊菌纲，与小球壳菌科 GU017553 聚类在一起，形成一个明显独立的分支，分支强度为 99%。

根据 Jumpponen 和 Trappe（1998）的定义，DSE 是指生活在健康植物根细胞内或细胞外的子囊菌类真菌，这些真菌通常形成独特的类似念珠状“微菌核”（microsclerotia）的结构，菌丝暗色、棕色至黑色，具有横隔膜，一般不产生分生孢子。由于人工分离培养的 DSE 绝大部分不产生分生孢子或缺少其他特别明显的分类学特征，所以在 DSE 的调查研究中，大多数 DSE 仍然没有被鉴定到属或种一级水平。目前为止，已定名发表的 DSE 有 11 种。DSE 广布于世界各地多种多样的植物根中，尤其在干燥、营养缺乏或寒冷的恶劣环境，如高山和北极，DSE

极为普遍(Richard and Fortin，1974；Addy et al.，2005)。因此，研究人员推测 DSE 在植物生长发育及整个生态系统中可能起着至关重要的作用。

本研究发现 9738 号菌株具有典型 DSE 的特征：黑色菌丝有隔，不产生分生孢子，具有念珠状“微菌核”的结构；具有一些特别的结构，如疙瘩状的菌丝结构、菌丝交替形成的团状结构等，在 PDA 培养基培养一段时间后，其菌落可以由单菌落发展成连续或多个独立的菌落。随着培养基营养的减少和水分的散失，厚垣孢子或变态菌丝也随之增加。推测这是一种适应恶劣环境的有效措施，特别是在不产生繁殖结构的情况下，通过产生厚垣孢子和变态菌丝及菌丝的脱落等方式来替代或弥补其繁殖和生存的需要(Currah et al.，1993)。

基于 ITS 和 28S 序列的系统发育分析，笔者推测 9738 号菌株为 DSE 真菌类群中潜在的新种，其 ITS 序列与国际公共 GenBank 数据库所有的序列同源性只有 86%，属于一个新的无性型真菌序列。

第五节　兰科药用植物内生真菌多样性及其分布

研究表明，兰科植物根中分布着多种多样的内生真菌类群，它们是构成内生真菌多样性的重要组成部分(Tao et al.，2008；Mysore et al.，2011)。本节将不同生境或相同生境的附生型和地生型兰科植物的内生真菌作为调查对象，初步分析来源于兰科植物根中内生真菌的多样性及其分布与生境的关系。

本研究所用菌种为附生型兰科植物内生真菌：分离自槽舌兰属 9 种植物根的 43 株内生真菌；分离自钻喙兰根的 9 株内生真菌(云南西双版纳和云南勐海石斛基地)；分离自金钗石斛根的 16 株内生真菌。地生型兰科植物内生真菌：分离自兰属(编号 24)和兔耳兰根的 24 株内生真菌。内生真菌多样性的统计分析：内生真菌的多样性参照香农多样性指数(Shannon’s diversity index)的公式进行计算，公式如下：

$$H' = -\sum_{i=1}^{K} p_i \ln p_i$$

式中，K 为内生真菌的总分离株数；p_i 为某种内生真菌占总菌株数的比例(Pielou，1975)。

一、不同地理环境槽舌兰属植物内生真菌的多样性

从表 25-7 可见，从短距槽舌兰根中分离得到的 10 株内生真菌，分属于 5 属，涉及链格孢属、枝孢属、亚隔孢壳属、镰孢属和瘤菌根菌属，此外，还有 3 个潜在的真菌新种类。从维西槽舌兰的根中分离的 6 株真菌，分属于 5 属，涉及枝孢属、柱孢属、拟茎点霉属、棘壳孢菌属和瘤菌根菌属，此外，还有 1 个潜在的真菌新种类。从舌唇槽舌兰的根中分离得到 5 株真菌，分属于 3 属，涉及链格孢属、刺盘孢属和拟茎点霉属。从滇西槽舌兰的根中分离到 5 株真菌，分属于 4 属，涉及赤壳属、镰孢属、*Myrmecridium* 和拟茎点霉属。从中华槽舌兰的根中分离到 5 株真菌，分属于 3 属，涉及 *Clonostachys*、拟盾壳霉属和瘤菌根菌属，此外，还有一个潜在的真菌新种类。从筒距槽舌兰的根中分离到 4 株真菌，分属于 2 属，涉及隐孢壳属和镰孢属，还有一个未鉴定到属级水平的真菌。从凹唇槽舌兰的根中分离得到 3 株真菌，鉴定为镰孢属和瘤菌根菌属及一个潜在的真菌新种类。从怒江槽舌兰的根中分离到 2 株真菌，鉴定为小球腔菌属和 *Stephanonectria*。从管叶槽舌兰的根中分离得到 3 株鉴定不到属的

潜在新类群。综上所述，同属异种的槽舌兰植物根中内生真菌的多样性是不一样的，短距槽舌兰的内生真菌多样性最为丰富，多样性指数为 1.913；而舌唇槽舌兰内生真菌种类最少，多样性指数只有 0.9503。这也说明了，生长环境不同，同属不同种植物内生真菌多样性存在差异的一个原因。

此外，还可发现瘤菌根菌属真菌为优势菌，其次是镰孢属、拟茎点霉属、枝孢属、刺盘孢属、隐孢壳属，其在两种以上的植物根中均有分布，另外 11 属的真菌只出现在一种植物的根中(Tan et al.，2012)。

表 25-7　槽舌兰属植物内生真菌种类及其分布

分类	白唇槽舌兰	大花槽舌兰	滇西槽舌兰	短距槽舌兰	怒江槽舌兰	舌唇槽舌兰	维西槽舌兰	中华槽舌兰	管叶槽舌兰	总数
链格孢属				2		1				3
枝孢属				2			1			3
Clonostachys								1		1
刺盘孢属						3				3
赤壳属			2							2
隐孢壳属		2								2
柱孢属							1			1
亚隔孢壳属				1						1
镰孢属	1	1	1	1						4
小球腔菌属					1					1
Myrmecridium			1							1
拟盾壳霉属								1		1
拟茎点霉属			1			1	1			3
棘壳孢菌							1			1
Stephanonectria					1					1
瘤菌根菌属	1			1			1	2		5
未鉴定	1	1		3			1	1	3	10
总数	3	4	5	10	2	5	6	5	3	43
香农多样性指数	1.099	1.0397	1.3322	1.913	1.0397	0.9503	1.792	1.3322	0.9938	

二、钻喙兰在不同地理环境中的内生真菌多样性

由表 25-8 可知，从云南西双版纳的钻喙兰根中分离到 4 株内生真菌，其中 3 株属于镰孢属、1 株属于 *Pleosporales* sp.。从云南勐海石斛基地的钻喙兰根中分离到 5 株内生真菌，分属于 3 属，涉及子囊菌的镰孢属、链格孢属和担子菌的角担菌属，此外还有 2 株鉴定为炭角菌科的真菌 *Xylariaceae* sp.。综上可知，从两个不同生长环境的钻喙兰根中都分离到了镰孢属真菌；其中云南西双版纳钻喙兰根中的内生真菌种类较为单一，而云南勐海石斛基地的钻喙兰则具较丰富的内生真菌种类，两种生镜下钻喙兰的内生真菌种类存在着差异。

表 25-8 钻喙兰在不同地理环境中内生真菌的种类及其分布

分类	云南西双版纳	云南勐海石斛基地	总数
链格孢属		1	1
镰孢属	3	1	4
Pleosporales	1		1
角担菌属		1	1
炭角菌科		2	2
总数	4	5	9
香农多样性指数	0.5624	1.3322	

三、不同地理环境金钗石斛内生真菌的多样性

由表 25-9 可知，从云南勐养的金钗石斛根中分离到 9 株内生真菌，分属于 8 属，涉及毛壳属、刺盘孢属、镰孢属、小丛壳属、黑孢属、多节孢属和炭角菌属的真菌，以及 1 个潜在的真菌新种。从西藏察隅的金钗石斛根中分离到 5 株内生真菌，分属于 4 属，涉及刺盘孢属、镰孢属、炭团菌属和炭角菌属。从西藏墨脱的金钗石斛根中分离到 2 株内生真菌，分属于 2 属，涉及刺盘孢属和镰孢属。综上所述，刺盘孢属和镰孢属在 3 个不同地理区域的金钗石斛根中均可分离到；炭角菌属在云南勐养和西藏察隅的金钗石斛根中也都有分布，但在西藏墨脱的金钗石斛根中没有分离得到，这说明一些内生真菌与宿主植物之间的共生关系没有受到周围环境影响。

表 25-9 金钗石斛在不同地理环境中内生真菌的种类及其分布

分类	西藏察隅	云南勐养	西藏墨脱	总数
毛壳属		1		1
刺盘孢属	1	1	1	3
镰孢属	2	1	1	4
小丛壳属		1		1
炭团菌属	1			1
黑孢属		1		1
多节孢属		2		2
炭角菌属	1	1		2
内生真菌		1		1
总数	5	9	2	16
香农多样性指数	1.3322	2.043	0.6931	

四、不同地生型兰科植物在相同地理环境中内生真菌的多样性

从表 25-10 可知，在云南勐海的生长环境下，从地生型兰属植物（编号 24）的根中分离到 13 株内生真菌，涉及子囊菌的 *Anthostomella*、隐孢壳属、镰孢属、多节孢属和炭角菌目（*Xylariales*），担子菌的瘤菌根菌属和 *Cyttaria*。从另一种地生型兰属植物兔耳兰的根中分离到

11 株内生真菌，分属于 7 属，涉及子囊菌和担子菌的镰孢属（*Gibberella*）、新丛赤壳属、多节孢属、棘壳孢菌、木霉属和炭角菌属，担子菌的瘤菌根菌属。通过比较发现，瘤菌根菌属和镰孢属及多节孢属在 2 种兰属植物中均有分布。*Anthostomella*、隐孢壳属和 *Cyttaria* 只在兰属（编号 24）的根中分离得到；*Neonectri*、棘壳孢菌、木霉属和炭角菌属则只在兔耳兰的根中发现。香农多样性指数表明，在相同生境下，不同兰属植物根中内生真菌的丰度差别不大。但是，内生真菌的种类存在明显差别，除了瘤菌根菌属、镰孢属及多节孢属为共有的内生真菌外，其他属的真菌都不相同。由此也说明了有些内生真菌在适应环境的同时，也会与不同的宿主植物建立共生关系，这是一种积极的生存策略。而有些内生真菌则对宿主植物存在一定的专一性，如 *Anthostomella*。

表 25-10　不同地生型兰科植物在相同地理环境中内生真菌的种类及其分布

分类	兰属（编号 24）	兔耳兰	合计
Anthostomella	1		1
隐孢壳属	3		3
Cyttaria	1		1
瘤菌根菌属	2	1	3
Fungal endophyte	1		1
镰孢属（*Gibberella*）	2	4	6
新丛赤壳属		1	1
多节孢属	1	1	2
棘壳孢菌		1	1
木霉属		1	1
炭角菌属		2	2
炭角菌目	2		2
总数	13	11	24
香农多样性指数	1.7035	1.7679	

从上述的结果来分析，同属不同种、同种不同生境、相同生境不同植物的情况下，兰科植物的内生真菌都具有丰富的多样性；而且，不同的生境下又表现出一定的差异性。例如，西藏察隅金钗石斛的根以镰孢属真菌为优势菌，而云南勐养金钗石斛的根则以多节孢属为优势菌，西藏墨脱金钗石斛的根以镰孢属和刺盘孢属真菌为优势菌。这说明金钗石斛根据生长环境的不同，选择不同的真菌作为其根内优势菌群，从而更好适应环境。同时，在不同的环境中，镰孢属真菌仍然在金钗石斛的根中分离得到，这又说明即使生长环境发生了变化，金钗石斛仍然与相同的真菌共生，而不受外界环境变迁的影响。这些现象在地生型兰科植物和附生型兰科植物的根中都存在。这点与其他研究结果相似（McCormick et al.，2006）。

第六节　白花贝母兰根内生真菌一新种的鉴定

本节通过真菌经典形态学的描述和分子系统学的分析，报道来源于中国云南热带兰科植物根的 1 个内生真菌新种：*Chaetospermum malipo* sp. nov.。

一、真菌的分离和鉴定

真菌(编号 5880)自兰科附生植物白花贝母兰(*Coelogyne leucantha*)根中分离获得，该活体菌株保藏于本研究室。真菌的基本培养用 PDA 培养基，研究在 PDA、PCA、MEA 和 CYA 4 种培养基上真菌的培养性状。形态观察和鉴定同前所述，并采用石蜡切片法观察子座的内部显微特征。

真菌 DNA 的提取方法同前面所述，采用真菌通用引物组合 ITS1/ITS4 扩增 5880 号菌株的 ITS-5.8S 片段(White et al.，1990)；采用 LR7/LR0R(Bunyard et al.，1994)和 NS1/NS8(White et al.，1990)引物组合，分别扩增 5880 号菌株的线粒体大小亚基的序列片段。电泳检测 PCR 产物，测序所得序列比对及分子系统发育分析方法同前所述。

二、*Chaetospermum malipo* 的形态与鉴定

在 PDA 培养基上分生孢子器球形，直径 250～950μm，基部产生裂口，起初浸在培养基中，后期突起，凝胶状，湿时珍珠白色至白色，干后淡褐色至深褐色；分散至融合，聚生；刚毛淡黄色，长 132～362μm，基部宽 13～23.5μm，由基部至顶点渐细，细胞壁厚，1 个或 2～4 个簇生，基部无隔膜；分生孢子梗产生于分子孢器的下半部，分枝，基部有隔膜，光滑，透明，初时梭状，分子孢子成熟时上部拉伸至纤细状，基部宽；分生孢子梗细胞全裂，合轴，末端产生分生孢子，2 个或 3 个；分生孢子大多圆柱形，光滑，透明，(23～)24～32(～37)μm×(3.5～)4.5～7.5μm(均值 27.5μm×4.9μm)，长宽比为 5.6∶1，表面布满水滴状斑纹，两端近极处各附带 3 个或 4 个管状毛，不分枝，长 14～30μm，基部宽 1～2μm。该株真菌的具体显微特征见图 25-29，分生孢子和分生孢子梗的素描图见图 25-30。

在 PDA 培养基上 25℃暗培养 7 天，菌落直径为 9cm，表面呈白色，具有犁沟，同心圆明显，边缘规则，无气生菌丝，背面暗白色；在 CYA 培养基上 25℃暗培养 4 天，菌落直径为 9cm，白色，薄膜状，形成同心圆，边缘规则，背面白色，透明；在 PCA 培养基上 25℃暗培养 4 天，菌落直径为 9cm，白色，薄膜状，形成同心圆，边缘规则，背面白色，半透明；在 MEA 培养基上 25℃暗培养 7 天，菌落直径为 7cm，白色，薄膜状，形成同心圆，边缘规则，15 天后气生菌丝发达，背面白色。5880 号菌株在 4 种培养基上的生长实况见图 25-31。

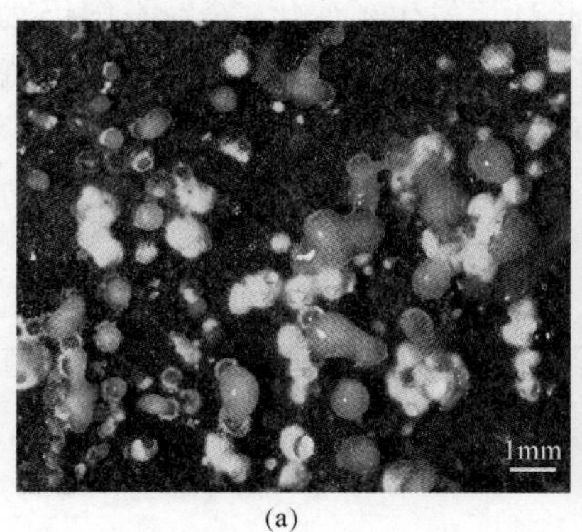

(a)

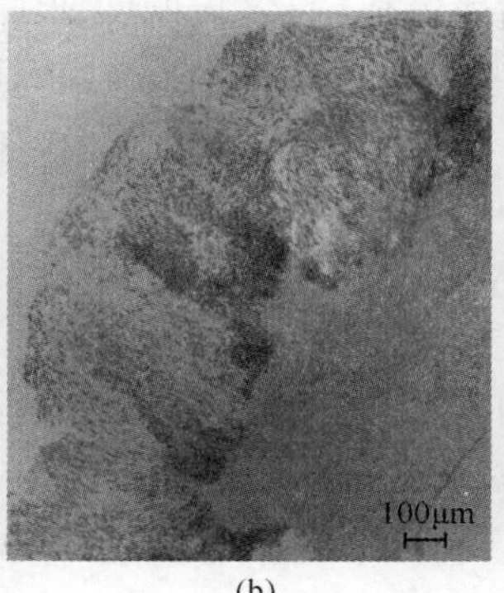

(b)

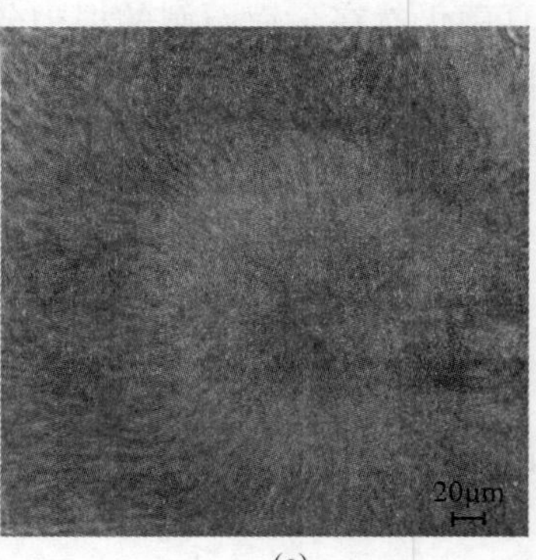

(c)

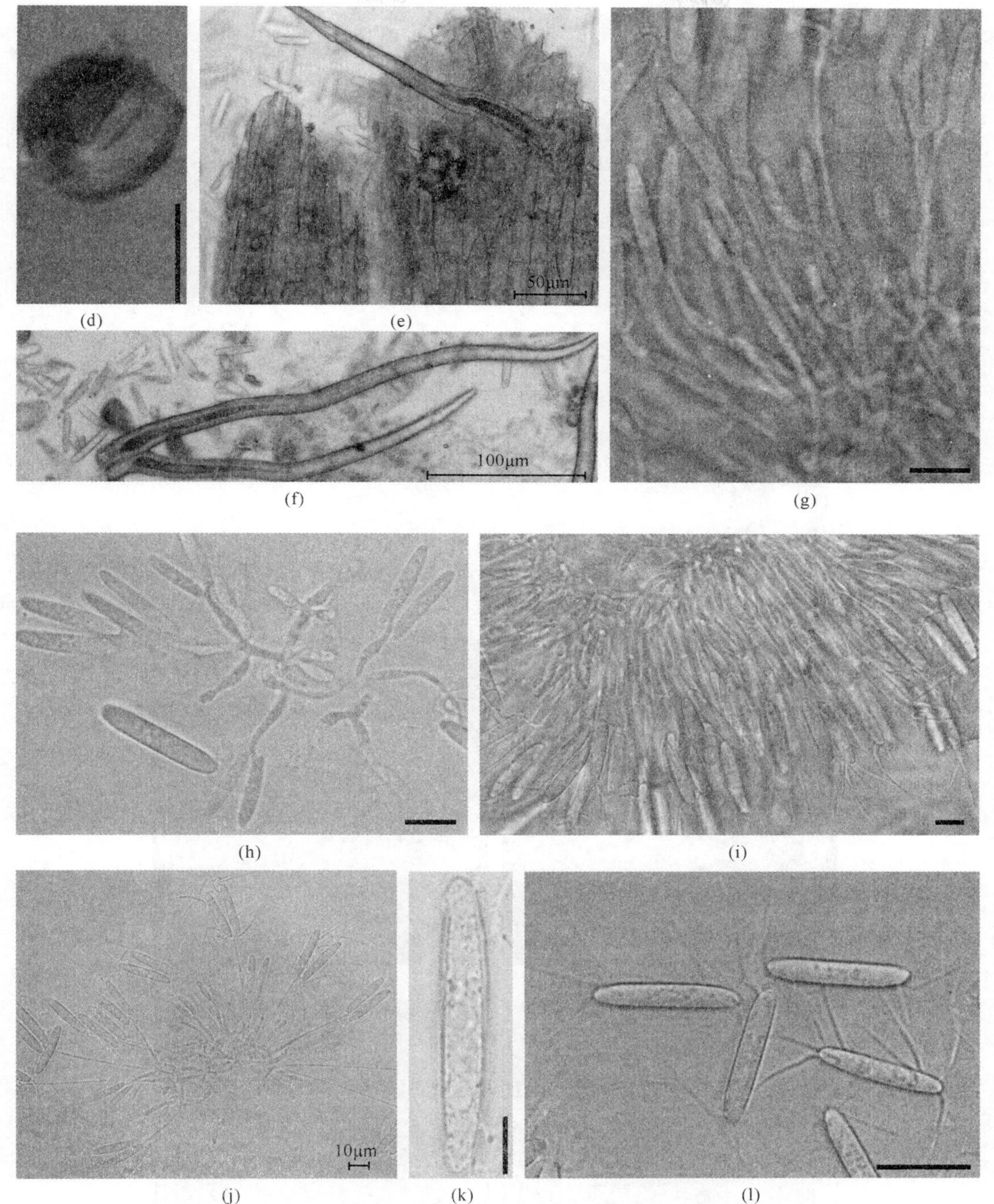

图 25-29　*Chaetospermum malipo* 的显微形态图(模式标本)(见彩图)

(a)凝胶状的分生孢子器。(b)分生孢子器的纵切。(c)分生孢子梗和分生孢子；标尺：20μm。(d)分生孢子器的裂口；标尺：250μm。(e)单生的刚毛。(f)双生的刚毛。(g)～(j)分生孢子梗的分枝及产孢细胞；标尺：10μm。(k)分生孢子表面的水滴状斑纹；标尺：5μm。(l)成熟的分生孢子附着管状毛；标尺：20μm

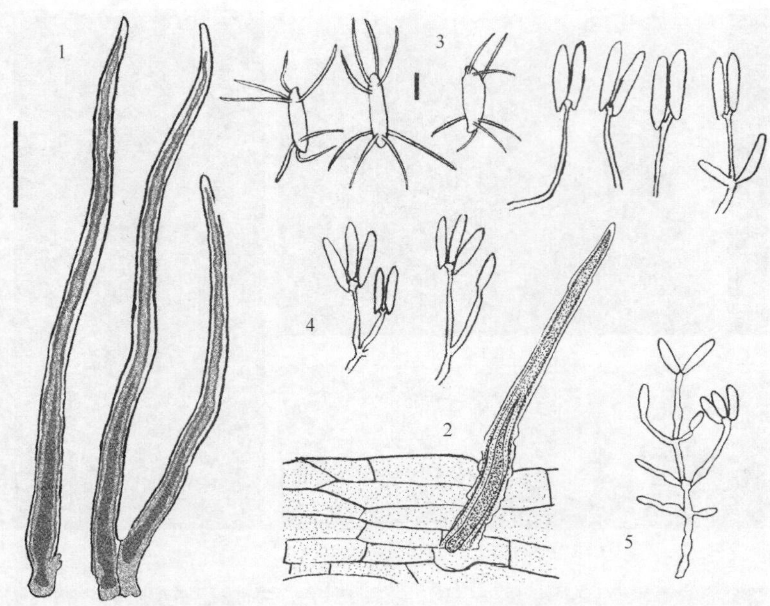

图 25-30　*Chaetospermum malipo* 分生孢子、分生孢子梗及刚毛(模式标本)的素描绘图

1、2. 刚毛；标尺：50μm。3. 成熟的分生孢子附着管状毛；标尺：10μm。4、5. 分生孢子梗的分枝及产孢细胞；标尺：10μm

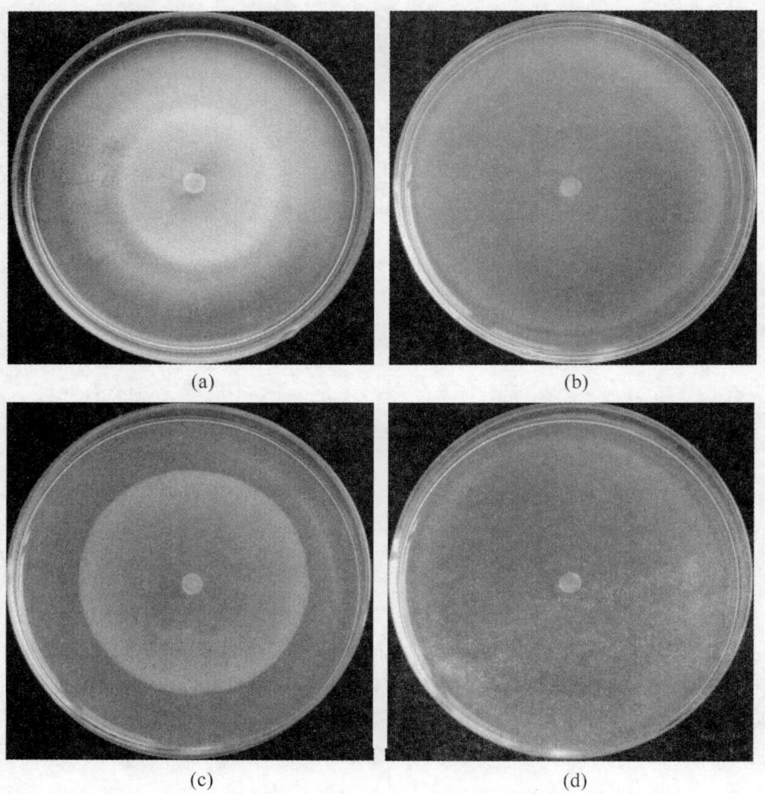

图 25-31　*Chaetospermum malipo* 的培养性状(25℃暗培养 7 天)

(a)在 PDA 培养基上生长的菌落特征；(b)在 CYA 培养基上生长的菌落特征；(c)在 MEA 培养基上生长的菌落特征；(d)在 PCA 培养基上生长的菌落特征

三、*Chaetospermum malipo* 的分子系统发育分析

通过 Blast 搜索，序列比对的结果表明，*Chaetospermum malipo* 的 ITS 序列与 GenBank 数据库中蜡壳菌目几个未鉴定菌株的序列相似性仅有 94%～95%。NJ 系统发育树（图 25-32）也表明，*C. malipo* 在蜡壳菌目的系统中形成一个支持强度仅为 55%的末端分支。

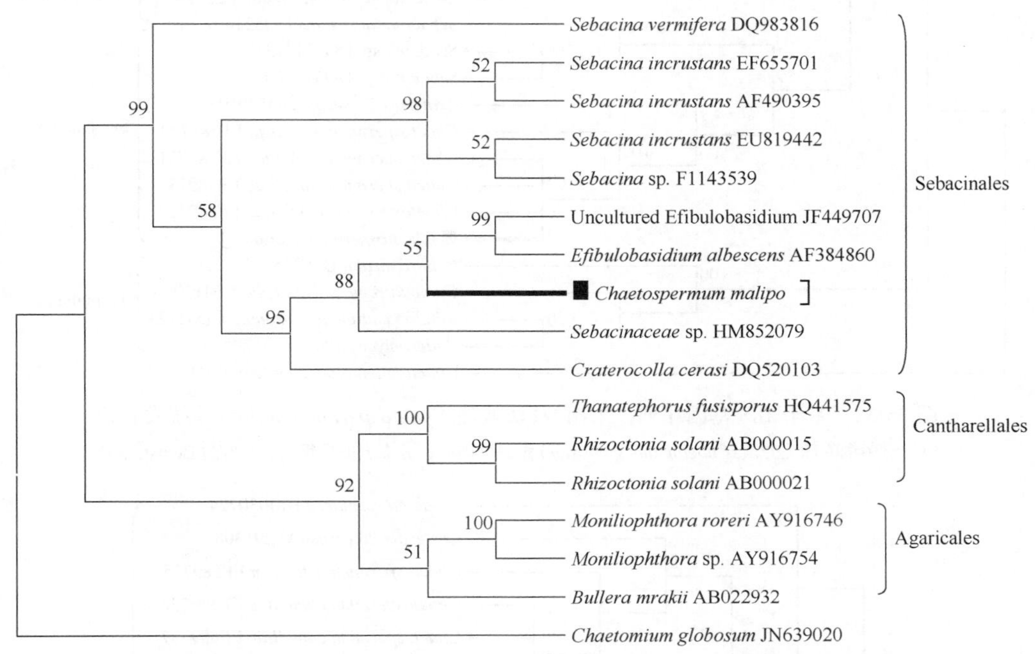

图 25-32 基于 ITS1-5.8S-ITS2 基因序列，采用 NJ 法构建的 *Chaetospermum malipo* 系统发育树

以子囊菌纲的球毛壳菌（*Chaetomium globosum*）作为外类群；分支上的数字为≥50%的 Bootstrap 值

C. malipo 的 18S 序列与 Rungjindamai 等（2008）报道的 *C. camelliae* 有 99%的相似性。基于 18S 序列构建的系统进化树也表明（图 25-33），*C. malipo* 与 *C. camelliae* 的 3 个菌株与同属的另外一个种 *C. artocarpi* 及 *Craterocolla cerasi* 形成一个支持强度为 53%的分支。而且，*C. malipo* 与 *C. camelliae* 的 3 个菌株形成一个末端分支，支持强度达 99%。

基于 28S 序列的系统发育分析（图 25-34）也支持上述结果，*C. malipo* 与 *C. camelliae* 的 3 个菌株与同属的另外两个种 *C. artocarpi* 及 *C. cerasi* 形成一个支持强度为 78%的独立分支，而且 *C. malipo* 也与 *C. camelliae* 的 3 个菌株形成一个支持强度很高的末端分支（100% Bootstrap）。

基于对 *Tubercularia chaetospora* Pat.的研究，Saccardo 在 1892 年就建立了 *Chaetospermum*，*C. tubercularioides* 是该属的模式种，在分类地位上属于担子菌纲蜡壳菌目（*Sebacinales*）（Rungjindamai et al.，2008）。迄今为止，该属包括 10 个已定名的种和 1 个变种（Nag，1993）。凝胶状分生孢子座、全裂合轴的分生孢子梗细胞、圆柱形无隔膜的分生孢子具有管状附属物是该属真菌的显著特征（Sutton，1980）。分生孢子座上的刚毛也是区别该属不同种的一

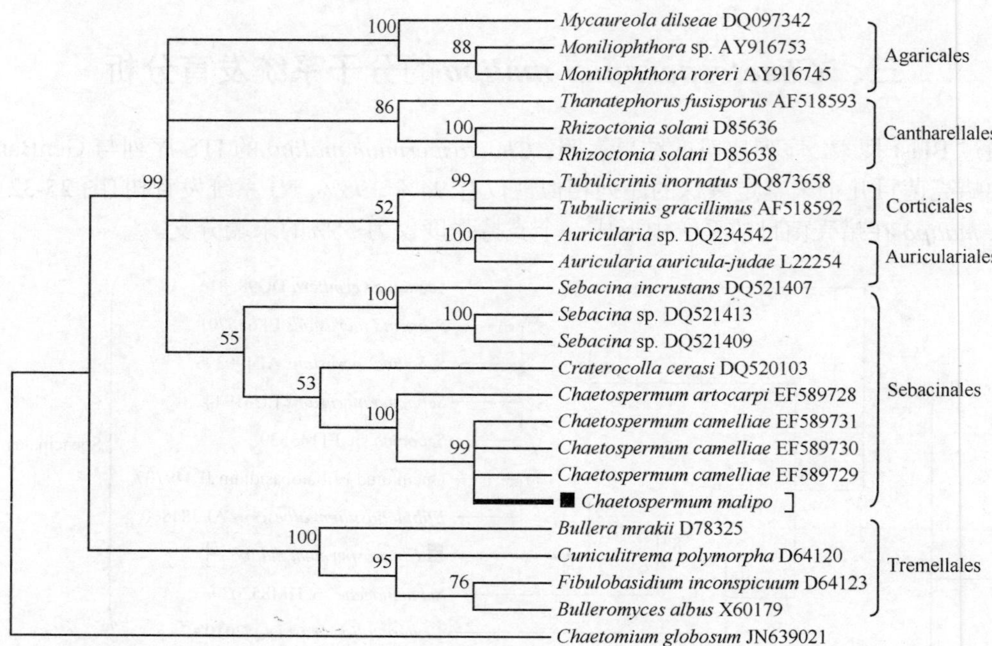

图 25-33 基于 18S 基因序列，采用 NJ 法构建 *Chaetospermum malipo* 系统发育树

以子囊菌纲的球毛壳菌(*Chaetomium globosum*)作为外类群；分支上的数字为≥50%的 Bootstrap 值

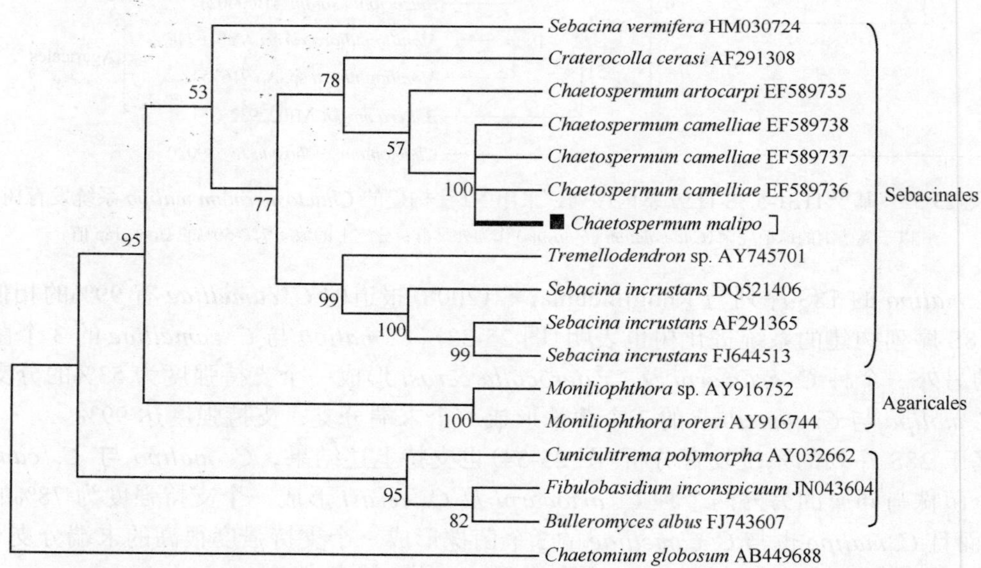

图 25-34 基于 28S 基因序列，采用 NJ 法构建的 *Chaetospermum malipo* 系统发育树

以子囊菌纲的球毛壳菌(*Chaetomium globosum*)作为外类群；分支上的数字为≥50%的 Bootstrap 值

个明显的特征(Rajeshkuman et al.，2010)。Wells 和 Bandoni(2001)认为 *Chaetospermum* 相对应的有性型属于 *Efibulobasidium albescens*(Sebacinales)，这一观点得到了 Kirschner 和 Oberwinkler(2009)的验证。*Chaetospermum* 真菌广布于世界各地，分离的宿主涉及枯死的植物根、茎、叶，以及水和垃圾，为常见的腐生类真菌。法国的 Petrak(1937)从禾本科植物(Gramineae)分解的茎和叶中分离获得了 *C. chaetospermum*，*C. dasticae* 的宿主则是印度

尼西亚的印度榕(*Ficus elastica*)腐烂叶片(Saccardo，1913)。此外，1902 年 Saccardo 还在意大利发现了 *C. carneum*，其宿主也是禾本植物的烂叶。1917 年，在斯里兰卡，研究人员从一个未鉴定植物的枯枝上发现了另一个种 *C. gelatinosum*；其他种类的宿主也是落叶或枯死植物的茎或枝。虽然 *Chaetospermum* 真菌的宿主广泛，但目前还没有从兰科植物中发现该属的成员。

基于真菌形态学特征及分子鉴定的结果，笔者发现 *C. malipo* 与 *C. camelliae* 的分生孢子较为相似，但两者之间也存在明显的差异性，由表 25-11 可见，前者的分生孢子及其管状附着毛的大小均比后者要大，两者的产孢细胞也不相同；此外，刚毛是 *C. malipo* 区别于 *C. camelliae* 的主要特征。该属另一个新种 *C. setosum* 也具有刚毛，但圆柱形至"V"形或"Y"形的分生孢子显然不同于 *C. malipo*(Rajeshkuman et al.，2010)。因此，笔者认为该菌株为新种，并定名为 *C. malipo* sp. nov.(Tan et al.，2014)。

表 25-11　*C. camelliae* 与 *C. malipo* 的形态学比较

真菌种类	寄主	刚毛	分生孢子的长度/μm	管状附着毛的长度/μm	产孢细胞
C. camelliae	野茶树 *Camellia sinensis*	无	16～26	14～22	离散的
C. malipo	白花贝母兰 *Coelogyne leucantha*	有	23～37	14～30	合轴的

Chaetospermum 真菌检索表

1. 分生孢子座具有刚毛 ………………………………………………… 2
    2. 分生孢子圆柱形至"V"形或"Y"形，附属毛位于两极端，每边 2～5 条…*C. setosum*
    2. 分生孢子圆柱形，附属毛位于近极端，每边 3～4 条 ……………… *C.malipo*
1. 分生孢子座无刚毛 ………………………………………………… 2
    2. 附属毛位于两极端，分生孢子 18～26μm×4.5～5.5μm ……… *C. artocarpi*
    2. 附属毛位于近极端 ……………………………………………… 3
        3. 分生孢子长度超过 26μm ………………………………………… *4*
            4. 分生孢子直径 8～10μm …………………………… *C. chaetosporum*
            4. 分生孢子直径 16～21μm ……………………………… *C.* gelatinosu
        3. 分生孢子长度小于 26μm ………………………………………… 4
            4. 附属毛每边 2～6 条 …………………………………… *C. elasticae*
            4. 附属毛每边 5～10 条 ……………………………………………… 5
5. 附属毛长 8～10μm，分生孢子长 14～16μm……………………… *C. carneum*
5. 分生孢子长 16～26μm ……………………………………………… 6
    6. 附属毛长 9～20μm，分生孢子长宽比为 5.5∶1 ……………… *C. camelliae*
    6. 附属毛长 18～20μm，分生孢子长宽比为 6.3∶1 ……………… *C. gossypinum*

第七节　产气霉属三个潜在新种的鉴定与描述

本节对 3 个产气霉属真菌潜在新种进行鉴定，菌株编号分别为 6505、5791 和 5693，活体菌株保藏于本研究室。3 株真菌的原植物信息见表 25-12，植物的分类鉴定同前面所述。

表 25-12　3 株产气霉真菌的原植物

菌株编号	原植物	采集地点	习性
6505	小花鸢尾兰	云南麻栗坡县下金厂	附生
5791	泽泻虾脊兰	云南省勐海县石斛基地	地生
5693	小蓝万代兰	云南省勐海县石斛基地	附生

真菌培养性状和形态鉴定方法同本章第六节所述。产气霉属真菌的 ITS-5.8S 片段和 28S 基因片段的 PCR 扩增引物、体系及反应条件同前面所述。RNA 聚合酶第 2 亚基基因（RPB2）片段采用 RPB2-5f/RPB2-7cr 的引物组合扩增（Liu et al.，1999）；β-微管蛋白基因（β-tublin）片段采用 bena-T1/bena-T22 作为引物扩增（O'Donnel and Cigelnik，1997）。DNA 的提取、扩增和测序及系统发育分析同本章第六节所述。扫描电子显微镜观察参考 Ezra 等（2004）的方法。

一、产气霉菌株的形态学特征

（一）麻栗坡产气霉

Muscodor malipoensis X. M. Tan et S. X. Guo，sp. nov.

在 PDA 培养基上菌落生长慢，25℃暗培养 14 天直径达 36～38mm；菌落边缘不规则，初时同心圆明显，3 环，第 29 天后不明显，边缘菌丝疏松，稍白色，中央菌丝致密，突起明显，珍珠白色。在 MEA 培养基上菌落生长较慢，25℃暗培养 14 天，直径达 30～34mm；菌落边缘不规则，气生菌丝致密，珍珠白色。在 CYA 培养基上菌落边缘规则，同心圆明显，第 29 天时达到 6 环，气生菌丝发达，稍暗白色。在 PCA 培养基上菌落边缘规则，无同心圆，气生菌丝不发达，薄膜状贴伏于培养基表面（图 25-35）。在实验室培养条件下，4 种培养基上均未见产孢结构和分生孢子。气生菌丝透明，具横隔膜，分枝，壁薄，直径为 1～4μm，常缠结在一起形成“绳索链”（rope-like strand）和直径为 22～35μm 的菌丝圈（coil）结构（图 25-36）；扫描电子显微镜观察到菌落表面呈网状（图 25-36），有些菌丝膨大形成独特的“8”字形细胞结构（图 25-37）。在 PDA 平板培养过程中发现，打开盖子后能闻到特别的霉味，说明该菌株的代谢产物中含有挥发性气体物质。

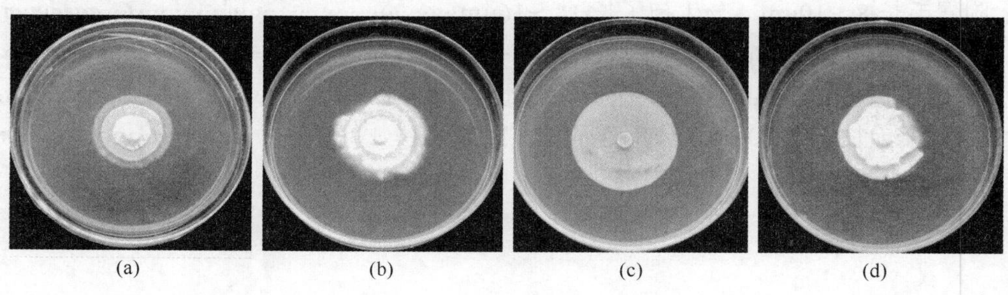

(a)　(b)　(c)　(d)

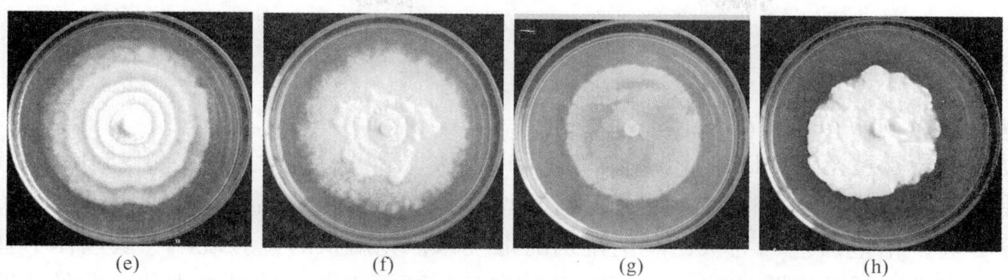

图 25-35　麻栗坡产气霉在 4 种培养基上培养 2 周[(a)～(d)]和 4 周[(e)～(h)]的菌落形态

(a)、(e)CYA 培养基；(b)、(f)PDA 培养基；(c)、(g)PCA 培养基；(d)、(h)MEA 培养基

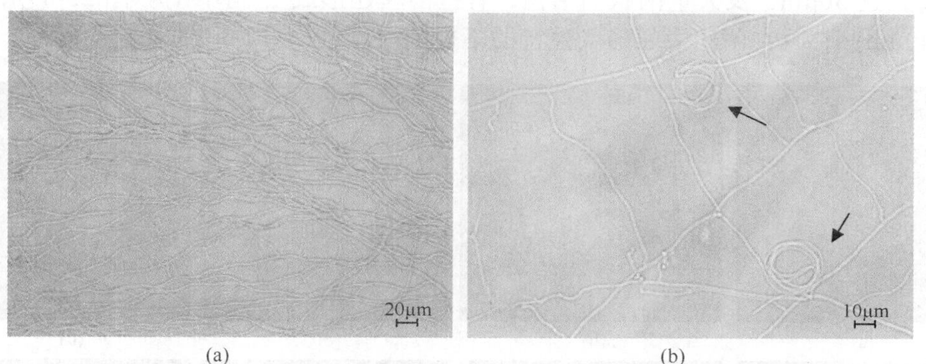

图 25-36　麻栗坡产气霉在光学显微镜下的菌丝形态特征

(a)和(b)是在 PDA 培养基上插片培养 14 天时的菌丝形态，(b)中的箭头示菌丝圈

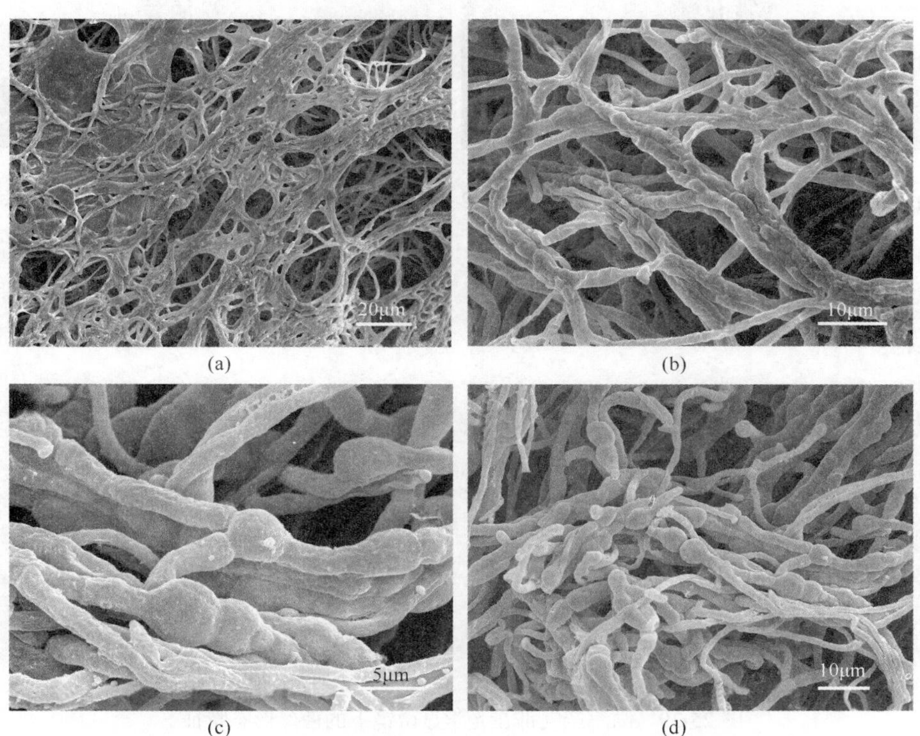

图 25-37　麻栗坡产气霉菌落形态的扫描电子显微镜观察结果

(a)菌落表面的网状结构；(b)菌丝形成的“绳索链”结构；(c)、(d)菌丝形成的“8”字形膨大细胞结构

（二）勐海产气霉

Muscodor menghaiensis X. M. Tan et S. X. Guo，sp. nov.

勐海产气霉菌落在 PDA、PCA、CYA 和 MEA 培养基上均为白色（图 25-38），其中在 CYA 和 MEA 培养基上菌落较为致密，生长速率相差不大。PDA 培养基上菌落生长慢，25℃暗培养 2 周，稍呈白色，毛状，产生特别的霉气味，花瓣状的边缘规则。菌丝体不育，未见无性或有性孢子及产孢结构。29 天的菌落白色，背面无色，稍呈绳索状。菌丝透明，壁薄，具有横隔膜，直径为 1.4～3.6μm，常呈 90°分枝，缠结在一起形成巨大的"绳索链"结构，直径达 30μm，及大量网状的结构，有些菌丝还形成菌丝圈结构（图 25-39），直径多为 20～40μm；有时在菌丝中间形成独特的不规则块状结构　（图 25-40）。

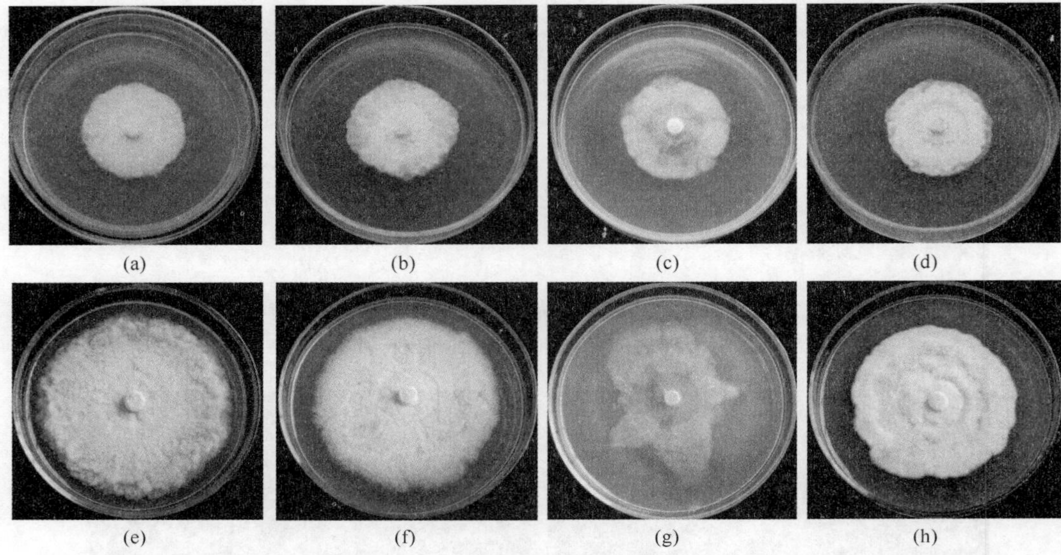

图 25-38　勐海产气霉在 4 种培养基上培养 2 周[（a）～（d）]和 4 周[（e）～（h）]的菌落形态

（a）、（e）CYA 培养基；（b）、（f）PDA 培养基；（c）、（g）PCA 培养基；（d）、（h）MEA 培养基

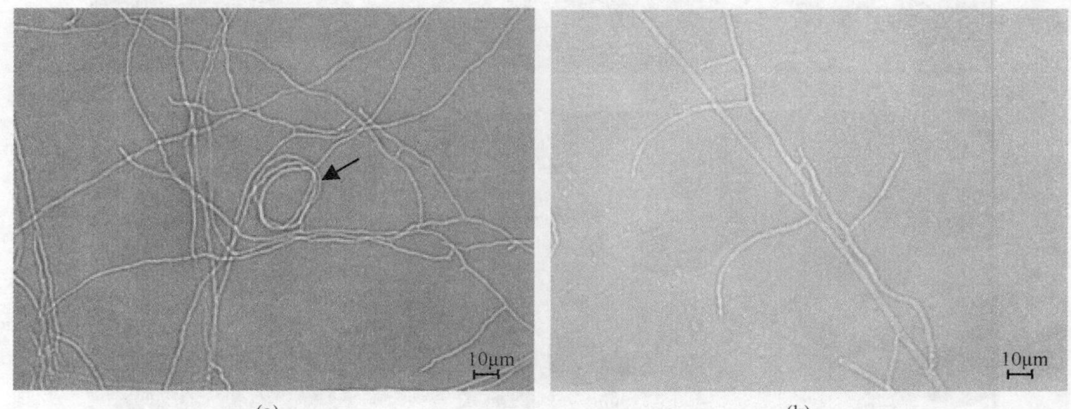

图 25-39　勐海产气霉在光学显微镜下的菌丝形态特征

（a）、（b）在 PDA 培养基上插片培养 14 天时的菌丝形态，图（a）中的箭头表示菌丝圈

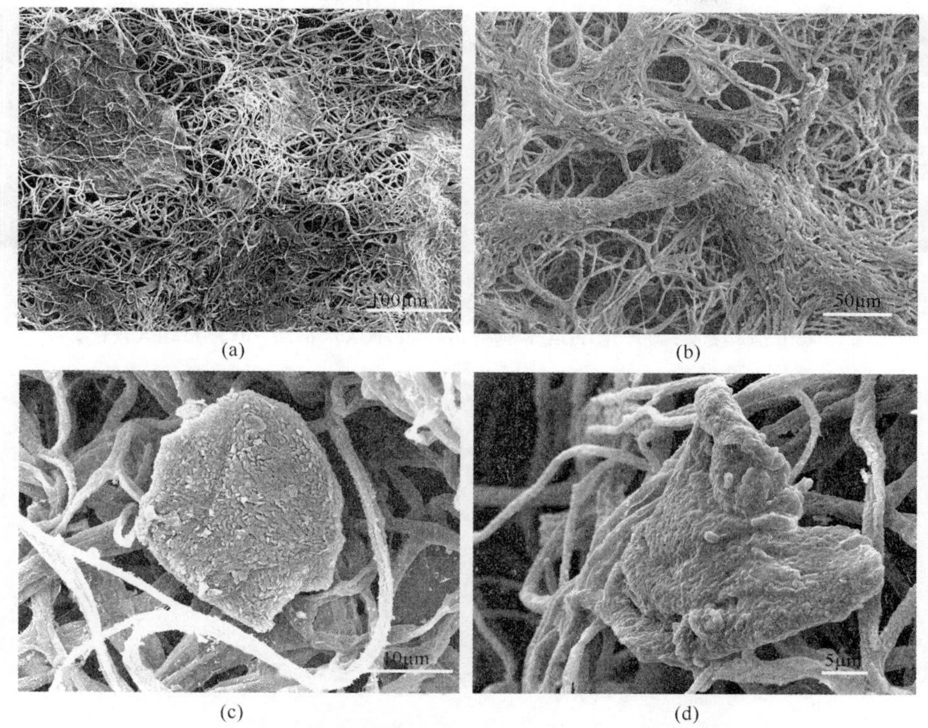

图 25-40　勐海产气霉菌落形态的电子扫描电镜观察结果

(a) 菌落表面的网状结构；(b) 菌丝形成的"绳索链"结构；(c)、(d) 菌丝形成的不规则块状结构

(三) 勐养产气霉

Muscodor mengyangensis X. M. Tan et S. X. Guo，sp. nov.

勐养产气霉菌落在 PDA、PCA、CYA 和 MEA 培养基上均呈白色(图 25-41)，除了 PCA 培养基外，其他 3 种培养基上真菌的生长速率差别不大。MEA 培养基上生长 29 天菌落边缘气生菌丝发达。PDA 培养基上菌落生长慢，25℃暗培养 2 周，白色，气生菌丝不发达，产生特别的霉气味，边缘不规则，放射状沟纹。菌丝体不育，未见无性或有性孢子及产孢结构。29 天的菌落呈白色，背面无色；菌丝透明，壁薄，具有横隔膜，直径为 0.5～3.6μm，常呈 90°分枝，缠结在一起形成"绳索链"和纵横交错的网状结构，有些菌丝还形成菌丝圈结构(图 25-42)，直径多为 20～37μm；有时在菌丝中间形成膨大菌丝细胞(图 25-43)。

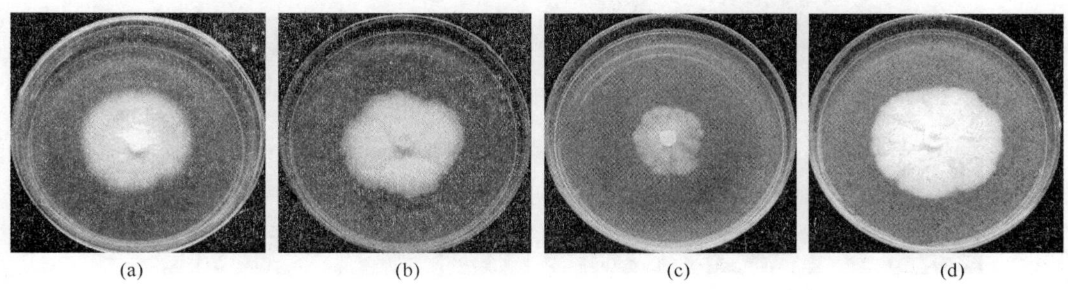

(a)　(b)　(c)　(d)

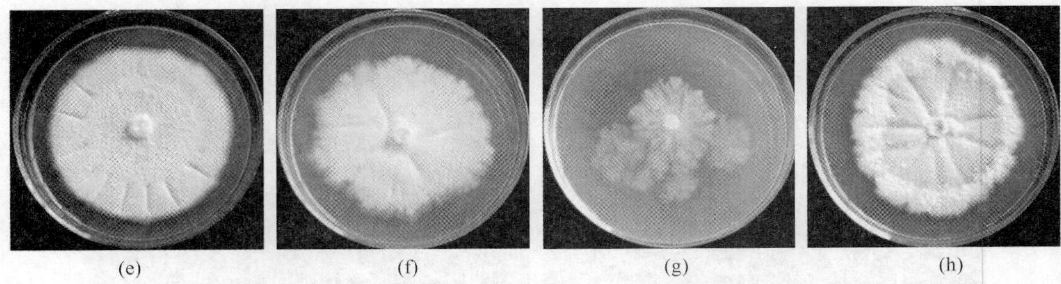

图 25-41　勐养产气霉在 4 种培养基上培养 2 周[(a)～(d)]和 4 周[(e)～(h)]的菌落形态

(a)、(e) CYA 培养基；(b)、(f) PDA 培养基；(c)、(g) PCA 培养基；(d)、(h) MEA 培养基

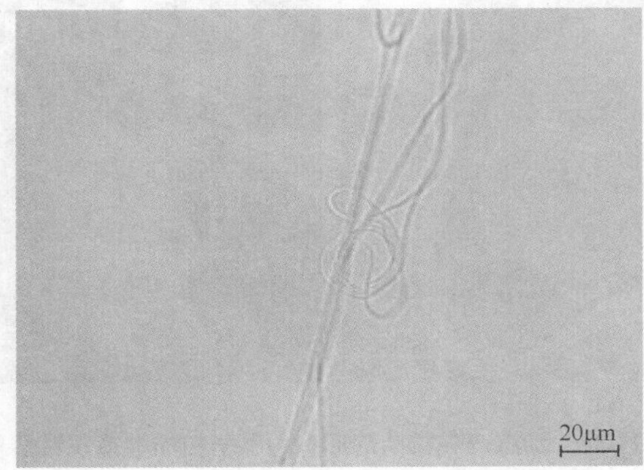

图 25-42　勐养产气霉在光学显微镜下的菌丝形态特征

在 PDA 培养基上插片培养 14 天时的菌丝形态

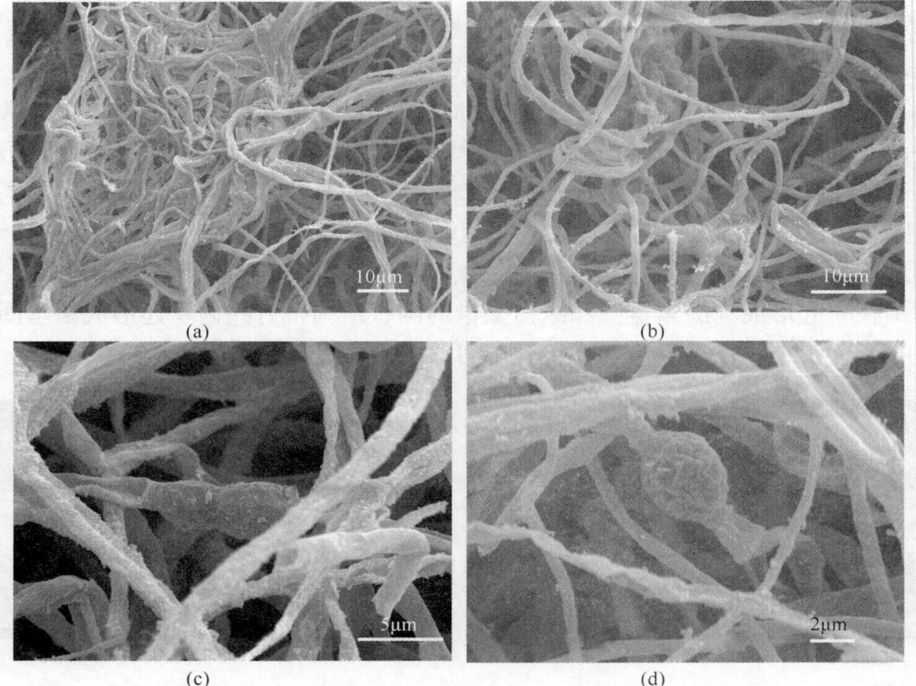

图 25-43　勐养产气霉菌落形态的扫描电子显微镜观察结果

(a) 菌落表面的网状和“绳索链”结构；(b) 菌丝形成的菌丝圈结构；(c)、(d) 菌丝形成的膨大细胞结构

二、产气霉菌株的分子系统发育分析

产气霉属真菌均具有不产生分生孢子的特性（Worapong et al., 2001），而且该属种间的 ITS 序列差异性不大，甚至有的种类 ITS 序列完全相同。例如，波浪产气霉（*M. crispans*）与白色产气霉（*M. albus*）的 ITS 序列同源性达 100%，但前者由于产生类似花椰菜式的结构、波浪形的菌丝和微红色的色素而明显与后者区别。因此，通过分子生物学的手段，特别是多基因的分子系统发育分析，对产气霉属真菌的分类鉴定尤为重要。所以，笔者利用 ITS、RPB2、β-tubulin 和 28S 基因片段对产气霉菌株 6505、5693、5791 的系统发育关系进行分析研究，旨在将这 3 株真菌鉴定到种一级水平。

（一）基于 ITS-rDNA 序列的系统发育分析

Blastn 搜索的结果表明，菌株 6505、5693 和 5791 的 ITS 序列分别与 GenBank 数据库中已报道的产气霉属的 2 个种和 3 个未定种的序列同源性较高，其中 6505 的 ITS 序列与尤卡坦产气霉（*M. yucatanensis*）（FJ917287）的相似性达 99%；5693 与模式种白色产气霉（AF324336、GQ220337）的相似性都高达 100%；5791 与产气霉属一个未定种（HM595539）和尤卡坦产气霉（FJ917287）的相似性分别达到了 99%和 98%。

以 *Agaricus bisporus* 为外类群，基于产气霉属和炭角菌科其他相关属真菌的 ITS 序列构建 NJ 系统进化发育树（图 25-44）。在这个树形图中，炭角菌目真菌被分为三大类群（支持强度达 98%）；产气霉属真菌则进一步被分为 5 个亚群，其中 5693 与白色产气霉、波浪产气霉、粉红产气霉和樟树产气霉等真菌聚类在亚群 A（支持强度达 99%）；保力藤产气霉（*M. vitigenus*）和 3 个未定种聚类在亚群 B（支持强度达 99%）；6505 和尤卡坦产气霉及一个未鉴定的种构成一个支持强度为 82%的亚群 D，且 6505 与尤卡坦产气霉的亲缘关系较为接近；5791 与一个未定种 *Muscodor* sp. M25 形成一个支持强度为 88%的独立亚群 C；凤阳产气霉（*M. fengyangensis*）的 3 个菌株聚类在亚群 D，支持强度达 100%。

由此系统发育树可知，产气霉属真菌类群与炭角菌目炭角菌属、炭垫属的亲缘关系接近，其次是 *Biscogniauxia* 和肉球菌属；与肉座菌目（Hypocreales）的一些属，如木霉属和肉座菌属亲缘关系较远。

（二）基于聚合酶 *RPB2* 基因的系统发育分析

经聚合酶 *RPB2* 基因序列的同源性比对发现，6505 号菌株与产气霉属两个未定种（菌株编号：ZLY-2009a 和 M25）分别存在 18 个和 23 个碱基的差别，相似性均为 98%；5693 与白色产气霉（GQ241929）的 *RPB2* 序列片段相似性达 100%；5791 与白色产气霉（GQ241929）的 *RPB2* 序列片段差异均达到了 15%，与一未定种（HM595623）的差异只有 1%。

基于聚合酶 *RPB2* 基因片段建立 NJ 系统发育树（图 25-45），在这个树形图中，产气霉属真菌被分为 3 个亚群。凤阳产气霉的 5 个菌株和 2 个未鉴定种的菌株聚类在亚群 A 中，分支强度为 100%；在亚群 B 中，6505 号菌株形成一个单独的末端分支，其与另外 2 个未鉴定的产气霉菌株亲缘关系较近；在亚群 C 中，5693 号和 5791 号菌株聚类在一起，形成一个支持强度为 67%的末端分支，而 2 个白色产气霉菌株被分在一个姐妹分支，分支强度为 73%。

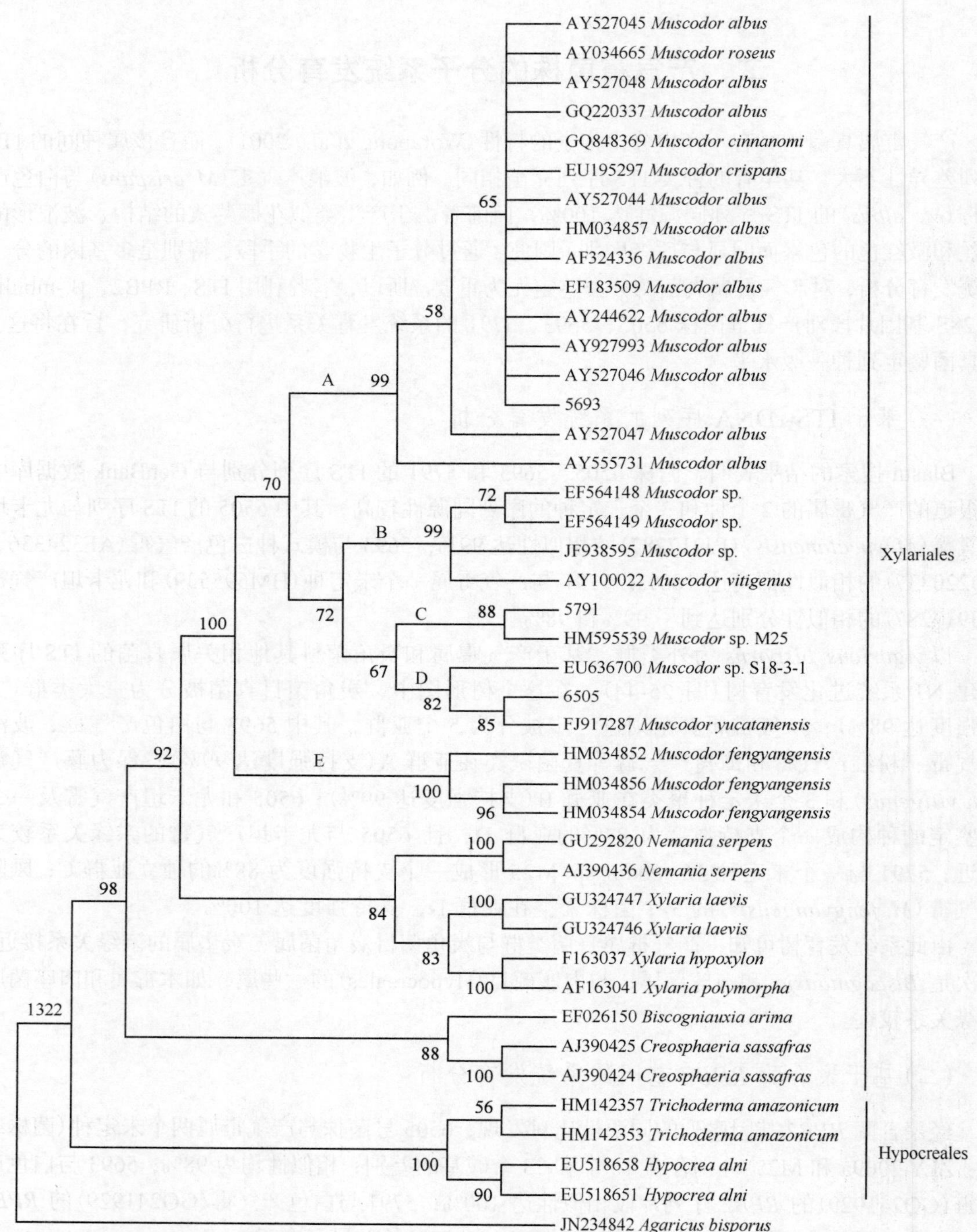

图 25-44　基于 ITS-rDNA 基因片段建立的 NJ 系统进化发育树

显示 6505 号、5693 号和 5791 号菌株与炭角菌科其他相关类群真菌的系统发育关系。以 *Agaricus bisporus* 为外类群，Bootstrap 值>50%显示在每个分支的节点上

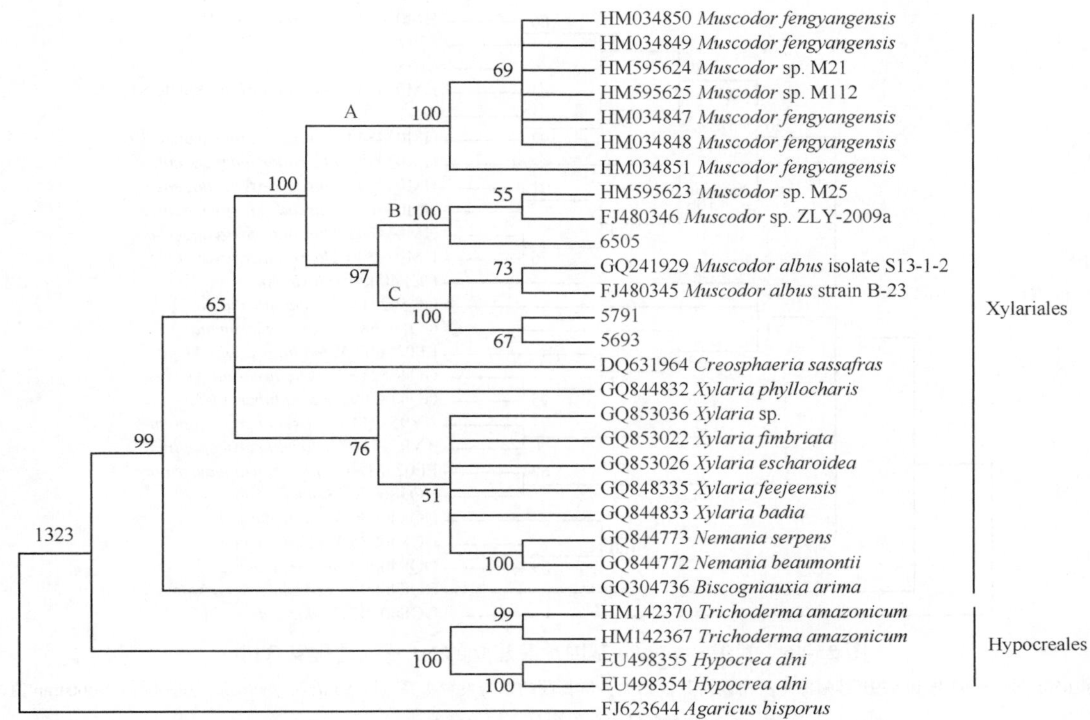

图 25-45　基于聚合酶 *RPB2* 基因片段建立的 NJ 系统进化发育树

显示 6505 号、5693 号和 5791 号菌株与炭角菌科其他相关类群真菌的系统发育关系。以 *Agaricus bisporus* 为外类群，Bootstrap 值>50%显示在每个分支的节点上

(三)基于 *β-tubulin* 基因的系统发育分析

经 *β-tubulin* 基因序列的同源性比对发现，6505 与产气霉一个未鉴定菌株(HM034846)的相似性为 89%，与白色产气霉(FJ480345)的差异达 16%；5693 与产气霉属的模式种白色产气霉(FJ480344)的相似性为 99%，同时有 5 个碱基的差异，与 HM034845 具 20 个碱基的差异；5791 菌株与一个未定种(HM034846)的同源性为 90%，与产气霉属的模式种白色产气霉只有 82%的相似性。

基于 *β-tubulin* 基因的系统发育分析(图 25-46)也支持上述结果，产气霉属真菌类群在炭角菌目形成一个独立的分支，与炭角菌属的亲缘关系较近。

(四)基于 28S 大亚基的系统发育分析

经 *28S* 基因序列的同源性比对发现，6505 号菌株与产气霉属的模式种白色产气霉(HM034865)存在 2 个碱基的差别，相似性为 99%；5693 号菌株与一个未鉴定的种(HM034863)的相似性达 100%，与白色产气霉(HM034865)存在 11 个碱基的差别，相似性为 99%；5791 号菌株与白色产气霉(HM034865)存在 3 个碱基的差别，相似性为 99%。

基于 *28S* 基因片段建立 NJ 系统发育树(图 25-47)，在这个树形图中，产气霉属真菌被分为 3 个类群，其中 6505 号和 5791 号菌株与模式种白色产气霉聚类在类群 1，分支强度为 99%；5693 则与白色产气霉的另一个菌株 isolate S1312 及一个未定种形成一个支持强度为 99%的类群 2；凤阳产气霉的几个菌株则被分在类群 3 中，支持强度为 73%。

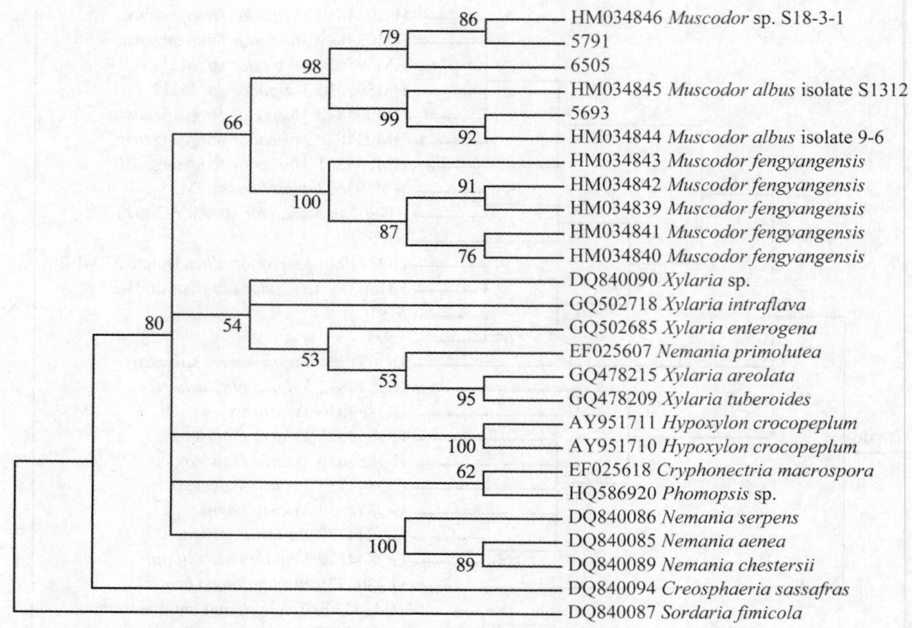

图 25-46　基于 *β-tubulin* 基因片段建立的 NJ 系统进化发育树

显示 6505 号、5693 号和 5791 号菌株与炭角菌科其他相关类群真菌的系统发育关系。以 *Sordaria fimicola* 为外类群，Bootstrap 值＞50%显示在每个分支的节点上

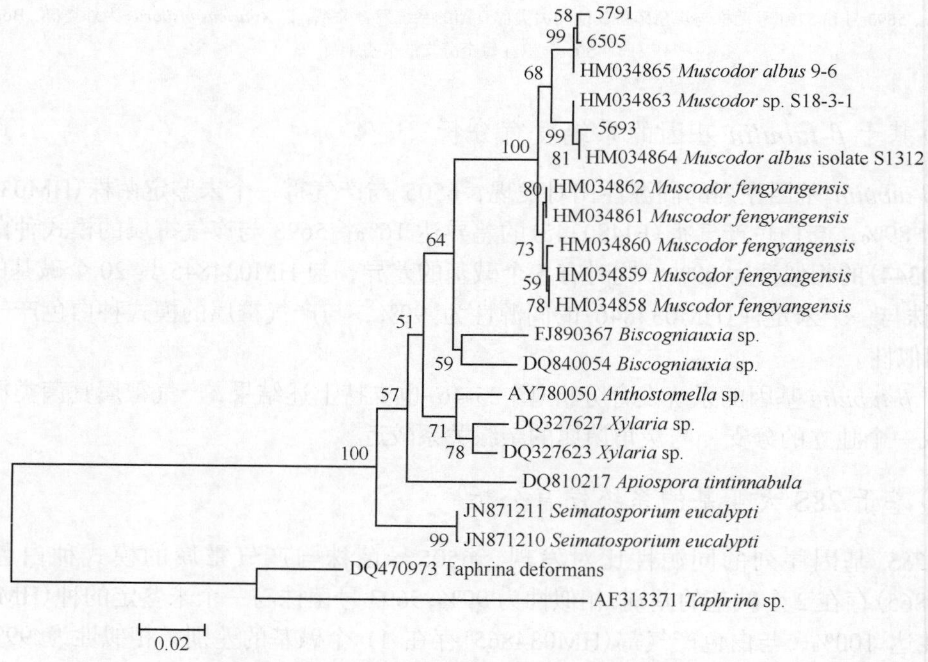

图 25-47　基于 *28S* 基因片段建立的 NJ 系统进化发育树

显示 6505 号、5693 号和 5791 号菌株与炭角菌科其他相关类群真菌的系统发育关系。以 *Taphrina deformans* 和 *Taphrina* sp.为外类群，Bootstrap 值＞50%显示在每个分支的节点上

产气霉属是Strobel在2001年建立的新属，据Mycobank 数据库（http://www.mycobank.org)

的最新记录，该属收录了 8 个已被定名发表的种，包括白色产气霉(Worapong et al.，2001)、尤卡坦产气霉(González et al.，2009)、保力藤产气霉(Daisy et al.，2002)、波浪产气霉(Mitchell et al.，2010)、粉红产气霉(Worapong et al.，2002)、凤阳产气霉(Zhang et al.，2010)和樟树产气霉(Suwannarach et al.，2010)。产气霉属真菌的分布区域主要位于热带地区及其附近区域，包括美国中部和南部、东南亚、墨西哥、澳大利亚、泰国北部及中国云南和浙江等地。寄主范围较广，涉及木本植物和草本植物，但还没有从兰科植物中发现产气霉属真菌的报道，本研究首次从附生型和地生型兰科植物根中分离获得 3 种产气霉属真菌。

由于产气霉属真菌在实验室条件下往往不能产生分生孢子，研究者主要根据菌落颜色、菌丝形态和挥发性气体的成分组成等表现型特征的差异，同时结合分子生物学的分析(如 *ITS*、*28S*、*RPB2*、*β-tubulin* 等基因片段)，鉴定产气霉属真菌不同的种。以往的研究证明，这种鉴定方法是行之有效的。白色产气霉和保力藤产气霉都产生稍白色的菌落，但前者的菌丝直径(1.1～1.7μm)比后者的菌丝直径(0.7～2.1μm)小，同时产生的挥发性化合物也不相同，因而研究者将白色产气霉和保力藤产气霉鉴定为不同的种；波浪产气霉和白色产气霉的 *ITS* 序列同源性达 100%，但因前者产生类似花椰菜式的结构、波浪形的菌丝和微红色的色素而明显地与后者区别；尤卡坦产气霉形成独特的膨大菌丝细胞(直径 0.5～4μm)，产生的挥发性化合物不含萘，而且与白色产气霉和保力藤产气霉在系统发育上也存在差异；在不同的培养基和培养条件下，粉红产气霉都产生稠密、淡玫瑰色的菌丝体；樟树产气霉被鉴定为一个新种，是因为它产生的挥发性气体化合物含有甘菊蓝，而与波浪产气霉(不产生甘菊蓝)不同；同时樟树产气霉的气体中不含有萘，可区别于含萘的白色产气霉、保力藤产气霉和粉红产气霉；基于 *ITS*、28S、*RPB2*、*β-tubulin*4 个位点基因序列片段的系统发育分析，Zhang 等(2010)发现凤阳产气霉在产气霉属类群中形成一个独立的分类单位，同时抗菌活性也表明该新种与同属的其他种不一样。

本节根据真菌的形态学、生理学、分子数据及化学成分(本章第九节)，将 6505 号、5791 号和 5693 号产气霉菌株与该属的其他种类区别。

(1)麻栗坡产气霉(6505)：在分子特征上，其与尤卡坦产气霉的 ITS 序列具有 99%的相似性，存在 1 个碱基的差别，而与其他成员的 ITS 序列相似性为 89%～97%；在系统发育进化树上，聚类在同一个亚群中，支持强度只有 85%；在菌落形态上两者存在着许多不同之处，具体菌落形态见图 25-48。麻栗坡产气霉在 25℃暗培养 14 天的菌落，表面形成同心圆，边缘不规则，菌落直径达 36～38mm；尤卡坦产气霉的菌落，表面辐射状有沟，边缘完整，菌落直径达 30～35mm。在菌丝的形态上，麻栗坡产气霉形成“8”字形的膨大菌丝细胞，而尤卡坦产气霉多为串珠状膨大菌丝细胞，具体形态见图 25-49。在挥发性气体的化学成分上，麻栗坡产气霉的挥发性气体中含有萘，而后者没有。综上所述，可充分证明 6505 号菌株为产气霉属一潜在新种，暂定名为麻栗坡产气霉。

(2)勐海产气霉(5791)：在分子特征上，该真菌与一个未鉴定的产气霉菌株 *Muscodor* sp. M25 的亲缘关系接近，在 *ITS* 基因和 *RPB2* 基因片段都只存在 1%的差别，而与同属其他种类 *ITS* 序列的相似性只有 90%～97%；在 *ITS* 基因系统发育树上，勐海产气霉与该未鉴定种虽然聚类在一个亚群，但支持强度只有 88%；而且，*RPB2* 基因系统发育树的结果表明，勐海产气霉与 5693 号菌株的亲缘关系更近，同时聚类在亚群 C 中，而与 *Muscodor* sp. M25 的亲缘关系较远，因为该菌株与麻栗坡产气霉及另一个未鉴定种一起聚类在亚群 B 中。在形态学上，勐海产气霉具有独特的不规则块状结构，这点有别于任何一个已定名的产气霉属真菌。综合分子特征和形态学结构，笔者将产气霉 5791 号菌株鉴定为一潜在新种，暂定名勐海产气霉。

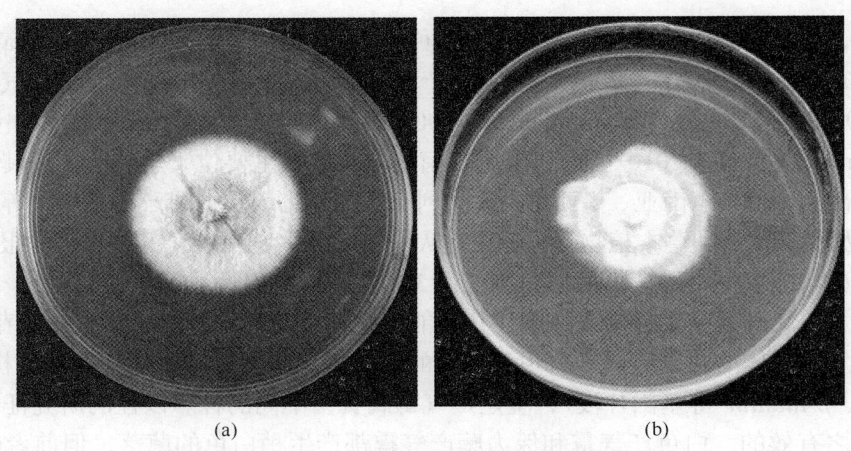

图 25-48 尤卡坦产气霉和麻粟坡产气霉的菌落形态

(a)尤卡坦产气霉在 25℃暗培养 14 天的菌落，表面辐射状有沟，边缘完整(图片及描述引自 Gonzalez et al.，2009)；(b)麻粟坡产气霉在 25℃暗培养 14 天的菌落，表面形成同心圆，边缘不规则

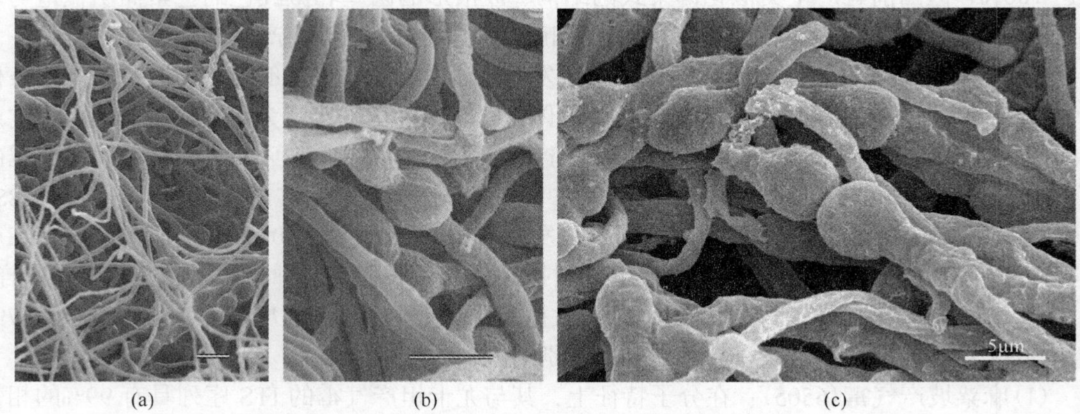

图 25-49 尤卡坦产气霉和麻粟坡产气霉的菌丝扫描电子显微镜观察

(a)、(b)尤卡坦产气霉的串珠状膨大菌丝细胞(图片及描述引自 Gonzalez et al.，2009)；(c)麻粟坡产气霉“8”字形的膨大菌丝细胞

Bar=5μm

(3)勐养产气霉(5693)：在分子特征上，勐养产气霉与模式种白色产气霉的 *ITS* 序列相似性高达 100%，而两者的 *β-tubulin* 基因序列存在 5 个碱基的差别，*28S* 基因序列具有 11 个碱基的差异；与白色产气霉的另一个菌株 S13-1-2 的 *ITS* 序列和 *RPB2* 序列均有 100%的相似性，但两者的 *β-tubulin* 基因序列存在 20 个碱基的差异。在形态学上，勐养产气霉具有类似于尤卡坦产气霉的膨大细胞结构，这点也有别于其所在亚群的其他种。在挥发性气体的化学成分上，勐养产气霉的挥发性气体中不含有萘，而白色产气霉含有此成分及其衍生物。在最佳生长温度方面，两者基本一样。因此，笔者将 5693 号菌株鉴定为一潜在新种，暂定名勐养产气霉。

第八节 产气霉属真菌产生的挥发性气体的抗菌活性评价

本研究所用菌种为麻粟坡产气霉、勐海产气霉和勐养产气霉，抗菌活性指示菌为 6 种植物病原真菌、5 种人体病原菌和 4 种经济型真菌(表 25-13)。全部菌株均来源于本研究室。白色念珠菌和新型隐球酵母采用沙堡氏培养液 28℃恒温振荡培养，3 株产气霉真菌和其他指示真菌均采用 PDA 培养基 25℃活化培养；细菌采用牛肉膏蛋白胨培养液 37℃恒温振荡培养。参考 Strobel 等(2001)描述的方法，测试产气霉属真菌产生的挥发性气体的抗菌活性。并参考 Mitchell 等(2010)的方法，测定产气霉菌株对终极腐霉抗菌活性最强的培养时间。

表 25-13　3 株产气霉属菌株的挥发性气体对微生物生长的影响(n=3)

指示菌	培养 2 天后的抑制率			对峙 2 天后的存活性			对峙 4 天后的存活性		
	6505	5693	5791	6505	5693	5791	6505	5693	5791
烟曲霉 *Aspergillus fumigatu*	100±0	100±0	100±0	alive	dead	alive	dead	dead	alive
终极腐霉 *Pythium ultimum*	100±0	100±0	100±0	dead	dead	dead	dead	dead	dead
灰霉菌 *Botrytis cinerea*	100±0	100±0	100±0	alive	alive	alive	alive	dead	alive
立枯丝核菌 *Rhizoctonia solani*	7.9±1.3	0	0	alive	alive	alive	alive	alive	alive
腐皮镰孢菌 *Fusarium solani*	100±0	15.87±3.6	32.9±14.25	alive	alive	alive	dead	alive	alive
锈腐病菌 *Cylindrocarpon distructans*	100±0	39.6±19.3	100±0	dead	alive	alive	dead	dead	dead
大肠杆菌 *Escherichia coli*	0	0	0	alive	alive	alive	alive	alive	alive
金黄色葡萄球菌 *Staphylococcus aureus*	100±0	100±0	100±0	dead	dead	dead	dead	dead	dead
白色念珠菌 *Canidia albicans*	0	0	0	alive	alive	alive	alive	alive	alive
枯草芽孢杆菌 *Bacillus subtilis*	83.7±1.3	75±5.2	30.7±3.6	alive	alive	alive	dead	dead	dead
新型隐球酵母 *Cryptococcus neoformans*	100±0	100±0	100±0	dead	dead	dead	dead	dead	dead
猪苓 *Polyporus umbellatus*	100±0	100±0	100±0	dead	dead	dead	dead	dead	dead
阿魏侧耳 *Pleurotus ferulae*	100±0	14±0.7	100±0	dead	alive	alive	dead	alive	dead
蜜环菌 *Armillaria mellea*	100±0	33±1.78	66.7±3.2	alive	alive	alive	dead	dead	dead
瘤菌根菌属 *Epulorhiza* sp. 9768	100±0	59.5±2.4	68.6±0.1	dead	alive	alive	dead	dead	dead

注：alive 表示存活；dead 表示致死。下表同

一、产气霉产生的挥发性气体的抗菌活性

(一) 麻栗坡产气霉挥发性化合物的抗菌活性

在一次性分隔培养皿上进行的对峙试验结果表明(表 25-13)，麻栗坡产气霉(6505)在 PDA 培养基上 25℃暗培养 7～10 天，产生的挥发性化合物对烟曲霉、终极腐霉、灰霉菌、金黄色葡萄球菌、新型隐球酵母和锈腐病菌等指示菌的抑制率为 100%，而且，再接种到新鲜 PDA 培养基上不能再产生新的菌丝，致死率均为 100%；对一些具有重要经济价值的真菌，如猪苓、阿魏侧耳、蜜环菌和瘤菌根菌属一真菌(9768)等也具有 100%的抑制率。一些测试指示菌，如烟曲霉、灰霉菌、腐皮镰孢菌、枯草芽孢杆菌和蜜环菌与 6505 号菌株对峙培养 2 天时完全受到抑制，抑制率分别为 100%、100%、100%、83.7%和 100%，但不致死，转接到新鲜 PDA 培养基上还保持着生活力；但随着对峙时间延长至 4 天，再转接到新鲜 PDA 培养基上就不能再生长产生新的菌丝。

麻栗坡产气霉产生的挥发性气体对立枯丝核菌、白色念珠菌和大肠杆菌的抑制效果较差，其中对立枯丝核菌抑制率为 7.9%，对白色念珠菌和大肠杆菌的抑制率为 0。

(二) 勐海产气霉挥发性化合物的抗菌活性

抑菌活性检测结果见表 25-13，勐海产气霉(5791)在 PDA 培养基上 25℃暗培养 7～10 天，产生的挥发性化合物对烟曲霉、终极腐霉、灰霉菌、锈腐病菌、金黄色葡萄球菌和新型隐球酵母等指示菌的抑制率为 100%，而且，将它们再接种到新鲜 PDA 培养基上不能再产生新的菌丝，致死率都为 100%；对真菌，如猪苓和阿魏侧耳等也具有 100%的致死率；对蜜环菌和瘤菌根菌属一真菌(9768)的抑菌率分别为 66.7%和 68.6%，不过，对峙时间增加到 4 天后，将这两种真菌再接种到新鲜 PDA 培养基上已不能再生长产生新的菌丝。

一些指示菌，如烟曲霉和灰霉菌分别与勐海产气霉(5791)对峙培养 2 天被 100%抑制，但转接到新鲜 PDA 培养基上能保持生活力，即使随着对峙时间延长至 4 天，烟曲霉还能在 PDA 培养基上生长。此外，勐海产气霉对腐皮镰孢菌的抑制率只有 32.9%，随着对峙时间延长至 4 天，腐皮镰孢菌仍能在 PDA 培养基上生长。

立枯丝核菌、白色念珠菌和大肠杆菌对勐海产气霉产生的挥发性气体不敏感，受抑制率为 0。

(三) 勐养产气霉挥发性化合物的抗菌活性

试验结果表明(表 25-13)，勐养产气霉(5693)在 PDA 培养基上 25℃暗培养 7～10 天，产生的挥发性化合物对烟曲霉、终极腐霉、灰霉菌、金黄色葡萄球菌和新型隐球酵母等指示菌的抑制率为 100%，而且接种到新鲜 PDA 培养基上不能再产生新的菌丝，致死率均为 100%；对猪苓也具有 100%的致死率；对蜜环菌和瘤菌根菌属一真菌(9768)的抑菌率分别为 33%和 59.7%，但对峙时间增加到 4 天后，这两种真菌都不能再在 PDA 培养基上形成新的菌丝；对阿魏侧耳的抑制率只有 14%；锈腐病菌和枯草芽孢杆菌分别与勐养产气霉对峙培养 2 天时的抑制率分别为 39.7%和 75%，转接到新鲜 PDA 培养基上能保持生活力，但随着对峙时间延长至 4 天，这两种真菌接种到新鲜 PDA 培养基上不能再产生新的菌丝。

立枯丝核菌、白色念珠菌和大肠杆菌对勐养产气霉产生的挥发性气体不敏感，受抑制率为 0。

二、培养时间对产气霉抗菌效能的影响

试验结果显示(表 25-14)，不同培养时间的产气霉菌株所产生的挥发性气体对抗终极腐霉的效能不同，这 3 株产气霉菌株产生挥发性化合物的高峰期基本相同，均在第 2～12 天，抗菌活性在第 12 天或第 13 天开始下降。随着培养时间的增加，抗菌活性逐渐下降，这可能与培养基中碳源的消耗有关系，Ezra 和 Strobel(2003)在对白色产气霉的研究中也观察到这个现象。但 5791 号菌株对抗终极腐霉的效能明显不如 6505 号菌株和 5693 号菌株的强，在与 5791 号菌株对峙 2～7 天，终极腐霉仍然能生长。

表 25-14　不同培养时间产气霉菌株产生的挥发性气体对终极腐霉生长的影响(n=3)

产气霉的培养时间/天	6505		5693		5791	
	终极腐霉生长的抑制率/%	存活性	终极腐霉生长的抑制率/%	存活性	终极腐霉生长的抑制率/%	存活性
0(同时接菌)	24.1	alive	4.7	alive	1	alive
1	72.1	dead	53.8	alive	7.1	alive
2	100	dead	86	dead	60.5	dead

续表

产气霉的培养时间/天	6505		5693		5791	
	终极腐霉生长的抑制率/%	存活性	终极腐霉生长的抑制率/%	存活性	终极腐霉生长的抑制率/%	存活性
3	100	dead	100	dead	88.2	dead
4	100	dead	100	dead	70.7	dead
5	100	dead	100	dead	88.1	dead
6	100	dead	100	dead	78.7	dead
7	100	dead	100	dead	79.8	dead
8	100	dead	100	dead	dead	dead
9	100	dead	100	dead	dead	dead
10	100	dead	100	dead	dead	dead
11	100	dead	100	dead	dead	dead
12	70	dead	65.6	dead	85.9	alive
13	33.6	alive	46.4	alive	NT	NT
14	28.5	alive	NT	alive	NT	NT
15	4.2	alive	NT	alive	NT	NT
20	0.1	alive	NT	alive	NT	NT
21	0	alive	NT	alive	NT	NT
28	0	alive	NT	alive	NT	NT

注：NT 表示没有进行的试验

但是，在相同培养时间下，6505 号菌株产生的挥发性气体的抗菌效能最高，例如，0 天（同时接菌），6505 号菌株尚具有 24.1%的抑菌率，5693 号菌株也有 4.7%的抑菌率，而 5791 号菌株仅有 1%的抑菌率；第 1 天，6505 号菌株具有 72.1%的抑菌率和 100%的杀死率，5693 号菌株也具有 53.8%的抑菌率，但对峙培养后的终极腐霉转接到新鲜 PDA 培养基上尚存活力，5791 号菌株的抑菌率只有 7.1%和 100%存活性。由此说明，6505 号菌株产生挥发性气体的速率快，可以在最短时间内抑制病原菌的生长，而且具有效果持久的特性。

目前，有关植物产生挥发性抑菌气体的研究报道较多，而利用真菌产生挥发性抑菌气体的研究则较少。研究发现，木霉菌（*Trichoderma* spp.）产生的芳香性气体物质对立枯丝核菌、终极腐霉和尖孢镰孢菌（*Fusarium. oxysporum*）等多种植物病原真菌具有很好的抑制效果（Dennis and Webster，1971）；从洪都拉斯加勒比海沿岸的热带植物锡兰肉桂（*Cinnamomum zeylanicum*）的叶中分离获得一株白色产气霉，该菌是第一种被发现能产生具有广谱杀死其他微生物（包括植物和人类病原体）的挥发性化合物真菌，这株真菌释放的挥发性混合物质超过 25 种（Strobel et al.，2001）；产气霉属其他新种也都能产生一种或多种具有生物活性的挥发性有机化合物（Strobel et al.，2006），这些挥发性气体物质在有效抑制或杀死多种植物病原真菌和细菌、防治建筑材料霉变微生物及人类生存环境中的病原菌方面都具有重要应用价值。某些挥发性气体可杀死有害昆虫和防治植物寄生线虫（Grimme et al.，2007）。2002 年 Strobel 联合美国 AgreQuest 公司研制出世界上第一种可用于预防和控制植物病害的生物熏蒸剂（Mercier and Jimenez，2004）。

本研究发现 3 株产气霉属真菌潜在新种产生的挥发性气体物质对多种植物或人体病原真菌和细菌产生很好的抑制效果，这为中国开发新型生物制剂提供了可利用的新菌种资源。

第九节　固相微萃取与气相色谱/质谱联用分析产气霉的挥发性气体成分

本节从化学角度分析 3 株产气霉属真菌抗菌的物质基础，参考 Strobel 等(2001)的方法，采用固相微萃取(SPME solid phase microextraction)与气相色谱/质谱(gas chromatograph /mass spetra，GC-MS)联用的方法检测分析这 3 个潜在新种所产生的挥发性气体成分。

一、GC-MS 分析条件及方法

采用固相微萃取方法，以 StableFlex 萃取头(美国 Supelco 公司)萃取已培养 7～10 天产气霉菌株的挥发性气体，进样。Agilent 6890 HP-5973 型气相色谱-质谱联用仪(美国 Agilent 公司)，色谱柱型：HP-SMS 石英毛细管(0.25mm×30.0m，0.25μm)；载气：氮气；升温程序：35℃维持 1min，再以 5℃/min 升温至 220℃；谱扫描速率：3.35scans/s；质谱范围 20～450amu。利用质谱库自动检索挥发性物质的质谱，根据质谱图扫描识别色谱柱上不同保留值的一一对应关系，对挥发性气体成分进行确认。以不接菌的 PDA 培养皿作为空白对照，将空白对照所得峰形图从接菌组峰形图中扣除，即为产气霉菌株产生的挥发性成分。

二、麻栗坡产气霉产生的挥发性气体物质

由 GC-MS 总离子流谱图(图 25-50)可以看出，麻栗坡产气霉挥发性化合物的出峰时间都在 23～28min；通过与质谱仪 NISTOS 数据库中的相关化学成分进行比对，发现麻栗坡产气霉主要含有萘、八氢萘、苯甲酸、石碳酸、环已二烯、疣孢菌醇类(真菌毒素)Verrucarol、环丙甲酸甲酯和环己烯等的衍生物(表 25-15)。

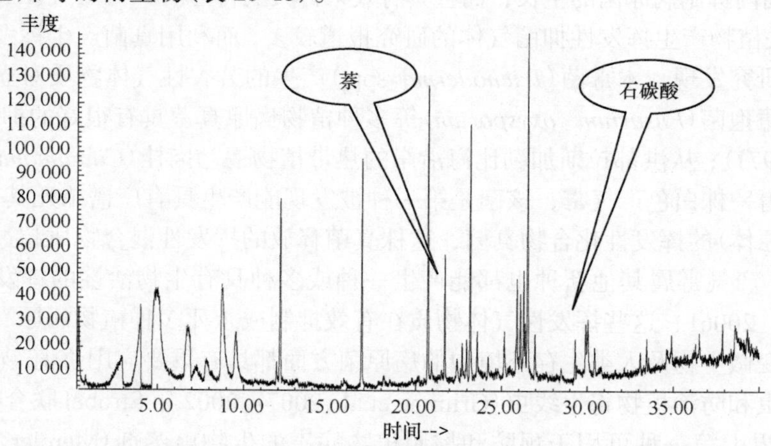

图 25-50　麻栗坡产气霉产生的挥发性气体物质 GC-MS 总离子流谱图

表 25-15　麻栗坡产气霉产生的挥发性气体物质

保留时间/min	可能的化合物名称	分子式	分子质量/Da
16.831	2，5-双(三甲基硅氧基)-苯甲酸、三甲基硅烷基酯	$C_7H_6O_2$	126

续表

保留时间/min	可能的化合物名称	分子式	分子质量/Da
20.949	9-辛基-二十碳烷	$C_{28}H_{58}$	394
20.961	廿三烷	$C_{23}H_{48}$	324
21.498	二环［4.4.1］十一-1，3，5，7，9-五烯	$C_{11}H_{10}$	142
21.517	罗汉柏烯	$C_{15}H_{24}$	204
21.536	2-异丙烯基-4a，8-二甲基-1，2，3，4，4a，5，6，8a-八氢萘	$C_{15}H_{24}$	204
22.417	环丙甲酸甲酯	$C_{15}H_{24}$	204
22.430	2，5-二乙基-7，7-二甲基-1，3，5-环庚三烯	$C_{13}H_{20}$	176
22.448	(*E*)-丙烯酸甲酯，3-(3-甲酯基-1-环己烯-4-yl)-	$C_{12}H_{16}O_4$	224
22.480	9，10-二甲基三环[4.2.1.1(2，5)］癸烷-9，10-二醇	$C_{12}H_{20}O_2$	196
22.492	1，3a-乙醇(1H)茚-4-醇，八氢-2，2，4，7a-四甲基-	$C_{15}H_{26}O$	222
22.517	2(1H)-萘酮，八氢-4a，5-二甲基-3-(1-甲基乙基)-萘酮	$C_{15}H_{26}O$	222
22.536	庚烯	C_7H_{10}	94
22.573	苯-1，3-二羧酸，5-羟甲基-，二乙酯	$C_{13}H_{16}O_5$	252
22.617	2，4-己二烯，1，6-二甲氧基-，(*E*，*E*)-	$C_8H_{14}O_2$	142
22.629	十三烷，4，8-二甲基	$C_{15}H_{32}$	212
22.717	环辛烯，1，2-二甲基-	$C_{10}H_{18}$	138
22.754	环氧柏木烷	$C_{15}H_{24}O$	220
22.936	疣孢菌醇类(真菌毒素)	$C_{15}H_{22}O_4$	266
23.179	1H-环丙烷甲酰氯，1a，2，3，5，6，7，7a，7b-八氢-1，1，7，7a-四甲基-萘	$C_{15}H_{24}$	204
23.617	正十四碳烷	$C_{14}H_{30}$	198
25.229	2-丙烯基硬脂酸酯	$C_{21}H_{40}O_2$	324
25.317	3-苯基-6，7-二羧酸基茚满-1-酮	$C_{17}H_{12}O_5$	296
25.829	5，9-十一烷二烯-1-炔，6，10-二甲基-	$C_{13}H_{20}$	176
25.841	(*S*)-环己烯，1-甲基-4-(5-甲基-1-亚甲基-4-己烯基)-	$C_{15}H_{24}$	204
26.285	1，3，8-对-薄荷三烯	$C_{10}H_{14}$	134
26.860	2(1H)-萘酮，8氢-4a，5-二甲基-3-(1-甲基乙烯基)-	$C_{15}H_{26}O$	222
26.929	1-甲基-3-(1-甲基乙烯基)环己烯	$C_{10}H_{16}$	136
26.935	α-松油烯	$C_{10}H_{16}$	136
26.941	α-花柏烯	$C_{15}H_{24}$	204
27.010	二环己烷，6-异亚丙基-1-甲基-	$C_{10}H_{16}$	136
27.072	苯甲酸，4-(3-氧-3-苯基-1-丙烯基)-甲酯	$C_{17}H_{14}O_3$	266
29.310	2，6-双(1，1-二甲基乙基)-4-(1-甲基丙基)-石碳酸	$C_{18}H_{30}O$	262
33.984	2-亚甲基-环十二酮	$C_{13}H_{22}O$	194

三、勐养产气霉产生的挥发性气体物质

由 GC-MS 总离子流谱图(图 25-51)可以发现，勐养产气霉挥发性化合物的出峰时间集中在 23～30min。挥发性成分中含具有抗菌活性的萘及其衍生物、甘菊蓝及其衍生物、芹子烯等(表 25-16)。

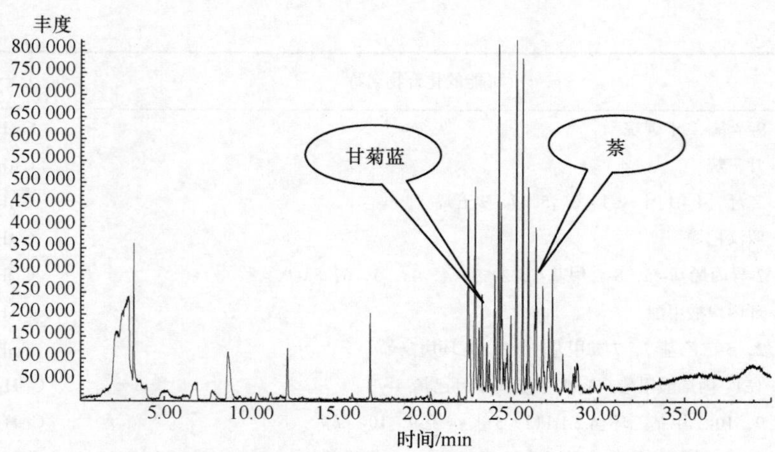

图 25-51　勐养产气霉产生的挥发性气体物质 GC-MS 总离子流谱图

表 25-16　勐养产气霉产生的挥发性气体物质

保留时间/min	可能的化合物名称	分子式	分子质量/Da
23.156	3H-3a，7-亚甲基薁，2，4，5，6，7，8-六氢-1，4，9，9-四甲基-	$C_{15}H_{24}$	204
23.456	1-(3-甲基丁基)-2，3，5，6-四甲基苯	$C_{15}H_{24}$	204
24.038	芹子烯	$C_{15}H_{24}$	204
24.075	1H-环丙甲酸甲酯[e]，十氢-1，1，7-三甲基-4-亚甲基-甘菊蓝	$C_{15}H_{24}$	204
24.119	愈创木酚-3，9-双烯	$C_{15}H_{24}$	204
24.244	顺式-三环[5.1.0.0(2，4)]oct-5-烯，3，3，5，6，8，8-六甲基-	$C_{14}H_{22}$	190
24.687	(–)-delta.-Panasinsine	$C_{15}H_{24}$	204
25.081	1-乙基-4-(1-甲基乙基)-苯	$C_{11}H_{16}$	148
25.812	4-亚甲基-庚烷	$C_{8}H_{12}$	108
25.875	环戊醇[c]吡喃-3(4H)-酮，4a，5-二氢-4，7-二甲基-	$C_{10}H_{12}O_2$	164
26.143	1H-环丙甲酸甲酯[e]，十氢-1，1，4，7-四甲基-甘菊蓝	$C_{15}H_{26}$	206
26.262	5，5-二甲基-4-(3-氧代丁基)-辛烷	$C_{14}H_{24}O$	208
26.606	十氢-4a-甲基-1-亚甲基-7-(1-甲基亚乙基)-，(4aR-反)-萘	$C_{15}H_{24}$	204
26.625	萘，1，2，3，4，4a，5，6，8a-八氢-4a，8-二甲基-2-(1-甲基乙烯基)-	$C_{15}H_{24}$	204
29.405	*Z*，*Z*-10，12-十六碳二烯-1-乙酸盐	$C_{18}H_{32}O_2$	280
29.518	1，3-双(环戊基)-1-环戊烯	$C_{15}H_{24}$	204

四、勐海产气霉产生的挥发性气体物质

由 GC-MS 总离子流谱图(图 25-52)可以看出，勐海产气霉产生的挥发性气体成分相对少和单一，主要含有 4-(4-甲基-3-戊烯基)-3-环已烯-1-甲醛、3-十三烷酯甲氧基乙酸，但没有检测到萘及其衍生物。具体见表 25-17。

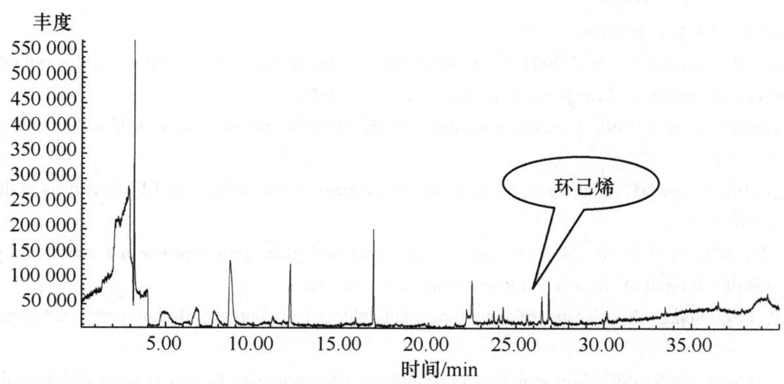

图 25-52　勐海产气霉产生的挥发性气体物质 GC-MS 总离子流谱图

表 25-17　勐海产气霉产生的挥发性气体物质

保留时间/min	可能的化合物名称	分子式	分子质量/Da
21.887	异长叶烷-8 醇	$C_{15}H_{26}O$	222
22.412	1，2-二乙基-3，4-甲基-苯	$C_{12}H_{18}$	162
23.455	十七酸十七烷基酯	$C_{34}H_{68}O_2$	509
24.061	3-甲基吲哚-2-羧酸，4，5，6，7-四氢-，乙酯	$C_{12}H_{17}NO_2$	175
25.142	4-(4-甲基-3-戊烯基)-3-环己烯-1-甲醛	$C_{13}H_{20}O$	192
25.799	2-辛烯基-1-醇，3，7-二甲基-，异丁酸盐，(*Z*)-	$C_{14}H_{26}O_2$	226
25.824	甲氧基乙酸，3-十三烷基酯	$C_{16}H_{32}O_3$	272
26.542	十九烷	$C_{19}H_{40}$	268

产气霉属每种真菌都能产生独特的挥发性化合物，麻栗坡产气霉释放的具抗菌活性的挥发性气体成分最为丰富多样，其抗菌效果也最强；勐养产气霉产生的挥发性成分相对较少，抗菌活性居中；成分最为单一的是勐海产气霉，其抗菌活性相对也较弱。本节检测结果与第八节抗菌效能是相互验证的。目前，关于产气霉属真菌释放的一系列挥发性气体物质抑菌的机制还不清楚，但白色产气霉抑制枯草芽孢杆菌细胞活性的研究表明，挥发性气体物质，如萘及其衍生物可能影响着 DNA 的修补和复制（Strobel，2006），造成细菌染色体的凝集（Trun and Gottesman，1990）。这个作用机制可用于解释能产生萘及其衍生物的产气霉菌株，但显然不适合勐海产气霉，因为其不产生萘衍生物。因此，更多深入的研究还有待开展。

（谭小明　郭顺星）

参 考 文 献

陈娟. 2009. 兰科药用植物内生真菌多样性. 北京：协和医学院药用植物研究所.

陈心启，吉占和，罗毅波，等. 1999. 中国野生兰科植物彩色图鉴. 北京：科学技术出版社.

范黎. 1997. 兰科植物菌根的基础研究. 北京：协和医学院研究生院博士学位论文.

谭小明. 2012. 兰科植物内生真菌多样性及其中 20 种真菌生物活性的研究. 北京：协和医学院研究生院.

徐锦堂，郭顺星. 1989. 供给天麻种子萌发营养的真菌——紫萁小菇. 真菌学报，8 (3)：221-226.

中国科学院中国植物志编辑委员会. 1999. 中国植物志. 第十九卷. 北京：科学技术出版.

Addy HD，Piercey MM，Currah RS，et al. 2005. Microfungal endophytes in roots. Can J Bot，83：1-13.

Amann RI，Ludwig W，Schleifer K，et al. 1995. Phylogentic identification and *in situ* detection of individual microbial cells without cultivation. MicrobiollZev，59(1)：143-169.

Bidartondo MI，Burghardt B，Gebauer G，et al. 2004. Changing partners in the dark：isotopic and molecular evidence of ectomycorrhizal liaisons between forest orchids and trees. Proc R Soc Lond B，271：1799-1806.

Bruns TD，Szaro TM，Gardes M，et al. 1998. A sequence database for the identification of ectomycorrhizal basidiomycetes by phylogenetic analysis. Mol Ecol，7: 257-272.

Bunyard BA，Nicholson MS，Royse DJ，et al. 1994. A systematic assessment of *Morchella* with RFLP analysis of the 28S ribosomal RNA gene. Mycologia，86：762-772.

Chen XM，Dong HL，Hu KX，et al. 2010. Diversity and antimicrobial and plant-growth-promoting activities of endophytic fungi in *Dendrobium loddigesii* Rolfe. Journal of Growth and Regulation，29：328-337.

Currah RS，Sherburne R. 1992. Septal ultrastructure of some fungal endophytes from boreal orchid mycorrhiza. Mycological Research，96：583-587.

Currah RS，Tsuneda A，Murakami S. 1993. Morphology and ecology of *Phialocephala fortinii* in roots of *Rhododendron brachycarpum*. Canadian Journal of Botany，71：1639-1644.

Daisy B，Strobel G，Ezra D，et al. 2002. *Muscodor vitigenus anam*. sp. nov.，an endophyte from *Paullinia paullinioides*. Mycotaxon，84：39-50.

Dennis C，Webster J. 1971. Antagonistic properties of species groups of *Trichoderma* II，production of volatile antibiotics. Trans Br Mycol Soc，57：41-47.

Ezra D，Strobel GA. 2003. Effect of substrate on the bioactivity of volatile antimicrobials emitted by *Muscodor albu*s. Plant Sci，165：1229-1238.

Ezra David，Hess WM，Strobel GA，et al. 2004. New endophytic isolates of *Muscodor albus*，a volatile-antibiotic-producing fungus. Microbiology，150：4023-4031.

Gezgin Y，Eltem R. 2009. Diversity of endophytic fungi from various Aegean and Mediterranean orchids(saleps). Turkish Journal of Botany，33：439-445.

González MC，Anaya AL，Glenn AE，et al. 2009. *Muscodor yucatanensis*，a new endophytic ascomycete from *Mexican chakah*，*Bursera simaruba*. Mycotaxon，110：363-372.

Grimme E，Zidack NK，Sikora RA，et al. 2007. Comparison of *Muscodor albus* volatiles with a biorational mixture for control of seedling diseases of sugar beet and root-knot nematode on tomato. Plant Disease，91(2)：220-225.

Jumpponen A，Trappe JM. 1998. Dark septate endophytes: a review of facultative biotrophic root-colonizing fungi. New Phytologist，140：295-310.

Kirschner R，Oberwinkler F. 2009. Supplementary notes on *Basidiopycnis hyalina*(Basidiomycota，*Atractiellales*) and its anamorph. Mycotaxon，109：29-38.

Liu Y，Whelen S，Hall BD，et al. 1999. Phylogenetic relationships among ascomycetes: evidence from an RNA polymerase II subunit. Molecular Biology and Evolution，16: 1799-1808.

McCormick MK，Whigham DF，Sloan D，et al. 2006. Orchid-fungus fidelity: a marriage meant to last. Ecology，87: 903-911.

Mercier J，Jimenez JI. 2004. Control of fungal decay of apples and peaches by the biofumigant fungus Muscodor albus. Postharvest Biology and Technology，31(1)：1-8.

Mitchell AM, Strobel GA, Moore E, et al. 2010. Volatile antimicrobials from *Muscodor crispans*, a novel endophytic fungus. Microbiology, 156：270-277.

Moore RT. 1987. The genera of *Rhizoctonia-like* fungi：Ascorhizoctonia，*Ceratorhiza* gen. nov.，*Epulorhiza* gen. nov，*Monliopsis*，and *Rhizoctonia*. Mycotaxon，29：91-99.

Mysore VT，Marena K，Sampo M，et al. 2011. Bioactivity and genetic diversity of endophytic fungi in *Rhododendron tomentosum* Harmaja. Fungal Diversity，47：97-107.

Nag Raj TR. 1993. Coelomycetous anamorphs with appendage-bearing conidia. Mycologue Publications，Waterloo，Ontario，Canada，1101.

Nontachaiyapoom S，Sasirat S，Manoch L，et al. 2010. Isolation and identification of Rhizoctonia-like fungi from roots of three orchid genera，*Paphiopedilum*，*Dendrobium*，and *Cymbidium*，collected in Chiang Rai and Chiang Mai provinces of Thailand. Mycorrhiza，20：459-471.

O'Donnell K，Cigelnik E. 1997. Two divergent intragenomic rRNA ITS2 types within a monophyletic lineage of the fungus *Fusarium* are nonorthologous. Molecular Phylogenetics and Evolution，7：103-116.

Petrak F. 1937. Verzeichnis der neuen Arten, Varietliten, Formen, Namen and wichtigsten Synonyme der Pilze. Just's bot J ber 46(1928) Abt, XⅡ(2)：k342.

Pielou EC. 1975. Ecological Diversity. New York：John Wiley，165.

Porras-Alfaro A，Bayman P. 2003. Mycorrhizal fungi of *Vanilla*：root colonization patterns and fungal identification. Lankesteriana，7：

147-150.

Rajeshkuman C, Kunhiraman, Paras NS, et al. 2010. *Chaetospermum setosum* sp. nov. from the Western Ghats, India. Mycotaxon, 113: 397-404.

Rasmussen HN. 2002. Recent developments in the study of orchid mycorrhiza. Plant Soil, 244: 149-163.

Richard C, Fortin JA. 1974. Distribution géographique, écologie, physiologie, pathogenicité et sporulation du *Mycelium radicis atrovirens*. Phytoprotection, 55: 67-88.

Rungjindamai N, Skayaroj J, Plaingam N, et al. 2008. Putative basidiomycete teleomorphs and phylogenetic placement of the coelomycete genera: *Chaetospermum*, *Giulia* and *Mycotribulus* based on nu-rDNA sequences. Mycological Research, 112: 802-810.

Saccardo PA. 1892. Supplementum universale, Pars II. *Discomyceteae- Hyphomy- ceteae*. Sylloge Fungorum, 10: 1-964.

Saccardo PA. 1902. Syll. Fung, 16: 1091.

Saccardo PA. 1913. Syll. Fung, 22: 1459.

Sakayaroj J, Preedanon S, Supaphon O, et al. 2010. Phylogenetic diversity of endophyte assemblages associated with the tropical seagrass *Enhalus acoroides* zin Thailand. Fungal Diversity, 42: 27-45.

Schulz B, Römmert AK, Dammann U, et al. 1999. The endophyte-host interaction: a balanced antagonism. Mycol Res, 103: 1275-1283.

Sopalun K, Strobel GA, Hess WM, et al. 2003. A record of *Muscodor albus*, an endophyte from Myristica fragrans in Thailand. Mycotaxon, 88: 239-247.

Strobel GA, Dirske E, Sears J, et al. 2001. Volatile antimicrobials from *Muscodor albus*, a novel endophytic fungus. Microbiology, 147: 2943-2950.

Strobel GA. 2006. Harnessing endophytes for industrial microbiology. Curr Opin Microbiol, 9: 240-244.

Suárez JP, Weiß M, Abele A, et al. 2006. Diverse tulasnelloid fungi form mycorrhizas with epiphytic orchids in an Andean cloud forest. Mycological Research, 110: 1257-1270.

Sutton BC. 1980. The Coelomycetes: Fungi Imperfecti with Pycnidia, Acervuli, and Stroma. Kew, Surrey, England: Commo- nwealth Mycological Institute, 696.

Suwannarach N, Bussaban B, Hyde KD, et al. 2010. Muscodor cinnamomi, a new endophytic species from *Cinnamomum bejolghota*. Mycotaxon, 114(1): 15-23.

Tan XM, Chen XM, Wang CL, et al. 2012. Isolation and identification of endophytic fungi in roots of nine *Holcoglossum* plants (Orchidaceae) collected from Yunnan, Guangxi, and Hainan Provinces of China. Curr Microbiol, 64: 140-147.

Tan XM, Wang CL, Chen J, et al. 2014.*Chaetospermum malipoense* sp. nov. from southwest China. Mycotaxon, 128: 159-164.

Tao G, Liu ZY, Hyde KD, et al. 2008. Whole rDNA analysis reveals novel and endophytic fungi in *Bletilla ochracea* (Orchidaceae). Fungal Diversity, 33: 101-122.

Taylor DL, Bruns TD. 1999. Population, habitat and genetic correlates of mycorrhizal specialization in the 'cheating' orchids *Corallorhiza maculata* and *C. mertensiana*. Molecular Ecology, 8: 1719-1732.

Trun NJ, Gottesman S. 1990. On the bacterial cell cycle: *E. coli* mutants with altered ploidy. Genes Dev, 4: 2036-2047.

Vujanovic V, St-Arnaut M, Barab D, et al. 2000. Viability testing of orchid seed and the promotion of colouration and germination. Annals of Botany, 86: 79-86.

Wang Y, Guo LD, Hyde KD, et al. 2005. Taxonomic placement of sterile morphotypes of endophytic fungi from *Pinus tabulaeformis* (Pinaceae) in northeast China based on rDNA sequences. Fungal Diversity, 20: 235-260.

Wells K, Bandoni RJ. 2001. Heterobasidiomycetes. *In*: McLaughlin DJ, McLaughlin EG, Lemke PA. The Mycota VII, Part B. Springer Berlin Heideberg. 85-120.

White TJ, Bruns T, Lee S, et al. 1990. Amplification and Direct Sequencing of Fungal Ribosomal RNA Genes for Phylogenetics. *In*: Innis MA, Gelfand DH, Sninsky JJ, et al. PCR Protocols: A Guide to Methods and Applications. San Diego: Academic, 315-322.

Worapong J, Strobel GA, Daisy B, et al. 2002. *Muscodor roseus* anam. sp. nov., an endophyte from *Grevillea pteridifolia*. Mycotaxon, 81: 463-475.

Worapong J, Strobel GA, Ford EJ, et al. 2001. *Muscodor albus* anam. nov., an endophyte from *Cinnamomum zeylanicum*. Mycotaxon, 79: 67-79.

Xu JT, Guo SX. 1989. Fungus associated with nutrition of seed germination of *Gastrodia elata-Mycena osmundicola* lange. Mycosystema, 8(3): 221-226.

Yamato M, Yagame T, Suzuki A, et al. 2005. Isolation and identification of mycorrhizal fungi associating with an achlorophyllous plant, *Epipogium roseum* (Orchidaceae). Mycoscience, 46: 73-77.

Zhang CL, Wang GP, Mao LJ, et al. 2010. *Muscodor fengyangensis* sp. nov. from southeast China: morphology, physiology and production of volatile compounds. Fungal Biology, 114: 797-808.

第二十六章 天麻与真菌共生栽培

第一节 腐生型兰科植物

腐生型兰科植物（以下简称为腐生兰）即完全菌根异养型兰，是典型的腐生植物。腐生兰与光合自养型兰科植物和混合营养型兰科植物相比，在形态和生理方面有很大变化：根退化或无根，但有肥厚的地下根状茎（rhizome）或块茎（tuber）；茎直立，少数蔓生，细弱，偏向于透明；叶退化成鳞叶或消失，气孔也退化或缺失，说明腐生兰与外界不进行 CO_2 交换；常年生长于地下或被深厚的枯枝落叶覆盖，到开花期才出土、抽薹、开花，且花期短，而产于澳大利亚干旱地区的地下兰（*Rhiazntheall gardneri*）甚至整个生活史都在地下完成（Merckx et al.，2013a；Hynson et al.，2013）。另外，腐生兰的质体基因组退化，参与光合作用的大部分基因缺失或变成假基因（Delannoy et al.，2011；Logacheva et al.，2011；Barrett and Davis，2012；Schelkunov et al.，2015）。

腐生兰整个生活史都与菌根真菌有着密切的联系，是研究兰科菌根的模式类群，在生态系统中有着不可忽视的地位。但腐生兰对环境要求极高，只生长在一些人迹罕至的原生林中，随着环境的改变和人为活动等因素，腐生兰的野生资源日趋枯竭。天麻（*Gastrodia elata*）是典型的腐生兰，目前天麻菌根真菌已经成功应用于天麻种子萌发和人工栽培，但其他腐生兰的人工培养都未见成功。菌根真菌是腐生兰赖以生存的营养之源，深入了解腐生兰与其菌根真菌的共生关系，就有可能利用菌根技术使资源再生解决这一濒危类群的资源日趋枯竭的问题。然而当前对腐生兰各方面的研究相对缺乏，本节介绍腐生兰的研究概况，为其资源保护及人工繁育提供参考。

一、腐生兰野生资源概况

腐生兰在兰科植物中所占比例极小，全球分布的腐生兰大约有 40 属 200 种，不到兰科总数的百分之一，且其中超过 90%的腐生兰都生长在热带地区，特别是亚洲的热带森林中（Leake，1994；Merckx et al.，2013a）。中国典型热带地区所占面积不大，但中国地域广阔，跨越热带、亚热带和温带三个气候带，生境类型多样，能够满足各种类型兰花的需求，因此中国也拥有较丰富的腐生兰资源。根据《中国植物志》的记载及相关文献的报道，中国腐生兰约有 81 种（表 26-1），集中分布在鸟巢兰族和树兰族中的 23 属，包括天麻属（*Gastrodia*）、无叶兰属（*Aphyllorchis*）、

表 26-1 中国腐生型兰科植物的种类及基本情况

编号	属名	种名	分布	花果期	生境	海拔/m
1	兰属 *Cymbidium*	大根兰 *C. macrorhizon*	四川、贵州、云南、重庆、广西、江西	花期 6～8 月	河边林下，林缘或开旷草坡上	700～1500
2		多根兰 *C. multiradicatum*	云南	花期 6～7 月	密林下腐殖质丰富处	1500
3	无叶兰属 *Aphyllorchis*	无叶兰 *A. montana*	台湾、海南、广西、贵州、云南、香港、福建	花期 7～9 月	疏林下	700～1500
4		高山无叶兰 *A. alpina*	西藏	花期 7 月，果期 9 月	河边林下	2100～2600
5		尾萼无叶兰 *A. caudata*	云南	花期 7～8 月	林下	1200
6		单唇无叶兰 *A. simplex*	广东、江西、海南	花期 8 月	丛林下石坡沙土中	不详
7		大花无叶兰 *A. gollanii*	西藏	花期 6～7 月	常绿阔叶林下	2200～2400
8		小花无叶兰 *A. pallida*	海南	花期 6 月	常绿林下	1400
9	头蕊兰属 *Cephalanthera*	硕距头蕊兰 *C. calcarata*	云南	花期 5 月	落叶阔叶林下	2600
10		纤细头蕊兰 *C. gracilis*	云南	花期 5 月	不详	不详
11	鸟巢兰属 *Neottia*	尖唇鸟巢兰 *N. acuminata*	吉林、内蒙古、河北、山西、陕西、甘肃、青海、湖北、四川、云南、西藏、台湾	花期 6～8 月	林下或荫蔽草坡上	1500～4100
12		短唇鸟巢兰 *N. brevilabris*	重庆	花期 6 月	不详	1800
13		北方鸟巢兰 *N. camtschatea*	内蒙古、河北、陕西、甘肃、青海、新疆	花期 7～8 月	林下或林缘湿润处	2000～2400
14		高山鸟巢兰 *N. listeroides*	山西、甘肃、四川、云南、西藏	花期 7～9 月	林下或草坡上	（1500～）2500～3900
15		大花鸟巢兰 *N. megalochila*	四川、云南	花期 7～8 月	松林下或荫蔽草坡上	3000～3800
16		凹唇鸟巢兰 *N. papilligera*	黑龙江、吉林	花期 7～8 月	林下	不详
17		耳唇鸟巢兰 *N. tenii*	云南	不详	不详	不详
18		太白山鸟巢兰 *N. taibaishanensis*	陕西	不详	太白冷杉和糙皮桦的混交林下	2900

续表

编号	属名	种名	分布	花果期	生境	海拔/m
19	无喙兰属 *Holopogon*	无喙兰 *H. gaudissartii*	河南、辽宁、山西	花期 8 月	林下	1300～1900
20		叉唇无喙兰 *H. smithianus*	陕西、四川	花期 7～9 月	灌丛中或林下	1500～3300
21	双蕊兰属 *Diplandrorchis*	双蕊兰 *D. sinica*	辽宁	花期 8 月	椴树林下腐殖质丰富的土壤中或荫蔽处	700～800
22	叠鞘兰属 *Chamaegastrodia*	川滇叠鞘兰 *C. inverta*	四川、云南	花期 7～8 月	山谷林下阴湿处	1200～2600
23		叠鞘兰 *C. hikokiana*	四川、西藏、浙江	花期 7～8 月	常绿阔叶林下湿润处	2500～2800
24		戟唇叠鞘兰 *C. vaginata*	湖北、四川	花期 8 月	山谷常绿阔叶林下湿润处	1000～1600
25		南岭叠鞘兰 *C. nanlingensis*	广东	花果期 8～10 月	常绿阔叶林下腐殖质丰富土壤中	1300～1570
26	美冠兰属 *Eulophia*	无叶美冠兰 *E. zollingeri*	江西、福建、台湾、广东、广西、云南	花期 4～5 月	疏林下、竹林或草坡上	500 以下
27	天麻属 *Gastrodia*	天麻 *G. elata*	吉林、辽宁、黑龙江、内蒙古、河北、山西、陕西、甘肃、江苏、安徽、福建、浙江、江西、台湾、河南、湖北、湖南、四川、贵州、云南、西藏	花果期 5～7 月	疏林下，林中空地，林缘，灌丛边缘	400～3200
28		原天麻 *G. angusta*	云南	花果期 3～4 月	不详	1600～1800
29		无喙天麻 *G. appendiculata*	台湾	花期 9～10 月	林下，竹子人工林中	800～1200
30		八代天麻 *G. confusa*	台湾	花期 9～11 月	竹林下	1200
31		春天麻 *G. fontinalis*	台湾	花果期 2 月	竹林下	不详
32		夏天麻 *G. flabilabella*	台湾	花期 7 月	林下空旷湿润处	1100～1300
33		细天麻 *G. gracilis*	台湾、云南	花期 5～6 月	林下	600～1500
34		南天麻 *G. javanica*	福建、台湾	花期 6～7 月	林下	不详
35		勐海天麻 *G. menghaiensis*	云南	花果期 9～10 月	林下	1200
36		冬天麻 *G. pubilabiata*	台湾	花期 12 月	竹林下竹子人工林中	200～300

续表

编号	属名	种名	分布	花果期	生境	海拔/m
37		北插天天麻 *G. peichatieniana*	台湾、广东、香港	花期 10 月	林下	900～1500
38		疣天麻 *G. tuberculata*	云南	花果期 3～4 月	竹林下或林缘	1900～2300
39		武夷山天麻 *G. wuyishanensis*	福建	花期 8～9 月	密林下	1200～1400
40		海南天麻 *G. longitubularis*	海南	花期 4～6 月，果期 5～7 月	茂密的热带雨林中	800～1000
41		叉脊天麻 *G. shimizuana*	台湾	花期 3 月	常绿林下	300～400
42		白赤箭 *G. albida*	台湾	花果期 6～7 月	阔叶林下	500～900
43		拟白赤箭 *G. albidoides*	云南、湖南	花果期 5～6 月	热带雨林下	500～800
44		短柱赤箭 *G. theana*	台湾	花期 5 月	阔叶林下腐殖质丰富处	950～1100
45		折柱赤箭 *G. flexistyla*	台湾	花果期 3～5 月	次生林或竹林中	700～800
46		乌来赤箭 *G.uraiensis*	台湾	花期 2 月，果期 4～5 月	落叶阔叶林，竹林或次生林下	100～600
47		绯赤箭 *G. callosa*	台湾	花果期 6～8 月	雨林下地表上	150
48		苏氏赤箭 *G. sui*	台湾	花果期 5～7 月	阔叶林下腐殖质丰富湿润处	500～700
49		大明山天麻 *G.damingshanensis*	广西	花期 3～4 月	季风常绿阔叶林下	1100～1200
50		花坪天麻 *G. huapingensis*	广西	花期 7～8 月，果期 9～10 月	亚热带常绿阔叶混交林下腐殖质丰富阴湿处	1600～1700
51	锚柱兰属 *Didymoplexiella*	锚柱兰 *D. siamensis*	台湾、海南、广西、香港	花期 4～7 月	阔叶林下荫蔽处	114
52	拟锚柱兰属 *Didymoplexiopsis*	拟锚柱兰 *D. khiriwongensis*	海南	花期 3 月	常绿林下湿润处	700～800
53	双唇兰属 *Didymoplexis*	双唇兰 *D. pallens*	台湾、福建、广西、广东	花果期 4～5 月	山地阔叶林下，沿海地区灌丛中	600～800
54		小双唇兰 *D. micradenia*	台湾	花果期 3～5 月	热带雨林下，竹子人工林或季节性干旱林中	100～300

续表

编号	属名	种名	分布	花果期	生境	海拔/m
55		中越双唇兰 *D. vietnamica*	广西	花果期 3～4 月	北热带季雨林下，石灰岩石山山坡腐殖土中	250～350
56	山珊瑚属 *Galeola*	山珊瑚 *G. faberi*	四川、贵州、云南、江西、湖南、湖北	花期 5～7 月	疏林下或竹林下多腐殖质和湿润处	1800～2300
57		毛萼山珊瑚 *G. lindleyana*	陕西、安徽、河南、湖南、湖北、广东、广西、四川、贵州、云南、台湾、西藏、甘肃、江西	花期 5～8 月，果期 9～10 月	疏林下，稀疏灌丛中，沟谷边腐殖质丰富、湿润、多石处	700～3000
58		直立山珊瑚 *G. falconeri*	安徽、台湾、湖南、广东	花期 6～7 月	林中透光处、竹林下、向阳坡	800～2300
59		蔓生山珊瑚 *G. nudifolia*	海南	花期 4～6 月	林中或溪山谷旁山斜坡上荫蔽处	400～500
60		反瓣山珊瑚 *G. cathcartii*	云南	花期 5～6 月	山地河边常绿阔林下阴湿处	1100～1200
61	肉果兰属 *Cyrtosia*	肉果兰 *C. javanica*	台湾	花期 5～6 月	竹林下	不详
62		矮小肉果兰 *C. nana*	广西、贵州	花期 4～6 月	林下或沟谷旁荫蔽处	500～1400
63		血红肉果兰 *C. septentrionalis*	安徽、浙江、河南、云南、湖南	花期 5～7 月，果期 9 月	林下	1000～1300
64		二色肉果兰 *C. integra*	云南	花期 4～5 月	河边常绿阔叶雨林下腐殖质丰富、湿润处	1400～1450
65	倒吊兰属 *Erythrorchis*	倒吊兰 *E. altissima*	台湾、海南	花期 4～5 月，果期 8 月	竹林或常绿阔叶林下	500 以下
66	盂兰属 *Lecanorchis*	盂兰 *L. japonica*	福建、湖南、台湾、江西	花期 5～7 月	林下	800～1000
67		多花盂兰 *L. multiflora*	云南	不详	石灰山林下	600～700
68		全唇盂兰 *L. nigricans*	福建、台湾、江西、海南	花期 8～10 月	林下阴湿处	600～1000
69		灰绿盂兰 *L. thalassica*	台湾	花期 5 月	阔叶林下	1400～2000
70	宽距兰属 *Yoania*	宽距兰 *Y. japonica*	江西、福建、台湾	花期 6～7 月	针叶林下或草坡中湿润处	1800～2000
71		淡黄宽距兰 *Y. amagiensis*	福建	不详	山坡草丛中或林下	800～1200
72	珊瑚兰属 *Corallorhiza*	珊瑚兰 *C. trifida*	吉林、贵州、内蒙古、河北、甘肃、青海、新疆、四川	花果期 6～8 月	林下或灌丛中	2000～2700

续表

编号	属名	种名	分布	花果期	生境	海拔/m
73	虎舌兰属 *Epipogium*	虎舌兰 *E. roseum*	台湾、广东、海南、云南、西藏、江西	花果期 4～9 月	阔叶林下或沟谷边阴湿处	500～1600
74		裂唇虎舌兰 *E. aphyllum*	黑龙江、吉林、辽宁、内蒙古、山西、甘肃、新疆、四川、云南、西藏、台湾	花期 8～9 月	林下、岩隙或苔藓丛生之地	1200～3600
75		日本虎舌兰 *E. japonicum*	四川、台湾	花期 9 月	云杉林下或阔叶林下湿润处	2200～3000
76	紫茎兰属 *Risleya*	紫茎兰 *R. atropurpurea*	四川、云南、西藏	花期 7～8 月	云杉林下或灌丛中	2900～3700
77	肉药兰属 *Stereosandra*	肉药兰 *S. javanica*	台湾、云南	花期 6～7 月	常绿林下	1200 以下
78	齿唇兰属 *Odontochilus*	齿爪齿唇兰 *O. poilanei*	西藏、云南、海南	花期 8 月	山谷常绿阔叶林下湿润处	1000～1800
79		广东齿唇兰 *O. guangdongensis*	广东、湖南	花期 8 月	常绿阔叶林下腐殖质丰富的土壤中	1300～1600
80		腐生齿唇兰 *O. saprophyticus*	海南、广西	花期 5～6 月	热带山地雨林下枯枝落叶层中	900～1100
81	丹霞兰属 *Danxiaorchis*	丹霞兰 *D. singchiana*	广东	花期 4～5 月，果期 5～6 月	林下	125

资料来源：中国科学院中国植物志编辑委员会，1999；邵伟丽，2008；黄俞淞等，2011；樊杰等，2011；叶德平等，2012；Zhai 等，2013；杨平厚和郎楷永，2006

鸟巢兰属(*Neottia*)、山珊瑚属(*Galeola*)、肉果兰属(*Cyrtosia*)和盂兰属(*Lecanorchis*)等，其中以天麻属和鸟巢兰属中的腐生种类最多，分别有24种和8种。中国腐生兰的分布以南部、西南部和东南部的热带、亚热带地区最为集中，种类丰度也高，特别是云南、海南、台湾、四川、广西等省(自治区)分布种数较多，而从南到北分布的种类逐渐减少(郭子良和王龙飞，2013；张殷波等，2015)。

近年来随着调查研究工作的深入，腐生兰的野生资源陆续被报道，且发现了不少新属、新记录属，新种、新记录种(罗毅波和陈心启，2002；刘仲健和陈心启，2004；胡爱群和邢福武，2007；黄明忠等，2014)。黄俞淞等(2011)在广西靠近中越边境处发现了中越双唇兰(*Didymoplexis vietnamica*)，这是首次发现中越双唇兰在中国有分布。锚柱兰(*Didymoplexiella siamensis*)原记载在中国仅分布于台湾和海南，近期沈晓琳等(2015)在广西南部十万大山也发现了这种腐生兰的分布。另外，Zhai 等(2013)在广东韶关丹霞山新发现一种独特的腐生兰，在全世界属首次发现，仅丹霞山有分布，所以被命名为丹霞兰(*Danxiaorchis singchiana*)，并设立了新属丹霞兰属(*Danxiaorchis*)。丹霞兰的新发现，增加了兰科植物特别是腐生类群的多样性，丰富了兰科植物的物种基因库。总之，这些新属、新记录属，新种、新记录种腐生兰的发现，为研究植物多样性及生物区系地理等提供了重要资料。同时也表明，兰科植物资源的调查还不够全面和深入，一些新的物种尚未被发现，已经有记载的兰科植物其分布范围可能更广，还需进一步的调查和统计。

二、腐生兰的菌根真菌类群

腐生兰的整个生命周期都需要与真菌建立共生关系才能生存和发展，因此腐生兰菌根真菌的鉴定对腐生兰的保护和繁育至关重要。前人的研究表明，大部分光合自养型兰偏向于与丝核菌类(Rhizoctonia)真菌共生，这些真菌通常属于蜡壳耳目(Sebacinales)、角担菌科(Ceratobasidiaceae)和胶膜菌科(Tulasnellaceae)的真菌。但是，在温带和热带雨林地区，完全菌根异养型兰则通过一些树木或灌木的外生菌根真菌(ectomycorrhizal fungi，ECM)获取碳源，这些外生菌根真菌包括蜡壳耳目、红菇科(Russulaceae)、革菌科(Thelephoraceae)、灰珊瑚菌科(Clavulinaceae)的真菌(Rasmussen，2002；Dearnaley et al.，2012；Hynson et al.，2013)。这里要说明的是蜡壳耳目包含两个主要类群：A 类群和 B 类群(Weiß et al.，2011)。A 类群是一些树木的外生菌根真菌，同时也与一些腐生兰形成菌根结构，如鸟巢兰属的 *Neottia nidus-avis*(McKendrick et al.，2002；Selosse et al.，2002)和 *Hexalectris spicata*(Taylor et al.，2003a)；B 类群包含在上述丝核菌类的真菌中。而红菇科真菌是澳洲西部广泛分布的外生菌根真菌，同时也是多种腐生兰的菌根真菌，如珊瑚兰属(*Corallorhiza*)的 *C. maculata*、*C. mertensiana*(Taylor and Bruns，1997；1999)，以及 *Dipodium variegatum*(Bougoure and Dearnaley，2005)、*D.hamiltonianum*(Dearnaley and Le Brocque，2006)和 *Limodorum abortivum*(Girlanda et al.，2006)。另外两种珊瑚兰 *C. trifida*(McKendrick et al.，2000)和 *C. striata*(Taylor et al.，2003b)，以及头蕊兰属(*Cephalanthera*)的 *C. austinae*(Taylor Bruns，1997)则与革菌科的真菌建立了共生关系。值得注意的是地下兰(Bougoure et al.，2009；2010)和一种叠鞘兰(*Chamaegastrodia sikokiana*)(Yagame et al.，2008a)的菌根真菌却是一些角担菌科的真菌，因此腐生兰也可能与某些丝核菌类真菌建立了共生关系。

除此之外，在一些缺乏外生菌根真菌的热带雨林中，腐生兰常与一些非丝核菌类腐生菌

(non-rhizoctonia SAP fungi)共生，这类真菌通常也是分解死去树木的木腐菌(wood-decaying fungi)和分解各种垃圾的腐生菌(litter-decaying fungi)(Dearnaley et al.，2012；Hynson et al.，2013)。例如，蜜环菌属(*Armillaria*)和小菇属(*Mycena*)真菌是天麻生长发育最重要的菌根真菌(Kusan，1911；徐锦堂和郭顺星，1989；Kikuchi et al.，2008)；除了天麻，在血红肉果兰(*Galeola septentrionalis*= *Cyrtosia septentrionalis*)中也发现了蜜环菌属的真菌(Hamada，1939；Terashita and Chyuman，1987；Cha and Igarashi，1996)；倒吊兰(*Erythrorchis* spp.)的菌根真菌则包含了刺革菌科(Hymenochaetaceae)和多孔菌科(Polyporaceae)的多种木腐菌(Umata，1995；1997；Dearnaley，2007)；从虎舌兰(*Epipogium roseum*)根样中分离到的真菌在系统发育上与鬼伞科小脆柄菇属(*Psathyrella*)和鬼伞属(*Coprinus*)的真菌相近(Yamato et al.，2005；Yagame et al.，2008b)；最近 Lee 等(2015)调查了台湾亚热带森林中 7 种腐生兰的菌根真菌，发现其中 6 种都与腐生菌有着密切联系，在直立山珊瑚(*Galeola falconeri*)和肉果兰(*Cyrtosia javanica*)的菌根中存在多孔菌目亚灰树花菌科(Meripilaceae)的真菌，而无喙赤箭(*Gastrodia appendiculata*)、春赤箭(*G. fontinalis*)、夏赤箭(*G. flabilabella*)和 *G. nantoensis* 的菌根真菌属于小菇属(*Mycena* spp.)、*Gymnopus* spp.和 *Hydropus* 一类的腐生菌。因此除了外生菌根真菌外，非丝核菌类的腐生菌也是腐生兰重要的共生伙伴。

三、腐生兰菌根真菌的专一性

前人的研究认为，菌根异养型兰与光合自养型兰相比拥有较窄范围的菌根真菌(Rasmussen，2002；Dearnaley，2007；Smith et al.，2010；Merckx et al.，2013b)。腐生兰对其共生真菌具有很高的专一性，表现在大多数腐生兰只有一种或几种优势性的菌根真菌，且这些真菌基本都属于外生菌根真菌或腐生菌。例如，蜜环菌属和小菇属一类的木腐菌是天麻属多种腐生兰的优势共生菌(Kikuchi et al.，2008；Ogura-Tsujita et al.，2009；Dearnaley and Bougoure，2010；Lee et al.，2015)；从鸟巢兰属 *Neottia nidus-avis* 中分离的真菌都属于蜡壳菌属(*Sebacina*)真菌(McKendrick et al.，2002；Selosse et al.，2002)；虎舌兰也与鬼伞科的真菌表现出较高专一性(Yamato et al.，2005；Yagame et al.，2008b)；无叶美冠兰是一种广泛分布的腐生兰，Ogura-Tsujita 和 Yukawa(2008)分别从日本、缅甸和中国台湾的 7 个不同地区采集了 12 株无叶美冠兰，序列比对结果表明，所有分离到的菌根真菌的 ITS 序列都与鬼伞科(Coprinaceae)黄盖小脆柄菇(*Psathyrella candolleana*)的序列相近，说明无叶美冠兰与这一类群的真菌具有严格的专一性。在研究腐生植物进化的背景下，有人提出了导致这种高度专一性的两种机制：①菌根异养型植物为满足其营养需求只会选择那些合适的目标真菌；②植物与真菌形成菌根结构实际是一种“寄生”真菌的行为，因此除了少数几种真菌外，可能大多数真菌都拒绝了这种菌根异养型的植物(Bruns et al.，2002；Bidartondo，2005；Merckx et al.，2009)，这种说法在一定程度上解释了专一性的问题，但仍然缺乏足够的证据。

相反，某些腐生兰可能拥有较丰富的菌根真菌。Roy 等(2009a)发现，分布在泰国热带地区的无叶兰(*Aphyllorchis montana*)和尾萼无叶兰(*A. Caudata*)拥有广泛的菌根真菌，尾萼无叶兰同时分离出了红菇科、革菌科、灰瑚菌科，以及蜡壳菌目的真菌，而无叶兰的内生真菌种类甚至达到了 9 个科属之多[蜡壳菌目、红菇科、革菌科、灰瑚菌科、Coltriciellaceae、Heliotaceae、鹅膏菌科(Amanitaceae)、丝膜菌科，以及丝核菌属(*Rhizoctonia*)]。DNA 序列分析表明，裂唇虎舌兰(*Epipogium aphyllum*)的菌根真菌除了伞菌目丝盖伞属(*Inocybe*)真菌外，还包含一些黏滑菇属（*Hebeloma*）、绒盖牛肝菌属（*Xerocomus*）、乳菇属（*Lactarius*）和革菌属（*Thelephora*）真菌（Roy et al.，2009b）。因此，腐生兰与菌根真菌之间的专一性也表现出了复杂性，即使有较高专一性的腐生兰也具有科、属、种等不同水平上的差异。

以上讨论都是针对从腐生兰成年植株中分离鉴定的菌根真菌，而在试验条件下，腐生兰种子能在更广范围真菌存在的条件下萌发，其中一些真菌不仅能促进其种子萌发，还能进一步促进其生长发育形成幼苗，即使有些真菌不是从成年兰中分离的（Umata，1997；1998；Umata et al.，2013）。这说明种子萌发时需要的专一性较低，这种较低的专一性可以在一定程度上降低腐生兰灭绝的风险。需要指出的是，从成年腐生兰根中分离到的真菌并不总是能促进同种兰科植物种子萌发，最典型的是天麻在种子萌发和原球茎生长发育阶段需要紫萁小菇等真菌为其提供营养（徐锦堂和郭顺星，1989），而与天麻块茎共生的菌根真菌蜜环菌（*Armillarai melle*）则会抑制天麻种子的萌发（冉砚珠和徐锦堂，1988）。这说明在不同的生长时期，腐生兰菌根真菌的专一性可能会有所变化。

四、腐生兰的营养来源

菌根真菌是腐生兰赖以生存的营养之源，真菌在根皮层细胞内的消解是为菌根异养型兰提供营养物质的重要途径（范黎等，1998；Peterson et al.，1998），而真菌作为异养微生物，其碳源取自其他活的有机体或死的残留有机物，所以真菌同时又与附近的其他树木、树桩或土壤内的残留有机物相连，腐生兰通过这些真菌间接获取树木的光合产物或枯枝落叶分解的有机物（McKendrick et al.，2000b；Taylor et al.，2003b；Leake，2004）。反过来讲，腐生兰偏向于结合一些树木的外生菌根真菌或枯枝落叶的腐生菌，可能是因为其特殊的营养需求。

在生态系统中，稳定性同位素基本恒定，生物体通常与其食物拥有相似的同位素丰度，因此可以通过分析稳定同位素的自然丰度来追踪动物和植物的营养来源（Dawson et al.，2002）。目前，在探测兰科植物的营养来源时也主要采用这种方法（Dearnaley et al.，2012；Hynson et al.，2013）。研究发现，与周围邻近的光合自养植物相比，外生菌根真菌拥有更高的 ^{13}C 和 ^{15}N 自然丰度，而那些与外生菌根真菌共生的腐生兰也与这些外生菌根真菌拥有相似的同位素丰度（Gebauer and Meyer，2003；Bidartondo et al.，2004；Liebel et al.，2010），说明腐生兰所需的碳源和氮源都来源于这些外生菌根真菌。因此，腐生兰可能与其周围的树木通过这些共同的真菌形成一个三重共生关系（tripartite symbiose），从而可以获得源源不断的碳源，保证了腐生兰能在一个低光照的环境条件下存活。这种三重共生关系的存在对腐生兰的保育具有十分重要的意义，在对兰花进行保护的同时也需要保护与其共生的外生菌根真菌和特定的树木种类。

另外，对于非丝核类的腐生菌，^{13}C 的富集比 ^{15}N 更明显，而与这类真菌共生的腐生兰也表现出相似的同位素丰度（Martos et al.，2009；Dearnaley and Bougoure，2010；Lee et al.，2015），间接支持了营养元素从腐烂的木头或枯枝落叶流向真菌再从真菌流向腐生兰的这种食物链的假设。对于生长在缺乏外生菌根真菌而又有丰富枯枝落叶的热带雨林中的腐生兰，这类腐生菌的存在就显得特别重要。综上所述，稳定同位素分析技术在研究腐生兰与其菌根真菌的营养关系时取得了较多成果，但除了对碳和氮的研究外，两者间具体的营养供给机制还不清楚，因此，还需加强这方面的研究工作。

五、腐生兰的系统进化

腐生兰被认为是兰科植物中最进化、最高级的类群（徐锦堂，2006），这一特殊类群的系统进化过程也一直是科学家们热切关注的焦点。一种普遍的观点认为，腐生兰由光合自养型的兰花逐渐进化而来，而混合营养型兰则是进化的中间体（Bidartondo，2005；Selosse and Roy，2009；Motomura et al.，2010；Merckx et al.，2013b）。在兰科植物的进化过程中，营养类型的改变和共生真菌的变化似乎存在一种一一对应的关系。Yukawa 等（2002）在分析兰属（*Cymbidium*）36 种兰花的系统发育关系时发现，无叶绿素的 *C. macrorhizon* 和 *C. aberrans* 是同一进化支上的两个姐妹种，同时又和含叶绿素的兔耳兰（*C. lancifolium*）聚到一个进化支上，成为另一种绿叶兰春兰（*C. goeringii*）的姐妹支，其余的兰花则聚在较远的进化支上。随后的稳定同位素分析证实，无叶绿素的 *C. macrorhizon* 和 *C. aberrans* 属于完全菌根异养型兰，与它们关系相近的兔耳兰和春兰则属于混合营养型（Motomura et al.，2010），而两种完全菌根异养型兰又都专一地与蜡壳菌目的外生菌根真菌共生；春兰和兔耳兰的菌根真菌同时包含了丝核菌（胶膜菌科和角担菌科）和外生菌根真菌（蜡壳耳目、红菇科、革菌科和灰珊瑚菌科），光合自养型的冬凤兰（*C.dayanum*）的共生真菌主要是一些丝核菌（胶膜菌科和角担菌科）（Yokoyama et al.，2002；Ogura-Tsujita et al.，2012）。可以看出，营养类型从自养到部分异养再到完全菌根异养的变化过程中，共生真菌的类群也从丝核菌逐渐变化成外生菌根真菌。因此，完全菌根异养型兰是从混合营养型兰进化而来，而不是直接从光合自养型兰进化到完全菌根异养型兰的这种假说具有一定的合理性。相同的进化模式也存在于兰科其他属的植物中，在头蕊兰属（Julou et al.，2005；Abadie et al.，2006；Sakamoto et al.，2015）、珊瑚兰属（Zimmer et al.，2008；Cameron et al.，2009）和鸟巢兰属（Těšitelová et al.，2015）中也发现了相似的变化规律。但由于许多兰科植物的材料难以获得，这些结果中还缺乏大量可靠的系统发育数据，特别是许多关系较近的兰花的系统发育关系还没有得到证实。因此，这一假说的成立还需要对兰科植物系统发育关系进行更深入地研究。

六、展　　望

腐生兰是兰科植物中生活方式最特殊且与真菌关系最密切的一个生态类群，在系统发育上占有重要地位，对进一步研究植物地理、兰科植物起源及进化具有极其重要的意义（张丽杰等，2008）。但相比于种类较丰富的地生兰和附生兰，关于腐生兰的研究还特别少。国外学者对这一类群的关注度要高些，但主要集中在菌根真菌鉴定、稳定同位素分析及进化过程等生理生态方面。由于腐生兰资源的限制，很多实验材料无法获得，目前这些研究工作都没有实质性的进展，很多问题仍待解决。例如，许多腐生兰的菌根真菌还未进行鉴定，是否所有腐生兰都选择特定类群的真菌共生？如果是，那么导致这种专一性的原因是什么？腐生兰与菌根真菌共生过程中有哪些生理变化？菌根真菌在腐生兰的进化过程中起到了什么作用？腐生兰通过共同的真菌与周围绿色植物联系在一起，三者间具体的相互作用关系又是什么？

中国对腐生兰的研究最成功的案例就是天麻，从本章后四节可以看出，中国目前对天麻的栽培技术、化学成分、药理药效及临床应用等各方面的研究都比较系统和深入，且早在 20 世纪 60 年代初中国科学家就突破了人工栽培的关卡（徐锦堂，2013）。但除了天麻外，其他腐生兰的研究鲜有报道。山珊瑚和毛萼山珊瑚是天麻的近源植物，与天麻有类似的药用功效(吴征镒, 1990; 方志先和廖朝林, 2006)，早期有学者对它们的化学成分进行过报道(阮德婷等, 1988; 李医明等，1993)。近年来，王淳秋等(2008)和张自斌等(2015)分别对高山鸟巢兰和无叶美冠兰的传粉机制进行了研究报道，拓展了对腐生兰生殖特性的认识。除此之外，腐生兰出现较多的是在兰科植物区系调查及新属种、新记录属、新记录种的报道中(林玲等，2013；谭运洪等，2014；喻勋林等，2014)。可见中国对腐生兰的关注程度比较低，各方面的研究工作都有待开展。

近年来，随着环境改变和人为活动等因素，腐生兰种群数量逐年减少，在同一分布地很难再次见到，已处于极度濒危的状况。要解决兰科植物的资源问题，最关键的是要进行人工培育使资源再生。但目前很多兰科植物都不能突破直接培养的关卡，而腐生兰的人工栽培更难成功。在试验条件下，某些腐生兰种子与菌根真菌共生培养可以培育出幼苗，甚至开花(McKendrick et al.，2002；Yagame et al.，2007)，这说明在进行腐生兰繁育工作的同时要考虑菌根真菌的重要性和必要性。在今后的研究工作中，可从以下几个方面进行深入研究：对腐生兰的资源进行深入调查，在此基础上分离鉴定菌根真菌，揭示腐生兰菌根真菌的多样性和专一性；结合新技术和新方法，深入研究菌根真菌与腐生兰的共生营养机制；筛选促进腐生兰种子萌发和植株生长发育的真菌，并利用菌根技术栽培腐生兰。以上问题的解决对兰科植物物种多样性的保护及资源再生具有重要意义。

(孙　悦　李　标　郭顺星)

第二节　天麻的特性

天麻属植物在全世界已被发现有30余种，中国是世界上野生天麻分布的主要国家之一，现已发现该属植物有 13 种。天麻为中国名贵中药材，《中国药典》2010 年版仅收载天麻(*Gastrodia elata* Bl.)为药材天麻的唯一基原植物，其他多作为地方代用品。

天麻为兰科多年生寄生植物，以其干燥块茎入药，具有平肝息风止痉之功效，主要用于治疗头痛眩晕、肢体麻木、小儿惊风、癫痫抽搐、破伤风，距今已有两千多年的入药历史。近年来的研究发现，天麻还具有增智、健脑、延缓衰老的作用，对老年性痴呆症有一定的疗效(杜贵友等，1998)，天麻越来越受到人们的关注。天麻按生长可分野生和栽培两种。野生天麻主产于云南、四川、陕西及贵州等地，安徽大别山区、皖南山区也有出产。目前天麻在中国普遍栽培，分布较广，在种内产生了许多变异。根据天麻的花、茎颜色、块茎的形状、块茎含水量不同等特点，周铉和陈心启(1983)将天麻划分出 4 个类型，即乌天麻、青天麻(绿天麻)、红天麻和黄天麻(草坪天麻)。其中，乌天麻、青天麻个肥大、坚实、药性强、质佳；红天麻质量次之，但产量高；黄天麻质差。

一、天麻的生物学特性

天麻属于高度进化的异养植物，无根，不能直接吸收土壤中的营养，也不能进行完整的光合作用制造营养。在其整个生活史中需要先后与两种真菌共生才能完成生长发育(徐锦堂，1993)。天麻种子非常细小，只有胚，无胚乳，因此，种子萌发需要紫萁小菇(*Mycena osmundicola*)

等小菇属一类真菌为其提供营养，种子萌发后形成的原球茎需要另一种真 菌——蜜环菌菌索及其分泌物为营养来源，天麻才能完成由种子到米麻、白麻及箭麻的整个生长发育过程。天麻的生长周期从种子萌发到下代种子成熟一般需要 3 年，其间经过原生块茎、后生块茎的充分发育，才能开花结果。天麻的繁殖包括有性繁殖和无性繁殖。由天麻种子萌发成的原球茎生长并分化成多个米麻、米麻继续生长成白麻、箭麻，这一过程是天麻的无性繁殖过程，在地下完成，历时约 3 年，其间需要蜜环菌与之共生为其提供营养。天麻花茎芽从地面出土、开花、结实至种子散出仅历时 62～65 天，因此地下块茎是天麻的主要生存形态。

二、天麻的形态特征

天麻为多年生草本植物，由于其特殊的生活方式，表现形态构造方面也与一般高等植物不同。天麻的地上部分只有一枝独茎，高 0.5～1.3m。茎秆和鳞叶均为赤褐色，它没有根，地下只有肉质肥厚的块茎，长扁圆形，上有均匀的环节，节处具膜质鳞片。每年夏季茎(花葶)端开花，呈总状花序，花黄绿色歪壶形。花期 4～6 月，果期 7～8 月；果实长卵形，淡褐色；每一个箭麻抽薹后可以结 30～60 个果实，每果具种子万粒以上，种子极微小。

(一) 天麻种子的形态

天麻的种子细小，呈纺锤形或新月形，粉粒状，种子长 650～680μm，中部最宽处直径达 110～125μm，种子由胚及种皮构成，无胚乳，种胚位于种子中部。天麻种子成熟后仍处原胚阶段，形状为椭圆形，近珠孔端有一突出的喙状柄，胚长 170～190μm，直径 90～110μm。

(二) 天麻块茎的形态

按天麻块茎的形态和在不同发育阶段的天麻块茎可分为以下几种：原球茎、营养繁殖茎、米麻、白麻及箭麻。

1. 原球茎

种子发芽形成的原球茎与种胚的形态相似，气球状尖圆形，平均长 0.4～0.7mm，直径 0.3～1.5mm，纵切面器官分化不明显，但具有组织化。

2. 营养繁殖茎

天麻在进行生殖生长时，首先从种麻的生长点长出营养繁殖茎，简称为营繁茎。当有蜜环菌侵染时，营繁茎消化侵入的蜜环菌，从其营繁茎顶芽、侧芽旺盛的生长和分化点上生长出白麻、箭麻。原球茎分化生长出的营繁茎的长度和直径，由侵入种胚萌发菌的不同菌株和接种蜜环菌的早晚来决定。最长者可达 4～5cm，接种蜜环菌的营繁茎可长 1cm 或更长，直径 1～1.5mm，营繁茎的直径由种麻的顶芽大小决定，即由播种的白麻、米麻大小决定，直径通常 0.1～0.5cm。

3. 米麻

米麻也称为麻米，比白麻小，在解剖结构上与白麻无大差别，有性繁殖和无性繁殖由营养繁殖茎的顶芽及侧芽生长形成的，长度在 2cm 以下的小块茎称为米麻。米麻冬季栽种后翌年顶芽一般只能长出大的白麻而长不出箭麻，2cm 大小的米麻可长成箭麻。

4. 白麻

由营繁茎的顶端生出，比米麻大，比箭麻细小，长尖圆形，也有近圆形的，长 2～12cm，直径 1～3cm，重 5～15g，也有重 35g 以上的。白麻与箭麻一样有明显的环节 5～11 个，环节上有薄膜鳞化，其方向与顶芽相同，鳞片腋下可看到突起的潜伏芽，基部可见与营繁茎分离的脐形脱落痕迹。

5. 箭麻

箭麻为具有顶生花茎芽的天麻块茎。抽茎早期花茎如箭杆，花穗似箭头，故名箭麻。长椭圆形，个体较大，一般长 4～12cm，重 100～500g，也有重达 1kg 以上的箭麻王。箭麻外皮黄白色，有马尿腥味，有明显的环节 14～25 节，最多可达 30 节，节处有薄膜鳞片叶，鳞叶内有突出的潜伏芽。箭麻外形有 3 个明显特征：顶生花茎芽，状如鹦哥嘴；尾部的脱落痕，称为脐点；周身的芽眼，环纹。

(三) 天麻药材的性状

2010 版《中国药典》对天麻药材性状的认定如下：天麻呈椭圆形或长条形，略扁，皱缩而稍弯曲，长 3～15cm，宽 1.5～6cm，厚 0.5～2cm。表面黄白色至淡黄棕色，有纵皱纹及潜伏芽排列而成的横环纹多轮，有时可见棕褐色菌索。顶端有红棕色至深棕色鹦嘴状的芽或残留茎基；另端有圆脐形疤痕。质坚硬，不易折断，断面较平坦，黄白色至淡棕色，角质样。气微，味甘。

三、天麻在中国的分布

天麻在中国主要分布于 24°～45°N、94°～142°S，由于中国幅员辽阔，随着经度、纬度不同，所处海拔高低位置不同，以及平地山区之别，气候、温度变化很大。天麻在中国西南地区多分布在海拔 200～2800m 的山区。例如，云南生长在海拔 2000m 左右的高山；贵州主要生长在海拔 900～2000m；四川、湖北多生长在海拔 1200～1800m 的山区；四川峨眉山在海拔 1050～2800m 也能挖到天麻；陕南常生长在海拔 1000～1500m 地区；河南西部多生长在海拔 1000～3000m 处。南北随着纬度不同，垂直分布的高度也相应随之下降。例如，东北长白山天麻多散生在 300～1000m 地区；吉林多分布在海拔 500～1000m 处；辽宁多分布在海拔 200～400m 处。天麻在各地区分布不同，这正是天麻在整个生长发育过程中所形成的对冷凉湿润环境的适应特性。

四、天麻的化学成分

天麻入药在中国虽有着悠久的历史，但对天麻的化学成分过去却很少有人研究，直到 20 世纪 30 年代才有较系统的研究和报道。

(一) 酚类化合物及苷类

1936 年，Mar 和 Read 测定发现天麻含有微量的维生素 A 类物质，含量为 0.0059%。傅丰永等（1956）初步分析天麻含有苷结晶性中性物质及微量生物碱。刘星楷等（1958）从天麻中提到一种酚性结晶，经鉴定为香草醇（vanillyl alcohol，归称为香荚兰醇），并认为是天麻抗惊厥的有效成分。进入 20 世纪 70 年代，中国医药科技工作者对天麻的化学成分进行了较系统地研究，已从天麻中分离到 10 多种化学成分。

1979 年中国医学科学院药物研究所冯孝章等报道，从天麻中分离到 8 个化合物，根据红外光谱分析和衍生物制备分别鉴定为天麻苷、对羟基苯甲醇、β-谷甾醇、D-葡萄糖苷、柠檬酸、对称单甲脂、棕榈酸、蔗糖。其中化合物天麻苷命名为天麻素，含量在 0.3%以上。与此同时，中国科学院昆明植物研究所植物化学研究室周俊等报道，从天麻中分离到了 7 个化合物：对羟基苯甲醛、对羟基苯甲醇、琥珀酸、对羟甲基苯-β-D-葡萄吡喃糖苷（*p*-hdroxyethylphenyl-β-D-glucopyranoside）、β-谷甾醇、蔗糖及微量的 1，4-二取代芳环化合物。其中主要成分对羟甲基苯-β-D-葡萄吡喃糖苷定名为天麻素（gastrodin）（天麻苷）。周俊等（1981）又从云南东北乌天麻鲜品中分离到 9 种酚性化合物，即天麻素、对羟基苯甲醇、对羟基苯甲醛、3，4-二羟基苯甲醛、4，4′-二羟基二苯基甲烷、4，4′-二羟基二苄醚、对羟苄基乙基醚、4-（β-D-吡喃葡萄糖氧）苄基柠檬酸酯、4-乙氧甲苯基 4′-羟苄基醚。1981 年，日本学者 Taguchi 等从天麻中分离出另外 3 个化合物，即双-（4-羟苄基）醚-单-β-D-吡喃葡萄糖苷、4-羟基苄基甲醚、4-（4′-羟基苯氧基）苄基甲基醚，其中双-（4-羟苄基）醚-单-β-D-吡喃葡萄糖苷水解后即得到天麻素和天麻苷元。郝小燕等（2000）在对黔产天麻含氮化合物的研究过程中得到两个含氮化合物：天麻羟胺（gastrodamine）和 L-焦谷氨酸，其中天麻羟胺为新化合物。

由于天麻的传统应用是以水煎煮为主，因而王亚男等（2012）对天麻的水提物化学成分进行了研究，从天麻水提物中分离得到 23 个化合物，分别为：①4-羟基-3-（4-羟基苄基）苄基甲醚；②4-（甲氧甲基）苯基-1-*O*-β-D-吡喃葡萄糖苷；③4-羟基-3-（4-羟基苄基）苯甲醛；④4-（4-羟基苄基）-2-甲氧基苯酚；⑤4，4′-亚甲基双（2-甲氧基苯酚）；⑥L-苯基乳酸；⑦3-甲氧基-4-羟基苄基乙醚；⑧对羟基苯甲醇；⑨对羟基苄基甲醚；⑩对羟基苄基乙醚；⑪对羟基苯甲醛；⑫对羟基苯甲酸；⑬对甲氧基苯甲酸；⑭天麻素；⑮4-（乙氧甲基）苯基-1-*O*-β-D-吡喃葡萄糖苷；⑯对醛基苯基-1-*O*-β-*D*-吡喃葡萄糖苷；⑰对甲苯基-1-*O*-β-D-吡喃葡萄糖苷；⑱甲基-*O*-β-D-吡喃葡萄糖苷；⑲5-羟甲基糠醛；⑳派立辛；㉑派立辛 B；㉒派立辛 C；㉓薯蓣皂苷元。其中化合物①和②为新化合物，化合物③～⑦、⑱和㉓为首次从该属植物中分离得到。

（二）多糖类化合物

从生产天麻注射液后的残渣中得到白色粉末状的天麻匀多糖，经检测不含酸性多糖和杂多糖，是由葡萄糖分子组成的天麻匀多糖。天麻中除已分得蔗糖外，又报道从天麻中分出 3 种杂多糖：GE-Ⅰ、GE-Ⅱ、GE-Ⅲ，均为白色粉末，3 种多糖均具有细胞免疫活性（金文姗和田德蕾，2000）。天麻中的多糖成分还有 WGEW、AGEW（Qiu et al.，2007），GBP-I、GBP-II（李超等，2008），WPGB-A-H、WPGB-A-L（明建等，2008），GEPI、GEPII、GEPIII（周本宏等，2009），1→6 键接支链的 α-（1→4）-D-葡聚糖（刘明学等，2009），GPSa（朱晓霞等，2010），GBII（洪其明等，2010）。

（三）甾醇、有机酸类及其他化合物

天麻中的甾醇类成分主要有β-谷甾醇、4-羟苄基-β-谷甾醇、柠檬酸对称单甲酯、柠檬酸对称双甲酯、丙三-1-软脂酸单酯、邻苯二甲酸二甲酯；有机酸类成分主要有柠檬酸、琥珀酸、

棕榈酸、5-羟甲基-2-呋喃甲醛和蓟醛、L-焦谷氨酸、硫-(4-羟苄基)-谷胱甘肽、α-乙酰胺基-苯丙基-α-苯甲酰胺基-苯丙酸酯；另外还包括维生素A、蔗糖、赛比诺啶A，以及一些长链脂肪酸(酯)，即安息香酸、正十八酸、三十一酸、三十二酸和二十二烷酸环氧乙烷甲酯等其他类化合物(王莉，2007)。

五、天麻的开发利用

天麻在中国中草药家族中被称为"神草"，近代医药、植物工作者对天麻药理的大量研究表明，天麻有诸多药理作用，如镇静催眠、镇痛、抗惊厥、抗炎、抗衰老、提高免疫力、抗缺血缺氧。传统中药利用中，天麻常与钩藤、半夏、川芎、防风等配伍使用；天麻中成药则有天麻片、天麻丸、天麻定眩宁、天麻蜂王浆、天麻益脑冲剂、天麻精等。近年来，天麻烟、酒、茶、糖、食品及化妆品均已出现。天麻保健药品也得到广泛开发，不仅研发了一些产品的生产工艺，而且制定了质量标准。

(一)在临床上的应用

天麻入药在中国中、西医临床上已经得到了广泛的应用。

(1)对各类神经衰弱、脑外伤、结核病、肝炎等引起的神经衰弱综合征均有很好的疗效；在治疗症状方面，对失眠及头痛效果最好。

(2)天麻治疗神经疼痛症，如对三叉神经痛、坐骨神经痛及以心绞痛为主的冠心病有显著的治疗效果。

(3)天麻对因肝虚、肝风引起的眩晕具有良好的疗效，如对高血压、动脉硬化、美尼尔综合征和一般体弱所致的眩晕均有较好的疗效。

(4)天麻治疗癫痫症，总有效率为74.2%。

(5)天麻治疗高血脂、高血压症，其中对高胆固醇血症，平均每例于治疗后血清胆固醇值下降48.1mg，有效率为82.6%；对高三酰甘油血症，平均每例于治疗后血清三酰甘油值下降42.3mg，有效率为75%。治疗后有85.7%病例的收缩压或/和舒张压有不同程度地下降，头昏、胸闷、心慌等症状也有好转。

(6)天麻治疗面肌痉挛症，天麻注射液对面肌痉挛均有一定的短期疗效。

(7)天麻素注射液能对脑部多条动脉(主要有小脑前下动脉、小脑后动脉、椎基底动脉及迷路动脉)的供血不足起到改善作用，同时可以保护神经细胞，并能促进心肌细胞的能量代谢，可以用于治疗眩晕、神经痛症、头痛等症状。

(二)复方天麻制剂的临床应用

1. 强力天麻杜仲胶囊的临床应用

口服强力天麻杜仲胶囊治疗高血压、椎基底动脉供血不足、脑血管后遗症、神经衰弱、风湿性关节炎等症，临床试验结果表明，强力天麻杜仲胶囊对上述5种病症均有较好的疗效，5种病症均总有效率达86.48%。采用强力天麻杜仲胶囊治疗各种骨科病患压迫神经所产生的肢体麻木、疼痛、酸软无力等病症，总有效率达98.3%，表明强力天麻杜仲胶囊在骨科临床应用上取得了良好的效果。

2. 天麻头风灵胶囊治疗头风症

采用天麻头风灵胶囊治疗反复发作或持续性头痛的头风症总有效率达 97.9%。

3. 天麻川芎胶囊治疗血管性头痛症

天麻川芎胶囊治疗血管性头痛症总有效率达 86%，说明天麻川芎胶囊治疗血管性头痛具有明显疗效。

(三)其他用途

近年来，将天麻用作高空人员的脑保健药物，可增强视神经的分辨能力。日本用天麻治疗老年性痴呆症，总有效率达 81.1%。随着天麻药理和临床研究的深入，天麻药用产品的开发研制工作日益得到关注。由天麻钩藤加味而成的天麻促智冲剂临床治疗老年性血管性痴呆，2 个疗程(2 个月)总有效率达 86.7%，明显改善神经功能缺损和生活能力，对脑电图有显著的改善作用，降低血浆黏度，对红细胞变形和聚集指数异常均有显著改善作用。以天麻为主要原料的中成药现已成为许多制药厂的重要产品。

(四)其他产品的开发

近年来，围绕天麻开发的保健品、食品层出不穷。在保健品方面有天麻片、天麻胶囊、天麻酒、天麻定眩宁、天麻蜂王浆、天麻益脑冲剂等产品，在食品开发方面有蜜饯、含片、糖果等。

综上所述，在天麻化学成分的研究方面，目前不应局限于已找到的成分，还应该不断寻找新的活性成分，从天麻苷元的衍生物中仍有可能找到更有效的中枢抑制药物。2010 版《中国药典》中明确列出天麻素的检测作为天麻内在质量控制指标，具体要求为按干燥品计算天麻素($C_{13}H_{18}O_7$)含量不得少于 0.2%。天麻素的药理研究、天麻素与其作用是否完全相同都有待深入研究。另外，天麻素是否为天麻的有效成分仍有异议。天麻药理研究及临床应用还有待加强。植化分离与药理研究应该更加密切地配合，为天麻相关新药的研究奠定基础。天麻的产品开发应该由简单的直接粗加工向提取、精制、深加工转化，扩大其药用，提高其药的质量和药效。

天麻的开发利用主要集中在药用方面，而其药食兼用、保健功能方面的开发也得到了发展，目前全国大约有百余厂家以天麻作为原料药，生产药品和保健食品，天麻已明确可进入保健食品市场，《图经本草》、《本草纲目》记载"嵩山，衡山人，或取生者蜜煎作果实，甚珍之"。因此，拓宽其保健用途，开发天麻新产品，对促进人体健康、丰富医药与保健品市场，以及扩大天麻种植产业都有重要的意义(徐锦堂，2013)。

(郭顺星　邢晓科　孟志霞)

第三节　天麻的内生真菌

早在 1911 年，日本科学家便报道了天麻与蜜环菌的共生关系，自此开始了对天麻内生真菌研究。中国科学家经过长期深入的研究与开发，将紫萁小菇等天麻种子萌发菌应用于栽培生产。

关于天麻属植物内生真菌的研究，其中，植物主要集中在天麻及其变型中，其他物种的研究还未及时开展；其内生真菌形态学、分类学、多样性及二者的共生机制研究主要集中在蜜环菌属和小菇属之间。本节以天麻作为主要研究对象，统计其已发表的经过分离鉴定的内生真菌，分析天麻生活史中发挥主要作用的蜜环菌属和小菇属真菌的多样性和亲和力，并结合致病菌侵染、土壤微生物分析等结果，总结天麻内生真菌的特点，为其以后的栽培应用、病虫害防治及资源调查提供参考。

统计结果表明(表 26-2)，天麻内生真菌分属于 4 亚门 16 科 22 属。其中，子囊菌 6 属，半知菌 11 属，接合菌 1 属，担子菌 4 属。可见，天麻的内生真菌在种类上存在着丰富的多样性特征。表 26-2 中的“内生真菌”是指经分离鉴定已确定为天麻的内生真菌。“致病菌”是指从病态天麻中分离的，危害天麻的病害一般有 4 种：黑腐病、锈腐病、白环锈伞和绿色木霉，常会引起天麻腐烂。“土壤微生物”是指分析了野生天麻及栽培天麻的生长点处土壤情况，经过微生物检测所得出的。

表 26-2　天麻内生真菌、致病菌及土壤微生物种类

门	科	属	特征
子囊菌亚门	多孢菌科	小球腔菌属	内生真菌
子囊菌亚门	黑孢壳科	毛壳属	内生真菌
子囊菌亚门	丛赤壳科	丛赤壳属	内生真菌
子囊菌亚门	丛赤壳科	柱孢属	致病菌
子囊菌亚门	核盘菌科	葡萄孢属	致病菌
子囊菌亚门	肉座菌科	赤霉属	内生真菌
半知菌亚门	暗色孢科	链格孢属	内生真菌
半知菌亚门	暗色孢科	假尾孢菌属	内生真菌
半知菌亚门	毛霉科	毛霉属	土壤微生物
半知菌亚门	毛霉科	根霉属	土壤微生物
半知菌亚门	丛梗孢科	曲霉属	土壤微生物
半知菌亚门	丛梗孢科	木霉属	内生真菌、土壤微生物
半知菌亚门	瘤座孢科	镰孢属	内生真菌、致病菌
半知菌亚门	瘤座孢科	附球菌属	内生真菌
半知菌亚门	球壳孢科	拟茎点霉属	内生真菌
半知菌亚门	球壳孢科	盾壳属	内生真菌
半知菌亚门	黑盘孢科	刺盘孢属	内生真菌
接合菌亚门	毛霉科	毛霉属	内生真菌
担子菌亚门	口蘑科	蜜环菌属	内生真菌、土壤微生物
担子菌亚门	伞菌科	小菇属	内生真菌、土壤微生物
担子菌亚门	核瑚菌科	小菌核菌属	致病菌
担子菌亚门	球盖菇科	环锈菌属	致病菌

蜜环菌属来源于担子菌亚门伞菌纲伞菌目口蘑科，是仅有的几个具有菌索的种类之一，在东北地区称为榛蘑，是常见的食用菌。天麻必须依赖蜜环菌提供的营养才能生长发育，因此，蜜环菌的品种和质量直接影响天麻的品质和产量。中国已报道的 14 种蜜环菌中有 6 种是已知种类，在国外也有分布，具有分类学名称及中文名称；7 种是国内外新发现的种类，其中的 2 种已经被描述，并确定为新的分类种，赋予了分类学名称及中文名称，另外 5 种尚未被描述，暂时无分类学名称及中文名称；1 种可能与日本的种类相同(赵俊和赵杰，2007)。

小菇属来源于担子菌的伞菌纲伞菌目口蘑科，分布广泛、种类繁多，全世界约有 500 种。

其子实体通常较小，菌肉较薄，孢子圆形至圆柱形，无色，缘生囊状体和盖皮层菌丝具有不同的特征等。某些小菇属真菌与兰科植物的种子萌发、生长发育有着密切的关系。例如，乳足小菇能够明显促进某些树木的生长，紫萁小菇、石斛小菇等对天麻、白及的种子萌发有促进作用。还有一些小菇属真菌腐生在植物残体上，在生态系统中具有降解作用(徐锦堂等，2001)。

天麻生活史中起到关键作用的两类真菌，即小菇属真菌与蜜环菌属真菌，在与天麻共生的过程中没有表现出来强烈的专一性。首先，促使天麻种子萌发的小菇属真菌包括紫萁小菇、兰小菇和石斛小菇等，并非只有一种，小菇属真菌能促使多种兰科植物的种子萌发。例如，小菇属真菌对天麻、石斛属植物种子萌发的促进作用是非常显著的，但是兰小菇对墨兰种子没有促进作用。其次，多种蜜环菌属真菌可以为天麻提供生存营养，并且多种蜜环菌还可以作为猪苓等其他物种的营养来源，形成共生关系。已经确定能与天麻形成和谐共生关系的蜜环菌属物种有高卢蜜环菌、蜜环菌等，只是天麻和与其共生的内生真菌表现出的亲和力不同(见本书第二十七章)。

目前，在300多种小菇属真菌中能够明确与天麻种子形成共生关系、可以侵染天麻种胚、稳定的给天麻种子提供营养的萌发菌包括紫萁小菇、兰小菇、石斛小菇和开唇兰小菇等。近年来的研究发现，不同种类的蜜环菌所表现的生物学特性也不同。收集了一些来自不同地区天麻块茎和天麻生长区附近的蜜环菌菌株进行栽培试验和种类鉴定，结果表明，高卢蜜环菌的共生效果相对较好。高卢蜜环菌菌索细密，生长势中等，有利于种子繁殖培养米麻。奥氏蜜环菌和蜜环菌具有很强的侵染力，是多种林木的病原菌。假蜜环菌是华北地区果树的病原菌，如果用于天麻栽培，不仅不能为天麻生长提供所需的养分，反而天麻会被蜜环菌吃掉，造成事与愿违的结果。有菌环的蜜环菌实际上是一个复合种类，它们之间相互拮抗、互交不育。在天麻生产中，由于蜜环菌种类使用不当，经常造成天麻被吃掉，产生空窝的现象。有研究表明，选用未栽培过天麻的蜜环菌有利于天麻的生长。王秋颖和郭顺星(2001)等采用不同来源的蜜环菌菌株进行天麻栽培试验，结果表明，不同菌株对天麻产量和天麻素含量的影响很大，这是因为不同的菌株具有不同的生物学特性。

(曾　旭　孟志霞　郭顺星)

第四节　天麻无性繁殖技术

天麻的繁殖包括有性繁殖和无性繁殖。用天麻块茎繁殖称为无性繁殖，这种方法操作简单成熟，为目前天麻人工栽培广泛采用。本节介绍天麻的无性繁殖技术。

一、场地选择

(一)选地

中国东北各省到云南、西藏都有野生天麻分布，由于各地气候条件差异很大，所以天麻分布的海拔也有较大变化。天麻喜凉爽、潮湿的环境，低山区气温高，尤其夏季高温干旱，温度长期高于 30℃，抑制蜜环菌和天麻生长，因此大面积生产不宜在平原地区栽种。天麻适合在海拔 1200～1600m 的山区栽种。在不同海拔的山区，也可通过选择一些小气候条件适应天麻生长的需要。例如，高山区可选择阳山坡栽种，低山区选择阴山坡或有遮阴条件的树林栽培，中山区选择半阴半阳的山坡。土壤质地对天麻生长有极大影响，蜜环菌喜湿度较大的环境条件，而天麻在土壤怕水浸，黏性土壤排水不良，特别是雨季很容易积水，穴中长期积水天麻会染病腐烂，因此宜选沙土和砂壤土种植天麻和培养菌床。

（二）栽培场地和栽培穴的准备

天麻栽培不以“亩”为单位，而是以“窝”为单位，或称为“穴”，有地方称为“窖”。栽培场地不一定要求连片，根据小地形能栽几窝即栽几窝，窝不宜过大，但也不能严格强求一致，可根据地形有扩大或缩小。对整地的要求不严格，只要砍掉地面上过密的杂树便于操作，挖掉大块石头，把土表渣滓清除干净就行，不需要翻挖土壤，便可直接挖穴栽种。雨水多的地方栽培场不宜过平，应保持一定的坡度，有利于排水。陡坡地区作小梯田后，穴底稍加挖平，但为了方便排水，也应有一定的斜度。

二、蜜环菌的培养

蜜环菌为好气性兼性寄生真菌，夜间可见菌索前端的幼嫩部分和菌丝发出荧光，在土壤板结、透气性不良及浸水环境下生长不好。蜜环菌 6～8℃开始生长，20～25℃生长最快，超过30℃停止生长。土壤湿度以 50%左右为宜。天麻靠蜜环菌生活，蜜环菌生长发育主要靠分解吸收树木营养。因此，培养好的“菌材”是提高天麻产量的关键。

（一）备料

能生长蜜环菌的树种很多，常用的有北方的柞树、桦树等，南方有青杠、野樱桃、水橡树（经久耐腐，维持时间长）、椴树、桤木（易腐烂）等。选直径 7～13cm 的新鲜树干、枝条锯成 70cm 左右的小段，一边备料一边培养菌材为好。整料后，每一木段必须破口，把树皮砍伤多处，深达木质部 3mm 左右，以利于蜜环菌接种。破口的方法有鱼鳞口、环形口、条形口等几种。

（二）准备菌种

菌种的来源：一是采集野生菌；二是利用已经伴栽过天麻的旧菌材；三是室外培养的菌种；四是室内培养的纯菌种。如果用野生菌种应切成短节碎块，因蜜环菌菌索具有从两端断面继续生长的特性，切碎后，增加断面，从而增加接种的机会。

（三）培植菌材的时间

培植菌材的时间 3～8 月均可。皮厚、质坚的树种一般接菌和发菌较慢，应提前培菌；皮薄、质松树种接菌和发菌较快，可迟点培菌，一般以 3～4 月树木开始生长以前较好，此时树木不易脱皮，气温较低，湿度较大，接菌后容易发菌。6～8 月培养菌材，要避免杂菌。8 月以后，气温下降，蜜环菌生长缓慢，当年不能使用，不宜进行。

（四）菌材的培植方法

(1) 活动菌材培养。培养的菌材在栽培天麻时能随用随取的，称为活动菌材。培养方法有堆培、窖培等，其中以窖培为好。选天麻栽培地附近较湿润的地方挖窖，深 33～50cm，大小根据地势及菌材数量而定。窖培时，将窖底挖松 7～10cm，放入适量（约占 30%）腐殖土，底部松土等平后即可铺放木材。材间用腐殖土充填缝隙，要求实而不紧，木材上面要露出，放好一层菌种后，洒淋马铃薯汁或清水，湿透材底为止，再放一层菌种，依次堆 4～5 层，最后盖土 10cm(可盖腐殖土，再盖原土)，再用草覆盖，以防雨水冲刷，保持表土疏松，并可起到保湿作用。一般每窖放 100～200 根菌材为宜。

(2)固定菌材培养。培养的菌材在栽培天麻时留在原来的位置不动，称为固定菌材。培养菌材的窖，就是栽培天麻的窖。由于菌材培好后不移动，菌材上菌索的生长环境未受到破坏，能更好地为天麻提供营养，促进天麻早期生长。培养固定菌材的方法与培养活动菌材的大致相同。窖深 25cm 左右，每窖固定木段 5～20 根为宜，过多操作不便。如果用旧菌材接种，新旧菌材应相间铺放，栽天麻时将旧菌材取出，新菌材不动；如果全为新菌材则留一起一，即为固定菌材层，基上可照活动菌材培养方法再加培一层菌材，以后作活动菌材使用，最后覆土 10cm，并盖草。培养优质菌材，除了选用适宜的树种和优良的种外，还要控制杂菌感染，保持窖内适当的湿度。因此，在海拔高的地区培菌应选阳坡，培菌窖要浅，盖土要薄，以提高窖温；在低海拔地区应选用阴坡或林间，采用深窖培菌，夏季加厚覆盖物，以降低窖温；山地区宜选半阴半阳地段培菌。

三、种麻选择及栽培时间

种麻质量的好坏直接关系到天麻的成活率和产量。要选用个体发育完整、无损伤、无病虫害的白麻(10～20g)、米麻作种。适宜的栽植期是天麻增产的关键之一。天麻栽培期有两个，冬栽及春栽。中国南、北方天麻产区适宜的栽培期不同，在长江流域等天麻产区，冬季温度不十分严寒，天麻可正常越冬，冬、春二季都可栽培，在不同海拔地区适宜的栽培期略有早晚。零星栽培越早越好，因为蜜环菌生长的低温限度，低于天麻开始萌动的冬初及早春的低温条件，虽不能满足天麻萌动发芽对温度的要求，但蜜环菌即能在 6～8℃低温下缓慢生长，天麻栽植后在萌动之前如能预先与蜜环菌建立好营养关系，温度升高后，天麻即可茁壮生长，因此，早春解冻后栽培越早越好。

四、栽培层次和深度的确定

天麻栽培深度和栽培层次是一个问题的两方面，栽培层次多必然栽培也深，一般穴顶覆盖土 10～15cm。高山地区雨水多空气相对湿度较大，土壤湿润，温度低，宜浅栽；东北地区为了能提高栽培层温度也不宜栽深，一般覆土 6～10cm，但最好能有塑料薄膜覆盖，冬季应加强保温措施。

五、种麻的选择、摆放方法和用种量

(一)种麻的选择

天麻用作无性繁殖种麻的材料有白麻、米麻。作种麻的白麻、米麻栽培前必须进行严格选择，其选择标准如下所述。

(1)无机械损伤。生产中收获时常把天麻放在竹箕中再倒入背篓运回，与竹箕互相碰撞，天麻被刺破而有许多小伤口，目测很难发现，但栽种后伤口极易染菌腐烂，这是常被人忽略但却是引起减产的重要问题，因此采挖和运输种麻时一定要小心，防止碰伤种麻。

(2) 色泽正常，新鲜淡黄色。褐色种麻即为退化的一种表现，不宜选用。

(3) 无病、虫危害，尤其发现种麻上有蚧壳虫附着，一定要加工成商品，防止蔓延。

(4) 多代无性繁殖的种麻不能选用，以有性繁殖后代的白麻、米麻生活力旺盛，产量高，连续无性繁殖 5～6 代后就应更新种麻。

(二) 摆放方法和用种量

种麻应摆在两棒之间，并应靠近菌棒，蜜环菌在菌棒上的分布不可能完全均匀，有的地方菌索旺盛，有的地方稀疏。例如，在菌棒两头断面处木质部与韧皮部之间及鱼鳞口的伤口处常会发生出毛刷状菌索，摆放种麻时应尽量放在菌索多的地方。一般长 45cm 的菌棒，两棒中间放白麻 3 个、棒两头放 2 个、1 根棒放 5 个种麻，棒长可适当增加种麻摆放数量，一穴 10 根棒，栽种麻 500g 左右。摆种麻时，棒中间两头两个种麻生长点应向外，新生麻长在棒外土壤中，不受棒的挤压，箭麻形状好。米麻和白麻分开栽植，栽培米麻的菌床棒间距离应稍窄些，两棒相距 1.5～2.0cm，在两棒之间均匀栽植米麻 15～20 个，每穴撒米麻 100～150g。其他方法与白麻栽培方法相同。

六、栽 培 方 法

(一) 窖栽

一般窖长 1.2m、宽 0.7m、深 35cm，在窖底先铺一层 5cm 厚的沙子，然后把段木和菌材间隔 3～5cm 放在沙子上，用混合沙（沙与锯末按体积 2∶1 拌匀）填充空隙，呈半埋状态，然后靠菌材栽下种麻，间距 10～15cm，注意头尾相接。小米麻撒于菌材周围即可。栽后覆一层薄沙盖住段木，再按上述方法栽第二层，最后覆沙 10～15cm。畦高出地面，并加盖一层树叶等物保温、保湿。

(二) 畦（垄）栽

一般畦宽 0.7m、深 35cm，长度不限，栽法同窖栽。

(三) 菌床栽培

如果是一层菌材，可将覆土掀去后不移动菌材，在靠菌材处挖窝按上述方法栽下种麻；若是两层，应掀开上层菌材，在下层栽下种麻；把上层菌材放回，再栽下种麻。室内栽培：可堆沙栽培（用砖垒成 70cm×120cm 的框），也可用竹筐、木箱栽培，方法同上。只要能控制好温度、湿度和通气，同样可获得高产。

第五节　天麻有性繁殖技术

用种子繁殖称为有性繁殖，这是目前最先进的栽培技术。20 世纪 80 年代，许多科技工作者围绕天麻生长发育，尤其是有性阶段的基础理论研究展开攻关。经过长期研究，在徐锦堂和郭顺星（1989）、徐锦堂（1993）发现天麻生长特性的基础上，天麻的有性繁殖生产技术、天麻杂交生产技术得以展开并应用于生产实践中，使天麻人工栽培技术迅速提高，天麻的供应由传统依赖于野生麻转向人工栽培麻，这在一定程度上保护了天麻的野生资源。本节介绍天麻的有性繁殖技术。

一、准备工作

(一)播种场地的选择与播种穴的准备

播种场地的选择与无性繁殖培养菌床和栽培天麻场地的条件基本相同,但种子发芽和幼嫩原球茎喜湿润环境，因此，在选择播种场地时应考虑水资源。此外，播种天麻除需要有培养好的蜜环菌菌材、菌床外，还需要大量的树叶和树枝，选择场地时也应考虑这些材料的供应，如果远地运输不仅增加了工作量和生产投资，而且难保证用材的质量。

(二)菌材及菌床的准备

预先培养的菌材与菌床都可用来伴播天麻种子,但播种前应抽查一部分。选择培养时间短、菌索幼嫩、生长旺盛、菌丝已侵入木段皮层内，尤其是无杂菌感染的菌材、菌床播种天麻种子，并备好足够的生长良好的蜜环菌菌枝。

(三)播种期的选择

天麻种子在 15～28℃都可发芽，因此，播种期越早，萌发后的原球茎生长越长，接蜜环菌的概率和天麻产量越高。

(四)播种量

一个天麻果子中有万粒以上种子,而萌发后只有少数原球茎被蜜环菌侵染获得营养供给而生存下来。利用天麻种子数量多的优势，加大播种量，保证发芽原球茎有较多的数量，增加与蜜环菌接触的概率，是目前生产中采取的有效措施。一般 60cm×60cm 的播种穴，播种 4 个或 5 个果子。播种深度：天麻播种穴一般播两层，深 30cm 左右，上面覆土 5～8cm，但在不同地区不同气候条件下，由于天麻、蜜环菌具有好气性，播种深度应有不同。

二、天麻种子播种方法

(一)菌叶伴种

播前先将已培养好的小菇属萌发菌的树叶生产菌种，用粗铁丝钩从培养瓶中掏出，放在洗脸盆、塑料薄膜或搪瓷盘中，每窝用菌叶 1 瓶，将粘在一起的菌叶一片片分开备用。将采收的天麻鲜裂果种子由果实中抖出，轻轻撒在菌叶上，边撒边拌，种子应分多次撒播。菌叶拌种工作应在室内或背风处进行，防止风吹失种子。

(二)播种方法

1. 菌床接菌播种

利用预先培养好的蜜环菌或菌材伴播。播种时挖开菌床，取出菌棒，耙平穴底，先铺一薄层壳斗科树种的湿树叶，然后将拌好种子的菌叶分为两份，一份撒在底层，按原样摆好下层菌棒，棒间仍留 3～4cm 距离，盖土至棒平，再铺湿树叶，然后将另一份拌种菌叶撒播在上层，放蜜环菌棒后覆土厚 5～6cm，穴顶盖一层树叶保湿。

2. 菌枝伴种播种

利用蜜环菌菌枝拌萌发菌播种技术，与菌床接菌播种法基本相同，但不先培养菌材和菌床。用新鲜木段，加蜜环菌菌枝，或将提前砍下的干木段两侧每隔 3～4cm 砍鱼磷口，用清水浸泡 24h。播种时新挖播种穴，铺一层泡透树叶后撒拌种菌叶，摆新棒 3～5 根，两棒相距 3cm 左右，鱼鳞口在两侧，将预先培养好的蜜环菌菌枝由培养瓶中掏出，在木棒的鱼鳞口处和棒头旁放 5 根或 6 根小菌枝，在两木棒之间可多撒些碎树枝，即可覆土，盖土的厚度距木棒顶部 1cm，用同法播上层。穴顶覆土 5～6cm 厚并盖一层湿树叶或带有树叶的树枝。

3. 阳畦播种

用温室培育的种子，播期在 4～5 月，此时室外温度低，达不到种子发芽的最适温度(20～25℃)，可采用塑料薄膜覆盖阳畦播种法。挖穴深 40cm，播种覆土 3～5cm，距地面 10cm 左右深盖一层树叶，穴顶盖一层塑料布可提高地温 2～3℃，有利于种子发芽和提高接蜜环菌的概率。

4. 树枝拌菌播种

树枝拌菌播种适于当年播种秋后或早春分栽的天麻有性繁殖。用鲜树枝代替菌材或新材，在撒播拌有种子的菌叶上放上直径 2～3cm、长 4～5cm 的湿树枝，树枝间距 1cm，在树枝间撒上蜜环菌菌枝，如同上述法再播一层，这样可节约木材，利用果树修剪下来的杈枝栽培天麻，由于树枝短、断面多，蜜环菌在菌枝断面生长旺盛，因此萌发的原球茎接蜜环菌概率大，大大提高了种子播种后当年白麻、米麻的产量。这是目前值得推广的一种播种方法。该方法是一种非常好的节料高产栽培技术。

三、田间管理

(一) 防寒

冬栽天麻在田间越冬，为防止冻害，必须在 11 月覆盖沙土或树叶 30cm 以上，翌年开春后再除去覆盖物。

(二) 防旱排涝

春季干旱时要及时浇水、松土，使沙土的含水量在 40%左右。夏季 6～8 月，天麻生长旺盛，需水量增加，可使沙土含水量达 50%～60%。在天麻膨大高峰期可用马铃薯水(马铃薯捣烂用水浸泡过滤)，每隔 5 天喷洒 1 次。雨季要注意排水，防止积水造成天麻腐烂。9 月下旬后，气温逐渐降低，天麻生长缓慢。但是蜜环菌在 6℃时仍可生长，这时水分大，蜜环菌的生长旺盛，可侵染新生麻。这种环境条件下不利于天麻的生长，而只有利于蜜环菌生长，从而使蜜环菌进一步深入天麻内层，引起麻体腐烂。因此，9～10 月要特别注意防涝。

四、天麻采收

(一)采收年限

有性繁殖的天麻，一般半年分种移栽或播后一年半收获。如果采用温室育种，播种期早或室内播种延长了当年天麻的生长时间，蜜环菌生长旺盛，天麻早期接菌率高，播种当年封冻前检查，每平方米产量可达 1kg 以上者，可在播种当年 11 月或翌年早春解冻后收获分栽。另外，还应考虑菌材因素，如果菌材粗，其营养能满足天麻播后一年半的需求，要根据上述条件延长到播后一年半收获。无性繁殖的白麻，栽后一般一年收获。

(二)收获期

不管冬栽或夏播的天麻，都应在其休眠期收获。深秋季节随着气温的下降，天麻在完成一年一度的生长发育后，箭麻、白麻和米麻也逐渐分化生长完毕，开始进入休眠期。此时块茎表面颜色加深，由幼嫩时的白黄色转变为淡黄色，周皮稍加厚成熟，顶部有明显的顶芽，白麻和米麻已能清楚的区分。箭麻体大，顶端生长有红色花茎芽，而白麻、米麻顶芽仅是一个又白又嫩的生长锥。当块茎不再继续生长，体积大小已基本定型，这时意味着即将进入休眠期，便是适宜收获的季节。

五、天麻繁殖技术评价

如上所述，尽管天麻的有性繁殖及杂交技术研究已达到实用水平，采用有性繁殖技术可防止多代无性繁殖出现的天麻严重退化现象，但是还存在一些问题。例如，真菌对天麻种子萌发的协同作用不是很清楚，在生产中经常出现因萌发菌而严重影响有性繁殖产量。目前，人工栽培仍以无性繁殖为主，但经过多代无性繁殖的天麻容易出现减产降质的退化现象，易产生病害，产量不稳定。为了克服人工繁殖的缺陷，现采取“三换”(换种、换菌、换地)措施。而且还总结、提出了许多丰产栽培新技术。特别是 20 世纪 90 年代以来，天麻无性繁殖技术的研究重点集中于天麻高产优质栽培、天麻的节材及代用料栽培、天麻新模式栽培等方面。对天麻栽培中的菌材培养(缩短菌材尺寸、充分利用边际效应)、菌材代用料利用(树枝、锯末、玉米芯等)、利用第二营养施肥提高品质、不同栽培模式(仿野生、筐栽、袋栽、室内栽培等)、不同环境土壤条件下的栽培管理方法等诸多问题进行了探索，在不同的天麻主产地形成了各具特色、行之有效的栽培模式与方法。但是当前天麻高产菌材栽培技术还有待深入研究和推广，由于天麻除开花结实外，蜜环菌对天麻幼苗的形成、营养器官的生长及营养生长向生殖生长转化中都起着决定性的作用。现有的天麻品种退化，产量大幅度下降，而蜜环菌不同菌株对天麻生长发育影响的基础研究工作比较薄弱。蜜环菌不同菌株形成菌索的能力及菌索侵染天麻皮层组织的能力可能不同，天麻对蜜环菌不同菌株的适应能力也可能存在差异，生产上采用不同蜜环菌菌株极可能影响天麻产量，所以优良的蜜环菌菌株选育成为了天麻高产的关键因素。此外，天麻优良品种的选育也至关重要。目前天麻优良品种的获得主要有两个途径：一是收集野生种麻进行人工种植，从中筛选优良品种，这种方法简单有效，可以发现具有优良性状的杂交亲本，为杂交育种提供优良的材料，但多代无性繁殖将出现退化现象；二是通过杂交育种获得优良品种是当前最好的手段。再者，天麻无性繁殖，需砍伐壳斗科、桦木科一些树种培养菌材伴栽。这些树种生长速率慢，还林时间长，不利于保护森林资源和自然生态平衡，也与退耕还林的禁伐国策相悖。因此，选择和营造速生的灌木林伴栽天麻，是解决上述问题的可行之道（徐锦堂，2013）。

（郭顺星　邢晓科　孟志霞）

参考文献

杜贵友，陈楷，周文全. 1998. 天麻促智冲剂治疗老年血管性痴呆临床观察. 中国中药志，23(11)：695-698.
樊杰，金效华，向小果. 2011. 中国兰科无叶兰属一新记录种——小花无叶兰(英文). 植物科学学报，5：647-648.
范黎，郭顺星，徐锦堂. 1998. 我国部分兰科植物菌根的内生真菌种类研究. 山西大学学报，21(2)：169-177.
方志先，廖朝林. 2006. 湖北恩施药用植物志. 下册，湖北：湖北科学技术出版社，713-714.
冯孝章，陈玉武，杨峻山. 1979. 天麻化学成分的研究. 化学学报，3：175-182.
傅丰永，等. 1956. 16 种常用中药化学成分的初步分析. 中国医学科学院 1956 年论文报告会论文摘要，1：23-24.
郭子良，王龙飞. 2013. 中国兰科植物沿经纬度的水平分布格局. 生物学杂志，30(5)：49-53.
郝小燕，谭宁华，周俊. 2000. 黔产天麻的化学成分. 云南植物研究，22(1)：81-84.
洪其明，施松善，王彩，等. 2010. 天麻中一种葡聚糖的结构鉴定. 中药材，33(5)：726-729.
胡爱群，邢福武. 2007. 海南兰科一新记录属——叠鞘兰属(英文). 华南农业大学学报，28(2)：89-90.
黄明忠，刘芝龙，王清隆，等. 2014. 海南兰科植物 2 新记录属 8 新记录种. 热带作物学报，35(1)：138-141.
黄俞淞，陆茂新，杨金财，等. 2011. 中国双唇兰属(兰科)一新记录种——中越双唇兰. 广西植物，31(5)：578-580.
金文姗，田德蔷. 2000. 天麻的化学和药理研究概况. 中药研究与信息，2(6)：21-23.
李超，王俊儒，季晓晖，等. 2008. 天麻多糖的分离及其单糖组成分析. 中国农学通报，24(7)：89-92.
李医明，周卓轮，洪永福. 1993. 珊瑚兰酚类化学成分的研究. 药学学报，28(10)：766-771.
林玲，汪书丽，土艳丽，等. 2013. 西藏东南部色季拉山兰科植物的区系特征和物种多样性. 植物分类与资源学报，3：335-342.
刘明学，李琼芳，刘强，等. 2009. 天麻多糖分离、结构分析与自由基清除作用研究. 食品科学，30(3)：29-32.
刘星楷，杨毅. 1958. 中药天麻成分的研究 I 香荚兰醇的提取与鉴定. 上海第一医学院学报，1：67.
刘仲健，陈心启. 2004. 多根兰，中国云南兰科一新种. 云南植物研究，3：297-298.
罗毅波，陈心启. 2002. 兰科虎舌兰属 *Epipogium* 种类增补与修订. 植物分类学报，5：449-452.
明建，桂明英，孙亚男，等. 2008. 天麻水溶性多糖分离纯化及理化性质研究，食品科学，29(9)：344-347.
冉砚珠，徐锦堂. 1988. 蜜环菌抑制天麻种子发芽的研究. 中药通报，13(10)：15-17，62.
阮德婷，杨崇仁，浦湘渝. 1988. 天麻及其近缘植物酚性成分的高效液相色谱定量分析. 云南植物研究，2：231-237.
邵伟丽. 2008. 福建省野生兰科植物种质资源调查与保育策略研究. 福州：福建农林大学硕士学位论文.
沈晓琳，宾祝芳，吴磊，等. 2015. 广西兰科植物新记录属——锚柱兰属. 广西植物，35(2)：285-287.
谭运洪，李剑武，刘强，等. 2014. 云南省兰科植物新记录. 植物资源与环境学报，23(1)：119-120.
王淳秋，罗毅波，台永东，等. 2008. 蚂蚁在高山鸟巢兰中的传粉作用. 植物分类学报，46(6)：836-846.
王莉. 2007. 天麻化学物质基础及质量控制方法研究. 大连：中国科学院研究生院(大连化学物理研究所)博士学位论文.
王秋颖，郭顺星. 2001. 天麻优良品种选育的初步研究. 中国中药杂志，26(11)：744-746.
王亚男，林生，陈明华，等. 2012. 天麻水提取物的化学成分研究. 中国中药杂志，37(12)：1775-1781.
吴征镒. 1990. 新华本草纲要. 第三册. 第一版. 上海：上海科学技术出版社，595.
徐锦堂. 2006. 在进化的顶点——从天麻种子与真菌共生萌发看兰科植物. 森林与人类，26(7)：70-71.
徐锦堂，郭顺星，范黎，等. 2001. 天麻种子与小菇属真菌共生萌发的研究. 菌物系统，20(1)：137-141.
徐锦堂，郭顺星. 1989. 供给天麻养种子萌发营养的真菌——紫萁小菇. 真菌学报，8(3)：221-226，245.
徐锦堂. 1993. 中国天麻栽培学. 北京：北京医科大学、中国协和医科大学联合出版社.
徐锦堂. 2013. 我国天麻栽培 50 年研究历史的回顾. 食药用菌，21(1)：58-63.
杨平厚，郎楷永. 2006. 陕西鸟巢兰属一新种——太白山鸟巢兰. 植物分类学报，44(1)：86-88.
叶德平，李琳，邢福武. 2012. 中国腐生兰科植物二新记录种. 热带亚热带植物学报，20(1)：63-65.
喻勋林，蔡磊，范永强. 2014. 湖南兰科植物 4 新记录种兼论湖南兰科植物的调查与保护. 中南林业科技大学学报，34(5)：1-3.
张丽杰，沈海龙，崔健国，等. 2008. 珍稀濒危植物——双蕊兰. 辽宁林业科技，6：28，51.

张殷波，杜昊东，金效华，等. 2015. 中国野生兰科植物物种多样性与地理分布. 科学通报，60(2)：179-188.

张自斌，杨媚，赵秀海，等. 2015. 腐生植物无叶美冠兰食源性欺骗传粉研究. 广西植物，34(4)：541-547.

赵俊，赵杰. 2007. 中国蜜环菌的种类及其在天麻栽培中的应用. 食用菌学报，14(1)：67-72.

中国科学院中国植物志编辑委员会. 1999. 中国植物志. 第 17、18、19 卷. 北京：科学出版社.

周本宏，杨兰，袁怡，等. 2009. 天麻中一种酸性杂多糖的分离纯化和结构鉴定. 中国医院药学杂志，29(23)：2002-2006.

周俊，浦湘渝，杨雁宾. 1981. 新鲜天麻的九种酚性成分. 科学通报，18：1118-1120.

周俊，杨雁宾，杨崇仁. 1979. 天麻的化学研究——Ⅰ，天麻化学成分的分离和鉴定. 化学学报，3：183-189.

周铉，陈心启. 1983. 国产天麻属植物的整理. 云南植物研究，4：361-368.

朱晓霞，张勇，罗学刚. 2010. 天麻多糖的结构表征. 食品研究与开发，31(9)：52-55.

Abadie J，Püttsepp Ü，Gebauer G，et al. 2006. *Cephalanthera longifolia* (Neottieae，Orchidaceae) is mixotrophic：a comparative study between green and nonphotosynthetic individuals. Can J Bot，84(9)：1462-1477.

Barrett CF，Davis JI. 2012. The plastid genome of the mycoheterotrophic *Corallorhiza striata* (Orchidaceae) is in the relatively early stages of degradation. Am J Bot，99(9)：1513-1523.

Bidartondo MI，Burghardt B，Gebauer G，et al. 2004. Changing partners in the dark：isotopic and moleeular evidence of ectomycorrhizal liaisons between forest orchids and trees. Proeeeding of the Royal Scoeiety of London B，271(1550)：1799-1806.

Bidartondo MI. 2005. The evolutionary ecology of mycoheterotrophy. New Phytol，167(2)：335-352.

Bougoure JJ，Brundrett MC，Grierson PF. 2010. Carbon and nitrogen supply to the underground orchid，*Rhizanthella gardneri*. New Phytol，186(4)：947-956.

Bougoure JJ，Dearnaley JDW. 2005. The fungal endophytes of *Dipodium variegatum* (Orchidaceae). Australasian Mycologist，24(1)：15-19.

Bougoure JJ，Ludwig M，Brundrett M，et al. 2009. Identity and specificity of the fungi forming mycorrhizas with the rare mycoheterotrophic orchid *Rhizanthella gardneri*. Mycol Res，113(10)：1097-1106.

Bruns TD，Bidartondo MI，Taylor DL. 2002. Host specificity in ectomycorrhizal communities：what do the exceptions tell us. Integ Comp Biol，42(2)：352-359.

Cameron DD，Preiss K，Gebauer G，et al. 2009. The chlorophyll-containing orchid *Corallorhiza trifida* derives little carbon through photosynthesis. New Phytol，183(2)：358-364.

Cha JY，Igarashi T. 1996. *Armillaria jezoensis*，a new symbiont of *Galeola septentrionalis* (Orchidaceae) in Hokkaido. Mycoscience，37(1)：21-24.

Dawson TE，Mambelli S，Plamboeck AH，et al. 2002. Stable isotopes in plant ecology. Annu Rev Ecol Syst，33：507-559.

Dearnaley JDW，Bougoure JJ. 2010. Isotopic and molecular evidence for saprotrophic Marasmiaceae mycobionts in rhizomes of *Gastrodia sesamoides*. Fungal Ecol，3(4)：288-294.

Dearnaley JDW，Le Brocque AF. 2006. Molecular identification of the primary root fungal endophytes of *Dipodium hamiltonianum* (Orchidaceae). Aust J Bot，54(5)：487-491.

Dearnaley JDW，Martos F，Selosse MA. 2012. Orchid Mycorrhizas：Molecular Ecology，Physiology，Evolution and Conservation Aspects//Fungal associations. The mycota IX，2nd ed. Berlin Heidelberg：Springer Verlag，207-230.

Dearnaley JDW. 2007. Further advances in orchid mycorrhizal research. Mycorrhiza，17(6)：475-486.

Delannoy E，Fujii S，Catherine Colas des Francs Small，et al. 2011. Rampant gene loss in the underground orchid *Rhizanthella gardneri* highlights evolutionary constraints on plastid genomes. Mol Biol Evol，28(7)：2077-2086.

Dressler RL. 2005. How many orchid species. Selbyana，26：155-158.

Gebauer G，Meyer M. 2003. ^{15}N and ^{13}C natural abundance of autotrophic and myco-heterotrophic orchids provides insight into nitrogen and carbon gain from fungal association. New Phytologist，160(1)：209-223.

Girlanda M，Selosse MA，Cafasso D，et al. 2006. Inefficient photosynthesis in the Mediterranean orchid *Limodorum abortivum* is mirrored by specific association to ectomycorrhizal Russulaceae. Mol Ecol，15(2)：491-504.

Hamada M. 1939. Studien uber die Mykorrhiza von *Galeola septentrionalis* Reichb. f. -Ein neuer Fall der Mykorrhiza Bildung durch intraradicale Rhizomorpha. Jpn J Bot，10：151-211.

Hynson NA，Madsen TP，Selosse MA，et al. 2013. The Physiological Ecology of Mycoheterotrophy// Mycoheterotrophy：The Biology of Plants Living on Fungi. New York：Springer Science+Business Media，297-342.

Julou T，Burghardt B，Gebauer G，et al. 2005. Mixotrophy in orchids：insights from a comparative study of green individuals and nonphotosynthetic individuals of *Cephalanthera damasonium*. New Phytologist，166(2)：639-653.

Kikuchi G，Higuchi M，Morota T，et al. 2008. Fungal symbiont and cultivation test of *Gastrodia elata* Blume (Orchidaceae). Journal of Japanese Botany，83(2)：88-95.

Kusano S. 1911. *Gastrodia elata* and its symbiotic association with *Armillaria mellea*. J Coll Agric Tokyo，4：1-66.

Leake JR. 1994. The biology of mycoheterotrophic（'saprophytic'）plants. New Phytologist，127(2)：171-216.

Leake JR. 2004. Myco-heterotrophy epiparasitic plant interactions with ectomycorrhizal and arbuscular mycorrhizal fungi. Curr Opin Plant Biol，7(4)：422-428.

Leake JR. 2005. Plants parasitic on fungi：unearthing the fungi in mycoheterotrophs and debunking the ‘saprophytic’ plant myth. Mycologist，19(3)：113-122.

Lee YI, Yang CK, Gebauer G. 2015. The importance of associations with saprotrophic non-Rhizoctonia fungi among fully mycoheterotrophic orchids is currently under-estimated：novel evidence from sub-tropical Asia. Ann Bot-London，mcv085.

Liebel HT, Bidartondo MI, Preiss K, et al. 2010. C and N stable isotope signatures reveal constraints to nutritional modes in orchids from the Mediterranean and Macaronesia. Am J Bot，97(6)：903-912.

Logacheva MD, Schelkunov MI, Penin AA. 2011. Sequencing and analysis of plastid genome in mycoheterotrophic orchid *Neottia nidusavis*. Genome Biol Evol，3：1296-1303.

Martos F，Dulormne M，Pailler T，et al. 2009. Independent recruitment of saprotrophic fungi as mycorrhizal partners by tropical achlorophyllous orchids. New Phytologist，184(3)：668-681.

McKendrick SL，Leake JR，Read DJ，et al. 2000b. Symbiotic germination and development of mycoheterotrophic plants in nature：transfer of carbon from ectomycorrhizal Salix repens and Betula pendula to the orchid *Corallorhiza trifida* through shared hyphal connections. New Phytologist，145(3)：539-548.

McKendrick SL，Leake JR，Taylor D L，et al. 2002. Symbiotic germination and development of the mycoheterotrophic orchid *Neottia nidusavis* in nature and its requirement for locally distributed *Sebacina* spp. New Phytologist，154：233-247.

McKendrick SL，Leake JR，Taylor DL，et al. 2000a. Symbiotic germination and development of myco-heterotrophic plants in nature：ontogeny of *Corallorhiza trifida* and characterization of its mycorrhizal fungi. New Phytol，145(3)：523-537.

Merckx V，Bidartondo MI，Hynson NA. 2009. Myco-heterotrophy：when fungi host plants. Annal Bot，104(7)：1255-1261

Merckx VSFT，Freudenstein JV，Kissling J，et al. 2013a. Taxonomy and Classification //Mycoheterotrophy：The Biology of Plants Living on Fungi. New York：Springer Science+Business Media，19-101.

Merckx VSFT，Mennes CB，Peay KG，et al. 2013b. Evolution and Diversification// Mycoheterotrophy：The Biology of Plants Living on Fungi. New York：Springer Science+Business Media，215-244.

Motomura H，Selosse MA，Martos F，et al. 2010. Mycoheterotrophy evolved from mixotrophic ancestors：evidence in *Cymbidium*(Orchidaceae). Annals of Botany，106：573-581.

Ogura-Tsujita Y，Gebauer G，Hashimoto T，et al. 2009. Evidence for novel and specialized mycorrhizal parasitism：the orchid *Gastrodia confusa* gains carbon from saprotrophic *Mycena*. P Roy Soc Lond B Bio，276(1657)：761-767.

Ogura-Tsujita Y，Yokoyama J，Miyoshi K，et al. 2012. Shifts in mycorrhizal fungi during the evolution of autotrophy to mycoheterotrophy in *Cymbidium*(Orchidaceae). Am J Bot，99(7)：1158-1176.

Ogura-Tsujita Y, Yukawa T. 2008. High mycorrhizal specificity in a widespread mycoheterotrophic plant, *Eulophia zollingeri*(Orchidaceae). Am J Bot，95(1)：93-97.

Peterson RL，Uetake Y，Zelmer C. 1998. Fungal symbioses with orchid protocorms. Symbiosis，25(1-3)：29-55.

Qiu H, Tang W, Tong X, et al. 2007. Structure elucidation and sulfated derivatives preparation of two alpha-D-glucans from *Gastrodia elata* Bl. and their anti-dengue virus bioactivities. Carbohydrate Research，342(15)：2230-2236.

Rasmussen HN. 2002. Recent developments in the study of orchid mycorrhiza. Plant Soil，244(1)：149-163.

Roy M，Watthana S，Stier A，et al. 2009a. Two mycoheterotrophic orchids from Thailand tropical dipterocarpacean forests associate with a broad diversity of ectomycorrhizal fungi. BMC Biology，7(1)：51.

Roy M，Yagame T，Yamato M，et al. 2009b. Ectomycorrhizal *Inocybe* species associate with the mycoheterotrophic orchid *Epipogium aphyllum* but not its asexual propagules. Annals of Botany，104(3)：595-610.

Sakamoto Y, Yokoyama J, Maki M. 2015. Mycorrhizal diversity of the orchid *Cephalanthera longibracteata* in Japan. Mycoscience, 56(2)：183-189.

Schelkunov MI，Shtratnikova VY，Nuraliev MS，et al. 2015. Exploring the limits for reduction of plastid genomes：a case study of the Mycoheterotrophic orchids *Epipogium aphyllum* and *Epipogium roseum*. Genome Biol Evol，7(4)：1179-1191.

Selosse MA，Roy M. 2009. Green plants that feed on fungi：facts and questions about mixotrophy. Trends Plant Sci，14(2)：64-70.

Selosse MA，WeißM，Jany JL，et al. 2002. Communities and populations of sebacinoid basidiomycetes associated with the achlorophyllous orchid *Neottia nidus avis*(L.) L. C. M. Rich. and neighbouring tree ectomycorrhizae. Molecular Ecology，11(9)：1831-1844.

Smith SE，Read DJ. 2008. Mycorrhizal Symbiosis. 3rd ed. Amsterdam：Academic Press Elsevier，1-800.

Taylor DL，Bruns TD，Leake JR，et al. 2003b. Mycorrhizal Specificity and Function in Myco-heterotrophic Plants//Mycorrhizal Ecology. Berlin Heidelberg：Springer Verlag，375-413.

Taylor DL，Bruns TD，Szaro TM，et al. 2003a. Divergence in mycorrhizal specialization within *Hexalectris spicata*(Orehidaeeae)，a nonphotosynthetic desert orchid. Ameriean Journal of Botany，90：1168-1179.

Taylor DL，Bruns TD. 1999. Population，habitat and genetic correlates of mycorrhizal specialization in the ‘cheating’ orchids *Corallorhiza maculate* and *C. mertensiana.* Molecular Ecology，8(10)：1719-1732.

Taylor DL，Bruns TD. 1997. Independent，specialized invasions of ectomycorrhizal mutualism by two nonphotosynthetic orchids. P Natl Acad Sci Usa，94(9)：4510-4515.

Terashita T，Chyuman S. 1987. Fungi inhabiting wild orchids in Japan(IV). *Armillaria tabescens*，a new symbiont of *Galeola septentrionalis* Trans. Mycol Sco Japan，28(2)：145-154.

Těšitelová T，Kotilínek M，Jersáková J，et al. 2015. Two widespread green *Neottia* species(Orchidaceae) show mycorrhizal preference for Sebacinales in various habitats and ontogenetic stages. Mol Ecol，24(5)：1122-1134.

Umata H，Ota Y，Yamada M，et al. 2013. Germination of the fully myco-heterotrophic orchid *Cyrtosia septentrionalis* is characterized by low fungal specificity and does not require direct seed——mycobiont contact. Mycoscience，54(5)：343-352.

Umata H. 1995. Seed germination of *Galeola altissima*，an achlorophyllous orchid，with aphyllophorales fungi. Mycoscience，36(3)：369-372.

Umata H. 1997a. Formation of endomycorrhizas by an achlorophyllous orchid，*Erythrorchis ochobiensis*，and *Auricularia polytricha.* Mycoscience，38(3)：335-339.

Umata H. 1998. A new biological function of Shiitake mushroom，*Lentinula edodes*，in a myco-heterotrophic orchid，*Erythrorchis ochobiensis*. Mycoscience，39(1)：85-88.

Weiß M，Sýkorová Z，Garnica S，et al. 2011. Sebacinales everywhere：previously overlooked ubiquitous fungal endophytes. PLoS One，6(2)：e16793.

Yagame T，Fukiharu T，Yamato M，et al. 2008b. Identification of a mycorrhizal fungus in *Epipogium roseum*(Orchidaceae) from morphological characteristics of basidiomata. Mycoscience，49(2)：147-151.

Yagame T，Yamato M，Suzuki A，et al. 2008a. Ceratobasidiaceae mycorrhizal fungi isolated from nonphotosynthetic orchid *Chamaegastrodia sikokiana*. Mycorrhiza，18(2)：97-101.

Yagame T，Yamato M，Suzuki MM，et al. 2007. Developmental process of an achlorophyllous orchid，*Epipogium roseum*(D. Don) Lindl. from seed germination to flowering under symbiotic cultivation with a mycorrhizal fungus. Journal of Plant Research，120(2)：229-236.

Yamato M，Yagame T，Suzuki A，et al. 2005. Isolation and identification of mycorrhizal fungi associating with an achlorophyllous plant，*Epipogium roseum*(Orchidaceae). Mycoscience，46(2)：73-77.

Yokoyama J，Fukuda T，Miyoshi K，et al. 2002. Remarkable habitat differentiation and character evolution in *Cymbidium*(Orchidaceae). 3. Molecular identification of endomycorrhizal fungi inhabiting in *Cymbidium*. Journal of Plant Research(Suppl)，115：42.

Yukawa T，Miyoshi K，Yokoyama J. 2002. Molecular phylogeny and character evolution of *Cymbidium*(Orchidaceae). Bull Nation Sci Mus，B(Tokyo)，28(4)：129-139.

Zhai JW，Zhang GQ，Chen LJ，et al. 2013. A new orchid genus，*Danxiaorchis*，and phylogenetic analysis of the tribe Calypsoeae. PLoS One，8(4)：1-10.

Zimmer K，Meyer C，Gebauer G. 2008. The ectomycorrhizal specialist orchid *Corallorhiza trifida* is a partial myco-heterotroph. New Phytol，178(2)：395-400.

第二十七章　促进天麻种子萌发的小菇属4种真菌及生物活性

第一节　紫萁小菇及其活性

虽然 Kusano 在 1911 年较系统地研究了天麻与蜜环菌的共生关系，但未栽培成活，天麻靠蜜环菌提供营养已为学者们的公认（中国医学科学院药物研究所和湖北省利川县国营福宝山药材场，1973；杨涤清，1979）。1959～1985 年，徐锦堂等在湖北及陕西从事天麻栽培研究，试验成功菌床栽培法，在汉中地区推广生产，1983 年总产量达 15×10^5kg，缓解了用药紧缺状况。但经多代无性繁殖，种麻出现严重退化现象，平均穴产量由 2～3kg 降低至 0.15kg，采用有性繁殖使种麻复壮便成当务之急。

天麻种子细小如粉状，无营养储备，发芽极困难，据报道种子发芽仍需蜜环菌提供营养（杨涤清，1979）。试验证明，天麻种子播种在无蜜环菌壳斗科（Fagaceae）植物落叶上可以发芽，蜜环菌对种子萌发有显著抑制作用，无外源营养供给，种子不能发芽（徐锦堂等，1980a；冉砚珠和徐锦堂，1988）。在此理论指导下，试验成功树叶菌床播种方法，平均发芽率为 7.43%，推广于生产取得较佳效果（徐锦堂等，1980b），之后发现从不同山坡收集的落叶伴播天麻种子，发芽率差异较大，影响到产量的稳定，但未能阐明种子萌发所需营养的真正来源。

一、紫萁小菇的分离

1979～1981 年，从天麻种子发芽的原球茎中分离到可供种子萌发营养的真菌（徐锦堂等，1981），但由于长期未能确定其分类科属，不但不能阐明天麻由种子到种子的全部生活史，而且在学术界引起了一些不同的看法，影响到这项技术更广泛的推广应用。有报道认为天麻应属非共生性发芽，萌发所需要营养可由周围溶液的渗入与胚细胞中储存的脂肪、多糖等物质提供（周铉，1981；周铉等，1987）。因此，对供给天麻种子萌发营养真菌分类科属的鉴定，便成为学者们最关注的问题。

菌种分离：1979～1981 年 5～6 月，天麻种子成熟后，播种在无蜜环菌的壳斗科植物落叶上，种子发芽后，7～9 月，分批采收田间发芽的原球茎，以及播种穴中的树叶作为分离材料，首先用清水洗净泥沙，在无菌条件下用无菌水冲洗 3～5 次，然后将原球茎浸在 0.1% $HgCl_2$ 液中 1min，剪成 3～4 段；树叶在 0.1% $HgCl_2$ 液中浸 3min 后剪成 0.5cm 大的小块，将这些分离体在链霉素液中蘸一下，用灭菌滤纸吸干水分后，接入 PDA 培养基平面培养皿中，分离体发出菌丝后即转入 PDA 斜面培养基试管中。

切片观察方法：采收已接蜜环菌的原球茎及其分化生长出的营养繁殖茎固定于 FAA 液中，作石蜡切片，片厚 8μm，用蕃红、固绿二重染色，镜检。

供试菌株：01 号菌株是 1981 年从陕西省宁强县产区天麻种子发芽的原球茎中分离（分离号 GSF-8104 号）的。菌叶的培养方法：用壳斗科植物的树叶，灭菌后在无菌条件下接入 01 号及紫萁小菇的一级原种，10 余日树叶即可染菌。子实体培养方法：将染菌树叶置于培养皿中保湿的海绵上，在 25℃恒温、通风及 100～150lx 光照强度条件下培养。

天麻种子发芽率的测定：发芽试验的天麻种子是在北京室内培育的，种子成熟后播种于染菌树叶上，置于培养皿中保湿海绵上，在 25℃恒温条件下培养 20～40 天，在解剖镜下统计发芽率。酯酶同工酶分析：采用聚丙烯酰胺凝胶圆盘电泳。上层胶浓度 4%，样品分离胶 7%～10%；点样量每管 50μl；电极缓冲液为 Tris-甘氨酸系统；pH 8.9，稳定电流每管 2mA；α-萘酯、坚牢蓝染色。

二、紫萁小菇的活性筛选

1979～1981 年，在陕西省宁强县天麻产区及北京实验室进行菌种分离，共接种了 748 个分离体，其中原球茎 478 个、树叶 270 个，共分离到菌株 77 种，经初步归类，以及淘汰了褐色、红色、灰色等杂菌（在田间观察发芽原球茎与树叶连接的都是白色菌丝）后，初选出 24 种菌株，将这些菌株培养在壳斗科植物树叶上与天麻种子伴播筛选，1980 年获得 3 种、1981 年获得 9 种，共分离到 12 种能供给天麻种子萌发营养的菌株，这些菌株都是从原球茎上分离获得的，而从树叶上分离的菌种未发现对种子有发芽效果，笔者称这些菌种为天麻种子萌发菌。

用不同菌株伴播天麻种子，其发芽率及原球茎生长速率有较大差异。播后 30 天检查，发芽率最高为 79.39%，最低只有 2.83%，原球茎最大的为 0.67mm×0.48mm，最小的为 0.39mm×0.28mm；播后 40 天，在不接蜜环菌的条件下，原球茎便开始进行无性繁殖，分化生长出营养繁殖茎，其生长速率也因接不同萌发菌而有较大差异，有的当年可长到 4～5cm 长，有的长只有 1cm 左右。种子发芽后的原球茎及其分化生长出的营养繁殖茎，如果能与蜜环菌建立营养关系，则短而粗，其顶端分化出粗壮正常的新生麻，冬季可长成手指大小的种麻，当年即可移栽。否则，由于只靠消化萌发菌已不能满足其生长对营养的需求，在细长的营养繁殖茎顶端分化生长出细小的新生麻，由于饥饿而逐渐夭亡。因此，天麻种子发芽率及原球茎生长速率与接蜜环菌的概率有很大关系，发芽率高，生长速率快，接菌概率也大，天麻产量才会高。分离筛选的 12 个菌株接 GSF-8104 号（鉴定号为 01 号）菌种，天麻种子发芽率较高，生长速率最快，在实验室内播种后 6 个月收获，穴产量可达 3.15kg，而在同一对比试验中，有的处理接其他萌发菌，穴产量仅为 0.3kg，因此，GSF-8104 号是最优良的一种菌种。

有文献报道，认为笔者所见接于天麻原球茎基部的菌丝很可能也是蜜环菌呈现的一种形式（周铉等，1987），为了证明所分离到的菌并非蜜环菌，进行了以下观察和研究。蜜环菌丝在 PDA 培养基上很容易形成红褐色的菌索，笔者将分离到的 12 株菌与蜜环菌丝同期接在 PDA 培养基上，20 天后观察，蜜环菌全部长出菌索，而其他分离到的真菌无一试管长出与蜜环菌相同的菌索，经长期培养观察也未见菌索出现。另外，笔者观察到蜜环菌可以以菌索形态侵入天麻表皮和皮层的任何部位，而这些真菌只能从天麻种子的胚柄细胞以菌丝形态侵入种胚；从切片中观察到蜜环菌与这些真菌可同时存在于同一营养繁殖茎的不同细胞中，两种菌形成的菌丝结集细胞，其染色和形态迥然不同，蜜环菌的菌丝结染成蓝色，排列较密，而这些供给种子萌发营养的真菌，菌丝结染成红色，且排列较稀。这些试验观察都证明供给天麻种子萌发的真菌是不同于蜜环菌的其他真菌。

三、紫萁小菇的形态与鉴定

(一)菌种的鉴定

在实验室条件下，成功地诱导出大量 01 号菌株的子实体，经鉴定为紫萁小菇(*Mycena osmundicola* Lange)。为了进一步证实鉴定结果的可靠性，笔者从实验室诱导的紫萁小菇子实体中分离到菌丝，重复培养，又诱导出相同的子实体；从紫萁小菇孢子培养萌发的菌丝与原 01 号菌株的菌丝比较，菌丝和菌落的形态完全一致；菌丝都具有发光的特性；菌丝生长所需要的营养、温度、湿度等培养条件相同；经酯酶同工酶凝胶电泳分析，酶带条数、迁移率(Rf 值)基本相同；用原诱导紫萁小菇子实体的 01 号菌株菌丝及紫萁小菇孢子萌发分离的菌丝培养的染菌树叶，伴播天麻种子都可发芽，播种后 40 天统计，其发芽率分别为 16.51%和 27.86%，证明紫萁小菇是由 01 号供给天麻种子萌发营养的真菌诱导出的子实体，鉴定结果可靠。关于小菇属(*Mycena*)的种类，Singer(1975)认为全世界有 279 种；Hawksworth 等(1983)仅记载了 200 种。戴芳澜(1979)汇总了中国此属的 8 种，谢支锡等(1980)在长白山发现了 5 种。Lange 在 1914 年发现了 *M.osmundicola* Lange，当时在中国尚未见报道。

(二)紫萁小菇形态及其子实体生长发育动态观察

紫萁小菇菌丝白色，在显微镜下观察无色透明，有分隔；子实体散生或丛生，菌柄长 0.8～3.1cm；菌盖直径 0.15～0.5cm，发育前期半球形、灰色，密布白色鳞片，后平展，中部微突、灰褐色，边缘不规则、白色，甚薄，柔软，无味无臭；盖表细胞球形或宽椭圆形，有刺疣，13～19μm×10～15μm；菌褶白色，稀疏 9～32 片，离生，放射状排列，不等长；缘侧密布具刺疣；梨形的囊状体，23～31μm×9～11μm；孢子无色、光滑、椭圆形，有微淀粉反应，7～8μm×5～6μm；中生直立菌柄，直径为 0.6mm，中空，圆柱形，上部白色，基部褐色至黑褐色，稀疏散布白色鳞片，柄表细胞长形，具刺疣；基部着生在密布丛毛的圆盘基上。

子实体诱导培养过程中，首先在基质上观察到有别于一般营养菌丝的直立刚毛状白色有光泽的菌丝丛，在菌丝丛中间分化出菌蕾，被丛毛包围，突破丛毛后呈扁平状，灰白色，密布白色鳞片，逐渐发育呈圆形；菌蕾逐渐分化，3～6 天后菌盖平展；此期，菌柄迅速生长，1～1.5 天子实体发育完全，孢子成熟后散落，约 5 天后倒伏。

从天麻种子发芽的原球茎中分离到 12 种对天麻种子萌发有效的菌株，说明供给天麻种子萌发营养的真菌不是专一的。其中较优良的 01 号菌株在田间与天麻种子伴播，发芽率在 20%以上，在陕西省宁强县、湖北省利川市及北京地区推广应用于生产，取得较好的效果，经鉴定 01 号菌株为紫萁小菇。

01 号菌株是 1981 年分离获得的，并推广应用于生产，经过多次转接，菌种已出现退化现象。而紫萁小菇菌种是由 01 号菌株诱导的子实体产生的孢子萌发培养的，菌种经复壮，生活力和代谢均较旺盛，酶活性也较强，酯酶同工酶凝胶电泳分析发现，01 号菌正极区的一条带出现稍晚，颜色也浅。用两种菌培养的菌叶伴播天麻种子，发芽率有较大差异。这一菌种复壮的方法，将会在今后天麻生产中起到显著效果。

天麻种子胚萌动初期所要求的菌根菌不是蜜环菌，而是别的真菌(张维经等，1980)。据笔者试验，蜜环菌抑制天麻种子发芽，但种子接萌发菌发芽后的原球茎及其分化生长出的营养繁殖茎，如果与原菌叶分离则停止生长，证明不仅在胚萌动初期，而且从种子发芽到原球茎生长，以及分化生长出营养繁殖体的整个阶段，都需要消化侵入的紫萁小菇等萌发菌以获得营养。发芽后的原球茎及营养繁殖茎如能与蜜环菌建立营养关系，天麻才可正常生长出粗壮的新生麻。

供给天麻种子萌发营养的真菌——紫萁小菇的发现与应用，证明天麻只有先后同化紫萁小菇等真菌及蜜环菌获得营养，才能完成由种子到种子的整个生活周期，从而揭开了天麻生活史全过程的秘密。

第二节　石斛小菇及其活性

从天麻原球茎中分离发现紫萁小菇后，1994 年在对产于云南西双版纳、福建和四川等地的兰花菌根真菌进行研究时分离到 3 个菌株并诱导其形成子实体，发现它们分别代表着担子菌(Basidiomycetes)口蘑科(Tricholomataceae)小菇属(*Mycena*)的 3 种，进一步的研究证实这 3 种均可促进天麻种子发芽形成原球茎，种子的发芽率也较高。本节介绍从野生铁皮石斛(*Dendrobium officinale*)皮层组织中分离得到的具有典型锁状连合的菌株 X-13。该菌株在担子时期与先前命名过的各种小菇属真菌在形态上截然不同。这一新的分类单元被命名为石斛小菇(*Mycena dendrobii*)。此后，笔者在 12 种兰花种子与石斛小菇之间进行了一系列的共生萌发试验。该项试验结果表明，有一些兰花种子可在接种了石斛小菇的树叶上萌发，并形成原球茎。

一、内生真菌的分离和培养

野生铁皮石斛采自云南省西双版纳。兰科植物的种子除天麻种子为北京室内培育以外，其他兰花种子均采集自西双版纳。内生真菌的分离参考范黎等(1996)和徐锦堂等(1981)的方法。真菌繁殖结构诱导参考徐锦堂等(1989)的方法，同本章第一节 。

真菌的鉴定和活性测定：徒手切片，玻片经 Melzer 液染色，光学显微镜下观察。共生萌发试验：在种子近成熟时收集 12 种兰科植物果实未开裂的种子。将果实浸入 0.1%的 $HgCl_2$ 溶液中消毒 8min，取出后以无菌水冲洗 2 遍，沿果实的纵缝撕开果皮，轻轻拍出种子，在无菌条件下保存以保证兰花种子不被污染。将用上述方法准备的无菌种子播洒在已感染了石斛小菇的栓皮栎树叶上。播过兰花种子的染菌树叶置于培养皿中的保湿海绵上，染菌树叶与兰花种子在 25℃恒温、100～150lx 光照强度条件下培养，于培养后第 62 天计算兰花种子的萌发百分率。以播种在无菌树叶上的种子作为对照。

二、石斛小菇的形态与鉴定

石斛小菇　*Mycena dendrobii* Fan et Guo

担子果高 5～22mm，单生。菌盖直径 3～6mm，帽状或伞状，顶端常不平展，边缘具细皱褶，近透明，具浅褐色条纹，表面具白色柔毛，稀疏，灰黑褐色。菌褶近直生，不等长，不分叉，柄的菌褶 12～14 片，光滑，白色。菌柄中生，细长，中空，3～19mm×0.5～1mm，透明状污白色，具细柔毛，基部具圆盘基，稍膨大。担子棒状，17.5～25μm×5～7.5μm，4 孢子，无色。担孢子卵圆形、广椭圆形，5～6.25μm×3.25～5μm，光滑，具小尖，遇 Melzer 氏液有微淀粉反应。褶缘囊状体倒梨形或不规则棒状，密布大量短圆柱状突起或疣，15.5～25μm×7.25～10μm。侧生囊状体未见。菌褶菌髓遇 Melzer 氏液呈葡萄酒红色至红褐色，具锁状连合(但不易观察到)。菌盖外皮层菌丝窄或稍膨大，分枝，密布短圆柱状突起，长 2～5μm。柄生囊状体长 38.75～81.25μm，基部宽 3.5～4.0μm，具隔，向顶端渐尖，曲折或不，偶有突起。菌柄菌丝遇 Melzer 氏液呈葡萄酒红色(图 27-1)。

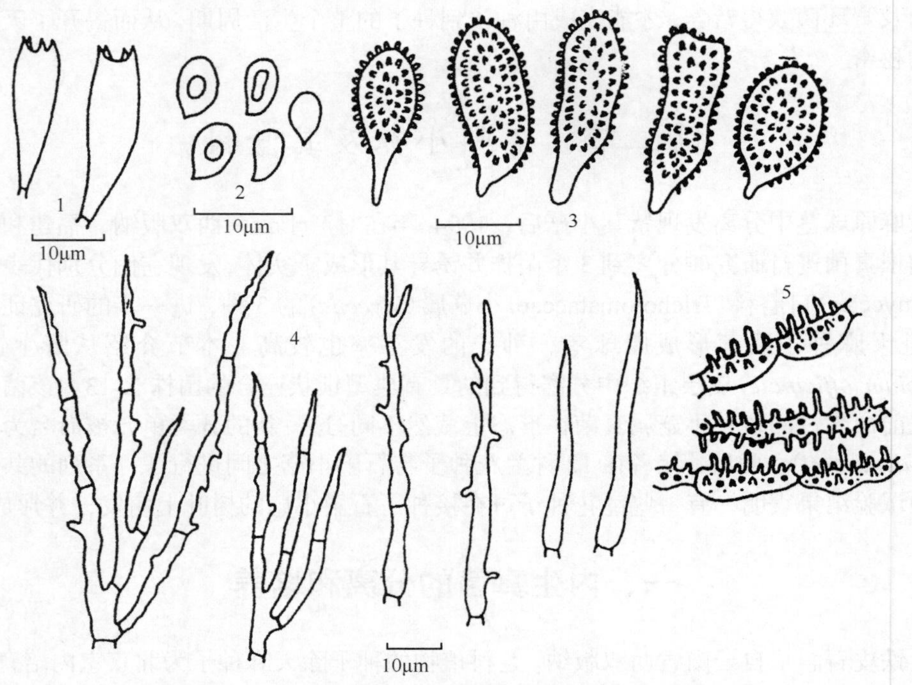

图 27-1　石斛小菇(*Mycena dendrobii* Fan et Guo)

1. 担子；2. 孢子；3. 褶缘囊状体；4. 柄生囊状体；5. 菌盖皮层菌丝

生境：生于北京实验室内培养的壳斗科树叶上，菌株(OEF X-13)分离自产于云南西双版纳的铁皮石斛根内。

标本研究：北京，1995 年 4 月 26 日，郭顺星(HMAS 70072，主模式)。模式标本保藏于中国科学院微生物研究所真菌标本室，活体菌株(OEF X-13)保藏于本研究室。

三、石斛小菇的生物活性

在 12 种兰科植物种子和石斛小菇之间进行的一系列共生萌发试验表明，石斛小菇仅对密花石斛和天麻的种子萌发有促进作用，其他兰花的种子都没有萌发，见表 27-1。对照组无一萌发。这一试验结果也说明石斛小菇可与天麻形成共生关系。

表 27-1　石斛小菇存在的情况下兰科植物种子的萌发率

植物名称	萌发率/%	植物名称	萌发率/%
天麻 *Gastrodia elata* BL.	50.24	双叶厚唇兰 *Epigeneium rotundatum*	0.00
报春石斛 *Dendrobium primulinum*	0.00	墨兰 *Cymbidium sinense*	0.00
铁皮石斛 *D.officinale*	0.00	三褶虾脊兰 *Calanthe triplicata*	0.00
密花石斛 *D.densiflorum*	21.62	白及 *Bletilla striata*	0.00
鼓槌石斛 *D.Chrysotoxum*	0.00	鹤顶兰 *Phaius tankervilliae*	0.00
大花万带兰 *Vanda coerulea*	0.00	苞舌兰 *Spathoglottis pubescens*	0.00

石斛小菇隶属于 *Mycena* sect. Polyadephia，宏观形态与 *M. lohwagii* 和 *M. quercusillas* 近似。但 *M.lohwagii* 的菌柄呈黄褐色或近无色，菌柄单生，担孢子种子状，9.0～9.7μm×4.7～5.2μm，而石斛小菇的担孢子与之相比较窄，5～6.2μm×3.2～5μm。此外，*M. lohwagii* 的菌盖外皮层菌丝表面密布简单或大量分枝、交叉的突起，菌柄无柄生囊状体。*M. quercusillas* 的子实体最终呈白色或淡灰色，担孢子宽种子状至近球形，较大，6.5～8.7μm×5～7μm，菌盖表面中央和边缘菌丝常见倒卵形、近球形。近棒状的细胞(盖囊体)，柄生囊状体缺乏。

第三节　兰小菇及其活性

笔者在对产于云南西双版纳的热带兰花根内皮层组织中的真菌进行研究时发现，一个分离自墨兰(*Cymbidium sinense*)的菌株代表着一个新的分类单元，兰小菇 *M. orchidicola* Fan et Guo。该真菌可促进兰科某些药用植物种子的萌发。

一、内生真菌的分离和培养

真菌的分离：以 1994 年 8 月采自云南西双版纳野生墨兰的根进行内生真菌的分离和培养、兰小菇子实体的诱导、真菌的鉴定等，方法同本章第二节。

种子来源：天麻种子为北京室内培育的成熟种子，报春石斛、长苏石斛(*D.brymerianum*)等植物的种子采自成熟未开裂的果实，植物均产于云南西双版纳。种子发芽率测定：将染菌树叶(培养方法同上)置培养皿中保湿海绵上并播种子，以无菌树叶作为对照，每种子重复 3 皿，统计发芽率。经培养、纯化，从墨兰根内皮层组织分离到了 7 个菌株，其中菌株 X-7 的菌丝呈纯白色，且具典型的锁状连合，并于培养的 60 天左右成功地诱导出子实体。

二、兰小菇的鉴定

菌株 X-7 产生的子实体经鉴定隶属于小菇属 *Mycena*，Sect. *Sacchariferae* Kǜhn.ex Sing.，代表着一个新的分类单元——兰小菇(*Mycena orchidicola* Fan et Guo)。

担子果高 15～22.5mm，单生，菌盖直径 1.5～3mm，帽状或近平展，边缘具细褶皱，稍内卷，具浅灰褐色条纹，表面密布白色柔毛至颗粒状柔毛，灰白色至近白色。菌褶近直生，不等长，不分叉，表面粗糙，解剖镜下观察密布白色粉粒，白色。菌柄中生，细长，中空，13～

23mm×0.5～1mm，纤弱，浅污黄色至透明状污白色，具细柔毛，基部具圆盘基，稍膨大。担子棒状，15～20μm×5～8.7μm，4 孢子，小梗长 3.7～5.0μm。孢子椭圆形，7.5～8.1μm，光滑，具小尖，遇 Melzer's 液有微淀粉反应。褶缘囊状体倒梨形、椭圆形、卵圆形，15～23.7μm×8.7～10μm，具柄，无色，表面具短圆柱状或刺状突起。侧生囊状体近梭形，16.2～18.7μm×3.7～5.0μm，偶见(需仔细寻找)。菌褶菌髓遇 Melzer's 液呈淡粉色至淡粉褐色。菌盖表面皮层菌丝窄或稍膨大，光滑至密布疣突，末端形成椭圆形、卵圆形、近球形、倒梨形的细胞(又称为盖囊体)，15～20μm×8.7～10μm，表面密布短圆柱状或刺状突起，长 1.2～1.7μm，具或不具短柄，致密排列覆盖菌盖表面。柄生囊状体长 18.7～52.5μm，基部宽 2.5～5.0μm，向顶端渐尖，简单或分枝，光滑，曲折或不。锁状连合存在。

生境：单生于北京实验室内培养的壳斗科树叶上。

产地：菌株分离自产于云南省西双版纳的墨兰根内，担子果由郭顺星于 1995 年 4 月 26 日采自北京实验室室内培养的壳斗科树叶上(HMAS 70071，模式)。模式标本保藏于中国科学院微生物研究所真菌标本室。

小菇属以子实体小型、孢子常淀粉质为其典型特征。Kühner、Smith、Maas Geesteranus 均对该属作过较全面系统的研究。新种兰小菇隶属于 Sect. *Sacchariferae* Kuhn.ex Sing，其盖囊体密布菌盖表面。该新种宏观形态与 *Mycena alphitophora*(Berk.) Sacc.近似，但后者柄部无圆盘基，菌褶无侧生囊状体，菌盖表面的盖囊体球形至梨形，直径达 20～35μm，柄生囊状体圆柱状，表面具疣或刺状突起可长达 4.5μm。

三、兰小菇的生物活性测定

用兰小菇培养的染菌树叶伴播天麻等 12 种兰科药用植物和花卉的种子，培养到 62 天时测定其发芽率，结果表明，该真菌对天麻等 5 种植物种子有显著的促进作用(表 27-2)，所设对照均无种子发芽。

表 27-2　兰小菇伴播兰科植物种子发芽率统计

植物名称	发芽率/%	植物名称	发芽率/%
天麻	41.11	双叶厚唇兰	—
报春石斛	27.91	墨兰	—
长苏石斛	59.86	三褶虾脊兰	—
鼓槌石斛	23.66	白及	—
密花石斛	18.05	鹤顶兰	—
大花万带兰	—	苞舌兰	—

注：“—”表示无萌发作用

兰小菇伴播兰科植物种子的共生萌发试验结果再一次证实兰科植物种子需要有真菌共生提供营养才能正常萌发，但以何种方式提供营养，其物质基础是什么，仍待深入研究。同时，可以看到，该菌对不同的植物种子其促进效果不同，表明真菌与植物之间的作用有一定的特异性，某种真菌可能只能和有限的几种植物共生，反之亦然。就兰科植物所具有的大量种子而言，兰小菇对天麻、报春石斛等 5 种植物种子的发芽促进作用是非常显著的，且该菌生长速率较快，有希望成为兰科种子繁殖中快速、有效促进种子萌发的真菌。

第四节　开唇兰小菇及其活性

金线莲是中国名贵中草药，为兰科开唇兰属植物，中国福建、台湾两省作为草药使用的主要有金线兰（*Anoectochilus roxburghii*）、台湾银线兰（*A. formosanus*）、恒春银线兰（*A. koshunensis*）。金线莲以全草或地上部分入药，具有清热凉血、降血压等功效。本节主要介绍从福建省采集的野生金线兰中分离的菌根真菌开唇兰小菇的形态和分类特征。真菌的分离和培养、12 种兰科植物种子的来源、共生萌发试验等方法同本章第三节。

开唇兰小菇的鉴定：开唇兰小菇 *Mycena anoectochila* Fan et Guo。

担子果高 19.5～32mm，单生。菌盖直径 4～5mm，初半球形，后呈帽状至伞状，顶端常不平展，边缘具细的皱褶，近透明，具浅黑色条纹，表面密布白色柔毛，有时呈细小柔软的鳞片，中央呈灰黑色，向菌盖边缘渐变为灰白色。菌褶近直生，不等长，不分叉，有 12～14 片到达柄部，光滑、白色。菌柄中生，细长，中空，17～28mm×0.4～0.8mm，透明状白色，近光滑，稍显有极细柔毛，基部有较小的丛毛状白色圆盘基，不太膨大。

担子棒状，23.75～32.5μm×7～10.75μm，2～4 孢，无色。孢子椭圆形，7.5～10μm×3.75～5μm。光滑，具小尖，遇 Melzer 氏液有微淀粉反应。褶缘囊状体棒状，顶端有 3 至多个卵圆形或椭圆形突起，偶伸长呈指状，21.5～53.75μm×10～15μm，无色，遇 Melzer 氏液呈黄色。侧生囊状体未见。菌褶菌髓遇 Melzer 氏液呈葡萄酒红色至淡葡萄酒红色。菌盖外皮层菌丝窄或稍膨大，光滑至密布短圆柱状突起，末端形成倒梨形或近球形的细胞，18.75～25.5μm×10～18.75μm，具柄，表面密布柱状突起或疣突，致密排列覆盖菌盖表面。柄生囊状体圆筒形或宽棒状，偶呈梭形，（18.75～）32.5～57.5μm×（3.75～）6.25～12.5（～20）μm。菌柄菌丝遇 Melzer 氏液呈葡萄酒红色至淡葡萄酒褐色。锁状连合存在。

生境：生于北京实验室内培养的壳斗科树叶上。菌株（OEF X-4）分离自产于云南西双版纳的野生金线兰的根内。

标本研究：北京：1995 年 4 月 26 日，郭顺星（HMAS 70073，主模式）。模式标本保藏于中国科学院微生物研究所真菌室。活体菌株（OEF X-4）保存于本研究室。

本新种隶属于 Sect. *Sacchariferae*，该种以其棒状的、顶生卵圆形或椭圆形突起的褶缘囊状体区别于该组所有已知种。该种可促进天麻、鼓槌石斛、密花石斛的种子发芽，是兰科植物的菌根真菌。

小菇属作为兰科菌根真菌的首次报道是徐锦堂等（1989）分离自天麻的紫萁小菇。此后，笔者相继又从铁皮石斛、墨兰和金线兰中分别分离到了 3 个小菇属的种，研究表明它们在当时均为新种，分别是 *M.dendrobii*、*M. orchidicola* 和 *M. anoectochila*（范黎等，1996；Guo et al.，1997）。所有这些内生真菌都有促进兰科植物种子萌发的作用。其共生关系将在第二十八章中进一步探讨。

Warcup 等（1967）曾指出，作为兰科植物菌根真菌，一方面必须分离自植物根内的菌丝；另一方面也应能与种子形成共生关系促进其萌发。显然，笔者分离到的上述 3 个小菇属的种的确是兰科植物的菌根真菌。但应该指出的是，种子萌发期与成年兰生活期的共生真菌的种可能是不同的，这已被许多工作所证实（Harvais，1967；Warcup et al.，1967，冉砚珠和徐锦堂，1988；范黎等，1996）。

第五节　小菇属 4 种真菌的生物学特性

有关天麻的生长特性和功效在前面章节已进行了详细描述。本节对笔者多年分离筛选出的几种真菌进行系统生物学特性、对天麻种子促萌发效果和天麻产量的研究，获得了一株培养简单、促进天麻种子萌发效果好、天麻产量高而稳定的优良菌株——石斛小菇(郭顺星和王秋颖，2001)。该菌株在中国大面积推广后深受产区药农欢迎，在天麻有性繁殖栽培中显示出了重要的应用价值。

本研究所用的菌种为紫萁小菇、石斛小菇、兰小菇、开唇兰小菇、GSF-8103(未鉴定)和蜜环菌。天麻种子来源于天麻成熟未开裂的果实。真菌基本培养基为 PDA 培养基。研究麦麸树叶栽培基质的装量、含水量等因素对目标菌种生长发育的影响；不同菌株对天麻产量的影响采用砖池栽培方法测定。

一、不同菌株菌落特性及生长速率的比较

对各菌株菌落特征进行观察及对不同培养时间各菌株的生长速率进行测定，同时对培养 10 天的各菌株的菌落直径进行差异显著性测定。结果表明，石斛小菇、GSF-8103、兰小菇菌丝特征相似，菌落规则，气生菌丝发达，索状联合明显，菌丝生长旺盛，其中以石斛小菇生长速率最快，紫萁小菇和开唇兰小菇有无性孢子产生。

二、不同培养条件对真菌生长发育的影响

(一)不同温度对菌丝生长的影响

通过不同温度对各菌株菌丝生长影响的试验，可以确定在生产中各菌株的最适培养温度。从表 27-3 可以看出，几乎所有菌株的最适生长温度均为 25～28℃，但以 25℃时菌落直径最大。其中不论在哪种温度条件下，均以石斛小菇菌丝生长最快。

表 27-3　不同温度对菌丝生长的影响(培养 14 天)　(单位：mm)

菌株	不同温度下培养的菌株菌落平均直径				
	15℃	20℃	25℃	28℃	30℃
石斛小菇	26.1	43.8	70.1	69.0	30.6
GSF-8103	20.0	39.6	66.2	61.8	18.2
紫萁小菇	18.7	33.0	61.0	53.1	15.9
兰小菇	22.3	41.4	68.7	64.5	28.3
开唇兰小菇	16.4	34.9	63.2	60.0	21.7

(二)不同培养基含水量对菌丝生长的影响

培养基含水量不但对不同菌株的培养条件选择有参考价值，而且对天麻有性繁殖栽培也有

一定的指导意义。表 27-4 为接种培养 30 天时培养基不同含水量对各菌株菌丝生长的影响。可以明显看出，石斛小菇对培养基含水量适应范围较其他菌株宽，但以基物含水量在 200%生长快；兰小菇以基物含水量在 300%生长快；紫萁小菇以基物含水量在 100%生长快。

表 27-4　培养基含水量对萌发菌菌丝生长的影响（培养 30 天）　　（单位：mm）

菌株	菌株在不同含水量培养基中生长的菌质平均长度			
	100%	200%	300%	400%
石斛小菇	57.5	60.7	58.0	55.9
GSF-8103	41.7	55.0	50.4	43.1
紫萁小菇	45.9	43.8	38.1	31.6
兰小菇	50.2	56.2	57.8	40.2
开唇兰小菇	48.4	51.7	42.0	34.3

三、不同菌株对天麻种子萌发的作用

（一）不同菌株对天麻种子发芽势的影响

对培养 25 天的天麻种子进行发芽势测定，石斛小菇作用下发芽势最好，天麻种子发芽率达 64.32%；其次为兰小菇，天麻种子发芽率达 26.59%；紫萁小菇效果最差，天麻种子发芽率仅为 3.56%。

（二）不同菌株对天麻种子发芽率的影响

对培养 25 天、40 天及 60 天的天麻种子的发芽率进行观测，并对培养 40 天的天麻种子发芽率进行差异显著性测验。由表 27-5 可以看出，石斛小菇伴播天麻种子，天麻种子发芽率最高，培养 40 天时天麻种子发芽率高达 84.18%；兰小菇次之，达 56.14%；紫萁小菇最低，天麻种子发芽率仅为 12.95%。

表 27-5　培养 40 天时天麻种子发芽率差异显著性测验　　（单位：%）

菌株	种子发芽率				差异显著性测验
	Ⅰ	Ⅱ	Ⅲ	Xt	
石斛小菇	81.76	87.71	83.06	84.18	a*
GSF-8103	52.88	24.79	22.52	33.40	d
紫萁小菇	11.05	17.07	10.74	12.95	e
兰小菇	55.80	52.74	59.89	56.14	b
开唇兰小菇	49.10	38.89	41.38	43.13	c

* 相同字母者表示差异不显著（$P>0.05$）

（三）不同菌株对天麻种子萌发后形成原球茎大小的影响

对培养 45 天的天麻种子发芽后形成原球茎的体积（长×宽）进行测量，结果见表 27-6。其中以紫萁小菇、兰小菇 、石斛小菇伴播天麻种子萌发形成的原球茎较大。

表 27-6　不同菌株对天麻种子发芽后形成原球茎生长速率的影响(45 天)　(单位：mm)

菌株	球茎大小(长×宽)			
	Ⅰ	Ⅱ	Ⅲ	Xt
石斛小菇	2.62×1.20	2.00×0.77	2.60×1.09	2.41×1.02
GSF-8103	1.37×0.705	1.702×1.03	1.206×0.806	1.426×0.847
紫萁小菇	3.84×1.48	3.30×1.56	2.90×1.260	3.35×1.433
兰小菇	2.10×1.00	2.18×1.07	2.27×0.890	3.58×0.990
开唇兰小菇	1.85×1.10	1.78×1.20	1.85×1.010	1.83×1.103

四、不同菌株对天麻产量的影响

将有性繁殖播种 1.5 年的天麻按不同处理分别收获，收获的鲜天麻按未成熟的天麻块茎(白麻和米麻)、成熟的天麻块茎(箭麻)称重。由表 27-7 可以看出，石斛小菇、兰小菇培养的菌叶伴播天麻种子，生长 1.5 年后收获的天麻产量较高，其中以石斛小菇处理的效果最佳，每平方米鲜天麻总产量达 16kg 以上。

表 27-7　不同菌株对天麻产量的影响　(单位：kg/m^2)

菌株	天麻块茎类型	天麻产量			
		Ⅰ	Ⅱ	Ⅲ	Xt
石斛小菇	未成熟块茎	8.4	7.9	7.7	7.91a*
	成熟块茎	8.8	7.6	8.1	8.16a
GSF-8103	未成熟块茎	6.6	5.9	5.7	6.07b
	成熟块茎	6.5	6.7	5.8	6.33b
紫萁小菇	未成熟块茎	6.3	6.5	6.1	6.30b
	成熟块茎	5.0	5.1	5.6	5.23b
兰小菇	未成熟块茎	7.6	7.3	8.2	7.70a
	成熟块茎	8.6	7.5	7.8	7.79a
开唇兰小菇	未成熟块茎	3.8	3.5	4.1	3.80c
	成熟块茎	4.5	3.9	4.6	4.33c

* 相同字母者表示差异不显著($P>0.05$)

选育促进天麻种子萌发的优良菌株是天麻有性繁殖栽培成败的关键所在。自 1989 年报道了促进天麻种子萌发较好的真菌——紫萁小菇后(徐锦堂和郭顺星，1989)，近年来笔者又先后报道了从兰科药用植物中分离出的菌根真菌新种兰小菇(范黎等，1996)、开唇兰小菇(Guo et al.，1997)和石斛小菇(Guo et al.，1999)。上述真菌不但对天麻种子萌发有较好的促进作用，而且对其他兰科药用植物，如石斛等种子的萌发和苗的生长也有促进作用。其中以石斛小菇在促进天麻种子萌发方面最具特色，主要表现为菌丝生长速率快、培养基含水量和温度适应范围宽而容易培养、抗逆性强不易污染和退化、伴播时天麻种子萌发率和产量高而稳定等优良特性。

在实验室系统研究的基础上，在陕西、安徽、辽宁、湖北等12个省的天麻产区大面积推广应用石斛小菇，深受产区药农欢迎，在天麻有性繁殖栽培中显示出了重要的应用价值。根据以上特性及笔者多年的实验室研究和大面积推广，将石斛小菇确定为促进天麻种子萌发的优良菌株是科学可行的。同时为阐明石斛小菇的优良特性，笔者对天麻种子萌发过程中与该菌相互作用的细胞和超微结构变化（范黎等，1999）、石斛小菇菌丝体和培养液的化学成分（郭顺星等，2000；陈晓梅等，2000）也进行了系统研究。这些研究工作为从细胞水平和促生的物质基础方面阐明石斛小菇促进天麻生长的机制，以及今后在天麻有性繁殖中更好的应用石斛小菇奠定了良好的基础。

（范　黎　郭顺星）

参考文献

陈晓梅，杨峻山，郭顺星. 2000. 石斛小菇中的甾醇类化合物. 药学学报，35(5)：367-369.

戴芳澜. 1979. 中国真菌总汇. 北京：科学出版社，546-547.

范黎，郭顺星，曹文芩，等. 1996. 墨兰共生真菌一新种的分离、培养、鉴定及其生物活性. 真菌学报，15(4)：251-255.

范黎，郭顺星，肖培根. 1998. 天麻/兰小菇共生萌发过程中的酸性磷酸酶定位. 山西大学学报(自然科学版)，3：257-262.

范黎，郭顺星，肖培根. 2001. 天麻种子萌发过程与开唇兰小菇的相互作用. 菌物系统，20(4)：539-546.

范黎，郭顺星，徐锦堂. 1999. 天麻种子萌发过程中与其共生真菌石斛小菇间的相互作用. 菌物系统，18(2)：219-225.

郭顺星，陈晓梅，杨峻山，等. 2000. 石斛小菇化学成分的研究. 中国药学杂志，35(6)：372-374.

郭顺星，王秋颖. 2001. 促进天麻种子萌发的石斛小菇的优良菌株特性及作用. 菌物系统，20(3)：408-412.

郭顺星，徐锦堂. 1990a. 促进石斛等兰科药用植物种子萌发的真菌分离与培养. 中草药，21(6)：30-31.

郭顺星，徐锦堂. 1990b. 天麻消化紫萁小菇及蜜环菌过程中细胞超微结构变化的研究. 真菌学报，9：218-225.

刘成运，张新生，徐维明. 1983. 天麻消化蜜环菌过程中超微结构的变化及酸性磷酸酶的细胞化学定位. 植物学报，25(4)：301-306.

冉砚珠，徐锦堂. 1988. 蜜环菌抑制天麻种子发芽的研究. 中药通报，13(10)：591-593，638.

王贺，徐锦堂. 1993a. 天麻幼苗菌根细胞内酸性磷酸酶的细胞化学研究. 植物学报，35(10)：772-778.

王贺，徐锦堂. 1993b. 蜜环菌侵染天麻皮层过程中酸性磷酸酶的细胞化学研究. 真菌学报，12(2)：152-157.

谢支锡，王云，王柏. 1980. 长白山伞菌图志. 长春：吉林科技出版社，81-83.

徐锦堂，郭顺星. 1989. 供给天麻种子萌发营养的真菌——紫萁小菇. 真菌学报，8(3)：221-226.

徐锦堂，牟春. 1990. 天麻原球茎生长发育与紫萁小菇及蜜环菌的关系. 植物学报，32：26-31.

徐锦堂，冉砚珠，牟春，等. 1981. 天麻种子发芽营养来源的研究(简报). 中药通报，6(3)：2.

徐锦堂，冉砚珠，孙昌高，等. 1980a. 天麻种子发芽的营养来源及其与蜜环菌的关系. 中草药，11(3)：125-128.

徐锦堂，冉砚珠，王孝文，等. 1980b. 天麻有性繁殖方法的研究. 药学学报，15(2)：100-104.

徐锦堂. 1993. 中国天麻栽培学. 北京：北京医科大学中国协和医科大学联合出版社，228-232.

杨涤清. 1979. 奇异的食菌植物——天麻. 自然杂志，7(5)：314-315.

张维经，李碧峰. 1980. 天麻与蜜环菌的关系. 植物学报，22(1)：57-62.

中国医学科学院药物研究所，湖北省利川县国营福宝山药材场. 1973. 天麻. 北京：人民卫生出版社，4-15.

周铉，杨兴华，梁汉兴，等. 1987. 天麻形态学. 北京：科学出版社，11，77.

周铉. 1981. 天麻生活史. 云南植物研究，3：197-202.

Alexander C，Hadeley G. 1984. The dffect of mycorrhizal infection of Goodyera repens and its control by fungicide. New Phytol，97：391-400.

Arditti J, Ernst R, Yan TW, et al. 1990. The contributions of orchid mycorrhizal fungi to seed germination：a speculative review. Lindleyana，5：249-255.

Barroso J, Pais MSS. 1985. Caract é rosation cytochimique de l'interface hote/endophyte des endomycorrhized d'ophrys lutea. Role de l'hote dans la synth é se des polysaccharides. Ann Sci Nat Bot Biol Veg，13：237-244.

Burgeff H，1959. Mycorrhiza of Orchids. *In*：Whiter CL. The Orchids，A Scientific Survey. New York：The Ronald Press Co，361-395.

Dixon KW，Pate JS，Kuo J. 1990. The Western Australian Fully Subterranean Orchid *Rhizanthella gardneri*. *In*：Arditti J. Orchid Biology Reviews and Perspectives. Portland，Oregon：Timber Press，37-62.

Guo SX，Fan L，Cao WQ，et al. 1999. *Mycena dendrobii*，a new Mycorrhizal fungus. Mycosystema，18(2)：141-144.

Guo SX，Fan L，Cao WQ，et al. ，1997. *Mycena anoectochila* sp. nov. isosated from mycorrhizal roots of Anoectochilus roxburghii from mycorrhizal Xixhuangbanna，China. Mycologia，89(6)：952-954.

Hadely G. 1975. Organization and Fine Structure of Orchid Mycorrhiza. *In*：Sanders FE，Mosse B，Tinker P B. Endomycorrhizas. London：Academic Press，335-351.

Harvais G，Hadley G. 1967. The development of orchids purpurella in symbiotic and inoculated cultures. New Phytol，66(2)：217-230.

Hawksworth DL，Sutton BC，Ainsworth GC. 1983. Dictionary of the Fungi. Kew，Surrey：Common Wealth Mycological Institute，250.

Kusano S . 1911. Gastrodia elata and its symbiotic association with *Armillaria mellea*. J coll Agric Imp Univ Tokyo，4：1-66.

Lange JE. 1914. Studies in the Agarics of Denmark. Part I. Mycena. Dansk Bot Arkiv，1(5)：35.

Nieuwdrop PJ. 1972. Some observations with light and electron microscope on the mycorrhiza of orchids. Acta Bot Neel，21(2)：128-144.

Peterson R L，Farquhar M L. 1994. Mycorrhizas integrated development between roots and frngi. Mycologia，86(3)：311-326.

Rasmussen HN. 1990. Cell differentiation and mycorrhizal infection in *Dactylorhiza majalis*(Rchb. f.) Hunt & Summerh. (Orchidaceae) during germination *in vitro*. New Phytol，16：137-147.

Richardson KA，Peterson RL，Currah RS. 1992. Seed reserved and early symbiotic protocorm development of *Platanthera hyperborean*(Orchidaceae). Can J Bot，70：291-300.

Singer R. 1975. The Agaricales in Modern Taxonomy. J Camer Germany，387.

Smith MH，McCully ME，1978. A critical evaluation of the specificity of aniline blue induced fluorescence. Protoplasma，95：229-254.

Warcup JH，Talbot PHB. 1967. Perfect states of Rhizoctonias associated with orchids. New Phytologist，66：631-341.

第二十八章 天麻种子与小菇属真菌共生萌发研究

第二十七章介绍了小菇属 4 种真菌可与天麻种子共生促进其萌发，鉴于此，为进一步阐明天麻与其共生真菌之间的作用机制，本章对天麻与 4 种萌发菌和蜜环菌之间共生过程中的显微、超显微结构变化进行详细研究。4 种萌发菌来自本研究室，来源见本书第二十七章。天麻种子是北京实验室内培养的成熟种子。共生萌发——原球茎培养：按照徐锦堂等（1980）的方法。种子萌发后接入已培养好的蜜环菌菌棒。未接菌的天麻种子接小菇属真菌萌发过程中的种子，种子萌发形成的原球茎，将原球茎分化出的营养繁殖茎切成 1mm^3。接蜜环菌的营养繁殖茎切成 1mm^3。超薄切片制作与观察：分别将上述材料立即投入用 0.1mol/L 磷酸缓冲液配制的 2.5%戊二醛液（pH 7.2）在 4℃下固定 2～8h，用上述缓冲液洗 4 次，每次 15min；再放入该缓冲液配制的 1%锇酸中，4℃下固定 2h，再用缓冲液洗 4 次，每次 15min，经各级丙酮系列脱水，每次 30min，Epon812 包埋，在 37℃—45℃—60℃聚合 72h。包埋块用 LKB 超薄切片机切片，厚度为 500Å，切片用乙酸铀和柠檬酸铅双重染色。在 H-800 型透射电子显微镜下观察并照相。石蜡切片制作与观察：为了使电子显微镜观察的材料组织正确定位，同时将上述各观察材料用 FAA 固定，常规石蜡切片，片厚 8μm，番红、固绿二重染色，加拿大树胶封片（郑国锠，1978），光学显微镜作一般组织观察。扫描电子显微镜制样与观察：天麻种子直接用双面胶带粘于铜台上，IB-3 型离子溅射仪表面喷涂。S-450 扫描电子显微镜下观察并照相。

第一节 天麻种子消化紫萁小菇及块茎消化蜜环菌的超微结构观察

本节用超薄切片技术及电子显微镜，对天麻种胚消化紫萁小菇及营养繁殖茎消化蜜环菌过程中细胞超微结构的变化进行研究，为系统解释天麻生长发育规律及阐明天麻生活史提供参考（郭顺星和徐锦堂，1990）。

一、紫萁小菇侵染天麻种胚和原球茎的细胞变化

(一)种胚染菌前后的细胞结构特点

用光学显微镜和电子显微镜对未染菌的种子进行观察，可看到组织分化不明显的原胚细胞中，细胞质较浓，分布有淀粉粒；核明显，其余细胞器，如线粒体、内质网较少而小。对种子进行萌发试验证实，无外源营养供给时，胚细胞中的储藏物质远不能满足其萌发的需要。种子伴菌培养后，紫萁小菇菌丝由天麻胚柄细胞侵入胚体，侵入初期菌丝在胚柄上部 2～3 层的胚细胞中分布。随着胚的发育，菌丝分别向胚体的两侧侵染，种子萌发至原球茎时，纵切面可看到有菌丝侵染的细胞在原球茎基部呈“V”形分布。电子显微镜观察发现，凡被紫萁小菇菌丝侵染的种胚和原球茎细胞，其原生质及细胞器逐渐消失而出现许多无定形的囊状体，在种胚萌发至原球茎阶段主要靠这种囊状体对紫萁小菇菌丝进行包围和消化。

(二)菌丝被消化过程中的形态变化

存在于胚细胞中的紫萁小菇菌丝主要有以下几种变化。①菌丝被胚细胞产生的囊状体消化而处于脱壁状态，试验观察可明显看到既有正在被囊状体包围处于脱壁状态的菌丝，也有脱壁后的菌丝仅剩质膜包裹或去壁后被消化成碎段的原生质团。菌丝是否处于脱壁状态，根据这些菌丝变化与正常菌丝的结构相比较，很容易对此进行区分。菌丝脱下的细胞壁可附着在囊状体的一侧或周围，也可游离存在被胚细胞进一步消化。②有些菌丝并无上述脱壁现象，在被消化前，其细胞质就逐渐消失变为空腔的菌丝。这种空腔菌丝观察时很容易与上述胚或原球茎细胞产生的囊状体混淆，但二者的形态与结构完全不同，囊状体的形态、大小差别较大，多为中空的囊状；而变为空腔的菌丝仍保持原菌丝的大小，其细胞壁与质膜可见，且有的腔中仍保留变性的核或少量原生质。中空的菌丝表现为失去活性即将崩解，最终被胚细胞彻底消化。③同未侵染天麻种胚的正常紫萁小菇菌丝相比，存在于胚细胞中的有些菌丝内外壁被消化，仅剩质膜包裹的细胞质团。去壁后的菌丝松弛变大失去原有的细胞形态。失去细胞壁的菌丝，其细胞质的组成无大的改变，有的细胞核、内质网、线粒体等细胞器存在，内部结构较完整，这些细胞质团最后逐渐被分解成原生质碎段作为种子萌发及原球茎生长的营养物质。

从上述观察结果可以看出，天麻种胚消化紫萁小菇的过程比较复杂，它不是以一种规范的方式进行。胚细胞消化紫萁小菇获得营养，其上部的分生细胞迅速分裂，胚体膨大，此时胚体的大型细胞进一步分化，染菌的胚或原球茎细胞消化的菌丝产物进入邻近的大型细胞被彻底分解利用，其消化方式同营养繁殖茎大型细胞消化蜜环菌类同。

二、蜜环菌侵染天麻营养繁殖茎后的细胞变化

原球茎顶端分生的细胞分裂，分化出营养繁殖茎，此时紫萁小菇已不能满足天麻继续生长的需要，必须同化侵入的蜜环菌获得营养。蜜环菌侵染营养繁殖茎的概率大于侵染原球茎的概率，蜜环菌侵入后逐渐取代了紫萁小菇供给天麻营养的作用，完成了两种菌营养关系的交替(徐锦堂和牟春，1990)。

(一)蜜环菌的侵染

蜜环菌以菌索形态突破天麻营养繁殖茎的表皮和皮层的一些细胞,直达皮层最内或大型细胞外的一层,此时菌索鞘被溶解,菌丝在该层细胞中侵染形成具有一定方向性菌丝流的细胞层,其菌丝周围的皮层细胞质消失,出现菌丝与皮层细胞质间隔的空腔。其原因是由于菌丝侵入后吸收所致,还是天麻细胞原生质对菌丝入侵的一种反应形式,仍待进一步研究。菌丝由菌丝流细胞层向外皮层的外面细胞侵染,形成1～2层具有菌丝结的细胞层,在这些细胞中的蜜环菌丝周围未见到皮层细胞质消失现象。

(二)天麻皮层细胞对蜜环菌侵染的反应

蜜环菌侵入后,染菌的天麻营养繁殖茎皮层细胞器逐渐消失,早期还可看到核变成多角状,核仁消失,整个核趋于崩解状态,核周围的细胞质中分布着不同形态的蜜环菌丝。侵入后期有些皮层细胞的原生质、细胞器全部消失。由于侵入的时期不同,在具有菌丝结的皮层细胞中可观察到不同的现象,有些皮层细胞的原生质及细胞器存在,且结构完整,细胞进行着正常的代谢活动,这同对其他兰科植物菌根细胞变化的观察结果一致(Flentje et al.,1963;Hadley,1982)。

在细胞质未消失的皮层细胞中,菌丝周围分布有许多皮层细胞产生的颗粒状结构,这些颗粒由一层单位膜所包绕,内部由均匀的细微颗粒组成。菌丝周围的不同类型颗粒可能代表着溶酶体的不同分化时期(郑国锠,1980;刘成运等,1983),在皮层细胞原生质、细胞器未消失时,主要靠这些水解酶类消化入侵的蜜环菌丝。在细胞器消失或液泡化的皮层细胞中,细胞产生囊状体或片层结构包围入侵的蜜环菌,最终菌丝被分解。上述消化蜜环菌的方式在营养繁殖茎染菌的皮层细胞中均可观察到。

(三)皮层细胞中的蜜环菌菌丝变化

存在于天麻皮层细胞中的蜜环菌菌丝形态变化较大,有的菌丝被皮层细胞原生质包裹,其细胞壁明显加厚,有些菌丝呈扁平状,或特化成分枝状。放大观察,这些特化的菌丝腔狭窄,内部仅留少量的细胞质,无细胞器存在。Hadley(1975)对 *Dactlorhiza purpurella* 原球茎感染菌细胞的观察中也发现了真菌菌丝变形或特化现象。一般认为,这种现象是菌丝失去活力处于解体过程中的一种表现形式。

蜜环菌在皮层细胞中虽然处在不断被消化的环境中,但有些菌丝仍具生命力。从已失去外壁的菌丝细胞观察,细胞内含物完整,可清晰地看到各种细胞器存在,如核、大型线粒体、内质网等。观察可见入侵的蜜环菌细胞核处于分裂期的特征。这种现象在胚或原球茎细胞中存在的紫萁小菇中也有发现,表明不论是胚细胞中的紫萁小菇菌丝,还是营养繁殖茎皮层细胞中的蜜环菌丝,除作为营养来源不断被天麻消化吸收外,仍有部分继续保持生长繁殖能力,菌丝的营养主要来自外部的基质,也可部分从天麻细胞中获得。

(四)消化产物的运输

蜜环菌菌丝被消化的产物,如菌丝细胞质团或脱壁菌丝可向大型细胞及邻近的皮层细胞穿壁运输,被穿越的细胞壁多形成乳状突起,已分解的菌丝由此通过。乳突在天麻属其他种的染菌皮层中也普遍存在(Burgeff,1959;Campbell,1963;1964)。在天麻营养繁殖茎消化蜜环菌的过程中,菌丝从染菌细胞向邻近皮层细胞穿越,除正常菌丝外,也可以是被分解的菌丝碎片,或脱壁的菌丝，其中有些具完整的桶状隔膜；但向大型细胞穿壁运输，多是已被消化的菌丝残体，其通过壁上的乳突进入后，被大型细胞彻底消化吸收。

（五）营养繁殖茎染菌后大型细胞的变化

在蜜环菌侵入营养繁殖茎皮层细胞的刺激下，大型细胞内质网增多，槽库膨大，分泌出许多具有水解酶功能的小泡或颗粒对进入的蜜环菌细胞残体进一步消化，或被液泡吞噬分解。大型细胞有双核和一核多仁现象，某些大型细胞中还可观察到多瓣深裂的核，为老核崩解后产生的更新核。另外还可发现大型细胞的造粉质体膜破裂释放出内含的淀粉粒，游离的淀粉粒被逐渐水解，其水解产物进入代谢途径，作为该类细胞所需要的新能源。蜜环菌未侵入营养繁殖茎前，大型细胞造粉体无这种变化，并且核正常。进一步观察还发现，蜜环菌侵入皮层细胞后，大型细胞的线粒体增加，脊数增多。大型细胞的上述变化与蜜环菌侵入营养繁殖茎后该类细胞的旺盛代谢功能相适应（刘成运，1981）。

三、天麻与真菌共生机制的探讨

（1）Williamson（1970）对兰科植物中绿色兰菌根的研究发现，真菌菌丝侵入植物根部的皮层细胞后常缠绕形成菌丝结，其中菌丝常被寄主细胞质紧紧包围。后来的研究发现（Hadley et al.，1971；Hadley，1972；Hadley and Ong，1978），入侵菌丝的细胞壁在皮层细胞中明显加厚，并有囊状结构附着，认为囊状体起源于寄主细胞的膜层结构，且进一步证实其上可能有消化真菌的酶类存在（Nieuwdrop，1972）。近年来，对蜜环菌侵染天麻后皮层细胞变化的研究中也发现有囊状结构起消化菌丝的作用（董兆彬和张维经，1986）。有学者将这种作用归于起源于皮层细胞内质网分泌形成的小液泡或溶酶体（刘成运等，1983）。究竟是囊状体还是溶酶体起消化蜜环菌的作用，从本试验所选材料观察，蜜环菌侵染后，皮层细胞质未消失时，消化菌丝多靠皮层细胞溶酶体系。随着蜜环菌侵染后取材时期、部位的不同，可观察到有些皮层细胞消失，其内大部分被形状不同的菌丝充满，此时可明显看到，消化菌丝主要由游离的囊状体来完成。这两种现象在营养繁殖茎皮层的染菌细胞中均可观察到。

（2）据报道，侵染天麻营养繁殖茎的蜜环菌，在天麻皮层细胞中表现为无生命力或生命力极弱（刘成运等，1983；董兆彬和张维经，1986）。从本试验取材于原球茎分化的营养繁殖茎的超薄切片观察，无论天麻皮层细胞质及细胞器存在或消失、蜜环菌丝细胞壁加厚还是脱壁，有些入侵菌丝细胞仍保持原有内含物，各种细胞器可见，有的菌丝细胞核处于分裂状态。表明虽然蜜环菌菌丝作为天麻生长的营养来源处于不断被消化中，但有一部分菌丝仍保持自身正常的代谢活动，以适应继续侵染，用常规菌种分离技术能从营养繁殖茎皮层中分离到纯蜜环菌种，进一步证实了这一观察结果。

（3）从紫萁小菇和蜜环菌先后对天麻种胚及营养繁殖茎侵染的电子显微镜观察分析，二者的功能相同，即均可提供天麻生长的营养物质，但侵染后在天麻细胞中菌丝的变化有一定差异。胚细胞中的紫萁小菇菌丝形态变化较小，有些菌丝细胞质消失仅剩细胞壁和质膜存在的空腔；而蜜环菌则与此不同。关于胚细胞中的紫萁小菇菌丝细胞质消失的原因，一种可能是菌丝侵入种胚后受其影响而产生某些自溶性酶，使自体细胞质分解；另一种可能是胚细胞对菌丝主动消化的结果。根据试验结果分析，前者的解释较为合理。

（4）天麻细胞对入侵菌丝的消化是一个复杂的过程，目前的研究结果仍未能对此作出完善解释。因为天麻对真菌的同化不仅表现在天麻与真菌细胞结构的变化上，而且涉及在相互作用过程中二者所产生物质的化学性质上。在天麻生活史上，从有性繁殖到无性繁殖，需要不同的真菌侵染提供营养，这无疑使天麻细胞按特定顺序产生某些特定种类的物质，如酶等，而这些酶只有在与相应底物，即各种真菌及其产物接触后才能显示其活性，这是天麻长期进化的结果。由于天麻细胞代谢活动的变化可以在真菌侵入过程中以各种不同方式反应在结构上，因此，进一步对两者相互关系中最初阶段的细胞化学和细胞学进行研究，从遗传学或分子生物学等方面揭示其相互识别和适应的机制是很有意义的。

第二节　天麻种子萌发与石斛小菇的相互作用

天麻与石斛小菇之间相互作用的一般特征类似于本章第一节紫萁小菇与天麻种胚菌根关系的描述，但石斛小菇除从胚柄端柄状细胞侵入原胚外，还可直接穿过近胚柄端其他原胚细胞的细胞壁侵入。前者可能与柄状细胞外围的胚柄细胞残迹有关，这一多糖类物质有利于菌丝的侵入（徐锦堂，1993），后者的机制尚不清楚。Rasmussen（1990）在研究 *Dactylorhiza majalls* 种子共生萌发时发现，该种子胚柄端退化的胚柄细胞（柄状细胞）仅具细胞形态，无细胞活性，有丹宁类物质存在，菌丝在此的侵染受到抑制，不形成菌丝结，也不进一步向胚内扩展，而是改由从原球茎表皮细胞形成的根毛侵入胚中。Dixon 等（1990）在腐生兰 *Rhizanthella gardneri* 中也观察到菌丝的侵染是从根毛处发生的，但没有进一步的说明。石斛小菇菌丝可从柄状细胞向相邻的外皮层菌丝结细胞扩展，天麻原球茎也不形成根毛，显然在侵入方式上不同于上述两个兰花种。因此，有关真菌的侵入机制值得进一步研究。

Burgeff（1959）指出，菌丝在原球茎细胞中的定植导致淀粉的分解。笔者的研究结果也表明，在原球茎细胞中，随着菌丝的定植，细胞内的淀粉粒呈现一种由小变大、由出现到渐被分解消失的过程，这一现象主要发生在原球茎的内、外皮层细胞中，在储藏细胞中则始终有大的淀粉粒存在。Rasmussen（1990）和 Richardson 等（1992）在研究 *Dactylorhiza majalis* 及 *Platanthera hyperborea* 与真菌共生萌发形成原球茎过程中多糖、蛋白质、淀粉粒的变化时也得出同样的结论，并发现淀粉粒的积累是在胚内蛋白质颗粒在大多数细胞中消失以后发生的，认为真菌可能触发一些导致原球茎细胞内储存物质迅速分解的化学物质的产生。菌丝定植后，原球茎细胞核常膨大，从遗传学上来讲，核物质的增多可能与原球茎细胞对真菌的调节和利用有关。

在被共生真菌定植的原球茎细胞中，最显著的现象之一是皮层细胞中的菌丝水解。在这些细胞中，菌丝被一些电子透明物质和原球茎细胞质膜包围而与原球茎细胞质隔离开来。有关这一界面在两共生物间物质交换中的作用仅有少量资料。已知有少数物质，包括糖类和磷酸盐可能通过真菌转运到兰根和原球茎中（Arditti et al.，1990）。Peterson 和 Currah（1990）证实包围菌丝及衰败菌丝的电子透明质对吖啶黄素-HCl 有强烈的反应，可与棉兰形成正反应的物质层，说明这些电子透明物质是胼胝质（愈创葡聚糖），认为它们的出现可能是为了隔离正在消化的菌丝的一种创伤反应。Williamson（1973）发现酸性磷酸酶在这一界面上高度集中，笔者利用酶定位在超微结构水平上的研究也观察到了同样现象。显然，两共生物间物质的转运确实发生在这个界面上，也正是由于该界面的存在，原球茎细胞才能在包含有正在消化的菌丝和衰败菌丝的同时又能保持其自身的完整性，并可被新的、具旺盛活力的菌丝再次定植。

菌丝侵入皮层细胞后，尤其在内皮层消化细胞中，菌丝的细胞壁显著加厚。这些加厚壁是共生体相互作用的产物，可能是原球茎细胞质膜、内质网和高尔基体等分泌的物质在菌丝细胞壁上的沉积(Hadley，1975)。这类菌丝的细胞质逐渐减少和消失，细胞扁化，细胞壁也渐被分解，显然真菌细胞壁的加厚标志着菌丝衰亡的开始。

新定植于皮层细胞的菌丝，没有加厚的细胞壁，细胞质丰富，保持菌丝的正常结构和功能，说明真菌初侵入原球茎细胞时仍具有生命力，也是真菌在植物细胞内进一步扩展所需要的原球茎皮层细胞中出现的空腔状结构，是由原球茎细胞质膜形成的，其内部原来被包围的菌丝已被完全消化，或菌丝自身液泡化，失去原生质而成为空腔。

王贺和徐锦堂(1993a)在研究天麻-紫箕小菇共生体时曾指出，原球茎内皮层消化细胞可通过溶酶体小泡主动释放水解酶消化侵入的菌丝，而外皮层菌丝结细胞的作用可能是吸引和控制菌丝。笔者在内皮层细胞中的菌丝周围观察到大量的线粒体和内质网，而在具发育良好的菌丝结的外皮层细胞中没有这种现象，这说明内皮层细胞中有旺盛的代谢活动，菌丝在此被消化。同时注意到，在将被菌丝定植的外层细胞内可观察到许多内质网和线粒体沿细胞壁分布。而在另外两个新种与天麻共生体中还发现新近被菌丝定植的、尚无良好发育的菌丝结的外皮层细胞内有大量线粒体和内质网，说明侵入的菌丝在此也可以部分地被消化。

石斛小菇-天麻原球茎共生体中，近胚柄端的部分细胞中出现电子致密的囊状结构，可能与真菌侵入胚细胞有关，但在其他真菌-天麻共生体中未观察到此现象，也未见到类似的报道，有待进一步研究。

原球茎内皮层细胞中衰败菌丝的残余细胞壁以两种状态存在，这一现象在过去从未观察到，它可能代表着菌丝最终被消化的不同方式和阶段，或菌丝完全被消化成碎段，或聚集的衰败菌丝团被原球茎细胞质膜环绕，并保留在细胞中。

第三节　天麻种子消化兰小菇的亚细胞结构观察

天麻种子仅有种皮和原胚，胚柄端具柄状细胞，外包一层胶状非细胞结构物质，是退化了的胚柄细胞。真菌菌丝从柄状细胞入侵胚内，进一步扩展侵入皮层细胞，在皮层细胞内形成菌丝结，同时胚的分生组织细胞开始分裂生长，原球茎开始发育，原胚细胞开始分化，在表皮细胞和皮层细胞间分化出 1～2 层细胞较小的外皮层，侵入胚细胞内的菌丝沿着这层细胞不断向原球茎顶端侵染，但在随后的原球茎生长中菌丝在这层细胞中的分布被限制在基部细胞中，不再继续向上侵染。向内与外皮层相邻的内皮层，细胞较大，具有或不具有淀粉粒，菌丝从柄状细胞和外皮层侵入这些细胞中。沿原球茎中轴分化出储藏细胞和维管束细胞，均无菌丝分布，前者细胞较大，含大量的淀粉粒，淀粉粒常围绕着膨大的核分布。

菌丝在原球茎中主要分布于柄状细胞、外皮层细胞和内皮层细胞，光学显微镜下观察，菌丝在柄状细胞内不形成线圈状的菌丝结，电子显微镜下显示菌丝充满柄状细胞，完整而有活力，具少量液泡，线粒体、脂滴、桶孔隔膜明显，少数菌丝液泡化或失去原生质成为空腔，菌丝被原球茎细胞质膜包围，菌丝细胞壁不加厚。外皮层细胞内的菌丝常形成菌丝结，因而这层细胞又称为菌丝结细胞。定植于这层细胞的菌丝内含物丰富，具少量液泡、大量线粒体和明显的桶孔隔膜，每个菌丝都被电子透明物质包围，外围是原球茎细胞质膜，部分菌丝液泡化或失去原生质成为空腔，细胞壁加厚或不加厚。菌丝穿过原球茎细胞壁时原球茎细胞壁首先形成突起，菌丝壁几乎没有机械变形，有时呈狭窄环状，进入另一细胞的菌丝顶端迅速膨大，包围菌丝的质膜与原球茎细胞质是连续的。在具良好发育菌丝结的外皮层细胞中缺乏淀粉粒，菌丝几乎充满整个细胞，原球茎的细胞核则随着菌丝的侵入而膨大，有的分裂为二，最终随着菌丝在细胞内的扩展而崩解消失，在初被菌丝定植的外皮层菌丝结细胞中观察到线粒体和内质网。原球茎内皮层细胞是菌丝被消化的主要场所，又称为消化细胞，菌丝在此同样被电子透明物质和原球茎细胞质膜包围。侵入到该层细胞内的菌丝迅速膨大，菌丝的完整性被破坏，细胞质和细胞器全部释入到原球茎细胞中，细胞衰败、扁化，残余的细胞壁逐渐被分解或集中在一起被电子透明物质和原球茎细胞质膜包围，形成衰败菌丝或衰败菌丝团块。含有衰败菌丝的细胞可被菌丝重新定植，新的菌丝又再被消化，这一侵染、消化过程在原球茎的生长发育过程中可不断重复发生。新近定植于内皮层细胞的菌丝同样具少量液泡、大量线粒体和明显的桶孔隔膜，菌丝周围分布有大量的线粒体和内质网，衰败菌丝周围除线粒体和内质网外，还有大量单层膜小囊泡。染菌内皮层细胞具有大量的线粒体和内质网，少量淀粉粒，细胞核膨大变形，核周围分布有脂滴和高尔基体。原球茎细胞内菌丝的细胞壁常由两层组成，内层较薄，电子较密；外层较厚。

第四节　天麻种子消化兰小菇萌发过程中酸性磷酸酶的定位

本章第三节对天麻种子与兰小菇相互作用过程中的显微、超微结构变化的研究表明，真菌菌丝在天麻原球茎细胞中被消化，剩下空瘪的细胞壁或衰败的菌丝团块。但仅从形态学的观察来推断植物细胞对真菌的消化，证据是不充分的，因为在饥饿状态下真菌细胞本身能释放水解酶而自溶，兰科菌根真菌在植物细胞内则可能受到营养胁迫而发生自溶。因此，笔者对天麻-兰小菇共生萌发形成原球茎的过程进行了酸性磷酸酶的超微细胞化学定位，以期为进一步阐明二者之间的相互作用机制提供参考和依据。

一、天麻种子有菌萌发的酸性磷酸酶定位方法

1. 固定及酶反应

培养至 20 天时，选取直径 0.3mm 近球形天麻染菌原球茎，用 50mmol/L 二甲砷酸钠缓冲液（pH 7.2）配制的 2.5%戊二醛和 4%甲醛混合液于室温（22℃）下固定 2h。固定完成后，先用二甲砷酸钠缓冲液冲洗 2 次，再用 50mmol/L Tris-顺丁烯二酸缓冲液（pH 5.2）冲洗 2 次，每次 30min。然后将材料转移到酶反应液中，酶反应液的组成是：50mmol/L 的 Tris-顺丁烯二酸缓冲液（pH 5.2）中含β-甘油磷酸钠 8mmol/L，硝酸铅 24mmol/L，在 22℃恒温条件下培育 2h。对照处理：①反应液中不加β-甘油磷酸钠；②反应液中加入 10mmol/L 氟化钠抑制剂。

2. 超薄切片制作与观察

酶反应结束后，用二甲砷酸钠缓冲液洗 3 次，每次 30min。再用该缓冲液配制的 2%锇酸固定液，4℃下固定过夜。用重蒸水洗涤 3 次，每次 1h。丙酮系列脱水，Epon812 包埋。LKB 型超薄切片机切片，厚度 500Å。不经染色直接在 H-800 型电子显微镜下观察并照相。

二、天麻菌丝结细胞内的酸性磷酸酶定位

天麻种子与兰小菇共生萌发形成原球茎后，原球茎分化出外皮层、内皮层、储藏细胞和维

管束。真菌菌丝主要分布于外皮层和内皮层的细胞中。菌丝在外皮层细胞中常形成菌丝结，这层细胞又称为菌丝结细胞；菌丝在内皮层细胞中常被消化，内皮层细胞又称为消化细胞。酶定位观察结果表明，酸性磷酸酶在菌丝结细胞和消化细胞中均有分布。在对照处理的切片中无酶反应产物。

新近定植地菌丝结细胞内的菌丝内部没有酸性磷酸酶活性，仅在包围它的原球茎细胞质膜上有少量的酶沉淀。后期菌丝内部的细胞质膜和液泡膜上出现酶反应产物，包围菌丝的原球茎细胞质膜显示强烈的酶反应。厚壁空腔状的菌丝初期仅在菌丝的细胞质膜和环绕该菌丝的原球茎细胞质膜上有大量的酶沉淀，后期随着菌丝的进一步衰败，加厚的菌丝细胞壁上也出现大量的酶反应产物。扁化菌丝的原生质已全部失去，在其内部有少量的酶反应产物，环绕它的原球茎细胞质膜上有强烈的酶反应。菌丝穿越细胞壁时，在菌丝与细胞壁接触处未观察到酶反应产物，细胞壁的另一端形成突起。菌丝结细胞的质膜和液泡膜上有强烈的酶反应。

三、天麻消化细胞内的酸性磷酸酶定位

菌丝进入消化细胞后，菌丝外围出现大量的酶颗粒，菌丝内部也出现少量的酶反应产物，有的菌丝已被消化成极小的碎段，被大量的酶反应产物包围。在衰败的菌丝周围还观察到一些单层膜的含酶小泡，酶颗粒沿其膜内侧分布或充满整个小泡，它们可与包围衰败菌丝团块的原球茎细胞质膜融合，这些质膜上也有强烈的酶反应。酶反应产物在已失去细胞壁原有形态的衰败菌丝团块内广泛分布，在非菌丝细胞壁的透明区域中常无酶反应。天麻原球茎消化细胞的质膜、液泡膜、细胞核上均有强烈的酶反应。当菌丝沿细胞分布并被消化时，周围常出现大量膜系统，表现显著的酶反应，原球茎细胞壁形成突起，酶颗粒此时在细胞壁上有少量的扩散性分布。

四、酸性磷酸酶在天麻种胚细胞消化兰小菇过程中的作用机制探讨

酸性磷酸酶在菌丝结细胞的质膜、液泡膜及包围菌丝的原球茎细胞质膜上有较强烈的酶反应，这与 Williamson 对 *Dactylorhiza purpurella* 和 *Thanaaatephorus cucumeris* 共生原球茎的研究结果一致，说明菌丝结细胞参与了对菌丝的消化，证实了过去在共生原球茎形态学研究中的推测，即菌丝结细胞具有消化菌丝的作用（Nieuwdrop，1972；郭顺星和徐锦堂，1990），但与消化细胞相比，这种消化作用可能相对较弱。刘成运等对天麻消化蜜环菌的酸性磷酸酶超微结构定位研究表明，菌丝结细胞也消化入侵的真菌菌丝，并指出认为皮层细胞（菌丝结细胞）只是单纯地被侵染蜜环菌所消化，而大型细胞是“唯一的消化细胞”的观点是值得商榷的。菌丝结细胞中，酸性磷酸酶在菌丝、质膜、液泡膜上有显著的酶反应产物，表明菌丝细胞本身可分泌水解酶而自溶。王贺和徐锦堂（1993a；1993b）在天麻消化紫萁小菇和蜜环菌的酸性磷酸酶定位研究中观察到菌丝原生质内部也有大量扩散性分布的酶反应产物，而这些菌丝在外围没有观察到酶反应沉淀物，推断菌丝结细胞不能释入水解酶，没有消化菌丝的功能，它的作用是吸引和控制菌丝，菌丝的衰败纯粹是一种自身的自溶，这不同于笔者的结论——菌丝结细胞也具有一定消化菌丝的作用。原因可能是显微细胞化学水平的酶定位掩盖了一些现象，这有待于更多的资料来进一步证实。

Hadley（1971）曾推断，兰科植物与菌根真菌之间的物质交换一定发生在二者相互接触的界面上。这个界面包括包围菌丝的植物细胞质膜、菌丝加厚的壁、菌丝原来的细胞壁和菌丝质膜。

酸性磷酸酶在这个界面上有显著的酶反应，说明该界面确实参与了二者的物质交换，因为酸性磷酸酶作为一类专一性较低的水解酶，可参与多种大分子的降解活动，利于营养物质的运输。

刘成运等(1983)观察到菌丝在穿越细胞壁时菌丝周围没有细胞外磷酸酶活性，认为菌丝的入侵与根瘤菌穿越豆科植物根部皮层组织细胞壁时一样，是依靠菌体产生的膨压来实现的。笔者在将要穿壁的菌丝与植物细胞壁接触处也未观察到酶反应产物，尽管该菌丝已近衰败，但仍能说明兰小菇在天麻菌丝结细胞中可能不释放细胞外酸性水解酶，这也说明菌丝加厚细胞壁上的酶反应颗粒可能来源于菌丝结细胞而非菌丝本身。

天麻消化细胞消化紫萁小菇和蜜环菌的酸性磷酸酶定位研究(刘成运等，1983；王贺和徐锦堂，1993a；1993b)均表明消化细胞内可形成大量的含酶小泡，这些含酶小泡可相互合并形成消化泡包围菌丝将菌丝消化。这些小泡均来自于植物细胞，刘成运等(1983)认为它们是由内质网的槽库膨大和相互包绕产生的。笔者在衰败菌丝周围观察到类似的单层膜小泡，它们可相互愈合或与包围菌丝的原球茎细胞质膜融合，释入酶类，参与消化作用，而在菌丝内部仅有少量的酶沉淀。显然，消化菌丝的水解酶主要来自原球茎的消化细胞。

衰败菌丝团块中的大量酶反应产物表明这些菌丝细胞壁残屑仍在进一步被消化。其中某些无酶反应的非细胞壁透明区域与在超微结构研究中观察的电子透明区域相吻合，可能是一些胼胝质。原球茎消化细胞质膜、细胞核及液泡膜上强烈的酶反应证实在消化细胞中进行着旺盛的代谢活动，这与在结构研究中观察到的线粒体、内质网增多，核膨大、变形等是密切相关的，都是消化菌丝、吸收养分的需要。当菌丝沿原球茎细胞壁分布并被消化时，膜系统的聚集、细胞壁的突起及大量酶沉淀的出现，可能都与对菌丝的消化有关。

第五节　天麻种子接菌萌发的转录组研究

近年来，高通量转录组测序分析已经成为发掘与克隆新基因和基因功能研究的最重要方法之一。但目前为止，只有少数模式植物测定了基因组序列，如双子叶植物拟南芥和单子叶植物水稻、绝大多数被子植物还没有进行全基因组序列测定。通过对药用植物不同组织、不同生长时期、不同状态的转录组测序研究，可以有效发掘和鉴定次生代谢产物生物合成酶的编码基因及其代谢调控相关的基因。下一代测序技术的不断发展是对一代测序方法的一次变革，取代传统通过构建文库获得表达序列标签的繁琐过程，可以在较短时间内完成海量数据的获取，并且有配套的商业化数据处理软件提供数据的读取和处理。这项技术对药用植物功能基因组的研究具有极其重要的意义。

本研究所用天麻种子采自陕西省略阳县，萌发菌石斛小菇由本研究室提供。共生萌发试验采用“树叶菌床法”，室温下暗培养 2 周后显微观察。参考兰科植物种子萌发分级标准，将天麻种子萌发过程分为 0～5 级共 6 个级别。其中天麻成熟的种子为 0 级，天麻种胚吸水膨大呈球状为 1 级，种胚明显膨大且种皮破裂为 2 级，胚发育至出现原生分生组织为 3 级，分化发生第一片叶为 4 级，第一片叶伸长为 5 级。5 级是兰科植物种子萌发的最高级别，此时的幼苗基本完成形态建成，有可能最终发育为完整的个体。通过对天麻种子接菌共生萌发早期原球茎(1～3 级)的观察发现，在被菌丝侵染的种子内部有部分菌丝开始被消解，出现中空状态，菌丝细胞壁变形、扭曲、碎片化，说明天麻产生了大量的酶类作用于菌丝体，当然也有部分菌丝呈现正常状态。通过对种子萌发至 3 级原球茎的观察可见，侵入天麻种子的石斛小菇菌丝开始空心，细胞壁开始破裂溶解。

笔者分别对未萌发的成熟种子(0 级，MS)、菌叶上的石斛小菇纯菌丝(SF)、接菌萌发后的早期原球茎(1～3 级，EP)及晚期原球茎(4 级、5 级，LP)进行转录组测序，采用 Hiseq 2000 RNA-Seq 测序平台，所有样品测序错误率均在 1%以下。通过序列对比及功能注释，研究天麻种子接菌萌发过程中的特异性基因表达谱。发现可能参与影响天麻种子萌发相关酶的基因，探讨天麻种子接菌萌发的分子机制，结合 qPCR 等方法从中筛选候选基因。

经过测序结果软件拼接后，从4个样品测序得到transcript共计213 109条，总长为278 154 004bp，得到较长 transcript 较多，其中 1000～2000bp 得到 47 841 条，＞2000bp 得到 47 309 条。最长 transcript 为 17 044bp，N50 长度为 2244bp。确定最长的一条转录本为基因的 unigene，共得到 108 675 条 unigene，总长 86 081 380bp。得到较长 unigene 较多，其中 1000～2000bp 得到 14 606 条，＞2000bp 得到 10 107 条。最长 unigene 为 17 044bp，N50 长度为 1482bp。由此可见，数据拼接效果较好，可以用于后期基因注释及功能分析。

利用 BlastX 程序，将所有的 unigene 序列与 Nr、Nt、Swiss-Prot、KO、PFAM、GO 和 KEGG 这 7 个公共数据库进行同源性比对。共提交了 108 675 条 unigene 进行比对，38.88%(共计 42 263 条)的 unigene 得到了注释。有 36 372 条(占总体 unigene 的 33.46%)unigene 在 Nr 数据库中获得了注释，有 7609 条(占总体 unigene 的 7%)unigene 在 Nt 数据库中获得了注释，有 9908 条(占总体 unigene 的 9.11%)unigene 在 KO 数据库中获得了注释，有 22 550 条(占总体 unigene 的 20.74%)unigene 在 Swiss-Prot 数据库中获得了注释，有 28 320 条(占总体 unigene 的 26.05%)unigene 在 PFAM 数据库中获得了注释，有 30 184 条(占总体 unigene 的 27.77%)unigene 在 GO 数据库中获得了注释，有 14 397 条 unigene (占总体 unigene 的 13.24%)在 KOG 数据库中获得了注释。

通过分析结果可以看出，仅由于缺乏相应的天麻基因组数据，大部分 unigene 没有得到很好的注释，总体仅注释成功了 38.88%(共计 42 263 条)，也就是说大部分 unigene 没有详细的注释信息。当然，这部分基因是否有重要的新基因作用于天麻种子萌发过程中，还需要后续的深入研究。此后的数据分析均基于已有注释的基因。

Gene Othology(GO)是对基因进行功能分类和归纳的一种概括。它通过特定基因和基因家族在生物学上的功能与意义，将繁杂的基因功能和生物学意义归纳成简洁、可识别度高的概括性描述。这样不仅简化了大规模基因注释过分复杂的弊端，同时对于特定的基因群，可以通过上一级的描述来了解其主要的生物学功能。GO 分类的不断发展使基因的生物学注释不断完善，三大分类体系在解决繁杂生物学注释信息过程中起到了重要作用。

对基因进行 GO 注释之后，将注释成功的基因按照 GO 三个大类[生物学过程(biological process，BP)、细胞成分(cellular component，CC)、分子功能(molecular function，MF)]的下一层级进行分类，分类结果见图 28-1。横坐标为 GO 三个大类的下一层级的 GO term，纵坐标为注释到该 term 下(包括该 term 的子 term)的基因个数，以及其个数占被注释上的基因总数的比例。3 种不同分类表示 GO term 的三种基本分类(从左往右依次为生物学过程、细胞成分、分子功能)，根据图 28-1 所示，共有 30 184 条 unigene 注释到了 55 个 GO term 中，其中，在 BP 中，有最多的 unigene 被注释到“cellular process”和“metabolic process”；在 CC 中，大部分的 unigene 被注释到“cell”和“cell part”内；在 MF 中，“binding”和“catalytic activity”分布着最多的 unigene。

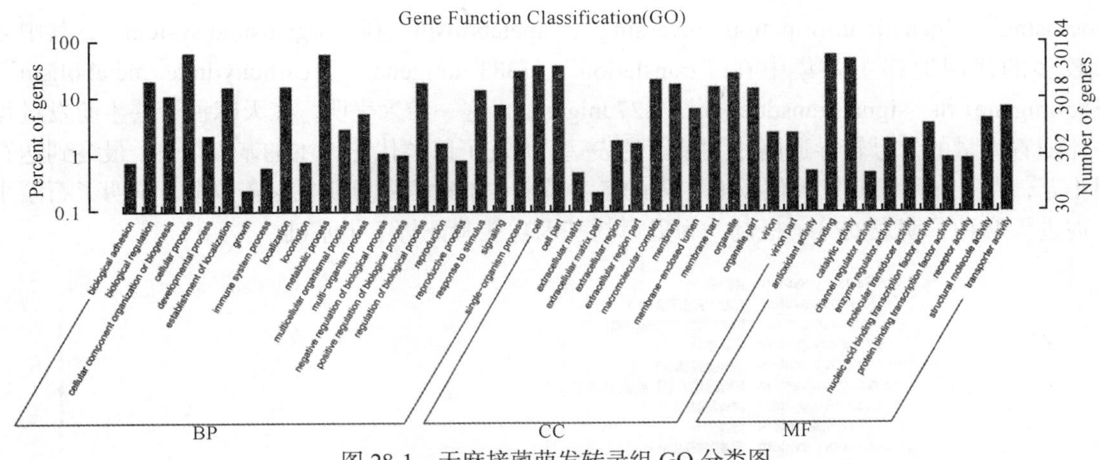

图 28-1　天麻接菌萌发转录组 GO 分类图

KOG 分为 26 个 group，将 KOG 注释成功的基因按 KOG 的 group 进行分类，结果见图 28-2。结果显示，共有 14 397 条 unigene 被注释到 KOG 的 26 个 group 之中，其中 unigene 分布最多的有“(R) General Functional Prediction Only”，共有 2486 条 unigene；“(G) Carbohydrate metabolism and transport”共有 590 条 unigene；“(V) Defense mechanisms”共有 121 条 unigene。这些结果都表明，在天麻种子接菌萌发过程中，碳代谢相关基因和防御机制相关基因的表达都达到了一个高峰。

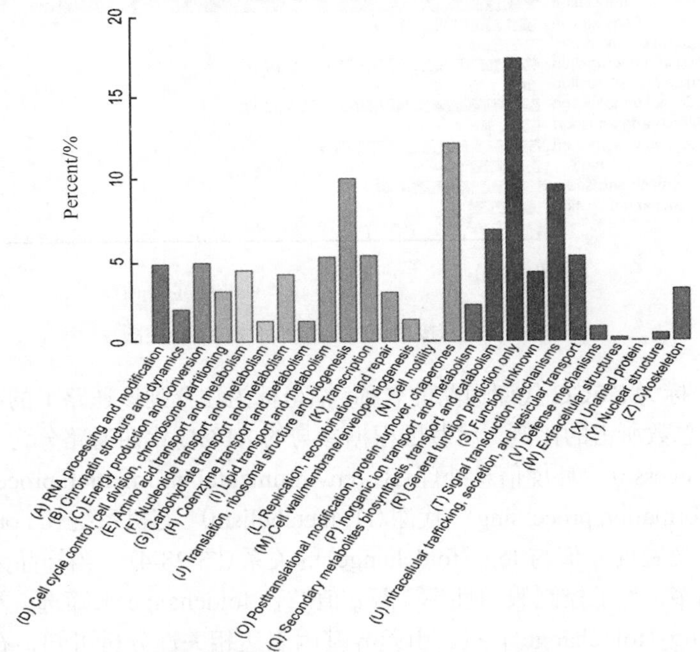

图 28-2　天麻接菌萌发转录组 KOG 分类图

为了对所获得的天麻种子接菌萌发的转录组数据进行代谢途径分析，通过序列相似性搜索了 KEGG 数据库，并获得相应的酶编号(enzyme commission，EC)，KEGG 强调生化代谢途径，尤其关注蛋白质、糖类、能量代谢的基因。对基因做 KO 注释后，可根据它们参与的 KEGG 代谢通路进行分类，结果见图 28-3。结果显示，共有 9908 条 unigene 被注释到 32 个 KEGG 相关的代谢通路集合中，主要被分为 5 类，即“cellular processes”、“environmental information processing”、“genetic information processing”、“metabolism”和“organismal systems”，其中分布较多的代谢通路主要集中在“translation”(1383 unigene)、“carbohydrate metabolism”(865unigene)和“signal transduction”(827unigene)。这一结果表明，在天麻种子共生萌发过程中伴随着大量的信号转导通路相关基因的表达，促进了以碳代谢为主的基因表达，最终到达石斛小菇，为天麻种子萌发提供碳源在内的各种营养、激素信号等萌发必需物质，阐明了石斛小菇促进天麻种子萌发的分子机制，为以后的基因功能验证打下了基础。

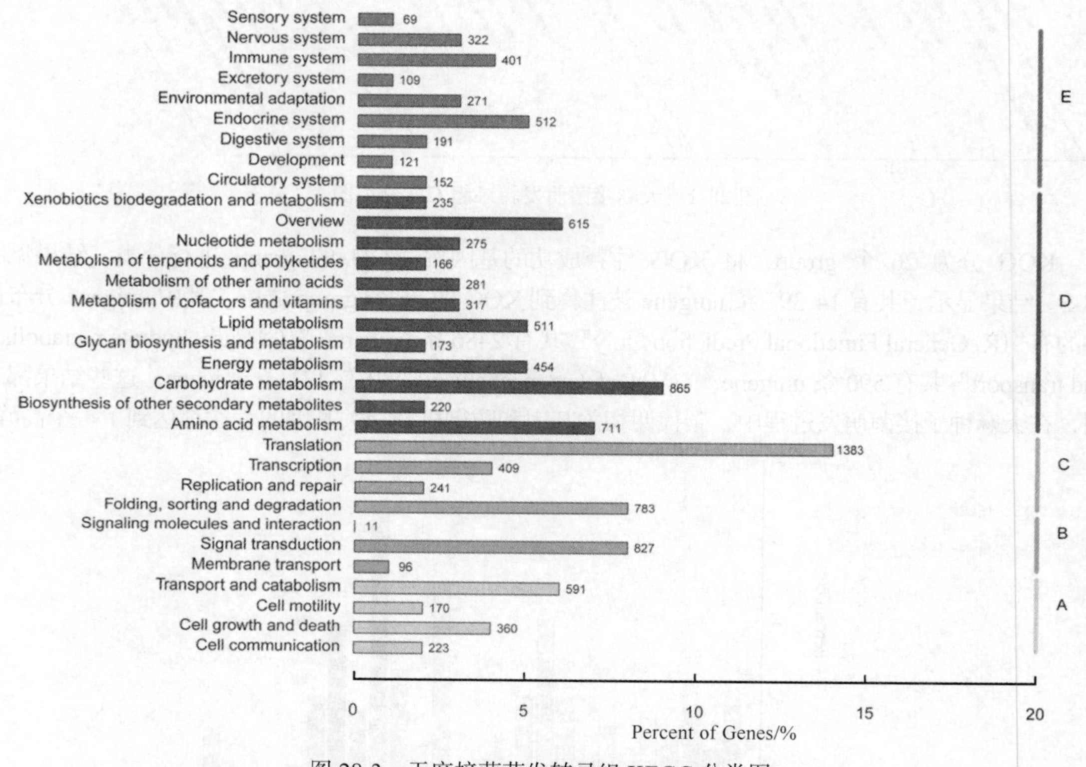

图 28-3　天麻接菌萌发转录组 KEGG 分类图

图 28-3 的纵坐标为 KEGG 代谢通路的名称，横坐标为注释到该通路下的基因个数及其个数占被注释上的基因总数所占的比例。将基因根据参与的 KEGG 代谢通路分为 5 个分支，即细胞过程(A，cellular processe)、环境信息处理(B，environmental information processing)、遗传信息处理(C，genetic information processing)、代谢(D，metabolism)、有机系统(E，organismal system)。

火山图可以直观展现 q 值与 $\log_2$(foldchange)的关系(图 28-4)。当样品无生物学重复时，差异基因数目会偏多，为了控制假阳性率，需 q 值结合 foldchange 来筛选，差异基因筛选条件为：$q<0.005$ 和 $|\log_2(\text{foldchange})|>1$。由差异基因表达相关性分析可知，石斛小菇菌丝与天麻种子萌发各级别的样品之间存在着较大的差异，此处不显示相应的差异基因火山图结果。

天麻原球茎 EP 和 LP 是混合样品，包含了两种材料，即天麻种子萌发各级别样品和石斛小菇菌丝，在与天麻种子 MS 比较的结果显示出其具有较大的假阳性，这是因为大部分石斛小菇的表达基因被当成是差异表达基因。所以 EP vs MS 的结果中共有 4499 条上调表达的基因和 910 条下调表达的基因，而 LP vs MS 的结果中共有 3315 条上调表达的基因和 878 条下调表达的基因。为此，应该更加关注 EP vs LP 的比对结果，因为该部分结果更加真实的显示出，无论是天麻差异表达的基因还是石斛小菇差异表达的基因，都在天麻接菌共生萌发的过程中发生了差异性变化，可能为关键的作用基因。在 EP vs LP 的结果中共有 969 条基因上调表达，有 726 条基因下调表达，后续分析也多在这类基因中进行，见图 28-4。

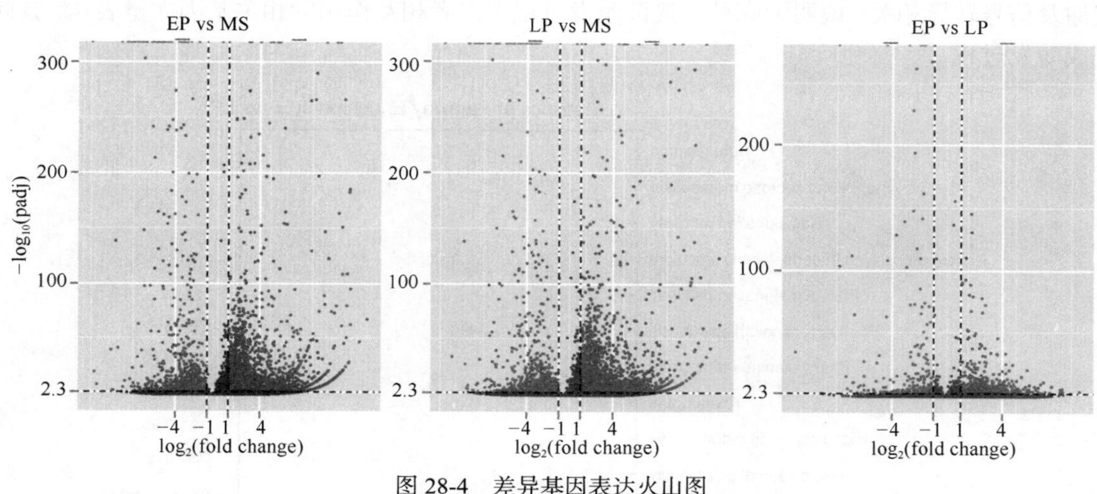

图 28-4 差异基因表达火山图

根据如上所述，笔者更加关注 EP vs LP 的差异表达结果，这就排除了更多的假阳性结果。共有 850 条差异表达基因被注释到 GO 的 BP 中，如图 28-5 所示，分布较多的有 “oxidation-reduction process”（包括 136 条 unigene）、“metabolic process”（包括 530 条 unigene）。有 133 条 unigene 注释到 CC 中，338 条 unigene 注释到 MF 中，其中 “instructural constituent of cell wall” 包括了 6 条 unigene，“oxido reductase activity” 包括了 130 条 unigene。

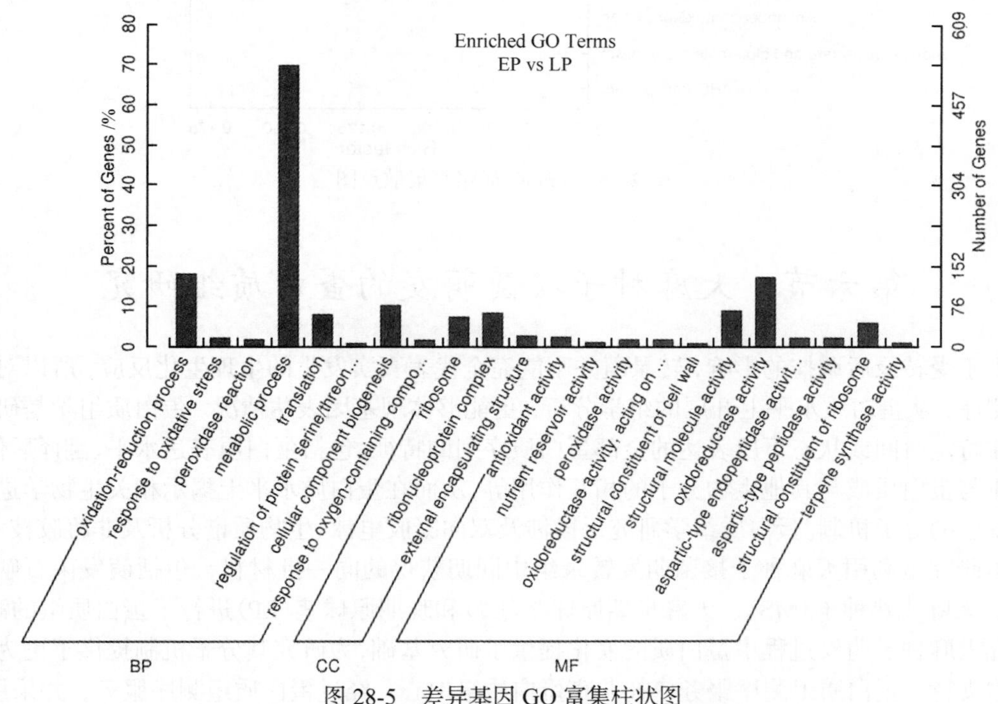

图 28-5 差异基因 GO 富集柱状图

如图 28-6 所示，在 EP vs LP 的结果中可以看出，更多的差异表达基因被注释到“plant hormone signal transduction”、“carbon metabolism”、“phenylpropanoid biosynthesis”、“starch and sucrose metabolism”、“phenylalanine metabolism”，这几类相关的通路大部分都与植物免疫、碳代谢及信号转导相关，说明天麻种子接菌萌发过程中二者相互作用的相关基因大量表达，共同完成萌发过程。

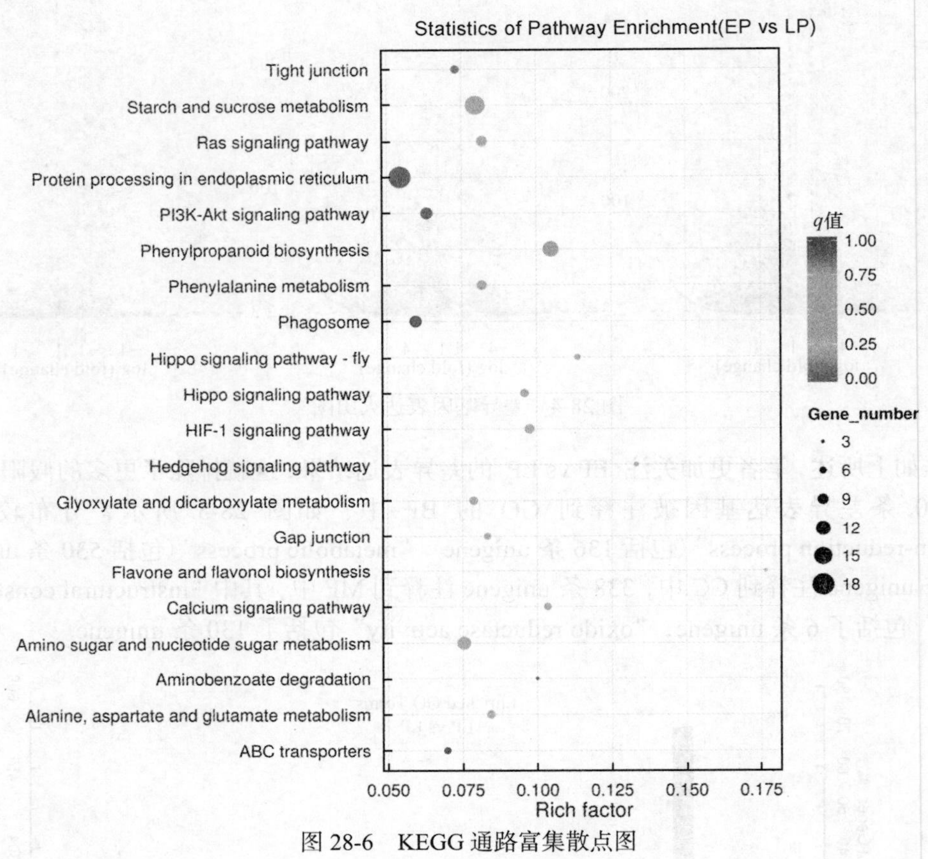

图 28-6　KEGG 通路富集散点图

第六节　天麻种子接菌萌发的蛋白质组研究

由于受转录后调控的影响，转录组并不能完全代表真实发生的生理生化反应，所以对蛋白质组测序，从蛋白质水平上开展的组学分析，更能够体现基因表达情况。蛋白质组学是研究生物体在特定时间或状态下所表达的全部蛋白质序列的特征，包括蛋白质表达水平、翻译后修饰、蛋白质与蛋白质或与其他生物分子的相互作用等，从而在蛋白质水平上揭示相关生物学进程或疾病发生的分子机制。蛋白质组学研究手段涉及双向凝胶电泳、生物质谱分析及非凝胶技术等。

本研究室利用天麻种子接菌萌发转录组中同期获得的同一批材料，包括萌发菌石斛小菇(SF)、天麻成熟种子(MS)、天麻早期原球茎(EP)和晚期原球茎(LP)进行了蛋白质组的测序，为研究天麻种子萌发过程中蛋白质的变化提供了研究基础，为研究其分子机制提供了更为丰富的数据支持。蛋白质组测序服务依托北京蛋白质组中心。经过蛋白质组测序服务，并采用 AB

Sciex 公司 ProteinPilot 的核心算法，共得到 267 664 张图谱，鉴定到蛋白质 1769 个。在可信度为 99%的条件下，匹配到的图谱为 14 123 张，匹配特有肽段为 8010 条；在可信度为 95%的条件下，匹配到的图谱为 14 740 张，匹配到特有肽段为 8442 条。

共从 4 个样本中鉴定到蛋白质 1769 个。肽段序列覆盖度分布情况，覆盖度在 0%～10%的蛋白质为 1347 个，占鉴定到的所有蛋白质数的 76.14%；覆盖度在 10%～20%的蛋白质为 232 个，占鉴定到的所有蛋白质数的 13.11 %；覆盖度在 20%～30%的蛋白质数 108 个，占鉴定到的所有蛋白质数的 6.11%；覆盖度在 30%～40%的蛋白质数 41 个，占鉴定到的所有蛋白质数的 2.32%；覆盖度超过 40%的蛋白质为 41 个，占鉴定到的所有蛋白质数的 2.32%。大部分被鉴定到的蛋白质，其所含的肽段数在 10 以内，且蛋白质数量随着匹配肽段数量的增加而减少。

在比较差异表达蛋白质后可以看出，EP vs MS 共得到差异蛋白 179 条，LP vs MS 共得到差异蛋白 90 条。在这些蛋白质中，经 GO 注释分类可以看出，多数蛋白质都与碳代谢相关。这一结果和转录组数据相似，如内切葡聚糖酶、外切葡聚糖酶、果糖激酶、甘露糖基寡糖类葡糖苷酶、己糖激酶等，这些蛋白质在种子接菌萌发后高表达，同时这类蛋白质大多是与抗病性相关的蛋白质。此外，与抗病性相关的蛋白质还有热休克蛋白。同时发现了与内吞作用相关的网格蛋白及接头蛋白。这些蛋白质都参与到应激反应、防御反应中，说明天麻在接菌后产生的大量蛋白质都作用外侵入的萌发菌，通过消解萌发菌而获得萌发所需的能量需求。

将转录组和蛋白质组同时测序分析用来研究植物和微生物之间的相互作用，已经是目前研究的重点和热点。本研究通过转录组学技术和蛋白质组学手段，确定了天麻利用萌发菌完成自身萌发相关代谢通路及与抗性相关的部分基因和蛋白质，有助于深入了解与揭示兰科种子接菌萌发的分子机制，为兰科药用植物育种奠定基础。

（范　黎　曾　旭　郭顺星）

参 考 文 献

董兆彬，张维经. 1986. 蜜环菌侵染后天麻皮层细胞结构性质的研究. 植物学报，28(4)：349-354.

范黎，郭顺星，曹文芩，等.1996. 墨兰共生真菌一新种的分离、培养、鉴定及其生物活性. 真菌学报，15(4)：251-255.

范黎，郭顺星，肖培根. 2001. 天麻种子萌发过程与开唇兰小菇的相互作用，菌物系统，20(4)：539-546.

范黎，郭顺星，徐锦堂.1999. 天麻种子萌发过程中与其共生真菌石斛小菇间的相互作用. 菌物系统，18(2)：219-225.

郭顺星，徐锦堂. 1990. 促进石斛等兰科药用植物种子萌发的真菌分离与培养. 中草药，21(6)：30-31.

郭顺星，徐锦堂. 1990. 天麻消化紫萁小菇及蜜环菌过程中细胞超微结构研究. 真菌学报，9(3)：218-225.

郭顺星，徐锦堂. 1992. 白及种子萌发和幼苗生长与紫萁小菇等 4 种真菌的关系. 中国医学科学院学报，14(1)：51-54.

刘成运，张新生，徐维明. 1983. 天麻消化蜜环菌过程中超微结构的变化及酸性磷酸酶的细胞化学定位. 植物学报，25(4)：301-306.

刘成运. 1981. 天麻食菌过程中细胞结构形态变化的研究. 植物学报，23(2)：92-95.

王贺，徐锦堂. 1993a. 天麻幼苗菌根细胞内酸性磷酸酶的细胞化学研究. 植物学报，35(10)：772-778.

王贺，徐锦堂. 1993b. 蜜环菌侵染天麻皮层过程中酸性磷酸酶的细胞化学研究. 真菌学报，12(2)：152-157.

徐锦堂，牟春. 1990. 天麻原球茎生长发育与紫萁小菇及蜜环菌的关系. 植物学报，32(1)：26-31.

徐锦堂，冉砚珠，郭顺星. 1989. 天麻生活史的研究. 中国医学科学院学报，11(4)：237-241.

徐锦堂，冉砚珠，王孝文，等，1980. 天麻有性繁殖方法的研究. 药学学报，15(2)：100-104.

徐锦堂.1993. 中国天麻栽培学. 北京：北京医科大学中国协和医科大学联合出版社，228-232.

郑国锠. 1978. 生物显微技术. 北京：人民教育出版社，17-112.

郑国锠. 1980. 细胞生物学. 北京：人民教育出版社，177-201.

Arditti J, Ernst R, Yan TW, et al. 1990. The contributions of orchid mycorrhizal fungi to seed germination：a speculative review. Lindleyana, 5：249-255.

Burgeff H，1959. Mycorrhiza of Orchids. *In*：Whiter C L. The Orchids，A Scientific Survey. New York：The Ronald Press Co，361-395.

Campbell EO. 1963. Gastrodia minor an epiparasite of Manuka. Trans Roy Soc New Zealand，2：73-81.

Campbell EO. 1964. The fungal association in a colony of *Gastrodia seamoides* R Br. Trans Roy Soc New Zealand，2：243-246.

Dixon KW，Pate JS，Kuo J，1990. The western Australian Fully Subterranean Orchid *Rhizanthella gardneri*. *In*：Arditti J. Orchid Biology Reviews and Perspectives. Portland，Oregon：Timber Press，37-62.

Flentje NT，Dodman RL，Kerr A. 1963. The mechanism of host penetration by Thanetephorus cucumeris. Aust J Biol Sci，16：784-799.

Guo SX，Fan L，Cao WQ，et al. 1997. *Mycena anoectochila* sp. nov. isosated from mycorrhizal roots of *Anoectochilus roxburghii* from mycorrhizal Xixhuangbanna，China. Mycologia，89（6）：952-954.

Guo SX，Fan L，Cao WQ，et al. 1999. *Mycena dendrobii*，a new Mycorrhizal fungus. Mycosystema，18（2）：141-144.

Hadley G，Johnson RPC，John DA. 1971. Fine structure of the host-fungus interface in orchid mycorrhiza. Planta，100：191-199.

Hadley G，Ong SH. 1978. Nutritional requirement of orchid endophytes. New Phytol，81：561-569.

Hadley G. 1972. Features of mycorrhizal infection in some Malayan orchids. New Phytol，71：1111-1118.

Hadley G. 1982. Orchid Mycorrhiza. Ithaca：Cornell Univ Press，85-118.

Peterson RL，Currah RS. 1990. Synthesis of mycorrhizae between protocorms of *Goodyera repens*（Orchidaceae）and *Certobasidium cereal*. Can J Bot，68：1117-1125.

Rasmussen HN. 1990. Cell differentiation and mycorrhizal infection in *Dactylorhiza majalis*（Rchb. f. ）Hunt & Summerh.（Orchidaceae）during germination *in vitro*. New Phytol，16：137-147.

Richardson KA，Peterson RL，Currah RS. 1992. Seed reserved and early symbiotic protocorm development of *Platanthera hyperborean*（Orchidaceae）. Can J Bot，70：291-300.

Williamson B. 1970. Penetration and infection of orchid protocorms by *Thanatephorus cucumeris* and other Rhizoctonia isolates. Phytopath，60：1092-1096.

Williamson B. 1973. Acid phosphatase and esterase activity in orchid mycorrhiza. Planta，112（2）：149-158.

第二十九章　天麻共生真菌的代谢产物及其对天麻种子萌发的影响

第一节　促进天麻等种子萌发的真菌初生产物分析

第二十八章从细胞学和亚细胞结构变化角度对不同生长阶段天麻与真菌的共生关系进行了探讨。为了进一步阐明内生真菌促进天麻生长发育的物质基础，本节对促进天麻等种子萌发真菌的初生产物含量进行分析。

本研究所用的菌种为从天麻原球茎中分离的 01（紫萁小菇）号、02 号、03 号、04 号、05 号菌株，从细叶石斛和见血清原球茎中分离的 G3 号、G4 号菌株。真菌培养及处理：采用常规 PDA 培养基，液体发酵→收集菌丝体→洗涤→烘干（80℃以下）→研碎。氨基酸测定：样品水解后用 835-50 型氨基酸自动分析仪测定含量。蛋白质测定：微量凯氏（Micro-Kjel-dahl）定氮法（系数为 6.26）。糖测定：蒽酮比色定糖法测总糖含量，3，5-二硝基水杨酸比色定糖法测还原糖含量。微量元素测定：等离子光谱法。

一、氨基酸、蛋白质和糖的含量测定

氨基酸和蛋白质的测定，主要是探讨真菌侵入后被胚细胞吸收的氮类物质变化。结果表明，促进种子萌发的真菌含有多种氨基酸（表 29-1），其中以 01 号菌的总氨基酸含量最高，达 18.08%，依次为 01＞G4＞02＞04＞03＞G3＞05。各菌株蛋白质含量（表 29-2）同氨基酸含量变化相吻合。01 号真菌是促进异养型天麻植物种子萌发的优良菌，近年来试验该菌对兰科石斛等种子发芽也有促进效果。01 号菌明显较其余菌株的氨基酸、蛋白质含量高，证明促进种子萌发的效果和该菌所含物质量有一定相关性。已有试验证明，一些蛋白质能促进植物的生长，邱德文（2002）从灰葡萄孢、交链孢、稻瘟菌、青霉、黄曲霉、立枯丝核菌和镰孢菌中分离得到分子质量为 42～60kDa 的 4 种活性蛋白质和分子质量为 30kDa 和 20kDa 的 2 种辅助活性蛋白质，发现这些真菌蛋白质不仅能防治植物病害和虫害，而且能显著促进植物生长。值得注意的是，天冬氨酸和精氨酸在各菌株中均有较高含量，而这两种氨基酸是仅有的能供给种胚氮和硝酸铵的氨基酸。已有试验证明，这两种氨基酸在培养兰科植物离体胚时作为培养基中的氮源是非常有效的（Spoerl，1948）。

表 29-1　促进种子萌发真菌的氨基酸组分和含量

（单位：%）

菌种号	天冬氨酸	苏氨酸	丝氨酸	谷氨酸	甘氨酸	丙氨酸	胱氨酸	缬氨酸	甲硫氨酸	异亮氨酸	亮氨酸	酪氨酸	苯丙氨酸	赖氨酸	组氨酸	精氨酸	脯氨酸	氨基酸总量
01	1.72	0.94	1.12	1.99	1.14	1.22	0.57	1.10	0.41	1.32	1.52	0.54	0.81	0.69	0.51	1.21	1.27	18.08
02	1.54	0.81	1.03	1.17	1.14	1.14	0.43	0.92	0.41	1.32	1.43	0.49	0.77	0.54	0.48	1.14	1.25	16.01
03	1.26	0.75	0.83	1.85	1.08	1.13	0.51	0.87	0.38	1.21	1.28	0.51	0.72	0.50	0.49	1.10	1.12	15.50
04	1.29	0.69	0.83	1.76	1.06	1.07	0.69	0.81	0.49	1.27	1.26	0.58	0.64	0.47	0.43	1.08	1.12	15.54
05	1.10	0.67	0.79	1.68	1.06	1.05	0.57	0.81	0.38	1.30	1.17	0.58	0.64	0.47	0.40	1.06	1.12	14.85
G3	1.10	0.67	0.79	1.82	1.03	1.05	0.57	0.81	0.41	1.18	1.17	0.58	0.69	0.47	0.43	1.10	1.17	15.04
G4	1.53	0.78	1.14	1.84	1.10	1.11	0.72	0.19	0.43	1.36	1.34	0.37	0.70	0.52	0.49	1.08	1.20	16.49

表 29-2　促进种子萌发真菌的蛋白质、总糖及还原糖含量　(单位：%)

菌种号	蛋白质	总糖	还原糖
01	35.88	29.70	11.85
02	34.12	31.00	13.06
03	31.43	34.25	15.00
04	30.69	27.00	11.08
05	27.06	30.43	12.00
G3	29.00	35.44	17.64
G4	34.50	28.00	10.29

在种子无菌培养时，糖是培养基的主要成分，拉咖梵(1983)认为，糖不但是种胚的重要能源，而且对维持胚生长时的渗透压也起着主要作用。真菌总糖含量和还原糖含量如表 29-3 所示，G3＞03＞02＞05＞01＞G4＞04。兰科植物与真菌共生萌发时，消化入侵菌丝获得碳水化合物的量，靠不同植物控制对真菌的消化途径和速率来调节，这是兰科植物种胚生长对糖种类的要求有明显差异所致。例如，还原糖类的麦芽糖和甘露糖，对某些兰科植物胚萌发和生长优于果糖和非还原性的蔗糖(Arditti，1967)，但 Breddy(1953)认为蔗糖对大多数兰科植物种子萌发适宜。同样，催秋华(2012)的研究表明，当蔗糖浓度达到 25g/L 时齿瓣石斛丛生芽增殖率达到最高。除糖的种类外，其量的变化对兰科植物种子萌发及幼苗营养器官分化也有明显作用。例如，石斛属植物根分化与生长需要高浓度的蔗糖(Kano，1965)，而低浓度蔗糖对有些植物幼苗地上部分生长有利(Yates and Curtis，1949)。

二、微量元素的含量测定

种子萌发是一个非常复杂的生理生化过程，涉及许多代谢途径，如呼吸作用、 水分代谢、储藏物质的分解转化、酶和激素的作用，以及各种外因(如温度、湿度、光照、金属离子等)都可影响种子的萌发(柯德森等，2003)。种子萌发在植物生长过程中是个重要阶段，对外界环境变化最为敏感阶段(Chen et al.，2003)。在植物体内微量元素含量微小，但却是植物生长过程中不可或缺的(郑蔚红和冷建梅，2003)。种子的萌发过程中，微量元素起着不同程度的调节作用，一定浓度的微量元素进行浸种处理，种子体内的酶系统被激活，促进了种子储藏物质的分解，加速了种子萌发的进程(刘铮，1991)。供试的 7 种真菌含多种微量元素(表 29-3)，但不同真菌所含各种元素的量不尽相同。虽然有些元素含量甚微，但菌丝被胚细胞消化后，微量元素作为有机物合成或代谢中酶的催化剂，在种子萌发中起着重要作用，某种元素的缺乏影响着种胚的生长及幼苗的发育。

不同真菌的代谢产物种类和含量变化较大，即使同一真菌在培养的不同时期和条件下，其代谢产物的产生和积累也有差异，这在次生产物分析中可明显显示。本节仅初步分析了几种真菌初生产物的变化，以及这些物质在兰科药用植物种子萌发中的作用。另外，供试真菌可能产生某些次生代谢产物，如各种激素、抗生素等(Hillman，1978；周小燕，1981；李玉萍等，1988)，这类物质在种子萌发，尤其在幼苗营养器官的分化与生长等方面具较强的生理活性，所以供试真菌与兰科种子萌发的关系仍需深入研究。

表 29-3　促进种子萌发真菌的微量元素含量

（单位：ppm）

菌种号	铁(Fe)	镁(Mg)	锂(Li)	锌(Zn)	锶(Sr)	钾(K)	铜(Cu)	铝(Al)	锰(Mn)	钼(Mo)	钡(Ba)	钠(Na)	镍(Ni)	钙(Ca)	磷(P)/%	铅(Pb)	铬(Cr)	硅(Si)
01	1 234.10	2 722.43	1.16	98.75	20.10	41 89.34	27.85	867.76	41.15	1.07	8.42	285.00	8.75	10 745.00	0.51	4.87	5.40	49.67
02	1 189.73	2 891.74	0.97	121.00	23.10	35 112.00	24.11	762.39	40.49	0.78	11.69	197.15	7.00	97 20.80	0.80	6.20	4.86	51.20
03	984.22	1 991.00	0.26	80.00	19.64	4 173.78	24.00	803.24	56.28	1.14	13.70	175.00	4.00	11 310.00	0.37	5.14	4.07	57.00
04	878.96	2 435.43	1.12	91.28	19.00	43 167.00	30.63	654.20	38.44	1.14	9.00	214.07	4.49	10 097.00	1.10	3.90	5.19	48.70
05	765.10	2 300.00	0.87	118.64	21.77	36 179.13	27.19	709.00	32.73	0.93	11.62	229.90	5.07	9 265.43	0.49	3.49	3.25	64.29
G3	899.14	1 985.27	1.12	86.43	23.04	44 063.28	32.00	588.00	40.49	1.58	11.62	278.03	9.16	8 716.33	0.49	4.73	4.62	40.75
G4	823.77	1 769.00	1.26	86.43	19.88	37 543.00	18.09	697.43	42.66	0.25	9.73	258.00	8.02	11 704.00	0.92	4.87	4.37	48.29

注：1ppm=1×10^{-6}

第二节　促进天麻种子萌发的5种内生真菌产生的植物激素

为了进一步阐明内生真菌促进天麻生长发育的物质基础，本节对促进天麻种子萌发的5种内生真菌产生的植物激素进行高效液相色谱(HPLC)分析，并对该类产物在植物生长中的特殊作用进行讨论。

本研究所用的菌种为1号菌(未鉴定，来自金线莲)、开唇兰小菇(3号)、兰小菇(5号)、石斛小菇(17号)、紫萁小菇(9号)。将5种真菌分别接种于PDA液体培养基中，24℃摇床培养18天。植物激素的提取：发酵好的真菌经过滤后分别取发酵液2000ml，于40°C减压回收溶剂，剩余物用甲醇洗脱并定容，待测。菌丝体经蒸馏水洗净后为鲜菌丝，取少量干燥后用于计算总菌丝体干重，剩余鲜菌丝以85%的冰甲醇研磨10min，转移至三角瓶中再加入适量85%冰甲醇提取，于4℃以下超声提取2h，过滤获得提取液，回收提取液的溶剂后以甲醇定容，待测。测定激素包括赤霉素(GA_3)、吲哚-3-乙酸(IAA)、脱落酸(ABA)、玉米素(Z)、玉米素核苷(ZR)。

一、5种植物激素定性和定量测定结果

采用HPLC对5种植物激素进行定性和定量测定，梯度洗脱条件见表29-4。通过分析保留时间、紫外线(UV)谱图及待测样品中加入标准品后峰面积的增高，并用R值来衡量标准品的回收率，对5种植物激素进行定性分析，按照下列的方法计算R=[用峰面积的增高计算出的标准品加入量(μg)/实际标准品的加入量(μg)]×100%。用外标一点法测定5种内生真菌的植物激素含量。

表29-4　GA_3、IAA、ABA、Z和ZR的检测条件

检测物质	时间/min	流速/(ml/min)	MeOH/%	CH_3CN/%	H_2O	Curve
	0	1.0	5	5	90	—
GA_3，IAA	18	1.0	20	20	60	3
ABA	40	1.0	5	5	90	11
	60	1.0	5	5	90	11
	0	1.0	38	0	62	—
Z、ZR	12	1.0	45	0	55	11
	30	1.0	100	0	0	11
	40	1.0	38	0	62	11
	60	1.0	38	0	62	11

注：GA_3、IAA和ABA检测时所用水相以H_3PO_4调节pH为2.85；Curve：流动相变化曲线

定性检测结果：植物激素与标准品的UV谱图的峰形和最大吸收波长均一致。样品中加入标准品后，激素峰的面积增加，其R值如表29-5所示。

表29-5　5种植物激素GA_3、IAA、ABA、Z和ZR的回收率

项目	植物激素				
	GA_3	IAA	ABA	Z	ZR
样品含量/μg	0.015 4	0.007 72	0.001 94	0.000 895	0.002 24

续表

项目	植物激素				
	GA_3	IAA	ABA	Z	ZR
加标后测定值/ μg	0.029 8	0.011 8	0.002 92	0.001 57	0.003 33
加标量/ μg	0.014 9	0.004 28	0.000 96	0.000 690	0.001 06
回收率/%	96.6	95.3	102	97.1	103

用外标一点法定量测定结果表明，5 种真菌都能不同程度的产生这些植物激素(表 29-6)。例如，Z 在 3 号菌菌丝体中的含量是 5 号菌中的 64 倍。IAA 只在菌丝体中被检出，在发酵液中则未检测到。5 号菌和 9 号菌产生的激素主要存在于细胞内，1 号菌的菌丝体和发酵液中均有一定含量的激素。

表 29-6　5 种内生真菌发酵液和菌丝体中的植物激素含量

菌株编号	G/g	GA_3		IAA		ABA		Z		ZR		T	
		F	M	F	M	F	M	F	M	F	M	ΣF	ΣM
1	24.3	19.4	0.437	—	0.017 7	0.269	0.008 86	0.038 3	0.004 09	0.089 2	0.010 2	19.8	0.478
3	6.76	7.07	0.102	—	—	9.28	—	—	0.905	0.060 5	0.004 96	16.4	0.197
5	16.4	—	0.107	—	0.074 9	—	—	0.077 2	0.014 0	—	0.022 9	0.077 2	0.206
17	11.6	—	—	—	—		—	—	0.021 0	0.229	0.006 29	0.231	0.027 2
9	9.13	—	0.175	—	—	—	—	0.025 1	0.022 4	0.078 0	0.034 2	0.103 9	0.232

注：G. 菌丝体干重；F. 发酵液中的激素含量(μg/L)；M. 干菌丝体中的激素含量(μg/g)；T. 发酵液和菌丝体中总的激素含量；—. 未检测出该种激素

上述植物激素在供试菌株中的含量都比较低，采用单一梯度洗脱系统分离效果不佳。本试验通过反复改变流动相及配比，设计出上述洗脱方法。将 5 种标准品分为两个系统梯度洗脱，结果表明 5 种标准品均可在 35min 内达到较好的分离效果。

在同一检测条件下，样品中植物激素峰的保留时间和 UV 谱图均与标准品一致，用峰面积增高方法进一步确证了所测 5 种内生真菌产生植物激素的可靠性。本试验结果显示，有些激素可分泌到细胞外，有些则不能。细胞外激素容易被植物吸收利用，在自然条件下细胞内激素在菌丝到达植物体内后才被周围组织消化，使激素释放出来，从而得到更充分的利用，避免在体外被破坏，这也许更符合自然界中生物的生长规律，符合生物的节约原则。

二、5 种激素在植物生长中的作用分析

植物激素 GA_3、IAA、ABA、Z 和 ZR 对植物的生长发育起着重要作用。GA_3 的主要功能是打破休眠、加速生长，IAA 能促进伸长生长，ABA 有促进衰老、抑制生长的作用，而 Z、ZR 可促进细胞分裂分化(王有智和黄亦存，1997)。据报道，一些真菌产生的植物激素对兰科药用植物也有很强的活性，如对种子萌发及细胞的分化过程起着重要作用(徐锦堂，1993)。GA、萘乙酸(NAA)有利于霍山石斛幼苗茎的增高和根的伸长(于力文，1984)。Z 与 6-苄基嘌呤(BA)和 NAA 配合使用对金线莲原球茎的发生有显著影响(王建勤和陈钢，1995)。四季兰

种子离体培养条件下胚胎发育的特点是种子萌动缓慢,在培养基中加入生长素和细胞分裂素时其萌发率可以提高 1.5 倍(田梅生等,1985)。兰花在离体条件下,ABA 浓度为 0.5mg/L 时,诱导铁皮石斛花芽分化的效果最佳(王光远等,1995)。

内生真菌产生植物激素的研究已成为内生真菌研究的热点内容。Khan 等(2013)从番茄的根部分离得到了一株可分泌 GA_s(GA_3、GA_4、GA_7和 GA_{12})的内生真菌 *Penicillium janthinellum* LK5,其培养过滤物可促进番茄芽的长度;Lin 和 Xu(2013)从东北红豆杉中分离得到一株产 IAA 的内生真菌 *Streptomyces* sp. En-1,试验证明其可以促进拟南芥的生长发育;Khan 和 Lee(2013)鉴定了一株具有赤霉素生产能力并促进大豆生长的内生真菌 *Penicillium funiculosum* LH L06;Waqas 等(2012)从水稻中分离得到两株内生真菌 *Phoma glomerata* LWL2 和 *Penicillium* sp. LWL3,并且可产 GAs 及 IAA,而且证明其培养液可促进水稻发芽;Xin 等(2009)从杨树中分离得到了 3 种产 IAA 的内生酵母菌,但是并没有做活性试验。

以上 5 种内生真菌不仅能够不同程度地产生 GA_3、IAA、ABA、Z 和 ZR,而且对兰花的生长发育也有较好的促进作用。研究表明,以 3 号菌伴播天麻种子,其种子的发芽率为 38.96%(Guo et al., 1997);17 号菌对天麻种子萌发率可达 50.24%(Guo et al., 1998);5 号菌对长苏石斛种子的萌发率可达 59.86%(范黎和郭顺星,1996);9 号菌株对细叶石斛(*Dendrobium hancockii*)种子的发芽率,在 35 天时即可达 76.45%,原球茎(从长和宽考察)的生长速率也加快(郭顺星和徐锦堂,1990)。那么它们是否通过这些自身产生的激素作用于共生植物,尚有待于进一步深入研究,本节结果将对此相关问题的系统研究提供试验依据。

(张集慧 刘蒙蒙 郭顺星)

第三节 蜜环菌菌索醇提物和水提物对天麻种子萌发的影响

天麻与蜜环菌的关系较为特殊,一方面,天麻的无性繁殖离不开蜜环菌的侵染和提供营养;另一方面,在实验室和栽培条件下发现蜜环菌又有抑制天麻种子萌发的现象。冉砚珠和徐锦堂(1988)发现蜜环菌存在的条件下天麻种子萌发率仅为 1.33%,而没有蜜环菌的天麻种子萌发率为 63.40%。为了阐明蜜环菌中是否存在抑制天麻种子萌发的物质,本节研究蜜环菌菌索代谢产物——甲醇提取物、水提取物对天麻种子萌发的影响。

本研究所用天麻种子来源于北京室内培育的天麻成熟未开裂的果实。种子萌发以 VW 为基本培养基(CK),以蜜环菌菌索醇提物(ME)、水提物(W)分别作为诱导子加入 VW 培养基,各设 3 个浓度,分别相当于原菌索干重 10g/L(l)、25g/L(m)、50g/L(h)。醇提物的制备:蜜环菌干菌索 100g,用 20 倍量的甲醇回流提取 3 次,每次 3h。合并提取液,减压浓缩至少量体积,60℃水浴挥干残余溶剂,得到醇提物 2.1g。水提物的制备:蜜环菌菌索甲醇提取后,挥干甲醇,用 20 倍量的水 80℃提取 3 次,每次 3h。过滤、合并提取液,减压浓缩至 50ml,60℃水浴挥干残余的水,得到水提物 3.0g。形态学观察:常规试验解剖镜观察。解剖学观察:石蜡切片制作与观察同第二十八章。

一、蜜环菌菌索醇提物对天麻种子萌发率的影响

培养 110 天时,各组天麻种子均开始萌发,加入醇提物的 3 个试验组天麻种子萌发率与对

照组差异显著，ME(l)、ME(m)、ME(h)3 组天麻种子的萌发率分别为 4.0%、6.5%、6.9%，对照为 11.9%；培养 140 天、170 天、200 天、230 天时，3 个试验组天麻种子萌发率均显著低于对照，ME(l)组对天麻种子萌发的抑制作用最明显，同时 3 个浓度处理间有显著差异；培养 260 天时，3 个试验组天麻种子萌发率与对照组相比差异达到显著，但各试验组间无显著差异，蜜环菌菌索醇提物低、中、高浓度对应的萌发率分别为 93.2%、92.9%、90.6%，此时对照组的萌发率为 97.2%。

对照组天麻种子的萌发率在培养 230 天(98.2%)和 260 天(97.2%)基本相同，表明天麻种子在 VW 培养基上培养 230 天可以完成萌发，醇提物 3 组天麻种子在培养 260 天的萌发率最高，完成萌发时间比对照延迟 30 天。

二、蜜环菌菌索水提物对天麻种子萌发率的影响

培养基中添加水提物延迟了天麻种子萌发的起始时间，培养 110 天时对照组天麻种子开始萌发，而水提物 3 个试验组天麻种子在对照组天麻种子萌发后的 90 天(培养 110～200 天)内均没有萌发。培养 230 天时，水提物 3 组天麻种子开始萌发，但萌发率很低，低、中、高 3 个浓度处理的萌发率分别为 5.5%、3.3%、0.8%；而此时对照组天麻种子萌发已结束(萌发率为 98.2%)。在水提物处理天麻种子萌发的 230～380 天，相同培养时间天麻种子萌发率随水提物浓度的增加而降低。培养 410 天时，水提物各组萌发结束，萌发率分别为 82.7%、80.6%、81.4%，显著低于对照组(98.2%)。

三、蜜环菌菌索醇提物和水提物对天麻种子萌发率影响的比较

(一)不同浓度醇提物、水提物在对照天麻种子完全萌发时萌发率的比较

培养 230 天时，对照天麻种子的萌发率为 98.2%，醇提物各处理的萌发率分别为 65.4%(l)、80.8%(m)和 69.9%(h)，都显著低于对照组；水提物各处理萌发率仅分别为 5.5%(l)、3.3%(m)、0.8%(h)。

(二)不同浓度醇提物、水提物对天麻种子最终萌发率和萌发时间影响的比较

对照在第 230 天萌发率达到 98.2%，之后萌发率不再增加；醇提物各处理在 260 天达到最大萌发率，比对照组延迟 30 天，且其最终萌发率分别为 93.2%、92.9%和 90.6%，显著低于对照；水提物各处理在 410 天后才达到最大萌发率，较对照组延迟了半年，而其最终萌发率分别为 82.7%、80.6%和 81.4%，显著低于对照组。

四、蜜环菌菌索醇提物和水提物对天麻原球茎发育的影响

(一)天麻种子萌发的形态学观察

如图 29-1 所示，对照组的天麻种子能正常萌发。醇提物低浓度组，天麻种子萌发形成的原球茎出现分化，平均分化率为 87.7%，从天麻原球茎的顶端和侧边都分化出新的繁殖体，一

般一个初生球茎可以分化出 6～10 个，甚至更多个新繁殖体；醇提物中浓度组，天麻种子萌发形成的原球茎也出现分化，且分化规律，平均分化率为 83.2%；一般一个初生球茎可以分化出 2～5 个新繁殖体；醇提物高浓度组，天麻种子的萌发与对照组相似，天麻原球茎基本上没有分化，高浓度组的萌发现象类似于小菇属真菌诱导下天麻种子萌发所表现出的特征。水提物各组，天麻萌发较少。

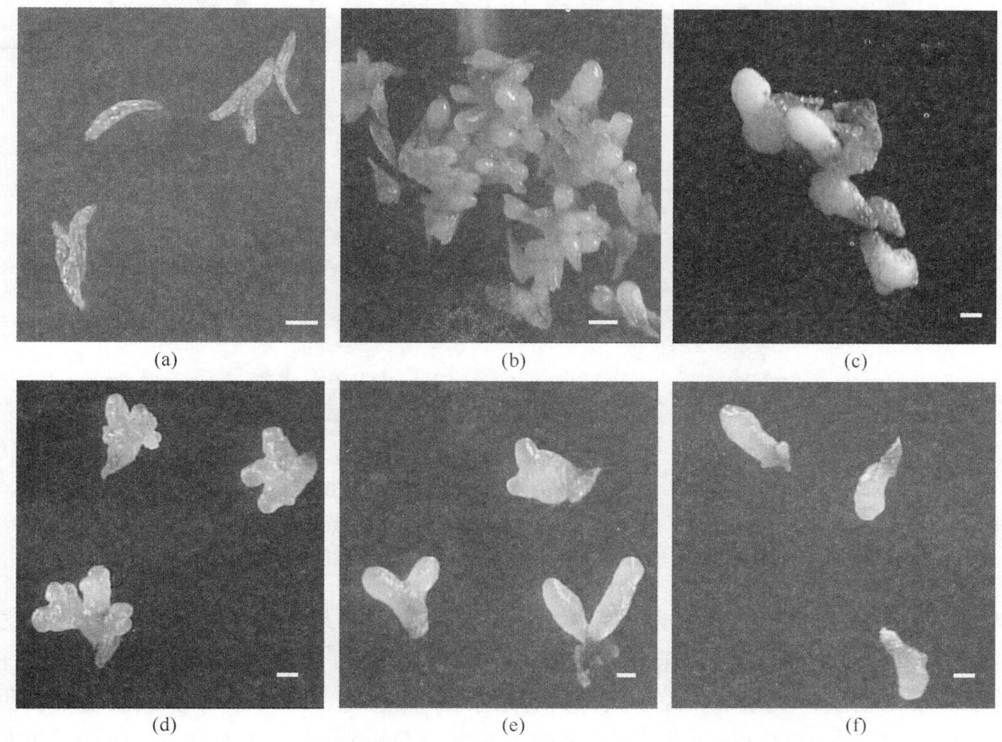

图 29-1 蜜环菌菌索甲醇提取物处理天麻种子萌发过程的形态学观察（见彩图）

(a)没有萌发的天麻种子；(b)培养 200 天时对照组的萌发情况；(c)培养 350 天时对照组天麻原球茎的生长情况；(d)蜜环菌菌索醇提物低浓度处理天麻原球茎的生长情况；(e)蜜环菌菌索醇提物中浓度处理天麻原球茎的生长情况；(f)蜜环菌菌索醇提物高浓度处理天麻原球茎的生长情况。标尺：250μm

（二）天麻种子播种 8 个月后的解剖学观察

如图 29-2 所示，对照组[图 29-2(a)]天麻原球茎顶端的细胞较小，排列紧密，是分生组织，分生组织细胞生长、变大，使原球茎伸长。原球茎中部和底部的细胞较大，有些中空，不具备分生能力。蜜环菌菌索醇提物低浓度组[图 29-2(b)]原球茎底部的细胞较大，有些中空，而顶端和侧边出现新的突起(繁殖体)，每个突起的顶端都紧密排列着较小的分生组织细胞，表明每个新的繁殖体都具有生长能力，这个现象对天麻的无性繁殖非常重要。醇提物中浓度组[图 29-2(c)]原球茎底部的细胞较大，细胞核清晰可见，顶端分枝出两个新的突起(繁殖体)，呈对称分布，每个突起的顶端都紧密排列着较小的分生组织细胞，表明每个新的繁殖体都具有生长能力。醇提物高浓度组[图 29-2(d)]的原球茎底部的细胞较大，有些中空，顶端都紧密排列着较小的分生组织细胞，表示其具有生长能力，原球茎没有出现分化。水提物各组[图 29-2(e)]的天麻种子都没有萌发，种皮完整，种胚完好，没有异常。

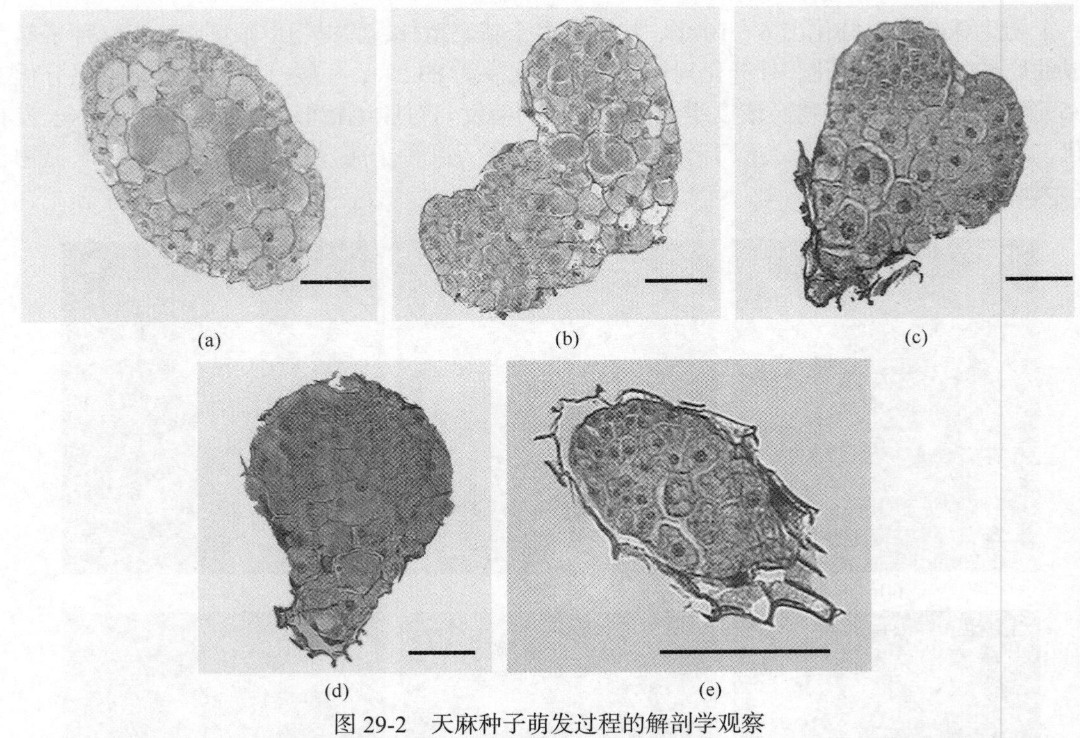

图 29-2　天麻种子萌发过程的解剖学观察

(a) 对照组天麻原球茎的纵切面；(b) 蜜环菌菌索醇提物低浓度组天麻原球茎的纵切面；(c) 蜜环菌菌索醇提物中浓度组天麻原球茎的纵切面；(d) 蜜环菌菌索醇提物高浓度组天麻原球茎的纵切面；(e) 蜜环菌菌索水提物处理没有萌发的天麻种子的纵切面。标尺：250μm

自 1859 年 Hoffmamn 首次从欧洲花楸(*Sorbus aucupaia*)果实中分离出一种强抑制发芽物质——花楸酸(parasorbic acid)以来(Kuhn and Jerehel，1943)，对种子萌发抑制物的研究较多。抑制种子萌发的物质种类很多，大多数都具有亲水性(熊愈辉，1998)。本节试验结果表明，蜜环菌菌索醇提物、水提物均降低了天麻种子的萌发率，证明蜜环菌中含有抑制天麻种子萌发的物质。其中，蜜环菌菌索醇提物在种子萌发初期显著降低了萌发率，但随着培养时间的延长，其抑制作用逐渐减弱，可能是因为用甲醇可以提取出蜜环菌中少量水溶性成分所导致。而水提物的抑制作用则非常明显，其延迟了天麻种子萌发的起始时间，当对照组天麻种子达到最大萌发率时，水提物处理的天麻种子才刚刚开始萌发，且使最终萌发率较对照组降低了近 20 个百分点，表明蜜环菌中抑制天麻种子萌发的物质主要存在于极性大的水提物中。这一结果符合前人的观点。

自然条件下，天麻生长需消化蜜环菌作为其营养来源。每一个箭麻抽薹后可以结 30～60 个果实，每个果实中含有 2 万～3 万粒天麻种子，如果这些种子都可以成功的萌发成原球茎，寄生于蜜环菌上，势必对蜜环菌的生存造成严重威胁，因此蜜环菌出于防御反应，很可能产生抑制天麻种子萌发的物质，阻止天麻的过量繁殖。天麻的生长环境潮湿多雨，年平均降水量达 700～1700mm，相对湿度达 70%～90%(Guo and Xu，1990)，蜜环菌的菌索生长在地下，下雨后菌索浸泡在雨水中，使其中水溶性成分被溶解到水中，渗透到土壤中。天麻种子自身没有胚乳，成熟后又落入这样的土壤中自然很难萌发，蜜环菌通过这种化感作用抑制天麻的过度繁殖，维持了与天麻特殊的共生关系。

虽然在试验中蜜环菌水提物处理的天麻种子在 230 天以后也开始萌发，而且 410 天时的最终萌发率都达到了 80%以上，这个结果与文献报道的 1.33%(冉砚珠，1988)有很大出入，原因在于该文献所述的萌发时间只有9个月，没有更长时间的数据。本试验中水提物处理在9个月时的萌发率也仅有5%～10%，这与文献基本相符。随着时间延长，天麻种子逐渐适应了环境继续萌发，这也说明天麻种子有很强的生活力，不会因为蜜环菌的抑制而失去有性繁殖能力。

第四节　蜜环菌菌索水提物上清液及多糖和甘露醇对天麻种子萌发的影响

本章第三节研究发现，蜜环菌菌索水提物中含有抑制天麻种子萌发的物质，在此基础上，本节将水提物分为大分子的多糖和小分子的上清液，并从上清液中得到一个单体化合物——甘露醇，进一步研究这些因素对天麻种子萌发是否有抑制作用。

蜜环菌菌索水提物的处理：水提物用Saveg法除蛋白质，后加入3倍体积的无水乙醇，4℃静置过夜，离心（4000r/min，10min），沉淀再次水溶解、醇沉，4℃静置过夜，离心（4000r/min，10min），得灰白色沉淀为蜜环菌粗多糖，放入冰箱–20℃冻存。上清液合并浓缩至没有醇味，体积约10ml，放入4℃冰箱待用。上清液放置过程中有晶体析出，过滤晶体，洗涤，鉴定为甘露醇。

蜜环菌多糖、上清液浓缩物、甘露醇分别作为诱导子加入VW培养基，各设3个浓度，分别相当于原菌索干重10g/L（l）、25g/L（m）、50g/L（h）。天麻种子及其培养同本章第三节。

一、蜜环菌菌索水提物上清液对天麻种子萌发率的影响

培养基中添加蜜环菌菌索水提物上清液（SF）延迟了天麻种子萌发的起始时间，上清液低、中、高浓度组种子培养230天时萌发率为6.7%、2.3%、5.5%，而此时对照组天麻萌发率已达到97.1%。在上清液各组天麻种子萌发的230～380天，相同培养时间上清液组的萌发率随上清液浓度增加而降低。培养410天上清液组种子萌发结束时，低、中、高浓度组的种子萌发率比较接近，分别为83.8%、82.9%、81.8%，但都显著低于对照组（97.1%）。

二、蜜环菌菌索多糖对天麻种子萌发率的影响

培养基中添加蜜环菌菌索多糖（P）明显延迟了天麻种子萌发的起始时间。培养260天时，多糖低、中、高浓度组萌发率分别为3.5%、2.0%、1.3%，而对照组天麻种子在培养230天已完成萌发。多糖组天麻种子萌发阶段（培养260～410天），相同培养时间多糖组萌发率随多糖浓度的增加而降低。多糖各组天麻种子的最终萌发率均显著低于对照组（表29-7）。

表29-7　培养410天时蜜环菌菌索多糖各处理天麻种子的萌发率

不同处理	重复	萌发率/%
CK	5	97.1±0.4b
P（l）	5	70.3±1.4a
P（m）	5	64.8±1.7a
P（h）	5	63.6±1.4a

三、甘露醇对天麻种子萌发率的影响

甘露醇(M)对天麻种子萌发的抑制作用不明显。不同浓度甘露醇均不影响天麻种子的起始萌发时间，在天麻种子开始萌发后的2个月内，甘露醇组萌发率虽然显著低于对照组，但最终萌发率均超过90%，甘露醇低、中、高3个浓度处理的天麻种子最终萌发率分别为92.0%、92.3%、91.5%，对照组为97.1%。

本节研究结果表明，蜜环菌菌索水提物多糖、上清液及甘露醇对天麻种子萌发都有一定的抑制作用，但抑制方式和抑制效果存在较大差别。

蜜环菌菌索多糖对天麻种子萌发的抑制作用最为明显，表现为延迟种子萌发起始时间和降低最终萌发率。蜜环菌菌索多糖占菌索干重的 1.12%(陈晓梅等，2001)，其单糖组成主要有D-葡萄糖、D-半乳糖、D-甘露糖、D-木糖和糖醛酸(沈业涛和洪毅，1999)。已有研究表明，葡萄糖、甘露糖等小分子糖具有抑制种子萌发的作用(Dekkers et al.，2004)，由它们连接而成的多糖也可能具有抑制种子萌发的作用。

虽然已有研究表明，甘露醇可以通过增加渗透胁迫强度，减少可供种子利用的有效水分而抑制种子萌发(景蕊莲和昌小平，2003)，但其发挥抑制作用要求较高浓度。由于本试验甘露醇的加入浓度很小(ppm 级)，可以排除其作为小分子糖通过改变渗透压对种子萌发的影响，与上清液和多糖各处理组相比，其抑制作用并不明显。因此，上清液表现出的强烈抑制作用可能是多种物质协同作用的结果，至于是否存在抑制作用较强的单体化合物，需要对蜜环菌菌索水提物进行细致的化学分离，以得到更多单体化合物来研究。究竟是水提物中单体化合物发挥抑制作用，还是多个物质共同作用抑制天麻种子萌发有待开展进一步研究。

第五节　蜜环菌菌索醇提物中 Am4 对天麻种子萌发和发育的影响

本章第三节的试验结果显示，蜜环菌菌索醇提物的中、低浓度处理可以促进天麻原球茎的营养繁殖，并且这种促进作用与醇提物的浓度呈负相关，这证实了蜜环菌作为天麻营养来源的结论，天麻可能利用了蜜环菌中低极性的物质促进自己的营养繁殖。那么究竟是什么成分促进了天麻原球茎的分化？笔者从蜜环菌的醇提物中得到一个含量相对较高的单体化合物 Am4，本节将 Am4 作为诱导子加入 VW 培养基，设 3 个浓度，分别相当于原菌索干重 10g/L(l)、25g/L(m)、50g/L(h)，研究其对天麻种子萌发和原球茎发育的作用。

一、Am4 对天麻种子萌发率的影响

Am4 各处理的天麻种子和对照同时萌发，且显著提高了天麻种子的萌发率，尤其以 Am4 中浓度处理促进萌发作用最为明显。培养 110 天和 140 天，Am4 中浓度处理的萌发率可以达到对照的 2 倍。培养 170 天时，Am4 各处理天麻种子的萌发率分别为 89.6%、92.5%和 90.0%，对照天麻种子的萌发率为 62.7%。Am4 低、中、高浓度处理天麻种子的最终萌发率和对照无

显著差异，分别为 95.6%、95.5%和 96.3%，对照为 97.1%。

二、Am4 作用下天麻原球茎的形态学观察

如图 29-3 所示，对照组的天麻原球茎伸长，没有出现分化，培养 11 个月后对照组的天麻原球茎直径约为 0.47mm、长为 1.51mm。Am4 各处理天麻的原球茎出现了分化，新的繁殖体多长于初生球茎的顶端。Am4 低浓度处理原球茎的平均分化率为 82.3%，其中分化出 2 个新球茎的初生球茎占分化原球茎的比例为 28.5%，分化出 3 个新球茎的初生球茎占分化原球茎的比例为 42.8%，分化出 4 个以上新球茎的初生球茎占分化原球茎的比例为 28.6%；Am4 低浓度处理原球茎的平均直径约为 0.56mm，长为 1.46mm。Am4 中浓度处理原球茎的平均分化率为 85.7%，其中分化出 2 个新球茎的初生球茎占分化原球茎的比例为 26.3%，分化出 3 个新球茎的初生球茎占分化原球茎的比例为 42.1%，分化出 4 个以上新球茎的初生球茎占分化原球茎的比例为 31.5%；Am4 中浓度处理原球茎的平均直径约为 0.63mm，长为 1.50mm。Am4 高浓度处理原球茎的平均分化率为 87.0%，其中分化出 2 个新球茎的初生球茎占分化原球茎的比例为 25.0%，分化出 3 个新球茎的初生球茎占分化原球茎的比例为 35.0%，分化出 4 个以上新球茎的初生球茎占分化原球茎的比例为 40.0%；Am4 高浓度处理原球茎的平均直径约为 0.61mm，长为 1.57mm。

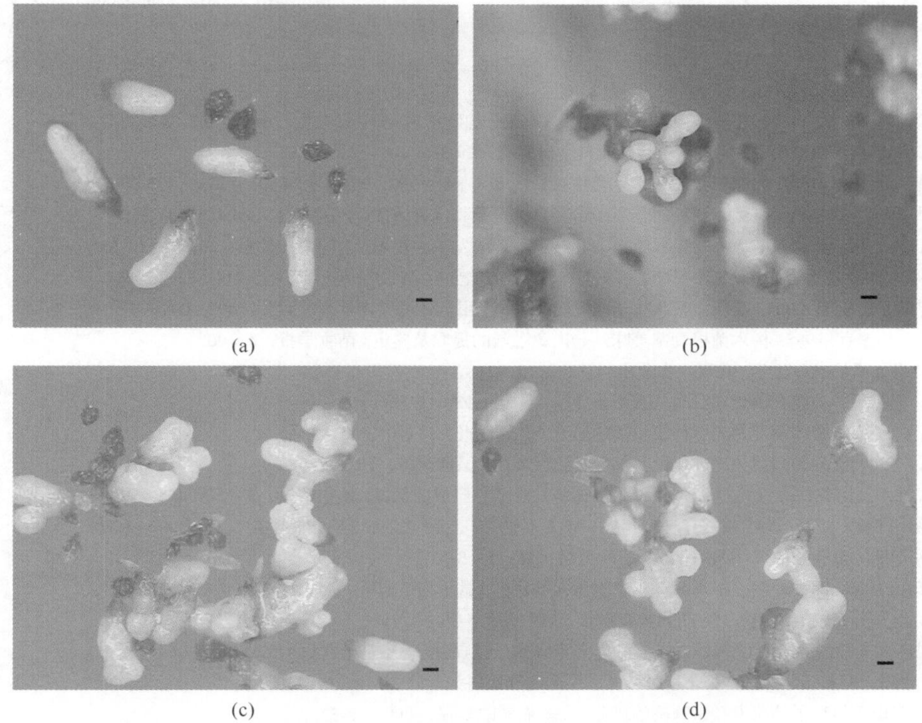

图 29-3 Am4 各处理天麻原球茎的分化情况（见彩图）

(a) 对照的天麻原球茎；(b) Am4 低浓度处理的天麻原球茎；(c) Am4 中浓度处理的天麻原球茎；(d) Am4 高浓度处理的天麻原球茎。标尺：250μm

研究结果表明，Am4 不仅促进天麻种子的萌发，而且促进天麻原球茎分化新的繁殖体，

这种现象对天麻的繁殖非常重要。Am4 处理的原球茎的体积大于对照组，而在自然条件下，天麻原球茎的体积越大，越容易与蜜环菌接触，越容易存活。因此，Am4 是促进天麻原球茎营养繁殖的活性成分之一。笔者从蜜环菌菌索的甲醇提取物中还分离得到了 2 个甾体和 4 个三萜类成分，这些成分与 Am4 的生源途径相同，结构相似，它们是否对天麻块茎的无性繁殖具有促进作用有待进一步研究。

三、主要结论

蜜环菌菌索中抑制天麻种子萌发的主要物质存在于极性大的水提物中。来源于水提物的上清液和蜜环菌多糖对天麻种子萌发的抑制作用与水提物的作用相似，都延迟了天麻种子萌发的起始时间，降低了天麻种子的萌发率，并且都随着浓度的增加，抑制作用逐渐加强，其中蜜环菌多糖的抑制效果最明显，可以延迟天麻种子萌发的时间达 4 个月，最终萌发率为 63.6%～70.3%。蜜环菌菌索甲醇提取物尽管对天麻种子萌发有一定的抑制作用，但可促进天麻种子萌发形成的原球茎的分化和繁殖。进一步的研究表明，从蜜环菌甲醇提取物中获得的单体化合物麦角甾醇（Am4）可以促进天麻种子的萌发，尤其是可促进天麻原球茎的分化和繁殖，麦角甾醇处理组天麻原球茎的最高分化率为 87.0%。

（郭文娟　孟志霞　郭顺星）

参考文献

陈晓梅，郭顺星，王秋颖，等. 2001. 蜜环菌不同发育阶段多糖成分的研究. 中国中药杂志，26(6)：381-384.
催秋华. 2012. 齿瓣石斛快繁研究. 北京：中国林业科学研究院，29-30.
杜贵友，陈楷，周文全. 1998. 天麻促智冲剂治疗老年血管性痴呆临床观察. 中国中药志，23(11)：695-698.
范黎，郭顺星. 1996. 墨兰共生真菌一新种的分离，培养，鉴定及其生物活性. 真菌学报，15(4)：251-255.
郭顺星，徐锦堂. 1990. 真菌及其培养物提取液在细叶石斛种子萌发中的作用. 中国中药杂志，15(7)：13-15.
景蕊莲，昌小平. 2003. 用渗透胁迫鉴定小麦种子萌发期抗旱性的方法分析. 植物遗传资源学报，4(4)：292-296.
柯德森，孙谷畴，王爱国. 2003. 抗坏血酸与种子萌发的关系. 应用与环境生物学报，9(5)：497-500.
李玉萍，王蕤，周银莲. 1988. 树木菌根真菌美味红菇内源激素的提取及鉴定. 菌物学报，4：008.
刘铮. 1991. 微量元素的农业化学. 北京：农业出版社，2，3，218，411.
邱德文. 2002. 植物用多功能真菌蛋白制品及其制备方法，中国：ZL01128666. 0.
冉砚珠，徐锦堂. 1988. 蜜环菌抑制天麻种子发芽的研究. 中药通报，13(10)：15-17.
沈业寿，洪毅. 1999. 蜜环菌多糖分离纯化及其部分理化性质. 中国食用菌，18(1)：38-39.
田梅生，王伏雄，钱南芬，等. 1985. 四季兰种子离体萌发及器官建成的研究. 植物学报，27(5)：455-459.
王光远，刘培，许智宏，等. 1995. 石斛离体培养中 ABA 对诱导花芽形成的影响. 植物学报，37(5)：374-378.
王建勤，陈钢. 1995. 金线莲原球茎的组培诱导. 中药材，18(1)：3-5.
王有智，黄亦存. 1997. 四种外生菌根真菌产生植物激素的研究. 微生物学通报，24(2)：72-74.
熊愈辉. 1998. 发芽抑制物质研究综述. 湖州师专学报，20(5)：25-30.
徐锦堂，冉砚珠，牟春，等. 1981. 天麻种子发芽营养来源的研究(简报). 中药通报，6(3)：2.
徐锦堂.1993. 中国天麻栽培学. 北京：北京医科大学中国协和医科大学联合出版社，130.
于力文. 1984. 霍山石斛种子的萌发和试管苗的培养. 安徽农学院学报，(1)：48-52.
郑蔚红，冷建梅. 2003. 青霉素、过氧化氢和高锰酸钾浸种对沙棘种子萌发和幼苗生长的影响. 种子，(6)：21-22，29.
周小燕. 1981. 高等担子菌生物化学研究动态. 应用微生物，(3)：1-6.
Arditti J. 1967. Factors affecting the germination of orchid seeds. The Botanical Review，33(1)：1-97.
Breddy NC. 1953. Observations on the raising of orchids by asymbiotic cultures. Amer OrchSoc Bull，22：12-17.
Chen YX，He YF，Luo YM，et al. 2003. Physiological mechanism of plant roots exposed to cadmium . Chemosphere，50：789 -793.

Dekkers-Jolanda BJW, Schuurmans AMJ, Smeekens Sjef CM. 2004. Glucose delays seed germination in *Arabidopsis thaliana*. Planta, 218: 579-588.

Guo S X, Fan L, Cao WQ, et al. 1997. *Mycena anoectochila* sp. nov. isolated from mycorrhizal roots of *Anoectochilus roxburghii* from Xishuangbanna, China. Mycologia, 89(6): 952-954.

Guo S, Fan L, Cao W, et al. 1998. *Mycena dendrobii*, a new mycorrhizal fungus. Mycosystema, 18(2): 141-144.

Guo SX, Xu JT. 1990. Studies on the cell ultrastructure in the course of *Gastrodia elata* digesting *Mycena Osmundicola* Lange and *Armillaria Mellea* Fr. Mycosystema, 9: 218-225.

Hillman J R. 1978. Isolation of Plant Growth Substances. Cambridge: Cambridge University Press, 41.

Kano K. 1965. Studies on the media for orchid seed germination. Mem Fac Agric Kagawa Univ, 20: 1-68.

Khan AL, Lee IJ. 2013. Endophytic *Penicillium funiculosum* LHL06 secretes gibberellin that reprograms *Glycine max* L. growth during copper stress. BMC Plant Biology, 13(1): 86.

Khan AL, Waqas M, Khan AR, et al. 2013. Fungal endophyte *Penicillium janthinellum* LK5 improves growth of ABA-deficient tomato under salinity. World Journal of Microbiology and Biotechnology, 29(11): 2133-2144.

Kuhn R, Jerehel R. 1943. Uber die Chemische Natur der Blastokolinc und ihre Einwirkung auf Keimende Samen, Pollenkorner. Helen. Bakterien. Epithelgewebe und Fibrolasten, Naturwiss, 31: 468.

Kusano S, Daigaku T, Nōgakubu T. 1911. *Gastrodia Elata* and its symbiotic association with *Armillaria mellea.* J Coll Agric Imp Univ Tokyo, 4(1): 1-66.

Lin L, Xu X. 2013. Indole-3-acetic acid production by endophytic Streptomyces sp. En-1 isolated from medicinal plants. Current Microbiology, 67(2): 209-217.

Raghavan V. 1983. 维管植物实验胚胎发生. 中国科学院植物研究所译. 北京：科学出版社，22.

Spoerl E. 1948. Amino acids as sources of nitrogen for orchid embryos. American Journal of Botany, 35: 88-95.

Waqas M, Khan AL, Kamran M, et al. 2012. Endophytic fungi produce gibberellins and indoleacetic acid and promotes host-plant growth during stress. Molecules, 17(9): 10754-10773.

Xin G, Glawe D, Doty SL. 2009. Characterization of three endophytic, indole-3-acetic acid-producing yeasts occurring in *Populus* trees. Mycological Research, 113(9): 973-980.

Yates RC, Curtis JT. 1949. The effect of sucrose and other factors on the shoot-root ratio of orchid seedlings. American Journal of Botany, 390-396.

第三十章　白及与真菌的关系

第一节　白及根的显微特征及其内生真菌分布

白及(*Bletilla striata*)属地生型兰科植物，分布于中国云南、贵州、广西及四川等省(自治区)，常见于荫蔽草丛或林下潮湿地。为常用中药材，具有止血补肺、生肌止痛等功效。其药用成分主要为其富含的白及胶质(甘肃省新医药研究所，1982)。现代药理研究证实白及胶能抑制肿瘤血管生成，兼有抗感染、抗肿瘤和促进凝血的功能(徐小炉等，2000；冯敢生等，2003；车艳玲和刘松江，2008)。自然条件下，由于兰科植物与真菌特殊的共生关系，在其整个生长周期过程中无不需要真菌的参与，正是这点使得白及自然繁殖率低。同时，由于其观赏和药用价值，长期以来被人们过度采挖，野生资源越来越少。

植物化学成分研究表明，白及中含甘露聚糖、淀粉、挥发油等多种活性成分。白及的化学成分和药理、临床、组织培养及其种子与真菌作用等方面已有研究报道(郭顺星和徐锦堂，1992；徐小炉等，2000；冯敢生等，2003；曾宋君等，2004)，而关于白及根的显微结构及其内生真菌分布方面的研究报道很少。本节对自然生长状态下白及根的显微结构及其内生真菌的分布进行研究，这有助于全面了解白及的生物学特性，为我们后面研究白及的生长发育、内生真菌分布规律及与内生真菌的关系提供科学依据。

本研究所用植物材料白及取材于广西壮族自治区融水县。采用石蜡切片方法对白及根的显微结构进行观察。

一、白及根的解剖特征

石斛等其他兰科植物的菌根特征已有过报道(范黎等，2000；丁晖等，2002；吕梅等，2005；余知知等，2009)，本研究中发现白及根的显微解剖特征为典型的兰科植物根的结构。

白及根的横切面由根被、皮层及中柱组成[图 30-1(a)]。根被位于根的最外围，由 4～5 层薄壁细胞组成，最外层细胞破损，其余细胞稍延长呈椭圆形或多角形。根被具有保护、吸收和储藏水分的功能。在白及根被上还有根毛，根毛是根表皮细胞的管状延伸；根毛的存在明显地扩展了根的吸收表面，同时也是真菌侵入白及根的通道之一[图 30-1(e)]。皮层位于根被的内方，从外向内明显地分为外皮层、皮层薄壁细胞和内皮层 3 部分。外皮层在根被内侧，紧贴根被，由一层排列紧密、径向延长的多角形细胞组成。细胞外壁和径向壁加厚，内壁薄，中间夹杂一些具有浓厚细胞质和明显细胞核的近方形的通道细胞。通道细胞是内外水分和养分交换的通道，同时也是真菌侵入皮层的通道[图 30-1(f)、图 30-2(e)]。在外皮层和内皮层之间为皮层，厚 870～900μm，由 6～7 层薄壁细胞组成，外层和内层细胞较小，中间 4～5 层为大型的圆形或椭圆形的薄壁细胞，排列疏松，细胞间隙明显，内含物丰富，也是活力最旺盛的细胞。个别细胞内被针状束结晶体所占据[图 30-1(b)]。内皮层位于皮层最内一层，邻近中柱，为一

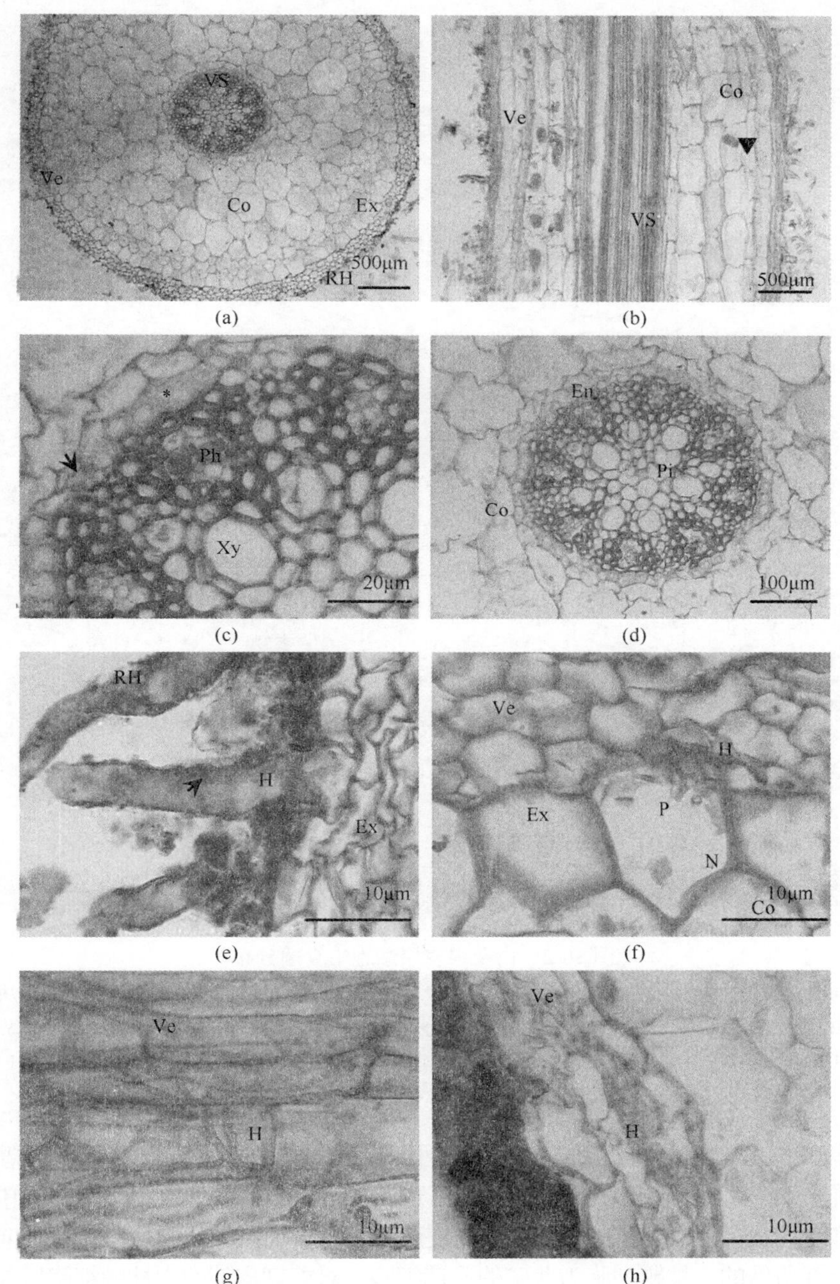

图 30-1　白及根解剖及根被细胞中真菌分布

(a)白及菌根横切面，示根毛、根被、外皮层、皮层及中柱；(b)完整菌根的纵切面，皮层细胞内具针状结晶(▼)；(c)根横切面的局部放大，示内皮层通道细胞(↓)及中柱鞘细胞(*)；(d)内皮层及中柱；(e)根毛、根被，根毛内有菌丝，箭头(↓)示真菌从根毛向根被细胞侵染；(f)定植于根被细胞及通道细胞中的菌丝，老化的菌丝经染色后呈红色；(g)白及菌根纵切面，示菌丝在根被细胞间纵横生长；(h)菌根横切面，示菌丝在连续几个根被细胞中定植。RH.根毛；Ve.根被；Ex.外皮层；Co.皮层；En.内皮层；P.皮层通道细胞；VS.中柱；Xy.木质部；Ph.韧皮部；Pi.髓；H.真菌菌丝；N. 细胞核

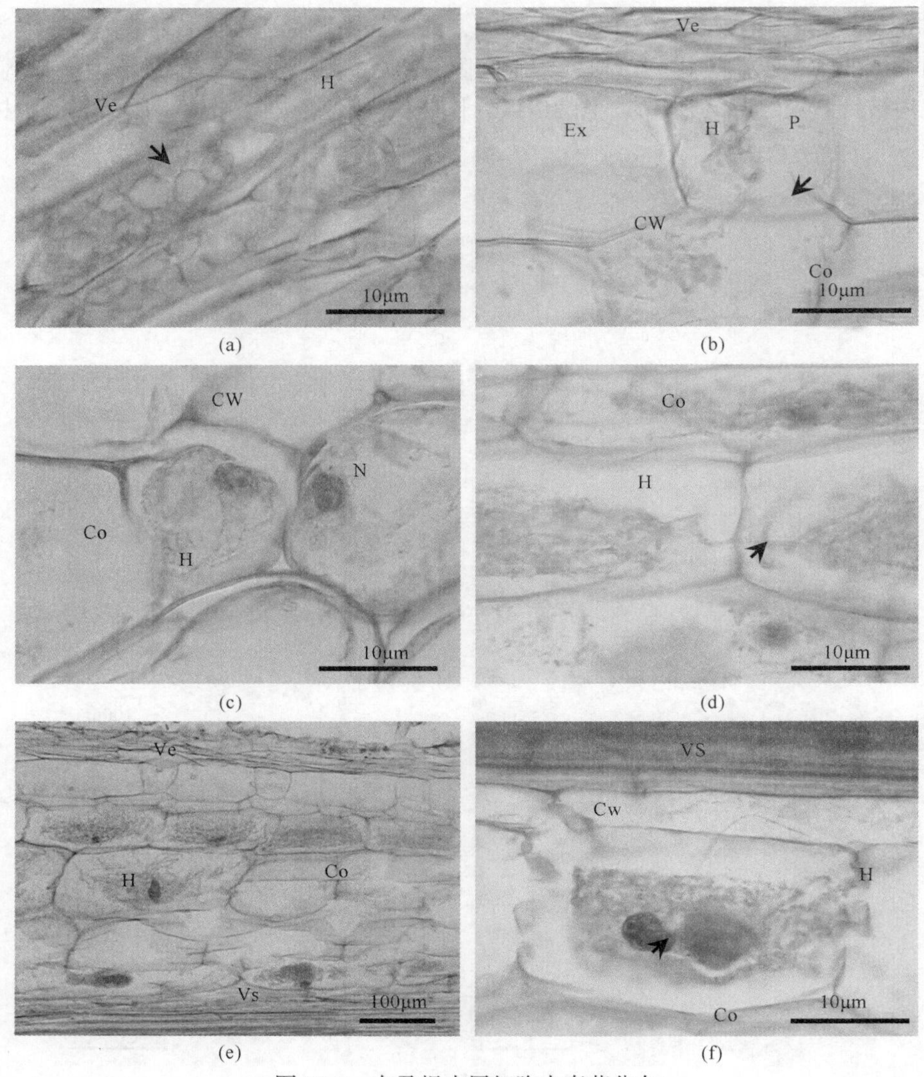

图 30-2　白及根皮层细胞中真菌分布

(a) 菌根纵切面，示膨大的菌丝充满整个定植细胞腔(↓)；(b) 菌根纵切面，示外皮层具通道细胞，箭头(↓)示菌丝从通道细胞向皮层细胞侵染；(c) 菌根横切面，示染菌皮层细胞；(d) 菌根纵切面，示菌丝由一个细胞向另一个细胞侵染；(e) 菌根纵切面，示菌丝能侵染到距内皮层 1～2 层细胞以外的皮层细胞中；(f) 染菌皮层细胞纵切面，箭头(↓)示膨大的细胞核。Ve.根被；Ex.外皮层；Co.皮层；P. 皮层通道细胞；Vs. 中柱；H. 真菌菌丝；N. 细胞核；Cw. 细胞壁

层排列紧密整齐的方形或长方形细胞，细胞较小，壁稍加厚，其中对着木质部的薄壁细胞为内皮层通道细胞，内皮层细胞中凯氏带加厚不明显[图 30-1(c)]。根的中心部分为中柱，由中柱鞘、维管束和髓构成[图 30-1(d)]。细胞较内皮层细胞小，细胞壁全面加厚，呈切向稍长的椭圆形。对着木质部角处的中柱鞘细胞为薄壁的通道细胞。对着韧皮部的中柱鞘细胞壁显著加厚并高度木质化。维管束为八角形辐射维管束。原生木质部的导管较小，向内渐渐增大，细胞壁厚且木质化。韧皮部位于两个木质部角之间，只有 2～3 个筛管和伴胞组成。由于后生木质部未分化到中心，故中心为大型薄壁细胞组成的髓。

二、白及菌根的解剖特征

从白及根的连续石蜡切片可以看到，根毛中有真菌菌丝分布[图 30-1(e)]。真菌菌丝进入根被细胞时，根被细胞没有受到破坏。根被细胞中分布有大量的菌丝，从图 30-1(g)可以看出，菌丝在根被细胞间横向延伸，同时朝皮层的方向生长，有时在根被细胞中的一个或连续几个细胞中定植[图 30-1(h)]。随着菌丝在定植细胞中不断地生长，菌丝细胞往往会膨大，形成一连串的膨大菌丝细胞，膨大后的菌丝相互重叠在一起，最终充满整个定植细胞腔[图 30-2(a)]；膨大后的菌丝细胞直径往往比原菌丝的直径大 3～4 倍，具明显的横隔膜，有的膨大菌丝细胞呈圆形。这点在以往的研究报道中未见论述，但其具体作用还不明确。侵染到根被细胞的菌丝并非在所有经过的根被细胞中定植，有时只定植于其中某一个根被细胞，有时则能在同一层或相邻 2～3 层的根被细胞中连续定植[图 30-1(h)]。处于旺盛生长状态的菌丝经番红、固绿双重染色后呈绿色，而老化的菌丝则呈红色[图 30-1(f)]。Hadley 和 Williamson(1972)曾在根毛中观察到有真菌分布，认为真菌可从根毛进入根被细胞，进一步向通道细胞和皮层细胞侵染。笔者在白及的根毛中观察到了同样的现象。而范黎等(2000)在密花石斛和长茎羊耳蒜的根毛中未观察到类似现象。因此，根毛是否是真菌侵入兰根的通道及其侵入机制需要作进一步的探索。

白及根的外皮层为死细胞，有木质化加厚的细胞壁，只有通道细胞为活细胞，细胞壁薄，具有细胞核。从图 30-1(f)和图 30-2(b)可以看出，在白及的通道细胞中有菌丝定植，并进一步向皮层细胞扩展。真菌菌丝通过外皮层通道薄壁细胞向皮层细胞扩展，这种侵入方式与范黎等(2000)观察到的密花石斛等几种兰科植物相似，说明通道细胞是菌根真菌侵入兰根皮层细胞的通道。

皮层细胞在白及根中占有最大的比例，壁薄，是真菌增殖生长的主要栖居区域，并可消化侵入的菌丝为兰花的生长提供营养(Hadley and Williamson，1972)。菌丝穿过外皮层通道细胞侵入皮层细胞内，沿细胞壁缠绕数圈成菌丝团[图 30-2(c)]，然后菌丝通过细胞壁上的纹孔再侵染相邻的另一个细胞[图 30-2(d)]，逐步扩展为一个侵染区域[图 30-2(e)]。侵染时间较长的菌丝团会逐渐消解，形成紧密的一团，也就是菌丝结[图 30-2(f)]。菌丝结形状不规则，经番红、固绿双重染色后呈明显深绿色的团状结构或结状结构。此外，菌丝并非在所有的皮层薄壁细胞中都有分布，而是只集中在某些区域[图 30-2(e)]。从图 30-2(e)、(f)可以看出，菌丝往往只分布在距内皮层 1～2 层细胞以外的皮层细胞中，而不能侵染到内皮层和中柱。在与外皮层相邻的几层皮层细胞里常有针状结晶分布[图 30-1(b)]，Rasmussen(1990)用甲苯胺蓝对兰科植物原球茎中针状结晶的研究表明，这些针状结晶是植酸钙镁，白及根皮层细胞中的针状结晶可能也是这类物质。从图 30-2(c)、(f)可以看出，染菌皮层细胞的细胞核常常膨大，膨大后的细胞核比未染菌皮层细胞的细胞核大 2～3 倍，真菌菌丝往往向细胞核靠近。这类似于其他兰科植物中观察到的现象(Hadley and Williamson，1972；范黎等，2000)，这种现象是否与调控皮层细胞对菌丝的消化吸收有关，现在还不明确。

第二节　白及种子非共生萌发

白及的果实为蒴果，每个蒴果有几万粒种子，但种子极小，呈白色粉末状，仅有种胚，无胚乳，在自然条件下很难萌发成苗。生产上以分株繁殖，但繁殖系数低。非共生萌发在获得幼苗和保护天然资源上已成为一种普遍应用的技术(朱泉等，2009)。由于不同种子对营养的需求具有个体差异，目前还没有一个能够普遍适用的营养配比方案，因此，在研究无菌萌发时，首要的因素是确定种子对营养的需求状况，获得最适的营养配比。

本节将对白及种子非共生萌发进行研究，重点从培养基和光照两个因素研究其对白及种子萌发的影响。本研究所用的白及种子来源于野生白及成熟未开裂的果实。

一、培养基对白及种子萌发的影响

白及种子无菌萌发试验的培养基。①N6 培养基(朱至清等，1975)：蔗糖 50g/L，琼脂 8.5g/L，pH 5.8。②MS 培养基(Murashige et al.，1962)：蔗糖 30g/L，肌醇 100mg/L，琼脂 8.5g/L，pH 5.5～5.8。③KC 培养基(Knudson，1946)：蔗糖 20g/L，琼脂 8.5g/L，pH 5.0～5.2。④Harvais(HA)培养基(Harvais，1982)：葡萄糖 20g/L，琼脂 8.5g/L，pH 5.5。⑤Fast 培养基(Fast，1976)：抗坏血酸 50mg/L，蔗糖 12g/L，果糖 5mg/L，蛋白胨 2g/L，琼脂 8.5g/L。pH 5.5。

以 PO 表示培养基中加入马铃薯。培养条件为暗培养，温度(25±2)℃。每隔 7 天检查种子萌发情况。种子萌发的标准为种胚突破种皮。

(一)培养基对白及种子萌发率的影响

不同培养基对白及种子萌发率的影响极大。第 8 周时观察，供试的 3 种培养基的萌发率有非常显著的差异。其萌发率由高到低依次为 KC、MS、N6。KC 培养基上的萌发率为 61.16%，分别比 MS、N6 培养基上的萌发率高 284.65%、683.10%。加入附加物马铃薯后，萌发率大幅度下降，与不加入马铃薯的比较，萌发率显著性下降。例如，KC+PO 的萌发率仅为不加入马铃薯 KC 的 53.43%(表 30-1)，说明附加物马铃薯不利于白及种子的萌发。

表 30-1　不同培养基对白及种子萌发率的影响(暗培养　第 8 周)

培养基	KC	KC+PO	MS	MS+PO	N6	N6+PO
萌发率/%	61.16±1.97a	32.68±2.33b	15.90±1.59c	9.77±1.34d	7.81±1.18de	5.99±1.09e

注：KC、MS、N6 分别代表 3 种培养基 Knudson C、MS、N6；PO 代表加入 100g/L 的马铃薯，马铃薯煮 20min 后取汁加入。数字后的小写字母代表显著性差异

就不同培养基对白及种子萌发率增长的作用来看，种子的萌发从第 5 周开始，初始萌发率在不同处理之间存在显著性差异，MS＋PO 培养基上的萌发率显著低于 KC+PO 和 Harvais+PO 培养基上的萌发率，这种显著性差异水平在整个培养周期内持续存在。KC+PO 和 Harvais+PO 上的最终萌发率分别为 51.57%和 49.65%，分别比 MS+PO 培养基上的萌发率(26.86%)高 92.00%和 84.85%。达到最终萌发率的时间不同培养基之间没有差异，都在第 8 周达到最大萌发率(表 30-2)。

表 30-2　不同培养基对白及种子萌发率增长的影响(暗培养)　(单位：%)

培养基	周次									
	1	2	3	4	5	6	7	8	9	10
KC+PO	0	0	0	0	4.15±1.00ab	18.01±1.80a	41.49±3.40a	51.40±2.80a	51.40±2.80a	51.57±2.09a
MS+PO	0	0	0	0	2.26±0.82b	6.85±1.68b	15.85±3.63b	26.47±3.89b	26.47±3.89b	26.86±3.84b
HA+PO	0	0	0	0	4.60±1.35a	20.51±3.37a	37.26±2.68a	49.29±2.82a	49.29±2.82a	49.65±3.00a

注：KC、MS、HA 分别代表培养基 Knudson C、MS、Harvais；PO 代表加入 100g/L 的马铃薯，马铃薯煮 20min 后取汁加入。数据后的小写字母代表显著性差异

(二)培养基对白及原球茎发育的影响

不同培养基对白及原球茎早期的发育有一定影响。第 10 周时观察，各培养基中原球茎都发育到了第 4 级，第 3 级和第 4 级的原球茎在不同培养基之间没有明显差别，加入马铃薯后原球茎在不同培养基之间也没有明显差别(表 30-3)。

表 30-3 不同培养基对白及原球茎发育的影响(播种后第 10 周观测)

培养基	发育级别					
	0	1	2	3	4	5
HA	41.38±2.38	0	2.403±2.35	35.35±2.54	20.87±1.75	0
FA	46.60±3.56	0	6.258±2.08	30.81±3.00	16.33±2.67	0
HA+PO	34.74±1.42	0	2.304±1.70	45.41±3.37	17.55±2.87	0
FA+PO	47.00±3.56	0	6.312±0.81	33.40±3.74	13.29±1.45	0

注：HA 代表 Harvais 培养基；FA 代表 Fast 培养基；PO 代表加入 100g/L 的马铃薯，马铃薯煮 20min 后取汁加入；白及原球茎发育级别的判断标准见本章第六节表 30-10；下同

不同培养基对白及原球茎后期的发育有较大的影响。从原球茎发育的形态可以看出，播种后 3 个月，KC 和 Fast 培养基上的原球茎已经出现了两片叶，而其他培养基上的原球茎刚发育到出现第一片叶的级别，说明白及原球茎后期的发育需要合适的营养条件，KC 和 Fast 培养基是有利于原球茎发育的培养基(图 30-3)。

(三)培养基对白及原球茎形态的影响

不同培养基上的原球茎形态有些差别，如图 30-3 所示为白及播种后 3 个月的原球茎形态，可以看出，KC、MS 培养基上的原球茎较细长，Fast、Harvais、N6 培养基上的原球茎较粗壮。原球茎的发育快慢与原球茎的粗壮程度没有相关性。

最早有关兰科种子无菌萌发的报道是 Knudson(1921；1922)发现卡特利亚兰种子在一些矿质元素和蔗糖的简单培养基上能够萌发。之后，许多学者研究了营养条件对兰科种子萌发的影响，发现了许多有趣的结论。Rasmussen(1995)报道了 40 种适合地生兰种子无菌萌发的培养基，许多研究致力于降低无机物浓度、增加天然附加物的量有利于种子的无菌萌发(Harvais，1982；Mitchell，1989)，增加含水量也有利于种子萌发(Arditti et al.，1982)。

白及种子是比较容易在培养基上萌发的，成熟的胚圆润饱满，积累的营养成分多，这可能是白及种子易萌发的一个主要因素。白及的胚萌发后可直接分化出叶原基和根原基，长成健康苗(张建霞等，2005)。笔者发现，虽然白及种子内的营养物质储存较多，但其在不同培养基上的萌发率差别极大，推测白及种子可能需要一些独特的营养因子启动萌发。同一类种子在不同培养基上生长状况不同(李丽等，2007；吕秀立和张冬梅，2011)，这与笔者对白及种子的研究结果是一致的。不同培养基之间种子萌发率差别巨大的原因尚不清楚，需要进一步试验研究。

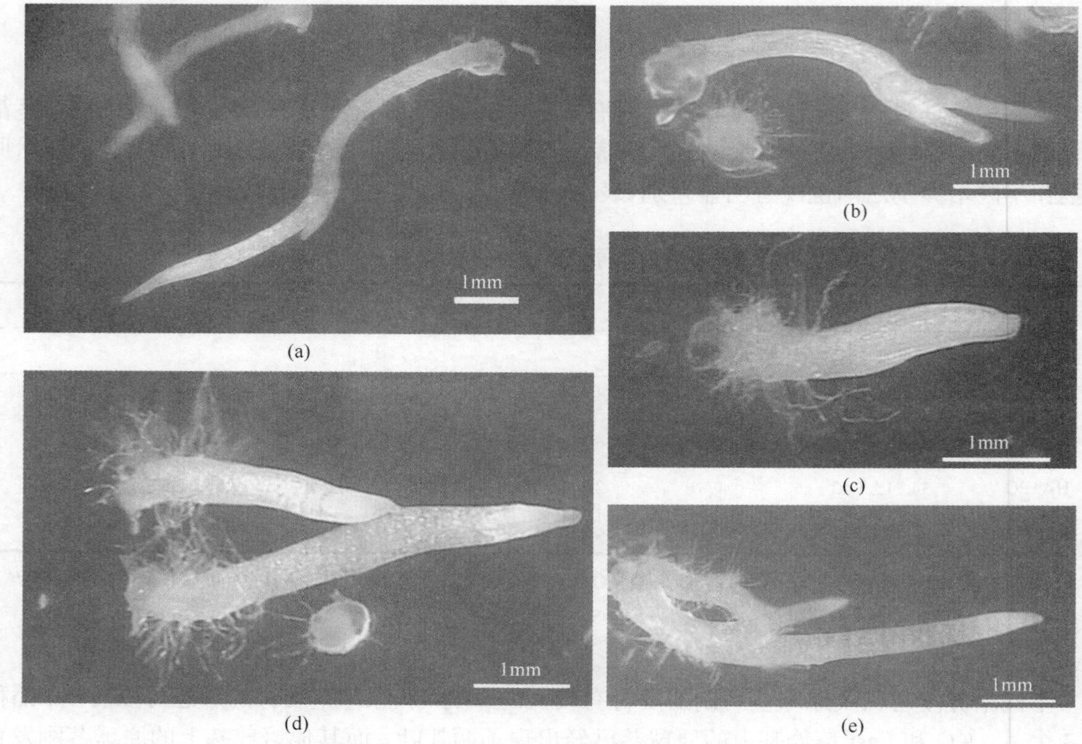

图 30-3　不同培养基对白及原球茎发育的影响

(a) KC；(b) Fast；(c) Harvais；(d) N6；(e) MS。播种后 3 个月原球茎的发育状况

二、光照对白及种子萌发的影响

根据上述试验结果，选用 KC 培养基作为光照条件试验下的统一培养基。对未开裂的白及蒴果消毒后，将种子均匀播到 KC 培养基中。播种后将容器置于以下 3 种环境条件下，作 4 个处理组。①光照培养(L)：光照时间为 10～12h/天，光照强度为 1500lx。②黑暗培养(D)。③先光照然后黑暗培养(W_1)：光照培养条件下先培养 1 周，然后转移到黑暗条件下培养。④先黑暗然后光照培养(W_2)：先在黑暗条件下培养 1 周，然后转移到光照条件下培养，以上各组温度均为(25±2)℃。播种后，每隔 7 天观察种子萌发情况，统计萌发率，在第 8 周时观测原球茎各级别所占的百分数，各级别的观测标准采用兰科种子萌发的级别分类标准(见本章第六节)。

(一) 不同光照处理对白及种子萌发率的影响

不同光照处理对白及种子无菌萌发的最终萌发率没有影响，播种 9 周时，各组萌发率为 51.4%～57.0%。但不同光照处理会影响初始萌发的时间，L 和 W2 处理组的初始萌发时间为 4 周，比 D 和 W1 处理组的初始萌发时间早 1 周。

(二) 不同光照处理对白及原球茎发育的影响

光照处理能够显著地提高白及原球茎的发育。播种后 10 周观察，L 和 W2 处理组已经萌发的原球茎均发育到了第 5 级，第 5 级所占的比例分别为 57.00%、55.54%；而 D 和 W 处理组的原球茎仅仅发育到了第 4 级，第 4 级所占的比例分别为 13.68%、20.67%，主要的原球茎级别为第 3 级，第 3 级所占的比例分别为 37.89%、33.22%。

光照是影响兰科种子无菌萌发的一个重要因子(Arditti, 1967)，它不仅影响种子的萌发率，而且影响种子萌发后原球茎的发育进程(Rasmussen，1995)。关于兰科植物种子萌发与光照的关系，有两种观点：一种观点是种子萌发需要提供一定的光照(Rasmussen，1990；Stewart and Kane，2006)；另一种观点是种子初始萌发时不需要提供光照，光照对种子萌发有抑制作用(Light and Macconaill，1998；Seaton and Ramsay，2005)。本研究发现，光照对白及种子的最终萌发率没有显著影响。原因可能是白及种子内所含营养成分较多，萌发比较容易，因而对光照条件的变化感受不敏感，或者与野生植株所处的环境条件有关(Thompson et al.，2001)。

第三节　白及无菌幼苗培养条件的优化

笔者将成熟的白及种子无菌播种在改良的 KC 培养基上，在适宜的温度、光照条件下培养，种子萌发率可达 90%以上，并直接获得种子幼苗，但种子萌发成苗的生长期较长、苗弱，要把试管繁殖用于实际生产，培育试管壮苗是保证移栽成活率的重要因素。本节进一步研究培养基、植物激素、天然添加物及 pH 等对白及幼苗生长的影响，以便获得培养简单、移栽成活率高的白及组培苗。

一、基本培养基对白及幼苗生长的影响

幼苗在 4 种培养基上生长情况见表 30-4。在 KC 培养基上幼苗生长良好，苗高，叶色浓绿，根系发达，且长度较均匀；其次为 1/2MS 和 B5 培养基。在 MS 培养基上植株长势最差，根系较短细弱。

表 30-4　不同基本培养基对幼苗生长的影响

基本培养基	苗高/cm	叶数/片	根数/条	根长/cm	叶色
1/2MS	1.55	3.14	1.72	0.96	绿色
MS	1.19	2.80	2.45	0.51	黄绿色
B5	1.25	3.25	1.75	0.74	绿色
KC	1.91	4.75	2.65	1.15	浓绿色

二、天然添加物及浓度对幼苗生长的影响

从表 30-5 可以看出，添加香蕉和马铃薯提取液对白及幼苗均有促进作用。香蕉比马铃薯提取液更有利于培养优质的试管苗，在添加 10%香蕉的培养基上，苗较高、根粗、叶色浓绿、根系发达且块根上发生新根，试管苗长势优于其他处理。在添加马铃薯提取液的培养基上，虽然苗较高，但根较细、短，而且没有新根产生。从植株的综合长势及降低成本方面考虑，以添加 10%香蕉较好。

表 30-5　不同天然添加物及浓度对幼苗生长的影响

基本培养基	浓度/%	苗高/cm	叶数/片	根数/条	根长/cm	根粗/cm	叶色
CK		1.75	3.14	1.65	1.23	0.10	绿色
香蕉	10	1.55	3.85	3.33	1.46	0.16	浓绿色
	20	1.36	3.75	2.35	1.39	0.16	绿色
	30	1.38	3.78	1.85	1.35	0.17	绿色
马铃薯	10	1.55	3.53	2.10	1.37	0.10	绿色
	20	1.87	4.15	2.45	1.45	0.10	绿色
提取液	30	1.91	4.00	2.50	1.40	0.10	绿色

三、pH 对幼苗生长的影响

从表 30-6 可以看出，培养基的 pH 为 5.0～7.0 对试管苗的生长影响不大。但在 pH 为 5.0～6.0 时，试管苗的根系较粗壮，苗长势较整齐；pH 为 6.0 时，苗较高，叶色浓绿，叶子较多。

表 30-6　pH 对幼苗生长的影响

pH	苗高/cm	叶数/片	根数/条	根长/cm	叶色
4.00	1.15	3.00	1.55	0.56	绿色
5.00	1.20	3.25	2.45	0.65	绿色
6.00	1.25	3.35	2.75	0.74	浓绿色
7.00	1.24	3.20	2.95	0.63	绿色

四、不同激素及浓度对幼苗生长的影响

从表 30-7 可以看出，适宜的生长素及浓度有利于试管苗的生长。添加 IBA 和 NAA 的培养基，试管苗长势均比不添加生长素的较好，其中添加 IBA 0.5mg/L 的培养基，苗高大，叶子较多，叶色浓绿，根多，根系发达且长度较均匀，试管苗的综合素质好；随着 IBA 浓度的升高，苗的生长受到影响，苗较矮，叶子减少，根少且短。当 NAA 浓度小于或大于 0.5mg/L 时，根生长不正常，出现膨大的变态根。

表 30-7　不同激素及浓度对幼苗生长的影响

生长素	浓度/(mg/L)	苗高/cm	叶数/片	根数/条	根长/cm	叶色
CK	0.0	1.15	2.15	1.75	0.65	绿色
NAA	0.2	1.05	2.10	1.25	0.55	绿色
	0.5	1.26	2.45	1.05	0.45	绿色
	1.0	1.15	2.00	1.55	0.65	绿色
	2.0	1.10	2.05	1.45	0.35	绿色

续表

生长素	浓度/(mg/L)	苗高/cm	叶数/片	根数/条	根长/cm	叶色
IBA	0.2	1.35	3.15	2.55	1.45	绿色
	0.5	1.40	4.00	3.05	1.40	浓绿色
	1.0	1.26	3.15	1.75	0.65	绿色
	2.0	1.23	3.00	1.55	0.46	绿色

本研究结果表明，应用于实际生产时，可以采用 KC、1/2MS 或 B5 作为基本培养基。另外，添加 0.5mg/L IBA 和 10%香蕉，培养基的 pH 调整为 6.0 左右时有利于培养健壮、高大的优质组培苗。

第四节　白及种子原地接菌共生萌发

自然界兰科种子的萌发非常困难，萌发率极低，必须与合适的真菌共生，靠消化萌发真菌获得营养才能萌发，而且萌发形成的原球茎极其微小，很难被发现，因而人们对自然条件下兰科种子萌发的过程知之甚少。本研究采用兰科种子原地共生萌发技术，获得了直接在自然界萌发的白及原球茎，对其大小进行测量并进行数据分析，从原球茎中定向分离内生真菌，用于寻找白及种子的共生萌发真菌。

一、材料与方法

(1) 白及种子在自然界原地播种：2006 年 8 月，在贵州省凯里市和施秉县的野生抚育区，采集成熟的野生白及蒴果，于自然条件下剖开果皮并收集种子；将种子分装于用尼龙网缝制的播种袋中，播种袋分别放置于适宜野生白及生长的各种环境中，如原来生长过野生白及(后被药农采挖)的土壤中、大树下的树根旁且杂草(这种草通常在野生白及周围生长)较多处、杂草根周围的土壤中、成年植株根附近的土壤中。

(2) 种子萌发状况及种子袋的收获：播种后，从第 4 个月开始，每隔 2～3 个月随机收回 2～3 个播种袋，体视显微镜下观察种子的发育情况；播种后 12 个月时把剩余的种子袋全部收回。

(3) 白及种子萌发率及原球茎发育规律：体视显微镜下观测各袋内种子的萌发状况及原球茎的大小，统计萌发率。观测原球茎大小时要按照级别进行记录。把各阶段原球茎大小都观测完成以后，将数据使用 SPSS 回归分析中的曲线估计进行统计分析，确定原球茎大小是否具有统计学意义，同时计算拟合方程。

(4) 白及种子或原球茎内生真菌的定向分离：取出袋内未死亡的种子和萌发形成的原球茎，先用无菌水冲洗去除材料表面黏附的杂质，然后用 0.1% $HgCl_2$ 消毒 15～120s，或 5%的次氯酸钠溶液消毒 10～120s，最后用无菌水冲洗 4 次。使用自制的微小刀片把原球茎切为 2～4 份接种到培养基上。有两种放置方法：①50%的原球茎切开接种到培养基上，每皿接种 1 个原球茎；②另外 50%的原球茎直接接种到培养基上，每皿接种 2 个。将接种的原球茎于 16～20℃条件下黑暗培养，5～15 天后，原球茎周围长出真菌菌丝，挑取菌丝尖端转接到 PDA 培养基上进行纯化。纯化后的菌种及时转接到装有 PDA 斜面的试管中培养，并于冰箱中 4℃保存。

(5) 内生真菌的分离培养基包括以下两种：①燕麦粉 0.3%，麦芽浸粉 0.08%，琼脂粉 1.1%，硫酸链霉素 0.01%，青霉素 0.008%；②蛋白胨 0.1%，麦芽浸粉 2%，葡萄糖 2.0%，琼脂粉 1.1%，硫酸链霉素 0.01%，青霉素 0.008%。

二、白及种子共生萌发真菌田间分布规律

观测结果表明，在田间不同地点白及种子萌发率的差别很大，在原本生长过较多野生植株且伴生有较多茅草的土壤环境中萌发率最高，达到了 1.83%；其次是成年植株根附近的土壤中，萌发率可达到 0.39%；其他地点的萌发率非常低，为 0.02%～0.07%，尤其是在没有白及成年植株的土壤中其萌发率为 0（表 30-8）。

表 30-8　白及种子共生萌发真菌在田间的分布规律

地点	萌发率/%
原本生长过较多野生植株且生长有较多茅草的土壤	1.83
成年植株根附近的土壤中	0.39
杂草根周围的土壤中	0.07
原本生长过野生植株的土壤，现土壤中生长着杂草	0.06
大树下的树根旁并且杂草较多处	0.02
无白及的土壤中	0

因为兰科种子在自然界必须有合适的真菌与之共生才能萌发，所以种子在自然界的萌发率高低反映了种子共生萌发真菌的分布密度，种子萌发率高的地点，其共生萌发真菌分布的密度相应就越大，反之亦然。

三、自然界白及原球茎发育规律

自然界白及种子萌发形成的原球茎，其发育是有规律的。在第 10 个月观测，从第 1 级到第 4 级的原球茎同时存在。第 1 级和第 2 级的原球茎数量较少，原球茎大小差别不是很大，长度为 400～500μm、宽度为 250～350μm。第 3 级的原球茎数量较多，原球茎的大小具有一个较大的浮动范围，长度为 900～1600μm、宽度为 450～550μm。第 4 级原球茎的长度范围在不同原球茎之间有较大的变幅，长度为 2000～3500μm、宽度为 530～640μm（图 30-4）。对所有观测的原球茎的长度和宽度进行回归分析，得到回归曲线（图 30-4）和拟合方程：$y=-636.753+156.250\times\ln x$，判定系数为 0.883，$F=295.29$，$P<0.000$，具有统计学意义。从拟合曲线上可以看出，自然界萌发的原球茎的长度有一个很宽广的范围，最短为 460μm、最长为 3900μm，相差 8.5 倍；宽度的变化范围相对来说较窄，最窄为 270μm、最宽为 680μm，相差 2.5 倍。从拟合方程可以说明原球茎的大小具有可预测性。

四、白及种子或原球茎内生真菌的分离结果

播种后 10 个月时在 42 袋中共发现 31 个原球茎，将原球茎接种到培养基上以后，通过分离纯化共得到 13 株真菌。

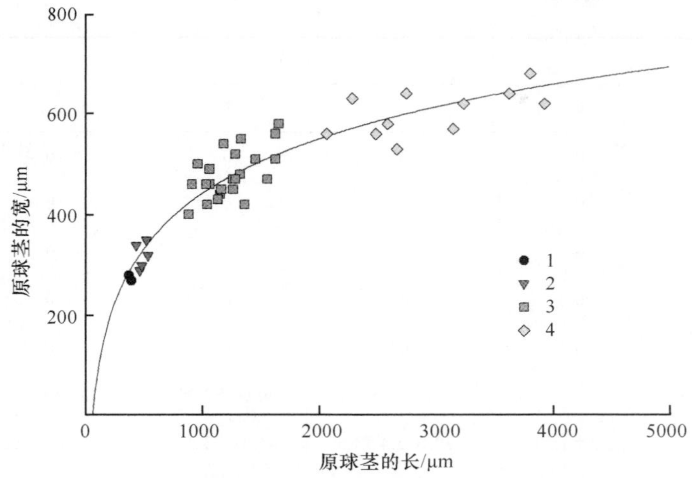

图 30-4　自然界白及原球茎大小拟合曲线图

从播种 12 个月后收回的 35 袋中发现原本已经萌发形成的原球茎大部分干枯死亡，仅发现了 4 个存活的原球茎，而且未萌发的种子都已经死亡。本次从 4 个原球茎中分离到 2 株真菌。

已有研究表明，兰科植物在不同的发育阶段需要不同的真菌与其共生（Burgeff，1936；Rasmussen，1995），如腐生兰天麻即是如此。也有学者从地生兰的根内分离菌根真菌，再对其进行筛选从而获得兰科种子的萌发真菌，但效果不是很理想，如种子萌发后不能形成幼苗（Rasmussen，1995；Stewart and Kane，2007）。这说明要想获得效果较理想的兰科种子萌发真菌就必须从种子或种子萌发形成的原球茎或幼苗中定向分离内生真菌，再经过筛选获得萌发真菌。

第五节　白及种子接菌共生萌发有效真菌的筛选

萌发真菌具有启动种子萌发的作用（McKendrick et al.，2002）。如果能发现萌发菌，利用互作技术可使种子在自然条件下萌发（Clements et al.，1986），直接获得大批量的优质种苗。其与种子的无菌萌发相比，具有明显的优势。本节对以上分离的内生真菌进行筛选，考察其中是否具有促进白及种子萌发的有效菌株，以此验证萌发真菌分离方法的可行性及寻找白及种子的萌发真菌。

本研究所用的菌种为本章第四节分离的 15 株真菌和从云南独蒜兰种子中分离的 2 株真菌，真菌编号见表 30-9。白及种子来源于野生白及成熟未开裂的果实。采用 OMA 法筛选。以 OMA 培养基播种不接种真菌作为阴性对照，以 KC 培养基无菌播种作为阳性对照。培养条件为黑暗培养，温度为（25±2）℃。为了验证有效真菌促萌发的确切效果，进行复筛试验，培养条件为：①光照培养（L）。日照 10～12h，光照强度为 1500lx。②黑暗培养（D）。

表 30-9　17 株真菌作用下白及种子的萌发率（n=4）　（单位：%）

菌株	周次					
	2	4	6	8	10	30
Bsg1		0	0	0	0	0
Bsg2		0	0	0	0	0
Bsg4-1		0	5.88±1.22	29.18±3.00	25.21±3.38	25.21±3.38

续表

菌株	周次					
	2	4	6	8	10	30
Bsg4-2		0	0	0	0	0
Bsg5		0	0	0	0	0
Bsg6		0	0	0	0	0
Bsg8		0	0	0	0	0
Bsg9		0	0	0	0	0
Bsg10			7.17±1.82	30.54±2.95	33.28±2.55	10.04±3.65
Bsg11		5.02±1.29	39.10±4.33	45.81±3.24	46.26±2.90	46.26±2.90
Bsg13		0	0	0	0	0
Bsg14		31.12±3.52	62.35±3.10	62.61±2.48	62.61±2.48	62.61±2.48
Bsg15		0	0	0	0	0
Bsgs1		0	1.66±1.33	3.27±2.10	3.27±2.10	3.27±2.10
Bsgs2			36.43±3.08	54.87±2.53	54.87±2.53	54.87±2.53
Psg4		0	0	0	0	0
Psg12		11.53±1.92	32.68±2.88	51.27±2.83	51.27±2.83	51.27±2.83
CK			0	11.79±3.03	20.54±2.40	20.76±2.53
KC-CK				22.26±3.33	57.28±2.73	58.38±2.56

一、白及种子共生萌发有效真菌的初筛结果

对 17 株真菌与白及种子互作不同时期种子萌发状况进行观察统计，结果表明(表 30-9)，有 7 株真菌能够有效促进白及种子萌发，分别为 Bsg4-1、Bsg10、Bsg11、Bsg14、Bsgs1、Bsgs2 和 Psg12，白及种子对应的初始萌发时间分别为播种后的第 6、6、4、4、6、6、4 周，对应的最终萌发率分别为 25.21%、10.04%、46.26%、62.61%、3.27%、54.87%和 51.27%；而阴性对照和阳性对照种子的初始萌发时间晚于以上 7 株菌处理组，均为播种后第 8 周，最终萌发率分别为 20.76%和 58.38%。

7 株有效真菌促进白及种子萌发的状况见图 30-5，这些真菌生长在种子或原球茎的周围，菌丝比较稀疏。其他无效真菌，菌丝多富集于种子周围，侵入位点也较多，导致种子死亡，种子的表现可以分为 4 类：①种胚未变色，菌丝富集于种子周围，从多个位点侵入种子内部造成种子死亡；②真菌侵入种子内部后，种胚变为褐色，种子死亡；③真菌侵入种子内部后，种胚变为黑色，种子死亡；④种胚未变色，菌丝稀疏，聚集在种子周围，侵入种子后种子死亡。

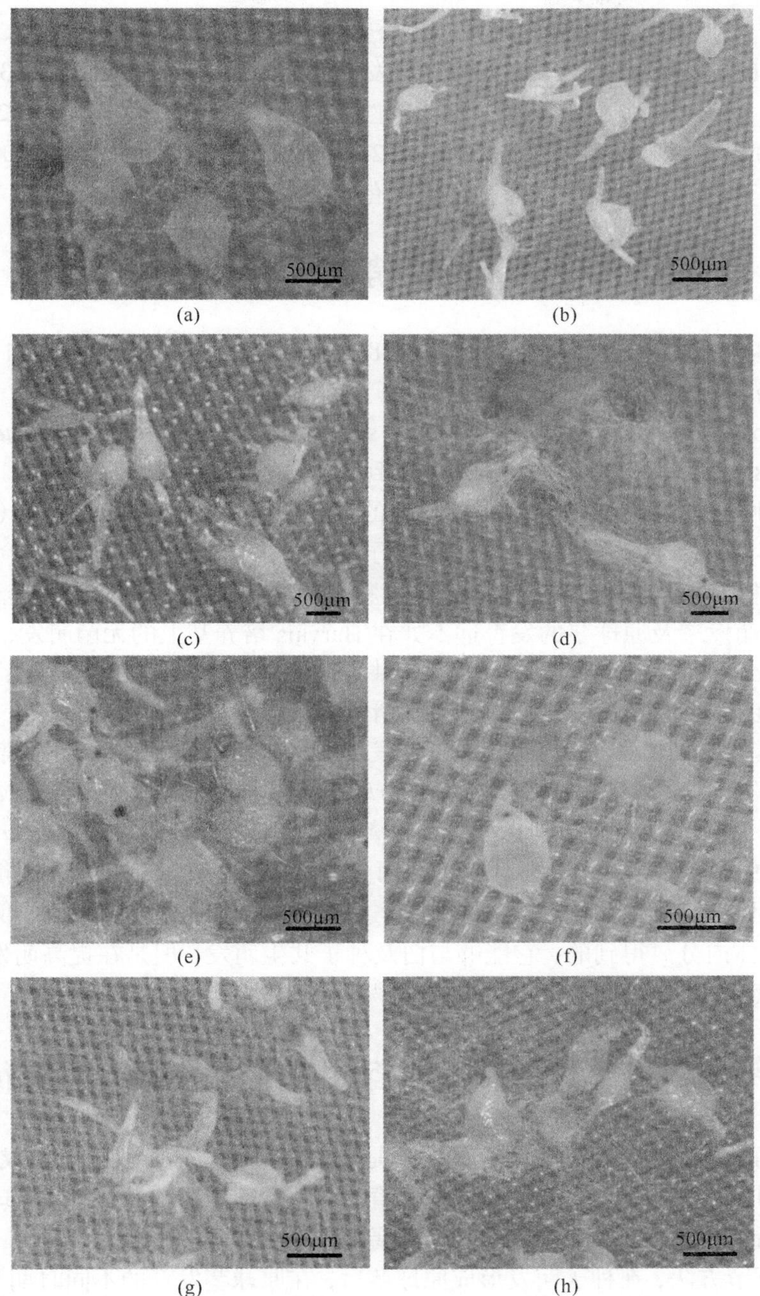

(a) (b) (c) (d) (e) (f) (g) (h)

图 30-5 白及种子在 8 株有效真菌作用下共生萌发的状况（8 周）（见彩图）

（a）Bsg14 促白及种子萌发；（b）Bsgs2 促白及种子萌发；（c）Bsg4-1 促白及种子萌发；（d）Bsg10 促白及种子萌发；（e）Bsg11 促白及种子萌发；（f）MF24 促白及种子萌发；（g）Bsgs1 促白及种子萌发；（h）Psg12 促白及种子萌发

二、白及种子共生萌发有效真菌的确定

复筛试验对有效真菌验证的结果表明，初筛所得的种子萌发真菌是有效的，在以上两种条件下种子都能够萌发。光照条件下，除了菌株 Bsgs1 外，其他 7 株真菌促进白及种子萌发的效

果都很好，其初始萌发时间比阴性对照白及种子早 1 周。8 株有效真菌 Bsg4-1、Bsg10、Bsg11、Bsg14、Bsgs1、Bsgs2、Psg12、MF24 的最终萌发率分别为 33.08%、34.00%、53.95%、66.55%、9.10%、60.74%、55.42%和 53.29%，分别比阴性对照白及种子的萌发率高 36.24%、40.03%、122.20%、174.09%、−62.52%、150.16%、128.25%和 119.48%（注：以上提及的 MF24 菌株分离自铁皮石斛，早期试验证明对白及种子萌发有效）。

三、白及种子共生萌发有效真菌的鉴定

采用形态鉴定方法和分子鉴定方法对以上 8 株有效真菌进行鉴定，结果如下。①胶膜菌属真菌（*Tulasnella* sp.）：Bsg14。②丝核菌属真菌（*Rhizoctonia* sp.）：Bsg11。③疣孢漆斑菌（*Myrothecium* sp.）：Bsg4-1。④小菇属（*Mycena* sp.）：MF24。⑤镰孢属（*Fusarium* sp.）：Bsgs1。其余 3 株真菌 Bsgs2、Bsg10、Psg12 未能鉴定到属。

关于白及种子萌发真菌的报道，国外学者的报道仅见一篇，Masuhara 等（1989）利用从野生的和栽培的兰花根及原球茎中分离的真菌做了真菌促进白及种子萌发的试验，结果表明，从根部分离的 8 株内生真菌中有 7 株能促进白及种子萌发，萌发率达 60%以上，但萌发效果并不是很理想，其萌发率及原球茎的发育远不如在 Harvais 培养基上的无菌萌发，因此，Masuhara 等对白及种子没有再做深入研究。笔者发现的共生萌发真菌菌株都能促进白及种子萌发，且萌发后的原球茎能够发育到见叶的级别，并最终形成幼苗。

共生萌发真菌的来源与其促进种子萌发的活性有重要的关系，分离自 *Platanthera praeclara* 幼苗的真菌菌株 UAMH 9847（*Ceratorhiza* sp.），能够促进 *P. praeclara* 种子萌发后的原球茎发育到叶片延长的高级级别；另外，分离自兰科植物幼苗的 *Epulorhiza* sp.真菌也能使种子萌发后的原球茎继续发育到见叶的阶段，而分离自成株体内的菌根真菌只能促进种子萌发形成原球茎，但原球茎不能继续发育成幼苗。这些结论与本研究结果相似。例如，本节中的 MF24 是从成株体内分离得到的，它能够与白及种子共生萌发，但是在提高萌发率和原球茎发育速率方面，其活性远远低于从原球茎中分离得到的萌发真菌菌株。

第六节　白及种子接菌共生萌发的发育特征

兰科种子萌发与其他种子萌发最大的区别是需要经过原球茎阶段才能形成幼苗，原球茎是兰科种子萌发过程中一个独特的阶段。它的发育是长、宽逐渐增加的过程，原球茎的大小在增长的过程中是否有规律可循呢？本节试图找到原球茎大小增长的特点。

同本章第五节方法，在种子萌发形成原球茎后，在原球茎发育的不同时期分别取样，在具有测微尺的显微镜下测量原球茎的长度和宽度，记录数据时标记原球茎所属的发育级别。对原球茎长、宽数据使用 SPSS 软件做回归分析，确定原球茎大小是否具有统计学意义，同时计算出拟合模型。

一、白及种子共生萌发发育级别

经过形态观察并与文献相关资料对比，发现白及种子与其他兰科植物种子共生萌发的特征相似，也可分为 6 个级别，只是不同种类间在形态上稍有差异。6 个级别的划分如表 30-10 所

示。另外，在本章第五节萌发真菌的筛选试验中发现白及种子与 8 株有效真菌共生萌发后形成的原球茎其形态特征在不同菌株间没有明显的区别。

表 30-10　兰科种子无菌萌发发育级别的标准

发育级别	级别的判断标准
0	种子未萌发
1	种子的胚吸水膨大，出现表皮毛构造
2	种胚膨大，种皮破裂
3	出现顶端分生组织
4	出现第一片叶
5	第一片叶延长

二、白及种子共生萌发形成的原球茎体发育特点

白及种子共生萌发的初始阶段，种胚膨大及未萌发的种子其长度和宽度具有较大的变化幅度，长度为 300～600μm、宽度为 200～350μm。出现表皮毛后的种子（级别为第 1 级）明显大于未萌发的种子、长度为 500～650μm、宽度为 350～400μm。种胚膨大到破裂种皮的阶段（第 2 级），其原球茎的长度和宽度有一定幅度的变化，长度为 550～800μm、宽度为 400～500μm。当共生萌发的原球茎发育到出现分生组织时（第 3 级），其长度和宽度都有较大幅度的变化，长度为 900～1300μm、宽度为 450～550μm。

共生萌发原球茎出现第 1 片叶的级别（第 4 级），其长度变化范围很大，而宽度变化范围较小，原球茎的长度为 1300～2000μm、宽度为 550～650μm。对所有观测的原球茎的长度和宽度进行回归分析，得到回归曲线（图 30-6）和拟合方程：$y=728.06-196\ 596.6/x$，判定系数为 0.937，F=1010.31，$P<0.000$，具有统计学意义。说明该模型是真实可靠的。从拟合曲线可以看出，白及共生萌发的原球茎在发育前期，其长度和宽度都迅速增加，而发育的后期，仅是长度迅速增加，而宽度增加缓慢。这说明白及种子共生萌发的原球茎是按照一定模型增长的，而不是无序增大的，原球茎的长度和宽度具有可预测性。

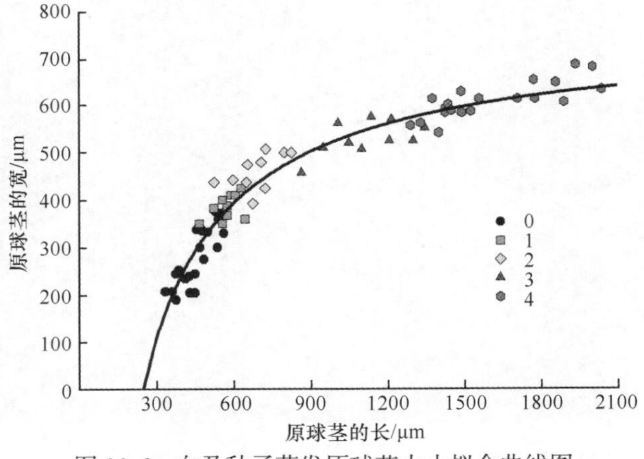

图 30-6　白及种子萌发原球茎大小拟合曲线图

三、白及原球茎的形态特征

在光照条件下，白及种子萌发形成的原球茎发育比较整齐。在中间级别观测，同时存在几种发育级别的时间比较短。例如，在第 8 周观测时，绝大部分原球茎都发育到了第 4 级，仅有个别的原球茎还处在第 3 级[图 30-7(c)、(d)]。而燕麦培养基(OMA)阴性对照有个别的种子能够萌发，但萌发后形成的原球茎弱、小，且发育速率很慢。

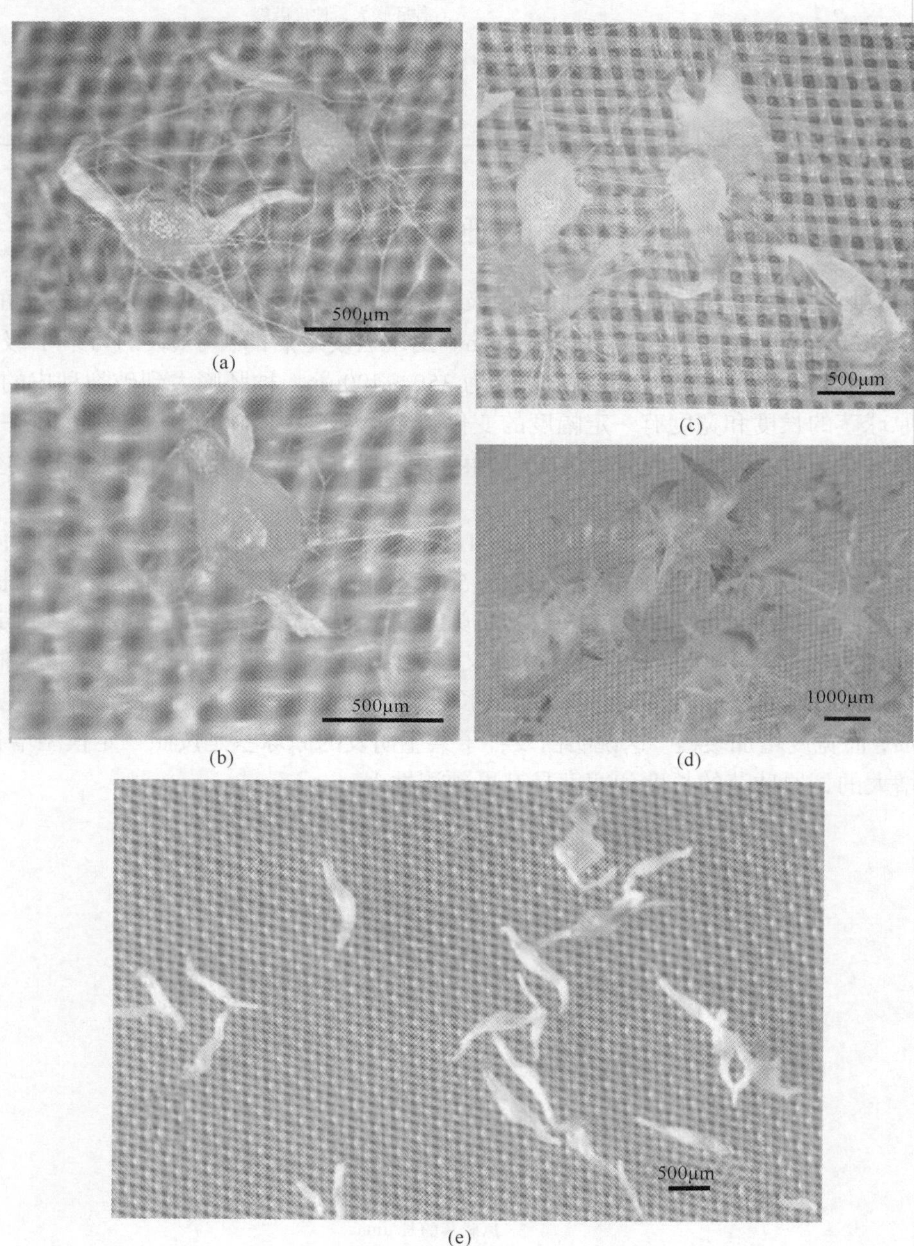

图 30-7　白及种子与 Bsg14 共生萌发各时期的形态发育特征(见彩图)

(a)播种后 3 周的形态；(b)播种后 4 周的形态；(c)播种后 8 周的形态；
(d)播种后 18 周的形态；(e)不接真菌对照(CK)18 周的形态

第七节 促萌发真菌和光照对白及种子接菌共生萌发的影响

不同萌发真菌的生理活性是不同的，本节对以上 8 株有效真菌的共生萌发能力进行评价，同时，获得每一株有效真菌的最适共生条件。本研究所用植物材料为白及的无菌种子，共生萌发采用 OMA 方法。研究 8 株真菌对白及种子萌发影响的试验分别在暗培养(D)和光照培养(L)两种条件下进行。培养条件和观测方法同本章第二节。

光照对 Bsg14 与白及种子共生萌发的影响：4 种光照处理及培养条件同本章第二节。

一、萌发菌的活性分类及萌发规律

根据真菌对白及种子共生萌发生理效果的强弱将 8 株真菌分为 3 类。

(一)高活性菌株：Bsg14、Bsgs2

1. 暗培养条件下的发育

(1)萌发率：在两株高活性真菌 Bsg14 和 Bsgs2 作用下，白及种子的共生萌发速率很快，第 4 周开始萌发，第 7 周达到了最大萌发率，最终萌发率分别为 63.32%和 54.87%。而两组对照均在第 6 周开始萌发，第 9 周达到最大萌发率(表 30-11)。共生萌发速率优于无菌萌发。从最终的萌发率来看，两株真菌与阳性对照萌发率之间没有显著差异，说明两株真菌都能把种子的最大萌发能力表现出来，甚至 Bsg14 的萌发率还略高于阳性对照的萌发率。

(2)原球茎发育：两株高活性真菌与白及种子互作共生萌发后的原球茎发育速率很快，播种后第 4 周观测，Bsg14 使 4.90%的白及种子萌发发育到第 3 级，而其他的处理组还没有萌发(表 30-12)。

表 30-11 不同菌株与白及种子共生萌发萌发率的增长过程表(n=4) (单位：%)

培养条件	菌株	周次								
		1	2	3	4	5	6	7	8	9
黑暗	Bsg4-1	0	0	0	0	2.25±1.18	8.48±2.23de	16.14±2.97e	16.14±2.97a	16.14±2.97d
	Bsg10	0	0	0	0	2.84±1.41	11.14±2.76d	18.98±3.45e	18.98±3.45d	18.98±3.45d
	Bsg11	0	0	0	0	7.44±1.42	31.97±2.69b	43.14±2.48c	43.14±2.48c	43.14±2.48c
	Bsg14	0	0	0	16.24±2.52	49.22±3.34	61.55±2.69a	63.32±2.86a	63.32±2.86a	63.32±2.86a
	Bsgs1	0	0	0	0	1.66±1.33	1.66±1.33f	2.86±1.95f	3.27±2.10e	3.27±2.10e
	Bsg s2	0	0	0	0	7.95±2.33	36.43±3.08b	53.04±2.50b	54.87±2.53b	54.87±2.53b
	Psg12	0	0	0	0	9.19±1.77	28.25±3.72bc	47.00±3.04c	47.00±3.04c	47.00±3.04c
	MF24	0	0	0	0	3.94±0.77	24.73±3.44c	42.68±2.70c	42.68±2.70c	42.68±2.70c
	CK	0	0	0	0	0	5.55±2.88e	12.45±3.50e	20.85±3.92d	22.32±3.58d
	KC-CK	0	0	0	0	0	12.46±2.43d	27.25±2.95d	53.11±3.42b	60.11±3.08ab
光照	Bsg4-1	0	0	0	8.87±1.81	26.21±3.90	33.08±3.33d	33.08±3.33c	33.08±3.33	33.08±3.33c
	Bsg10	0	0	0	11.49±2.59	24.97±3.68	34.00±3.55d	34.00±3.55c	34.00±3.55	34.00±3.55c
	Bsg11	0	0	0	21.25±2.80	48.87±3.69	53.95±3.21b	53.95±3.21b	53.95±3.21	53.95±3.21b
	Bsg14	0	0	0	56.73±3.66	66.55±2.48	66.55±2.48a	66.55±2.48a	66.55±2.48	66.55±2.48a

续表

培养条件	菌株	周次								
		1	2	3	4	5	6	7	8	9
光照	Bsgs1	0	0	0	0	0	7.61±3.00f	9.10±3.53e	9.10±3.53	9.10±3.53e
	Bsg s2	0	0	0	23.15±3.08	51.53±3.41	60.74±2.88a	60.74±2.88a	60.74±2.88	60.74±2.88a
	Psg12	0	0	0	17.94±2.22	50.07±2.84	55.42±2.38ab	55.42±2.38b	55.42±2.38	55.42±2.38b
	MF24	0	0	0	15.43±2.45	45.53±3.14	53.29±2.89b	53.29±2.89b	53.29±2.89	53.29±2.89b
	CK	0	0	0	0	7.04±2.34	16.37±3.88e	20.53±3.54d	24.28±3.12	24.28±3.12d
	KC-CK	0	0	0	0	21.02±2.37	46.78±2.83c	58.75±3.84ab	61.85±2.88	61.85±2.88a

表 30-12　光照及不同真菌对白及种子共生萌发原球茎发育的影响(第 4 周，n=4)

周次	菌株	发育级别					
		0	1	2	3	4	5
黑暗	Bsg14	75.19±3.03	8.57±1.35	11.34±2.01	4.90±1.22	0	0
	Bsg11	0	0	0	0	0	0
	Psg12	0	0	0	0	0	0
	Bsg10	0	0	0	0	0	0
	Bsg4-1	0	0	0	0	0	0
	MF24	0	0	0	0	0	0
	Bsgs1	0	0	0	0	0	0
	Bsgs2	0	0	0	0	0	0
	CK	0	0	0	0	0	0
	KC-CK	0	0	0	0	0	0
光照	Bsg14	40.13±3.42	3.14±0.68	15.88±2.38	33.16±2.96	7.68±2.84	0
	Bsg11	71.42±4.59	7.33±1.93	9.65±1.30	11.6±02.25	0	0
	Psg12	72.58±2.08	9.48±1.07	9.97±2.16	7.97±2.63	0	0
	Bsg10	83.23±3.41	5.28±2.32	8.18±3.67	3.31±1.17	0	0
	Bsg4-1	85.77±2.74	5.36±1.71	6.22±1.84	2.65±0.82	0	0
	MF24	74.49±3.55	10.09±1.15	11.49±2.88	3.94±2.43	0	0
	Bsgs1	0	0	0	0	0	0
	Bsgs2	66.52±3.86	10.32±1.16	9.67±2.33	13.48±2.96	0	0
	CK	0	0	0	0	0	0
	KC-CK	0	0	0	0	0	0

2. 光培养条件下的发育

(1)萌发速率：两株高活性菌株与白及种子的共生萌发速率很快，第 4 周开始萌发，分别在第 5 周和第 6 周达到了最大萌发率。而两组对照均在第 5 周开始萌发，第 8 周达到最终萌发率。共生萌发速率优于无菌萌发。从最终的萌发率来看，两株真菌 Bsg14 和 Bsgs2 的萌发率分别为 66.55%和 60.74%，分别比对照 24.28%高 174.09%和 150.16%，与阳性对照的萌发率之间没有显著差异，两株真菌都能把种子的最大萌发能力表现出来，甚至 Bsg14 的萌发率还稍高于阳性对照，阳性对照的萌发率为 61.85%(表 30-11)。

(2)原球茎发育：两株高活性菌株与白及种子互作共生萌发后的原球茎发育速率很快，播种后第 4 周观测，Bsg14 使 7.68%的白及种子萌发的原球茎发育到第 4 级，Bsgs2 使 13.48%的白及种子萌发的原球茎发育到第 3 级，此时，对照还没有萌发，阳性对照也未萌发(表 30-12)。

(二)中等活性菌株：Bsg11、Psg12、MF24

1. 暗培养条件下的发育

(1)萌发速率：与无菌萌发速率相比，3 株中等活性菌株与白及种子的共生萌发速率较快，从第 5 周开始萌发，第 7 周达到了最大萌发率。而两组对照均在第 6 周开始萌发，第 9 周达到最大萌发率。从最终的萌发率来看，3 株真菌与 CK 的萌发率相比都有显著差异，Bsg11、Psg12、MF24 的最终萌发率分别为 43.14%、47.00%、42.68%，分别比无菌对照高 93.28%、110.57%、91.22%(表 30-11)。

(2)原球茎发育：3 株中等活性菌株与白及种子互作共生萌发后的原球茎发育速率稍快于无菌萌发，播种后第 4 周观测，3 株真菌与白及种子互作及无菌萌发的萌发率都为 0，观察发现，使用 OMA 互作体系，后期原球茎的发育速率还是略快于阳性对照的。

2. 光培养条件下的发育

(1)萌发速率：3 株中等活性菌株与白及种子的共生萌发速率较快，第 4 周开始萌发，第 6 周达到最大萌发率。而两组对照均在第 5 周开始萌发，第 8 周达到最大萌发率。共生萌发速率优于无菌萌发。从最终的萌发率来看，3 株真菌的萌发率都显著高于无菌对照(CK)的萌发率，Bsg11、Psg12、MF24 的最终萌发率分别为 53.95%、55.42%、53.29%，分别比无菌对照高 141.71%、148.30%、138.75%(表 30-11)。

(2)原球茎发育：3 株中等活性菌株与白及种子互作共生萌发后的原球茎发育速率较快，播种后第 4 周观测，3 株真菌都使白及种子萌发的原球茎发育到第 3 级，Bsg11、Psg12、MF24 第 3 级占播种量的比例分别为 11.60%、7.97%、3.94%，同时，两组对照均尚未萌发(表 30-12)。

(三)低活性菌株：Bsg4-1、Bsg10、Bsgs1

1. 暗培养条件下的发育

(1)萌发速率：3 株低活性菌株与白及种子的共生萌发速率稍快于对照的。共生萌发从第 5 周开始萌发，第 7 周达到最大萌发率。而两组对照均在第 6 周开始萌发，第 9 周达到最大萌发率。从最终的萌发率来看，3 株真菌中，Bsg10、Bsg4-1 与 CK 的萌发率相比没有显著差异，其萌发率分别为 18.98%、16.14%，对照萌发率为 22.32%。Bsgs1 的萌发率显著低于 CK 的萌发率，比对照低 17.6%。这 3 株真菌对应的最终萌发率都显著低于阳性对照，说明这 3 株真菌具有一定的促进种子萌发的能力，但又不足以把种子的最大萌发能力表现出来(表 30-11)。

(2)原球茎发育：3 株低活性菌株与白及种子互作共生萌发后的原球茎发育速率稍快于无菌萌发的，播种后第 4 周观测，3 株真菌与白及种子互作及无菌萌发的萌发率都还为 0，观察发现，初期原球茎的发育速率快于阳性对照，后期的发育速率慢于阳性对照，说明低活性菌株能够使种子萌发，但是原球茎发育缓慢(表 30-12)。

2. 光培养条件下的发育

(1)萌发速率：3 株低活性菌株与白及种子的共生萌发速率较快于无菌萌发，Bsg10 和 Bsg4-1 第 4 周开始萌发，第 6 周达到最大萌发率。而两组对照均在第 5 周开始萌发，第 8 周达到最大萌发率。从最终的萌发率来看，3 株真菌与 CK 的萌发率相比都有显著差异，Bsg10 和 Bsg4-1 共生萌发的萌发率显著高于对照的萌发率，Bsg10 和 Bsg4-1 的萌发率分别为 34.00%和 33.08%，分别比对照的萌发率高 40.03%和 36.24%。共生萌发的萌发率显著低于阳性对照的萌发率，说明 3 株低活性真菌只能把种子最大萌发能力的 15%～50%表现出来(表 30-11)。

(2)原球茎发育：3 株低活性菌株与白及种子互作共生萌发后的原球茎发育速率较快，播种后第 4 周观测，Bsg10 和 Bsg4-1 已经使种子萌发的原球茎发育到了第 3 级，占播种量比例分别为 3.31%、2.65%。同时，两组对照均未萌发(表 30-12)。

二、光照条件对共生萌发的影响

不同光照处理影响初始萌发的时间及萌发的过程，不影响最终的萌发率(表 30-13)。光培养处理组的萌发时间比其他处理组早 1 周，达到最终萌发率的时间也比其他处理组早 1 周。各处理组无菌对照的种子萌发率都很低，阳性对照的萌发率增长曲线接近直线。不同光照处理组最终的共生萌发率之间没有显著区别(表 30-13)，光照、黑暗、W1、W2 组共生萌发的萌发率分别为 65.16%、62.70%、63.89%、64.36%。各处理组的萌发率与阳性对照的萌发率相比没有显著差异，阳性对照的最终萌发率为 62.03%。说明白及种子共生萌发的萌发率受光照影响程度较小，真菌菌株是白及种子共生萌发萌发率的最大影响因素。

表 30-13 光照处理对白及种子共生萌发萌发率的影响 (单位：%)

光照处理	周次									
	1	2	3	4	5	6	7	8	9	10
光照	0	0	5.25±1.14	38.99±2.27a	56.47±3.33a	64.49±2.93a	65.16±2.64a	65.16±2.64a	65.16±2.64a	65.16±2.64a
黑暗	0	0	0	12.83±2.2c	37.71±3.25d	55.69±3.5b	62.70±2.33a	62.70±2.33a	62.70±2.33a	62.70±2.33a
W1	0	0	0	17.15±1.59c	44.18±3.71c	56.97±3.09b	63.89±3.27a	63.89±3.27a	63.89±3.27a	63.89±3.27a
W2	0	0	0	29.36±2.02b	49.35±2.55b	59.9±3.04ab	64.36±3.39a	64.36±3.39a	64.36±3.39a	64.36±3.39a
光照-CK	0	0	0	0	0	0	0	0	0	0
黑暗-CK	0	0	0	0	0	0	0	0	0	0
W1-CK	0	0	0	0	0	0	0	0	0	0
W2-CK	0	0	0	0	0	0	0	0	0	0
KC-CKD	0	0	0	0	0	18.21±2.42	46.91±2.59b	62.03±2.38a	62.03±2.38a	62.03±2.38a

光照对共生萌发原球茎的发育影响非常大。播种后第 4 周观测，光照处理组的原球茎已经发育到了第 4 级，而其他处理组的原球茎仅发育到第 3 级，W2 处理组第 2 级所占比例为 28.92%，比黑暗处理组和 W1 处理组所占比例分别高 125.41%、68.63%。第 8 周观测，4 个处理组的原球茎都发育到了第 5 级，但是，第 5 级所占的比例明显不同，光照和 W2 处理组所占比例较高，为 16.01%

和 14.30%，光照处理组比黑暗和 W1 处理组第 5 级所占比例高 227.40%、131.69%。而对照组的原球茎发育速率最高仅发育到了第 4 级，明显慢于共生萌发原球茎的发育速率(表 30-14)。

表 30-14 光照对 Bsg14 与白及种子共生萌发原球茎发育的影响

周次	处理组	发育级别					
		0	1	2	3	4	5
4 周	光照	48.49±2.06	12.52±2.46	38.57±2.75	0.43±0.50	0	0
	黑暗	69.92±1.97	17.26±1.26	12.83±2.20	0	0	0
	W1	64.17±3.33	18.67±1.98	17.15±1.59	0	0	0
	W2	57.31±2.89	13.77±2.90	28.92±1.92	0	0	0
	光照-CK	0	0	0	0	0	0
	黑暗-CK	0	0	0	0	0	0
	W1-CK	0	0	0	0	0	0
	W2-CK	0	0	0	0	0	0
	KC-CKD	0	0	0	0	0	0
8 周	光照	34.84±2.64	0	0	2.75±1.39	46.39±2.53	16.01±2.34
	黑暗	37.30±2.33	0	0.68±0.85	30.84±3.00	26.28±1.87	4.89±1.98
	W1	36.11±3.27	0	0	26.08±1.66	30.90±2.79	6.91±1.95
	W2	35.64±3.39	0	0	10.33±2.70	39.74±3.72	14.30±2.30
	光照-CK	77.53±3.05	0.46±0.53	1.35±0.90	6.47±1.84	14.19±2.54	0
	黑暗-CK	81.86±2.86	1.36±0.49	11.97±2.23	4.84±0.97	0	0
	W1-CK	78.90±2.43	2.01±1.10	10.99±2.71	7.41±1.47	0.68±0.45	0
	W2-CK	77.96±2.57	1.32±1.10	2.12±1.52	13.03±2.81	5.59±1.93	0
	KC-CKD	37.97±2.38	0	31.96±3.45	27.47±3.18	2.60±1.26	0

光照是影响共生萌发的另一个重要因素。有研究认为，短暂光照能够促进兰科种子的共生萌发(Zettler and McInnis，1994)，尤其是短时间光照能够大幅度提高兰科植物 *Dactylorhiza majalis* 种子的共生萌发率，可提高 40%～75%(Rasmussen et al.，1990)。本研究结果表明，对于地生兰白及来说，光照不仅能够使种子的初始萌发时间提前，而且萌发率也高于黑暗培养条件下种子的萌发率。从原球茎的发育来看，必须在光照条件下，共生萌发的原球茎才能够发育成幼苗。不同植物种子共生萌发和原球茎发育对光照需求不同的原因可能是野生植株在自然生境中长期适应和进化的结果(Smreciu and Currah，1989；Rasmussen H.N. and Rasmussen F. N. 1991；Rasmussen，2003)。光照如何促进种子的共生萌发，目前还是一个未知的机制，使用生理生化、分子生物学技术、免疫学技术有可能揭开这一秘密(Rasmussona and Alvarez，2007；Shinjiro and Yuji，2001)。

第八节 萌发方法对白及种子接菌共生萌发的影响

目前，兰科种子室内共生萌发常用方法有 OMA 法和菌叶法，这两种方法对白及种子的共生萌发是否有影响，各有何优缺点，本节就此进行这方面的比较研究。

一、萌 发 方 法

本研究用白及种子和真菌 Bsg14。共生萌发体系分别为：菌叶法和 OMA 法，分别以不接真菌的处理为对照(CK)，以 KC 培养基上无菌播种为阳性对照，暗培养，培养温度为

(25±2)℃。观测方法：从播种后第 1 周开始观测，记录种子的萌发率，直到种子的萌发率不再增加为止。在第 6～10 周分 2 次或 3 次观测各处理组的原球茎发育级别，比较不同萌发方法的效果，萌发标准为种胚膨大种皮破裂，原球茎的发育级别参考本章第六节标准进行观测。

(一) 菌叶法

(1) 培养菌叶：将壳斗科(Fagaceae)植物树叶于水中浸湿后，洗净泥土，剪成 2～2.5cm^2 小块，高压灭菌消毒，然后平铺到麦麸培养基表面，在培养基上接种菌片，在(25±2)℃的黑暗条件下培养，待菌丝长满叶片后即为菌叶。

(2) 播种：先将培养皿和海绵高压灭菌消毒，将菌叶放置到保湿的海绵上，把种子播种到菌叶上。

(二) OMA 法

(1) 制作 OMA 平板培养基(Carla et al., 1996; Chou and Chang, 2004; Yagame et al., 2008)。OMA 培养基组成为燕麦粉 2.5g/L、琼脂 9g/L、pH 5.0～5.2，使用 100mm 培养皿，制成培养基平板。

(2) 播种：首先把经过高压灭菌消毒的尼龙网载体放置到培养基表面，把种子播种到尼龙网载体上，每个平皿播种 500～900 粒种子。播种后在培养基表面接种 1～3 个菌片。

二、萌发方法对白及种子共生萌发率的影响

OMA 法和菌叶法对白及种子共生萌发的最终萌发率没有显著影响，萌发率分别为 62.70% 和 61.17%，该数据与阳性对照相比也没有显著差异，阳性对照的萌发率为 62.03%。区别在于初始萌发的时间，OMA 法第 4 周开始萌发，比菌叶法早 1 周。两种方法下的阴性对照(CK)之间具有本质的区别，其中 OMA 法的阴性对照有少量种子萌发，而菌叶法的阴性对照自始至终都未见种子萌发(表 30-15)。说明与树叶表面相比，OMA 培养基中养分虽少却仍能诱导少量白及种子萌发，不过这种较低的萌发率并不影响对种子萌发真菌的筛选，因为无效真菌往往会使种胚褐化、死亡，或侵入种子内部，可能分解了其中的营养造成种子死亡，最终使其萌发率都为 0。所以，OMA 法是一种可用于兰科种子共生萌发(发育级别)真菌筛选的有效方法，该方法还具有筛选速率快，节省人工的优点；菌叶法的筛选速率比较慢，却有利于今后萌发真菌的应用。无论哪种互作方法，共生萌发的速率都快于阳性对照的无菌萌发。例如，本试验中 OMA 法比 KC 培养基上的无菌萌发早 2 周开始萌发。

表 30-15　共生萌发方法对白及种子萌发率的影响　(单位：%)

萌发方法	周次								
	1	2	3	4	5	6	7	8	9
OMA	0	0	0	12.83±2.20		55.69±3.50a	62.7±2.33a	62.7±2.33a	62.70±2.33a
OMA-CK	0	0	0	0	0	1.629±0.97d	7.839±2.67c	16.78±3.24b	21.95±2.52b
菌叶	0	0	0	0	17.82±1.80	44.58±2.35b	58.04±2.89a	61.17±2.73a	61.17±2.73a

续表

萌发方法	周次								
	1	2	3	4	5	6	7	8	9
菌叶-CK	0	0	0	0	0	0	0	0	0
无菌萌发 KC	0	0	0	0	0	18.21±2.42c	46.91±2.59b	62.03±2.38a	62.03±2.38a

注：数字后的小写字母代表显著性差异

三、萌发方法对白及种子萌发级别的影响

两种方法的白及种子萌发级别具有较大区别。在第 6 周观测，OMA 法中 8.35%的种子已经发育到第 4 级，而菌叶法中 28.58%的种子仅发育到第 3 级，其他级别所占比例在两种方法之间没有明显区别。OMA 对照的原球茎发育很慢，仅发育到第 2 级，占 1.63%，阳性对照种子发育较慢，在第 6 周仅发育到第 3 级，且第 3 级所占比例明显低于 OMA 法和菌叶法上同级所占比例，分别低 84.93%和 72.50%。第 8 周观测，OMA 法中萌发的部分种子已经发育到第 5 级，占 4.89%，而菌叶法中最快仅发育到第 3 级，占 48.30%，表现出了更大的差异。种子共生萌发的发育速率总体快于 3 种对照。第 10 周观测，OMA 法种子的发育速率最快，第 5 级所占比例为 13.09%，而菌叶法最快发育到第 4 级，占 1.94%。说明在真菌 BSg14 作用下，白及种子共生萌发的发育速率菌叶法较 OMA 法低(表 30-16)。

表 30-16　不同方法对白及种子萌发发育级别的影响　（单位：%）

周次	处理组	发育级别					
		0	1	2	3	4	5
6 周	OMA	37.59±4.74	6.71±1.31	15.1±2.41	32.25±2.87	8.35±1.50	0
	OMA-CK	94.04±1.68	4.33±1.46	1.63±0.97	0	0	0
	菌叶	46.34±2.34	9.09±1.29	16.00±1.91	28.58±2.56	0	0
	菌叶-CK	0	0	0	0	0	0
	无菌萌发 KC	60.82±2.55	20.97±2.22	13.36±1.28	4.86±1.82	0	0
8 周	OMA	37.3±2.33	0	0.68±0.85	30.84±3.00	26.28±1.87	4.89±1.98
	OMA-CK	81.86±2.86	1.36±0.50	11.97±3.23	4.81±0.97	0	0
	菌叶	38.83±2.73	0	12.87±2.42	48.30±2.92	0	0
	菌叶-CK	0	0	0	0	0	0
	无菌萌发 KC	37.97±2.38	0	31.96±3.49	27.47±3.18	2.60±1.26	0
10 周	OMA	37.30±2.33	0	0	18.42±1.95	31.19±2.62	13.09±1.63
	OMA-CK	78.05±2.52	0	8.25±2.00	9.84±1.53	3.87±1.86	0
	菌叶	38.83±2.73	0	1.03±0.79	58.20±2.83	1.94±1.21	0
	菌叶-CK	0	0	0	0	0	0
	无菌萌发 KC	37.97±2.38	0	16.34±2.16	32.48±3.87	13.21±1.89	0

注：无菌萌发 KC 是指在无菌萌发研究中筛选出来的白及种子无菌萌发最佳培养基 Knudson C

第九节　白及种子接菌共生萌发过程的扫描电子显微镜观察

已有研究表明，种子接菌共生萌发后，胚的内部能形成菌丝圈结构，然而，菌丝是怎样进入到原球茎内部的，是否具有特定的侵入部位，还是像普通真菌一样能够形成侵入钉，穿过细

胞后进入到原球茎内部，目前尚无直接证据证明这一点。

本研究用白及无菌种子和萌发菌 Bsg14，采用 OMA 法，对照同本章第八节，黑暗培养。在初始萌发期、原球茎形成期、叶片形成期分别取样，作环境扫描电子显微镜观察。观察结果如下。

白及种子种皮的一端具有孔口，称为吸水孔，真菌菌丝通过该孔口进入到种子内部[图 30-8(a)]。种子萌发形成原球茎后，胚表面的部分细胞特化，形成表皮毛结构，表皮毛为中空的管状结构，菌丝可以直接从该孔口进入到原球茎内部[图 30-8(b)～(d)]。笔者观察了 35 个原球茎，有些原球茎的表面有很多菌丝，但是菌丝都不能形成侵入结构，不能通过原球茎表面的细胞进入原球茎内部。

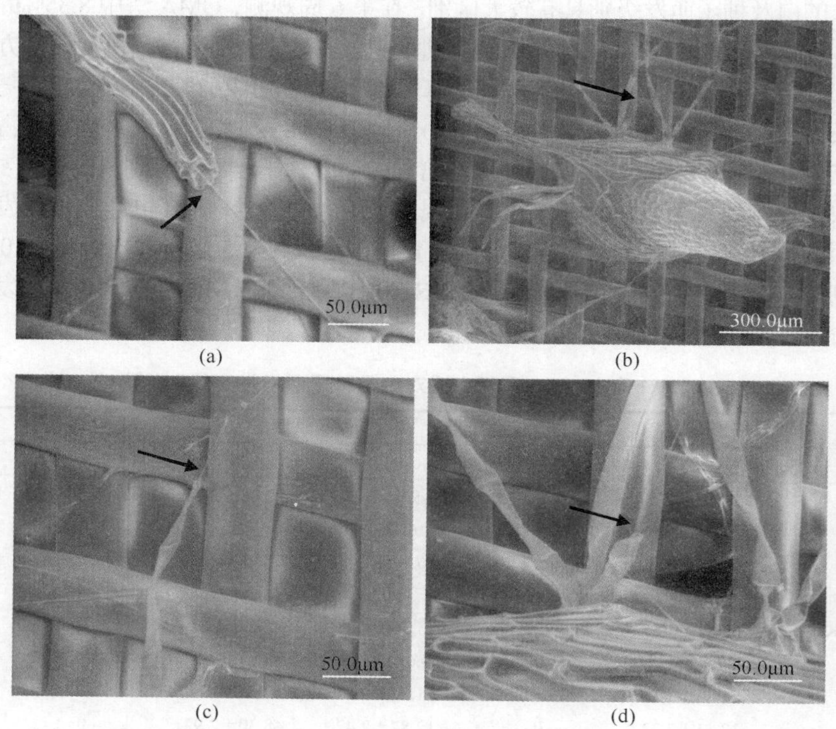

(a)　(b)　(c)　(d)

图 30-8　利用扫描电子显微镜研究共生萌发真菌的侵入部位

(a) 真菌菌丝从种皮一端侵入种子内部；(b)～(d) 真菌菌丝从表皮毛侵入原球茎内部

白及种子与真菌 Bsg14 共生萌发后，原球茎表面形态发生剧烈变化。主要表现在气孔构造发生本质的变化，气孔壁加厚，形成无孔口的特化气孔，原孔口处形成月牙形的凹陷[图 30-9(a)～(d)]，在观察的 35 个原球茎中，有 6 个原球茎没有观察到气孔构造，可能是气孔在观察的另一面的原因，也可能是原球茎较小时气孔还未形成，其他有气孔的原球茎中，所有的气孔都为特化的关闭状态，气孔特化、孔口关闭是一种普遍现象。种子无菌萌发形成的原球茎，表面的气孔全部都为可以开合的正常气孔构造[图 30-9(e)～(h)]。

从气孔的形状来看，白及原球茎表面的气孔都为圆形或椭圆形，与表皮细胞的形状明显不同。笔者对种子共生萌发原球茎表面超微结构的研究发现，共生萌发能够导致原球茎的气孔构造发生奇特的变化，气孔结构特化，形成失去开合功能的闭合结构，这可能是种子共生萌发的一种重要机制，这一机制尚未见有任何文献报道。气孔关闭后具有以下优势。

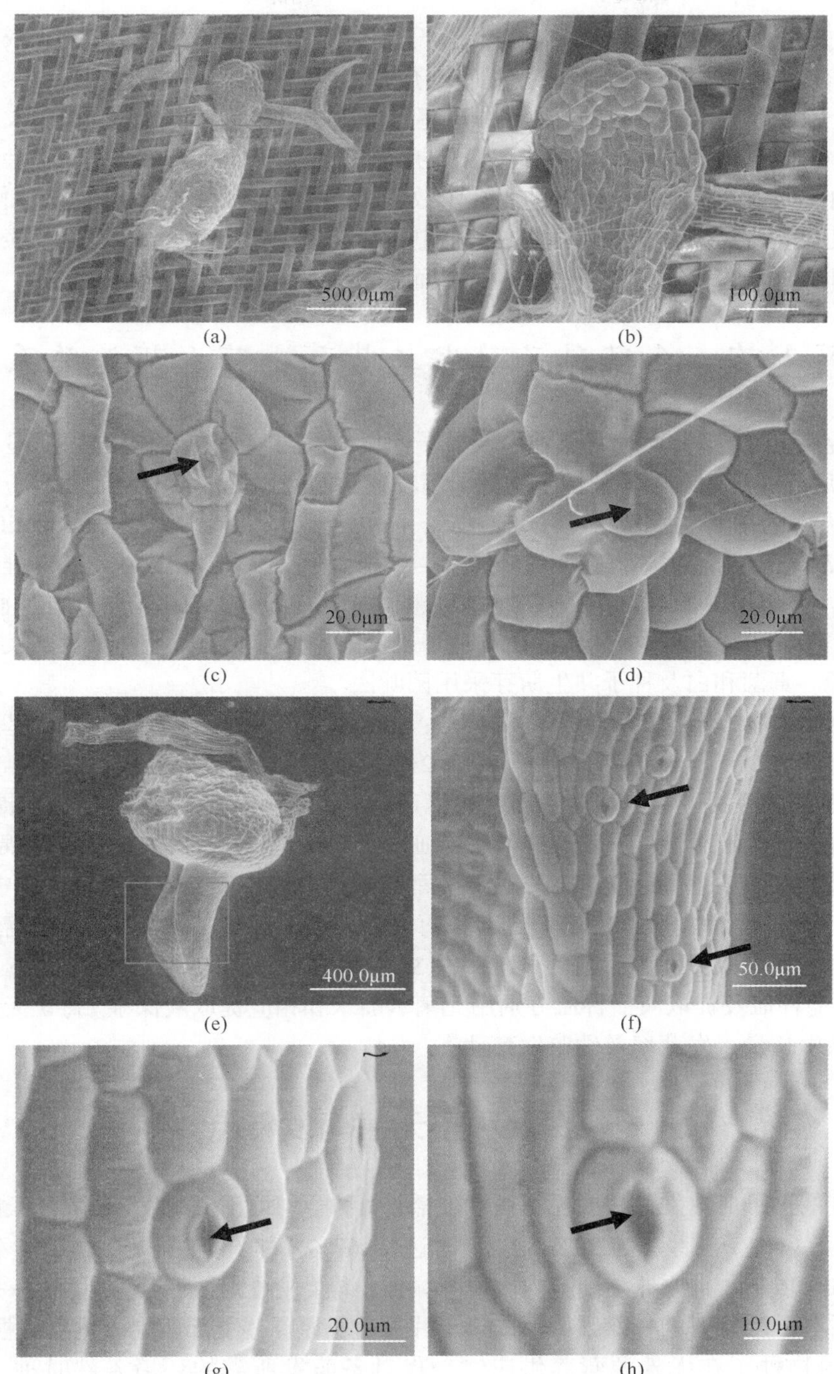

图 30-9　白及种子共生萌发原球茎的扫描电子显微镜图像

(a)～(d)共生萌发原球茎；(e)～(h)无菌萌发原球茎

(1)大幅度降低真菌菌丝对原球茎的入侵，因为气孔是真菌侵入植物组织的一个重要途径，这种自然的孔口很容易被真菌利用，尤其是在自然界萌发时，因为与其接触的真菌有很多种，而且以病原真菌居多，气孔关闭后就大幅度降低了被病菌侵染的概率。

(2)气孔关闭后，原球茎或幼苗能够抵抗外界环境条件的巨大变化，如干旱或水涝等。笔者在用环境扫描电子显微镜扫描原球茎表面时还发现了一个独特的现象，材料进入电子显微镜样品室以后，因为有一个抽真空的过程，原球茎内部的水分很容易散失。无菌萌发的原球茎在电子显微镜中扫描超过 5min 后，原球茎表面的细胞就开始下陷，10min 左右就会成为干瘪的原球茎，其内部的水分全部是从开放的气孔中散失的，因为，未观察到原球茎表面有其他可能散失水分的孔口；而共生萌发的原球茎在扫描电子显微镜中扫描 20min，原球茎表面也不发生任何变化，即原球茎内部水分能够很好地保持而不散失。

第十节　白及种子萌发与紫萁小菇真菌的关系

本节研究紫萁小菇等 4 种真菌在白及种子萌发及幼苗生长中的作用(郭顺星和徐锦堂，1992)，为今后开展真菌在兰科药用植物种子萌发方面的应用提供参考。

本研究所用的菌种为紫萁小菇(*Mycena osmundicola*)、05 号真菌(unidentified)自天麻(*Gastrodia elata*)原球茎中分离、G3 号菌——微囊菌属(*Microascus* Zukal)自细叶石斛(*Dendrobium hancockii*)原球茎中分离、G4 号菌——毛壳菌属(*Chaetomium*)自见血清(*Liparis neruosa*)原球茎中分离。试验中使用的白及种子采自四川省峨眉山野生白及种子及本实验室栽培的白及种子。真菌和白及种子共生萌芽采用菌叶法。

紫萁小菇培养物提取液的制备及播种方法：取紫萁小菇的栽培种 3 管(培养基为锯末、麦麸和树叶，比例为 3∶1∶适量)，用甲醇冷浸 24h，过滤后回收溶剂，浸膏烘干，用蒸馏水制成 0.015%的悬液为醇提液；另取 3 管用水热提(80℃)，滤液定容至 1000ml 为水提液；将醇、水提液等量混合即为混合液。提取液播种采用皿内发芽法，培养皿内平铺 1 块海绵，再将直径约 3cm 的圆形滤纸放在海绵上，每皿 3 片，将醇、水提取液及混合液分别滴入皿中，使海绵、滤纸湿润后，再将白及种子均匀播于滤纸上，每种处理均重复 3 皿；以紫萁小菇培养基提取液作为对照。菌叶和提取液播种后的培养皿，置 30W 日光灯下，距离 25cm，日照 8h，25℃恒温培养。菌叶播种皿及提取液播种皿分别用无菌蒸馏水和相应提取液保湿。每 7 天用显微镜观测 1 次种胚的生长量、发芽率及幼苗发育动态。

一、白及种子无菌萌发特点

采用常规的种子皿内发芽法或无菌树叶上播种，种子均可正常萌发。培养 5 天时胚发育膨大呈球形；7 天后种子发芽率为 20%，14 天时达 91.67%。种子萌发形成原球茎，其大小约为 435.12μm×306.36μm，且原球茎细胞内出现叶绿体；继续发育则顶端分生组织的一侧分化出 1 片子叶，随后在子叶相对的一面开始形成第 1 片真叶，原球茎下部四周分化出假根。据报道，大多数兰科植物种子在无外源营养供应时，仅具备萌发所需的环境条件时种子难以萌发(Warcup et al.，1973)。而本研究表明，白及种子在无外源营养供给时，只要环境条件适宜便可正常发芽(表 30-17)，提示白及种子属于兰科植物中易萌发的种子类型，但其如何利用胚自身储藏物质尚有待进一步研究。

表 30-17 真菌对白及种子萌发、子叶分化及生长的影响

菌株	种子发芽率(21天)/%	子叶分化率(60天)/%	子叶长度(60天)/μm
G3(微囊菌属)	93.87a	98.84d	131.77f
G4(毛壳菌属)	74.81b	72.26e	1157.35g
紫萁小菇	63.35c	94.73d	1489.65h
05(未鉴定)	58.34c	95.01d	3234.95i
CK	93.75a	64.24e	466.90j

注：相同字母表示 $P>0.05$

二、真菌对种子萌发及幼苗生长的影响

用4种真菌的染菌树叶及无菌树叶(CK)播种，培养7天左右种子开始发芽；播种21天的统计结果表明(表30-17)，种子在G3号菌及无菌树叶上发芽率可达93%以上，而G4号菌、紫萁小菇及05号菌菌叶上为58%～75%。虽然后3种菌菌叶上的种子发芽缓慢，但其并非为种子的致病菌，故培养一定时间后种子仍可发芽。伴4种真菌播种后种子发芽形成的原球茎子叶分化率及生长速率均显著高于CK播种，其中以播种在05号菌菌叶的效果最好；原球茎子叶的分化率是CK的1.48倍，长度是CK的6.93倍。培养后期真菌伴播种子的原球茎假根分化多，成苗整齐，叶色浓绿，且植株健壮。种子在无菌树叶上能顺利发芽，但发芽后多数停留在原球茎或原球茎子叶分化阶段，成苗率低，且表现出明显的营养缺乏现象，随着培养时间的延长逐渐夭亡。

三、紫萁小菇提取液对种子萌发及生长的影响

用紫萁小菇或无菌培养物的提取液播种，种子均可发芽，但不同提取液对种子发芽、原球茎子叶分化及生长的影响明显不同。种子在紫萁小菇水提液中播种，其发芽率低于在醇提液与混合液中播种的发芽率；紫萁小菇的醇提取液比水提液及混合液更有利于原球茎子叶分化及生长，其分化率也高于在无菌培养基(CK)各提取液播种的分化率。紫萁小菇培养物的醇提液对白及原球茎子叶分化及生长的促进效果，预示该菌的代谢产物中可能含有促进植物生长的活性物质。提取液播种与真菌伴播种子的效果接近，后者真菌侵入种胚或原球茎的菌根共生关系已经建立，真菌菌丝不断提供幼苗生长的营养，以利于幼苗生长发育(Harvais and Hadley，1967；郭顺星和徐锦堂，1990a)。

活体真菌伴播白及种子是半自然状态下播种法，该法可减少种子无菌培养中的种子转代及移栽等无菌操作，具有耗资少、不易污染杂菌和利于大面积推广等特点(郭顺星和徐锦堂，1990f)。通过种子与真菌共生萌发可以获得大量苗壮植株，对白及的规模化繁殖具有重要意义。

第十一节 白及种子消化紫萁小菇的亚细胞结构观察

有关白及种子接菌共生萌发的研究在本章第十节已进行了详细描述。为了阐明白及种子萌

发及幼苗生长与真菌的关系，本节利用超薄切片技术，在电子显微镜下，对真菌侵入种胚后种子萌发及进一步发育中细胞超微结构的变化进行研究(郭顺星和徐锦堂，1990a)。

本研究中所用白及种子采自四川省峨眉山野生白及未开裂的果实。所用菌种为紫萁小菇。种子伴真菌播种方法是菌叶法。采用常规的培养皿内种子保湿发芽法作为对照。定期分别取播种后的种子和发芽的原球茎固定处理，超薄切片厚度 500Å 左右，用乙酸铀和柠檬酸铅双重染色后在电子显微镜下观察并照相；半薄切片厚度为 1～2μm，亚甲蓝-天青Ⅱ和碱性品红对染，做一般组织学观察。

一、白及种子在常规条件下萌发时的细胞形态特征

成熟的白及种子呈橄榄形，种皮为单层细胞组成，侧壁加厚，细胞器及原生质均已消失，是一层半透明的死细胞，因此胚细胞与种皮细胞很容易区分。胚椭圆形，未分化，为原胚阶段，胚柄退化。胚具有薄壁细胞大、核较小、细胞液泡化的特点。细胞中富含淀粉及大量脂类储藏物质，淀粉粒分布于核的周围；脂类颗粒多聚集，外被电子致密的膜层包围，成堆或成链状分布于胚细胞的周缘。这些物质在种子萌发过程中逐渐减少或消失，作为种子萌发所需要的营养被分解代谢。大多数种子萌发形成的原球茎基部(原退化的胚柄处)的一或数层细胞溃解，可明显观察到细胞解体后的残迹，可能是这层细胞在种子萌发中被作为营养利用的结果。白及种胚细胞中富含储藏性物质及其在种子萌发过程中的变化，同 Ricardo 和 Alvarez(1971)对兰科万带兰属(*Vanda*)植物种子萌发时所观察的结果类似。白及种胚细胞这些内涵物是该种子在常规条件下萌发的主要营养来源。

种子在培养皿内保湿培养 5 天左右，种胚细胞开始分裂，细胞数目增多，椭圆形胚体积明显增大，约 7 天后突破种皮萌发为原球茎，在光学显微镜下观察纵切面，表皮细胞呈扁平状，其余细胞为球形，自顶端至基部细胞体积依次变大。上部体积较小的细胞，细胞质浓，少液泡化。从细胞的形态结构及其后的功能来看，这些顶端小细胞为分生组织细胞，而下部的大型薄壁细胞则明显液泡化。种子萌发形成原球茎后，顶端分生组织细胞分裂形成绿色的子叶，其后在子叶的对侧生出第一片幼叶。

二、白及种子染菌萌发中细胞超微结构的变化

真菌侵染种子一般从种皮细胞间进入，未观察到菌丝从种皮细胞中直接穿过。Hadley(1975)认为，兰科植物内生菌根菌能产生纤维素酶和果胶酶，这些酶在菌丝侵入种皮时起着重要作用。当然真菌侵染种子时也可能靠菌丝的机械压力来完成，但目前看来多数植物内生菌都具有适当的酶类，因此，侵入作用部分或全部通过化学方法消化寄主细胞壁而实现。菌丝到达胚体后，从胚柄处侵入胚的基部细胞，并在一定范围的几层细胞中扩散。正常的共生条件下，种胚的另一端(原球茎的顶端分生组织区)不被真菌侵染。染菌胚细胞中的原生质、淀粉粒等逐渐消失，细胞核变形分解。胚细胞的这一变化在其他兰科植物菌根研究中也有报道(John and Curtis，1939；Flentje et al.，1963；Hadley，1982；Rasmussen，1990)。产生这种变化的原因，是受菌丝侵入的刺激使胚细胞的代谢作用发生变化以适应真菌的侵染，还是菌丝分泌一些胞外酶将其水解作为自身的营养，由于这一问题涉及植物和真菌彼此识别及营养物质相互交换的复杂过程，对此目前还未作出一致的解释。

菌丝侵入白及种胚细胞后，有些菌丝的细胞壁比侵入前明显加厚，对细胞壁加厚的菌丝放大观察，可观察到加厚部分呈较规则的片层结构，其来源是白及细胞质或其内质网等膜层结构分泌的物质在菌丝细胞壁上的沉积，主要由一些电子致密物质组成。Williamson(1970)指出，兰科植物内生真菌细胞壁加厚部分含有纤维素，可能还有某些未激活的水解酶类。Nieuwdorp(1972)认为真菌侵入植物细胞后，菌丝衰老时才会出现其细胞壁加厚现象，但后来Hadley(1982)的研究指出，在兰科植物菌根细胞中，真菌细胞壁的这种加厚不受菌龄的限制。大部分细胞壁加厚的菌丝，其细胞质变得稀少或消失，最后连同加厚的细胞壁均被分解为碎片、原生质段，分布于白及细胞中，最终被消化作为植物发育的营养物质(Burges，1939)。有少数入侵的菌丝细胞壁不是均匀加厚，而是细胞壁的外层分布有电子密度较大的颗粒。在以往的兰科植物菌根研究中，很少有菌丝细胞这种变化的报道，这一结构特点同常见的植物细胞胞间菌丝所产生的吸器老化时，它的外层较厚细胞壁发生的分瓣现象类同，但未观察到白及细胞内的紫萁小菇菌丝具有通常吸器的一系列形成过程及其所特有的结构和功能(Hickey and Ccoffey，1978；Hohl and Stossel，1976)。因此认为它可能仍是菌丝老化时的一种表现，但加厚物质的来源、加厚过程及其后的溃解均与一般菌丝胞壁的加厚显著不同。颗粒可能由菌丝细胞的外层细胞胞壁和部分白及细胞质组成；同时还可观察到这类菌丝的溃解首先从细胞胞壁颗粒处开始，颗粒被溶解后形成不规则的缺刻，接着菌丝细胞壁全部消失，或仅剩内壁及质膜包裹的原生质团，且内含物明显比先前稀少，最终完全解体。入侵菌丝的另一种变化是处于白及细胞产生的囊状体包围中。从许多切片观察，囊状体主要由白及细胞质膜内陷形成，也有细胞内的某些膜层参与。有作者(Dorr and kollmann，1969)证实兰科植物细胞产生的这种包围菌丝的囊状体上含有不同类型的水解酶，对入侵的菌丝起着消化作用，Nieuwdorp(1972)将其称为胞饮作用。

菌丝在白及细胞间穿越时常形成狭隘的颈环状，穿越后菌丝顶端膨大，其细胞质稠密，并含有较多细胞器、脂类颗粒及小泡囊等。推测在白及胚细胞中，菌丝是靠其顶端的细胞质所产生的膨压来穿越白及细胞壁的。菌丝在白及胚细胞中的这一运动特点，在以往的兰科菌根研究中未被证实。种子萌发过程中，邻近染菌细胞的未染菌白及细胞，细胞器数量增多，核的周围出现了大型粗面内质网，线粒体数量增多，腔变大。这些结构变化表明，未染菌细胞起着对邻近染菌细胞消化真菌获得的营养物质的转化、运输等重要功能。种子在常规条件下(对照组)萌发时，很少观察到上述明显的细胞器的变化，一般可观察到细胞中脂类颗粒存在或被分解、大多数细胞液泡化、细胞器少而小等。

三、白及种子萌发与真菌关系的探讨

在种子构造简化、无胚乳的兰科植物这一进化类群中，白及种子同万带兰属(*Vanda*)种子一样，胚的薄壁细胞储存大量的蛋白质、油脂和碳水化合物，这些物质像胚乳一样可作为种子萌发的营养成分，是兰科植物中在常规条件下容易萌发的种子类型。白及种子共生萌发中，种子对不同真菌侵入后的反应并非完全一致，适宜的真菌在胚的一定范围细胞中存在，形成彼此营养平衡的共生关系，有利于种子萌发及其后的生长。有些真菌或植物致病菌可使整个白及种胚充满菌丝，导致种子死亡，Hadley(1970)对此也进行过报道。所以，分离对植物生长发育有益的共生真菌仍是一项重要工作。

兰科植物菌根中真菌细胞壁的加厚标志着该类菌丝衰亡的开始。有些细胞壁加厚的菌丝细胞质消失变成仅留有质膜和细胞壁的空腔菌丝，这可能是由于受植物细胞的影响，真菌细胞内某些溶酶体活化，使细胞内含物水解。细胞中还可观察到结构完整的菌丝，即菌丝细胞壁不加厚，细胞质的组成也无大的改变，保持菌丝的正常结构和功能，说明真菌侵入植物细胞后有些仍具生命力。

定植于原球茎细胞内的菌丝被原球茎细胞质膜和电子透明物质包围而与原球茎细胞质相隔离，有关这一界面在两共生物之间物质交换中的作用，已知有少数物质（Arditti et al.，1990）包括糖类和磷酸盐，可以通过菌根真菌转运到根和原球茎中，确切的在细胞水平上的转移方式迄今未得到揭示。但这层电子透明物质在真菌纯培养或当真菌变为原球茎的寄生物时是不存在的（Peterson and Currah，1990）。显然，这一界面是原球茎与真菌相互作用的产物，两共生物之间的物质转运一定发生在这个界面上，也正是这一界面的存在，使得原球茎内皮层消化细胞在菌丝侵入时能保持自身原生质的完整性，并消化侵入的菌丝作为自身的营养。

白及种子共生萌发中细胞对入侵真菌的主动消化，主要是靠在菌丝侵染的刺激下，种胚细胞质膜内陷产生许多囊状结构完成的，已有报道证实囊状体上有消化真菌的水解酶类存在，所以存在于囊状体上的各种水解酶是消化真菌的物质基础。囊状体形成后多游离于细胞质中，包围并逐渐消化入侵菌丝作为种子萌发的营养。不同植物对内生真菌的消化途径并非完全类同，对不同生态型的兰科植物与真菌的共生关系仍有待深入研究。

（*房慧勇　孟志霞　郭顺星*）

参考文献

车艳玲，刘松江. 2008. 白及治疗小鼠移植性肝癌的研究. 中医药信息，25(1)：38-40.

丁晖，韩素芬，王光萍，等. 2002. 卡特兰与丝核菌共培养体系的建立及卡特兰菌根显微结构的研究. 菌物系统，21(3)：425-429.

范黎，郭顺星，肖培根. 2000. 密花石斛等六种兰科植物菌根的显微结构研究. 植物学通报，17(1)：73-79.

范黎，郭顺星，徐锦堂. 2002. 天麻种子与紫萁小菇有菌共生萌发过程中的超微结构变化研究. 首都师范大学学报(自然科学版)，23(3)：52-56.

范黎，郭顺星. 2001. 天麻种子萌发过程与开唇兰小菇的相互作用. 菌物系统，20(4)：539-546.

冯敢生，李欣，郑传胜，等. 2003. 中药白及提取物抑制肿瘤血管生成机制的实验研究. 中华医学杂志，83(5)：412-416.

甘肃省新医药研究所. 1982. 中药学. 北京：人民卫生出版社，1-709.

郭顺星，徐锦堂. 1990a. 白及种子染菌萌发过程中细胞超微结构变化的研究. 植物学报(英文版)，32(8)：594-598.

郭顺星，徐锦堂. 1990b. 促进石斛等兰科药用植物种子萌发的真菌分离与培养. 中草药，21(6)：30-31.

郭顺星，徐锦堂. 1990c. 促进天麻等兰科药用植物种子萌发的真菌发酵液的抑菌作用. 中国药学杂志，25(4)：200-202.

郭顺星，徐锦堂. 1990d. 真菌及其培养物提取液在细叶石斛种子萌发中的作用. 中国中药杂志，15(7)：13-15.

郭顺星，徐锦堂. 1990e. 真菌在兰科植物种子萌发的真菌初生产物分析. 中国中药杂志，15(6)：12-14.

郭顺星，徐锦堂. 1990f. 真菌在兰科种子萌发生长中的作用及相互关系. 植物学通报，7(1)：13-17.

郭顺星，徐锦堂. 1991. 真菌在罗河石斛和铁皮石斛种子萌发中的作用. 中国医学科学院学报，13(1)：46-49.

郭顺星，徐锦堂. 1992. 白及种子萌发和幼苗生长与紫萁小菇等4种真菌的关系. 中国医学科学院学报，14(1)：51-54.

李丽，罗君琴，王海琴. 2007. 春兰种子非共生萌发的研究. 福建热作科技，32(3)：13-14.

吕梅，伍建榕，马焕成. 2005. 春兰菌根的显微结构观察. 西南林学院学报，25(2)：8-11.

吕秀立，张冬梅. 2011. 春兰杂交种子非共生萌发和快速繁殖. 上海农业学报，27(1)：41-45.

徐小炉，尹刘，程元芝. 2000. 白及栓塞治疗中晚期肝癌的临床观察. 实用癌症杂志，15(6)：640-641.

余知和，曾昭清，张明涛. 2009. 春兰菌根的显微结构及菌根真菌的分离. 武汉植物学研究，27(3)：332-335.

曾宋君，黄向力，陈之林，等. 2004. 白及的无菌播种和组织培养研究. 中药材，27(9)：625-627.

张建霞，付志惠，李洪林，等. 2005. 白及胚发育与种子萌发的关系. 亚热带植物科学，34(4)：32-35.

朱泉，田田，杨澍，等. 2009. 兰科植物种子的非共生萌发研究进展. 江苏农业科学，39(4)：205-208.

朱至清，王敬驹，孙敬兰. 1975. 通过氮源比较试验建立一种较好的水稻花药培养基. 中国科学，18(5)：484-490.

Ahmet E，Sezai E，Cafer E. 2005. Effects of mycorrhiza isolates on symbiotic germination of terrestrial orchids［*Orchis palustris* Jacq. and *Serapias* vomeracea subsp. *vomeracea*（Burm. f.）briq.］in Turkey. Symbiosis，38：59-68.

Arditti J，Ernst R，Yam TW，et al. 1990. The contributions of orchid mycorrhizal fungi to seed germination：a speculative review. Lindleyana，5：249-255.

Arditti J，Oliva AP，Michaud JD. 1982. Practical germination of North American and related orchids. II. *Goodyera oblongifolia* and *Goodyera tesselata*. Am Orchid Soc Bull，54：859-866.

Arditti J. 1967. Factors affecting the germination of orchid seeds. The Botanical Review，33（1）：1-97.

Burgeff H. 1936. Samenkeimung der Orchideen. Jena. Germany：Gustav Fischer.

Burges A. 1939. The defensive mechanism in orchid mycorrhiza. New Phytol，38：273-283.

Carla DZ，Lisa C，Randy SC. 1996. Fungi associated with terrestrial orchid mycorrhizas，seeds and protocorms. Mycoscience，37（4）：439-448.

Chou LC，Chang DC. 2004. Asymbiotic and symbiotic seed germination of *Anoectochilus formosanus* and *Haemaria discolor* and their F-1 hybrids. Bot Bul Acad Sin，45（2）：143-147.

Clements MA，Muir H，Cribb PJ. 1986. A preliminary report on the symbiotic germination of European terrestrial orchids. Kew Bull，41：437-445.

Dorr I，Kollmann R. 1969. Fine structure of mycorrhiza in *Neottia nidus-avis*（L.）LC Rich.（Orchidaceae）. Planta，89（4）：372-375.

Fast G. 1976. M ö glichkeiten zur massenvermehrung von cypripedium calceolus und anderen europaischen wildorchideen. Proc. 8th world orchid conf.

Flentje N T，Dodman R L，Kerr A. 1963. The mechanism of host penetration by *Thanetephorus ucumeris*. Aust J Biol Sci，16（4）：784-799.

Hadley G，Johnson RP，John DA. 1971. Fine structure of the host-fungus interface in orchid mycorrhiza. Planta，100（3）：191-199.

Hadley G，Williamson B. 1972. Features of mycorrhizal infection in some Malayan orchids，New Phytologist，71：1111-1118.

Hadley G. 1970. Non-specificity of smbiotic infection in orchid mycorrhiza. Newphytol，69（4）：1015-1023.

Hadley G. 1975. Organization and Fine Structure of Orchid Mycorrhiza. *In*：Sanders FE，Barbara M，Tinker PB，et al. Endomycorrhizas. London：Academic Press，335-351.

Hadley G. 1982. Orchid mycorrhiza（Ⅱ）. Ithaca，New York：Cornell University Press，85-115.

Harvais G，Hadley G. 1967. The development of Orchids purpurella in symbiotic and inoculated cultures. New Phytologist，66（2）：217-230.

Harvais G. 1982. An improved culture medium for growing the orchid *Cypripedium reginae* axenically. Can J Bot，60：2547-2555.

Hickey EL，Ccoffey MD. 1978. A cytochemical investigation of the host-parasite interface in *Pisum sativum* infected by the Downy mildew fungus *Pconospora pisi*. Protoplasma，97（2-3）：201-220.

Hohl HR，Stossel P. 1976. Host-parasite interfaces in a resistant and a susceptible cultivar of Solanum tuberosum inoculated with phytophthora infestans：Tuber tissue. Can J Bot，54（9）：900-912.

John T，Curtis. 1939. The relation of specificity of orchid mycorrhizal fungi to the problem of symbiosis. Amer J Bot，26：390-399.

Knudson L. 1921. La germinación no simbiótica de las semillas de orquídeas. Bol Soc Esp Hist Nat，21：250-260.

Knudson L. 1922. Non symbiotic germination of orchid seeds. Bot Gaz，73：1-25.

Knudson L. 1946. A nutrient for the germination of orchid seeds. Amer Orchid Soc Bull，15：214-217.

Kull T，Arditii J. 2002. Orchid Biology：Reviews and Perspectives. Berlin：Springer.

Light MHS，Macconaill M. 1998. Factors affecting germinable seed yield in *Cypripedium calceolus* var. *pubescens*（Willd.）Correll and *Epipactis helleborine*（L.）Crantz（Orchidaceae）. Botanical Journal of the Linnean Society，126（1-2）：3-26.

Masuhara G，Katsuya K. 1989. Effects of mycorrhizal fungi on seed germination and early growth of three Japanese terrestrial orchids. Scientia Horticulturae，37：331-337.

McKendrick SL，Leake JR，Lee TD，et al. 2002. Symbiotic germination and development of the myco-heterotrophic orchid *Neottia* nidus-avis in nature and its requirement for locally distributed *Sebacina* spp.. New Phytologist，154：233-247.

Mitchell RB. 1989. Growing hardy orchids from seeds at Kew. The Plantsman，11：152-169.

Murashige T，Skoog F. 1962. A revised medium for rapid growth and bioassays with tobacco tissue cultures. Physiol Plant，155：473-497.

Niewdorp PJ. 1972. Some observation with light and electron microscope on the endotrophic mycorrhiza of orchids. Acta Bot Neerl，21：128-144.

Petson RL，Currah RS. 1990. Synthesis of mycorrhizae between protocorms of *Goodyera repens*（Orchidaceae）and *Ceratobasidium cereal*. Can J Bot，58：1117-1125.

Rasmussen HN. 1990. Cell differentiation and mycorrhizal infectin in *Dactylothiza majialis*（Robb. f.）Hunt&Sumunerh（orchidaceae）during germination *in vitro*. New Phytol，16：137-147.

Rasmussen HN，Andersen TF，Johansen B. 1990. Light stimulation and darkness requirement for the symbiotic germination of *Dactylorhiza majalis*（Orchidaceae）*in vitro*. Physiol Plant，79：226-230.

Rasmussen HN，Rasmussen FN. 1991. Climactic and seasonal regulation of seed plant establishment in *Dactylorhiza majalis* inferred from symbiotic experiments *in vitro*. Lindleyana，6：221-227.

Rasmussen HN. 1995. Terrestrial Orchids from Seed to Mycotrophic Plant. New York：Cambridge University Press.

Rasmussen HN. 2003. Terrestrial Orchids from Seed to Mycotrophic Plant. Cambridge：Cambridge University Press.

Rasmussona A，Escobar MA. 2007. Light and diurnal regulation of plant respiratory gene expression. Physiologia Plantarum，129：57-67.

Ricardo Jr MJ，Alvarez MR. 1971. Ultrastructural changes associated with utilization of metabolite reserves and trichome differentiation in the protocorm of Vanda. American Journal of Botany，58（3）：229-238.

Seaton P，Ramsay M. 2005. Growing Orchids from Seed. London：Kew Royal Botanic Gardens.

Smreciu EA，Currah RS. 1989. Symbiotic germination of seeds of terrestrial orchids of North America and Europe. Lindleyana，4（1）：6-15.

Stewart S，Kane M. 2006. Asymbiotic seed germination and *in vitro* seedling development of *Habenaria macroceratitis*（Orchidaceae），a rare Florida terrestrial orchid. Plant Cell，Tissue and Organ Culture，86（2）：147-158.

Stewart SL，Kane ME. 2007. Symbiotic seed germination and evidence for *in vitro* mycobiont specificity in *Spiranthes brevilabris*（Orchidaceae）and its implications for species-level conservation. *In Vitro* Cellular & Developmental Biology - Plant，43（3）：178-186.

Thompson DI，Edwards TJ，Van SJ. 2001. *In vitro* germination of several South African summer-rainfall Disa（Orchidaceae）species：is seed testa structure a function of habitat and a determinant of germinability. Syst Geog Plants，71：597-606.

Warcup JH. 1973. Symbiotic germination of some Australian terrestrial orchids. New Phytol，72（2）：387-392.

Williamson B. 1970. Penetration and infection of orchid protocorms by *Thanatephorus cucumeris* and other *Rhizocotonia* isolates. Phytopath，6：1092-1096.

Yagame T，Fukiharu T，Yamato M，et al. 2008. Identification of a mycorrhizal fungus in *Epipogium roseum*（Orchidaceae）from morphological characteristics of basidiomata. Mycoscience，49（2）：147-151.

Yamaguchi S，kamiya Y. 2001. Gibberellins and light-stimulated seed germination. J Plant Growth Regul，20（4）：369-376.

Zettler LW，McInnis TMJ. 1994. Light enhancement of symbiotic seed germination and development of an endangered terrestrial orchid（*Platanthera integrilabia*）. Plant Sci，102：133-138.

第三十一章 内生真菌对几种兰科药用植物生长发育的作用

研究内生真菌对兰科植物生长发育的作用，其关键点主要包括：尽量采集野生苗作为分离材料、分离材料表面必须很好地消毒以排除假阳性内生真菌、内生真菌的纯培养、分离物对兰科植物的活性筛选等。

Harvais 和 Hadley（1967）从 420 条来自不同的兰科植物根中分离到 244 种丝核菌。Warcup 和 Talbot（1967）也从兰属（*Cymbidium*）植物中分离到 123 种真菌，但试验结果证明，这些真菌在兰科种子萌发中并无促进作用，其后这方面的试验也未见详细报道。徐锦堂等（1981）从天麻原球茎分离出 12 种真菌，对天麻种子萌发生长有促进作用，并已应用于天麻有性繁殖生产。能否从绿色兰科植物或兰科植物种子萌发的原球茎中，将已同原球茎建立良好共生关系的真菌分离出来，并证明对种子萌发有促进作用，再将这些真菌应用到重要兰科药用植物栽培中去，这对难以萌发的兰科种子快速繁殖研究有重要意义。

第一节 促进石斛类植物种子萌发的真菌分离和活性筛选

一、内生真菌的分离和培养

本研究所用材料采自四川省峨眉山野生的兰科药用植物细叶石斛（*Dendrobium hancockii*）及见血清（*Liparis nervosa*）种子发芽的原球茎。测发芽率（活性测定）所用种子采自细叶石斛、罗河石斛（*D. lohohens*）、铁皮石斛（*D. officinale*）、白及（*Bletilla striata*）未开裂的果实；真菌培养基为 PDA 培养基、麦麸糖培养基。

在产区认真收集野生种子萌发形成的原球茎后，用无菌水将其充分洗净，0.1% $HgCl_2$ 溶液表面消毒 0.5min，冲净消毒液，切成小块蘸金霉素后接于有 PDA 培养基的皿内，以上操作均在无菌室的超净工作台上进行。接种好的培养皿置 25℃恒温培养；菌种纯化后，其生长的温度试验分为 15℃、20℃、25℃、28℃、30℃，各处理重复 3 次，恒温培养 12 天后测其菌落直径。将分离物分别纯培养灭菌的树叶（杂树树叶），待这些树叶染菌后分别播种种子，测真菌对种子发芽率的影响。各处理重复 3 次，25℃恒温培养，解剖镜下统计种子发芽率。

二、真菌对石斛种子萌发的影响

通过真菌分离试验，从细叶石斛、见血清种子萌发的原球茎中分离出 7 种真菌。用这些真菌分别培养的染菌树叶，伴播多种兰科药用植物种子进行发芽筛选，结果有 3 个菌株对种子发芽有促进作用(表 31-1)。分离号为 G_3、G_4 的菌株，对供试的 3 种药用石斛植物种子发芽有显著促进作用，不同真菌对种子的发芽效果有差异。G_6 号菌株对 3 种药用石斛植物种子萌发无作用，但对白及种子萌发效果较好。除白及的对照处理(无菌树叶播种)有种子发芽外，3 种石斛种子所设的对照均无种子发芽。分离号为 G_1、G_7、G_2 的菌株对种子萌发无作用，G_5 号菌株伴播种子培养 5～7 天时，种子迅速变成黄褐色而死亡。

表 31-1　真菌伴播几种兰科药用植物种子的发芽率筛选　(单位：%)

菌种号	罗河石斛	铁皮石斛	细叶石斛	白及
G_3	15.20	65.23	27.79	34.69
G_4	21.72	63.69	18.13	28.15
G_6	0	0	0	70.98
CK(无菌树叶)	0	0	0	20.00

注：表中发芽率的统计时间是种子伴播真菌后培养的时间：罗河石斛 60 天；铁皮石斛 56 天；细叶石斛 35 天；白及 7 天

三、温度对菌丝生长的影响

温度试验结果表明，以上 3 种菌的菌丝体生长对温度要求不同，G_3 号菌株的最适生长温度为 25℃，G_4 号菌株为 25～28℃，G_6 号菌株为 28℃。低于或高于各自的最适温度，生长速率就减慢。

四、相关问题讨论

(1) Warcup 及 Harvais 等分离共生菌的分离材料均为兰科植物根，用这些菌同兰科植物种子伴播并无明显促进种子萌发的效果，说明从成年兰根中分离的真菌，虽然能与该根系形成良好的共生关系，但对种子萌发不一定有促进作用，有的可能还会产生抑制作用。例如，供天麻无性繁殖块茎生长营养的蜜环菌，对天麻种子发芽有较强的抑制作用(徐锦堂等，1980)。种子发芽需要紫萁小菇等真菌侵入提供营养，所以进行真菌对兰科种子萌发作用试验时，最好从种子刚发芽的原球茎中分离真菌，这样可提高有效菌株的分离率。

(2) 从分离的 7 种真菌对种子萌发的影响分析，G_2 号、G_4 号菌株对 3 种石斛种子的萌发有促进作用，其余 5 种真菌无此效果，并且 G_5 号菌株可使白及或石斛种子死亡。表明兰科植物和真菌形成菌根关系，尤其是形成兰科植物种子萌发与内生真菌的关系，是兰科植物长期适应自然环境的结果。某种植物只能和一种、几种或一类真菌共生，为此对不同兰科药用植物种子萌发及幼苗生长所需要的最适真菌，仍需进一步筛选研究。

白及种子在纯水中或灭菌树叶上能正常萌发，证明白及种胚具有萌发所需要的储存物质，但种子同真菌伴播后，真菌除对种子萌发比对照有促进作用外，还对白及种子萌发后叶片、假根的分化和生长有显著促进效果，其作用机制仍待探讨。

(3) 本试验进行不同温度对真菌生长影响的研究，以确定各自的最适生长温度，为内生真菌伴播种子试验和生产提供合理参数。据资料报道(Harvais and Hadley，1967)及本试验营养因素对共生真菌生长的影响表明，兰科内生真菌生长的营养要求不十分严格，可在一般的碳源、氮源及天然提取物培养基上很好生长。本试验采用 PDA 培养基和麦麸糖培养基分别培养供试真菌，证明二者对菌丝生长无明显差异。

第二节　铁皮石斛和金钗石斛的内生真菌分离及其生物活性

铁皮石斛和金钗石斛(*Dendrobium nobile*)是中国兰科传统的名贵药用植物，目前其自然资源濒临灭绝。石斛的工厂化组织培养及人工栽培尚面临诸多问题。根据兰科植物与真菌形成菌根结构的特点，笔者 1987 年开始从事自养型兰科药用植物菌根真菌的分离、培养，以及菌根真菌在石斛、白及等药用植物种子萌发方面利用的研究，取得了较好效果，自 1992 年以来将兰科菌根真菌应用于石斛等兰科药用植物苗生长中，现将有关研究结果进行小结(郭顺星和徐锦堂，1990)，为全面深入研究内生真菌对兰科药用植物的促进生长机制提供参考。

供分离内生真菌的材料采自四川、云南、福建等地的野生铁皮石斛和金钗石斛。内生真菌分离和鉴定方法参考有关文献(范黎和郭顺星，1996)。生物活性测定：①取成熟未裂的铁皮石斛果实，表面消毒后将种子分别轻弹于上述 23 种内生真菌纯培养的树叶上，45 天时分别统计发芽率；②将内生真菌分别接种于瓶培的铁皮石斛、金钗石斛的无菌苗周围，50 天时观察苗-菌共培养情况。

一、内生真菌分离和活性测定结果

(一) 内生真菌的分离

从野生铁皮石斛植株截取分离根段 105 个，其中有 43 个根段分离到内生真菌，占此分离总根数的 40.95%。从获得的内生真菌中经纯化和初步分类比较，得到不同形态特征的菌株 14 个，其中 7 种属于担子菌类、6 种属于半知菌类、1 种未鉴定。金钗石斛截取根段 83 个，其中有 20 个根段长出内生真菌，占所分离根数的 24.10%，根据生长和形态特征，经纯化和剔除相同菌株，得到内生真菌 11 种，其中担子菌 3 种、半知菌 5 种、未鉴定 3 种(表 31-2)。

表 31-2　铁皮石斛和金钗石斛内生真菌的分离

植物名称	分离根段数	长菌段数	菌株数	菌株号	分类
铁皮石斛	105	43	14	DC-1	柱孢霉属(*Cylindrocarpon* sp.)
				DC-2	枝顶孢霉属(*Acremonium* sp.)
				DC-3	瘤菌根菌属(*Epulorhiza* sp.)
				DC-4	瘤菌根菌属(*Epulorhiza* sp.)
				DC-5	蚀丝霉属(*Myceliophthoreae* sp.)
				DC-6	头孢霉属(*Cephalosporium* sp.)

续表

植物名称	分离根段数	长菌段数	菌株数	菌株号	分类
铁皮石斛	105	43	14	DC-7	头孢霉属(*Cephalosporium* sp.)
				DC-8	瘤菌根菌属(*Epulorhiza* sp.)
				DC-9	角菌根菌属(*Ceratorhiza* sp.)
				DC-10	未鉴定
				DC-11	简梗孢霉属(*Chromosporium* sp.)
				DC-12	丝核菌属(*Rhizotonia* sp.)
				DC-13	石斛小菇(*Mycena dendrobii*)
				DC-14	念珠菌根菌属(*Moniliopsis* sp.)
金钗石斛	83	20	11	DN-1	丝核菌属(*Rhizotonia* sp.)
				DN-2	丝核菌属(*Rhizotonia* sp.)
				DN-3	粘帚霉属(*Gloiocladium* sp.)
				DN-4	未鉴定
				DN-5	未鉴定
				DN-6	兰小菇(*Mycena orchidicola*)
				DN-7	粘帚霉属(*Gliocladium* sp.)
				DN-8	盘多毛孢属(*Pestalotina* sp.)
				DN-9	未鉴定
				DN-10	念珠菌根菌属(*Moniliopsis* sp.)
				DN-11	角菌根菌属(*Ceratorhiza* sp.)

(二)内生真菌对铁皮石斛种子萌发的生物活性测定

用上述25种内生真菌分别培养无菌树叶，约20天菌丝基本布满树叶，将铁皮石斛种子轻弹播于染菌树叶上。培养45天时测定其种子发芽率。从表31-3可以看出，仅DC-3、DC-13、DN-2、DN-6和DN-7对铁皮石斛种子萌发有作用，其中DN-6和DC-13对种子萌发较好，可达51.48%、42.00%。其余菌株与无菌树叶(对照)相同均对铁皮石斛种子无萌发作用。

表31-3 内生真菌对石斛种子萌发及幼苗生长的生物活性

菌株	伴播铁皮石斛种子的萌发率/%	对铁皮石斛幼苗生长的影响	对金钗石斛幼苗生长的影响
DC-1	无萌发	幼苗死亡	幼苗正常，无菌根关系
DC-2	无萌发	幼苗死亡	幼苗死亡
DC-3	10.10	形成菌根关系，无明显促生作用	幼苗正常，无菌根关系
DC-4	无萌发	幼苗死亡	幼苗死亡
DC-5	无萌发	幼苗死亡	幼苗死亡
DC-6	无萌发	幼苗正常，但无菌根关系，不促进生长	幼苗正常，无菌根关系
DC-7	无萌发	幼苗死亡	形成菌根结构，对幼苗有促进生长作用
DC-8	无萌发	形成菌根关系，有明显促进生长作用	形成菌根关系，有明显促进生长作用

续表

菌株	伴播铁皮石斛种子的萌发率/%	对铁皮石斛幼苗生长的影响	对金钗石斛幼苗生长的影响
DC-9	无萌发	幼苗死亡	幼苗死亡
DC-10	无萌发	幼苗正常，不形成菌根关系，不促进生长	幼苗正常，无菌根关系
DC-11	无萌发	幼苗正常，不形成菌根关系，不促进生长	幼苗正常，无菌根关系
DC-12	无萌发	幼苗死亡	幼苗死亡
DC-13	42.00	形成菌根关系，有明显促进生长作用	形成菌根关系，有明显促进生长作用
DC-14	无萌发	形成菌根关系，有明显促进生长作用	幼苗正常，无菌根关系
DN-1	无萌发	形成菌根关系，但无促进生长作用	形成菌根关系，但无促进生长作用
DN-2	21.86	形成菌根关系，但无促进生长作用	幼苗正常，无菌根关系
DN-3	无萌发	形成菌根关系，有明显促进生长作用	不形成菌根关系，但有明显促进生长作用
DN-4	无萌发	幼苗死亡	幼苗死亡
DN-5	无萌发	幼苗死亡	幼苗死亡
DN-6	51.48	形成菌根关系，但无促进生长作用	幼苗正常，无菌根关系
DN-7	6.00	幼苗正常，不形成菌根结构	幼苗正常，无菌根关系
DN-8	无萌发	幼苗死亡	形成菌根关系，但无促进生长作用
DN-9	无萌发	幼苗死亡	幼苗死亡
DN-10	无萌发	幼苗正常，不形成菌根结构	幼苗正常，不形成菌根结构
DN-11	无萌发	幼苗正常，不形成菌根结构	幼苗正常，不形成菌根结构
CK	无萌发	幼苗正常	幼苗正常

(三)内生真菌对铁皮石斛幼苗生长的影响

将23种内生真菌分别接种至瓶培的铁皮石斛无菌苗中，培养50天时观察，发现12种内生真菌对铁皮石斛幼苗有致死作用，即真菌成了铁皮石斛的寄生物；8种内生真菌对幼菌无伤害作用，不形成内生菌根结构，菌丝在根围生长，对幼苗也无促生作用；仅有DC-8、DC-13和DN-3对铁皮石斛幼苗比对照有促生长作用，切片观察也有菌根结构(范黎等，1998；郭顺星等，2000)。

(四)内生真菌对金钗石斛幼苗生长的影响

内生真菌与金钗石斛幼苗共培养结果显示，8种内生真菌可使金钗石斛苗死亡，培养50天时真菌菌丝布满整个植株。11种内生真菌对金钗石斛既无促生作用，也无菌根结构。DN-1和DN-8两种内生真菌对幼苗生长虽无促生作用，但解剖发现，菌丝可侵染至根的表皮和少量皮层细胞，幼苗也生长正常。DN-3对金钗石斛有明显促生长作用，但菌丝不侵入根细胞，仅在根围生长。DC-7、DC-8和DC-13既与金钗石斛的根形成菌根结构，又对幼苗有促进生长的效果。

二、相关问题讨论

虽然几乎所有自然界兰科植物均具菌根结构，但并不是兰科植物所有根内均有真菌存在。一般内生真菌多存在于较老的根中。本节从 4 次采集的铁皮石斛和金钗石斛根中分离内生真菌的情况可以看出，铁皮石斛根段上仅有 40.95%能分离出内生真菌，金钗石斛为 24.10%。从笔者多年分离兰科内生真菌的经验分析，被分离的根段表面必须消毒彻底，一般 0.1%$HgCl_2$消毒 8min 以上，否则很容易得到大量杂菌，而非真正的兰科内生真菌，后者一般存在于兰根的皮层部位。本节中提及的对石斛有菌根结构形成，即指真菌能侵入石斛根的表皮或皮层细胞内所形成的菌根结构。

从本节试验结果可以看出，对铁皮石斛种子萌发有促进作用的 5 种内生真菌，并非对 2 种石斛的幼苗生长有促进作用，即在植物的不同发育阶段可能需要与不同的真菌共生。一般情况下，对兰科植物生长有促进作用的真菌，往往与该植物形成菌根关系，但本试验中的 DN-3 虽然解剖结果未观察到其与金钗石斛有菌根结构，但其对该植物生长有明显的促进作用，其促进生长的作用机制仍待深入研究。

第三节 金线莲内生真菌的分离及其生物活性

金线莲(*Anoectochilus roxburghii*)为兰科药用植物，具有治疗糖尿病、肝炎等功效(江海燕等，1997)。由于药用需要，产区药农滥采乱挖现象严重，使得金线莲野生资源濒临灭绝。虽然已有对该植物组织培养的报道，但无菌苗移栽后成活率不高、生长周期短，难以提供优质商品。本研究先后从福建等地采集野生金线莲，从该植物根中分离出多种内生真菌，同时初步进行了这些内生真菌对几种兰科植物种子萌发及幼苗生长发育影响的研究。现将研究结果叙述如下，可为今后对兰科植物菌根进行深入研究及开展有益内生真菌在濒危植物繁殖中的应用提供参考。

一、内生真菌的分离及活性研究策略

采集野生金线莲植株，取其根部进行内生真菌分离，方法同本章第二节。生物活性筛选：①将内生真菌分别培养无菌树叶，待树叶上长满内生真菌菌丝后，取成熟未开裂的天麻和石斛(*D. brymerianum*)果实，表面消毒后，分别从腹缝线将种子抖出至已培养好的菌叶上，培养 40 天时测其发芽率；②取预先瓶培养好的金线莲无菌幼苗，将内生真菌分别接种于金线莲无菌苗的周围，50 天时观测苗与菌共培养情况。

二、内生真菌的分离及活性研究结果

(一)金线莲内生真菌的分离

多次采集野生金线莲植株，从其根中分离内生真菌，在所分离的 96 段根中发现长出真菌的有 33 段，占总根数的 34.38%。获得菌株后，根据培养特征及菌丝形态差异，将相同的种类合并，共获得纯化的内生真菌 21 种。由于难以培养出无性或有性繁殖器官，未鉴定的 3 种；鉴定到种的 2 种，为小菇属(*Mycena*)真菌(Guo et al.，1997；范黎等，1998)；鉴定到属的 16 种。

(二)对植物种子发芽的作用

从表 31-4 可以看出，在供试的 21 种内生真菌中，仅有 6 种对长苏石斛种子萌发有作用，其中以 AR-21 效果最好，长苏石斛种子萌发率可达 49.72%。对天麻种子萌发有促进作用的内生真菌有 4 种，其中 AR-13 效果最好，伴播天麻种子发芽率可达 52.38%。

表 31-4 金线莲内生真菌的分离

分离根段数	长菌根段数	菌株数	菌株号	分类
96	33	21	AR-1	丝核菌属(*Rhizoctonia* sp.)
			AR-2	未鉴定
			AR-3	镰孢属(*Fusarium* sp.)
			AR-4	黑盘孢霉属(*Pestalotia* sp.)
			AR-5	丝核菌属(*Rhizoctonia* sp.)
			AR-6	丝核菌属(*Rhizoctonia* sp.)
			AR-7	头孢霉属(*Cephalosporium* sp.)
			AR-8	头孢霉属(*Cephalosporium* sp.)
			AR-9	念珠菌根菌属(*Moniliopsis* sp.)
			AR-10	粘帚霉属(*Gliocladium* sp.)
			AR-11	粘帚霉属(*Gliocladium* sp.)
			AR-12	角菌根菌属(*Ceratorhiza* sp.)
			AR-13	开唇兰小菇(*Mycena anoectochila*)
			AR-14	简梗孢霉属(*Chromosporium* sp.)
			AR-15	瘤菌根菌属(*Epulorhiza* sp.)
			AR-16	未鉴定
			AR-17	梭孢霉属(*Fusidium* sp.)
			AR-18	瘤菌根菌属(*Epulorhiza* sp.)
			AR-19	未鉴定
			AR-20	念珠菌根菌属(*Moniliopsis* sp.)
			AR-21	小菇属(*Mycena* sp.)

(三)对金线莲苗生长的影响

用所获得的 21 种内生真菌，分别与金线莲无菌苗在三角瓶中共培养，50 天时可以明显看出 9 种内生真菌成了金线莲的寄生真菌，苗的整个植株及根部均被真菌菌丝侵染，金线莲苗已枯萎死亡。3 种内生真菌对金线莲苗生长无促进作用，但幼苗生长正常，解剖后也未发现真菌与植株根形成菌根结构，即真菌菌丝未侵染至根的表皮或皮层细胞。4 种内生真菌伴播的金线莲植株，虽然解剖根时发现真菌菌丝可侵染至根的表皮细胞，但对幼苗生长无促进作用。AR-10、AR-11、AR-13、AR-15 和 AR-18，这 5 种内生真菌不但可与金线莲幼苗形成典型的菌根结构，而且对幼苗生长有显著促进作用(表 31-5)。

表 31-5 金线莲内生真菌的生物活性测定

菌株	长苏石斛种子萌发率/%	天麻种子萌发率/%	对金线莲苗生长影响
AR-1	—	—	幼苗死亡
AR-2	—	—	幼苗死亡
AR-3	—	—	幼苗死亡
AR-4	—	—	幼苗死亡
AR-5	23.40	—	幼苗正常，无促生作用
AR-6	—	—	幼苗死亡
AR-7	—	—	形成菌根结构，无促生作用
AR-8	16.89	11.30	形成菌根结构，无促生作用
AR-9	—	—	幼苗正常，无促生作用，无菌根结构
AR-10	21.00	—	形成菌根结构，有显著促生作用
AR-11	—	—	形成菌根结构，有显著促生作用
AR-12	—	44.16	幼苗正常，无促生作用，无菌根结构
AR-13	31.62	52.38	形成菌根结构，有显著促生作用
AR-14	—	—	幼苗死亡
AR-15	40.00	—	形成菌根结构，有显著促生作用
AR-16	—	—	幼苗死亡
AR-17	—	—	幼苗死亡
AR-18	—	—	形成菌根结构，有显著促生作用
AR-19	—	—	幼苗死亡
AR-20	—	—	形成菌根结构，无促生作用
AR-21	49.72	51.00	形成菌根结构，无促生作用
对照(CK)	—	—	幼苗正常

三、相关问题讨论

从野生金线莲植株内生真菌分离情况来看，随机切取自然生长的根段，内生真菌的分离率达 34.38%，表明自然状态下野生金线莲虽然可进行光合作用，但仍需与适宜真菌共生才能良好发育，这与兰科植物有典型菌根共生关系的特点相吻合。由于内生真菌有性或无性繁殖结构很难诱导产生，为此对其分类地位的确定仍待继续研究加以解决。

本节选择两种不同生态型兰科药用植物天麻(异养型)和长苏石斛(自养型)的种子萌发作为活性检测指标，从试验结果分析，不同种植物种子萌发对内生真菌的需求并非完全一致。从内生真菌对金线莲幼苗生长的作用可以看出，虽然对长苏石斛和天麻种子萌发较好促进作用的

AR-21 菌株对金线莲幼苗生长无促进作用，但可与其根形成菌根结构。AR-11 菌株对兰科种子萌发无促进作用，但对金线莲幼苗生长有显著促进效果，也可形成典型的菌根结构。其余两种内生真菌既对种子萌发有较好促进作用，也对金线莲幼苗生长有显著促进作用。一般情况下作为兰科植物内生真菌，一方面必须是分离自植物根细胞内的菌丝，同时回接植物又能形成菌根结构；另一方面也应能与种子形成共生关系，促进其萌发（郭顺星等，2000）。但应该指出的是，兰科植物种子萌发期与成年植株生活期所需共生真菌的种类可能不同，本试验及其他试验也已证实了这一事实。其内生真菌与兰科植物相互作用的细节仍需继续深入研究阐明。

第四节 40 种菌根真菌对铁皮石斛和金钗石斛生长的作用

本节选择 40 种菌根真菌分别与铁皮石斛和金钗石斛联合培养，筛选出对石斛苗有促生作用的菌根真菌。并在此基础上对其中几种促生效果较好的菌根真菌对石斛苗的促生效果进行较系统的动态观测，以期为今后这些有益菌根真菌在石斛繁殖中的应用提供参考。

本研究所用真菌是从本章前几节所述自然条件下生长的 11 种兰科植物根中分离所得，真菌培养基为 PDA 培养基。铁皮石斛及金钗石斛均为种子萌发获得的原球茎和无菌苗。菌-苗共生培养基为 1/2MS 培养基。

一、菌根真菌对铁皮石斛原球茎生长的影响

从表 31-6 可以看出，铁皮石斛原球茎与 40 种兰科植物菌根真菌共培养 45 天时，大多数菌根真菌菌丝侵染了原球茎表面，导致原球茎死亡，即原球茎成了菌根真菌的寄主，仅分别与 DC-13、CS-1 和 AR-15 共培养的铁皮石斛原球茎生长基本正常，但也未发现其中有促进原球茎生长作用的菌根真菌。

表 31-6 菌根真菌对铁皮石斛和金钗石斛生长的影响

菌株来源的植物名称	菌株号	分类地位	对铁皮石斛原球茎生长的影响	对铁皮石斛苗生长的影响	对金钗石斛苗生长的影响
多花指甲兰(*Aerides multiflorum*)	AM-6	念珠菌根菌属(*Moniliopsis* sp.)	—	—	—
	AM-10	梭孢霉属(*Fusidium* sp.)	—	—	—
铁皮石斛(*D. officinale*)	DC-3	瘤菌根菌属(*Epulorhiza* sp.)	—	+	+
	DC-6	头孢霉属(*Cephalosporium* sp.)	—	+	+
	DC-7	头孢霉属(*Cephalosporium* sp.)	—	—	+
	DC-8	瘤菌根菌属(*Epulorhiza* sp.)	—	+++	+++
	DC-10	未鉴定	—	—	—
	DC-11	筒梗孢霉属(*Chromosporium* sp.)	—	+	+
	DC-13	石斛小菇(*Mycena dendrobii*)	+	+++	+++
金钗石斛(*D. nobile*)	DN-1	丝核菌属(*Rhizotonia* sp.)	—	+	+

续表

菌株来源的植物名称	菌株号	分类地位	对铁皮石斛原球茎生长的影响	对铁皮石斛苗生长的影响	对金钗石斛苗生长的影响
金钗石斛(*D. nobile*)	DN-2	丝核菌属(*Rhizotonia* sp.)	—	+	+
	DN-3	粘帚霉属(*Gliocladium* sp.)	—	+++	+++
	DN-6	小菇属(*Mycena* sp.)	—	+	+
	DN-7	粘帚霉属(*Gliocladium* sp.)	—	+	+
	DN-10	念珠菌根菌属(*Moniliopsis* sp.)	—	+	+
	DN-11	角菌根菌属(*Ceratorhiza* sp.)	—	+	+
赤唇石豆兰(*Bulbophyllum affine*)	BA-5	(*Epulorhiza albertaensis*)	—	—	—
	BA-10	简梗孢霉属(*Chromosporium* sp.)	—	—	—
棒叶万带兰(*Vanda teres*)	VT-4	短梗梭孢霉属(*Fusoma* sp.)	—	—	—
	VT-5	(*Ceratorhiza goodyerae-repentis*)	—	—	+
墨兰(*Cymbidium sinense*)	CS-1	兰小菇(*Mycena orchidicola*)	+	+	+
	CS-2	(*Verticillumalbo-atrum*)	—	—	—
	CS-4	(*Mycelia sterilia*)	—	—	—
密花石斛(*D. densiflorum*)	DD-4	茄类镰刀菌(*Fusarium solani*)	—	—	—
	DD-6	念珠菌根菌属(*Moniliopsis* sp.)	—	—	+
曲轴石斛(*D.gibsonii*)	DG-6	柱孢霉属(*Cylindrocarpon* sp.)	—	—	—
鹤顶兰(*Phaius tankervillae*)	PT-4	镰孢属(*Fusarium* sp.)	—	—	—
	PT-8	枝顶孢霉属(*Acremonium* sp.)	—	—	—
白花贝母兰(*Coelogyne leucantha*)	CL-2	小指孢霉属(*Dactylella* sp.)	—	—	—
	CL-7	未鉴定	—	—	—
金线莲(*A. roxburgii*)	AR-5	丝核菌属(*Rhizotonia* sp.)	—	—	+
	AR-7	头孢霉属(*Cephalosporium* sp.)	—	+++	+++
	AR-9	念珠菌根菌属(*Moniliopsis* sp.)	—	—	—
	AR-10	粘帚霉属(*Gliocladium* sp.)	—	—	—
	AR-11	粘帚霉属(*Gliocladium* sp.)	—	+	+
	AR-12	角菌根菌属(*Ceratorhiza* sp.)	—	—	—
	AR-13	开唇兰小菇(*Mycena anoectochila*)	—	+++	+++
	AR-15	瘤菌根菌属(*Epulorhiza* sp.)	+	+	+++

续表

菌株来源的植物名称	菌株号	分类地位	对铁皮石斛原球茎生长的影响	对铁皮石斛苗生长的影响	对金钗石斛苗生长的影响
	AR-18	瘤菌根菌属（*Epulorhiza* sp.）	—	+	+
	AR-20	念珠菌根菌属（*Moniliopsis* sp.）	—	—	—

注：—. 石斛原球茎或植株死亡；+.石斛原球茎或幼苗正常，但菌根真菌对其无促生作用；+++. 菌根真菌对石斛有促生作用，即菌-苗共培养 45 天时，对平均每瓶石斛苗增重比不接菌（对照）苗增重超过 10%为有促生长作用标准

二、菌根真菌对铁皮石斛苗和金钗石斛苗生长的影响

分别将 40 种菌根真菌与铁皮石斛苗、金钗石斛苗共培养，其结果如表 31-6 所示，在供试的 40 种真菌中，有 22 种菌根真菌导致铁皮石斛幼苗死亡，占供试菌的 55%；有 13 种菌根真菌虽然能使苗生长正常，但真菌对其生长无促进作用，占供试菌的 32.5%；仅有 5 种菌根真菌 DC-8、DC-13、DN-3、AR-7 和 AR-13 对铁皮石斛苗生长有显著促进作用，占供试菌的 12.5%。有 18 种菌根真菌与金钗石斛苗共培养后，使苗死亡，占供试菌的 45%；有 16 种菌根真菌对苗生长无促进作用，但苗生长基本正常，占供试菌的 40%；仅有 6 种菌根真菌 DC-8、DC-13、DN-3、AR-7、AR-13 和 AR-15 可显著促进金钗石斛苗生长，占供试菌的 15%。

三、6 种菌根真菌对铁皮石斛苗促生作用的动态观察

从表 31-7 可以看出，菌根真菌对铁皮石斛苗生长有明显的促进作用，在菌-苗共培养的前期，菌根真菌对苗的增高效果不甚显著，随着培养时间延长对苗生长作用日渐增强，在 60 天时真菌 DC-13 对铁皮石斛苗增高作用比对照高 102%；但同一菌株对苗的增重并不与其促进增高作用成正比，虽然 DC-13 对石斛苗增高效果好，但 60 天收获后，平均每瓶苗重以 AR-13 对提高产量有较好的促进作用，比对照苗质量增加 90.48%；而 DC-13 处理苗比对照苗增重 84.13%。从生长势来看，接 AR-13 的石斛苗在生长过程中叶片及茎色绿，苗也健壮。另外，从所接的这 6 种菌根菌对石斛苗生长影响的观察发现，均有一特殊的作用现象，即促进石斛节间膨大，而未接菌的对照苗节间较纤细。从对铁皮石斛苗的生长状态、苗的增高，尤其是增重效果综合分析，笔者认为 AR-13 是铁皮石斛较好的促生真菌。

表 31-7 6 种菌根真菌对铁皮石斛苗促生作用的动态观察

菌株	不同共培天数每瓶苗平均增高/cm					60 天时增重/g
	15 天	25 天	40 天	50 天	60 天	
DC-8	0.20	0.48	0.77	1.01	1.20	0.90
DC-13	0.16	0.44	0.84	1.05	1.25	1.16
DN-3	0.18	0.35	0.64	0.80	0.89	1.02
AR-7	0.20	—	0.60	0.80	0.91	0.87
AR-13	0.15	0.48	0.88	1.05	1.22	1.20
AR-15	0.17	0.30	0.57	0.83	0.95	0.93
对照（CK）	0.15	0.29	0.41	0.49	0.62	0.63

四、6 种菌根真菌对金钗石斛苗促生作用的动态观察

金钗石斛通常比铁皮石斛生长快，叶大、茎粗壮。与对照相比，接 6 种菌根真菌后均表现出不同程度的对金钗石斛的促生效果，其中 AR-15 对苗的增高及增重均显示了最佳作用，接 AR-15 菌的石斛苗比对照增高了 65.33%，比对照增重了 108.75%(表 31-8)。接菌根真菌后，其对金钗石斛苗茎的作用与铁皮石斛有雷同现象，即对苗的茎节间膨大有明显作用。另外，在接菌与苗共培过程中，金钗石斛苗的基部叶片偶尔有 1 片或 2 片叶变黄现象，这可能与菌根真菌相互作用相关。

表 31-8　6 种菌根真菌对金钗石斛苗促生作用的动态观察

菌株	不同共培天数每瓶苗的平均增高/cm					60 天时增重/g
	15 天	25 天	40 天	50 天	60 天	
DC-8	0.18	0.30	0.59	0.72	0.88	0.98
DC-13	0.18	0.34	0.52	0.93	1.21	1.50
DN-3	0.20	0.31	0.40	0.64	1.06	1.04
AR-7	0.17	0.46	0.71	0.80	0.88	0.93
AR-13	0.16	0.51	0.70	0.89	1.14	1.25
AR-15	0.23	0.55	0.83	1.10	1.24	1.67
对照(CK)	0.16	0.32	0.41	0.50	0.75	0.80

从研究结果可以看出，大部分供试菌株对石斛生长发育并无作用，有的寄生真菌导致石斛苗死亡，仅有 6 种菌根真菌显示了对苗的促生效果。为此，从兰科植物的大量菌根真菌中筛选对兰科植物有促进作用的优良菌株仍是一项长期的研究任务之一。

第五节　杓兰植物菌根研究

一、杓兰属植物概况

兰科(Orchidaceae)杓兰属(*Cypripedium*)植物为多年生陆生草本，是兰科植物中重要的观赏属之一。杓兰属在世界范围内约有 50 种及变种，主要分布于东亚、北美洲和欧洲等北半球的温带地区和亚热带山地。中国是杓兰属植物多样性分布的中心之一，主要分布于华北、东北至西南的山地，向南可达台湾和云南的高海拔山地，尤以四川和云南的三江并流区域为多，占国产此属种总数的 60.5%(陈心启和吉占和，1998；郎楷永等，1999)。《中国植物志》第 17 卷将中国杓兰属植物分为 8 组共 32 种，另有 1 个变种，其中特有种为 24 个(Chen et al.，2005)。2004 年在中国发现的杓兰属新种有麻栗坡杓兰，新变种大围山杓兰(陈心启和刘仲健，2004)。

杓兰因其花瓣呈杓状而得名，花色艳丽，花形奇特秀美。该属多数植物在自然条件下不能自花授粉，必须依赖传粉媒介才能成功结实，因而导致自然结实率较低，人工授粉可大大提高结实率。其中的大花杓兰、斑花杓兰和西藏杓兰等均可以以根入药，具有利尿、止痛等功效。

全世界所有野生兰科植物虽均被列入《野生动植物濒危物种国际贸易公约》的保护范围，但杓兰属植物因具有极高观赏和药用价值而被大量采挖，且森林过度采伐导致生境破坏，以致部分种的杓兰处于严重濒危状态。近年来，研究人员开展了对杓兰属植物繁殖生态学和生活史特征的研究。本节通过总结杓兰属植物菌根研究进展，以期对杓兰人工繁育和栽培提供依据。

二、杓兰菌根研究概况

有关杓兰与真菌共生萌发的研究不多，与杓兰属植物共生的菌根真菌及两者的共生关系的基础研究较匮乏，现有的研究多涉及杓兰菌根的显微结构及真菌侵染与定植的季节性变化规律。因此，杓兰属菌根研究不够深入和广泛，目前黄花杓兰和大花杓兰的研究文献相对较多，其他如 *C. californicum*、*C. candidum*、*C. fasciculatum*、*C. guttatum*、*C. montanum*、*C. parviflorum* 等也都有相应关于菌根研究的报道(Richard et al., 2005)。

关于杓兰属植物与内生真菌之间的关系，起初被认为二者可以在一定条件下由平衡的共生关系转变为寄生关系(Hadley, 1982)，也有学者认为是互利关系(Harley and Smith, 1983; Smith and Read, 1997)，之后有人提出二者是竞争关系这一新观点(Shimura et al., 2005)，大多数学者更倾向于二者间是互惠互利的关系。目前普遍认为，菌根真菌靠形成菌丝团、消解菌丝团为兰科植物提供营养物质(Hadley and Williason, 1972)，这一过程被称为真菌营养(mycotrophy)。Rasmussen 认为，兰科植物真菌营养可以作为一部分的能量来源补充甚至代替光合营养(Hanne et al., 2002)。在植株完成正常生活史的过程中，真菌营养是光合营养的补充；真菌菌丝团也作为植物营养的储存器，菌丝团消解释放营养供给植株。在此基础上探讨了菌根真菌与黄花杓兰共生的机制：植株通过联通菌丝沟通各个细胞的物质交换，菌根真菌利用植株体内物质完成生命活动。菌丝团消解，使真菌所储藏的营养物转化，为植株所利用。杓兰属植物具有真菌营养和光合营养两种不同的营养方式，*Tulasnelloid* 真菌能将周围碳源转移到成年杓兰植物中(Bidartondo et al., 2004)。

黄花杓兰(*Cypripedium flavum*)是杓兰属一种高山花卉植物，主要分布在云南西北部、西藏东南部、四川、甘肃南部和湖北西部(房县)，海拔为 1800～3450m。在香格里拉它的生长季节较短(4～10 月)，鉴于高山恶劣的气候条件，它能迅速完成生命周期，继而休眠，期间还开出相对较大的美丽花朵。可以预见，菌根真菌可能起了相当大的作用。中国科学院昆明植物研究所已开始了这一领域的研究，成功繁育出黄花杓兰种子无菌萌发组培苗，但幼苗的移栽成活率较低，生长缓慢。另外还发现，将野生成年植株引种到昆明也会出现一系列问题，如营养不良、株型和叶型时有变异、花小、花色变淡或根本不开花等。

为解决移栽过程中出现的这一系列问题，该研究所相继开展了黄花杓兰菌根技术的研究工作，发现 5～6 月野生黄花杓兰的根际土壤中有金黄毛壳菌(*Chaetomium ureum* Chivers)，其子囊、子囊孢子及根表的分生孢子均占优势。8～10 月，在黄花杓兰的根际和根皮层细胞内出现不同阶段的小型菌核(bulbil)，菌丝弯曲到集结成球，直径为 5～80μm，透明至暗褐色，这种小型菌核多在根外形成，但也见于黄花杓兰根部皮层细胞的细胞间隙和细胞腔内(臧穆等, 2004)。有观点认为金黄色毛壳菌与菌床团丝核菌互为有性世代和无性世代(宇田川俊一等, 1978; Ames, 1949; Fargus, 1971)。此黄花杓兰根际和根皮层细胞内的团丝核菌属，从菌丝和小型菌核纽结形态来看颇近似菌床团丝核菌(*Papulaspora byssina* Hotson)。有关云南高山带生长的黄花杓兰，其根际、根内的真菌共生现象，对杓兰的人工驯化和栽培及关注与上述真菌的协同组合不无补益。

王瑞苓等（2004）认为菌根真菌与黄花杓兰是一种互惠互利的共生关系。这一结论与 Harley 和 Smith（1983）认为菌根真菌会消耗植株的一小部分光合作用产物是一致的。通过对一个生长周期黄花杓兰根的切片观察（王瑞苓等，2004）发现，黄花杓兰具有相应的菌根结构，菌丝的存在状态在各物候期有所不同，可分为 5 个时期：①4 月联通菌丝时期；②5 月菌丝团时期Ⅰ；③6～7 月无菌丝团时期Ⅰ；④8～9 月菌丝团时期Ⅱ；⑤10 月无菌丝团时期Ⅱ。可以看出，在植株生活转变期，根细胞内出现菌丝团，菌丝团的出现是兰科菌根的标志之一，对兰科植物的生长发育具有相当重要的意义。本研究通过了解菌根真菌在不同季节的存在状态，从一定程度上反映了真菌在植物各物候时期的作用，可为黄花杓兰的菌根工作打下基础，并为其引种栽培提供借鉴。

扇脉杓兰（*C. japonicum* T.）在中国大陆、中国台湾及日本等地均有分布（陈心启和吉占和，1998），生于海拔 1000～2000m 或 2500～3000m 的林下、草坡荫蔽处或腐殖质丰富的土壤上。通过石蜡切片和苯胺蓝染色压片法，对野生扇脉杓兰新鲜根的显微结构及细胞内菌丝团的形成与分布特点进行观察研究，发现扇脉杓兰具有兰科菌根的典型特征，真菌在皮层细胞形成大量的具横隔的胞内菌丝团，细胞间隙分布有少量菌丝，而内皮层、中柱和根尖细胞则无真菌分布，贯穿细胞壁的菌丝将菌丝团相互连通，形成了一个连续的整体。

真菌主要通过破坏扇脉杓兰根被组织的方式入侵，进而侵染皮层细胞或在有活力的根被细胞内形成菌丝异常膨大的菌丝团，在根被细胞内有时也会形成通过较细菌丝相互连通的泡囊结构，在泡囊结构存在的区域，根被细胞中不形成膨大的菌丝团。可以推测扇脉杓兰根被细胞内的膨大菌丝团和泡囊结构可能是作为真菌的潜在侵染源或起汇集营养的作用，为菌丝继续生长和进一步侵染提供营养物质，而膨大菌丝团和泡囊结构可能是不同侵染时间、不同侵染阶段或不同菌根真菌侵染的产物（乔元宝，2011）。

总结黄花杓兰、云南杓兰、西藏杓兰和斑花杓兰的菌根结构及其周年动态变化规律，发现真菌侵染杓兰植物的根部包括新近入侵、开始被消解、消解后的残余及消解后的物质 4 个阶段，且入侵-消解这一过程在成年杓兰植物的生活周期中循环往复的进行着，偶尔在根段中没有发现菌丝，但细胞内存在较多的淀粉粒，推测此时正好处于两个循环的间隙（高倩等，2009）。

为缓解杓兰属植物资源濒临灭绝的现状，开展杓兰属植物的快速繁殖研究势在必行。常规扩大繁殖种苗的方式有分株繁殖和组织培养，但这两种方法存在一定的缺陷。因此，针对杓兰种子无菌萌发开展了大量研究，现已获得成功并进行了初步推广。

从杓兰属植物根部分离获得的 33 株真菌中选取胶膜菌科（*Epulorhiza* sp.、*Ceratobasidium* sp.）、柔膜菌目（*Cadophora* sp.、*Fimetariella* sp.、*Xyiaria* sp.、*Cylindrocarpon* sp.）的真菌与大花杓兰无菌萌发的原球茎进行共生培养，观测原球茎的鲜重、根长、褐化率和死亡率等指标，从中筛选出 3 株能促进大花杓兰原球茎生长发育的胶膜菌科菌株，这 3 株菌能显著提高原球茎花芽分化率和降低褐化率，但是短期内不能显著促进原球茎鲜重的增加和根的生长（张亚平，2013）。

在自然环境下，部分靠近成年兰的种子可以萌发（Batty et al.，2001），据此推测兰科植物种子的萌发与菌根真菌存在某些特异性的联系，杓兰种子如果能在自然条件下与适宜的菌根真菌实现共生萌发并维持生长发育，将为缓解杓兰资源紧缺的现状提供一条可行的途径。

（孟志霞　陈　娟　郭顺星）

参考文献

陈心启，吉占和. 1998. 中国兰花全书. 第二版. 北京：中国林业出版社，103-113.
陈心启，刘仲健. 2004. 中国兰科杓兰属一新种及一新变种(英文). 云南植物研究，26(4)：382-384.
范黎，郭顺星，曹文芩，等. 1996. 墨兰共生真菌一新种的分离、培养、鉴定及其生物活性. 真菌学报，15(4)：251-255.
范黎，郭顺星，徐锦堂. 1998. 我国部分兰科植物菌根的内生真菌种类研究. 山西大学学报，21(2)：169-177.
高倩，李树云，胡虹. 2009. 四种杓兰的菌根结构及其周年动态. 广西植物，29(2)：58-59.
郭顺星，曹文芩，高微微. 2000. 铁皮石斛及金钗石斛内生真菌的分离及其生物活性测定. 中国中药杂志，25(6)：338-341.
郭顺星，曹文芩，张集慧，等. 1996. 铁皮石斛人工种子制作流程及发芽研究. 中草药，27(2)：105-107.
郭顺星，陈晓梅，于雪梅，等. 2000. 金线莲内生真菌的分离及其生物活性研究. 中国药学杂志，35(7)：443-445.
郭顺星，徐锦堂. 1990. 促进石斛等兰科药用植物种子萌发的真菌分离与培养. 中草药，21(6)：30-31.
郭顺星，徐锦堂. 1990. 真菌在兰科植物种子萌发生长中的作用及相互关系. 植物学通报，7(1)：13-17.
郭顺星，徐锦堂. 1991. 真菌在罗河石斛和铁皮石斛种子萌发中的作用. 中国医学科学院学报，13(1)：46-49.
郭顺星，徐锦堂. 1992. 白及种子萌发和幼苗生长与紫萁小菇等 4 种真菌的关系. 中国医学科学院学报，14(1)：51-54.
胡忠，何静波. 1977. 黑节草种苗的大量繁殖. 植物杂志，3：6-8.
江海燕，王建. 1997. 珍稀中草药金线莲的研究近况. 中医药研究，13(2)：51-52.
朗楷永，陈心启，朱光华. 1999. 中国植物志. 第 17 卷. 北京：科学出版社，34.
刘瑞驹，蒙爱东，邓锡青，等. 1988. 铁皮石斛试管苗快速繁殖的研究. 药学学报，23(8)：636-640.
乔元宝. 2011. 扇脉杓兰菌根显微结构与内生真菌多样性. 重庆：西南大学硕士学位论文.
王瑞苓，胡虹，李树云. 2004. 黄花杓兰与菌根真菌共生关系研究. 云南植物研究，26(4)：445-450.
徐锦堂，冉砚珠，牟春，等. 1981. 天麻种子发芽营养来源的研究. 中药通报，6(3)：2.
徐锦堂，冉砚珠，王孝文，等. 1980. 天麻有性繁殖方法的研究. 药学学报，15(2)：100-104.
叶秀粦，程式君，王伏雄，等. 1988. 黑节草未成熟种子的形态发育及其在离体培养时的表现. 云南植物研究，10(3)：285-286.
宇田川俊一，椿启介，倔江义一，等. 1978. 菌类图鉴(下). 东京：讲谈社，1165-1166.
臧穆，王瑞苓，胡虹. 2004. 黄花杓兰根内的小型菌核. 云南植物研究，26(5)：495-496.
张亚平. 2013. 中国北方三种杓兰内生真菌多样性及其对原球茎生长的效应. 雅安：四川农业大学硕士学位论文.
Ames LM. 1949. New cellulose destroying fungi isolated from military material and equipment. Mycologia，41：637-648.
Arditti J. 1967. Factors affecting the germination of orchid seeds. Bot Rev，3：1.
Batty AL，Dixon KW，Brundrett M，et al. 2001. Constraints to symbiotic germination of terrestrial orchid seed in *Mediterranean bushland*. New Phytologist，152：511-520.
Bidartondo MI，Burghart B，Gebauer G，et al. 2004. Changing partners in the dark：isotopic and molecular evidence of ectomycorrhizal liaisons between forest orchids and trees. Proceedings of the Royal Society of London Series B-Biological Sciences，271：1799-1806.
Chen XC，Zhu GH，Ji CH，et al. 2005. Flora of China Orchidaceac. Beijing：Science Press Beijing and Missouri Botanical Garden Press，25.
Currah RS，Zlemer C. 1992. A key and notes for the genera of fungi mycorrhizal with orchids and a new species in the genus *Epulorhiza*. Rept Tottori Mycol Inst，30：43-59.
Fargus CL. 1971. The tempeature relationships and thermal resistance of a new thermophilic Populaspora from mushroom compost. Mycologia，63：426-431.
Guo SX，Fan L，Cao WQ，et al. 1999. *Mycena dendrobii*，a new Mycorrhizal fungus. Mycosystema，18(2)：141-144.
Guo SX，Fan L，Cao WQ，et al. 1997. *Mycena anoectochila* sp. nov. isolated from mycorrhizal roots of *Anoectochilus roxburghii* (Orchidaceae) from Xishuangbanna of China. Mycologia，89(6)：952-954.
Hadley G. 1982. Orchid Biology：Review and Perspectives. Ithaca and London：Cornell University Press，83-118.
Hadley G，Williason B. 1972. Feature of mycorrhiza infection in some Malay an orchids. New Phytologist，71：1111-1118.
Hanne N，Rasmussen，Dennis FW. 2002. Phenology of roots and mycorrhiza in orchid species differing in phototrophic strategy. New Phytologist，154：797-807.
Harley JH，Smith SE. 1983. Mycorrhizal Symbiosis. London：Academic Press，268-295.
Harvais G，Hadley G. 1967. The development of Orchids purpurella in symbiotic and inoculated cultures，New Phytol，66(2)：217-230.
Richard P，Michael W，Tiiu K，et al. 2005. High specificity generally characterizes mycorrhizal association in rare lady's slipper orchids，genus *Cypripedium*. Molecular Ecology，14：613-626.
Shimura H，Koda Y. 2005. Enhanced symbiotic seed germination of *cypripedium macranthos* var. *rebunense* following inoculation after cold treatment. Physiol p1，123：281-287.
Smith SE，Read DJ. 1997. Mycorhizal Symbiosis. San Diego：Academic Press.
Warcup JH. 1973. Symbiotic germination of some Australian terrestrial orchids. New Phytol，72(2)：387-392.
Warcup JH，Talbot PHB. 1967. Perfect states of *Rhizoctonias* associated with orchids. New Phytologist，66(4)：631-641.
Zelmer CD，Cuthbertson L，Currah RS. 1996. Fungi associated with terrestrial orchid mycorrhizas，seeds and protocorms. Mycoscience，37：439-448.

参 考 文 献

[illegible]

Abou [illegible] New [illegible] fungi isolated from military [illegible] [illegible]

[illegible] 1987. [illegible] decomposition of [illegible] Bot [illegible]

Bills GF, Dreyfuss MM, [illegible] 2001. [illegible] New Phytologist, [illegible]

[illegible] 2004. Changing [illegible] in the [illegible] Proceedings of the Royal Society of London [illegible]

Chen W, Zhu HH, et al. 2007. [illegible] Beijing: Science Press

Chen RS, [illegible] 1993. A key and index [illegible]

Eagle [illegible] 1979. [illegible] new [illegible] Mycologia [illegible]

Guo [illegible]

Guo SX, [illegible] Mycologia, [illegible]

Hadley G. 1982. Orchid mycorrhiza. [illegible]

Hadley G, Williamson B. 1972. Features of mycorrhizal infection in some [illegible] orchids. New Phytologist, [illegible]

[illegible] Plant [illegible]

Harley JL, Smith SE. 1983. Mycorrhizal symbiosis. London: Academic Press

Harvais G, Hadley G. 1967. The development of [illegible] New Phytologist, [illegible]

[illegible] genus [illegible] Molecular Ecology, [illegible]

[illegible] 2005. [illegible] New Phytologist, [illegible]

Smith SE, Read DJ. 1997. Mycorrhizal symbiosis. San Diego: Academic Press

Warcup JH. 1973. Symbiotic germination of some Australian terrestrial orchids. New Phytol, 72: [illegible]

Warcup JH, Talbot PHB. [illegible] New Phytologist, [illegible]

Zelmer CD, Currah RS. [illegible]

彩 图

彩图 15-5　丹参接菌株与对照株的比较

彩图 19-1　与内生真菌 SJ-8 共培养的沙棘苗

彩图 19-3　与内生真菌 M-8 共培养 30 天的墨旱莲苗
右侧为纯培养的墨旱莲苗

彩图 19-6　与 L-5 菌株共培养 30 天的龙胆苗

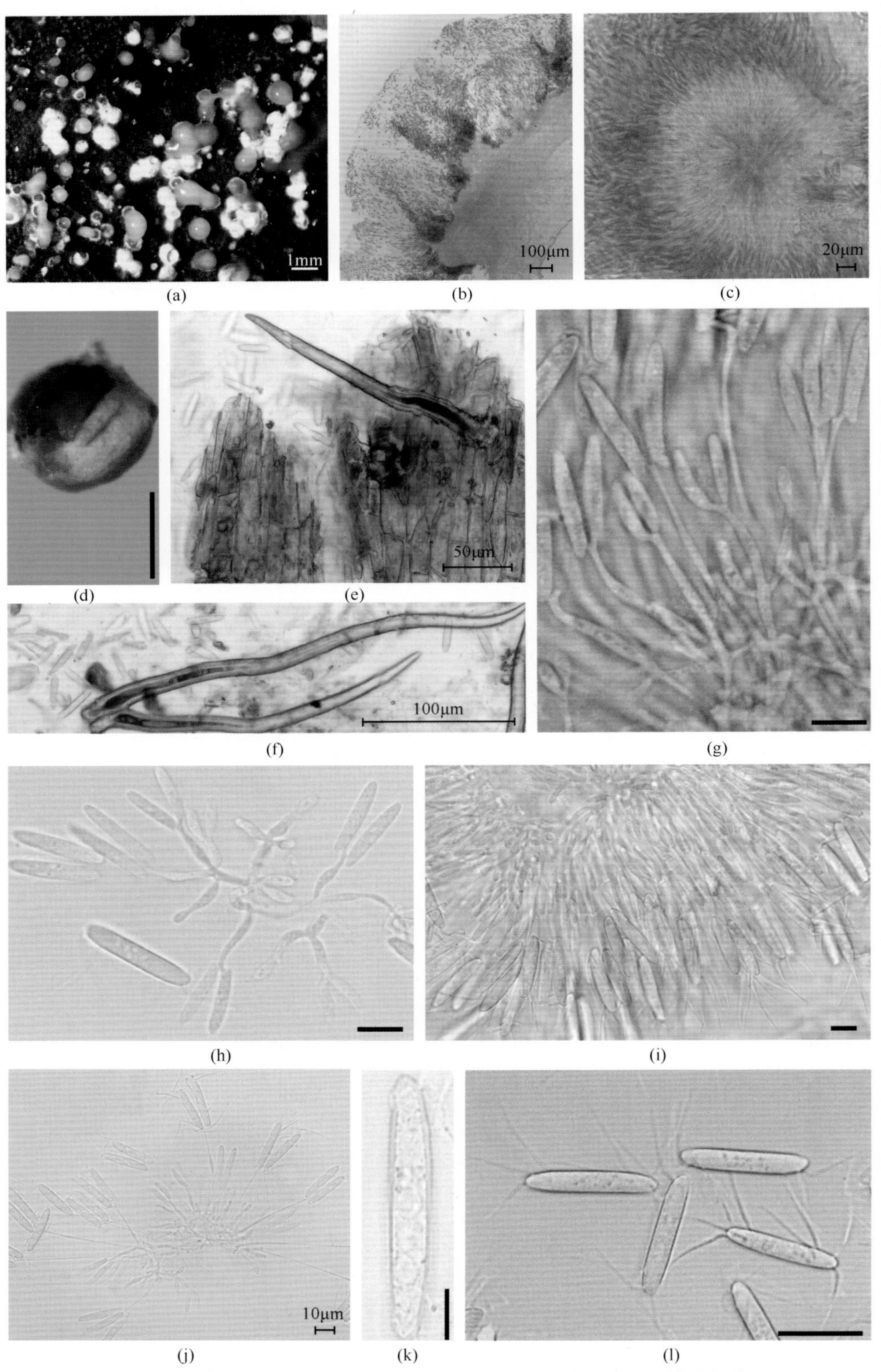

(a) (b) (c) (d) (e) (f) (g) (h) (i) (j) (k) (l)

彩图 25-29 *Chaetospermum malipo* 的显微形态图 (模式标本)

(a) 凝胶状的分生孢子器。(b) 分生孢子器的纵切。(c) 分生孢子梗和分生孢子；标尺：20μm。(d) 分生孢子器的裂口；标尺：250μm。(e) 单生的刚毛。(f) 双生的刚毛。(g) ~ (j) 分生孢子梗的分枝及产孢细胞；标尺：10μm。(k) 分生孢子表面的水滴状斑纹；标尺：5μm。(l) 成熟的分生孢子附着管状毛；标尺：20μm

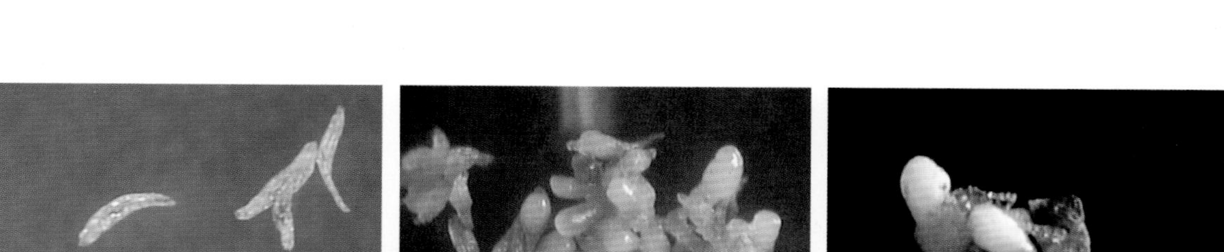

(a) (b) (c)

(d) (e) (f)

彩图 29-1　蜜环菌菌索甲醇提取物处理天麻种子萌发过程的形态学观察

(a) 没有萌发的天麻种子；(b) 培养 200 天时对照组的萌发情况；(c) 培养 350 天时对照组天麻原球茎的生长情况；(d) 蜜环菌菌索醇提物低浓度处理天麻原球茎的生长情况；(e) 蜜环菌菌索醇提物中浓度处理天麻原球茎的生长情况；(f) 蜜环菌菌索醇提物高浓度处理天麻原球茎的生长情况。标尺：250μm

(a) (b)

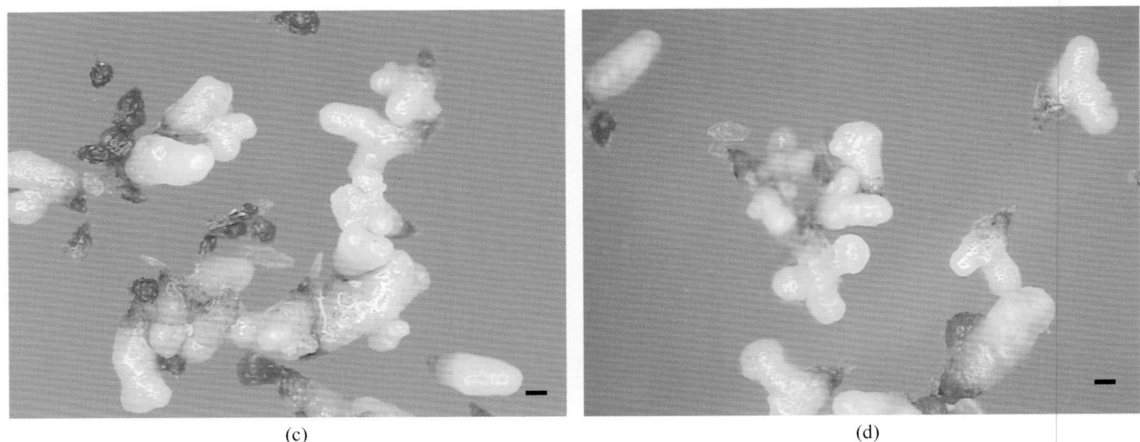

(c) (d)

彩图 29-3　Am4 各处理天麻原球茎的分化情况

(a) 对照的天麻原球茎；(b)Am4 低浓度处理的天麻原球茎；(c)Am4 中浓度处理的天麻原球茎；(d)Am4 高浓度处理的天麻原球茎。

标尺：250μm

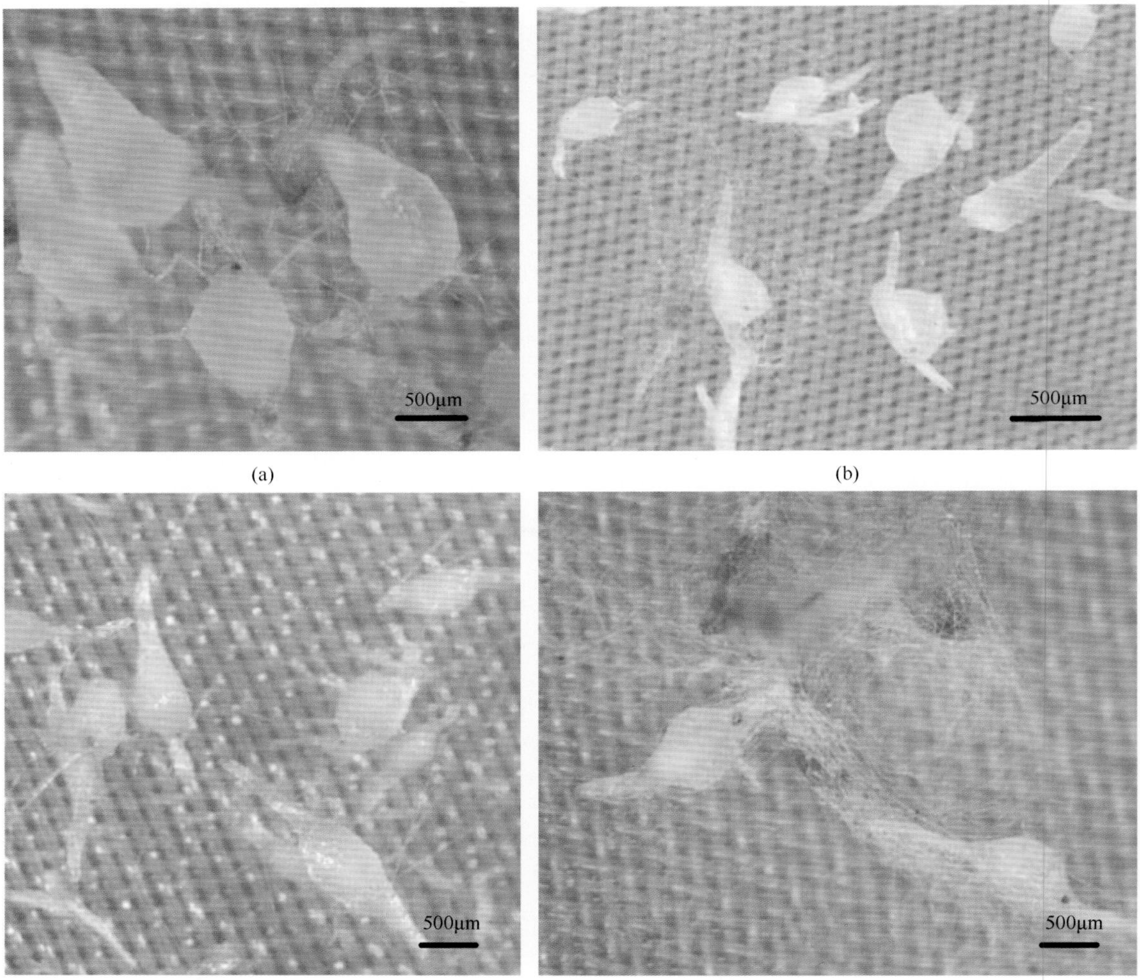

500μm

(a)

500μm

(b)

500μm

(c)

500μm

(d)

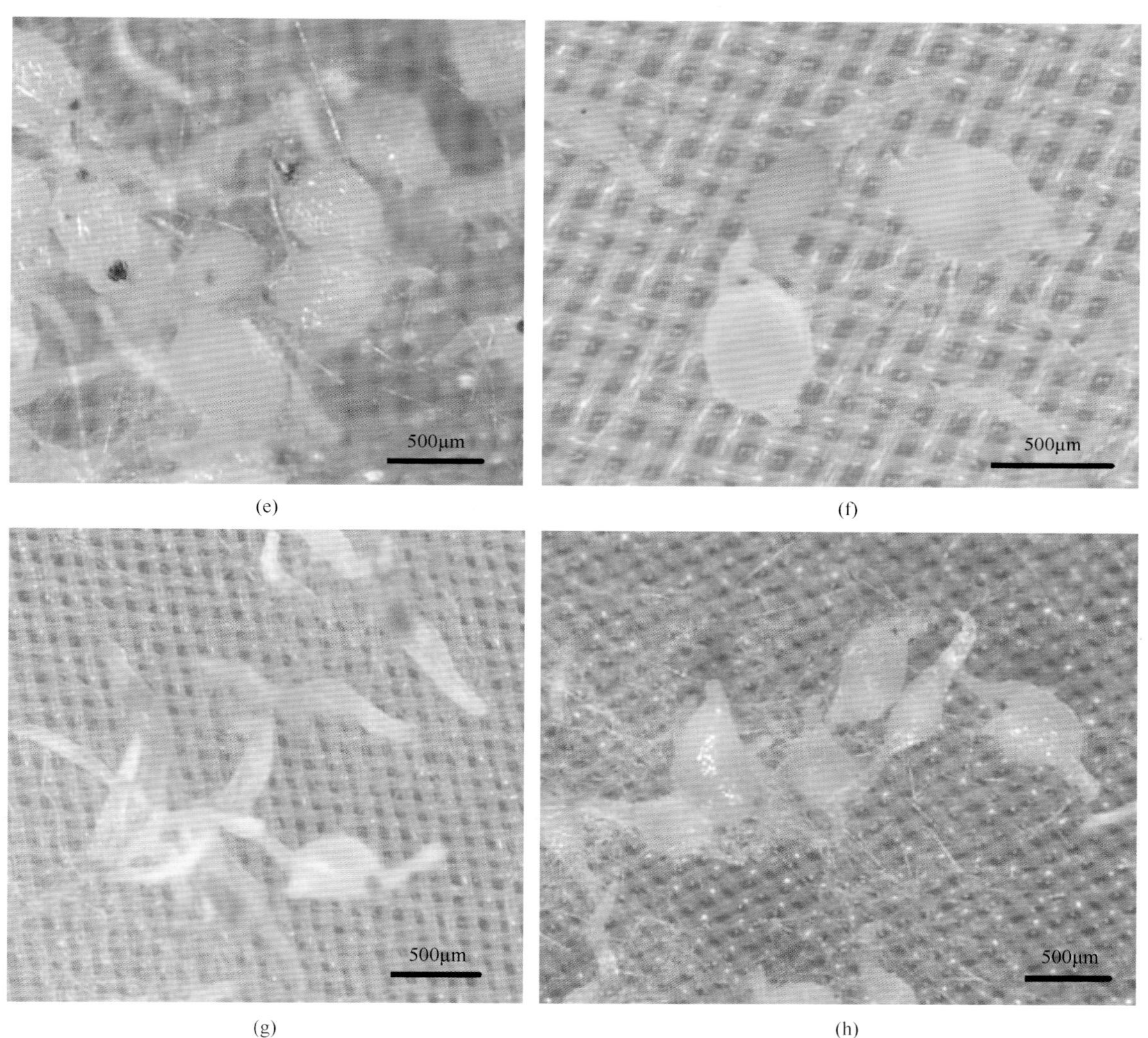

(e) (f) (g) (h)

彩图 30-5　白及种子在 8 株有效真菌作用下共生萌发的状况 (8 周)

(a)Bsg14 促白及种子萌发；(b)Bsgs2 促白及种子萌发；(c)Bsg4-1 促白及种子萌发；(d)Bsg10 促白及种子萌发；(e)Bsg11 促白及种子萌发；(f)MF24 促白及种子萌发；(g)Bsgs1 促白及种子萌发；(h)Psg12 促白及种子萌发

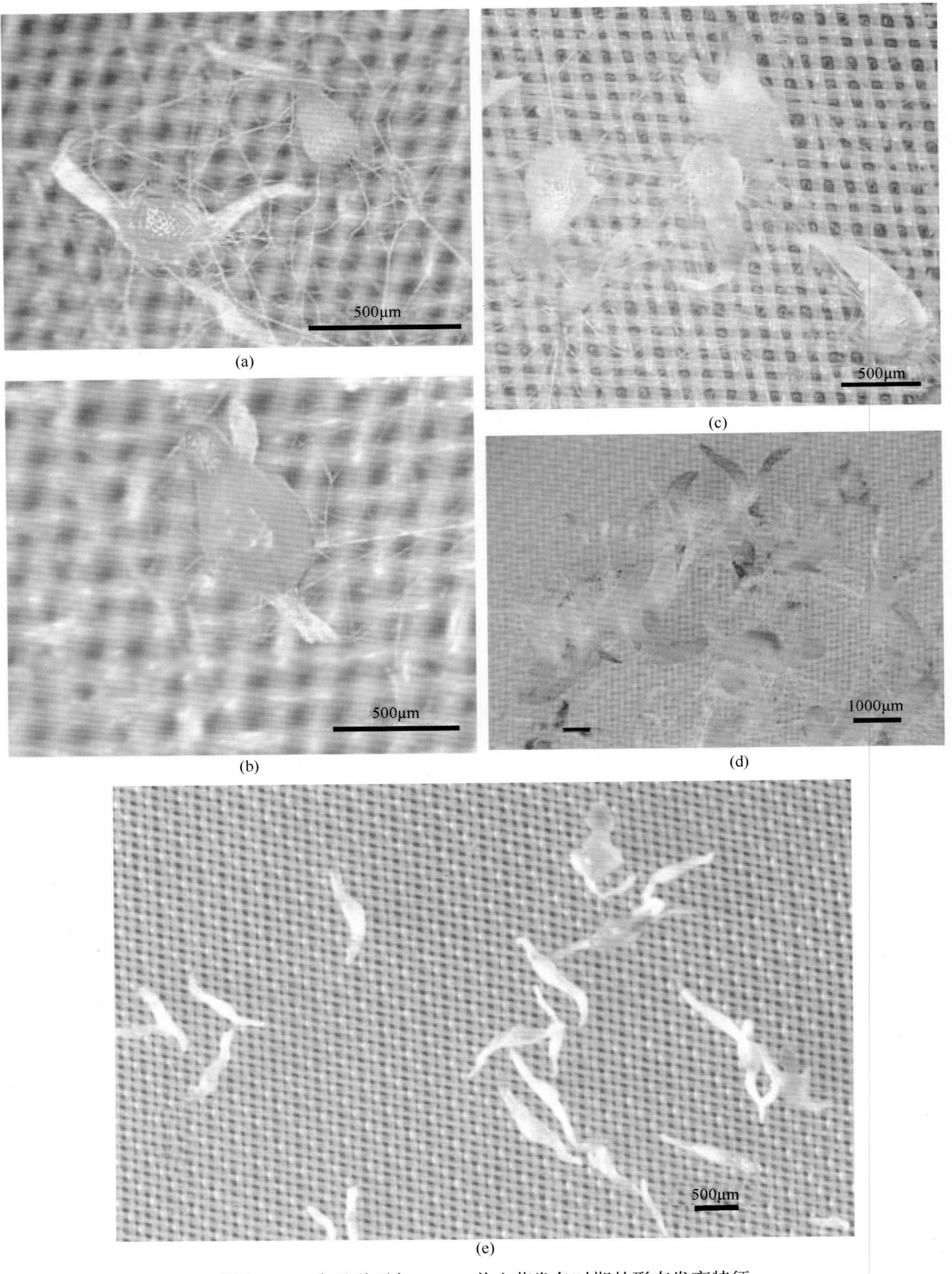

彩图 30-7　白及种子与 Bsg14 共生萌发各时期的形态发育特征

(a) 播种后 3 周的形态；(b) 播种后 4 周的形态；(c) 播种后 8 周的形态；(d) 播种后 18 周的形态；(e) 不接真菌对照 (CK)18 周的形态

国家科学技术学术著作出版基金资助出版

药用植物内生真菌生物学

下卷

编　　著　郭顺星

编著助理　孟志霞

编　　委　郭顺星　陈晓梅　孟志霞　邢晓科
陈　娟　邢咏梅　于能江　李　标
王春兰　曾　旭　李　兵　张大为
张集慧　刘思思　周丽思　张　岗

科学出版社
北京

内 容 简 介

自然界几乎所有植物的体内均有内生真菌存在，药用植物也不例外。药用植物内生真菌生物学的研究，对阐明药材道地性的形成、药效物质的积累，以及药用植物的分布、生长发育特性和资源再生具有重要意义。

本书由国家科学技术学术著作出版基金资助出版，系统介绍了药用植物内生真菌的研究历史和现状、药用植物内生真菌的种类及其多样性、内生真菌促进药用植物生长发育和诱导其活性成分积累的作用、药用植物与内生真菌相互作用的形态特征和可能的分子机制、濒危兰科药用植物内生真菌的研究及应用、药用植物内生真菌的次生代谢产物及其药理活性、药用植物内生真菌研究技术及应用等方面的内容。全书以编著者长期从事药用植物内生真菌研究的成果为基础，结合国内外相关研究进展编著而成，是我国第一部系统介绍药用植物内生真菌研究和应用的专著。

本书适合从事药用植物学、药用真菌学、药用植物栽培学、濒危植物保护生物学、植物生态学、中药学和药学等专业的大专院校师生、科研人员及相关领域的科技人员参考。

图书在版编目（CIP）数据

药用植物内生真菌生物学 / 郭顺星编著. —北京：科学出版社，2016.3

ISBN 978-7-03-047685-2

Ⅰ. 药… Ⅱ. 郭… Ⅲ. 药用植物-内生菌根-研究 Ⅳ. ①S567②Q949.32

中国版本图书馆 CIP 数据核字（2016）第 049882 号

责任编辑：刘 亚 曹丽英 / 责任校对：张凤琴 张怡君 何艳萍 桂伟利

责任印制：赵 博 / 封面设计：黄华斌

科学出版社 出版

北京东黄城根北街 16 号

邮政编码：100717

http://www.sciencep.com

北京佳信达欣艺术印刷有限公司 印刷

科学出版社发行 各地新华书店经销

*

2016 年 7 月第 一 版 开本：787×1092 1/16

2016 年 7 月第一次印刷 印张：73 1/4 彩插：4

字数：1840 000

定价：398.00 元

（如有印装质量问题，我社负责调换）

目　　录

上　　卷

第三篇　内生真菌与药用植物互作关系

下 卷

第五篇 药用植物内生真菌代谢产物

第六篇 药用植物内生真菌抗肿瘤及抗 HIV 药理活性

第七篇 药用植物内生真菌生物技术及应用

第五篇
药用植物内生真菌代谢产物

第三十二章 植物内生真菌活性代谢产物概况

在“内生菌-植物宿主-生物或非生物胁迫因素”的生态系统中，植物内生真菌发挥着重要的生态学角色(梁宇和高宇葆，2000；任安芝和高玉葆，2001；邹文欣和谭仁祥，2001)。发挥这些作用的物质基础是内生真菌产生的丰富多样的次生代谢产物，据研究 80%的植物内生真菌提取物在抗菌、抗病毒、抗肿瘤、抗藻类或抗杂草等方面具有一定的生物活性，而来自土壤中的真菌只有大约 43%具有这些活性(Schulz et al.，2002)。

植物内生真菌化学成分的研究备受关注，发现了许多结构新颖和活性独特的天然产物。目前超过 40%的临床药物是天然产物或是以天然产物为先导化合物改造获得的，1983～1994 年，超过 60%新批准的抗肿瘤药和超过 78%新批准的抗菌药物是天然产物或其衍生物(Strobel and Daisy，2003)。基本可以确认的是，许多来自植物的天然化合物与植物的内生真菌有密切的关系，甚至也是内生真菌的次生代谢产物。以紫杉醇为代表，其成功上市使药学工作者更加确信微生物领域的潜在药用价值(庚冀川等，2011)。

从内生真菌中获得具有(潜在)药用价值的天然产物已是天然产物工作者们研究的热点领域，希望充分利用其超短的代谢周期、较快的生长速率、低廉的培养成本、甚微的环境伤害、丰富的资源种类和多样的代谢产物等特点，获得更多的天然活性产物，为人类防治疾病提供更多的候选药物。本章以产物生理活性为整体结构，以发现新活性结构化合物的时间为推演，“抛砖引玉”，对近 20 年来从植物内生真菌中分离得到的具有生物活性的天然产物进行综述，包括具有抗菌、抗疟疾、抗病毒、抗氧化、抗感染、酶活性、降血糖、生物防治活性及对宿主活性等的产物。真菌在复杂的生态系统和长期的生物进化中形成了比较完善的自我防御体系，在物质基础上则体现为具有丰富的抗菌类活性产物，本书第三十三章将此类物质单独归类综述。此外，红树植物内生真菌也为人们提供了丰富的物质基础，一些结构更为典型，具体内容见本书第三十四章。其余活性类物质如下所述。

一、抗疟活性产物

从海洋特有的真菌 *Ascochyta salicorniae* 中分离出的 ascosalipyrrolidinone A 除具有抗菌、杀锥体虫活性之外，还具有抗疟作用(Wegner et al.，2000)。

泰国学者从柚木(*Tectona grandis* L.)中分离得到了一种未完全鉴定的拟茎点霉属(*Phomopsis*)

内生真菌 BC1323，并发现该真菌的提取物具有抗疟活性，通过活性追踪分离得到了两个具有抗疟活性的屾山酮二聚体 phomoxanthone A 和 phomoxanthone B。phomoxanthone A 和 phomoxanthone B 在体外对多药耐药的恶性疟原虫（*Plasmodium falciparum* K1）具有较强的杀灭作用，半数抑制浓度（half maximal inhibitory concentration，IC_{50}）分别为 0.11μg/ml 和 0.33μg/ml，与氯喹的活性相当（Isaka et al.，2001），如果将 phomoxanthone A 的 3 个乙酰基水解，去乙酰化产物完全没有抗疟活性，这表明乙酰基是其活性基团。

来自野茼蒿（*Crassocephalum crepidioides*）茎的地霉属（*Geotrichum* sp.）内生真菌的提取物二羟基异香豆素类化合物，其中 compound 1 的活性最好，对恶性疟原虫的 IC_{50} 为 4.7μg/ml（Kongsaeree et al.，2003）。

pullularin A 是 *Pullularia* sp. BCC 8613 内生真菌产生的环几缩酚肽，对恶性疟原虫 K1 的抑制 IC_{50} 为 3.6μg/ml（Isaka et al.，2007）。部分抗疟活性产物结构式如图 32-1 所示。

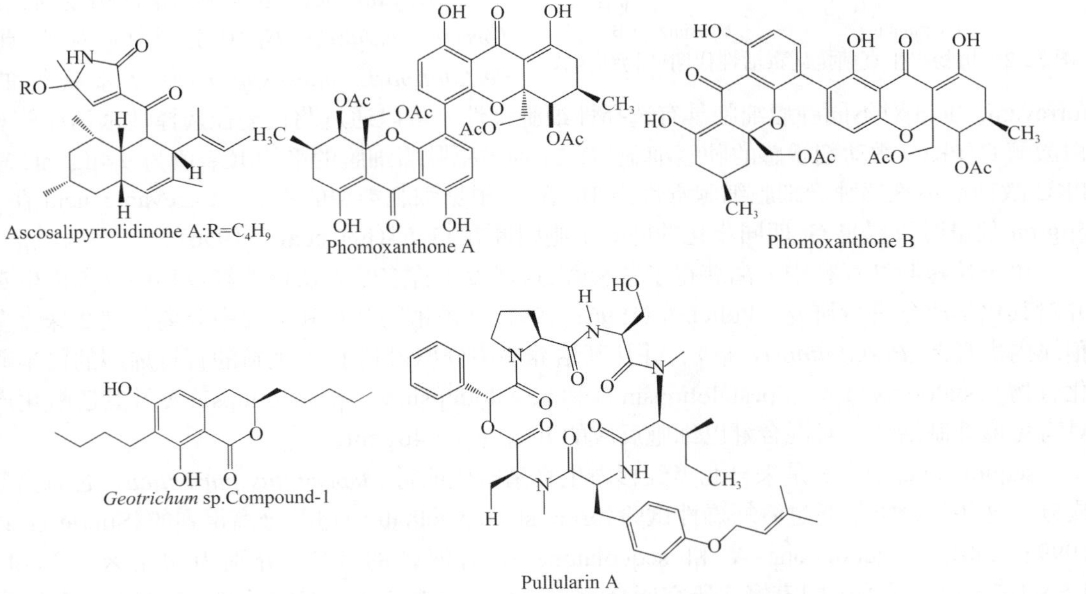

Ascosalipyrrolidinone A:R=C_4H_9　Phomoxanthone A　Phomoxanthone B

Geotrichum sp.Compound-1　Pullularin A

图 32-1　植物内生真菌抗疟活性代谢产物结构式

二、抗病毒活性产物

Zhang 等（2011）从 *A. corniculatum* 内径中分离鉴定出一株 *Emericella* sp. 内生真菌，其次生代谢产物 emerimidine A 和 emerimidine B 具有抗病毒活性，此外还分离到了 6 个母环类似化合物。pullularin A 除具有抗疟活性外，对单纯性疱疹病毒（herpes simplex virus type 1，HSV-1）也具有杀灭作用，其 IC_{50} 为 3.3μg/ml，但对非洲绿猴肾细胞（Vero 细胞）抑制作用较弱（Isaka et al.，2007）。结构如图 32-2 所示。

三、抗肿瘤活性产物

Fusarium subglutinans 是雷公藤（*Tripterygium wilfordii*）的内生真菌，从该菌的培养物中分

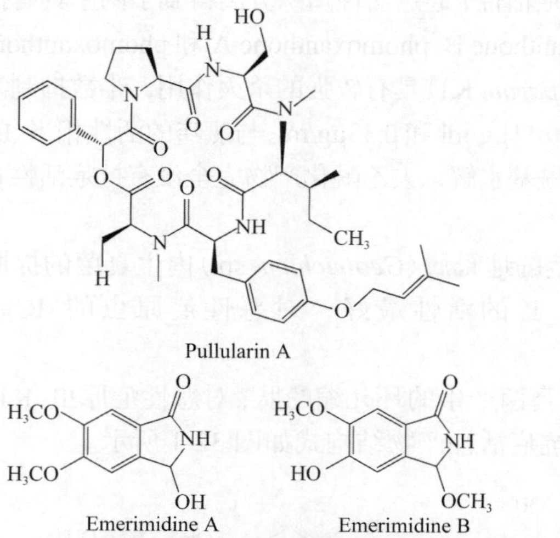

图 32-2　植物内生真菌抗病毒活性代谢产物结构式

离获得了两个新的具有免疫抑制活性二萜吡喃酮类化合物 subglutinol A 和 subglutinol B。在混合淋巴细胞反应（mixed lymphocyte reaction，MLR）评价中 subglutinol A 和 subglutinol B 与环孢霉素 A 具有大致相当的活性；subglutinol A 和 subglutinol B 具有脾细胞增殖（thymocyte proliferation，TP）的作用，其 IC_{50} 为 0.1μmol，是环孢霉素 A 的万分之一，而且 subglutinol A 和 subglutinol B 没有细胞毒性。二者相似的免疫抑制活性提示 C-12 的构型与其活性无关（Lee et al.，1995）。

torreyanic acid 是苯醌二聚体衍生物，是从 *Torreya taxifolia* 树中分离的内生真菌 *Pestalotiopsis microspora* 中分离获得的。torreyanic acid 对不同肿瘤细胞具有选择性细胞毒性，可以通过凋亡途径选择性杀伤那些对蛋白激酶 C（PKC）激动剂敏感的肿瘤细胞（对 25 种敏感肿瘤细胞的平均 IC_{50} 值为 9.4μg/ml，较对 PKC 激动剂不敏感肿瘤细胞细胞毒性强 10 倍）；根据细胞类型的不同，torreyanic acid 在 1～5μg/ml 剂量时可以将 G_0 期同步化的肿瘤细胞阻断在 G_1 期（Lee et al.，1996）。

由于从短叶红豆杉中分离获得了紫杉醇，这激发了许多学者从短叶红豆杉中分离内生真菌并对其化学成分进行研究。Pulici 等（1996；1997）从该植物叶片和树皮中分离得到 2 株盘多毛孢属内生真菌（*Pestalotiopsis* sp.），并从其培养物中分离得到了 3 个新的石竹烯型的倍半萜类化合物 pestalotiopsin A 、pestalotiopsin B 和 pestalotiopsin C。pestalotiopsin A 及其乙酰化产物具有免疫抑制活性，对混合淋巴细胞反应的 IC_{50} 为 3～4μg/ml。

sequoiatones A～F 是来自北美红杉内生真菌寄生曲霉（*Aspergillus parasiticus*）的细胞毒性成分。这些化合物是通过海虾毒性试验（brine shrimp lethality）追踪分离得到的（Stierle et al.，1999；2001）。sequoiatone A 和 sequoiatone B 对海虾的 LC_{50} 分别为 4.35×10^{-4}mol 和 1.5×10^{-5}mol，对美国国家癌症研究所（National Cancer Insitute，NCI）细胞库中的 60 种肿瘤细胞具有中等强度的细胞毒性，半数生长抑制浓度（50% growth inhibition，GI_{50}）通常为 4～10μmol，而且似乎对乳腺癌细胞的毒性较强。

从薄荷（*Dicerandra frutescens*）茎中的内生真菌 *Phomopsis longicolla* 中分离得的 3 个新的吅山酮二聚体 dicerandrol A、dicerandrol B 和 dicerandrol C 具有一定的细胞毒活性，其中 dicerandrol B 的活性最强，对 A549 和 HCT116 的 IC_{100} 都是 1.8μg/ml（Wagenaar et al.，2000）。

preussomerin G 是从来自颠茄（*Atropa belladonna*）内生真菌 *Mycelia sterilia* 中分离得到的非类化合物，具有较强的抑制法呢基-蛋白转移酶（farnesyl-protein transferase，FPTase）的活性。Ras 蛋白翻译后其 C 端的半胱氨酸要进行法呢基修饰，这种翻译后修饰对 Ras 蛋白的细胞膜定位十分关键。许多结肠和胰腺的肿瘤与 *ras* 基因发生突变有关，FPTase 或 Ras-法呢基转移酶（ras-farnesyltransferase）的抑制剂有潜力发展为治疗这类肿瘤的有效药物（Krohn et al.，2001）。oreganic acid 是另一种可以抑制 Ras-法呢基转移酶的非肽类小分子，来源存在于小檗科植物（*Berberis oregan*）叶片中未鉴定的内生真菌。oreganic acid 是一种带有磺酸基的长链脂肪酸，是 FPTase 强烈的竞争性抑制剂，IC_{50} 为 4nmol，竞争反应的米氏常数 K_i 为 4.5nmol。

拟茎点霉属(*Phomopsis*)内生真菌 BC1323 次生代谢产物 phomoxanthone A 和 phomoxanthone B 除具有抑制结核分枝杆菌和抗疟作用外，还对 KB 细胞(IC_{50}分别为 0.99μg/ml 和 4.1μg/ml)、BC-1 细胞(IC_{50}分别为 0.51μg/ml 和 0.70μg/ml)和 Vero 细胞(IC_{50}分别为 1.4μg/ml 和 1.8μg/ml)具有中等强度的细胞毒性(Isaka et al., 2001)。

nomofungin 是一种具有新颖骨架的生物碱类化合物，来自从细叶榕(*Ficus microcarpa* L.)中分离的一种未知内生真菌。nomofungin 具有中等强度的细胞毒性，其作用机制是破坏细胞微丝从而阻断有丝分裂，对 LoVo 细胞和 KB 细胞的最低抑菌浓度(minimal inhibitory concentration, MIC)值分别为 2μg/ml 和 4.5μg/ml(Ratnayake et al., 2001)。

desmethyldiaportinol、3-*O*-methylalaternin 和 altersolanol A 产自内生真菌 *Ampelomyces* sp.，这种内生真菌分离于药用植物 *Urospermum picroides*(Aly et al., 2008)，这 3 种物质对 L5178Y 细胞株具有很好的增殖抑制活性。Ge 等(2008)从栓皮栎(*Quercus*)树干中分离出内生真菌 *Penicillium* sp. IFB-E022，可产生 3 个细胞毒类生物碱次生代谢产物 penicidone A～penicidone C，对肿瘤细胞株 SW1116、K562、KB 和 HeLa 具有温和的增殖抑制活性。

Kornsakulkarn 等(2011)分离的活性菌株 BCC14842 的代谢产物 javanicin、3-*O*-methylfusarubin、compound 2～4、compound 7、compound 8 和 5-hydroxydihydrofusarubin A 对 KB 细胞、MCF-7 细胞和 NCI-H187 肿瘤细胞具有增殖抑制活性。annulosquamulin 是苯并二氢呋喃酮类衍生物，从 *Annulohypoxylon squamulosum* 内生真菌中分离获得，对 MCF-7、NCI-H460 和 SF-268 肿瘤细胞的增殖抑制 IC_{50}依次为 3.19μg/ml、3.38μg/ml 和 2.46μg/ml(Cheng et al., 2012)。

Wang(2012)从裙带菜中分离的 *Guignardia* sp.内生真菌，其化合物 6, 22-diene-5, 8-epidioxyergosta-3-ol 和 cyclo-(Phe-Pro)对口腔癌细胞的 IC_{50}分别为 20.0μg/ml 和 10.0μg/ml。榛子(*Corylus avellana*)中分离的内生真菌 *Phomopsis amygdali* 可以产生活性次生代谢产物(*S*)-4-butoxy-6-((*S*)-1-hydroxypentyl)-5, 6-dihydro-2H-pyran-2-one，对 MDA-MB-231、PC-3 和 HT-29 肿瘤细胞株的增殖抑制活性依次为 20.54μg/ml、16.69μg/ml 和 41.70μg/ml，对正常细胞 HEK293 也表现出较强的毒性(IC_{50}为 11.83μg/ml)。

Yang 等(2013)从内生真菌 *Phomopsis* sp.中分离到 3 个氧杂蒽酮类新化合物，其中 1, 5-dihydroxy-3-hydroxyethyl-6-methoxycarbonylxanthone 和 1-hydroxy-3-hydroxyethyl-8-ethoxycarbonyl xanthone 对 A549 的增殖抑制 IC_{50}依次为 3.6μmol 和 2.5μmol，前者还对 MCF-7 肿瘤细胞有抑制作用，IC_{50}为 2.7μmol。bulgareone A 和 bulgareone B 是胶股菌子实体的活性物质，属蒽醌二聚体类，对 HL60 和 K562 肿瘤细胞具有增殖抑制作用，bulgareone A 对这二者的 IC_{50}依次为 7.9μg/ml 和 12.6μg/ml(Li et al., 2013)。

Lin 等(2008)从桐华树中分离得到真菌 *Penicillium* sp.，该真菌可产生 4 种新的 polyketide，leptosphaerone C 和 penicillenone 具有较好的肿瘤细胞增殖抑制作用，leptosphaerone 对 A549 肿瘤细胞的抑制 IC_{50}为 1.45μmol，而后者对 P388 肿瘤细胞的抑制 IC_{50}为 1.38μmol。alternariol-10-methyl ether 是内生真菌 *Alternaria alternata* 的次生代谢产物，对 HL-60 肿瘤细胞具有增殖抑制和诱导凋亡作用(Devari et al., 2014)。

pestalamine A 是一类新的芳氨类化合物，由 Zhou 等(2014)从 *Pestalotiopsis vaccinii* 内生真菌中分离得到，对 MCF-7、HeLa 和 HepG2 肿瘤细胞具有温和的增殖抑制作用，结构式如图 32-3 所示。

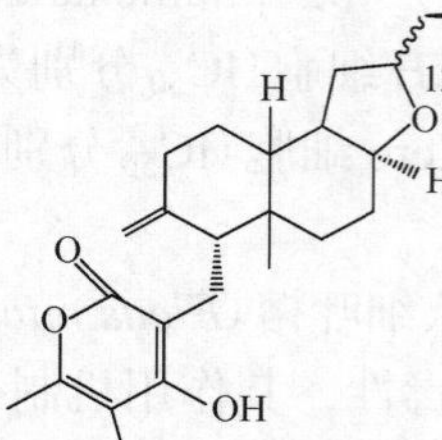

Subglutinol A-12S
Subglutinol B-12R

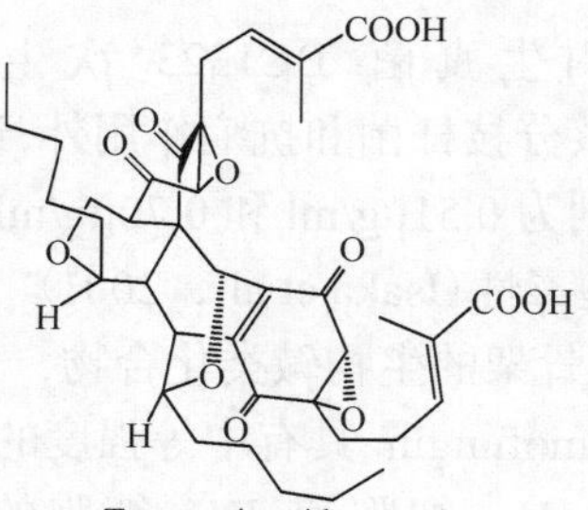

Torreyanic acid

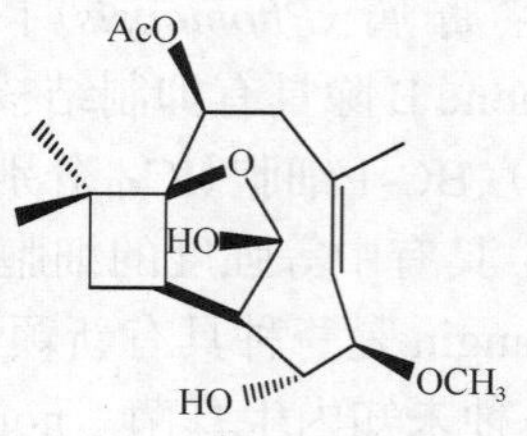

Pestalotiopsin A

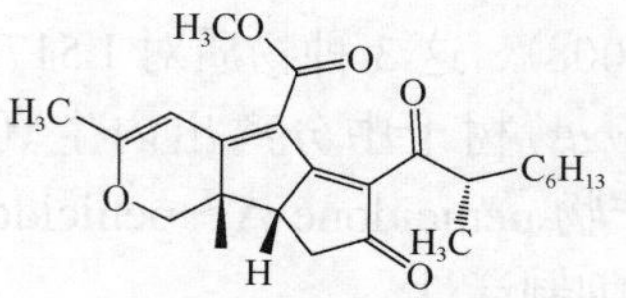

Sequoiatione A

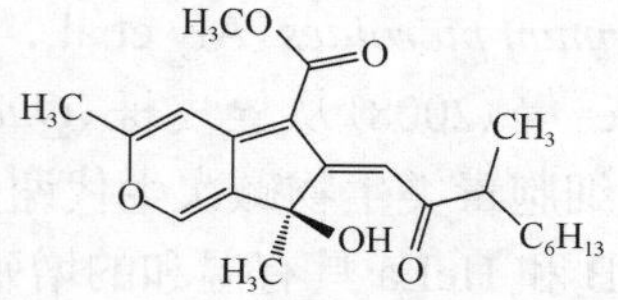

Sequoiatione B

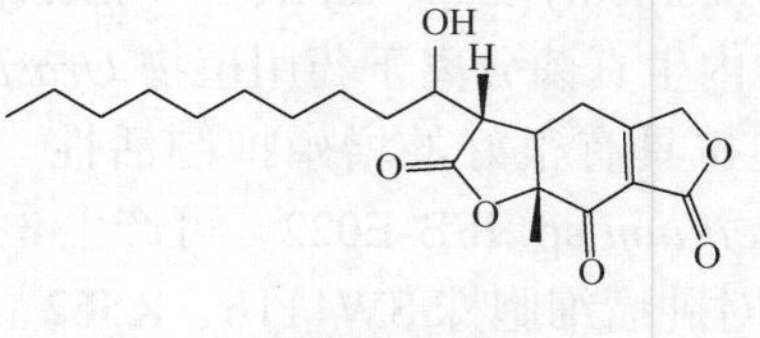

Annulosquamulin

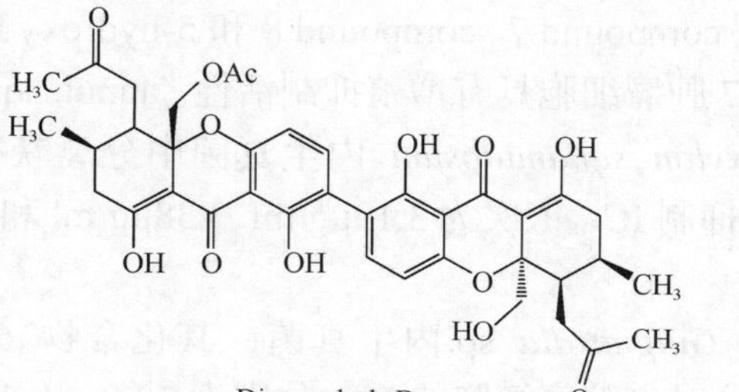

Dicerandrols B

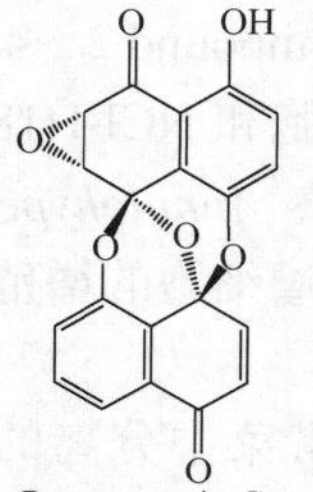

Preussomerin G

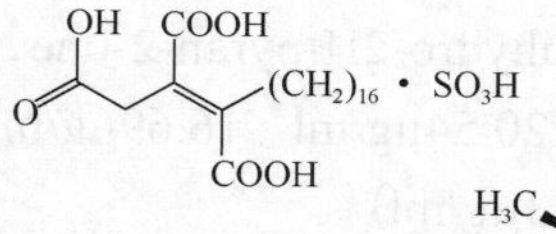

Oreganic acid

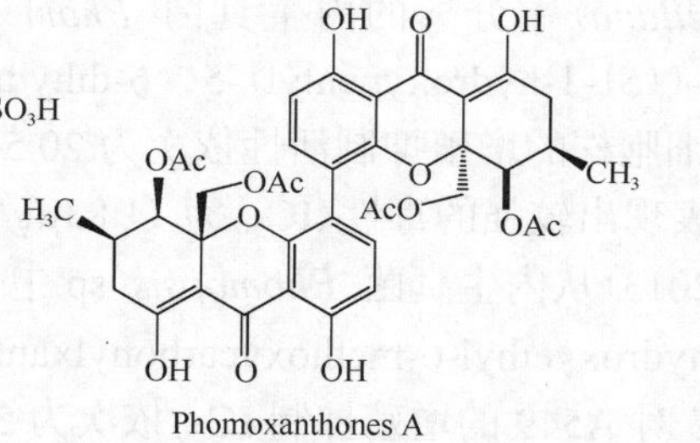

Phomoxanthones A

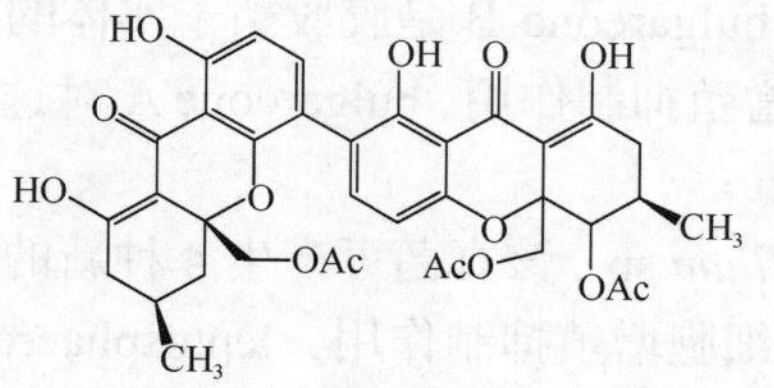

Phomoxanthones B

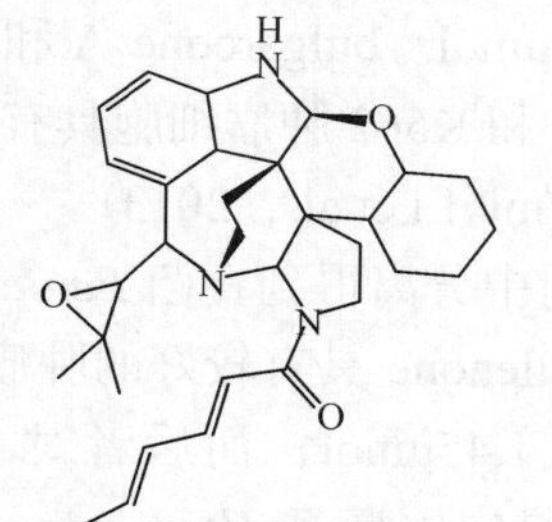

Nomofungin

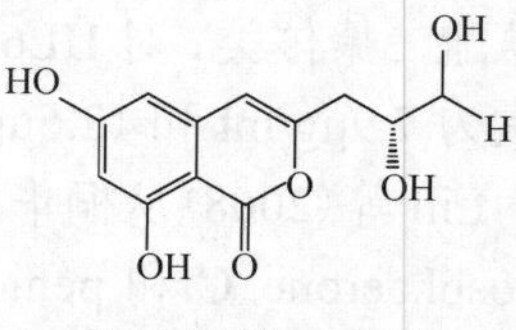

Desmethyldiaportinol

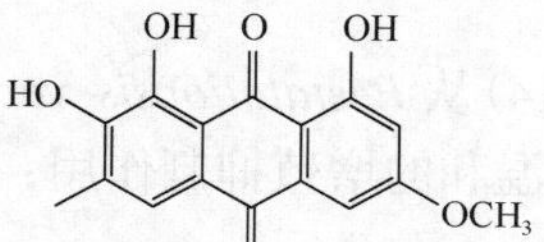

3-*O*-methylalaternin

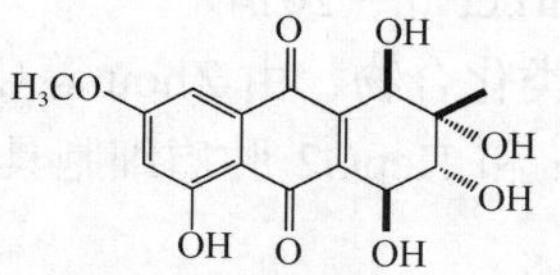

Altersolanol A

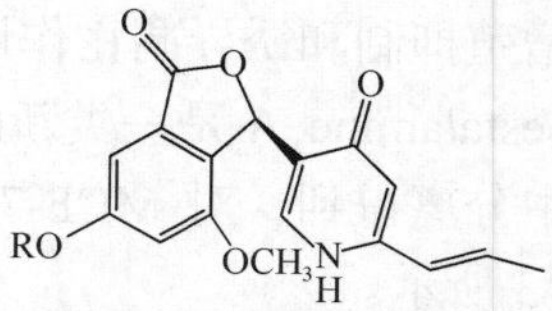

Penicidone A:R=CH_3
Penicidone B:R=H

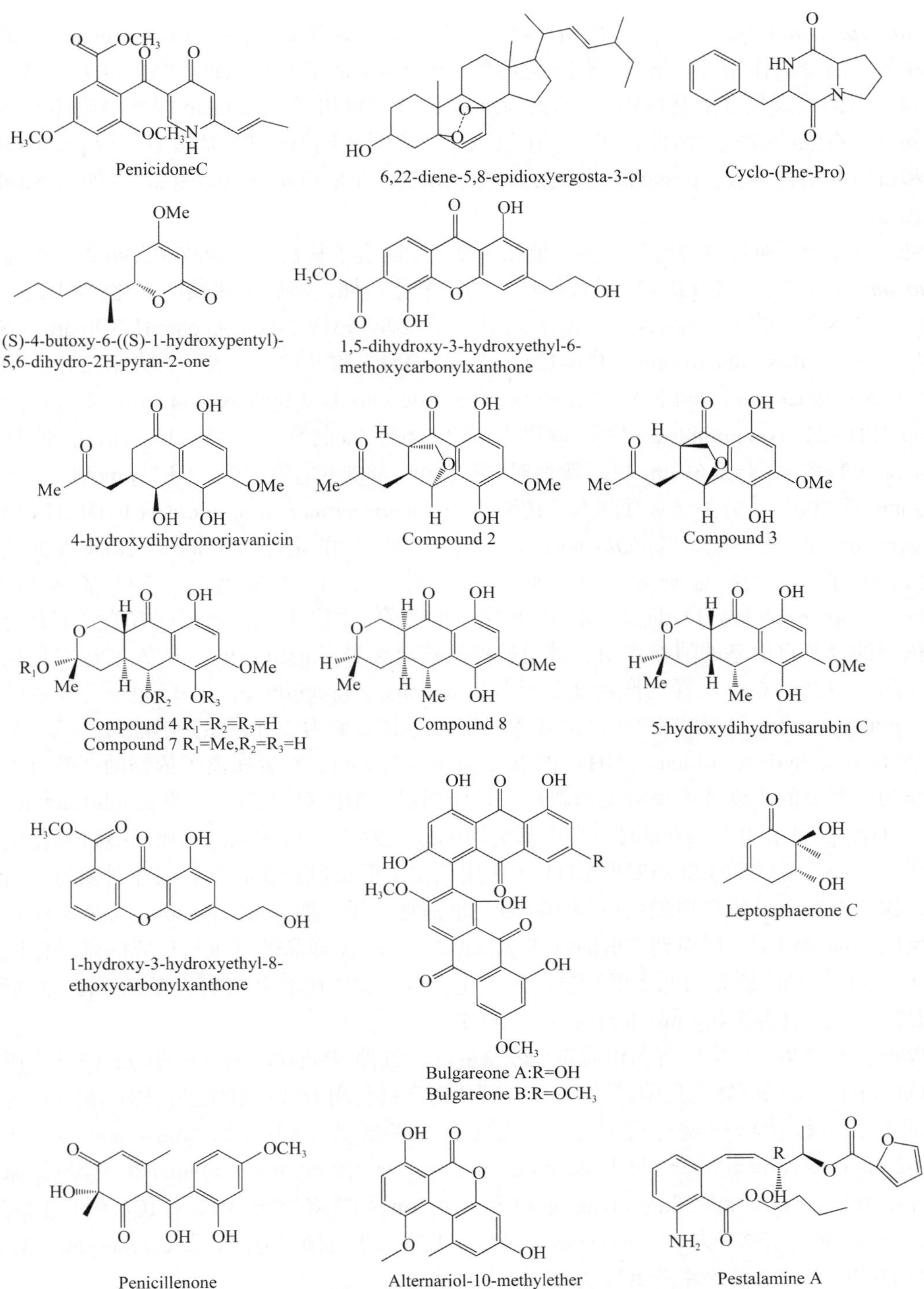

图 32-3　植物内生真菌抗肿瘤活性代谢产物结构式

四、抗氧化活性产物

来自巴布亚新几内亚热带雨林榄仁树(*Terminalia morobensis*)的内生真菌微孢拟盘多毛孢

（*Pestalotiopsis microspora*）产生的代谢产物苯并呋喃类化合物 pestacin 和 isopestacin，二者除具有抑制德氏腐霉的作用外，还具有抗氧化活性。isopestacin 清除超氧自由基的能力是维生素 C 的 1/14，但清除氢氧自由基（·OH）的能力与维生素 C 大致相当。pestacin 以外消旋体的形式存在，同样具有强的抗氧化活性，初步作用机制研究表明，1 位的双苄基碳原子与 pestacin 外消旋化和抗氧化活性有关，pestacin 对德氏腐霉的 MIC 为 10μg/ml（Harper et al.，2003；Strobel et al.，2002）。

Shu 等（2004）通过黄嘌呤氧化酶抑制活性实验，测定了从栓皮栎树皮中分离得到的镰孢属（*Fusarium* sp.）内生真菌 IFB-121 的代谢产物的抗氧化活性，实验结果表明，化合物（2*S*，2*R*，3*R*，3*E*，4*E*，8*E*，10*E*）-1-*O*-β-D-glucopyranosyl-2-*N*-（2-hydroxy-3-octadecenoyl）-3-hydroxy-9-methyl-4，8，10-sphingatrienine（IFB-121 compound1）和（2*S*，2*R*，3*R*，3*E*，4*E*，8*E*）-1-*O*-β-D-glucopyranosyl-2-*N*-（2–hydroxy-3-octadecenoyl）-3-hydroxy-9-methyl-4，8-sphingadienine（IFB-121 compound 2）均对黄嘌呤氧化酶有抑制作用，其 IC_{50} 值分别为（55.5±1.8）μmol/L 和（43.8±3.6）μmol/L，阳性对照药别嘌呤醇的 IC_{50} 值为（9.8±1.2）μmol/L。

Song 等（2005）对分离自常绿藤本植物络石 *Trachelospermum jasminoides*（LINDL.）LEM.（Apocynaceae）的内生真菌 *Cephalosporium* sp. IFB-E001 中的化合物 graphislactone A 的抗氧化活性进行了较系统的研究，分别考察其对 1，1-二苯基-2-三硝基苯肼（1，1-diphenyl-2-picrylhydrazyl radical，DPPH）自由基的清除作用、采用去氧核糖方法测定其对金属离子依赖的羟基自由基的清除作用、采用过硫氰酸盐法测定 graphislactone A 对过氧化反应的抑制作用，以及对 Cu^{2+}诱导的低密度脂蛋白（low-density lipoprotein，LDL）过氧化反应的抑制作用。graphislactone A 对 DPPH 自由基清除作用的 IC_{50} 值为 2.9μg/ml，阳性对照二丁基羟基甲苯（butylated hydroxytoluene，BHT）的 IC_{50} 值为 3.2μg/ml；对金属离子依赖的羟基自由基的清除作用在测试的浓度范围呈浓度依赖性，且作用强于阳性对照 BHT，当 graphislactone A 的浓度为 0.05μg/ml 和 0.27μg/ml 时，自由基清除率分别为 70%和 91%；对亚油酸过氧化反应的抑制作用，在反应的前 12h 与对照 BHT 的作用相似，但反应到 30h 以后阳性对照与空白结果相似，说明 0.5mg 的抗坏血酸反应到 30h 时几乎消耗殆尽，而 graphislactone A 依然保持对过氧化反应的抑制作用，反应到 30h 时加入 graphislactone A 样品的过氧化反应的延迟作用是空白的 4.4 倍；对 Cu^{2+}诱导的低密度脂蛋白过氧化反应抑制作用的 IC_{50} 值为 2.2μg/ml，而阳性对照 BHT 的 IC_{50} 值为 3.4μg/ml（Song et al.，2005）。

Wang 等（2006）从中国青岛市海岸线收集的海洋红藻 *Polysihonia urceolata* 中分离得到了 *Chaetomium globosum*（球毛壳菌）菌株，并对其代谢产物利用 DPPH 自由基清除试验进行抗氧化活性研究。从该菌株中获得抗氧化活性物（*E*）-6-hydroxy-2-（3-hydroxybut-1-enyl）-7-（3-methylbut-2-enyl）-chroman-5-carbaldehyde（chaetopyrani）、isotetrahydroauroglauci 和 erythroglaucin，其 IC_{50} 值分别为 35μg/ml、88μg/ml，26μg/ml 和 62μg/ml，阳性对照药 BHT 的 IC_{50} 值为 18μg/ml。

Chomcheon 等（2009）从 *Corynespora cassiicola* L36 内生真菌中分离获得 corynesidone B，该化合物对 DPPH 自由基清除率的 IC_{50} 为 22.4μmol。

Samaga 和 Rai（2013）从 *Nothapodytes foetida* 和 *Hypericum mysorense* 中筛选出内生真菌 14 株和 13 株，超过一半（55%）的菌株对 DPPH 自由基清除率可以达到 95%，40%的菌株对 DPPH 自由基的防护率超过 75%；对 2，2'–联氮-二（3-乙基苯并噻唑-6-磺酸）[2，2'-azinobis-（3-ethylbenzthiazoline-6-sulphonate），ABTS] 自由基清除率达到 95%的菌株占 66.67%，对其防护超过 75%的菌株占 29.6%。薄层色谱法显示菌株产物具有防辐射活性的主斑点，但目前还未有防辐射的单个或系列化合物的报道。红树林内生真菌 *Phomopsis* sp. A123 的代谢产物 phomopsidone A 也具一定的防辐射功效。

phomopsidone A 除具有一定的细胞毒性外，还具有一定的抗氧化作用。

3β, 15-dihydroxyartemisinic acid 是羟基化衍生产物，是青蒿酸在内生真菌 *Trichothecium roseum* CIMAPN1 作用下转化而得的，10μmol 时在体外具有抗氧化活性，50μmol 时在体内抗活性氧（reactive oxygen species，ROS）活性可达到 57.2%（Gaur et al.，2014）。具有抗氧化活性产物结构式如图 32-4 所示。

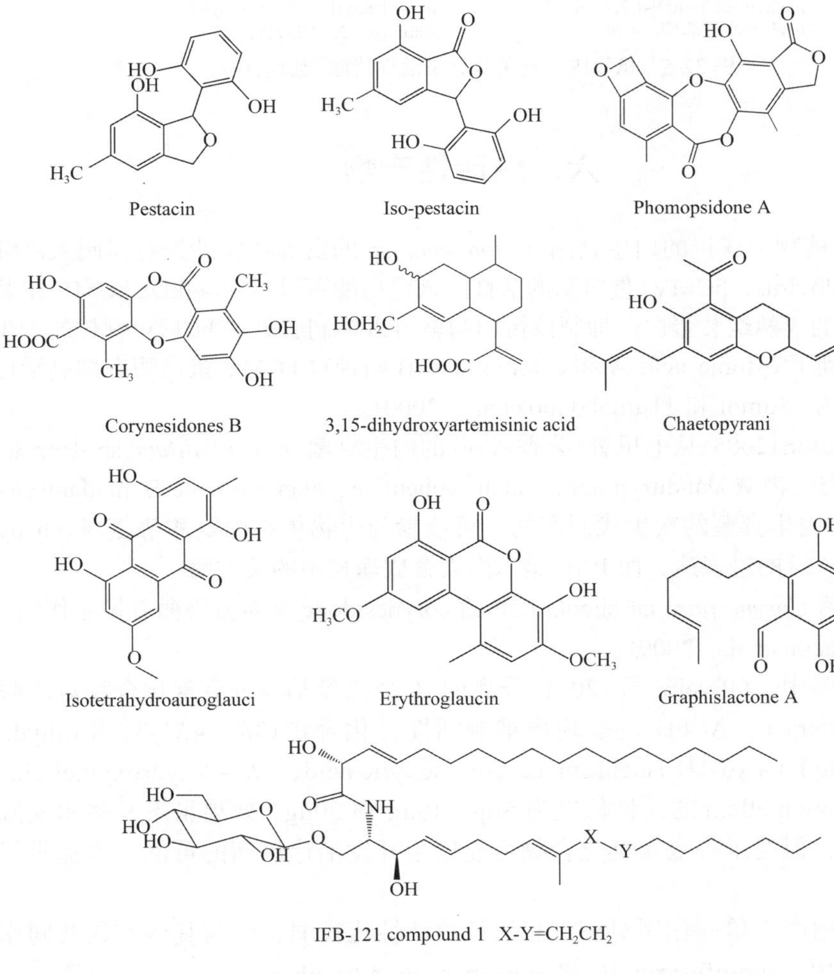

Pestacin　Iso-pestacin　Phomopsidone A

Corynesidones B　3,15-dihydroxyartemisinic acid　Chaetopyrani

Isotetrahydroauroglauci　Erythroglaucin　Graphislactone A

IFB-121 compound 1　X-Y=CH_2CH_2

IFB-121 compound 2　X-Y=CH=CH

图 32-4　植物内生真菌抗氧化活性代谢产物结构式

五、抗感染活性产物

Zheng 等（2011）从 *Cephalotaxus fortunei* 分离出内生真菌 *Trichoderma atroviride*，其次生代谢产物（rel 1*S*，3*R*，4*R*，7*R*）-3-[5-hydroxy-4-methylpent-3-enyl]-1，3，7-trimethyl-2-oxabicyclo [2，2，1] heptane 和（rel 1*S*，3*R*，4*R*，7*R*）-3-[3，4-dihydroxy-4-methylpentyl]-1，3，7-trimethyl-2-oxabicyclo［2，2，1］heptane 不仅结构新颖，还具有抗感染活性，IC_{50} 分别为 15.3μmol 和 9.1μmol。二者的消炎作用不是因为细胞毒作用，而是抑制脂多糖(lipopolysaccharide，LPS)刺激的 RAW264.7 细胞释放一氧化氮，结构如图 32-5 所示。

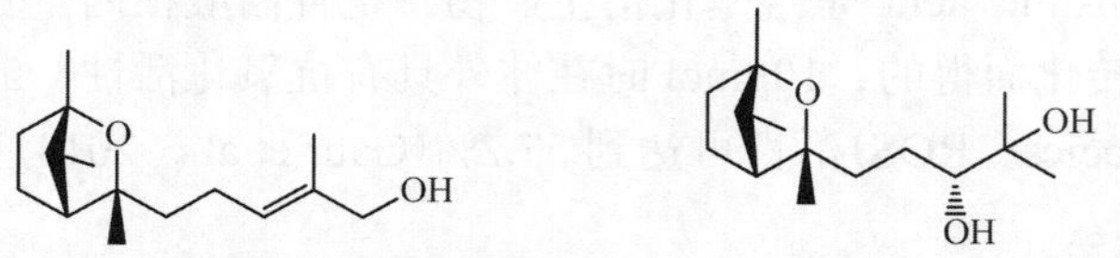

(rel 1*S*,3*R*,4*R*,7*R*)-3-[5-hydroxy-4-methylpent-3-enyl]-1,3,7-trimethyl-2-oxabicyclo[2,2,1]heptane

(rel 1*S*,3*R*,4*R*,7*R*)-3-[3,4-dihydroxy-4-methylpentyl]-1,3,7-trimethyl-2-oxabicyclo[2,2,1]heptane

图 32-5 植物内生真菌抗感染活性代谢产物结构式

六、酶活性产物

从 *Quercus* 植物中获得的内生真菌 *Cytonaema* sp.的发酵物体外具有抑制人巨细胞病毒(human cytomegalovirus，hCMV)蛋白酶的活性。该蛋白酶可以水解 44kDa hCMV 组装蛋白前体，形成 37kDa 的成熟组装蛋白，抑制该蛋白酶就可以抑制感染性 hCMV 颗粒的产生。通过活性追踪分离得到了 cytonic acid A 和 cytonic acid B 两种对 hCMV 蛋白酶有抑制活性的化合物，其 IC_{50} 分别为 43μmol 和 11μmol(Guo et al.，2000)。

Barros 和 Edson(2005)从七里香(芸香科)叶的内生真菌 *Eupenicillium* sp.中分离出 4 个 spiroquinazoline 类生物碱 alanditrypinone、alantryphenone、alantrypinene B 和 alantryleunone。这 4 个化合物是内生真菌的次生代谢产物，可能参与生物体谷丙氨酸解氨酶(phenylalanine ammonialyase，PAL)的过表达，而 PAL 是苯丙素合成途径中的关键酶。

产自内生真菌 *Corynespora* cassiicola L36 的 corynesidone A 对芳香酶有抑制作用，IC_{50} 为 5.30μmol(Chomcheon et al.，2009)。

体外筛选实验中，Oliveira 等(2011)分离的 3 个二羟基异香豆素化合物对乙酰胆碱酯酶(acetylcholinesterase，AChE)均表现出抑制活性，化合物(3*R*，4*R*)-3，4-dihydro-4，6-dihydroxy -3-methyl-1-oxo-1H-isochromene-5-carboxylic acid、(*R*)-7-hydroxymellein 和(3*R*，4*R*)-4，7-dihydroxy mellein 的活性依次为 3μg、10μg 和 20μg，效果虽不及阿尔茨海默病治疗药物加兰他敏，但提示香豆素类化合物可能用于开发治疗该病的可能，也提供了很好的前体化合物。

一些内生真菌产物单独作用对酶没有活性或活性比较弱，但与其他产物共同作用，或许能起到协同作用。rubrofusarin B 和 aurasperone A(naphtho-γ-pyrones)同是 *Aspergillus niger* IFB-E003 内生真菌的代谢产物，aurasperone A 可抑制黄嘌呤氧化酶(xanthine oxidase，XO)的活性((IC_{50}=10.9μmol)，而 rubrofusarin B 对 XO 没有抑制活性，二者协同对 XO 的抑制活性明显增强(Song et al.，2004)。具有酶活性代谢产物的结构式如图 32-6 所示。

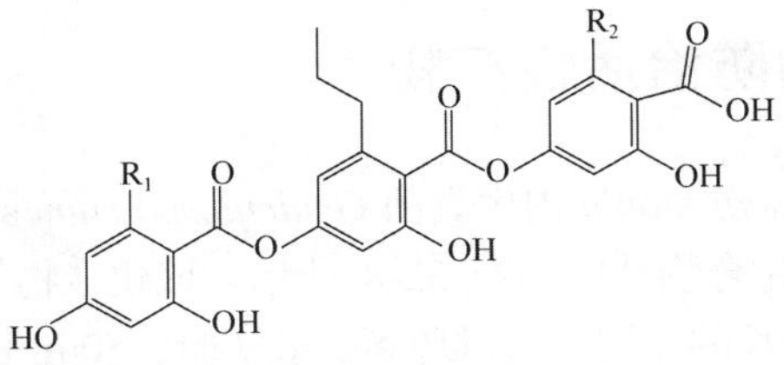

Cytonic acid A: $R_1=C_5H_9, R_2=C_3H_7$
Cytonic acid B: $R_1=C_3H_7, R_2=C_5H_9$

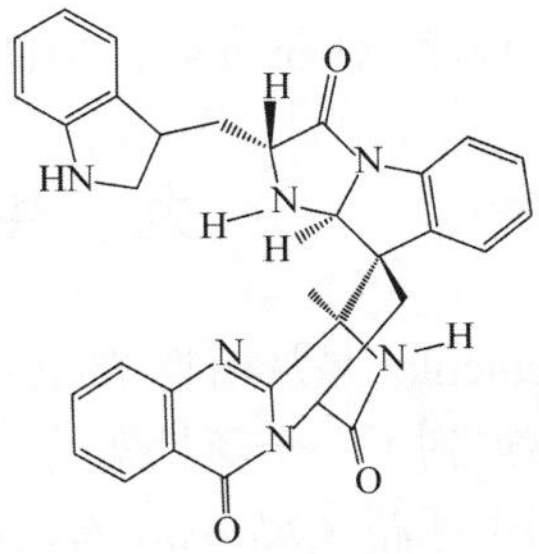

Alanditrypinone

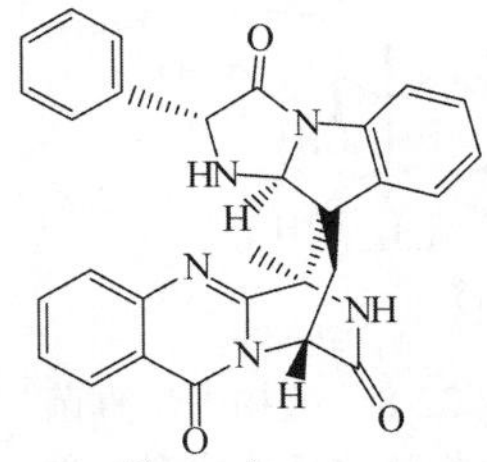

Alantryphenone

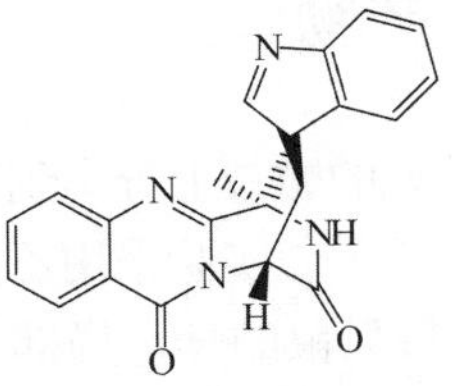

Alantrypinene B

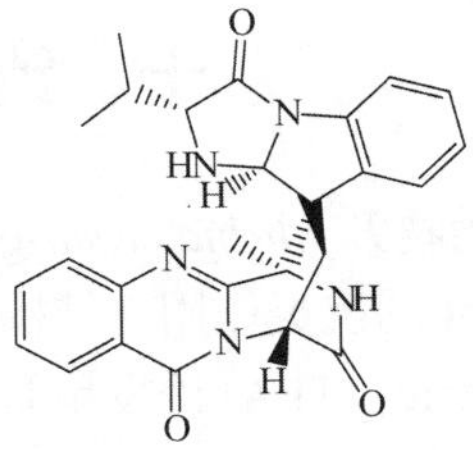

Alantryleunone

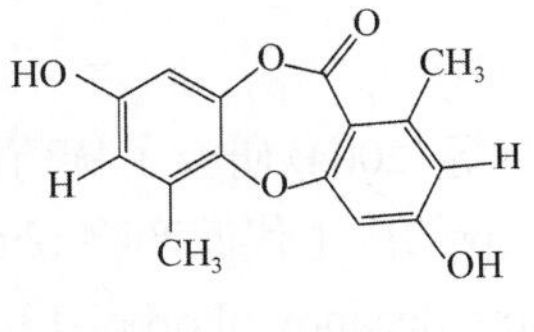

Corynesidones A

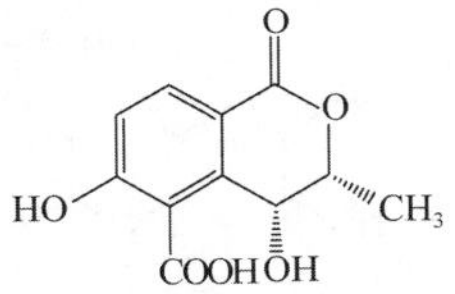

(3*R*,4*R*)-3,4-dihydro-4,6-dihydroxy-3-methyl-1-oxo-1H-isochromene-5-carboxylic acid

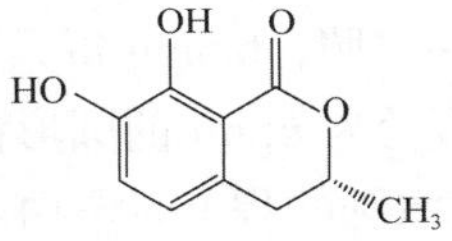

(*R*)-7-hydroxymellein

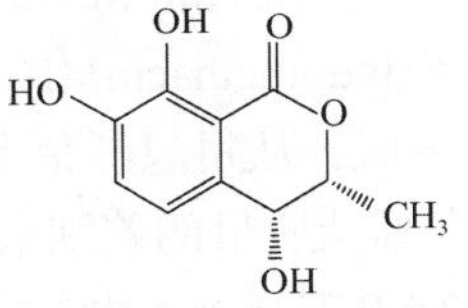

(3*R*,4*R*)-4,7-dihydroxymellein

图 32-6　植物内生真菌酶活性代谢产物结构式

七、降血糖活性产物

Pseudomassaria sp.（美国标准菌库号 74411）是从非洲雨林一种未鉴定植物的叶片中分离得到的内生真菌，从其发酵物中提取分离了一种生物碱成分 L-783，281。L-783，281 可以模拟胰岛素的作用，结合并激活胰岛素受体，显著降低 II 型糖尿病模型小鼠的血糖水平。由于 L-783，281 是一种非肽类胰岛素功能类似物，有望发展成为口服降糖药（Zhang et al.，1999），结构如图 32-7 所示。

八、对宿主的作用

Khan 等（2011）从大豆根中分离出 13 株内生真菌，其中内生真菌 GMH-1a 作为 *Aspergillus fumigatus* sp. LH02 菌株，在干旱盐碱环境中可以降低脱落酸（abscisic acid，ABA）的生成，同时促进水杨酸（salicylic acid，SA）和 茉莉酮酸（jasmonic acid，JA）的产生，有利于植株对抗恶劣环境和提高异黄酮的含量。此外，还分离到内生真菌菌株 *Penicillium funiculosum* LHL06（GMC-2A），其功能与 LH02 相似，可以有效对抗非生物胁迫逆境，同时重启植株生长和异黄酮生

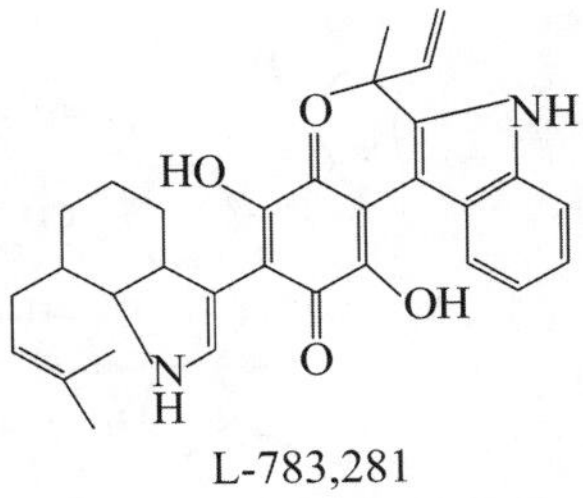

L-783,281

图 32-7　植物内生真菌降血糖活性代谢产物结构式

物合成程序(Khan et al.，2011)。

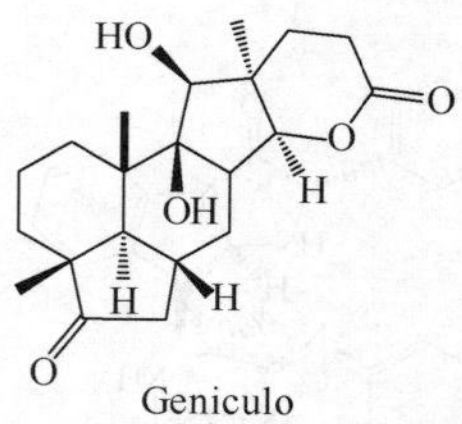

Geniculo

图 32-8 植物内生真菌生物防治活性代谢产物结构式

九、生物防治活性产物

geniculol 是从植物 *Teucrium scorodonia* 内生真菌 *Geniculospo rium* sp. 中分离得到了一个新骨架的二萜化合物结构如图 32-8 所示。该化合物具有抑制小球藻(*Chlorella fusca*)生长的作用，通过琼脂扩散实验，50μg 的 geniculol 可对小球藻形成半径为 2mm 的抑制区(Konig et al.，1999)。

十、镇痛活性产物

Daniela 等(2004)研究了从药用植物 *Erythrina crista-galli* 一枝枯死的嫩枝上分离到的内生真菌 *Phomopsis* sp.的次生代谢产物 phomol 的抗炎作用，结构如图 32-9 所示。实验采用乙酸豆寇佛波酯(12-*O*- tetradecanoylphorbol-13-acetate，TPA)诱发鼠耳朵水肿，每只鼠的耳部局部给予浓度为 0.125μg/μl 的 TPA 丙酮溶液(每只耳朵注射 10μl)，随后局部应用溶解在丙酮中的化合物 1mg 每只耳朵，以左耳作为对照，只用赋形剂。以消炎痛(indomethacin)作为阳性对照，0.5mg 每只耳朵；4h 后脱臼处死老鼠，从每只耳朵上取直径为 6mm 的圆形称重，通过比较左、右耳朵质量的差别来测定水肿的程度。空白水肿液的质量为(17.82±0.71)mg；化合物 phomol 处理的鼠耳水肿液的质量为(8.34±1.11)mg，抑制率为 53.2%；阳性对照组鼠耳水肿液的质量为(6.01±0.69)mg，抑制率为 66.0%。

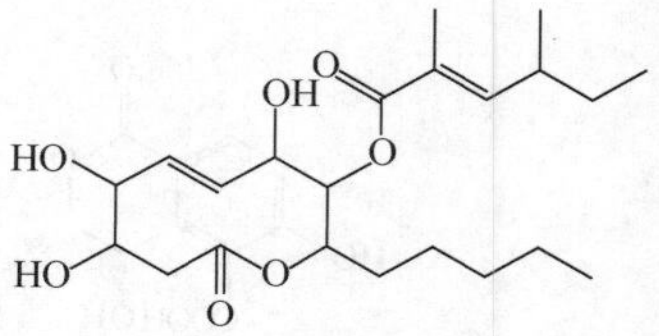

Phomol

图 32-9 植物内生真菌镇痛活性代谢产物结构式

十一、对神经系统的作用

Wu 等(2005)对红树林植物 *Avicennia marina* 种子中的内生真菌 *Xylaria* sp.(#2508)的活性物质进行了研究，结构如图 32-10 所示，通过全细胞膜片钳技术，以 L-型钙离子通道电流(ICa-L)为指标，观察代谢产物对新生大鼠海马神经细胞 L-型钙离子通道的影响。结果表明，受试化合物对 ICa-L 均有不同程度的抑制效应，且呈一定的量效关系，在相同的浓度下(0.03μmol/L)，xyloketal F、xyloketal A 和 xyloketal B 的抑制率分别为 50.33%、21.47%和 12.05%。

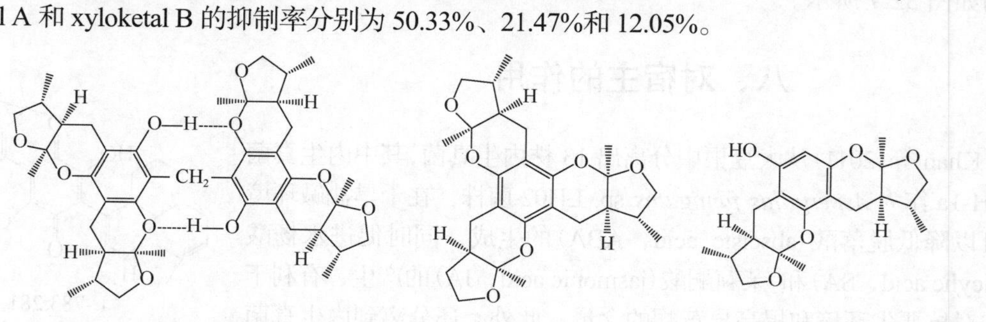

Xyloketal F　Xyloketal A　Xyloketal B

图 32-10 植物内生真菌神经系统活性代谢产物结构式

十二、其他活性代谢产物

Xu等(2007)从红树植物*Aegiceras corniculatum*的内生真菌*Penicillium* sp.中分离得到具有大电导钙激活钾通道(large-conductance calcium-activated potassium channel, BKCa)阻滞作用的小分子物质shearinine D～K。研究中将化合物进行BKCa通道相关的电生理实验，取*hSlo 1*转染的HEK细胞的细胞膜片段(含有1000 BKCa通道)置含有3μmol/L的自由Ca^{2+}的溶液中，将待测试的化合物(100nmol/L)直接加入到细胞膜片段的细胞质表面，以penitrem A作为阳性对照。结果表明，化合物shearinine D、shearinine E、shearinine G和shearinine K能减少BKCa通道流量的程度达30%以上。化合物shearinine F、shearinine H～J仅有轻微的作用，能使BKCa通道流量降低程度小于10%。

dothideopyrone D是首次从内生真菌中分离得到的己二烯二酸类化合物，产生该化合物的内生真菌是*Dothideomycete* sp. LRUB20，可以作为环境中苯和苯酚检测指示剂(Chomcheon et al.，2009)。

Talontsi等(2012)从*Endodesmia calophylloides*植物中分离出内生真菌*Phomopsis* sp. CAFT69，其产生的代谢产物excelsional和9-hydroxyphomopsidin为缩酚酸环醚类化合物，具有一定的胃动力性抑制和促进衰亡的作用。相似活性化合物也从*Zanthoxylum leprieurii*内生真菌*Cryptosporiopsis* sp.中分离获得，cryptosporiopsin A和hydroxypropan-2′，3′-diol orsellinate二者均可抑制胃动力(Talontsi et al.，2012)。相反，(*S*)-banchromene表现出温和的胃动力恢复功能，该化合物是从*Fusarium* sp. CAMKT24b1内生真菌分离纯化的苯并吡喃类代谢产物，其活性浓度低至2.5μg/ml(Michel et al.，2014)。

一般认为，复杂性免疫疾病通常与信号传感器和信号转录激活因子(signal transducer and activator of transcription，STAT)的异常调节有关，重建STAT1与STAT3之间的信号通路以达到治愈该病被认为是一种有用的方法。fusaruside是脑苷脂类化合物，由Wu等(2012)从*Quercus variabilis*的内生真菌*Fusarium* sp. IFB-121中分离得到，在大鼠体内可以通过介导STAT1与STAT3之间的信号平衡抑制T细胞介导的肝损伤。

microcarpalide是一种长链烷基取代的壬烯内酯，来自细叶榕树皮中的一种未鉴定的内生真菌。microcarpalide在0.5～1.0μg/ml时可导致大约一半A-10细胞(一种平滑肌细胞)的微丝解聚，当浓度大于20μg/ml时才对A-10细胞表现出细胞毒性；microcarpalide对其他肿瘤细胞的细胞毒性也较弱，对KB和LoVo细胞的IC_{50}分别为50μg/ml和90μg/ml。由于该化合物造成微丝解聚和细胞毒性的剂量差异悬殊，使microcarpalide有望成为一种研究细胞运动和迁移的工具分子(Ratnayake et al.，2001)。部分代表性活性代谢产物的结构式如图32-11所示。

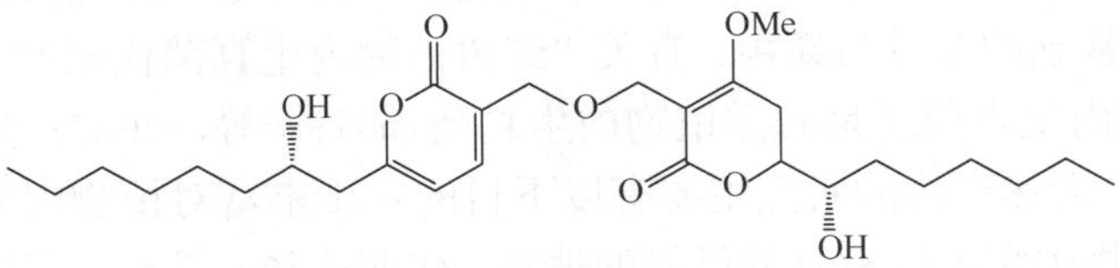

OH O O OMe O O OH

Dothideopyrone D

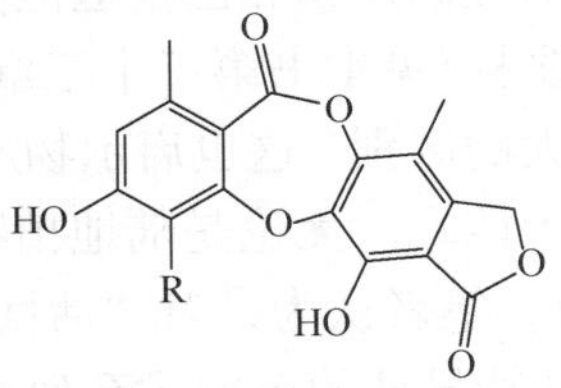

O O HO O R O HO O O

Excelsional, R=CHO
9-hydroxyphomopsidin, $R=CH_2OH$

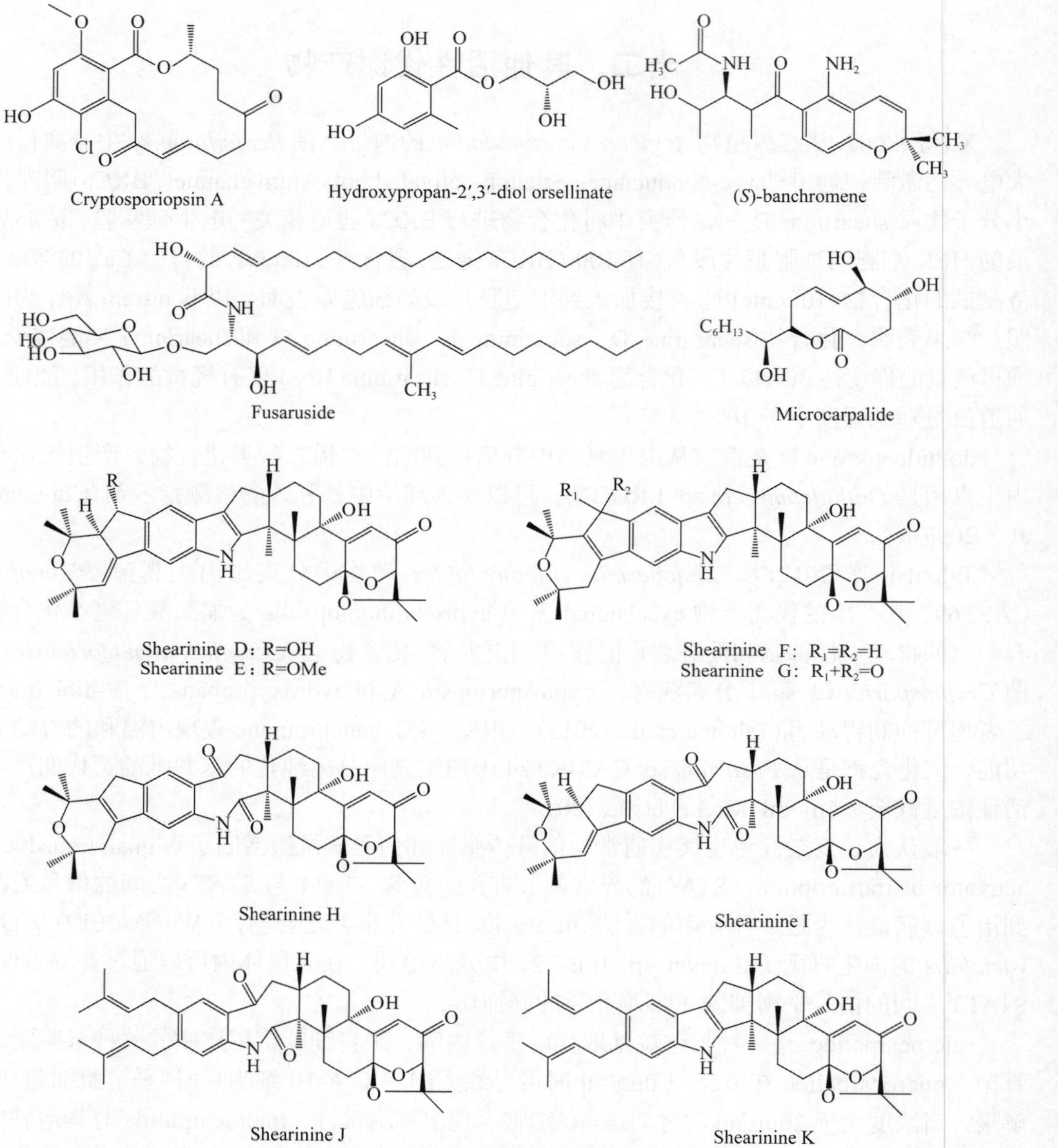

图 32-11　植物内生真菌其他活性代谢产物结构式

本章对近 20 年来植物内生真菌的活性代谢产物进行了初步的概述，其中不包括已报道新结构但无活性的产物和已报道但活性未知的产物。抗菌活性产物是一个大的类群，数目众多且结构丰富多样(见本书第三十三章)。深蓝色的海洋孕育着众多的植物，其所处的环境与陆地生物有着巨大的区别，这也启示物质基础的差异与新颖，有关“红树植物内生真菌代谢产物”见本书第三十四章。无论是陆地植物内生真菌还是海洋植物内生真菌(胡谷平等，2002；陈光英等，2003)，笔者认为，对“活性”天然产物的研究主要有以下目的：①丰富对植物内生真菌的认知，从特异性的个别或系列产物中深入探索真菌可能的遗传、代谢途径；②深入了解宿主与内生真菌在物质信息等方面的相关性；③挖掘对其他生物特别是对人类有益的活性资源；④内生真菌及其宿主在生态系统中的作用；等等。也正因为如此，不同研究者对内生真菌研究的出发点不尽一致，考虑的侧重点和最终的结果丰富多彩，体现到内生真菌上就是产物和微生物本身的多元化，但研究植物内生真菌时对植物的选择应该有一定依据(Strobel et al.，2003；2004)。植物内生真菌代谢产物种类多样、活性广泛，活性中抗菌和抗肿瘤类化合物数目繁多，所占比例较大，一方面可能是与微生物或宿主自身的防御机制有关，另一方面也取决于药学工作者对这二者的关注度。关于内生真菌代谢产物抗 HIV 活性见本书第四十五章。

(李　兵　舒　莹　王春兰　郭顺星)

参考文献

陈光英，刘晓红，温露，等. 2003. 南海红树林内生真菌 1893 代谢产物研究. 中山大学学报(自然科学版)，42(1)：49-51.

顾觉奋，蔡奕. 1999. 具有合成紫杉醇能力的内生真菌的发现与研究进展. 中国医药情报，5(4)：219-222.

胡谷平，佘志刚，吴耀文，等. 2002. 南海海洋红树林内生真菌胞外多糖的研究. 中山大学学报(自然科学版)，1：121-122

康冀川，靳瑞，文庭池，等. 2011. 内生真菌产紫杉醇研究的回顾与展望. 菌物学报，2：168-179.

梁宇，高玉葆. 2000. 内生真菌对植物生长发育及抗逆性的影响. 植物学通报，17(1)：52-59.

任安芝，高玉葆. 2001. 植物内生真菌——一类应用前景广阔的资源微生物. 微生物学通报，28(6)：90-93.

邹文欣，谭仁祥. 2001. 植物内生菌研究新进展. 植物学报，43(9)：881-892.

Akay Ş，Ekiz G，Kocabaş F，et al. 2014. A new 5，6-dihydro-2-pyrone derivative from *Phomopsis amygdali*，an endophytic fungus isolated from *Hazelnut*(*Corylus avellana*). Phytochemistry Letters，(7)：93-96.

Aly AH，Wray V，Werne EG，et al. 2008. Bioactive metabolites from the endophytic fungus *Ampelomyces* sp. isolated from the medicinal plant *Urospermum picroides*. Phytochemistry，69(8)：1716-1725.

Bara R，Aly AH，Wray V，et al. 2013. Talaromins A and B，new cyclic peptides from the endophytic fungus *Talaromyces wortmannii*. Tetrahedron Letters，54(13)：1686-1689.

Barros FAP，Edson R. 2005. Four spiroquinazoline alkaloids from *Eupenicillium* sp. isolated as an endophytic fungus from leaves of *Murraya paniculata*(Rutaceae). Biochemical Systematics and Ecology，33(3)：257-268.

Chen GY，Lin YC，Wen L，et al. 2003. Two new metabolites of a marine endophytic fungus(No. 1893) from an estuarine mangrove on the South China Sea coast. Tetrahedron，59(26)：4907-4909.

Cheng MJ，Wu MD，Yuan GF，et al. 2012. Secondary metabolites and cytotoxic activities from the endophytic fungus *Annulohypoxylon squamulosum*. Phytochemistry Letters，5(1)：219-223.

Chomcheon P，Wiyakrutta S，Sriubolmas N，et al. 2009. Aromatase inhibitory，radical scavenging，and antioxidant activities of depsidones and diaryl ethers from the endophytic fungus *Corynespora cassiicola* L36. Phytochemistry，70(3)：407-413.

Chomcheon P，Wiyakrutta S，Sriubolmas N，et al. 2009. Metabolites from the endophytic mitosporic *Dothideomycete* sp. LRUB20. Phytochemistry，70(1)：121-127.

Daniela W，Olov S，Timm A，et al. 2004. Phomol，a new antiinflammatory metabolite from an endophyte of the medicinal plant *Erythrina crista-galli*. The Journal of Antibiotics，57(9)：559-563.

Devari S，Jaglan S，Kumar M，et al. 2014. Capsaicin production by alternaria alternata，an endophytic fungus from *Capsicum annum*；LC-ESI-MS/MS analysis. Phytochemistry，98：183-189.

Gaur R，Tiwari S，Jakhmola A，et al. 2014. Novel biotransformation processes of artemisinic acid to their hydroxylated derivatives 3β-hydroxyartemisinic acid and 3β，15-dihydroxyartemisinic by fungus *Trichothecium roseum* CIMAPN1and their biological evaluation. Journal of Molecular Catalysis B：Enzymatic，106：46-55.

Ge HM，Shen Y，Zhu CH，et al. 2008. Penicidones A-C，three cytotoxic alkaloidal metabolites of an endophytic *Penicillium* sp. . Phytochemistry，69(2)：571-576.

Guo BY，Jin RD，Ng S，et al. 2000. Cytonic acids A and B：novel tridepside inhibitors of hCMV protease from the endophytic fungus *Cytonaema* species. Journal of Natural Products，63：602-604.

Harper JK，Arif AM，Ford EJ，et al. 2003. Pestacin：a 1，3-dihydro isobenzofuram from *Pestalotiopsis microspora* possessing antioxidant and antimycotic activities. Tetrahedron，59：2471-2476.

Hiranthi J，Gerald FB，Carmen C，et al. 1996. Oreganic acid：a potent novel inhibitor of ras farnesyl-protein transferase from an endophytic fungus. Bioorganic & Medicinal Chemistry Letters，6(17)：2081-2084.

Isaka M，Berkaew P，Intereya K，et al. 2007. Antiplasmodial and antiviral cyclohexadepsipeptides from the endophytic fungus *Pullularia* sp. BCC 8613. Tetrahedron，63(29)：6855-6860.

Isaka M，Jaturapat A，Rukseree K，et al. 2001. Phomoxanthones A and B，novel xanthone dimers from the endophytic fungus *Phomopsis* species. Journal of Natural Products，64 (8)：1015-1018.

Khan AL，Hamayun M，Kim YH，et al. 2011. Ameliorative symbiosis of endophyte (*Penicillium funiculosum* LHL06) under salt stress elevated plant growth of *Glycine max* L. . Plant Physiology and Biochemistry，49 (8)：852-861.

Khan AL，Hamayun M，Kim YH，et al. 2011. Gibberellins producing endophytic *Aspergillus fumigatus* sp. LH02 influenced endogenous phytohormonal levels，isoflavonoids production and plant growth in salinity stress. Process Biochemistry，46 (2)：440-447.

Kongsaeree P，Prabpai S，Sriubolmas N，et al. 2003. Antimalarial dihydroisocoumarins produced by *Geotrichum* sp. ，an endophytic fungus of *Crassocephalum crepidioides*. Journal of Natural Products，66 (5)：709-711.

Konig GM，Wright AD，Draeger S，et al. 1999. A new biologically active diterpene from the endophytic fungus *Geniculosporium* sp. Journal of Natural Products，62 (1)：155-157.

Kornsakulkarn J，Dolsophon K，Boonyuen N，et al. 2011. Dihydronaphthalenones from endophytic fungus *Fusarium* sp. BCC14842. Tetrahedron，67 (39)：7540-7547.

Krohn K，Florke U，John M，et al. 2001. Biologically active metabolites from fungi. Part 16：New preussomerins J，K and L from an endophytic fungus. Tetrahedron，57 (20)：4343-4348.

Lee JC，Lobkovsky E，Pliam NB，et al. 1995. Subglutinols A and B：immunosuppressive compounds from the endophytic fungus *Fusarium subglutinans*. Journal of Organic Chemistry，60 (22)：7076-7077.

Lee JC，Strobel GA，Lobkovsky E，et al. 1996. Torreyanic acid：a selectively cytotoxic quinone dimer from the endophytic fungus *Pestalotiopsis microspora*. Journal of Organic Chemistry，61 (10)：3232-3233.

Li J，Strobel GA，Harper J，et al. 2000. Cryptocin，a potent tetramic acid antimycotic from the endophytic fungus *Cryptosporiopsis quercina*. Organic Letters，2 (6)：767-770.

Li N，Xu J，Li X，et al. 2013. Two new anthraquinone dimers from the fruit bodies of *Bulgaria inquinans*. Fitoterapia，84：85-88.

Lin YC，Wu XY，Feng S，et al. 2001. A novel N-cinnamoylcyclopeptide containing an allenic ether from the fungus *Xylaria* sp. (strain 2508) from the South China Sea. Tetrahedron Letters，42 (3)：449-451.

Lin ZJ，Zhu TJ，Fang YC，et al. 2008. Polyketides from *Penicillium* sp. JP-1，an endophytic fungus associated with the mangrove plant *Aegiceras corniculatum*. Phytochemistry，69 (5)：1273-1278.

Liu JY，Liu CH，Zou WX，et al. 2002. Leptosphaerone，a metabolite with a novel skeleton from *Leptosphaeria* sp. IV403，an endophytic fungus in *Artemisia annua*. Helvetica Chimica Acta，85 (9)：2664-2667.

Liu JY，Liu CH，Zou WX，et al. 2003. Leptosphaeric acid，a metabolite with a novel carbon skeleton from *Leptosphaeria* sp. IV403，an endophytic fungus in Artemisia annua. Helvetica Chimica Acta，86 (3)：657-660.

Michel DK，Ferdinand MT，Hamdi MD，et al. 2014. Banchromene and other secondary metabolites from the endophytic fungus *Fusarium* sp. obtained from *Piper guineense* inhibit the motility of phytopathogenic Plasmopara viticola zoospores. Tetrahedron Letters，55 (30)：4057-4061.

Oliveira CM，Regasini LO，Silva GH，et al. 2011. Dihydroisocoumarins produced by *Xylaria* sp. and *Penicillium* sp. ，endophytic fungi associated with *Piper aduncum* and *Alibertia macrophylla*. Phytochemistry Letters，4 (2)：93-96.

Peng W，You F，Li XL，et al. 2013. A new diphenyl ether from the endophytic fungus *Verticillium* sp. isolated from *Rehmannia* glutinosa. Chinese Journal of Natural Medicines，11 (6)：673-675.

Pulici M，Sugawara F，Koshino H，et al. 1996. Pestalotiopsins A and B：new caryophyllenes from an endophytic fungus of *Taxus brevifolia*. Journal of Organic Chemistry，61 (6)：2122-2124.

Pulici M，Sugawara F，Koshino H，et al. 1997. Metabolites of *Pestalotiopsis* spp. ，endophytic fungi of *Taxus brevifolia*. Phytochemistry，46 (2)：313-319.

Radic N. ，Strukelj B. 2012. Endophytic fungi——the treasure chest of antibacterial substances. Phytomedicine，19：1270-1284.

Ratnayake AS，Yoshida WY，Mooberry SL，et al. 2001. Nomofungin：a new microfilament disrupting agent. Journal Organic Chemistry，66 (26)：8717-8721.

Ratnayake AS，Yoshida WY，Mooberry SL，et al. 2001. The structure of microcarpalide，a microfilament disrupting agent from an endophytic fungus. Organic Letters，3 (22)：3479-3481.

Rukachaisirikul V，Sommart U，Phongpaichit S，et al. 2008. Metabolites from the endophytic fungus *Phomopsis* sp. PSU-D15. Phytochemistry，69：783-787.

Samaga PV，Rai VR. 2013. Free radical scavenging activity and active metabolite profiling of endophytic fungi from *Nothapodytes foetida* and *Hypericum mysorense*. International Journal of Chemical and Analytical Science，4 (2)：96-101.

Schulz B，Boyle C，Draeger S，et al. 2002. Endophytic fungi：a source of novel biologically active secondary metabolites. Mycological Research，106 (9)：996-1004.

Sean FB，Jon C. 2000. CR377，a new pentaketide antifungal agent isolated from an endophytic fungus. Journal of natural products，63：

1447-1448.

Shu RG，Wang FW，Yang YM，et al. 2004. Antibacterial and xanthine oxidase inhibitory cerebrosides from *Fusarium* sp. IFB-121，an endophytic fungus in *Quercus variabilis*. Lipids，39(7)：667-673.

Song YC，Huang WY，Sun C，et al. 2005. Characterization of graphislactone a as the antioxidant and free radical-scavenging substance from the culture of *Cephalosporium* sp. IFB-E001，an endophytic fungus in *Trachelospermum jasminoides*. Biological & Pharmaceutical Bulletin，28(3)：506-509.

Song YC，Li H，Ye YH，et al. 2004. Endophytic naphthopyrone metabolites are co-inhibitors of xanthine oxidase，SW1116 cell and some microbial growths. FEMS Microbiology Letters，241(1)：67-72.

Stierle AA，Stierle DB，Bugni T. 1999. Sequoiatones A and B：novel antitumor metabolites of a redwood endophyte. Journal of Organic Chemistry，64(15)：5479-5484.

Stierle AA，Stierle DB，Bugni T. 2001. Sequoiatones C-F，constituents of the redwood endophyte *aspergillus parasiticus*. Journal of Natural Products，64(10)：1350-1353.

Strobel G，Daisy B. 2003. Bioprospecting for microbial endophytes and their natural products. Microbilogy and Molecular Biology Reviews，67(4)：491-502.

Strobel G，Daisy B，Castillo U. 2004. Natural products from endophytic microorganisms. Journal of Natural Products，67(2)：257-268.

Strobel G，Ford E，Worapong J，et al. 2002. Isopestacin，an isobenzofuranone from *Pestalotiopsis microspora*，possessing antifungal and antioxidant activities. Phytochemistry，60(2)：179-183.

Talontsi FM，Facey P，Tatong MDK，et al. 2012. Zoosporicidal metabolites from an endophytic fungus *Cryptosporiopsis* sp. of *Zanthoxylum leprieurii*. Phytochemistry，83：87-94.

Talontsi FM，Md Islam T，Facey P，et al. 2012. Depsidones and other constituents from *Phomopsis* sp. CAFT69 and its host plant Endodesmia calophylloides with potent inhibitory effect on motility of zoospores of grapevine pathogen *Plasmopara viticola*. Phytochemistry Letters，5(3)：657-664.

Wagenaar MM，Corwin J，Strobel G，et al. 2000. Three new cytochalasins produced by an endophytic fungus in the genus *Rhinocladiella*. Journal of Natural Products，63(12)：1692-1695.

Wang FW. 2012. Bioactive metabolites from *Guignardia* sp. ，an endophytic fungus residing in Undaria pinnatifida. Chinese Journal of Natural Medicines，10(1)：72-76.

Wang J，Lin YC，Wu XY，et al. 2001. Avicennin A，a new isocoumarine from mangrove entophytic fungus No. 2533 from the South China Sea. Acta Scientiarum Naturalium Universitatis Sunyatseni，40(1)：127-128.

Wang S，Li XM，Teuscher F，et al. 2006. Chaetopyranin，a benzaldehyde derivative，and other related metabolites from *Chaetomium globosum*，an endophytic fungus derived from the marine red alga *Polysiphonia urceolata*. Journal of Natural Products，69(11)：1622-1625.

Wegner C，Kaminsky R，Konig GM，et al. 2000. Ascosalipyrrolidinone A，an antimicrobial alkaloid from the obligate marine fungus *Ascochyta salicorniae*. Journal of Organic Chemistry，65(20)：6412-6417.

Wu XX，Sun Y，Guo WJ，et al. 2012. Rebuilding the balance of STAT1 and STAT3 signalings by fusaruside，a cerebroside compound，for the treatment of T-cell-mediated fulminant hepatitis in mice. Biochemical Pharmacology，84(9)：1164-1173.

Wu XY，Liu XH，Lin YC，et al. 2005. Xyloketal F：a strong L-calcium channel blocker from the mangrove fungus *Xylaria* sp.（#2508) from the South China Sea Coast. European Journal of Organic Chemistry，(19)：4061-4064.

Xu M，Gessner G，Groth I，et al. 2007. Shearinines D-K，new indole triterpenoids from an endophytic *Penicillium* sp.（strain HKI0459) with blocking activity on large-conductance calcium-activated potassium channels. Tetrahedron，63(2)：435-444.

Yang HY，Gao YH，Niu DY，et al. 2013. Xanthone derivatives from the fermentation products of an endophytic fungus *Phomopsis* sp. . Fitoterapia，91：189-193.

Zhang B，Salituro G，Szalkowski D，et al. 1999. Discovery of a small molecule insulin mimetic with antidiabetic activity in mice. Science，284：974-981.

Zhang GJ，Sun HW，Zhu TJ，et al. 2011. Antiviral isoindolone derivatives from an endophytic fungus *Emericella* sp. associated with Aegiceras corniculatum. Phytochemistry，72：1436-1442.

Zhang JH，Guo SX，Yang JS，et al. 2002. Chemical constituents of one species of endophytic fungus in *Taxus chinensis*. Acta Botanica Sinica，44(10)：1239 -1242.

Zheng CJ，Sun PX，Jin GL，et al. 2011. Sesquiterpenoids from *Trichoderma atroviride*，an endophytic fungus in *Cephalotaxus fortune*. Fitoterapia，82(7)：1035-1038.

Zhou XF，Lin XP，Ma WL，et al. 2014. A new aromatic amine from fungus *Pestalotiopsis vaccinii*. Phytochemistry Letters，7：35-37.

第三十三章 药用植物内生真菌抗菌活性代谢产物

一、引 言

细菌，一种古老的微生物物种，与人类存在着千丝万缕的联系。对环境、动植物和人类既有利又有害：一方面，一些细菌本身或其代谢产物成为致病源，诱发鼠疫、霍乱、猩红热、伤寒及肺炎等，给人类和社会带来沉重的冲击；另一方面，有些细菌在人类和自然界面前又称得上是“益生菌”。在开发“益生菌”的同时，人们也着重寻找和优化能够更好的防治细菌性疾病的药物。从第一个抗菌药物——青霉素问世以来，医药工作者们孜孜不倦的研发抗菌药物，β-内酰胺类、氨基糖苷类、大环内酯类、糖肽类及合成类抗菌药物陆续上市，它们在防治各类细菌感染等方面起着重要作用，但也面临着一些亟待解决的课题。首先，人类在长期大量使用抗生素时，细菌也在进行着进化，其直观体现就是对现有的药物产生耐药性，这已经是摆在医护工作者们面前的一道难题。其次，过去的一些非致病菌如今也变成了条件致病菌，这类疾病用何药物防治有待解决。本着“开源节流”的原则，药学人员通过合成、天然产物分离等方法不断地寻找获得具有抗菌活性的苗头化合物或先导化合物。此外，规范抗生素的合理使用和开发其新用途也不失为解决燃眉之急的方法。升级和创造抗生素体外药代动力学/药效学模型、深化对致病菌和条件性致病菌生理病理机制研究、寻找新型抗菌作用靶点、深化对耐药菌和一些超级细菌耐药机制研究及相关疾病流行病学的统计研究与应用等也应相辅相成。

本章以寻找抗菌活性产物为出发点,综述近年来从植物内生真菌中分离获得的抗菌活性物质，以产物所属类别为提纲，分类进行综述。

二、抗菌活性菌株及其宿主植物

在自然界尚未发现无内生真菌的药用植物。内生真菌不但资源丰富，而且有些抗菌活性很强，值得进一步开发和利用。不论是内生真菌分类，还是来源植物类别，或是天然产物结构，都具有多样性。本章对目前研究较多的药用植物、从这些药用植物中分离的内生真菌及其次级产物进行了汇总，以表格的形式直观列出，如表 33-1 所示。

表 33-1　药用植物内生真菌产生的抗菌活性物质

药用植物	活性菌株	抗菌活性物质	参考文献
玉米(*Zea mays* L.)	*Acremonium zeae* (NRRL 13540)(枝顶孢属)	Pyrrocidine A	Wicklow et al., 2005
红豆杉(*Taxus baccata*)	*Acremonium* sp.(枝顶孢属)	Leucinostatin A	Strobel et al., 1997
短叶红豆杉(*Taxus brevifolia* Nutt.)	*Botrytis* sp.(葡萄孢属)	Ramulosin、6-Hydroxyramulosin、8-Dihydroramulosin	Stierle et al., 1998
紫杉(*Taxus cuspidata* Siebold & Zucc.)	*Periconia* sp. OBW-15(黑葱花霉属)	Periconicins A、Periconicins B	Kim et al., 2004
—	*Alternaria* sp.(链格孢属)	Altersetin	Hellwig et al., 2002
绿藻(*Ulva* sp.)	*Ascochyta salicorniae*(壳二孢属)	Ascosalipyrrolidinone A	Osterhage et al., 2000
褐藻(*Sargassum* sp.)	Unientified fungus(No. ZZF36)	Lasiodiplodin、De-*O*-methyllasiodiplodin	Yang et al., 2006
Marine algal	*Aspergillus niger* EN-13	5,7-Dihydroxy-2-1-(4-methoxy-6-oxo-6H-pyran-2-yl)-2-phenylethylamino]-[1,4]na-pht- hoquinone	Zhang et al., 2007
中国狗牙根[*Cynodon dactylon*(L.) Pers.]	*Asperillus fumigatus* CY018(曲霉属)	Fumigaclavine C、Fumitremorgin C、Asper fumoid、Physcion、Helvolic acid	Liu et al., 2004
	黑曲霉 *Asperillus niger* IFB-E003(曲霉属)	Fonsecinone A	Song et al., 2004
	Aspergillus sp. (Strain #CY725)(曲霉属)	Monomethylsulochrin、Helvolic acid、3β-Hydroxy-5α, 8α-epidioxy-ergosta-6, 22-diene、麦角甾醇	Li et al., 2005
	Rhizoctonia sp. Cy064(丝核菌属)	Rhizoctonic acid、Monomethylsulochrin、Ergosterol	Ma et al., 2004
麻栎(*Quercus acutissima* Carr.)	*Aspergillus* sp. Q(8)-9-2(曲霉属)	Fonsecinone A、Rubrofusarin B	李蓉, 2007
黄花蒿(*Artemisia annua*)	*Colletotrichum* sp.(刺盘孢属)	6-Isoprenylindole-3-carboxylic acid、3β, 5α-Dihydroxy-6β-acetoxy-ergosta-7, 22-dine、3β, 5α-Dihydroxy-6β-phenyl-acety-loxy-ergosta-7, 22-diene、3β-Hydr-oxy- ergosta-5-ene、3-Oxo-ergosta-4, 6, 8(14), 22-tetraene、3β-Hydroxy-5α, 8α-epidioxy-ergosta-6, 22- diene	Lu et al., 2000
蒙古蒿(*Artemisia mongolica*)	胶孢刺盘孢 *Colletotrichum gloeosporioides*(刺盘孢属)	Colletotric acid	Zou et al., 2000
野茼蒿(*Crassocephalum crepidioides*)	*Geotrichum* sp.(地丝菌属)	7-Butyl-6,8-dihydroxy-3(*R*)-pent-11-enyl-iso chroman-1-one、7-But-15-enyl-6, 8-dihy-droxy-3(*R*)-pent-11-enylisochro-man-1-one, 7-Butyl-6, 8-dihydroxy-3(*R*)-penty-lis- ochroman-1-one	Kongsaeree et al., 2003
雷公藤(*Tripterygium wilfordii*)	*Cryptosporiopsis* cf. *quercina*	Cryptocin、Cryptocandin	Li et al., 2000; Strobel et al., 1999
欧洲赤松(*Pinus sylvestris*) 欧洲山毛榉(*Fagus sylvatica*)	*Cryptosporiopsis* sp.、*Pezicula* sp.	Echinocandins(A、B、D、H)	Nobel et al., 1991

续表

药用植物	活性菌株	抗菌活性物质	参考文献
Ocotea corymbosa	*Curvularia* sp.（弯孢霉属）	(2′*S*)-2-(propan-2′-ol)-5-hydroxy-benzopyran-4-one、2-methyl-5-methoxybenzopyran-4-one	Tales et al.，2005
肉桂（*Cinnamomum zeylanicum* Schaelter.）	*Muscodor albu*	挥发性物质	Ezra et al.，2004；Ezra and Strobel，2003；Strobel，2006；Strobel et al.，2001
Conocarpus erecta L.（聚合果属）	*Cytospora* sp.CR 200（壳囊孢属）	Cytosporones D、Cytosporones E	Brady et al.，2000
Forsteronia spicata G. Meyer	*Diaporthe* sp. CR 146（间座菌属）		
	Fusidium sp. CR 377（梭链孢属）	CR377（70）	Brady et al.，2000
栓皮栎（*Quercus variabilis* L.）	*Fusidium* sp. IFB-121（梭链孢属）	Cerebroside、Fusaruside	Shu et al.，2004
苦皮藤（*Celastrus angulatu*）	*Fusarium proliferatum*（镰孢属）	Enniatin B、Enniatin B1、Enniatin A1	姬志勤等，2005
Eucryphia cordifolia	*Gliocladium* sp.（胶帚霉属）	环辛烯等（Annulene）	Stinson et al.，2003
欧洲杜松（*Juniperus communis* L.）	*Hormonema* sp. ATCC 74360	Enfumafungin	Pelaez et al.，2002
圆叶黄杨（*Buxus sempervirens* L.）	*Microsphaeropsis* sp. Strain NRRL 15684	Lactone S 39163/F-I	Hans et al.，1988
热带雨林植物	*Psetalotiopsis* spp.、*Monochaetia* sp.（盘单毛孢属）	Ambuic acid（68）	Li et al.，2001
颠茄（*Atropa belladonna* L.）	*Mycelia sterilia*（无孢菌群）	Preussomerins G～L	Krohn et al.，2001；Singh et al.，1994
苹果（*Malus x domestica* Borkch）	*Nectria galligena*（丛赤壳属）	Ilicicolin C、Ilicicolin F、α、β-Dehydrocurvularin	Gutiérrez et al.，2005
Prumnopitys andina	*Penicillium janczewskii* K. M. Zalessky（青霉属）	Mellein	Schmeda-Hirschmann et al.，2005
Xylopia aromatica	*Periconia atropurpurea*（黑葱花霉属）	2，4-Dihydroxy-6-[(1′*E*，3′*E*)-penta-1′，3′dienyl]-benzaldehyde、Periconicin B	Tales et al.，2006
Fragraea bodenii Thunb.	*Pestalotiopsis jesteri*（拟盘多毛孢属）	Jesterone	Li and Strobel，2001
Terminalia morabensis L.	*Pestalotiopsis microspora*（拟盘多毛孢属）	Pestacin、Isopestacin	Harper et al.，2003；Strobel et al.，2002
Hypoxylon stromata	*Phoma* sp.（NRRL 25697）（茎点霉属）	Phomadecalins A～D	Che et al.，2002
—	*Phomopsis* sp.（拟茎点霉属）	Phomopsichalasin	Horn et al.，1995
鸡冠刺桐（*Erythrina crista-galli* L.）	*Phomopsis* sp.（拟茎点霉属）	Phomol	Weber et al.，2004
柚木（*Tectona grandis* L.）	*Phomopsis* sp. BCC 1323（拟茎点霉属）	Phomoxanthones A、Phomoxanthones B	Isak et al.，2001
美丽决明（*Cassia spectabilis*）	*Phomopsis cassiae*（拟茎点霉属）	3，9-Dihydroxycadalene、3，11，12-Trihydroxycadalene	Silva et al.，2006
Dicerandra frutescens（Labiatae）	*Phomopsis longicolla*（拟茎点霉属）	Dicerandrols A、Dicerandrols B、Dicerandrols C	Wagenaar and Clardy，2001
桐花树（*Parmentiera cerifera* Seem）	内生真菌 HTF3	Cytosporone B	徐庆妍等，2005

续表

药用植物	活性菌株	抗菌活性物质	参考文献
Daphnopsis americana(Miller) J. S. Johnson	unidentified fungus CR 115	Guanacastepene A、Guana- castepene I	Brady et al., 2000; 2001; Singh et al., 2000
Prumnopitys andina(Endl.) Laubenf.	unidentified fungus E-3	Mellein	Schmeda-Hirschmann et al., 2005
—	—	Khafrefungin	Mandala et al., 1997
牛樟(*Cinnamomum kanehirae*)	*Fusarium oxysporum*(尖孢镰孢菌)	(−)-4, 6′-Anhydrooxysporidinone、Beauvercin	Wang et al., 2011
Cistus salvifolius	*Phomopsis* sp.(拟茎点菌属)	Pyrenocines J～M	Hussain et al., 2012
	Strain E99297	5-(1, 3-Butadien-1-yl)-3-(pro- pen-1-yl)-2(5H)-furanone	Weber et al., 2007
	Strain E99291	Ascosterosides A、Ascoster- osides B	Weber et al., 2007
掌叶大黄[*Rheum palmatum* L.(Chi-nese rhubarb)]	*Fusarium solani*(腐皮镰孢)	Rhein	You et al., 2013
元宝槭(*Acer truncatum* Bunge)	*Exserohilum* sp.(突脐蠕孢属)	Exserolide C、Exserolide F、(12*R*)-12-Hydroxymonocerin	Li et al., 2014
秋茄树[*Kandelia candel*(L.) Dru-ce]	*Phomopsis* sp. A123(拟茎点菌属)	Diaporthelacton、7-Hydroxy-4, 6-dimethy-3H-isobenzofuran-1-one	Zhang et al., 2014
Laurencia sp.	*Penicillium chrysogenum* QEN-24S(产黄青霉)	Penicisteroids A、Anicequol	Gao et al., 2011
Sargassum thunbergii	*Eurotium cristatum* EN-220(冠突散囊菌)	Cristatumin A、Tardioxopi- perazine A	Du et al., 2012
—	*Arthrinium arundis*(节菱孢属)	Arundifungin	Weber et al., 2007
Excoecaria agallocha	*Phomopsis* sp. ZSU-H76(拟茎点菌属)	Cytosporones A、Cytospo- rones B	Huang et al., 2008
Urospermum picroides	*Ampelomyces* sp.(白粉寄生菌属)	3-*O*-methylalaternin、Altersola- nol A	Aly et al., 2008
藤黄果(*Garcinia dulcis*)	*Xylaria* sp. PSU-D14(炭角菌属)	Sordaricin	Pongcharoen et al., 2008
毛瓣山姜(*Alpinia malaccensis*)	*Phomopsis* sp. CMU-LMA(拟茎点菌属)	Sch-642305、Benquoine	Adelin et al., 2011
花椒鹧鸪菜(*Zanthoxylum leprieurii*)	*Cryptosporiopsis* sp.	Cryptosporiopsin A、Hydroxy- propan-20, 30-diol orsellinate、Cyclo-(Ile-Leu- Leu-Leu- Leu)、Cyclo-(L-Phe-L-Leu- L-Leu-L-Leu-L- Leu)、(−)-Phyllostine	Talontsi et al., 2012
Viburnum tinus	*Cryptosporiopsis* sp.	Cryptosporioptide	Saleem et al., 2013

续表

药用植物	活性菌株	抗菌活性物质	参考文献
印楝（*Azadirachta indica*）	*Xylaria* sp. YM 311647（炭角菌属）	（1*S*，4*S*，5*R*，7*R*，10*R*，11*R*）-Guaiane-5，10，11，12-tetraol、（1*S*，4*S*，5*S*，7*R*，10*R*，11*S*）-Guaiane-1，10，11，12-tetraol、（1*S*，4*S*，5*R*，7*R*，10*R*，11*S*）-Guaiane-5，10，11，12-tetrao、（1*S*，4*S*，5*S*，7*R*，10*R*，11*R*）-Guaiane-1，10，11，12-tetraol、（1*R*，3*S*，4*R*，5*S*，7*R*，10*R*，11*S*）-Guaiane-3，10，11，12-tetraol、（1*R*，3*R*，4*R*，5*S*，7*R*，10*R*，11*R*）-Guaiane-3，10，11，12-tetraol、（1*R*，4*S*，5*S*，7*S*，9*R*，10*S*，11*R*）-Guaiane-9，10，11，12-tetraol、（1*R*，4*S*，5*S*，7*R*，10*R*，11*S*）-Guaiane-10，11，12-triol、（1*R*，4*S*，5*S*，7*R*，10*R*，11*R*）-Guaiane-10，11，12-triol、14α，16-Epoxy-18-norisopimar-7-en-4α-ol、16-*O*-Sulfo-18-noriso-pimar-7-en-4α，16-diol、9-Deoxy- hymatoxin A	Wu et al.，2014
	Chloridium sp.	Javanicin	Kharwar et al.，2009
山竹（*Garcinia mangostana*）	*Botryosphaeria rhodina* PSU-M35 和 PSU-M114（葡萄座腔菌属）	（3*S*）-Lasiodiplodin	Rukachaisirikul et al.，2009
竹叶（*Phyllostachys nigra*）	*Fusarium* sp. BCC14842（镰孢属）	Javanicin、3-*O*-methylfusarubin	Kornsakulkarn et al.，2011
Garcinia hombroniana	*Microsphaeropsis arundinis* PSU-G18（暗色丝孢霉病）	1-（2，5-dihydroxyphenyl）-2-buten- 1-one	Sommart et al.，2012
—	*Cordyceps dipterigena*（双翅目虫草）	Cordycepsidones A、Cordycepsidones B	Varughese et al.，2012
刺蒺藜（*Tribulus terrestris*）	*Aspergillus fumigatiaffinis*（曲霉菌属）	Neosartorin	Ola et al.，2014
山笋（*Hyptis dilatata*）	*Pestalotiopsis mangiferae*（芒果拟盘多毛孢）	Mangiferaelactone	Ortega et al.，2014
番荔枝（*Annona squamosa*）	*Diaporthe melonis*（腐皮壳属）	Flavomannin-6，60-di-*O*-methyl ether	Ola et al.，2014
红树（*Rhizophora apiculata* Blume）	*Acremonium strictum*（枝顶孢）	Cytosporone E、Australifunginol derivative NBRI17671	Hammerschmidt et al.，2014
温郁金（*Curcuma wenyujin*）	*Chaetomium globosum* L18（球毛壳菌）	Chaetoglobosin X	Wang et al.，2012
—	*Pestalotiopsis fici*（拟盘多毛孢属）	Pestalofone C、Pestalofone E	Liu et al.，2009
沉香（*Aquilaria sinensis*）	HP-1	3α，3β，10β-Trimethyl-decahydr- oazuleno[6，7]furan-8，9，14-triol、4-Hydroxyphenylacetic acid	Zou et al.，2014

续表

药用植物	活性菌株	抗菌活性物质	参考文献
Lagerstroemia loudoni	*Nodulisporium* spp. CMU-UPE-34（多节孢属）	挥发性物质	Suwannarach et al.，2013
银杏（*Ginkgo biloba* L.）	*Chaetomium globosum*（球毛壳菌）	Gliotoxin	Li et al.，2011
	Xylaria sp.YX-28（炭角菌属）	7-Amino-4-methylcoumarin	Liu et al.，2008
地黄（*Rehmannia glutinosa*）	*Massrison* sp.	Massarigenin D、Spiromassarit- one、Paecilospirone	Sun et al.，2011
胡椒（*Piper nigrum* L.）	*Colletotrichum gloeosporioides*（荔枝炭疽病菌）	Piperine	Chithra et al.，2014
—	*Pestalotiopsis adusta*（拟盘多毛孢属）	Pestalachlorides A、Pestalachlo- rides B	Li et al.，2008
姜黄（*Curcuma longa*	*Pencillium* sp.（青霉亚属）	纳米银	Singh et al.，2013
Prestonia trifidi)	*Muscodor sutura*	挥发性物质	Kudalkar et al.，2012
树胡椒（*Piper aduncum*）	*Xylaria* sp.（炭角菌属）	Phomenone	Silva et al.，2010
树胡椒（*Piper aduncum*）、*Alibertia macrophylla*	*Xylaria* sp.（炭角菌属）、*Penicillium* sp.（青霉亚属）	(3*R*，4*R*)-3，4-dihydro-4，6-dihydroxy-3-methyl-1-oxo-1H-isochromene-5-carboxylic acid、(*R*)-7-hydroxymellein、(3*R*，4*R*)-4，7-dihydroxymellein	Oliveira et al.，2011
—	*Nigrospora sphaerica*	Ergosta-7，9(14)，22-triene-3β-ol	Metwaly et al.，2014
裙带菜（*Undaria pinnatifida*）	*Guignardia* sp.（球座菌属）	Ergosterol peroxide (3β-hydroxy-5α，8α- epi-dioxy-ergosta-6，22-diene)、Ergosterol、Cyclo-（Tyr-Leu）、Cyclo-（Leu-Ile）	Wang，2012
蒲公英（*Taraxacum mongolicum*）	*Phoma* sp.（茎点霉属）	2-Hydroxy-6-methylbenzoic acid	Zhang et al.，2013
苦参（*Sophora flavescens*）	*Aspergillu terreus* BS001（曲霉属）	6，7-(2′*E*)-5，8-dihydroxy-(*Z*)- cyclooct-2-ene-1，4-dione	He et al.，2013
Saurauia scaberrinae	*Phoma* sp.（茎点霉属）	Usnic acid、Cercosporamide、Pho- modione	Hoffman et al.，2008
Meliotus dentatus	Strain 6650	4-Hydroxyphthalide、5-Methoxy-7-hydroxyphthalide、(3*R*，4*R*)-*cis*-4-hydroxymellein	Hussain et al.，2009
坡垒（*Hopea hainanensis*）	*Guignardia* sp. IFB-E028（球座菌属）	Monomethylsulochrin、Rhizocto- nic acid、Guignasulfide	Wang et al.，2010
—	*Microsphaeropsis* sp.（小球壳孢属）、*Seimatosporium* sp.	Microsphaeropsone A、Microsphaeropsone C、Citreoro- sein、Fusidienol A、8-Hydroxy- 6-methyl-9-oxo-9H-xanthene-1-carboxylic acid methyl ester、3，4-Dihydroglobosuxanthone A	Krohn et al.，2009
杜仲（*Eucommia ulmoides* Oliver）	*Sordariomycete* sp.	Chlorogenic acid	Chen et al.，2010
三七（*Panax notoginseng*）	*Trichoderma ovalisporum*（木霉属）	Koninginin A、Shikimic acid	Dang et al.，2010

续表

药用植物	活性菌株	抗菌活性物质	参考文献
滇重楼（*Paris polyphylla* var. *Yunnanensis*）	*Pichia guilliermondii*（季氏毕赤氏酵母）	Ergosta-5, 7, 22-trienol, 5α, 8α-Epidioxyergosta-6, 22-dien-3β-ol、Ergosta-7, 22-dien-3β, 5α, 6β-triol（3）、Helvolic acid	Zhao et al., 2010
贯叶连翘［*Hypericum perforatum*（St. John's Wort）］	INFU/Hp/KF/34B	Hypericin、Emodin	Kusari et al., 2008
杯萼海桑（*Sonneratia alba*）	*Alternaria* sp.（链格孢属）	Xanalteric acid I、Xanalteric acid II、Altenusin	Kjer et al., 2009
白木香［*Aquilaria sinensis*（Lour.）Gilg］	*Preussia* sp.（光黑壳属）	Spiropreussione A	Chen et al., 2009

注："–"表示文献中未注明宿主植物

三、活性提取部位

活性菌株提取部位有所不同，在进行植物化学研究过程中，根据"相似相溶"原理，用不同极性的溶剂对菌丝体或发酵产物进行提取，继而进行后续过程。大部分植物内生真菌研究还处于筛选阶段，无论是活性部位还是分离纯化得到的单体，都有待深入研究。研究表明，菌丝体或发酵液的乙酸乙酯萃取或提取部位发现抗菌活性物质的概率较大，但也不能因此而忽略对大极性部位的研究，如肽类化合物 cryptocandin 就是从发酵液的等体积 95%乙醇提取物中分离获得的（Strobel et al., 1999）。

四、抗菌活性物质及其结构

药用植物内生真菌抗菌活性物质结构新颖、类型多样，为新型抗菌药物的研究与开发提供了丰富的资源。其结构类型主要有萜类、生物碱类、甾体类、肽类、醌类、酚类等，本部分以化合物结构为线索，对抗菌活性物质作一些介绍。

（一）萜类

萜类化合物是抗菌活性物质中重要的一部分。从药用植物内生真菌中分离得到的萜类主要有倍半萜、二萜和三萜等。phomadecalin A～D 属于艾里莫芬烷倍半萜类化合物（Che et al., 2002），而 3, 12-dihydroxycadalene 和 3, 11, 12-trihydroxycadalene 属于杜松烷倍半萜类化合物（Silva et al., 2006）。二萜类化合物 periconicin A、periconicin B、guanacastepene A、guanacastepene I 骨架结构较为少见（Brady et al., 2001；2000b；Kim et al., 2004）。化合物 enfumafungin 是一种三萜糖苷（Pelaez et al., 2002），具有较好的水溶性。部分药用植物内生真菌产生的部分萜类抗菌活性化合物的化学结构见图 33-1。

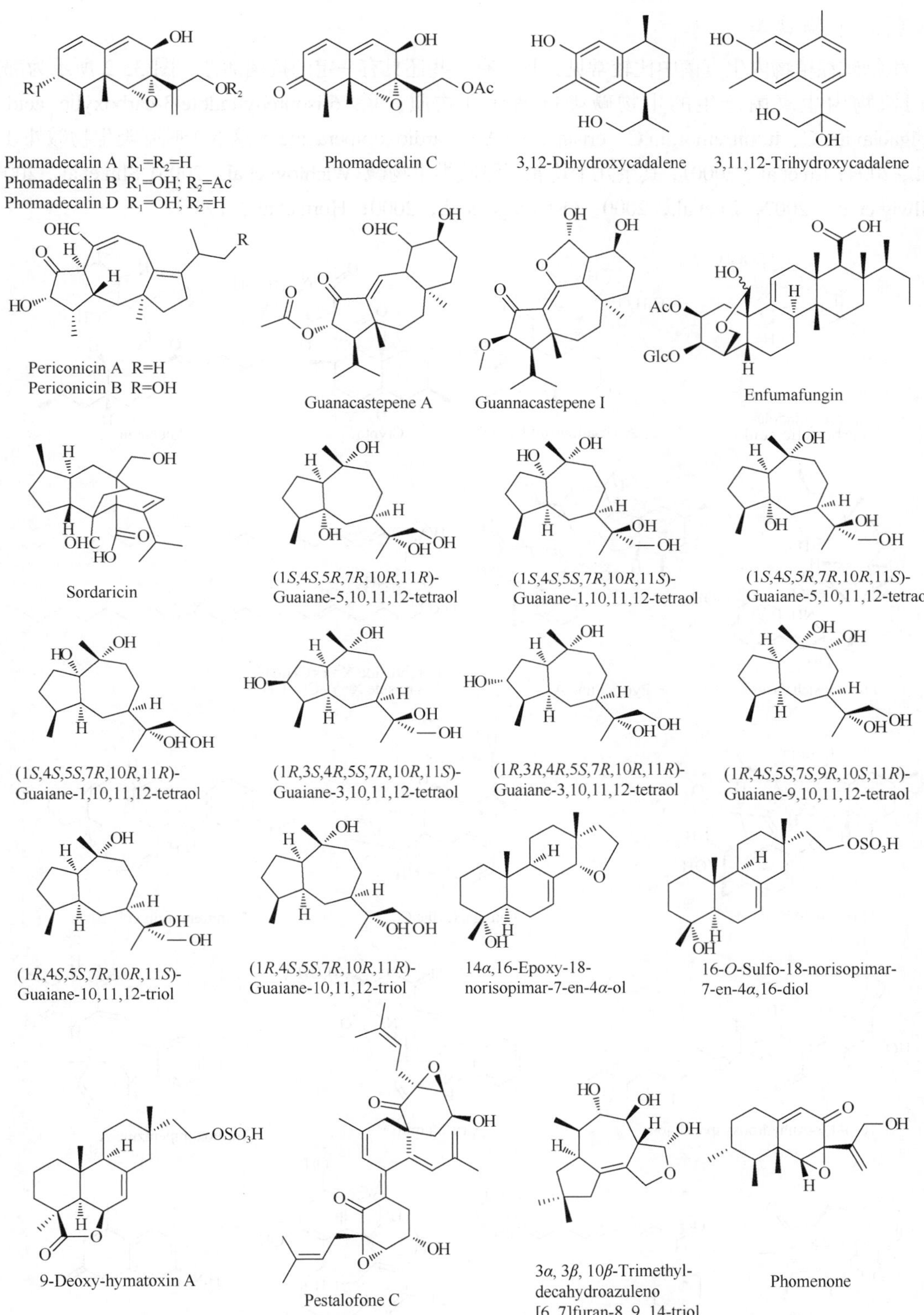

图 33-1　药用植物内生真菌产生的部分萜类抗菌活性物质结构式

（二）生物碱类

生物碱在植物内生真菌中比较常见，其中有一些还具有一定的抗菌活性。图 33-2 所示为部分药用植物内生真菌产生的生物碱类抗菌活性物质。除 6-isoprenylindole-3-carboxylic acid、fumigaclavine C、fumitremorgin C、cristatumin A 和 tardioxopiperazine A 这 5 个吲哚类生物碱外（Liu et al.，2004；Lu et al.，2000），其余几个均属于酰胺类生物碱（Wichlow et al.，2005；Shu et al.，2004；Hellwig et al.，2002；Li et al.，2000；Osterhage et al.，2000；Horn et al.，1995）。

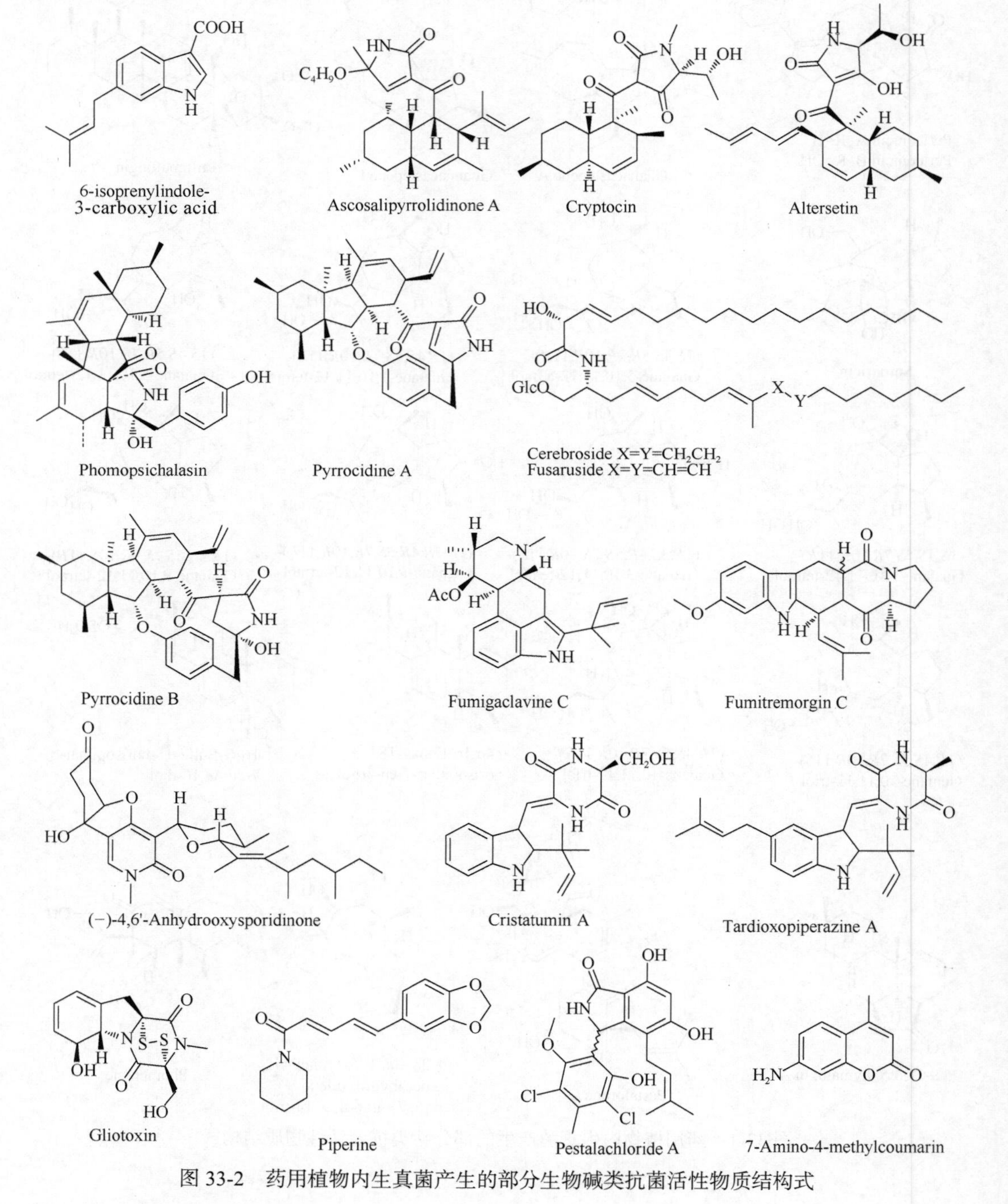

6-isoprenylindole-3-carboxylic acid　Ascosalipyrrolidinone A　Cryptocin　Altersetin

Phomopsichalasin　Pyrrocidine A　Cerebroside X=Y=CH_2CH_2 Fusaruside X=Y=CH=CH

Pyrrocidine B　Fumigaclavine C　Fumitremorgin C

(−)-4,6'-Anhydrooxysporidinone　Cristatumin A　Tardioxopiperazine A

Gliotoxin　Piperine　Pestalachloride A　7-Amino-4-methylcoumarin

图 33-2　药用植物内生真菌产生的部分生物碱类抗菌活性物质结构式

（三）甾体类

麦角甾醇最初是从麦角中得到的，是真菌细胞膜的重要结构组成成分，所以在真菌中也经常能分离得到。在对药用植物内生真菌抗菌活性物质研究的过程中，研究者除分离得到了麦角甾醇外，还分离纯化得到了一些麦角甾醇类的衍生物（Lu et al., 2000；Liu et al., 2004；Li et al., 2005）。研究表明这些甾醇类化合物和麦角甾醇一样具有一定的抗菌活性。图 33-3 为药用植物内生真菌产生的部分甾体类抗菌活性物质的化学结构式。

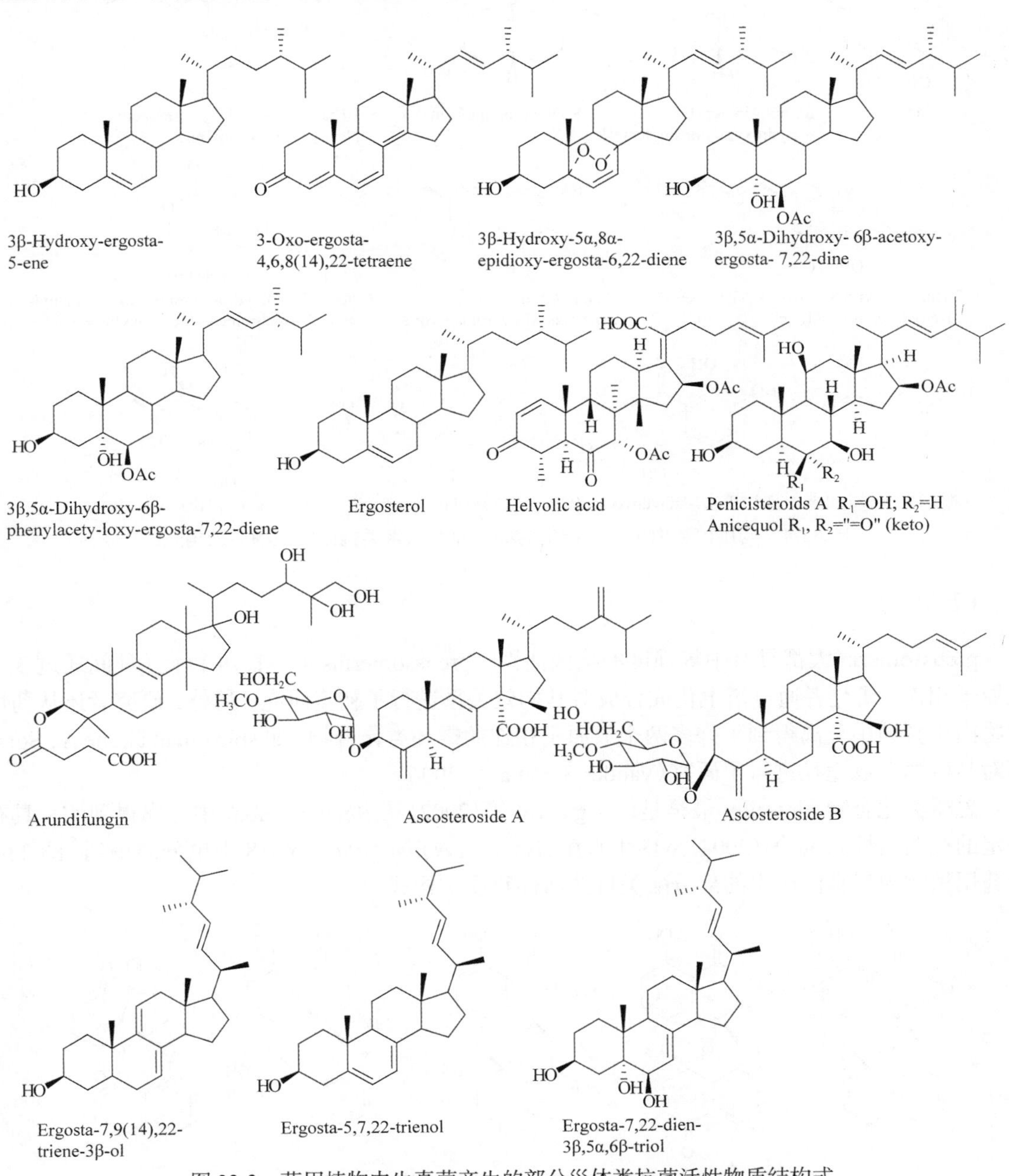

图 33-3　药用植物内生真菌产生的部分甾体类抗菌活性物质结构式

（四）异香豆素类

Mellein 在许多药用植物内生真菌中都有发现，它具有弱的抗菌活性。Mellein 的衍生物，如 methymellein、6-hydroxymellein、5-chloro-6-hydroxymellein、5-chloro-4，6-dihydroxy mellein 及 5，6-dihydroxymellein 等也只具有弱的抗菌活性图。图 33-4 为药用植物内生真菌产生的部分异香豆素类抗菌活性物质结构式。

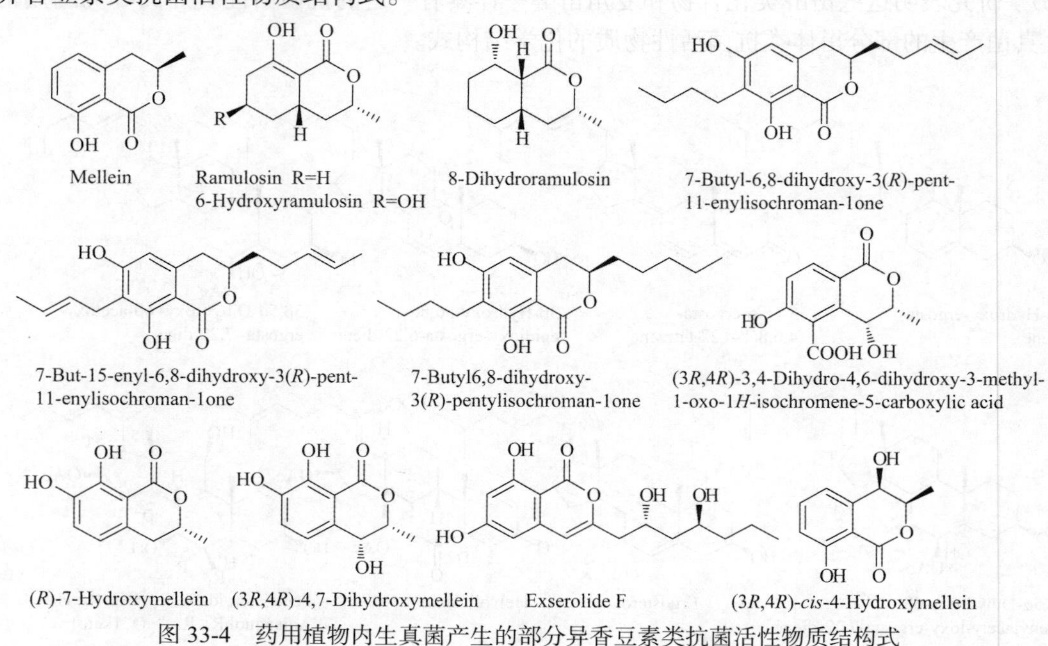

图 33-4　药用植物内生真菌产生的部分异香豆素类抗菌活性物质结构式

（五）醌类

preussomerin 大都具有中等强度的抗菌活性，preussomerins G～L 两个十元环间通过 3 个氧原子相连，研究者通过衍生化或合成对其构效关系进行了初步研究。另外，研究者还从药用植物内生真菌中分离得到了许多两个氧原子相连的螺环类化合物，如 spiro-mamakone A，Sonia 等对其生物合成途径进行了研究（Vander Sar et al.，2006）。

蒽醌类化合物 physcion 最早是由 Agarwal 等（2002）从 *Rheum emodi* 中分离得到的，具有一定的抗菌活性，Liu 等（2004）从内生真菌 *Aspergillus fumigatus* CY018 中也分离得到。图 33-5 为药用植物内生真菌产生的部分醌类抗菌活性物质结构式。

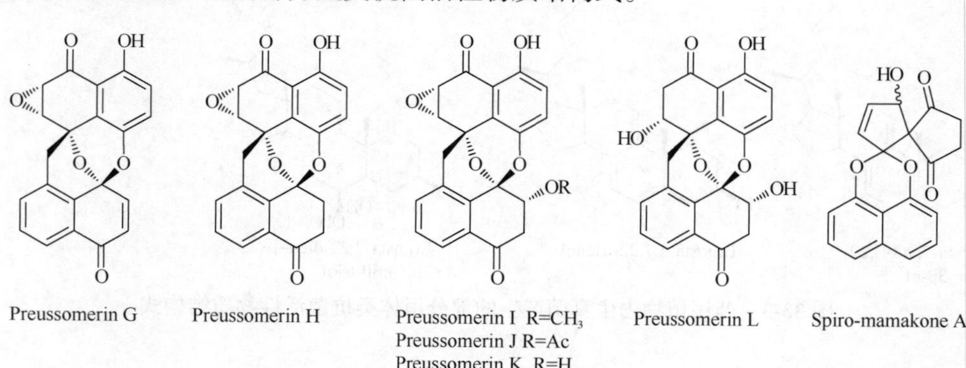

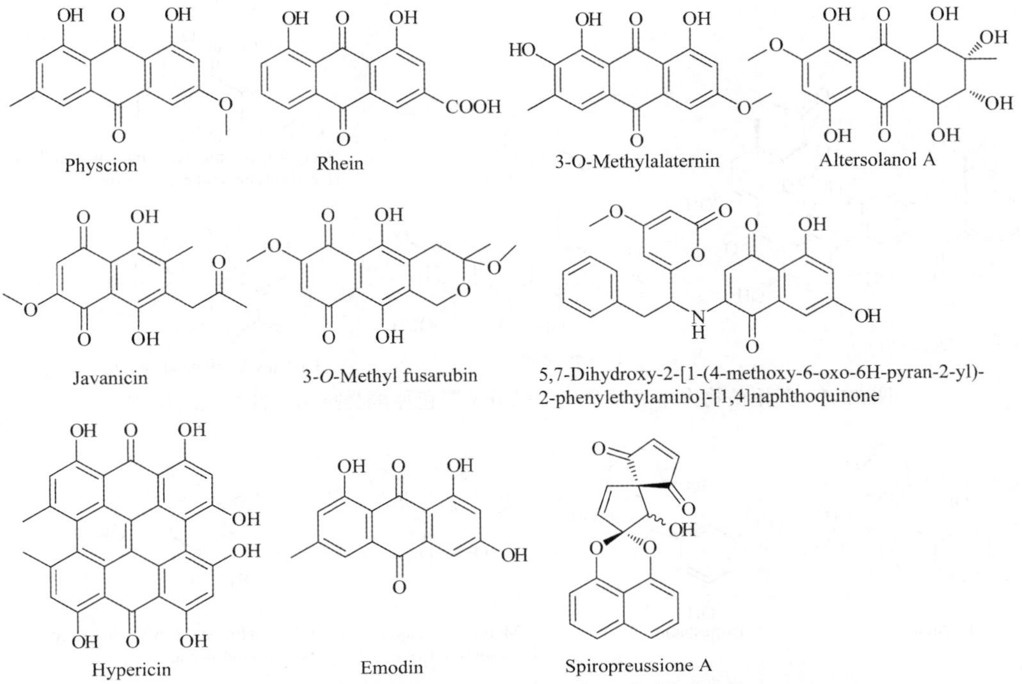

图 33-5　药用植物内生真菌产生的部分醌类抗菌活性物质结构式

(六)苯骈色原酮类

dicerandrol A～C(Wagenaar and Clardy，2001)和 phomoxanthone A～B(Isaka et al.，2001)均为苯骈色原酮类酮二聚体，结构相似，但其聚合位置存在一定差异。这些化合物都具有很强的抗菌活性，dicerandrol A～C 抗枯草芽孢杆菌的活性与制霉素相当，抗金黄色葡萄球菌的活性与新霉素(neomycin)相当，phomoxanthone A 抗结核分枝杆菌的活性强于硫酸卡那霉素(kanamycin sulfate)。图 33-6 为药用植物内生真菌产生的部分苯骈色原酮类抗菌活性物质结构式。

(七)苯并呋喃(酮)及苯并吡喃(酮)类

在药用植物内生真菌中也发现了一些苯并呋喃(酮)及苯并吡喃(酮)类的化合物,苯环上往往连有若干羟基。图 33-7 为药用植物内生真菌产生的部分苯并呋喃(酮)及苯并吡喃(酮)类抗菌活性物质结构式。

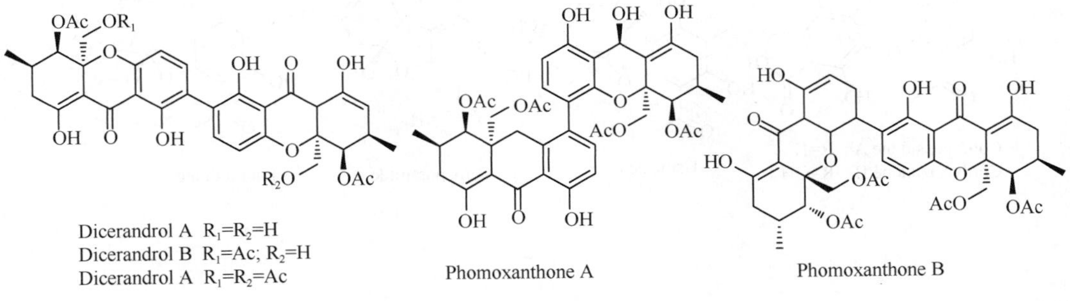

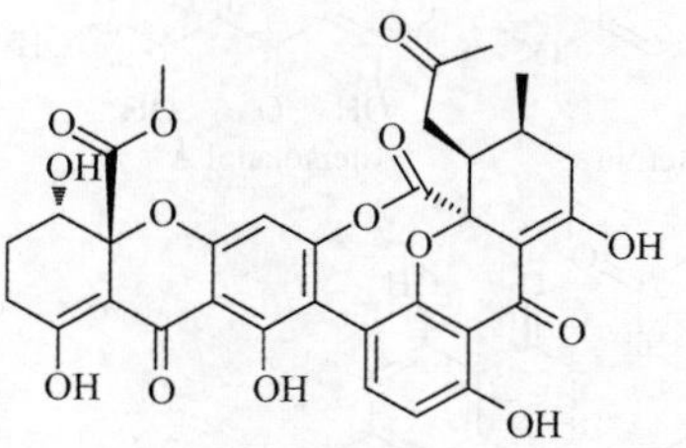

Neosartorin

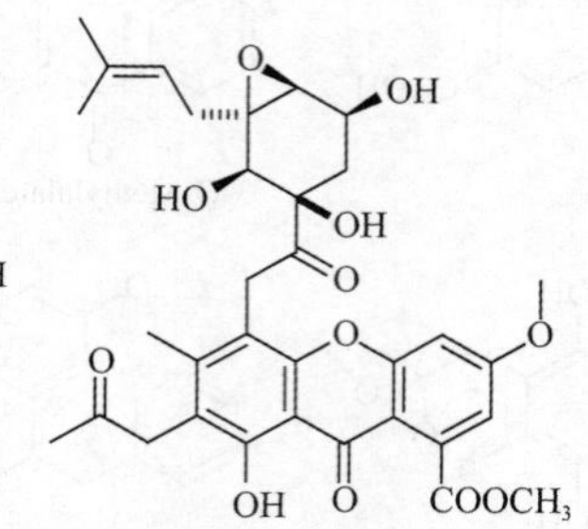

Pestalofone E

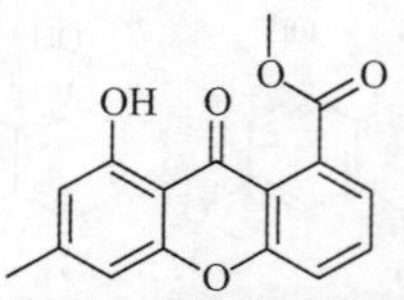

8-Hydroxy-6-methyl-9-oxo-9H-xanthene-1-carboxylic acid methyl ester

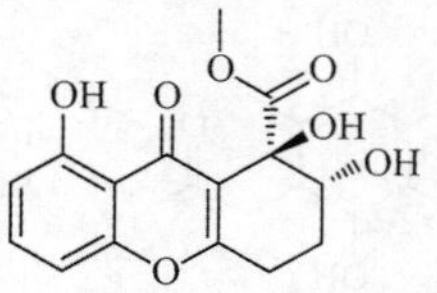

3,4-Dihydroglobosuxanthone A

图 33-6 药用植物内生真菌产生的部分苯骈色原酮类抗菌活性物质结构式

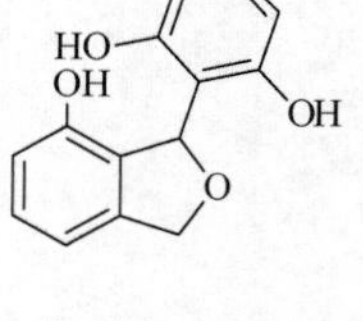

Pestacin

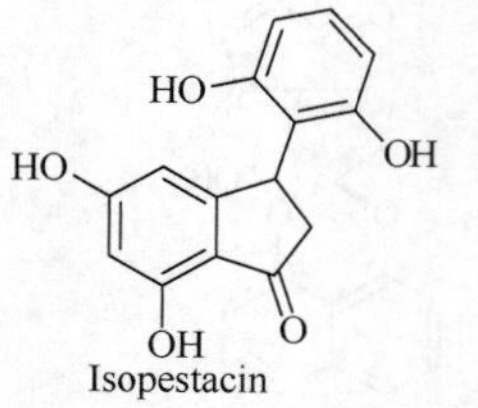

Isopestacin

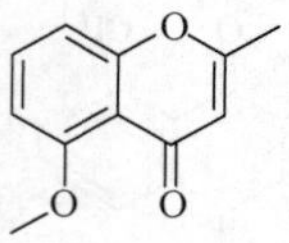

2-Methyl-5-methoxy-benzopyran-4-one

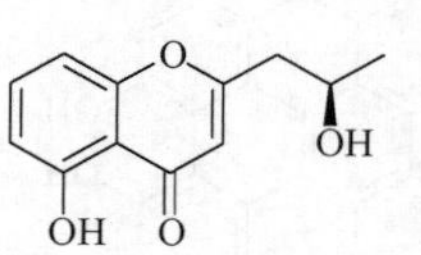

(2'*S*)-2-(Propan-2'-ol)-5-hydroxy-benzopyran-4-one

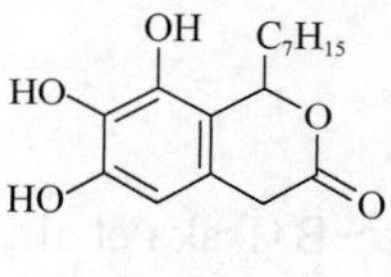

Cytosporone D

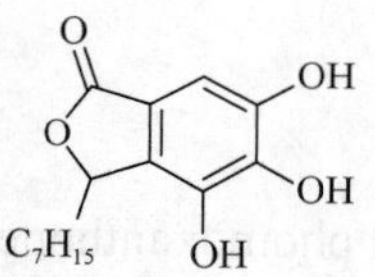

Cytosporone E

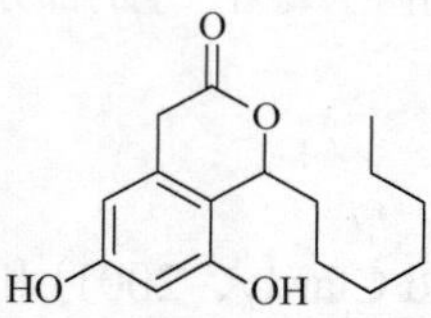

Cytosporone B

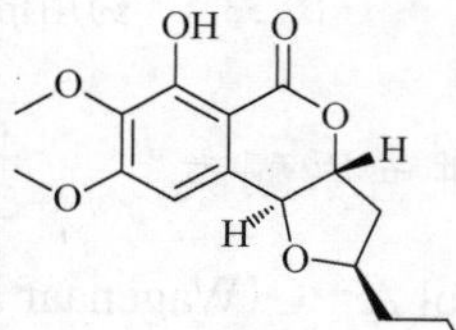

Exserolide C

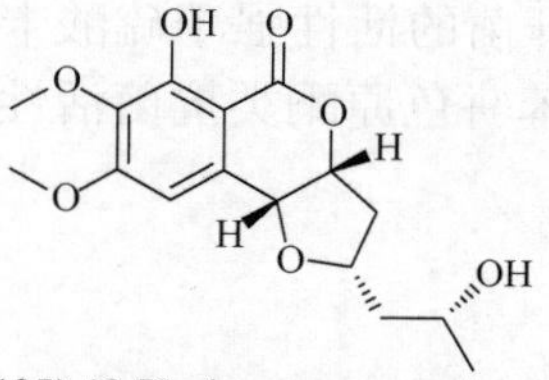

(12*R*)-12-Hydroxymonocerin

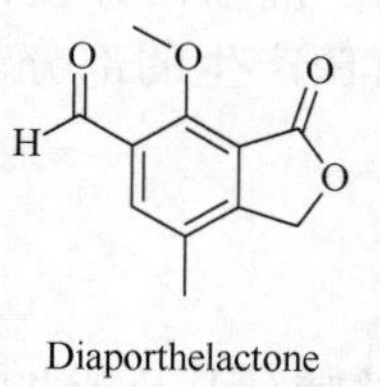

Diaporthelactone

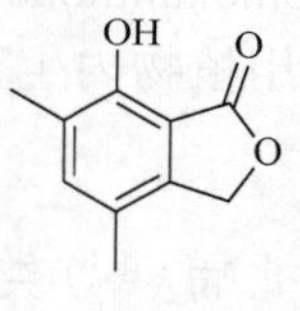

7-Hydroxy-4,6-dimethy-3H-isobenzofuran-1-one

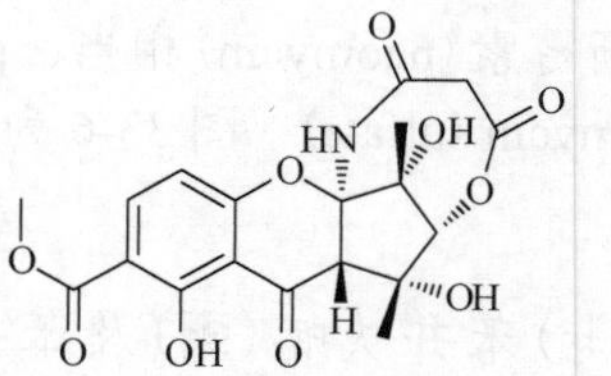

Cryptosporioptide

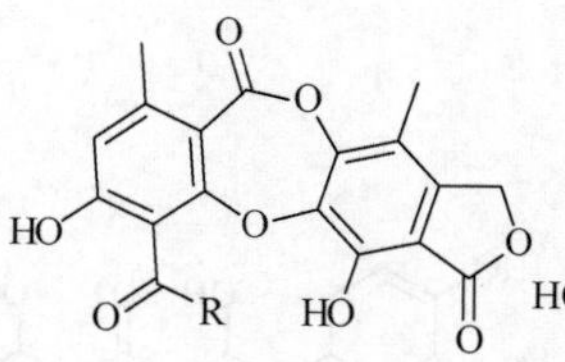

Cordycepsidone A R=H
Cordycepsidone B R=OH

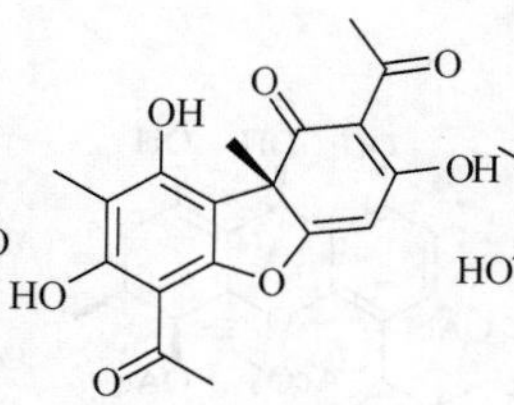

Usnic acid

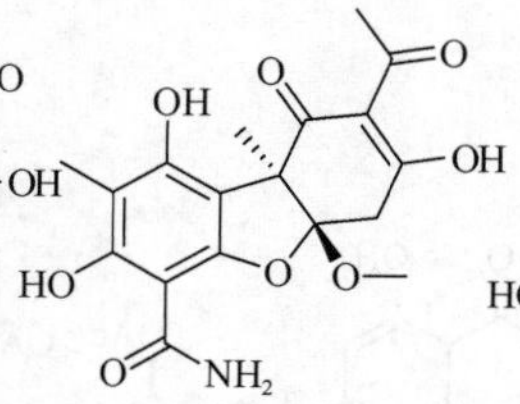

Cerosporamide

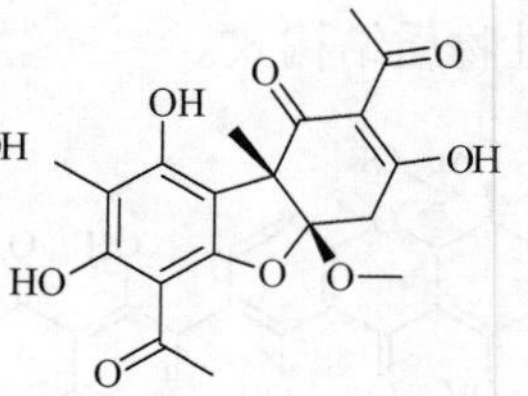

Phomodione

4-Hydroxyphthalide　R_1=R_2=H; R_3=OH
5-Methoxy-7-hydroxyphthalide
R_1=OH; R_2=OCH_3; R_3=H

Microsphaeropsone A　Microsphaeropsone C　Citreorosein

Fusidienol A

图 33-7　药用植物内生真菌产生的部分苯并呋喃(酮)及苯并吡喃(酮)类抗菌活性物质结构式

(八)酚及酚酸类

目前，已从药用植物内生真菌中分离得到许多酚及酚酸类，如前述的许多异香豆素类、醌类、苯并色原酮类、苯并呋喃(酮)及苯并吡喃(酮)类化合物都属于酚及酚酸类。图 33-8 所列为药用植物内生真菌产生的非上述类别的部分酚及酚酸类抗菌活性物质(Tales et al.，2006)。colletotric acid 是一个酚酸三聚体，具有弱的抗人类及植物病原菌的活性(Zou et al.，2000)。

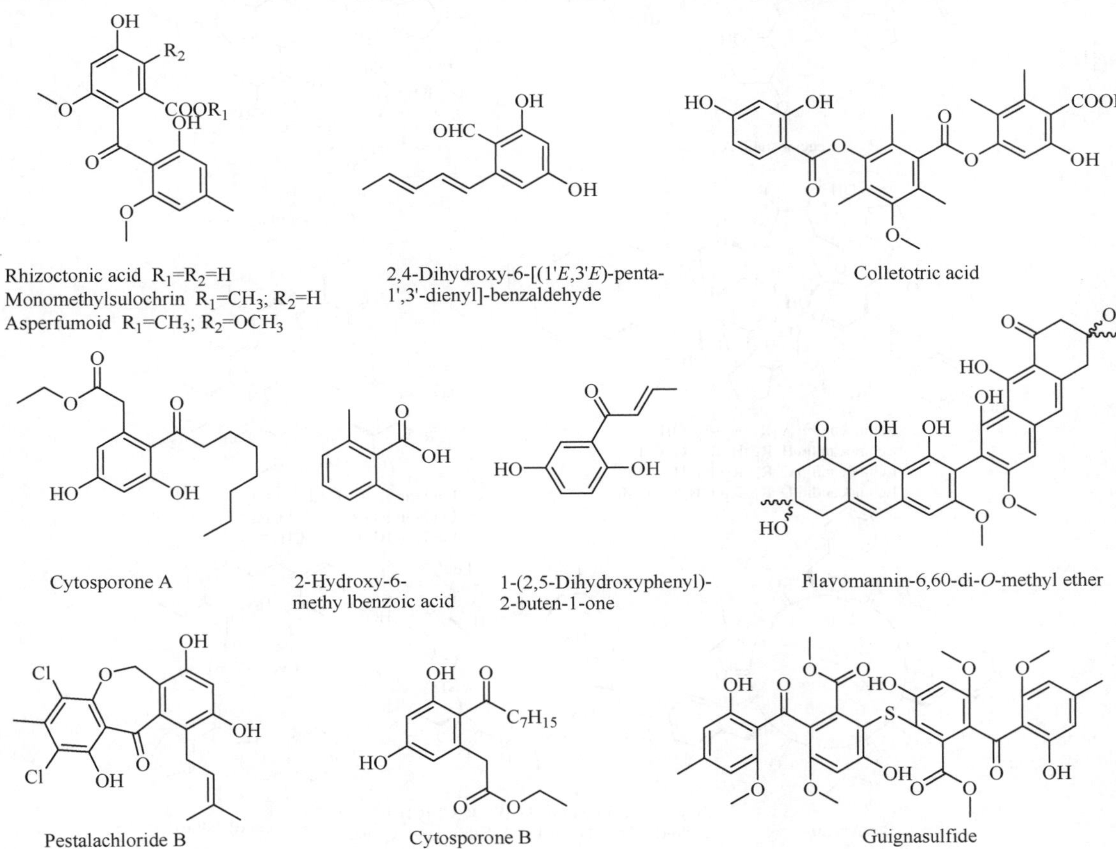

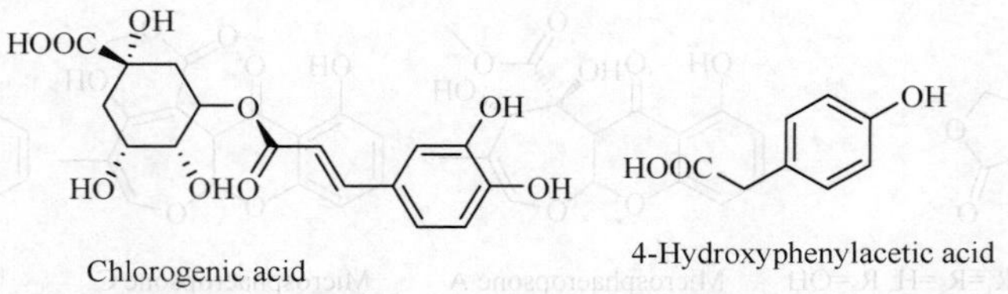

Chlorogenic acid

4-Hydroxyphenylacetic acid

图 33-8 药用植物内生真菌产生的部分酚及酚酸类抗菌活性物质结构式

(九)肽类

药用植物内生真菌中发现的一些抗菌肽往往具有很强的抗菌活性，在很低浓度就能抑制人类及植物的一些致病微生物的生长，如 leucinostatin A（Strobel et al., 1997）、cryptocandin（Strobel et al., 1999）、echinocandins（A、B、D、H）（Nobel et al., 1991）、enniatin（姬志勤等，2005）等。但肽类物质的性质不稳定，给研究工作带来了很大的难度，需要结合活性跟踪。部分药用植物内生真菌产生的肽类抗菌活性物质见图 33-9。

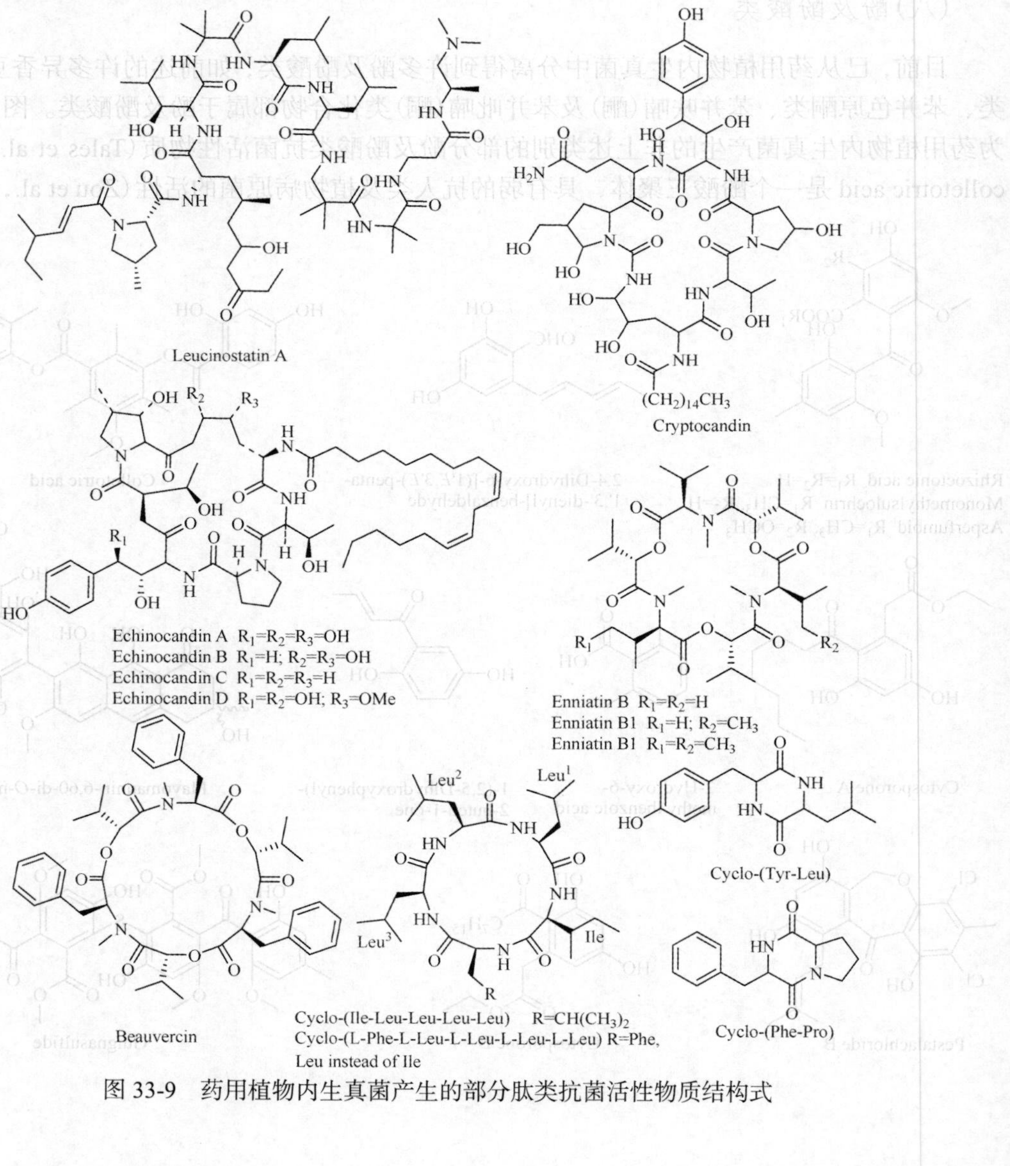

Leucinostatin A

Cryptocandin

Echinocandin A $R_1=R_2=R_3=OH$
Echinocandin B $R_1=H$; $R_2=R_3=OH$
Echinocandin C $R_1=R_2=R_3=H$
Echinocandin D $R_1=R_2=OH$; $R_3=OMe$

Enniatin B $R_1=R_2=H$
Enniatin B1 $R_1=H$; $R_2=CH_3$
Enniatin B1 $R_1=R_2=CH_3$

Beauvercin

Cyclo-(Ile-Leu-Leu-Leu-Leu) $R=CH(CH_3)_2$
Cyclo-(L-Phe-L-Leu-L-Leu-L-Leu-L-Leu) R=Phe, Leu instead of Ile

Cyclo-(Tyr-Leu)

Cyclo-(Phe-Pro)

图 33-9 药用植物内生真菌产生的部分肽类抗菌活性物质结构式

(十)大环内酯类

内生真菌可产生具有内酯键的大环状生物活性物质，其中有许多具有一定的抗菌活性，如图 33-10 所示为药用植物内生真菌产生的部分大环内酯类抗菌活性物质。

Lasiodiplodin R_1=CH_3; R_2=H
De-*O*-methyllasiodiplodin R_1=R_2=H
α,β-Dehydrocurvularin
Sch-642305
Benquoine
Cryptosporiopsin A
Mangiferaelactone

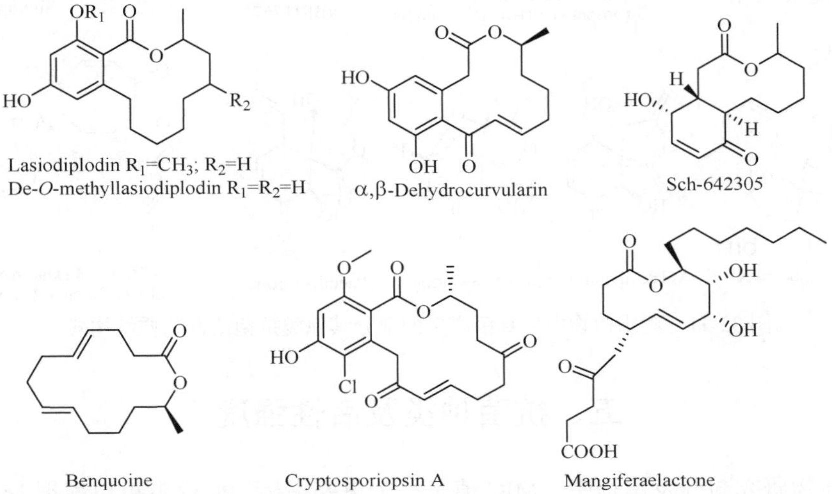

图 33-10　药用植物内生真菌产生的部分大环内酯类抗菌活性物质结构式

(十一)其他类

除了上述几类化合物外还有许多药用植物内生真菌产生的天然产物具有抗菌活性，如环己烯酮类、苯丙素类和多烯类等(Mandala et al., 1997; Li et al., 2001; Stinson et al., 2003; Gutiérrez et al., 2005; Yang et al., 2006)。它们结构类型多样，其中一些抗菌活性还很强。例如，CR377(Brady et al., 2000a)，其抗菌活性与制霉素相当。图 33-11 所列为部分药用植物内生真菌产生的其他类别的抗菌活性物质。

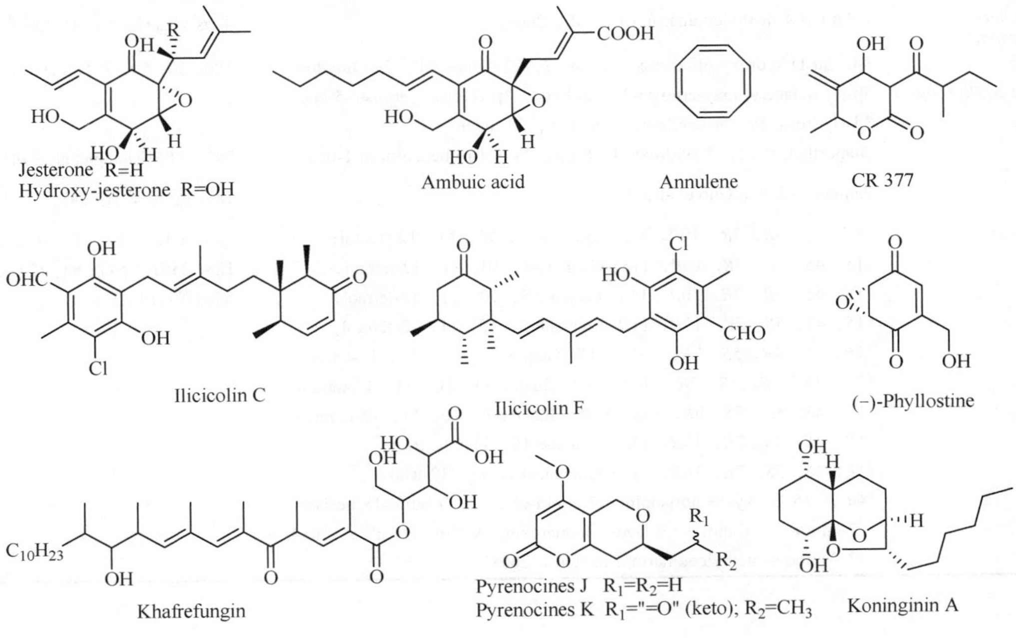

Jesterone R=H
Hydroxy-jesterone R=OH
Ambuic acid
Annulene
CR 377
Ilicicolin C
Ilicicolin F
(−)-Phyllostine
Khafrefungin
Pyrenocines J R_1=R_2=H
Pyrenocines K R_1="=O" (keto); R_2=CH_3
Koninginin A

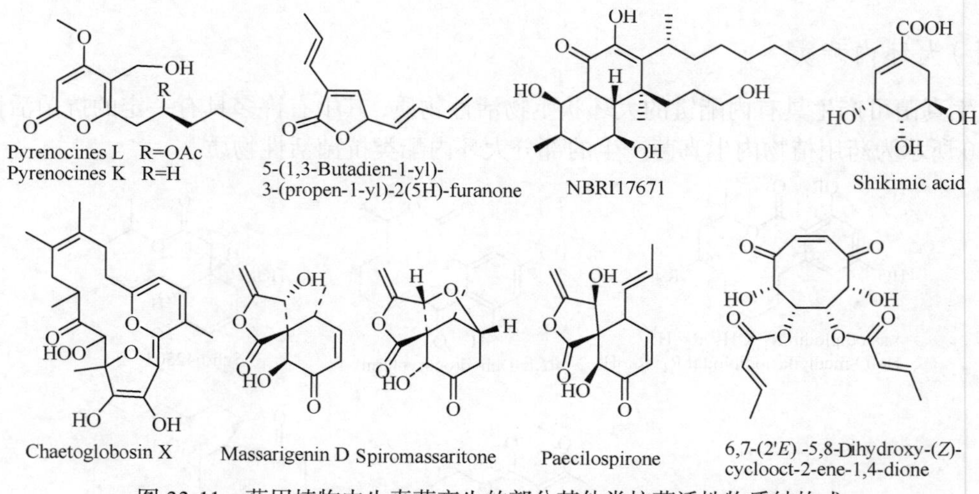

图 33-11　药用植物内生真菌产生的部分其他类抗菌活性物质结构式

五、抗菌种类及活性强度

在抗菌药物研究与开发过程中，MIC 值是一个重要指标。研究者可以根据 MIC 值推测某一化合物研制成新型抗菌药物的可能性。表 33-2 所示为部分药用植物内生真菌产生的抗菌活性物质所抗的菌株及其 MIC 值。但是，各个天然产物之间的活性强度比较不能单凭 MIC 值的高低，还需要考虑受试菌株敏感性、菌液浓度等因素的影响，所以在表 33-2 中同样列出了部分阳性对照及其 MIC 值，以供参考。

表 33-2　药用植物内生真菌抗菌活性物质作用的菌株及其抗菌活性

菌株	植物内生真菌产生的抗菌活性物质	MIC/(μg/ml)
Aphanomyces sp.	Jesterone；Hydroxy-jesterone (Li et al.，2001)	6.5；125
Aeromonas hydrophila	7-Amino-4-methylcoumarin (Liu et al.，2008)	4 (氨苄西林：16；庆大霉素：10)
黑曲霉 (*Aspergillus niger*)	3β，5α-Dihydroxy-6β-acetoxy-ergosta-7，22-diene；3β，5α-Dihydroxy-6β-phenylacety- loxy-ergosta-7，22-diene；3β-Hydroxy-ergosta-5-ene；3β-Hydroxy-5α，8α-epidioxy- ergosta-6，22-diene	100；50；50；75 (Lu et al.，2000)
	Diaporthelactone；7-Hydroxy-4，6-dimethy-3H-isobenzofuran-1-one	243；485 (Zhang et al.，2014)[①]
	Penicisteroids A (Guo et al.，2011)	18 (两性霉素 B：24)
	(1*S*，4*S*，5*R*，7*R*，10*R*，11*R*)-Guaiane-5，10，11，12-tetraol；(1*S*，4*S*，5*S*，7*R*，10*R*，11*S*)-Guaiane-1，10，11，12-tetraol；(1*S*，4*S*，5*R*，7*R*，10*R*，11*S*)-Guaiane-5，10，11，12-tetraol；(1*S*，4*S*，5*S*，7R，10*R*，11*R*)-Guaiane-1，10，11，12-tetraol；(1*R*，3*S*，4*R*，5*S*，7*R*，10*R*，11*S*)-Guaiane-3，10，11，12-tetraol；(1*R*，3*R*，4*R*，5*S*，7*R*，10*R*，11*R*)-Guaiane-3，10，11，12-tetraol；(1*R*，4*S*，5*S*，7*S*，9*R*，10*S*，11*R*)-Guaiane-9，10，11，12-tetraol；(1*R*，4*S*，5*S*，7*R*，10*R*，11*S*)-Guaiane-10，11，12-triol；(1*R*，4*S*，5*S*，7*R*，10*R*，11*R*)-Guaiane-10，11，12-triol；14α，16-Epoxy-18-norisopimar-7-en-4α-ol；16-*O*-Sulfo-18-norisopimar-7-en-4α，16-diol；9-Deoxy-hymatoxin A (Wu et al.，2014)；7-Amino-4-methylcoumarin (Liu et al.，2008)	128；64；256；64；512；512；128；256；>512；64；128；32 (制霉菌素：8) 25

续表

菌株	植物内生真菌产生的抗菌活性物质	MIC/(μg/ml)
烟曲霉(*Aspergillus fumigatus*)	Pestalofone C；Pestalofone E(Liu et al.，2009)	35.3；31.2②
	Massarigenin D；Spiromassaritone；Paecilospirone(Sun et al.，2011)	＞32；1；4(灰黄霉素：0.25；酮康唑：0.0156)
丝囊霉(*Aphanomyces cochlioides*)	Cryptosporiopsin A；Hydroxypropan-20，30-diol orsellinate；Cyclo-(Ile-Leu-Leu-Leu-Leu)；Cyclo-(L-Phe-L-Leu-L-Leu-L-Leu-L-Leu)；(−)-Phyllostine(Talontsi et al.，2012)	20；20；20；＞100；50
Alternaria brassicae	Penicisteroids A；Anicequol(90)(Ga et al.，2011)	8；6(两性霉素 B：16)
Agrobacterium tumefaciens	Ergosta-5，7，22-trienol；5α，8α-Epidioxyergosta-6，22-dien-3β-ol；Ergosta-7，22-dien-3β，5α，6β-triol；Helvolic acid(Zhao et al.，2010)	100；50；200；1.56(链霉素：6.25)
枯草芽孢杆菌(*Bacillus subtilis*)	6-Isoprenylindole-3-carboxylic acid；3β，5α-Dihydroxy-6β-acetoxy-ergosta-7，22-diene；3β，5α-Dihydroxy-6β-phenylacety-loxy-ergosta- 7，22-diene；3β-Hydroxy-ergosta-5-ene；3-oxo-ergosta-4，6，8(14)，22-tetraene；3β-Hydroxy-5α，8α-epidioxy-ergosta-6，22-diene(Lu et al.，2000)	25；75；50；75；25；25
	Colletotric acid(Zou et al.，2000)	50
	Cerebroside；Fusaruside(Shu et al.，2004)	7.8；3.9(硫酸阿米卡霉素①：0.45)
	Lasiodiplodin；De-*O*-methyllasiodiplodin(Yang et al.，2006)	50；12.5(氨苄西林：100)
	Dicerandrol A～C(Wagenaar and Clardy，2001)	11.0；9.5；8.0(制霉菌素：12.0)
	Periconicin A、B(Kim et al.，2004)	3.12；25(庆大霉素：3.12)
	(−)-4，6′-Anhydrooxysporidinone；Beauvericin	25；3.125(Wang et al.，2011)
	Exserolide F(Li et al.，2014)	20(氨苄西林：1.25)
	Neosartorin(Ola et al.，2014)	4
	Ergosta-5，7，22-trienol；5α，8α-Epidioxyergosta-6，22-dien-3β-ol；Ergosta-7，22-dien-3β，5α，6β-triol；Helvolic acid(Zhao et al.，2010)	150；100；200；1.56(链霉素：12.5)
Bacillus sp.	Javanicin(Kharwar et al.，2009)	40
蜡状芽孢杆菌(*Bacillus cereus*)	Mangiferaelactone(Ortega et al.，2014)	552.9(硫酸庆大霉素：0.8)
	Shikimic acid(Dang et al.，2010)	9
白色念珠菌(*Candida albicans*)	Cytosporone D(Brady et al.，2000c)	4(庆大霉素：＞128)
	Pyrrocidine A、B(陈利军等，2006)	8；128
	Asperfumoid；Fumigaclavine C；Fumitremorgin C；Physcion；Helvolic acid(Liu et al.，2004)	75；31.5；62.5；125；31.5(酮康唑：31.5)
	3β，5α-Dihydroxy-6β-acetoxy-ergosta-7，22-diene；3β，5α-Dihydroxy-6β-phenylacety-loxy-ergosta-7，22-diene；3β-Hydroxy-ergosta-5-ene；3β-Hydroxy-5α，8α-epidioxy-ergosta-6，22-diene(Lu et al.，2000)	100；75；75；50
	Cryptocandin(Strobel et al.，1999)	0.03(两性霉素 B：0.04)
	Cytosporone B、C(Huang et al.，2008)	64；32(制霉菌素：2)
	Sordaricin(Pongcharoen et al.，2008)	32(两性霉素 B：0.25)

续表

菌株	植物内生真菌产生的抗菌活性物质	MIC/（μg/ml）
白色念珠菌（*Candida albicans*）	（1*S*，4*S*，5*R*，7*R*，10*R*，11*R*）-Guaiane-5，10，11，12-tetraol；（1*S*，4*S*，5*S*，7*R*，10*R*，11*S*）-Guaiane-1，10，11，12-tetraol；（1*S*，4*S*，5*R*，7*R*，10*R*，11*S*）-Guaiane-5，10，11，12-tetraol；（1*S*，4*S*，5*S*，7R，10*R*，11*R*）-Guaiane-1，10，11，12-tetraol；（1*R*，3*S*，4*R*，5*S*，7*R*，10*R*，11*S*）-Guaiane-3，10，11，12-tetraol；（1*R*，3*R*，4*R*，5*S*，7*R*，10*R*，11*R*）-Guaiane-3，10，11，12-tetraol；（1*R*，4*S*，5*S*，7*S*，9*R*，10*S*，11*R*）-Guaiane-9，10，11，12-tetraol；（1*R*，4*S*，5*S*，7*R*，10*R*，11*S*）-Guaiane-10，11，12-triol；（1*R*，4*S*，5*S*，7*R*，10*R*，11*R*）-Guaiane-10，11，12-triol；14*α*，16-Epoxy-18-norisopimar-7-en-4*α*-ol；16-*O*-Sulfo-18-norisopimar-7-en-4*α*，16-diol；9-Deoxy-hymatoxin A（Wu et al.，2014）	256；32；128；64；64；128；32；128；128；64；64；16（制霉菌素：8）
	Javanicin（Kornsakulkarn et al.，2011）	6.16（两性霉素 B：0.06）
	Javanicin（Kharwar et al.，2009）	40
	1-（2，5-Dihydroxyphenyl）-2-buten-1-one（Sommart et al.，2012）	32
	Massarigenin D；Spiromassaritone；Paecilospirone（Sun et al.，2011）	16；4；16（灰黄霉素：＞32；酮康唑：0.25）
	7-Amino-4-methylcoumarin（Liu et al.，2008）	15（氨苄西林：14；庆大霉素：22.5；四环素：30）
	Altenusin（Kjer et al.，2009）	125
近平滑假丝酵母（*Candida parapsilosis*）	Cryptocandin（Strobel et al.，1999）	2.5
花生褐斑病菌（*Cercospora arachidicola*）	Javanicin（Kharwar et al.，2009）	5
芽枝状枝孢（*Cladosporium cladosporioides*）	（3*R*，4*R*）-3，4-Dihydro-4，6-dihydroxy-3-methyl-1-oxo-1*H*-isochromene-5-carboxylic acid；（*R*）-7-Hydroxymellein；（3*R*，4*R*）-4，7-Dihydroxymellein（Oliveira et al.，2011）	10.0；5.0；5.0（制霉菌素：1）
球枝状枝孢（*Cladosporium sphaerospermum*）	（3*R*，4*R*）-3，4-Dihydro-4，6-dihydroxy-3-methyl-1-oxo-1*H*-isochromene-5-carboxylic acid；（*R*）-7-Hydroxymellein；（3*R*，4*R*）-4，7-Dihydroxymellein（Oliveira et al.，2011）	25.0；10.0；10.0（制霉菌素：1）
新型隐球菌（*Cryptococcus neoformans*）	1-（2，5-Dihydroxyphenyl）-2-buten-1-one（Sommart et al.，2012）	32
	Massarigenin D；Spiromassaritone；Paecilospirone（Sun et al.，2011）	＞32；2；8（灰黄霉素：16；酮康唑：8）
新月弯孢菌（*Curvularia lunata*）	Chaetoglobosin X（Wang et al.，2012）	3.125
Enterococcus cloacae	Altenusin（Kjer et al.，2009）	125
粪肠球菌（*Enterococcus faecalis*）	Cytosporone D（Brady et al.，2000c）	8（庆大霉素：16）
	Pyrrocidine A、B（陈利军等，2006）	0.5；4～8
	3-*O*-Methylalaternin；Altersolanol A（Aly et al.，2008）	12.5；12.5（庆大霉素：25）
	Neosartorin（Ola et al.，2014）	16
	Altenusin（Kjer et al.，2009）	62.5
屎肠球菌（*Enterococcus faecium*）	Pyrrocidine A、B（陈利军等，2006）	0.5～1；4～8
	Neosartorin（Ola et al.，2014）	32
	Xanalteric acid Ⅰ、Ⅱ；Altenusin（Kjer et al.，2009）	62.5
Epidermophyton floccosom	Ergosterol peroxide（6，22-diene-5，8-epidioxyergosta-3-ol）；Ergosterol；Cyclo-（Tyr-Leu）；Cyclo-（Leu-Ile）（Wang，2012）	20.0；＞100.0；＞100.0；50.0（酮康唑：10.0）
大肠杆菌（*Escherichia coli*）	Cytosporone D（Brady et al.，2000c）	64（庆大霉素：2）

续表

菌株	植物内生真菌产生的抗菌活性物质	MIC/(μg/ml)
	Pyrrocidine A(陈利军等，2006)	128
	Cerebroside；Fusaruside(Shu et al.，2004)	3.9；3.9(硫酸阿米卡霉素：3.9)
	Periconicin A(Kim et al.，2004)	100(庆大霉素：1.56)
	Exserolide F(Li et al.，2014)	20(庆大霉素：2.5)
	Cristatumin A；Tardioxopiperazine A(Du et al.，2012)	64；8(氯霉素：4)
	Javanicin(Kharwar et al.，2009)	40
	7-Amino-4-methylcoumarin(Liu et al.，2008)	10(庆大霉素：15)
	Koninginin A；Shikimic acid(Dang et al.，2010)	7；11
	Ergosta-5，7，22-trienol；5α，8α-Epidioxyergosta-6，22-dien-3β-ol；Ergosta-7，22-dien-3β，5α，6β-triol；Helvolic acid(Zhao et al.，2010)	200；150；>200；3.13(链霉素：25)
玉米大斑病菌(*Exserohilum turcicum*)	Chaetoglobosin X(Wang et al.，2012)	3.125
燕麦镰孢菌(*Fusarium avenaceum*)	(1*S*，4*S*，5*R*，7*R*，10*R*，11*R*)-Guaiane-5，10，11，12-tetraol；(1*S*，4*S*，5*S*，7*R*，10*R*，11*S*)-Guaiane-1，10，11，12-tetraol；(1*S*，4*S*，5*R*，7*R*，10*R*，11*S*)-Guaiane-5，10，11，12-tetraol；(1*S*，4*S*，5*S*，7R，10*R*，11*R*)-Guaiane-1，10，11，12-tetraol；(1*R*，3*S*，4*R*，5*S*，7*R*，10*R*，11*S*)-Guaiane-3，10，11，12-tetraol；(1*R*，3*R*，4*R*，5*S*，7*R*，10*R*，11*R*)-Guaiane-3，10，11，12-tetraol；(1*R*，4*S*，5*S*，7*S*，9*R*，10*S*，11*R*)-Guaiane-9，10，11，12-tetraol；(1*R*，4*S*，5*S*，7*R*，10*R*，11*S*)-Guaiane-10，11，12-triol；(1*R*，4*S*，5*S*，7*R*，10*R*，11*R*)-Guaiane-10，11，12-triol；14*α*，16-Epoxy-18-norisopimar-7-en-4α-ol；16-*O*-Sulfo-18-norisopimar-7-en-4α，16-diol；9-Deoxy-hymatoxin A(Wu et al.，2014)	512；>512；512；>512；>512；512；>512；>512；512；64；128；64(制霉菌素：16)
黄色镰孢菌(*Fusarium culmorum*)	Pestalachlorides A、B(Li et al.，2008)	7.2；49.0
串珠镰孢菌(*Fusarium moniliforme*)	Chaetoglobosin X(Wang et al.，2012)	6.25
禾谷镰孢菌(*Fusarium graminearum*)	Chaetoglobosin X(Wang et al.，2012)	6.25
尖孢镰孢菌(*Fusarium oxysporum*)	Cryptocin(Li et al.，2000)	1.56
	Lasiodiplodin；De-*O*-methyllasiodiplodin(Yang et al.，2006)	100；50(制霉菌素：3.125)
	Exserolide C；(12*R*)-12-Hydroxymonocerin(Li et al.，2014)	20；20(两性霉素B：0.63)
	Cytosporone B、C，(Huang et al.，2008)	64；32(制霉菌素：4)
	Javanicin(Kharwar et al.，2009)	20
	Chaetoglobosin X(Wang et al.，2012)	3.125
玉蜀黍赤霉(*Gibberella zeae*)	Pestalachlorides A、B(Li et al.，2008)	114.4；11.2
白地霉(*Geotrichum candidum*)	Cryptocin(Li et al.，2000)	1.56

续表

菌株	植物内生真菌产生的抗菌活性物质	MIC/(μg/ml)
Giberella fujikuroi	Cordycepsidones A、B (Varughese et al., 2012)	8.3；>50(放线菌酮：0.39)
幽门螺旋杆菌(*Helicobacter pylori*)	Rhizoctonic acid；Monomethylsulochrin；麦角甾醇；3β，5α，6-Trihydroxergosta-7，22-diene (Ma et al., 2004)	25.0；10.0；30.0；25.0(氨苄西林：2)
	Helvolic acid；Monomethylsulochrin；麦角甾醇(27)；3β-Hydroxy-5α，8α-epidioxy-ergosta-6，22-diene (Li et al., 2005)	8.0；10.0；20.0；30.0(氨苄西林：2)
	Monomethylsulochrin；Rhizoctonic acid；Guignasulfide (Wang et al. 2010)	28.9；60.2；42.9
小麦根腐长蠕孢菌(*Helminthosporium sativum*)	Colletotric acid (Zou et al., 2000)	50
荚膜组织胞浆菌(*Histoplasma capsulatum*)	Cryptocandin (Strobel et al., 1999)	0.01(两性霉素 B：0.01)
紧密着色芽生菌(*Hormodendrum compactum*)	(1*S*，4*S*，5*R*，7*R*，10*R*，11*R*)-Guaiane-5，10，11，12-tetraol；(1*S*，4*S*，5*S*，7*R*，10*R*，11*S*)-Guaiane-1，10，11，12-tetraol；(1*S*，4*S*，5*R*，7*R*，10*R*，11*S*)-Guaiane-5，10，11，12-tetraol；(1*S*，4*S*，5*S*，7R，10*R*，11*R*)-Guaiane-1，10，11，12-tetraol；(1*R*，3*S*，4*R*，5*S*，7*R*，10*R*，11*S*)-Guaiane-3，10，11，12-tetraol；(1*R*，3*R*，4*R*，5*S*，7*R*，10*R*，11*R*)-Guaiane-3，10，11，12-tetraol；(1*R*，4*S*，5*S*，7*S*，9*R*，10*S*，11*R*)-Guaiane-9，10，11，12-tetraol；(1*R*，4*S*，5*S*，7*R*，10*R*，11*S*)-Guaiane-10，11，12-triol；(1*R*，4*S*，5*S*，7*R*，10*R*，11*R*)-Guaiane-10，11，12-triol；14α，16-Epoxy-18-norisopimar-7-en-4α-ol；16-*O*-Sulfo-18-norisopimar-7-en-4α，16-diol；9-Deoxy-hymatoxin A (Wu et al., 2014)	128；64；256；256；128；128；256；128；256；128；64；64(制霉菌素：8)
肺炎克雷伯菌(*Klebsiella pneumoniae*)	Periconicin A、B (Kim et al., 2004)	3.12；25(庆大霉素：12.5)
李斯特菌(*Listeria monocytogenes*)	Mangiferaelactone (Ortega et al., 2014)	1686.3(硫酸庆大霉素：2.1)
Micrococcus leuteus	Periconicin A (Kim et al., 2004)	25(庆大霉素：6.25)
	Shikimic acid (Dang et al., 2010)	7
犬小孢子菌(*Microsporum canis*)	Ergosterol peroxide (6，22-diene-5，8-epidioxyergosta-3-ol)；Ergosterol；Cyclo-(Tyr-Leu)；Cyclo-(Leu-Ile) (Wang, 2012)	10.0；20.0；50.0；5.0(酮康唑：5.0)
石膏样小孢子菌(*Microsporum gypseum*)	1-(2，5-dihydroxyphenyl)-2-buten-1-one (Sommart et al., 2012)	8
结核分枝杆菌(*Mycobacterium tuberculosis*)	Phomoxanthone A、B (Isaka et al., 2001)	0.50；6.25(异烟肼和硫酸卡那霉素：0.050；2.5)
	Javanicin；3-*O*-Methyl fusarubina (Kornsakulkarn et al., 2011)	25；50(异烟肼：0.03)
Penicillium expansum	7-Amino-4-methylcoumarin (Liu et al., 2008)	40
Phytophthora cinnamoni	Cryptocin (Li et al., 2000)	0.78
	Jesterone；Hydroxy-jesterone (Strobel et al., 1999)	6.5；62.5
柑橘褐腐疫霉(*Phytophthora citrophthora*)	Cryptocin (Li et al., 2000)	1.56
	Jesterone (Li et al., 2001)	25
普通变型杆菌(*Proteus vulgaris*)	Periconicin A、B (Kim et al., 2004)	6.25；50(庆大霉素：6.25)
萤光假单胞菌(*Pseudomonas fluorescens*)	Cerebroside；Fusaruside (Shu et al., 2004)	7.8；1.9(硫酸阿米卡霉素：3.9)
	Javanicin (Kharwar et al., 2009)	2

续表

菌株	植物内生真菌产生的抗菌活性物质	MIC/(μg/ml)
绿脓杆菌（*Pseudomonas aeruginosa*）	Javanicin（Kharwar et al.，2009）	2
Pseudomonas sp.	6-Isoprenylindole-3-carboxylic acid；3β，5α-Dihydroxy-6β-acetoxy-ergosta-7，22-diene；3β，5α-Dihydroxy-6β-phenylacety-loxy-ergosta-7，22-diene；3β-Hydroxy-ergosta-5-ene；3-oxo- ergosta-4，6，8(1)，22-tetraene；3β-Hydroxy-5α，8α-epidioxy-ergosta-6，22-diene（Lu et al.，2000）	50；75；50；75；50；50
稻梨孢菌（*Pyricularia oryzae*）	Cryptocin（Li et al.，2000）	0.39
	Jesterone（Li et al.，2001）	25
	(1*S*，4*S*，5*R*，7*R*，10*R*，11*R*)-Guaiane-5，10，11，12-tetraol；(1*S*，4*S*，5*S*，7*R*，10*R*，11*S*)-Guaiane-1，10，11，12-tetraol；(1*S*，4*S*，5*R*，7*R*，10*R*，11*S*)-Guaiane-5，10，11，12-tetraol；(1*S*，4*S*，5*S*，7R，10*R*，11*R*)-Guaiane-1，10，11，12-tetraol；(1*R*，3*S*，4*R*，5*S*，7*R*，10*R*，11*S*)-Guaiane-3，10，11，12-tetraol；(1*R*，3*R*，4*R*，5*S*，7*R*，10*R*，11*R*)-Guaiane-3，10，11，12-tetraol；(1*R*，4*S*，5*S*，7*S*，9*R*，10*S*，11*R*)-Guaiane-9，10，11，12-tetraol；(1*R*，4*S*，5*S*，7*R*，10*R*，11*S*)-Guaiane-10，11，12-triol；(1*R*，4*S*，5*S*，7*R*，10*R*，11*R*)-Guaiane-10，11，12-triol；14*α*，16-Epoxy-18-norisopimar-7-en-4α-ol；16-*O*-Sulfo-18-norisopimar-7-en-4α，16-diol；	256；256；128；256；256；128；512；512；256；256；32；16（制霉菌素：8）
终极腐霉（*Pythium ultimum*）	9-Deoxy-hymatoxin A（Wu et al.，2014）	25
	Jesterone（Li et al.，2001）	
	Cryptocin（Li et al.，2000）	0.78
	Pestacin（Harper et al.，2003）	10
	Ambuic acid（Li et al.，2001）	7.5
	Cryptosporiopsin A；Hydroxypropan-20，30-diol orsellinate；Cyclo-(Ile-Leu-Leu-Leu-Leu)；cyclo-(L-Phe-L-Leu-L-Leu-L-Leu-L-Leu)；(–)-Phyllostine（Talontsi et al.，2012）	40；40；＞100；＞100；40
	Cordycepsidones A、B（Varughese et al.，2012）	1.2；25（放线菌酮：0.65）
	Usnic acid；Cercosporamide；Phomodione（Hoffman et al.，2008）	10～15；3～4；4～5
甜瓜细菌性叶斑病菌（*Pseudomonas lachrymans*）	Ergosta-5，7，22-trienol；5α，8α-Epidioxyergosta-6，22-dien-3β-ol；Ergosta-7，22-dien-3β，5α，6β-triol；Helvolic acid（Zhao et al.，2010）	100；50；150；3.13（链霉素：12.5）
青枯雷尔氏菌（*Ralstonia solanacearum*）	Ergosta-5，7，22-trienol；5α，8α-Epidioxyergosta-6，22-dien-3β-ol；Ergosta-7，22-dien-3β，5α，6β-triol；Helvolic acid（Zhao et al.，2010）	150；100；150；1.56（链霉素：12.5）
立枯丝核菌（*Rhizoctonia solanii*）	Cryptocin（Li et al.，2000）	6.25（Pseudomycin A：1.5）
	Jesterone（Li et al.，2001）	25～
	Cryptosporiopsin A；Hydroxypropan-20，30-diol orsellinate；Cyclo-(Ile-Leu-Leu-Leu-Leu)；Cyclo-(L-Phe-L-Leu-L-Leu-L-Leu-L-Leu)；(–)-Phyllostine（Talontsi et al.，2012）	50；＞100；＞100；＞100；＞100
	Javanicin（Kharwar et al.，2009）	10
	Usnic acid；Cercosporamide；Phomodione（Hoffman et al.，2008）	＞10；8～10；5～8
肠炎沙门(氏)菌（*Salmonella enteritidis*）	De-*O*-methyllasiodiplodin（Yang et al.，2006）	12.5（氨苄西林：50）
肠炎沙门氏菌（*Salmonella enteritidis*）	7-Amino-4-methylcoumarin（Liu et al.，2008）	8.6（庆大霉素：6）

续表

菌株	植物内生真菌产生的抗菌活性物质	MIC/(μg/ml)
藤黄八叠球菌（*Sarcina lutea*）	6-Isoprenylindole-3-carboxylic acid；3β，5α-Dihydroxy-6β-acetoxy-ergosta-7，22-diene；3β-Hydroxy-5α，8α-epidioxy-ergosta-6，22-diene（Lu et al.，2000）	75；50；75
	Colletotric acid（Zou et al.，2000）	50
Salmonella typhia	7-Amino-4-methylcoumarin（Liu et al.，2008）	20（氨苄西林：22；庆大霉素：23）
鼠伤寒沙门氏菌（*Salmonella typhimurium*）	Periconicin A、B（Kim et al.，2004）	6.25；50（庆大霉素：3.12）
	7-Amino-4-methylcoumarin（Liu et al.，2008）	15（庆大霉素：14）
	Cryptocin（Li et al.，2000）	0.78（Pseudomycin A：1.5）
核盘菌（*Sclerotinia sclerotiorum*）	Jesterone（Li et al.，2001）	100
	Usnic acid；Cercosporamide；Phomodione（Hoffman et al.，2008）	＞10；5～8；3～5
金黄色葡萄球菌（*Staphylococcus aureus*）	Cytosporone D（Brady et al.，2000）	8（庆大霉素：2）
	Pyrrocidine A、B（陈利军等，2006）	0.25～2；4～8
	6-Isoprenylindole-3-carboxylic acid；3β，5α-Dihydroxy-6β-phenylacety-loxy-ergosta-7，22-diene；3-oxo-ergosta-4，6，8（14），22-tetraene；3β-Hydroxy-5α，8α-epidioxy-ergosta-6，22-diene（Lu et al.，2000）	50；75；75；75
	Colletotric acid（Zou et al.，2000）	25～
	Lasiodiplodin；De-O-methyllasiodiplodin（Yang et al.，2006）	25；6.25（氨苄西林：＞100）
	Dicerandrol A、C（Wagenaar et al.，2001）	10.8；8.5；7.0（新霉素：9.0）
	Periconicin A、B（Kim et al.，2004）	12.5；50（庆大霉素：3.12）
	(−)-4，6′-Anhydrooxysporidinone；Beauvericin（Wang et al.，2011）	100；3.125
	Exserolide F（Li et al.，2014）	5（氨苄西林：0.16）
	Cristatumin A；Tardioxopiperazine A（Du et al.，2012）	64；8（氯霉素：4）
	3-*O*-methylalaternin；Altersolanol A（Aly et al.，2008）	12.5；25
	(3*S*)-Lasiodiplodin（Rukachaisirikul et al.，2009）	64
	(3*S*)-Lasiodiplodin（Rukachaisirikul et al.，2009）③	128
	Neosartorin（Ola et al.，2014）	8
	Flavomannin-6，60-di-*O*-methyl ether（Ola et al.，2014）	32
	Cytosporone E；Australifunginol derivative NBRI17671（Hammerschmidt et al.，2014）	14.3；146.1①
	Usnic acid；Cercosporamide；Phomodione（Hoffman et al.，2008）	2.0；2.0；1.6
	7-Amino-4-methylcoumarin（Liu et al.，2008）	16（氨苄西林：14；庆大霉素：20；四环素：40）
	Shikimic acid（Dang et al.，2010）	10
	Helvolic acid（Zhao et al.，2010）	50（链霉素：200）
	Xanalteric acid I、II；Altenusin（Kjer et al.，2009）	125；250；31.25
	Spiropreussione A（Chen et al.，2009）	25
表皮葡萄球菌（*Staphylococcus epidermis*）	Periconicin A、B（Kim et al.，2004）	12.5；100（庆大霉素：3.12）
	3-*O*-Methylalaternin；Altersolanol A（Aly et al.，2008）	12.5；12.5（四环素：0.4）
乳链球菌（*Streptococcus agalactiae*）	Neosartorin（Ola et al.，2014）	16
化脓性链球菌（*Streptococcus pyogenes*）	Neosartorin（Ola et al.，2014）	4

续表

菌株	植物内生真菌产生的抗菌活性物质	MIC/(μg/ml)
溶血性葡萄球菌(*Staphylococcus haemolyticus*)	Pyrrocidine A、B(陈利军等，2006)	0.25；8
	Ergosta-5，7，22-trienol；5α，8α-Epidioxyergosta-6，22-dien-3β-ol；Helvolic acid(Zhao et al.，2010)	200；150；6.25(链霉素：50)
肺炎链球菌(*Streptococcus pneumoniae*)	Pyrrocidine A、B(陈利军等，2006))	16～24；32～128
	Exserolide F(Li et al.，2014)	10(氨苄西林：10)
	Neosartorin(Ola et al.，2014)	4
	Flavomannin-6，60-di-*O*-methyl ether(Ola et al.，2014)	2
	Altenusin(Kjer et al.，2009)	31.25
Shigella sp.	7-Amino-4-methylcoumarin(Liu et al.，2008)	6.3(庆大霉素：20)
红色发癣菌(*Trichophyton rubrum*)	Massarigenin D；Spiromassaritone；Paecilospirone(Sun et al.，2011)	2；0.25；2(灰黄霉素：0.25；酮康唑：0.0625)
	Ergosterol peroxide(6，22-diene-5，8-epidioxyergosta-3-ol)；Ergosterol；Cyclo-(Tyr-Leu)；Cyclo-(Leu-Ile)(Wang，2012)	10.0；20.0；＞100.0；10.0(酮康唑：10.0)
黑白轮枝菌(*Verticillium aibo-atrum*)	Pestalachlorides A、B(Li et al.，2008)	114.4；11.2
黄萎病菌(*Verticillium dahlae*)	Javanicin(Kharwar et al.，2009)	10
鳗弧菌(*Vibrio anguillarum*)	7-Amino-4-methylcoumarin(Liu et al.，2008)	25(庆大霉素：22.5)
副溶血性弧菌(*Vibrio parahaemolyticus*)	7-Amino-4-methylcoumarin(Liu et al.，2008)	12.5
辣椒疮痂病菌(*Xanthomonas vesicatoria*)	Ergosta-5，7，22-trienol；5α，8α-Epidioxyergosta-6，22-dien-3β-ol；Ergosta-7，22-dien-3β，5α，6β-triol；Helvolic acid(Zhao et al.，2010)	150；100；150；1.56(链霉素：12.5)
Yersinia sp.	7-Amino-4-methylcoumarin(Liu et al.，2008)	12.5(氨苄西林：17.5；庆大霉素：11.3)

注：①阳性对照药；②单位：μmol；③试验菌株为耐甲氧西林的金黄色葡萄球菌

琼脂覆盖法由于其简便、直观，在抗菌药物研究中的应用也越来越广泛。研究者用该方法对12个内生真菌产生的天然产物进行了抗菌活性研究，结果发现3，12- dihydroxycadalene、3，11，12-trihydroxycadalene、periconicin B、2-methyl-5-methoxy- benzopyran-4-one、(2'*S*)-2-(propan-2'-ol)-5-hydroxy-benzopyran-4-one、2，4-dihydroxy-6-[(1'*E*，3'*E*)-penta-1'，3'-dienyl]-benzaldehyde 6，8，51，52，58 对球孢枝孢菌(*Cladosporium sphaerospermum*)和枝状枝孢霉(*Cladosporium cladosporioides*)有一定的抗菌作用，其中 3，11，12-trihydroxycadalen、2，4-dihydroxy-6-[(1'*E*，3'*E*)-penta-1'，3'-dienyl]-benzaldehyde 的抗菌活性与制霉素相当(Tales et al.，2006；2005；Silva et al.，2006)。

除了最低抑(杀)菌浓度外，还有很多指标可以反映天然产物抗菌活性强度的高低，如抑菌圈的大小(Osterhage et al.，2000；Li et al.，2001；Krohn et al.，2001)、IC_{50}(Gutiérrez et al.，2005；Kongsaeree et al.，2003)和IC_{100}(Stinson et al.，2003)等。

部分天然产物不但能抑制人类或植物病原菌的生长，而且还能杀灭这些病原菌。Strobel(2006)研究发现内生真菌 *Muscodor albus* 可以产生一系列挥发性物质，如 Bulnesene、Valencene 等(Ezra and Strobel，2003)。这些挥发性物质协同作用，对许多植物和人的致病菌都具有很强的抑制活性，在农业、工业和医药领域有很大的应用前景。进一步研究发现，3-甲基正丁醇乙酸酯的抗菌活性最强，该化合物在浓度为 0.32μg/ml 时就能杀死所有的试验菌(Strobel et al.，2001)。从 *Eucryphia cordifolia* 中分离得到的一个胶帚霉属真菌 *Gliocladium* sp. 也可以产生挥发性抗菌物质，Stinson 等(2003)用 GC-MS 对其组成进行了分析，并人工合成了一种混合物，在浓度为 0.18μg/ml 时就能杀灭核盘菌。

六、抗菌作用方式和机制

二萜类化合物 guanacastepene A 来自内生真菌 Fungus CR115，对一些耐药菌株具有抗菌活性，它可以引起大肠杆菌膜破损，使细胞内钾离子泄漏，从而起到杀菌作用(Singh et al.，2000)。

化合物 enfumafungin 是一种三萜糖苷(Pelaez et al.，2002)，与 echinocandins(Nobel et al.，1991)一样，该化合物能够特异性地抑制葡聚糖的合成，导致酵母和霉菌细胞形态改变，对念珠菌属和曲霉属的菌具有很强的抑制活性。

化合物 khafrefungin 可以抑制鞘脂的合成，从而起到抑菌的作用(Mandala et al.，1997)。

七、展　　望

大量研究成果表明，从药用植物内生真菌中往往能发现一些结构新颖和具有抗菌活性的代谢产物，经过系统的药学药理毒理学研究后，就可判定开发成为新一类抗菌药物可能性。基于药用植物内生真菌开发新型抗菌药物已经成为药物研发的一个热点。

为此，在研究药用植物内生真菌及其抗菌活性物质时，须有的放矢。首先，宿主资源的选择应充分考虑有关背景，如植物的生态分布、生长环境、年代史、抗病性及药用背景等。因为植物的生长环境直接影响内生真菌的生物多样性；植物生长的年代越久远，其内生真菌的生物多样性越丰富；抗病性能越强的植物，其所含的内生真菌具有抗菌活性的可能性就越大；具有抗菌活性的植物，其所含的内生真菌有可能产生与植物相同或相似的抗菌物质，或产生的抗菌活性物质可能参与了药用植物的抗菌过程。

其次，筛选抗菌活性物质必须与活性跟踪相结合，并配合现代分析、分离技术，更好地找到目标化合物。在研究药用植物内生真菌及其抗菌活性的同时，还要兼顾对具抗菌活性内生真菌的生物学特性的研究。外部环境、营养条件等对其代谢途径和代谢产物有着重要的影响，有时甚至会引起质的变化。通过对其培养条件的优化，可以使其抗菌活性物质积累更多，这不仅有利于开展分析、分离工作，也对以后的工业化生产具有重要意义。

值得尝试的是，复方药物和联合用药在临床实践中的广泛使用，以及为此而产生的优良的治愈效果和较小的不良反应，也提示药物工作者应不局限于对单一成分的分离与开发。笔者认为，以下情况可以考虑进行复方药物的开发：①单一成分活性较好但含量极低，无法通过现代分离制备法获得者；②单一成分抑菌或杀菌浓度一般，多组分或提取部位药理试验证明其疗效优于单一成分者；③提取部位具有活性而分离获得的全部单一成分活性很弱甚至无活性者；④为延缓或防止细菌耐药者；⑤药理试验表明具有抗耐用菌者。现代网络药理学的发展与运用也为复方药物开发提供了理论和技术支撑，复方药物研发也反作用于学科的发展。

（李　兵　施琦渊　郭顺星）

参考文献

陈利军，陈月华，史洪中，等. 2006. 药用植物内生真菌研究进展. 安徽农业科学，34(11)：2438-2440.

姬志勤，吴文君，王明安，等. 2005. 苦皮藤内生真菌层出镰刀菌中杀菌成分的结构鉴定. 西北农林科技大学学报(自然科学版)，33(5)：6-64.

李蓉. 2007. 麻栎内生真菌抗菌活性的研究. 辽宁中医药大学学报，9(1)：56-58.

林爱玉，邢晓科，郭顺星，等. 2006. 4 种药用半红树植物内生真菌的分离及其抗菌活性研究. 中国药学杂志，41(12)：892-894.

徐庆妍，黄耀坚，郑忠辉，等. 2005. Cytosporone B 的分离纯化，结构鉴定及其生物活性的初步研究. 厦门大学学报(自然科学版)，44(3)：425-428.

徐淑云，卞如濂，陈修. 2001. 药理实验方法学. 第 3 版. 北京：人民卫生出版社.

Adelin E，Servy C，Cortial S. 2011. Isolation，structure elucidation and biological activity of metabolites from Sch-642305-producing endophytic fungus *Phomopsis* sp. CMU-LMA. Phytochemistry，72：2406-2412.

Agarwal SK，Singh SS，Verma S，et al. 2002. Antifungalactivity of anthraquinone derivatives from *Rheum emodi*. Journal of Ethnopharmacology，72：43-46.

Aly AH，Edrada-Ebel R，Wray V，et al. 2008. Bioactive metabolites from the endophytic fungus *Ampelomyces* sp. isolated from the medicinal plant *Urospermum picroides*. Phytochemistry，69：1716-1725.

Brady SF，Bondi SM，Clardy J. 2001. The Guanacastepenes：a highly diverse family of secondary metabolites produced by an endophytic fungus. Journal of the American Chemical Society，123：9900-9901.

Brady SF，Clardy J. 2000a. CR377，a New Pentaketide antifungal agent isolated from an endophytic fungus. Journal of Natural Products，63：1447-1448.

Brady SF，Singh MP，Janso JE，et al. 2000b. Guanacastepene，a fungal-derived diterpene antibiotic with a new carbon skeleton. Journal of the American Chemical Society，122：2116-2117.

Brady SF，Wagenaar MM，Singh MP，et al. 2000c. The cytosporones，new octaketide antibiotics isolated from an endophytic fungus. Organic Letters，2(25)：4043-4046.

Che YS，Gloer JB，Wicklow DT. 2002. Phomadecalins A-D and phomapentenone A：new bioactive metabolites from *Phoma* sp. NRRL 25697，a fungal colonist of *Hypoxylon Stromata*. Journal of Natural Products，65：399-402.

Chen X，Sang X，Li S，et al. 2010. Studies on a chlorogenic acidproducingendophytic fungi isolated from *Eucommia ulmoides* Oliver. Journal of Industrial Microbiology and Biotechnology，37：447-454.

Chen XM，Shi QY，Lin G，et al. 2009. Spirobisnaphthalene analogues from the endophytic fungus *Preussia* sp. . Journal of Natural Products，72(9)：1712-1715.

Chithra S，Jasim B，Sachidanandan P，et al. 2014. Piperine production by endophytic fungus *Colletotrichumgloeosporioides* isolated from *Piper nigrum*. Phytomedicine，21：534-540.

Dang LZ，Li GH，Yang ZS，et al. 2010. Chemical constituents from the endophytic fungus *Trichoderma ovalisporum* isolated from *Panax notoginseng*. Annals of Microbiology，60：317-320.

Du FY，Li XM，Li CS，et al. 2012. Cristatumins A-D，new indole alkaloids from the marine-derived endophytic fungus *Eurotium cristatum* EN-220. Bioorganic & Medicinal Chemistry Letters，22：4650-4653.

Ezra D，Hess WM，Strobel GA. 2004. New endophytic isolates of *Muscodor albus*，a volatile-antibiotic- producing fungus. Microbiology，150：4023-4031.

Ezra D，Strobel GA. 2003. Effect of substrate on the bioactivity of volatile antimicrobials produced by *Muscodor albus*. Plant Science，165：1229-1238.

Gao SS，Li XM，Li CS，et al. 2011. Penicisteroids A and B，antifungal and cytotoxic polyoxygenated steroids from the marine alga-derived endophytic fungus *Penicillium chrysogenum* QEN-24S. Bioorganic & Medicinal Chemistry Letters，21：2894-2897.

Gutiérrez M，Theoduloz C，Rodríguez J，et al. 2005. Bioactive metabolites from the fungus *Nectria galligena*，the main apple canker agent in chile. Journal of Agricultural and Food Chemistry，53：7701-7708.

Hammerschmidt L，Debbab A，Ngoc TD，et al. 2014. Polyketides from the mangrove-derived endophytic fungus *Acremonium strictum*. Tetrahedron Letters，55：3463-3468.

Hans T，Hans H，Roy E，et al. 1988. Antibiotic Lactone Compound：US，4753959.

Harper JK，Arif AM，Ford EJ，et al. 2003. Pestacina，1，3-dihydro isobenzofuran from *Pestalotiopsis microspora* possessing antioxidant and antimycotic activities. Tetrahedron，59(14)：2471-2476.

Hellwig V，Grothe T，Mayer-Bartschmid A，et al. 2002. Altersetin，a new antibiotic from cultures of endophytic *Alternaria* spp. taxonomy，fermentation，isolation，structure elucidation and biological activities. The Journal of Antibiotics，55(10)：881-892.

Hoffman AM，Mayer SG，Strobel GA，et al. 2008. Purification，identificationand activity of phomodione，furandione from an endophytic *Phoma* species. Phytochemistry，69：1049-1056.

Horn WS，Simmonds MS，Schwartz RE，et al. 1995. Phomopsichalasin，a novel antimicrobial agent from an endophytic *Phomopsis* sp. . Tetrahedron，51(14)：3969-3978.

Huang ZJ，Cai XH，Shao CH，et al. 2008. Chemistry and weak antimicrobial activities of phomopsins produced by mangrove endophytic fungus *Phomopsis* sp. ZSU-H76. Phytochemistry，69：1604-1608.

Hussain H，Ahmed I，Schulz B，et al. 2012. Pyrenocines J-M：four new pyrenocines from the endophytic fungus，*Phomopsis* sp. . Fitoterapia，83：523-526.

Hussain H，Krohn K，Draeger S，et al. 2009. Bioactive chemical constituents of a sterile endophytic fungus from *Melilotus dentatus*. Records of Natural Products，3：114-117.

Isaka M，Jaturapat A，Rukseree K. 2001. Phomoxanthones A and B，novel xanthone dimers from the endophytic fungus *Phomopsis* species. Journal of Natural Products，64：1015-1018.

Kharwar RN，Verma VC，Kumar A. 2009. Javanicin，an antibacterial naphthaquinone from an endophytic fungus of Neem，*Chloridium* sp. Current Microbiology，58：233-238.

Kusari S，Lamshöft M，Zühlke S，et al. 2008. An endophytic fungus from *Hypericum perforatum* that produces hypericin. Journal of Natural Products，71：159-162.

Kjer J，Wray V，Edrada-Ebel R，et al. 2009. Xanalteric acids I and II and related phenolic compounds from an endophytic *Alternaria* sp. isolated from the mangrove plant *Sonneratia alba*. Journal of Natural Products，72：2053-2057.

Kongsaeree P，Prabpai S，Sriubolmas N，et al. 2003. Antimalarial dihydroisocoumarins produced by *Geotrichum* sp. ，an endophytic fungus of *Crassocephalum crepidioides*. Journal of Natural Products，66：709-711.

Kornsakulkarn J，Dolsophon K，Boonyuen N，et al. 2011. Dihydronaphthalenones from endophytic fungus *Fusarium* sp. BCC14842. Tetrahedron，67：7540-7547.

Krohn K，Flörke U，John M，et al. 2001. Biaologically active metabolites from fungi. Part 16：New preussomerins J，K and L from an endophytic fungus：structure elucidation，crystal structure analysis and determination of absolute configuration by CD calculations. Tetrahedron，57：4343-4348.

Krohn K，Kouam SF，Kuigoua GM，et al. 2009. Xanthones and oxepino［2，3-*b*］chromones from three endophytic fungi. Chemistry-A European Journal，15：12121-12132.

Kim S，Shim DS，Lee T. et al. 2004. Periconicins，two new fusicoccane dierpenes produced by an endophytic. fungus *Periconia* sp. with antibacterical activity. Journal of Natural Product. 67(3)：448-450.

Kudalkar P，Strobel G，Riyaz-Ul-Hassan S，et al. 2012. *Muscodor sutura*，a novel endophytic fungus with volatile antibiotic activities. Mycoscience，53：319-325.

Li EW，Jiang LH，Guo LD，et al. 2008. Pestalachlorides A-C，antifungal metabolites from the plant endophytic fungus *Pestalotiopsis adusta*. Bioorganic & Medicinal Chemistry，16：7894-7899.

Li HQ，Li XJ，Wang YL，et al. 2011. Antifungal metabolites from *Chaetomium globosum*，an endophytic fungus in *Ginkgo biloba*. Biochemical Systematics and Ecology，39：876-879.

Li JY，Harper JK，Grant DM，et al. 2001. Ambuic acid，a highly functionalized cyclohexenone with antifungal activity from *Pestalotiopsis* spp. and *Monochaetia* sp. . Phytochemistry，56：463-468.

Li JY，Strobel GA，Harper J，et al. 2000. Cryptocin，a potent tetramic acid antimycotic from the endophytic fungus *Cryptosporiopsis* cf. *quercina*. Organic Letters，2(6)：767-770.

Li JY，Strobel GA. 2001. Jesterone and hydroxy-jesterone antioomycete cyclohexenone epoxides from the endophytic fungus *Pestalotiopsis jesteri*. Phytochemistry，57(2)：261-265.

Li RX，Chen SX，Niu SB，et al. 2014. Exserolides A-F，new isocoumarin derivatives from the plant endophytic fungus *Exserohilum* sp. . Fitoterapia，96：88-94.

Li Y，Song YC，Liu JY，et al. 2005. Anti-Helicobacter pylori substances from endophytic fungal cultures. World Journal of Microbiology & Biotechnology，21：553-555.

Liu JY，Song YC，Zhang Z，et al. 2004. *Aspergillus fumigatus* CY018，an endophytic fungus in *Cynodon dactylon* as a versatile producer of new and bioactive metabolites. Journal of Biotechnology，114(3)：27-287.

Liu L，Liu SC，Chen XL，et al. 2009. Pestalofones A-E，bioactive cyclohexanone derivatives from the plant endophytic fungus *Pestalotiopsis fici*. Bioorganic & Medicinal Chemistry，17：606-613.

Liu X，Dong M，Chen X，et al. 2008. Antimicrobial activity of an endophytic *Xylaria* sp. YX-28 and identification of its antimicrobial compound 7-amino-4-methylcoumarin. Applied Microbiology and Biotechnology，78：241-247.

Lu H，Zou WX，Meng JC，et al. 2000. New bioactive metabolites produced by *Colletotrichum* sp. ，an endophytic fungus in *Artemisia annua*.

Plant Science，151：67-73.

Ma YM，Li Y，Liu JY，et al. 2004. Anti-heticobacter pylori：metabolites from *Rhizoctonia* sp. Cyo64，an endophytic. Fungus in *Cynodon dactylon*. Fitoterapia，75（5）：451-456.

Mandala SM，Thornton RA，Rosenbach M，et al. 1997. Khafrefungin，a novel inhibitor of sphingolipid synthesis. The Journal of Biological Chemistry，272（51）：32709-32714.

Metwaly AM，Kadry HA，El-Hela AA，et al. 2014. Nigrosphaerin A a new isochromene derivative from the endophytic fungus *Nigrospora sphaerica*. Phytochemistry Letters，7：1-5.

Nobel HM，Langley D，Sidebottom PJ，et al. 1991. An echinocandin from an endophytic *Cryptosporiopsis* sp. and *Pezicula* sp. in *Pinus sylvestris* and *Fagus sylvatica*. Mycological Research，95：1439-1440.

Ola ARB，Debbab A，Aly AH，et al. 2014. Absolute configuration and antibiotic activity of neosartorin from the endophytic fungus *Aspergillus fumigatiaffinis*. Tetrahedron Letters，55：1020-1023.

Ola ARB，Debbab A，Kurtán T，et al. 2014. Dihydroanthracenone metabolites from the endophytic fungus *Diaporthe melonis* isolated from *Annona squamosa*. Tetrahedron Letters，55：3147-3150.

Oliveira CM，Regasini LO，Silva GH，et al. 2011. Dihydroisocoumarins produced by *Xylaria* sp. and *Penicillium* sp.，endophytic fungi associated with *Piper aduncum* and *Alibertia macrophylla*. Phytochemistry Letters，4：93-96.

Ortega HE，Shen YY，TenDyke KK，et al. 2014. Polyhydroxylated macrolide isolated from the endophytic fungus *Pestalotiopsis mangiferae*. Tetrahedron Letters，55：2642-2645.

Osterhage C，Kaminsky R，König GM，et al. 2000. Ascosalipyrrolidinone a，an antimicrobial alkaloid from the obligate Marine Fungus *Ascochyta salicorniae*. Journal of Organic Chemistry，65：6412-6417.

Pelaez F，Cabello A，Platas G，et al. 2002. The Discovery of enfumafungin，a novel antifungal compound produced by an endophytic *Hormonema* species biological activity and taxonomy of the producing organisms. Systematic and Applied Microbiogy，23：333-343.

Pongcharoen W，Rukachaisirikul V，Phongpaichit S，et al. 2008. Metabolites from the endophytic fungus *Xylaria* sp. PSU-D14. Phytochemistry，69：1900-1902.

Rahalison L，Hamburger M，Hostettmann K，et al. 1991. A bioautographic agar overlay method for the detection of antifungal compounds from higher plants. Phytochemical Analysis，2（5）：199-203.

Rukachaisirikul V，Arunpanichlert J，Sukpondma Y，et al. 2009. Metabolites from the endophytic fungi *Botryosphaeria rhodina* PSU-M35 and PSU-M114. Tetrahedron，65：10590-10595.

Saleem M，Tousif MI，Riaz N，et al. 2013. Cryptosporioptide：a bioactive polyketide produced by an endophytic fungus *Cryptosporiopsis* sp.. Phytochemistry，93：199-202.

Schmeda-Hirschmann G，Hormazabal E，Astudillo L，et al. 2005. Secondary metabolites from endophytic fungi isolated from the Chilean *gymnosperm Prumnopitys andina*（Lleuque）. World Journal of Microbiology & Biotechnology，21：27-32.

Shu RG，Wang FW，Yang YM，et al. 2004. Antibacterial and xanthine oxidase inhibitory cerebrosides from *Fusarium* sp. IFB-121，an endophytic fungus in *Quercus variabilis*. Lipids，39（7）：667-673.

Silva GH，Oliveira GM，Teles HL，et al. 2010. Sesquiterpenes from *Xylaria* sp.，an endophytic fungus associated with *Piper aduncum*（Piperaceae）. Phytochemistry Letters，3：164-167.

Silva GH，Teles HL，Zanardi LM，et al. 2006. Cadinane sesquiterpenoids of *Phomopsis cassiae*，an endophytic fungus associated with *Cassia spectabilis*（Leguminosae）. Phytochemistry，67：1964-1969.

Singh D，Rathod V，Ninganagouda S，et al. 2013. Biosynthesis of silver nanoparticle by endophytic fungi *Pencillium* sp. isolated from *Curcuma longa*（turmeric）and its antibacterial activity against pathogenic gram negative bacteria. Journal of Pharmacy Research，7：448-453.

Singh MP，Janso JE，Luckman SW，et al. 2000. Biological activity of guanacastepene，a novel diterpenoid antibiotic produced by an unidentified fungus CR115. The Journal of Antibiotics，2000，53：256-261.

Singh SB，Zink DL，Liesch JM，et al. 1994. Preussomerins and deoxypreussomerins：novel inhibitors of ras farnesyl-protein transferase. The Journal of Organic Chemistry，59：6296-6302.

Sommart U，Rukachaisirikul V，Tadpetch K，et al. 2012. Modiolin and phthalide derivatives from the endophytic fungus *Microsphaeropsis arundinis* PSU-G18. Tetrahedron，68：10005-10010.

Song YC，Li H，Ye YH，et al. 2004. Endophytic naphthopyrone metabolites are co-inhibitors of xanthine oxidase，SW1116 cell and some microbial growths. FEMS Microbiology Letters，241（1）：67-72.

Stierle DB，Stierle AA，Kunz A. 1998. Dihydroramulosin from *Botrytis* sp.. Journal of Natural Products，61（10）：1277-1278.

Stinson M，Ezra D，Hess WM，et al. 2003. An endophytic *Gliocladium* sp. of *Eucryphia cordifolia* producing selective volatile antimicrobial compounds. Plant Science，165：913-922.

Strobel G，For E，Woraponga J，et al. 2002. Isopestacin，an isobenzofuranone from *Pestalotiopsis microspora*，possessing antifungal and antioxidant activities. Phytochemistry，60：179-183.

Strobel G. 2006. Harnessing endophytes for industrial microbiology. Current Opinion in Microbiology，9：240-244.

Strobel GA，Dirkse E，Sears J，et al. 2001. Volatile antimicrobials from *Muscodor albus*，a novel endophytic fungus. Microbiology，147：2943-2950.

Strobel GA，Miller RV，Martinez-Miller C，et al. 1999. Cryptocandin，a potent antimycotic from the endophytic fungus *Cryptosporiopsis* cf. quercina. Microbiology，145：1919-1926.

Strobel GA，Torczynski R，Bollon A. 1997. *Acremonium* sp. ——a leucinostatin A producing endophyte of *European yew*（*Taxus baccata*）. Plant Science，128：97-108.

Sun ZL，Zhang M，Zhang JF，et al. 2011. Antifungal and cytotoxic activities of the secondary metabolites from endophytic fungus *Massrison* sp. .Phytomedicine，18：859-862.

Suwannarach N，Kumla J，Bussaban B，et al. 2013. Biofumigation with the endophytic fungus *Nodulisporium* spp. CMU-UPE34 to control postharvest decay of citrus fruit. Crop Protection，45：63-70.

Tales HL，Silva GH，Castro-Gamboa I，et al. 2005. Benzopyrans from *Curvularia* sp. ，an endophytic fungus associated with *Ocotea corymbosa*（Lauraceae）. Phytochemistry，66：2363-2367.

Tales HL，Silva GH，Castro-Gamboa I，et al. 2006. Aromatic compounds produced by *Periconia atropurpurea*，an endophytic fungus associated with *Xylopia aromatica*. Phytochemistry，67：2686-2690.

Talontsi FM，Facey P，Tatong MDK，et al. 2012. Zoosporicidal metabolites from an endophytic fungus *Cryptosporiopsis* sp. of *Zanthoxylum leprieurii*. Phytochemistry，83：87-94.

Vander Sar SA，Blunt JW，Munro MHG. 2006. Spiro-mamakone A：a unique relative of the spirobisnaphthalene class of compounds. Organic Letters，8（10）：2059-2061.

Varughese U，Rios N，Higginbotham S，et al. 2012. Antifungal depsidone metabolites from *Cordyceps dipterigena*，an endophytic fungus antagonistic to the phytopathogen *Gibberella fujikuroi*. Tetrahedron Letters，53：1624-1626.

Wagenaar MM，Clardy J. 2001. Dicerandrols，new antibiotic and cytotoxic dimers produced by the fungus *Phomopsis longicolla* isolated from an endangered mint. Journal of Natural Products，64：1006-1009.

Wang FW，Ye YH，Ding H，et al. 2010. Benzophenones from *Guignardia* sp. IFB-E028，an endophyte on *Hopea hainanensis*. Chemistry and Biodiversity，7：21-220.

Wang FW. 2012. Bioactive metabolites from *Guignardia* sp. ，an endophytic fungus residing in *Undaria pinnatifida*. Chinese Journal of Natural Medicines，10（1）：0072-0076.

Wang QX，Li SF，Zhao F，et al. 2011. Chemical constituents from endophytic fungus *Fusarium oxysporum*. Fitoterapia，82（5）：777-781.

Wang YH，Xu L，Ren WM，et al. 2012. Bioactive metabolites from *Chaetomium globosum* L18，an endophytic fungus in the medicinal plant *Curcuma wenyujin*. Phytomedicine，19：364-368.

Weber D，Sterner O，Anke T，et al. 2004. Phomol，a new antiinflammatory metabolite from an endophyte of the medicinal plant *Erythrina cristagalli*. Journal of Antibiotics，57（9）：559-563.

Weber RWS，Kappe R，Paululat T，et al. 2007. Anti-*Candida* metabolites from endophytic fungi. Phytochemistry，68：886-892.

Wicklow DT，Roth S，Deyrup ST，et al. 2005. A protective endophyte of maize. *Acremonium zeae* antibiotics inhibitory to *Aspergillus flavus* and *Fusarium verticillioides*. Mycological Research，109：610-618.

Wu SH，He J，Li XN，et al. 2014. Guaiane sesquiterpenes and isopimarane diterpenes from an endophytic fungus *Xylaria* sp. http：//dx. doi. org/10. 1016/ j. phytochem. 2014. 04. 016.

Yang RY，Li CY，Lin YC，et al. 2006. Lactones from a brown alga endophytic fungus（No. ZZF36）from the South China Sea and their antimicrobial activities. Bioorganic & Medicinal Chemistry Letters，16：4205-4208.

You X，Feng S，Luo SL，et al. 2013. Studies on a rherin-producing endophytic fungus isolater from *Rheum pailmaTum* L. Fitoterapia，85：160-168.

Zhang HR，Xiong YC，Zhao HY，et al. 2013. An antimicrobial compound from the endophytic fungus *Phoma* sp. isolated from the medicinal plant *Taraxacum mongolicum*. Journal of the Taiwan Institute of Chemical Engineers，44：177-181.

Zhang W，Xu LY，Yang LS，et al. 2014. Phomopsidone A，a novel depsidone metabolite from the mangrove endophytic fungus *Phomopsis* sp. A123. Fitoterapia，96：146-151.

Zhang Y，Li XM，Wang CY，et al. 2007. A new naphthoquinoneimine derivative from the marine algal-derived endophytic fungus *Aspergillus niger* EN-13. Chinese Chemical Letters，18：951-953.

Zhao J，Mou Y，Shan T，et al. 2010. Antimicrobial metabolites from the endophytic fungus *Pichia guilliermondii* isolated from *Paris polyphylla* var. *yunnanensis*. Molecules，15：7961-7970.

Zou WJ，Jin PF，Dong WH，et al. 2014. Metabolites from the endophytic fungus HP-1 of Chinese eaglewood. Chinese Journal of Natural Medicines，12（2）：0151-0153.

Zou WX，Meng JC，Lu H，et al. 2000. Metabolites of *Colletotrichum gloeosporioides*，an endophytic fungus in *Artemisia mongolia*. Journal of Natural Products，63：1529-1530.

第三十四章 红树植物内生真菌代谢产物

海洋药用植物种类繁多，主要由藻类(包括蓝藻、原绿藻、裸藻、绿藻、褐藻、红藻、金藻、甲藻、硅藻、黄藻和轮藻等水生藻类)及生活在海岸潮间带的半水生植物(主要为红树植物)组成。很早以前，人们就开始利用海洋药物治病救人。近年来，随着“人口激增，资源匮乏，环境污染”等问题的日益突出，海洋生物资源越来越受到人们的关注，其中的海洋药用植物，特别是红树植物，更是引起了化学及医药科研工作者的极大兴趣。

红树植物(mangrove plant)生长在热带、亚热带海区潮间带，为耐盐、常绿乔木或灌木，全球有红树植物约 24 科 83 种(或变种)，主要分布于东南亚各国，其中中国的分布情况参见第一篇第四章的详细介绍。红树植物在中国作为药用已有悠久的历史。《全国中草药汇编》中记载老鼠簕、海芒果和黄槿等红树植物具有清热解毒、消肿散结、止咳平喘之功，能够治疗淋巴结肿大、急慢性肝炎、哮喘等症(林鹏，1984)。近年来，世界各国对红树植物的化学成分及药理活性研究表明，红树植物含丰富的萜类、生物碱类、酚酸类、甾醇类及肽类等化合物，具有抗艾滋病、抗肿瘤、抑菌和抗氧化等多种生物活性(王友绍等，2004；杨维等，2011)，成为重要的海洋药用植物资源。

海洋药用植物生长于特殊的海洋生态环境，由于与宿主之间长时间的协同进化，海洋药用植物内生真菌也具备了独特的代谢调控系统，使其能够代谢产生与宿主相同或相似的代谢产物进而对宿主植物施加影响，这些代谢产物多具有新颖的化学结构与独特的生物活性，因此海洋药用植物内生真菌的研究对于开发利用药用植物及药用植物资源保护有非常重要的经济效益及生态效益。本章介绍近年来从海洋药用植物(主要是红树植物)内生真菌中发现的代谢产物及其生物活性。

第一节 萜类化合物

萜类化合物广泛存在于植物、微生物、海洋生物及某些昆虫中，具有重要的生物功能和生理活性。起初，萜类化合物主要发现于陆地植物，近年来，随着海洋天然产物化学研究的蓬勃发展，越来越多结构新颖、生物活性显著的萜类化合物被从海洋动物、植物及海洋微生物中分离得到。而海洋药用植物内生真菌作为海洋生物资源的一支，也蕴含着丰富多样的萜类化合物。

一、从海洋药用植物内生真菌中发现的倍半萜及其衍生物

kandenol A～E(1～5)是 Ding 等首次从红树植物秋茄树[*Kandelia candel*(Linn.) Druce]内生真菌 *Streptomyces* sp.中分离得到的倍半萜，具有桉叶烷结构母核。该类化合物对多种人肿瘤细胞株不显示细胞毒活性，但具有一定的抗金黄色葡萄球菌和分枝杆菌活性(Ding et al., 2012)。Guan 等(2005)从秋茄树内生真菌 *Streptomycesgriseus* subsp.中分离并鉴定了 3 个大根香叶烷型倍半萜 1(10)*E*，5*E*-germacradiene-11-ol(6)、1(10)*E*，5*E*-germacradiene-3，11-diol(7)、1(10)*E*，5*E*-germacradiene-2，11-diol(8)。Li 等(2011)从红树植物无瓣海桑(*Sonneratia apetala*)内生真菌 *Talaromyces flavus* 中发现了 5 个降倍半萜 talaperoxides A～D(9～12)及 steperoxide B(13)，其中化合物 10 和 12 对 MCF-7(人乳腺癌细胞)、MDA-MB-435(人乳腺癌细胞)、HepG2(人肝癌细胞)、HeLa(人子宫颈癌细胞)和 PC-3(人前列腺癌细胞)5 种人肿瘤细胞株具有较强的细胞毒活性，其 IC_{50} 值为 0.70～2.78μg/ml。pestalotiopen A(14)、pestalotiopen B(15)及 altiloxin B(16)是从红树植物红茄苳(*Rhizophora mucronala*)叶片内生真菌 *Pestalotiopsis* sp.中分离得到的补身烷型倍半萜及其衍生物，pestalotiopen A 具有中等抗粪肠球菌活性(Hemberger et al., 2013)，以上化合物结构如图 34-1 所示。

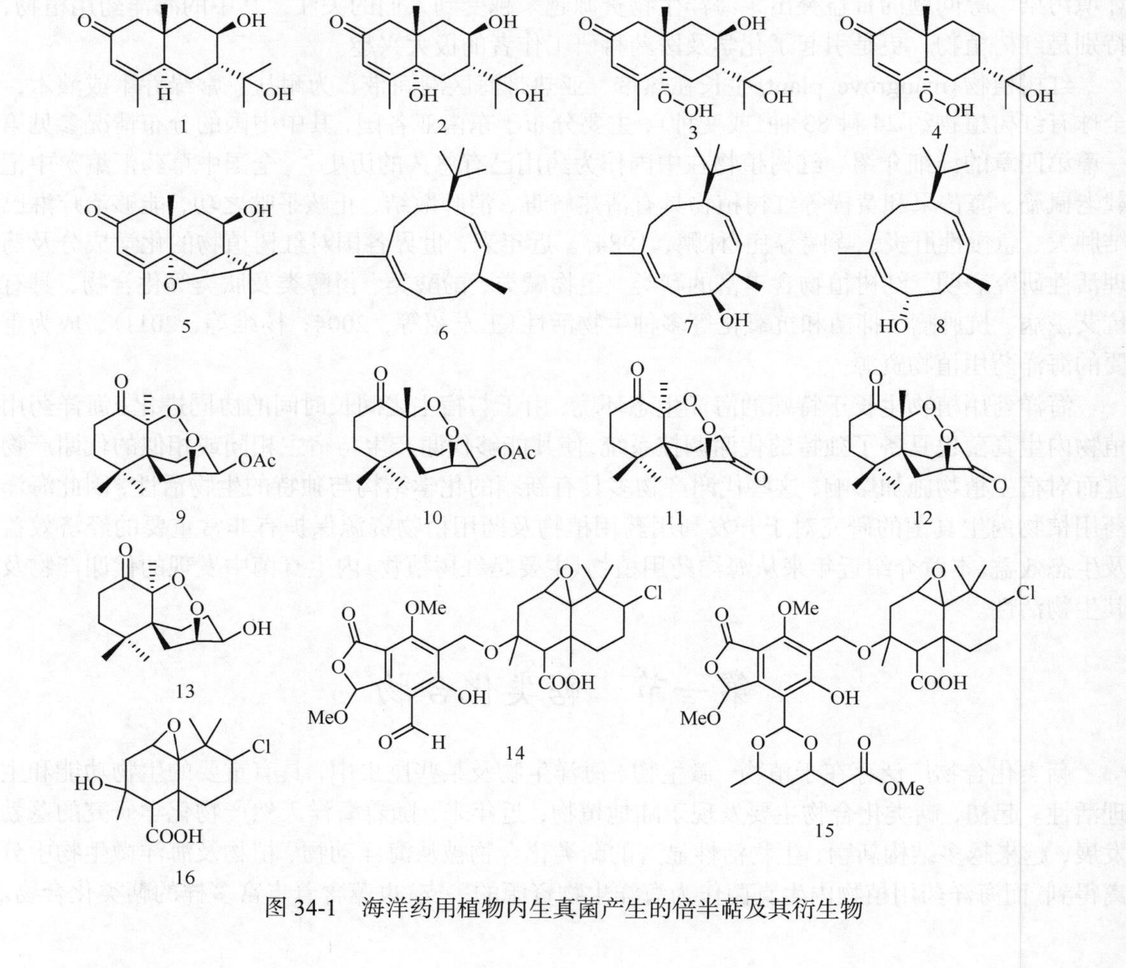

图 34-1　海洋药用植物内生真菌产生的倍半萜及其衍生物

二、从海洋药用植物内生真菌中发现的二倍半萜类化合物

相比于倍半萜、二萜及三萜，从自然界动物、植物及微生物中分离得到二倍半萜的数量相对较少，即便如此，在海洋药用植物内生真菌中同样发现存在有结构新颖的二倍半萜。Xiao 等（2013）从红树植物老鼠簕（*Acanthus ilicifolius*）根部内生真菌 *Aspergillus* sp.中分离得到了两个具有 5/8/6/6 四环全新骨架类型的二倍半萜 asperterpenol A（17）、asperterpenol B（18）。同时，该研究组还发现该类二倍半萜能够通过抑制乙酰胆碱酯酶活性而在阿尔兹海默病的预防和治疗中发挥作用。Renner 等（1998）从巴哈马情人岛红树林内生真菌 *Fusarium heterosporum* CNC-477 的菌丝体中分离得到一系列二倍半萜 neomangicol A～C（19～21）和 mangicol A～G（22～28）。neomangicol 类二倍半萜的骨架以前未见有报道，neomangicol 和 mangicol 对不同的肿瘤细胞系显示出具有中等强度的细胞毒性。neomangicol A 对 MCF-7（人乳腺癌细胞）和 Caco-2（人克隆结肠腺癌细胞）的细胞毒性很强，IC_{50} 分别为 4.9μmol/L 和 5.7μmol/L。neomangicol B 具有与庆大霉素（gentamycin）大致相似的对革兰氏阳性菌 *Bacillus subtilus* 的抑制能力。mangicol A 和 mangicol B 对由巯基丙酸（MPA）诱导的鼠类耳朵水肿显示了有意义的抗炎症活性（Renner et al.，1998）。以上化合物结构如图 34-2 所示。

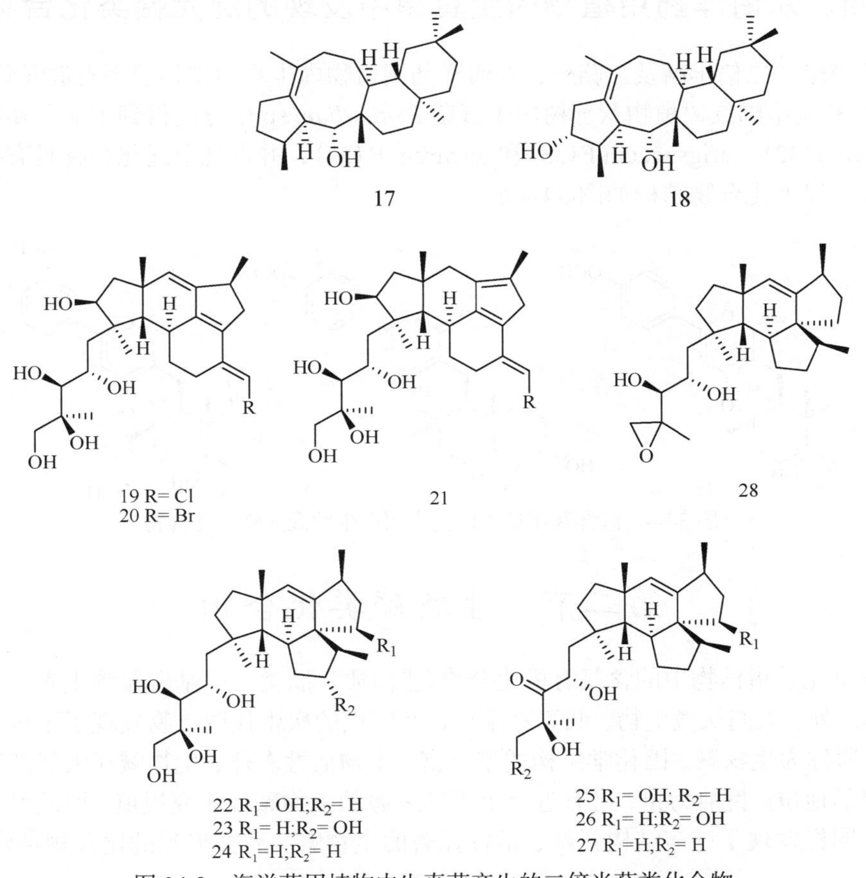

图 34-2　海洋药用植物内生真菌产生的二倍半萜类化合物

三、从海洋药用植物内生真菌中发现的三萜类化合物

Luo 等（2011）在研究中国红树植物尖瓣海莲（*Bruguiera sexangula*）内生真菌 *Pestalotiopsis clavispora* 化学成分的过程中发现了 3 个结构新颖的齐墩果烷型三萜（15α）-15-hydroxysoyasapogenol B（29）、（7β，15α）-7，15- dihydroxysoyasapogenol B（30）和（7β）-7，29-dihydroxysoyasapogenol B（31）。以上化合物结构如图 34-3 所示。

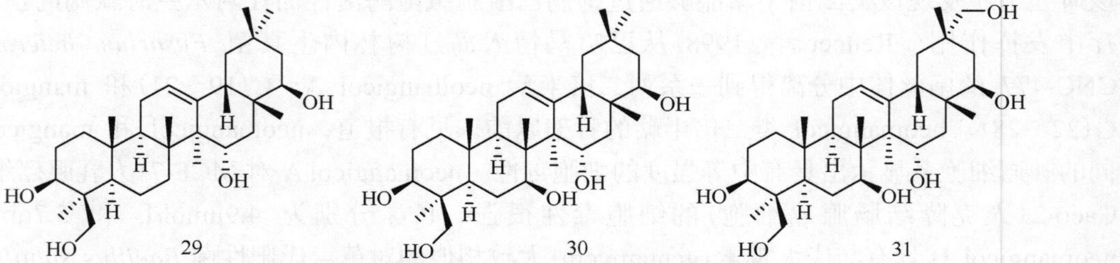

图 34-3　海洋药用植物内生真菌产生的三萜类化合物

四、从海洋药用植物内生真菌中发现的混元萜类化合物

除了倍半萜、二倍半萜及三萜外，在海洋药用植物内生真菌中还发现有混元萜类衍生物。Song 等（2013）从中国红树植物秋茄树内生真菌 *Penicillium* sp.中分离得到了 3 个 α-吡喃酮混元萜 arigsugacin I（32）、arigsugacin F（33）和 territrem B（34），并发现上述化合物具有抑制乙酰胆碱酯酶活性。以上化合物结构如图 34-4 所示。

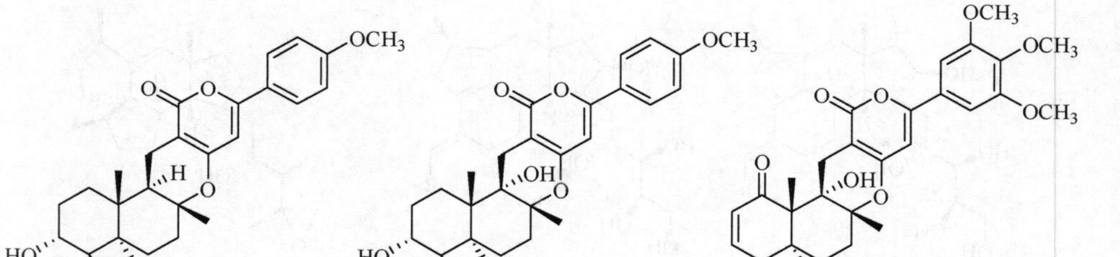

图 34-4　海洋药用植物内生真菌产生的混元萜类化合物

第二节　生物碱类化合物

生物碱早先是指植物中的含氮有机化合物（蛋白质、肽类、氨基酸及维生素 B 除外）。现在，除植物以外，人们从微生物、低等海洋动物及昆虫的次生代谢产物发现了不少含氮小分子化合物，也通称为生物碱。因化学结构类型丰富、生物活性多样，生物碱在天然产物化学研究中占有重要的地位。目前为止，已有近万个天然来源的生物碱被研究报道，而从海洋药用植物内生真菌中同样发现了许多结构新颖、活性显著的生物碱。后文提到的化合物结构如图 34-5 所示。

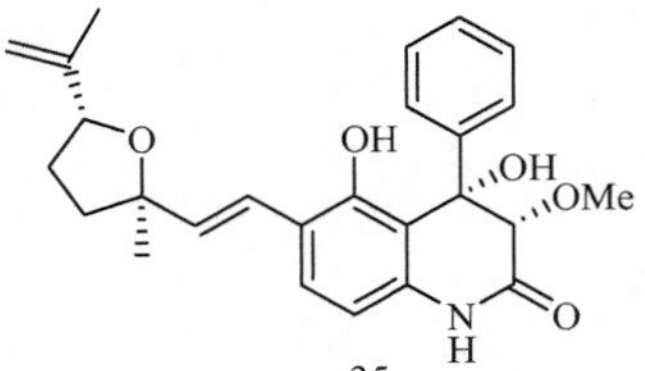

	R_1	R_2	R_3	R_4
37	Me	H	OH	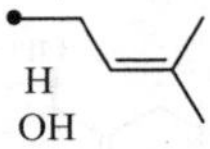 (prenyl)
38	Me	H	H	H
39	Me	H	H	OH
30	H	OH	H	H

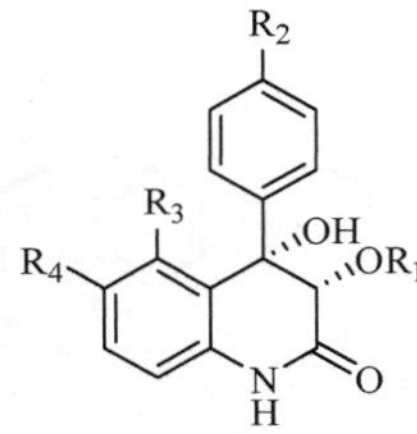

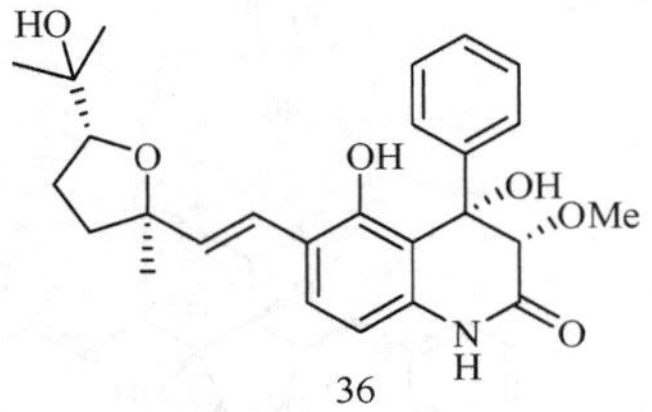

35 36

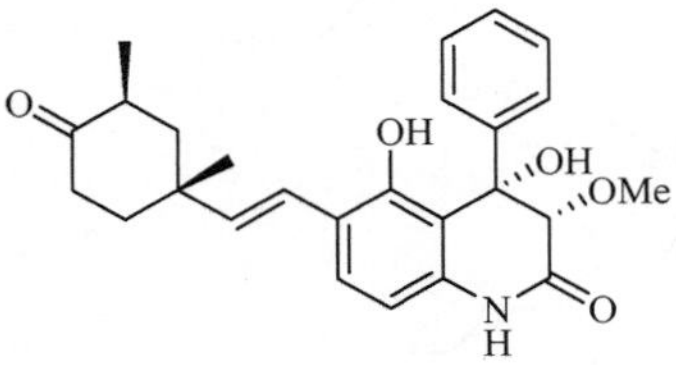

41 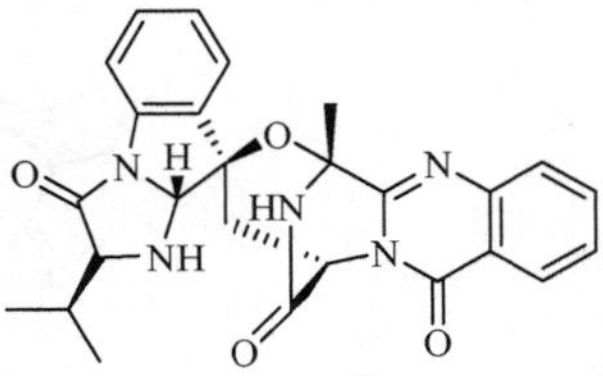 42 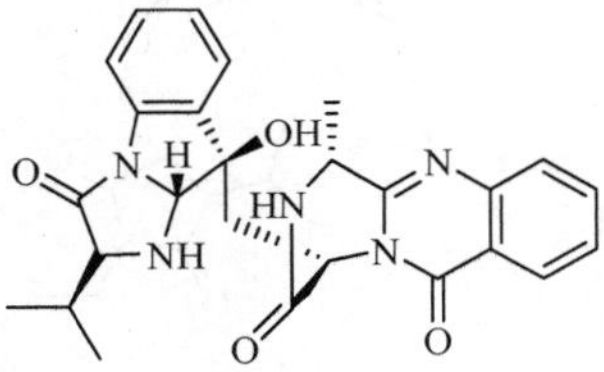 43

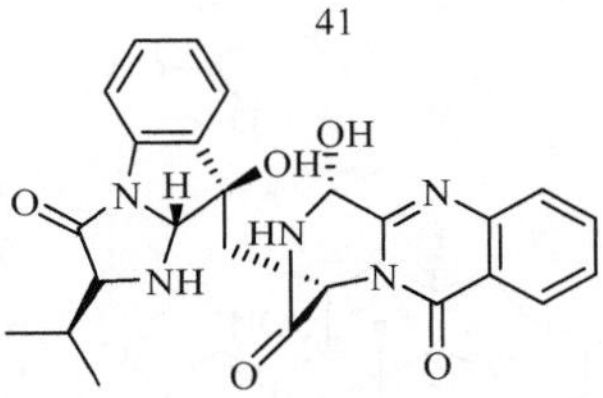

44 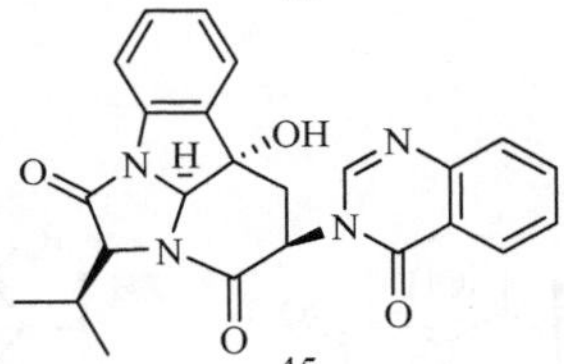 45

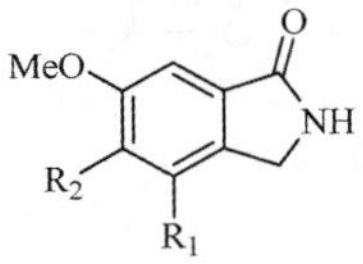

46 R_1=OH; R_2=OMe
47 R_1=OMe; R_2=OH

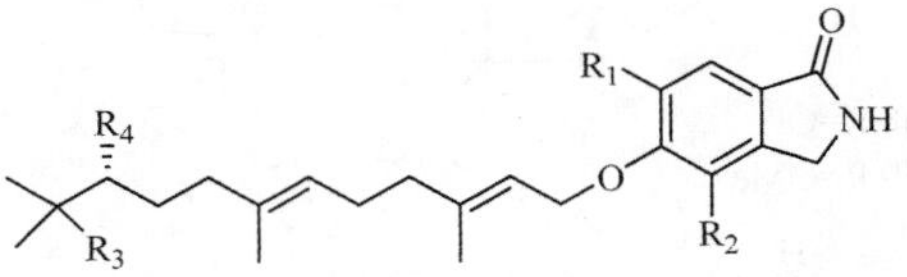

48 R_1=OMe; R_2=OMe; R_3=Cl; R_4=OH
49 R_1=OMe; R_2=OH; R_3=Cl; R_4=OH
50 R_1=OMe; R_2=OMe; R_3=OH; R_4=OH

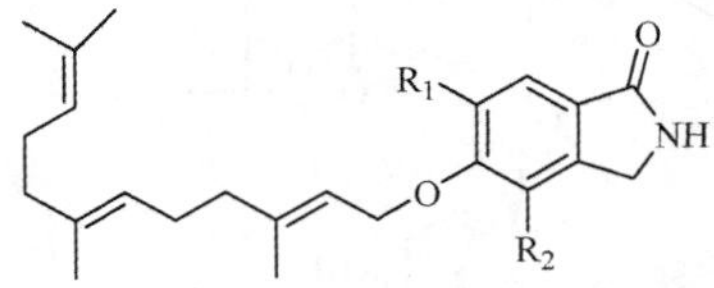

51 R_1=OMe; R_2=OH
52 R_1=OH; R_2=OH

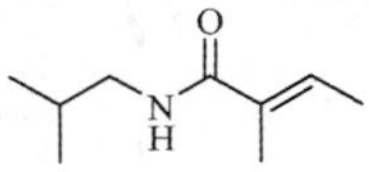

53 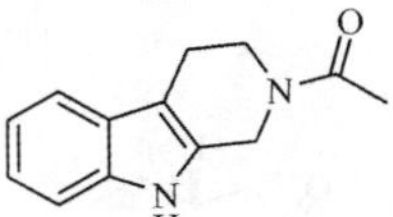 54

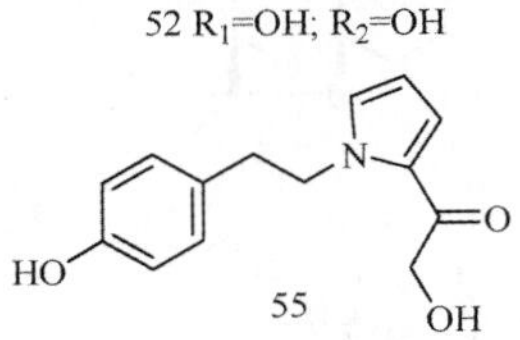

55 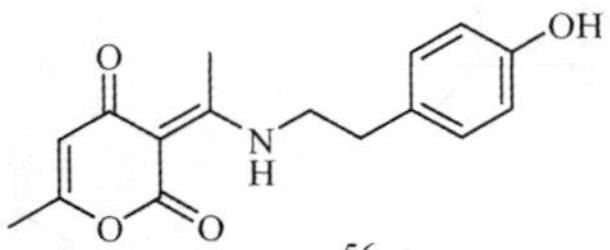 56 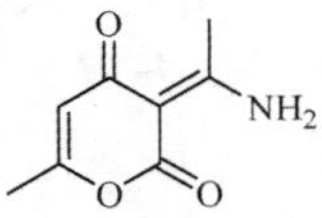 57

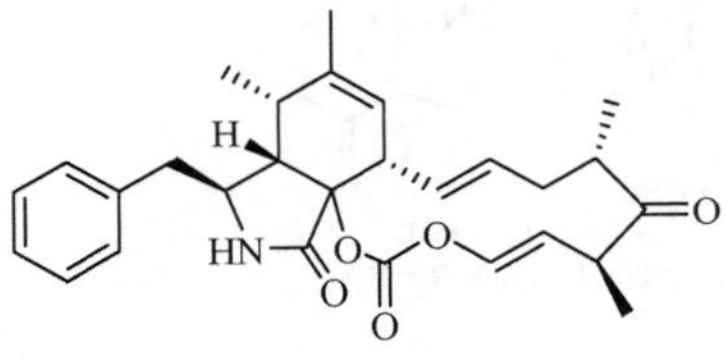

58 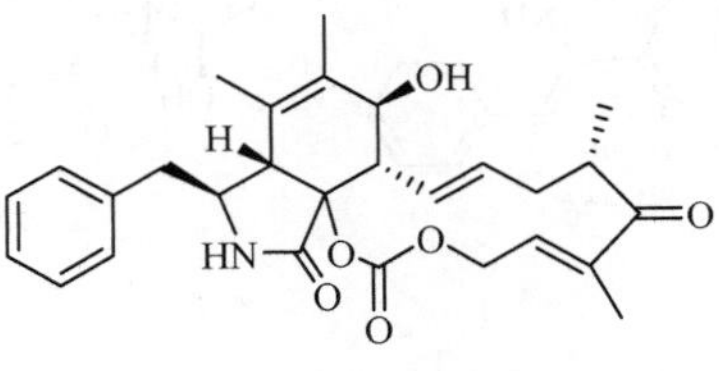 59

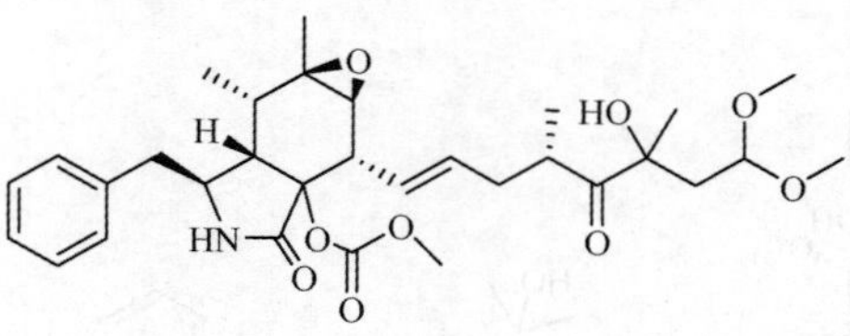

60

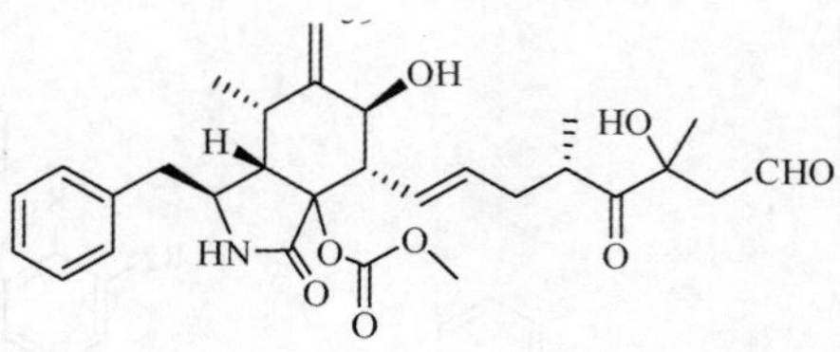

61

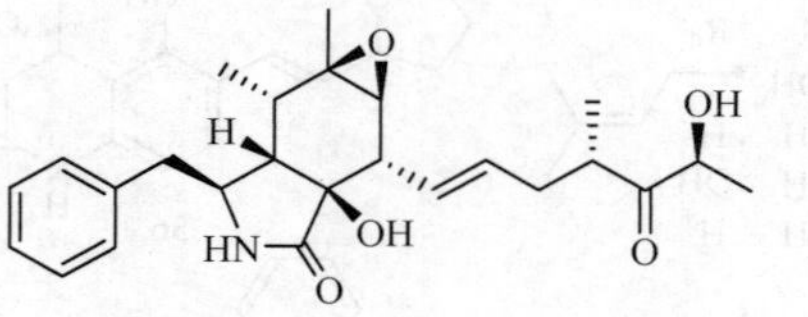

62

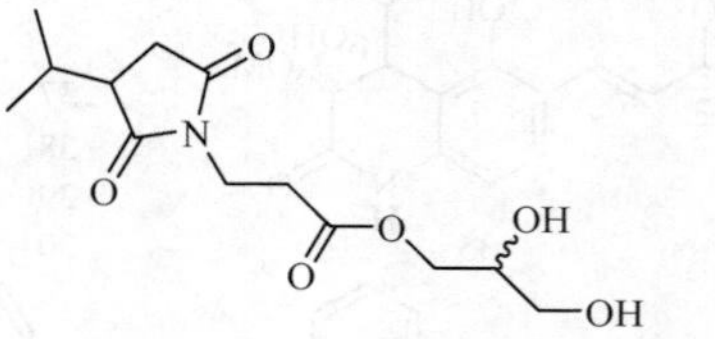

66

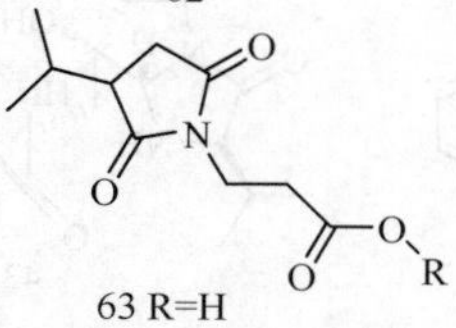

63 R=H
64 R=CH_3
65 R=C_4H_9

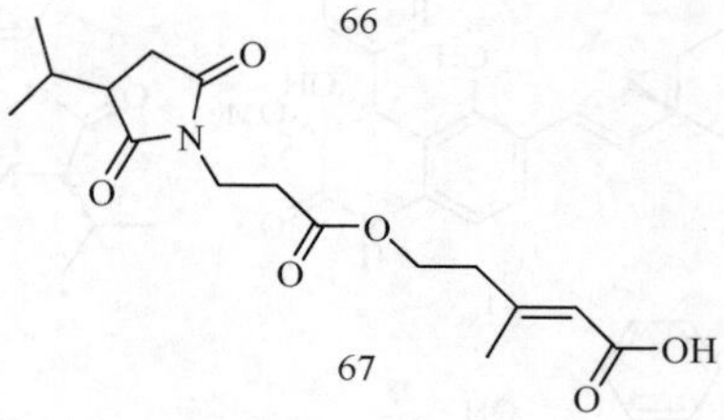

67

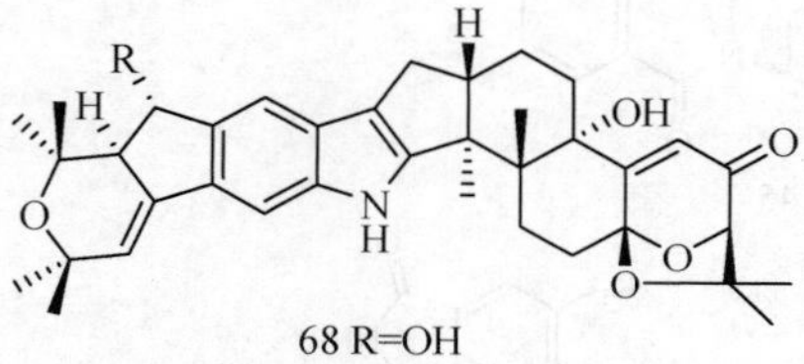

68 R=OH
69 R=OMe

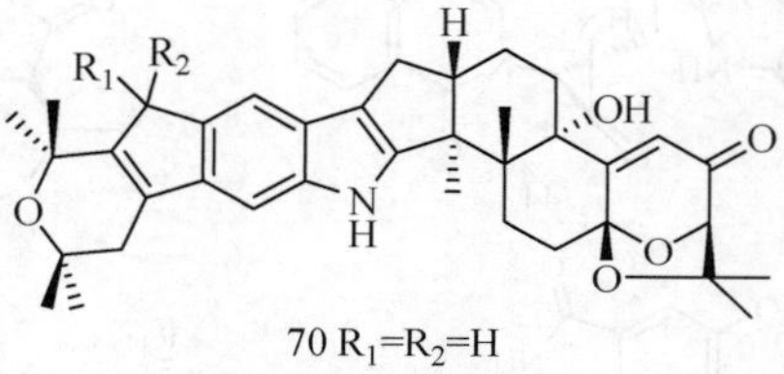

70 R_1=R_2=H
71 R_1+R_2=O

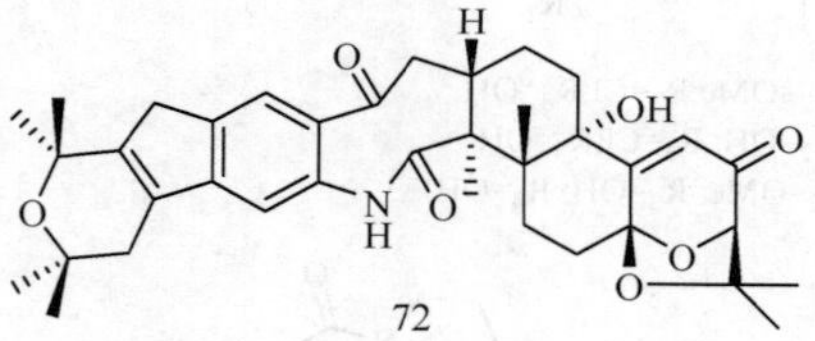

72

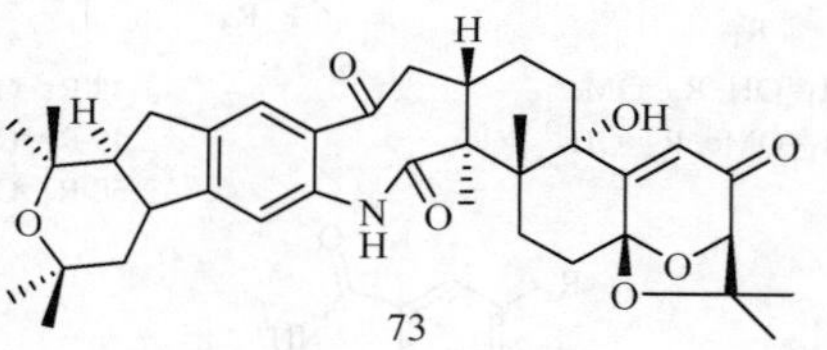

73

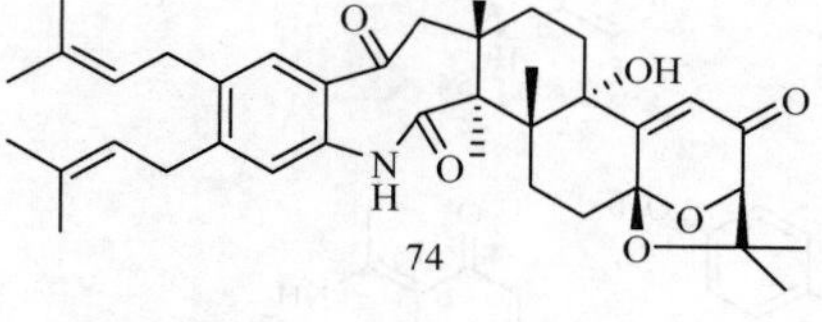

74

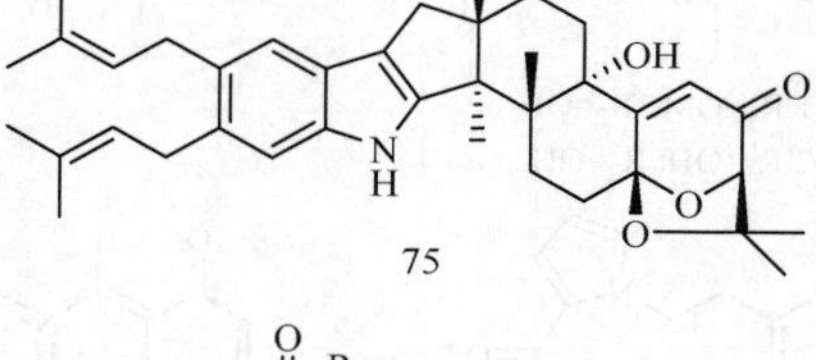

75

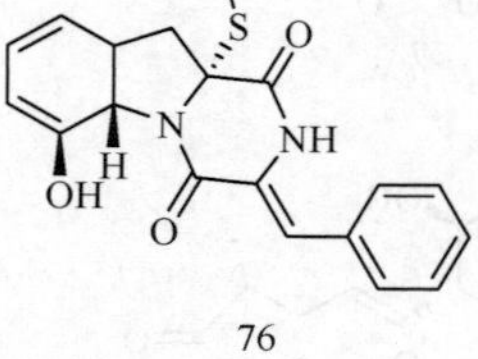

76

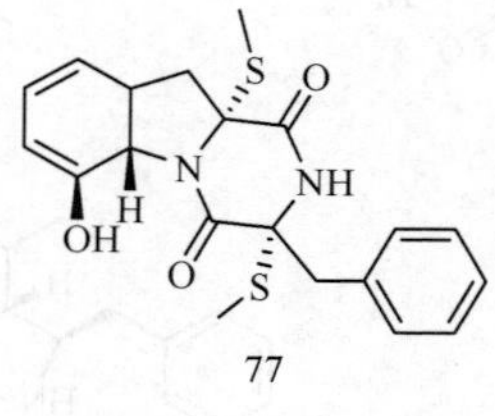

77

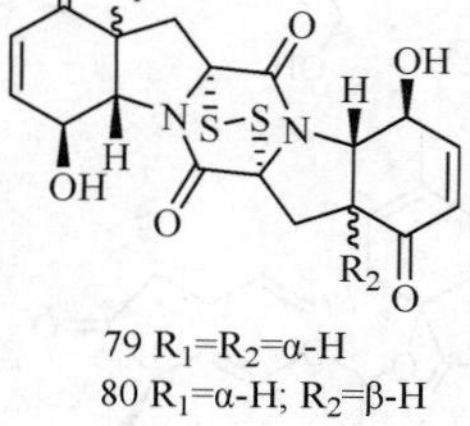

79 R_1=R_2=α-H
80 R_1=α-H; R_2=β-H

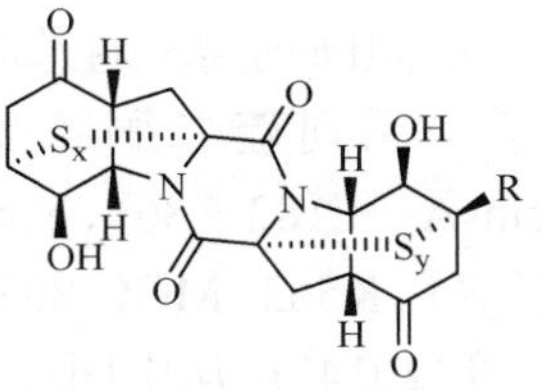

85 x=y=1; R=H
82 x=2; y=1; R=H
84 x=y=2; R=H

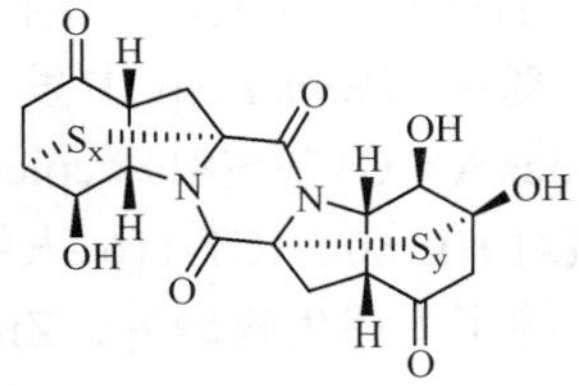

86 x=y=1
83 x=2;y=1

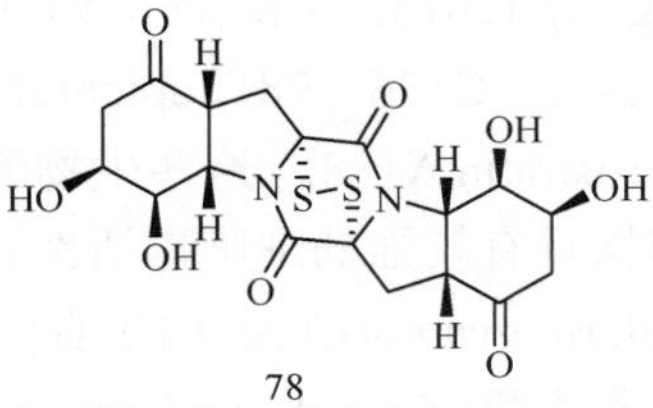

78

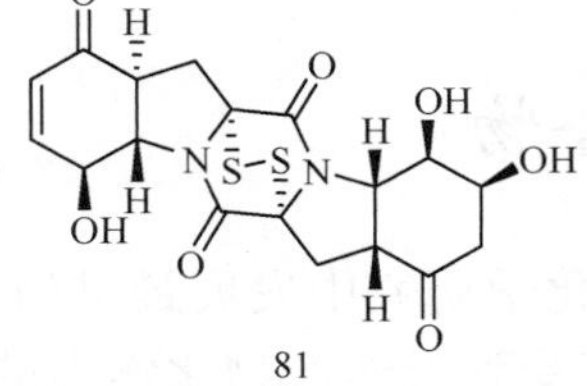

81

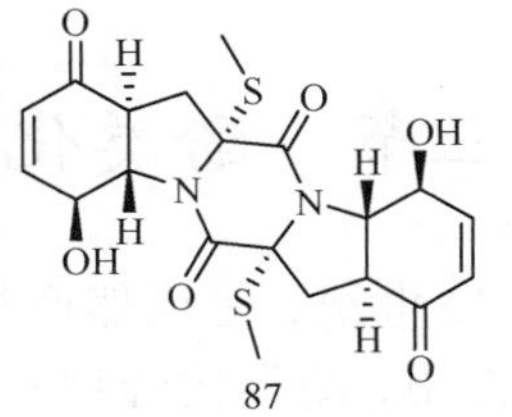

87

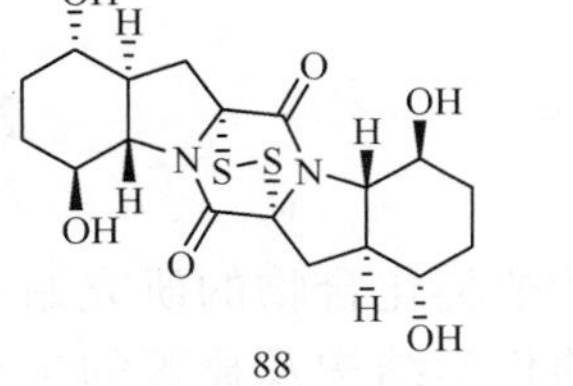

88

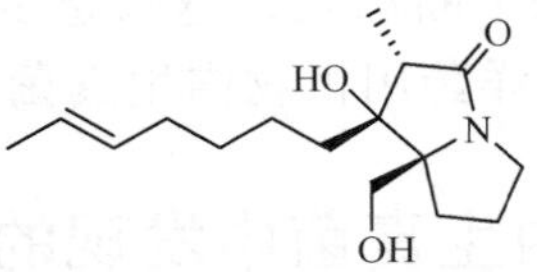

89

图 34-5 海洋药用植物内生真菌产生的生物碱类化合物

An 等（2013）从中国红树植物红海榄（*Rhizophora stylosa*）内生真菌 *Aspergillus nidulans* 中发现了一系列奎诺酮生物碱衍生物 aniduquinolones A～C（35～37）、6-deoxyaflaquinolone E（38）、isoflaquinolone E（39）、14-hydroxyaflaquinolone F（40）和 aflaquinolone A（41）。其中化合物 36、37 和 41 具有海虾致死毒性，半数致死量（LD_{50}）值分别为 7.1μmol、4.5μmol 及 5.5μmol。本研究室还从该株真菌中分离得到了另外 4 个喹唑啉酮生物碱 aniquinazoline A～D（42～45），并发现其同样具有海虾致死毒性。Zhang 等（2011）从红树植物桐花树（*Aegiceras corniculatum*）内生真菌 *Emericella* sp. 中分离得到了一系列异吲哚酮生物碱衍生物 emerimidenes A（46）、emerimidines B（47）、emeriphenolicins A～C（48～50）、aspernidine A（51）、aspernidine B（52），该类生物碱具有抗流感病毒（H1N1）活性。Ding 等（2012）从桐花树内生真菌 *Fusarium incarnatum* 中发现了一系列化学结构少见的生物碱 *N*-2-methylpropyl-2-methylbutenamide（53）、2-acetyl-1，2，3，4-tetrahydro-β-carboline（54），fusarine（55）、fusamine（56）及 3-（1-aminoethylidene）-6-methyl-2H-pyran-2，4（3H）-dione（57），其对 HUVEC（人脐静脉内皮细胞）、K-562（慢性髓原白血病细胞）及 HeLa 等细胞株具有一定的细胞毒性。cytochalasins Z_{16}～Z_{20}（58～62）是从红树植物老鼠簕内生真菌 *Aspergillus flavipes* 中分离到的细胞松弛素类生物碱，其中化合物 59 对 A549（人肺腺癌细胞）具有较强的细胞毒性（Lin et al.，2009）。

德国学者在研究一株分离自阿曼红树植物海榄雌（*Avicennia marina*）的内生真菌 AMO3-2 化学成分的过程中，分离并鉴定了 5 个 farinomalein 类生物碱 farinomalein（63）、farinomalein methyl ester（64）及 farinomaleins C～E（65～67）。通过对上述化合物进行抗肿瘤及抗菌活性筛选发现，化合物 64 具有显著的 L5178Y（小鼠淋巴瘤细胞）细胞毒性，IC_{50} 值为 4.4μg/ml（Amrani et al.，2012）。

Xu 等（2007）从桐花树内生真菌 *Penicillium* sp. 中分离得到了一系列吲哚二萜类生物碱

shearinines D～K（68～75），体外生物活性研究发现该类生物碱具有阻断钙离子通道活性。

Kong 等（2013）从秋茄树内生真菌 *Phoma* sp.中发现了一系列硫二酮哌嗪生物碱 phomazines A～C（76～78）、epicorazines A～C（79～81）、epicoccinsA～E（82～86）、exserohilone A（87）和 rostratin A（88）。这些生物碱对 HL-60、HCT-116（人结肠癌）、K562、MGC-803 和 A549 5 株细胞株具有较强的细胞毒活性。除了上述生物碱外，Zhou 等（2014）还从中国红树植物木榄（*Bruguiera gymnorrhiza*）内生真菌 *Penicillium* sp.中分离得到了一个具有全新母核骨架的吡咯里西啶类生物碱 penibruguieramine A（89）。

第三节　酚类化合物

天然酚类化合物的研究始于 20 世纪，是天然产物化学研究中发展最早的一类。凭借其多变的化学结构及显著的生理作用，酚类化合物一直受到天然产物化学界的广泛关注。近年来，随着海洋天然产物研究的不断深入，越来越多的酚类化合物被从海洋生物样品中分离得到，本节介绍近年来从海洋药用植物内生真菌中发现的酚类化合物。

一、从海洋药用植物内生真菌中发现的蒽醌及屾酮类化合物

Huang 等（2011）从中国半红树植物水黄皮（*Pongamia pinnata*）内生真菌 *Aspergillus tubingensis* 中分离得到了 8 个蒽醌衍生物 rubasperones D～G（90～93）、TMC256A（94）、rubrofusarin B（95）、fonsecin（96）和 flavasperone（97）。其中化合物 94 对 MCF-7、MDA-MB-435、Hep3B（肝癌干细胞）、Huh7（肝癌细胞）、SNB19（人胶质母细胞瘤细胞）和 U87（脑胶质瘤细胞）等具有较强的细胞毒性，化合物 77、95 和 97 也显示出相对较弱的细胞毒活性。

Deng 等（2013）从中国红树植物木榄的内生真菌 *Aspergillus terreus* 中分离发现了 6 个醌类化合物 8-hydroxy-2-［1-hydroxyethyl］-5，7-dimethoxynaphtho ［2，3-b］ thiophene-4，9-dione（98）、anhydrojavanicin（99）、8-*O*-methylbostrycoidin（100）、8-*O*-methyljavanicin（101）、botryosphaerone D（102）和 6-ethyl-5-hydroxy-3，7-dimethoxynaphthoquinone（103）。其中的化合物 99 和 100 具有抑制乙酰胆碱酯酶的活性，IC_{50} 值分别为 2.01μmol/ml、6.71μmol/ml。Shao 等（2008）从中国红树植物老鼠簕的一株未鉴定种属的内生真菌 ZSUH-36 中分离得到了 6 个蒽醌衍生物 6，8，1-tri-*O*-methyl averantin（104）、1-*O*-methyl averantin（105）、6，8-di-*O*-methyl averufin（106）、averufin（107）、versicolorin C（108）和 6，8-di-*O*-methyl averufanin（109）。除了醌类化合物外，从海洋药用植物内生真菌中也发现了屾酮类化合物。Huang 等（2010）从中国红树植物海榄雌内生真菌 ZSU-H16 中分离得到了两个屾酮类化合物 3，5，8-trihydroxy-2，2-dimethyl-3，4，4-trihydro-2H，6H-pyrano［3，2-b］-xanthen-6-one（110）和 5，8-dihydroxy-2，2-dimethyl-2H，6H-pyrano［3，2-b］xanthen-6-one（111）。化合物 97 对 KB（人口腔表皮样癌细胞）、KBv200（耐药肿瘤细胞）具有弱细胞毒活性。另外，该研究小组还从中国红树植物海漆（*Excoecaria agallocha*）内生真菌 *Phomopsis* sp. 中发现了一个屾酮苷类化合物 3-*O*-(6-*O*-*L*-arabinopyranosyl)-*D*-glucopyranosyl-1，4-dimethoxyxanthone（112），其具有 HEp-2（人喉癌上皮细胞）和 HepG2 细胞毒活性，IC_{50} 值分别为 9.0μmol/ml 和 16.0μmol/ml（Huang et al. 2013）。以上蒽醌类化合物和屾酮类化合物的结构如图 34-6、图 34-7 所示。

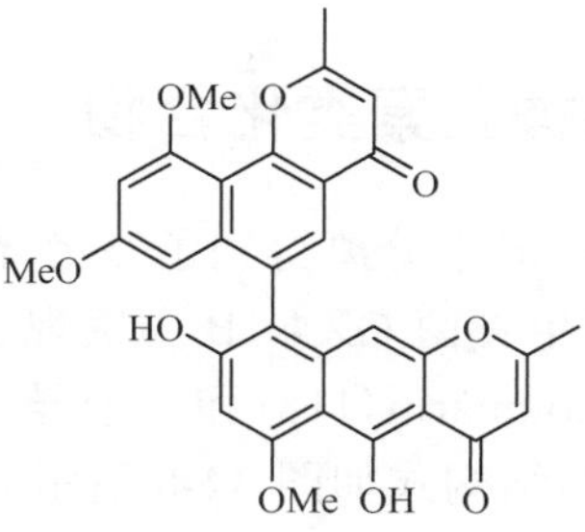

90 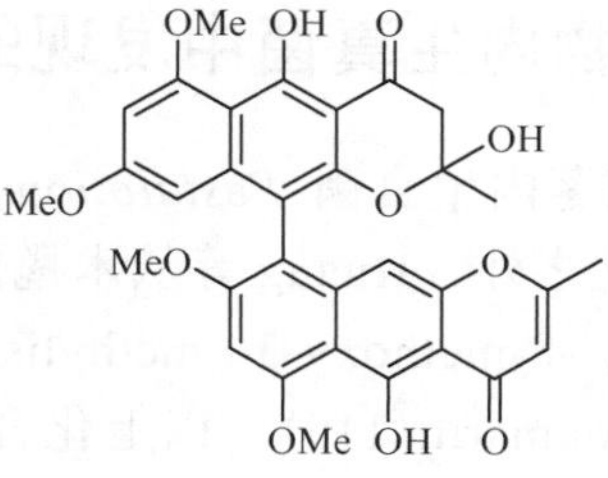　91 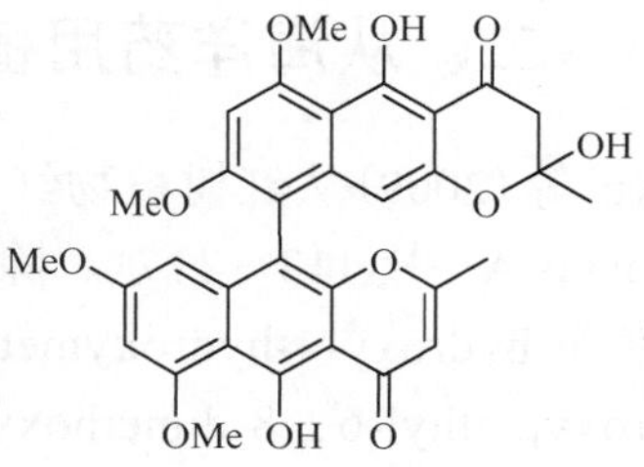　92、93

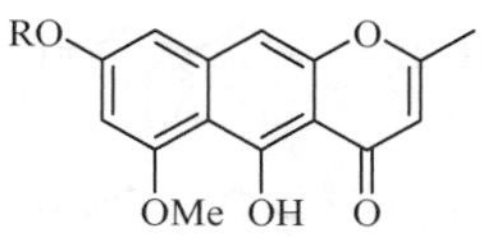

94 R=H
95 R=Me

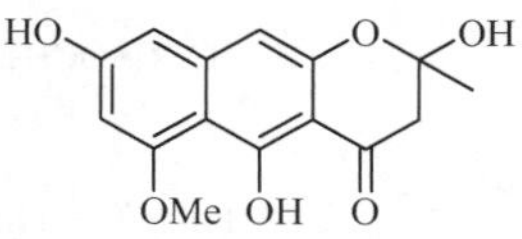

96 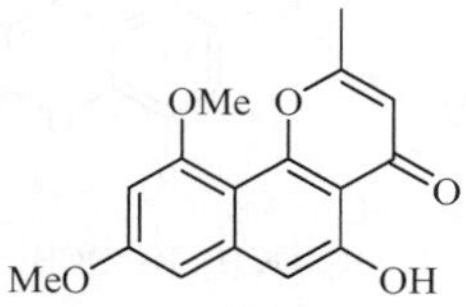　97

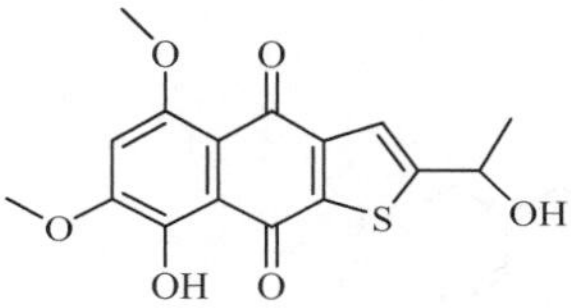

98 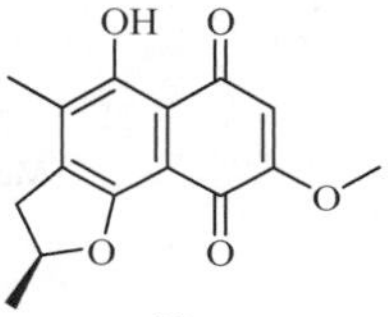　99 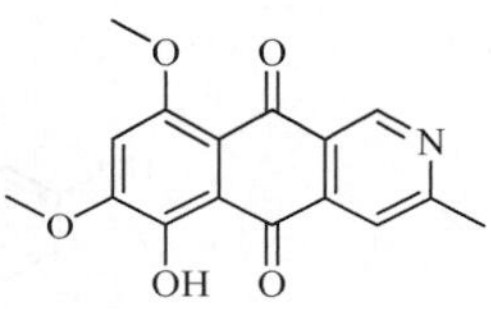　100

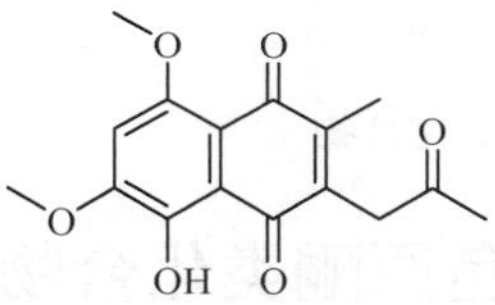

101 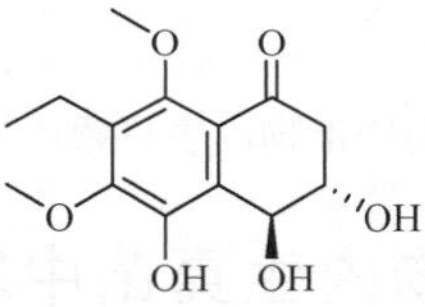　102 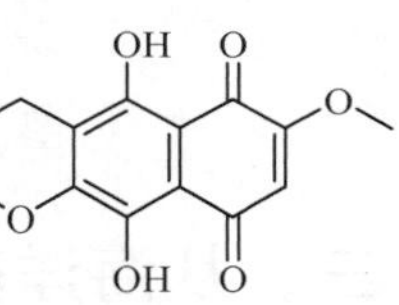　103

图 34-6　海洋药用植物内生真菌产生的蒽醌类化合物

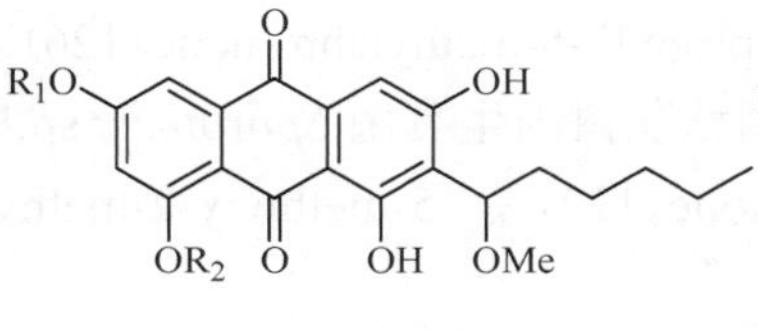

104 $R_1=R_2=CH_3$
105 $R_1=R_2=H$

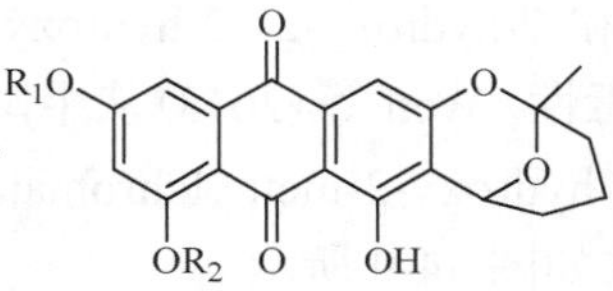

106 $R_1=R_2=CH_3$
107 $R_1=R_2=H$

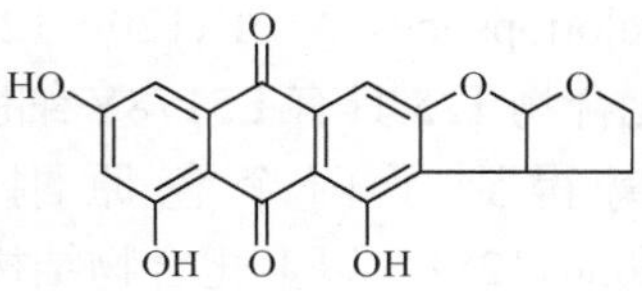

108

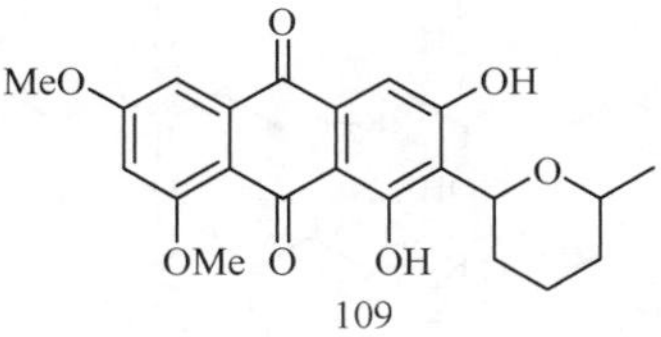

109 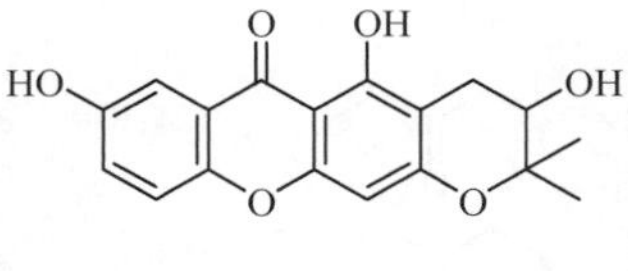　110 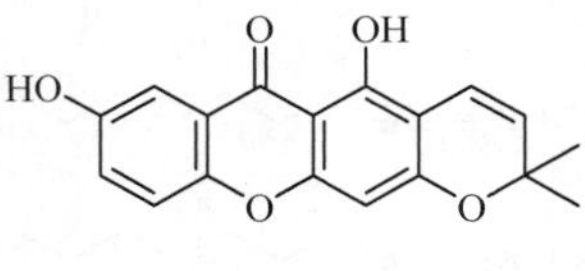　111

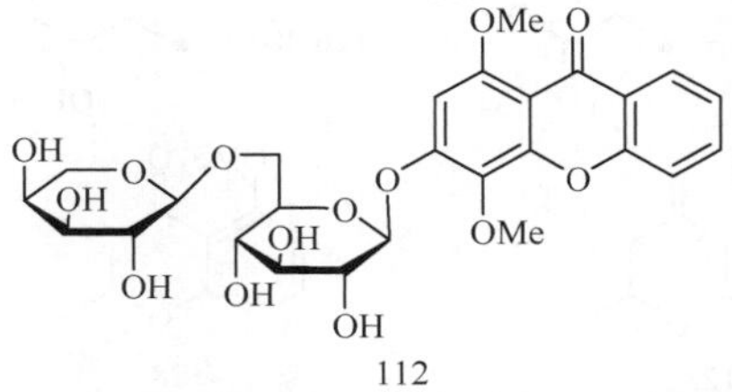

112

图 34-7　海洋药用植物内生真菌产生的吅酮类化合物

二、从海洋药用植物内生真菌中发现的香豆素类化合物

Xu 等(2009)从红树植物红茄苳内生真菌 *Pestalotiopsis* sp.中分离得到了 5 个香豆素 pestalasins A～E(113～117)。除此之外，Huang 等从木榄内生真菌 GX4-1B 中发现了一个香豆素 6-hydroxy-4-hydroxymethyl-8-methoxy-3- methylisocoumarin(118)和一个异香豆素 3-hydroxymethyl-6，8-dimethoxycoumarin(119)。以上化合物结构式如图 34-8 所示。

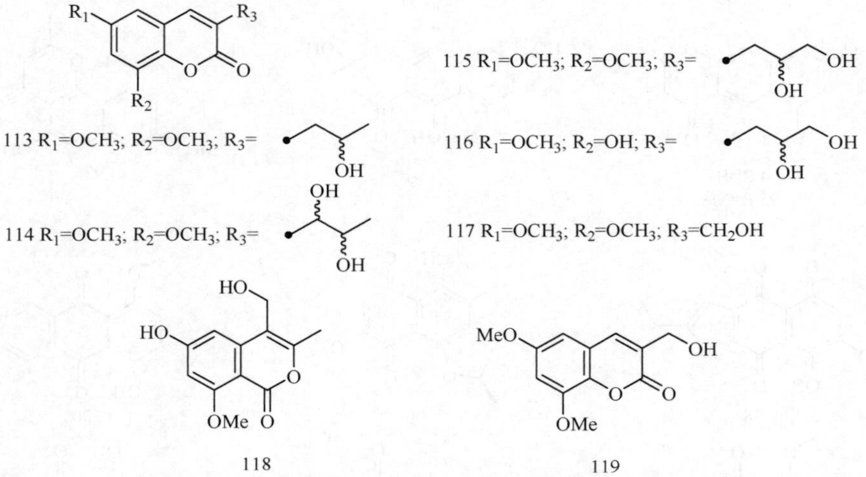

113 R_1=OCH_3; R_2=OCH_3; R_3=
114 R_1=OCH_3; R_2=OCH_3; R_3=
115 R_1=OCH_3; R_2=OCH_3; R_3=
116 R_1=OCH_3; R_2=OH; R_3=
117 R_1=OCH_3; R_2=OCH_3; R_3=CH_2OH

118　　119

图 34-8　海洋药用植物内生真菌产生的香豆素类化合物

三、从海洋药用植物内生真菌中发现的色原酮类化合物

Xu 等(2009)从红茄苳内生真菌 *Pestalotiopsis* sp.中发现了一系列色原酮衍生物 pestalotiopsones A～F(120～125)和 7-hydroxy-2-(2-hydroxypropyl)-5-methylchromone(126)。其中化合物 125 具有 L5178Y 细胞毒性。Wen 等(2013)从中国秋茄树内生真菌 *Sporothrix* sp.中也分离得到了两个色原酮 5-hydroxy-2-methylchromanone(127)、5-methoxy-2-methylchromone(128)。以上化合物结构式如图 34-9 所示。

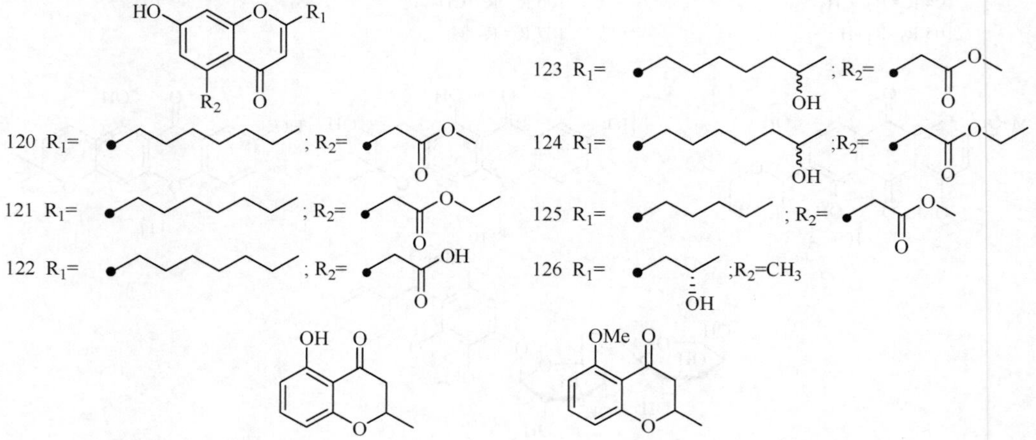

120 R_1= ; R_2=
121 R_1= ; R_2=
122 R_1= ; R_2=
123 R_1= ; R_2=
124 R_1= ; R_2=
125 R_1= ; R_2=
126 R_1= ; R_2=CH_3

127　　128

图 34-9　海洋药用植物内生真菌产生的色原酮类化合物

四、从海洋药用植物内生真菌中发现的其他酚酸类化合物

海洋药用植物内生真菌中酚性化合物结构丰富，除了上述醌、酮类成分外，还从中发现了许多其他类型的酚性化合物。Zhou 等(2014)从中国红树植物秋茄树内生真菌 *Pestalotiopsisi vaccinii* 中分离得到了 4 个酚性化合物 *p*-hydroxy benzaldehyde(129)、benzocaine(130)、ethyl p-hydrobenzoate (131)和 ethyl *p*-anisate(132)。Yan 等(2010)从中国红树植物黄槿(*Hibisustiliaceus*)内生真菌 *Penicillium commune* 中发现了 3 个酚性物质 1-*O*-(2，4-dihydroxy-6-methyl-benzoyl)-glycerol(133)，1-(2，4-dihydroxy-3，5-dimethylphenyl)-ethanone(134) 和 2-(2，5-dihydroxyphenyl) acetic acid(135)。Huang 等(2009)从海漆内生真菌 *Phomopsis* sp.中分离得到了 4 个酚性化合物 2-(7-hydroxyoxooctyl)-3-hydroxy-5-methoxybenzeneacetic acid ethyl ester(136)和 dothiorelones A～C(137～139)，它们具有 HEp-2 和 HepG2 细胞毒性。Liu 等(2009)从中国红树植物秋茄树内生真菌 *Taluromyces* sp.中发现了 3 个酚性化合物 tenelate A(140)、tenelate B(141)和 tenellicacidC (142)。

Xia 等(2008)从中国红树内生真菌 ZZF13 中分离得到了两个酚性化合物 2-formyl-3，5-dihydroxy-6-methylbenzoic acid(143)和 2-formyl-3，5-dimethoxy-6- methylbezoic acid(144)。之后，其又从秋茄树内生真菌 *Nigrospora* sp. 中发现了 4 个酚性化合物 methyl 3-chloro-6-hdroxy-2-(4-hydroy-2-methoxy-6-methylphenxy)-4-methoxybenzoate(145)、(2*S*，5′*R*，*E*)-7-hydroxy-4，6-dimethoxy-2-(1-methoxy-3-oxo-5-methylhex-1-enyl)-benzofuran-3(2H)-one(146)、griseofulvin(147)和 dechlorogriseofulvin(148) (Xia et al.，2011)。Kjer 等(2009)从红树植物杯萼海桑(*Sonneratia alba*)内生真菌 *Alternaria* sp.中分离得到了一系列酚性化合物 xanalteric acid Ⅰ、Ⅱ(149、150)，以及 altenusin(151)、alternariol(152)、alterperylenol(153)和 stemphyperylenol(154)，其中化合物 149、150 和 151 具有抗 MRSA(耐甲氧西林金黄色葡萄球菌)活性。以上化合物结构式如图 34-10 所示。

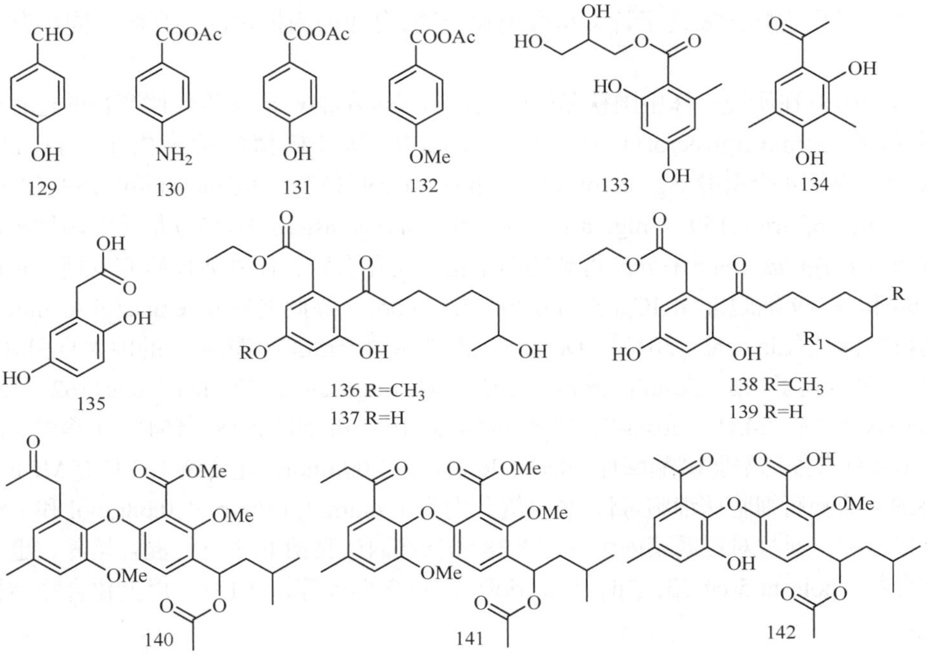

CHO OH 129
COOAc NH_2 130
COOAc OH 131
COOAc OMe 132
HO OH O O HO OH 133
O OH OH 134
OH O OH HO 135
O O O RO OH OH 136 R=CH_3 137 R=H
O O O R HO OH R_1 138 R=CH_3 139 R=H
O O OMe O OMe OMe O O 140
O O OMe O OMe OMe O O 141
O O OH O OMe OH O O 142

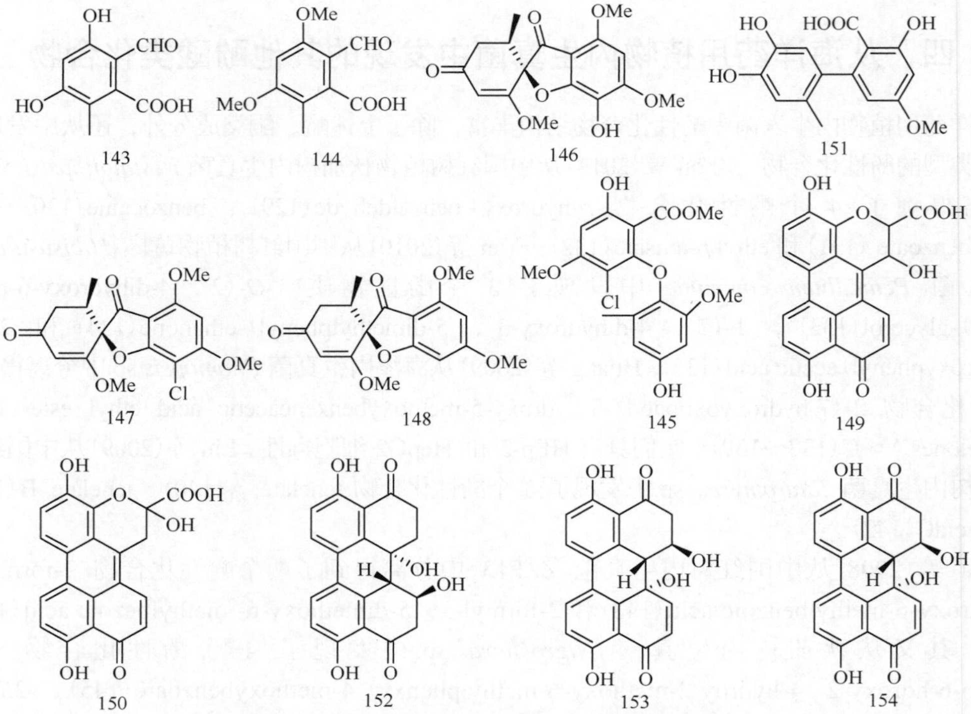

图 34-10　海洋药用植物内生真菌产生的其他酚酸类化合物

第四节　甾醇类化合物

甾醇类成分广泛存在于生物体内，是一种重要的天然活性物质。按其生物来源可分为动物性甾醇、植物性甾醇和菌类甾醇三大类。动物性甾醇以胆固醇为主，植物性甾醇主要包括谷甾醇、豆甾醇和菜油甾醇等，而麦角甾醇则属于菌类甾醇。甾醇早先多提取自陆生生物。近年来，从海洋生物样品中也陆续发现了许多甾醇类化合物，海洋药用植物内生真菌中同样存在甾醇类化合物。

Wen 等(2013)在研究一株中国秋茄树内生真菌 *Sporothrix* sp.次生代谢产物的过程中分离得到了一个甾醇 peroxyergosterol(155)。Yan 等(2010)从红树植物黄槿内生真菌 *Penicillium commune* 中发现了 4 个甾醇 ergosterol(156)、β-sitosterol(157)、β-daucosterol(158)和 ergosta-7, 22-dien-3β，5α，6β-triol(159)。nigerasterol A(160)和 nigerasterol B(161)是从中国红树植物海榄雌内生真菌 *Aspergillus niger* 中分离得到的两个甾醇类化合物，体外活性研究发现，它们具有显著的 HL-60 和 A549 细胞毒性(IC_{50} 值为 0.30～5.41μmol)，除此之外 nigerasterol A、nigerasterol B 还具有弱抗菌活性(Liu et al.，2013)。Deng 等(2013)从中国红树植物木榄的内生真菌 *Aspergillus terreus* 中分离得到了 3β，5α-dihydroxy-(22*E*，24*R*)-ergosta-7，22-dien-6-one(162)、3β，5α，14α-trihydroxy-(22*E*，24*R*)-ergosta-7，22-dien-6-one(163)和 NGA0187(164)3 个甾醇，同时还发现化合物 164 具有强乙酰胆碱酯酶抑制活性(IC_{50} 值为 3.09μmol)，化合物 162 具有 MCF-7、A549、HeLa 和 KB 4 株肿瘤细胞株细胞毒性(IC_{50} 值分别为 4.98μmol、1.95μmol、0.68μmol 和 1.50μmol)。最近，有报道称，通过对麒麟菜内生真菌 K38 和秋茄内生真菌 E33 进行混合培养，也生成了一个甾醇化合物 cholesta-5-en-3β，7β，19α-triol(165)(李春远等，2013)。以上化合物结构式如图 34-11 所示。

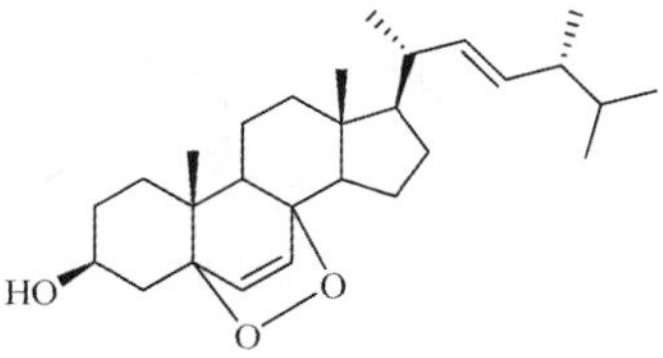

155

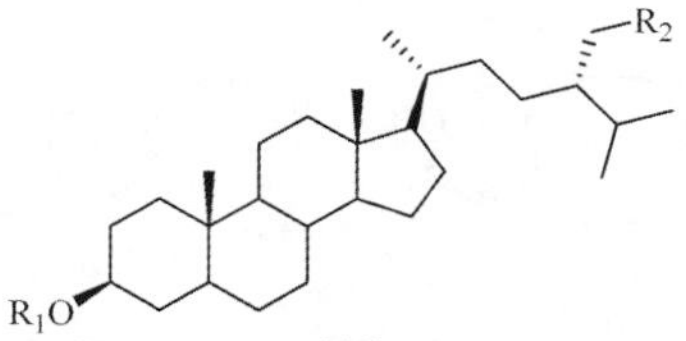

156R_1=R_2=H，$\Delta^{5,7,22}$
157R_1=H；R_2=CH_3；Δ^{5}
158R_1=β-D-glycosyl；R_2=CH_3；Δ^{5}
159R_1=R_2=H；5α-OH；6β-OH，$\Delta^{7,22}$

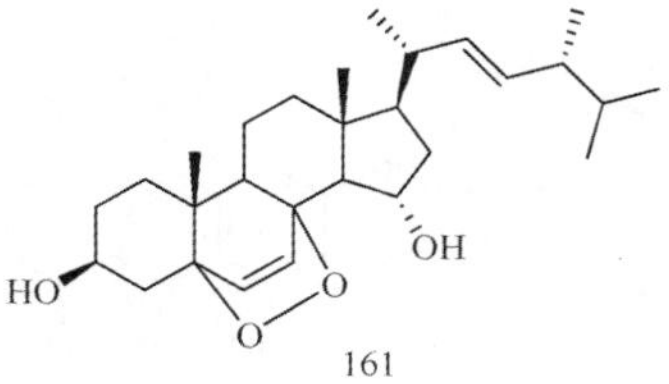

161

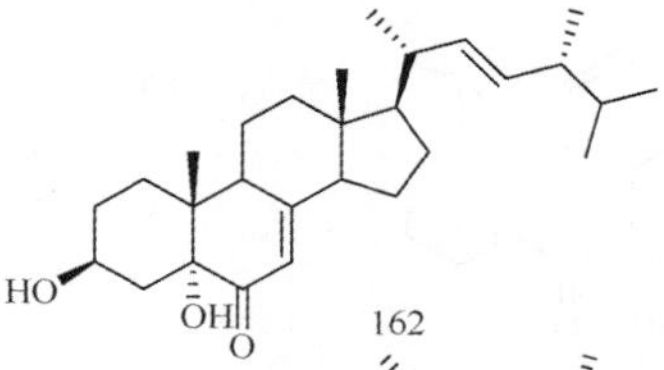

162

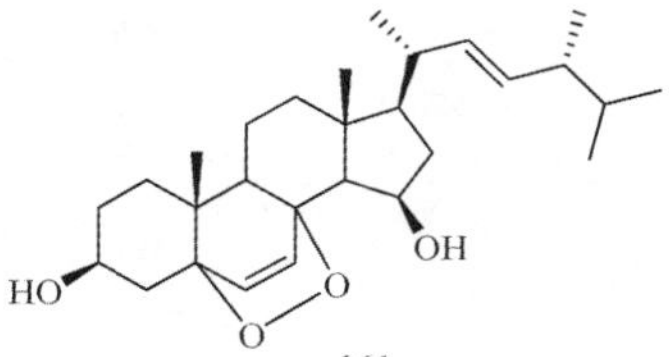

161

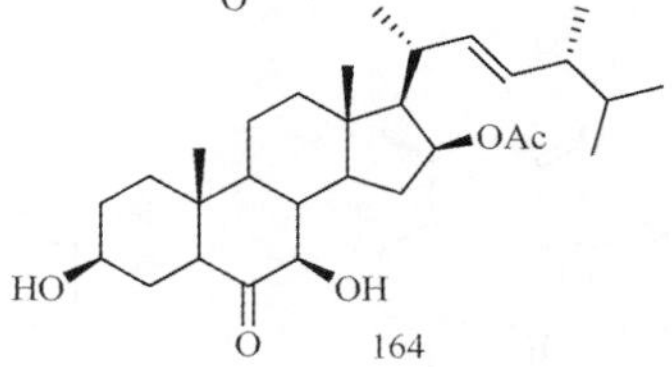

164

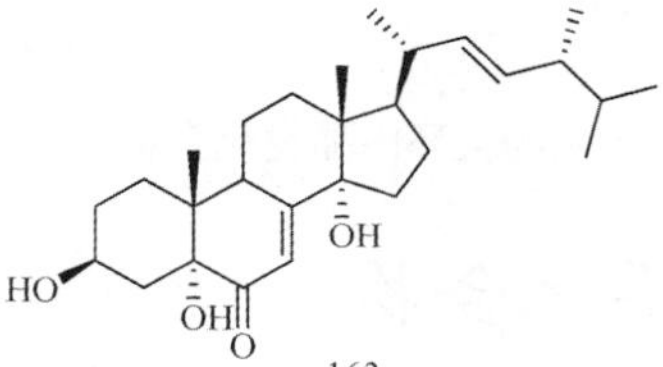

163

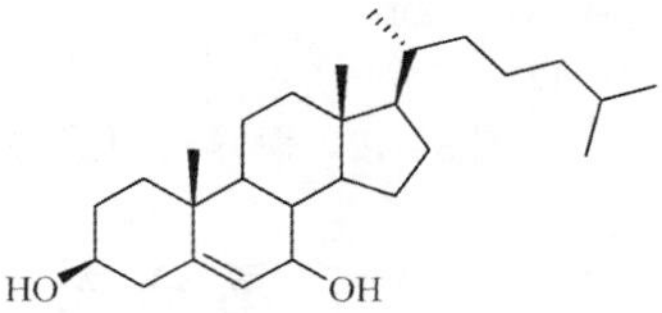

165

图 34-11　海洋药用植物内生真菌产生的甾醇类化合物

第五节　大环内酯类化合物

大环内酯(macrolide)是一类分子结构内形成内酯环的“大环”类化合物，这个大环也可以是一个联结一个或多个脱氧糖(多是红霉糖及去氧糖胺)的内酯环。大环内酯属于天然产物中的多烯酮类，部分海洋药用植物内生真菌中也发现存在大环内酯类成分。

Ebrahim 等(2013)在研究红树植物拉贡木(*Laguncularia racemosa*)内生真菌 *Corynespora cassiicola* 的化学成分时，发现了一系列大环内酯类化合物 coryoctalactones A～E(166～170)、xestodecalactonesD～F(171～173)。另外，Li 等(2012)从中国红树植物黄槿内生真菌 *Penicillium* sp.中也分离得到了一系列大环内酯类化合物 curvularin(174)、dehydrocurvularin(175)、11-β-hydroxy-12-oxocurvularin(176)、11-β-hydroxycurvularin(177)和 11-α-hydroxycurvularin(178)，并发现上述 5 个化合物具有显著的 A549、HeLa、Bel-7402 和 K562 等肿瘤细胞株细胞毒性。以上化合物结构如图 34-12 所示。

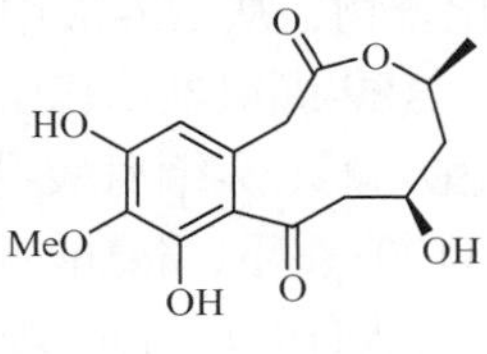

166

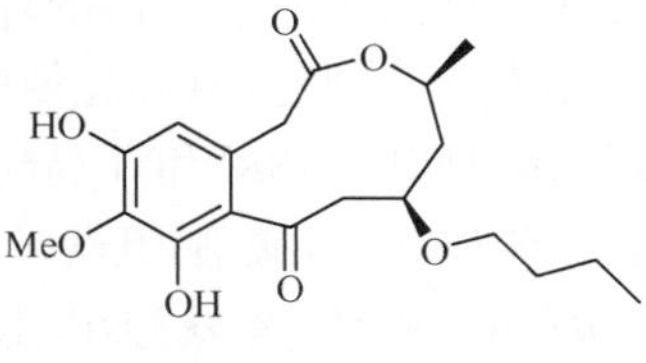

167

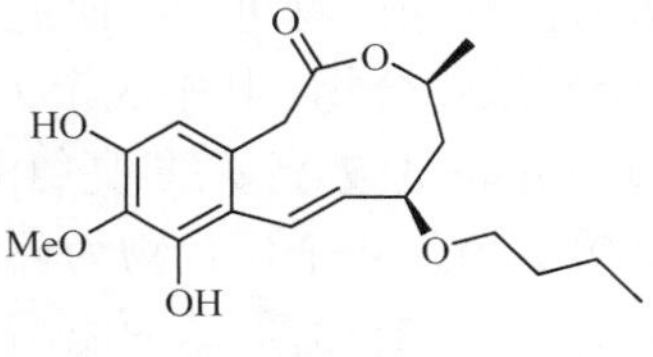

168

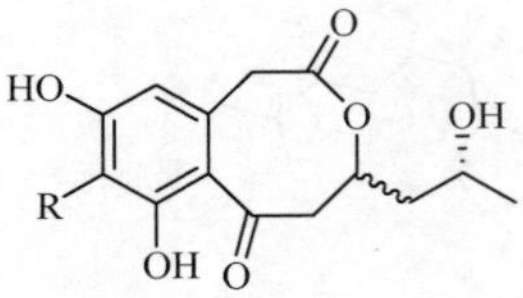

169 R=H
170 R=OH
171 R=OMe
172 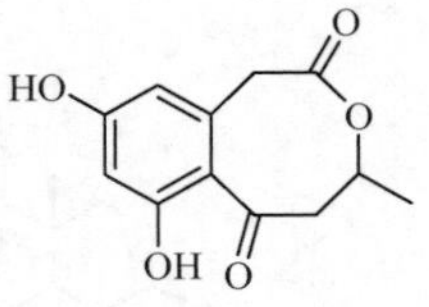
173 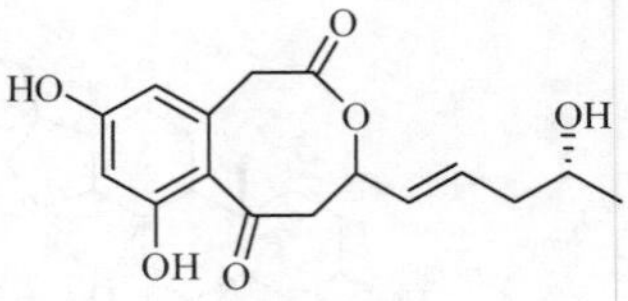
174 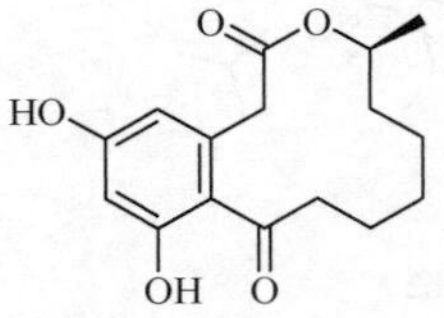
175 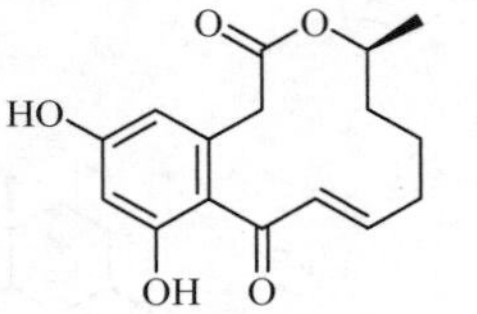
176 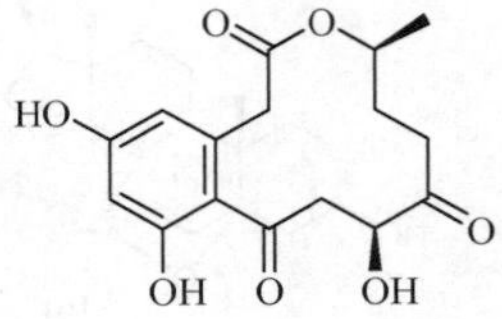
177 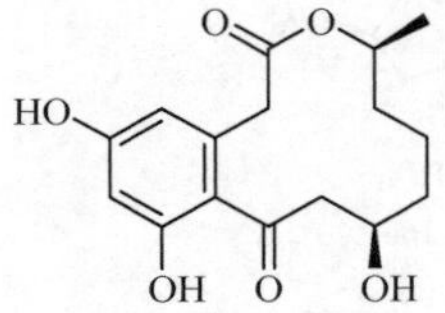
178 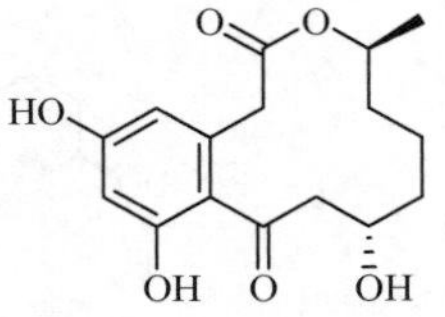

图 34-12　海洋药用植物内生真菌产生的大环内酯类化合物

第六节　肽类化合物

肽和蛋白质都是重要的生命基础物质。二者化学结构类似，都是由氨基酸以酰胺键连接而成的。多数天然来源肽类物质中的氨基酸都是 L 型，近年来，从一些微生物、植物及个别低等动物来源的肽类物质中也发现存在非天然的 D 型氨基酸。而从海洋药用植物内生真菌中也发现存在肽类化合物。

Huang 等（2010b）从海榄雌内生真菌 ZSU-H16 中分离得到了一个环肽类化合物 cyclo-(*N-O*-methyl-L-Trp-L-Ile-D-Pip-L-2-amino-8-oxo-decanoyl)（179）。Wen 等（2013）从秋茄树内生真菌 *Sporothrix* sp. 中分离得到了两个环二肽 cyclo（L-Leu-L-Pro）（180）、cyclo-*L*-phenylalanyl-*L*-alanine（181）。

1692A（182）和 1692B（183）是从一株秋茄内生真菌 No. 1962 中分离得到的两个环肽类化合物，其中化合物 182 具有 MCF-7（人乳腺癌细胞株）细胞毒性（Huang et al., 2007）。Liu 等（2013）在研究海榄雌内生真菌 *Aspergillus niger* 化学成分的过程中发现了两个环肽类化合物 malformin A1（184）和 malformin C（185）。另外，Deng 等（2013）从中国红树植物木榄的内生真菌 *Aspergillus terreus* 中也分离得到了一个环肽化合物 beauvericin（186）。尹文清等（2002）对中国南海海洋真菌 2516 号的代谢产物进行了研究，发现该真菌能产生丰富的环肽化合物，从培养液中已分离得到 7 个环肽化合物，其中 3 个为新化合物，分别是环（异亮氨酸-亮氨酸-缬氨酸-缬氨酸）四肽（187）、环（异亮氨酸-亮氨酸-亮氨酸-缬氨酸）四肽（188）和环（异亮氨酸-缬氨酸-缬氨酸-缬氨酸）四肽（189）。另外 4 个化合物为环二肽、环（苯丙氨酸-脯氨酸）二肽（190）、环（酪氨酸-亮氨酸）二肽（191）、环（甘氨酸-苯丙氨酸）二肽（192）和环（亮氨酸-丙氨酸）二肽（193）。Lin 等（2002）从红树林内生真菌 *Halosarpheia* sp.的培养液中分离到一个新化合物 enniatin G（194）和两个已知的 enniatin 类化合物（195、196）。该类环肽化合物具有很好的抗菌、杀虫、植物毒素活性和胆甾醇乙酰基转移酶（ACTA）抑制作用，此类化合物作为农药的应用前景颇受重视，其中的 enniatin G 还具有 Heps7402 细胞毒活性［半数有效量（ED_{50}）值为 12μg/ml］。化合物结构式如图 34-13 所示。

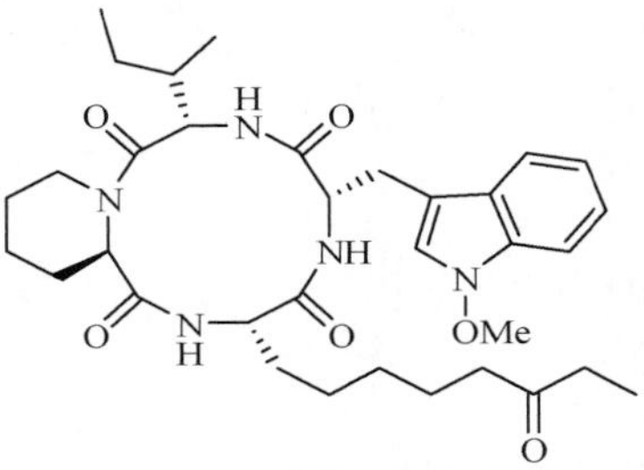

179 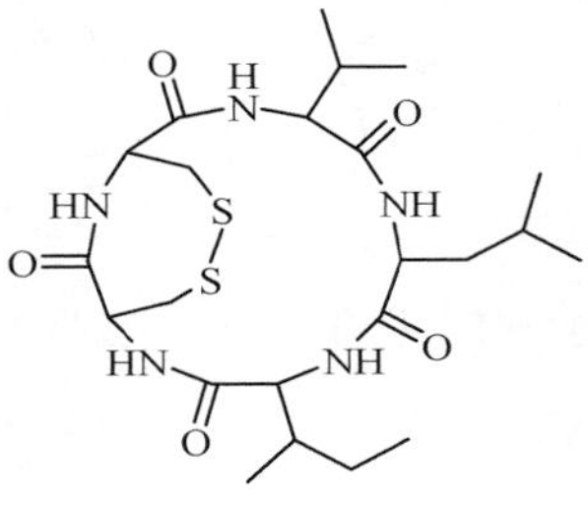　184 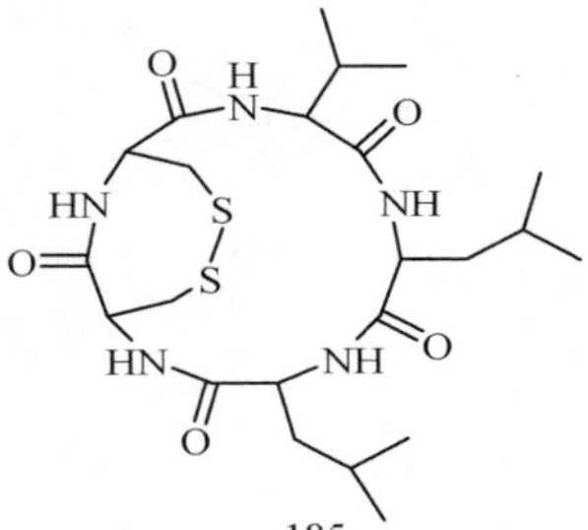　185

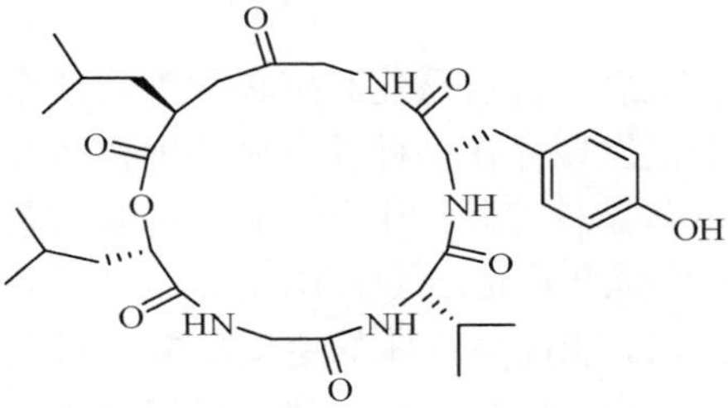

182 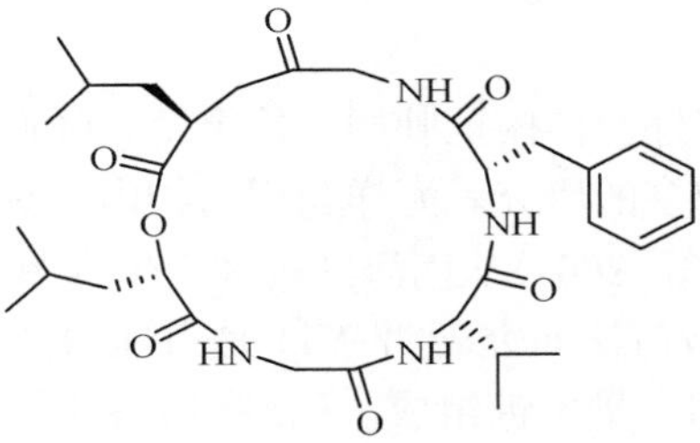　183

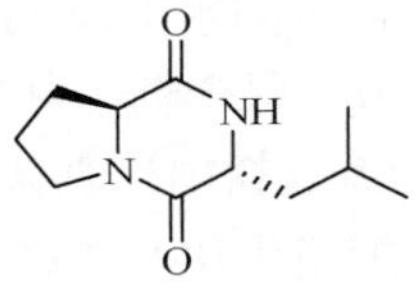

180

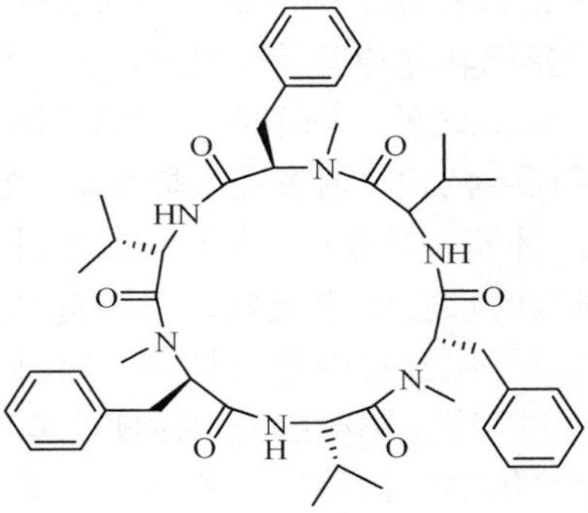

181　186

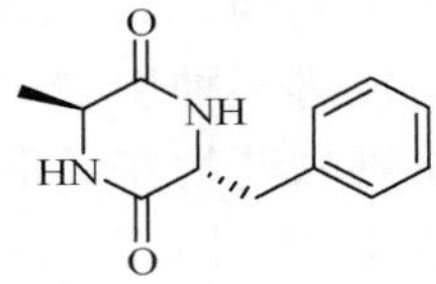

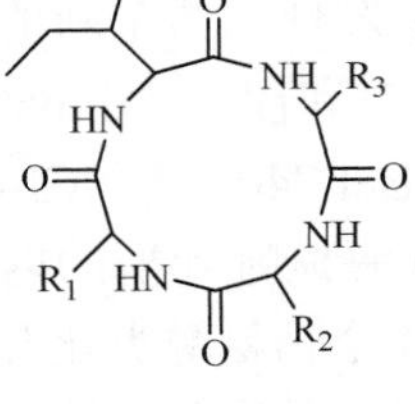

187 R_1= $CH_2CH(CH_3)_2$；R_2=R_3= $CH(CH_3)_2$

188 R_1=R_2= $CH_2CH(CH_3)_2$；R_3= $CH(CH_3)_2$

189 R_1=R_2=R_3= $CH(CH_3)_2$

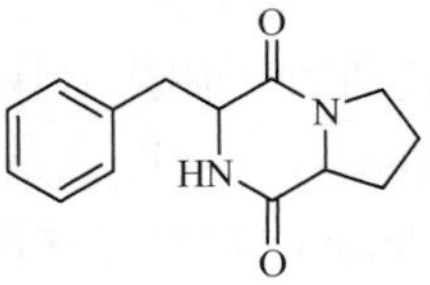

190 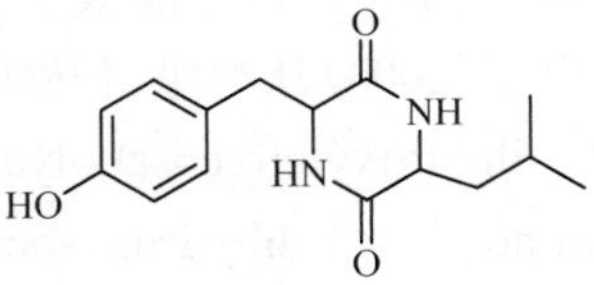　191

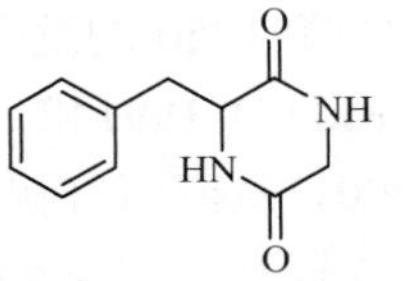

192 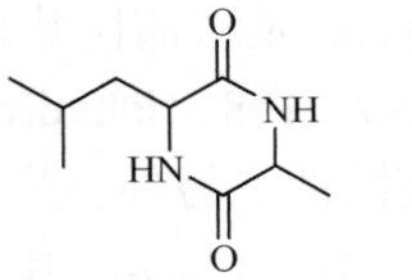　193

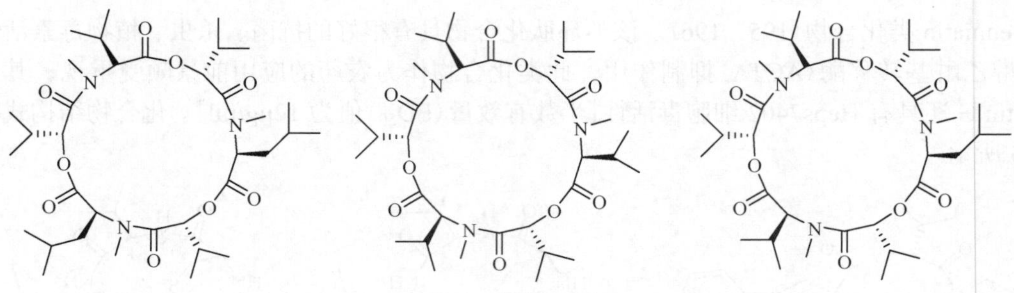

194　195　196

图 34-13　海洋药用植物内生真菌产生的肽类化合物

第七节　多糖及鞘氨醇类化合物

真菌多糖有体外及体内抗肿瘤、抗突变、降血糖、抗病毒、抗氧化和抗辐射等药理作用，近年来得到越来越多的研究。海洋药用植物内生真菌中也发现存在多种具有显著生物活性的多糖类成分。佘志刚等(2001)从南海红树林内生真菌1356号菌株菌丝体中分离到两种新的杂多糖W11和W21，甲醇解法研究表明W11是由葡萄糖和半乳糖组成的，其摩尔比为3：2。W21由葡萄糖、半乳糖和少量木糖组成。药理研究表明多糖W11能提高机体的免疫功能，对人肝癌细胞HepG2和Bd7402有细胞毒作用，IC_{50}分别为50μg/ml和25μg/ml。郭志勇等(2003)从中国南海红树内生真菌#2508的菌丝体中提取到一个新多糖G-22a，通过酸水解及GC-MS研究表明，G-22a由鼠李糖、甘露糖和葡萄糖及少量的木糖、核糖醇组成，鼠李糖：甘露糖：葡萄糖的质量比约为1：1：2。除此之外，陈东森等(2004)还从中国南海红树内生真菌2560号菌株的菌丝体中提取到一个新多糖A2，通过完全酸水解、糖腈乙酸酯衍生化及GC-MS研究分析表明，A2多糖由岩藻糖、木糖、甘露糖、葡萄糖及半乳糖组成，摩尔比为2：2：17：5：2。

鞘氨醇类化合物是细胞的重要组成成分，对维持细胞的基本结构、保障细胞基本生命活动起着重要作用。鞘氨醇类化合物因具有抗菌、抗肿瘤、免疫等多种生物活性，而引起了医药科研工作者们的广泛关注。鞘氨醇苷 KRN7000 作为抗肿瘤药物在日本已进入临床试验阶段。鞘氨醇类成分的化学结构特殊，不适合工业化合成生产，因而，通过对微生物发酵提取天然鞘氨醇类成分成为获取该类活性物质的主要方式。近10年的研究报道表明，海洋药用植物内生真菌也能成为获取新型天然鞘氨醇类化合物的重要资源。

李厚金等(2003)从香港红树海榄雌种子内生真菌 2524 号菌株中发现了两个新的神经酰胺，[2′, 3′-dihydroxytetracosanolyamino]-1, 3-dihydroxy-octadecane(197)和[2′, 3′-dihydroxydocosanoylamino]-1, 3-dihydroxy-octadecane(198)，这两个化合物具有Bel-7402盒NCI-4460细胞毒性，但对 L-02(人体正常细胞株)无细胞毒性。朱峰等(2004)从海榄雌叶柄的内生真菌 *Aspergillus* sp. 及秋茄树叶片的内生真菌#1850的发酵物中分离得到4个鞘氨醇类化合物，包括化合物197、198、dehydroxycerebroside D(199)和cerebroside D(200)。其中化合物199具有显著的抑菌活性。另外，吴雄宇等(2001)从南海红树林内生真菌1356号菌株中发现了一个新鞘氨醇(3*E*, 4*E*)-1(-*D*-吡喃葡萄糖基-3羟基-2-(2′-羟基十八碳酰基)-氨基-10-甲基-3′, 4, 9-十八碳三烯(201)。以上化合物结构式如图34-14所示。

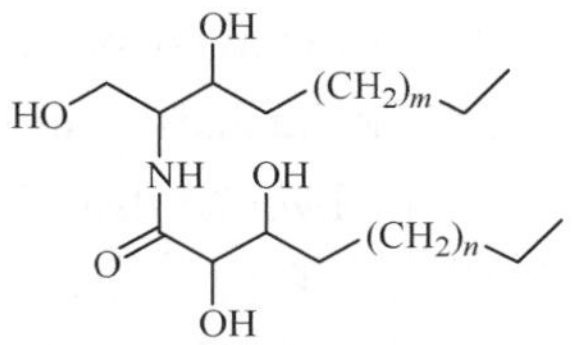

197 $m=12$, $n=18$

198 $m=12$, $n=16$

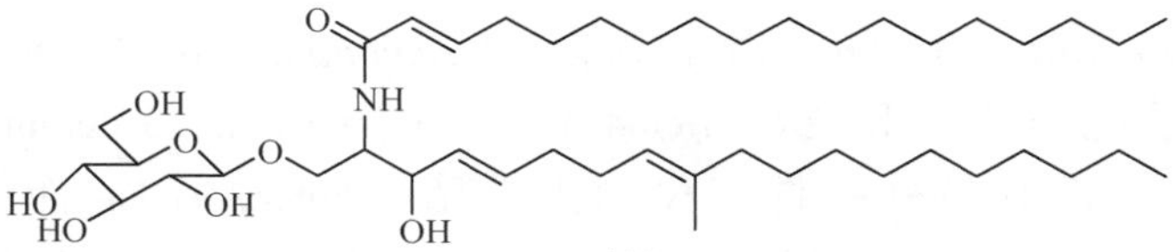

199

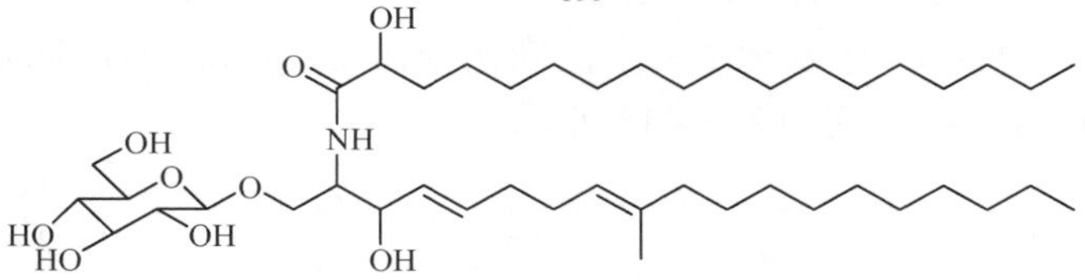

200

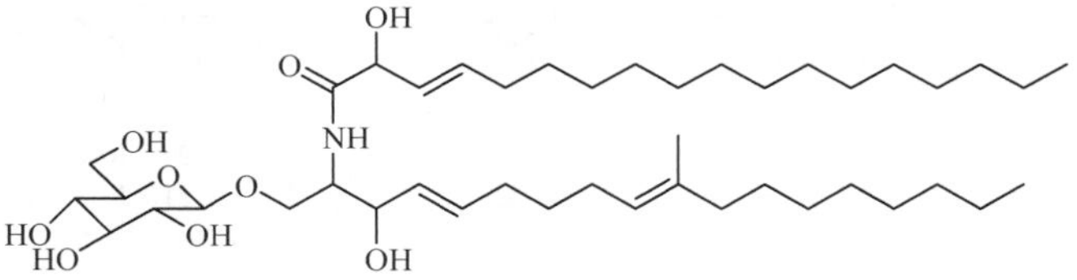

201

图 34-14　海洋药用植物内生真菌产生的多糖及鞘氨醇类化合物

第八节　其他类型化合物

除了上述介绍的几大类成分外，还从海洋药用植物内生真菌中发现了许多其他类型的化合物，它们具有多种多样的生物活性。

Shang 等(2012)从水黄皮(*Pongamia pinnata*)内生真菌 *Nigrospora* sp.(NO. MA75)中发现了化合物 202～207，其中 204～206 对耐甲氧西林金黄色葡萄球菌(MRSA)具有一定抑制作用；Wen 等(2010)从该红树植物另外一株内生真菌 *Sporothrix* sp.(No. 4335)中发现了一个已知化合物 2-acetyl-7-methoxybenzofuran(208)。7-epiaustdiol(209)和 8-*O*-methylepiaustdiol(210)是从秋茄内生真菌 *Talaromyces* sp.中发现的两个新化合物，它们对 KB 和 KBv200 肿瘤细胞株具有一定的细胞毒活性(IC_{50}＝16.37～37.16μg/ml)(Liu et al.，2010)。Cali 等(2003)从秋茄内生真菌 *Penicillium chermesinum*(ZH4-E2)中发现了一个新化合物 chermesinone A(211)，其具有 α-葡萄糖苷酶抑制活性(IC_{50}值为 24.5μmol)。Klaiklay 等(2012)在研究木榄内生真菌 *Xylaria cubensis*(PSU-MA34)化学成分的过程中分离得到了两个新化合物 xylacinic acid A、B(212、213)和一个已知化合物 hexylidene-3-methyl succinic acid 4-methyl ester(214)。Zeng 等(2012)从红树内生真菌 *Scyphiphora hydrophyllacea* 中分离得到了一个新化合物 *R*-3-hydroxyundecanoic acid methylester-3-*O*-α-*L*-rhamnopyranoside(215)，其具有抗 MRSA 活性。化合物 *n*-hexadecanoic acid(216)和 elaidic acid(217)是从红海榄内生真菌 *Pestalotiopsis* sp. 中分离得到的两个脂肪酸类化合物(Li et al.，2012)。另外，从拉贡木内生真菌 *Diaporthe phaseolorum* 中也发现了一个该类化合物 3-hydroxypropionic acid(3-HPA)(218)，其具有抗菌活性(Sebastianes et al.，2012)。allitol(219)被发现存在于秋茄内生真菌 *Eucheuma muricatum* 中(Li et al.，2011)。Bhimba 等(2012)从红树内生真菌 *Phoma herbarum*(VB7)中分离得到了两个邻苯二甲酸酯衍生物 dibutylpthalate(220)和 mono(2ethylhexyl) phthalate(221)。diisobutyl phthalate(222)是从另外一株红树内生真菌中分离得到的该类化合物(Rukachaisirikul et al.，2012)。通过研究发现，红树

(*Rhizophora apiculata*) 内生真菌 *Acremonium* sp. 能够代谢产生 4-methyl-1-phenyl-2，3-hexanediol (223) 和 (2*R*，3*R*) -4-methyl-1-phenyl-2，3-pentanediol (224) (Rukachaisirikul et al.，2012)。而其另外一株红树内生真菌 *Phomopsis* sp. 能够代谢产生 hydracrylate (225) 和 butanamide (226) (Klaiklay et al.，2012)。Baldoqui 等 (1999) 从红树内生真菌 *Pestalotiopsis* sp. (PSU-MA69) 中发现了一个已知化合物 (*S*) -penipratynolene (227)，该化合物具有抗菌活性。以上化合物结构式如图 34-15 所示。

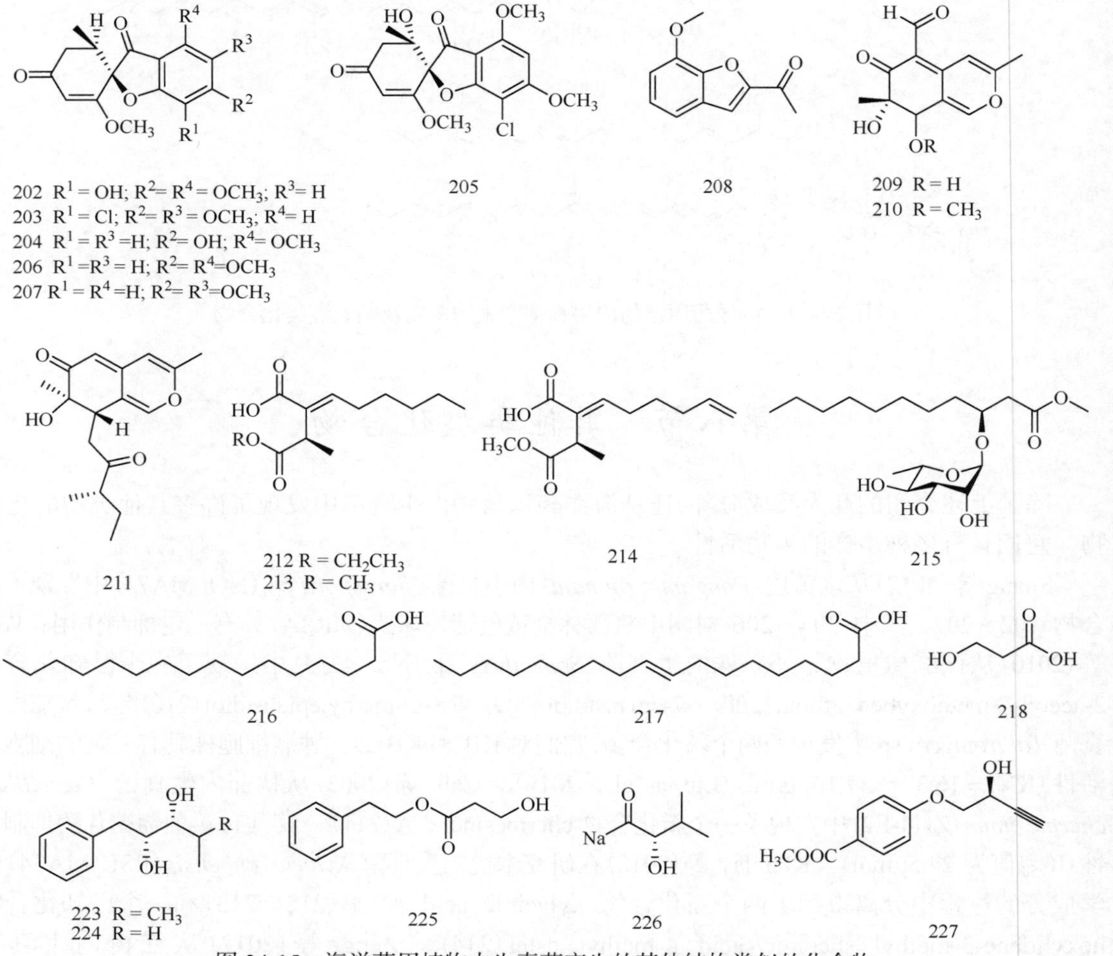

202 $R^1 = OH; R^2 = R^4 = OCH_3; R^3 = H$
203 $R^1 = Cl; R^2 = R^3 = OCH_3; R^4 = H$
204 $R^1 = R^3 = H; R^2 = OH; R^4 = OCH_3$
206 $R^1 = R^3 = H; R^2 = R^4 = OCH_3$
207 $R^1 = R^4 = H; R^2 = R^3 = OCH_3$

205

208

209 R = H
210 $R = CH_3$

211

212 $R = CH_2CH_3$
213 $R = CH_3$

214

215

216

217

218

223 $R = CH_3$
224 R = H

225

226

227

图 34-15 海洋药用植物内生真菌产生的其他结构类似的化合物

(刘 东 郭顺星)

参考文献

陈东森，佘志刚，郭志勇，等. 2004. 南海海洋红树林真菌 2560 号多糖 A2 的研究. 中山大学学报 (自然科学版)，43 (4)：124-125.

郭志勇，佘志刚，陈东森，等. 2003. 南海海洋红树林种子内生真菌 2508 号多糖 G-22a 的研究. 中山大学学报 (自然科学版)，42 (4)：127-128.

李春远，龚兵，黄素萍，等. 2013. 红树林内生真菌 K38 和 E33 共培养代谢产物研究. 中山大学学报 (自然科学版)，52 (2)：66-69.

李丹，朱天骄，顾谦群，等. 2012. 黄槿内生真菌的次级代谢产物及其生物活性研究. 中国海洋药物杂志，31(6)：17-22.

李厚金，姚骏骅，陈意光，等. 2003. 红树林内生真菌 2524 号中分离的新神经酰胺. 中山大学学报(自然科学版)，42(6)：132-133.

林鹏. 1984. 我国药用的红树植物. 海洋药物，3(4)：45-51.

林鹏，符勤. 1995. 中国红树林环境生态及经济利用. 北京：高等教育出版社，12.

佘志刚，胡谷平，吴耀文，等. 2001. 南海红树林真菌(1356 号)多糖分离提取及甲醇解研究. 中山大学学报(自然科学版)，40(6)：123-124.

王友绍，何磊，王清吉，等. 2004. 药用红树植物的化学成分及其药理研究进展. 中国海洋药物，2：26-31.

吴雄宇，李曼玲，胡谷平，等. 2002. 南海红树林内生真菌 2508 代谢物研究. 中山大学学报(自然科学版)，41(13)：35-37.

吴雄宇，林永成，冯爽，等. 2001. 南海红树林内生真菌 1356#代谢产物的研究. 热带海洋学报，20(4)：80-86.

杨建香，邱声祥，佘志刚，等. 2013. 南海红树林内生真菌 5094 代谢产物研究. 时珍国医国药，24(5)：1059-1061.

杨维，夏杏洲，韩维栋，等. 2011. 红树植物的化学成分及生物活性研究进展. 食品研究与开发，32(1)：173-180.

尹文清，林永成，周世宁，等. 2002. 南海海洋真菌 2516 号中的环肽成分. 中山大学学报(自然科学版)，41(4)：56-58.

朱峰，林永成，周世宁，等. 2004. 中国南海红树林真菌 2526#和 1850#中的鞘氨醇类代谢产物. 林产化学与工业，24(4)：11-14.

Amrani ME, Debbab A, Aly AH, et al. 2012. Farinomalein derivatives from an unidentified endophytic fungus isolated from the mangrove plant *Avicennia marina*. Tetrahedron Letters，53：6721-6724.

An CY，Li XM，Li CS，et al. 2013. Aniquinazolines A-D，four new quinazolinone alkaloids from marine-derived endophytic fungus *Aspergillus nidulars*. Marines Drugs，11：2682-2694.

An CY，Li XM，Li CS，et al. 2013. 4-phenyl-3，4-dihydroquinolone derivatives from *Aspergillus nidulars* MA-143，an endophytic fungus isolated from the mangrove plant *Phizophora stylosa*. Journal of Natural Product，76：1896-1901.

Andrews JH，Hirano S. 1991. Microbial Ecology of Leaves Andrews. New York：Springer Verlag，179-197.

Baldoqui DC，Kato MJ，Cavalheiro AJ，et al. 1999. A chromene and prenylated benzoic acid from *Piper aduncum*. Phytochemistry，51：899-902.

Bhimba BV，Pushpam AC，Arumugam P，et al. 2012. Phthalate derivatives from the marine fungi *Phoma herbarum* VB7. International Journal of Biology Pharmaceutical Research，3：507-512.

Cali V，Spatafora C，Tringali C. 2003. Polyhydroxy-*p*-terphenyls and related *p*-terphenylquinones from fungi：Overview and biological properties. Studies in Natural Products Chemistry，29：263-307.

Deng CM, Liu SX, Huang CH, et al. 2013. Secondary metabolites of a mangrove endophytic fungus *Aspergillus terreus* (No. GX&-3B) from the South China Sea. Marines Drugs，11：2616-2624.

Ding L，Dahse HM，Hertweck C. 2012. Cytotoxic alkaloids from *Fusarius incarnatum* associated with the mangrove tree *Aegiceras corniculatum*. Journal of Natural Product，75：617-621.

Ding L, Maier A, Fiebig HH, et al. 2012. Kandenols A-E, eudesmenes form an endophytic *Streptomyces* sp. of the mangrove Kandelia candel. Journal of Natural Product，75：2223-2227.

Ebrahim W, Aly AH, Mandi A, et al. 2012. Decalatone derivatives from *Corynespora cassiicola*, an endophytic fungus of the mangrove plant *Laguncularia racemosa*. European Journal of Organic Chemistry，18：3476-3484.

Ebrahim W，Aly AH，Wray V，et al. 2013. Unusual octalactones from *Corynespora cassiicola*，an endophyte of *Laguncularia racemosa*. Tetrahedron Letters，54：6611-6614.

Hemburger Y，Xu J. Wray V，et al. 2013. Pestalotiopens A and B：stereochemically challenging flexible sesquiterpent-cyclopaldic acid hybrids from *Pestalotiopis* sp. Chemistry-a European Journal，19：15556-15564.

Huang HB，Li Q，Feng XJ，et al. 2010a. Structural elucidation and NMR assignments of four aromatic lactones from mangrove endophytic fungus (NO. GX4-1B). Magnetic Resonance in Chemistry，48：496-499.

Huang HB，Xiao ZE，Feng XJ，et al. 2011. Cytotoxic naphtha-r-pyrones form the mangrove endophytic fungus *Aspergillus tubingensis* (GX1-5E). Helvetica Chimica Acta，94：1732-1740.

Huang HR, She ZG, Lin YC, et al. 2007. Cyclic peptides from an endophytic fungus obtained from a mangrove leaf(*Kandelic candel*). Journal of Natural Product, 70: 1696-1699.

Huang XS, Sun XF, Ding B, et al. 2013. A new anti-acetylcholinesterase a-pyrone meroterpene, arigsugacin I, from mangrove dendopytic fungus *Penicillium* sp. sk5GW1L of Kandelica candel. Planta Medica Letters, 79: 1572-1575.

Huang ZJ, Guo ZY, Yang RY, et al. 2009. Chemistry and cytotoxic activities of polyketides produced by the mangrove endophytic fungus *Phomopsis* sp. ZSU-H76. Chemistry of Natural Compounds, 45(5): 625-628.

Huang ZJ, Yang JX, Lei FH, et al. 2013. A new xanthone o-glycoside from the mangrove endophytic fungus *Phomopsis* sp. Chemistry of Natural Compounds, 49(1): 27-30.

Huang ZJ, Yang RY, Guo ZY, et al. 2010b. A new xanthone derivative from mangrove endophytic fungus No. ZSU-H16. Chemistry of Natural Compounds, 46(3): 348-351.

Kjer J. Wray V, Edrad-Ebel RA, et al. 2009. Xanalteric acids Ⅰ and Ⅱ related phenolic compounds from an endophytic *Alternaria* sp. isolated from the mangrove plant *Sonneratia alba*. Journal of Natural Product, 72: 2053-2057.

Klaiklay S, Rukachaisirikul V, Phongpaichit S, et al. 2012. Anthraquinone derivatives from the mangrove-derived fungus *Phomopsis* sp. PSU-MA214. Phytochemistry Letters, 5: 738-742.

Klaiklay S, Rukachaisirikul V, Sukpondma Y, et al. 2012. Metabolites from the mangrove-derived fungus *Xylaria cubensis* PSU-MA34. Archives of Pharmacal Research, 35: 1127-1131.

Kong FD, Wang Y, Liu PP, et al. 2014. Thiodiketopiperazines from the marine-derived fungus *Phoma* sp. OUCMDZ-1847. Journal of Natural Product, 77: 132-137.

Li CY, Zhang J, Zhong JS, et al. 2011. Isolation and identification of the metabolites from the mixed fermentation broth of two mangrove endophytic fungi. Journal South China Agricultural University, 32: 117-119.

Li DH, Liang ZY, Guo MF, et al. 2012. Study on the chemical composition and extraction technology optimization of essential oil from *Wedelia trilobata*(L.)*Hitchc*. African Journal of Biotechnology, 11(20): 4513-4517.

Li HX, Huang HB, Shao CL, et al. 2011. Cytotoxic norsesquiterpene peroxides form the endophytic fungus *Talaromyces flavus* isolated from the mangrove plant *Sonneratia apetala*. Journal of Natural Product, 74: 1230-1235.

Lin YC, Li HJ, Jian GC. 2002. A novel latone, Eutypoid A and other metabolites from the marine fungus *Eutypa* sp. (#424) from the South China Sea. Indian Journal of Chemistry B, 41(7): 1542-1154.

Lin ZJ, Zhang GJ, Zhu TJ, et al. 2009. Bioactive cytochalasins from *Aspergillus flavipes*, an endophytic fungus associated with the mangrove plant *Acanthus ilicifolius*. Helvetica Chimica Acta, 92: 1538-1544.

Liu D, Li XM, Li CS, et al. 2013. Nigerasterols A and B, antiproliferative sterols from the mangrove-derived endophytic fungus *Aspergillus niger* MA-132. Helvetica Chimica Acta, 96: 1055-1061.

Liu F, Cai XL, Yang H, et al. 2010. The bioactive metabolites of the mangrove endophytic fungus *Talaromyces* sp. ZH-154 isolated from *Kandelia candel*(L.)Druce. Planta Medica, 76: 185-189.

Liu F, Li Q, Yang H, et al. 2009. Structure elucidation of three diphenyl ether derivatives from the mangrove endophytic fungus SBE-14 from the South China Sea. Magnetic Resonance in Chemistry, 47: 453-455.

Luo DQ, Deng HY, Yang XL. 2011. Oleane-type triterpenoids from the endophytic fungus *Pestalotiopsis clavispora* isolated from the Chinese mangrove plant *Brutulera sexangula*. Helvetica Chimica Acta, 94: 1041-1047.

Renner MK, Jensen PR, Fenical W. 1998. Neomangicols: structure and absolute sterochemistries of unprecedented halogenated sesterterpenes from a marine Fungus of the *Gunus Fusarium*. Journal of Organic Chemistry, 63: 8346-8354.

Rukachaisirikul V, Rodglin A, Sukpondma Y, et al. 2012. Phthalide and isocoumarin derivatives produced by an *Acremonium* sp. isolated from a mangrove *Rhizophora apiculata*. Journal of Natural Product, 75: 853-858.

Sebastianes FL, Cabedo N, Aouad N, et al. 2012. 3-hydroxypropionic acid as an antibacterial agent from endophytic fungi *Diaporthe phaseolorum*. Current Microbiology，65：622-632.

Shang Z，Li XM，Li CS，et al. 2012. Diverse secondary metabolites produced by marine-derived fungus *Nigrospora* sp. MA75 on various culture media. Chemistry & Biodiversity，9：1338-1348.

Shao CL，Wang CY，Wei MY，et al. 2008. Structural and spectral assignments of six anthraquinone derivatives from the mangrove fungus(ZSUH-36). Magnetic Resonance in Chemistry，46：886-889.

Song YX，Wang JJ，Huang HB，et al. 2013. Four eremophilane sesquiterpenes from the mangrove endophytic fungus *Xylaria* sp. L321. Marines Drugs，10：340-345.

Wen L，Guo Z，LiQ，et al. 2010. A new griseofulvin derivative from the mangrove endophytic fungus *Sporothrix* sp. .Chemistry of Natural Compounds，46：363-365.

Wen L，Wei QQ，Chen G，et al. 2013. Chemical constituents from the mangrove endophytic fungus *Sporothrix* sp. .Chemistry of Natural Compounds，49(1)：137-140.

Xia XK，Li Q，Li J，et al. 2011. Two new derivatives of criseofulvin form the mangrove endophytic fungus *Nigrospora* sp. (strain No. 1403) form *Kandelia candel*(L.) Druce. Planta Medica Letters，77：1735-1738.

Xia XK，Yang LG，She ZG，et al. 2008. Two new acids from mangrove endophytic fungus(No. ZZF13). Chemistry of Natural Compounds，44(4)：416-418.

Xiao ZE，Huang HR，Shao CG，et al. 2013. Asperterpenols A and B，new sesterterpenoids isolated form a mangrove endophytic fungus *Aspergillus* sp. 085242. Organic Letters，15(10)：2522-2525.

Xu J，Kjer J，Sendker J，et al. 2009. Chromones from the endophytic fungus *Pestalotiopsis* sp. isolated from the mangrove plant *Phizophora mucronata*. Journal of Natural Product，72：662-665.

Xu J，Kjer J，Sendker J，et al. 2009. Cytosporones，coumarins and an alkaloid from the endophytic fungus *Pestalotiopsis* sp. isolated from the Chinese mangrove plant *Phizophora mucronata*. Bioorganic & Medicinal Chemistry，17：7362-7367.

Xu MJ，Gessner G，Groth I，et al. 2007. Shearinines D-K，new indole triterpernoids from an endophytic *Penicillium* sp. (strain HK10459) with blocking activity on large-conductance calcium-activated potassium channels. Tetrahedron，63：435-444.

Yan HJ，Gao SS，Li CS，et al. 2010. Chemical constituents of a marine-derived endophytic fungus *Penicillium commune* G2M. Molecules，15：3270-3275.

Zeng YB，WangH，Zuo WJ，et al. 2012. A fatty acid glycoside from a marine-derived fungus isolated from mangrove plant *Scyphiphora hydrophyllacea*. Marines Drugs，10：598-603.

Zhang GJ，Sun SW，Zhu TJ，et al. 2011. Antiviral isoindolone dorivatines from an endophytic fungus *Emericella* sp. associated with Aegiceros corniculatum. Phytochemistry，72：1436-1442.

Zhou X F，Lin X P，Ma W L，et al. 2014. A new aromatic amine from fungus *Pestalotiopisi vaccinii.* Phytochemistry Letterss，7：35-37.

Zhou ZF，Kurtan T，Yang XH，et al. 2014. Penibruguieramine A，a novel pyrrolizidine alkaloid from the endophytic fungus *Penicillium* sp. GD 6 associated with Chinese mangrove Bruguiera gymnorrhiza. Organic Letters，16：1395-1393.

第三十五章　白木香内生真菌光黑壳菌的代谢产物

本研究室发现白木香内生真菌光黑壳菌 AS-5(*Preussia* sp.)对金黄色葡萄球菌(*Staphylococcus aureus*)、大肠杆菌(*Escherichia coli*)和白色念珠菌(*Candida albican*)都具有抑制生长的作用(谭小明，2006)。为了阐明光黑壳菌 AS-5 抗菌活性物质基础，本章对光黑壳菌 AS-5 进行了大规模液体发酵，得到了 2kg 菌丝体和 300L 发酵液，以活性跟踪为指导，对该真菌的化学成分进行研究。

经提取及柱层析分离，从该真菌中分离得到 13 个化合物，并鉴定了其中的 12 个，它们分别为麦角甾醇、9-羟基苯嵌萘酮、螺光黑壳菌酮 A、琥珀酸、螺光黑壳菌酮 B、螺光黑壳菌素 A、5-羟甲基糠醛、D-甘露醇、阿洛糖醇、葡寡糖、尿嘧啶核苷、腺嘌呤核苷。其中，螺光黑壳菌酮 A、螺光黑壳菌酮 B 和螺光黑壳菌素 A 为新颖结构化合物，9-羟基苯嵌萘酮为首次从光黑壳属真菌中分离得到，从光黑壳菌 AS-5 中分离得到的化合物的结构式见图 35-1。

PE1　PE2　CH　EA1　EA2　EA3　EA6　B1　B2　B5　B6

图 35-1　从光黑壳菌 AS-5 中分离得到的化合物的结构式

一、新颖结构化合物的结构鉴定

(一)化合物 CH，螺光黑壳菌酮 A

黄色针状结晶，m.p. 153～154℃，$[\alpha]_D^{20}$ -6.41°(c0.78，CH_3OH)，HREIMS *m/z* 320.0690(Calc. Mass for $C_{19}H_{12}O_5$ 320.0685)。由 HREIMS、^{1}H-NMR 和 ^{13}C-NMR 确定分子式为 $C_{19}H_{12}O_5$，不饱和度 14。红外光谱表明结构中含有羰基(1749cm^{-1}、1705cm^{-1})和羟基(3510cm^{-1}、3346cm^{-1})。^{13}C-NMR 谱和 HSQC 谱显示结构中有 19 个碳，与碳直接相连的氢有 12 个(波谱数据见表 35-1)。结合 HSQC 谱分析 ^{13}C-NMR 谱可推定结构中含有 2 个羰基(δ 198.49，197.57)、14 个烯碳(δ150.77，150.16，147.17，146.86，140.84，134.09，129.59，127.60，127.28，121.21，120.93，113.24，110.00，109.62)、1 个缩酮碳(δ110.10)、1 个处于较低场的季碳(δ66.78)。结合 HSQC 分析 ^{1}H-NMR 谱，可推定结构中含有 10 个烯氢(δ7.46，7.45，7.38，7.37，7.19，7.13，6.89，6.85，6.41，6.00)。HMBC 谱显示：质子信号δ 6.89(H-4″)与碳信号δ 113.24(C-12″)、121.21(C-6″)远程相关；δ 6.85(H-9″)处氢与碳信号 δ 113.24(C-12″)、120.93(C-7″)远程相关；质子信号δ 7.38(H-5″)与碳信号δ134.09(C-13″)、147.17(C-11″)远程相关；质子信号δ7.37(H-8″)与碳信号δ134.09 (C-13″)、146.86(C-10″)远程相关，见图 35-2。以上远程相关信息提示δ113.24(C-12″)、134.09(C-13″)两处芳香季碳将两个含氢结构片段连接起来。质子信号δ7.46(H-6″)与碳信号δ134.09(C-13″)、110.00(C-4″)远程相关；质子信号δ7.45(H-7″)与碳信号δ 113.24(C-12″)、109.62(C-9″)远程相关，更进一步证实了这一点。说明分子中存在 1，8-二氧取代萘结构片段。δ7.19(H-3)和 7.13(H-4)处烯氢除均与季碳δ66.78(C-1)相关外，还分别与羰基碳信号δ198.49(C-2)、197.57(C-5)远程相关，提示分子中存在环戊烯酮的结构。该结构中双键与两个羰基共轭，合理地解释了两个双键碳[δ 198.49(C-2)、197.57(C-5)]均处于较低场。HSQC 谱未显示质子信号δ 2.66(Hb)与碳信号相关，氢谱显示该氢与δ 5.38(H-2′)处氢偶合(J = 10.8Hz)，HMBC 谱还显示该质子信号与 77.74(C-2′)远程相关，提示该质子可能是羟基氢，该羟基可能与 C-2′相连。由于化合物 CH 分子中只含有 5 个氧原子，所以一个缩酮碳δ 110.10(C-3′)应与 1，8-二氧取代萘相连。根据分子式计算不饱和度为 14，扣除上述几个片段的 12 个不饱和，以及剩余未归属双键的 1 个不饱和度，所以结构中还应含有 1 个环状结构。由此，推断缩酮碳δ110.10(C-3′)、连羟基碳δ77.74(C-2′)、季碳δ66.78(C-1)，以及两个烯碳δ 129.59(C-4′)、140.84(C-5′)构成一个五元环。根据偶合与 HMBC 信息，推测双键与连羟基碳处于两个螺原子的两侧。化合物 CH 为一新颖结构化合物，命名为螺光黑壳菌酮 A(spiro-preussione A)，结构如图 35-3 所示。

表 35-1　化合物 CH 的 ^{13}C-NMR HSQC^{1}H 和 ^{1}H-COSY 数据表①

No.	δ_C/ppm	HSQC/ppm②	^{1}H，^{1}H-COSY/ppm	HMBC/ppm
1	66.78			
2	198.49			
3	150.16	7.19(d，J=6.0)	7.13	66.78、198.49、150.77
4	150.77	7.13(d，J=6.0)	7.19	66.78、150.16、197.57
5	197.57			

续表

No.	δ_C/ppm	HSQC/ppm②	¹H, ¹H-COSY/ppm	HMBC/ppm
2′	77.74	5.38（d，J=10.8）；2.66（d，J=10.8）	2.66、5.38	129.59、127.60、77.74
3′	110.10			
4′	129.59	6.00（d，J=6.0）	6.41	66.78、77.74、110.10、140.84
5′	140.84	6.41（d，J=6.0）	6.00	66.78、77.74、110.10、129.59
4″	110.00	6.89（d，J=7.8）	7.38	121.21、147.17、113.24、134.09
5″	127.60	7.38（dd，J=7.8、8.4）	6.89、7.46	147.17、134.09、110.00、113.24
6″	121.21	7.46（d，J=8.4）	7.38	110.00、113.24、134.09
7″	120.93	7.45（d，J=8.4）	7.37	109.62、113.24、134.09
8″	127.28	7.37（dd，J=7.8、8.4）	7.45、6.85	146.86、134.09、109.62、113.24
9″	109.62	6.85（d，J=7.8）	7.37	146.86、120.93、113.24、134.09
10″	146.86			
11″	147.17			
12″	113.24			
13″	134.09			

注：①溶剂：$CDCl_3$；磁场强度：600Hz。②偶合常数单位：Hz。d 代表二重峰，dd 代表双二重峰

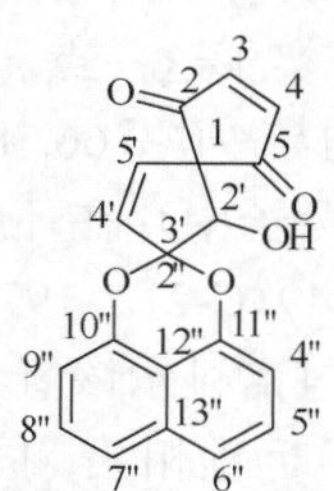

图 35-2 化合物 CH 的 HMBC 示意图

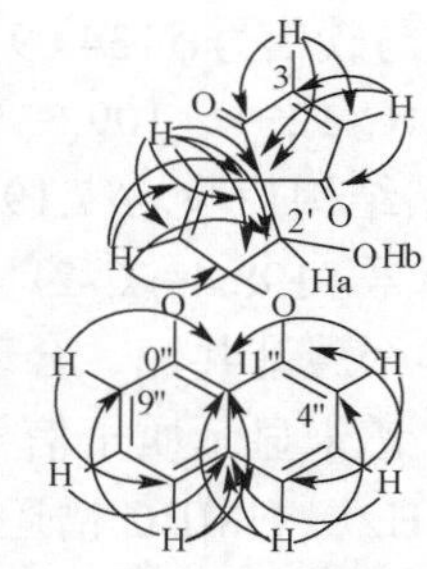

图 35-3 化合物 CH 的化学结构图

（二）化合物 EA2，螺光黑壳菌酮 B

黄色无定形粉末，m.p. 275～277℃，$[\alpha]_D^{20}$ +6.06°（c 0.50 $CHCl_3$）。由 HREI、¹H-NMR 和 ¹³C-NMR 确定分子式为 $C_{29}H_{16}O_5$，不饱和度为 22。¹³C-NMR 谱和 HSQC 谱显示结构中有 29 个碳，与碳直接相连的氢有 15 个（波谱数据见表 35-2）。δ 15.927 单峰，为羟基氢信号。化学位移大于 100ppm 的碳信号有 26 个，小于 100ppm 的碳信号有 3 个。结合 HSQC 谱，分析 ¹H-NMR 可推定结构中含有 13 个烯氢（δ 6.04，6.94，7.56，7.66，7.67，7.02，7.10，7.22，7.47，7.82，8.02，8.14，8.70）。其中 δ 8.14 处氢为单峰信号，无邻位氢与其偶合。¹H-¹H-COSY 显示这 13 个烯氢有 5 个偶合系统，分别如下：δ 7.56 处氢与 δ 6.94 处氢和 δ 7.66 处氢偶合，J=7.8，提示这 3 个烯氢相邻；δ 7.47 处氢与 δ7.02 处氢和 δ 7.67 处氢偶合，J =7.8，提示这 3 个烯氢也相邻；δ 8.02 处氢与 δ 7.10 处氢偶合，J =9.0；δ 8.70 处氢与 δ 7.22 处氢偶合，

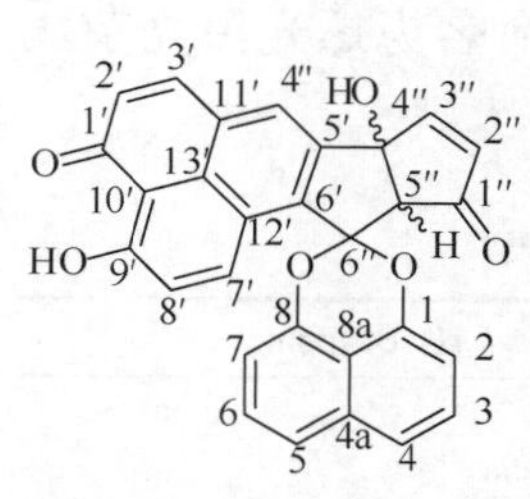

图 35-4 化合物 EA2 的化学结构图

J=9.0；δ7.82 处氢与 δ 6.04 处氢偶合，J=5.4。从 HMBC 谱可以得到如下两个结构片段信息，化合物 EA2 的化学结构图见图 35-4。

(1) 质子信号δ6.94 (H-2) 与碳信号δ113.64 (C-8a)、δ134.40 (C-4a) 远程相关；δ7.02 (H-8) 氢与碳信号δ 113.64 (C-8a)、δ122.19 (C-5) 远程相关；质子信号δ 7.56 (H-3) 与碳信号δ 134.40 (C-4a)、δ 148.16 (C-1) 远程相关；质子信号δ 7.47 (H-6) 与碳信号δ 134.40 (C-4a)、δ146.50 (C-8) 远程相关。以上远程相关信息提示δ113.64 (C-8a)、δ134.40 (C-4a) 两处芳香季碳将两个含氢结构片段连接起来。氢信号δ7.66 (H-4) 与碳信号δ113.64 (C-8a)、δ134.40 (C-4a)、δ109.59 (C-2) 远程相关；氢信号δ 7.67 (H-5) 与碳信号δ113.64 (C-8a)、δ134.40 (C-4a)、δ109.79 (C-7) 相关，更进一步证实了这一点。说明分子中存在 1，8-二氧取代萘结构片段，化合物 EA2 中 1，8-二氧取代萘结构片段的 HMBC 示意图如图 35-5 所示。

表 35-2　化合物 EA2 的 ^{13}C-NMR、HSQC、^{1}H，^{1}H-COSY 数据表①

No.	δ_C/ppm	HSQC/ppm②	^{1}H，^{1}H-COSY/ppm	HMBC/ppm
1	148.16			
2	109.56	6.94 (d，J=7.2)	7.56	113.64、120.81、148.16
3	127.70	7.56 (dd，J=7.8、7.8)	6.94、7.66	148.16、134.40
4	120.81	7.66 (d，J=7.2)	7.56	113.64、109.56、134.40
5	122.19	7.67 (d，J=7.2)	7.47	113.64、109.79、134.40
6	126.97	7.47 (dd，J=7.8、7.8)	7.67、7.02	134.40、146.50
7	109.79	7.02 (d，J=7.8)	7.47	113.64、146.50
8	146.50			
4a	134.40			
8a	113.64			
1′	183.09			
2′	126.60	7.10 (d，J=9.0)	8.02	111.33、128.96，
3′	141.15	8.02 (d，J=9.0)	7.10	183.09、128.98、127.24
4′	127.24	8.14 (s)		141.16、128.98、138.21、88.21
5′	139.15			
6′	138.21			
7′	137.44	8.70 (d，J=9.0)	7.22	175.40、138.21、128.98
8′	123.86	7.22 (d，J=9.0)	8.70	111.33、122.12
9′	175.04			
10′	111.33			
11′	128.96			
12′	122.12			
13′	128.98			
1″	198.74			
2″	133.24	6.04 (d，J=5.4)	7.82	198.74、160.74、88.21、65.06

续表

No.	δ_C/ppm	HSQC/ppm②	^{1}H，^{1}H-COSY/ppm	HMBC/ppm
3″	160.74	7.82（d，J=5.4）	6.04	198.74、133.24、88.21、65.06
4″	88.21			
5″	65.06 d	3.40（s）		139.15、138.21、198.74、133.24、133.24、160.74、88.21、106.57
6″	106.57 s			
9′-OH		15.927（s）		183.09、175.04

①溶剂：$CDCl_3$；磁场强度：600 Hz。②偶合常数单位：Hz。s 代表单峰，d 代表二重峰，dd 代表双二重峰

（2）氢信号δ15.92 与δ183.90（C-1′）、δ175.40（C-9′）远程相关，说明该氢可能形成了分子内氢键。氢信号δ7.10（H-2′）与碳信号δ111.33（C-10′）、δ128.96（C-11′）远程相关；氢信号δ7.22（H-8′）与碳信号δ111.33（C-10′）、δ122.12′C-12′）远程相关；氢信号δ8.02（H-3′）与碳信号δ183.90（C-1′）、δ128.98（C-13′）远程相关；氢信号δ 8.70（H-7′）与碳信号δ 175.40（C-9′）、δ128.98（C-13′）、δ138.21（C-6′）远程相关。与上相似δ175.40（C-9′），δ128.98（C-13′）两处碳将两个含烯氢的结构片段连接起来。氢信号δ8.02（H-3′）与碳信号δ127.24（C-4′）远程相关，氢信号δ8.70（H-7′）与碳信号δ 138.21（C-6′）、氢信号δ 8.14（H-4′）与碳信号δ 138.21（C-6′）远程相关，提示可能含有 9-羟基苯嵌萘酮的结构片段，化合物EA2中1，8-二氧取代萘结构片段的HMBC示意图如图 35-5 所示。

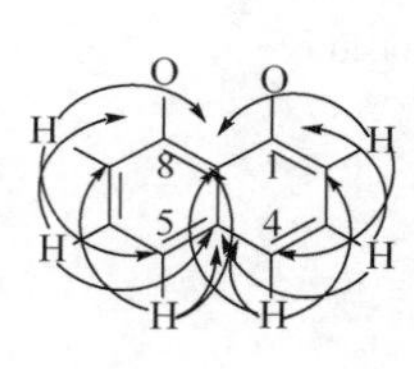

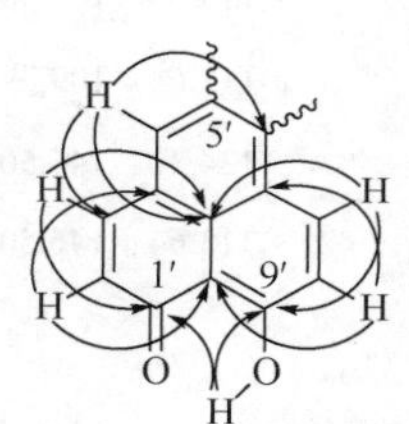

图 35-5　化合物 EA2 中 1，8-二氧取代萘和 9-羟基苯嵌萘酮结构片段的 HMBC 示意图

质子信号δ8.14（H-4′）为单峰，不与其他质子偶合，提示与邻碳上无烯氢。根据 HMBC 谱，推测与其邻碳为δ128.96（C-11′）、δ139.15（C-5′）。碳信号δ139.15（C-5′）与 9-羟基苯嵌萘酮结构片段上的氢不存在的远程相关，其归属采用排除法。

^{1}H-^{1}H COSY 谱显示：烯氢信号δ 8.70（H- 2″）与 δ 7.22（H- 3″）偶合，且只与其有偶合。HMBC 谱显示这两个烯氢信号均与碳信号δ 198.74（C-1″）远程相关，且这两个烯氢所连碳（分别在δ133.24、δ160.74 处）的化学位移相差较大，推测 EA2 分子中可能存在 α，β-不饱和酮的结构。另外，这些信息也提示 C-3″与季碳或与氧相连。根据分子式计算不饱和度为 22，除去上面推断得到的几个结构片段的不饱和度，EA2 分子中还应有 3 个环状结构片段。碳信号δ106.57（C- 6″）应为一缩酮碳，推测可能含有与化合物 CH 相似的结构片段，该碳与 1，8-二氧取代萘的两个氧相连，形成一个螺环结构。氢信号δ 8.14（H-4′）与δ 88.21（C- 4″）远程相关，氢信号δ3.40（H- 5″）与碳信号δ88.21（C- 4″）、δ139.15（C-5′ ）、δ138.21（C-6′ ）、δ106.57（C- 6″）远程相关，以及氢信号δ6.04、δ7.82 的 HMBC 相关信息，与所推测结构吻合。两五元环并环，4″位 OH 与 5″位 H 处于异侧会造成结构扭曲，构型不稳定，处于同侧较为合理。经结构检索化合物 EA2 为一新颖结构化合物，命名为螺光黑壳菌酮 B，结构如图 35-5 所示。

（三）化合物 EA3，螺光黑壳菌素 A

白色针状晶体，m.p. 241～243℃。由 HREI-MS、EI-MS、^{1}H-NMR、^{13}C-NMR 和 HMBC 确定分子式为 $C_{20}H_{14}O_5$。结合 HSQC 分析碳谱推定结构中含有 16 个烯碳，一个缩醛碳（δ99.10），

3 个连氧碳（δ 51.66，54.47，61.57）。其中连氢烯碳 6 个（δ 110.41，128.71，121.85，121.70，128.66，110.10），连氧烯碳 3 个（δ 149.07，149.02，157.23），芳香季碳 4 个（δ 135.71，114.31，123.16，133.95）。结合 HSQC 谱，分析 ^{1}H-NMR 谱（表 35-3）可推定结构中含有 9 个烯氢（δ 7.05，7.50，7.57，7.54，7.44，6.95，7.25，6.95，7.25）。其中 δ 7.25 处有一氢为单峰信号，说明无邻位氢与其偶合。氢谱还显示结构中含有 3 个连氧碳上质子（δ 3.64，3.53，5.49）。^{1}H，^{1}H-COSY 显示除 δ 7.25 外，其余的 8 个烯氢组成了一个 AB 系统、两个 ABC 系统。3 个连氧碳上质子组成了一个 AMX 系统。

表 35-3　化合物 EA3 的 ^{13}C-NMR、HSQC、^{1}H，^{1}H-COSY 数据表①

No.	δ_C/ppm	HSQC/ppm②	^{1}H，^{1}H-COSY/ppm
1	149.07		
2	110.41	7.05（d，J=7.8）	7.50
3	128.71	7.50（t，J=7.8）	7.05、7.57
4	121.85	7.57（d，J=7.8）	7.50
5	121.70	7.54（d，J=8.4）	7.44
6	128.66	7.44（t，J=8.4）	7.54、6.95
7	110.10	6.95（d，J=8.4）	7.44
8	149.02		
4a	135.71		
8a	114.31		
1′	99.10		
2′	51.66	3.64（d，J=1.8）	3.53
3′	54.47	3.53（dd，J=2.4、4.2）	3.64、5.49
4′	61.57	5.49（d，J=3.6）	3.53
5′	130.50	7.25（dd，J=10.2、7.8）	6.95
6′	117.31	6.95（dd，J=10.2、7.8）	7.25
7′	157.23		
8′	119.04	7.25（s）	
4a′	123.16		
8a′	133.95		

①　溶剂：CD_3OH；磁场强度：600Hz。②偶合常数单位：Hz。s 代表单峰，d 代表二重峰，dd 代表双二重峰，t 代表三重峰

化合物 EA3 与已知化合物 palmarumycin C_{11} 的氢谱和碳谱图谱概貌及数据（Barrett et al.，2002）相似，具体见表 35-4，推测化合物 EA3 的基本骨架与 palmarumycin C_{11} 相同。化合物 EA3 和 palmarumycin C_{11} 结构上的差别在于芳环羟基的取代位置的不同。前者羟基的取代形成了一个 AB 系统和一个单峰氢，后者则是一个 ABC 系统。另外，氢信号 δ 7.25 与 δ 6.95 都有偶合常数为 10.2 Hz 的偶合裂分，可能是羟基氢对烯氢的偶合裂分。4′位苄碳上的羟基也具有部分芳环羟基的性质，4′-H、7′-H 与 5′-H、6′-H 的偶合可以解释 10.2Hz 的偶合裂分。HMBC 数据见图 35-6。由此解析得到图 35-7 所示结构，为一新颖结构化合物，命名为 spiro-preussomerin A。

EA3　　　　Palmarumycin C_{11}

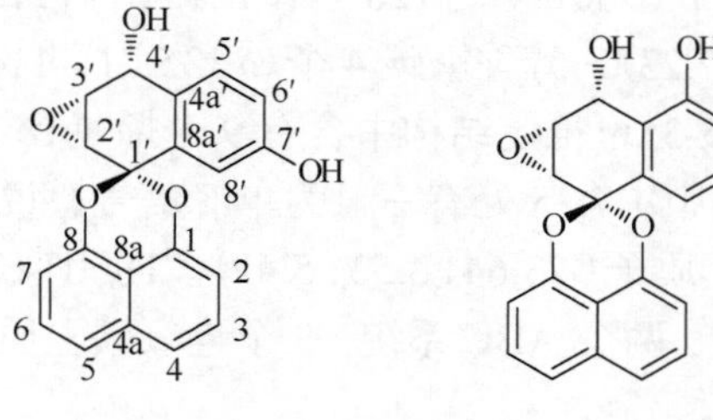

图 35-6　化合物 EA3 和已知化合物 Palmarumycin C_{11} 的化学结构图

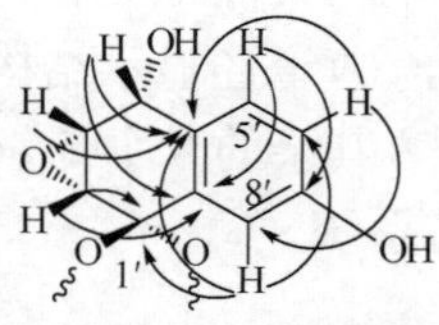

图 35-7　化合物 EA3 中部分结构片段的 HMBC 示意图

表 35-4　化合物 EA3 和 Palmarumycin C_{11} 的 ^{1}H-NMR、^{13}C-NMR 数据表①

No.	δ_C/ppm		δ_H/ppm	
	EA3①	Palmarumycin C_{11}②	EA3①	Palmarumycin C_{11}②
1	149.07	147.3		
2	110.41	109.9	7.05(d，J=7.8)③	7.15(d，J=7.3)
3	128.71	127.7	7.50(t，J=7.8)	7.50(app-t，J=8.3，7.4)
4	121.85	121.0	7.57(d，J=7.8)	7.51～7.63(m)
5	121.70	120.9	7.54(d，J=8.4)	7.51～7.63(m)
6	128.66	127.4	7.44(t，J=8.4)	7.43(app-t，J=8.3，7.6)
7	110.10	109.0	6.95(d，J=8.4)	6.93(d，J=7.3)
8	149.02	147.2		
4a	135.71	134.1		
8a	114.31	112.8		
1′	99.00	96.6		
2′	51.66	52.8	3.64(d，J=4.2)	3.89(d，J=4.3)
3′	54.47	54.2	3.53(dd，J=2.4，4.2)	3.76(dd，J=4.4，2.7)
4′	61.57	66.2	5.49(d，J=1.8)	5.46(dd，J=2.6)
5′	130.50	156.5	7.25(dd，J=10.2，7.8)	
6′	117.31	118.5	6.95(dd，J=10.2，7.8)	7.07(dd，J=6.8，2.4)
7′	157.23	130.5		7.35(app-t，J=7.9，7.7)
8′	119.04	119.3	7.25(s)	7.39(dd，J=7.6，2.4)
4a′	122.40	118.9		
8a′	133.95	132.0		

①溶剂：CD_3OH；磁场强度：600Hz。②溶剂：$CDCl_3$；磁场强度：300Hz。③偶合常数单位：Hz。s 代表单峰，d 代表二重峰，dd 代表双二重峰，app-t 代表宽三重峰

二、实验部分

(一)菌株来源与鉴定

AS5 菌分离自产于中国广西的白木香[(Lour.) Gilg]茎部，由本研究室提供，经本研究室胡克兴博士鉴定为 *Preussia* sp.。

(二)发酵培养

平皿转摇瓶液体培养的方法。培养基为麦麸培养基：液体培养基装样量 100～150ml/250ml 三角瓶，培养温度 25℃，摇床转速 120r/min，发酵周期 9 天。将培养物用双层尼龙布过滤后，分成菌丝体和发酵液两部分。共得到发酵液约 300L，浓缩至 2L。菌丝体用水洗涤后晒干，共得到干燥菌丝体 2kg。

(三)提取与分离

1. 菌丝体部分

干燥菌丝体粉碎后，95%乙醇浸泡 2 天，超声提取多次，醇沉(乙醇浓度为 80%)，回收溶剂，得到浸膏 485g。浸膏加水悬浮，用石油醚、乙酸乙酯、正丁醇依次萃取。各部分经反复硅胶柱层析、Pharmadex LH-20 凝胶层析和重结晶，得到各单体化合物，提取分离流程见图 35-8。

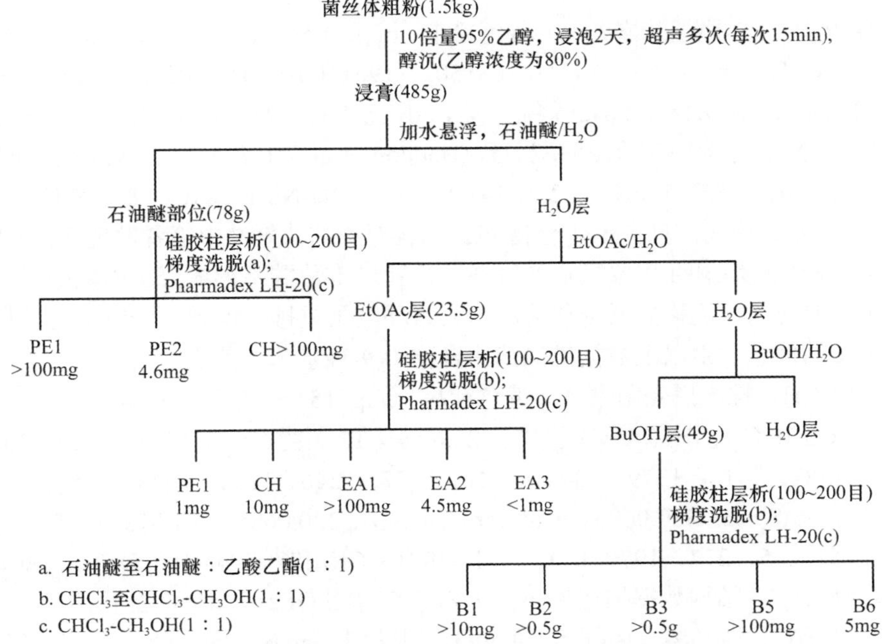

图 35-8　光黑壳菌 AS-5 菌丝体部分的提取与分离

2. 发酵液部分

于发酵液浓缩液中加入乙醇，醇沉(乙醇浓度为 70%)，放置过夜，取上清液浓缩至无醇味。浓缩液加水分配，用石油醚、乙酸乙酯、正丁醇依次萃取。石油醚、正丁醇部位因量较少，不再分离。乙酸乙酯部分经反复硅胶柱层析、Pharmadex LH-20 凝胶层析和重结晶，得到各单体化合物，提取分离流程见图 35-9。

三、结构鉴定及实验数据

(1) 化合物 PE1，麦角甾醇。无色针晶，m.p. 148～151℃，易溶于 $CHCl_3$ 等有机溶剂。EI-MS *m/z* (%)：396 (100)，363 (90)，337 (40)，253 (25)，69 (43) 数据与文献（余竞光等，1983）一致，与麦角甾醇标准品混合 TLC 为一个斑点，混合熔点不下降。由以上数据推知该化合物为麦角甾醇。

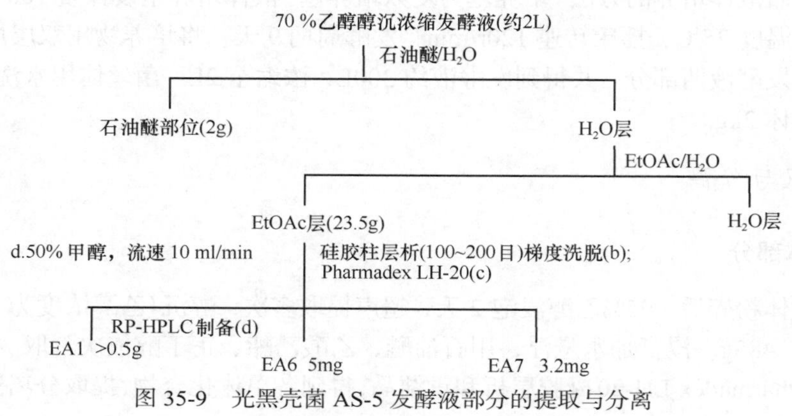

图 35-9　光黑壳菌 AS-5 发酵液部分的提取与分离

(2) 化合物 PE2，9-羟基苯嵌萘酮。黄色粉末，m.p. 165～168℃（乙酸乙酯），易溶于 $CHCl_3$ 等有机溶剂。EI-MS *m/z* (%)：139 (42)，168 (50)，196 (100)。^{1}H-NMR ($CDCl_3$)：AB 系统，δ_A 7.18，δ_B 8.10 (4H，J_{AB}= 9Hz)；AB2 系统，δ_A 7.60，δ_B 8.02 (3H，J_{AB}=7.2Hz)；δ16.03 (1H，s)。氢谱数据与文献报道的 9-羟基苯嵌萘酮一致（Haddon et al.，1981）。^{13}C-NMR ($CDCl_3$) δppm：111.1，123.7，124.0，125.6，126.9，132.9，141.1，179.2。^{1}H-NMR 谱显示 8 个氢信号，^{13}C-NMR 谱显示 8 个碳信号，这些信息提示化合物 PE2 结构对称。从氢谱中笔者发现 δ 16.03 处有一宽单峰，是 9-羟基苯嵌萘酮的 9-位羟基氢信号，该氢与 1-位羰基形成分子内氢键。这一特殊结构也使得 9-位碳的化学位移向低场移动。苯嵌萘环电子重排，得到一个对称的结构，从而解释了 ^{13}C-NMR 的信息。由以上数据推知该化合物为 9-羟基苯嵌萘酮。

(3) 化合物 CH，螺光黑壳菌酮 A。黄色针晶，m.p. 153～154℃，易溶于甲醇。比旋光度：$[\alpha]_D^{20}$ -6.41° (c 0.78 CH_3OH)。UV λ_{max}^{MeOH}：225.6 nm。IR ν_{max}^{KBr} cm^{-1}：3510，3349，3061，1749，1705，1608，1587，1416，1379，1344，1321，1277，1246，1204，1078，1059，1041，1003，970，933。HREI-MS *m/z*: 320.0690 (calcd. for $C_{19}H_{12}O_5$，320.0685)。EI-MS *m/z* (%)：320 (100)，303，291，275，265，237，197，170。^{1}H-NMR ($CDCl_3$) 和 ^{13}C-NMR ($CDCl_3$)，见表 35-1。

(4) 化合物 EA1，结构数据描述见第三十六章化合物 GF2（琥珀酸）项下。

(5) 化合物 EA2，螺光黑壳菌酮 B。黄色无定形粉末，m.p. 275～277℃，溶于氯仿、甲醇。比旋光度：$[\alpha]_D^{20}$ +6.06° (c 0.50 $CHCl_3$)。UV λ_{max}^{MeOH}：222.60nm。IR ν_{max}^{KBr} cm^{-1}：3446，3056，2921，1716，1600，1589，1558，1506，1411，1377，1265，1238，1211，1120，1074，1043，817，756。HREI-MS *m/z*：460.0949 (calcd. for $C_{29}H_{16}O_6$)。EI-MS *m/z* (%)：114 (10)，189 (10)，301 (10)，397 (20)，

401(18)，414(18)，443(35)，460(100)。^{1}H-NMR(CDCl$_3$)和 ^{13}C-NMR(CDCl$_3$)，见表 35-2。

(6)化合物 EA3，螺光黑壳菌素 A。白色针状结晶，m.p. 241～243℃，易溶于氯仿、甲醇等有机溶剂。UV λ_{max}^{MeOH}：222.20nm。HREI-MS *m/z*：334.0845(calcd. for $C_{20}H_{14}O_5$)。EI-MS *m/z*(%)：334(100)，316(15)，287(24)，271(4)，259(5)，160(25)，147(15)，114(13)，91(4)，77(3)，65(3)。^{1}H-NMR(CDCl$_3$)和 ^{13}C-NMR(CDCl$_3$)，见表 35-4。

(7)化合物 EA6，5-羟甲基糠醛。浅黄色油状液体，易溶于 EtOAc 和 MeOH 等有机溶剂，能溶于水，难溶于石油醚。^{1}H-NMR(CDCl$_3$) δ ppm：7.22(1H，d，J = 3.6Hz)，6.52(1H，d，J = 3.6Hz)，9.60(1H，s)，4.73(2H，s)。^{13}C-NMR(CDCl$_3$) δ ppm：160.4，122.5，109.9，152.4，177.6，57.6。以上数据与 5-羟甲基糠醛标准品谱图(江纪武等，1986)一致，推知该化合物为 5-羟甲基糠醛。

(8)化合物 B1，D-甘露醇。无色针状结晶，m.p. 166～168℃，易溶于水。结构数据描述见第三十六章化合物 GM12(甘露醇)项下。

(9)化合物 B2，阿洛糖醇。无色针状结晶(甲醇)，m.p. 150～151℃。EI-MS *m/z*(%)：146(3)，133(20)，103(60)，74(45)，73(100)。^{1}H-NMR(D$_2$O) δ ppm：3.87(2H，dd，J = 12.0，3.0Hz)，3.80(2H，d，J = 8.4Hz)，3.76(2H，ddd，J = 8.4 Hz，6.0 Hz，3.0Hz)，3.68(2H，dd，J = 12.0Hz、6.0Hz)。^{13}C-NMR(D$_2$O) δ ppm：72.69，72.13，66.07。参考有关数据(高锦明等，2000)，推测该化合物为阿洛糖醇。

(10)化合物 B3，葡寡糖。白色结晶性粉末，m.p. 91～93℃。Molish 反应呈阳性。酸水解，纸层析实验结果显示：化合物 B3 由两种单糖组成(α-D-葡萄糖和 β-D-葡萄糖)，并非单糖的混合物。UV $\lambda_{max}^{H_2O}$：200.80nm，221.20nm。IR ν_{max}^{KBr} cm^{-1}：3398，3317，2943，2912，2891，1458，1373，1338，1224，1203，1147，1110，1051，1018，916，869，838，775，717，648，621，553。EI-MS *m/z*(%)：149(3)，131(7)，103(11)，73(100)，71(20)。FAB-MS *m/z*(%)：273(100)，255(50)，171(55)，79(50)。^{1}H-NMR(D$_2$O)和 ^{13}C-NMR(D$_2$O)，见表 35-5。氢谱显示有 3 个端基氢信号：δ 5.23(1H，d，J = 3.6Hz)，4.65(2H，d，J = 8.4Hz)，推测化合物 B3 含有一个 α-D-葡萄糖片段，两个 β-D-葡萄糖片段。碳谱显示 12 个碳信号(碳信号有重叠)。结合 HSQC 谱分析 ^{1}H-NMR 和 ^{13}C-NMR，结果发现，各个碳与相对应的单糖碳信号(SDBS 数据库)相比，化学位移均向低场移动 1.6ppm 左右(以 TMS 参照物)。由此推测 B3 为由两个 β-D-葡萄糖和一个 α-D-葡萄糖组成的寡糖，其连接方式还有待进一步的研究。

表 35-5　化合物 B3 的 ^{13}C-NMR、HSQC、^{1}H-COSY 数据表①

No.	δ_C：B3	δ_C：β-D-glucose / α-D-glucose	HSQC
1	98.61	97.00 d(β-D-glucose)	4.65(d，J=8.4)②
2	76.85	75.25	3.24(t，8.4)
3	78.46	76.88	3.49(t，J=9)
4	72.32	70.75	3.40(t，J=9.6)
5	78.63	77.01	3.47(ddd，9.6，J=5.4，1.8)
6	63.50	61.90	3.90(dd，J =12.0，1.8)，3.72(dd，J =12.0，5.4)
1′	98.61	97.00(β-D-glucose)	4.65(d，J =8.4)
2′	76.85	75.25	3.24(t，J =8.4)
3′	78.46	76.88	3.49(t，J =9)
4′	72.32	70.75	3.40(t，J =9.6)

续表

No.	δ_C: B3	δ_C: β-D-glucose / α-D-glucose	HSQC
5′	78.63	77.01	3.47 (ddd, J=9.6, 5.4, 1.8)
6′	63.50	61.90	3.90 (dd, J=12.0, 1.8), 3.72 (dd, J=12.0, 5.4)
1″	94.80	93.18 (α-D-glucose)	5.23 (d, J=3.6)
2″	74.19	72.57	3.54 (dd, J=9.6, 3.6)
3″	75.49	73.87	3.71 (t, J=9.6)
4″	72.37	70.75	3.41(t, J=9.6)
5″	74.14	72.55	3.83(m)
6″	63.35	61.76	3.84(m), 3.76(dd, J=12.0, 5.4)

①溶剂：D_2O；磁场强度：600Hz。②d、dd、ddd、t、m 分别代表二重峰、双二重峰、三双重峰、三重峰、多重峰

(11) 化合物 B5，尿嘧啶核苷。白色结晶性粉末，m.p. 164～166℃，溶于甲醇、水，不溶于氯仿、乙酸乙酯等溶剂。Molish 反应呈阳性。^{1}H-NMR (D_2O) δ ppm：5.90 (1H，d，J = 7.8Hz)，7.88 (1H，d，J = 7.8Hz)，5.91 (1H，d，J = 5.4Hz)，4.23 (1H，t，J = 5.4Hz)，4.35 (1H，t，J = 5.4Hz)，4.14 (1H，m)，3.92 (1H，dd，J = 12.6，3.0Hz)，3.81 (1H，dd，J = 12.6，4.2Hz)。^{13}C-NMR (D_2O) δ ppm：154.5，169.0，105.1，144.6，92.2，72.2，76.5，87.0，63.5。氢谱和碳谱数据与尿嘧啶核苷（杨学东等，2002）一致，与尿嘧啶核苷混合 TLC 为一个斑点，混合熔点不下降，推测该化合物为尿嘧啶核苷。

(12) 化合物 B6，腺嘌呤核苷。黄色晶性粉末，溶于甲醇、二甲基亚砜等溶剂，m.p. 235～237℃。EI-MS (m/z) (%)：267 [M]$^+$ (5)，237 [M-CH_2O]$^+$ (10)，178 (38)，164 (98)，135 (100)，108 (22) 等。^{1}H-NMR (D_2O) δ ppm：8.30 (1H，s)，8.17 (1H，s)，6.05 (1H，d，J = 5.4Hz)，4.78 (1H，m)，4.40 (1H，dd，J = 5.4，3.6Hz)，4.30 (1H，m)，3.93 (1H，dd，J = 12.6，2.4Hz)，3.85 (1H，dd，J = 12.6，3.6Hz)。氢谱数据与腺嘌呤核苷谱图（崔东滨等，1995）一致，与腺嘌呤核苷混合 TLC 为一个斑点，混合熔点不下降，推测该化合物为腺嘌呤核苷。

（施琦渊　郭顺星）

参 考 文 献

崔东滨，严铭铭，王叔琴，等. 1995. 平贝母茎叶化学成分的研究. 中国中药杂志，20(5)：298.

高锦明，董泽军，刘吉开. 2000. 蓝黄红菇的化学成分. 云南植物研究，22(1)：85-89.

江纪武，肖庆祥. 1986. 植物药有效成分手册. 北京：人民卫生出版社，1003.

谭小明. 2006. 七种珍稀濒危药用植物菌根生物学研究. 北京：北京协和医学院硕士学位论文.

杨学东，徐丽珍，杨世林. 2002. 蝉翼藤茎化学成分研究. 药学学报，37(5)：348-351.

余竞光，陈若云，姚志熙. 1983. 薄盖灵芝深层发酵菌丝体化学成分的研究(Ⅲ). 中草药，14(10)：438-439.

Barrett AGM，Blaney F，Campbell AD，et al. 2002. Unified route to the palmarumycin and preussomerin natural products. enantioselective synthesis of(-)-preussomerin G. The Journal of Organic Chemistry，67(9)：2735-2750.

Haddon RC，Rayford R，Hirani AM. 1981. 2-Methyl- and 5-Methyl-9-hydroxyphenalenone. Journal of Organic Chemistry，46：4587-4588.

Spectra Database for Organic Compounds SDBS. SDBS Web：http：//www. aist. go. jp/RIODB/ SDBS/(National Institute of Advanced Industrial Science and Technology，date of access).

第三十六章 红豆杉内生真菌代谢产物

左杰（1998）筛选的 GH10 号菌株其固体培养物的甲醇提取物对 GLC-82 和 803 癌细胞具有一定的抑制作用，浓度为 50μg/ml 时，抑制率分别为 37.6%和 45.1%。笔者按左杰的提取的方法也对该菌株进行了活性测定，发现浓度为 100μg/ml 时，发酵液醇沉提取物对 GLC-82 和 HCT 癌细胞的抑制率分别为 53.8%和 55.0%，菌丝体甲醇提取物对两种癌细胞的抑制率分别为 22.9%和 21.4%。为了阐明其物质基础，笔者对该菌株的发酵物进行了化学成分研究。

GH10 号菌株分离自东北红豆杉（*Taxus cuspidata* Seib. Et Zuss.），由本研究室提供，经鉴定为头孢霉属（*Cephalosporium*）真菌。真菌液体发酵后分离出菌丝体和发酵液两部分。干菌丝体粉碎后，用甲醇回流提取 7 次，回收溶剂，得浸膏 752g。加水悬浮，用石油醚、EtOAc、n-BuOH 依次萃取。各部分经反复硅胶柱层析和重结晶，得到各单体化合物。详见流程图 36-1。于发酵液浓缩液中加入 95%乙醇醇沉，放置，取上清液（乙醇浓度大于 80%），残渣用适量水分散后，如前处理。反复 4 次，合并上清液，浓缩后分配在水中，依次用石油醚、二氯甲烷、乙酸乙酯、正丁醇萃取。各部分经反复硅胶柱层析和重结晶，得到各单体化合物。详见流程图 36-2。

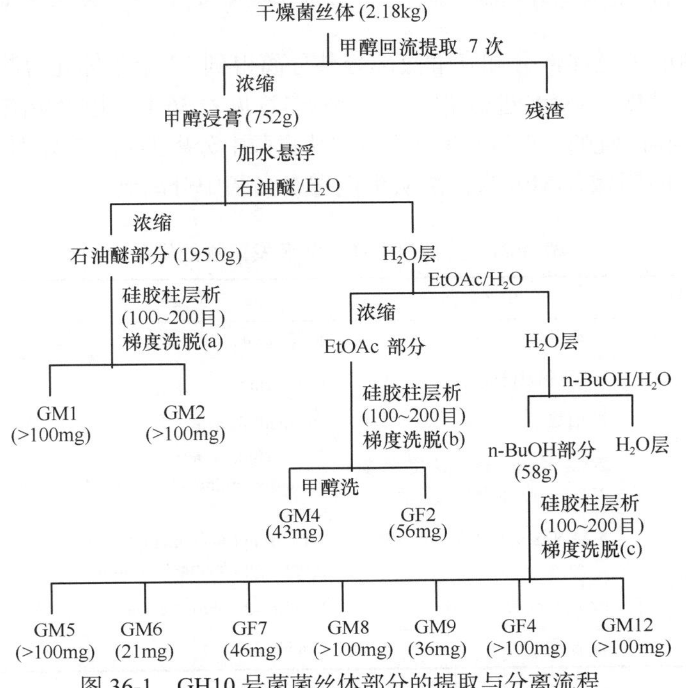

图 36-1 GH10 号菌菌丝体部分的提取与分离流程

(a) 石油醚至石油醚-EtOAc-CH_3OH (100:50:15)；(b) $CHCl_3$ 至 $CHCl_3$-CH_3OH (9:1)；(c) $CHCl_3$ 至 $CHCl_3$-CH_3OH (6:4)

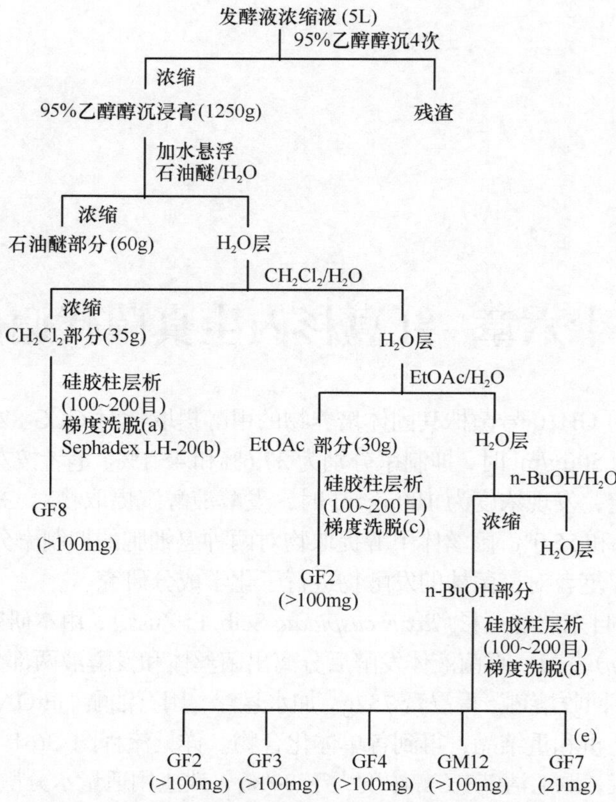

图 36-2　GH10 号菌发酵液部分的提取与分离流程

(a) $CHCl_3$ 至 $CHCl_3$-CH_3OH(9∶1)；(b) $CHCl_3$-CH_3OH(1∶1)；(c) $CHCl_3$ 至 $CHCl_3$-CH_3OH(85∶15)；(d) $CHCl_3$ 至 $CHCl_3$-CH_3OH(6∶4)；(e)第 29～42 份粗品 10g 用硅胶柱层析(100～200 目)，氯仿-甲醇(95∶5～9∶1)梯度洗脱，合并 39～42 份，甲醇洗脱得粉末

从 GH10 号菌的菌丝体部分和发酵液部分共分离得到 13 个单体化合物，根据理化常数和波谱数据(UV、IR、MS、NMR)进行鉴定。化合物名称见表 36-1，化合物结构见图 36-3。鉴定的化合物中，正丁基-β-D-吡喃果糖苷(GF3)为首次从真菌中分离得到，3-异丙基-6-异丁基-2，5-哌嗪二酮(GM5)和硫酸胆碱(GM9)为首次从头孢霉属真菌中分离到。

表 36-1　分离自 GH10 号菌发酵物的化合物

No.	化合物编号	中文名称	英文名称	化合物类别
1	GM1	麦角甾醇	Ergosterol	甾醇类
2	GM2	α-硬脂酸甘油酯	α-Stearin	酯类
3	GF2	琥珀酸	Butanedioic acid	有机酸
4	GM4	2-(2-羟基二十四烷酰氨基)-1，3，4-十八烷三醇	2-[(2-Hydroxytetra cosanoyl) amino]-1，3，4-octade-catriol	脑苷元
5	GM5	3-异丙基-6-异丁基-2，5-哌嗪二酮	3-Isopropyl-6-(1-methyl propyl) piperazine-2，5-dione	哌嗪类生物碱
6	GM6	吡啶-3-羧酸	Pyridine-3-caboxylic acid	有机酸
7	GF7	尿嘧啶	Uracil	嘧啶类生物碱

续表

No.	化合物编号	中文名称	英文名称	化合物类别
8	GM8	亮氨酸	Leucine	氨基酸
9	GM9	硫酸胆碱	Choline sulfate	酯类
10	GF4	meso-赤醇	Meso-erythritol	多元醇
11	GM12	甘露醇	D-Mannitol	多元醇
12	GF3*	正丁基-β-D-吡喃果糖苷	n-Butyl-β-D-fructopyranoside	糖苷类
13	GF8	5-羟甲基糠醛	5-Hydroxylmethyl-2-furancarbox aldehyde	糖衍生物

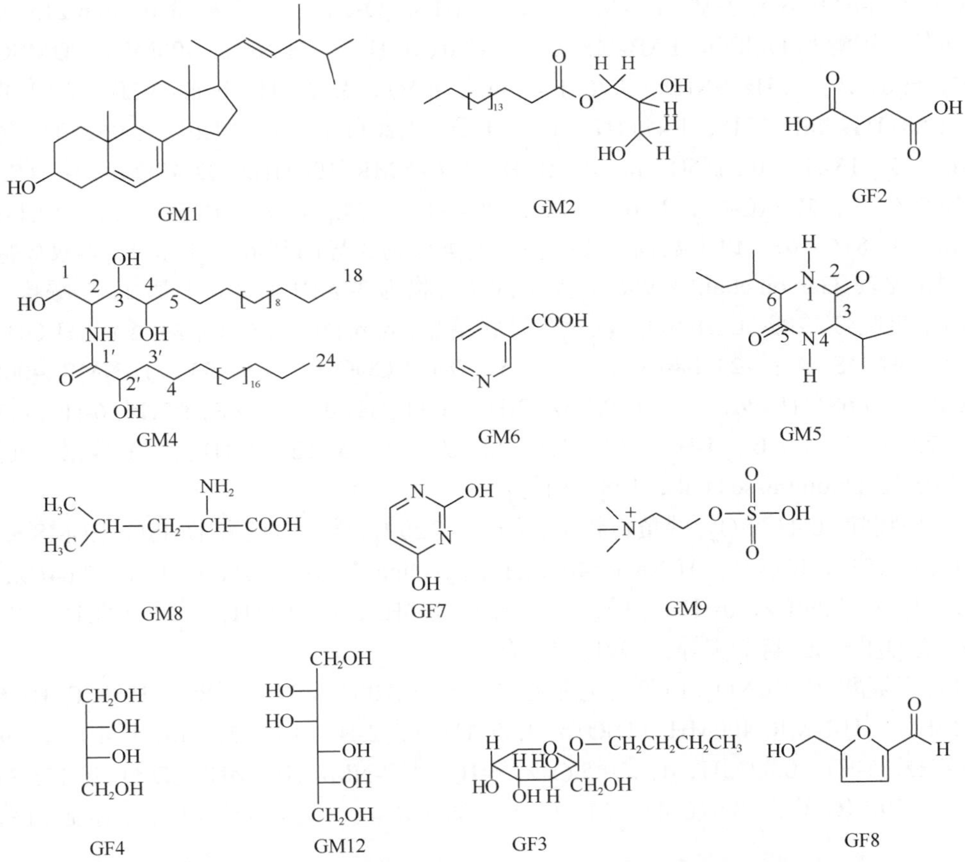

GM1　GM2　GF2　GM4　GM6　GM5　GM8　GF7　GM9　GF4　GM12　GF3　GF8

图 36-3　从真菌 *Cephalosporium* 发酵物中分离得到化合物的结构

GM1，麦角甾醇。$C_{28}H_{44}O$，无色针晶，m. p. 121～122℃，易溶于 $CHCl_3$ 等有机溶剂。结构数据描述见第三十五章化合物 PE1(麦角甾醇)项下。

GM2，α-硬脂酸甘油酯。$C_{21}H_{42}O_4$，白色粉末，m.p.69～71℃，易溶于 $CHCl_3$ 等有机溶剂。EI-MS *m/z*: 268 ($C_{17}H_{35}COH$), 134 ($C_5H_{10}O_4$), 98, 74, 43。^{1}H-NMR (400MHz, $CDCl_3$) δ: 4.21 (1H, dd, J = 4.6, 11.7Hz, 1′-Ha), 4.15 (1H, dd, J = 11.6, 6.1Hz, 1′-Hb), 3.94 (1H, m, 2′-H), 3.70 (1H, dd, J = 11.5, 4.0Hz, 3′-Ha), 3.61 (1H, dd, J = 11.5, 5.8Hz, 3′-Hb), 2.35 (2H, t, J = 7.6Hz, 2-H), 2.35 (2H, br.s, 2′, 3′-OH), 1.62 (2H, m, 3-H), 1.26 (29H), 0.88 (3H, t,

$J = 7.0$Hz，18-H）。通过分析以上数据推导该化合物为α-硬脂酸甘油酯。

GF2，琥珀酸。$C_4H_6O_6$，无色针状结晶，m.p.185～187℃，易溶于甲醇和水。IRν_{max}^{KBr} cm^{-1}：3260～2780（COOH），2930，1415（CH_2），2640～2540，1695，920（COOH）。EI-MS *m/z*（%）：101（19），100（62），74（63），73（53），72（18），56（31），55（100），45（98）。^{1}H-NMR（400MHz，D_2O）δ：2.62（4H，s，2×CH_2）。^{13}C-NMR（100MHz，D_2O）δ：28.3，176.6。以上数据与文献报道（国家医药管理局中草药情报中心站，1986）的琥珀酸相符合。

GM4，2-（2-羟基二十四烷酰氨基）-1，3，4-十八烷三醇。$C_{42}H_{85}O_5N$，白色粉末，m.p.145～147℃，溶于吡啶，难溶于 $CHCl_3$、MeOH 等。^{1}H-NMR 与前 BM4 基本一致。TLC 展开 Rf 值与 BM4 相同。推知该化合物为 2-（2-羟基二十四烷酰氨基）-1，3，4-十八烷三醇。

GM5，3-异丙基-6-异丁基-2，5-哌嗪二酮。$C_{11}H_{20}N_2O_2$，白色无定形粉末，m.p.215～218℃，能溶于氯仿、甲醇和 DMSO。FAB-MS *m/z*：213.0（$M+H^+$）。^{1}H-NMR（400MHz，DMSO-d_6）δ：7.94（2H，br.d，$J = 7.5$Hz，NH），3.76（1H，br.s，6-H），3.69（1H，br.s，3-H），2.19（1H，m，11-H），1.88（1H，m，7-H），1.41（1H，m，9-Ha），1.20（1H，m，9-Hb），0.96，0.93（6H，d，$J = 7.0$Hz，12，13-H），0.84（6H，m，8，10-H）。^{13}C-NMR（100MHz，DMSO-d_6）δ：167.3（C-2，C-5），58.9（C-3），58.3（C-6），37.6（C-7），30.8（C-11），24.2（C-9），18.5（C-12），17.1（C-13），14.9（C-8），11.8（C-10）。以上数据与文献报道的类似物 3-异丙基-6-异丁基-1，4-双羟基-2，5-哌嗪二酮相比较（Garson et al.，1986），鉴定此化合物为 3-异丙基-6-异丁基-2，5-哌嗪二酮。

GM6，吡啶-3-羧酸。$C_4H_5NO_2$，淡黄色针状结晶，m.p.180～185℃，易溶于 CH_3OH、H_2O、DMSO 等。EI-MS *m/z*：123（base），106，105，78（M-COOH），77，53。^{1}H-NMR（400MHz，Pyridine-d_5）δ：9.68（1H，dd，$J = 1.9$，0.7Hz，2-H），8.84（1H，dd，$J = 4.8$，1.7Hz，6-H），8.51（1H，ddd，$J = 7.8$，1.7，1.9Hz，4-H），7.33（1H，dd，$J = 7.8$，4.8Hz，5-H）。以上数据与文献报道的吡啶-3-羧酸（Doommisse et al.，1981）相符合。

GF7，尿嘧啶。$C_4H_4N_2O_2$，淡黄色粉末，m.p. ＞320℃，溶于吡啶和 DMSO。EI-MS *m/z*（%）：112（100），69（53），42（37）。^{1}H-NMR（400MHz，pyridine-d_6）δ：5.94（1H，d，$J = 7.64$Hz，5-H），7.65（1H，d，$J = 7.64$Hz，6-H），12.55（1H，br.s，4-OH），13.19（1H，br.s，2-OH）。以上数据与文献报道的尿嘧啶（赵余庆等，1991）相符合。

GM8，亮氨酸。$C_6H_{13}NO_2$，白色无定形粉末 m.p.＞210℃后升华，易溶于 H_2O。FAB-MS *m/z*：132.1（$M+H^+$）。^{1}H-NMR（400MHz，D_2O）δ：3.69（1H，m，2-H），1.68（3H，m，3，4-H），0.93（3H，d，$J = 5.6$Hz，5-H），0.92（3H，d，$J = 5.6$Hz，6-H）。^{13}C-NMR（100MHz，D_2O）δ：175.3（C-1），53.2（C-2），39.5（C-3），23.9（C-4），21.8（C-5），20.6（C-6）。通过分析以上数据推导该化合物为亮氨酸。

GM9，硫酸胆碱。$C_5H_{14}N^+O_4S$，无色方晶，m.p.＞320℃，微溶于甲醇，溶于 DMSO。P-SIMS *m/z*：184.06399［M^+］（calc. 184.06426）。^{1}H-NMR（400MHz，DMSO-d_6）δ：4.15（2H，m，3-H），3.57（2H，m，2-H），3.11（9H，s，N^+-CH_3）。^{13}C-NMR（100MHz，DMSO-d_6）δ：69.4（t，N^+-CH_2），64.9（s，$HOSO_2$-O-CH_2-），58.2（t，N^+-CH_3）。以上数据与文献报道的硫酸胆碱（Catalfomo，1973）相符合。

GF4，*meso*-赤醇。$C_4H_{10}O_4$，无色块状结晶，m.p. 119～121℃，微溶于甲醇，易溶于水。IR ν_{max}^{KBr} cm^{-1}：3260（OH），2965，2950，2920，2905，1410，1255，1078，1053，965，882。EI-MS *m/z*（%）：104，91（17），74（12），73（12），61（93），56（12），45（27），44（100），43（62）。

^{1}H-NMR(400MHz, D_2O) δ: 3.77(2H, dd, 2, 3-H), 3.60-3.68(4H, m, 1, 4-H)。^{13}C-NMR(100MHz, D_2O) δ: 71.5, 62.2。以上数据与文献报道的*meso*-赤醇(Ritchie et al., 1975)相符合。

GM12，甘露醇。$C_6H_{14}O_6$，无色针状结晶，m.p.166～168℃，与甘露醇标准品测混合熔点不下降，易溶于水。IR ν_{max}^{KBr} m^{-1}：3390，3300，1470，1428，1260，1090，1020，930，890，710。以上数据与文献报道的甘露醇(国家医药管理局中草药情报中心站，1986)相符合。

GF3，正丁基-β-D-吡喃果糖苷。$C_{10}H_{20}O_6$，无色针状结晶，m.p.152～154℃，易溶于甲醇和水，Molish反应阳性。IR ν_{max}^{KBr} cm^{-1}：3425～3420(OH)，2954，2875，1374(CH_3)，2930，2870，1447(CH_2)，1372，1334，1260，1191，1120，1056，1016，952，908，860，772。EI-MS *m/z*(%)：205(65)，163(8)，149(65)，145(8)，133(15)，127(6)，115(8)，103(47)，85(45)，77(73)，73(82)，71(31)，69(21)，60(76)，57(100)，49(17)，45(37)，43(97)，41(78)，31(82)。^{1}H-NMR(400MHz，D_2O) δ：0.90(3H，m，CH_3)，1.36(2H，m，9-CH_2)，1.55(2H，m，8-CH_2)，3.51(2H，m，7-CH_2)，3.71(1H，dd，6-Ha)，3.84(1H，dd，6-Hb)，3.78(2H，s，1-H)，3.91(2H，br.s，4，5-H)，3.98(1H，br.s，3-H)。^{13}C-NMR(100MHz，D_2O) δ：60.9(C-1)，100.1(C-2)，67.9(C-3)，68.8(C-4)，69.3(C-5)，60.9(C-6)，60.5(C-7)，31.0(C-8)，18.5(C-9)，12.8(C-10)。以上数据与文献报道的正丁基-β-D-吡喃果糖苷(宋治中和贾忠健，1990)相符合。

GF8，5-羟甲基糠醛。$C_6H_6O_3$，浅黄色油状液体，易溶于EtOAc、MeOH等有机溶剂，能溶于水，难溶于石油醚。结构数据描述见第三十五章化合物EA6(5-羟甲基糠醛)项下。

(于能江 郭顺星)

参考文献

国家医药管理局中草药情报中心站. 1986. 植物药有效成分手册，北京：人民卫生出版社，697，1003.

宋治中，贾忠建. 1990. 新疆雪莲化学成分的研究(Ⅵ). 中草药，21(12)：4-5.

赵余庆，袁昌鲁，李铣，等. 1991. 红毛五加化学成分的研究. 中国中药杂志，16(7)：421-424.

左杰，1998. 植物—内生真菌次生代谢产物的研究. 北京：中国协和医科大学-中国医学科学院硕士学位论文，13-15.

Catalfomo P，Block JH，Constanitne GH，et al. 1973. *Cholinesulfate*(Bster)in marine higher fungi. Marine Chemistry，1(2)：157-162.

Dommisse R，Freyne E，Esmans E，et al. 1981. ^{13}C-NMR shift increments for 3-substituted pyridines. Heterocycles，16：1893-1897.

Garson MJ，Jenkins SM，Staunton J，et al. 1986. Isolation of some new 3，6-dialky1-1，4-dihydroxy piperazine-2，5-diones from *Aspergilus terreus*. Journal of the Chemical Society-Perkon Transactions，1：901-903.

Ritchie RG，Cyr N，Korsch B，et al. 1975. Carbon-13 chemical shifts of furanosides and cyclopentanols. configurational and conformational influences. Candian Journal of Chemistry，53：1424-1433.

第三十七章　银杏内生真菌粉红粘帚霉代谢产物

粉红粘帚霉（*Gliocladium roseum*）为丝孢纲（*Hyphomycetes*）丝孢目（*Hyphomycetales*）丛梗孢科（*Maliniaceae*）粘帚霉属真菌。有真菌寄生活性，多用于生物防治。但不含粘帚霉属常见的真菌毒性物质 glivirin 和 gliotoxin 等。从该属发现的活性物质有多萜类物质 glisoprenin A、glisoprenin C、glisoprenin D 和 glisoprenin E。这些物质有抑制乙酰辅酶 A、胆甾醇羰基转移酶活性。在发现从银杏（*Ginkgo biloba*）根中分离的粉红粘帚霉对兰科植物金线莲的生长有明显促进作用，其菌丝体提取物有较好的降压活性的基础上本章重点对其化学成分进行了较系统的研究。

Gliocladium roseum Y 分离自峨眉山野生银杏（*Ginkgo biloba*）根中，菌种由本研究室提供。采用平皿转摇瓶液体悬浮培养的方法获得实验材料。将试管保存的菌种接种至平皿，25℃静止培养 4 天后，用打孔器取带菌丝的培养基转接至摇瓶进行振荡培养。培养基为麦麸液体培养基。培养时间 8 天。发酵物经尼龙网过滤，菌丝体自然干燥，共获干燥菌丝体 2370g。发酵液 600L，常压浓缩至膏状。备用。

第一节　粉红粘帚霉菌丝体的代谢产物

从粉红粘帚霉的菌丝体中分离鉴定了 11 个化合物，如表 37-1 所示。

11 个化合物的结构如图 37-1 所示。

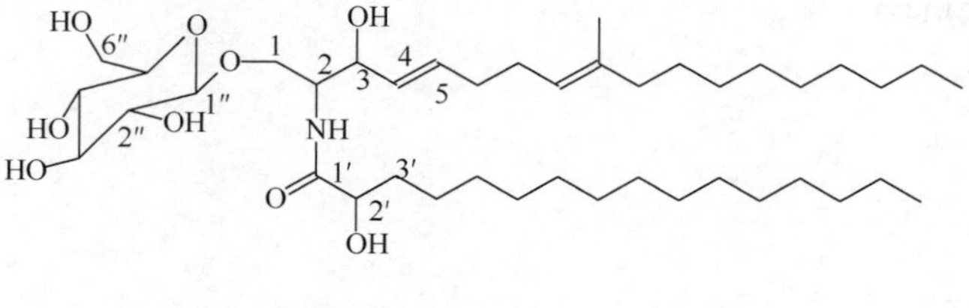

Compound mI 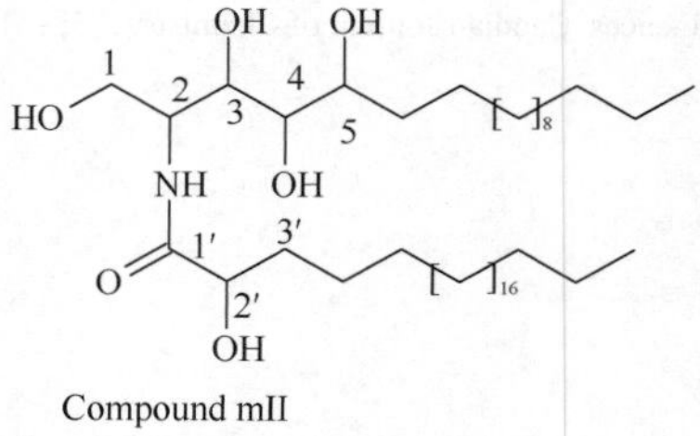　　Compound mII

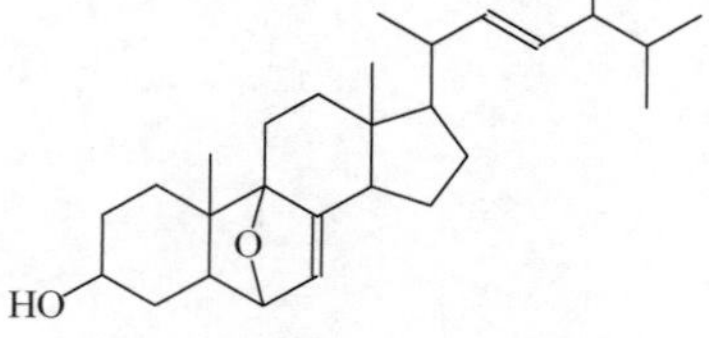

Compound mIII 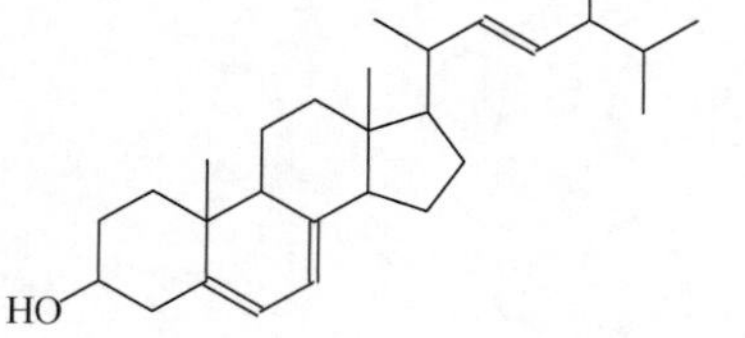　　Compound mIV 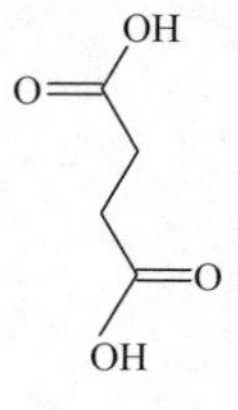　　Compound mVIII

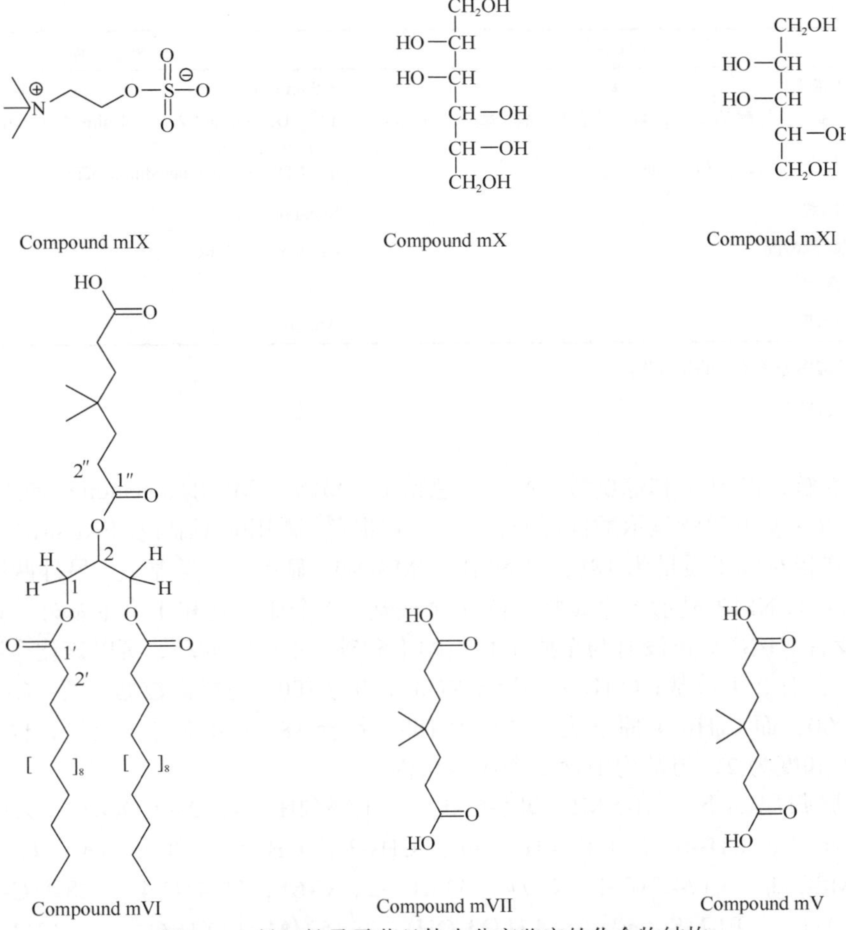

图 37-1　粉红粘帚霉菌丝体中分离鉴定的化合物结构

一、新颖结构化合物的结构鉴定

化合物 mVI 为白色粉末，溴甲酚蓝显色阳性，易溶于 $CHCl_3$、EtOAc、热 MeOH 等有机溶剂；m.p.54～56℃；TOF-MS 的主要峰为 761.8 $[M+Na]^+$，说明该化合物相对分子质量为 738，符合分子式 $C_{44}H_{82}O_8$，不饱和度为 4。^{1}H-NMR 显示典型的脂肪酸甘油酯结构，但羧基邻位氢数为 8，说明该化合物可能有 4 个羧基，与不饱和度为 4 相符。从 ^{1}H-NMR 上甘油的氢和甲基氢的峰形看该化合物应为对称甘油三酯。

表 37-1　粉红粘帚霉菌丝体分离鉴定的化合物

编号	中文名称	英文名称
mI*	8(*E*)-*N*-(2′-羟基棕榈酰基)-1-*O*-β-吡喃葡萄糖基-3-羟基-9-甲基-2-十八氨-4，8-二烯	8(*E*)-*N*-(2′-Hydroxypalmityl)-1-*O*-β-glycopyranosyl-9-methyl-2-octodeca-nine-4，8-diene
mII*	*N*-(2′-羟基-二十四烷酰基)-1，3，4-三羟基-2-十八氨	*N*-(2′-Hydroxytetracosanoyl)-1，3，4-trihydroxyl-2-octodecanine
mIII	7，22-双烯-3-羟基-6，9-氧桥麦角甾	7，22-Diene-3-hydroxyl-6，9-epidioxyergosta
mIV	麦角甾醇	ergosterol

续表

编号	中文名称	英文名称
mV	α-棕榈精	α-Palmitin
mVI**	1，3-二棕榈酰基-2-(4，4-二甲基庚二酸单酰基)-甘油酯	1，3-Dipalmitoyl-2-(4，4-dimethylheptanedinoic mon-oester-glycerol
mVII*	4，4-二甲基-1，7-庚二酸	4，4-Dimethylheptanedinoic acid
mVIII	琥珀酸	Succinic acid
mIX	胆碱硫酸酯	Choline-*O*-sulfate
mX	甘露醇	Mannitol
mXI	阿糖醇	Arabintol

* 首次从粘帚霉属分离鉴定的化合物。

** 新颖结构化合物

将 mVI 水解，得到 A 和棕榈酸。A 为白色粉末，易溶于 MeOH、acetone，能溶于 $CHCl_3$；m.p.104～107℃；溴甲酚紫显示酸性反应，硫酸显灰褐色，磷钼酸不显色。FAB-MS 显示 *m/z*187 [M-H]⁻的峰其相对分子质量为 188；^{1}H-NMR(DMSO-d_6)显示一组羧基氢，另外两组 CH_2 和一组 CH_3 的峰；^{13}C-NMR 显示 5 个碳峰，除 1 个羧基、2 个亚甲基和 1 个甲基外，还含有 1 个季碳，因为没有双键碳，也没有与杂原子相连的饱和碳，不可能成环；所以该化合物可能为一个对称结构，含有 2 个羧基；$C_5H_8O_2$ 的原子质量加和为 100，与质谱数据不符；$C_{10}H_{16}O_4$ 原子质量加和为 200，而 $C_9H_{16}O_4$ 原子质量加和为 188，符合 188 的相对分子质量，也符合对称的结构式，不饱和度为 2，与结构中含 2 个羧基相符。

A 的数据归属如下：^{1}H-NMR(DMSO-d_6)：11.96(2H，s，2×COOH)，2.18(4H，t，*J*=7.4Hz，CH_2-2，CH_2-6)，1.47(4H，m，CH_2-3，CH_2-5)，1.25[6H，C_4-$(CH_3)_2$]。^{13}C-NMR(DMSO-d_6)：174.5(C-1，C-7)，33.6(C-2，C-6)，28.4(C-4)，28.4(C-3，C-5)，24.5[C_4-$(CH_3)_2$]。EI-MS *m/z*：171(M-OH)，152(M-H_2O-H_2O)，137(152-CH_3)，126(M-COOH-OH)，114(M-C_2H_4COOH-H)，98(C_5H_{10}CO)，83(98-CH_3)，55(CH：CHCO)。由此推定 A 的结构为 4，4-二甲基-1，7-庚二酸(4，4-methyl-1，7-heptanedioicacid)。

将 mVI 的 ^{1}H-NMR、^{13}C-NMR 与 α-棕榈酰甘油和 A 的数据对照各相应结构片段完全符合，推断该化合物为 1，3-二棕榈酰-2-(4，4-二甲基庚二酸单酰-甘油酯[1，3-dipalmitoyl-2-(4，4-dimethylheptanedioic monoester)-glycerol]，结构如图 37-1 所示；化合物 mVI、化合物 A 和 α-棕榈精的 ^{1}H-NMR 和 ^{13}C-NMR 归属见表 37-2、表 37-3。

表 37-2　化合物 mVI、A 和 α-Palmitin ^{1}H-NMR 数据比较

No.	mVI(CDCl₃)				α-Palmitin(CDCl₃)				A(DMSO-d₆)
1a	4.29	1	5.1、11.8	dd	4.21	1	4.6，11.7	dd	
1b	4.14	1	5.9、11.8	dd	4.16	1	11.7，6.1	dd	
2	5.25	1		m	3.93	1		m	
3a	4.29	1	5.1、11.8	dd	3.70	1	3.9，11.4	dd	
3b	4.14	1	5.9、11.8	dd	3.6	1	11.4，5.7	dd	
1′	2.36	4	overlapped	t					
2′	1.61	4		br	2.35	2	10.2	t	

续表

No.	mVI (CDCl$_3$)				α-Palmitin (CDCl$_3$)				A (DMSO-d$_6$)			
3′	1.25	4	overlapped		1.25	2	overlapped					
4′	1.25	4	overlapped		1.25	2	overlapped					
5′	1.25	4	overlapped		1.25	2	overlapped					
6′	1.25	4	overlapped		1.25	2	overlapped					
7′	1.25	4	overlapped		1.25	2	overlapped					
8′	1.25	4	overlapped		1.25	2	overlapped					
9′	1.25	4	overlapped		1.25	2	overlapped					
10′	1.25	4	overlapped		1.25	2	overlapped					
11′	1.25	4	overlapped		1.25	2	overlapped					
12′	1.25	4	overlapped		1.25	2	overlapped					
13′	1.25	4	overlapped		1.25	2	overlapped					
14′	1.25	4	overlapped		1.25	2	overlapped					
15′	1.32	4	overlapped		1.62	2		m				
16′	0.88	6	6.6	t	0.88	3	7.04	t				
1″									11.4	1	(COOH)	s
2″	2.99	2	overlapped						2.18	2	7.4	t
3″	1.32	2	overlapped						1.47	2		m
4″												
5″	1.32	2	overlapped						1.47	2		m
6″	2.99	2	overlapped						2.18	2	7.4	t
7″									11.4	1	(COOH)	s
4″-CH$_3$	1.25	6	overlapped						1.25	6		s

表 37-3　化合物 mVI、A 和 α-Palmitin ^{13}C-NMR 数据比较

No.	MVI (CDCl$_3$) δ	α-Palmitin (CDCl$_3$) δ	A (DMSO-d$_6$) δ
1	62.0	65.4	
2	68.8	69.2	
3	62.0	62.6	
1′	173.3	172.9	
2′	34.0	33.4	
3′	24.8	24.4	
4′	29.6	28.9	
5′	29.6	29.0	
6′	29.6	29.0	
7′	29.6	29.0	
8′	29.6	29.0	
9′	29.6	29.0	
10′	29.6	29.0	
11′	29.6	29.0	
12′	29.6	29.0	
13′	29.6	28.4	
14′	31.9	31.3	

续表

No.	MVI (CDCl$_3$) δ	α-Palmitin (CDCl$_3$) δ	A (DMSO-d$_6$) δ
15′	22.6	22.1	
16′	14.1	13.9	
1″	179.6		174.5
2″	31.4		33.6
3″	28.8		28.4
4″	28.8		28.4
5″	28.8		28.4
6″	33.9		33.6
7″	172.7		174.5
4″CH$_3$	24.7、24.5		24.5

二、实验部分

(一) 提取分离和实验数据

菌丝体次生代谢产物提取分离流程见图 37-2。

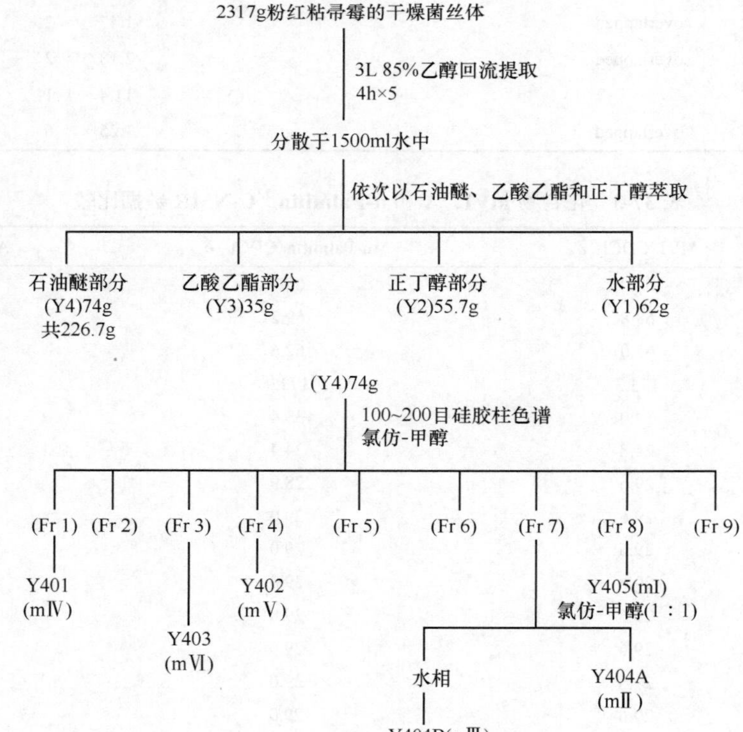

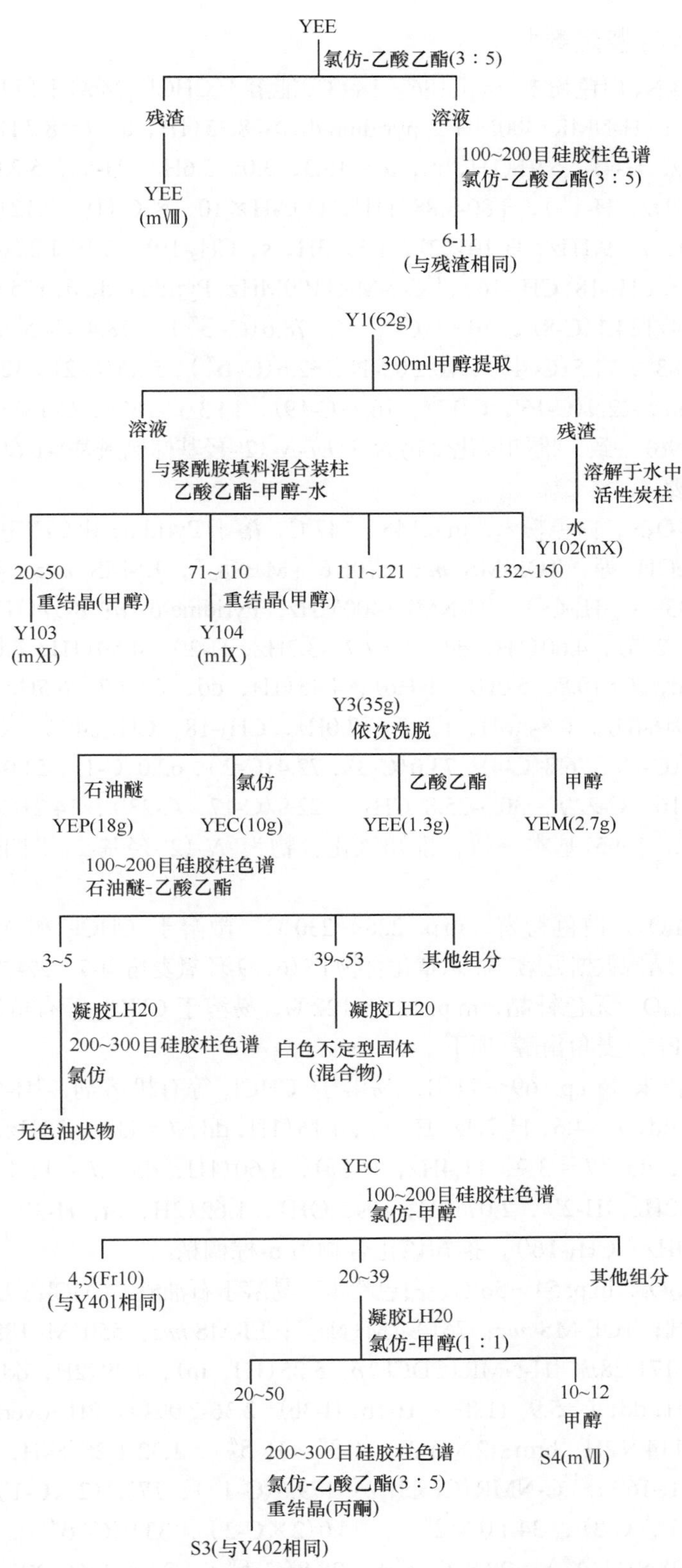

图 37-2 粉红粘帚霉菌丝体中化合物分离流程图

(二)化合物结构鉴定数据

(1)mI。$C_{41}H_{77}O_9N$，白色粉末，m.p. 186～189℃，能溶于 $CHCl_3$、MeOH 和 Pyridin 等；TOF-MS *m/z*：750.7［M+Na］$^+$；^{1}H-NMR(400MHz，pyridine-d_5)δ：8.35(1H，d，J = 8.7 Hz，NH)，6.14(1H，dd，J = 5.5，15.3Hz，H-4)，5.91(1H，m，J = 15.3，3.0，5.6Hz，H-5)，5.23(1H，brs，H-8)，4.90(1H，d，J = 7.7Hz，H-1″)，4.80-3.88(11H，O-C-H×10，N-C-H)，2.12(4H，brs，CH_2-6，CH_2-7)，1.98(2H，t，J = 9.1Hz，H-10×2)，1.59(3H，s，CH_3-19)，2.19-1.22(40H，methylenes)，0.83(6H，t，J = 6.6Hz，CH_3-18，CH_3-16′)；^{13}C-NMR(100MHz，Pyridine-d_5)δ：175.6(C-1) 135.3(C-9)，132.3(C-5) 131.9(C-4) 124.1(C-8)，105.7(C-1″)，78.6(C-3″)，78.4(C-5″)，75.1(C-2″)，73.5(C-2′)，72.3(C-3)，71.5(C-4″)，70.2(C-1)，62.6(C-6″)，54.6(C-2)，32.1(C-14′，C-16)，30.0-25.9(methylenes)，22.9(C-15′，C-17)，16.1(C-19)，14.3(C-16′，C-18)；NMR 数据与文献(Striegler et al.，1996)一致，推知该化合物为 8(*E*)-*N*-(2′-羟基棕榈酰基)-1-*O*-β-吡喃葡萄糖基-3-羟基-9-甲基-2-十八氨-4，8-二烯。

(2)mII。$C_{42}H_{85}O_5N$，白色粉末，m.p.145～147℃，溶于 Pyridine 和 $CHCl_3$-MeOH(1∶1)，难溶于 $CHCl_3$ 和 MeOH 等；TOF-MS *m/z*：706.6［M+Na］$^+$；EI-MS *m/z*：456(M-$C_{15}H_{31}O$)，384(M-$C_{23}H_{47}O$)，339($C_{23}H_{47}O^+$)；^{1}H-NMR(400MHz，Pyridine-d_5)δ：8.57(1H，d，J = 8.9Hz，NH)，5.11(1H，m，2-H)，4.60(1H，dd，J = 7.7，3.7Hz，H-2′)，4.50(1H，dd，J = 4.5，10.8Hz，1-Ha)，4.41(1H，dd，J = 10.8，5.0Hz，1-Hb)，4.35(1H，dd，J = 4.7，6.5Hz，H-3)，4.27(1H，m，H-4)，2.22-1.29(64H)，0.84(6H，t，J = 7.0Hz，CH_3-18，CH_3-24′)；^{13}C-NMR(100MHz，Pyridine-d_5)δ：175.2(C-1′)，76.8(C-4)，73.0(C-3)，72.4(C-2′)，62.0(C-1)，53.0(C-2)，35.7(C-3′)，34.1(C-5)，32.1(C-16，C-22′)，30.3-25.8(CH_2)，22.9(C-17，C-23′)，14.2(C-18，C24′)，NMR 与文献(Huang et al.，1995)基本一致，推知该化合物为 *N*-(2′-羟基-二十四烷酰基)-1，3，4-三羟基-2-十八氨。

(3)mIII。$C_{28}H_{44}O_2$，白色粉末，m.p. 228～230℃，微溶于 $CHCl_3$ 和 MeOH 等，能溶于 HCl_3-MeOH(1∶1)。结构数据见第三十八章化合物 F8(6，9-环氧麦角甾-7，22-二烯-3-羟基)项下。

(4)mIV。$C_{28}H_{44}O$，无色针晶，m.p. 121～122℃，易溶于 $CHCl_3$ 等有机溶剂，结构数据见第三十五章化合物 PE1(麦角甾醇)项下。

(5)mV。白色粉末，m.p. 69～71℃，易溶于 $CHCl_3$ 等有机溶剂，^{1}H-NMR(400 MHz，$CDCl_3$)δ：4.21(1H，dd，J = 4.6，11.7Hz，H-1a)，4.16(1H，dd，J = 11.7，6.1Hz，H-1b)，3.93(1H，m，H-2)，3.70(1H，dd，J = 3.9，11.4Hz，H-3a)，3.60(1H，dd，J = 11.4，5.7Hz，H-3b)，2.35(2H，t，J = 10.2Hz，H-2′)，2.07(2H，brs，OH)，1.62(2H，m，H-3′)，1.25(24H，brs)，0.88(3H，t，J = 7.0Hz，CH_3-16′)，推知该化合物为 α-棕榈精。

(6)mVI。$C_{44}H_{82}O_8$，m.p. 54～56℃，白色粉末，易溶于石油醚、$CHCl_3$、EtOAc、n-BuOH 和热 MeOH 等有机溶剂；TOF-MS *m/z*：761.8［M+Na］$^+$；EI-MS *m/z*：550(M-188)，482(M-256)，171($C_9H_{15}O_3$)，145(171-28)。^{1}H-NMR($CDCl_3$)δ：5.25(1H，m)，4.29(2H，dd，J = 5.1，11.8Hz，H-1a，H-3a)，4.14(2H，dd，J = 5.9，11.8Hz，H-1b，H-3b)，2.36-2.99(4×2H，overlapped，t，2×H-2′，H-2″，H-6″)，1.61(4×2H，brm，2×H-3′，H-3″，H-5″)，1.32-1.25(54H，br)，0.88(2×3H，t，J = 6.6Hz，2×CH_3-16′)；^{13}C-NMR($CDCl_3$)δ：179.6(C-1″)，173.3(2×C-1′)，172.7(C-7″)，68.8(C-2)，62.0(C-1，C-3)，34.1(C-2″)，34.0(2×C-2′)，33.9(C-6″)，31.9(2×C-14′)，29.6(2×6×CH_2)，28.8(C-4″)，28.8(C-3″)，28.8(C-5″)，24.8(2×C-3′)，24.7(4″-CH_3)，24.5(4″-CH_3)，22.6(2×C-15′)，14.1(2×C-16′)。结构鉴定位为 1，3-二棕榈酰基-2-(4，4-二甲

基庚二酸单酰基)-甘油酯。

化合物 mVI 的水解。

mVI。23mg 溶于 2ml 甲醇，加 1mol/L KOH 0.5ml，70℃水浴加热过夜，蒸干，加水 2ml，加热即有油状物浮于水面，放冷油状物凝固，加 n-BuOH 萃取，甲酸中和得棕榈酸 5mg。水层合并，用甲酸中和，EtOAc 萃取，Sephadex LH20 柱层析纯化，重结晶得 A 约 3mg。

A。 $C_9H_{16}O_4$，白色粉末，m.p.104～107℃，易溶于 MeOH 和 Acetone，能溶于 $CHCl_3$，溴甲酚紫显示酸性反应，硫酸显灰褐色，磷钼酸不显色。FAB-MS *m/z*: 187 [M-H]$^-$; EI-MS *m/z*(%): 171(2.4), 152(40.4), 137(3.5), 126(4.7), 124(22.7), 114(7.5), 111(35.4), 98(19.8), 83(54.0), 55(100); ^{1}H-NMR(DMSO-d_6)δ: 11.96(2H, s, COOH), 2.18(2×2H, t, J = 7.4Hz, H-2, H-6), 1.47(2×2H, H-3, H-5), 1.25(2×3H, brs. 2×CH_3), H-3, H-5 与 CH_3 远程相关; ^{13}C-NMR δ: 174.5(COOH), 33.6(C-2, C-6), 28.4(C-3, C-5), 28.4(C-4), 24.5(2×CH_3) (Wright et al., 1964) 根据光谱数据鉴定该化合物为 4，4-二甲基-1，7-庚二酸。

(7) mVII。白色粉末，易溶于 MeOH、Acetone，能溶于 $CHCl_3$，m.p.104～107℃，溴甲酚紫显示酸性反应，硫酸显灰褐色，磷钼酸不显色。FAB-MS *m/z*: 187 [M-H]$^-$; EI-MS *m/z*(%): 171(2.4), 152(40.4), 137(3.5), 126(4.7), 124(22.7), 114(7.5), 111(35.4), 98(19.8), 83(54.0), 55(100.0); ^{1}H-NMR(DMSO-d_6)δ: 11.96(2×1H, s, COOH), 2.18(2×2H, t, J = 7.4Hz, H-2, H-6), 1.47(2×2H, H-3, H-5), 1.25(2×3H, brs. 2×CH_3), H-3, H-5 与 CH_3 远程相关; ^{13}C-NMR δ: 174.5(COOH), 33.6(C-2, C-6), 28.4(C-3, C-5), 28.4(C-4), 24.5(2×CH_3)。与 A 完全一致。

(8) mVIII。$C_4H_6O_4$，无色针晶，m.p.185～187℃，易升华，与标准品混合熔点不下降，易溶于 MeOH 和 H_2O。结构数据描述见第三十六章化合物 GF2(琥珀酸)项下。

(9) mIX。$C_5H_{13}NO_4S$，无色针状晶体，300℃分解，能溶于 MeOH，易溶于 H_2O。HR-FAB-MS, *m/z*: 184.0638 (calc 184.0642), ^{1}H-NMR(DMSO-d_6)δ: 4.15(2H, m, H-1), 3.57(2H, m, H-2), 3.11(9H, s, N-CH_3) 去偶 ^{1}H-NMR：照射 δ 3.57ppm 质子，δ 4.15ppm 为 t(1∶1∶1)峰，为 N^+ 与间位 H 的偶合，照射 δ 4.15 ppm 质子，δ 3.57 ppm 为单峰；^{13}C-NMR δ: 69.4(t, J = 2.9Hz, C-1), 64.9(s, C-2), 58.2(t, J = 3.2Hz, N-CH_3)。^{1}H-NMR 数据与文献报道胆碱硫酸酯一致 (Catalfomo et al., 1973)。其他光谱数据为首次报道。

第二节 粉红粘帚霉发酵液代谢产物

从该菌发酵液中分离到 11 个化合物，鉴定了其中的 10 个，见表 37-4。结构见图 37-3。

表 37-4 粉红粘帚霉发酵液中分离鉴定的化合物

化合物	中文名称	英文名称
bI	(*E*, *E*)2，4-二烯己酸	(*E*, *E*)2, 4-Hexadienoic acid
bII	麦角甾醇	Ergosterol
bIII	6，22-二烯-3-羟基-5，8-过氧麦角甾	(6, 22-Diene-3-hydroxy-5, 8-peroxy-
bIV	5-羟甲基糠醛	5-Hydroxymethyl-2-furaldehyde
bV	4-羟基-2-甲氧基苯甲酸	4-Hydroxy-2-methoxybenzoic acid
bVI	3-吡啶酸	Nicotic acid
bVII*	2，3-二氢-5，8-二甲基-6，7-二羟基-3-丙烯基-1-苯并吡喃-4-酮	2, 3-Dihydro-5, 8-dimethyl-6, 7-dihydroxy-3-propenyl-1-Benzopyran-4-one
bVIII	琥珀酸	Succinic acid

续表

化合物	中文名称	英文名称
bIX	甘露醇	Mannitol
bX	4，4-二甲基-1，7-庚二酸	4，4-Dimethylheptanedinoic acid

*为新颖结构化合物

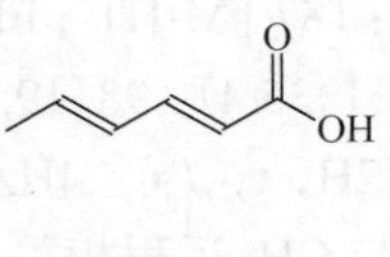

Compound bI 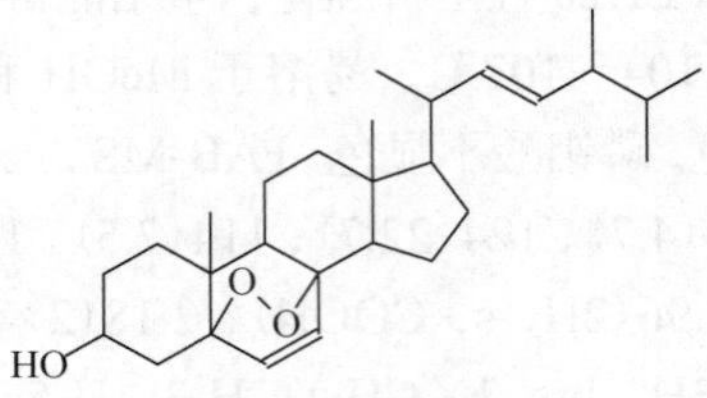　Compound bIII 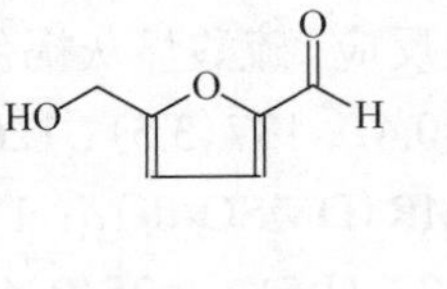　Compound bIV 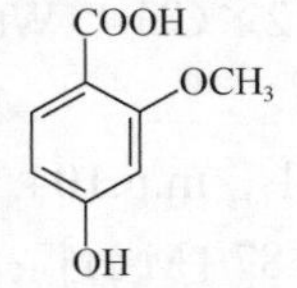　Compound bV 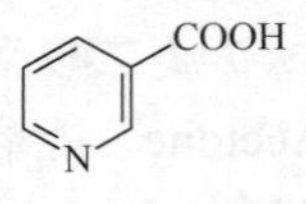　Compound bVI 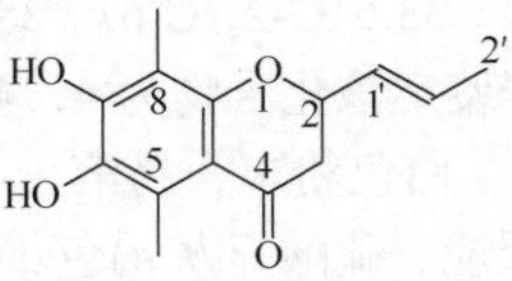　Compound bVII

图 37-3　粉红粘帚霉发酵液中分离鉴定的化合物结构

一、化合物结构鉴定

化合物 bVII 为无色针状晶体，易溶于 $CHCl_3$、MeOH、DMSO 等有机溶剂。m.p. 166～167℃；EI-MS 显示相对分子质量可能为 248；^{1}H-NMR 显示 16H，其中 3 个甲基；^{13}C-NMR 显示 14C，其中 3 个甲基、1 个羰基、8 个不饱和碳（包括 6 个不饱和季碳）；由此推测该化合物的分子式为 $C_{14}H_{16}O_4$。不饱和度为 7，说明该化合物有 2 个环（7–4–1=2）。据 ^{1}H-NMR 和 HMBC 推测有 $RCOCH_2CH(OR)CH:CHCH_3$ 的结构，剩余的 8 个碳中，除 2 个甲基外，还有 6 个不饱和季碳，5 个不饱和度，说明有全取代苯环；HMBC 中 2 个甲基分别与不同的 3 个不饱和季碳有远程相关，说明二者分别位于苯环的对位。NOESY 显示 2 个羟基 H 有 NOE 增益效应，也说明 2 个羟基位于邻位。EI-MS 中的 180（100%，M-·CH：CHCH：$CHCH_3$），152（180-CO），124（152-CO）均为二氢色酮的特征裂解（从浦珠等，2000）。推测该化合物为 2，3-二氢-5，8-二甲基-6，7-二羟基-3-丙烯基-1-苯并吡喃-4-酮（2，3-dihydro-5，8-dimethyl-6，7-dihydroxy-3-propenyl- 1-benzopyran -4-one），结构见图 37-3；^{1}H-NMR 归属见图 37-4，^{13}C-NMR 归属见图 37-5，HMQC 和 H-H 相关关系见图 37-6。

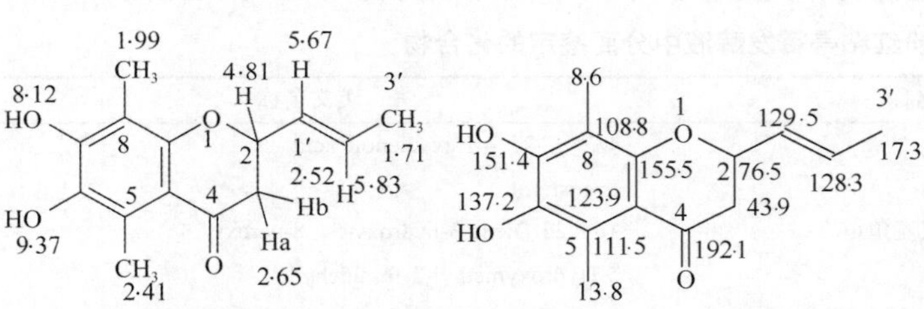

图 37-4　化合物 bVII 的 ^{1}H-NMR 数据　图 37-5　化合物 bVII 的 ^{13}C-NMR 数据 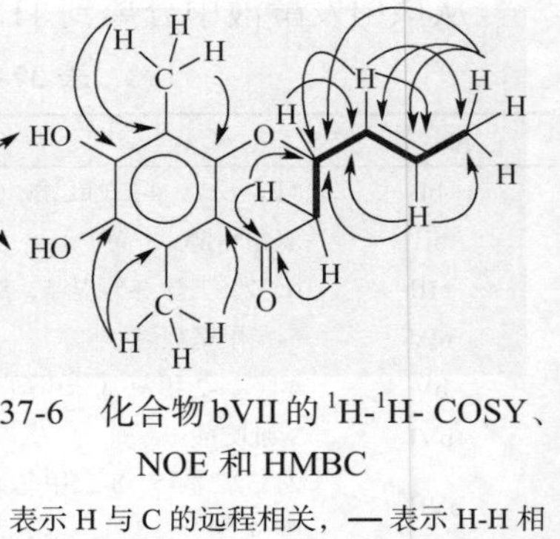　图 37-6　化合物 bVII 的 ^{1}H-^{1}H- COSY、NOE 和 HMBC

→表示 H 与 C 的远程相关，—表示 H-H 相关体系，↔表示 NOE 效应

二、实 验 部 分

(一)提取分离与实验数据

发酵液次生代谢产物提取分离流程见图 37-7。

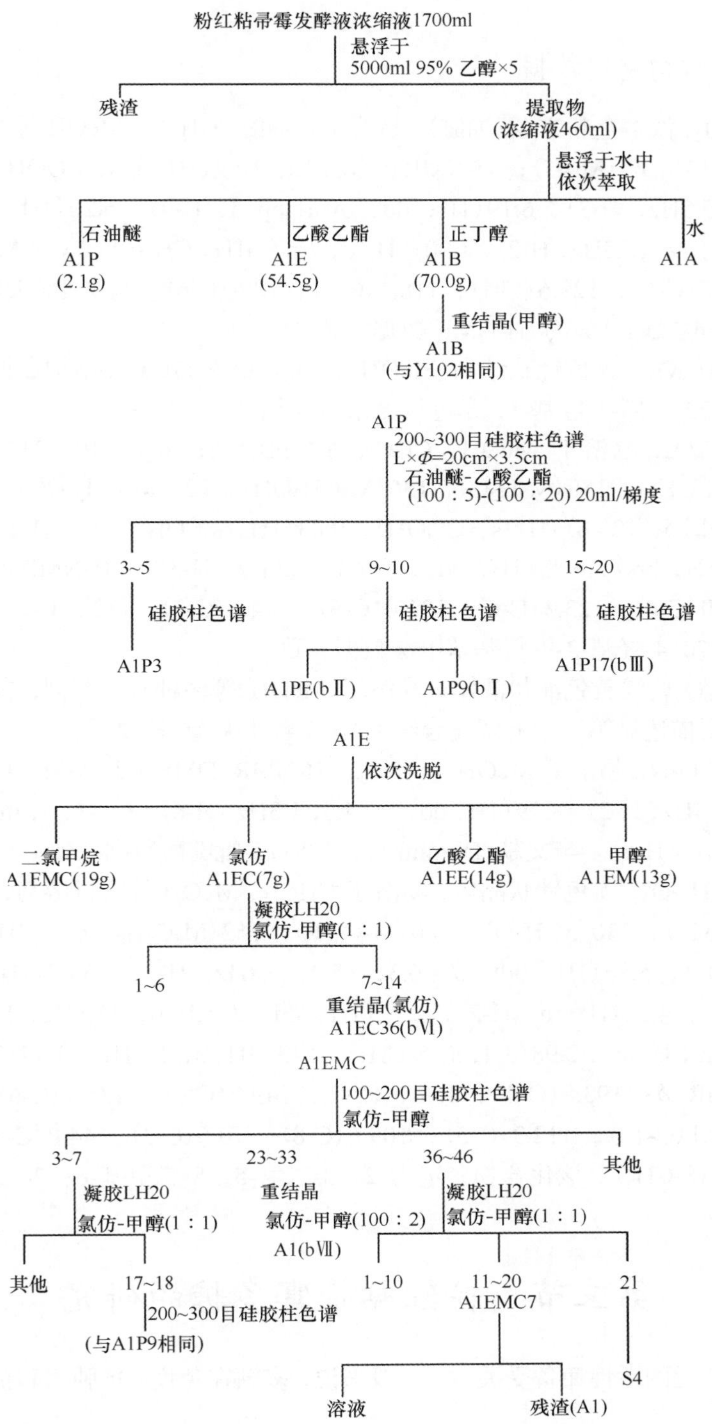

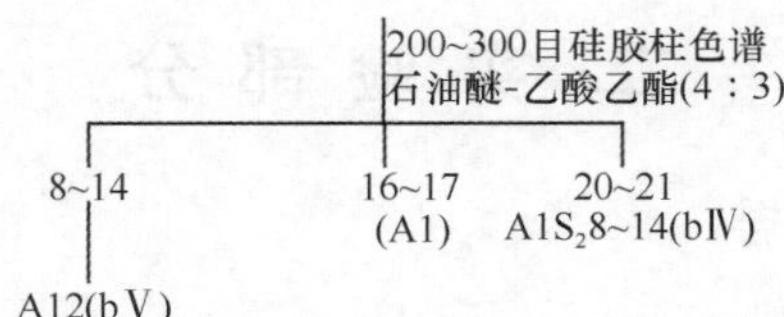

图 37-7 粉红粘帚霉发酵液中化学成分分离流程图

（二）化合物结构鉴定数据

（1）bI。$C_6H_8O_2$，淡黄色粉末（石油醚），易溶于石油醚、$CHCl_3$、MeOH 等有机溶剂。EI-MS：112（M^{+}），97（M-15），67（M-45）；^{1}H-NMR（$CDCl_3$）δ：10.9（1H，brs，COOH），7.33（1H，ddd，J = 3.2，10.2，15.5Hz，H-3），6.19（1H，dd，overlapped，H-4），6.20（1H，dt，overlapped，H-5），5.77（1H，d，J = 15.5Hz，H-2），1.90（3H，d，J = 5.4Hz，CH_3-6）；^{13}C-NMR δ：172.7（C-1），147.3（C-3），140.7（C-5），129.6（C-4），118.1（C-2），18.6（C-6）；与文献（Nelson et al.，1978）报道的（E，E）2，4-二烯已酸的 ^{1}H-NMR 数据一致。

（2）bIII。$C_{28}H_{44}O_3$，无色针状结晶（MeOH），m.p.168～170℃，结构数据描述见第三十八章化合物 Y1（6，22-二烯-3-羟基-5，8-过氧麦角甾）项下。

（3）bIV。$C_8H_8O_4$，易溶于 MeOH、$CHCl_3$ 等有机溶剂；m.p. 210～212℃，EI-MS m/z：168（$M^{+\cdot}$），153（M-CH_3），150（M-H_2O），136（M-CH_3OH），125（M-CH_3-CO），123（M-COOH）；^{1}H-NMR（DMSO-d_6）δ：12.46（1H，s，COOH），9.83（1H，s，OH），7.43（1H，dd，J = 1.9，7.3 Hz，H-5），7.42（1H，brs），6.83（1H，dd，J = 7.3，1.2 Hz，H-3）；^{13}C-NMR δ：167.6（COOH），150.9（C-2），147.0（C-4），123.3（C-6），121.4（C-5），114.8（C-3），112.5（C-1），55.4（C_2-OMe）。与文献（Scott，1970）4-羟基-2-甲氧基苯甲酸数据一致。

（4）bV。$C_6H_6O_3$，浅黄色油状液体，易溶于 MeOH 等多种有机溶剂，能溶于水，难溶于石油醚。结构数据描述见第三十五章化合物 EA6（5-羟甲基糠醛）项下。

（5）bVI。$C_6H_5O_2N$，易溶于 MeOH、$CHCl_3$，^{1}H-NMR（DMSO-d_6）δ：13.4（1H，s，COOH），9.08（1H，d，J = 1.3Hz，H-2），8.79（1H，dd，J = 4.5，1.3Hz，H-6），8.28（1H，m，H-4），7.55（1H，dd，J = 4.5，8.8Hz，H-5）。与文献（Dommisse，1981）3-吡啶酸数据一致。

（6）bVII。$C_{14}H_{16}O_4$，无色针状晶体，易溶于 $CHCl_3$、MeOH 等有机溶剂，m.p.166～167℃，EI-MS m/z：248（M^{+}），230（M-H_2O），180（M-C_5H_8），152（M-C_5H_8-CO），^{1}H-NMR（$CDCl_3$）δ：6.36（1H，brs，OH），5.86（1H，ddt，J = 6.3，15.2，0.8Hz，H-2′），5.67（1H，ddd，J = 15.4，6.2，1.6Hz，H-1′），4.5（1H，m，H-2），2.72（1H，dd，J = 16.6，11.8Hz，H-3a），2.63（1H，dd，J = 16.6，4.1Hz，H-3b），2.98（3H，s，5-CH_3），2.13（3H，s，8-CH_3），1.77（3H，d，J = 5.5Hz，CH_3-3′）；^{13}C-NMR δ：193.8（C-4），157.1（C-9），149.7（C-7），135.7（C-6），129.5（C-1′），128.8（C-2′），123.1（C-10），112.3（C-5），109.6（C-8），76.6（C-2），44.0（C-3），17.8（C-3′），13.4（5-CH_3），8.2（8-CH_3）。该化合物鉴定为 2，3-二氢-5，8-二甲基-6，7-二羟基-3-丙烯基-1-苯并吡喃-4-酮。

第三节 粉红粘帚霉多糖的研究

多糖因具有广泛的活性而备受关注。一般来说，多糖在免疫、抗肿瘤和抗病毒等方面所受关注较多。从来源来看，植物多糖因其组成较复杂多具有免疫促进作用；海洋生物的多糖一般来说硫酸化程度较高，因而抗病毒作用较强；真菌多糖在抗肿瘤方面的作用较常见。肖盛元和郭顺星(2000)曾对国内在真菌多糖结构方面的研究以及正式生产的多糖药品进行过介绍，多糖在药物运载及释放方面的应用也日益受到重视。

一、材料与方法

(一) 材料

菌丝体为粉红粘帚霉(*G. roseum* Y)发酵物提取小分子后的残渣，发酵液为85%醇脱脂后的醇不溶物。

(二) 多糖的提取

1. 菌丝体多糖的提取

粉红粘帚霉菌丝体多糖提取流程见图37-8。

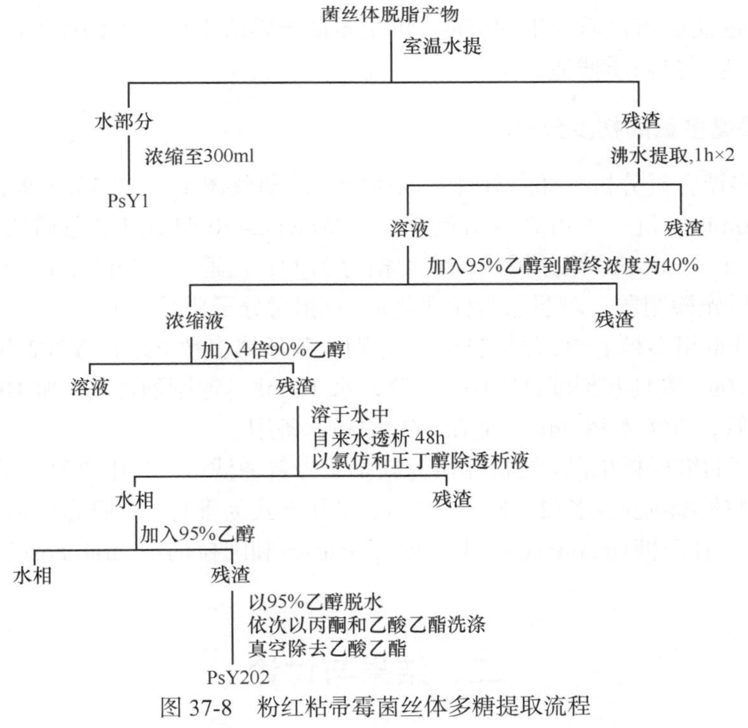

图37-8　粉红粘帚霉菌丝体多糖提取流程

2. 发酵液多糖的提取

发酵液多糖提取流程如图37-9。

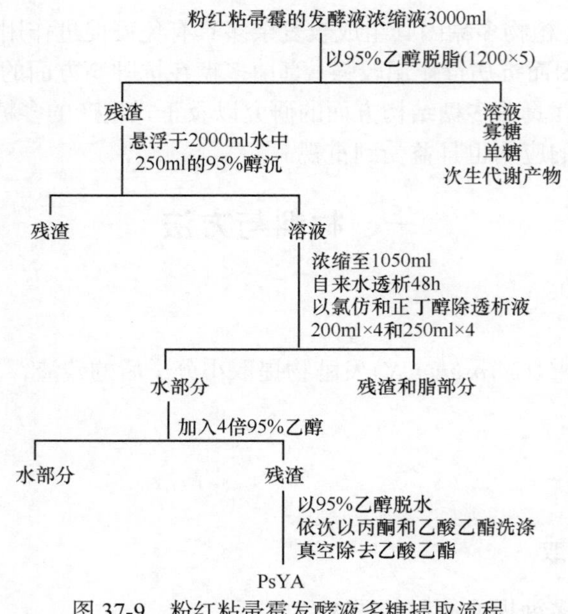

图 37-9　粉红粘帚霉发酵液多糖提取流程

多糖用 Savag 法脱蛋白质产生的沉淀，再用多糖干燥法干燥所得固体易溶于水，含糖分和糖蛋白成分，称为脱蛋白质残渣。

3. 粉红粘帚霉多糖的初步分析

(1) 菌丝体多糖含量分析。样品处理：取脱脂后的菌丝体 1g，加 30ml 水，沸水浴 30min，蒸馏水定容至 50ml，离心。HPLC 分析色谱采用 Waters2420 型 HPLC 色谱仪完成；分离柱为 Suger-park-1 (30cm×0.65cm) 糖分析柱；流动相为 H_2O；流速为 0.7ml/min；柱温为 90℃；检测器为 PI4X 型折光检测器。对照品为标准葡聚糖(相对分子质量 1 万)。

(2) 粉红粘帚霉粗多糖的单糖组成分析。分别取菌丝体多糖 PsY1、Y202 和发酵液多糖 YA 0.09g、0.12g、0.10g，置具塞刻度试管中，加蒸馏水 1.5ml 迅速剧烈摇匀，加 10% H_2SO_4 1.5ml，脱气 30min，封管，70℃水浴 24h，加 $BaCO_3$ 中和，备用。

(3) 水解单糖的纸层析检测。层析介质为新华 1 号普通滤纸；展开剂为正丁醇-乙酸-水 (4∶1∶5 上层) 和乙酸乙酯-吡啶-水 (2∶1∶2 上层)；展开方式为下行。对照品包括蔗糖 (sucorose)、葡萄糖 (glucose)、甘露糖 (mannose)、半乳糖 (galatose) 和阿拉伯糖 (arabinose) 等。显色剂为苯氨-邻苯二甲酸。

二、结果与讨论

上述分析结果表明，粉红粘帚霉菌丝体多糖相对分子质量为 1 万左右，多糖总含量为 6.7%。PsY1、Y202 和 YA 3 种多糖的单糖组成均只有一种单糖，即葡萄糖。Y202 含有两组糖的峰，二者的相对含量分别为 86.3%和 13.7%，YA 含有相似的两组峰，相对含量为 36.6%和 53.4%。

根据多糖的构效关系，葡聚糖对机体的主要意义有以下两个方面：①以 α(1-4)、α(1-6) 连接的葡聚糖 (如淀粉) 能被消化系统降解成葡萄糖，主要提供机体能量；②以其他方式连接的葡聚糖如果能进入体液，它们的活性主要表现为提高机体免疫能力，进而提高机体抗肿瘤能力，这方面的典型代表是香菇多糖(lentinan)。这类葡聚糖的生物活性与多糖的水溶性、分支度、支链大小、分子质量及是否与蛋白质相连有关。一般来说，分子质量为1万左右，水溶性好，分支多，支链短，与蛋白质或肽链相连的葡聚糖活性较好。粉红粘帚霉多糖在单糖组成和分子质量范围两个方面符合这种特性，MTT实验表明没有细胞毒活性，降糖筛选实验表明有一定的促进基细胞利用葡萄糖的作用。其均一体组成、结构和生物活性有待进一步研究。

第四节　粉红粘帚霉部分代谢产物的生物活性

粉红粘帚霉是一种能与很多植物建立共生关系的真菌，在海洋生物中也很常见。它本身有真菌寄生活性，其与同属其他真菌不同的是，它的杀菌作用不是由于这种真菌产生杀菌物质引起的，而是通过其他生物途径。张颖对粉红粘帚霉的真菌寄生作用有详细的综述。笔者从粉红粘帚霉发酵物中分离鉴定了17个化合物(表37-1、表37-4)。

在这些化合物中除苯甲酸衍生物可能存在杀菌作用外，其余化学成分均没有杀菌活性。从Y菌株发酵物分离的化合物中鞘氨醇类化合物是目前引起广泛研究兴趣的一类化学物质，主要是发现了其抑制细胞调控和信号转导的关键酶——蛋白激酶C的作用；尼克酸是正常机体的一种维生素，是NAD和NADP的前体，在药物剂量时是最成功的治疗高血脂的药物；胆碱硫酸酯和粘糠酸也有一定的生物意义。

一、鞘氨醇类化合物的生物活性

人类对鞘脂类化合物的认识可追溯到很久的年代，对鞘脂及其衍生物引起细胞凋亡、调节细胞生长、作用于病毒与宿主细胞的融合过程等生物活性有了越来越深入地认识，研究者在鞘氨醇的分离、合成及生物活性的分子机制方面也作了大量的研究工作。

结构上，这类化合物包括鞘氨醇(sphingosine)、溶鞘脂C(lysosphingolipid)、神经酰胺(ceramide)、磷鞘脂(sphingomycelin)、糖鞘脂(glycoceramide)等几大类。糖鞘脂又包括中性糖鞘脂(neutra lipid)、神经节苷脂(ganglion side)和脑硫脂(sulfatide)。

鞘氨醇的基本结构是由棕榈酸和甘氨酸经脱羧缩合，还原而形成的1,3-二羟基-2-十八胺。自然界中存在的鞘氨醇以十八碳长链为主。但长链上存在着羟基、双键的多样性，也存在着链的长短和分支的差别。鞘氨醇长链碱又可分为鞘氨醇型和植物鞘氨醇型(phytosphingosine)两大类。哺乳动物的鞘脂以鞘氨醇和二氢鞘氨醇为主。植物和真菌以植物型鞘氨醇为主。海洋无脊椎动物以双不饱和化合物为主(黎运龙和吴毓林，1997)。鞘氨醇2-位氨基上连接一个脂肪酰基，即形成神经酰胺。神经酰胺的1-位羟基上连有磷脂酰胆碱即为磷鞘脂。如果1-位是糖则为糖鞘脂。糖鞘脂的糖链上如果有一个或几个唾液酸(sialic acid)取代则为神经节苷脂，如果糖上有单个硫酸基则为脑硫脂(Hannun and Bell，1989)。

神经酰胺长链碱生物合成的第一步是由棕榈酰乙酰A和丝氨酸在丝氨酸棕榈酰转移酶(serene palmitoyl transferase)(又称为3-酮基鞘氨醇合成酶，3-ketosphinganine synthase)的作用下缩合形成了3-酮基二氢鞘氨醇(3-ketosphinganine)，这种酶是一个5′-磷酸吡哆醛依赖性酶，对棕榈酰乙酰A有较高的特异性，饱和的(16±1)个碳元的脂肪酸乙酰A均是较好的作用底物(Snell et al.，1970；Williams et al.，1984；Brady and Koval，1957；1958)，因此主要得到18碳鞘氨醇(Karlsson，1970)。3-酮基二氢鞘氨醇在微粒体NADPH-依赖性还原酶(microsomal

NADPH-dependent reductase）作用下还原成二氢鞘氨醇（Merrill and Jones，1990）。这种还原酶的活性明显比棕榈酰基转移酶的活性要强，因为将微粒体与丝氨酸棕榈酰乙酰 A 和 NADPH 共作用，没有检测到酮类的中间体（Braun and Snell，1968；Bralln et al.，1970；Merrill and Wang，1986），而在完整的细胞里也没有检测到 3-酮基二氢鞘氨醇（Ong and Brady，1973），4，5-双键可能出现在二氢鞘氨醇转变成 *N*-酰基二氢鞘氨醇［或二氢神经酰胺（dihydroceramide）］以后。Ong 和 Brady（1973）将二氢神经酰胺的长链碱和脂肪酸均标记后注入小鼠脑内发现其同位素比例不变，说明标记的二氢神经酰胺并没有发生代谢和重新合成。以鞘氨醇长链碱为基础，进一步合成代谢即形成了鞘脂庞大的家族（Merrill and Jones，1990）。

二氢鞘氨醇经 *N*-酰基转移酶作用把一个脂肪酸连接到氨基上形成二氢神经酰胺，后者再脱氢形成神经酰胺，这一步骤目前尚不太清楚。由神经酰胺磷脂酰胆碱转移酶催化合成鞘磷脂；在糖基转移酶的作用下以 UPP-糖为底物将糖顺序连接到神经酰胺 1-位的羟基，合成得到各种中性糖鞘脂。中性糖鞘脂在 *N*-2 酰神经酰氨糖酸胞苷酰转移酶作用下以 CMP-唾液酸作为供体，将唾液酸转移到糖链形成神经节苷脂。

鞘氨醇类化合物的生物活性表现在以下几个方面。

（一）细胞凋亡

一类称为 caspase 的半胱氨酸蛋白酶是神经酰胺引起细胞凋亡（apoptosis）的介导物（midiator），神经酰胺是否引起细胞凋亡的关键是要解决神经酰胺与凋亡机制的最初效应物的相互作用关系。据报道，神经酰胺的作用是影响蛋白激酶和磷酸化酶，所以推测神经酰胺可能在磷酸化水平上调节细胞凋亡。蛋白磷酸化酶抑制剂阻止药物对 caspase 的激活（Morana et al.，1996）和蛋白磷酸化酶抑制剂 calyculin 减少神经酰胺对 caspase 的活化作用（Widmann et al.，1998；Cardone et al.，1997）。Bcl-2 也是一类凋亡机制的最初调节物。其中的一些因子被磷酸化调控，这些因子更可能是神经酰胺调节细胞凋亡的作用靶点。

细胞凋亡的发生往往伴随神经酰胺的合成，说明神经酰胺可能参与凋亡过程。多数引起细胞凋亡的因子作用于细胞培养系统时均有一个延迟期，在此期间发生了神经酰胺的合成（Hunnum，1996）。说明神经酰胺是诱导细胞凋亡所必需的（Gulbins et al.，1995；Tepper et al.，1995；1997）。神经酰胺直接诱导细胞凋亡的机制还没有确定，但对神经酰胺的形成和药理作用的多样性的研究表明神经酰胺与细胞凋亡存在密切关系。

（二）生长停滞

细胞生长的 G_0/G_1 期神经酰胺含量增高可能是由于磷鞘脂酶活性的提高（Jayadev et al.，1995）。研究神经酰胺对含 *Rb* 基因的成视网膜细胞瘤细胞（retinoblastoma）的磷酸化作用表明，添加短链神经酰胺造成 Rb 的脱磷酸化，最后导致细胞周期的停滞（Dbaibo et al.，1995）。而对缺乏 *Rb* 基因的成视网膜细胞瘤细胞神经酰胺不会导致其细胞周期的停滞。用蛋白激酶 C 的促进剂能拮抗神经酰胺引起的细胞凋亡（Obeid et al.，1993），但对细胞周期的停滞作用没有影响（Obeid et al.，1993；Linardic and Hannun，1994；Okazaki et al.，1989）。这说明神经酰胺诱导细胞凋亡和诱导细胞生长停滞（growth arrest）是相互独立的作用。

(三)细胞分化

早初发现神经酰胺类物质诱导 HC-60 细胞分化(Kim et al.，1991；Okazaki et al.，1989)。进一步研究其引起细胞分化的作用机制是作用于神经细胞，具有类似于神经生长因子(nerve growth factor，NGF)的作用。能引起 T_9 神经胶质瘤细胞的分化(Dobrowsky et al.，1994)。

(四)病毒与宿主细胞的融合

HIV-1 与宿主细胞融合需要靶膜受体(target membrane receptor)、CD4、适合的趋化因子受体(chemokin receptor)和 HIV-1 胞膜蛋白(envelope glycoprotein)gp120-gp41 的相互作用(Broder and Dimitrov，1996)。 趋化因子的发现使人们对 HIV-1、HIV-2 和猴免疫缺陷病毒(SIV)进入细胞途径的认识发生了变革。但很多关键的疑点还不清楚。有些 HIV-1 株系在没有趋化因子时也能侵染 $CD4^+$细胞(Björndal et al.，1997；McKnight et al.，1997)。而且，一系列 $C\times CR4^+/CD4^+RD$ 横纹肌内瘤细胞(rhabdomyosarcoma cell)的侵染，能被一种小鼠抗 C×CR4 单克隆抗体(12G5)抑制，耐受 12G5 对其侵染 T-细胞系的抑制。这些结果表明，C×CR4 可能在不同的细胞系有差异，使某些细胞株能躲避(evade)12G5 对其侵染的抑制。因此，可以想象有其他的协同因子(cofactor)，可能是糖鞘脂(glycosphingolipid，GSL)使 HIV 株系有可供选择的侵染途径。

Puri 等(1999)从人红细胞的糖鞘脂混合物中鉴定了一种中性糖鞘脂，其在与非敏感细胞(nonsusceptible cell)共同作用时使 HIV-1 有特别高的侵染活性，其化学结构为 Gal(α1-4)Gal(β1-4)Glc-ceramide(Gb_3)(Puri et al.，1998)，进一步研究 Gb_3 在 gP120-gP41 介导的侵染早期所起的作用。为了确定(Gb_3)在没有已知的趋化因子时能否诱导侵染，他们用一种抗- Gb_3 抗体测试了多种 $CD4^+/C\times CR4^-$细胞系的 Gb_3 表达。一种人星状神经胶质瘤细胞(astroglioma)系(U87-CD4)能抵抗 HIV-1 的侵染或融合，其 Gb_3 的表达水平很高。用染色转化法分析 U87-CD4 细胞和 TF228 细胞(这种细胞持续表达 HIV-1 的胞膜蛋白)来确定早期的融合。在试验条件下，$U87\text{-}CD4/C\times CR4^-$细胞没有与 TF228 细胞发生融合，而 $U87\text{-}CD4/C\times CR4^+$细胞却成功地发生了融合,因此,得出结论:$Gb_3$ 协助 HIV-1 融合需要靶点膜上有 CD4 和 C×CR4。

(五)鞘氨醇在酵母热胁迫中的作用

最初发现鞘氨醇在热胁迫及其他逆境胁迫中的作用是发现有不产生鞘氨醇的酵母菌株。其中一株 $4R_3$ 能产生类似于鞘氨醇作用的磷酸肌醇脂。但以这种脂代替鞘氨醇的菌株不能在 37℃、pH 为 4 或渗透压稍高的条件下生存，如果加入长链碱使其合成正常的鞘氨醇，其对逆境的生存特性就会像野生型 *Saccharomyces cerevisiae* 一样(Patton et al.，1992)，将野生型酵母从 23～25℃转移到 37～39℃，18 碳二氢鞘氨醇和 18 碳植物型鞘氨醇增加 2～3 倍，而 20 碳的这两种鞘氨醇增加 100 倍以上。其增加在温度改变的 5～10min 达到高峰(Dickson et al.，1997；Jenkins et al.，1997)。10min 内 1-磷酸二氢鞘氨醇增加 5 倍、1-磷酸植物型鞘氨醇增加 8 倍，以后逐渐降低到正常水平(Skrzypek et al.，1999)，鞘氨醇在逆境胁迫的作用已有更详尽的分子生物学研究(Dickson and Lester，1999)。另外，谢芬(2001)鞘氨醇类化合物诱导真菌产生子实体，增强棘孢菌素效应等生物活性作了较详细的综述。

(六)鞘氨醇类物质在信号转导中的作用

鞘氨醇类物质在细胞内有多种生物活性，如细胞转化(transformation)分化(differentiation)

和增殖(proliferation)等，可能都是由于其作为细胞调节因子和具有第二信使的活性的结果(Merrill et al.，1988；Merrill and Jones，1990；Merrill，1991；1992；Hannun，1994；Kolesnick and Golde，1994；Spiegel and Milstien，1995；Spiegel et al.，1996a；Spiegel and Merrill，1996b)。膜脂能产生一种有生物活性的磷鞘脂(SM)。SM能在许多因素，如TNF-α、1，25-二氢维生素D_3、内毒素、γ-干扰素、白细胞介素、神经生长因子和热等的刺激下发生水解而发挥第二信使的作用(Gómez-Muñoz，1998；Hannun，1994；Kolesnick and Golde，1994)。

SM与位于膜外的上述各种因子的特异性受体结合，引起SM水解，生成神经酰胺或神经酰胺-1-磷酸。这两种物质介导一系列生物应答或被进一步水解成鞘氨醇、鞘氨醇-1-磷酸，传递各种生物信息，引起细胞应答。SM及其代谢产物的生物学活性有详细的综述(Gómez-Muñoz，1998)。

二、尼克酸的应用价值

尼克酸在正常剂量时是动物体不可或缺的一种维生素。色氨酸是尼克酸体内合成的前体，人体正常饮食摄入的色氨酸能满足每天的需求量。动物体内正常的尼克酰胺来源于NAD和NADP的降解，尼克酸由尼克酰胺转化产生，尚未发现由尼克酸转化成尼克酰胺的酶系。哺乳动物体内这种维生素缺乏时会引起糙皮病。新近有很多报道在奶牛饲料中加入尼克酸可提高牛奶的质量，如提高短链脂肪酸、长链脂肪酸和可溶性蛋白质的含量等(Miles et al.，1989)。服用尼克酸剂量增大到药物剂量时，尼克酸有以下生理作用。

(一)降血脂

尼克酸降血脂活性至少有以下4种作用途径：①抑制脂肪组织的脂水解作用；②抑制肝脏合成和分泌极低密度脂蛋白(VLDL)；③改变低密度脂蛋白的形态(form of LDL)； ④增加血浆中高密度脂蛋白(HDL)的含量。

1. 抑制脂肪组织的脂降解

药物剂量的尼克酸通过抑制甘油三酯的降解来减少脂肪组织的脂代谢(McCreanor and Bender，1986)。脂肪组织的脂降解是由激素通过cAMP系统调控的。cAMP含量升高时，激活一种蛋白激酶，这种酶使一种激素敏感的脂酶磷酸化从而催化甘油三酯的降解。这种激素的信号是通过一种与鸟苷连接的G蛋白系统传递的，这种酶与腺苷酸环化酶相互作用调节cAMP的含量。这种G蛋白有激活G蛋白(stimulatory G-protein Gs)和抑制G蛋白(inhilitory，Gi)两种，脂肪细胞存在激活G蛋白结合受体(stimulatory yeceptor，Rs)和抑制G蛋白结合受体(Ri)，它们与G蛋白相互作用调控甘油三酯分解代谢。Rs与脂肪水解因子(lipolytic agent)形成配体受体复合物，并特异地与Gs结合，激活腺苷酰环化酶，进一步抑制甘油三酯的水解。抑制水解的因子(anticipolytic)与Ri结合作用于Gi，抑制腺苷酰环化酶，降低脂肪的代谢。尼克酸属于后者(Carlson et al.，1968)。在成人和婴儿的脂肪细胞中，尼克酸抑制脂肪水解的最大作用浓度为1μmol/L(Lorenzen et al.，2001)，其作用位点是质脂上的特殊受体(Ri)。

尼克酸抑制脂水解可能存在其他途径。因为发现其抑制Forskolin诱导的C-AMP产生。而Forskolin诱导腺苷酸环化是不需要受体(receptor independent)的。因而，尼克酸可能直接作用于腺苷酸环化酶。

2. 抑制肝脏合成极低密度脂蛋白

很多试验证明，服用尼克酸可降低血浆中的甘油三酯和胆固醇。对高血脂患者的研究表明，尼克酸减少极低密度脂蛋白(Very low density lopid，VLDL)的合成。主要作用是减少肝脏的甘油三酯合成从而抑制肝脏中VLDL的分泌(Miles et al., 1989)。尼克酸抑制脂肪组织中的脂肪降解可能是其抑脂肝脏VLDL合成和分泌的原因之一。脂肪组织的脂肪酸一般情况下不用于肝脏合成脂蛋白，尤其是在非饮食期间，服用尼克酸后，血浆中的游离脂肪酸减少，也就减少了甘油三酯的合成进而减少了脂蛋白的合成。而LDL的前体是VLDL，所以服用尼克酸将最终减少LDL的含量(McCreanor and Bender，1986)。也有试验证明，这不是尼克酸影响VLDL的唯一途径(Carlson et al.，1968)。另外，尼克酸直接作用于肝脏可能是由于降低了血清中的VLDL和LDL水平。

尼克酸影响血浆中胆固醇含量的机制包括相互作用的两条主要途径,即胆固醇的从头合成和通过LDL受体循环及用胆固醇，这两条途径都受反馈调节。许多试验证实，尼克酸抑制内源胆固醇的合成(Lorenzen et al.，2001)，尼克酸抑制人体甲瓦龙酸(mevalonic acid)的合成(Marcus et al.，1989)，同时也抑制细胞质中鲨烯(squalene)的合成，鲨烯是胆固醇合成的另一个中间体(Chaplin，1986)。因此，尼克酸降血脂的机制之一可能是抑制胆固醇的合成。

3. 降低脂蛋白

研究表明(Grundy et al.，1981)，尼克酸降低血清中脂蛋白(a)[Lp(a)]的含量。Lp(a)是LDL的变形，含有载脂蛋白B(apo B)和载脂蛋白A(apo A)，它们是VLDL的组分，在LP(a)中，apo B和apo A以二硫键的方式结合在一起。尼克酸的作用是降低血清中LP(a)的含量，高血脂患者每天服用4g尼克酸,6天以后,LP(a)的含量平均降低38%(Grundy et al., 1981)。LP(a)含量降低的比率与LDL中胆固醇含量减少呈张性相关。因为apo B是LP(a)和LDL的常见组分，所以，尼克酸可能是通过抑制apo B的合成来降低脂蛋白含量的(黎运龙和吴毓林，1997)。

血液中LP(a)水平升高可能是心血管疾病的诱发因素之一(Malaguarnera et al.，2000；Robert et al.，1985)，而且有可能与血栓形成有关(Hotz，1983)。尼克酸降低LP(a)是其在降血脂药中是比较独特的特性。其他降血脂药，如Lovastatin和Simvastatin促使LP(a)含量升高(Kudchodkar et al.，1978)。

4. 升高HDL

尼克酸降低血清中的VLDL、LDL、总胆固醇和甘油三酯，同时升高HDL (Carlson et al.，1989)。尼克酸主要提高HDL_2含量(Armstrong et al.，1986)，而胆固醇主要与HDL_2结合。

(二)舒张血管

静注1mg尼克酸即能引起血管舒张，高剂量的作用更强，主要发生在脸部和上体，可能会引起不舒服的发热甚至出现皮疹。一般这种可见的皮肤发红只能持续1～2min，但即使是肢端、血管舒张在30min后还能检测到(Brewer，1989)。这种作用不能被组胺(histamine)或肾上腺抑制剂(adrenergic blocker)拮抗。但能部分被前列腺素合成抑制剂拮抗(Kostner et al., 1989)。前列素E1和尼克酸都能引起豚鼠皮肤温度升高，均能引起耳组织的cAMP含量升高，但后者的作用能被indomethacin抑制而前者不受这种抑制(Alderman et al.，1989)。临床上一般在给患者服用尼克酸前30min服用阿斯匹林，可以减少服用尼克酸后引起的发热现象。

(三)纤维蛋白的溶解作用

经消化道以外的途径给药尼克酸第一次均能引起纤维蛋白溶解作用,这是尼克酸的不良反应,以后连续用药则不出现这种作用。经消化道给药,不论剂量多大均不会有这种作用(Wahlberg et al., 1990)。这种不良反应限制了尼克酸在临床上的应用。

总之,尼克酸是最成功的、传统的治疗高血脂的药物。尤其适用于严重的高血脂患者(V型高脂蛋白),而且,尼克酸还可能有其他有价值的用途。在血液储藏期间加入尼克酸,可以维持血浆中 Hb 和 K^+含量、降低 MDA 含量、维生素 E 含量升高、ATP 无明显变化,减少血液过氧化,保持血液 pH(Yonemura et al., 1984)。

三、胆碱的生物学意义

当生长环境的渗透压提高时,细菌、真菌、植物和动物,甚至是人类的细胞均会产生提高原生质渗透压的物质。不论是真核生物还是原核生物,*N*,*N*,*N*-三甲基季氨碱均是最有效抵抗渗透压的物质之一。胆碱硫酸脂是其中之一,很多机体在受到渗透压胁迫时产生胆碱硫酸脂。

胆碱硫酸脂(choline-o-sulfate)体内合成是在 3′-磷酸腺苷-5′-磷酸硫酸脂和胆碱在胆碱硫酸转移酶的作用下完成的(Svedmyr et al., 1977)。这种酶的最适 pH 为 9.0,对胆碱的 K_m 值为 2.5μm,对 3′-磷酸腺苷-5′-磷酸硫酸的 K_m 值为 5.5μm。在柠檬属植物(*Cimonium perezii*)的根和叶子中随渗透压的增加,胆碱硫酸脂的合成成倍增加。用 40%(*V*/*V*)海水培养该植物时,其根和叶子中的胆碱硫酸转移酶的活性提高 4 倍。20%(*V*/*V*)海水培养该植物的细胞或 19%(*m*/*V*)的聚乙二醇 6000 均可观测到这种酶活性提高。用含 3mol/L NaCl 的培养基培养 *Renicillium fellutanum* 时,胆碱硫酸脂的含量是在无 NaCl 的培养基培养的 2.6 倍(Andersson et al., 1977)。这种真菌合成胆碱硫酸脂的胆碱来源于多糖上连接的磷酸胆碱(PPxGM)(Arun et al., 1999)。添加硫酸胆碱能促进 *Halomonas elongata* 在高盐培养基上的生长(Rautenkranz et al., 1994)。另外,早期的研究表明,硫酸胆碱是植物体内硫的储藏形式,同时是减少体内 SO_4^{2-}毒性的方法。

四、己 二 烯 酸

己二烯酸又名黏糠酸(muconic acid),(*E*,*E*)-己二烯酸(t,t-MA)是生物机体生活环境中苯含量在机体内的灵敏的、特异的标记物,可达到 0.5ppm 的检测限量(Scherer et al., 1998)。大量的工作集中于它的含量检测及其与环境苯含量的相关性研究。苯在体内的代谢物包括苯醌、间苯三酚、苯酚、(t,t)-己二烯醛和 t,t-MA,在苯的这些代谢物中,苯醌有较强的诱变能力,其余依次递减,t,t-MA 基本没有诱变活性(Cánovas et al., 1996;Shen et al., 1996)。

五、化 合 物 bvii

化合物 bvii 可能是粉红粘帚霉的色素物质之一,粉红粘帚霉的色素物质可能在代谢过程中起着天然色素的作用,与过氧麦角甾的产量相关,在培养过程笔者也发现培养液的颜色与光照条件和温度可能存在一定的相关性。该化合物的结构也存在易被氧化的特点。bvii 与粉红粘帚霉过氧麦角甾的生物合成关系有待进一步深入研究。另外,从粉红粘帚霉菌丝体提取的粗多糖有促进培养的肌细胞利用基质中葡萄糖和产生乳酸的作用。

总之，鞘氨醇和尼克酸均有一定的药用价值，尼克酸还可作为饲料添加剂，同时也可以作为药物中间体(资料未列)，通过选育高产菌株或改变培养条件的手段可以进行这些物质或它们的衍生物的生产。进一步研究这些物质的生物合成和代谢途径，对利用粉红粘帚霉进行吡啶衍生物或长链酯类的生物转化有一定的指导意义。粉红粘帚霉多糖具有组成简单、纯化方便的特点，在进一步验证其多糖作用的前提下，可利用发酵培养的方法进行多糖的生产。

（肖盛元　梁寒峭　郭顺星）

参考文献

从浦珠，苏克曼. 2000. 分析化学手册第 9 分册，质谱分析. 第 2 版. 北京：化学工业出版社，780.

黎运龙，吴毓林. 1997. 鞘氨醇的化学. 有机化学，17：411-427.

肖盛元，郭顺星. 2000. 国内真菌多糖结构研究现状. 天然产物研究与开发，12(2)：81-86.

谢芬. 2001. 猪苓菌核化学成分的研究. 北京：协和医科大学硕士学位论文.

于建国. 1993. 现代实用仪器分析方法. 北京：中国林业出版社，216.

张集慧. 2000. 金线莲的两种促生真菌化学成分及其原生质体诱变育种的研究. 北京：协和医科大学博士学位论文.

Alderman JD，Pasternak RC，Sacks FM，et al. 1989. Effect of a modified，well-tolerated niacin regimen on serum total cholesterol，high density lipoprotein cholesterol and the cholesterol to high density lipoprotein ratio. American Journal of Cardiology，64(12)：725-729.

Andersson RG，Aberg G，Brattsand R，et al. 1977. Studies on the mechanism of flush induced by nicotinic acid. Acta Pharmacol. Toxicology，41(1)：1-10.

Armstrong VW，Cremer P，Eberle E，et al. 1986. The association between serum Lp(a) concentrations and angiographically assessed coronary atherosclerosis. Dependence on serum LDL levels. Atherosclerosis，62(3)：249-257.

Arun P，Padmakumaran Nair KG，Manojkumar V，et al. 1999. Decreased hemolysis and lipid peroxidation in blood during storage in the presence of nicotinic acid. Vox Sanguinis，76(4)：220-225.

Björndal A，Deng H，Jansson M，et al. 1997. Coreceptor usage of primary human immunodeficiency virus type 1 isolates varies according to biological phenotype. Journal of Virology，71(10)：7478-7487.

Brady RO，Koval GJ. 1957. Biosynthesis of sphingosine in vitro. Journal of American Chemistry Society，79(10)：2648-2649.

Brady RO，Koval GJ. 1958. The enzymatic synthesis of sphingosine. Journal of Biological Chemistry，233：26-31.

Braun PE，Morell P，Radin NS. 1970. Synthesis of C18- and C20-dihydrosphingosines，ketodihydrosphingosines，and ceramides by microsomal preparations from mouse brain. Journal of Biological Chemistry，245(2)：335-341.

Braun PE，Snell EE. 1968. Biosynthesis of sphingolipid bases. II. Keto intermediates in synthesis of sphingosine and dihydrosphingosine by cell-free extracts of *Hansenula ciferri*. Journal of Biological Chemistry，243(14)：3775-3783.

Brewer HB. 1989. Clinical significance of plasma lipid levels. American Journal of Cardiology，64(13)：3-9.

Broder CC，Dimitrov DS. 1996. HIV and the 7-transmembrane domain receptors. Pathobiology，64(4)：171-179.

Cánovas D，Vargas C，Csonka LN，et al. 1996. Osmoprotectants in Halomonas elongata：high-affinity betaine transport system and choline-betaine pathway. J Bacteriol，178(24)：7221-7226.

Cardone MH，Salvesen GS，Widmann C，et al. 1997. The regulation of anoikis：MEKK-1 activation requires cleavage by caspases. Cell，90：315-323.

Carlson LA，Hamsten A，Asplund A. 1989. Pronounced lowering of serum levels of lipoprotein Lp(a) in hyperlipidaemic subjects treated with nicotinic acid. Journal of Internal Medicine，226(4)：271-276.

Carlson LA，Orö L，Ostman J. 1968. Effect of a single dose of nicotinic acid on plasma lipids in patients with hyperlipoproteinemia. Acta Chirurgica Scandinavica，183(5)：457-465.

Catalfomo P，Block JH，Constantine GH，et al. 1973. Choline sulfate (ester) in marine higher fungi. Marine Chemistry，1(2)：157-162.

Chaplin MF. 1986. Carbohydrate Analysis：A practical Approach Oxford：Washington DCIRL Press，1-26.

Dbaibo GS，Pushkareva MY，Jayadev S，et al. 1995. Retinoblastoma gene product as a downstream target for a ceramide-dependent pathway of growth arrest. Proceedings of the National Academy of Sciences，92(5)：1347-1351.

Dickson RC，Lester RL. 1999. Metabolism and selected functions of sphingolipids in the yeast *Saccharomyces cerevisiae*. Biochimica et Biophysica Acta，1438(3)：305-321.

Dickson RC，Nagiec EE，Skrzypek M，et al. 1997. Sphingolipids are potential heat stress signals in *Saccharomyces*. Journal of Biological

Chemistry，272(48)：30196-30200.

Dobrowsky RT，Werner MH，Castellino AM，et al. 1994. Activation of the sphingomyelin cycle through the low-affinity neurotrophin receptor. Science，265(5178)：1596-1599.

Dommisse R，Freyne E，Esmans E，et al. 1981. ^{13}C-NMR shift increments for 3-substituted pyridines. Heterocycles，16：1893-1897.

Gómez-Muñoz A. 1998. Modulation of cell signalling by ceramides. Biochimica et Biophysica Acta，391(1)：92-109.

Grundy SM，Mok HY，Zech L. 1981. Influence of nicotinic acid on metabolism of cholesterol and triglycerides in man. Lipid Research，22(1)：24-36.

Gulbins E，Bissonnette R，Mahboubi A，et al. 1995. FAS-induced apoptosis is mediated via a ceramide-initiated RAS signaling pathway. Immunity，2(4)：341-351.

Hannun YA. 1994. The sphingomyelin cycle and the second messenger function of ceramide. Journal of Biological Chemistry，269(5)：3125-3128.

Hannun YA，Bell RM.1989. Functions of sphingolipids and sphingolipid breakdown products in cellular regulation. Science，243(4890)：500-507.

Hotz W. 1983. Nicotinic acid and its derivatives：a short survey. Aadvances In Lipid Research，20：195-217.

Huang Q. 1995. Studies on metabolites of mycoparasitic fungi. III. New sesquiterpene alcohol from *Trichoderma koningii*. Cemical & Parmaceutical Blletin，3(6)：1035-1038.

Hunnum YA. 1996. Functions of ceramide in coordinating cellular responses to stress. science，274：1855-1859.

Jayadev S，Liu B，Bielawska AE，et al. 1995. Role for ceramide in cell cycle arrest. Journal of Biological Chemistry，270(5)：2047-2052.

Jenkins GM，Richards A，Wahl T，et al. 1997. Involvement of yeast sphingolipids in the heat stress response of *Saccharomyces cerevisiae*. Journal of Biological Chemistry，272(51)：32566-32572.

Karlsson KA. 1970. On the chemistry and occurrence of sphingolipid long-chain bases. Chemistry and Physics of Lipids，5：6-43.

Kim MY，Linardic C，Obeid L，et al. 1991. Identification of sphingomyelin turnover as an effector mechanism for the action of tumor necrosis factor alpha and gamma-interferon. specific role in cell differentiation. Journal of Biological Chemistry，266(1)：484-489.

Kolesnick R，Golde DW. 1994. The sphingomyelin pathway in tumor necrosis factor and interleukin-1 signaling. Cell，77(3)：325-328.

Kostner GM，Gavish D，Leopold B，et al. 1989. HMG CoA reductase inhibitors lower LDL cholesterol without reducing Lp(a) levels. Circulation，80(5)：1313-1319.

Kudchodkar BJ，Sodhi HS，Horlick L，et al. 1978. Mechanisms of hypolipidemic action of nicotinic acid. Cinical Parmacology & Terapeutics，24(3)：354-373.

Linardic CM，Hannun YA. 1994. Identification of a distinct pool of sphingomyelin involved in the sphingomyelin cycle. Journal of Biological Chemistry，269(38)：23530-23537.

Lorenzen A，Stannek C，Lang H，et al. 2001. Characterization of a G protein-coupled receptor for nicotinic acid. Molecular Pharmcology，59(2)：349-357.

Malaguarnera M，Giugno I，Ruello P，et al. 2000. Treatment of hypertriglyceridemia. Current aspects. Recent Progessi Medicina，91(7-8)：379-387.

Marcus C，Sonnenfeld T，Karpe B，et al. 1989. Inhibition of lipolysis by agents acting via adenylate cyclase in fat cells from infants and adults. Pediatric Research，26(3)：255-259.

McCreanor GM，Bender DA. 1986. The metabolism of high intakes of tryptophan，nicotinamide and nicotinic acid in the rat. British Journal of Nutrition，56(3)：577-586.

McKnight A，Wilkinson D，Simmons G，et al. 1997. Inhibition of human immunodeficiency virus fusion by a monoclonal antibody to a coreceptor(CXCR4) is both cell type and virus strain dependent. Journal of Virology，71(2)：1692-1696.

Merrill AH，Jones DD. 1990. An update of the enzymology and regulation of sphingomyelin metabolism. Biochimica et Biophysica Acta，1044(1)：1-12.

Merrill AH. 1991. Cell regulation by sphingosine and more complex sphingolipids. Biomembrane，23(1)：83-104.

Merrill AH. 1992. Ceramide：a new lipid "second messenger". Nutrition Reviews，50(3)：78-80.

Merrill AH，Wang E. 1986. Biosynthesis of long-chain(sphingoid) bases from serine by LM cells. Evidence for introduction of the 4-trans-double bond after de novo biosynthesis of *N*-acylsphinganine(s). Journal of Biological Chemistry，261(8)：3764-3769.

Merrill AH，Wang E，Mullins RE. 1988. Kinetics of long-chain(sphingoid) base biosynthesis in intact LM cells：effects of varying the extracellular concentrations of serine and fatty acid precursors of this pathway. Biochemistry，27(1)：340-345.

Miles LA，Fless GM，Levin EG，et al. 1989. A potential basis for the thrombotic risks associated with lipoprotein(a). Nature，339(6222)：301-303.

Morana SJ，Wolf CM，Li J，et al. 1996. The involvement of protein phosphatases in the activation of ICE/CED-3 protease，intracellular acidification，DNA digestion，and apoptosis. Journal of Biological Chemistry，271(30)：18263-18271.

Nelson F，Carmen PS，Francisco MR，et al. 1978. Dienoic acids，synthesis and ^{13}C NMR spectral analysis. Chemistry and Physics of Lipids，22：115-120.

Obeid LM，Linardic CM，Karolak LA，et al. 1993. Programmed cell death induced by ceramide. Science，259(5102)：1769-1771.

Okazaki T，Bell RM，Hannun YA. 1989. Sphingomyelin turnover induced by vitamin D3 in HL-60 cells. Role in cell differentiation. Journal of Biological Chemistry，264(32)：19076-19080.

Ong DE，Brady RN. 1973. *In vivo* studies on the introduction of the 4-t-double bond of the sphingenine moiety of rat brain ceramides. Journal of Biological Chemistry，248(11)：3884-3888.

Patton JL，Srinivasan B，Dickson RC，et al. 1992. Phenotypes of sphingolipid-dependent strains of *Saccharomyces cerevisiae*. Journal of Bacteriology，174(22)：7180-7184.

Puri A，Hug P，Jernigan K，et al. 1998. The neutral glycosphingolipid globotriaosylceramide promotes fusion mediated by a CD4-dependent CSCR4-utilizing HIV type 1 envelope glycoprotein. Proceedings of the National Academy of Sciences of the United States of America，95(24)：14435-14440.

Puri A，Hug P，Jernigan K，et al. 1999. Role of glycosphingolipids in HIV-1 entry：requirement of globotriaosylceramide(Gb3) in CD4/CXCR4-dependent fusion. Bioscience Reports，19(4)：317-325.

Rautenkranz A，Li L，Machler F，et al. 1994. Transport of ascorbic and dehydroascorbic acids across protoplast and vacuole membranes isolated from barley (*Hordeum vulgare* L. cv Gerbel) Leaves. Plant Physiology，106(1)：187-193.

Robert HK，Janice Gg，John JA，et al. 1985. Contrasting effects of unmodified and time-release forms of niacin on lipoproteins in hyperlipidemic subjects：clues to mechanism of action of niacin. Metabolism，34(7)：642-650.

Scherer G，Renner T，Meger M. 1998. Analysis and evaluation of trans，trans-muconic acid as a biomarker for benzene exposure. Journal of Chromatography B：Biomedical Sciences and Applications，717(1-2)：179-199.

Scott KN. 1970. NMR parameters of biologically important aromatic acids I. Benzoic acid and derivatives. Journal of Magnetic Resonance，2(3)：361-376.

Shen Y，Shen HM，Shi CY，et al. 1996. Benzene metabolites enhance reactive oxygen species generation in HL60 human leukemia cells. Human & Experimental Toxicology，15(5)：422-427.

Skrzypek MS，Nagiec MM，Lester RL，et al. 1999. Analysis of phosphorylated sphingolipid long-chain bases reveals potential roles in heat stress and growth control in *Saccharomyces*. Journal of Bacteriology，181(4)：1134-1140.

Snell EE，Dimari SJ，Brady RN. 1970. Biosynthesis of sphingosine and dihydrosphingosine by cell-free systems from *Hansenula ciferri*. Chemistry and Physics of Lipids，5：116-138.

Spiegel S，Foster D，Kolesnick R. 1996. Signal transduction through lipid second messengers. Current Biology，8(2)：159-167.

Spiegel S，Merrill AH. 1996. Sphingolipid metabolism and cell growth regulation. PASEB Journal，10(12)：1388-1397.

Spiegel S，Milstien S. 1995. Sphingolipid metabolites：members of a new class of lipid second messengers. Journal of Membrane Biology，146(3)：225-237.

Striegler S，Haslinger E. 1996. Cerbrosides From *Fomitopsis pinicola* (Sw. Ex Fr.) Karst. Monatshefte Für Chemie，127：755-761.

Svedmyr N，Heggelund A，Aberg G. 1977. Influence of indomethacin on flush induced by nicotinic acid in man. Acta Pharmacologic Toxicol，41(4)：397-400.

Tepper AD，Cock JG，Vries E，et al. 1997. CD95/Fas-induced ceramide formation proceeds with slow kinetics and is not blocked by caspase-3/CPP32 inhibition. Journal of Biological Chemistry，272(39)：24308-24312.

Tepper CG，Jayadev S，Liu B，et al. 1995. Role for ceramide as an endogenous mediator of fas-induced cytotoxicity. Proceedings of the National Academy of Sciences of the United States of America，92(18)：8443-8447.

Wahlberg G，Walldius G，Olsson AG，et al. 1990. Effects of nicotinic acid on serum cholesterol concentrations of high density lipoprotein subfractions HDL2 and HDL3 in hyperlipoproteinaemia. Journal of General Internal Medicine，228(2)：151-157.

Weaver VM，Buckley T，Groopman JD. 2000. Lack of specificity of trans-muconic acid as a benzene biomarker after ingestion of sorbic acid-presened foods. Cancer Epidemiol Biomarkers & Prevention，9(7)：749-755.

Widmann C，Gerwins P，Johnson NL，et al. 1998. MEK kinase 1，a substrate for DEVD-directed caspases，is involved in genotoxin-induced apoptosis.Mol Cell Biology，18：2416-2429.

Williams RD，Wang E，Merrill AH. 1984. Enzymology of long-chain base synthesis by liver：characterization of serine palmitoyltransferase in rat liver microsomes. Archives of Biochemistry and Biophysics，228(1)：282-291.

Wright ID，Presberg JA. 1964. Effect of certain compounds on solubility of cholesterol in coconut oil. Proceedings of the National Academy of Sciences of the United States of America，115：497-504.

Yonemura Y，Takashima T，Miwa K，et al. 1984. Amelioration of diabetes mellitus in partially depancreatized rats by poly(ADP-ribose) synthetase inhibitors. Evidence of islet B-cell regeneration. Diabetes，33(4)：401-404.

第三十八章 促进金线莲生长的粘帚霉属内生真菌的代谢产物

金线莲(*Anoectochilus roxburghii*)是传统的名贵中药，对肾炎、糖尿病具有独特疗效。但由于该植物生长极为缓慢，加之近年来对其需求量加大，造成目前金线莲资源极度贫乏。为了挽救这种濒危药用植物，扩大其资源，人们尝试了多种措施，但仍没取得明显进展。

本研究室从 100 多种药用植物内生真菌中筛选发现粘帚霉属(*Gliocladium*)的两种菌株(简称为 Y 菌和 F 菌)对金线莲的生长具有明显地促进作用。而在对它们的代谢产物进行分离、纯化及结构鉴定过程中发现了一个重要的活性化合物 6，22-二烯-5，8-过氧麦角甾-3-醇(EP)，它具有较好的抗炎和抗肿瘤作用，是一种新型的真菌来源的活性物质。本章重点介绍 Y、F 两菌的化学成分，EP 高产菌株的获得，以及 EP 生物合成途径的初步探索。

第一节 粘帚霉属 Y 菌和 F 菌的液体发酵周期

首先对 Y、F 两种真菌的发酵培养条件进行了研究。在液体麦麸培养条件下，测定不同培养时间的菌丝体干重，结合摇瓶中菌的生长状况及发酵液的变化来确定最佳培养条件。通过 23 天的摇瓶发酵，发现 3 天后菌丝开始快速增多，到 6～8 天时达到第一次高峰，随后逐渐减少，两菌出现高峰的次数并不止一次，Y 菌出现 2 次高峰，分别为发酵 8 天和 15 天，15 天时菌丝体产量最多，达到 4.98g/100ml；F 菌出现 3 次高峰，时间分别为发酵 8 天、13 天和 19 天，在 19 天时达到最高值 4.12g/100ml。Y 菌在培养 6～7 天后有大量黄色素分泌到细胞外，并且菌丝大多结为 2cm 左右的小球，菌丝量丰富，发酵液澄明；F 菌在发酵后期只有少量黄色素产生，菌丝结球较少而大多以松散的形式存在，发酵液不像 Y 菌那样澄明。由于 Y 和 F 两菌在发酵 6～8 天达到第一次高峰期，在 8 天之后 Y 和 F 两菌菌丝都有开始缓慢自溶的现象。

在发酵过程中，两菌菌丝体产量都出现不止一次的高峰期。推测第一次上升与培养基中可快速利用的碳、氮源有关，而第二次生长高峰则可能与菌体利用缓慢释放的碳、氮源的能力有关。在菌丝自溶期，通常为次生代谢产物合成的高峰期，许多有价值的活性化合物就在此期间被合成(Martin et al.，1980)。为了获得这两株菌的次生代谢产物，选择接近自溶期的发酵培养时间较为适宜，因此 Y 菌发酵周期确定为 6～7 天，F 菌确定为 8 天。

第二节　粘帚霉属 Y 菌和 F 菌的代谢产物

随着植物促生真菌的发现，利用植物内生真菌对植物生长的促进作用改变传统栽培方法，是具开创性的思路。但是，它们的作用机制是什么，有哪些物质，对植物起什么作用？解决这些问题，仅仅停留在传统的形态学观察是远远不够的，必须深入到分子水平，从物质角度来解释。这不仅有利于了解作用机制，而且对深入研究这两种真菌的遗传背景、代谢过程及分子调控也是必不可少的前提条件。研究这种真菌的物质基础，尤其是对它产生的化学成分进行探讨，将为今后更好地了解其遗传背景、代谢途径及充分发挥真菌对植物的促进作用提供有意义的参考，而研究其化学成分则是首要的前提和基础。为此，需要对 Y、F 两种真菌产生的代谢产物进行系统研究。

按照前述的摇瓶培养方法进行大批量培养，获得发酵液和菌丝体。将发酵液和菌丝体分别处理，并经多种色谱柱层析，分离其中的化学成分。通过现代光谱技术对该菌的化学成分进行鉴定(张集慧等，1999a；王春兰等，2001；Zhang et al.，2002)。从两种菌中均分离到了化合物 6，22-二烯-3-羟基-5，8-过氧麦角甾(Y1)、麦角甾醇(Y2)、甘露醇(Y4)。阿拉伯糖醇(Y3)仅从 Y 菌中分离到。此外，从 F 菌中还分离到了 6 种其他化合物，分别为棕榈酸(F1)、5，5′-双取代氧甲基呋喃醛(F2)、 棕榈酸甘油酯(F5)、(20*S*，22*S*)-4a–同-22-羟基-4-氧杂麦角甾-7，24(28)-二烯-3-酮(F7)、6，9-环氧麦角甾-7，22-二烯-3-羟基(F8)及 4，8，12，16-四甲基-1，5，9，13-四氧杂环十六烷-2，6，10，14-四酮(F9)。其中 F7 为首次报道的新颖结构化合物，6，22-二烯-3-羟基-5，8-过氧麦角甾及 5，5′-双取代氧甲基呋喃醛为首次从粘帚霉属真菌中得到。5，5′-双取代氧甲基呋喃醛从多种植物中分离得到(王明安等，1991；赵奎君等，1995)，而由真菌产生则较少报道。这些化合物的试验数据总结如下。

化合物 Y1：白色针状结晶(MeOH)，易溶于氯仿、热甲醇等有机溶剂，熔点为 168～170℃，Libermann–burchard 反应和过氧化物显色反应呈阳性，IR(KBr)cm^{-1} 显示 3400cm^{-1}、2960cm^{-1}、2880cm^{-1} 等吸收峰。高分辨质谱显示相对分子质量为 428.3280(计算值为 428.3290)，分子组成为 $C_{28}H_{44}O_3$，$\Omega=7$。EI-MS：*m/z*：428(M^+)，410(M^+-H_2O)，396(M^+-O_2)，253(M^+-O_2-SC-H-H_2O)。分子式 $C_{28}H_{44}O_3$。^{1}H-NMR(400MHz，$CDCl_3$)，*δ*：6.51(1H，d，*J* = 8.6Hz，7-H)，6.25(1H，d，*J* = 8.5 Hz，6-H)，5.22(1H，dd，*J* =15.2，7.4Hz，23-H)，5.14(1H，dd，*J* = 15.3，8.1Hz，22-H)，3.98(1H，m，3-H)，1.00(3H，d，*J* = 5.2Hz，21-H)，0.91(3H，d，*J* = 6.8 Hz，28-H)，0.90(3H，s，19-H)，0.84(3H，d，*J* = 6.7Hz，27-H)，0.82(3H，s，18-H)，0.81(3H，d，*J* =6.7Hz，26-H)。其 ^{13}C-NMR 的数据归属如表 38-1 所示。该化合物的结构定为 6，22-二烯-3-羟基-5，8-过氧麦角甾(图 38-1)，与文献报道的数据一致(Gunatilaka et al.，1981)。

化合物 Y2：白色片状结晶，易溶于氯仿，分子式为 $C_{28}H_{44}O$ (图 38-2)。熔点为 155～157℃。结构数据描述见第三十五章化合物 PE1(麦角甾醇)项下。

表 38-1　化合物 Y1 和 Y2 的 ^{13}C-NMR 数据

No.	δc/ppm		No.	δc/ppm		No.	δc/ppm		No.	δc/ppm	
	Y1	Y2		Y1	Y2		Y1	Y2		Y1	Y2
1	34.7	38.3	8	79.4	141.4	15	23.4	23.0	22	135.2	135.5
2	30.1	32.0	9	51.1	46.2	16	28.7	28.3	23	132.3	131.9
3	66.5	70.4	10	36.9	37.0	17	56.2	55.7	24	42.8	42.9
4	37.0	40.8	11	20.6	21.2	18	12.9	12.0	25	33.1	33.0
5	82.2	139.7	12	39.3	39.0	19	18.2	17.6	26	19.6	19.6
6	135.4	119.5	13	44.6	42.8	20	39.7	40.4	27	20.0	19.9
7	130.7	116.2	14	51.7	54.5	21	20.9	21.1	28	17.6	16.2

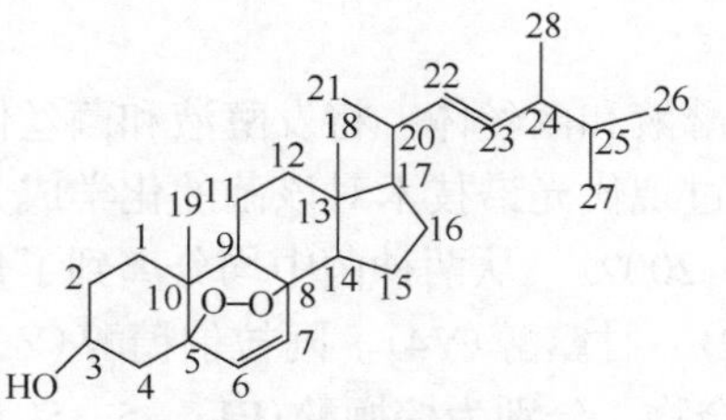

图 38-1　化合物 Y1 的结构

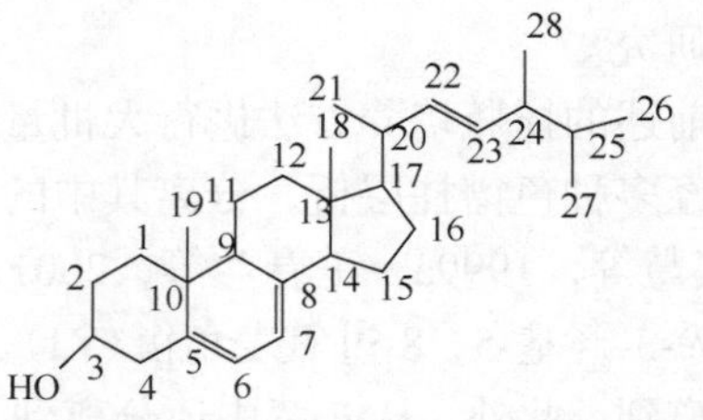

图 38-2　化合物 Y2 的结构

化合物 Y3：白色针状结晶(MeOH)，易溶于水、热甲醇，熔点为 102～103℃，$[\alpha]_D^{20}$ -5.4°。IR(KBr) cm^{-1}：3330，2950，1450，1320，1090，1040，1005，860，700cm^{-1} 等峰。FAB 表明：151 的(M-1)峰，303 为二聚体(2M-1)，结合 ^{1}H-NMR、^{13}C-NMR 推断该化合物相对分子质量为 152，分子式为 $C_5H_{12}O_5$，为多元醇类化合物。^{13}C-NMR(100MHz，D_2O，δppm)上有 5 个碳信号，化学位移为 73.4、72.9、72.8 及 65.5，65.4(DEPT 谱显示这两个峰为倒峰)，表明为—CH_2—，^{1}H-NMR(400MHz，D_2O，δppm)表明化学位移为 3.5～3.9ppm，确定该化合物为阿拉伯糖醇。

化合物 Y4：白色针晶，易溶于 H_2O，热 MeOH。熔点为 166～168℃，结构数据描述见第三十六章化合物 GM12(甘露醇)项下。

化合物 F1：白色蜡状固体。熔点为 60～62℃，易溶于氯仿、石油醚等。EI-MS：256(M^+)。227$(M-C_2H_5)^+$，213$(M-C_3H_7)^+$，此外还有碎片峰 199，185，171，157，143，129，115，97，分子式为 $C_{16}H_{32}O_2$。^{1}H-NMR：($CDCl_3$)，δ：0.87(3H，t，J = 6.7Hz，16-CH_3)，1.63(2H，m，15-H)，2.33(2H，m，2-CH_2)，10.00(1H，brs，COOH)，与文献报道的棕榈酸数据一致(巢志茂等，1991)。

化合物 F2：白色针状结晶。熔点为 108～110℃。EI-MS：m/z 234(M^+)，206$(M-CO)^+$，138，125，109(基峰)。^{1}H-NMR($CDCl_3$)，δ：9.63(2H，s，CHO×2)，7.22(2H，d，J = 3.6Hz，4，4′-H)，6.57(2H，d，J = 3.6Hz，3，3′-H)，4.64(4H，s，CH_2-O×2)，二者为 AB 系统，这是 2，5-双取代氧甲基呋喃醛的特征峰，^{13}C-NMR($CDCl_3$)，δ：177.7(C-2，C-2′上的 2 个 CHO)，156.8(C-5，C-5′)，152.7(C-2，C-2′)，121.9(C-4，C-4′)，111.2(C-3，C-3′)，64.6(–CH_2–O ×2)。以上数据与文献报道的 5，5′-双取代氧甲基呋喃醛数据一致(王明安等 1991)。

化合物 F5：白色粉末，熔点为 68～69℃。易溶于氯仿、石油醚等。EI-MS：330(M^+)，

312，299，257，239，182，134，112，98，74，57。^{1}H-NMR (CDCl$_3$)，δ：0.88 (3H，t，J = 6.7Hz，CH$_3$)，1.63 (2H，m，CH$_2$)，2.35 (2H，t，J = 7.5Hz，CH$_2$)，2.82 (2H，s，OH×2)，3.61 (1H，dd，J = 11.4 Hz，5.8Hz)，3.71 (1H，dd，J = 11.5Hz，3.8 Hz)，3.93 (1H，m)，4.15 (1H，dd，J = 11.6Hz，5.9Hz)，4.21 (1H，dd，J = 11.6Hz，4.5 Hz)，与文献报道 (巢志茂和刘静明，1991) 的棕榈酸甘油酯的数据一致。

化合物 F7：无色针状结晶 (MeOH)，熔点为 210～212℃。分子式为 $C_{28}H_{44}O_3$。FAB-MS：429.2 (M+1)$^+$。IR (KBr) cm^{-1}：3430，1720。EI-MS m/z：344，327，287，286，245，159，95，84 和 69。^{1}H-NMR (400MHz，CDCl$_3$)，δ：0.55 (3H，H-18)，0.91 (3H，s，H-19)，0.96 (3H，d，J = 6.8Hz，H-21)，1.04 (3H，d，J = 6.8Hz，H-26)，1.06 (3H，d，J = 6.8Hz，H-27)，3.80 (1H，m，H-22)，3.78 (1H，m，Hb-4)，4.28 (1H，dd，J = 13.2Hz，9.4Hz，Ha-4)，4.80 (1H，s，Hb-28)，4.90 (1H，s，Ha-28)，5.20 (1H，dd，J = 4.8Hz，1.8Hz，H-7)。^{13}C-NMR (100MHz，CDCl$_3$) 数据如表 38-2 所示。该化合物结构鉴定为 (20*S*，22*S*)-4a–同-22-羟基-4-氧杂麦角甾-7，24 (28)-二烯-3-酮 (图 38-3)。

表 38-2 化合物 F7 和 F8 的 ^{13}C-NMR 数据 (CDCl$_3$，100MHz)

No.	δ_C/ppm	
	F7	F8
1	35.0 (t)	30.8
2	29.3 (t)	29.6
3	176.3 (s)	67.6
4	68.9 (t)	39.4
5	43.6 (d)	37.0
6	26.0 (t)	73.6
7	116.7 (d)	117.4
8	139.4 (s)	143.9
9	48.8 (d)	75.8
10	36.6 (s)	43.4
11	21.7 (t)	22.8
12	39.3 (t)	39.4
13	43.5 (s)	43.6
14	54.8 (d)	54.6
15	22.8 (t)	21.9
16	27.4 (t)	27.8
17	52.7 (d)	55.9
18	11.8 (q)	12.2
19	13.2 (q)	18.7
20	40.9 (d)	40.3
21	12.1 (q)	21.0
22	70.5 (d)	135.2
23	41.1 (t)	132.1

续表

No.	δ_C/ppm	
	F7	F8
24	153.3 (s)	42.7
25	33.5 (d)	33.0
26	21.7 (q)	19.8
27	22.0 (q)	19.5
28	109.4 (t)	17.5

化合物 F8：白色粉末（MeOH-$CHCl_3$），熔点为 229～230℃。分子式为 $C_{28}H_{44}O_2$。EI-MS *m/z*：412，394，379，269，251。^{1}H-NMR（400 MHz，$CDCl_3$），δ：0.60（3H，s，H-18），0.82（3H，d，$J=6.5$Hz，H-27），0.84（3H，d，$J=6.5$Hz，H-26），0.92（3H，d，$J=6.8$Hz，H-28），1.03（3H，d，$J=6.6$Hz，H-21），1.09（3H，s，H-19），3.62（1H，br d，$J=4.8$Hz，H-6），4.08（1H，m，H-3），5.16（1H，dd，$J=15.2$Hz，7.6 Hz，H-22），5.23（1H，dd，$J=15.2$Hz，7.2 Hz，H-23），5.36（1H，br d，$J=5.2$Hz，H-7）。^{13}C-NMR（100MHz，$CDCl_3$）数据如表 38-2 所示，鉴定为 6，9-环氧麦角甾-7，22-双烯-3-醇一致（图 38-4）。

化合物 F9：白色粉末，熔点为 174～175℃。分子式为 $C_{16}H_{24}O_8$。IR（KBr）cm^{-1}：1720。EI-MS *m/z*：345（M+1）$^+$，327，259，173，155，103，87，86，69。^{1}H-NMR（400 MHz，$CDCl_3$）和 ^{13}C-NMR（100MHz，$CDCl_3$）的具体数据如表 38-2 中所示。此化合物的结构鉴定为 4，8，12，16-四甲基-1，5，9，13-四氧杂环十六烷-2，6，10，14-四酮，为首次从该属真菌中分离得到（图 38-5、表 38-3）。

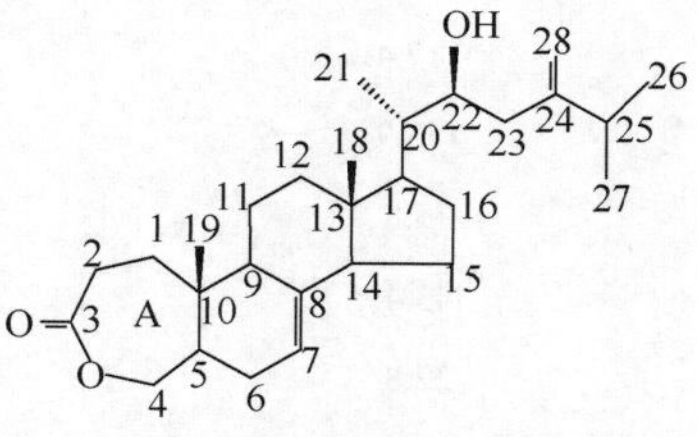

图 38-3　化合物 F7 的结构

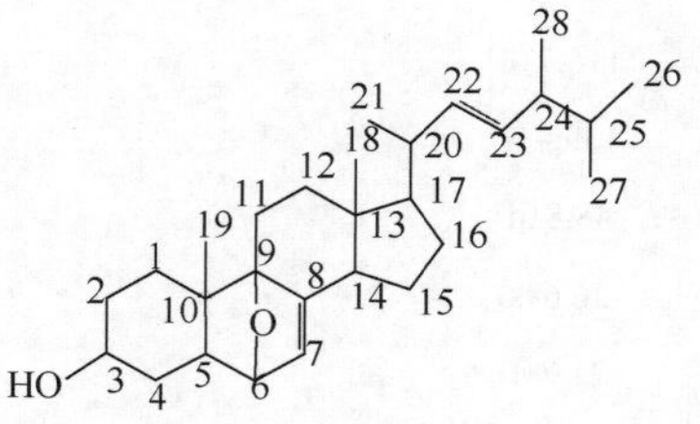

图 38-4　化合物 F8 的结构

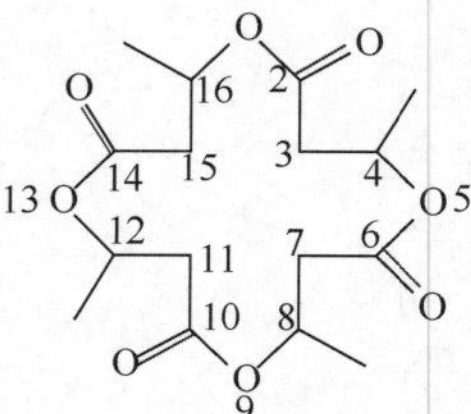

图 38-5　化合物 F9 的结构

表 38-3　化合物 F9 的 ^{1}H-NMR（400MHz）**和 ^{13}C-NMR**（100MHz）**数据**（$CDCl_3$）

位数	δ_C/ppm	δ_H/ppm
2，6，10，14	169.1	
3，7，11，15	40.8	2.47（1H×4，dd，J=15.6Hz，5.6Hz，Ha），2.61（1H×4，dd，J=15.6Hz，7.2Hz，Hb）
4，8，12，16	67.6	5.25（1H×4，m）
CH_3×4	19.8	1.27（3H×4，d，J=6.3Hz）

除此之外，采用 HPLC 对植物内生真菌中超低含量的植物激素等组分进行了检测（赤霉素、吲

哚-3-乙酸、脱落酸、玉米素和玉米素核苷），发现测试的几种植物内生真菌中都不同程度的产生了植物激素(张集慧等，1999b)。其中F菌中的赤霉素含量高达635.4μg/L，且分泌到细胞外，菌丝体中的玉米素核苷达到 1μg/g 菌丝体。Y菌的发酵液中含有 1.12μg/L 的吲哚乙酸，菌丝体中含有0.056μg/g的玉米素。这些激素可能是Y、F两菌对金线莲促生作用的部分物质基础。

通过对粘帚霉属真菌Y菌和F菌化学成分的研究，发现二者均可产生化合物EP。EP不仅从多种真菌中分离得到，也从一些植物中分离得到(Kim et al., 2005; Nakanishi et al., 1998)。EP具有抗炎等多种生物活性(Yasukawa et al., 1996)，有可能成为一个新型的药物前体。EP具有抗多发性骨髓瘤U266细胞活性以及作用于JAK2/STAT3信号通路的抗血管生成活性，可作为一种有效的多发性骨髓瘤细胞预防药物(Rhee et al., 2012)。EP可以减除miR-378介导的肿瘤细胞对化学治疗的抵抗力(Wu et al., 2012)；同时可以抑制转化生长因子，TGF-β1诱导的成纤维细胞活化(Zhu et al., 2014)。Gao等(2007)发现EP选择性地抑制磷脂酶A2(PLA2)，可能对病理状态下PLA2分泌至间质、关节腔或血管间隙而导致的炎症及急性损伤具有抑制作用。而EP在大鼠体内被肠道菌转化为毒性更大的代谢产物(Lee et al., 2008b)，分别为5α，6α－氧杂麦角甾-8，22-二烯-3β，7α–二醇和5α，6α-氧杂-3β-羟基麦角甾-22-烯-7-酮，这些代谢产物有利于维持EP的体内活性，但也会有潜在的毒副作用。尽管如此，众多研究表明EP具有多种重要的生物活性和潜在的临床应用前景，可能成为一个重要的前体化合物，因此有必要对EP及其产生菌做深入研究。

第三节　过氧麦角甾EP的反相高效液相色谱测定方法的建立

化合物EP的检测和分析通常采用HPLC分离，二极管阵列检测器或质谱联用(Lee et al., 2008a)。EP紫外吸收很弱，其最大吸收波长为末端吸收。以前对它的含量测定报道很少，曾经报道用制备型HPLC对化合物EP分离(Gunatilaka et al., 1981)，采用示差检测器检测，但其灵敏度不及紫外检测器。为了克服这一问题，运用紫外检测器建立了EP的HPLC分析方法。

根据前述方法培养Y菌和F菌，获得菌丝体。经不同溶剂浸提后，检测其中EP含量。EP标准品从F菌中分离得到。高效液相色谱仪采用Waters 600，配置有二极管阵列检测器和2010数据处理站。根据该化合物的化学性质，采用优化梯度范围，以80%甲醇为起始条件，在40min线性梯度运行样品，得出峰时间及流动相比例，最终确定流动相为5%的甲醇；同时笔者采用二极管阵列全波长检测器测得EP化合物的紫外图谱，其最大吸收波长为210nm。

一、不同溶剂和处理方法对EP提取效率的影响

将发酵培养物用尼龙布过滤，收集菌丝体并用清水洗净，滤干，于50℃烘干菌丝体。精确称量干菌丝体约1.0g，用研钵研磨15min，分别按表38-4加入30ml不同的溶剂，转移到100ml磨口三角瓶中，按表38-4中的提取时间进行不同的处理后，抽滤，收集滤液，于50℃减压浓缩，浓缩物用甲醇定容在2ml容量瓶中，得待测液。从峰面积结果来看，不同提取方法及溶剂没有明显差别(表38-4)，最终采用快速方便的甲醇作为溶剂，浸泡12h后超声波处理作为提取方法。

表 38-4 不同提取方法对 EP 化合物的提取效率

提取用溶剂	提取方式	峰面积
甲醇	浸泡 12h 后超声 0.5h	889 862
甲醇	加热回流 1h	891 936
二氯甲烷：甲醇（1：1）	加热回流 1h	887 899

二、不同分析柱的选择

上述待测样品液，用 3 种不同填料的柱子进行分离，流动相为甲醇和水，结果如表 38-5 所示。3 种色谱柱对 EP 的分离效果没有明显差别，且在国产 YWG-C18 的保留时间略短于进口色谱柱 DAK-PHENYL，所以选用廉价的国产色谱柱 YWG-C18 进行 EP 含量分析。

表 38-5 不同色谱柱对 EP 的分离效果

柱子填料	柱子型号	保留时间/min	分离效果
进口 DAK-PHENYL	250mm×3.9mm（10μm）	23	良好
进口 NOVA PAK	150mm×4.6mm（5μm）	15	良好
国产 YWG-C18	150mm×4.6mm（10μm）	20	良好

三、HPLC 分析方法的建立

1. 精密度试验

精密称取化合物 EP 标准品 1mg，置于 1ml 容量瓶中，用甲醇溶解后定容至刻度，浓度为 1mg/ml，为储备液。再分别精确量取该溶液 5μl、20μl、40μl、80μl、100μl、120μl、200μl 至 1ml 容量瓶中，甲醇稀释至刻度，为标准液，浓度分别为 0.005μg/μl、0.02μg/μl、0.04μg/μl、0.06μg/μl、0.10μg/μl、0.12μg/μl、0.20μg/μl。分别精密吸取该溶液 20μl 进样。按色谱条件分离，得到线性回归方程：$Y=3.490\times10^{-5}X-8.57\times10^{-2}$［式中 Y 表示峰面积，X 表示进样量（μg）］，$r=0.9995$，线性范围为 0.094～3.76μg。

2. 重复性试验

称取干菌丝体 0.5g，每个样品称 6 份。每一份均按上述提取方法提取，依色谱条件进行含量测定。进样量为 20μl，所得数据进行统计分析后，求得 EP 含量的相对标准偏差（RSD）为 1.02%（n=6）。

3. 回收率试验

精密称取 F 菌菌丝体粉末 9 份，每份 1g，其中①～③份为空白对照，④～⑥份中各加入标准品 0.2mg，⑦～⑨份中各加入标准品 0.1mg，按以上提取方法制备样品液，测定回收率（%）达到 96.8% ± 0.0103（n =6）。表明该提取方法是可行的。

第四节　代谢产物EP产生菌发酵条件的优化

由于EP化合物具有多种生理活性，从真菌中获得该化合物是简便易行的途径。为此有必要对EP产生菌的培养条件进行优化以提高EP产量。

一、C/N 值 试 验

以4%葡萄糖(glucose，Glu)作为固定的碳源，以$NaNO_3$作为氮源并以其含量的变化构成C/N值为4～100(表38-6)，从而确定C/N值对EP产生的影响。其他培养基的成分同麦麸培养基。试验结果如表38-7所示。在第7组C/N值为24时，EP(mg/瓶)量最高，为0.3667。单位菌丝体中EP含量最高的是第9组，此时C/N值为16。而且随着C/N值的减小，EP(mg/瓶)的量逐渐递增，C/N值为24时达到最高，而后逐渐递减。

表38-6　培养基中C/N值的变化

项目	试验序号										
	1	2	3	4	5	6	7	8	9	10	11
$NaNO_3$	0	0.04	0.08	0.1	0.13	0.14	0.17	0.2	0.25	0.5	1.0
C/N值	—	100	50	40	32	28	24	20	16	8	4

表38-7　不同C/N值对EP产量的影响

试验序号	EP/(mg/瓶)	EP/(mg/g)	总干重/g
1	0	0	0
2	0.051	0.0316	0.4862
3	0.0236	0.1105	o.6398
4	0.0428	0.3851	0.3331
5	0.0432	0.1735	0.7466
6	0.0567	0.1854	0.9169
7	0.0818	0.3667	0.6693
8	0.0662	0.1784	1.1138
9	0.0445	0.4912	0.2719
10	0.0226	0.0863	0.7873
11	0.0213	0.0102	1.2791

二、正交试验一

培养基中0.3% KH_2PO_4和0.15% $MgSO_4$为固定的组分，选择碳源、氮源、pH和装液量4种对EP化合物的产生具有较大影响的因素设计了四因素三水平的正交试验，采用$L_9(3^4)$正交设计表安排试验(表38-8)，确定四因素对EP产量的影响及最适水平。经HPLC测定EP在干菌丝体中的含量(mg/g)和 EP 产量(mg/瓶)，并采用综合平衡法(极差)进行分析。从表 38-9 可以看出，碳源对 EP 产量(mg/瓶)和单位菌丝体中 EP 含量(mg/g)的影响最大，装液量的影响次之，以 75ml 最适；然后是 pH 的影响，在 pH 为 7.0 时 EP 产量最高；影响最小的是氮源，硫酸铵比蛋白胨做氮源更有利。最终确定碳源为葡萄糖，pH 为 7.0，氮源为硫酸铵，装液量为 75ml。

三、正交试验二

选择玉米粉、葡萄糖、豆粕粉和酵母粉 4 种常见的天然培养基成分设计了四因素三水平的正交试验(表 38-10)，确定最适的 C 源、N 源及最适组成。其他组成同正交试验一。装液量固定为 50ml/250ml。经 HPLC 测定 EP 在干菌丝体中的含量(mg/g)和 EP 产量(mg/瓶)，并采用综合平衡法(极差)进行分析(表 38-11)。以每瓶中的 EP 产量为检测指标，培养基中各组分对 EP 的影响大小依次为豆粕粉、葡萄糖、玉米粉和酵母粉。最适浓度分别为 1.5%、4%、4%和 0.4%；以 EP(mg/g)在干菌丝体中的含量为指标时，培养基中各组分对 EP 的影响大小依次为豆粕粉、玉米粉、葡萄糖和酵母粉，最适浓度分别为 0.5%、4%、2%和 0.4%。

表 38-8　碳源、氮源、pH 和装液量的试验设计

水平	因素			
	碳源(4%)	氮源(0.1%)	pH	装液量/ml
1	葡萄糖	蛋白胨	4.0	25
2	蔗糖	酵母粉	5.5	50
3	可溶性淀粉	$(NH_4)_2SO_4$	7.0	75

表 38-9　不同碳源、氮源、pH 和装液量的对 EP 产量的影响

试验序号	碳源	氮源	pH	装液量	EP 含量/(mg/g)	EP 产量/(mg/瓶)
1	葡萄糖	蛋白胨	4.0	25	1.0501	0.1009
2	葡萄糖	酵母粉	5.5	50	0.2260	0.0077
3	葡萄糖	硫酸铵	7.0	75	2.1653	0.1750
4	蔗糖	蛋白胨	5.5	75	0.1184	0.0117
5	蔗糖	酵母粉	7.0	25	0.1261	0.0022
6	蔗糖	硫酸铵	4.0	50	0.0000	0.0000
7	淀粉	蛋白胨	7.0	50	0.6328	0.0118
8	淀粉	酵母粉	4.0	75	0.0489	0.0076
9	淀粉	硫酸铵	5.5	25	0.0000	0.0000

综上所述，EP 产生菌的最适培养条件为豆粕粉 1.5%、葡萄糖 4%、玉米粉 4%、酵母粉 0.4%，pH 7.0，装液量为 75ml/250ml。其他可能对 EP 产量有重要影响的因素还包括光照、通气、相关合成酶、活性氧、光化学反应的强度、膜流发生的情况等及其相互间的交联影响。

表 38-10　液体培养基组成正交试验设计　(单位：%)

水平	因素			
	玉米粉	葡萄糖	豆粕粉	酵母粉
1	2.0	0.0	0.5	0.0
2	3.0	2.0	1.0	0.2
3	4.0	4.0	1.5	0.4

表 38-11　液体培养基中玉米粉、葡萄糖、豆粕粉和酵母粉对 EP 产量的影响

编号	玉米粉/%	葡萄糖/%	豆粕粉/%	酵母粉/%	EP 产量/(mg/瓶)	EP 含量/(mg/g)
1	2	0	0.5	0	0.2749	0.8127
2	2	2	1	0.2	0.3920	0.5515
3	2	4	1.5	0.4	0.7456	0.7094
4	3	0	1	0.4	0.1802	0.3627
5	3	2	1.5	0	0.6766	0.6679
6	3	4	0.5	0.2	0.6208	0.5343
7	4	0	1.5	0.2	0.4932	0.9552
8	4	2	0.5	0.4	0.8376	1.3169
9	4	4	1	0	0.6616	0.4209

第五节　Y 菌株和 F 菌株原生质体的制备及再生工艺研究

EP 具有较好的抗炎和抗肿瘤作用等多种活性，是一种新型的真菌来源的活性物质。为获得 EP 的高产菌株，首先从原生质体再生率及菌株的生长形态对 Y 菌和 F 菌原生质体的制备及再生条件进行评价，同时对再生菌株中活性物质 EP 的含量进行高效液相色谱检测，为今后进一步对它们进行诱变育种、原生质体融合及分子调控的研究奠定基础。

原生质体的制备方法参照文献(张集慧等，2001)进行，将培养一定时间的菌丝体收集，加入不同的细胞壁裂解酶(表 38-12)和稳渗剂，制备原生质体。以再生菌落数、菌落形态和 EP 化合物的合成能力确定最佳的原生质体制备及再生方法。由于真菌细胞壁的成分较复杂，所以一般采用复合酶液酶解菌丝体较单一酶液好，因此本节选择 4 种复合酶液进行酶解。生长培养基为麦麸培养基，再生培养基为完全培养基中加入 0.5mol/L 的稳渗剂。完全培养基的组成为：马铃薯 100g(煮汁)、酵母粉 3g、蛋白胨 5g、葡萄糖 20g、KH_2PO_4 2g、$MgSO_4 \cdot 7H_2O$ 1g、$(NH_4)_2SO_4$ 1g、维生素 B_1 10mg、琼脂 18g、水 1000ml，不再调节 pH。

表 38-12　4 种酶液的组成

酶液	组成(以 0.5mol/L 甘露醇配制)
E1	0.3%溶壁酶+0.3%蜗牛酶+0.3%纤维素酶

续表

酶液	组成(以 0.5mol/L 甘露醇配制)
E2	0.3%溶壁酶+0.3%蜗牛酶
E3	0.3%溶壁酶+0.3%纤维素酶
E4	0.3%蜗牛酶+0.3%纤维素酶

一、菌龄和酶组成对原生质体得率的影响

菌龄、酶种类和稳渗剂对原生质体得率和再生率都有显著影响。不同菌龄或酶液组成对原生质体得率有较大影响。Y 菌在菌龄为 24h 时，E1 的效果最好，随着菌龄的增大，酶的作用效果也在改变(表 38-13)。在其余 4 个菌龄时，都以 E3 的活性为最好，而且菌龄为 48h 时，在 E3(0.3% 溶壁酶+0.3%纤维素酶)作用下，Y 菌原生质体得率达到最高值，为 4.61×10^7 个/ml。在菌龄为 60h 时，E2、E3 的原生质体得率相近。F 菌则在菌龄为 60h，酶液组成为 E4(0.3% 蜗牛酶+0.3%纤维素酶)时，原生质体得率为最高(表 38-14)。

表 38-13　菌龄和酶种类对 Y 菌原生质体得率的影响

菌龄/h	原生质体得量/(10^6 个/ml)			
	E1	E2	E3	E4
24	8.48	7.04	5.92	7.52
36	5.92	13.4	39.5	14.5
48	13.4	20.5	46.1	20.2
60	5.76	37.9	37.9	23.5
72	4.8	6.5	23.5	11.7

表 38-14　菌龄和酶种类对 F 菌原生质体得率的影响

菌龄/h	原生质体得量/(10^6 个/ml)			
	E1	E2	E3	E4
24	2.56	6.24	5.44	6.08
36	7.52	10.7	11.2	20.2
48	7.84	11	10.9	4.16
60	10.9	12.8	8.16	28
72	8.48	7.68	6.08	12

二、酶浓度和酶解时间对原生质体得率的影响

经过酶种类试验，选出效果较好的酶液组成及适龄菌丝体进行酶浓度试验。将最适酶组成配制成浓度为 2%、1%、0.5%、0.3%、0.1%的溶液，进行酶解，计算原生质体得率(表 38-15)。酶解时间测定中，固定酶浓度(F 菌菌丝体选用 2%的 E4 酶解，Y 菌菌丝体选用 1%的 E3 酶解)，酶解 1～5h。之后按照原生质体制备方法收集原生质体，并用细胞计数板计数。Y 菌的最适酶解时间为 3h，酶浓度为 1%。F 菌的菌丝体最适酶解时间为 4h，最适酶浓度为 2%。随着酶浓

度和酶解时间的延长，可将细胞壁快速而充分分解，有利于提高原生质体得率，但过高的酶液浓度或过长的酶解时间，会造成原生质体变形，或破坏较早形成的原生质体质膜，严重时会导致原生质体破碎(朱宝成等，1994；曹文芩等，1998)，得率降低，此外还会影响原生质体的再生率。

表 38-15　酶浓度对 Y、F 两菌株原生质体产率的影响

酶浓度/%	Y 菌原生质体产率/(×10⁷个/ml)	F 菌原生质体产率/(×10⁷个/ml)
2	1.390	4.00
1	2.140	1.98
0.50	1.260	1.70
0.30	0.928	1.31
0.10	0.256	0.46

三、不同稳渗剂对原生质体得率和再生率的影响

(一)不同稳渗剂对原生质体得率的影响

分别采用 0.5mol/L KCl、0.5mol/L NaCl、0.5mol/L 蔗糖、0.5mol/L 甘露醇、0.5mol/L 肌醇作为稳渗剂加入到完全培养基中，作为再生培养基。原生质体悬浮液经显微观察计数并将浓度分别稀释 1×10^7 个和 1×10^6 个。取 0.1ml 涂皿，使每皿中原生质体总数分别为 1×10^6 个和 1×10^5 个，在 24℃下培养 7 天，观察平皿中的再生菌落，计算再生率。

原生质体再生率=(高渗平板上的再生菌落数−低渗平板上的再生菌落数)/平皿中加入的原生质体数×100%

如表 38-16 所示，稳渗剂的种类和浓度对维持渗透压、保护原生质体及控制原生质体数量都有很大影响(辛明秀和蒋亚平，1994)。以 0.5mol/L 甘露醇和 0.5mol/L KCl 分别为稳渗剂时，F 菌的原生质体得率存在显著差异，前者远远大于后者。K^+、Cl^-等可能会通过影响酶的活性而影响原生质体的形成或激活一些质膜的裂解酶而使原生质膜破损(朱宝成等，1994；何慧霞等，1996)。因此，选择 0.5mol/L 甘露醇作为稳渗剂有利于提高原生质体得率。经过酶解，菌丝体被酶解成一个个球形原生质体，呈单细胞游离状态，同时原生质体产量非常丰富，形状规则，表明酶解效果较好。

表 38-16　不同稳渗剂对原生质体得率的影响

稳渗剂	Y 菌原生质体得率/(10⁶ /ml)	F 菌原生质体得率/(10⁷ /ml)
0.5mol/L 甘露醇	6.07	6.06
0.5mol/L KCl	2.08	2.77

(二)不同稳渗剂对原生质体再生率的影响

分析表明，以 0.5mol/L 甘露醇、0.5mol/L 蔗糖、0.5mol/L 肌醇、0.5mol/L KCl 和 0.5mol/L NaCl 分别作为稳渗剂时，在两种原生质体浓度下，Y、F 两菌再生率在 0.5mol/L 的甘露醇作为稳渗剂的再生培养基上较高(表 38-17)，因此选择 0.5mol/L 甘露醇作为稳渗剂。

表 38-17 不同稳渗剂对 Y 菌原生质体再生率的影响

稳渗剂	Y 菌原生质体再生率（$\times10^{-4}$）		F 菌原生质体再生率（$\times10^{-4}$）	
	原生质体浓度/(10^5 /ml)	原生质体浓度/(10^4 /ml)	原生质体浓度/(10^5 /ml)	原生质体浓度/(10^4 /ml)
甘露醇	3.86	8.57	5.83	8.33
蔗糖	3.19	3	3.93	5.14
KCl	2.47	5.86	5.26	6.94
NaCl	2.74	4.57	3.71	5.56
肌醇	2.96	5	4.04	7.08

四、Y 菌、F 菌原生质体再生菌株的表型变化

为了了解 Y、F 这两种真菌在原生质体再生过程中对它们的生物学特性有多大影响，对这些再生菌株的生物学特性进行了观察，以进一步探讨原生质体制备和再生工艺的可行性。同时通过形态方面的观察，了解菌株再生后发生变异的程度，以便为今后筛选目的菌株提供参考。

从原生质体在不同稳渗剂上的再生菌落表型可以看出，在固体培养基上，菌落的形态变化不大。在含有 0.5mol/L 甘露醇培养基上，Y 菌和 F 菌的再生菌落生长较快，形态正常；在含有 0.5mol/L KCl、0.5mol/L NaCl 的再生培养基上，Y 菌的原生质体生长速率大大低于在其余 3 种稳渗剂条件下的生长速率。而且在含有 KCl、NaCl 的培养基中，菌落也极易变为粉色，表明生长后期开始合成一些次生代谢产物。在摇瓶培养基中，有些菌株不再产生色素，如 NY3-1、KY4-1、GF3-1、NF3-1 等。菌丝体的结球率也发生了较大变化，如菌株 KY4-1、NF3-2 等不结球，而是长得很松散；有些菌株结球率较高，大小为 0.1～4mm，如 NY4-3 等。

五、再生菌株中化合物 EP 含量

将再生菌株进行液体发酵培养（每菌做 3 瓶重复），获得其菌丝体。运用上述 HPLC 的检测方法，测定了菌丝体甲醇提取物中化合物 EP 的含量。经过重复进样，测得平均值，以野生型菌株中 EP 产量为 1，其他菌株的 EP 含量与之相比，结果如图 38-6 和图 38-7 所示。以 EP 产量作为参数，在上述 5 种再生培养基上，Y 菌的正变率大小依次为甘露醇=蔗糖=KCl＞肌醇=NaCl。结合菌落在平板培养基上的生长状况，选择含有 0.5mol/L 甘露醇的培养基作为再生培养基。F 菌的正变率大小依次为甘露醇和 NaCl、肌醇、KCl、蔗糖。初步筛选出了 EP 的高产菌株 HF3-2,其菌丝体中的 EP 含量与出发菌株的相比提高了 8.93 倍。同时从 EP 产量变化的角度确证了 0.5mol/L 甘露醇作为稳渗剂的再生培养基有利于 Y、F 两菌的原生质体再生。

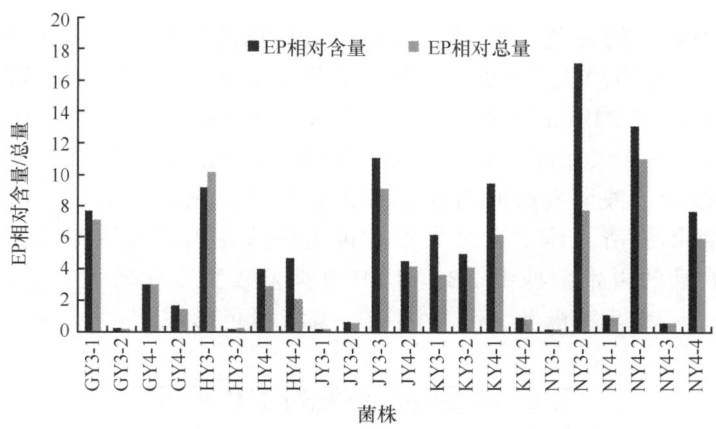

图 38-6　Y 菌的再生菌株与原始菌株的 EP 产量之比（原始菌株 EP 产量设为 1）

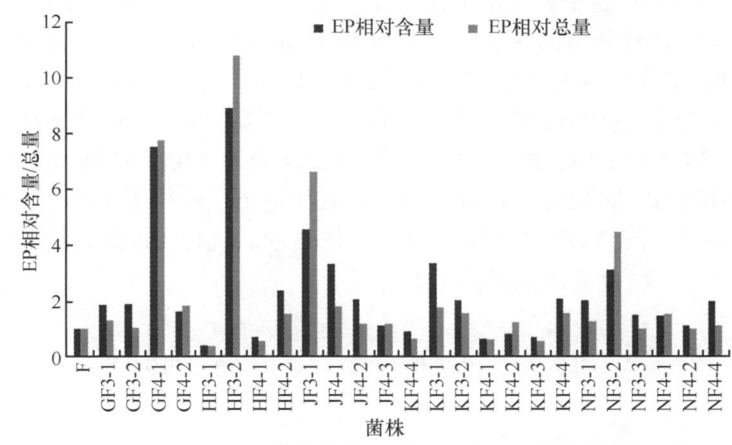

图 38-7　F 菌的再生菌株与原始菌株的 EP 产量之比（原始菌株 EP 产量设为 1）

第六节　代谢产物 EP 产生菌的原生质体诱变育种

为了对 Y、F 两菌的遗传特性进行深入研究，对它们进行改造，以便获得促生能力好、抗病虫害能力强的菌株，对其原生质体进行了诱变育种。探讨紫外线（UV）照射时间同致死率的关系以及菌株对 UV 的敏感特性。并挑取再生菌株，观察它们在麦麸平板培养基和摇瓶发酵培养基中的形态变化。同时采用 HPLC 检测再生菌株产生 EP 的能力。

一、Y、F 两菌的原生质体紫外线诱变后菌株的生物学特性

将制备好的 Y、F 两菌原生质体悬浮液稀释成 10^5 个/ml 的浓度，分别取 1ml 于小皿中（每菌共取 6 份）在紫外灯下照射，吸取诱变过的原生质体悬浮液再生菌落计数，计算致死率。照射 21min 后，两个菌的致死率都达到了 90%以上。

诱变后的菌落生长速率差异明显，而未经诱变的对照组，其再生菌落大小均匀一致。照射 21min 时，Y 菌的菌落明显小于其他时间处理的菌落。Y 菌的原始对照菌株，菌落表面均匀、边缘整齐，产生黄色素；液体培养时菌丝量丰富，大量菌球，少量碎段，发

酵液澄明，并且为鲜艳的黄色。Y 菌及其再生后菌株的表型特征，有少量菌株菌落角化(YF1)，有些产色素能力消失(YA9)。F 菌的菌落在 14min 和 21min 时都大大小于其他时间处理的，同时 F 菌在 21min 时菌的生长速率又小于 14min 的处理，生长时间比其余照射时间处理的要长 1～2 天才能生长出可见的菌落。F 菌的野生型菌株，菌落呈圆形，边缘整齐，黄色素很少；液体发酵时有少量黄色素产生，菌丝松散，少量菌球，菌丝长得较为丰富，发酵液不澄清。诱变后，大多数再生菌落在固体或液体培养基中的形态差异与野生型接近。F 菌的再生菌株中 FB3 和 FB10 菌落表型变化较大，前者菌落致密洁白、角化、似有光泽；后者菌落极薄，呈半透明，有淡粉色形成。

二、诱变后菌株的 EP 产量

诱变后不仅菌株的生长速率和菌落形态发生了变化，其次生代谢产物 EP 的含量也存在差异。通过原生质体诱变育种获得菌株 97 株，经 HPLC 分析它们的 EP 含量(图 38-8、图 38-9)。Y 菌中产量最高的前 10 个菌株为 YA1、YA10、YB1、YB5、YC4、YA12、YA17、YA14、YA16、YA6。产量最高的为 YA1，达到 0.160mg/瓶。F 菌中产量最高的前 10 个菌株为 FB3、FE2、FA3、FA10、FD2、FC3、FB9、FB14、FD7、FC4。产量最高的为 FB3，达到 0.275mg/瓶。与野生型相比，诱变后的菌株中 EP 化合物含量有较大的变化，不仅获得了 EP 产量提高的菌株，而且获得了 EP 的痕量产生菌 YD3 和 YF2。这些菌株对今后进行 EP 的大量生物合成，以及从遗传学角度研究 EP 的生物合成途径提供了条件。

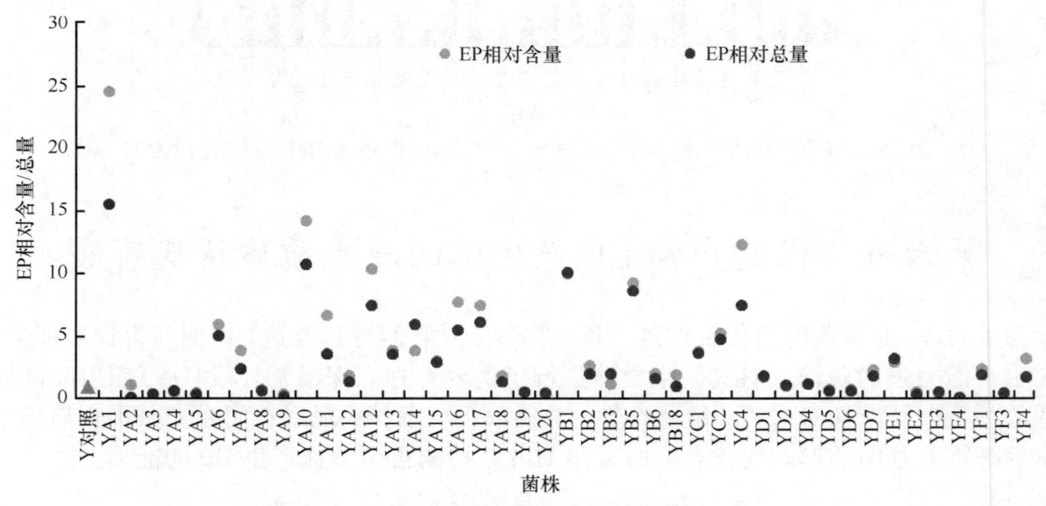

图 38-8　Y 菌诱变后菌株中 EP 的相对含量

以野生型菌株 Y 中的 EP 量为 1；菌株 YD3 和 YF2 中的 EP 含量为痕量，图中未显示

三、诱变后菌株的生理活性

经过原生质体诱变育种，获得了 140 株 Y 菌和 F 菌的再生菌株，测定了这些菌株中化合物 EP 的含量。对表型和 EP 含量变化较大的菌株进行了生理活性试验，检测它们在与植物共生情况下的 EP 产量如何，能否促进植物的生长发育，是否会对植物造成伤害？

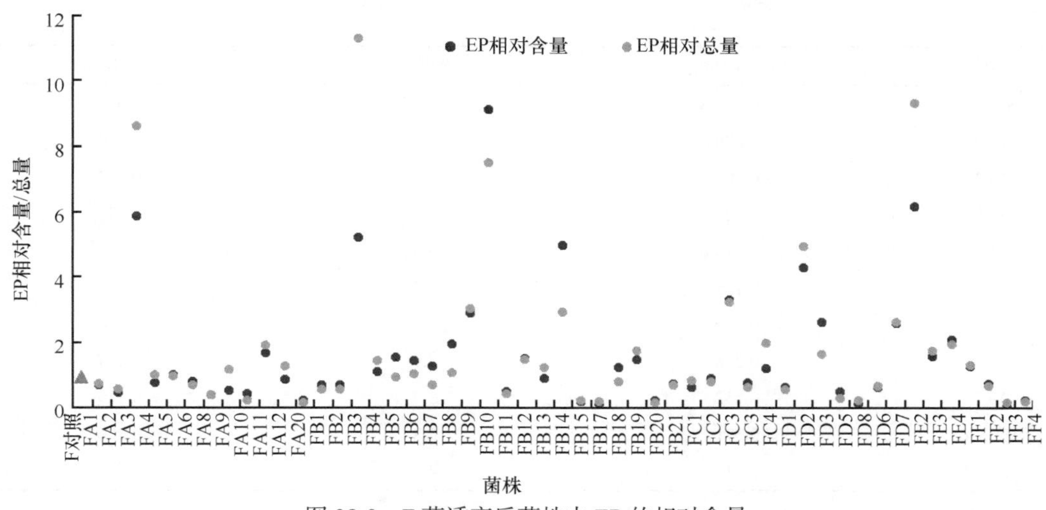

图 38-9　F 菌诱变后菌株中 EP 的相对含量

以野生型菌株 F 中的 EP 量为 1

在这些菌株中，结合平板和摇瓶生长状态及 EP 的产量等指标选 11 种再生菌株作为研究材料。从 F 菌的再生菌株中选取 5 株，分别为 FB1、FB3、FE4、FF3、1NF3 及 F 菌原始菌株；从 Y 菌中选取 6 株，分别为 1NY3、YE4、YB1、YA1、1HY3、YF2 及 Y 菌原始菌株。将这些菌种在麦麸平板培养基上活化 6 天，用 Φ 0.6cm 的打孔器在菌落表面打孔，菌块接种在金线莲无菌苗的周围，在 24℃光照条件下进行双重培养。测量共培养中苗的生长高度及苗重的变化。

再生菌株与金钱莲苗共培养后菌丝体中 EP 的产量、苗的增高和增重结果如表 38-18 所示。与对照相比，接入菌后苗的生长高度及质量有所变化，Y 菌原始菌株对苗的增高和增重分别达到 3.4cm 和 0.277g，F 菌对苗的增高和增重分别达到 4.1cm、0.153g，对照苗的增高和增重分别为 3.0cm、0.160g，可见 Y、F 两菌对苗的增高有明显促进作用。诱变后，来自于 F 菌的 NF3 对金线莲的增高和增重都高于原始菌株 F 和对照苗。综合考虑菌增高和增重的双重效应，增高效果很好的菌与增重能力很强的菌株进行原生质体融合等技术，有可能选育出增高又增重的优良菌株，为金线莲的人工栽培提供参考。例如，YE4 对苗的增重高达 0.417g，而 NY3 对苗的增高达到 4.2cm，若将这两个菌作为出发菌株，进行这方面的深入研究将会有良好的前景。

同时发现，EP 产量的高低与菌对苗的增高和增重之间无明显的相关性，所以 EP 可能对金线莲的生长没有直接的促进作用。但由于体外试验中显示 EP 具有细胞毒作用，它可能在增强植物抵抗病虫害的能力方面发挥更大的作用。

HPLC 分析发现，在共培养后，金线莲植株的根上部分和根中都未检测到 EP，这可能是由于所取实验材料太少、含量太低所致。包含在菌丝体中的 EP 经菌丝侵染进植株后，需通过菌丝自溶，或通过植物对菌丝的酶解释放出化合物 EP，发挥抵抗病虫害的能力。

表 38-18　与金钱莲苗共培养后菌丝体中 EP 的产量、苗的增高和增重

菌株	EP 产量/mg	苗的增高/cm	苗增重/g
CK	_	3	0.16
F	0.008 7	4.1*	0.153
NF3-1	0.011 8	4.3	0.224

续表

菌株	EP 产量/mg	苗的增高/cm	苗增重/g
FB10	0.003 25	3.3	0.0973
FB3	0.099 8	2.8	0.154
FE4	0.105	2.7	0.097
FF3	0.021 1	3.9	0.271*
Y	0.070 6	3.4	0.277*
YA1	0.155	3.7	−0.037 4
YB1	0.149	2.8	0.217
YE4	0.228	2.9	0.417
YF2	0.252	3.7	0.219
HY3-1	0.371	3.8	0.286
NY3-1	0.112	4.2*	0.153

*与对照比有显著差异（$P<0.05$）

第七节　代谢产物 EP 生物合成途径的探索

几十年来关于 EP 的形成过程一直存在争议，对其是由细胞自身生物合成的，还是在培养过程中光化学合成，或在提取过程中人为因素导致其合成尚不清楚。根据已有的资料，关于 EP 化合物合成的研究目前存在 3 种假说：①EP 是一种人工合成的产物，即是在提取过程中光氧化产生的（Adam et al.，1967）；②EP 是生物过程形成的光氧化产物（Gunatilaka et al.，1981）；③EP 的合成存在两种途径，一个是光化学途径，另一个是酶合成途径（Bates et al.，1976）。后来大家普遍沿用第 3 种观点，并一致同意 EP 的生物合成前体为麦角甾醇，而麦角甾醇在酿酒酵母中的生物合成途径研究比较透彻，涉及多种 ERG 基因（Veen et al.，2003）。

Bates（1976）采用的研究方法是用[$^3H_4$]标记麦角甾醇。正常实验室条件下和黑暗条件下将[$^3H_4$]麦角甾醇添加到 *G. fujikuroi* 及 *P. rubrum* 的培养物中，经一定时间的培养后，在培养基及菌丝的提取物中分离到了 EP。利用薄层层析及结晶技术得到了稳定的单体，[$^3H_4$]麦角甾醇在黑暗条件下渗入率达到 20%。EP 光氧化形成范围的检测是通过将麦角甾醇与产生色素 4～5 天后但尚未产生 EP 的高压灭菌后的培养物在光照和黑暗条件下进行共培养；发现黑暗条件下[$^3H_4$]麦角甾醇很少掺入 EP，反之光照条件下转化率却很高（表 38-19）。由于经高压灭菌后细胞内的酶基本失活，推测 *P. rubrum* 和 *G. fujikuroi* 中产生的 EP 是光化学反应的结果。对于体内酶可能参与 EP 的形成过程，他们将 30%的 H_2O_2 和辣根过氧化物酶加入到麦角甾醇中后检测产物，虽然相对于光氧化过程而言此氧化过程很慢，但是 EP 作为一种主要的产物连同其他副产物确实产生了，而且此氧化过程对自由基清除剂非常敏感，表明过氧化物酶可能确实参与了这个反应。采用类似的研究策略，对 Y 菌和 F 菌中 EP 的合成过程做了初步探索。

表 38-19　不同生长条件下[$^3H_4$]麦角甾醇进入 EP 的渗入率

菌名	总渗入率/%		光氧化渗入率/%		酶渗入率/%	
	光照	黑暗	光照	黑暗	光照	黑暗
G. fujikiuroi	46.7	20.9	25.7	0.3	21.0	20.6
P. rubrum	31.5	19.3	12.1	0.6	19.4	18.7

真菌体内的过氧化物酶是一种复合酶，包括多种同工酶并参与了细胞的生理生化过程。例如，控制细胞的生长，通过氧化代谢调节细胞内吲哚乙酸（indole-3-acid，IAA）的水平，通过细胞壁多聚物的酚化交叉连接调节细胞壁的硬度，过氧化物酶还参与细胞的胁迫反应，等等。在细胞壁、细胞质及液泡中均有过氧化物酶的存在。生物体内过氧化物酶同工酶的种类即达几十种，等电点差异很大，酶活测定时底物的种类很多，不同的过氧化物酶具有不同的最适底物，愈创木酚是最常用的底物。鉴定过氧化物酶的类型非常困难，涉及细胞定位、等电聚焦同工酶的电泳、不同同工酶酶活测定时底物的选择（Hu et al.，1989；Ludwig-Muller et al.，1990；Asada，1992； Farhangrazi et al.，1994；黄祥辉等，1994）。采用相似的方法，利用笔者筛选到的 EP 痕量产生菌株 YD3 和 YF2（见本章第六节）对 EP 化合物的生物合成途径进行一些探索性研究。

一、麦角甾醇的含量测定

（一）麦角甾醇标准曲线的制作

称取 5.2mg 麦角甾醇于 10ml 容量瓶中，用无水乙醇精确定容，用移液管分别精确吸取 0.20ml、0.50ml、0.75ml、1.00ml，定容到 5ml 容量瓶中，在 280nm 处测定吸收值，结果见图 38-10。

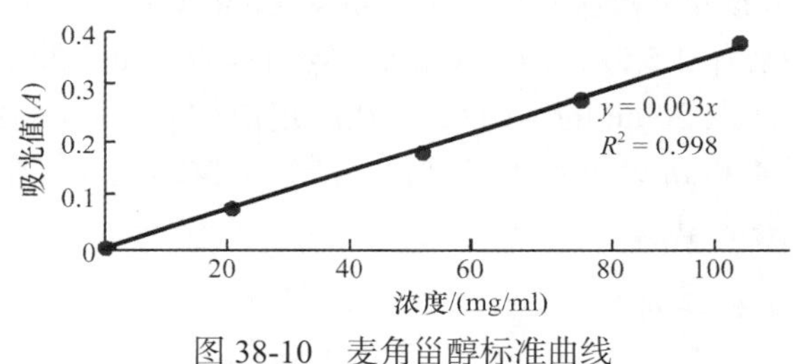

图 38-10　麦角甾醇标准曲线

（二）麦角甾醇的提取和含量计算

麦角甾醇的提取方法参照文献报道（张博润等，1999）。抽滤回收菌丝体后，在每克湿菌丝中加入 10ml 提取剂［乙醇：碱=2：3（*V*/*V*）］，85～90℃皂化 3h，室温下冷却，加入等体积的正庚烷上下摇匀后静止萃取。测定时，从上层取 0.5ml，加 95%乙醇 4.5ml，分别在 230nm 和 280nm 处测定吸光度值。并按下式计算细胞的麦角甾醇含量（张博润等，1993）。

$$麦角甾醇含量(\%)=A-B$$

式中，A 为总麦角甾醇含量，%，$A=OD_{280}\times F/290$；B 为 24（28）脱氢麦角甾醇的含量，%，$B=OD_{230}\times F/518$；290 和 518 分别为结晶的麦角甾醇及 24（28）脱氢麦角甾醇的在 280nm 和 230nm 波长处的吸光系数（1%，1cm）；F=样品量×稀释倍数×百分数。

（三）麦角甾醇含量测定结果

原始菌株与痕量菌株麦角甾醇（E）的测定结果如表 38-20 所示。痕量菌株 YF2 中的麦角甾醇含量在培养 5 天和 8 天时与原始菌株一致。菌株 YD3 在培养 5 天时麦角甾醇的含量略低于原始菌株，培养 8 天时的麦角甾醇含量与原始菌株相近。但 EP 化合物在这两个菌株中的合成几乎消失（见本章第七节）。因此，YD3 和 YF2 菌株可以作为对照菌株研究麦角甾醇向 EP 转化的过程。

表 38-20 原始菌株与痕量菌株中麦角甾醇的含量

菌株号	麦角甾醇的含量/(g/100g 干重细胞)	菌丝干重/(g/瓶)	麦角甾醇的含量/(g/瓶)
WT-5d	0.0517	0.650	0.089
YD3-5d	0.0325	0.581	0.041
YF2-5d	0.0571	0.766	0.085
WT-8d	0.0723	0.830	0.109
YD3-8d	0.0845	0.782	0.097
YF2-8d	0.0740	0.885	0.114

二、愈创木酚型过氧化物酶的活性测定

(一)愈创木酚型过氧化物酶酶活性测定方法

过氧化物酶酶活测定参照文献报道的方法(Gibson and Liu，1978)，反应体系由以下试剂构成：1.5ml 磷酸盐缓冲液(pH 5.5)；1ml、6mmol 愈创木酚；80μl 的粗酶提取液及 120μl 的蒸馏水(对照中不加粗酶，加入 200μl 的蒸馏水)。在测定前加入 300μl、1.3mmol 的 H_2O_2 起始反应，25℃反应 5min 后于 470nm 处测定吸光度值。活力单位的定义：在上述条件下，每分钟增加 0.01 个吸收度为一个酶活单位。

(二)粗酶液的提取及活性

取 2g 抽滤后的鲜菌丝体用液氮研磨后转入 1.5ml 的离心管，然后加入 1ml pH 为 7.0 的磷酸盐缓冲液，10 000r/min 离心后，将上清液转入另一干净离心管于−20℃保存作为粗酶提取液备用。酶活测定结果如表 38-21 所示。在这两株菌中，总的愈创木酚型过氧化物酶酶活与野生型并无差异。

麦角甾醇在 YD3 菌株和 YF2 菌株的含量与野生型接近，但 EP 却大大降低；同时，愈创木酚型过氧化物酶在突变株和野生株中的差异也不显著，表明愈创木酚型过氧化物酶在 Y 和 F 两菌中的麦角甾醇向 EP 转化中可能不起主导作用，是否存在其他类型的过氧化物酶参与麦角甾醇转化为 EP 的过程尚有待研究。

表 38-21 粗酶提取液中过氧化物酶的活性

培养时间/d	酶活力单位/U		
	Y 菌野生型对照	YD3	YF2
5	2.6	2.7	2.4
9	0.8	1.0	1.1

(张集慧 郭顺星)

参考文献

曹文芩，郭顺星，徐锦堂，等. 1998. 灵芝原生质体制备、再生及融合的研究. 菌物系统，17(1)：51-56.

巢志茂，刘静明. 1991. 双边栝楼化学成分研究. 中国中药杂志，16(2)：97-99.

何慧霞，朱平，李焕娄. 1996. α-麦角隐亭产生菌的原生质体诱变育种. 真菌学报，15(1)：215-219.

黄祥辉，刘淑明，王隆华，等. 1994. 百日草有利叶肉细胞导管分子分化过程中过氧化物酶的催化特性. 植物生理学报，20(1)：61-68.

王春兰，张集慧，郭顺星，等. 2001. 粉红粘帚霉真菌化学成分的研究. 微生物学通报，28(04)：24-27.

王明安，陈绍农，张惠迪，等. 1991. 藏药五脉绿绒蒿化学成分的研究Ⅰ. 兰州大学学报(自然科学版)，27(4)：80-82.

辛明秀，蒋亚平. 1994. 米曲霉原生质体融合及杂合二倍体的形成. 微生物学通报，21(3)：143-148.

张博润，蔡金科，刘永成. 1993. 麦角固醇高产菌的选育. 微生物学通报，20(6)：335-338.

张博润，何秀萍，铁翠娟，等. 1999. 麦角甾醇高产菌株的构建及其培养优化条件的研究. 生物工程学报，15(1)：46-51.

张集慧，郭顺星，王春兰，等. 2001. 抗炎化合物 EP 产生菌的原生质体制备和再生工艺研究. 中国生化药物杂志. 22(2)：67-70.

张集慧，郭顺星，肖培根，等. 1999a. 金线莲一促生真菌化学成分的研究. 中国药学杂志，(12)：800-802.

张集慧 王春兰 郭顺星，等. 1999b. 兰科药用植物的 5 种内生真菌产生的植物激素. 中国医学科学院学报，21(6)：460-465.

赵奎君，徐国钧，金蓉鸾，等. 1995. HPLC 法测定月腺大戟根中狼毒甲素及狼毒乙素的含量. 中草药，26(2)：66-67.

朱宝成，王俊刚，成亚利，等. 1994. 果胶酶生产菌原生质体再生及诱变育种. 微生物学通报，21(1)：15-18.

Adam HK，Campbell IM，Mccorkindale NJ. 1967. Ergosterol peroxide：a fungal artefact. Nature，28：216(5113)：397.

Asada K. 1992. Ascorbate peroxidase-a hydrogen peroxidase-scavenging enzyme in plants. *Physiologia Plantarum，85：235-241.*

Bates ML，Reid WW，White JD. 1976. Duality of pathways in the oxidation of ergosterol to its peroxide *in vivo*. Journal of the Chemical Society，Chemical Communications，44-45.

Farhangrazi ZS，Copeland BR，Nakayama T. 1994. Oxidation-reduction properties of compounds I and II of *Arthromyces ramosus* peroxidase. Biochemistry，33：5647-5652.

Gao JM，Wang M，Liu LP，et al. 2007. Ergosterol peroxides as phospholipase A2 inhibitors from the fungus *Lactarius hatsudake*. Phytomedicine，14：821-824.

Gibson D，Liu EM. 1978. Substrate specificities of peroxidase isozymes in the developing pea seeding. Annals of Botany，42：1075-1078.

Gunatilaka AAL，Gopichand Y，Schmitz FJ. 1981. Minor and trace sterols in marine invertebrates. 26. Isolation and structure elucidation of nine new 5α，8α-epdioxy sterols from four marine organisms. Journal of Organic Chemistry，46(19)：3860-3866.

Hu C，Smith R，Huystee RV. 1989. Biosynthesis and localization of peanut peroxidases，a comparison of the cationic and the anionic isozyme. Journal of Plant Physiology. 135：391-397.

Kim DH，Jung SJ，Chung IS，et al. 2005. Ergosterol peroxide from flowers of *Erigeron annuus* L. as an anti-atherosclerosis agent. Archives of Pharmacal Research，28(5)：541-545.

Lee JS，Ma CM，Hattori M. 2008a. Quantification of ergosterol and ergosterol peroxide in several medicinal fungi by high performance liquid chromatography monitored with a diode array detection-atmospheric pressure chemical ionization-ion trap mass spectrometer. Journal of Traditional Medicines，25(1)：18-23.

Lee JS，Ma CM，Park DK，et al. 2008b. Transformation of ergosterol peroxide to cytotoxic substances by rat intestinal bacteria. Biological and Pharmaceutical Bulletin，31(5)：949-954.

Ludwig-Muller J，Rausch T，Lang S，et al. 1990. Plasma memberane bound high PI peroxidase isozymes convert tryptophan to indole-3-acetaldoxime. Phytochemistry，29(5)：1397-1400.

Martin JF，Demain AL. 1980. Control of antibiotic synthesis. Microbiological Reviews，44：230-251.

Nakanishi T，Murata H，Inatomi Y，et al. 1998. Screening of anti-HIV-1 activity of North American plants. Anti-HIV-1 activities of plant extracts，and active components of *Lethalia vulpina*(L.) Hue. Journal of Natural Medicines，52：521-526.

Rhee YH，Jeong SJ，Lee HJ，et al. 2012. Inhibition of STAT3 signaling and induction of SHP1 mediate antiangiogenic and antitumor activities of ergosterol peroxide in U266 multiple myeloma cells. BMC Cancer，12(28)：1-11.

Veen M，Stahl U，Lang C. 2003. Combined overexpression of genes of the ergosterol biosyntheticpathway leads to accumulation of sterols in *Saccharomyces cerevisiae*. FEMS Yeast Research，4：87-95.

Wu QP，Xie YZ，Deng Z. 2012. Ergosterol peroxide isolated from Ganoderma lucidum abolishes microRNA miR-378-mediated tumor cells on chemoresistance. PLoS One，7(8)：e44579.

Yasukawa K，Akihisa T，Kanno H，et al. 1996. Inhibitory effects of sterols isolated from *Chlorella vulgaris* on 12-*O*-tetrade-canoylphorbol-13-acetate-induced inflammation and tumor promotion in mouse skin. Bio Pharm Bull，19(4)：573-576.

Zhang JH，Guo SX，Yang JS，et al. 2002. Chemical constituents of one species of endophytic fungus in *Taxus chinensis*(Pilg.) Rehd，Acta Botanic Sinica，44(10)：1239-1242.

Zhu R，Zheng R，Deng Y，et al. 2014. Ergosterol peroxide from *Cordyceps cicadae* ameliorates TGF-β1-induced activation of kidney fibroblasts. Phytomedicine，21：372-378.

第三十九章 药用植物内生真菌降解植物纤维的研究

第一节 微生物产阿魏酸酯酶研究概况

阿魏酸酯酶(EC3.1.1.73)又称为肉桂酸酯酶，它是羧酸酯水解酶的一个亚类，是许多微生物半纤维素酶系的重要组成部分，也是一种胞外酶，是能水解阿魏酸甲酯、低聚糖阿魏酸酯和多糖阿魏酸酯中的酯键，将阿魏酸游离出来的酶(Kroon et al., 1999；Crepin et al., 2004)。植物细胞壁的复杂结构中包括纤维素、半纤维素、木质素间交联的化学键(Faulds and Williamson, 1993；Tarbourieeh et al., 2005)，水解植物细胞壁需要相应的纤维素酶、半纤维素酶等酶类的作用，阿魏酸酯酶可以单独作用于细胞壁，也可以协同其他蛋白质作用于细胞壁。植物细胞壁木质素中阿魏酸、对香豆酸及二聚阿魏酸等酚酸类物质以酯键方式与半纤维素支链形成致密网状交联结构，从空间上限制动物和微生物对植物细胞壁中纤维素和半纤维素的有效降解(Williamson et al., 1998)。除了微生物所分泌的纤维素酶和β-糖苷酶参与降解纤维素和半纤维素分子外，越来越多的研究数据表明，微生物的阿魏酸酯酶和木聚糖酶可以通过协同作用有效降解致密网状交联结构，因而在植物细胞壁的降解中起着重要作用。而从细胞壁中释放的阿魏酸本身是一种有效的天然抗氧化剂，在制药、食品、化妆品制造中受到重视。另外，由于阿魏酸酯键可以增强植物细胞壁对酶解的抗性，阿魏酸酯酶在植物细胞壁木质素消除和交联结构解聚中的重要作用，逐渐被造纸工业和草食动物养殖业所青睐，阿魏酸酯酶具有很高的工业应用潜力。

一、阿魏酸酯酶的来源

C. B. Faulds 和 C. Williamson 于 1991 年在橄榄色链霉菌(*Streptomyces olivaceus*)的培养介质中，第一次发现阿魏酸酯酶可以通过水解麦麸，从而释放出阿魏酸(Faulds and Williamson, 1991)。研究表明，真菌、细菌和酵母都能分泌阿魏酸酯酶，目前发现的产酶微生物主要有黑曲霉(*Aaspergillus niger*)、链霉菌(如 *Streptomyces avermitilis*)、梭菌(如 *Clostridium thermocellum*)、杆菌(*Bacillus*)、乳酸杆菌(*Lactobacilli*)、假单胞菌(如 *Pseudomonas fluorescens*)等。但绝大多数阿魏酸酯酶从真菌中分离得到，尤其曲霉菌属(*Aspergillus*)，如黄柄曲霉(*Aspergillus flavipes*)和黑曲霉，特别受到研究者的普遍关注，这两种真菌能以去淀粉麦麸或玉米糠作为碳源，通过深层培养产生阿魏酸酯酶(Johnson et al., 1989；Mathew and Abraham, 2005)。部分阿魏酸酯酶微生物来源及培养条件见表 39-1。

菌株发酵法是生产阿魏酸酯酶的常用方法。培养基质的选择对微生物是否能够产生阿魏酸酯酶至关重要。单糖和二糖（如葡萄糖、木糖、乳糖、麦芽糖和木醇糖）作为基质时，微生物产阿魏酸酯酶活力很低，这可能是由于葡萄糖分解代谢物的阻遏作用。含有大量酯化阿魏酸的混合碳源，如麦麸（Crepin et al.，2003；Garcia-Conesa et al.，2004）、去淀粉麦麸（Johnson et al.，1988）、玉米皮（Mukherjee et al.，2007）、啤酒糟（Mathew and Abraham，2005）和甜菜渣（Bonnina et al.，2001）等，最适合用作基质生产阿魏酸酯酶。从上述混合碳源中脱除阿魏酸后对阿魏酸酯酶产生的影响，可以通过木聚糖中阿魏酸基团来评价阿魏酸酯酶的生物合成。尖孢镰孢（*Fusarium oxysporum*）在深层液体培养时，与玉米芯作为碳源相比，脱酯玉米芯（de-esterified corn cobs）作为碳源条件下阿魏酸酯酶的产量降低为原产量的 1/5.5；若把游离的阿魏酸酯添加到脱酯玉米芯中，则阿魏酸酯酶的产量提高了 1.5 倍，结果表明，阿魏酸酯的存在对尖孢镰孢产生阿魏酸酯酶影响不显著，但是如果从培养基质脱除阿魏酸酯，会造成阿魏酸酯酶产量的降低。总之，阿魏酸酯键可能是诱导阿魏酸酯酶产生的主要因素，如果以纯化的木聚糖，如燕麦木聚糖（oat spelt xylan）（Bartolome et al.，2003）、桦木木聚糖（birchwood xylan）（Rumbold et al.，2003）和落叶松木聚糖（larchwoodxy-lan）（Borneman et al.，1990）作为培养基质，阿魏酸酯酶的产量明显降低。目前，纤维素也可用于产生阿魏酸酯酶（Mcdermid et al.，1990；Borneman et al.，1992）。

表 39-1　产阿魏酸酯酶微生物来源

菌株	产酶条件及反应底物	酶活力 /（U/mg）	酶活力 /（U/ml）	参考文献
Streptomyces C254	37℃，3 天，DSWB；DSWB	300.00	80.00	Appl Biochem Biotechnol 1989，20：245-258
Sporotrichum. thermophile ATCC 34628	50℃，7 天，WS；DSWB	156.00	–	Process Biochem 2003，38：1539-1543
Streptomyces avermitilis CECT 3339	37℃，2 天，DSWB；DSWB 37℃，2 天，OSX；DSWB	16.80 11.20	– –	J Mol Biol 2004，338：495-506
Schizophyllum commune ATCC 38548	30℃，14 天，DSWB；DSWB 30℃，14 天，OSX；DSWB 30℃，14 天，cellulose；DSWB	41.20 9.50 28.00	7.00 2.00 28.00	Appl Environ Microb 1988，54：1170-1173
Neocallimastix MC-2	39℃，5 天，cellulose；FAXX	55.00	–	Appl Environ Microb 1992，57：3762-3766
Penicillium brasilianum IBT 20888	30℃，8 天，BSG；MFA	1542.00	–	Appl Microbiol Biotechnol 2006，27：1117-1124
Streptomyces sp. S10	30℃，4 天，DSWB；DSWB	15.45	2.00	Bioresource Technol 2007，98：211-213
Talaromyces stipitatus CBS 375.48	25℃，7 天，WB；MCA	–	27.00	Bioresource Technol 2007，98：211-213
Piromyces MC-1	39℃，5 天，CBG+S；MFA	560.00	–	Appl Microbiol Biotechnol 1990，33：345-351
Penicillium funiculosum IMI-134756	25℃，6 天，SBP；MpCA	–	120.00	Eur J Biochem 2000，267：6740-6752
Piromyces brevicompactum	26℃，4 天，MFA；MFA	–	32.00	Biochem J 1999，343：215-224
Aspergillus awamori VTTD-71025	30℃，7 天，SFC；WS	–	10.00	Enzyme Microb Tech 1992，14：875-884
Aspergillus foetidus VTTD-71002	30℃，7 天，WB；WS 30℃，7 天，SFC；WS	– –	12.00 –	J Biotechnol 1991，18：69-84
Aspergillus niger	26℃，4 天，MFA；MFA	–	28.00	Carbohydr Res 1994，263：257-269
Aspergillus niger NRRL3	30℃，5 天，CB；MFA	–	13.90	Enzyme Microb Technol 2006，38：478-485

续表

菌株	产酶条件及反应底物	酶活力 / (U/mg)	酶活力 / (U/ml)	参考文献
Neurospora crassa STA (74 A)	30℃ 3 天，WB；MSA	9000.00	–	Biochem J 2003，370：417-427
Fusarium proliferatum NRRL 26517	30℃，5 天，CB；MFA	–	33.46	Enzyme Microb Technol 2006，38：478-485
Fusarium verticillioides NRRL 26517	30℃，5 天，CB；MFA	–	19.60	Enzyme Microb Technol 2006，38：478-485

二、阿魏酸酯酶的特性

1991～2011 年，40 多种阿魏酸酯酶从不同微生物中被分离纯化，在物理、化学性质上存在巨大差异，这些蛋白质的最适 pH 为 3.0～9.0，蛋白质的分子质量为 27～210kDa，这些酶的最适反应条件与其生化性质并没有相关性。

三、阿魏酸酯酶的应用

（一）阿魏酸的制备

阿魏酸（$C_{10}H_{10}O_4$）的化学名称为 4-羟基-3-甲氧基肉桂酸（图 39-1），多应用于中药领域中，由于其性质稳定，常作为一种指示性化合物，还可作为一些药物成分的活性化合物（Ronald and Jaap，2001）。

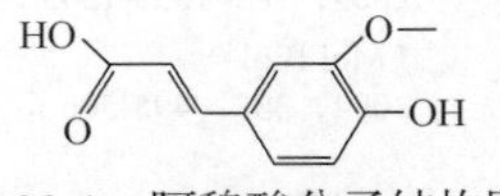

图 39-1　阿魏酸分子结构图

阿魏酸能够氧化低密度脂蛋白，是一种抗氧化剂（Johnson et al.，1989）。当阿魏酸与反应基团碰撞时，很容易从阿魏酸得到氢原子，形成高度稳定的含苯氧基基团，从而削弱其他基团的氧化性（Johnson et al.，1988）。另外，阿魏酸可以作为原料用于生物转化生产其他有价值的分子，如苯乙烯、愈创木酚、聚合物、香兰酸衍生物、烷基苯环氧衍生物、邻苯二酚和香兰素等。这些化合物在食品、化妆品和制药行业中具有广泛的应用价值。阿魏酸酯酶可以作用于一些农副产品，进行水解反应，从中释放阿魏酸（李根林等，2003；Mathew and Abraham，2006），这些副产品包括麦秆、酒糟、玉米麸、燕麦壳、苹果渣、咖啡渣和甜菜渣等。此外，阿魏酸酯酶在农业生产中也有非常巨大的经济价值。

（二）造纸和饲料工业

在制浆时，阿魏酸酯酶与木聚糖酶等一起催化水解植物性原料，使木质素和糖形成的化合物更易被酶水解，且产物碱溶性更好，易被提纯，此外还能在接下来的漂白过程中减少氯等化学药品的使用。在漆酶/介体系统（laccase-mediator-system，LMS）、木聚糖酶存在和不存在两种情况下，测定重组阿魏酸酯酶（FAE-A）对麦草浆的漂白效果时发现，通过木聚糖酶、FAE-A 和漆酶等的生物处理，去木质素化程度能达到 75%，纸浆的重要质量指标 Kappa 值能达到 3.9（Record et al.，2003）。

研究表明，来源于反刍动物体内的阿魏酸酯酶对饲料中纤维素的消化过程起着至关重要的作用。在体外反刍降解饲料的试验中，加入 13mU 的阿魏酸酯酶、1024U 的纤维素酶、40%U 的木聚糖酶、256U 的内切葡聚糖酶 I 和酶 II 及 64U 的 β-葡萄糖苷酶（Garcia et al.，1998）共同作用，能提高 86%的降解效率。阿魏酸残基在成醚和酯化过程中氧化产生的阿魏酸二聚体和三聚体对反刍动物降解复杂植物细胞壁起着抑制作用。麦麸、玉米麸和米麸等饲料的降解效率在利用阿魏酸酯酶等混合酶预处理后增加（Smith et al., 1991）。在饲料中添加阿魏酸酯酶等酶，不仅提高了反刍家畜对植物细胞壁等成分的降解速率，还能提高其对饲料的消化程度，从而提高饲料的利用效率（Kroon et al., 2000）。

（三）生物能源

目前，利用纤维素和半纤维素生产乙醇已被广泛研究，其常规的方法是利用酸法和酶法将生物多聚体水解成可溶性寡糖，从而进行乙醇发酵的生产。在麦秆汽爆后的糖化过程中，纤维素酶、阿魏酸酯酶和木聚糖酶的协同作用在一定浓度下具有显著的水解效率（10U/g 的纤维素酶、3U/g 木聚糖酶和 10U/g 阿魏酸酯酶）（Tabka et al., 2006）。在生产乙醇的过程中，乙醇的产量随半纤维素糖类利用率增大而增加，半纤维素和纤维素通常需要预处理和酶处理来进行水解。通过发酵工业副产物中含有的大约 66%（*m*/*m*）的阿拉伯木聚糖，可以生产更多的乙醇（Shin and Rachel, 2007）。有文献研究表明，阿魏酸酯酶是纤维素酶水解作用的限制性酶。

（四）生物合成

阿魏酸酯酶可用于催化在水-有机溶液混合体系或微乳液中发生的肉桂酸酯化或酯基交换反应。从嗜热侧孢霉分离出的 C 类阿魏酸酯酶能催化将阿魏酰基转移到 L-阿拉伯糖和 L-阿拉伯二聚糖上的反应（Yu et al., 2003），首次实现了用酶催化糖的阿魏酰基化。酚酸和糖类形成的酯有抗癌作用，能被用于生产抗菌、抗病毒或抗炎药。

国内外在阿魏酸酯酶的研究上已取得了一些卓有成效的工作。首先筛选了一批产阿魏酸酯酶的微生物；其次对部分微生物产阿魏酸酯酶进行了纯化，并对其酶学性质进行了研究，如酶的结构、最适温度、最适 pH 及影响酶稳定性的其他因素。另外，探讨了阿魏酸酯酶与一些多糖降解酶的协同作用，以及微生物产酶的影响因素和酶的工业化分离方法。当前，对阿魏酸酯酶的研究仍有很多工作要做。首先，要筛选出产阿魏酸酯酶较高的微生物，因为目前大多数微生物发酵产生阿魏酸酯酶的量仍然达不到工业化生产的要求，利用现代生物技术来改良微生物，可以提高阿魏酸酯酶的产量，目前已有研究者定位了与阿魏酸酯酶合成有关的基因，为进一步研究奠定了基础；其次，目前阿魏酸酯酶的应用还集中在食品工业中，在其他行业上应用的研究还有待开展。

第二节　真菌降解植物纤维的研究

植物纤维材料是生物质的主要成分，也是地球上最丰富的可再生资源，其生成量每年高达 5×10^{10}t，且这些生物质能通过光合作用年复一年地再生，永不枯竭，且无额外 CO_2 排放，因此，植物纤维原料的转化对解决能源问题、缓解环境污染具有重要的现实意义（陈洪章，2008）。

一、植物纤维的组成和结构

植物纤维原料主要由纤维素、半纤维素和木质素的混合物组成，三者通过特定的方式结合在一起形成稳定的复杂结构。

(一)纤维素

纤维素是地球上含量最多的有机化合物,一个纤维素聚合物是由成千上万葡萄糖分子通过β-1,4-糖苷键连接而成的直链分子,基本重复单位是纤维二糖。纤维素中相邻葡萄糖绕糖苷键的中心轴旋转 180°,因此,最末端的纤维二糖可以出现两种不同立体化学形式中的任何一种,纤维素聚合链通过链内氢键形成扁平、带状的稳定结构,其他氢键位于相邻的链间使它们在很多具有相同极性的平行链中彼此强烈的相互作用,结果形成很长的巨大结晶状聚合物,称为微纤丝。微纤丝(宽 2500nm)之间连在一起形成更大的纤丝,这些纤丝在薄层中组织在一起并形成植物细胞壁不同层的框架结构。纤维素纤丝具有高度有序区(结晶区)和少序区。迄今人们发现固体纤维素存在 5 种结晶变体,即纤维素 I、纤维素 II、纤维素 III、纤维素 IV 和纤维素 V,其中天然纤维素属于 I 型结晶。在一定条件下,大多数纤维素结晶变体可以相互转化(高振华等,2008)。纤维素不溶于水,具有很大的张力,并且比其他葡萄糖聚合物(如淀粉)更加抗降解。水解纤维素可以生成葡萄糖,进而利用其糖平台进行一系列生物转化,如生产燃料乙醇、乳酸和作为生产合成树脂及生物高聚物原料的丁二酸等,因而受到广泛的关注。

(二)半纤维素

半纤维素是由以木糖为主的五碳糖和少数六碳糖组成的杂多糖,含量仅次于纤维素。纤维素是线状多聚物,在种属间结构变化很小,半纤维素则高度分支,且一般是非结晶状杂多糖。半纤维素中糖的残基包括木糖、己糖和糠醛酸,这些残基被乙酰化或甲基化修饰,半纤维素的聚合程度低于纤维素(少于 200 个糖基)。木糖是自然界中仅次于葡萄糖的糖分,具有重要的利用价值。例如,使用五碳糖酵母转化生产乙醇,或直接水解生产木糖醇等重要的功能性食品(Du et al.,2008)。

(三)木质素

木质素是地球上数量最多的芳香族聚合物,它是由苯丙烷单位随机构成的共聚物。木质素的直接前体是来自对羟基苯丙烯酸的 3 种醇——松柏醇、芥子醇及香豆醇。根据这 3 种结构单元的相对量,木质素可以分为软木木质素、硬木木质素和草木质素。分解后的木质素单体及其二聚体可转化为有工业意义的化学品,如被誉为香料之王的香草醛,具有较强的抗氧化、抗菌活性和一定抗肿瘤作用的香草酸,以及阿魏酸、苯酚类物质等(孙勇等,2005)。

二、微生物降解植物纤维

木质纤维素是光合作用所转化的能量和生物圈中有机物的主要储藏形式,因此,自然环境中广泛存在着具有分解纤维素、半纤维素及木质素能力的微生物(杨晓宸等,2007)。

在自然界中分布着上百种能降解纤维素的已知微生物,这些微生物包括真菌、细菌、放线菌,如表 39-2 所示(杨晓宸等,2007)。

表 39-2 降解纤维的微生物菌种

所属类别	微生物种类
真菌	绿色木霉、球毛壳、黄白卧孔菌、粗皮侧耳、青霉、曲霉、黑曲霉、米曲霉、海枣曲霉、棘孢曲霉
细菌	假单胞菌属、杆菌属中的芽孢杆菌、枯草杆菌、地衣球菌
放线菌	诺卡氏菌属、节杆菌、链霉菌属、高温放线菌属、小单胞菌属

尽管很多微生物能生长在纤维素上，并产生可降解不定形纤维素的酶，但很少有微生物能产生体外降解结晶状纤维素的胞外纤维酶。研究最广泛的产生纤维素分解酶的微生物是真菌中的木霉及细菌中的纤维单胞菌（*Cellulomonas* sp.，一种好氧菌）和热纤梭菌（*Clostridium thermocellum*，一种厌氧菌）。

三、木质纤维素降解真菌及酶系

真菌在植物生物质降解中起着至关重要的作用，相关降解者根据作用对象的不同可以分为以下 3 类：①腐生真菌，它们降解无生命的原料；②寄生真菌，降解寄主生物质；③菌根真菌，它们与特殊植物物种形成共生关系，多数是与活的树木形成共生关系。

多数真菌属于腐生真菌，它们在自然界中依靠无生命的有机物生存。它们能够高效地分泌降解多聚物，如纤维素、半纤维素、木质素、胶质、淀粉和蛋白质的相关酶类，从而释放能被真菌吸收和利用的营养物质。丝状真菌在自然界中广泛存在而且多数是强好氧菌，它们通过由管状分枝的菌丝集合起来形成的菌丝体来侵占底物。里氏木霉（*Trichoderma reesei*）的纤维素分解系统是丝状真菌中的典型系统，里氏木霉产生 3 种纤维素分解酶，即内切葡聚糖酶、纤维二糖水解酶和 β-葡萄糖苷酶，它们在纤维素分解过程中共同作用。内切葡聚糖酶水解纤维素纤丝无序区域中的内部化学键，以这种方式产生的末端再被纤维二糖水解酶作用，释放出纤维二糖。在水解过程中，纤维二糖水解酶破坏纤维素纤丝中结晶区域的链与链之间的相互作用，最后，纤维二糖被 β-葡萄糖苷酶水解为葡萄糖（图 39-2）。

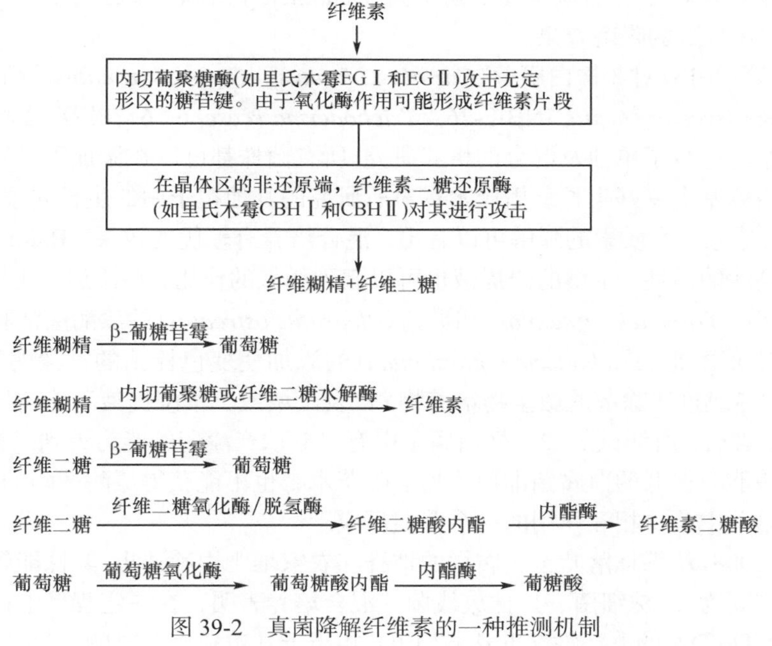

图 39-2　真菌降解纤维素的一种推测机制

多数真菌都能分泌降解植物细胞壁的酶，许多真菌特别是担子菌成员的主要生态行为是降解木质纤维素原料，如木头和其他一些植物原料。真菌降解生物质是一个连续的过程，它们将底物降解成小分子并被群落中其他微生物利用（Tang et al.，2007）。已知真菌对木质纤维素的降解作用分为 3 种类型：褐腐，在这个过程中纤维素、半纤维素被优先利用而木质素不被代谢；

白腐，纤维素、半纤维素和木质素都能被利用，白腐菌呈现了巨大的多样性，但一般是担子菌类成员或其他高等真菌，它们不仅能够分泌降解纤维素、半纤维素的酶系，还能分泌降解木素质的酶(Baldrian，2004)；软腐，主要是纤维素和半纤维素被利用，木质素只有轻微的改变。

多数菌根真菌都能够降解木质纤维素并产生能够被自身吸收的水解产物。在灌木菌根的外生菌丝中发现了纤维素酶、果胶酶和木聚糖酶活性，这些水解酶的产生有利于真菌菌丝改变并侵入根部细胞(Hadad et al.，2005)。

四、混合菌协同降解木质纤维素

由于木质纤维素三组分交联在一起，形成了类似于钢筋混凝土的结构及纤维素分子的高结晶度，使得木质纤维素很难被单一微生物所降解，自然状态下彻底降解木质纤维素要依赖于纤维素分解菌、半纤维素分解菌及木质素分解菌等多种微生物的共同作用，与单一微生物相比，混合菌群中微生物之间的协同作用关系使系统产酶具有多样性，而且可较快和较彻底的解除产物的反馈抑制，调节培养液的 pH，从而可提高木质纤维素的转化率。近藤道雄在微生物生态学的研究也表明，微生物多样性可以保证微生态系统的稳定性(Michio，2003)，纤维素应充分注重多种微生物之间的协同效应。

最近，分解木质纤维素混合菌的筛选逐渐成为研究热点。Arora(1995)考察了 7 种真菌单独或混合降解麦秆中木质素的情况，黄孢原毛平革菌(*Phanerochaete chrysosporium*)单独效果最好。在不同种类白腐菌的组合中(白腐菌+白腐菌、白腐菌+褐腐菌和白腐菌+软腐菌)，木质素的降解得到了一定程度的加强，其中褐腐菌(*Deadalea flavida*)和黄孢原毛平革菌的组合最佳，可以达到 36.27 %的降解效果。

Stepanova 等(2013)对 3 株白腐菌(*Coriolus hirsutus*、*Coriolus zonatus*、*Cerrena maxima*)和 2 株丝状真菌(*Mycelia sterilia* INBI2-26、*Trichoderma reesei* 6/16)在以燕麦秸秆为基础的液态和固态培养基上进行了单独及混合的培养研究。所有菌株都可以在添加了粉碎后的燕麦秸秆为碳源的琼脂培养基上良好生长。里氏木霉对所研究的其他担子菌的生长起很强的抑制作用。从纤维素、半纤维素、木质素的降解可以看出，混合培养有较优的效果。Baldrian(2004)发现，混合培养能提高漆酶活性。土壤的浸提液也可以起到相似的作用，在添加了土壤真菌、细菌和酵母后，变色栓菌(*Trametes versicolor*)和平菇(*Pleurotus ostreatus*)的漆酶酶活相比于未添加时有显著提高。哈茨木霉(*Trichoderma harzianum*)的添加使变色栓菌的产漆酶能力提高了 40 倍。使用经过加热或过滤除菌的微生物培养物，以及土壤或土壤浸提液不能诱导混合培养产漆酶，添加哈茨木霉后，所测试的 24 株白腐菌中有 16 株产漆酶的能力得到了提高，而本身不产漆酶或产漆酶能力很低的白腐菌即使添加了哈茨木霉也不能获得漆酶产酶的改善。指出漆酶的增加是混合培养中菌株相互作用的一个普遍反应。

卢月霞等(2008)从森林落叶土、腐烂的秸秆和农家堆肥中筛选出 4 株能较好降解纤维素的菌株，初步判断为 3 株细菌、1 株放线菌。混合培养表明，在一定程度上提高了纤维素酶活性，菌株组合 D6/D7 的酶活性 72h 达 67.12U，相当于其单独培养时的 2 倍。宋颖琦等(2002)在自然环境和秸秆降解物中筛选出 3 种分解纤维素能力较强的木霉、青霉和曲霉，将 3 种菌株以不同的组合形式进行产酶特性和对玉米秸秆粉中粗纤维利用率的研究，试验结果表明，木霉与青霉混合培养在纤维素筛选培养基上培养 24h 后即可生长，在发酵培养基中培养 72h 后达到产酶高峰，酶活可达 3.116U，对粗纤维的利用率为 68%，远超过青霉和木霉的单独培养。

上述方法虽然可获得较好的木质纤维素降解效果，但群落往往过于简单，难以维持功能的稳定性。崔宗均、王伟东等创造性的利用了自然条件下微生物之间的协同关系，通过限制性培养和微生物间的优化组合获得了稳定高效分解木质纤维素的复合菌系，表现出了强大的纤维素分解能力(王伟东等，2008)。高效分解木质纤维素复合菌系的成功构建，为加速天然木质纤维素资源的利用研究开辟了新的道路，也引发了国内筛选木质纤维素复合菌系的热潮。

罗辉(2008)通过自然筛选的方法，获得两组具有高效转化纤维素为甲烷的复合菌系 h-11 和 CBC，在不经过预处理和灭菌的情况下都能利用富含纤维素的废弃物。将 h-11 复合菌系作为沼气发酵的刺激因子，发现在 70 天(平均气温 30℃)的发酵周期内体系产气量提高了 3.72%；发酵终止前 50 天(平均气温 20℃)产气量提高了 111.4 %。在保证农村户用沼气池中一定量原料的情况下，以复合菌系作为菌剂进行投池试验，结果表明低温(15～13℃)条件下能明显提高农村户用沼气池的产气量。

崔诗法等(2009)从腐烂的枯枝落叶中分离到一组分解能力较强的纤维素分解复合菌系 St-13，该复合菌系由平板可分离的细菌和难培养细菌组成。5 天内可使滤纸完全崩溃，液体培养到 14 天时能够分解玉米秸秆中 85.27%的纤维素，总失重率为 58.03%。通过正交优化试验，确定该复合菌系的产酶最佳条件为：2%微晶纤维素，1.5 % $NaNO_3$，初始 pH 为 7.0，温度为 32℃；摇床培养 48h 时其羧甲基纤维素酶(CMCase)为 0.455IU/ml。

作为自然界中储量最大的可再生资源物质，木质纤维素每年都在不断地积累，为人类社会的可持续发展提供了资源保障。目前，关于木质纤维素的降解利用技术研究尚待突破，通过传统方法筛选的菌种在保持纤维素分解活性上都存在一些问题。因此，对于木质纤维素类物质廉价高效的利用，仍有很多工作要做。

(1)菌种筛选方面：加强高效野生菌种的筛选和发酵工艺等基础工作的研究，分离和筛选出针对不同行业的高效纤维素分解菌种，同时利用目前先进的分子生物学技术，选育出活性高、产酶量大的菌种。此外，在自然界中存在大量的不可培养微生物，通过提取并纯化特定环境样品中微生物的总 DNA，进而构建环境基因组文库，并从构建的各种基因组文库中筛选新的纤维素酶基因(王凤超等，2008)，为筛选新的高效纤维素降解菌提供一个新途径。

(2)混合培养方面：微生物群落的多样性可以影响系统的功能，由两种或更多种不同微生物组合成的微生物集合体被证实在自然界中的许多生物转化中起主要作用(Bell et al.，2005)。深入研究不同来源纤维素酶及不同菌种之间的协同作用，弄清菌株与菌株之间的关系及其在降解发酵过程中的作用，利用分子生物学手段弄清混合菌剂在木质纤维素降解过程中微生物群落的变化，为混合菌剂的选育、优化提供有利支持。

(3)机制研究方面：由于底物的复杂性和酶本身的多组分，虽然纤维素酶作用的某些疑难问题已获解决，但还遗留许多问题。因此，必须弄清自然界中微生物降解木质纤维素的机制，了解纤维素酶类不同组分及其与诸如阿魏酸类小分子活性物质之间的作用，从酶学和非酶作用等多个角度揭示木质纤维素的降解机制，并用于指导筛选培育高效降解木质纤维素的菌种及建立高效的木质纤维素生物降解体系，从而最终实现纤维素类物质的资源化利用。

第三节　产阿魏酸酯酶菌株的筛选

内生真菌产生的各种活性物质，在生物制药、农业生产、工业发酵等方面都表现出了良好的应用前景，受到世界各国专家的广泛关注。目前，对内生真菌代谢产物的研究大都集中在植物抗逆性、抗菌及抗肿瘤等研究中，很少有对其代谢产酶，尤其是生物降解相关酶系的研究（Wei et al.，2005）。

阿魏酸酯酶在微生物中分布广泛。目前报道的产阿魏酸酯酶的菌株很多，其中包括细菌、真菌、放线菌等，但主要以真菌为主（Mathew and Abraham，2005）。阿魏酸酯酶产生菌主要从自然界中筛选，其筛选方法一般是样品富集培养，平板筛选（观察透明圈大小），最后摇瓶复筛（测定酶活力大小）。本研究室长期从事药用植物内生真菌的研究，从全国各地采集几百种药用植物，并对其根、茎、叶中的内生真菌进行分离培养，已构建了库存量为近万株的药用植物内生真菌库。本节以研究室构建的药用植物内生真菌库为基础，试图筛选出能够产阿魏酸酯酶的菌株，不仅可以拓展内生真菌的用途，而且可以丰富阿魏酸酯酶的来源。

一、实验材料

（一）菌种

依据菌种的分类地位、宿主植物、采集地点，从药用植物内生真菌库选取差异性较大的312株内生真菌进行产阿魏酸酯酶的筛选。

（二）培养基

（1）PDA培养基培养供试菌株。

（2）初筛培养基。$MgSO_4 \cdot 7H_2O$ 3.0g、$FeCl_3$ 0.5g、KH_2PO_4 5.0g、$(NH_4)_2SO_4$ 15g、$CaCl_2 \cdot 7H_2O$ 1.0g、蛋白胨20g、琼脂30g，定容至1000ml，121℃灭菌 20min，待培养基温度降至 90℃ 以下，加入底物溶液，混合后倒入平皿中。底物溶液：阿魏酸乙酯-*N*，*N*-二甲基甲酰胺（DMF）溶液，加入前用 0.22μm 无菌滤膜过滤。

（3）第一次复筛培养基，其他成分同初筛培养基，不添加琼脂。

（4）第二次复筛培养基。$MgSO_4 \cdot 7H_2O$ 0.3g、$FeCl_3$ 0.05g、KH_2PO_4 0.5g、$(NH_4)_2SO_4$ 1.5g、$CaCl_2 \cdot 7H_2O$ 0.1g、$FeSO_4 \cdot 7H_2O$ 0.01 g、$NaNO_3$ 0.2 g、$NaH_2PO_4 \cdot 12H_2O$ 0.1g、$MnSO_4$ 0.01g、麦麸2.0 g、麦芽浸粉1.0g，定容至100ml，pH自然，于121℃灭菌20min。

二、实验方法

（一）菌株的初筛

将初筛培养基平板底部划分为4个区，用接种针刮取约0.5cm×0.5cm的供试菌菌块接种至初筛平皿中，每个区域各接种一个菌块。25℃暗培养3～6天，随时观察菌株周围透明圈的产生情况，并记录菌落与透明圈的直径。

（二）第一次复筛

将初筛的活性菌株于PDA平板25℃暗培养3～6天后用打孔器取4块直径为0.5cm的菌块，接入50ml一次复筛培养基中，25℃、130r/min摇床培养7天。将发酵液于8000r/min，离心 10min，得到的上清液，即粗酶液进行活力测定。

(三) 第二次复筛

将第一次复筛后的活性菌株培养于 PDA 斜面，25℃暗培养 3～6 天后向斜面中加入 5ml 灭菌的去离子水，用接种针轻轻刮取 PDA 斜面表层的菌体，将菌悬液倒入 100ml 第二次复筛培养基中，25℃、130r/min 摇床培养 5 天，发酵液于 8000r/min 离心 10min，得到的上清液进行活力测定。

(四) 阿魏酸酯酶的活力测定

阿魏酸酯酶的酶活单位定义：在测定条件下每分钟产生 1μmol 阿魏酸所需要的酶量为 1 个酶活力单位。

1. 以去淀粉麦麸(DSWB)为底物

(1) DSWB 的制备：称取麦麸 500g，加入 500ml 的 0.1mol 乙酸-乙酸钠缓冲液(pH 6.0)，40℃浸泡冲洗 3 次，充分清洗麦麸中的淀粉和可溶于水的小分子物质，在 80℃下气流干燥 6h，使其含水量低于 10%。

(2) 活力测定(Shin and Chen，2006)：取粗酶液 15ml 于三角瓶中，40℃水浴中恒温振荡 5min，加入 DSWB 0.5g，反应 15min，沸水浴终止反应，将反应液 8000r/min 离心 5min，取上清液稀释 5 倍后测定样品中阿魏酸的含量。

2. 以阿魏酸甲酯(MFA)为底物

(1) 底物溶液：称取一定量阿魏酸甲酯溶于 5ml 无水乙醇中，再用 100mmol pH 6.0 的磷酸缓冲液稀释 10 倍，使最终浓度为 0.1mmol。

(2) 活力检测：将待测酶液与阿魏酸甲酯溶液混合进行反应，检测反应体系在反应起始及终止的 OD 值，检测酶空白反应体系在反应起始及终止的 OD 值。并通过下述公式计算酶活：

$$\text{酶活性(U/ ml)} = \frac{[(OD_{\text{反应起始}} - OD_{\text{反应终止}}) - (OD_{\text{空白起始}} - OD_{\text{空白终止}})] \times V_{\text{体系}} \times \text{样品稀释倍数}}{T_{\text{反应时间}} \times L \times (\varepsilon_{MFA} - \varepsilon_{FA}) \times V_{\text{样品}}}$$

式中，$OD_{\text{反应起始}}$和 $OD_{\text{反应终止}}$为反应起始和反应终止时反应体系的 OD 值；$OD_{\text{空白起始}}$和 $OD_{\text{空白终止}}$为不加酶体系反应起始和反应终止时反应体系的 OD 值；$V_{\text{体系}}$为反应的总体积；$V_{\text{样品}}$为加入酶液的体积；L 为光程厚度，cm；ε_{MFA} 和 ε_{FA} 为阿魏酸甲酯和阿魏酸的消光系数，即 9.467L/mmol、2.049L/mmol。

具体操作步骤如表 39-3 所示。

表 39-3　酶活力检测操作步骤

操作步骤	空白	样品
PBS	0.95ml	0.9ml
酶溶液	0	0.05ml
底物溶液(0.1mmol)	0.05ml	0.05ml
测定 OD_{320}	$OD_{\text{空白起始}}$	$OD_{\text{反应起始}}$
40℃反应 20min		
测定 OD_{320}	$OD_{\text{空白终止}}$	$OD_{\text{反应终止}}$

三、结果与讨论

(一)初筛平板的制备

常规筛选酯酶的方法为平板筛选法，其原理为将菌株在含底物的平板上培养，产酶的菌株周围会呈现透明圈或显色圈。培养基的组成一般为底物-酯酶染色液培养基或底物-溴甲酚紫染色培养基(Yeoh et al.，1986)。

常规的显色筛选平板制备过程复杂且较易染菌(李祖义等，1990)，为了改善这一现象，本实验用一种简易的透明圈筛选法来进行阿魏酸酯酶的初筛，其培养基制备原理为：阿魏酸酯酶的底物(阿魏酸乙酯)可溶于有机溶剂而不溶于水，将底物用有机溶剂溶解后，底物溶液与一定比例的液态琼脂培养基快速混合，即可产生乳白色的悬浊液，将此混合液立即倒入平皿，凝固后的平板呈乳白色不透明状。菌株接种于以阿魏酸乙酯为唯一碳源的平板后，产酶的菌株可分泌出阿魏酸酯酶并将其周围的底物分解，即在菌落周围呈现肉眼可见的透明圈。

底物溶液加入到琼脂培养基中是否能形成乳白色的悬浊液与培养基温度、底物浓度及底物与培养基的体积比有关(Donaghy et al.，1998)，这也是筛选平板制备的 3 个关键因素。本节将不同浓度的底物溶液，按照不同的比例添加到不同温度的琼脂培养基中，观察培养基的表观状态。

阿魏酸乙酯溶解于 *N*,*N*-二甲基甲酰胺溶液，配制成浓度分别 0.02g/ml、0.04g/ml、0.08g/ml、0.10g/ml、0.15g/ml、0.20g/ml 的底物溶液，将底物溶液与 50℃琼脂培养基进行混合，培养基冷却凝固后观察其浑浊度。结果发现，当底物浓度≥0.1g/ml 时，混合后的培养基均能呈现乳白色不透明状。

将 2ml、3ml、4ml、5ml、8ml 的 0.2g/ml 底物溶液分别加入到 200ml 的 40℃、50℃、60℃、80℃、90℃琼脂培养基中，观察混合培养基凝固后的表观现象。结果发现，随着培养基温度的升高，底物与培养基混合后越不易呈现乳白色浑浊状，其原因可能为培养基温度过高导致底物的部分分解；随着底物加入比例的增大，混合培养基的不透明度逐渐增大，可能是因为底物浓度越大，与培养基混合后的析出物越多。当底物：培养基(*V*/*V*)≥1：50 时，底物与 40～90℃下的琼脂培养基混合，均能呈现乳白色不透明状。

因此，最终初筛培养基的制备方法为：将 4ml 0.1g/ml 底物加入到 200ml 90℃以下的琼脂培养基中，充分混合后，倒入平皿中冷却待用。将产阿魏酸酯酶的一株黑曲霉接种至该平皿，培养 2 天后在菌株周围产生明显的透明圈(图 39-3)。

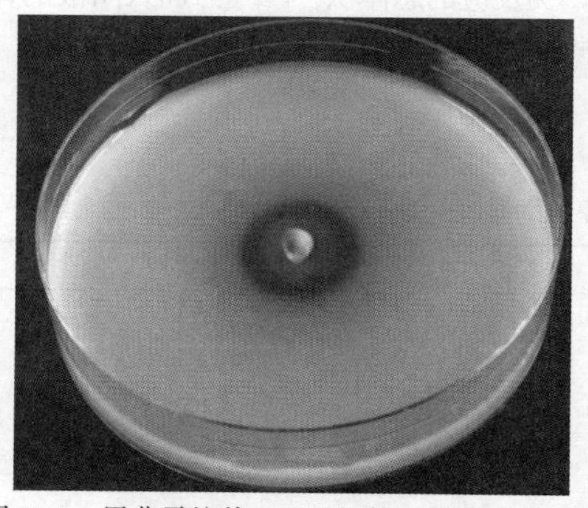

图 39-3　黑曲霉培养 2 天后初筛平板上的透明圈

(二)单菌落透明圈的初筛

312 株真菌中有 219 株真菌在平板上培养产生了透明圈，其中有 33 株菌表现出对阿魏酸乙酯较高的水解能力，其透明圈：菌落直径大于 5：1；有 9 株真菌的透明圈：菌落直径大于 10：1，在所选取的内生真菌中有 70.19%的菌株表现出具有水解阿魏酸乙酯的能力。以阿魏酸乙酯作为唯一碳源的透明圈筛选法可以定性判断真菌是否能够产阿魏酸酯酶，但是所产生透明圈的大小并不能真实反映该菌株阿魏酸酯酶的产酶能力，并且在同一培养基条件下每个菌株生长和产代谢产物的能力可能有较大差异，因此还需做摇瓶培养，通过测定阿魏酸酯酶的活力进行产酶菌株的进一步筛选。故本节选取透明圈(图 39-4)∶菌落直径大于 2∶1 的 139 株真菌做进一步的复筛。

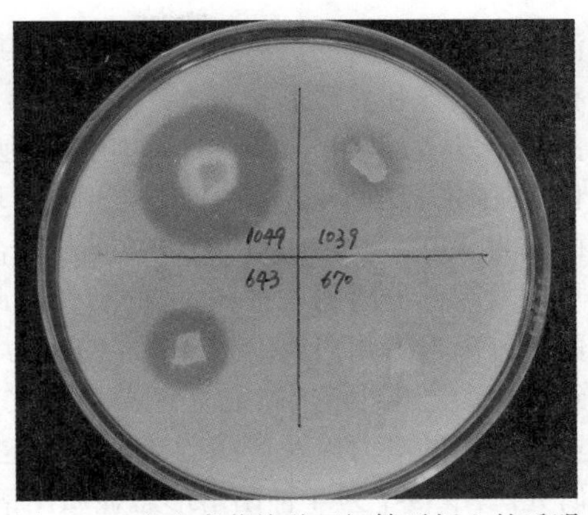

图 39-4　内生真菌接种于初筛平板上的透明圈产生情况

（三）阿魏酸酯酶的活力检测

分别用 DSWB 和阿魏酸甲酯作为底物进行阿魏酸酯酶活力的测定。结果发现，用阿魏酸甲酯作为底物测定的酶活力较 DSWB 作为底物时所测得的酶活力高且重复性好，分析其可能原因是，DSWB 放置一段时间后湿度增大，且该方法测定过程的步骤较多，引入误差的机会也较多，难以保持操作的平行性。另外，考虑到每一批制备的 DSWB 之间可能存在较大差异，因此选择了操作较为简易的阿魏酸甲酯为底物采用分光光度法测定阿魏酸酯酶的活力。

以阿魏酸甲酯为底物，考察不同反应时间(T)及不同底物浓度[S]下酶活力的变化。结果如图 39-5、图 39-6 所示，随着反应时间及底物浓度的增大酶的活力不断增大，当[S]≥100μmol、T≥20min 时，酶活力处于平台期，该曲线符合酶反应动力学曲线。

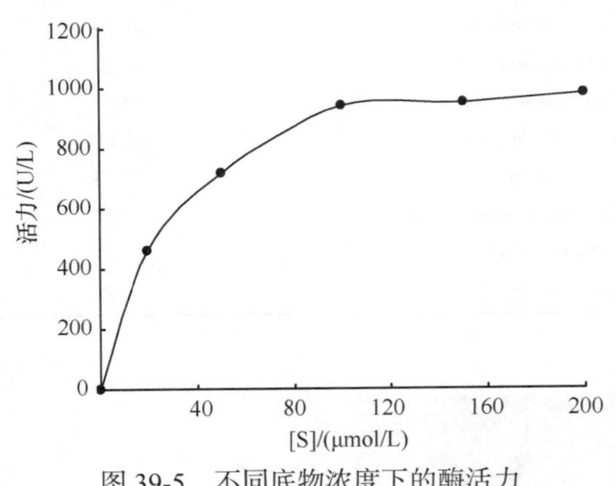

图 39-5　不同底物浓度下的酶活力

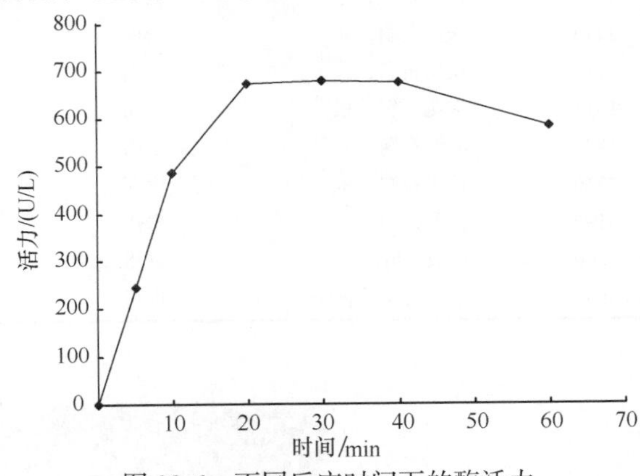

图 39-6　不同反应时间下的酶活力

（四）第一次复筛的结果

139 株真菌中有 8 株真菌产酶的活力大于 20mU/ml，其中活力最高为 490 菌株，其活力为 37.26mU/ml，其次为 493 菌株，其酶活为 30.73 mU/ml，未检测到酶活力的有 15 株。第一次复筛培养基的配方为一般真菌培养的基础培养基，因此各菌株在该条件下产酶活力较低，为了筛选出较高产酶活力的菌株，笔者将进一步改变发酵培养基的配方并选择第一复筛中产酶活力大于 15mU/ml 的 16 株真菌做第二次复筛。

（五）菌株的第二次复筛

16 株真菌经第二次复筛后有 4 株真菌的产酶活力较高，为 144、211、490、3190，其发酵液中阿魏酸酯酶的活力分别为 37.21mU/ml、42.02mU/ml、79.53mU/ml、53.92mU/ml（表 39-4），在菌株培养和显微形态观察中发现这 4 株真菌有一定的共性：生长速率都较其他真菌慢，气生菌丝不发达；144、490、3190 均不产孢子；在 25℃ PDA 平板培养 15 天后仍未能铺满整个平板。在阿魏酸酯酶产酶菌株的报道中，均未见有 4 种菌株的报道。第二次复筛产酶活力最高的菌株为 490，其次为 3190。490 菌株分离自西藏盘龙参的叶，经鉴定为 *Heyderia abietis*，是较早期发现并分离的一种内生真菌，针对此种菌的相关研究报道较少（Wang et al., 2009）；而 3190 菌株分离自贵州白及的根部，经鉴定为 *Rhexocerc- osporidium* sp.，可能是一种致病菌，容易导致高丽参产生根锈病，也是胡萝卜外皮产生黑斑的致病菌之一（Damm et al., 2008）。考虑到工业化应用的潜力以及产酶的活性和稳定性，最终，笔者选择 490 菌株做进一步发酵条件优化的研究。图 39-7 为 4 种菌落形态显微图谱。

表 39-4　16 株内生真菌第二次复筛的结果

菌株号	分离材料及部位	采集地点	分类地位	酶活/(mU/ml)
105	天山雪莲，叶	新疆	*Alternaria* sp.	21.57
144	金线莲，叶	广西	*Paraconiothyrium sporulosum*	37.21
202	白及，块根	湖北	*Nigrospora oryzae*	25.61
211	白及，茎	湖北	*Chalara africana*	42.02
490	盘龙参，叶	西藏	*Heyderia abietis*	79.53
493	盘龙参，叶	西藏	*Chlorencoelia* sp.	25.66
1111	铁皮石斛，茎	云南	*Alternaria constricta*	12.94
1114	铁皮石斛，茎	云南	*Chaetophoma catalpae*	17.01
1115	铁皮石斛，茎	云南	*Alternaria obtecta*	26.24
1116	铁皮石斛，茎	云南	*Alternaria angustioviodea*	23.72
1311	密花石斛，根	广西	*Fusarium ventricosum*	15.64
1850	喉红石斛，叶	云南	*Alternaria heveae*	18.367
2710	铁皮石斛，根	广西	*Diaporthe* sp.	27.13
3190	白及，根	贵州	*Rhexocercosporidium* sp.	53.92
3200	白及，叶	贵州	*Alternaria citri*	19.71
3592	束花石斛，种子	贵州	*Bionectria* sp.	31.81

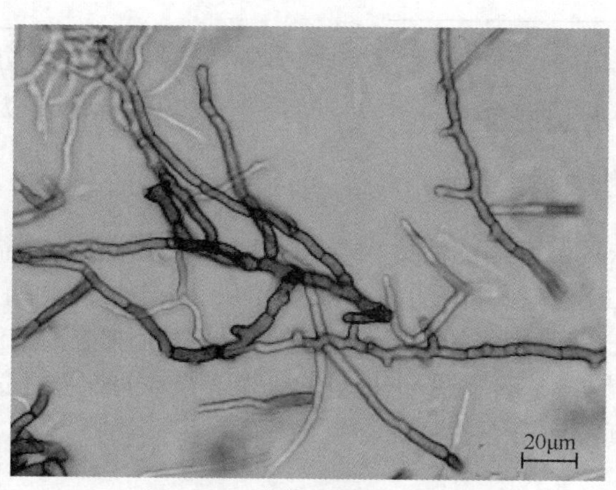

图 39-7　菌落形态显微图谱

第四节 490 菌株发酵产阿魏酸酯酶的培养条件优化及酶学性质

由于阿魏酸酯酶生产菌不同，故微生物的培养基配比和培养条件各不相同(Takuya et al.，2009)。总的来说，阿魏酸酯酶产生菌的培养基由碳源、氮源及常见的无机盐等组成。常见的碳源包括蔗糖、葡萄糖、乳糖等常规碳源，以及人工合成的含有阿魏酸酯键的底物阿魏酸甲酯、阿魏酸乙酯。此外，玉米芯、麸皮等也可作为天然碳源，该类物质本身营养丰富，含有较多的阿魏酸酯键且便宜经济，常被作为发酵产阿魏酸酯酶的碳源。常见的氮源有蛋白胨、酵母膏等有机碳源及硫酸铵等无机氮源。影响阿魏酸酯酶产生菌发酵的因素除了培养基组成之外，还包括接种量、pH 及发酵条件(如温度、溶氧量、摇床转数等)(张树政，1984)。

相同微生物在不同培养基条件下所产生的阿魏酸酯酶的酶学特性有所不同，而不同菌种来源的阿魏酸酯酶的酶学特性也各不相同。阿魏酸酯酶的最适 pH 为 5.5～7.7，而最适温度为 35～50℃(Isabelle et al.，2008)。目前，国内外研究的阿魏酸酯酶的酶学性质主要是来自于真菌，特别是来自于黑曲霉的阿魏酸酯酶(Evangelos et al.，2007)。对来自于内生真菌的阿魏酸酯酶酶学性质的研究报道较少，对 *Heyderia abietis* 代谢产生的阿魏酸酯酶的酶学性质的报道更为罕见。本节通过对 490 菌株发酵产酶的培养基组成及培养条件的优化，将其在最佳条件下发酵产生的阿魏酸酯酶粗酶液经浓缩后获得酶浓缩液，对其最适 pH、温度、底物特异性等酶学性质做进一步的研究。

一、实验材料

(一) 无机盐基础培养液(MSS)

MSS-1 组成(*m*/*V*)：$MgSO_4·7H_2O$ 0.3%、$FeCl_3$ 0.05%、KH_2PO_4 0.5%、$(NH_4)_2SO_4$ 1.5%、$CaCl_2·7H_2O$ 0.1%，用 H_2O 溶解。

MSS-2 组成(*m*/*V*)：$MgSO_4·7H_2O$ 0.3%、$FeSO_4·7H_2O$ 0.05%、KH_2PO_4 0.5%、$(NH_4)_2SO_4$ 1.5%、$NaH_2PO_4·12H_2O$ 0.2%、$CaCl_2·7H_2O$ 0.2%、$MnSO_4$ 0.02%、$ZnSO_4·7H_2O$ 0.0015%、$CoCl_2$ 0.002%、用 H_2O 溶解。

(二) 种子培养基

向 MSS-1 溶液中加入 1.0%蛋白胨、2.0%葡萄糖，pH 自然。

(三) 发酵培养基

向 MSS-2 溶液中加入 2%碳源、1%氮源，pH 自然。

(四) 谷物麸皮发酵培养基

1. 谷物麸皮为碳源

向 MSS-1 溶液中加入 4%谷物麸皮，pH 自然。

2. 谷物麸皮提取液为碳源

将一定量的谷物麸皮加入到 H_2O 中，沸水煮 30min 后，用 4 层纱布过滤，用 H_2O 定容，使谷物麸皮在培养基中的最终浓度为 4.0%(*m/V*)。向谷物麸皮煮汁中按 MSS-1 的配方加入各种无机盐。

二、实验方法

(一) 490 菌株的发酵培养

490 菌株于 PDA 平板 25℃暗培养 7 天后，用打孔器取直径为 0.5cm 菌片 2 片，加入到 30ml 种子培养基中，26℃、150r/min 摇床振荡培养 3 天后，将种子液接种至发酵培养基中，接种量为 5%，26℃、150r/min 摇床振荡培养 5 天，将发酵液 8000r/min，离心 25min，取上清液(粗酶液)测定阿魏酸酯酶的活力。

(二) 发酵培养条件的优化

采用单因素轮换法，考察碳源、氮源、碳源浓度、氮源浓度、培养基初始 pH、培养温度和添加剂等因素对 490 菌株摇瓶发酵产酶的影响，并对发酵条件进行优化。每次实验只变化一个因素水平，其他因素的水平保持固定不变，得到的每个因素的最优水平用于后续实验，逐一考察每个因素对产酶的影响，最终得到最佳的发酵条件。

(三) 发酵产酶曲线的绘制

将 490 菌株接种于种子液中培养 3 天后，以 5%接种量接种至经优化后的最佳发酵培养基中，26℃、150r/min 摇床振荡 11 天，间隔 24h 取样，分别检测每个样品中的菌体质量及酶活。以时间为横坐标，菌体干重和酶活力为纵坐标绘制菌株产酶的生长曲线。

菌体干重的测定方法：发酵液经过滤获得菌丝体，在 105℃下用烘箱烘干 6h，利用干重法计算其质量。

(四) 发酵粗酶液的浓缩处理

采用 5 种不同的方法对发酵粗酶液进行浓缩处理，具体操作如下所述。

1. TCA 法

按 1∶1(*V/V*)的比例向粗酶液中加入浓度为 26% 的三氯乙酸(trichloroacetic acid，TCA)，充分混合后，于–20℃下放置 5min，然后 4℃下继续放置 15min，15 000r/min 下离心 15min，去除上清液，保留沉淀，待样品自然干燥后用 PBS 重悬。

2. 丙酮沉淀法

按 1∶4(*V/V*)的比例向粗酶液中加入提前预冷的丙酮，酶液与丙酮混合后在–20℃下放置 20min，于 15 000r/min 下离心 15min，去除上清液，保留沉淀，待样品自然干燥后用 PBS 重悬。

3. 硫酸铵分级沉淀法

将$(NH_4)_2SO_4$加入到粗酶液中达到 30% 饱和度后，4℃下静置 2h，离心去除沉淀，在剩余的上清液中继续加入$(NH_4)_2SO_4$使饱和度达到 70%，4℃下静置 6h，离心去除上清液，保留沉淀。

4. 透析袋法

将粗酶液装入透析袋（MW≈10K）中，用聚乙二醇 20000（PEG-20000）进行浓缩，当溶液体积缩小至原体积的 1/10 倍后取出透析袋中的浓缩液。

5. 逐级超滤法

粗酶液加入截留分子质量为 10K 的超滤管，离心后，将上、下层液体分开，去掉下层液，将上层液再用 30K 超滤管进行超滤，离心后的上层液即为酶浓缩液，具体操作如图 39-8 所示。

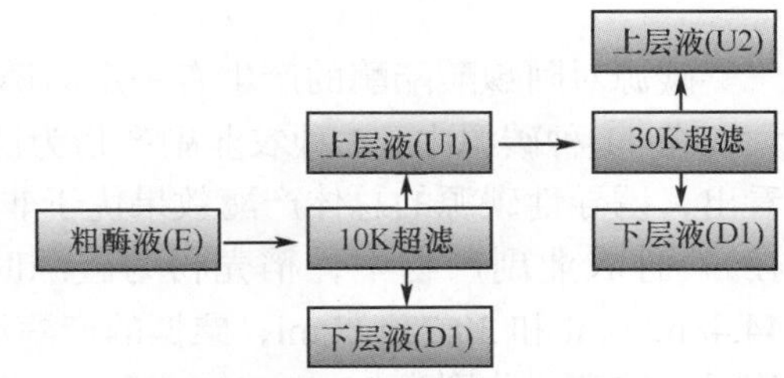

图 39-8 逐级超滤示意图

（五）温度对阿魏酸酯酶活力的影响

酶浓缩液用 0.1mol pH 6.0 的磷酸缓冲液稀释 5 倍后作为待测酶液，将酶液分别在 35℃、40℃、45℃、50℃、55℃、60℃、65℃、70℃下测定酶对阿魏酸甲酯的水解活力，以确定阿魏酸酯酶的最佳反应温度。

将酶液分别在 40℃、45℃、50℃、55℃、60℃、65℃、70℃、75℃、80℃下保温 1h 后，以阿魏酸甲酯为底物，于 45℃下检测各酶液的活力。

（六）pH 对阿魏酸酯酶活力的影响

将酶浓缩液用去离子水稀释 5 倍后，分别在 pH 为 4.0、5.0、5.5、6.0、6.5、7.0、7.5、8.0 时测定阿魏酸酯酶的活力，pH 4.0 用 0.1mol 乙酸-乙酸钠作为反应介质，pH 5.0～8.0 用 0.1mmol/L PBS 作为反应介质。

将酶浓缩液用 pH 为 3.0～9.0 的缓冲液稀释 5 倍，于 4℃冰箱中放置 2h 后，以 0.1mol pH 6.0 的 PBS 作为反应介质，测定各样品的酶活力。pH 3.0～5.0 用乙酸-乙酸钠缓冲液，pH 6.0～9.0 用磷酸缓冲液。

（七）蛋白质含量的测定

用 BCA 蛋白定量试剂盒（购自 Bio-Rad）对酶液的蛋白质含量进行测定。

（八）酶的相对活力

在同组实验值中将活性最高点的值记为 100%，其余实验点的值与该点的比值，即为酶的相对活力，结果用百分数表示。

（九）酶的残留活力

在同组实验中，将处理前的酶活力记为 100%，经处理后的各实验点的值与该点的比值，即为酶的残留活力(剩余活力)，结果用百分数表示。

三、结果与讨论

(一)不同的碳源对产酶活力的影响

选取葡萄糖、麦芽糖、蔗糖、乳糖、麦麸、谷糠、粟糠、玉米皮、稻壳粉、玉米芯、荞麦壳 11 种物质作为碳源，蛋白胨作为氮源，对 490 菌株分别进行发酵培养，每个实验做 3 个平行，分别于发酵第 5 天测定酶活，结果如表 39-5 所示。

表 39-5　不同碳源对产酶活力的影响

碳源	玉米皮	荞麦壳	稻壳粉	粟糠	玉米芯	谷糠	麦麸	葡萄糖	麦芽糖	蔗糖	乳糖
酶活力/(mU/ml)	21.30	30.73	44.48	15.64	22.11	20.12	13.75	10.51	15.64	23.41	25.63

碳源对阿魏酸酯酶的产生有一定的诱导作用，因此，碳源的种类对 490 菌株产酶的影响较大。在 11 种碳源中，7 种农业副产物为诱导性碳源、4 种糖为非诱导性碳源。从图 39-9 可以看出，诱导性碳源的总体产酶效果优于非诱导性碳源，而二糖为碳源时的产酶活力优于单糖。在 7 种农业副产物中，稻壳粉为碳源时产酶能力最高，荞麦壳次之，其产酶活力分别为 44.48mU/ml 和 30.73mU/ml，粟糠的产酶活力较差；在 4 种非诱导性碳源中，蔗糖和乳糖的产酶活力较高，分别为 23.41mU/ml 和 25.63mU/ml。在 11 种碳源中，稻壳粉为碳源时产酶活力最高，而葡萄糖的产酶活力最低仅为 10.51mU/ml。Craig 等(1997)在对黑曲霉产的阿魏酸酯酶进行发酵培养时也发现了类似的现象。以葡萄糖为碳源时，黑曲霉培养 24h 后仅检测到极微量的酶活，随着时间增长酶活又呈逐渐降低的趋势。其主要原因是，农业副产物多为木质纤维素类材料，该类物质结构复杂，在作为碳源时比葡萄糖更难于被菌株消化利用，可降低分解物代谢对产酶的阻遏作用，而且该类物质中含有大量的糖与芳香酸形成的酯类化合物，这类物质又可作为酯酶的作用底物，因此更加有利于诱导阿魏酸酯酶的产生。

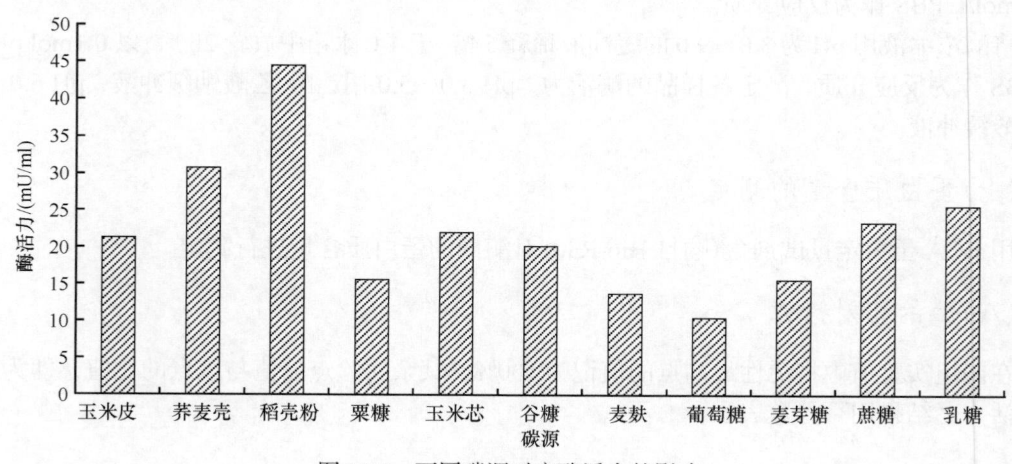

图 39-9　不同碳源对产酶活力的影响

(二)不同氮源对产酶活力的影响

选取蛋白胨、尿素、酵母膏、麦芽浸粉、硫酸铵、硝酸钾、玉米浸汁为氮源，葡萄糖为碳源，对 490 菌株进行发酵培养，每个实验做 3 个平行，分别于发酵第 5 天后测定酶活，结果如图 39-10 所示。

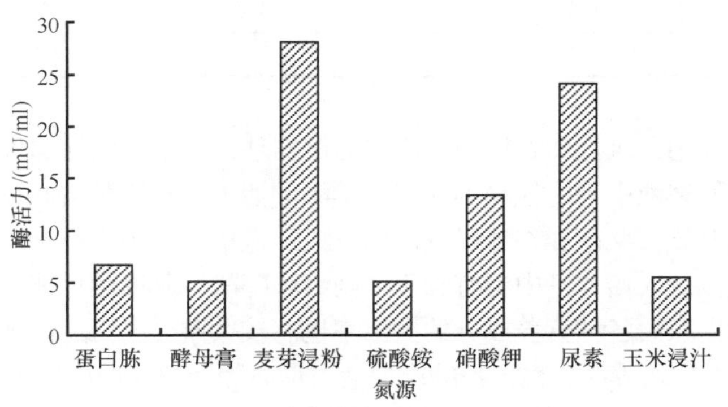

图 39-10　不同氮源对产酶活力的影响

选取 7 种不同氮源对菌株在相同条件下进行发酵培养，其发酵液的酶活力见表 39-6。当麦芽浸粉和尿素为氮源时，菌株产阿魏酸酯酶的能力明显优于其他 5 种氮源，其中以麦芽浸粉为氮源时产酶活力最高，其活力为 28.21mU/ml。以蛋白胨、酵母膏、硫酸铵、玉米浸汁为氮源时，酶活力均小于 10.0mU/ml，最小活力仅为 5.12mU/ml(硫酸铵)。实验结果发现，490 发酵阿魏酸酯酶并没有特定的偏好有机氮源或无机氮源。不同氮源的来源和组成不同，导致微生物对氨基酸的利用是有选择性的，有机氮源中含有的某些氨基酸是菌体合成次生代谢产物的前题，因此不同的菌株就会喜好有利于自己生长和产生次生代谢产物的氮源，微生物在有机氮源的培养基中可以直接利用游离氨基酸，合成用于构成细胞蛋白质和酶的物质(Shin and Chen，2006)。实验中，麦芽浸粉为氮源时表现出较高的产酶能力，麦芽浸粉除含有丰富的蛋白质、脂类、游离的氨基酸以外，还含有少量的糖类、脂肪和生长因子等，由于其营养丰富，因而微生物在含有麦芽浸粉的培养基中常表现为生长旺盛、菌体浓度增长，故产酶能力也较高。

表 39-6　不同氮源对产酶活力的影响

氮源	蛋白胨	酵母膏	麦芽浸粉	硫酸铵	硝酸钾	尿素	玉米浸汁
酶活力/(mU/ml)	6.74	5.16	28.12	5.12	13.41	24.17	5.53

(三)谷物麸皮培养基对发酵产酶活力的影响

农作物的麸皮作为一种木质纤维素，既可作为发酵培养基的碳源又可作为发酵培养基的氮源，而且它还是一种来源广、产量大且廉价的可再生资源。因此，本实验以 5 种谷物的麸皮(麦麸、谷糠、粟糠、稻壳、荞麦壳)作为碳源和氮源对 490 菌株进行摇瓶发酵培养。由于这些谷物麸皮的结构复杂，其所含的碳源、氮源不易被真菌消化利用，故又将谷物麸皮进行处理后(麸皮煮汁)用于菌株的发酵培养。将 5%种子液分别接种至两种谷物麸皮发酵培养基，于 26℃摇床振荡培养 5 天，测定其发酵液的酶活力，结果如表 39-7、表 39-8 所示。

表 39-7　不同谷物麸皮培养基对产酶活力的影响

碳源、氮源(麸皮)	荞麦壳	稻壳粉	粟糠	谷糠	麦麸
酶活力/(mU/ml)	15.31	25.37	11.43	18.33	10.52

表 39-8　不同谷物麸皮煮汁培养基对产酶活力的影响

碳源、氮源(麸皮煮汁)	荞麦壳	稻壳粉	粟糠	谷糠	麦麸
酶活力/(mU/ml)	5.66	18.33	37.21	28.4	17.02

实验结果表明，仅用无机盐和谷物麸皮构成的培养基，而不再额外加入碳源、氮源对 490 菌株进行发酵培养后，发酵液中均能检测到阿魏酸酯酶的活力。谷物麸皮和麸皮煮汁为碳源、氮源发酵产酶活力有较大差异。粟糠和谷糠以煮汁的方式加入培养基中更有利于菌株产酶，而稻壳和荞麦壳不经处理后直接加入培养基中更有利于产阿魏酸酯酶。其原因可能是各种谷物麸皮的细胞壁结构不同，且水煮提取后各种营养成分的提出率也有较大差异，因此产阿魏酸酯酶的能力存在明显的差异。以谷物麸皮培养时，稻壳粉的产酶活力最高为 25.37mU/ml，而麦麸的产酶活力最低为 10.52mU/ml；以谷物麸皮煮汁培养时，粟糠的产酶活力最高为 37.21mU/ml，荞麦壳的产酶活力最低为 5.66mU/ml。据文献报道(Topakas et al.，2003)，富含半纤维素的碳源更有利于诱导阿魏酸酯酶的产生，由于各类谷物麸皮中纤维素、半纤维和木质素含量及比例组成不同，因此作为碳源时的诱导产酶能力也出现了较大的差异。谷物麸皮可作为产阿魏酸酯酶发酵培养中的有效成分。谷物麸皮作为一种农业副产物，来源丰富，用它做发酵产酶的培养基即可减少其他碳氮源的投入，又可实现废物利用，环保又经济。

由上述实验可见，粟糠煮汁作发酵培养基时产酶活力最高，为了进一步探讨粟糠煮汁在发酵培养基中的作用并提高发酵产酶的活力，考察了分别以粟糠煮汁为碳源、氮源条件下，加入其他氮源、碳源对发酵产酶的影响。

1. 粟糠煮汁为碳源

以 4%粟糠煮汁为碳源，1%的蛋白胨、尿素、酵母膏、麦芽浸粉、硫酸铵、硝酸钾为氮源，在相同培养条件下，测定发酵液的酶活力。从图 39-11 可以看出，当粟糠煮汁为碳源时产酶活力明显高于之前的实验结果。在之前的单因素发酵条件优化中，大多数条件下的产酶活力低于 25mU/ml，而本实验中，除硫酸铵外，其余 5 种氮源下产酶活力均高于 27mU/ml。用之前筛选出的最佳碳源、氮源(稻壳粉和麦芽浸粉)为培养基时，最高产酶活力为 44.48mU/ml，而本实验中用麦芽浸粉为氮源时，发酵液中的酶活高达 104.1mU/ml，其产酶活力较之前提高了 1.4 倍(表 39-9)。

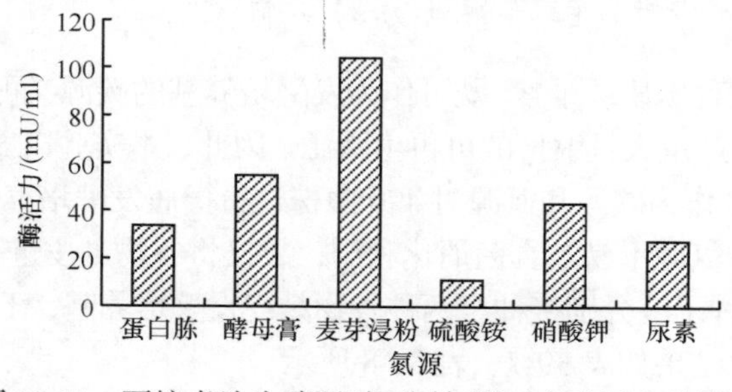

图 39-11　粟糠煮汁为碳源时不同氮源对产酶活力的影响

表 39-9　粟糠煮汁为碳源时不同氮源对产酶活力的影响

氮源	蛋白胨	酵母膏	麦芽浸粉	硫酸铵	硝酸钾	尿素
酶活力/(mU/ml)	33.70	55.10	104.1	11.32	43.41	27.77

2. 粟糠煮汁为氮源

以 4%粟糠煮汁为氮源，加入 2%的不同碳源，在相同培养条件下，测定发酵液产酶活力。根据之前的实验结果分别选择 4 种产酶活力较高的诱导性碳源(稻壳粉、荞麦壳)和非诱导性碳源(蔗糖、乳糖)进行试验。由图 39-12 可见，当粟糠煮汁为氮源时产酶活力明显高于相同条件下麦芽浸粉为氮源时的产酶活力。与之前的实验相似的是，诱导性碳源产酶活力均高于非诱导性碳源，其中稻壳粉的产酶活性最高为 43.14mU/ml(表 39-10)。

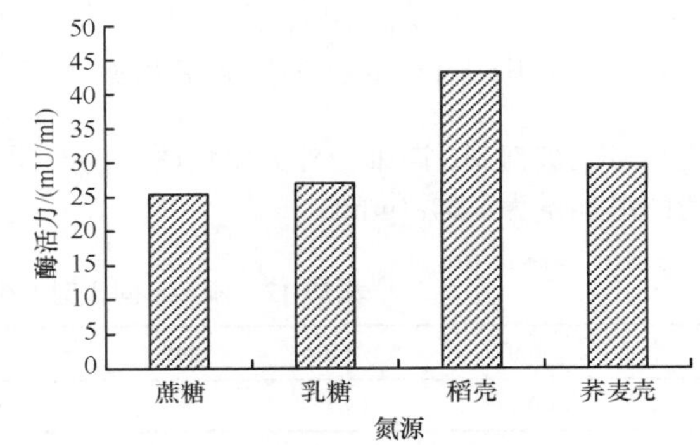

图 39-12　粟糠煮汁为氮源时不同碳源对产酶活力的影响

通过以上的实验可以发现粟糠煮汁更适合作为碳源，当粟糠煮汁为碳源、麦芽浸粉为氮源时，产阿魏酸酯酶的活力最高，因此笔者进一步对两者在发酵培养基中的添加量进行优化。

表 39-10　粟糠煮汁为氮源时不同碳源对产酶活力的影响

碳源	蔗糖	乳糖	稻壳粉	荞麦壳
酶活力/(mU/ml)	25.37	26.98	43.14	29.68

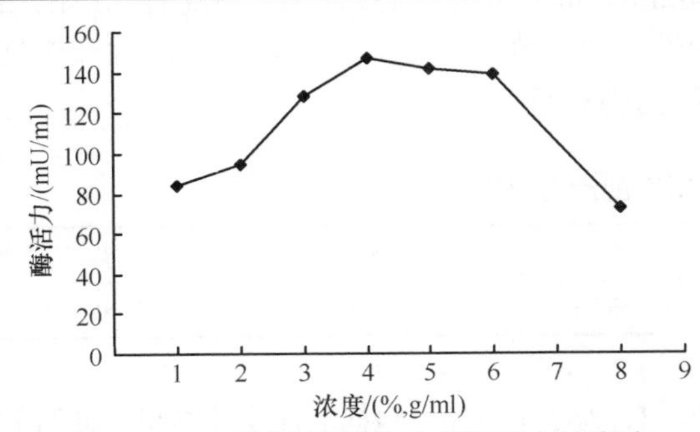

图 39-13　不同浓度粟糠对产酶活力的影响

(四) 不同浓度粟糠煮汁对产酶活力的影响

在 1%～8%的粟糠煮汁中加入 1%麦芽浸粉和 MSS-1，pH 自然，于 121℃灭菌 20min 后，接种 490 种子液，于 26℃、130r/min，摇床恒温振荡 5 天，将获得的发酵液离心并提取上清液进行酶活力测定，其结果如图 39-13 所示。随着碳源浓度从 1%升高至 4%，菌株的产酶活力不断提高，由 83.58mU/ml 上升至 146.7mU/ml。碳源浓度为 3%～6%时，酶活力相对较高并保持稳定；当浓度大于 6.0%时，酶活力反而呈下降趋势；当浓度为 8%时，活力仅为 72.79%。粟糠在培养基中的最佳添加浓度为 4.0%(表 39-11)。

表 39-11　不同浓度粟糠对产酶活力的影响

浓度/(%，g/ml)	1.0	2.0	3.0	4.0	5.0	6.0	8.0
酶活力/(mU/ml)	83.58	94.36	128.1	146.7	141.8	128.8	72.79

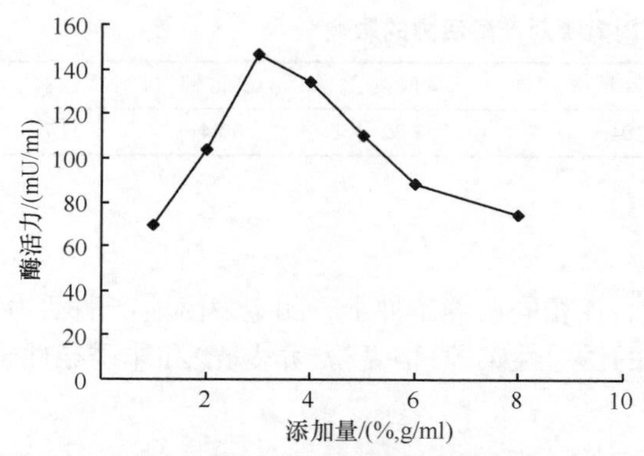

图 39-14　添加不同比例麦芽浸粉对产酶活力的影响

(五)不同浓度麦芽浸粉对产酶活力的影响

以 4%粟糠煮汁为碳源，考察添加不同浓度(1%～8%)的麦芽浸粉对 490 菌株发酵产酶的影响(图 39-14)。由表 39-12 可以看出，随着氮源添加比例的提高，发酵液中酶的活力逐渐升高，添加 3%的氮源酶的活力最高为 146.8mU/ml，当氮源添加量继续增大时，酶活力反而迅速下降。当过多的加入氮源后，真菌的生长可能被抑制，向细胞外分泌代谢产物的能力也有所下降，导致产酶活力降低。最适麦芽浸粉的添加量为 3.0%(g/ml)。

表 39-12　添加不同比例麦芽浸粉对产酶活力的影响

浓度/(%, g/ml)	1.0	2.0	3.0	4.0	5.0	6.0	8.0
酶活力/(mU/ml)	69.56	104.1	146.8	134.5	109.7	87.89	73.87

(六)培养基初始 pH 对产酶活力的影响

以 4%粟糠煮汁为碳源、3%麦芽浸粉为氮源，其他培养基组成不变，用 lmol HCl 和 lmol NaOH 调节产酶培养基的初始 pH，使培养基 pH 分别为 5.0、6.0、7.0、8.0 和 9.0。接种后于 26℃下发酵 5 天，测定发酵液的酶活力。从表 39-13 可以看出，培养基的起始 pH 对阿魏酸酯酶的产酶活力有较大影响，pH 为 6.0 和 7.0 时的产酶活力明显优于 pH 为 8.0 和 9.0 时。当培养基 pH 为 6.0 时，490 菌株产酶活力最高为 138.82mU/ml，当培养基 pH 大于 8.0 时，产酶活力低于 100mU/ml。这可能与 490 菌株自身生长特性有关，该菌株更易于生长在弱酸性和中性环境中，在碱性培养基中生长速率缓慢，因此产酶活力较低。

表 39-13　不同起始 pH 对产酶活力的影响

pH	5.0	6.0	7.0	8.0	9.0
酶活力/(mU/ml)	108.09	138.82	133.70	89.43	54.85

本实验中不同批次的发酵培养基配制后，其自然 pH 为 5.9～6.2，根据上述实验结果，此区间内菌株的产酶活力最高，故以后的发酵实验中培养基的起始 pH 为自然，不在对其另加调节。

(七)培养温度对产酶活力的影响

在发酵过程中，温度的控制是保证微生物正常生长、产物正常合成的必要条件，因为只有在适宜温度下才能保证微生物正常生长、产物正常合成所需要酶的活性，所以在发酵系统中必须选择合适的温度环境。发酵温度过高，菌体的生长代谢旺盛，表现为易于衰老，发酵周期缩短，最终影响产物的产量；而发酵温度过低，会使微生物生长缓慢，产物产量降低。另外，温度还会通过改变发酵液的物理性质，间接影响发酵液中的溶氧、基质的传递速率及菌对这些物质的分解吸收速率。

本实验以 4%粟糠煮汁为碳源、3%麦芽浸粉为氮源，其他培养条件不变，将 490 菌株分别在 24℃、26℃、28℃、30℃、34℃下发酵培养 5 天，测定发酵液的酶活力，结果如表 39-14 所示。从实验数据可以看出，490 菌株发酵产阿魏酸酯酶的过程对温度并不敏感，在 24～30℃培养条件下，产酶活力较高且无明显变化，但随着温度的升高产酶活力呈下降趋势，温度为 34℃时的产酶活力下降近一半，故选用的最适培养温度为 26℃。

表 39-14　不同培养温度对产酶活力的影响

温度/℃	24	26	28	30	34
酶活力/(mU/ml)	134.02	136.67	135.32	133.97	70.72

(八)添加剂对产酶活力的影响

1. 诱导物

以 4%粟糠煮汁为碳源、3%麦芽浸粉为氮源的培养基中，加入不同比例的阿魏酸甲酯、阿魏酸乙酯及阿魏酸，考察 3 种诱导物对 490 菌株产酶活力的影响，以不添加任何诱导物时的产酶活力为 100%，计算其他条件下的相对活力。

由表 39-15～表 39-17 可见，向发酵培养基中添加酶水解产物 490 菌株的产酶能力优于添加底物后的产酶活力。当培养基中添加不同比例的阿魏酸甲酯和阿魏酸乙酯时，490 菌株产酶活力显著下降，当添加比例高于 1.0g/ml 时，490 菌株的产酶活力为零。当培养基中加入低浓度的阿魏酸时，对 490 菌株的产酶能力无显著影响，当添加量为 0.1g/ml 时，产酶活力高达 156.2mU/ml，酶的活力为不添加时的 1.2 倍；当阿魏酸的添加量大于 0.1g/ml 后，发酵液中酶的活力明显下降趋势。说明培养基中加入适量的阿魏酸可对菌株发酵产酶起一定的诱导作用，当加入量过大时反而对菌株的发酵产酶起到阻遏作用。

表 39-15　添加不同比例的阿魏酸甲酯对产酶活力的影响

活力	添加量/(%，g/ml)				
	0	0.1	0.5	1.0	2.0
酶活力/(mU/ml)	130.2	54.73	7.27	0	0
相对活力/%	100%	42.0	5.59	0	0

表 39-16　添加不同比例的阿魏酸乙酯对产酶活力的影响

活力	添加量/(%，g/ml)				
	0	0.1	0.5	1.0	2.0
酶活力(mU/ml)	130.2	45.02	8.088	0	0
相对活力/%	100%	34.6	6.21	0	0

表 39-17　添加不同比例的阿魏酸对产酶活力的影响

活力	添加量/(%，g/ml)						
	0	0.05	0.1	0.2	0.5	1.0	2.0
酶活力/(mU/ml)	130.2	129.5	156.2	130.2	125.6	35.86	8.897
相对活力/%	100%	99.4	120.0	100	96.5	27.5	6.83

发酵产酶过程中，阻遏作用可分为产物阻遏和分解代谢物阻遏两种。本实验中，添加酶反应底物时 490 菌株的产酶活力低于添加酶水解产物时的产酶活力，其可能原因是分解代谢物阻遏作用在这一发酵过程占主导地位，阿魏酸酯加入培养基后快速被发酵过程中产生的阿魏酸酯酶水解，水解后的产物堆积抑制了酶向胞外分泌。另外，酯类物质可能对菌的生长有一定的抑制作用。而在发酵过程中加入较少量的阿魏酸，可能有效改善了发酵培养的微环境，使菌更有利于生长并产酶，而过多的阿魏酸会产生产物阻遏作用，抑制酶的产生。

2. 表面活性剂

以 4%粟糠煮汁为碳源、3%麦芽浸粉为氮源的培养基中，加入不同比例的 Tween-20、Tween-80 及 Triton X-100，考察 3 种非离子表面活性剂对 490 菌株发酵产酶活力的影响，以不添加任何表面活性剂时的产酶活力为 100%，结果如表 39-18～表 39-20 所示。

表 39-18 添加 Triton X-100 对产酶活力的影响

活力	添加量/(%，g/ml)			
	0	0.2	0.5	1.0
酶活力/(mU/ml)	130.2	103.5	45.02	23.99
相对活力/%	100	79.5	34.6	18.4

表 39-19 添加 Tween-80 对产酶活力的影响

活力	添加量/(%，g/ml)			
	0	0.2	0.5	1.0
酶活力/(mU/ml)	130.2	107.8	87.36	50.96
相对活力/%	100	82.8	67.1	39.1

表 39-20 添加 Tween-20 对产酶活力的影响

活力	添加量/(%，g/ml)						
	0	0.05	0.1	0.2	0.5	1.0	2.0
酶活力/(mU/ml)	130.2	118.1	119.7	133.2	132.1	115.4	107.8
相对活力/%	100	90.7	91.2	102.3	101.4	88.6	82.8

由表39-18～表39-20 可见，添加 Tween-20 对 490 菌株产酶活力的影响效果优于 Tween-80 和 Triton X-100，向发酵培养基中加入不同比例的 Tween-80 和 Triton X-100 对 490 菌株产酶能力均有一定的抑制作用，而加入 0.05%～0.2%的 Tween-20 对阿魏酸酯酶的活力并无明显影响，当其添加比例高于 1.0%时，酶活力有明显的下降。由此可见，3 种表面活性剂对 490 菌株的产酶能力均没有明显的诱导或激活作用，因此可以不必添加。

（九）490 菌株发酵产阿魏酸酯酶的生长曲线

通过以上实验，对 490 菌株发酵产阿魏酸酯酶的培养条件进行了优化，得到最佳的培养条件为：碳源为 4%粟糠煮汁，氮源为 3%麦芽浸粉，温度为 26℃，pH 自然，诱导物为 0.1%阿魏酸。在最佳条件下，490 菌株的产酶活力最高可达 146.7mU/ml，约为优化前的 4 倍。将 490 菌株接种于上述最适培养基中摇床振荡培养，考察不同培养时间下菌体量及产酶的动态变化。

由图 39-15 可见，培养初期（0～4 天）随着培养时间的增长，菌体的浓度和阿魏酸酯酶的活力均呈现快速上升趋势，菌体浓度由 7.5mg/ml 上升至 24.1mg/ml，酶活力由 71.7mU/ml 提高至 108.5mU/ml；培养至第 5 天菌体浓度和酶活力达到最高点，分别为 72.0mg/ml 和 146.7mU/ml；培养 5～7 天时发酵液中菌体生长及产酶能力达到相对稳定的状态；在培养后期（7～11 天）菌体浓度与酶活力迅速下降，当培养至第 7 天时，菌体的浓度与酶活力为 71.8mg/ml 和 128.3mU/ml，当培养至第 11 天时，菌体的浓度与酶活力低至 48.8mg/ml 和 96.7mU/ml。

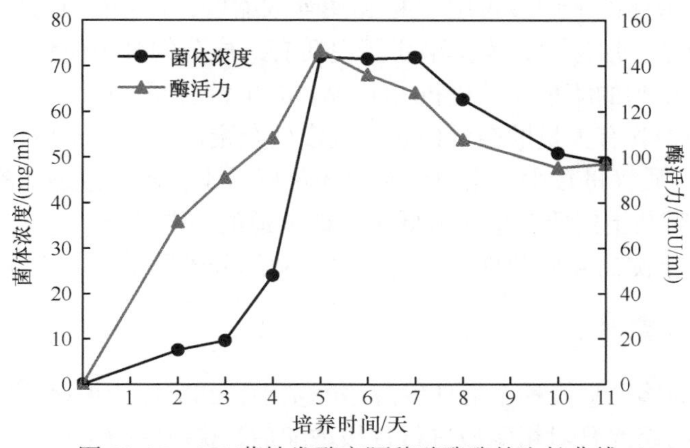

图 39-15　490 菌株发酵产阿魏酸酯酶的生长曲线

490 菌株发酵产酶的生长特性属于同步合成型，即酶的生物合成与细胞生长同步进行的一种酶生物合成模式，该类型酶的生物合成速率与细胞生长速率紧密联系，又称为生长偶联型。该合成型的酶，其生物合成伴随着细胞的生长而开始；在细胞进入旺盛生长期时，酶大量生成；当细胞生长进入平衡期后，酶的合成随着停止；当细胞生长进入衰退期后，酶活力迅速下降。

（十）发酵粗酶液的浓缩

为了进一步研究 490 菌株产生阿魏酸酯酶的酶学性质，将发酵粗酶液用 5 种不同的方法进行浓缩处理，实验中发现用 TCA、丙酮和硫酸铵沉淀法得到的蛋白质沉淀用 PBS 重悬后，有部分蛋白质不溶解，可能是这 3 种浓缩方法比较剧烈从而破坏了蛋白质的二级结构，在浓缩过程中，有部分蛋白质已发生了变性。而透析袋和超滤法进行浓缩后，无蛋白质沉淀现象发生。

将浓缩后的蛋白质溶液进行蛋白质含量及活力测定，结果如表 39-21 所示。从实验结果来看，用物理方法进行浓缩优于化学方法，其中用超滤法进行浓缩，效果最佳，其回收率最接近于 100%，经浓缩后粗酶液的比活由 14.54U/g 提高至 24.84U/g，故选择超滤法对粗酶液进行浓缩并进行下一步的实验。

表 39-21　不同浓缩方法对粗酶液浓缩的影响

项目	浓缩方法							
	丙酮	TCA	$(NH_4)_2SO_4$	透析袋	U1	U2	D1	D2
酶活力/(mU/ml)	149.6	19.41	43.95	132.6	69.86	313.9	0	5.771
蛋白质含量/(mg/ml)	13.8	1.39	6.45	11.7	3.06	12.64	3.04	3.98
比活/(U/g)	10.84	13.96	6.81	11.33	22.83	24.84	0	1.45
回收率/%	24.5	30.2	35.9	86.8	94.2			

为了在粗酶液浓缩的同时实验初步提纯的效果，笔者采用逐级超滤的方法对酶液进行浓缩。当发酵液通过 10K 超滤膜时，分子质量小于 10kDa 的小分子物质可透过滤膜分布于超滤管的下层被去除，而分子质量大于 10kDa 的蛋白质被保留于超滤管的上层；将此上层液接着用 30K 超滤管浓缩后，可除去发酵液中大量的杂蛋白质，保留分子质量大于 10kDa 的部分。将每次浓缩后超滤管中上、下层液进行酶活检测，发现酶液经 10K 超滤管浓缩后，下层液无酶活力，将 10K 超滤浓缩的上层液再用 30K 超滤管浓缩后，下层液中酶的比活极低几乎为零，可见大多数酶分子位于上层液中，发酵液中蛋白质有效成分的分子质量应大于 30kDa。

将各种浓缩方法得到的酶浓缩液进行 SDS-PAGE 电泳分析，其结果显示，490 菌株经摇瓶振荡培养后其发酵液中含有大量的杂蛋白质，大多数杂蛋白质的分子质量都在 45kDa 以上，小于 35kDa 的杂蛋白质含量较少。由电泳结果还可以看出，超滤浓缩对粗酶液有一定的纯化作用，在 U2 泳道中时杂蛋白质含量明显低于其他泳道的。电泳结果结合逐次超滤浓缩后上、下层液的酶活，可以推测出 490 菌株所产阿魏酸酯酶的分子质量应大于 30kDa。

（十一）粗酶液的酶学性质

将种子液以 5%的接种量接种至最佳发酵培养基中，26℃摇床振荡培养 5 天后离心收集粗酶液，用 10K、30K 的超滤管对粗酶液进行逐级浓缩后，获得的酶浓缩液用于阿魏酸酯酶酶学性质的研究。

1. 最适温度及温度稳定性

温度对酶解反应的影响是两个因素综合作用的结果：一方面升高反应温度可以提高酶解反应速率；另一方面随着温度的升高，酶蛋白的热变性失活效应增强，从而降低酶解反应速率。当前者起主导作用时（一般为较低的温度范围内），酶活力表现为随体系温度升高而提高：反之，当酶蛋白出现热变性情况时，酶活力随温度升高而降低，两者的交叉点即为“最适温度”点。同理，温度对酶的稳定性也有显著的影响，主要原因也在于酶蛋白的热变性效应。另外，温度对酶的影响也随着酶所处体系环境的变化而变化（Beg et al.，2001；Williamson and Vallejo，1997）。

图 39-16 为不同温度（35～65℃）下测得的阿魏酸酯酶活力，以最高活力为 100%计算其他条件下的相对活力。可以看出，阿魏酸酯酶的酶活呈现钟罩状图，在 45℃时酶活最高，酶活力为 136.5mU/ml，往两边逐渐递减。当温度超过 45℃后，酶活力快速下降；在 40℃和 50℃时酶活力分别为最高酶活的 95.6%和 93.2%，当温度高于 55℃后酶活快速下降，当温度为 65℃时相对活力仅为 40.2%。这是因为温度升高，酶促反应速率加快，酶活升高。而超过其最适温度后，过高的温度会导致酶蛋白开始变性，酶活开始下降。此外底物在高温条件下变得不稳定，自身会发生降解使底物浓度减小，影响酶活检测。故 45℃是阿魏酸酯酶的最佳反应温度。

将阿魏酸酯酶溶液在不同温度（40～80℃）下保温 1h 后，测定不同温度下酶液的残余活力（图 39-17）。随着温度的升高，阿魏酸酯酶的活力呈逐渐下降的趋势。阿魏酸酯酶在 50℃以下稳定性较好，保温 1h 后，仍保留有 95%以上的活性；而当温度超过 55℃时，随着温度的升高酶的稳定性快速下降。阿魏酸酯酶在 55℃时的残留活力为 87.2%，而当温度升到 80℃时，仅残余 20.7%的活力。经计算表明，阿魏酸酯酶的半失活温度（$t_{1/2}$）为 66.7℃，为不耐高温的酶。

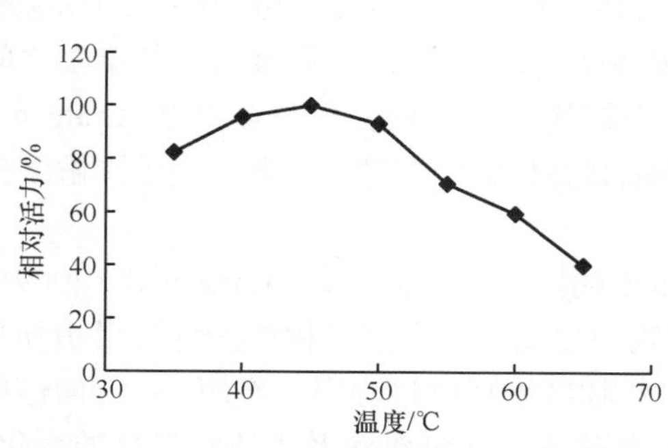

图 39-16　不同温度对阿魏酸酯酶活力的影响

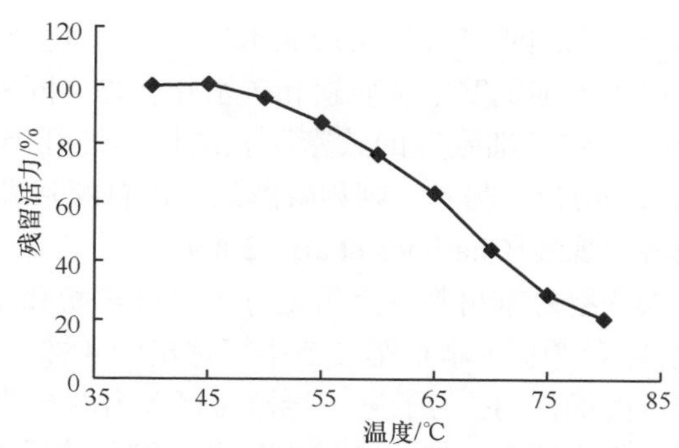

图 39-17　阿魏酸酯酶在不同温度下的稳定性

2. 最适 pH 及 pH 稳定性

反应环境的酸碱度对酶活性及稳定性的影响是多重效应的综合体现。环境过酸或过碱可能导致酶蛋白上维持构象至关重要的氨基酸残基的解离状态发生变化,从而影响酶蛋白的催化活性及酶蛋白的稳定性。因此，在一定的 pH 条件下，酶有最高活性及最佳稳定性，pH 过高或过低，两者均会下降。但是，最适 pH 有时因底物种类、浓度及缓冲溶液的组成不同而不同，因此在应用时有一定的条件限制(Isabelle et al.，2006)。

图 39-18 为不同 pH 缓冲体系下测定的阿魏酸酯酶的相对活力，结果发现 pH 对酶的活力有明显的影响。pH 为 6.0 时，酶活力最高，随着 pH 的升高或降低，酶的活力呈快速下降趋势。pH 为 5.5～6.5 时，pH 对阿魏酸酯酶活力的影响较小，相对活力均保持在原始活力的 90%以上。阿魏酸酯酶在酸性环境下的酶活力低于碱性环境下的，当 pH＞6.5 后酶活力有所下降，即使 pH 达到 8.0,其活力仍保持最高活性的 70.2%,而当 pH 为 4.0 时,酶的相对活力仅为 40.1%。

图 39-19 为 pH 对阿魏酸酯酶稳定性的影响，其结果与反应介质 pH 对酶活力的影响有明显差异，pH 对阿魏酸酯酶的稳定性影响较小。在 pH 为 4.0～8.0 时，阿魏酸酯酶均保持较高的酶活性，残余活力均大于 85%。在酸性条件和碱性条件下酶的残余活力差异较小，当 pH 为 3.0 时，阿魏酸酯酶的活力为起始活力的 79.2%；在 pH 为 9.0 时，剩余活力为 74.6%。

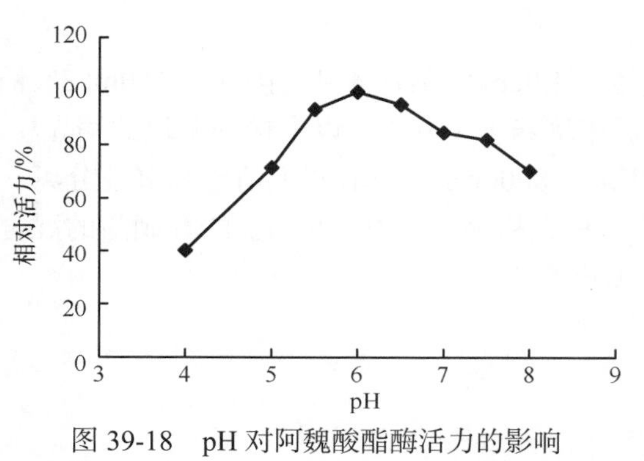

图 39-18　pH 对阿魏酸酯酶活力的影响

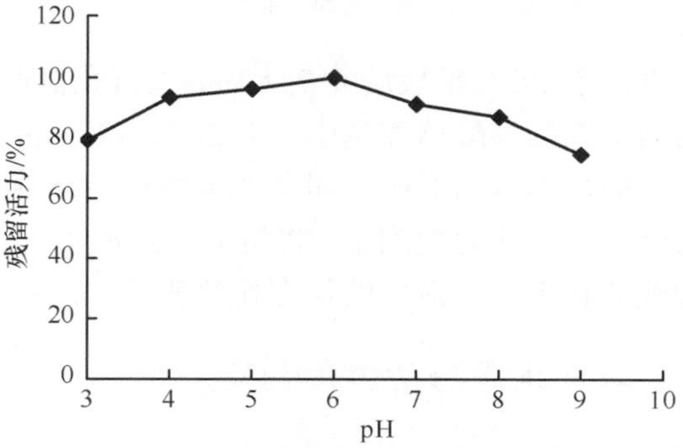

图 39-19　pH 对阿魏酸酯酶稳定性的影响

第五节　4 株真菌对植物纤维降解作用

非木材类木质纤维素材料(如谷物麸皮、秸秆等)，由于原料中的木质素与碳水化合物以酯键、醚键和缩酮键等连接形成木质素-碳水化合物复合体(LCC)，难以被有效脱除。阿魏酸酯酶可以水解细胞壁中木质素和碳水化合物之间的阿魏酸酯键，从而打断木质素与半纤维素之间的连接，破坏细胞壁的致密网状结构，使纤维素原料结构变得疏松，更易被降解(Craig and Faulds，2010)。另外，阿魏酸酯酶可以打断阿魏酸和细胞壁材料中多糖的交联，高效降解多糖并获得阿魏酸(Charilaos et al.，2009)。

农作物纤维材料的降解是一个纤维素酶和半纤维素酶协同作用的过程(Maria et al.，2009)。因此，笔者考察了本章第二节中筛选出的4株药用植物内生真菌在发酵过程中产纤维素酶和半纤维素酶的活力。为了进一步探讨筛选出的真菌在农作物纤维降解过程中的作用，一方面选用稻壳粉作为原料，考察4株内生真菌发酵前后稻壳中纤维素、半纤维素及木质素组分的变化；另一方面，对产酶培养基优化后，将多菌株的混合发酵液用于水解几种农作物纤维，考察其产阿魏酸和还原糖的水解效率。

一、实验材料

(一)菌株

4株内生真菌编号分别为144、211、490、3190。

(二)发酵培养基

培养基的组成同本章第四节中谷物麸皮提取液培养基，再加入3%的麦芽浸粉。3，5-二硝基水杨酸(DNS)溶液的配制为：取92.5g 酒石酸钾钠，加入250ml热水中，搅拌溶解之后，将2.5g结晶酚、2.5g $NaCO_3$ 加入到含酒石酸钾钠溶液中，同时加入131ml 2mol NaOH和3.15g 3，5-二硝基水杨酸，搅拌溶解后移入500ml容量瓶定容，棕色瓶储存。

二、实验方法

(一)真菌液态发酵降解稻壳粉

真菌于PDA平板培养7天后，用打孔器取直径为1.0cm的菌片4片，接种于100ml 3%稻壳粉为碳源的发酵培养基中，于26℃ 140r/min，摇床培养1～10天，以未接种菌块的稻壳粉-液态发酵培养基为对照。间隔2天取样，培养结束后，8000r/min离心将上清液和沉淀分离。上清液用于酶活力的测定，将沉淀自然风干，菌体与稻壳粉手工分离，并用盐酸和硝酸的混合液冲洗消除菌体，最后的稻壳粉残渣经水洗后 60℃烘干。

(二)纤维素酶活力的测定

1. 纤维二糖水解酶

以对硝基苯纤维二糖苷(pNPC)为反应底物，0.2mol、pH 4.6乙酸-乙酸钠为反应介质，通过测定水解产生对硝基苯酚(pNP)的量来计算纤维二糖水解酶(CBH)的活力(Albino et al.，2010)。具体步骤为：0.1ml酶液加入到0.2ml乙酸-乙酸钠中保温5min后，加入0.2ml、2mmol pNPC，于50℃下反应20min后，加入0.5ml、0.5mol $NaCO_3$ 终止反应，室温下放置5min 后，测定 400nm 下的吸光值。

2. 内切葡聚糖酶

以羧甲基纤维素钠(CMC_{Na})为反应底物，0.2mol、pH 4.6 的乙酸-乙酸钠为反应介质，通过测定水解产生还原糖（葡萄糖）的量来计算内切葡聚糖酶(EG)的活力（董国强等，1989）。具体步骤为：0.1ml 酶液加入到 0.1ml 2%的 CMC_{Na} 底物溶液中，于 50℃下反应 30min 后，加入 0.6ml DNS 沸水煮 5min 后，加 H_2O 定容至 5ml，测定 540nm 下的吸光值。

3. β-葡萄糖苷酶

以对硝基苯基-β-D-吡喃葡萄糖苷(pNPG)为底物，0.2mol、pH 4.6 的乙酸-乙酸钠为反应介质，通过测定水解产生对硝基苯酚的量来计算β-葡萄糖苷酶(BG)的活力。具体步骤为：配制 5mmol pNPG 溶液(用乙酸-乙酸钠缓冲液作溶剂)，取 0.1ml 酶液加入到 0.4ml 底物溶液中充分混合，于 50℃下反应 10min 后加入 0.5ml、0.5mol $NaCO_3$ 终止反应，室温下放置 5min 后，测定 400nm 下的吸光值。

4. 滤纸酶

以 1cm×3cm 滤纸条为反应底物，通过测定水解产生还原糖（葡萄糖）的量来计算滤纸酶(FPA)的活力。具体步骤为：将滤纸条切成 4 块加入到 0.3～0.5ml 酶液中，用 H_2O 定容至 1.0ml，于 50℃下反应 40min 后加入 3ml DNS 沸水煮 5min，加 H_2O 定容至 10ml，冷却至室温后，测定 540nm 下的吸光值。

（三）半纤维素酶活力的测定

1. 半纤维素酶

以半纤维素作为反应底物，0.2mol、pH 4.6 的乙酸-乙酸钠作为反应介质，通过测定水解产生还原糖(木糖)的量来计算半纤维素酶(HCE)的活力。具体步骤为：0.1ml 酶液加入到 0.1ml 2%的半纤维素底物溶液中，于 50℃下反应 30min 后，加入 0.6ml DNS 沸水煮 5min 后，加 H_2O 定容至 5ml，测定 540nm 下的吸光值(Bradner et al.，1999)。

2. 木聚糖酶

以桦木木聚糖(xylan)为反应底物，0.2mol、pH 4.6 的乙酸-乙酸钠为反应介质，通过测定水解产生还原糖（木糖）的量来计算木聚糖酶(XYL)的活力。具体步骤为：0.1ml 酶液加入到 0.1ml 2%的木聚糖底物溶液中，于 50℃下反应 15min 后，加入 0.6ml DNS 沸水煮 5min 后，加 H_2O 定容至 5ml，测定 540nm 下的吸光值(李彩霞等，2001)。

3. 阿魏酸酯酶

以阿魏酸甲酯为底物，活力测定方法同本章第二节。

4. 阿拉伯呋喃糖苷酶

以对硝基苯基 α-L-呋喃葡萄糖苷(pNPAF)为底物，0.1mol、pH 6.0 PBS 为反应介质，通过测定水解产生对硝基苯酚的量来计算阿拉伯呋喃糖苷酶(AraF)的活力(Gianni et al., 2007)。具体步骤为：0.1ml 酶液加入到 0.35ml PBS 中保温 5min 后，加入 0.05ml、1mmol pNPAF，于 45℃下反应 10min 后，加入 0.5ml、0.5mol $NaCO_3$ 终止反应，室温下放置 5min 后，测定 400nm 下的吸光值。

5. 酶活力的计算公式：

$$\text{酶活性}(\mathrm{U/ml})=\frac{C\times N}{T\times V}$$

式中，C 为对硝基苯酚、葡萄糖、木糖的浓度，μmol；N 为酶液的稀释倍数；T 为反应时间，min；V 为加入酶液的体积，ml。

(四) 标准曲线的绘制

1. 还原糖的标准曲线

用去离子水配制 1mg/ml 的 D-葡萄糖和 D-木糖标准溶液，按照表 39-22、表 39-23 所示将还原糖标准溶液与 H_2O 依次加入试管中，测定 540nm 处的吸光值，每个样品重复 3 次。以还原糖的浓度为横坐标，吸光值为纵坐标绘制标准曲线图。

表 39-22　1ml 的反应体系

项目	1	2	3	4	5	6
还原糖溶液/ml	0	0.2	0.4	0.6	0.8	1.0
H_2O/ml	1.0	0.8	0.6	0.4	0.2	0

表 39-23　0.2ml 的反应体系

项目	1	2	3	4	5	6
还原糖溶液/ml	0	0.04	0.08	0.12	0.16	0.2
H_2O/ml	0.2	0.16	0.12	0.06	0.04	0

注：加入 0.6ml DNS 沸水煮 5min 后，加 H_2O 定容至 5ml

2. 对硝基苯酚的标准曲线

用 0.2mol，pH 4.6 乙酸-乙酸钠配制 50mmol 的对硝基苯酚标准溶液，按照表 39-24 所示将标准溶液与缓冲液依次加入试管中，测定 400nm 下的吸光值，每个样品重复 3 次。以对硝基苯酚浓度为横坐标，吸光值为纵坐标绘制标准曲线图。

表 39-24　对硝基苯酚标准曲线

项目	1	2	3	4	5	6
还原糖溶液/ml	0	0.1	0.2	0.3	0.4	0.5
H_2O/ml	0.5	0.4	0.3	0.2	0.1	0

注：加入 0.5ml、0.5mol $NaCO_3$

(五)发酵前后稻壳粉中各组分含量的测定

发酵前后稻壳粉中纤维素、半纤维和木质素的含量，使用Foss公司 Fibertec 2010纤维分析仪进行测定(实验方法见Foss应用简报AN3434 1·2)。

(六)稻壳粉的降解率

以发酵前后培养基中稻壳粉的失重来计算降解率，计算公式为

$$Y=\frac{W_0-W_1}{W_0}\times 100\%$$

式中，Y为稻壳降解率，%；W_0为培养基中起始稻壳粉的质量，g；W_1为发酵培养后剩余稻壳粉的质量，g。

(七)纤维素材料中阿魏酸含量的测定

采用碱水解法：称取1g纤维材料，加入10ml 1%的NaOH，在常温下避光浸泡6h后，用尼龙布挤压过滤，滤渣用水洗2次，合并滤液，暗中静置1h，5000r/min离心20min，上清液定容至20ml，取1ml溶液，加95%的乙醇9ml，搅拌，5000r/min离心10min，采用分光光度法测定上清液中阿魏酸的含量(Rybka et al.，1993)。

(八)纤维材料中还原糖的含量测定

采用酸水解法：取一定量的纤维材料，加入10倍体积的5%盐酸在121℃下水解30min，用尼龙布挤压过滤，滤液用NaOH调制pH至中性，采用DNS法测定还原糖含量(以葡萄糖制作标准曲线)(Ou et al.，2001)。

(九)酶液水解不同的农作物纤维

将发酵液超滤浓缩10倍，取5ml浓缩液，加入15ml、0.1mol pH 4.6的乙酸-乙酸钠缓冲液中，再加入2g 农作物纤维，50℃下摇床振荡反应，检测不同反应时间反应体系中阿魏酸及还原糖含量的动态变化。

三、实验结果与讨论

(一)标准曲线的绘制

1. 0.2ml反应体系下的标准曲线

当反应体系总体积为0.2ml时，还原糖的标准曲线见图39-20。葡萄糖标准曲线的线性回归方程为：$y=0.5108x-0.0031$，R^2=0.9996；木糖标准曲线的线性回归方程为：$y=0.5876x-0.0047$，$R^2=0.9996$。

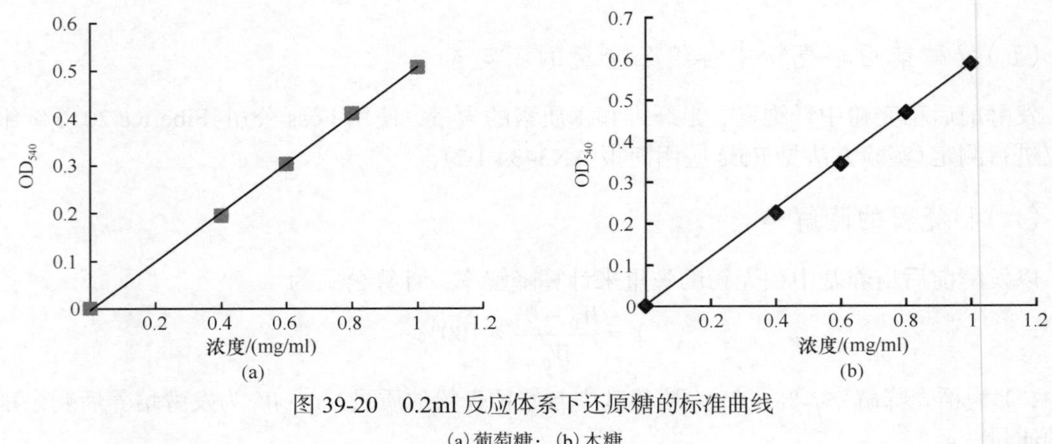

图 39-20　0.2ml 反应体系下还原糖的标准曲线

(a) 葡萄糖；(b) 木糖

2. 1.0ml 反应体系下的标准曲线

在测定滤纸酶活时，反应体系的体积为 1.0ml，因此当反应体系为 1.0ml 时，葡萄糖的标准曲线见图 39-21。线性回归方程为：$y = 1.4494x - 0.0044$，$R^2 = 0.9989$。

3. 对硝基苯酚的标准曲线

纤维二糖水解酶、β-葡萄糖苷酶和阿拉伯呋喃糖苷酶活力的测定是以最终水解产物对硝基苯酚的量来进行计算的。对硝基苯酚标准曲线的线性回归方程为：$y = 9.4429x - 0.0015$，$R^2 = 0.9999$（图 39-22）。

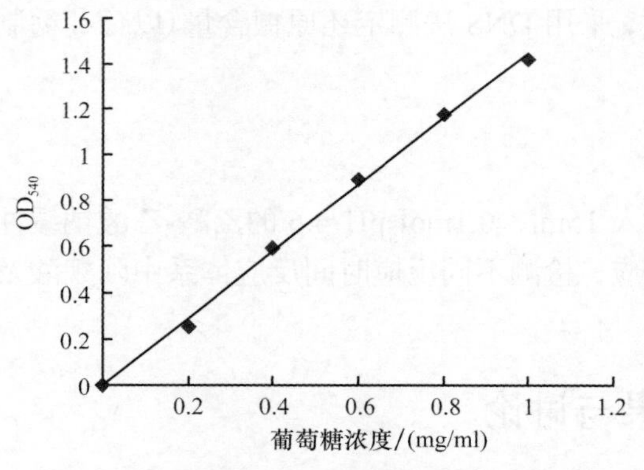

图 39-21　1.0ml 反应体系下葡萄糖的标准曲线

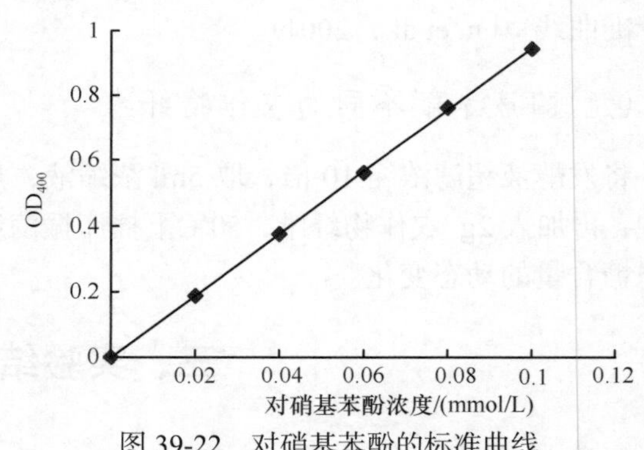

图 39-22　对硝基苯酚的标准曲线

（二）4 株真菌对稻壳粉的降解

将 144、211、490、3190 4 株真菌接种于以 4% 稻壳粉为碳源的液体发酵培养基中，分别检测培养第 2 天、4 天、6 天、8 天、10 天后发酵液中 4 种纤维素酶活和 4 种半纤维素酶活，以及发酵液中残留的稻壳粉中纤维素、半纤维素和木质素的含量。

1. 发酵过程中的产酶动态变化

图 39-23～图 39-30 为 4 株内生真菌发酵不同时间下，发酵液中 8 种酶活力的动态变化。

从结果可以看出，4 种真菌在发酵过程中均能产生纤维素酶和半纤维素酶，而每个菌株间的产酶特性有较大差异；随着发酵时间的延长，4 株菌株的产酶活力不断上升，对于多个菌株来说，在培养 6～7 天时产半纤维素酶的活力达到最高点，而产纤维素酶活力的最高点出现均在第 8 天。由于这些真菌起初是以产阿魏酸酯酶为标准筛选获得的，因此这些真菌体现出的半纤维素酶活略高于纤维素酶活。

4 个菌株的产酶能力差异较大，490 菌株产阿魏酸酯酶、木聚糖酶、内切葡聚糖酶和纤维二糖水解酶的能力优于其他菌株，其最高活力分别为 59.2mU/ml、24.4mU/ml、9.91mU/ml 和 189.9mU/ml；144 菌株产阿拉伯呋喃糖苷酶和β-葡萄糖苷酶的活力高于其他菌株，其最高活力为 40.4mU/ml 和 24.4mU/ml。211 菌株产β-葡萄糖苷酶、内切葡聚糖酶和纤维二糖水解酶能力最低，发酵过程中的最高活力分别为 7.6mU/ml、4.2mU/ml 和 124.6mU/ml；3190 菌株产阿魏酸酯酶、木聚糖酶和阿拉伯呋喃糖苷酶能力最低，最高活力仅为 37.8mU/ml、13.4mU/ml 和 1.6mU/ml。

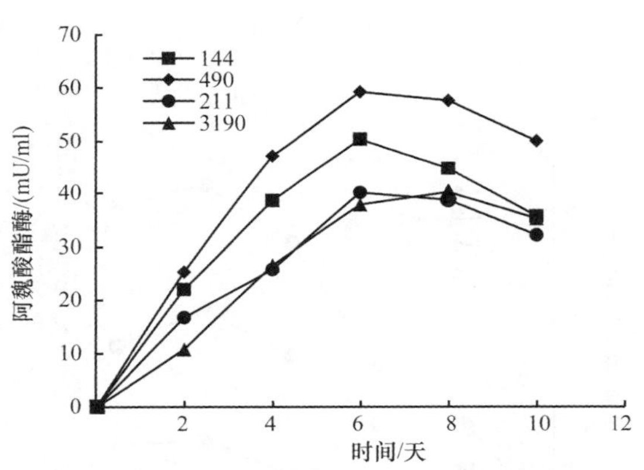

图 39-23　4 株真菌产阿魏酸酯酶活力的动态变化

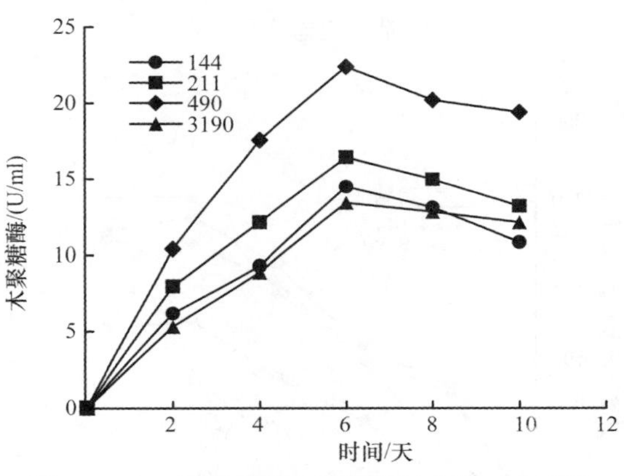

图 39-24　4 株真菌产木聚糖酶活力的动态变化

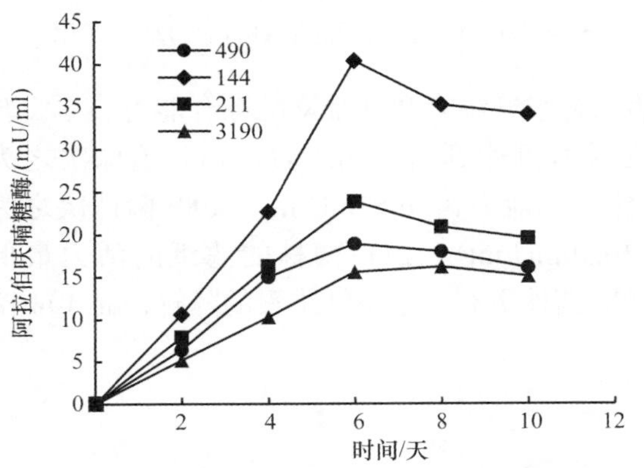

图 39-25　4 株真菌产阿拉伯呋喃糖酶活力的动态变化

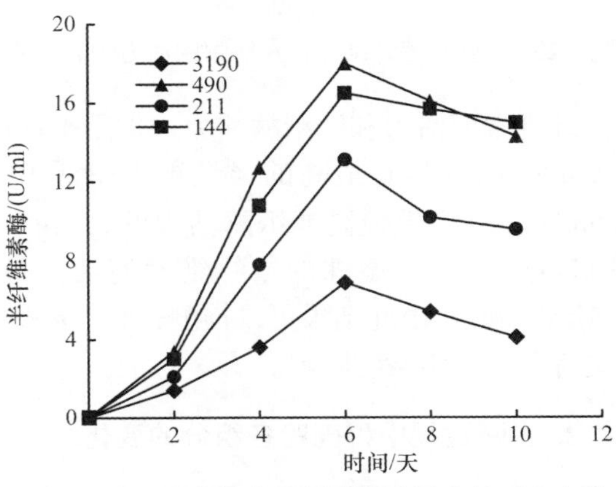

图 39-26　4 株真菌产半纤维素酶活力的动态变化

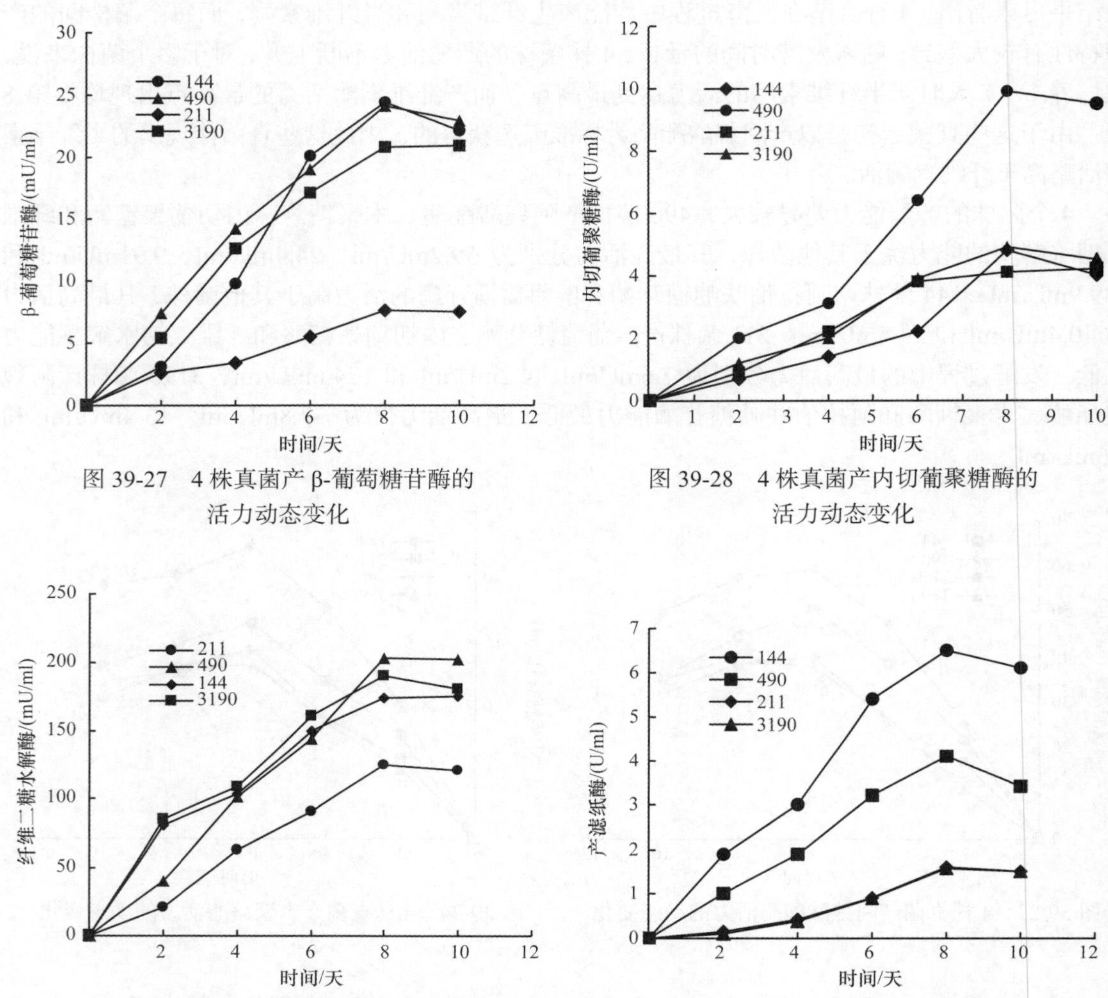

图 39-27　4 株真菌产 β-葡萄糖苷酶的活力动态变化

图 39-28　4 株真菌产内切葡聚糖酶的活力动态变化

图 39-29　4 株真菌纤维二糖水解酶的活力动态变化

图 39-30　4 株真菌产滤纸酶的活力动态变化

纤维素酶活力和滤纸酶活力通常用来评价酶水解半纤维素和纤维素的综合能力。本实验中，490 菌株具有最高的半纤维素酶活力，其活力可达到 18.0mU/ml，144 菌株次之为 16.5mU/ml；产生最高滤纸酶活力的为 144 菌株，其活力为 6.57mU/ml，490 菌株次之为 4.1mU/ml；3190 菌株的半纤维素酶活力最低(6.90mU/ml)；211 菌株的滤纸酶活力最低(1.57mU/ml)。由此结果可以推测，4 个菌株中 490 菌株更有利于半纤维素的降解，而 144 菌株更有利于纤维素的降解。

2. 发酵过程中稻壳粉各组分的变化

本试验采用纤维素测定仪来检测发酵不同时间下培养基稻壳中纤维素、半纤维素及木质素的含量变化。Fibertec2010 型纤维素测定仪是采用化学和物理相结合的方式进行纤维素、半纤维素和酸性洗涤木质素(ADL)成分测定的(毛秀云等，2004；戴云辉等，2009)。

图 39-31～图 39-33 分别为稻壳粉中各组分含量随时间变化的情况，以不接菌培养基相同条件下震荡培养作为空白对照。结果发现，不接菌情况下，发酵培养基对稻壳粉无降

解作用，随着培养时间的增长稻壳粉中 3 种组分的含量无明显变化。4 个菌种在液态发酵培养过程中不断产生各种纤维素酶和半纤维素酶，同时，这些酶对稻壳粉有不同程度的降解作用；产酶活力的变化与稻壳中各组分的变化呈正相关，当产酶活力高时，其降解能力也随之提高；随培养时间的增长，稻壳中纤维素、半纤维素和木质素的残留量呈逐渐下降趋势。稻壳粉中各组分起始含量分别为 22.9%(纤维素)、20.9%(半纤维素)和 18.8%(木质素)，培养 6 天后稻壳中各纤维素的含量分别降至 16.4%(144 菌株)、18.2%(490 菌株)、19.0%(3190 菌株)和 19.7%(211 菌株)，半纤维素含量分别降为 16.4%(3190 菌株)、15.1%(144 菌株)、11.2%(211 菌株)和 10.5%(490 菌株)，木质素的含量分别降至 17.6%(490 菌株)、17.7%(144 菌株)、17.8%(3190 菌株)和 18.2%(211 菌株)；培养 10 天后稻壳中各纤维素的含量分别降至 18.2%(211 菌株)、14.0(144 菌株)、12.6%(490 菌株)和 16.0%(3190 菌株)，半纤维素含量分别降为 14.7%(3190 菌株)、13.0%(144 菌株)、10.5%(211 菌株)和 9.0%(490 菌株)，木质素的含量分别降至 17.2%(144 菌株)、17.6%(211 菌株)、16.8%(490 菌株)和 17.3%(3190 菌株)。可见，490 菌株对稻壳中半纤维素和木质素的降解效果优于其他菌株，而 144 菌株对纤维素的降解效率最高。

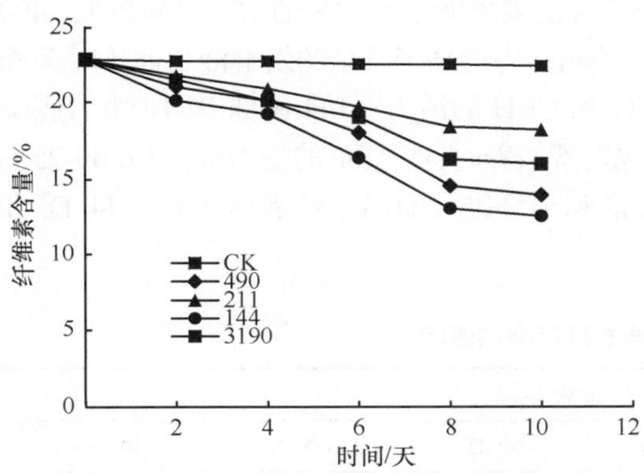

图 39-31　稻壳中纤维素含量随时间的变化

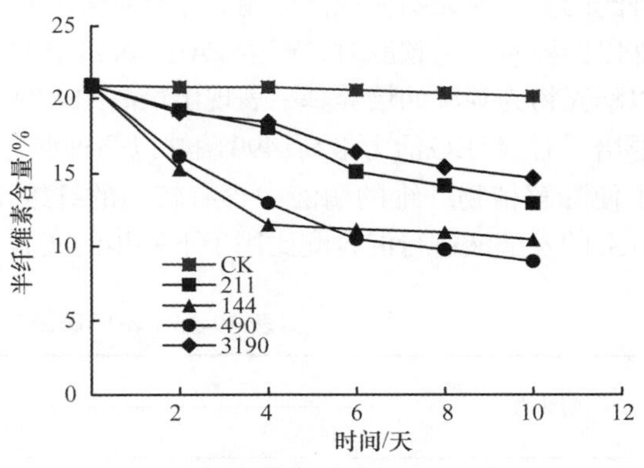

图 39-32　稻壳中半纤维素含量随时间的变化

根据不同培养时间下，培养前后稻壳中各组分含量的变化来计算真菌对稻壳中纤维素、半纤维素和木质素的相对降解率。结果表明，真菌液态发酵对稻壳中纤维素的相对降解率分别为 44.8%(144 菌株)、37.8(490 菌株)、30.1%(3190 菌株)、19.1%(211 菌株)，对半纤维素的相对降解率分别为 55.4%(490 菌株)、47.5%(144 菌株)、35.1%(211 菌株)、27.2%(3190 菌株)，对木质素的相对降解率分别为 9.60%(490 菌株)、7.52%(144 菌株)、6.98%(3190 菌株)、5.38%(211 菌株)，培养基中稻壳的失重率分别为 37.4%(490 菌株)、35.1%(144 菌株)、21.6%(3190 菌株)、21.1%(211 菌株)。真菌液态发酵对稻壳的综合降解能力依次为 490 菌株>144 菌株>211 菌株>3190 菌株，故笔者选用 490 菌株和 144 菌株做

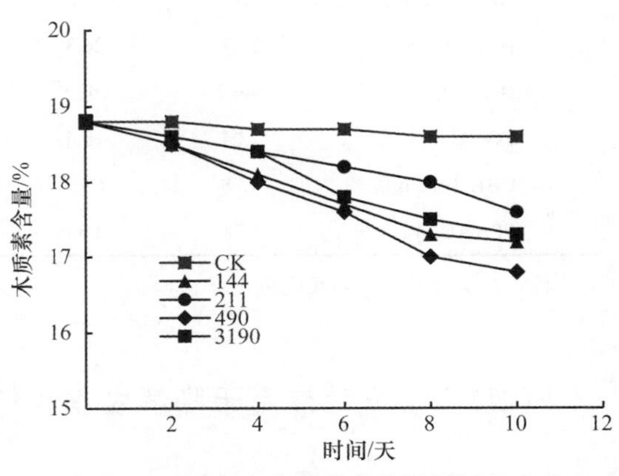

图 39-33　稻壳中木质素含量随时间的变化

进一步的研究。

(三)提高内生真菌发酵产纤维素酶和半纤维素酶的能力

考察一个真菌能否有效降解农作物纤维可通过两个方面:一方面是考察其反应底物中纤维素、半纤维素、木质素的变化;另一方面可以通过检测反应产物(阿魏酸和还原糖)的变化来进行考察。之前的实验表明,真菌在稻壳粉为基质的培养基中发酵后,对稻壳粉有明显的降解作用,其降解过程中产生的阿魏酸和还原糖应分泌到发酵液中,而发酵液成分复杂,很难将降解产物进行定量分析。因为笔者采取将菌株发酵后获的发酵液经初步浓缩提纯后再用于降解不同的农作物纤维。为了使真菌对多种农作物纤维体现出更高的降解性能,笔者对其发酵产酶能力做了进一步优化。

之前的实验发现,以稻壳粉为碳源时有利于真菌产纤维素酶,而以粟糠煮汁为碳源时有利于产半纤维素酶。为了进一步提高 490 菌株和 144 菌株的产酶能力,分别用稻壳粉(D)、粟糠煮汁(S)及两者 1∶1 混合为碳源进行发酵培养,考察其产纤维素及半纤维素酶的活力。从表 39-25 可以看出,以两种混合碳源进行发酵时,产酶活力并未优于单一碳源;490 菌株和 144 菌株两者产各种酶的活力并无明显规律可循。两个菌株在不同条件下的发酵液中各种酶的活力差异较大,490 菌株以粟糠煮汁为碳源时,产生 FAE、XYL 和 HCE 的酶活力均高于其余的发酵液,而 144 菌株在以稻壳粉为碳源的培养基中表现出最高的 FPA、EG 和 CBH 的活力;144 菌株以两种混合碳源发酵培养时,产 BG 活力最高;490 菌株以两种混合碳源发酵培养时,产 AraF 的活力最高(表 39-25)。为了使降解植物纤维的酶液中含有较高的纤维素酶活和半纤维素酶活,笔者考虑将 144(D)和 490(S)的发酵液进行混合配比用于下一步的实验。

表 39-25 不同碳源对菌株发酵产酶的影响

酶活力	菌株(碳源)					
	144(S)	490(S)	144(D)	490(D)	144(S+D)	490(S+D)
FAE/(mU/ml)	81.8	146.1	90.4	105.8	101.8	121.4
XYL/(U/ml)	14.6	22.9	45.1	5.10	20.7	13.2
AraF/(mU/ml)	8.11	15.2	14.8	6.32	11.5	16.4
HCE/(U/ml)	23.7	26.3	10.7	21.9	26.5	2.13
BG/(mU/ml)	644.2	109.5	601.1	219.4	832.7	99.5
EG/(U/ml)	1.04	13.4	16.61	14.6	3.10	13.4
CBH/(mU/ml)	42.8	6.17	48.9	18.3	40.9	1.02
FPA/(U/ml)	1.78	2.34	2.35	0.24	0.06	1.17

注:S. 粟糠煮汁;D. 稻壳粉

(四)混合发酵液用于降解农作物纤维

1. 水解 DSWB

490(S)和 144(D)按不同比例混合后用于水解 DSWB,考察其释放的阿魏酸和还原糖的含量,并与单一发酵液进行比较。表 39-26 为不同水解条件下每克 DSWB 所释放的阿魏酸和还原糖的含量。

表 39-26　不同混合发酵液对 DSWB 的降解比较

水解产物	碳源产量	
	阿魏酸/(mg/g)	还原糖/(g/g)
DSWB	6.79	0.47
144(D)	2.41	0.09
490(S)	2.80	0.10
(25%)144+(75%)490	3.43	0.18
(50%)144+(50%)490	2.69	0.11
(75%)144+(25%)490	2.50	0.10

结果表明，内生真菌的发酵酶液可成功降解 DSWB 并释放阿魏酸和还原糖；混合酶液的使用弥补了使用单个酶液时某种酶活过低的现象，因而具有更高综合水解性能。其中，490(S)和 202(D)以 3∶1(*V/V*)混合后水解 DSWB，阿魏酸和还原糖的产量分别为 3.43mg/g 和 0.18g/g，其相对水解效率达 50.5%和 38.3%；单独使用 144(D)和 490(S)，阿魏酸的水解效率仅为 35.5%和 41.2%，此条件下还原糖的水解效率仅为 19.1%和 21.3%。因此，笔者选用(25%)144(D)+(75%)490(S)混合酶液用于多种农作物纤维的水解。

2. 水解农作物纤维

为了进一步验证内生真菌发酵产酶对不同谷物纤维的降解作用，将(25%)144 +(75%)490 混合酶发酵液超滤浓缩 10 倍，用于水解不同的农作物纤维，检测不同反应时间下反应体系中阿魏酸及还原糖含量的动态变化。

图 39-34～图 39-38 为混合酶液水解麦麸、谷糠、玉米芯、粟糠、稻壳粉产阿魏酸和还原糖的时间进程曲线。结果表明，混合酶液对 5 种农作物纤维均有一定的降解作用，并能释放阿魏酸和还原糖。随着反应时间的增长，阿魏酸和还原糖不断从农作物纤维中释放出来，反应初期(0～4h)，反应液中阿魏酸和还原糖的含量呈快速上升的趋势，阿魏酸和还原糖的最大水解速率分别为 0.0716mg/(L · min)和 2.083mg/(L · min)(麦麸)、0.008mg/(L · min)和 2.671mg/(L · min)(谷糠)、0.0675mg/(L · min)和 2.392mg/(L · min)(稻壳粉)、0.0292mg/(L · min)和 1.342mg/(L · min)(粟糠)、0.0385mg/(L · min)和 1.667mg/(L · min)(玉米芯)。相同酶液水解不同的植物纤维，其反应速率有较大差异，这主要可能与不同谷物纤维自身的结构组成及对农作物的加工方式有关。反应一段时间后，反应液中两者的含量不再有明显的变化。混合酶液对不同纤维材料的水解性能有明显的差异，反应达到平衡的时间大致为 8h(麦麸)、6h(谷糠)、10h(稻壳粉)和 12h(玉米芯和粟糠)，此时反应液中阿魏酸和还原糖的含量分别为 13.7mg/L 和 502mg/L(麦麸)、2.90mg/L 和 503mg/L(谷糠)、19.5mg/L 和 929mg/L(稻壳)、9.4mg/L 和 279mg/L(粟糠)、12.5mg/L 和 464mg/L(玉米芯)。

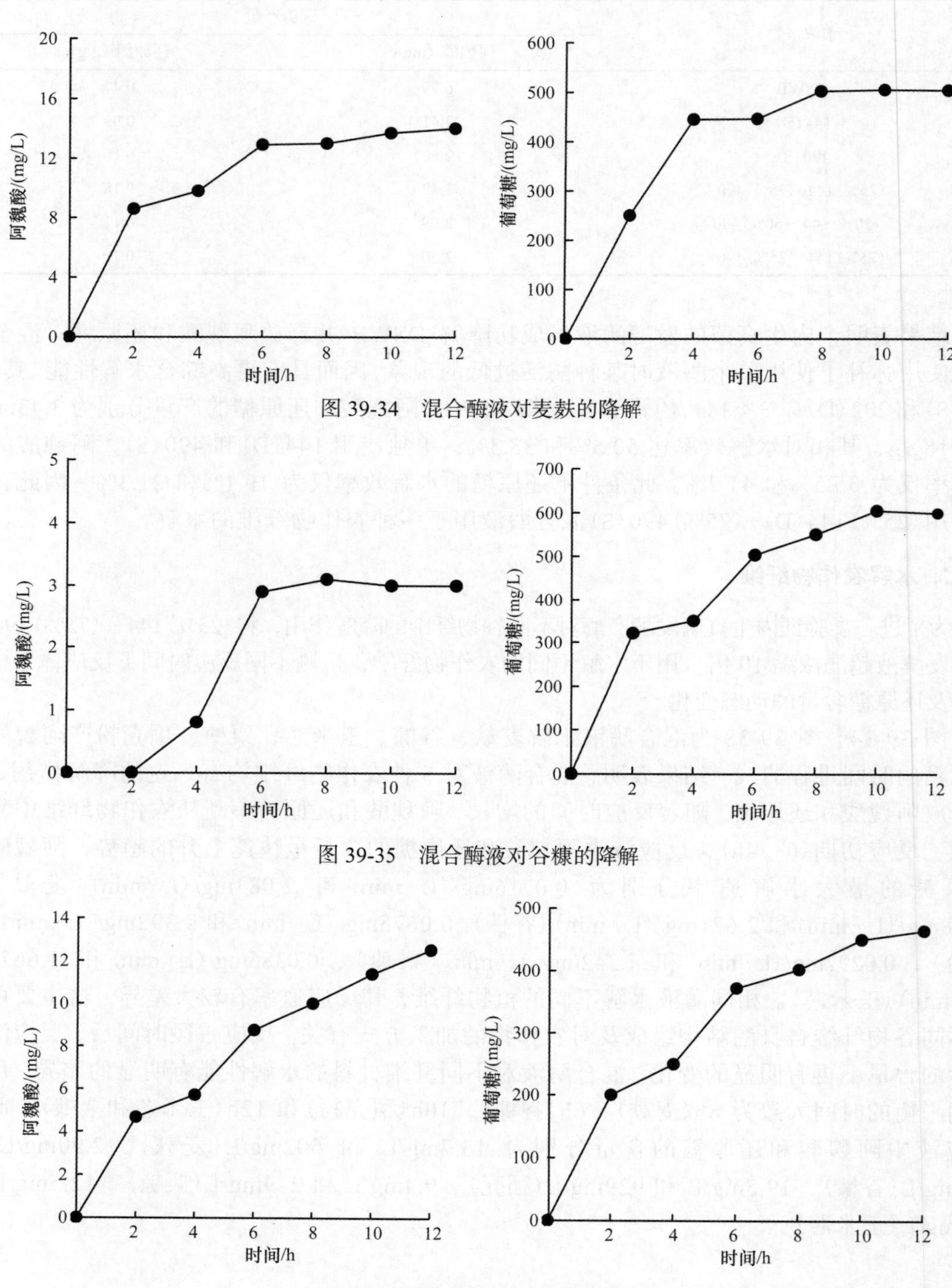

图 39-34　混合酶液对麦麸的降解

图 39-35　混合酶液对谷糠的降解

图 39-36　混合酶液对玉米芯的降解

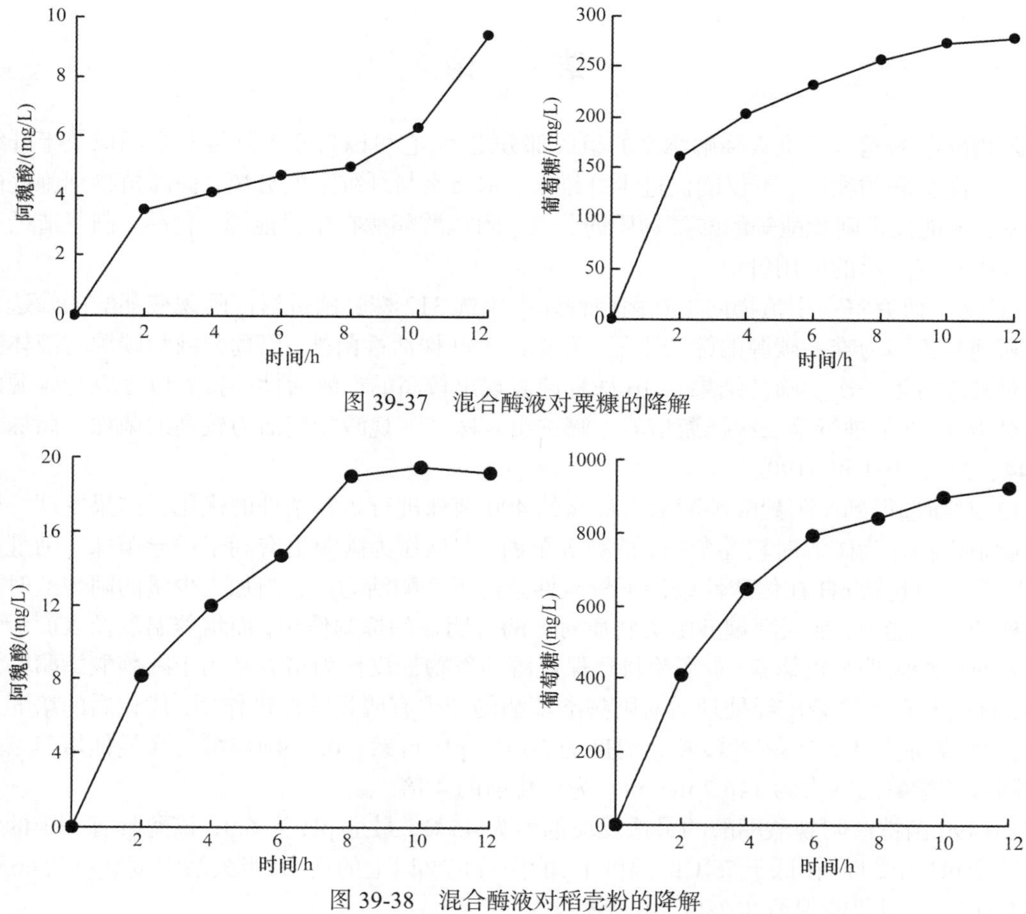

图 39-37　混合酶液对粟糠的降解

图 39-38　混合酶液对稻壳粉的降解

表 39-27 中列出了混合酶水解农作物纤维 12h 后，每克纤维材料中释放阿魏酸和还原糖的量及相对水解产率。各种植物纤维中阿魏酸和还原糖的含量不同，每种纤维材料的结构组成也存在一定的区别，因此，混合酶液对不同纤维材料的降解性能也有所差异，对阿魏酸的释放能力稻壳粉(81.5%)＞麦麸(71.6%)＞玉米芯(56.7%)＞粟糠(50.5%)＞谷糠(55.6%)；而对还原糖的释放能力则是稻壳粉(40.4%)＞玉米芯(34.4%)＞谷糠(32.1%)＞麦麸(29.8%)＞粟糠(19.3%)。由于本实验中所有采用的菌株均为之前筛选得到的产阿魏酸酯酶菌，因此混合酶液对阿魏酸的水解产率明显高于对还原糖的。

表 39-27　混合酶液对多种农作物纤维水解产率

材料	阿魏酸			还原糖		
	起始含量/(mg/g)	产量/(mg/L)	产率/%	起始含量/(mg/g)	产量/(g/L)	产率/%
麦麸	3. 91	14.0	71.6	0.34	0.51	29.8
谷糠	3.08	20.8	55.6	0.38	0.61	32.1
玉米芯	4.41	12.5	56.7	0.27	0.46	34.4
粟糠	3.72	9.4	50.5	0.29	0.28	19.3
稻壳粉	4.71	19.2	81.5	0.46	0.93	40.4

结　论

阿魏酸酯酶是半纤维素降解酶系的组成部分之一，它可以打断半纤维素之间以及半纤维素与木素之间交联的酯键，不仅能促进半纤维素、木质素与纤维素的分离，提高植物细胞壁的降解效率，还能促进阿魏酸等酚酸类物质的分离。阿魏酸酯酶在生物能源、食品、制浆造纸和生物合成中具有广泛的应用价值。

(1) 从本研究室药用植物内生真菌菌种库中挑选 312 株真菌进行产阿魏酸酯酶的筛选，采用以阿魏酸乙酯为唯一碳源的筛选平板，筛选出 139 株活性菌株。以葡萄糖为碳源的液体振荡培养对其进行第一次复筛，结果有 16 株真菌表现出较高的产酶活性，接着以麦麸为碳源的培养基对 16 株真菌进行第二次摇瓶培养，筛选出 4 株产阿魏酸酯酶活力较高的菌株，菌株编号为 144、211、490 和 3190。

(2) 对筛选得到产阿魏酸酯酶活力最高的 490 菌株进行培养条件的优化，结果发现，以一些农业副产物作为碳源时较葡萄糖、蔗糖等单糖、双糖作为碳源更有利于诱导菌株产阿魏酸酯酶，培养基的起始 pH 在偏酸性条件下较碱性条件下产酶活力高；当加入少量的阿魏酸时可提高菌株的产酶能力，加入阿魏酸酯类物质对产酶有明显的抑制作用，而培养温度及表面活性剂的加入对产酶无明显的影响。本实验将环保经济的谷物麸皮作为培养基用于阿魏酸酯酶的发酵培养，首次发现谷物麸皮经处理后对阿魏酸酯酶的产生有明显的促进作用，优化后的培养基组成为：4%粟糠煮汁，3%麦芽浸粉，温度为 26℃，pH 自然，0.1%阿魏酸。在最佳培养条件下得到阿魏酸酯酶的活力为 146.7mU/ml，为优化前的 4 倍。

(3) 490 菌株产阿魏酸酯酶的最适反应温度为 45℃，最适 pH 为 6.0；该酶具有一定的温度稳定性和 pH 耐受性，在低于 55℃的温度下，能保持 87%以上的活力，半失活温度 ($t_{1/2}$) 为 66.7℃，在 pH 为 3～8 时仍能保留 80%以上的活性。

(4) 菌株 144、490、211、3190 在发酵培养过程中均能产生多种纤维素酶和半纤维素酶，并对培养基中的稻壳粉有不同程度的降解作用。490 菌株和 144 菌株表现出对稻壳粉较高的降解性能，对稻壳的降解率分别为 37.4% 和 35.1 %，490 菌株对稻壳中半纤维素和木质素的降解率可达到 55.4%和 9.6%；144 菌株对纤维素的降解率可达到 44.8%。

(5) 490 菌株和 144 菌株分别以稻壳粉 (D) 和粟糠煮汁 (S) 为碳源发酵得到的酶液 144 (D) 和 490 (S) 以 1∶3 混合后可水解 DSWB 释放阿魏酸和还原糖，其产量分别为 3.43mg/g 和 0.18g/g，水解效率达 50.5%和 38.3%。490 菌株和 144 菌株的混合酶液对多种农作物纤维均具有一定的降解效果，从谷物纤维中释放阿魏酸的能力高于还原糖，其对阿魏酸的水解率可达到 81.5% (稻壳)、71.6% (麦麸)、56.7% (玉米芯)、50.5% (粟糠)、55.6% (谷糠)、对还原糖的水解率为 40.4% (稻壳)、34.4% (玉米芯)、32.1% (谷糠)、29.8 % (麦麸)、19.3% (粟糠)。

（赵丽芳　郭顺星）

参 考 文 献

陈洪章. 2008. 生物质科学与工程. 北京：化学工业出版社，65-70.

崔诗法，廖银章，黎云祥，等. 2009. 纤维素分解复合菌系 St-13 的筛选及产酶条件的研究. 现代农业科学，16(1)：8-11.

戴云辉，郭紫明，吴名剑. 2009. 应用纤维素测定仪测定烟草中的纤维素郭小义. 烟草化学，1：43-46.

董国强，张孟白，林开江. 1989. 半纤维素酶的 DNS 液显色法测定. 浙江农业科学，2：88-89.

高振华，邸明伟. 2008. 生物质材料及应用编著. 北京：化学工业出版社，123-130.

贾丙志，范运梁，程文静. 2008. 纤维素降解菌筛选的研究进展. 现代农业科技，21：315-317.
李彩霞，房桂干，刘书钗. 2001. 木聚糖酶酶活测定方法. 纸和造纸，1(1)：60-61.
李根林，王津津，王景昭，等. 2003. 阿魏酸对培养视网膜神经细胞增殖活性的影响. 中华眼科杂志，11：13-17.
李祖义，朱明华，冯清，等. 1990. 胞外脂酶活力的检测法. 微生物学通报，17(2)：885-887.
卢月霞，吕志伟，袁红莉. 2008. 纤维素降解菌的筛选及其混合发酵研究. 安徽农业科学，36(10)：3952-3953.
罗辉. 2008. 高效厌氧纤维素降解菌的筛选，复合菌系的构建及应用研究. 成都：农业部成都沼气研究所硕士学位论文.
毛秀云，乐也国，孙淑华. 2004. 应用SLQ-6型测定仪法测定粗纤维. 黑龙江粮食，1：402-410.
宋颖琦，刘睿倩，杨谦. 2002. 纤维素降解菌的筛选及其降解特性的研究. 哈尔滨工业大学学报，34(2)：197-200.
孙勇，李佐虎，陈洪章. 2005. 木质素综合利用的研究进展. 纤维素科学与技术，13(4)：42-48.
王凤超，陈冠军，刘魏峰. 2008. 环境基因组文库的构建及纤维素酶基因的筛选. 海口：2008 年中国微生物学会学术年会论文摘要集，81.
王伟东，王小芬，李玉花，等. 2008. 木质纤维素分解菌复合系 WSC-6 分解稻秆过程中的产物及 pH 动态. 环境科学，29(1)：219-224.
杨晓宸，卢雪梅，黄峰. 2007. 木质纤维素微生物转化机理研究进展. 纤维素科学与技术，15(1)：52-58.
张树政. 1984. 酶制剂工业. 北京：科学出版社.
Albino AD，GilSF，Guilhermina SM et al. 2010. Enzymatic saccharification of biologically pre-treated wheat straw with white-rot fungi. Bioresource Technology，101(15)：6045-6050.
Arora DS. 1995. Biodelignification of wheat straw by different fungal associations. Biodegradation，6(l)：57-60.
Baldrian P. 2004. Increase of laccase activity during interspecific interactions of white rot fungi. FEMS Microbiology Ecology，50(3)：245-253.
Bartolome B，Gomes-Cordoves C，Sancho AI，et al. 2003. Growth and release of hydroxycinnamic acids from Brewer's spent grain by *Streptomyces avermitilis* CECT 3339. Enzyme and Microbial Technology，32：140-144.
Beg QK，Kapoor M，Mahajan L，et al. 2001. Microbial xylanase sand their industrial applications. Applied Microbiology and Bioteehnology，56：326-338.
Bell T，Newman JA，Silverman BW，et al. 2005. The contribution of species richness and composition to bacterial services. Nature，436(25)：1157-1160.
Bonnina E，Brunel M，Gouy Y，et al. 2001. *Aspergillus niger* I-1472 and *Pycnoporus cinnabarinus* MUCL39533，selected for the biotransformation of ferulic acid to vanillin，are also able to produce cell wall polysaccharide-degrading enzymes and feruloyl esterases. Enzyme and Microbial Technology，28：70-80.
Borneman WS，Hartley RD，Morrison WH，et al. 1990. Feruloyl and p-coumaroyl esterase from anaerobic fungi in relation to plant cell wall degradation. Applied Microbiology and Biotechnology，33：345-351.
Borneman WS，Ljungdahl LG，Hartlsy RD，et al. ，1992. Purification and partial characterisation of two feruloyl esterases from the anaerobic fungus *Neocallimastix* strain MC-2. Applied and Environmental Microbiology，57：3762-3766.
Bradner JR，Sidhu RK，Gillings M. 1999. Hemicellulase activity of antarctic microfungi. Journal of Applied Microbiology，87：366-370.
Charilaos X，Maria M，Evangelos T，et al. 2009. Factors affecting ferulic acid release from Brewer's spent grain by *Fusarium oxysporum* enzymatic system. Bioresource Technology，100：5917-5921.
Craig B. Faulds. 2010. What can feruloyl esterases do for us? Phytochemistry Reviews，9：121-132.
Craig BF，Ronald PD，Paul AK，et al. 1997. Influence of ferulic acid on the production of feruloyl esterases by *Aspergillus niger*. FEMS Microbiology Letters，157：239-244.
Crepin VF，Faulds CB，Connerton IF. 2003. A non-modular type B feruloyl esterase from Neurospora crassa exhibits concentration-dependent substrate inhibition. Biochemical Journa，370：417-427.
Crepin VF，Faulds CB，Connerton IF. 2004. Functional classifieation of the microbial feruloyl esterases. Applied Microbiology and Biotechnology，63：647-652.
Damm U，Verkley GJM，Crous PW，et al. 2008. Novel Paraconiothyrium species on stone fruit trees and other woody hosts. Persoonia，20：9-17.
Desphaude MV. 1984. An assay for selective determination of exo-1，4-β-glucanase in a mixture of cellulolytic enzyme. Analytical Biochemistry，138：481-487.
Donaghy PF，Kelly A，McKay M. 1998. Detection of ferulic acid esterase production by *Bacillus* spp. and lactobacilli. Applied Microbiology and Biotechnology，50：257-260.
Du CY，Sze KCL，Koutinas A，et al. 2008. A wheat biorefining strategy based on solid-state fermentation for fermentative production of succinic acid. Bioresource Technology，99：8310-8315.
Evangelous T Christina U，Paul C. 2007. Microbinl production，characterization and application of feruloyl esterases. Proless Biochemistry，

42(4): 497-509.

Faulds CB, Williamson G 1991 The purification and characterization of 4-hydroxy-3-methoxycinnamic (ferulic) acid esterase from *Streptomyces olivochromogenes*. Journal of Genral Microdiology, 137: 2339-2345.

Faulds CB, Williamson G. 1993. Ferulic acid esterase from *Aspergillus niger*: purification and partial charaeterization of two forms from a commereial source of pectinase. Bioteehnology and Applied Biochemistry, 17: 349-359.

Garcia BS, Ball AS, Rodriguez J, et al. 1998. Induction of ferulic acid esterase an dxylanase activities in StrePtomyces avermitilis UAH3O. FEMS Microbiology Letters, 158: 95-99.

Garcia-Conesa MT, Crepin VF, Goldson AJ, et al. 2004. The feruloyl esterase system of *Talaromyces stipitatus*: production of three discrete feruloyl esterases, including a novel enzyme, TsFaeC, with a broad substrate specificity. Journal of Biotechnology, 108 (3): 227-241.

Gianni P, Reyes O, Lisbeth O. 2007. *Penicillium brasilianum* as an enzyme factory; the essential role of feruloyl esterases for the hydrolysis of the plant cell wall. Journal of Biotechnology, 130: 219-228.

Hadad D, Geresh S, Sivan A, et al. 2005. Biodegradation of polyethylene by the thermophilic bacterium *Brevibacillus borstelensis.* Journal of Applied Microbiology, 98: 1093-1100.

Isabelle B, David N, Nathalie M, et al. 2006. Feruloyl esterases as a tool for the release of phenolic compounds from agro-industrial by-products. Carbohydrate Research, 341: 1820-1827.

Isabelle B, Etienne GJD, Robert-Jan B, et al. 2008. Biotechnological applications and potential of fungal feruloyl esterases based on prevalence, classification and biochemical diversity. Biotechnology Letters, 30: 387-396.

Johnson KG, Harrison BA, Schneider H, et al. 1988. Xylan-hydrolysing enzymes from *Streptomyces* spp. Enzyme and Microbial Technology, 10: 403-409.

Johnson KG, Silva MC, Mackenzie CR, et al. 1989. Microbial degradation of hemicellulosic materials. Applied Microbiology and Biotechnology, 20: 245-258.

Kroon PA, Garcia-Conesa MT, Fillingham IJ, et al. 1999. Release of Ferulie acid dehydrodimers from Plant Cell Walls by Fruloyl Esterases. Journal of the Science of Food and Agricalture, 79: 428-434.

Kroon PA, Williamson G, Fish NM, et al. 2000. A modular esterase from *Penicillium funiculosum* which releases ferulic acid from plant cell walls and binds *Crystalline cellulose* contains a carbohydrate binding module. European Journal of Biochemistry, 267: 6740-6752.

Maria JD, Rui MF, Fernando N, et al. 2009. Modification of wheat straw lignin by solid state fermentation with white-rot fungi. Bioresource Technology, 100: 4829-4835.

Mathew S, Abraham TE. 2005. Studies on the production of feruloyl esterase from cereal brans and sugar cane bagasse by microbial fermentation. Enzyme and Microbial Technology, 36: 565-570.

Mathew S, Abraham TE. 2006. Bioconversions of ferulic acid, a hydroxycinnamic acid. Critical Revews In Microbiology, 32: 115-125.

Mcdermid KP, Macknzie RC, Forsberg CW. 1990. Esterase activities of *Fibrobacter succinogenes* subsp. ·succinogenes S85. Applied and Environmental Microbiology, 56: 127-132.

Michio K. 2003. Oraging adaptation and the relationship between food-web complexity and stability. Science, 299: 1388-1391.

Mukherjee G, Singh RK, Mitra A, et al. 2007. Ferulic acid esterase production by Streptomyces sp. Bioresource Technology, 98: 211-213.

Ou SY, Li A, Yang A. 2001. A study on synthesis of starch ferulate and its biological properties. Food Chemistry, 74 (1): 95-96.

Record E, Asther M, Sigoillot C, et al. 2003. Overproduction of the *Aspergillus niger* feruloyl esterase for pulp bleaching application. Applied Microbiology and Biotechnology, 62: 349-355.

Ronald P, Jaap V. 2001. Aspergillus enzymes involvedin degradation of plant cell wall polysaccharides. Microbiology and Molecular Biology Reviews, 65: 497-522.

Rumbold K, Biely P, Mastihubova M, et al. 2003. Purification and properties of a feruloyl esterase involved in lignocellulose degradation by *Aureobasidium pullulans*. Applied and Environmental Microbiology, 69: 5622-5626.

Rybka K, Sitarski J, Raczy K, et al. 1993. Ferulic acid in rye and wheat grain and grain dietary fiber. Cereal Chemistry, 70 (l): 55-59.

Shin HD, Chen RR. 2006. Production and characterization of a type B feruloyl esterase from *Fusarium proliferatum* NRRL 26517. Enzyme and Microbial Technology, 38: 478-485.

Shin HD, Rachel RC. 2007. A type B feruloyl esterase from *Aspergillus nidulans* with broad pH applicability. Applied Microbiology and Biotechnology, 73: 1323-1330.

Smith DC, Bhat KM, Wood TM. 1991. Xylan-hydrolysing enzymes from thermophilic and mesophilic fungi. World Journal of Microbilogy&Biotechology, 7: 475-484.

Stepanova EV, Koroleva OV, Vasilehenko LG, et al. 2003. Fungal decomposition of oat straw during liquid and solid-state fermentation. Applied Biochemistry and Microbiology, 39 (1): 65-74.

Tabka MG, Gimbert IH, Monod F, et al. 2006. Enzymatic saccharification of wheat straw for bioethanol production by a combined cellulase xylanase and feruloyl esterase treatment. Enzyme and Microbial Technology, 39: 897-902.

Takuya Koseki，Shinya F，Hitoshi S，et al. 2009. Occurrence，properties，and applications of feruloyl esterases. Applied Microbiology and Biotechnology，84：803-810.

Tang JC，Atsushi S，Zhou QX，et al. 2007. Effect of temperature on reaction rate and microbial community in composting of cattle manure with rice straw. Journal of Bioscience and Bioengineering，104(4)：321-328.

Tarbourieeh N，Prates JA，Fontes CM，et al. 2005. Molecular determinants of substrate specificity in the feruloyl esterase module of xylanase10B from *Clostridium thermocellum*. Acta Crystallographica Section D Biological Crystallogaphy，61：194-197.

Topakas E，Stamatis H，Biely P，et al. 2003. Purification and characterization of a feruloyl esterase from *Fusarium oxysporum* catalyzing esterification of phenolic acids in ternary water-organic solvent mixtures. Journal of Biotechnology，102：33-44.

Topakas E，Vafiadi C，Chiristakopoulos P. 2007. Microbial production，characterization and applications of feruloyl esterases. Process Biochemistry，42：497-509.

Wang Z，Johnston PR，Yang ZL，et al. 2009. Townsend：evolution of reproductive morphology in leaf endophytes. PLoS One，4：42-46.

Wei JG，Xu T，Guo LD，et al. 2005. Endophytic Pestalotiopsis species from southern China. Mycosystema，24：481-493.

Williamson G，Graig BF，Paul AK. 1998. Hairy plant polysaccharides：a close shave with microbial esterases. Microbiology，144：2011-2023.

Williamson G，Vallejo. 1997. Chemical and thermal stability of ferulic acid esterase from *Aspergillus niger*. Intemational Joumal of Biological Macromolecules，2：163-167.

Yeoh HH，Wong FM，Lim G. 1986. Screening for fungal lipaseusing chromogenic lipid substrates. Mycologia，78(2)：298-300.

Yu P，Mcnmon JJ，Maenz DD，et al. 2003. Enzymic release of reducing sugars from oat hulls by cellulase，as influenced by *Aspergillus ferulic* acid esterase and trichoderma xylanase. Journal Agricultural and Food Chemistry，51：218-223.

第四十章 红树内生真菌抑制肿瘤细胞产物 Altersolanol A的研究

目前，从红树林植物中分离鉴定的内生真菌已超过200株，其中很大一部分内生真菌具有显著的抗肿瘤和抗菌活性；同时，它们的次生代谢产物结构新颖、类型多样，也具有较好的生物活性，具有一定的开发和应用前景。

本研究室在对红树林植物内生真菌抗肿瘤活性筛选研究过程中发现了一株具有良好抗肿瘤活性的内生真菌(4213#)。菌株4213#是分离自红树林植物海桑(*Sonneratia caseolaris*)叶的一株内生真菌，保藏于中国医学科学院药用植物研究所真菌室，经邢晓科博士鉴定为*Stemphylium* sp.。菌株4213#的主要次生代谢产物为蒽醌多羟基类化合物Altersolanol A，首次在茄科植物的病原菌 *Alternaria solani* 的次生代谢产物中发现(Stoessl，1969)，该化合物对小鼠淋巴瘤细胞 L5178Y具有强的细胞毒活性(Debbab et al.，2009)，对革兰氏阳性菌金黄色葡萄球菌和枯草芽孢杆菌具有强的抑制活性(Höller et al., 2002)。Suemitsu等(1988)采用HPLC分析方法对 Altersolanol A 等5个化合物的定量分析方法进行了研究。本研究室采用MTT法评价该化合物的抗肿瘤活性，结果表明，Altersolanol A对肿瘤细胞 HCP-8、Bel-7402、BGC-823、A549、A2780 均具有很强的细胞毒活性，IC_{50} 依次为 2.12μg/ml、2.28μg/ml、1.91μg/ml、1.94μg/ml、2.32μg/ml。表明该化合物具有进一步开发和应用的价值。但该化合物合成产率低、价格昂贵，限制了对该化合物的进一步研究。由于营养条件和外部环境对植物内生真菌的生长及其次生代谢途径、代谢产物的种类和含量都有着重要影响。因此，本章在建立化合物Altersolanol A定性和定量分析方法的基础上，对菌株4213#的液体发酵工艺进行了优化，得到了高产率的液体发酵工艺；对活性化合物Altersolanol A的纯化工艺进行了研究，得到了高产率、高纯度的纯化工艺。这不仅有利于Altersolanol A的分析、分离工作，也对以后可能的工业化生产及抗肿瘤药物的研发具有重要意义。

第一节 Altersolanol A 的含量测定方法

本研究拟建立 Altersolanol A 的定性和定量分析方法，为菌株 4213#的液体发酵工艺和Alterslanol A 纯化工艺的研究奠定基础。

一、实验材料及样品制备

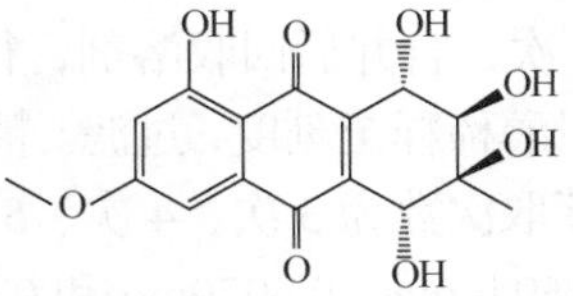

(一)对照品

标准品由笔者所在课题组的刘东博士后从菌株 4213#的发酵产物中制得，经光谱鉴定为单一化合物，经 HPLC 检查，面积归一化法计算，纯度在 98%以上。

(二)菌株 4213#的液体发酵条件

液体发酵培养基成分为 2%葡萄糖、0.4%蛋白胨、0.2%酵母膏，pH 6.5。

(三)实验材料的选择

收取菌株 4213# 所得发酵产物 1L，用 100 目尼龙布过滤，将菌丝体和发酵液分离。经干燥，获得菌丝体 13.5g，采用超声提取法提取菌丝体，95% 乙醇超声提取 3 次，合并回收溶剂，得到菌丝体部分的样品。发酵液用 2 倍体积的乙酸乙酯萃取 4 次，合并回收溶剂，得到发酵液部分的样品。分别向菌丝体样品和发酵液样品中加甲醇适量使溶解，转移至 25ml 量瓶中，用甲醇稀释至刻度，摇匀。精密量取 40μl，置 2ml 量瓶中，用甲醇稀释刻度，过滤。精密量取续滤液 20μl，注入高效液相色谱仪，测定菌丝体提取物和发酵液萃取物中 Altersolanol A 的含量。1L 液体培养基发酵培养后发酵液和菌丝体中 Altersolanol A 的含量分别为 246.04mg 和 1.21mg。结果表明，发酵液中 Altersolanol A 的含量是菌丝体的 200 倍以上，因此选择菌株 4213#的发酵液作为分析方法验证的实验材料。

(四)发酵液提取方法的选择

分别量取菌株 4213#发酵液 250ml，采用醇沉、浓缩后乙酸乙酯萃取和乙酸乙酯萃取 3 种方法提取发酵液，回收溶剂。分别向样品中加甲醇适量使之溶解，转移至 10ml 量瓶中，用甲醇稀释至刻度，摇匀。精密量取 20μl，置 2ml 量瓶中，用甲醇稀释至刻度，过滤。精密量取续滤液 20μl，注入高效液相色谱仪，测定 Altersolanol A 的含量。醇沉、浓缩后乙酸乙酯萃取所得的 Altersolanol A 含量分别为 24.73mg、41.65mg 和 83.06mg。结果表明，乙酸乙酯萃取的提取方法 Altersolanol A 的收率明显优于其他两种提取方法，因此选择乙酸乙酯萃取的方法提取发酵液。

(五)乙酸乙酯用量的选择

分别量取发酵液 100ml，采用发酵液体积的 1 倍、1.5 倍、2 倍、2.5 倍体积的乙酸乙酯萃取 7 次发酵液，合并后回收溶剂，得到样品。分别向样品中加甲醇适量使溶解，转移至 5ml 量瓶中，用甲醇稀释至刻度，过滤。精密量取续滤液 20μl，注入高效液相色谱仪，测定 Altersolanol A 的含量。乙酸乙酯用量为发酵液体积的 1 倍、1.5 倍、2 倍、2.5 倍时，Altersolanol A 的含量分别为 0.6928mg、0.6435mg、0.6967mg 和 0.6170mg。随着乙酸乙酯用量的增加，Altersolanol A 的收率没有明显增加；发酵液黏度较大，采用等体积的乙酸乙酯萃取发酵液时容易发生乳化现象，因此选定乙酸乙酯的用量为发酵液体积的 2 倍。

（六）乙酸乙酯萃取次数的选择

分别量取发酵液 100ml，采用发酵液体积 2 倍量的乙酸乙酯分别萃取 3 次、4 次、5 次、6 次、7 次，合并后回收溶剂，得到样品。分别向样品中加甲醇适量使之溶解，转移至 5ml 量瓶中，用甲醇稀释至刻度，过滤。精密量取续滤液 20μl，注入高效液相色谱仪，测定 Altersolanol A 的含量。萃取次数为 3 次、4 次、5 次、6 次、7 次时，Altersolanol A 的含量分别为 0.7561mg、0.7789mg、0.6946mg、0.6979mg 和 0.6967mg。萃取 4 次时的 Altersolanol A 收率明显高于萃取 3 次的，萃取次数超过 4 次后，随着萃取次数的增加，Altersolanol A 的收率反而下降，可能是由于萃取次数增加，实验操作增加，操作过程中样品的损失增大。因此，乙酸乙酯最佳萃取次数为 4 次。

（七）对照品溶液和样品溶液的制备

1. 对照品溶液的制备

称取 Altersolanol A 对照品适量，精密称定，置 1ml 量瓶中，加甲醇溶解并稀释至刻度，摇匀。精密量取 100μl，置 1ml 量瓶中，用甲醇稀释至刻度，摇匀。

2. 样品溶液的制备

收取菌株 4213# 发酵产物，用 100 目尼龙布过滤将菌丝体和发酵液分离，菌丝体用自来水洗净后 50℃烘干至恒重，称量，为菌丝体生物量。量取发酵液 50ml，用 2 倍体积的乙酸乙酯萃取 4 次，合并回收溶剂，得到发酵液萃取物。在发酵液萃取物中加甲醇适量使之溶解，转移至 10ml 量瓶中，用甲醇稀释至刻度，摇匀。精密量取 20μl，置 2ml 量瓶中，用甲醇稀释至刻度，摇匀，过滤，取续滤液作为样品溶液。

二、HPLC 分析条件的选择及优化

（一）流动相及洗脱方式的选择

结合 Altersolanol A 的化学性质，采用 Waters SunFire™ C_{18}(4.6mm×150mm；5μm) 色谱柱分离化合物 Altersolanol A，各色谱峰分离效果和峰形均较好，选择该色谱柱进行后续实验。

反相色谱分析方法的流动相首选甲醇-水流动相系统。本研究采用 10%甲醇-水为流动相梯度洗脱，各色谱峰分离较好，Altersolanol A 的保留时间约为 30min。为了缩短样品分析时间，提高工作效率，对不同比例的甲醇-水流动相系统进行了考察，流动相为甲醇-水（30：70）等度洗脱各色谱峰分离较好，保留时间约为 10min，选择甲醇-水（30：70）作为流动相。

（二）检测器的选择

发酵液中主要含有 Altersolanol A，该化合物为蒽醌类化合物，具有很强的共轭结构，具有紫外吸收，故选常用高灵敏度的紫外检测器。

（三）检测波长的选择

Altersolanol A 为蒽醌类化合物，具有很强的共轭结构，通过 DAD 检测器全波长扫描，确

定最佳吸收波长为 220nm。

（四）色谱分离条件

色谱柱：Waters SunFire^{TM} C_{18}（4.6mm×150mm；5μm）；流动相：甲醇-水（30∶70）；流速：1.0ml/min；检测波长：220nm；柱温：25℃。

三、定量分析方法验证

（一）实验方法

1. 系统适用性实验

精密称取 Altersolanol A 对照品 1.13mg，置 1ml 量瓶中，加甲醇溶解并稀释至刻度。精密量取 40μl，置 1ml 量瓶中，用甲醇稀释至刻度，作为对照品溶液（45.20μg/ml）。

精密量取对照品溶液 20μl，注入高效液相色谱仪，记录色谱图。

2. 线性关系与范围

精密称取 Altersolanol A 对照品 0.97mg，置 1ml 量瓶中，加甲醇溶解并稀释至刻度，摇匀作为线性储备液。分别量取线性储备液适量，用甲醇稀释得到浓度分别为 4.85μg/ml、9.70μg/ml、19.40μg/ml、38.80μg/ml、48.50μg/ml、97.00μg/ml 的对照品溶液。精密量取不同浓度的对照品溶液各 20μl，注入高效液相色谱仪，记录色谱图。

3. 精密度实验

1）日内精密度

日内精密度以一天内 6 次测定的实验结果计算。精密量取浓度为 48.50μg/ml 的对照品溶液 20μl，注入高效液相色谱仪，记录色谱图，一天内连续进样 6 次。

2）日间精密度

日间精密度以 6 天内 6 次测定的实验结果计算。精密量取浓度为 48.50μg/ml 的对照品溶液 20μl，注入高效液相色谱仪，记录色谱图，6 天内重复进样 6 次。

4. 检测限（LOD）

以信噪比法检测，按信噪比 3∶1 时对照品的浓度为检测限结果。量取浓度为 38.80μg/ml 的对照品溶液适量，依次稀释 5 倍、10 倍、20 倍、25 倍、50 倍得到待测溶液。精密量取待测溶液 20μl，注入高效液相色谱仪，记录色谱图。

5. 定量限（LOQ）

以信噪比法检测，按信噪比 10∶1 时对照品的浓度为定量限结果。量取浓度为 38.80μg/ml 的对照品溶液适量，依次稀释 5 倍、10 倍、15 倍、20 倍得到待测溶液。精密量取待测溶液 20μl，注入高效液相色谱仪，记录色谱图。

6. 重复性实验

精密量取已制备好的样品溶液 20μl，置 2ml 量瓶中，用甲醇稀释至刻度。平行制备 6 份供试品溶液，精密量取各供试品溶液 20μl，注入高效液相色谱仪，记录色谱图。

7. 回收率实验

1) 对照品溶液的配制

精密称取 Altersolanol A 对照品 0.84mg，置 1ml 量瓶中，用甲醇溶解并稀释至刻度。精密量取 100μl，置 2ml 量瓶中，用甲醇稀释至刻度，即得。

2) 供试品溶液的配制

取菌株 4213#发酵液的乙酸乙酯萃取物，加甲醇适量使溶解，转移至 10ml 量瓶中。精密量取 20μl，置 2ml 量瓶中，用甲醇稀释至刻度，摇匀，过滤。精密量取续滤液 20μl，注入高效液相色谱仪，记录色谱图。采用外标法计算样品中 Altersolanol A 的浓度。取 9 份浓度基本一致的样品溶液用于加样回收率试验。

分别量取 9 份已知浓度的样品溶液 500μl，置 1ml 量瓶中，按样品中 Altersolanol A 含量的 80%、100%和 120%添加对照品溶液，每组 3 个重复，得到 9 份供试品溶液，过滤，精密量取续滤液 20μl，注入高效液相色谱仪，记录色谱图。按式(40-1)计算回收率。

$$\text{回收率}(\%)=\frac{\text{实际测得的含量}-\text{样品中的含量}}{\text{加入对照品的量}}\times 100\% \tag{40-1}$$

8. 溶液稳定性实验

配制一份样品溶液，于室温放置 0h、2h、4h、8h、12h 和 24h 后，分别精密量取各溶液 20μl，注入高效液相色谱仪，记录色谱图。

(二) 结果与分析

1. 系统适用性实验

在本节前述的色谱分离条件下，以 Altersolanol A 峰计算，理论板数 $N>6000$，样品中 Altersolanol A 峰与相邻峰均能达到基线分离，$R>1.5$，该方法适于测定 Altersolanol A 的含量。图 40-1、图 40-2 分别为对照溶液和样品溶液的色谱图。

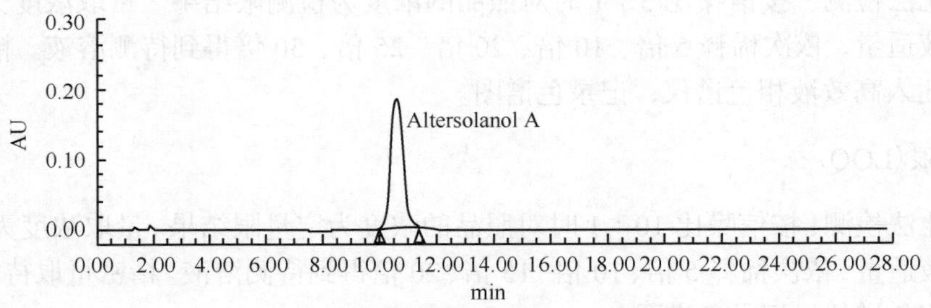

图 40-1　对照溶液 HPLC 图

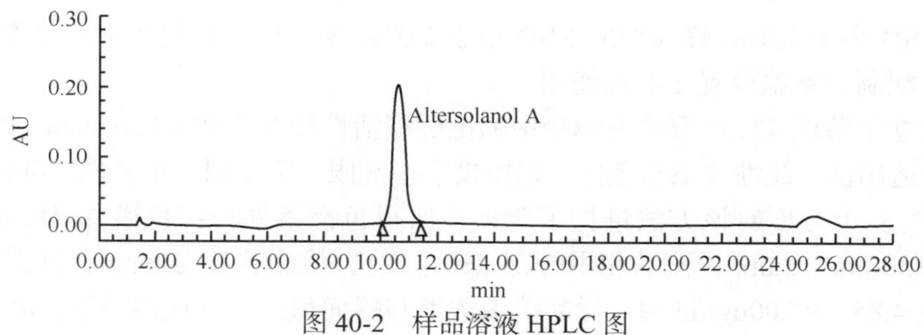

图 40-2 样品溶液 HPLC 图

2. 线性关系与范围

6 个不同浓度对照品溶液的峰面积以 Altersolanol A 的浓度（X，μg/ml）为横坐标，以峰面积积分值（Y）为纵坐标，进行线性回归，得回归方程 $y = 97\,492x-51\,058$，$R^2= 0.9999$。结果表明，Altersolanol A 为 4.85～97.00μg/ml 时峰面积与浓度呈良好线性关系。

3. 精密度实验

1）日内精密度

计算各组分保留时间和峰面积的相对标准偏差（RSD），保留时间和峰面积的 RSD 分别为 0.44% 和 0.61%，保留时间的 RSD 小于 1.0%，峰面积的 RSD 小于 2.0%，符合要求。

2）日间精密度

计算各组分保留时间和峰面积的 RSD，保留时间和峰面积的 RSD 分别为 1.81% 和 1.25%，均小于 2.0%，符合要求。

日内精密度和日间精密度的保留时间及峰面积的RSD均符合要求，表明仪器的精密度良好。

4. 检测限（LOD）

以基线噪音 700μV 计算，稀释 50 倍后达到检测限，检测限浓度为 0.78μg/ml。

5. 定量限（LOQ）

以基线噪音 700μV 计算，稀释 15 倍后达到定量限，定量限浓度为 2.59μg/ml。

6. 重复性实验

计算各组分保留时间和峰面积的RSD，保留时间和峰面积的 RSD 分别为 0.08%和 1.79%，RSD 均小于 2.0%，表明该方法的重复性良好。

7. 回收率实验

按 80%、100%和 120%加入对照溶液的平均回收率为 101.56%、100.91%和 101.34%，9 份样品溶液的平均回收率为 101.27%，各浓度的回收率均为 95.0%～105.0%。同时，9 份样品溶液回收率的 RSD 为 2.73%，小于 3.0%，表明该检测方法准确性良好。

8. 溶液稳定性实验

计算各组分保留时间和峰面积的RSD，保留时间和峰面积的 RSD 分别为 0.35%和 1.94%，保留时间的 RSD 小于 1.0%，峰面积的 RSD 小于 2.0%，表明样品溶液在室温放置 24h 内稳定，样品溶液可于配制后室温放置 24h 内使用。

本研究建立了菌株 4213# 液体发酵物中的抗肿瘤活性代谢产物 Altersolanol A 的含量测定方法，从系统适用性、线性关系与范围、精密度、检测限、定量限、重复性、准确度及溶液稳定性、回收率 8 个方面对该方法进行了验证。所得色谱条件为：色谱柱 Waters SunFire™ C_{18}（4.6mm×150mm；5μm），流动相甲醇-水（30：70），检测波长 220nm，柱温 25℃，流速 1.0ml/min。在 4.85～97.00μg/ml 时，样品溶液浓度与峰面积呈良好线性关系，$R^2 = 0.9999$；平均回收率为 101.27%，RSD 为 2.73%；精密度、重复性、回收率和稳定性实验的 RSD 均小于 3%。Altersolanol A 的平均含量为 44.23mg/100ml。结果表明，该方法具有简便、快速、灵敏、稳定等优点，便于普遍应用。

在发酵液提取方法选择实验过程中发现 Altersolanol A 对热不稳定，真空条件下加热温度不能高于 60℃，否则 Altersolanol A 易脱水形成 Anthraquinone 和 7-methoxy-2-methyl-1，3，5-trihydroxyanthraquinone。另外，在液体发酵工艺研究和纯化工艺研究实验中，样品溶液中 Altersolanol A 的含量差异较大，该分析方法的标准曲线的范围较窄，给液体发酵工艺研究和纯化工艺研究样品溶液中 Altersolanol A 的含量测定带来了一定困难。

第二节　Altersolanol A 发酵工艺优化

Altersolanol A 具有较好的应用前景。但化学合成 Altersolanol A 的最终产率低于 10%（Karsten et al.，1988），该化合物作为一种生化试剂在多家公司销售，价格相当昂贵（1mg 的价格为 1800 元）。本研究以 Altersolanol A 的含量为主要考察指标，优化菌株 4213# 的液体发酵工艺，得到菌株 4213#高产 Altersolanol A 的发酵工艺，为进一步深入研究奠定了基础。

一、营养因素对菌株 4213#产生 Altersolanol A 的影响

（一）实验方法

1. 基本培养基选择实验

培养基成分不同，对真菌的生长及其次生代谢产物的产生有着重要的影响，不但次生代谢产物的含量不同，可能代谢产物的种类也会有所不同，因此，选择一种较好的基本培养基对液体发酵工艺的研究具有重要的意义。本实验采用以下 8 种基本培养基进行筛选，得到适合菌株 4213# 代谢产生 Alterslanol A 的基本培养基（程显好等，2006），8 种基本培养基的组成成分如下：

培养基 A（GPC 液体培养基）：2%葡萄糖，0.6%蛋白胨，1%玉米粉。

培养基 B（麦麸液体培养基）：3%麦麸，2%葡萄糖，0.3% KH_2PO_4，0.15% $MgSO_4$。

培养基 C（GPY 液体培养基）：2%葡萄糖，0.4%蛋白胨，0.2%酵母膏。

培养基 D：4%葡萄糖，1% 蛋白胨。

培养基 E（马铃薯液体培养基）：20%马铃薯，2%葡萄糖。

培养基 F：2%蔗糖，0.4%酵母膏。

培养基 G：2%可溶性淀粉，0.4%酵母膏。

培养基 H：2%丙三醇，0.4%蛋白胨，0.05% $CaCO_3$。

采用平皿直接转摇瓶的液体发酵培养方法，研究基本培养基对菌株 4213#的生长及代谢产生 Altersolanol A 的影响。

2. 碳源选择实验

在基本培养基筛选的基础上，分别以浓度为 2%的麦芽糖、乳糖、果糖、葡萄糖和蔗糖作为供试碳源液体发酵培养菌株 4213#，研究碳源对菌株 4213#的生长及代谢产生 Altersolanol A 的影响。

3. 氮源选择实验

在基本培养基筛选的基础上，分别以浓度为 0.4%的蛋白胨、KNO_3、$(NH_4)_2SO_4$、NH_4NO_3 和酵母膏作为供试氮源液体发酵培养菌株 4213#，研究氮源对菌株 4213# 的生长及代谢产生 Altersolanol A 的影响。

4. 统计方法

采用 SPSS17.0 统计软件对各个实验所得的 Altersolanol A 含量及菌丝体生物量进行单因素方差分析和显著性差异比较，若数据未通过方差齐性检验，则采用两两比较方法比较各组间的显著性差异，结果以“均值±标准差”的形式表示。

（二）结果与分析

1. 基本培养基选择实验

由表 40-1 可知，在培养基 F 和 G 中，菌株 4213# 代谢产生 Altersolanol A 的含量显著高于其他培养基（$P<0.05$），100ml 液体培养基产生 Altersolanol A 的含量分别为 131.43mg 和 101.95mg，两者之间没有显著性差异。菌株 4213# 在 8 种基本培养基中均能生长，在培养基 A、B、G 中生长最佳，每瓶液体培养基的菌丝体生物量分别为 0.5117g、0.5598g 和 0.5243g。8 种基本培养基对菌株 4213# 代谢产生 Altersolanol A 的含量和菌丝体生物量的影响结果见图 40-3。

表 40-1　基本培养基选择实验结果（n=5）

基本培养基	Altersolanol A 的含量/(mg/瓶)	菌丝体生物量/g
A	13.89 ± 3.57　ab	0.5117 ± 0.0555　cd
B	0.63 ± 0.54　a	0.5598 ± 0.0090　d
C	54.12 ± 25.90　c	0.3836 ± 0.0534　ab
D	42.33 ± 11.71　c	0.2553 ± 0.0258　ab
E	10.01 ± 5.74　ab	0.3551 ± 0.0668　ab
F	131.43 ± 23.68 d	0.3867 ± 0.0199　bc
G	101.95 ± 6.21　d	0.5243 ± 0.0372　d
H	3.27 ± 1.59　a	0.2511 ± 0.0467　a

注：a、b、c、d 代表 P=0.05 各组间的显著性差异

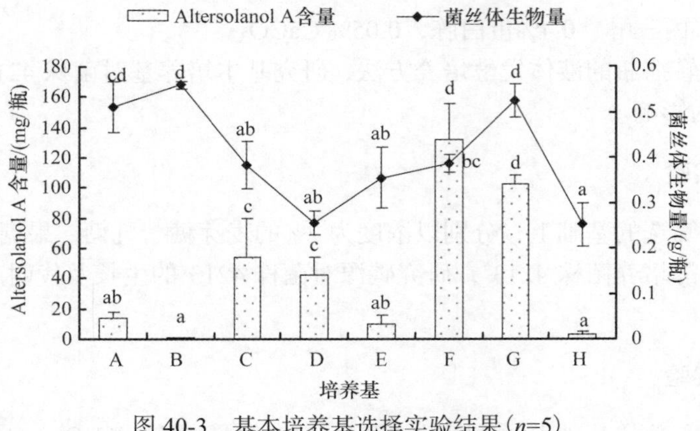

图 40-3 基本培养基选择实验结果（n=5）

比较上述 8 种基本培养基的组成成分，培养基 F 和培养基 G 的氮源均为酵母膏，推测酵母膏可能是一种适合菌株 4213#代谢积累目标产物 Altersolanol A 的氮源。培养基 F 和培养基 G 的碳源为蔗糖和可溶性淀粉，从成本的角度考虑，选择培养基 F 为基本培养基进行后续的筛选实验。

在碳源选择实验中，以酵母膏为氮源，考察不同碳源对菌株 4213#代谢产生 Altersolanol A 的影响。在氮源选择实验中，以蔗糖为碳源，考察不同氮源对菌株 4213#代谢产生 Altersolanol A 的影响。

2. 碳源选择实验

麦芽糖组、果糖组和葡萄糖组代谢产生的 Altersolanol A 的含量之间没有显著性差异（$P>0.05$），均显著高于蔗糖组和乳糖组。麦芽糖组、果糖组和葡萄糖组 100ml 液体培养基代谢产生 Altersolanol A 的含量分别为 77.98mg、88.92mg 和 78.95mg。菌株 4213# 在 5 种碳源的液体培养基中均生长良好，但葡萄糖组菌丝体生物量显著低于其他碳源，其菌丝体生物量为 0.3572g，其余 4 种碳源的液体培养基的菌丝体生物量之间没有显著性差异。从 Altersolanol A 的含量和生产成本考虑，选择常用的葡萄糖作为最终碳源对后续实验进行优化。不同碳源对菌株 4213#代谢产生 Altersolanol A 的含量和对菌丝体生物量的影响结果见表 40-2 和图 40-4。

表 40-2 碳源选择实验结果（n=5）

碳源	Altersolanol A 的含量/(mg/瓶)	菌丝体生物量/g
蔗糖	60.78 ± 10.58 a	0.3946 ± 0.0145 b
麦芽糖	77.98 ± 6.42 b	0.4150 ± 0.0087 b
乳糖	54.37 ± 6.98 a	0.4311 ± 0.0208 b
果糖	88.92 ± 6.44 b	0.3923 ± 0.0253 b
葡萄糖	78.95 ± 6.13 b	0.3572 ± 0.0072 a

注：a、b 代表 P=0.05 各组间的显著性差异

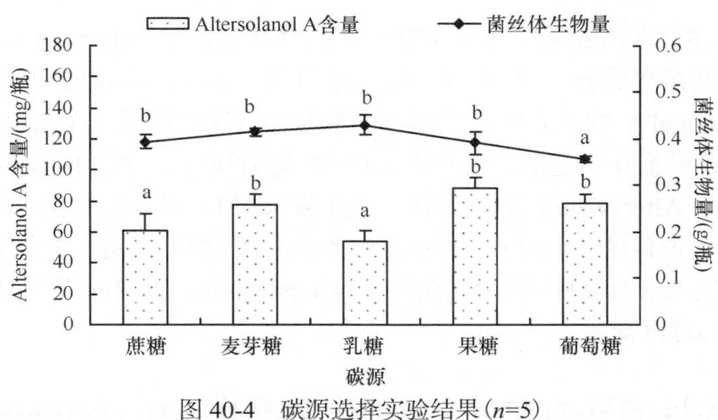

图 40-4　碳源选择实验结果（n=5）

3. 氮源选择实验

由表 40-3 可知，有机氮源比无机氮源更有利于菌株 4213# 代谢产生 Altersolanol A 及其生长，以酵母膏最佳，其代谢产生的 Altersolanol A 的含量和菌丝体生物量均显著高于其他组（$P<0.05$），100ml 液体培养基代谢产生的 Altersolanol A 含量为 57.08mg，菌丝体生物量为 0.4104g。这证明了基本培养基筛选实验中关于酵母膏是影响菌株 4213# 代谢产生 Altersolanol A 的关键因素之一的推测。酵母膏既有利于菌株 4213# 代谢产生 Altersolanol A，又有利于其生长，因此选择酵母膏作为最终的氮源对后续实验进行优化。不同氮源对菌株 4213# 代谢产生 Altersolanol A 的含量和对菌丝体生物量的影响结果见图 40-5。

表 40-3　氮源选择实验结果（n=5）

氮源	Altersolanol A 的含量/(mg/瓶)	菌丝体生物量/g
硝酸钾	0.56 ± 0.21　a	0.0128 ±0.0019　a
硝酸铵	0.75 ± 0.34　a	0.0221 ± 0.0035　a
硫酸铵	1.30 ± 1.11　a	0.0144 ±0.0035　a
酵母膏	57.08 ± 10.30 b	0.4104 ± 0.0140　c
蛋白胨	5.36 ± 0.95　a	0.2779 ± 0.0249　b

注：a、b、c 代表 P=0.05 各组间的显著性差异

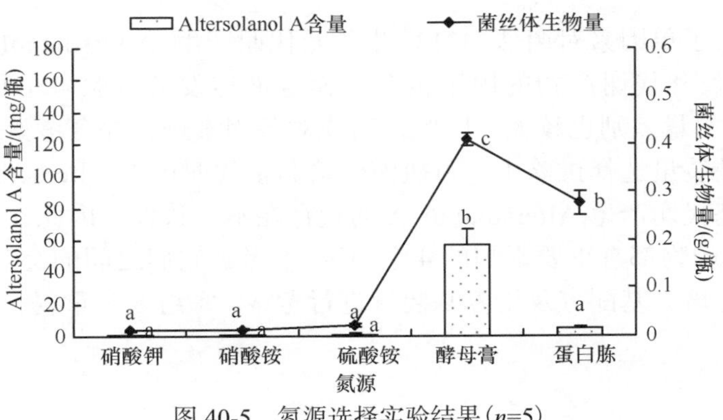

图 40-5　氮源选择实验结果（n=5）

培养基 F 是 8 种基本培养基中菌株 4213# 生长和代谢产生 Altersolanol A 相对较好、较稳定的基本培养基，其组成成分为 2%蔗糖、0.4%酵母膏。但是，在碳源和氮源筛选实验中，培养基 F 产生 Altersolanol A 的含量明显比基本培养基筛选实验的低，而菌丝体生物量没有显著性的差异，推测是菌种退化引起的，在后续实验中，笔者研究了菌种的培养时间和继代次数对菌株 4213# 代谢产生 Altersolanol A 的影响。适宜菌株 4213#液体发酵代谢产生 Altersolanol A 的碳源和氮源分别为葡萄糖和酵母膏。氮源的种类对菌株 4213#代谢产生的 Altersolanol A 含量影响很大。非营养性因素对菌株 4213#代谢产生 Altersolanol A 影响的研究中，培养基组成成分为 2%葡萄糖、0.4%酵母膏。

二、非营养性因素对菌株 4213#代谢产生 Altersolanol A 的影响

(一) 实验方法

1. 培养基初始 pH 的选择优化

用 10% NaOH 和 10% HCl 将液体培养基的初始 pH 调至 2、3、4、5、6、7、8、9、10，备用。分别在 250ml 三角瓶中装上述 9 种不同 pH 的液体培养基 100ml，每种 pH 5 个重复。122℃高压灭菌 22min 后，在无菌操净台上接种，用 4mm (i. d.) 打孔器沿菌落边缘打孔，挑取生长一致的 5 片菌片接种至上述 9 种 pH 的液体培养基中，于 25℃、120r/min 旋转式摇床中暗培养 10 天，研究培养基的初始 pH 对菌株 4213#生长及代谢产生 Altersolanol A 的影响。

2. 培养基装量的选择实验

分别用 250ml 三角瓶按体积比的 30%、40%、50%、60% 装入液体培养基，每组 5 个重复。其他条件同前，研究培养基装量对菌株 4213#生长及代谢产生 Altersolanol A 的影响。

3. 接种量的选择实验

用 250ml 三角瓶按体积比的 40%装入液体培养基，接种量分别为 3#、5#、7#，其他条件同前，研究接种量对菌株 4213# 生长及代谢产生 Altersolanol A 的影响。

4. 正交设计方法对培养基配方及装样量的优化

上述实验考察了单因素对菌株 4213# 生长及代谢产生 Altersolanol A 的影响。由于影响菌株 4213# 生长和代谢产物的因素很多，而且液体发酵试验各个批次之间代谢产物 Altersolanol A 的含量差别也较大，因此，需要对各因素进行综合考察来确定液体发酵工艺条件。在培养基装量选择试验中，每瓶液体培养基代谢产生 Altersolanol A 的量和单位体积的液体培养基代谢产生 Altersolanol A 的量存在不一致性。因此，本实验选择对菌株 4213# 生长及代谢产物都有重要影响的 4 个因素，不考虑它们之间的交互作用，采用 $L_9(3^4)$ 的正交试验方案对培养基配方及培养基装量进行考察，每组 5 个重复，正交试验因素水平表见表 40-4。

表 40-4　正交试验因素水平表(n=5)

水平	因素			
	A(葡萄糖/%)	B(酵母膏/%)	C(海盐/%)	D(装样量/%)
1	1	0.2	1	30
2	2	0.4	2	40
3	4	0.8	3	50

5. 培养温度的选择优化

用 250ml 三角瓶按体积比的 40% 装入液体培养基，培养温度分别为 23℃、25℃、28℃和 30℃，其他条件同前，研究培养温度对菌株 4213# 生长及代谢产生 Altersolanol A 的影响。

6. 发酵周期的研究

用 250ml 三角瓶按体积比的 40% 装入液体培养基，其他条件同前，分别在第 5、7、9、11、13、15、17、19、21、23 天收取发酵产物。研究发酵周期对菌株 4213# 生长及代谢产生 Altersolanol A 的影响。

7. 菌种培养时间的影响

用 250ml 三角瓶按体积比的 40%装入液体培养基。取平皿中生长 3 天、4 天、5 天、6 天、7 天、8 天的菌株 4213#接种，其他条件同前，研究菌种培养时间对菌株 4213#生长及代谢产生 Altersolanol A 的影响。

8. 菌种继代次数的影响

用 250ml 三角瓶按体积比的 40%装入液体培养基，分别将试管保藏的菌种传至平皿培养二代、三代、四代、五代和六代用于接种，其他条件同前，研究菌种继代次数对菌株 4213# 生长及代谢产生 Altersolanol A 的影响。

9. 统计方法

采用 SPSS17.0 统计软件对各个实验所得化合物 Altersolanol A 的含量及菌丝体生物量进行单因素方差分析和显著性差异比较，若数据未通过方差齐性检验，则采用两两比较方法比较各组间的显著性差异，结果以“均值±标准差”的形式表示。

(二)结果与分析

1. 培养基初始 pH 的选择优化

培养基中 pH 的变化会影响细胞内 pH 的变化，进而影响细胞内酶的活性。pH 的变化不但对真菌的生长有影响，还对其代谢产物的产生有影响。由表 40-5 可知，适合菌株 4213# 生长及代谢产生 Altersolanol A 的初始 pH 范围比较广。pH 为 5～10 时，菌株 4213# 均生长良好，而初始 pH 为 9 和 10 时，菌丝体生物量显著高于其他 pH 组，但初始 pH 为 9 和 10 时两者之间没有显著性差异，其菌丝体生物量分别为 0.4180g 和 0.4413g，表明碱性环境更有利于菌株 4213#生长。但是，菌株 4213# 代谢产生 Altersolanol A 的量却与其生长对培养基初始 pH 的要求存在不一致的现象，当 pH 为 2 时，菌株 4213#生长缓慢，pH 为 10 时，生长最快，而 pH 为 2 时代谢产生的 Altersolanol A 的量是 pH 为 10 时的 2 倍多，100ml 液体培养基代谢产生的 Altersolanol A 的量分别为 21.42mg 和 9.78mg。当液体培养基的初始 pH 为 5、6、7、8 时，该真菌代谢产生 Altersolanol A 的量之间没有显著性差异，当培养基初始 pH 为 4 时，代谢产生 Altersolanol A 的量显著高于其他 pH（$P<0.05$），100ml 液体培养基代谢产生 Altersolanol A 的量为 150.71mg。上述结果表明，碱性环境有利于菌株 4213# 生长，而酸性环境适于菌株 4213#代谢产生 Altersolanol A，这可能是由于化合物 Altersolanol A 含有多个酚羟基，呈弱酸性，在偏酸性环境条件中更有利于其代谢产生。以代谢产生 Altersolanol A 的量为主要指标，最终选择初始 pH 为 4 对该真菌液体发酵培养。培养基初始 pH 对菌株 4213# 代谢产生 Altersolanol A 的含量和对菌丝体生物量的影响结果见图 40-6。

表 40-5　培养基初始 pH 的选择优化试验结果（n=5）

pH	Altersolanol A 的含量/(mg/瓶)	菌丝体生物量/(g/瓶)
2	21.42±15.65　a	—　a
3	51.52±3.20　b	0.1083±0.0054　b
4	150.71±8.77　d	0.2623±0.0218　c
5	118.03±13.94　c	0.3364±0.0116　cd
6	108.52±6.37　c	0.3101±0.0126　c
7	107.49±9.02　c	0.3211±0.0212　c
8	111.76±16.17　c	0.3385±0.0104　cd
9	29.11±8.96　a	0.4180±0.0959　de
10	9.78±5.44　a	0.4413±0.0959　e

注：a、b、c、d、e 代表 P=0.05 各组间的显著性差异

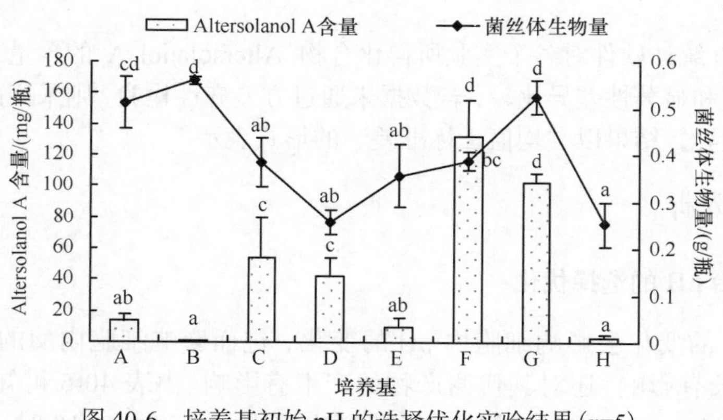

图 40-6　培养基初始 pH 的选择优化实验结果（n=5）

2. 装样量的选择实验

由表 40-6 可知，随着装样量的增加，菌株 4213# 的菌丝体生物量也逐渐增加，各组间有显著性差异，装样量为 30%、40%、50%、60%时，菌丝体生物量分别为 0.2011g、0.3297g、0.4228g 和 0.5317g，装样量为 60%时，每瓶得到的菌丝体生物量最高，但是，比较单位体积液体培养基生产的菌丝体生物量(g/ml)，则各组间没有显著性差异，装样量为 30%、40%、50%、60%时，菌丝体生物量分别为 0.0027g/ml、0.0033g/ml、0.0033g/ml、0.0035g/ml，因此推测，菌株 4213# 的生长与培养基的营养是否充分有关，与通气量的多少关系不大。

表 40-6　装样量的选择实验结果(n=5)

装样量/%	Altersolanol A 浓度/(mg/ml)	Altersolanol A 含量/(mg/瓶)	菌丝体生物量/(g/瓶)
30	1.26±0.17　b	92.43±12.70　a	0.2011±0.0185　a
40	1.49±0.06　c	148.74±5.87　b	0.3297±0.0127　b
50	1.25±0.09　b	156.35±12.33　b	0.4228±0.1422　c
60	0.91±0.07　a	136.99±10.90　b	0.5317±0.0246　d

注：a、b、c、d 代表 P=0.05 各组间的显著性差异

装样量为 30%时，菌株 4213# 代谢产生 Altersolanol A 的含量(mg/瓶)显著低于其他 3 组，装样量为 40%、50%、60%的 Altersolanol A 含量(mg/瓶)之间没有显著性差异；100ml 液体培养基代谢产生 Altersolanol A 的含量分别为 148.74mg、156.35mg 和 136.99mg；比较单位体积液体培养基发酵产生 Altersolanol A 的含量(mg/ml)，当装样量为 40%时，Altersolanol A 的含量(mg/ml)显著高于其他组，其含量为 1.49mg/ml，综合考虑以上各种因素，最终选择装样量为 40%对后续试验进行优化。不同装样量(以单位体积计算)对菌株 4213# 代谢产生 Altersolanol A 的含量和对菌丝体生物量的影响结果见图 40-7，不同装样量对菌株 4213#代谢产生 Altersolanol A 的含量和对菌丝体生物量的影响结果见图 40-8。

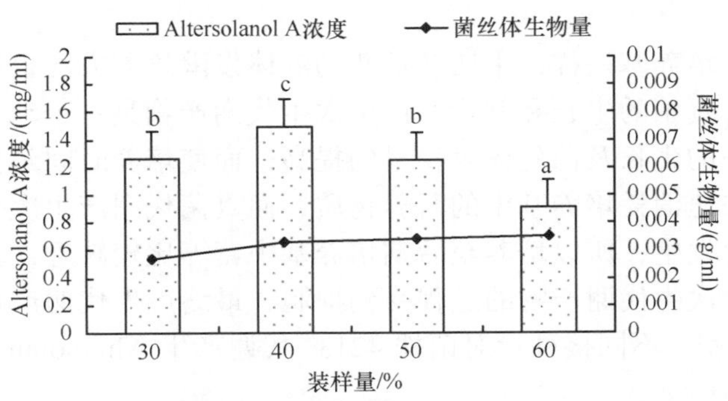

图 40-7　装样量的选择实验结果(单位体积计算)(n=5)

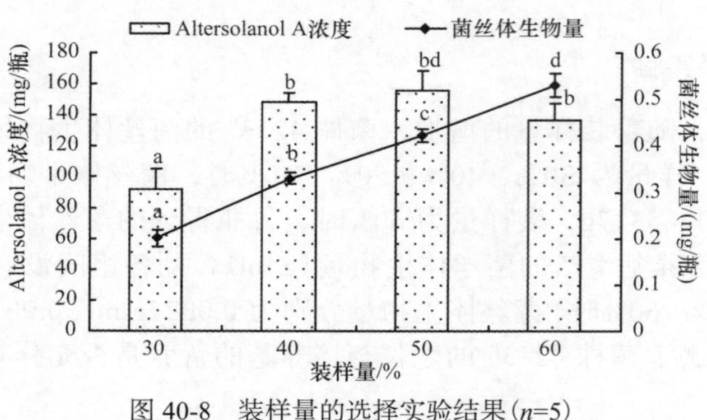

图 40-8　装样量的选择实验结果（n=5）

3. 接种量的选择

由表 40-7 可知，不同接种量对菌株 4213#菌丝体生物量的影响不大，而对菌株 4213#代谢产生 Altersolanol A 的含量有一定影响。不同接种量经液体发酵培养后所得的菌丝体生物量之间没有显著性差异，100ml 液体培养基菌丝体的生物量为 0.3500g、0.3607g、0.3745g，而接种 3 片菌片对菌株 4213# 进行液体发酵培养，其代谢产生的 Altersolanol A 含量显著高于接种 7 片菌片的，但与接种 5 片菌片之间没有显著性差异，100ml 液体培养基代谢产生 Altersolanol A 的量分别为 113.34mg、100.01mg、95.97mg。接种量为 7 片菌片时，菌株 4213# 代谢产生的 Altersolanol A 的量显著低于接种 3 片菌片的，可能是该真菌的生长和代谢产物的动态平衡受到影响。因此，在后续实验中选择接种 3～5 片菌片为适宜的接种量。

表 40-7　接种量的选择实验结果（n=5）

接种量/片	Altersolanol A 的含量/(mg/瓶)	菌丝体生物量/(g/瓶)
3	113.34±12.66　a	0.3500±0.0187　a
5	100.01±6.67　ab	0.3607±0.0212　a
7	95.97±2.76　b	0.3745±0.0242　a

注：a、b 代表 P=0.05 各组间的显著性差异

同接种液体种子培养基一样，平皿转摇瓶的液体发酵培养方法也涉及接种量的问题。在液体发酵过程中，真菌的生长和其代谢产生次生代谢产物是一个动态的平衡过程。接种量太少，不利于真菌的生长及菌丝体生物量的提高，而使培养时间延长；接种量过大，真菌生长太快，大量快速消耗培养基中的营养物质，而真菌代谢产生次生代谢产物需要在培养一段时间之后才会发生，所以培养至后期培养基中营养比较缺乏，真菌的生长减缓甚至不再生长，导致产生次生代谢产物的过程受到抑制，最终产生代谢产物的量较少，造成人力、物力、财力的浪费。不同接种量对菌株 4213# 代谢产生 Altersolanol A 和对菌丝体生物量的影响结果见图 40-9。

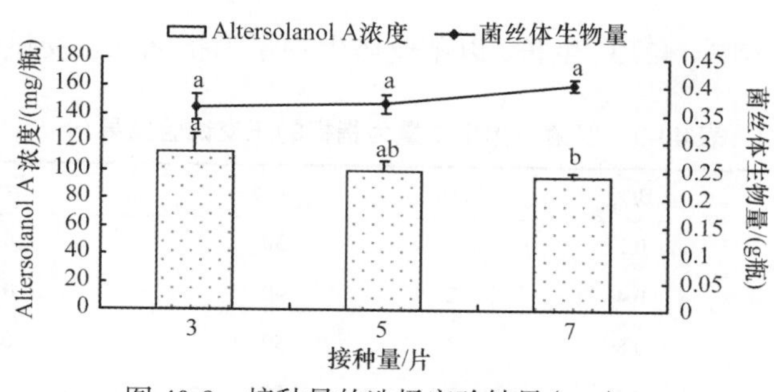

图 40-9　接种量的选择实验结果(n=5)

4. 正交设计方法对培养基配方及装样量的优化

以次生代谢产物 Altersolanol A 的含量为指标，对正交试验结果进行极差分析，4 个因素的极差分别为 29.98、45.42、4.73、29.31，即 $R_2>R_1>R_4>R_3$，结果表明，在变化的水平范围内，因素 B(酵母膏用量)对结果造成的影响最大，其次依次为因素 A(葡萄糖用量)、因素 D(装样量)和因素 C(NaCl)。同时，$k_{31}>k_{21}>k_{11}$、$k_{12}>k_{22}>k_{32}$、$k_{23}>k_{33}>k_{13}$、$k_{24}>k_{34}>k_{14}$，由此可确定 $A_3B_1C_2D_2$ 为各因素水平组合的最佳配比，培养基配方为 4%葡萄糖、0.2%酵母膏 40%装样量、0.1%的 NaCl，该液体培养基有利于菌株 4213# 积累次生代谢产物 Altersolanol A，以次生代谢产物 Altersolanol A 的含量为指标的正交试验结果分析见表 40-8。

表 40-8　以 Altersolanol A 含量为指标的正交试验结果(n=5)

编号	A/ %	B/ %	C/ %	D/ %	Altersolanol A 含量/(mg/瓶)
1	1	0.2	1	30	34.85±3.87 abc
2	1	0.4	2	40	41.69±2.75 c
3	1	0.8	3	50	22.04±0.46 a
4	2	0.2	2	50	88.13±9.55 e
5	2	0.4	3	30	32.44±4.21 abc
6	2	0.8	1	40	39.11±8.98 bc
7	4	0.2	3	40	98.56±5.06 e
8	4	0.4	1	50	65.82±6.56 d
9	4	0.8	2	30	24.14±5.56 ab
k_{1j}	32.86	73.85	46.59	30.48	—
k_{2j}	53.23	46.65	51.32	59.79	—
k_{3j}	62.84	28.43	51.01	58.66	—
极差(R)	29.98	45.42	4.73	29.31	—

以菌丝体生物量为指标，对正交试验结果进行极差分析，4 个因素的极差分别为 0.1342、0.1427、0.0986、0.0617，即 $R_2>R_1>R_4>R_3$。结果表明，在变化的水平范围内，因素 B(酵母膏用量)对结果造成的影响最大，其次依次为因素 A(葡萄糖用量)、因素 D(装样量)和因素 C(盐用量)。同时，$k_{31}>k_{21}>k_{11}$、$k_{32}>k_{22}>k_{12}$、$k_{23}>k_{33}>k_{13}$、$k_{14}>k_{34}>k_{24}$，由此可确定 $A_3B_3C_2D_1$ 为各因素水平组合的最佳配比。培养基配方为 4%葡萄糖、0.8%酵母膏、30%装样量，0.5% NaCl，

该液体培养基有利于菌株 4213# 生长，以菌丝体生物量为指标的正交试验结果分析见表 40-9。

表 40-9 以菌丝体生物量为指标的正交试验结果(n=5)

编号	A/%	B/%	C/%	D/%	菌丝体生物量/(g/瓶)
1	1	0.2	1	30	0.1748±0.0058 a
2	1	0.4	2	40	0.2631±0.0096 b
3	1	0.8	3	50	0.4038±0.0257 e
4	2	0.2	2	50	0.3451±0.1333 d
5	2	0.4	3	30	0.3983±0.0336 e
6	2	0.8	1	40	0.4049±0.0153 e
7	4	0.2	3	40	0.3171±0.0160 c
8	4	0.4	1	50	0.3300±0.0099 cd
9	4	0.8	2	30	0.5973±0.0325 f
k_{1j}	0.2806	0.2790	0.3032	0.3901	—
k_{2j}	0.3828	0.3305	0.4018	0.3284	—
k_{3j}	0.4148	0.4687	0.3731	0.3596	—
极差(R)	0.1342	0.1427	0.0986	0.0617	—

综上所述，氮源酵母膏用量对菌株4213#的生长及代谢产生次生代谢产物 Altersolanol A 的影响最为显著。比较上述 9 组实验数据，表明酵母膏用量对菌株 4213# 的生长及代谢产生 Altersolanol A 含量的影响作用不一致。在实验设定的范围内，氮源酵母膏用量越小，菌株 4213#代谢产生的 Altersolanol A 量越高；酵母膏用量越大，越有利于菌株 4213# 生长，这表明营养条件是否充足对菌株 4213#的生长影响很大。培养基装量对该菌株产生 Altersolanol A 有一定的影响，在一定范围内增加培养基装量，菌株 4213# 产生次生代谢产物 Altersolanol A 的量也逐渐增加，但是，超过一定范围后，其代谢产生 Altersolanol A 的量反而下降，推测菌株 4213#代谢产生次生代谢产物 Altersolanol A 的含量与通气量有关。在后续优化实验中，培养基成分为 4%葡萄糖、0.2%酵母膏、40%培养基装量和 0.1% NaCl。

5. 培养温度的选择优化

由表 40-10 可知，培养温度对菌株 4213# 的生长和代谢产生 Altersolanol A 的含量均有一定的影响。低温(23℃)不利于该真菌生长和代谢产物的产生，其 Altersolanol A 含量和菌丝体生物量均显著低于其他组。高温(30℃)对菌株 4213# 代谢产生 Altersolanol A 的含量有重要的影响，但对其生长影响不大。温度为 30℃时，该菌株代谢产生的 Altersolanol A 的含量显著低于温度为 25℃和 28℃的组。25～28℃该菌株代谢产生的 Altersolanol A 的含量和菌丝体生物量均没有显著性差异，25℃和 28℃组代谢产生的 Altersolanol A 量分别为 100ml 液体培养基 122.64mg 和 106.38mg。因此，选择 25～28℃为适宜的培养温度。不同接种量对菌株 4213#代谢产生 Altersolanol A 的含量和对菌丝体生物量的影响结果见图 40-10。

表 40-10　培养温度的选择优化实验结果(n=5)

温度/℃	Altersolanol A 的含量/(mg/瓶)	菌丝体生物量/g
23	59.76±9.71　a	0.1998±0.0194　a
25	122.64±3.67　c	0.2713±0.0217　b
28	106.38±24.17　bc	0.2532±0.0230　b
30	89.60±11.27　b	0.2318±0.0243　ab

注：a、b、c 代表 P=0.05 各组间的显著性差异

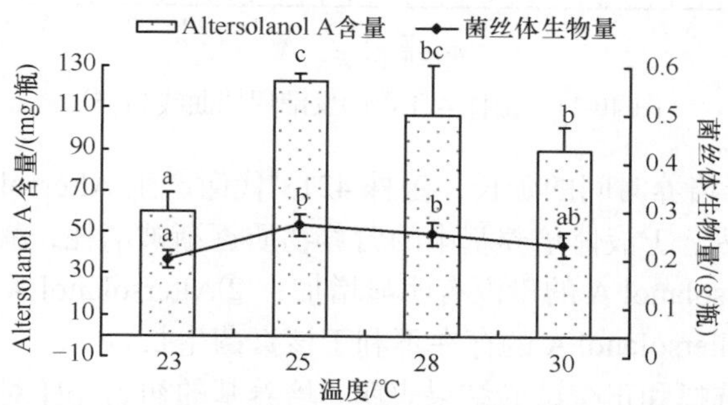

图 40-10　不同培养温度对菌株 4213#产生 Altersolanol A 的含量和对菌丝体生物量的影响(n=5)

6. 发酵周期的研究

由表 40-11 可知，随着培养时间的延长，菌株 4213# 代谢产生 Altersolanol A 的量逐渐增加，在第 11、13、15、17、19、21、23 天 Altersolanol A 含量没有显著性差异(P>0.05)，100ml 液体培养基代谢产生 Altersolanol A 的量分别为 126.83mg、125.09mg、138.42mg、123.82mg、126.26mg、121.90mg、131.11mg。因此，选择菌株 4213# 液体发酵的最佳培养时间为 11 天。该真菌的菌丝体生物量与其基本保持一致，在培养 13 天后，菌株 4213# 的生长进入稳定期，液体培养基中的营养物质逐渐被消耗，菌株 4213# 生长速率减缓，菌丝体生物量比较缓慢地增加(图 40-11)。

表 40-11　发酵周期的研究结果(n=5)

培养时间/天	Altersolanol A 含量/(mg/瓶)	菌丝体生物量/(g/瓶)
5	75.44±5.48　a	0.1573±0.0097　a
7	96.98±4.90　ab	0.1859±0.0123　b
9	106.11±15.83　bc	0.1884±0.0119　b
11	126.83±5.54　cd	0.2104±0.0088　b
13	125.09±12.36　cd	0.2601±0.0393　bcd
15	138.42±7.88　cd	0.2758±0.0237　c
17	123.82±7.95　cd	0.2976±0.0174　cde
19	126.26±4.07　cd	0.3310±0.0220　de
21	121.90±5.95　cd	0.3637±0.0397　cde
23	131.11±3.20　cd	0.3557±0.027　ef

注：a、b、c、d、e、f 代表 P=0.05 各组间的显著性差异

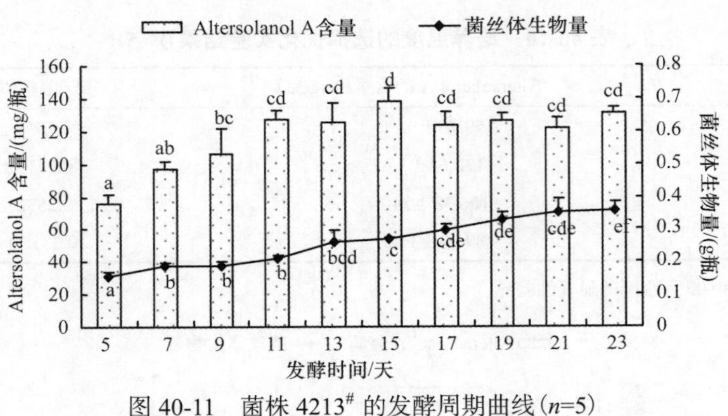

图 40-11　菌株 4213# 的发酵周期曲线 (n=5)

培养 11 天后，随着培养时间的延长，菌株 4213#代谢产生 Altersolanol A 的量没有明显增加，推测有以下两个原因：①液体培养基中的营养物质逐渐被消耗，菌株 4213# 的生长速率减缓，导致代谢产生 Altersolanol A 的量没有明显增加；②Altersolanol A 对菌株 4213# 的生长具有反馈抑制作用，即 Altersolanol A 的存在不利于该真菌生长。

培养基初始 pH 的选择和正交试验结果表明，培养基的初始 pH 对菌株 4213# 的生长和代谢产生 Altersolanol A 的影响作用不一致，酵母膏用量也出现不一致的现象。

综上所述，笔者推测 Altersolanol A 不利于菌株 4213#的生长，并且对该真菌的生长具有反馈抑制作用，甚至对该真菌具有毒害作用。因此，选取一种介质(如大孔树脂)将 Altersolanol A 暂时储存在该介质中，液体发酵培养后，用合适的洗脱溶剂解吸得到目标化合物，这有利于该菌株代谢产生更多的目标化合物 Altersolanol A。

7. 菌种培养时间的影响

菌种培养时间对真菌本身性质有一定的影响作用，若菌种培养时间过长，可能导致菌种退化甚至变异，最终导致其代谢产生不同的代谢产物。由表 40-12 可知，培养时间为 3～8 天时菌丝体的生物量和代谢产生 Altersolanol A 的量之间没有显著性差异，结果表明，菌种在平皿中培养 3～8 天对液体发酵培养的菌丝体生物量和代谢产物 Altersolanol A 影响不大，该真菌转至平皿后培养 8 天能长满平皿，因此，在平皿中培养 3～8 天的菌种均可以作为液体发酵培养的菌种。菌种培养时间对菌株 4213#代谢产生 Altersolanol A 的含量和对菌丝体生物量的影响结果见图 40-12。

表 40-12　菌种培养时间影响的实验结果 (n=5)

培养时间/天	Altersolanol A 含量/(mg/瓶)	菌丝体生物量/(g/瓶)
3	106.94±49.32　a	0.2630±0.0375　a
4	124.22±11.95　a	0.2515±0.0227　a
5	110.54±23.88　a	0.2871±0.0216　a
6	123.01±11.30　a	0.2648±0.0255　a
7	127.45±9.35　a	0.2629±0.0257　a
8	122.11±9.41　a	0.2631±0.0228　a

注：a 代表 P=0.05 各组间的显著性差异

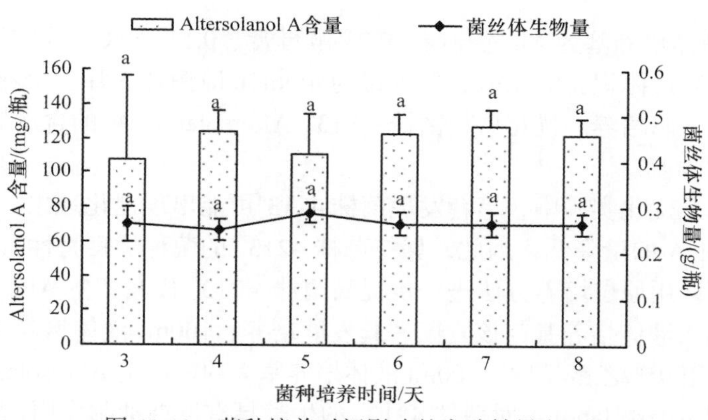

图 40-12　菌种培养时间影响的实验结果 (*n*=5)

8. 菌种继代培养次数的影响

菌种继代培养次数对真菌本身性质有一定的影响作用，若菌种继代培养次数过多，可能导致菌种退化甚至变异，最终导致其代谢产生与原菌种不同的代谢产物。由表 40-13 可知，菌种继代培养 2～6 代代谢产生 Altersolanol A 的含量和菌丝体生物量之间没有显著性差异，表明少量继代培养菌株 4213#，对该菌株发酵培养产生代谢产物 Altersolanol A 和菌丝体生物量影响不大，菌种继代培养次数对菌株 4213#代谢产生 Altersolanol A 含量和对菌丝体生物量的影响见图 40-13。

表 40-13　菌种继代培养次数影响的实验结果 (*n*=5)

菌种传代/代	Altersolanol A 含量/(mg/瓶)	菌丝体生物量/(g/瓶)
2	102.20±6.57　a	0.1702±0.0057　a
3	103.67±4.50　a	0.1628±0.0099　a
4	104.34±6.74　a	0.1676±0.0051　a
5	105.74±1.19　a	0.1676±0.0068　a
6	103.78±6.36　a	0.1688±0.0077　a

注：a 代表 *P*=0.05 各组间的显著性差异

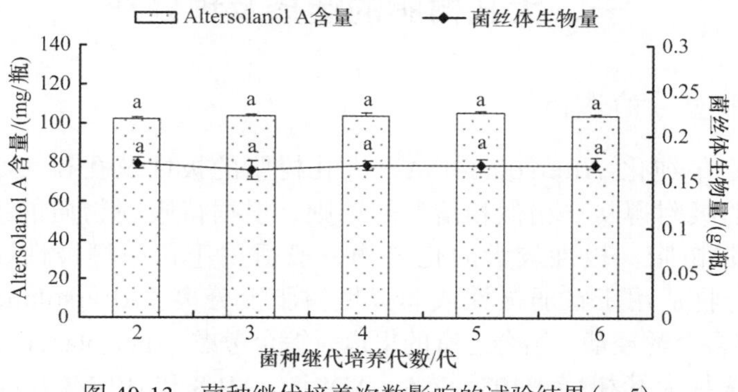

图 40-13　菌种继代培养次数影响的试验结果 (*n*=5)

以代谢产物 Altersolanol A 含量为主要指标，适宜菌株 4213#液体发酵代谢产生

Altersolanol A 的液体培养基为 4%葡萄糖、0.2%酵母膏、0.1% NaCl，培养条件为培养基初始 pH 为 4.0、培养基装量体积比的 40%、接种量为 4mm(i.d.)菌片 5 片、培养温度为 25～28℃、发酵周期为 11 天，暗培养。优化后，菌株 4213# Altersolanol A 的含量提高了 2 倍，达到 138.42mg/100ml 培养基。

在液体发酵工艺优化实验中，笔者发现菌株 4213#可能出现退化现象，继代培养多次后代谢产生 Altersolanol A 的量降低，因此，保持菌株 4213# 的菌种优良特性具有重要意义。在本研究的基础上，可以用原位培养方法进一步提高菌株 4213# 代谢产生 Altersolanol A 的量，即将大孔吸附树脂加入液体培养基与该真菌一起发酵培养，100ml 液体培养基中加入 4g 大孔树脂进行吸附实验，用 95%乙醇洗脱，100ml 液体培养基大约能产生 Altersolanol A 200mg。原位培养方法结果证明 Altersolanol A 对菌株 4213# 的生长具有反馈抑制作用，甚至具有毒害作用。

第三节　Altersolanol A 富集纯化工艺

在前面的研究中，通过对菌株 4213#发酵的营养性因素和非营养性因素进行考察，得到了高产 Altersolanol A(目标化合物)的菌株 4213#的液体发酵工艺。发酵液中杂质较多，用常规的分离纯化方法目标化合物的损失较大。大孔吸附树脂是由苯乙烯和丙酸酯等聚合单体以及交联剂(乙烯苯)、致孔剂(甲苯、二甲苯)、分散剂等添加剂经聚合反应形成有机高分子聚合物，具有多孔骨架结构。大孔树脂的吸附作用主要是依靠它与被吸附分子之间的范德华引力进行物理吸附，使有机化合物根据吸附力及其分子质量大小经一定溶剂洗脱分开而达到分离、纯化、除杂、浓缩(富集)等不同目的的。由于大孔树脂具有吸附性和筛选性相结合的分离、纯化、富集等多种功能，已被广泛应用于环境保护、冶金工业、化学工业、制药和医学卫生部门，特别适用于生物化学制品、天然产物的分离纯化、药物制备、有机化合物分离、化学反应催化剂、载体等各个领域。大孔吸附树脂具有稳定性高、比表面积大、吸附容量大、选择性好、吸附速率快、解吸条件温和、再生处理简便、使用周期长、成本低等优点。由于其比表面积、孔径、极性等理化性质的可调节性，大孔树脂逐渐取代了活性炭和 Al_2O_3 等经典吸附剂，成为高分子技术领域发展最活跃的分支之一。本研究用大孔吸附树脂富集纯化发酵液中的 Altersolanol A，得到纯度和产率均较高的 Altersolanol A 的纯化工艺，为以后可能的工业化生产奠定基础。

一、大孔树脂的选择及预处理

(一) 大孔树脂型号的选择

用大孔树脂富集纯化 Altersolanol A，大孔树脂的极性及孔径大小对吸附有很大的影响。大孔树脂的吸附遵从“相似相溶”的原则，根据待吸附物质的极性大小来选择不同类型的大孔吸附树脂。极性较大的化合物一般适用于在中等极性或大极性树脂上分离；极性小的化合物适用于在弱极性或非极性树脂上分离。Altersolanol A 为弱极性的蒽醌类化合物，含有多个酚羟基。结合已有的报道，综合考虑 Altersolanol A 和各种大孔树脂的性质，本研究选择大孔树脂 H103、X-5、ADS-8、AB-8 和 HP_2MGL 进行筛选，得到一种或多种分离纯化效果较好的大孔树脂，用于后续的实验研究，上述 5 种大孔树脂的参数如表 40-14。

表 40-14　不同型号大孔树脂的性能参数

大孔树脂类型	性状	极性	比表面积/(m^2/g)	粒径范围/mm	平均孔径
X-5	乳白色不透明球状颗粒	非极性	500～600	0.3～1.25	290～300
H103	黑色或棕色不透明球状颗粒	非极性	1000～1100	0.3～1.25	85～95
AB-8	乳白色不透明球状颗粒	弱极性	480～520	0.3～1.25	130～140
ADS-8	乳白色不透明球状颗粒	弱极性	450～500	0.3～1.25	120～160
HP_2MGL	白色不透明球状颗粒	中极性	470	0.3	170

(二) 大孔树脂预处理

分别将以上 5 种大孔树脂装于索式提取器中，用丙酮浸泡 24h 后回流 48h，回收溶剂。大孔树脂置 60℃烘箱中烘干，备用。

二、静态吸附实验

(一) 实验方法

1. 大孔树脂类型的选择

称取经预处理的树脂 H103、HP_2MGL、ADS-8、AB-8 和 X-5 各 3g，置 100ml 三角瓶中，每种大孔树脂 3 个重复。分别加入发酵液 20ml，25℃、120r/min 振荡吸附 24h 后，量取吸附后剩余溶液 0.5ml，置 5ml 量瓶中，用甲醇稀释至刻度摇匀，过滤。取样后滤出上述已吸附平衡的大孔树脂，去离子水冲洗干净后用滤纸吸干。各加入 95%乙醇 20ml 作为洗脱溶剂，25℃、120r/min 振荡解吸 4h 后，量取解吸溶液 0.5ml，置 5ml 量瓶中，用甲醇稀释至刻度，摇匀，过滤，精密量取续滤液(吸附后剩余溶液和解吸溶液)各 20μl，测定 Altersolanol A 的含量。按式(40-2)～式(40-5)计算上述 5 种大孔树脂对 Altersolanol A 的吸附率、吸附量及 95% 乙醇 20ml 对该化合物的解吸率(Fu et al.，2006)。

$$\text{吸附率}=\frac{\text{吸附液原始浓度(mg/ ml)}-\text{吸附液剩余浓度(mg/ ml)}}{\text{吸附液原始浓度(mg / ml)}}\times 100\% \qquad (40\text{-}2)$$

$$\text{吸附量}=\frac{\text{吸附液原始浓度(mg/ ml)}-\text{吸附液剩余浓度(mg/ ml)}}{\text{树脂质量(g)}}\times \text{溶液体积(ml)} \qquad (40\text{-}3)$$

$$\text{解吸率}=\frac{\text{解吸后溶液浓度(mg/ ml)}\times \text{解吸后溶液体积(ml)}}{\text{吸附量(mg/ g)}\times \text{树脂质量(g)}}\times 100\% \qquad (40\text{-}4)$$

$$\text{解吸量}=\frac{\text{解吸后溶液浓度(mg/ ml)}\times \text{解吸后溶液体积(ml)}}{\text{树脂质量(g)}} \qquad (40\text{-}5)$$

2. 大孔树脂用量的选择

称取经预处理的大孔树脂 H103 0.5g、1g、2g、3g，分别置 100ml 三角瓶中，每组 3 个重复。分别加入发酵液 20ml，25℃、120r/min 振荡吸附。吸附 0.5h、1h、2h、3h 和 4h 后，量取吸附后剩余溶液 0.5ml，置 5ml 量瓶中用甲醇稀释至刻度，摇匀，过滤。取样后，滤出上述已吸附平衡的大孔树脂，去离子水冲洗干净后用滤纸吸干，各加入 95%乙醇 20ml 解吸，25℃、120r/min 振荡解吸 4h 后，量取解吸溶液 1ml，置 5ml 量瓶中用甲醇稀释至刻度，摇匀，过滤。精密量取续滤液（吸附后剩余溶液和解吸溶液）各 20μl，测定 Altersolanol A 的含量，分别计算不同质量大孔树脂对 Altersolanol A 的吸附率、吸附量及解吸率。

3. 洗脱溶剂的选择

称取经预处理的大孔树脂 H103 和 HP_2MGL 各 1g，置 100ml 三角瓶中，每组 3 个重复。分别加入发酵液 20ml，25℃、120r/min 振荡吸附 4h 后，量取吸附后剩余溶液 1ml，置 2ml 量瓶中用甲醇稀释至刻度，摇匀，过滤。取样后，滤出上述已吸附平衡的大孔树脂，去离子水冲洗干净后用滤纸吸干。分别加入不同浓度（50%乙醇、75%乙醇、95%乙醇和无水乙醇）的洗脱溶剂 20ml，25℃、120r/min 振荡解吸 4h 后，量取解吸溶液 200μl，置 2ml 量瓶中，用甲醇稀释至刻度，摇匀，过滤，精密量取续滤液（吸附后剩余溶液和解吸溶液）20μl，测定 Altersolanol A 的含量。计算其吸附率、吸附量及解吸率。

4. 发酵液初始 pH 的影响

1）发酵液初始 pH 2～8 对吸附和解吸的影响初筛实验

菌株 4213# 液体发酵得到的发酵液的 pH 约为 3.5。用 10% HCl 和 10% NaOH 将发酵液的 pH 调节至 2、3、4、5、6、7、8，备用。

分别称取经预处理的大孔树脂 H103 和 HP_2MGL 各 1g，置 100ml 三角瓶中，共 21 份。分别加入各 pH 的发酵液 20ml，每个 pH 3 个重复。25℃、120r/min 振荡吸附 4h 后量取吸附后剩余溶液 1ml，置 2ml 量瓶中，用甲醇稀释至刻度，摇匀，过滤。取样后，滤出上述已吸附平衡的大孔树脂，去离子水冲洗干净后用滤纸吸干。各加入 95%乙醇解吸 20ml，25℃、120r/min 振荡解吸 4h 后，量取解吸溶液 200μl，置 2ml 量瓶中，用甲醇稀释至刻度，摇匀，过滤。精密量取续滤液（吸附后剩余溶液和解吸溶液）20μl，摇匀，过滤，测定 Altersolanol A 的含量，计算大孔树脂 H103 在不同 pH 条件下对 Altersolanol A 的吸附率、吸附量和解吸率。

2）发酵液初始 pH 2～5 对吸附和解吸的复筛实验

用 10% HCl 和 10% NaOH 将发酵液的 pH 调至 2.5、3.0、3.5、4.0、4.5、5.0，备用。采用初筛实验方法分别考察发酵液初始 pH 为 2～5 时大孔树脂 H103 和 HP_2MGL 对 Altersolanol A 的吸附和解吸，分别计算吸附率、吸附量和解吸率。

5. 大孔树脂吸附 Altersolanol A 的动力学研究

称取经预处理的大孔树脂 H103 和 HP_2MGL 各 1g，置 100ml 三角瓶中，每种大孔树脂 3 个重复。分别加入发酵液 20ml，25℃、120r/min 振荡吸附，吸附（0.25h、0.5h、0.75h、1h、1.5h、2h、3h、4h、5h、6h 后，分别取吸附后剩余溶液 0.5ml（每次取样后补加 0.5ml 去离子水以保持溶液体积不变），置 5ml 量瓶中，用甲醇稀释至刻度，摇匀，过滤。精密量取续滤液 20μl，测定 Altersolanol A 的含量，计算吸附率、吸附量。以吸附时间（X，h）为横坐标，吸附量（Y，mg/g）为纵坐标作图，分别绘制大孔树脂 H103 和 HP_2MGL 的动力学曲线。

6. 大孔树脂吸附 Altersolanol A 的热力学研究

称取经预处理的大孔树脂 H103 1g，置 100ml 三角瓶中，共 36 份。分别加浓度为

626.44μg/ml、703.87μg/ml、822.96μg/ml 和 869.88μg/ml 的发酵液 20ml，每种浓度 3 个重复。15℃、25℃、35℃，120r/min 振荡吸附，每种温度 3 个重复。吸附 4h 后，分别量取吸附后剩余溶液 0.5ml，置 5ml 量瓶中，用甲醇稀释至刻度，摇匀，过滤。精密量取续滤液 20μl，测定 Altersolanol A 的含量，计算 Altersolanol A 平衡浓度（C_e）、平衡吸附量（Q_e），将不同温度下大孔树脂 H103 对 Altersolanol A 的吸附等温线数据用 Langmuir 方程和 Freundlich 方程拟合，考察温度对大孔树脂 H103 吸附 Altersolanol A 的影响。

称取经预处理的大孔树脂 HP_2MGL 1g，置 100ml 三角瓶中，共 36 份。分别加入浓度为 422.01μg/ml、703.87μg/ml、822.96μg/ml 和 869.88μg/ml 的发酵液 20ml，每种浓度 3 个重复。其他操作同大孔树脂 H103 吸附 Altersolanol A 的热力学研究。考察温度对大孔树脂 HP_2MGL 吸附 Altersolanol A 的影响。

7. 统计方法

采用 SPSS17.0 统计软件对各个实验所得的吸附率、吸附量和解吸率进行单因素方差分析和显著性差异比较，若数据未通过方差齐性检验，则采用两两比较方法比较各组间的显著性差异，结果以“均值±标准差”的形式表示。

（二）结果与分析

1. 大孔树脂类型的选择

由表 40-15 可知，大孔树脂 H103 和 HP_2MGL 对 Altersolanol A 的吸附性能较好，其静态比吸附量分别为 2.28mg/g 和 2.27mg/g，静态吸附率分别为 98.73%和 98.25%。大孔树脂 H103 和 HP_2MGL 的静态比吸附量和吸附率均没有显著性差异，但是显著优于其他 3 种大孔树脂。

大孔树脂 HP_2MGL 为中等极性树脂，其表面兼有疏水和亲水两部分，除了范德华引力作用外，还可与目标化合物产生氢键作用而吸附溶液中的有机物。大孔树脂 H103 为非极性树脂，由偶极矩很小的单体聚合制得，不带任何功能基，孔表面疏水性较强，通过与小分子内疏水部分的作用吸附溶液中的有机物，树脂 H103 具有较大的比表面积，吸附容量较大。因此，大孔树脂 H103 和 HP_2MGL 的吸附较好。

表 40-15　大孔树脂类型选择的实验结果（n=3）

大孔树脂类型	吸附率/%	吸附量/(mg/g)	解吸率/%	解吸量/(mg/g)
H103	98.73±0.00　c	2.28±0.00　b	33.64±0.86　c	0.64±0.10　a
HP_2MGL	98.25±0.31　c	2.27±0.01　b	55.19±3.51　b	0.88±0.01　b
ADS-8	5.02±2.22　a	0.14±0.02　a	27.43±4.03　c	0.04±0.00　c
AB-8	8.15±0.62　ab	0.19±0.01　a	38.51±0.69　a	0.10±0.01　c
X-5	9.23±1.96　b	0.21±0.05　a	27.90±4.56　bc	0.07±0.02　c

注：a、b、c 代表 P=0.05 各组间的显著性差异

用工业乙醇解吸，H103 和 HP_2MGL 的解吸率分别为 33.64%和 55.19%，解吸量分别为 0.64mg/g 和 0.88mg/g。解吸效果均不理想，可能是洗脱溶剂的类型和用量的影响，在后续实验中对洗脱溶剂的类型及用量进行了优化。综合几种大孔树脂的吸附率、吸附量、解吸率和解吸量，选择大孔树脂 H103 和 HP_2MGL 进行后续实验的优化。如图 40-14 所示。

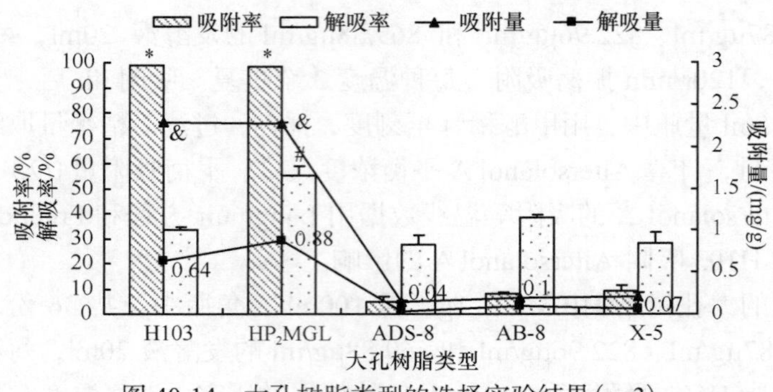

图 40-14　大孔树脂类型的选择实验结果（n=3）

2. 大孔树脂用量的选择

由图 40-15 可知，随着吸附时间的延长，大孔树脂对 Altersolanol A 的静比吸附量不断增加。增加大孔树脂用量，更容易达到吸附平衡。大孔树脂质量为 0.5g 时，达到吸附平衡的时间为 1h，大孔树脂质量为 1g、2g、3g 时，30min 基本达到吸附平衡。

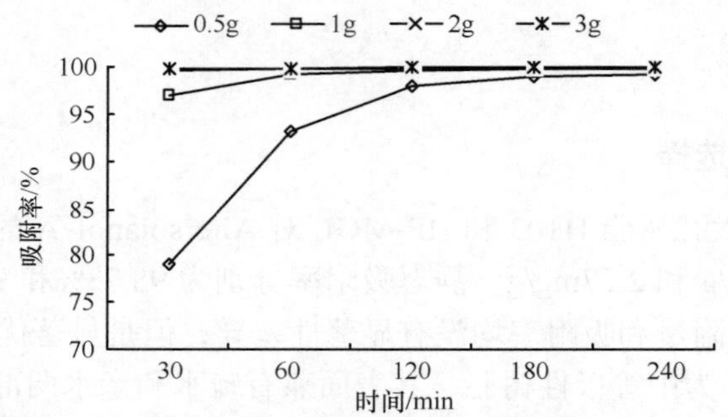

图 40-15　大孔树脂用量选择实验不同取样时间的吸附率（n=3）

由表 40-16 可知，当发酵液中 Altersolanol A 的含量一致时，大孔树脂的用量对 Altersolanol A 的吸附具有显著性差异，大孔树脂质量为 0.5g 组的吸附率显著低于 1g、2g、3g 组（$P<0.05$），0.5g 大孔树脂 H103 对 Altersolanol A 的吸附率为 99.30%。大孔树脂用量为 1g、2g、3g 组之间对 Altersolanol A 的吸附没有显著性差异，吸附率分别为 99.81%、99.94% 和 99.94%。不同用量的大孔树脂 H103 对 Altersolanol A 的解吸也有一定的影响，它们之间均具有显著性差异。随着大孔树脂用量的增加，解吸率逐渐降低。

表 40-16　大孔树脂用量的选择实验结果（n=3）

H103 的质量/g	吸附率/%	吸附量/(mg/g)	解吸率/%
0.5	99.30±0.15　a	30.50±0.05　a	99.67±0.24　a
1	99.81±0.04　b	15.33±0.01　b	86.94±1.40　b
2	99.94±0.00　b	7.67±0.00　c	60.96±1.11　c
3	99.94±0.00　b	5.12±0.00　d	41.76±0.53　d

注：取样时间为 4h。a、b、c 代表 P=0.05 各组间的显著性差异

综上所述，大孔树脂 H103 的用量对 Altersolanol A 的吸附和解吸均有一定影响，综合考虑吸附、解吸、生产成本、工作效率等各方面因素，选择大孔树脂 1g 与发酵液 20ml 进行后续实验的优化。不同用量大孔树脂 H103 的动态吸附曲线见图 40-15。

3. 洗脱溶剂的选择

研究大孔树脂富集纯化 Altersolanol A 的工艺，选择一种价格便宜、毒性低且能够有效解吸 Altersolanol A 的洗脱溶剂具有重要意义。Altersolanol A 为一种蒽醌类化合物，易溶于乙醇，根据"相似相溶"原理，从不同浓度乙醇中筛选出适合解吸大孔树脂 H103 和 HP_2MGL 吸附的 Altersolanol A 的洗脱溶剂。

由表 40-17 可知，用溶剂 95%乙醇、100%乙醇解吸大孔树脂 H103 吸附的 Altersolanol A 时，其解吸率之间没有显著性差异，解吸率分别为 80.34%和 81.11%，显著优于 50%乙醇、75%乙醇组。上述几种不同浓度的洗脱溶剂，乙醇比例越高，洗脱溶剂的极性越小。根据"相似相溶"原理，高浓度乙醇比低浓度乙醇解吸效果好。从解吸和成本的角度考虑，选择工业乙醇作为大孔树脂 H103 的洗脱溶剂。

表 40-17　洗脱溶剂的选择实验结果——解吸率（n=3）　（单位：%）

溶剂	H103		HP_2MGL	
50%乙醇	48.76±1.42	a	82.17±0.92	a
75%乙醇	73.52±2.71	b	86.11±2.73	a
95%乙醇（工业乙醇）	80.34±0.86	c	90.55±3.80	a
100%乙醇	81.11±1.99	c	89.83±4.79	a

注：a、b、c 代表 P=0.05 各组间的显著性差异

用 50%乙醇、75%乙醇、95% 乙醇、100%乙醇解吸大孔树脂 HP_2MGL 吸附的 Altersolanol A 时，其解吸率之间没有显著性差异，解吸率分别为 82.17%、86.11%、90.55%、89.83%。高浓度溶剂洗脱得到的样品溶液容易浓缩干燥，并且工业乙醇的价格便宜，选择工业乙醇作为大孔树脂 HP_2MGL 的洗脱溶剂。

用等量的洗脱溶剂解吸，大孔树脂 HP_2MGL 的解吸率明显高于 H103 的，并且大孔树脂 HP_2MGL 的解吸速率较 H103 快。由于氢键作用破坏所需的活化能小，大孔树脂 HP_2MGL 与 Altersolanol A 的氢键作用容易被破坏，所以大孔树脂 HP_2MGL 的解吸效果较好，如图 40-16 所示。

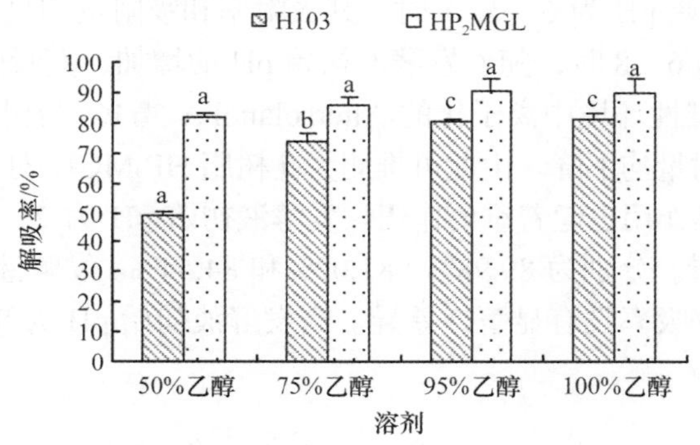

图 40-16　洗脱溶剂的选择实验结果——解吸率（n=3）

4. 发酵液初始 pH 对吸附和解吸的影响

样品溶液初始 pH 的改变影响化合物的存在形式，进而影响目标化合物与大孔树脂之间的相互作用。用 10% HCl 和 10% NaOH 调节发酵液的 pH，在碱性条件下，Altersolanol A 的酚羟基可能发生电离，形成阴离子，大孔树脂与 Altersoalnol A 之间的相互作用改变，影响大孔树脂对 Altersolanol A 的吸附。随着发酵液 pH 不断增大，发酵液的颜色逐渐加深，离子状态存在的 Altersolanol A 也不断增加。当发酵液 pH 调至 6、7、8 时，发酵液颜色加深情况特别明显，大孔树脂对 Altersolanol A 的吸附作用也受到影响。样品溶液初始 pH 的考察对大孔树脂富集纯化 Altersolanol A 工艺的研究具有重要意义。

1）发酵液初始 pH 2～8 对吸附和解吸的影响初筛实验

由表 40-18 可知，不同初始 pH 的发酵液对大孔树脂 H103 吸附 Altersolanol A 有一定的影响。发酵液初始 pH 为 2 时，其吸附率和吸附量均显著低于其他 pH 组，吸附率和吸附量分别为 99.43%和 19.89mg/g。发酵液初始 pH 为 3、4、5、6、7、8 时，其吸附率和吸附量之间均没有显著性差异。结果表明，用大孔树脂 H103 吸附 Altersoalanol A 时，Altersoalanol A 的存在形式对吸附的影响不大，这是由于树脂 H103 比表面积大，主要是通过范德华引力作用吸附 Altersolanol A。发酵液的初始 pH 对 Altersolanol A 的解吸影响不大。

表 40-18 发酵液初始 pH 2～8 初筛实验结果——H103（*n*=3）

pH	吸附率/%	吸附量/(mg/g)	解吸率/%
2	99.43±0.15 a	19.89±0.03 a	81.24±1.12 a
3	99.79±0.06 b	19.96±0.01 b	77.42±6.52 a
4	99.75±0.09 b	19.95±0.02 b	78.28±3.69 a
5	99.82±0.03 b	19.96±0.01 b	83.41±2.10 a
6	99.84±0.02 b	19.97±0.01 b	76.89±5.33 a
7	99.85±0.01 b	19.97±0.00 b	79.72±2.50 a
8	99.86±0.02 b	19.95±0.03 b	78.70±1.50 a

注：a、b 代表 P=0.05 各组间的显著性差异

由表 40-19 可知，不同初始 pH 的发酵液对大孔树脂 HP_2MGL 吸附 Altersolanol A 的影响较大。发酵液初始 pH 为 2、3、4、5 时，其吸附率、吸附量之间均没有显著性差异，吸附率分别为 94.05%、93.99%、94.08%和 94.14%，吸附量分别为 18.04mg/g、18.03mg/g、18.05mg/g 和 18.06mg/g。发酵液初始 pH 为 6、7、8 时，其吸附率和吸附量均显著低于初始 pH 为 2、3、4、5。发酵液初始 pH 为 6～8 时，随着发酵液初始 pH 的增加，其吸附率和吸附量反而减小，可能是由于发酵液在偏碱性环境中离子化的 Altersolanol A 增多，与树脂 HP_2MGL 形成氢键的能力减弱，吸附率和吸附量均下降。由此可推测大孔树脂 HP_2MGL 对 Altersolanol A 的吸附除了范德华力作用外，氢键作用也起着重要作用。发酵液初始 pH 为 2、3、4 时，Altersolanol A 的解吸率没有显著性差异，分别为 89.98%、81.02%和 84.44%。发酵液初始 pH 为 3、4、5、6、7 时，Altersolanol A 的解吸率没有显著性差异。当发酵液初始 pH 为 8 时，吸附率和解吸率明显低于其他 pH 组。

表 40-19　发酵液初始 pH 2～8 初筛实验结果——HP_2MGL (n=3)

pH	吸附率/%	吸附量/(mg/g)	解吸率/%
2	94.05±0.25　a	18.04±0.04　a	89.98±4.32　a
3	93.99±0.18　a	18.03±0.03　a	81.02±1.56　ab
4	94.08±0.07　a	18.05±0.02　a	84.44±1.86　ab
5	94.14±0.13　a	18.06±0.03　a	76.25±2.35　b
6	93.03±0.33　b	17.85±0.07　b	76.54±5.86　b
7	91.08±0.33　c	17.47±0.07　c	73.53±2.03　b
8	84.72±0.23　d	16.25±0.04　d	61.43±2.27　c

注：a、b、c、d 代表 P=0.05 各组间的显著性差异

综上所述，初筛实验中，发酵液初始 pH 的改变对大孔树脂 H103 吸附 Altersolanol A 及其解吸均影响不大，而对大孔树脂 HP_2MGL 吸附 Altersolanol A 及其解吸的影响较大。

发酵液初始 pH 为 3～8 时，大孔树脂 H103 对 Altersolanol A 吸附和解吸较好。发酵液初始 pH 为 2～5 时，大孔树脂 HP_2MGL 对 Altersolanol A 吸附和解吸较好。当发酵液初始 pH 为 6、7、8 时，大孔树脂 HP_2MGL 对 Altersolanol A 的吸附率、吸附量和解吸率均明显下降。结果表明，大孔树脂 H103 对 Altersolanol A 的吸附作用主要是范德华作用力，而大孔树脂 HP_2MGL 对 Altersolanol A 的吸附作用不但有范德华引力作用，氢键作用也非常重要。

上述实验中，Atersolanol A 的解吸各实验中的标准差较大，为了得到更准确的发酵液初始 pH 范围，在后续的实验中笔者对初始 pH 为 2～5 的发酵液的吸附及解吸作了进一步研究，发酵液初始 pH 2～8 对大孔树脂 H103 和 HP_2MGL 吸附 Altersolanol A 的影响初筛实验见图 40-17。

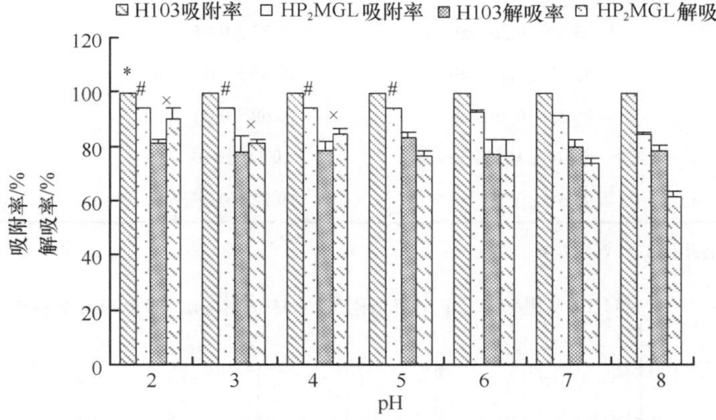

图 40-17　发酵液初始 pH 2～8 初筛实验结果（H103 和 HP_2MGL）(n=3)

2) 发酵液初始 pH 2～5 对吸附和解吸的影响复筛实验

由表 40-20 可知，发酵液初始 pH 为 2～5 时，大孔树脂 H103 吸附 Altersolanol A 吸附率、吸附量及解吸率均无显著性差异（P>0.05）。液体发酵培养得到的发酵液 pH 约为 3.5，因此，在用大孔树脂 H103 纯化 Altersolanol A 的工艺研究中不需要调节发酵液的 pH。

表 40-20　发酵液初始 pH 2～5 复筛实验结果——H103（n=3）

pH	吸附率/%	吸附量/(mg/g)	解吸率/%
2	99.82±0.06　a	20.60±0.02　a	60.67±1.49　a
2.5	99.88±0.01　a	20.62±0.00　a	60.77±2.14　a
3	99.84±0.05　a	20.61±0.01　a	60.47±2.07　a
3.5	99.86±0.01　a	20.61±0.01　a	57.43±4.43　a
4	99.82±0.05　a	20.61±0.01　a	58.77±2.45　a
4.5	99.82±0.03　a	20.61±0.01　a	62.13±0.83　a
5	99.82±0.02　a	20.61±0.01　a	60.39±0.82　a

注：a 代表 P=0.05 各组间的显著性差异

由表 40-21 可知，发酵液初始 pH 为 2.5、3、3.5、4、5 时，大孔树脂 HP_2MGL 对 Altersolanol A 的吸附率、吸附量均无显著性差异（P＞0.05），吸附率分别为 96.05%、95.59%、95.40%、95.33% 和 95.51%，吸附量分别为 19.83mg/g、19.73mg/g、19.69mg/g、19.68mg/g 和 19.72mg/g。但是，样品溶液初始 pH 为 2.5 时，其吸附率和吸附量显著高于 pH 为 2 和 4.5 实验组，发酵液初始 pH 为 2～5 时，其解吸率没有显著性差异。液体发酵培养得到的发酵液 pH 约为 3.5。因此，用大孔树脂 HP_2MGL 纯化 Altersolanol A 的工艺研究中不需要调节发酵液的 pH。发酵液初始 pH 2～5 对大孔树脂 H103 和 HP_2MGL 吸附 Altersolanol A 的影响复筛实验见图 40-18。

表 40-21　发酵液初始 pH 2～5 复筛实验结果——HP_2MGL（n=3）

pH	吸附率/%	吸附量/(mg/g)	解吸率/%
2.0	94.50±0.64　a	19.51±0.13　a	69.77±2.80　a
2.5	96.05±0.34　b	19.83±0.07　b	68.74±3.86　a
3.0	95.59±0.20　ab	19.73±0.04　ab	70.30±0.94　a
3.5	95.40±0.32　ab	19.69±0.07　ab	67.17±1.52　a
4.0	95.33±0.29　ab	19.68±0.06　ab	63.84±4.03　a
4.5	94.68±0.33　a	19.54±0.01　a	67.64±2.81　a
5.0	95.51±0.23　ab	19.72±0.06　ab	64.46±4.24　a

注：a、b 代表 P=0.05 各组间的显著性差异

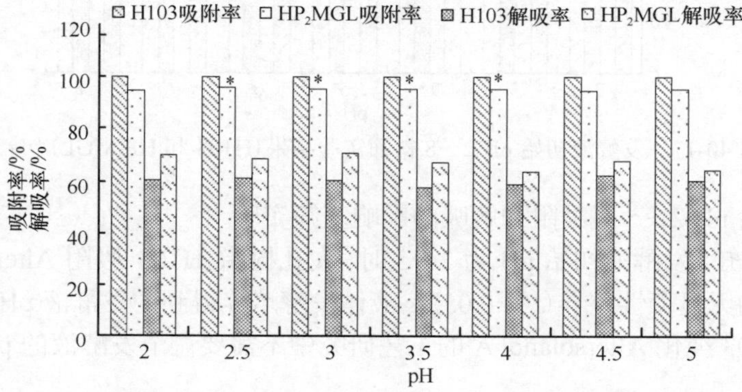

图 40-18　样品初始 pH 2～5 复筛实验结果（H103 和 HP_2MGL）（n=3）

综上所述，发酵液初始 pH 呈酸性(pH 3～5)时，对大孔树脂 H103 和 HP_2MGL 吸附 Altersolanol A 几乎没有影响。发酵液初始 pH 偏碱性时，对大孔树脂 H103 的吸附影响不大，对大孔树脂 HP_2MGL 吸附 Altersolanol A 影响较大。这证明大孔树脂 H103 主要是以范德华引力作用吸附 Altersolanol A，而大孔树脂 HP_2MGL 对 Altersolanol A 的吸附作用既有范德华引力作用，又有氢键作用。采用上述两种大孔树脂纯化 Altersolanol A，均不需要调节发酵液的 pH，直接上样即可。

5. 大孔树脂吸附 Altersolanol A 的动力学研究

随着吸附时间的延长，大孔树脂 H103 对 Altersolanol A 的吸附不断增加，吸附 1h 后达到平衡，吸附率和吸附量分别为 99.67%和 18.92mg/g，结果见表 40-22 和图 40-19 动力学曲线图。

随着吸附时间的延长，大孔树脂 HP_2MGL 对 Altersolanol A 的吸附不断增加，吸附 1.5h 后达到平衡，吸附率和吸附量分别为 97.64%和 18.60mg/g，结果见表 40-23 和图 40-20 动力学曲线图。

由图 40-21 可知，在 Altersolanol A 的吸附过程中，大孔树脂 H103 比大孔树脂 HP_2MGL 更快达到平衡。达到平衡时，大孔树脂 H103 和 HP_2MGL 的静态比吸附量分别为 18.92mg/g 和 18.60mg/g。大孔树脂 H103 吸附平衡时间为 1h，HP_2MGL 吸附平衡时间为 1.5h，可作为动态吸附流速考察实验的参考。大孔树脂 H103 的吸附流速为 1BV/h 时吸附效果较好，大孔树脂 HP_2MGL 的吸附流速为 1.5BV/h 时吸附效果较好。

表 40-22 大孔树脂 H103 对 Altersolanol A 的动力学研究结果(n=3)

取样时间/h	吸附率/%	吸附量/(mg/g)
0.25	94.27±0.29 a	16.87±0.11 a
0. 5	98.77±0.08 b	18.58±0.03 b
0.75	99.45±0.01 c	18.84±0.00 c
1.0	99.67±0.02 cd	18.92±0.01 cd
1.5	99.82±0.01 d	18.98±0.00 d
2	99.85±0.01 d	18.99±0.01 d
3	99.90±0.02 d	19.01±0.01 d
4	99.93±0.00 d	19.02±0.00 d
5	99.94±0.00 d	19.03±0.01 d
6	99.95±0.00 d	19.03±0.00 d

注：a、b、c、d 代表 P=0.05 各组间的显著性差异

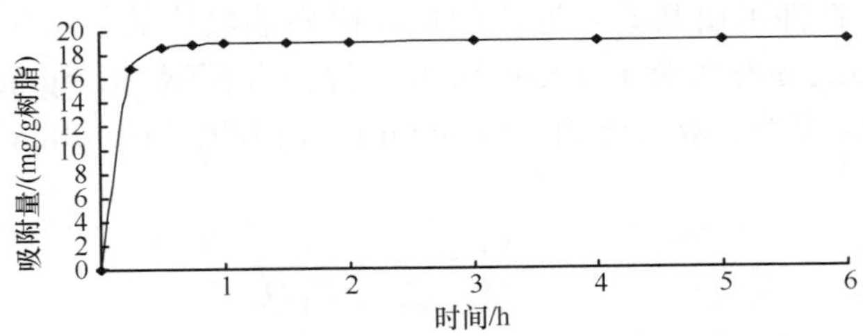

图 40-19 大孔树脂 H103 对 Altersolanol A 的吸附动力学曲线(n=3)

表 40-23　大孔树脂 HP_2MGL 对 Altersolanol A 的动力学研究结果（n=3）

取样时间/h	吸附率/%		吸附量/(mg/g)	
0.25	94.81±0.25	a	18.06±0.05	a
0. 5	96.34±0.10	b	18.35±0.02	b
0.75	96.86±0.11	c	18.45±0.02	c
1	97.17±0.06	c	18.51±0.01	c
1.5	97.64±0.05	d	18.60±0.01	d
2	97.89±0.03	d	18.65±0.01	d
3	97.95±0.02	d	18.66±0.00	d
4	97.96±0.01	d	18.66±0.00	d
5	97.97±0.01	d	18.66±0.00	d
6	97.97±0.00	d	18.66±0.00	d

注：a、b、c、d 代表 P=0.05 各组间的显著性差异

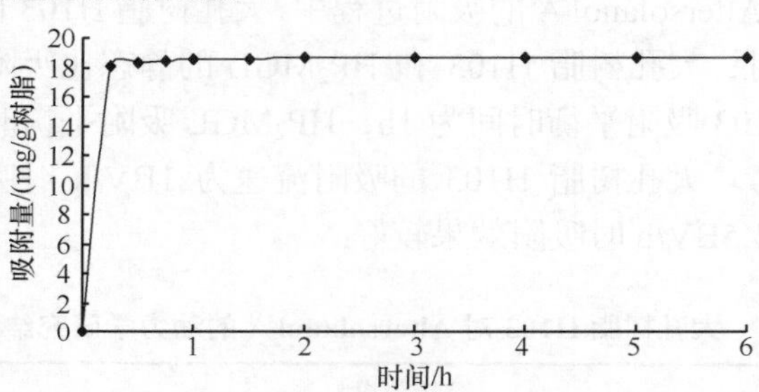

图 40-20　大孔树脂 HP_2MGL 动力学曲线（n=3）

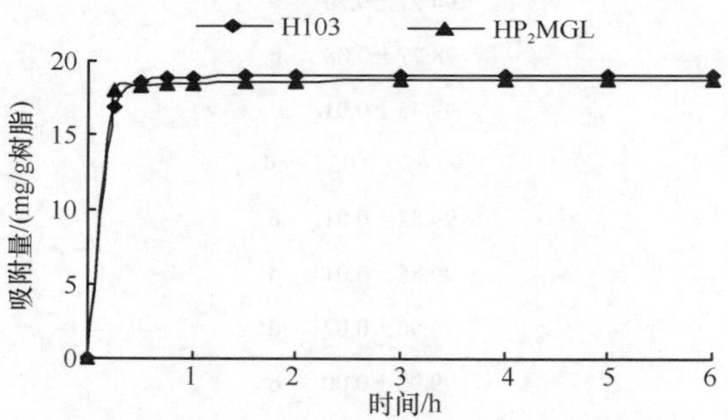

图 40-21　大孔树脂 H103 和 HP_2MGL 动力学曲线比较（n=3）

6. 大孔树脂吸附 Altersolanol A 的热力学研究

大孔树脂的微孔特性可由某些等温线的拟合模型参数从某些角度反映出来。在吸附热力学研究中，常用 Langmuir 方程和 Freundlich 方程拟合模型，Langmuir 模型为单层吸附，Freundlich 模型为经验模型，双层吸附。Langmuir 方程和 Freundlich 方程见式(40-6)、式(40-7)。

Langmuir 方程：
$$\frac{C_e}{Q_e}=\frac{C_e}{Q_m}+\frac{1}{K_L Q_m} \qquad (40\text{-}6)$$

Freundlich 方程：
$$\lg Q_e=\lg K_F+\left(\frac{1}{n}\right)\lg C_e \qquad (40\text{-}7)$$

式中，C_e 为平衡浓度，mg/ml；Q_e 为平衡吸附量，mg/g；Q_m：饱和吸附量，mg/g；K_L 为结合常数，ml/mg；K_F 和 n 为特征常数。

将不同温度下 Altersolanol A 在大孔树脂 H103 和 HP_2MGL 上的吸附等温线数据用 Langmuir 方程拟合，以 C_e(X，mg/ml)为横坐标，C_e/Q_e(Y)为纵坐标，进行线性回归，得到回归方程见表 40-24。

表 40-24　大孔树脂 H103 和 HP_2MGL 热力学研究的 Langmuir 方程及参数

大孔树脂	温度/℃	Langmuir 方程	R^2	Q_m/(mg/g)	K_L/(ml/mg)
H103	15	$C_e/Q_e=0.0385C_e+9\times10^{-5}$	0.9972	25.97	427.84
	25	$C_e/Q_e=0.0406C_e+4\times10^{-5}$	0.9820	24.63	812.02
	35	$C_e/Q_e=0.0362C_e+5\times10^{-5}$	0.9719	27.62	724.11
HP_2MGL	15	$C_e/Q_e=0.0177C_e+0.0014$	0.9647	59.50	12.00
	25	$C_e/Q_e=0.0414C_e+0.0007$	0.9953	24.15	59.15
	35	$C_e/Q_e=0.0277C_e+0.0014$	0.9982	36.10	19.79

将不同温度下 Altersolanol A 在大孔树脂 H103 和 HP_2MGL 上的吸附等温线数据用 Freundlich 方程拟合，以 $\lg C_e$(X，mg/ml)为横坐标，$\lg Q_e$(Y)为纵坐标，进行线性回归，得到回归方程见表 40-25。

表 40-25　大孔树脂 H103 和 HP_2MGL 热力学研究的 Freundlich 方程及参数

大孔树脂	温度/℃	Freundlich 方程	R^2	K_F	n
H103	15	$\lg Q_e=0.4386\lg C_e+2.2633$	0.9733	102.2633	2.28
	25	$\lg Q_e=0.3856\lg C_e+2.2313$	0.9212	102.2313	2.59
	35	$\lg Q_e=0.4546\lg C_e+2.4531$	0.8804	102.4531	2.20
HP_2MGL	15	$\lg Q_e=0.773\lg C_e+2.3663$	0.9948	102.3663	1.29
	25	$\lg Q_e=0.4442\lg C_e+1.8508$	0.9962	101.8508	2.25
	35	$\lg Q_e=0.6395\lg C_e+2.1006$	0.9963	102.1006	1.56

由表 40-26 和表 40-27 可知，温度为 15℃、25℃、35℃时，大孔树脂 H103 的吸附等温线拟合方程 Langmuir 方程的 R^2 分别为 0.9972、0.9820、0.9719，而其 Freundlich 方程的 R^2 分别为 0.9733、0.9212、0.8804，说明在本实验设定的条件下，大孔树脂 H103 对 Altersolanol A 的吸附过程能更好地用 Langmuir 方程来描述，见图 40-22 和图 40-23。因此，H103 对 Altersolanol A 的吸附属于单分子层吸附。Langmuir 方程的吸附系数 $K_L>0$，其特征分离系数 R_L 为 $\frac{1}{1+K_L}$，R_L 为 0～1，表明在本实验设定的温度及样品浓度范围内，大孔树脂 H103 对 Altersolanol A 的吸附为优惠吸附。由 Langmuir 方程可知，15℃、25℃、35℃ 时，大孔树脂 H103 对 Altersolanol A 的理论最大静态比吸附量 Q_m 分别为 25.97mg/g、24.63mg/g、27.62mg/g，K_L 分别为 427.84、812.02、724.11，K_L 先大幅度增加后有小幅度降低，表明在一定温度范围内升高温度有利于吸附，但是温度超过一定值后再继续升高温度则不利于吸附。

由表 40-26 和表 40-27 可知，温度为 15℃、25℃、35℃ 时，大孔树脂 HP_2MGL 的吸附等

温线拟合方程 Langmuir 方程的 R^2 分别为 0.9647、0.9953、0.9982，而其 Freundlich 方程的 R^2 分别为 0.9948、0.9962、0.9963，说明在本试验设定的条件下，大孔树脂 HP_2MGL 对 Altersolanol A 的吸附过程可以用 Langmuir 方程和 Freundlich 方程很好地来描述，见图 40-24 和图 40-25。说明大孔树脂 HP_2MGL 对 Altersolanol A 的吸附既可以是单分子层吸附，也可以是双分子层吸附。因为 Langmuir 方程的吸附系数 $K_L>0$，其特征分离系数 R_L 为 $\frac{1}{1+K_L}$，R_L 为 0～1，说明在本试验设定的温度及样品浓度范围内，大孔树脂 HP_2MGL 对 Altersolanol A 的吸附为优惠吸附。由 Langmuir 方程可知，15℃、25℃、35℃ 时，大孔树脂 HP_2MGL 的理论最大静态比吸附量 Q_m 分别为 59.50mg/g、24.15mg/g、36.10mg/g。K_L 分别为 12.00、59.15、19.79，K_L 先大幅度增加后又大幅度降低，说明在一定的温度范围内升高温度有利于吸附，但是温度超过一定值后再继续升高温度则不利于吸附，Freundlich 方程的 K_F 值随着温度的增加先降低后增加。

表 40-26　大孔树脂 H103 对 Altersolanol A 吸附的热力学研究结果（n=3）

温度/℃	浓度/(μg/ml)	C_e/(mg/ml)	Q_e/(mg/g)
15	626.44	0.0023	12.4828
	703.87	0.0027	14.0239
	822.96	0.0039	16.3820
	869.88	0.0047	17.3047
25	626.44	0.0011	12.5069
	703.87	0.0018	14.0415
	822.96	0.0020	16.4185
	869.88	0.0026	17.3462
35	626.44	0.0011	12.5064
	703.87	0.0014	14.0494
	822.96	0.0016	16.4264
	869.88	0.0023	17.3522

表 40-27　大孔树脂 HP_2MGL 对 Altersolanol A 吸附的热力学研究结果（n=3）

温度/℃	浓度/(μg/ml)	C_e/(mg/ml)	Q_e/(mg/g)
15	422.01	0.0167	9.7587
	703.87	0.0277	14.6924
	822.96	0.0313	16.2715
	869.88	0.0357	17.2808
25	422.01	0.0118	9.8557
	703.87	0.0292	14.6634
	822.96	0.0343	16.2109
	869.88	0.0422	17.1506
35	422.01	0.0184	9.7237
	703.87	0.0332	14.5827

续表

温度/℃	浓度/(μg/ml)	C_e/(mg/ml)	Q_e/(mg/g)
35	822.96	0.0399	16.0985
	869.88	0.0450	17.0949

大孔吸附树脂 H103 和 HP_2MGL 都是通过物理吸附从溶液中选择性地吸附 Altersolanol A 的，物理吸附是一个吸热过程，因此，在一定温度范围内，温度高有利于吸附，但是需要注意的是，在真空条件下，当温度大于 60℃ 时，Altersolanol A 容易分解。由于实验室条件限制，在后续的动态吸附实验中不能严格控制温度，选择在室温条件下进行后续实验的优化。

由图 40-22 可知，大孔树脂 H103 对 Altersolanol A 的吸附优于大孔树脂 HP_2MGL，结合以上静态吸附实验结果，最终选择吸附性能较好的大孔树脂 H103 进行动态吸附实验的优化。

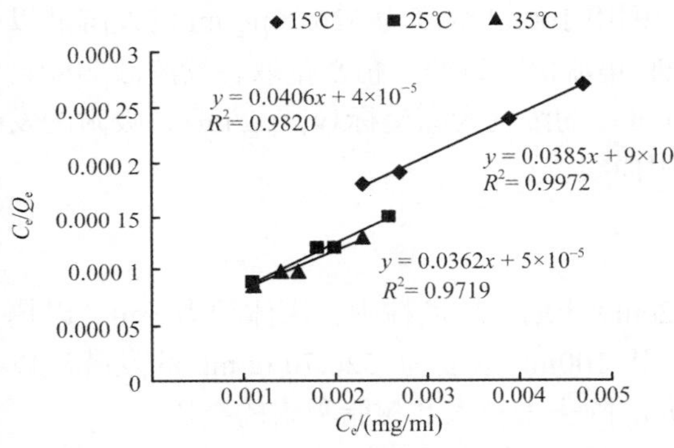

图 40-22　大孔树脂 H103 吸附等温线拟合方程 Langmuir 方程

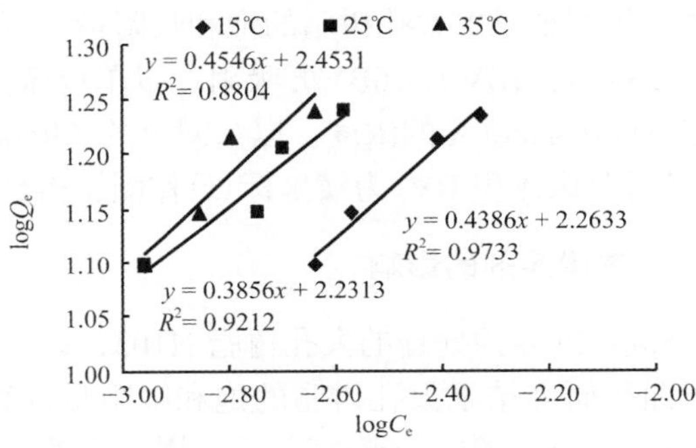

图 40-23　大孔树脂 H103 吸附等温线拟合方程 Freundlich 方程

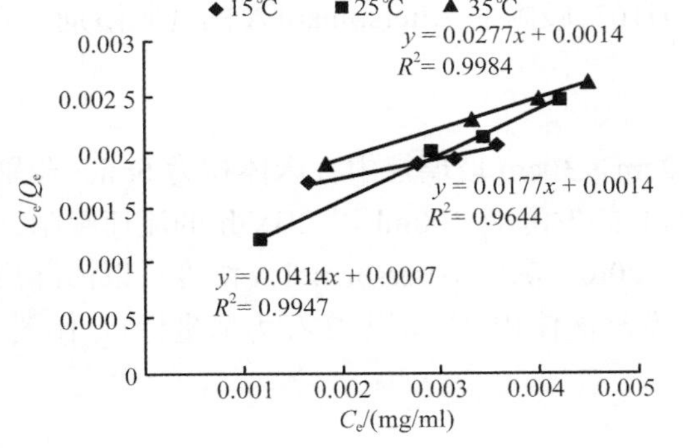

图 40-24　大孔树脂 HP_2MGL 吸附等温线拟合方程 Langmuir 方程

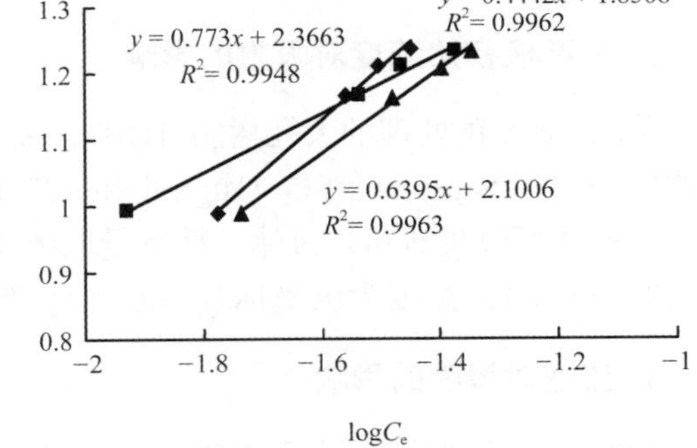

图 40-25　大孔树脂 HP_2MGL 吸附等温线拟合方程 Freundlich 方程

（三）小结

静态吸附试验结果表明，大孔树脂 H103 和 HP_2MGL 对 Altersolanol A 均具有较好的吸附性能。大孔树脂 H103 对 Altersolanol A 的吸附作用主要是范德华引力，而大孔树脂 HP_2MGL 对 Alterslanol A 的吸附主要有范德华引力和氢键作用。氢键作用易被破坏，大孔树脂 HP_2MGL

中吸附的 Altersolanol A 的解吸效果优于大孔树脂 H103。发酵液的初始 pH 对大孔树脂 H103 吸附 Altersolanol A 影响不大，对大孔树脂 HP_2MGL 有较大的影响，酸性条件有利于大孔树脂 HP_2MGL 吸附 Altersolanol A。发酵液的初始 pH 约为 3.5，用大孔树脂 H103 和 HP_2MGL 纯化 Altersolanol A 不需要调节发酵液的 pH，可以直接上样。在一定温度范围内，高温有利于上述两种大孔树脂吸附 Altersolanol A。

三、动态吸附实验

(一) 实验方法

1. 流速对吸附的影响

称取 2g 经预处理的大孔树脂 H103 装于 1.2cm×30cm 玻璃柱中，床体积为 6ml。以热力学曲线研究结果中大孔树脂的饱和吸附量计算，分别用 100ml 浓度为 526.70μg/ml 的发酵液以流速 2BV/h、4BV/h、6BV/h 吸附，以单位床体积收集流份，过滤。精密量取各续滤液 20μl，测定 Altersolanol A 的浓度。以渗漏出的 Altersolanol A 的浓度为纵坐标(*y*，μg/ml)，吸附的发酵液体积(床体积 BV)为横坐标(*x*)作图，得到吸附曲线。

2. 洗脱溶剂的影响

称取 2g 经预处理的大孔树脂 H103，装于 1.2cm×30cm 玻璃柱中，床体积为 6ml。以热力学曲线研究结果大孔树脂的饱和吸附量计算，用 100ml 浓度为 526.70μg/ml 的发酵液以 2BV/h 的流速吸附，吸附完成后，用去离子水 50ml 除去未被大孔树脂吸附的杂质。

分别用 2BV 的 10%、40%、60%、80%乙醇和工业乙醇等度洗脱，或 2BV 的 10%、20%、30%、40%、50%、60%、70%、80%甲醇洗脱，分别收取不同浓度的洗脱溶剂的解吸后溶液，过滤。精密量取续滤液各 20μl，测定解吸后 Altersolanol A 的浓度。用面积归一化法计算 Altersolanol A 纯度，选择适合用于解吸大孔树脂 H103 吸附的 Altersolnaol A 的洗脱溶剂。

3. 发酵液初始浓度对吸附的影响

称取 2g 经预处理的大孔树脂 H103，装于 1.2cm×30cm 玻璃柱中，床体积为 6ml。分别取浓度为 386.56μg/ml、517.41μg/ml 和 787.47μg/ml 的发酵液 100ml 以 2BV/h 的流速吸附，以单位床体积收集流份，过滤。精密量取续滤液各 20μl，测定 Altersolanol A 浓度，以渗漏出的 Altersolanol A 浓度为纵坐标(*y*, μg/ml)，吸附的发酵液体积(床体积 BV)为横坐标(*x*)作图。

4. 流速对解吸的影响

称取 2g 经预处理的大孔树脂 H103，装于 1.2cm×30cm 玻璃柱中，床体积为 6ml。分别用发酵液 100ml 以流速 2BV/h 吸附，用 50ml 去离子水去除未被大孔树脂吸附的杂质，再用 3BV 的 10%乙醇洗脱除去极性较大的杂质后，最后用 60%乙醇等度洗脱，以单位床体积收集流份，过滤，精密量取各续滤液 20μl，测定解吸后溶液中 Altersolanol A 的浓度，以解吸后溶液中 Altersolanol A 的浓度为纵坐标(*y*，μg/ml)，消耗的 60%乙醇的体积(床体积 BV)为横坐标(*x*)，作图得到解吸附曲线。

称取 2g 经预处理的大孔树脂 H103，装于 1.2cm×30cm 玻璃柱中，床体积为 6ml。分别用 100ml 发酵液以流速 2BV/h 吸附，用 50ml 去离子水去除未被大孔树脂吸附的杂质，再分别用 2BV 的 10%、20%、30%、40% 甲醇洗脱除去极性较大的杂质，最后用 60%乙醇等度洗脱，以单位床体积收集流份，过滤。精密量取续滤液各 20μl，测定解吸后溶液中 Altersolanol A 的浓度，以解吸后溶液中 Altersolanol A 的浓度为纵坐标(*y*，μg/ml)，消耗的 70%甲醇的体积(床体积 BV)为横坐标(*x*)，作图得到解吸附曲线。

5. 产率

称取 2g 经预处理的大孔树脂 H103，装于 1.2cm×30cm 玻璃柱中，床体积为 6ml。用浓度为 485.99μg/ml 的发酵液 100ml 以流速 2BV/h 吸附，待其饱和后，用去离子水 50ml 除去未被树脂吸附的杂质，再分别用 2BV 的 10%、20%、30%、40%甲醇洗脱除去极性较大的杂质后，用 30BV(180ml)的 70%甲醇以 2BV/h 的流速等度洗脱，收集洗脱液，过滤。精密量取各续滤液 20μl，测定 Altersolanol A 的浓度，计算吸附率、吸附量、解吸率；用面积归一化法计算 Altersolanol A 的纯度；按式(40-8)计算该工艺的产率。

$$产率=\frac{洗脱后溶液浓度(mg/ml)\times 洗脱液体积(ml)}{吸附液原始浓度(mg/ml)\times 发酵液体积(ml)}\times 100\% \quad (40\text{-}8)$$

称取 20g 大孔树脂 H103，装于 3cm×40cm 玻璃柱中，床体积为 54ml，用浓度为 485.99μg/ml 的发酵液 1000ml，以流速 2BV/h 吸附，待其饱和后，先用 4BV 的去离子水除去未被 H103 吸附的物质，以下操作同上(洗脱溶剂体积为 1800ml)，测定 Altersolanol A 的浓度，计算吸附率、吸附量、解吸率；采用面积归一化法计算 Altersolanol A 的纯度；按式(40-8)计算该工艺的产率。

(二)结果与分析

1. 流速对吸附的影响

当样品溶液浓度一定时，流速在一定范围内变化(2BV/h、4BV/h)，大孔树脂 H103 对 Altersolanol A 的吸附变化不大，但流速超过一定值(6BV/h)时，大孔树脂 H103 对 Altersolanol A 的吸附明显下降。流速为 2BV/h、4BV/h、6BV/h 时，大孔树脂 H103 对 Altersolanol A 的吸附率分别为 99.99%、99.98%、98.63%。静态吸附实验动力学研究中，大孔树脂 H103 吸附 1h 后达到平衡，即在最大静态比吸附量的范围内，流速为 1BV/h 时，大孔树脂 H103 对 Altersolanol A 的吸附较好；取样时间为 15min、30min、60min 时，大孔树脂 H103 对 Altersolanol A 的吸附率分别为 94.27%、98.77% 和 99.67%；吸附时间为 0～15min 时，大孔树脂 H103 对 Altersolanol A 的吸附呈快速增长趋势。动态吸附流速为 2BV/h、4BV/h 和 6BV/h，即发酵液在大孔树脂柱中吸附的时间分别为 30min、15min、10min。当动态吸附流速为 6BV/h 时，大孔树脂 H103 和发酵液接触的时间仅为 10min，大孔树脂 H103 和吸附物质分子间未能充分接触，分子未能扩散到树脂的内表面，从而导致了流速增加、吸附量下降的结果。因此，吸附速率越小，大孔树脂 H103 对发酵液中的 Altersolanol A 的吸附越好。但是，发酵液含有的杂质较多、黏度较大，若吸附流速过小，可能由于动力不足而导致柱子堵塞，吸附时间延长，工作效率降低。综合考虑各方面因素，选择动态吸附流速为 2BV/h 进行后续实验优化。H103 不同吸附流速下的结果如图 40-26 所示。

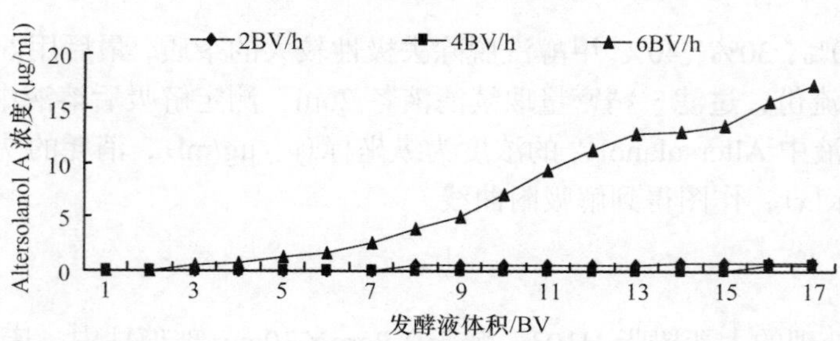

图 40-26 流速对大孔树脂 H103 吸附 Altersolanol A 的影响

2. 洗脱溶剂的影响

由表 40-28 可知，10%乙醇不能解吸得到 Altersolanol A，40%乙醇解吸得到的 Altersolanol A 浓度仅为 1.81μg/ml。但是，低浓度乙醇对极性较大的杂质洗脱较好，可以用于去除大孔树脂吸附的极性较大的杂质。在一定浓度范围内，随着乙醇浓度的增加，洗脱溶剂的洗脱能力逐渐增强，解吸得到的 Altersoanol A 的浓度增大。同时，随着乙醇浓度的增加，洗脱溶剂的极性逐渐变小，大孔树脂吸附的极性较小的化合物易被洗脱下来，解吸得到 Altersolanol A 溶液的纯度降低。为了得到高纯度的 Altersolanol A，选择 60% 乙醇作为洗脱溶剂，解吸得到的 Altersolanol A 纯度为 92.57%。

表 40-28 不同浓度乙醇对大孔树脂纯化 Altersolanol A 的影响

溶剂	Altersolanol A 浓度/(μg/ml)	Altersolanol A 纯度/%
10%乙醇	—	—
40%乙醇	1.81	峰不纯
60%乙醇	600.66	92.57
80%乙醇	737.18	88.31
工业乙醇	8 899 402	39.01

注：—. HPLC 未检测到 Altersolanol A

由表 40-29 可知，10% 甲醇不能解吸得到 Altersolanol A，20%、30%、40%甲醇解吸得到的 Altersolanol A 浓度分别为 0.76μg/ml、0.93μg/ml 和 3.58μg/ml。低浓度甲醇极性较大，可以用于去除大孔树脂吸附的极性较大的杂质，分别用 2BV 的 10%、20%、30%、40%甲醇洗脱，损失 Altersolanol A 的比例为 0.12%，即为 63.24μg。在一定范围内，随着甲醇浓度增加，洗脱溶剂的洗脱能力逐渐增强，解吸得到的 Altersoanol A 浓度增大。但是，随着甲醇浓度的增加，洗脱溶剂的极性逐渐变小，大孔树脂吸附的极性较小的化合物易被洗脱下来，解吸得到的 Altersolanol A 溶液的纯度降低。为了得到高纯度的 Altersolanol A，选择 70% 甲醇作为洗脱溶剂，解吸得到的 Altersolanol A 的纯度为 96.83%。

表 40-29 不同浓度甲醇对大孔树脂纯化 Altersolanol A 的影响

溶剂	Altersolanol A 浓度/(μg/ml)	Altersolanol A 纯度/%
10%甲醇	—	—
20%甲醇	0.76	0.42

续表

溶剂	Altersolanol A 浓度/(μg/ml)	Altersolanol A 纯度/%
30%甲醇	0.93	2.59
40%甲醇	3.58	10.09
50%甲醇	18.18	61.99
60%甲醇	168.82	94.93
70%甲醇	685.43	96.83
80%甲醇	1448.63	94.66

注：—. HPLC 未检测到 Altersolanol A

3. 发酵液初始浓度对吸附的影响

由图 40-27 可知，发酵液初始浓度为 386.56μg/ml 和 517.41μg/ml 时，大孔树脂 H103 对 Altersolanol A 吸附差异较小；当浓度为 787.47μg/ml 时，大孔树脂 H103 对 Altersolanol A 的吸附不佳。当吸附的发酵液体积为 17BV 时，Altersolanol A 大量渗漏，发酵液浓度越大，其黏度也越大，柱子容易被堵塞。发酵液初始浓度过低，吸附时间延长，工作效率降低。综合考虑各方面因素，选择浓度大约为 517.41μg/ml 的发酵液进行后续实验的优化。

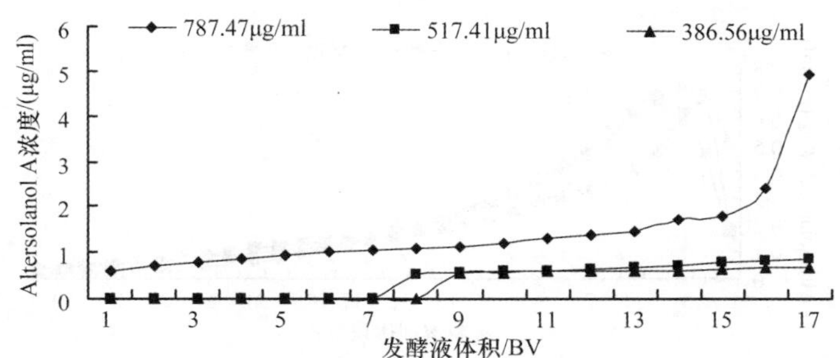

图 40-27　发酵液初始浓度对大孔树脂 H103 吸附 Altersolanol A 的影响

4. 流速对解吸的影响

用 60%乙醇作为洗脱溶剂，不同流速对 Altersolanol A 的洗脱效果有一定影响。随着洗脱流速增大，洗脱剂的洗脱强度也增大，Altersolanol A 流出峰型变窄，这有利于化合物 Altersolanol A 的分离。但是，3 种洗脱流速的峰型均拖尾显著，可能是由于大孔树脂 H103 的比表面积大，对 Altersolanol A 的吸附主要为范德华引力作用，吸附比较牢固，需要消耗较多的洗脱溶剂。当洗脱流速为 1BV/h、2BV/h、4BV/h，洗脱溶剂用量为 40BV 时，其产率分别为 90.52%、87.60%、83.18%。结果表明，随着洗脱流速增大，相同体积的洗脱溶剂洗脱得到的 Altersolanol A 产率减小，即洗脱流速越大，可能需要消耗的洗脱溶剂用量越大，成本增加，这也给溶剂回收和样品干燥等都带来一定的困难。若洗脱流速太小，则导致解吸时间延长，工作效率降低。综上所述，2BV/h 是比较适合用 60% 乙醇来解吸 Altersolanol A 的洗脱流速，结果见图 40-28。

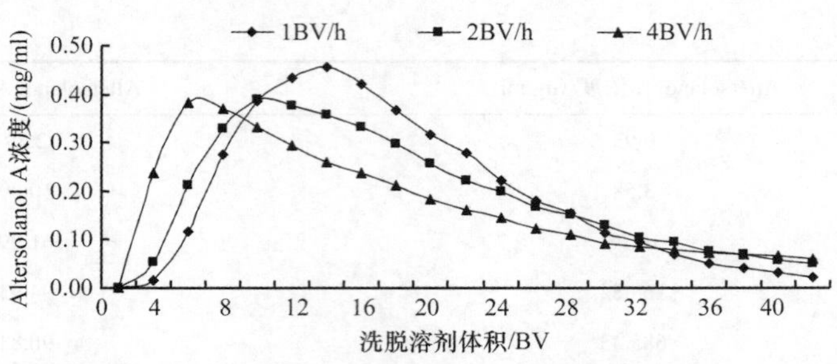

图 40-28　洗脱流速对 Altersolanol A 解吸的影响(60%乙醇)

用 70%甲醇作为洗脱溶剂，不同流速对 Altersolanol A 的洗脱效果有一定的影响。随着洗脱流速增大，洗脱剂洗脱强度增大，Altersolanol A 流出峰形变窄，这有利于其分离。但是，3 种洗脱流速的峰形均拖尾显著，可能是由于大孔树脂 H103 比表面积大，对 Altersolanol A 的吸附主要为范德华引力作用，吸附比较牢固，需要消耗较多的洗脱溶剂。当洗脱流速为 2BV/h、4BV/h、6BV/h，洗脱溶剂用量为 30BV 时，其产率分别为 83.93%、83.70%、77.83%。结果表明，随着洗脱流速增大，相同体积的洗脱溶剂洗脱得到的 Altersolanol A 产率越小，即洗脱流速越大，需要消耗洗脱溶剂的量越大，成本增加，这也给回收溶剂和干燥样品等带来一定的困难。若洗脱流速太小，则导致解吸时间延长，工作效率降低。综上所述，2BV/h 也是比较适合用 70% 甲醇解吸 Altersolanol A 的洗脱流速，结果见图 40-29。

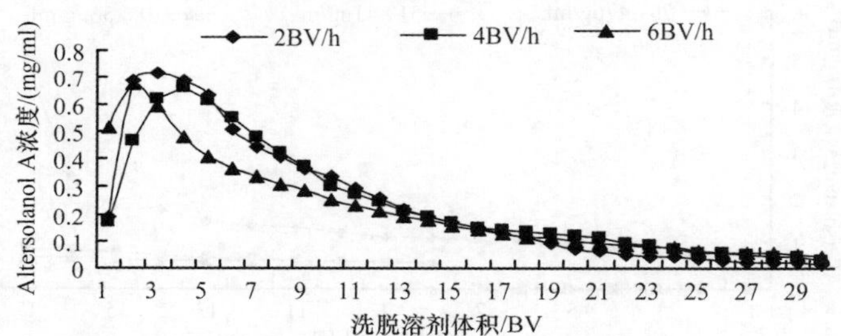

图 40-29　洗脱流速对 Altersolanol A 解吸的影响(70%甲醇)

比较洗脱溶剂 60%乙醇和 70%甲醇的洗脱效果，70%甲醇洗脱得到的解吸峰形较窄，表明用 70%甲醇洗脱，Altersolanol A 分离效果更好，解吸得到的 Altersolanol A 纯度更高。虽然用 30BV 70%甲醇洗脱得到的 Altersolanol A 产率比用 40BV 60%乙醇洗脱的低，但是产率的提高可以通过增加 70%甲醇的用量来实现。为了得到高纯度的 Altersolanol A，70%甲醇是比较适合的洗脱溶剂，以 2BV/h 的流速解吸 Altersolanol A。

5. 产率

用大孔树脂 H103 富集纯化 Altersolanol A，在 1.2cm×30cm 的小试实验中，Altersolanol A 的纯度为 91.09%，该工艺的产率为 87.88%如图 40-30 所示。将小试实验放大 10 倍，Altersolanol A 的纯度为 92.13%，该工艺的产率为 91.44%，纯度和产率均高于小试实验。结果表明，该工艺可以有效地纯化 Altersolanol A，而且可用于扩大生产，如表 40-30 所示。

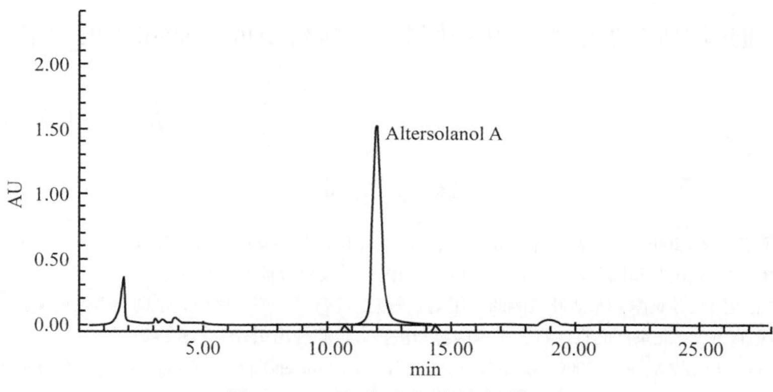

图 40-30　发酵液纯化前色谱图

表 40-30　大孔树脂 H103 纯化 Altersolanol A 的产率及纯度

大孔树脂质量/g	吸附率/%	吸附量/(mg/g)	解吸率/%	产率/%	纯度/%
2	99.86	24.27	87.88	87.41	91.09
20	99.89	24.27	91.66	91.44	92.13

动态吸附试验结果表明，优化后 Altersolanol A 的最佳富集和纯化条件：大孔树脂型号为 H103；上样浓度约为 517.41μg/ml，吸附流速为 2BV/h；先用 4BV 去离子水和 2BV 的低浓度甲醇(10%、20%、30%、40%)除杂质后，再用 70%甲醇等度洗脱，洗脱流速为 2BV/h，洗脱溶剂体积为 30BV。该工艺可使目标产物纯度达 92.13%，产率为 91.44%。该工艺可以有效地纯化 Altersolanol A，并且可用于扩大生产，如图 40-31 所示。

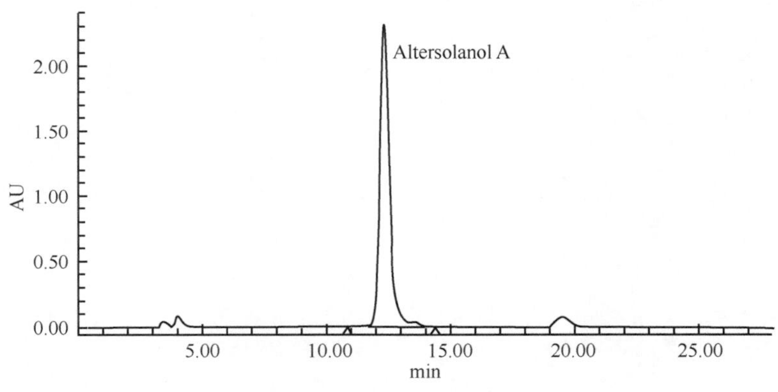

图 40-31　发酵液纯化后色谱图

大孔树脂 H103 和 HP_2MGL 对 Altersolanol A 均有较好的富集纯化作用。大孔树脂 H103 对 Altersolanol A 的吸附优于大孔树脂 HP_2MGL，但解吸效果不如大孔树脂 HP_2MGL。大孔树脂 H103 主要是通过范德华引力吸附 Altersolanol A，而大孔树脂 HP_2MGL 是通过范德华引力和氢键作用吸附 Altersolanol A 的，氢键容易被破坏，因此大孔树脂 HP_2MGL 吸附的 Altersolanol A 解吸速率比大孔树脂 H103 快。但是，大孔树脂 HP_2MGL 纯化得到的 Altersolanol A 纯度低于大孔树脂 H103。虽然大孔树脂 H103 的解吸不如大孔树脂 HP_2MGL，但是这可以通过改变洗脱溶剂的种类和增加洗脱溶剂的用量来改善。在产率实验中，洗脱溶剂甲醇的用量为 30BV，可以通过增加 70%甲醇的用量来进一步提高 Altersolanol A 的产率。

（李春艳　王春兰　郭顺星）

参 考 文 献

程显好，郭顺星，徐晓苗，等. 2006. 蜜环菌固体培养特性的研究. 中国医学科学院学报，28(4)：553-557.

国家药典委员会. 2010. 中华人民共和国药典. 二部. 北京：中国医药科技出版社，194-195.

李坤平. 2010. 大孔树脂吸附黄芩黄酮和布渣叶黄酮的应用基础研究. 广州：广州中医药大学博士学位论文：88-89.

徐锦堂. 1997. 中国药用真菌学. 北京：北京医科大学中国协和医科大学联合出版社，235-254.

Debbab A, Aly AH, Edrada-Ebel RA, et al. 2009. Bioactive metabolites from the endophytic fungus *Stemphylium globuliferum* isolated from *Mentha pulegium*. Journal of Natural Products，72：626-631.

Fu YJ，Zu YG，Liu W，et al. 2006. Optimization of luteolin separation from pigeonpea [*Cajanus cajan*(L.)Mill sp.] leaves by macroporous resins. Journal of Chromatography A，1137：145-152.

Höller U，Gloer JB，Wicklow DT，et al. 2002. Biologically active polyketide metabolites from an undetermined fungicolous hyphomycete resembling *Cladosporium*. Journal of Natural Products，65：876-882.

Karsten K，Helga M，Hans PK，et al. 1988. rac-altersolanol A and related tetrahydroanthraquinones total synthesis and cytotoxic properties. European Journal of Organic Chemistry，11：1033-1041.

Stoessl A. 1969. Some metabolites of *Alternaria solani*. Canadian Journal of Chemistry，47：767-776.

Suemitsu R，Horiuchi K，Ohnishi K，et al. 1988. High-performance liquid chromatographic determination of macrosporin，altersolanolA，alterporriol A，B and C in fermentation of *Alternaria porri*(Ellis)Ciferri. Journal of Chromatography A，454：406-410.

第四十一章 灵芝内生真菌代谢产物研究

本研究室前期研究发现野生灵芝子实体内生真菌BMS-9707的菌丝体甲醇提取物和发酵液醇沉提取物具有较强体外抑制肿瘤细胞生长的活性。为了阐明菌株BMS-9707抗肿瘤活性物质基础和从中寻找新的抗肿瘤化学实体，本章对该菌株发酵液的化学成分进行了研究。

第一节 菌株BMS-9707代谢产物分离和鉴定

一、菌株BMS-9707代谢产物的提取和分离

预试验结果表明，菌株BMS-9707菌丝体甲醇提取物主要为低极性成分，因而确定提取分离方法如下：菌丝体甲醇提取物用水分散后，用石油醚、二氯甲烷、乙酸乙酯、正丁醇(BuoH)依次萃取，分成5个部分。这几个部分各取少量进行活性筛选，有活性的部位进一步采用粗孔硅胶常压柱层析、Sephadex LH-20凝胶柱层析、RP-HPLC制备色谱，分离得到各个单体化合物。将分离得到的化合物进行波谱测定(UV、IR、MS、NMR、ORD)及理化常数测定，综合各种试验结果，测定其结构。将菌株BMS-9707菌丝体提取物及有效部位进行体外抗肿瘤活性筛选，对从活性部位所得到的化合物进一步筛选。

菌株BMS-9707分离自中国四川省野生灵芝［*Ganoderma lucidum*(Leyss. ex Fr.) Karst.］子实体，经鉴定为小乔木齿梗孢(*Calcarisporium arbuscula*)。

发酵培养。平皿转摇瓶液体培养的方法。培养基为麦麸培养基装料系数1/3；温度25℃；摇瓶转速120r/min；发酵周期7天。将培养物用双层尼龙布过滤后分成菌丝体和发酵液两部分。共得发酵液约300L，浓缩成约1.6L。菌丝体用水洗涤两遍去掉剩余的发酵液后，干燥，共获干燥菌丝体2.6kg。

提取与分离。菌丝体部分：干菌丝体粉碎后，甲醇浸泡过夜，回流提取7次，回收溶剂，得浸膏410g。加水悬浮，用石油醚、CH_2Cl_2、EtOAc、n-BuOH依次萃取。EtOAc部分因量很少(1.2g)，薄层展开显示主斑点与CH_2Cl_2部分基本相同，不再进行细致分离。其余各部分经反复硅胶柱层析、Sephadex LH-20凝胶柱层析、RP-HPLC制备和重结晶，得到各单体化合物，详见流程图41-1。发酵液部分；于发酵液浓缩液中加入95%乙醇醇沉，放置，取上清液(乙醇浓度大于80%)，残渣用适量水分散后，如前处理。反复4次，合并上

清液，浓缩后分配在水中，用乙酸乙酯萃取 5 次。乙酸乙酯部分经反复硅胶柱层析，Sephadex LH-20 凝胶柱层析和重结晶，得到各单体化合物。详见流程图 41-2。

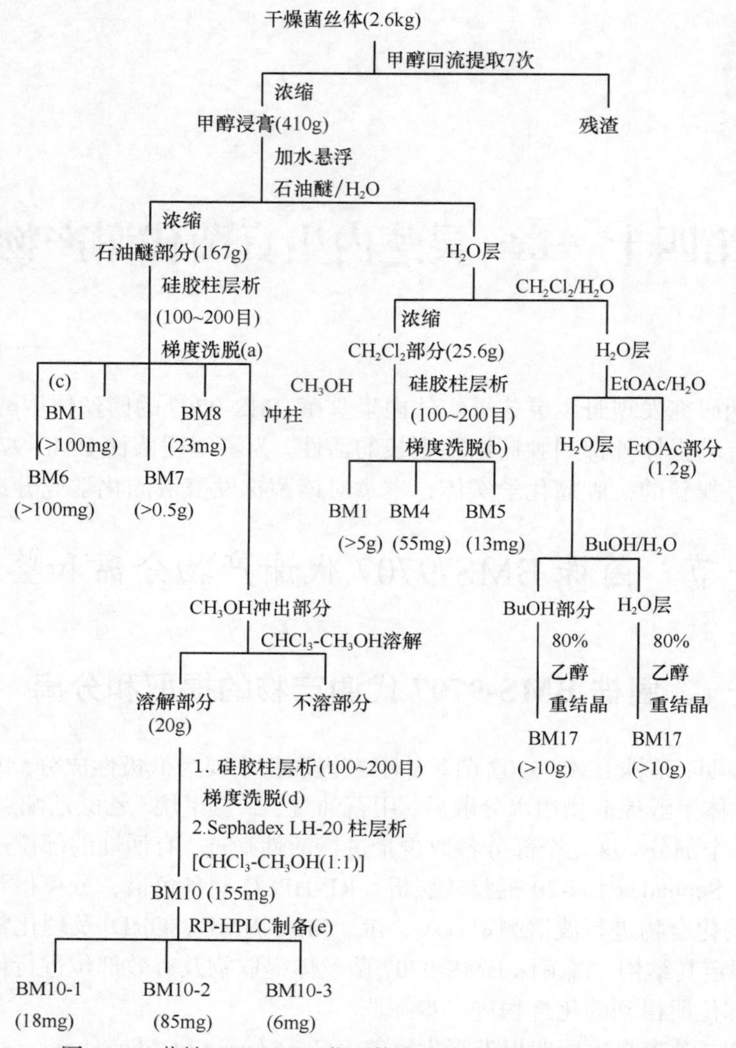

图 41-1 菌株 BMS-9707 菌丝体中代谢产物的提取与分离流程

(a) 石油醚至石油醚-EtOAc（1∶1）；(b) $CHCl_3$ 至 $CHCl_3$-CH_3OH（8∶2）；(c) 石油醚至石油醚-CH_2Cl_2-CH_3OH（100∶15∶2）；(d) $CHCl_3$ 至 $CHCl_3$-CH_3OH（7∶3）；(e) 色谱柱：Phenomenex C_{18}-BDS（250mm×10.0mm, 5μm）。流动相.CH_3OH；流速.2ml/min；柱温.20℃

二、菌株 BMS-9707 代谢产物的结构鉴定

从菌株 BMS-9707 的菌丝体部分和发酵液部分共分离得到 19 个单体化合物，见表 41-1，根据理化常数和波谱数据（UV、IR、MS、NMR、ORD）进行鉴定，如图 41-3 所示。

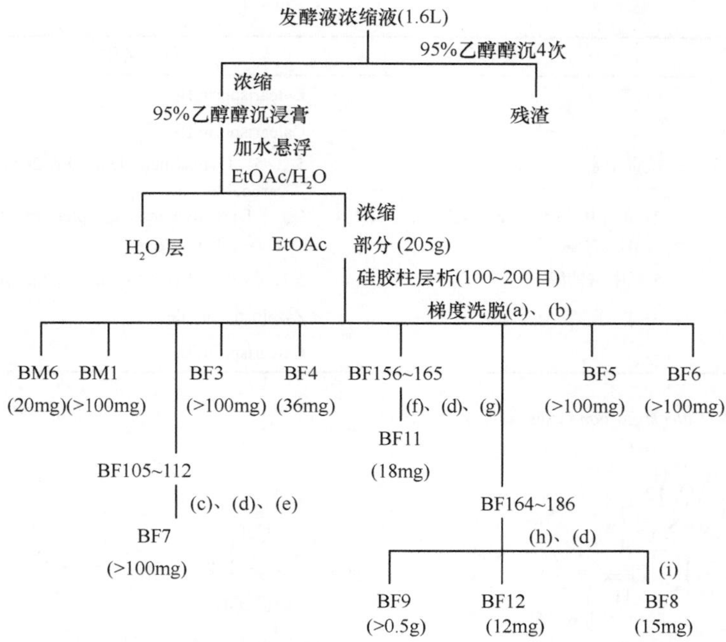

图 41-2　菌株 BMS-9707 发酵液中代谢产物的提取与分离流程

(a)石油醚至石油醚-EtOAc(7∶3)；(b) $CHCl_3$ 至 $CHCl_3$-CH_3OH(7∶3)；(c)石油醚-EtOAc(7∶3～6∶4)；(d) Sephadex LH-20 凝胶柱层析[$CHCl_3$-CH_3OH(1∶1)]；(e)石油醚-EtOAc-CH_3OH(50∶50∶1)洗脱；(f) $CHCl_3$ 至 $CHCl_3$-CH_3OH(95∶5)梯度洗脱；(g) $CHCl_3$-CH_3OH(94∶6)洗脱；(h) $CHCl_3$ 至 $CHCl_3$-CH_3OH(92∶8)梯度洗脱；(i) $CHCl_3$-CH_3OH 洗多次

表 41-1　分离自菌株 BMS-9707 发酵物的化合物

编号	化合物编号	中文名称	英文名称	化合物类别
1	BM1*	—	Calcarisporin B1	倍半萜内酯
2	BM4**	2-(2-羟基二十四烷酰氨基)-1，3，4-十八烷三醇	2-[(2-Hydroytetra cosanoyl) amino]-1，3，4-octadecatriol	脑苷元
3	BM5**	6，9-氧桥麦角甾-7，22-双烯-3-醇	6，9-Epoyergota-7，22-dien -3-ol	甾醇类
4	BM6	麦角甾醇	Ergosterol	甾醇类
5	BM7**	—	Roridin H	倍半萜内酯
6	BM8**	—	Roridin J	倍半萜内酯
7	BM10-1**	(4*E*，8*E*，3′*E*，2*S*，3*R*，2′*R*)-2′-羟基-3′-十六烯酰基-1-*O*-β-D-吡喃葡萄糖基-9-甲基-4，8-二氢鞘氨二烯醇	(4*E*，8*E*，3′*E*，2*S*，3*R*，2′*R*)-2-Hydroy-3′-headecenoyl-1-*O*-β-D- glucopyranosyl-9-methyl -4，8-sphingadienine	脑苷类
8	BM10-2**	(4*E*，8*E*，2*S*，3*R*，2′*R*)-2′-羟基十六烷酰基-1-*O*-β-D-吡喃葡萄糖基-9-甲基-4，8-二氢鞘氨二烯醇	(4*E*，8*E*，2*S*，3*R*，2′*R*)-2′-Hydroypalmityl-1-*O*-β-D-glucopyranosyl-9-methyl-4，8-sphingadienine	脑苷类
9	BM10-3**	(4*E*，8*E*，3′*E*，2*S*，3*R*，2′*R*)-2′-羟基-3′-十八烯酰基-1-*O*-β-D-吡喃葡萄糖基-9-甲基-4，8-二氢鞘氨二烯醇	(4*E*，8*E*，3′*E*，2*S*，3*R*，2′*R*)-2′-Hydroy-3′-octodecenoyl-1-*O*-β-D-glucopyranosyl-9-methyl-4，8-sphingadienine	脑苷类
10	BM17	甘露醇	D-Mannitol	多元醇
11	BF3	琥珀酸	Butanedioic acid	有机酸
12	BF4**	—	Zythiostromic acid A	二萜

续表

编号	化合物编号	中文名称	英文名称	化合物类别
13	BF5*	—	Calcarisporin B_2	倍半萜内酯
14	BF6*	—	Calcarisporin B_3	倍半萜内酯
15	BF7	狼毒甲素	5，5′-[Oybis(methylene)]bis-2-furan-carboaldehyde	糖衍生物
16	BF8**	7，8-二甲基苯并[g] 蝶啶-2，4(1H，3H)-二酮	7，8-Dimethylbenzo[g] pteridine-2，4(1H，3H)-dione	蝶啶类生物碱
17	BF9	5-羟甲基糠醛	5-Hydroylmethyl-2-furancarboaldehyde	糖衍生物
18	BF11**	—	Zythiostromolide	二萜
19	BF12*	—	Calcarisporin B_4	倍半萜内酯

* 新化合物。

** 首次从齿梗孢属(*Calcarisporium* genus)真菌中分离得到

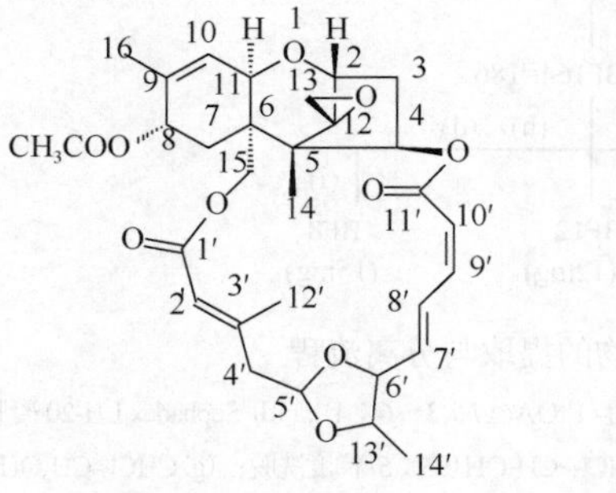

BM1

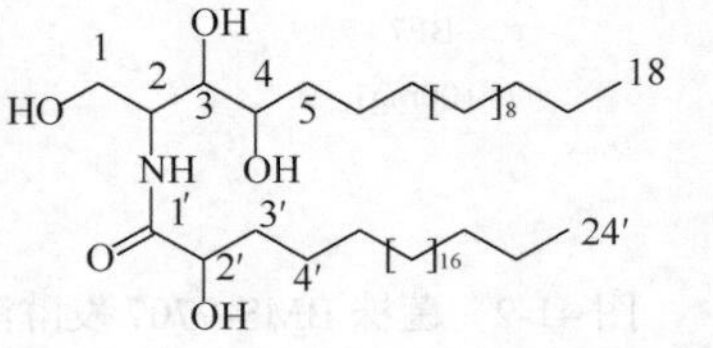

BM4

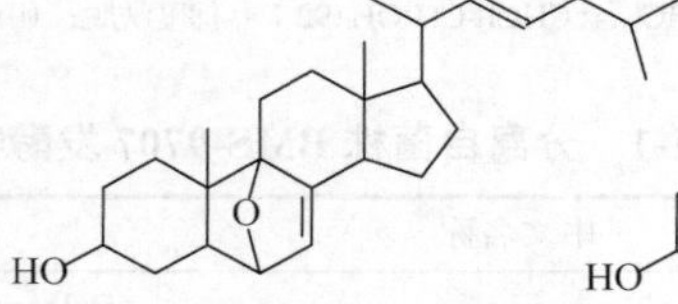

BM5

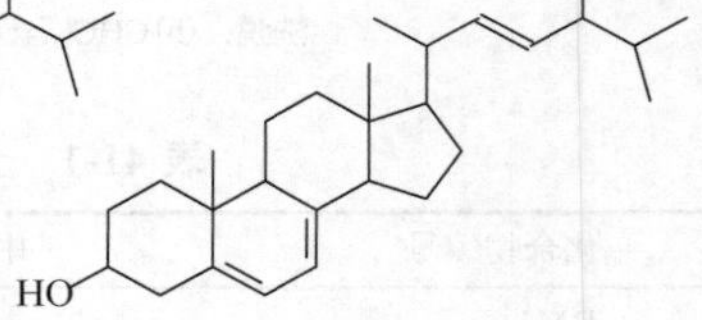

BM6

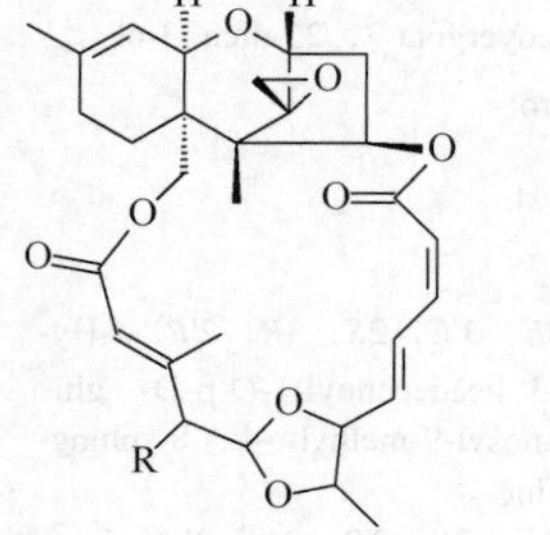

BM7 R=H
BM8 R=OH

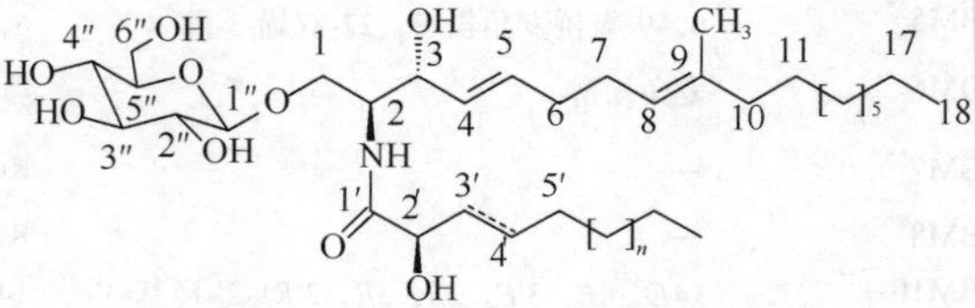

BM10-1 n=9 3′,4′- 双键
BM10-2 n=9 3′,4′- 单键
BM10-3 n=11 3′,4′- 双键

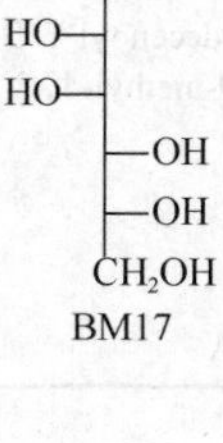

BM17

BF3

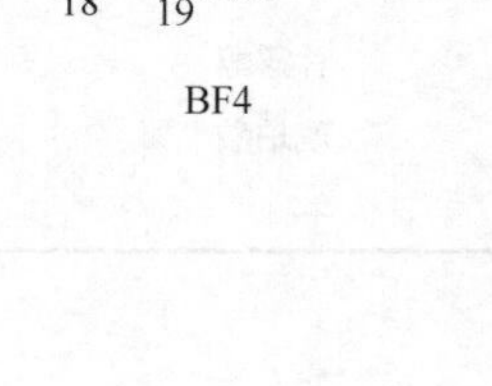

BF4

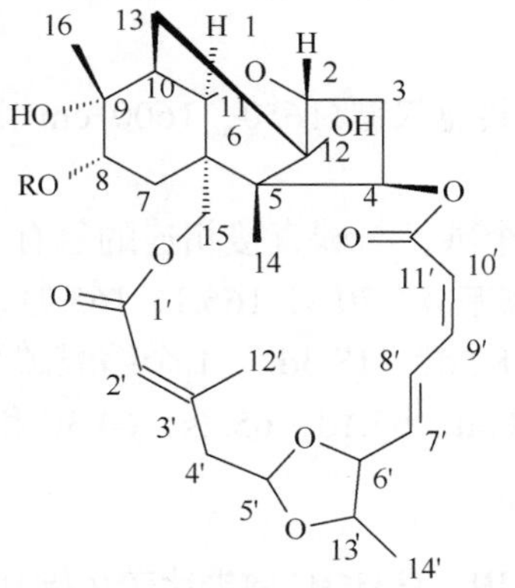

BF5　R=H
BF5a　R=Ac

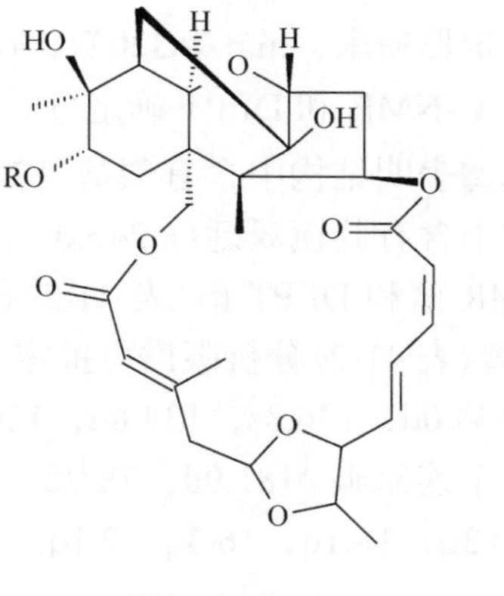

BF6　R=H
BF6a　R=Ac

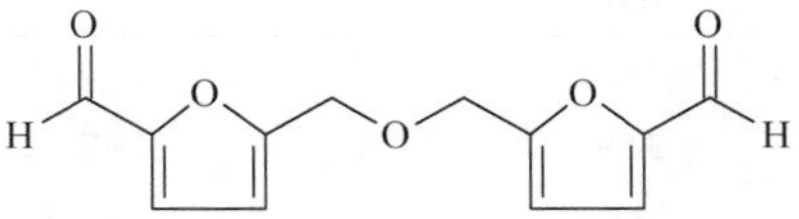

BF7

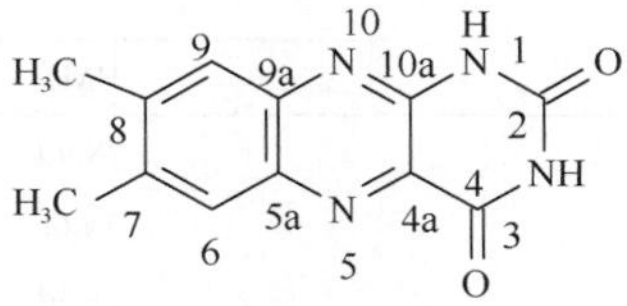

BF8

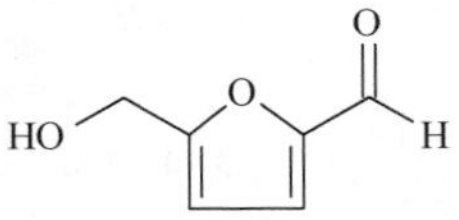

BF9

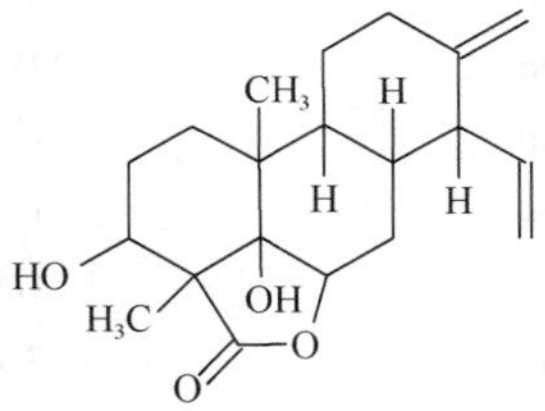

BF11

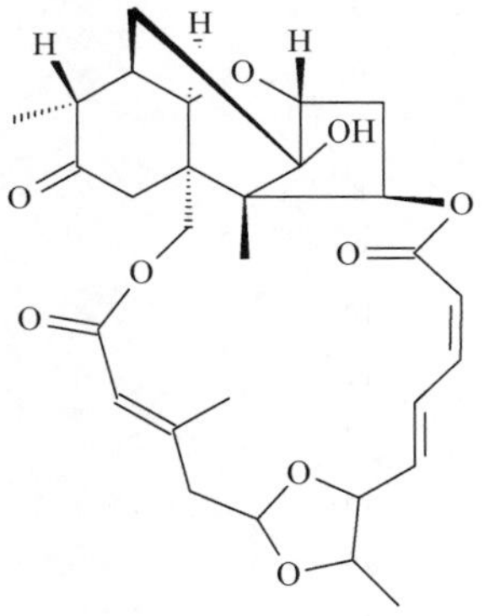

BF12

图 41-3　从菌株 BMS-9707 发酵物中分离得到的化合物的结构

三、菌株 BMS-9707 新化合物的结构测定

1. BM1，calcarisporin B1

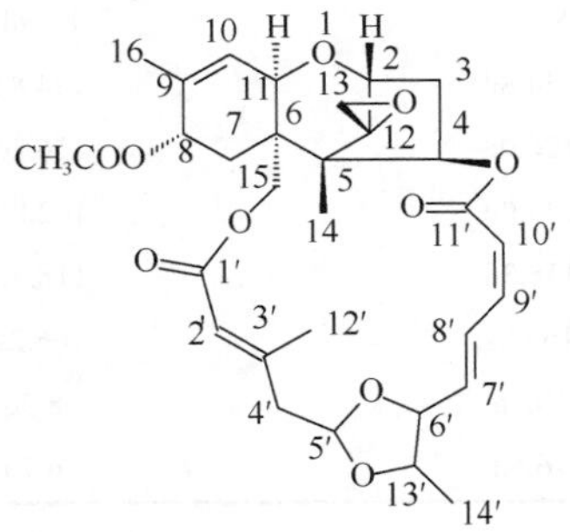

白色无定形粉末，m.p.＞320℃，$[\alpha]_D^{20}$ +70.0°(c 0.95，$CHCl_3$)。由 HREI-MS、TOF-MS、^{1}H-NMR、^{13}C-NMR 和 DEPT 确定分子式为 $C_{31}H_{38}O_{10}$。

红外光谱表明结构中含有羰基(1725，1705cm^{-1})和共轭双键(1650，1600 cm^{-1})。紫外光谱显示结构中含有共轭双键(λ 246.0，210.0nm)。

^{13}C-NMR 谱和 DEPT 谱(表 41-2)显示结构中有 31 个碳，与碳直接相连的氢有 38 个。结合 HMQC 谱(表 41-2)分析碳谱可推定结构中含有 3 个羰基 δ(170.8，166.1，165.7)、4 个双键 δ(155.0s，143.0d，136.3s，134.8d，126.0d，123.9d，118.5d，118.3d)、1 个缩醛碳(δ100.6)，此外还有 8 个连氧碳 δ(81.9d，78.9d，76.5d，73.3d，68.6d，67.1d，65.2s，64.3t)和 5 个甲基 δ(20.8q，20.3q，18.1q，16.3q，7.1q)。

表 41-2 Calcarisporin B1(BM1)与 roridin H(BM7)的 ^{13}C-NMR、HMQC 数据比较(CDCl3，100MHz)

No.	δ_C		HMQC
	BM1	BM7	BM1
2	78.9d	79.2d	3.83
3	34.6t	34.9t	2.48，2.20
4	73.3d	73.9d	5.90
5	48.9s	49.0s	
6	42.0s	43.2s	
7	26.2t	20.5t	2.20
8	68.6d	27.6t	5.19
9	136.3s	140.4s	
10	123.9d	118.7d	5.69
11	67.1d	67.7d	3.75
12	65.2s	65.5s	
13	47.7t	47.6t	3.10，2.83
14	7.1q	7.3q	0.83
15	64.3 t	63.2t	4.35，4.39
16	20.3q	23.3q	1.76
1′	166.1s	166.2s	
2′	118.5d	119.0d	5.63
3′	155.0s	154.8s	
4′	47.6t	47.9t	2.65，2.20
5′	100.6d	100.9d	5.52
6′	81.9d	81.9d	4.06
7′	134.8d	134.8d	5.95
8′	126.0d	126.2d	7.65
9′	143.0d	142.8d	6.56
10′	118.3d	118.8d	5.79
11′	165.7s	166.2s	
12′	18.1q	18.3q	2.27
13′	76.5d	76.7d	3.67

续表

No.	δ_C		HMQC BM1
	BM1	BM7	
14′	16.3q	16.5q	1.34
8-Ac	20.8q		1.92
	170.8s		

结合 HMQC 谱，分析 ^{1}H-NMR 谱（表 41-3）可推定结构中含有 6 个烯氢 δ(7.65，6.56，5.95，5.79，5.69，5.63)。其中 δ 5.63 处氢为单峰信号，说明无邻位氢与其偶合。δ5.95 处氢与 δ 7.65 处氢偶合，J=15.2 Hz，δ6.56 处氢与 δ 7.65、δ5.79 两氢偶合，偶合常数同为 11.3Hz，说明一个反式双键与一个顺式双键共轭。氢谱还显示结构中含有 9 个连氧碳上质子 δ(5.90，5.52，5.19，4.35，4.39，4.06，3.83，3.75，3.67)。δ 5.52 处氢为缩醛碳上氢，δ 5.90、δ 5.19 处氢较其他连氧碳上氢的化学位移明显大，推测其所连碳与酰氧基相连。 δ4.35、δ4.39 处两氢位于同一碳上，显示为 AB 偶合系统，J=12.5Hz。另外，氢谱中 δ 3.10、δ2.83 处两氢也位于同一碳上，显示为 AB 偶合系统，J=4.0Hz。从最后推定的结构式来看，该碳位于 12，13 位三元氧环上，由于受三元氧环屏蔽效应的影响，该碳和碳上氢的化学位移比一般连氧碳低，这是 trichothecene 类化合物结构中有无 12，13 位三元氧环的特征信号。在氢谱的高场区显示有 5 个甲基峰，包括 4 个单峰 δ(2.27，1.92，1.76，0.83)和 1 个双峰(δ 1.34)。推测 δ 1.92 处甲基为乙酰氧基上的甲基。

表 41-3　Calcarisporin B1（BM1）**与 roridin H**（BM7）**的 ^{1}H-NMR、^{1}H，^{1}H-COSY 数据比较**（CDCl3，400MHz）

No.	δ_H/Hz		^{1}H，^{1}H-COSY
	BM1	BM7	BM1
2	3.83d (5.0)	3.84d (5.0)	2.20
3a	2.48dd (8.4，15.4)	2.48dd (8.2，15.3)	2.20，5.90
3b	2.20m	2.16ddd (15.3，4.8，5.0)	
4	5.90dd (8.4，4.5)	5.93dd (8.2，4.8)	2.20，2.48
7	2.20m	1.90m	
8	5.19d (4.3)	1.90m	1.76，2.20
10	5.69br.d (5.5)	5.44br.d (4.2)	1.76，3.75
11	3.75d (5.5)	3.66m	1.76，2.20，5.69
13	3.10，2.83AB (4.0)	3.12，2.82AB (4.0)	
14	0.83s	0.86s	
15	4.35，4.39AB (12.5)	4.32，4.04AB (12.5)	
16	1.76s	1.71s	3.75，5.19，5.69
2′	5.63s	5.68s	2.27，2.65
4′a	2.65dd (12.4，3.3)	2.64dd (12.4，3.2)	2.20，5.52，5.63
5′	5.52dd (8.6，3.3)	5.53dd (8.4，3.2)	2.20，2.65
6′	4.06br.d (8.6)	4.06br.d (7.0)	3.67，5.95，7.65

续表

No.	δ_H/Hz		^{1}H，^{1}H-COSY
	BM1	BM7	BM1
7′	5.95dd (2.6，15.2)	5.95dd (2.4，15.0)	4.06，7.65
8′	7.65dd (15.2，11.3)	7.69dd (15.0，11.3)	5.95，6.56，5.79，4.06
9′	6.56dd (11.3，11.3)	6.56dd (11.3，11.3)	5.79，7.65
10′	5.79d (11.3)	5.79d (11.3)	6.56，7.65
12′	2.27s	2.27s	5.63
13′	3.67dq (8.6，6.0)	3.66m	1.34，4.06
14′	1.34d (6.0)	1.34d (6.0)	3.67
8-Ac	1.92s		

根据分子式计算得不饱和度为 13，扣除 3 个羰基、4 个双键的 7 个不饱和度，BM1 中应含有 6 个环。

比较 BM1 和 roridin H (BM7) 的 ^{1}H-NMR、^{13}C-NMR，两者的图谱概貌和数据相似，推测 BM1 的基本骨架与 BM7 相同，分析 ^{1}H，^{1}H-COSY、HMQC、HMBC (图 41-4) 谱所显示的结果进一步确定了 BM1 的基本骨架。

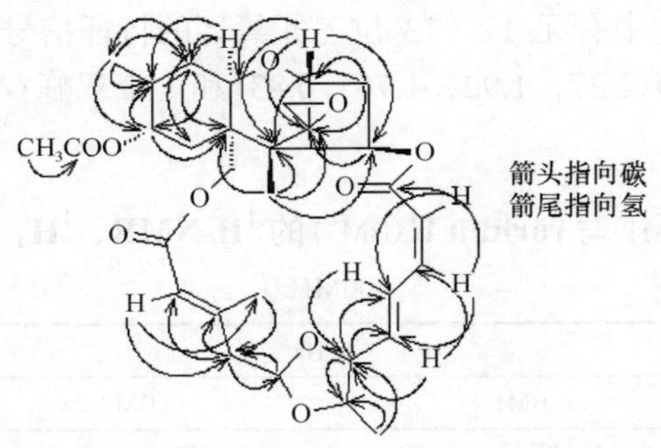

图 41-4　化合物 BM1 的 HMBC 远程相关

BM1 的分子式 $C_{31}H_{38}O_{10}$ 扣除 BM7 的分子式 $C_{29}H_{36}O_8$ 后剩下 $C_2H_2O_2$。BM1 的氢谱显示除了含有化学位移与 BM7 基本一致的 4 个甲基峰外，还含有另一个甲基峰 δ 1.92。另外，BM1 的碳谱还显示有 BM7 没有的甲基碳信号 δ 20.8 和羰基碳信号 δ 170.8。这些信号与乙酰氧基相符。因而，推测 BM1 的结构为 BM7 被一个乙酰氧基取代。比较 BM1 结构中与 BM7 相同部分的碳信号，发现 7 位、8 位、9 位、10 位和 16 位碳信号区别较大，因而，推测乙酰氧基取代在 7 位或 8 位碳上。由于被乙酰氧基所取代的碳和它的α位碳的化学位移较无取代时要向低场移动，通过对比 BM1 的碳信号 δ 68.6d、δ 26.2t 和 BM7 的碳信号 δ 27.6t (C-8)、δ 20.5t (C-7)，推定乙酰氧基取代在 8 位碳上。氢谱信号 δ 5.19 (d，4.3) 推定为 H-8。

HMBC 谱显示的结果进一步证实了上面所推测的结论。HMBC 谱显示质子信号 δ 1.76 (H-16) 与碳信号 δ 68.6 (C-8)、δ 136.3 (C-9)、δ 123.9 (C-10) 远程相关，质子信号 δ 5.69 (H-10) 与 C-8 信号远程相关。另外还显示 H-8 信号与碳信号 δ 42.0 (C-6)、δ 136.3 (C-9) 远程相关。

文献 (Hesketh et al.，1991) 报道，由于 2β-H 与 3α-H、3α-H 与 4β-H、7α-H 与 8β-H 的二面角均接近于 90°，$J_{2\beta,3\alpha}$、$J_{4\beta,3\alpha}$、$J_{8\beta,7\alpha}$ 都接近于零。氢谱中 H-8 显示为双峰，因而，8 位氢应位于β位，即乙酰氧基位于 8α位上，确定结构为 8α-acetoyroridin H (图 41-4)。根据能量最

小化原则，用计算机软件模拟建立了 BM1 的相对立体构型(图 41-5)。

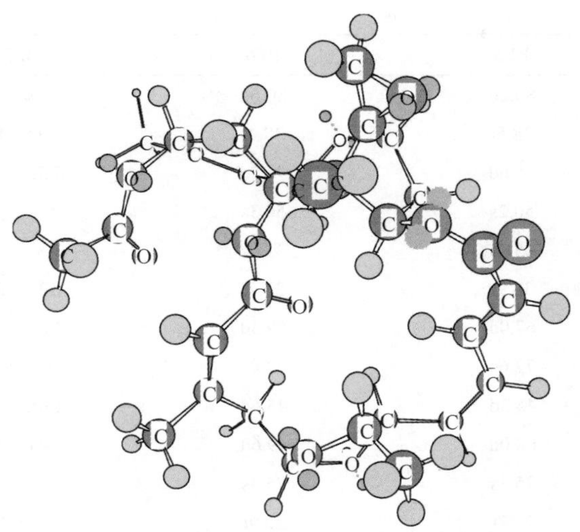

图 41-5　化合物 BM1 的立体结构

2. BF5，calcarisporin B2；BF6，calcarisporin B3

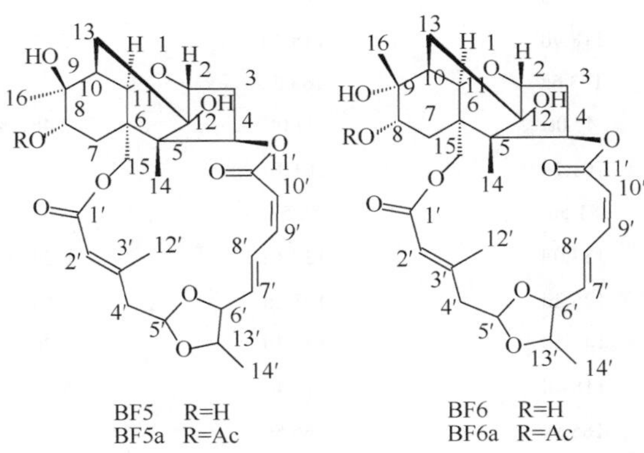

BF5 为白色无定形粉末，$[\alpha]_D^{20}$ −7.0°[c 1.17，$(CH_3)_2CO$]。易溶于 $CHCl_3$、CH_3OH、DMSO 等溶剂。由 HREI-MS、^{1}H-NMR、^{13}C-NMR 确定分子式为 $C_{29}H_{38}O_{10}$。

BF6 为白色无定形粉末，$[\alpha]_D^{20}$ +10.0°[c 0.54，$(CH_3)_2CO$]。在 $CHCl_3$、CH_3OH 中溶解性比 BF5 差，易溶于 DMSO。由 HREI-MS、^{1}H-NMR、^{13}C-NMR 确定分子式为 $C_{29}H_{38}O_{10}$。

BF5、BF6 的紫外吸收峰与 BM1 基本一致，推测 BF5、BF6 与 BM1 为同类化合物。BF5、BF6 的红外光谱除显示有羰基吸收峰[BF5(1710cm^{-1})、BF6(1700，1680cm^{-1})]、共轭双键[BF5(1638,1584cm^{-1})、BF6(1645,1620,1600cm^{-1})]外，还显示有羟基吸收峰[BF5(3450cm^{-1})、BF6(3512，3485cm^{-1})]。

结合 HMQC 谱(表 41-4)分析 ^{13}C-NMR 谱(表 41-4)显示 BF5 结构中共有 29 个碳，其中含有 2 个羰基δ(165.5，165.5)、3 个双键δ(153.6，142.3，137.0，125.2，118.4，118.4)、1 个缩醛碳(δ101.1)，此外还有 9 个连氧碳δ(81.5，80.2，76.6，75.9，75.3，72.6，72.0，68.0，67.0)和 4 个甲基δ(23.4，16.9，16.2，10.9)。

表 41-4　化合物 BF5、BF6 的 ^{13}C-NMR、HMQC 数据(DMSO-d_6，100MHz)

No.	δ_C		HMQC	
	BF5	BF6	BF5	BF6
2	80.2d	80.6d	3.78	3.74
3	38.5t	38.4t	1.92，1.82	1.93，1.79
4	76.6d	76.7d	5.52	5.51
5	50.2s	50.3s		
6	45.2s	45.4s		
7	36.9t	37.7t	1.27，2.03	0.94，2.08
8	67.0d	69.3d	3.61	3.74
9	72.6s	72.9s		
10	44.3d	45.6d	2.05	2.05
11	68.0d	69.6d	3.44	3.21
12	75.3s	75.3s		
13	27.7t	26.9t	1.47，1.78	1.91，1.61
14	10.9q	10.6q	0.94	0.94
15	72.0t	69.6t	4.33，3.47	4.29，3.62
16	23.4q	20.8q	1.09	1.00
1′	165.5s	165.5s		
2′	118.4d	118.4d	5.57	5.55
3′	153.6s	153.5s		
4′	47.0t	47.0t	2.48，2.27	2.48，2.27
5′	101.1d	101.1d	5.63	5.63
6′	81.5d	81.5d	4.08	4.08
7′	137.0d	137.1d	6.24	6.24
8′	125.2d	125.2d	7.65	7.64
9′	142.3d	142.3d	6.70	6.70
10′	118.4d	118.4d	5.77	5.76
11′	165.5s	165.5s		
12′	16.9q	16.9q	2.19	2.19
13′	75.9d	75.9d	3.74	3.74
14′	16.2q	16.2q	1.30	1.30

结合 HMQC 谱分析 ^{1}H-NMR 谱(表 41-5)可推定结构中含有 5 个烯氢δ(7.65，6.70，6.24，5.77，5.57)。其中δ 5.57 处氢为单峰信号，说明无邻位氢与其偶合。δ 6.24 处氢与δ 7.65 处氢偶合，J=15.2Hz，δ 6.70 处氢与δ 7.65、δ 5.77 两氢偶合，偶合常数同为 11.3Hz，说明一个反式双键与一个顺式双键共轭。氢谱还显示结构中含有 9 个连氧碳上质子δ(5.63，5.52，4.33，4.08，3.78，3.74，3.61，3.47，3.44)。δ5.63 处氢为缩醛碳上氢，δ5.52 处氢因其所连碳与酰氧基相连而较其他连氧碳上氢向低场位移。δ 4.33、δ 3.47 处两氢位于同一碳上，显示为 AB 偶合系统，J=11.4Hz。在氢谱的高场区显示有 4 个甲基峰，包括 3 个单峰δ(2.19，1.09，0.94)和 1 个双峰(δ1.30)。另外还显示了 3 个活泼氢信号δ(4.66，4.27，4.02)。

表 41-5　化合物 BF5、BF6 的 ^{1}H-NMR、^{1}H，^{1}H-COSY 数据（DMSO-d_6，400MHz）

No.	δ_H/Hz		^{1}H，^{1}H-COSY
	BM5	BM6	BM6
2	3.78d（3.4）	3.74m	
3a	1.92dd（14.0，8.2）	1.93m	
3b	1.82ddd（14.0，3.8，3.4）	1.79ddd（14.2，3.7，3.8）	3.74，5.51
4	5.52dd（8.2，3.8）	5.51dd（8.1，3.8）	1.93，1.79
7a	1.27dd（12.8，11.5）	0.94m	2.08，3.74
7b	2.03m	2.08m	
8	3.61dd（11.5，5.1）	3.74m	
10	2.05m	2.05m	
11	3.44d（3.7）	3.21d（3.5）	2.05
13a	1.47dd（13.6，5.5）	1.91m	
13b	1.78dd（13.6，12.5）	1.61dd（14.0，12.4）	1.91，2.05
14	0.94s	0.94s	
15	4.33，3.47AB（11.4）	4.29，3.62AB（11.4）	
16	1.09s	1.00s	
2′	5.57br.s	5.55s	2.19
4′a	2.48br.d（13.1）	2.48br.d（13.1）	2.27，5.63
4′b	2.27dd（13.1，9.5）	2.27dd（13.1，9.5）	2.48，5.63
5′	5.63dd（9.5，2.6）	5.63dd（9.5，2.5）	2.27，2.48，2.19
6′	4.08br.d（8.3）	4.08br.d（8.2）	3.74，6.24
7′	6.24dd（15.2，2.2）	6.24dd（15.2，2.0）	4.08，7.64
8′	7.65dd（15.2，11.3）	7.64dd（15.2，11.3）	6.24，6.70
9′	6.70dd（11.3，11.3）	6.70dd（11.3，10.9）	7.64，5.76
10′	5.77d（11.3）	5.76d（10.9）	6.70
12′	2.19s	2.19s	5.55，5.63
13′	3.74dq（8.3，6.0）	3.74m	
14′	1.30d（6.0）	1.30d（6.0）	3.74
OH	4.66，4.27，4.02br.s	4.63，4.32，3.36br.s	

根据分子式计算得出不饱和度为 11，扣除 2 个羰基、3 个双键的 5 个不饱和度，BF5 结构中应含有 6 个环。

比较 BF5 与 BM1 的 ^{1}H-NMR、^{13}C-NMR，表明 BF5 具有类似于 BM1 的结构。除了 C-7、C-8、C-9、C-10、C-11、C-12、C-13、C-16 上的碳氢信号外，其他各个位置的碳氢信号与 BM1 基本一致。BF5 的 ^{1}H-NMR、^{13}C-NMR 中没有 8-乙酰氧基的信号，且其 H-8 信号（δ 3.61）比 BM1 高场一些，因而推测 BF5 结构中 C-8 被一个羟基取代。BF5 的 ^{1}H-NMR、^{13}C-NMR 中没有显示 10 位烯氢的信号和 12，13 位三元氧环的特征信号，因而推测 BF5 结构中 C-10 与 C-9 以单键相连接，12，13 位三元氧环被打开。而除了 15 位为连氧仲碳外，氢谱和碳谱上并无其他连氧仲碳信号，因而，13 位碳不可能与氧原子相连。扣除甲基质子，BF5 氢谱高场区较 BM1 增加了 3 个质子，推测 C-13 与另一个碳形成 C—C 连接。因为三元氧环被打开，而结构中环的数目较有三元氧环时并没有减少，所以，C-13 与另一个碳的连接应形成一新环。另外，甲基峰信号与 BM7 相比较，推定甲基峰δ1.09s 为 16 位甲基。

根据化学位移和峰形，归属双峰信号δ3.44(*J*=3.7Hz)为 H-11，推定 C-10 为叔碳。而且，^{1}H，^{1}H-COSY 谱显示 H-11 与一高场氢δ 2.05(H-10)偶合。因而，C-10 除与 C-9 和 C-11 相连外，还应该与第 3 个碳原子相连。碳信号δ44.3 与 H-16 远程相关，而且 HMQC 谱显示该碳与氢 H-10 相关，因此推定该碳为 C-10。HMBC 谱(图 41-6)显示 C-10 与氢 δ1.47(dd，*J*=13.6，5.5Hz)远程相关，该氢与另一个氢 δ 1.78(dd，*J*=13.6，12.5Hz)偶合，HMQC 谱显示 2 个氢位于同一个碳(δ 27.7)上。另外，^{1}H，^{1}H-COSY 谱显示 H-10 与质子 δ 1.47、δ 1.78 相关. 以上证据表明 C-10 与碳 δ 27.7 连接形成了新环。季碳 δ 75.3 与 H-3、H-4、H-14 各自远程相关而被推定为 C-12，HMBC 谱还显示 C-12 与氢 δ1.47 远程相关，因而，推定碳信号 δ 27.7 为 C-13，也即 C-10 与 C-13 相连形成了新环。文献报道(Gutzwiller et al.，1964; Sigg et al.，1965; Hesketh et al.，1972)此类化合物来源于 trichothecenes 类化合物的重排，且 H-10 位于α位。季碳δ44.3 和叔碳 δ 72.6 与 H-16 均有远程偶合而分别归属为 C-9 和 C-8。由 C-8、C-9、C-12 的化学位移推定每个碳均被一个羟基取代。因此，推定 BF5 的平面结构式如图 41-6 所示。

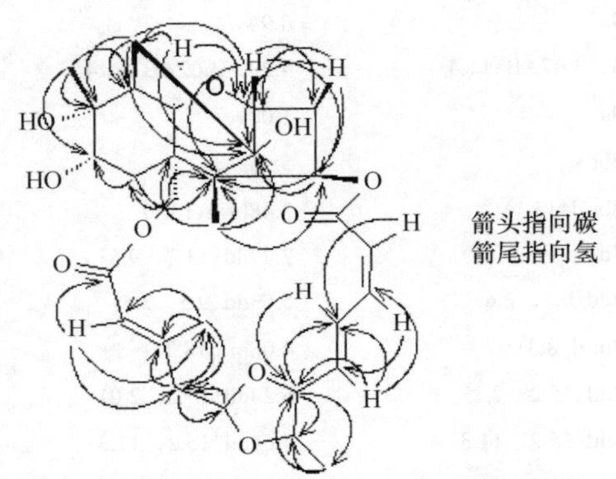

图 41-6 化合物 BF5 的 HMBC 远程相关

对比 BF6 与 BF5 的 NMR 谱数据，可以确定两者的平面结构式相同。因而，BF6 与 BF5 很可能是一对非对映异构体。两者在 NMR 谱上的差异主要在 C-7～C-11 和 C-16 位上。对 BF6 和 BF5 常温下进行乙酰化，得到 8 位羟基乙酰化物 BF6a 和 BF5a。只有 8 位羟基被乙酰化可能是由于 8 位羟基是仲羟基，较 9 位和 12 位的叔羟基易于反应及受空间位阻影响的缘故。

在以上结论的基础上，以能量最小化为标准，我们通过计算机模拟建立了该结构倍半萜部分的立体结构模型(图 41-7)。从图 41-7 中可以看出 A 环的优势构象为椅式构象，由于 BF5 和 BF6a(BF6 单乙酰化物)的氢谱显示 H-8 与 7 位两氢的 *J* 值分别为 11.5Hz、5.1Hz 和 12.2Hz、5.4Hz，因而，推定 BF5、BF6 结构中 H-8 处于β位的直立键上，即 8 位羟基处于α位。因此，推定 BF5 和 BF6 为一对差向异构体，异构中心在 C-9。

BF5a 和 BF6a 的 NOESY 谱(图 41-8、图 41-9)显示只有 BF6a 的 H-16 与 H-11 存在同核化学位移相关二维谱 NOE，因此推定 BF5a 和 BF6a 的 9-CH_3 分别处于β位的平伏键上和α位的直立键上，即 BF5 和 BF6 的 9-CH_3 分别处于β位和α位。从而确定 BF5 和 BF6 的结构如图 41-8、图 41-9 所示。

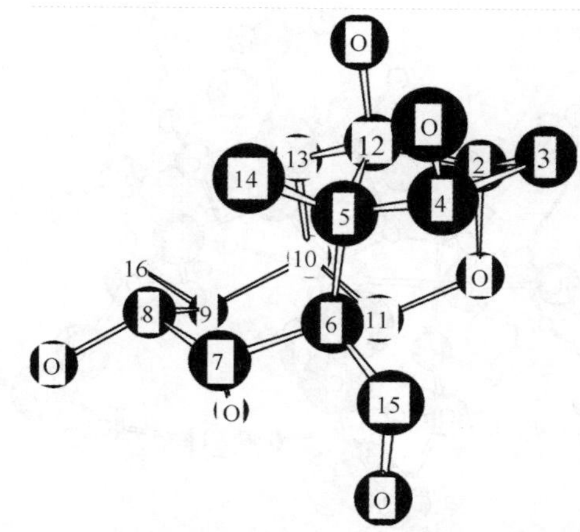

图 41-7　结构 2 中倍半萜部分的最小能量构象模型

O 代表氧原子；1～16 指示碳原子的位置

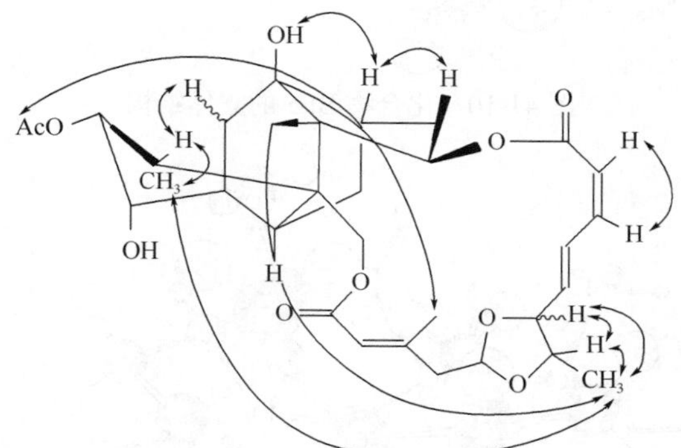

图 41-8　化合物 BF5a 的 NOESY

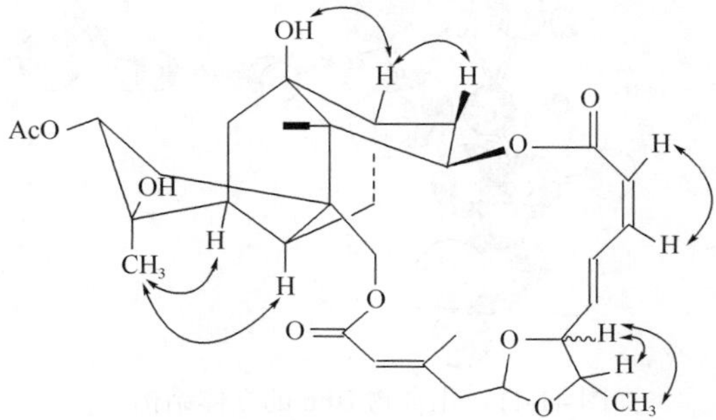

图 41-9　化合物 BF6a 的 NOESY

根据能量最小化原则，用计算机软件模拟建立了 BF5 和 BF6 的相对立体构型(图 41-10、图 41-11)。从立体结构上来看，H-14′与 H-16、H-14 之间，以及 H-12′与 Ac-8 之间的空间距离很近，因而相互间存在 NOE。

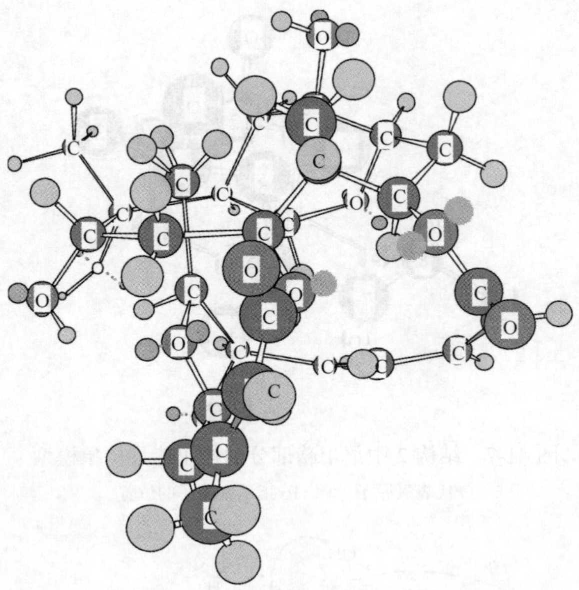

图 41-10　化合物 BF5 的立体结构

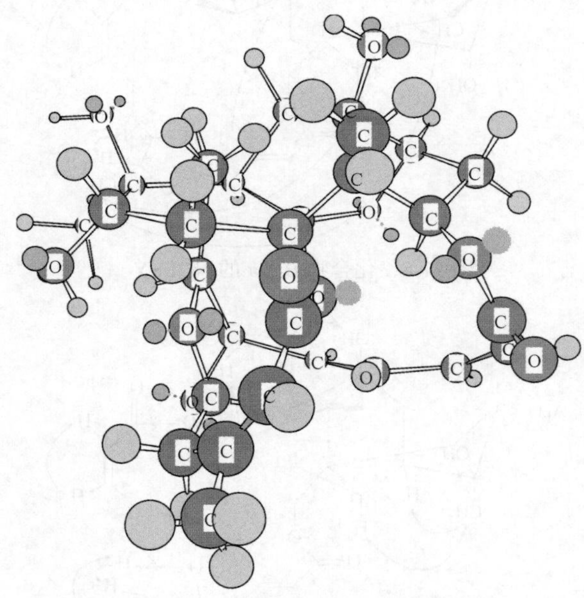

图 41-11　化合物 BF6 的立体结构

3. BF12，calcarisporin B4

BF12 为白色无定形粉末，m.p.140～144℃，$[\alpha]_D^{20}$ +1.0°[c0.81，$(CH_3)_2CO$]，易溶于 $CHCl_3$、CH_3OH 等溶剂。由 HREI-MS、^{1}H-NMR、^{13}C-NMR 确定分子式为 $C_{29}H_{36}O_9$。

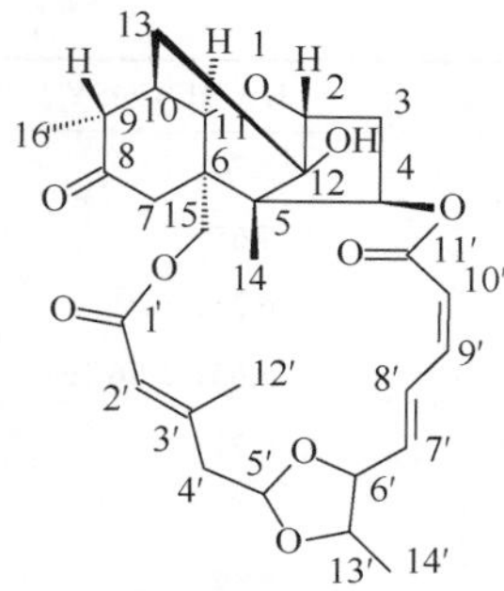

BF12 的紫外吸收峰与 BM1、BF5、BF6 的基本一致，推测 BF12 与 BM1、BF5、BF6 为同类化合物。BF12 的红外光谱显示有羟基吸收峰($3584cm^{-1}$，$3480cm^{-1}$)、羰基吸收峰($1706cm^{-1}$)、共轭双键($1640cm^{-1}$，$1600cm^{-1}$)。

结合 HMQC 谱(表 41-6)分析 ^{13}C-NMR 谱(表 41-6)显示 BF12 结构中共有 29 个碳，其中含有 3 个羰基 δ(213.1，165.5，165.4)、3 个双键 δ(153.6，142.8，137.4，125.2，118.4，118.2)、1 个缩醛碳(δ 101.2)，此外还有 7 个连氧碳 δ(81.5，79.7，76.0，75.6，74.8，70.7，66.4)和 4 个甲基碳 δ(17.0，16.3，15.6，11.0)。

表 41-6　化合物 BF12 的 ^{1}H-NMR、^{1}H，^{1}H-COSY、^{13}C-NMR、HMQC 数据

No.	δ_H	^{1}H，^{1}H -COSY	δ_C	HMQC
2	3.87d (3.2)	1.82	79.7d	3.87
3a	1.98m		38.4t	1.82，1.98
3b	1.82ddd (14.2，4.2，3.2)	1.98，3.87，5.53		
4	5.53dd (8.1，4.2)	1.82，1.98	75.6d	5.53
5			50.9s	
6			48.5s	
7a	2.47～2.59m		40.1t	2.47～2.59
7b	2.47～2.59m			
8			213.1s	
9	2.30m		39.6d	2.30
10	2.27m		51.0d	2.27
11	3.78d (3.3)		66.4d	3.78
12			74.8s	
13a	1.23dd (14.1，5.9)	2.02，2.27	31.1t	1.23，2.02
13b	2.02m			
14	0.81s		11.0q	0.81
15	4.33，3.94AB (11.4)		70.7t	4.33，3.94
16	1.15d (7.4)	2.30	15.6q	1.15
1′			165.5s	
2′	5.57s	2.19	118.4d	5.57
3′			153.9s	
4′ a	2.48m		47.0t	2.27，2.48
4′ b	2.27m			
5′	5.64dd (9.4，2.7)	2.27，2.48	101.2d	5.64

续表

No.	δ_H	^1H, ^1H-COSY	δ_C	HMQC
6′	4.08br.d (8.3)	3.74	81.5d	4.08
7′	6.25dd (15.2, 2.3)	7.65	137.4d	6.25
8′	7.65dd (15.2, 11.4)	6.25, 6.71	125.2d	7.65
9′	6.71dd (11.4, 10.9)	7.65, 5.76	142.8d	6.71
10′	5.76d (10.9)	6.71	118.2d	5.76
11′			165.5s	
12′	2.19s	5.57	17.0q	2.19
13′	3.74dq (8.3, 5.9)	1.30, 4.08	76.0d	3.74
14′	1.30d (5.9)	3.74	16.3q	1.30
OH	4.79br.s			

结合 HMQC 谱分析 ^{1}H-NMR 谱(表 41-6)可推定结构中含有 5 个烯氢 δ(7.65，6.71，6.25，5.76，5.57)。其中 δ 5.57 处氢为单峰信号，说明无邻位氢与其偶合。δ 6.25 处氢与 δ 7.65 处氢偶合，J=15.2Hz，δ 6.71 处氢与 δ 7.65、δ 5.76 两氢偶合，偶合常数同为 10.9Hz，说明一个反式双键与一个顺式双键共轭。氢谱还显示结构中含有 8 个连氧碳上氢 δ(5.64，5.53，4.33，4.08，3.94，3.87，3.78，3.74)。δ 5.64 处氢为缩醛碳上氢，δ5.53 处氢因其所连碳与酰氧基相连而较其他连氧碳上氢向低场位移。δ 4.33、δ3.94 处两个氢位于同一个碳上，显示为 AB 偶合系统，J=11.4Hz。在高场区显示有 4 个甲基峰，包括 2 个单峰 δ 2.19、δ 0.81 和 2 个双峰 δ 1.30、δ 1.15。另外，还显示有 1 个活泼氢信号(δ 4.79)。

根据分子式计算得出不饱和度为 12，扣除 3 个羰基、3 个双键的 6 个不饱和度，BF12 结构中应含有 6 个环。

比较 BF12 与 BF5、BF6 的 ^{1}H-NMR、^{13}C-NMR，推定 BF12 结构中含有 C-13 与 C-10 间形成的 C—C 连接。^{13}C-NMR 显示有羰基峰(δ213.1)，^{1}H-NMR 中不含 H-8 信号，因此，推测羰基(δ213.1)位于 8 位。^{1}H-NMR 中 16 位甲基显示为双峰信号(δ1.15)，因而，推测一个氢原子位于 9 位碳上。^{1}H，^{1}H-COSY 和 HMQC(表 41-6)的结果确证了 BF12 的结构。

NOESY 谱(图 41-12)显示 H-16 与 H-11 存在 NOE，因而推定 BF12 的 9-CH_3 处于α位的直立键上。根据能量最小化原则，用计算机软件模拟建立了 BF12 的相对立体构型(图 41-13)。

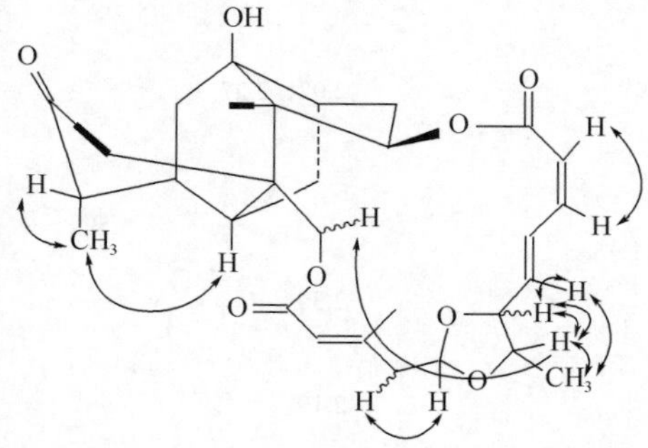

图 41-12　化合物 BF12 的 NOESY

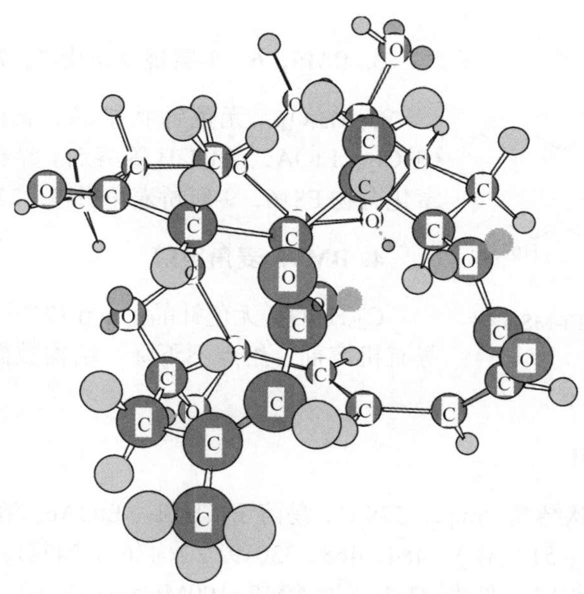

图 41-13　化合物 BF12 的立体结构

四、结构鉴定及实验数据

1. BM1，calcarisporin B1

$C_{31}H_{38}O_{10}$，白色无定形粉末，m.p.＞320℃，易溶于 $CHCl_3$、EtOAc，溶于 $(CH_3)_2CO$、CH_3OH 等溶剂。$[\alpha]_D^{20}$ +70.0°(c0.95，$CHCl_3$)。UV λ_{max}^{MeOH} (logε)；246.0nm(4.23)，210.0nm(4.45)。IR ν_{max}^{KBr} cm^{-1}；2970，1725，1705，1650，1600，1430，1370，1240，1223，1188，1158，1120，1072，998，970。HREI-MS *m/z*；570.2452(calcd. for $C_{31}H_{38}O_{10}$，570.2465)。TOF-MS *m/z*；593.67($M+Na^+$)，609.63($M+K^+$)。EI-MS *m/z*(%)；526，510，466，388(5)，264(4)，247(5)，220(3)，182(3)，161(5)，137(12)，121(11)，95(8)，82(100)。^{1}H-NMR(400MHz，$CDCl_3$)，见表 41-3。^{13}C-NMR(100MHz，$CDCl_3$)，见表 41-2。

2. BM4，2-(2-羟基二十四烷酰氨基)-1，3，4-十八烷三醇

$C_{42}H_{85}O_5N$，白色粉末，m.p.145～147℃，溶于吡啶，难溶于 $CHCl_3$、MeOH 等。TOF-MS *m/z*；706.6($M+Na^+$)。EI-MS *m/z*，图 41-14。^{1}H-NMR(400MHz，Pyridine-d_5)δ：8.57(1H，d，*J*=8.9Hz，NH)，5.11(1H，m，2-H)，4.60(1H，dd，J=7.7，3.7 Hz，2′-H)，4.50(1H，dd，*J*=4.5，10.8Hz，1-Ha)，4.41(1H，dd，*J*=10.8，5.0Hz，1-Hb)，4.35(1H，dd，*J*=4.7，6.5 Hz，3-H)，4.27(1H，m，4-H)，2.22-1.29(64H)，0.84(6H，t，*J*=7.0Hz，18-CH_3，24′-CH_3)。^{13}C-NMR(100MHz，Pyridine-d_5)δ：175.2(C-1′)，76.8(C-4)，73.0(C-3)，72.4(C-2′)，62.0(C-1)，53.0(C-2)，35.7(C-3′)，34.1(C-5)，32.1(C-16，C-22′)，30.3-25.8(CH_2)，22.9(C-17，C-23′)，14.2(C-18，C-24′)。以上数据与文献报道的 2-(2-羟基二十四烷酰氨基)-1，3，4-十八烷三醇相符合(Hung et al.，1995)。

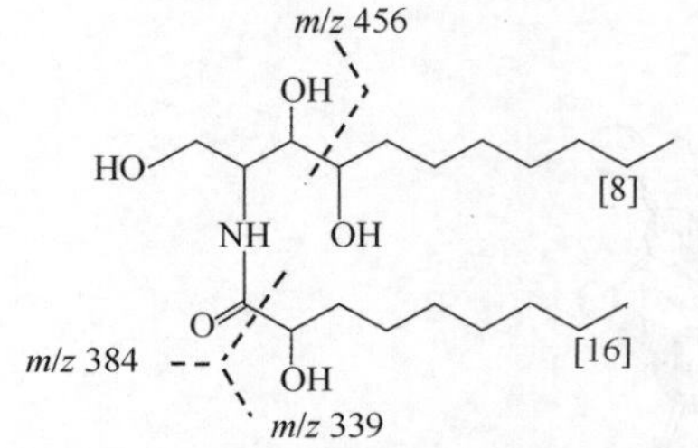

图 41-14　化合物 BM4 的 EI-MS 碎片

3. BM5，6，9-氧桥麦角甾-7，22-双烯-3-醇

$C_{28}H_{44}O_2$，无色针状结晶，m.p. 208～211℃，溶于 $CHCl_3$、EtOAc、MeOH 等溶剂。结构数据描述见第三十八章化合物 F8(6，9-氧桥麦角甾-7，22-双烯-3-醇)项下。

4. BM6，麦角甾醇

$C_{28}H_{44}O$，无色针晶，m.p.121～122℃，易溶于 $CHCl_3$ 等有机溶剂，熔点不下降。结构数据描述见第三十五章化合物 PE1(麦角甾醇)项下。

5. BM7，roridin H

$C_{29}H_{36}O_8$，无色块状结晶，m.p.＞320℃，易溶于 $CHCl_3$、EtOAc：溶于 $(CH_3)_2CO$、CH_3OH 等溶剂。EI-MS *m/z*(%)：512(M^+)，484，468，330(9)，264(6)，247(15)，137(24)，82(100)。^{1}H-NMR(400MHz，$CDCl_3$)，见表 41-3。^{13}C-NMR(100MHz，$CDCl_3$)，见表 41-2。以上数据与文献报道的 roridin H 相符合(Matsumoto et al.，1977)。

6. BM7a，verrucarol

称取 BM7 53mg，用 15ml MeOH 溶解后，加入 0.5g NaOH 溶于 5ml 水的溶液，40℃左右搅拌 10h，减压浓缩，加入 10ml 水震摇，$CHCl_3$ 萃取，$CHCl_3$ 层浓缩，过硅胶柱［$CHCl_3$：CH_3OH(98：2)］和 Sephade LH-20［$CHCl_3$：CH_3OH(1：1)］分离纯化，得 BM7a 17mg。结构式见图 41-15。^{1}H-NMR(400MHz，$CDCl_3$)δ：5.43(1H，d，*J*=5.4Hz，10-H)，4.64(1H，dd，*J*=2.7，7.4Hz，4-H)，3.81(1H，d，*J*=5.3Hz，2-H)，3.76(1H，d，*J*=11.8Hz，15-Ha)，3.62(1H，d，*J*=5.4Hz，11-H)，3.56(1H，d，*J*=11.8Hz，15-Hb)，3.11(1H，d，*J*=3.9Hz，13-Ha)，2.81(1H，d，*J*=3.9Hz，13-Hb)，2.57(1H，dd，*J*=15.7，7.5Hz，3-Ha)，1.70～2.04(5H，m，3-Hb，7，8-H)，1.72(3H，s，16-H)，0.94(3H，s，14-H)。^{1}H-NMR 谱数据与文献报道的 verrucarol 相符合(Breitenstein and Tamm，1975)。

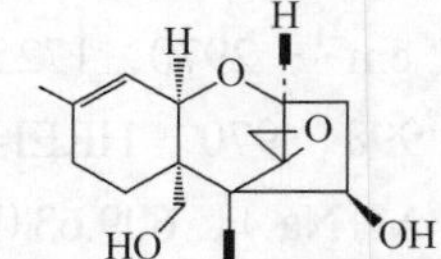

图 41-15　化合物 BM7a 的结构

7. BM8，roridin J

$C_{29}H_{36}O_9$，白色无定形粉末，m.p. 250～253℃，＞320℃(dec.)，易溶于 $CHCl_3$、EtOAc：溶于 $(CH_3)_2CO$、CH_3OH 等溶剂。TOF-MS *m/z*：551.67($M+Na^+$)。EI-MS *m/z*(%)：327(4)，299(8)，285(6)，267(24)，239(44)，134(37)，98(86)，84(48)。^{1}H-NMR(400MHz，$CDCl_3$)δ：7.65(1H，dd，*J*=15.0，11.4Hz，8′-H)，6.55(1H，dd，*J*=11.4，11.2Hz，9′-H)，5.92(1H，dd，*J*=2.5，15.0 Hz，7′-H)，5.89(1H，m，4-H)，5.79(1H，d，*J*=11.2Hz，10′-H)，5.75(1H，s，2′-H)，5.44(1H，br.d，*J*=4.1Hz，10-H)，5.24(1H，d，*J*=7.0Hz，5′-H)，4.39(1H，d，*J*=12.5Hz，15-Ha)，4.08(1H，br.d，*J*=8.7Hz，6′-H)，4.01(1H，d，*J*=12.5Hz，15-Hb)，3.83(2H，m，2，4′-H)，3.64(1H，m，11，13′-H)，3.12(1H，d，*J*=4.0Hz，13-Ha)，2.81(1H，d，*J*=4.0Hz，13-Hb)，2.47(1H，dd，*J*=15.3，8.4Hz，3-Ha)，2.31(1H，br.s，4′-OH)，2.27(3H，s，12′-H)，2.18(1H， ddd，J=15.3，4.9，4.9Hz，3-Hb），1.85-2.02（4H，m，7，8-H），1.71（3H，s，16-H），1.37（3H，d，J=6.0Hz，14′-H），0.85（3H，s，14-H）。^{13}C-NMR（100MHz，$CDCl_3$）δ：166.2（C-11′），165.9（C-1′），155.3（C-3′），143.1（C-9′），140.4（C-9），134.5（C-7′），126.1（C-8′），119.8（C-2′），118.8（C-10′），118.6（C-10），103.3（C-5′），82.2（C-6′），79.7（C-4′），79.1（C-2），76.8（C-13′），73.8（C-4），67.8（C-11），65.5（C-12），63.4（C-15），49.1（C-5），47.9（C-13），43.2（C-6），34.7（C-3），27.6（C-8），23.3（C-16），20.3（C-7），15.9（C-12′），13.0（C-14′），7.4（C-14）。以上数据与文献报道的 roridin J 相符合（Jarvis et al.，1982；1984）。

8. BM10-1，(4*E*，8*E*，3′*E*，2*S*，3*R*，2′*R*)-2′-羟基-3′-十六烯酰基-1-*O*-β-D-吡喃葡萄糖基-9-甲基-4，8-二氢鞘氨二烯醇

$C_{41}H_{75}NO_9$，白色无定形粉末，能溶于 $CHCl_3$、CH_3OH、吡啶等溶剂。TOF-MS *m*/*z*：748.8（M+Na$^+$），764.8（M+K$^+$）。^{1}H-NMR（400MHz，Pyridine-d_5），见表 41-7。^{13}C-NMR（100MHz，Pyridine-d_5），见表 41-8。由氢谱的概貌推测该化合物为鞘脂类化合物，由两条长链组成。根据碳谱信号 δ 54.7 和氢谱信号 δ 8.32（d，J=8.3Hz）推测结构中含氮：碳谱信号 δ 105.7，75.1，78.6，71.6，78.5，62.7 显示结构中含有一个葡萄糖吡喃基，氢谱中信号 δ 4.90（d，J=7.8Hz）显示该糖基为β构型：由碳谱信号 δ 132.8，137.8，124.2，135.6，132.3，130.1 推知结构中含有 3 个双键：除两链末端甲基信号 δ 0.83（t，J=6.6Hz）外，信号 δ 1.59（s）显示有一个甲基位于双键上，这与从真菌中分得的鞘脂一般在鞘氨醇链上的 9 位含一个甲基相符：扣除碳谱上葡萄糖基所占的连氧碳信号，还有 3 个连氧碳信号，除与葡萄糖基相连的碳外，应有两个羟基与各自的碳相连：信号 δ 5.08（d，J=4.8Hz）显示与一个烯氢质子偶和，推测 3′，4′位含有双键。经与文献（Koga et al.，1998）报道的数据比较鉴定为（4*E*，8*E*，3′*E*，2*S*，3*R*，2′*R*）-2′-羟基-3′-十六烯酰基-1-*O*-β-D-吡喃葡萄糖基-9-甲基-4，8-二氢鞘氨二烯醇。

表 41-7　化合物 BM10-1、BM10-2、BM10-3 的 ^{13}C-NMR 数据（$CDCl_3$，100MHz）

No.	BM10-1	BM10-2	BM10-3
1	70.0	70.2	70.0
2	54.7	54.6	54.7
3	72.3	72.3	72.3
4	132.3	132.3	132.3
5	131.8	131.9	131.8
6	33.1	33.1	33.1
7	28.4	28.4	28.4
8	124.2	124.2	124.2
9	135.6	135.6	135.6
10	40.0	40.0	40.0
11～16	28.2～32.8	28.2～32.8	28.2～32.8
17	22.9	22.9	22.9
18	14.3	14.3	14.3
19	16.1	16.1	16.1
1′	173.8	175.7	173.8

续表

No.	BM10-1	BM10-2	BM10-3
2′	73.5	72.5	73.5
3′	132.3	35.7	132.3
4′	130.1	25.9	130.1
5′ ～14′	28.2～32.8	28.2～32.8	—
(5′ ～16′)	—	—	28.2-32.8
15′	22.9	22.9	—
(17′)	—	—	22.9
16′	14.3	14.3	—
(18′)	—	—	14.3
1″	105.7	105.7	105.7
2″	75.1	75.2	75.1
3″	78.6	78.6	78.6
4″	71.6	71.5	71.6
5″	78.5	78.5	78.5
6″	62.7	62.7	62.7

表 41-8　化合物 BM10-1、BM10-2、BM10-3 的 ^{1}H-NMR 数据($CDCl_3$，400MHz)

No.	BM10-1	BM10-2	BM10-3
NH	8.32d(8.3)	8.35d(8.7)	8.32d(8.3)
1a	4.48dd(11.8，2.4)	4.49dd(11.8，2.3)	4.48dd(11.8，2.4)
1b	4.33dd(11.8，5.3)	4.35dd(11.8，5.3)	4.33dd(11.8，5.3)
2	4.72m	4.80m	4.72m
3	4.72m	4.74dd(6.1，6.2)	4.72m
4	5.97m	5.99dd(15.3，6.1)	5.97m
5	5.92m	5.92m	5.92m
6	2.12m	2.12m	2.12m
7	2.12m	2.12m	2.12m
8	5.24br.s	5.23br.s	5.24br.s
10	1.99br.t(7.2)	1.98br.t(9.1)	1.99br.t(7.2)
11	1.36m	1.36m	1.36m
12～17	1.22m	1.23m	1.22m
18	0.83t(6.6)	0.83t(6.6)	0.83t(6.6)
19	1.59s	1.59s	1.59s
2′	5.08d(4.8)	4.71dd(10.6，6.1)	5.08d(4.8)
3′	6.09dd(4.8，15.5)	1.73m	6.09dd(4.8，15.5)
4′	6.15dt(15.5，5.7)	1.36m	6.15dt(15.5，5.7)
5′	2.07m	1.23m	2.07m
6′～15′	1.22m	1.23m	1.22m
(6′～17′)	—	—	
16′	0.83t(6.6)	0.83t(6.6)	
(18′)	—	—	0.83t(6.6)

续表

No.	BM10-1	BM10-2	BM10-3
1″	4.90d(7.8)	4.90d(7.7)	4.90d(7.8)
2″	4.70m	4.56dd(7.7，3.6)	4.70m
3″～5″	4.20m	4.21m	4.20m
6″ a	4.02m	4.03m	4.02 m
6″ b	3.89 m	3.89 m	3.89 m

9. BM10-2，(4*E*，8*E*，2*S*，3*R*，2′*R*)-2′-羟基十六烷酰基-1-*O*-β-D-吡喃葡萄糖基-9-甲基-4，8-二氢鞘氨二烯醇

$C_{41}H_{75}NO_9$，白色无定形粉末，m.p.186～189℃，能溶于 $CHCl_3$、CH_3OH、吡啶等溶剂。TOF-MS *m/z*：750.7(M+Na$^+$)。^{1}H-NMR(400MHz，Pyridine-d_5)，见表 41-8。^{13}C-NMR(100MHz，Pyridine-d_5)，见表 41-7。以上数据与文献报道的(4*E*，8*E*，2*S*，3*R*，2′*R*)-2′-羟基十六烷酰基-1-*O*-β-D-吡喃葡萄糖基-9-甲基-4，8-二氢鞘氨二烯醇相符合(Striegler and Haslinger，1996)。

10. BM10-3，(4*E*，8*E*，3′*E*，2*S*，3*R*，2′*R*)-2′-羟基-3′-十八烯酰基-1-*O*-β-D-吡喃葡萄糖基-9-甲基-4，8-二氢鞘氨二烯醇

$C_{43}H_{79}NO_9$，白色无定形粉末，m.p.186～189℃，能溶于 $CHCl_3$、CH_3OH、吡啶等溶剂。TOF-MS *m/z*：776.8(M+Na$^+$)，792.8(M+K$^+$)。^{1}H-NMR(400MHz，Pyridine-d_5)，见表 41-7。^{13}C-NMR(100MHz，Pyridine-d_5)，见表 41-8。以上数据与文献报道的(4*E*，8*E*，3′*E*，2*S*，3*R*，2′*R*)-2′-羟基-3′-十八烯酰基-1-*O*-β-D-吡喃葡萄糖基-9-甲基-4，8-二氢鞘氨二烯醇相符合(Jarvis et al.，1984)。

11. BM17，甘露醇

$C_6H_{14}O_6$，无色针状结晶，m.p.166～168℃。结构数据描述见第三十五章化合物 B1(甘露醇)项下。

12. BF3，琥珀酸

$C_4H_6O_6$，无色针状结晶，m.p.185～187℃，易溶于甲醇和水。结构数据描述见第三十五章化合物 EA1(琥珀酸)项下。

13. BF4，zythiostromic acid A

$C_{20}H_{30}O_5$，无色针状结晶，m.p.225～228℃，微溶于 $CHCl_3$、CH_3OH；溶于 DMSO。$[\alpha]_D^{20}$ +5.0°(c 1.32，CH_3OH)。EI-MS *m/z*(%)：350(M$^+$，1)，332(M-H_2O，14)，314(M-2H_2O，37)，299(M-2H_2O-CH_3，20)，296(M-3H_2O，17)，286(M-H_2O-HCOOH，10)，281(M-3H_2O-CH_3，9)，270(M-2H_2O-CO_2，28)，255(M-2H_2O-CO_2-·CH_3，22)，253(M-2H_2O-HCOOH-·CH_3，16)，252(M-3H_2O-CO_2,17)，237(M-3H_2O-CO_2-·CH_3，17)，220(M-3H_2O-HCOOH-2·CH_3，36)，205(15)，187(16)，173(25)，159(31)，145(43)，127(6)，133(52)，119(64)，105(65)，91(87)，79(100)。其他裂解途径见图 41-16。^{1}H-NMR(400MHz，DMSO-d_6) δ：14.15(1H，5-COOH)，7.04(1H，

OH)，6.10（2H，br.s，2×OH），5.63（1H，ddd，*J*=17.2，10.2，9.8Hz，15-H），5.14（1H，dd，*J*=10.2，2.3Hz，16-Ha），5.03（1H，dd，*J*=17.2，2.3Hz，16-Hb），4.65（1H，d，*J*=1.7Hz，17-Ha），4.50（1H，d，*J*=1.7Hz，17-Hb），4.23（1H，br.s，6-H），3.94（1H，t，*J*=2.8Hz，3-H），2.37（1H，dt，*J*=12.9，3.2Hz，12-Ha），2.27（1H，br.t，*J*=9.8Hz，14-H），1.99（2H，m，12-Hb，7-Ha），1.56～1.78（6H，m，9-H，11-Ha，1-Ha，2-H，7-Hb），1.35（1H，m，8-H），1.30（3H，s，18-H），1.27（1H，m，1-Hb），1.02（1H，m，11-Hb），0.94（3H，s，20-H）。^{13}C-NMR（100MHz，DMSO-d_6）δ：177.8（C-19），151.2（C-13），139.9（C-15），116.9（C-16），107.1（C-17），78.2（C-5），73.0（C-3），69.3（C-6），53.7（C-14），51.2（C-4），45.9（C-9），41.2（C-10），35.8（C-8），35.6（C-7），35.1（C-12），28.8（C-1），26.7（C-11），26.1（C-2），20.0（C-18），15.1（C-20）。以上数据与文献报道的 zythiostromic acid A 相符合（Ayer and Kuan，1996）。

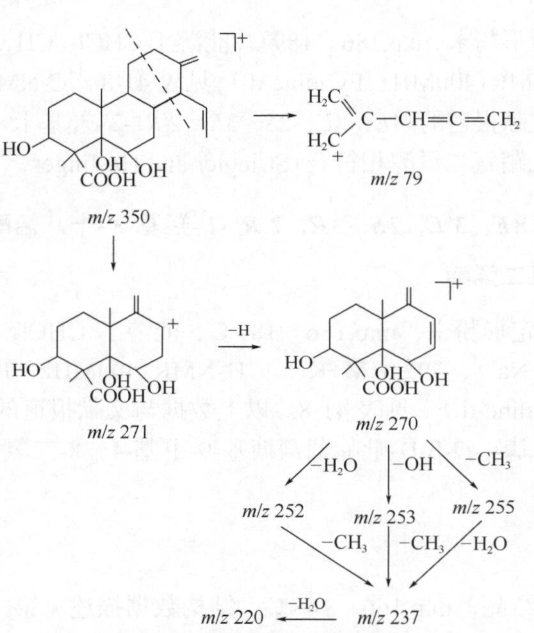

图 41-16　化合物 BF4 的 EI-MS 裂解碎片

14. BF5，calcarisporin B2

$C_{29}H_{38}O_{10}$，白色无定形粉末，易溶于 $CHCl_3$、CH_3OH、DMSO 等溶剂。$[\alpha]_D^{20}$ −7.0°［c1.17，$(CH_3)_2CO$］。IR ν_{max}^{KBr} cm^{-1}；3450，2950，1710，1638，1584，1440，1410，1379，1288，1220，1175，1115，1062，1044，820。HREI-MS *m/z*；546.2472（calcd. for $C_{29}H_{38}O_{10}$，546.2465）。^{1}H-NMR（400MHz，DMSO-d_6），见表 41-5。^{13}C-NMR（100MHz，DMSO-d_6），见表 41-4。

15. BF5a（BF5 单乙酰化物），8-acetylcalcarisporin B2

称取 BF5 20mg，置于 2ml 样品管中，加入 0.5ml 吡啶溶解，滴入两滴醋酐，搅匀，放置过夜，用干燥氮气吹干溶剂后，过 Sephade LH-20 柱（2.5cm×50cm）［$CHCl_3$-CH_3OH（1∶1）］纯化得 BF5a 17mg。^{1}H-NMR（400MHz，DMSO-d_6）δ：7.66（1H，dd，*J*=15.2，11.4Hz，8′-H），6.71（1H，dd，*J*=11.4，10.8Hz，9′-H），6.24（1H，dd，*J*=2.3，15.2Hz，7′-H），5.77（1H，d，*J*=10.8Hz，10′-H），5.63（1H，dd，*J*=9.5，2.7Hz，5′-H），5.55（1H，s，2′-H），5.53（1H，dd，*J*=4.0，8.5Hz，

4-H)，4.92(1H，dd，J=11.9，5.0Hz，8-H)，4.65，4.78(2H，s，9，12-OH)，4.35(1H，d，J=11.4Hz，15-Hb)，4.07(1H，br.d，J=8.3Hz，6′-H)，3.80(1H，d，J=3.4Hz，2-H)，3.73(1H，dq，J=8.3，6.0Hz，13′-H)，3.53(1H，d，J=11.4Hz，15-Ha)，3.51(1H，d，J=3.5Hz，11-H)，2.45(1H，br.d，J=13.2Hz，4′-Hb)，2.28(1H，dd，J=13.2，9.5Hz，4′-Ha)，2.18(3H，s，12′-H)，2.06～2.18(2H，m，7-Hβ，H-10)，2.02(3H，s，8-Ac)，1.95(1H，dd，J=14.1，8.5Hz，3-Hα)，1.84(2H，m，3-Hβ，13-Hb)，1.50(1H，dd，J=14.1，5.3Hz，13-Ha)，1.41(1H，dd，J=11.9，13.1 Hz，7-Hα)，1.30(3H，d，J=6.0Hz，14′-H)，1.05(3H，s，16-H)，1.00(3H，s，14-H)。

16. BF6，calcarisporin B3

$C_{29}H_{38}O_{10}$，白色无定形粉末，m.p.214～218℃，溶于 $CHCl_3$、CH_3OH；易溶于 DMSO。$[\alpha]_D^{20}$ +10.0° [c0.54，$(CH_3)_2CO$]。IR ν_{max}^{KBr} cm^{-1}；3512，3485，3380，2942，1700，1680，1645，1620，1600，1420，1364，1345，1235，1180，1145，1135，1127，1070，1055，1026，927，825。HREI-MS m/z；546.2495(calcd. for $C_{29}H_{38}O_{10}$，546.2465)。TOF-MS m/z；569.58($M+Na^+$)。EI-MS m/z(%)；364(3)，346(2)，281(3)，264(7)，247(5)，220(4)，182(4)，166(3)，137(9)，131(2)，111(8)，95(12)，82(100)。^{1}H-NMR(400MHz，DMSO-d_6)，见表 41-5。^{13}C-NMR(100MHz，DMSO-d_6)，见表 41-4。

17. BF6a(BF6 单乙酰化物)，8-acetylcalcarisporin B3

称取 BF6 22mg，置于 2ml 样品管中，加入 0.5ml 吡啶溶解，滴入两滴醋酐，搅匀，放置过夜，用干燥氮气吹干溶剂后，过 Sephade LH-20 柱(2.5cm×50cm) [($CHCl_3$-CH_3OH(1：1)] 纯化得 BF5a 18mg。^{1}H-NMR(400MHz，DMSO-d_6)δ：7.65(1H，dd，J=15.2，11.2Hz，8′-H)，6.71(1H，dd，J=11.2，10.8Hz，9′-H)，6.24(1H，dd，J=2.4，15.2Hz，7′-H)，5.76(1H，d，J=10.8Hz，10′-H)，5.63(1H，dd，J=9.5，2.7Hz，5′-H)，5.55(1H，s，2′-H)，5.52(1H，dd，J=4.0，8.3Hz，4-H)，4.98(1H，dd，J=12.2，5.4Hz，8-H)，4.74，4.75(2H，s，9，12-OH)，4.29(1H，d，J=11.5Hz，15-Hb)，4.07(1H，br.d，J=8.3Hz，6′-H)，3.78(1H，d，J=3.4Hz，2-H)，3.73(1H，dq，J=8.3，6.0Hz，13′-H)，3.70(1H，d，J=11.5Hz，15-Ha)，3.29(1H，d，J=3.7Hz，11-H)，2.43(1H，br.d，J=13.1Hz，4′-Hb)，2.29(1H，dd，J=13.1，9.5Hz，4′-Ha)，2.17(3H，s，12′-H)，2.10～2.19(2H，m，7-Hβ，10-H)，1.99(3H，s，8-Ac)，1.89～1.99(2H，m，3-Hα，13-Ha)，1.80(1H，ddd，J=14.3，3.4，4.0Hz，3-Hβ)，1.68(1H，dd，J=12.1，14.5Hz，13-Hb)，1.30(3H，d，J=6.0Hz，14′-H)，1.15(3H，s，16-H)，1.04(1H，dd，J=13.8，12.2Hz，7-Hα)，1.00(3H，s，14-H)。

18. BF7，狼毒甲素

$C_{12}H_{10}O_5$，无色针状结晶，m.p.113～115℃，易溶于 $CHCl_3$、EtOAc、CH_3OH 等溶剂。TLC 展开 Rf 值与狼毒甲素标准品相同，测混合熔点不下降。^{1}H-NMR(400MHz，$CDCl_3$)δ：7.22(2H，d，J=3.6Hz，3，3′-H)，6.57(2H，d，J=3.6Hz，4，4′-H)，9.64(2H，s，6，6′-H)，4.64(2H，s，7，7′-H)。以上数据与文献报道的狼毒甲素相符合(王明安等，1991)。

19. BF8，7，8-二甲基苯并[g]蝶啶-2，4(1H，3H)-二酮

$C_{12}H_{10}N_4O_2$，黄色粉末，m.p.＞320℃，难溶于 $CHCl_3$、CH_3OH 等，溶于吡啶。HREI-MS m/z；242.0818(calcd. for $C_{12}H_{10}N_4O_2$，242.0804)。EI-MS m/z(%)；242(M^+，100)，227(2)，

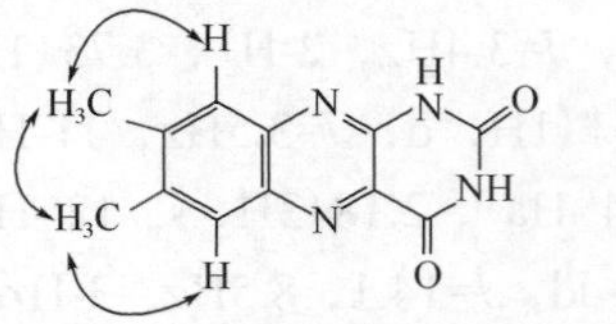

图 41-17　化合物 BF8 的 NOESY

199(12)，171(60)，170(23)，156(50)，143，130，116，102，86，77，51，44。^{1}H-NMR(400MHz，Pyridine-d_5)δ：14.16(1H，br.s，3-H)，13.93(1H，br.s，1-H)，8.01(1H，s，6-H)，7.84(1H，s，9-H)，2.29(3H，s，8-CH_3)，2.22(3H，s，7-CH_3)。^{13}C-NMR(100MHz，Pyridine-d_5)δ：162.1(C-4)，151.8(C-2)，147.7(C-10a)，144.8(C-9a)，143.0(C-5a)，139.8(C-8)，139.1(C-7)，131.0(C-4a)，129.7(C-6)，127.2(C-9)，20.4(7-CH_3)，19.9(8-CH_3)。NOESY 实验结果，见图 41-17。分析以上数据推知该化合物为 7，8-二甲基苯并[g]蝶啶-2，4(1H，3H)-二酮。与文献(Karrer et al.，1934)报道的化学结构相同。

20. BF9，5-羟甲基糠醛

$C_6H_6O_3$，浅黄色油状液体，易溶于 EtOAc、MeOH 等有机溶剂，能溶于水，难溶于石油醚。结构数据描述见第三十五章化合物 EA6(5-羟甲基糠醛)项下。

21. BF11，zythiostromolide

$C_{20}H_{30}O_5$，无色针状结晶，m.p.138～141℃，易溶于 $CHCl_3$、CH_3OH、DMSO 等溶剂。$[\alpha]_D^{20}$ +28.0°(c0.55，CH_3OH)。EI-MS m/z(%)；332(M^+，4)，317(M-·CH_3，10)，314(M-H_2O，12)，299(M-H_2O-·CH_3，17)，286(M-H_2O-CO，6)，281(M-2H_2O-·CH_3，6)，271(M-H_2O-CO -·CH_3，9)，253(M-2H_2O-CO-·CH_3，12)，237，221，211，199，199，192，185，173，159，145，133，119，105，94，9(100)。其他裂解途径见图 41-18。^{1}H-NMR(400MHz，DMSO-d_6)δ：5.67(1H，ddd，J=17.2，10.2，9.6Hz，15-H)，5.17(1H，dd，J=10.2，2.2Hz，16-Ha)，5.15(1H，dd，J=17.2，2.2Hz，16-Hb)，4.87(1H，s，5-OH)，4.69(1H，d，J=1.7Hz，17-Ha)，4.57(1H，br.d，J=5.5Hz，3-OH)，4.52(1H，d，J=1.7Hz，17-Hb)，4.39(1H，d，J=6.0Hz，6-H)，4.26(1H，ddd，J=12.5，5.5，5.0Hz，3-H)，2.40(1H，dt，J=13.0，3.2Hz，12-Ha)，2.27(1H，br.t，J=9.6Hz，14-H)，2.03(2H，m，12-Hb，7-Ha)，1.77(1H，dt，J=2.9，13.6Hz，9-H)，1.47～1.72(5H，m，11-Ha，1-Ha，2-H，7-Hb)，1.34(1H，dq，J=5.5，11.0Hz，8-H)，1.20(1H，m，1-Hb)，1.10(3H，s，18-H)，1.02(1H，m，11-Hb)，0.83(3H，s，20-H)。^{13}C-NMR(100MHz，DMSO-d_6)δ：181.3s(C-19)，150.3s(C-13)，139.0d(C-15)，116.9t(C-16)，107.1t(C-17)，78.1s(C-5)，77.6d(C-6)，65.1d(C-3)，54.5d(C-14)，50.1s(C-4)，42.2d(C-9)，37.1d(C-8)，36.9s(C-10)，35.3t(C-12)，29.9t(C-1)，29.4t(C-7)，26.3t(C-2)，25.4t(C-11)，19.5q(C-20)，11.8q(C-18)。^{1}H-NMR、^{13}C-NMR 归属来源于 HMQC 和 HMBC(图 41-19)。以上数据与文献报道的 zythiostromolide 相符合(Ayer and Kuan，1996)。

22. BF12，calcarisporin B4

$C_{29}H_{36}O_9$，白色无定形粉末，m.p.140～144℃，易溶于 $CHCl_3$、CH_3OH 等溶剂。$[\alpha]_D^{20}$ +1.0°[c0.81，$(CH_3)_2CO$]。IR ν_{max}^{KBr} mrr cm^{-1}：3584，3480，3370，2940，2920，1706，1640，1600，1415，1225，1177，1136，1118，1100，1080，1054，1022，1007，985，872，853，823，810。HREI-MS m/z；528.2400(calcd for $C_{29}H_{36}O_9$，528.2359)。^{1}H-NMR(400MHz，DMSO-d_6)，见表 41-6。^{13}C-NMR(100MHz，DMSO-d_6)，见表 41-6。

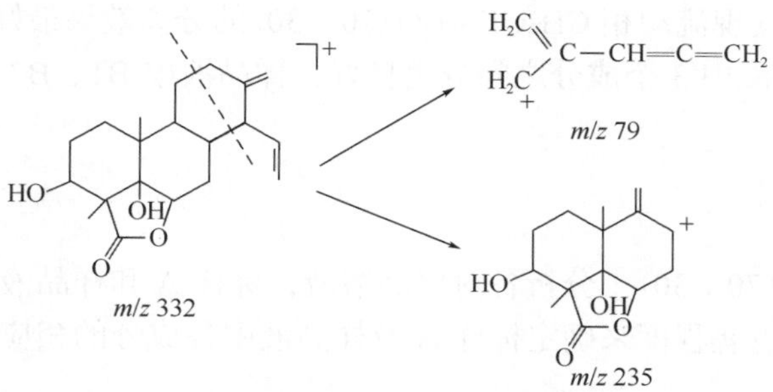

图 41-18　化合物 BF11 的 EI-MS 裂解碎片

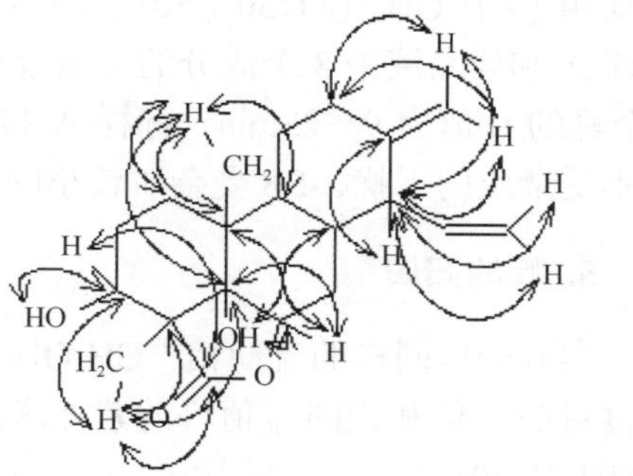

图 41-19　化合物 BF11 的 HMBC 远程相关

第二节　灵芝内生真菌代谢物 trichothecene 类分析方法

本研究院从菌株 BMS-9707 的菌丝体中分离到 3 个有抗肿瘤活性的 trichothecene 类化合物 BM1、BM7、BM8(以下简称为 B1、B7、B8)。本实验拟建立这 3 个活性成分的 HPLC 定性和定量方法，并对其发酵周期进行初步研究，为今后进一步深入研究该菌和 3 个活性成分建立分析基础。

对照品：8α-acetoyroridin H(B1)、roridin H(B7)、roridin J(B8)均由本研究院分离纯化所得。以上对照品经 HPLC 检查，用面积归一化法计算，纯度均在 98%以上。

一、分离条件的选择

1. 标准溶液的配制

精密称取 B1、B7、B8 对照品各 1.0mg，分别置于 2ml 容量瓶中，加甲醇-乙腈溶解并定容至刻度，得各对照品溶液。称取 B1、B7、B8 对照品各约 1.0mg，混合置于 2ml 容量瓶中，加甲醇-乙腈溶解并定容至刻度，得混合标样 A。

2. 样品溶液的配制

称取菌丝体研碎粉末 1.0g，加入 30ml 甲醇浸泡过夜后，超声波提取 0.5h，过滤，滤液浓缩后，用甲醇移至 2ml 容量瓶中，定容至 2ml，得样品液。

3. 实验色谱条件

实验中采用 Dlars Dhenyl(250mm×4.6mm，10μm)色谱柱，Waters 600-996 PDA 液相系统；柱温：20℃，检测波长：262nm，流速：1.0ml/min。采用混合标样 A，每次进样 20μl，在室温下进行流动相的分离条件优化实验。

4. 流动相的分离条件优化

考察甲醇–水系统(20∶80～80∶20，线性系数 6，梯度时间 50min)，发现标样 A 中的 3 个成分在流动相甲醇–水梯度为 50∶50～80∶20 时相继出峰。在这个基础上，选用 3 个固定流动相［CH_3OH-H_2O(50∶50)、CH_3OH-H_2O(65∶35)，CH_3OH-H_2O(70∶30)］，考察它们对标样 A 和样品液中 3 个成分的分离效果，发现流动相 CH_3OH-H_2O(70∶30)的分离效果最好，3 个峰的 t_R 值为 9～23min，标样 A 和样品液中 3 个成分之间分离良好，样品液中 B1、B7 基本不受杂质的干扰，B8 受杂质较小的干扰。

5. 峰的归属

实验中以同样的流动相［CH_3OH-H_2O(70∶30)］分析各对照品溶液，标样 A 和样品液，通过对照 t_R 值和相同 t_R 值峰的紫外图谱的重叠程度来确定标样 A 及样品液中各成分的相应峰位(图 41-20)。

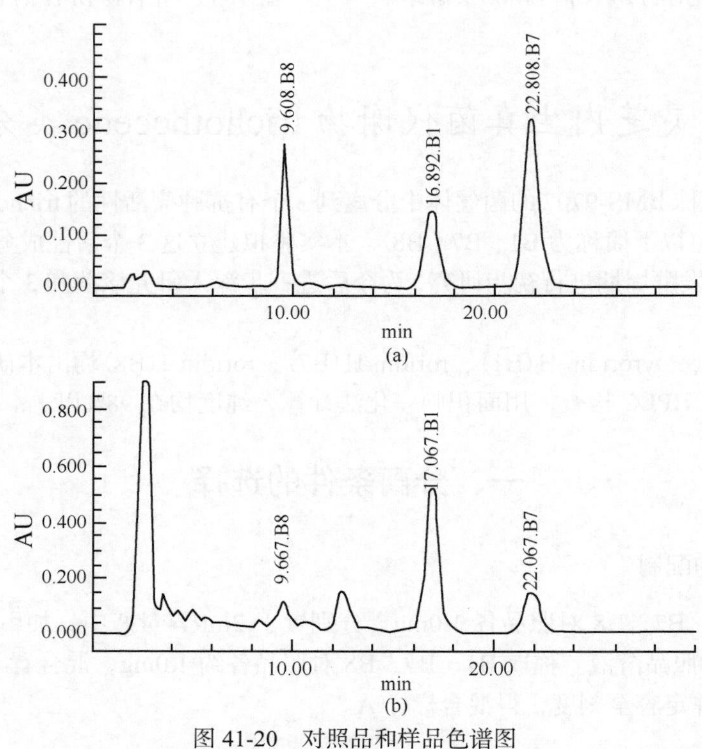

图 41-20　对照品和样品色谱图

按色谱保留时间从小到大依次为 B8、B1、B7

二、标 准 曲 线

1. 标准曲线

精密称取 B1 7.68mg、B7 1.54mg、B8 0.68mg，混合后用乙腈溶解，定容于 5ml 容量瓶中，为标准液。用移液管分别移取 0.2ml、0.4ml、0.8ml、1.2ml、1.6ml 于 2ml 容量瓶中，定容至 2ml，得到不同浓度的待测液。按本节所述色谱条件，流动相为 CH_3OH-H_2O(70∶30)，取各待测液及标准液各 20μl 依次进样，计算标准液和各待测液中 B1、B7、B8 的浓度和进样量，再分别计算出其相应标准曲线。结果见表 41-9。

表 41-9　B1、B7、B8 的标准曲线

编号	名称	线性方程	线性参数	线性范围/μg
B1	calcarisporin B1	$y=9.23\times10^5 x+1.47\times10^4$	0.9996	3.072～30.72
B7	roridin H	$y=2.09\times10^6 x+1.57\times10^5$	0.9997	0.616～6.16
B8	roridin J	$y=1.76\times10^6 x+2.09\times10^3$	0.9997	0.272～2.72

2. 最小检出限

以 3 倍信噪比（S/N），测得最小检出限。结果见表 41-10。

表 41-10　B1、B7、B8 的最小检出限和理论塔板数

	B1	B7	B8
最小检出限/ng	2.851	4.568	5.209
理论塔板数（N）	1806	941	2130

3. 理论塔板数

结果见表 41-10。

三、精密度试验

1. 仪器精密度试验

取混合标样 A，按本节所述色谱条件，流动相为 CH_3OH-H_2O（70∶30），每次进样 20μl，重复 5 次，计算各组分的 RSD。结果见表 41-11。

表 41-11　仪器精密度试验结果

编号	峰面积					RSD/%
B1	2 511 808	2 501 039	2 564 561	2 588 641	2 550 170	1.43
B7	4 741 931	4 647 435	4 760 901	4 778 633	4 738 249	1.07
B8	3 569 783	3 467 962	3 550 786	3 569 718	3 539 537	1.19

2. 提取方法精密度试验

精密称取干燥菌丝体 250mg，5 份，20ml 甲醇浸泡过夜，超声波提取 15min，过滤，滤液浓缩，用乙腈移至 2ml 容量瓶中，定容至 2ml，得 5 份待测液。各待测液依次进样 20μl，计算各组分的 RSD。结果见表 41-12。

表 41-12　提取方法精密度试验结果

编号	峰面积					RSD/%
B1	5 394 341	5 480 084	5 135 665	5 419 762	5 383 836	2.47
B7	1 762 484	1 755 534	1 697 116	1 779 337	1 778 976	1.93
B8	176 459	178 801	170 271	178 412	172 791	2.11

四、回收率试验

1. 标准溶液的配制

精密称取 B1 5.15mg、B7 1.98mg、B8 0.16mg，分别用乙腈溶解后定容至 10ml，得到浓度分别为 0.515mg/ml、0.198mg/ml、0.016mg/ml 的 B1、B7、B8 的标准溶液。

2. 回收率的测定

称取 6 份干燥菌丝体，每份 250mg，用 20ml 甲醇浸泡过夜后，每份中各加入 B1 标准溶液 1ml、B7 标准溶液 1ml、B8 标准溶液 2ml，超声提取 15min，过滤，滤液浓缩，用乙腈移至 2ml 容量瓶中，定容至 2ml，得 6 份待测液。各待测液依次进样 20μl，以上述标准溶液中各组分的峰面积平均值作为空白对照，计算回收率。结果见表 41-13。

表 41-13　回收率测定结果

编号	各份样品回收率/%						平均值/%
B1	98.6	96.2	103.3	103.2	103.0	103.8	101.3
B7	95.4	97.9	97.5	95.8	98.3	99.9	97.5
B8	95.9	98.7	99.7	96.3	98.1	98.4	97.8

本实验采用 RP-HPLC 法，建立了活性成分 calcarisporin B1(B1)、roridin H(B7)、roridin J(B8)在 BMS-9707 号菌发酵菌丝体中的定性和定量方法，其标准曲线、精密度、回收率的测定结果表明了该方法的简易性、实用性和可行性。在实验过程中发现，在发酵菌丝体中，B8 的含量与 B1 和 B7 的含量差异很大，这对同时对 B1、B7、B8 进行分析造成了一定的困难。这是因为溶剂(甲醇或乙腈)对该类化合物的溶解性都不是很好，采用大量菌丝体进行提取，虽然可以提高 B8 的分析精确度，但可能造成较大的 B1 和 B7 分析误差(实际含量高于测得含量)。若采用极少量菌丝体进行提取，B8 的含量太少，受到杂质干扰较大，误差很大。本实验经过多次选择，采用 250mg 用 20ml 甲醇浸泡过夜后，超声波提取 15min，提取物用乙腈转至 2ml 容量瓶中的提取方法，精密度、回收率的测定结果证明该方法可行。本实验中采用 PDA 检测仪进行检测，证明该检测器对多组分物质的检测具有提供信息丰富、容易指认峰位和确定峰是否不纯等优越性，适用于复杂多组分物质和有较多杂质干扰的物质的分析工作。但也存在着相同紫外线吸收的重叠峰难辨认、灵敏度相对较低等缺点，使用过程中应加以注意排除干扰。

第三节　灵芝内生真菌发酵周期与 trichothecene 类产物含量的关系

菌株 BMS-9707 保存于本研究室。发酵培养基为麦麸液体培养基。

发酵培养：平皿转摇瓶液体培养的方法。挑取麦麸固体平板培养 8 天的菌株 BMS-9707 的菌片接种于麦麸液体培养基(装液量：100ml 培养基/250ml 三角瓶)中，每个摇瓶中接种一片菌片，放置于摇床上培养(温度：25℃；转速：150r/min)。分别在培养 4 天、6 天、8 天、

10天、12天、15天、18天、19天、21天、24天后各自取样，每次3瓶。过滤后，用蒸馏水洗两遍后，烘干，测量干重。得到以菌丝体干重为指标的发酵周期曲线(图41-21)。

发酵周期的测定：将上述不同发酵时期的9个干燥菌丝体样品(注：4天的样品缺失)于研钵中研成粉末，每个样品取250mg用20ml甲醇浸泡过夜，超声波提取15min，过滤，滤液浓缩，用乙腈移至2ml容量瓶中，定容至2ml，得9份待测液。各待测液依次进样20μl，计算各份待测液中B1、B7、B8的含量。结果见表41-14、表41-15。以B1、B7、B8的含量为指标的发酵周期曲线见图41-22～图41-25。

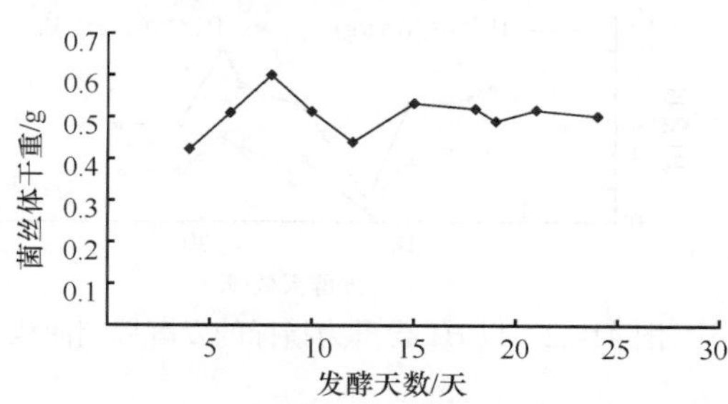

图41-21　以菌丝体干重为指标的发酵周期曲线

表41-14　不同发酵时期菌丝体中B1、B7、B8的含量　(单位mg/g)

天数	菌丝体干重/(g/瓶)	B1	B7	B8	总和
4	0.423	—	—	—	—
6	0.510	7.721	1.486	0.483	9.690
8	0.600	6.813	1.062	0.365	8.240
10	0.513	6.831	1.488	0.270	8.589
12	0.440	1.195	0.428	/	1.623
15	0.533	6.648	0.938	0.635	8.221
18	0.520	7.811	1.372	0.402	9.585
19	0.490	10.094	1.356	0.878	12.328
21	0.517	5.802	0.931	0.375	7.108
24	0.503	5.586	0.856	0.275	6.717

菌丝生长量在第8天达到最高峰，此后菌丝开始自溶，在第12天时菌丝量最少。培养过程中发现，菌丝自溶的后期阶段，孢子萌发，开始产生新的菌丝，在15天时菌丝量不再增加并此后一直保持在较平稳的状态。这可能与培养基中营养不如起始时充足、孢子萌发速率不一等因素有关。

表41-15　不同发酵时期菌丝体中B1、B7、B8的含量　(单位：mg/瓶)

天数	菌丝体干重/(g/瓶)	B1	B7	B8	总和
4	0.423	—	—	—	—
6	0.510	3.938	0.758	0.246	4.942
8	0.600	4.088	0.637	0.219	4.944
10	0.513	3.504	0.763	0.139	4.406
12	0.440	0.526	0.188	—	0.714
15	0.533	3.543	0.500	0.338	4.382
18	0.520	4.062	0.713	0.209	4.984
19	0.490	4.946	0.664	0.430	6.041
21	0.517	2.999	0.481	0.194	3.675
24	0.503	2.810	0.421	0.138	3.379

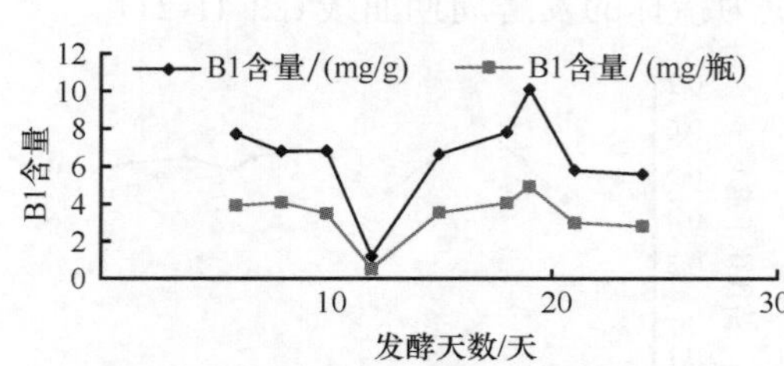

图 41-22　以 B1 含量为指标的发酵周期曲线

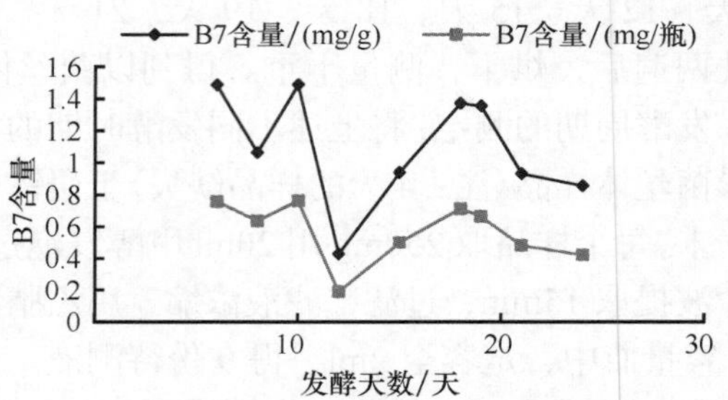

图 41-23　以 B7 为指标的发酵周期曲线

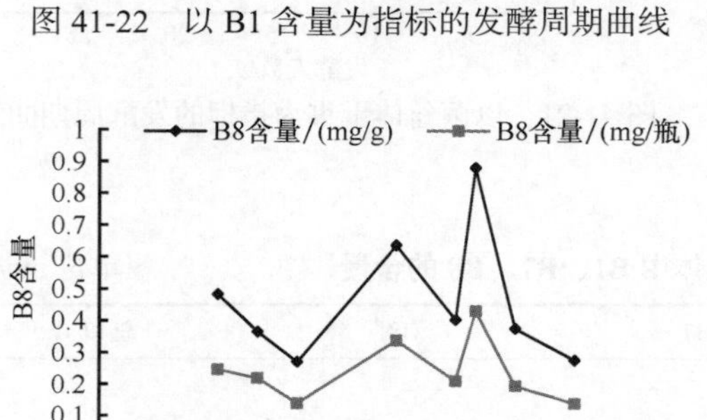

图 41-24　以 B8 含量为指标的发酵周期曲线

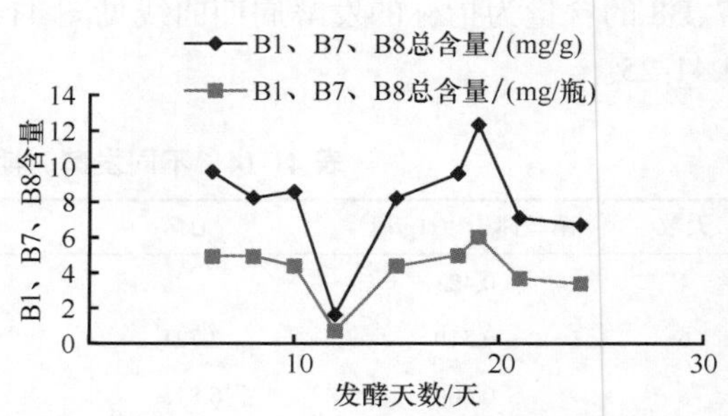

图 41-25　以 B1、B7、B8 总含量为指标的发酵周期曲线

B1、B7、B8 在菌丝中的含量在第 6 天时就处于第一个高峰期，除了 B7 在中途第 10 天又达到一个高峰期外，3 个成分的含量开始随发酵时间的延长而降低，到第 12 天时达到最低点。此后又继续增长，B1 的含量在第 19 天达到最高峰，B7 的含量在第 18 天达到第 3 个高峰期，B8 在第 15 天达到一个小高峰后，迅速降低后又迅速升高，在第 19 天达到最高峰。此后，3 个成分的含量随发酵时间的延长而降低。三者的含量总和在第 19 天最高，在第 6 天也有一高峰期，在第 12 天时最低。

B1、B7、B8 在菌丝中出现含量的高峰期较菌丝出现的高峰期早至少 2 天，这不同于一般在菌丝出现自溶前次生代谢产物大量富集的现象。

以发酵单位为指标来看，6～10 天 B1、B7、B8 的含量以及它们的总量没有明显差别，但因为 6 天时所产菌丝量最少，发酵时间最短，既方便后续的提取和分离，减少杂质的干扰，又可以降低成本。虽然第 19 天时 B1、B7、B8 的含量最高，但考虑到大发酵时时间长容易污染，所得菌丝颜色较深不利于后续的分离纯化及成本等问题，不适于采用此发酵时间作为大量发酵的发酵周期。因此，最适合的终止发酵时间是第 6 天。

本实验中我们发现的问题：第 12 天的样品用 PDA 检测 B8 所在峰位的紫外图谱和纯度时，发现紫外图谱与 B8 的不相符合，纯度也不好，可能产生了较大量的其他物质，所以就没有对其定量分析。在相同的发酵时间内，此实验中的菌丝体样品中 B1、B7、B8 的含量要远高于我们大提取所用菌丝体中 B1、B7、B8 的含量，这说明大量发酵的实际情况不同于小量发酵。该实验结果的目的是为大量发酵提供一个基础，在大量发酵时，还需作进一步的深入研究。在第 12 天时，B1、B7、B8 的含量及它们的总量最低，其原因是 B1、B7、B8 被大量降解还是菌丝自溶后大量 B1、B7、B8 被释放进培养液中还有待于进一步的研究。

通过以上的结果和文献查阅，我们认为由于 calcarisporin B1、roridin H 和 roridin J 3 个化合物均具有较强的毒性，单一化合物成药的可能性不大，因而，研究开发其他的用途应该是一个研究方向。菌丝体甲醇提取物（A7）从现阶段的研究来看，抑瘤活性较好且毒性不大，可以进一步进行深入的研究。另外，化合物 calcarisporin B1 的高产为发酵的低成本提供了坚实的基础。

（于能江　郭顺星）

参考文献

王明安，张惠迪，陈耀祖，等. 1991. 藏药忽布筋骨草化学成分的研究. 兰州大学学报自然科学版，27(4)：80-82.

徐任生，陈仲良. 1983. 中草药有效成分提取和分离.第 2 版. 上海：上海科学技术出版社出版，7-19.

Ayer WA，Kuan AQ. 1996. Zythiostromic acids，diterpenoids from an antifungal *Zythiostroma* species associated with aspen. Phytochemistry，42(6)：1647-1652.

Breitenstein W，Tamm C. 1975. ^{13}C-NMR-spectroscopy of the trichothecane derivatives verrucarol，verrucarins a and b and roridins A，D and H verrucarins and roridins，33rd communication. Helvetica Chimica Acta，58：1172-1433.

Gardner D，Glen AT，Turner WB，et al. 1972. Calonectrin and 15-deacetyl calonectrin，new trichothecenes from *Calonectria nivalis*. Journal of the Chemical Society-Perkin Transactions，1：2576-2578.

Gutzwiller J，Mauli R，Sigg HP，et al. 1964. Die Konstitution von verrucarol und roridin C verrucarine und roridine，4. Mitteilung. Helvetica Chimica Acta，47：2234-2262.

Hesketh AR，Gledhill L，Marsh DC，et al. 1991. Biosynthesis of trichothecene mycotoxins：identification of isotrichodiol as a post-trichodiene intermediate. Phytochemistry，30(7)：2237-2243.

Hung Q，Tezuka Y，Hatanaka Y，et al. 1995. Studies on metabolites of mycoparasitic fungi. III. new sesquiterpene alcohol from *Trichoder*ma koningii. Chemical and Pharmceutical Bulletin，43(6)：1035-1038.

Jarvis BB，Midiwo JO，Mazzola EP. 1984. Antileukemic compounds derived by chemical modification of macrocyclic trichothecenes. 2. derivatives of roridins A and H and verrucarrins A and J. Journal of Medicinal Chemistry，27：239-244.

Jarvis BB，Stahly GP，Pavanasasivam G，et al. 1982. Isolation and characterization of the trichoverroids and new roridins and verrucarrins. Journal of Organic Chemistry，47：1117-1124.

Karrer P，Salomon H，Schopp K，et al. 1934. Einneues bestrahlungsprodukt des lactoflavins：lumichrom. Helvetica Chimica Acta，17：1010-1013.

Koga J，Yamauchi T，Shimura M，et al. 1998. Cerebrosides A and C，sphingolipid elicitors of hypersensitive cell death and phytoalexin accumulation in rice plants. Journal of Biological Chemistry，273(48)：31985-31991.

Matsumoto M，Minato H，Tori K，et al. 1977. Structures of isororidin E，epoxyisororidin E，and epoxy- and diepoxyroridin H，new metabolites isolated from *Cylindrocarpon* species determined by carbon-13 and hydrogen-1 NMR spectroscopy. Tetrahedron Letters，47：4093-4096.

Sigg HP，Mauli R，Flury E，et al. 1965. Die konstitution von diacetoxyscirpenol. Helvetica Chimica Acta，48：962-988.

Striegler S，Haslinger E. 1996. Cerebrosides from *Fomitopsis pinicola* (Sw. EX. Fr.) Karst. Monatsshefte für Chemie，127：755-761.

第六篇

药用植物内生真菌抗肿瘤及抗HIV药理活性

第四十二章　白木香内生真菌代谢产物螺光黑壳菌酮A抗肿瘤活性研究

第一节　螺光黑壳菌酮 A 体外抑制瘤活性

148 号内生真菌(*Preussia* sp.)分离自白木香。体外试验表明该真菌菌丝体或发酵液的乙酸乙酯提取部位具有细胞毒活性，经进一步分离纯化得到一个单体化合物螺光黑壳菌酮 A，为黄色晶体，属螺环酚类化合物(Ye et al.，2011)。国外文献曾报道，具有苯并双氧螺环十元环母体结构的化合物一般具有抗菌作用或细胞毒活性(McDonald et al.，1999)。因此，本节选取 8 种肿瘤细胞株(细胞株名称见表 42-1)，采用 MTT 法(Mosmann，1983；Denizot and Lang，1986；Neal et al.，1991；Chen et al.，2009)在体外考察了螺光黑壳菌酮 A 的抑制肿瘤活性。

一、螺光黑壳菌酮 A 对卵巢癌细胞 A2780 增殖的抑制作用

从表 42-1 可以看出，螺光黑壳菌酮 A 对卵巢癌细胞 A2780 的增殖具有很好地抑制作用。使用 Origin Lab8.0 做出在不同时间点抑制率对浓度的曲线。可以看出经螺光黑壳菌酮 A 作用 24h，其 IC_{50} 值就可以到达(0.2552±0.0298) μg/ml 或(0.7974±0.0930) μmol/L[图 42-1(a)]；作用 48h，其 IC_{50} 值为(0.1979±0.0301) μg/ml 或(0.6182±0.0941) μmol/L[图 42-1(b)]；作用 72h，其 IC_{50} 值为(0.2088±0.0071) μg/ml 或(0.6523±0.0222) μmol/L[图 42-1(c)]。

二、螺光黑壳菌酮 A 对肝癌细胞 HepG2 增殖的抑制作用

从表 42-1 可以看出，螺光黑壳菌酮 A 对肝癌细胞 HepG2 的增殖具有很好抑制作用。使用 Origin Lab 8.0 做出不同时间点抑制率对浓度的曲线。可以看出经螺光黑壳菌酮 A 作用 24h，其 IC_{50} 值为(0.4228±0.0520) μg/ml 或(1.321±0.1624) μmol/L[图 42-2(a)]，作用 48h，其 IC_{50} 值为(0.8567±0.3882) μg/ml 或(2.677±1.213) μmol/L[图 42-2(b)]，作用 72h，其 IC_{50} 值为(0.4469±0.1557) μg/ml 或(1.396±0.4865) μmol/L[图 42-2(c)]。

三、螺光黑壳菌酮 A 对肝癌细胞 BeL7402 增殖的抑制作用

从表 42-1 可以看出，螺光黑壳菌酮 A 对肝癌细胞 BeL7402 的增殖具有很好抑制作用，但

表 42-1　螺光黑壳菌酮 A 对各肿瘤细胞株 IC_{50} 的汇总表

细胞株	24h					48h					72h				
	1	2	3	均值 M	方差(SD)	1	2	3	均值 M	方差(SD)	1	2	3	均值 M	方差(SD)
A2780	0.2674	0.2770	0.2213	0.2552	0.0298	0.1764	0.2323	0.1849	0.1979	0.0301	0.2016	0.2089	0.2158	0.2088	0.0071
	0.8355	0.8654	0.6914	0.7974	0.0930	0.5511	0.7258	0.5777	0.6182	0.0941	0.6299	0.6527	0.6742	0.6523	0.0222
HepG2	0.4663	0.3652	0.4368	0.4228	0.0520	0.9482	1.191	0.4309	0.8567	0.3882	0.3240	0.6220	0.3946	0.4469	0.1557
	1.457	1.141	1.365	1.321	0.1624	2.963	3.721	1.346	2.677	1.213	1.012	1.943	1.233	1.396	0.4865
BeL7402	—	1.910	—	1.910	—	1.132	1.345	1.345	1.274	0.1230	1.251	1.349	1.383	1.328	0.0685
	—	5.967	—	5.967	—	3.537	4.202	4.202	3.980	0.3842	3.909	4.215	4.321	4.148	0.2141
HccLM-6		21.24		21.24	—	＞50		—	—	—	—	—	—	—	—
		66.36		66.36	—	＞150		—	—	—	—	—	—	—	—
MCF-7	3.225	3.302	—	3.263	0.0545	2.68	2.877	—	2.779	0.139	3.118	2.905	—	3.012	0.151
	10.08	10.32	—	10.20	0.170	8.373	8.989	—	8.681	0.435	9.742	9.076	—	9.409	0.471
SGC-7901	1.147	0.4298	0.6227	0.7331	0.3711	1.127	0.5451	0.5851	0.7524	0.3250	0.9308	0.4907	0.5696	0.6637	0.2347
	3.584	1.343	1.946	2.291	1.160	3.521	1.703	1.828	2.351	1.016	2.908	1.533	1.780	2.074	0.7331
B16	无细胞增殖抑制活性														
HL-02	0.3863		0.3799	0.3831	0.0045	—	—	—	—	—	—	—	—	—	—
	1.207		1.187	1.197	0.0141	—	—	—	—	—	—	—	—	—	—

注：①螺光黑壳菌酮 A 对小细胞肺癌 NCI H-345 和小鼠黑色素瘤 B16 没有增殖抑制活性；②对高转移性胃癌 HccLM-6 的活性微弱，处理 24h 后 IC_{50} 只有 21μg/ml，但随着培养时间延长，药物对细胞的增殖抑制作用赶不上细胞的增殖速率；③其他肿瘤（或正常）细胞株的 IC_{50} 中，第一行浓度为 μg/ml，第二行浓度为 μmol/L

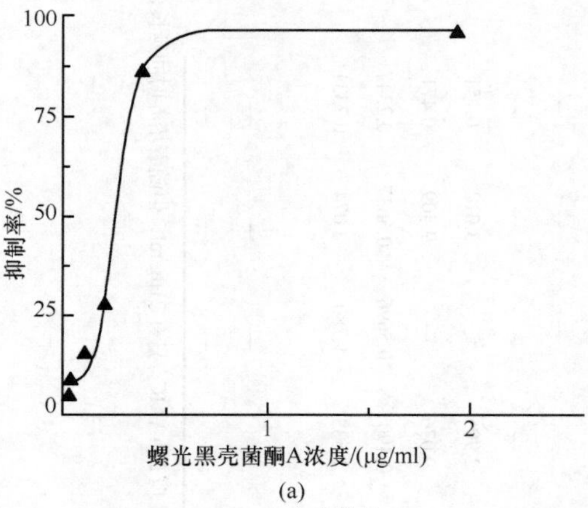

抑制率/%
螺光黑壳菌酮A浓度/(μg/ml)
(a)

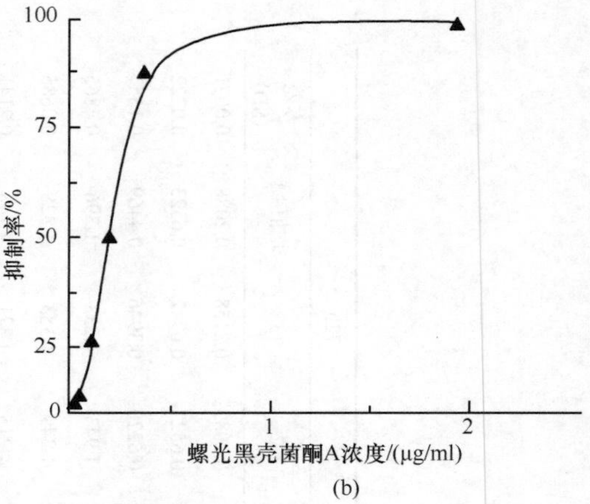

抑制率/%
螺光黑壳菌酮A浓度/(μg/ml)
(b)

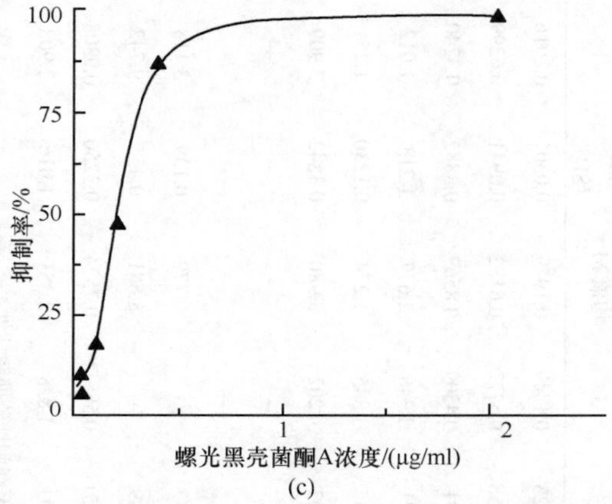

抑制率/%
螺光黑壳菌酮A浓度/(μg/ml)
(c)

图 42-1　螺光黑壳菌酮 A 分别作用 24h(a)、48h(b)和 72h(c)对卵巢癌 A2780 增殖的抑制曲线

其敏感程度要低于细胞株 HepG2。Origin Lab 8.0 做出不同时间点的抑制率对浓度曲线。可以看出经螺光黑壳菌酮 A 作用 24h，其 IC_{50} 值为 1.910μg/ml 或 5.967μmol/L[图 42-3(a)]；作用 48h，其 IC_{50} 值为(1.274±0.1230)μg/ml 或(3.980±0.3842)μmol/L[图 42-3(b)]；作用 72h，其 IC_{50} 值为(1.328±0.0685)μg/ml 或(4.184±0.2141)μmol/L[图 42-3(c)]。

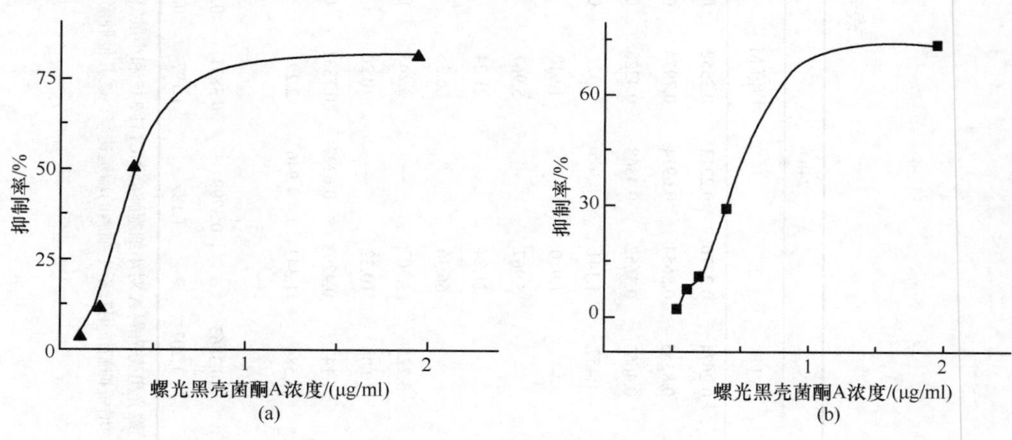

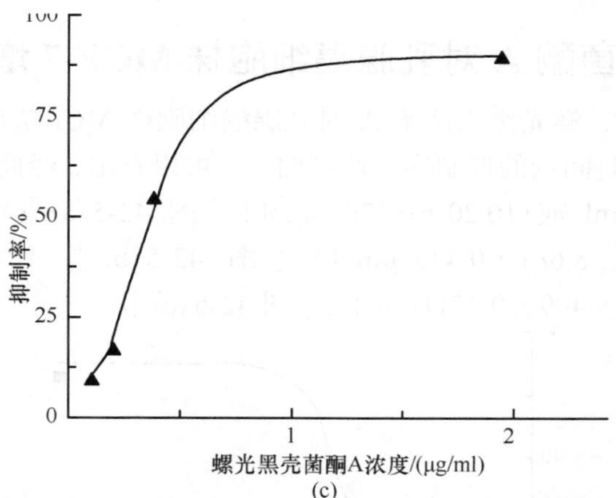

图 42-2　螺光黑壳菌酮 A 分别作用 24h（a）、48h（b）和 72h（c）对肝癌细胞 HepG2 增殖的抑制曲线

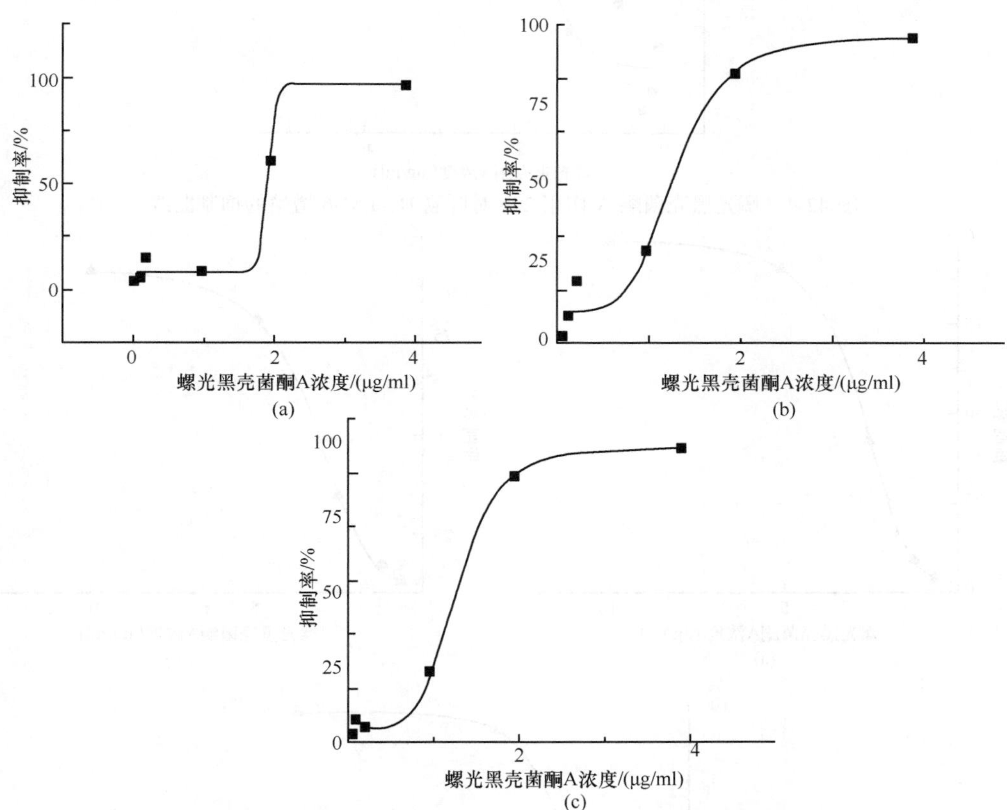

图 42-3　螺光黑壳菌酮 A 分别作用 24h（a）、48h（b）和 72h（c）对肝癌 BeL7402 增殖的抑制曲线

四、螺光黑壳菌酮 A 对高转移性肝癌细胞株 HccLM-6 增殖的抑制作用

从表 42-1 可以看出，螺光黑壳菌酮 A 对肝癌细胞 HccLM-6 增殖的抑制作用较差。螺光黑壳菌酮 A 作用 24h，其 IC_{50} 值只有 21.24μg/ml，约合 66.36μmol/L（图 42-4）。培养到 48h，其 IC_{50} 值大于最高浓度 50μg/ml，受试物对此细胞株的增殖抑制速率赶不上细胞增殖的速率。

五、螺光黑壳菌酮 A 对乳腺癌细胞株 MCF-7 增殖的抑制作用

从表 42-1 可以看出，螺光黑壳菌酮 A 对乳腺癌细胞株 MCF-7 增殖的抑制作用较一般。Origin Lab 8.0 做出不同时间点的抑制率对浓度曲线。可以看出，经此受试物作用 24h，其 IC_{50} 值为(3.263±0.0545)μg/ml 或(10.20±0.170)μmol/L［图 42-5(a)］；作用 48h，其 IC_{50} 值为(2.779±0.139)μg/ml 或(8.681±0.435)μmol/L［图 42-5(b)］；作用 72h，其 IC_{50} 值为(3.012±0.151)μg/ml 或(9.409±0.471)μmol/L［图 42-5(c)］。

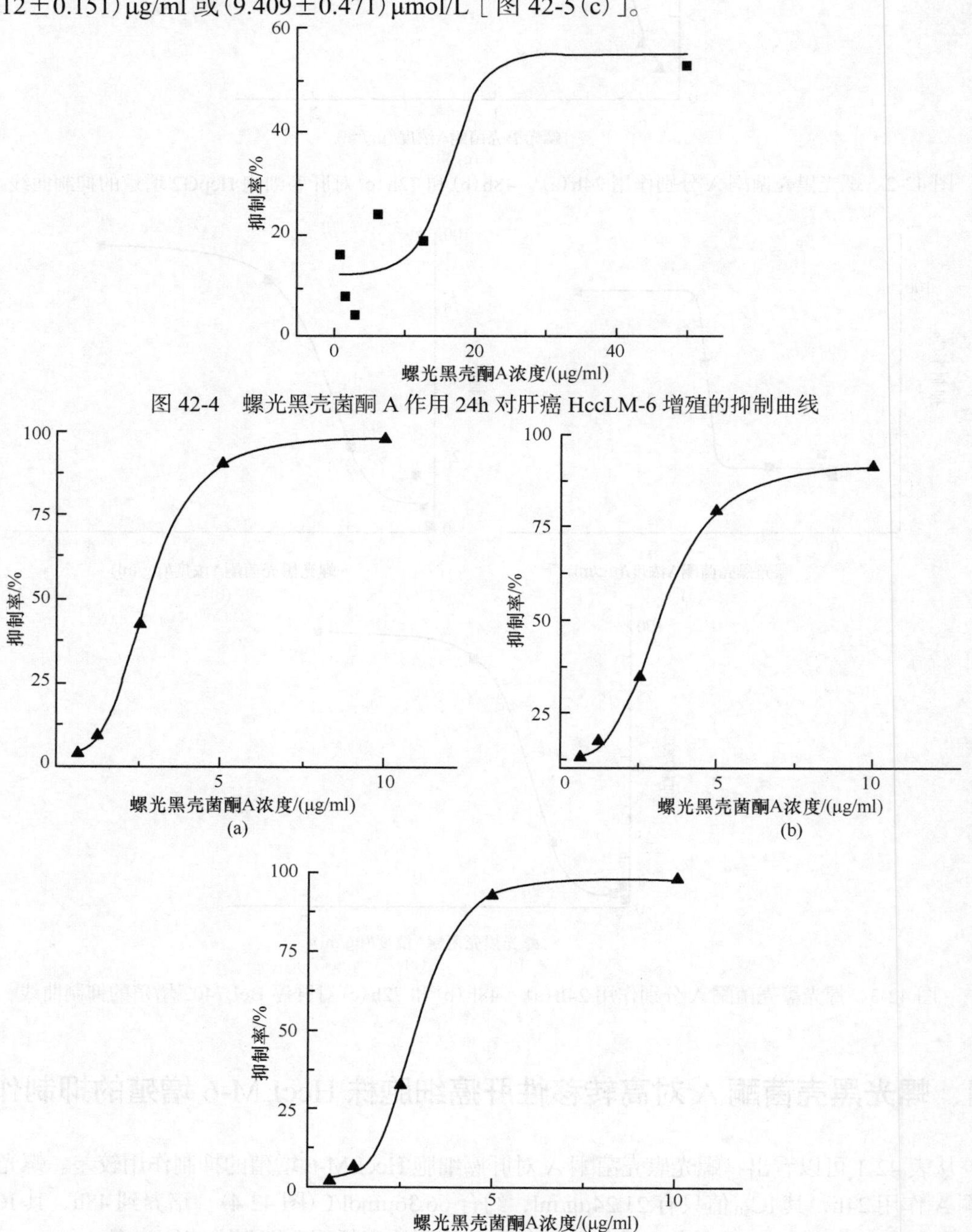

图 42-4　螺光黑壳菌酮 A 作用 24h 对肝癌 HccLM-6 增殖的抑制曲线

图 42-5　螺光黑壳菌酮 A 分别作用 24h(a)、48h(b)和 72h(c)对肝癌 MCF-7 增殖的抑制曲线

六、螺光黑壳菌酮 A 对胃癌细胞株 SGC-7901 增殖的抑制作用

从表 42-1 可以看出，螺光黑壳菌酮 A 对肝癌细胞 SGC-7901 具有较好的增殖抑制作用。Origin Lab 8.0 做出不同时间点的抑制率对浓度曲线。可以看出，经此受试物作用 24h，其 IC_{50} 值为（0.7331±0.3711）μg/ml 或（2.291±1.160）μmol/L［图 42-6（a）］；作用 48h，其 IC_{50} 值为（0.7524±0.3250）μg/ml 或（2.351±1.016）μmol/L［图 42-6（b）］；作用 72h，其 IC_{50} 值为（0.6637±0.2347）μg/ml 或（2.074±0.7331）μmol/L［图 42-6（c）］。

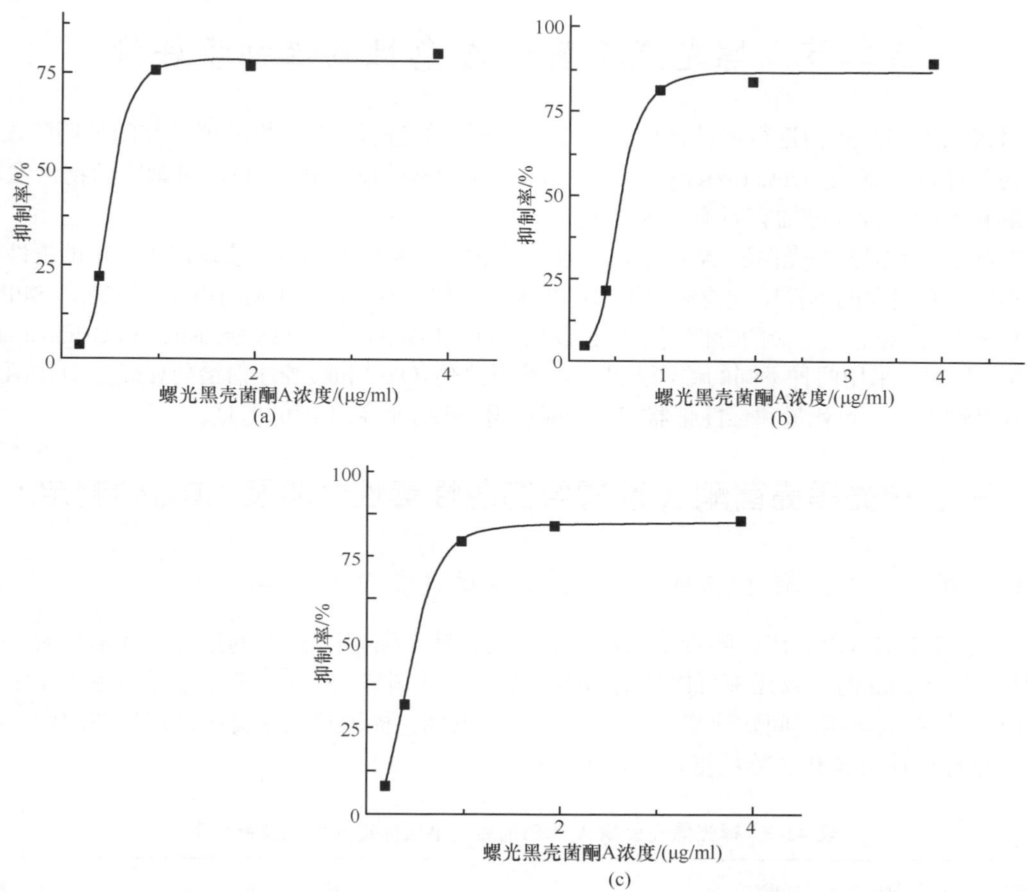

图 42-6　螺光黑壳菌酮 A 分别作用 24h（a）、48h（b）和 72h（c）对胃癌细胞株 SGC-7901 增殖的抑制曲线

七、螺光黑壳菌酮 A 对小鼠黑色素瘤细胞株 B16 增殖的抑制作用

从表 42-1 可以看出，螺光黑壳菌酮 A 对小鼠黑色素瘤细胞株 B16 没有增殖抑制作用，各组之间的 t 检验没有显著性的差异。

八、螺光黑壳菌酮 A 对正常人体细胞 HL-02 的毒性

从表 42-1 可以看出，螺光黑壳菌酮 A 对肝细胞具有细胞毒性。作用 24h 时，其 IC_{50} 值为

(0.3831±0.0045) μg/ml 或 (1.197±0.0141) μmol/L。其增殖抑制浓度与对肝癌细胞 HepG2 的增殖抑制浓度差别不大，提示其在抗肝癌作用的同时可能具有肝脏毒性。

综上所述，螺光黑壳菌酮 A 抗肿瘤具有一定的选择性。消化道肿瘤细胞系和女性肿瘤细胞株对此化合物敏感，黑色素瘤、肺癌细胞和特殊的肝癌细胞 HccLM-6，对其不敏感。在 48h 时，对人肝癌 HepG2、BeL7402 和人胃癌 SGC-7901 的 IC_{50} 值分别为 (2.677±1.213) μmol/L、(3.980±0.3842) μmol/L 和 (2.351±1.016) μmol/L；对女性卵巢癌细胞 A2780 和乳腺癌 MCF-7 的 IC_{50} 值分别为 (0.6182±0.0941) μmol/L 和 (2.351±1.016) μmol/L。对正常肝细胞 HL-02 有一定的毒性。

第二节　螺光黑壳菌酮 A 急性毒性初步评价

对摄入人体的药物进行毒性评价是一个必不可少的过程。在药物毒理研究的早期阶段，进行动物急性毒性试验 (acute toxicity study，single dose toxicity study，SDT) 对阐明药物毒性作用和了解其可能的毒性靶器官具有重要意义。

本章第一节螺光黑壳菌酮 A 在体外试验中对正常人体细胞 HL-02 表现出了一定的毒性，因而有必要对其引发的不良反应或毒副作用进行观察了解。本节选用 KM 小鼠 (18～20g，SPF 级，雌、雄各半)，对危及生命的毒性剂量半数致死浓度 (LD_{50}) 进行 SPSS Statistics 和 Origin Lab 统计分析。同时，采用两种不同的给药方式——灌胃给药 (O.g.) 和腹腔注射给药 (i.p.)，对比两种给药方式毒性大小、致死量和毒性靶器官，同时获得一些生物利用度的信息。

一、螺光黑壳菌酮 A 灌胃给药急性毒性试验及 LD_{50} 的测定

(一) 螺光黑壳菌酮 A 给药前后小鼠体重的变化及死亡率

从表 42-2 中可以看出，随着给药剂量的增大，螺光黑壳菌酮 A 的致死率逐渐增大。在最高剂量 175 mg/kg 时，致死率可以达到 90%；给予最低剂量 75mg/kg 时，没有小鼠死亡；第 3 剂量组与第 4 剂量组之间致死率跨度较大，达到 40%，提示致死率就在该剂量范围内。整体而言，雌性个体对该化合物的抵抗力弱于雄性个体。

表 42-2　螺光黑壳菌酮 A 给药前后组小鼠体重的变化及死亡率

组别	数量/只	体重 (前) /g	给药量 (×N，O.g.) / (mg/kg)	体重 (后) /g	死亡量/只 24h	死亡率/%
第 1 剂量组	♂5	21±0.830	175×1	18.8	4	90.0
	♀5	21.9±0.61		—	5	
第 2 剂量组	♂5	20.7±0.66	147.7×1	22.3	4	80.0
	♀5	22.1±0.55		22.3	4	
第 3 剂量组	♂5	20.7±1.15	124.7×1	19.6±2.57	3	70.0
	♀5	22±0.860		22.5	4	
第 4 剂量组	♂5	20.5±0.78	105.3×1	20.6±0.65	1	30.0
	♀5	22±0.520		20.2±1.65	2	
第 5 剂量组	♂5	19.7±0.49	88.9×1	20.2±1.07	1	20.0
	♀5	22.0±0.49		20.5±0.81	1	
第 6 剂量组	♂5	19.4±0.46	75×1	19.6±2.10	0	0
	♀5	22.1±1.03		21.1±1.72	0	

（二）LD_{50}的统计分析

用 SPSS Statistics 17.0 对死亡率（mortality）与剂量（dose）进行 Probit 分析，验证数据并计算 LD_{50} 值。统计分析表明数据可靠，Probit 与对数剂量之间有很好的线性关系（R^2=0.835），如图 42-7 所示。此法计算出的 LD_{50}=116.7mg/kg，在 95%的置信区间内的剂量范围为 103.9～131.4mg/kg；用对数形式表示，即 $lgLD_{50}$=2.07mg/kg，95%的置信区间内的剂量范围为 2.02～2.12。此外，从统计结果中也可以看出 LD_{95}=74.2mg/kg，在 95%的置信区间内的剂量范围为 48.6～87.8mg/kg；LD_{95}=183.4mg/kg，在 95%的置信区间内的剂量范围为 154.7～282.2mg/kg。

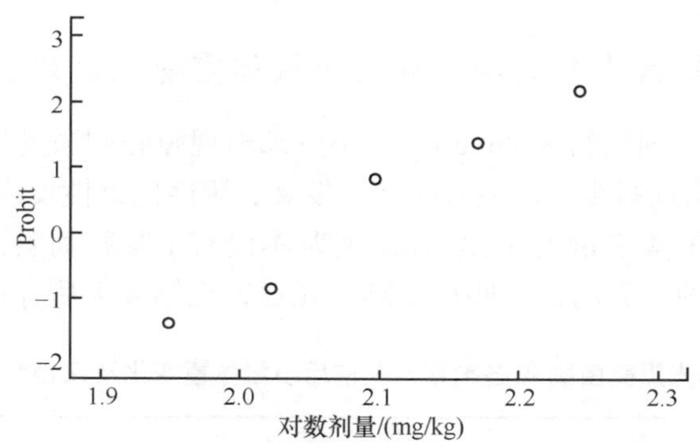

图 42-7　致死率与剂量关系 Probit 回归散点图

KM 小鼠随机分成 5 组，每组雌、雄各 5 只，灌胃给药不同剂量的螺光黑壳菌酮 A，然后观察记录小鼠死亡情况。利用 SPSS Statistic 17.0 软件对死亡率进行 Logit 转化，然后对对数剂量做散点分布图。图 42-8 中 5 个剂量点均匀分布，线性关系良好，R^2=0.835。“○”代表试验数值

除此之外，也用 Origin Lab 8.0 做出致死率-剂量或致死率-对数剂量关系图。如图 42-8 所示。两组图清楚地表明死亡率与剂量是存在着依赖性的，从图 42-8（a）可以看出，所有点均匀地分布在曲线的两侧，整条曲线呈不对称的“S”形，曲线后端有些明显的拖尾，曲线中断切线斜率最大变化趋势明显。将剂量取对数，然后做死亡率-对数剂量曲线，此曲线是一条对称的“S”形曲线，对称点（113.9，50）即为 LD_{50} 对应的点，如图 42-8（b）所示。

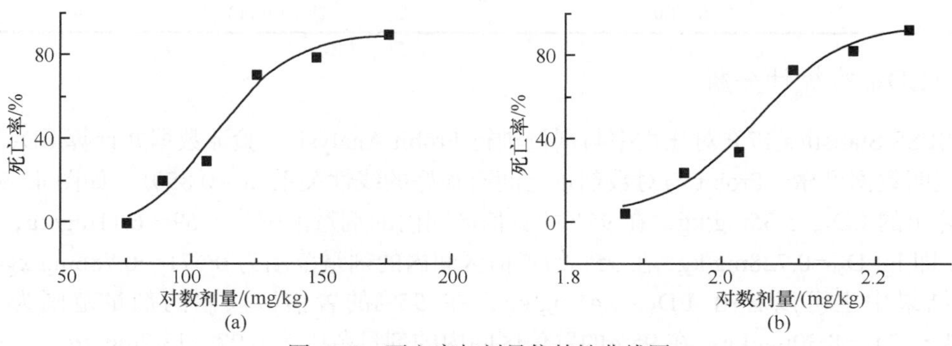

图 42-8　死亡率与剂量依赖性曲线图

KM 小鼠随机分成 5 组，每组雌、雄各 5 只，灌胃给药不同剂量的螺光黑壳菌酮 A，然后观察记录小鼠死亡情况。利用 SPSS Statistic 17.0 软件对死亡率进行进行统计分析。分别以死亡率对剂量（mg/kg）和死亡率（%）对对数剂量（mg/kg）作 Response 拟合分析。（a）为不对称的“S”形曲线，而（b）为对称的“S”形曲线，它们的拟合度 R^2>0.9。“■”代表试验值，“—”代表 DoseResp 拟合曲线

(三)现象观察与病理解剖分析

与初试实验类似，给药后部分小鼠发出“咯咯声”，死亡个体皮毛发叉、蜷缩。对死亡小鼠进行初步病理解剖，所有死亡小鼠的胃均鼓胀，胃内充满液体、食物和黄色的螺光黑壳菌酮A，用手轻轻挤压胃，也不能将其内容物排出。现象提示螺光黑壳菌酮A可能的急性毒性靶器官为胃，它可以抑制胃动力。死亡个体的食道、气管、心脏、肝脏、脾脏、肾脏等未见异常。选择性的剪开小肠，发现大部分药物蓄积在肠内，未被吸收。未死亡个体体征正常。

二、螺光黑壳菌酮A腹腔注射给药急性毒性试验及LD_{50}的测定

(一)螺光黑壳菌酮A各剂量给药前后小鼠体重变化及死亡率

如表42-3所示，最大剂量组8.00mg/kg的小鼠都出现腹腔刺激且较为严重，30min后刺激减轻，小鼠靠拢蜷缩、活动减少、皮毛有些竖立发叉，雌性比雄性反应强烈；以后剂量组腹腔刺激反应依次减轻，至第4剂量组4.10mg/kg时基本没有了腹腔刺激，最低剂量组3.28mg/kg给药后均正常。给药后的3天内，一些小鼠陆续死亡，至第4天后存活小鼠慢慢恢复正常。

表42-3 螺光黑壳菌酮A各剂量给药前后小鼠体重变化及死亡率(腹腔注射)

组别	数量/只	开始体重/g	给药量(×N, i.p.)/(mg/kg)	结束体重/g	死亡量/只	死亡率/%
第1剂量组	♂6	20.6±0.654	8.00×1	34.1	5	91.7
	♀6	20.6±0.669		—	6	
第2剂量组	♂5	21.2±0.832	6.40×1	28.0	4	80.0
	♀5	20.3±0.316		27.1	4	
第3剂量组	♂5	20.4±0.416	5.12×1	29.2±1.92	2	40.0
	♀5	20.9±0.870		27.7±1.33	2	
第4剂量组	♂5	20.9±1.27	4.10×1	28.1±0.907	2	20.0
	♀5	20.8±0.709		25.5±15.1	0	
第5剂量组	♂5	20.4±0.476	3.28×1	32.5±2.88	0	0
	♀5	20.8±1.09		28.7±0.713	0	

(二)LD_{50}的统计分析

用SPSS Statistics 17.0对死亡率与剂量进行Probit Analysis，验证数据并计算LD_{50}值。统计分析表明数据可靠，Probit与对数剂量之间有很好的线性关系(R^2=0.850)，如图42-9所示。此法计算出的LD_{50}=5.35mg/kg，在95%的置信区间内的剂量范围为4.69～6.11mg/kg；对数形式表示，即lgLD_{50}=0.728mg/kg，在95%的置信区间内的剂量范围为0.671～0.786mg/kg。此外，从统计结果中也可以看出 LD_{50}=3.45mg/kg，在 95%的置信区间内的剂量范围为 2.18～4.10mg/kg；D_{95}=8.30mg/kg，在95%的置信区间内的剂量范围为6.97～13.2mg/kg。

除此之外，用Origin Lab 8.0作死亡率-剂量或死亡率-对数剂量关系图见图42-10。两组图清楚的表明死亡率存在剂量依赖性，从图 42-10(a)可以看出，所有点均匀的分布在曲线的两侧，整条曲线呈不对称的“S”形，曲线后端有明显的拖尾，曲线中断切线斜率最大变化趋势

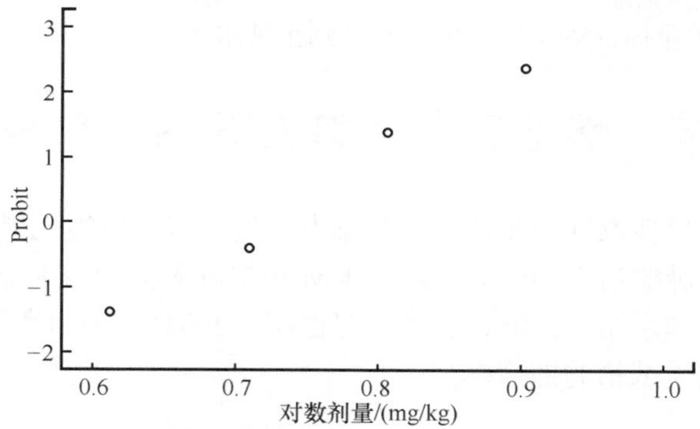

图 42-9　致死率与剂量关系 Logit 转化散点分布

KM 小鼠随机分成 5 组，每组雌、雄各 5 只，腹腔注射给药不同剂量的螺光黑壳菌酮 A，然后观察记录小鼠死亡情况。利用 SPSS Statistic 17.0 软件对死亡率进行 Logit 转化，然后对对数剂量做散点分布图。图 42-10 中 5 个剂量点均匀分布，线性关系良好，R^2=0.850。"○"代表试验数值

最明显，此时半数致死量为 5.32mg/kg。将剂量取对数，然后做出死亡率-对数剂量曲线，此曲线是一条较为对称的"S"形曲线，对称点(0.7246，50)即为 LD_{50} 对应的点，如图 42-10(b)所示。

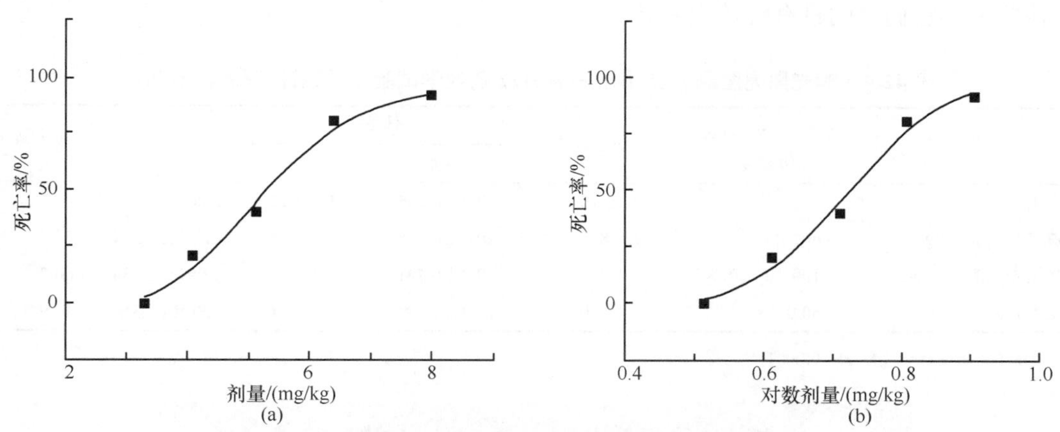

图 42-10　死亡率与剂量依赖性曲线图

KM 小鼠随机分成 5 组，每组雌、雄各 5 只，腹腔注射给药不同剂量的螺光黑壳菌酮 A，然后观察记录小鼠死亡情况。利用 SPSS Statistic 17.0 软件对死亡率进行进行统计分析。分别以死亡率(%)对剂量(mg/kg)和死亡率(%)对对数剂量(mg/kg)做拟合分析。(a)为不对称的"S"形曲线，而(b)为对称的"S"形曲线，它们的拟合度 R^2>0.9

(三)现象观察与病理解剖分析

对死亡个体进行初步的病理解剖，未发现肉眼可见的脏器病变，腹腔内也没有残留的未被吸收的受试物——螺光黑壳菌酮 A，致死原因不明。连续观察 10 天，脱臼处理后解剖发现，个别小鼠肠与腔壁存在一些粘连，还有个别小鼠肠有些类似发炎的症状，其余小鼠正常。

用 Tween-80 助溶螺光黑壳菌酮 A 灌胃给药可以使小鼠胃排空能力不足、胃胀并最终导致死亡，其 LD_{50} 为 116.7mg/kg，在 95%置信范围内的致死量为 103.9～131.4mg/kg。将受试物溶解于 5% EtOH：20% PEG400：75%的生理盐水中并腹腔注射给药，KM 小鼠出现不同程度的腹腔刺激反应；与灌胃给药相比，其半数致死量大大降低，约为 5.35mg/kg，在 95%置信范围内的致死量为 4.69～6.11mg/kg；雌性个体比雄性个体较为耐受，除个别出现肠与腹腔壁粘连或发炎外，无其他明显的脏

器病变；未死亡个体的体重体征等1周内可以恢复到正常水平。

第三节　螺光黑壳菌酮A体内抗肿瘤活性

本节在本章第二节急性毒性初步评价的基础上，进一步评价螺光黑壳菌酮A是否具有体内抗肿瘤活性，以及抗肿瘤活性的强弱。建立KM小鼠肝癌H22实体瘤模型(凌茂英，1987；李海燕等，2000；徐静和李旭，2005；陈华和赵德明，2005)，采用灌胃给药和腹腔注射给药的方式，统计学分析该受试物的抑瘤率。

一、螺光黑壳菌酮A抗小鼠肝癌H22药效学试验

(一)各组给药前后小鼠体重变化、瘤体重量及抑制率

见表42-4及图42-11，阴性组的平均瘤体重量为2.26g，大于1.0g，证明实体瘤建模成功。试物螺光黑壳菌酮A具有抑制小鼠肝癌H22增殖的能力，且抑制率存在剂量依赖关系，给药量达到100mg/kg时，对肝癌的抑制率可以达到60.2%，但低于阳性对照药环磷酰胺的抑制率。用t检验证实它们之间具有统计学差异。

表42-4　螺光黑壳菌酮A抗小鼠肝癌H22药效学试验结果统计表(灌胃给药)

组别	剂量(×N，O.g.)/(mg/kg)	动物数/只	体重/g		瘤重/g	抑制率/%
			开始	结束		
阴性组		10/10	19.9±0.235	26.9±3.12	2.26±0.56	–
环磷酰胺(60mg/kg)	60×1	8/8	20.4±0.758	25.7±2.78	0.555±0.234	75.5***
螺光黑壳菌酮A(高)	100×1，70×2	10/5	19.7±0.721	25.7±3.50	0.902±0.234	60.2***
螺光黑壳菌酮A(低)	50.0×8	10/10	19.9±1.14	25.5±3.41	1.86±0.431	17.9*

*表示$P<0.1$；***表示$P<0.0001$

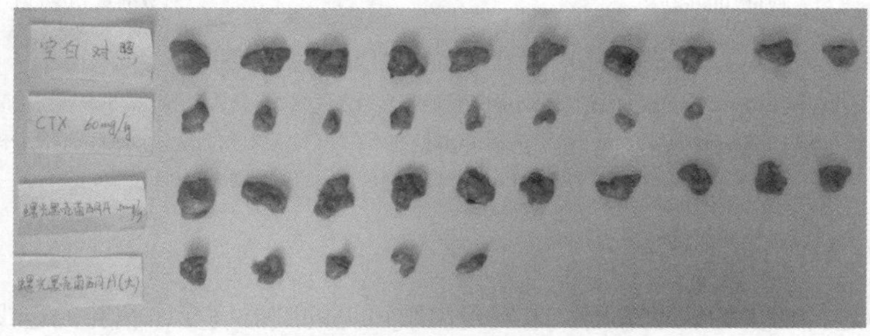

图42-11　螺光黑壳菌酮A抗小鼠肝癌H22药效学试验瘤体比较

接种H22细胞的KM小鼠随机分成4组，试验组分别灌胃给予高剂量(100mg/kg)和低剂量(50mg/kg)的螺光黑壳菌酮A，同时设置一个阴性对照组和阳性对照组60mg/kg［环磷酰胺(CTX)］，除环磷酰胺组8只外，其余每组各10只。试验结束后，剖出瘤体、称重、摆放并拍照记录

(二)螺光黑壳菌酮A抗小鼠肝癌H22药效学试验描述

100mg/kg剂量给药一次，在第二天时有4只小鼠死亡，未死亡小鼠体重减轻，提示在

此剂量有较为严重的毒性。将剂量降至 70mg/kg，给药一次，未见死亡。再给药一次，死亡一只，随即高剂量组停止给药。停止给药后，小鼠体重、体征慢慢恢复正常，瘤体生长速率也比阴性组明显缓慢，最终只有阴性组的 40%。低剂量给予小鼠螺光黑壳菌酮 A，小鼠没有明显的毒性表现，但抑瘤率只有 20%左右，提示在此剂量下给予螺光黑壳菌酮 A，抑瘤效果不明显。

螺光黑壳菌酮 A 在 100mg/kg 剂量时具有较为明显的毒性，可以使 40%的 KM 小鼠致死，未死亡小鼠体重也有所减轻。连续给药 3 次，停止给药后，小鼠体重可以逐步恢复。对受试物的抵抗力也存在着明显的个体差异。50mg/kg 剂量不能够致死动物，但同高剂量一样，连续给药后都可以至毒肝脏，使肝脏略显白色，提示肝脏可能是螺光黑壳菌酮 A 的毒性靶器官之一。初步解剖后，除肝脏外，其他脏器无肉眼可见的病变；未被吸收的螺光黑壳菌酮 A 以原型的形式停留在肠内(肉眼判断为黄色)，提示灌胃给药下，此受试物主要以原药的形式通过粪便排出体外。

高剂量给药后，可以使小鼠胃胀，继而死亡，其病理解剖照片如图 42-12 所示。小鼠胃鼓胀，充满黄色药物、透明液体和食物等，挤压胃体也不能使内容物排出，提示该化合物可能使小鼠失去胃动力，影响胃排空，致小鼠死亡。胃也可能是螺光黑壳菌酮 A 的毒性靶器官之一。

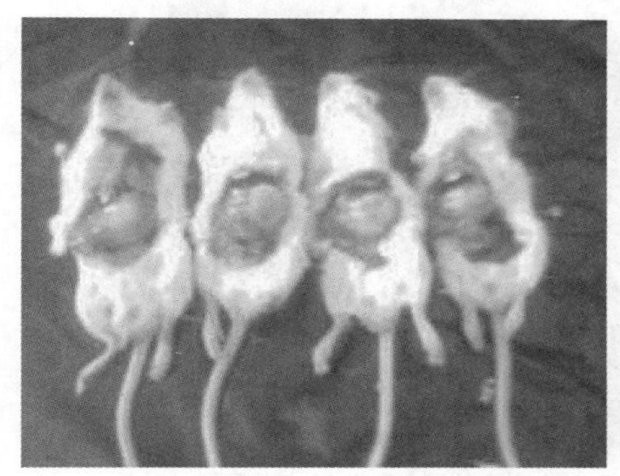
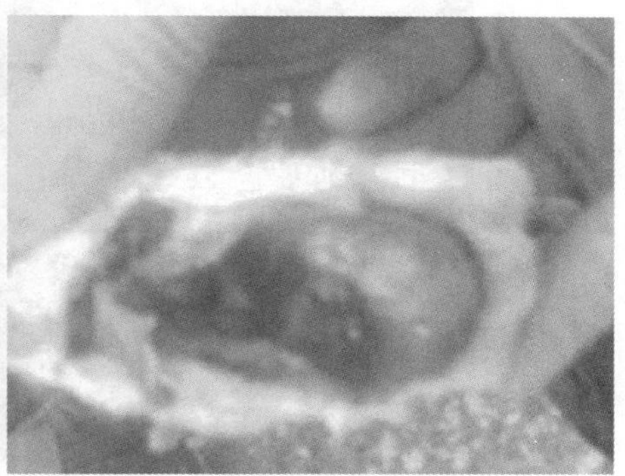

图 42-12　螺光黑壳菌酮 A 胃毒性实物图

二、螺光黑壳菌酮 A 腹腔注射抗小鼠肝癌 H22 药效学结果

(一)各组给药前后小鼠体重变化、瘤体重量及抑制率

从表 42-5、图 42-13 和图 42-14 中可以看出，阴性组平均瘤体接近 3g 而且差异很小，说明模型是可以使用的。阳性对照组(环磷酰胺)在 60mg/kg 剂量时抑制率为 63.0%，与文献和经验报道符合，进一步说明了模型成功可用。螺光黑壳菌酮 A 在 0.5～2.0mg/kg 给药剂量，对小鼠肝癌 H22 增殖具有不同程度的抑制作用，呈药效-剂量依赖关系。给药剂量为 0.5mg/kg 时，肝癌 H22 肿瘤增殖抑制率为 30.9%；剂量增大到 1.0mg/kg 时，肝癌 H22 抑制率超过 40.0%；继续增大剂量，到 2.0mg/kg 时，肝癌 H22 增殖抑制率可以达到并超过 60%，而且具有显著性差异。溶媒组没有肝癌 H22 增殖抑制作用，说明试验组中起增殖抑制作用的是受试物螺光黑壳菌酮 A。

表 42-5　螺光黑壳菌酮 A 抗小鼠肝癌 H22 药效学试验结果统计表(腹腔注射)

组别	剂量(×*N*, i.p.)/(mg/kg)	动物数/只	体重/g		瘤重/g	抑制率/%
			开始	结束		
阴性组	×9	10/10	21.85±0.99	33.06±2.07	2.84±0.39	—
环磷酰胺(60mg/kg)	60×1	10/10	21.46±0.63	31.49±2.26	1.01±0.28	63.0***
溶媒组	×9	5/5	20.98±1.25	33.2±2.91	3.22±0.61	—
螺光黑壳菌酮 A(2.0mg/kg)	2.0×6	10/10	22.11±1.11	24.68±3.12	1.00±0.38	64.9***
螺光黑壳菌酮 A(1.0mg/kg)	1.0×9	10/10	21.87±0.68	28.35±2.39	1.60±0.73	43.8***
螺光黑壳菌酮 A(0.5mg/kg)	0.5×9	10/10	21.37±0.43	28.75±2.55	1.97±0.61	30.9**

注：阴性对照组为 0.9%生理盐水；溶媒为 5%的乙醇、20%的 PEG400 和生理盐水；与阴性组比较，低剂量组 $^{**}P<0.001$，高、中剂量组 $^{***}P<0.0001$；与溶媒组比较，低剂量组 $^{**}P<0.005$，高、中剂量组 $^{***}P<0.0001$

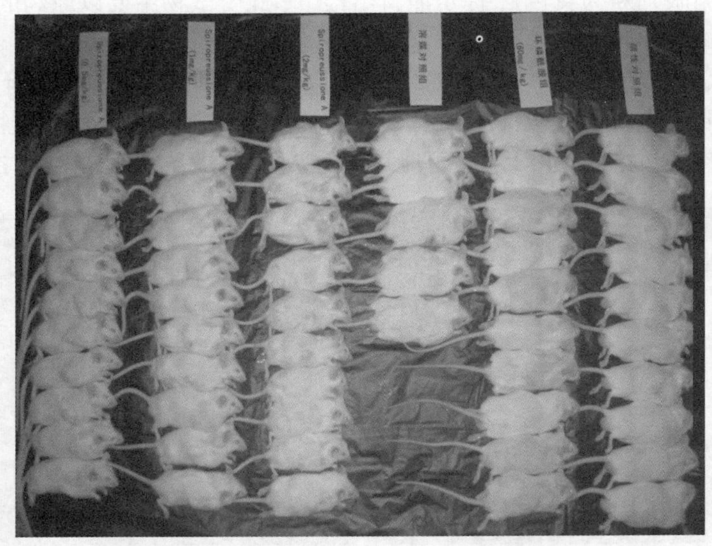

图 42-13　螺光黑壳菌酮 A 抗小鼠肝癌 H22 药效学试验结果实物图(动物)

接种 H22 细胞的 KM 小鼠随机分成 6 组，一个阴性对照组、一个阳性对照组试验组 60mg/kg(环磷酰胺)、一个溶媒对照组、3 个试验组(高剂量 2.0mg/kg、中剂量 1.0mg/kg 和低剂量 0.5mg/kg)。除溶媒组 5 只小鼠外，其余每组 10 只，所有组别均采用腹腔注射给药方式。一定时间后，脱臼处死小鼠，称重、摆放并拍照记录

(二)螺光黑壳菌酮 A 抗小鼠肝癌 H22 药效学试验描述

腹腔给药也具有一定的毒副作用。与阴性组和溶媒组相比，试验组 3 个组别小鼠体重不同程度的减轻，高剂量组减轻最为明显，扣除瘤重后，体重在 25g 左右。从试验过程来看，给药后小鼠体重略微减轻，停药恢复；随着剂量增大，小鼠大便稀度增加，提示具有一定的肠道不良反应；连续的腹腔注射给药，可能引发腹腔炎症，甚至不同程度的血性腹水；试验组内无个体死亡，解剖后腹腔内没有肉眼可见受试物残留，也无可见的器质性病变。

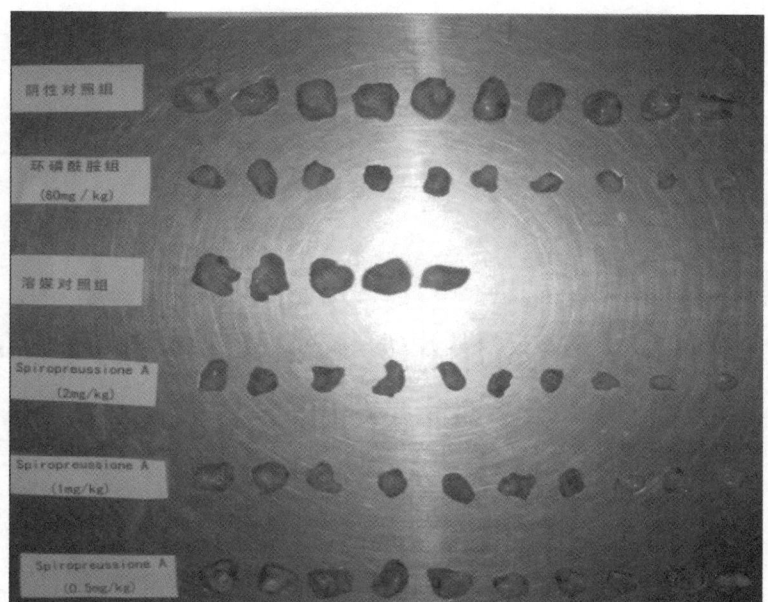

图 42-14　螺光黑壳菌酮 A 抗小鼠肝癌 H22 药效学试验结果实物图(瘤体)

接种 H22 细胞的 KM 小鼠随机分成 6 组，一个阴性对照组、一个阳性对照组试验组 60mg/kg(环磷酰胺)、一个溶媒对照组、3 个试验组(高剂量 2.0mg/kg、中剂量 1.0mg/kg 和低剂量 0.5mg/kg)。除溶媒组 5 只小鼠外，其余每组 10 只，所有组别均采用腹腔注射给药方式。一定时间后，脱臼处死小鼠，剖出瘤体、称重、摆放并拍照记录

(李　兵　王春兰　郭顺星)

参考文献

陈华，赵德明. 2005. 肝癌动物模型. 实验动物科学与管理，22(4)：32-35.

李海燕，方肇勤，梁尚华. 2000.小鼠移殖性肝癌(H22)模型的研究及其在中医药抗肿瘤中的应用.中国中医基础医学杂志，6(1)：27-30.

凌茂英. 1987. 对小鼠腹水型肝癌细胞(H22)的形态学及转移能力的进一步观察. 大连医学院学报，9(1)：27-31.

徐静，李旭. 2005. 肝癌动物模型建立. 实用肝脏病杂志，8(2)：116-118.

Baumann F，Preiss R. 2001. Cyclophosphamide and related anticancer drugs. Journal of Chromatography B，764：173-192.

Chen XM，Shi QY，Guo SX，et al. 2009. Spirobisnaphthalene analogues from the endophytic fungus *Preussia* sp.，Jounaral of Natatural Product，72：1712-1715.

Clamon GH. 1992. Alkylating Agents. *In*：Perry MC. The Chemotherapy Sourcebook. Baltimore：Williams & Wilkins，286-300.

Denizot F，Lang R. 1986. Rapid colorimetric assay for cell growth and survival modifications to the tetrazolium dye procedure giving improved sensitivity and reliability. Jounaral Immunol Methods，89：271-277.

Fleming RA. 1997. An overview of cyclophosphamide and ifosfamide pharmacoLogy. Pharmacotherapy，17(5)：146S-154S.

McDonald LA，Abbanat DR，Barbieri LR，et al. 1999. Fermentative production of self-toxic fungal secondary metabolites. Tetrahedron Letter，40：2489-2492.

Mosmann T. 1983. Rapid colorimetric assay for celluLar growth and survival：application to proliferation and cytotoxicity assays. Jounaral Immunol Methods，65：55-63.

Murphy SB，Bowman WP，Abromowitch M，et al. 1986. Alltherapy：review of the MD anderson program. Journal Clinical Oncology，4：1732.

Neal WR，George HR，Stephen MH，et al. 1991. An improved colorimetric assay for cell proLiferation and viability utilizing the tetrazolium salt XTT. Jounaral Immunol Methods，2：257-265.

OECD. 2001. Guideline 425：Acute Oral Toxicity-Up and Down Procedure. OECD Guidelines for Testing of Chemicals.

Trevan JW. 1927. The error of determination of toxicity. Proc Roy Soc，101B：483-514.

Ye Y，Li XQ，Tang CP. 2011. Naturalproducts chemistry research 2009's progress in China. Chinese Journal of NaturaL Medicines，9(1)：0007-0016.

Zbinden G，Flury-Roversi M. 1981. Significance of LD50-Test for toxicological evaluation of chemical substances. Arch Toxicol，47：77-99.

第四十三章 药用植物螃蟹甲一株内生真菌抑制肿瘤细胞活性

在对药用植物螃蟹甲一株内生真菌PHY-24提取物开展HIV-1整合酶链转移反应抑制活性研究的基础上（见本书第四十五章），本节对该内生真菌的提取部位和获得的单体化合物进行抑制肿瘤细胞活性测定。

应用多种分离纯化技术从内生真菌 PHY-24 的代谢产物中分离得到 10 个化合物：curvulin（1）、curvulin acid（2）、integrastatin B（3）、甘露醇（4）、*O*-methylcurvulinic acid（5）、（1*S*，3*S*）-2，3，4，9-四氢-1-甲基-1H-吡啶[3，4-B]吲哚-3-羧酸（6）、（1*R*，3*S*）-2，3，4，9-四氢-1-甲基-1H-吡啶[3，4-B]吲哚-3-羧酸（7）、棕榈酸（8）、麦角甾醇（9）、香草醛（10）。采用 MTT 法，在体外对这些化合物的抑制肿瘤细胞活性药进行了研究；选取的肿瘤细胞株包括人肝癌细胞（HepG2、BEL7402）、人乳腺癌细胞（MCF-7）、人肺癌细胞（A549）、人胃癌细胞（SGC-7901）。

一、化合物抑制肿瘤细胞的活性

将分离到的 8 个单体化合物和 1 对对映体混合物分别配制成 20μg/ml 和 10μg/ml 两个不同浓度，测定上述两个浓度下各化合物抑制肿瘤细胞的活性。结果显示（表 43-1），棕榈酸对 MCF-7 细胞，以及 integrastatin B 和麦角甾醇对 MCF-7、SGC-7901、HepG2 3 种细胞的抑制率在 50%以上，说明化合物对其对应的细胞具有良好的增殖抑制作用。为进一步证实这 3 个化合物的抑制肿瘤细胞活性，需对其进行 IC_{50} 测定（初筛设置 20μg/ml 和 10μg/ml 两个不同浓度，可以根据这两个浓度的活性变化趋势来设置后续 IC_{50} 测定时的浓度）。

表 43-1 化合物作用各肿瘤细胞株 48h OD 值数据汇总表

化合物		对不同细胞的抑制率/%				
		BEL7402	HepG2	SGC-7901	MCF-7	A549
curvulin	20μg/ml	15.21	37.60	−15.02	3.44	4.78
	10μg/ml	14.09	19.14	−27.81	−12.55	−6.75
curvulin acid	20μg/ml	19.81	39.91	49.34	35.57	3.27
	10μg/ml	16.05	20.37	14.86	22.15	−11.62

续表

化合物		对不同细胞的抑制率/%				
		BEL7402	HepG2	SGC-7901	MCF-7	A549
integrastatin B	20μg/ml	40.62	54.08	50.78	64.87	17.37
	10μg/ml	34.05	52.65	−1.32	23.49	32.04
甘露醇	20μg/ml	23.39	33.68	46.77	4.96	10.15
	10μg/ml	7.24	11.50	42.30	−0.07	3.66
O-methylcurvulinic acid	20μg/ml	16.61	36.09	−1.23	14.78	−3.38
	10μg/ml	5.84	16.80	−26.35	0.46	−15.58
化合物 6 和 7	20μg/ml	26.72	24.00	29.17	29.71	3.90
	10μg/ml	18.96	18.11	22.37	21.78	0.03
棕榈酸	20μg/ml	28.36	34.19	48.02	54.26	39.94
	10μg/ml	15.83	21.69	8.49	5.73	22.01
麦角甾醇	20μg/ml	34.07	58.86	56.00	74.70	16.40
	10μg/ml	29.10	49.33	44.50	72.39	19.10
香草醛	20μg/ml	14.87	17.55	22.25	16.01	−2.10
	10μg/ml	6.49	12.42	13.30	6.05	−3.83

注：表中化合物 6 和 7 为(1*S*，3*S*)-2，3，4，9-四氢-1-甲基-1H-吡啶[3，4-B]吲哚-3-羧酸和(1*R*，3*S*)-2，3，4，9-四氢-1-甲基-1H-吡啶[3，4-B]吲哚-3-羧酸的混合物

二、化合物抑制肿瘤细胞的 IC_{50} 测定

将 itegrastatin B、麦角甾醇和棕榈酸配制成浓度梯度：20μg/ml、10μg/ml、5μg/ml、2.5μg/ml、1μg/ml、0.5μg/ml、0.25μg/ml、0.1μg/ml，溶剂为添加 12%灭火胎牛血清的 1640 培养基。与各肿瘤细胞株作用 48h 后测定抑制肿瘤细胞活性。结果显示(表 43-2)，棕榈酸对人乳腺癌细胞 MCF-7 仅在 20μg/ml 时抑制率大于 50%，浓度稀释后，活性迅速降低。麦角甾醇对人乳腺癌细胞 MCF-7、人胃癌细胞 SGC7901 和人肝癌细胞 HepG2 的抑制活性都很好，尤其对 HepG2 肿瘤细胞株增殖的抑制作用最显著。integrastatin B 对人乳腺癌细胞 MCF-7、人胃癌细胞 SGC-7901 和人肝癌细胞 HepG2 也有不同程度的抑制作用，但效果较麦角甾醇略差。

表 43-2　不同浓度活性化合物对各肿瘤细胞株抑制率的汇总表

化合物终浓度/(μg/ml)	棕榈酸	麦角甾醇			Integrastatin B		
	MCF-7	MCF-7	SGC-7901	HepG2	MCF-7	SGC-7901	HepG2
20	53.10	68.69	62.81	98.71	63.08	50.78	70.60
10	7.21	50.69	47.20	92.34	45.91	44.42	56.99
5	5.51	50.37	44.57	70.11	36.10	48.43	50.46
2.5	1.80	41.75	39.90	59.26	24.88	37.92	40.78
1	−1.65	34.61	33.56	54.40	16.00	30.29	20.49
0.5	0.75	39.62	33.01	47.65	12.27	17.95	5.60
0.25	3.75	43.98	29.42	42.03	10.16	19.47	3.42
0.1	2.40	33.76	29.47	27.01	3.04	7.02	1.01

将上述数据输入 Origin Lab 8.0 软件，得到 3 个化合物非线性拟合的量效关系曲线，如图 43-1～图 43-7 所示。

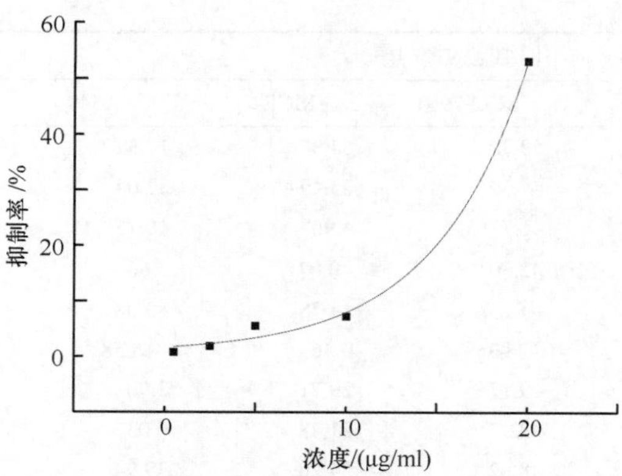

图 43-1　棕榈酸对 MCF-7 肿瘤细胞的量效关系曲线

根据棕榈酸不同浓度对 MCF-7 肿瘤细胞抑制率绘制曲线，因浓度 1μg/ml、0.25μg/ml、0.1μg/mL 样品抑制率可疑，故将其剔除

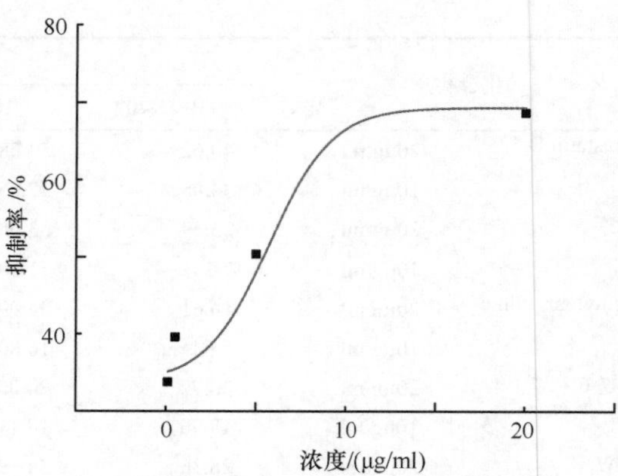

图 43-2　麦角甾醇对 MCF-7 细胞的量效关系曲线

根据麦角甾醇不同浓度对 MCF-7 肿瘤细胞抑制率绘制曲线，因浓度 2.5μg/ml、10μg/ml 样品抑制率可疑，故将其剔除

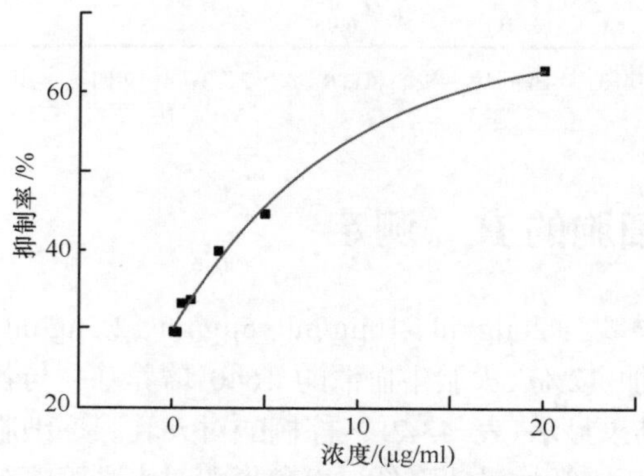

图 43-3　麦角甾醇对 SGC-7901 细胞的量效关系曲线

根据麦角甾醇不同浓度对 SGC-7901 肿瘤细胞抑制率绘制曲线，因浓度 10μg/ml 样品抑制率可疑，故将其剔除

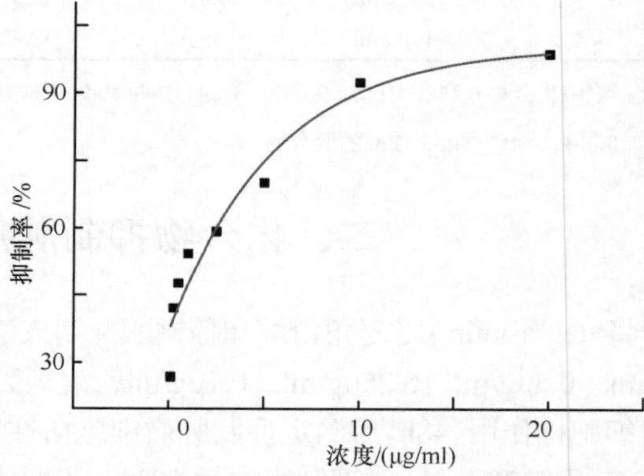

图 43-4　麦角甾醇对 HepG2 细胞的量效关系曲线

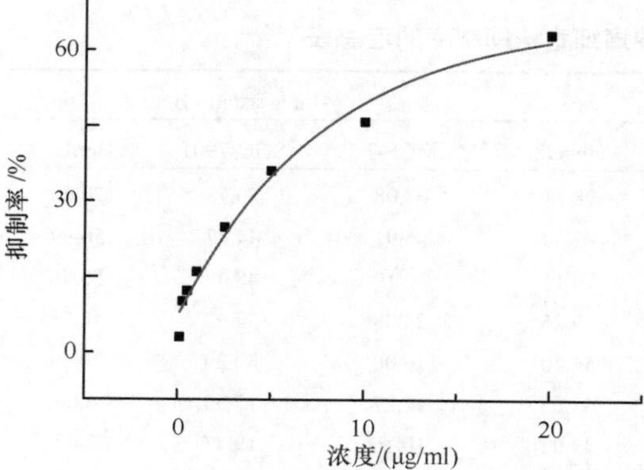

图 43-5　Integrastatin B 对 MCF-7 细胞的量效关系曲线

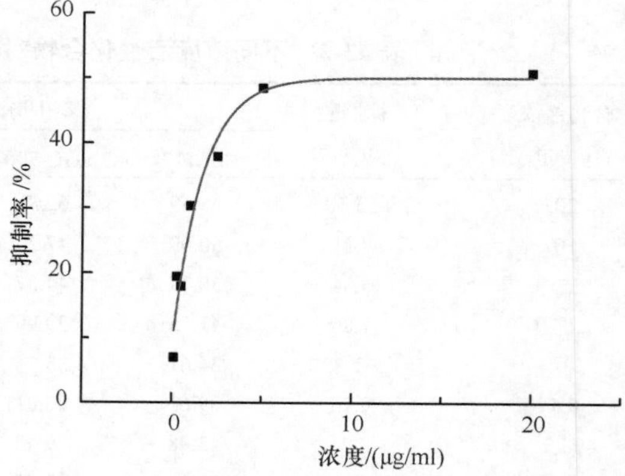

图 43-6　Integrastatin B 对 SGC-7901 细胞的量效关系曲线

根据 integrastatin B 不同浓度对 SGC-7901 肿瘤细胞抑制率绘制曲线，因浓度 10μg/ml 样品抑制率可疑，故将其剔除

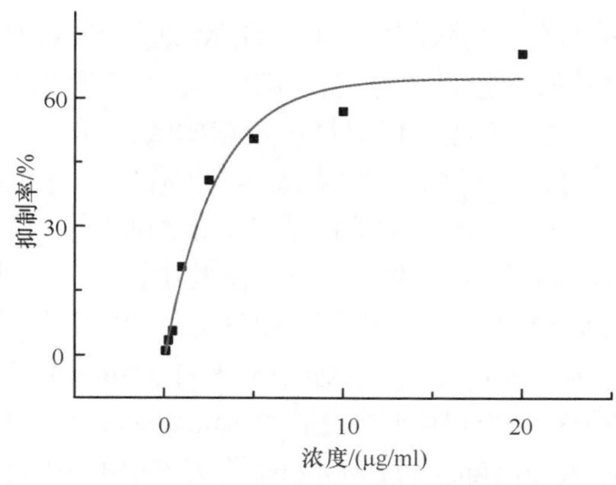

图 43-7　Integrastatin B 对 HepG2 细胞的量效关系曲线

三、化合物抑制肿瘤细胞 IC_{50} 值

根据上述不同化合物对应的不同肿瘤细胞非线性拟合的量效关系曲线，计算得出对应的 IC_{50}。结果显示（表 43-3），麦角甾醇对人乳腺癌细胞 MCF-7、人胃癌细胞 SGC-7901 和人肝癌细胞 HepG2 增殖抑制活性良好，尤其对 HepG2 细胞株有强的抑制活性，IC_{50} 可达 1.27μg/ml；integrastatin B 对上述 3 种细胞的增殖抑制活性较麦角甾醇略差，但是作用也比较显著，对 HepG2 细胞株抑制活性最强，IC_{50} 可达 4.27μg/ml。棕榈酸对人乳腺癌细胞 MCF-7 有一定的增殖抑制活性，但是比较微弱。

表 43-3　化合物对不同细胞的 IC_{50} 汇总表

IC_{50} /（μg/ml）	棕榈酸	麦角甾醇			Integrastatin B		
	MCF-7	MCF-7	SGC-7901	HepG2	MCF-7	SGC-7901	HepG2
	19.68	5.41	7.10	1.27	10.17	11.38	4.27

本试验发现 integrastatin B 对人乳腺癌细胞 MCF-7、人胃癌细胞 SGC-7901 和人肝癌细胞 HepG2 有不同程度的抑制活性，其 IC_{50} 分别为 10.17μg/ml、11.38μg/ml 和 4.27g/ml。本研究首次发现 integrastatin B 具有体外抗肿瘤活性。

四、PHY-24 真菌化合物活性的相关分析

棕榈酸体外对人乳腺癌细胞 MCF-7 有一定的抑制活性，其 IC_{50} 为 19.68μg/ml。王爱武（2002）发现棕榈酸有明显的抗癌活性，且在浓度为 0.25～1mg/ml 时发挥最佳效果。棕榈酸对人白血病细胞株 HL-60 的抑制率在浓度为 0.25～1mg/ml 时均达到 95%以上，4mg/ml 降至 80%～90%，对人肺癌细胞株 A549 的抑制率在浓度为 0.25～1mg/ml 时为 89%～97%，4mg/ml 时抑制率降至 40%～60%。在此基础上，王爱武对棕榈酸抗癌机制进行了研究。他发现棕榈酸对人肺癌 A549 细胞株的增殖有明显抑制作用，其抑制作用随作用时间延长和浓度增加而明显增强。高浓度棕榈酸（≥50μmol/L）可直接杀伤肺 A549 细胞导致其死亡，低浓度（≤10μmol/L）对人肺癌 A549 细胞的抑制作用主要通过诱导其凋亡而实现，诱导 A549 细胞凋亡与 G_2/M 期阻滞有关碳

酸对 A549 细胞 G_2/M 期阻滞具有时间限制性，48h G_2/M 期阻滞达到最高峰。他提出，由于棕榈酸低剂量抗癌活性以诱导肿瘤细胞凋亡为主，临床可尝试棕榈酸以低有效剂量强度、短用药实践方案用于人肺癌的治疗。这个方法可以保持恒定棕榈酸持续恒定的有效低浓度范围，诱导人肺癌细胞凋亡，在产生较好抗癌疗效的同时降低其毒副作用，增加患者的耐受性。本试验中测定棕榈酸对人肺癌 A549 细胞株无明显的抑制活性。推测原因如下：本研究室保藏的人肺癌 A549 细胞株传代次数过多，肿瘤细胞已发生变异；试验中操作有人为误差等。

麦角甾醇对人乳腺癌细胞 MCF-7、人胃癌细胞 SGC-7901 和人肝癌细胞 HepG2 有不同程度的抑制活性，其 IC_{50} 分别为 5.41μg/ml、7.10μg/ml 和 1.27μg/ml。麦角甾醇是植物和真菌中的常见成分，其抗肿瘤活性早在 1994 年即被报道(Yasukawa et al.，1994)。在国外，Yasukawa 等(1994)发现分离自真姬菇(*Hypsizigus marmoreus*)子实体中的麦角甾醇对小鼠皮肤癌有显著抑制作用；分离自猪苓(*Polyporus umbellatus*)醇提物中的麦角甾醇对化学致癌物，如糖精钠(sodium saccharin)等诱导的 Wistar 大鼠膀胱癌有很好的治疗作用(Yazawa et al.，2000)。美国密歇根大学 Zhang 和 Mill 的研究小组(Zhang et al.，2002；2003)发现，分离自树花(*Grifola frondosa*)菌丝体和杨树菇(*Agrocybe aegerita*)子实体中的麦角甾醇对环氧合酶 II(COX-2)有抑制作用(COX-2 是一种在多种恶性肿瘤中高表达的酶，常作为抑制肿瘤的一个靶点)。Subbiah 和 Abplanlp 在 2003 年发现酵母中的麦角甾醇在体外对乳腺癌细胞有较强的抑制作用。国内，从南方红豆杉的一株内生真菌 *Perenniporia tephropora*(担子菌门 *Perenniporia*)中分离得到的麦角甾醇被发现其具有很强的体外抗肿瘤活性(Kuo et al.，2011)，其对 HeLa、SMMC-7721、PANC-1 3 种肿瘤细胞的 IC_{50} 分别为 1.16μg/ml、11.63μg/ml 和 11.8μg/ml。张巧霞等(2005)发现，含麦角甾醇较多的虫草菌 HK21 提取物的抗肿瘤活性较高，推测麦角甾醇具有良好的抗肿瘤活性(张巧霞等，2005)。高虹等发现，提取自巴西菇子实体的麦角甾醇在小鼠 S180 移殖瘤试验中有较强的体内抗癌活性，其对 S180 肿瘤细胞的增殖抑制作用随着剂量增加而增强，100mg/(kg · 天)剂量时的瘤重抑制率接近 80%。在此基础上，高虹等(2011)通过巨噬细胞吞噬功能测定(中性红法)、脾淋巴细胞增殖功能检测(MTT 法)、体外抑杀肿瘤细胞(MTT 法)及鸡胚绒毛尿囊膜等试验初步探讨了麦角甾醇抗肿瘤活性的作用机制，发现麦角甾醇能够强烈地抑制血管生长，它的抗肿瘤活性很有可能是通过这一机制来发挥作用的。除此之外，麦角甾醇在医学上还是作为生产黄体酮和可的松的前体医药原料，它还是维生素 D_2 的前体(Jasinghe et al.，2005)。此外，Weete 研究小组研究了壶菌纲、接合菌纲中上百种代表性真菌的甾体成分，发现真菌中的主要甾体成分具有重要的分类学意义。一般来说，胆甾醇是较原始真菌类群(如壶菌门真菌)的主要甾体成分，麦角甾醇是较进化真菌类群(如子囊菌和担子菌)的主要甾体成分(Weete，1989)。其余 6 个化合物在本试验中未见明显的体外抑制肿瘤细胞活性。

香草醛对酪氨酸酶单酚酶和二酚酶活性均有抑制作用(龚盛昭等，2006)，其 IC_{50} 值分别约为 2.7mmol/L 和 4.1mmol/L。香草醛吸嗅可以缓解小鼠抑郁样行为。香草醛缓解抑郁样行为可能是通过调节中枢神经内分泌(皮质醇)，影响 5-HT 等神经递质、影响调节神经再生的神经营养因子(如 BDNF 表达)，引起情绪相关脑区结构重塑与功能调整来发挥其作用的(王艳梅，2013)。不同浓度的香草醛溶液对樟子松种子萌发和幼苗生长都产生了影响，而且表现为低促高抑的效应，其中香草醛浓度为 10mmol/L 的溶液对樟子松胚根和幼茎生长的抑制作用达到了极显著水平(张柏习等，2007)。

甘露醇在医学、食品和工业上有重要的应用价值。在医学上，它是良好的利尿剂，可降低颅内压、眼内压，可治疗肾病，可用作药片的赋形剂及固体、液体的稀释剂。甘露醇注射液作为高渗透降压药，是临床抢救，特别是脑部疾患抢救常用的一种药物，具有降低颅内压药物所要求的降压快、疗效准确的特点。在食品工业上，甘露醇可作为脱水剂、食糖的代用品。在工业上，甘露醇可用于塑料行业，制松香酸酯及人造甘油树脂、炸药、雷管(硝化甘露醇)等，可用于树脂和药品的合成。

（温 欣 王春兰 郭顺星）

参 考 文 献

高虹，史德芳，杨德，等. 2011. 巴西菇麦角甾醇抗肿瘤活性及作用机理初探. 中国食用菌，30(6)：35-39.

龚盛昭，杨卓如，程江. 2006. 香草醛对酪氨酸酶活性额抑制. 华南理工大学学报(自然科学版)，5：113-116.

王爱武. 2002. 中药猫爪草抗肿瘤有效部位的研究. 济南：山东中医药大学博士学位论文.

王艳梅. 2013. 香草醛吸嗅改善 C57 小鼠抑郁样行为及其机制的探索. 合肥：安徽医科大学硕士学位论文.

张柏习，张学利，刘淑玲，等. 2007. 香草醛对樟子松种子萌发与幼苗生长的影响. 辽宁林业科技，6：32-52.

张巧霞，梁保康，吴建勇，等. 2005. 人工虫草菌 HK-1 与天然虫草提取物的抗肿瘤活性比较. 中草药，36(9)：1346-1349.

Jasinghe VJ，Perera CO，Barlow PJ. 2005. Bioavailability of vitamin D2 from irradiated mushrooms：an *in vivo* study. Brit J Nutr，93(6)：951-956.

Kuo CF，Hsieh CH，Lin WY. 2011. Proteomicresponse of LAP-activated RAW264.7 macrophages to the anti-inflammatory property of fungal ergosterol. Food Chem，126(1)：207-212.

Subbiah MTR，Abplanalp W. 2003. Ergosterol(major sterol of baker's and brewer's yeast extracts) inhibits the growth of human breast cancer cells in vitro and the potential role of its oxidation products. International Journal for Vitamin and Nutrition Research，73(1)：19-23.

Weete JD. 1989. Structure and func tion sterols in fungi . AdvLipid Res，23：115-167.

Yasukawa K，Aoki T，Takido M，et al. 1994. Inhibitory effects of ergosterol isolated from the edible mushroom *Hypsizigus marmoreus* on TPAinduced inflammatory ear oedema and tumour promotion in mice.Phytotherapy Research，8(1)：10-13.

Yazawa Y，Yokota M，Sugiyama K. 2000. Antitumor promoting effect of polyporus and ergosterol on rat urinary bladder carcinogenesis in a short-term test with concanavalin A. Biological and Pharmaceutical Bulletin，23(11)：1298-1302.

Zhang YJ，Mills GL，Nair MG. 2002. Cyclooxygenase inhibitory and antioxidant compounds from the mycelia of the edible mushroom *Grifola frondosa*. Journal of Agricultural and Food Chemistry，50(26)：7581-7585.

Zhang YJ，Mills GL，Nair MG. 2003. Cyclooxygenase inhibitory and antioxidant compounds from the fruiting body of an edible mushroom，*Agrocybe aegerita*. Phytomedicine，10(5)：386-390.

第四十四章　灵芝内生真菌抗肿瘤活性研究

真菌发酵产物因具有增强机体免疫力、抗辐射和抗肿瘤等生物活性(赵堂福等，1982；杭秉茜等，1986；黄国城和施少捷，1993；曾淑君等，1994；王艳等，1996；唐小平和侯勇，1998)，日益受到人们的普遍关注。自然界中真菌种类繁多，真菌发酵产物是研究、发现新化合物和开发研制新药的重要天然宝库。真菌代谢产物具有结构类型繁多、生理活性多样的特点，因而，跟踪活性，对真菌化学成分进行研究，可为寻找新结构的活性天然产物提供一个很好的研究方向。从本研究室保存的分离自灵芝的数百种内生真菌中，选取了 44 个对兰科植物有一定促生长作用的菌株进行体外抗肿瘤活性筛选，以寻求具有抗肿瘤活性的真菌代谢产物。

第一节　内生真菌抑制肿瘤细胞活性筛选

使用 MTT 法，选择人肝癌细胞系 BEL-7402、人结肠癌细胞系 HCT-8、人肺腺癌细胞系 GLC-82、人肺腺癌细胞系 SPC-A-1、人食管癌细胞系 EC-109 等肿瘤细胞株，对 85 株灵芝内生真菌的抗肿瘤活性进行了初步研究，旨在获得有良好抗肿瘤活性的菌株。

一、抑制肿瘤活性初步筛选

87 个样品对 GLC-82、HCT-8 两种肿瘤细胞株增殖的抑制作用，如表 44-1 所示。

表 44-1　87 个样品对 GLC-82、HCT 两种肿瘤细胞株增殖的抑制作用

样品编号	抑制率/%		样品编号	抑制率/%	
	GLC-82	HCT		GLC-82	HCT
B1	56.9	47.4	A1	37.3	44.2
B2	16.0	15.7	A2	39.6	12.2
B4	33.0	26.5	A4	51.0	10.2
B4’	25.5	25.6	A6	45.2	4.64
B6	14.4	20.7	A7	94.9	96.7
B7	81.8	94.0	A8	42.3	42.3
B8	12.5	18.5	A9	52.6	50.5
B9	0(−9.79)	30.0	A10	48.5	51.4

续表

样品编号	抑制率/%		样品编号	抑制率/%	
	GLC-82	HCT		GLC-82	HCT
B10	0(−3.22)	40.4	A11	49.9	53.8
B11	7.88	46.6	A12	35.4	60.9
B12	21.3	10.7	A13	45.6	21.8
B13	47.09	3.32	A14	48.1	8.06
B14	0(−0.372)	26.5	A15	58.3	0(−17.3)
B15	47.3	19.9	A16	51.0	0(−76.3)
B16	37.5	3.94	A17	50.3	36.4
B17	18.0	45.8	A18	54.9	0(−54.8)
B18	29.0	20.7	A19	55.4	0(−9.26)
B19	34.8	10.5	A20	60.8	0(−19.8)
B20	30.7	27.5	A21	44.6	0(−32.3)
B21	15.6	33.0	A22	56.6	0(−57.6)
B22	47.11	—	A24	31.5	0(−11.0)
B24	20.1	19.7	A25	51.1	24.3
B25	28.2	0(−9.55)	A26	47.4	0(−4.20)
B26	17.5	0(−2.01)	A27	24.7	22.0
B27	25.2	12.4	A28	65.5	0(−24.2)
B28	36.9	6.82	A29	66.3	0(−57.8)
B29	43.9	27.6	A31	51.0	0(−32.7)
B31	32.6	17.8	A32	50.4	0(−11.4)
B32	42.0	17.8	A33	52.4	10.5
B33	34.9	4.46	A34	60.0	—
B34	24.3	32.2	A35	37.4	0(−37.2)
B35	47.6	76.3	A36	47.0	0(−33.1)
B36	40.7	61.8	A37	61.6	0(−58.8)
B37	52.8	61.4	A38	62.2	0(−24.9)
B38	57.5	58.7	A39	52.4	0(−3.33)
B39	42.7	56.9	A40	30.3	57.8
B40	50.2	66.5	A41	48.3	0(−62.8)
B42	69.5	66.3	A42	39.7	4.69
B43	24.5	47.3	A43	48.5	15.7
B(1)	36.4	24.9	A(1)	58.4	24.9
B(2)	39.4	31.2	—	—	—
B(3)	39.4	41.6	A(3)	20.6	43.6
B(5)	37.2	60.6	A(5)	14.7	48.4
BGH10	53.8	55.0	AGH10	22.9	21.4

注：A.菌丝甲醇提取物；B.发酵液醇沉提取物

从上面的初筛结果可以看出与其他菌株相比较，7 号菌株菌丝体的甲醇提取物(A7)和发酵液醇沉提取物(B7)对癌细胞的抑制率最高，而且差异显著，因而，该菌株的培养物中很可能含具有抑制肿瘤细胞活性的化学成分。

二、抑制肿瘤活性初步筛选及量效关系研究

为了确证 A7 和 B7 的抑制肿瘤细胞活性，我们对其进行了复筛、量效关系试验，并选取另外 3 种癌细胞系进行试验。

(一) 样品 A7 和 B7 对 GLC-82、HCT-8 两种肿瘤细胞株增殖的抑制作用复筛结果及量-效关系研究

样品 A7 和 B7 在复筛试验中仍然具有很好的活性(表 44-2)。A7、B7 抑制肿瘤细胞生长的活性与其他菌株提取物有很大差异；浓度为 5～100μg/ml 时，抑制率都在 60%以上，且表现出一定的量-效关系(表 44-3)。

表 44-2　复筛结果

样品编号	抑制率/%					
	GLC-82			HCT-8		
	初筛	复筛	均值	初筛	复筛	均值
A7	94.9	96.1	95.5	96.7	95.9	96.3
B7	81.8	91.5	86.6	94.0	97.9	96.0

注：样品浓度为 100μg/ml

表 44-3　量-效关系

样品编号	抑制率/%							
	GLC-82				HCT-8			
	50μg/ml	20μg/ml	10μg/ml	5μg/ml	50μg/ml	20μg/ml	10μg/ml	5μg/ml
A7	96.7	92.2	86.3	87.2	85.9	83.9	84.9	85.9
B7	93.5	83.3	71.5	61.6	92.6	90.6	84.6	66.8

(二) 样品 A7、B7 对 5 种癌细胞作用的 IC_{50}

在 5 种癌细胞系中(表 44-4)，BEL-7402 肝癌细胞系对 A7、B7 最敏感，其次为 HCT-8 结肠癌细胞系。因而，A7、B7 中很可能含有具有抑制肿瘤细胞活性的化学成分，值得对其化学成分和药理活性作进一步的深入研究。

表 44-4　样品 A7、B7 对 5 种癌细胞作用的 IC_{50}　(单位：μg/ml)

样品编号	IC_{50}				
	BEL-7402	GLC-82	SPAC-A-1	EC-109	HCT-8
A7	1.0	8.7	4.7	5.6	1.7
B7	3.1	17.9	13.7	不定	3.5
作用时间/天	5	5	5	5	5

第二节　内生真菌发酵物抗肿瘤活性

在本章第一节，我们从 44 个真菌的发酵产物中找到体外具有抗肿瘤活性的甲醇提取物 A7。A7 是 7 号内生真菌菌丝体的甲醇提取物。该菌经鉴定为 *Calcarisporium arbuscula*，我们对 A7 及其下游分离成分的抗肿瘤活性进行了较为详细的研究。

在本节，我们采用 MTT 法，选择人肝癌细胞系 BEL-7402、人结肠癌细胞系 HCT-8、人肺腺癌细胞系 GLC-82、人肺腺癌细胞系 SPC-A-1、人食管癌细胞系 EC-109 等肿瘤细胞株，对 A7 及其下游分离成分的体外抗肿瘤活性进行了研究；采用动物肿瘤模型，即小鼠肉瘤 S180 的皮下移植模型，昆明小鼠(雌、雄随机，体重 18～22g) 对部分样品体内抑制肿瘤增殖的作用进行了研究。

一、MTT 法检测 7 号内生真菌发酵液甲醇提取物(A7)和菌丝体甲醇提取物(A⑦)对肿瘤细胞系生长抑制作用的量效关系

试验结果显示(表 44-5)，当样品作用 96h 时，A7 对 BEL-7402、HCT-8、SPC-A-1、GLC-82 和 EC-109 癌细胞生长抑制作用的 IC_{50} 分别为 0.8g/ml、1.0g/ml、4.7g/ml、5.0g/ml 和 7.6g/ml，均明显低于 10g/ml，可见 A7 对肿瘤细胞具有明显的抑制作用。从浓度-抑制率曲线(图 44-1、图 44-2) 可以看出，肝癌细胞系 BEL-7402 对 A7 最敏感，其 IC_{50} 为 0.8g/ml；结肠癌细胞系 HCT-8 对 A7 也很敏感，其 IC_{50} 为 1.7g/ml；肺腺癌细胞系 SPC-A-1 对 A7 较敏感，IC_{50} 为 4.7g/ml；肺腺癌细胞系 GLC-82 和食管癌细胞系 EC-109 对 A7 最不敏感，其 IC_{50} 分别为 5.0g/ml 和 7.6g/ml。A⑦具有与 A7 相似的作用特点，也对 BEL-7402 抑制作用最强，对 GLC-82 和 EC-109 抑制作用最弱，但总体上对上述肿瘤细胞的抑制作用均弱于 A7 的抑制作用。

表 44-5　不同浓度 A7、A⑦对多种肿瘤细胞系的体外抑瘤活性

肿瘤细胞系样品		抑制率/%				
		0.5g/ml	1.0g/ml	2.0g/ml	5.0g/ml	10.0g/ml
BEL-7402	A7	31.2	55.7	80.5	93.2	90.6
	A⑦	8.5	24.1	38.2	74.6	86.5
GLC-82	A7	0	0	0	50.0	54.4
	A⑦	6.0	0	0	11.5	40.6
SPC-A-1	A7	5.5	0	28.0	56.3	78.4
	A⑦	0	0	0	10.8	37.0
EC-109	A7	12.4	0	20.6	31.5	81.8
	A⑦	0	0	0	0	9.19
HCT-8	A7	0.73	32.6	56.7	86.9	91.2
	A⑦	5.62	12.8	27.0	64.2	96.3

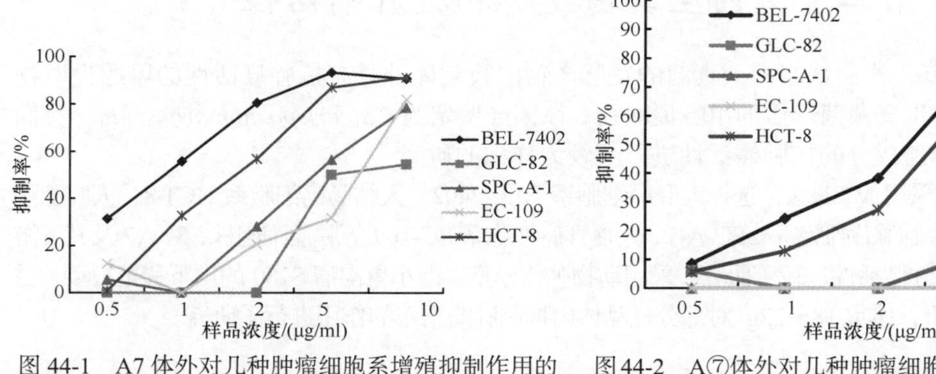

图 44-1　A7 体外对几种肿瘤细胞系增殖抑制作用的量效关系

图 44-2　A⑦体外对几种肿瘤细胞系增殖抑制作用的量效关系

二、A7 对小鼠皮下移殖性肿瘤模型 S180 体内肿瘤的抑制作用

（一）A7 体内治疗剂量的选择

由于样品量有限，故采用本试验方法对 A7 的体内治疗剂量进行初步估计，同时观察其体内毒性情况，从而确定它的体内治疗剂量。将昆明小鼠随机分为 3 组，每组 2 只，雌、雄随机，设 100mg/kg、200mg/kg 和 500mg/kg 组，腹腔注射给药 1 次，观察 7 天内小鼠的死亡情况。试验结果显示，腹腔注射 500mg/kg 时，两只鼠在 7 天内的死亡率为 2/2；腹腔注射 200mg/kg 时，两只鼠在 7 天内的死亡率为 1/2；腹腔注射 100mg/kg 时，两只鼠在 7 天内的死亡率为 0/2。由此，估计 A7 的 LD_{50} 应在 200mg/kg 附近。在体内抑瘤试验时给药剂量采用 50mg/kg（1/4LD_{50}）。

（二）A7 对小鼠皮下移殖性肿瘤模型 S180 的体内抑瘤活性

将小鼠按体重随机分为溶剂对照组（生理盐水）和 A7 治疗组（分未煮沸组 A7-1 和煮沸消毒组 A7-2），每组 10 只。接种瘤细胞次日开始腹腔注射给药，连续给药 8 天。停药次日处死小鼠，称小鼠带瘤体重和瘤重。按照［1−(给药组小鼠平均瘤重/对照组小鼠平均瘤重)］×100%计算对肿瘤的抑制率，采用 t 检验比较组间差异。

为考察加热对 A7 活性的影响，本试验治疗组共设 2 组：A7 加热组（A7-1）和 A7 未加热组（A7-2）。试验结果显示，腹腔注射 50mg/kg A7，连续给药 8 天，可显著抑制小鼠肉瘤 S180 皮下移殖瘤的生长，抑瘤率为 46.8%，$P<0.001$。给药组的平均体重无明显改变，说明腹腔注射 50mg/kg 的 A7 无明显毒性。本试验结果还显示，煮沸消毒对 A7 的体内抑瘤活性无影响，煮沸组与未煮沸组在相同给药剂量下抑瘤率无差别，$P>0.05$。具体结果见表 44-6。图 44-3 所示为试验各组的瘤块。

表 44-6　A7 水溶液对 S180 实体肉瘤的生长抑制作用

组别	剂量	动物数		平均体重/g		平均瘤重/g	抑瘤率/%	P 值
		始	末	始	末			
溶剂对照组	—	10	10	19.6	20.1	2.63±0.832	—	—
A7	50mg/kg×10	10	10	19.5	19.6	1.40±0.457	46.8	<0.001
B7	50mg/kg×10	10	10	19.4	19.6	1.48±0.270	43.7	<0.001

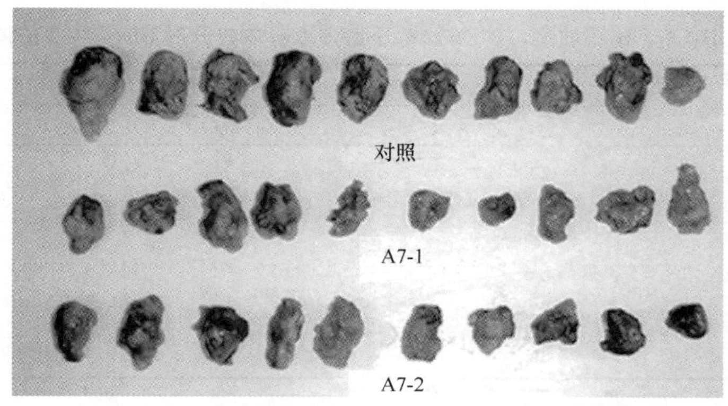

图 44-3 A7 治疗组与溶剂对照组的 S180 肿瘤组织

A7-1.煮沸组；A7-2.未煮沸组

三、MTT 法检测 A7 下游分离成分对肿瘤细胞 BEL-7402 增殖的抑制作用

(一) A7 下游成分 B-H_2O、B-BuOH、B-CH_2Cl_2、B-石油醚、B-EtOAC 的抗肿瘤活性

样品作用 96h，设 10g/ml、20g/ml、50g/ml 3 个浓度。计算不同浓度样品对人肝癌细胞增殖的抑制率。本试验结果见表 44-7，非极性有机溶剂提取部分 B-CH_2Cl_2、B-石油醚、B-EtOAC 对 BEL-7402 的体外有强抑制作用，而极性提取部分的体外抑瘤作用很弱。提示有效抑瘤成分的极性弱，在非极性溶剂中溶解度大。下一步可对非极性溶剂提取部分进行更为详细的分离。

表 44-7 B-H_2O、B-BuOH、B-CH_2Cl_2、B-石油醚、B-EtOAC 对肿瘤细胞 BEL-7402 增殖的抑制作用

样品	抑制率/%		
	10g/ml	20g/ml	50g/ml
B-H_2O	24.1	0	26.0
B-BuOH	19.1	0	58.3
B-CH_2Cl_2	100	100	100
B-石油醚	100	100	100
B-EtOAC	100	100	100

(二) A7 下游成分 B-CH_2Cl_2、B-石油醚、B-EtOAC 抗肿瘤活性

试验设 20g/ml、50g/ml、100g/ml 3 个浓度，作用 72h，计算抑制率，比较不同提取成分的体外抗肿瘤活性。本试验结果见表 44-8，可见样品 B1、B7、B8 对 BEL-7402 的体外抑制作用最强，浓度为 20g/ml 时对 BEL-7402 的抑制率即达 80%，明显高于其他 4 个样品对 BEL-7402 的抑制作用。

表 44-8　B-CH_2Cl_2、B-石油醚、B-EtOAC 下游提取单体成分对 BEL-7402 的体外抑制作用

样品	抑制率/%		
	20g/ml	50g/ml	100g/ml
B1	79.4	81.1	70.7
B7	85.3	80.1	76.4
B8	83.6	87.4	87.7
B10	28.9	20.1	31.4
BF5	8.64	14.2	22.8
BF6	27.4	6.83	12.1
BF7	30.1	59.9	89.2

四、化合物 B1、B7 和 B8 的体内、体外抑制肿瘤作用研究

(一)MTT 法检测化合物 B1、B7 和 B8 对 BEL-7402 增殖抑制作用的量效关系

试验结果(表 44-9、图 44-4)表明，B1、B7 和 B8 对 BEL-7402 的增殖有显著的抑制作用。从浓度-抑制率的半对数曲线可计算出样品作用的 IC_{50} 值。样品作用 72h 后，B1、B7、B8 对 BEL-7402 增殖抑制作用的 IC_{50} 分别为 0.75g/ml、0.53g/ml、0.45g/ml，均显著低于 10g/ml。

表 44-9　B1、B7 和 B8 对 BEL-7402 增殖的抑制作用

样品	抑制率/%					
	0.05g/ml	0.1g/ml	0.2g/ml	0.5g/ml	1.0g/ml	2.0g/ml
B1	11.2	11.9	4.00	43.4	59.9	72.1
B7	9.20	23.9	30.4	51.2	58.7	73.6
B8	4.21	10.2	29.2	62.1	70.0	77.7

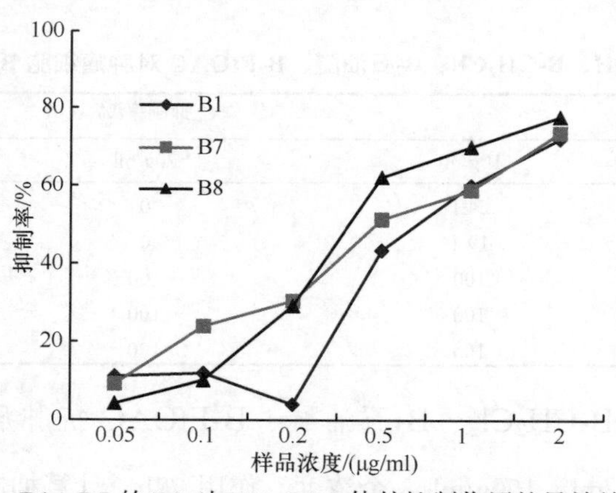

图 44-4　B1、B7 的 B8 对 BEL-7402 体外抑制作用的量效关系曲线

(二)B1、B7 和 B8 体内治疗剂量的选择

将昆明小鼠随机分组，每组 2 只，雌、雄随机，设不同给药剂量组，腹腔注射给药 1 次，观察 7 天内小鼠的死亡情况，初步估计其体内毒性。本试验 B1 设 16mg/kg、18mg/kg、20mg/kg 3 个给药剂量，7 天死亡率依次为 0/2、2/2、2/2，可见其 LD_{50} 为 16～18mg/kg；B7 设 20mg/kg、

30mg/kg、40mg/kg、50mg/kg、60mg/kg 5 个剂量，7 天死亡率依次为 0/2、0/2、0/2、1/2、2/2，其 LD_{50} 约为 50mg/kg；B8 设 20mg/kg、25mg/kg、28mg/kg、30mg/kg 4 个剂量，7 天死亡率依次为 0/2、0/2、0/2、2/2，其 LD_{50} 为 28～30mg/kg。根据该试验结果，在随后的体内抑瘤试验中 B1、B7 和 B8 依次给药剂量定为 4mg/kg、12mg/kg 和 8mg/kg。

（三）B1、B7 和 B8 对小鼠皮下移殖肿瘤模型的体内抑制活性

取生长良好的小鼠肉瘤 S180 的腹水按 1∶4 用生理盐水稀释成 2×10^7 个细胞/ml，每只小鼠腋部皮下接种 0.2ml 腹水稀释液使形成实体瘤。将小鼠按体重随机分为溶剂对照组（生理盐水）和治疗组，每组 10 只。接种瘤细胞次日开始腹腔注射给药，连续给药 10 天。停药次日处死小鼠，称小鼠带瘤体重和瘤重。按照［1-（给药组小鼠平均瘤重/对照组小鼠平均瘤重）］×100%，计算对肿瘤的抑制率，采用 t 检验比较组间差异。试验结果显示，样品 B1、B7 和 B8 对小鼠肉瘤 S180 体内几乎无抑瘤作用，3 个样品与对照组相比，P 值均大于 0.05。

本试验首先利用 MTT 法，对 43 种真菌的发酵产物（包括菌丝体和发酵液）的甲醇提取物共 86 个样品的体外抑瘤活性进行了试验研究。试验结果显示，在 86 个样品中，有两个样品 A7、A⑦对肿瘤细胞的体外直接杀伤能力较强。对此，本课题组就这两个样品对肿瘤细胞的体外杀伤能力进行了更加深入的试验研究，应用人肝癌细胞系 BEL-7402、人肺腺癌细胞系 GLC-82、人肺腺癌细胞系 SPC-A-1、人食管癌细胞系 EC-109 和人结肠癌细胞系 HCT-8，研究了 A7 和 A⑦体外抑瘤活性的量-效关系。试验结果显示，A7 对上述肿瘤细胞系的 IC_{50} 均低于 10g/ml，其中 BEL-7402 肝癌细胞系对 A7 最敏感，提示 A7 的抑瘤活性具有一定的选择性，可选择 BEL-7402 肝癌细胞系作为敏感细胞系，对 A7 抑瘤活性和作用机制作更深入的研究，有望从中找到对肝癌有特效的抗癌新药；A⑦显示与 A7 类似的作用特点，但作用较 A7 要弱。

鉴于 A7 良好的体外抑瘤效果，我们对 A7 的体内抑瘤活性进行了试验研究。试验结果显示，当腹腔注射 50mg/kg A7 水溶液时，对 S180 实体肉瘤的抑瘤率可达 46.8%，$P<0.001$。说明 A7 体内也具有显著的抑瘤活性。菌丝体甲醇提取物 A7 体内、体外都具有很好的抑瘤活性，且其抑瘤活性可能与其直接的细胞杀伤活性有关。A7 中是否含有细胞毒性抗肿瘤成分？本课题组对 A7 用非极性有机溶剂 CH_2Cl_2、石油醚、乙酸乙酯和极性较大的有机溶剂 BuOH 及 H_2O 进行了再分离，并用 MTT 方法检测各提取成分体外对 BEL-7402 的增殖抑制活性。试验结果显示，有机溶剂提取部分有明显的抑瘤活性，但 BuOH 及 H_2O 提取部分活性很低。说明 A7 中的抑瘤活性成分极性较低，用不同极性溶剂进行提取时，在非极性溶剂中的含量高。

在对非极性溶剂提取物的再分离过程中，得到 B1、B7 和 B8 等纯度较高的化合物单体。MTT 法检测它们对 BEL-7402 的体外抑瘤活性。检测结果显示，B1、B7 和 B8 3 个样品的活性最高，其 IC_{50} 依次为 0.75g/ml、0.53g/ml 和 0.45g/ml，均显著低于 10g/ml，说明它们对 BEL-7402 细胞体外有很强的杀伤活性（韩锐，1994）。由于 B1、B7 和 B8 体外对肿瘤细胞有很强的抑制活性，我们对它们的体内抑瘤活性进行了试验研究。试验结果显示，在最大给药剂量下，B1、B7 和 B8 体内对 S180 并无明显的抑瘤活性，$P>0.05$，见表 44-10。说明 B1、B7 和 B8 并不是菌丝体甲醇提取物 A7 中的抗肿瘤活性成分。

表 44-10 B1、B7 和 B8 对 S180 实体肉瘤的生长抑制作用

组别	剂量	动物数		平均体重/g		平均瘤重/g	抑瘤率/%	*P* 值
		始	末	始	末			
溶剂对照组	—	10	10	18.5	25.4	1.88±0.853	—	—
B1	4mg/kg×10	10	10	18.0	18.8	1.51±0.532	19.7	>0.05
B7	12mg/kg×10	10	9	18.2	19.6	1.67±0.835	11.2	>0.05
B8	8mg/kg×10	10	9	18.2	17.6	1.50±0.765	20.2	>0.05

（逯海燕 于能江 郭顺星）

参 考 文 献

曾庆田，赵军宁，邓治文. 1998. 针菇多糖的抗肿瘤作用. 中国食用菌，10(2)：11-13.

曾淑君，沈宝莲，文良珍. 1994 复方云芝糖肽对裸鼠鼻咽癌抗癌作用的研究. 中药药理与临床，(5)：35-37.

宫崎利夫. 1983. 菌类の抗癌活性. 现代东洋医学，1：61-61.

韩锐. 1994. 肿瘤化学预防及药物治疗. 北京：北京医科大学中国协和医科大学联合出版社，25-25.

杭秉茜，巫冠中，吴燕，等. 1986. 云芝多糖及银耳孢子多糖的抗突变作用. 南京药学院学报，17(4)：305-308.

黄国城，施少捷. 1993. 香菇多糖抗诱变性研究. 中华预防医学杂志，27(2)：124.

李敏民. 1985. 真菌多糖抗肿瘤研究简况. 江西中医药，(5)：59-61.

粟俭，甄永苏，戚长春，等. 1994. 真菌产生的新核苷转运抑制剂增强药物的抗肿瘤活性. 药学学报，29(9)：656-661.

单友亮，庄志铨，李博华，等. 1998. 云芝多糖研究进展. 中草药，29(5)：349-351.

唐小平，侯勇. 1998. 香菇多糖对肿瘤患者外周血大颗粒细胞(LGL)和自然杀伤细胞(NK)活性的影响. 中国现代应用药学杂志，15(4)：16-18.

王艳，吴玉波，张永恒. 1996. 猪苓多糖对顺铂增效作用及其毒性的影响. 医药研究，(5)：60-62.

徐淑云，卞如濂，陈修. 1994. 药理实验方法学.第二版. 北京：人民卫生出版社，1423-1436.

赵吉福，陈英杰，姚新生. 1993. 茯苓的抗肿瘤研究. 中国药物化学杂志，3(1)：62-64.

赵堂福，徐承熊，李志旺，等. 1982. 银耳制剂对急性放射病犬的治疗效果. 中国医学科学院学报，4(1)：20-23.

Carmihaei J，Degraff WC，Gazdar AF，et al. 1987. Evaluation of a tetrazolium-based semiautomated colorimetric assay：assessment of chemosensitivity. Cancer Res，47：936-942.

Ebisuno S，Inagaki T，Kohjimoto Y，et al. 1997. The cytotoxic effect of fleroxacin and ciprofloxacin on transitional cell carcinoma *in vitro*. Cancer，80(12)：2263-2267.

Hussain RF，Nouri AME，Oliver RTD. 1993. A new approach for measurement of cytotoxicity using colorimetric assay. J Immunol Methods，160(1)：89-96.

第四十五章 药用植物内生真菌抗HIV-1整合酶链转移活性研究

第一节 HIV及其治疗药物概况

一、HIV和艾滋病概述

获得性免疫缺陷综合征，即艾滋病（acquired immune deficiency syndrome，AIDS）于1981年在美国被发现（Gottlieb et al.，1981）。随后在1983年，由法国巴斯德研究所Luc Montagnier和美国国家癌症研究所Robert Gallo领导的两个独立研究小组分别宣布，从艾滋病患者的外周血淋巴细胞中分离出一种新的反转录病毒，后证实为艾滋病病原体HIV。他们将这一共同发现发表在当年*Science*杂志的同一期（Gallo et al.，1983；Barre-Sinoussi et al.，1983）。起初，Montagnier研究小组和Gallo研究小组分别将该反转录病毒命名为LAV（lymphadenopathy-associated virus）和HTLV-III（human T-lymphotropic virus Ⅲ）。1986年，出于折衷考虑，该反转录病毒才被统称为"人类免疫缺陷病毒"（human immunodeficiency virus，HIV）。HIV的发现是研究其致病机制、寻找有效的抗病毒治疗靶点、设计HIV疫苗和诊断方法并最终控制艾滋病的基础，具有重要的意义。2008年，Montagnier和他的同事Barre-Sinoussi因为发现HIV而获得诺贝尔医学或生理学奖，遗憾的是Robert Gallo未在获奖之列（Cohen and Enserink，2008）。

HIV主要通过血液、性、母婴3种方式进行传播。HIV一旦感染人体，就开始攻击人体免疫系统，靶细胞主要是$CD4^+$细胞，其中又以$T4^+$淋巴细胞为主（Klatzmann et al.，1984）。HIV感染会导致艾滋病，但艾滋病本身不是一种病，而是一种无法抵抗其他疾病的状态或综合症状，艾滋病患者会因为后天性细胞免疫功能出现缺陷而导致严重随机感染和/或继发肿瘤而致命。联合国艾滋病规划署（UNAIDS）2010年11月23日公布的最新《全球艾滋病疫情报告2010》显示，至2009年年底，全球现存3330万HIV感染者，其中2250万HIV感染现存者位于撒哈拉以南的非洲。迄今为止，全球累计报告HIV感染者共有6000多万人，其中2500多万人死于HIV导致的各种疾病。中国于1985年在浙江发现首例HIV感染病例，以HIV-1为主要流行株。联合国艾滋病规划署2010年11月23日公布的《全球艾滋病疫情报告2010》显示，至2009年年底，中国现存HIV-1感染者和患者约为74万人

(Global Report，2010)。

HIV 在分类学上属于反转录病毒科(Retroviridae)慢病毒属(*Lantivirus*)灵长类慢病毒群，是一种潜伏期极长的反转录病毒。目前，已发现的 HIV 可分为两型：HIV-1 与 HIV-2，根据 *env* 基因和 *gag* 基因序列的同源性，HIV-1 可以进一步分为 M、O、N 3 个亚型组，代表 3 个独立的由猩猩向人类传播和进化的病毒(Thomson et al.，2002)。M 为主要亚型组，根据 *env* 基因序列又可分为 A、B、C、D、E、F、G、H、J、K 共 10 个亚型(李敬云，2005)。2009 年，Plantier 等(2009)又发现了一种不同于 M、O、N 的新亚型组，命名为 P 亚型组，其基因构成与猿类免疫缺陷病毒(SIV)十分相似。HIV-1 致病力强，多数国家的 HIV 感染是由 HIV-1 造成的，并且感染 HIV-1 后超过 90%的患者会在 10～12 年内发病成为艾滋病；HIV-2 主要分布在西部非洲，其感染往往没有相关的病症(Reeves and Doms，2002)。有关 HIV 的研究大多是围绕 HIV-1 进行的(宋歌，2008)。

二、HIV-1 的结构

成熟的 HIV-1 病毒颗粒(图 45-1)呈球形，由外壳和核心构成。外壳由源于宿主的脂质双层膜所包裹；表面由糖蛋白 gp120 和 gp41 组成，是病毒感染宿主细胞时与细胞膜结合和融合的部位。病毒包膜的下面是甲基化基质蛋白，这个蛋白质与包膜有一定的联系，在病毒进入宿主细胞后至整合至宿主基因组之前的阶段起重要作用(李敬云，2005)。病毒颗粒中心有松散的核，呈锥形，由衣壳蛋白(capsid protein，CA)构成。CA 的内侧是所有合成前病毒 DNA 所需要的机器，包括两个正义 RNA 拷贝，两个来自宿主细胞用于引导 DNA 合成的 tRNA 分子，与病毒全长的病毒 RNA 结合的核衣壳蛋白(nucleocapside protein，NC)、病毒反转录酶(reverse transcriptase，RT)、整合酶(integrase，IN)和蛋白酶(protease，PR)(李敬云，2005)。

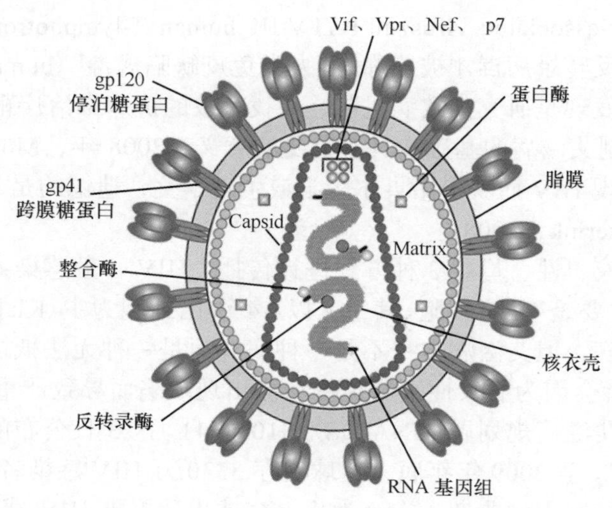

图 45-1　成熟的 HIV-1 病毒颗粒结构

HIV-1 基因全长约 9.8kb，由结构基因、调控元件与辅助基因组成(图 45-2)。其 5′端具有帽子结构，3′端具有 poly(A)序列，两端具有反转录病毒的基本结构，长末端重序列(long terminal repeat，LTR）。HIV-1 的结构基因主要有 gag（group-specific antigen）、pol（polymerase）和 env（envelope）3 个编码区。调控元件包括位于两端的 LTR、与 5′LTR 完全重叠的反式激活效应元件（trans-activation responsive element，TAR）及位于 env 编码区内的病毒蛋白表达调节因子（regular of virion protein element，RVP）的效应元件。除结构基因和调节基因外，HIV-1 还有辅助基因 *nef*（negtive factor，Nef）、*vpr*（viral protein r，Vpr）、*vpu*（viral protein u，Vpu）、*vif*（viral infection factor）。

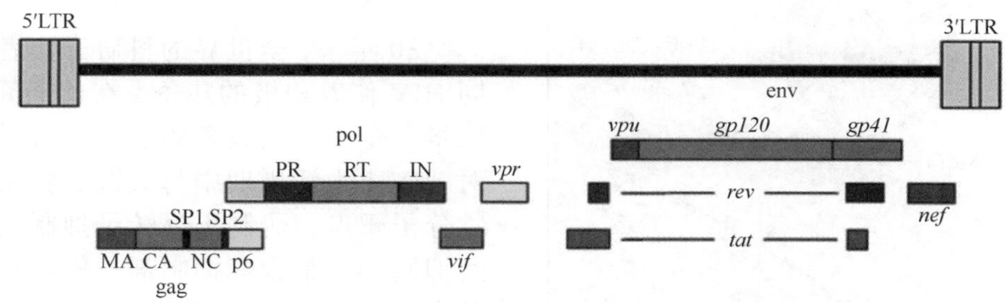

图 45-2　HIV-1 基因组结构

三、HIV-1 的生活周期

HIV-1 的生活周期包括以下 9 个步骤（图 45-3）（De Clercq，2002）。

（1）吸附（adsorption）：HIV-1 感染人体后，病毒通过外膜糖蛋白 gp120 选择性吸附于靶细胞的 CD4 受体上，病毒包膜发生构象改变。

（2）融合（fusion）：跨膜蛋白 gp41 区段与靶细胞膜上的融合结构域发生融合，使 HIV-1 释放蛋白质核内的遗传物质到目标 CD4 细胞的细胞质，病毒衣壳进入宿主细胞质。

（3）脱壳（uncoating）：HIV-1 进入宿主细胞后脱掉病毒衣壳蛋白，将反转录酶和病毒 RNA 等遗传物质释放入宿主细胞质。

（4）反转录（reverse transcriptase）：HIV-1 利用自身携带的反转录酶，以病毒 RNA 作为模板反转录为 cDNA。此时共价和非共价结合的双链 DNA 分子共存，其中非共价结合的形式是整合到染色体的形式，且大多数新合成的病毒 DNA 以游离非整合的环状 DNA 形式保留在细胞质内。

（5）整合（integration）：在整合酶的作用下，新形成的非共价双链 DNA 整合入宿主细胞的双链 DNA 中。这种整合的病毒双链 DNA 即为前病毒（proviral DNA）。前病毒 DNA 存在于宿主细胞 DNA 中，一般没有病毒蛋白的合成，为潜伏状态，也可以免受宿主免疫系统的攻击。

（6）转录（transcription）：当前病毒被活化而进行自身转录时，病毒 DNA 转录形成 RNA，一些 RNA 在 RNA 多聚酶（RNA polymerase Ⅱ）作用下经拼接而成为病毒 mRNA（viral mRNA），在细胞核蛋白体上转译成病毒的结构蛋白和非结构蛋白。另一些 RNA 经加帽和加尾成为病毒的子代基因组 RNA。

（7）翻译（translation）：合成的病毒蛋白在内质网（endoplasmic reticulum）核糖体（ribosome）进行糖化和加工，在蛋白酶（gp160）作用下裂解，产生子代病毒的蛋白质（p160、p55）和酶类。

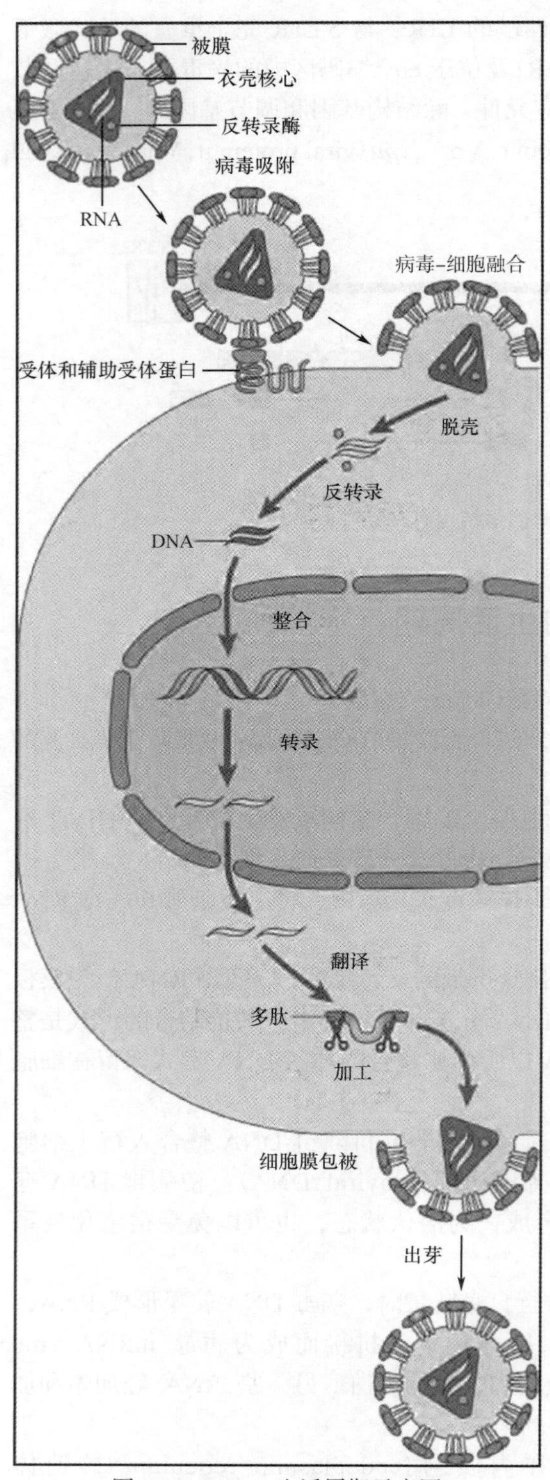

图 45-3　HIV-1 生活周期示意图

(8) 组装(assembly)：gag 蛋白(p160、p55)与病毒 RNA 组合装配成核壳体。

(9) 出芽(budding)：病毒颗粒通过芽生从细胞膜释放时获得病毒体的包膜。

四、HIV-1 的治疗现状概述

30 年来，全世界的科研工作者一直在同 HIV 作着积极的斗争，在此期间，已经取得了令人欢欣鼓舞的成绩。科学家们针对 HIV-1 生活周期中与关键步骤相关的生物分子靶点，研制出反转录抑制剂、蛋白酶抑制剂、整合酶抑制剂、侵入抑制剂和融合抑制剂五大类，共计 34 个经美国食品药品监督管理局(FDA)批准上市抗 HIV-1 的化学药物及 3 个经 FDA 批准上市的组合药物(表 45-1)：应用高效抗反转录病毒疗法(highly active antiretroviral therapy，HAART)(图 45-4)，俗称鸡尾酒疗法，最大限度地抑制 HIV-1 的复制，使被破坏的机体免疫功能部分甚至全部恢复，从而延缓病程进展，延长患者生命，提高其生活质量(Ho et al.，1995)。然而，我们仍然面临诸多挑战；HIV-1 基因组 RNA 极易突变，各亚型之间基因重组之后还能产生新的重组病毒，从而使艾滋病疫苗的开发变得困难重重，时至今日有效的艾滋病疫苗迟迟未能问世；抗反转录病毒化学药物治疗虽然能够有效抑制病毒至现有方法检测不到的水平，但其对藏匿于“潜伏池”中的 HIV-1 病毒鞭长莫及，结果“斩草未能除根”，艾滋病无法得到根治。防治艾滋病，任重而道远。

表 45-1　FDA 批准上市的用于治疗 HIV 感染的抗病毒药物

商品名	药品名	生产商	获批日期(年-月-日)
		药物联用	
Atripla	efavirenz，emtricitabine and tenofovir disoproxil fumarate	Bristol-Myers Squibb and Gilead Sciences	2006-7-12
Complera	emtricitabine，rilpivirine，and tenofovir disoproxil fumarate	Gilead Sciences	2011-8-10
Stribild	elvitegravir，cobicistat，emtricitabine，tenofovir disoproxil fumarate	Gilead Sciences	2012-8-27
		核苷类反转录酶抑制剂	
Combivir	lamivudine and zidovudine	GlaxoSmithKline	1997-09-27
Emtriva	emtricitabine，FTC	Gilead Sciences	2003-07-02
Epivir	lamivudine，3TC	GlaxoSmithKline	1997-11-17
Epzicom	abacavir and lamivudine	GlaxoSmithKline	2004-08-02
Hivid	zalcitabine，dideoxycytidine，ddC	Hoffmann-La Roche	1992-06-19
Retrovir	zidovudine，azidothymidine，AZT，ZDV	GlaxoSmithKline	1987-05-19
Trizivir	abacavir，zidovudine，and lamivudine	GlaxoSmithKline	2000-11-14
Truvada	tenofovir disoproxil fumarate and emtricitabine	Gilead Sciences，Inc.	2004-08-02
Videx EC	enteric coated didanosine，ddI EC	Bristol Myers-Squibb	2000-10-31
Videx	didanosine，dideoxyinosine，ddI	Bristol Myers-Squibb	1991-10-09
Viread	tenofovir disoproxil fumarate，TDF	Gilead	2001-10-26
Zerit	stavudine，d4T	Bristol Myers-Squibb	1994-06-24
Ziagen	abacavir sulfate，ABC	GlaxoSmithKline	1998-12-17
		非核苷类反转录酶抑制剂	
Edurant	rilpivirine	Tibotec Therapeutics	2011-05-20
Intelence	etravirine	Tibotec Therapeutics	2008-01-18
Rescriptor	delavirdine，DLV	Pfizer	1997-04-04
Sustiva	efavirenz，EFV	Bristol Myers-Squibb	1998-09-17
Viramune	nevirapine，NVP	Boehringer Ingelheim	1996-06-21
ViramuneXR	nevirapine，NVP	Boehringer Ingelheim	2011-05-25
		蛋白酶抑制剂	
Agenerase	amprenavir，APV	GlaxoSmithKline	1999-04-15
Aptivus	tipranavir，TPV	Boehringer Ingelheim	2005-06-22
Crixivan	indinavir，IDV	Merck	1996-05-13
Fortovase	saquinavir	Hoffmann-La Roche	1997-11-07
Invirase	saquinavir mesylate，SQV	Hoffmann-La Roche	1995-12-06
Kaletra	lopinavir and ritonavir，LPV/RTV	Abbott Laboratories	2000-09-15
Lexiva	Fosamprenavir Calcium，FOS-APV	GlaxoSmithKline	2003-10-20
Norvir	ritonavir，RTV	Abbott Laboratories	1996-05-01
Prezista	darunavir	Tibotec，Inc.	2006-06-23
Reyataz	atazanavir sulfate，ATV	Bristol-Myers Squibb	2003-06-20
Viracept	nelfinavir mesylate，NFV	Agouron Pharmaceuticals	1997-05-14

续表

商品名	药品名	生产商	获批日期(年-月-日)
		融合抑制剂	
Fuzeon	enfuvirtide，T-20	Hoffmann-La Roche & Trimeris	2003-05-13
		进入抑制剂	
Selzentry	maraviroc	Pfizer	2007-08-06
		HIV 整合酶抑制剂	
Isentress	raltegravir	Merck & Co.，Inc.	2007-10-12
Tivicay	dolutegravir	GlaxoSmithKline	2013-08-13

注：统计截至日期 2014 年 5 月 16 日

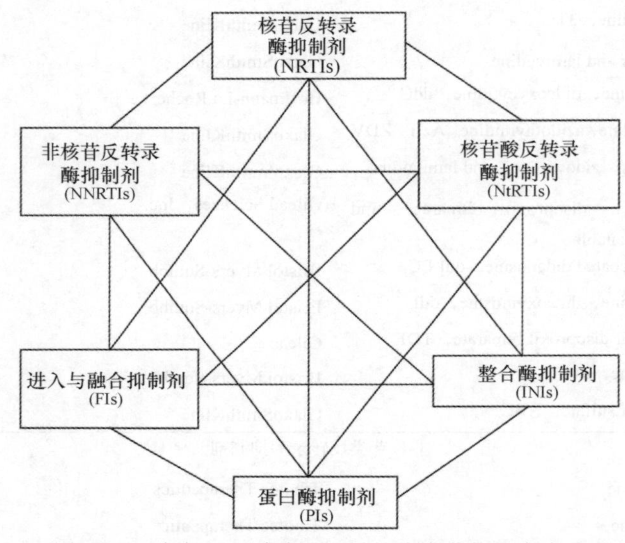

图 45-4 治疗 HIV 感染的 6 种抗病毒药物组合疗法

第二节 真菌来源的抗 HIV 活性产物研究

尽管目前仍不能根治艾滋病，但是继续开发新的治疗艾滋病的化学治疗药物仍然是防治艾滋病的最有效途径。从天然产物，特别是从微生物发酵产物中寻找具有抗 HIV-1 活性的先导化合物是抗病毒药物开发的主要途径之一。真菌是微生物中的一大类群，据保守估计的物种数达 150 多万种，但被认知的仅占其总量的 6%(Hawksworth，1991)，已进行过化学研究的所占比例则更低，因而在次生代谢产物的研究与开发方面具有巨大的潜力；真菌次生代谢产物是可以重复利用的资源，可以通过菌种诱变、培养条件改变及代谢调控等手段进行目标产物的优化(Schulz et al.，2002)，因而在药物研发中发挥了巨大的作用。毫无疑问，真菌次代谢产物是寻找抗 HIV-1 活性物质的天然宝库。多年来，全世界的科研工作者们积极地从真菌代谢产物中筛选具有抗 HIV-1 作用的活性物质，发现了众多具有抗 HIV-1 活性的物质，据统计，真菌来源的 HIV-1 抑制剂占已发现 HIV-1 抑制剂总量的 70%以上。本节以作用靶点为主线，对真菌来源的抗 HIV-1 活性物质(包括来源菌、化学结构、生物活性等方面）进行综述，重点关注抗 HIV-1 活性物质的产生菌，以期对从真菌中分离具有抗 HIV-1 活性的化合物提供启示和参考。

一、吸附和融合抑制剂

HIV 在感染宿主细胞时，首选通过膜蛋白 gp120 与宿主表面 CD4 分子及辅助受体 CCR5（C-C chemokine receptor type 5）或 CXCR4（C-X-C chemokine receptor type 4）结合，吸附在靶细胞表面，进而触发病毒跨膜蛋白 gp41 变构，变构的 gp41 融合肽插入宿主细胞膜，完成病毒包膜与宿主细胞膜的融合。因此，通过阻断病毒吸附未感染细胞和穿入宿主细胞膜可以保护宿主细胞免于感染 HIV。

（1）*Oidiodendron griseu*。该菌分离自土壤，为有丝分裂孢子真菌（mitosporic fungi），从其发酵产物中分离到 3 个化合物 10-methoxydihydrofusc（1）、fuscinarin（2）和 fuscin（3），其中化合物（1）还在真菌 *Potebniamyces gallicola*、*Oidiodendron fuscum* 和 *Oidiodendron rhodoge* 的发酵产物中分离得到。研究表明，这 3 个化合物均能竞争性抑制巨噬细胞炎性蛋白（macrophage inflammatory protein，MIP）同人 CCR5R 的结合，从而作为 CCR5 的拮抗剂干扰 HIV 进入细胞，其 IC_{50} 值分别为 154μmol/L、80μmol/L 和 21μmol/L（Yoganathan et al.，2003）。

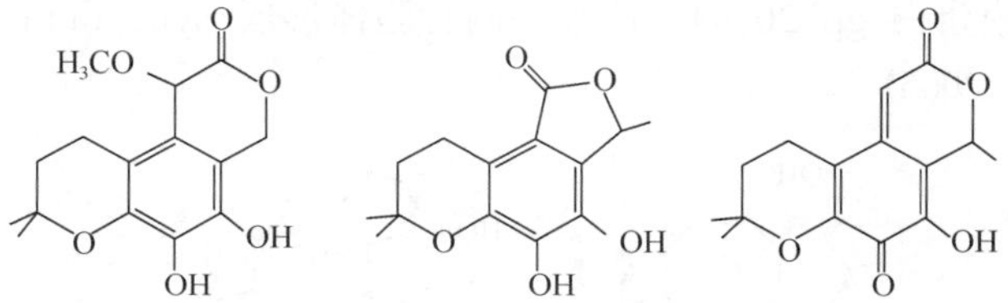

H_3CO O O OH OH O 1 　 O O O OH OH 2 　 O O O OH O 3

（2）*Mollisia* sp.。该菌是默克实验室从美国新泽西州加拿大铁杉树的死树皮中分离的一株真菌，从其发酵产物中分离鉴定出化合物 ophiobolin C（4），研究表明该化合物能够竞争 ^{125}I-HIVgp120 蛋白同人细胞 CCR5 的结合，从而作为 CCR5 的拮抗剂干扰 HIV 进入细胞，其 IC_{50} 值为 40μmol/L（Jayasuriya et al.，2004）。

（3）*Xylaria* sp.。该菌是默克实验室从波多黎各采集的真菌子实体中分离得到的一株真菌，从其发酵产物中分离鉴定出化合物 19，20-epoxycytochalasin Q（5），研究表明该化合物能够竞争 ^{125}I-HIV gp120 蛋白同人细胞 CCR5 的结合，从而作为 CCR5 的拮抗剂干扰 HIV 进入细胞，其 IC_{50} 值为 60μmol/L（Jayasuriya et al.，2004）。

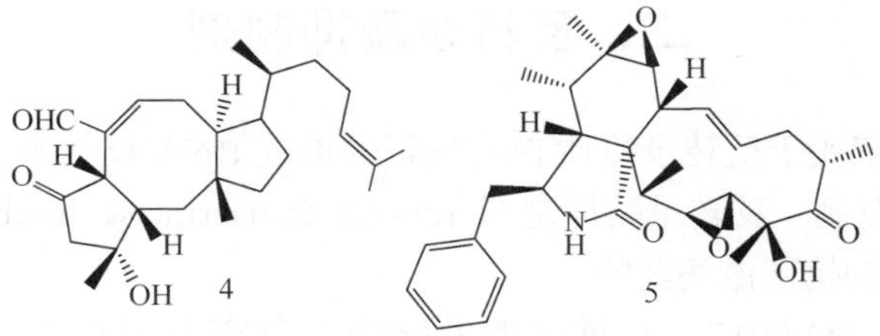

OHC H O H OH H 4 　 O H H H N O O O OH 5

（4）*Chaetomium globosum*。该菌是先灵葆雅研究所从美国亚利桑那州常青植物的叶子上分离得到的一株真菌，从其发酵液中分离得到两个 CCR5 抑制剂 Sch 210971（6）和 Sch

210972（7），试验表明这两个化合物的 IC_{50} 值分别为 1.2μmol/L 和 79nmol/L。从该真菌中还分离到一个化合物 Sch 213766（8），是化合物 Sch 210972（7）的甲酸酯衍生物，其在体外 CCR5 受体结合试验中的 IC_{50} 值为 8.6μmol/L（Yang et al.，2006；2007）。

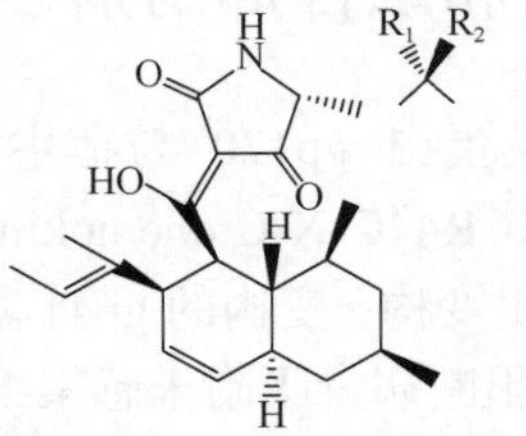

6 R_1=COOH;R_2=OH

7 R_1=OH;R_2=COOH

8 R_1=OH;R_2=COOR

（5）*Emericella aurantiobrunnea*。从该菌发酵产物的氯仿-甲醇提取部位分离到两个化合物 variecolin（9）和 variecolol（10），体外基于邻近闪烁分析（scintillation proximity assay，SPA）的试验表明，它们能够抑制 HIVgp120 蛋白同人细胞 CCR5 的结合，IC_{50} 值分别为 9μmol/L 和 32μmol/L（Yoganathan et al.，2004）。

（6）*Penicillium* sp. FO-8017。从该菌的发酵液中分离得到霉酚酸（mycophenolic acid，MPA）（11）。MPA 能抑制嗜 M 型（macrophage-tropic）HIV 和嗜 T 型（T cell -tropic）HIV 引起的合胞体形成，IC_{50} 值分别为 0.1μmol/L 和 0.5μmol/L。蛋白质印迹（Western blot）分析证实 MPA 通过减少 HIV 表面膜蛋白 gp120 的表达来抑制合胞体形成（syncytium formation），从而抑制 HIV 的感染（Ui et al.，2005）。

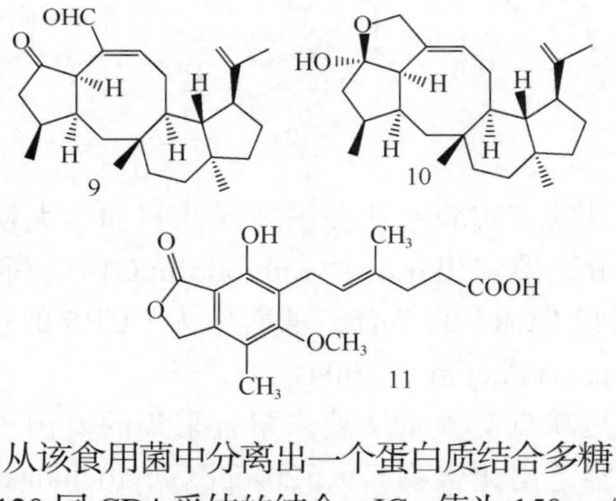

9　　10

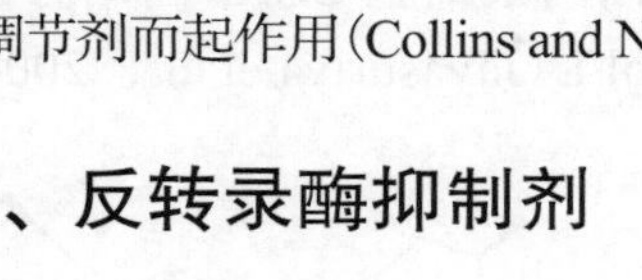

11

（7）*Trametes versicolor*。从该食用菌中分离出一个蛋白质结合多糖 PSP（polysa- ccharopeptide），其在体外能够抑制 HIV-1 gp120 同 CD4 受体的结合，IC_{50} 值为 150mg/ml。实际上 PSP 不是一种真正的抗病毒物质，而是作为一种免疫调节剂而起作用（Collins and Ng，1997）。

二、反转录酶抑制剂

HIV-1 的复制过程依赖于反转录酶（RT）将病毒的单链 RNA 反转录为双链 DNA，因此，抑制 RT 能有效抑制病毒复制。反转录酶抑制剂（reverse transcriptase inhibitor）是临床上最早使用也是当前使用最为广泛的抗艾滋病药物。

（1）*Penicillium* sp. FO-8017。从该菌的发酵液中分离得到霉酚酸（mycophenolic acid，MPA），结构见化合物（11）。MPA 通过抑制嘌呤核苷酸从头合成途径的关键限速酶次黄嘌呤核苷磷酸脱氢酶（inosine monophosphate dehydrogenase，IMPDH）使鸟嘌呤核苷酸的合成减少，因此能够通过限制 HIV 反转录酶的底物 GMP 的合成导致该底物耗尽，从而抑制该酶的活性（Ui et al.，2005）。

（2）*Ganoderma lucidum*。从灵芝子实体中分离的三萜类成分 lucidenic acid O（12）和 lucidenic lactone（13）能够抑制 HIV-1 反转录酶的活性，IC_{50} 值分别为 67μmol/L 和 69μmol/L（Mizushina et al.，1999）。

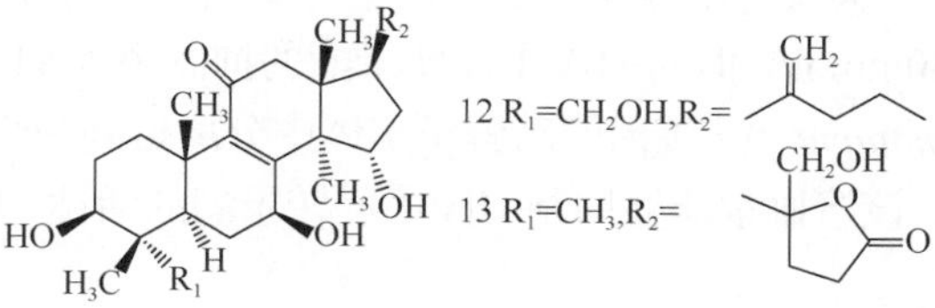

12 R_1=CH_2OH,R_2=

13 R_1=CH_3,R_2=

（3）*Schizophyllum commue*。该菌为一种药食两用裂褶菌。从其新鲜子实体中分离得到一种称为 Schizophyllum commune lectin 的凝集素（lectin），分子质量为 64kDa。它表现出抑制 HIV-1 反转录酶的作用，IC_{50} 值为 1.2μmol/L（Han et al.，2005）。

（4）*Russuladelica*。从该菌新鲜的子实体中分离鉴定出一个称为 russula delica lectin 的凝集素，分子质量为 60kDa。它能够有效抑制 HIV-1 反转录酶的活性，IC_{50} 值为 0.26μmol/L（Zhao et al.，2010）。

（5）*Pleurotus citrinopileatus*。从该菌新鲜的子实体中分离得到一种称为 pleurotus citrinopileatus lectin 的凝集素，分子质量为 32.4kDa。它能够有效抑制 HIV-1 反转录酶的活性，IC_{50} 值为 0.93μmol/L（Li et al.，2008）。

（6）*Trametes versicolor*。从该食用菌中分离的蛋白结合多糖 PSP，在体外试验中抑制重组 HIV-1 反转录酶活性的 IC_{50} 值为 6.25mg/ml（Collins and Ng，1997）。

（7）*Lyophylum shimeji*。从该菌的子实体中分离到一种核糖体失活蛋白（ribosome inactivating protein）lyophyllin，分子质量为 20kDa，其在体外抑制 HIV-1 反转录酶活性的 IC_{50} 值为 7.9nmol/L。从该菌中还分离到抗真菌蛋白 lyophyllum anti-fungal protein（LAP），分子质量为 14kDa，其在体外抑制 HIV-1 反转录酶活性的 IC_{50} 值为 5.2nmol/L（Lam. and Ng，2001a）。

（8）*Flammulina velutipes*。从该食用菌的子实体中分离得到分子质量为 13.8kDa 的单链核糖体失活蛋白质 velutin，它能够抑制 HIV-1 反转录酶的活性。琥珀酰化的 velutin 抗病毒活性大大增强，浓度为 0.5mg/ml 时，琥珀酰化的 velutin 对反转录酶的抑制率为 82.9%，IC_{50} 值为 30μmol/L（Wang and Ng，2001）。

（9）*Pleurotus ostreatus*。从该菌的子实体提取物中分离到分子质量为 12.5kDa 的泛素样糖蛋白，它表现出抑制 HIV-1 反转录酶的作用。其抗病毒作用能够通过琥珀酰化而增强。琥珀酰化的该蛋白质，浓度为 50μg/ml 时对反转录酶的抑制率为 73.1%（Wang and Ng，2000）。

（10）*Tricholoma giganteum*。从该菌的新鲜子实体分离到两种蛋白质，一种是分子质量为 27.5kDa 的蛋白质 Trichogin，另一种是分子质量为 43kDa 的漆酶，它们抑制 HIV-1 反转录酶的 IC_{50} 值分别为 83nmol/L 和 2.2μmol/L（Guo et al.，2005；Wang and Ng，2004a）。

（11）*Lentinus edodes*。从该大型真菌中分离出一个分子质量为 27.5kDa 的蛋白质 lentin，其抑制 HIV-1 反转录酶的 IC_{50} 值为 1.5μmol/L（Ngai and Ng，2003）。

（12）*Hypsizigus marmoreus*。从该菌的子实体中分离得到一个分子质量为 9.56kDa 的核糖体失活蛋白 marmorin 和一个分子质量为 20kDa 的核糖体失活蛋白 hypsin，它们在体外抑制 HIV-1 反转录酶的 IC_{50} 值分别为 30μmol/L 和 8μmol/L（Wong et al.，2008；Lam and Ng，2001b）。

(13) *Thelephora ganbajun*。从该食用菌干燥的子实体中分离得到分子质量为30kDa的RNA酶，它能在体外有效抑制HIV-1反转录酶的活性，IC_{50}值为300nmol/L（Wang and Ng，2004b）。

(14) *Tricholoma mongolicum*。从该食用菌分离到分子质量为66kDa的漆酶，它能抑制HIV-1反转录酶的活性，IC_{50}值为0.65μmol/L（Wang and Ng，2004b）。

(15) *Pleurotus eryngii*。从该食用菌新鲜子实体中分离出一个分子质量为11.5kDa的蛋白酶Pleureryn，该酶在浓度为30mmol/L时对HIV-1反转录酶的抑制率为91.4%（Wang and Ng，2001b）。

(16) *Schizophyllum commune*。从该菌的新鲜子实体中分离得到一个分子质量为29kDa的溶血素（hemolysin）Schizolysin，该溶血素能够抑制HIV-1反转录酶的活性，IC_{50}值为1.8mmol/L（Han et al.，2010）。

(17) Frank等对分属于*Basidiomycotina*和*Ascomycotina*的56株（其中*Basidiomycotina* 31株、*Ascomycotina* 25株）真菌的甲醇和二氯甲烷提取部位的抗HIV-1反转录酶活性进行了筛选，结果发现30个甲醇提取部位对该酶的抑制率达40%，其中2株菌甲醇提取部位的抑制率达80%以上，而二氯甲烷提取部位对该酶的抑制能力要比甲醇提取部位的弱。初筛发现的活性菌株按其活性由高到低的顺序依次为*Laetiporus sulphureus*、*Poria monticola*、*Poriavaillanti*和*Chondrostereum purpureum*。复筛着重对*Laetiporus sulphureus*进行了研究（初筛时其抑制率达90.1%）（Kac and Pohleven，2005）。

(18) *Wardomycesanomalus*。该菌是从波罗地海费马恩岛附近的绿藻*Enteromorpha* sp.上分离出的一株寄生真菌，其发酵产物粗提物对HIV-1反转录酶表现出抑制作用，浓度为66μg/ml时抑制率为65.4%（Abdel-Lateff et al.，2003）。

(19) *Hericium erinaceum*，即猴头菌，在东方国家，它是一种广为人知的药食两用真菌。近年来的研究发现，猴头菌具有广泛的药理作用，如抗菌、抗肿瘤、免疫调节、抗氧化、细胞毒、促进神经生长因子的合成等作用，引起人们广泛的关注。从猴头菌干燥的子实体中分离出一个分子质量为51kDa的凝集素hericium erinaceum agglutinin（HEA），它表现出抑制HIV-1反转录酶的作用，IC_{50}值为31.7μmol/L（Yanrui et al.，2010）。

(20) 16种食用真菌粗提物的抗HIV-1反转录酶活性。16种可食用药用真菌的提取物在浓度为1mg/ml时对HIV-1反转录酶表现出不同程度的抑制作用，其中抑制率在50%以上的有5种真菌，分别为*Lactarius camphorates*、*Rametes suaveloens*、*Sparassis crispa*、*Pleurotus sajor-caju*、*Pleurotus pulmonarius*和*Russula paludosa*，其中*Russula paludosa*的粗提物在浓度为1mg/ml时的抑制率最高，达97.6%，进一步研究发现其该粗提物的IC_{50}值为0.25 mg/ml，对其进一步分离，得到了一个能够有效抑制HIV-1反转录酶的活性寡肽Fraction SU2，分子质量约为4.5kDa，IC_{50}值为11μmol/L（Wang et al.，2007）。

(21) *Cordyceps sobolifera*，即药用真菌金蝉花。从该菌的子实体中分离到一种新型碱性丝氨酸蛋白酶Cordysobin，其分子质量约为31kDa。该蛋白质具有强烈的抗HIV-1反转录酶作用，IC_{50}值为8.2nmol/L（Wang et al.，2012）。

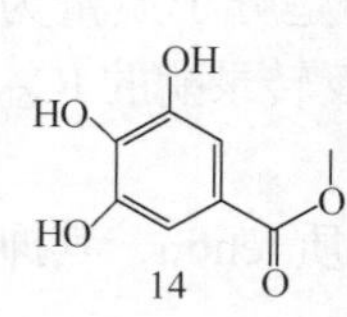

(22) *Pholiota adiposa*，即为药食两用真菌多脂鳞伞。从该菌的子实体中分离到一个没食子酸甲酯HEB（14），其表现出较弱的抗HIV-1反转录酶作用，IC_{50}值为80.1μmol/L（Wang et al.，2014）。

(23) *Pleurotus abalonus*，即食用鲍鱼菇，从该菌的子实体中分离到一种糖肽复合物LB-1b，其表现出一定的抗HIV-1反转录酶作用，IC_{50}值为12.5μmol/L（Li et al.，2012）。

（24）*Stachybotrys chartarum* MXH-X73。该菌是从中国西沙群岛的一种海绵 *Xestospongia testudinaris* 中分离的。从该菌的发酵产物中分离到一个新型苯基酰胺类化合物 stachybotrins D（15），该化合物对非核苷类反转录酶抑制剂产生耐药的 HIV-1 菌株具有抑制作用，其对 HIV-$1_{RT-K103N}$、HIV-$1_{RT-L100I,\ K103N}$、HIV-$1_{RT-K103N,\ V108I}$、HIV-$1_{RT-K103N,\ G190A}$ 和 HIV-$1_{RT-K103N,\ P225H}$ 的耐药菌株的 EC_{50} 值分别为 7.0μmol/L、23.8μmol/L、13.3μmol/L、14.2μmol/L 和 6.2μmol/L（Ma et al.，2013）。

（25）*Agrocybe cylindracea*，即柱状田头菇，也称为茶树菇。从该菌的子实体中分离到一个分子质量为 58kDa 的漆酶，它能在体外有效抑制 HIV-1 反转录酶的活性，IC_{50} 值为 12.7μmol/L（Hu et al.，2011）。

（26）*Abortiporus biennis*，即褐伞残孔菌。从该菌的子实体中分离到一个分子质量为 56kDa 的漆酶，它能在体外有效抑制 HIV-1 反转录酶的活性，IC_{50} 值为 9.2μmol/L（Zhang et al.，2011）。

（27）*Agaricus placomyces*，即双环林地蘑菇。从该菌的子实体中分离到一个分子质量为 68kDa 的漆酶，它能在体外有效抑制 HIV-1 反转录酶的活性，IC_{50} 值为 1.25μmol/L（Sun et al.，2011）。

（28）*Lentinus tigrinus*，即虎皮香菇。该菌为菌根真菌，从其子实体中分离到一个分子质量为 59kDa 的漆酶，它能在体外有效抑制 HIV-1 反转录酶的活性，IC_{50} 值为 2.4μmol/L（Xu et al.，2012）。

（29）*Lepiota ventriosospora*，即梭孢环柄菇。从该菌的子实体中分离到一个分子质量为 65kDa 的漆酶，它能在体外有效抑制 HIV-1 反转录酶的活性，IC_{50} 值为 0.6μmol/L（Zhang et al.，2013）。

（30）*Cordyceps militaris*，即蛹虫草。从该菌的子实体中分离到一个分子质量为 10.9kDa 的多肽 Cordymin，它能在体外抑制 HIV-1 反转录酶的活性，IC_{50} 值为 55μmol/L（Wong et al.，2011）。

（31）*Lactarius flavidulu*，即浅黄褐乳菇。从该菌的子实体中分离到一个分子质量为 14.6kDa 的多肽 RNA 酶，它能在体外有效抑制 HIV-1 反转录酶的活性，IC_{50} 值为 2.55μmol/L（Wu et al.，2012）。

（32）*Lactarius flavidulu*，即珊瑚状猴头菌。从该菌的子实体中分离到一个分子质量为 65kDa 的漆酶，它能在体外有效抑制 HIV-1 反转录酶的活性，IC_{50} 值为 0.06μmol/L（Zou et al.，2012）。

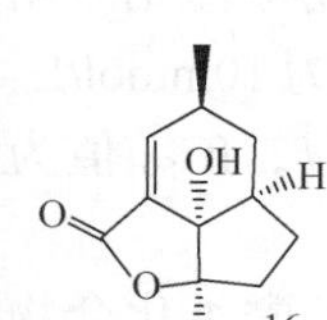

（33）*Lepista nuda*，即紫丁香蘑。从该菌的子实体中分离到一个分子质量为 20.9kDa 的金属蛋白酶，它能在体外有效抑制 HIV-1 反转录酶的活性，IC_{50} 值为 4.0μmol/L（Wu et al.，2011）。

（34）*Trichoderma viride*。该菌是从加勒比海绵 *Agelas dispar* 中分离的。从其发酵液中分离得到一个聚己酮类衍生物 rezishanone（16），该化合物在体外试验中表现出较弱的抗 HIV-1 反转录酶活性，即浓度为 200μg/ml 时，抑制率为 63.8%（Abdel-Lateff et al.，2009）。

三、整合酶抑制剂

HIV-1 整合酶(IN)介导反转录形成的病毒双链 cDNA 整合至宿主基因组，这一过程称为整合，是 HIV-1 复制过程中必需的环节。研究发现，人类细胞中无 IN 类似物，因此，特异性作用于 IN 的化合物能够有效抑制病毒复制而对人体细胞正常蛋白质无明显影响。IN 被认为是抗艾滋病药物研发的理想靶点。

(1) *Aspergillus flavipes*。该菌是分离自 Mauhipua 岛土壤中的一株曲霉属真菌，从其发酵液中分离出一个 aspochalasin 类化合物 aspochalasin L(17)，该化合物表现出抑制 HIV-1 整合酶的活性，其 IC_{50} 值为 71.7μmol/L。从该真菌的发酵液中还分离得到了一个环六肽化合物 WIN66306(18)表现出抗 HIV-1 整合酶的活性，IC_{50} 值为 32.1μmol/L(Barrow et al., 1994a; 1994b; Rochfort et al., 2005)。

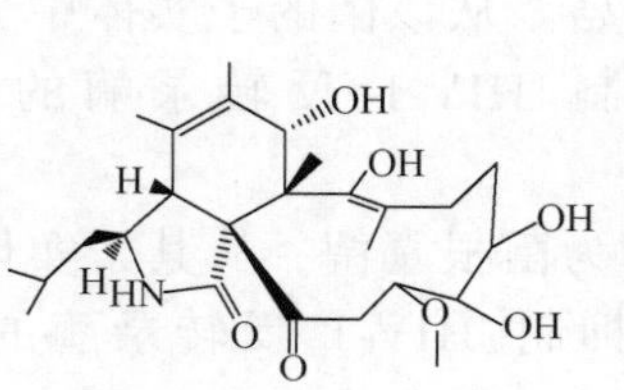

17 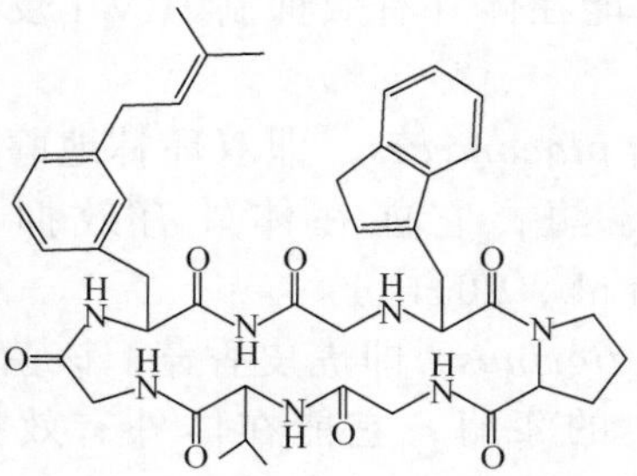 18

(2) *Exophiala pisciphila*。该菌是默克实验室从美国佐治亚州土壤中分离的一株外瓶霉属真菌，从其发酵产物中分离得到一个二聚 2，4-二羟基苯甲类化合物 exophillic acid(19)，它抑制整合酶链转移反应活性的 IC_{50} 值为 68μmol/L(Ondeyka et al., 2003)

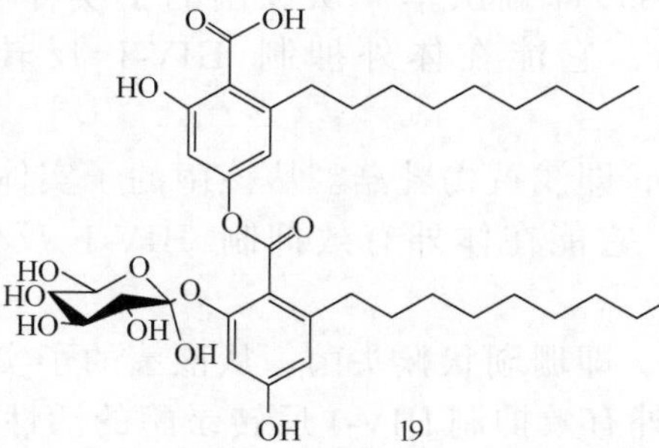

19

(3) *Xylaria* sp.。从该菌发酵产物的丁酮提取部位中分离得到了一个艾里莫芬烷型倍半萜 integricacid(20)，其抑制 HIV-1 整合酶 3′加工、链转移及去整合活性的 IC_{50} 值分别为 10mmol/L、10μmol/L 和 15μmol/L。integricacid 也能抑制前整合复合体催化的链转移反应，IC_{50} 值为 30μmol/L(Singh et al., 1999)。

(4) Unidentified fungus(MF6836)。从一种未经鉴定的真菌中分离到多聚乙酰类化合物 integrasone(21)，其抑制 HIV-1 整合酶链转移反应活性的 IC_{50} 值为 41μmol/L(Herath et al., 2004)。

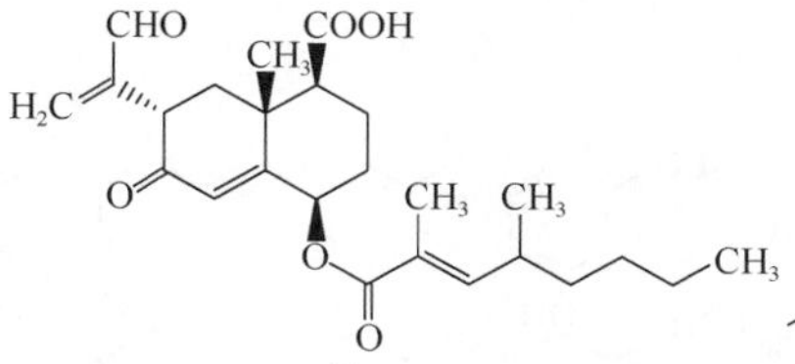

20 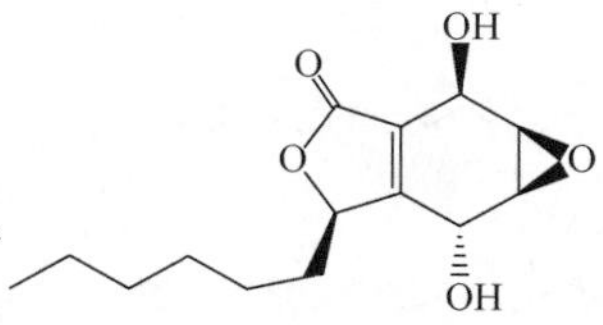　　21

(5) *Cytospora* sp.。该菌是从波多黎各巴拿马铁线子树叶分离出的一株真菌，从该菌的发酵液中分离出一个多聚乙酰衍生物 cytosporic acid (22)，该化合物抑制 HIV-1 整合酶反应活性的 IC_{50} 值为 20μmol/L (Jayasuriya et al.，2003)。

(6) *Sporormiella australis*。从该菌的发酵产物中分离到一个化合物 australifungin (23)，它能抑制 HIV-1 整合酶反应活性，IC_{50} 值为 20μmol/L (Hensens et al.，1995)。

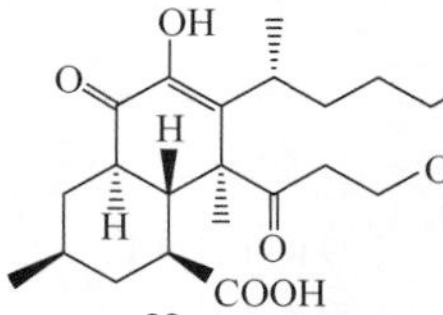

22 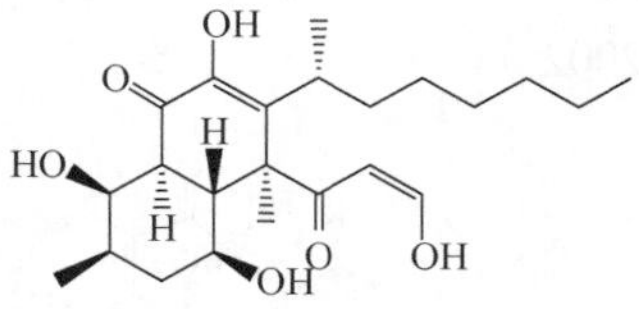　　23

(7) *Dendrodochium* sp.。该菌是默克实验室从哥斯达黎加奥萨半岛树叶中分离的一株真菌，从该菌的发酵产物中分离得到两个线性寡肽：integramide A (24) 和 integramide B (25)，这两个寡肽由 9 个 α-甲基氨基酸组成，且 N 端乙酰化。integramide A 抑制 HIV-1 整合酶活性和 HIV-1 整合酶链转移反应活性的 IC_{50} 值分别为 17μmol/L 和 60μmol/L。integramide B 抑制 HIV-1 整合酶活性和 HIV-1 整合酶链转移反应活性的 IC_{50} 值分别为 10μmol/L 和 60μmol/L (Singh et al.，2002a)。

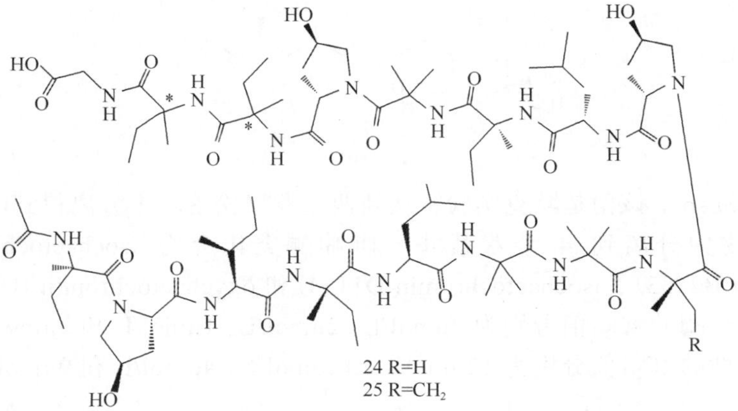

24 R=H
25 R=CH_3

(8) *Cytonaema* sp.。该菌是默克实验室从西班牙埃尔帕多圣栎树的嫩枝中分离出的一株真菌，从该菌的发酵液中分离出 3 个化合物 integracin A (26)、integracin B (27) 和 integracin C (28)，这 3 个化合物来源于 polyketide (多聚乙酰) 生物合成途径的二聚烷基芳香化合物。它们在体外抑制 HIV-1 整合酶反应活性的 IC_{50} 值分别为 3.2μmol/L、6.1μmol/L 和 3.5μmol/L (Singh et al.，2002b)。

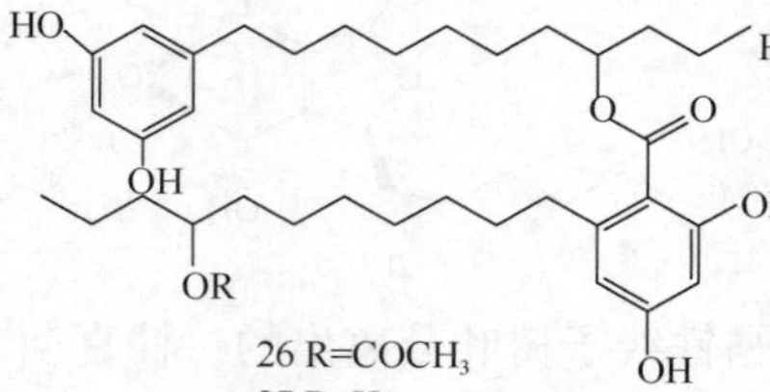

26 R=COCH$_3$
27 R=H
28 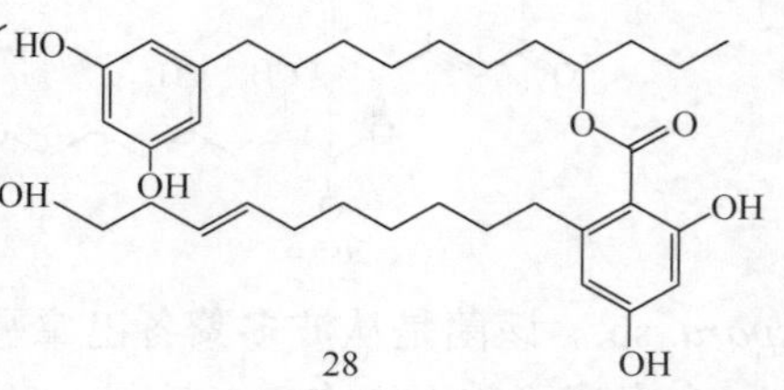

(9) Unidentified fungus (ATCC74478)。该菌是默克实验室从新墨西哥州草食动物粪便中分离出的一株未经鉴定的真菌，从该菌的发酵产物中分离到两个消旋化合物 integrastatin A (29) 和 integrastatin B (30)，这两个化合物是来源于 polyketide (多聚乙酰) 生物合成途径的四元芳杂环化合物。它们在体外抑制 HIV-1 整合酶链转移反应活性的 IC_{50} 值分别为 1.1μmol/L 和 2.5μmol/L (Singh et al., 2002c)。

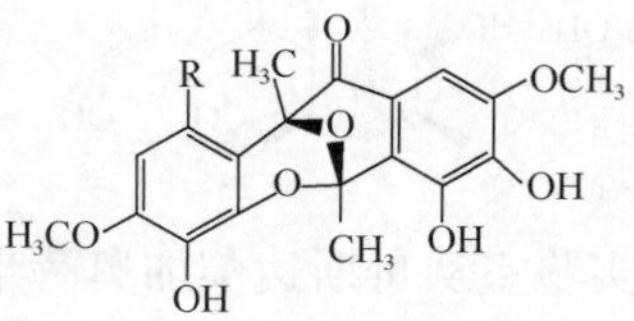

29 R =CH$_2$OH
30 R =CHO

(10) *Penicillium sclerotiorum* PSU-A13。该菌是从泰国也拉省藤黄属植物 *Garcinia atroviridis* 叶子中分离到的一株植物内生真菌，从该菌的发酵产物中分离到化合物 (+)-sclerotiorin (31)，其在体外抑制 HIV-1 整合酶的 IC_{50} 值为 14.5μg/ml (Arunpanichlert et al., 2010)。

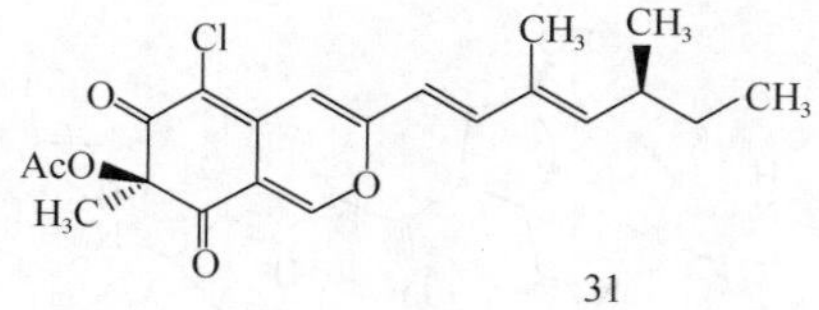

31

(11) *Fusarium* sp.。该菌是默克实验室从新西兰罗汉松落叶中分离得到的一株真菌，从该菌的发酵产物中分离到 4 个双萘并-γ-吡喃酮类化合物 isochaetochrominB1 (32)、isochaetochromin B2 (33)、isochaetochromin D1 (34) 和 oxychaetochromin B (35)。它们在体外抑制 HIV-1 整合酶的 IC_{50} 值分别为 2μmol/L、2μmol/L、1μmol/L 和 3μmol/L，抑制 HIV-1 整合酶链转移活性的 IC_{50} 值分别为 12μmol/L、12μmol/L、4μmol/L 和 9μmol/L (Singh et al., 2003a)。

(12) *Penicillium* sp. FKI-1463。从该菌的发酵产物中分离到一个 phenalenone 类化合物 atrovenetinonemethyl acetal (36)，它在体外抑制 HIV-1 整合酶的 IC_{50} 值为 19μmol/L (Shiomi et al., 2005)。

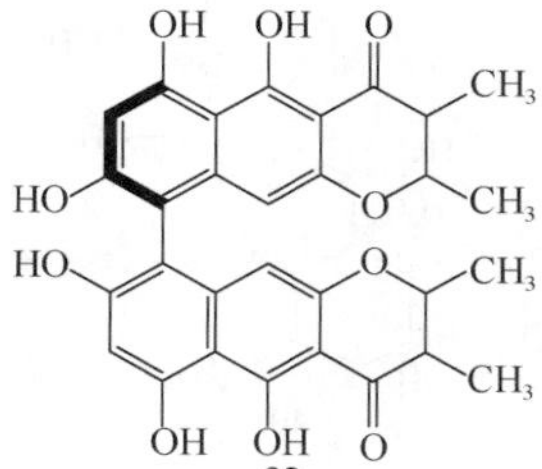

32 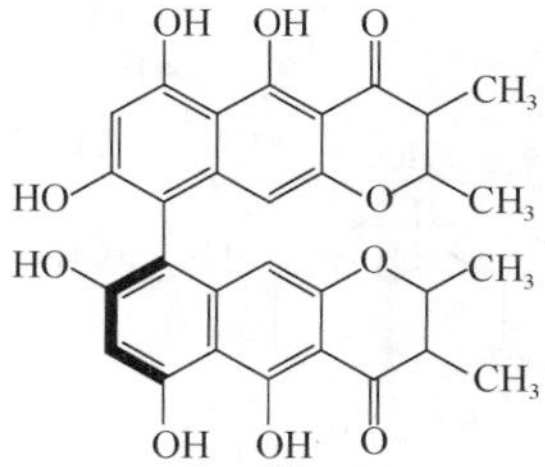　33

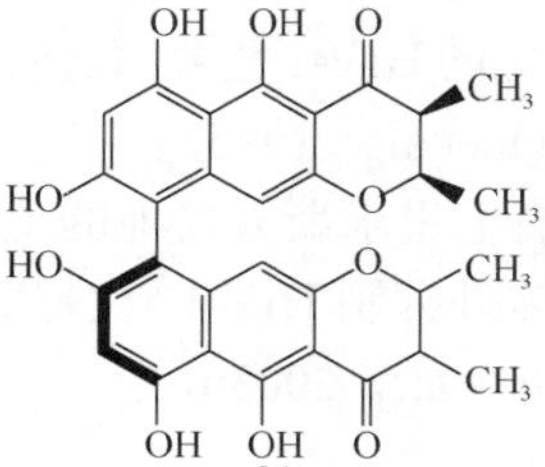

34 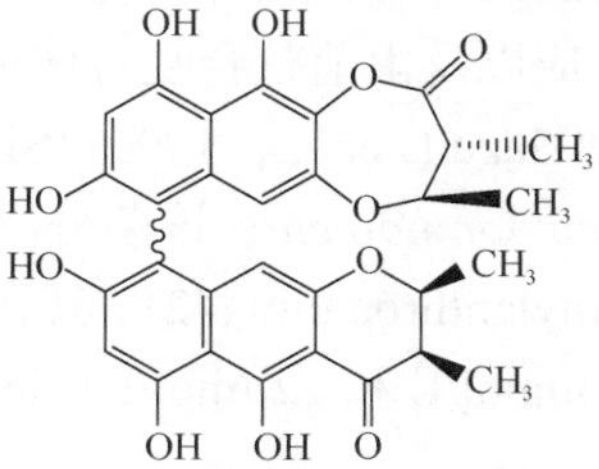　35

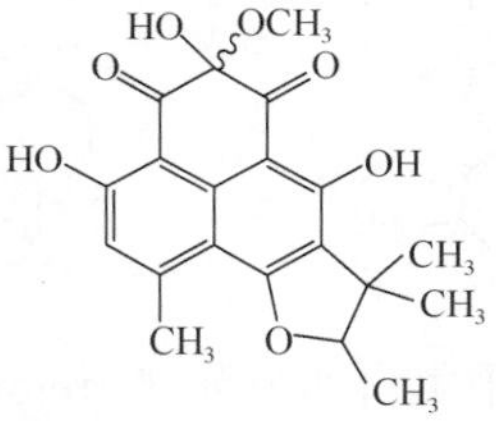

36

（13）*Penicillium* sp.FO-5637。该菌是分离自土壤的一株真菌，从该菌的发酵液中分离到一个 phenalenone 类化合物 erabulenols（37）。它在体外抑制 HIV-1 整合酶的 IC_{50} 值为 7.9μmol/L（Tomoda et al.，1998；Shiomi et al.，2005）。

（14）*Aspergillus niger* FO-5904。该菌是从日本千叶市船桥土壤中分离的一株真菌，从其发酵液中分离到一个 phenalenone 类化合物 funalenone（38），它抑制 HIV-1 整合酶的 IC_{50} 值为 10μmol/L（Inokoshi et al.，1999；Shiomi et al.，2005）。

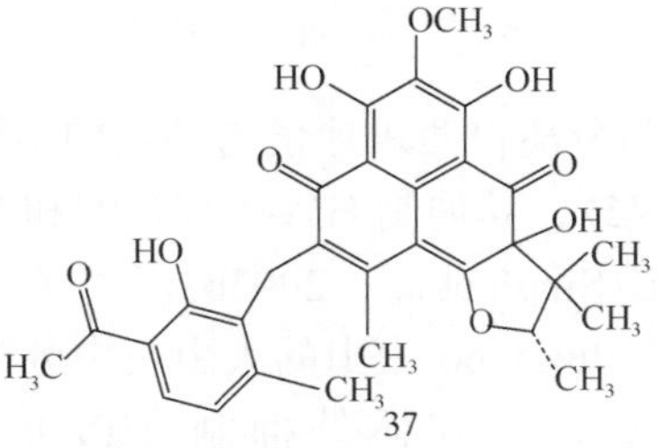

37 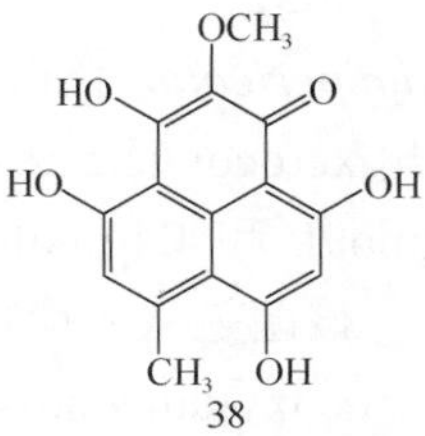　38

（15）*Fusarium heterosporum* 和 *Phoma* sp.。从真菌 *Fusarium heterosporum* 的发酵产物中分离出化合物 equisetin（39），从真菌 *Phoma* sp.的发酵产物中分离出 equisetin 的对应异构体 phomasetin（40）。equisetin 在体外抑制 HIV-1 整合酶 3′加工活性、链转移活性，以及由前整合复合体催化的 HIV-1 整合酶链转移反应活性的 IC_{50} 值分别为 12.5μmol/L、7.5μmol/L 和 15μmol/L。phomasetin 抑制 HIV-1 整合酶链转移反应以及由前整合复合体催化的 HIV-1 整合酶链转移反应的 IC_{50} 值分别为 10μmol/L 和 18μmol/L（Hazuda et al.，1999；Singh et al.，1998）。

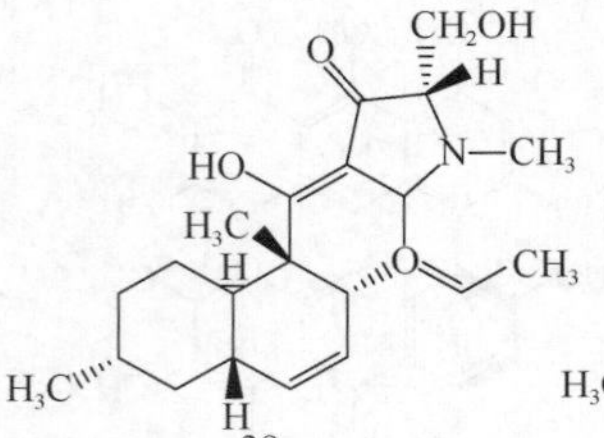

(16) Unidentified fungus。从两种未鉴定的真菌中均分离到化合物 oteromycin (41)，其抑制 HIV-1 整合酶链转移反应以及由前整合复合体催化的 HIV-1 整合酶链转移反应的 IC_{50} 值分别为 25μmol/L 和 50μmol/L (Hazuda et al., 1999; Singh et al., 1995)。

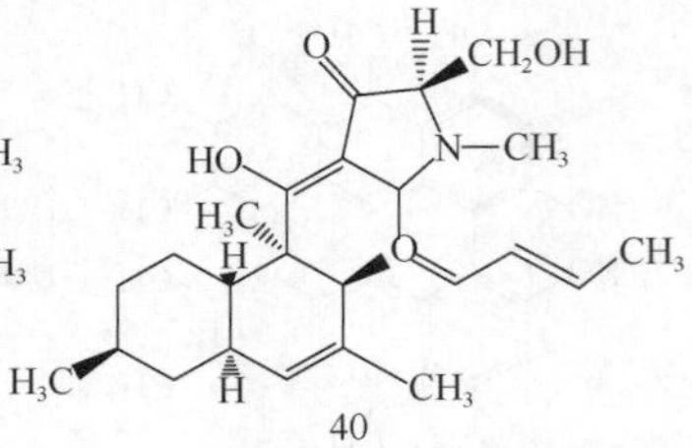

(17) *Cylindrocarpon ianthothele*。该菌分离自毛里求斯大盆地的土壤中，从该菌的发酵产物中分离得到 8-*O*-methylanthrogallol (42)，其在体外抑制 HIV-1 整合酶和 HIV-1 整合酶链转移反应的 IC_{50} 值分别为 6μmol/L 和 22μmol/L (Singh et al., 2003b)。

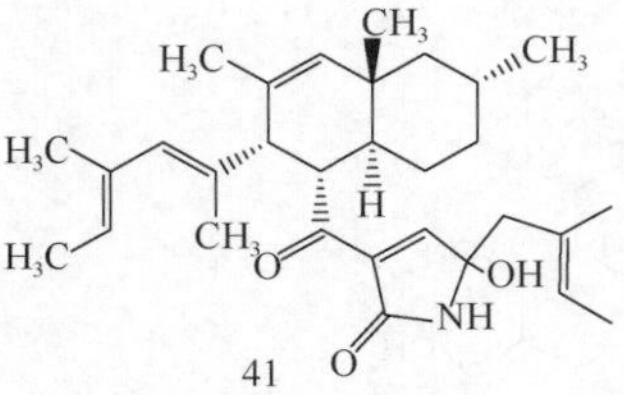

(18) *Inonotus tamaricis*。该菌为采集自西班牙 Torrejon 的一株担子菌，从该菌的发酵产物中分离得到 hispidin(43)和 caeic acid(44)。hispidin 抑制 HIV-1 整合酶和 HIV-1 整合酶链转移反应的 IC_{50} 值分别为 2μmol/L 和 24μmol/L。caeic acid 抑制 HIV-1 整合酶和 HIV-1 整合酶链转移反应的 IC_{50} 值分别为 2.8μmol/L 和 24μmol/L(Singh et al., 2003b)。

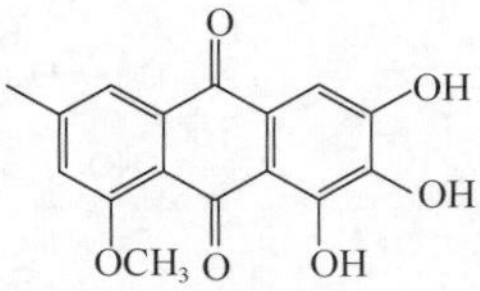

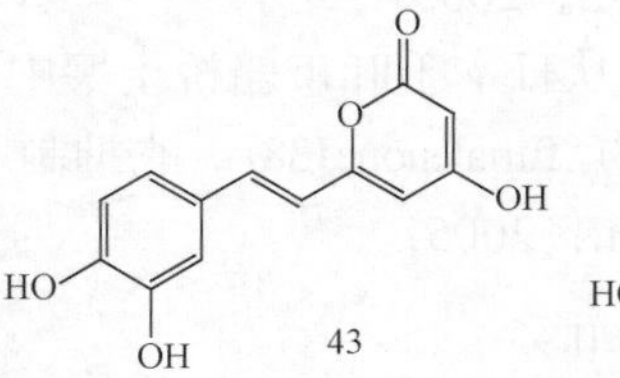

(19) *Xeromphalina junipericola*。该菌为分离自西班牙植物香刺柏枯枝上的一株担子菌，从该菌的发酵产物中分离出 xerocomic acid (45)，其抑制 HIV-1 整合酶和 HIV-1 整合酶链转移反应的 IC_{50} 值分别为 1.1μmol/L 和 4.4μmol/L (Singh et al., 2003b)。

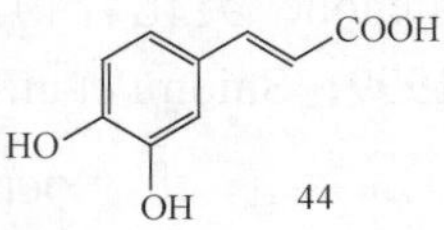

(20) *Penicillium* sp.。该菌是从菲律宾 Pinotubo 火山的火山灰中分离得到的一株真菌，从其发酵产物中分离到 deoxyfunicone (46)，其在体外抑制 HIV-1 整合酶的 IC_{50} 值为 11μmol/L (Singh et al., 2003b)。

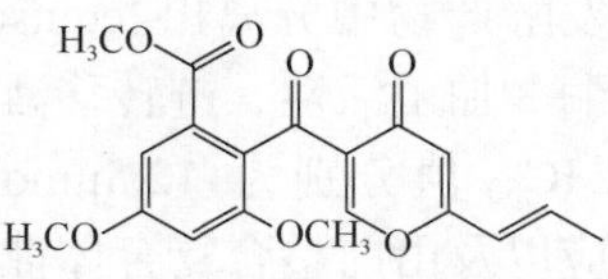

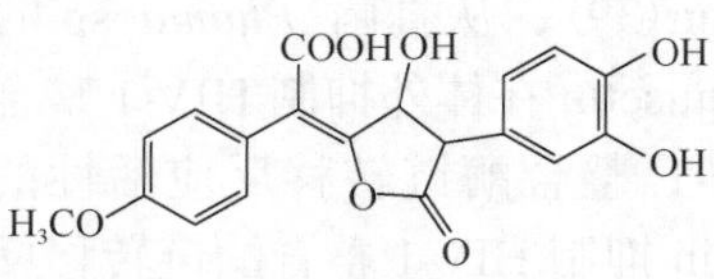

(21) *Talaromyces flavus*。该菌是从赤道几内亚 Bolondo 草原的落叶层中分离得到的一株真菌，从其发酵产物中分离得到 altenusin (47)，其在体外抑制 HIV-1 整合酶的 IC_{50} 值为 19μmol/L。

其抑制 HIV-1 整合酶和 HIV-1 整合酶链转移反应的 IC_{50} 值分别为 19μmol/L 和 25μmol/L (Singh et al., 2003b)。

(22) *Aspergillus candidus*。从该真菌的发酵产物中分离得到 terphenyllin (48) 和 3-hydroxyterphenyllin (49)。terphenyllin 抑制 HIV-1 整合酶和 HIV-1 整合酶链转移反应的 IC_{50} 值分别为 17.7μmol/L 和 47.7μmol/L。3-hydroxyterphenyllin 抑制 HIV-1 整合酶和 HIV-1 整合酶链转移反应的 IC_{50} 值分别为 2.8μmol/L 和 12.1μmol/L (Singh et al., 2003b)。

(23) *Penicillium islandicum*。其是分离自从波兰采集的污水样品中的一株真菌，从其发酵产物中分离出 (+)-rugulosin (50)，其在体外抑制 HIV-1 整合酶和 HIV-1 整合酶链转移反应的 IC_{50} 值分别为 19μmol/L 和 25μmol/L (Singh et al., 2003b)。

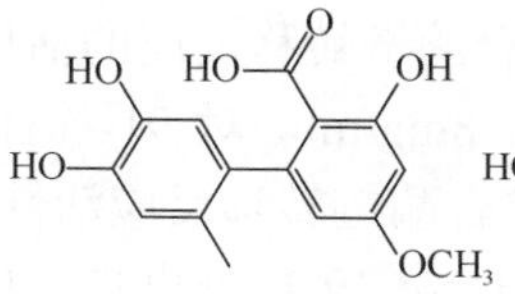

47 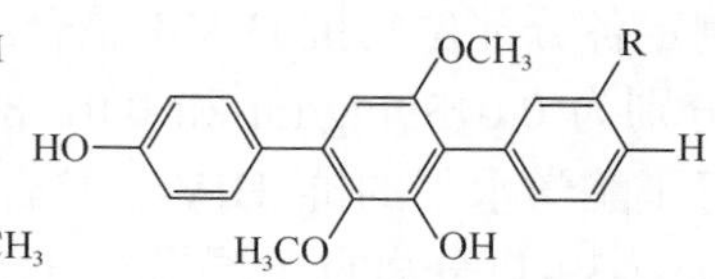　　48 R=H　49 R=OH

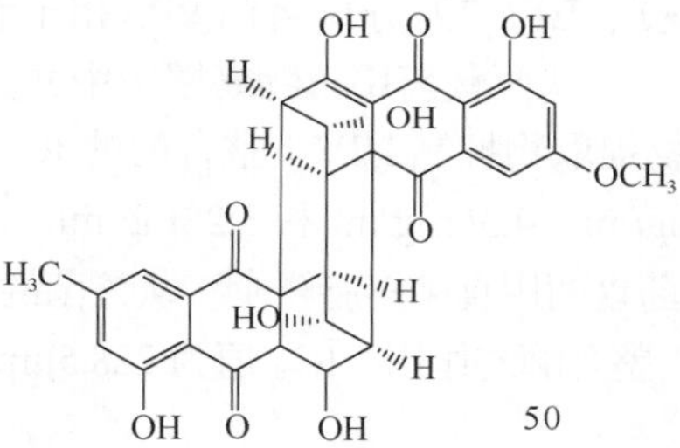

50

(24) Unidentified fungus (MF6074)。其是分离自哥斯达黎加 Osa 半岛落叶层中的一株真菌，从该菌的发酵液中分离出 roselipin 2A (51) 和 roselipin 2B (52)，这两个化合物的混合物抑制 HIV-1 整合酶的 IC_{50} 值为 8.5μmol/L (Singh et al., 2003b)。

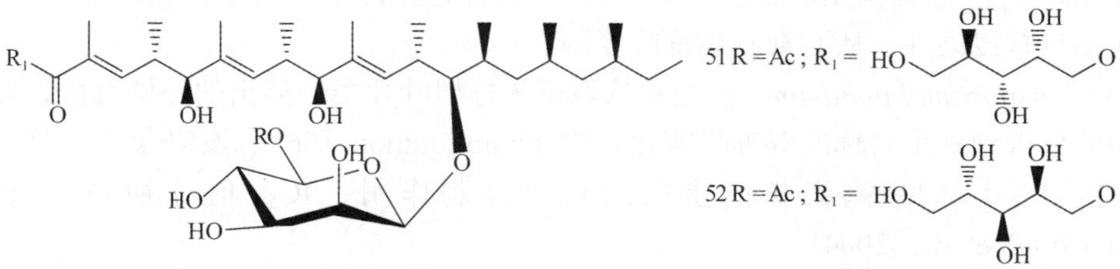

51 R = Ac ; R_1 =

52 R = Ac ; R_1 =

(25) *Neosartorya* sp.。该菌分离自印度果阿邦松鼠粪便，从该菌的发酵产物中分离到 ophiobolins 类化合物 epiophiobolin K (53) 和 epiophiobolin C (54)。它们在体外抑制 HIV-1 整合酶的 IC_{50} 值分别为 19μmol/L 和 33μmol/L (Singh et al., 2003b; Au et al., 2000)。

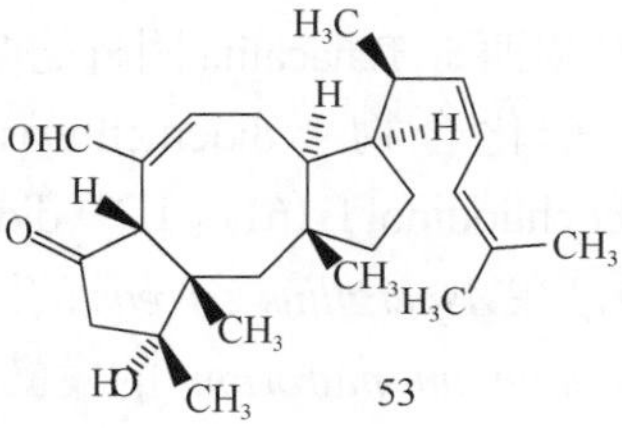

53 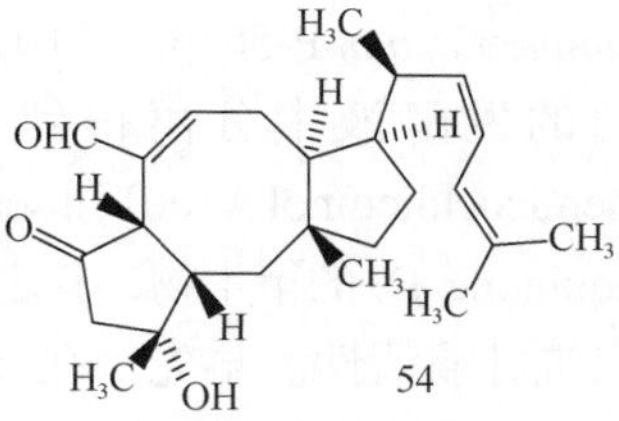　　54

（26）*Ganoderma colossum*。从采集自越南的灵芝 *Ganoderma colossum* 中分离到一个四环三萜类化合物 schisanlactone A（55），它能够抑制整合酶二聚化，IC_{50} 值为 5.0μg/ml（El Dine et al.，2008；2009）。

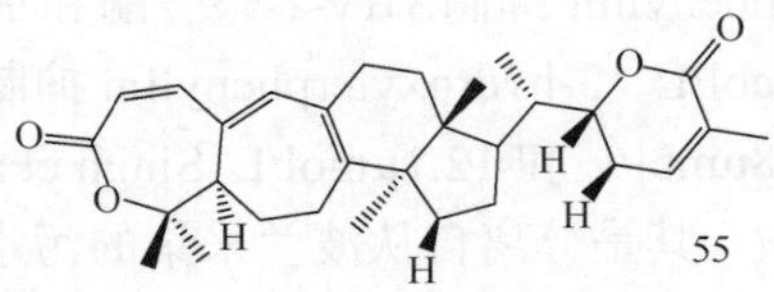

55

（27）*Epulorhiza* sp.。其是从采集自中国四川的铁皮石斛根部分离到的一株真菌，其菌丝体提取物 M1 在体外对 HIV-1 感染的 MT-4 细胞的 EC_{50} 值为 108.60μg/ml。对该菌的菌丝体提取物进行了化学分离并测定各分部位的抗 HIV-1 整合酶链转移反应的活性，结果发现，M1 的两个甲醇部位的 IC_{50} 值分别为 0.0139mg/ml 和 0.0178mg/ml。对 91 株药用植物内生真菌的 182 个发酵产物提取物进行了酶学水平的抗 HIV-1 整合酶链转移反应活性筛选，从中筛选到了 5 个活性良好的菌株：Qc-a-39-1（分离自千层塔）、Qc-c-39-1（分离自千层塔）、Bj-a-31-绿（分离自白芨）、Bj-a-21（分离自白芨）、Bj-a-29（分离自白芨）（相子春，2005；王雅俊，2009）。

（28）*Chaetosphaeronema* sp.。从西藏药用植物螃蟹甲中共分离得到 5 株 *Chaetosphaeronema* 内生真菌，它们的 7 个发酵产物提取物抑制 HIV-1 整合酶的 IC_{50} 值分别为 6.60mg/ml、5.20mg/ml、2.86mg/ml、7.86mg/ml、4.47mg/ml、4.56mg/ml 和 3.23mg/ml。（张大为等，2013）

（29）*Pholiota adiposa*，即药食两用真菌多脂鳞伞。从该菌的子实体中分离到一个没食子酸甲酯 HEB，其表现出较弱的抗 HIV-1 整合酶的作用，IC_{50} 值为 228.5μmol/L（Wang et al.，2014）。

四、蛋白酶抑制剂

HIV-1 蛋白酶的功能是将 gag-pro-pol 多聚蛋白前体切割成成熟的蛋白质分子，通过抑制 HIV-1 蛋白酶活性，能够抑制病毒前体蛋白裂解成结构蛋白，阻止病毒装配成完整的病毒颗粒，使其子代不具有侵染性，从而抑制病毒的复制。

（1）*Nodulisporium hinnuleum*。该菌是从西班牙栎树叶片中分离出的一株真菌，从该菌的发酵产物中分离得到一个对称的双吲哚醌化合物 hinnuliquinone（56）。该化合物对野生型 HIV-1 和耐药性 HIV-1 A33 病毒株的蛋白酶均有抑制作用，IC_{50} 值分别为 2.5μmol/L 和 1.8μmol/L（Singh et al.，2004）。

（2）*Hypoxylon fragiforme*。该菌是默沙东实验室从美国山毛榉死树皮上分离到的一株子囊菌，从该菌的发酵产物中分离出一个 cytochalasin（细胞松弛素）类化合物 L-696474（57），它在体外抑制 HIV-1 蛋白酶活性的 IC_{50} 值为 3μmol/L（Ondeyka et al.，1992；Lingham et al.，1992；Dombrowski et al.，1992）。

（3）*Chrysosporiummerdarium* P-5656。该菌是从墨西哥 Tenacatita 附近的椰子林土壤中分离到的一株真菌，从该菌的发酵液中分离得到 4 个化合物：didemethylasterriquinone D（58）、isocochliodinol（59）、semicochliodinol A（60）和 semicochliodinol B（61）。其中 didemethylasterri- quinone D 是阿斯吲醌（asterriquinone D）的衍生物，其之前已在 *Aspergillus terreus* 的发酵产物中分离得到，在体内试验中表现出抗肿瘤活性。早先，在 *Chaetomium murorum* 的发酵产物中也分离得到了 isocochliodinol。这 4 个化合物在体外抑制 HIV-1 蛋白酶反应活性的 IC_{50} 值分别为 0.24μmol/L、

0.18μmol/L、0.37μmol/L 和大于 0.5μmol/L（Fredenhagen et al.，1997）。

（4）*Penicillium sclerotiorum* PSU-A13。从泰国也拉省藤黄属植物 *Garcinia atroviridis* 的叶片中分离得到一株真菌，从这株真菌的发酵产物中分离到（+）-sclerotiorin（31），其在体外抑制 HIV-1 蛋白酶反应活性的 IC_{50} 值为 62.7μg/ml（Arunpanichlert et al.，2010）。

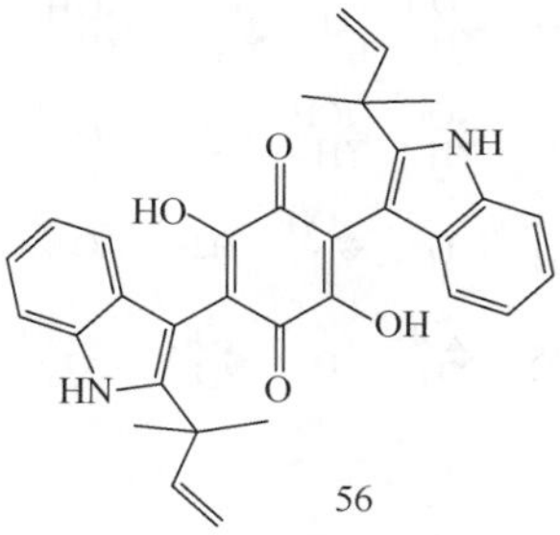

56 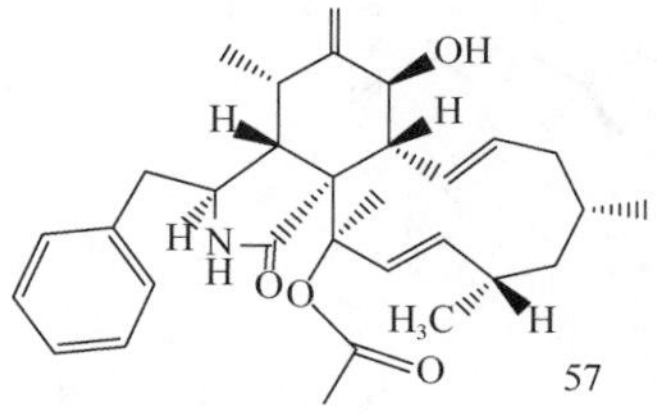 57

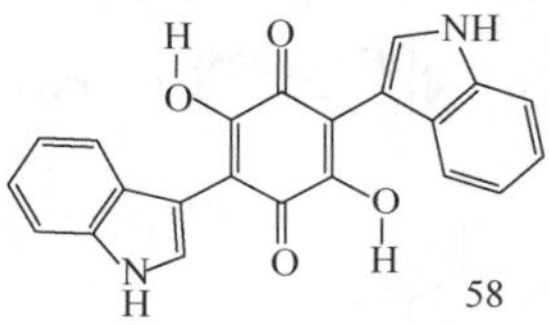

58 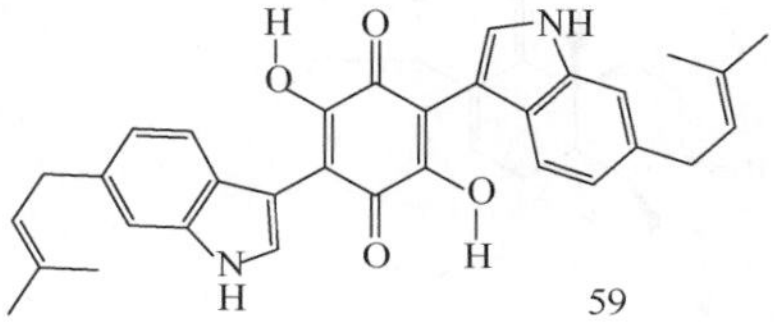 59

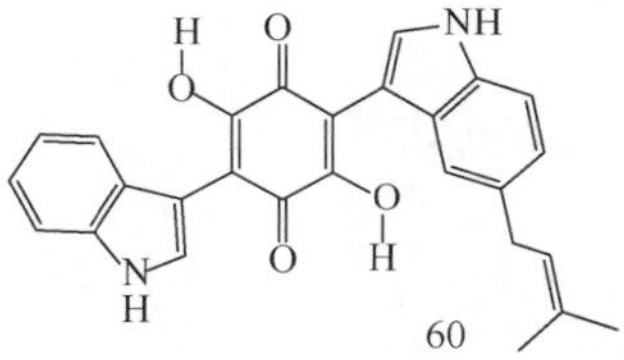

60 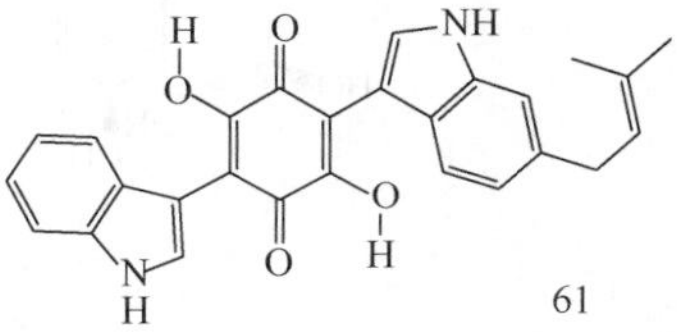 61

（5）*Inonotus obliquus*。从该菌的菌核提取物中分离出一个高分子质量水溶性木质素衍生物 chaga，其抑制 HIV-1 蛋白酶的 IC_{50} 值为 2.5μg/ml（Zjawiony，2004；Ichimura et al.，1998）。

（6）*Ganoderma lucidum*。大量的体外试验证明灵芝中的三萜类成分能有效抑制 HIV-1。从灵芝中分离得到的三萜类成分 ganoderic acid-α（62）、ganoderic acid B（63）、ganoderic acid C1（64）、ganoderic acid H（65）、ganoderiol A（66）、ganoderiol B（67）、3β-5α-dihydroxy-6-β-methoxyergosta-7, 22-diene（68），它们在体外能较温和地抑制 HIV-1 蛋白酶的活性，IC_{50} 值为 0.17～0.23mmol/L。从灵芝中分离得到的三萜类成分 ganoderic acid-β（69）、lucidumol B（70）、ganodermanondiol（71）、ganodermanontriol（72）和 ganolucidic acid A（73），在体外表现出抑制 HIV-1 蛋白酶活性的作用，其 IC_{50} 值分别为 20mmol/L、59mmol/L、90mmol/L、70mmol/L 和 70mmol/L（el-Mekkawy et al.，1998；Min et al.，1998）。

（7）*Ganoderma colossum*。该灵芝采集自越南，从其子实体的氯仿提取部位中分离到 2 个法尼基氢化苯醌类化合物：ganomycin I（73）和 ganomycin B（74），这两个化合物抑制 HIV-1 蛋白酶活性的 IC_{50} 值分别为 7.5μg/ml 和 1.0μg/ml。从该菌的子实体中还分离到 6 个羊毛甾烷型四环三萜：colossolactoneV（75）、colossolactone VII（76）、colossolactone VIII（77）、schisanlactone A（78）、colossolactone G（79）和 colossolactoneA（80）。这 6 个化合物抑制 HIV-1 蛋白酶活性的 IC_{50} 值分别为 9μg/ml、13.8μg/ml、31.4μg/ml、8.5μg/ml、8μg/ml、5μg/ml

和 39μg/ml（El Dine et al.，2008；2009）。

（8）*Cordyceps militaris*。从蛹虫草（*Cordyceps militaris*）的子实体中分离出 adenosine（81）和 iso-sinensetin（82），它们对 HIV-1 蛋白酶表现出很强的抑制作用（Jiang et al.，2011）。

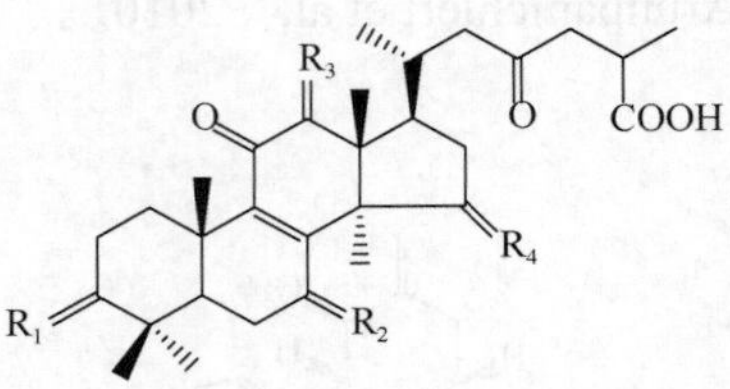

	R_1	R_2	R_3	R_4
62	OH, H	O	OH, H	OH, H
63	OH, H	OH, H	H2	O
64	O	OH, H	H2	O
65	OH, H	O	OH, H	O

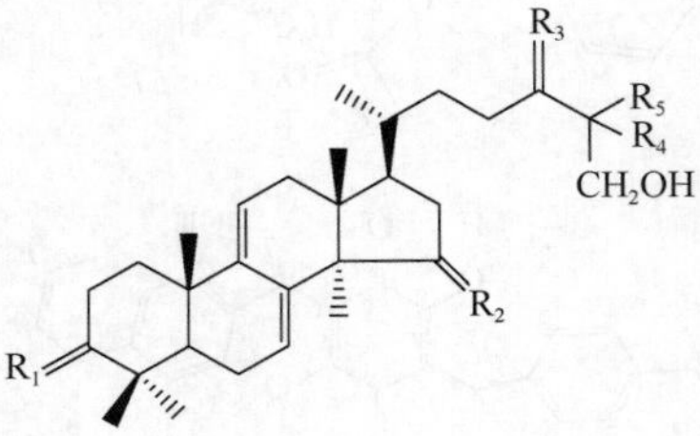

	R_1	R_2	R_3	R_4	R_5
66	OH, H	H_2	OH, H	OH, H	CH_3
67	O	OH, H	△24(25)	O	CH_2OH

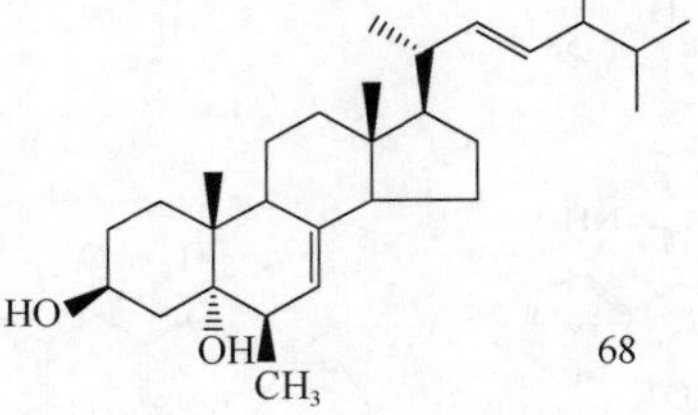

68

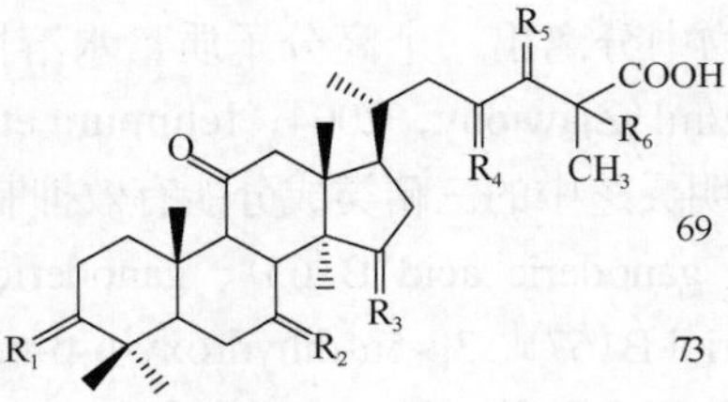

	R_1	R_2	R_3	R_4	R_5	R_6
69	OH, H	OH, H	O	H_2	△24(25)	
73	O	O	OH, H	O	H_2	H

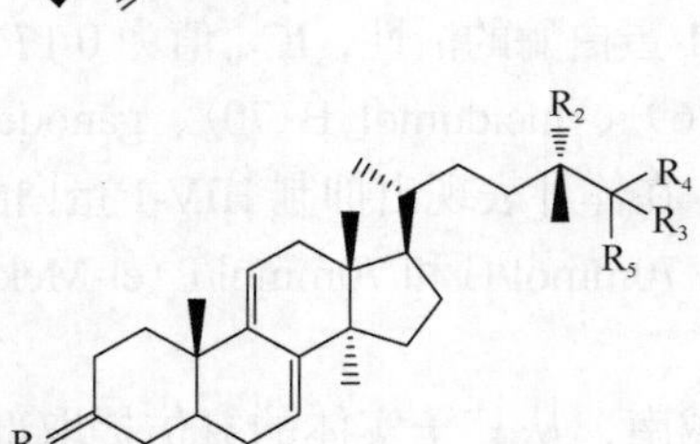

	R_1	R_2	R_3	R_4	R_5
70	OH, H	OH	OH	CH_3	CH_3
71	O	OH	OH	CH_3	CH_3
72	O	OH	OH	CH_2OH	CH_3

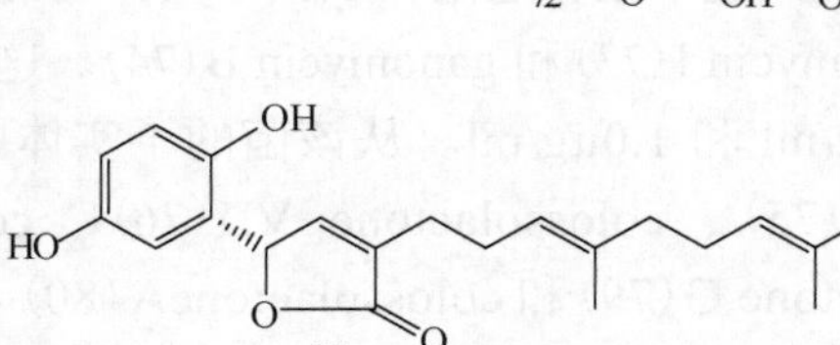

73

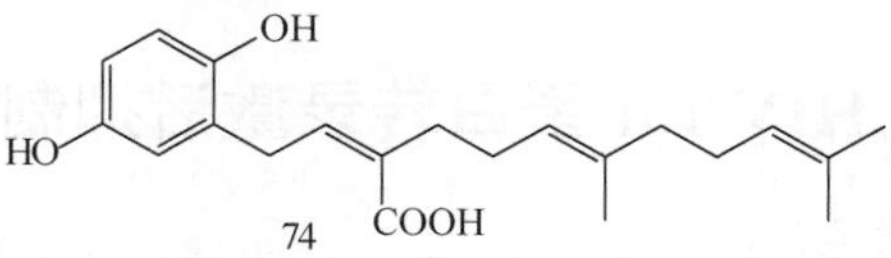

74

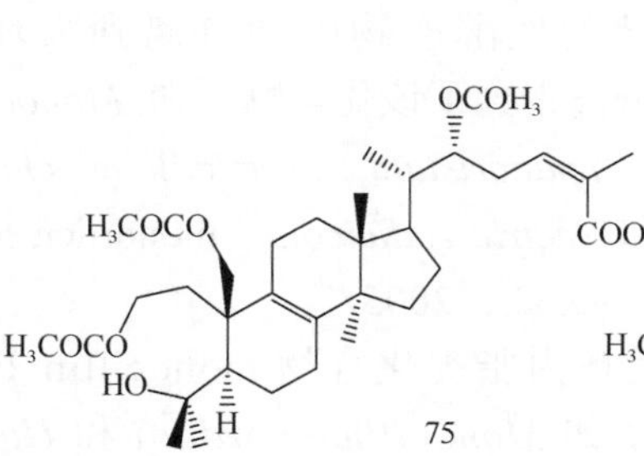

75 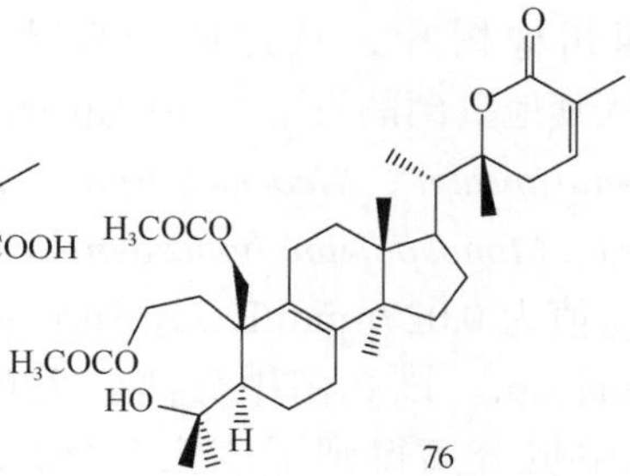　76

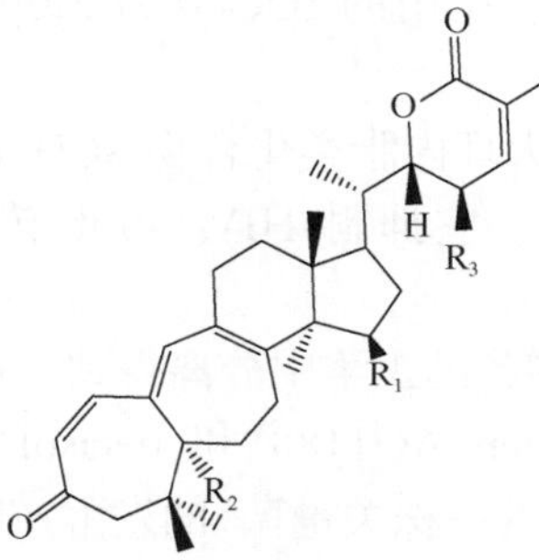

77 R_1=OAc;R_2=H;R_3=OH

78 R_1=H;R_2=H;R_3=H

79 R_1=OAc;R_2=OH;R_3=H

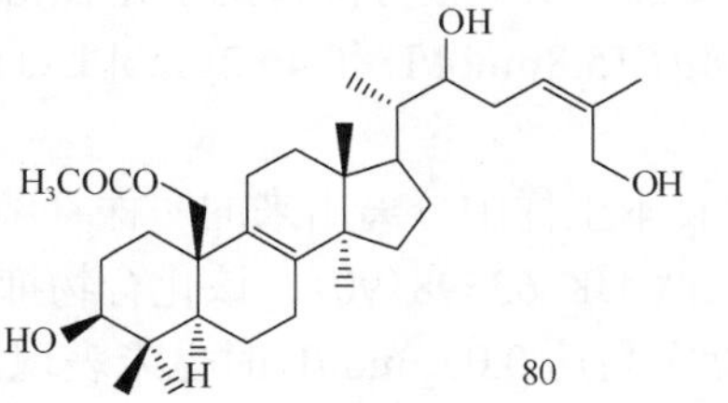

80 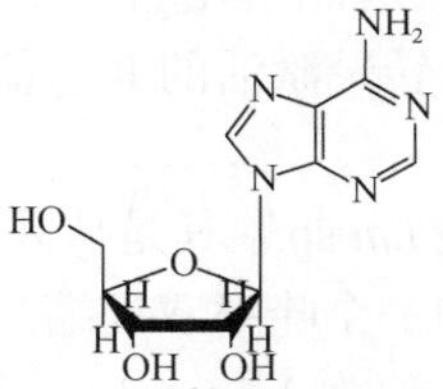　81

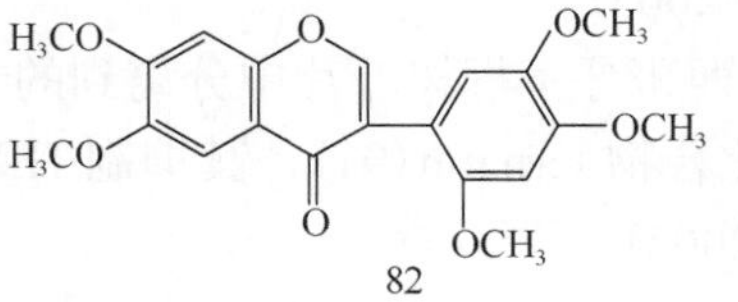

82

(9) *Trichoderma* sp.。其是从中国南海深海沉积物中分离出的一株真菌，从该菌的发酵产物中分离出化合物 trichoderone(83)和化合物 cholesta-7，22-diene-3b，5a，6b-triol(84)。它们表现出抑制 HIV-1 蛋白酶活性的作用(You et al.，2010)。

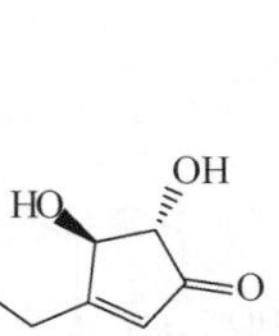

83 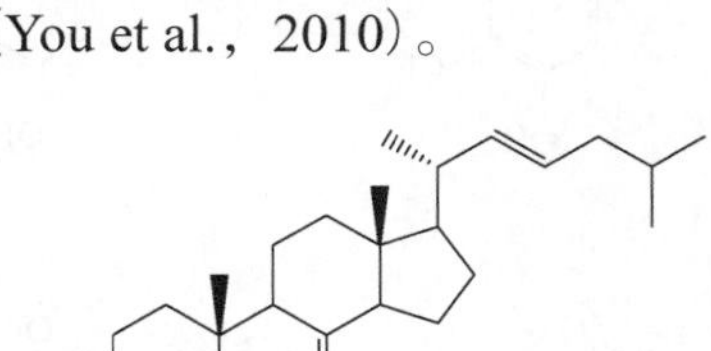　84

五、HIV Tat 蛋白转录激活抑制剂

（1）*Monosporium bonorden* 和 *Dictyochaeta* sp.。这两株真菌分别分离自美国俄勒冈州土壤中和美国新泽西州橡树叶，从这两株真菌的发酵产物中均分离到大环内脂类化合物monorden（85）。从其他真菌的发酵产物中也分离得到了该化合物，如 *Monocillium nordinii*、*Penicillium luteo-aurantium*、*Neocosmospora tenuicristata*、*Verticillium chlamydosporium*、*Humicola fuscoatra*、*Monosporium bonorden* 和 *Nectria radicicola*。monorden 抑制 HIV-1 Tat 转录激活作用的 IC_{50} 值为 0.027μmol/L（Jayasuriya et al.，2005）。

（2）*Penicillium* sp.。该真菌中分离到大环内脂类化合物 monocillin IV（86）。从其他真菌的发酵产物中也分离得到了该化合物，如 *Monocillum nordinii* 和 *Humicolafuscoatra* sp.。monocillin IV 抑制 HIV-1 Tat 转录激活作用的 IC_{50} 值为 5.0μmol/L（Jayasuriya et al.，2005）。

（3）*Septofusidium* sp.。从该菌中分离出大环内脂类化合物 SCH 642305（87），也有过报道该化合物存在于 *Penicillium verrucosum* 中。它抑制 HIV-1 Tat 转录激活作用的 IC_{50} 值为 1.0μmol/L（Chu et al.，2003）。

（4）*Penicillum* sp.。该菌从采集自波多黎各的土壤中分离得到，从其发酵产物的 2-丁酮提取部位分离到 2 个倍半萜类化合物 sporogen AO1（88）和 petasol（89）。从真菌 *Hansfordia pulvinata* 和 *Aspergillus oryzae*（是日本清酒业的一株关键菌）的发酵产物中也分离得到了化合物 sporogen AO1。从真菌 *Drechslera gigantea* 的发酵产物中也分离得到了化合物 petasol。这两个化合物抑制 HIV-1 Tat 转录激活的 IC_{50} 值分别为 15.8μmol/L 和 46.2μmol/L（Jayasuriya et al.，2005）。

（5）*Dactylosporangium* sp.。其是从采集自日本土样中分离出来的一株真菌，从其发酵液的二丁酮提取部位分离到一个喹啉双环缩酚酸八肽 UK-63598（90），该化合物抑制 HIV-1 Tat 转录激活的活性作用 IC_{50} 值为 1.5nmol/L，其浓度在高达 0.05μmol/L 时也未表现出对 Jurkat 细胞的细胞毒作用（Jayasuriya et al.，2005）。

（6）*Xylariaceae* sp.。其是从西班牙圣栎树叶片中分离到的一株真菌，从该菌发酵液的二丁酮提取部位分离到一个环七肽化合物 ternatin（91），其抑制 HIV-1 Tat 转录激活作用的 IC_{50} 值为 0.3μmol/L（Jayasuriya et al.，2005）。

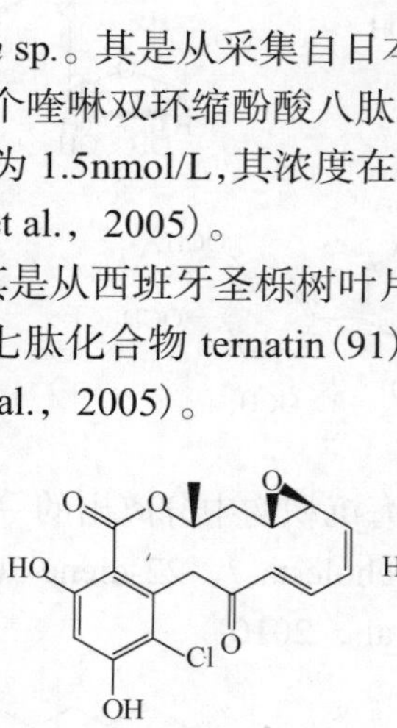

HO O O Cl OH O 85

HO O O OH O 86

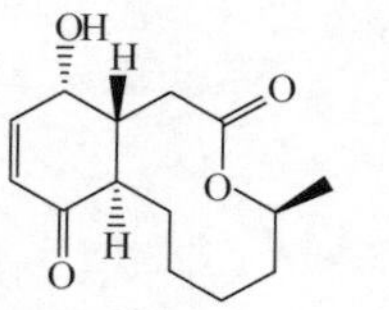

OH H O O O H 87

HO O O 88

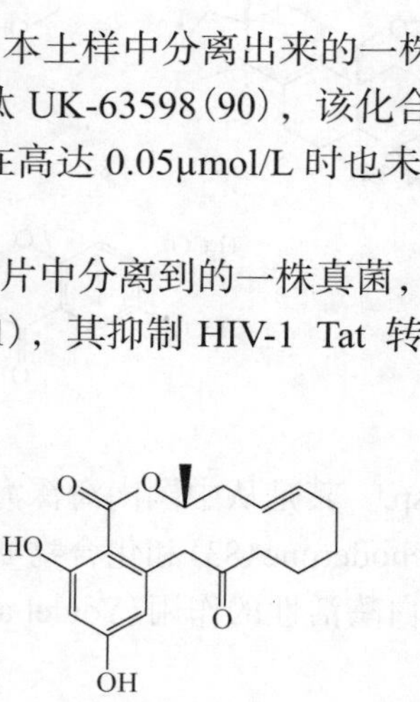

HO O 89

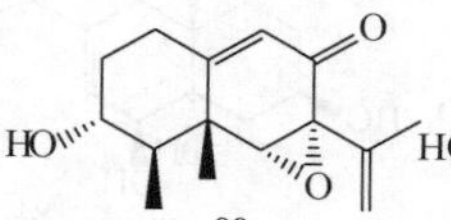

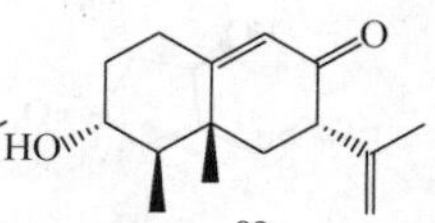

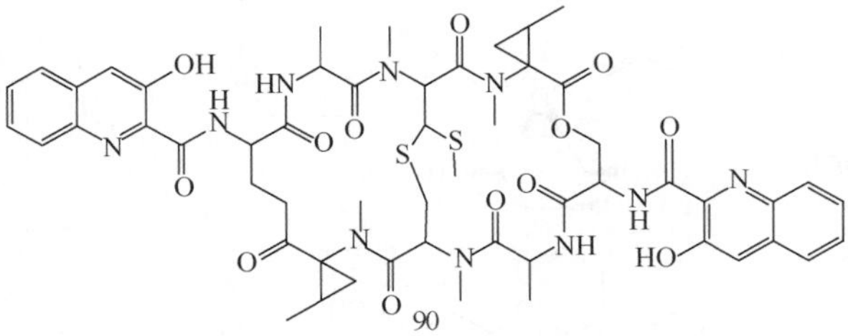

90 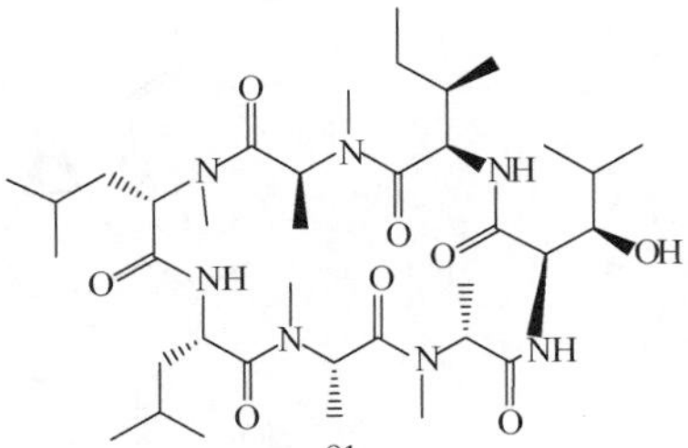　　91

六、作用靶点不明确的物质

(1) *Stachybotrys charatum*。Cytochalasins (92) (细胞松弛素) 为一大类真菌次生代谢产物，该类物质除具有为人所熟知的抑制血管生成作用外，还表现出抑菌、抑制葡萄糖转运和调节植物生长等多种生物活性。*Stachybotrys charatum* 是从从西藏冰川分离出的一株真菌，从其发酵产物中分离到一个细胞松弛素类化合物 alachalasin A，该化合物能抑制 HIV-1_{LAI} (HIV-1 病毒的一个亚株) 在 C8166 细胞 ($CD4^+$ T 淋巴细胞) 中的复制，其抗病毒活性的 EC_{50} 值为 8.0μmol/L (Zhang et al.，2008)。

(2) *Pestalotiopsis fici*。从植物内生真菌 *Pestalotiopsis fici* 的发酵产物中分离出环己烷衍生物 pestalofones A (93)、pestalofones B (94) 和 pestalofones E (95)，它们能抑制 HIV-1_{LAI} 在 C8166 细胞中的复制，3 个化合物的 EC_{50} 值分别为 0.4μmol/L、64.0μmol/L 和 93.7μmol/L。此外，3 个化合物的半数细胞毒性浓度 (median cytotoxic concentration，CC_{50}) 均大于 200μmol/L (Liu et al.，2009a)。

(3) *Phomopsis euphorbiae*。其是从滑桃树分离出的一株内生真菌，从这株真菌的发酵产物中分离出 2 个化合物 azaphilones phomoeuphorbin A (96) 和 phomoeuphorbin C (97)，它们抑制 HIV-1 在 C8166 细胞中的复制，EC_{50} 值分别为 79μg/ml 和 71μg/ml，CC_{50} 值均大于 200μg/ml (Yu et al.，2008)。

(4) *Helotialean ascomycete*。其是从江西南昌梅林自然保护区的野草中分离得到的一株子囊菌，从该菌的培养物中分离得到 azaphilones 类化合物 helotialins A (98) 和 helotialins B (99)。它们抑制 HIV-1 在 C8166 细胞中的复制，EC_{50} 值分别为 8.01μmol/L 和 27.9μmol/L (Zou et al.，2009)。

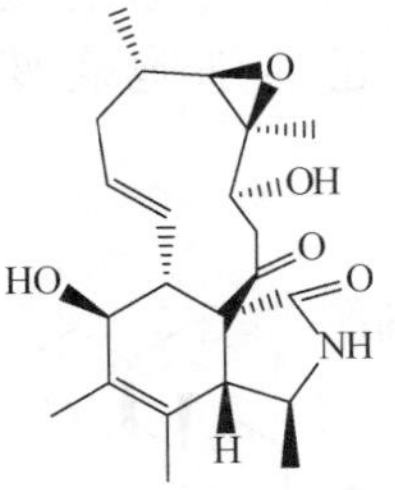

92 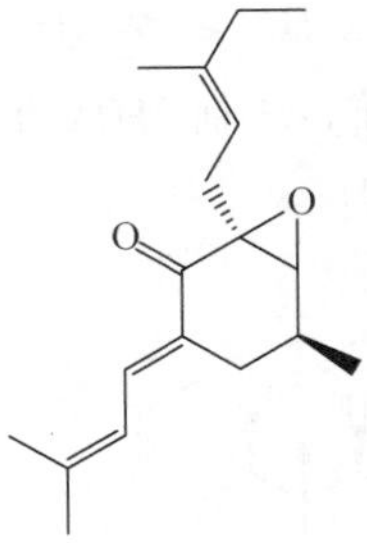　　93

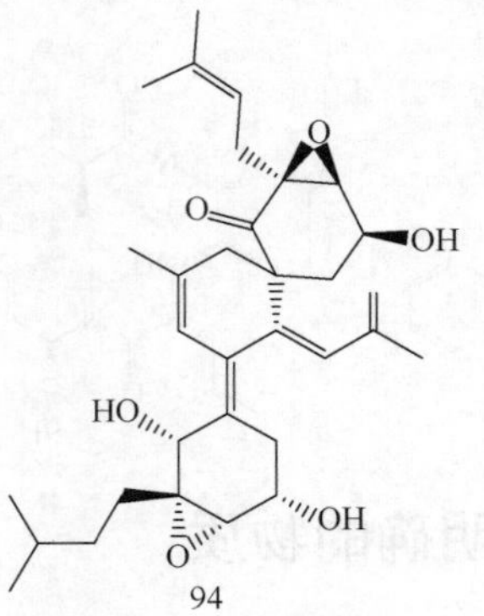

94

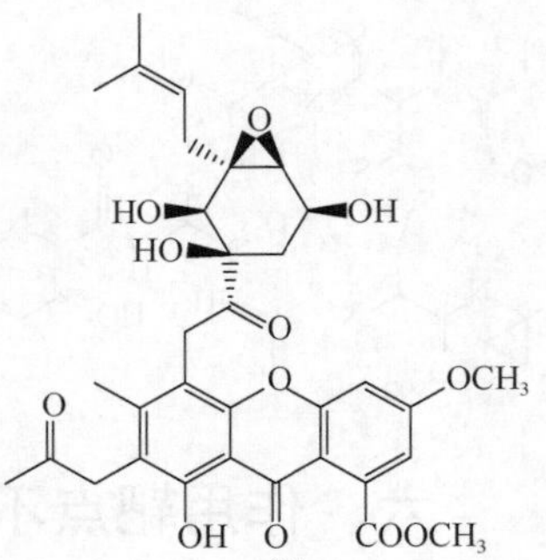

95

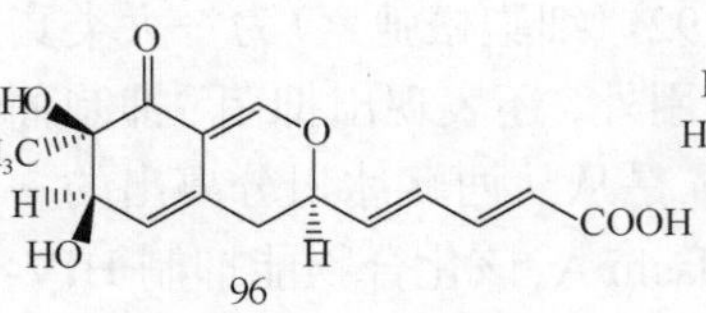

96

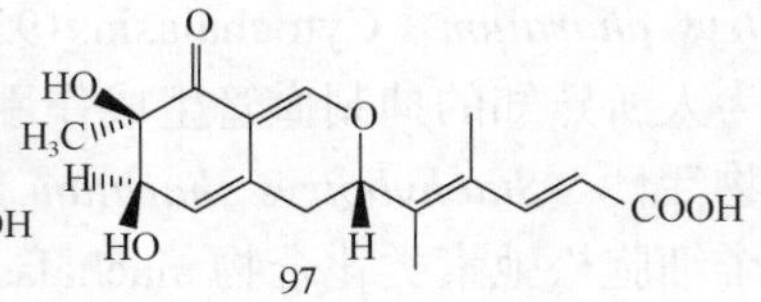

97

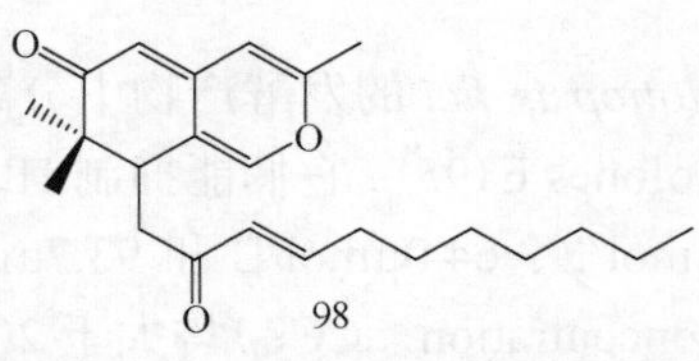

98

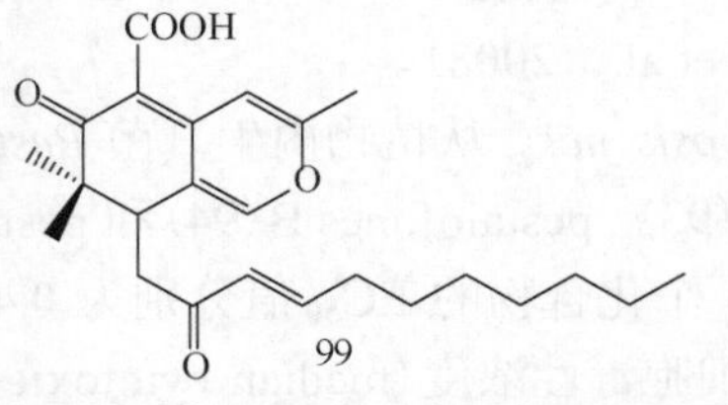

99

(5) *Pestalotiopsis fici*。从植物内生真菌中分离得到 chloropupukeanolide A(100)，其抑制 HIV-1 在 C8166 细胞中的复制，EC_{50} 值为 6.9μmol/L(Liu et al., 2009b)。

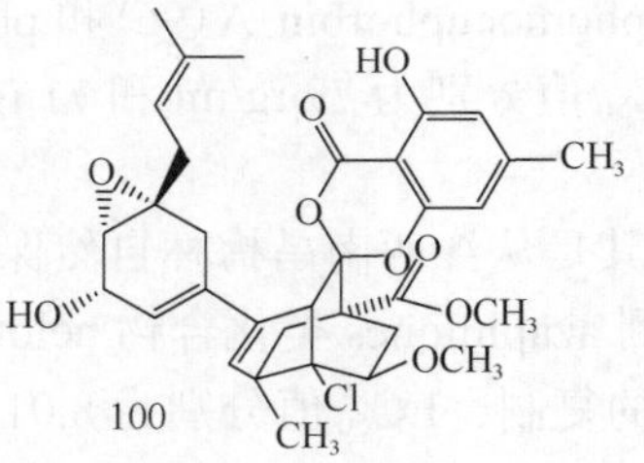

100

(6) *Ganoderma lucidum*。从灵芝中分离出三萜化合物 ganoderiol F(101) 和 ganodermanontriol(102)，它们抑制 HIV-1 引起的细胞病变效应(CPE)，IC_{50} 值均为 7.8μg/ml(Sanodiya et al., 2009)。

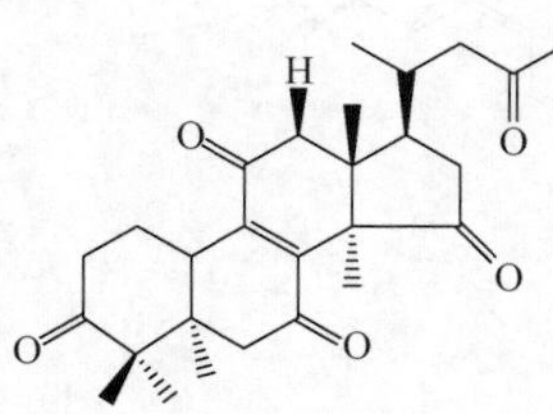

101

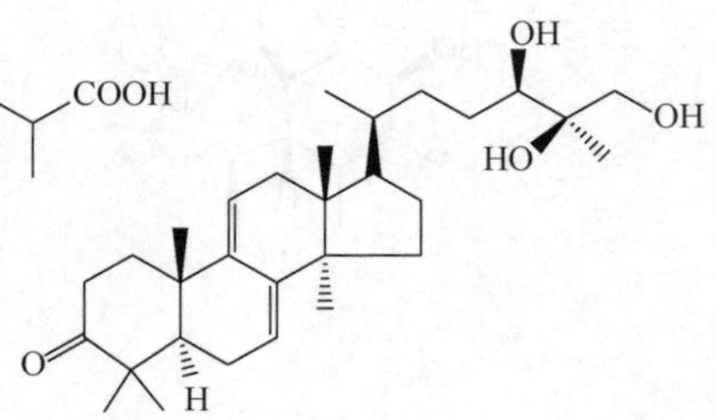

102

(7) *Ganoderma lucidum*。从灵芝中分离的水溶性小分子提取部位，在体外细胞水平的试验中显示抑制 HIV-1 引起的细胞病变效应，其 IC_{50} 值和 EC_{50} 值分别为 125μg/ml 和 11μg/ml。对该水溶性小分子提取部位进行继续分离，又得到 8 个不同部位 LA(methanolic extract)、GLB(hexane soluble)、GLC(acetic ether soluble)、GLD(water soluble)、GLE(neutral)、GLF(acidic)、GLG(alkaline)和 GLH(amphoteric)，除 GLD、GLF 和 GLH 几个提取部位外，其余 5 个部位对 HIV-1 均有抑制活性，IC_{50} 值为 22～44μg/ml，EC_{50} 值为 14～44μg/ml。50μg/ml 的 GLC 和 100μg/ml 的 GLG 对 HIV-1 在 Jurkat T 细胞中复制的抑制率分别为 75%和 66%(Kim et al.，1997)。

(8) *Alternaria kikuchiana* Tanaka(ATCC-11570)。从该真菌的发酵产物中分离出 3 个 enniatin 类化合物 enniatin B(103)、enniatin B1(104)和 enniatin A1(105)。这 3 个化合物的混合物在体外抑制 HIV-1 活性的 IC_{50} 值和 EC_{50} 值分别为 0.01μg/ml 和 1.9μg/ml(McKee et al.，1997)。

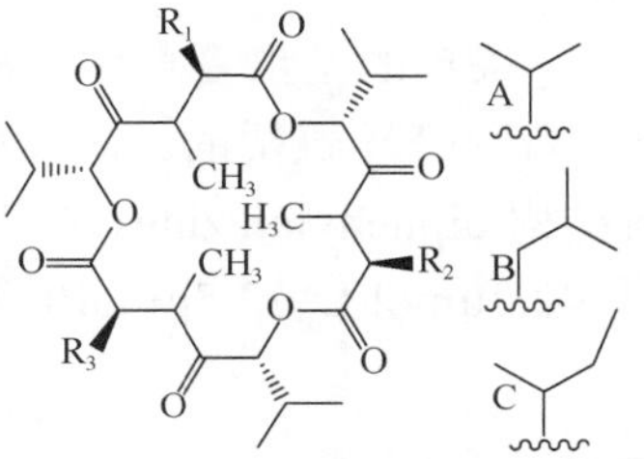

103 R_1,R_2,R_3=A
104 R_1,R_2=A;R_3=C
105 R_1=A;R_2,R_3=C

(9) *Penicillium chrysogenum*。该菌是从地中海海绵 *Ircinia fasciculata* 中分离得到的一株真菌，从其盐水培养物中分离得到了 sorbicillin 类衍生物。其中 sorbicillactone A(106)显示出了很高的抑制 HIV-1 的活性。在浓度为 0.3～3.0mg/ml 时，sorbicillactone A 在保护 H9 淋巴细胞免受 HIV-1 细胞毒作用的同时，也能够抑制病毒蛋白的表达(Bringmann et al.，2005)。

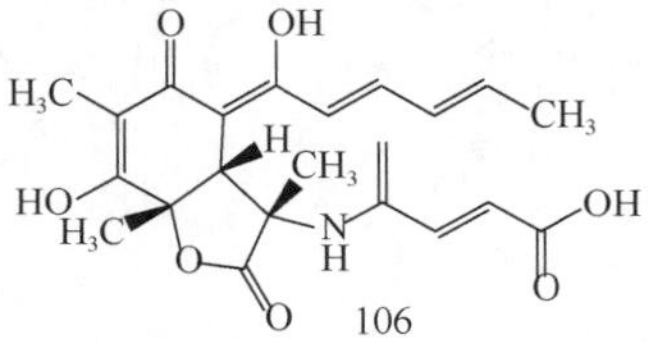

106

(10) *Pleurotusnebrodensis*。从该菌的新鲜子实体中首次分离鉴定出分子质量为 27kDa 的溶血素 nebrodeolysin，它能抑制 HIV-1(IIIB)诱导的 CEM 细胞(淋巴细胞)的病变效应，EC_{50} 值为 2.4pmol/L(Han et al.，2010)。

(11) *Pestalotiopsis fici*。从该植物内生真菌的发酵产物中分离出一个具有螺酮缩醇骨架的化合物 chloropestolide A(107)，它抑制 HIV-1 在淋巴细胞 C8166 中的复制，IC_{50} 值为 64.9μmol/L(Liu et al.，2009c)。

(12) *Pestalotiopsis fici*。该菌是从杭州郊区的一种不具名树的树枝上分离得到的，从这株菌的发酵产物中分离到一个含有氯代 pupukeanane(三环-[4.3.1.03，7]-癸烷)骨架的化合物 chloropupukeananin(108)，该化合物是首次从真菌中发现的。它抑制 HIV-1 在淋巴细胞 C8166 中的复制，IC_{50} 值为 14.6μmol/L(Liu et al.，2008)。

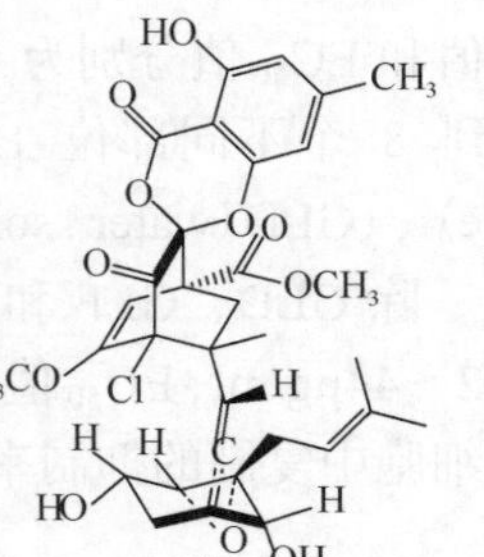

（13）*Pestalotiopsis theae*。该菌是从海南尖峰岭一种不具名树的树枝上分离得到的，从这株菌的发酵产物中分离到 pestalotheols C（109），该化合物抑制 HIV-1 在淋巴细胞 C8166 中的复制，IC_{50} 值为 16.1μmol/L（Li et al.，2008）。

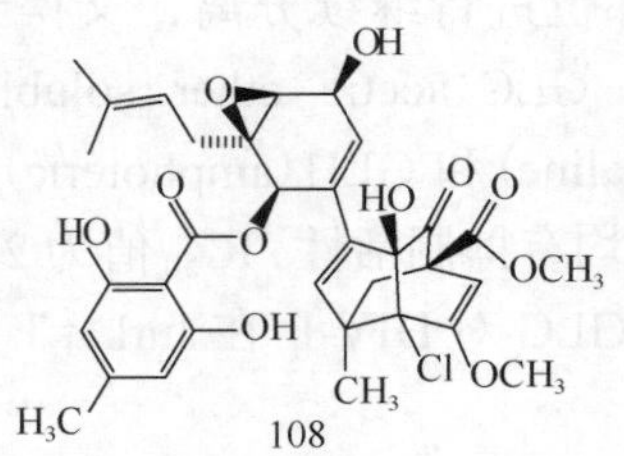

（14）*Epicoccum nigrum*。其是从西藏林芝采集的冬虫夏草中分离出的一株冬虫夏草定植真菌，从该菌的发酵产物中分离到两个含新颖跨环硫桥的二酮哌嗪类化合物 epicoccins F（110）、epicoccins G（111）和一个类似新结构 diphenylalazines A（112），它们抑制 HIV-1 在淋巴细胞 C8166 中的复制，EC_{50} 值分别为 42.2μmol/L、13.5μmol/L 和 27.9μmol/L（Guo et al.，2009）。

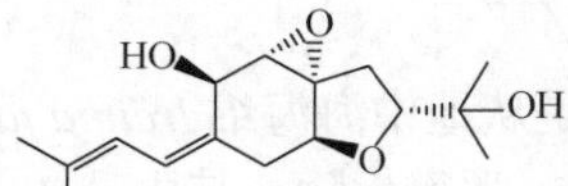

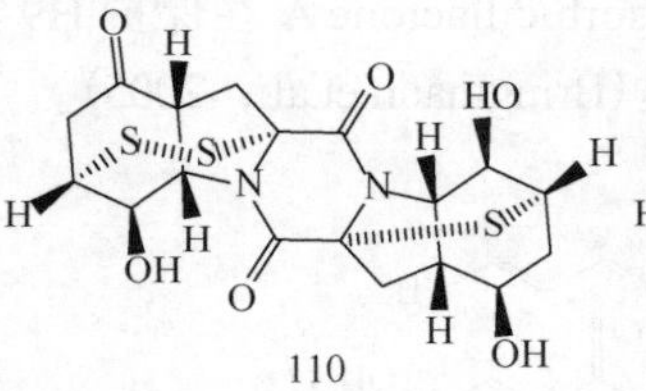

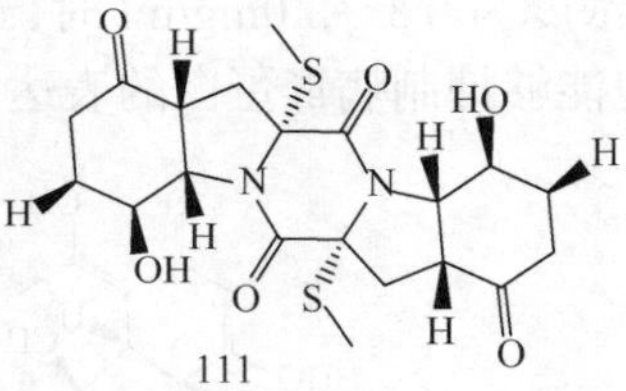

（15）*Pestalotiopsis fici*。从植物内生真菌 *Pestalotiopsis fici* 的固体发酵物中分离得到 4 个异戊二烯化的色原酮衍生物，即 pestalofíciol F（113）、pestalofíciol H（114）、pestalofíciol J（115）和 pestalofíciol K（116），它们抑制 HIV-1 在淋巴细胞 C8166 中的复制，其中化合物 4 的 EC_{50} 值为 8.0μmol/L（Liu et al.，2009c）.

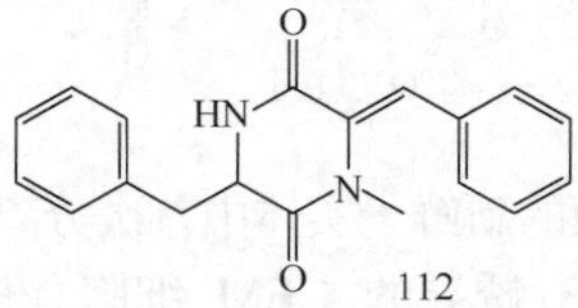

（16）*Pestalotiopsis fici*。从该内生真菌的发酵产物中分离得到 5 个环丙烷衍生物 pestalofíciol A～E，其中 pestalofíciol A（117）、pestalofíciol B（118）和 pestalofíciol D（119）抑制 HIV-1 在淋巴细胞 C8166 中的复制，EC_{50} 值分别为 26.0μmol/L、98.1μmol/L 和 64.1μmol/L（Liu et al.，2008）。

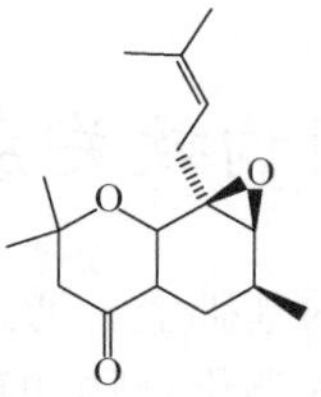
113
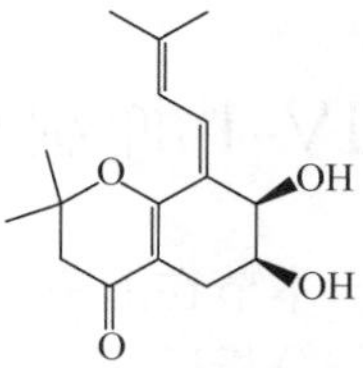
114
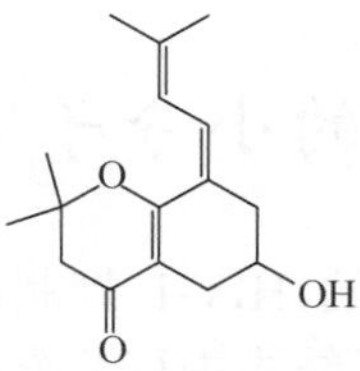
115
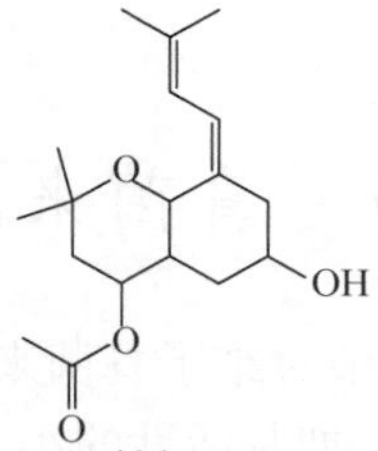
116

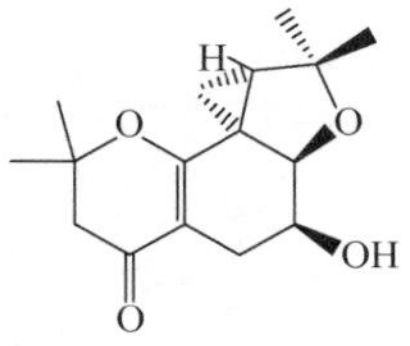
117
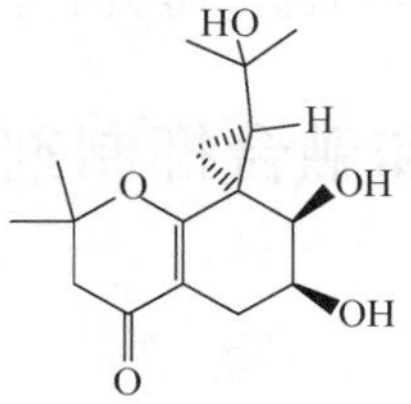
118
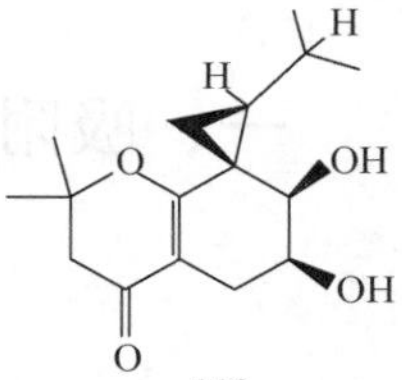
119

(17) *Humicola fuscoatra*。该菌是从美属萨摩亚图图伊拉岛小于 33m 水域的沉积物中分离得到的。从该菌的发酵产物中分离得到的 4 个化合物 radicicol（120）、pochonin B（121）、pochonin C（122）及 radicicol B（123），具有不同程度的激活 HIV-1 潜伏病毒池中病毒表达的作用，EC_{50} 值分别为 9.1μmol/L、39.6μmol/L、6.3μmol/L、24.9μmol/L（Mejia et al.，2014）。

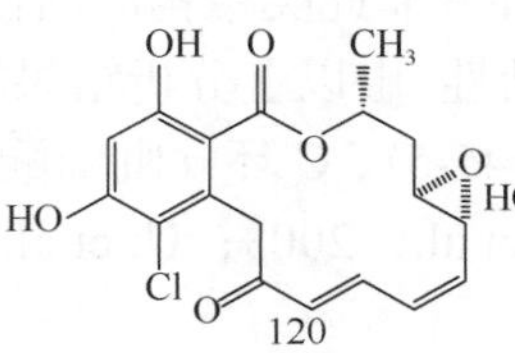
120
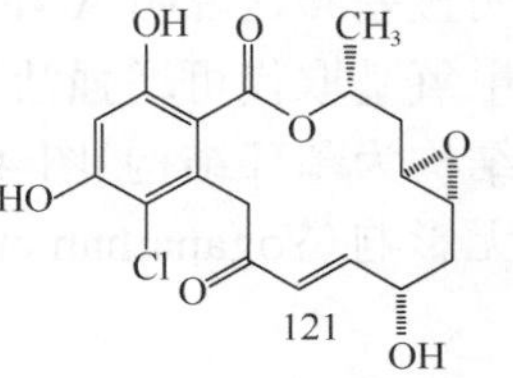
121

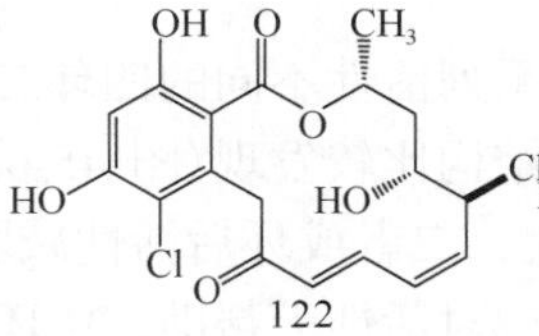
122
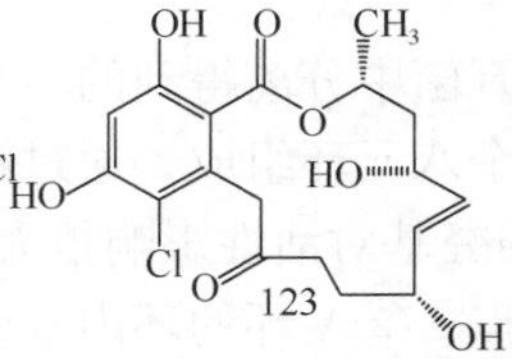
123

(18) *Penicillium* sp.。该菌是从东太平洋的 5115m 水域的深海沉积物中分离得到的。从该菌的发酵产物中分离得到一个 breviane spiroditerpenoid 类衍生物 brevione F（124），该化合物抑制 HIV-1 在淋巴细胞 C8166 中的复制，EC_{50} 值为 14.7μmol/L（Li et al.，2009）。

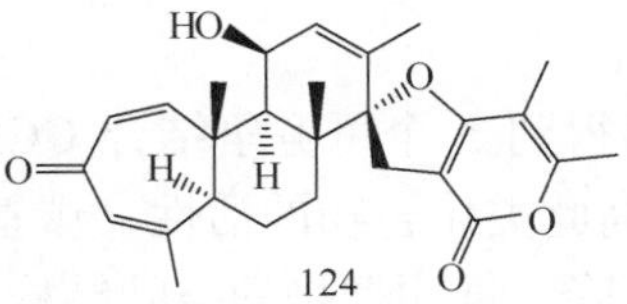
124

(19) *Galiella rufa*。该菌是从留尼汪岛木头中分离到的一株子囊菌，其代谢产物 galiellalactone（125）通过干扰核输入蛋白 NF-κB 而抑制 HIV-1 病毒的复制（Pérez et al.，2014）。

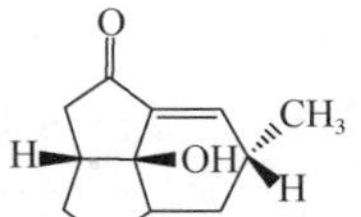
125

第三节　真菌来源的小分子 HIV-1 抑制剂构效关系研究

本章第二节总结了真菌来源的 HIV-1 抑制剂。本节在上一节的基础上，通过对真菌来源的具有 HIV-1 抑制活性的小分子结构进行综合比较分析后，得到各类化合物和靶点的构效关系，以期为后续内生真菌来源的 HIV-1 抑制剂筛选工作奠定基础。

一、吸附和融合抑制剂

1. 异香豆素类

从树酚孢属和青霉属真菌中分离得到的香豆素类化合物能不同程度的竞争性抑制巨噬细胞炎性蛋白与人 CCR5 结合或减少 HIV 表面膜蛋白 gp120 的表达从而干扰 HIV 病毒进入细胞，结果推测：①苯环取代基具有游离的羧酸或羟基可增强活性，侧链环化后活性减弱；②苯环上的邻苯二酚结构氧化成羰基后活性明显增强，推测与整体结构的共轭链增长相关；③吡喃型异香豆素和呋喃型异香豆素活性表现无明显差异，说明 A 环并非此类结构的活性基团；④C 环 C-10 位上的甲氧基取代可增强活性。由以上分析结果推测此类化合物的主要活性结构为苯环结构（图 45-5），C 环 α 吡喃酮次之，A 环结构对活性基本无影响（Yoganathan et al.，2003；Ui et al.，2005）。

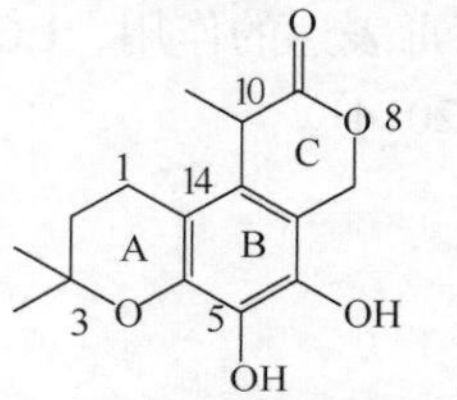

图 45-5　异香豆素类母核

2. 二倍半萜类

从翘孢霉属和曲霉属真菌中分离得到的一系列活性不同的四环二倍半萜，此类结构由两个五元环、一个六元环及一个八元环组成，通过结构比较发现（图 45-6）：①A 环 C-5 位置的酮基和 B 环 C-7 位上取代的醛基对活性影响很大，二者成环后活性减弱，由此推测这两个位置为影响活性结果的关键位点；②A 环的环内双键对活性无帮助，B 环 7，8 位的双键消失则会明显减弱抑制活性；③此类结构在 C 环和 D 环上甚少有取代基变化，故对这一部分的活性考察有待进一步深入研究，以验证这两个大环结构对活性的影响程度（Jayasuriya et al.，2004；Yoganathan et al.，2004a）。

3. 醌类

从双极霉属和葡萄穗霉属分离得到 5 个可竞争结合 CCR5 的四环醌型化合物，对比其活性发现（图 45-7）：①醌型骨架提高此类化合物的活性，羰基变为羟基后活性有所减弱；②羰基邻位有取代基导致化合物活性下降，推测拥挤的空间结构对此类化合物与靶点的作用不利，邻位的取代会阻碍羰基与活性位点的结合；③B 环和 C 环的结合构象对活性有很大的影响，反式强于顺式，由以上分析可见此类抑制剂的空间构型对活性起着重要作用（Yoganathan et al.，2004b）。

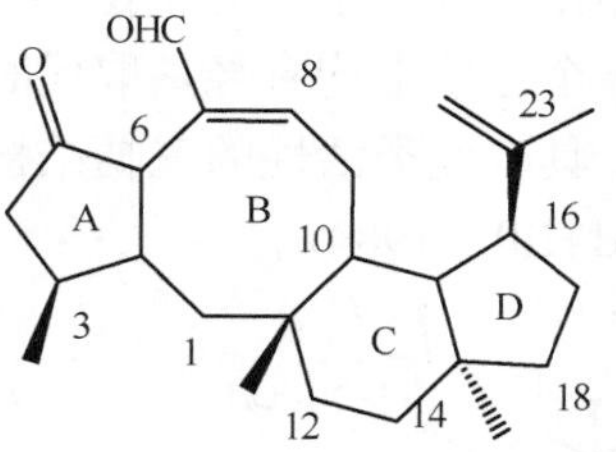

图 45-6　二倍半萜类母核 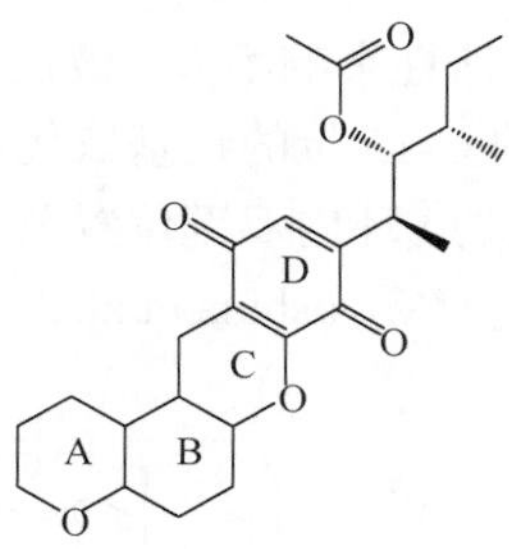　　　　图 45-7　醌类母核

4. 倍半萜类

从球毛壳菌属真菌中分离得到系列十氢萘连 N 杂环的倍半萜类结构，通过对比其竞争结合 CCR5 的活性发现(图 45-8)：①此类结构中均连有羧基或羟基，多存在于双环萘结构或 N 杂环结构上，被甲基化后活性降低为 1/100，由此推测游离的羧基和羟基为活性必需基团，并且其构型对活性也有显著的影响；②2，5-吡咯酮与 A 环构型约束形成吲哚环后活性减弱，推测多环共平面对活性不利；③饱和碳环上的取代对活性影响不大，由此可见此类抑制剂的活性位点在于十氢萘所连接的内酰酯或二苯酰胺结构(Yang et al.，2006；2007；Ding et al.，2010)。

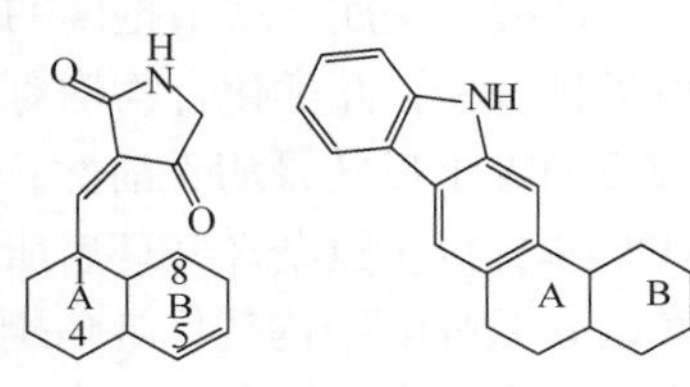

图 45-8　倍半萜类母核

二、反转录酶抑制剂

1. 倍半萜类

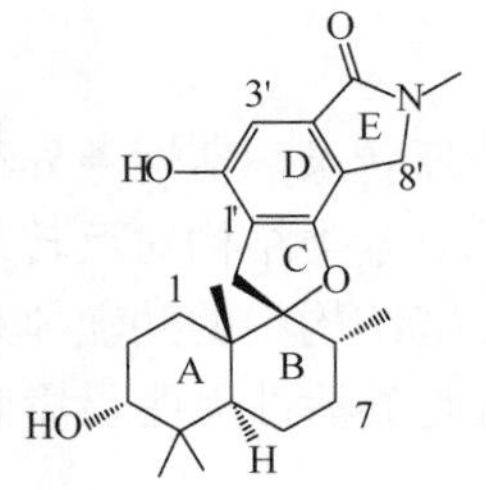

图 45-9　倍半萜类母核

从葡萄穗霉属真菌中分离得到 11 个同系列结构的十氢萘联苯肼内酰胺类化合物，为一种新型结构的非核苷酸类反转录酶抑制剂，此类结构大多分为 3 种，连有羟基或醛基侧链的四环倍半萜、五环芳香基连倍半萜及五环倍半萜中包含一个十氢萘结构，第 3 种为具有抑制反转录酶活性的新型结构，进一步分析这类结构的构效关系发现(图 45-9)：①E 环的内酰胺结构为活性必需基团，被还原或开环后均会丧失活性；②E 内酰胺环 N 原子上的取代对活性影响很大，取代链末端连有羧基或酯基均不利于活性；③此类结构聚合形成二聚体后丧失活性，推测庞大或拥挤的空间结构不利于化合物与作用位点结合，从而影响活性结果；保留 A 环 B 环的十氢萘结构的同时丢失 D 环和 E 环可导致活性显著降低，而 C 环开环形成长侧链结构后活性完全丧失，由此说明苯并内酰胺结构及其与十氢萘间相连的五元氧杂环均为活性必需基团(Ma et al.，2013；Matthée et al.，1998)。

2. 三萜类

从茯苓菌核及灵芝子实体中分离得到一系列四环三萜类化合物，属于羊毛脂烷型结构，通过对比发现(图 45-10)：①A 环闭合对活性有重要作用，开环后活性彻底丧失；②A 环 C-4 上的甲基取代对活性影响不大，被羟基化后活性无明显变化；③B 环上的 C-7 位、C 环上的 C-11 位和 D 环上的 C-15 位的羟基取代可能为活性基团，当 3 个位置上均有羟基取代时活性明显强于无取代结构；④环内双键位置及个数对活性影响不大，具有此类活性的三萜结构的双键多位于 8 位、9 位。（Mizushina et al.，2004；Hawksworth and Hill，1984）。

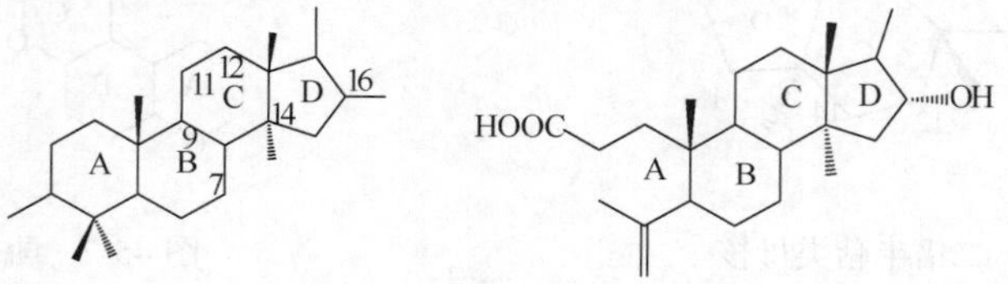

图 45-10　三萜类母核

3. 氧杂酮类

从枝顶孢属、多节孢属的真菌、海盐及多脂鳞伞和毛壳菌属中均分离得到氧杂萘酮和氧杂蒽酮类化合物，此类化合物均对 DNA 聚合酶 λ 具有很强的选择抑制活性，但对其他的哺乳类聚合酶及 HIV-1 反转录酶无活性，但此类结构对整合酶均表现出很强的活性。通过对结构的分析发现(图 45-11)：①氧杂环开环后所得衍生物活性明显减弱，且结构中存在多个酚羟基可适当提高活性；②以 α 呋喃酮结构替代吡喃酮结构活性无明显变化；③氧杂酮上的羰基被还原或苯环与氧杂环相离，以饱和或不饱和链相连 HIV-1 反转录酶活性均丧失；④单独呋喃结构或连有羧酸基也无活性表现，呋喃与萘啶相连也对反转录酶无活性，由此可推测此类结构中没有与反转录酶靶点结合的活性基团，而这类化合物对整合酶的活性具有特异性，主要活性基团为烯醇互变部分；⑤苯环上连有邻苯二羟基结构时，吡喃或呋喃环开环，产物具有一定的活性，但较闭环结构明显下降。由以上分析可推测此类结构中苯环上的羟基和相胼的氧杂酮结构为其活性必需（Mizushina et al.，2009；Naganuma et al.，2008；Kamisuki et al.，2007；Abdel-Lateff et al.，2002；Wang et al.，2014；Kimura et al.，2009）。

4. 香豆素类

自茎点霉属真菌中分离得到的香豆素类、异香豆素类及黄酮类结构对反转录酶活性差异很大(图 45-12)：①只有香豆素类结构对反转录酶有一定的抑制活性，异香豆素类结构对反转录酶均无活性，说明氧杂酮结构中的羰基与氧原子的位置对活性影响显著；②结构中的共轭体系对活性有重要影响，芳基饱和后活性显著下降；③苯基上的羟基取代对此类活性无明显影响(Osterhage et al.，2002)。

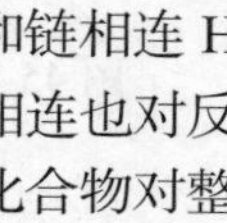

图 45-11　氧杂酮类母核

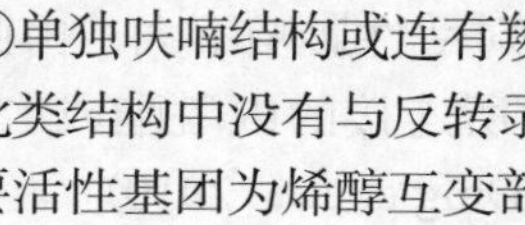

图 45-12　香豆素类母核

三、整合酶抑制剂

1. 倍半萜类

从炭角霉属、镰刀霉属及茎点霉属真菌中分离得到 9 个此类结构，通过对其进一步分析发现(图 45-13)：①十氢萘双环结构中 A 环 1 位上的酯基长侧链可显著增强活性，为活性必需；②7 位碳上连有羰基活性增强，而 8 位碳连有羰基后活性明显减弱；③此类化合物中无论母核或侧链取代中具有二酮或烯醇互变结构对整合酶抑制活性均很重要，此结构更有利于抑制剂与整合酶催化区域的二价阳离子相结合，促进其与酶相互作用从而达到抑制活性；④结构中的游离羧基对活性具有一定的增强作用；⑤B 环结构被 α 呋喃酮结构替代不影响活性，但 B 环 9 位上的长脂肪链取代对活性有重要的影响，丢失会导致活性显著减弱；⑥此类结构的 HIV-1 整合酶总活性强于链转移反应活性，说明其发挥抑制活性的步骤不仅限于链转移这一步，可能对其他靶点也有活性，有待进一步研究(Otto et al.，1995；Ondeyka et al.，1998；Singh et al.，1998；2001；Sheo et al.，1995；1999；Herath et al.，2004)。

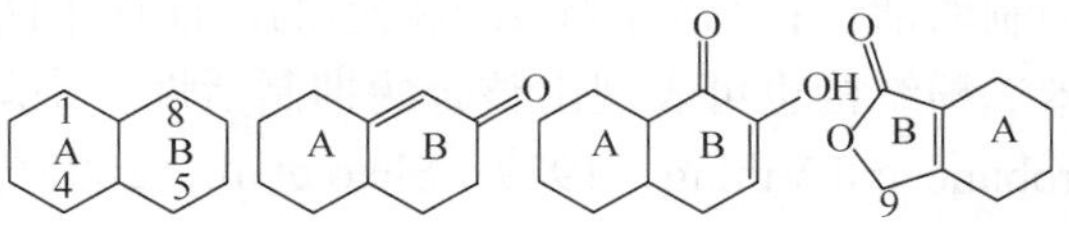

图 45-13　倍半萜类母核

2. 三萜类

镰刀菌代谢产生一系列四环三萜类化合物，均表现出不同程度的整合酶(IN)抑制活性，通过衍生化合成更多此类结构后对其进行构效关系研究表明(图 45-14)：①A 环三位取代基为主要的活性基团，带磺酸基取代的化合物活性明显强于没有磺酸基取代的化合物，从而说明磺酸酯基团对这类化合物的活性极其重要，磺酸酯基以长链烷基、苄基、氯甲醚、氨基吡啶等进行取代均会丧失活性(IC_{50} 值均大于 50μmol/L)，只有以琥珀酸酐取代可以保留活性，且略有增强；②双键对整合酶抑制活性也有很大的影响，8，9 位和 14，15 位同时具有双键形成共轭时的活性比只有 8，9 位具有双键的化合物活性强 3～5 倍；③17 位的侧链结构对活性影响不大，但末端有羟基取代可略微增强活性；④与麦角甾烷型结构活性对比发现 4 位的甲基取代对活性有明显影响，丢失或被羟基化均会导致结构活性减小或丧失(Singh et al.，2003a；2003b)。

3. 二倍半萜类

从新萨托菌属、曲霉属和双极霉属的真菌中都有分离到蛇孢菌素类二倍半萜化合物，这类结构主要由两个五元环和一个八元环组成，C 环与侧链可以呈螺环结构，通过进一步的结构和活性分析发现(图 45-15)：①活性主要与 A 环和 C 环相关，A 环和 B 环的构型虽对活性有影响但并不显著，总体来说顺式更利于活性发挥；②A 环上的羰基为活性必需，与 B 环 C-7 位的取代基环化后总活性和链转移活性均明显减弱；③C-14 位有长侧链取代活性最好，C-14 位上有羟基取代会减弱活性，若羟基与侧链形成氧杂环(D 环)链转移活性彻底丧失，总活性也明显减弱；④C-14 位上的长链取代基存在一个双键时的活性强于存有两个共轭双键时活性的 4 倍。由此可推测这类结构发挥活性的关键基团为 C-14 位的长链取代，其不饱和度对活性影响很大(Sheo et al.，2003)。

4. 苯酚类

从纤孔菌属、踝节菌属、曲霉属的真菌和多脂磷伞中分离得到一系列具有多个酚羟基结构

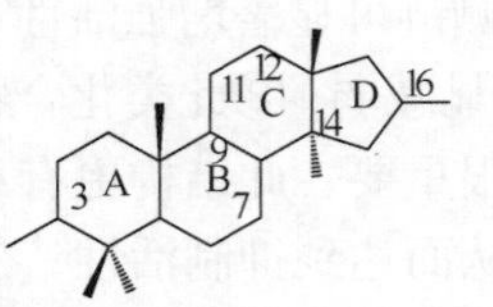

图 45-14　三萜类母核 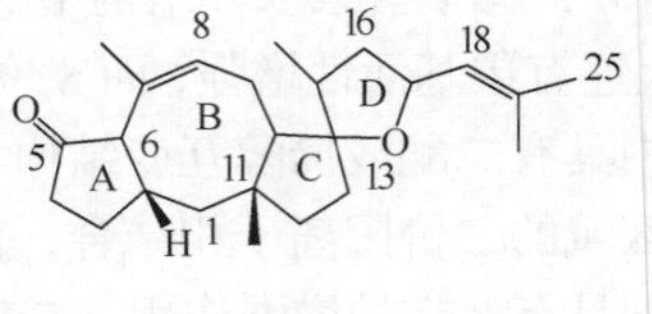　　　　图 45-15　二倍半萜类母核

的化合物，通过对其结构进行比较发现(图 45-16)：①邻苯二酚基团是此类化合物的活性必需基团，甲基化或其他衍生化后均会彻底失活；②结构中存在其他在空间中可以形成二酮或烯醇互变结构(羟基和羧基上的羰基)均会增强活性，此结构有利于抑制剂与整合酶催化区域的二价阳性正离子结合，从而抑制酶活性；③3 个环结构相连的活性强于两个芳基环化合物的活性，但单独一个苯基连有邻苯二酚结构也可表现出整合酶抑制活性，中间的苯环被杂原子环(呋喃酮)代替可增强活性(Kurobane and Vining，1979；Sheo et al.，2003)。

5. 苯甲酸类

从纤孔菌属、踝节菌属和嗜鱼外瓶霉属的真菌中分离得到 6 个苯甲酸类结构，显出不同程度的 HIV-1 整合酶抑制活性，对比发现此类结构主要分为两种(图 45-17)：羧酸基位于苯环上或位于侧链上，而后者的总活性明显强于前者，但链转移活性相当，说明此类化合物的作用位点非特异于链转移这一步；苯环上的长脂肪链取代基也对活性有增强作用，此点与十氢萘类结构相似。苯甲酸类结构与整合酶的作用方式和位点与苯酚类结构类似，其主要结合基团均为邻苯二酚基(Singh et al.，2003a；Arunpanichlert et al.，2010)。

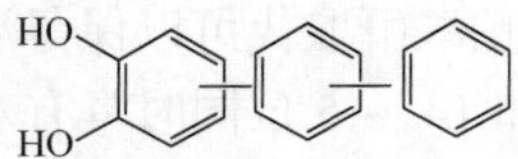

图 45-16　苯酚类母核

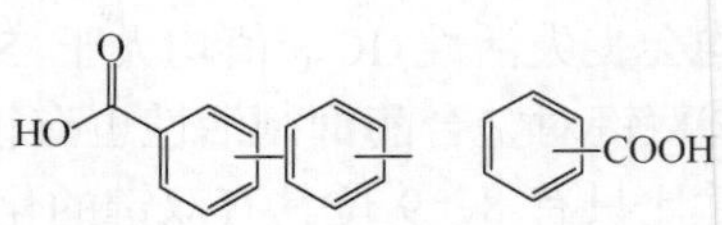

图 45-17　苯甲酸类母核

6. 缩酚酸类

从树发属地衣(*Alectoria tortuosa* Merr)分离得到了一系列缩酚酸类化合物，此类化合物多具有多个酚羟基结构，表现出不同程度的 HIV-1 整合酶抑制活性，进一步衍生化后研究结构特点发现(图 45-18)：①邻位的两个酚羟基是活性必需基团；所有的甲基化或乙酰化衍生物都活性不佳，也说明有游离的酚羟基或羧基对活性的发挥起着不可替代的作用；②一旦拆开两个芳香基中间的环结构，此类物质将丧失活性，由此可见，一个刚性多环结构对于活性很重要；③空间结构上可以形成二酮结构或烯醇互变结构的化合物活性更强；④苯环上有卤素取代可增强活性(Hawksworth and Hill，1984)。

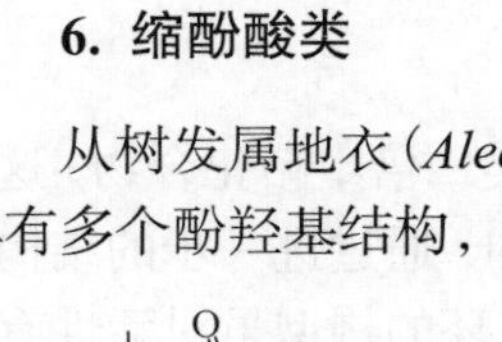

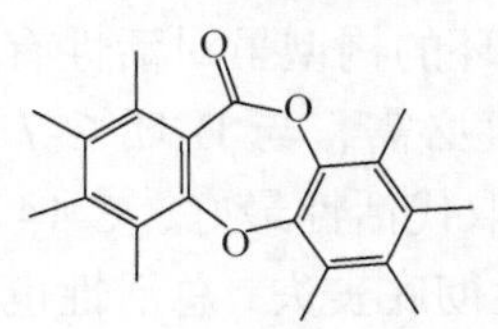

图 45-18　缩酚酸类母核

7. 芴酮与蒽醌类

从青霉属和柱孢霉属的真菌中分别分离得到的芴酮和蒽醌类化合物对整合酶具有抑制作用，这两类化合物的特点都是母核结构主要由 3 个芳基环组成且其中一个环上有两个羰基，苯环上多连有羟基，进一步对比结构与活性后发现(图 45-19)：①两类母核活性无明显差异，说

明羰基处于对位或间位对活性影响不大；②结构中具有两个烯醇互变结构，与整合酶催化中心区域的二价阳离子结合能力强 1 倍，活性也增强 1 倍；③化合物结构中酮基的个数与活性不成正比，但酚羟基越多活性越强，由此推测邻苯二酚结构对整合酶的抑制活性强于酮基结构（Sheo et al.，2003；梁寒峭等，2013）。

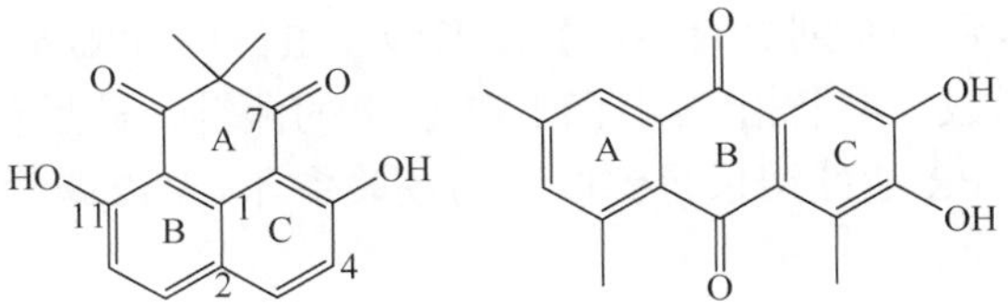

图 45-19　芴酮与蒽醌类母核

8. 吡喃酮类

从镰刀属和青霉属的真菌中分离得到 5 个萘并吡喃酮类结构，并进行衍生化得到 7 个类似结构，其后又从瘤菌根菌属真菌中分离得到 2 个二苯并吡喃酮类结构，对这 14 个结构进行分析发现（图 45-20）：①将此类化合物苯环上的取代羟基分别以甲氧基或酯基取代后发现活性明显下降，“链转移”反应活性基本丧失，这一现象说明酚羟基对这类化合物在发挥整合酶抑制作用中扮演很重要的角色；②将萘环拆开变为对称结构的苯并吡喃酮后，二聚体的链转移活性降低为原来的 1/10，而单体结构则彻底丧失活性，苯环与吡喃酮中间以羰基相连活性消失；③此类结构的总活性强于“链转移”反应活性数倍，提示发挥整合酶抑制作用的环节不仅在“链转移”，其可能对酶 3′-加工过程的抑制作用更强；④此类结构中苯环的构型对活性影响不大（Sassa et al.，1991；Singh et al.，2003；王雅俊等，2009）。

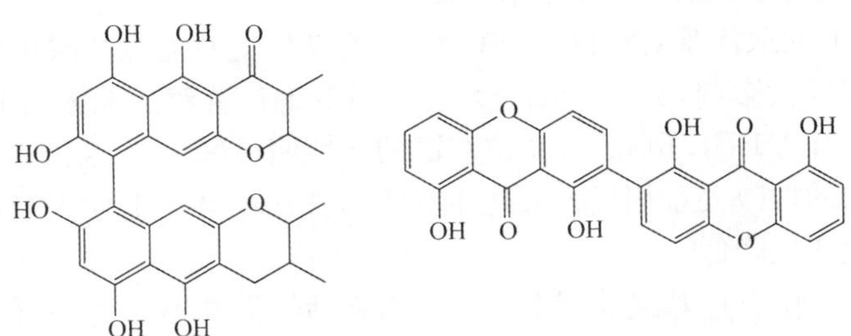

图 45-20　吡喃酮类母核

9. azaphilone 类

从青霉属真菌中分离得到的 azaphilone 类对整合酶和蛋白酶均有活性，其中具有 C-l 位取代和长链不饱和侧链的结构对整合酶活性最佳，丢失 C-l 位取代基和不饱和侧链上的双键被羟基取代丧失活性，说明这两个取代基均对活性影响很大；azaphilone 环裂开或丢失也会导致活性丧失，表明 azaphilone 环结构（图 45-21）是活性的必需基团，且此类结构对整合酶的活性强于蛋白酶（Arunpanichlert et al.，2010）。

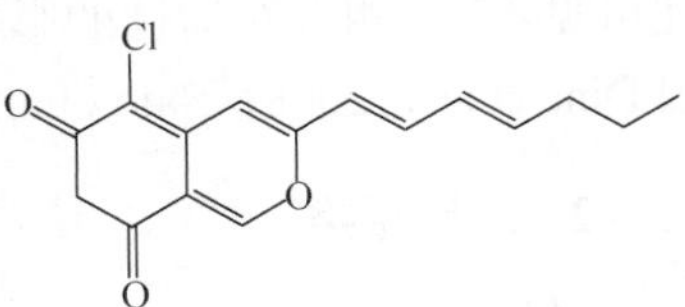

图 45-21　azaphilone 类母核

四、蛋白酶抑制剂

1. 三萜类

从 3 种灵芝中分离得到一系列具有不同程度 HIV-1 蛋白酶（PR）抑制活性的三萜类化合物，此类结构主要由两部分组成，4 个相胼的环和 17 位上的侧链，通过对比一系列来源于真菌中的此类化合物与抗 HIV-1 PR 活性结果得到以下构效关系（图 45-22）。

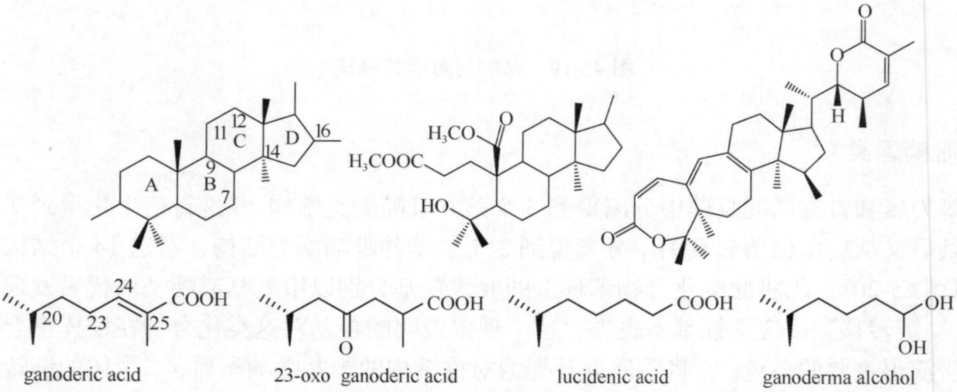

图 45-22　三萜类母核

（1）A 环 C-3 位上的羟基取代是活性必需基团，氧化成羰基后活性明显减弱；羊毛脂烷型结构活性明显强于麦角甾烷型结构说明 A 环 C-4 位上的两个甲基对活性很重要；而当 A 环开环后或 A 环变为七元内酯环后活性均略有增加。

（2）B 环和 C 环上的取代基对活性影响均不大，C-7 位上有无羟基取代对活性无显著影响，但双键位置对活性有较大影响。A 环为闭合六元环时双键位置对活性影响不大，无双键反而比有双键时活性略强；当 A 环开环后，8，9 位双键的活性明显好于 7，8 位和 9，11 位双键共轭，此规律恰好与整合酶的构效关系相反，共轭不利于活性；A 环为七元内酯环时 A/B 环相胼处的 C-5 位有羟基取代活性降低。

（3）D 环上的 C-15 位有羟基或羰基取代可以增强活性但并不显著，当有酯基取代时活性明显降低；D 环上的侧链取代环化成内酯后活性无明显变化。

（4）D 环上侧链对活性的影响较复杂，不同类型特点不同；侧链为 24，25 位不饱和灵芝酸型（ganoderic acid）时，3 位取代为羰基活性强于羟基；与此相反，侧链为 lucidenic acid 类型时，3 位羟基取代活性更强；但当侧链为灵芝醇或二醇（ganoderma alcohol）结构时，24，25 位为不饱和双键活性好于 24 位羟基取代；当侧链为 23 位含氧灵芝酸型时，此结构彻底丧失活性，由此可见 17 位侧链对活性的影响较复杂但也很重要（El-Mekkawy et al.，1998；Min et al.，1998；El Dine et al.，2008；Sato et al.，2009）。

2. 倍半萜类

从葡萄穗霉属真菌中分离得到 7 个连有吡咯酮的倍半萜类结构（图 45-23），此前从同属真菌中也曾分离得到具有抗 HIV-1 反转录酶活性的此类化合物，对这类化合物结构和抑制蛋白酶活性进行进一步分析发现其构效关系与反转录酶抑制活性有很大差别：①内酰胺环(E 环)的 N 原子上取代基对活性影响很大，取代基侧链具有 1 个游离羧基活性最佳，没有或具有 2 个羧基活性均明显减弱，说明 N 原子上的取代基为活性必需基团，这一点恰好与反转录酶活性结构的特点相反；②E 环具有两个羰基活性减半，可能由于拥挤的空间构型不利于旁边的活性基团与靶点结合；③E 环开环后无羧基取代活性下降，但与无羧基取代的闭环结构相比活性无明显差别，说明内酰胺的环结构对活性影响不大；④以酰胺环的 N 原子相连形成二聚体后活性显著增加，此特点与反转录酶抑制剂正好相反。由以上分析可见，无论是对于反转录酶还是对于蛋白酶，E 环 N 原子上的取代基都是影响活性的关键部位，但取代基类型对活性的影响恰好相反，而二聚体对两种关键酶的活性也恰好相反，说明此类化合物对两种酶发挥活性的方式具有特异性，具体过程有待进一步研究(Roggo et al.，1996)。

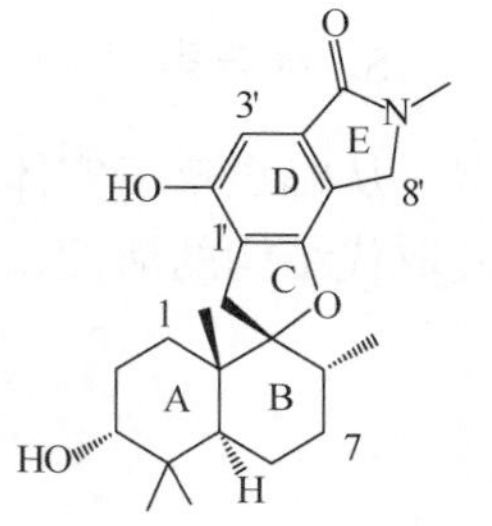

图 45-23 倍半萜类母核

3. 苯醌类

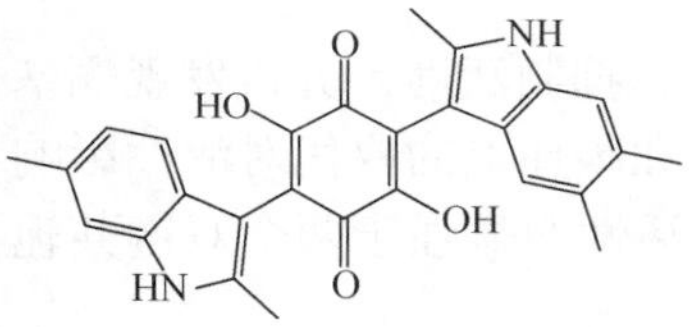

从多节孢属和金孢子菌属的真菌中分离得到 6 个对苯醌类化合物(图 45-24)，这 6 个化合物均在苯醌环的两侧对称连接 2 个吲哚环，通过对比结构和活性发现：①二酮基化合物对蛋白酶有明显的抑制活性；②2 个对称的吲哚环上连有对称的 3-甲基-2-丁烯基时活性最强，无此取代或只有一个吲哚环上有此取代时活性降低一半，取代基变为 1，1-二甲基丙烯基时活性明显减弱，仅为无取代时的 1/10，由此可见吲哚环上的侧链取代对活性有很大影响；③吲哚环末端的二甲基取代对活性也有重要影响，丢失或被甲氧基取代活性减弱(Fredenhagen et al.，1997；Singh et al.，2004)。

图 45-24 苯醌类母核

4. 生物碱类

从炭团菌属和曲霉属的真菌中分离得到了 6 个细胞松弛素类生物碱，并选择了 8 个与其结构相似的细胞松弛素 cytochalasin A～K 进行蛋白酶活性筛选，结果表明此类化合物(图 45-25)具有较强的活性，且可与蛋白酶快速结合，属于竞争性抑制剂。通过比较发现：①此类结构包含 4 个环，其中 C 环可为 11 元环或 14 元环，但此环的大小对活性影响不大；②B 环上的双键与羟基对活性有影响，6，12 位双键活性强于 6，7 位双键，7 位羟基对活性有增强作用，但 6，7 双键时结构可表现出一定的整合酶抑制活性；③C 环 C-18 位有二取代活性降低，可能是拥挤的空间构型对此类化合物活性不利；④C 环 C-21 位(14 元环为 C-23 位)的羰基或酯基取代对活性影响不大(Lingham et al.，1992；Rochfort et al.，2005)。

图 45-25 生物碱类母核

5. 腺苷类

从蛹虫草子实体中分离得到腺苷类结构(图 45-26)，嘌呤结构上氨基取代的活性远强于羰基取代结构的活性，说明此位置的取代基为活性关键(Jiang et al.，2011)。

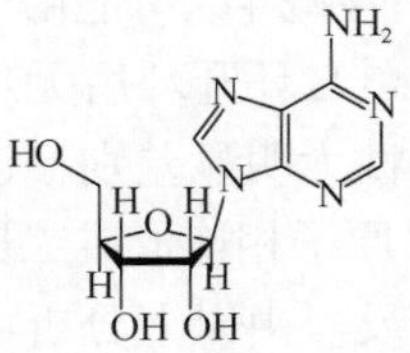

图 45-26　腺苷类母核

五、HIV Tat 蛋白转录激活抑制剂

1. 倍半萜类

从青霉属真菌中分离得到的倍半萜类(图 45-27)显示有 Tat 蛋白抑制活性，分析发现酮基邻近位置成氧环对蛋白转录激活(Tat)的抑制活性有正向作用；饱和碳环上的取代对活性影响不大。此外，酮环上的双键对活性也有很大的影响，一个双键的活性明显强于两个双键共轭(Jayasuriya et al.，2005)。

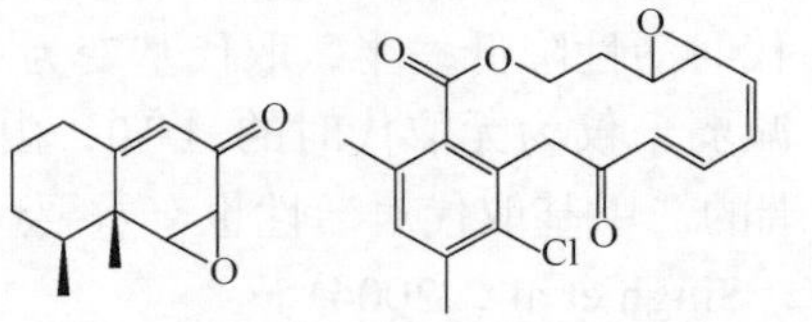

图 45-27　倍半萜类和大环内脂类

2. 大环内酯类

从青霉属真菌中分离得到的大环内酯类结构(图 45-27)对 Tat 蛋白具有不同的抑制效果，通过对比发现，结构中苯环上的 C-1 位取代对活性贡献很大，可使活性提高 50 倍；内酯环上的环氧结构对活性也有显著提高，内酯环为角型时活性略有提高，但细胞毒性也迅速增加，并不利于应用(Jayasuriya et al.，2005)。

六、细胞活性抑制剂

1. 二酮哌嗪类

从附球菌属和拟盘多毛孢属的真菌中分离得到 13 个二酮哌嗪类化合物(图 45-28)，对 HIV-1 病毒在细胞 C8166 中的复制表现出不同程度的抑制活性，此类结构可看成是氨基酸缩合而成，进一步对结构进行研究发现：①二酮哌嗪两侧有硫基取代活性增强，但硫键或二硫键成桥后活性丧失，这可能与成桥后所成环不能共平面使整个结构形成一个庞大的集体而与外界靶点结合难度增加有关；②二聚体后活性下降，异二聚体(连于吲哚的 N 原子上)则彻底失活；

③哌嗪环两侧的环不饱和度对活性影响不大，但芳基活性略强；④多哌嗪二酮环拼合（环肽类）也显示出较好的活性。此外，拟盘多毛孢属真菌的代谢产物中具有一类链接酰胺侧链的吡啶酮结构，但并无活性，说明呈环状结构的酰胺键才能发挥活性（Ding et al., 2008; Guo et al., 2009）。

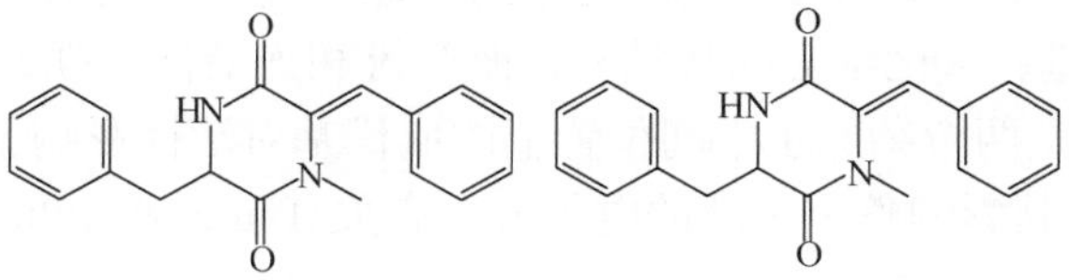

图 45-28　二酮哌嗪类母核

2. 吡喃酮类

从多节孢属和拟盘多毛孢属的真菌中分离得到一系列饱和程度不同的苯并吡喃酮类结构，从曲霉属真菌中分离得到 2 个萘并吡喃酮类结构（图 45-29）均表现出不同程度的体外活性，此类结构主要分为两个部分；吡喃酮环和芳基环（氢化芳环）。通过对结构和活性的比较发现：①萘并吡喃酮类活性强于苯并吡喃酮结构；②吡喃酮环的双键被还原后活性增强，酮基被酯化后活性显著降低；③芳环氢化后活性降低，破坏了侧链与酮基间的共轭活性也会减弱；④当侧链环化成双环与氢化芳环及吡喃酮环形成四环结构活性有所增强；⑤吡喃酮环裂开后活性显著下降或消失，当芳基环上连有多个羟基结构对活性有一定的增强作用；⑥芳基开环或丢失后活性也彻底消失。由此可见，对于此类结构，吡喃酮环和芳基环均对活性有重要作用，长共轭结构和刚性的共平面环是这类结构发挥活性的必需保障（Kamisuki et al., 2007；Liu et al., 2008；2009a；2009b；游剑岚等，2012；Hong et al., 2013；Wang et al., 2014）。

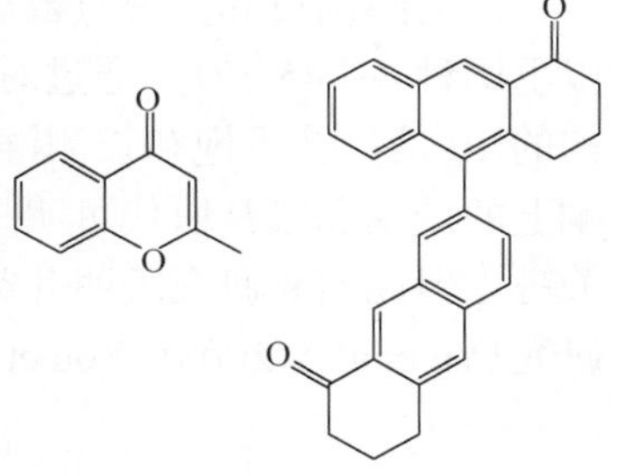

图 45-29　吡喃酮类

3. 呋喃类

从拟盘多毛孢属真菌中分离得到一系列具有呋喃环类结构的化合物（图 45-30），此类化合物主要分为两种，即四氢色酮与呋喃环成直线型或角型，这两类化合物对 HIV-1 病毒复制具有不同程度的抑制活性，通过分析结果表明：①角型结构活性明显强于直线型结构；②吡喃酮结构开环后活性显著增加，说明吡喃环不是活性的必需基团；③四氢色酮部分被还原为色酮结构后活性丧失；④B 环或 C 环上拼有环氧或环烷结构对活性有明显增强作用；⑤呋喃酮结构开环后活性明显减弱，由此可见饱和的 B 环和闭合的 C 环是此类化合物发挥活性的关键，吡喃环则对活性影响不显著，开环形成不饱和的长侧链对活性反而有一定的增强作用；⑥B 环丢失只留呋喃单环结构活性减弱一般，两条不饱和长侧链对活性影响均增加，侧链上的双键饱和后活性减弱，侧链上的羰基成环后活性丧失（Li et al., 2008; Liu et al., 2008; 2012; Zou et al., 2011）。

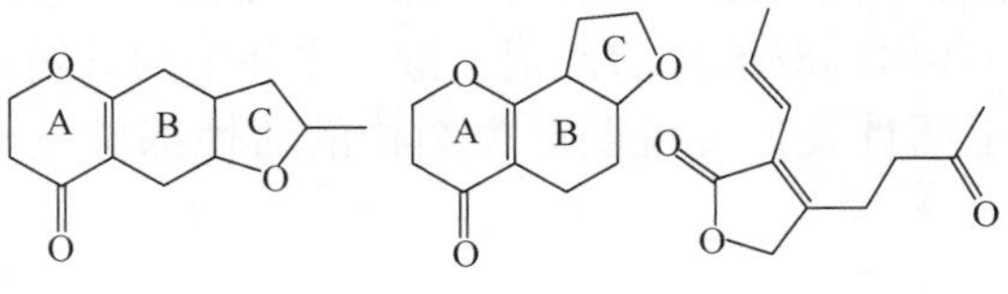

图 45-30　呋喃类

4. 吡啶类

从一株子囊菌中分离得到咪唑啉酮和噻唑啉类生物碱(图 45-31)，对其进行体外抗 HIV-1 病毒的活性测定后发现：①噻唑啉类活性明显强于咪唑啉酮类，说明影响活性的更可能是杂环中的 S 原子而不是酮基；②两部分杂环结构以酰胺键相连活性更强，可能与其形成的长共轭体系相关；③噻唑啉环上两个杂原子中间位置上的取代基对活性影响很大，末端为羟基时活性明显强于羰基，可能与其影响整个杂环的电子分布有关(Liu et al., 2012)。

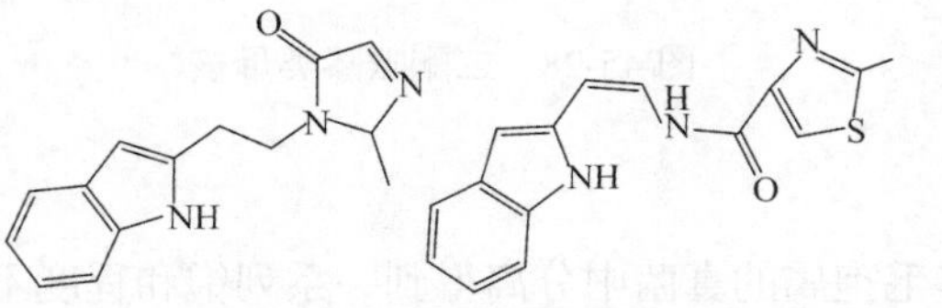

图 45-31 吡啶类母核

5. azaphilone 类

从柔膜菌目和拟茎点霉属真菌中分离得到了系列 azaphilone 类化合物，这类结构主要分为以下两种(图 45-32)，通过对其活性比较发现：①氧杂环与羰基处于对位活性更强，是邻位结构的 10 倍；②不饱和长侧链是活性必需的基团，将侧链上的烯双键饱和后活性丧失；③环己酮上的羰基和羧基取代可明显增强活性；④氧杂环变成环己烷后活性丧失，说明其对活性影响关键。但此前有研究表明此类结构对 HIV-1 反转录酶无抑制活性，其作用靶点还有待进一步研究(Yu et al., 2008；Zou et al., 2009；Hong et al., 2013)。

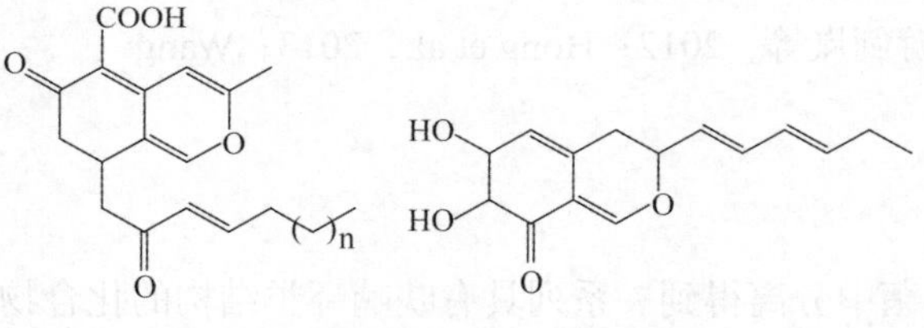

图 45-32 azaphilone 类母核

6. 萘酮类

从拟茎点霉属真菌中分离得到一系列萘酮类结构(图 45-33)表现出强弱不等的抗 HIV-1 活性，通过结构对比发现：①苯环 2 位上带有羰基的长侧链对活性很重要，与 1 位的羟基成环后活性有所下降，但细胞毒性一般，醌环与四氢吡喃环相胼后活性有一定减弱，细胞毒性也随之减弱；②多环结构可显著减弱此类结构的细胞毒性；③呋喃环内的双键被还原后活性丧失，而四氢吡喃环被吡啶环代替后活性显著增加，且细胞毒性较小，由此说明无论是呋喃环、吡喃环还是吡啶环，环内的双键对活性很关键，多环中的共轭结构是活性必需；④带有羰基的长侧链连于醌环上活性丧失，说明此类结构的活性部位在于芳环而非醌环(Yang et al., 2013)。

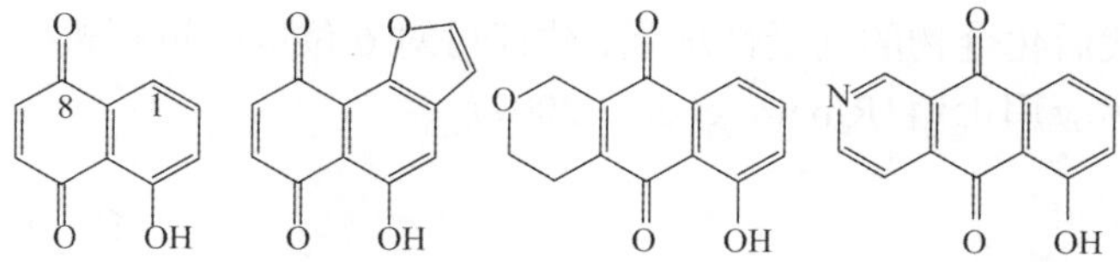

图 45-33　萘酮类

七、其他靶点抑制剂

1. HIV-1 病毒基因激活抑制剂

从腐质霉属真菌中分离得到一系列二羟基苯甲酸内酯类结构（图 45-34）可以激活潜伏在 $CD4^+$核心区 T 细胞中 HIV-1 病毒的基因表达并将其杀死，从而达到彻底清除 HIV-1 病毒的效果。此类结构多苯环的 1，3 位连有两个羟基，4 位有 Cl 原子取代及大环内酯的 1 位具有甲基取代，通过不同活性结构比较分析发现内酯环结构对活性影响显著，主要的变化为 4，5 位取代和环内双键位置：①5 位连有 Cl 原子取代活性最强，羟基取代次之，4，5 位具有环氧活性有所减弱，但形成双键或 5 位与 8 位连氧成环活性彻底丧失；②同时具有两个双键位于内酯环上的 6，7 位和 8，9 位活性最佳，其中一个双键氧化活性减弱为 1/10，两个双键均被氧化后活性消失；③酰胺内酯环代替苯甲酸内酯结构活性显著增强，芳基上的羟基和卤原子取代也对活性有正相调节作用，丢失后导致活性下降一半（Eric et al.，2014）。

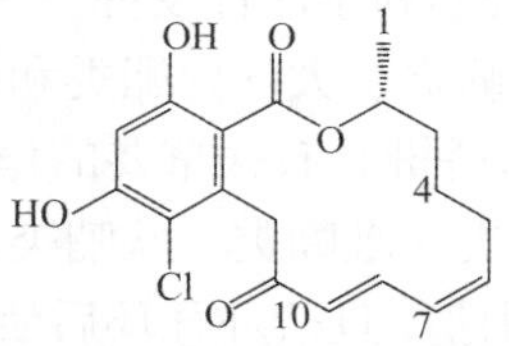

图 45-34　二羟基苯甲酸内酯类母核

2. 抑制 NF-κB 与 DNA 结合

从真菌 *Galiella rufa* 中分离得到系列四氢异苯并呋喃酮类化合物（图 45-35），与 p65 作用抑制其核输入从而阻断 NF-κB 与病毒 DNA 的结合途径，抑制 HIV-1 病毒的复制。此类结构中的 α，β 不饱和羰基为活性必需，是作用于 p65 位点的活性基团（Pérez et al.，2014）。

3. 肿瘤坏死因子 TNF-α 抑制剂

肿瘤坏死因子 TNF-α 对 HIV 病毒的复制具有重要意义，TNF-α 可激活前毒在 T 细胞及巨噬细胞内的转录步骤，从青霉属真菌中分离得到并衍生化合成了一系列苯并内酰胺类结构（图 45-36），可不同程度的抑制 TNF-α 因子诱导的 HIV-1 病毒的复制，通过对构型关系进行总结分析得出：①3 位的甲氧基被乙基替代活性有所提高，但无明显差异，而被硫甲基取代活性提高 10 倍，推测产生这一结果的原因可能是羰基位引入 S 原子形成的硫醚-乙烯类结构使化合物捕获自由基的能力显著增强，由此推测此类结构发挥活性与自由基相关，同时说明 3 位的取代基为活性位点；②在 3 位引入空间结构较大的氨基取代会导致活性丧失，而引入氨基或甲氨基取代活性无明显变化，此结果表明 C-3 位对位阻现象很敏感，空间拥挤不利于活性提高；③在

6 位引入 N 原子取代后化合物的耐受性增强，建议可对 6 位取代进行进一步的研究，可有效提高此类抑制剂的实际应用价值(Ribeiro et al.，2007)。

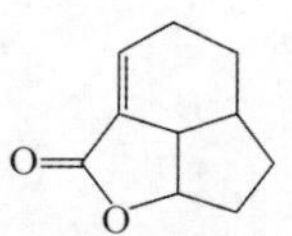

图 45-35　四氢异苯并呋喃酮类

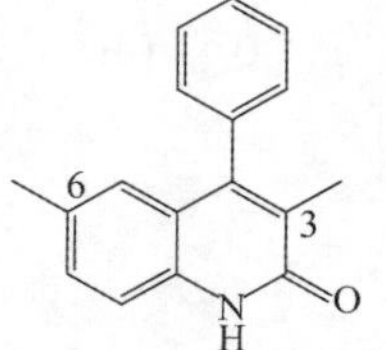

图 45-36　苯并内酰胺类

通过对以上几类化合物结构和活性的总结归纳，各靶点的抑制剂类型及特点如下所述。

(1)吸附和融合抑制剂：异香豆素类、倍半萜、二倍半萜及醌类，此类抑制剂结构中的游离—COOH 和—OH 对活性很重要。

(2)反转录酶抑制剂：凝集素类、倍半萜类、三萜类和苯并氧杂环类，杂原子环对此类活性很重要，取代末端的羧基反而不利于活性，但目前从真菌中分离得到的此类抑制剂很少，更进一步的研究有待进行。

(3)整合酶抑制剂：倍半萜类、二倍半萜类、三萜类、苯酚类、苯甲酸类、缩酚酸类、芴酮和蒽醌类及吡喃酮类，此类抑制剂具有二酮基或烯醇互变结构，芳香环上的多羟基为活性必需。

(4)蛋白酶抑制剂：倍半萜类、三萜类、苯醌类、生物碱类和腺苷类，此类抑制剂均为多环结构，取代基造成空间位置拥挤会不利于活性发挥。

(5)HIV Tat 蛋白抑制剂：倍半萜类、大环内酯类和环肽类，真菌来源的此类抑制剂目前研究较少，其结构中的 C-1 取代和硫桥键具有很重要的作用。

(6)细胞活性抑制剂：二酮哌嗪类、吡喃类、呋喃类、吡啶类和 azaphilone 类，这类抑制剂结构中多具有氧杂环或氮杂环及酮基，且杂环开环后活性丧失，结构中的饱和度以及侧链与酮基之间的共轭程度对活性影响很大，而此类结构中的环数也显著影响活性。

(7)少量抑制剂针对其他靶点发挥抗 HIV 活性，虽然目前此类抑制剂研究较少，但因作用位点不同于以往的研究，恰是解决现有药物耐药性的途径之一，亟须进一步开发利用。

自然界中的真菌数量庞大，而其中的大部分真菌与其宿主动物、植物或生长环境中共生动物、植物的生长代谢整个过程关系密切，很多研究也证明真菌的代谢产物结构多样，活性丰富，已成为发现新活性物质的重要资源。将具有 HIV-1 抑制活性的真菌代谢产物的构效关系予以综述，对利用植物内生真菌资源开发整合酶抑制剂有重要的指导意义。

(张大为　梁寒峭　王春兰　郭顺星)

第四节　活性菌株 M1 抗 HIV-1 代谢产物研究

本研究室从自然界分离出许多特殊来源的真菌，本节以 90 种真菌的 97 种发酵产物提取物进行体外抗 HIV-1 活性筛选。经反复试验，多指标衡量，最终确定以 1 号菌菌丝体的提取物(M1)作为进一步研究的对象。1 号菌分离自名贵中药石斛，石斛具有抗血小板凝集、抗肿瘤、抗氧化和免疫调节作用(Chen et al.，1994；Lee et al.，1995；Ohsugi et al.，1999；

Zhao et al.，2001）。

研究以本研究室提供的真菌菌丝体和发酵液的乙醇提取物作为研究药物，以中国疾病预防控制中心性病艾滋病预防控制中心参比实验室保存继代的人类嗜 T 淋巴细胞病毒 I 型感染的 T-细胞系——MT-4 作为研究细胞，病毒为中国疾病预防控制中心性病艾滋病预防控制中心参比实验室保存的毒株 HIV-1（SF33）。采用 MTT（Pauwels et al.，1988）法检测药物对细胞的毒性及药物对病毒的抑制作用。

一、内生真菌活性菌株的筛选

本研究共筛选来自 90 株真菌的 97 种真菌发酵产物提取物，用 MTT 法测得 OD 值，每种真菌发酵产物提取物均做系列浓度稀释，每个浓度做 3 个复孔，以 Reed 和 Muench 的方法计算真菌发酵产物提取物对 HIV-1 的半数有效浓度（EC_{50}）。同时作了部分真菌发酵产物提取物的毒性实验，同样做系列浓度稀释，计算半数毒性浓度（TC_{50}），并计算选择指数（SI），计算公式为

$$SI = \frac{TC_{50}}{EC_{50}}$$

从实验结果来看，所检测的大部分真菌发酵产物对 MT-4 细胞的毒性作用较低，大部分真菌发酵产物提取物在 MT-4/HIV-1SF_{33} 培养体系中对细胞无保护作用（EC_{50}＞500μg/ml）。只有 1 号菌丝体、3 号菌丝体、9 号菌丝体、23 号菌丝体、35 号菌丝体、36 号菌丝体、43 号菌丝体、68 号菌丝体、70 号菌丝体、93 号菌丝体、105 号菌丝体及其发酵液的提取物在 MT-4/ HIV-1SF_{33} 培养体系中对细胞显示出保护作用，选择指数＞1（表 45-2）。这些结果提示，从植物内生真菌中可以发现具有潜在抗 HIV 作用的物质。

表 45-2　真菌发酵产物提取物的抗 HIV-1 活性筛选结果

名称		分离植物	分离部位	产地	TC_{50} /(μg/ml)	EC_{50} /(μg/ml)	SI
1 号	菌丝体	石斛	根	四川	＞1000	108.60	＞9.20
	发酵液				＞1000	＞500	＞1
9 号	菌丝体	石斛	根	四川	＞1000	276	＞3.60
	发酵液				＞1000	＞500	＞1
23 号	菌丝体	地生		北京	＞1000	290.80	—
35 号	菌丝体	红豆杉	树皮	湖北	—	＞500	＞1
36 号	菌丝体	红豆杉	树皮	湖北	＞1000	＜62.50	＞16
68 号	菌丝体	地生		北京	＞1000	148.30	＞6.70
70 号	菌丝体	石斛	根	四川	＞1000	169.69	＞5.89
93 号	菌丝体	天麻	根	陕西	874.80	62.50	14
105 号	菌丝体	猪苓		山西	＞1000	62.50	—

二、1 号菌丝体提取物体外抗 HIV-1 作用研究

(一)M1 有效性研究

1. 1 号菌丝体提取物对 MT-4 细胞的毒性实验(MTT 法)

将 M1 做倍比稀释,采用 MTT 法检测 M1 对 MT-4 细胞的毒性,结果见图 45-37。由图 45-37 可知，M1 在所测试浓度对 MT-4 细胞的毒性较低，其半数毒性浓度(TC_{50})＞1000μg/ml。M1 浓度与 MT-4 细胞生存率的量效关系曲线基本呈直线关系。

2. 1 号菌丝体提取物对感染 MT-4 细胞的保护作用(MTT 法)

将 M1 做倍比稀释，以 MTT 法检测 M1 对感染细胞的保护作用，结果见图 45-38。

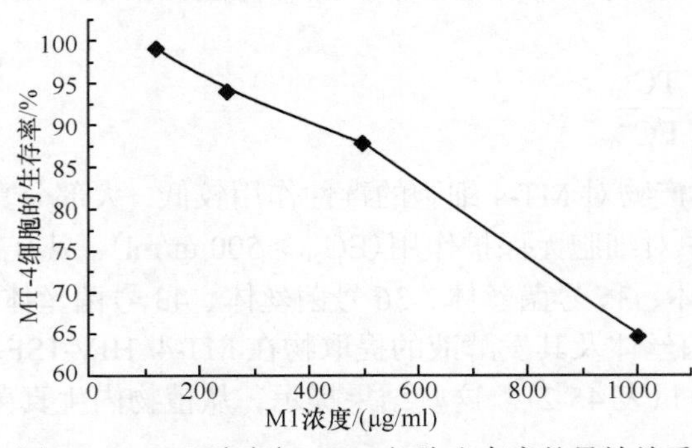

图 45-37　M1 浓度与 MT-4 细胞生存率的量效关系曲线

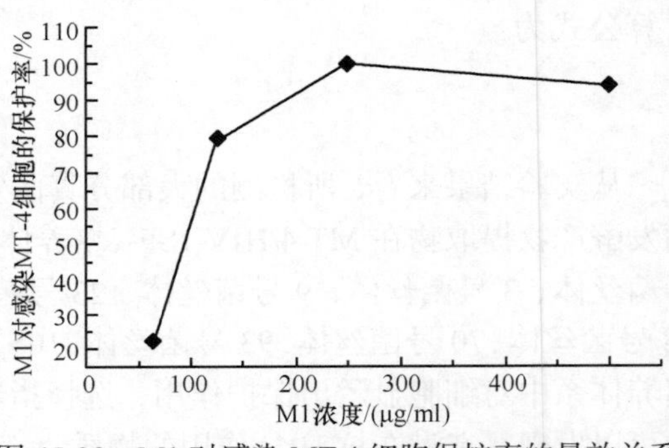

图 45-38　M1 对感染 MT-4 细胞保护率的量效关系曲线

由图 45-38 可知，M1 在所测试浓度对感染 MT-4 细胞的保护作用随浓度增加而增加，超过一定浓度，保护作用开始下降，这可能是因为 M1 浓度加大后，毒性作用也随之加大，所以活细胞的数目也会减少。由图 45-38 可知 M1 对感染 MT-4 细胞的半数有效浓度(EC_{50})为 108.60μg/ml。结合细胞毒性实验，M1 用 MTT 法测得的选择指数＞9.20。

3. 1 号菌丝体提取物对 p24 抗原的抑制作用

细胞被病毒感染后,培养过程中会释放病毒颗粒,测定培养上清液中各种病毒蛋白可反映上清液中病毒的含量。病毒核心结构蛋白又称为 p24 蛋白，是最常测定的一种抗原。图 45-39 为培养 6 天时 M1 对 p24 抗原抑制作用的量效关系曲线，由图 45-39 可知，M1 在所测试浓度可以抑制细胞培养上清液中 p24 抗原的表达，IC_{50}＜31.25μg/ml。结合细胞毒性实验，M1 对 p24 抗原的选择指数＞32。

4. 1 号菌丝体提取物对 p24 抗原和病毒载量的影响

感染细胞 3 天后，用 2 支无菌管取出对应细胞，离心，收集培养上清液，用 PBS 洗涤细胞，一管沉淀加入 200μl PBS，另一管沉淀和部分上清液做 RT-PCR 测病毒载量，上清液和加入 200μl PBS 的沉淀测 p24 抗原。结果见表 45-3。

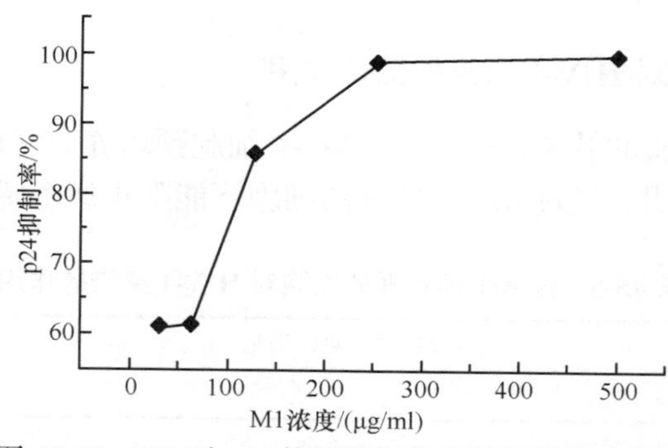

图 45-39　M1 对 p24 抗原抑制作用的量效关系曲线

表 45-3　M1 对 p24 抗原和病毒载量的影响

		IC	M1（500μg/ml）	叠氮胸苷（AZT）（0.75μg/ml）
p24	上清液 p24（pg/ml）	7036.03	91.22	15.85
	细胞 p24（pg/10^6cell）	30717.60	84.44	215.27
病毒载量	log 上清液（copy/ml）	8.06±0.14	5.75±0.17**	5.13±0.11*
	log 细胞/（copy/ 10^6cell）	7.59±0.24	5.57±0.10*	5.57±0.27*

*同 IC 比较 $P<0.01$。

**同 AZT 比较 $P<0.01$

由表 45-3 可知，无论是培养上清液还是细胞内 p24 抗原含量和病毒载量是一致的。感染对照（IC）组显著高于 M1 组和叠氮胸苷（AZT）组。说明 M1 具有很好的抗 HIV-1 作用。

（二）M1 有效部位研究

1. 作用时间实验结果

为初步研究 M1 作用在 HIV 生活周期的哪个阶段，我们设计了下面实验。实验 A 中 M1 在实验的整个过程中存在；实验 B 中 M1 只在预培养和感染时存在，洗细胞后就不加药物；实验 C 没有预培养部分；实验 DM1 只在感染时存在；实验 E 在感染后才加入 M1（表 45-4）。在本实验中，实验 B、实验 DM1 只在感染时存在或预处理 2h 对病毒没有抑制作用，这说明 M1 不能阻止病毒吸附和进入细胞；实验 A、实验 C、实验 E 均显示出抑制作用，说明病毒进入细胞后再加入 M1 仍然有效；实验 A 和实验 C 的处理过程中包含了实验 E，所以认为其作用是因为实验 E 的作用。由以上结果可推出，M1 作用在病毒进入细胞以后。

表 45-4　各种处理对 p24 抗原的抑制率

处理	p24 抗原抑制率/%
实验 A	85.71±0.44
实验 B	0
实验 C	72.17±1.82
实验 D	0
实验 E	80.70±6.44

2. 药物预处理的细胞对 HIV-1 感染的抵抗作用

为了证实作用时间实验的结果，将 M1 与 MT-4 细胞预培养 72h 后，洗掉 M1，加入 HIV-1 感染，培养 3 天，结果表明，经过 M1 预处理的细胞不能阻止病毒感染(表 45-5)。

表 45-5　经 M1 预处理的细胞对 HIV-1 感染的作用

处理	M1 预处理的细胞	1640 预处理的细胞
培养上清液 p24 抗原抑制率/%	0	0

3. 病毒吸附抑制实验

为了证实作用时间实验的结果，只在病毒感染细胞时加入药物，感染结束后反复洗涤细胞后测细胞的 p24 抗原，此时反映的是感染过程中进入细胞的病毒量，实验结果见图 45-40。硫酸右旋糖苷(DS)是病毒的吸附抑制剂，感染时加入DS，细胞内病毒含量很少，而加入 M1 的细胞内病毒含量和感染对照组的病毒含量相当，说明 M1 不能阻止病毒进入细胞。

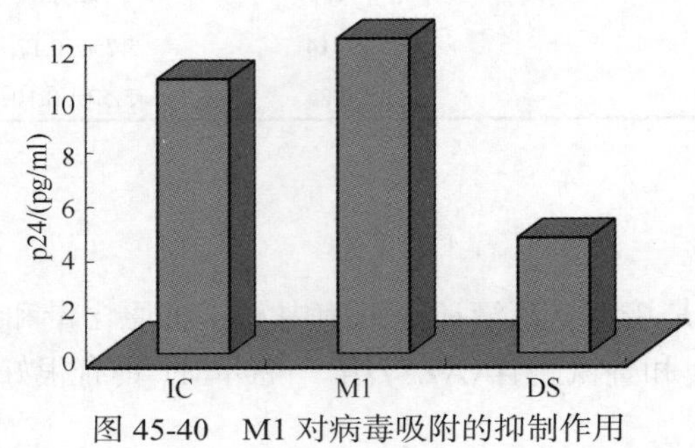

图 45-40　M1 对病毒吸附的抑制作用

4. 加药时间实验

为了解药物对病毒复制周期作用的位点，用大剂量病毒感染细胞后让感染细胞内的 HIV-1 复制同步，在感染后的不同时间将药物加入培养液中。在感染 29h 后收集培养上清液测定 p24 抗原含量。同时以 DS 和 AZT 作为参考药物。DS 的作用是阻止病毒吸附细胞，细胞感染后再加入已失去抑制作用。AZT 是反转录酶抑制剂，细胞感染 4h 后加入就失去了抑制作用。M1 在细胞感染 12h 时加入仍然有抑制作用。结果见图 45-41。

5. DNA-PCR 实验

用大剂量病毒感染细胞的目的是让感染细胞内的 HIV-1 复制同步，在不同的时间反转录的不同产物可以被检测到。采用反转录早期和晚期产物的特异引物进行 PCR 扩增。实验结果见图 45-42。

由图 45-42 可知，在所有样品中都检测到了反转录的早期产物，加入 M1 的细胞组条带弱于感染对照组的，加入 AZT 的细胞组条带最弱。晚期产物在感染后 3h 出现在感染对照组，11h 出现在 M1 处理组，AZT 处理组直到感染后 24h 仍没有出现。

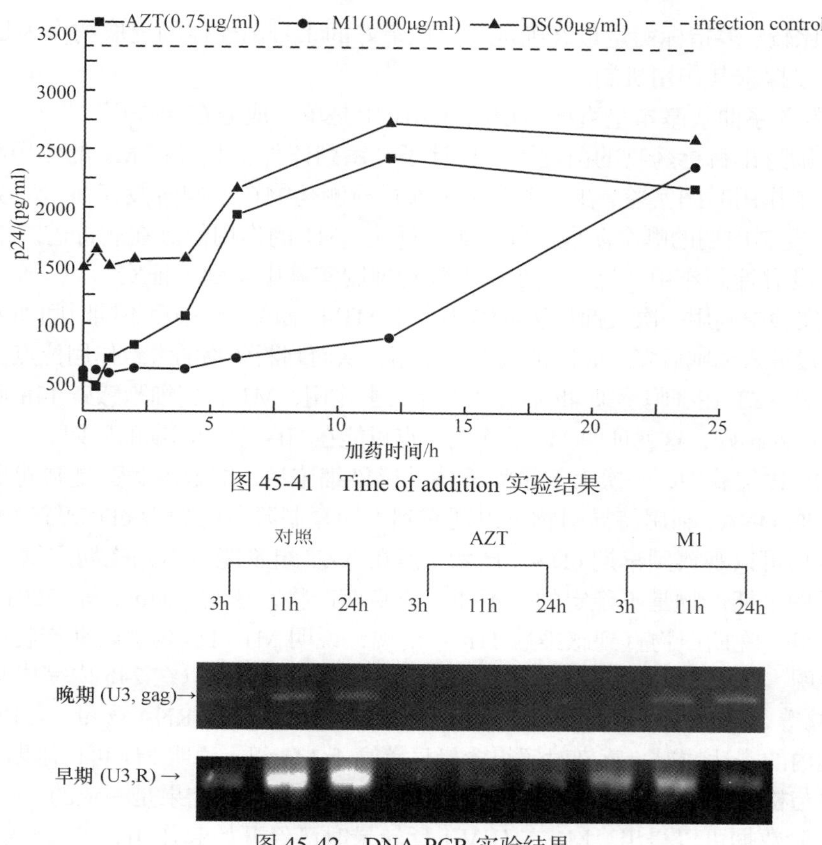

图 45-41　Time of addition 实验结果

图 45-42　DNA-PCR 实验结果

6. 感染细胞内 HIV RNA 的定量测定

Roche 公司的 COBAS AMPLICOR HIV-1 MONITOR™ Test 试剂盒定量检测了细胞被 HIV 感染后 24h 收获的细胞内的 HIV RNA，结果以 copy/10^6 cell 表示，见图 45-43。

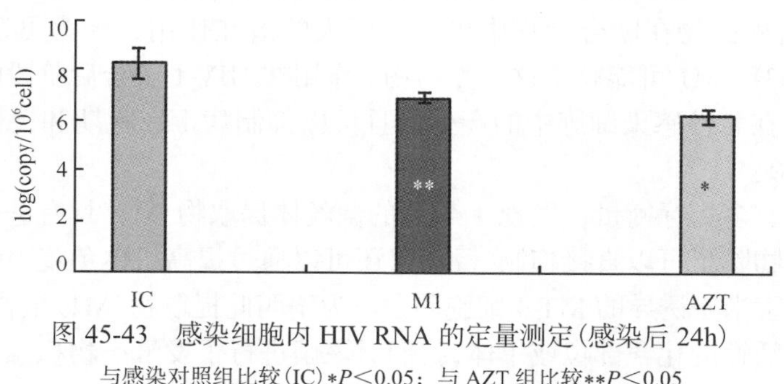

图 45-43　感染细胞内 HIV RNA 的定量测定（感染后 24h）

与感染对照组比较（IC）*$P<0.05$；与 AZT 组比较**$P<0.05$

由图 45-43 可知，细胞被 HIV 感染后 24h，在含有 M1 或 AZT 的细胞内 HIV RNA 含量均显著低于感染对照组。AZT 组细胞内 HIV RNA 的含量最低。这一结果与 DNA-PCR 分析的结果是一致的。

本研究筛选了 97 种真菌发酵产物提取物，在初筛过程中发现了 12 种真菌发酵产物提取物具有保护感染细胞的作用，说明真菌发酵产物提取物代表着一类具有潜在抗 HIV 作用的资源库。经过反复比较、多指标衡量最终确定稳定性最好的 1 号菌丝体的提取物作为目标药物，进行深入研究，以探求其作用机制。

M1 的量效关系曲线基本呈直线，说明在 M1 中是单一成分在起作用。

本研究在筛选出目标药物的前提下，设计了一系列体外实验寻找 M1 的作用靶点。

首先设计了作用时间实验，在这个实验中通过检测药物在不同阶段存在，大致可判断出药物作用在 HIV 复制周期的哪个阶段。分段实验证明，M1 的作用位点在病毒进入细胞以后，对病毒吸附进入没有抑制作用，这一点在病毒吸附抑制实验中得到了证实。

加药时间实验中利用一次大剂量病毒体外感染 MT-4 细胞，感染后不同时间加入药物培养，观察药物在病毒进入细胞后多长时间加入失去作用，从而判断药物的大致作用位点。结果表明，反转录酶抑制剂 AZT 在细胞感染 4h 后加入开始失去作用，M1 直到细胞感染 12h 后加入仍有作用，当然越早加入越好，这就证明 M1 的作用位点可能在 HIV 复制周期的后期。

在 DNA-PCR 实验中，一次大剂量病毒体外感染细胞后，细胞内病毒复制同步，在感染后的不同时间提取 DNA，利用特异引物可以观察到不同复制阶段的病毒 cDNA 产物。此实验中，在各个处理组均可以观察到早期 cDNA 产物，但在 AZT 组不能观察到晚期产物，说明有 AZT 存在时反转录的早期产物是不稳定的，不能形成晚期产物，这与 Lamia 等(2001)的研究结果一致。在 M1 组，晚期产物直到感染后 11h 才出现，说明 M1 可以延缓晚期产物的出现。

有证据表明，在处于允许状态的活化 T 淋巴细胞中，HIV 可以在 24h 内完成基因整合和复制过程(邵一鸣等，2000)。感染后 24h，定量检测感染细胞内 HIV RNA 含量，可以判断 HIV 在急性感染细胞内的表达情况。感染对照组含量显著高于 M1 组，说明 M1 可以阻断 HIV RNA 表达。这一结果与检测培养上清液内和感染细胞内 p24 抗原含量的结果是一致的。

由以上实验数据可以得出，M1 在 HIV-1 反转录时已经开始起作用，可以延缓反转录晚期产物的出现，其作用在 HIV RNA 表达之前，包括 cDNA 转移入细胞核、cDNA 整合到细胞基因组成为前病毒 DNA、前病毒 DNA 转录形成 RNA 三个主要步骤。

目前临床上用于治疗艾滋病的药物都是 HIV 复制周期中关键酶的抑制剂，在长期治疗中出现耐药株是不可避免的。寻找新的抗病毒治疗靶点或治疗策略是必需的，在新的治疗靶点中，病毒基因调节具有特殊的意义，因为它可以在急性感染和慢性感染中控制病毒复制从而延缓或阻断病毒复制。这种药物在联合治疗中也具有巨大的潜在作用，因为可以延缓耐药的产生(Stevens et al.，2003)。M1 可能就是这一类药物。作用在 HIV-1 整合后阶段的抗病毒物质有望不但可以抑制病毒在急性感染细胞中的产生而且可以抑制病毒在晚期和慢性感染细胞中的产生(Jim et al.，1998)。

经过反复实验、多指标衡量，发现 1 号菌的菌丝体提取物(M1)具有进一步研究的必要。此外还发现该提取物除了可以直接抑制病毒外，还可以通过提高机体免疫力和抗氧化能力间接抑制病毒，抑制地塞米松诱导的 MT-4 细胞凋亡。为阐明此提取物(M1)生物活性的物质基础，找到产生这些药理活性的化学部位或单体，我们对该菌进行了发酵产物积累和系统的化学分离纯化及 HIV-1 整合酶链转移抑制活性跟踪研究。

三、化合物分离流程

1 号菌(*Epulorhiza* sp.)接入液体麦麸培养基，摇瓶暗室培养 14～16 天，收获菌丝体并干燥。

(1)1 号菌干燥菌丝体的提取操作。将干燥菌丝体(710g)充分粉碎，用 95%乙醇浸泡 24h

后，回流提取 3 次，每次 2h，合并 3 次提取液，过滤，减压浓缩回收溶剂得干燥菌丝 95%乙醇提取物的浸膏；再用 70%乙醇继续回流提取 3 次，每次 2h，合并 3 次提取液，过滤，减压浓缩回收溶剂至小体积后，70℃水浴挥干剩余溶剂，得干燥菌丝 70%乙醇提取物；合并两部分提取物得到 1 号菌干燥菌丝体提取物浸膏，共 125g，出膏率为 17.61%。

(2) 1 号菌提取物浸膏的化学分离。将 125g 提取物浸膏分两部分处理；取约 15g 浸膏混悬于水层中，依次用石油醚、氯仿、乙酸乙酯、正丁醇萃取，萃取液蒸干，分别得到各部分浸膏；剩余约 110g 浸膏直接进行常压硅胶柱层析，用不同比例的石油醚-乙酸乙酯、乙酸乙酯、氯仿-甲醇、甲醇-水系统进行梯度洗脱。其提取分离流程图见图 45-44。

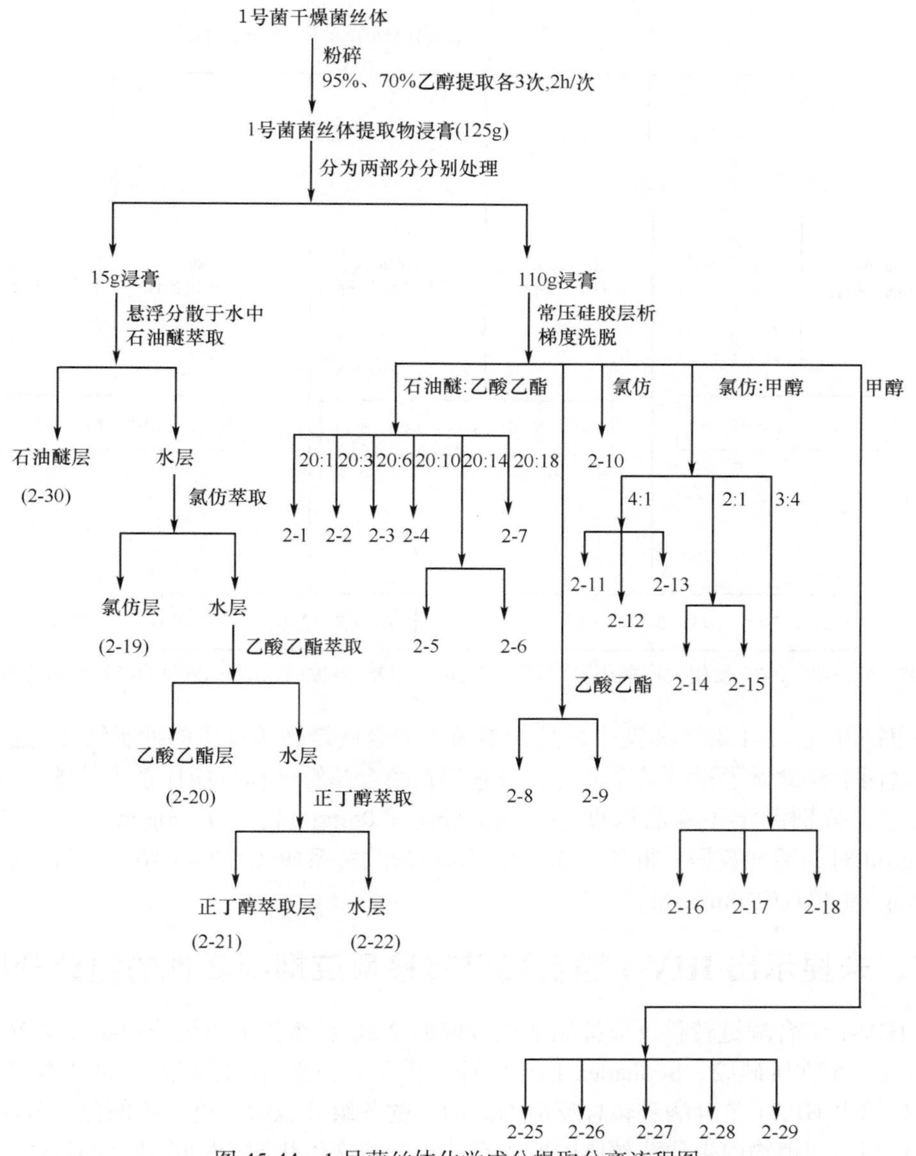

图 45-44　1 号菌丝体化学成分提取分离流程图

四、活性部位的发现

通过活性跟踪发现，分离自常压硅胶柱的编号为 2-28 的一个甲醇组分具有很好的 HIV-1 整合酶链转移反应抑制活性，抑制率高达 98.37%。为进一步跟踪及阐述活性基础，本实验对 2-28 及其他甲醇组分进行了 Sephadex LH-20 柱层析，得到了进一步细化的甲醇组分，并对这些更细化的化学组分进行了 HIV-1 整合酶链转移反应抑制活性测定。3-3、2-28 及相关甲醇组分(2-25、2-26、2-27、2-29)的 Sephadex LH-20 分离流程见图 45-45。

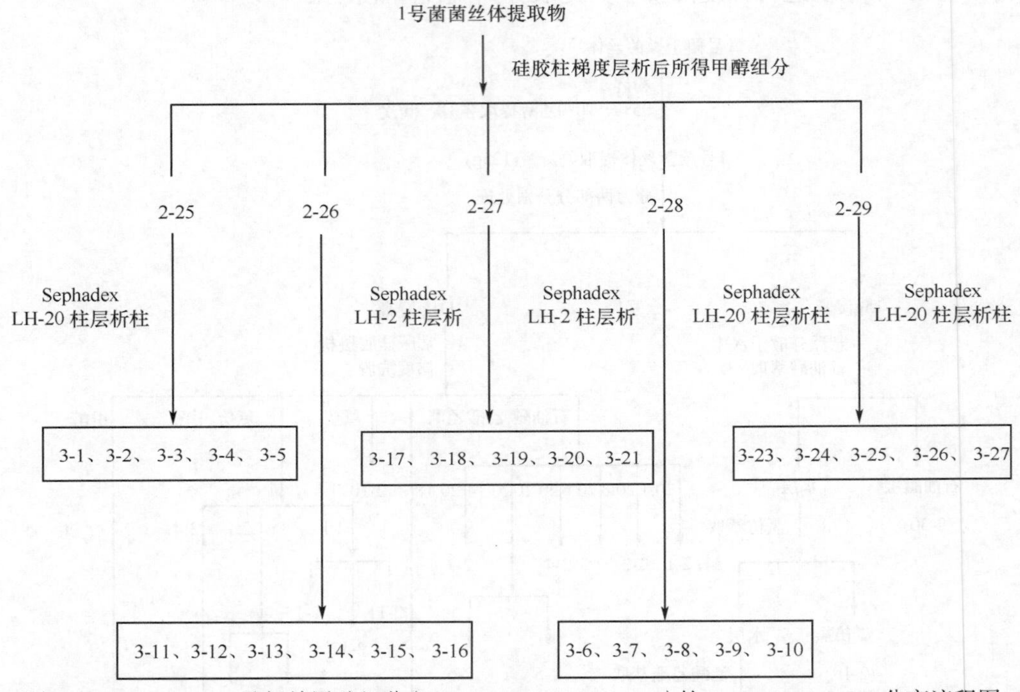

图 45-45　3-3、2-28 及相关甲醇组分(2-25、2-26、2-27、2-29)的 Sephadex LH-20 分离流程图

活性跟踪发现，3-1 和 3-8 两个样品对 HIV-1 整合酶链转移反应的抑制活性高达 100%，本研究对这两个样品做了量效关系测定，以它们在整合酶链转移反应体系中的浓度 0.1mg/ml 为初始浓度，分别测定了样品浓度为 0.1mg/ml、0.05mg/ml、0.025mg/ml、0.0125mg/ml、0.00625mg/ml 时的活性数据，得到了 3-1 及 3-8 的量效关系曲线(图 45-46)，二者 IC_{50} 值分别为 0.0139mg/ml 和 0.0178mg/ml。

五、未显示出 HIV-1 整合酶链转移反应抑制活性的组分分离

除对 HIV-1 整合酶链转移反应抑制活性较好的 2-28 及相关甲醇组分(2-25、2-26、2-27、2-29)做了进一步常压硅胶、Sephadex LH-20 柱层析及进一步活性跟踪外，对其他在前期活性研究中未显示出 HIV-1 整合酶链转移反应抑制活性的各组分也做了进一步的化学分离和纯化，旨在帮助总结药用植物内生菌菌丝体中所含有的小分子次生代谢产物的种类和规律。对分离得到的所有单体化合物本实验也进行了 HIV-1 整合酶链转移反应抑制活性测定，希望能有一些新的发现。

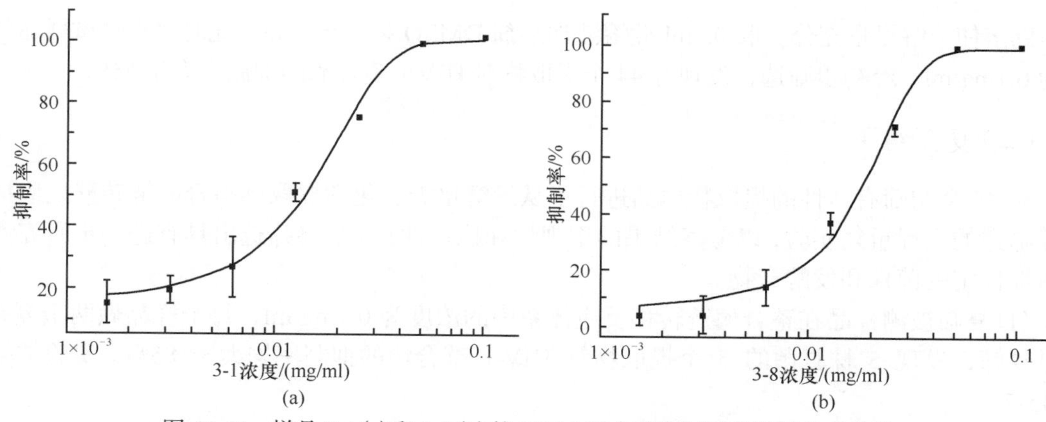

图 45-46　样品 3-1(a)和 3-8(b)的 HIV-1 整合酶抑制活性量效关系曲线

将常压硅胶柱梯度洗脱得到的甲醇以外的各组分以化合物分离纯化为目的用硅胶、凝胶(Sephadex LH-20)反复柱层析进行系统分离，共得到 10 个化合物，综合应用熔点测定、薄层层析，以及红外光谱、质谱、核磁共振谱等现代波谱学技术对它们进行了鉴定，其中甾体 2 个、有机酸 2 个、口山酮 2 个、多元醇 2 个、含氮杂环 1 个、其他类型化合物 1 个。分离获得的化合物见表 45-6。

表 45-6　1 号菌菌丝体化学成分表及其抗 HIV-1 整合酶链转移活性

编号	中文名	英文名	抑制率/%
Wj-1	甘露醇	D-mannitol	2.23
Wj-2	麦角甾醇	Ergosterol	10.69
Wj-3	麦角甾-7，22-二烯-3，5，6-三醇	Ergosta-7，22-dien-3，5，6-triol	17.28
Wj-4	阿拉伯糖醇	Arabitol	17.72
Wj-5	丁二酸	succinic acid	19.54
Wj-6	尿嘧啶	Uracil	12.34
Wj-7	黑麦酮酸 D	Secalonic acid D	83.17
Wj-9	烟酸	Nicotinic acid	24.14
Wj-10	5-羟甲基糠醛	5-Hydroxymethylfurfuraldehyde	11.32
Wj-11	2-乙酰基-1，3，8-三羟基屾酮	2-Acetyl-1，3，8-trihydroxyxanthone	46.14

第五节　4960 号菌株和 6269 号菌株抗 HIV-1 代谢产物研究

多年来，本研究室从药用植物中分离鉴定出了数以万计的内生真菌，本研究从中选取了部分内生真菌，以其菌丝体和发酵液的乙醇提取物作为研究药物，采用何红秋等建立的高通量 ELISA 方法对这些发酵产物的抗 HIV-1 整合酶活性进行了筛选(He et al.，2008)。

一、91 株内生真菌抗 HIV-1 整合酶活性的筛选

(一)初筛结果

将 91 株内生真菌的 182 个发酵产物提取物每个称取 1.0mg，1ml 二甲基亚砜(DMSO)溶解，

超声助溶使溶解尽量充分。取 0.1ml 此溶液加溶剂 DMSO 稀释至 1ml，此时每个供试样品的浓度为 0.1mg/ml。经初步筛选，发现有 44 个提取物对 HIV-1 整合酶的抑制率大于 85%。

（二）复筛结果

对 44 个初筛有活性的提取物样品进行了从发酵培养、化学提取到整合酶链转移反应抑制活性筛选的全程重复实验，以考察结果的重现性和稳定性，并最终筛选出具有进一步研究潜力的活性稳定的菌株和发酵产物。

(1) 复筛被测样品在整合酶链转移反应体系中的浓度为 0.1mg/ml，每个样品做两个复孔，经过复筛，发现 5 株真菌的 5 个提取物对 HIV-1 整合酶的抑制率均大于 85%，实验结果见表 45-7。

表 45-7　5 个初筛效果较好的发酵产物的复筛结果

样品编号	发酵产物	复筛抑制率 1/%	复筛抑制率 2/%	平均抑制率/%
36	菌丝体	89.54	80.53	85.04
50	菌丝体	99.81	100.27	100.05
65	菌丝体	100.82	100.20	100.51
81	菌丝体	100.22	99.65	99.93
71	发酵液	98.89	98.601	98.74

(2) 36 号、50 号、65 号、81 号菌丝体提取物及 71 号菌发酵液提取物在 HIV-1 整合酶链转移反应体系中量效关系曲线的绘制。鉴于上述 5 个样品在活性复筛中仍然表现出良好的 HIV-1 整合酶抑制链转移反应抑制活性，本部分实验对此 5 个样品进行了量效关系研究。以样品在反应体系中的浓度 0.1mg/ml 为其始浓度，做了浓度倍比稀释实验，得到了此 5 个样品在反应体系中的浓度分别为 0.1mg/ml、0.05mg/ml、0.025mg/ml、0.0125mg/ml、0.006 25mg/ml 时的抑制率数据，得到了此 5 个被测样品的量效关系曲线（图 45-47）。

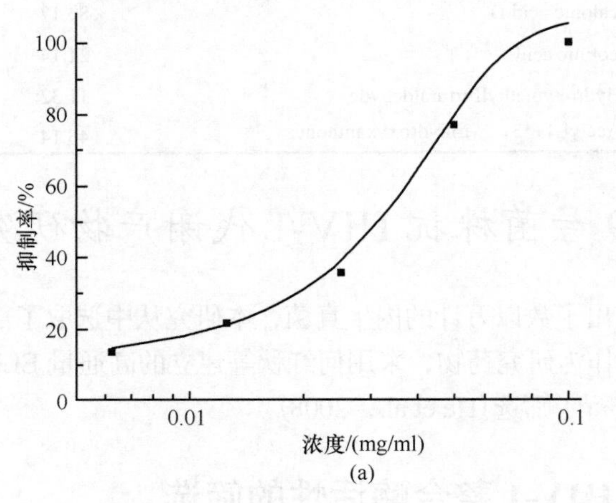

(a)

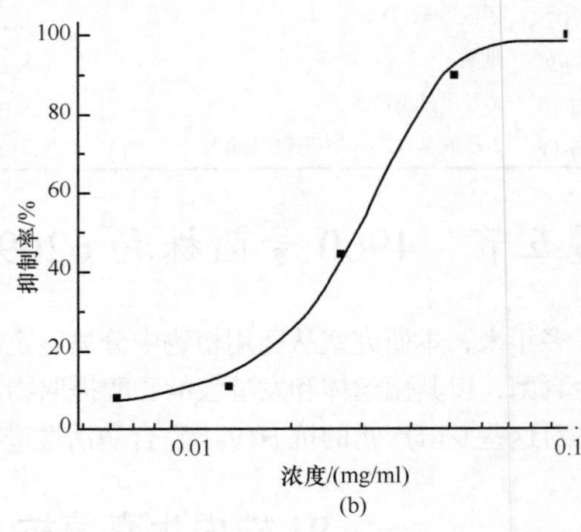

(b)

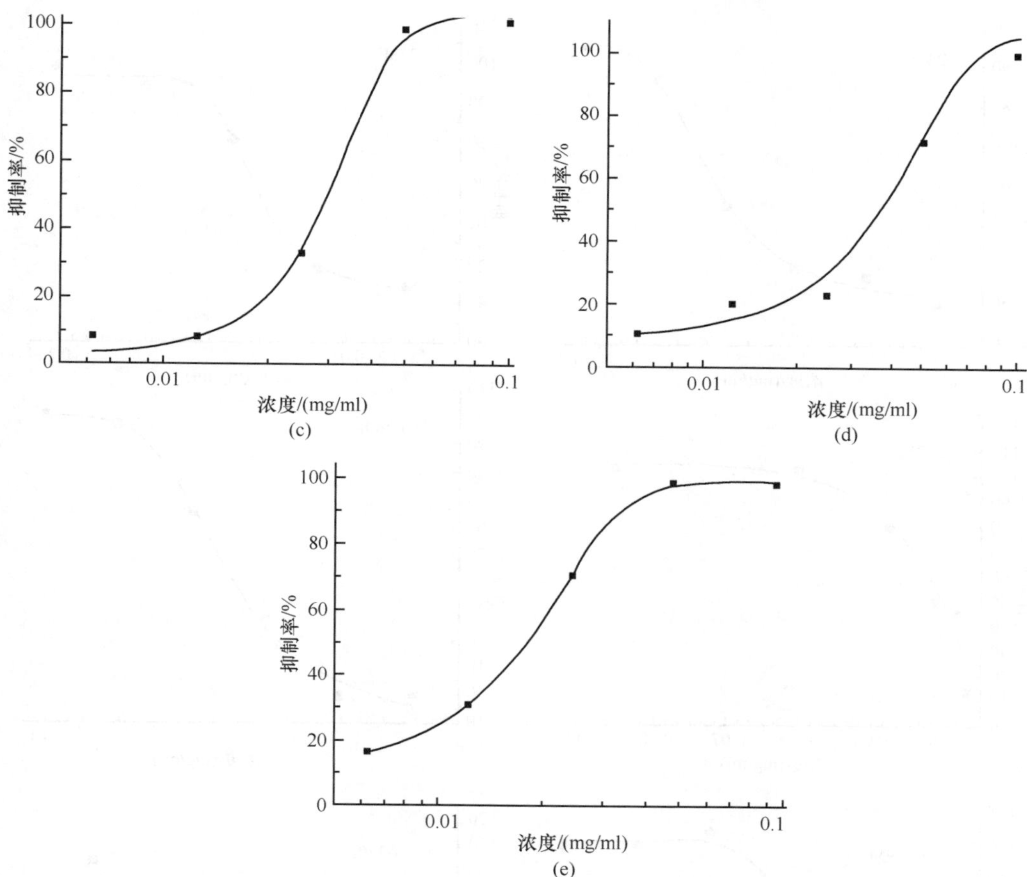

图 45-47　36 号(a)、50 号(b)、65 号(c)、81 号(d)菌丝体提取物及 71 号菌发酵液(e)的量效曲线

二、112 株内生真菌抗 HIV-1 整合酶活性筛选

初筛方法和过程同本节“一”部分。经初步筛选，发现 27 株真菌的 29 个提取物对 HIV-1 整合酶的抑制率大于 90%。为保证所筛选菌株的活性稳定可靠，对初筛活性大于 90%的菌株进行了再次活化和发酵，所得发酵产物进行复筛，经过复筛，发现 16 株真菌的 18 个提取物对 HIV-1 整合酶的抑制率大于 90%(表 45-8)，拟合量效关系曲线见图 45-48。

表 45-8　HIV-1 整合酶链转移反应活性结果(复筛结果)

菌种编号	复筛活性/%	IC_{50}/(μg/ml)	菌种编号	复筛活性/%	IC_{50}/(μg/ml)
6241F	100.22	21.21	6278F	101.01	8.75
6243F	97.23	13.29	6282F	93.60	11.91
6267M	102.46	13.05	6284F	98.74	20.09
6269M	102.88	7.00	6287F	98.74	27.46
6269F	103.31	19.56	6290F	99.87	17.58
6270F	102.00	9.94	6299F	98.15	15.64
6275F	99.79	36.18	6305F	90.73	23.82
6276M	101.12	8.67	6307F	108.30	21.85
6276F	101.70	16.79	6315F	101.84	5.67

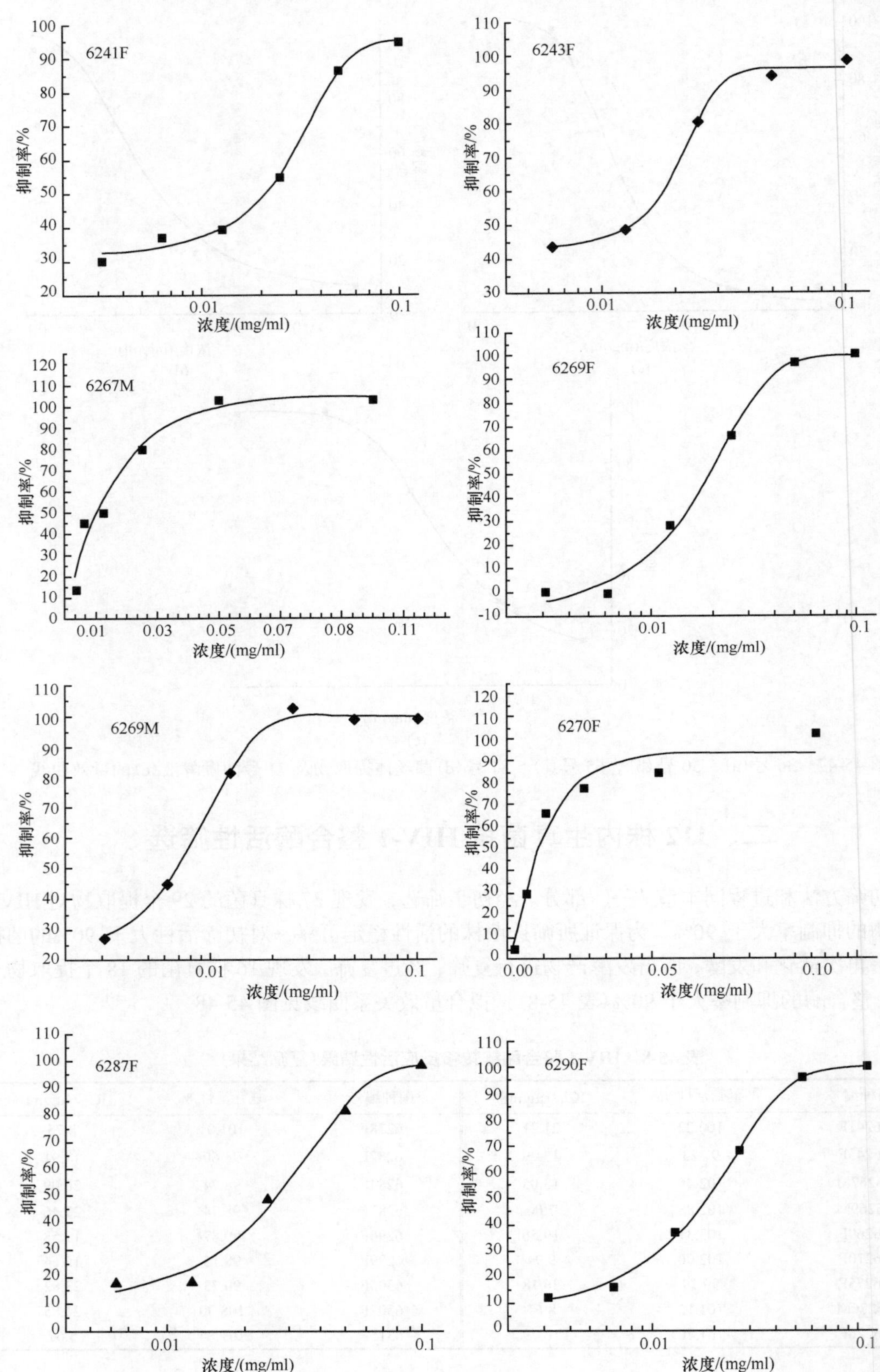
6241F
6243F
6267M
6269F
6269M
6270F
6287F
6290F
抑制率/%
浓度/(mg/ml)

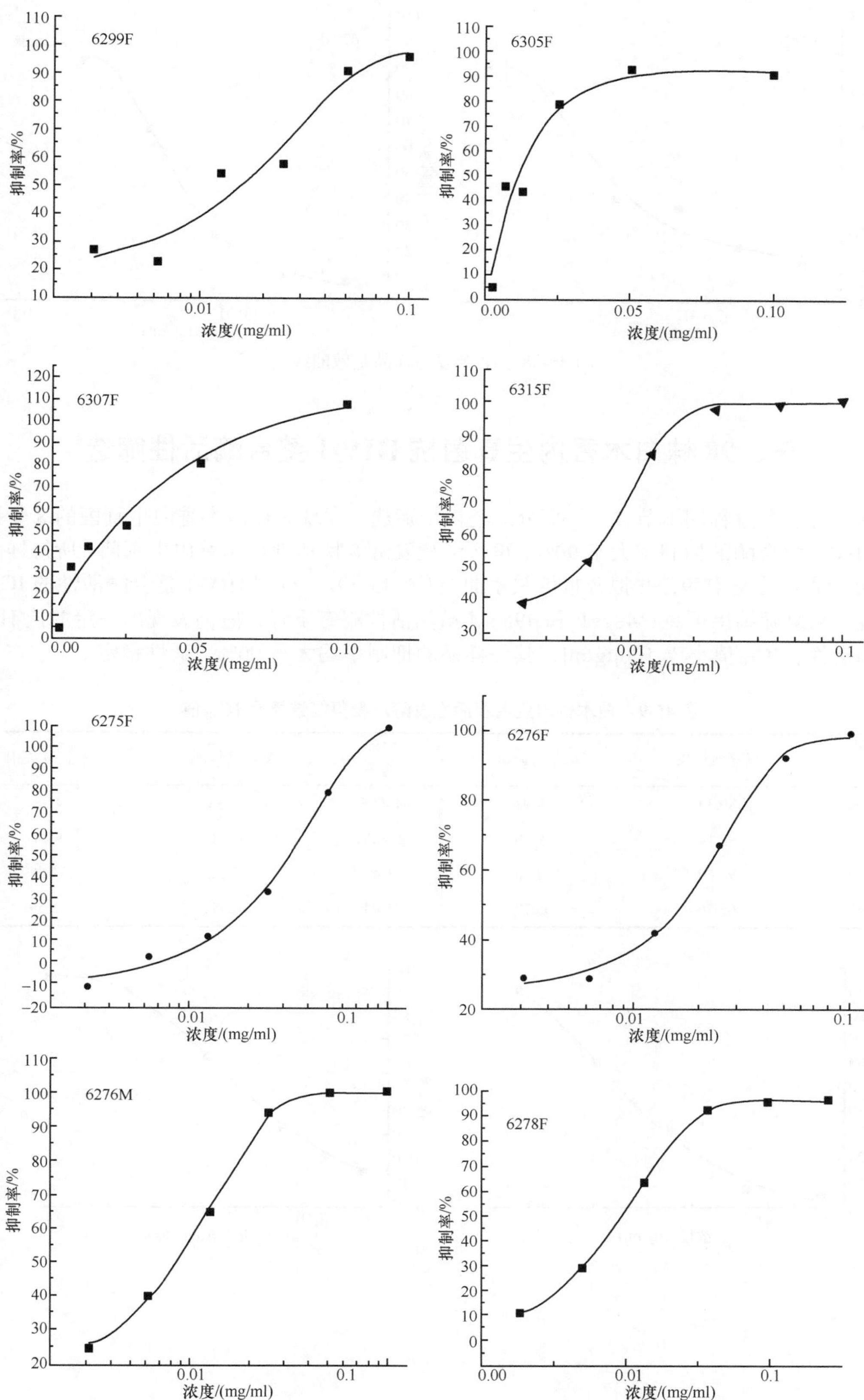
6299F
6305F
6307F
6315F
6275F
6276F
6276M
6278F
抑制率/%
浓度/(mg/ml)

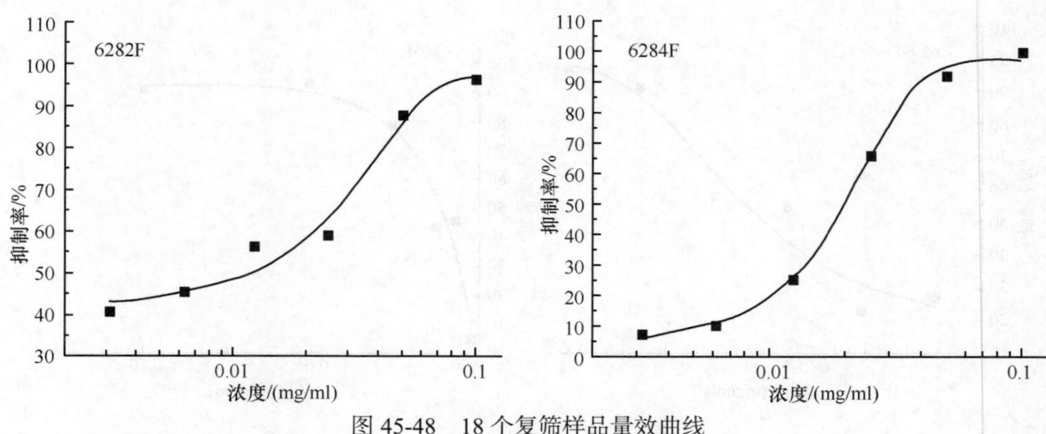

图 45-48 18 个复筛样品量效曲线

三、98 株白木香内生真菌抗 HIV-1 整合酶活性筛选

筛选方法和过程同本节"一"部分。经初步筛选，发现 8 株白木香内生真菌的 8 个提取物对 HIV-1 整合酶的抑制率大于 90%。再次活化发酵 8 株活性白木香内生真菌，所得样品进行复筛，结果见表 45-9，并拟合量效关系曲线(图 45-49)，得到 HIV-1 整合酶活性的 IC_{50} 抑制浓度。从复筛结果可见，4926F 和 4956M 虽然活性略有下降，但仍表现出一定的抗 HIV-1 整合酶活性，IC_{50} 值小于 100μg/ml，其他样品的抑制率均大于 90%，活性稳定。

表 45-9 白木香内生真菌活性发酵产物复筛结果及 IC_{50} 值

菌种编号	复筛活性/%	IC_{50}/(μg/ml)	菌种编号	复筛活性/%	IC_{50}/(μg/ml)
4926F	89.34	39.93	4960F	100.33	4.28
4928F	92.14	19.88	2145M	110.80	9.44
4929F	95.60	23.68	2148F	103.32	31.58
4956M	65.76	65.70	2161F	90.45	33.59

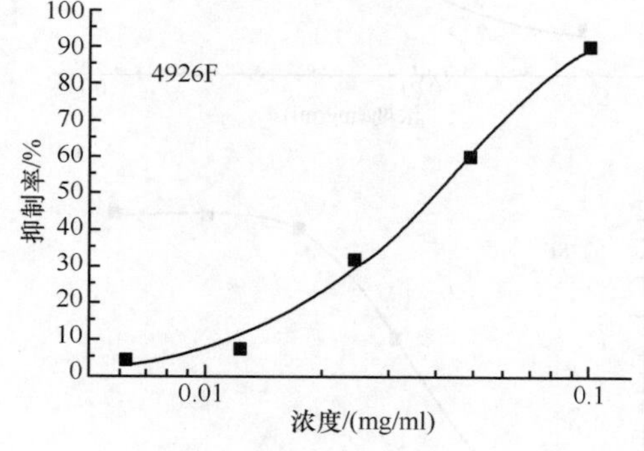

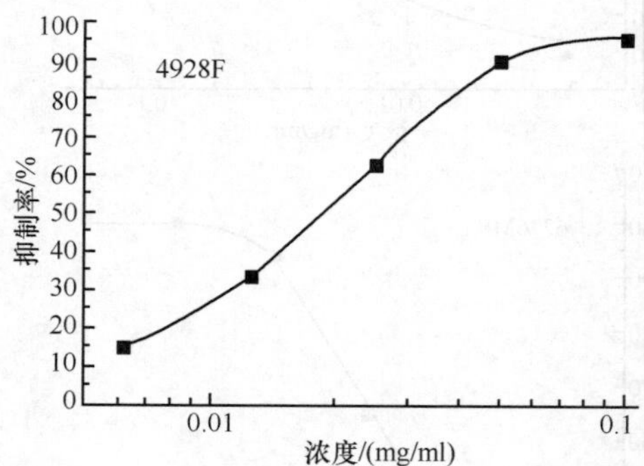

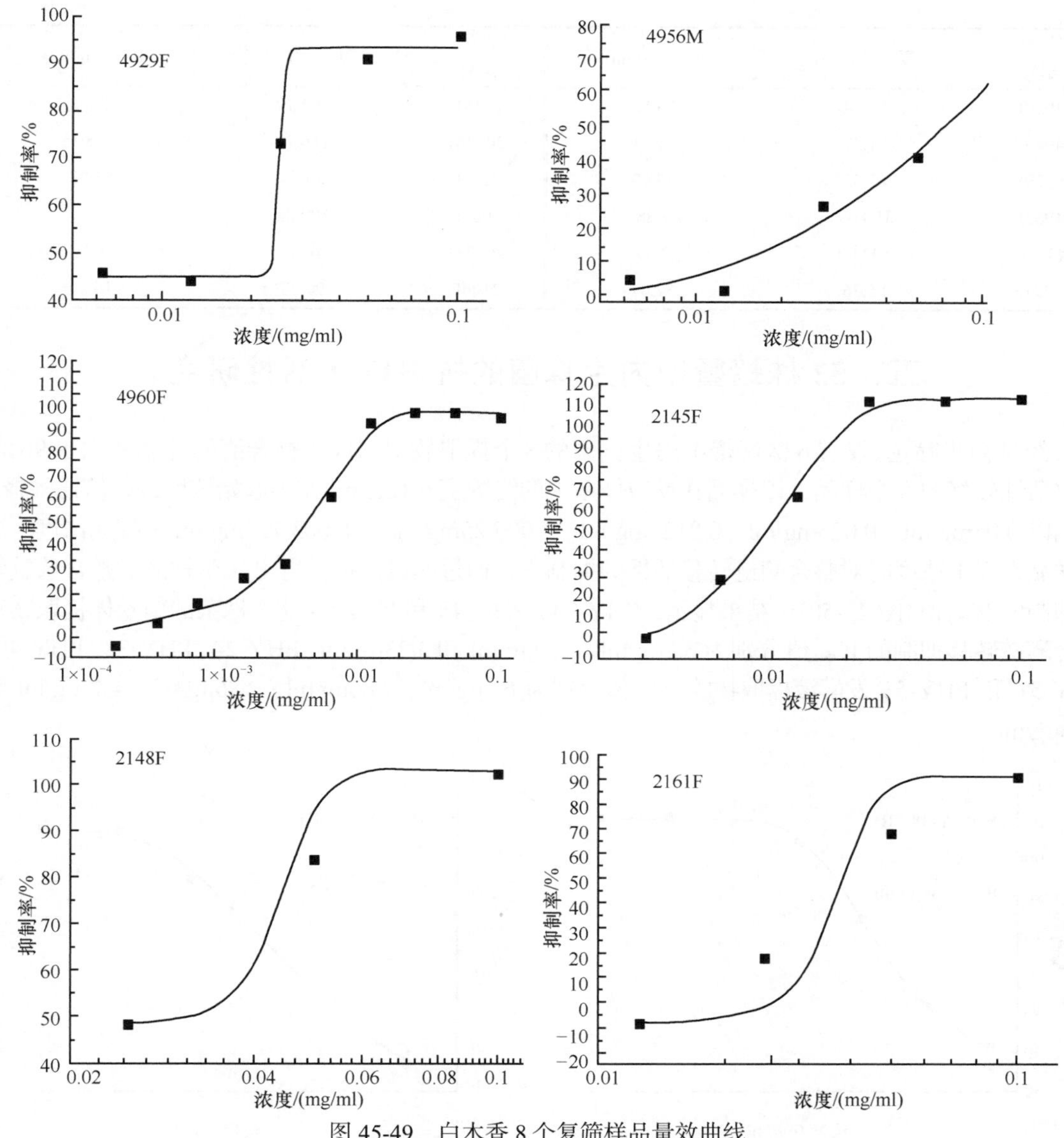

图 45-49　白木香 8 个复筛样品量效曲线

四、143 株龙血树内生真菌抗 HIV-1 整合酶活性筛选

初筛方法同本节“一”部分。经初步筛选，发现 12 株龙血树内生真菌的 15 个提取物对 HIV-1 整合酶的抑制率大于 90%。复筛发现 5 株龙血树内生真菌的 8 个提取物对 HIV-1 整合酶的抑制率大于 90%(表 45-10)。

表 45-10　龙血树内生真菌活性发酵产物复筛结果及 IC_{50} 值

菌种编号	复筛活性/%	IC_{50}/(μg/ml)	菌种编号	复筛活性/%	IC_{50}/(μg/ml)
4914F	88.80	37.31	4917F	88.09	26.59

续表

菌种编号	复筛活性/%	IC_{50}/ (μg/ml)	菌种编号	复筛活性/%	IC_{50}/ (μg/ml)
4920F	75.14	25.88	2019F	104.79	22.98
4946F	91.27	29.11	2019M	116.78	3.89
4950F	87.02	78.00	2030F	88.74	56.28
4952F	100.69	7.88	2067F	102.02	9.09
4952M	102.00	9.09	2067M	102.67	3.51
4977F	85.36	37.07	2106F	99.24	16.35

五、52 株螃蟹甲内生真菌的抗 HIV-1 活性研究

经过初步筛选，发现6株螃蟹甲内生真菌的8个提取物对HIV-1整合酶的抑制率大于90%。选取活性较好的8个样品，以样品在反应体系中的终浓度0.1mg/ml作为起始浓度进行倍比稀释，分别以0.05mg/ml、0.025mg/ml、0.0125mg/ml、0.006 25mg/ml和0.003 125mg/ml为抑制浓度，测定样品在以上浓度时对整合酶链转移活性的抑制率，通过非线性拟合得出8个样品对整合酶链转移抑制的IC_{50}值(图45-50)。结果显示，PHY-24、PHY-45和PHY-53这3株菌的菌丝体提取物对整合酶链转移抑制的IC_{50}值分别为5.2μg/ml、2.79μg/ml和3.23μg/ml；PHY-24、PHY-38、PHY-40、PHY-51和PHY-53发酵液提取物的IC_{50}值分别为6.6μg/ml、7.86μg/ml、2.86μg/ml、4.47μg/ml和4.56μg/ml。

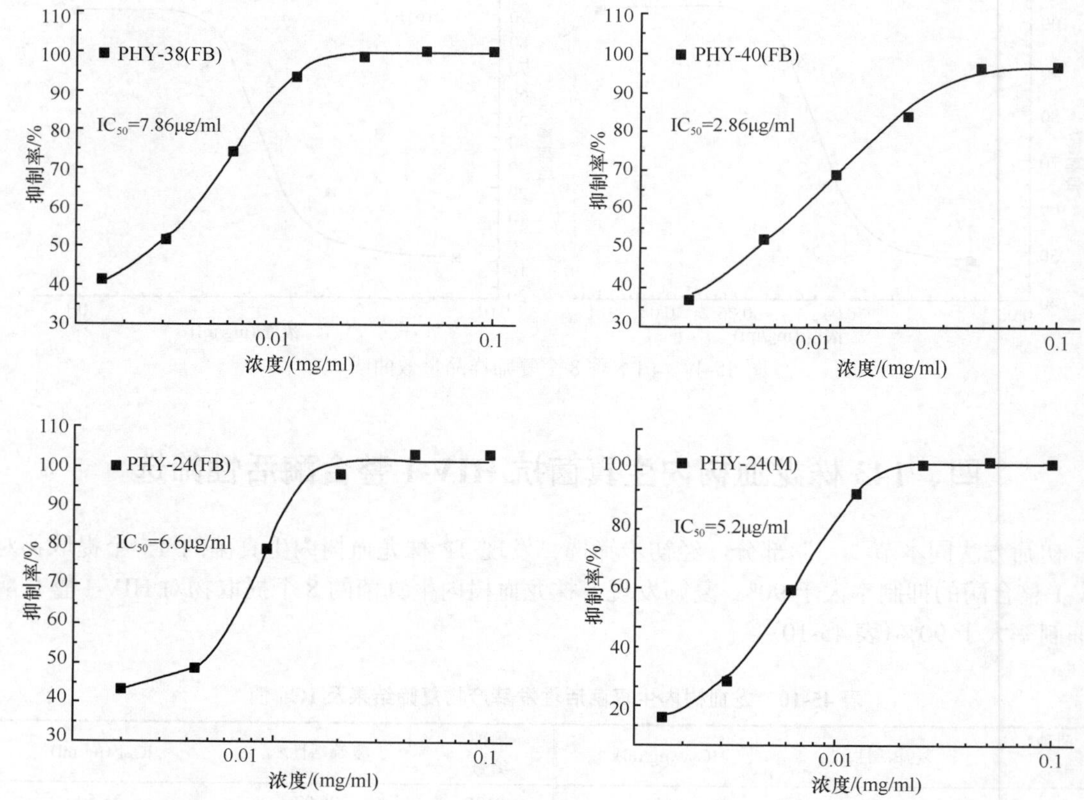

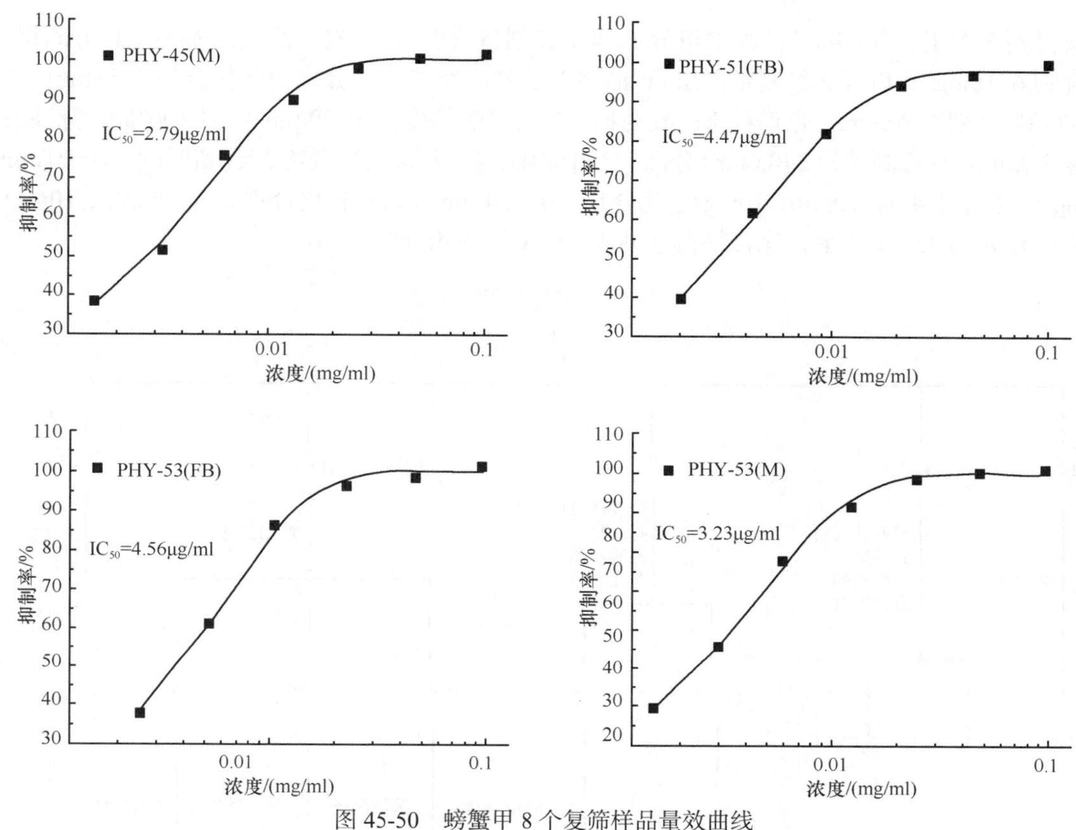

图 45-50　螃蟹甲 8 个复筛样品量效曲线

通过以上实验发现，6269 号菌株和 4960 号菌株发酵产物的抗 HIV-1 整合酶活性好且稳定，因此，在 HIV-1 整合酶链转移反应活性测定模型的指导下，对其活性代谢产物进行了跟踪分离，希望可以从中获取具有活性的化合物，为抗 HIV-1 整合酶抑制剂的开发提供物质基础。

六、6269 号活性菌菌丝体单体化合物的分离流程

6269 号菌株液体摇瓶发酵 12 天，共 20L，经超声提取得到菌丝体粗体物 72.3g，混悬于水中，依次用石油醚、乙酸乙酯和正丁醇萃取，得到石油醚部位、乙酸乙酯和正丁醇的萃取物，HPLC 分析及 HIV-1 整合酶链转移反应抑制活性测定后发现，石油醚和乙酸乙酯部位的成分和活性类似，可以合并，正丁醇部位没有活性。将石油醚和乙酸乙酯部分合并共得 58.6g。采用正相硅胶柱层析（100～200 目）进行粗分，乙酸乙酯-甲醇梯度洗脱，得 8 个流份（Fr. 1～8），进行活性跟踪，选择活性最高的流份，利用凝胶柱层析、制备薄层和制备液相色谱等方法进一步分离。

Fr. 1 有无色晶体析出，经过反复洗涤得到化合物 11（8mg）。Fr. 2 经硅胶层析（石油醚：乙酸乙酯=20：1、10：1、5：1、0：1）梯度洗脱得到化合物 8（30mg）和化合物 9（10mg）。Fr. 3 经硅胶层析（石油醚：乙酸乙酯=5：1）等度洗脱得到 3 个组分，其中 Fr.3-2 经制备薄层（石油醚：乙酸乙酯=4：1）分离得到化合物 10（15mg）、化合物 13（3mg）和化合物 14（30mg）；Fr.3-3 经制备薄层（石油醚：乙酸乙酯=1：1）分离得到化合物 5（15mg）和化合物 2（10mg）。Fr. 4 经制备液相（Waters；色谱柱 a；流动相：65%甲醇等度洗脱；流速 10.0ml/min；检测波长 248.6nm）

分离得到 3 个组分（Fr.4-1-3），其中组分 Fr. 4-1 经制备薄层（石油醚：乙酸乙酯=3：1）分离得到化合物 6（10mg）；Fr. 4-2 经制备薄层（石油醚：乙酸乙酯=3：1）分离得到化合物 7（15mg）；Fr. 4-3 经制备液相（Waters；色谱柱 b；流动相：75%甲醇等度洗脱 20min 后用 100%甲醇洗脱；流速 3.0ml/min；检测波长 248.6nm）分离后经液相检测合并得到化合物 3[保留时间（t_R）=21min，40mg]、化合物 4（t_R=22min，10mg）、化合物 1（t_R=24min，5mg）和化合物 5（t_R=25min，10mg）。分离流程如图 45-51 所示，化合物信息见表 45-11 及图 45-52。

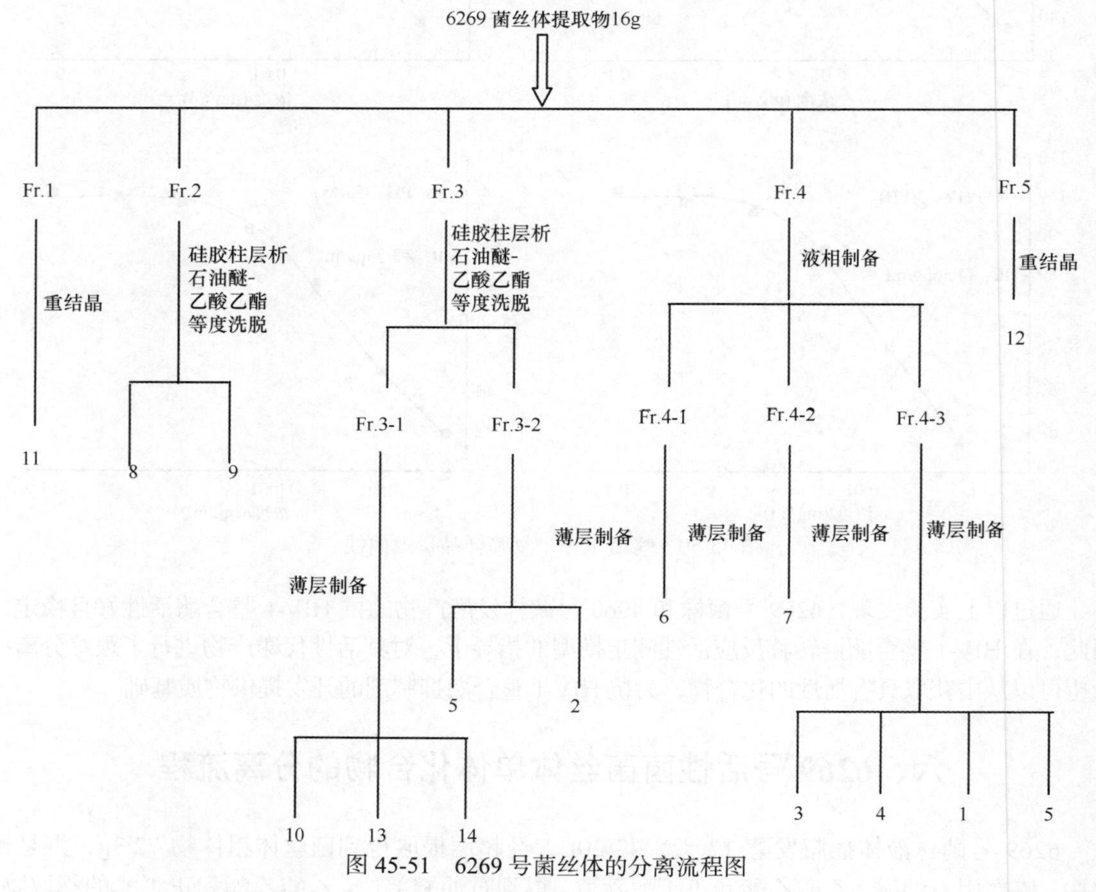

图 45-51　6269 号菌丝体的分离流程图

表 45-11　6269 号菌丝体代谢产物名称

化合物编号	分子式	中文名	英文名
6269-1	$C_{32}H_{50}O_5$		Integracide E
6269-2	$C_{29}H_{44}O_4$		Isointegracide E
6269-3	$C_{32}H_{50}SO_8$		Integracide A
6269-4	$C_{32}H_{50}SO_7$		2-Deoxy integracide A
6269-5	$C_{32}H_{50}O_4$		2-Deoxy integracide B
6269-6	$C_{24}H_{38}O_4$	邻苯二甲酸二（2-乙基）己酯	Bis（2-ethylhexyl）phthalate
6269-7	$C_{16}H_{22}O_4$	邻苯二甲酸二丁酯	Dibutyl phthalate
6269-8	$C_{28}H_{44}O$	麦角甾醇	Ergosterol
6269-9	$C_{29}H_{48}O$	豆甾醇	Stigmasterol

续表

化合物编号	分子式	中文名	英文名
6269-10	$C_{28}H_{44}O_4$	5α，8α-过氧麦角甾-6，22-二烯-3β-醇	5α，8α-Epidioxyergosta-6，22-Dien-3β-ol
6269-11	$C_{29}H_{50}O$	β-谷甾醇	Sitosterol
6269-12	$C_{35}H_{60}O_6$	胡萝卜苷	Daucosterol
6269-13	$C_9H_{10}O_3$	对羟基苯丙酸	*P*-Hydroxy-phenylpropionie Acid
6269-14	$C_{57}H_{98}O_6$	甘油三亚油酸酯	Trilinolein

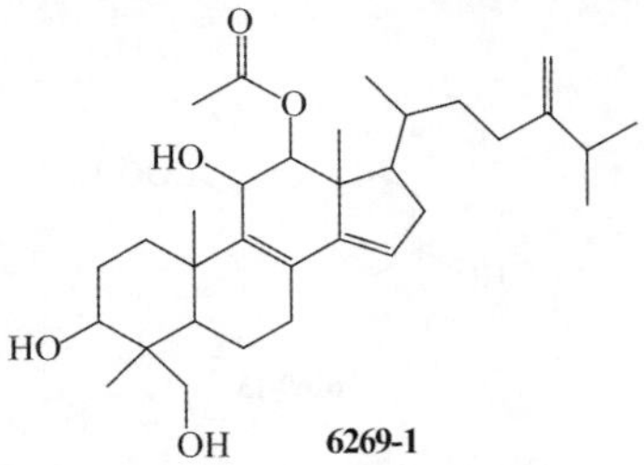

6269-1 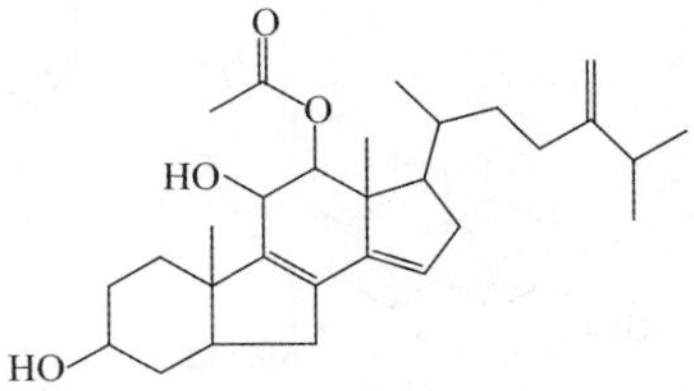　**6269-2**

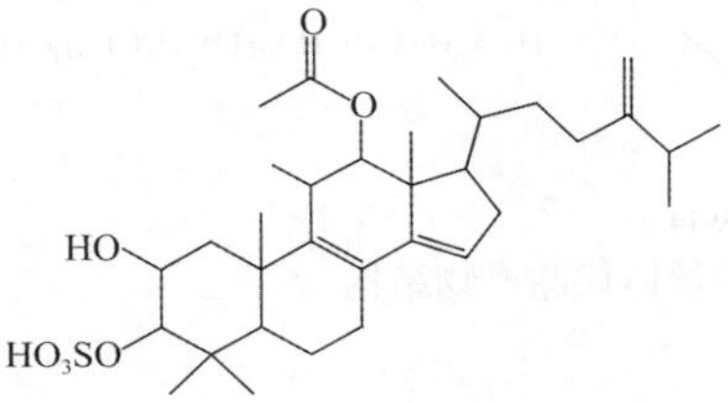

6269-3 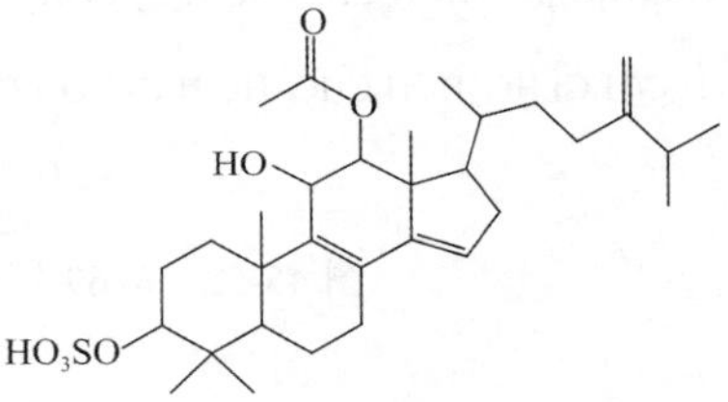　**6269-4**

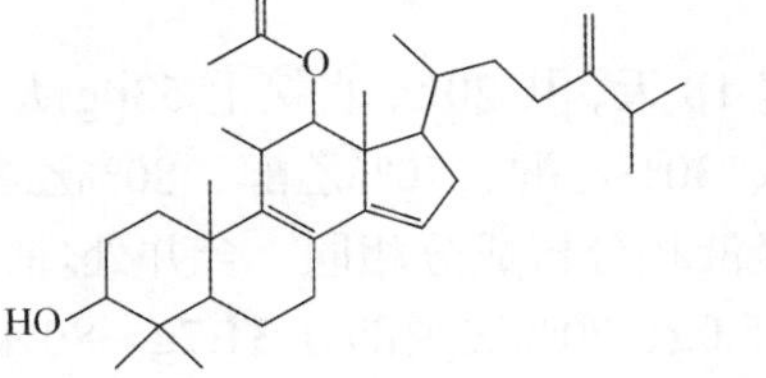

6269-5

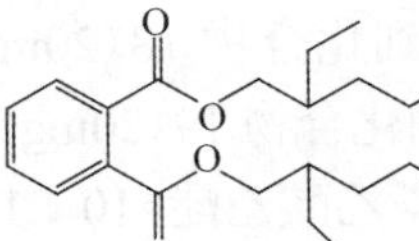

6269-6 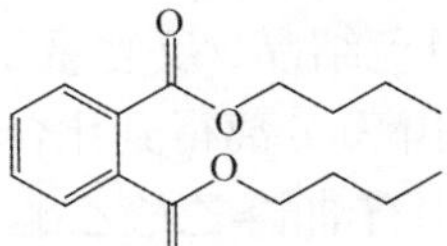　**6269-7**

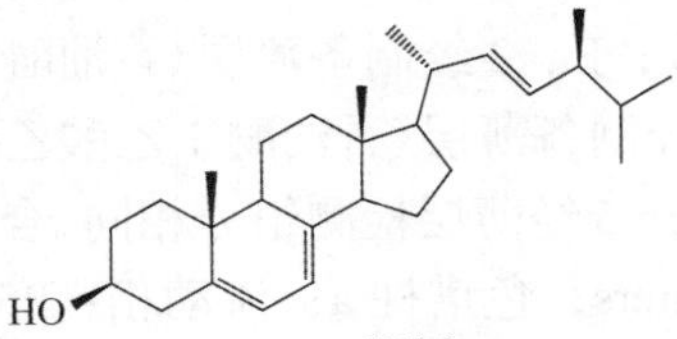

6269-8 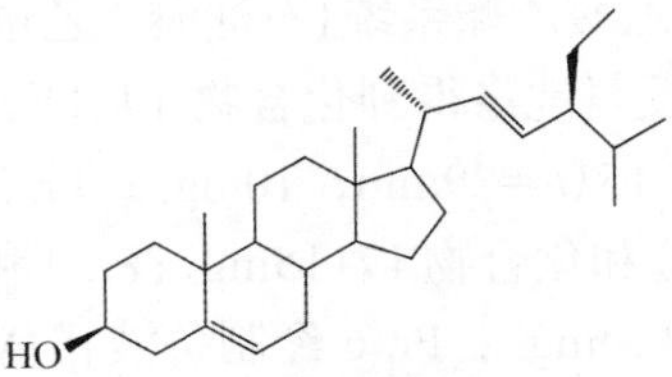　**6269-9**

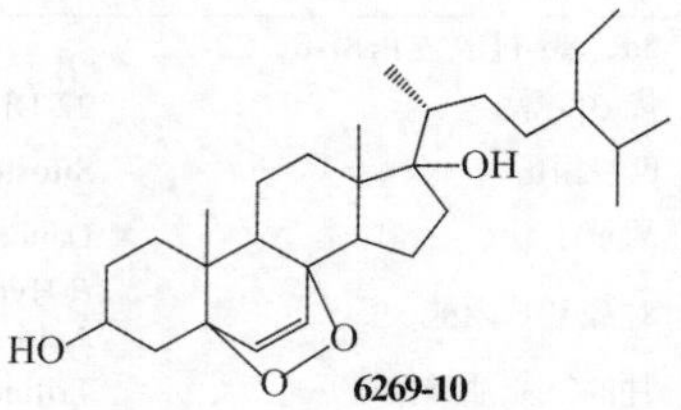

6269-10 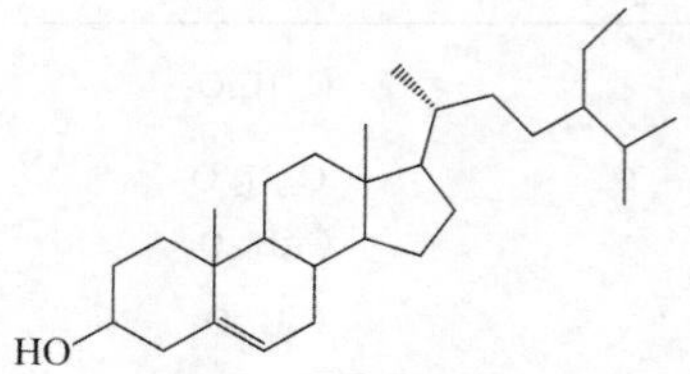　6269-11

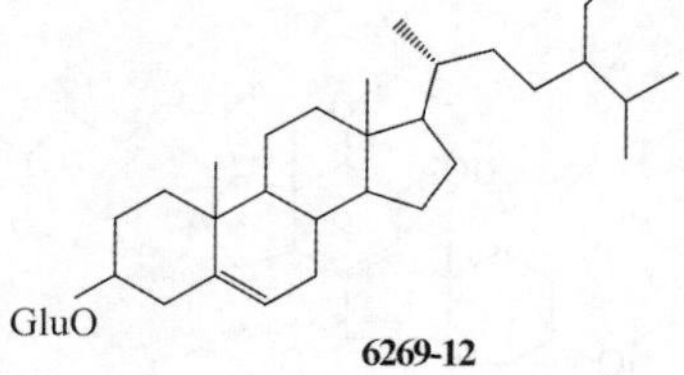

6269-12 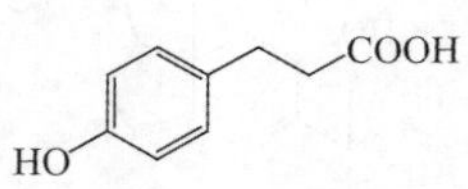　6269-13

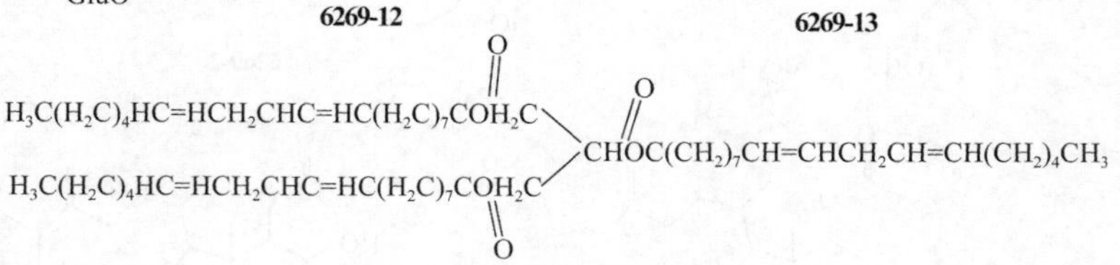

6269-14

图 45-52　6269 号菌丝体代谢产物结构

七、活性菌株 4960 号发酵液单体化合物分离流程

4960 号菌株液体摇瓶发酵 18 天，共 20L，直接上 530g 大孔树脂 H103，吸附速率为 2L/h，然后依次用蒸馏水、10%乙醇、30%乙醇、70%乙醇、80%乙醇、90%乙醇、100%乙醇和丙酮洗脱，90%和 100%乙醇部位经液相分析成分相同，合并处理，分别得到渗漏部分 10.3g、10%洗脱部分 3.0g、30%洗脱部分 5.0g、70%洗脱部分 31.7g、80%洗脱部分 3.054g、90%+100%洗脱部分 2.4g、丙酮洗脱部分 0.56g。

丙酮洗脱部分有橙色结晶，反复重结晶（丙酮）得到化合物 18（20mg）。90%+100%洗脱部分经 Sephadex LH-20（甲醇）分离得到化合物 3（20mg）和化合物 19（20mg）。80%洗脱部分上硅胶柱（200～300 目），利用石油醚-乙酸乙酯系统（石油醚：乙酸乙酯=10：1～0：1）梯度洗脱分离得到化合物 1（20mg）、化合物 6（10mg）和化合物 8（30mg）。70%洗脱部分上硅胶柱（200～300 目），利用石油醚-乙酸乙酯系统（石油醚：乙酸乙酯=10：1～0：1）梯度洗脱分离得到 12 个组分，其中 Fr. 1 经反复洗涤得到化合物 14（15mg）；Fr. 2 经制备薄层（石油醚：乙酸乙酯=20：1）分离得到化合物 15（t_R=29min，10mg）；Fr. 3 经制备薄层（石油醚：乙酸乙酯=20：3）分离得到化合物 16（25mg）和化合物 17（15mg）；Fr. 4 和 Fr. 5 经薄层检测组分相同，合并后经重结晶（丙酮）得到化合物 12（20mg）；Fr. 6 经制备液相（Waters；色谱柱 a；流动相：95%甲醇等度洗脱；流速 10.0ml/min；检测波长 270.0nm）分离得到化合物 11（t_R=29min，19mg）和另一个组分 Fr.6-1，Fr.6-1 经制备薄层（石油醚：乙酸乙酯=10：3）分离得到化合物 7（10mg）和化合物 9（15mg）；Fr.7 经制备液相（Waters；色谱柱 a；流动相：65%甲醇等度洗脱；流速 10.0ml/min；检测波长 270.0nm）分离得到化合物 10（t_R=15min，5mg）和化合物 4（t_R=30min，30mg）；Fr.8 经制备液相（Waters；

色谱柱 b；流动相：45%甲醇等度洗脱 4min，90%甲醇等度 15min；流速 3.0ml/min；检测波长 270.0nm）分离得到化合物 2（t_R=15min，15mg）、化合物 13（t_R=30min，10mg）及组分 Fr.8-2，组分 Fr. 8-2 经 Sephadex LH-20（甲醇∶氯仿=1∶1）分离得到化合物 5（10mg）。分离流程如图 45-53 所示。

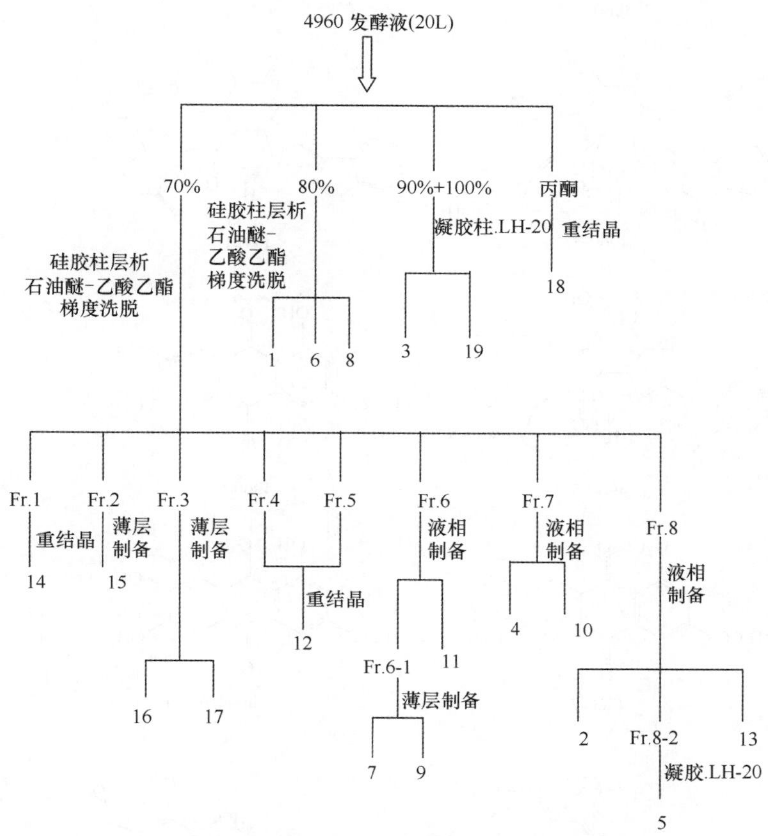

图 45-53　4960 号发酵液的分离流程图

八、4960 号活性菌发酵液代谢产物分离结果及单体化合物结构

4960 号发酵液用大孔树脂吸附后用梯度乙醇水溶液洗脱，所得组分进行活性测定，发现 80%乙醇和 90%+100%乙醇洗脱部分活性最好，70%乙醇及丙酮洗脱部分也具有较好的活性。然后利用硅胶、凝胶和制备液相等色谱手段对活性部位进行进一步分离并始终伴随 HIV-1 整合酶抑制活性跟踪，得到单体化合物，最后利用核磁、质谱等现代波谱学技术解析分离所得到的单体化合物，共分离并鉴定了 19 个化合物，包括生物碱类 5 个、醌类 6 个、酯类 6 个和其他类 2 个，结构见图 45-54，化学名称见表 45-12。

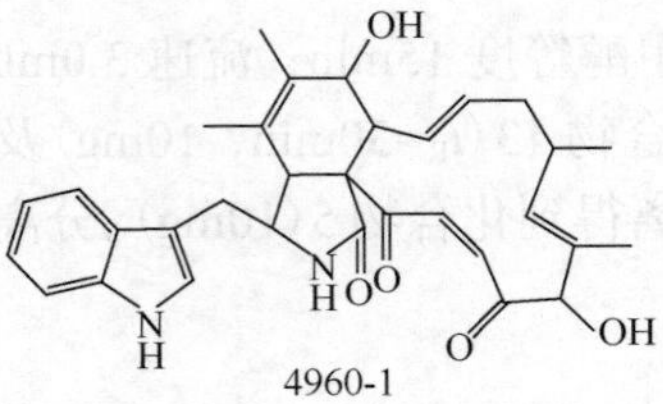

4960-1

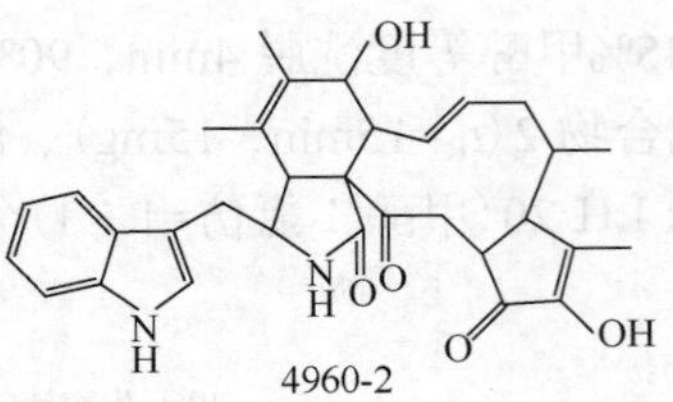

4960-2

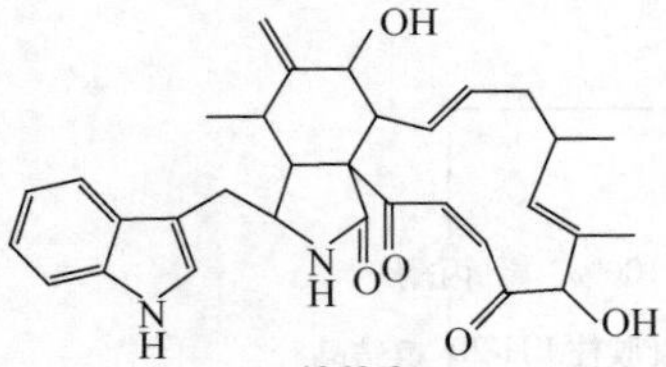

4960-3

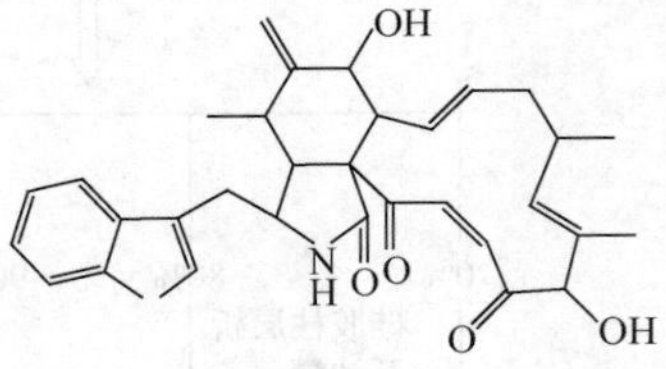

4960-4

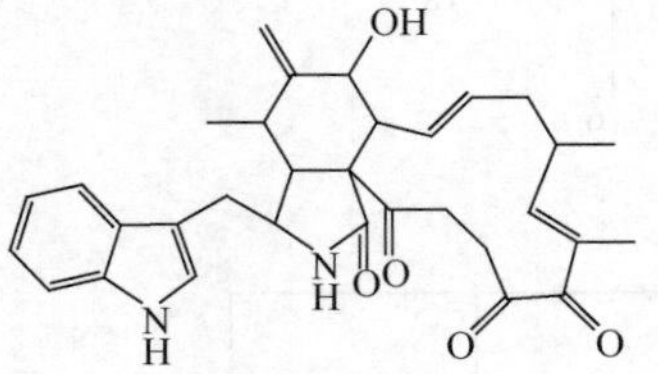

4960-5

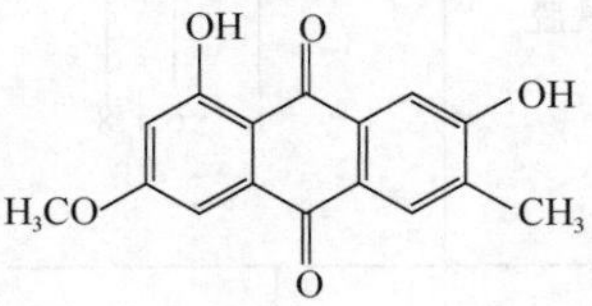

4960-6

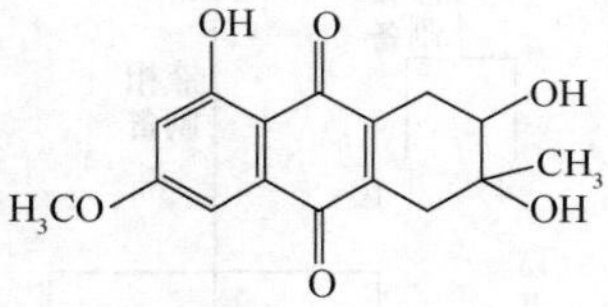

4960-7

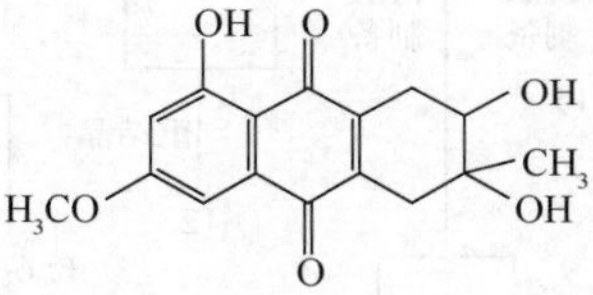

4960-8

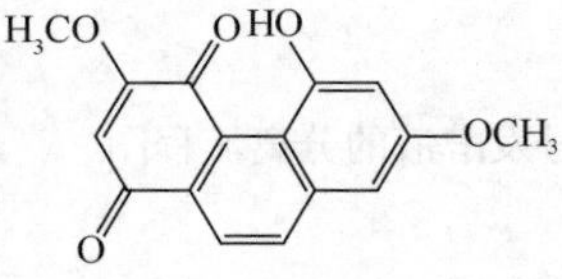

4960-9

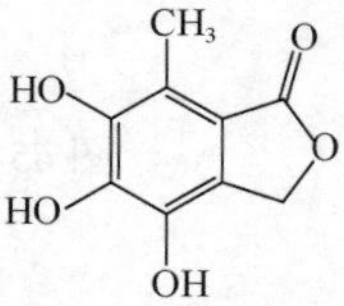

4960-10

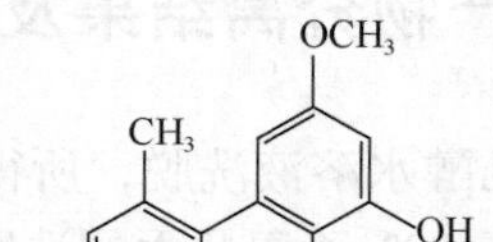

4960-11

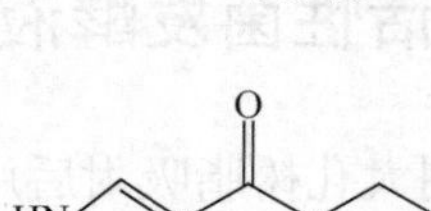

4960-12

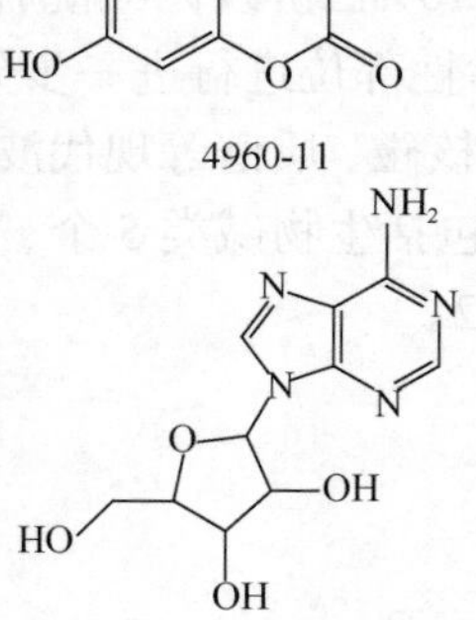

4960-13

4960-14

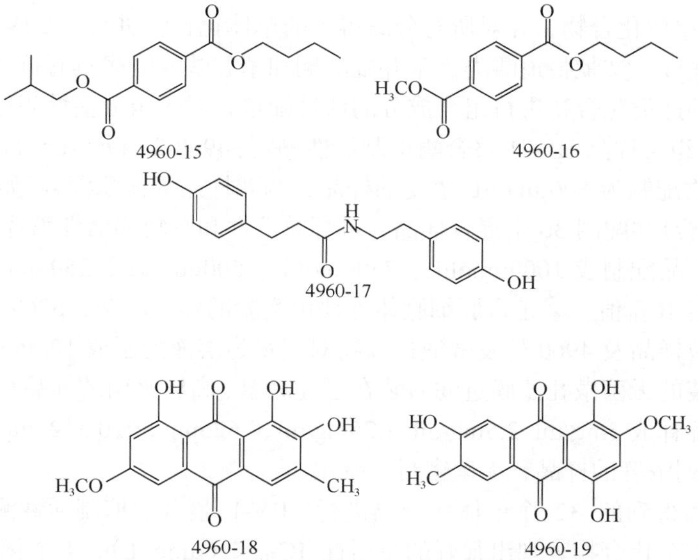

图 45-54　4960 号发酵液代谢产物结构

表 45-12　4960 号发酵液代谢产物名称

编号	分子式	中文名	英文名
4960-1	$C_{32}H_{36}N_2O_5$	球毛壳菌素 B	Chaetoglobosins B
4960-2	$C_{32}H_{36}N_2O_5$	球毛壳菌素 V	Chaetoglobosins V
4960-3	$C_{32}H_{36}N_2O_5$	球毛壳菌素 D	Chaetoglobosin D
4960-4	$C_{32}H_{36}N_2O_5$	球毛壳菌素 G	Chaetoglobosin G
4960-5	$C_{32}H_{36}N_2O_5$	异球毛壳菌素 D	Isocha toglobosin D
4960-6	$C_{16}H_{12}O_5$		Macrosporin
4960-7	$C_{16}H_{16}O_6$		Altersolanol B
4960-8	$C_{16}H_{12}O_4$	1-羟基-3-甲氧基-6-甲基蒽醌	1-Hydroxy-3-methoxy-6-methyl-anthraquinone
4960-9	$C_{16}H_{12}O_5$		Denbinobin
4960-10	$C_9H_8O_5$	4，5，6-三羟基-7-甲基苯酞	4，5，6-Trihydroxy-7-methylphthalide
496 -11	$C_{15}H_{12}O_5$	4-甲氧基格链孢酚	Alternariol monomethyl ether
4960-12	$C_8H_{12}N_2O_2$	1H-咪唑-4-羧酸丁酯	Butyl 1H-imidazole-4-carboxylate
4960-13	$C_{10}H_{13}N_5O_4$	腺苷	Adenosine
4960-14	$C_{24}H_{38}O_4$	邻苯二甲酸二(2-乙基)己酯	Bis(2-ethylhexyl)phthalate
4960-15	$C_{16}H_{22}O_4$	对苯二甲酸正丁 异丁酯	*p*-Phthalic acid butyl isobutyl ester
4960-16	$C_{13}H_{16}O_4$	对甲氧酰基苯甲酸丁酯	n-Butyl methyl terephthalate
4960-17	$C_{17}H_{19}NO_3$	对羟基苯丙酰酪胺	*p*-Hydroxyphenylpropionyl tyramine
4960-18	$C_{16}H_{12}O_6$		Alaternin
4960-19	$C_{16}H_{12}O_6$	1，4，7-三羟基-2-甲氧基-6-甲基蒽醌	1，4，7-Trihydroxy-2-methoxy-6-methyl-Anthracene-9，10-dione

九、6269 号菌丝体和 4960 号发酵液中分离的单体化合物的活性研究

笔者分别从 6269 号活性菌菌丝体中分离得到 14 个单体化合物，从 4960 号活性菌发酵液

中分离得到 19 个单体化合物，并对所有分离得到的单体化合物进行了 HIV-1 整合酶抑制剂和抗菌活性筛选。此外，文献报道醌类、苯并吡喃酮和苯并呋喃酮多具有抗 HIV-1 活性，本实验选择分离得到的此类化合物进行组合成分的活性筛选，对多组分活性规律进行初步探讨。

样品配制。①组合样品 HIV-1 整合酶抑制活性测定：4960-2、4960-6～11、4960-18、4960-19 共 9 个单体化合物配制为 500μmol/L 浓度的样品，两两样品等体积混合（如 20μl 的 4960-2 与 20μl 的 4960-6 混合）共配制 36 个混合样品，进行总活性和链转移活性筛选；将组合活性明显强于单体活性的样品配制成 1000μmol/L、750μmol/L、500μmol/L、250μmol/L、125μmol/L 浓度的混合样品测定 IC_{50} 值。②正常肝细胞体外评价实验的样品配制；6269 号菌丝体石油醚和乙酸乙酯合并部位样品及 4960 号发酵液提取物双蒸水为溶液配制成 10mg/ml 浓度，在无菌条件下使用独立包装的无菌微孔滤膜过滤后装在已经高温、高压灭菌的样品管中，再以无菌水在无菌条件下倍比稀释成 5mg/ml、2.5mg/ml、1.25mg/ml、0.625mg/ml、0.3125mg/ml、0.156 25mg/ml 和 0.078mg/ml 系列浓度的样品，无菌密封，待用。

对本研究分离得到的 32 个单体化合物进行 HIV-1 整合酶抑制活性测定，结果显示（表 45-13），其中有 5 个化合物表现出很好的总活性（IC_{50}＜10μmol/L），4 个化合物表现出较好的总活性（IC_{50}＜50μmol/L），还有 1 个化合物显示出微弱的活性（IC_{50}＜100μmol/L），只有 2 个化合物针对链转移靶点表现出很强的活性（IC_{50}＜10μmol/L），6 个化合物具有较好的活性（IC_{50}＜50μmol/L）。

表 45-13 代谢产物抑制 HIV-1 整合酶活性结果

化合物编号	IC_{50}/（μmol/L）		化合物编号	IC_{50}/（μmol/L）	
	总活性	链转移反应		总活性	链转移反应
6269-1	31.63	29.06	4960-9	38.66	18.91
6269-3	7.62	6.83	4960-10	7.82	27.6
6269-4	4.95	6.51	4960-11	50.69	＞100
6269-5	5.58	10.82	4960-14	＞100	63.74
6269-14	＞100	86.07	4960-18	5.31	24.78
4960-2	33.74	40.21	4960-19	13.82	80.29
4960-6	60.23	75.84			

三萜类化合物（6269-1、6269-3～5）普遍表现出抗 HIV-1 整合酶活性，6269-3～5 的活性最佳，总活性的 IC_{50} 值分别为 7.62μmol/L、4.95μmol/L 和 5.58μmol/L，3 个化合物的链转移反应抑制活性的 IC_{50} 值分别为 6.83μmol/L、6.51μmol/L 和 10.82μmol/L，对比发现这 3 个化合物的作用靶点主要为链转移反应，这一结果与此前文献报道符合（Singh et al., 2003a）。6269-5 的链转移活性有所减弱，通过文献报道比较发现 3 位具有酸性基团或碱性基团（电荷群）取代（磺酸基）对链转移抑制活性具有增强作用；6269-1、6269-2 活性明显减弱或消失且麦角甾醇（6269-8）及过氧麦角甾醇（6269-10）均无活性表现，说明 4 位上的两个甲基对是必需的活性基团，甲基上的氢被羟基取代后活性明显减弱；17 位的侧链对活性影响较复杂（图 45-55）。

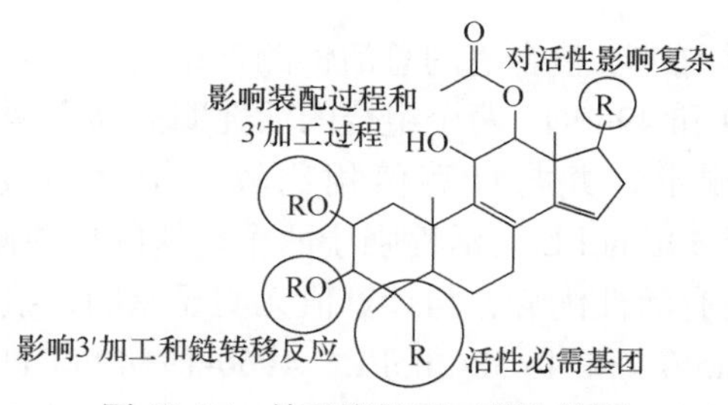

图 45-55　羊毛脂烷型三萜构效图

4960 号发酵液中分离得到了一系列的醌类、苯并呋喃和吡喃酮类，化合物对 HIV-1 整合酶表现出强弱不等的活性，其中 4960-18、4960-9 和 4960-10 表现出很好的总活性，其中 4960-10 和 4960-18 均具有邻苯二酚结构，文献报道化合物 4960-9 可以在细胞水平通过抑制 NF-κB p65 的磷酸化从而阻止 NF-κB 与 DNA 结合而发挥抗 HIV-1 的作用，但本实验结果表明，其在体外表现出抑制 HIV-1 整合酶的活性（Sánchez et al.，2008）；此外化合物 4960-6 和 4960-19 也具有蒽醌结构，羟基与羰基可以形成烯醇互变类结构，但不具备邻苯二酚结构，虽也具有整合酶抑制活性，但明显减弱，而四氢化蒽醌则彻底丧失活性；这类化合物链转移反应活性总体低于总活性，表明其作用靶点可能不位于链转移步骤，可能对 3′加工过程具有更好的活性，这一点有待于进一步实验验证。生物碱类化合物中只有 4960-2 表现出活性，总活性的 IC_{50} 值为 40.21μmol/L。

对单体化合物 4960-1～8、4960-12，4960-18、4960-19 进行高效液相分析（图 45-56），4960-2、4960-7 t_R 为 23min 附近，可能为总提取物中 t_R=23.4min 的成分；4960-3～5 t_R 为 26min 附近，可能为总提取物中 t_R=26.1min 的成分，4960-6、4960-12、4960-18、4960-19 t_R 为 30min 附近，可能为总提取物中 t_R=29.5min 的成分。其中化合物 4960-6 和 4960-18 为主要活性成分，其含量变化与活性变化趋势相符，由此也验证了活性跟踪进行化学分离的可行性，此后进行活性结构分析和分离过程可重点针对此类与活性变化一致的部位进行研究，可提高效率和预期结果。

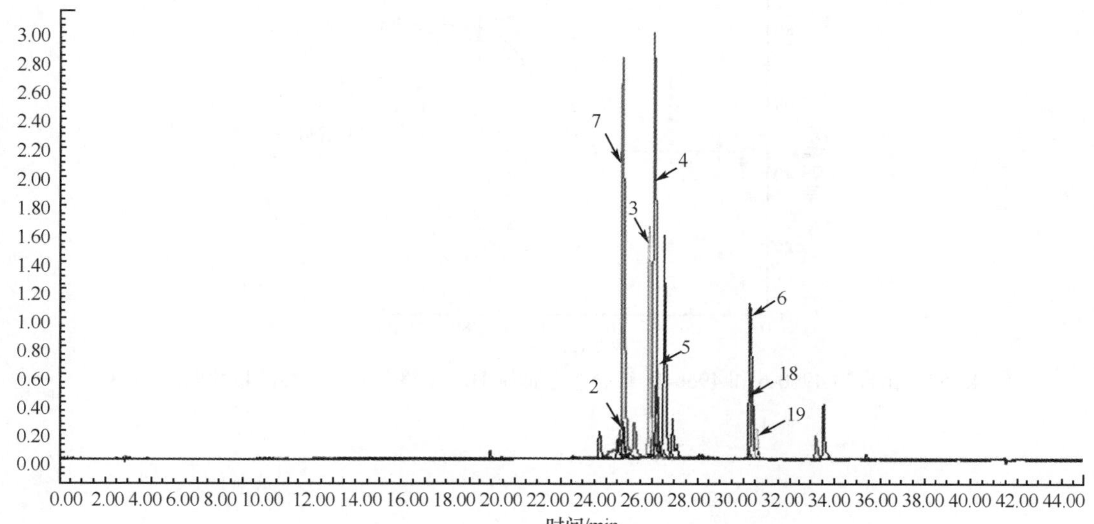

图 45-56　4960 号发酵液代谢产物液相分析结果

标号数字代表 4960 号菌株发酵液中分离所得单体化合物的编号，如 18 代表 4960-18，依此类推图中各峰分别代表化合物 4960-2、4960-3、4960-4、4960-5、4960-6、4960-7、4960-12、4960-18、4960-19

两两单体的组合成分对 HIV-1 整合酶的总活性测定结果见表 45-14。从表 45-14 中发现，4960-6 和 4960-11、4960-19 和 4960-11 两个组合的活性明显高于两个单体分别测定时的活性，进一步对其进行 IC_{50} 值测定，并与计算值相比较，拟合曲线见图 45-57 和图 45-58。4960-6+4960-11 终浓度小于 50μmol/L 时活性强于两个单体的单独测定，远高于计算值，浓度增大后活性变化趋缓，不再有活性优势，与计算值无明显差别，组合成分的 IC_{50} 值远低于计算值，二者分别为 12.75μmol/L 和 46.52μmol/L；4960-19+4960-11 则恰好相反，终浓度小于 40μmol/L 时活性反而受到抑制，远弱于两个单体的单独测定，低于计算值，浓度增加后活性明显变强，远高于两个单体的单独活性及计算值，虽然 100μmol/L 时活性相似，但组合物可更快达到高活性的稳定平台，组合成分的 IC_{50} 值与计算值分别为 21.03μmol/L 和 21.05μmol/L，无明显差别。

表 45-14 组合成分抑制 HIV-1 整合酶的总活性结果

	总抑制活性/%								
	4960-7	4960-11	4960-8	4960-6	4960-19	4960-2	4960-18	4960-9	4960-10
4960-7	*30.25*[a]	—	—	—	—	—	—	—	—
4960-11	54.90	*31.93*	—	—	—	—	—	—	—
4960-8	31.30	49.21	*33.24*	—	—	—	—	—	—
4960-6	33.52	**74.01**[b]	3.27	*46.03*	—	—	—	—	—
4960-19	69.07	**78.43**	63.68	42.41	*62.75*	—	—	—	—
4960-2	46.59	62.08	39.22	35.17	60.75	*78.06*	—	—	—
4960-18	65.14	86.18	47.78	78.62	55.85	75.63	*89.45*	—	—
4960-9	82.82	91.34	44.44	83.28	96.23	91.54	91.04	*98.60*	—
4960-10	66.79	72.55	67.84	68.63	57.33	66.67	98.38	91.04	*99.25*

a. 表示单体化合物终浓度为 50μmol/L 时的抑制率；b. 表示组合成分终浓度为 50μmol/L 时活性明显强于两个组分单体的活性

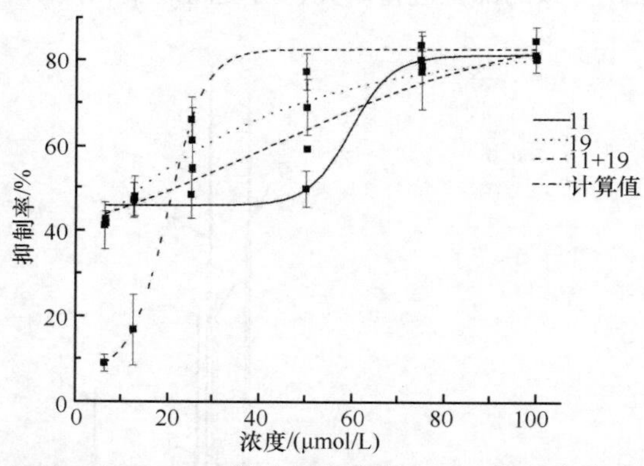

图 45-57 化合物 4960-6 和 4960-11 组合组分抑制 HIV-1 整合酶总活性的量效曲线（n=3）

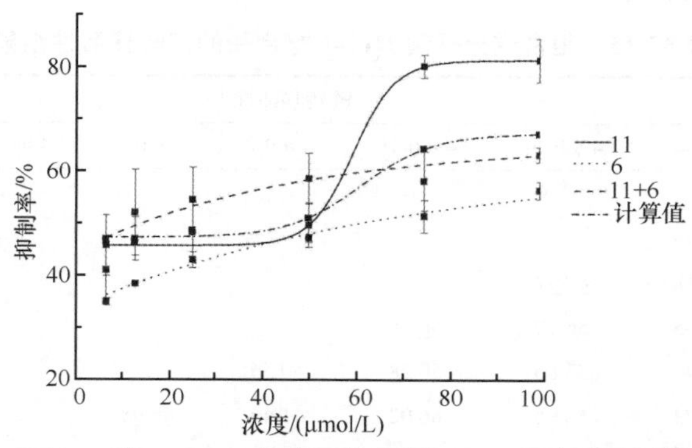

图 45-58　化合物 4960-11 和 4960-19 组合组分抑制 HIV-1 整合酶总活性的量效曲线(n=3)

组合成分对 HIV-1 整合酶的链转移反应活性测定结果见表 45-15，从中发现 4960-9 和 4960-10、4960-10 和 4960-18 两个组合的活性明显高于两个单体分别测定时的活性，进一步对其进行 IC_{50} 值测定，并与计算值相比较，拟合曲线见图45-59 和图45-60。4960-9+4960-10 的量效曲线趋势与两个单体单独测定时的一致，略高于计算值，但低于化合物 4960-9 单独测定时的，二者组合后活性并未有显著提高，IC_{50} 值为 19.87μmol/L，高于化合物 4960-9 单独测定时的，计算值为 18.91μmol/L；4960-10+4960-18 组合后活性明显提高，强于两个单体的单独测定值和计算值，四者到达平台期的浓度基本相同，但组合成分的抑制率高于另外三者，比计算值约高 10%，说明组合成分活性强于单体单独测定时的活性，两个单体有互相协同的作用，组合成分的 IC_{50} 值为 23.98μmol/L，低于化合物 4960-10 和 4960-18 单独测定时的 IC_{50} 值，组合成分 IC_{50} 的计算值为 25.86μmol/L。

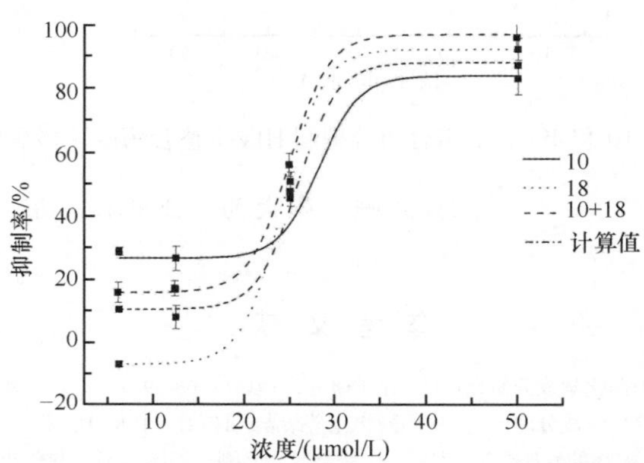

图 45-59　化合物 4960-9 和 4960-10 组合组分抑制 HIV-1 整合酶链转移活性的量效曲线(n=3)

由以上分析可见，单体化合物联合使用有可能发挥协同/相加作用，表现出的抑制效果比二者之中最高活性的更佳，并且对化合物的评价应从多方面进行，单一浓度的抑制率或 IC_{50} 值均不能全面体现化合物的活性效果，达到有效抑制率的浓度、达到平台期的浓度和时间均可作为化合物活性的评价指标。这一部分的实验结果对今后进行多组分活性研究奠定了一定的基础，更具体和深入的研究有待进一步展开。

表 45-15 组合成分抑制 HIV-1 整合酶的链转移活性结果

	链转移活性/%								
	4960-7	4960-6	4960-11	4960-19	4960-8	4960-2	4960-10	4960-9	4960-18
4960-7	*27.87*[a]	—	—	—	—	—	—	—	—
4960-6	28.32	*41.49*	—	—	—	—	—	—	—
4960-11	55.35	66.18	*42.91*	—	—	—	—	—	—
4960-19	42.04	51.05	56.20	*60.39*	—	—	—	—	—
4960-8	23.12	30.44	53.86	50.28	*60.56*	—	—	—	—
4960-2	61.64	45.73	50.08	66.02	41.49	*69.08*	—	—	—
4960-10	45.43	69.53	56.25	43.64	38.27	51.77	*77.80*	—	—
4960-9	67.69	61.51	78.10	72.62	60.01	72.14	**83.01**[b]	*82.21*	—
4960-18	83.54	73.38	81.13	76.09	82.90	76.48	**95.21**	83.01	*90.76*

a. 表示单体化合物终浓度为 50μmol/L 时的抑制率；b. 表示组合成分终浓度为 50μmol/L 时活性明显强于两个组分单体的活性

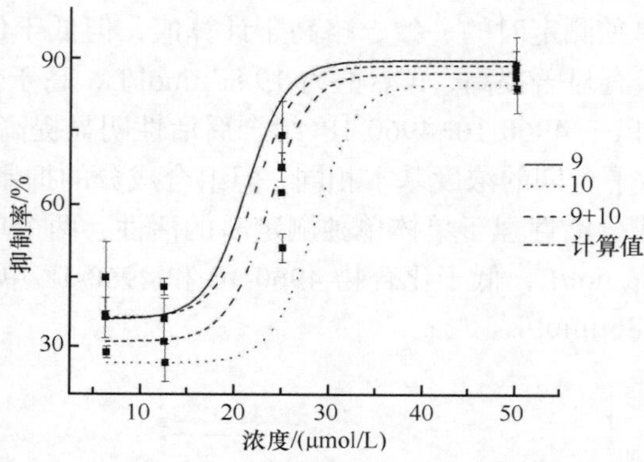

图 45-60 化合物 4960-10 和 4960-18 组合组分抑制 HIV-1 整合酶链转移活性的量效曲线（n=3）

（梁寒峭 张大为 王雅俊 温 欣 王春兰 郭顺星）

参 考 文 献

白冰，刘绣华，王勇，等. 2008. 怀山药化学成分研究（Ⅱ）. 化学研究，19（3）：68-69.

华威，郭涛，张琳，等. 2007. 胡蔓藤化学成分的研究. 中国药物化学杂志，17（2）：108-110.

杰伊 A. 利维. 2000. 艾滋病病毒与艾滋病的发病机制. 邵一鸣，张健慧，陈刚，等译.北京：科学出版社，83.

李敬云. 2005. HIV 的病原学研究进展. 科技导报，23（7）：9-16.

李媛，邱澄，张东明，等. 2004. 狭叶山黄麻化学成分研究.中国中药杂志，29（3）：235-237.

刘岱琳，庞发根，张家欣，等. 2005. 密花石豆兰的化学成分研究. 中国药物化学杂志，15（2）：103-107.

刘华，张东明，罗永明，等. 2010. 江西道地药材江香薷的化学成分研究.中国实验方剂学杂志，16（3）：56-59.

刘伟，李泽琳. 2006. 整合酶抑制剂常用检测方法原理及其在研究中的应用.医药论坛杂志，27（24）：127-129.

倪志伟，李国红，赵沛基，等. 2008.云南美登木内生真菌 *Chaetomium globosum* Ly50′菌株的抗菌活性成分研究. 天然产物研究与开发，20：33-36.

宋歌. 2008. HIV 致病机理的分子生物学研究进展.生物学教学，33（2）：2.

孙震晓，赵天德，魏育林，等. 1999. 去甲斑蝥素诱导人肝癌 BEL-7402 细胞凋亡的研究. 解剖学报，30（1）：65-68.

谭菁菁，赵庆春，杨琳，等. 2010. 白芍化学成分研究. 中草药，41（8）：1245-1248.

谭倪，刘磊，余志刚，等. 2008. 南海红树林内源真菌#2240 的四个格链孢酚类衍生物次级代谢产物研究. 南华大学学报（自然科学版），22（4）：1-6.

万辉. 2000. 褐圆孔牛肝菌化学成分研究.中草药，31(5)：328-330.

王丰，李厚金，蓝文健，等. 2011. 软珊瑚 *Sarcophyton tortuosum* 共生真菌 *Penicillium* sp.的代谢产物研究. 中山大学学报(自然科学版)，50(6)：72-77.

王雅俊. 2009. 药用植物内生真菌发酵产物提取物抗 HIV-1 活性研究. 北京:北京协和医学院&中国医学科学院硕士学位论文.

相子春. 2005. 真菌发酵产物提取物抗 HIV-1 活性研究. 北京:北京协和医学院&中国医学科学院博士学位论文.

杨建香，邱声祥，佘志刚，等. 2013. 南海红树林内生真菌 5094 代谢产物研究. 时珍国医国药，24(5)：1059-1061.

游剑岚，刘广杰，陈志辉，等. 2012. 海洋真菌 mf090 产物 Aurasperones 体外抗艾滋病病毒活性的研究. http：//www.paper.edu.cn.

余振喜，王钢力，戴忠，等. 2007. 萝卜秦艽化学成分的研究Ⅱ. 中国药学杂志，42(17)：1295-1298.

张大为，赵明明，陈娟，等. 2013. 西藏药用植物螃蟹甲可培养内生真菌的分离、鉴定及抗 HIV-1 整合酶链转移活性研究. 药学学报，48(5)：780-789.

Abdel-Lateff A，Fisch K，Wright AD. 2009. Trichopyrone and other constituents from the marine sponge-derived fungus *Trichoderma* sp. Z Naturforsch C，2009，64(3-4)：186-192.

Abdel-Lateff A，Klemke C，Konig GM，et al. 2003. Two new xanthone derivatives from the algicolous marine fungus *Wardomyces anomalus*. J Nat Prod，66(5)：706-708.

Abdel-Lateff A，König GM，Fisch KM，et al. 2002. New antioxidant hydroquinone derivatives from the algicolous marine fungus *Acremonium* sp.. J Nat Prod，65(11)：1605-1611.

Akira Y，Nobuyuki O，Hiroyuki H. 1993. Antimicrobial tetrahydroanthraquinones from a strain of *Alternaria solani*. Phytochemistry，33(1)：87-91.

Alessandro P，Christoph T. 1981. 19-*O*-acetylchaetoglobosin B and 19-*O*-acetylchaetoglobosin D，two new metabolites of *Chaetomium globosum*. Helv Chim Acta，64(4)：2056-2064.

Aly AH，Edrada-Ebel R，Wray V，et al. 2008. Bioactive metabolites from the endophytic fungus *Ampelomyces* sp. isolated from the medicinal plant *Urospermum picroides*. Phytochemistry，69：1716-1725.

Arunpanichlert J，Rukachaisirikul V，Sukpondma Y，et al. 2010. Azaphilone and isocoumarin derivatives from the endophytic fungus *Penicillium sclerotiorum* PSU-A13. Chem Pharm Bull(Tokyo)，58(8)：1033-1036.

Au T，Chick WSH，Leung P. 2000. The biology of ophiobolins. Life sciences，67(7)：733-742.

Barre-Sinoussi F，Chermann J，Rey F，et al. 1983. Isolation of a T-lymphotropic retrovirus from a patient at risk for acquired immune deficiency syndrome(AIDS). Science，220(4599)：868-871.

Barrow CJ，Doleman MS，Bobko MA，et al. 1994a. Structure determination，pharmacological evaluation，and structure-activity studies of a new cyclic peptide substance P antagonist containing the new amino acid 3-prenyl-beta-hydroxytyrosine，isolated from *Aspergillus flavipes*.J Med Chem，1994，37(3)：356-363.

Barrow CJ，Sedlock DM，Sun H，et al. 1994b. WIN 66306，a new neurokinin antagonist produced by an *Aspergillus species*：fermentation，isolation and physico-chemical properties. Journal of Antibiotics，47(11)：1182-1187.

Boris Y，Peter H，Abraham ZJ，et al. 1980. Isolation and structural elucidation of a novel sterol metabolite of *Fusarium sporotrichioides* 921. J Chem Soc，Perkin Trans，1：2914-2917.

Bringmann G，Lang G，Gulder TAM，et al. 2005. The first sorbicillinoid alkaloids，the antileukemic sorbicillactones A and B，from a sponge-derived *Penicillium chrysogenum* strain. Tetrahedron，61(30)：7252-7265.

Cai MZ，Song CS，Huang X. 1997. Butoxycarbonylation of aryl halides catalyzed by a silica-supported poly[3-(2-cyanoethylsulfanyl)propylsiloxane palladium] complex. J Chem Soc Perkin Trans，1：2273-2274

Chen CC，Wu LG，Ko FN，et al. 1994. Antiplatelet aggregation principles of *Dendrobium loddigesii*. J Nat Prod，57：1271-1274.

Choi JS，Lee HJ，Kang SS. 1994. Alaternin，cassiaside and rubrofusarin gentiobioside，radical scavenging principles from the seeds of *Cassia tora* on 1，1-diphenyl-2-picrylhydrazyl(DPPH) radical. Arch Pharm Res，17(6)：462-466.

Chu M，Mierzwa R，Xu L，et al. 2003. Isolation and structure elucidation of Sch 642305，a novel bacterial DNA primase inhibitor produced by *Penicillium verrucosum*. J Nat Prod，66(12)：1527-1530.

Cohen J，Enserink M. 2008. HIV，HPV researchers honored，but one scientist is left out. Science，322(5899)：174.

Collins RA，Ng TB. 1997. Polysaccharopeptide from *Coriolus versicolor* has potential for use against human immunodeficiency virus type 1 infection. Life Sciences，60(25)：PL383-PL387.

De Clercq E.2002. Strategies in the design of antiviral drugs.Nat Rev Drug Discov，1(1)：13-25.

Ding G，Jiang L，Guo L，et al. 2008. Pestalazines and pestalamides，bioactive metabolites from the plant pathogenic fungus *Pestalotiopsis theae*. J Nat Prod，71(11)：1861-1865.

Ding L，Münch J，Goerls H，et al. 2010. Xiamycin，a pentacyclic indolosesquiterpene with selective anti-HIV activity from a bacterial mangrove endophyte. Bioorg Med Chem Lett，20(22)：6685-6687.

Dombrowski AW，Bills GF，Sabnis G，et al. 1992. L-696，474，a novel cytochalasin as an inhibitor of HIV-1 protease. I. The producing organism and its fermentation. J Antibiot（Tokyo），45（5）：671-678.

Dombrowski AW，Bills GF，Sabnis G，et al. 1992. L-696，474，a novel cytochalasin as an inhibitor of HIV-1 protease I. The producing organism and its fermentation. J Antibiotics，45（5）：671-678.

Drug Names and Manufacturers. http：//www.aidsinfonet.org/fact_sheets/view/402.

El Dine RS，El Halawany AM，Ma CM，et al. 2008. Anti-HIV-1 protease activity of lanostane triterpenes from the vietnamese mushroom *Ganoderma colossum*. J Nat Prod，71（6）：1022-1026.

El Dine RS，El Halawany AM，Ma CM，et al. 2009. Inhibition of the dimerization and active site of HIV-1 protease by secondary metabolites from the Vietnamese mushroom *Ganoderma colossum*. J Nat Prod，72（11）：2019-2023.

El-Mekkawy S，Meselhy MR，Nakamura N，et al. 1998. Anti-HIV-1 and anti-HIV-1-protease substances from *Ganoderma lucidum*. Phytochemistry，49（6）：1651-1657.

Eric JM，Steven TL，George S，et al. 2014. Study of marine natural products including resorcyclic acid lactones from *Humicola fuscoatra* that reactivate latent HIV-1 expression in an *in vitro* model of central memory $CD4^+$ T cells. J Nat Prod，77：618-624.

Fredenhagen A，Petersen F，Tintelnot-Blomley M，et al. 1997. Semicochliodinol A and B：inhibitors of HIV-1 protease and EGF-R protein tyrosine kinase related to asterriquinones produced by the fungus *Chrysosporium merdarium*. J Antibiot（Tokyo），50（5）：395-401.

Gallo R，Sarin P，Gelmann E，et al. 1983. Isolation of human T-cell leukemia virus in acquired immune deficiency syndrome（AIDS）. Science，220（4599）：865-867.

Gilbert PB，McKeague IW，Eisen G，et al. 2003. Comparison of HIV-1 and HIV-2 infectivity from a prospective cohort study in Senegal. Stat Med，22（4）：573-593.

Global Report.2010.Unaids Report on the Global Aids Epidemic-2010.http：//www.unaids.org/documents/20101123_Global Report_em. pdf.

Gottlieb MS，Schroff R，Schanker HM，et al. 1981. Pneumocystis carinii pneumonia and mucosal candidiasis in previously healthy homosexual men. New England Journal of Medicine，305（24）：1425-1431.

Guo H，Sun B，Gao H，et al. 2009. Diketopiperazines from the *Cordyceps*-colonizing fungus *Epicoccum nigrum*. Journal of Natural Products，72（12）：2115-2119.

Guo Y，Wang H，Ng T. 2005. Isolation of trichogin，an antifungal protein from fresh fruiting bodies of the edible mushroom *Tricholoma giganteum*. Peptides，26（4）：575-580.

Han CH，Liu QH，Ng TB，et al. 2005. A novel homodimeric lactose-binding lectin from the edible split gill medicinal mushroom *Schizophyllum commune*. Biochem Biophys Res Commun，336（1）：252-257.

Han CH，Zhang GQ，Wang HX，et al. 2010. Schizolysin，a hemolysin from the split gill mushroom *Schizophyllum commune*. FEMS Microbiology Letters，309（2）：115-121.

Hawksworth DL. 1991. The fungal dimension of biodiversity：magnitude，significance，and conservation. Mycological Research，95（6）：641-655.

Hawksworth DL，Hill DJ. 1984. Lichen-Forming Fungi. New York：Chapman and Hill，8.

Hazuda D，Blau CU，Felock P，et al.1999.Isolation and characterization of novel human immunodeficiency virus integrase inhibitors from fungal metabolites. Antiviral Chemistry & Chemotherapy，10（2）：63-70.

He HQ，Ma XH，Liu B. 2008. A novel high-throughput format assay for HIV-1 integrase strand transfer reaction using magnetic beads. Acta Pharmacol Sin，29（3）：397-404.

Hensens OD，Helms GL，Jones ETT，et al. 1995. Structure elucidation of australifungin，a potent inhibitor of sphinganine *N*-acyltransferase in sphingolipid biosynthesis from *Sporormiella australis*. The Journal of Organic Chemistry，60（6）：1772-1776.

Herath KB，Jayasuriya H，Gerald F，et al. 2004. Isolation，structure，absolute stereochemistry，and HIV-1 integrase inhibitory activity of integrasone，a novel fungal polyketide. Journal of Natural Products，67（5）：872-874.

Ho DD，Neumann AU，Perelson AS，et al. 1995. Rapid turnover of plasma virions and CD4 lymphocytes in HIV-1 infection. Nature，373（6510）：123-126.

Hong Z，Xin H，Ting G，et al. 2013. Hypocreaterpenes A and B，cadinane-type sesquiterpenes from a marine-derived fungus，*Hypocreales* sp.. Phytochemistry Letters，6（3）：392-396.

Hu DD，Zhang RY，Zhang GQ，et al. 2011. A laccase with antiproliferative activity against tumor cells from an edible mushroom，white common *Agrocybe cylindracea*.Phytomedicine，18（5）：374-379.

Huang XZ，Zhu Y，Guan XL，et al. 2012. A novel antioxidant isobenzofuranone derivative from fungus *Cephalosporium* sp.AL031. Molecules，17：4219-4224.

Ichimura T，Watanabe O，Maruyama S. 1998. Inhibition of HIV-1 protease by water-soluble lignin-like substance from an edible mushroom，*Fuscoporia obliqua*. Biosci Biotechnol Biochem，62（3）：575-577.

Inokoshi J，Shiomi K，Masuma R，et al. 1999. Funalenone，a novel collagenase inhibitor produced by *Aspergillus niger*. J Antibiot（Tokyo），52（12）：1095-1100.

Jayasuriya H，Guan Z，Polishook JD，et al. 2003. Isolation，structure，and HIV-1 integrase inhibitory activity of cytosporic acid，a fungal metabolite produced by a *Cytospora* sp.. Journal of Natural Products，66(4)：551-553.

Jayasuriya H，Herath KB，Ondeyka JG，et al. 2004. Isolation and structure of antagonists of chemokine receptor(CCR5). J Nat Prod，67(6)：1036-1038.

Jayasuriya H，Zink DL，Polishook JD，et al. 2005. Identification of diverse microbial metabolites as potent inhibitors of HIV-1 tat transactivation. Chemistry & Biodiversity，2(1)：112-122.

Jiang Y，Wong JH，Fu M，et al. 2011. Isolation of adenosine，iso-sinensetin and dimethylguanosine with antioxidant and HIV-1 protease inhibiting activities from fruiting bodies of *Cordyceps militaris*. Phytomedicine，18(2-3)：189-193.

Jim AT，Robert WBJr，David D. 1998. Inhibition of acute-，latent-，and chronic-phase human immunodeficiency virus type 1(HIV-1) replication by a bistriazoloacridone analog that selectively inhibits HIV-1 transcription. Antimicrob Agents Chemother，42：487-494.

Kac J，Pohleven F. 2005. Screening of selected wood-damaging fungi for the HIV-1 reverse transcriptase inhibitors. Acta Pharm，55：69-79.

Kamisuki S，Ishimaru C，Onoda K，et al. 2007. Nodulisporol and Nodulisporone，novel specific inhibitors of human DNA polymerase lambda from a fungus，*Nodulisporium* sp.. Bioorg Med Chem，15(9)：3109-3114.

Kim HW，Shim MJ，Choi EC，et al. 1997. Inhibition of cytopathic effect of human immunodeficiency virus-1 by water-soluble extract of *Ganoderma lucidum*. Archives of Pharmacal Research，20(5)：425-431.

Kimura T，Takeuchi T，Kumamoto YY，et al. 2009. Penicilliols A and B，novel inhibitors specific to mammalian Y-family DNA polymerases. Bioorg Med Chem，17(5)：1811-1816.

Klatzmann D，Barr-Sinoussi F，Nugeyre MT，et al. 1984. Selective tropism of lymphadenopathy associated virus(LAV) for helper-inducer T lymphocytes. Science，225(4657)：59.

Kojima H，Sato N，Hatano A. 1990. Sterol glucosides from *Prunella vulgaris*. Phytochemistry，29(7)：2351-2355.

Kurobane I，Vining LC. 1979. 3-hydroxyterphenyllin，a new metabolite of *Aspergillus candidus*. J Antibiot，32(6)：559-564.

Lam S，Ng TB. 2001a. First simultaneous isolation of a ribosome inactivating protein and an antifungal protein from a mushroom(*Lyophyllum shimeji*) together with evidence for synergism of their antifungal effects. Archives of Biochemistry and Biophysics，393(2)：271-280.

Lam S，Ng TB. 2001b. Hypsin，a novel thermostable ribosome-inactivating protein with antifungal and antiproliferative activities from fruiting bodies of the edible mushroom *Hypsizigus marmoreus*. Biochemical and Biophysical Research Communications，285(4)：1071-1075.

Lamia S，Thomas M，Andrea H. 2001. Inhibition of the early phase of HIV replication by an isothiazolone，PD161374. Antiviral Res，49：101-114.

Lee YH，Park JD，Baek NI，et al. 1995. *In vitro* and *in vivo* antitumoral phenanthrenes from the aerial parts of *Dendrobium nobile*. Planta Med，61：178-180.

Li E，Tian R，Liu S，et al. 2008. Pestalotheols A-D，bioactive metabolites from the plant endophytic fungus *Pestalotiopsis theae*. Journal of Natural Products，71(4)：664-668.

Li N，Li L，Fang JC，et al. 2012. Isolation and identification of a novel polysaccharide-peptide complex with antioxidant，anti-proliferative and hypoglycaemic activities from the abalone mushroom. Biosci Rep，32(3)：221-228.

Li Y，Liu Q，Wang H，et al. 2008. A novel lectin with potent antitumor，mitogenic and HIV-1 reverse transcriptase inhibitory activities from the edible mushroom *Pleurotus citrinopileatus*. Biochimica et Biophysica Acta(BBA)-General Subjects，1780(1)：51-57.

Li Y，Ye D，Chen X，et al. 2009. Breviane spiroditerpenoids from an extreme-tolerant *Penicillium* sp. isolated from a deep sea sediment sample. J Nat Prod，72(5)，912-916.

Lin TH，Chang SJ，Chen CC，et al. 2001.Two Phenanthraquinones from *Dendrobium moniliforme*. Journal of Natural Products，64：1084-1086.

Lingham RB，Hsu A，Silverman KC，et al. 1992. L-696，474，a novel cytochalasin as an inhibitor of HIV-1 protease. III. biological activity. J Antibiot(Tokyo)，45(5)：686-691.

Liu H，Liu S，Guo L，et al. 2012. New furanones from the plant endophytic fungus *Pestalotiopsis besseyi*. Molecules，17(12)：14015-14021.

Liu L，Liu S，Chen X，et al. 2009a. Pestalofones A-E，bioactive cyclohexanone derivatives from the plant endophytic fungus *Pestalotiopsis fici*. Bioorg Med Chem，17(2)：606-613.

Liu L，Liu S，Jiang L，et al. 2008. Chloropupukeananin，the first chlorinated pupukeanane derivative，and its precursors from *Pestalotiopsis fici*. Organic Letters，10(7)：1397-1400.

Liu L，Tian R，Liu S，et al. 2008. Pestalofiociols AE，bioactive cyclopropane derivatives from the plant endophytic fungus *Pestalotiopsis fici*. Bioorganic & Medicinal Chemistry，16(11)：6021-6026.

Liu L，Niu S，Lu X，et al. 2009b. Unique metabolites of *Pestalotiopsis fici* suggest a biosynthetic hypothesis involving a Diels¨CAlder reaction and then mechanistic diversification. Chem Commun，46(3)：460-462.

Liu L，Tian R，Liu s，et al.2009c.Isoprenylated chromone derivatives from the plant endophytic fungus *Pestalotiopsis fici* .Journal of Natural Products，2009，72(8)：1482-1486.

Ma X，Li L，Zhu T，et al. 2013. Phenylspirodrimanes with anti-HIV activity from the sponge-derived fungus *Stachybotrys chartarum* MXH-X73.J Nat Prod，76(12)：2298-2306.

Matthée GF，König GM，Wright AD. 1998. Three new diterpenes from the marine soft coral *Lobophytum crassum*. J Nat Prod，61(2)：237-240.

McKee TC，Bokesch HR，McCormick JL，et al. 1997. Isolation and characterization of new anti-HIV and cytotoxic leads from plants，marine，and microbial organisms 1. Journal of Natural Products，60(5)：431-438.

Mejia EJ，Loveridge ST，Stepan G，et al. 2014. Study of marine natural products including resorcyclic acid lactones from *Humicola fuscoatra* that reactivate latent HIV-1 expression in an *in vitro* model of central memory CD4$^+$ T cells. J Nat Prod，77(3)：618-624.

Min BS，Nakamura N，Miyashiro H，et al. 1998. Triterpenes from the spores of *Ganoderma lucidum* and their inhibitory activity against HIV-1 protease. Chemical and Pharmaceutical Bulletin，46(10)：1607-1612.

Mizushina Y，Akihisa T，Ukiya M，et al. 2004. A novel DNA topoisomerase inhibitor dehydroebriconic acid，one of the lanostane-type triterpene acids from *Poria cocos*. Cancer Sci，95(4)：354-360.

Mizushina Y，Motoshima H，Yamaguchi Y，et al. 2009. 3-*O*-methylfunicone，a selective inhibitor of mammalian Y-family DNA polymerases from an Australian sea salt fungal strain. Mar Drugs，7(4)：624-639.

Mizushina Y，Takahashi N，Hanashima L，et al. 1999. Lucidenic acid O and lactone，new terpene inhibitors of eukaryotic DNA polymerases from a basidiomycete，*Ganoderma lucidum*. Bioorganic & Medicinal Chemistry，7(9)：2047-2052.

Naganuma M，Nishida M，Kuramochi K，et al. 2008. 1-deoxyrubralactone，a novel specific inhibitor of families X and Y of eukaryotic DNA polymerases from a fungal strain derived from sea algae. Bioorg Med Chem，16(6)：2939-2944.

Ngai PHK，Ng TB. 2003. Lentin，a novel and potent antifungal protein from shitake mushroom with inhibitory effects on activity of human immunodeficiency virus-1 reverse transcriptase and proliferation of leukemia cells. Life Sciences，73(26)：3363-3374.

Ohsugi M，Fan W，Hase K，et al. 1999. Active-oxygen scavenging activity of traditional nourishing-tonic herbal medicines and active constituents of *Rhodiola sacra*. J Ethnopharmacol，67：111-119.

Ondeyka J，Hensens OD，Zink D，et al. 1992. L-696，474，a novel cytochalasin as an inhibitor of HIV-1 protease. II. Isolation and structure . J Antibiot(Tokyo)，45(5)：679-685.

Ondeyka J，Zink D，Dombrowski A，et al. 2003. Isolation，structure and HIV-1 integrase inhibitory activity of exophillic acid，a novel fungal metabolite from *Exophiala pisciphila*. The Journal of Antibiotics，56(12)：1018-1023.

Ondeyka JG，Giacobbe RA，Bills GF，et al. 1998. Coprophilin：an anticoccidial agent produced by a dung inhabiting fungus. Bioorg Med Chem Lett，8(24)：3439-3442.

Osterhage C，König GM，Jones PG，et al. 2002. 5-hydroxyramulosin，a new natural product produced by *Phoma tropica*，a marine-derived fungus isolated from the alga *Fucus spiralis*. Planta Med，68(11)：1052-1054.

Otto DH，Gregory LH，E. Tracy TJ. 1995. Structure elucidation of australifungin，a potent inhibitor of sphinganine *N*-acyltransferase in sphingolipid biosynthesis from *Sporormiella australis*. J Org Chem，60：1772-1776.

Pauwels R，Balzarini J，Baba M. 1988. Rapid and automated tetrazolium-based colorimetric assay for the detection of anti-HIV compounds. J Virol Methods，20：309-321.

Pérez M，Soler-Torronteras R，Collado JA，et al. 2014. The fungal metabolite galiellalactone interferes with the nuclear import of NF-κB and inhibits HIV-1 replication. Chem Biol Interact，214：69-76.

Plantier JC，Leoz M，Dickerson JE，et al. 2009.New human immunodeficiency virus derived from gorillas. Nat Med，15(8)：871-872.

Ramon SF，Queenie MM，Ray AS，et al. 2012. Secondary metabolites from *Cinnamomum cebuense*. Journal of Medicinal Plants Research，6(11)：2146-2149.

Reeves JD，Doms RW. 2002.Human immunodeficiency virus type 2. J Gen Virol，83(Pt 6)：1253-1265.

Ribeiro N，Tabaka H，Peluso J，et al. 2007. Synthesis of 3-*O*-methylviridicatin analogues with improved anti-TNF-alpha properties. Bioorg Med Chem Lett，17(20)：5523-5524.

Rochfort S，Ford J，Ovenden S，et al. 2005. A novel aspochalasin with HIV-1 integrase inhibitory activity from *Aspergillus flavipes*. The Journal of Antibiotics，58(4)：279-283.

Roggo BE，Petersen F，Sills M，et al. 1996. Novel spirodihydrobenzofuranlactams as antagonists of endothelin and as inhibitors of HIV-1 protease produced by *Stachybotrys* sp. I. Fermentation，isolation and biological activity. J Antibiot(Tokyo)，49(1)：13-19.

Sánchez DG，Calzado MA，de Vinuesa AG，et al. 2008. Denbinobin，a naturally occurring 1，4-phenanthrenequinone，inhibits HIV-1 replication through an NF-kappaB-dependent pathway. Biochem Pharmacol，76(10)：1240-1250.

Sanodiya BS，Thakur GS，Baghel RK，et al. 2009. *Ganoderma lucidum*：a potent pharmacological macrofungus. Current Pharmaceutical

Biotechnology，10(8)：717-742.

Sassa T, Nukina M, Suzuki Y. 1991. Deoxyfunicone, a new gamma-pyrone metabolite form a resorcylide-producing fungus (*Penicillium* sp.). Agric Biol Chem，55：2415-2416.

Sato N，Zhang Q，Ma CM，et al. 2009. Anti-human immunodeficiency virus-1 protease activity of new lanostane-type triterpenoids from *Ganoderma sinense*. Chem Pharm Bull (Tokyo)，57(10)：1076-1080.

Schulz B，Boyle C，Draeger S，et al. 2002. Endophytic fungi：a source of novel biologically active secondary metabolites. Mycological Research，106(9)：996-1004.

Setsuko S，Kunitoshi Y，Shinsaku N. 1982. Chaetoglobosins，cytotoxic 10-(indol-3-yl)-(13) cytochalasans from *Chaetomium* spp. III. Structures of chaetoglobosins C，E，F，G，and J. Chem Pharm Bull，30(5)：1629-1638.

Setsuko S，Kunitoshi Y，Shinsaku N. 1983. chaetoglobosins，cytotoxic 10-(indol-3-yl)-[13] cytochalasans from *chaetomium* spp. Ⅳ13C-nuclear magnetic resonance spectra and their application to a biosynthetic study. chem Pharm Bull，31(2)：490-498.

Sheo BS，Hiranthi J，Raymond D，et al. 2003. Isolation，structure，and HIV-1-integrase inhibitory activity of structurally diverse fungal metabolites. J Ind Microbiol Biotechnol，30(12)：721-731.

Sheo BS，Michael AG，Tracy EJ. 1995. Oteromycin：a novel antagonist of endothelin receptor. J Org Chem，60(21)：7040-7042.

Shiomi K，Matsui R，Isozaki M，et al. 2005. Fungal phenalenones inhibit HIV-1 integrase. J Antibiot (Tokyo)，58(1)：65-68.

Sierra S，Kupfer B，Kaiser R，2005.Basics of the virology of HIV-1 and its replication.J.ClinVirol，34(4):233-244.

Siliciano JD，Siliciano RF. 2004. A long-term latent reservoir for HIV-1：discovery and clinical implications . Journal of Antimicrobial Chemotherapy，54(1)：6.

Singh SB，Goetz MA，Jones ET，et al. 1995. Oteromycin：a novel antagonist of endothelin receptor. The Journal of Organic Chemistry，60(21)：7040-7042.

Singh SB, Herath K, Guan Z, et al. 2002a. Integramides A and B, two novel non-ribosomal linear peptides containing nine C (alpha)-methyl amino acids produced by fungal fermentations that are inhibitors of HIV-1 integrase. Organic Letters，4(9)：1431-1434.

Singh SB，Jayasuriya H，Dewey R，et al. 2003b. Platas G and Pelaez F. Isolation，structure，and HIV-1-integrase inhibitory activity of structurally diverse fungal metabolites. Journal of Industrial Microbiology and Biotechnology，30(12)：721-731.

Singh SB，Ondeyka GJ，Schleif WA，et al. 2003a. Chemistry and structure–activity relationship of HIV-1 integrase inhibitor integracide B and related natural products. J Nat Prod，66(10)：1338-1344.

Singh SB, Ondeyka JG, Tsipouras N, et al. 2004. Hinnuliquinone, a C2-symmetric dimeric non-peptide fungal metabolite inhibitor of HIV-1 protease. Biochemical and Biophysical Research Communications，324(1)：108-113.

Singh SB，Zink D，Polishook J，et al. 1999. Structure and absolute stereochemistry of HIV-1 integrase inhibitor integric acid. A novel eremophilane sesquiterpenoid produced by a *Xylaria* sp. Tetrahedron Letters，40(50)：8775-8779.

Singh SB, Zink DL, Bills GF, et al. 2002b. Discovery, structure and HIV-1 integrase inhibitory activities of integracins, novel dimeric alkyl aromatics from *Cytonaema* sp.. Tetrahedron Letters，43(9)：1617-1620.

Singh SB，Zink DL，Bills GF，et al. 2003a. Four novel bis-[naphtho-(gamma)-pyrones] isolated from *Fusarium* species as inhibitors of HIV-1 integrase. Bioorganic & Medicinal Chemistry Letters，13(4)：713-717.

Singh SB, Zink DL, Dombrowski AW, et al. 2001. Diterpenoid pyrones, novel blockers of the voltage-gated potassium channel Kv1.3 from fungal fermentations. Tetrahedron Lett，42：1255-1257.

Singh SB, Zink DL, Dombrowski AW, et al. 2003b. Integracides：tetracyclic triterpenoid inhibitors of HIV-1 integrase produced by *Fusarium* sp.. Bioorg Med Chem，11：1577-1582.

Singh SB, Zink DL, Goetz MA, et al. 1998. Equisetin and a novel opposite stereochemical homolog phomasetin, two fungal metabolites as inhibitors of HIV-1 integrase. Tetrahedron Letters，39(16)：2243-2246.

Singh SB，Zink DL，Quamina DS，et al. 2002c. Integrastatins：structure and HIV-1 integrase inhibitory activities of two novel racemic tetracyclic aromatic heterocycles produced by two fungal species. Tetrahedron Letters，43(13)：2351-2354.

Stevens MC，Pannecouque E，De Clercq，et al. 2003. Novel human immunodeficiency virus (HIV) inhibitors that have a dual mode of anti-HIV action. Antimicrob Agents Chemother，47：3109-3116.

Sun J，Chen QJ，Cao QQ，et al. 2012. A laccase with antiproliferative and HIV-I reverse transcriptase inhibitory activities from the mycorrhizal fungus *Agaricus placomyces*.J Biomed Biotechnol，2012：736472.

Tomoda H，Tabata N，Masuma R，et al. 1998. Erabulenols，inhibitors of cholesteryl ester transfer protein produced by *Penicillium* sp. FO-5637. I.production，isolation and biological properties. J Antibiot (Tokyo)，51(7)：618-623.

Ui H，Asanuma S，Chiba H，et al. 2005. Mycophenolic acid inhibits syncytium formation accompanied by reduction of gp120 expression. J Antibiot (Tokyo)，58(8)：514-518.

Wang CR, Zhou R, Ng TB, et al. 2014. First report on isolation of methyl gallate with antioxidant, anti-HIV-1 and HIV-1 enzyme inhibitory activities from a mushroom (*Pholiota adiposa*).Environ Toxicol Pharmacol，37(2)：626-637.

Wang H, Ng TB. 2000. Isolation of a novel ubiquitin-like protein from *Pleurotus ostreatus* mushroom with anti-human immunodeficiency virus, translation-inhibitory, and ribonuclease activities. Biochemical and Biophysical Research Communications, 276 (2): 587-593.

Wang H, Ng TB. 2001a. Isolation and characterization of velutin, a novel lowmolecularweight ribosome-inactivating protein from winter mushroom (*Flammulina velutipes*) fruiting bodies. Life Sciences, 68 (18): 2151-2158.

Wang H, Ng TB. 2001b. Pleureryn, a novel protease from fresh fruiting bodies of the edible mushroom *Pleurotus eryngii*. Biochemical and Biophysical Research Communications, 289 (3): 750-755.

Wang H, Ng TB. 2004. Purification of a novel ribonuclease from dried fruiting bodies of the edible wild mushroom Thelephora ganbajun. Biochemical and Biophysical Research Communications, 324 (2): 855-859.

Wang H, Ng TB. 2004a. Purification of a novel low-molecular-mass laccase with HIV-1 reverse transcriptase inhibitory activity from the mushroom *Tricholoma giganteum*. Biochemical and Biophysical Research Communications, 315 (2): 450-454.

Wang J, Wang H, Ng TB. 2007. A peptide with HIV-1 reverse transcriptase inhibitory activity from the medicinal mushroom *Russula paludosa*. Peptides, 28 (3): 560-565.

Wang SX, Liu Y, Zhang GQ, et al. 2012. Cordysobin, a novel alkaline serine protease with HIV-1 reverse transcriptase inhibitory activity from the medicinal mushroom *Cordyceps sobolifera*. J Biosci Bioeng, 113 (1): 42-47.

Wong JH, Ng TB, Wang H, et al.2011. Cordymin, an antifungal peptide from the medicinal fungus *Cordyceps militaris*.Phytomedicine, 18 (5): 387-392.

Wong JH, Wang H, Ng T. 2008. Marmorin, a new ribosome inactivating protein with antiproliferative and HIV-1 reverse transcriptase inhibitory activities from the mushroom *Hypsizigus marmoreus*. Applied Microbiology and Biotechnology, 81 (4): 669-674.

Wu Y, Wang H, Ng T. 2012. Purification and characterization of a novel RNase with antiproliferative activity from the mushroom *Lactarius flavidulus*. J Antibiot (Tokyo), 65 (2): 67-72.

Wu YY, Wang HX, Ng TB.2011. A novel metalloprotease from the wild basidiomycete mushroom *Lepista nuda*.J Microbiol Biotechnol, 21 (3): 256-262.

Xu LJ, Wang H, Ng T. 2012. A laccase with HIV-1 reverse transcriptase inhibitory activity from the broth of mycelial culture of the mushroom *Lentinus tigrinus*.J Biomed Biotechnol, 2012: 536725.

Yang F, Chen R, Feng L, et al. 2010. Chemical constituents from the aerial part of *Peganum nigellastrum*. Chin J Nat Med, 8 (3): 199-201.

Yang SW, Mierzwa R, Terracciano J, et al. 2006. Chemokine receptor CCR-5 inhibitors produced by *Chaetomium globosum*. J Nat Prod, 69 (7): 1025-1028.

Yang SW, Mierzwa R, Terracciano J, et al. 2007. Sch 213766, a novel chemokine receptor CCR-5 inhibitor from *Chaetomium globosum*. J Antibiot (Tokyo), 60 (8): 524-528.

Yang ZJ, Ding JW, Ding KS, et al. 2013. Phomonaphthalenone A: A novel dihydronaphthalenone with anti-HIV activity from *Phomopsis* sp. HCCB04730. Phytochemistry Letters, 6 (2): 257-260.

Yanrui L, Guoqing Z, Tzi Bun N, et al. 2010. A novel lectin with antiproliferative and HIV-1 reverse transcriptase inhibitory activities from dried fruiting bodies of the monkey head mushroom *Hericium erinaceum*. Glycoconjugate Journal, 27 (2): 259-265.

Yoganathan K, Rossant C, Glover RP, et al. 2004. Inhibition of the human chemokine receptor CCR5 by variecolin and variecolol and isolation of four new variecolin analogues, emericolins A-D, from Emericella aurantiobrunnea. J Nat Prod, 67 (10): 1681-1684.

Yoganathan K, Rossant C, Ng S, et al. 2003. 10-methoxydihydrofuscin, fuscinarin, and fuscin, novel antagonists of the human CCR5 receptor from *Oidiodendron griseum*. J Nat Prod, 66 (8): 1116-1117.

Yoganathan K, Yang LK, Rossant C, et al. 2004. Cochlioquinones and epi-cochlioquinones: antagonists of the human chemokine receptor CCR5 from *Bipolaris brizae* and *Stachybotrys chartarum*. J Antibiot (Tokyo), 57 (1): 59-63.

You J, Dai H, Chen Z, et al. 2010. Trichoderone, a novel cytotoxic cyclopentenone and cholesta-7, 22-diene-3 beta, 5 alpha, 6 beta-triol, with new activities from the marine-derived fungus *Trichoderma* sp.. J Ind Microbiol Biotechnol, 37 (3): 245-252.

Yu BZ, Zhang GH, Du ZZ, et al. 2008. Phomoeuphorbins AD, azaphilones from the fungus *Phomopsis euphorbiae*. Phytochemistry, 69 (13): 2523-2526.

Yue JM, Chen SN, Lin ZW, et al. 2001. Sterols from the fungus *Lactarium volemus*. Phytochemisitry, 56: 801-806.

Zhang GQ, Chen QJ, Wang HX. 2013. A laccase with inhibitory activity against HIV-1 reverse transcriptase from the mycorrhizal fungus *Lepiota ventriosospora*. Molecular Catalysis B: Enzymatic, 85-86: 31-36.

Zhang GQ, Tianc T, Liu YP, et al. 2011. A laccase with anti-proliferative activity against tumor cells from a white root fungus *Abortiporus biennis*.Process Biochemistry, 12 (46): 2336-2340.

Zhang J, Ge HM, Jiao RH, et al. 2010. Cytotoxic chaetoglobosins from the endophyte *Chaetomium globosum*. Planta Med, 76: 1910-1914.

Zhang Y, Tian R, Liu S, et al. 2008. New cytochalasins from the fungus *Stachybotrys charatum*. Bioorganic & Medicinal Chemistry, 16 (5): 2627-2634.

Zhao S, Zhao Y, Li S, et al. 2010. A novel lectin with highly potent antiproliferative and HIV-1 reverse transcriptase inhibitory activities from the edible wild mushroom *Russula delica*. Glycoconjugate Journal，27（2）：259-265.

Zhao W，Ye Q，Tan X，et al. 2001. Three new sesquiterpene glycosides from *Dendrobium nobile* with immunomodulatory activity. J Nat Prod，64：1196-1200.

Zjawiony JK. 2004. Biologically active compounds from *Aphyllophorales*（polypore）fungi. J Nat Prod，67（2）：300-310.

Zou X，Liu S，Zheng Z，et al. 2011. Two new imidazolone-containing alkaloids and further metabolites from the ascomycete fungus *Tricladium* sp..Chem Biodivers，8（10）：1914-1920.

Zou XW，Sun BD，Chen XL，et al. 2009. Helotialins A-C，Anti-HIV metabolites from a helotialean ascomycete. Chinese Journal of Natural Medicines，7（2）：140-144.

Zou YJ，Wang HX，Ng TB. 2012. Purification and characterization of a novel laccase from the edible mushroom *Hericium coralloides*.J Microbiol，50（1）：72-78.

第七篇

药用植物内生真菌生物技术及应用

第四十六章　药用植物内生真菌资源调查和侵染检测方法

本章从资源调查研究方法和研究进展、样品的采集和保存、药用植物与真菌的识别及其研究方法、药用植物的内生真菌侵染检测和形态观察、药用植物-真菌共生系统形成过程、药用植物-真菌共生系统形成的因素 6 个方面对药用植物与其内生真菌进行综述。

第一节　药用植物内生真菌资源调查研究方法

为了对药用植物内生真菌进行研究，就必须对其开展资源调查，以了解某一地区、某一药用植物的内生真菌情况，如菌根类型和形态，以及内生真菌的种类、组成、分布、自然感染率等基本情况。资源调查是研究工作的第一步，也是内生真菌研究的基础。根据不同的研究目的与要求，内生真菌调查的方法也各有差异。通过有关调查，可以收集到药用植物内生真菌的基本数据与资料，有关生态、分布及内生真菌与环境的关系，甚至收集到更加深入的现象或规律性的资料等，这也是内生真菌研究中重要的基础性工作。

一、兰科菌根真菌资源调查研究方法

兰科药用植物菌根真菌资源的调查，首先必须收集要调查的某一兰科药用植物样品。样品收集时要尽量保持植株根系完整，并做好现场记录。现场记录一般包括海拔、地形、气候、植被、土壤或岩石类型、附生宿主植物及其附近植物种类，以及它们的生长情况和发育阶段等。样品采集后带回实验室内分析。

二、丛枝菌根真菌资源调查研究方法

比较简易的观察方法是活体镜检法。将要检查的植物从田间轻轻挖出，用水缓慢洗净根表土壤及其他杂物后，即可放入培养皿或滤纸上，在双目实体镜下借助冷落射光观察。可以观察到根上有无隔菌丝、根外孢子，以及根内孢子或泡囊等，但该方法并不十分准确。通常对丛枝菌根真菌资源调查时，只需采集植物根样或收集根系周围各种类型的土壤带回实验室分析。从

枝菌根真菌一般分布在土壤的耕作层中，绝大多数与营养根共生，一般分布在 0～30cm 厚的土层中。收集土壤样品，每个样品约 1500g，并现场记录海拔、地形、气候及植被、土壤类型、附近植物种类及其生长情况和发育阶段等。根样和土样带回实验室后，根样用 FAA 固定后进行透明、软化、酸化等一系列处理，以 Phillips 和 Hayman（1970）的染色法、KOH 透明乳酸甘油酸性品红染色法或 KOH 透明苯胺蓝染色法染色，压片后显微镜观察，记录菌根真菌的感染率和菌丝的长度。也可以采用比色法、光学测定法和荧光分析法对根样进行分析（弓明钦等，1997）。土样采用湿筛倾析法、离心法或单孢分离法等方法对真菌孢子和孢子果进行分离培养，鉴定这些真菌是否为丛枝菌根真菌。

三、内生真菌资源调查研究方法

内生真菌资源调查时，根据研究的目的选定调查药用植物的种类和调查地区；根据要采集药用植物的不同部位（根、茎、叶、花和果实）确定采样时间；根据蜡叶标本的收集方法进行采样，同时做好有关标本的详细记录。样品采集带回实验室后，尽快进行内生真菌的分离、培养，如果不能立即处理，可暂时放入 4℃冰箱保存。内生真菌的分离培养与鉴定参见本书第四十七章第一节和第三节，然后对内生真菌的类群及其相关数据进行统计分析。

（侯晓强 郭顺星）

第二节 药用植物内生真菌样品的采集和保存方法

要对药用植物内生真菌进行研究，首先必须收集标本，标本是科学研究最基本、最重要的实物资料之一，标本的有无及其质量的好坏对研究工作具有重要意义。对于兰科菌根真菌和内生真菌的标本来说，只需要采集菌根或植物材料；对于丛枝菌根真菌来说，在采集植物材料的同时，还要采集菌根真菌。采集标本需备有的工具一般应包括采集篮、小刀、剪、镊子、小锄头、铲、手锯、小玻璃瓶、吸水纸、纸带、标签、记录本、照相机等，有时还应带一些装好培养基的试管，方便现场分离使用。

一、兰科菌根样品的采集和保存

兰科菌根属于内生菌根，菌根真菌肉眼难以观察到，其标本的采集主要是对植物根系或菌根材料的采集。

地生兰和石生兰生于地表或碎石上，常有苔藓类低等植物伴生，样品采集可以用铁铲或土壤刀挖取，切忌用手拔。挖出的根系可能带有泥土，需小心处理，可用小刀等工具将其表面的泥土剥去，也可用水浸泡或漂洗。冲洗好的菌根标本可立即进行观察记录。附生兰多生长在树干上，其根系一般紧密盘绕在树皮表面，采集时应小心，切忌硬扯硬拽，以免破坏根系的根被层。采集的标本带回实验室时应装入塑料袋中用松软保湿之类的苔藓填充，也可利用塑料袋充气保存，让标本有一定的空间，不致相互挤压、萎蔫或损坏。在采集样品时还应现场记录采样时间、样品采集人，以及采样点的海拔、地形、纬度、植被、土壤类型、附生植物种类等。兰科药用植物中有一大部分植物是濒危物种，采集标本时切忌灭绝性采集，要本着保护的原则，尽量少采样，对单株植物尽量不采样，采集过程中尤其要避免对其生存环境的破坏。

样品的处理与保存：将所采集根系样品上的泥沙或其他杂质轻轻去掉、洗净，用洁净的吸水纸吸干水分或阴干，将直径少于 2mm 的根系剪成 0.5～1cm 长的根段。一部分根段可直接在解剖镜下检查菌根发育情况，然后用于兰科菌根真菌的分离；另一部分根段放入 FAA 固定液中固定，并保存备用，如可用来染色后观察测定菌根真菌侵染率等菌根发育状况。对于块根或块茎材料，则可使用防腐浸泡液，用福尔马林 50ml、95%乙醇 300ml、水 2000ml，或简化成 5%福尔马林或 70%乙醇溶液。

对所采集的各种样品最好马上用于菌根真菌的分离或暂时放入 4℃冰箱保存。如果需较长时间保存样品，则必须做成干标本来保存。标本风干后可按蜡叶标本制作法以台纸保存，或塑封在塑料膜中；也可放入塑料袋中于低温通风保存，并在袋内及袋外分别挂上标签，注明编号、采集日期、采集人及宿主植物名称等信息。

二、丛枝菌根样品的采集和保存

要研究丛枝菌根及其真菌就必须从它们生存的地方找到这类真菌，它们一般分布在土壤的耕作层中，通常为 0～30cm 深处的土层。有些丛枝菌根真菌可以产生较大的孢子果，采集菌根标本的同时，还要采集土壤样品，以用于丛枝菌根真菌的研究。

（一）样品采集

分离丛枝菌根真菌的第一步工作是收集样品，采样的选择要有代表性，仔细扫除表面枯枝落叶层，采集土层表面部分一些丛枝菌根真菌的孢子果。根围土样主要采集 0～30cm 深度带有一定量细的吸收根系的土壤，保留土壤中的吸收根系。在无寄主植物或植被采样点，只采集土壤即可。有人还设计了专门用于分离丛枝菌根真菌的土壤钻来采集土样。去掉大块沙石和其他杂质，收集的土壤样品一般需要每个样品为 1.5～2kg，装入塑料袋内并注明标签（刘润进和李晓林，2000）。

（二）样品的处理与保存

根系样品上的泥沙先用毛刷轻揉扫刷，然后用无菌水冲洗，用吸水纸吸水后自然晾干。选取直径小于 2mm 的根系样品剪成 0.5～1cm 长的根段，土样中的根段按上述方法清洗、剪切。一部分根段可直接在解剖镜下检查菌根发育情况，然后用于丛枝菌根真菌的分离，也可染色后测定菌根真菌侵染率等菌根发育状况；另一部分根段放入 FAA 固定液中进行固定，并保存备用。根围土壤一部分用来分菌、定量测定孢子数量；另一部分用来测定磷含量、水分含量、有机质、pH 等。对所收集的各种样品最好尽快进行观察和真菌分离，需保存备用的样品，晾干后低温通风保存并做好记录。丛枝菌根真菌的繁殖体一般以厚垣孢子、拟接合孢子、孢子果、菌丝体、根内泡囊和已形成菌根的根段等多种形式在土壤中存在。同时，为了了解该类真菌生态学方面的特性，采集样品时还应现场记录采样时间、样品采集人，以及采样点的海拔、地形、纬度、植被、土壤类型与质地、宿主植物种类及生长情况等。

总之，所收集的各种样品最好马上用于丛枝真菌的分离或暂时放入 4℃冰箱保存。需要较长时间保存的样品，经风干后放入塑料袋中于低温通风处保存，并应按照一般土壤样品的收集方法及要求，在袋内及袋外分别挂上标签，注明编号、采集日期、采集人及宿主植物名称等。

三、内生真菌样品的采集

对内生真菌标本的采集，就是对其宿主植物标本的采集。采集和保存的方法，与植物标本采集和保存的方法（Bridson and Forman，1992）类似。

采集前根据研究目的确定要采集的药用植物的种类，不同的药用植物在采集时处理的方法不同，采集时间也有差异。例如，采集用于分离内生真菌的药用植物的根、茎、叶标本，可以在晚春、夏季和初秋，如果要采集果实，则要等到该药用植物的结实期去采集。标本采集时尽可能采集完整的标本，包括根、茎、叶、果实等，对于植株较小的药用植物，应采集全株。一些具有地下茎（如鳞茎、块茎、根状茎等）的科属，如百合科、石蒜科、天南星科等，应特别注意这些植物的地下部分。木本植物一般是指乔木、灌木或木质藤本植物，对木本药用植物标本的采集，要选择生长正常无病虫害的植株作为采集对象，并在此植株上选择有代表性的小枝作为标本。所采的标本最好带有叶、花或果实，还应采集一部分树皮，如果可能的话，也可采集一些树干的木屑，用于内生真菌的分离。对高大草本植物的采集方法一般与木本植物相同，除了采集它的叶、花、果各部分外，还要采集它的地下部分，如根茎、匍匐枝、块茎和根系等。而有些药用植物生活在水中，采集时注意地下茎的采集。对寄生性植物的采集，必须连宿主上被寄生的部分同时采下来，并且把寄生的种类、形态同寄生的关系等进行记录，如肉苁蓉、列当、菟丝子等标本的采集。

样品采集时，每种样品一般要采 2 份或 3 份，给予同一编号，每个标本上都要系上标号签。同时要做好有关标本的详细记录。例如，有关植物的产地、生长环境、性状、叶、花果的颜色，有无香气和乳汁及采集日期等。

（侯晓强　郭顺星）

第三节　药用植物内生真菌的形态研究方法

在药用植物内生真菌的调查或接种试验研究中，对内生真菌侵染情况的检测和观察是必不可少的，不同内生真菌的侵染检测方法各不相同。本节着重介绍兰科菌根真菌及丛枝菌根真菌侵染检测的形态研究方法。

一、兰科菌根真菌侵染检测的形态研究方法

由于兰科菌根真菌在根系表面没有任何表象，所以对兰科菌根的调查研究就必须采用解剖学的方法来检测根系皮层细胞中是否存在菌丝团、是否形成典型的兰科菌根结构。对兰科菌根真菌侵染检测常用的方法有徒手切片法、石蜡切片法、冷冻切片法、半薄切片法及超薄切片法等。切片制备后，在光学显微镜或经特殊处理后在扫描电子显微镜或透射电子显微镜下进行观察。

（一）徒手切片法

徒手切片法简称为手切片法，即以手持刀片将材料切成能在显微镜下观察其内部结构的薄片的方法。是药用植物菌根研究中最简单和最常用的切片方法。这种切片方法简便易行，节省

时间；所需工具简单，只要有一把锋利的剃刀或双面刀片就可以操作。其还有一个独特的优点，就是可以看到组织细胞内的自然结构和天然颜色。其缺点是不易做到将整个切面切得薄而完整，往往厚薄不一；过软过硬的材料比较难切。徒手切片一般处理的是新鲜材料，有时也可将材料预先固定。一般材料的徒手切片方法如下所述。

1. 材料的准备

选择正常、软硬适中的植物器官或组织作为材料，直接切成长 2～3cm 的小段，削平切面。所取的新鲜材料应及时放入水中，以免萎蔫。取材的大小，一般直径不超过 5mm，长度以 15～25mm 为宜。过于柔软或微小的材料，难以直接执握手切，可夹入坚固而易切的夹持物中切。常用的夹持物有去除木质部的胡萝卜根、土豆块茎、接骨木的髓部等。切前先将夹持物切成长方小体，上端削平。对于较薄的叶状体材料，可将夹持物纵切一条缝，材料夹于其中即可；如果不是叶状体，即将材料夹于其中，或在缝里挖一个与材料形状相似、大小相同的凹陷，把材料夹在凹陷里。然后用手握住夹持物，采用上述方法将夹持物和其中的材料一齐切成薄片，除去夹持物的薄片，便得到材料的薄片。坚硬的材料要经软化处理后再切。软化的方法；对于比较硬的材料，切成小块煮沸 3～4h，再浸入软化剂(50%乙醇∶甘油=1∶1)中数天至更长时间，然后再切。对于已干或含有矿物质更为坚硬的材料，先在 15%氢氟酸的水溶液中浸渍数周，充分浸洗后，置入甘油里软化后再切。

2. 执握刀片和材料的方法

左手大拇指和食指的第一关节指弯夹住材料，使之固定不动。为防止刀伤，拇指应略低于食指，并使材料上端超出手指 2～3mm，不可高出过多，否则切片时材料容易弯折，也不容易切薄。右手大拇指和食指捏住刀片的右下角，刀口向内，并与材料切面平行，切片前先将材料和刀口上蘸些水，使之切时滑润。

3. 切片

左手保持不动，以右手大臂带动前臂，使刀口自外侧左前方向内侧右后方拉切，同时观察切片的进展情况。注意只用臂力而不要用腕力或指关节的力量，不要两手同时拉动，两手不要紧靠身体或压在桌子上，并且动作要敏捷，材料要一次切下，切忌中途停顿或推前拖后作“拉锯”式切割。关键是要切得薄而平。如此连续切片，切下数片后，用湿毛笔将切片轻轻移入培养皿的清水中备用。

4. 注意

在切片过程中刀口和材料要不断蘸水，以保持刀口锋利和避免材料失水变形。所切的材料和刀片一定要保持水平方向，不要切斜，否则细胞切面偏斜，会影响观察。

5. 镜检

连续切片，从中挑选薄而平的切片做成临时装片供镜检，必要时也可以制成永久装片。挑选切片时，关键是材料要切得平而薄，不要求切得很完整，有时只要有一小部分就可以看清其结构了。一次可多选几片置于载玻片上，制成临时装片，通过镜检进一步选择理想的材料用以观察。将菌根样品表面杂物洗干净后，夹在新鲜马铃薯、胡萝卜、通草或松软的木髓中，用手指夹住，用锋利的刀片从外向内横切，切下的薄片放入清水中，选取最好的切片，乳酚棉蓝溶液染色或直接放在载玻片上，显微镜下观察。

(二)石蜡切片法

1. 样品制备

样品固定在 FAA 固定液内，4℃冰箱保存，备用。

2. 脱水

将样品从装有 FAA 固定液的小瓶中取出，放置于垫有白色滤布的包埋盒内，上面再盖一片滤布，盖紧盒盖，依次按顺序投入以下溶液中，逐级脱水处理，脱水可从 30%乙醇开始(柔软的材料从 15%乙醇开始)：30%乙醇→70%乙醇→85%乙醇→95%乙醇→无水乙醇→无水乙醇。脱水过程中，材料在各级乙醇中的停留时间按照材料的大小及性质而定，一般各级停留 0.5～2h，为了脱水彻底，无水乙醇要更换两次，每次 0.5～1h。脱水必须由低浓度到高浓度逐级进行；脱水时间要适度，脱水要彻底(李和平，2009)。

3. 透明

常用的透明剂有二甲苯、氯仿、冬青油等。其中，二甲苯是应用最广的一种透明剂。

透明方法：逐步从纯乙醇过渡到二甲苯中。1/2 纯乙醇+1/2 二甲苯→纯二甲苯→纯二甲苯(二甲苯更换 2 次，以除尽乙醇)。在二甲苯中的时间不宜过长，一般 1～3h(视材料的大小而定)，染色后的切片一般为 5～10min(李和平，2009)。

4. 浸蜡

浸蜡是将包埋剂石蜡逐步透入植物细胞和组织取代透明剂的过程。浸蜡一般从低温到高温，从低浓度到高浓度，这样可使石蜡缓慢渗入组织中，而取代透明剂。

吸取 1ml 二甲苯装于 10ml 的西林瓶中，用长镊子从纯二甲苯中取出透明后的样品，打开包埋盒的盖子，用小镊子将样品轻轻取出，放置于盛有二甲苯溶液的小瓶内，加石蜡碎块至瓶体积的 2/3 处，盖紧盖子，放于恒温干燥箱内，38℃静置 4h，再添蜡至瓶体积的 2/3 处，46℃静置 4h、56℃静置 2h。依样品数量取小坩埚，装入至其体积 1/3 处的石蜡，每个小坩埚上写上编号(编号与样品编号要一一对应)，65℃水浴，待坩埚内的石蜡完全融化后，立即从 56℃烘箱内取出样品，依编号倒入小坩埚内，盖上盖子，65℃水浴浸融 1h 后，换新蜡 65℃浸融 1h，再取出换新蜡 65℃浸融 1h。

5. 包埋

包埋是将熔解的石蜡倒入包埋盒，再将经石蜡浸透的组织放入包埋盒中，使之快速冷却、石蜡由液态凝固成蜡块的过程。不同的制片方法使用的包埋剂不同，石蜡切片的包埋剂为石蜡、半薄切片的包埋剂为树脂、冰冻切片的包埋剂为最优切削温度(optimal cutting temperature，OCT)。石蜡的种类分为国产石蜡、进口石蜡和低熔点石蜡，按照不同的要求选择不同规格的石蜡。

将石蜡配成 50%石蜡(由 1/2 石蜡和 1/2 二甲苯配制而成)、75%石蜡(由 75%石蜡与 25%

石蜡配成）及 100%石蜡三级。经各级石蜡处理恰当的材料，一般都沉入容器底部（李和平，2009）。

依样品数量折叠数量相当的小纸盒（取硬书纸一张，剪取 10cm×10cm 的正方形进行折叠），取一定量的蜡块（10cm×10cm，大约每两个样品需一个蜡块）放在烧杯内，置于有石棉网的铁三脚架上，酒精灯上烘焙至蜡块全熔。按样品顺序在纸盒上编号，每个小纸盒下放一片载玻片，平放在桌子上，从水浴锅中用镊子迅速取出材料，按切片需要在纸盒内放好（若材料横切面向上，则切片后是纵切片；若材料横断面竖放，则切片后是横切片），立即往纸盒内倒入已融化好的液状石蜡，淹没材料，待小盒内的液体完全冷却后，将小盒放入盛有冷水的容器中，冷却，存放过夜。

6. 粘片

将已包埋好的材料用手术刀修成“梯形”，取一个平滑干净的小木块，木块表面放一小块蜡片，用带长柄的刀片在酒精灯上烘烤至热，贴在薄蜡上使其熔化，迅速将梯形蜡块的样品材料放在木块的蜡液上，粘紧。

7. 切片

在切片机上安装好新的刀片，调节切片厚度，一般为 8～15μm，将已粘上样品的小木块卡在切片机槽内，手摇切片，带材料的薄片用毛笔轻轻弹起，放在带有颜色的干净纸上，平铺，待材料切到所需量时，用毛笔挑起 3～5 片样品薄片，轻轻平放在 45℃的水面上。

8. 展片

取一片表面非常干净的载玻片（新盖玻片应放在强酸内浸泡 2 天，清水洗净，再用无水乙醇浸泡 1 天，用无毛的布擦干，放在盒内备用）上滴一滴黏片剂，平展在载玻片上后贴近水中的样品薄片，待样品薄片完全贴在载玻片上后就可将载玻片整齐的放在切片盒的卡槽内，35℃，烘烤 1～2 天。

9. 染色

染色是使植物组织染上颜色，便于观察。根据样品结构、性质及观察目的选择适当的染色方法。材料从某一溶液中进入染色液中时，这两种溶液的浓度必须相同。酸性染料着色速率快于碱性染料，故双重染色时，先用碱性染料染色，再用酸性染料染色。因染色后在脱水和水洗过程中颜色会变浅，所以染色要偏深。染色的时间须根据材料的结构、切片的厚薄，以及染色剂的性质和配方等灵活调整。

10. 封片

取一个西林瓶，倒入 2ml 中性树胶，蘸取少许平铺在一块干净的盖玻片上，然后轻轻贴在载玻片上，注意要尽量避免气泡。封后的片子平铺在切片盒上，放入 35℃恒温干燥箱中烘 1～2 天。

（三）冷冻切片法

冷冻切片是指将组织在冷冻状态下直接用切片机切片。该方法实际上是以水为包埋剂，将组织进行冰冻至坚硬后切片的。在冰冻切片前组织不经过任何化学药品处理或加热过程，大大缩短了制片时间。同时，由于此法不需要经过脱水、透明和浸蜡等步骤，因而较适合于脂肪、神经组织和一些组织化学的制片。

1. 取材

应尽可能快地采取新鲜的材料，防止组织发生坏死后变化。

2. 速冻

为了较好地保存细胞内的酶活性或尽快制成切片标本的需要，一般在取材后就要立刻对组织块进行速冻，使组织温度骤降，缩短降温的时间，减少冰晶的形成。

液氮速冻切片法是实验室最常用的速冻切片方法。具体做法是将组织块平放于软塑瓶盖或特制小盒内(直径约为 2cm)，如果组织块小可适量加 OCT 包埋剂浸没组织，然后将特制小盒缓缓平放入盛有液氮的小杯内，当盒底部接触液氮时即开始气化沸腾，此时小盒保持原位切勿浸入液氮中，10～20s 组织即迅速冰结成块。在制成冻块后，即可置入恒冷箱切片机冰冻切片。若需要保存，应快速以铝箔或塑料薄膜封包，立即置入–80℃冰箱储存备用。

3. 固定

样品托上涂一层 OCT 包埋胶，将速冻组织置于其上，4℃冰箱预冷 5～10min 让 OCT 胶浸透组织。

取下组织置于锡箔上或玻片上，样品托速冻。

组织置于样品托上，其上再添一层 OCT 胶，以完全覆盖为宜，速冻架(PE)上 30min。

4. 切片

恒温冰冻切片机是较理想的冰冻切片机，其基本结构是将切片机置于低温密闭室内，故切片时不受外界温度和环境影响，可连续切薄片，薄片厚度为 5～10μm。切片时，低温室内温度以–20～–15℃为宜，温度过低组织易破碎；抗卷板的位置及角度要适当，载玻片附贴组织切片，切勿上下移动。切好的切片室温放置 30min 后，加入 4℃丙酮固定 5～10min，烘箱干燥 20min。PBS 洗 5min×3。进行抗原热修复，微波热修复也可，室温自然冷却。可用 3% H_2O_2 溶液孵育 5～10min，以消除内源性过氧化物酶活性。

5. 免疫荧光染色

冰冻切片室温晾干 15min，可用含 10%正常山羊血清的 PBS 缓冲液室温封闭切片 1h。滴加适当比例稀释的一抗或一抗工作液(抗体的量视组织大小而定,原则是可以均匀覆盖组织面，且保证整个孵育过程中不会使组织干涸)，将切片放在加了 PBS 缓冲液的免疫组织化学湿盒，室温孵育 2h 或 4℃过夜。将湿盒放到 37℃回温 1h，然后吸取切片上的一抗进行回收，将切片插入到小染缸 PBS 缓冲液冲洗。滴加用 PBS 缓冲液稀释后的二抗(避光)置于分子杂交箱中 37℃孵育 1h。回收二抗，切片置于染缸内，PBS 洗 5min×3 次。滴加 4′,6-二脒基-2-苯基吲哚(4′,6-diamidino-2-phenylindole，DAPI)工作液，室温 10～20min(工作浓度 0.1%染色 15min)。回收 DAPI，滴加 5～10μl 抗荧光衰减封片剂或中性树胶，用处理干净的盖玻片封片，即可到荧光显微镜或共聚焦显微镜下观察拍照。做好的切片放在切片盒内，置于 4℃冰箱，可保存 1

周左右。

（四）半薄切片法

1. 固定

新鲜样品（1mm^3 左右的小块）迅速固定在 2%多聚甲醛-2.5%戊二醛固定液中，4℃过夜保存。

2. 漂洗

固定后的样品块用 Ph 6.8 磷酸缓冲液（0.1mol/L）冲洗 3 次，每次 15min。

3. 后固定

将洗好的样品块放入 1%锇酸固定液中固定 4h。

4. 漂洗

从锇酸固定液中取出样品块，pH 6.8 磷酸缓冲液（0.1mol/L）冲洗 3 次，每次 15min。

5. 脱水

经系列乙醇梯度脱水：15%乙醇→30%乙醇→50%乙醇→70%乙醇→85%乙醇→95%乙醇→100%乙醇→100%乙醇，每个浓度 0.5～1h。

6. 渗透、包埋与聚合

脱水后的样品块进行渗透、包埋与聚合：3/4 乙醇+1/4 LRwhite 树脂过夜、1/2 乙醇+1/2 LRwhite 树脂过夜、1/4 乙醇+3/4 LRwhite 树脂过夜、LRwhite 树脂过夜、LRwhite 树脂过夜、LRwhite 树脂过夜。最后于 60℃聚合，制作好的包埋块放在纸袋中，干燥箱内保存。

7. 切片、染色

使用超薄切片机将样品块切成 1μm 的切片，甲苯胺蓝（TBO）染色后光学显微镜观察。

（五）超薄切片法

样品的固定、制备方法同半薄切片。制备好的样品经修块后，使用超薄切片机切成 50～70nm 厚的切片。乙酸双氧铀、柠檬酸铅染色后透射电子显微镜观察。

利用生物切片技术，辅以不同染色剂进行组织染色的方法，国内外学者们对多种兰科植物的菌根进行了检测，并进行了报道。潘超美等（2002）采用徒手切片、台盼蓝染色的方法，研究野生建兰菌根的显微结构特征，其皮层薄壁组织细胞内真菌的菌丝呈螺旋线团状或结状，即菌丝团，并利用以下公式计算菌根的感染率（p）。

$$p=\frac{30\text{个视野中感染细胞的总数}}{30\text{个视野中细胞的总数}}\times 100\%$$

此外，药用兰科植物金钗石斛、细茎石斛、独花兰、黄花杓兰、曲茎石斛、春兰、杜鹃兰等的皮层细胞中也存在菌丝团结构，为典型的兰科菌根。

近年来，组织印迹免疫测定法（tissue print immunoassay，TPIA）、PCR 扩增检测目的内生真菌的方法也有报道。Hahn 等（2003）采用组织印迹免疫测定法对 *Festuca* 属植物的内生真菌 *Neotyphodium* sp.和 *Epichloe* sp.进行了检测，同时以无菌材料作为对照，结果发现该方法可以清晰的检测内生真菌的存在，与常规组织染色方法得到结果一致。周启武等（2014）利用石蜡切片结合乳酸酚棉蓝染色法，研究小花棘豆和变异黄芪不同组织中内生真菌的显微分布特点，内生真菌在种子中主要定植于种皮栅栏组织与薄壁组织两层的细胞间隙，在叶片组织中主要定植于靠近气孔的表皮细胞层，茎髓中内生真菌围绕于茎髓质维管束纵轴边缘的薄壁细胞层内。

二、丛枝菌根真菌侵染检测的形态研究方法

植物感染丛枝菌根真菌形成菌根后，在其根系的皮层细胞中可以出现内生菌丝、丛枝或泡囊等结构，在根表面有外延菌丝。植物根皮层组织内形成丛枝或泡囊结构是宿主形成丛枝菌根的典型特征。植物感染丛枝菌根真菌后，其根表形态和未受侵染的根系一样无明显变化，必须借助一系列的检测手段，才能确定该根系是否被丛枝菌根真菌侵染。

对丛枝菌根真菌侵染的检测，常用的方法有活体镜检法和染色镜检法（刘润进和陈应龙，2007）。活体镜检法：样品采集后，用水缓慢洗净根表土壤及其杂物，放入培养皿或滤纸上，在配有冷光源的双目实体镜下用冷落射光观察。如果有菌根侵染，可以观察到根上有无隔菌丝、根外孢子，甚至可以观察到根内孢子或泡囊等。染色镜检法：样品采集后，根段截成长 0.5～1.0cm 的小段经 FAA 固定溶液固定后，置 5%～10% KOH 溶液中 90℃水浴 20～60min，时间长短随材料不同而异；自来水冲洗 3 次，再加入 2%的 HCl 溶液浸泡 5min；然后将材料转入 0.01%酸性品红乳酸丙三醇染色液中，90℃水浴 20～60min，或室温下过夜，最后加入乳酸分色后即可镜检拍照。如果用 0.05%乳酸酚翠盘蓝染色，则不必加入 HCl 酸化，可以直接染色，并可用水分色。根系样品经染色镜检法处理后，可以清晰地观察到丛枝菌根的组织结构。

自然条件下，由于宿主植物所生长的生态环境及发育阶段各不相同，形成的丛枝菌根不一定全部具有典型的丛枝菌根结构，而在人工接种条件下这些结构十分明显。丛枝菌根真菌对宿主植物的侵染还可以用侵染率和侵染程度等指数进行统计。测定丛枝菌根真菌对宿主植物的侵染率有多种方法：估测法、感染长度计算法、方格交叉法和根段频率标准法（刘润进和陈应龙，2007）。

估测法：是指将染色后的根样放在培养皿或其他玻璃皿中，用针将其铺放均匀，在解剖镜下观察，按 5 级标准（弓明钦等，1997）估测整个样品根系被丛枝菌根真菌感染的营养根数目。

感染长度计算法：选取一定长度染色的样品根段 30～100 条，整齐地放于载玻片上，显微镜下逐条观测每条根段上每毫米根段上有无感染，计算出每条根段，甚至每个样品根系上被丛枝菌根真菌感染的总长度，长度测量可以用测微尺或每个视野来进行统计。按下列公式进行计算：

$$\text{菌根感染率}(\%)=\frac{\text{丛枝菌根感染的长度（或总视野数）}}{\text{检查根段的总长度(mm)（或总视野数）}}\times 100\%$$

还可以利用根段检查来代替感染长度的测定：

$$\text{菌根感染率}(\%)=\frac{\text{丛枝菌根真菌感染的根段数}}{\text{检查的根段数}}\times 100\%$$

方格交叉法：在专门的划线培养皿中放入染色的样品根段并铺平整，使根段不相互重叠，

然后将培养皿放于解剖镜下观测。观测时分别从水平线的一头逐条观测到最后，分别观测水平线与垂直线中有多少与样品根段的交叉点，并统计其交叉点中有多少处感染了丛枝菌根，最后统计其感染率。按以下公式进行计算：

$$\text{菌根感染率}(\%)=\frac{\text{交叉点上的菌根数}}{\text{根段与线交叉点数}}\times 100\%$$

根段频率标准法：挑选 25 条粗细一致染色的根段整齐地排列在载玻片上，显微镜下观察测定。每个处理测定 200 条根段。检查每条根段的侵染情况，根据每段根系菌根结构的多少按 0%，10%，20%，30%，…，100%的侵染数量给出每条根段的侵染率。依下列公式即可计算该样品菌根的侵染率：

$$\text{侵染率}(\%)=\frac{\sum(0\%\times\text{根段数}+10\%\times\text{根段数}+20\%\times\text{根段数}+\cdots+100\%\times\text{根段数})}{\text{观察总根段数}}$$

郭绍霞等(2003)采用根段频率标准法对 5 个牡丹品种的丛枝菌根真菌自然侵染率进行了调查，所调查的牡丹品种均有菌根真菌侵染，但其丛枝菌根真菌的自然侵染率因品种、立地条件而异。

另外，弓明钦等(1997)还总结了其他几种丛枝菌根真菌的检测方法。光学测定法：丛枝菌根真菌的细胞壁中含有的一种几丁质，经过适当处理，这种几丁质可以转变为氨基葡萄糖，而不同浓度的氨基葡萄糖溶液在 650nm 波长的光照下，其吸收率各不相同，据此进行光学测定法分析。利用被测菌根样品的吸收率与已知不同菌根感染根段溶液的吸收率进行比较，就可推算出被检样品的菌根感染率。比色法：一些宿主植物在感染了丛枝菌根真菌后，能在体内产生一种黄色素，若把菌根切断，黄色素被溶在水中，在水银蒸气灯光照射下，黄色素的浓度就被清楚地显示出来。利用这一原理，将一定体积宿主根的水溶液用分光光度计在 400nm 波长下测定，就能测定出是否含有这种黄色素。如果以已知真菌的菌根感染率的标准溶液作为对照，就可以确定样品的菌根感染率。荧光分析法：在新鲜的丛枝菌根样品中，根部细胞中的丛枝菌根真菌经过紫外线特殊处理可以诱发出荧光，而荧光的强弱在某种程度上可以代表检测根样中丛枝菌根真菌感染的强弱。这种方法对根样中的丛枝菌根真菌检测有效，可以检测出丛枝菌根的发育程度，但是对根样中的泡囊、菌丝或孢子无效，它们在紫外线诱导下不会产生荧光。

（邢咏梅　周丽思　郭顺星）

第四节　细胞化学及显微成像技术在兰科菌根研究中的应用

细胞化学是研究细胞化学成分及其位置，以及这些化学成分在细胞活动中所发生的变化的学科，细胞化学与组织化学密不可分，都建立在细胞学、组织学、形态学和生物化学的基础上。除了使用染料对细胞成分进行标记外，还应用特异性抗体、荧光染料、抗体-胶体金复合物、抗体-荧光染料等标记相应的细胞化学成分。另外，有些细胞成分在不同激发光的作用下可以产生自发荧光用于检测。细胞化学不可脱离显微成像而独立存在，因此不同的标记方法与不同的显微成像技术相适应，以达到在该显微技术下对所研究的细胞成分实现原位、特异性标记的目的。

兰科菌根中共生真菌与兰科植物细胞间的相互作用一直是研究热点。自 1840 年 Link 首次从兰科植物根细胞内发现真菌开始，显微成像技术和物质、结构定位等形态学、细胞学方法就一直被广泛应用于兰科菌根研究中，包括植物与真菌相互作用界面的研究（Peterson and Currah，1990；Rasmussen，1990）、共生萌发及菌根形成过程中相互作用机制的研究（郭顺星和徐锦堂，1990；徐锦堂和牟春，1990；徐锦堂等，1990）。本节对已在兰科菌根研究应用的显微成像技术，以及物质、结构定位技术进行总结，期望在回顾已有研究成果的同时归纳各个技术各自的特点和不足，对今后兰科菌根互作机制的形态学、细胞学研究提供指导。

一、普通光学显微镜及细胞化学方法在兰科菌根研究中的应用

普通光学显微镜以可见光为光源，利用光学原理将人眼不能分辨的微小物体进行放大，在兰科菌根研究中可进行细胞水平的观察。未经染色的兰科菌根徒手切片即可观察到真菌在根内的定植情况。若使用在可见光下可以区分的特异染料对细胞化学成分进行定位，可以对兰科菌根细胞内菌丝活力、蛋白质体、糖原、脂质、淀粉粒等进行细胞水平的观察。

通过光学显微镜可观察到原球茎细胞内菌丝团的紧密程度，即表皮下细胞内松散的菌丝圈、皮层细胞内紧密偶合的菌丝结，以及已经被消化的菌丝结（Hadley and Williamson，1971）。大多数马来西亚地生兰和附生兰根内被真菌定植的细胞十分有限，仅分布在皮层细胞的部分区域；仅有很少的北温带地生兰根内可观察到大量定植在皮层细胞的真菌菌丝；可以观察到肥大细胞核在被真菌定植的细胞中和未被真菌定植的细胞中均有出现（Hadley and Williamson，1972）。使用光学显微镜对兰科菌根徒手切片进行观察可以快速检测是否被真菌侵染，以及侵染后真菌在根内的分布情况（Rasmussen and Whigham，2002）。

甲苯胺蓝 O 是异染染料，常用于对氨基聚糖（GAG）和其他非中性多聚糖的组织化学性进行分析，在菌根研究中用于标记根内菌丝。用甲苯胺蓝 O 将被角担菌属真菌 *Ceratobasidium cereale* 侵染的小斑叶兰（*Goodyera repens*）原球茎染色后，借助光学显微镜观察发现，在原球茎基部和中部的大多数细胞内都含有正在消解的菌丝片段；顶部的细胞内含有完整的菌丝；表皮细胞内只包含完整菌丝，而没有菌丝片段（Peterson and Currah，1990）。Martos 等（2009）用该方法研究被不同真菌定植的兰科植物根部细胞内真菌菌丝的分布、形状等。Rasmussen（1990）对兰科植物 *Dactylorhiza mafalis* 种子与共生真菌共生萌发过程中细胞的分化进行了研究，使用多种染料对与真菌共生萌发的胚细胞内多种营养物质和成分进行定位，了解这些营养物质和成分在胚发育过程中的变化。过碘酸雪夫氏染色（periodic acid-Schiff, PAS）可用于定位多聚糖（包括细胞壁、淀粉、糖原）（Feder and O'Brien，1968），之后可用苯胺蓝黑（aniline blue black，ABB）进行复染定位蛋白质。使用该染色方法可以观察到在共培养前种子内，中央胚细胞中的蛋白质体含有多种包含物，中央细胞内的蛋白质体要小于表皮细胞内的蛋白质体；在共培养第 3 天，胚还未开始发育，胚的表皮细胞和中央细胞内含有丰富的蛋白质体和脂质；在共培养第 11 天，胚已经开始发育，在胚下半部分的中央细胞内出现液泡，蛋白质开始被水解，淀粉粒逐渐形成，菌丝穿过假根的基部但未形成菌丝圈；在共培养第 14 天，幼苗形成，真菌菌丝圈在一些细胞中被溶解，同时可观察到顶端分生组织的有丝分裂、未被侵染的细胞内含有淀粉粒且细胞核增大。用 0.02%甲苯胺蓝 O 的磷酸盐缓冲液（pH 4.4）处理 20min，可将已死亡胚柄连接胚的黄棕色物质染成蓝绿色，后经亚硝基试验证实为丹宁酸，但用鉴定丹宁酸的三氯化铝试验未能证实该物质为丹宁酸（Reeve，1959）。在胚柄细胞和一些邻近胚柄细胞的表皮细胞上可以检测到丹宁酸，在种子萌发过程中这些细胞不发生液泡化，形状也不发生改变，也不进行有丝分裂，细

胞内蛋白质体也不会被水解。0.05%甲苯胺蓝 O 的磷酸盐缓冲液(pH 4.8)处理种子 5min 则可使植酸钙镁结晶(Jensen，1962)。通过该方法可在蛋白质体包含物中观察到微量的植酸钙镁结晶，种子与共生真菌共培养第 11 天，植酸钙镁结晶从蛋白质体包含物中被释放到中央细胞的液泡中，并且在释放的过程中与残留的蛋白质储存物形成大液滴。苏丹 IV 常用于对脂质的染色(Paulson and Srivastava，2011)，在未萌发的种子中检测到大量脂质的储存。Giemsa 染料可对细胞核和核仁进行区别(Gerrits，1985)，在种子与共生真菌共培养第 21 天，未被定植的完全发育且液泡化的假根内可观察到变大的核仁远远地与浓稠的细胞质相连接。Lugols 试剂(Lugols reagent，IKI)可标记淀粉和葡萄糖(Gerlach，1977)，共培养前种子的表皮胚细胞内蛋白质体大多不含有包含物，并且未检测到淀粉的存在；在共培养第 10 天，蛋白质体开始被水解，在发生蛋白体水解的中央细胞内还可检测到淀粉粒的存在；在共培养的第 28 天，原生木质部基本形成，永久的淀粉储藏组织被封闭在将要形成中柱的部位。

在兰科菌根研究中，应用普通光学显微镜可对根部侵染状况进行快速检测，制片和染色方法也较为便捷，因此是兰科菌根研究最为广泛的显微成像技术，但由于其分辨率受到衍射极限的限制，不能对菌根共生体的亚细胞结构进行观察。

二、荧光显微镜、激光扫描共聚焦显微镜及细胞化学方法在兰科菌根研究中的应用

荧光显微镜(fluorescence microscope)以紫外线为光源照射被检物体，使之发出荧光后，在暗视野中进行观察，是免疫荧光细胞化学的基本工具。激光扫描共聚焦显微镜(confocal laser scanning microscope，CLSM)以激光作为光源，采用共轭聚焦原理和装置，结合计算机对观察对象进行数字图像处理观察和分析输出，可对样品进行断层扫描、成像。激光扫描共聚焦显微镜可以克服荧光显微镜在观察较厚样品时出现焦平面以外的荧光结构模糊不清的缺陷。这两种显微镜可以实现对自发荧光物质、与荧光染料亲和的物质、免疫荧光标记物进行细胞化学研究。在兰科菌根研究中，纤维素、几丁质、细胞骨架成分等大多都是借助荧光染料和免疫荧光标记，在这两种显微镜下进行一种或两种物质同时观察的。

荧光染剂植物细胞壁钙荧光白(Calcofluor White，CFW)对 β-1，4-葡聚糖具有高亲和力，在兰科菌根研究中可用来标记纤维素(Darken，1961)，对胼胝体(Hughes and McCully，1975)和几丁质也有标记作用(Harrington and Raper，1968)。用荧光染剂 Calcofluor White 处理被角担菌属真菌侵染的小斑叶兰原球茎，借助荧光显微镜观察，发现完整的菌丝细胞壁不被标记、正在消解的菌丝标记微弱、已经消解的菌丝和菌丝碎片的细胞壁被标记，说明几丁质在完整的真菌菌丝上被某些物质阻碍而不能与染料结合(Peterson and Currah，1990)。盐酸吖啶黄原为消毒防腐剂，在兰科菌根研究中可用于标记多聚糖类(Culling，1974)。Peterson 和 Currah(1990)用该荧光染料发现，被真菌定植的小斑叶兰原球茎细胞内没有淀粉粒，而未被定植的细胞内具有大的淀粉粒；同时，已经被消解的菌丝片段也会被染色，被认为含有多聚糖类。苯胺蓝常被用于观察花粉管壁的胼胝体，在兰科菌根研究中，被真菌定植的原球茎细胞内正在消解的菌丝、菌丝片段内部可以被苯胺蓝标记，同时，原球茎细胞膜和苯胺蓝标记明显的一层介质将菌丝片段和细胞质隔离，推测该介质成分是胼胝体(Peterson and Currah，1990)。吖啶橙曾广泛应用于光学显微镜的染色观察，现在吖啶橙结合荧光显微镜技术可以实现对侵染天麻球茎的蜜环菌活力进行考察，具有活力的菌丝表现绿色荧光、衰老菌丝表现黄色荧光、残缺菌丝及丛状体表

现橙红色荧光(刘成运，1982；Senthilkumar et al.，2000)。

免疫荧光技术是将血清学的抗体特异性与荧光色素的敏感性相结合的标记方法，即将抗体球蛋白标记上荧光染料，使抗原物质被检测出来的方法。在兰科菌根研究中，采用免疫荧光技术结合激光共聚焦显微镜，可以观察细胞骨架、某些细胞器(如线粒体、内质网)在菌根细胞中的分布情况。Dearnaley 和 McGee(1996)使用 β-微管蛋白单克隆抗体结合荧光染料异硫氰酸荧光素(fluorescein isothiooyanate，FITC)来定位细胞骨架微管、用麦胚凝集素(wheat-germ agglutinin，WGA)与几丁质中的 *N*-乙酰葡萄糖聚合物亲和标记真菌细胞壁，从而可以观察被真菌定植和未被真菌定植的植物细胞内微管的排列变化。研究发现，被真菌定植的植物细胞中未检测到微管。使用 β-微管蛋白单克隆抗体和 Cy3 荧光标记细胞骨架的微管成分，并用激光共聚焦显微镜对被小麦纹枯病菌(*Ceratobasidium cornigerum*)定植的绶草(*Spiranthes sinensis*)原球茎细胞的微管排列情况进行研究，发现周质微管出现在未被定植的细胞中，一旦细胞被真菌定植，该周质微管就消失。当菌丝结衰老和聚合时，微管围绕在菌丝结周围、在消解菌丝之间，并在已消解的菌丝碎片内形成环形轮廓。在包含已完全消解菌丝碎片或还未被真菌再一次定植的细胞内，周质微管则会重现，并在细胞外围穿过已经消解的菌丝片段(Uetake et al.，1997)。在研究被小麦纹枯病菌定植的绶草原球茎细胞内线粒体、内质网和细胞骨架间的空间关系时，使用肌动蛋白单克隆抗体和 Cy3 荧光标记细胞骨架的肌动蛋白微丝成分，同时使用 DiOC6(3)(3，3'-dihexyloxacarbocyanine)对内质网和线粒体进行标记，发现外周内质网在被真菌定植的皮层细胞中呈多边形，并在整个细胞内呈网状分布，肌动蛋白微丝与内质网、线粒体和造粉体紧密相连。已被真菌定植的细胞中，外周内质网仍然存在，共生真菌定植、衰老过程中内质网和线粒体的分布都伴随着肌动蛋白微丝的出现，肌动蛋白微丝排列的改变都伴随着内质网的改变(Uetake and Peterson，2000)。

在兰科菌根研究中，借助荧光显微镜、激光共聚焦显微镜与荧光染料、免疫荧光标记结合，可以实现对细胞骨架与真菌定植情况的研究，以及对线粒体、内质网在细胞中的分布位置进行研究。但由于设备较为昂贵，为提供不同的荧光染料所需的激发光和吸收光而配备的光学元件也价格不菲，因此不一定所有实验室都配备有这两种显微镜，使用起来较为局限。同时，这两种显微镜对菌根相互作用过程中亚细胞水平变化的展现能力也十分有限。

三、透射电子显微镜及细胞化学方法在兰科菌根研究中的应用

透射电子显微镜(transmission electron microscope，TEM)以电子束为光源，可以观察到光学显微镜下无法看清的超微结构。应用在兰科菌根研究中，可以实现对细胞内线粒体和内质网的观察，同时可以对侵入植物细胞的真菌菌丝内部结构进行了解(Martos et al.，2009)，也可以与冰冻蚀刻技术结合对植物-真菌相互作用的膜结构进行考察。经过组织化学和免疫胶体金标记后的细胞内成分，可通过透射电子显微镜观察到该物质在超微结构中的分布。

未经组织化学染色或免疫金标记的兰科菌根样品，使用透射电子显微镜可观察到侵入植物细胞内真菌菌丝的内部结构，以及植物与真菌相互作用时细胞膜等超微结构的变化。对与小麦纹枯病菌共生萌发的绶草原球茎细胞进行研究时发现，未被真菌定植的细胞内，内质网光滑的一面与细胞膜相连，线粒体与内质网联系紧密；已被真菌定植的细胞内，内质网光滑的一面与包裹真菌的细胞膜联系密切，同时近中央菌丝圈的细胞质内还含有丰富的内质网和线粒体(Uetake and Peterson，2000)。Kottke 等(2010)使用透射电子显微镜对地生型和附生型热带兰

科植物的根内菌丝圈进行了观察，发现一些兰科植物样品根内形成菌丝圈的菌丝具有单隔膜孔和 symplechosome，推断该共生真菌属于小纺锤菌纲（Atractiellomycetes）。在早期侵入原球茎细胞内的完整菌丝内可观察到桶孔隔膜和线粒体，菌丝被原球茎细胞膜和界面基质所包围；还可观察到菌丝正在穿过两个原球茎细胞之间的细胞壁，但细胞壁的形状并未有太大的改变。同时，在包含已经崩塌菌丝的原球茎细胞内可观察到质体、线粒体、脂质体和内质网等细胞器（Peterson and Currah，1990）。

酶类的定位除可直接用相应抗体-胶体金复合物进行标记外，还可利用其本身具有的催化活性进行组织化学染色。定位酸性磷酸酶就是利用酶本身的活性分解磷酸酯而释放磷酸基，磷酸基再与铅盐发生反应形成无色磷酸铅沉淀物，之后经过硫化铵作用最终形成棕黄色至棕黑色的硫化铅沉淀，从而显示酸性磷酸酶在细胞中的分布。有研究发现，被蜜环菌定植的天麻皮层中三种类型的含有真菌的皮层细胞（菌丝结细胞、空腔细胞、消化细胞）内酸性磷酸酶活性位置有所不同。空腔细胞和含有衰老菌丝结细胞内，酸性磷酸酶活性出现在菌丝内，随着菌丝内部产生大量的酸性磷酸酶导致菌丝自溶；而在消化细胞中，进入细胞内的真菌菌丝会被大量包含酸性磷酸酶的微小颗粒所包围，之后酶颗粒融合形成包围菌丝的消化泡，最终菌丝被细胞产生的溶酶体水解酶消化（王贺和徐锦堂，1993）。

免疫胶体金技术（immune colloidal gold technique））是以胶体金作为示踪标志物，结合抗原-抗体反应的一种免疫标记技术。使用免疫胶体金技术，可以对超薄切片进行特异性标记，了解某物质在亚细胞结构上的分布。在研究被不同共生真菌侵染的兰科植物 *Limodorum abortivum* 是否会在根细胞中引起不同的反应时，使用果胶的单克隆抗体（JIM5）对分别包裹着两种真菌菌丝圈的植物界面组成成分进行研究，发现果胶仅在包裹着角担属（*Ceratobasidium*）真菌的植物界面上，而在包裹红菇属（*Russula*）真菌的植物界面上未检测到（Paduano et al.，2011）。通过分别用胶体金-纤维二糖水解酶 I 复合物（colloidal gold-Pellobiohydralase I，CBH-I）标记纤维素、使用单克隆抗体 JIM5 和 JIM7 标记果胶，以及使用多聚吡喃葡萄糖多克隆抗体标记 β-1，3-葡聚糖，观察被共生真菌定植的原球茎细胞内的真菌与植物细胞相互作用界面发现，包裹活性菌丝的界面基质上并未被标记，而包裹菌丝碎片的界面基质上则检测到果胶和 β-1，3-葡聚糖（Peterson et al.，1996）。

冰冻蚀刻技术（freeze-etching）是将样品置于液氮中进行冰冻后，用冷刀将标本劈断，升温使冰在真空条件下升华将断面结构暴露出来，再向断面喷涂铂和碳加强反差，用次氯酸钠消化样品后所得到的碳-铂膜，具有样品断裂面处的结构（Miihlethaler，1963）。使用该技术对兰科植物 *Dactylorhiza purpurella* 被共生真菌定植的原球茎细胞内植物与真菌相互作用的界面进行考察，发现侵入植物细胞的菌丝并未穿透植物细胞膜，在与植物细胞膜紧密接触的真菌细胞壁上会产生很多半球形的突起，经过计算这些突起将相互作用界面的表面积增大了 15%（Hadley et al.，1971）。

透射电子显微镜及相应细胞化学技术在兰科菌根研究中的应用大大推进了关于植物-真菌相互作用界面的研究水平，也实现了对真菌菌丝内部结构的观察。但由于观察范围非常有限，需要前期使用光学显微镜对所要观察的部位进行确认，因此试验周期较长。另外，虽然可以进行超微结构的观察，但对某些细胞成分在整个细胞中的分布情况还需结合细胞水平的观察。

四、扫描电子显微镜在兰科菌根研究中的应用

扫描电子显微镜（scanning electron microscope，SEM）是利用二次电子信号成像，用来观察

样品的表面形态结构。其在兰科菌根中的应用主要以观察种子表面真菌分布、菌根内部真菌定植情况和菌丝团形状为主。在共生真菌在兰科植物原球茎表面分布情况的研究中，使用扫描电子显微镜对已长出叶原基的原球茎进行观察，发现真菌菌丝包围着胚柄，且频繁出现在表皮毛发生部位的顶端，并进一步包围着正在生长的表皮毛(Peterson and Currah，1990)。借助扫描电子显微镜还可观察到菌丝团在根细胞内的立体结构，以及菌丝结、淀粉粒、细胞核在根细胞内分布的相对位置(孙晓颖，2014)。扫描电子显微镜可以实现对样品外部形态结构的观察，但所观察到的样品颜色单一，仅能依靠不同结构的形态特征进行分辨，因此需与其他显微镜的观察结果相结合。

五、展 望

随着显微成像技术的发展，多种成像技术可根据兰科菌根研究需要进行选择。但每种成像技术在具备其成像特点的同时，不免有一些不能至善至美的缺陷，如普通光学显微镜分辨率有限、荧光显微镜的观察样品易发生荧光猝灭、透射电子显微镜暂时只能对一个物质进行标记定位等，因此，这就需要选择多种显微成像技术和细胞化学方法进行相互印证。曾经广泛应用于普通光学显微镜观察的染料，被越来越多地应用于荧光显微镜和激光扫描共聚焦显微镜中，使旧染料再次重获新生。所以，旧染料在不同显微成像技术中的新应用，将激发出这些成像技术更多的应用潜力。对兰科菌根共生体中真菌与植物相互作用机制的探讨还在继续，不仅需要多种成像技术和细胞化学方法相结合提供形态学和细胞学证据，更需要将分子生物学、生物化学等学科的研究成果与形态学、细胞学研究相结合，并最终寻找到探求兰科菌根相互作用真相的真理之路。

(周丽思 郭顺星)

参考文献

弓明钦，陈应龙，仲崇禄，等. 1997. 菌根研究及应用. 北京：中国林业出版社.

郭绍霞，孟祥霞，张玉刚，等. 2003. 牡丹 AM 菌根菌自然侵染率的调查. 中国农学通报，19(3)：77-78，83.

郭顺星，徐锦堂. 1990.白及种子染菌萌发过程中细胞超微挂构变化的研究. 植物学报，32(8)：594-598.

李和平. 2009 植物显微技术. 第 2 版.北京：科学出版社，18-19.

刘成运. 1982. 天麻食菌过程中蜜环菌活力的变化及几种酶的组织化学定位.植物学报，24(4)：307-310.

刘润进，陈应龙. 2007. 菌根学. 北京：科学出版社.

刘润进，李晓林. 2000. 丛枝菌根及其应用. 北京：科学出版社.

潘超美，陈汝民，叶庆生. 2002. 野生建兰菌根的显微结构特征. 广州中医药大学学报，19(1)：60-62.

孙晓颖. 2014. 五种野生兜兰植物菌根真菌多样性研究. 北京:北京林业大学博士学位论文.

王贺，徐锦堂. 1993. 蜜环菌侵染天麻皮层过程中酸性磷酸酶的细胞化学研究. 真菌学报，12(2)：152-157.

徐锦堂，牟春. 1990.天麻原球茎生长发育与紫萁小菇及蜜环菌的关系. 植物学报，32(1)：26-31.

徐锦堂，牟春，冉砚珠. 1990. 天麻种子萌发动态及紫萁小菇菌丝侵入的细胞学观察. 中国医学科学院学报，12(5)：313-317.

周启武，于龙凤，路浩，等. 2014. 小花棘豆和变异黄芪内生真菌显微分布及定量检测. 微生物学报，54(5)：572-581.

Bridson D，Forman L. 1992. The Herbarium Handbook：Revised Edtion.Kew:Royal Botanic Gardens Kew.

Culling CFA. 1974. Modem Microscopy：Elementary Theory and Practice. London：Butterworths，

Darken MA. 1961. Applications of fluorescent brighteners in bio- logical techniques. Science(Washington，D.C.)，133：1704- 1705.

Dearnaley JDW，McGee PA. 1996. An intact microtubule cytoskeleton is not necessary for interfacial matrix formation in orchid protocorm mycorrhizas. Mycorrhiza，6(3)：175-180.

Feder N，O'Brien TP. 1968. Plant microtechnique：some principles and new methods. American Journal of Botany，55：123-142.

Gerlach D. 1977. Botanische Mikrotechnik.2nd. Stuttgart：Georg Thieme.

Gerrits PO. 1985. Verfahren zur Farbung von Gewebe，dm in 2-Hydroxyethyl-methacrylat Eingebettet Viird.2nd. Wehrheim：Kulzer & Co, GmbH.

Hadley G，Johnson RPC，John DA. 1971. Fine structure of the host-fungus interface in orchid mycorrhiza. Planta，100(3)：191-199.

Hadley G，Williamson B. 1971. Analysis of the post-infection growths stimulus in orchid mycorrhiza. New Phytologist，70(3)：445-455.

Hadley G，Williamson B. 1972. Features of mycorrhizal infection in some Malayan orchids. New Phytologist，71(6)：1111-1118.

Hahn H，Huth W，Schöberlein W，et al. 2003. Detection of endophytic fungi in *Festuca* spp. by means of tissue print immunoassay. Plant Breeding，122(3)：217-222.

Harrington BJ，Raper KB. 1968. Use of a fluorescent brightener to demonstrate callulose in cellular slime moulds. Appl Microbial，16：106-113.

Hughes J，Mcully ME. 1975. The use of an optical bright ener in the study of plant structure. Stain Technol，50：319-329.

Jensen WA. 1962. Botanical Histochemistry. San Francisco：Freeman.

Kottke I，Suárez JP，Herrera P，et al. 2010. Atractiellomycetes belonging to the 'rust'lineage(Pucciniomycotina) form mycorrhizae with terrestrial and epiphytic neotropical orchids. Proceedings of the Royal Society of London B：Biological Sciences，277(1685)：1289-1298.

Martos F，Dulormne M，Pailler T，et al. 2009. Independent recruitment of saprotrophic fungi as mycorrhizal partners by tropical achlorophyllous orchids. New Phytologist，184(3)：668-681.

Miihlethaler K. 1963. Fine structure in frozen-etched yeast cells. Canadian Journal of Botany l，17：609-629.

Paduano C，Rodda M，Ercole E，et al.2011. Pectin localization in the Mediterranean orchid *Limodorum abortivum* reveals modulation of the plant interface in response to different mycorrhizal fungi. Mycorrhiza，21(2)：97-104.

Paulson RE，Srivastava LM. 1968. The fine structure of the embryo oi *Lactuca sativa.* I. Dry embryo. Canadian Journal of Botany，46(11)：1437-1445.

Peterson RL，Currah RS. 1990. Synthesis of mycorrhizae between protocorms of *Goodyera repens*(Orchidaceae) and *Ceratobasidium cereale*. Canadian Journal of Botany，68(5)：1117-1125.

Peterson RL，Uetake Y，Bonfante P，et al. 1996. The interface between fungal hyphae and orchid protocorm cells. Canadian Journal of Botany，74(12)：1861-1870.

Phillips JM，Hayman DS. 1970. Improved procedures for clearing roots and staining parasitic and vesicular-arbuscular mycorrhizal fungi for rapid assessment of infection. Transactions of the British Mycological Society，55：157-160.

Rasmussen HN. 1990. Cell differentiation and mycorrhizal infection in *Dactylorhiza majalis*(Rchb. f.) Hunt & Summerh. (Orchidaceae) during germination *in vitro*. New Phytologist，116(1)：137-147.

Rasmussen HN，Whigham DF. 2002. Phenology of roots and mycorrhiza in orchid species differing in phototrophic strategy. New Phytologist，154(3)：797-807.

Reeve RM. 1959. Histological and histochemical changes in developing and ripening peaches 1. The catachol tannins. American Journal of Botany，46：210-217.

Senthilkumar S，Krishnamurthy KV，Britto SJ，et al. 2000. Visualization of orchid mycorrhizal fungal structures with fluorescence dye using epifluorescence microscopy. Current Science，79(11)：1527-1528.

Uetake Y，Farquhar ML，Peterson RL. 1997. Changes in microtubule arrays in symbiotic orchid protocorms during fungal colonization and senescence. New Phytologist，135(4)：701-709.

Uetake Y，Peterson RL. 2000. Spatial associations between actin filaments，endoplasmic reticula，mitochondria and fungal hyphae in symbiotic cells of orchid protocorms. Mycoscience，41(5)：481-489.

第四十七章 药用植物内生真菌分离鉴定及其与植物的双重培养方法

第一节 药用植物内生真菌分离培养方法

本章对内生真菌的分离培养、优良菌株的筛选、菌剂的生产及内生真菌的鉴定方法等几个方面加以综述。

一、内生真菌的分离培养

内生真菌的分离主要采用组织块表面消毒分离法。

(一)植物材料的采集与前处理

从菌根组织上进行菌种分离需要采用幼嫩、新鲜的根段，尽量随采随用，若不能马上分离需将样品暂时放于4℃低温保存。选择健康、无病虫害植株的根等部位作为研究对象，采样要具有代表性和典型性。例如，兰科植物菌根真菌定植于根的皮层细胞内，并形成典型的菌丝团结构。首先将植物材料用流水进行冲洗，小心除去植物表面菌丝、孢子及土壤颗粒，尽量减少对植物材料的损害。有研究报道，为保证清洗效果，清洗时加入表面活性剂(如洗洁精)或用流水清洗时以超声波进行处理(王志勇和刘秀娟，2014；Xing et al.，2011)。

(二)植物材料的表面消毒

目前，应用最广泛的消毒剂为乙醇、次氯酸钠和氯化汞。其中，乙醇具有一定的脂溶性，能够促进蛋白质凝固并具有脱水的作用，但因乙醇消毒的局限性，必须与其他消毒剂配合使用。次氯酸钠的使用浓度为1%～10%，一般使用浓度为5%。氯化汞的使用浓度为0.1%～0.2%，但因其毒性较大，在菌根真菌的分离过程中越来越受到限制。研究发现，药用植物内生真菌在分离、纯化过程中须应用乙醇浸渍表面消毒技术对植物组织进行处理(Qin et al.，2011)。植物材料的表面消毒通常采用乙醇与次氯酸钠配合的方式，消毒程序根据植物的种类、器官、生长年限、生长阶段及质地不同而不同。

(三)真菌培养基的种类、培养条件及选择性分离试剂的选择

1. 真菌培养基的种类

培养基的选择要考虑目标内生真菌的性质。国内植物内生真菌分离最常用的培养基有PDA培养基、察氏培养基和马丁氏培养基等；在国外，最常用的是麦芽浸膏(1%～2%)琼脂培养基、PDA 培养基，有时上述三种培养基可与酵母浸膏(0.1%～0.2%)结合使用。分离真菌所用培养基是按照各种真菌所必需的营养物质来选择配制的，不同内生真菌所需营养物质有所不同，因而针对不同的内生真菌需要选用不同的培养基。培养基一般分为天然培养基和合成培养基两大类，天然培养基是在马铃薯、麦芽、蔬菜等多种植物经煮沸后的滤液中加入其他无机盐类等配制而成的，合成培养基是由不同氮源、碳源、无机盐及一些生长素等化学药品配制而成的。

(1)PDA培养基：马铃薯200g、葡萄糖18～20g、琼脂12～20g、蒸馏水1000ml，最常用。在培养基中可加入青霉素、链霉素抑制细菌和放线菌的生长。

(2)麦麸琼脂(WBA)培养基：麦麸30g，葡萄糖20g，琼脂12g，蒸馏水1000ml。

(3)马铃薯麦芽汁葡萄糖琼脂培养基：20%马铃薯汁500ml，麦芽汁500ml，葡萄糖20g，琼脂15～20g，维生素 B_1 0.05g，pH 6.5。

(4)综合马铃薯汁培养基：20%马铃薯汁1000ml，葡萄糖20g，$MgSO_4·7H_2O$ 1.5g，维生素微量，KH_2PO_4 3g，琼脂20g，pH 6。

(5)MMN培养基：$CaCl_2·2H_2O$ 0.05g，麦芽粉3g，NaCl 0.025g，葡萄糖10g，KH_2PO_4 0.5g，牛肉汁+蛋白胨15g，$(NH_4)_2HPO_4$ 0.25g，维生素 B_1 0.1mg，$MgSO_4·7H_2O$ 0.15g，$FeCl_3$(1%溶液)1.2ml，琼脂20g，蒸馏水1000ml。

(6)PACH培养基：KH_2PO_4 1g，$Na_2SO_4 · 2H_2O$ 0.27mg，$MnCl_2 · 2H_2O$ 0.005g，琼脂10g，$ZnSO_4 · 7H_2O$ 0. 11mg，pH 5.4，FeEDTA 0.02g，蒸馏水1000ml。

(7)FDA培养基：NH_4Cl0.5g，麦芽粉5g，NaH_2PO_4 0.5g，琼脂10g，$MgSO_4 · 7H_2O$ 0.05g，pH 5.0，葡萄糖20g，蒸馏水1000ml。

(8)Gamborg培养基：$(NH_4)_2SO_4$ 1.625g，K_2HPO_4 163mg，$MgSO_4·7H_2O$ 246mg，$CaCl_2·2H_2O$ 147mg，FeEDTA 37.3mg，$FeSO_4·7H_2O$ 28mg，$MnSO_4·H_2O$ 0.1mg，$ZnSO_4·7H_2O$ 2mg，$CuSO_4$0.025mg，$Na_2SO_4·2H_2O$ 0.025mg，$CoCl_2·2H_2O$ 0.025mg，KI 0.75mg，右旋葡萄糖5g，维生素10mg，琼脂8g，pH 5.5，蒸馏水1000ml。

(9)天冬酰胺培养基：淀粉20g，$MgSO_4 · 7H_2O$ 0.5g，天冬酰胺1.5g，K_2HPO_4 0.5g，琼脂20g，蒸馏水1000ml，pH 5.5。

(10)改良MMN培养基：$CaCl_2 · 2H_2O$ 0.05g，麦芽汁100ml，NaCl 0.025g，葡萄糖10g，K_2HPO_4 0.025g，琼脂20g，$(NH_4)_2HPO_4$ 0.25g，维生素0.1g，$MgSO_4·7H_2O$ 0.15g，蒸馏水1000ml，$FeCl_3$(1%)1.2ml，pH 5.5。

(11)M-76培养基：K_2HPO_4 1g，酒石酸铵0.5g，$MgSO_4 · 7H_2O$ 0.5g，维生素 B_1 0.5mg，$ZnSO_4$ 0.5mg，葡萄糖20g，$FeCl_3$(1%)0.5ml，琼脂20g，蒸馏水1000ml，pH 5.5。

(12)MEA培养基：麦芽浸膏30g，大豆蛋白胨3g，琼脂15g，蒸馏水1000ml。

2. 选择性分离培养基及培养条件的选择

由于生长快的真菌常常会阻止或掩盖生长缓慢菌种的生长与存在,因此在最初分离时常使用营养贫乏的培养基阻止其过度生长。虽然许多真菌在营养贫乏的培养基易扩散而生成不易识别的菌落，但是若以减少污染、选择性的分离目标菌株为目的，许多工作者在分离时习惯用水琼脂培养基进行分离。在培养基中添加选择性生长抑制剂和抗生素也能用来延缓和抑制某些菌的生长。在营养丰富的培养基中加入选择性生长抑制剂［如邻苯基苯酚(OPP)］，这对于从植物组织中分离特定内生真菌非常关键。此外，应用抗生素［如链霉素(streptomycin)］抑制一些细菌的生长对某些植物组织来说是非常必要的。有时表面活性剂(苄基三甲胺、氢氧化物、SDS)和有机酸(丹宁酸、乳酸)也在培养基中用作选择性试剂(Mueller et al. 2004)。例如，Teles 等(2006)分离来自 *Xylopia aromatica* 叶的内生真菌时，使用 PDA 培养基培养，加入庆大霉素(0.5mg/ml),25℃培养 10 天,得到活性内生真菌 *Periconia atropurpurea*。Bills 和 Polishook(1991; 1992)研究分离培养基对物种多样性的影响,发现从美国尖叶扁柏 *Chamaecyparis thyoides* 枝条和叶中分离内生菌时，在 1%麦芽浸膏和 0.2%酵母浸膏混合培养基中加入 50ppm 链霉素和 50ppm 金霉素，培养得到的菌种最丰富；当在培养基中加入真菌生长抑制剂时，能从鹅耳枥属 *Carpinus caroliniana* 树皮中分离得到更丰富的菌种。生长在选择性培养基中的真菌应尽可能快地转移到无抑制剂的培养基中进行二次培养，提高正常孢子形成机会以便更好地鉴定。

培养条件的选择对内生真菌的分离也是非常重要的,一般根据宿主组织的起源选择合适的培养条件。培养温度应反映自然条件下的温度情况，典型温度为 18～25℃。培养湿度和光照周期对内生菌出现的影响仍然未知，但它们能够影响孢子形成和用于菌种区分的一些特征。由于内生真菌出现很慢，有时需要培养很长时间，培养基可能出现干燥情况。用薄膜密封平板能防止培养基脱水干燥，但也会抑制孢子形成。缓慢地脱水干燥常促进孢子形成，腔孢纲尤其如此。在具有湿度调节的培养室或塑料盒中培养平板能防止水分的快速蒸发。

(四)消毒材料的接种

植物的根或茎采用切片法分离,将表面消毒后的植物材料切成 0.5cm×0.5cm 的方形小块，切面朝下，接种于培养基。植物的叶或细嫩的茎采用匀浆法，即将消毒后的植物材料用无菌剪刀剪成小块后，加入一定量的石英砂研磨，研成匀浆后再涂布于培养基表面。也可采用无菌匀浆机或植物组织捣碎机将表面消毒后的植物材料进行匀浆后再涂布(Vendan et al., 2010)。

组织分离法操作简单,不需要复杂的仪器设备,应用广泛,缺点是分离得到的杂菌较多(王亚妮等，2013)。应用组织分离法分离药用植物内生真菌，植物表面消毒及分离培养条件是两个关键因素(何佳等,2009)。在对内生真菌的研究过程中有的学者对组织分离法做过一些改进。Yamato 等(2005)在对虎舌兰(*Epipogium roseum*)内生真菌的分离过程中把经过表面消毒的菌根段在无菌水中用玻璃棒碾碎,然后在培养皿中与 Czapek Dox 琼脂培养基(蔗糖 0.5g, $NaNO_3$ 0.33g，KH_2PO_4 0.2g，$MgSO_4{\cdot}7H_2O$ 0.1g，KCl 0.1g，酵母膏 0.1g，琼脂 15.0g，蒸馏水 1000ml)混匀，25℃暗培养。在显微镜下用灭菌的解剖刀把从菌丝圈上长出的菌丝挑出，移到 PDA 培养基上培养。

在内生真菌纯化过程中，PDA 和 MMN 是目前最常用的培养基。然而，单一培养基存在一定的局限性，尤其是不同的菌种，对环境和营养条件，如 pH、温度、营养物质的种类及浓度要求不同，因此，有必要对菌种的最适培养基、培养条件进行探索(Zhu et al., 2008；温祝桂和陈亚华，2013）。

二、丛枝菌根真菌的分离培养

作为专性活体营养微生物，丛枝菌根真菌至今仍不能在离体条件下实现纯培养。只能依靠活体植物对其进行繁殖。

（一）孢子分离法

收集土壤中菌根真菌的孢子是丛枝菌根研究工作中的重要环节，目前最常用的是湿筛倾析法。土样采自植物根区表土以下 20cm 深的土壤。

1. 湿筛倾析法

（1）将采集的土壤样品分别混匀，称取 20g 放入 150ml 无菌蒸馏水中，用清水浸泡 30～40min。

（2）过筛：用孔径 55～800μm 洁净的土壤筛分层重叠放置，小孔径在最底层，并使筛面适当倾斜。

（3）用玻璃棒搅拌土壤浸泡液，停放后待大的石砾或杂物沉积在容器底部，将上层的土壤悬浮液慢慢地倒入最上一层的土壤筛内，最好集中在小范围内倾倒，以保证筛出的孢子尽量集中，减少损失。

（4）用清水继续冲洗各筛面的筛出物，直至没有土壤微粒为止。

（5）用清洁的洗瓶分别将各筛面上滞留的筛出物轻轻地洗入洁净的培养皿内。培养皿内的筛出物除了有相应孔径的沙粒和杂物外，就是不同直径的丛枝菌根真菌的孢子。

（6）将含有筛出物的培养皿放在双目解剖镜下观察。用吸管分别将相同形态的孢子逐个移入小玻璃瓶内，或放在滤纸上（刘润进和陈应龙，2007）。

2. 密度梯度离心法

参照文献中介绍的方法进行（王茂胜和江龙，2010），具体操作步骤如下：在离心管中配制由蔗糖、甘油等不同密度媒质溶液组成的不同浓度的梯度柱，随着离心力的作用，使不同密度的丛枝菌根真菌的孢子分别析离在不同梯度浓度的界面上，从而达到分离出不同孢子的目的。

步骤（1）～（3）完全与湿筛倾析法相同。

（4）将用清水冲洗的筛出物装入离心管内，加水至 1/2 处离心。

（5）除去水面杂物及上清液，有时上清液中含有较轻的孢子，应先检查后再弃。保留下部沉淀物，加 2mol/L 蔗糖溶液至离心管的 1/2 处，离心 1～2min。

（6）离心后丛枝菌根真菌的孢子多浮于液体表面。因此，可分别将上清液倒入放有滤纸的最小孔径的筛网上，用清水仔细冲洗糖液，即可获得不同直径的孢子。

罗充等（2013）应用湿筛倾析蔗糖离心法分离根际土壤中的丛枝菌根真菌孢子，在解剖镜下观察并挑选孢子，并将其保存于生理盐水中，经过鉴定，揭示了贵阳市东山何首乌丛根菌根真菌的种类及其多样性。

(二) 诱捕培养(trap culture)法

参照 Brundrett 等(1994)介绍的方法，将孢子量少的 200～300g 土样与无菌沙等体积进行混合盆栽，补充适量营养液和水分，再播种已催芽的紫云英种子，光照培养 12～16 周待孢子大量形成后，取土样筛选丛枝菌根真菌孢子。

三、兰科菌根真菌的分离培养

(一) 单菌丝团分离法

单菌丝团分离法由 Warcup 和 Talbot 首先于 1967 年建立并推广，与组织分离法相比，该方法分离的准确性大大提高。

兰科菌根真菌定植于根的皮层细胞内，并形成典型的菌丝团结构。兰科菌根真菌的分离首选是从被真菌侵染的根表皮细胞中分离出菌丝团进行培养。首先，将根段用无菌水反复清洗，除去表面杂菌，在显微镜下观察并用无菌针将菌丝团释放，然后将菌丝团单独培养即可获得菌根真菌。该方法不使用任何消毒剂，能将菌丝团充分释放出来单独培养，不仅成功避免了杂菌干扰的问题，使菌根真菌分离的准确性提高，还可省去后续繁琐的筛选工作，被认为是更适合于兰科菌根真菌分离的方法，其缺点是部分菌根真菌目前还无法实现纯培养(朱国胜，2009)。此外，还可利用徒手切片或低温冷冻切片机把经过表面消毒的样品根段切片，然后在光学显微镜下用经消毒的解剖针把菌丝团挑出，转入 PDA 培养基中 20～25℃恒温箱培养。切片法直接分离菌丝团避免了样品表面和根内组织真菌的污染，大大提高了菌根真菌分离的准确率。Pereira 等(2003)在对兰科植物菌根真菌研究中，用莱卡冷冻切片机将菌根材料切片，然后在光学显微镜下镜检菌丝圈的存在，有菌丝圈存在的切片置于 Melin-Norkrans 琼脂培养基上 28℃培养一周，然后用灭菌的刀片切下外围菌丝移到 PDA 培养基上培养。此外，兰科菌根真菌的分离还可采用本节介绍的组织分离法(Chen et al.，2011；2012；2013；陈娟等，2013)。

(二) DNA 提取分离法

DNA 提取分离法由 Taylor 和 Bruns(1997)提出，Kristiansen 等(2001)在其基础上进行了改进。具体操作为：先按单菌丝团分离法获得兰科植物菌根中的单菌丝团，提取单菌丝团的 DNA 后进行 PCR，从而获得菌根真菌的分子信息。该方法在单菌丝团分离法准确性高的基础上，绕过了真菌的培养环节，因此，可以获得可培养和不可培养的所有菌根真菌信息，而且该方法对植物样品的要求降低，即不只局限于新鲜的根段，干燥保存的样品也同样适用(侯天文，2010)。缺点是不能得到实际菌株，因此无法在生产中实际应用。药用植物菌根真菌的分离与培养是菌根、真菌研究和应用的前提与基础，在菌剂的制备、菌种的扩繁、菌根及菌根真菌的生物学研究，以及珍稀濒危真菌种质资源的保护中都需要对菌根真菌进行分离、培养，获得纯菌株。

四、菌根菌剂的生产技术

菌根菌剂是指利用菌根真菌的繁殖体，如孢子、菌丝，经过人工繁殖，加工配制，形成具有一定形状及特性的商业化产品，可以直接用于大量苗木接种的接种体。菌根菌剂用于植物生产，能够促进植物生长、增加产量、提高品质等特定效应，在这些效应的产生中，菌根真菌起到了关键作用(冯雪姣，2010)。丛枝菌根菌剂为常用的内生菌根菌剂。目前，国内外应用的菌剂类型包括固体菌剂、液体菌剂、丸剂、粉剂、颗粒剂或其他类型。

丛枝菌根菌剂的生产较困难，接种剂的缺乏极大地限制了丛枝菌根在农业生产中的广泛应用。几十年来，国内外许多学者和科研工作人员对丛枝菌根真菌纯培养进行大量的探索性工作，取得了一些成果，但尚未取得突破性的进展，目前仍沿用活植物根系作为丛枝菌根真菌接种体的主要繁殖方法。丛枝菌根菌剂的生产包括以下几种方法。

1. 盆钵培养法

自从 Gilmore 首先运用丛枝菌根真菌的孢子接种活体植物获得成功以来，盆钵培养法已成为增殖丛枝菌根菌剂的常规方法(Gilmore，1968)。盆钵培养法是将丛枝菌根真菌的繁殖体(菌丝、孢子、菌根根段、泡囊或侵染土壤)接种于活体植物生长的盆钵基质中，从而获得丛枝菌根真菌繁殖体的混合菌剂。具体方法是将灭菌后的混合基质分装到直径约为 15cm 的洁净小花盆内，基质高度为盆高的 2/3 左右；挑取预先用湿筛倾析法从土壤中分离出的单个或多个孢子，在 10%的漂白粉溶液中消毒 30min，然后用无菌水漂洗数次后小心放在花盆内，在其上面撒一薄层基质，将灭菌并经催芽的三叶草种子播种到花盆中，移到温室内进行培养。目前为止，来自盆钵培养法的孢子与根段仍然是应用最广泛和最可靠的菌剂(温莉莉等，2009)。在建立生产优质丛枝菌根菌剂的盆栽培养体系过程中，基质的选择尤为重要。研究发现，将摩西球囊霉接种至不同的培养基质中，以高粱为宿主植物，筛选出沙土混合物为最佳基质(陈宁等，2007)。

盆钵培养法为丛枝菌根真菌菌剂扩繁的主要方式，其优点在于操作简易、方法可靠；缺点是培养周期较长，开放管理易污染，繁殖体产量少且不便于运输携带。

2. 培养基培养法

培养基培养法是将宿主植物的种子表面消毒后，用无菌蒸馏水洗去消毒液，然后将种子播种至营养琼脂培养基上进行催芽，待种子发芽后，再转移至斜面培养基上培养，取 10～15 个孢子置于幼苗根系附近，在室温条件下培养。当丛枝菌根真菌侵染并在植物根系中大量繁殖时，即可获得无杂菌生长的丛枝菌根真菌根段菌剂，植物根段中含有孢子、菌丝、泡囊和丛枝等繁殖体结构。培养基中的营养物质和外源物质对丛枝菌根真菌的培养具有重要影响。研究发现，培养基中适量的有机酸、可溶性盐、维生素、蔗糖，以及土壤和植物根的提取物可促进孢子萌发和芽管的伸长(刘建福等，2005)。研究发现，类黄酮作为一种分子信号物质能够刺激丛枝菌根共生体的形成，根的分泌物与类黄酮均可刺激丛枝菌根真菌生长，但类黄酮本身并非丛枝菌根真菌生长所必需的物质(Becard et al.，1995)。该培养法仅能获得少量纯度较高的接种物，可用于菌根生理生化及分子生物学等方面的研究。

3. 静止营养液培养法

将丛枝菌根真菌孢子与三叶草的种子放在漂浮于营养液中的网筛与其中的沙基质中培养，真菌的菌丝与植物的根系穿过网筛在其中的营养液中生长，由此获得的菌根及营养液均可作为接种剂(Crush and Hay，1981)。

4. 半水培的静止营养液培养法

该方法是将寄主植物根系置于透气保水性好的河沙中，将河沙过筛、淘洗、风干，干燥灭菌后作为固定基质，定期喷洒质量分数为 10%的 Hoagland 营养液，将接种好的寄主容器浸泡于营养液中，Hoagland 营养液需要定期更换(张英等，2001)。Crush 和 Hay(1981)等用水培法获得菌剂，他们用一个漂浮在营养液面上的聚苯乙烯卵筏来支持网筛，将基质砂放在网筛上，然后接上三叶草的种子和丛枝菌根孢子进行培养,长出的根系和菌丝体穿过网筛在营养液中生长，这就大大提高了菌剂的纯度。

赵志鹏和郭秀珍(1991)采用根段培养技术在无菌条件下以红三叶草为载体植物,制备了单一的地表球囊霉菌根菌剂。菌根菌剂采用蛭石作为固体基质，装入带有封口膜的耐高温塑料小袋中，营养液为改良 White 培养液，高压蒸汽灭菌 1h。从纯培养合成的丛枝菌根根系上选取带有根尖的一段根，经无菌蒸馏水清洗，置入塑料袋中 25℃无光条件下培养，将丛枝菌根根系转移到塑料小袋中后，根系会继续生长，丛枝菌根真菌在根内的生长也不停止。这时的丛枝菌根根系即为菌剂，并以此为接种体，以鄂川泡桐为寄主，首次将丛枝菌根菌剂接种到植物组织培养的试管苗上。一个月后发生侵染，形成了丛枝和泡囊，菌根感染率为 50%。植物化学分析结果表明，与对照相比，试管苗叶部所含的氮和磷元素总量有一定的提高，而且能更有效地缩短试管苗的移栽周期，提高试管苗的成活率。由于丛枝菌根真菌一般不存在于红三叶草的根尖部位，因而在使用丛枝菌根菌剂时，应使用根尖 5～8cm 以后的根段，保留完整根尖部分，以使红三叶草根段及其内部的丛枝菌根真菌继续保持同步生长,不断提供新的丛枝菌根真菌接种体。因而这种方法制备的丛枝菌根菌剂与其他类型的接种体相比，其利用率大大提高。如果能排除污染，定期向袋内加入一定量的营养液，这种菌剂便能循环使用。

5. 流动营养液培养法

在一定体积的流动液培养槽内铺两侧有铁丝支撑的黑色塑料膜，槽正中拉有铁丝用于固定宿主植物，营养液槽中固定预接种 5%以上侵染率的丛枝菌根真菌宿主植物，槽中营养液淹没根系，经 Hoagland 营养液以 8～10L/min 的流速循环流动，定期检测循环液的养分质量分数与 pH。

6. 雾化培养法

将预接种的 5%～10%宿主植物架在空中，在植物根系周围安装喷雾器，每隔数秒喷射一次雾化的营养液，使根系保持在 100%的相对湿度下，从而满足其对营养和水分的要求(Hung and Sylvia，1988)。

7. 玻璃珠分室培养法

将有机玻璃盒以不同孔径的尼龙网隔成 3 室或 5 室。将种子和孢子放入植物生长室中，植物的根系可以透过筛网到达菌根室，但仅有菌丝能够穿过孔径更小的尼龙网到达真菌室，适量添加 Hoagland 营养液，培养一段时间后，将真菌连同玻璃珠一同转移过筛，再以蒸馏水冲洗，过筛后回收菌体，即可获得接种物。土壤为植物室填充的介质，河沙为菌根室填充的介质，玻璃珠为真菌室填充的介质(温莉莉等，2009)。

8. 大田培养法

选用地势较高、排水较好的沙壤地，并且靠近土质较好的大田附近的非病害区，宿主植物可选择玉米、高粱、三叶草、苏丹草、烟草、苜蓿等，接种剂的用量依据侵染势而定，减少农药用量，在播种初期浇水，播种 10～12 周后即可挖出表层下 20cm 厚的土壤直接应用或加工处理后作为接种剂应用(邵菊芳，2004)。

9. 丛枝菌根真菌与植物离体根器官的无菌双重培养法

丛枝菌根真菌孢子能够在含有无机矿质的无菌的营养培养基中与植物离体根建立起共生体，称为双重培养(Mosse，1962)。后来，以转入发根土壤杆菌 *Agrobacterium rhizogenes* Ri 质粒上 T-DNA 基因的胡萝卜根作为宿主，再将消过毒的单胞丛枝菌根真菌接种于两室培养皿中的宿主根室(菌根室)，当真菌菌丝穿过两室培养皿中间的尼龙网到达另一室(菌丝室)并大量生长繁殖时，即成功建立了丛枝菌根真菌与 Ri T-DNA 转型根的双重单孢无菌培养(Chabot et al.，1992)。丛枝菌根真菌与 Ri T-DNA 转型根双重培养的改良分室单胞无菌培养系统是目前菌剂生产最安全、最高效的一种方法(刘静等，2012)。

丛枝菌根真菌纯培养问题是菌根学领域里的瓶颈问题，至今仍未得到很好的解决，致使针对丛枝菌根真菌的分类学、遗传学及应用等方面的研究受到很大局限。丛枝菌根真菌的纯培养生长受营养状况、物理条件及遗传因素影响，迄今纯培养条件下丛枝菌根真菌生长还不能通过完整的生活史。丛枝菌根真菌离体纯培养研究的关键问题是分析丛枝菌根真菌生长发育所必需的代谢过程中是否有某些抑制真菌生长的障碍和生理上的缺陷。试验中发现丛枝菌根真菌接触宿主根器官前及离体条件下对不同处理的反应中，有一定程度的无宿主发育。Becard 和 Pfeffer(1993)研究证明，球状巨孢囊霉在离体情况下可以生长、复制 DNA 并进行核分裂。丛枝菌根真菌在孢子萌发和萌发菌丝生长过程中伴随着细胞质蛋白质、某些形式的 RNA 及线粒体 DNA 的合成。丛枝菌根真菌萌发孢子中具有谷氨酸脱氢酶、琥珀酸脱氢酶和甘油醛-3-磷酸脱氢酶活性，这表明孢子萌发过程中有三羧酸循环和糖酵解途径运作(Siqueira，1987)，在相应的理化条件下(适宜的湿度、温度和 pH 等)，丛枝菌根真菌所具有的相应遗传信息和生物合成能力就能够使孢子萌发。实验证明，丛枝菌根真菌在离体条件下可在培养基中吸收碳、磷，甚至可以产孢。彭生斌和沈崇尧(1990)在离体条件下对球囊霉属菌株进行多孢纯培养，研究影响丛枝菌根真菌孢子萌发、菌丝生长和“无性孢子”发生的一些外界因素，如低温(0～4℃)、培养方式和其他微生物的存在等。结果表明，低温刺激、厌氧和孢子表面的活性因子都可以影响丛枝菌根真菌孢子萌发；用大豆根愈伤组织及其细胞抽提液处理 3 种离体培养的球囊霉属真菌，结果发现，大豆根细胞和愈伤组织抽提液对其中两种球囊霉属真菌孢子发芽和芽管伸长均有明显的促进作用，认为在大豆根愈伤组织和愈伤组织抽提液中有促进丛枝菌根真菌生长的因子存在。抽提液的上清液(残留的 MS 培养基)稀释 2～100 倍后对这些真菌孢子萌发及芽管伸长的抑制作用很明显，稀释 1000～10 000 倍则基本没有影响(彭生斌和沈崇尧，1990)。Ishii 等(1997)在水琼脂培养基上进行了丛枝菌根真菌无菌培养并观察到了孢子萌发，在固体水琼脂培养基上培养观察到大量延伸生长的菌丝，但没有发现产孢，研究者认为丛枝菌根真菌生长促进物质的缺乏是主要原因。Ishii 等(1997)针对丛枝菌根真菌的生长促进物质做了一系列研究，分别在百喜草等植物中获取了 3′-去羟泽兰素、褐藻寡糖、橙皮素、柚皮素-7-芸香糖苷等丛枝菌根真菌生长促进物质，这些物质都能促进离体条件下培养的珠状巨孢囊霉(*Gigaspora argarita*）菌丝的生长。Budi等（1999）在接种摩西球囊霉的双色高粱菌根根际分离到了一种类芽孢杆菌属（*Paenibacillus*）细菌，研究表明这种细菌可抑制土生真菌病害，并能促进菌根的形成。杨晓红等（2001）研究了百喜草茎叶发酵前后甲醇抽提物对珠状巨囊霉菌丝生长的影响，结果表明，丛枝菌根真菌生长促进物质和抑制物质同时存在于新鲜百喜草茎叶中，25%的甲醇提取物对丛枝菌根真菌菌丝的生长促进作用最为明显，抑制物质主要存在于100%的甲醇溶提物中。100%甲醇溶提物中丛枝菌根真菌生长的抑制物质在发酵过程中会被分解，而其中的丛枝菌根真菌生长的促进物质得以保留。迄今为止，丛枝菌根真菌离体纯培养尚没有获得新一代的丛枝菌根真菌孢子（刘润进和李晓林，2000），相信在不久的将来丛枝菌根真菌纯培养问题会得到解决，将更有效地推动菌根学的研究和应用。

（邢咏梅　胡克兴　郭顺星）

第二节　药用植物内生真菌育种方法

内生真菌诱变育种是指以人工诱变方法诱发内生真菌基因突变，改变其遗传结构与功能，经过筛选分离后，从许多变异株中选择性状优良、产量提高的品系（马少丽和刘欣，2014）。人工诱变是菌种选育的重要方法。常用的诱变方法有物理诱变、化学诱变及复合诱变（李荣杰，2009）。有研究者认为，目前对真菌的育种手段主要包括自然选择、杂交育种和诱变育种。除利用激光、紫外线及化学诱变剂等理化因素来筛选出优良真菌菌种外，研究者越来越重视通过原生质体融合技术、基因重组技术等构建发酵工程菌（李羿和万德光，2008）。药用植物内生真菌的育种方法和药用食用真菌的育种方法基本相同，但也有若干不同之处。

一、分离育种

如本章第一节介绍，从野生种中分离出菌种，并进行培养驯化，把符合要求的菌株筛选出来。这种方法对筛选适合某种特殊要求的菌株是有效的，也可发现一些可以作为杂交亲本的有益性状的菌株。分离菌种是一种简单而且有效的育种方法。

二、杂交育种

杂交育种是将两个基因型不同的菌株经吻合（或结合）后，使遗传物质重新组合，再从中分离和筛选具有新性状的菌株（俞俊棠和唐孝宣，1999）。

杂交育种是目前培养新菌株的最有效、最成功手段之一。杂交育种只适合同种之间、同种同品系之间、同种不同品系之间的杂交，种间或属间的杂交在自然条件下几乎是不可能完成的。

同系杂交：以提高同宗配合，使有益性状均一化为目的。为了使优良的性状稳定下来，同品系内的杂交要反复进行多次。

异系杂交：为了提高杂种的优势，不同品系之间的杂交有时可以直接从杂交第一代（F_1）进行筛选，但有时必须反复多次进行杂交才能育出优良的菌株。此外，也可以利用同一种药用菌的单核菌丝和双核菌丝（单双）进行杂交。

进行杂交育种时，首先必须采集到该种真菌成熟的子实体。其次从成熟的子实体中得到孢子或孢子粉，并用连续稀释法或单孢子挑取器，挑取单孢子。再次把稀释的孢子液或单孢子接种到适宜的琼脂培养基上使之萌发成单核菌丝，把每个单孢菌株分别培养在试管中，保藏备用。最后把两种特性不同的单核菌丝按一定的距离接种在同一培养基斜面上，进行交配试验，测定交配型。经过镜检，凡是能形成锁状联合的双核菌丝，经证明杂交成功。将所得到的许多杂交菌株，经过栽培试验或发酵培养，就可以确定这些杂交菌株的优劣，从这些杂交菌株中育出优良菌株。

三、细胞（质体）融合

原生质体融合又称为细胞融合，该技术不受亲合因子的影响，可实现真菌的属间细胞中、种内不同品种间及种间的全基因组的有效混合，使遗传距离较大的属间杂交、远缘种间杂交成为可能。但因杂合子鉴定标准上存在技术难度而影响了该技术的广泛应用（李羿等，2012）。

原生质体融合是把两个亲本的细胞壁分别通过酶解作用使之瓦解，使真菌菌体细胞在高渗环境下释放出仅有原生质膜包裹的球状态体。在高渗环境中，两亲本的原生质体相互混合，加上助融剂聚乙二醇，使之相互凝集并发生细胞融合。随后，两亲本基因组相互交换，完成遗传重组（谭丽华，2010）。

20 世纪 70 年代以来，遗传工程在遗传学和育种学研究中迅速发展，并在动物、植物、工业微生物育种中得到广泛应用。为克服不同种或不同种属间药用菌不能杂交的障碍提供了技术支持。

细胞（原生质体）融合是目前广义遗传工程中应用广泛的一项技术。细胞融合的主要技术包括：用合适的酶，如蜗牛酶、细胞溶壁酶、纤维素酶-木质素酶、几丁质酶等处理菌丝细胞，使细胞壁解体，从而得到大量无壁的原生质体，通过化学、物理方法的诱导，使两个不同种的真菌融合成为异核体；异核体内不同细胞核进一步融合成为共核体；共核体产生再生细胞壁后即成为杂种细胞。

杂种菌丝的生长速率及菌丝形态与两个亲本均不相同。经过同工酶分析，杂种菌株的过氧化物酶、乙酯酶、酸性磷酸酶、超氧化物歧化酶等与两个亲本菌株的完全不同。

细胞融合的主要步骤如下所述。

（1）原生质体的分离和培养。首先选择合适的试验材料，要选生长健壮而且比较幼嫩的菌丝体。其次选择合适的溶壁酶和处理条件。真菌细胞壁成分主要是几丁质，常选用蜗牛酶，以及来自木酶的溶壁酶、纤维素酶等，单独使用或几种混用。此外，还应该注意酶处理的温度、时间及处理后的洗净等问题。

（2）原生质体的融合和再生。原生质体裸露后，选用含一定 Ca^{2+} 的聚乙二醇溶液作为融合剂（也可以进行电融合）。原生质体融合后，可以在加有蔗糖、山梨糖醇、氯化钾等一类渗透压稳定剂的培养基中培养，使融合的原生质体再生。

（3）杂种细胞的选择。原生质体经融合后，可能形成同源融合体（亲本一方的原生质体，自己互相融合）、异源融合体（亲本双方的原生质体互相融合）或未经融合的原生质体。如何从大量的混合体中选出杂种细胞，是细胞原生质体融合育种中的一个极为重要的环节。目前有 3 种比较有效的方法：①利用杂种和亲本的原生质体对某种营养成分反应不同的营养选择法；②利用亲本在营养缺陷型或抗药性上的互补进行鉴定的互补选择法；③对异核体进行早期识别，然后分别培养、定位观察的异核体分别培养法。

郭丹钊和李兰(2006)通过对酶系组成和酶解条件的研究,得出了制备禾本科植物内生真菌 *Neotyphodium* sp.原生质体的最佳条件。此外,液体再生涂布平板法结合 Ca^{2+}作用可使原生质体再生率达 4.72%,为不含 Ca^{2+}处理组的 2.5 倍。

徐峰等(2006)等通过正交设计等试验方法,研究了培养基成分、菌龄、酶系组成、渗透压缓冲剂、酶解温度、pH、时间和再生培养方式等多种因素对产紫杉醇内生真菌 *Fusarium maire* 原生质体制备和再生的影响。

四、诱 变 育 种

诱变育种是人为利用某些理化因子诱导目标菌遗传因子发生突变,再从多种突变体中选出正突变菌株的方法,诱变育种是获得优良食用菌菌株的常用手段。目前来看对育种较为有效的理化因子包括 ^{60}Co、紫外线、离子束、激光、X 射线、超声波、快中子、亚硝酸、亚硝酸胍、氮芥、硫酸二乙酯等。研究人员根据各自的实验条件及不同菌种的特点选择不同的诱变方法,在食用菌新菌种的选育工作中已取得了不少成果。

(一)^{60}Co 辐射诱变育种

^{60}Co 在生物技术上的应用是育种方法学的重要发展。夏志兰等(2004)采用 ^{60}Co 射线诱变杏鲍菇菌丝,在辐照剂量为 1000Gy、剂量率为 67.8Gy/h 的条件下,经过拮抗试验和酯酶同工酶电泳验证选育出一株杏鲍菇新菌株。诱变菌株与供试菌株比较,菌丝积累量差异均达到极显著水平。刘健等(2011)研究发现,将耐乙醇高活性干酵母(原始菌株)进行 ^{60}Co-γ 辐射诱变处理,并逐级筛选得到最佳诱变菌种,其乙醇得率比原始菌株提高了 19.5%。

(二)紫外线辐射诱变育种

紫外线是一种非电离辐射诱变剂,是诱变产生突变的重要手段(李羿和万德光,2008)。陆佩丽等(2004)对松口蘑 Tm-3 出发菌株进行紫外线诱变处理,将菌丝体生长快且茂盛的诱变菌株进行初筛和复筛,比较菌丝体生长量和胞内多糖产量。结果表明,筛选出的诱变株为胞内多糖发酵的优质菌株,其胞内多糖产量比出发菌株提高了 1.19 倍。石一珺等(2008)从药用植物枸骨(*Ilex cornuta*)中分离得到一株产木霉菌素的内生真菌,经鉴定为哈茨木霉,经过两次紫外线二次复合诱变处理,获得高产木霉菌素菌株。

(三)激光诱变育种

激光对生物体的影响主要是由于其热、压力、电磁场和光等的效应。其中,热效应引起酶失活、蛋白质变性,导致生物的生理、遗传变异。压力效应使组织变形、破裂,引起生理及遗传变异。电磁场效应是由产生的自由基导致 DNA 损伤,引起突变。而光效应则是通过一定波长的光子被吸收、跃迁到一定的能级,引起生物分子变异。

薛正莲等(2005)采用 He-Ne 激光对茯苓菌进行了两次照射诱变处理,选育到 2 株生长速率和产量均有较大提高的两次激光诱变株。它们的生长速率分别比原始菌株 F9 提高了 91.1% 和 86.8%;摇瓶发酵周期缩短了 2 天左右,摇瓶发酵 5 天后,它们的生物量最高,分别达到 39.1g/400ml 和 37.7g/400ml,比原始菌株培养 7 天的最高生物量分别提高了 62.9% 和 57.1%。经传代培养分析,诱变株的产量性状稳定。表明激光诱变是获得高产茯苓菌的有效途径。

徐婉如(2008)通过亚硝酸加激光复合诱变与紫外线加激光复合诱变从秦艽根中的内生真菌 QJ18 中得到 2 株最佳的突变株 QJ18-HJ16 与 QJ18-UVJ-7。

第三节　药用植物内生真菌的鉴定与保藏方法

一、内生真菌的鉴定

内生真菌的鉴定通常根据主要的群体和个体形态特点进行归类与鉴定，同时辅以生理生化、分子生物学及化学方法等特征加以鉴别。

(一) 内生真菌的形态学鉴定方法

传统内生真菌鉴定方法是通过离体培养宿主组织，分离得到该组织的内生真菌，之后对得到的内生真菌进行培养、形态观察和鉴定。依靠离体培养方法研究内生真菌多样性，局限于对生长速率快、分布广泛的内生真菌的分离和鉴定，而一些竞争势弱、对生长有特殊要求的内生真菌往往被忽略(Sun et al.，2011)。

内生真菌多样性形态鉴定的主要依据有营养体的形态、繁殖方式、繁殖体的类型及形状、繁殖孢子的类型及形状等(郭春秋等，2003)。因此，丝状真菌的群体形态(菌落形态)特征，如菌落的大小、颜色、表面特征，气生菌丝的质地和生长速率，有无孢子团、子囊壳或菌核产生，有无分泌物(如黏液)等特征是识别它们的重要依据。菌落特征虽然受环境影响很大，不能作为一个相对稳定的分类特征，但是可以作为一个辅助特征，尤其是对一些不产生繁殖结构(如孢子、子实体等)的菌株，菌落特征对划分形态学组有重要的参考价值。

此外，内生真菌的显微特征(内生真菌个体形态特征)也是其鉴定的重要依据。具体的操作方法如下：用解剖针挑起菌丝置于 10% KOH 中，压片进行显微观察；或用透明胶带粘取菌丝置于涂有 10% KOH 的载玻片上，在复式相差显微镜下进行显微观察、测量和拍照。主要观察内容包括孢子的形态(包括大小、形状、颜色、表面纹饰等)、分生孢子梗的形态和产孢方式及菌丝的特征。

为了观察自然生长的菌丝形态，也可以用插片法进行培养，具体方法是将真菌接种到 PDA 培养基上，然后插入无菌的盖玻片 1 片或 2 片，25℃恒温暗培养，待菌丝在盖玻片上面生长后，将盖玻片取出，滴加 10% KOH 溶液进行观察和拍照。

研究发现，大量内生真菌在常规人工培养的条件下只形成营养菌丝而不产生繁殖体和繁殖孢子，因而无法进行形态学分类鉴定，对于不产生孢子的内生真菌，可以通过培养条件的改变及一些理化刺激来促进、诱导其产生孢子，从而进行形态学鉴定(Guo et al.，1998)。当前诱导产生孢子的方法很多，常用的方法有紫外线诱导、低温诱导、光照诱导、扫刷菌丝、低温诱导、培养基更换、接种到灭活的原寄主组织上等，主要是通过各种外界理化刺激使菌株产生应激反应从而产生孢子。不同的诱导方法对不同的菌种有不一样的效果，其中低温诱导适用范围更广，诱导效果也较为理想。

低温诱导方法是将不产生孢子的内生真菌菌株长时间置于不良生长条件下，诱导其产生繁殖结构。

对于不产生孢子的内生真菌，PDA、WBA、MEA 都是常用的内生真菌培养基，特别是

MEA 被认为有促进产生孢子的作用（Bills and Pilishook，1992）。

扫刷菌丝体处理的原理是，经过扫刷可以使菌丝体受伤从而抑制其营养生长，加以其他光照刺激来促进内生真菌的繁殖生长。郭春秋等（2003）和王静等（2005）采用扫刷菌丝体的处理方法，对常规培养条件下不产生孢子的内生真菌菌株进行诱导产孢，二者实验结果差别较大，可能是扫刷处理对不同菌株的影响程度不同所致。

内生真菌的形态学鉴定主要根据 Ellis（1971）、Nelson 等（1983）、Barnett 和 Hunter（1998）、巴尼特和亨特（1977）和魏景超（1979）等所著的几本重要专著，以及发表在各个真菌分类专业杂志上的文献资料将菌株鉴定到属或种一级水平。

研究中发现，总有一部分菌株在人工培养基上经过各种产孢诱导后依旧不产生任何孢子，因而就无法对其进行菌种鉴定，只能根据培养特征进行形态类型的划分，但形态类型不是真正的分类单位，不能真实反映类群间的系统发育关系（Lacap et al.，2003）。因此，这种划分在分类学上并无太大意义。

（二）内生真菌的分子生物学鉴定

1. 内生真菌分子生物学鉴定技术的研究进展

随着分子生物学的发展，以 DNA 为基础的鉴定技术增加了以往对内生真菌分类单位的认识，使可培养和不可培养内生真菌的鉴定和系统发育分析更准确，扩增了内生真菌多样性的广度和深度（Tejesvi et al.，2011）。传统的内生真菌分类方法可能会低估不同类型内生真菌的真实数量，尤其是种下水平，如基因型。随着分子生物学的发展，限制性片段长度多样性 DAN（restriction fragment length polymorphism，RFLP）、末端限制性片段长度多态性（terminal-RFLP，T-RFLP）、随机扩增多态性 DNA（random amplified polymorphic DNA，RAPD）、简单重复序列（simple sequence repeat，SSR 或 ISSR）、扩增片段长度多态性（amplified fragment length polymorphism，AFLP）、变性梯度凝胶电泳（denaturing gradient gel electrophoresis，DGGE）、温度梯度凝胶电泳（temperature gradient gel electrophoresis，TGGE）、DNA 分子测序技术等先后用于内生真菌鉴定和内生真菌种群多态性检测。

1）分子指纹图谱技术

RAPD 技术以普通 PCR 为基础，使用多个具有 10 个左右碱基的单链随机引物，对全部基因组 DNA 进行 PCR 扩增，引物结合位点 DNA 序列的改变，以及扩增位点之间 DNA 碱基的缺失、插入或置换均可导致扩增片段数目和长度的差异，DNA 片段的多态性反映了样本及样本之间的多态性。Hämmerli 等（1992）为了研究 *Discula umbrinella* 与其宿主起源的关系，选取了 30 个分离自山毛榉、栗树和橡树的 *D. umbrinella* 菌株进行 RAPD 标记分析。Polizzotto 等（2012）用 RAPD-PCR 技术分析了 20 个分离自意大利不同地区葡萄树中的内生链格孢真菌，结果发现，这些内生链格孢真菌类群分别属于 *Alternari arborescens* 和 *A. tenuissima*。

RFLP 技术是检测 DNA 在限制性内切核酸酶酶切后形成的特定 DNA 片段。多态性水平过分依赖于限制性内切核酸酶的种类和数量，加之 RFLP 分析技术步骤繁琐、工作量大、成本较高，所以其应用受到了一定的限制。Pandey 等（2003）从印度热带树种中分离得到的所有叶点霉属（*Phyllosticta*）菌株，经 ITS-RFLP 鉴定均为 *P. capitalensis*。

简单重复序列又称为微卫星 DNA，是基因组中 1～6 个核苷酸组成的基本重复单位，广泛分布于基因组，微卫星在真核生物的基因组中含量丰富且随机分布，微卫星重复单位存在变异，会造成多个位点的多态性。SSR 标记是常用的微卫星标记之一，利用基因组特定微卫星侧翼序列的保守性，通过设计特异引物实现扩增单个微卫星位点。微卫星位点重复单元在数量上存在变异，在长度上也存在多态性，由于 SSR 重复数目变化大，所以 SSR 标记能揭示比 RFLP 高得多的多态性。SSR 或 ISSR 技术耗时短，容易操作，与 RAPD 方法类似，但需要更长的引物，扩增时对退火温度要求更为严格。最初应用于植物和动物遗传多样性研究的 SSR 或 ISSR 技术也开始应用于内生真菌研究。Grünig 等（2002）从挪威云杉中分离得到 144 株 DSE，经 ISSR 标记鉴定为 21 个基因型。

变性梯度凝胶电泳（DGGE）是依据 DNA 片段的熔解性质而使之分离的凝胶系统，依靠局部解链的 DNA 分子迁移率的改变而达到分离的效果，DGGE 可以检测 DNA 分子中碱基的替代、移码突变及少于 10 个碱基的缺失突变。Duong 等（2006）利用 DGGE 和 18S rRNA 基因分析相结合的方法分析泰国 *Magnolia liliifera* 叶片的内生真菌类群，鉴定到 14 个分类单元，这些类群在形态分类中并没有发现，表明这些新鉴定得到的类群是不可培养的。

2）DNA 分子测序技术

分子指纹图谱技术在分析环境样本中的真菌群落时存在一定局限性，环境样本中可能同时存在多个不同类群的真菌，而有些真菌类群是未知的。DNA 分子测序技术成功应用于真菌的鉴定和系统发育分析，该技术以编码基因的序列分析为基础，如细胞色素 c 氧化酶基因（*CO1*），微管蛋白基因（*tub2*），18S rDNA、28S rDNA 和 5.8S rDNA 基因，rDNA 非编码的 ITS（internal transcribed spacer）序列。由于编码区基因高度保守，能够评估较高分类单元的系统发育关系，CO1、tub2 和 ITS 序列在相近种间具有较高的进化速率，应用这些序列分析能解决种属水平的分类问题。以系统发育分析和序列相似比对分析为基础，DNA 分子测序技术已经成功应用于内生真菌的检测和鉴定。孙丽等（2014）对新疆阿魏不同年份、不同部位的内生真菌进行了分离鉴定，共分离得到内生真菌 140 株，经形态学和分子生物学鉴定分别归属于 18 属，其中短梗霉属、链格孢属和叶点霉属为优势菌群。研究发现，新疆阿魏不同年份及不同部位内生真菌的分布及组成存在较大差异，具有一定的年份及组织专一性。Liu 等（2007）采用传统分离和 ITS、tub2 测序技术从中国罗汉松树枝中分离得到 1 个新的内生真菌 *P. hainanen*。Morakotkarn 等（2007）利用 18S rDNA 基因和 ITS 序列分析了 *Phyllostachy* 和 *Sasa* 中的内生真菌多样性，71 个代表性菌株鉴定属于类壳菌纲（Sordariomycetes）和座囊菌纲（Dothideomycetes），说明利用分子方法能发现内生真菌种下分类群。内生真菌多样性的研究应考虑到基因型水平，即不仅要研究内生真菌种类多样性；还要研究种间多样性，即基因型多样性。

虽然分子技术拓展了对内生真菌多样性的认识，但该技术仍然有其局限性。ITS 序列比对仍无公认的标准来划定边界物种。对来自于 145 个培养的内生真菌，以及 33 个环境 PCR 样本的 72 个子囊菌类群和担子菌类群的内生真菌，基于长度为 600bp 的 28S rDNA 序列构建了系统发育树，结果显示，以 90%相似度为基础的 ITS 基因型与 28S rDNA 划定的种类基本一致，但仍缺乏真菌 ITS 区在种间和种内的核苷酸序列差异确切标准（Arnold et al.，2007；Arnold and Lutzoni，2007）。直接从植物组织内检测和鉴定内生真菌群落也有一定的局限性。植物组织内的内生真菌仅具有少量稀疏的菌丝，在提取植物总 DNA 时，一些真菌的 DNA 很容易丢失；通用引物不能完全适合所有的内生真菌模板 DNA；表面消毒不能完全消除表生菌 DNA 的污染。所以，从植物总 DNA 样本中克隆得到所有内生真菌的 DNA 片段仍是较困难的。另外一个局限是序列数据库，公共数据库中真菌序列所占比例仅为全球估计真菌总数的 1%（Vilgalys，2003）。同时，这些数据的一部分还存在序列与真菌种类不对应的问题，制约了基于分子序列鉴定内生真菌的可行性(Hawksworth，2004)。

分子指纹图谱技术是研究内生真菌种群遗传结构和多样性的强有力工具。这些标记技术的进一步发展使其可以研究植物种群的内生真菌侵染率。DNA 分子测序技术提供了一个鉴定内生真菌的高效方法，尤其是对不产孢和不能培养的内生真菌鉴定，但这种方法不能检测植物组织中的内生真菌数量。荧光定量 PCR 方法已经成功用来检测一些真菌种类的种群密度，如 *Pyrenophora* sp.、*Plectosphaerella cucumerina*、*Paecilomyces lilacinus* 和 *Hirsutella rhossiliensis*(Zhang et al.，2006)。DNA 条形码技术是以一段短的、标准的、高效的基因区为基础来鉴定物种，采用 *CO1* 基因该技术最先用于青霉的鉴定(Seifert et al.，2007)。随着分子技术的进一步发展和这些技术在内生真菌多样性研究中的广泛应用，将会极大促进对内生真菌的认识和利用。

2. 内生真菌分子生物学鉴定的实验技术

以 ITS 序列测定为例，首先将用于分子鉴定的真菌接种到 PDA 培养基上，在暗室内 25℃培养 2 周后(一般而言，真菌菌落的直径大约为 4cm)即可进行真菌 DNA 的提取。

1)真菌 DNA 的提取

DNA 提取的方法参照真菌 DNA 提取试剂盒的使用指南进行总 DNA 提取(E.Z.N.ATM Fungal DNA Kit，Omega Bio-Tek，Doraville，Georgia，USA)。具体步骤如下：

(1)灭菌刮取 50～100mg 菌丝放入灭菌的研钵中，加入液氮冰冻，立即研磨成粉末，将研磨好的菌丝刮到灭菌的 1.5ml 离心管中；

(2)在离心管中加入缓冲液 $FG_1$800μl，涡旋混匀，置于 65℃水浴 10min，在此过程拿出来颠倒混匀 2 次；

(3)加入 140μl 缓冲液 FG_2，涡旋混匀，13 300r/min、常温下离心 10min；

(4)小心地吸取上清液 600μl 到已灭菌的 1.5ml 离心管中；

(5)加入 0.7 倍体积(420μl)的−20℃预冷的异丙醇，涡旋沉淀 DNA；

(6)10 000r/min、常温下离心 2min，弃上清液；

(7)倒置离心管于滤纸上，干燥 DNA，以没有异丙醇的味为准；

(8)加入 65℃预热的 ddH_2O 300μl，涡旋溶解沉淀，然后分别加入 150μl 的缓冲液 FG_3 和 300μl 的无水乙醇，涡旋混匀；

(9)用 1000μl 的移液枪将离心管中的液体转移到结合柱子中，10 000r/min 离心 1min，纯化 DNA；

(10)扔掉收集管及其中的液体，将结合柱换到新的收集管上，往柱子中加入 700μl 的洗涤缓冲液，洗涤 DNA，10 000r/min 离心 1min。

重复上述步骤一次，即倒掉收集管中的液体，往柱子中加入 700μl 的洗涤缓冲液，洗涤 DNA，10 000r/min 离心 1min。倒掉收集管中的液体，13 300r/min，空离心 2min。将柱子换到新的 1.5ml 离心管上，加入 100μl 的 65℃预热的 ddH_2O，洗脱 DNA。盖好离心管的盖子，贴上标签，保存于−20℃的冰箱中，备用。

2)PCR 扩增

DNA 提取后，通过设计的引物对特定区段进行 PCR 扩增，从而提高目的片段的浓度。PCR 扩增反应在 Eppendorf Mastercycler 梯度 PCR 仪上进行。

本研究的引物是真菌通用引物 ITS1/ITS4。具体序列和反应体系及反应条件如下。

第一组引物组合。

ITS1：5′-TCCGTAGGTGAACCTGCGG-3′

ITS4：5′-TCCTCCGCTTATTGATATGC-3′。

50μl PCR 扩增反应体系。混合物：25μl；引物：各 2μl（5μmol/L）；模板：2～10μl；ddH_2O：补足 50μl。

PCR 扩增反应条件。预变性：94℃，3min；变性：94℃，30s；退火：55℃，25s；延伸：72℃，30s。共 35 个循环后，72℃再延伸 7min，暂时 4℃保存。如果保存时间在 2 天以上，–20℃保存。

3）电泳检测 PCR 产物

（1）电泳缓冲液的配制。1L 母液 5×TBE 的配制：三异丙基乙磺酰（Tris）54g，硼酸 27.5g，0.5mol/L，pH 为 8.0 的乙二胺四乙酸（EDTA）20ml，ddH_2O 定容至 1L。

0.5mol/L、pH 为 8.0 的乙二胺四乙酸（EDTA）的配制方法：称取 186.1g $Na_2EDTA·2H_2O$，溶解于 700ml 的水中，调节 pH 为 8.0，水定容至 1L。

（2）0.8%琼脂糖凝胶。用量筒取 100ml TBE，加入 0.8g 琼脂糖，微波炉完全溶解后，室温下冷却至 45℃（瓶壁不烫手为准），再小心加入 2μl 溴化乙锭（EB），摇匀后，倒胶。

（3）电泳条件。每个胶孔加入 2μl 的样品液，电压 150V，电泳时间 20～30min。

4）测序

电泳结束后，在紫外灯下观察，有条带的 PCR 产物送生物公司测序。测序所用引物与扩增反应的相同。

5）序列比对及分子系统发育分析

测序后，首先，采用 Chromas 软件分别打开各菌株的序列图谱，去除载体及模糊序列，通过 BLASTn 搜索 GenBank+EMBL+DDBJ+PDB 数据库，获得与其同源性最高的序列。但是，在 GenBank 数据库中选择同源性序列时，需要注意的是，目前网上 GenBank 数据库中存在不少序列注释不正确的现象。一般而言，优先选择已发表在权威专业杂志，如 *Mycotaxon*、*Studies in Mycology*、*Mycological Progress*、*Fungal Diversity* 和 *Fungal Biology*（原名 *Mycological* Research）等；或一些国际上比较知名的菌种保藏机构，如荷兰微生物菌种保藏中心（CBS）、美国典型菌种保藏中心（ATCC）、美国真菌生命之树研究项目（AFTOL）等的序列可信度较高。序列比对后，如果目标序列和参考序列有 95%以上的同源性，就暂定到参考序列所在的属，如果有 99%的相似性就暂定到种水平。

其次，以 fasta 格式下载各序列，存入记事本文档，在文档中进行初步编辑；利用 DNASTAR 软件中的 Editseq 程序将所有序列合并在一个文档中，导入 MEGA 4.0.2 软件，使用其中的 Clustal W1.6 功能进行全序列比对，包括两两比对（gap opening penalty 15，gap extension penalty 6.66）和多重比对（gap opening penalty 15，gap extension penalty 6.66），保存为 MEGA 格式的建树文件。利用最大简约法（NJ 法）构建系统发育树（Bootstrap：1000；Gaps/Missing Data：Pairwise Deletion；Model：Kmura 2-parameter；Substitutions to Include：Tranaitions+Transversion）。

（三）内生真菌的化学鉴定方法

利用固相微萃取技术（SPME）与气相色谱-质谱分析（GC-MS）联用，即 SPME-GC-MS 方法对块菌 *Tuber borchii* 和 *T. asa-foetida* 子实体含有的特定挥发性物质进行检测，来鉴别两种块菌（D'Auria et al.，2012）。此鉴定方法作为一种辅助方法，也可用于内生真菌的　　鉴定。

针对药用植物内生真菌的分类鉴定而言，需要多种方法的结合，要从菌株的形态学、生理生化和分子水平多方面进行研究、比较，相互补充以求获得一个相对有效、简便、快速的分类方法。随着生命科学的发展和研究方法的不断创新，分子生物学技术在各学科领域中得到广泛应用。DNA 分析技术、同工酶图谱分析技术和杂交瘤技术在菌根研究中的应用取得了重要进展，尤其是菌根菌同工酶谱、DNA 多态性、DNA 遗传特性与分类等。人们已从形态学、超微结构观察、生理生化和分子生物学水平等方面对内生真菌鉴定进行了研究。

二、丛枝菌根真菌鉴定方法

丛枝菌根真菌在纯培养条件下无法正常生长，只有在与活体植物根系建立共生体系后才能产孢并完成生活史，这对丛枝菌根真菌的分类鉴定工作造成了很大影响。丛枝菌根真菌的分类鉴定是一项重要的基础工作，对认识和保护丛枝菌根真菌资源具有重要的意义。20 世纪 60 年代前，丛枝菌根真菌分类学研究工作多是根据孢子形态、菌丝侵染和产孢方式等特征对丛枝菌根真菌进行分类鉴定，分类归属比较混乱。随着纯盆培养法和湿筛倾析法的发明，丛枝菌根真菌分类学开始快速发展。

目前，丛枝菌根真菌鉴定方法主要有以下几种：形态特征分类法、组织化学分类法、生物化学分类法、分子生物学方法。

(一)形态特征分类法

目前最常用的丛枝菌根分类鉴定方法就是形态特征分类法，通过对丛枝菌根真菌的形态特征比较研究，发展形成了形态学的一系列概念，并为定义球囊霉目真菌的形态特征提供了通用系统模型。丛枝菌根真菌分类的相关概念如下。

孢子壁：孢子壁源于产孢菌丝，与产孢菌丝相连，偶脱离。孢子形成、发育时生长孢子壁分化速率最快，孢子壁的形成基本与孢子的发育同步进行，孢子成熟时孢子壁也基本形成，但孢子壁的颜色、硬度、厚度等性状在某些情况下还可发生一定程度的分化。Morton(1996)研究发现，在球囊霉属中，孢子壁和菌丝的联系非常紧密，孢子发育时二者几乎是以同样的速率同时进行分化。大多数丛枝菌根真菌孢子壁为 2～4 层，其位置是非常重要的信息。一般从外到内进行标记，分别标记为 L1、L2、L3 层，并不是按其形成的顺序来标记。常见的几个层次与当今分类概念中的孢子壁类型同义，其他一些概念是新建的。孢子壁的发育起源是独立的，而孢子壁的层次则表示有共同起源的几个组成部分。孢子壁层次的趋异特性及大多已发生的进化变异使得同一种丛枝菌根真菌的表现型各异，因而新的一些表现型很容易被误定为新种。孢子壁层次具有多种表现型，如胶质状、石板状、颗粒状、易消解(易逝壁)型、易膨胀(膨胀壁)型等。每个层次往下还可以分化出几个起源和特征相同的亚层，实际上就是层状壁。大多数丛枝菌根真菌孢子的孢子壁内层常有一层薄壁(膜状壁)，膜状壁来源于丛枝菌根真菌连孢菌丝的部分壁，也被认为是孢子壁的一部分。

韧性芽壁：韧性芽壁结构与“发芽球状体”和“发芽盾室”的形成有关，其韧性取决于本身的厚度和孢子的承压力，在一定的外界压迫条件下可发生一定程度的弯折。韧性芽壁与孢子壁也存在着差异，正常情况下韧性芽壁很难被染色，因而紧贴在孢子壁上的韧性芽壁很难被发现。在孢子壁的所有层次分化形成完成后韧性芽壁才再形成，而且韧性芽壁不与连孢菌丝相连，此结构仅在无梗囊霉属(*Acaulospora*)、内养囊霉属(*Entrophospora*)和 *Scutellospora* 中有所发现。韧性芽壁从外向内由 L1、L2 两层组成，过去被认为是独立的结构，称为“膜状壁”、“革质壁”或“无形壁”。各层壁的产生是相对独立的，且分化的完成有先后顺序，一层壁完成分化另一层壁才能开始分化。各层壁的起源相同，所以常比分离的韧性芽壁更紧贴在一起，可能这就是“壁组”产生的发育基础。壁组这一概念由 Walker 提出，由于壁与壁之间分离程度在不同条件下差别较大，因而很难确定壁组数量(Walker，1983)。韧性芽壁特征观察一般从厚度、韧性及在 Melzer's 试剂中的反应 3 个方面展开。一般壁薄容易折叠，在 Melzer's 试剂中的反应弱；壁厚、韧性越大的情况下染色较深。无梗囊霉属和内养囊霉属的韧性内芽壁的外层(L1)具有珠状或瘤状外表，这些结构在封固剂中容易消失难以观察到(Morton，1996)，用福尔马林溶液浸泡 60 天，观察效果较好。

芽前结构：芽前结构是孢子萌发、芽管分化、穿透孢子壁的结构基础，不同科丛枝菌根真菌芽前结构的形状和位置差别很明显。

（二）组织化学分类法

组织化学分类法是形态特征分类法的重要补充手段，主要是利用一些染色试剂能与某丛枝菌根真菌发生特异性反应这一特征，来进行菌种鉴定。卷曲球囊霉(*Glomus convolutum*)在 Melzer's 试剂作用下菌丝内会出现绿色至黑色的颗粒，巨孢球囊霉属在 Melzer's 试剂作用下也会发生特异性反应。

（三）生物化学分类法

生物化学分类法主要是把生物化学的分析技术应用到丛枝菌根真菌分类鉴定工作中，建立一套用于丛枝菌根真菌鉴定的生物化学指标。常用的生物化学分类法有酶联免疫吸附法(enzyme-linked immunosorbent assay，ELISA)、免疫荧光抗体技术(indirect immunofluorescent assay，IFA)、单克隆抗体技术(monoclonal antibodies，MABS)等。Aldwell 等(1983)在对丛枝菌根真菌的鉴定中使用了酶联免疫吸附法，发现摩西球囊霉与 *Sclerocystis dussii* 之间存在紧密相关的抗原性。这一结果与形态学分类结果较为一致。免疫荧光抗体技术通过荧光标记和染色，可很容易地区分丛枝菌根真菌和非菌根真菌，也可用于不同丛枝菌根真菌的区别。单克隆抗体技术可用于丛枝菌根真菌在种水平上的鉴定。

（四）分子生物学方法

Franken 等(1997)首次报道了丛枝菌根真菌孢子内基因的表达，以获得的丛枝菌根真菌的 DNA 序列 PCR 反应引物，对丛枝菌根真菌中的 rRNA 部分片段进行扩增、进行测序鉴定。Schwarzott 等(2001)从丛枝菌根真菌的单个孢子中提取、扩增和克隆 SSU rRNA 基因，进行测序鉴定。丛枝菌根真菌中核酸序列分析方法，以及各种分子标记技术，如 RFLP、RAPD、微卫星多态性(simple-sequence repeats，SSR)、ISSR(inter-simple sequence repeat)标记、AFLP 等分子生物学技术都在不断地发展中，已广泛应用于丛根菌根真菌分类鉴定、多样性研究、生态学研究、系统学研究等多个领域。

分子生物学技术在目前丛枝菌根真菌的分类鉴定中扮演着越来越重要的角色。Redecker(2000)通过对囊霉属 18S rRNA 基因序列的分析，认为囊霉属应该归入球囊霉属。Morton 和 Redecker(2001)对多种丛枝菌根真菌分子特征进行了研究，发现原属于球囊霉和无梗囊霉属的某些丛枝菌根真菌在系统发育上与同属其他种亲缘关系很远，需要重新归类，然后测定了这些丛枝菌根真菌的 18S rRNA 基因序列，发现它们在系统进化树中的位置比球囊霉科和无梗囊霉科更为靠前，应归入原囊霉科(Archaeosporaceae)和类球囊霉科(Paraglomaceae)。Carsten 等(2003)设计特定引物，采用巢式 PCR 技术分析丛枝菌根真菌的 ITS 区序列，鉴定丛枝菌根真菌。Hildebrandt 等(2001)利用 RFLP 技术对盐沼水生植物的丛枝菌根真菌多样性进行了分析。Redecker(2000)通过宿主植物 ITS 序列和 18S rRNA 片段序列设计特异引物，用 RFLP 技术进行了丛枝菌根真菌鉴定。Turnau 等(2001)用特定引物和巢式 PCR 技术鉴定了 3 种丛枝菌根真菌。Kjoller 和 Rosendahl(2000)用巢式 PCR 和单链构型多态性(Single strand conformation polymorphism, SSCP)技术检测丛枝菌根真菌在宿主植物根内的存在。龙良鲲等(2006)用巢式 PCR 扩增丛枝菌根真菌 18S rDNA 的 NS31-AM1 区并测序分析，将一株丛枝菌根真菌鉴定为球囊霉属。

利用分子生物学技术可以对丛枝菌根真菌的生物多样性进行多个水平的研究，丛枝菌根真菌的遗传多样性研究也越来越得到重视(Prosser, 2002)。Chelius 和 Triplett(1999)对 SSU rRNA 片段进行克隆、测序，从而分析了丛枝菌根真菌并研究了丛枝菌根真菌的基因多样性。Tonin 等(2001)用 T-RFLP 技术研究分析了微量重金属元素对丛枝菌根真菌多样性的影响。Ridgway 等(2001)用ITS-RFLP技术对生长于污染土壤中的树木根围的丛枝菌根真菌进行了遗传多样性分析。Renker 等(2001)用 ITS-PCR/RFLP 技术研究丛枝菌根真菌的群落结构多样性。通过分析基因序列可以对丛枝菌根真菌进行系统发育研究。Redecker(2000)用限制性内切核酸酶对弯丝球囊霉(*Sclerocystis sinuosa*)和帚状球囊霉(*S. coremioides*)的 18S rRNA 基因的 PCR 扩增产物进行 RFLP 分析，用以研究 RFLP 的多样性和丛枝菌根真菌的分子系统发育。分子技术用于克隆丛枝菌根真菌某些基因的研究也有许多报道(Franken and Gianinazzi-Pearson, 1996; Requena et al., 1999)。其他还有关于利用基因多态性及特异性来研究丛枝菌根真菌的分子生态学的报道(Barker and Larkan, 2002)。

为了使丛枝菌根真菌分子鉴定途径更加可行、可靠，一方面应该加快丛枝菌根真菌的纯培养研究；一方面要通过现有的技术、途径尽量全面收集丛枝菌根菌种资源的序列信息，为分子鉴定提供更健全的数据支持。分子生物学技术是丛枝菌根真菌形态分类鉴定的重要补充手段，还可以用于丛枝菌根真菌的系统发育和亲缘关系研究。分子生物学技术的不断进步、完善，现代生物技术与形态学分类方法的有机结合，可使丛枝菌根真菌分类鉴定工作向着更快、更准确的方向发展。

三、内生真菌的保藏方法

内生真菌在分离培养和鉴定后，必然要对其进行保藏。内生真菌的保藏方式有多种，其原理就是根据真菌的生理、生化特点，人为创造低温、干燥或缺氧条件，抑制真菌的代谢作用，降低其生命活动或使其处于休眠状态，达到菌种保藏的目的。常用的保藏方法有以下几种。

1. 斜面低温或传代培养保藏法

将要保藏的菌种在合适的斜面培养基上培养，待菌丝长满斜面后，将试管放入 4℃冰箱保存，每隔 1～2 个月进行传代培养。此方法常用，简单易行，便于观察，但经常传代易发生污染且菌种容易发生变异(顾金刚等，2007)。

2. 石蜡油低温保藏法

将无菌石蜡加入至已长好的斜面试管或甘油冻存管中，使菌种与空气隔绝，放入 4℃冰箱保存。此保存方法直接，花费较少，但菌株容易退化、污染、发生变异。

3. 冷冻保藏法

1）普通冷冻保藏法（–20℃）

将培养好的固体菌种或甘油保藏的菌种置于普通冰箱保藏，这一方法操作简单，但不适宜长期保藏。

2）超低温保藏法（–80～–70℃）

取 3 块或 4 块含真菌菌丝的菌块，加入含有无菌的 10%～30%甘油水溶液的冻存管中，放入–80～–70℃冰箱保存。

3）液氮超低温保藏法

保藏程序与上述超低温保藏法相同。此方法成活率高、保藏时间长、稳定性强，是长期保藏菌种的最好方法（董昧，2009）。

4. 冷冻干燥保藏法

真菌的冷冻干燥保藏技术首先要使培养物处于冷冻状态；其次要经过冷冻状态下的减压干燥；最后进行真空封存，在低温、避光的环境下保藏。该保藏方法适用于产生孢子的真菌，尤其是产生子囊孢子和分生孢子的真菌（顾金刚等，2007）。

（胡克兴　邢咏梅　周丽思　宋　超　郭顺星）

第四节　药用植物与内生真菌的双重培养

药用植物与内生真菌共生的研究中，关于双重培养的报道很少，现将其归纳如下，为药用植物与内生真菌的双重培养研究提供依据。

一、双重培养体系中植物的来源

与真菌共生的植物材料类型最主要的就是自然状态下的天然菌根形态，它为目前的研究提供了最好的依据。而室内的共生试验常采用无菌苗、胚性细胞、种子、人工栽培苗和半野生植株等植物材料。

（一）无菌苗

利用无菌苗作为植物的供给方式进行菌根研究是一种十分有效的观察真菌对植物效应的方法。不仅可以从生物量上看到共生真菌对植物生长的有益程度，也可以通过对内生菌根的形态进行组织学观察，了解真菌在无菌苗根部细胞内的定植情况、真菌侵染细胞的过程及在细胞中的运动情况，这有利于研究植物和真菌共生的发生机制。伍建榕等（2005）将不同种类的丝核菌菌株接种到春兰组织培养苗上，发现这些菌株对春兰苗生长有不同程度的促进作用。电子显微镜下观察发现菌丝结是真菌菌丝围绕细胞核形成的,菌丝结在皮层组织靠外的几层细胞中出现较多，随着菌丝团被逐渐消解吸收，新菌丝逐渐生长和入侵，为春兰的生长提供营养。郭顺星等(2000)从金线莲中分离得到的菌根真菌对金线莲幼苗生长有显著地促进作用。

(二)胚性细胞

人们从生物工程角度来寻找生产紫杉醇的新途径,如高产紫杉醇的细胞株的建立或微生物发酵所应用的大量红豆杉和真菌的共生体系(Chang et al.，2001)。在这个体系中红豆杉的细胞株被大量应用，一般采用细胞悬浮培养，常用的培养基为改良 B5 培养基，胚性细胞株繁殖快，易于观察，大大加快了试验的进展，同时这方面的研究也在向生产转化。

(三)野生植物

直接研究野生状态下真菌与药用植物的共生现象。这部分工作可以从形态学的角度来阐明真菌与植物相互之间的作用关系,也可以直接从共生系统中分离得到所需的物质。李长田(2004)从东北红豆杉的根、茎、叶中分离获得了 78 种内生真菌，其中 4 个菌种能产紫杉醇。

二、双重培养体系中真菌的来源

在建立药用植物内生真菌双重培养体系时，对真菌的选择十分严格。各试验根据自身的要求选择不同的真菌，可选择单一菌株，也可选择多种不同的菌株，除真菌外，还可真菌和细菌共同作用。根据真菌的分离来源不同，把它们分成以下几类。

(一)源于宿主植物分离得到的菌株

大多数植物与真菌共生培养体系中选择的真菌是从真菌宿主植物组织中分离得到的,分离的方法多采用组织分离方法,见本章第一节。这种分离方法常常能分离得到包括内生真菌在内的很多种不同菌株,同时也包含一些病原菌和表面的附生菌,因此可以通过对照试验来去处杂菌,即将上述同样条件处理过的植物材料不作切割直接接种于相同培养基的平皿上，置于相同条件下培养，如果对照用的茎段周围无任何菌长出，多次重复均如此，可证明所分离得到的菌是韧皮部内的,而不是表面的附生菌。同时也可以采用针对性的培养基来培养分离得到的真菌,从而保证真菌的相对专一性。

(二)分类地位明确的菌种

出于试验的需要有时会选择一些商业菌株。例如，董昌金等(2004)在类黄酮对丛枝菌根真菌及宿主植物的影响研究中选择了根内球囊霉(*Rhizophagus intraradices*)(一个商业菌剂，法国农业科学院提供)。有些试验选择确定的菌株也是十分必要的。例如，戴均贵(2000)在研究前体及真菌诱导子对银杏悬浮培养细胞产生银杏内酯 B 的影响时选择了畸雌腐霉(*Pythium irregulare*)、冠毛犁头霉(*Absidia cristata*)、日本根霉(*Rhizopus japonicus*)、轮枝孢霉(*Verticillium dahliae*)、小刺青霉(*Penicillium spinulosum*)、腐皮镰孢霉(*Fasarium solani*)、米曲霉(*Aspergillus oryzae*)、橘青霉(*Penicillium citrinum*)、鲁氏毛霉(*Mucor rouxcianus*)9 种真菌用于共生培养，这些是均为已明确分类地位的菌株。

（三）从栽培生境中分离得到的菌株

直接从栽培生境中分离得到的菌株相对复杂，不仅包括真菌还包括各种细菌、放线菌等，镜检观察可以把它们区分开。例如，镰孢菌的分离可采用将土粒撒在平皿中，等长出菌落，再挑取并转移到其他培养基中。但这种方法分离得到的菌株用于共生培养盲目性较大，而对于丛枝菌根真菌而言，则是一种比较普遍的分离方法。采用湿筛倾析法通过用不同目数的筛子将土壤中的孢子分离出来，最终筛选出丛枝菌根真菌孢子混合物。

此外，还有其他的真菌来源。例如，实验室传统的生物活性比较好的菌株往往会被应用到其他的非宿主植物上，由于真菌自身的良好特性，往往会对其他植物也产生一定的促生作用。

三、植物与真菌共生培养的条件

（一）真菌的纯培养方式

真菌有其自身的生活方式。大多数内生真菌生长快，菌丝体阶段不需要见光就能生长，适宜的培养温度为20～30℃，相对湿度为95%～100%，对pH的要求不严格，在pH为3～9时都能生长，但生长需要氧气的支持。

根据真菌的培养方式不同一般采用固体培养和液体摇瓶培养两种方式。固体培养不仅能够清楚地观察到菌株的外部形态，而且易于纯化和转管保存。液体摇瓶培养则能在短期内获得大量的菌丝体及发酵液，在真菌与植物共生培养前一般使用这两种方式获得真菌及其发酵液。

（二）共生培养基

在共生培养中，共生培养的条件不但要使植株能正常生长，而且要适用于真菌的生长，因此共生培养基的选择十分重要。首先选择在适宜的培养基中生长的无菌苗。例如，选取1/2 MS加马铃薯汁培养基上生长4个月左右、苗高3～5cm的金钗石斛无菌苗，再选取麦麸培养基中培养的内生真菌，将二者共同接种于共生培养基中。共生培养基的成分为硝酸铵825mg/L、硝酸钾950mg/L、硫酸镁185mg/L、肌醇100mg/L，其他有机成分为MS培养基有机成分量的2/3，蔗糖15g/L，pH 5.8，琼脂12g/L（陈晓梅和郭顺星，2005）。当然，在实验具体实施过程中共生培养基的确定需要根据实际情况来筛选，一般会选择明确成分的合成培养基。

（三）真菌的接入方式

根据植物的生长速率和试验要求等因素，一般先将无菌苗等植物材料接入共生培养基中培养一定时间后再接入真菌。真菌的接入方式与共生培养体系的建立有直接关系，一方面真菌会以发酵液或已经死亡的菌丝体等形式参与植物生长过程；另一方面真菌也会以活体的形式，模拟生物界菌和植物的共生。

1. 真菌诱导子

内生真菌经过液体摇床培养后，有多种制备真菌诱导子的方法，这主要是根据试验需要对真菌菌丝体和发酵液进行不同的处理。其中，酸解法是目前针对真菌诱导红豆杉产生紫杉醇普遍采用的制备诱导子的方法（鲁明波和苏湘鄂，1998），此外还可采用脱脂脱蛋白酸解法、有机溶剂脱脂脱蛋白法、脱脂酸解法等进行处理。

真菌诱导子多采用的浓度标定为可测定糖分和蛋白质的含量，常采用蒽酮比色法测定(上海市植物生理学会，1985)。糖质量浓度采用苯酚-硫酸法测定，采用考马斯亮蓝染色法测定蛋白质的质量浓度，实验中真菌诱导子的添加量多以糖来计量(晏琼，2003)。

2. 活体真菌

模拟自然界中植物与真菌的共生情况，可在植物共生培养中加入生活菌株，但实验室条件下没有自然界中那么复杂的周围环境及许多不可控制因素的影响，从而可更准确的研究真菌对植物的作用。实验室中多选用活体真菌作回接试验来证明真菌对植物的促生作用，即在培养植物的培养基中接入活体菌株，在一定的条件下观察共生的效果。在共生培养体系中接入组织培养苗的数量和菌片的大小也是相互配比的。根据培养器皿的大小接入一定量的组织培养苗。例如，每 250ml 三角瓶中呈等腰三角形接入 3 丛金钗石斛苗，每 2 丛苗相距 1.5～2cm，培养 3 周后接入活体真菌，接入菌片的大小需根据组织培养苗的量和菌的生长速率来确定。常用活化培养 15 天左右的内生真菌，用打孔器在菌落表面打取平板菌片，然后用于接种。用打孔器的直径大小来衡量接入菌片的大小，直径多为 8～9mm。

3. 菌剂

在丛枝菌根真菌与植物的共生研究中，加入的都不是纯培养的丛枝菌根真菌，因此有越来越多的菌剂出现以代替真菌菌株。

(四)培养条件

共生培养条件需根据植物和真菌的生长情况来综合确定。对于无菌苗和活体真菌的共生培养条件而言，一般当温度为 22～25℃、光照强度为 1500lx、光照时间为 10h/天时可使二者正常生长。此外，湿度条件也会影响植物和真菌的共生培养。

四、植物与真菌共生关系的考察

(一)促进植物生长及形态观察

郭顺星等(2000)将从野外采集的金线莲根中分离的菌根真菌 AR-18 回接到金线莲组织培养苗，观察到它能与金线莲形成典型的菌根结构，对金线莲的生长具有显著促进作用。丁晖等(2002)用 3 个分离自野生卡特兰的丝核菌菌株接种卡特兰组织培养幼苗，发现其对幼苗生长有不同程度的促进作用。真菌先侵入根被组织，经通道细胞最后侵染皮层组织细胞，并通过菌丝穿越细胞壁不断向内延伸扩展。菌丝在皮层组织细胞内形成大量着色较深、形状不规则的菌丝结等兰科菌根典型结构。

(二)共生体系中酶的生物活性变化

唐明娟和郭顺星(2004)将内生真菌和台湾金线莲共生培养后，几丁质酶、β-1，3-葡聚糖酶、多酚氧化酶和苯丙氨酸解氨酶这 4 种酶的活性都有不同程度的提高。受真菌影响最大的酶是 β-1，3-葡聚糖酶。同时，真菌对栽培在蛭石基质上的台湾金线莲的作用比其在草炭土上的作用强，其原因可能是蛭石基质的营养没有草炭土的丰富，而共生的菌根真菌正好可以帮助寄主植物吸收矿质营养，从而有利于寄主植物的生长。研究红豆杉悬浮培养细胞中脂氧合酶(LOX)在诱导子诱导紫杉醇合成中的作用，结果表明，真菌诱导子处理可提高细胞内 LOX 的活性和紫杉醇的产量，而诱导前用 LOX 抑制剂菲尼酮处理，可完全抑制诱导子对 LOX 活性和紫杉醇合成的诱导作用。诱导前用菲尼酮处理可抑制诱导子诱导的 LOX 活性和紫杉醇合成，说明外源茉莉酸甲酯可能是通过激活细胞内的 LOX 途径而启动下游紫杉醇的合成的(黄雅芬等，2004)。

尽管人们对内生真菌的认识已有一个多世纪，但是目前对内生真菌与植物相互作用机制的了解还不够深入，近年来生物技术的新方法层出不穷，将其应用到菌根的研究领域已取得了令人欣喜的成果。相信随着新方法的不断涌现，将最终揭示药用植物与内生真菌相互作用的复杂机制。

(韩　丽　郭顺星)

参 考 文 献

巴尼特，亨特. 1977. 半知菌属图解. 沈崇尧译. 北京：科学出版社.
陈娟，谭小明，邢咏梅，等.2013. 铁皮石斛专栏——石斛属植物内生真菌及菌根真菌物种多样性研究. 中国药学杂志，48(19)：59-64.
陈宁，王幼姗，蒋家珍，等. 2007. 培养基质对丛枝菌根(AM)真菌生长发育的影响. 农业工程科学，23(9)：205-207
陈晓梅，郭顺星. 2005. 4 种内生真菌对金钗石斛无菌苗生长及其多糖和总生物碱含量的影响.中国中药杂志，30(4)：253-257.
戴均贵.2000.前体及真菌诱导子对银杏悬浮培养细胞产生银杏内酯 B 的影响.药学学报，35(2)：151-155.
丁晖，韩素芬，王光萍. 2002. 卡特兰与丝核菌共培养体系的建立及卡特兰菌根显微结构的研究.菌物系统，21(3)：425-429.
董昌金，周盈，赵斌. 2004. 类黄酮对 AM 真菌及宿主植物的影响研究.菌物学报，23(2)：294-300.
董昧. 2009. 微生物菌种保藏方法. 河北化工，7：34-35，46.
冯雪姣. 2010. 微生物肥的种类、研究及发展现状.黑龙江科技信息，5(2)：99-100.
顾金刚，李世贵，姜瑞波. 2007. 真菌保藏技术研究进展.菌物学报，26(2)：316-320.
郭春秋，罗永兰，张志远. 2003. 几种真菌的诱导产孢试验. 海南大学学报自然科学版，21(1)：74-77.
郭丹钊，李兰. 2006. 一株内生真菌的原生质体制备及再生过程研究. 河南师范大学学报(自然科学版)，34(2)：106-109.
郭顺星，陈晓梅，于雪梅，等.2000.金线莲菌根真菌的分离及其生物活性研究.中国药学杂志，35(7)：443-445.
何佳，刘笑洁，赵启美，等. 2009. 植物内生真菌分离方法研究. 食品科学，30(15)：180-183.
侯天文. 2010. 四川黄龙沟优势兰科植物菌根真菌多样性研究. 北京：北京林业大学硕士学位论文，3-4.
黄雅芬，余龙江，兰文智，等. 2004. 脂氧合酶在诱导红豆杉细胞产紫杉醇中的作用. 西北植物学报，24(10)：1917-1921.
李长田. 2004. 东北红豆杉内生真菌的多样性. 吉林农业大学学报，26(6)：612-614.
李荣杰. 2009. 微生物诱变育种方法研究进展. 河北农业科学，13(10)：73-76，78.
李羿，万德光. 2008. 茯苓紫外线诱变育种. 药物生物技术，15(1)：44-47.
李羿，杨胜，万德光. 2012. 药用真菌液体发酵研究进展及存在问题讨论.中草药，43(10)：2066-2070.
刘建福，杨道茂，王丽娜，等. 2005. 丛枝菌根真菌离体培养研究概况. 亚热带植物科学，34(3)：70-73.
刘健，叶凯，陈美珍，等.2011. 甜高粱秸秆发酵菌种的诱变育种及其固态发酵工艺的研究. 酿酒科技，204(6)：28-31.
刘静，刘洁，金海如. 2012. 丛枝菌根真菌菌剂的生产及应用概述.贵州农业科学，40(2)：79-83.
刘润进，陈应龙. 2007. 菌根学. 北京：科学出版社，145-150.
刘润进，李晓林. 2000. 丛枝菌根及其应用. 北京：科学出版社.
龙良鲲，姚青，羊宋贞，等. 2006. 一株丛枝菌根真菌的形态与分子鉴定. 华南农业大学学报，27(4)：40-42.
鲁明波，苏湘鄂. 1998.真菌诱导物对红豆杉细胞的影响.华中理工大学学报，(26)：107-109.
陆佩丽，李慧，钱秀萍. 2004. 松口蘑 Tm-3 菌株的紫外诱变育种.中国食用菌，23(6)：9-11.
罗充，吴涛，谭金玉. 2013. 何首乌菌根真菌的多样性. 贵州农业科学，41(2)：107-111.
马少丽，刘欣. 2014.常用诱变育种技术在我国真菌育种上的应用.青海畜牧兽医杂志，44(1)：42-44.
彭生斌，沈崇尧. 1990. 北京地区大葱和玉米根际 VA 菌根的季节变化及其环境因子之间的关系.植物学报，32(2)：141-145.
邱德有，黄美娟，方晓华，等. 1994. 一种云南红豆杉内生真菌的分离. 真菌学报，13(4)：314-316.

上海市植物生理学会. 1985.植物生理学实验手册.上海：上海科学技术出版社.
邵菊芳. 2004. AM 真菌的孢子萌发及双重培养研究.武汉：华中农业大学硕士学位论文，1-32.
石一珺，申屠旭萍，俞晓平. 2008.木霉菌素产生菌的诱变育种.安徽农业科学，36(29)：12806-12807，12812.
孙丽，朱军，李晓瑾. 2014. 新疆阿魏内生真菌菌群多样性. 微生物学报，54(8)：936-942.
谭丽华. 2010. 药用真菌菌种选育和液体发酵技术研究进展.今日药学，20(3)：4-6，15.
唐明娟，郭顺星. 2004.内生真菌对台湾金线莲栽培及酶活性影响. 中国中药杂志，29(6)：517-520.
王静，任安芝，谢凤行，等. 2005. 几种诱导黑麦草 *Lolium perenne* L.内生真菌产孢的方法. 菌物学报，24(4)：590-596.
王茂胜，江龙. 2010. 养分用量对接种丛枝菌根真菌烟苗菌根效应的影响.贵州学业科学，38(7)：45-49.
王亚妮，王力琨，苗宗保，等. 2013. 热带亚热带植物学报，21(3)：281-288.
王志勇，刘秀娟. 2014. 植物内生菌分离方法的研究现状. 贵州农业科学，42(1)：152-155.
魏景超. 1979. 真菌鉴定手册.上海：科学技术出版社，1-780.
温莉莉，梁淑娟，宋鸽. 2009. 丛枝菌根(AM)真菌扩繁的研究进展. 东北林业大学学报，37(6)：92-96.
温祝桂，陈亚华. 2013.中国外生菌根真菌的研究进展. 生物技术通报，2:21-30.
伍建榕，韩素芬，朱有勇.2005.春兰与丝核菌共生菌根及结构研究.南京林业大学学报(自然科学版)，29(4)：105-108.
夏志兰，艾辛，姜性坚. 2004. ^{60}Co 射线对杏鲍菇菌丝的诱变效应激光.生物学报，13(4)：298-301.
徐峰，陶文沂，程龙，等. 2006. 产紫杉醇内生真菌 *Fusarium maire* 原生质体制备和再生. 食品与生物技术学报，25(5)：20-24.
徐婉如. 2008.秦艽内生真菌的诱变育种及其发酵条件优化. 西安：西北大学硕士学位论文，2-3.
薛正莲，潘文洁，杨超英. 2005. 采用 He-Ne 激光诱变选育速生高产茯苓菌. 食品与发酵工业，31(2)：51-54.
晏琼. 2003.果糖补料与真菌诱导对红豆杉细胞悬浮培养体系的协同效应.化学工程，31(5)：47-49.
杨晓红，曾明，李道高. 2001. 丛枝菌根真菌的垂直平板定时转动培养及革丝生长观察. 菌物系统，20(3)：358-361.
俞俊棠，唐孝宣. 1999.生物工艺学.上海：华东理工大学出版社，80，88，93.
张英，李瑞卿，王东昌，等. 2001. AM 真菌纯培养研究进展. 莱阳农学院学报，18(2)：121-124.
赵志鹏，郭秀珍. 1991.纯种 VA 菌根菌剂的制备及其在泡桐试管苗上的应用. 微生物学报，31(1)：32-35.
朱国胜. 2009. 贵州特色药用兰科植物杜鹃兰和独蒜兰共生真菌研究与应用. 武汉：华中农业大学博士学位论文，1-43.
Aldwell FEB，Hall IR，Smith JMB. 1983. Enzyme linked immuoadsorbent assay(ELISA) to identify endomycorrhizal fungi. Soil Biol Biochem，15(3)：377-378.
Arnold AE，Henk DA，Eells RL，et al. 2007. Diversity and phylogenetic affinities of foliar fungal endophytes in loblolly pine inferred by culturing and environmental PC . Mycologia，99：185-206.
Arnold AE，Lutzoni F. 2007. Diversity and host range of foliar fungal endophytes：are tropical leaves biodiversity hotspots. Ecology，88：541-549.
Barker SJ，Larkan NJ. 2002. Molecular approaches to understanding mycorrhizal symbioses. Plant Soil，244(12)：107-116.
Barnett HL，Hunter BB. 1998. Ilustrated Genera of Imperfect Fungi. Minnesota：APS Press.
Becard G，Pfeffer PE. 1993. Status of nuclear division in arbuscular mycorrhizal fungi during *in vitro* development. Protoplasma，174(1-2)：62-68.
Becard G，Taylor LP，Douds Jr DD，et al . 1995. Flavonoids are not necessary plant signal compounds in arbuscular mycorrhizal symbioses . Plant Microb Interactions，8(2)：252-258.
Bills DF，Pilishook JD. 1992.Recovery of endophytic fungi from *Chamaccyparis thyoides*. Sydowia，44：1-12.
Bills GF，Pilishook JD. 1991. Microfungi from *Carpinus caroliana*. Canadian Journal of Batany，69：1477-1482.
Budi SW，Dvan Tuinen，Martinotti G，et al. 1999. Isolation from the *Sorghum bicolor* mycorrhizosphere of a bacterium compatible with arbuscular mycorrhiza development and antagonistic towards soil-borne fungal pathogens. Appl Environ Microbiol，65(11)：5148-5150.
Burndertt M，Melville L，Petesron L. 1994. Practical Methods in Mycorrhiza Reseacrh. GuelPh:Mycologue Publications，University of GuelPh.
Carsten R，Jochen H，Michael K，et al. 2003. Combining nested PCR and restriction digest of the internal transcribed spacer region to characterize arbuscular mycorrhizal fungi on roots from the field. Mycorrhiza，13(4)：191-198.
Chabot S，Bcard G，Pich Y. 1992. Life cycle of Glomus intraradices in root organ cultue. Mycologia，84(3)：315-321.
Chang TL，Qi JW，Zhe MF，et al. 2001. Isolation of paclitaxel producing mircroorganism，*Fusairum* sp.and *Alternaria* sp.. Ksm News Letter，13(2)：32.
Chelius MK，Triplett EW. 1999. Rapid detection of arbuscular mycorrhizae in roots and soil of an intensively managed turfgrass system by PCR amplification of small subunit rDNA. Mycorrhiza，9(1)：61-64.
Chen J，Hu KX，Hou XQ，et al. 2011. Endophytic fungi assemblages from 10 *Dendrobium* medicinal plants (Orchidaceae) . World Journal of Microbiol Biotechnology，27：1009-1016.
Chen J，Wang H，Guo SX. 2012. Isolation and identification of endophytic and mycorrhizal fungi from seeds and roots of

Dendrobium(Orchidaceae). Mycorrhiza，22：297-307.

Chen J，Zhang LC，Xing YM，et al. 2013. Diversity and taxonomy of endophytic Xylariaceous fungi from medicinal plants of *Dendrobium*(Orchidaceae). PLoS One，8(3)：e58268.

Crush JR，Hay MJM. 1981. A technique for growing mycirrhizal clover in solution culture. NZJ Agric Rec，24：371-372.

D'Auria M，Rana GL，Racioppi R，Laurita A. 2012. Studies on volatile organic compounds of *Tuber borchii* and *T. asa-foetida*. J Chromatogr Sci，50：775-778.

Duong LM，Jeewon R，Lumyong S，et al. 2006. DGGE coupled with ribosomal DNA gene phylogenies reveal uncharacterized fungal phylotypes. Fungal Diversity，23：121-138.

Ellis MB. 1971.Dematiaceous Hyphomycetes.London：Commonwealth Mycological Institute，1-608.

Franken P，Gianinazzi-Pearson V. 1996. Construction of genomic phage libraries of the arbuscular mycorrhizal fungi *Glomus mosseae* and *Scutellospora castanea* and isolation of ribosomal RNA genes. Mycorrhiza，6(3)：167-173.

Franken P，Lapopin L，Meyergaue G. 1997. RNA accumulation and genes expressed in spores of the arbuscular mycorrhizal fungus *Gigaspora rosea*. Mycologia，89(2)：293-297.

Gilmore AE.1968.Phycomycetous mycorrhizal organisms co1lected by open pot culture methods. Hilgardia，39：87-105.

Grünig CR，Sieber TN，Rogers SO，et al. 2002. Spatial distribution of dark septate endophytes in a confined forest plot. Mycological Research，106：832-840.

Guo LD，Hyde KD，Liew EC. 1998. A method to promote sporulation in palm endophytic fungi. Fungal Div，1：109-113.

Hämmerli UA，Brändle UE，Petrini O，et al. 1992. Differentiation of isolates of *Discula umbrinella*(teleomorph：*Apiognomonia errabunda*) from beech，chestnut and oak using RAPD markers .Molecular Plant-Microbe Interactions，5：479-483.

Hawksworth DL. 2004. Misidentifications' in fungal DNA sequence databanks. New Phytologist，161：13-15.

Hildebrandt U，Janetta K，Ouziad F. 2001. Arbuscular mycorrhizal colonization of haophytes in Central European salt marshes. Mycorrhiza，10(4)：175-183.

Hung VG，Sylvia DM. 1988. Production of vesicular-arbuscularm mycorrhizal fungus innoculum in aeroponic culture. Applied and Enviromental Microbiology，54(2)：353-357.

Ishii T，Narutaki A，Sawada K，et al. 1997. Growth stimulatory substances for vesicular-arbuscular mycorrhizal fungi in Bahia grass(*Paspalum notatum* Flugge) root. Plant Soil，196(2)：301-304.

Kjoller R，Rosendahl S. 2000. Detection of arbuscular mycorrhizal fungi(Glomales) in roots by nested PCR and SSCP(single stranded conformation polymorphism). Plant Soil，226(2)：189-196.

Kristiansen KA，Taylor DL，Kjφller R，et al. 2001. Identification of mycorrhizal fungi from single pelotons of *Dactylorhiza majalis*(Orchidaceae) using single-strand conformation polymorphism and mitochondrial ribosomal large subunit DNA sequences. Mol Ecol，10(8)：2089-2093.

Lacap DC，Hyde KD，Liew ECY. 2003. An evaluation of the fungal "morphotype" concept based on ribosomal DNA sequences. Fungal Diversity，12：53-66.

Liu AR，Xu T，Guo LD. 2007. Molecular and morphological description of *Pestalotiopsis hainanensis* sp. nov.，a new endophyte from a tropical region of China. Fungal Diversity，24：23-36.

Morakotkarn D，Kawasaki H，Seki T. 2007. Molecular diversity of bamboo-associated fungi isolated from Japan. FEMS Microbiology Letters，266：10-19.

Morton JB. 1996. Redescription of *Glomus caledonium* based on correspondence of spore morphological character in type specimens and a living reference culture. Mycorrhiza，6(3)：161-166.

Morton JB，Redecker D. 2001. Two new families of Glomales，Archaeosporaceae and Paraglomaceae，with two new genera Archaeospora and Paraglomus，based on concordant molecular and morphological characters. Mycologia，93(1)：181-195.

Mosse B. 1962.The establishment of vesicular-arbuscular mycorrhiza under asetic conditions. J Gen Microbiol，27(3)：509-520.

Mueller GM，Bills GF，Foster MS. 2004. Biodiversity of fungi inventory and monitoring methods. Marine Fungi.(1)：87.

Nelson PE，Tbussoun TA，Marasas WFO. 1983. Fusarium species：an illustrated manual for identification. University Park and London：The Pennsylvania State University Park，1-193.

Pandey AK，Reddy MS，Suryanarayanan TS. 2003. ITS-RFLP and ITS sequence analysis of a foliar endophytic *Phyllosticta* from different tropical tree. Mycological Research，107：439-444.

Pereira OL，Rollemberg CL，Borges AC，et al. 2003. *Epulorhiza epiphytica* sp. nov. isolated from mycorrhizal roots of epiphytic orchids in Brazil. Mycoscience，44(2)：153-155.

Polizzotto R，Andersen B，Martini M，et al. 2012. A polyphasic approach for the characterization of endophytic *Alternaria* strains isolated from grapevines. Journal of Microbiological Methods，88：162-171.

Prosser JI. 2002. Molecular and functional diversity in soil micro-organisms. Plant Soil，244(1)：9-17.

Qin S，Xing K，Jiang JH，et al. 2011. Biodiversity，bioactive natural products and biotechnological potential of plant-associated endophytic actinobacteria. Applied Microbiology and Biotechnology，89(3)：457-473.

Redecker D. 2000. Specific PCR primers to identify arbuscular mycorrhizal fungi within colonized roots. Mycorrhiza，10(2)：73-80.

Renker C，Kaldorf M，Buscot F. 2001. Structural Diversity of Arbuscular Mycorrhizal Fungi in Disturbed Grassland. *In*：Abstracts of 3rd International Conference on Mycorrhizas.

Requena N，Fuller P，Franken P. 1999. Molecular characterization of GmFOX2，an evolutionarily highly conserved gene from the mycorrhizal fungus *Glomus mossear*，down regulated during interaction with rhizobacteria. Mol Plant Microbe Int，12(10)：934-942.

Ridgway KP，Marland LA，Young JPW. 2001. Molecualr Diversity of Mycorrhizal Fungi on the Roots of Trees Grown with Contaminated Soil Inoculum. *In*：Abstracts of 3rd International Conference on Mycorrhizas.

Schwarzott D，Walker C，Schüssler A. 2001. Glomus，the largest genus of the arbuscular mycorrhizal fungi (Glomales)，is nonmonophyletic. Mol Phylogenet Evol，21(2)：190-197.

Seifert KA，Samson RA，deWaard JR，et al. 2007. Prospects for fungus identification using CO1 DNA barcodes，with *Penicillium* as a test case. PNAS，104：3901-3906.

Siqueira JO. 1987. Mycorrhizal Benefits to Some Crop Species in a P-deficient Oxisol of Southeastern Brazil. *In*：Sylvia DM，Hung LL，Graham JH.eds. Mycorrhizae in the Next Decade：Practical Applications and Research Priorities. Proceedings of the 7th North American Conference on Mycorrhizae. Institute of Food and Agricultural Sciences，University of Florida.

Sun X，Guo LD，Hyde KD. 2011. Community composition of endophytic fungi in Acer truncatum and their role in decomposition. Fungal Diversity，47：85-95.

Taylor DL，Bruns TD. 1997. Independent，specialized invasions of ectomycorrhizal mutualism by two nonphotosynthetic orchids. Proc Natl Acad Sci USA，94(9)：4510-4515.

Tejesvi MV，Kajula M，Mattila S，et al. 2011. Bioactivity and genetic diversity of endophytic fungi in *Rhododendron tomentosum* Harmaja. Fungal Diversity，47：97-107.

Teles HL，Sordi R，Silva GH，et al. 2006.Aromatic compounds produced by *Periconia atropurpurea*，an endophytic fungus associated with *Xylopia aromatica*. Phytochemistry，67：2686-2690.

Tonin C，Vandenkoornhuyse P，Joner EJ，et al. 2001. Assessment of *Viola calaminaria* and effect of these fungi on heavy metal uptake by clover. Mycorrhiza，10(4)：161-168.

Turnau K，Ryszka P，Gianinazzi-Pearson V. 2001. Identification of arbuscular mycorrhizal fungi in soils and roots of plants colonizing zinc wastes in southern Poland. Mycorrhiza，10(4)：169-174.

Vendan RT，Yu YJ，Lee SH，et al. 2010. Diversity of endophytic bacteria in ginseng and their potential for plant growth promotion. J Microbiol，48(5)：559-565.

Vilgalys R. 2003. Taxonomic misidentification in public DNA database. New Phytologist，160：4-5.

Walker C. 1983. Taxonomic concepts in the Endogonaceae：spore wall characteristics in species descriptions. Mycotaxon，18(2)：443-455.

Warcup JH，Talbot PHB. 1967. Perfect states of rhizoctonias associated with orchids. New Phyt，66(4)：631-641.

Xing YM，Chen J，Cui JL，et al. 2011. Antimicrobial activity and biodiversity of endophytic fungi in *Dendrobium devonianum* and *Dendrobium thyrsiflorum* from vietman. Curr Microbiol，62：1218-1224.

Yamato M，Yagame T，Suzuki A，et al. 2005. Isolation and identification of mycorrhizal fungi associating with an achlorophyllous plant，*Epipogium roseum* (Orchidaceae). Mycoscience，46(2)：73-77.

Zhang LM，Liu XZ，Zhu SF，et al. 2006. Detection of the nematophagous fungus *Hirsutella rhossiliensis* in soil by real-time PCR and parasitism bioassay. Biological Control，36：316-323.

Zhu JJ，Li FQ，Xu ML，et al. 2008. The role of ectomycorrhizal fungi in alleviating pine decline in semiarid sandy soil of northern China：an experimental approach. Annals of Forest Science，65(3)：304.

第四十八章 药用植物内生真菌发酵技术

真菌具有生长繁殖快、易培养、易控制、产量高，不受季节、气候、地域等自然条件的限制，发酵成本低，易于通过现代生物技术改造遗传性状等优点。有望通过植物内生真菌发酵为人类突破植物资源周期长、产量低、不可再生等限制，为一些重要的药物生产开辟新途径，因此具有极大的开发潜力和应用价值。

第一节 药用植物内生真菌固体发酵技术

内生真菌的分离都是应用固体营养琼脂培养基进行的，固体培养的优点是菌落长势平均、容易辨别、诱导产孢容易、保存方便等。由于固体发酵培养，真菌的生长速率慢、周期长，难以进行大规模的生产，因此内生真菌的固体发酵条件研究很少，本节主要对药用植物内生真菌固体发酵条件的优化作一综述。

一、固体发酵的性质

“固体发酵”常被许多人称为“固体培养”，其发酵基质也称为“培养料”，因为它们的性质大多属于农副产品，二者在方法上似乎也相似，其实它们之间是有区别的。固体培养是指用培养料来供应真菌生长发育所需的营养成分，最终收获其营养体或子实体，但并不包括培养料本身在内，所以称为“培养”或“栽培”，对培养料中含真菌所需的碳源、氮源、矿质元素、维生素等颇为重视(徐锦堂，1997)。

“发酵”是指微生物对有机物的作用，可获得某种或几种产品，因此，发酵基质比较复杂。不但要考虑营养，还要注意它经发酵后是否产生活性成分或对它的影响。固体发酵的产物“菌质”应至少包括 3 种物质。

(1)真菌菌体(菌丝体、子实体原基、子实体等，因种类而异)及其代谢产物(分解、合成代谢)，有的在菌丝体内(胞内)或已进入发酵基质中(胞外)。例如，槐耳菌质中含有槐耳菌丝体及其代谢产物糖蛋白等。

(2)经过发酵的基质包括被分解后的各种产物。例如，槐耳的发酵基质中含有麦麸等，它的淀粉含量较高，发酵后含糖量明显下降，蛋白质含量上升，麦麸已改变了性质。

(3)未经充分发酵的基质残余。基质，如甘蔗渣、玉米蕊等，在发酵后常有未被分解的残余存在于菌质中。

由于真菌存在三羧酸循环等生理活动，在酶的作用下，发酵后产物的成分非常复杂，许多成分中真菌本身的各种成分占有相当比例，因此，它常会有与子实体相似的作用，但发酵过的基质内也含有相当的成分，其性质、作用必定与它原有性质有关。因此，固体发酵与固体培养，虽然在工艺上有不少相似之处，但最终收获产物的不同决定了两者间的性质是完全不同的。固体发酵的最终产物可称为"菌丝体发酵物质"，简称为"菌质"，如"槐耳菌质"。它不仅含有真菌本身的成分，还含有生物对基质分解、合成的成分，但这并不妨碍它成为一种药材或药品。著名的中药虫草、蝉花、茯神等都不是单一真菌菌体。不能因为说不清虫草究竟是虫还是菌，或两者分不开而否定它的作用。

二、固体发酵生产工艺

国内固体发酵生产工艺现有两类：①用甘蔗渣、玉米芯、麦麸、米糠等作为基质，接菌、发酵，经热水、乙醇等提取成分后制剂，称为去渣型，如猴头等多数品种；②用玉米粉发酵后直接烘干制剂，可称为无渣型。固体发酵的产品具有菌体与已发酵的基质无法分开、成分较复杂的特点。

国外也曾有这种工艺，称为固体基质发酵(solid substrate ferment，SSF)，其基质多采用农副产品，被认为较适用于能耐受湿度较低的丝状真菌。

三、影响固体发酵的因素

(一)菌种

菌种筛选极重要。不同菌种在同一基质上发酵，由于它们的代谢类型不同，如酶种类不同等，使发酵过程中成分的分解、合成有所不同，这会影响基质成分变化和真菌生长。例如，用栓菌属(*Tarametes*)的两个不同菌种 *T. robiniophila* 和 *T. cinnabarina* 分别在同一基质与条件下发酵，采用同一工艺方法提取成分，对小鼠移殖肿瘤 S-180 进行抑瘤试验，其作用有明显差异。因此，应根据治疗疾病的对象，选择有效的菌种。菌种选定后要详细研究它的生物学特性，这些都是制订生产工艺的基础。

(二)发酵基质

发酵基质的重要性，首先从供应真菌营养方面考虑，多数真菌药物的发酵基质都用甘蔗渣、麦麸等，其配比区别常以菌丝体生长状况为依据。李忠等(2002)设计了 6 种不同固体培养基考察玫烟色拟青霉(*Paecilomyces fumosoroseus*)在不同培养基上的生长情况。6 种培养基分别为：①85%麦麸+5%黄豆粉十 10%玉米粉；②70%麦麸+5%黄豆粉+25%米糠；③60%麦麸+5%黄豆粉+25%米糠+10%玉米粉；④60%麦麸+5%黄豆粉+15%米糠+20%玉米芯粉；⑤70%麦麸+30%米糠；⑥80%麦麸+20%谷壳。结果表明，该菌在麦麸和米糠培养基上产孢量大、容易生长，且该培养基经济实用，容易得到，因此，判断该培养基为优良培养基。其次依据发酵后菌质的药用效果选择基质。结果表明，同一菌种用不同的发酵基质可明显影响其提取物的药理效果。例如，槐栓菌(*T. robiniophila*)在 20 多种性质不同的基质上发酵，其提取物对促进机体免疫功能有关方面的指标(如动物体内干扰素诱生能力等)有显著差别。

因此，固体发酵既有基质对真菌培养的一面，又有真菌对基质分解的一面。基质中一些因结合被束缚的成分可能被释放，分子结构会有变化。不同性质的基质自然会产生不同试验效果，就必然影响发酵的成分。例如，现代研究表明，真菌多糖的一级、二级、三级结构都会影响它对调节机体免疫的效果。

(三)培养条件

固体发酵的环境条件包括温度、湿度(水分)、光照、空气等。目前来看，各种菌种发酵需要的各种条件都有其适宜范围。在一定范围内的变化，对发酵影响不大。超过这个范围，影响真菌的生长，就明显影响发酵。在各种条件中，温度、pH 的适宜范围较窄，水分、时间的范围较宽。例如，喜树内生真菌的培养温度为 28℃，红豆杉内生真菌的培养温度为 25℃。有的因素还因菌种而异，一般认为营养体生长适宜于在黑暗中。例如，前述的槐拴菌(*T. robiniophila*)在 PDA 平板上即是如此，但在玉米芯麦麸基质上，于一定光照下反而比黑暗中生长状态好，而另一种拴菌 *T. cinnabarina* 则在黑暗中生长较快。袁秀英等(2004)对胡杨内生真菌曲霉属(*Aspergillus* sp.)和链格孢属(*Alternaria* sp.)在不同温度、pH、碳源、氮源、培养基及糖质量浓度下进行了生理实验研究。结果表明，温度对两种菌株的生长和孢子产生具有明显的影响；曲霉属(*Aspergillus* sp.)pH 为 5～6 时生长良好，而链格孢属(*Alternaria* sp.)在 pH 为 4～5 时菌株生长良好，两种菌株均以蔗糖为主要碳源；菌丝干质量与培养基质量浓度呈正向关系。

可见，菌种与基质都不仅会影响真菌的生长及临床疗效，而且会影响真菌在正常生长条件下对周围环境的要求。对发酵环境的各种条件要求，应按不同菌种与基质的组合作细致的研究，不能千篇一律。

四、固体发酵的质量控制

目前，固体发酵还没有建立一套完整的生物、理化测试法与标准，还只凭目测真菌菌体的生长状况，因此，较难对产品实行科学与严格的质量控制。解决这个问题，必须对整个发酵过程中的生物、理化情况与变化规律进行详细观察与研究，并对每个有明显变化阶段菌质提取物的药理效果进行测定。测定几种真菌不同发酵天数的菌丝体发酵物质中糖与蛋白质的变化，发现都表现为总糖含量下降、蛋白质含量上升，尤其在发酵前期、中期最明显，这个时间内菌丝体也生长迅速，到发酵后期糖与蛋白质在量上都逐渐趋于平稳，真菌也由营养生长进入生殖生长，开始出现子实体原基，这时其提取物的药理效果最佳。当基质养分消耗到一定程度时，真菌即进入生殖生长，它们之间有一定的相关性。这种变化规律目前还不能肯定是否具有普遍性。但是真菌由营养生长时期进入生殖生长时期，其成分的药理效果通常比较好，可能与营养体内外成分累积有关。因此，可以提出将测定发酵物某些成分变化规律作为判断发酵质量检测指标，并由此确定发酵终点。如果一切有关条件稳定，到达发酵终点的时间也就具有相对稳定性。固体发酵的速率大大慢于深层发酵的速率，它一般至少要发酵 1 个月以上，虽然它的分解与合成缓慢但比较完全的，其成分变化与菌丝生长变化越到后期越慢。而深层发酵速率快，通常为几天，它的终点只能从小时计算，超过时间菌丝体可能迅速发生自溶现象(庄毅，1991)。

五、固体发酵后处理

菌丝体发酵物的处理与保存是非常重要的问题。在生产上，全部直接利用其新鲜发酵物有一定困难。目前大多数品种是晒干后备用，晒干过程中易受天气变化干扰，从而影响其质量。经过初步试验，不同的干燥方式对产品质量有一定影响，尚需进一步研究。在对不同菌质的成分提取方法方面，如溶剂、水量、水温、pH、时间等也都有深入研究的必要。

综上所述，真菌的固体发酵首先要对真菌菌株进行筛选，并对其生理、生化等性质进行全面研究，以保证发酵完成后还具有原有的使用价值。其次要对基质、培养条件、发酵周期等进行筛选，要求真菌生长良好，又能在发酵完成后具有目标疗效(庄毅，1991)。

第二节　药用植物内生真菌液体发酵技术

固体发酵的好处是操作简单，成本低，容易推广。然而它也存在着大生产工艺过程中难以克服的缺点。例如，原料与菌丝体混在一起不便分离和提纯，产品粗糙，质量不易保证；生产工艺条件控制困难，如温度、空气量、湿度等条件均较难以均匀、准确地控制；培养周期较长，从半个月到数月，菌丝才能生长好；等等。于是人们将固体培养改进成液体深层发酵培养。液体深层发酵法具有以下优点：可用精细原料，如可溶性原料或很细的粉面，这就有利于原料与菌丝体的分离，从而得到较纯的菌丝体，可以提高产品质量；由于它的生产方式是在罐体内进行的，温度、空气量、酸碱度，湿度等条件易于控制；生产周期短，一般发酵周期为 4～10天，节省时间。正是由于这些优点，为真菌的工艺化大规模生产创造了条件。由于药用植物内生真菌的发酵培养还不成熟，大部分只停留在实验室水平，应用的培养基很单一，主要是 PDA培养基，所以在介绍发酵培养条件优化时，主要以药用真菌为例介绍液体发酵的过程和注意事项，以期为内生真菌的液体发酵提供参考。

一、真菌的液体深层发酵过程

(一)斜面种子的准备和培养

一般内生真菌选用 PDA 培养基、麦麸培养基。内生真菌经分离、纯化后置于适合的培养基上，在所需温度、湿度下培养。注意观察菌落的形态、颜色，菌丝和孢子的形态，以便确定斜面种子的生长状态。

(二)摇瓶种子的制备和培养

培养基的选择也因菌种的不同而不同，一般与固体培养基相同。配好的培养基装入三角瓶中(装量为容器的 1/5)于 121.3℃左右、1.0～1.1kg/cm^2 压力下在高压锅中灭菌 30min，冷却后使用。衡量摇瓶种子是否可以进罐，可参考以下条件：①有一定的菌丝浓度或孢子数；②有该真菌发酵液特有的气味；③镜检菌丝体呈丝网状，无杂菌污染；④有一定的酸碱度；⑤摇瓶内发酵液由稀薄变黏稠；⑥达到该真菌所需的生长周期。

（三）种子罐的培养

种子罐的培养基及空气过滤器进行消毒灭菌后将并瓶后的种子接入，接种量一般掌握在1%～10%，接种量的大小与种子罐周期的长短有关。接种后的种子罐维持一定罐压以防杂菌污染，并控制空气通入量、搅拌及温度等条件。种子罐的种子是否长好、能否接入发酵罐，可参照下列标准：①发酵液由稀变稠并有很多菌球，菌丝浓度（菌浓）达到要求；②有该真菌发酵液的特有气味；③镜检菌丝体形成大量网状、分枝很多，无杂菌污染；④酸碱度适中；⑤达到培养周期；⑥有的真菌发酵液有颜色和亮度的变化；⑦有的真菌发酵过程需加测氨基酸量和总糖量，以观察其代谢水平。

（四）发酵罐的培养

种子罐内种子长好即应转入发酵罐内，其转入前的消毒灭菌及培养情况与种子罐基本相同，转种量一般为10%～15%。由于绝大多数真菌发酵形成的物质比较复杂，特别是其有效成分还不能准确确定，因此真菌深层发酵终点的标准通常以下述形态学和理化指标作为参考依据。①外观：发酵液由稠变稀，颜色由浅变深；菌球由大变小，菌丝体浓度达到最高浓度。②气味：该真菌的特有气味很浓。③菌丝形态：显微镜观察，由网状散开，断节出现，菌丝自溶，无杂菌污染。④pH 降到最低点或开始回升。⑤氨基氮降到最低值时开始回升。⑥总糖量或还原糖量降到最低值。⑦到达某真菌所应有的发酵周期。

二、影响液体发酵培养的因素

（一）菌株的筛选

尽量选择生长状态良好、生长快速、遗传相对稳定及具有应用价值的菌株。采用原生质体紫外线诱变等方法，经分离纯化、驯化，并结合特定化学成分及含量检测，筛选出适应液体发酵培养的菌株。

（二）培养条件的优化

培养条件包括培养基成分、培养的温度、通气量、培养时间、接种量、pH 等方面。不同的真菌对培养条件的要求不同，相同的菌种由于培养的目的不同对培养条件的要求也不同。

1. 培养基的组成

培养基是真菌增殖的重要条件之一，真菌深层发酵培养基成分以碳、氮、磷、微量元素和B族维生素为主。不同的真菌对这些成分的要求不同。

（1）碳源：是真菌繁殖的能量来源和组成菌丝的基本成分。可作为碳源的物质很多，如葡萄糖、蔗糖、乳糖、半乳糖、麦芽糖、糊精、淀粉、玉米粉、木薯粉、米粉、马铃薯等。不同真菌菌种，对碳源的需要不同。葛飞等（2015）从银杏内生真菌中筛选到一株球毛壳菌（*Chaetomium globosum*），并对其发酵液抗氧化活性的最佳培养条件进行了研究，当以葡萄糖为碳源，以酵母膏为氮源、接种量为10%、培养温度为23℃、装液量为100ml、培养时间7天时，发酵液的1,1-二苯基-2-三硝基苯肼（DPPH）自由基清除率最高，达到96.17%，比优化前提高了 23.6%。

(2)氮源：氮源来自酵母粉、酵母膏、蛋白胨、玉米浆、蚕蛹粉、花生饼粉、黄豆饼粉、麸皮、牛肉膏、硫酸铵等。氮源的作用主要是形成菌丝体，即和碳源形成细胞的骨架。氮是氨基酸的重要成分，是形成蛋白质的重要原料。氮源与发酵产物的形成有一定关系。王谦等(2003)对雅致放射毛霉液体发酵工艺的研究表明，其适宜碳源为饴糖和可溶性淀粉，适宜氮源为黄豆粉和酵母膏，最适培养基含黄豆粉 3%、饴糖 0.5%、磷酸二氢钾 0.2%、硫酸镁 0.2%、酵母膏 0.1%。适宜液体培养条件为：温度 28℃，接种量 5%，发酵前期通风量 1∶0.8，之后将风量调至 1∶1.5～2.0。全程不搅拌培养 18～20h。生物量为每 100ml 发酵液中菌丝鲜重达 30g 以上。菌丝体氨基酸含量为 46.1g/100ml。

(3)磷：在磷源中，常用的无机磷是磷酸二氢钾，常用的有机磷则来自于有机物，其中提供氮源的物质也能提供一定的磷源，如玉米浆、酵母粉、蚕蛹粉、蛋白胨等含磷量较高。在代谢过程中，磷主要形成细胞核，与核酸的代谢有关，所以在菌丝繁殖阶段起重要作用，也就是在发酵前期形成菌丝的过程中磷被大量利用。由于磷源与菌丝繁殖有关，所以磷不仅控制着糖的代谢，同时控制着蛋白质的代谢，也就是它既影响碳源的利用，也影响氮源的利用。大部分真菌深层发酵都要用到磷酸二氢钾。

(4)微量元素：多数真菌深层发酵需要镁(Mg)元素，常以硫酸镁加入培养基。有的真菌需要加入硫酸锌($ZnSO_4$)、硫酸亚铁($FeSO_4·7H_2O$)、氯化钾(KCl)、硝酸钙[$Ca(NO_3)_2$]、碳酸钙($CaCO_3$)等。王谦等(2003)对雅致放射毛霉液体发酵工艺的研究表明，最适培养基含磷酸二氢钾 0.2 %，含硫酸镁 0.2%。

(5)维生素：培养基中常加入 B 族维生素，维生素 B_1、维生素 B_2、维生素 B_6 等有利于菌丝的生长繁殖。

2. 温度

多数真菌的发酵最适温度为 24～28℃，少数可达 30℃或更高，这与真菌原来的野生环境有关。温度过高或过低都不利于真菌的生长繁殖，要根据不同真菌选择其最适发酵温度。

3. pH

多数真菌深层发酵的酸碱度取决于自来水的 pH，但不同菌种各有其最适发酵 pH，然而，在发酵过程中随着发酵产物的形成、原材料的利用，pH 略有些变化，多呈下降趋势，但到放罐时又有回升现象。

4. 空气量和搅拌转速

多数药用真菌深层发酵需要的空气量比产生抗生素的放线菌发酵需要的空气量少，一般为 1∶0.3～0.5(*V*/*V*，最多达 1∶1)。空气量过低，溶解氧(溶氧)也低，菌丝生长缓慢，经济效益差；空气量过高，溶氧高，菌丝生长过快，有效产物积累少，也造成浪费。所以要选择适当的空气量。在一定空气量下，搅拌转速对发酵液的溶氧起着决定作用，搅拌转速高，溶氧也高；搅拌转速低，溶氧也低。空气量和搅拌转速决定了溶氧的高低，同时也影响菌丝体生长的形态。一般空气量大或搅拌转速高时，容易形成细小菌丝或絮状菌丝体；而空气量小或搅拌转速低时，容易形成菌丝球，菌丝球的形成通常空气量不足的结果，空气量越不足，形成的菌丝球越大。菌丝球形成之后，菌丝球内空气量更不足，有可能出现氧和营养的饥饿状态，造成很低的生长率，从而可能影响发酵产物的质和量。有人通过研究云芝发现，搅拌转速对云芝多糖的产生起着控制作用。胞外多糖的产量随着搅拌转速的提高而显著增加，胞内多糖的产量随着搅拌转速的提高而减少。但是菌丝球的形成可降低培养液的黏性，有利于菌丝与培养液的分离、容易过滤。

5. 菌龄及周期

菌龄是指包括斜面、摇瓶、种子罐的各级菌种生长的最佳周期。菌龄过长，菌种容易衰老，生长繁殖能力减弱，影响最终发酵产物的形成。菌龄过短，菌丝尚未生长好，生长繁殖能力还没有充分发挥出来，也会影响最终发酵产物的形成。所以注意各级菌种的菌龄，选择最佳菌龄转入下一步生产过程。发酵的生长周期是指从菌种转入发酵罐开始到发酵终点放罐时的时间。不同真菌发酵周期不同。一般来说，周期过短，培养基还没有充分利用，所需要的发酵产物形成的太少，不经济。相反，周期过长，发酵产物积累增长得很缓慢，若不放罐提取，则影响工时和设备的利用率，造成浪费；周期过长，菌丝会自溶，严重时使发酵液难以过滤提取。因此，选择最佳的发酵周期是控制发酵必须要考虑的。

6. 接种量

接种量是指各级菌种，包括斜面、摇瓶、种子罐等转入下一步生产过程所需要的量。种子量过大，给种子的培养、繁殖增加了设备、人力等困难；种子量过小，生长繁殖缓慢、周期过长，所培养的真菌不能迅速占优势，易染杂菌，对发酵不利。根据设备能力和真菌生长繁殖特点，选择适当接种量是必要的。

7. 消毒

培养基的消毒是指培养基经过高温灭菌的过程。它要求既保证灭菌，又不破坏培养基成分。消毒质量好就是在这两个方面达到了要求。选择有利于真菌培养、繁殖、产生所需要的消毒方法。消毒温度高或时间长，虽然达到灭菌彻底的目的，但对培养基成分有破坏作用；消毒温度低或时间短，虽然对培养基成分破坏较少，但容易造成灭菌不彻底。因此消毒时，选择适当的温度和时间是控制消毒质量的关键。有时为了充分利用培养基，在加热升温到一定温度时，要加入一定量的淀粉酶或蛋白酶（淀粉酶水解淀粉的最适温度为 0～90℃，蛋白酶水解蛋白质的最适温度为 40～45℃）使培养基进行酶水解，再继续升温到灭菌温度。淀粉酶使培养基中的淀粉水解成糊精、双糖和单糖；蛋白酶则将培养基中的蛋白质水解成短肽和氨基酸。此外，消毒后培养基的体积（消后体积）也是消毒质量的一个重要环节。在消毒过程中，由于蒸汽中冷凝水的存在，会增加培养基的消后体积。所以在消毒前加入的水量要少于计料体积（计料体积是指计算配比时的体积，即计划体积），即消毒前体积少于计料体积，消毒前体积的控制取决于需要的消后体积和蒸汽冷凝水的多少，消后体积一般应与计料体积一致，但当空气量不足时，为了增加溶氧，常常把料配稀些，即消毒前多加水，这时消后体积就大于计料体积。相反，特殊情况，空气量很足时，有时消后体积比计料体积小。总之，消毒质量是依照消毒后是否染菌、培养基是否破坏、消毒后体积是否符合要求而定的。

（三）根据发酵的目的优化发酵培养条件

对真菌液体发酵培养的目的是使发酵产物具有应用价值，因此，需根据目标产物的需求优化发酵条件。

1. 以真菌的生长为指标确定培养条件

纪丽莲(2005)对芦竹内生真菌 F0238 的细胞生长和代谢产曲酸量进行了代谢调控研究。结果表明，F0238 生长及产曲酸的营养和环境条件为：PDA 培养基，8%淀粉为碳源，0.2%蛋白胨为氮源，发酵温度为 28℃，初始 pH 为 6.5，发酵时间为 5 天(120h)，装液量 80ml/500ml 三角瓶。在摇瓶试验的基础上，对该菌发酵过程作了初步放大试验(10L 全自动发酵罐)，得到 F0238 发酵过程的动态曲线。动态曲线反映了在一个发酵周期内发酵液的 pH、DO 值、残糖的降低趋势、生物量与抗菌产物量的上升趋势。

李明等(2006)对分离自莲瓣兰根内的 5 株内生真菌利用碳源的生理学特性进行了研究，方法是三点种植试验，培养 5 天，测量碳源培养基上内生真菌菌落直径，同时进行液体培养 5 天，将菌丝过滤，烘干至恒重，计算菌丝干重。结果这 5 株内生真菌利用碳源的能力各不同。其中，属于木霉属的 LP161 菌株对各种碳源均有很好的利用能力，尤其在纤维素培养基上生长最快；LP161 菌株在葡萄糖液体培养基内生长最快，培养 5 天后菌丝干重达到 1.18g/100ml。

2. 以提高液体发酵目标成分产量为目的优化发酵条件

不同的培养基得到产物的成分是不同的，因此为得到目标成分，要对发酵条件进行优化。

以生物量和脂肪酸分别作为主要指标，研究了乌桕韧皮部分离获得的 5 种内生真菌(丝核菌、小菌核菌、小单头孢、毛壳菌、拟盘多毛孢)在不同环境因子下的生长。与合成培养基相比，在液体马铃薯培养基上发酵，生物量较高，脂肪酸不饱和指数较低，其脂肪酸主要为棕榈酸、油酸、亚油酸。与未添加乌桕汁的合成培养基相比，添加乌桕浸汁对小菌核菌生长有促进作用，对其余 4 种菌有抑制作用，脂肪酸不饱和指数均进一步增加。在合成培养基中添加 NaCl 培养小菌核菌，生物量均无显著差异；在添加 0～0.5mol/L NaCl 时，脂肪酸不饱和指数无显著差异；在添加 0.6～1.0mol/L NaCl 时，随着盐浓度增加，脂肪酸不饱和指数下降，表明该菌有较强的耐盐能力。添加植物油对小菌核菌菌丝生长有促进作用，其中在添加 1.5%的植物油时，生物量最大；其脂肪酸随添加植物油而改变(朱峰和林永成，2006)。

陈建华等(2004)从云南红豆杉和南方红豆杉中分离出 230 余株内生真菌，其中 5 株具有产紫杉醇的特性，菌株的紫杉醇最高产率约为 1mg/L，酒石酸铵、苯甲酸钠对菌丝体生长具有抑制作用，而较低浓度的乙酸铵(＜0.05mmol/L)和较高浓度的苯丙氨酸(＞0.01mmol/L)对菌丝体的生长有利。

卢明锋和张月杰(2006)研究了一株丝状真菌 AL18 产菲醌类光敏剂的液体发酵工艺。以马铃薯综合培养基为发酵培养基，采用单次单因素试验法，研究了液体摇瓶培养条件对菲醌类光敏剂产量的影响。试验结果表明，液体摇瓶最适培养条件为 250ml 三角瓶装液量 40ml，接种量为 7.5%，接种种龄为 40h，初始 pH 为 5.75，摇床转数 180r/min，30℃振荡培养 48h。在此培养条件下，采用单因素法筛选了发酵培养基中的碳源、氮源和无机离子，选用 $L_9(3^4)$ 对筛选到的绵白糖(A)、蛋白胨(B)、蚕蛹粉(C)、$CuSO_4·5H_2O$(D)进行了正交试验。经优化后的发酵培养基配方为马铃薯 200g/L、绵白糖 3%、蛋白胨 3g/L、蚕蛹粉 12.5g/L、磷酸二氢钾 1g/L、硫酸镁 0.5g/L、硫酸铜 0.05g/L、维生素 $B_1$100mg/L。对此发酵培养基配方进行了 5 次验证试验，菲醌类光敏剂的平均产量为 1.21g/L。

冀宝营等(2006)采用添加 γ-亚麻酸(GLA)前体物的方法，通过正交试验、利用液体发酵技术对少根根霉(*Rhizopus arrhizu*)进行诱导。研究其产生 γ-亚麻酸的最佳发酵条件，检测 γ-亚麻酸的含量及收率。结果表明，辅酶 A 以前体物的形式诱导少根根霉发酵向有利于 γ-亚麻酸产生的方向进行，从而提高了 γ-亚麻酸的含量；而 ATP 以能量供给体的形式极大地促进了生物量的增加。最终确定了发酵法生产 γ-亚麻酸的最佳条件。

刘万云等(2005)通过正交设计试验，优化了青霉属真菌(*Penicillium*)SHZK-15 产胞外布雷菲德菌素(brefeldin-A，BFA)的液体发酵条件。最佳的 BFA 发酵条件为：培养基含马铃薯 200g(煮汁)、葡萄糖 20g、$(NH_4)_2SO_4$ 4.0g、KH_2PO_4 1.0g、$CaCO_3$ 5.0g，pH 自然，瓶装量为 100ml/250ml，培养温度为 28℃，转速为 120r/min，培养时间为 7 天，BFA 的最高产量可达 151.6mg/L。

红树林一株内生真菌可产生具有抗癌活性的新化合物 enniatin G。游剑岚等(2006)以菌丝质量浓度(干质量)和 enniatin 质量浓度为检测指标，用正交试验确定了适合其生长的最佳碳源、氮源及温度，再用单因素变换法对 732 培养条件进行了优化。试验结果为：在含 2.5%葡萄糖、0.8%蛋白胨、起始 pH 为 6、20%人工海水的 GTY 培养基中发酵 10 天，菌丝质量浓度和 enniatin 质量浓度可达到最大值。

彭小伟和陈洪章(2005)从油脂植物南方红豆杉(*Taxus mairei*)茎中分离到 26 株内生真菌，发现其中 14 株内生真菌菌丝中有明显的油滴存在，选出其中油滴较大、较多的 7 株在 PDA 液体培养基中培养 6 天后提取油脂，结果它们的油脂含量为细胞干重的 13.2%～29.5%；这 26 株内生真菌在以微晶纤维为唯一碳源的液体培养基中培养 8 天后，测定发酵液的滤纸酶活，发现酶活为 6.5～17.81μg 葡萄糖/(ml·min)。研究结果表明，南方红豆杉内生真菌中存在大量产油菌株，且它们有以纤维素为碳源生长的潜力。本研究为筛选能以秸秆中纤维素为碳源积累油脂的菌株打下了基础。

王梅霞和陈双林(2003)从银杏(*Ginkgo biloba* L.)叶片中分离获得了一株内生真菌 EG4，经形态学分类研究鉴定为刺盘孢(*Colletortrichum* sp.)。用 TLC 分析培养液发现该菌可产生黄酮类化合物，培养生物学特性的研究表明，不同的碳源、氮源对其生长和代谢有不同的影响，蔗糖、葡萄糖、NH_4^+能够明显促进其生长，乳糖、NO_2^- 能明显促进其酮类物质的合成。

朱峰和林永成(2006)把混合发酵技术应用于两株南海红树内生真菌(菌株编号 1924 和 3893)的培养，结果产生了 1 个新的 1-异喹啉酮类生物碱 marinamide(A)和其甲酯(B)。通过完整的波谱数据(主要是二维核磁共振谱)解析其结构分别为 4-(2-吡咯基)-1-异喹啉酮-3-甲酸(A)和 4-(2-吡咯基)-1-异喹啉酮-3-甲酸甲酯(B)。在相同条件下，通过单独培养这两株内生真菌未能得到 marinamide。试验结果表明，混合发酵技术有可能成为寻找新颖代谢产物的有效途径。

刘晓兰和周东坡(2002)对树状多节孢 HQD33 内生真菌融合子 TPF-1 发酵工艺条件进行了 2.8L 和 10L 通用式机械搅拌罐的发酵试验。结果表明，HQD33 的适宜发酵工艺条件为：发酵时间 16～18 天，培养基中蔗糖、苯丙氨酸、乙酸钠、酪氨酸、2，4-二氯苯氧乙酸和亚油酸的添加量分别为 180g/L、1mg/L、1.5g/L、15mg/L、5mg/L 和 15mg/L，摇瓶装置为 150ml/500ml，在此条件下摇瓶发酵液中紫杉醇的平均含量为 448.52μg/L；2.8L 和 10L 罐发酵液中紫杉醇的含量达 406.95μg/L 和 395.12μg/L(平均值)。

三、真菌深层发酵的理化指标测定

(1)理化测定的目的是为了了解发酵过程(包括种子罐，有时还包括摇瓶)的代谢情况，以控制菌丝生长，更快、更好地得到需要的产物。

(2)理化测定的主要内容。①pH：测定不同时期发酵液的酸碱度。②测定不同时期总糖或还原糖的含量：化学测定多采用裴林试剂法。③氨基氮的测定：多采用甲醛法测定不同期的可溶性氨基氮。④溶磷：测定可溶性磷的含量，一般溶磷只测定培养基在消毒前、消毒后，以及接种后 4h、16h、24h 等前期发酵液中的含量，当菌丝大量繁殖以后，溶磷就很少了。⑤黏度：测不同期发酵液黏度，可用乌氏黏度计进行测定。⑥菌丝浓度，即测菌丝含量：通常采用过滤法和离心沉降法测定。⑦多糖的测定：常用的方法有蒽酮法、浓硫酸-苯酚法等。

综上所述，真菌液体发酵应尽量满足以下几点：① 目标产物的得率高；②产生目的物的菌丝体生长良好，发酵周期短；③培养基成本低、原料来源广；④培养基对目的物的提取干扰少，目的物后处理工艺简单、得率高。

(郭文娟　郭顺星)

参 考 文 献

陈建华，刘佳佳，臧巩固，等.2004.紫杉醇产生菌的筛选与发酵条件的调控. 中南大学学报(自然科学版)，35(1)：65-69.
葛飞，石贝杰，高樱萍，等. 2015. 一株高抗氧化活性银杏内生真菌 SG0016 的鉴定及其培养条件优化. 西北植物学报，35(2)：403-409.
冀宝营，孙翠焕，王艳华，等.2006.诱导法发酵少根根霉 γ-亚麻酸的研究. 微生物学杂志，26(3)：58-60.
纪丽莲.2005.芦竹内生真菌 F0238 细胞生长及其代谢调控. 微生物学通报，32(4)：51-56.
李明，周斌，施继惠，等.2006. 莲瓣兰内生真菌利用碳源的生理学特性研究.大理学院学报，5(4)：1-3.
李忠，刘爱英，梁宗琦.2002.玫烟色拟青霉的培养及固体培养基筛选. 贵州农业科学，30(6)：27-28.
刘万云，方美娟，许鹏翔，等.2005.产胞外布雷菲德菌素 A 青霉发酵条件的研究. 微生物学通报，32(6)：52-57.
刘晓兰，周东坡.2002.树状多节孢发酵生产紫杉醇工艺条件的初步研究. 菌物系统，21(2)：246-251.
卢明锋，张月杰.2006.一株花产醌类光敏剂丝状真菌 AL18 的液体发酵工艺研究. 生物技术，16(4)：62-65.
彭小伟，陈洪章.2005.南方红豆杉内生真菌产油及降解纤维素的研究. 菌物学报，24(3)：457-461.
王梅霞，陈双林.2003.一株产黄酮银杏内生真菌的分离鉴定与培养介质的初步研究. 南京师大学报(自然科学版)，26(1)：106-110.
王谦，闫蕾蕾，王丽英，等.2003.雅致放射毛霉深层液体发酵工艺研究. 河北农业大学学报，26(4)：38-41.
徐锦堂.1997.中国药用真菌学. 第 2 版. 北京：北京医科大学、中国协和医科大学联合出版社.
游剑岚，毛巍，周世宁，等.2006.红树林内生镰刀菌 732 代谢产物 Enniatin 发酵条件研究. 中山大学学报(自然科学版)，45(4)：75-78.
袁秀英，韩艳洁，姜海燕，等.2004.胡杨内生真菌曲霉(*Aspergillus* sp.)、链格孢(*Alternaria* sp.)的生理特性. 干旱区资源与环境，18(6)：170-173.
朱峰，林永成.2006.两株南海红树内生真菌混合发酵产生新生物碱 marinamide 和其甲酯. 科学通报，51(7)：792-795.
庄毅.1991.药用真菌的固体发酵. 中国药学杂志，26(2)：80-82.

第四十九章　药用植物内生真菌活性菌株的筛选技术

内生真菌的主要研究方向包括从药用植物内生真菌中发现与宿主相同或相似的药物及新的活性化合物，或研究内生真菌对宿主的有益作用。对获得目标成分的筛选相对简单，往往将得到的药用植物内生真菌发酵培养，对菌丝体和发酵液分别进行提取，并以目标成分为标准品，对内生真菌提取物进行检测，考察其中是否存在目标成分。对目标成分的检测经常采用薄层层析（TLC）法和高效液相色谱（HPLC）法，以 Rf 值和保留时间（t_R）来判断目标成分是否存在于内生真菌中。对植物内生真菌进行分离可以得到许多菌株，考察这些菌株是否具有所需要的应用价值，就需要对所分离得到的真菌进行筛选。本章主要探讨根据药理活性筛选药用植物内生真菌活性产物的研究方法，为药用植物内生真菌的研究和应用提供参考。内生真菌的药理活性筛选是将纯化的内生真菌进行发酵，真菌的菌丝体或培养液经提取得到供试药品用药理模型进行药理活性筛选。

第一节　药用植物内生真菌抗菌活性筛选技术

抗菌活性体外测定方法重现性好、操作简便，目前在植物内生真菌抗菌活性物质的研究中主要还是采用体外活性测定的方法。

一、平皿对峙法

在无菌条件下，将供试菌株和病原菌分别用打孔器制成菌饼。供试菌株的菌饼放在固体培养基的中央，其周围等径放置几个不同病原菌的菌饼，培养观察供试菌株与病原菌之间是否有拮抗作用，测量抑菌带的宽度（郭顺星和徐锦堂，1990）。

二、生长速率法

将供试菌株的发酵液或菌丝体的溶剂提取物在无菌条件下以一定剂量加入病原培养基中混合均匀，倒入平皿中，待凝固后接种病原菌，于培养箱内培养，测量病原菌菌落直径，计算抑制率。此外，将薄层层析与MTT法结合起来的一种新的、简单的、生物自显影的琼脂覆盖法，用以指导抗菌活性物质的分离、纯化(Rahalison et al.，1991)。

三、琼脂块法

在无菌条件下，将供试菌株用打孔器制成菌饼，放在铺好检定菌(细菌)的培养基上培养，观察琼脂块周围抑菌圈的有无和大小(林爱玉等，2006)。

具体的操作步骤如下：将指定培养基(病原细菌用牛肉膏蛋白胨琼脂培养基，病原真菌用沙保氏培养基)冷却至60℃左右时，将指示菌悬浮液(细菌浓度为10^7ml^{-1}，真菌浓度为10^6ml^{-1})与指定培养基迅速混匀后倒入无菌平皿中，制成测试平板，用无菌镊子将培养的同一种内生真菌3个菌片(直径为5cm)放入测试平板中，同时放入不接入内生真菌的空白营养琼脂培养基菌片作为阴性对照，于黑暗环境下培养，细菌于37℃、真菌于25℃，24～48h后测量并记录抑菌圈直径的大小。

四、扩　散　法

扩散法包括滤纸片法、杯碟法、挖洞法等。与琼脂块法相似，是将内生真菌的发酵液或菌丝体提取物浓缩后置于无菌滤纸片上或牛津杯中，放在已均匀接种检定菌(细菌或真菌)的培养基上培养，以青霉素钾作为细菌的阳性对照，以酮康唑作为真菌的阳性对照，经孵育后，细菌或真菌生长受抑制，观察周围抑菌圈的有无和直径大小。该方法是抗菌药物筛选研究中最常用的方法。特别是在菌株、活性部位及单体化合物的初试试验中，其作用是其他方法无法替代的(黄午阳，2005；郭建新等，2005；施琦渊，2007)。

五、试管稀释法

试管稀释法需无菌操作，在试管内用肉汤或其他培养基，将已配制药液作二倍递减浓度稀释，然后接种适量菌液，经孵化后观察药物最低抑菌浓度(MIC)。该法由于药液直接与菌接触，敏感性非常高，是抗菌药物(制剂)质量控制的常规方法，在内生真菌抗菌活性物质研究中也经常使用，用以筛选分离得到的天然产物。

六、微量稀释法

微量稀释法先将化合物用溶剂溶解并作二倍递减浓度稀释，分装于盛有培养基的96(或24等)孔板中，其余同试管稀释法。该法有操作方便、用培养基量少、可作大批量药敏试验等优点，故在抗菌药物筛选中使用较多。

七、琼脂稀释法

一般采用平皿二倍稀释法(张致平，2003)，先将测试内生真菌提取液或发酵液梯度稀释成不同浓度梯度，再分别与培养基均匀混合，制成琼脂平皿，每种浓度设置3次重复，同时设置不含待测成分只含指示菌的琼脂平板作为阳性菌的生长对照，接种适量指示菌液，经培养后观察结果，指示菌不生长的最低药物浓度为MIC。该法在抗菌药物筛选中使用也较多。

琼脂扩散法与试管稀释法和微量稀释法相比，可用于颜色较深的样品抗菌活性的测定，可同时测定多数菌株，且易于确定终点(徐叔云等，2003)。采用上述3种方法仅能测定样品的最低抑菌浓度，药物是否有杀菌作用需要更深一步的试验。

具体的操作方法是：取最低抑菌浓度以上未见微生物生长的培养物0.1ml，移种至不含药的平皿琼脂培养基上，经培养后，计数少于5个菌落者为该药物的最低杀菌浓度(MBC)。反之，无细菌生长各试验管培养物，经移种平皿培养基后，各浓度均有细菌生长，则在实验浓度下该样品仅有抑菌作用(施琦渊，2007)。

(郭文娟　邢咏梅　郭顺星)

第二节　药用植物内生真菌抗肿瘤活性筛选技术

抗肿瘤药物筛选的药理模型很多，大致可分为两类：应用肿瘤系统模型的筛选技术与应用非肿瘤系统模型的筛选技术。

一、应用肿瘤系统模型的筛选技术

该技术包括体外试验法和体内试验法。

(一)体外试验法

体外试验法主要采用肿瘤细胞损害的直接观察和肿瘤细胞的体外培养方法。该方法简便易行，可供大规模筛选，能直接观察到细胞的变化，不需特殊设备，而且药物直接作用于肿瘤细胞，如美蓝法、荧光染色法、有氧呼吸法等。所采用的肿瘤细胞多为肿瘤组织通过离体培养的瘤组织细胞，如人体鼻咽癌细胞、大鼠瓦克癌瘤 W_{256}、小鼠艾氏腹水癌 S-180、小鼠白血病 P_{388} 和 L_{1210}、肺癌 Lewis、食道癌细胞株 Ecalog 等。体外活性测定的常用方法有以下几种。

1. MTT 法

MTT 法的基本原理是：活细胞线粒体中与 NADP 相关的脱氢酶在细胞内可将黄色的MTT[3-(4，5-dimethylthiazol-2yl)-2，5-dienylterazolium bromide]转化成不溶性的蓝紫色的甲臜，而死细胞则无此功能。用二甲基亚砜(DMSO)溶解甲臜后，在一定波长下用酶标仪测定光密度值(OD 值)，即可定量测出细胞的存活率。MTT 法是抗肿瘤活性筛选中最常用的方法，具体操作方法如下。

取对数期生长的肿瘤细胞株，以含10%胎牛血清的培养液制成单个细胞悬液(接种密度为 $1\times10^4 ml^{-1}$)，接种于96孔板，每孔100μl，24h后加入样本，每组至少平行3个孔。MTT 用无菌缓冲液配成2mg/ml溶液，每孔加入50μl，37℃孵育4h使MTT还原为甲臜，然后弃上清液，每孔加入DMSO 150μl，振荡15min，使甲臜结晶物充分溶解。用酶标仪在490nm处测定每个孔的OD值，计算细胞抑制率(%)；(正常对照组OD值–实验组OD值)/正常对照组OD值×100%。以不同浓度的同一样品对肿瘤细胞生长抑制率作图，可得到剂量反应曲线，从中求出样品的半数抑制浓度 IC_{50}。

2. 细胞蛋白质染色法

细胞蛋白质染色(sulforhodamine，SRB)法的基本原理是：SRB 可与生物大分子中的碱性氨基酸结合，其在 515nm 波长的 OD 读数与细胞数呈良好的线性关系，故可用作细胞数的定量。SRB 法也是研究天然产物细胞毒活性的常用方法。具体操作方法如下。

首先，根据肿瘤细胞生长速率，将处于对数生长期的贴壁肿瘤细胞以 200μl/孔接种于 96 孔培养板，贴壁生长 24h 后给药，每个浓度设 3 个复孔，并设相应浓度的生理盐水溶液对照及无细胞调零孔。肿瘤细胞在 37℃、5%CO_2 条件下培养 72h 后，取出培养板，每孔加入 50%(*m/V*)的三氯乙酸(TCA)50μl 固定细胞，4℃放置 1h。若培养的是悬浮细胞，则加 80%的冷 TCA50μl，TCA 的终浓度为 16%，先静置 5min，再放入 4℃冰箱中 1h。随后，弃固定液，用蒸馏水洗涤 5 次，空气中自然干燥。接下来进行染色，在空气中干燥后，每孔加 SRB 溶液 100μl，室温下放置 10～30min。之后弃上清液，用 1%乙酸洗涤 5 次，空气干燥后，加入 150μl/孔的 Tris 溶液，在平板振荡器上振荡 5min。最后，在酶联免疫检测仪测定 OD 值，用空白对照调零，所用波长为 515nm。计算肿瘤细胞生长的抑制率；抑制率=[(OD_{515} 对照孔－OD_{515} 给药孔)/OD_{515} 对照孔]×100%。根据各浓度抑制率，采用 Logit 法计算半数抑制浓度 IC_{50}。以上每个试验重复 3 次，求出平均 IC_{50} 值作为最终指标。

3. 噬菌体生化诱导分析法

噬菌体生化诱导分析法(BIA 法)测定溶原性 λ 噬菌体阻遏物支配下的启动子控制的转录和表达的酶活性。将大肠杆菌的 β-半乳糖苷酶基因(*LacZ*)经重组连接在 λ 噬菌体 PL 启动基因后，用重组 λ 噬菌体的宿主菌作为筛选抗肿瘤药物产生菌的试验菌。当抗肿瘤药物对试验菌中 λ 噬菌体的 DNA 损伤时，会诱发 λ 噬菌体的调节基因突变或缺失，诱发 λ 阻遏蛋白(CI)分解或缺失，使 λ 噬菌体的 PL 启动基因启动 *LacZ* 基因转录和表达。这样，通过测定表达的 β-半乳糖苷酶活性，即可检测能损伤 DNA 的抗肿瘤药物的存在，具体操作方法如下。

1)固体 BIA 法

将 37℃、200r/min 振荡培养过夜的 BIA 活性检测菌，以 1∶100 接种于 LB 液体培养基；37℃、200r/min 振荡培养至 OD_{600} 为 0.4；取 12ml 培养物以 4000r/min 离心 5min，菌体沉淀用 0.4ml LB 液体培养基重新悬浮菌体；将菌体悬浮液与 12ml 预热至 45℃的 1%琼脂均匀混合，迅速倒入已铺有一层含 10μg/ml 氨苄青霉素的 LB 固体培养基的平板上；含菌体的琼脂凝固后，将待测样品 10μl 点于平板上，37℃培养 3～5h；将已预热至 45℃的 12ml 1%琼脂与 0.4ml 溶有 23mg 坚牢蓝 RR 盐和 4mg X-gal 的 DMSO 混合均匀后，迅速倒入上述培养结束的平板；37℃继续温浴 30min 后观察显色结果。

2)液体 BIA 法

将 37℃、200r/min 振荡培养过夜的 BIA 活性检测菌，以 1∶100 接种于 LB 液体培养基；37℃、200r/min 振荡培养至 OD_{600} 为 0.4；将 OD_{600} 为 0.4 的培养物用含 10μg/ml 氨苄青霉素的 LB 液体培养基以 1∶10 稀释；取稀释后的菌体 50μl 与 5μl 的待测样品于 1.5ml 的离心管中混合，37℃、200r/min 振荡培养 4h；培养结束后，往离心管内加入 450μl 预冷的 ZCM 缓冲液，混匀，28℃水浴 3min；加入 100μl 4mg/ml 邻硝基苯 β-*O*-半乳吡喃糖苷(ONPG)，混匀，28℃水浴 3min；加入 100μl 预冷的 1mol/L Na_2CO_3 终止反应；测定 OD_{420} 值。β-半乳糖苷酶酶活的计算公式为:U=OD_{420}×100t(t 为加入底物 ONPG 后的反应时间，以 h 为单位)(曾伟，2001)。

除了上述三个体外抗肿瘤活性测定方法外，还有染料排斥法、生长曲线法、集落形成法等方法，研究者可以根据试验目的、试验条件加以选择。经过体外初筛有一定抗肿瘤作用的药物要用体内法进行复筛，这种方法是公认的常规筛选方法。但是在植物内生真菌抗肿瘤筛选中应用不多。

(二)体内试验法

体内筛选抗肿瘤活性物质最常用的方法是利用动物移殖性肿瘤进行体内筛选，经过体外初筛有一定抗肿瘤作用的药物再应用此法进行复筛。这种方法是最常用也是公认的常规筛选方法。通常采用的动物移殖性瘤谱有艾氏癌腹水型(EAC)、艾氏癌皮下型(ESC)、肉瘤180(S-180)、肉瘤37(S-37)、子宫颈癌14(U-14)、小白鼠白血病 L_{615} 和 L_{1210}、吉田肉瘤、黑色素瘤、瓦克癌(W_{256})、腹水型肝癌(H.S)等。这种方法的优点在于；移殖性肿瘤细胞接种后，可以使一群动物有同样的肿瘤，移殖成活率100%，生长速率较一致，生长均匀，无自发缓解，个体差异较少，对宿主的影响类似，试验周期短，易于客观地判断疗效，很适用于抗肿瘤药物的筛选，所以，易于客观判断疗效。但这种肿瘤生长速率快，增殖比率高，与人体的实体瘤差异较大。

二、应用非肿瘤系统模型的筛选技术

运用生长旺盛的正常分裂细胞、胚芽性组织及微生物等作为抑制细胞分裂有效药物的筛选，常用下列方法。

(1)细胞核分裂抑制法：临床有效的抗肿瘤药物大多对生长、繁殖旺盛的分裂细胞有较强的抑制作用，选择性地抑制核酸的合成。有人利用药物对这类组织较为敏感的特点，建立了抗肿瘤药物筛选的试验方法，如精原细胞法。

(2)细胞生长抑制法：常用胚胎发育抑制法，如以前应用较多的鸡胚抑制法、绿豆发芽抑制法等。这类方法有一定的重复性和规律性，但也存在着一定的局限性，所以近年来应用较少。

于垂亮等(2004)进行了海洋真菌抗肿瘤活性筛选，具体方法是取对数生长期的小鼠乳腺癌 tsFT210 细胞，用新鲜含10%胎牛血清的 R/MINI-1640 培养基配制成细胞密度为 2×10^5 个/ml 的细胞悬液，接种于24孔板中，每孔0.5ml。各孔中加入各种浓度的真菌提取液5μl，并将细胞在培养箱中培养17h。药物处理后的细胞直接于倒置显微镜下观察细胞形态学变化，再经碘化丙锭(PI)染色后通过流式细胞仪测定细胞中 DNA 的含量分布。结果分离得到真菌207株，活性筛选得到阳性菌19株，其中编号 $Z_8$3200 的真菌具有显著的细胞凋亡活性。Lee 等(1996)用 PKC 细胞系筛选得到抗肿瘤内生真菌小孢拟盘多毛孢(*P. microspora*)，并得到了抗肿瘤的单体 torreyanic acid。

对内生真菌抗肿瘤的筛选研究很多，任何一种方法单独筛选都难以保证不漏筛，应根据实际情况，对筛选方法进行适当的选择和组合。体外试验及非肿瘤系统筛选的方法使用简便、快速、用药量少，短时间内可做大量样品观察。但这种方法不能完全代替体内试验法，因为体外试验及非肿瘤系统假阳性较多，不能显示特异的肿瘤抑制作用，有些药物必须经过体内代谢后才变得有活性，这样就有漏选的可能。不同药物有不同的抗瘤谱，不同试验模型对药物反应不一致。因此，目前尚未发现一种可靠的试验方法可以代替试验肿瘤模型，也没有任何一种肿瘤模型可以单独反映出所有药物的抗肿瘤作用，而且药物的疗效研究必须密切结合临床。

（邢咏梅 郭文娟 郭顺星）

第三节 药用植物内生真菌抗 HIV-1 整合酶活性筛选技术

抗 HIV-1 整合酶活性筛选技术均为体外筛选方法，主要包括以下三种方法，其中第一种方法主要用于抗整合酶链转移反应活性的筛选，后两种方法主要用于整合酶变构抑制剂的筛选。

1. 整合酶链转移反应抑制剂的筛选

(1) 室温下将待测样品用 DMSO 配制成不同浓度的溶液（化合物的起始浓度一般为 30μmol/L，粗提物的起始浓度一般为 0.1mg/ml），充分振荡溶解后备用。

(2) 用灭菌双蒸水分别溶解 DNA 底物 D1 (5'-biotin-ACCCTTTTAGTCAGTGTGGAAAATCTCTAGCA-3')，D2 (5'-ACTGCTAGAGATTTTCCACACTGACTAAAAG-3')，T1 (5'- TGA-CCAAGGGCTAATTCACT-3'-digoxin)，T2 (5'-AGTGAA-TTAGCCCTTGGTCA-3')。将 D1/D2、T1/T2 分别按照等摩尔量混匀，于 95℃水浴煮沸 3min 变性，再缓慢冷却至室温，退火形成的 D1/2 和 T1/2 即分别为供体 DNA 和靶 DNA。

(3) 反应在 96 孔透明微孔板中进行，反应总体积为 50μl。用无 $MnCl_2$ 的 1×反应缓冲液 (25mmol/L 哌嗪-1，4-二乙磺酸 (PIPES)，10mmol/L β-巯基乙醇 (β-ME)，0.1g/L 牛肉血清蛋白 (BSA)，5%无菌甘油) 洗板一次。

(4) 加入 5μl 用 DSMO 配制的待测样品至微孔板中，与 IN 在无 $MnCl_2$ 的 2×反应缓冲液中 37℃温育 20min。每孔加入浓度为 10mmol/L 的 $MnCl_2$，最后加入 1.5pmol/L 供体 DNA 和 15pmol/L 靶 DNA 底物，混匀后 37℃反应 1h。

(5) 加入 1.5μl 链霉亲和素磁珠和 51.5μl 结合缓冲液［10mmol/L Tris-HCl、pH7.6，2mol/L NaCl，20mmol/L EDTA，0.1% (*m/V*) Tween-20］彻底振荡混匀，20℃孵育 15min，每隔 5min 振荡混匀一次。

(6) 将微孔板置于板式磁珠收集器静置 90s，弃上清液。用 100μl PBST 洗磁珠 3 次，洗磁珠程序为：加入 100μl PBST，彻底振荡混匀，置于板式磁珠收集器静置 90s，弃上清液。

(7) 加入 100μl 用 PBS 按照 1∶5000 稀释的碱性磷酸酶标记的地高辛抗体，振荡混匀后于 37℃孵育 30min。

(8) 100μl PBST 洗磁珠 3 次以除去未结合的抗体，将磁珠转移到新的微孔板中，加入 100μl 显色底物缓冲液 (6.7mmol/L p-NPP，0.1mol/L Na_2CO_3，pH9.5，2mmol/L $MgCl_2$)，避光显色 30min，加入 2mol/L NaOH 溶液 20μl 终止显色，用酶标仪测定 405nm 处的吸光值 (A_{405})。设置终浓度为 25μmol/L 的二酮酸类整合酶抑制剂 Baicalein 为阳性对照组，设置不加入化合物样品而直接加入 5μl DMSO 的阴性对照组（何红秋，2010；张大为，2011）。样品的抑制率 (IR) 计算公式如下：

$$\mathrm{IR} = \frac{M_{\max} - M_{\mathrm{sample}}}{M_{\max} - M_{\min}} \times 100\%$$

2. 整合酶与人晶状体上皮源性生长因子（LEDGF/p75）蛋白相互作用的抑制剂筛选

（1）室温下将待测样品用 DMSO 配制成不同浓度的溶液，化合物的起始浓度一般为 30μmol/L，粗提物的起始浓度一般为 0.1mg/ml，充分振荡溶解后备用。

（2）反应体系为 100μl，在 96 孔微孔板（NBS treated）中进行。用 1×IBD/CCD 反应缓冲液［25mmol/L Tris-HCl、pH 7.4，150mmol/L NaCl，1 mmol/L $MgCl_2$，0.05%BSA（*m*/*V*）］分别将混合液稀释成为 10×工作液（300μmol/L），GST-IBD 和 CCD-HIS 均稀释成 5×工作液（100nmol/L）。依次加入 10μl 混合液、20μl GST-IBD、20μl CCD-HIS 和 50μl 1×分析缓冲液。室温（room temprature，RT），置于板式恒温振荡仪上，200r/min 反应 1.5h。

（3）立即加入镍离子偶联的磁珠，10μl/孔（吸取体积为 1μl×板孔数的磁珠原液，弃去保存液，用超纯水洗 2 次，稀释 10 倍使用），室温，900r/min 反应 30min。

（4）将微孔板置于磁珠收集器上 2min，弃去液体。1×洗脱液［50mmol/L 磷酸钠、pH 7.4，150mmol/L NaCl，0.005% Tween-20（*V*/*V*），20mmol/L 咪唑］。洗涤方法为每孔加入 200μl 洗脱液，置于板式恒温振荡仪上，900r/min、1min，在磁珠收集器上静置 2min，弃上清液。

（5）加入抗体稀释缓冲液［50mmol/L 磷酸钠、pH 7.4，150mmol/L NaCl，0.005%Tween-20（*V*/*V*），0.5%（*m*/*V*）BSA］1∶4000 倍稀释的一抗（anti-GST antibody），37℃，板式恒温振荡仪上，900r/min 反应 30min。1×洗脱液洗 3 次。

（6）加入抗体稀释缓冲液 1∶5000 倍稀释的二抗（兔抗小鼠免疫球蛋白碱性磷酸酶标记抗体），板式恒温振荡仪上，37℃，900r/min 反应 30min。1×洗脱液洗 3 次。

（7）加入 p-NPP 底物缓冲液（10mmol/L 二乙醇胺、pH 9.8，0.5mmol/L $MgCl_2$，8mmol/L p-NPP），37℃显色 30min。测 OD_{405}。以失活突变蛋白形成的相互作用为阳性对照，以不加入化合物而直接加入 DMSO 为阴性对照。根据前文所述样品的抑制率（IR）计算公式，分析试验结果（张大为，2015）。

3. 整合酶二聚化抑制剂的筛选

（1）室温下将待测样品用 DMSO 配制成不同浓度的溶液（化合物的起始浓度一般为 30μmol/L，粗提物的起始浓度一般为 0.1mg/ml），充分振荡溶解后备用。

（2）反应体系为 100μl，在 96 孔板（Polystyrene Flat Bottom 96 Well Clear Microplate，NBS Treated，Corning）中进行。注意不可使用高吸附力的 96 孔板酶标板。用 1×整合酶二聚反应液［25mmol/L Tris-HCl、pH7.4，150mmol/L NaCl、0.05%BSA（*m*/*V*），1mmol/L $MgCl_2$，0.1%（*V*/*V*）Tween-20］将待测样品稀释成为 10×工作液（300μmol/L），GST-IN 和 IN-HIS 均稀释成 5×工作液（100nmol/L）。依次加入 10μl 待测样品、20μl GST-IN、20μl IN-HIS 和 50μl 1×分析缓冲液。室温，置于板式恒温振荡仪上，200r/min 反应 1.5h。

（3）立即加入镍离子偶联的磁珠，10μl/孔（吸取体积为 1μl×板孔数的磁珠原液，弃去保存液，用超纯水洗 2 次，稀释 10 倍使用），室温，900r/min 反应 30min。

（4）将微孔板置于磁珠收集器上 2min，弃去液体。1×洗脱液［50mmol/L 磷酸钠、pH7.4，150mmol/L NaCl，0.005% Tween-20（*V*/*V*），20mmol/L 咪唑］。洗涤方法为每孔加入 200μl 洗脱液，置于板式恒温振荡仪上，900r/min、1min，在磁珠收集器上静置 2min，弃上清液。

（5）加入抗体稀释缓冲液［50mmol/L 磷酸钠、pH7.4，150mmol/L NaCl，0.005% Tween-20（*V*/*V*），0.5%（*m*/*V*）BSA］1∶4000 倍稀释的一抗（anti-GST antibody），37℃，板式恒

温振荡仪上，900r/min 反应 30min。1×洗脱液洗 3 次。

(6) 加入抗体稀释缓冲液 1∶5000 倍稀释的二抗(兔抗小鼠免疫球蛋白碱性磷酸酶标记抗体)，板式恒温振荡仪上，37℃，900r/min 反应 30min。1×洗脱液洗 3 次。

(7) 加入 p-NPP 底物缓冲液(10mmol/L 二乙醇胺、pH 9.8，0.5mmol/L $MgCl_2$，8mmol/L p-NPP)，37℃显色 30min，测 OD_{405}。以失活突变蛋白形成的相互作用为阳性对照，以不加入化合物而直接加入 DMSO 为阴性对照。根据前文样品的抑制率(IR)计算公式，分析试验结果(张大为，2013；2015；祁婧等，2013)。

(张大为　郭顺星)

参考文献

郭建新，孙广宇，张荣，等. 2005.银杏内生真菌抗真菌活性菌株的分离和筛选. 西北农业学报，14(4)：14-17.

郭顺星，徐锦堂.1990.促进天麻等兰科药用植物种子萌发的真菌发酵液的抑菌作用. 中国药学杂志，25(4)：200-202.

何红秋. 2010. HIV-1 整合酶活性检测方法的建立和应用研究. 北京:北京工业大学博士学位论文.

黄午阳. 2005. 植物内生真菌的抗菌活性研究. 南京中医药大学学报，21(1)：24-26.

林爱玉，邢晓科，郭顺星，等.2006.四种药用半红树植物内生真菌的分离及其抗菌活性研究. 中国药学杂志，41(12)：892-894.

祁婧，张大为，陈娟，等 2013. 五种药用石斛内生真菌抑制 HIV-1 整合酶活性研究. 中国医药生物技术，8(1)：36-40.

施琦渊. 2007. 白木香内生真菌 AS5 化学成分与液体发酵工艺研究. 北京：中国协和医科大学硕士学位论文，7-8.

徐叔云，卜如镰，陈修，2003. 现代实验方法学. 第 3 版. 北京:人民卫生出版社.

于垂亮，崔承彬，朱天骄，等. 2004.海洋真菌的分离、抗肿瘤活性筛选与发酵条件研究. 中国海洋药物杂志，23(5)：1-6.

曾伟. 2001. 海洋放线菌杭肿瘤活性菌株的筛选及菌株 N350 杭肿瘤活性物质的研究. 厦门:厦门大学博士学位论文，25.

张大为. 2011. HIV-1 整合酶链转移反应抑制剂筛选模型的构建与应用. 北京:北京协和医学院&中国医学科学院硕士学位论文.

张大为. 2015. HIV-1 整合酶变构抑制剂筛选模型的建立及应用. 北京:北京协和医学院&中国医学科学院博士学位论文.

张大为，赵明明，陈娟，等. 2013. 西藏药用植物螃蟹甲可培养内生真菌的分离、鉴定及抗 HIV-1 整合酶链转移活性研究. 药学学报，(5)：780-789.

张致平. 2003. 微生物药物学. 北京：化学工业出版社，391-392.

Lee JC，Strobel GA，Lobkovsk EY，et al. 1996. Torreyanic acid：a selectively cytotoxic quinone dimer from the endophytic fungus *Pestalotiopsis microspora.* J Org Chem，61：3232-3233.

Long PE，Jacors L.1968.Some observations on CO_2 and sporophore initiation in the cultivated muahroom. Mushroom Sci，(Ⅶ)：373-383.

Long PE，Jacors L.1974.A septic fruiting of the cultivated mushroom. Agaricus bisporus Transactions of the British Mycological Society，63(1)：99-107.

Rahalison L，Hamburger M，Hostettmann K，et al. 1991. A bioautographic agar overlay method for the detection of antifungal compounds from higher plants.Phytochemical Analysis，2(5)：199-203.

第五十章　药用植物内生真菌代谢产物研究技术

第一节　药用植物内生真菌次生代谢产物的提取方法

对内生真菌次生代谢产物的研究首先要进行次生代谢产物的提取，这一步骤对于次生代谢产物中有效成分的分离非常关键。内生真菌次生代谢产物的提取方法基本上借鉴了植物次生代谢产物的提取方法，即根据次生代谢产物的类型来选择提取方法。这里主要总结了应用于内生真菌次生代谢产物提取的常用方法和新方法。

一、溶剂提取法

溶剂提取法是提取次生代谢产物最经典的方法，该方法简单，受条件的限制少，成本低，是现在内生真菌次生代谢产物的主要提取方法。溶剂提取法是根据被提取的成分选择适宜的溶剂和方法，要求溶剂对目标成分溶解性大，对共存杂质溶解性小，不与目标成分起化学反应，廉价、易得、浓缩方便、安全无毒。提取溶剂的选择主要依据溶剂的极性和被提取目标成分的极性，根据相似相溶原理来选择。例如，提取极性较大的成分经常用水作为溶剂，提取极性较小的成分则选用苯、石油醚等作为溶剂；中等极性成分的提取一般用氯仿、乙酸乙酯等作为溶剂，如喜树内生真菌中喜树碱的提取一般用氯仿：甲醇（4：1）来提取（Hellwig et al.，2002）。溶剂提取法也与提取的材料紧密相关，一般真菌鲜菌丝体常用匀浆法、浸渍法；干菌体常用渗漉法和回流法。Hirotani 等（2005）用甲醇匀浆内生真菌姬松茸（*Agaricus blazei*）的鲜菌丝体，以提取其中具有独特甾类骨架的化合物 agariblazeispirol C。

二、微波辅助提取技术

微波辅助提取技术（microwave-assisted extraction，MAE）是指利用微波能来提高萃取率的一种新技术。微波是波长为 1mm～1m 的电磁波，在传输过程中遇到不同的物料会依物料性质不同而产生反射、穿透、吸收现象。在快速振动的微波电磁场中，被辐射的极性物质分子吸收电磁能，以每秒数十亿次的高速振动产生热能。微波提取过程中，微波辐射导致细胞内的极性物质，尤其是水分子吸收微波能，产生大量热量，使细胞内温度迅速上升，液态水汽化产生的压力将细胞膜和细胞壁冲破，形成微小的孔洞；进一步加热，导致细胞内部和细胞壁水分减少，细胞收缩，表面出现裂纹。孔洞和裂纹的存在使细胞外溶剂容易进入细胞内，溶解并释放出胞内产物。由于不同物质的结构不同，吸收微波能的能力各异，因此，在微波的作用下，某些待测组分被选择性地加热，使之与机体分离，进入对微波吸收能力较差的萃取剂中。由于微波加热的热效率较高，升温快速而均匀，故显著缩短了萃取时间，提高了萃取效率。常规的索氏萃取通常需 12～24h 才能处理一个样品，并且需要消耗上百毫升有机溶剂，而微波萃取可将萃取时间缩短到 0.5h 之内，有机溶剂的消耗量可降至 50ml 以下。微波辅助提取的特点为投资少、设备简单、适用范围广、重现性好、选择性高、操作时间短、溶剂耗量少、热效率高、不产生噪声、不产生污染和易于自动化。

Chen 等(2007)利用微波辅助提取技术对黑灵芝(*Ganoderma atrum*)的三萜总皂苷进行提取，仅需 5min，三萜总皂苷的收率达 0.968%，比振荡提取(shaking extraction)、热逆流提取(heat reflux extraction)及 CO_2 超临界流体萃取(supercritical fluid carbon dioxide extraction)效果要好。Montgomery 等(2000)用微波辅助提取技术和 HPLC 联用建立了 6 种真菌麦角甾醇在土壤中生物量的测定方法，微波辅助提取技术提取所得的麦角甾醇的生物量要比传统的回流提取高 9 倍，麦角甾醇在菌丝体中的平均浓度为 4μg/mg。

三、超临界流体萃取技术

超临界流体萃取(supercritical fluid extraction，SFE)技术的原理是利用物质处于临界温度和邻界压力点时表现出独特的性质，即呈现出不同于液体和气体的流体状态。超临界流体兼有液体和气体的优点；既有气体的高扩散系数和低黏度，也有液体的高密度、良好的溶解性和传质特性。因此，超临界流体具有良好的穿透性，易进入固体孔隙，快速萃取固体样品中的有机物，表现出卓越的萃取性能。超临界流体的这种特性对体系的压力、温度变化十分敏感，从而可以通过改变体系的温度和压力来调节组分的溶解度。在临界点附近，温度和压力的微小变化往往会导致溶质的溶解度发生几个数量级的变化。超临界流体具有萃取和分离合二为一的特点，既当饱含溶解物的超临界流体流经分离器时，由于压力下降使其与萃取物迅速成为两相而立即分开(气、液分离)，不存在物料的相变过程，不需回收溶剂，操作方便，不仅萃取的效率高，而且能耗较少，节约成本。

超临界流体萃取不仅提取效率高，而且温度低，过程易于控制。可以通过固定温度或压力达到萃取的目的和分离的目的。萃取温度低，可以有效防止热敏性成分的氧化和逸散，能较好地保持目标物的原有性质，不被破坏，而且能把高沸点、低挥发性、易热解的物质在其沸点温度以下被萃取出来，特别适宜于对热敏感、易氧化分解成分的提取。由于超临界流体的极性可以改变，在一定温度下，只要改变压力或加入适宜的夹带剂就可提取不同极性的物质，可选择范围广，并且流体可以循环使用，防止提取过程对人体的毒害和对环境的污染。超临界流体萃取技术的缺点是提取的样品量小，一般小于 10g，回收率受样品中机体的影响，不能进行大规模的提取。常见的超临界体系有 CO_2、水、乙醇、甲醇、氨、丙烷、丙烯等。其中 CO_2 体系因其具有临界温度低、对大部分物质呈化学惰性、选择性好、不残留于萃取物上、安全廉价、无污染等优点而被广泛应用。Cygnarowicz-Provost 等报道一些丝状真菌，如寄生水霉(*Saprolegnia parasitica*)中含有的多聚不饱和脂肪酸和二十碳五烯酸(EPA)具有有益的生理活性，包括防治关节炎和心血管疾病等。用 CO_2 超临界流体对丝状真菌的菌丝体进行提取可以得到很高的脂类成分收率(Cygnarowicz-Provost et al.，1992)。而且用 CO_2 超临界流体和 CO_2 含 10%乙醇的超临界流体对真菌 *Saprolegnia parasitica* 的脂类成分进行提取具有很好的效果，并发现真菌成分的溶解性随着所用温度和压力的升高而升高（Cygnarowicz-Provost et al.，1995）。Kumar 等（1991）用超临界流体的方法对真菌藤仓赤霉（*Gibberella fujikuroi*）P-3 的麦麸菌质进行提取，明确了其中的主要成分是一种固醇类物质。在提取过程中，菌质的 GA_3 并没有丢失，这个性质可直接被农业领域所应用。Sakaki 等（1990）使用 CO_2、N_2O、CHF_3 和 SF_6 超临界流体提取真菌拉曼被孢霉（*Mortierella ramanniana* var.*angulispora*）中的油类物质，结果发现油脂类成分在 CO_2、N_2O 超临界流体中有最高的溶解性。而 CHF_3 和 SF_6 超临界流体对油类物质的溶解能力较弱。游离的脂肪酸和甘油二酯类成分比甘油三酯和固醇酯更容易被超临界流体萃取。提取过程中，γ-亚麻酸在提取物中的含量保持不变。

四、固相萃取法

固相萃取（solid phase extraction，SPE）法是以液相色谱分离机制为基础，利用组分在溶剂与吸附剂间选择性吸附与选择性洗脱的过程，达到提取分离、净化和富集的目的，即样品通过装有吸附剂的小柱后。待测物保留在吸附剂上，先用适当溶剂系统洗去杂质，然后再在一定条件下（如不同 pH）选用不同极性的溶剂，将待测成分洗脱下来进行检测（Hindawi et al.，1980）。SPE 法具有对有机物吸附力强、前处理速率快、有机溶剂用量少、对人员危害小等优点，与传统的液-液提取法相比，避免了有机溶剂萃取时乳化现象的发生，具有安全省时，对环境污染小，且易于自动化的特点。SPE 法的核心是固相柱填料。填料种类很多，可分为以下几种。

吸附型：硅胶、硅藻土、氧化铝、活性炭等。

化学键合型：正相的有氨基、氰基、二醇基等；反相的有 C_1、C_2、C_6、C_8、C_{18}、氰基、环己基、苯基等。

离子交换型：有季铵、氨基、二氨基、苯磺酸基、羧基等。

固相萃取技术虽然优点很多，如有很强的实用价值、小柱可重复使用，但在实践中要得到良好的分离效果，需花费较多时间去优选操作条件，并且商品化小柱价格也比较昂贵。从绿色化学的观点来看，SPE 法仍需使用少量有机溶剂，还不是理想的绿色技术（Pawliszyu et al.，1990；Schafer et al.，1995）。

Szczęsna-Antczak 等（2006）对两种丝状真菌毛霉菌（*Mucor circinelloides*）和总状毛霉（*M. racemosus*）的脂类应用 TLC 固相萃取，得到的脂类包括游离脂肪酸、磷脂类、类胡萝卜素和硬脂酸类成分。Bringmann 等（1997）应用键合硅胶固相萃取技术富集青霉属真菌菌丝体中喹啉类生物碱类化合物，从而确定了单体化合物纯绿青霉素的气相色谱方法。Overy 等（2005）应用固相萃取技术对真菌 *Penicillium hordei*、*P. venetum* 和 *P. hirsutum* 产生的 roquefortine 次生代谢产物进行了快速纯化。Apoga 等（2002）用固相萃取技术对小麦根腐病菌（*Bipolaris sorokiniana*）菌丝体和发酵液中的一种倍半萜类植物毒素 prehelminthosporol 进行纯化，再进行气相检测得到了良好的效果。Ramadas 等（1995）对黑曲霉（*Aspergillus niger*）固体发酵产生的淀粉葡萄糖苷酶进行纯化，效果很好。

五、超声波提取

对真菌菌丝体进行提取时，往往需要将菌丝体的细胞破碎，而现有的机械破碎法，如研磨法难以将细胞有效破碎，而化学破碎方法又容易造成被提取物的结构性质等发生变化而失去活性，因而难以取得理想的效果。超声波是频率大于 20kHz 以上的声波，不能引起听觉，是一种机械振动在媒介中的传播过程，其频率高，波长短，具有方向性好、功率大、穿透力强的特点。除此之外，超声波对媒质主要产生独特的机械振动和空化作用。当超声波振动时能产生并传递强大的能量，引起媒质质点以很高的速率和加速度进入振动状态，使媒质结构发生变化，促进目标成分进入溶剂中。超声波操作简便快速、无需加热、提取率高、速率快、效果好，且结构未被破坏，显示出明显的优势。例如，Rancic 等（2006）将丝状真菌赭绿青霉（*Penicillium ochrochloron*）的菌丝体依次用丙酮和甲醇超声提取，提取物用于抑菌试验的筛选，结果发现丙酮提取物具有最好的抗菌活性。该部位经过反复硅胶和 Sephadex LH-20 柱层析及制备 HPLC 分离得到两个单体抑菌物质，用 IR、NMR、高分辨 EI-MS 将它们鉴定为（–）erythritol 和（–）2，3，4- trihydroxybutanamide。

第二节　药用植物内生真菌次生代谢产物的分离方法

已经有很多学者从事药用植物内生真菌次生代谢产物的分离工作，对分离方法的研究比较成熟，这里总结了药用植物内生真菌次生代谢产物分离过程中的几种常用方法。

一、萃　取　法

萃取法（extraction）是利用混合物的各组分在两种互不相溶的溶剂中分配系数不同而达到分离目的的方法。简单的萃取过程是将萃取剂加入到样品溶液中，使其充分混合，因某些组分在萃取剂中的平衡浓度高于其在原样品溶液中的浓度，于是这些组分从样品溶液中向萃取剂中扩散，使这些组分与样品溶液中的其他组分分离。萃取过程的分离效果主要表现为被分离物质的萃取率和分离纯度。萃取率为萃取液中被萃取的物质与原溶液中该物质的溶质的量之比。萃取率越高，表示萃取过程的分离效果越好。萃取法是次生代谢产物初步分离最常用的方法，将有效成分分成不同的极性范围，再进行进一步的分离。最常用萃取溶剂石油醚、苯、环己烷、乙醚、氯仿、乙酸乙酯、正丁醇等从水相萃取有效成分。例如，Krohn 等（2001）从 *Atropa belladonna* 根中分离得到的内生真菌 *Mycelia sterila*，其发酵液用乙酸乙酯萃取得到的活性成分经柱色谱和薄层制备色谱分离得到 6 个单体化合物，利用 IR、HRMS、NMR（包括 ^{1}H-NMR、^{13}C-NMR）、H，H-COSY、HMBC、HMQC、X 射线单晶衍射、CD 确定了它们的结构和立体构型，preussomerin G、preussomerin H、preussomerin I、preussomerin J、preussomerin K、preussomerin L。Bashyal 等（2005）将球毛壳菌的乙酸乙酯提取物，用氯仿萃取，富集活性成分，进而用正相和反相硅胶、Sephadex LH-20 柱层析分离得到 3 个新化合物 globosumone A～C。

二、柱层析分离

柱层析（chromatography）也称为柱色谱，是用于分离多组分有机混合物的一种高效分离技术。在次生代谢产物的研究中，柱层析的应用最为普遍，其原理是根据混合物各组分在两相（固定相和流动相）之间的不均匀分配进行分离的一种方法。不均匀分配的先决条件是，各个组分对两相亲和力的不同和在两相中不均匀分配的可能性。由于混合物中各组分对两相的亲和力有差异，它们穿过固定相的流动速率（或在固定相中的滞留时间）就会不同，从而得到分离。根据分离原理不同柱层析分为以下几种。

1. 吸附色谱

固定相为吸附剂，常用的有硅胶、氧化铝等。吸附色谱法(absorption chromatography，AC)是指混合物随流动相通过吸附剂(固定相)时，由于吸附剂对不同组分物质具有不同的吸附力而使混合物中各组分分离的方法。当组分分子被吸附剂吸附后，流动相分子首先从固定相表面被取代，不同组分分子与流动相分子在吸附剂表面的竞争吸附贯穿整个分离过程。吸附色谱的应用最多。例如，肖盛元(2001)、于能江等(2002)、陈晓梅等(2000)应用吸附色谱对金线莲内生真菌的次生代谢产物进行了分离。

2. 分配色谱

分配色谱(partition chromatography，PC)的固定相为液体。分配色谱主要是依据样品中各组分在流动相和固定相之间的相对溶解度不同，不断进行分配与平衡，由于各组分在两相的分配系数不同从而达到分离的目的。

3. 凝胶色谱

凝胶色谱(gel chromatography)的固定相为凝胶，凝胶是一种具有立体网状结构的有机物多聚体，是含有多空隙的固体，具有一定大小的孔道，孔径比分子筛大得多，一般为几十至几百纳米，具有分子筛的作用。当被分离的有机物分子大小不同时，进入凝胶固定相的能力有差异，相对分子质量大(体积大)的组分分子不能进入孔内，而受到排阻，随着流动相的冲洗通过固定相间隙流过时，较早地被冲洗出来，中等体积的分子可部分渗入，而小分子则可全部渗入孔内，而较晚被冲洗出来。经过一段时间后，各组分按分子由大到小的顺序得到分离，这种现象称“分子筛效应”。因此，凝胶色谱法就是利用凝胶的分子筛作用和组分分子大小的差异来分离有机混合物的。真菌次生代谢产物研究中最常用的为 Sephadex LH-20。

4. 离子交换色谱

离子交换色谱(ion exchange chromatography)的固定相为离子交换树脂，它是一种带有能离子化基团的固体物质(RA^+或 RA^-，R 或 R^+为固定离子，A^+或 A 为可移动的离子)，所带的可移动离子能与等量溶液中带有相同电性的其他离子进行交换，故离子交换色谱是流动相中的组分离子与作为固定相的离子交换树脂上具有相同电荷的离子进行可逆交换，组分离子对离子交换树脂的亲和力的差别导致了色谱分离。离子交换树脂吸附剂属于化学吸附剂，对带不同电荷的组分进行选择性吸附。此种离子交换反应都是可逆的，一般都遵循化学平衡规律。主要用于生物碱等具有酸碱性样品的分离。

5. 亲和色谱

固定相是键合着具有特异性生物亲和力的配位体(称为亲和剂)的惰性固体颗粒。亲和色谱(affinity chromatography)法又称为生物亲和色谱法，是利用固相载体上键合的多种不同生物学特性的配体，对不同生物分子之间存在的特异性亲和力大小的差别，而使生物活性物质分离纯化的方法。流动相是具有一定 pH 的缓冲溶液，目标成分在流动相与固定相之间不断取得吸附解吸平衡。主要用于生物活性物质，如氨基酸、蛋白质、核酸、核苷酸、肽、酶等的分离。

以上所述的柱色谱中，吸附色谱最为常用，固定相为吸附剂，最常用的为硅胶，一般的真菌次生代谢产物的分离都要用到硅胶柱层析。例如，Zhan 等（2007）用甲醇振荡提取真菌 *Aspergillus tubingensis* 的固体 PDA 培养基，得到的甲醇提取物再用乙酸乙酯萃取，得到黄色油状物，应用硅胶、反相硅胶柱层析，再反复应用 Sephadex LH-20，得到新化合物 asperpyrone。

三、减压液相色谱

减压液相色谱（vacuum liquid chromatography，VLC）又称为真空液相色谱，它凭借于真空动力加速溶剂的流动。该方法在收集每份流份后让色谱柱流干，在完成一次展开干燥后，还可再次对其进行展开。减压液相色谱具有操作简单、分离效率高、处理样品量范围大的优点，通常作为植物提取物初步分离的手段。几乎所有的耐压填料都可以作为减压液相色谱的固定相，包括硅胶、键合硅胶、氧化铝、硅藻土、聚酰胺等，最常用的洗脱剂是石油醚-乙酸乙酯系统。

四、加压型液相色谱

加压型液相色谱是利用较细颗粒的吸附剂,同时在柱子上端适当加压以提高洗脱速率的柱色谱方法。分离同样量的样品，加压法比常压法用的吸附剂少、分离效果好。加压的方法有 3 种：①通过对气球充压缩空气加压法，仅适用于少量样品的分离；②通过气体钢瓶导出一定压力的气体的气体压缩法，不够方便；③通过自来水压缩空气的加压法，需要配置储水箱，压力大小可调，比较方便。加压型液相色谱加快流动相的洗脱速率，提高分离度，这一点对一些敏感化合物或不稳定化合物尤其重要。加压型液相色谱可以减短样品在色谱柱上的保留时间，避免样品的变化。对于加压型液相色谱，可以选用颗粒很小的吸附剂填充色谱柱，以获得更高的分辨率。

加压型液相色谱根据压力的不同分为以下 4 种。

（1）快速液相色谱（flash chromatography，FC）或闪蒸色谱（压力＜2bar），价格低廉、操作简单，是常规的试验方法，普遍应用。

（2）低压液相色谱（low-pressure liquid chromatography，LPLC）（压力＜5bar），低压液相色谱系统与快速液相色谱相比,需要一个输液泵。最常用的 Lobar 柱,固定相颗粒度为 40～60μm,在低压条件下可保持较高流速。

（3）中压液相色谱（medium-pressure liquid chromatography，MPLC）（压力 5～20bar），中压液相色谱系统通常采用更长、内径更大的色谱柱，需要使用比低压液相色谱更大的压力来维持适当的流速。中压液相色谱与常规的柱色谱、快速液相色谱相比，具有更高的分辨率和更短的分离时间。固定相颗粒度为 25～200μm。

（4）高效液相色谱（high perfprmance liquid chromatography，HPLC）（压力 20～100bar）：高效液相色谱是指色谱柱踏板数大于 2000，通常为 2000～20 000。色谱柱内填装的是粒度范围较窄的微小颗粒固定相（5～30μm），采用较高的压力用以保证流动相的流出，系统复杂、成本大，但分辨率也很高。

在药用植物内生真菌的次生代谢产物研究中,由于样品量少,一般都会用到高效液相色谱。例如，Mohamed 等（2007）用高效液相色谱制备法对来自海洋的真菌 *Massarina* sp.（strain CNT-016）的次生代谢产物进行分离，得到两个新化合物 spiromassaritone 和 massariphenone。

制备液相条件：半制备柱碳-18 Altima 5μm，60Å，250 mm×10mm，Waters R401 折光检测器。制备 HPLC 使用 Waters4000 导流，检测波长 210nm，使用柱 C_{18}Nova-Pak 6μm，60Å，300mm×40mm。Batrakov 等（2003）应用硅胶柱层析、反相硅胶薄层制备法，对丝状真菌 *Absidia corymbifera* F-295 菌丝体的氯仿-甲醇提取物中的糖脂类进行分离，得到 3 个糖脂类成分，应用 IR、NMR、PDI-MS 将它们鉴定为 1-*O*-β-D-glucopyranosyl-2-*N*-（2′-D-hydroxyhexadecanoyl）-9-methyl-lsphinga-4（*E*），8（*E*）-dienine（glucosyl ceramide）、2-*O*-（6′-*O*-β-D-galactopyranosyl）-β-D-gal-actopy-ranosides of 2-D-hydroxy 和 erythro-2，3-dihydroxy fatty acids，它们在总脂类成分中的含量分别为 3.4%、0.8%、0.4%。

五、制备型气相色谱

气相色谱技术是一种具有高柱效、高灵敏度、分析速率快的工具。由于该系统只能处理毫克级的样品，所以制备气相色谱的应用并不常见。它的使用仅限于挥发性成分，如单萜、倍半萜类化合物。柱内填充材料一般为 35～40 目的固定相。

六、薄 层 色 谱

薄层色谱（layer chromatography）是一种液相色谱，通常是将固定相均匀地涂在玻璃、金属或塑料等表面上，形成薄层。试样点在薄层的一端，流动相借毛细作用流经固定相。使被分离的物质保留在固定相上。新发展的薄层色谱有加压薄层色谱（overpressure layer chromatography，OPLC）、离心薄层色谱（centrifugal thin-layer chromatography，CTLC）等。

七、逆 流 色 谱

逆流色谱（counter current chromatography）是利用某一样品在两个互不混溶的溶剂之间分配的分离技术。溶质在各组分的相对比例在通过两溶剂相时按它们的不同分配系数而定。因此，它不存在样品被固定相不可逆吸附的问题，也大大控制了样品的变性问题，样品可被定量回收。

完成药用植物内生真菌次生代谢产物的分离，并不是某一种分离技术就可以单独完成的，需要以上这些技术的综合应用。例如，来源于 *Ocotea cormbosa* 的内生真菌 *Curvularia* sp.的发酵液用乙酸乙酯萃取，再用反相硅胶和高效制备液相分离得到化合物 2-methyl-5-methoxy-benzopyran-4-one、（2*R*）-2，3- dihydro-2-methyl-5-methoxy-benzopyran-4-one、（20*S*）-2-（propan-20-ol）-5-hydroxy-benzop yran-4-one、2，3-dihydro-2-methyl-benzopyran-4，5-diol（Teles et al.，2005）。

第三节　药用植物内生真菌次生代谢产物的结构鉴定

真菌的次生代谢产物皆为有机化合物，因此鉴定方法与有机化合物的鉴定方法相同，主要是通过光谱来鉴定。

一、紫外光谱

紫外光谱(UV)可给出有关共扼生色基和助色基的信息，对于有生色基骨架的化合物，UV可提供重要信息，如黄酮、蒽醌、香豆素、胡萝卜素衍生物等。一般情况下，由紫外光谱推断可靠的分子骨架是比较困难的，因为即使碳骨架相同，当共扼体系中断时其UV吸收峰也会有很大区别。

二、红外光谱

红外光谱(IR)是由于分子振动产生的光谱，具有以下优点。

(1)任何气态、液态、固态样品均可进行IR测定。

(2)每种化合物均有红外吸收，由有机化合物的IR可以得到丰富的信息。

(3)常规的IR价格低廉、易于购置。

(4)样品用量少，一般微克数量级。

近年来，随着质谱、核磁等技术的发展，IR在结构鉴定上的应用处于次要地位。

三、质 谱

质谱(MS)法是鉴定有机物结构的重要方法，其灵敏度之高，远远超过核磁共振和 IR。MS可以测定分子质量、分子式，电子轰击离子源-质谱联用法(EI-MS)中的裂解碎片离子峰在不少情况下对推断化合物的分子骨架很有用。有些类型的化合物可用MS确定分子结构片段连接顺序。近年来MS的发展很快，这里主要介绍MS近年来的新技术。

(1)快原子轰击质谱(FAB-MS)：利用氩、氙等中性高速原子轰击样品溶液，使测试样品离子化。由于样品溶解于低挥发性的液体基质中，溶剂化作用使电荷分散，降低离解所需要的能量，并能不断地将离子带到表面，使离子的解析均匀而持久，分子离子的寿命延长，从而容易捕获得到分子离子和主要碎片的信息，并能生成几乎等量的正离子和负离子。

(2)高分辨MS：高分辨MS能直接给出精确的分子质量，由此确定分子式。

(3)电喷雾质谱(ESI-MS)：电喷雾电离是一种使用强静电场的电离技术，被分析的样品溶液从毛细管流出时，在电场作用下形成高度荷电的雾状小液滴；在向质量分析器移动的过程中，液滴因溶剂的挥发逐渐缩小，其表面上的电荷密度不断增大。当电荷之间的排斥力足以克服表面张力时，液滴发生裂分，经过这样反复的溶剂挥发—液滴裂分过程，最后产生单个多电荷离子。

(4)基质辅助激光解析飞行时间质谱(MALDI-TOF-MS)：MALDI-TOF-MS特别适用于多肽、蛋白质、核酸、多糖等大分子化合物的结构测定。采用固体基质以分散被分析样品是MALDI-TOF-MS技术的主要特色和创新之处。基质的主要作用是作为把能量从激光束传递给样品的中间体。另外，大量过量的基质是样品得以有效分散，从而减小被分析样品分子间的相互作用，基质的选择主要取决于所采用的激光波长，其次是被分析对象的性质。MALDI-TOF-MS与其他 MS 电离源技术相比，对样品的要求较低，能耐受高浓度的盐、缓冲液和其他非挥发性成分。不需要进行仔细的样品准备工作是MALDI-TOF-MS的一个显著优点。

四、核磁共振技术

核磁共振（NMR）已经成为鉴定有机化合物结构及研究化学动力学等极为重要的方法。其原理主要是根据原子核是带正电荷的粒子，其自旋运动将产生磁矩，在静磁场中，具有磁矩的原子核存在着不同的能级，如果运用某一特定频率的电磁波来照射样品，并且该电磁波满足原子核的能级差时，原子核即可进行能级之间的跃迁，即 NMR。近年来 NMR 技术也在发展，从一维核磁共振发展到了二维、三维。下面介绍二维和三维 NMR 技术。

（1）氢-氢相关谱（^{1}H-^{1}H COSY 谱）：在二维谱中，最常用的是氢-氢相关谱，氢-氢相关谱上的横、纵坐标均为氢的化学位移。分子中相互偶合的氢之间在谱中会出现相关峰，出现相关峰的质子之间可以是间隔 3 个键的临偶，也可以是间隔 4 个键以上的远程偶合。在一维氢谱中有时很难观察到的偶合常数较小的远程偶合，但可以在氢-氢相关谱中观察到，并成为氢-氢相关谱的一个优势。

（2）HMQC 谱（^{1}H detected heteronuclear multiple-quantum coherence）：HMQC 谱的两个坐标分别为 ^{1}H 和 ^{13}C 的化学位移，在 HMQC 谱中对偶合常数范围作了设定，只表现碳和氢直接相连的偶合关系。因此，HMQC 谱反映了碳和氢直接相连的信息，是有机化合物结构研究中的一项重要内容。

（3）HMBC 谱（^{1}H detected heteronuclear multiple bond conectivity）：在碳氢相关谱中，通过改变脉冲系列中的有关参数，可以得到突出表现远程碳氢偶合的图谱。HMBC 谱检测的是异核多键的关联。

（4）NOESY 谱（nuclear overhauser enhancement and exchange spectroscopy）：NOESY 谱是一种同核相关的二维技术，说明分子中质子在三维空间的关系。用 NOESY 和 CD 光谱测定内生真菌链格孢属（*Alternaria* sp.）发酵液中提取的新抗生素的相对和绝对构型（Hellwig et al., 2002）。

（5）TOCSY 谱：设计一种脉冲序列技术把相邻氢的偶合关系关联起来，使同一个自旋系统的质子间都出现相关峰，从而可以区别该自旋系统的质子与分子中其他自旋系统的质子信号。

（6）2D-INADEQUATE 谱（incredible natural abundance double quantum transfer experiment）：利用双量子跃迁现象，直接测定自然丰度条件下 ^{13}C—^{13}C 的偶合。

（7）三维 NMR 技术：在二维核磁共振的基础上导入第三维脉冲频率可极大的提高信号的分辨率，即三维 NMR 技术。目前报道较多的三维 NMR 技术有 3D COSY-COSY、3D NOESY-HOHAHA、3D NOE-HOHAHA、3D HMQC-COSY、3D NOESY-NMQC 谱等。三维 NMR 技术对蛋白质、多肽等大分子化合物的结构解析更为适用。

五、旋光谱和圆二色谱

旋光谱（optical rotatory dispersion）和圆二色谱（circular dichroic spectroscopy）主要用于手性物质构型的测定。当平面偏振光通过手性物质时，手性物质能使其偏振平面发生旋转，这种现象称为旋光。产生旋光的原因是组成平面偏振光的左旋圆偏光和右旋圆偏光在手性物质中传播时，两者的折射率不同，即两个方向的圆偏光在手性物质中的传播速率不同，从而导致偏振面的旋转。左旋圆偏光和右旋圆偏光在通过手性介质时，不但产生了旋光现象，还因吸收系数不同而产生了“圆二色性”。旋光谱和圆二色谱就是根据手性物质的“圆二色性”测定的光谱。由于相同的原子或官能团在不同区域中对分子光学活性的贡献不同，故可以根据测得旋光谱和圆二色谱的正、负科顿(Cotton)效应，来推测手性中心附近的原子或官能团在立体空间所处的位置，以确定立体结构。例如，Nasini 等(2002)应用各种光谱的方法对真菌 *Cercosporella acetosella* 菌体中分离得到的新化合物 acetosellin 进行解析，并用核磁欧沃豪斯效应(NOE)和圆二色光谱(CD)测定 acetosellin 的绝对构型。

六、X 射线单晶衍射法

X 射线单晶衍射法主要是通过 X 射线在晶体中产生的衍射现象来研究晶体结构中的各类问题。当一束 X 射线照射到晶体上时，首先被电子所散射，每个电子都是一个新的辐射波源，向空间辐射出与入射波同频率的电磁波。可以把晶体中每个原子都看成是一个新的散射波源，它们各自向空间辐射与入射波同频率的电磁波。由于这些散射波之间的干涉作用，使得空间某些方向上的波始终保持相互叠加，于是在这个方向上可以观测到衍射线，而另一些方向上的波则始终是互相抵消的，就没有衍射线产生。X 射线在晶体中的衍射现象，实质上是大量原子散射波互相干涉的结果。晶体所产生的衍射现象都反映出晶体内部的原子分布规律。概括地讲，一个衍射现象的特征，可以认为由两个方面的内容组成；一方面是衍射线在空间的分布规律(称之为衍射几何)，衍射线的分布规律由晶胞的大小、形状和位向决定；另一方面是衍射线束的强度，衍射线的强度取决于原子的品种和它们在晶胞中的位置。将得到的单晶衍射信息用计算机按照一定程序处理后，就可以得到各种原子在分子中的位置，并能够在计算机上直接显示分子结构，同时还能得到分子的各种键长、键角、二面角等数据。X 射线单晶衍射测定化合物结构的特点是同时能得到分子结构的全部信息，包括平面结构、相对构型，甚至绝对构型等。例如，从海洋真菌 *Massarina* sp. 的培养液提取物中分离得到化合物 spiromassaritone，应用 X 射线单晶衍射技术测定了它的相对构型(Mohamed et al.，2007)。

药用植物内生真菌次生代谢产物的研究需要这些方法的联合应用(Cravotto et al.，2006)。例如，内生真菌 *Periconia atropurpurea* 分离自 *Xylopia aromatica* 的叶片，用乙酸乙酯提取真菌的发酵液，并通过柱层析(反相硅胶 230～400 目，正相硅胶＞230 目)、高效制备液相[Phenomenex C_{18}(250mm×21.2mm)]分离得到两个新化合物 6，8-dimet-hoxy-3-(20-oxo-propyl)-coumarin 和 2，4-dihydroxy-6-[(10*E*，30*E*)-penta-10，30-dienyl]-benzaldehyde，用 UV、IR、HRESI-MS、^{1}H-NMR、HMBC、^{13}C-NMR、NOESY、1D-TOCSY 等光谱对其结构进行鉴定(Teles et al.，2006)。内生真菌 *Entrophospora infrequens* 分离自 *Nothapodytes foetida*，真菌的菌丝体用氯仿：甲醇(4：1)提取，再用 HPLC 分离得到喜树碱，用 UV、IR、CD、HREI-MS、^{1}H-NMR、^{13}C-NMR、DEPT、COSY、NOESY、HMQC、HMBC 等光谱鉴定结构(Amna et al.，2006)。内生真菌 *Chaetomium globosum* IFB-E019 来自 *Imperata cylindrica* 的茎，该菌发酵液经氯仿：甲醇(1：1)提取，反复硅胶、Sephadex LH-20 柱层析得到化合物 chaetoglobosin U、chaetoglobosin C、chaetoglobosin E、chaetoglobosin F、penochalasin A。应用 UV、IR、CD、HREI-MS、^{1}H-NMR、^{13}C-NMR、DEPT、COSY、NOESY、HMQC、HMBC 等光谱确定结构(Ding et al.，2006)。这种例子举不胜举，可见从提取、分离到结构鉴定是真菌次生代谢产物研究的整个过程，每个步骤都非常重要，各种方法的联合应用才能使内生真菌次生代谢产物的

研究更透彻。

第四节　药用植物内生真菌次生代谢产物的分析方法

一、气相色谱和液相色谱技术的应用

(一) 气相色谱

1. 气相色谱的原理

气相色谱是利用试样中各组分在色谱柱中的气相和固定相中的分配系数不同进行分离的方法。当样品进入进样口时，瞬间气化被载气带入色谱柱中，组分在两相中连续多次反复分配，由于固定相对各组分的吸附或解吸附能力不同，经过一定长度的色谱柱后，彼此分离，由载气洗脱出色谱柱，进入检测器，而检测器把不同时间出来的组分转变为离子流讯号，经放大由记录仪描绘出电信号强度(也就是峰高或峰面积)与时间(保留时间)的关系图，称为色谱图。

不同组分性质的差别是色谱分离的必要条件:而性质差别很微小的组分之所以能得到分离是因为它们在两相间进行了上千次甚至百万次的质量交换，这是色谱分离的充分条件。按固定相的形态，气相色谱分为气-固色谱(GSC)和气-液色谱(GLC)两类。按柱的类型和填充情况，气相色谱分为填充柱色谱和毛细管色谱两种。按分离机制，气相色谱可分为吸附色谱法及分配色谱法两类。气-固色谱法多属于吸附色谱，气-液色谱法多属于分配色谱。与气-固色谱相比，气-液色谱可选择的固定液多，应用范围更为广泛，是药物分析中最常用的方法。

2. 气相色谱法的特点

气相色谱法有以下特点：①高分离效能，可分离性质非常接近的同位素、异构体(如对映异构体等)；②高灵敏度，可检出 ppb 到 ppt 级的痕量物质；③用样量少，液体样品 10μl 以下；④速率快，一个复杂样品的分析仅需几分钟到几十分钟。气相色谱适用于能瞬间气化且不分解的、沸点小于 350℃的稳定有机化合物的分离和测定。

(二) 高效液相色谱法

在液相色谱中，采用颗粒十分细的高效固定相，并采用高压泵输送流动相，全部工作通过仪器来完成，这种使用新的仪器对有机物进行分离分析的方法称为高效液相色谱法。该技术是吸收了普通液相色谱和气相色谱的优点，经过适当改进发展起来的，并随着计算机技术的应用，仪器的自动化水平和分析精度得到了进一步提高。在过去 30 多年里，高效液相色谱已经成为一项在化学科学中最有优势的仪器分析方法之一。现在，高效液相色谱几乎能够分析所有的有机物、高分子及生物试样，在目前已知的有机化合物中，若事先不进行化学改性，只有 20%的化合物用气相色谱可以得到较好的分离，而 80%的有机化合物则需高效液相色谱分析。高效液相色谱对于挥发性低、热稳定性差、分子质量高的高分子化合物及离子型化合物尤为有力。

高效液相色谱法又称为高压液相色谱法或高分离度液相色谱法。与经典液相色谱和气相色谱相比，高效液相色谱法的特点主要体现在以下几个方面。

1. 分析速率快

由于溶剂（流动相）的黏度比气体大得多，当溶剂通过柱子时会受到很大阻力，一般 1m 长的色谱柱的压降为 7.5MPa。高效液相色谱都采用高压泵输送流动相，压力可达 15～35MPa，流动相流过柱子的流量可达 1～100ml/min，可以在几分钟或几十分钟分析完一个样品。

2. 高选择性

高效液相色谱使用了高效固定相，它们的颗粒小且均匀，表面孔浅，质量传递快，柱效很高，理论塔板数可达 5000～30000 塔板/m 或以上，并且流动相可以控制和改善分离过程的选择性。因此，高效液相色谱法不仅可以分离分析不同类型的有机化合物及其同分异构体，还可以分析在性质上极为相似的旋光异构体。

3. 高灵敏度

高效液相色谱法采用高灵敏度的检测器，如广泛使用的紫外吸收检测器的最小检出量可达 10^{-9}g，用于痕量分析的荧光检测器的最小检出量可达 10^{-12}g。

4. 色谱柱可反复使用

高效液相色谱的柱子做成封闭的，可重复使用，在一根柱子上可进行数百次分离。

5. 适用范围广

高效液相色谱几乎能够分析所有的有机物、高分子及生物试样等。邓百万等（2003）用微量凯氏定氮法对对裂褶菌（*Schizophyllum commune*）菌丝中粗蛋白质的含量进行测定，并用 2，4-二硝基氟苯（FDBN）柱前衍生高效液相色谱法（HPLC-100 型）对蛋白质中氨基酸的含量进行测定。高效液相色谱条件为层析柱；Zorbaxc18；流动相；磷酸二氢钾和乙腈水溶液（水∶乙腈=45∶55）。结果表明，裂褶菌中所含粗蛋白质的质量分数为 28.76%，所测定的 17 种氨基酸总质量分数为 120.13g/kg。其中 7 种必需氨基酸的质量分数为 45.36g/kg，占氨基酸总量的 37.76%；10 种非必需氨基酸的质量分数为 79.50g/kg，占氨基酸总量的 62.24%。

二、色谱-质谱联用技术

色谱-质谱联用（chromatography-mass spectrometry）技术是当代最重要的分离和鉴定分析方法之一。色谱是混合物分离分析的主要手段，但由于其定性分析的主要依据是保留值，所以难以对复杂未知混合物作定性判断。而 MS、IR、NMR 等谱学方法，虽有很强的结构鉴定能力，却不具备分离能力，因而不能直接用于复杂混合物的鉴定。把色谱与谱学方法有机结合起来的联用技术，则结合了两者的长处，成为复杂混合物分离分析的有效手段。联用已成为当今分析仪器的主要发展方向。

（一）气相色谱-质谱联用技术

气相色谱-质谱（GC-MS）联用仪就是将分离效率高的气相色谱（GC）与对痕量物质有高鉴别和测定能力的质谱仪联系在一起的精密分析仪器，适用于复杂试样中痕量组分的分离鉴定。

样品混合物经气相色谱分离后，去掉载气进入质谱仪，在高真空的环境中，组分的分子受到能量轰击，分子或失去一个电子成为分子离子，或被轰为碎片离子，其中带正电荷的碎片受电场加速进入质量分析器，经检测后得到不同质量离子的数量。以离子的质荷比对其数量(丰度)作图，即为质谱图。不同的化合物生成不同的质谱图，质谱仪就是根据其生成质谱碎片的规律来确证化合物的。

GC-MS 联用技术具有分离效能高、灵敏度高(pg 级)、用样量少、简便快速等特点，是复杂混合物分离分析最有效的手段。在 GC-MS 联用分析法中，GC 作为分离工具，质谱相当于 GC 的一个检测器，只不过这个检测器需要在高真空的环境下工作。

(二)液相色谱-质谱联用技术

近年来，液相色谱-质谱(LC-MS)联用技术的应用已非常广泛。GC-MS 联用发展较早，技术发展也较为成熟，但 GC 要求样品具有一定的蒸汽压，只有 20%左右的样品可以不经过预先处理而能够得到满意的分离效果，多数情况下需要经过适当的预处理或衍生化，使之成为易气化的样品才能进行 GC-MS 分析；而 LC-MS 联用技术可分离极性的、离子化的、不易挥发的和热不稳定的化合物，这使得 LC-MS 联用技术具有更广阔的应用前景。目前，LC-MS 联用技术已成为分离、鉴定各种化合物的重要手段之一；同时高效液相色谱-质谱(HPLC-MS)联用技术弥补了传统液相检测器的不足，它集 HPLC 的高分离能力和 MS 的高灵敏度、高选择性于一体，结合了色谱、MS 两者的优点。HPLC 可以直接分析不挥发性化合物、极性化合物和大分子化合物(包括蛋白质、多肽、核苷、多聚物等)，分析范围广，而且不需衍生化步骤。质谱仪作为理想的色谱检测器具有极高的检测灵敏度。因此 HPLC-MS 联用长期为人们所关注。

将 LC-MS 联用技术应用于次生代谢产物的研究，不需要对样品进行繁琐和复杂的前处理，从而大大加速了天然产物化学成分研究的步伐。该方法高效快速、灵敏度高，尤其适用于含量少、不易分离得到或在分离过程中容易丢失的组分。

将质谱仪作为 HPLC 的检测器使用，具有下列优点。①通用性：用电子轰击(EI)使气化样品离子化，所有物质均有响应。大气压离子化(APCI)包括电喷雾离子化(ESI)和大气压化学离子化(APCI)，可用于难气化、热不稳定和大分子化合物的测定。因此，GC-EI-MS 和 LC-API-MS 可用于绝大多数化合物的分析。②选择性(专属性)：MS 的响应是由分子离子(M^+)、准分子离子(如 M+H)和碎片离子等产生的，离子的质荷比(m/z)提供了化合物分质量、元素组成和结构信息，用 MS/MS(MS^n)进一步提高了这方面的性能。③重现性：MS 测定的 m/z 反映了物质的质量。质量是物质的基本物理常数。常规低分辨质谱仪测定的 m/z 值误差约为 1/10 原子质量单位，各实验室均可重现。用高分辨质谱仪测定准确质量，误差＜5ppm。

Ramadas 等(1995)用固相萃取和 LC-MS 联用对木霉属真菌(*Trichoderma*)的肽类进行了分析。陈畅等(2005)用 HPLC-MS 联用准确地对蒙山九州虫草和冬虫夏草子座中核苷类化合物进行定性和定量分析；洗脱液的最佳配比为；先以 99%水+1%乙腈梯度洗脱 5min 后过渡为 96%水+4%乙腈至洗脱完全。结果表明，蒙山九州虫草含有比冬虫夏草种类更多的核苷类成分，有望替代价格昂贵的冬虫夏草应用于临床。Tang 等(2006)应用 HPLC-ESI-MS 联用技术从灵芝(*G. lucidum*)中分离灵芝酸(ganoderic acid)。

(三)液相-核磁联用(LC-NMR)技术

NMR 技术能够非常灵敏地检测出质子的化学位移、峰面积、偶合常数、弛豫时间，这些参数与质子的存在形式（—CH、—CH_2、—CH_3）紧密相关，从而提供了大量的关于化合物骨架的信息；色谱-光谱联用技术使色谱分离与光谱鉴定成为一个连续的过程，它简化了样品处理步骤，集色谱的高分离效能与光谱的强鉴定能力于一体，因此 HPLC-NMR 联用技术引起了众多领域研究者的密切关注。

三、毛细管电泳技术的应用

毛细管电泳（capillary electrophoresis）是以高压电场为驱动力，以毛细管和其内壁为通道及载体，利用样品各组分之间电泳淌度或分配行为的差异而实现分离的液相分离技术。常用的操作模式有 6 种。

毛细管区带电泳（CZE）：利用溶质在自由溶液中的淌度差异使溶质分离；毛细管胶束电动色谱（MECC）：利用溶质分子尺寸与电荷与质量比差异使溶质分离；凝胶电泳（CGE）：利用溶质在胶束与水相间分配系数差异使溶质分离；毛细管等电聚焦（CIEP）：利用溶质等电点差异使溶质分离；毛细管等速电泳（CITP）：利用溶质在电场梯度下的分布差异使溶质分离；毛细管电泳色谱（CEC）：利用固定相存在下溶质分配系数差异使溶质分离。

用 HPLC 分析时，色谱柱极易受到污染且难以再生。而且，色谱柱上沉积的污染物可能会以杂峰的形式出现，这对于检测指纹图谱来说就非常麻烦。毛细管电泳适于分析“脏”样品是因为毛细管柱极易清洗。大小分子（如蛋白质和酚酸）可同时分析也是毛细管电泳的一大特点。如此得到的指纹图谱将更多的反映产品的成分特性，而 HPLC 是不能同时分析小分子物质和蛋白质的。

用毛细管电泳的方法对天然和人工培养的冬虫夏草菌进行分析，以考察天然和人工培养的差别。结果发现两者在 5～7min 的峰组有很大差异，此处峰的差异可能是由寄主引起的。冬虫夏草的毛细管电泳可以为其质量控制的指纹图谱提供资料（Li et al.，2004）。毛细管电泳、快速蛋白质层析系统分析比较冬虫夏草和其寄主虫体的主要成分和药理活性，结果显示，它们的主要成分非常相似，都是多糖和核苷，并且它们的抗氧化活性也很相似（Li et al.，2002）。

综上所述，药用植物内生真菌次生代谢产物的研究方法已经比较成熟，在选择方法之前，首先要对药用植物内生真菌次生代谢产物的性质作足够的了解，根据其性质选择提取、分离、分析等方法。并且对药用植物内生真菌次生代谢产物的研究需要许多方法的联合应用才会取得很好的效果。

第五节　药用植物内生真菌多糖的研究方法

内生真菌多糖是从内生真菌子实体、菌丝体、发酵液中分离出的，能够控制细胞分裂分化，调节细胞的生长衰老，由 10 个以上的单糖以糖苷键连接而成的高分子多聚物。与动物、植物多糖不同，真菌多糖分子单体之间主要以 β-1，3 与 β-1，6 糖苷键结合，形成链状分子，具有螺旋状的立体构型（朱建华和杨晓泉，2005）。真菌多糖按单糖成分组成种类可以分为杂多糖和均多糖。近年来的研究表明，内生真菌多糖在免疫功能的调节、癌症的诊断与治疗、抗衰老及解除机体疲劳等方面都有着重要作用。本节主要归纳总结内生真菌多糖的提取、分离、结构分析等方法。

一、真菌多糖的提取方法

真菌多糖是以天然产物形式存在的，大多数是以氢键、盐键等与其他物质聚合在一起，因而必须以各种有效方法破坏多糖链与其他物质的共价结合，才能达到提取多糖的目的。一般按多糖的性质采取热水提取法、中性盐溶液提取法、酸提取法、碱提取法、超声提取法等（Castaňeda-Agulló et al.，1961）。

1. 溶剂提取法

溶剂提取法应用较广，一般以水作为溶剂提取多糖，可以用热水浸煮提取，也可以用冷水浸提。水提取的多糖多数是中性多糖。

雷萍等（2006）以猪苓液体发酵干菌丝体为原料，研究分离提取猪苓多糖的最佳条件和生产工艺。结果证明猪苓多糖的最佳提取条件是：原料粒度为 200 目，菌粉和水分的比例为 1∶30，浸提时间为 2.5h，乙醇加量比例为 1∶3，pH 为 7.0，多糖提取率可达 28.80%以上。李燕杰等（2005）研究了姬松茸液体发酵胞内多糖的水提取条件，通过单因素试验、正交试验及极差分析确定的最佳提取工艺为：提取温度 100℃、料液比 1∶30、提取时间 3h、乙醇（95%）添加倍数 3 倍、提取 2 次，在此条件下粗多糖的提取率达 6.64%。研究不同的提取温度、提取时间和加水比，对姬松茸液体发酵菌丝体和固体栽培子实体粗多糖提取得率的影响。采用二元二次回归的分析方法得姬松茸菌线体和子实体的最佳提取条件为：菌丝体为 10 倍加水量于 90℃提取 3.3h、子实体为 10 倍加水量于 90℃提取 3.4h，提取率可以分别达到 1.376%和 1.640%。在此基础上，比较了乙醇质量分数和提取液 pH 对姬松茸子实体和菌丝体多糖沉淀特性的影响（王六生和谷文英，2002）。一个新的水溶性胞内多糖 PTP 从白树花（*Polyporus albicans*）中得到。干燥的菌丝体 95%乙醇提取除去杂质，蒸馏水提取，浓缩，醇沉，洗涤，得到粗多糖（Sun et al.，2008）。茯苓（*Poria cocos*）菌丝体多糖用热水提取，发酵液多糖用甲醇沉淀得到两种新多糖（1→3）-β-D-mannopyranosyl 和（1→3，6）-linked-β-D- mannopyranosyl（Jin et al.，2003a）。

2. 酸提取法

有些真菌多糖用酸性溶液提取要好于用水提取。王谦等（2005）研究了皱盖假芝深层液体发酵液多糖提取的工艺条件。用正交试验的方法对皱盖假芝深层液体发酵液粗多糖提取工艺条件进行优化，研究了温度、时间、酸碱条件对其的影响。确定了皱盖假芝深层液体发酵液粗多糖提取的最适条件为：温度 80℃，盐酸浓度 0.3mol/l，时间 2h。黑木耳多糖的提取采用水、稀酸或 $CaCl_2$ 液提取，向提取液中加入铵盐类阳离子表面活性剂，使多糖硫酸酯沉淀出来。为了减少色素、蛋白质等的溶出，提取之前先以高浓度醇类或甲醛溶液处理。例如，虫草（*Cordyces sinensis*）的菌丝体 400g，粉碎，用 95%乙醇和丙酮依次回流提取除去脂类和色素类杂质，再用 0.05mol/L 乙酸缓冲液（pH 6.0）85℃提取两次，每次 5h。合并滤液，用碱中和，透析，醇沉，95%乙醇和丙酮洗涤，真空干燥。Neutroenzyme-Sevag 法脱蛋白质后，DEAE-琼脂糖、Sephadex G-100 依次柱层析，得到纯多糖。组成为甘露糖∶葡萄糖（1∶9），（1→3）或（1→4）-α-D-葡聚糖-（1→6）-α-D-甘露糖（Wu et al.，2007）。

3. 碱提法

碱提法与酸提法类似。有些多糖在碱液中有更高的提取率，尤其是提取含有糖醛酸的多糖及酸性多糖。采用稀碱提取：多为 0.1～1.0mol/l 氢氧化钠、氢氧化钾，为防止多糖降解，常通以氮气或加入硼氢化钠或硼氢化钾。碱提法的优势也因多糖种类的不同而异。碱提中碱的浓度也应得到有效控制，因为有些多糖在碱性较强时会水解。另外，稀酸、稀碱提取液应迅速中和或迅速透析，浓缩与醇析而获得多糖沉淀。分步应用水提、碱提、酸提法提取茯苓菌丝的多糖，并用 IR、NMR、MS、GC 等方法分析多糖的化学组成，结果显示茯苓多糖为杂多糖（Jin et al.，2003b）。

4. 酶提取

酶技术是近年来广泛应用到有效成分提取中的一项生物技术，在多糖的提取过程中，使用酶可降低提取条件，在比较温和的条件中分解细胞组织，加速多糖的释放和提取。此外，使用酶还可分解提取液中淀粉、果胶、蛋白质等非目的产物，常用的酶有蛋白酶、纤维素酶、果胶酶等。林宇野和杨虹（1998）就酶解分离、提纯银耳子实体多糖的工艺做了详细研究，认为酶法提取全程分为酶促反应和 80℃提取两个阶段。第一阶段的主要作用是酶解细胞表面结构及胞间连接物，并伴有少量多糖溶出；第二阶段提高温度继续提取，一方面起到灭酶作用，另一方面促使可溶胞内多糖的溶出增多。

5. 超声提取

除了水提及酶提取方法外，超声提取技术是目前国内外研究的一大热点。高强度超声波能形成高能量声场，因此可利用声场对溶液形成的空化作用对溶液进行超声处理并提取目标物质。国内真菌多糖超声提取主要集中在两个方面：一是直接使用超声提取；二是采用超声技术与其他提取方式相结合，如超声与超滤相结合、超声提取与酶解相结合。靳胜英和李久长（1999）研究先采用湿法机械粉碎，再结合超声波破壁，最后热水浸提的方法来提取银耳中的多糖物质，结果表明，这种提取方法的银耳多糖得率明显高于酶提取法。念保义等（2004）研究了香菇多糖的超声提取，结果表明超声提取能提高香菇多糖的得率，80℃处理时间 13min 多糖的提取率就可达 61.62%。胡滨（2004）进行了鸡腿菇深层发酵菌丝体多糖分离提取的工艺研究，采用超声破壁等技术，将多糖与蛋白质等其他细胞成分分离，大大提高了多糖的得率。张海岚等（2004）探讨用超声提取法提取香菇多糖的工艺条件，为超声提取在工业生产中的应用提供依据。李艳等（2004）从肉苁蓉中提取多糖并测定其含量，采用超声法提取，分光光度法测定多糖含量，结论也证实了超声法提取多糖，速率加快，收率提高。于淑娟和高大维（1998）研究超声波协同酶法提取灵芝多聚糖的作用机制，结果表明与普通方法相比，该法具有水解效率高、产品质量好等优点，同时还能缩短提取周期，并使反应条件更加温和。

6. 超滤法

超滤是一种膜分离技术，所采用的超滤膜能够从水和其他液体中分离出很小的胶体和大分子。由于超滤膜具有不对称微孔结构，且采用摩擦流道和湍流促进结构，减少膜污染，使得在分离过程中大分子溶质和微粒（如胶体，淀粉等）随溶液切向流经膜表面，而小分子物质和溶剂则在压力驱动下穿过致密层上的微孔而进入膜的另一侧，因而超滤膜可以长期连续使用并保持较恒定的产量和分离效果。将超滤膜用于多糖这种生物活性物质的分离，具有不损害活性、分离效率高、能耗低、设备简单、可连续生产、无污染等优点。对于金针菇多糖的提取，超滤浓缩与传统的加热浓缩相比具有如下优点：浓缩条件温和，多糖损失小，速率快，节约能源，浓缩的同时可除去小分子杂质和色素。

7. 微波提取

微波是频率为 300MHz～300GHz 的电磁波，微波提取的原理是微射线辐射于溶剂并透过细胞壁到达细胞内部，由于溶剂及细胞液吸收微波能，细胞内部温度升高，压力增大，当压力超过细胞壁的承受能力时，细胞壁破裂，位于细胞内部的有效成分从细胞中释放出来，传递转移到溶剂周围被溶剂溶解。此法提取时间短，提取率高，是强化固液提取过程颇具发展潜力的一项新型辅助提取技术。曲晓华等(2003)采用微波提取法，提取桑多孔菌菌丝体多糖，提取液用无水乙醇沉淀，Saveg 法去脂，去蛋白质，真空抽滤干燥得粗多糖，其质量分数为 9%。进一步用硫酸-苯酚法进行定性、定量分析，测得桑多孔菌菌丝体中多糖的质量分数为 1.66%。

二、真菌多糖的分离技术

多糖的分离一般利用各种多糖的分子质量、溶解度不同及电荷密度的差异进行分离。由于各种多糖结构和活性的不均一性及分子质量的高分散性，利用上述性质分得“单一多糖”后，还可按其理化性质及生物活性进一步分离。

1. 利用溶解度不同的分离方法

多糖具有较强极性，在其水溶液中加入乙醇、丙酮或甲醇等有机溶剂，即可产生沉淀，不同多糖所含极性基团及分子质量不同。分子质量小的溶解度大，分支多的较直链的水溶性好，采用不同浓度的有机溶剂，可得不同组分的多糖。沉淀法中常用的沉淀剂有乙醇、乙酸钾等。常用的方法为乙醇沉淀法、含盐溶液沉淀法。例如，虎奶菇(*Pleurotus tuber-regium*)(PTR)的子实体用热水提取，4 倍体积的 95%乙醇沉淀，得到水溶性的粗多糖，粗多糖反复溶解醇沉，得到纯多糖(Wong et al.， 2007)。来自海洋真菌菌株草茎点霉(*Phoma herbarum*)YS4108 的菌丝体用热水提取后，乙醇反复沉淀，纯化多糖(Yang et al.， 2005)。

2. 利用电离性质不同的分离方法

多糖分子中可电离基团有羟基及羧基。立体结构位置及羧基相连的基团不一，不同的羟基及羧基的刚性又有微小不同。与此同时，各种多糖中羟基及羧基数量也存在差别，这些差别成为多糖分离的重要依据。常用的方法为季铵盐络合法、电泳分离。短裙竹荪(*Dictyophora duplicate*)菌丝体干品，经 3%三氟乙酸提取，乙醇分级沉淀，经 Sephadex G-200 柱层析和聚丙烯酰胺凝胶电泳鉴定得到水溶性多糖 Dd-2DE(林玉满和余萍，1998)。

3. 柱层析法

柱层析分离多糖是比较常用的方法，常使用凝胶色谱或分子筛色谱法、离子交换层析等。白树花水提得到粗多糖，用 Sepharose CL-6B、DEAE-Sepharose CL-6B-Sephadex G-25 除蛋白质、纯化，得到纯多糖 PTP(Sun et al.，2008)。来自海洋真菌菌株草茎点霉 YS4108 菌丝体的粗多糖经 DEAE-32 阴离子交换柱和凝胶 Sephacryl S-400 柱层析，得到纯多糖命名为 YCP(Yang et al.，2005)。Fan 等(2006)将毛头鬼伞(*Coprinus comatus*)的菌丝体用热水提取得到粗多糖，再用 DEAE-Sepharose 柱分离纯化得到多糖(CMP)。

4. 超滤法

超滤法是分离多糖的新方法，通过选用不同的滤膜，控制分子质量，将小分子的杂质除去，留下大分子的多糖。例如，虎奶菇发酵液的多糖通过超滤法，去掉相对分子质量 10 000 以下的小分子成分而获得(Wong et al.，2007)。

三、真菌多糖的结构分析

分析真菌多糖结构的方法发展至今，有三大类：化学法、光谱法、生物学法。多糖的单糖组成分析一般采用酸水解法(部分或全部水解)，检测水解产物可通过纸层析、薄层层析和气相层析分析(Pamlela and Chi，2001)。一些特殊的取代基团有专门的测定方法，甲基化分析用来阐明多糖中相邻单糖基的连接键型，应用较多的是 Hakarmoni 法；相邻单糖基间的连接方式最经典的方法是采用高碘酸氧化和 Smith 降解法分析，另外还有 Barry 降解、三氧化铬氧化降解及脱氨基降解等。例如，虎奶菇的多糖通过硫酸水解后，用气相色谱分析其单糖组成，用 HPLC 确定分子质量(Wong et al.，2007)。

光谱法有 IR、喇曼激光光谱、UV、NMR 光谱、MS 等方法，其中 IR 多用于分析确定多糖中吡喃糖的糖苷键构型，以及观察其他官能团的吸收；喇曼吸收光谱作用与 IR 类似，其优点除测水溶液外还可测固体样品；NMR 用于分析多糖中糖苷键的构型、单糖基的连接方式及重复结构中单糖的数目与顺序；HPLC 和圆二色性及旋光色散分析法在多糖结构中应用也很普遍。

1. IR 法

在 4000～400cm^{-1} 区域内扫描，多糖主要特征吸收峰为 3440 cm^{-1}、2920cm^{-1}、1630cm^{-1}、1526cm^{-1}、1420cm^{-1}、1380cm^{-1}、1240cm^{-1}、1100～1000cm^{-1}、890cm^{-1}、770cm^{-1}。Pauline 等(2001)在试验过程发现块菌多糖在 890cm^{-1} 附近有特征吸收峰，且比旋光度为较小的正数，确定块菌多糖是 β-吡喃糖苷键的水溶性多糖类化合物，同时在 1100～1000cm^{-1} 区域内见 1076cm^{-1}、1042cm^{-1} 附近有 2 个较强的吸收峰，1058cm^{-1} 处有很弱吸收峰，同时推断出块菌多糖是含有呋喃糖苷键的水溶性多糖化合物。

2. UV-VIS 方法分析

真菌多糖在 199nm 处有特征吸收峰，而且在 80nm 和 260nm 处无吸收峰，表明不含有核酸。多糖经酸水解后于 322nm、490nm 附近有特征吸收峰，常用苯酚-硫酸比色法测定其含量。Anne 和 Howard(2001)经高碘酸钠氧化反应，于 223nm 处测定高碘酸钠的消耗量，至不再氧化为止，同时用 0.01mol/L NaOH 中和法测定甲酸的释放量，由此推断出糖基的连接方式。

3. NMR 法

真菌杂多糖中含有 Rha、Ara、Xyl、Gal 及 GalA 等糖残基。一般由下列单糖连接键型组成，即 2-位取代 Rha、3-位取代 Galp、2-位取代 Galp、6-位取代 Galp、2-位取代 GalA 和 3-位取代 Xylp，并且在 2，5-位取代 Araf 及 2，4-位取代 Rha 处产生分支，同时由 Rha、Galp、Araf、GalA 和 Xylp 糖残基构成各链的末端。其化学结构有 L-型和 D-型。这些化学结构可以用 NMR 技术来区分（Marsin and Topalova，2003）。

与次生代谢产物的研究一样，多糖的研究需要各种方法的联合应用才能起到良好的效果。例如，从南海海洋红树林种子内生真菌 2508 号的菌体中用热水提取，乙醇沉淀，沉淀物水溶解后 Sephadex gel-75 纯化，得到多糖 G-22a，通过酸水解及 GC-MS 研究表明，G-22a 由鼠李糖、甘露糖和葡萄糖及少量的木糖、核糖醇组成（郭志勇等，2003）。从南海红树林内生真菌菌体中提取到胞外多糖 W21，甲醇解研究表明 W21 由葡萄糖、半乳糖和少量木糖组成（胡谷平和佘志刚，2002）。Peng 等（2003）从松杉灵芝（*Ganoderma. tsugae*）的菌丝体中得到两个杂多糖，标记为 EPF1 和 EPF2，并应用 GC 和 NMR 碳谱对其结构进行分析。Fan 等（2006）从毛头鬼伞的菌丝体中获得了多糖 fucogalactan，应用高效分子排阻色谱测定分子质量，并应用 NMR 技术判断单糖的连接型。

用 IR、GC、碳谱、光散色（light scattering）等方法对不同培养基上培养的茯苓（*Poria cocos*）多糖的特性进行研究，结果显示不同培养基（*WB* 和 *WC*）上培养的茯苓中得到的多糖 wb-PCM1、wc-PCM2 都是杂多糖，主要的单糖组成是 α-D-葡萄糖、甘露糖和半乳糖，wb-PCM3-1 和 wc-PCM3-1 主要是（1→3）-α-D-glucans，wb- PCM3-II 和 wc-PCM3-II、PCM4-I 和 PCM4-II 是（1→3）-β-D-glucans。有趣的是，（1→3）α-和（1→3）-β-D-glucans 共同存在于 0.5mol/L NaOH 部分（Jin et al.，2003a）。黎其万和李绍平（2003）用热水提取巴氏蘑菇（*Agaricus blazei* Murill）菌丝体，经乙醇沉淀、脱蛋白质和透析得总多糖，再经 DEAE-纤维素（DE_{52}）和 Sephadex G-200 柱层析分离纯化得均一多糖，凝胶渗透色谱法测得其相对分子质量为 8.6×10^4。IR 和 UV 分析表明为蛋白质多糖，含蛋白质 28.8%、含糖 68.4%。水解后纸层析和气相色谱分析表明，该蛋白质多糖的单糖组成为葡萄糖、甘露糖和半乳糖，其摩尔比为 12.64∶2.16∶1.28。

第六节　药用植物内生真菌蛋白质的研究方法

蛋白质是有机体不可缺少的组成部分，在生命体内起着非常重要的作用。尤其是近些年来发现许多蛋白质类成分也具有药用价值，对蛋白质的研究也逐渐增多。这里介绍对真菌蛋白质的研究方法。

一、蛋白质的提取方法

真菌的菌丝体和发酵液中都含有蛋白质类成分，对于蛋白质的提取，菌丝体一般先以溶剂抽出，再结合沉淀试剂的应用。发酵液的蛋白质类成分可直接应用分级沉淀。由于不同的蛋白质在不同溶剂中的溶解度有显著区别，因此提取时要选择适当的溶剂，一般提取用水、盐溶液或乙醇水溶液。王晓梅等（2006）提取玉米叶斑弯孢菌（*Curvularia lunata*）、互格链格孢（*A. alternata*）、番茄早疫病菌（*A. solan*）、链格孢属 4 种真菌蛋白质以考察真菌蛋白质对玉米抗病性的诱导。提取方法为使用 Tris-HCI 提取液进行提取，步骤如下：用无菌水和 0.05mol/L Tris-HC1 缓冲液冲洗菌体去除孢子，用滤纸于漏斗中过滤得到菌丝体；将装有菌丝体的研钵放入冰箱中到一定温度，取出在研钵中放入冰块迅速研磨，然后在 4℃下 15 000r/min 离心

15min，弃掉沉淀，取上清液；将上清液装在离心管中，其中每种菌各装 2 支离心管，共 8 支；每种菌各取 1 支，在 100℃的开水中加热 7min；将 8 支装有菌种的离心管按加热的和不加热的作好标记，4℃ 15 000r/min 离心 15min，弃掉沉淀，上清液就是提取的真菌蛋白质，即激发子蛋白质液。张成省等(2004)以烟草赤星病菌互格链格孢为研究材料，分别用 3 种不同的化学方法，即冷碱、热碱和 SDS 法，对真菌菌丝细胞壁可溶性蛋白质的抽提方法进行了比较和研究。结果表明，3 种方法均为有效的抽提真菌细胞壁蛋白质的方法，所抽提的主要成分均一致，但抽提液的蛋白质组分和含量又有差异。对不同抽提液蛋白质含量的测定结果表明，冷碱抽提液蛋白质含量低，热碱抽提液蛋白质含量较高，SDS 抽提液蛋白质含量最高。

二、蛋白质的分离方法

蛋白质的分离方法主要有以下几种。

1. 部分分级沉淀法

取一部分蛋白质溶液，先除去某一个分级部分以后再进行下一个分级沉淀，部分分级法最好与化学鉴定或生物活力测定相配合，先以少量溶液进行探索。大量的部分分级通常仅分成 3 部分，选取其中的一部分。常有的分级沉淀方法有 3 种。

(1)有机溶剂分级沉淀法。使用的溶剂有乙醇、丙酮等。溶剂和蛋白质溶液分别预先冷却，有机溶剂由低到高选几个浓度，每一个浓度所沉出的蛋白质经离心分离，取出沉淀物立刻溶于足够量的水或缓冲液中，以使有机溶剂稀释到无害浓度。其母液再继续加有机溶剂到预定的另一个浓度，沉淀另一部分蛋白质。例如，短裙竹荪菌丝体经热水提取，乙醇分级沉淀，级分 3 经 DEAE-Cellulose 柱层析纯化得到短裙竹荪菌丝体糖蛋白 DdGP-3P3。经测定该糖蛋白为均一组分，分子质量为 113kDa，IR 呈现出典型的多糖吸收峰，含有 β-型糖苷连接键。β 消去反应测定，该糖蛋白中糖和蛋白质的连接键为 *O*-型糖肽键。纸层析和气相层析分析得知 DdGP-P3 含有 D-葡萄糖(D-glucose)、D-甘露糖(D-mannose)和 D-乳糖(D-galactose)，其摩尔比为 2.01∶1.00∶1.23。酸水解后进行氨基酸分析表明它含有 16 种氨基酸(林玉满和余萍，2003)。

(2)盐分级沉淀法。最常用的沉淀剂是硫酸铵，因为它溶解度大，而且对蛋白质或酶没有破坏作用。其他，如硫酸钠、氯化钠、硫酸美、磷酸钾等也可使用。使用的盐都要求质量好，避免其中杂质或游离酸使蛋白质变性。使用硫酸铵时，因其本身带有酸性，在分级沉淀过程中要调节 pH 至 6～7。其在溶液中的浓度常以饱和度表示。孙慧等(2001)用硫酸铵分级沉淀、离子交换(DEAE-epharose)和分子筛(S-200)方法，从食用菌杨树菇的子实体中分离提纯了一种具有抑制烟草花叶病毒(TMV)侵染活性的蛋白质，称为 AAVP。用 SDS-PAGE、IEF 等方法分析 AAVP，结果均呈现为单一条带。经 SDS-PAGE 测定其亚基的分子质量为 15.98kDa，IEF-PAGE 计算其等电点为 3.75。氨基酸组成的分析结果表明，AAVP 中不含 Cys，含有少量的 His 和 Met，而富含酸性氨基酸。AAVP 是一种 N 端焦谷氨酰环化封闭的蛋白质，经 N 端去封闭后测得 N 端氨基酸序列为 QGVNIYNIVAGA。

(3)pH 分级沉淀法。利用蛋白质在等电点时最难溶解的性质。在改变 pH 情况下，有时是无活性的蛋白质沉淀，而有活力的蛋白质可保留溶解状态，或反之，这样可以除去一部分杂质达到分离、纯化的目的。

2. 吸附法

常用的吸附剂有氧化铝、磷酸钙等，也有用离子交换树脂、羧甲基纤维素及葡聚糖衍生物层析方法纯化蛋白质的。例如，将红树内生真菌摇瓶培养后，得到发酵液蛋白质粗提物。粗提物溶液经 Sephadex G-100 柱层析、DEAE-Sepharose Fast Flow 离子交换层析、Sephadex G-50 脱盐纯化获得抗菌蛋白质(刘训理等，2006)。

3. 透析法

透析法是为了除去蛋白质中的盐或其他小分子杂质。将蛋白质溶液装入半透膜袋中，扎紧口，蒸馏水透析至没有酸根反应。

三、蛋白质化学结构的测定

蛋白质是一条或多条肽链以特殊方式组合的生物大分子,复杂结构主要包括以肽链为基础的肽链线型序列(称为一级结构)及由肽链卷曲折叠而形成三维(称为二级、三级或四级)结构。测定蛋白质(包括多肽)的化学结构式是非常困难的工作。通常是将蛋白质水解、部分水解及选择性水解,再分别测定水解产物的组成,包括肽类和氨基酸,以观察组成蛋白质的氨基酸种类、数目、排列状态和次序等，这是蛋白质的一级结构，对蛋白质一级结构的研究很多，蛋白质的一级结构决定其高级结构，对蛋白质高级结构的研究只停留在预测阶段。

1. 水解法

(1)酸性水解：裂解蛋白质或多肽分子中全部肽键，生成氨基酸，需要剧烈条件的酸性水解反应。在这种情况下，有些氨基酸可能部分或全部被破坏。虽然如此，蛋白质的酸性水解仍然是研究蛋白质结构的一种重要反应。

(2)部分酸性水解：蛋白质或多肽在比较缓和的条件下进行酸性水解。例如，混稀盐酸加热，或在室温情况被浓盐酸水解，或缩短水解反应的时间等，则所有肽键不会全部裂解，只有一部分被水解，因而得到的产物，除氨基酸外，还会有低聚肽类，特别是二肽产生的量往往比较多，减少水解的可能性。检识此种生成的低聚肽类，对进一步了解蛋白质分子中氨基酸间相互结合形式是很有价值的。

(3)离子交换水解：Jandorf 和 Whitaker(1956)报告了应用离子交换树脂以进行蛋白质水解的反应，认为磺酸型强酸性的交换树脂“Dowex 50”的性能最好。

(4)碱性水解：研究蛋白质类的化学结构，碱性水解很少应用，因为在强碱性条件下多数氨基酸能被分解，只有带色氨酸的蛋白质需要碱性水解才可能得到色氨酸。

(5)酶解：酶解是蛋白质水解酶催化蛋白质水解的一种缓和反应，不会使生成的氨基酸分解，同时还有一定的选择性，也是研究蛋白质组成常用的反应之一。

(6)选择性化学裂解：利用蛋白质分子中某些氨基酸的特性，进行化学处理，以使蛋白质裂解，是了解蛋白质分子中氨基酸结合状态的重要反应之一。

(7)蛋白质分子中末端氨基酸的分析：蛋白质是直链多肽，头尾两端各有一个呈部分结合状态的氨基酸，称为末端氨基酸。在末端氨基酸分子中带有游离氨基的氨基酸残基，称为 N 端氨基酸；另一端则必定是带有游离羧基的氨基酸残基，称为 C 端氨基酸。

2. 光谱的应用

光谱法测定有机化合物的结构式是目前广泛采用的一类行之有效的方法,对蛋白质和多肽类成分同样适用。特别是对一些蛋白质水解产物的低聚肽类结构式的测定，IR、MS、NMR、X射线衍射等都是非常有用的方法。目前光谱主要用于测定蛋白质一级结构，包括分子质量、肽链氨基酸排序及多肽或二硫键数目和位置。

Cai等(2006)应用IR、X射线衍射和元素分析确定黑曲霉中得到的几丁质酶的结构。

内生真菌多糖和蛋白质类成分分子质量都很大,是由多个单糖或氨基酸作为基本单位连接而成的生物大分子。它们不仅有各单位之间连接的一级结构，还有空间的高级结构，因此它们的分离和结构鉴定都是非常困难的。对内生真菌多糖和蛋白质类成分结构的研究，多数还停留在多糖和蛋白质的一级结构上，而对高级结构的研究还需要更先进的技术来完成。

(郭文娟　郭顺星)

参 考 文 献

陈畅，罗珊珊，史艳秋，等. 2005. 液质联用法对两种虫草中核苷类成分的研究. 中国生化药物杂志，26(5)：260-263.
陈晓梅，杨峻山，郭顺星. 2000. 石斛小菇中的甾醇类化合物. 药学学报，35(5)：367-369.
邓百万，陈文强，李志洲. 2003. 裂褶菌营养菌丝蛋白质成分的分析. 氨基酸和生物资源，25(4)：1-2.
郭志勇，佘志刚，陈东森，等. 2003. 南海海洋红树林种子内生真菌2508号多糖G-22a的研究. 中山大学学报(自然科学版)，42(4)：127-128.
胡滨，张亚雄，邵伟，等.2004.液体深层发酵鸡腿菇菌丝体多糖分离提取研究. 化学与生物工程，21(5)：22-23.
胡谷平，佘志刚. 2002. 南海海洋红树林内生真菌胞外多糖的研究. 中山大学学报(自然科学版)，41(1)：121-122.
靳胜英，李久长. 1999. 银耳多糖提取工艺的研究. 山西食品工业，9(3)：23-26.
雷萍，孙悦迎，张鑫，等. 2006. 猪苓发酵菌丝多糖分离提取工艺研究. 中国食用菌，25(5)：25-27.
黎其万，李绍平. 2003. 一种真菌蛋白多糖的分离与理化特性. 西南农业学报，16(3)：30-33.
李艳，刘霞，孙萍，等. 2004. 肉苁蓉多糖的超声提取及含量分析. 西北药学杂志，19(3)：107-108.
李燕杰，董秀萍，朱蓓薇，等. 2005. 姬松茸液体发酵胞内多糖的提取. 食品工业科技，26(4)：143-145.
林宇野，杨虹. 1998. 酶法提取银耳多糖的研究.食品与发酵工业，35(1)：13-17.
林玉满，余萍. 1998. 短裙竹荪子实体酸提水溶性多糖的研究：Dd-2DE的分离纯化和组成鉴定. 福建师范大学学报(自然科学版)，14(2)：62-66.
林玉满，余萍. 2003. 短裙竹荪菌丝体糖蛋白DdGP-3P3纯化及性质研究. 福建师范大学学报(自然科学版)，19(1)：91-94.
刘训理，王智文，孙海新，等. 2006. 圆孢芽孢杆菌A95抗菌蛋白的分离纯化及性质研究. 蚕业科学，32(3)：357-361.
念保义，王铮敏，黄河宁. 2004. 超声提取、超滤分离香菇多糖工艺的研究. 化学与生物工程，21(4)：16-18.
曲晓华，毛建萍，浦冠勤. 2003. 桑多孔菌多糖的提取和含量测定.蚕业科学，29(4)：404-406.
孙慧，吴祖建，谢联辉，等. 2001. 杨树菇(*Agrocybe aegerita*)中一种抑制TMV侵染的蛋白质纯化及部分特性. 生物化学与生物物理学报(英文版)，33(3)：351-354.
王六生，谷文英. 2002. 姬松茸多糖提取条件及其沉淀特性. 无锡轻工大学学报，食品与生物技术，21(2)：144-147.
王谦，靳发彬，张俊刚，等. 2005. 皱盖假芝深层发酵液多糖提取工艺优化研究. 河北大学学报(自然科学版)，25(4)：405-407.
王晓梅，于金萍，藏东初，等. 2006. 真菌蛋白的提取及其对玉米病害的抗性诱导. 玉米科学，14(6)：138-140.
肖盛元，郭顺星，杨峻山. 2001a.粉红黏帚霉菌丝体化学成分研究. 菌物系统，20(4)：536-538.
肖盛元，郭顺星，于能江，等. 2001b.金线莲一促生真菌的化学成分. 中国中药杂志，26(5)：324-326.
于能江，郭顺星，肖盛元. 2002. 植物—内生真菌次生代谢产物的研究(II). 中国中药杂志，27(3)：204-206.
于淑娟，高大维. 1998. 超声波酶法提取灵芝多糖的机理研究. 华南理工大学学报，26(2)：123-129.
张成省，李多川，孔凡玉. 2004. 真菌菌丝细胞壁可溶性蛋白抽提方法研究. 山东科学，17(1)：13-17.
张海岚，边洪荣，张宏燕，等. 2004. 超声法提取香菇多糖的探讨.中华实用中医杂志，4(17)：3148-3149.
朱建华，杨晓泉. 2005. 真菌多糖研究进展——结构、特性及制备方法.中国食品添加剂，(6)：75-61.
Amna T，Puri SC，Verma V，et al. 2006. Bioreactor studies on the endophytic fungus *Entrophospora infrequens* for the production of an

anticancer alkaloid camptothecin. Canadian Journal of Microbiology，52：189-196.

Anne D，Howard RM. 2001. Glycoprotein structure determination by mass spectrometry. Science，291（5512）：2351-2356.

Apoga D，Åkesson H，Jansson HB，et al.2002. Relationship between production of the phytotoxin prehelminthosporol and virulence in isolates of the plant pathogenic fungus *Bipolaris sorokiniana*. European Journal of Plant Pathology，108（6）：519-526.

Bashyal BP，Wijeratne EMK，Faeth SH，et al. 2005. Globosumones A-C，cytotoxic orsellinic acid esters from the Sonoran Desert endophytic fungus *Chaetomium globosum*. Journal of Natural Products，68：724-728.

Batrakov SG，Konova IV，Sheichenko VI，et al. 2003.Glycolipid of the filamentous fungus *Absidia corymbifera* F-295. Chemistry and Physics of Lipids，123：157-164.

Bringmann G，Mader T，Feineis D. 1997. Determination of viridicatin in *Penicillium cyclopiumby* capillary gas chromatography. Analytical Biochemistry，253（1）：18-25.

Cai J，Yang JH，Du YM，et al. 2006. Enzymatic preparation of chitosan from the waste *Aspergillus niger* mycelium of citric acid production plant. Carbohydrate Polymers，64：151-157.

Castañeda-Agulló M，Del Castillo LM，Whitaker JR，et al. 1961. Effect of ionic strength on the kinetics of trypsin and alpha chymotrypsin. The Journal of General Physiology，44（6）：1103-1120.

Chen Y，Xie MY，Gong XF. 2007. Microwave-assisted extraction used for the isolation of total triterpenoid saponins from *Ganoderma atrum*. Journal of Food Engineering，81（1）：162-170.

Cravotto G，Binello A，Boffa L，et al. 2006. Regio-and stereoselective reductions of dehydrocholic acid. Steroids，71：469-475.

Cygnarowicz-Provost M，OBrien DJ，Boswell RT，et al. 1995. Supercritical-fluid extraction of fungal lipids：effect of cosolvent on mass-transfer rates and process design and economics. The Journal of Supercritical Fluid，8（1）：51-59.

Cygnarowicz-Provost M，OBrien DJ，Maxwell RJ，et al. 1992. Supercritical-fluid extraction of fungal lipids using mixed solvents：Experiment and modeling. The Journal of Supercritical Fluids，5（1）：24-30.

Ding G，Song YC，Chen JR，et al. 2006. Chaetoglobosin U，a cytochalasan alkaloid from endophytic *Chaetomium globosum* IFB-E019. Journal of Natural Products，9：302-304.

Fan JM，Zhang JS，Tang QJ，et al. 2006. Structural elucidation of a neutral fucogalactan from the mycelium of *Coprinus comatus*. Carbohydrate Research，341（9）：1130-1134.

Hellwig V，Grothe T，Mayer-Bartschmid A，et al. 2002. Altersetin，a new antibiotic from cultures of endophytic *Alternaria* spp. Taxonomy，fermentation，isolation，structure elucidation and biological activities.Journal of Antibiotics，55（10）：881-892.

Hindawi RK，Gaskell SJ，Read GF，et al. 1980. A simple direct solid-phase enzymeimmunoassay for cortisol in plasma. Annals of Clinical Biochemistry，17（1）：53-59.

Hirotani M，Masuda M，Sukemori A，et al.2005. Agariblazeispirol C from the cultured mycelia of the fungus，Agaricus blazei，and the chemical conversion of blazeispirol A. Tetrahedron，61（13）：189-194.

Jandorf BJ，Whitaker JR. 1956. Ion-exchange resin applied in protein research. Journal of Biological Chemistry，223（2）：751-764.

Jin Y，Zhang L，Chen L，et al. 2003a. Effect of culture media on the chemical and physical characteristics of polysaccharides isolated from *Poria cocos* mycelia.Carbohydrate Research，338（14）：1507-1515.

Jin Y，Zhang LN，Chen L，et al. 2003b. Antitumor activities of heteropolysaccharides of *Poria cocos* mycelia from different strains and culture media. Carbohydrate Research，338：1517-1521.

Krohn K，Flörke U，John M，et al. 2001. Biologically active metabolites from fungi. Part 16：New preussomerins J，K and L from and endophytic fungus：structure elucidation，crystal structure analysis and determination of absolute configuration by CD calculations. Tetrahedron，57：4343-4348.

Kumar PKR，Udaya Sankar K，Lonsane BK.1991.Supercritical fluid extraction from dry mouldy bran for the purification of gibberellic acid from the concomitant products produced during solid state fermentation. The Chemical Engineering Journal，46（2）：B53-B58.

Li SP，Song ZH，Dong TTX，et al. 2004. Distinction of water-soluble constituents between natural and cultured Cordyceps by capillary electrophoresis. Phytomedicine，11（7-8）：684-690.

Li SP，Su ZR，Dong TTX，et al. 2002. The fruiting body and its caterpillar host of Cordyceps sinensis show close resemblance in main constituents and anti-oxidation activity. Phytomedicine，9（4）：319-324.

Marsin J R，Topalova H. 2003. Adiop rotection by polysaccharide. Pharmacology and Therapeutics，39：255-266.

Mohamed AAW，Asolkar RN，Inderbitzin P，et al.2007. Secondary metabolite chemistry of the marine-derived fungus *Massarina* sp.，strain CNT-016. Phytochemistry，68（8）：1212-1218.

Montgomery HJ，Monreal CM，Young JC，et al. 2000. Determinination of soil fungal biomass from soil ergosterol analyses. Soil Biology and Biochemistry，32（8-9）：1207-1217.

Nasini G，Arnone A，Assante G，et al. 2002. Structure and absolute configuration of acetosellin，a new polyketide from a phytotoxic strain of *Cercosporella acetosella*. Tetrahedron Letters，43：1666-1668.

Overy DP, Nielsen KF, Smedsgaard J. 2005. Roquefortine/oxaline biosynthesis pathway metabolites in Penicillium ser. Corymbifera: in planta production and implications for competitive fitness. Journal of Chemical Ecology, 31(10): 1573-1561.

Pamlela S, Chi HW. 2001. Toward automated synthesis of oligosaccharides and glycoprotein. Science, 291(5512): 2344-2350.

Pauline MR, Time E, Peter C, et al. 2001.Glycosylation and immune system . Science, 291(5512): 2370-2375.

Pawliszyn J, Arthur C, Motlagh S, et al.1990.Solid phase microextraction with thermal desorption using fused silica optical fibers. Analyrical Chemistry, 62(19): 2145-2147.

Peng YF, Zhang LN, Zeng FB, et al. 2003. Structure and antitumor activity of extracellular polysaccharides from mycelium. Carbohydrate Polymers, 54: 297-303.

Ramadas M, Holst O, Mattiasson B. 1995. Extraction and purification of amyloglucosidase produced by solid state fermentation with *Aspergillus niger*. Biotechnology Techniques, 9(12): 901-906.

Rancic A, Sokovic M, Karioti A, et al.2006.Isolation and structural elucidation of two secondary metabolites from the filamentous fungus *Penicillium ochrochloron* with antimicrobial activity. Environmental Toxicology and Pharmacology, 22: 80-84.

Sakaki K, Yokochi T, Suzuki O, et al.1990.Supercritical fluid extraction of fungal oil using CO_2, N_2O, CHF_3 and SF_6. Journal of The American Chemical Society, 67(9): 553-557.

Schafer B, Miller K, Henning P, et al.1995.Analysis of monoterpenes from conifer needles using solid phase microextraction. Journal of High Resolution Chromatography, 18(9): 587-592.

Sun YX, Wang SS, Li TB, et al. 2008. Purification, structure and immunobiological activity of a new water-soluble polysaccharide from the mycelium of *Polyporus albicans* (Imaz.) Teng. Bioresource Technology, 99: 900-904.

Szczęsna-Antczak M, Antczak T, Piotrowicz-Wasiak M.2006. Relationships between lipases and lipids in mycelia of two *Mucor strains*. Enzyme and Microbial Technology, 39(6): 1214-1222.

Tang W, Gub T, Zhong JJ. 2006. Separation of targeted ganoderic acids from *Ganoderma lucidum* by reversed phase liquid chromatography with ultraviolet and mass spectrometry detections. Biochemical Engineering Journal, 32: 205-210.

Teles HL, Silva GH, Castro-Gamboa I, et al. 2005. Benzopyrans from *Curvul aria* sp., an endophytic fungus associated with *Ocotea corymbosa* (Lauraceae). Phytochemistry, 66: 2363-2367.

Teles HL, Sordi R, Silva GH, et al. 2006. Aromatic compounds produced by *Periconia atropurpurea*, an endophytic fungus associated with *Xylopia aromatica*. Phytochemistry, 67: 2686-2690.

Wong SM, Wong KK, Chiu LCM, et al. 2007. Non-starch polysaccharides from different developmental stages of *Pleurotus tuber- regium* inhibited the growth of human acute promyelocytic leukemia HL-60 cells by cell-cycle arrest and/or apoptotic induction. Carbohydrate Polymers, 68: 206-217.

Wu YL, Hu N, Pan YJ, et al. 2007. Isolation and characterization of a mannoglucan from edible *Cordyceps sinensis* mycelium. Carbohydrate Research, 342(6): 870-875.

Yang XB, Gao XD, Han F, et al. 2005. Sulfation of a polysaccharide produced by a marine filamentous fungus *Phoma herbarum* YS4108 alters its antioxidant properties *in vitro*. Biochimica et Biophysica Acta (BBA) -General Subjects, 1725: 120-127.

Zhan JX, Gunaherath GMK, Kithsiri Wijeratne EM, et al. 2007. Asperpyrone D and other metabolites of the plant-associated fungal strain *Aspergillus tubingensis*. Phytochemistry, 68: 368-372.

第五十一章　植物与内生真菌互作的基因表达技术及应用

植物-内生真菌互作分子生物学研究主要是在丛枝菌根、外生菌根或兰科菌根中开展的。目前，基于现代分子生物学原理开发的差异基因表达分析、基因分子表达特性和蛋白质组分析等技术已广泛地应用于植物-内生真菌互作研究。本章主要介绍主流的植物-内生真菌互作差异基因表达及检测技术的类型、原理和应用。

第一节　植物与内生真菌互作的差异基因表达技术

检测基因表达差异常用的方法有差异消减展示（differential subtraction display，DSD）、代表性差异分析（respresentational display analysis，RDA）、抑制消减杂交（suppression subtractive hybridization，SSH）、基因表达连续分析法（serial analysis of gene expression，SAGE）、DNA微阵列技术差异显示（differential display，DD）技术及当前流行的二代高通量测序（next generation sequencing，NGS）技术等。

一、RDA

Nikolai（1993）介绍了RDA法，用于分离两个基因组间的差异基因。RDA充分发挥了PCR以指数形式扩增双链模板，以线性扩增单链模板这一特性，通过降低cDNA群体复杂度和多次更换cDNA两端接头的方法，特异扩增目的基因片段。在进行差式分析时，第一次样本与探针杂交时，两者总量之比为1∶100，第二次增加到1∶400，第三次增加到1∶80 000，这样保证了处理样本中特异性序列扩增的可能性。其主要步骤有：①制备扩增子；②减法杂交；③特异性片段的扩增；④用特异性片段进行克隆，进一步分离出特异基因。

RDA的最大优势是：通过减法杂交实现了差异产物的动力富集，为对目的产物的分析带来了方便。另外，整个过程选用24个碱基的长引物进行扩增，降低了假阳性率。其缺点是：目的基因丰度间差异在数轮消减杂交后的群体中保留下来，在后续的筛选工作中，由于杂交信号的互相影响，高丰度的差异基因容易得到，低丰度的差异基因不易检出，稀有丰度的基因很难获得；而低丰度的表达产物往往代表着相对重要的基因。

二、SSH

SSH最早见于1996年，是一种简便而高效的寻找差异表达基因的方法。该方法以抑制PCR为基础，进行cDNA消减杂交。所谓抑制PCR，是指利用非目标序列片段两端的长反向重复序列在退火时产生“锅-柄”结构，无法与引物配对，从而选择性地抑制非目标序列的扩增。SSH方法因两步杂交和两步PCR而具有高特异性和假阳性率低的优点。Stein等(1997)用转移性和非转移性的两种胰腺肿瘤细胞Bsp73-ASML和Bsp73-1AS作比较，证明了SSH方法的真阳性率高达94%。

SSH的缺点：首先，该方法需要的mRNA量达到几微克，若mRNA量不够，则低丰度差异表达基因的cDNA很可能检测不到；其次，消减库中的cDNA因为已被限制酶消化，不再是全长cDNA；最后，所研究材料的差异不能太大，最好是细微差异。

三、SAGE

SAGE是一种分离新基因及对已知基因表达进行定量分析的有效方法。该方法基于两个原理：一是在转录物特定位点上一段9～10bp的寡核苷酸序列，代表此转录物的特异性；理论上随机排列的9bp片段可区分49种转录物。二是多个标记序列以锚定酶识别位点序列相隔，相互连成多联体，使人们能在单一克隆中测定多联体的序列，通过计算机分析确定每一种序列代表转录产物的种类和出现频率，由此实现对转录物的高效、快捷和大量的分析。

四、DNA微阵列技术

微阵列是将几百至上千个基因点在一块载玻片大小的芯片上，然后进行杂交实验。最普遍的微阵列有两类：DNA片段和寡核苷酸阵列。用于DNA片段阵列的DNA种类，通常是通过筛选cDNA文库或用基因表达分析技术获得的克隆DNA片段。寡核苷酸阵列要求精确的测序资料以指导寡核苷酸的合成。两种样品的mRNA用两种不同的荧光标签进行标记比较。标记的mRNA会与阵列进行同步杂交。不同强度的荧光信号决定一个基因是增强、减弱或表达没改变。

DNA微阵列是要求最高、耗资最大的一项技术。每张芯片需要点3次DNA克隆或寡核苷酸作内对照(Kling，2002)。另有一个需要考虑的限制因素是每次微阵列杂交需大量的poly(A)RNA，这对于那些组织或细胞中只存在少量的poly(A)RNA来说，运用DNA微阵列是个难题。

运用DNA微阵列技术研究总体表达方式是很复杂的，需解决很多问题。一次检测几百个基因也是很麻烦的，因为计算机程序要求进行簇的分析(Martin et al.，2001)。分析数据经常与探针杂交不一致是因为点在芯片上的克隆容易污染(Knight，2001)。因此，利用微阵列寻找新基因不是一种好方法。微阵列技术最主要的优点是能很快地了解全部转录方式。

五、mRNA差异显示技术

mRNA差异显示技术是Liang和Pardee(1992)根据高等生物成熟的mRNA具有poly(A)

的特点，用特异的锚定引物反转录后进行 PCR 扩增，建立的 mRNA 差异显示技术。mRNA 差异显示主要是利用一系列寡核苷酸作为引物，其中一种锚定于 mRNA 3′端 poly(A)进行反转录，合成 mRNA：cDNA 杂交分子。以该杂交分子为模板，除加入前一种锚定引物外，还加入 *Taq* DNA 聚合酶、dNTP、5′随机引物进行 PCR 扩增。通过两组引物的随机组合，使细胞中绝大部分 mRNA 均有扩增的机会，并用变性或非变性的聚丙烯酰胺测序凝胶电泳显示出差异片段。将差异片段回收，用相同的引物进行 PCR 二次扩增纯化，以增加差异条带的量。最后进行反向-Northern 或 Northern 杂交得到阳性片段，克隆测序进行网络同源性比对分析。

差异显示的优点：简便、灵敏、快速、重现性好；不仅能同时比较两个细胞群或两个不同器官的 RNA 样品，而且可同时比较多个样品间基因表达的差异，还能用于鉴定某一过程所特异的基因，而不仅仅是某一细胞系所特有的基因。当然，其也存在一些缺陷，主要表现在：差异片段的假阳性率高；cDNA 扩增引物的量不仅取决于 mRNA 的丰度，而且取决于引物与其相匹配的程度；绝大多数差异条带仅含有 3′端非编码区的信息。因此，许多研究者对该项技术进行了相关完善。

第二节　差异基因表达研究技术在植物与内生真菌互作中的应用

一、植物菌根互作的 SSH 文库分析

建立植物菌根互作的 SSH 文库，可以有效地筛选出菌根互作过程中的差异表达基因，从而可以揭示互作过程的某些机制和特征。Wulf 等(2003)通过构建蒺藜苜蓿(*Medicago truncatula*)SSH 文库获得 1805 个 EST，利用反向斑点杂交检测序列的表达模式，发现 2/3EST 在丛枝菌根形成过程被诱导或抑制。从 *M. truncatula* 和 *G. intraradices* 形成的菌根 EST 文库中鉴定真菌基因，检测这些基因在孢子、萌发菌丝和根外菌丝中的表达模式(Seddas et al., 2009)。Frenzel 等(2005)分别构建 *M. truncatula* 的随机 cDNA 文库和菌根 SSH 文库，共获得 5646 个 EST，鉴定得到一类凝集素蛋白在丛枝菌根形成过程中特异表达。Brechenmacher 等(2004)通过 SSH 文库、测序及表达模式检测，鉴定得到 12 个植物基因和 6 个真菌基因在 *M. truncatula* 和丛枝菌根真菌 *Glomus mosseae* 形成的共生体中特异表达。Breuninger 和 Requena(2004)构建了 *G. mosseae* 和香芹(*Petroselinum crispum*)共生体系附着枝形成过程的 SSH 文库，利用反向斑点杂交和反转录 PCR 检测文库中的 EST，30%的序列在植物被侵染 120h 后上调表达，即附着枝形成时期。通过消减文库分析发现 *EDOD11* 在前入侵栓(pre-penetration apparatus，PPA)形成前和形成过程中位于植物表皮细胞，在没有真菌定植的皮层组织中同样发现了该基因的表达(Bouton et al.，2005)。Doll 等(2003)在富含丛枝菌根诱导基因的 *M. truncatula* SSH-cDNA 文库中，鉴定到一个 *MtGlp1* 基因，编码小麦萌发素类蛋白，该基因在菌根和丛枝菌丝中特异表达，在没有菌根菌侵染的根组织中不表达。

二、植物菌根互作的 cDNA 阵列分析

微阵列(microarray)和巨阵列(macroarray)用于大量基因中 mRNA 丰度的预测。通过植物菌根互作的 cDNA 阵列分析，可以快速批量筛选出植物受真菌诱导差异表达的系列基因。Hohnjec 等(2005)利用包含 16 086 个探针的基因芯片技术分析 *M. truncatula* 与 *G. mosseae*、*G. intraradices* 互作的基因表达谱，鉴定到 201 个植物基因上调表达，其中 160 个基因是新发现的丛枝菌根诱导基因。Liu 等(2004)利用巨阵列方法鉴定 *M. truncatula* 和丛枝菌根真菌 *Glomus versiforme* 形成菌根中的差异表达基因，发现 43 个基因表达上调和 18 个基因表达下调。Labbé 等(2011)利用 NimbleGen 全基因组微阵列分析了 *Populus deltoides* 和 *P. trichocarpa* 与双色蜡蘑形成的菌根转录组，发现两个菌根中有 1543 个差异表达基因，41 个位于 OTL 区间、25 个在 *P. deltoides* 中代表性表达、16 个在 *P. trichocarpa* 中代表性表达。*P. trichocarpa* 中编码 EREBP-4 蛋白的基因表达量最高，该蛋白质与 *P. trichocarpa* 的抗逆相关。*P. deltoides* 中与抗病相关的基因表达量最高。

三、植物菌根互作的原位 RT-PCR 分析

荧光原位 RT-PCR 技术可以直接在组织中定位低含量的转录本。Bago 等(1998)最先在丛枝菌根共生体研究中应用原位 PCR，在丛枝真菌 *Gigaspora rosea* 孢子中扩增核糖体小亚基基因。Van Aarle 等(2007)以免疫荧光为基础，利用原位 PCR 检测了 EM 真菌 *Hebeloma cylindrosporumbut* P 载体蛋白基因的扩增后转录本在菌丝中的定位。Seddas 等(2008)直接用荧光原位 RT-PCR 技术检测共生体中的基因转录定位，通过检测丛枝菌根真菌 *G. intraradices* LSU rRNA 基因优化了该技术，检测硬脂酰 CoA 去饱和酶，发现该酶在孢子、菌丝、丛枝结构和囊泡中都具有稳定的高表达水平。

四、植物菌根的转录组测序

对植物菌根的转录组测序可以发现菌根互作过程中特定表达功能的基因。Larsen 等(2010)进行外生菌根真菌双色蜡蘑的转录组测序，结果发现双色蜡蘑自生型和共生型差异表达的转录本为 1501 个，其中 439 个序列与基因组序列一致，验证了转录组测序的可靠性。Larsen 等(2011)应用新一代测序技术，对双色蜡蘑和山杨(*Populus tremuloides*)形成的共生菌根进行了转录组测序，发现膜转运蛋白基因是外生菌根转录组的模式表达基因。利用获得的转录组数据建立相关的代谢组图谱，发现双色蜡蘑能够代谢合成甘氨酸、谷氨酸和尿囊素，这些物质和其代谢产物通过与植物光合作用产生的果糖和葡萄糖交换，使宿主受益。Tisserant 等(2012)以丛枝菌根真菌(*Glomus intraradices*)的萌发孢子、根外菌丝和共生菌根为材料进行转录组测序，鉴定到与真菌减数分裂重组机制相关的基因；在根内菌丝中发现了膜转运蛋白基因和小分泌蛋白，缺少能够降解细胞壁多糖的水解酶。这些结果与其他外生菌根真菌的基因组分析结果一致。

第三节　植物与内生真菌互作的基因表达检测技术及应用

一、基因表达模式研究方法

(一)半定量 RT-PCR

RT-PCR(reverse transcription-polymerase chain reaction)是以 RNA 为模板,在反转录酶的作用下，以人工合成的引物介导生成 cDNA 第一链，再以此作为模板，扩增出大量 DNA 片段。该方法对试验条件要求不高,主要是要有一个或几个保守基因作为内参基因,以消除试验误差,比较其电泳灰度来确定目标基因 mRNA 转录水平的相对量，因此，称为半定量 RT-PCR 法。

(二)实时荧光定量 PCR

实时荧光定量 PCR 就是在 PCR 反应体系中加入荧光基团,利用荧光信号累积实现实时监测整个 PCR 进程，并对起始模板进行定量分析的方法(Higuchi et al.，1993)。常用的有内参照定量法，其原理是在含有待测靶序列的 PCR 反应管中同时加入已定量的内部标准，其不占据靶序列引物的结合位点，也不与靶序列存在同源性。待测的靶序列与内对照在扩增过程中使用不同的引物。在靶序列扩增的同时，内对照也被扩增，然后通过与内对照比较产物带的强度对待测靶序列进行定量。实时荧光定量 PCR 是一种快速、实用、准确的基因模式检测方法，不仅对一种植物中存在的多种内生真菌进行识别，而且能从量上进行区分，还可以量化一个基因在菌根中的分布及表达量变化特征(Alkan et al.，2006)。

(三)原位杂交

原位杂交就是以单链 RNA 或 DNA 为探针与细胞或组织中的基因或 mRNA 分子杂交，从而对靶序列在细胞涂片或组织切片上进行定位的方法。它具有很高的灵敏性和特异性，可以原位研究目标基因的表达特性，已成为当今细胞生物学、分子生物学研究的重要手段。

二、基因分子表达技术在植物-内生真菌互作中的应用

(一)半定量 RT-PCR 技术在植物菌根互作上的应用

利用半定量 RT-PCR 分析 5 个差异基因在有菌根形成的番茄根和叶中的表达情况，其中 4 个基因在叶组织中下调表达、1 个基因上调表达；与无菌根的对照相比，这几个基因在根中上调表达(Taylor and Harrier，2003)。利用该技术考察橡胶树菌根形成初期差异基因在主侧根中的表达情况，发现在侧根中菌根形成初期和形成后基因的表达比较一致；而在主根中，菌根形成前后的基因表达存在差异。菌根形成后，主根中与代谢相关的基因受菌根影响表达下调，与细胞修复、水调控和防御性相关的基因表达呈现上调特点(Frettinger et al.，2007)。在分析形成外生菌根的栎树主根和侧根中两种壳多糖酶基因表达变化时发现，*QrchitIII-1* 基因在侧根中表达上调，在主根中没变化；*QrchitIII-2* 基因在侧根和主根中的表达都没变化。这是由于在菌根形成过程中，外生菌根真菌对不同部位根中壳多糖酶基因诱导发生变化引起的(Frettinger et al.，2006)。

（二）定量 RT-PCR 技术在植物菌根互作上的应用

运用定量 RT-PCR 分析比较水稻根中丛枝菌根真菌和致病菌所引起基因表达的情况，在所检测的 224 个基因中，40%对共生菌根真菌和致病菌的反应存在差异，尽管二者之间有很大的兼容性；34%表现保守，在单子叶植物和双子叶植物中表达相似（Güimil et al.，2005）。有丛枝菌根的大麦与无菌根的大麦相比，生长受到抑制，荧光定量 PCR 分析磷转运蛋白基因表达情况，发现磷摄取的减少与表皮中磷转运蛋白基因的表达下调没有关联，推测可能是丛枝菌根真菌与该转运表达的转录后或翻译后的调控相关（Grace et al.，2008）。

通过实时定量 RT-PCR 分析含丛枝菌根真菌的胡萝卜毛状根中对有机氮浓度敏感的 8 个基因的表达情况，结果支持氮是此过程调控基因表达的信号分子（Cappellazzo et al.，2007）。在丛枝菌根真菌菌丝侵染产生附着胞的过程中，可以 PPA 作为标记来了解在菌丝入侵早期植物细胞接触入侵菌丝的反应，实时定量 RT-PCR 分析显示 1 个扩展蛋白基因在野生型蒺藜苜蓿的 PPA 形成期差异表达，被确定为形成菌根结构的植物早期指示分子（Siciliano et al.，2007）。

（三）原位杂交技术在植物菌根互作上的应用

利用原位杂交检测百脉根（*Lotus japonicus*）半胱氨酸蛋白酶基因的表达变化，4 个基因在形成丛枝菌根的根内皮层细胞中特异表达，且 PAL 裂解酶、查耳酮合成酶等基因在丛枝菌作用初期上调表达，在较晚时期则出现表达抑制现象（Deguchi et al.，2007）。通过对形成丛枝菌根的番茄根中质子 ATPase 酶基因的原位杂交分析，发现 *LHA1*、*LHA2* 和 *LHA4* 在共生的根中有较高的表达水平，并且在表皮细胞中的表达也极为显著；*LHA1* 和 *LHA4* 在存在菌根的皮层细胞中也有表达（Rosewarne et al.，2007）。原位杂交分析番茄的硝酸盐转运蛋白 *NRT2*∶*3* 基因在根中的表达状况，显示该基因在丛枝菌根真菌定植的根被皮层细胞中表达量很高（Hildebrandt et al.，2002）。通过原位 RNA 杂交揭示了硝酸还原酶（NR）基因在玉米与丛枝菌根共生中的表达，发现该基因的表达可在真菌的 NR mRNA 中检测出来，在玉米根、茎和芽中的表达都很低，说明该基因属于丛枝菌根真菌中的基因（Kaldorf et al.，1998）。

第四节　兰科植物菌根差异基因表达谱研究

兰科菌根目前已开展了菌根真菌的多样性、菌根形态和菌根对兰科植物的生理效应等方面的大量研究（Cozzolino and Widmer，2005）。侵染兰科植物根部并能与之共生的真菌绝大多数属于担子菌门（Basidiomycota）和半知菌门（Deuteromycotina），也有部分属于子囊菌门（Ascomycota）；真菌既可以侵染兰科植物根也可以侵染种子（Delseny et al.，2010），从而促进兰科植物的生长发育或种子的萌发。

遗传信息的丰富不仅有利于发现功能基因，也对未来基因组注释有帮助，对观赏性兰花黄花杓兰（*Cypripedium flavum*）菌根形成的差异基因表达研究中，首次获得兰科菌根共生相关差异表达 EST（Watkinson and Welbaum，2003）。以 11 种蝴蝶兰属兰花 cDNA 文库中的 37 979 342 条序列（Hsiao et al.，2006）构建了兰科数据库（OrchidBase），其中 41 310 条 EST 是由 Sanger 法获得的；37 908 032 条 EST 是由第二代测序技术获得的，包括 Roche 454 测序技术和 Solexa Illumina 测序技术。所获得的 EST 经过聚类分析，分为 8501 个重叠群（contig）和 76 116 单一序列（singleton），平均片段长度为 459bp。该数据库是基于网络的兰科 EST 数据库，不仅能查询到相关的EST数据信息，还提供了聚类信息、功能注释、基因分析(gene ontology)和代谢途径分析(Otero and Flanagan，2006；Peakall，2007)。兰科数据库是第一个在线的兰科EST序列整合信息库，可以自由地上传或下载相关数据信息(Tsai et al.，2006；Yu and Goh，2001)。以铁皮石斛种子接种蜡壳菌属真菌(*Sebacina* sp.)共生萌发至第三阶段的组织样品成功构建SSHcDNA文库的测序分析，共获得1074个unigene，包括172个contig和902个singleton。BLASTX分析(*E*值小于-5)发现来源于植物的有579个(其中功能已知的为416个)，来源于真菌的有198个(其中功能已知的为155个)。GO注释及KEGG途径分析发现植物来源的蛋白质涉及23个功能类群，主要包含在信号转导、抗逆境胁迫及代谢等途径中；真菌来源的蛋白质涵盖17个功能类群，主要集中于代谢、转录及转运等方面(Zhao et al.，2013)。这在基因的分子水平和功能分析水平上都为兰科植物研究提供了丰富的遗传数据信息。

差异基因表达技术作为基因组学、功能基因组学与后基因组学之间的桥梁，已成为分子生物学研究的有力工具。随着大规模、高通量转录组测序研究的发展，EST数据库得到了前所未有的补充，将为植物-微生物互作带来更广阔的发展前景。

(李　标　张　岗　赵明明　郭顺星)

参 考 文 献

Alkan N，Gadkar V，Yarden O，et al. 2006. Analysis of quantitative interactions between two species of arbuscular mycorrhizal fungi，*Glomus mosseae* and *G. intraradices*，by real-time PCR. Applied and Environmental Microbiology，72(6)：4192-4199.

Bago B，Piche Y，Simon L. 1998. Fluorescently-primed *in situ* PCR in arbuscular mycorrhizas. Mycological Research，102：1540-1544.

Bouton S，Viau L，Lelievre E，et al. 2005. A gene encoding a protein with a proline-rich domain(MtPPRD1)，revealed by suppressive subtractive hybridization(SSH)，is specifically expressed in the *Medicago truncatula* embryo axis during germination. J Exp Bot，56：825-832.

Brechenmacher L，Weidmann S，Tuinen D，et al. 2004. Expression profiling of up-regulated plant and fungal genes in early and late stages of *Medicago truncatula–Glomus mosseae* interactions. Mycorrhiza，14：253-262.

Breuninger M，Requena N. 2004. Recognition events in AM symbiosis：analysis of fungal gene expression at the early appressorium stage. Fungal Genet Biol，41：794-804.

Cappellazzo G，Lanfranco L，Bonfante P. 2007. A limiting source of organic nitrogen induces specific transcriptional responses in the extraradical structures of the endomycorrhizal fungus *Glomus intraradices*. Current Genetics，51(1)：59-70.

Cozzolino S，Widmer A. 2005. Orchid diversity：an evolutionary consequence of deception? Trends Ecol Evol，20：487-494.

Deguchi Y，Banba M，Shimoda Y，et al. 2007. Transcriptome profiling of *Lotus japonicus* roots during arbuscular mycorrhiza development and comparison with that of nodulation. DNA Research，14(3)：117-133.

Delseny M，Han B，Hsing YI. 2010. High through put DNA sequencing：the new sequencing revolution. Plant Sci，179：407-422.

Doll J，Hause B，Demchenko K，et al. 2003. A member of the germin-like protein family is a highly conserved mycorrhiza-specific induced gene. Plant Cell Physiol，44：1208-1214.

Frenzel A，Manthey K，Perlick AM，et al. 2005. Combined transcriptome profiling reveals a novel family of arbuscular mycorrhizal-specific *Medicago truncatula* lectin genes. Mol Plant-Microbe Interact，18：771-782.

Frettinger P，Derory J，Herrmann S，et al. 2007. Transcriptional changes in two types of pre-mycorrhizal roots and in ectomycorrhizas of oak microcuttings inoculated with *Piloderma croceum*. Planta，225(2)：331-340.

Frettinger P，Herrmann S，Lapeyrie F，et al. 2006. Differential expression of two class III chitinases in two types of roots of *Quercus robur* during pre-mycorrhizal interactions with *Piloderma croceum*. Mycorrhiza，16(3)：219-223.

Grace EJ，Cotsaftis O，Tester M，et al. 2008. Arbuscular mycorrhizal inhibition of growth in barley cannot be attributed to extent of colonization，fungal phosphorus uptake or effects on expression of plant phosphate transporter genes. New Phytologist，181(4)：938-949.

Güimil S，Chang HS，Zhu T，et al. 2005. Comparative transcriptomics of rice reveals an ancient pattern of response to microbial colonization. Proceedings of The National Academy of Sciences of The United States of America，102(22)：8066-8070.

Higuchi R，Fockler C，Dollinger G，et al. 1993. Kinetic PCR analysis：real-time monitoring of DNA amplification reactions. Biotechnology，

11(9)：1026-1030.

Hildebrandt U，Schmelzer E，Bothe H. 2002. Expression of nitrate transporter genes in tomato colonized by an arbuscular mycorrhizal fungus. Physiologia Plantarum，115(1)：125-136.

Hohnjec N，Vieweg MF，Pühler A，et al. 2005. Overlaps in the transcriptional profiles of *Medicago truncatula* roots inoculated with two different *Glomus* fungi provide insights into the genetic program activated during arbuscular mycorrhiza. Plant Physiol，137：1283-1301.

Hsiao YY，Tsai WC，Kuoh CS，et al. 2006. Comparison of transcripts in *Phalaenopsis bellina* and *Phalaenopsis equestris* (Orchidaceae) flowers to deduce monoterpene biosynthesis pathway. BMC Plant Biol，6：14.

Kaldorf M，Schmelzer E，Bothe H. 1998. Expression of maize and fungal nitrate reductase genes in arbuscular mycorrhiza. Molecular Plant-Microbe Interactions，11(6)：439-448.

Knight J. 2001. When the chips are down. Nature，410：860-861.

Kling J. 2002. Roll-your-own microarrays. The Scientist，16：51.

Labbé J，Jorge V，Kohler A，et al. 2011. Identification of quantitative trait loci affecting ectomycorrhizal symbiosis in an interspecific F1 poplar cross and differential expression of genes in ectomycorrhizas of the two parents：*Populus deltoides* and *Populus trichocarpa*. Tree Genetics and Genomes，7：617-627.

Larsen PE，Sreedasyam A，Trivedi G，et al. 2011. Using next generation transcriptome sequencing to predict an ectomycorrhizal metabolome. BMC Syst Biol，5：70.

Larsen PE，Trivedi G，Sreedasyam A，et al. 2010. Using deep RNA sequencing for the structural annotation of the *Laccaria bicolor* mycorrhizal transcriptome. PLoS One，5：e9780.

Liang P，Pardee AB. 1992. Differential display of eukaryotic messenger RNA by means of the polymerase chain reaction. Science，257：967-971.

Liu J，Blaylock LA，Harrison MJ. 2004. cDNA arrays as a tool to identify mycorrhiza-regulated genes：identification of mycorrhiza-induced genes that encode or generate signaling molecules implicated in the control of root growth. Canadian Journal of Botany，82：1177-1185.

Martin KJ，Graner E，Li Y，et al. 2001. High-sensitivity array analysis of gene expression for the early detection of disseminated breast tumor cells in peripheral blood. Proc Natl Acad Sci USA，98：2646-2651.

Nikolai L. 1993. Cloning the difference between two complex genomes. Science，259：946.

Otero JT，Flanagan NS. 2006. Orchid diversity——beyond deception. Trends Ecol Evol，21：64-65.

Peakall R. 2007. Speciation in the Orchidaceae：confronting the challenges. Mol Ecol，16：2834-2837.

Rosewarne GM，Smith FA，Schachtman DP，et al. 2007. Localization of proton-ATPase genes expressed in arbuscular mycorrhizal tomato plants. Mycorrhiza，17(3)：249-258.

Seddas PM，Arnould C，Tollot M，et al. 2008. Spatial monitoring of gene activity in extraradical and intraradical developmental stages of arbuscular mycorrhizal fungi by direct fluorescent *in situ* RT-PCR. Fungal Genet Biol， 45：1155-1165.

Seddas PMA，Arias CM，Arnould C，et al. 2009. Symbiosis-related plant genes modulate molecular responses in an arbuscular mycorrhizal fungus during early root interactions. Mol Plant-Microbe Interact，22：341-351.

Siciliano V，Genre A，Balestrini R，et al. 2007. Transcriptome analysis of arbuscular mycorrhizal roots during development of the prepenetration apparatus. Plant Physiology，144(3)：1455- 1466.

Stein OD，Thies WG，Hofmann M. 1997. A high throughput screening for rarely transcribed differentially expressed genes. Nucleic Acids Res，25：2598-2602.

Taylor J，Harrier LA. 2003. Expression studies of plant genes differentially expressed in leaf and root tissues of tomato colonised by the arbuscular mycorrhizal fungus *Glomus mosseae*. Plant Molecular Biology，51(4)：619-629.

Tisserant E，Kohler A，Dozolme-Seddas P，et al. 2012. The transcriptome of the arbuscular mycorrhizal fungus *Glomus intraradices* (DAOM 197198) reveals functional tradeoffs in an obligate symbiont. New Phytol，193：755-769.

Tsai WC，Hsiao YY，Lee SH，et al. 2006. Expression analysis of the ESTs derived from the flower buds of *Phalaenopsis equestris*. Plant Sci，170：426-432.

Van Aarle IM，Viennois G，Amenc LK，et al. 2007. Fluorescent *in situ* RT-PCR to visualise the expression of a phosphate transporter gene from an ectomycorrhiza fungus. Mycorrhiza，17：487-494.

Watkinson JL，Welbaum GE. 2003. Characterization of gene expression in roots of Cypripedium parviflorum var. pubescens incubated with a mycorrhizal fungus. Acta Horticul，624：463-470.

Wulf A，Manthey K，Doll J. 2003. Transcriptional changes in response to arbuscular mycorrhiza development in the model plant Medicago truncatula. Mol Plant-Microbe Interact，16：306-314.

Yu H，Goh CJ. 2001. Molecular genetics of reproductive biology in orchids. Plant Physiol，127：1390-1393.

Zhao MM，Zhang G，Zhang DW，et al. 2013. ESTs analysis reveals putative genes involved in symbiotic seed germination in *Dendrobium officinale*. PLoS One，8(8)：e72705.

第五十二章　蛋白质组学研究技术及其在植物与内生真菌互作中的应用

第一节　蛋白质组学概述

一、蛋白质组学研究的起始

20 世纪 90 年代初启动了庞大的人类基因组计划(human genome project，HGP)，世界各国科学家通过 15 年的不懈努力，揭开了人类基因组之谜，于 2003 年春正式宣布完成(Collins et al.，2003)，随后人类又相继开始或完成了大肠杆菌、大鼠、小鼠、水稻、拟南芥等数个物种的基因组全序列。但这仅仅是一个新起点，基因组许多信息的意义是什么？它们代表什么？这一急待解决的科研课题摆在了科学家的面前。为解读这些更为艰巨、更宏大的研究课题，即基因功能的阐明，生命科学几乎转瞬之间开始了新的征程——蛋白质组研究(Wasinger et al.，1995)，从此进入了后基因组(post genome)研究时代(Nowak，1995)。

二、蛋白质组学的含义

蛋白质组的英文名称为 proteome，它来源于 protein 和 genome 两个词的组合，意思是一个基因组、一种生物或一种细胞或组织所表达的全套蛋白质及其组合(Kahn，1995)。蛋白质组学是指研究蛋白质的起源、特征、表达水平、翻译后修饰、相互作用及其与生命发生、发展关系的一门新兴学科，并在蛋白质水平上获得对疾病过程、细胞生理生化过程和调控网络的广泛而完整的认识(Blackstock and Weir，1999)。从广义上讲，蛋白质组是指由一个细胞或一个组织的基因组所表达的全部相应的蛋白质，蛋白质组学是对细胞内蛋白质组成及其规律的研究，对不同时间和空间发挥功能的特定蛋白质群体的研究。从狭义上讲，蛋白质组是指不同时期细胞内蛋白质的变化。

蛋白质组学是从整体的蛋白质水平上，在一个更加深入、更加贴近生命本质的层次上探讨和发现生命活动的规律和重要生理现象的本质。蛋白质组具有多样性和可变性。蛋白质的种类和数量在同一机体的不同细胞中各不相同，即使是同一种细胞，在不同时期、不同条件下，其蛋白质组也是在不断地改变之中。

三、蛋白质组学的研究内容

蛋白质组学主要包含以下研究内容。①表达蛋白质组学：研究细胞或组织中蛋白质表达的质和量的变化，以及不同时期表达谱的改变等。②功能蛋白质组学：研究在不同生理和病理条件下细胞中各种蛋白质之间的相互作用关系及其调控网络，以及蛋白质转录后的修饰等。③结构蛋白质组学：主要阐明生物大分子的三维结构及其结构与功能的关系。

早期蛋白质组学的研究范围主要是蛋白质的表达模式，随着学科的发展，蛋白质组学的研究范围也在不断完善和扩充。蛋白质翻译后修饰已成为蛋白质组研究中的重要部分；蛋白质-蛋白质相互作用的研究也被纳入蛋白质组学的研究范畴；蛋白质高级结构的解析，即传统的结构生物学目前虽仍独树一帜，但也被纳入了蛋白质组学研究范围。当前蛋白质组的研究可分为两个阶段：第一阶段是建立一个细胞、一个组织或一个有机体在正常条件下的蛋白质二维凝胶电泳图谱，或称为参考图谱，即所谓“组成蛋白质组”。第二阶段是研究各种条件下的蛋白质组变化，从中总结出生命活动规律，可以称为“功能蛋白质组”。

蛋白质组学研究的途径有两条：一是像基因组学的研究一样，力图“查清”人类3万多基因编码的所有蛋白质，建立蛋白质组学数据库；二是着重于寻找和筛选任何有意义的因素引起的两个样本之间的差异蛋白质谱，揭示细胞生理和病理状态的进程与本质、对外界环境刺激的反应途径，以及细胞调控机制，同时获得对某些关键蛋白质的定性和功能　分析。

第二节　蛋白质组学研究技术

蛋白质组学研究之所以能够迅猛发展，主要归功于三大技术的突破性进步：①20世纪80年代发明的固相化pH梯度技术，改善了双向凝胶电泳的重复性和上样量技术；②80年代后期电喷雾质谱(ESI-MS)和基质辅助的激光解吸飞行时间质谱(MALDI-TOF-MS)技术的发明，以及它们在蛋白质分析中的成功应用；③蛋白质组信息学的发展，蛋白质双向电泳图谱的数字化和分析软件的问世，不少物种的双向电泳和蛋白质数据库的建立与完善。

一、蛋白质分离技术

1.双向电泳研究技术

双向凝胶电泳（2-dimensional gel electrophoresis, 2-DE)在1975年由O'Farrell，以及Klose和Scheele等发明，其原理是第一向基于蛋白质的等电点不同使用等电聚焦分离，第二向根据分子质量的不同使用 SDS-PAGE 分离，把复杂蛋白质混合物中的蛋白质在二维平面上分开。最初使用该技术是为解决来自*E.coli*的1100个蛋白质组分。由于当时缺乏标准化的试剂，所以在鉴定蛋白质方面该技术的使用受到了很大的限制(Klein and Thongboonkerd，2004)。双向电泳技术的关键是高分辨率和可重复性。成功的双向电泳可以分离2000～3000个蛋白质，甚至1万个可检测的蛋白质斑点(McGregor and Dunn，2003)。

双向电泳技术是完成蛋白质组学分析的第一步，即完成表达蛋白质组学的研究，鉴定某种细胞或组织在不同条件下其蛋白质表达所存在的差异，为了解其内在机制提供有力的依据，已经成为细胞蛋白质组分析的关键技术。双向电泳多采用考马斯亮蓝染色和银染，考马斯亮蓝检测水平为 8～10ng，银染检测灵敏度比考马斯亮蓝高 100 倍，检测下限达到 pg 级（Neuhoff et al.，1990）。

双向电泳也存在着一些缺点。例如，其检测的蛋白质数目比估计的细胞内总蛋白质数目少得多，因为低拷贝数蛋白质由于电泳的灵敏度不够而检测不出来，部分蛋白质（如膜蛋白）不溶于样品缓冲液，分子质量过大（＞200kDa）、极端酸性或碱性蛋白质在电泳过程中丢失。然而，在第一相（琼脂糖 2-DE）使用琼脂糖等电聚胶电泳（IEF）胶时，大大提高了 2-DE 对高分子质量蛋白质的分离，可分离 150～500kDa 的蛋白质（Oh-Ishi and Maeda，2002）。

相对于基因组研究的进展速率，蛋白质组的研究显得相对滞后，主要原因是研究中众多技术问题尚未很好解决。目前最现实、最有效的技术是双向凝胶电泳分离纯化蛋白质，结合计算机定量分析电泳图谱，进一步用质谱对分离到的蛋白质进行鉴定，并运用现代生物信息学的知识和技术对所得到的大量数据进行处理，对蛋白质及它们执行的生命活动做出尽可能精细、准确和本质的阐述。

2. 毛细管电泳技术

毛细管电泳（CE）技术是广泛应用的高效分离、分析技术，包括毛细管区带电泳（CZE）、毛细管等电聚焦（CIEF）和筛板-SDS 毛细管电泳（筛板 SDS-CE）。毛细管区带电泳主要依据不同蛋白质的电荷质量比差异实现分离。毛细管等电聚焦依据蛋白质等电点不同在毛细管内形成 pH 梯度实现分离。筛板-SDS 毛细管电泳依据 SDS-蛋白质复合物在网状骨架中迁移速率的不同实现分离。毛细管电泳技术可实现再现自动分析，并可用于分子质量范围不适于双向凝胶电泳的蛋白质样品分析，缺点在于对复杂样品的分离尚不完全（Manabe，1999）。毛细管电泳的优势是可以准确测定完整蛋白质的分子质量，但是如果没有附加实验（如质谱等）的鉴定则判定数据的价值很有限。

3. 层析技术

进行蛋白质研究的层析技术主要是高效液相色谱技术，它可对单一蛋白质进行高灵敏度的层析分析。但是对蛋白质组研究来说，层析技术存在着明显的不足：①层析柱介质表面对许多蛋白质组分有吸附作用；②柱层析由于流动相的稀释作用而使组分峰变宽，蛋白质的浓度下降；③难实现多维技术应用，这是由于任何样品经一级层析柱分离所得到的每一组分均需分别经下一级层析柱分离，直至得到单一的组分，这样多组分蛋白质样品的多维层析极其费时，实用价值较小。故它仅适用于简单样品的蛋白质组研究（Opiteck et al.，1998）。

二、蛋白质的鉴别分析技术——质谱技术

质谱技术开始于 20 世纪 80 年代，独特之处在于它检测的是分子所固有的特性，且灵敏度高，在生物科学领域发挥着重要的作用（Mann et al.，2001）。其工作原理是：通过电离源将蛋白质分子转化为气相离子，然后利用质谱分析仪的电场、磁场将具有特定质量/电荷值（m/z）的蛋白质离子分离开来，经过离子检测器收集分离的离子，确定离子的质量/电荷值，分析鉴定未知蛋白质。先进的质谱仪使多肽、蛋白质及其他一些生物大分子发生分离，并有极高的灵敏度。质谱技术可以在各种水平上研究蛋白质，使蛋白质组研究得到了迅速发展并成为不同水平

蛋白质研究的主要工具(Haynes et al.，1998；Harvey，2001)。

质谱用于肽和蛋白质的序列测定主要可以分为 3 种方法。第一种方法称为蛋白图谱法，即用特异性的酶解或化学水解的方法将蛋白质切成小片段，然后用质谱检测各产物肽分子质量，将所得到的肽谱数据输入数据库，搜索与之相对应的已知蛋白质，从而获取待测蛋白质序列。第二种方法是利用待测分子在电离及飞行过程中产生的亚稳离子，通过分析相邻同组类型峰的质量差，识别相应的氨基酸残基，其中亚稳离子碎裂包括“自身”碎裂及外界作用诱导碎裂。第三种方法与 Edman 法有相似之处，即用化学探针或酶解使蛋白质或肽从 N 端或 C 端逐一降解下氨基酸残基，形成相互间差一个氨基酸残基的系列肽，称为梯状测序(ladder sequencing)，经质谱检测，由相邻峰的质量差知道相应氨基酸残基。

随着蛋白质双向电泳染色技术的改进，提高了检测蛋白质的灵敏度，相应的质谱检测低丰度蛋白质(Hillenkamp et al.，1991；Wilm and Mann，1996)技术也获得了相应的提高。

质谱分析生物分子需要将其转换成气雾态进行分析，然而生物分子往往分子质量较大且具有极性，因此不易气化。电喷雾(electrospray，ES)和基质辅助激光解吸(matrix-assisted laser desorption/ionization，MALDI)电离技术可成功的解决这些问题。这两项技术使质谱技术发生了质的飞跃，正因如此，这两项技术的发明者 Fenn 和 Tanaka 获得了 2002 年度诺贝尔化学奖。由于电喷雾电离质谱，即基质辅助激光解吸质谱等质谱软电离技术的发展与完善，使极性肽分子的分析成为可能，检测限提高到 fmol 级别，可测定的分子质量范围高达 100kDa。目前，基质辅助激光解析离子飞行时间质谱(matrix-assisted laser desorption /ionization time-of-flight mass spectrum，MALDI-TOF-MS)已成为测定生物大分子，尤其是蛋白质、多肽分子质量和一级结构的有效工具，也是当今蛋白质组研究必不可少的工具。MALDI-TOF-MS 对蛋白酶解产物进行肽质量指纹谱分析，是对双向电泳分离蛋白质进行鉴定的理想方法。MALDI-TOF-MS 为高通量的蛋白质鉴定提供了理想方法，但当蛋白质特性不明时需要使用串联质谱(ES-MS/MS)(解建勋等，2001)。

基质辅助激光解吸电离/飞行时间质谱测量仪是将多肽成分转换成离子信号，并依据质量/电荷值对该多肽进行分析，以判断该多肽源自哪一个蛋白质。待检样品与含有在特定波长下吸光的发光团化学基质(matrix)混合，此样品混合物随即滴于一个平板或载玻片上进行挥发，样品混合物残余水分和溶剂的挥发使样品整合于格状晶体中，然后将样品置于激光离子发生器(laser source)中。激光作用于样品混合物，使化学基质吸收光子而被激活。此激活产生的能量作用于多肽，使之由固态样品混合物变成气态。由于多肽分子倾向于吸收单一光子，故多肽离子带单一电荷。这些形成的多肽离子直接进入飞行时间质量分析仪(TOF mass analyzer)。飞行时间质量分析仪用于测量多肽离子由分析仪的一端飞抵另一端探测器所需要的时间。而此飞行时间同多肽离子的质量/电荷值成反比，即质量/电荷值越高，飞行时间越短。最后，由计算机软件将探测器录得的多肽质量/电荷值同数据库中不同蛋白质经蛋白酶消化后所形成的特定多肽的质量/电荷值进行比较，以鉴定该多肽源自何种蛋白质，此法称为多肽质量指纹分析(peptide mass fingerprinting，PMF)。基质辅助激光解吸电离/飞行时间质谱测量法操作简便、敏感度高，同许多蛋白质分离方法相匹配，而且现有数据库中有充足的关于多肽质量/电荷值的数据，因此成为许多实验室蛋白质质谱鉴定的首选方法(Lay，2001)。

同基质辅助激光解吸电离/飞行时间质谱测量法在固态下完成不同，电子喷雾电离质谱测量法是在液态下完成的，而且多肽离子带有多个电荷，由高效液相层析等方法分离的液体多肽混合物在高压下经过一个细针孔。当样本由针孔射出时，喷射成雾状的细小液滴，这些细小液滴包含多肽离子及水分等其他杂质成分。去除这些杂质成分后，多肽离子进入连续质量分析仪(tandem mass analyzer)，连续质量分析仪选取某一特定质量/电荷值的多肽离子，并以碰撞解离的方式将多肽离子碎裂成不同电离片段或非电离片段。随后，依质量/电荷值对电离片段进行分析并汇集成离子谱(ion spectrum)，通过数据库检索，由这些离子谱得到该多肽的氨基酸序列。依据氨基酸序列进行的蛋白质鉴定较依据多肽质量指纹进行的蛋白质鉴定更准确、可靠，而且，氨基酸序列信息既可通过蛋白质氨基酸序列数据库检索，也可通过核糖核酸数据库检索进行蛋白质鉴定(Harvey，2001)。

质谱分析已成为蛋白质鉴定的核心技术之一。从质谱技术测得完整蛋白质的分子质量、蛋白质的肽质谱(PMF)，采用串联质谱(MS)，即在第一级质谱得到肽的分子离子，最后形成 N 端碎片离子系列和 C 端碎片离子系列，将这些离子碎片系列综合分析，可得出肽端的氨基酸序列。

三、蛋白质芯片技术

蛋白质芯片技术拥有一整套的分析设备，主要包括滞留色谱、蛋白芯片描述和多变量分析，技术基础是 SELDI(surface-enhanced laster desorption/ ionization)，样品分馏依靠 retentate 色谱技术，检测技术依靠表面增强激光解吸离子化-飞行时间质谱技术(SELDI-TOF-MS)。它广泛应用于蛋白质修饰的研究，有时也应用于蛋白质特性分析。

SELDI 技术是现代生物学技术(蛋白质芯片)、现代物理学技术(激光检测系统)和现代信息技术(BPS 软件分析系统)相结合的产物。由 2002 年诺贝尔化学奖获得者田中发明、Ciphergen 系统生物公司制造的特殊蛋白质芯片质谱技术——SELDI-TOF-MS 技术克服了以往双向电泳的缺点，引起了学术界的高度重视。SELDI-TOF-MS 具有以下优势：①可直接对组织液或提取液进行分析；②大规模、超微量、高通量、全自动的筛选蛋白质；③不仅可发现一种蛋白质标记分子，而且可发现多种方式组合的蛋白质谱；④推动基因组学发展，基于蛋白质特点发现新的基因，推测疾病状态下，基因启动为何与正常状态下不同，受到哪些因素的影响，从而跟踪基因的变化。

SELDI-TOF-MS 蛋白质芯片高度集成化、超微化、计算机化和自动化，具有多样、快速等优点。制作蛋白质芯片最困难的是在不损害蛋白质功能又不增加背景的条件下在芯片表面通过固定某些蛋白质达到分离的目的。SELDI 技术就是在芯片表面经过化学或生物化学处理，加强了特殊芯片表面的吸附作用。根据定位于芯片表面的物质性质不同，将芯片分为化学型和生物型两类：①化学型芯片的原理是基于经典的色谱分析，如结合普通蛋白质的正相亲水表面、用于反相捕获的疏水表面、阴阳离子交换表面、捕获金属结合蛋白的静态金属亲合捕获表面和混合型表面等，通过疏水力、静电力、共价键等结合样品中的蛋白质；②生物型芯片是把生物活性分子结合到芯片表面，利用抗原、抗体、受体、配体、酶-底物及蛋白质-DNA 之间的相互作用捕获样品中的靶蛋白，用以研究抗体-抗原、DNA 和蛋白质、受体与配体和其他一些分子之间的相互作用。

SELDI-TOF-MS 技术不仅可在肿瘤诊断中用于发现标志物、观察治疗及预后效果，还可用于研究蛋白质的修饰、相互作用、信号转导和酶促调节等，实现在蛋白质水平直接进行大规模功能研究。

四、蛋白质组信息学的兴起

近年来，基因组学和蛋白质组学迅猛发展，生物信息学在现代生物学研究领域发挥着十分重要的作用。如今在设计研究项目或试验时未预先查询一些生物信息数据库是不可想象的事。生物信息学提供的数据和工具更为有效地帮助了生物学家的研究工作。生物信息学是目前解决生物学问题最为流行的学科，它主要运用的是计算和分析方法(Ungsik et al.，2004)。

双向电泳分离的蛋白质点必须经过识别与鉴定,以图像扫描仪数字化电泳凝胶上分离的蛋白质点，在蛋白质图形工作站上应用 MelanieⅡ软件，对数字化的蛋白质点的分布部位、斑点面积和灰阶、背景过滤进行双向电泳匹配与比较，建立参考图谱。对蛋白质鉴定数据库的搜索是蛋白质组信息学的又一特点。把已有数据库(OWL 或 dbEST)中的每一个序列转换成相应的属性参数，形成属性化的数据库，然后以此属性参数搜索属性化的蛋白质或核酸数据库，如搜索不到，说明可能是新蛋白质，可以用传统的生物化学方法进行鉴定。组合各种属性参数可进一步提高鉴定质量。

蛋白质组数据库是蛋白质组研究水平的标志和基础。瑞士的 SWISS-PROT 拥有目前世界上最大、种类最多的蛋白质组数据库。丹麦、英国、美国等也都建立了各具特色的蛋白质组数据库。生物信息学发展已给蛋白质组研究提供了更方便有效的计算机分析软件，特别值得注意的是蛋白质质谱鉴定软件和算法发展迅速，如 SWISS-PROT、Rockefeller 大学、UCSF 等都有自主的搜索软件和数据管理系统。最近发展的质谱数据直接搜寻基因组数据库，使质谱数据可直接进行基因注释、判断复杂的拼接方式。随着基因组学的迅速推进，会给蛋白质组研究提供更多、更全的数据库。另外，对肽序列标记的从头测序软件也十分引人注目。

第三节 蛋白质组学技术在植物与内生真菌互作中的应用

利用双向电泳可以研究菌根互作过程中的蛋白质及其表达情况。用该技术对蒺藜苜蓿丛枝菌根共生早期根部的蛋白质组进行比较分析，证实 DMI3 和 SUNN 突变体对附着胞形成期植物根的蛋白质组具有修饰作用(Amiour et al.，2006)。分离检测转化 Ri T-DNA 的胡萝卜菌根中的丛枝菌根真菌差异蛋白，得到 438 个蛋白质显示点，再结合串联质谱分析其中的 14 个蛋白质，鉴定出 NmrA-like 蛋白、氧化还原蛋白、热激蛋白和 ATP 合酶 β 线粒体前体蛋白 4 种蛋白质(Dumas-Gaudot et al.，2004)。利用双向电泳分析番茄根在形成丛枝菌根结构时细胞膜多肽类型的变化，发现一些组成型多肽表达下调并合成新多肽或内源菌根肽(Benabdellah et al.，2000)。Myk15 蛋白是小麦根部被丛枝菌根真菌诱导强烈表达的蛋白质，利用双向电泳和微测序技术，发现 Myk15 蛋白的分子质量为 15kDa，等电点为 4.5，其 N 端序列与已知蒺藜苜蓿受丛枝菌根作用特异表达 EST 的多肽序列具有高度相似性(Fester et al.，2002)。

研究各种胁迫环境条件下菌根植物的发育生长是菌根生物学的前沿课题。植物与丛枝菌根真菌共生对植物抵抗包括镉等重金属在内的环境污染具有积极的作用。利用双向电泳技术从蒺藜苜蓿中分离了 26 种与菌根作用相关的蛋白质，发现其中只有 6 种受镉诱导而特异表达，用以中和镉中毒。盐碱化对菌根真菌及其宿主植物都是一个严重的环境胁迫因子。通过双向电泳和质谱分析技术从外生菌根真菌中分离出 22 个蛋白质点，受盐胁迫，14 个为表达上调点、8 个为表达下调点(Liang et al.，2007)。

利用免疫组织化学和启动子融合分析的方法，发现质子泵 H^+-ATPase 蛋白在丛枝菌根真菌菌丝环绕的植物细胞膜上分布，而在无菌根真菌植物根的皮层中检测不出（Gianinazzi-Pearson et al.，2000）。原位杂交和免疫组织化学分析揭示了茉莉酸合成酶基因和茉莉酸诱导蛋白基因在形成丛枝菌根共生的大麦的根部特异表达，说明植物内源激素的分泌与菌根定植相关（Hause et al.，2002）。

（高　川　孙　悦　郭顺星）

参考文献

解建勋，蒲小平，李玉珍，等. 2001. 蛋白质组分析技术进展. 生物物理学报，17(1)：19-26.

Amiour N，Recorbet G，Robert F，et al. 2006. Mutations in DMI3 and SUNN modify the appressorium-responsive root proteome in arbuscular mycorrhiza. Mol Plant Microbe Interact，19(9)：988-997.

Benabdellah K，Azcón-Aguilar C，Ferrol N. 2000. Alterations in the plasma membrane polypeptide pattern of tomato roots (*Lycopersicon esculentum*) during the development of arbuscular mycorrhiza. J Exp Bot，51(345)：747-754.

Blackstock WP，Weir MP. 1999. Proteomics：quantitative and physical mapping of cellular proteins. Trends Biotechnol，17(3)：121-127.

Collins FS，Green ED，Guttmacher AE，et al. 2003. A vision for the future of genomics research. Nature，422(6934)：835-847.

Dumas-Gaudot E，Valot B，Bestel-Corre G，et al. 2004. Proteomics as a way to identify extra-radicular fungal proteins from *Glomus intraradices*-RiT-DNA carrot root mycorrhizas. FEMS Microbiology Ecology，48(3)：401-411.

Fester T，Kiess M，Strack D. 2002. A mycorrhiza-responsive protein in wheat roots. Mycorrhiza，12(4)：219-222.

Gianinazzi-Pearson V，Arnould C，Gianinazzi S，et al. 2000. Differential activation of H^+-ATPase genes by an arbuscular mycorrhizal fungus in root cells of transgenic tobacco. Planta，211(5)：609-613.

Harvey DJ. 2001. Identification of protein-bound carbohydrates by masss pectrometry. Proteomics，1(2)：311-328.

Hause B，Maier W，Miersch O，et al. 2002. Induction of jasmonate biosynthesis in arbuscular mycorrhizal barley roots. Plant Physiol，130(3)：1213-1220.

Haynes PA，Gygi SP，Aebersold R，et al. 1998. Proteome analysis：biological assay or data archive? Electrophoresis，19(11)：1862-1871.

Hillenkamp F，Karas M，Beavis RC，et al. 1991. Matrix-assisted laser desorption/ionization mass spectrometry of biopolymers. Analytical Chemistry，63(24)：1193A-1203A.

Kahn P. 1995. From genome to proteome：looking at a cell's proteins. Science，270(5235)：369-370.

Karas M，Hillenkamp F. 1988. Laser desorption ionization of proteins with molecular masses exceeding 10000 daltons. Analytical Chemistry，60(20)：2299-2301.

Klein JB，Thongboonkerd V. 2004. Overview of proteomics. Contributions To Nephrology，141：1-10.

Lay Jr. 2001. MALDI-TOF mass spectrometry of bacteria. Mass Spectrometry Reviews，20(4)：172-194.

Liang Y，Chen H，Tang M，et al. 2007. Proteome analysis of an ectomycorrhizal fungus *Boletus edulis* under salt shock. Mycol Res，111 (Pt 8)：939-946.

Manabe T. 1999. Capilliary electrophoresis of proteins for proteomic studies. Electrophoresis，20(15-16)：3116-3121.

Mann M，Hendrickson RC，Pandey A. 2001. Analysis of proteins and proteomes by mass spectrometry. Annual Review of Biochemistry，70：437-473.

McGregor E，Dunn JM. 2003. Proteomics of heart disease. Human Molecular Genetics，12(2)：135-144.

Neuhoff V，Stamm R，Pardowitz I，et al. 1990. Essential problems in quantification of proteins following colloidal staining with coomassie brilliant blue dyes in polyacrylamide gels，and their solution. Electrophoresis，11(2)：101-117.

Nowak R. 1995. Entering the postgenome era. Science，270(5235)：368-369，371.

Oh-Ishi M，Maeda T. 2002. Separation techniques for high-molecular-mass proteins. Journal of Chromatography B-Analytical Technologies In The Biomedical And Life Sciences，771(1-2)：49-66.

Opiteck GJ，Ramirez SM，Jorgenson JW，et al. 1998. Comprehensive two-dimensional high performance liquid chromalography for the isolation of overexpressed proteins and proteome mapping. Analytical Biochemistry，258(2)：349-361.

Ungsik Y，Sung HL，Young JK，et al. 2004. Bioinformatics in the post-genome era. Journal of Biochemistry and Molecular Biology，37(1)：75-82.

Wasinger VC，Cordwell SJ，Cerpa-Poljak A，et al. 1995. Progress with gene-product maping of the mollicutes：mycoplasma genitalium. Electrophoresis，16(7)：1090-1094.

Wilm M，Mann M. 1996. Analytical properties of the nanoelectrospray ion source. Analytical Chemistry，68(1)：1-8.

第五十三章 药用植物与内生真菌互作研究的分子生物学实验操作技术

前文介绍了药用植物与内生真菌互作研究的主要分子生物技术原理和研究概况，但其中涉及的实验操作技术不详。本章就这些分子生物实验操作技术进行简要介绍，主要包括基因表达分析、基因克隆及功能研究和蛋白质分析等技术体系，供大家认识和了解。

第一节 基因表达分析操作技术

本节主要介绍 cDNA-AFLP、cDNA 文库、SSH cDNA 文库和 RNA 测序（RNA-sequencing，RNA-seq）4 种主流基因表达分析技术的实验方案。

一、cDNA-AFLP

（一）主要试剂

EASYspin Plus 植物 RNA 快速提取试剂盒（Aidlab）、BD PowerScript 反转录酶（Clontech）、AFLP 表达分析试剂盒（LI-COR），IRDye800-labled *Taq* I 引物（LI-COR）、长距离聚合酶链反应（long distance PCR，LD-PCR）试剂盒（Clontech）、QIAquick PCR 纯化试剂盒（QIAGEN）、pGEM-T Easy（Promega）、U-gene 质粒小量抽提试剂盒、ABI PRISM BigDye Terminator V3.1 Cycle Sequencing Kit（ABI）、M-MLV Rerverse Transcriptase（Promega）、RNase inhibitor（TaKaRa）、Oligo（dT）$_{18}$、Ex *Taq* DNA polymerase（TaKaRa）、限制性内切核酸酶（NEB），KBplus 50% Long Ranger Solution（LI-COR）、异丙基-β-D-硫代半乳糖苷（isopropyl-beta-D-thiogalactopyranoside，IPTG）、5-溴-4-氯-3-吲哚-β-D-半乳糖苷（5-bromo-4-chloro-3-indolyl β-D-galactoside，X-gal）、氨苄青霉素（amplicilin，Amp）、焦碳酸二乙酯（diethy pyrocarbonate，DEPC）（Amereco）、蛋白胨、酵母提取物（Oxoid）、酸性/碱性饱和酚［生工生物工程（上海）股份有限公司］和 β-巯基乙醇（Amereco），其他试剂为常规分析纯。

(二)实验方案

1. 高质量总 RNA 制备

1)总 RNA 提取

植物总 RNA 提取采用 EASYspin Plus(Aidlab)植物 RNA 快速提取试剂盒。取新鲜的对照和处理组织 100mg 放入研钵中,加入 1ml 裂解液 RLT 和 100μl 植物 RNA 助提剂 Plantaid 室温下充分研磨成匀浆后转入一个基因组清除柱中，13 000r/min 离心 2min，弃掉废液；将基因组 DNA 清除柱放在一个干净的 2ml 离心管内,加入 500μl 裂解液 RLT Plus，13 000r/min 离心 2min，收集滤液并加入 0.5 倍体积的无水乙醇;立即将混合物加入一个吸附柱 RA 中，13 000r/min 离心 1min，弃掉废液；加 700μl 去蛋白液 RW1，室温放置 1min，13 000r/min 离心 30s，弃掉废液；加 750μl 漂洗液 RW，13 000r/min 离心 30s，弃掉废液，并重复一次；将吸附柱 RA 放回空收集管，13 000r/min 离心 2min；取出吸附柱 RA，放入一个无 RNase 离心管中，在吸附膜中间部位加 50μl 无 RNase 焦碳酸二乙酯(DEPC)去离子水，室温放置 1min，12 000r/min 离心 1min，收集总 RNA。

2)总 RNA 的纯化和检测

采用无 RNase 的 DNase I(TaKaRa)去除 RNA 中痕量基因组 DNA。在微量离心管中配制反应液如下：35μl 总 RNA、10μl 10×DNase I 缓冲液、1μl RNA、4μl DNase I(5U/μl)，用无 RNase DEPC 去离子水补足至 50μl。37℃温浴 30min，加入 50μl 无 RNase DEPC 去离子水；加入等量酚(酸性)/氯仿/异戊醇(25：24：1)，混匀，4℃、12 000r/min 离心 15min；取上清液移至另一微量离心管中，加入 100μl(等体积)的氯仿/异戊醇(24：1)，充分混匀，4℃、12 000r/min 离心 15min；取上清液，加入 10μl(1/10 体积)3mol/L 乙酸钠(sodium acetate，NaAC)(pH5.2)和 250μl(2.5 体积)–20℃预冷无水乙醇,混合均匀,–20℃沉淀 2h,4℃、12 000r/min 离心 15min;弃上清液，–20℃预冷的 70%乙醇清洗沉淀，4℃、12 000r/min 离心 10min；重复 1 次；弃上清液，风干 20～30min，溶于适量的无 RNase DEPC 去离子水中。

用核酸蛋白检测仪测定 RNA 在 260nm、280nm、230nm 处的光吸收值，确定 RNA 的纯度及浓度。用 1.2%的琼脂糖凝胶电泳检测总 RNA 的完整性。

2. cDNA 合成、检测及纯化

1)第一链 cDNA 合成

以处理和对照组植物材料总 RNA 为模板，使用反转录酶 BD PowerScript Reverse Transcriptase(Clontech)反转录合成第一链 cDNA。在 200μl PCR 管中依次加入下列反应组分：3μg 总 RNA，1μl 3′-CDS 引物，1μl BD SMART IV 寡核苷酶，补 DEPC 去离子水至 5μl；混匀以上成分，短暂离心。70℃温浴 2min。在冰上放置 2min，短暂离心；往离心管中加入以下成分：2μl 5×第一链缓冲液，1μl DTT(20mmol/L)，1μl dNTP 混合物(10mmol/L)，1μl BD PowerScript 反转录酶，终体积 10μl。用枪头吹吸混匀，短暂离心；42℃温浴 1h，然后置冰上终止反应，分装，–20℃保存备用。

2)LD-PCR 合成双链 cDNA

采用 Clontech 公司 LD-PCR 方法合成双链 cDNA。在离心管中加入以下成分：5μl 10×Advantage 2 PCR 缓冲液，40μl 去离子水，1μl 50×dNTP 混合物(10mmol/L)，1μl 第一链 cDNA，1μl 5′-PCR 引物，1μl 3′-CDS 引物，终体积 50μl。用枪头吹打混匀，短暂离心。放入

PCR 仪上，按以下程序反应；95℃ 1min，95℃ 15s，68℃ 6min，共 23 个循环。反应结束后，取 5μl 用 1.0%琼脂糖凝胶电泳分析，以 1kb DNA Marker（MBI）作为分子质量标记，保证 dsDNA 弥散在 3kb 以上。

3）双链 cDNA 的纯化

采用 QIAquick PCR Purification Kit（QIAGEN）进行。具体步骤如下：①加 5 倍产物体积的 PB 缓冲液，并混合（不需要吸去覆盖 PCR 产物的矿物油，PCR 产物体积为不含矿物油的体积）；②把 QIAquick 离心柱放在一个提供的 2ml 收集管上；③将混合的样品加到 QIAquick 柱上离心 30～60s；④弃去滤液，将 QIAquick 柱重新放回收集管上；⑤加 0.75ml PE 缓冲液到 QIAquick 柱上并离心 30～60s；⑥弃去滤液，将 QIAquick 柱放回收集管上，离心空柱 1min；⑦加 50μl 双蒸水到 QIAquick 柱的膜中间，放置 1～2min 后离心 1min。

4）cDNA-AFLP 反应及程序

按照 LI-COR 的 AFLP Expression Analysis Kit 说明书进行 cDNA-AFLP 反应（Bachem et al., 1996）。

（1）限制性酶切。①*Taq* I 酶切：在 200μl PCR 管中依次加入下列反应组分；150ng（<20μl）双链 cDNA 模板，1μl 5×RL 缓冲液，1μl *Taq* I，补灭菌双蒸水（double distilled water，ddH_2O）至 40μl。轻柔混合，瞬时离心，PCR 仪中 65℃温浴 2h，冰浴。②*Mse* I 酶切：在 200μl PCR 管中依次加入以下样品；40μl *Taq* I 酶切混合液，2μl 5×RL Buffer，1μl *Mse* I，7μl ddH_2O，终体积为 50μl。瞬时离心后，PCR 仪中 37℃温浴 2h；80℃ 2min；冰浴。

（2）接头连接。在 200μl PCR 管中依次加入下列反应组分：50μl 限制性酶切混合物，9μl Adapter 连接混合物，1μl *T4* DNA Ligase，终体积为 60μl。短暂离心，20℃，2h。连接反应结束后，取 10μl 连接产物按 1∶10 的比例，用 1×TE Buffer 稀释连接产物，未稀释的连接产物于−20℃保存。

（3）预扩增。在 0.2ml 离心管中加入以下样品：2.5μl 稀释 1∶10 的 cDNA 模板，2.5μl 10×扩增缓冲液，20μl 预扩增引物混合物，0.5μl *Taq* DNA 聚合酶（5U/μl），终体积为 25.5μl。混匀，短暂离心，进行 PCR 扩增，程序为：94℃ 30s，56℃ 1min，72℃ 1min，共 20 个循环；4℃保温。预扩增产物稀释（1∶50）；取 2μl 预扩增产物，加入 98μl 1×TE Buffer，用于选择性扩增，未稀释的预扩增产物于−20℃保存。

（4）选择性预扩增。首先配制 *Taq* 工作液：155μl ddH_2O，40μl 10×Amplification Buffer，5.0μl Ex-*Taq*（5U/μl），终体积为 200μl，−20℃保存备用。在 0.2ml 离心管中加入以下样品：*Taq* 工作液 6.0μl，稀释的预扩增产物 2μl，*Mse* I 引物（含 dNTP）2μl，*Taq* I 引物（IRDye800-Labled）0.5μl，终体积为 10.5μl。PCR 程序（Touchdown）；先进行一个循环的 94℃ 30s，65℃ 30s，72℃ 1min；接着进行 94℃ 30s，65℃（每个循环降 0.7℃）30s，72℃ 1min，共 12 个循环；再进行 94℃ 30s，56℃ 30s，72℃ 1min，共 23 个循环；4℃保温。反应结束后，加入 5μl 上样缓冲液，短暂离心，于 94℃变性 3min，立即置于冰上，冷却后准备上样。

（5）聚丙烯酰胺凝胶电泳（polyacrylamide gel electrophoresis，PAGE）分析。电泳分析采用 LI-COR 4300 DNA 分析系统进行。电泳使用 25cm 胶板及 6.0%PAGE 胶，电泳液为 1×Tris-硼酸（TBE），选用 0.25mm 的封边垫条，64 孔鲨鱼齿梳子。①电泳前准备工作。洗板：用 Amway 洗涤液浸泡玻璃板，用自来水清洗干净，再用蒸馏水清洗，至玻璃板干净，最后用无尘纸蘸取无水乙醇擦拭玻璃板，至无任何灰尘及无机物。制胶：将平板倾斜 30°，放在调平的水平制胶器上，放上干净边条。按以下配方配制 6.5% PAGE 胶：2.6ml KBplus 50% Long Ranger 凝胶溶液、8.4g 尿素(7mol/L)、2.0ml 10×TBE Buffer，补 ddH_2O 至 20ml，再加入 15μl TEMED、150μl 10% 过硫酸铵(ammonium persulfate，APS)，搅拌均匀，将胶灌入固定好的两玻璃板中间，插入配套的鲨鱼齿梳子(平端插入)2h 以上。待凝胶完全聚合后，备用。②预电泳。拔掉鲨鱼齿梳，将有齿一侧插入凝胶，用注射器赶净点样孔中的气泡。将凝胶板安装到 AFLP 分析仪上，下槽倒约 450ml 电泳缓冲液，上槽倒约 550ml 缓冲液。在 LI-COR 4300 与遗传分析仪配套的计算机中，利用 LI-COR 4300 自带的分析软件 SAGA 编辑好程序后，开始预电泳，约 30min。电泳参数设置：16-位数据采集，电压 1500V，功率 40W，电流 40mA，温度 45℃，扫描速率 4。③电泳。点样：按照已经编辑好的程序，用 8 道微量加样器上样，上样量为 0.8μl，分子质量 Marker(50～700bp)的上样量也为 0.5μl。点样时针头不要碰坏凝胶，防止其变形而漏样。电泳时间约为 3h。利用 SAGA 软件进行数据的采集及进一步分析。

5)差异片段的聚丙烯酰胺凝胶回收与二次 PCR

经聚丙烯酰胺凝胶初筛的选扩产物，选择多态性较好组合，重新用 8% PAGE 凝胶电泳分离。按以下配方配制 8% PAGE 凝胶：3.2ml KBplus 50% Long Ranger 凝胶溶液，8.4g 尿素(7mol/L)，2.0ml 10×TBE 缓冲液，补 ddH_2O 至 20ml。

差异片段的回收采用 Odyssey(LI-COR)进行。样品经 LI-COR 4300 DNA 分析仪电泳分离后，将胶板取下放在 Odyssey 扫描仪上进行扫描，根据扫描的图像，在差异条带的对应位置用干净的刀片切取条带，溶于 30μl ddH_2O，–20℃过夜。将过夜冷冻的凝胶于 4℃、14 000r/min 离心 20min，吸上清液，加入 1/10 体积的 3mol/L 的 NaAc(pH 5.2)，2.5 倍体积的无水乙醇(–20℃预冷)沉淀 DNA，用 70%乙醇洗沉淀，将沉淀风干 5～10min，最后溶于 10μl ddH_2O。

取 4μl 回收产物做模板，进行二次 PCR 选扩，PCR 程序用选扩程序。为增加回收产物的量，可将原反应体系依比例扩大。二次 PCR 产物进行 1%的琼脂糖凝胶电泳。反应体系如下：2.5μl 10×扩增缓冲液，2.0μl $MgCl_2$(25mmol/L)，1.5μl dNTP(2.5mmol/L)，2.0μl *Mse* I 引物(10ng/μl)，2.0μl *Taq* I 引物(10ng/μl)，4.0μl DNA 模板，0.2μl *Taq* DNA 聚合酶(5U/μl)，10.8μl ddH_2O，终体积为 25μl。

6)二次扩增产物琼脂糖凝胶回收

参照 QIAgen 凝胶回收试剂盒说明书进行胶回收：①在紫外灯下切下含有目的 DNA 片段的琼脂糖凝胶，称量凝胶质量；②加入 3 倍体积的 QG 缓冲液(按照每 100mg 凝胶相当于 100μl 换算)，混合物 50℃水浴 10min，期间每 2～3min 涡旋混匀一次，至凝胶完全融化；③加入 1 倍凝胶体积的异丙醇到混合液中(提高小于 500bp 或大于 4kb 片段的产量)；④将 DNA/琼脂糖溶液加到回收纯化柱上(预装在干净的 2ml 收集试管内)室温 12 000r/min 离心 1min，弃去流出液；⑤加入 500μl 的 QG 缓冲液，12 000r/min 离心 1min，弃去流出液；⑥加入 750μl 的 PE 缓冲液，静置 2～5min，室温 12 000r/min 离心 1min；⑦弃去流出液，室温 12 000r/min 离心 1min 甩干柱基质残余的液体；⑧将柱子装在灭菌洁净的 1.5ml 离心管上，加入 30～50μl 的 EB 缓冲液，室温 12 000r/min 离心 1min；⑨取适量回收产物测定浓度，其余–20℃保存。

7)差异片段的克隆、转化

(1)连接。在微量离心管中加入以下成分：1.0μl pGEM T-easy Vector，1.0μl *T4* DNA Ligase，5.0μl 2×快速链接缓冲液，50ng PCR 产物，补 ddH_2O 至 10μl。4℃过夜连接。

(2)感受态细胞的制备。在 LB 固体培养基上划线培养冻存的大肠杆菌 JM109 菌株，于 37℃培养 16h；接种菌落至 100ml LB 培养液中，37℃ 180r/min 振荡培养约 3h，至 OD 为 0.4 左右；在无菌条件下将菌液转移到预冷的无菌 50ml 离心管中，冰浴 10min、4℃、5000r/min 离心 10min；

弃上清液，将管倒置在吸水纸上使残液流尽，每管加入 10 ml 用冰预冷的 0.1 mol/L $CaCl_2$，用枪头吹打悬浮沉淀，冰上放置 10min；4℃、5000r/min 离心 10min，弃上清液，每个 50ml 离心管加 2ml 预冷的 0.1mol/L $CaCl_2$ 重悬沉淀；用冷却的无菌枪头分装入 2ml 离心管，每管 200μl，加入 15%甘油，用封口膜封好管口；液氮速冻后，–80℃保存备用。

(3)转化及筛选。用无菌枪头吸取连接产物 6μl 加入到 200μl 感受态细胞中，轻弹混匀，冰浴 30min；42℃热激 45s，迅速将管转移至冰上，使细胞冷却 1min；加入 800μl LB 培养液，37℃、180r/min 振荡培养 1.5h，使细菌恢复生长；室温 10 000g 离心 1min，弃上清液，加入 100μl LB 培养液，吹打均匀。吸取 50μl 涂布到含有氨苄青霉素(100μg/ml)、异丙基硫代β-D-半乳糖苷(IPTG)(40μl，20mg/ml)、5-溴-4-氯-3-吲哚-β-D-半乳糖苷 X-gal(7μl，200mg/ml)的 LB 平板上。37℃，倒置培养 12h；待菌落长到 1mm，每个培养皿随机挑取 3 个单菌落进行 PCR 反应(挑取菌落要分布均匀)；挑取菌落时，轻轻在菌落边缘沾取少许即可，剩余菌体保存以备提取质粒；以标准 PCR 反应体系，采用通用引物 T7、SP6 作检测。PCR 程序；94℃、3min，1 个循环；94℃、30s，50℃、30s，72℃、1min，30 个循环；72℃、10min；4℃保温；1.2%琼脂糖凝胶电泳检测，阳性克隆用于质粒提取。

(4)质粒提取。参照 U-gene 质粒微量抽提试剂盒说明书进行。挑取阳性克隆于 5ml LB 培养液(含 100μg/ml Amp)中，37℃、180r/min 振荡培养 12～16h；取 2ml 菌液，10 000r/min 离心 1min 沉淀菌体。加入 250μl 的 ZL-I(预先加入 RNase A)，涡旋，使沉淀完全悬浮；悬浮液中加入 250μl 的 ZL-Ⅱ，轻轻翻转离心管数次，至溶液重新澄清为止；混合液中加入 350μl 的 ZL-Ⅲ，温和上下颠倒数次，直至形成白色絮状沉淀，10 000r/min 离心 10min；将上清液转移至干净的 Mu-Pu 质粒微量分离柱中，10 000r/min 离心 1min；弃去流出液，加入 550μl ZL，10 000r/min 离心 1min；弃去流出液，加入 720μl DNA 洗涤缓冲液(预先用无水乙醇稀释)，10 000r/min 离心 1min；弃去流出液，再用 720μl DNA 洗涤缓冲液洗涤一次；10 000r/min 离心空柱 2min，甩干柱子基质；将柱子置于无菌的 1.5ml 离心管中，向吸附膜中央加入 30～50μl ddH_2O，静置 1min，10 000r/min 离心 1 min。用紫外分光光度计测定质粒浓度，质粒放于–20℃保存。

8)序列测定及其生物信息学分析

采用 ABI PRISM 3130 遗传分析仪进行质粒 DNA 的序列测定(卢圣栋，1999)，以 T7 为测序引物。

(1)测序反应。对标准体系进行 16 倍稀释，采用 10μl 总反应体系。在 0.2ml 离心管中加入以下样品：0.5μl 质粒 DNA(150～300ng)，0.5μl BigDye(2.5×)，1.8μl 5×测序缓冲液，1.0μl T7 引物(3.2pmol/μl)，终体积为 10μl。按照如下循环参数进行；96℃、3min，1 个循环；96℃、10s，50℃、5s，60℃、4min，25 个循环，4℃保温。

(2)测序产物的纯化。向每个反应管中加入 1μl 125mmol/L EDTA 和 1μl NaAc(pH5.2)；各反应管中加入 25μl 无水乙醇，室温条件下放置 12min，9200r/min 离心 12min；倒去上清液，每管加入 70%乙醇 55μl，9200r/min 离心 12min，用 70%乙醇洗涤沉淀两次；各管放置在 95℃ PCR 仪上 10min，去除残存的乙醇，然后向每个反应管中加入 10μl 去离子甲酰胺；95℃加热 4min，立即置冰上冷却 4min，上样电泳。

(3)序列分析。在 Linux 下编写脚本，首先用 Phred 程序将测序峰图文件转化为序列和质量文件，去除低质量序列(Q<13)、载体序列和长度<100bp 的序列。CAP3 对所获得的表达序列标签进行拼接，生成 contig 和 singleton。将所得到的 unigene 用 BLAST 软件与下载的

NCBI（http：//ncbi.nlm.nih.gov/）非冗余蛋白质数据库（non-redundant protein database，NR）进行本地化比对分析，*E* 设置为 1e-5，其他参数均为默认值，根据比对结果获得目标差异基因片段（Wang et al.，2009）。

二、cDNA 文库构建

（一）主要试剂

EASYspin Plus 植物 RNA 快速提取试剂盒（Aidlab），SMART cDNA 文库构建试剂盒、宿主菌 *E. coli* XL1-Blue、载体 λTripLEx2（Clontech），MaxPlax Lambda Packaging Extract 包装蛋白（EPICENTRE），QIAquick PCR Purification Kit（Qiagen），DL2000 DNA Marker（北京天根），DNA 分子质量 Marker（TaKaRa），DNase Ⅰ（TaKaRa），RNase inhibitor（TaKaRa），M-MLV Reverse Transcriptase（Promega），2×*Taq* Mix（北京全式金），琼脂糖（Sagon），IPTG、X-gal、Amp、二甲基亚砜（DMSO）、DEPC（Amereco），蛋白胨、酵母提取物（Oxoid），酸性/碱性饱和酚[生工生物工程（上海）肌份有限公司]，β-巯基乙醇（Amereco），等等，其他试剂均为常规分析纯。

（二）实验步骤

1. 总 RNA 提取

总 RNA 提取采用 EASYspin Plus 植物 RNA 快速提取试剂盒，按照 cDNA-AFLP 技术的 RNA 提取和纯化实验方案进行。

2. cDNA 合成和纯化

（1）采用 Clontech SMART[er] PCR cDNA Synthesis Kit 方法，以药用植物互作材料模板合成双链 cDNA。按照 cDNA-AFLP 中的实验方案进行 cDNA 第一链、第二链合成及其纯化；纯化的双链（doulbe strand，ds）cDNA 按照标准流程进行 cDNA 文库构建。

（2）蛋白酶 K 消化去除 cDNA 中的 *Taq* 酶。取 50μl ds cDNA 于一个灭菌的 0.5ml 离心管中，加入 2μl 蛋白酶 K（proteinase K）（20μg/μl）；混匀并稍离心；45℃下保育 20min，稍离心收集冷凝水；加入 50μl 新鲜的去离子水；加入 100μl 酚：氯仿：异戊醇（25：24：1），连续轻轻颠倒混匀 1～2min；14 000r/min 离心 5min 使分层；小心将上相转入一个干净的 0.5ml 离心管；向水相中加入 100μl 氯仿：异戊醇（24：1），连续轻轻颠倒混匀 1～2min；14 000r/min 离心 5min；小心将上相转入一个干净的 0.5ml 离心管：加入 10μl 3mol/L NaAc，1.3μl 糖原（20μg/μl），260μl 室温下的 95%乙醇。立即在室温下 14 000r/min 离心 20min；小心吸去上清液，不要搅动沉淀；用 100μl 80%乙醇洗涤沉淀；空气中干燥约 10min 去残余的乙醇；加入 79μl 去离子水溶解沉淀。

3. cDNA 酶切分离和连接

1）*Sfi* Ⅰ酶切 cDNA

在 0.5ml 的离心管中加入如下试剂：79μl cDNA（蛋白酶 K 消化产物），10μl 10×*Sfi* Ⅰ 缓冲液，10μl *Sfi* Ⅰ酶，1μl 100×BSA，总体积为 100μl；混匀混合物，50℃下保育 2h；加入 2μl 1%的二甲苯青蓝，混匀。

2）CHROMA SPIN-400 对 cDNA 进行大小分离

标记 16 个 1.5ml 离心管，按次序排在架上。准备 CHROMA SPIN-400 柱：①取出 CHROMA SPIN-400 柱，于室温下平衡 1h 至室温，上下颠倒几次充分悬浮凝胶基质；②从柱中去处气泡，用 1000μl 移液器轻轻悬浮基质，小心操作不要带入气泡，取下底帽让柱子自然下滴；③将柱子固定在铁架台上；④让柱子中的储存缓冲液因重力而排除直到可以看见柱子中基质的凝胶颗粒的表面；⑤柱子中液体流速为 1 滴/40～60s，每一滴约 40μl。等储存缓冲液流尽后，沿柱子内壁十分小心地轻轻加入 700μl 柱子缓冲液并让其流尽；当缓冲液流尽后（15～20min），小心而平缓地将约 100μl 经二甲苯酚蓝染色的 *Sfi* Ⅰ酶解 cDNA 加入基质上表面中心，基质表面不平滑不影响后续操作。在进行下一步操作时，要使样品完全被吸收到基质表面以下（在基质表面不再留有液体）。

取 100μl 柱子缓冲液洗涤装 cDNA 的离心管，将洗液轻轻地加到基质的表面。让缓冲液排除直到树脂表面不再有液体。等排液中止后即可进行下一步，此时染色层应该在柱子中有几毫米高。将试管架置于柱子下，以便收集管能直接收集到柱子中流出的液体。加入 600μl 柱子缓冲液后立即收集单滴的排除液（每滴约 35μl，每管一滴，收集好后立即盖盖）。当 16 管都收集完后，给柱子重新盖上盖子。

做下一步实验前，检测收集的 cDNA。每个样品取 3μl 在 1.1%的含 EB 的琼脂糖凝胶上进行电泳，加上 1kb Marker。150V 下电泳 10min，在紫外灯下确定 cDNA 亮度的峰值。收集前 3 个管的 cDNA 片段（大多数情况下，第 4 个管在的 cDNA 在紫外灯下就很难看见，要确保第 4 个管的片段在需要大小的范围内）。将需要的片段收集到一个 1.5ml 的离心管中。

在收集有 cDNA 片段（105～140μl）的离心管中加入 0.1 倍体积的 NaAc（3mol/L，pH 4.8）、1.3μl 糖原（20μg/ml）、2.5 倍体积的 95%乙醇（–20℃），轻摇离心管混匀，将离心管置于–20℃或干冰/乙醇浴中 1h（如果在–20℃下过夜，效果会更好）。

室温下 14 000r/min 离心 20min。小心去上清液，注意不要搅动沉淀，再稍离心收集残存液体于管底，小心去除液体，空气中干燥沉淀约 10min，加入 7μl 去离子水溶解沉淀，轻轻混匀。该片段可以直接用于连接或储存于–20℃。

3）将 cDNA 与 λTripIEx2 Vector 连接

连接反应中 cDNA 与载体的比例对于转染效率及库中独立克隆的数目至关重要（卢圣栋，1999）。对于每对 cDNA/载体，这一比例都需要优化。为确保特定 cDNA 所建库的结果最佳，可以设置 3 个使用不同 cDNA 与载体比例的平行反应见下表。

设置对照：取 1μl 载体、1μl 对照插入物、1.5μl 去离子水（deionized H_2O），以及其他相关试剂如下表所示。16℃连接过夜，包装并测定滴度。按以下比例在 3 个 0.5ml 离心管中加入试剂，轻轻混匀混合物，注意不要产生气泡，稍离心收集内容物于管底。

组分	连接 1	连接 2	连接 3
cDNA	0.5	1.0	1.5
载体（500ng/μl）	1.0	1.0	1.0
10×连接缓冲液	0.5	0.5	0.5
ATP（10mmol/L）	0.5	0.5	0.5
*T*4 DNA 连接酶	0.5	0.5	0.5
去离子水 H_2O	2.0	1.5	1.0
总体积	5.0	5.0	5.0

16℃连接过夜，进行下一步操作准备。

4）连接 DNA 的包装

在大量包装实验中用于(50μl 包装蛋白)包装的 DNA 量为 0.5～5μg，体积为 5～10μl。包装效率随 DNA 量的增大而提高，DNA 用量达 5μg 时，包装效率达到最大。冰上解冻包装蛋白；加入样品 DNA，包装蛋白解冻后立即加入约 0.5μg 连接样品 DNA。设置对照：取 0.5μg Lambda 人阳性对照 cDNA 加入 50μl 包装蛋白中，弹离心管底部几次以混匀。特别注意不要加入超过 10μl 的连接产物。包装蛋白/DNA 混合物在 22℃(室温)下保育 3h；在每一个包装混合物(55～60μl)离心管中加入 445μl 噬菌体缓冲液和 25μl 氯仿(如果是 0.5μg DNA，加入至终体积为 500μl，则 DNA 含量为 1μg/ml)，轻轻颠倒离心管使氯仿沉到管底(在氯仿层会形成一白色的膜)。

注意：包装好的噬菌体保存在 4℃下 7 天内滴度不变，可以保存到 3 周，但滴度会下降。加入明胶使终浓度为 0.01%，DMSO 终浓度为 7%，可以在−70℃下保存 1 年滴度不变。可将文库分成小份保存，避免反复冻融。

5）原始文库的滴度和重组率测定

(1)大肠杆菌的制备。*E. coli* XL1-Blue 和 BM25.8 菌株储存于含 25%丙三醇的 LB 中，保存在−70℃：取少量(约 5μl)冰冻细胞划线于加有适当抗生素的 LB 平板上活化细胞，作为原始划线平板。XL1-Blue 用 LB/tet 平板、BM25.8 用 LB/kan/cam 平板，37℃下保育过夜，用封口膜封好平皿。从原始平板上取一单菌落在 LB/$MgSO_4$ 平板上划线培养，作为工作平板，37℃下保育过夜。每 2 周继代一次，以便随时都有新鲜菌落可用。

注意：将细菌/噬菌体加入溶解的上层琼脂糖中铺平板时，琼脂糖的温度应为 45℃，高于 45℃会杀死细菌；在铺上层琼脂糖前，琼脂糖平板必须在 37℃下预热并且平板表面不得有水珠；使用之前，将琼脂糖平板置于 37℃烘箱中，部分揭开盖子以预热平板(新铺制的平板应在 37℃下预热 10～15min，预制好保存于 4℃的平板要预热约 1h，但平板不宜过于干燥)；用于噬菌体转导和噬菌斑滴度测定的细菌培养基，应加入 10mmol/L $MgSO_4$ 及终浓度为 0.2%的麦芽糖以促进噬菌体的吸附。

(2)滴度和重组率测定。从 XL1-Blue 工作平板上挑取一个单菌落，接入 15ml LB/10mmol/L $MgSO_4$/0.2%麦芽糖(maltose)中。37℃、140r/min 振荡培养过夜至 OD_{600} 达 2.0。5000r/min 离心 5min，去上清液，将沉淀重悬浮在 7.5ml LB/$MgSO_4$；计算好所需要的 90mm LB/$MgSO_4$ 平板，用 1×λ 稀释缓冲液对包装混合物作适当的稀释。对于未扩增的 λ 包装混合物一般按 1∶5～1∶20 比例稀释比较合适；在 200μl XL1-Blue 过夜培养物中加入 1μl 稀释噬菌体，37℃下保育 10～15min 以便噬菌体吸附在细菌上；加入 2ml 融化的 LB/$MgSO_4$ 上层琼脂糖培养基、X-gal 和 IPTG，迅速颠倒混匀后立即铺在 37℃预热的 90mm LB/$MgSO_4$ 培养平板上，旋转平板使上层琼脂糖的分布均匀平整。

室温下冷却平板 10min 以使上层琼脂糖凝固。37℃下倒转培养 6～18h，不时检查平板以确信噬菌斑的生长；统计噬菌斑数并用下面公式计算滴度：

滴度(pfu/ml)=噬菌斑数×稀释因子×10^3μl/ml/稀释的噬菌体铺板体积(μl)

统计蓝斑和白斑数计算重组率；对 3 个连接产物都进行滴度测定，比较滴度的高低，确定最佳连接反应条件。如果滴度都低于 1×10^6～2×10^6，则用最佳滴度反应条件进行重新连接和包装。

(3)原始文库重组率及插入片段大小的确定。从原始文库中随机挑选 50 个单噬菌斑于

100μl λ 稀释缓冲液中，振荡洗脱，4℃过夜。根据 λTripIEx2 载体多克隆位点（multiple cloning site，MCS）序列设计检测插入片段大小的引物：Pλ1 5′＞TAATACGACTCACTATAGGG＜3′；Pλ2 5′＞TCCG AGATCTGGACGAGC＜3′。取 3μl 洗脱物为模板，以 Pλ1、Pλ2 为引物，做 PCR 检测插入片段大小并估计文库重组率。扩增条件：94℃预变性 4min；94℃变性 1min，54℃退火 1min，72℃延伸 1min，35 个循环；72℃延伸 10min。

（4）原始文库的扩增。原始文库中独立克隆的数目决定在文库扩增中所用平板的数目。通常用 150mm 平皿扩增 λTripIEx2 为载体的文库，平均每平皿 6×10^4～7×10^4 克隆或噬菌斑，因此一个 10^6 克隆的文库就需要 20 平板，120mm 平皿约要 31 个。从 XL1-Blue 原初工作平板中挑取一个单菌落，接种到 15ml LB/$MgSO_4$/Maltose 培养基中，37℃、140r/min 振荡培养过夜至 OD_{600} 为 2.0。5000r/min 离心 5min，去上清液，重悬于 7.5ml 10mmol/L $MgSO_4$ 溶液中。

计算好所需要的平板数，按测定滴度中的方法预热干燥平板。准备好相应数目的 10 ml 离心管，每管中加入 500μl 过夜培养菌液和足以产生每平皿 6×10^4～7×10^4 克隆或噬菌斑的原始文库稀释液。将离心管在 37℃水浴中预热 15min；每管中加入 4.5ml 溶化的 LB/$MgSO_4$ 上层琼脂糖培养基（45℃）；迅速混匀细菌/噬菌体混合物并铺到平板上，转动平皿使琼脂分布均匀平整。

平板在室温下冷却 10min 使上层琼脂凝固。37℃下倒置培养 6～18h，或噬菌斑长到相互连接。每个平皿中加入 12ml 1×λ 缓冲液，于 4℃下放置过夜，噬菌斑都聚集在 1×λ 缓冲液中，就形成了扩增文库裂解物。平皿置于脱色摇床上（约 50r/min），室温下保育 1h。将各个平皿中裂解物分别收集于一个灭菌 50ml 离心管中并编号，就得到由不同亚文库组成的扩增文库。

清除扩增文库中的残余完整细胞及碎片：①每个离心管中加入 1/10 体积的氯仿；②旋紧盖子并涡旋 2min；③7000r/min 离心 10min，上清液转入另一个灭菌 50ml 离心管中，盖紧盖子，4℃保存：测定扩增文库的滴度。扩增文库可以在 4℃下保存 6 个月。加入终浓度为 7%的 DMSO，分成 1ml 小份于–70℃下可保存 1 年，但要避免反复冻融。

（5）扩增文库的滴度测定。从 XL1-Blue 工作平板上挑取一个单菌落接种到 20ml LB/$MgSO_4$/Maltose 培养基（不含抗生素）中，37℃ 140r/min 振荡培养过夜至 OD_{600} 为 2.0。5000r/min 离心 5min，弃上清液，沉淀重悬于 7.5ml 10mmol/L $MgSO_4$ 中；预热、干燥 4 个 LB/$MgSO_4$ 琼脂平板。准备好文库稀释液：①吸取 10μl 扩增文库上清液加入 1ml 1×λ 缓冲液（稀释液 1=1：1000）；②吸取 10μl 加入 1ml 1×λ 缓冲液（稀释液 2=1：10 000）。

取 4 个离心管，按下表加入各成分（单位 μl）。

试管 1×λ 缓冲液	缓冲液中的细菌	过夜培养	噬菌体稀释液
1	100	200	5
2	100	200	10
3	100	200	20
4	100	200	0

37℃水浴 15min，每管中加入 3ml 45℃ LB/$MgSO_4$，迅速混匀铺平板，37℃倒置培养 6～7h，按如下公式计算：滴度（pfu/ml）=噬菌斑数×稀释因子×10^3（μl/L）/稀释的噬菌体铺板体积（μl）稀释因子=10^4，成功的扩增文库滴度约为 10^9。

三、SSH cDNA 文库

(一)主要试剂

EASYspin Plus 植物 RNA 快速提取试剂盒(Aidlab)，SMARTer PCR cDNA 合成试剂盒和 PCR-Select cDNA 消减试剂盒(Clontech)，QIAquick PCR 纯化试剂盒(Qiagen)，pMD-18T PCR 产物克隆试剂盒(TaKaRa)，DL2000 DNA Marker(北京天根)，DNA 分子质量 Marker(TaKaRa)，DNase Ⅰ(TaKaRa)，RNase 抑制剂(TaKaRa)，M-MLV 反转录酶(Promega)，大肠杆菌 DH5α 感受态细胞(北京全式金)，琼脂糖(Sagon)，IPTG、X-gal、Amp、β-巯基乙醇、DEPC(Amereco)，蛋白胨、酵母提取物(Oxoid)，酸性/碱性饱和酚[生工生物工程(上海)股份有限公司]，等等，其他试剂均为常规分析纯。

(二)实验步骤

1. 总 RNA 提取

植物总 RNA 提取采用 EASYspin Plus 植物 RNA 快速提取试剂盒，按照 cDNA-AFLP 技术的 RNA 提取和纯化实验方案进行。

2. cDNA 合成

采用 Clontech SMART^{er} PCR cDNA Synthesis Kit 方法，分别以实验组(tester，T)和对照组(driver，D)植物为模板合成双链 cDNA。按照 cDNA-AFLP 中的实验方案进行 cDNA 第一链、第二链合成及其纯化；纯化的 ds cDNA 按照标准流程进行 SSH 文库构建(Zhao et al., 2013)。

3. *Rsa* Ⅰ酶切

在酶切之前，取 8μl 已纯化 ds cDNA 放置 4℃，标号“Sample D”；加入 36μl 10×*Rsa* Ⅰ限制酶缓冲液和 1.5μl *Rsa* Ⅰ(10U/μl)到已纯化好的 cDNA 样品中，充分混合均匀并瞬时离心，37℃温浴 3h；为确证 *Rsa* Ⅰ酶切成功与否，取出 10μl 与酶切之前的混合物(Sample D)一起电泳，观察片段大小是否下移，检测酶切效率；酶切成功后，加 8μl 0.5mol/L EDTA 终止反应；取出 8μl 已酶切好的样品到一个离心管中，标号“Sample E”，−20℃保存，将此与最终纯化好的酶切产物电泳比较。

向每个体系中加入 50μl 酚(碱性)-氯仿-异戊醇(25∶24∶1)抽提，转移到 1.5ml 离心管中进行，震荡混匀后，室温 14 000r/min 离心 10min；将上层水相分别移入另一个干净的 1.5ml 离心管中，加入等体积氯仿/异戊醇(24∶1)抽提，充分振荡，室温 14 000r/min 离心 10min；将上层水相分别移入另一个干净的 1.5ml 离心管中，分别转出 3μl 上清液+5μl ddH_2O，标号“Sample F”，−20℃保存，余者分别加入 1/2 体积 4mol/L NH_4Ac 和 2.5 体积无水乙醇，充分混合振荡，室温下 14 000r/min 离心 20min；将上清液吸入到另一个干净的离心管中，保留沉淀，轻轻加入 500μl 80%乙醇洗涤沉淀，室温 14 000r/min 离心 10min；小心去除上清液，沉淀空气干燥 5～10min。

每组管中各加入 6.7μl 1×TNE 溶解沉淀：分别取出 1.2μl 到一个干净的离心管中，加入 11μl ddH$_2$O，标号“Sample G”，–20℃保存；将各组的 Sample E、Sample F、Sample G 一起进行 *Rsa* I 酶切产物纯化效率电泳检测。对实验组和对照组酶切纯化的样品进行核酸蛋白分析仪检测，取出一部分用 ddH$_2$O 调节终浓度为 300ng/μl，按总体积 6μl 计算，都各取 1800ng 用于后续的接头连接和杂交。

4. 抑制消减杂交

利用 PCR-Select cDNA Subtraction Kit（Clontech）构建药用植物-内生真菌互作的抑制差减文库，分别以实验组（T）作为差减杂交的试验方 Tester，以对照组（D）作为差减杂交的驱动方 Driver。

（1）Tester ds cDNA 接头的连接。从 Tester 组 *Rsa* I 酶切纯化的产物中取 1μl，用 5μl 无菌水稀释，标号 Tester，将其分成两份，即 Tester1-1 和 Tester1-2，分别与接头 1 和接头 2R 连接，连接反应体系如下表所示。

反应成分	Tester-1-1/μl	Tester-1-2/μl
稀释的 Tester cDNA	2	2
接头 1（Adaptor1）	2	—
接头 2R（Adaptor2R）	—	2
5×连接缓冲液	2	2
T4 DNA 连接酶（400U/μl）	1	1
dd H$_2$O	3	3
总体积	10	10

注：—代表 0μl

将各管混匀后，短暂离心，分别从 Tester1-1 和 Teste1-2 中各取 2μl，混合于一个离心管中，作为未消减的 Tester 对照，标号 Tester1-C；将以上三管 Teste1-1、Tester1-2 和 Tester1-C 置于 PCR 仪中 16℃孵育 20h；加入 1μl EDTA/糖原混合物终止连接反应，再将样品于 72℃加热 5min 灭活连接酶；短暂离心混合后，Tester1-C 于–20℃保存。

（2）接头连接效率检测。分别取 1μl 连接的 cDNA（S-1 和 S-2），用 200μl 无菌水稀释；取 4 个离心管依次加入以下试剂，如下表所示。

反应成分	R1/μl	R2/μl	R3/μl	R4/μl
Tester1-1（连接 Adaptor 1）	1	1	—	—
Tester1-2（连接 Adaptor 2R）	—	—	1	1
内参基因- F（10μmol/L）	1	1	1	1
内参基因-R（10μmol/L）	—	1	—	1
PCR Primer 1（10μmol/L）	1	—	1	—
总体积	3	3	3	3

注：“—”代表 0μl

配制反应混合物如下表所示。

去离子 H_2O	18.5μl	×4.1=75.85μl
10×PCR 反应缓冲液	2.5μl	×4.1=10.25μl
50×dNTP 混合物（10mmol/L）	0.5μl	×4.1=2.05μl
50×Advantage 2 聚合酶混合物	0.5μl	×4.1=2.05μl
总体积	2μl	90.2μl

混合均匀，分别加入到上述各 PCR 管中混匀，低速短暂离心后，覆盖 20μl 矿物油；放在热循环仪中，75℃、5min 以延伸接头（不要将样品从 PCR 仪上移开）；立即进入下列循环：94℃、30s；94℃、10s，65℃、30s，68℃、2.5min，35 个循环；68℃、8min。从各反应中取出 5μl 在 2.0%的琼脂糖凝胶上进行电泳以检测接头连接效率。

（3）第一次差减杂交。将 4×杂交缓冲液预先在室温放置 15～20min，第一次杂交反应体系如下表所示。

反应成分	杂交样品 R1/μl	杂交样品 R2/μl
Rsa I 酶切的 Driver cDNA	1.5	1.5
连有接头 1 的 Tester 1-1	1.5	—
连有接头 2R 的 Tester 1-2	—	1.5
4×杂交缓冲液	1.0	1.0
总体积	4.0	4.0

注：—代表 0μl

加一滴石蜡油在样品的上面，离心，把样品放在热循环仪上 98℃变性 1.5min；68℃杂交 8h，完成第一次杂交，随后立即进行第二次杂交。

（4）第二次差减杂交。在 0.2ml PCR 管中加入 1μl Driver cDNA，1μl 4×杂交缓冲液，2μl 无菌水：取 1μl 混合液于 0.2ml 离心管中，覆盖一滴矿物油，于 PCR 仪中 98℃变性 1.5min，取新鲜变性的 Driver ds DNA；通过下面的操作将 Driver ds cDNA 同获得的杂交样品 1 和杂交样品 2 同时混合，以保证两个杂交样品仅在新鲜变性的 Driver ds cDNA 存在的情况下同时混合在一起；轻轻将吸头触及杂交样品 2 的矿物油和样品交接处，小心将所有样品吸入吸头；将吸头移出，并吸入少量空气，在样品的小滴下产生一小段空气空间；随即在含有新鲜变性 Driver ds cDNA 的管中重复操作，此时吸头含有被一小段空气隔开的两种样品；将两种样品同时全部打入杂交样品 1 的管中，吹打混匀；将混合物短暂离心混合，PCR 仪上 68℃杂交过夜（12h）；杂交混合物中加入 200μl 稀释缓冲液，混匀后置于热循环仪中，68℃加热 7min；−20℃储存备用。

（5）两次 PCR 扩增。取两支 0.2μl PCR 管，分别加入 1μl 已稀释的第二次消减杂交产物和 1μl 已稀释的未消减的对照（Tester1-C），并标记；配制反应混合物（冰上操作）如下表所示。

去离子 H_2O	19.5μl	×2.2=42.9μl
10×PCR 反应缓冲液	2.5μl	×2.2=5.5μl
50×dNTP 混合物（10mmol/L）	0.5μl	×2.2=1.1μl
PCR 引物 1（10μmol/L）	1.0μl	×2.2=2.2μl
50×Advantage 2 聚合酶混合物	0.5μl	×2.2=1.1μl
总体积	24μl	52.8μl

将上表所示混匀后分别加入 24μl，混匀离心，覆盖 20μl 的矿物油，置于 PCR 仪上 75℃、5min 补平接头。反应条件：94℃、5min；94℃、30s，66℃、30s，72℃、1.5min，27 个循环。第一次 PCR 后，取出 8μl 在 2.0%琼脂糖凝胶上电泳检测；取出 3μl 第一次 PCR 产物在 27μl 无菌水中稀释，作为模板用于第二次 PCR 反应。建立的 PCR 反应体系如下表所示。

反应物	消减组	未消减组
第一次 PCR 产物	1.0μl	1.0μl
10×PCR 反应缓冲液	2.5μl	2.5μl
dNTP 混合物（10mmol/L）	0.5μl	0.5μl
巢式 PCR 引物 1（10μmol/L）	1.0μl	1.0μl
巢式 PCR 引物 2R（10μmol/L）	1.0μl	1.0μl
50×Advantage cDNA 聚合酶混合物	0.5μl	0.5μl
灭菌水	18.5μl	18.5μl
终体积	25μl	25μl

将上表所示溶液混合离心，加一滴矿物油，立即进入下列循环；10～14 个循环；94℃、30s，68℃、30s，72℃、1.5min，设置 10 个循环、12 个循环、14 个循环；从第一次和第二次 PCR 产物中各取 8μl，在 2.0%琼脂糖/EB 凝胶上检测（1×TAE 缓冲液），观察扩增产物的大小分布。

消减效率检测：选取目标药用植物持家基因为检测基因，鉴定接头的链接效率，扩增片段大小约为 100bp。将消减组、未消减组第二次 PCR 产物稀释 10 倍，建立如下表所示反应体系。

反应成分	消减组/μl	未消减组/μl
稀释的消减 cDNA（第二次 PCR 产物）	1.0	—
稀释的未消减 cDNA（第二次 PCR 产物）	—	1.0
上游引物（10μmol/L）	1.2	1.2
下游引物（10μmol/L）	1.2	1.2
去离子 H_2O	22.4	22.4
10×PCR 反应缓冲液	3.0	3.0
50×dNTP 混合物（10mmol/L）	0.6	0.6
50×Advantage 2 聚合酶混合物	0.6	0.6
总体积	30.0	30.0

注：—代表 0μl

将上表所示溶液振荡混匀，短暂离心，覆盖矿物油一滴。PCR 扩增条件：94℃、30s，65℃、30s，72℃、2.5min，共 31 个循环，分别于 15 个循环、19 个循环、23 个循环、27 个循环和 31 个循环时取出 5μl，在 2.0%琼脂糖/EB 凝胶上检测。

(6) PCR 产物的纯化。采用 QIAquick PCR Purification Kit（Qiagen）进行，按照 cDNA-AFLP 中 dscDNA 纯化方案进行。

(7) 消减文库生成。按照 cDNA-AFLP 2.7 中的方案进行连接、转化和重组子鉴定：从阳性克隆的菌液中取出 100μl 菌液于离心管中，加入甘油使终浓度为 15%，置于超低温冰箱长期保存。

四、RNA-seq

RNA-seq 又称为转录组测序，是基于第二代测序技术开发对生物样本整个转录组的深度测序，主要依赖于 Illumina Hiseq 2000 测序平台和大规模高级生物信息学分析，是当前主流的基因表达分析技术（王晓玥等，2014）。

（一）主要试剂

EASYspin Plus 植物 RNA 快速提取试剂盒（Aidlab），mRNA 的纯化采用 Oligotex mRNA Spin-column Protocol（Qiagen），QIAquick PCR Purification Kit（Qiagen），DL2000 DNA Marker（北京天根公司），DNA 分子质量 Marker（TaKaRa），DNA *Pol* I（TaKaRa），RNase 抑制剂（TaKaRa），其他生化和化学试剂均为常规分析纯。

（二）实验步骤

1. 总 RNA 提取

植物总 RNA 提取采用 EASYspin Plus 植物 RNA 快速提取试剂盒，按照 cDNA-AFLP 技术的 RNA 提取和纯化实验方案进行。

2. cDNA 文库构建

用带有 Oligo（dT）的磁珠富集样品 mRNA，加入 Fragmentation buffer 将其打断成短片段，再用六碱基随机引物合成 cDNA 第一链；然后加入缓冲液、dNTP、RNase H 和 DNA *Pol* Ⅰ合成 cDNA 第二链，QiaQuick PCR 试剂盒纯化洗脱；再进行末端修复、加 A 并连接测序接头，再用琼脂糖凝胶电泳分析片段大小进行选择，最后进行 PCR 扩增即获得测序文库。

3. Illumina HiSeq 2000 上机测序

使用 Illumina HiSeq 2000 测序平台进行转录组文库的测序。分别对药用植物内生真菌互作的不同样品（对照和处理）的转录组测序文库。测序得到的原始图像经 base calling 转化为序列数据，即 raw read，结果以 fastq 文件格式存储。测序错误率 E 和碱基质量值 Q 有以下关系；Q=−10lg$E$。对测序所得的 read 进行过滤，滤去的数据包括含接头的 read，N 的比例大于 5%的 read，重复的、质量数较低的 read（质量值 Q≤10 的碱基数占整个 read 的 20%以上），过滤后所得为 clean read。

4. 转录组数据 *de novo* 组装和 unigene 功能注释

使用 Trinity 软件(Grabherr et al.，2011)对 clean read 做 *de novo* 组装。将具有一定长度重叠的 read 连成更长的片段 contig，然后与 clean read 重新比对，通过 paired-end read 确定 contig 所属的转录本及在转录本中的分布，Trinity 软件能将这些 contig 连在一起，得到两端不能再延长的序列。然后使用 Tgicl 对其进行去冗余和进一步拼接，并对其进行同源转录本聚类，得到最终的 unigene。

通过 blastx 将 unigene 序列分别与蛋白质数据库 Nr、SwissProt 比对，与 KEGG 数据库比对，与 COG 数据库比对，通过 blastn 与核酸数据库 Nt 比对，比对所设 *e* 值均小于 0.000 01，分别得到与给定 unigene 具有最高相似性的蛋白质，从而得到该 unigene 的蛋白质功能注释信息。在获得 Nr 注释信息的基础上，用 Blast2GO 软件(Götz et al.，2008)对 unigene 序列进行 GO 功能注释。根据 KEGG 注释信息，获得 unigene pathway 注释。

5. 基因表达水平分析

将 Trinity 拼接得到的转录组作为参考序列(ref)，将每个样品的 clean read 往 ref 上做 mapping。该过程采用 RSEM 软件(Li and Dewey，2011)，RSEM 中使用 bowtie 参数 mismatch 2(bowtie 默认参数)。

RSEM 软件对 bowtie 的比对结果进行统计，进一步得到了每个样品比对到每个基因上的 readcount 数目，并对其进行 FPKM 转换，进而分析基因的表达水平。FPKM(expected number of fragment per kilobase of transcript sequence per millions base pair sequenced)是每百万片段中来自某一基因每千碱基长度的片段数目，其同时考虑了测序深度和基因长度对片段计数的影响(Trapnell et al.，2010)，是目前最为常用的基因表达水平估算方法。

6. 差异表达基因筛选

对不同实验条件下的基因 FPKM 密度分布进行比较能从整体上检查不同实验条件之间的 FPKM 分布情况。基因差异表达的输入数据为基因表达水平分析中得到的 read count 数据。对有生物学重复的样品，采用 DESeq(Anders and Huber，2010)进行分析，筛选阈值为 padj$<$0.05：该分析方法基于的模型是负二项分布，第 i 个基因在第 j 个样本中的 read count 值为 K_{ij}，则有 $K_{ij}\sim \mathrm{NB}(\mu_{ij},\ \sigma_{ij2})$。

7. 差异基因 GO 和 pathway 显著性富集分析

GO 功能显著性富集分析提供与参考基因比较后，在差异表达基因中显著富集的 GO 功能条目，并筛选出差异表达基因与哪些生物学功能显著相关。首先将所有的差异表达基因向 Gene Ontology 数据库的各个 term 映射，计算每个 term 的基因数目，然后应用超几何检验，找出与整个参考基因相比，在差异表达基因中显著富集的 GO 条目。Pathway 显著性富集分析以 KEGG pathway 为单位，应用超几何检验，找出与整个参考转录组相比后差异表达基因中显著性富集的 pathway(Kanehisa et al.，2008)。

第二节 基因克隆及功能研究操作技术

目前有关基因克隆与功能研究实验体系包括基于文库筛选或高通量测序等技术获得关键

基因片段、克隆基因全长与生物信息学分析及基因功能研究三个方面（卢圣栋，1999；萨姆布鲁克和拉塞尔，2005）。下面介绍其中涉及的主要技术实验方案。

一、主要试剂

EASYspin Plus植物RNA快速提取试剂盒（Aidlab），BD PowerScript RT（Clontech），SMART RACE cDNA 扩增试剂盒（Clontech），2×SYBR Premix Ex *Taq* Master 混合物、Ex *Taq* DNA 多聚酶、RNA 酶抑制剂（TaKaRa），琼脂糖凝胶 DNA 回收试剂盒，质粒小量抽提试剂盒（北京天根），pGEM-T Easy 载体、M-MLV 反转录酶、SP6/T7 RNA 聚合酶（Promega），Oligo（dT）$_{18}$，限制性内切核酸酶（NEB），IPTG、X-gal、dNTP、DEPC（Amresco），其他试剂为常规分析纯。

二、实验步骤

（一）基因全长克隆分析技术

1. RACE 获基因全长

基于 cDNA 文库构建、RNA-seq 等差异表达分析获得目标基因片段，设计两对 RACE GSP 引物，按照 SMART RACE cDNA 扩增试剂盒（Clontech）进行 2 次巢式 5′/3′-RACE PCR。5′/3′-RACE ready cDNA 的合成按照说明书操作，稀释 10 倍，–20℃保存备用。

第一轮 RACE PCR 反应体系：

10×Advantage 2 PCR 缓冲液	2.5μl
10mmol/L dNTP	0.5μl
F1/R1（10μmol/L）	0.5μl
UPM（10μmol/L）	0.5μl
5′/3′-RACE ready cDNA	1.0μl
50×Advatange 2 聚合酶混合物（5U/μl）	0.5μl
去离子 H_2O	至 25μl

用试剂盒 Program 1 进行第一轮 RACE PCR，程序为：94℃、30s，72℃、3min*，5 个循环；94℃、30s，70℃、30s，72℃、3min*，5 个循环；94℃、30s，68℃、30s，72℃、3min*，20 个循环；72℃、7min，4℃保温（*延伸时间根据预期产物大小做适当调整）。反应结束后，直接取第一轮 RACE PCR 产物进行第二轮 PCR 反应。

第二轮 RACE PCR 反应体系：

10×Ex *Taq* DNA 聚合酶缓冲液	5.0μl
10mmol/L dNTP	1.0μl
F2/R2（10μmol/L）	1.0μl
UPM（10μmol/L）	1.0μl
1st PCR 产物	1.0μl

续表

Ex *Taq* DNA 聚合酶(5U/μl)	0.45μl
去离子 H_2O	至 25μl

用试剂盒 Program 2 进行第二轮 RACE PCR，程序为：94℃、3min，94℃、30s，68℃、30s，72℃、3min*，36 个循环；72℃、7min，4℃保温。PCR 产物用 1.5%琼脂糖凝胶电泳检测，按照 PCR 产物胶回收试剂盒(TianGen)说明书纯化目的条带，连接至 pGEM-T Easy(Promega)，转化感受态细胞 *E.coli* JM109。PCR 鉴定阳性克隆，用质粒小提试剂盒(TianGen)提取质粒后送北京华大公司测序，并进行 BLAST 序列比对分析。

将 RACE 的扩增片段回收，克隆测序，与原序列拼接，在 NCBI 上用 BLASTX 比对，得到完整开放阅读框(open reading frame，ORF)之后，在 ORF 两端设计引物，扩增完整 ORF，进行 RT-PCR 验证。

2. 生物信息学分析

利用 DNAStar 软件对序列进行拼接和校对，然后利用 NCBI 的 BLAST 在线分析工具分别对 GenBank 的非冗余蛋白数据库序列进行比对分析；采用 NCBI 的 ORF finder 预测开放阅读框。

使用 ExPAsy 网站的 Compute pI/MW tool(http：//www.expasy.org/tools/pi_tool.html)计算蛋白质的等电点及分子质量，利用 TargetP(http：//www.cbs.dtu.dk/services/SignalP/)预测蛋白质信号肽，利用 TMpred(http：//www.ch.embnet.org/software/TMPRED_ form.html)进行氨基酸跨膜预测，利用 Psort(http：//psort.ims.u-tokyo.ac.jp/form.html)预测亚细胞定位，利用 PROSITE scan(http：//npsa-pbil.ibcp.fr/cgi-bin/pattern_prosite.pl)分析蛋白 motif。

利用 DNASTar6 和 MEGA4 分别进行氨基酸序列相似性比对分析和进化树分析。

（二）基因表达模式检测

1. 实时定量 PCR 技术

1）总 RNA 提取

植物总 RNA 提取采用 EASYspin Plus 植物 RNA 快速提取试剂盒，按照 cDNA-AFLP 技术 RNA 提取和纯化实验方案进行。

2）第一链 cDNA 合成及检测

利用 M-MLV 反转录酶(Promega)反转录合成第一链 cDNA，在微量离心管中加入以下成分。①在无核酸酶的微量离心管中加入下列成分：3μg 总 RNA，1μl Oligo(dT)18(0.5μg/μl)，补 DEPC 去离子 H_2O 至 10μl；②70℃，5min 加热混合物，然后迅速放在冰上冷却，短暂离心，加入 5μl M-MLV 5×反应缓冲液、1.25μl dNTP(各 10mmol/L)、1μl RNA 酶抑制剂(40U/μl)、1μl M-MLV 反转录酶，用无菌去离子 H_2O 补至 25μl；③温和混匀，42℃孵育 1h，95℃加热 5min，使酶失活。合成的第一链 cDNA 放于−20℃储存备用。

将第一链 cDNA 稀释 10 倍，利用药用植物内参基因特异引物进行 RT-PCR 检测第一链 cDNA 的质量。标准反应程序：94℃、3min，94℃、30s，50～60℃、30s，72℃、30s，30 个循环；72℃、7min，4℃保温。PCR 产物由 1%琼脂糖凝胶电泳检测分析。

3）RT-qPCR 分析

(1)引物设计原则。目前常用的引物设计软件有 Primer 3、Oligo 6 或 Primer Premier 5 等。RT-qPCR 引物要求高特异性，扩增产物为 100～300bp，引物一般为 15～25nt，同一碱基连续出现不应超过 4 个以上，GC 含量为 40%～60%(GC 含量太低导致引物 T_m 值较低，GC 含量太高也易于引发非特异扩增)；引物 T_m 值约为 60℃(高退火温度有利于提高 PCR 特异性)，长度低于 20nt 引物，T_m 值根据 T_m=4(G+C)+2(A+T)粗略估算；较长引物，考虑热动力学参数，常用计算公式；$T_m=\Delta H/[\Delta S+R*\ln(C/4)]+16.6\log([K^+]/(1+0.7[K^+]))-273.15$；可能避免引物分子间 3′端较多碱基互补而产生二聚体或形成发夹结构。此外，对于非 SYBR Green 染料的定量分析，引物 5′端可以标记生物素或荧光素等标记物。

(2)引物扩增效率的检测。进行基因表达分析之前，利用普通 PCR 和 RT-qPCR 技术检测引物的扩增情况。首先，用普通 PCR 检测各基因的定量引物扩增是否具有较好的特异性，否则，需要重新设计引物；其次，利用 RT-qPCR 分析检测目的基因的扩增效率，也可根据扩增情况判断某基因的表达丰度，以优化 PCR 反应体系(Zhang et al.，2012)。

(3)RT-qPCR 分析。应用 ABI PRISM 7500 实时定量 PCR 仪，以各样品 cDNA 为模板进行 PCR 扩增。反应体系为；0.5μl 50×SYBR Green，0.1μl ROX，1.0μl 25×cDNA，2.5μl 10×*Taq* Buffer，2.5mmol/L $MgCl_2$，0.16mmol/L dNTP，0.2μmol/L 引物，补双蒸水至总体积 25μl。反应程序为；95℃、1min，95℃、10s，60℃、20s，72℃、40s，40 个循环。反应结束后分析荧光值变化曲线和融解曲线。用 ABI PRISM 7500 软件分析 RT-q PCR 数据，计算各基因在不同时间点的 C_T 值。用内参基因作为内标，来确定目标基因的相对表达量。

根据 PCR 反应检测得到的 C_T 值，按照比较 C_T 法计算每个样本中目标基因的相对表达水平(Pfaffl，2001)。目标基因的相对量按公式得出：目标基因＝$2^{-\Delta\Delta C_T}$。其中 $2^{-\Delta\Delta C_T}$ 表示实验组目的基因的表达相对于对照组的变化倍数，使用这一方法可以直接得到目的基因相对于内参基因的定量。其中 $\Delta\Delta C_T=\Delta C_{T,\ \mathrm{Gene}}-\Delta C_{T,\ \mathrm{Control}}$。$\Delta C_{T,\ \mathrm{Gene}}$ 为样品目的基因的 C_T 值与同一样品内参基因 C_T 值的差值；$\Delta C_{T,\ \mathrm{Control}}$ 为对照组目的基因的 C_T 值与内参基因的 C_T 值之差。

2. 原位杂交分析技术

RNA 原位杂交(*in situ* hybridization，ISH)主要用于植物-微生物互作过程中目标基因的组织学空间定位分析，对揭示目标基因功能及宿主与真菌互作有重要意义。常用地高辛(DIG)标记的探针原位杂交(Duck，1994)，其基本实验流程如下所述。

(1)探针标记和纯化。将目标基因片段克隆至 pGEM-T easy 载体(Promega)上，按照分子克隆手册，酶切线性化，利用 SP6/T7 RNA 聚合酶(Promega)进行体外转录，合成地高辛标记的 RNA 探针，醇沉淀并纯化，用 DEPC 水制备成一定浓度探针，–20℃保存备用。

(2)过氧化物酶显色系统。石蜡切片脱蜡至水，二甲苯两次，10min/次；无水乙醇 10min 一次；90%乙醇 10min 一次；80%乙醇 10min 一次；0.1mol/L PBS 冲洗三次；置打孔液中室温 10min，给细胞打孔改变细胞的通透性使探针快速穿透细胞膜，0.1mol/L PBS 冲洗三次；置过氧化氢封闭液室温 20min 封闭内源性过氧化氢酶，0.1mol/L PBS 冲洗三次；滴加复合消化工作液，覆盖组织表面室温 10～30min，0.1mol/L PBS 冲洗三次。0.2×SSC 洗一次(室温 3min)；滴加预杂交工作液覆盖组织 37℃湿盒孵育 1～2h，注意盖上原位杂交专用盖玻片。预杂交后的洗涤：揭去盖玻片以 0.2×SSC 室温洗三次，每次洗涤 5min；滴加杂交工作液覆盖组织 37℃湿盒孵育 4h 以上(注意：探针浓度和时间需实验者摸索最佳条件)。杂交后的洗涤：揭去盖玻片以 2×SSC 37℃洗三次，每次 5min；0.2×SSC 37℃洗三次，每次 5min；0.1mol/L TBS 37℃

洗 3～5 次，每次 5min。加小鼠抗 DIG 生物素标记的抗体工作液(现用现配)；10μl 小鼠抗地高辛生物素标记抗体浓缩液，490μl 抗体稀释液至 990μl；覆盖组织 37℃湿盒孵育 45～60min，0.1mol/L PBS 冲洗三次，每次 5min。加高敏过氧化物酶链亲和素复合物工作液(现用现配)：10μl 高敏过氧化物酶链亲和素复合物浓缩液，490μl 抗体稀释液至 990μl；覆盖组织 37℃湿盒孵育 45min，0.1mol/L PBS 冲洗三次，每次 5min。DAB 显色，光学显微镜观察至细胞浆阳性颜色与细胞外颜色对比反差明显时，用蒸馏水洗终止反应。细胞浆显棕黄色颗粒为阳性，苏木素复染，细胞核呈蓝色；80%＞90%＞无水乙醇＞二甲苯脱水，每步 3～5min，中性树胶封片保存。

(三)基因功能研究技术

1. 亚细胞定位

亚细胞定位分析能够明确目标基因编码蛋白在药用植物-内生真菌互作组织细胞中的分布，为功能研究提供依据。以下介绍亚细胞定位研究常用技术基因枪轰击洋葱表皮细胞的瞬时表达技术实验流程。

(1)瞬时表达载体构建。合适的植物表达载体选择是亚细胞定位研究的重要前提，实验中常利用带有绿色荧光蛋白(green fluorescent protein，GFP)标签的植物表达载体。163-hGFP 的 GFP 蛋白含有 239 个氨基酸，其 N 端核酸序列融合有 MCS，酶切位点及排列顺序依次为：*Hind* Ⅲ-*Pst* I-*Sal* I-*Xba* I-*Bam*H I-*Nco* I-GFP，163-hGFP 氨基酸及核酸序列为：(*Hind* III-*Pst* I-*Sal* I-*Xba*I-*Bam*H I-*Nco* I-GFP)

A^AGCTTCTGCA^GG^TCGACT^CTAGAG^GATC^CATGGTGAGCAAG

利用 163-hGFP 植物表达载体，构建药用植物目标基因与绿色荧光蛋白基因融合的增强表达载体，观察目标基因编码蛋白在细胞中的分布情况。

设计能够扩增目标基因 ORF(不含终止密码子)、5′含有 163-hGFP 酶切位点的基因特异引物(注：所选酶切位点不能在基因 ORF 内有识别位点)，以药用植物与内生真菌互作样本 cDNA 第一链为模板，利用 RT-PCR 扩增 ORF(不含终止密码子)，克隆至 T-easy 载体，测序验证读码框。测序验证正确的重组质粒，再利用各自内切酶消化，回收目的条带，与同样双酶切的 163-hGFP 载体连接、转化，以及测序分析获得真核表达载体。

(2)融合蛋白在洋葱表皮细胞中的瞬时表达。将 3μg 质粒载体 DNA 加入直径为 1.0μm 的金粉悬浮液 6μl(50mg/ml)，涡旋振荡混匀后，再分别加入振荡混匀好的 0.1mol/L 亚精胺(spermidine)4μl 和 6μl $CaCl_2$(l2.5mol/L)，然后混合振荡混匀 3min，冰浴 15min。12 000r/min 离心 10s，弃上清液。加入 140μl 无水乙醇，粗振荡后(打散金粉)12 000r/min 离心 10s，收集金粉沉淀。用 20μl 无水乙醇悬浮沉淀，备用。将洋葱表皮(2cm×2cm)置 MS 培养基中央预培养 1 天。含有目的基因的融合表达载体和 GFP 对照通过基因枪轰击(1100psi)转化洋葱表皮细胞(BIO-RAD)。转化后的洋葱表皮细胞 24℃避光培养 18～24h，用激光共聚焦显微镜观察照相(Zeiss)。根据融合蛋白的荧光信号来判断目标蛋白的亚细胞定位分布。

2. 基因过表达技术

在蒺藜苜蓿或百脉根等模式植物与内生真菌互作体系中，因为宿主植物均具有良好的再生系统或存在突变体，可通过根癌农杆菌介导的基因过表达技术对宿主与真菌互作过程关键基因进行功能分析。药用植物尚缺乏可以作为与内生真菌互作的模式研究体系，对不同的宿主药用植物，需要做大量前期工作方可开展基因过表达研究。常规的植物表达载体构建和根癌农杆菌工程菌较易实现（卢圣栋，1999），重点是对不同药用植物再生体系的摸索优化及其在此基础上进行的过表达基因功能研究。

第三节　蛋白质组分析操作技术

药用植物-内生真菌互作的蛋白质组学研究主要采用双向电泳结合 MALDI-TOF 质谱分析技术（高川等，2012），其实验方案如下。

一、主要试剂

聚乙烯吡咯烷酮（polyvinyl pyrrolidone，PVP）、三氯乙酸（trichloroacetic acid，TCA）、二硫苏糖醇（dithiothreitol，DTT）（Gibco）、三氟乙酸（trifluoroacetic acid，TFA）、硫脲（Sigma），液相级乙腈（acetonitrile，ACN）（Baker）。IPG 干胶条和 IPG 缓冲液（pH 3～10）、干胶条覆盖液（矿物油）、低分子质量标准蛋白、2-D Quant Kit 蛋白质定量试剂盒（Amersham pharmacia），丙烯酰胺、甲叉双丙烯酰胺（BBI），碘乙酰胺（ACROS），过硫酸铵、四甲基二乙胺（*N*，*N*，*N*′，*N*′-tetramethylethylenediamine，TEMED）、3-[3-胆酰胺基丙基-二甲氨基]丙磺酸盐（CHAPS）、甘氨酸、十二烷基磺酸钠（sodium dodecyl sulfate，SDS）、考马斯亮蓝 G-250（Amresco），尿素和碳酸氢铵（Fluka），蛋白酶抑制剂（protease inhibitor cocktail tablet）、测序级胰蛋白酶（trypsin，recombinant，proteomics grade）（Roche）；其他试剂均为分析纯。

二、实验步骤

1. 蛋白质粉制备

采取药用植物-内生真菌互作材料及其对照样本，从植株生长嫩尖向下采集样品。样品精密称重 2.5g，在预冷的研钵中加入液氮，研磨成粉末。按样品量加入 8～10 倍体积含 10%TCA 和 5%DTT 的冷丙酮，–20℃放置至少 2h 后，于 4℃、12 000*g* 离心 1h，弃上清液。沉淀用含 1% DTT 和 1mmol/L PMSF 的冷丙酮重悬，4℃、12 000*g* 离心 30min，重复此步骤 1 次；–20℃挥干沉淀中残留的丙酮，即为双向电泳检测所需蛋白质粉。

称取 50mg 蛋白质粉溶于 500μl 蛋白质裂解液中［7mol/L 尿素+2mol/L 硫脲+4%CHAPS+1%DTT+2%两性电解质（pH 3～10）及 10mmol/L Cocktail 蛋白酶抑制剂］，于 4℃、12 000*g* 离心 30min，取上清液重复此步骤一次，上清液即为检测样品。分装，–70℃冻存。

2. 双向电泳

（1）第一向等电聚焦。取出冻存植物组织样品，加入相应体积的 IPG 缓冲液及水化液（7mol/L 尿素+2mol/L 硫脲+4%CHAPS+0.4%DTT+痕量溴酚蓝）至终体积 350μl，混匀室温放置 30min，15℃、40 000*g* 离心 1h。吸取上清液平铺在胶条槽中，将胶条缓慢从酸性端一侧剥去 IPG 胶条的保护膜，胶面朝下，先将 IPG 胶条阳性端朝胶条槽的尖端方向放入胶条槽中，慢慢下压胶条，并上下移动，避免生成气泡，最后放下 IPG 胶条阴极端，使水化液浸湿整个胶条，并确保胶条的两端与槽两端的电极接触。水化结束后，将胶条取出，面向上放入用于杯上样的 24cm 等电聚焦电泳槽中，在胶条的两端垫上用纯水充分湿润的滤纸片，将电极压好，保证充分接触。IPG 胶条上覆盖 2ml 矿物油，盖上盖子。将标准型胶条槽的电极与 PROTEIN IEF CELL 仪器的电极正确接触。设置 PROTEIN IEF CELL 仪器运行参数，即等电聚焦电泳时的梯度电压和时间；50V/12h、250V/1h、500V/1h、1000V/1h、5000V/1h、10 000V/10h。

胶条的平衡与转移。在含 1%DTT 的平衡缓冲液［50mmol/L Tris-Cl（pH 8.8）+6mol/L 尿素+30%甘油+2%SDS+痕量溴酚蓝］中缓慢摇动平衡 15min。在含 2.5% 碘乙酰胺的平衡缓冲液中缓慢摇动平衡 15min。取出平衡好的 IEF 胶条，纯水快速淋洗后用滤纸尽量吸去残存液体。在灌制好的 SDS-PAGE 胶上端加满经加热熔化的封胶琼脂糖溶液（0.05g 低熔点琼脂糖 +10ml SDS -PAGE 电泳缓冲液），迅速将胶条小心放入胶面上，操作要避免产生气泡。待琼脂糖凝固后进行第二向 SDS-PAGE 电泳。

（2）第二向 SDS-PAGE 电泳。恒流方式电泳，16℃水冷却，先 10mA 电泳 20min 使蛋白质进入 SDS-PAGE 胶，将电流加大至 30mA，当溴酚蓝刚刚迁移出凝胶底部时终止电泳，考马斯亮蓝染色。

3. 图像扫描与分析

完成染色的双向电泳凝胶经过扫描保存图像。扫描仪为 UNISCAN M1600，扫描软件为 COLOR 2000 及专门为凝胶扫描制作的 LabScan；透射扫描，光学分辨率为 400dpi，对比度与亮度用软件默认值。考马斯亮蓝染色的凝胶扫描后用保鲜膜包裹，4℃保存以便取点时使用。

图像分析用 PDQuest 双向电泳凝胶图像分析软件。蛋白质点的分子质量根据同步电泳的标准蛋白质的位置计算，等电点按所用 IEF 胶条的 pH 3～10 估计，并通过软件获取每个蛋白质点的丰度值。

4. 胶内酶切

将铺在玻璃板上的凝胶置于明亮的灯光下、白色背景上，用修剪过的 Tip 头戳取出蛋白质点，放入预先编号且加好 50μl 脱色液（25mmol/L 碳酸氢铵，50%乙腈）的 0.25ml 离心管。室温放置 30min，吸去脱色液，更换 3 次脱色液直至胶块无色透明。抽真空离心干燥（Savant，Speed Vac Concentrator）30min 左右，至白色颗粒状。加入 2μl 溶于 20mmol/L 碳酸氢铵的胰蛋白酶（10ng/μl），4℃吸胀 1h，将管子倒置于 37℃恒温箱消化 13h 左右。加入 8μl 5%三氟乙酸，37℃温育 1h，将液体吸净转移至一个干净的离心管中；然后加入 8μl 2.5%三氟乙酸/50%乙腈，30℃温育 1h，吸出液体与前一次的提取液合并；再加入 8μl 100%乙腈，室温放置 1h，吸出液体与前两次的提取液合并。抽真空离心干燥肽段提取液。用 2μl 0.5%三氟乙酸充分溶解管壁上的沉淀，即可用于质谱分析。

5. 胰酶解肽段混合物的 MALDI-TOF 质谱检测

德国 Bruker 公司 REFLEX Ⅲ型基质辅助激光解吸电离飞行时间质谱仪。将 a-氰基-4-羟基肉桂酸（a-CCA）溶于含 0.1 三氟乙酸的 50%乙腈溶液中，制成饱和溶液，离心，取 1μl 上清液与 1μl 肽段提取液等体积混合，取 1μl 点在 Scorce384 靶上，送入离子源中进行检测。反射检测方式；飞行管长 3m；氮激光器；波长 337nm；加速电压 20kV；反射电压为 23kV。

6. 数据库查询

登录 http：//www.matrixscience.com，用 Mascot 程序对 MALDI-TOF 质谱检测得到的肽质量指纹图谱(peptide mass fingerprint，PMF)进行检索。数据库选 NCBI nr 或 Swiss-prot，种属选 Viridiplantae(Green Plant)，氨基酸固定修饰方式选择 Carbamidomethyl(C)修饰，可能的修饰方式选 Oxidation(M)修饰。检索时选取单同位素峰，可接受的肽段分子质量误差设为 0.3Da。为使鉴定结果可靠，对于模式植物，一般要求至少有 5 个肽匹配，在蛋白质整个序列的覆盖率至少 15%，对于小于 20kDa 的蛋白质，则要求至少 3 个肽匹配和 20%的覆盖率；而对于非模式植物，由于数据库数据量有限，可适当放宽要求。

（张　岗　李　标　郭顺星）

参 考 文 献

高川，郭顺星，张靖，等. 2012. 福建金线莲与菌根真菌互作过程中的蛋白质组研究. 中国中药杂志，37(24)：3717-3722.

卢圣栋. 1999. 现代分子生物学实验技术. 第 2 版. 北京：中国协和医科大学出版社.

萨姆布鲁克，拉塞尔. 2005. 分子克隆实验指南.第三版.上、下册. 黄培堂译.北京：科学出版社.

王晓玥，宋经元，谢彩香，等. 2014. RNA-Seq 与道地药材研究. 药学学报，49(12)：1650-1657.

Anders S，Huber W. 2010. Differential expression analysis for sequence count data. Genome Biology，11(10)：R106.

Bachem CWB，Hoeven RS，van der Bruijn SM，et al. 1996. Visualization of differential gene expression using a novel method of RNA fingerprinting based on AFLP analysis of gene expression during potato tuber development. Plant Journal，9：745-753.

Duck NB. 1994. RNA *in situ* Hybridization in Plants. Plant Molecular Biology Manual. Belgium：Springer Netherlands，335-347.

Grabherr MG，Haas BJ，Yassour M，et al. 2011. Full-length transcriptome assembly from RNA-seq data without a reference genome. Nature Biotechnology，29：644-652.

Götz S，García-Gómez JM，Terol J，et al. 2008. High-throughput functional annotation and data mining with the Blast2GO suite. Nucleic Acids Research，36：3420-3435.

Kanehisa M，Araki M，Goto S，et al. 2008. KEGG for linking genomes to life and the environment. Nucleic Acids Research，36：480-484.

Li B，Dewey C. 2011. RSEM：accurate transcript quantification from RNA-Seq data with or without a reference genome. BMC Bioinformatics，12：323.

Pfaffl MW. 2001. A new mathematical model for relative quantification in real-time RT-PCR. Nucleic Acids Res，29(9)：e45.

Trapnell C，Williams BA，Pertea G，et al. 2010. Transcript assembly and quantification by RNA-Seq reveals unannotated transcripts and isoform switching during cell differentiation. Nature Biotechnology，28：511-515.

Wang XJ，Tang CL，Zhang G，et al. 2009. cDNA-AFLP analysis reveals differential gene expression in compatible interaction of wheat challenged with *Puccinia striiformis* f. sp. *tritici*. BMC Genomics，10：289.

Zhang G，Zhao MM，Song C，et al. 2012. Characterization of reference genes for quantitative real-time PCR analysis in various tissues of *Anoectochilus roxburghii*. Molecular Biology Reports，39(5)：5905-5912.

Zhao MM，Zhang G，Zhang DW，et al. 2013. ESTs analysis reveals putative genes involved in symbiotic seed germination in *Dendrobium officinale*. PLoS One，8(8)：e72705.